# Gesamtverzeichnis des deutschsprachigen Schrifttums (GV) 1700 – 1910

Bearbeitet unter der Leitung von
Peter Geils und Willi Gorzny
Bibliographische und redaktionelle Beratung:
Hans Popst und Rainer Schöller

2

Ad-Ala

K·G·Saur München · New York · London · Paris 1979

*Gesamtleitung:*

Peter Geils, Willi Gorzny

*Bibliographische und redaktionelle Beratung:*

Hans Popst, Rainer Schöller

*Leitende Redakteure:*

Monika Eichler, Ursula Geier, Hildegard Rossberg, Hilmar Schmuck,
Helga Werner, Gabriele Winter.

*Redakteure:*

Heidi Amman, Barbara Berkiç, Marianne Fischer, Ute Klier, Christel Schmidt,
Ingeborg v. Seckendorff, Brigitte Semmler, Eva v. Troschke, Barbara Zaruba.

*Redaktionsassistenten:*

Hannes Diersch, Paul Dörr, Ricardo Eller, Helmut Faust, Maria Grill, Rita Grill,
Robert Haidt, Cornelia Krüger, Rut Leeb, Hedwig Rost,
Barbara Schaedle, Ulrike Schmid-Dankwardt u.a.

CIP-Kurztitelaufnahme der Deutschen Bibliothek

**Gesamtverzeichnis des deutschsprachigen Schrifttums** : (GV). – München, New York, London, Paris : Saur.
ISBN 3-598-30000-X

1700 – 1910 / bearb. unter d. Leitung von Peter Geils u. Willi Gorzny. Bibliograph. u. red. Beratung: Hans Popst u. Rainer Schöller

NE: Geils, Peter [Bearb.]

2. Ad – Ala. – 1979.


Techn. Realisierung und Druck: Norbert Gärtner, Mainz-Kastel
Einbandgestaltung: Karin Büchner, München
Binden: Karl Schaumann, Darmstadt
Printed in the Federal Republic of Germany
ISBN 3-598-30000-X (Gesamtwerk)

**Ad** act. valed. homini ad nullum vitae genus in auspicato accedendum esse. nom. Coll. Bar. 1745. V: *Braun, Joh. Fr.* (Fiker)

**Ad** act. valed. locus Joannis XIX, 34 observationibus aliquot physicis illustratus nom. Coll. Bar. 1750. V: *Stöhr, Nic. Fr.* (Fiker)

**Ad** act. valed. num monarchiae quaepium diuisionem admittat. nom. Coll. Bar. 1700. V: *Frosch, Joh. Fr.* (Fiker)

**Ad** act. valed. num scholae publicae privatis, an privatae publicis anteponendae sint nom. Coll. Bar. 1719. V: *Dieterich, Joh. Ge.* (Fiker)

**Ad** act. valed. omnibus hominibus in terris tamquam militiae vivendum esse. nom. Coll. Bar. 1722. V: *Seyfart, Johann Andr.* (Fiker)

**Ad** act. valed. quid recitationes cursoriae supponant et quae ratio in iisdem observanda sit nom. Coll. Bar. 1741. V: *Ellrod, Germann August.* (Fiker)

**Ad** act. valed. studiosum praeprimis de rerum suarum vitaeque summa consulte decernere, neque incertis cupiditatum fluctibus iactatum duces sibi legere oportere nom. Coll. Bar. 1735. V: *Ellrod, Germ. Aug.* (Fiker)

**Ad** admodum rev. Patrem Martinum Bolla d. reg. S. P. praep. provincialem dum collegium Claudiopolitanum inviseret. 1818. V: *Gruber, Joseph.* (szinnyei 3/1510, Nr. 2) (BiblPort)

**Ad** amicam aurem. O. O. 1790; o. O. 1791. V: *Batthyányi, Alois Graf.* (Pk I/193) (Széchenyi I/75) (Dobrowsky 121/188) (Bibl Port)

**Ad** Amicissimam aurem. O. O. 1791. V: *Batthyányi, Alois Graf.* (Pk I/193) (BiblPort)

**Ad** Amicum August. Confessionis Amici Catholici de Viennensi et License Pacificatione Epistolae Tres. O. O. 1790. V: *Pray, Gg.* (WBL XXIII/226) V: *Katona, Stephan* (WBL XI, 36) (Pk 2/347) (Bibl Port) S. a. I, 715.

„Ad audiendam orationem de aere alieno principum qua professionem . . . . . in acad. Julia Carolina auspicaturus est . . . . . MDCCXCLIV . . . . . invitat Joannes Nic. Bischoff. Praemissa sunt nonnulla de politiae rerumque cameralium studiis, iuris cultoribus maxime necessariis", Helmst. 1794. — Vorh.: Staatsbibliothek Dresden, ferner UB Heidelberg — J 8126.

**Ad** Autorem nullitatis animadversionum in libellum cui titulus: Sola salvifica ad trutinam rationis et revelationis expensa, ad rectum revelationis et rationis usum exacta. Epistolae tres familiares. Pestini 1791. V: *Pray, Georg.* (Pk) (So)

**Ad** celebr. fun. D. G. F. Deinlini. Alt. 1757. V: *Nagel, Joh. Andreas Michael.* (ML)(Will)

**Ad** celebr. fun. G. J. L. Vogelii, Prof. Halensis. Altorf. 1776. V: *Nagel, Johann Andreas Michael.* (ML) (Will)

**Ad** Celsissimum S. R. J. Principem Nicolaum Eszterhazy dum in supremum J. Comitatus Sproniensis Comitem installaretur Auctore L. S. de S. 1794. V: *Somssich de Sard, Lázár.* (Széchényi 4/7) (Bibl Port)

**Ad** Concordata nationis Germaniae integra documentorum fasciculus I—IV. Francof. et Lipsiae 1775—1778. V: *Uhlheimer, Joseph von.* (Ky) (MGT) (Co)

**Ad concordata** nationis Germaniae integra documentorum V Fasciculi. 8. Bambg. 1776—95. (Wesche in Frankf.) —— 2 Thlr. — 3 fl.

**Ad** coronationem poëtae, exaratum stilo lapidari. Erl. 1743. V: *Ellrod, German August.* (ML)

**Ad** diem III. calendas Octobris queis Rev. Dn. Michael Mihich cathedralis ecclesiae Zagrabiensis canonicus . . . nominis diem celebravit anno 1831 Zagrabiae. V: *Bánich, Joan.* (Pk)

**Ad** Dissertationem eruditam viri clarissimi Joannis Swintoni de lingua Etruriae regalis vernacula annotatiunculae [s. l. 1744]. V: *Wachter, Johann Georg.* (ML) (BB)

**Ad** exam. bella penitus evitari non posse. Coll. nom. Bar. 1705. V: *Frosch, Johann Friedrich.* (Fiker)

**Ad** exam. bellandi artes et studia vel ipso pacis tempore non plane negligenda esse. nom. Coll. Bar. 1716. V: *Dieterich, Johann Ge.* (Fiker)

**Ad** exam. scholas et ecclesias tempestatibus numquam non expositas esse. nom. Coll. Bar. 1708. V: *Frosch, Johann Friedrich.* (Fiker)

**Ad** excelsos c. regni Hungariae proceres et inclytos ordines ac status N. N. judex et senatus caeterique antiquae lib. ac regiae civitatis Podoliensis eivent. Orant. . . . Budae. 1790. V: *Podolin.* (Pk)

**Ad** exequias Christiani Ernesti M. B. laudes defuncti. Nom. Coll. Bar. 1712. V: *Hagen, Friedrich Caspar.* (Fiker)

**Ad** exequias G. Steigeri, L. L. Lect. Altorf. 1755. V: *Nagel, Johann Andreas Michael.* (ML) »1757« (will)

**Ad** exequias M. B. viduae D. J. J. Jantkii. [Altorfi]? 1773. V: *Nagel, Johann Andreas Michael.* (will)

**Ad** exequias R. C. filiae D. J. A. Dietelmair. [Altorfi]? 1771. V: *Nagel, Johann Andreas Michael.* (will)

**Ad** famam in adventu ... principis Friderici Christiani ... Viennae 1740. V: *Caesar, Franciscus Maria.* (Bem I, S. 442)

*Ad* filiorum Caesaris. 4maj. Mainz 811. Kupferberg. 6 ℛ Velinp. 9 ℛ

**Ad** R. P. Fr. G. C. D. Frag: Was ist die Freymaurerey. [Augsb. 1784.] V: *Grotter, Franz.* (WUBb)

Ad funus...
(weitere Ordnung nach Namen)

**Ad** funus D. Mich. Adelbulneri P. P. Altorf. 1779. V: *Nagel, Johann Andreas Michael.* (ML) (will)

**Ad** funus D. J. T. Adolph, P. P. Altorf. 1770. V: *Nagel, J. A. M.* (ML)

**Ad** funus A. C. ortu Hambergeriae D. J. D. Baieri, P. P. viduae. Erlang. 1767. V: *Nagel, Johann Andreas Michael.* (ML)

**Ad** funus S. M. Baieriae, viduae D. J. G. Baieri. Altorf. 1777. V: *Nagel, Johann Andreas Michael.* (ML) S. a. Nr. 809.

**Ad** funus M. A. Baueri, stud. Altorf. 1769. V: *Nagel, J. A. M.* (ML) (will)

**Ad** funus B. J. Beckii stud. Altorf. 1766. V: *Nagel, Johann Andreas Mich.* (ML) (will)

**Ad** funus D. J. B. Bernholdi. P. P. Altorf. 1769. V: *Nagel, J. A. M.* (ML) (will)

**Ad** funus J. G. Bernholdi, P. P. Altorf. 1766. V: *Nagel, J. A. M.* (ML) (will)

**Ad** funus E. R. ortu Deinlinae, coniugis J. G. Bernholdi. Altorf. 1764. V: *Nagel, Johann Andreas Michael.* (ML)

**Ad** funus Th. Demian stud. Altorf. 1762. V: *Nagel, J. A. M.* (ML) (will)

**Ad** funus D. J. A. Dietelmair, P. P. Altorfi 1785. V: *Nagel, J. A. M.* (ML) (will)

**Ad** funus R. C. filiae D. J. A. Dietelmair, P. P. Altorf. 1771. V: *Nagel, Johann Andreas Michael.* (ML)

**Ad** funus M. B. viduae D. J. A. Dietelmair. Altorfi 1787. V: *Nagel, Johann Andreas Michael.* (ML) (will)

**Ad** funus J. G. de Fabrice. Altorfi 1783. V: *Nagel, J. A. M.* (ML) (will)

**Ad** funus S. J. Fichtneri, J. U. D. et Consil. iustit. Onold. Altorf. 1769. V: *Nagel, Johann Andreas Michael.* (ML) (will)

**Ad** funus C. A. Füreri ab Haimendorf. Altorfi 1785. V: *Nagel, Johann Andreas Michael.* (ML) »1786« (will)

**Ad** funus J. G. Harderi, Jur. Cand. Altorfi 1777. V: *Nagel, J. A. M.* (ML) (will)

**Ad** funus J. A. Hesselii, P. L. C. et acad. typographi. [Altorf.] 1785. V: *Nagel, Johann Andreas Michael.* (ML) (will)

**Ad** funus J. C. Hoffmanni, Magistri palaestrae. Altorf. 1785. V: *Nagel, Johann Andreas Michael.* (ML) (will)

**Ad** funus J. E. F. maritae D. C. Th. Hoffmanni. P. P. A. Altorf. 1787. V: *Nagel, Johann Andreas Michael.* (ML) (will)

**Ad** funus D. J. J. Jantke P. P. Erlang. 1768. V: *Nagel, Johann Andreas Michael.* (ML) (will)

**Ad** funus M. B. viduae D. J. Jantkii P. P. Altorf. 1773. V: *Nagel, Johann Andreas Michael.* (ML)

indicens et gratulans. Altorf. 1758. V: *Nagel, Johann Andreas Michael.* (ML)

**Ad** funus Jubilaeum Universitatis Tubingensis indicens et congratulans. Altorf. 1777. V: *Nagel, Joh. Andr. Mich.* (ML)

**Ad** funus D. J. Linckiae. Altorf. 1770. V: *Nagel, J. A. M.* (ML) (will)

**Ad** fun. D. C. viduae D. G. H. Linckii. Altorfi 1763. V: *Nagel, J. A. M.* (will)

**Ad** funus Ge. Lipp stud. Altorf. 1758. V: *Nagel, Joh. A. M.* (ML) (will)

**Ad** funus J. J. Loedelii, stud. Altorf. 1760. V: *Nagel, J. A. M.* (ML) (will)

**Ad** funus P. P. Mageri stud. Altorf. 1768. V: *Nagel, J. A. M.* (ML) (will)

**Ad** fun. C. D. Mayeri, Poligrammatei Altorfini. Altorf. 1783. V: *Nagel, Johann Andreas Michael.* (ML) (will)

**Ad** funus J. G. Meyeri, acad. typographi. Altorfi 1769. V: *Nagel, Johann Andreas Michael.* (ML) (will)

**Ad** funus A. B. maritae A. Musloini L. L. Lectoris. Altorfi 1760. V: *Nagel, Johann Andreas Michael.* (ML)

**Ad** funus Oertelii, a litteris publ. et commentariis praefecturae. Altorf 1766. V: *Nagel, Joh. Andr. Michael.* (ML) (will)

**Ad** funus J. A. Penzenkufer. Altorf. 1789. V: *Jäger, Wolfgang.* (BB)

**Ad** funus viduae D. E. G. Rinckii, P. P. Altorf. 1764. *Nagel, J. A. M.* (ML)

**Ad** funus J. C. Schindleri, Ministri et Bibliopegi acad. Altorf. 1764. V: *Nagel, Johann Andreas Michael.* (ML) (will)

**Ad** funus A. A. Seidelii, stud. Altorf. 1773. V: *Nagel, J. A. M.* (ML) (will)

**Ad** funus C. A. Solgeri. Altorfi 1763. V: *Nagel, Johann Andreas Michael.* (ML)

**Ad** funus J. A. Spiesii D. et P. P. Altorf. 1766. V: *Nagel, Johann Andreas Michael.* (ML) (will)

**Ad** funus J. L. Stadleri, Convictus acad. Oeconomi. Alt. 1785. V: *Nagel, Johann Andreas Michael.* (ML) (will)

**Ad** funus S. M. nat. Tucheriae de Simmelsdorf, Car. G. de Wolckern in Kalchreut, ... coniugis. Altorf. 1773. V: *Nagel, Johann Andreas Michael.* (ML) S. a. Nr. 810.

**Ad** funus ad orationem encomiasticam ... honori Viri ill. D. C. J. Trewii cras habendum. Altorf. 24. Juli 1770. V: *Nagel, Johann Andreas Michael.* (ML)

**Ad** funus J. B. Viatis de Schoppershof, stud. Altorf. 1770. V: *Nagel, Johann Andreas Michael.* (ML) (will)

**Ad** funus M. B. nat. Wachaviae, D. M. Adelbulneri, P. P. maritae. Altorf. 1773. V: *Nagel, Joh. Andr. Mich.* (ML) (will)

**Ad** funus B. coniugis D. J. N. Weissii P. P. Erlang. 1767. V: *Nagel, Johann Andreas Michael.* (ML) (will)

**Ad** funus J. M. Zellii, stud. Altorf. 1758. V: *Nagel, J. A. M.* (ML) (will)

**Ad** humat. C. J. nat. de Olnhausen, coniugis D. J. B. Bernholdi. 1759. V: *Nagel, Johann Andreas Michael.* (will)

**Ad** Hungaros Hungarus. [Wien?] 1796. V: *Birckenstock, Johann Melchior Edler von.* (BrMm)

**Ad** Hungaros veteri gentis more arma parantes. Pestini 1809. V: *Vrtkovits, Mihály.* (PK)

**Ad** Hungaros Vindobonae 1798. V: *Izdenczy, Joseph Frh.* (BiblPort)

**Ad** J. F. Herelium Lib. Candidi epistola. Aleth. 1768. V: *Hummel, Bernhard Friedrich.* (will)

**Ad** imbibendas artes etiam iis viam patere, qui non fautricem nacti sunt naturam. Baruthi 1763. V: *Hermann, Wolfgang Ludwig.* (ML) (Fiker)

**Ad** Imperatorem alleruntertänigste Supplica in Sachen Herren Burgermeistern und Rath zu Nürnberg entgegen Sr. kurfürstl. Durchlaucht zu Pfalz puncto contraventionis privilegiorum et aliorum gravaminum ... Nürnberg 179.. V: *Popp, Friedrich.* (will) (MGT)

**Ad** Imperatorem alleruntertänigste Supplica in Sachen Hrn. B. u. R. z. N. contra Sr. kurfürstl. Durchl. zu Pfalz, Zoll, Maut und andere Turbationen betreffend ... Nürnberg 1791. 2. Nachtrag hierzu. Nürnberg 1791. V: *Popp, Friedrich.* (MGT) (will)

**Ad** Imperatorem alleruntertänigste Supplica in Sachen Hrn. Bürgermeistern und Rath zu Nürnberg entgegen Sr. kurfürstl. Durchl. zu Pfalz puncto turbationum in juribus immeditatis et aliorum ... Nürnberg 1791. V: *Popp, Friedrich.* (MGT)

**Ad** inauguralia Rectoris Lycei M. Car. Lud. Baueri. Laub. 1756. V: *Meisner, Christian Gottlieb.* (ML) (OL)

**Ad** inauguratam regiam scientarium universitatem Budensem provinciae litterariae Budensis adplausus anno 1780. die 25 Junii Pesteni. V: *Feher, Anton.* (Szinnyei 3/235) (PK I/19) (BiblPort)

**Ad** inaugurationem Rect. Lauban. Göbelii. Laub. 1767. V: *Meisner, Christian Gottfried.* (OL)

**Ad** **inaugurationem templi academici exaratum Stilo lapidari.** [Erlang.] 1743. V: *Ellrod, German August.* (ML)

**Ad** inclytos status et ordines Regni Hungariae, fundamenta et motiva, ex quibus communitas civitatum regalium saxonicarum de Scepusalias sic dictorum oppidorum Scepusiensium se, statumque suum provincialem, in universis privilegiis, juribus, libertatibus & praerogativis articulariter confirmari, ac collective quarto statue (sensu § 3 decr. min. Sigismundi reg) jure postliminii adnumerari supplicant. Budae 1790. V: *Tersztyenszky, Daniel.* (PK 1/19) (WBL 44/14) (BiblPort)

**Ad** **indicandam munificentiam regiam in praemiis academicae juventuti constituendis.** Gottingae 1784. V: *Heyne, Christian Gottlob.* (MGT)

**Ad** indicendum nomen Universitatis Friderico-Alexandrinae, de meritis Alexandri, March. Brand. in illam. Erlang. 1769. V: *Reinhard, Johann Paul.* (ML)

**Ad** iusta funera D. J. B. Riederero, P. P. soluenda. [Altorfi] 1771. V: *Nagel, Johann Andreas Michael.* (will) (ML)

**Ad** VIII. Kalendas augustas 1782 principi Christophoro a Magazzi. V: *Szent-Iványi, Marc.* (Pk)

**Ad** Lectiones Elementares Astronomiae, Physicae et Geometriae clarissimi Viri de la Caille ... appendix ... Viennae 1762. V: *Scherffer, Carl.* (SO)

**Ad** liberos in Germania omnes. Zeitschrift in zwanglosen Heften. 1. Bd. 1. Hft. gr. 8. (36 S.) Berlin 874. Schramm. n. — 50

**Ad** majorem dei Gloriam, Societatis Cordis Jesu Specimen summariumque Constitutionum S. Jgnatii Societatis Jesu Institutoris ... Joan. 17. u. 15. s. l. & a. V: *Clorivière, Pierre Joseph de.* (SO)

**Ad** Natalia Caroli Friderici Magni Ducis Badensis. Heidelb. 1815. V: *Wilken, Friedrich.* (MGT)

**Ad** officium concionis funebris D. J. N. Weissii P. P. et Acad. Senioris. Altorf. 1783. V: *Nagel, J. A. M.* (ML) (will)

**Ad** orationem encomiasticam ... honori Viri Ill. D. C. J. Trewii cras habendam. Altorfii 1770. V: *Nagel, Johann Andreas Michael.* (will)

**Ad** promulganda nomina eorum, qui praemia—reportarunt etc. Gottingae, 1786 bis 1787. 1791. V: *Heyne, Chrn. Glob.* (MGT)

**Ad** Prorectoratum exaratum stilo lapidari. [Erlang. 1744.] V: *Ellrod, German August.* (ML)

**Ad** Prorectoratum excusum stilo lapidari ... Erlang. 1744. V: *Ellrod, German August.* (ML)

**Ad** Prorectoratum excusum stilo lapidari. Erlang. 1745. V: *Ellrod, German August.* (ML)

**Ad** **record. annuam muneris magnifici a Viro ill. Trew Acad. Alt. dati** ... Altorf. 1788. V: *Nagel, J. A. M.* (ML) (will)

**Ad** Scriptorem Ephemeridum Pestinensium. O. O. u. J. V: *Szeitz, Leo Maria.* (széchenyi 2/406) (BiblPort)

**Ad** **sereniss. archiducem principem regium Carolum, regni Hungariae primatum.** S. A. Ujhelyini 9. Aprilis 1809. S. Patakini. V: *Dessewffy, József.* (Pk)

**Ad** solemnia exequ. S. M. Baieriae, viduae D. J. G. Baieri. [Altorfi] 1777. V: *Nagel, Joh. Andr. Mich.* (will) S. a. Nr. 776.

**Ad** solemn. off. S. M. nat. Tucheriae de Simmelsdorf, Car. G. de Woelckern in Kalchreut, Opp. et Agri Alt. Praefecti, coniugis. [Altorfi] 1773. V: *Nagel, Johann Andreas Michael.* (will) S. a. Nr. 777.

**Ad** solemnitatem condendarum exuviarum Magnif. Acad. Rectoris D. W. A. Spiesii. Altorf. 1777. V: *Nagel, Johann Andreas Michael.* (ML) (will)

**Ad** solennem promotionis magisterialis actum celebrandum facultatis philologicae Lipsiensis decanus ... invitat. (Handschriftlicher Zusatz: De ratione deliciarum paradisiacarum apud Mahometanus.) Lipsiae 1726.

**Ad** supr. exequ. hon. D. J. T. Adolph. 1771. V: *Nagel, J. A. M.* (will)

**Ad** supr. hum. off. A. C. ortu Hambergeriae, D. J. D. Baieri uiduae. [Altorfi] 1767. V: *Nagel, Joh. Andreas Michael.* (will)

**Ad** supr. exequiarum hon. A. B. maritae A. Murlonii. 1762. V: *Nagel, Johann Andreas Michael.* (will)

**Ad** supr. honor. Mich. Chph. Nagelio stud. persolvendum. Altorfi 1774. V: *Schwarz, Georg Christoph.* (ML)

**Ad** tritissimam in fidei controversiis interrogationem: Ubi scriptum est? ... Gedani 1696. V: *Nennichen, Mathias.* (SO) Agriae 1779. V: *Pock, Mathias.* (Pk)

**Ad** tumulum Pyladis, desideratissimae memoriae, R. P. Adami Fitter e S. J., incorupto corpori ac Famae Die inparietino horologio ab occasu per decem lineas et gradus reduci, epicedion Tyrnaviae 1749. V: *Gyalogi, Joh.* (szinnyei 4/4, Nr. 13) (BIBLPORT)

**Ad** ultimum. Wahrheit ohne Schminke oder Teutschlands Elementarschullehrer, wie sie waren, wie sie jetzt sind und wie sie noch werden sollten und gern werden wollten. Den teutschen Fürsten, ihren Völkern und deren Vertretern, besonders aber den Wirtembergischen Landständen, ebenso freimüthig als kräftig ans Herz gelegt ... Nürnberg 1825. V: *Gehring.* (BGE VIII³, 3. 79)

*Ad* **ultimum:** Wahrheit ohne Schminke, od. Deutschlands Elementarschullehrer, wie sie waren, wie sie jetzt sind und wie sie noch werden sollten u. gern werden wollten. Von e. würtemb. Dorfschulmeister. A. u. d. T.: der Eiferer um das Rechte. Mit 6 Kpft. gr. 8. Nürnb. 826. Schrag. 1 nß 6 gl

**Ad** utramque aurem autori operis hungarici cui titulus »Magyar-és-Erdély-országnak rövidismerete«. s. l. 1791. V: *Batthyány, Alois Graf.* (Pk)

**Ad** Vabissam amnem de strage Moscorum. Stockholmii 1708. V: *Hermelin, Olaus.* (R-N)

**Ad** virum perill. Joachimum Georg Daries ... doctorem suum optimum, oden hanc ... mittere voluerunt debuerunt amici. Mense april. s. l. 1786. V: *Heindorf, Johann Friedrich.* (ML) (MGT)

**Ad** virum S. R. et cel. C. G. Zeltnerum Epistola Sinceri Pistophili, qua mulierem inter Leonem IV. et Benedictum III. Papatu Romano functam idoneis rationibus asseritur, ... Suabaci 1735. V: *Oeder, Georg Ludwig.* (ML)

**Ada,** s. a. Eckstein's illustrierte Romanbibliothek. II. Jahrg. 2./3. Bd.

**Ada.** — Ada oder die Pietisten. Ein Roman von Emilie R*. Aus d. Schwed. übertr. von A. Kretzschmar. Bd 1–4. — Wurzen 1865. (Europäische Bibliothek d. neuen belletrist. Literatur. Ser. 13,37–40 = Bd 1237/1240.) **7.**
1.8496

Ada. Roman in 2 Bänden von ***. Illustr. v. Max Schlichting. Bd 1.2. — Berlin: Eckstein [1899]. (Ecksteins illustr. Romanbibliothek. 2,2.3.) **1:** Yt 716-2,2.3. **11.**
1.8497

**„ADA".** Berliner Roman. Illustrirt. (190*.) (Mk. 2,20 R. Klinger, Berlin, c. 1905.)

**Ada**, die Heldin des Buches, lernt als verarmte Komtesse einen reichen Emporkömmling kennen, nachdem sie einen Prinzen abgewiesen hat. Sie hintergeht jedoch ihren Gatten mit demselben Prinzen etc. etc.

Ada od. die Pietisten, s. Bibliothek, europäische.

**Adae, Max,** Untersuchungen üb. die Temperatur peripherischer Körpertheile. Inaugural-Dissertation. gr. 8. (40 S.) Tübingen 876. (Fues.) n. — 60

**Adahandschrift.** — Die Trierer Ada-Handschrift. Bearb. u. hrsg. von K[arl] Menzel, P[eter] Corssen [u. a.] — Leipzig: Dürr 1889. X,119 S., 38 Taf. (Publikationen d. Ges. für Rheinische Geschichtskunde. 6.)
**1:** 2° Th 92-6. **12:** 2° Bor. 13 w-6. **300:** 393.044-D. H.S. 6. **2. 3. 4. 5. 6. 7. 8. 9. 10. 11. 102**P.
1.8509

**Adácsi, die Bienenzucht i. d. Nussschale. E. Leitf. z. Unterr. f. Anfänger. gr. 8. (25 S.) Budapest 894. (Wien, W. Frick.)** n. — 60

**Adagia,** et Sententiae quaedam Aethiopum. [= S. 16—24 in „Prophetia Jonae, ex Aethiopico in Latinum ad verbum versa ... à M. Theodoro Petraeo.] an Ib [illegible].

Sechs Adagio's für das Pianoforte nebst Bemerkungen über Spiel und Vortrag des Adagio von Carl Benda ... – *Berlin, Hummel,* [c. 1800]. In-8 obl., 13 p.
C. P. E. Bach, Gelinek, F. H. Himmel, Jäger, Lauska, Mozart.

**Adair,** J., s. A d a i r , James

**Adair,** J.M., s. A d a i r, James Makittrick

**Adair, James**

**Adair, J.,** Beschr. d. nordamerik. Indianer. a. d. Engl. m. K. gr. 8. Breslau. Mener. 781.

**Adair, ...** Beschreib. d. nordamerik. Indianer; a. d. Engl. (v. S. H. Ewald). gr. 8. Bresl. 782. ([illegible]). 1 nß

ADAIR, James
Geschichte der Amerikanischen Indianer; besonders der am Mississippi, an Ost- und Westflorida, Georgien, Süd- und Nord-Karolina und Virginien angrenzenden Nationen, nebst einem Anhange, von James Adair, Esquire. Aus dem Englischen übersetzt [von Hermann Ewald Schatz].
Breslau: Meyer. 1782. 8, 420 S. 8°
Iberoamerikanische Bibliothek Berlin
Übers. v. History of American Indians, London 1775.
Übersetzerangabe: J. G. Meusel, Bibliotheca Historica, Leipzig 1782–1804, Bd. 3/1, S. 310.
Frankfurt-Leipziger Meßkatalog, Ostermesse 1872, S. 255.
Sabin 156. Baginsky 699. Palmer.

**Adair, James Makittrick**

— Philosophisch-medicinischer Abriss der Natur-Geschichte des Menschen. Aus d. Engl. übers. u. mit Anm. begl. von Christian Friedrich Michaelis. — Zittau & Leipzig: Schöps 1788. XXXX,366 S. **1:** Ku 1335. **2. 5. 8.**
1.8523

— — Ebd. 1788. (Adair: Physiologische u. diätetische Schriften. 1.) **2. 3. 10.**
1.8524

**Adair, J. M., Bruchstücke e. Werkes üb. Diät u. Lebensregeln, als nothwendig zur Wiedererlangung u. Erhaltung e. festen Gesundheit, besond. f. Träge, Gelehrte, Empfindliche, Kranke. (London 1812.) Übers. v. Frau Marie Lederer, ausgewählt v. Camill Lederer. 8. (XXIII, 71 S.) Wien 902. W. Braumüller.** n. 1. 40

— Physiologische und diätetische Schriften. Aus d. Engl. übers. ... von Christian Friedrich Michaelis. Th. 1.2. — Zittau & Leipzig: Schöps 1788–91.
1. Adair: Philosophisch-medicinischer Abriss der Naturgeschichte des Menschen [A philosophical and medical Sketch, deutsch]. 1788.
2. Adair: Medicinische Warnungen für schwächliche Personen [Medical Cautions, deutsch]. 1791.
**12:** Anat. 10. **2. 3. 10.**
1.8521

— Medicinische Warnungen für schwächliche Personen. Nebst einer Abhandlung über Modekrankheiten und das Verhalten bei Brunnenkuren. Aus d. Engl. übers. von Christian Friedrich Michaelis. — Zittau & Leipzig: Schöps 1791. XVI,522 S. **5. 8.**
1.8519

— — Ebd. 1791. (Adair: Physiologische u. diätetische Schriften. 2.) **2. 3. 10.**
1.8520

**Adair, Sir Rob.,** geschichtl. Denkschrift einer Sendung an d. Wiener Hof im Jahre 1806. Nebst e. Auswahl aus seinen Depeschen und Beleuchtung der beiden Gentz'schen Schriften: „Tagebuch über das, was 1806 im preuß. Hauptquartier vor der Schlacht v. Jena vorgefallen" u. „Bemerkungen über die Friedensunterhandlungen von 1806 zwischen England und Frankreich." Aus d. Engl. gr. 8. Berlin 846, Duncker u. Humblot. 2½ nß

**Adalar v. Erfurt,** O. Cap., Klänge aus der Klosterzelle. Gedichte. (III, 79 S.) kl. 8. München 910. J. J. Lentner.
Geb. in Leinw. 1 —

Adalay. Ein Gemälde aus Kaukasiens Gegenwart, s. Bilney, Ant.

**Adalay.** Ein Gemälde aus Kaukasiens Gegenwart. Vom Verf. des Toni. (Ant. Bilney. 8. Mannheim 845, Bassermann. 2 ℔

**Adalbert.** — Adalbert. Lustspiel in 1 Aufz. von S.W. — Berlin 1859. 1:Ys 10800.
1.8533

Adalbert, Bischof v. Prag, s. Geschichtschreiber, die, der deutschen Vorzeit. 34. Bd.

**Adalbert, der hl.,** zweiter Bischof v. Prag u. Landespatron v. Böhmen. Z. 900jähr. Jubiläum s. Märtyrertodes. 8. (46 S. m. 2 Abb.) Prag 897. Rohlíček & Sievers. n. — 30

**Adalbert**, der Kreuzritter; oder Die schrecklichen Proben des geheimnissvollen Bundes der Magier. Bd.1.2. Leipzig: 1802. 12°
Dass. Leipzig: Central - Compt. 1823. Mit ill.Kpfr. 12°
KL 3979, TB. 159, 232.

*Adalbert* et Mélanie, par S. C... II Vols. 12. Braunschw. u. St. Petersb., Pluchart. 1 ℔

Adalbert et Melanie par S** C**, nouv. Edit. 2 Vol. Brunsw. Pluchart. 812.

Adalbert, Prinz v. Preußen, s. Batsch.

**Adalbert** der Wilde. Gedicht in 12 Gesängen. Leipzig 1793. V: *Müller, Friedrich August.* (EE) (Kn)

**Adalbert,** Kapuzinermönch: Thesaurus absconditus oder verborgner Schatz, das ist: Sittliche Predigen. Th.1.2. — München: Mayr (2: Augspurg: Schlütter) 1703. 4°
1. Auf alle Sonntag dess gantzen Jahrs.
2. Auf alle Fest- u. Feyrtäg des gantzen Jahrs.
1.2 . . . . . . . . . . . . . . . . . 2.
1 . . . . . . . . . . . . . . . . 12: 4° Hom. 37.
1.8534

— — Thesaurus absconditus oder verborgner Schatz und Annuale II, das ist: Sittliche Predigen. Widerumb eröffnet. Th.1.2. — München: Mayr 1708. 4° 2.
1.8535

— — Thesaurus absconditus oder verborgener Schatz, das ist: Sittliche Predigen. Zum erstenmal eröffnet. Th.1.2. Augspurg: Strötter 1711. 4°
1.2 . . . . . . . . . . . . . . . . . 6.
2 . . . . . . . . . . . . . . . . . . 2.
1.8536

— — Thesaurus absconditus oder verborgener Schatz. Das ist: verschiedene Predigen auf die Fest- und Feyertäg der allerheiligst- und seligsten Gottes Gebährerin Mariä, wie auch von dem hochwürdigsten Sacrament des Altars, und andern ... Zum erstenmahl eröffnet. — München, Nürnberg: Pabst 1721. 1083 S. 4° 2. 6.
1.8537

**Adalbert vom Berge,** das Leben Napoleons. 1. Bd. 1. Hft. Mit 1 Lithogr. gr. 8. Berlin 841, Recht. n. 1/4 ℔

† Adalbert vom Berge, (R. v. Rädern.) Napoleons Leben. 2 Bde. gr. 8. (61 B. u. 10 Abbild.) Berlin 811, Hübenthal u. Comp.

— Beiträge hierzu. (Mit 2 Bildn.) gr. 8. Ebd. 842. 1/2 ℔

**Adalbert** Prinz v. Preussen. 1847: Denkschrift über die Bildung einer deutschen Kriegsflotte. Vom Marine-Ausschuss der Bundesversammlung als Ms. veröffentl. (Verf.: Ad[albert] P[rinz] v. P[reussen].) — o.O.u.J. 24 S.
1: 4° Sa 8009. 5.
1.8540

(—) Grundzüge der Verfassung und Einrichtung der Oberfeuerwerker-Schule. — Berlin 1853: Decker. 43 S.
1: 37 in An 8630-42.
1.8543

— Reise Seiner Königlichen Hoheit des Prinzen Adalbert von Preussen nach Brasilien. 1857 u.ö. s. *Adalbert* Prinz v. Preussen: Tagebuch [Ausz.]

— Skizzen zu dem Tagebuche von Adalbert, Prinz von Preussen. 1842-1843. — o.O.u.J.
1: 2° Libr. impr. rar. 467. 5.
1.8544

— [Tagebuch, Ausz.] Reise Seiner Königlichen Hoheit des Prinzen Adalbert von Preussen nach Brasilien. Nach dem Tagebuche Seiner Kgl. Hoheit auszügl. bearb. u. hrsg. von H[ermann] Kletke. — Berlin: Hasselberg 1857. 749 S.
2. 3.
1.8547

— — Ebd. 1857. 749 S. (Aus fernen Zonen. 1.)
1: Uy 4728-1. 12: It. coll. 38 v-1. 6. 7. 9. 10. 11.
1.8548

**Adalbert,** Prinz von Preussen: Aus meinem Tagebuche 1842—1843. Als Manuscript gedruckt. Nebst einem Atlas: Skizzen zu dem Tagebuche von Adalbert, Prinz von Preussen. 1842—1843. Berlin 1847. 2 Bde. VII, 785 S., 1 Tf., 9 Krt.; 45 Tf. 4° u. Fol.

Adalbert vom Thale, der Freischütz, s. Novellen aus der Theaterwelt.

• **ADALBERT** vom Thale (i. e. *Carl v. Decker*). Freie (ziemlich zahme) Handzeichnungen nach der Natur. Bdchn. (1) 2 (kplt.) Berlin 1820, 27. 8°. (2⅚ Rthl.) (In Berlin: Yw 8851.) I: Alma. II. Die Moldaubrücke.

**Adalbert,** Carl, das Buch mit sieben Siegeln. Roman. 3 Bde. 8. (277, 230 u. 236 S.) Berlin 876. Janke. n. 10.—

**Adalbert,** H., sexuelle Verirrungen, ihre Folgen, Verhütung u. Heilung. Ein neuer Wegweiser f. junge Männer zur Befreig. u. Gesundg. (102 S.) 8. Leipzig 909. A. Michaelis. 1.50

**Adalbert,** M., Schul- und Haus-Atlas über alle Theile der Erde. Vollständig mit 30 (lith.) Karten (in Farbendr.). Berlin 855. Abelsdorff. Qu. Fol. n. 1 ℔

Adalia, d. liebenswürdige. 8. Hamb. 732.

**Adaliens** Lebensgeschichte, od. die mißvergnügte Ehe. 8. Erfurt 754. ... 7 ℊ

Adalrich, d. Prinzen u. d. Prinzessin Gothilda Begebenheiten, a. d. Schwed. 16 Bücher in 4 Thlen. 8. Wismar, Bödner. 750 — 52.

**Adam** (sachliches Ordnungswort)
s. a. A d a m ' s am Ende dieses Eintrages

**Adam.** Ein dramatisches Gedicht. Berlin, 862. (Behr.) 32. (71 S.) n. 10 ngr.

Das Adamsspiel (**Adam**)

— — Das Adamsspiel. Anglonormannisches Gedicht d. 12. Jh. mit e. Anh.: Die fünfzehn Zeichen des jüngsten Gerichts hrsg. von ... Karl Grass. — Halle a. S.: Niemeyer 1891. VIII, 173 S. (Romanische Bibliothek. 6.)
1: Xi 822-6. 12: P.o.gall. 248 f-6. 300: 82.430-B. Per. 6.
2. 3. 4. 5. 6. 7. 8. 9. 10. 11.
1.8562

— Das Adamsspiel. Anglonormannisches Mysterium d. 12. Jh. Hrsg. von Karl Grass. 2. verb. Aufl. — Ebd. 1907. LXIX, 94 S. (Romanische Bibliothek. 6.)
1: Xi 822ᵃ-6. 12: P.o.gall. 248 fb-6. 3. 4. 6. 11.
65 1.8563

— — [deutsch] Das altfranzösische Adamsspiel. ⟨Mysterium aus d. 12. Jh.⟩ In d. Deutsche übers. von Elisabeth Grahl-Schulze. Mit e. Geleitw. von Gustav Körting. — Kiel: Mühlau 1910. 45 S.
1: Xv 2268. 12: P.o.gall. 1546 rm. 300: 474.713-B. 8.
1.8568

**Adam,** der alte; eine neue Familiengeschichte (vom Graf. K. C. E. v. Benzel-Sternau). 4 Bde. 8. Gotha 819 u. 820. Becker. 5 ℔ 8 ℊ

**ADAM** und Eva, Die von ihren Feigen-Blättern entblöseten, oder die gewöhnlichen Tugenden und Laster beyderley Geschlechts der Welt dargestellet; mit artigen poetischen Einfällen .... versehen. Nebst einem doppelten Anhang: I. Das Steigen und Fallen Mademoiselle Speckfresserin. II. Die zur Buss und Erkenntniss kommende Coquette in einem netten Gedichte, an ihre vormahlige Kupplerin geschrieben. Nach dem Englischen Exemplar. Mit Titelkpf. O. O. 1720. 8°. (15 Mk. Jos. Baer & Co., Frankfurt a. M., 1888; 25 Mk., Adolf Weigel Lps., c. 1905.)

(In Berlin, Bibl. d. k. Hausarchivs, aus Rödenbeck's Bibl.) Sehr pikante Satyren u. erotische Gedichte. Höchst seltene 1. Ausgabe. Uebersetzung eines englischen Originals. Wohl irrig dem bekannten Gelehrten und Dichter Joh. Burchard Mencke zugeschrieben.

— — Dasselbe, titulo: Vernünfftiger MOMUS, der die Fehler der Menschen auff eine Satyrische Arth durchziehet. O. O. 1725. 8°. (In Stuttgart.)

Tit., 3 Bll. Vorr., 320 S. Enth. in 2 Abthlgn. XV und XIV satyrische Charakteristiken von Weibern und Männern, jede mit Schlussmorale in Versen. Hier die Ueberschriften der 1. Abthlg. vollständig: Die scheinheilige Heuchlerin, oder das andächtige Frauen-Zimmer. — Der Student mit dem langen Rock, oder das gelehrte F. — Der weibliche Satyr, oder das mocqvante und censirende F. — Die verschmitzte Hure, oder das betrügliche F. — Die Gräfin von Brandtewein, oder das versoffene F. — Der missvergnügte Ehe-Schatz, oder das eyfersüchtige F. — Das sich selbst und ihren Mann unglücklich machende, oder das Spielsüchtige F. — Der weibliche geheimde Rath, oder das curieuse Staats-F. — Der Spinne-Rocken in der Kutschen, oder die durchs Geld geadelte Bauer-Griete. — Das hochgebohrne, aber nicht vom Glück secundirte, oder das nur vom Glück dependirende F. — Des Frauenzimmers liebe Getreue, oder die ehrbare Kupplerin. — Die ehrbare Hure, oder das Ebenbild einer Comödiantin. — Das gar zu sehr lustige, oder das hochgelbhaarigte, noch unverheyrathete F.

(Höchst lasciv.) — Das alamodische Frauenzimmer, oder die baronisirte Bürgerin. — Die Gast-freye Dame auf dem Lande, oder das tugendhaffte und gutthätige F.

Auch die auf die Männer bezügl. Satyren sind oft sehr unfläthig und cynisch, u. a.: Der schöne Soldat, oder der elende Officier. — Der brutale Justizrath oder der hoffärtige Amtmann. — Der ansehnliche Ehebrecher, oder der geehrte Bösewicht. — Narcissus, oder der in sich selbst verliebte Narr. — etc.

Die beiden sehr pikanten Anhänge füllen die Seiten 219—320.

— — Dasselbe. Auf Ansuchen einiger die von Sauberkeit der hochteutschen Redens-Arthen zu profitiren entschlossen. Berlin, Schuster, 1732. 8°. 368 S. (14 Kr. Halm & Goldmann, Wien, 1904.)

Angezeigt im Cat. Monath. III. Nürnb. 1784. 8°. p. 112.

— — Dasselbe. Berlin b. J. J. Schmid. 8°. (O. M. V. 1741. G 1 b.)

— — Dasselbe, titulo: Mouquerien (sic!). Aus d. Französ. (vielmehr Englischen) übers. Cöln (Danzig, Knoch) 1753. 8°. (Cat. Monath. III. p. 134.) 387 S. (8 Mk. 50 Pfg. Frdr. Klüber, München, c. 1895.)

— — Dasselbe, titulo: Mocquerien. Neue Auflage. Cölln 1754. 8°. (In Stuttgart und Dresden.) Tit., 1 Bl. Vorr., 1 Bl. Inh., 368 S. (Abth. 2 beginnt mit S. 160.).

368 S. (incl. Tit., 1 Bl. Vorw. u. 1 Bl. Inh. der 2 Abthlgn.

**ADAM** und Eva. Eine paradiesische Geschichte (Geheimnisvolle Bibliothek, Bd. 42). Dresden, Dresdener Romanverlag.

Verb. d. Ldg. Dresden V. A. 217/08.

§ **ADAM** und Eva, oder: Die erste Liebe. (Mit Titelbild.) München, Verlags-Expedition, o. J. (1871). 8°. 63 S. (⅓ Rthl. Fischhaber, Reutlingen, u. A.)

Adam contra Eva. Kurze Bemerkungen zu den Akten von einem Unparteiischen. 1. und 2. unveränd. Aufl. 8. (VII, 88 S.) Heidelberg 877,78, Bassermann'sche Verlagsbuchh.
cart. mit Goldschn.

**Adam der kleine Gärtner**, s.: Jugendbibliothek engl. Schriften. II. Bdchn.

**Adam Krakerl von Krakerfeld**, Herr, s. d. Musikanten am Hohenmarkt.

*Adam* et Lachnith, premières leçons et pièces agréables de tout genre etc. Leipzig, (Peters). 1 ℛ 8 𝒩

Adam nach der Bibel nicht der erste Mensch! Eine Bibelstunde über d. Schöpfung d. Menschen. Von e. Ungelehrten. — Kötzschenbroda: Wugt; [übergekl.:] Heukeshoven 1900. 16 S. 1:Bm 3020.
1.8572

**Adam, Der Neue.** An den Herrn Wichelhausen. [Bremen 1738]. V: *Renner, Caspar Fr.* (Mn)

**Adam, Der neue.** Bern 1771. V: *Bodmer, Johann Jacob.* (GGr)

— wo bist du? Für Gesunde u. Kranke, Männer u. Frauen. gr. 8. (43 S.) Bielefeld 902. Verlag Sanitas. — 50

Ⓢ — wo bist du? 902. (KVB 31.) Jetzt: Leipzig, Modern-medizin. Verlag.

**Adams u. Evens Erschaffung u. ihr Sündenfall.** Ein geistl. Fastnachtsspiel; aus d. Schwäb. ins Oesterr. übers. 4. Wien 783, Camesina. (Heubner). 12 𝒩

**ADAMS** und Evens Erschaffung und ihr Sündenfall. Ein geistlich Fastnachtspiel mit Sang und Klang (von *Sebastian Sailer*). Mit Text-Vignetten. O. O. (Wien, Kurzböck). 1783. 4. (6 Mk. Völcker; 6 Mk. Oswald Weigel.)

In schwäbischer Mundart mit gegenüberstehender Uebersetzung in österreichischem Dialekte. Sehr seltene, nirgends citirte Operette mit 25 in den Text eingedruckten Melodieen zu den Arien. Fehlt im Anon.-Lex. Goedeke V, 551, 14. Name d. Verlegers im Cat. Monath IV. Nürnb. 1785. p. 552. — Proben in: Beobachtungen (s. d.) des Narren in d. Einsamkeit. Th. I. Hundsfeld, 1788. 8°. S. 31—36.

**Adams Fall**, dabei die Unschuld Gottes, in e. neuen Uebersetz. d. Mosaisch. u. a. Schriftst. 8. Offenb. 780. Brede. 4 𝒩

**Adam's sieben Söhne**; Lustsp., s. Almanach dramat. Spiele. v. Hinze.

**Adam's sieben Söhne.** Lstspl., s. Hinze, Almanach dramat. Spiele.

Adam (persönlicher Name)

**Adam** Balsamiensis: Epistola Adami Balsamiensis ad Anselmum. Ex cod. Coloniensi ed. Hoffmannus Fallerslebensis [Heinrich Hoffmann v. Fallersleben]. — Neowidae: van der Beeck; Coloniae: Heberle; Hannoverae: Rümpler (1853). 12 S.
1:Xh 1166. 12:Epist. 970-17. 300:47.008-B. 4. 7. 11.
1.8574

**Adam** le Bossu s. *Adam* de La Hale.

Adam Bremensis

— Adam's Geschichte der Ausbreitung der christlichen Religion durch die Hamburgische und Bremische Kirche in dem benachbarten Norden ... Aus dem Lat. übers. von Carsten Miesegaes. — Bremen: Heyse 1825. XXIV,372 S.
1:Rw 6790. 300:60 E 57. 3. 7. 8. 11.
1.8584

— — Adami Gesta Hammaburgensis Ecclesiae pontificum ex rec. [Johann Martin] Lappenbergii. In usum scholarum ex Monumentis Germaniae historicis recudi fecit Georgius Heinricus Pertz. — Hannoverae: Hahn 1846. XII,218 S. (Scriptores rerum Germanicarum.)
12:Germ. g. 346m-1. 3. 4. 5. 7. 8. 9.
1.8580

— — Adami Gesta Hammaburgensis Ecclesiae pontificum ex rec. Lappenbergii. In usum scholarum ex Monumentis Germaniae historicis recusa. Ed. 2. — Hannoverae: Hahn 1876. XX,191 S. (Scriptores rerum Germanicarum.)
1:Rw 6724. 12:Germ. g. 346n-1. 2. 3. 4. 5. 6. 7. 8. 10. 11.
1.8582

**Adam's v. Bremen Hamburgische Kirchengeschichte**, s. a. Geschichtschreiber, die, der deutschen Vorzeit.

— — Adam's von Bremen Hamburgische Kirchengeschichte. Nach d. Ausg. d. Monum. Germ. übers. von J[ohann] C[arl] M[auritz] Laurent. Mit e. Vorw. von J[ohann] M[artin] Lappenberg. — Berlin: Besser 1850. XII,232 S. (Die Geschichtschreiber d. deutschen Vorzeit. 11. Jh., Bd 7.)
1:Rw 3588-11,7. 12:Germ. g. 159h-XI,7. 300:392.249-B. VII,7 [u.] 29.736. 11. Jh., 65 Bd 7. 2. 3. 4. 5. 6. 7. 8. 9. 10. 11.
1.8585

— — 2. Aufl. Neu bearb. von W[ilhelm] Wattenbach. Leipzig: Dyk 1888. XIV,262 S. (Die Geschichtsschreiber der deutschen Vorzeit. 2. Gesamtausg. 44.) 3. 7.
1.8586

— — 2. Aufl. Neu bearb. von W[ilhelm] Wattenbach. Ebd. (1893). XIV,262 S. (Die Geschichtschreiber d. deutschen Vorzeit. 2. Gesamtausg. 11. Jh., Bd 6.)
1:Rw 3588ᵃ-11,6. 12:Germ. g. 159hc-XI,6. 3. 4. 5. 6. 7. 8. 10. 11. 102.
1.8587

Canchons und Partures des altfranzösischen Trouvere Adan de le Hale [**Adam** de la Hale] le Bochu d'Aras hrsg. v. Rudolf Berger. Bd 1. *Halle a. S.: M. Niemeyer 1900.* 8°
= **Bibliothek**, Romanische. No 17. [oo. 6834 11

— Die dem Trouvere Adam de la Hale zugeschriebenen Dramen: „Li jus du pèlerin", „Li gieus de Robin et de Marion", „Li jus Adan". Genauer Abdr. d. erh. Hs. Besorgt von A[dolf] Rambeau. — Marburg: Elwert 1886. 98 S. (Ausgaben u. Abhandlungen aus d. Geb. d. roman. Philologie. 58.)
1:Xi 216-58. 12:L. eleg. g. 16s-58. 300:390.815-B. 65 Per. 58. 2. 3. 4. 5. 7. 8. 9. 10. 11.
1.8599

**Adam** de Perseigne s. *Adam* Abbas Perseniae.

Eructavit. An old French metrical paraphrase of psalm 44, publ. from all the known ms. and attributed to Adam de Perseigne [Adam abbas Perseniae] by T. Atkinson Jenkins. Dresden: Gesellsch. f. Roman. Lit.; Niemeyer, Halle, in Komm. 1909. XLV, 128 S. 8°
(Gesellschaft f. Romanische Literatur. Bd 20.) 10. 6:21

**Adam, Herzog von Würtemberg** (General-Lieut. und General-Adjutant d. Kaisers aller Reußen, ꝛc.), die Schlacht bei Ostrolenka, geliefert den 14/16. Mai 1831, nach Originalquellen u. hauptsächlich nach dem Tagebuche eines Augenzeugen bearbeitet. Mit 2 Schlacht-Plänen. gr. 8. Nordhausen 841. Schmidt. 19 ngl

Adam, Herzog v. Würtemberg, die Schlacht b. Ostrolenka, geliefert d. 14/26. Mai 1831, nach Originalquellen u. hauptsächl. nach d. Tagebuche e. Augenzeugen bearb. gr. 8. (2¼ B., 1 Tab. u. 2 Schlacht-Pläne.) Nordhausen 842, [Büchting.]

Adam (Familienname ohne Vorname)
Name mit Zusätzen (z. B. Onkel) s. am Ende dieses Eintrages

Adam s.a. Adams

**Adam,** Komponist. 1838 s. *Adam,* Adolphe Charles.

**Adam,** Oberamtsrichter, Sulz. 1901 s. *Adam,* Franz.

**Adam,** Hauptlehrer, Breslau. 1853 s. *Adam,* Friedrich.

**Adam,** Madame, franz. Schriftstellerin. 1886 s. *Adam,* Juliette.

**Adam,** Altphilologe. 1877 s. *Adam,* Ludwig.

**Adam,** Badearzt, Flinsberg. 1884 s. *Adam,* Waldemar.

**Adam,** Seminarlehrer. 1887 s. *Adam,* Wilhelm.

Adam. Abbildungen des Russischen Militärs. 4. Augsburg 1814.

Adam: Anwendung d. stereometrischen Lehrsätze auf die Berechnung d. Inhalts verschiedener Körperformen. 24 S.
Progr. Brünn 1864.

**Adam,** der Arzt in der Hilfsschule, s.: Leubuscher.

**Adam,** s.: Assanierung, die, v. Cöln.

**Adam,** das württembergische Ausführungsgesetz zum bürgerl. Gesetzbuche vom 28. VII. 1899 m. Erläutergn. zum 3. Abschnitt u. anderen einschläg. Bestimmungen. gr. 8. (VI, 122 S.) Berlin 900. Leipzig, Gesetzverlag Schulze & Co. Kart. n. 2. —

— dasselbe, s.: Brandis, W., u. F. Brandis, bürgerliches Gesetzbuch. Ausg. f. Württemberg.

— die württembergischen Ausführungsgesetze vom J. 1879 in der neuen Fassung, nebst sonst. Vorschriften zu den Reichs-Justiz-Gesetzen. Handausg. m. Anmerkgn. gr. 8. (VI, 86 S.) Stuttgart 901. W. Kohlhammer. n. 1. 50; kart. n. 1. 80

**Adam,** Der Jüngere. 1753: Beweis, daß christliche Satyren möglich sind, aus der Erfahrung hergenommen. — o.O. 1753. 1:1 an Nm 2402. 12:Paed. Th. 18.

Adam: Das Entwerfen geographischer Chartennetze in Verbindung mit dem mathematischen Unterrichte am OG. 19 S.
Progr. Brünn 1858.

**Adam:** Erinnerungen an die Feldzüge . . ., s. Adam, Franz

**Adam,** Prof. Erinnerungsblätter für die Sammlung von Bildnissen berühmter österreichischer Feldherren. Als Manuscript gedruckt. (Bildeten kurze Notizen zu den in den Speisesälen der Wiener-Neustädter Akademie aufgehängten Bildnissen.)
8. Vor dem Jahre 1805.

**Adam:** Führer ins (durch das) Isergebirge, s. Adam, Waldemar

Adam: Grundformel der Dioptrik. 17 S.
Progr. Brünn 1859.

**Adam,** guide théorique et pratique du percepteur receveur municipal. Berlin 897.

**Adam,** Handbuch f. Trainoffiziere auf dem Marsche u. im Manöver, nebst e. Anleitg. zur Geschäftsführg. f. den Kolonnen-Wachtmeister. (IV, 57 S.) 8. Berlin 904. E. S. Mittler & Sohn. n. 1. —

Adam u v Leibbrand, die Jubiläumssäule in Stuttgart. (10 S 1 T) 4° Stuttgart 1893

**Adam (II.),** Lehrplan für den Rechenunterricht in der vierklassigen und der ungeteilten einklassigen Seminar-Übungsschule. In Wochen-Pensen bearb. gr. 8. (15 S.) Neu-Ruppin 887, Howe. *

**Adam.** Observat. crit. in Platonis Cratylum. Pr. 1875. 14 S. 2.—

**Adam (I.),** die älteste Odyssee in ihrem Verhältnisse zur Redaction des Onomakritus und der Odyssee-Ausgabe Zenodots. gr. 8. (90 S.) Wiesbaden 877, Niedner.

**Adam,** völkerrechtl. Okkupat. u. deut. Kolonialstaatsrecht. Freib. i/Br. 891.

— Ciceros Orator und Horaz' Ars poetica nach ihrer inneren Verwandtschaft verglichen. Pr. 1882. 31 S. 4°. 1.50

Adam (Hrsg.), s. Reise-Journal, Internationales.

Adam, das große Reiter-Buch, s. Reiter-Buch.

**Adam,** üb. die Sklaverei u. Sklavenentlassung bei den Römern. Tübingen 866. (Fues.) 4. (32 S.) n. 10 ngr.

**Adam.** 1811: Tafeln zur richtigen Berechnung des cubischen Inhalts, der Preise, und des Verhältnisses von dem Diameter des Circuls gegen die Quadratwurzel eines jeden Stammes von 6 bis 48 Zoll dick und 1 bis 60 Schuh lang. 3. verb. Aufl. — Marburg: Akad. Buchh. 1811. 29 Bl.
Dasselbe: 2., verb. Aufl. – Gießen: Krieger 1801. 4.
1.8633

**Adam.** Die aristotelische Theorie vom Epos nach ihrer Entwicklg. bei Griechen u. Römern. gr. 8. (116 S.) Wiesb. 889, Limbarth. * 3 —

**Adam,** d. Thronfolgerecht der Kognaten nach d. heutigen Deutschen Landesstaatsrecht. Sondershausen 899.

**Adam,** Tübingen u. Urach, s.: Festschrift der Gymnasien u. evangelisch-theologischen Seminarien Württembergs zur 4. Säcularfeier der Universität Tübingen.

**Adam.** 1859: Verzeichniss alter werthvoller Kupferstiche aus dem Adamschen Nachlasse. — Berlin [1859]. 1 Bl.
1: Ns 8921.
1.8634

**Adam,** Verzeichniss der Wortsiegel, Monogramme u. derjenigen deutschen Wörter, deren Abstammung zweifelhaft oder verdunkelt ist, sowie sämmtl. Affixe aus Stolze's Lehrgang der deutschen Stenographie. 12. Aufl. 8. (20 lith. S.) Breslau 878. (Hannover, Schulbuchhandlung.) n. — 50

**Adam (I.),** Verzeichniss der Wortsigel, Monogramme und derjenigen deutschen Wörter, deren Abstammung zweifelhaft oder verdunkelt ist, sowie sämmtl. Affixe aus Stolze's Lehrgang der deutschen Stenographie. 15. Aufl. 8. (16 autogr. S.) Breslau 884. (Hannover und Celle, Schulbuchhandlung.)

**Adam,** d. Veterinärpoliz., m. Berücksichtig. d. Gesetzgebgn. Münch. 862.

**Adam.** Das Werk der Münchener Künstlerfamilie A. Reproductionen nach den Originalen der Maler Albr. Adam, Benno A., Emil A., Eugen A., Frz. A., Jul. A. Hrsg. v. Sigm. Soldan. Mit Text v. H. Holland. In unveränderl. Lichtdr. ausgeführt v. Fr. Bruckmann. 1. Abth. qu. Fol. (14 Bl. m. III u. S. 1 u. 2.) Nürnberg 890. Soldan. In Mappe. n. 33. —

**Adam.** Das Werk der Münchener Künstlerfamilie A. Reproductionen n. d. Originalen d. Maler Albr. Adam, Benno A., Emil A., Eug. A., Frz. A., Jul. A. Hrsg. v. Sigm. Soldan. Mit Text v. H. Holland. In unveränderl. Lichtdr. ausgef. v. Fr. Bruckmann. 2.—6. Abth. qu. Fol. (70 Bl. m. Text S. 3—16.) Nürnberg 890. S. Soldan's Verl. In Mappe n. 159. — (Kplt. n. 192. —)

**Adam,** Ueb. den redner. u. staatsmänn. Werth d. I. catilinar. Rede Cicero's. 4°. 1855. 27 S. 1.20

Adam (Hrsg.), s. Zeitschrift, Deutsche, für Tiermedizin und vergleichende Pathologie.

Adam (Red.), s. Z e i t s c h r i f t für Pferdekunde und Pferdezucht.

**Adam**, d. civilprozessuale Zuständigkeits-Vereinbarung in geschichtl. Entwicklung. München 888.

**Adam, Brüder, Erinnerungen an die Feldzüge der k. k. österr. Armee in Italien in den J. 1848—49. In Handzeichnungen nach der Natur, lith. u. hrsg. qu. gr. Fol. (24 Steintaf.) Wien 882. Hölzel. In Mappe. n. 30. —; in Leinw.-Mappe. n. 40. —**

Adam, Onkel, s. a. O n k e l Adam — W e t t e r b e r g h, C. A. (Karl Anton)

— das Altargemälde, siehe: **A u s l a n d**, das belletrist., 1322—1330. Bdchn.

† Adam, Onkel, (C. A. Wetterbergh.) **Daheim**, s. Sammlung schwedischer Novellen.

— **Skandinavische Erzählungen**, siehe: **B i b l i o t h e k, Europäische**, 75—80. Bd.

**Adam, Onkel,** (C. A. Wetterbergh), Geld u. Arbeit, s.: **A u s l a n d**, d. belletr., 1378—1386. Bdchn. — **W e l t**, belletrist., 68—78. Bdchn.

**Adam**, Onkel (C. A. Wetterbergh), Genrebilder aus dem Alltagsleben. — Neue Genrebilder, s. Ausland, das belletristische, v. K. Spindler. 202.—207., 315.—320., 414.—417. Bdchen.

— neue Genrebilder aus d. Alltagsleben, siehe: **A u s l a n d**, das belletrist., 865—868. 1339—1343. Bdchn.

—— Haß und Liebe, s. a. **B i b l i o t h e k**, europäische. — Haß und Liebe.

**Adam, Onkel,** (C. A. Wetterbergh), Haß u. Liebe. Episoden aus e. Familiengeschichte. Aus d. Schwed. übers. v. H. Bartholdi. 3 Bde. 8. (260, 240 u. 296 S.) Leipzig 850, Kollmann. 3 ₰ (s. auch: **B i b l i o t h e k**, Europäische, 302—305. Bd.)

— das **Häuschen am Gatterthore bei Nygard**, siehe: **A u s l a n d**, das belletrist., 1280. Bdchn.

— **L e s e - C a b i n e t**, 374 u. 375. Lfg.

Adam, Onkel, Liebe und Handel, s. **A u s l a n d**, das belletristische.

— **der hölzerne Löffel**, siehe: **A u s l a n d**, das belletrist., 1766—1769. Bdchn. — **B i b l i o t h e k**, Europäische, 684 u. 685. Bd. — **L e s e - C a b i n e t**, belletrist., 542—545. Lfg.

† Adam, Onkel, (C. A. Wetterbergh,) ein Name. Genrebild, s. a. **A u s l a n d**, das.

— **ein Name**. Genre-Bild. Aus d. Schwed. v. Th. v. Wedderkop. 2 Bdchn. gr. 12. (VIII u. 477 S.) Oldenburg 848, Stalling. 1 1/2 ₰

— **Olga**, siehe: **A u s l a n d**, das belletrist., 1559—1561. Bdchn.

— **Major Müllers Töchter**, siehe: **B i b l i o t h e k**, Europäische, 172. Bd.

Adam, A. s.a. A d a m, Adf.

Adam, A. s.a. A d a m, Adph. Karl

— s. Buch Mibchar ha-Peninim.

**Adam, A.**, un chapitre rural d'autrefois, d'après les protocoles du chapitre du Haut-Haguenau. (99 S.) gr. 8. Rixheim 903. (Strassburg, F. X. Le Roux & Co.) n. 1.40
Sonderabdruck aus: „Revue catholique d'Alsace".

**Adam, A., u. F. Bürkle,** Illustrirter Führer a d. Schneebergbahn Wr. Neustadt—Puchberg—Hochschneeberg m. Partien i. diesem Gebiete u. histor. Anmerkgn. Hrsg. v. der Betriebsdirection d. Schneebergbahn. (Mit 22 Illustr. u. 1 Karte) Wien 898. (A. Hartleben.) — 60

Adam, A.: E r l e b n i s s e . . . , s. A d a m , Adam

Adam, A.: H a n d b u c h . . . , s. A d a m , Alexander

Adam, A.: . . . H o h b a r r . . . , s. A d a m , Alphonse

Murnau und dessen Umgebung. Ein treuer Führer mit Berücks. aller Interessen der Touristen. Hrsg. von A. **Adam**. Garmisch: A. Adam (Umschl.: Murnau: Falch) [um 1900]. 89 S. 8° 10. 13:23

Adam, A., Das Untheilbark.-Ges. i. Württ. Fürstenhause. Diss. Stuttg. 1883.

**Adam, A., bayer. Volks- u. Krieger-Lieder, s. D e n k s c h r i f t über das Uebungslager bei Augsburg vom 26. Aug. 1846.**

**Adam, A.,** Weihnachtsgesang für eine Singstimme und Clavier oder Harmoniumbegleitung in 3 Ausgaben; hoch, mittel, tief à —.60
Haslinger. Wien 1891

Adam, A. Ch., s. A d a m , Adolphe Charles

Adam, A. E., s. A d a m , Albert Eugen

**Adam, Adam, Erlebnisse e. Dorfschullehrers.** Biographische Bilder. 1897. Hrsg. v. Heinr. Schmeel. (S. 27—143 m. Bildnis.) kl. 8. Gießen 905. E. Roth. n. —90
Sonderabdruck aus: „Hess. Lehrer-Kalender".

**Adam, Adolf** s. *Adam,* Adolphe Charles.

**Adam, Adf., die Alpenhütte, s.Proch, Heinr.**

**Adam, Adolf Karl** s. *Adam,* Adolphe Charles.

**Adam, Adolfo** s. *Adam,* Adolphe Charles.

**Adam, Adolphe** s. *Adam,* Adolphe Charles.

Adam, Adolphe Charles

Adam, A., der Brauer von Preston, s. a. Mode's, G., Opern-Text-Bibliothek.

— — Der Brauer von Preston. Komische Oper in 3 Akten. Nach dem Franz. des Leuven u. Brunswick vom Frhrn v. Lichtenstein. Musik von Adolphe Adam. Text d. Gesänge. — Leipzig o.J.: J. F. Fischer. 46 S. **10.**
1.8647

— — Königsstädt. Theater. Gesänge aus: Der Brauer von Preston. Komische Oper. [Textb.] — Berlin 1839. 48 S.
**1:** Mus. Ta 85.
1.8648

Arien und Gesänge aus: Der Brauer von Preston. Komische Oper. [Textb.] — Berlin 1839. 55 S.
**1:** Mus. Ta 85/1. **2. 3.**
1.8649

— — Der Brauer von Preston. Komische Oper. [Textb.] München 1839: Franz. 52 S.
**12:** L. eleg. m. 1017 [u. ö.]
1.8650

— — Königsberg 1840: Schultz. 32 S. **10.**
1.8651

— — Mainz: Schott [um 1840]. 27 S.
**12:** Coll. Her 237.
1.8652

— — Vollst. Ausg. d. Dialogs u. Musiktextes, neu rev. u. mit e. Inhaltsangabe u. e. Einführung in die Oper versehen von W[ilhelm] Lackowitz. [Textb.] — Berlin [um 1880]. (Gustav Mode's Opern-Text-Bibliothek. 111.)
**1:** Mus. T 108–111.
1.8653

— — München 1883: Wolf. 49 S.
**12:** L. eleg. m. 1017 b.
1.8654

— Cagliostro. Komische Oper. Nach d. Franz. des ... [Eugène] Scribe u. [Jules Henri Vernoy de] St. Georges von Carl Gollmick. Musik von Ad. Adam. [Textb.] — Mainz: Schott 1845. 32 S.
**1:** Mus. Ta 86. **12:** Coll. Her 269.
1.8656

— Giralda. Romantisch-komische Oper in 3 Akten von [Eugène] Scribe. Übers. von W. Friedrich [d. i. Wilhelm Friedrich Riese]. Musik von A. Adam. [Textb.] — o.O. [um 1850]: Pichler. 26 S.
12: Coll. Her 655.
1.8668

— — Arien und Gesänge aus: Giralda oder die neue Psyche. Romantisch-komische Oper in 3 Akten von Scribe. Übers. von W. Friedrich. Musik von Adolphe Adam. [Textb.] — Berlin: Bote & Bock [um 1851]. 64 S.
1: Mus. Ta 98.
1.8669

— — Musik v. A. Adam. [Textb.] Ebd. 1851. 72 S.
1: Mus. Ta 98/1.
1.8670

— — Berlin 1853: Kolbe. 64 S. 1: Mus. Ta 98/2.
1.8671

— — München [um 1860]: Schurich. 66 S.
12: L. eleg. m. 1044.
1.8672

— Gisela, oder: Die Willi's. Großes phantastisches Feen-Ballet in 2 Acten, von [Jean] Coralli und (Jules Henri Vernoy de) Saint Georges. Musik von A. Adam. [Textb.] — [Graz] o.J. (: Leykam). 7 S.
300: 51.915 B.
1.8673

— — Die Willys oder: Gisela. Fantastisches Ballet von Saint Georges und Coraly [Coralli]. Musik von Adam. [Textb.] Berlin [1843]. 30 S. 1: Mus. Ta 100/1.
1.8674

— — Berlin 1843. 30 S. 1: Mus. Ta 100/2.
1.8675

— — Königl. Schauspiele. Die Willys, oder Gisela. Fantastisches Ballet von Saint Georges und Coraly. Musik von Adam. Nach Anordnung d. Königl. General-Intendantur. [Textb.] — Berlin [um 1843].
1: Mus. Ta 100.
1.8676

— — Giselle, oder: Die Wilis. Großes phantastisches Ballet in 2 Akten von Corally und Saint Georges. Musik von Adam. [Textb.] — Prag 1865. 16 S. 300: 52.128-A.
1.8677

— Die Hamadryaden. Choregraphisches und musikalisches Intermezzo in 2 Abth. u. 4 Gemälden von de Colombey [d. i. Émile Laurent] u. Paul Taglioni. Ins Deutsche übertr. von [Ludwig] von Lichtenstein. Musik von A. Adam. [Textb.] — Berlin 1840. 22 S.
1: Mus. Ta 104 [u.] Mus. Ta 104/1. 12: Coll. Her 701.
300: O. T. 3 IV 6. M. S. 3.
1.8679

**König** für einen Tag. ⟨Wenn ich König wäre!⟩ [Si j'étais roi!] Romant.-kom. Oper in 3 Akten von Dennery [Ad. Phil. d'Ennery] u. [Jules] Brésil. Musik von Adolphe **Adam**. [Textbuch.] Uebers. u. f. d. deutsche Bühne bearb. von Paul Wolff. (Selbstverl. d. Übers.; Frankfurt a. O. 1908: F. Köhler.) (30 S.) 8° [08. 10430

— Der König von Yvetot. Komische Oper. Frei nach d. Franz. von Julius Francke. Musik von A. Adam. [Textb.] — Leipzig: Breitkopf & Härtel o.J. 42 S. 1: Mus. Ta 120.
1.8728

— — Arien u. Gesänge aus: Der König von Yvetot. Komische Oper ... [Textb.] — Berlin 1844. 56 S.
1: Mus. Ta 120/2.
1.8729

— — Gesänge aus: Der König von Yvetot. Komische Oper ... [Textb.] — Danzig: Gerhard [um 1850]. 31 S.
1: Mus. Ta 120/1.
1.8730

— Königin für einen Tag. Komische Oper in 3 Aufz. Nach d. Franz. des [Eugène] Scribe u. [Jules Henri Vernoy de] Saint Georges, zur beibehaltenen Musik von Adam von [Ludwig] v. Lichtenstein. [Textb.] — o.O.u.J. 16 S. 300: 412.461-D.
1.8721

— — Königin für einen Tag. Komische Oper. Nach dem Franz. des Scribe u. Saint-Georges von v. Lichtenstein. Musik von Adolph Adam. [Textb.] — o.O.u.J. 32 S.
1: Mus. Ta 117.
1.8722

— — Leipzig o.J.: J. F. Fischer. 60 S. 10.
1.8723

— — Mainz: Schott [um 1840]. 32 S.
1: Mus. Ta 117/2. 12: Coll. Her 928.
300: Ser. nov. 11.144.

— — Die Eintagskönigin. Komische Oper in 3 Akten, nach »La Reine d'un jour« von H. V. v. St. Georges bearb. vom Frhrn v. Lichtenstein. Musik von Adam. [Textb.] — München [um 1840]: Franz. 75 S. 12: Don. Lud. LX,1.
1.8725

— — Gesänge aus: Königin für einen Tag. Komische Oper. [Textb.] — Berlin 1840. 1: Mus. Ta 117/1.
1.8726

— Das hübsche Mädchen von Gent. Pantomim. Ballet ... von [Jules Henri Vernoy de] St. George[s] und Albert [d. i. Albert Decombe]. [Textb.] — Berlin [1849]. 36 S.
1: Mus. Ta 89/1 [u.] Mus. Ta 96.
1.8663

— — In Scene gesetzt von ... [Michel François] Hoguet. [Textb.] — Ebd. 1849. 36 S. 1: Mus. Ta 96/1.
1.8664

— Der Postillon von Lonjumeau. Komische Oper. Nach d. Franz. des [Adolphe] v. Leuven u. Brunswick [d. i. Léon Lévy Lhérie]. Musik von A. Adam. [Textb.] — Berlin: Kühling o.J. 30 S. 1: Mus. Ta 112/4.
1.8683

— — Berlin: Uthemann & Müller o.J. 16 S.
1: Mus. Ta 112/2.
1.8684

— — Nach d. Franz. des v. Leuven u. Brunswick von M. G. Friedrich [d. i. Friedrich Melchior Gredy]. — Ebd. o.J. 20 S. 1: Mus. Ta 112/3.
1.8685

— — Frei nach d. Franz. von Friederike Ellmenreich. Text der Gesänge. — Breslau: Grass, Barth & Co. o.J. 39 S.
2.
1.8686

— — Nach d. Franz. von Friederike Ellmenreich. [Textb.] Karlsruhe: Macklot o.J. 46 S. 1: Mus. Ta 112/8.
1.8687

— — Frei nach d. Franz. von Friederike Ellmenreich. Text der Gesänge. — Leipzig: Fischer & Kürsten in Komm. o.J. 32 S. 1: Mus. Ta 112/7.
1.8688

— — Komische Oper in 3 Akten. Nach d. Franz. der Herren von Leuven und Brunswick von M. G. Friedrich. Musik von Adolph Adam. — Mainz: Schott o.J. 24 S.
300: 6.560-B.
1.8689

— — Nach d. Franz. Musik von Adam. Stuttgart: Fein o.J. 24 S. 300: O. T. 9 II 7. M. S.
1.8690

— — Komische Oper in 3 Akten. Nach d. Franz. des [Eugène] Scribe von H. v. Leuven und F. Brunswick. Musik von Adolph Adam. [Textb.] — Wiesbaden: Bechtold o.J. 32 S. 1: Mus. Ta 112/10.
1.8691

— — Nach d. Franz. des v. Leuven u. Brunswick von M. G. Friedrich. [Textb.] — Berlin [um 1837]. 62 S.
1: Mus. Ta 112.
1.8692

— — Ebd. 1837. 62 S. 1: Mus. Ta 112/1.
1.8693

— — Komische Oper in 3 Aufz. von Leuven u. Brunswik. Musik von A. Adam. [Textb.] — Wien 1837: Wallishausser. 16 S. 300: 52.124-A.
1.8694

— — Komische Oper in 3 Aufz. von Leuven u. Brunswik, übers. von W. A. Swoboda. Musik von Adolph Adam. — Wien 1837: Wallishausser. 66 S. 12: Coll. Her 1360.
1.8695

— — Text der Gesänge aus: Der Postillon von Lonjumeau. Komische Oper in 3 Abth. Frei nach d. Franz. des Scribe [vielm. des Adolphe de Leuven u. Léon Lévy Lhérie]. Musik von Adolph Adam. — Bremen: Feilner 1838. 47 S.
1: Mus. Ta 112/5.
1.8696

— — München 1838: Franz. 58 S.
12: L. eleg. m. 1142 [u.ö.]
1.8697

**Adam, Adolphe Charles:**
Der Postillon von Lonjumeau. Komische Oper. Nach d. Franz. von M. H [vielm. G]. Friedrich. [Textb.] Köln [um 1867]: Langen. 24 S. 1: Mus. Ta 112/6.
1.8698

— — Komische Oper von H. v. Leuven u. F. Brunswick. Neu rev. deutscher Text der Gesänge mit Ang. d. Inh. der Oper u. e. Einführung in dieselbe von Hermann Mendel. Berlin: Mode [1875]. 31 S. (Gustav Mode's Opern-Text-Bibliothek. 16.) 1: Mus. T 108-16.
1.8699

— — Deutsch von M. G. Friedrich. Leipzig: Breitkopf & Härtel [1879]. 36 S. (Breitkopf & Härtel's Textbibliothek. Ser. 4,78.) 1: Mus. T 111-78. 12: L. eleg. m. 1142b.
1.8700

— — Text der Gesänge. Officielle Bearbeitung für d. Leipziger Bühne. — Ebd. [um 1885]. 31 S. (Breitkopf & Härtel's Textbibliothek. Ser. 9,201.)
1: Mus. T 111-201.
1.8701

— Die Nürnberger Puppe. Komische Oper ... von [Adolphe] de Leuven & [Arthur Rousseau] de Beaupleau [vielm. Beauplan]. Deutsch von Herrmann. Musik von Adolphe Adam. [Textb.] — Berlin 1852: Kolbe. 16 S. 1: Mus. Ta 113.
1.8712

— — Deutsch von Ernst Pasqué. Musik von A. Adam. [Textb.] — Mainz: Schott 1852. 28 S.
12: Coll. Her 1384. 300: Ser. nov. 11.450.
1.8713

**Adam, Adolphe Charles:** Die Nürnberger Puppe. Komische Oper ... von [Adolphe] de Leuven & [Arthur Rousseau] de Beaupleau [vielm. Beauplan]. Deutsch von Ernst Pasqué. Musik von A. Adam. [Textb.] — Mainz: Schott [um 1895]. 28 S.
1: Mus. Ta 113/1. 9.
1.8714

— Gesänge aus Regine oder: Zwei Nächte. Komische Oper. Nach d. Franz. des [Eugène] Scribe von [Ludwig] v. Lichtenstein. Musik von Adam. [Textb.] — Berlin 1839. 40 S.
1: Mus. Ta 116. 12: Coll. Her 1420a.
1.8718

— — Mainz: Schott [um 1843]. 23 S.
1: Mus. Ta 116/1. 12: Coll. Her 1420.
1.8719

— Die Rose von Peronne oder die Heirath für einen Andern. Komische Oper. Nach d. Franz. des [Adolphe de] Leuven u. [Adolphe Philippe] d'Ennery u. zur beibehaltenen Musik von Adam von F. I. [d. i. Ignaz Franz] Castelli. [Textb.] — Mainz: Schott 1841. 24 S. **1:**Mus. Ta 121/1. **12:**Coll. Her 1466.
1.8734

— Zum treuen Schäfer. Komische Oper in 3 Akten. Nach d. Franz. des [Eugène] Scribe u. [Jules Henri Vernoy de] Saint-Georges vom Frhrn [Ludwig] v. Lichtenstein. Musik von Adolphe Adam. Text der Gesänge. — Leipzig o.J.: J. F. Fischer. 55 S. **1:**Mus. Ta 81/2. **10.**
1.8641

— — Königstädt. Theater. Gesänge aus: Zum treuen Schäfer. Komische Oper in 3 Akten. Nach d. Franz. des Scribe u. Saint Georger [!] vom Frhrn v. Lichtenstein. Zur ... Musik von Adam. [Textb.] — Berlin 1838. 55 S. **1:**Mus. Ta 81/1. **10.**
1.8642

— — Zum treuen Schäfer. Komische Oper in 3 Aufz. Nach d. Franz. des Scribe u. Saint-Georges zur ... Musik von Adam, vom Frhrn v. Lichtenstein. [Textb.] — Mainz: Schott (1838). 30 S.
**1:**Mus. Ta 81. **12:**Coll. Her 1529. **300:**Ser. nov. 11.346.
1.8643

— — München 1839: Franz. 64 S. **12:**Coll. Her 1529a [u.ö.]
1.8644

— Die Schweizerhütte. Aus d. Franz. von Scribe u. Mélesville von O[skar] L[udwig] B[ernhard] Wolff. Musik von Adolf Adam. [Textb.] — Leipzig: Breitkopf & Härtel [um 1880]. (Breitkopf & Härtel's Textbibliothek. Ser. 7,154.) **1:**Mus. T 111–154.
1.8661

Der Toreador. Buffo-Oper in 2 Akten von T[homas Marie François] Sauvage. Musik von Adolf **Adam**, f. d. deutsche Bühne übers. u. bearb. von Friedrich Rummler. ⟨Gesangstexte.⟩ Berlin: Harmonie (1909). 38 S. 8° [11. 383

**Adam, Albert,** Schlachtenmaler. 1827 s. *Adam,* Albrecht.

**Adam,** Albert [app. Arzt aus Celle]: Zur pathologischen Anatomie und Pathogenese der hypertrophischen Lebercirrhose ... München, Druck v. C. A. Seyfried & C., *1892;* 24 S. 8.
München, Med. Fak., Inaug.-Diss. v. [10. März] 1892

**Adam**, Alb. Eugen: Geschichte der freiherrlichen Familie Varnbüler von und zu Hemmingen. Stuttgart 1884 85. Mit Nachträgen.
Abschrift mit Schreibmaschine von 1905. 189 S. 29 cm. HPergbd.
Geschenk des Verfassers, 12. Okt. 1905.

**Adam, Alb. Eug., Johann Jakob Moser als württembergischer Landschaftskonsulent 1751—1771. 8. (VI, 160 S.) Stuttgart 887, Kohlhammer.** *

**Adam, Alb. Eug., das Untheilbarkeitsgesetz im württembergischen Fürstenhause nach seiner geschichtlichen Entwicklung. Inaugural-Dissertation. Lex.-8. (III, 62 S.) Stuttgart 888, Kohlhammer.** *

— Freiherr Karl Eberhard Friedrich Varnbüler von und zu Hemmingen. 1776–1832. Ein Beitrag zur Gesch. seiner Zeit. — Stuttgart: Metzler 1886.
**1:**Sh 1840. **12:**Biogr. 1193i. **2. 5.**
1.8754

**Adam, Albrecht:** Bildnisse vorzüglicher Pferde aus dem Marstall und den Privat-Gestüten ... des Königs von Württemberg. Lfg 1.2. — Stuttgart: Ebner [um 1832]. quer-4° **6.**
1.8755

**Adam, Alb., 24 Croquis pittoresques, dessinés d'après nature dans la Russie en 1812. — 24 Umrisse, Scenen aus dem russischen Feldzuge im J. 1812. Nach d. Natur auf Stein gezeichn. Zur Benutzung f. studier. Künstler u. Dilletanten. qu. 1/2 Roy.-Fol. Münch. 834. Hermann. (Leipz., Rud. Weigel.) 4 1/2 ₰**

**Adam,** Albrecht u. Johann Adam **Klein:** Pferdestudien. Nach d. Natur gez. (München 1818—20.) 12 Bl. quer-4°

**Adam, Albr., Studien von Pferden verschiedener Race u. Abkunft, nach der Natur gezeichnet. 1. u. 2. Heft. Imp.-Fol. (8 Steindrucktaf.) Stuttgart 844, Ebner'sche Kunsthandl. à n. 3 1/6 ₰**

**Adam, Albr., die Veredlung der Pferdezucht auf Alsen. In einer Reihe v. Bildnissen u. Skizzen aus dem Gestüt Sr. Hochfürstl. Durchlaucht des Herzogs Christian August zu Schleswig-Holstein-Sonderburg-Augustenburg nach der Natur gezeichn. Mit erläut. Texte vom Grafen v. Holmer. 1s u. 2s Hft. Imp.-Fol. 18 Bl u. Text in gr. 4. mit farb. Umschlag. Münch. u. Hamb. 839. (Perthes-Besser u. Mauke.) (à n. 5 1/4 ₰) 11 1/2 ₰**

**Adam, Albr., die Veredlung der Pferdezucht auf Alsen. In einer Reihe von Bildnissen und Skizzen aus dem Gestüt Sr. Hochfürstl. Durchlaucht des Herzogs Christian August zu Schleswig-Holstein-Sonderburg-Augustenburg nach der Natur gezeichnet. Mit erläut. Texte vom Grafen v. Holmer. 3. Heft. qu. gr. Imp.-Fol. Mit 6 sauber lithogr. Blättern. Stuttgart 841, Ebner'sche B. (à) n. 5 3/4 ₰ — NB. Das 1. u. 2. Heft. Ebd.**

— Die Veredlung der Pferdezucht auf Alsen. In einer Reihe von Bildnissen und Skizzen aus d. Gestüt ... des Herzogs Christian August zu Schleswig-Holstein-Sonderburg-Augustenburg nach d. Natur gezeichnet. Mit erl. Text vom Grafen [Magnus Friedrich] von Holmer. — Stuttgart: Ebner [1841]; (Text: München & Hamburg: Perthes; Besser & Mauke in Komm. 1841). quer-2° (Text: 4°)
**300:**Text – 69 B 46; Atlas – Sub. tab. 63. **8.**
1.8758

— Voyage pittoresque et militaire de Willenberg en Prusse jusqu'à Moscou fait en 1812. Pris sur le terrain même et lithogr. par Albert [d. i. Albrecht] Adam. [Text u. Taf.] Munic: Hermann & Barth 1827–28.
**1:**gr. 2° Qn 6306. **300:**183.085–F [u.] 28.969. **7.**
1.8759

Adam, Albr., s. W e r k, Das, der Münchener Künstlerfamilie Adam.

**Adam, Albrecht. [1786—1862.] Aus dem Leben eines Schlachtenmalers. Selbstbiographie nebst e. Anh. Hrsg. v. H. Holland. Mit dem (Holzschn.-) Bildniß d. Künstlers v. seiner eigenen Hand. gr. 8. (V, 375 S.) Stuttgart 886. Cotta. n. 5. —; geb. n. 6. —**

Adam, Alex.: Betrachtungen am Johannistag 1870, s. R e i c h e r t: Johannisfestrede...

**Adam, Alex., Jos Fritz, s.: Koch, Maidy.**

Adam, Alex.: [Gedicht.] Dem [Br.] J. C. Bluntschli zum 71. Geburtstage. Karlsruhe [1878]. Macklot. 2 Bl. 8° [Umschlagtit.]

Adam, Alex.: [Gedicht.] Dem vielgeliebten Br.·. Aug. Ficke zum 71. Geburtsfeste. Karlsruhe [1878]: Malsch & Vogel. 2 Bl. 8° [Umschlagtit.]

Adam, Alex.: [Gedicht.] Den lieben Brüdern zum neuen Jahr 1879. Karlsruhe [1878]: Malsch & Vogel. 1 Bl. 8° [Kopftit.]

Adam, Alex.: Die Geheimnisse der Freimaurerei im Lichte der Zeit. Weihegabe für Freimaurer und solche, die es werden wollen. Lahr: Schauenburg 1876. 42 S. 8°
–, dasselbe. 2. unveränderte Auflage ebd. 1876 42 S. 8°
–, dasselbe. 3. unveränderte Auflage ebd. 1886, 42 S. 8°

**Adam, Alex., die Geheimnisse der Freimaurerei im Lichte der Zeit. Weihegabe f. Freimaurer u. solche, die es werden wollen. 4. unveränd. Aufl. (47 S.) kl. 8. Lahr (906). M. Schauenburg. n. — 50**

**Adam, Alex., die Geheimnisse der Freimaurerei im Lichte der Zeit. Weihegabe f. Freimaurer u. solche, die es werden wollen. 5—7. Aufl. (47 S.) kl. 8. Lahr (909.) M. Schauenburg. — 50**

— Handbuch der römischen Alterthümer. Zur vollständigen Kenntnis der Sitten und Gewohnheiten der Römer ... entworfen. Aus d. Engl. nach der 2. verm. Ausg. übers. u. mit Zus. bereichert von Johann Leonhardt Meyer. Bd 1.2. — Erlangen: Walther 1794–96. **2. 7. 8. 9. 102P.**
1.8761

**Adam, Alexander.** 1792:
Handbuch der römischen Alterthümer. Zur vollst. Kenntnis d. latein. Klassiker entworfen. Aus d. Engl. nach d. 2. verm. Ausg. übers. u. mit Zus. bereichert von Johann Leonhardt Meyer. 2., verb. u. verm. Aufl. Bd 1.2. — Erlangen: Walter 1805–06. **1:**Rn 970. **3. 10.**
1.8762

— — Zur vollst. Kenntnis d. Sitten u. Gewohnheiten der Römer ... entworfen. Aus d. Engl. nach d. 2. verm. Ausg. übers. u. mit Zus. u. erl. Anm. bereichert von Johann Leonhardt Meyer. 3., verb. Aufl. Bd 1.2. — Erlangen: Heyder 1818. **300:**9 L 19. **4. 5. 6. 9. 10.**

**Adam, Alex., Handbuch d. röm. Alterthümer. Zur vollständ. Kenntniß d. Sitten u. Gewohnheiten d. Römer u. z. leichtern Verständniß d. latein. Klassiker, durch Erklär. d. vornehmsten Worte u. Redensart., die aus d. Sitten u. Gebräuchen erläut. werden müssen. A. d. Engl. n. d. 2., beträchtlich verm. Ausg. übers. u. mit Zusätzen u. erläut. Anmerk. bereich. v. J. L. Meyer. 2 Bde. M. 11 Kpfrt. 4., verb. Aufl. gr. 8. (62 1/4 B.) Erlangen 832, Heyder.**

Adam, Alex.: ▭ Leopold zur Treue. Or.·. Carlsruhe. Festrede am Jubel - Feste ihres 25-jährigen Bestehens. Als Ms. f. Frmr. gedr. Karlsruhe [1872]: Rodrian. 16. S. 8° [Umschlagtit.]

Adam, Alex.: Neujahrsgruss. [ Karlsruhe 1874: Macklot.] 1 Bl. 8° [ Kopftit.]

Adam, Alex.: Des Lebens Rosen zum Sonettenkranz gewunden dem Br.. Herm. Leichtlin an seinem fünfundzwanzigjährigen Maurerjubelfeste 29. Juni 1878. Karlsruhe [1878]: Malsch & Vogel. 15. S. 8°. [Umschlagtit.]

Adam, A[lfred]. Ein Fall von Dacryocystitis und Orbitalphlegmone beim Neugeborenen. ⟨Aus der Privatklinik für Augenkranke von Docent Dr. [August] Siegrist.⟩ [Mit 1 Tafel.] Separat-Abdruck aus der Festschrift zum 25jähr. Jubiläum des Herrn Prof. R[udolf] Massini. ⟨Jahresbericht der Allgemeinen Poliklinik [des Kantons Basel-Stadt im Jahre 1901].⟩ 6 S. kl.-4. [Basel, J. Frehner, 1902.] N 6550[12]

Adam jun., Alois: Führer durch Garmisch, Partenkirchen, d. Wettersteingebirge u. dessen weitere Umgebg. 5. Aufl. (196 m.Abb. 11 Vollbild., 1 Farbdr. u 2 Ktn.) kl8°.– Garm. A. Adam 1909.

Adam, Alphonse: Das bischöfliche Schloss Hohbarr. Von A. Adam. Der elsässische Historiker A. Adam. Eine bio-bibliographische Skizze von J[oseph] Gass. — Straßburg: Schultz 1909. 137 S. 1:4° Rh 6004/15.
1.8769

Adam, Andr., Rede an das Baierische Militär. 8. Ulm 811. Ebner. 2 gl.

Adam, A(ugust), approb. Arzt aus Hildesheim: **Zur Kasuistik der Pachymeningitis haemorrhagica im Anschluß an Trauma.** *Kiel 1903: H. Fiencke.* (15 S.) 8°
Kiel, Med. Diss. v. [4. März] 1903

Adam, (Augustus) Franc. (geb. Weitzenberg in Schles. 2. 2. 1835): De auctore libri Pseudo-Aristotelici περὶ κόσμου. Berolini (1861). (50 S.) 8°
Berlin, Phil. Diss. v. 28. Febr. 1861

Adam, B., Taschenbuch der Logarithmen für Mittelschulen und höhere Lehranstalten. 21. Aufl. Stereotyp-Ausgabe. 24. (VIII, 99 S.) In Leinwand geb. * —.60
Bermann & Altmann, Wien 1894

Adam, B., Illustrator. 1853 s. *Adam*, Benno.

Adam, B., Kolporteur, Breslau. 1909 s. *Adam*, Bruno.

Adam, Benno u. Franz X., s. Abbildungen ausgezeichn. Pferde.

Adam, Benno, Abbildungen der Rindviehracen u. Schläge d. Schweiz, nach d. Natur gezeichnet, herausg. von d. ökonom. Gesellschaft d. Kantons Bern. — Portraits des races et sous-races du bétail Suisse. Bern, 859. (Huber u. Co.) Fol. (VIII, 24 S. u. 4 lith. Taf in Farbendr.) n. 2 ℛ

Adam, Benno, Abbildgn. der Rindviehrassen u. Schläge d. Schweiz, neue Ausg., s.: Braun- u. Fleckvieh, d. schweizer.

Adam, Benno: Bayerns Rinderraçen, Schläge und Stämme. Fest-Album. In Abb. von B. Adam u. mit Text von [Karl] Fraas. — München 1853.
1:4° Ov 25187. 12:4° Bavar. 740.
1.8773

Adam, Berthold

Adam, B., über reciproke Gleichungen. gr. 4. (21 S.) Clausthal 883. (Grosse.) n. 1. —

(F. u. Ant.) Adam, Berthold: Das Rationalmachen der Bruchnenner. Clausthal, Druck v. E. Pieper, 1891; S. 3 – 15; 4°
Clausthal, k. G, OP 1891 (293)

Adam, Berthold: Ueber die Teilbarkeit der Zahlen. (Clausthal, Druck v. E. Pieper's Offic., 1889; S. 1—10; 4°
Clausthal, k. G, OP 1889 (288)

Adam, B., üb. die Teilbarkeit der Zahlen. 4. (10 S.) Clausthal 889. (Leipzig, Fock.) n. — 50

**Adam,** Bruno, a. Düsseldorf: Über die elektrische Leitfähigkeit des Schwefels. Halle a. S. 1908: W. Knapp. (25 S.) 8°
Heidelberg, Naturw.-math. Fak., Ref. Quincke, Diss. v. 20. Juli 1908
[Geb. 25. Sept. 83 Gießen; Wohnort: Düsseldorf; Staatsangeh.: Preußen; Vorbildung: Realgymn. Düsseldorf Reife O. 03; Studium: Heidelberg 6, Berlin 3 S.; Rig. 2. Aug. 07.]

**Adam, Bruno:** Die Wahrheit über die heilige Taufe! Bearb. von B. Adam. Hrsg. zur Volksaufklärung. — [Brieg 1909: Kubisch.] 31 S. 2.
1.8774

Adam, C. . . ., s. a. A d a m , K. . . .

— Die ursprüngl. Gestalt der Telemachie u. ihre Einfügung in die Odyssee. Pr. 1874. 28 S. 4°. 1.25

— De hiatus Homerici legitimis quibusdam generibus. Pr. 1851. 36 S. 1.20

— Das doppelte Motiv im Freiermord od. der ursprüngl. Schluss der Odyssee. Pr 1876. 27 S. 4°. 1.20

— Die älteste Odyssee in ihrem Verhältn. z. Redact. des Onomakritus u. der Odyssee-Ausgabe Zenodots. Gel. 1877. 90 S. 4°. 2.—

**Adam, C.,** Das Plastische im Homer. Einleitung z. dies. Dichter v. künstler. Standp. aus. Pr. 1869. 157 S. 5.—

— Der ursprüngliche und echte Schluss der Odyssee Homers. Progr. 1908. 128 S. 2.—

**Adam, C., die landwirtschaftl. Verhältnisse u. soziale Lage der Landwirtschaft in der Prov. Schlesien. (V, 79 S. m. 1 farb. Karte.) gr. 8. Berlin 904. P. Parey. n. 3. —**

**Adam,** Carl [prakt. Arzt]: **Eine menschliche Frucht mit verkummerten obern Gliedmaassen und Unterkiefer** . . . . **Königsberg** in Pr.. Druck v. R. Leupold, 1887; 19 S. + 2 Bl. u. 2 Taf. 8°.
Königsberg, Med. Fak., Inaug.-Diss. v. 17. März 1887.

**Adam, Carl, eine menschliche Frucht mit verkümmerten obern Gliedmaassen und Unterkiefer. Inaugural-Dissertation. 8. (19 S. und 1 Taf.) Königsberg i. Pr., (Koch's Antiqu.) ****

Die wirtschaftlichen Verhältnisse und soziale Lage der Landwirtschaft in der Provinz Schlesien. Von C[arl] **Adam**, Lehrer d. Landwirtsch. Mit 1 Karte. Berlin: P. Parey 1904. (79 S.) 4°(8°)
[Erschien u. d. T.: Die schles. Landwirtschaft u. d. Genossenschaftswesen, als Inaug.-Diss. Tübingen 1904.] [illegible]

**Adam, Chr.:** Predigt gehalten bei der Jahresfeier des Erfurter Gustav-Adolph-Vereins am 12. October 1847. Von C. Adam. — Erfurt [um 1847]: Cramer. 14 S.
1:2 in E 241.
1.8779

Adam, Chr., u. F. L. Kempf, Procent-, Zins- u. Münz-Tabellen zur schnellen u. leichten Aufstellg. der Kreis-, Communal-, Kirchen- u. Brandsteuer-Heblisten, sowie zur Zinsenberechng. u. Umrechng. verschiedener Geldwährgn. Ein Hülfsbuch f. die Herren Kreisvorsteher, Bürgermeister, Beamten 2c. gr. 8. (132 S.) Wiesbaden 874. Limbarth. n. 3. —; geb. n. 4. —

— Visitationspredigt bei der Generalvisitation in der Barfüsser-Kirche am 7. Juni 1855 gehalten. — Erfurt: W. Müller 1855. 16 S. 3.
1.8780

A d a m , Christian: Das Plastische im Homer. Einleitung zu diesem Dichter vom künstlerischen Standpunkte aus. S. 1-157.
Progr. München 1869.

**Adam,** Curt, approb. Arzt aus Berlin: **Die Behandlung der Leistenbubonen.** *Berlin (1903): G. Schade.* (29 S.) 8°
Berlin, Med. Diss. v. 10. März 1903

Adam, Curt: Ophthalmoskop, Diagnostik an d. Hand typ. Augenhintergrundsbilder. (21, 232 m. Abb. u. 48 farb. Taf.) Lex8°.– Wien, Urban & Schw. 1912.

**Adam,** Curt, **therapeutisches Taschenbuch f. d. Augenpraxis. Mit e. Begleitwort von v. Michel. 2. verm. Aufl. (XI, 288 S. m. 36 Abbildgn.) 8. Wien 910. Urban & Schwarzenberg. Geb. in Leinw. 5. —**
1. Aufl. (VIII, 263 S. m. 35 Abb.) Ebd. 909.

Adam, E.: , s. D a m , E. A.

Adam, Madame E., s. †Lamber, Juliette.

Adam, E.: E r i n n e r u n g e n . . ., s. A d a m , Eugen

**Adam,** E. und **Hess,** A. F., Grundriß für den Unterricht in der Nahrungs- und Genußmittelkunde. 3. Aufl. 8°. (IV, 122 S.)
Franz Deutecke, Wien 1906 K 1.—

Adam, E.: Über Sir T o r r e n t . . ., s. A d a m , Erich

Adam, E.: V o uns derhäm, s. A d a m , Engelbert

Adam, Ed. Christoph Fürchtegott Cicero's Redner und Horaz' Kunst des Dichtens nach ihrer inneren Verwandtschaft verglichen. 31 S. Progr. *Urach* 1882.

**Adam,** Eduard, a. Straßburg i. E.: Über die Amputation des schwangeren Uterus bei Myom. Straßburg i. E. 190- C. Müh & Cie. (34 S.) 8°

Straßburg, Med. Fak., Ref. Fehling, Diss. v. 29. Okt. 190

[Geb. 9. Nov. 78 Straßburg i. E.; Wohnort: Pfaffenhofen i. E.; Staatsangeh. Elsaß-Lothringen; Vorbildung: Lyz. Straßburg Reife M. 97; Studium Straßburg 10 S.; Coll. 28. Juli 04; Approb. 29. Juni 03.]

**Adam, Emil,** Grundriß f. den Unterricht in d. Nahrungs- u. Genußmittelkunde an fachlichen Fortbildungsschulen f. Lehrlinge der Hoteliers, Gastwirte u. Kaffeesieder. Unter Mitwirkg. v. Adf. Fr. Heß verf. 3. unveränd. Aufl. (VI, 124 S.) 8. Wien 901. (F. Deuticke.) n. 1. —

**Adam,** Emil *(geb. Patschkau in Schles. 1. 5. 1846)*: Ueber Icterus ⟨Gelbsucht⟩ mit besonderer Berücksichtigung desselben als Symptom verschiedener Krankheiten. Breslau 1874. (37 S., 1 Taf.) 8°

Breslau, Med. Diss. v. 1. Aug. 1874

Adam, E[mil], und Ad. Fr. Heß: Kellerwirtschaft für Schankgewerbetreibende. Wien: Selbstverl. [1904]. VII, 162 S., mit Abb. -- UB Wien*

**Adam Emil,** Materialienkunde für Nahrungsmittel- und Schankgewerbe. Ein Lehr- und Lernbuch zum Unterrichtsgebrauche an fachlichen und allgemein-gewerblichen Fortbildungsschulen. Im Auftrage des Ministeriums für Kultus und Unterricht verfaßt. Mit 97 Abbildungen und 2 farbigen Tafeln. Wien 1907. Schulbücherverlag. Geb. K 2.- (Min.-Erl. vom 11. Juli 1907, Z. 24284) 1907

**Adam, Engelb.,** vo ons derhäm! Jäs u. Das. gr. 8. (VIII, 74 S. m. Bildnis.) Troppau 898. Buchholz & Diebel. n. 2. 40

ADAM, Engelbert 839

(F) Vo ons derhäm! Jäs und Das vo Engelbert Adam. Troppau. [1901.] Buchholz & Diebel. Gr.-8°. VIII, 73 S. Mit 1 Tafel K 2.40

(F) Adam, E., Vo ons derhäm. Jäs und Das. 8°. (71 S.) Krommer Freudental 1908 K 2.—

Adam, Erich [aus Schlesien]: Ueber Sir Torrent of Portyngale ... Görlitz, Druck v. Hugo Gretsel (1887); 31 S. + 2 Bl. 8°.

Breslau, Phil. Fak., Inaug.-Diss. v. 21. Jan. 1887.

**Adam, Erich,** über Sir Torrent of Portyngale. Inaugural-Dissertation. (In engl. Sprache.) gr. 8. (31 S.) Breslau 887, (Köhler.) *

**Adam, Ernst,** s. a. Dam, Ernst A.

**Adam, Ernst:** Arbeit und Leben. Bilder u. Geschichten aus d. Ruhrkohlenbezirk. — Essen-Ruhr: Fredebeul & Koenen [1910]. 189 S. 1:Yx 40840. 5.
1.8784

— Heidezauber und Mädchenliebe. Roman von Ernst A. Dam. — Berlin: Schröder 1905. 144 S.
1:Yx 36348.
1.8785

Adam, Ernst A . Wilde Liebe. Erzählung (*Umschlag:* Novelle). [Mit illustriertem Umschlag.] 98 S. 8. Zürich, Cäsar Schmidt, 1904. [fr. 1. 50] N 2452

**Adam, Eugen,** bildliche Erinnerungen vom eidgenössischen Truppenzusammenzug im August 1861. Nach der Natur gez. Text von Abr. Roth. — Souvenirs pittoresques de la concentration des troupes fédérales Suisses en août 1861. — Bern, Dalp. gr. Fol. (15 lith. Taf. u. 16 Bl. Text.) n. 12 ₰ 15 ngr.; geb. nn. 15 ₰

Adam, Eugen: Erinnerungen an die Feldzüge ..., s. Adam, Franz

Adam, F.: De auctore ..., s. Adam, Franc.

Adam, F. (Red.), s. Bauzeitung, Süddeutsche.

Adam, F., Ueb. die 28. Ode im I. Buche d. Horaz. Pr. 1881. 17 S. 4°. 1.—

**Adam, Felix:** Königsworte. Eine Sammlung freisinniger Aussprüche von Angehörigen des Preussischen Königshauses. Mit Parallelstellen hrsg. — Leipzig: Heinrichs 1885. VI, 55 S. 1:St 3708. 2. 5.
1.8787

**Adam Fitz-Adam,** die Welt; e. Wochenschrift; aus d. Engl. (v. J. J Cph. Bode). 4 Bde. 8. Altenb. 779—84. (Hennings in Neisse). 4 ₰ 12 ₰ Dass. aus d. Engl. 2 Thle. 8. Götting. 757. Luzak. 20 gr

**Adam,** Franc.: De auctore libri Pseudo-Aristotelici *περὶ κόσμου*. Berolini 1861 (56 S.).

**Adam, Franz.** 1900 [Hrsg.] s. *Ausfuehrungsgesetz* zum Bürgerl. Gesetzbuch u. zu dessen Nebengesetzen [Württemberg]. 1900.

— Die württembergischen Ausführungsgesetze vom Jahre 1879 in der neuen Fassung nebst sonst. Vorschriften zu d. Reichs-Justiz-Gesetzen. Handausg. mit Anm. von Adam. — Stuttgart: Kohlhammer 1901. 86 S.
1:Hb 3668.
1.8792

**Adam,** Franz [Dr., Dir.]: *Bericht über die Feier des 25jährigen Bestehens der Anstalt.* Patschkau, Druck v. E. Hertwig, 1896; 14—16 S. 4.

Patschkau, st. Kath. G, OP 1896 (205)

**Adam, Franz u. Eugen.** Erinnerungen an die Feldzüge der K. K. österr. Armee in Italien in den Jahren 1848—49 ... lithogr. und herausgegeben von den Brüdern Adam. München, Cotta'sche Buchhdlg. [1851].
Tit., 2 Bl., 24 Taf. in Lithogr., 24 Bl. Text. 2°.

**Adam,** Franz: Das Thronfolgerecht der Kognaten nach dem heutigen deutschen Landesstaatsrecht. *Sondershausen: F. A. Eupel 1897.* (IV, 41 S.) 8°

Würzburg, Jur. Diss. v. 1897

**Adam, Frz., das Thronfolgerecht der Kognaten nach dem heutigen deutschen Landesstaatsrecht. (Diss.) gr. 8. (IV, 41 S. m. 1 Fig.) Sondershausen 897. F. A. Eupel. n. 1. —; erhöht. Preis n. 1. 50**

**Adam,** *Franz* [Dr., Dir.]: Verzeichnis der Abiturienten des *Gymnasiums Patschkau* mit Angabe des beim Abgange gewählten Studiums. Patschkau, Druck v. E. Hertwig, 1896; 17—20 S. 4.

Patschkau, st. Kath. G, OP 1896 (205)

**Adam,** *Franz* [Dr., Dir.]: Verzeichnis der Lehrer, die an der Anstalt bis zum Jubiläum unterrichtet haben. Patschkau, Druck v. E. Hertwig, 1896; 20—21 S. 4.

Patschkau, st. Kath. G. OP 1896 (205)

**Adam, Friedrich:** Aufgaben zur Uebertragung aus der Current- in die Stolze'sche Kurzschrift. Von S. F. Adam. Breslau: Gosohorsky 1853. 32 S.
2.
1.8793

—— Aufgaben zur Uebertragung in die Stolze'sche Kurzschrift von S. F. Adam. 6. Aufl. — Ebd. 1862. 46 S.
2.
1.8794

—— 9. Aufl. Ebd. 1866. 48 S. 1:V 20556[9]. 2.
1.8795

—— 10. Aufl. Ebd. 1870. 48 S. 1:V 20556[10].
1.8796

— Lesebuch für Anfänger in der Stenographie. Nach Stolze's Lehrgang stufenweis geordnet von S. F. Adam. 2. verb. Aufl. — Breslau: Gosohorsky 1861. 297 S.
2.
1.8797

—— 3. Aufl. Ebd. 1868. 96 S. 1:V 20562[3]. 2.
1.8798

— Stenographische Uebertragung der Aufgaben zur Stolze-schen Kurzschrift von S. F. Adam. — Breslau: Gosohorsky 1865. 48 S.
2.
1.8799

(—) Verzeichniss der Wortsigel, Monogramme und derjenigen deutschen Wörter, deren Abstammung zweifelhaft oder verdunkelt ist, sowie sämmtlicher Affixe aus Stolze's Lehrgang der deutschen Stenographie. — Breslau [1870]: Ertel. 20 S.
1:V 20281[6].
1.8800

(—) — Ebd. 1871. 1:V 20281[7].
1.8801

1794. *G. Adam's* Anweisung zur Erhaltung des Gesichts und zur Kenntniss der Natur des Sehens. Aus dem Engl. übersetzt und mit Zusätzen und Anmerkungen versehen von *Fr. Kries* mit 1 Kupf. Gotha bey Ettinger. 8. 178 S. (12 ggr.)

N. Allg. Deutf. Bibl. 20. B. I. St. p. 269—272.
Gött. Anz. 1794, II. p. 1240.

**Adam, G.,** gründl. Anweis. zum Whistspiele, oder Darstell. d. Gesetze, Regeln u. Feinheiten d. Spiels. Nebst Bemerkk. über d. Klein-Whist. gr. 12. Wien 821. 2e A. 825. Haas. 12 gr

**Adam, G.,** Vers. üb. d. Elektricität. a. d. Engl. m. K. gr. 8. Leipzig, Schwickert. 785.

Adam, Geo., s. A d a m , Georg

Adam, Georg

— Abbildd. d. kaiserl. Russischen Militärs im J. 1814. qu. Fol. Augsb. 815. (Riegel u. W. in Nürnb.) 1 ℛ 8 gr

**Adam,** Georg [aus Breslau]: Über ein neues Alkaloid aus Conium maculatum, seine Konstitution und Versuche zu seiner Synthese ... Breslau, Druck d. Bresl. Gen.-Buchdr., 1891; 33 S., 1 Bl. 8.
Breslau, Phil. Fak., Inaug.-Diss. v. 28. Nov. 1891

**Adam, Geo.,** Anleit. zum Landschaftszeichnen. 2 Hfte. 4. Nürnb. Campe. (1s Heft in 12 kl. Blättern, 16 gr 2s Heft in 8 ausgeführten Bl. 12 gr) 1 ℛ 4 gr

**Adam,** Georg [Dr. med., aus Wussecken i. Pomm. b. Schübben-Zanow]: Darm und Niere nach Calomelvergiftung ... Würzburg, Druck d. Stahel'schen k. Hof-Buchdr., 1892; 17 S. 8.
Würzburg, Med. Fak., Inaug.-Diss. v. 1892

**Adam, Georg.** 1905: Die Entnebelung von gewerblichen Betriebsräumen. Eine gewerbehygienische Studie. Auf Veranl. d. Ver. d. Deutschen Textilveredelungsindustrie. Mit 1 Tab. — Braunschweig: Vieweg 1907. 52 S.
**1:** Ik 9250. **12:** Pol. civ. 2bs. 7. 89.
1.8804

**Adam,** Georg, Stabsarzt im Inf.-Reg. v. d. Goltz (7. Pomm.) No 54: Die Erkrankungen der Leber in der Armee. *Würzburg 1903: J. B. Grunwald Nachf.* (80 S.) 8°
Heidelberg, Med. Diss. v. 1903

**Adam, Geo.,** ein Jahrhundert kleinrussischer Litteratur, s.: Kobylanska, Olga, kleinrussische Novellen.

**Adam,** Georg, approb. Arzt, Assistenzarzt d. Grh. Irrenanst. Sachsenberg b. Schwerin i. M.: Aus d. psychiatr. Klinik zu Rostock. Zum periodischen Irresein. *Rostock 1902: C. Hinstorff.* (74 S.) 8°
Rostock, Med. Diss. v. [28. Juni] 1902

**Adam, Georg.** [Russisches Militär] ... im Jahr 1814, in Nürnberg nach dem Leben gezeichnet und radirt von Georg Adam. Im Verlag bei Herzberg in Augsburg.
*6 Taf. in kol. Rad. 8°.*

— kl. Naturstudien f. Landschaftszeichner. gr. 8. Nürnb. 813. Campe. 16 gr

— Samml. von kl. Vorzeichnungen f. Landschaftszeichner. 8 Blätter. qu. Fol. Nürnb. 813. Campe. 16 gr

— Der gegenwärtige Stand der Abwässerfrage dargest. für d. Industrie unter bes. Berücks. d. Textilveredelungsindustrie. Auf Veranlassung d. Ver. d. Deutschen Textilveredelungsindustrie Düsseldorf. — Braunschweig: Vieweg 1905. 128 S.
**12:** Pol. civ. 2bt. 7. 83. 89.
1.8805

— s.: **Zeitschrift f. die gesamte Wasserwirtschaft.**

A d a m , Gerhard Hyacinth Frantz: „Die Festgesetzte Berechnung, oder Tafeln, durch Hülfe welcher man alle ... Rechnungen .... leicht und richtig machen kann, nebst verschiedenen besonderen Tarifs", „samt einer Vorrede Andreas Böhms", Giessen 1769. — Vorh.: Bücherei der Industrie- u Handelskammer Leipzig.

**Adam, Gerh. Hyacynthe Franz,** (†...) les comptes faits, oder d. bereits fert. Rechnung. 8. Gießen 773. Krieger. 1 ℛ 8 gr

Adam, Guil. Ern. Frid., s. A d a m , Wilhelm Ernst Friedrich

**Adam, H.,** s. Chr. Lebr. Rösling ausführl. prakt. Unterricht in d. Pottaschen-Bereitung.

Adam, H., Sied- u. Calcinirofen-Bau, s. Rösling, Chr. L.

**Adam, H.,** leichter u. sicherer Weg zum Himmel. 10e Aufl. 8. Bamb. 791. (Wesché in Frkf. a. M.) 8 gr Dasselbe 8. Augsb. 794. Wolf. 6 gr

A d a m , H a n n a h , Geschichte der Juden von der Zerstörung Jerusalems an bis auf die gegenwärtigen Zeiten. Aus dem Engl. Leipzig 819. 20. 2 Thle. 8. 3 rthl.

Adam, Hans (Hrsg.), s. J o u r n a l für Baiern...

**Adam, Hnr.,** Anleitung zum Landschaft-Zeichnen in systemat. Stufenfolge nach zusammengestellten Studien und Gegenständen der Natur. I.—III. Liefg. Stuttgart 842—45, Ebner'sche Kunsthandl. (I. n. 1 2/3 ℛ II. III. 2 ℛ)

Adam, Heinrich: Zum Gedächtnis Eduard Eberleins Mstr. v. Stuhl der Loge Goethe im Orient Pössneck Leipzig 1910: Zechel. 7 S. 8° [Kopftit.]
Aus: L. (1910) Nr. 6.

**Adam,** Heinr., Deutsche Schnellschrift. Als allgem. Volksschrift bearb. u. hrsg. gr. 8. (4 S.) Allendorf a.d. Lumda (Hessen) 897. Selbstverlag. — 80

Adam, Heinr.: Der Tapis. Wien: Praetorius 1878. 16 S., 2 Taf. 8°
Aus: Z. 8 (1878) S. 9-12.

Adam, Hugo (Hrsg.), s. S o c i a l i s t, Der.

Adam, J. s.a. A d a m, Johannes

Adam, J.: A u s f l u ß . . . , s. A d a m , Julius

**Adam, J.,** s. Bibelkupfer.

Adam, J.: De c o d i c i b u s . . . , s. A d a m , Johannes

Adam, J.: Die Jesuiten im Elsass, s.: Gustav-Adolf-Schriften, Elsass-lothringische.

Mappa von der österreichischen Moldau oder des sogenannten Buckoviner Districts. Gestochen von J. **Adam.** (1:318.000.) [o.O., 1786]. *(Kupferstich, ohne Verlag, ohne Ort.)*

Adam, J.: M i e z . . . , s. A d a m , Jul.

Adam, I. Aug.: Augsburg und seine Stahlschießen, ein geschichtliches Fragment. Augsburg, I. C. Wirth, 1824. 503

Adam, J. A. (Hrsg.), s. K u n s t b l a t t und Gewerbsblatt des polytechnischen Vereins...

**Adam, J. C.,** Sammlung methodisch geordneter Materialien zu zweckmäßigen Uebungen in der deutschen Rechtschreibung für Lehrer in Volks- und Bürgerschulen. 8. Dresd. 837. Leipz., Reclam. n. 1/4 ℛ

ADAM (J. F.). Decades quinque . . . Caucasi et Iberiae. [Kiliae, 1805.] 8°.

**Adam, J. G.,** kurze u. leichte Gesänge z. Gebr. beim öffentl. Gottesdienste rc., 3 Hefte. 4. Meißen 819—20. Gödsche. 1 ℛ 22 gr

**Adam, J. G.:** Ueber die Grundsätze und die Natur des Schönen. Mit einem Titelkupfer. (Verf.: J.G.Adam.) — Berlin 1797. **1:** X 5275. **12:** L. eleg. g. 1h. 11.
1.8813

**Adam,** J. H. C. (Resp.): Diss. de apoplexia, s. H o f f m a n n , Fr. (Praes.)

**Adam, J. W. H.:** Die Grundlage der Petrographie. Mit e. Anh. über Erzlagerstättenlehre. — San Piero in Campo, Isola d'Elba: Selbstverl.; [übergekl.:] Freiberg i. S.: Craz & Gerlach 1909. 16 S. **300:** 472.072–B. 83. 85.
1.8816

91. **Adam,** J. W. H., Weltkarte der Erzlagerstätten. Mit drei Nebenkarten: Mitteleuropa, Mitteldeutschland, Südnorwegen und Schweden gefalzt in Umschlag K 3.—
auf Leinwand gespannt in Taschenformat oder mit Stäben K 6.—
G. Freytag & Berndt, Wien 1910

**Adam, Johann** (Frankfurt/M.), Collationem augustissimi judicii cameralis et Francofurtani, horumque processum tam judicialem, quam extrajudicialem, cum causis hoc vel illo pertractandis sistens. Dissert. jur. Präs. Heinr. Chr. Senckenberg. Giessen (Eberh. Heinr. Lammers) 31. III. 1740. 62 S., z. Tl. deutsch. (5.50) 58

**Adam, Joh.,** Katechet. Geschichte des Elsasses b. z. Revolution, s.: Ernst, Aug.

— — (Schweidnitz/Schles.), Positiones de homicidio. Präs. Jacob Blümel. Lpz. (Lamberg/Joh. Glück) 15. IV. 1619. 7 Bl., z. Tl. dtsch. (6.80) 59

— **Joh. Conr.** (Otleben-Halberstadt), **De hereditate, eiusque petitione. Diss. Präs. Joh. Wilh. Goebel.** Helmst. (Sal. Schnorr) **März 1719. 48 S. (5.40) 60**

**Adam, Johann Friedrich:** Decades quinque novarum specierum plantarum Caucasi et Iberiae, quas in itinere Comitis Mussin-Puschkin observavit et definitionibus atque descriptionibus illustr. — (Tiflisiis 1802.) S. 41–75.
Enthält das 4. Kapitel einer nicht näher ermittelten Schrift.
1: Ly 36930.
1.8833

**Adam,** Johannes (Guil.) (geb. Woltersdorf bei Soldin 5. 4. 1858): De codicibus Aeschineis. Berolini (1882). (46 S.) 8°
Berlin, Phil. Diss. v. 15. Febr. 1882

**Adam, Johs., de codicibus Aeschineis. Dissertatio inauguralis. gr. 8. (46 S.) Berlin 882, (Mayer und Müller.) ***

ADAM, Johannes: De divinitate Jesu Christi. — (1847) 90 S. 8° (Handschr.)
Diss. Wien Univ. Diss. 69

[Ant. u. J.] **Adam,** Johannes [Dr.]: Interpretation des Eingangs von Wolframs **Parzival.** Schwedt a. O., Druck v. F. Freyhoff, 1893; 22 S. 4.
Schwedt a. O., st. Hohenzollern-G, P 1893 (86)

**Adam, Johs., Cäsars Persönlichkeit nach seinen Schriften, s.: Vortragsstoffe f. Volks- u. Familienabende.**

**Adam, Johannes,** Tierarzt: Aus d. Veterinärinst. d. Univ. Leipzig. Über einige neuere Tuberkelbazillenfärbemethoden. Leipzig 1910: Gerhardt. 103 S. 8°
Leipzig, Veterinär-Med. Diss. v. 15. Juli 1910, Ref. Eber
[Geb. 30. Okt. 84 Börgel, Hessen; Wohnort: Leipzig; Staatsangeh.: Hessen; Vorbildung: Gymn. Offenbach Reife O. 05; Studium: Gießen 2, Hannover Tierärztl. Hochsch. 5 S.; Coll. 30. Juli 10; Approb. 30. März 09.] [U 10. 2935

**Adam,** Josef, approb. Arzt aus München: Aus d. Prosektur d. Krankenhauses r. d. I., München. Ueber einen Fall von sporadischem Scorbut mit tödlichem Ausgang. *München 1902: C. Wolf & Sohn.* (32 S.) 8°
München, Med. Diss. v. 1902

**Adam, Jos. A., deutsches Theater für d. J. 1819. 6 Bde. 8. Augsb. 819. v. Jenisch u. St. 7 ℛ 12 ℊ**

**Adam, Jul.,** Jul. Adam-Album. 12 Bilder aus dem Katzenleben nach Originalen d. Künstlers (in Photogr.). Fol. (1 Blatt Text.) München 892. Verlagsanstalt f. Kunst u. Wissenschaft. In Leinw.-Mappe. n. 30. —; Kabinet-Ausg. 12. —

— **vom Kätzchen.** Bilder u. Skizzen. Text v. F. van Osterwyck. gr. 8. (48 S. m. Abbildgn. u. 8 Photogr.) Ebd. 894. Geb. in Damast. n. 10. —

**Adam, Jul., Miez in Freud und Leid.** 12 Darstellgn. aus dem Katzenleben (in Photogr.). gr. 8. München. F. Hanfstaengl. In Leinw.-Mappe n. 12. —

**Adam, Julie:** Der Natursinn in der deutschen Dichtung. [Nebst] N. F. — Wien & Leipzig: Braumüller 1906–08.
[Hauptwerk.] 1906. N. F. ⟨Von Lenau bis auf unsere Tage.⟩ 1908.
Vollst. . . . . . . . 1:Yc 7178/3. 12: H. lit. P. 4g.
300: 442.117-B. 5. 7.
[∞ N. F.] . . . . . . . . . . . . . . . . 2. 11.
1.8834

**Adam, J[ulius], Assist. d. Techn. Hochsch. München: Der Ausfluß von heißem Wasser. 1906. 52 S. 4° ¶ Aus: Mitteilungen über Forschungsarbeiten auf d. Gebiete d. Ingenieurwesens. H. 35/36; S. 1—24 auch in: Zeitschrift d. Vereines deutscher Ingenieure. Bd 50, Halbj. 2.**
München, Dr.-Ing.-Diss. v. 23. 12. 1905

**Adam, Karl.** 1889: Das Amt der Knochenhauer zu Greifswald und verwandte Gewerbe. — Stralsund 1893: Kgl. Regierungs-Buchdr. 18 S.
Aus: Stralsundische Zeitung. Sonntags-Beil. 9.
1.8868

— Ueber Bierbereitung und Bierverkehr im alten Greifswald vornehmlich in hanseatischer Zeit. Aus den Urkunden des Rathsarchivs bearb. — Berlin 1889: Unger. 19 S.
Aus: Wochenschrift für Brauerei. 1889. 9.
1.8869

**Adam, Karl.** 1907: Das sogenannte Bußedikt des Papstes Kallistus. — München: Lentner 1917. 64 S. (Veröffentlichungen aus d. Kirchenhist. Seminar, München. 4,5.)
1: Cb 7218–4,5. 12: H. eccl. 1170f–4,5.
300: 400.494–B. Reihe 4, Bd 5. 2. 3. 6. 7.
11. 102.
1.8878

— Dei Chronika von Gripswold, irnsthaft un evendrächtig vertellt un mit en poor Kunterfies utstürt. — Leipzig: Lenz 1907. 125 S. 1: T 4997. 8. 9.
1.8871

**Adam,** Karl: Die Eucharistielehre des heiligen Augustin. Paderborn: F. Schöningh 1908. (V, 163 S.) ¶ (= Forschungen z. christl. Literatur- u. Dogmengeschichte Bd 8 H. 1.)
München, Theol. Fak., Hab.-Schr. v. 1908
(Nicht für den Austausch, lag nicht vor.)

— Die Eucharistielehre des hl. Augustin. — Paderborn: Schöningh 1908. IV,163 S. (Forschungen z. christl. Literatur- u. Dogmengeschichte. 8,1.)
1: B 1500–8,1. 12: Th. U. 149s–8,1. 300: 411.280–B.
Per. 8,1. 2. 3. 5. 6. 7. 8. 9. 10. 11. 102.
1.8880

**Adam, Karl.** 1907: Glaube und Glaubenswissenschaft im Katholizismus. Vorträge u. Aufsätze. 2. erw. Aufl. — Rottenburg: Bader 1923. 165 S.
1: Be 2491². 12: Dogm. 1211y. 5. 6. 7. 102.
1.8881

[—] Hansa-Klänge aus der Leier des Herrn Bundessecretarii [d. i. Karl Adam]. — Greifswald: Kunike [um 1890]. 8 S. 9.
1.8872

**Adam,** Karl, Dr.: Der Kirchenbegriff Tertullians. Eine dogmengeschichtliche Studie. Paderborn: F. Schöningh 1907. (VIII, 229 S.) 8° ¶ (= Forschungen z. Christl. Literatur- u. Dogmengeschichte Bd 6 H. 4.)
München, Theol. Fak., Ref. Schnitzer, Diss. v. 10. Dez. 1904
[Geb. 22. Okt. 76 Pursruck in Bayern; Wohnort: München; Staatsangeh.: Bayern; Vorbildung: Gymn. Amberg; Studium: Lyzeum Regensburg 10, Univ. München 4 S.; Rig. 10. Dez. 04.]
(Nur in beschränkter Anzahl für den Austausch)

— Der Kirchenbegriff Tertullians. Eine dogmengeschichtl. Studie. — Paderborn: Schöningh 1907. VIII, 229 S. (Forschungen z. christl. Literatur- u. Dogmengeschichte. 6,4.)
Ersch. auch als Diss. München 1904.
1: B 1500–6,4. 12: Th. U. 149s–6,4. 300: 411.280–B.
Per. 6,4. 2. 3. 4. 5. 6. 7. 8. 9. 10. 11. 102.
1.8884

**Adam,** Karl, Landwirtschaftslehrer: **Die schlesische Landwirtschaft und das Genossenschaftswesen. Untersuchungen über d. Berechtigung d. modernen Assoziationsbewegung in d. Landwirtschaft.** (T. 1.) *Breslau 1904: R. Nischkowsky.* (79 S.) 8°
Tübingen, Staatswiss. Diss. v. 1904
(Nicht für den Austausch)

— & Ferdinand Fabricius: Die erste Schulvisitation in Stralsund 1560. 1898 in: *Beitraege* zur Geschichte und Alterthumskunde Pommerns. Festschrift z. 25 j. Jubil. d. Prof. H. Lemcke. 1.8873

— Die kirchliche Sündenvergebung nach dem hl. Augustin. — Paderborn: Schöningh 1917. X,167 S. (Forschungen z. christl. Literatur- u. Dogmengeschichte. 14,1.)
1: B 1500–14,1. 12: Th. U. 149s–14,1. 300: 411.280–B.
Per. 14,1. 2. 3. 4. 5. 6. 7. 8. 9. 10. 11. 102.
1.8886

**Adam, Karl.** 1898: Der Unterricht im Freien. Die Bedeutung d. Lehre von d. Temperamenten f. den Erzieher. Von G. Fritze. — Bielefeld: Helmich [1898]. 14 S. (Pädagogische Abhandlungen. N. F. 2,6.)
1: Nc 3973–N. F. 2,6. 12: Paed. Th. 5a–2. 6.
1.8876

**Adam, Karl.** 1904: Die wirtschaftlichen Verhältnisse und soziale Lage der Landwirtschaft in der Provinz Schlesien. Von C. Adam. Mit 1 Karte. — Berlin: Parey 1904. 79 S.
Ersch. auch als Diss. u. d. T.: Adam: Die schles. Landwirtschaft u. d. Genossenschaftswesen. Tübingen 1904.
1: Ff 7413. 2. 11.
1.8877

**Adam, Klemens:** Straßenreinigung und Fuhrpark der Stadt Cöln. Von C. Adam. — Cöln: Kölner Verl.-Anst. u. Dr. 1903. 112 S. 1: Th 9954.
1.8892

**Adam, L.** Méthode de Piano Forté du Conservatoire [de Paris]. Pianoforte-Schule. Nouvelle édition. 1. 2. 3. Abtheilung. Supplément. Bonn und Cöln.

Adam, L., Pianoforteschule des Conservatoriums der Musik in Paris. Neueste u. vollständ. Pracht-Ausg. Neuer Abdr. Lpz. 840. Schubert. 3 ℳ

**Adam, Lucien:** La Langue chiapanèque. Observations grammaticales, vocabulaire méthodique, textes inédits, textes rétablis. — Vienne: Hoelder 1887. VIII,117 S.
**1:**Zs 5610. **12:**L. rel. 2077. **300:**173.119–B.
1.8921

Adam, Ludw.: De antiquissimis Telemachiae carminibus. 17 S.
Progr. Wiesbaden G. 1871.

— Homer, der Erzieher der Griechen. Ein Beitr. z. Einführung in d. Verständnis des erziehlichen Wertes seiner Werke. — Paderborn: Schöningh 1897. VII,148 S.
**1:**Ve 3987. **12:**A. gr. a. 1420e. **6.**
1.8932

Adam, Ludw. Das doppelte Motiv im Freiermord oder der ursprüngliche Schlufs der Odyssee. 27 S. Progr. G. *Wiesbaden* 1876.

— Adam. Die älteste Odyssee in ihrem Verhältnisse zur Redaction des Onomakritus und der Odyssee-Ausgabe Zenodots. — Wiesbaden: Niedner 1877. 90 S.
**1:**Ve 8925. **300:**113.548–B. **2. 3. 6. 7. 9. 10.**

— Die Odyssee und der epische Cyklus. Ein Versuch zur Lösung der homerischen Frage. — Wiesbaden: Niedner 1880. VII,125 S.
**1:**Ve 8940. **12:**A. gr. a. 1312m. **2. 3. 4. 5. 6. 7. 9.**
1.8934

**Adam,** Ludwig [app. Arzt aus Ebersberg]: Sarcoma ovarii ... München, kgl. Hof- u. Univ.-Buchdr. v. Dr. C. Wolf & Sohn, 1893; 36 S. 8.
München, Med. Fak., Inaug.-Diss. v. 1893

**Adam, Ludwig:** Der ursprüngliche und echte Schluß der Odyssee Homers. Wiesbaden 1908: Ritter. 123 S. 8°
Wiesbaden. k. G OP 1008 (525) [S 08. 1

**Adam, Ludwig:** Die Aristotelische Theorie vom Epos nach ihrer Entwicklung bei Griechen und Römern von Adam. — Wiesbaden: Limbarth 1889. 115 S.
**1:**Ve 1542. **12:**Philol. 1e. **300:**87.052–B. **7. 9.**

— Über die Unsicherheit literarischen Eigentums bei Griechen und Römern. — Düsseldorf: Schaub 1906. 218 S.
**1:**Fm 21421. **12:**Philol. 1em. **2. 3. 4. 5. 6. 11.**
1.8936

— — Ebd. 1907. 218 S. **300:** 452.159-B.
1.8937

Adam, M., Gesch. d. Ausbreit. d. christl. Religion durch d. Hamb. u. Bremer Kirche in d. benachbarten Norden, v. Karl d. Großen bis zu Heinrich IV. Zeiten. Aus d. Latein. mit Anmerkk. v. C. Miesegaes. gr. 8. Bremen 825. Heyse. 1 ℳ 16 ⁒

Adam. Auszug aus M. Adam's Reise zum nördlichen Polarmeere, veranlasst durch die Entdeckung der Ueberbleibsel eines Mammuth's. (Aus d. geograph. Ephemeriden.) 1808. 8.

Adam, Mac, s. Macadam.

**Adam, Max.** 1907: Schellings Kunstphilosophie. Die Begründung d. idealist. Prinzips in d. modernen Ästhetik. Leipzig: Quelle & Meyer 1907. 88 S. (Abhandlungen z. Philosophie u. ihrer Geschichte. 2.)
Ersch. teilw. auch als Diss. u. d. T.: Adam: Philosophie der Kunst. Erlangen 1907.
**1:**Nh 6260/8–2. **12:**Ph. U. 0dh–2 [u.ö.] **4. 10. 11.**
1.8942

**Adam,** Max, aus München: **Nahrungsmengen künstlich ernährter Kinder nebst einem neuen Vorschlag zur Nahrungsmengenberechnung.** *Berlin: S. Karger 1902.* (22 S.) 8°
München, Med. Diss. v. 1902

**Adam,** Max, a. Stettin: Schellings Jenaer-Würzburger Vorlesungen über „Philosophie der Kunst“ ⟨1802—1805⟩. Leipzig 1907: Quelle & Meyer. (32 S.) 8° ¶ (Erschien vollst. im gleichen Verlage u. d. T.: „Schellings Kunstphilosophie die Begründung des idealistischen Prinzips in der modernen Ästhetik“ in: Abhandlungen z. Philosophie u. ihrer Gesch. H. 2.)
Erlangen, Phil. Fak., Ref. Falckenberg, Diss. v. 3. Juni 1907
[Geb. 17. Okt. 82 Stettin; Wohnort: Erlangen; Staatsangeh.: Preußen; Vorbildung: Friedrich-Wilhelm-Schule Realgymn.) Stettin Reife O. 01; Studium: Berlin 4, Marburg 3, Erlangen 3 S.; Rig. 15. Febr. 07.]

Adam, Melchior

— Melchior Adamus. Dignorum laude virorum, quos musa vetat mori, Immortalitas, seu vitae theologorum, iureconsultorum et politicorum, medicorum atque philosophorum, maximam partem Germanorum, nonnullam quoque exterorum. Ed. 3. — Francofurti a. M.: à Sande 1705.
Sondert.: 1. Adam: Vitae Germanorum theologorum, qui superiori seculo Ecclesiam Christi propagarunt ad a. 1618 deductae. Sondert.: 2. Adam: Decades duae, cont. vitas theologorum exterorum principum.
Sondert.: 3. Adam: Vitae Germanorum iureconsultorum et politicorum.
Sondert.: 4. Adam: Vitae Germanorum medicorum.
Sondert.: 5. Adam: Vitae Germanorum philosophorum.
Exemplar von 9 mit abweichender Reihenfolge der Sondertitel.
Vollst. . . . . . . **1:**2° Am 256. **12:**2° Biogr. C. 1.
**300:**54 A 20. **2. 5. 6. 7. 8. 9.**
[∞ Sondert. 3–5] . . . . . . . . . . . . . . . **3.**
1.8968

— — Ebd. 1706.
Sondert. wie in 1.8968.
**12:**2° Biogr. C. 2. **300:**79 O 42. **2. 4. 7. 8. 10. 102.**

**Adam, Otto:** Rotierende Anker in rotierenden materiellen Polsystemen. 1909. 74 S. 8°
Hannover, Dr.-Ing.-Diss. v. 28. 6. 1909

**Adam** Otto: Beiträge zur analytischen Geometrie an der Mittelschule. 14. Wien VI. R. 90. **Progr.**

**Adam,** Otto: **Die Bekohlung von Kriegsschiffen in See (System Adam.) Frankfurt a. Main 1907**

*Adam O.:* Über periodische Decimalbrüche. 28. Wien R. VI. 85. **Progr.**

**Adam, Otto:** Die Hussiten. Ein Schauspiel in 5 Aufz. Gernrode 1890: Klöppel. 113 S. **1:**Ys 26452.

Adam, P.: Die Natur d. Reallasten.
Diss. Schwerin 1885.

Adam, P. L., s. Adam, Philipp Ludwig

**Adam, Paul,** Kunstbuchbinder. 1881: Die praktischen Arbeiten des Buchbinders. Mit 129 Abb. — Wien, Pest, Leipzig: Hartleben 1898. 128 S. (A. Hartleben's mechanisch-technische Bibliothek. 10.)
**1:**Op 19404–10. **12:**Techn. 24 sug–10. **300:**92.630–B.
Per. 10. **82.**

**Adam, Paul, s.: Archiv f. Buchbinderei u. verwandte Geschäftszweige.**

**Adam,** Paul, Ass.-Arzt a. d. Heil- u. Pflege-Anstalt zu Langenhagen: **Beiträge zur Rachitis.** *Göttingen 1901: L. Hofer.* (13 S.) 8°
Göttingen, Med. Diss. v. [5. Nov.] 1901

**Adam, Paul, Beiträge zur Rachitis. Diss. (13 S. m. 1 Tab.) gr. 8. Göttingen 901. (Vandenhoeck & Ruprecht.)**
**n. — 80**

Adam, Paul: Kurze Belehrung über Hufpflege und Hufbeschlag. Im Auftr. d. Kgl. Staatsministeriums d. Innern ... veröff. München 1880. 40 S.

**Adam,** P., der Bucheinband, s. a. Seemann's Kunsthandbücher.

— Der Bucheinband. Seine Technik und seine Geschichte. Mit 194 Illustr. — Leipzig: Seemann 1890. 268 S. (Seemanns Kunsthandbücher. 6.)
**1:**Nr 3407–6. **12:**Techn. 192 wl–6. **300:**188.753–B. H. S. [u.] 37.776. **3. 4. 5. 7. 8. 9. 10. 11. 83.**
1.8995

**Adam, Paul.** 1904: Gisela. Pariser Theaterroman. Bildschmuck von J. Dedina. — Berlin-Gr. Lichterfelde: Langenscheidt [1904]. 211 S. (Bibliothek Sans-Gêne. 1,5.)
**1:**X 8475–1,5. **11.**
1.9054

Adam, P.: Gisela, Pariser Theaterroman. (211) 8°.– Berl.-Gross-Lichterf.–Ost, Dr. P. Langenscheidt 1905.

Adam, Paul.: Gisela. Pariser Theaterroman. (211) 8°.– Berl.-Gross-Lichterf.-Ost. Dr. P. Langenscheidt 1906.

**Adam,** Paul: **Hyperaesthesie der Haut bei innern Organerkrankungen.** *Berlin (1897): E. Ebering.* (27 S.) 8°
Berlin, Med. Diss. v. 22. Nov. 1897

**Adam, Paul,** Kunstbuchbinder. 1881: Die Kunst des Blinddrucks, der Handvergoldung und der Ledermosaik. — Leipzig: Ottmann 1892. 60 S. **1:**4° Op 18425/2.
1.8997

— Lehrbuch für Buchbinder. 2. Aufl. — Hannover (: Sponholtz 1906). 126 S. **12:**4° Techn. 1 di. **7.**
1.9002

Adam, Paul, systematisches Lehr- und Handbuch der Buchbinderei und der damit zusammenhängenden Fächer in Theorie und Praxis. Unter Mitwirkung namhafter Fachgenossen, sowie mit Benutzung von Notizen des † Frz. Wunder-Wien bearb. und hrsg. (In ca. 16 Lfgn.) 1.—11. Lfg. Lex.-8. (S. 1—528 mit eingedr. Fig.) Dresden-Blasewitz 882—84, Loewenstein'sche Verlagsh. Lfg. * 80 Pf. *

Adam, Paul, systematisches Lehr- und Handbuch der Buchbinderei und der damit zusammenhängenden Fächer in Theorie und Praxis. Unter Mitwirkung namhafter Fachgenossen, sowie mit Benutzung von Notizen des † Franz Wunder-Wien bearb. und hrsg. 12.—21. (Schluß-)Lfg. (S. 529—999 mit eingedr. Fig. und 2 Taf.) Dresden-Blasewitz 885, Loewenstein'sche Verlagsh. à Lfg. * 80 Pf. *
1.—11. Lfg. Ebendas. 1882—84. * ℳ 8.80.

Adam, Paul, systematisches Lehr- u. Handbuch der Buchbinderei u. der damit zusammenhängenden Fächer in Theorie u. Praxis. Unter Mitwirkg. namhafter Fachgenossen, sowie m. Benutzg. v. Notizen d. † Frz. Wunder-Wien bearb. u. hrsg. 2.—21. (Schluß-) Lfg. Lex.-8. (S. 49—999 m. eingedr. Fig.) Dresden-Blasewitz 883—85. Löwenstein. à n. — 80

— systematisches Lehr- u. Handbuch der Buchbinderei. Suppl. zu diesem, sowie zu allen sonst. existir. Fachwerken der Buchbinderei. Mit 97 Abbildgn. u. 4 Taf. Material-Mustern. gr. 8. (III, 78 S.) Dresden-Blasewitz 891. Loewenstein. Für Abnehmer d. Hauptwerkes (1885) unberechnet.

— Systematisches Lehr- und Handbuch der Buchbinderei und der damit zusammenhängenden Fächer in Theorie und Praxis. Unter bewährter Mitw. bearb. und hrsg. (Bd 1-3) [nebst] Suppl. — Dresden-Blasewitz: Löwenstein (1881-91). 1:1-3 = Op 19347; Suppl. = Op 19348.
1.9003

— Lehrbücher der Buchbinderei. H. 1. 2. 3. 9. — Halle a. S.: Knapp 1906-24.
1. Adam: Die einfachen handwerksmässigen Buchbinderarbeiten ohne Zuhilfenahme von Maschinen. 1924.
2. Adam: Das Marmorieren des Buchbinders auf Schleimgrund und im Kleisterverfahren. 1906.
3. Adam: Das Handvergolden, der Blinddruck und die Lederauflage. 1911.
9. Adam: Die Kunst des Entwerfens für zeichnende Buchbinder. 1917.
Vollst. . . . . . 1:Op 19420. 12:Techn. 3al. 3.
2.3 . . . . . . . . . . . . . . . . . . . . 9.
9 . . . . . . . . . . . . . . . . . . . . . 2.
1.9004

Adam, Paul, Hippologe. 1881: Die Lehre von der Beurtheilung des Pferdes in Bezug auf Körperbau und Leistung, in leichtverständlicher Sprache dargest. von P. Adam. — Stuttgart: Schickhardt & Ebner 1881. XI,188 S. (Bibliothek für Pferdeliebhaber.) 12:Oecon. 36f. 11.
1.9010

— — Die Lehre von der Beurteilung des Pferdes in bezug auf Körperbau und Leistung. Von P. Adam. 2. umgearb. Aufl. Neue Ausg. — Ebd. 1903. XII,219 S. 11.
1.9011

— Leitfaden f. die Gesellen- u. Meister-Prüfung im Buchbindergewerbe. Im Auftrage des Bundes deutscher Buchbinder-Inngn. hrsg. (VII, 108 S. m. 1 Einbd.-Probe.) Lex.-8. Hannover (904). (Stuttgart, E. H. Moritz.) n. 3. —

— Das Marmorieren des Buchbinders auf Schleimgrund und im Kleisterverfahren. Mit 112 Abb., Farbentaf. u. 24 Orig.-Marmoriermustern. — Halle a. S.: Knapp 1906. VI,73 S. (Adam: Lehrbücher der Buchbinderei. 2.)
1:Op 19420-2. 12:Techn. 3al-2. 3. 9.
1.9007

— der neue Styl in der deutschen Buchbinderei. (Eine Festschrift, zum 25jähr. Geschäfts-Jubiläum hrsg.) gr. 8. (29 S. m. Abbildgn. u. 3 Taf.) Düsseldorf 899. (Stuttgart, Verlag des allg. Anzeigers f. Buchbindereien.) n.n. 1. 50

— das Vergolden u. Dekorieren an Halbfranzband-Rücken. (Die moderne Buchbinderei, ihre Fortschritte u. Hilfsmittel.) (Leo-Buchbinderbibliothek.) gr. 8. (37 S.) Nebst Atlas. qu. Fol. (14 Bl.) Stuttgart 898. Verlag des allg. Anzeigers f. Buchbindereien. n.n. 3. —

— Vorträge über Pferdekunde unter bes. Berücks. der Lehre von der Beurtheilung der Pferde nach Körperbau und Leistung. Nach eigenen Erfahrungen zsgest. von P. Adam. An Stelle einer 2. Aufl. von [Eduard von] Hering's Vorlesungen für Pferdeliebhaber. Mit 225 Abb. u. 5 lithogr. Taf. — Stuttgart 1882.
1:4° Ov 19601. 12:4° Oecon. 7.
1.9012

— Aus dem Warenhaus des Lebens. Novellen, Fablios, Schwänke, Gedanken u. Gedichte. Bd 1. — Berlin: Streisand [1908]. 1:Yz 9171.
1.9055

Adam, Peter (irrtüml.), s. Adam, Paul

[Adam, Phil. Ludw.]: Zur Beleuchtung der Gemeindeverwaltung in Württemberg. (Aus den „Zeitinteressen".) Ulm: Stettin 1844.

Adam, Philipp Ludwig: Fragmenta quaedam quae ad historiam Universitatis Heidelbergensis pertinent. Cum tab. una. — Monachii 1886: Rischmöller & Meyn. 5 Bl.
Inclytae litterarum Universitati Ruperto-Carolae ... solemnia saecularia quinta ... celebranti ... gratulatur Philippus Ludovicus Adam.
12:4° H. lit. P. 2250-4. 3.
1.9056

[—] Aus Johann Jakob Wagner's Leben. Materialien zu einer Biographie für seine Freunde mitgetheilt. [1.] — [Ulm 1844.] 310 S.
Dieses Buch ist vor seinem Erscheinen bis auf fünf Exemplare makuliert u. durch „P. L. Adam u. Aug. Koelle: Joh. Jakob Wagner. Ulm 1849" ersetzt worden.
1:Av 20970.
1.9057

— u. August Koelle: Johann Jakob Wagner. Lebensnachrichten und Briefe. — Ulm: Stettin 1849.
1:Av 20971. 12:Biogr. 1227 ph. 300:14.719-B. 5. 11.
1.9058

— — [Übergekl.:] Neue wohlfeile Ausg. Ulm: Stettin; [übergekl.:] Adam 1851. VIII,496 S.
1:Av 20972. 2. 4. 7. 8. 9. 10.
1.9059

Adam, Philipp Ludwig: Zeitinteressen, s. Zeitinteressen

Adam, R., kurze u. praktische Anleitung zum Rechenunterricht in einfachen Volksschulen. Nebst Resultaten zu der Aufgabensammlg: Der Rechenschüler, Ausg. A. gr. 8. (100 S.) Gera 887. Th. Hofmann. n. 1. —

Adam, R.: Über die Echtheit..., s. Adam, Rudolf

Adam, R., Gesangstoffe f. höhere Schulen, s.: Rönisch, E.

Adam, R.: Geschichte..., s. Adam, Robert

Adam's, R., Geschichtserzählung seiner merkw. Schicksale rc. in Afrika rc. s. Reisen, neue, d. Engländer. [illegible]

Adam, R.: De Herodoti ratione historica quaestiones..., s. Adam, Rudolph(us)

Adam, R., Raumlehre mit Uebungen im Zeichnen u. Rechnen. Für die Hand der Schüler in Volks- u. Fortbildungsschulen bearb. Mit 95 dem Texte eingedr. Fig. 8. (IV, 72 S.) Langensalza 880. Beyer & Söhne. n. — 60

Adam, R., Raumlehre m. Uebungen im Zeichnen u. Rechnen. Für die Hand der Schüler in Volks- u. Fortbildungsschulen bearb. 2. Aufl. Mit 95 dem Texte eingedr. Fig. 8. (IV, 72 S.) Langensalza 884. Beyer & Söhne. n. — 60

Adam, R., Raumlehre m. Übungen im Zeichnen und Rechnen. Für die Hand der Schüler in Volks- u. Fortbildungsschulen bearb. 3. Aufl. gr. 8. (IV, 72 S. m. 95 eingedr. Fig.) Langensalza 891. H. Beyer & Söhne. n. — 60

Adam, R., der Rechenkünstler. Systemat. Anleitung zu einem schnellen und sicheren Kopf- und Tafelrechnen. Mit steter Rücksichtnahme auf Vorteile, Abkürzungen und Kunstgriffe zum Selbstunterricht für Lehrer und Geschäftsleute bearb. gr. 8. (442 S.) Gera 886, Th. Hofmann. *
Auch in 10 Lieferungen erschienen. à Lfg. * 35 Pf.

— der Rechenlehrer. Neue Anleitung zum methodischen Unterricht im Rechnen. Für Lehrer u. Seminaristen bearb. 1. Thl. 1. u. 2. Lfg. gr. 8. (S. 1—128. u. „der Rechenschüler" Ausg. A. 1. u. 2. Hft. 8. 24 u. 40 S.) Berlin 888. Th. Hofmann. à n. — 50

— der Rechenlehrer. Neue Anleitg. zum method. Unterricht im Rechnen. Für Lehrer u. Seminaristen bearb. 3.—12. Lfg. gr. 8. (1. Tl. S. 129—483 u. 2. Tl. S. 1—208, nebst „Rechenschüler" Ausg. A. 3. u. 4. Hft. 32 u. 56 S., u. Ausg. B. 1.—8. Hft. 32, 32, 36, 48, 40 40, 64 u. 74 S.) Gera 883. 84. Th. Hofmann. à n. — 50

— der Rechenschüler. Methodisch geordnete Rechenaufgaben f. die Volksschule. Ausg. A. [in 4 Hftn.] f. ein- bis dreiklass. Schulen. 1. Hft. [Rechenfibel]. 8. (24 S.) Ebend. 883. n. — 10

— Der Rechenlehrer. Neue Anleitung zum methodischen Unterricht im Rechnen. Für Lehrer und Seminaristen. T. 1. 2. — Berlin 1883–84. 1:Oc 3732. 1.9063

Adam, R., der Rechenschüler. Methodisch geordnete Rechenaufgaben f. die Volksschule Ausg. A. [in 4 Hftn.] f. ein- bis dreiklass. Schulen. 2.—4. Hft. 8. Gera 882. Th. Hofmann. n. — 50 (cplt. n. — 60)
2. (40 S.) n. — 15. — 3. (32 S.) n. — 15. — 4. (56 S.) n. — 20.

— der Rechenschüler. Methodisch geordnete Rechenaufgaben f. die Volksschule. Ausg. A in 3 Hftn. 2., neu bearb. Aufl. 8. Ebd. 887 n. — 70
1. Für die Unterstufe. (44 S.) n. — 20
2. Für die Mittelstufe. (56 S.) n. — 25
3. Für die Oberstufe. (64 S.) n. — 25

—— dass. — Ausg. B. 8 Hefte. 8. Ebendas. 888. [1. und 2. Heft. (à 32 S.) à Heft * 15 Pf.; 3.—6. Heft. (36; 48; 40; 40 S.) à Heft * 20 Pf.; 7. Heft. (64 S.) * 30 Pf.; 8. Heft. (74 S.) * 40 Pf.] *

— Schule d. Kopfrechnens. Zum Handgebrauch d. Lehrers. [In 3 Tln.] 1. Tl. gr. 8. (215 S.) Ebend. 886. n. 2. —

— Schule des Kopfrechnens. Zum Handgebrauch f. d. Lehrer 2. u. 3. (Schluß-) Tl. gr. 8. (136 u. 156 S.) Ebd. 887. à n. 1. 50 (cplt.: n. 5. —)

Adam, Richard: Über den Einfluß der Kohlenstoffdoppelbindung auf die Farbe von Azomethinverbindungen. 1906. 60 S. 8°
¶ Vgl. Zeitschrift f. Farben- u. Textil-Industrie. Jg. 5.
Dresden, Dr.-Ing.-Diss. v. 7. 3. 1906

Adam, Rob., in aeternum. Eine Phantasie. (117 S.) 8. Wien 905, C. W. Stern. n. 2. —

Adam, Rob., die Geschiche des Alî ibn Bekkâr m. Schams an-Nahâr. Eine Komödie. (80 S.) 8. Wien 909. H. Heller & Co. 1. 50

Adam, Rob., völkerrechtliche Okkupation u. deutsches Kolonialstaatsrecht. [Aus: „Archiv f. öffentl. Recht“.] gr. 8. (III, 118 S.) Freiburg i/B. 891. J. C. B. Mohr. n. 3. —

Adam, Robert: Projektstudie einer Kanalbrücke aus Eisenbeton nebst allgemeinen statischen Untersuchungen.
Diss. Wien TH 1909.

Adam, Robert: Die civilprozeßuale Zuständigkeits-Vereinbarung in geschichtlicher Entwicklung .... München, Theodor Ackermann, k. Hof-Buchh., 1888; VIII + 152 S. 8°
München, Jur. Fak., Inaug.-Diss. v. 1888

— Die civilprozeßuale Zuständigkeits-Vereinbarung in geschichtlicher Entwicklung. — München: Ackermann 1888. VIII, 152 S.
Ersch. auch als Diss. München 1888.
1:Hc 2940. 12: J. pract. 2c. 3. 6. 7. 10.
1.9068

Adam, Rudolf

Adam, R, Ueber die Echtheit u. Abfassungszeit d. platonischen Alcibiades I. S.-A. 1900. 25 S. 1.—

Adam, Rudolf, Dr.: Über die Echtheit der platonischen Briefe. Berlin 1906: Weidmann. (29 S.) 4°
Berlin, Falk-RG OP 1906 (110)

Adam, Rudolphus [Marchicus]: De Herodoti ratione historica quaestiones selectae sive de pugna Salaminia atque Plataeensi. . . . Berolini, Heinrich & Kemke, 1890; 2 Bl., 56 S., 1 Bl. 8°
Berlin, Phil. Fak., Inaug.-Diss. v. 4. Okt. 1890

Adam, S. F., Aufgaben zur Uebertragung aus der Current- in die Stolze'sche Kurzschrift. 8. (IV und 32 S.) Breslau 853, Gosohorsky's Buchh. **

Adam, S. F. Aufgaben zur Uebertragung in die Stolze'sche Kurzschrift. 3., durchges. Aufl. Breslau 857. Gosohorsky. 8. (1 Bl., 45 S.) n. 3 3/4 ngr

Adam, S. F. Aufgaben zur Uebertragung in die Stolze'sche Kurzschrift. 4. Aufl. 860. — 5. Aufl. 861. — 6. Aufl. 862. 7. Aufl. . . . — 8. Aufl. Breslau, 863. Gosohorsky. 8. (48 S.) n. 3 3/4 ngr

Adam, S. F., Aufgaben zur Uebertragung in die Stolze'sche Kurzschrift. 10. Aufl. Breslau 870. Gosohorsky. 8. (48 S.) n. 3 3/4 ngr

Adam, S. F., Aufgaben zur Uebertragung in die Stolzesche Kurzschrift. 11. durch Hinzufügg. der wichtigsten Regeln verm. Aufl. 8. (53 S.) Breslau 874. Gosohorsky. n. — 60

Adam, S. F., Aufgaben zur Uebertragung in die Stolze'sche Kurzschrift mit Hinzufügung der wichtigsten Regeln. 12. Aufl. 8. (56 S.) Freiburg i. Br. 882, Kiepert und v. Bolschwing. *

—— Lesebuch für Anfänger in der Stenographie. Nach Stolze's Lehrgang stufenweis geordnet. 8. (IV und 96 lithogr. S.) Breslau 858, Gosohorsky's Buchh. *

—— Lesebuch für Anfänger in der Stenographie. Nach Stolze's Lehrgang stufenweis geordnet. 3. Aufl. 8. (IV, 96 lithogr. S.) Breslau 868, Gosohorsky's Buchh. [Leipzig, Neubürger.] (* M. 2.)

—— stenographische Uebertragung der Aufgaben zur Stolze'schen Kurzschrift. 8. (48 lithogr. S.) Breslau 865, Gosohorsky's Buch- und Antiquarh. *

Adam, S. F., Verzeichniss der Wortsiegel, Monogramme und derjenigen deutschen Wörter, deren Abstammung zweifelhaft oder verdunkelt ist, sowie sämmtl. Affixe aus Stolze's Lehrgang der deutschen Stenographie. 12. Aufl. 8. (20 lithogr. S.) Breslau 878. (Hannover, Schulbuchh.) *

Adam, S. F., Verzeichniss der Wortsiegel, Monogramme und derjenigen deutschen Wörter, deren Abstammung zweifelhaft oder verdunkelt ist, sowie sämmtl. Affixe aus Stolze's Lehrgang der deutschen Stenographie. 13. und 14. Aufl. 8. (16 lithogr. S.) Breslau 880,81. (Hannover, Schulbuchh.) *

Adam, Sam. und Sarah: „Noth- und Hülfsbuch für deutsche Dienstbothen; enthaltend allgemeine Vorschriften zu einem guten Betragen, Winke über Gesinderecht, über die Sparcassen, specielle Capitel für die Haushälterin, Köchin, den Verwalter, Haushofmeister, Kellner etc., mit Rücksicht auf das deutsche Bedürfniss aus dem Englischen frei bearbeitet von J. W. V. Kühn“, Ilmenau 1828 (Voigt).

Adam, T., Ausleg. d. Cplst. Petri. 4. 708.

Adam, Th., s. Adam, Theodor

Adam, Th., veterinärtechnische Grundsätze f. e. Reichs-Viehseuchen-Gesetz. 33 Resolutionen d. deutschen Veterinär-Raths, begründet. gr. 8. (68 S.) Augsburg 879. Lüderitz in Comm. n. 1. —

Adam, Thdr., die landwirtschaftliche Haustierzucht, s. Bibliothek, landwirtschaftlicher Lehrbücher.

Adam, Thdr., die landwirthschaftliche Haustierzucht. 2. Aufl. Mit 26 in den Text gedr. Abbildgn. gr. 8. (VIII, 200 S.) Stuttgart 884. Ulmer. n. 2. 40

Adam, Thdr., die landwirtschaftliche Haustierzucht. Ein Leitfaden zum Unterricht an landwirtschaftl. Winterschulen, sowie zum Selbstunterricht f. Landwirte. 3. Aufl., vollständig umgearb. u. verm. gr. 8. (VIII, 229 S. m. 47 Abbildgn.) Stuttgart 893. E. Ulmer.
n. 2. 40; geb. in Halbleinw. n.n. 2. 65

Adam, Thdr., die landwirtschaftliche Haustierzucht. Ein Leitfaden z. Unterrichte a. landwirtschaftl. Winterschulen, sowie z. Selbstunterricht f. Landwirte. 4. Aufl., neubearb. u. verm. v. Adam. gr. 8. (VIII, 240 S. m. 48 Abbildgn.) Stuttgart 902. E. Ulmer. Geb. n. 2. 50

Adam, *Theodor* Mitteilungen über das neue Schulhaus. 4 (16 S., 2 Tafeln). Progr. Rg. *Schwerin* 1886
Darin: Untersuchung des Trinkwassers von Hermann Hoffmann. S. 15—16.

— Mitteilungen über die neue Turnhalle. 4 (S. 3—5 der Schuln.). Progr. Rg. *Schwerin* 1888

Adam, Theodor Regeln und Lehrsätze aus der Arithmetik und Algebra für den Unterricht der höheren Schulen bis Obersekunda. 8 (39 S.). Progr. Rg. Schwerin 1887 (610).

Adam, Thdr., Sammlung d. veterinär-sanitätspolizeilichen Verordnungen f. das Königreich Bayern. 1. Abth. Die oberpolizeilichen Vorschriften für die 8 Regierungsbezirke. München, 863. Grubert. gr. 8. (IV, 196 S.) n. 22 ngr.

— Schematismus des thierärztlichen Personals im Königr. Bayern. Mit e. Berichte über die im Jahre 1857/58 unter den landwirthschaftlichen Hausthieren vorgekommenen Seuchen u. ansteckenden Krankheiten. (Abdruck aus d. Wochenschrift für Thierheilkunde u. Viehzucht.) Augsburg, 859. Schmid's Verlag in Comm. gr. 8. (70 S.) n. 12 ngr.

Adam, Th., veterinärärztliches Taschenbuch, s. a. Taschenbuch.

— veterinärärztliches Taschenbuch. 1—5. Jahrg. 861—65. Würzburg, Stahel. 16. (VII, 312 S.) 1—3. Jahrg. à n. 18 ngr.; 4. u. 5. Jahrg. à 21 ngr.

Adam, Th., landwirthschaftliche Thierkunde u. Thierzucht. Eine kurze Anleitg. zur Beurtheilg. der landwirthschaftl. Haussäugethiere nach deren Bau u. Form m. Rücksicht auf ihre Nutzgn., sowie zur rationellen Haltg. u. Züchtg., dann zur Kenntniß der wichtigsten Krankheiten derselben m. Einschluß der thierärztl. Nothhilfe. Für bäuerl. Landwirthe sowie als Leitfaden zum Unterrichte in landwirthschaftl. Winterschulen. Mit erläut. (eingedr.) Holzschn. gr. 8. (VIII, 256 S.) Augsburg 873. Lüderitz. 3. —

Adam, Theodor: Die Veterinär-Polizei mit Berücks. der neuesten Gesetzgebungen. — München 1862. 1:Ks 2888. 12:Pol. civ. 2c. 1.9071

(Adam Th. u. Fraas): Das Veterinärwesen Bayerns. Eine polemische Abhandl. Augsb. 1860. 48 S. (Særtr.). P.

Adam, Th. (Hrsg.), s. Wochenschrift für Tierheilkunde und Viehzucht.

Adam, Therese (Hrsg.), s. a. Kochbuch, Schlesisches.

Adam, Therese, Schlesisches Kochbuch. Eine reichhaltige Sammlg. erprobter Küchen-Recepte. gr. 8. (VII, 362 S.) Troppau 900. Buchholz & Diebel. n. 4. — geb. in Leinw. n. 5. —

Adam, V.: Anfangsgründe... (und andere mathematische Titel), s. Adam, Vinz.

Adam, V. Napoleons historia. 8. Stockholm 1838. 39.

Adam, V[ictor]. Freuden und Leiden der Reiter und Reiterinnen in dreissig lithographirten Bildern nach V. Adam. Frankfurt a. M., bey F. C. Vogel [um 1832]. 15 Taf. in Lithogr. 8°.

Adam, Victor, Vorlegeblätter zum Nachzeichnen, s. Vorlegeblätter.

Adam, V.: Über die Anfangsgründe d. Mechanik an Unterrealschulen. 17 S. Progr. Troppau OR. 1853.

Adam, V., Bruchstücke aus der mathematischen Geographie m. besond. Berücksicht. einiger Beleuchtungsverhältnisse. gr. 8. (50 S. m. 3 Tab.) Wien 885. (Bermann & Altmann.) n.n. 1. —

Adam, Vinz., das Entwerfen geographischer Charten-Netze in Verbindung mit dem mathematischen Unterrichte am Ober-Gymnasium. Brünn 858. (Nitsch u. Grosse.) gr. 4. (19 S. mit Holzschn. im Text.) nn. 8 ngr.

—— „Globus". Anwendung des Globus in der astronom. Geographie, nebst einigen Zusätzen. [Für den Selbstunterricht eingerichtet.] Unentbehrlich für Lehrer, und welche es werden wollen, wie für jene, welche sich mit derlei Fragen gerne befassen, und für alle, die früher nicht Gelegenheit hatten, diesen Zweig der allgemeinen Bildung sich anzueignen; schliesslich — bezüglich der Dauer der Besonnung der verschiedenen Seiten eines Hauses — auch für Architekten, Baumeister, Haus- und Wohnungsbesitzer, Aerzte etc. gr. 8. (64 S. mit mehreren Fig. und Taf.) (Ebendas.) 887. **

—— Grundformeln der Dioptrik. gr. 4. (15 S. mit eingedr. Holzschn.) Brünn 859, [Nitsch.] *

Adam, V., Grundzüge der mathematischen Geographie. Zum Gebrauche an Gymnasien, Realschulen, Lehrerseminarien, höheren Töchterschulen, sowie zum Selbstunterrichte. gr. 8. (VIII, 66 S. m. 61 eingedr. Holzschn.) Karlsruhe 877. Müller & Gräff. n. 1. 80

— dasselbe. 2. verb. Ausg. Mit 61 (eingedr.) Holzschn. gr. 8. (VIII, 66 S.) Ebend. 881. n. 1. 30

Adam, V., Logarok zsebkönyve középtanodák s felső tanintézetek számára összeállította. 4. Aufl. (IX u. 98 S.) Wien, Bermann & Altmann. Geb. 60 kr. 1884 2884

Adam, V., Taschenbuch der Logarithmen f. Mittelschulen u. höhere Lehranstalten. Stereot.-Ausg. Brünn 864. Winiker in Comm. 16. (IX, 96 S.) n. 12 ngr.

Adam, V. (II.), Taschenbuch der Logarithmen für Mittelschulen und höhere Lehranstalten. 5. und 6. Aufl. Ster.-Ausg. 16. (IX, 96 S.) Wien 875,79, Bermann und Altmann. geb. *

Adam, V., Taschenbuch der Logarithmen für Mittelschulen u. höhere Lehranstalten. 7—9. Aufl. Ster.-Ausg. 16. (IX, 96 S.) Wien 881—83. Bermann & Altmann. geb. n. 1. 20

Adam, V., Taschenbuch d. Logarithmen f. Mittelschulen und höh. Lehranstalten. 11. Aufl. (Stereotyp-Ausg.) 16. (IX u. 97 S) Wien, Bermann & Altmann. Geb. 60 kr. 1884 2883

—— Taschenbuch der Logarithmen für Mittelschulen und höhere Lehranstalten. 12.—15. Aufl. Ster.-Ausg. 16. (IX, 97 S.) Ebendas. 885—88. geb. **

Adam, V. Taschenbuch d. Logarithmen f. Mittelschulen u. höhere Lehranstalten. 18. Aufl. Ster.-Ausg. 16. (XI, 98 S.) Wien 892, (Bermann u. Altmann). geb. in Leinw. ** 1 20

Adam, V., Taschenbuch der Logarithmen für Mittelschulen und höhere Lehranstalten. 19. Auflage. Stereotyp-Ausgabe. Kl.-8. (45 S.) In Comm. In Leinwd. geb. * — 60

Adam, V., Taschenbuch der Logarithmen für Mittelschulen und höhere Lehranstalten. 20. Auflage. Stereotyp-Ausgabe. 12. (90 S.) In Lnwd. geb. In Comm. * —.60
Bermann & Altmann. Wien 1894

Adam, V., Taschenbuch der Logarithmen f. Mittelschulen u. höhere Lehranstalten. 21. Aufl. Ster.-Ausg. 16. (IX, 99 S.) Wien 895. (Bermann & Altmann.) Geb. in Leinw. n. 1. 20

Adam, V.: Taschenbuch d. Logarithmen f. Mittelschulen u. höh. Lehranstalten. 22. Aufl. 16°(99).– Wien 1895, Bergmann &A.

Adam, V., Taschenbuch der Logarithmen für Mittelschulen und höhere Lehranstalten. 23. Auflage. Stereotyp-Auflage. 24. (99 S.) In Comm. In Lnwd. geb. —.60
Bermann & Altmann. Wien 1896

Adam. Landesschulinspector V., Taschenbuch der Logarithmen für Mittelschulen und höhere Lehranstalten. 24. Auflage. Ster.-Ausg. 16. (XI, 99 S.) In Comm. Geb. * —.60
Bermann & Altmann, Wien 1897

Adam, V., Taschenbuch d. Logarithmen f. Mittelschulen u. höh. Lehranstalten 25. Aufl. Ster.-Ausg. 16. (IX, 99 S.) Wien 898. (Bermann & Altmann). Geb. in Leinw. n.n. 1. —

Adam, V.: Taschenb. d. Logarithmen f. Mittelsch. u. höh. Lehranst. 28. Aufl. 16°(99).– Wien 1900 (Bermann & A.)

**Adam, V.**, Taschenbuch d. Logarithmen f. Mittelschulen u. höhere Lehranstalten. 31. Aufl. Ster.-Ausg. kl. 4. (X, 100 S.) Wien 903. (A. Mejstrik.)
Geb. in Leinw. n.n. 1. —

**Adam, V.**, Taschenbuch der Logarithmen f. Mittelschulen u. höhere Lehranstalten. 36. Aufl. Ster.-Ausg. (X, 100 S.) 16. Wien 907. (A. Hölder). Geb. 1. 20

**Adam, V.**, Thier - Zeichnen, s.: Zeichnenschule, allgemeine.

**Adam, W.** 1891: Katalog der Bibliothek des Vereins 'Gabelsberger' zu Zittau. Nach d. Bestande v. 1. Aug. 1891 zsgest. Zittau 1891: Linke. 20 S. 1:3 in V 10100-3.
1.9085

**Adam, Waldemar:** Beiträge zur Klimatologie des Sommers in den Bergen und Kurorten Schlesiens, in Verbindung mit ärztl. Bemerkungen. Von Adam. — o.O. [um 1883]. 23 S. 1:11 in Ir 2.
1.9086

ADAM, Waldemar: Die Fichtenrinde und ihr Werth in medicinisch-balneologischer Beziehung. - Leipzig 1893. 12 S. - (Verh. XXI. schles. Bädertag)

— Bad Flinsberg im schlesischen Isergebirge, ein ... Gebirgs-Kurort mit Stahl-, Moor- u. Fichtennadel-Bädern. Kurzer Bericht. — (Löwenberg 1880: Muller.) 8 S. 2.
1.9087

— Bad Flinsberg im schlesischen Isergebirge als klimatischer Kurort. — Friedeberg a. Qu. 1874.
1:Is 4609.
1.9088

— Der Kurort Flinsberg im schlesischen Isergebirge, seine Lage und sein Klima. Auf Grund mehrjähr. Beobachtungen bearb. — Löwenberg i. Schl. 1880: Muller. 17 S.
1:Ir 18003. 2.
1.9089

**Adam, Führer ins Isergebirge, s. Neugebauer, H.**

— Führer durch das Isergebirge mit seinen Kurorten Flinsberg und Schwarzbach von Adam. — Görlitz: Vierling 1902. 92 S. 1:Ta 5743. 2.
1.9090

— — 2. Aufl. Ebd. 1904. 82 S. 1:Ta 5743². 2.
1.9091

— — Führer durch das preußische Isergebirge, besonders Kurort Flinsberg u. Schwarzbach sowie s. zahlreichen Sommerfrischen. Von Adam. 3., völlig umgearb. Aufl. — Görlitz: Worbs 1908. 99 S. 1:Ta 5743³. 2.
1.9092

— Neueste Nachrichten aus Flinsberg. Für Flinsbergs Gäste ges. u. zum Besten der hiesigen Feuerwehr hrsg. von Adam. — Flinsberg 1886. 32 S. 1:Is 4610.
1.9093

— Adam. Prospect über Bad Flinsberg. — (Breslau 1884.) 9 S. 1:2 in 4° Ir 18003ª.
1.9094

— — Prospekt über Kurort Flinsberg von Adam. (Breslau 1888: Reid.) 12,16 S. 1:Is 4611.
1.9095

ADAM, WALDEMAR. Ueber den therapeutischen Werth des Chinoidinum Sulfuricum. Greifswald, 1869. **Diss.** G. S.

**Adam, Wilhelm.** 1863: Geometrische Analysis und Synthesis. Eine Samml. von 636 planimetr. Constructions-Aufgaben mit reingeometr. Lösung. Für höh. Lehranst. sowie zum Gebr. beim Selbstunterricht system. geordnet u. bearb. von W. Adam. — Potsdam: Stein 1872. 299 S.
1:Oa 3914.
1.9097

— — 2. Aufl. Ebd. 1893. IV,291 S. 1:Oa 3914².
1.9098

**Adam, Wilh.**, methodische Anweisung zum Ausziehen der Quadrat- u. Kubikwurzel mit Anwendung zu geometr. Berechnungen, nebst zahlreichen Uebungsaufgaben. Zunächst zum Gebrauch in Schullehrer-Seminarien u. gehobenen Lehranstalten, sodann aber auch f. den Selbstunterricht bearb. Wittstock 869. Stein. gr. 8. (VI, 140 S.) n. 20 ngr.

**Adam, W.**, methodische Anweisung zum Ausziehen der Quadrat- u. Kubikwurzel, m. Anwendung zu geometrischen Berechnungen, nebst zahlreichen Uebungsaufgaben. Zugleich das Wichtigste v. den Operationen m. Potenzausdrücken u. Wurzelgrössen enth. Zunächst z. Gebrauch an Schullehrer-Seminarien u. gehobenen Lehranstalten, sodann aber auch f. den Selbstunterricht. 2. verb. Aufl. gr. 8. (VIII, 148 S.) Stuttgart 880. Lemppenau. n. 2. —

**Adam, W.**, methodische Anweisung zum Ausziehen der Quadrat- u. Kubikwurzel m. Anwendung zu geometrischen Berechnungen, nebst zahlreichen Uebungsaufgaben. Zugleich das Wichtigste v. den Operationen m. Potenzausdrücken u. Wurzelgrössen enth. 3. Aufl. gr. 8. (VIII, 148 S.) Stuttgart 884. A. Koch. n. 2. —

— W. Adam. Anweisung zum Unterricht im Rechnen für Lehrer und zum Selbstunterricht. — Potsdam: Stein 1870.
1:Oc 3652.
1.9099

— 1500 Aufgaben aus der Buchstabenrechnung u. Algebra m. vollständ. Berechngn. Zunächst f. den Selbstunterricht. gr. 8. (IV, 272 S.) Neu-Ruppin 876. Petrenz.
n. 4. 40

— 1500 Aufgaben aus der Buchstabenrechnung u. Algebra m. vollständigen Berechnungen. Zunächst f. den Selbstunterricht bearb. 2. verb. Aufl. gr. 8. (IV, 292 S.) Gera 890. Th. Hofmann. n. 4. 40; geb. n. 5. —

— 100 algebraische Aufgaben m. vollständig ausgeführten elementaren Lösungen. gr. 8. (62 S.) Gera 886. Th. Hofmann.
n. — 70

— Aufgaben zum Kopfrechnen für Lehrer und zum Gebrauch beim Selbst-Unterricht nach der neuen Maß- und Gewichts-Ordnung in methodischer Stufenfolge. Bearb. und mit Erl. nebst Auflösungen vers. von W. Adam. — Potsdam: Stein 1871. 180 S. 1:Oc 3663.
1.9100

— Ausgabe in Reichsmünze. Sieben Hefte Aufgaben für das elementare Rechnen in einer neuen, durch das Münz-, Maß- und Gewichtssystem des deutschen Reiches bedingten Stufenfolge. Bearb. von W. Adam. 2. umgearb. Aufl. H. 1–7 [nebst] Auflösungen. H. 1–7. — Potsdam: Stein 1874–75.

1. Aufl. s. *Adam:* Aufgaben zum schriftlichen und mündlichen Rechnen. 1869–70.

1:Acc. P 10.3129.
1.9101

— Aufgaben zum schriftlichen und mündlichen Rechnen. Zum Gebr. in d. Volksschulen d. Nordd. Bundes ... method. bearb. von W. Adam. H. 1–5 [nebst] Auflösungen. H. 1–5. — Potsdam: Stein 1869–70.

1. Die vier Grundrechnungsarten in den Zahlenkreisen von 1 bis 10, 20 u. 100. 1869.
2. Die vier Grundrechnungsarten in den Zahlenkreisen von 1 bis 1000 u. in d. höheren Zahlenkreisen. Das Resolviren und Reduciren. 1869.
3. Die vier Species mit mehrfach benannten Zahlen. Aufgaben aus d. Regeldetri. 1869.
4. Das Rechnen mit gemeinen Brüchen u. mit Decimalbrüchen. 1869.
5. Verhältnißbestimmungen. Zsgesetzte Regeldetri. Zinsrechnung. Procentrechnungen. 1870.

2. Aufl. s. *Adam:* 7 Hefte Aufgaben für das elementare Rechnen. 1874–75.

1:Oc 3650–5.
1.9102

— 6500 Aufgaben für den Unterricht in der Arithmetik und Algebra. Mit Erklärungen u. ausgeführten Beispielen, nebst e. Logarithmentaf. In method. Stufenfolge bearb. von W. Adam. T. 1.2 [nebst] Auflösungen. 1.2. — Neu-Ruppin: Petrenz 1888–91.
1:Aufg. = Ob 3491; Auflös. = Ob 3491 a.
1.9103

— Die Decimalbrüche. Eine populäre und gründliche Anweisung zur Decimalbruchrechnung mit 650 Uebungsaufgaben nebst Resultaten. Zunächst z. Gebr. in Schullehrer-Seminarien, sodann aber für den Schul- u. Selbstunterricht bearb. — Potsdam: Stein 1868. VI,108 S. 1:Oc 3648.
1.9104

— Geschichte des Rechnens und des Rechenunterrichts. Zum Gebr. an gehobenen ... Lehranst. ... bearb. von W. Adam. — Quedlinburg: Vieweg 1892. VIII,182 S.
1:O 836. 3.
1.9105

— Theoretisch-praktische geometrische Constructionslehre [Konstruktionslehre] und algebraische Geometrie, enth. mehr als 300 ... Aufg. — Leipzig: Brockhaus 1863. VIII,237 S. 1:Oa 3881.
1.9106

— W. Adam. Ausführliches Lehrbuch der Planimetrie mit Einschl. der wichtigsten Sätze aus der neueren Geometrie nebst 1000 Beisp. u. Übungsaufg. Für den Schul- und Selbstunterricht. Mit 405 Fig. — Langensalza: Beyer 1881. X,498 S. 1:Oa 1702. 3.
1.9107

— Lehrbuch der Buchstabenrechnung u. Algebra m. mehr als 1500 Uebungsaufgaben. Zunächst zum Gebrauch in Seminarien, Mittel-, Real- u. Gewerbeschulen, wie auch f. den Selbstunterricht. 1. Thl. gr. 8. (VII, 184 S.) Neu-Ruppin 875. Petrenz. n. 2. 80

— — 2. Thl. gr. 8. (V, 105 S.) Ebend. 875. n. 1. 80

— Lehrbuch der Buchstabenrechnung und Algebra mit mehr als 1500 Uebungsaufg. Zum Gebr. an Seminarien u. höheren Lehranst., wie auch für den Selbstunterricht bearb. von W. Adam. 2. verm. u. verb. Aufl. T. 1.2. — Neu-Ruppin: Petrenz 1877–80. 1:Ob 3433.
1.9108

— **Lehrbuch der Buchstabenrechnung u. Algebra m. mehr als 1500 Uebungsaufgaben. Zum Gebrauch an Seminarien u. höheren Lehranstalten, wie auch f. den Selbstunterricht bearb. 1. u. 2. Thl. gr. 8. Neu-Ruppin 880—82. Berlin, Th. Hofmann.** n. 7. 80.
1. 3. Aufl. (VIII, 251 S.) n. 3. 60
2. 2. verm. Aufl. (VIII, 279 S.) n. 4. 20

— Lehrbuch der Buchstabenrechnung u. Algebra mit zahlreichen Uebungsaufgaben. 1. Tl. Die vier Species mit d. Bruchrechng., Verhältnisse u. Proportionen, Potenzen u. Wurzeln. Die Gleichgn. vom ersten u. zweiten Grade. Höhere Gleichgn, welche a. d. Form e. quadrat Gleichg. gebracht werden können. 4. Aufl. 8. (VIII, 251 S.) Ebd. 890. n. 3 60; geb. n. 4. 10

**Adam, Wilhelm.** 1863: W. Adam. Lehrbuch der Geometrie mit zahlreichen Beispielen und Übungsaufgaben. Zum Gebr. an Lehrerseminaren, Mittelschulen. 2., neu bearb. Aufl. des „Lehrbuchs der ebenen und körperl. Geometrie". T. 1.2. — Berlin 1881.
1. Planimetrie. 2. Stereometrie. 1:Oa 1699.
1.9109

— W. Adam. Lehrbuch der ebenen und körperlichen Geometrie, mit Berücks. des Construirens und Rechnens nach den neuesten Maassbestimmungen. — Berlin 1869.
2. Aufl. s. *Adam:* Lehrbuch der Geometrie. 1881.
1:Oa 1698.
1.9110

— Lehr- und Handbuch der Flächen- und Körperrechnung zum Schul- und Selbstunterricht. Mit Rücks. auf das Nothwendigste und Wichtigste bearb. — Langensalza: Verlags-Comptoir [1867]. 1:Oa 1672.
1.9111

— Lehr- u. Handbuch der Flächen- u. Körperrechnung zum Schul- u. Selbstunterricht. Mit Rücksicht auf das Nothwendigste u. Wichtigste bearb. 867. (IV, 112 S.) — 2., verm. u. verb. Aufl. Mit 13 Figuren (Holzschn.) im Text. Langensalza 869. Verlags-Comptoir. 8. (VIII, 123 S.) 9 ngr.

—— dass. — 3. Aufl. Auf Grund des neuen Münz-, Maß- und Gewichtssystems umgearb. und mit 610 Uebungsaufgaben verm. Aufl. 8. (170 S. mit 13 Fig. in Holzschn. im Text.) Ebendas. 873.

— **Lehr- u. Handbuch der Flächen- u. Körperrechnung zum Schul- u. Selbstunterricht.** Mit Rücksicht auf das Nothwendigste u. Wichtigste bearb. 4. rev. Aufl. Mit mehr als 600 Uebungsaufgaben, nebst 13 Fig. im Text. 8. (172 S.) Langensalza 875. Beyer & Söhne. 1. 20

—— Lehr- und Handbuch der Flächen- und Körperrechnung zum Schul- und Selbstunterricht. Mit Rücksicht auf das Nothwendigste und Wichtigste bearb. 5. revid. Aufl. Mit mehr als 600 Uebungsaufgaben. 8. (158 S. mit 13 Holzschn.-Fig.) Langensalza 878, Beyer und Söhne.

—— **Lehr- und Handbuch der Flächen- und Körperrechnung zum Schul- und Selbstunterricht. Mit Rücksicht auf das Nothwendigste und Wichtigste bearb. 6. Aufl. 8. (VIII, 135 S. mit 13 Holzschn.-Fig.) Ebendas. 882.**

— Lehrbuch der ebenen Trigonometrie mit zahlreichen Beispielen u. Uebungsaufgaben. Für den Schul- und Selbstunterricht in leicht verständl. Weise bearb. von W. Adam. Berlin: Stubenrauch 1876. VIII,147 S. 1:Ob 854.
1.9114

— — Neu-Ruppin: Held 1876. VIII,147 S.
1:Ob 853. 11.
1.9115

— Lehrplan für den Rechenunterricht in der vierklassigen und der ungeteilten einklassigen Seminar-Übungsschule zu Neu-Ruppin. In Wochen-Pensen bearb. von Adam. — Neu-Ruppin: Howe 1887. 15 S. 1:Nf 4306.
1.9116

Adam, Wilhelm (Alzey)
Ueber Lymphorrhagie.
Giessen: W. Keller 1865. 28 S.
Diss. med. 29.11.1865. vorh. 26. 7.

— die neuen Maße u. Gewichte nebst Anwendung derselben in Gegenwart u. Zukunft. Mit Rücksicht auf niedere u. höhere Anforderungen in zwei gesonderten Cursen bearb. Mit e. Anh., das bereits in Vorschlag gebrachte decadische Münzsystem betr. 1. u. 2. unveränd. Aufl. Wittstock 869. Kühn. gr. 8. (48 S.) 5 ngr.

— **die im neuen Maß-, Gewichts- u. Münzsystem obwalten den wechselseitigen Beziehungen, m. Andeutg. der sich hieraus ergeb. Vortheile f. das Schnellrechnen. 16. (15 S.) Kyritz 872. Grabow.** — 20

— **neue Methode f. den Rechenunterricht in der Elementarschule d. deutschen Reiches.** Auf Grund d. neuen Münz-, Maß- u. Gewichtssystems bearb. 8. (127 S.) Potsdam 872. Stein. n. 1. 20

—— neue Methode für den Rechenunterricht in der Elementarschule des deutschen Reiches. Auf Grund des neuen Münz-, Maß- und Gewichtssystems bearb. 8. (127 S.) Potsdam 873, Stein's Verlag. *

—— geometrische Rechenaufgaben oder Aufgaben für Raumberechnungen aller Art. Ein Uebungs- und Wiederholungsbuch zum Gebrauche an Bürger-, Gewerbe- und Realschulen, sowie zum Selbstunterricht. gr. 8. (VIII und 111 S. mit 24 in den Text eingedr. Fig.) Leipzig 864, Brockhaus. *

—— dass. — Facitbuch dazu. (21 S.) Ebendas. 864. *

**Adam, Wilh., 100 Rechenaufgaben aus dem Gebiete der Landwirthschaft u. Haushaltung. Zum Gebrauch in Volksschulen u. Lehrer-Seminarien auf Grund d. neuen Münz-, Maß- u. Gewichts-Systems bearb. A. Ausg. f. den Lehrer, m. vollständ. Berechngn. versehen. gr. 8. (40 S.) Potsdam 872. Stein.** n. — 40

— dasselbe. B. Ausg. f. den Schüler. gr. 8. (16 S.) Ebend. 872. n.n. — 15

— kaufmännisches Rechenbuch, s.: Trempenau, W.

— Die bürgerlichen Rechnungsarten auf das Princip grösster Einfachheit gegründet u. unter Berücksichtigung der jedesmaligen Haupt-Rechenfälle praktisch dargest. in 150 Musterbeispielen. Zum Gebr. in Volks- u. Nachhülfeschulen, sowie zum Selbstunterricht. — Langensalza: Verlags-Comptoir 1866. 144 S. 1:Oc 3637.
1.9117

— Repetitorium der Planimetrie, enth. Formenlehre, Lehrsätze u. Aufgaben mit consequenter Bezeichnung und Hülfsmitteln zu den Beweisen und Lösungen. Zum Gebr. an Seminarien, Mittel-, Real- u. Gewerbeschulen. Für die Hand des Schülers bearb. von W. Adam. — Wittenberg: Herrosé 1874. 64 S. 1:Oa 1729.
1.9118

— Repetitorium der Stereometrie, enth. Formenlehre, Lehrsätze u. Aufgaben mit consequenter Bezeichnung und Hülfsmitteln zu den Beweisen und Lösungen. Zum Gebr. an Seminarien, Mittel-, Real- u. Gewerbeschulen. Für die Hand des Schülers bearb. von W. Adam. — Wittenberg: Herrosé 1875. VIII,112 S. 1:Oa 5729.
1.9119

— **elementarer Schulbedarf aus dem Gebiete der reinen u. angewandten, ebenen u. körperlichen Geometrie, nach den neuesten Maassbestimmungen zum Gebrauch in Präparandenanstalten u. Volksschulen bearb. Berlin 869. Stubenrauch. gr. 8. (IV, 68 S. mit Holzschn. im Text.)** n. 10 ngr.

— Elementarer Schulbedarf aus dem Gebiete der reinen und angewandten, ebenen und körperlichen Geometrie, nach den neuesten Maassbestimmungen z. Gebr. in Praeparandenanstalten und Volksschulen bearb. von W. Adam. 2. verb. Aufl. — Berlin: Stubenrauch 1879. IV,68 S.
1:Oa 1687ᵃ.
1.9120

—— arithmetisches und algebraisches Uebungsbuch, mit ausgeführten Musterbeispielen, 2000 Aufgaben enth. Zum Gebrauch an Lehrer-Seminarien, Mittel- und Gewerbeschulen, wie auch an höheren Lehranstalten. gr. 8. (IV, 103 S.) Neu-Ruppin 878, Petrenz. *

— Arithmetisches und algebraisches Übungsbuch mit ausgeführten Musterbeisp., mehr als 2500 Aufg. enth. Z. Gebr. an Lehrer-Seminaren, Mittel- und Gewerbeschulen, wie auch an höh. Lehranst. bearb. von W. Adam. 2. Aufl. [Nebst] Resultate. — Neu-Ruppin: Petrenz 1889.
1:Ob 3433/4ᵃ.
1.9121

— **Wilhelm Ernst Friedr.** (Treptow/Pomm.), De gastro-entheritide. Diss. med. Bln. (Nietack) 2. VIII. 1837. 40 S. Mit Biographie. (Mutter: Catharina Maria Waldow.) (4.20) 61
Opponenten: A. Müller, F. Quiring, A. Bengelsdorf. — Gew.: H. A. Koehler.

**Adam-Flinsberg**, die Fichtenrinde u. ihr Werth in medicinisch-balneologischer Beziehung. [Aus: „Verhandlgn. d. XXI. schles. Bädertages".] [Aus: „Reichs-Medicinal-Anzeiger".] 8. (12 S.) Leipzig 893. Verlag d. „Reichs-Medicinal-Anzeigers" B. Konegen. n. —40

**Adam-Gärtner, A.**, Gedichte. 8. (51 S.) Dresden 900. E. Pierson. n. 1.—; geb. n. 2.—

**Adam-Leonhard**, Karl, zur Theorie der farbigen Perspektive (Komplementärtheorie). Betrachtungen f. Maler u. Laien. (20 S.) kl. 8. Strassburg 905. (C. Bongard.) n. — 60

**ADAMANTES**, Der wohlversuchte Amant, in verschiedenen Liebes-Intriguen, vorgestellet von —. Franckfurt u. Leipzig 1716. 12° (12 Mk., mit dem folgenden Roman, Eman. Mai, Berlin, 1899.)
1 Alph. 2½ Bg. Mit erot. Kpfrn. Äusserst selten!

**Adamantes:** Die wohlprobirte Treue in einer kurtzen Helden- und Liebes-Geschichte. — Franckfurt & Leipzig 1716. 117 S.
10.
1.9148

**Adamantii** sive Martyrii de B muta et V vocali libellus, ed. Henri. Keil. Part. I. gr. 4. (13 S.) Halle 878. (Hendel). n.n. — 25

**Adamantius**, etiam exemplar. graecum est adj. — Bas. 544. fl. 8.
* Scriptores physiognomiae veteres ex recens. Cam. Perusci et Fr. Sylburgii Gr. et Lat. recens. animadv. Sylburgii et Trilleri V. Jll. in Melampodem emendat. add. suasq. adspers. notas J. G. Fr. Franzius. Altenburg. 780. 8.

**Adamantius**, um 300. 1901: [Dialogus de recta in Deum fide] Der Dialog περὶ τῆς εἰς θεὸν ὀρθῆς πίστεως. Hrsg. im Auftr. d. Kirchenväter-Commission d. Kgl. Preuss. Akad. d. Wiss. von W. H. van de Sande Bakhuyzen. — Leipzig: Hinrichs 1901. LVII,256 S. (Die griechischen christlichen Schriftsteller der ersten 3 Jahrhunderte. 4.)
1:B1492-4. 12:P.gr.C.87d-4[u.ö.] 300:394.695-B. Per. 4. 2. 3. 4. 5. 6. 7. 8. 9. 10. 11.
1.9150

**Adambuch**, das christliche, des Morgenlandes. Aus d. Aethiopischen mit Bemerkungen übers. von A. Dillmann. Göttingen 853. Dieterich. gr. 8. (1 Bl., 144 S.) n. 20 ngl.

**Adambuch, e. deutsches. Nach e. ungedr. Handschrift der Hamburger Stadtbibliothek aus dem XV. Jahrh. Hrsg. u. untersucht v. Hans Vollmer. Mit 2 Illustr.-Proben (auf 1 Taf.). Progr. (VI, 51 S.) Lex. 8. Hamburg 908. (Herold). nn 2. 50**

**Adamczewski**, Josef, Der Kampf um den Boden in der Provinz Posen. Eine Studie. [o. O. u. J.]
Freiburg i. B., Rechts- u. staatsw. Fak., Ref. Fuchs, Diss. v. 1907
(Nicht für den Austausch, lag nicht vor.)
[Geb. 1. März 78 Pinne (Posen); Wohnort: Senkowo (Kr. Samter); Staatsangeh.: Preußen; Vorbildung: Gymn. Meseritz Reife M. 00; Studium: Breslau 4, Berlin 3, Freiburg i. B. 2 S.; Rig. 1. März 07.]

**Adamczewski**, Ludwig [aus Brześnica '(Prov. Posen)']: Aus d. patholog.-anatom. Institut zu München. Über primäre Sarkomatose des Bauchfells ... München, kgl. Hof- u. Univ.-Buchdr. v. Dr. C. Wolf & Sohn, 1895; 23 S. 8.
München, Med. Fak., Inaug.-Diss. v. 1895

**Adamczik, Josef:** Compendium [Kompendium] der Geodäsie. — Leipzig & Wien: Deuticke 1901. VIII,515 S.
12: Math. P. 2mo. 300: 408.793-B. 82. 83. 89.
1.9161

—— Kompendium der Geodäsie. Mit 396 Abb. 2., umgearb. u. erw. Aufl. — Ebd. 1919. IX,538 S.
1: 4° Of 5311². 300: 531.915-C. L. S. 3. 7. 85.
1.9162

Adamczyk: Versicherung der Arbeiter gegen Arbeitslosigkeit im Kanton Basel-Stadt. Basel 895.

**Adamczyk,** Adolph. Bernard. (geb. Brinnitz bei Oppeln 15. 8. 1815): De combustionibus. Berolini (1840). (29 S.) 8°
Berlin, Med. Diss. v. 25. Mai 1840

**Adamczyk, Emil, die Reichsgrundbuch-Ordnung vom 24. III. 1897, m. Sachregister. Erläutert n. Inhalt, Zweck u. Zusammenhang. 12. (87 S.) Berlin 900. R. v. Decker. Kart. n. 1. 50**

**Adamczyk**, Thomas [Referendar am Kgl. Oberlandesger. zu Breslau]: Das eventuelle Thronfolgerecht der weiblichen Linie im deutschen Staatsrecht ... Breslau, G. P. Aderholz, *1896*; 2 Bl., 90 S., 3 Bl. 8.
Breslau, Jur. Fak., Inaug.-Diss. v. 13. März 1896

**Adamec, J., s.: Musterplan f. landwirtschaftl. Bauten in Mähren.**

**Adamek, Eduard:** Die Räthsel unserer deutschen Schülernamen. An den Namen d. niederösterr. Lehrerschaft erkl. Wien: Konegen 1894. XXIV,143 S.
1:Ya 5400/68. 12:L. germ. 2 nv. 300: 159.969-B [u.] 410.776-B. 3.
1.9164

Adamek Eduard: Der Siegel von Rüdeger dem Hunthover.
H. 1877 PN 83 Diss. Wien, Univ. 5

Adamek, Ludwig: Amasis.
Phil. Diss., Prag 1892/93

**Adamek** Dr. Ludwig: Oberitalienische Großstädte. 12. Reichenberg 02. **Progr.**

— Eine Reise durch Sicilien. 28. ibd. 00. **Progr.**

**Adamek, Ludwig:** Unsignierte Vasen des Amasis. Ein Beitr. zur griech. Vasenkunde. — Prag: Dominicus 1895. 51 S., 2 Taf. (Prager Studien aus d. Gebiete d. classischen Alterthumswiss. 5.)
1: Va 9381-5. 12: Philol. 266pb-5 [u.ö.] 300: 87.119-B. Bd 5. 2. 3. 5. 6. 7. 10. 11.
1.9170

**Adamek, Otto:** Beiträge zur Geschichte des byzantinischen Kaisers Mauricius (582–602). 1. 2. — Graz 1890-91.
Aus: Bericht des k. k. ersten Staats-Gymnasiums in Graz für d. J. 1890. 1891.
7.

**Adamek, Otto:** [Bericht über die Feier anläßlich der 100. Wiederkehr des Todestages Friedrich Schillers.] S. 75—79. 8.
**Progr.** K. k. zweites Staats-Gymn. *Graz* 1905.

Adamek, O.: Die Darstellung des Todes in der griechischen Kunst und Lessings Schrift: Wie die Alten den Tod gebildet. 12.
Progr. Graz II. 1885.

— Die wissenschaftliche Heranbildung von Lehrern der Geschichte für die österreichischen Mittelschulen. Erörterungen u. Vorschläge. — Innsbruck: Wagner in Komm. 1902. 159 S.
1: Ay 8562. 12: Paed. Th. 19b. 300: 417.693-B.
1.9172

Adamek, Otto Die Senatsboten der römischen Republik. 34 S. 8.
**Progr.** II. Staatsg. *Graz* 1883.

**Adamek Otto: Die Senatsboten der römischen Republik.** Diss. Wien, Univ.
II. 1883 PN 282 681

— Die pädagogische Vorbildung für das Lehramt an der Mittelschule. — Graz: Leuschner & Lubensky 1892. 70 S.
12: Paed. Th. 19. 300: 100.227-B. 2.
1.9173

Adamek, Rich.: Die drahtlose Telegr. Für Bürger-u. Volkssch. an einf. Apparaten vorgeführt. (30 m. Abb.) 8°.– Bresl., F. Goerlich 1908.

— Über das Wesen der Elektrizität, die elektrischen Entladungen in Gasen u. Radioaktivität. — Breslau: Goerlich [1910]. 48 S. 1: N 11.1. 2.

**Adamellogebiet**, s.: Tirol. Thöni.

**Adamello-Gruppe**, s.: Alpen. Artaria. Karte.

**Adamello-Gruppe**, s.: Alpen, Detailkarten, topograph.

**Adamellogruppe**, [J. G. Thöni's Tiroler Weg- und Distanzkarten. Nr. 13] gefalzt K —.30, auf Leinw. K 1.—
J. Gressemann. Imst 1909

Adamello-Presanella-Alpen — Originalkarte der —. Von Jul. Payer. 56,000. G. M. 1865.

**Adames, Nicolaus**, s. Ratte, P., les trois dernières années de la vie etc.

Adames, Nikol., Hirtenbrief. Luxemburg 865. Brück. 4. (34 S.) 6 ngr.

Adametz, Josef (Hrsg.), s. R a d f a h r - S p o r t.

**Adametz, Jos., Reigenfahren u. Radfahr-Spiele. 2. verm. u. verb. Aufl. 8. (121 S. m. Fig.) Wien 901 (L. W. Seidel & Sohn.) Geb. in Leinw. n. 1. 80**

Adametz, L. s. A d a m e t z, Leopold

ADAMETZ, Leopold 59 + 636
(F) Die A b s t a m m u n g unseres H a u s r i n d e s. Von Prof. Dr. Leopold A d a m e t z. Separatabdruck aus der „Oesterreichischen Molkerei-Zeitung". W i e n. 1899. Fromme. Gr.-8°. 19 S. fl. —.15

**Adametz, Leopold** [Hrsg.] s. *Arbeiten* der Lehrkanzel für Tierzucht an der Hochschule für Bodenkultur in Wien

Adametz, L., die biologische u. züchterische Bedeutung der Haustierfärbung. (Nach e. im Febr. 1904 während der Unterrichtskurse f. prakt. Landwirte zu Wien geh. Vortrage.) (70 S.) gr. 8. Wien 905. C. Fromme. n. — 80
Sonderabdruck aus: „Österr. Molkerei-Zeitg."

— Die B e d e u t u n g nordischer Sorten für den landwirtschaftlichen Obstbau in unseren rauhen Gebirgslagen. Von L. Adametz. Wirtschaftliche Aktionen in Dalmatien. Von Ferdinand Artmann. — Wien: Klub d. Land- u. Forstwirte 1909. 22 S.
Aus: Monatshefte für Landwirtschaft. 1909.
(Klub d. Land- u. Forstwirte in Wien. Veröffentlichung. 51.52.) 1:Ou 29588–51.52.
1.9194

A d a m e t z, Leop. Ein B e s u c h bei den Trappisten u. Besichtigung ihrer Musterwirtschaft zu Banjaluka in Bosnien. 8. (14 S.) Bremen 892, Heinsius Nachf. — 30
Besondere Beilage zur Milch-Zeitg. 1893.

**Adametz, L.**, üb die Fortschritte, welche auf dem Gebiete des Molkereiwesens in mechan. u. bacteriolog. Hinsicht in jüngster Zeit zu verzeichnen sind. (Internationaler land- u. forstwirthschaftl. Congress zu Wien 1890, 118. Hft) gr. 8. (32 S.) Wien 890 Frick. n. 1. 20

**Adametz L.:** Ueber die Fortschritte, welche auf dem Gebiete d. Molkereiwesens in mechanischer u. in bakteriologischer Hinsicht in jüngster Zeit zu verzeichnen sind. (Trykt s. Manuskr.). Wien 1890. 32 S. P.
(O. m. fransk Tit.). (Internationaler land- u. forstwirthschaftlicher Congress zu Wien 1890. H. 118). •

— die R i n d e r r a s s e n u. -Schläge in Bosnien, der Herzegowina u. im nördlichen Theile d. Sandschaks v. Novibazar. Mit 14 Abbildgn. nach Orig.-Aufnahmen von Adametz u. Mayreder. [Aus: „Landw. Thierzucht".] Lex.-8. (37 S.) Bunzlau 892. Berlin, F. Telge. n.n. 1. 50

— Studien über das polnische R o t h v i e h. gr. 8. (133 S. m. Abbildgn.) Ebd. 901. n. 1. —

**Adametz L.:** Bakteriologische Untersuchungen üb. den Reifungsprozess d. Käse. [Berl. 1889]. (44) S. (Særtr.). 4°.

A d a m e t z, Leopold: Untersuchungen über die niederen Pilze der Ackerkrume .... **Leipzig, Druck v. Bär & Hermann, 1886;** 78 S. + 1 Bl. u. 2 Taf. 8°.
**Leipzig, Phil. Fak., Inaug.-Diss. v. 14. Sept. 1886.**

— üb. die U r s a c h e n u. Erreger der abnormalen Reifungsvorgänge beim Käse. (Lösung der v. der k. k. Landwirtschaftsgesellschaft in Wien gelegentlich der allgemeinen land- u. forstwirtschaftl. Ausstellg. zu Wien 1890 aufgestellten Preisfrage Nr. 9.) [Erweit. Sep.-Abdr. aus: „Milch-Zeitung".] gr. 8. (VI, 70 S. mit 6 Illustr. auf 5 Taf.) Bremen 893. M. Heinsius Nachf. n. 2. —

— Neue V e r s u c h e größeren Maßstabes m. Reinculturen des Bacillus nobilis in der Käsereipraxis. gr. 8. (42 S.) Ebd. 901. — 60
Vorstehende 3 Broschüren sind aus d. „Oesterr. Molkerei-Zeitg." besonders abgedruckt.

— welches einfachste u. sicherste Verfahren empfiehlt sich für d. Landwirth zur Milchprüfung auf d Fettgehalt? (Internation. land- u. forstwirthschaftl. Congress zu Wien 1890, 36. Hft.) gr. 8. (6 S.) Ebd 890. n. — 60

Adami Balsamiensis, s. A d a m Balsamiensis

**Adami, nicht Bimetallismus sondern Kombinationswährung. Ein Vorschlag. Berlin 894.**

**Adami, das Buch vom Kaiser Wilhelm. 2 Bde. Bielefeld 889.**

Adami: Gesta . . . , s. A d a m Bremensis

**Adami, Liegt der Schilderung des Untergangs der 15 Kohorten im Lande der Eburonen bei Caesar bell. Gall. V 26—37 der Bericht eines Augenzeugen zugrunde? Pr. 1903. 10 S. 4°.**

**Adami, Liegt der Schilderung des Untergangs der 15 Kohorten im Lande der Eburonen bei Caesar bell. Gall. V 26—37 der Bericht eines Augenzeugen zu Grunde? Pr. 1905. 10 S. 4°. —.90**

**Adami:** De U s u arenae externo in curandis quibusdam morbis, praecipue ad illustrandum aliquem Symmachi locum, lib. 8, epist. 45, nonnulla exponit, simulque . . . Sigismundo Frider[ico] Dresigio . . . gratulatur A. D. [Adami]. — Lipsiae (1734): Langenhemius. 12 S.
12: 4° Diss. 217/26. 5. 7. 10.
1.9191

Adami, Adam

— R e l a t i o historica sive brevis atque succincta narratio eorum, quae in pacificatione Osnabrugo-Monasteriensi ex arcana ratione status inter paciscentes gesta fuere. — Francofurti ad M.: Knochius 1707. 488,112 S.
Frühere Ausg. s. *(Adami:)* Arcana pacis Westphalicae.
1: 4° Ry 12062. 12: 4° J. publ. G. 40. 2. 6. 8. 9.
1.9194

— — Relatio historica de pacificatione Osnabrugo-Monasteriensi ex autographo auctoris restituta atque actorum pacis Vestphalicae testimoniis aucta accurante Joanne Godofredo de Meiern. — Lipsiae: Turpius 1737. Getr. Pag.
1: 4° Ry 12064 [u.] 12064ª. 12: 4° J. publ. G. 41 [u.ö.]
300: + 28 M 21 [u.] 1 in 21.349. 2. 3. 4. 5. 6. 7. 8. 11.
1.9195

— [R e l a t i o historica, A u s z.] Meieri emblemata, sive loca quaedam ex Adami . . . nuper . . . edita historia de pacificatione Westphalica a Johanne Godofrido de Meieren [Meiern] interpolata. [Hrsg.: Magnoald Ziegelbaur.] — Ratisbonae: Memmel 1739. 88 S.
1: 1 an 4° Ry 12064ª. 12: 4° Diss. 5238 b–3. 2.
1.9196

— — Ed. 2. Ebd. 1760. LVI,89 S.
12: 4° J. publ. E. 306 [u.ö.] 300: 2 in 21.349. 7.
1.9197

Adami, Alfons (Red.), s. B e t h l e h e m.

Adami, C.

—— Abdruck d. (hierin) undeutlich geschrieb. Handschriften in leicht zu lesender Schrift. 4. (6 lithogr. B.) Ebds. 829.

**Adami, C.:** C o m m e n t a r zu den Relief- und Karten-Globen. Berlin 1852. 66 S. 1:Pr 9220.
1.9209

A d a m i C, die Erdkugel. 7. Auflage. 32 cm mit graduiertem Meridian, Stundenring und Kompass. Berlin 1852

Adami, C., lithograph. Handschriften, zur Uebung im Lesen geschriebener Schrift. Zum Gebr. f. Schule u. Haus. 4. Potsd. 829. Horvath. 16 gr. Abdruck d. (hierin) undeutlich geschrieb. Handschriften in leicht zu lesend. Handschrift. 4. Ebd. 829. 4 gr.

—— Schul-Atlas in 22 (lithochrom.) Karten. qu. Fol. (2 S. Text.) Berlin 855, D. Reimer. *
einzelne Karten *

**Adami's,** C., Schulatlas in 22 (lith.) Karten (in Farbendr.). Berl., (856.) D. Reimer. Qu. Fol. n. 1 *Thlr* 15 *ngr*; Einz. Bl. à n. 2½ *ngr*

— — 2. verb. Aufl. (Mit 3 Bl. Text.) Ebendaselbst 858. Qu. Fol. n. 1 *Thlr* 15 *ngr*

— — 2 Thl. (No. 23—34.) Ebend. (858.) Qu. Fol. n. 1 *Thlr* 5 *ngr*
Einzelne Bl. à 3 *ngr* — No. 30. (Alpengebiet) u. No. 32. (Palästina) à n. 6 *ngr*

**Adami,** C., Schul-Atlas. 4. vollständig veränd. Aufl. in 26 (lith.) Karten. Berichtigt u. zum Theil neu bearb. von H e i n r. K i e p e r t. Berlin 868. D. Reimer. Fol. n. 1 *Thlr* 15 *ngr.*; geb. n. 1 *Thlr* 25 *ngr.*

**Adami's,** C., Schul-Atlas in 26 (chromolith.) Karten. Vollständig neu bearb. v. H e i n r. K i e p e r t. 5. veränd. Aufl. Fol. (4 S. Text.) Berlin 873. D. Reimer n. 4. 50

— dasselbe. In 27 (lith. u. color. u. chromolith.) Karten. Vollständig neu bearb. v. H e i n r. K i e p e r t. 6. veränd. u. verm. Aufl. Fol. (4 S. Text.) Ebd. 876. n. 5. —

— Schul-Metallglobus. Neu bearbeitet von R Kiepert. 34 cm mit Kette zum Aufhängen und Reflektor. Berlin 1893

Adami, C., Wandkarte für den Unterricht in der mathematischen Geographie. 24 lithogr. u. ill. Bl. in Fol. Nebst Erläuterr. 4½ lith. B. in 8. Potsd. 836. (Berl., Schropp u. Comp.) n. 2 ß

— Das Weltall, populär beschrieben und bildlich dargest. In 4 Abth. Mit e. Atlas. — Berlin (1869–70).
1. Die Erde in mathem.-geograph. u. astronom. Beziehung. (1869.)
2. Der Mond. (1869.)
3. Das Sonnensystem. (1869.)
4. Der gestirnte Himmel. (1870.)
1:1–4 = Oh 7485; Atlas = 2° Oh 7486.
1.9210

Adami, Car., Observationes theologico-philologicae in N. Foedus. Groning. 710. 4.

**Adami, Christian Ludwig Heinrich** (Luckau/Laus.), De laude nuda inprimis judiciali et legitima ad L 1 § 3 de pericul. et commod. rei vendit. Präs. Christoph Ludw. Crell. Wittenbg. (Scheffler) Mai 1751. 59 S. (5.—) 62

— **Christoph** (Oedenburg/Ungarn), De nobilitate virtutis. Exercit. jur. publ. Präs. Burchard Heinrich Tilemann. Jena (Bauhofer) Oktober 1668. 20 Bl., z. Tl. deutsch. (6.—) 63

Als das heilsame Andenken des grossen Versöhnungstages durch eine öffentliche Rede in der Königl. deutschen Gesellschaft zu Königsberg in Preussen 1750. den 27. März feyerlichst wiederholet wurde, entwarf dieses Singgedichte ERNST DANIEL ADAMI, ... s. l. & a. fol.

Adami, Er. Dn., († d. 29. Juli 1795.) Betrachtt. über d. Berge um Landshut, u. was auf denselben Merkwürdiges vorkommt. 4. Landsh. 753.

— Betrachtt. üb. das Betragen d. Kinder u. Schüler gegen Eltern u. Lehrer. 8. Landsh. 752.

**Adami, Ernst Daniel:** Philosophisch-musikalische Betrachtung über das göttlich Schöne der Gesangsweise in geistlichen Liedern bey öffentlichem Gottesdienste. — Breslau: Meyer 1755. 112 S.
1: Mus. E 3255. 12: Mus. Th. 8. 2. 3.
1.9214

— Diluvia urbis Landeshutanae memorabilia, oder Landshut in Wassersnoth. 4. Landsh. 755.

**Adami, Ernst Daniel:** De Eruditis Landeshutta oriundis, oder das gelehrte Landeshut in Schlesien. Das ist umständliche Lebens-Beschreibungen gelehrter Landeshütter. Breßlau & Leipzig: Pietsch 1753. 236 S.
1: At 3481. 12: Biogr. C. 7d. 2. 6. 7. 8.
1.9215

— Gedanken über die Ahndungen d. menschl. Herzens gegen zu erwart. Glücks- od. Unglücksfälle. 4. Landsh. 751.

— Gedanken über die Berghöhle des ehemal. Jägerschirms oder Mummelloches auf d. Landshut. Buchen- od. Burgberge. 4. Landsh. 750.

— Freye Gedanken über das Seltne und Betrachtungswürdige an einem zu Landeshutt 1755 gefällten Buchen-Baum, mit welchen die physicalische Mögligkeit desselben aus sichren Gründen ... darstellet E. D. Adami. — Breslau: Meyer 1756. 77 S. 1: Md 11400. 2. 7.
1.9216

— Unvorgreifliche Gedancken [Gedanken] über die ehmahlige Hut auf dem so genandten Burg-Berge bey Landeshut in Schlesien. — Breßlau & Leipzig: Pietsch 1751. 76 S. 1: Tb 4970. 2. 7. 9.
1.9217

— Vernünftige Gedancken [Gedanken] über die Ahndungen des menschlichen Hertzens gegen zu erwartende Glücks- u. Unglücks-Fälle. — Landeshut a. Bober (1751): Wätzoldt. 8 Bl. 4° 2.
1.9218

— Incendia urbis Landeshutanae memorabilia, oder Landshut in Feuer. 4. Landsh. 754.

— Landeshuta pestis contagione olim adfecta, oder das mit Pest heimgesuchte Landshut. 4. Hirschb. 750.

— Landeshuta mercatura celebris, oder das wegen seiner Handlung berühmte Landshut. 4. Hirschb. 756.

— Landeshut. Religionsgeschichte, von d. Reformation Lutheri an bis 1654. 1r Thl. 8. Bresl. 753. Pietsch. 8 gr

STUMPLER, Der gelehrte, nach seiner wahren Beschaffenheit (von *E. D. Adami*). Kochsheim (Strauss in Frankfurt). 1758.
Weller, fing. Dr. — Rar!

— Versuch d. Beredtsamkeit. 8. Bresl. 750. Pietsch. 4 gr

— Versuch einer Religions-Geschichte von Landeshut in Schlesien ... bis 1635. Th. 1. — Breslau & Leipzig: Pietsch 1753. 480 S. 1: Tb 5050. 12: Biogr. C. 7d/1. 2. 8. 9.
1.9219

— Gesammelte Versuche poetischer Arbeit, welche bei öffentlichen Begebenheiten verfertiget Ernst Daniel Adamy. Th. (1.) 2. — Breßlau & Leipzig: Pietsch 1748–51.
1: Yk 9991. 2. 7.
1.9220

**Adami, Eva:** Liebesherrschaft der Frauen. Intimes aus dem Frauenleben. — Berlin: Eckstein [1888]. 182 S.
1: No 11744.
1.9221

Adami, Fr. (Hrsg.), s. Roman-Zeitung, Deutsche.

**Adami**, Franz, Prof.: Die Entstehung und der Verlauf des Gleichstroms, des Ein- und Zweiphasenstroms sowie des Drehstroms. Hof 1904: (Mintzel). (22 S.) 8°
Hof, k. humanist. G P 1904*

Adami, Frz., die Entstehung u. der Verlauf des Gleichstroms, des Ein- u. Zweiphasenstroms sowie des Drehstroms. Progr. (22 S. m. 8 z. Tl. farb. Taf.) gr. 8. Hof (904). (R. Lion.) n.n. 1. 20

Adami, Frz.: Ein merkwürdiger Fall v. Lokalmagnetismus an d. bayer.-sächs. Grenze, s.: Günther, Siegm.

**Adami**, Fridericus, Vormatiensis: De poetis scaenicis Graecis hymnorum sacrorum imitatoribus. *Lipsiae 1900: B. G. Teubner.* (S. 215—244.) 8° ¶(Aus: Jahrbücher f. klass. Philol., Suppl. Bd 26. — Erscheint vollst. ebenda.)
Giessen, Phil. Diss. v. 1900

**Adami, Frider.**, de poetis scaenicis graecis hymnorum sacrorum imitatoribus. gr. 8. (S. 213—262.) Leipzig 900. B. G. Teubner. n. 2. —
Sonderabdruck aus: „Jahrbuch f. class. Philologie".

Adami, Friedr., Tausend Aengste um Nichts, s. Jahrbuch deutscher Bühnenspiele.

**Adami, Friedrich:** Die Auferstandene. Romant.-kom. Gemälde in 3 Abth. u. 1 Vorsp. Frei nach A. Bourgeois u. G. Lemoine. — (Berlin: Hayn 1847.) (Boths Bühnenrepertoir. 125.)
1: Yp 6091–125. 12: L. eleg. g. 65e–16,125.
300: 621.598–C. Th. S. 125 [u.] Ser. nov. 1401.
1.9226

Adami, Friedr., der Aufstand in Barcelona, s. a. Bühnen-Repertoir.

— Barcelona's Aufstand, oder: das Gelübde. Romant.-histor. Schausp. in 3 Aufz. ⟨Theilw. mit Benutzung e. franz. Stoffes.⟩ — Berlin 1843 (: Reichardt). 94 S.
Als Manuskript gedr. 300: 621.600–B. Th. S.
1.9227

— — Der Aufstand in Barcelona oder das Gelübde. Romant.-histor. Schausp. in 3 Aufz., theilweise nach d. Franz. — (Berlin: Hayn [um 1851].) 26 S. (Boths Bühnenrepertoir. 155.)
1: Yp 6091–155.
1.9228

Adami, Frdr., Das Buch vom Kaiser Wilhelm. Ein Lebensbild, n. d. Aufzeichngn. v. Augenzeugen u. Zeitgenossen dargest. M. 609 Illustr. u. 21 Beilagen. 2. [Titel-]Aufl. 2 Bde. gr. 8. Bielefeld (890) 897. Velhagen & Klasing. n. 12. —; geb. in Leinw. n. 17. —
1. Bd. (V, 466 S.) — 2. Bd. (V, 567 S.) — Erschien auch in 12 Lfgn. à n. 1 —

— Das Buch vom Kaiser Wilhelm. Ein Lebensbild nach d. Aufzeichn. von Augenzeugen u. Zeitgenossen dargest. Bd 1.2. — Bielefeld & Leipzig: Velhagen & Klasing 1888–89.
1. Die Jugendzeit. Mit 172 Illustr. u. 2 Beil. 1888.
2. Wander- u. Meisterjahre. Mit 437 Abb. u. 19 Beil. 1889.
1: Sw 13065. 300: 40.677. 6. 10.
1.9229

Adami, Friedr. (Hrsg.), s. Coulissen, Vor und hinter den.

— **Friedrich** (Dresden), De expectativis. Exercit. jur. Präs. Jacob Born. Lpz. (Joh. Wittigau's Wwe.) 23. XII. 1675. 40 S., z. Tl. dtsch. (6.—) 64

— — **Dasselbe.** (6.—) 65
Gew.: Christian Lorentz v. Adlersheim, Heinr. Becker v. Rosenfeld (Nischwitz ..), Christian Mayer (Zehmen).

— — Dasselbe. (6.—) 66
Gew.: Martin Zschau, Tobias Berger, Christian Kaulisch, Joh. Georg Kette.

— — Dasselbe. Lpz. (Brandenburger) 1704 (disp. VII). 47 S., z. Tl. deutsch. (4.50) 67

— Der Doppelgänger. Lustsp. in 3 Akten nach Bayard frei bearb. — Berlin: Hayn 1870. 69 S. (Boths Bühnenrepertoir. 275.) 1:Yp 6091-275. 11.
1.9230

**Adami, Friedrich:** Eine Dorf-Familie in der Residenz. Lustsp. in 3 Acten nach Mélesville frei bearb. — (Berlin: Hayn [um 1850].) 24 S. (Boths Bühnenrepertoir. 143.) 1:Yp 6091-143. 11.
1.9231

— Fenster zu vermiethen? Genrebild in 1 Akt. — Berlin: Hayn 1872. 28 S. (Boths Bühnenrepertoir. 280.) 1:Yp 6091-280. 11.
1.9232

— Frauen-Novellen aus d. historischen u. modernen Leben. 3 Bde. 8. Berl. 840 Stackebrandt. 4½ ℛ

Adami, Fr., Frauen-Novellen aus dem historischen und modernen Leben. 1. Bd. 8. Berlin 841, Halle, Colditz'sche Buchh. 1¼ ℛ

Adami, Friedr., Frauen-Novellen a. d. histor. u. modern. Leben. 1. Bd. 8. (16½ B.) Berlin 841, (Liebmann u. Comp.)

— Frauen-Novellen aus dem historischen und modernen Leben. Toiletten-Geschenk für 1843. Jg. 1. — Leipzig: Focke (1843). 260 S. 7.
1.9233

— Neue Frauen-Novellen. — Berlin 1849: Lindow. 160 S. 7.
1.9234

— Freund und Feind. Genrebild in 1 Akt von Paul Frohberg [d. i. Friedrich Adami]. — Berlin: Gerschel 1871. 68 S. 4.
1.9235

Adami, Fr., die Freischützenbraut. Nordische National-Novelle. gr. 12. Suhl 836. Müller. (Leipz., Wienbrack.) 1 ℛ

— Fürst u. Bergmann. Historische Erzählung. 8. (464 S.) Berlin 851, Schnitzer. 1 ℛ

Adami, Frdr., Fürsten- u. Volksbilder aus d. vaterländischen Geschichte. Histor. Erzählungen. Berlin, 863. Behr. 8. (294 S.) n. 1 ℛ

— Fürsten- und Volksbilder aus der vaterländischen Geschichte. Histor. Erzählungen. 2. Aufl. — Berlin 1870. 1:Yx 12145.
1.9236

— Dramatische Genrebilder aus der vaterländischen Geschichte. Von Paul Frohberg [d. i. Friedrich Adami]. Bd 1.2. — Berlin 1870.
1. Der Hollandgänger. Die Kroaten in Berlin.
2. Seeleute oder: Deutsch u. Dänisch. Freund u. Feind.
1:Ys 16306. 5.
1.9237

— Der Hollandgänger. Genrebild in 3 Akten von Paul Frohberg [d. i. Friedrich Adami]. — Berlin: Gerschel 1871. 121 S. 4.
1.9239

— Vor fünfzig Jahren. Nach den Aufzeichn. von Augenzeugen u. den Stimmen jener Zeit. — Berlin 1863.
Neuausg. s. *Adami*: Schicksalswende. 1924.
1:At 7191. 12:Eur. 905n. 6. 11.
1.9231

— Zwei Juni-Tage. Genrebild in 1 Akt u. 2 Tableaux. Als Festspiel zur Feier d. silbernen Hochzeit d. Prinzen u. d. Prinzessin von Preussen dargest. im Friedrich-Wilhelmstädtischen Theater. — Berlin: Hayn 1854. 29 S. 1:Ys 9341.
1.9240

— König und Zwerg. Nationelles Licht- und Nachtstück aus Irland. — Suhl 1835. 1:Yx 2738/60.
1.9241

— König u. Zwerg, s. a. König.

— Die Kroaten in Berlin. Genrebild mit Gesang in 1 Akt von Paul Frohberg [d. i. Friedrich Adami]. — Berlin: Gerschel 1871. 69 S. 4.
1.9242

— Kleine Leiden des menschlichen Lebens. Posse in 1 Akt. Nach der Idee eines Vaudevilles von Clairville frei bearb. (Berlin: Hayn [um 1850].) 12 S. (Boths Bühnenrepertoir. 140.) 1:Yp 6091-140. 11.
1.9243

— Ein deutscher Leinweber. Histor. Volksschausp. in 4 Akten. ⟨Neue bühnengemässe Bearb.⟩ — Berlin: Hayn 1870. 76 S. (Boths Bühnenrepertoir. 276.)
1:Yp 6091-276. 300:621.598-B. Th. S. 276. 11.
1.9244

Adami, Friedr., Luise, Königin von Preußen, s. a. Luise.

— Luise, Königin von Preussen. Ihr Leben, Leiden und Sterben. Dem Volke erzählt. — Berlin: Dümmler 1851. VIII,312 S. 1:Sw 2390. 3. 5. 9.
1.9245

(—) — Luise, Königin von Preußen. Dem deutschen Volke gewidmet. 3. umgearb. Ausg. — Ebd. 1859. XXI,421,1: S. 1:Sw 2390³.
1.9246

— — Luise, Königin von Preußen. 4. umgearb. u. stark verm. Aufl. Mit dem Bildn. d. Königin. — Ebd. 1868. XIV, 418 S. 1:Sw 2390⁴. 10. 11.
1.9247

**Adami, Friedrich:** Luise, Königin von Preußen. Ihre Lebensgeschichte, dem deutschen Volke erzählt. 6. Aufl. Berlin: Dümmler 1874. IV,229 S. 1:Sw 2390⁶.
1.9248

— — Luise, Königin von Preußen. 7. verm. Aufl. Mit d. Bildn. d. Königin u. einem Facs. ihrer Unterschrift. — Ebd. 1875. XII,369 S. 1:Sw 2390⁷. 6. 7.
1.9249

— — 8. Aufl. Ebd. 1876. 230 S. 12: Biogr. 661 efw.
1.9250

— — 10. verm. Aufl. Mit d. Bildn. d. Königin u. einem Facs. ihrer Handschrift. — Ebd. 1882. XV,403 S.
1:Sw 2390¹⁰. 300:53.516-B. 2. 5.
1.9251

— — 11. verm. Aufl. Mit d. Bildn. d. Königin, e. Abdr. ihrer Schriftzüge u. 12 Illustr. — Gütersloh: Bertelsmann 1888. XV,428 S. 1:Sw 2390¹¹. 12: Biogr. 661eg. 6.
1.9252

— — Luise, Königin von Preußen. Ihre Lebensgeschichte, dem deutschen Volke erzählt. 12. Aufl. Mit Bildn. u. Facs. — Ebd. 1888. VIII,224 S. 1:Sw 2390¹². 6.
1.9253

— — Luise, Königin von Preussen. 13. verm. Aufl. Mit einem Bildn. d. Königin, e. Abdr. ihrer Schriftzüge u. 12 Illustr. — Ebd. [1890]. XV,437 S. 1:Sw 2390¹³. 6.
1.9254

— — 14. Aufl. Mit e. Bildnis d. Königin, e. Abdr. ihrer Schriftzüge u. 12 Illustr. — Ebd. 1896. XV,437 S.
300: 40.675.
1.9255

— — Luise, Königin von Preussen. Ihre Lebensgeschichte, dem deutschen Volke erzählt. 17. Aufl. Mit Bildn. u. Faks. — Ebd. 1903. VIII,224 S. 6.
1.9256

— — Luise, Königin von Preussen. 18. Aufl. Mit e. Bildn. d. Königin, e. Abdr. ihrer Schriftzüge u. 12 Illustr. — Ebd. 1906. XV,437 S. 5.
1.9257

**Adami, Frdr., Luise, Königin v. Preußen. Ihre Lebensgeschichte, dem deutschen Volke erzählt. 19. Aufl. (VIII, 224 S. m. 1 Bildnis u. 1 Fksm.) kl. 8. Gütersloh 909. C. Bertelsmann. 1.—; geb. 1.50**

— Ein ehrlicher Mann. Lustsp. in 3 Akten. Nach d. Idee von Auvray's „Lenoir". — (Berlin: Hayn 1850.) 25 S. (Boths Bühnenrepertoir. 139.) 1:Yp 6091-139. 11.
1.9259

— Königin Margot und die Hugenotten. Dramat. Gemälde in 2 Abth. u. 5 Akten. Der „Reine Margot" des A. Dumas frei nachgebildet. — Berlin: Hayn 1855. 72 S. (Boths Bühnenrepertoir. 167.) 1:Yp 6091-167. 11.
1.9260

— Die eiserne Maske. Historische Erzählung. — Berlin: Schnitzer [1851]. 362 S. 2.
1.9261

— Novellengeister der Vorzeit u. Gegenwart. 2 Bde. 8. Berlin 840. Stackebrandt. 2 ℛ

— Novellengeister der Vorzeit u. Gegenwart. 1. Bd. 8. (18¾ B.) Berlin 841, Stackebrandt'sche Buchh.

— Novellengeister der Vorzeit und Gegenwart. 1. Bd. 8. Berlin 841. Halle, Colditz'sche B. 1 ℛ

— Prinz und Apotheker, — Tausend Aengste um Nichts, s.: Jahrbuch deutscher Bühnenspiele.

— Provinzial-Unruhen. Posse mit Gesang in 3 Akten. — Berlin: Hayn 1871. 82 S. (Boths Bühnenrepertoir. 278.)
1:Yp 6091-278. 300:621.598-B. Th. S. 278. 11.
1.9262

Adami, Friedrich [Mitarb.]
s. Roman-Zeitung, Deutsche. 1864-83.

— Schicksalswende. Preußen 1812/1813. Nach Aufzeichn. von Augenzeugen. (Vorr.: Bogdan Krieger.) — Berlin: Falken-Verl. 1924. 442 S.
Frühere Ausg. s. *Adami:* Vor fünfzig Jahren. 1863.
1:Sw 6030. 3. 5. 10. 11.
1.9263

— Seeleute oder: Deutsch und Dänisch. Genrebild in 3 Akten von Paul Frohberg [d. i. Friedrich Adami]. — Berlin: Gerschel 1871. 152 S. 4.
1.9264

— Sonnenblumen aus Süd u. West. Novellen-Almanach für 1839. 1. Jahrg. 8. Berlin 838, Halle, Coldiß'sche B. geb. 1 1/2 ß Herabges. Pr. 1/2 ß

— dies. 2. Jahrg. 1841. Almanach histor. u. moderner Novellen. 8. Ebd. 840. 1 1/2 ß

— dies. 3.—8. Jahrg. 1843—1847. 8. Berlin 841—846, Behr's Buchh. (à 1 1/2 ß) 9 ß

— Sonnenblumen. Almanach historischer u. moderner Novellen f. 1848. 9. Jahrg. 8. (314 S.) Berlin 847, Behr. 1 1/2 ß

— Die zwölfte Stunde. Schauspiel in 3 Aufz. nach Soulié. (Berlin: Hayn [1851].) 23 S. (Boths Bühnenrepertoir. 152.)
1:Yp 6091–152. 11.
1.9265

— Sünden-Register der französischen Politik gegen Deutschland. — Berlin 1870. 22 S.
1:Flugschr. 1870–36.
1.9266

**Adami, Friedrich:** Aus den Tagen zweier Könige. Vaterländ. Erzählung. Bd 1.2. — Berlin 1866.
1. Ein Abend und ein Morgen Friedrich Wilhelms I.
2. Eine Confidenz-Tafel Friedrichs des Großen.
1:Yx 13321. 7.
1.9267

Adami, Friedrich

Aus den Tagen zweier Könige. Vaterländische Erzählung. Bd 1.: Ein Abend und ein Morgen Friedrich Wilhelms I. Bd 2.: Eine Considenztafel Friedrich des Großen. Berlin 1865.

In: Roman-Zeitung, Deutsche. Bd 3.4.

— Die Weihnachts-Glocken. Kriminal-Novellen. — Berlin: Schnitzer [1851]. 168,256,60 S. 1:Yx 7395.
1.9268

— Grosse und kleine Welt. Ausgew. histor. Romane u. moderne Lebensbilder. Bd 1–4. — Berlin 1870.
1:Yx 14999. 7.
1.9269

**Adami, Frdr., aus Friedrich d. Großen Zeit. Vaterländische Erzählungen. 1. u. 2. Bd. gr. 16. (151 u. 148 S.) Berlin 878. Dümmler's Verl. à n. 1. —**

— Aus Friedrichs des Großen Zeit. Vaterländ. Erz. Bd 1.2. Berlin 1879. 1:Yx 18716. 7.
1.9270

1773. *G. F. F. Adami* festgesetzte Berechnung, oder Tafeln, durch deren Hülfe man alle auf die Multiplication gegründete Rechnungen leicht richtig machen kann. Gießen, Krieger d. jüng. gr. 8. (1 Rthlr. 8 ggr.)

Adami, G. F. F., festges. Berechn. oder Tafeln zu Multiplicationsrechnungen. gr. 8. Marb. Krieger d. j. 773.

**Adami,** Géza dell': Zur Seepolitik Österreichs im Interesse seiner Volkswirtschaft. (65 S.) gr. 8. Wien, Manz. 1. —

**Adami, H.,** Entwürfe f. Ziegelrohbau. Wohnhäuser f. Stadt u. Land, Villen, Geschäftshäuser, öffentl. Bauten etc. 1. u. 2. Thl. à 30 Farbendr.-Taf. gr. Fol. (à 1 Bl. Text.) Berlin 897—898. B. Hessling. In Mappe à n. 36. —

**Adami, H.,** Entwürfe f. Ziegelrohbau. Wohnhäuser f. Stadt u. Land, Villen, Geschäftshäuser, öffentl. Bauten etc. 1. Tl. (Neue Aufl.) (30 farb. Taf.) gr. Fol. Berlin (903). B. Hessling. In Mappe n. 36. —

Adami, H. F. W., der Chasseur, Erzählung aus d. französ.-russ. Feldzuge von 1812. 8. Berl. 825. Logier. 16 gr

— Eichenblätter. 12. Berl. 816. ...

— Liebes-, Leidens- u. endliche Freudenfahrten e. vormalig. südpreuß. Beamten. Nebst e. flüchtigen Skizzen üb. das Volksleben in Polen, als Vorwort. 8. Berl. 828. Natorff u. C. 20 gr

Adami, H. F. W., d. Temperamentsfehler. Lstspl. in 2 Akten. 8. Prenzl. 825. Ragoczy. 10 gr

— Weinranken. 3 Bdchn. 8. Prenzlau 824—26. Ragoczy. 3 ß

Adami, Hnr., Alt- u. Neu-Wien. Beiträge zur Beförderung lokaler Interessen für Zeit, Leben, Kunst u. Sitte. 1.—4. Bdchen. 8. Wien 841, 42, Mausberger. (Leipzig, Hunger.) à 5/12 ß — 1.—4. 1 2/3 ß

***Adami*, J., Systema anti-philosophicum de origine civitat. 8maj. Poson. 801. (Schweiger in Pressb.) 4 gr.**

**Adami,** J. C., s. Adami, Johann Christian

**Adami,** J. H., s. Adami, Johann H.

**Adami,** J. S., s. Adami, Johann Samuel

**Adami, Jakob Heinrich Christian:** De Materia calcaria post diuturnam arthritidem per vias urinarias educta observatio singularis. Ad ... Fridericum Hoffmannum ..., quum is die 5. Non. Mart. a.p.C.n. 1740 annum aetatis suae 80. feliciter superasset. — Lubenae: Driemel (1740). 46 S. 4° 2.
1.9274

**Adami, Io. Nep.,** Sensa cleri Gallicani occasione revolutionis Gallicae manifestata compendio exhibita. Posonii, Belnay, 1804, in 8°.

**Adami, Johann:** Theatrum nobilitatis Cymbricae. Das ist: kurtze Erzehlung und Vorstellung der Geschlechte, Namen, Uhrsprung und Herkommens des hochlöbl. Adels in den Fürstenthumben Schlesewig, Hollstein und Wagrien ... Gedr. zu Bremen durch J. Wessel 1618. Wieder aufgelegt. — Hamburg: Piscator 1756. XXXII,125 S.
1:So 6586. 8.
1.9275

— **Joh. Balth.** (Lissa), De supplemento judicis in causis partium. Diss. jur. Präs. Sam. Friedr. Willenberg. Frankf./Od. (Tob. Schwartz) März 1699. 43 S. (6.—) 68

**Adami, Johann Christian**

— Güldene Aepffel in silbernen Schalen, oder gottgeheiligte Betrachtungen des Hohen Liedes Salomonis. — Leipzig 1708. 1:4° Bn 10040. 4.
1.9276

— Des evangelischen Zions geistlicher Bet-Altar. 1752 u.ö. in: *Adami:* Evangelisches Zion. 1.9281

— — **Commentatio ad apocal. cap. 14 v. 6. 7. de B. Luthero, angelo per coelum volante cum evangelio. Präs. Michael Foertsch. Jena (Müller) 23. X. 1713. 48 S., stellenweis deutsch. (5.—) 70**

— Evangelisches Denck- und Danckmahl der göttlichen Güte. — Leipzig: Gleditsch 1704. 1148 S. 2.
1.9277

— Christliche Gebete, welche andächtige Hertzen gebrauchen können. 1720 u.ö. in: *Adami:* Evangelisches Zion.
1.9282

— epistol. Haus- u. Kinderpostill. 8. 734.

— Der schreiende Hirsch, oder seuffzendes Hertz, eines nach Christo verlangenden Christen. — Wittenberg 1700.
1:Et 64. 7.
1.9278

— Die vortrefliche Hülfe Gottes in Erhaltung der Stadt Luckau samt ihren Einwohnern ward ... 1752 ... bey dem eingefallenen hundertjährigen Brand-Buss-Tage ... öffentlich vorgetragen. — Wittenberg (1752): Scheffler. 24 S. 4° 3.
1.9283

— Der erquickende Jesus, in acht und dreissig Buss- und Trost-Andachten, über das überaus bewegliche und geistreiche Buss-Lied, O Jesu Christ du höchstes Gut, du Brunnquell aller Gnaden etc. — Wittenberg: Quenstedt 1700. 480 S. 7.
1.9279

— Schlüssel des Erkäntnisses, ... aus Joh. 16, V. 16–23 ..., in der ihm selbst gehaltenen Abschieds-Predigt zu Lübben, als er ... 1715 ... verstorben, vorgestellet. Anietzo zum Druck ausgefertiget von Johann Christian Adami, Diac. zu Luckau. — Lübben: Voss 1716. 16 S. 4° 3.
1.9280

— luckauische Vesperred. üb. d. Episteln. 4. Lübb.

— Biblischer Wegweiser zur geistl. Vereinigung mit Gott ... Nebst e. Vorr. Joh[ann] Christian Adami, Gen.-Superint. — Lübben: Voss 1714. 110 S. 9.
1.9284

— Widerlegung d. Zinzendorfer Jeremias. 4. Wittenb 741.

— Evangelisches Zion oder vollständiges Gesang-Buch ... Samt den gewöhnlichen Collecten, Kirchen- u. andern Gebeten. — Leipzig & Lübben: Voss 1720. 941,177 S.
Sondert.: Adami: Christliche Gebete, welche andächtige Hertzen ... gebrauchen können, denen etliche Anweisungen von der Geburth Jesu Christi, ein kurtzer Begriff der reinen Lehre u. biblisch Trost-ABC beygefüget.
9.
1.9285

— — Evangelisches Zion oder neu-verbessertes und vermehrtes vollständiges nieder-lausitzisches Gesang-Buch ... Samt den gewöhnlichen Collecten, Kirchen- u. andern Gebeten ... Zum 4. mahl hrsg. — Lübben: Voss 1736. 780,98 S.
Sondert.: Adami: Christliche Gebete, welche andächtige Hertzen ... gebrauchen können, denen eine kurtze Auslegung des hl. Vater unsers, ingleichen das biblische Trost-ABC beygefüget u. mit Caspar Neumanns Kern aller Gebete vermehret worden.
1: El 9710. 9.
1.9286

[—] — Evangelisches Zion oder privilegirtes, vollständiges u. vermehrtes niederlausitzisches Gesang-Buch. Zum 10. mahl dem Druck überg. — Ebd. 1774. 838,14,96 S.
Sondertitel wie in 1.9288. 1: El 9718. 9.
1.9290

[—] — Zum 11. mahl dem Druck überg. Ebd. 1781. 838, 15 S.
Sondertitel wie in 1.9288.
1: El 9720. 12: Liturg. 1365 d. 9.
1.9291

(—) — Evangelisches Zion, oder nieder-lausitzisches Gesang-Buch. — o.O. (1748).
Sondertitel wie in 1.9286. 1[∞ Titelbl.]: El 9712.
1.9287

[—] — Evangelisches Zion oder privilegirtes, vollständiges u. vermehrtes niederlausizisches Gesang-Buch. Zum 7. mahl dem Druck überg. — Lübben: Voss; Luckau: Köhler 1752. 818,96 S.
Sondert.: Adami: Des evangelischen Zions geistlicher Bet-Altar oder Gebet-Buch. Ingleichen eine kurze Auslegung des hl. Vater unsers, nebst einem biblischen Trost-ABC u. endlich Caspar Neumanns Kern aller Gebete.
1: El 9713.
1.9288

[—] — Evangelisches Zion oder privilegirtes, vollständiges und vermehrtes niederlausitzisches Gesang-Buch ... Nebst e. Gebet- und Communion-Buch. Zum 8. mahl dem Druck überg. — Ebd. 1758. 834,96 S.
Sondertitel wie in 1.9288. 1: El 9714.
1.9289

**— Johann Christian Gotthelf** (Luckau/Laus.), De rescriptis moratoriis cursum usurarum non sistentibus. Von denen Anstands-Briefen, welche den Lauf der Interessen nicht hemmen. Präs. Ernst Martin Chladen. Wittenbg. (Gerdes) 22. XI. 1757. 35 S. u. 12 S. mit Biogr. (M.: Juliane Sophia Cocci.) Z. Tl. deutsch. (6.—) 71

**— Johann Daniel** (Eisleben), De phthisi praeservanda. Diss. med. Präs. Michael Alberti. Halle (Hendel) April 1728. 40 S. (5.—) 72
Widm. v.: J. C. Wolff (Stade), Georg Christ. Wolff (Stade), Joh. Mich. Matthäus (Bremen).

— — Dasselbe. Gestoch. Titelbl. (Sysang fec.) (5.50) 73
Gew.: Christoph Dietrich Bose (Frankleben). Widm. v.: J. C. Wolff (Stade), Georg Christ. Wolff (Stade), Joh. Mich. Matthäus (Bremen).

**— Johann Georg Anton** (Oldenburg), De variis haemorrhagiam compescendi modis. Diss. med.-chirurg. Jena (Fiedler) 4. VI. 1795. 22 S. (4.50) 74

**Adami, Johann Georg:** Vertheidigung des Reichs-Archivs wieder das von ... Christoph Matthäo Pfaffen neulichst ausgesprengete jesuitische Mährlein: als ob das dem Kayser Carolo V. übergebene Original der Augspurgischen Confession schon vor mehr als 150 Jahren verlohren wäre; in Eil aufgesetzet von Joh. Georgio Adami [d. i. vielleicht Erdmann Neumeister]. — Hamburg: Hertel [um 1730]. 8 S. 12: 4° Diss. 560/20. 8. 9.
1.9292

**Adami, Johann Gottlieb:** Abgenöthigte Antwort auf ... Siegmund Schmieders ohne Grund sogenannte wahrhaffte Entdeckung etc. — (Annenberg:) Selbstverl. 1719. 14 S.
3.
1.9293

— Gebührende Antwort auf ... Urban Gottfried Buchers in seiner Sachsen-Landes Natur-Historie beygefügten Beschuldigung Even Elisabeth Henningin getan A. 1723. — (Annaberg: Selbstverl.) 1724. 22 S. 3.
1.9294

— Antwort auf ... George Andreas Zeidlers erläutertes Sendschreiben von denen ... Annabergischen Jammerfällen. — Waldenburg 1716: Heinsius. 38 S.
1: an Na 1800. 3.
1.9295

— Kurtze Nachricht von denen seltsamen und kläglichen Begebenheiten an Kindern und erwachsenen Personen zu Annaberg, darinnen gezeiget wird, daß sie von höhern Ursachen herrühren. — Altenburg 1714: Richter. 30 S.
3.
1.9296

**Adami, Johann H.:** Nicht Bimetallismus, sondern Kombinationswährung. Ein Vorschlag. — Berlin: Puttkammer & Mühlbrecht 1894. 31 S. 1: Fh 5780. 11.
1.9297

## Adami, Johann Samuel

— Joh. Samuel Adami, sonst Misanders Cornu copiae oder ein trefflicher Vorrath von vierhundert Tituln allerhand Inventionen. — Dresden: Mieth & Zimmermann 1697. 1463 S. 2. 4.
1.9300

— — (Th. 1–3) [nebst] Anh. zu Th. 2.3. Dresden (2.3: Dresden & Leipzig): Zimmermann 1703–09.
1. 1705. 2. 1703. 3. 1709. Anh. zu Th. 2. 1703. Anh. zu T. 3. 1708.
Anh. zu T. 3 mit Sondert.: Adami: Tractat, ob der Heyden, Jüden u. Türcken Kinder selig werden? 1708.
10 W.
1.9301

— — Th. [1]–3 [nebst] Anh. zu Th. 2.3. Ebd. 1712–19.
[1.] 1716. 2. 1712. 3. 1719. Anh. zu Th. 2. 1718. Anh. zu Th. 3. 1719.
Anh. zu Th. 3 mit Sondert.: Adami: Tractat, ob der Heyden, Jüden u. Türcken Kinder selig werden? 1719.
Vollst. . . . . . . . . . . . . . . . 1: Ec 150.
Anh. zu Th. 2 . . . . . . . . . . . . . 10.
1.9302

— Deliciae biblicae oder biblische Ergetzligkeiten, worinnen alle curieuse, merck- und denckwürdige, zweiffelhaffte Oerter, Sprüche und Fragen nach der Richt-Schnur göttliches Worts aus bewährten Theologis erörtert u. ... durch die gantze Bibel ... fortgesetzet ... werden von Misandern [d. i. Johann Samuel Adami]. 1690–1705. — Dreßden & Leipzig (1690–95, 97–98: o.O.): Mieth 1690–1705.
Von 1692-99 enthält das Werk die Deliciae zum A. und N.T. getrennt in je einem Band.
Vollst. [∞ A.T. 1697] . . . . . . . . . . . 9.
N.T. 1693 . . . . . . . . . . . 1: Br 5110.
1.9303

**Adami, Johann Samuel:** Joh. Samuelis Adami, alias Misanders Deliciae dictorum dom. et festiv. Das ist: Ergötzligkeiten über Sonn- und Fest-Tags-Sprüche. — Dreßden & Leipzig: Zimmermann 1717. 382 S.
10 [defekt].

— — epistolicae. 5 Thle. 8. Hamb. 711—739.

— Joh. Samuels Adami, sonst Misanders Deliciae evangelicae oder: evangelische Ergetzligkeiten (13: Misanders Deliciae evangelico-apostolicae, oder evangelische Ergötzligkeiten über die Apostel-Tage). Das ist ein Vorrath solcher Realien, welche zu allen Sonn- u. Fest-Tags-Evangelien wohl zu gebrauchen. Th. 1–14 [nebst] Haupt-Reg. u. allg. Reg. — Dreßden & Leipzig: Mieth 1699–1711.
1.2. 1699. 3. 1700. 4. 1701. 5-7. 1702. 8. 1704. 9. 1705. 10. 1706. 11. 1707. 12. 1708. 13.14. 1709. Reg. 1711.
7.
1.9305

— — Joh. Samuels Adami, sonst Misanders Deliciae evangelicae oder: evangelische Ergetzligkeiten (13: Misanders Deliciae evangelico-apostolicae, oder evangelische Ergötzligkeiten über die Apostel-Tage; 14: Misanders Apostel-Tage). Das ist ein Vorrath solcher Realien, welche zu allen Sonn- u. Fest-Tags-Evangelien wohl zu gebrauchen. Th. 1–14 [nebst] Haupt-Reg. u. allgem. Reg. — Ebd. 1700–25.
1. 1714. 2. 1716. 3. 1700. 4. 1701. 5. 1725. 6. 1704. 7. 1705. 8. 1704. 9.10. 1707. 11. 1709. 12. 1710. 13. 1709. 14. 1715. Reg. 1711.
1: Dy 12960.
1.9306

— Joh. Samuelis Adami, alias Misanders Deliciae evangelico-emblematicae, oder evangelisch-emblematische Ergetzligkeiten, auff alle Sonn- u. Fest-Tage des gantzen Jahres ... eingerichtet, ... auch mit vollst. Reg. vers., nunmehro aber ... ans Tage-Licht geleget. — Leipzig: Gleditsch 1704. 1675,1279 S. 4° 4.
1.9307

Adami, I. S., deliciae passionales. 5 Thle. 8. Hamb. Rthlr. 707—710.

— — poenitential. 8. Hamb. 715.

— Joh. Samuel Adami, alias Misanders Deliciae sabbathicae ruris incolarum, das ist: gottgeheiligte Sonn- und Fest-tags-Ergötzlichkeiten frommer Christen auf dem Lande. Th. [1.] 2. — Leipzig: Martini 1716–17.
1: Dy 12964.
1.9308

— Johann Samuels Adami, aliàs Misanders Florilegium evangelico-anglicanum, oder: Blumen-Lese über alle Sonn- und Fest-Tags-Evangelien, durchs gantze Jahr, aus puren Engelländern zusammen getragen. Th. [1.] 2. — Dresden: Zimmermann 1701. 4° 4.
1.9311

— florilegium evangelico anglican. a. d. best. Engl. zusammenaetr. 4. Dresden. Gerlach 714

— evangel. Haus- u. Fragpostill. 4. Ebend. 726.

— Kreuzig. d. Fleisches üb. d. Evangel. 4. Ebend. 709.

**Adami, Johann Samuel:** Der exemplarische Priester, oder ein klarer Spiegel, darinnen gezeiget wird, wie gleichwohl gottgeheiligte Personen ... ihre hohe Würde ... bedencken sollen. Alles nach Handleitung des Apostels Pauli. [Verf.: Johann Samuel Adami]. — Leipzig & Dreßden: Mieth 1690. 318 S. 9.
1.9314

[—] — Ebd. 1691. 1:1 an Dp 5430.
1.9316

[—] — Ebd. 1718. 284 S. 2.
1.9316

— Der tröstende Priester im Beicht-Stuhle, oder 139 Absolutions-Formuln. — Dreßden: Mieth & Zimmermann 1695. 1: Ds 17965.
1.9317

— — Dresden: Zimmermann 1704. 864 S. 4.
1.9318

— tröstender Priester im Beichtstuhl. 2 Thle. 8. Ebend. 723.

[—] — Ebd. 1709. 182 S. 2.
1.9323

[—] Der wohlgeplagte Priester, wie er nach 11 unterschiedenen Plagen in der Welt mehrentheils leben und leiden muss. — Leipzig & Dreßden: Mieth 1689. 1: Dp 5380. 12: H. ref. 292m.
1.9320

[—] Die bösen Priester-Feinde, welche Gott bekehre. Die frommen Priester-Freunde, welche Gott bewahre. — Dreßden & Leipzig: Mieth 1691. 318 S. 1:4 an Dp 5430. 4. 9.
1.9324

[—] — Ebd. 1700. 318 S. 1:4 an Dp 5530.
1.9325

[—] Das exemplarische und Gott wohlgefällige Priester-Kind oder ein klarer Spiegel, darinnen angezeiget wird, wie die Kinder gottgeheiligter ... Personen sich nicht der Welt ... gleich stellen und Aergerniss geben ... sollen. — Franckfurt & Leipzig: Seidel 1701. 364 S. 1: Dp 5530. 4.
1.9327

— versüßte Todesbitterk. 8. Leipzig. 721.

— Joh. Samuels Adami, sonst Misanders Tractat über die Frage: Ob man über gestohlnen Sachen so genannte kluge Männer oder Weiber ... fragen solle? — Dresden: Winckler 1703. 96 S. 1: Na 3630. 12: Var. 502/3. 9.
1.9330

— Tractat, ob der Heyden, Jüden und Türcken Kinder selig werden? 1708 u.ö. in: *Adami:* Cornu copiae. 3, Anh.
1.9331

— Johann Samuelis Adami, alias Misanders Tractat von der Polygamiä, oder Vielweiberey. — Weissenfels: Wehrmann 1713. 200 S. 1: Da 9210. 300: 32.287-A. 7.
1.9332

— — Ebd. 1715. 200 S. 9.
1.9333

— Wegweiser z. Christenthum. 12. Freyberg, Cratz und Gerlach. 780.

**Adami,** K. Fr[iedrich], Lehramtsassessor: **Liegt** der Schilderung des Untergangs der fünfzehn Kohorten im Lande der Eburonen bei Caesar bell. gall. V, 26—37 der Bericht eines Augenzeugen zu Grunde? *Grünberg 1903: H. Robert.* (S. 3—10.) 4°
Laubach, großh. hess. G Fridericianum, P 1903 (726)

Adami, Kajetan (Hrsg.), s. Sammlungen, Baierische, und Auszüge zum Unterricht und zum Vergnügen.

**Adami, M., Vitae eruditor. Fol. Francf. 705.**

**Adami,** M. Joh. Gottlieb, Hospital-Predigers zu Annaberg, kurze Nachricht von den seltsamen und kläglichen Begebenheiten an Kindern und erwachsenen Personen zu Annaberg. Annab. 8. s. a. Altenb. 715. 8.

**Adami, M. Th.,** De statua Socratis Atheniensium poenitentiae monimento publico. Diss. 1745. 31 S. 4°. 1.20

**Adami, Melch.,** Vitae eruditorum, tum Germanicorum tum exterorum. Francof. 705. 2 P. f. 3 rthl.

**Adami, Mich., († ... 1787.), ausführl. u. neu erläut. ungar. Sprachlehre. 8. Wien 760.**

— Grünberg, wie es ist, isst und trinkt und so weiter. — Grünberg [1845]: Levysohn. 60 S. 2.
1.9360

— Neuestes Complimentirbuch [Komplimentierbuch] oder der vollkommene Galanthomme. — Grünberg, Leipzig: Levysohn [1843]. VIII,160 S. 2.
1.9361

— Liebes-, Leidens- und endliche Freudenfahrten eines vormaligen südpreussischen Beamteten, zu Tage befördert. Nebst einigen flüchtigen Skizzen über das Volksleben in Polen, als Vorw. — Berlin: Natorff 1828. XLV, 140 S. 1: Yx 506. 7.
1.9355

— Das Lied von der Weinlese. — Grünberg: Levysohn [1846]. 16 S. 2.
1.9362

— Der Temperamentsfehler. Lust-Spiel in 2 Akten. — Prenzlau 1825. 1: Ys 4791.
1.9356

— Allgemeiner deutscher Volksbriefsteller für alle Verhältnisse des Lebens. — Grünberg, Leipzig: Levysohn [1842]. X,229 S. 2.
1.9363

— — 2. Aufl. Ebd. [1845]. X,229 S. 2.
1.9364

— Weinranken. Bdch. 1. — Prenzlau 1824. 1: Yw 9501.
1.9357

— 59 Zimmer-Sprüche beim Richten von Gebäuden jeder Art, in Prosa und Versen. — Grünberg, Leipzig: Levysohn 1843. XII,132 S. 2.
1.9365

**Adami-Kiepert's Schul-Atlas in 27 Karten. Vollständig neu bearb. v. Heinr. Kiepert. 7. bericht. Aufl. Imp.-4. Lith. u. color. u. chromolith. Mit Text. hoch 4. (48.) Berlin 879. D. Reimer. n. 5 —**

Adami-Kiepert's Schul-Atlas in 27 (chromolithogr.) Karten. Vollständig neu bearb. von Heinr. Kiepert. 8. bericht. Aufl., revid. von Rich. Kiepert. qu. gr. 4. (1 Bl. Text.) Berlin 883, D. Reimer. cart. 5 —

**Adamianz,** Suren, aus Schuscha ⟨Kaukasien⟩: **Über Diacetonaminoxim, seine Überführung in Diacetondiamin und Methylpentandien ⟨Methylisopren⟩.** *Berlin (1901): G. Schade.* (55 S.) 8°
Berlin, Phil. Diss. v. 30. Nov. 1901

**Adamidès,** Jean [aus Constantinopel]: Beitrag zur Lehre von Hyperemesis gravidarum .... Strassburg. Univ.-Buchdr. v. J. H. Ed. Heitz (Heitz & Mündel Nachf.), 1885; 33 S. 8°.
Strassburg, Med. Fak., Inaug.-Diss. v. 1885.

**Adamička, Milos, der mathematische Unterricht an der höh. Forstlehranstalt Reichstadt, s.: Berichte üb. den mathematischen Unterricht in Österreich. 2. Heft.**

**Adamietz, Alfred,** cand. theol. cath.: Der Skeptizismus Pierre Daniel Huets. Breslau 1909: Schles. Volksztg. 71 S. 8°
Breslau, Phil. Diss. v. 6. Okt. 1909, Ref. Baumgartner
[Geb. 11. Sept. 86 Sgorsellitz; Wohnort: Halbendorf b. Oppeln; Staatsangeh.: Preußen; Vorbildung: Matthias-Gymn. Breslau Reife O. 06; Studium: Breslau 7 S.; Rig. 9. Juni 09.] [U 10. 593

Adamkiewicz, A., s. Adamkiewicz, Albert

Adamkiewicz, Adolph. (geb. Gnesen 1818): De renum in foetu hypertrophia, adjecto exemplo nondum descripto. Berolini (1843). (36 S.) 8°
Berlin, Med. Diss. v. 18. Okt. 1843

Adamkiewicz, Albert

**Adamkiewicz, A., die Arterien des verlängerten Markes vom Uebergang bis zur Brücke. (Aus „Denkschr. d. k. Akad. d. Wiss.") Imp.-4. (16 S. mit 3 farb. Taf.) Wien 890. Tempsky. n. 3. 40**

**Adamkiewicz, A., üb. den apoplectischen Anfall. [Aus: „Sitzungsber. d. k. Akad. d. Wiss."] Lex.-8. (20 S. m. 1 farb. Taf.) Wien 891. (F. Tempsky.) n. 1. —**

**Adamkiewicz,** Alb., die Blutgefässe d. menschlichen Rückenmarkes. 1. u. 2. Theil. [Institut für experimentelle Pathologie der k. k. Universität Krakau.] [Aus: „Sitzungsberichte d. k. Akad. d. Wiss."] Lex.-8. Wien 882. (Gerold's Sohn.) n. 7. 20

1. Die Gefässe der Rückenmarksubstanz. [Mit 6 (5 chromolith. u. 1 lith.) Taf.] (34 S.) n. 3. 20

2. Die Gefässe der Rückenmarksoberfläche. [Mit 5 (chromolith.) Taf.] (30 S.) n. 4. —

— Der Blutkreislauf der Ganglienzelle. — Berlin: Hirschwald 1886. IV,65 S.
1:Kv 5470. 12:Anat. 11aw. 3. 7. 10. 11.
1.9381

**Adamkiewicz, Albert:** Über das unbewußte Denken und das Gedankensehen. Versuch e. physiolog. Erklärung d. Denkprozesses u. einiger 'übersinnl.' u. psychopath. Phänomene. — Wien & Leipzig: Braumüller 1904. VIII,64 S.
1:Ky 17412. 12:Ph. Sp. 9n.
1.9382

— Die Eigenkraft der Materie und das Denken im Weltall. Naturwiss. Studie über d. Beziehungen d. Seele zu d. anderen Kräften in d. Natur. — Wien & Leipzig: Braumüller 1906. 46 S. 300:445.205-B.
1.9384

—— 2. verm. u. verb. Aufl. Ebd. 1907. 55 S.
1:Lf 5404*. 300:448.045-B.
1.9385

**Adamkiewicz, Alb.,** die natürliche Entfettung. (X, 80 S. m. 2 Taf.) 8. Leipzig 908. B. Konegen. 1.50

— Die bisherigen Erfolge meiner unblutigen Behandlung des Krebses und die 'Autoritäten'. — Wien (1907): Werthner. 23 S.
Erw. aus: Medizinische Blätter. 1907, 12/15.
1:Ix 6484. 2. 11.
1.9386

— Die Functionsstörungen des Grosshirnes. — Hannover: Köllner 1898. XII,242 S.,4 Taf.
1:Ki 2013. 12:Path. 8f. 3. 6. 7.
1.9388

—— Wien: Perles 1898. XII,242 S.,4 Taf.
300:93.725-B.
1.9389

— Über Gehirndruck und Gehirnkompression. — Wien: Urban & Schwarzenberg 1884. S. 201-252. (Wiener Klinik. 10,8.9.)
1:I 8551-10,8.9. 12:Med. g. 265m-10.
300:393.562-B. Per. 10,8.9. 7. 9.
1.9390

— Die Grosshirnrinde als Organ der Seele. — Wiesbaden: Bergmann 1902. 79 S. (Grenzfragen d. Nerven- u. Seelenlebens. 11.)
1:Ky 16985-11. 12:Anthr. 47m-11. 6. 7. 10. 11.
1.9391

— Die Heilung des Krebses. — Wien & Leipzig: Braumüller 1903. XIX,237 S.
1:Ix 6458. 12:Path. 8bg. 300:428.127-B. 3. 4. 5. 7. 9. 10.
1.9392

**Adami, Paul.** 1781: Beyträge zur Geschichte der Viehseuchen in den kais. kön. Erbländern. — Wien: Gerold 1781. 64 S. 1:Ks 10185. 2. 4.
1.9340

— Bibliotheca loimica. — Vindobonae 1784.
1:Iu 7425. 12:Path. 8. 300:38 F 1.
1.9341

**Adami, Paul.** 1888: Das Büchlein vom Kaiser Friedrich. Ein Lebensbild dem deutschen Volke und Heere geschildert von P. Adami. Eingeleitet durch ein Gedicht von Ernst von Wildenbruch. — Berlin: Kühn 1888. 79 S.
1:Rz 12683. 4.
1.9344

— Unsere drei Kaiserinnen. 3 Lebensbilder. — Berlin: König & Gärtner 1888. 160 S. 1:Rz 13858.
1.9345

— die degenerativen Krankheiten d. Rückenmarkes. Anatomisch u. klinisch bearb. Mit 6 Taf. in Farbendr. gr. 8. (XII, 135 S.) Stuttgart 888. Enke. n. 7. —

— Die Kreislaufsstörungen in den Organen des Centralnervensystems. — Berlin & Leipzig: Köllner 1899. VIII,55 S. 1:4° Ki 2018. 3. 11.
1.9396

— Der Krebs und die 'Goldene Statue'. — Wien: Selbstverl. 1905. 38 S. 2. 3. 5. 7. 10. 11.
1.9395

— Die degenerativen Krankheiten des Rückenmarkes. Anatomisch u. klinisch bearb. — Stuttgart: Enke 1888. XII,135 S. 12:Path. 8bd. 3. 4. 7.
1.9394

**Adami, Wilhelm.** 1842: Fremdwörterbuch, in welchem alle im gewöhnlichen Leben vorkommenden Fremdwörter erklärt werden. — Grünberg, Leipzig: Levysohn [1842]. 47 S. 2.
1.9358

—— 2. Aufl. Ebd. [1853]. 46 S. 2.
1.9359

**Adami, Wilhelm.** 1824: Der Chasseur. Erz. aus dem franz.-russ. Feldzuge von 1812. — Berlin: Logier 1826. 121 S. 7. 10.
1.9354

— Tobias Emanuel (Weimar), De aetate, ejusque jure & privilegiis. Diss. jur. Präs. Johann Volk. Bechmann. Jena (Nisiano) Sept. 1661. 26 Bl. (6.50) 75

Sokrates. — Adami, Th., De statua Socratis Atheniensium poenitentiae monimento publico. Diss. 1745. 81 S. 4°. Pp. 1.20

**Adami,** S. S. (Resp.): De causis quibusdam specialibus apoplexiae..., s. Buechner, Andr. El. (Praes.)

— — Wien: Binz 1812. VI,139 S.
1:Ks 10216. 300:118.147-A.
1.9343

— Untersuchung und Geschichte der Viehseuchen in den kaiserl. königl. Erbländern. — Wien: Gerold 1782. 144 S.
300:78 L 2. 2. 4.
1.9342

— specimen hydrographiae Hungaricae, sistens aquas communes, thermas et acidulas Comitatus Trencsiniensis, physice, chemice et medice examinatas. 8. Wien. 780.

— die Lehre vom Hirndruck u. die Pathologie der Hirncompression. Nach Thierversuchen u. Krankenbeobachtgn. [Mit 12 (eingedr.) Holzschn.] [Aus: „Sitzungsber. d. k. Akad. d. Wiss."] Lex.-8. (88 S.) Wien 883. (Gerold's Sohn.) n. 1. 60

— dasselbe. 2. Thl. Die Pathologie der Hirncompression. [Mit 7 (chromolith.) Taf. u. 11 (eingedr.) Holzschn.] Lex.-8. (125 S.) Ebend. 884. n. 5. 20

— Die Natur und der Nährwerth des Peptons. Eine experimentelle Untersuchung zur Physiologie des Albumins. — Berlin: Hirschwald 1877. VIII,128 S.
1:Kw 7525. 12:Anat. 11at. 3. 5. 8. 9. 11.
1.9397

—— die Nervenkörperchen. Ein neuer, bisher unbekannter morpholog. Bestandtheil der peripher. Nerven. Lex.-8. (11 S. mit 1 chromolithogr. Taf.) Wien 885, (Gerold's Sohn.) *

— über die Nervenkörperchen d. Menschen. [Mit 3 Taf.] [Aus: „Sitzungsber. d. k. Akad. d. Wiss."] Lex.-8. (20 S.) Wien 888. (Tempsky.) n. 1. 80.

— Pachymeningitis hypertrophica und der chronische Infarct des Rückenmarkes. Anatomisch u. klinisch bearb. Wien: Hölder 1890. 51 S.
1:Ki 6696. 300:186.546-C. 2. 3.
1.9398

— über den pachymeningitischen Prozess d. Rückenmarkes, s.: Zeit- u. Streitfragen, klinische.

—— die anatomischen Processe der Tabes dorsualis. Lex.-8. (25 S. mit 2 chromolithogr. Taf.) Wien 885, (Gerold's Sohn.) *
Vorstehende drei Schriften sind aus: Sitzungsberichte der k. Akademie der Wissenschaften, besonders abgedruckt.

**Adamkiewicz, Albert:** Die Rückenmarksschwindsucht. Eine Vorlesung. Nach neuen Untersuchungen und den Ergebnissen einer neuen Untersuchungsmethode für das Centralnervensystem. — Wien: Toeplitz & Deuticke 1885. 53 S. 1:Ki 6973. 12:Path. 8b. 4. 8.
1.9399

— neue Rückenmarkstinctionen. I. Ergebnisse am normalen Gewebe. Mit 2 (lith.) Taf. [Aus: „Sitzungsber. d. k. Akad. d. Wiss."] Lex.-8. (21 S.) Wien 884. (Gerold's Sohn.) n. 4. —

— Das Schicksal des Ammoniak im gesunden und die Quelle des Zuckers und das Verhalten des Ammoniak im diabeteskranken Menschen. — Berlin 1879. 66 S.
Aus: Archiv für pathologische Anatomie. 76.
1:Kc 2325. 11.
1.9400

— Die Secretion des Schweisses. Eine bilateral-symmetrische Nervenfunction. Nach Untersuchungen an Menschen und an Thieren dargest. — Berlin: Hirschwald 1878. 69 S. 1: Kx 9890. 12: Anat. 11 au. 4. 6. 9. 10. 11.
1.9401

— Über den gegenwärtigen Stand der Krebsfrage. ⟨Vortrag, geh. auf der Versammlung Deutscher Naturforscher u. Ärzte zu Cöln a. Rh. am 25. Sept. 1908.⟩ [Nebst] Nachtr. o. O. (1908). 4.
1.9402

— Tafeln zur Orientirung an der Gehirnoberfläche des lebenden Menschen bei chirurgischen Operationen u. klinischen Vorlesungen. Mit deutschem, franz. u. engl. Text. Wien & Leipzig: Braumüller 1892. gr. 2°
12: 2° Anat. 1 c. 6. 8.
1.9403

— — 2. unveränd. Aufl. Ebd. 1894. 6 Bl., 4 Taf. 2°
3.
1.9404

— Untersuchungen über den Krebs und das Princip seiner Behandlung. Experimentell u. klinisch. — Wien & Leipzig: Braumüller 1893. XIV, 134 S., 8 Taf. mit 7 Erl.-Bl.
1: Ix 6415. 12: Path. 8 be. 300: 150.498–B. 3. 5. 6. 7. 10. 11.
1.9405

— über das Wesen d. vermeintlichen „Hirndrucks" u. die Principien der Behandlung der sogenannten „Hirndrucksymptome". [Aus: „Sitzungsber. d. kais. Akad. d. Wiss."] Lex.-8. (36 S. m. 4 Taf.) Wien 891. (F. Tempsky.) n. 2. 30

— Wiederherstellung des Sehvermögens eines durch Krebs fast erblindeten Auges mit Hilfe meiner Cancroin-Methode. — München: Ärztl. Rundschau 1903. 7 S.
1: Km 3255. 300: 429.835–B.
1.9406

— Wissenschaft und Verbrechen. — Wien: Selbstverl. 1899. 40 S. 1: At 7201. 300: 403.754–B. 2. 3. 5. 7. 11.
1.9407

— Die wahren Zentren der Bewegung und der Akt des Willens. — Wien & Leipzig: Braumüller 1905. 55 S.
1: Ky 15947. 12: Anat. 11 ax.
1.9408

Adamkiewicz, Hugo: Der Rechtsbegriff der Curatel – die Pflegschaft – in systemat. Darstellung mit Bezug auf d. Entwurf e. Bürgerl. Gesetzbuchs f. d. Deutsche Reich. Von Adamkiewicz. — Berlin: Heymann 1892. VI, 232 S.
1: Gh 9455. 12: J. rom. m. 1 nkd. 2. 3. 5. 6. 7. 11.
1.9409

Adamkiewicz, Hugo (geb. Prov. Posen 1848): De successione hypothecaria. Berolini (1869). (92 S.) 8°
Berlin, Jur. Diss. v. 24. Mai 1869

Adamkiewicz, Hugo, de successione hypothecaria. Dissertatio inauguralis. 8. (92 S.) Berlin 870, (Puttkammer und Mühlbrecht.) *

Adamo, Friedrich: Perspektive für Architekten und Bauhandwerker. — München: Werner 1899. 10 Bl. 4° 83.
1.9429

Adamo, Thaddäus a.S., Sprichwörter, Die... s. D e r e s e r, T.A.

Adamocic, Lujo (irrtüml.), s. A d a m o v i c

Adamoff, Wera, von Petersburg: Ein Beitrag zur Physiologie des Glykogens. München 1904. 23 S. 8°. S.-A. aus der Zeitschr. f. Biologie. N. F. Bd. 28. [6. VII. 04.]
Bern. Med. Diss. 1904/1905.

Adamović, Lujo, Beiträge zur Flora v. Macedonien u. Altserbien. (36 S. m. 5 Taf. u. 5 Bl. Erklärgn.) gr. 4. Wien 904. (A. Hölder.) n. 4. 70
Sonderabdruck aus: „Denkschr. d. k. Akad. d. Wiss."

Adamović, Lujo, die pflanzengeographische Stellung u. Gliederung der Balkanhalbinsel. Resultate e. im Sommer 1905 in den Balkanländern unternommenen Reise, die v. der kaiserl. Akademie der Wissenschaften aus der Treitl-Stiftg. subventioniert wurde. Mit 3 (farb.) pflanzengeograph. Karten. (91 S.) 32×24,5 cm. Wien 907. (A. Hölder). 8. 80
Sonderabdruck aus: „Denkschr. d. k. Akad. d. Wiss."

Adamović, Lujo, Vegetationsbilder aus Bosnien u. der Herzegowina. s.: V e g e t a t i o n s b i l d e r. VIII. 4.

— Vegetationsbilder aus Dalmatien. s.: V e g e t a t i o n s b i l d e r.

Adamović, Lujo: Die Vegetationsformationen Ostserbiens. *Leipzig: W. Engelmann 1898.* (44 S.) 8° ¶ (Aus: Engler's Botanische Jahrbücher, Bd 26 H. 2.)
Berlin, Phil. Diss. v. 6. Juni 1898

— Die Vegetationsverhältnisse der Balkanländer ⟨Mösische Länder⟩ umfassend Serbien, Altserbien, Bulgarien, Ostrumelien, Nordthrakien und Nordmazedonien. Mit 49 Vollbild., 11 Textfig. u. 6 Kt. — Leipzig: Engelmann 1909. XVI, 567 S. (Die Vegetation d. Erde. 11.)
1: Lx 866–11. 12: Phyt. 152 wg–11. 300: 95.336–B. Bd 11. 2. 3. 4. 5. 6. 7. 8. 9. 10. 11. 82.

— Die Verbreitung der Holzgewächse in Bulgarien u. Ostrumelien. (15 S. m. 1 farb. Karte.) 31,5×24,5 cm. Wien 909. A. Hölder. 2. 85
Sonderabdruck aus: „Denkschr. d. k. Akad. d. Wiss."

Adamović, Wilhelmine, s.: Wölfling-Adamović, Wilhelmine.

Adamovich, J. E. de Csepin — Skizzen über die Landwirthschaftsführung der Bauernwirthe und den landwirthschaftlichen Kulturzustand im Eßegger-Komitate, nebst einer Beschreibung der zwei kleinen Muster- und Probe-Wirthschaften in Csepin. Der löbl k. k. Landwirthschaftsgesellschaft in Wien gelegentlich ihrer Jubelfeier hochachtungsvoll gewidmet von — —. Eßegg, 1857. Druck von Karl Lehmann und Komp. (24 S. 4.)

Adamovitch, Jules, Dictionnaire français-croate, contenant la prononciation figurée de chaque mot français. 12. (VIII, 575 S) Agram 901. F. Suppan.
Geb. in Leinw. n. 6. —

Adamowicz, A., poln. Grammat. f. Deutsche, u. Wörterb. 8. Berl. W. Schmidt (?) (Wien, Kaulfuß.) 796.

Adamowicz, Adam Ferdynand

[—] Die evangelisch-lutherische Kirche zu Wilna. Eine Chronik geschrieben zur Feyer des 300 jähr. Bestehens d. Kirche ... von A. F. A. — Wilna: Zawadzki 1855. 94 S.
12: H. ref. 406–25. 6. 9. 10.
1.9467

Adamowicz, Ad. Ferd., Übersicht der Krankheiten unter den Haustieren. Diss. inaug. med. vet., morborum inter animalia domest. indicem etc. Vilnae 24. (130 S.) gr. 8.

Adamowicz, Alex. (Karl Gf. Woide), poln. Grammatik f. Deutsche, m. Wörterbuch. 8. Berl. 793. (Sander). 12 ⁄₃

Adamowitz, F. A., praktische polnische Grammatik für Deutsche, welche diese Sprache auf eine leichte Art gründ. erlernen wollen. Berlin, Neue Societäts-Verlags-Buchhandl. 815.
* Adams Geschichte von Spanien seit der Entdeckung bis zur Thronentsagung Carls IV., 2 Bände in 6 Abtheil. m. 6 Kpf. gr. 8. Wien, Bauer. 809.

Adams, s.a. A d a m

Adams: C h r o m a t o - A k k o r d e o n ..., s. A d a m s, Rudolf

Adams, Demokratie u. Monarchie in Frankreich. Stuttgart 877.

Adams, Justizrat, Koblenz. 1863: Denkschrift in der Prozeßsache der Erben des am 29. Jan. 1848 in München verlebten Prof. Joseph von Görres, Kläger, gegen d. Königl. Preuß. Fiscus, vertreten durch d. Oberpräs. d. Rheinprov. Frhr v. Pommer-Esche zu Koblenz, Beklagten. — Augsburg 1863: Himmer. 49 S. 1: Hf 9159. 5.
1.9469

Adams: G e s c h i c h t e der Juden, ... s. A d a m s, Hannah

Adams: G e s c h i c h t e von Spanien ..., s. A d a m s, John

Adams: Die H e i d e n m i s s i o n ..., s. A d a m s, Peter

Adams, Büsch u. Lichtenberg, über wichtige Pflichten gegen die Augen. Mit Anmerkk. herausg. v. S. Th. Sömmerring, gr. 8. Frankf. a. M. 794. Varrentrapp. 6 ℋ

Adams, Büsch und Lichtenberg üb. wicht. Pflicht. gegen die Augen. Herausgeg. v. Sömmerling. gr. 8. Frankf. Varrentrapp. 797.

Adams: Der Religionsunterricht...,s. Adams, Peter

Adams: Der Schatten...,s. Adams, William

Adams, A., Handb. d. röm. Alterthüm. a. d. Engl. m. Anm. v. J. L. Meyer. 2 Bde. m. K. Erl. Walther. 805.

**Adams, Alf. Gustav:** Lindi und sein Hinterland. Von Adams. — Berlin: D. Reimer in Komm. [1903]. 71 S.
1: Us 1109/76. 12: H. Afr. 1171. 300: 425.417–B. 5. 11.
1.9474

**Adams, Alfons M.:** Im Dienste des Kreuzes. Erinnerungen aus meinem Missionsleben in Deutsch-Ostafrika. — St. Ottilien: St. Benediktus-Missionsgen.; Comm.-Verl.: Lit. Inst. in Augsburg 1899. XIV,154 S.,2 Kt.
1: 4° Us 1109/49. 12: 4° It.sing. 1 on. 300: 103.073–C.
1.9475

— Adams. Aus der deutsch-ostafrikanischen Mission. Vortrag. — Berlin: D. Reimer 1898. S. 83–119,1 Kt. (Deutsche Kolonial-Gesellschaft. Abt.: Berlin-Charlottenburg. Verhandlungen. 1898/99,3.)
1: Sa 5923/39–1898/99,3. 12: H. E. E. 136–1898/99. 300: 77.518–C. Kt. S. 3. 6. 11.
1.9476

Adams, Brooks

— Das Gesetz der Zivilisation und des Verfalles. Vollst. u. autoris. Übers. nach d. engl. u. franz. Ausg. Mit e. Essay von Theodor Roosevelt. — Wien & Leipzig: Akad. Verl. 1907. XXXII,440 S.
12: H. Un. 6b. 300: 452.131–B. 4. 5. 6. 8. 11.
1.9499

**Adams, Brooks:** Das Herz der Welt. Übers. von Julius Sachs. — Wien & Leipzig: ,Lumen' 1908. XLII,271 S. (Bibliothek d. Imperialismus.)
1: Pp 7007. 12: H. misc. 33h–1. 300: 461.187–B. Per. 2.
1.9497

**Adams, Brooks:** Amerikas ökonomische Vormacht. Einzige, vom Verf. autoris. Übers. von Julius Sachs. — Wien & Leipzig: 'Lumen' 1908. VII,130 S.
6.
1.9501

— — Ebd. 1908. VII,130 S. (Bibliothek d. Imperialismus.)
12: H. misc. 33h–2. 300: 461.187–B. Per. 1.
1.9502

Adams, C., s. Adams, Karl

**Adams,** Carolus Darwin [Keenensis]: De periodorum formis et successionibus in Demosthenis oratione Chersonesitica ... Kiliae, ex offic. H. Fiencke, 1891; 2 Bl., 104 S., 1 Bl., 1 Taf. 8. [vgl. 1890 91 Kiel No 96.]
Kiel. Phil. Fak., Inaug.-Diss. v. [9. Juni] 1891

**Adams, Carolus [Keenensis]: Theses. . . . Kiliae, ex offic.** Schmidt & Klaunig, 1891; **2 Bl. 4°**
Kiel, Phil. **Fak., Thes. v. [9. Jun.] 1891**
**(Nicht für den Austausch)**

**Adams, Charles Kendall:** Demokratie und Monarchie in Frankreich. Von Ch. K. Adams. — Stuttgart: Abenheim (1875). VIII,414 S.
1[°°S. 161–176]: Re 2530. 5.
1.9520

— — Demokratie und Monarchie in Frankreich vom Beginn der Großen Revolution bis zum Sturz des Zweiten Kaiserreichs. Autor. deutsche Uebers. nach d. 2. Aufl. d. Orig. — Stuttgart: Auerbach 1875. VIII,414 S.
12: Gall. rev. 8h. 6. 10.
1.9521

**Adams,** D., On the principles of animation. 27 pp. Hann. 8°.

**Adams, F. O., et C. D. Cunningham.** La confédération suisse. Éd. française avec notes et additions par *H. G. Loumyer*, préface de M. *L. Ruchonnet.* Gr. in-8°. XVI, 319 p. Bâle, Genève, Lyon, H. Georg. 1890 7 —

**Adams, F. O., et C. D. Cunningham,** la confédération suisse. Éd. française avec notes et additions par H. G. Loumyer. 8. (XVI, 319 S.) Basel 890. Georg, Verlag. n. 5. 60

**Adams, F. P.:** An meine Wähler. Bericht über mein Wirken als Mitglied der constituirenden deutschen Nationalversammlung in Frankfurt a. M. — Coblenz (1848).
5.
1.9547

Adams Fr, Perspektive für Architekten und Bauhandwerker. (10 T m Text) 4° München 1899

**Adams, Fr. W.:** Andachtsbüchlein für die Mitglieder der Bruderschaften vom göttlichen Herzen Jesu, vom hl. unbefleckten Herzen Mariä und vom hl. Joseph. Für den öffentl. u. Privatgebrauch. — Dülmen: Laumann 1879. 64 S.
1: Acc. P 10. 2948. 6.
1.9548

— Deo gratias! oder: Der Christ bei grossen Heimsuchungen und an den Gräbern seiner Lieben. Vollst. röm.-kath. Lehr- und Gebetbuch. — Paderborn: Bonifacius-Dr. [1885]. 204 S.
1: Er 15600. 6.
1.9549

— Unsere Liebe Frau von der immerwährenden Hülfe. Vollst. Gebet- u. Bruderschaftsbüchlein für ihre Verehrer. — Paderborn: Bonifacius-Dr. 1884.
1: Dv 13554.
1.9550

— — 2. Aufl. Ebd. 1885. 120 S.
1: Dv 13554².
1.9551

**Adams, Fr. W.,** Unsere liebe Frau v. der immerwährenden Hülfe. Vollständiges Gebet- u. Bruderschaftsbüchlein für ihre Verehrer. 4. Aufl. 24. (136 S. mit eingedr. Bildern u. 1 Farbendr.) Paderborn 889. Bonifacius-Druckerei. — 30

— Der heilige Fünf-Wunden-Spiegel. Vollst. Lehr-, Gebet- und Betrachtungsbuch für Liebhaber des Gekreuzigten. Ausg. f. Jungfrauen. — Paderborn: Bonifacius-Dr. [1891]. 268 S.
1: Er 16136. 6.
1.9553

— Der grosse Rosengarten. Vollst. röm.-kath. Gebetbuch mit bes. Berücks. unserer Zeitverhältnisse u. aller Andachten, die jetzt die üblichsten sind. — Dülmen (1881).
1: Er 15153.
1.9554

Adams, Francis Ottiwell

— Geschichte von Japan von den frühesten Zeiten bis auf die Gegenwart. Uebers. von Emil Lehmann. Mit 1 Kt. u. 2 Pl. Bd 1. — Gotha: Perthes 1876. XV,468 S.
1. Bis zum Jahre 1864.
1: Un 8673. 2. 3. 4. 7. 10. 11.
1.9568

— die japanesische Seidenzucht, s.: Seidenzucht.

**Adams,** Frank *Dawson* [aus Montreal, Canada]: **Ueber das Norian oder Ober-Laurentian von Canada ... (Aus: N. Jahrb f. Mineral. etc., Beil.-Bd VIII.) Stuttgart, E. Schweizerbart** 1893; 1 Bl., 419—498 S., 1 Bl., 2 Kt. 8.
Heidelberg, Naturw.-math. Fak., Inaug.-Diss. v. [2. Aug.] 1892

**Adams,** Franz *Friedrich* [aus Coblenz]: **Aus d. med. Klinik in** Bonn. Ein Fall von Leukaemie mit Priapismus. . . . Bonn, Hauptmann'sche Buchdr., 1891; 27 S., 1 Bl. 8°
Bonn, Med. Fak., Inaug.-Diss. v. 3. März 1891

Adams, Frid. (geb. Coblenz 22. 2. 1837): De bronchotomia. Berolini (1859). (32 S.) 8°
Berlin, Med. Diss. v. 13. Juli 1859

**Adams, G.:** Gründliche Anweisung zum Whist-Spiele oder Darstellung der Gesetze, Regeln, Feinheiten und Berechnungen dieses Spieles; auf Beyspiele nach den besten Gewährsmännern der alten wie der neuen Schule von Hoyle bis Matthews gegründet. Nebst Bemerkungen über das Klein-Whist. 2. verb. Aufl. — Wien & Prag: Haas 1825. 144 S.
2.
1.9582

**Adams, G.,** Geometrische u. graph. Versuche oder Beschreibung der mathematischen Instrumente. Deutsch von Geissler. Leipzig 1795. 8°.

Adams, G. H. S., festgesetzte Berechnungen od. Tafeln, durch welche man alle vorkomm. Rechnungen leicht u. richtig machen kann; mit e. Vorrede v. A. Böhm. gr. 8. Manh. 769. Löffler. 1 ℛ 8 ℋ

Adams, George

— Anweisung zur Erhaltung des Gesichts und zur Kenntniss der Natur des Sehens. Aus d. Engl. von Friedr[ich] Kries. — Gotha: Ettinger 1794. 178 S.
1: Km 754. 300: 65 L 13. 2. 3. 5. 8.
1.9595

— — 2. verb. Aufl. Ebd. 1800. 206 S.
12: Chir. 1b [u.δ.] 8.
1.9596

— Versuch über die Elektricität, worinn Theorie u. Ausübung dieser Wissenschaft durch eine Menge methodisch geordneter Experimente erläutert wird, nebst e. Versuch über den Magnet. Aus d. Engl. [von Johann Samuel Traugott Gehler]. Mit 6 Kupfertaf. — Leipzig: Schwickert 1785. VI,270 S.
**12**: Phys. sp. 2. **5.**
1.9592

— — Mit 6 Kupfertaf. Wien 1786: v. Trattner. VI,270 S.
**12**: Phys. sp. 2a. **300**: 76 F 49.
1.9593

**Adams, George.** 1784:
Geometrische und graphische Versuche oder Beschreibung der mathematischen Instrumente, deren man sich in der Geometrie, der Civil- u. Militair-Vermessung, beim Nivelliren u. in der Perspektive bedient, nebst verschiedenen neuen Aufgaben zur nähern Erklärung dieser Wissenschaften ... Nebst einem Anh. der dazu gehörigen Taf. Aus d. Engl. übers., u. mit einigen Anm. begleitet von J[ohann] G[ottlieb] Geissler. Mit 39 Kupfertaf. — Leipzig: Crusius 1795. XXX,652 S.
**12**: Math. A. **1. 3. 6. 83. 89.**
1.9605

— Vorlesungen über die Experimental-Physik nach ihrem gegenwärtigen Zustande in unterhaltenden u. fasslichen Erklärungen der vornehmsten Erscheinungen in der Natur. Aus d. Engl. ... übers. von J[ohann] G[ottlieb] Geissler. Th. 1. 2. — Leipzig: Crusius 1798–99.
**12**: Phys. g. 5. **3. 7. 8.**
1.9609

**Adams**, Guilelmus, s. Adams, Wilhelm

**Adams**, H. B., s. a. Adams-Lehmann, Hope Bridges

**Adams, Frau H. B.**, das Frauenbuch. Ein ärztl. Ratgeber f. die Frau in der Familie u. bei Frauenkrankheiten. 1.—13. Hft. gr. 8. (1. Bd. Körperbau und Gesundheitspflege. V, III, 555 S. m. Abbildgn.) Stuttgart 894. Süddeutsches Verlags-Institut. à — 50
(1. Bd. kplt. geb. in Leinw.: n. 7 50)

**Adams, H B.**, Das Frauenbuch. 2 Bde. 4, neubearb. u. verm. Aufl. gr 8 Stuttgart 896. Süddeutsches Verlags-Institut. Geb. in Leinw. n. 18. —; in Halbfrz. n. 20. —
1. Körperbau u. Gesundheitspflege. Mit 316 Abb. (XII, 640 S.) Geb. in Leinw. n. 7. 50; in Halbfrz. n. 8. 50
2. Krankheitspflege. Mit 698 Abb. (VII, 669 S.) Geb. in Leinw. n. 10. 50; in Halbfrz. n. 11. 50
Erschien auch in 30 Lieferungen à n. — 50

— dasselbe. 4., neubearb. u. verm, 5. u 6. Aufl. (31.—45. Taus.) (Volks-Ausg.) 56 Hfte. gr 8. (XII, 640 u. VII, 669 S. m. Abb.) Ebd. 895—97. à Hft. n. — 25

(B) **Adams, H. B.**, das Frauenbuch 890 — Die Gesundheit im Haus 899 (KBL. 29). Jetzt: Berlin, H. Schild.

— D. Gesundheit i. Haus. E. ärztl. Anleitg f. d. Verhalten d. Frau i. tägl. Leben u. bei Frauenkrankheiten. gr. 8. (XVI, 747 S. m. Abb. u. Bildn) Ebd. 899.
Geb. in Leinw. n. 12. —

— wie bleiben wir gesund? E. ärztl. Ratgeber z. Erhaltg. d. Gesundheit i. d. Familie m bes. Berücksicht. d. Frau u. ihrer Aufgaben als Frau u. Mutter. gr 8. (V, III, 555 S. m 270 Abb) Ebd. (893/94) 895.
Geb. in Leinw. n.n. 7. 50, auch in 13 Hftn. à — 50

Adams, H. Bridges. Hämoglobinausscheidung in der Niere. (Bern) Leipzig, 1880. **Diss.** G. S.

**Adams, H C.**, The cherrystones. Partly from the Mss. of the Rev. W. Adams. Für den Schulgebr. hrsg. v. Herm. Ullrich. I. Tl.: Einleitung u. Text. II. Tl.: Anmerkungen. 8. (VIII, 103 S. m. 1 Abbildg.) Leipzig 901. G. Freytag. Geb. u. geh. n. 1. 20;
Wörterbuch (56 S.) n. — 60

ADAMS, H. C. 82.3
H. C. Adams. The Cherry-Stones. Partly from the Mss. of the Red. W. Adams. Für den Schulgebrauch herausgegeben von Dr. Hermann Ullrich. I. Theil: Einleitung und Text. II. Theil: Anmerkungen. (Freytag's Sammlung französischer und englischer Schriftsteller.) Wien und Prag. 1901. Tempsky. Gr.-8°. 13, VIII, 103 S. K 1.50

**Adams, H. C.**, the first of june, or, schoolboy rivalry. Für den Schulgebrauch hrsg. v. Herm. Ullrich. (VI, 117 S.) 8. Leipzig 903. G. Freytag.
Geb. in Leinw. n. 1. 40; Wörterbuch (45 S.) n. — 50

**Adams, H. C.**, The first of June or, Schoolboy Rivalry. [Freytag's Sammlung französischer und englischer Schriftsteller.] 8°. (V, 117, 18 S.) geb. K 1.70
Tempsky, Wien 1903 K —.60

**Adams, Hannah**

— Die Geschichte der Juden von der Zerstörung Jerusalems an bis auf die gegenwärtigen Zeiten. Aus d. Engl. übers. Th. 1.2. — Leipzig: Baumgärtner 1819–20.
1.2 . . . . . . . . . **12**: Jud. 1 ag. **2. 9. 10. 102.**
2 . . . . . . . . . . . . . . . . . **1**: Bh 4571.
1.9638

**Adams, Heinr.**, Flug. — Unsere Flieger. Von Wilbur u. Orville Wright. (VIII, 144 S. m. 61 Abbild.) gr. 8. Leipzig 909. C. F. Amelang. 3.—; geb. in Leinw. 4. —

**Adams**, Heinrich, aus Willich b. Krefeld: Ueber **Fremdkörper** in der Speiseröhre. *Heidelberg 1901: J. Hörning.* (22 S.) 8°
Heidelberg, Med. Diss. v. 1901

Adamy, Heinr., Geographie von Schlesien für den Elementar-Unterricht. 14.—17. Aufl. 8. (48 S. mit 1 ill. lithogr. Karte von Schlesien in qu. gr. 4.) Breslau 874—78, Trewendt.

**Adams, Heinr.**, Repetitorium der katholischen Theologie. 1. Bd. Dogmatik. gr. 8. (VIII, 463 S.) Regensburg 876. Manz. 6. —

**Adams, Heinr., Repetitorium der katholischen Theologie od.: Katholische Theologie f. Klerus u. studirte Laien. 2. Bd. A. u. d. T.: Moraltheologie. Mit specieller Rücksicht auf die einschläg. neuesten physiolog. Forschgn. gr. 8. (XXIV, 740 S.) Regensburg 878. Mainz. 10. — (1. u. 2.: 16. —)**

**Adams, Henry Austin, M. A. Westchester. A tale of the revolution. 12. (264 S.) Freiburg i/B. 899. Herder.**
Geb. in Leinw. n. 3. —

**Adams**, J.: Beantwortung ... s. Adams, John Quincy

Adams, J. G. (Thl. I. S. 27) lies: John Quincy Adams.

Adams, J. T., der Ritter von der goldnen Biene, s. a. Bibliothek, amerikanische.

**Adams, J. Turville:** Der Ritter von der goldnen Biene. Histor. Roman. Aus d. Engl. übers. Bd 1–3. — Leipzig 1859. (Amerikanische Bibliothek. 347/349.) **7.**
1.9695

**Adams**, John, Anatomie u. Pathologie der Vorsteherdrüse. Aus d. Engl. v. Wilh. Reil. gr. 8. (VIII u. 103 S.) Halle 852, Knapp's Sort.-B. (Schrödel & Simon.) n. 24 ngl

**Adams**, John

— Anatomie und Pathologie der Vorsteherdrüse. Aus d. Engl. von Wilhelm Reil. — Halle: Schroedel & Simon 1852. VIII,103 S.
**1**: Kc 8020. **12**: Anat. 11c. **300**: 18.426-B. **2. 3. 5. 7. 8. 9. 10.**
1.9718

[ADAMS, John]
Bericht des Presidenten der Vereinigten Staaten, an die beiden Häuser des Congreßes, vom 3ten April, 1798.
[A. d. Engl.]
Philadelphia: Schweitzer. 1798. 54 S. 8°.
Historical Society of Pennsylvania Library Philadelphia
Übers. v. Message of the President of the United States to Both Houses of Congress, April 3d, 1798, Philadelphia 1798.

Evans 34818.

Adams, ..., Gesch. von Spanien seit d. Entdeck. bis z. Thronentsagung Karls IV., 2 Bde in 6 Abtheill. mit 6 Kpf. gr. 8. Wien 809. Bauer u. Dirnböck. 5 ₰

— — Geschichte Spaniens und Portugals zur Zeit der Herrschaft der Almoraviden und Almohaden. 1. Th. Die Geschichte der Almoraviden des castilischen Kaiserreiches und der Entstehung des Königreiches Portugal. 2. Th. Die Geschichte der Almohaden und der christlichen Pentarchie auf der pyrenäischen Halbinsel. (2 Bde.) Frankfurt am Main 1833.

ADAMS, John Quincy
Beantwortung der Paineschen Schrift von den Rechten der Menschen.
Von Johann Adams
aus dem Englischen übersetzt [von W. H. F. Abrahamson].
Kopenhagen: Proft. 1793. 56 S. 8°.
Universitäts- und Stadtbibliothek Köln
Übers. v. Letters of Publicola, I-VII.

— Briefe über Schlesien. Geschr. auf einer in d.J.1800 unternommenen Reise. Aus d. Engl. übers. von Friedrich Gotthilf Friese u. mit Anm. vers. von Friedrich Albert Zimmermann. (Th.1.2.) — Breslau: Korn 1805. XXVI,399 S.
1:Ta 4750. 12:It. sing. 2. 300:36.355–A [u.] 33.538. 2. 7. 10. 11.
1.9737

**Adams,** John Quincy [aus Harresville U. S. A.]: Die Gebäude- und Mietssteuer in Oesterreich nebst e. Vergleichg ders. m. d. preuss., italien. u. französ. Besteuerg ... Halle a. S., Hofbuchdr. v. C. A. Kaemmerer & C., 1892; 1 Bl., XII, 71 S., 1 Bl. 8.
Halle, Phil. Fak., Inaug.-Diss. v. [5. Aug.] 1892

Adams, Joseph

— Bemerkungen über Krankheitsgifte, Phagedäna und Krebs, nebst e. Prüfung von Swediaur's, John Hunter's, Foot's, Moore's u. Bell's Theorieen über das venerische Gift. Aus d. Engl. — Breslau, Hirschberg & Lissa in Südpr.: Korn 1796. VIII,303 S.
1:Iu 8052. 12:Path. 8d. 2. 3. 7. 8. 11.
1.9762

**Adams, Josef,** Rechtsanw.: Ueber die Unentgeltlichkeit der Eheverträge. Bonn 1910: Eisele. 92 S. 8°
Gießen, Jur. Diss. v. 27. Mai 1910, Ref. Biermann
[Geb. 28. Aug. 79 Mermuth; Wohnort: Bonn; Staatsangeh.: Preußen; Vorbildung: Gymn. Koblenz Reife O. 00; Studium: Bonn 6 S.; Rig. 12. April 10.]
[U 10. 1112

**Adams, Karl,** Mathematiker. 1843: Geometrische Aufgaben mit besonderer Rücksicht auf geometrische Construction. Von C. Adams. Abschn. 1. Mit 4 Kupfertaf. — Winterthur: Steiner 1847. 158 S. 7.
1.9774

— — (In 2 Abschn.) Mit 11 Kupfertaf. Ebd. 1849. XVIII, 366 S. 1:Oa 3804. 300:19.719–B. 7. 83.
1.9775

— Die merkwürdigsten Eigenschaften des geradlinigen Dreiecks. Von C. Adams. Mit 2 Kupfertaf. — Winterthur: Steiner 1846. VI,112 S.
1:Oa 3785. 12: 4° Math. P. 1m. 300:19.718–B. 7.
1.9776

— Die Lehre von den Transversalen in ihrer Anwendung auf die Planimetrie. Eine Erweiterung der euklidischen Geometrie. Von C. Adams. — Winterthur: Steiner 1843. V,138 S. 1:Oa 3772. 12:Math. P. 2n. 6. 7. 82. 89.
1.9777

**Adams, Karl,** Tarifeur. 1902: Praxis des internationalen Speditions- und Schiffahrtswesens. Ein Katechismus f. Spediteure, Kaufleute und Fabrikanten. — Leipzig: Huberti [1902]. IX,216 S. (Huberti's moderne kaufmänn. Bibliothek.) 5.
1.9780

— Das Malfattische Problem neu gelöst. Von C. Adams. Mit 1 lithogr. Taf. — Winterthur: Steiner 1846. 24 S.
1: 4° Oa 3789. 12: 4° Math. P. 1n. 5. 7. 10.
1.9778

— Die harmonischen Verhältnisse. Ein Beitrag zur neueren Geometrie. Von C. Adams. Th. 1. — Winterthur: Steiner 1845. IV,286 S.
1:Oa 3778. 12:Math. P. 2na. 300:46.605–B. 7. 10. 82. 89.
1.9779

**Adams, Mary,** Bekenntnisse e. Frau, s. Engelhorn's allgemeine Roman-Bibliothek. XXII. 21, 22.

**Adams, Mary:** Bekenntnisse einer Frau. Roman. Übers. von Alwina Vischer. Bd 1.2. — Stuttgart: Engelhorn 1906. (Engelhorns allg. Roman-Bibliothek. 22,21.22.)
1:Yt 664–22,21.22. 12:L. eleg. g. 126n–XXII,21.22.
1.9781

**Adams, P., Die Natur der Reallasten. 8°.**
Schwerin 1885.

Adams, Peter

— Die Heidenmission in der Schule. Vortrag, geh. zu Düsseldorf 1908 von Rektor Adams. 2. Aufl. — Gütersloh: Bertelsmann 1909. 16 S. 1:Cv 8359[a]. 6.
1.9802

— Der Religionsunterricht der Volksschule im Lichte der Nöte und Kämpfe unserer Zeit. Vortrag von Rektor Adams. — Berlin: Zillessen 1908. 16 S. 1:Nf 363/12. 2.
1.9804

Adams, Robert

**Adams, R., Geschichtserzähl. seiner merkwürd. Schicksale rc., s. Reisen, neue, d. Engländer. 4r Bd.**

— Robert Adams, eines americanischen Seemannes, Geschichtserzählung seiner merkwürdigen Schicksale u. seines Aufenthalts an der Küste u. im Innern von Africa in d. Jahren 1810 bis 1814. Mit Anm. des Herrn (Joseph) Dupuis, u. a. Sachkundigen begl. u. hrsg. von S. Cock. Aus d. Engl. 1817 in: *Campbell,* Archibald: Reise um die Welt [A Voyage round the world, deutsch].
1.9812

**Adams, Robert,** Arzt. 1857: Einige Worte über abnorme Zustände der Hand. Aus d. Engl. übers. und Franz Gerhard Wegeler am 1. Sept. 1839 überreicht von Gerhard v. Breuning. — Koblenz [um 1839]: Kehr. IV,27 S.
1:2 in 4° Av 21711. 2. 4. 5. 6.
1.9813

**Adams, Rudolf:** Adams' Chromatoakkordeon (Farbenakkorden-Sucher) zur Bestimmung von harmonischen Farben-Zusammenstellungen in jeder Zahl und von jedem Charakter. Mit erl. Text u. Anleitung. — Berlin: Frank 1865. 22 S., 1 Taf. 89.
1.9817

— Adams' Chromato-Akkordeon. Apparat zur Bestimmung von harmonischen Farben-Zusammenstellungen. Neue veränd., verb. u. vereinfachte Ausg. — Berlin: Liebrecht (1867). 12 S. quer-8° 1:Mw 2387. 11.
1.9818

— Die Farbenharmonie in ihrer Anwendung auf die Damentoilette. — Leipzig 1862. 6.
1.9819

**Adams, Rud., Theorie der Farbenharmonie und Farbengebung. Ein Lehr- und Handbuch für Maler und alle Diejenigen, welche sich im Gebiete der Farben zu bewegen haben. 1. und 2. Lfg. gr. 8. (1. Bd. S. 1—144 mit über 100 in den Text eingedr. Fig. in Holzschn., vielen Farbentaf. und 3 Chromolithogr. in gr. 8. und 4.) Berlin 865, Frank. à Lfg. * 10 Ngr.** *

— Theorie der Farbenharmonie und Farbengebung. Ein Lehr- und Handbuch für Maler und alle diejenigen, welche sich im Gebiete der Farben zu bewegen haben. Bd 1. — Berlin: Frank 1865. 144 S.
1:Mx 13206. 89.
1.9820

Adams, Samuel u. Sarah Adams

**Das Buch f. Diener; — nach d. Franz. deutsch bearb. v. K. Rhone.** *Quedlinb.*, **Basse. 841. 8° 12 gl**

**Adams, Sam. u. Sarah, Noth- u. Hülfsbüchlein f. deutsche Dienstboten. Aus d. Engl. mit besond. Rücksicht auf deutsches Bedürfniß frei bearb. v. J. W. B. Kühn. 8. Ilmenau 828. Voigt. 12 gl**

ADAMS, Samuel
Eine Rede, die auf dem Staats-Hause zu Philadelphia vor einer grossen Versammlung, Donnerstags den 1. August, 1776, von Samuel Adams, Mitglied der ...... des General-Congresses der ...... von Amerika gehalten worden.
Aus dem Englischen.
[Zürich: Orell, Geßner, Füßli & Co.] 1776. 32 S. 8°.
Sächsische Landesbibliothek Dresden
Übers. v. An Oration Delivered at the State House in Philadelphia, Philadelphia-London 1776.
Frankfurt-Leipziger Meßkatalog, Michaelismesse 1776, S. 536.

Adams, W., s. Adams, William

**Adams,** [Wilhelm], Dir. Dr.: [**Bericht über die Eröffnungsfeier des Progymnasiums.**] *Hoerde 1901: L. Halbach.* (S. 8.) 4°
Hoerde, paritát. PG (m. Engl.), P 1901 (385a)

**Adams,** [Wilhelm], Dir. Dr.: **Beschreibung des neuen Progymnasial-Gebäudes und der Einweihungsfeier.** *Hörde 1903: L. Halbach.* (S. I—X.) 4°
Hörde, paritát. PG (m. wahlfr. Engl.), P 1903 (411)

**Adams, [Wilhelm]:** Die Feier der Einweihung des neuen Progymnasial-Gebäudes. S. VI—X. 4.
**Prog.** Paritát. Progymn. (mit wahlfr. Engl.) der Stadt *Hörde* 1903

Adams, Wilh., de ablativi absoluti apud Q. Curtium Rufum usu. Dissertatio inauguralis. gr. 8. (56 S.) Marburgi Cattorum 886. (Arnsberg, Stein.) *

Adams, William, Pfarrer, Oxford. 1849: Sacred Allegories. Copyright ed. — Leipzig: Tauchnitz 1864. 282 S. (Collection of British authors. 734.)
1:Ah 30-734. 12:P. o. angl. 3f.
300:393.080-A.Per.734.3.11.
1.9856

— Die Heimath des alten Mannes. Aus d. Engl. von A. M. — Bonn: Marcus 1849. 62 S.
1:Zd 7434. 5.
1.9858

—— des alten Mannes Heimath. Eine Erzählung. Aus dem Engl. übers. von S. M'G. Hrsg. von Otto Beneke. 16. (VI und 80 S.) Hamburg 859, Perthes-Besser und Mauke. *

Adams, William, des Greises Heimath. Aus dem Engl. Hrsg. von Just. Wohlgemuth. 32. (IV und 92 S.) Berlin 861, Wohlgemuth. Thlr.

— The distant Hills. By W. Adams. Als Lesebuch für d. Schul- u. Privatgebrauch eingerichtet u. mit erkl. Noten vers. von B. M. Goettgens. — Celle: Schulze [1868]. 58 S. (Collection of books for the amusement and instruction of youth.)
7.
1.9857

—— die fernen Hügel. Aus dem Engl. übers. 8. (IV und 67 S.) Leipzig 858, Bredt.

— Der Schatten des Kreuzes. Aus d. Engl. von W. Adams. 2. Aufl. — Berlin [usw.]: Wohlgemuth [um 1850]. 60 S.
12: Paed. Pr. 60. 8.
1.9859

— — 4. Aufl. Berlin: Wohlgemuth [1850]. 60 S.
1:Et 10437[4].
1.9860

— — Der Schatten des Kreuzes. Eine Allegorie, mit erläuternden Unterredungen ... Aus d. Engl. von K[arl] W[ilhelm] Wiedenfeld. — Elberfeld: Baedeker 1859. 106 S.
1:Et 10438. 5.
1.9861

— der Schatten des Kreuzes. Aus d. Engl. 4. Aufl. Berlin 865. J. A. Wohlgemuth. 16. (60 S.) 5 ngr; geb. 7½ ngr.

Adams, W., der Schatten des Kreuzes. Aus dem Engl. 5. Aufl. 12. (48 S.) Basel 894. Jaeger & Kober. n. — 20

Adams-Lehmann, Hope Bridges, s. a. A d a m s, H.B.

Adams-Lehmann, Hope Bridges: H. B. Adams. Das Frauenbuch. ⟨Volks-Ausg.⟩ 6. Aufl. Bd 1.2. — Stuttgart: Süddeutsches Verl.-Inst. [1897].
7.
1.9896

— Die Vorbereitung der Frau zur Lebensarbeit. Von Frau H. B. Adams-Lehmann. Vortrag. — Zürich & Leipzig: Schröter [1899]. 25 S.
1:No 4501/10. 7.
1.9897

Die apokryphen gnostischen Adamschriften aus d. Armenischen übers. u. untersucht von Erwin Preuschen. *Giessen: J. Ricker 1900.* (90 S.) 8°
Aus: Festgruss f. Bernh. Stade.
[oc. 11344

Adamsen, Georg Theophil: Ausführliches Antwort-Schreiben an ... Christianum Rhodophilum, betr. die nagelneuen Heiligen und sich so nennende Bekehrten zu Dargun. Zum Dr. aber befordert nebst e. Vorr. von Erdmann Neumeistern. — [Hambu]rg: Hertel 1737. 134 S.
1 [Titelbl. defekt]: Dm 11050. 9.
1.9899

Adamski, Antonius *(geb. Kurnik in Pos. 13. 6. 1830)*: De eclampsia gravidarum, parturientium et puerperarum. Vratislaviae (1856). (48 S.) 8°
Breslau, Med. Diss. v. 8. Juli 1856

Adamski, Jos. Der Oelberg. 6 Fastenbetrachtgn. 8. (III, 116 S.) Mainz 889, Kirchheim.
1 50

Adamski, P. Josef, Wem folgen wir? Ein Werk der Belehrung und Ermahnung an einen jeden aufrichtigen Katholiken. 8. (64 S.) — .40
Titze, Freiwaldau 1892

Adamski, Max. Jos. Adalb. Andr. Ant. *(geb. Pos. 28. 11. 1796)*: Dissertatio ... sistens prodromum historiae rei herbariae in Polonia a suis initiis usque ad nostra tempora. Vratislaviae (1825). (59 S.) 8°
Breslau, Med. Diss. v. 9. Dez. 1825

Adamski, S., e. moderne Behme. Auskunft üb. Auskunfts-Bureaus. 3., verb. u. verm. Aufl. gr. 8. (XV, 118 S.) Leipzig 894. W. Friedrich.
n. 1. —

Maxim. Jos. Adalbert Andr. Anton A d a m s k y prodromus historiae rei herbariae in Polonia a suis initiis usque ad nostra tempora. Vratislav. 1825. 8.

Adamsohn, Kurt, Bacc. jur. aus Königsberg i. Pr.: Die Rechtsstellung dessen, der ein Handelsgeschäft unter Lebenden erwirbt, hinsichtlich der im Betriebe des Geschäfts begründeten Verbindlichkeiten des frühern Inhabers. Nach § 25 H.G.B. *Leipzig 1903: W. Wigand.* (68 S.) 8°
Leipzig, Jur. Diss. v. 1903.

Adamsohn, Sally [Dr. med. pr. Arzt in Podejuch]: Über Angiosarcome speciell über die der Niere ... Berlin, Druck v. M. Liebmann, 1893; 19 S. 8.
Würzburg. Med. Fak., Inaug.-Diss. v. 1893

Adamson, Rob., über Kant's Philosophie. Unter Mitwirkung des Verf. übers. von C. Schaarschmidt. gr. 8. (X, 167 S.) [Leipzig 880, Koschny.] Heidelberg, Weiss.

Adamsohn, K. E. L. R. S. (Psdn.), s. Schreiben eines deutschen Flohes.

Adamsspiel (Das altfranzösische), s. A d a m

MUDRIMANKERL, D a s, u n d d e r G o c k e l. Von *Karl Ad . . u* (d. i. *Karl Adamu*). Wien 1907.
Anon.-Lex. V. p. 212 (Eigenbericht).

Adamük, neue Versuche üb. den Einfluss d. Sympathicus u. Trigeminus auf Druck u. Filtration im Auge. Mit 3 (lith.) Curventafeln. [Aus d. Sitzungsber. d. k. Akad. d. Wiss.] Wien 869. (Gerold's Sohn.) gr. 8. (18 S.) n. 16 ngr.

Adamus, Frz., Jahrhundertwende, s. a. B r o n n e r, Ferd.

Adamus, F., Jahrhundertwende. Dramencyklus. Familie Wawroch. Ein österr. Drama. 2. Aufl. 8°(178).– Münch. 1900, A. Langen.

Adamus, Frz. (Ferd. Bronner), Schmelz, der Nibelunge. Komödie in 4 Akten. (243 S.) kl. 8. Wien 905. Wiener Verlag.
n. 2. —

Adamus, Melchior, s. A d a m, Melchior

Adamy, s.: Sammlungen, d archäolog, d. grossherzogl hessischen Museums.

Adamy, Heinrich: Bilder aus der Heimathskunde Schlesiens. 1869 in: *Staat*, Der Preussische, in Lebensbildern aus der Heimathskunde.
1.9947

— — Von H. Adamy. Neu rev. (Königsberg) 1882 (: Hartung). 50 S.
Beil. zu Preuss, August Eduard, und Johannes Andreas Vetter: Preußischer Kinderfreund. Neue Ausg.
1:24 in 4° Ta 143. 10.
1.9948

— — Geographie von Schlesien für den Elementar-Unterricht. Mit e. illumin. Kt. von Schlesien. 10. Aufl.; umgearb. — Breslau: Trewendt 1868. 48 S.
1:Ta 5182[10].
1.9949

— — 11. Aufl. Ebd. 1870. 48 S.
2.
1.9950

— — 12. Aufl. Ebd. 1872. 48 S.
2.
1.9951

— — 13. Aufl. Ebd. 1873. 48 S.
1:an Ta 5176[4]. 2.
1.9952

— — 14. Aufl. Ebd. 1874. 48 S.
1:Ta 5182[14]. 2.
1.9953

— — 15. Aufl. Ebd. 1875. 48 S.
2.
1.9954

— — 16. Aufl. Ebd. 1876. 48 S.
2.
1.9955

— — 16. Aufl. (Neu durchges. Ausg.) Ebd. 1876. 48 S.
2.
1.9956

— — 17. Aufl. Ebd. 1878. 48 S.
2.
1.9957

— — 18. Aufl. Ebd. 1880. 48 S.
2.
1.9958

— — 20. Aufl. Ebd. 1882. 48 S. 1:20 in 4° Ta 143. 2.
1.9959

— — 21. Aufl. Ebd. 1883. 48 S. 1:3 in 4° Ta 143$^{a}$. 2.
1.9960

— — 22. Aufl. Ebd. 1884. 48 S. 1:Ta 5182$^{22}$. 2.
1.9961

— — 23. Aufl. Ebd. 1886. 48 S. 1:Ta 5182$^{23}$. 2.
1.9962

— — 24. Aufl. Ebd. 1887. 48 S. 1:Ta 5182$^{24}$. 2.
1.9963

— — 25. Aufl. Ebd. 1889. 48 S. 2.
1.9964

— — Geographie von Schlesien für den Volksschul-Unterricht. 26. Aufl. — Ebd. 1891. 56 S. 2.
1.9965

— — 27. Aufl. Ebd. 1893. 56 S. 1:Ta 5182$^{27}$. 2.
1.9966

— — 28. Aufl. Ebd. 1895. 56 S. 1:N 10.1801. 2.
1.9967

— — 29. Aufl. Ebd. 1897. 56 S. 1:N 10.1802. 2.
1.9968

— — Geographie von Schlesien. 30. Aufl. Ebd. 1900. 60 S. 1:Ta 5182$^{30}$. 2.
1.9969

— — Geographie von Schlesien für d. Volksschul-Unterricht. 31. Aufl. — Ebd. 1904. 60 S. 1:N 10.1803.
1.9970

— — Geographie von Schlesien. 32. Aufl. Schweidnitz: Heege 1909. 51 S. 1:N 10.2.
1.9971

— — 33. Aufl. Neu bearb. von Artur Scheer u. Erich Scheer. Ausg. B. — Ebd. 1910. 129 S. 1:N 10.3028. 2.
1.9972

— Heimatskunde von Breslau. — Breslau: Morgenstern 1872. VIII,91 S. 1:Tb 1278. 2.
1.9974

—— Heimatkunde der Provinz Schlesien, s.a. Polack, Fr., Realienbuch für Volksschulen.

— Heimatkunde d. Prov. Schlesien. Mit 2 (farb.) Karten d. Prov. Schlesien. 5. Aufl. gr. 8. (16 S.) Gera 896. Th. Hofmann. n. — 20

— Heimatkunde der Prov. Schlesien. Mit 2 (farb.) Karten d. Prov. Schlesien. 6. Aufl. gr. 8. (16 S.) Gera 900. Leipzig, Th. Hofmann. n. — 20

Adamy, Heinr., Karte der Umgegend von Breslau. Fol. Breslau 872, Morgenstern. ** M. 6.; aufgez. mit Stäben **

— Die schlesischen Ortsnamen, ihre Entstehung und Bedeutung. Ein Bild aus der Vorzeit. — Breslau: Priebatsch 1887. 76 S.
1:Ya 5387. 12:L. germ. 2o. 300:37.177. 2.
1.9975

— 2. verm. u. verb. Aufl. Ebd. 1888. 146 S. 1:Ya 5387$^{2}$. 2. 5.
1.9976

Adamy, Heinrich: Schlesien, dargest. nach seinen physischen und statistischen Verhältnissen. — Breslau: Trewendt 1850. VIII,96 S. 1:Ta 5176. 2.
1.9977

— — 2. verb. u. verm. Aufl. Ebd. 1857. VI,140 S. 2.
1.9978

— — 3. verb. u. verm. Aufl. Ebd. 1867. VIII,157 S. 1:Ta 5176$^{3}$. 2.
1.9979

— — Die Provinz Schlesien nach ihren geographischen Verhältnissen. 4. verb. u. verm. Aufl. — Ebd. 1873. VIII, 152 S. 1:Ta 5176$^{4}$. 2.
1.9980

— — Schlesien nach seinen physischen, topographischen und statistischen Verhältnissen dargest. 5. verm. u. verb. Aufl. Ebd. 1880. VI,196 S. 1:Ta 5176$^{5}$. 2.
1.9981

— — 6. verm. u. verb. Aufl. Ebd. 1885. VI,217 S. 1:Ta 5176$^{6}$. 2.
1.9982

— — 7. verm. u. verb. Aufl. Ebd. 1893. IV,235 S. 1:Ta 5176$^{7}$. 2. 5.
1.9983

— Wand-Karte v. Schlesien besonders m. Berücksicht. der physikal. Verhältnisse, zunächst f. den Schulgebrauch entworfen. 9 lithochrom. Bl. gr. Fol. Mit Text: Schlesien, dargestellt nach seinen physischen u. statistischen Verhältnissen. gr. 8. (VI u. 96 S.) Ebend. 850. n. 2⅔ ℳ; auf Leinwand u. in Mappe n. 4 ℳ

Adamy, Heinr., Wand-Karte von Schlesien, besonders mit Berücksichtigung der physikal. Verhältnisse, zunächst für den Schulgebrauch entworfen. 4. und 5., verb. Aufl. 9 Bl. Chromolithogr. gr. Fol. Mit Text. (VI und 140 S. in gr. 8.) Breslau 866,67. E. Trewendt. *

Adamy, Heinr., Wand-Karte von Schlesien, besonders mit Berücksicht. der physikal. Verhältnisse, zunächst f. den Schulgebrauch entworfen. 4. Aufl. 866. — 5. verb. Aufl. 9 (lith.) Blatt (in Farbendr.). Mit (3 Bll., 140 S.) Text. gr. 8. Breslau 867. Trewendt. n. 2 ℳ 20 ngr.

Adamy, Heinr., Wandkarte von Schlesien, besonders mit Berücksicht. der physikal. Verhältnisse, zunächst für den Schulgebrauch entworfen. 6. verb. Aufl. 9 Bl. Fol. Mit Text. 8. (VIII, 152 S.) Breslau 874, Trewendt. *

Adamy, Heinr., Wand-Karte von Schlesien, besonders mit Berücksicht. der physikal. Verhältnisse, zunächst für den Schulgebrauch entworfen. 7. verb. Aufl. 9 Bl. Chromolithogr. gr. Fol. Breslau 882, Trewendt. * 9 —
Auf Leinw. mit Stäben * 17 —

Adamy, Heinr., Wand-Karte von Schlesien besonders mit Berücksicht. der physikal. Verhältnisse, zunächst für den Schulgebrauch entworfen. 9 Bl. 8. verb. Aufl. Chromolithogr. qu. Fol. Breslau 886, Trewendt. *
Auf Leinw. mit Stäben *

Adamy, Heinrich. Wand-Karte von Schlesien, besonders mit Berücksicht. der physikalischen Verhältnisse, zunächst f. den Schulgebrauch entworfen. 9. verb. Aufl. 9 Blatt. Farbendr. 37,5×49 cm. Bresl. 891, Trewendt. * 9 —

—— das Weihnachtsbuch. Eine Festgabe für die Jugend. Mit 10 Bildern in Farbendr., nach Aquarellen von Prof. C. Offterdinger. 1. und 2. Aufl. qu. Fol. (36 S.) Stuttgart 883,84, Nitzschke. geb. *

— das Weihnachtsbuch. E. Festgabe f. d. Jugend. Mit 10 Bildern in Farbendr. n. Aquarellen v. C. Offterdinger. 3. Aufl. qu. gr. 4. (32 S.) Stuttgart 896. W. Nitzschke. Kart 4 —

Adamy, Rudolf: Architektonik auf historischer und aesthetischer Grundlage. (1,1.2: Unter künstlerischer Mitw. von A[lbrecht] Haupt.) Bd 1–3. — Hannover: Helwing 1881–96.
1. Architektonik des Alterthums.
1. Die Architektur als Kunst. 1881.
2. Architektonik d. oriental. Alterthums. 1881.
3. Architektonik d. Hellenen. 1882.
4. Architektonik d. Römer. 1883.
2. Architektonik d. Mittelalters.
1. Architektonik d. altchristl. Zeit. 1884.
2. Architektonik d. muhamedan. u. roman. Stils. 1887.
3. Architektonik d. gothischen Stils. 1889.
3. Architektonik d. Renaissance u. Neuzeit.
1. Architektonik der Frührenaissance. 1896.
1:Ny 7000. 12:A. civ. 1p. 300:64.494-B. 2. 5. 6. 7. 8. 10. 82. 83. 85. 89.
1.9984

— Einführung in die antike Kunstgeschichte. Mit 123 Illustrationen. — Hannover: Helwing 1884. 194 S. 7.
1.9985

— Die Einhard-Basilika zu Steinbach im Odenwald. Im Auftr. d. Hist. Ver. für d. Großherzogthum Hessen unters. u. beschrieben von R. Adamy. — Darmstadt (:Hist. Verein) 1885. VII,36 S.
Festgabe zum fünfzigjährigen Vereinsjubiläum.
1:4° Sk 8914. 12:4° A. civ. 1r. 2. 3. 4. 5. 7. 8. 82.
1.9986

— — Hannover: Helwing 1885. VII,36 S. 4°
300:163.344-D. 7. 83.
1.9987

Adamy, Rud., Kunstdenkmäler i. Kreis Friedberg, Prov. Oberhessen, s.: Kunstdenkmäler i. Grossherzogt. Hessen.

— Kreis Friedberg. — Darmstadt: Bergstraesser 1895. 309 S. (Kunstdenkmäler im Grossherzogtum Hessen. Provinz Oberhessen.)
1:Ns 4719-Oberhessen, Friedberg. 12:4° Art. 49uc-C. 300:395.331-C. Ks. Hb. 5. 3. 4. 5. 6. 7. 10. 83.
1.9988

— Die fränkische Thorhalle und Klosterkirche zu Lorsch an der Bergstrasse. Im Auftr. d. Hist. Ver. für d. Großherzogthum Hessen unters. u. beschrieben von R. Adamy. Darmstadt: Selbstverl. d. Vereins; ⟨Klingelhöffer in Komm.⟩ 1891. 51 S.
1:2° Sk 7278. 12:2° A. civ. 1d. 300:112.463-D. 3. 4. 7. 8. 89.
1.9989

— Die ehemalige frühromanische Centralkirche [Zentralkirche] des Stiftes Sanct Peter zu Wimpfen im Thal. Im Auftr. d. Hist. Ver. für d. Großherzogthum Hessen unters. u. beschrieben von R. Adamy unter Mitw. v. Edward Wagner. (Vorr.: Eduard Anthes.) — Darmstadt: Selbstverl. d. Vereins; (Bergsträßer in Komm.) 1898. 31 S.
1:2° Sk 9152. 12:2° A. civ. 1db. 2. 3. 5. 8. 9. 83.
1.9990

*Adan, H. F. G.* Die Tontinenversicherung oder die Policen mit Gewinnansammlung der amerikanischen Lebensversicherungs-Gesellschaften und deren Versprechungen. 1887.

**Adan, Henri Philippe:** Le Microscope. Coup d'œil discret sur le monde invisible. Par H.-Ph. Adan. — Bruxelles & Leipzig: Muquardt, Merzbach 1873. 301 S.
1:Lg 26676. 12:H. nat. 1r.
1.9997

**Adana,** s.: Asien. **Kiepert, Kleinasien.**

**Adana,** s.: Kleinasien.

Adank, U[lrich]. Die Grafen von Sargans. Vortrag von U. Adank an der gemeinsamen Tagung der obern Lehrerkonferenz von Werdenberg und der mittlern und obern des Bezirkes Sargans 7. Juli 1903. 20 + *Korrigenda* 1 S. 8. Buchs, J. Kuhn, 1903.

Adanson, Michel

— s. auch Bibliothek d. n. u. wichtigsten Reisebeschreibg. 3r Bd.

**Adanson, Michel:**
Michael Adanson's Nachricht von seiner Reise nach Senegal und in dem Innern des Landes. Aus dem Franz. hrsg. von Johann Christian Daniel Schreber. — Leipzig: Crusius 1773. 224 S. 1:Us 6160. 12:It. sing. 4. 5. 7. 10. 11.
1.10008

— Herrn Adansons ... Reise nach Senegall. Aus dem Franz. übers. und mit erl. Anm. begl. von Friedr[ich] Heinr[ich] Wilh[elm] Martini. Nebst einer Charte von Senegall. — Brandenburg: Halle 1773. 323 S.
1:Us 6156. 12:It. sing. 5. 2. 3. 10.
1.10007

**Adareb,** S., s.: Prophezeiung von 1889—2000

**A.D.B.-Zeitschrift.** Verbandsblatt der im Allgem. Deutschen Burschenbunde vereinigten Burschenschaften. Hrsg. u. Schriftleiter: Fl[orenz] Kaiser in Nürnberg. Jg. 1. Goslar: F. A. Lattmann 1905. 4° [F.] 108. 18167

**Adda,** Egidio von Casalpusterlengo d': Der Wein und seine Wirkungen. Triest: Buchdr. des österreichischen Lloyd 1894. 36 S. (Sammlung medicinischer Vorträge für gebildete Laien. 10.)

**Adda, Klemens:** Der Karbonari- oder Köhler-Glaube des Dr. J. A. Moriz Brühl, nebst einer Probe Durey'scher Logik. — Münster [1860]: Brunn. 34 S. 1:Qo 3471. 6.
1.10041

**Adda, Koloman v., geologische Aufnamen im Interesse v. Petroleum-Schürfungen im nördl. Teile des Comitates Zemplén in Ungarn,** s. ɔ. Mitteilungen aus d. Jahrbuche d. königl. ungar. geolog. Anstalt. XII. 3.

**Adda, Koloman** v.: Geologische Aufnahmen im Interesse von Petroleum-Schürfungen in den Comitaten Zemplén und Sáros. Rev. Übertr. aus d. ... ungar. Original. — Budapest (: Kilián) 1902. (Mitteilungen aus d. Jahrbuche der K. Ungar. Geolog. Anstalt. 13,4.)
12: Lith. 30gh-13. 300: 390.834-C. Bd 13. 7.
1.10042

**Adda,** P. Cl., Norah, s.: Dasbach's, Frdr., Novellenkranz.

**Adda,** P. Cl., Norah, s.: Novellenkranz. 3.

**Addenda** ad Eckhelii doctrinam numorum veterum ex ejusdem autographo postumo. Vindobonae 1826. H: *Steinbüchel, Anton.* (BrMm)

Adderley, J., Parkstraße u. Mauergasse, s.: Macht, die, d. Liebe 15. 1.)

**Ad-Dhahabi,** Schamso' d-din Abu Abdallah Mohammed ibn Ahmed, Al-Moschtabih, e codd. mss. ed. a P. de Jong. g. 8. (XII, 612 S.) Leiden 881. Brill. n. n. 15.—

**Addicks,** Geo. B., s.: Zeitschrift, deutsch-amerikan., für Theologie u. Kirche.

**Addicks,** Heinrich, aus Geestendorf: Operative Eingriffe beeinflussen tuberkulöse Herde, die entfernt von der Operationsstelle gelegen sind. *Berlin (1902): G. Schade.* (29 S.) 8°
Berlin, Med. Diss. v. 11. Nov. 1902

**Addicks,** Hermann, Assistenzarzt im Inf.-Reg. „Bremen" ⟨1. Hanseatischen⟩ No. 75, a. Bremen: Beitrag zur Casuistik der Nervenschußverletzungen. Ein Fall von schlitzförmiger Durchbohrung des N. ulnaris am Epicondylus medialis durch eine Revolverkugel. Kiel 1906: H. Fiencke. (19 S.) 8°
Kiel, Med. Fak., Ref. Helferich, Diss. v. 8. Dez. 1906
[Geb. 12. Mai 80 Geestemünde; Wohnort: Geestemünde; Staatsangeh.: Preußen; Vorbildung: Gymn. Bremerhaven Reife O. 99; Studium: Berlin K. W. A. 9 S.; Coll. 23. Nov. 06; Approb. 20. Apr. 05.]

**Addidamentum** zu der fortgesetzten Species Facti, wie es sich wegen der Succession in dem hochgräfl. O. W. Haus verhalte, ... [Nördlingen] 1745. V: *Scheid, Georg Friedrich von.* (ML)

Addington, John

— Practische Bemerkungen über die Kuhpocken, nebst einer kurzen Geschichte dieser Krankheit u. ihrer Einführung als Sicherungsmittel vor den Kinderpocken. Nach der 2. Ausg. übers. u. mit Anm. vers. von Friedrich Gotthilf Friese. — Breslau: Meyer 1802. XXVI,84 S. 1:Ko 6701. 2. 3.
1.10066

**Addison,** ..., über Pathologie der Lungensucht, s. Evans, J. T., Vorlesungen über die Lungenschwindsucht.

**Addison, H. R., F. A. S., Belgium as she is.** Mit 4 lith. Taf. u. 1 Karte. gr. 16. Brüssel 843, Muquardt. n. 1 1/6 ß

Addison, Henry Robert

— Aus dem Notizbuche eines Richters. Kriminalfälle und Vorkommnisse der judiciellen Praxis. Von R. H. Addison. 1860 in: *Saat* und Garben. 1.
1.10087

— — Kriminalfälle und Denkwürdigkeiten aus dem Gerichtssaale. Aus d. Tagebuche eines Richters. Von H. R. Addisson. — Wien: Lechner [1861]. 176 S.
1:Fy 8634. 300:160.408-B.
1.10088

**Addison,** J., s. Addison, Joseph

**Addison,** Joseph

— Addison. Anmerkungen über verschiedene Theile von Italien. Aus d. Engl. — Altenburg: Richter 1752. 432 S.
1:Rm 7894. 12:It. sing. 6. 4. 5. 8. 11.
1.10212

**Addison,** Jos., Anmerkk. über verschied. Theile v. Italien. 8. Altenb. 782. (Hennings in Neisse). 14 gr

— J. Addison's Beiträge zum Zuschauer und Plauderer. Deutsch von S. Augustin [d. i. Auguste Scheibe]. Mit einer biogr. Einl. von Ad(olf) Stern. — Berlin: Eichhoff 1866. XXXII,343 S. (Volksbibliothek der Literatur des achtzehnten Jahrhunderts. 1.) 1:X 8348-1. 3. 9. 10. 11.
1.10119

— Ueberzeugende und unumstössliche Beweiss-Gründe der christlichen Religion. In engl. Sprache verf., denen verschiedene Abschnitte wider die Atheisterey und den Unglauben, und zu Vertheidigung der göttlichen Offenbahrung, so von ihm und andern bey Gelegenheit heraus gegeben worden, beygefüget sind. Nebst e. Vorr. Ins Deutsche übers. [von Theodor Arnold]. — Lemgo: Meyer 1749. 423 S.
9.
1.10179

Addison, Cato, a Tragudy. Mit Accenten f. d. Aussprache, histor. Erläuter. u. e. erklär. Wortregister v. M. G. F. A. 3e Ausg. 8. London 823. (Halle. Reincke.)

**— the same. 8. Berl. 801. (Duncker u. H.)** 8 gr

**Cato, deutsch**

— Cato, ein Trauerspiel, aus d. Engl. Addisons übers. von Luise Adelg[unde] Victoria Gottsched, geb. Kulmus. Leipzig: Breitkopf 1735. 116 S.
4. 9.
1.10142

**Addison, Joseph.** Cato, ein Trauerspiel, aus dem Englischen übersetzt. Leipz. 1735. 2. Aufl. 1735. Ü: *Gottsched, Luise, Adelgunde geb. Kulmus.* (Waniek, Gottsched. Leipzig 1894.)

— Cato, ein Trauerspiel von Addison. Aus d. Engl. [von Johann Heinrich Merck]. — Frankfurt & Leipzig 1763. 80 S. 12:P. o. angl. 6 d. 11.
1.10143

— Cato. 8. Gießen 801. (Leske in Darmst.) 8 gr.

— Dass., übers. von Eph. Asp. Fels. 8. Halle 802. (Reinicke u. Comp.) 12 gr.

— Cato, ein Trauerspiel von J. Addison. Übers. von C[hristoph] C[aspar] Feliß. — Halle: Ruff 1803. 167 S. 1:Zc 11096. 8. 10.
1.10144

— Dass., mit Accenten für d. Aussprache. 8. Leipz. 805. Schmidt. 9 gr.

— Cato. Trauerspiel in 5 Acten. Aus d. Engl. des Addisson. Von Friedrich Görwitz. — Berlin: Dieterici; Leipzig: Mittler 1808. 139 S. 1:Zc 11100. 10.
1.10145

— Cato. Republikanisches Trauerspiel in 5 Acten. Aus d. Engl. frei übertragen u. mit einer geschichtlichen Einleitung versehen von H. Boehler. — Basel: Krüsi in Comm. 1863. 87 S. 12:P. o. angl. 5 df.
1.10146

Addison, Jos. Sir Roger de Coverley, s. Schulbibliothek, franz. u. engl.

— Sir Roger de Coverley and the Spectator's Club, s.: Steele, R.

— Addisons Entwurf von der Wahrheit der christlichen Religion, nebst des Gabriel Seigneux von Correvon darüber im Franz. hrsg. Anm. und weitläuftigen Abhandlungen, übers. [von Anton Heinrich Frhr v. Walterstern] ... mit einer Vorr. des [Johann Friedrich Wilhelm] Jerusalem. — Hamburg & Leipzig: Hoffmann 1782. 482 S. 4. 10.
1.10180

— Das Gespenst mit der Trummel, oder der wahrsagende Ehemann. Ein Lustspiel des Herrn Addisons. Nach d. Franz. des [Philippe Néricault] Destouches übers. von L[uisa] A[delgunde] V[ictoria] G[ottsched]. — o.O.u.J. 300: 4 an 440.778-A. Bd 94.
1.10167

— — Ein Lustspiel des Addison. Nach dem Franz. des Destouches übers. v. L[uisa] A[delgunde] V[ictoria] Gottschedinn. — Wien: Krauß [um 1740]. 112 S. 1: Zc 11120. 300: 3 an 392.620-A. Bd 4.
1.10168

— Gespräche von dem Nutzen und den Vorzügen der alten Münzen. Aus dem Engl. von G. W. Pötzinger. Bayreuth 740. 8.

— Pfeile des Witzes und der Laune abgeschossen von Addison und [Richard] Steele. Ein Recept zum Lachen, ein Mittel gegen die Hypochondrie, und eine Brennnessel für die Narrheit. [Hrsg.: Karl Friedrich Benkowitz.] — Breslau 1798. 1: Ze 7082. 11.
1.10120

Addison, Joseph: Der Spectateur. s. Steele, Richard

— Addison. Von der Wahrheit der christlichen Religion nach der neuesten Ausg. der franz. Uebers. des Herrn v. Correvon ins Deutsche übers. von Heinrich Johann von Hahn. Th. 1-3. — Frankfurt a. M. 1782-84.
1-3 . . . . . . . . . . . . . . 1: Dc 1568. 8. 10.
1.2 . . . . . . . . . . . . . . 12: Dogm. 14.
1.10181

— dass. im Auszuge übersetzt, (v. A. H. v. Walter), Nebst v. Correvons Anmerk. u. Abhandl., mit Jerusalems Vorrede. gr. 8. Hamb. 782. (Campe). 1 rß 4 gr.

— Zeugnisse d. alten Heiden u. Juden v. d. Wahrh. d. Geschichte unsers Heilandes. 8. Zürch, Geßner. 745.

Addison's (Paul A.), Influence on the social reform of his age. 4°. Hamburg 1876.

Addison, Thom.: Die Erkrankgn. d. Nebennieren u. ihre Folgen. (1855) s.: Klassiker d. Medizin.

Addisson, H. R., Kriminalfälle rc. s.: Museum. Bibliothek der besten Romane.

Additament zu d. Prospectus d. Anleihe-Instituts in Hamburg, s. Schädtler, Heinr. David.

Additament zu dem Prospectus des Anleihe-Instituts in Hamburg. Als Einleitung einer vaterländ. National-Institution zum Nutzen der deutschen Industrie. gr. 8. Leipzig 846, Gebhardt u. Reisland. n. 1/6 rß

— dasselbe. In deutscher Übersetzung besorgt v. dem pharmaceut. Comité des k. k. oberst. Sanitätsrathes. Nachtr. zur VII. Ausg. d. österreich. Arzneibuches. gr. 8. (28 S.) Wien 900. A. Hölder. n. 1.—

Additamenta. — Additamenta und Anmerckungen bey dem Stamm-Baume des uhralten adelichen Geschlechts der Hrn. Borcken als eines der uhrältesten adelichen Geschlechtes in Teutschlande, und was vor berühmte und qualificirte Leute von denselben per secula von 1124 bis hieher gelebet haben. — Berlin [1715]: Kgl. Preuss. Hof-Buchdr. 45 S. 1:7 in 4° S 647-2. 2. 3. 11.
1.10233

Additamenta zu der jüngsthin in Druck erschienenen [Johann Friedrich] Platzischen Apologie, in welchem die von dem Curatore der Vieuxischen Massae Timothée Mollié [Molie] ... in diesen 1722ten Jahr allererst zum Vorschein gekommene so betitulte Widerlegung der Platzischen Nachfolge ... vollkömmlich refutiret und ... erwiesen wird, mit was vor entsetzlichen Unwahrheiten gedachter Curator Mollié bisshero die ehrbare Welt ... betrogen, und ... mithin die Endigung dieses kostbahren und weitläufftigen Processus gehindert, darinnen am Ende seine selbst eigen verfaste und ... 1718 gerichtlich überreichte Facti-Species verbotenus enthalten. — o.O. 1722. 70 S. 1: Hf 8643.
1.10234

Additamenta ad Henrici Haeseri Bibliothecam epidemiographicam. Collegit atque edidit Joann. Theoph. Thierfelder. 8maj. Meissen 843, Klinkicht et fil. 3/4 rß

Additamenta ad cognitionem florae Indiae occidentalis. Ed. Ignatius Urban. — Leipzig: Engelmann 1892-97. 470 S.
Aus: Engler's Botanische Jahrbücher. 15. 19. 21. 24. 3.
1.10235

Additamenta critica ad Arriani Anabasin ab C. G. Krügero editam. gr. 8. (27 S.) Berolini 848, Krüger. 4 1/2 ngr

Additamenta ad graduale romanum sive missae propriae festorum archidioecesis Coloniensis. (40 S.) 8. Düsseldorf 909. L. Schwann. —.50; Ausg. in gr. 8. —. 50

Additamenta ad historiam Arabum ante islamismum excerpta ex Ibn Nabatah, Nuveirio atque Ibn Koteibah. Arabice edidit et Latine vertit Janus Lassen Rasmussen. Hauniae 1821. De 3001. 4°.

Additamenta ad pharmacopoeae austriacae ed. VII. gr. 8. (VI, 43 S.) Wien 900. Hof- u. Staatsdruckerei. n. 1.—

Additamenta der evangelisch-lutherisch- und reformirten Religionsgravaminum. Th. 1(-3). — Franckfurt a. M. 1721: Heinscheidt. 2° 5.
1.10236

Additamenta zu der Fürstl. Hessischen Specie facti, insbesondere denen anno 1717 zwischen Chur-Mayntz und Chur-Sachsen und Chur-Sachsen und Hessen in puncto des Frey-Gerichts geschlossenen Tractat. — o.O.u.J. 2° 5.
1.10237

Necessarium Additamentum ad scriptoris cujusdam anonymi succinctas meditationes de existentia dei, origine mali, fundamentis juris naturae etc. — Lipsiae 1724. 40 S. 12: 4° Ph. U. 2 [u. ö.] 2.
1.10240

Additamentum. — Königliche Additamentum zur Friedrichstädtischen allergnädigst confirmirten Feuer- und Assuranz-Casse-Ordnung. De dato Fridensburg, d. 28. April 1752. — Altona (1752): Weinerth. 14 Bl. 8.
1.10239

Additamentum der Husumschen Tonnen- und Baaken-Ordnung vom 29. Oct. A. 1742. Sub dato Jægersburg, d. 23. Nov. 1757. — Flensburg (1757): Serringhausen. 3 Bl. 8.
1.10241

Addition de quelques Actes connexes avec le Traité de Paix, conclu à Teschen 1779. Selon l'Exemplaire de Berlin. 4. 6 S.

An die Röm. Kays. Majestät, allerunterthänigste Addition ad libellum restitutionis in integrum, sive die den 23. Julii 1725 überreichte Vorstellung pro restitutione in integrum in causa successionis Holsato-Ploenensis. — o.O. [um 1725]. 21 S. 12: 2° Hols. 3. 5.
1.10245

Additional-Acte z. Elbschifffahrts-Acte, s. Elbschifffahrts-Verträge.

**Additionalakte.** — Additional-Acte zur Elbschifffahrts-Acte v. 23. Juni 1821. Geschlossen u. unterz. zu Dresden am 13. April 1844. — Hamburg (1844). **8.**
1.10249

— Additional-Acte zur Elbeschiffahrts-Acte vom 23. Juni 1821 und Staats-Vertrag, die Regulirung des Brunshauser Zolles betreffend, welche von den Bevollmächtigten der sämmtlichen Elbeuferstaaten zu Dresden am 13. April 1844 unterzeichnet, und deren Ratificationen am 1. October desselben Jahres gleichfalls in Dresden ausgewechselt wurden. — Wien 1844: K. K. Hof- und Staats-Aerarial Druckerei. 124 S. 4° **300:** 38.227-C.
1.10250

Additional-Akte zu dem Entwurf der Verfassung des Deutschen Reichs. — o.O. [um 1850]. 2 Bl. 8°
**1:** 6 in 4° Gv 14544.
1.10251

## Additionalanzeige

An die Römis. Kayserl. ... Majestät etc. allerunterthänigst-rechts begründete Additional-Anzeig ad exhibitum de 23. Julii nup. und Bitt ... intervenientischer Burgerschafft in Sachen Judenschafft zu Franckfurth contra c. e. Magistrat daselbst. Bey höchst-preißlichen Reichs-Hof-Rath den 28. Sept. 1714 übergeben. Rescripti das Bau-Weesen betreffend. — Dat. o.O. 28. Sept. 1714. 6 Bl. 2°
**1:** 10 in 4° Gw 11160-2. **12:** 2° Ded. 465-11. **4. 5.**
1.10254

**Additionalarticul.** — Additional-Articul. So dem in Anno 1726 unterm 20. Julii im Truck erlassenen Landt-Gebott beygeruckt, thails in ainigen Articulen geschärpfft, thails mehrer erleitert und dann auch andere Puncten beygesezt worden. Geschehen d. 10. Dec. 1729. — (München) 1729. 8 S.
**1:** 76 in 2° Ms. germ. 1166. **12:** 2° J. publ. G. 162/4 [u.ö.]
1.10256

**Additionalartikel.**—Additional-Artikel zur neuen Falliten-Ordnung, und Erläuterung des 109ten Artikels derselben benebst einer Verordnung wegen einer mehrern Begünstigung der Fracht-Gelder ... und einer neuen Verfügung in Ansehung der Havarie-Grosse. — (Hamburg 1772.) **1:** 35 in 4° Gq 15060.
1.10255

**Additional-Artikel z. Schiffer- u. Schiffsvolks-Verordn. 26. Aug. 1773. *Hamb.* 4.**

Additional-Artikel zu dem zwischen der Preußischen Post-Verwaltung und der Belgischen Staats-Verwaltung der Eisenbahnen, Posten und Telegraphen abgeschlossenen Vertrage vom 31. Jan./27. Febr. 1851. (Marienbad, den 21. Juli 1861.) — ([Berlin] 1861 [: Decker].) 7 S. 4°
Nebent.: Articles additionnels à la convention du 31 jan./27 févr. 1851 conclue entre l'Administration des postes prussiennes et l'Administration des chemins de fer, postes et télégraphes de Belgique.
Text deutsch u. franz.
**1:** 39 in An 8630-57.
1.10257

**Additionalconvention.** — Additional-Convention vom 18. Februar 1852 zu dem Handels- und Schiffahrtsvertrage vom 1. September 1844 zwischen dem deutschen Zoll- und Handels-Verein einerseits und Belgien andererseits. — (Berlin 1852: Decker.) 19 S. 4°
Nebent.: Convention additionnelle du 18 février 1852 au Traité de commerce et de navigation du 1er septembre 1844 entre l'Association de douanes et de commerce allemande d'une part et la Belgique d'autre part.
Text deutsch u. franz.
**1:** 31 in An 8630-41.
1.10258

**Additionalnotdurft.** — Unterthänigst-vorbehaltene Additional-Nothdurfft mit wiederholter rechtlicher Bitte, pro clementissimè decernendâ restitutione in integrum adversus sententias 9nâ Maii a. p. publicatas ... In Sachen von Brenner contra Hessen-Rheinfels ... Product. Wezlariae die 17. Maii 1743. [Nebst] Superadditionale novum. — o.O. (1743). 2°
**4. 5.**
1.10259

**Additionalpostvertrag.**—Additional-Post-Vertrag zwischen Preußen und dem Vereinigten Königreiche Großbritannien und Irland vom 13./20. Juni 1859. — (Berlin 1859: Decker.) 7 S. 4° **1:** 159 in An 8630-52.
1.10260

**Additionalpromemoria.** — Additional-Promemoria, in Sachen Freyherrn von Schlitz genannt von Görtz contra Ihro Hochfürstliche Gnaden zu Fulda. — o.O. (1737). 2 Bl. 2°
**4.**
1.10261

**Additionalpuncta.** — Additional-respectivè Erklärungs-Puncta uber die den 29. Jenner A. 1735 in den Druck gelegte erneuerte Tax-Ordnung (v. 14. Nov. 1750). — (München 1750.) 4 Bl.
**1:** 2 an 4° Hc 10750. **12:** 2° Bavar. 960-XII,36.
1.10262

**Additionalvertrag.** — Additional-Vertrag zu dem Post-Vertrage zwischen Preußen und Belgien vom 17. Januar 1852. (Brüssel, am 8. Mai 1863.) — (Berlin 1863: Decker.) 16 S.
Text deutsch u. franz. **1:** 29 in An 8630-62.
1.10263

**Additionalvorstellung.** — An Ihro Römische Kayserliche und Königl. Majestät allerunterthänigste Additional-Vorstellung an seithen Anwaldts ihrer Churfürstl. Durchleucht zu Cöln contra Ihre Churfürstl. Gnaden zu Trier. Die gegen über Neuwiedt angelegte fliegende Brück betreffend. — o.O. [um 1730]. 5 Bl. 2° **5.**
1.10264

**Additionalvorstellung.** — An Ihro Röm. Kayserl. Majestät in Poesie abgefaste Additional-Vorstellung burgerlicher Neuner in Sachen Franckfurth contra Franckfurth. 1735 in: *Amtsvorstellung,* An Ihro Röm. Kayserl. Majestät allerunterthänigst-pflichtmäßige, und Bitte burgerlicher Neuner in Sachen Franckfurth contra Franckfurth.
1.10265

Unterthänigste durch ein hochfürstl. seiths übergebenes pro Memoria veranlaßte Additional Vorstellung zum Gegen-Bericht sambt Bitt pro clementissimè maturando decreto in puncto ab antè petiti mandati, aut in omnem insperatum eventum citationis. In Sachen eines Hochwürd. Dhom-Capituls zu Bamberg. Contra Ihro Hochfürstl. Gnaden daselbst und Consorten. Mit Anl. sub Num. 1. 2. 3 & 4. (Unterz.: I. M. Deuren.) — o.O. [um 1740]. 23 Bl. 4° **12:** 2° Ded. 169/1. **5.**
1.10266

Additiones breves ad musices choralis medullam pro ejusdem explanatione clariore ... – *Köln, Joh. Everhard Fromart,* 1725. In-8.

Additiones zu des wohlsel. Herrn Geheimden Raths [Jakob Friedrich] Ludovici Einleitungen zum Civil-Concurs- u. Wechsel-Proceß, darinnen alles dasjenige, was in besagten Einleitungen aus dem Sachsen-Recht oder sonsten angeführet, durch die in Chur-Sachsen publicirte verbesserte u. erläuterte Proceß-Ordnung aber anders entschieden, ordentlich bemercket und mit Anführung der eigentlichen Worte vor Augen geleget wird. — Halle: Waysenhaus 1725. 68 S. **1:** an 4° Hb 5421. **10. 11.**
1.10267

— Ebd. 1729. 68 S. **6. 10** W.
1.10268

— Ebd. 1729. 182 S. 4° **3.**
1.10269

1732. * Additiones necessariae ad considerationem corporis ac motus, anno elapso coram academia scientiarum Petropolitana institutam. Rigae, prostat Halae Magdeburgicae in officina Rengeriana. 4. 47 S.

Additiones et variationes in rubricis generalibus et specialibus Breviarii et Missalis Romani inducendae ex decreto diei XI. Dec. 1897. — Ratisbonae: Pustet 1898. 49 S.
**12:** Liturg. 3g. **2.**
1.10273

**Addner, G.,** Lebensbilder. Eine Weihnachtsgabe f. junge Mädchen. Hamburg 866. Grüning. 12. (102 S.) 12 ngr.

Königlich allergn. privileg. Altonaer Addres-Contoirs-Nachrichten. 1773—93. 1800—14. 1816—35. Altona. 4. (Fra 1819 Redact. und Verleger Kisz).

Addreß ..., s. a. Adreß ...

— akademisches, d. königl. Baierischen Friedrich-Alexanders-Universität zu Erlangen. Für d. J. 1828. 12. Erlangen, (Compt. d. polit. Zeit.) Leich in Leipz., Gebhard u. K. in Frankf. a. M., auch Bauer u. R. in Nürnb. 6 gr.

Addreß-Buch, allgemeines, für Göttingen 1857. hoch 4. (IV und 66 S.) Göttingen 857, (Vandenhoeck und Ruprecht's Verlag.)
Vgl.: Adreß-Buch.

— allgem. neues Industrie-, v. Berlin, a. d. Jahr 1808. Berlin, Braunes. 808.

— allgemeines, d. Stadt Nürnberg. 8. Nürnb. 823. Haubenstricker. 12 gr. Schrbp. 16 gr.

Addreßbuch, Altonaisches, auf d. J. 1802. 8. Altona 802. Hammerich. 20 gr.

⊙ Altonaisches Addreß-Buch für ... v. G. Niemann. Altona, Hamburg. o. J. 8°
1820. 1838. 1842. 1845.

Altonaisches Addressbuch für das Jahr ... v. G. Niemann. Altona, Hamburg. o. J. 8°.
(1820). 1845. 1850, 51.

— der Kreishauptstadt Augsburg. gr. 8. Augsb. 832. Kranzfelder. 16 gr.

— f. d. Herzogth. Berg u. d. Grafsch. Mark. 12. Elberf. u. Barmen, ohne Jahrz. (832). Becker. 1 Thlr. 8 gr.

— Bergisches, enth. die Namen aller im Bergischen wohnenden Fabrikanten u. Kaufleute, mit Bemerkk. d. Waaren u. Artikel, welche sie fabriciren; der Berg. Wechselordnung; Verzeichniß d. Jahrmärkte ꝛc. 8. Leipz. 805. Joachim. 8 gr. Dasselbe, Köln, Fabricius. 10 gr.

Addreßbuch der Stadt Bern. 8. Bern 822. Jenni (Volkmar in Leipz.) 6 gr.

— Braunschweigisches, f. d. J. 1832. 8. Braunschw., Meyer. 18 gr.

— d. Haupt- u. Residenzstadt Breslau, herausg. v. Fr. Mehwald. gr. 8. Bresl. 832. Leuckart. 16 gr.

— d. königl. westpreuß. See- u. Handelsstadt Danzig u. deren combinirten Vorstädten. Danz. 830. Anhuth. 16 gr.

— Danziger, auf d. J. 1804. 8. Danz., Troschel. 12 gr.

— für das Elbdepartement im Königr. Westphalen. 8. Magdeb. 809. Creutz. 16 gr.

— erstes, allgem. Magdeburgisches, (herausg. v. W. Lohmann). 8. Magdeb. 817. (Lauffer in Leipz.) 20 gr. Schrbp. 1 Thlr. 4 gr.

Addreßbuch u. Forts. d. kurzen Gesch. v. d. Residenz Darmstadt. 8. Darmst. 821, Leske. 12 gr., Schreibpap.

— der Baierisch. Stadt Fürth, verf. v. J. G. E. 8. Fürth 807. Korn. 6 gr.

Addressbuch von deutschen Gesang-Vereinen, Logen und sonstigen Vereinen in der Stadt Phila. Phila, 1892.

— u. Geschichte d. Residenz Darmstadt. 8. Darmst. 819. Leske. 12 gr. Schrbp. 16 gr. Dass. u. Fortsetz. d. kurz. Gesch. von d. Residenz Darmstadt. 8. Darmst. 824. Leske. 12 gr. Schrbp. 16 gr.

Addreßbuch u. kurze Geschichte d. Residenz Darmstadt. 8. Darmst. Hever u. Leske. 819. 14 Gr. Schrbpr.

Addressbuch der chemischen und verwandten Industrien von Oesterreich-Ungarn. Herausgegeben von der Abtheilung für Chemie und Physik des Niederösterreichischen Gewerbe-Vereins. Leipzig, 1898. 8vo.

Hamburgisches **Addressbuch** für das Jahr . . . Hamburg, o. J. 8°.
1820.

— Hamburgisches, f. d. J. 1826. 8. Hamb. (Herold). 1 Thlr. 12 gr. für 1830. 1 Thlr. 10 gr.

Hamburgisches **Adressbuch** für . . . ebd. o. J. 8° m.
1866, 68, 70, 72—74, 76, 77.
—— ebd. 4°.
1878, 79, 1881—96.

— u. Handlungs-Erdbeschr. v. Franken, v. d. Lausitz u. Schlesien, v. Oesterreich, f. d. gewerbfl. Deutschland. 2r, 3r, 5r u. 6r Thl.

— der ehrsamen Handwerks-Innungen in d. k. k. Haupt- u. Resid.-Stadt Wien, f. d. J. 1827, herausg. v. Frz. Rittler. gr. 12. Wien 828. Grund. 20 gr.

— Kurfürstl. Hessisches, f. d. J. 1820. 8. Marb. (Krieger). 20 gr.

— der Haupt- u. Residenzstadt Karlsruhe, nebst alphabet. Einwohnerverzeichniß. Herausg. v. J. Mall. 8. Karlsr. 832. Ch. Th. Groos. geb. 20 gr. geh. 18 gr.

Addreßbuch d. jetzt besteh. Kaufleute u. Fabrikanten in Europa in 4 Abtheil. gr. 8. Nürnberg, Comt. d. allgem. Handlungs-Zeitung. 814.

— der Kaufleute u. Fabrikanten in Europa. In 3 Bänden bis zum Jahr 820. berichtigt. gr. 8. Nürnberg, Comtoir d. Handl. Zeitg. 820.

— der Kaufleute u. Fabrikanten in Europa. 2e (bis 820 fortges.) Ausg. in 3 Bden od. 5 Abthll. (v. J. C. Leuchs). gr. 8. Nürnb., Leuchs. 3e A. in 4 Bdn. Ebd. 831. 7 Thlr.

— d. sämmtl. Kaufleute, Fabrikanten u. Manufakturisten u. s. w. in den Städten u. Flecken d. Herzogth. Schleswig u. Holstein. Herausg. v. J. B. Frise. 2e verb. Aufl. 8. Altona 811. (Hammerich). 18 gr.

— sämmtl. Kaufleute u. Fabrikanten im Königr. Sachsen, auf d. J. 1826, nebst Angabe der v. ihnen geführten Waaren od. Fabrikate u. Bemerkk. d. deutschen Meßorte, welche sie beziehen. 8. Chemnitz 826. Kretzschmar. 20 gr.

— kaufmännisches, von Berlin. Nach Fabriken, Manufakturen u. den Haupthandelszweigen alphabetisch geordnet u. mit einem allgemeinen Sach- u. Namenregister versehen. gr. 8. Berl. 830. Trautwein. 20 gr.

— kaufmännisches, f. Potsdam u. Berlin, auf d. Jahre 1801 u. 2. 8. Berl. 801 u. 2. Braun. à 16 gr. 1 Thlr. 8 gr.

— kleines, d. Stadt Nürnberg. 8. Nürnb. Monath u. K. 816.

— v. Herzogth. Magdeburg. 2 Thle. 8. Magdeb. 804. Creutz. 16 gr.

⊙ Mercantilisches **Addressbuch** der Herzogthümer Schleswig, Holstein und Lauenburg. 1838 v. J. A. Petersen. Rendsburg. (1838.) 8°.

Addressbuch (sic) der kgl. Haupt- u. Residenz-Stadt München. München, A. Weber, 1835. Gr. 8°. XII—272 S. Orig.-Ppb., unbeschn.

— neues Hamburger u. Altonaisches. 8. . . . 797. . . . 16 gr.

Addreßbuch, neues, od. Kalend. d. Universitäts- Kauf- u. Handelsstadt Leipzig, nebst e. kurz. Beschreib. d. Stadt. 8. Leipz. Sommer. 815. geb.

Schreibp.

desgleichen auf 816.

— neues, d. Stadt Nordhausen. Nebst e. Uebersicht u. Beschreib. ihrer histor. u. Lokalmerkwürdigkeiten ꝛc. 8. Nordh. 820. Happach. (Lauffer in Leipz.) 1 Thlr. 6 gr.

— neuestes, der Universitäts-, Kauf- und Handelsstadt Leipzig, 6te verb. Aufl. Leipzig, Sommer. geb. 820.

— Dasselbe auf 1821. 8. Ebend. Staritz. 821.

— Rostockisches, nebst e. topogr. Wegweiser. 8. Rostock 812. Stiller. 8 gr.

— der Stadt St. Gallen. 8. St. Gallen 819. Huber u. C. 6 gr.

— St. Petersburger. 2 Thle. Braunschweig 809. Pluchart. 1 Thlr. 12 gr.

— Schlesisches, f. d. J. 1805. 8. Bresl., W. G. Korn. 1 Thlr.

Addreß- u. Kundschaftsbuch, sicheres, z. Kenntniß v. Wien. 8. Wien 797. Gerold. 14 gr.

Addreß- u. Titularbuch, mit Anleit. z. Gebr. d. Titulaturen, besonders in d. Preuß. Staaten. gr. 8. Berl. 795. Nauck. 6 gr.

— oder Verzeichn. d. Einwohner d. Stadt Köln. gr. 8. Köln 828. Bachem. 1 Thlr. 8 gr.

Addressbuch und Waarenverzeichniss der chemischen Industrie des Deutschen Reiches. Herausgegeben von O. Wenzel. 4 vols., 8vo. Berlin, 1891–94.

— der Fürstenth. Waldeck u. Pyrmont, f. d. J. 1820. Mit e. histor.-topogr. Beschreib. d. Fürstenth. Waldeck. 8. Arolsen, Speyer.

— f. d. Werra-Departement im Königr. Westphalen. 8. Marburg, Krieger. 810.

— f. d. Werra-Departement d. Königr. Westphalen, auf d. J. 1812. 8. (Marb., Krieger). 8 Gr.

— d. Haupt- u. Residenzstadt Würzburg. gr. 8. Würzb. 806. Stahel. 16 Gr.

— der Großh. Hess. Civil-Behörden, f. d. J. 1822. 8. Darmst., Heyer. 18 Gr.

Addreßcalender, Dresdner, a. d. Jahr 1810. 8. Dresden, Arnold.

**Addresscomptoir für Schul- und Erziehungssachen. [Hrsg.: Aug. Christian u. Konrad Borheck.] Nr. 1. 2. Frankfurt u. Leipzig 1786. 8° 21**

Addresse, s. a. Adresse

Allerunterthänigste Addresse an S. Königliche Majestät in Preussen, die Bekehrung derer Juden betr. — Gedruckt im Francken-Land 1720. 16 S.
1:Ez 6226. 12:4° Jud. 30–28 [u.ö.] 7.
1.11866

Addresse d'un citoïen [citoyen] du monde à toutes les puissances belligérantes de la part de tous les sujets de l'Europe. Anrede eines Weltbürgers im Namen aller europäischen Unterthanen an die sämmtlichen kriegführenden Mächte. — o.O. 1761. 16 S. 4°
Text franz. u. deutsch. 3.
1.11894

— [deutsch] Anrede eines Weltbürgers im Namen aller europäischen Unterthanen an die sämmtlichen kriegführenden Mächte. Aus d. Franz. übers. — o.O. 1761. 16 S. 1:17 in Bibl. Diez 2384. 7. 10.
1.11895

*Addresse*, dernière, du Peup'e franç. à la Convent. nation. etc. 8. Leipz. 796. Dyck. 3 Gr.

Eine Addresse an die Freyen Leute von Pennsylvanien, von der Correspondenz-Committee die für die Stadt Philadelphia von den Freunden des James Ross bestimmt wurde, mit ihren Mitbürgern über den Gegenstand der Gouvernörs-Wahl zu correspondiren.
Philadelphia: Cist. 1799. 24 S. 8°.
Historical Society of Pennsylvania Library Philadelphia
Übers. v. An Address to the Freemen of Pennsylvania, Germantown 1799.
Evans 35082.

Addresse des Magistrats de la ville libre de Francfort sur le Main à la Convention nationale sur l'arrestation des députés de cette ville. — Dat. Francfort sur le Mein 20 déc. 1792. 7.
1.11936

Addresse Seiner Königlichen Majestät von Würtemberg zugesandt im August 1815. — o.O. [1815]. 56 S. 7.
1.11937

— an d. gesunden, deutschen Menschenverstand. gr. 8. Leipz. 798. Andrä. 2 Gr.

Addresse an d. National-Convent, (v. Giuliani); aus d. Ital. 8. Wien 793. Blumauer. 6 Gr.

Neu-revidirte, verbesserte und accurate dressdnische Addresse, oder: kurtze Anzeige, was ein curieuser nach Dressden reisender Passagier zu Dressden ... von ... Merckwürdigkeiten ... zu observiren ... hat. Nebst e. Anh. von allen Gast-Höfen und accuraten Beschreibung des grünen Gewölbes. Neue u. stark verm. Aufl. [Nebst] Anh. — Dresden: Mohrenthal 1752.
Anh. u. d. T.: Neu-vermehrte Beschreibung des grünen Gewölbes.
3.
1.11948

— Neue Aufl. Mit e. bes. Register vers. Ebd. 1756. 103 S.
3.
1.11949

Addresse, d. kathol. Religion an die erlaucht. Botbschafter u. Gesandten d. großen Bundestages. 4. Augsb., Wolff. 816.

Addresse der Holsteinischen Stände-Versammlung vom 24. Juli 1846, an Sr. Majestät den König von Dänemark, in Veranlassung des offenen Briefes vom 8. Juli 1846. — Hamburg: Kittler 1846. 14 S.
1:3 an So 2626. 10.
1.11971

Addresse der Schleswigschen Stände-Versammlung an den Thron vom 2. Nov. 1846. — Hamburg: Hoffmann & Campe 1846. 15 S.
1:So 2676 [u.] 2 an So 2626. 4. 7. 8.
1.11972

Unterthänigste Addresse an Ihro Hoch-Fürstl. Durchl. Herrn ... Friederich [II.] Landgraffen zu Hessen ... Als im Jahr 1740 ... die beyden Officiers der Teutschen Bürger Compagnie zu Pferde Rittmeister Johann Henrich Womrath und Cornet Otto Fischer bey gehaltenem ... Einzug ... der Hoch-Fürstl. Braut in Cassel ... ihre Standarte und Paucken-Fahne ... in tieffstem Respect überreichten. — Cassel: Hamp (1740). 2 Bl. 2° 4.
1.11980

Unterthänigste Addresse an Sr. Königl. Hoheit, den Herzog von Cambridge ... im Namen sämmtlicher Bürger der Stadt Göttingen. — Göttingen (1831). 2° 7.
1.11081

Unterthänigste Addresse an Ihro Hoheit die Königl. Groß-Brittannische Printzessin Maria, vermählte Land-Gräfin zu Hessen. — Cassel 1740. 1 Bl. 2° 4.
1.11982

Addresse der constituirenden Versammlung zu Kiel an die Nationalversammlung zu Frankfurt a. M. — Dat. Kiel 5. Sept. 1848. 2 Bl. 1:6 in 2° So 3398.
1.11983

Addresse des oesterreichischen Volkes an die Minister und Räthe Seiner Majestät Franz II. [Römisch-deutscher Kaiser]. — Wien 1805. 14 S. 4° 12:4° Austr. 4. 7.
1.11985

Addressen-Vademecum. 8. Leipz. 796. (Wienbrack). 3 Gr.

Addresses delivered at the Lowell commemoration, held in the Architektenhaus. Berlin February 19, 1897. gr 8. (28 S.) Berlin 897. Mayer & Müller. n. — 70

Addreß-Handbuch, Berner, d. Handelshäuser, Fabrikanten rc. Bern, Typogr. Gesellsch. 5 Gr.

— f. d. Fränk. Fürstenthümer, (v. K. F. Fenkohl). 8. Ansb. u. Bayr. 801.

— u. statistisches Handbuch für den Rezatkreis im Königr. Baiern, (v. K. F. Fenkohl). Mit 1 Karte. 8. Ansb. 814. (N. A.) 821. (Schneider u. W. in Nürnb.) 1 Thlr. 6 Gr.

— Kurhessisches, auf 1824. Marb., Garthe. 1 Thlr.

— d. königl. Würtemb. Residenzstadt Ludwigsburg, mit deren Topographie. gr. 8. Ludwigsb. 825. (N. A.) 831. Nast. 16 Gr.

— f. d. Regierungsbezirk Minden, a. d. J. 1826. 8. Paderborn, Wesener. 10 Gr.

Addreß-Handbuch f. den Ober-Donau-Kreis im J. 1818. 8. Kempten, Dannheimer. 20 Gr.

— f. d. Obermainkreis. 3 Thle. 8. Bayreuth 821. (Riegel u. W. in Nürnb.) 2 Thlr.

Addreßkalender, academischer, für d. J. 1804. 18. Landsh., Thomann. 5 Gr.

— allgemeiner, f. d. gesammt. königl. Rhein-Provinzen, auf d. J. 1817. 12. Düsseld., Dänzer.

Addreß-Kalender f. d. königl. Haupt- u. Residenzstädte Berlin u. Potsdam, a. d. J. 1819, 20 u. 21. Mit 1 Kpf. gr. 8. Berl., Rücker. à 1 Thlr. 6 Gr.

— f. d. Bezirk d. königl. Preuß. Regier. in Münster, a. d. Schaltj. 1824. gr. 8. Münst., Coppenrath. 16 Gr.

— Dresdener, auf d. J. 1810. 8. Dresd., Arnold. 1 Thlr.; auf d. J. 1831. 8. Ebd. 1 Thlr. 14 Gr.

— Dresdener, auf d. J. 1819 u. 20. 8. Dresd., (Arnold). 2 Thlr.

Addreßkalender, Gothaischer, s. Kalender.

— u. statist. Handbuch f. d. Rezatkreis in Baiern. 8. Augsb. 821. (Schneider u. W. in Nürnb.) 1 Thlr. 6 Gr.

— d. königl. Hofstaaten, d. obersten Staats- u. d. Provinzial- u. deren Unterbehörden in Berlin u. Potsdam, f. d. J. 1822. gr. 8. Berl., Rücker. 1 Thlr. 6 Gr.

Addreßkalender, Leipziger, s.a. Kalender

— Leipziger, auf d. J. 1828. Herausg. v. J. G. Stimmel, f. 1829—33. 8. Leipz., Staritz. à 1 ggl

— Marburg. akademischer, auf d. J. 1820. Marb., Krieger. 2 gl

Addreß-, Post- u. Reisekalender, Oberlausitzischer, auf d. J. 1801. gr. 8. Zittau 801. Schöps. 18 gl

— herzogl. Sachs.-Weimar.- u. Eisenachischer, a. d. J. 1802—10. gr. 8. Jena, Göpfert. à 13 gl 4 ggl 21 gl Forts. u. d. Tit.: Hof- u. Addreß-Kalender, a. d. J. 1811. gr. 8. Ebd. (14 gl) 812. (16 gl) 813. (16 gl) 1 ggl 22 gl

Addreß- u. Instanziennachrr. des königl. Preuß. Militäretats. Fol. Berl. 789. Himburg. 2 gl

Addreß-Taschenbuch vom Herzogth. Berg u. d. Graffsch. Mark, (v. Fr. Hyll.) 4e Aufl. 16. Barmen u. Elberf. 828. (Hamm, Schulz). 2 ggl

— des Handels u. d. Gewerbe f. München. 8. Münch. 818. Lentner. 18 gl

Addreß-Verzeichniß, Hallisches, auf d. J. 1804. gr. 8. Halle 804. Hendel. 18 gl

— Fürstl. Lippisches, auf d. J. 1803. gr. 4. Lemgo, Meyer. 6 gl Schrbp. 9 gl

— Niederlausitzer, auf d. J. 1797. Lübben, Gotsch. 5 gl

Addreß-Verzeichniß d. königl. Oberlandes-Gerichts in Naumburg f. d. J. 1818 u. 19. gr. 4. Naumb. 818. Wild. à 4 gl 8 gl

Addreß-Verzeichniß des Kauf- u. Handelsstandes rc. d. Stadt Zittau. Beigefügt sind demselben: Reglement f. d. telegraph. Verkehr, Nummern der Häuser Zittau's rc. Zittau 855. Schöps. 8. (24 S.) 2½ ngl

Ade, Albert: Kurzgefaßte Geschichte der Bayerischen Armee 1648–1906. Von Ade. — München: Lindauer 1906. 189 S. 1: Sf 3662/28. 12: Bavar. 50 d.
1.10361

Ade, Alfr., Flora des bayerischen Bodenseegebietes. Übersicht üb. die im bayer. Bodenseegebiet bis jetzt beobachteten wildwachs. Phanerogamen u. Gefässkryptogamen. Hrsg. v. der bayer. botan. Gesellschaft zur Erforsch. der heim. Flora (e. V.). (127 S.) Lex.-8. Lindau 901. (J. Th. Stettner.) n. 2. 50

Ade, Alfred: Flora des bayerischen Bodenseegebietes. Übersicht über die im bayerischen Bodenseegebiet bis jetzt beobachteten wildwachsenden Phanerogamen u. Gefäßkryptogamen. — München: Ges. 1901. 127 S. (Berichte d. Bayerischen Botanischen Gesellschaft zur Erforschung d. heimischen Flora. 8,2.)
1: 4° Lw 11586/10-8,2. 12: 4° Bavar. 292e-8. 2. 8.
1.10362

Ade, C., s. Ade, K.

Ade, Chr. Dav.; s. Lebens- u. Regier.-Geschichte Pius VI.

Ade, Christian David: Lebens- u. Regierungsgeschichte des jetzo glorreich regierenden Papsts Pius VI. (Verf.: Christian David Ade.) Th. 1–6. — Cesena (-Ulm) 1781–96.
1–6 12: H. eccl. 600 [auch Th. 1–5 = H. eccl. 600a].
2. 7.
1–4 . . . . . . . . . . . . . 1: Cd 12690. 4. 6.
1–3 . . . . . . . . . . . . . 300: 12.188.
1.2.5 . . . . . . . . . . . . . 5.
1.2 . . . . . . . . . . . . . 10 W.
1.10363

Ade, K., kurze Rechtschreiblehre f. Elementarschüler. Zugleich ein methodisch praktischer Leitfaden für den Lehrer durch alle Schul-Klassen. Nach den neuen amtlichen Regeln vollständig bearbeitet. Ravensburg, 862. Dorn. gr. 8. (31 S.) 2½ ngr.

Ade, C., kurze Rechtschreib-Lehre für Elementarschüler. Zugleich ein methodisch prakt. Leitfaden für den Lehrer durch alle Schul-Klassen. Nach den neuen amtl. Regeln vollständig bearb. gr. 8. (31 S.) Ravensburg 862, [Ulmer.]

Ade, C., der Schreib-Lese-Unterricht als Mittel zur Beschleunigung des Lesens, Erleichterung des Schreibens, Begründung der Rechtschreibung, Weckung des Sprachgefühls und Verbindung des Anschauungs-Unterrichts mit dem Lesestoff. Lese-Buch für die ersten zwei Schuljahre, mit unmittelbarer Verbindung der Currentschrift mit der Druckschrift. Nebst einem Anhang, (12 lithogr.) Zeichnungen aus dem Anschauungsunterricht, zur Beschäftigung der Jugend in müßigen Stunden, enthaltend. 3., verm. Aufl. 12. (118 S.) Rottweil 855, Degginger. *

Ade, K., der Schreib-Lese-Unterricht als Mittel zur Beschleunigung des Lesens, Erleichterung d. Schreibens, Begründung d. Rechtschreibung, Weckung des Sprachgefühls u. Verbindg. des Anschauungs-Unterrichts mit dem Lesestoff. Lese-Buch für die ersten zwei Schuljahre, mit unmittelbarer Verbindung der Currentschrift mit der Druckschrift. Nebst e. Anh., (12 lith.) Zeichnungen a. d. Anschauungsunterricht, zur Beschäftigung der Jugend in müßigen Stunden enthltd. 3. u. 4. verm. Aufl. 855. Rottweil 857. Degginger. 12. (1 Bl., 118 S.) n. 4 ngl

Ade, Karl

Ade, C: Jll. Haupt-Catalog von feuer-, fall- und diebessicheren Panzer-Cassen. Berlin 1891

Ade, Karl: Special-Haupt-Catalog über Ade's patentirte feuer-, fall- und einbruchsichere Panzerkassen, Stahlkammern und Tresoranlagen. — (Berlin; Stuttgart: Ade 1899.) 123 S. 4° 83.
1.10367

Ade, Mathilde, ein lustiges Bilderbuch f. das kleine Volk, gezeichnet u. gedichtet v. A. (Neue Titel-Aufl. v. „Überkinderbilderbuch".) (32 S. m. farb. Abbildgn.) Fol. Eßlingen [902] (903). J. F. Schreiber. Geb. n. 3. —

Ade, Mathilde, Überkinder-Bilderbuch. Lustige Bilder u. Reime f. das kleine Volk. gr. 4. (32 S. m. farb. Abbildgn.) Eßlingen (902). J. F. Schreiber. Geb. n. 3. —

Adé-Röderka, ein Träger, ein Sohn der Schöpfung. Aufruf an die Arbeiterschaft aller Länder, insbesondere an die organisierte Arbeiterschaft, an die e. internationale Sozialdemokratie! Die Reformation. (130 S.) gr. 8. Leipzig 904. J. Werner. n. 1. 50

Adé-Röderka. Fünf Vorarbeiten zu 'Der Menschheit Drama'. (1.) Leipzig: J. Werner 1904. 8° [14. 10317]

Adeisidaimonos Φιλυρομαῖς
Vindiciae adversus Sycophantas Juvavienses. Colon. 1741. V: *Gaspari, Joh. Baptist de.* (ML)

Adeisidämon, Aletháus, Versuch einer unparth. Widerlegung Herrn G. Müllers Nachricht von A. E. Lohmannin. Leipz. 759. 8.

**Der Adel. Eine Wochenschrift. [Hrsg.: Johann Emanuel Diesbach ?]. Prag 1775–76.**

Adel; vom, aus d. Russischen übers. v. Chr. Gll. Arndt: gr. 4. Rige 786. Hartknoch in Leipz. 12 gl

Adel, der, od. Ursprung u. Entwickelg. d. Wahnes angebl. Geburtsvorzüge u. s. Früchte f. d. Leben d. Völker im Laufe d. Jahrhunderte. E. Beitrag z. Säkularerinnerg. a. d. Bestrebgn. d. großen franz. Revolution. gr. 8. (128 S.) München 899. O. Th. Scholl. n 1. —

Adel. Blätter f. Politik u. Leben. Hrsg.: B. v. Dewitz, Graf zu Fürstenberg, Freih. v. Esch-Esch. Red.: B. v. Dewitz. Oktbr.—Dezbr. 1907. 6 Nrn. (à ca. 20 S.) gr. 8. München, M. Steinebach. 2. —
Erscheint nicht mehr.

Adel, der, der Arbeit. Eine Erzählung von Dr. W. F—r. gr. 16. (212 S.) Berlin 870, Langmann und Comp. [Leipzig, Stangel.] (M. 3.)

Adel, der betrogene, Oper, ital. u. deutsch. 8. Berlin. 754.

**Adel, Der betrogene;** ein komisches Singspiel; eine Übersetzung der Nobiltà delusa aus dem Italienischen. Potsdam 1754. Ü: *Trost, Carl Friedrich.* (Ky) (MGT)

— der, u. d. Bürgerstand im 19. Jahrh. Ein Dialog. 8. Gotha 825. Ettinger. 12 gl.

— Adel und Bürgertum. Zeitgemäße Betrachtung von e. Adligen. (2. Aufl.) — Berlin: Eckstein [1889]. 47 S.
1: Fc 9538ª. 12: Herald. 4bm.
1.10374

Adel u. Bürgertum. Zeitgemäße Betrachtgn v. e. Adeligen. 2. Aufl gr. 8 (47 S.) Berlin 890. Eckstein Nachf. n. — 60

Adel, an d. christl., s. Vom Streite rc. 1s. Heft.

— d. deutsche, in d. Tagen v. Deutschlands Wiedergeburt. gr. 8. Zürich 814. Orell. 5 gl.

— Teutschlands [Deutschlands] Adel an die verbündeten Mächte. — o.O. 1814. 23 S.
1: Deutsche Flugschr. 1814–66. 300: 80 J 141.
1.10375

— Geheiligter fränckischer Adel, d. i.: Heiliges Leben der glorwürdigen edlen Franckin Bilhildis, welche zu Hochheimb am Mayn gebohren. Nebst Gebettern. — Würtzburg 1721. 1: Dw 3860
1.10376

**Adel, Der gewöhnliche,** Mit Leib und Seele. Wien 1794. V: *Reinhard, Melch.* (Petzek, Fortsetzung, S. 11.) (BiblPort)

— über d. hannöverschen, u. d. hannöver. Secretarien. 8. Hannov. 804. Hahn. 10 gl.

**Adel, Der,** des Herzens. 1771. V: nicht: *Müller-Schröter, J. H. F.* (Zeitschr. f. Büch. 1923, S. 77.) Vgl. VI, 382.

— des Herzens, oder d. ausgeschlagene Erbschaft. Nachspl. 8. Bremen 771. Cramer. 1 gl.

Ueber den hohen Adel in Wien. Wien 1781. 8°. 50 S. (In Wien, Bibl. des Finanzministeriums.)

Adel u. Judenfrage vom Standpunkte des Adels von C. v. H. gr. 8. (138 S.) Frankfurt a/M. 893. A. Foesser Nachfolger. n. 1 —

— der katholische, Westfalens. Gedanken über Gegenwart u. Zukunft desselben von K. v. B. Münster 866. Aschendorff. gr. 8. (47 S.) 7½ ngr.

**Adel,** der, u. der Conservatismus in Oesterreich. gr. 8. (96 S.) Wien 879. Lechner's Verl. n. 2. —

Der Adel der böhmischen Kronländer. Ein Verzeichniss derjenigen Wappenbriefe und Adelsdiplome, welche in den böhmischen Saalbüchern des Adelsarchives im k. k. Ministerium des Innern in Wien eingetragen sind. Excerpirt von August von Doerr. Prag. 1900. Řivnáč. Gr.-8°. 372 S. K 10.—

Adel u. Liebe, Menschengemälde, in 3 Aufzügen, v. Ludw. Theodor Becker. 8. Nürnb. Zeh. 814.

**Adel, Der,** der Menschheit in biographischen Schilderungen. 1798. V: *Palm, G. F.* (MüF)

— An den Adel deutscher Nation. Fliegendes Blatt. — Berlin: Burmeister 1842. 8 S. 11.
1.10379

Adel, üb. den niederen, u. dess. polit. Stellung in Deutschland. (V. Geh. Rath v. Schenk zu Schweinsberg in Sigmaringen.) 8. Stuttgart u. Sigmaringen 842, Beck u. Fränkel. 1/2 Thlr.

— der österreichische, u. sein constitutioneller Beruf. Mahnruf an die aristokrat. Jugend. Von e. Oesterreicher. 8. (XI, 46 S.) München 878. Ad. Ackermann. n. 1. 50

— der rheinisch-westfälische, u. die preußische Staats-Verfassung vom 31. Jan. 1850. Münster 865. Coppenrath. gr. 8. (28 S.) n. 5 ngr.

—— der rheinisch-westfälische, und die preußische Staats-Verfassung vom 31. Jan. 1850. gr. 8. (28 S.) Münster 866, Coppenrath'sche Buchh. *

**Adel, Der Sächsische,** vor dem Richterstuhle der Vernunft, des Rechts und der Billigkeit! Dresden 1814. V: *Rochow, Carl Friedrich Ludwig Freih. v.* (Ky) (MGT)

— d. Sächsische, vor d. Richterstuhle d. Vernunft. gr. 8. Dresd. 815. Beger. (Weygand in Leipz.) 8 gl.

**Adel, Der,** des Schriftstellers. [Berlin 1797]. V: *Bertrand, Friedrich Ant. Franz.* (MGT)

Über den Adel und dessen Verhältnisse zum Bürgerstand. Eine Gegenbeleuchtung v. Junior. Hamburg 1831. 8°

— Der Adel, was er ursprünglich war, was er jetzt ist und was er künftig sein soll. Ein Angebinde zum Geburtstage aller ächt adligen Herren u. Damen. [Nebst] Forts. 1. 2. — Berlin: Hayn 1808.
Hauptw. . . . . . . . . . . . . . . 10.
Forts. 1.2 . . . . . . . . 1: Fc 9404. 12: Herald. 4.
1.10382

—— 2. unveränd. Aufl. [Nebst] Forts. 1.2. Ebd. 1808.
Hauptw. . . . . . . . . . . . . . . 1: Fc 9404².
Forts. 1.2 . . . . . . . . . . . . . . 10.
1.10383

—— 4. unveränd. Aufl. Ebd. 1808. 79 S.
1: Fc 9404⁴. 12: Herald. 3. 2.
1.10384

—— 6. unveränd. Aufl. Ebd. 1808. 79 S. 10.
1.10385

**Adel, Der,** der Weiblichkeit in Zügen von Liebe, Treue und Edelsinn, ein interessantes Taschenbuch für Damen auf das Jahr 1801. Berlin 1801. V: *Flittner, Chr. Gf.* (MGT) (Ky)

— der Weiblichkeit, in Zügen v. Liebe, Treue u. Edelsinn. Ein Taschenb. auf d. J. 1801, mit 4 Kpf. 8. Berl. 801. W. Oehmigke. 1 Thlr 12 gl. ill. 2 Thlr 8 gl. (Jetzt Sander). 20 gl.

ADEL der Weiblichkeit in Zügen von Liebe, Treue u. Edelsinn. Mit 4 color. Kpfrn. Berlin 1801. 8°.
Bildet auch den 17. oder 4. Suppl.-Bd. der „Gynäologie". Cfr. Edelsinn .... Münster u. Leipzig 1803. 8°. Vorr. S. XVIII.

Adel, K., allgemeines Elementarbuch, enthalt. einen reichhaltigen Stoff zu Beschäftigungen; entnomm. a. d. Gebiete d. Sprach-, Natur-, Erd-, Welt- u. Geschichtskunde u. dgl. m. 8. Bresl. 830. Graß, Barth u. C. 9 gl.

Adel, W.

— Die Akademiker, Posse, siehe: Album für Liebhabertheater, 2. Hft. — Eines Hochzeitstags Fatalitäten, s. ebd. 1. Hft.

Adel, W., der Christabend eines Proletariers. Lebensbild in 1 Akt. (Den Bühnen gegenüber als Manuscript gedruckt.) 8. (45 S.) Leipzig 847, Koffka. 1/4 Thlr.

—— eines Hochzeitstag's Fatalitäten, s. Album für Liebhaber-Theater.

**Adela.** Lehrreiche und gemüthliche Unterhaltungen für die Jugend ... vom Hgbr. der »Schule der Weisheit«. Stuttgart 1828. H: *Lotter, Chph. Ludw.* (?). (DARP) Vgl. unten »Schule der Weisheit«.

**Adelaida**, s. Adelaide

**Adelaide,** oder die Antipathie gegen die Liebe. Ein Lustspiel in zwey Aufzügen. Aus dem Französischen übersetzt von Schröder. Hamb. 1781. V: *Dudoyer de Gastels, G.* (BrMm)

**Adelaida,** od. d. Anthipathie gegen d. Liebe; ein Lstspl. in 2 Aufz. aus d. Französ. übers. von Schröder. gr. 8. Hannov. 781. Hahn. 3 gr.

**Adelaide;** od. die Antipathie gegen die Liebe. Lustsp. in 2 A. nach Dudoyer, v. F. W. Gotter. 8. Lpz. Dyk. 781.

**ADELAIDE,** oder die Freuden einer jungen Republikanerin. Coblenz, Gelehrte Buchhandlung, 1799. 8°.
Sehr selten! — Kayser's B.-Lex.

**ADELAIDE.** (Zahmer Roman.) Dresden, bei Pinther. 1805. Kl. 8°. 80 S. (incl. Tit. mit Vignette).

**Adelaide.** Eine Erzähl., m. K. 8. Dresd. Arnold. 805.

**Adelaide** wahrscheinlich nur ein Roman von der Verfass. des Kolmar und Klärchen. Berlin 1808 [1807]. V: *Wallenrodt, Augusta von vereh. v. Fölsch*, später *Goldstein, Freiin von.* (Ky) (Schl) (MGT) (GGr)

**Adelaide.** Ein Gedicht in 7 Gesängen. Gotha 1815. V: *Lindenhan, Andreas Christoph.* (GGr)

**Adelaide,** od. der Maskenball in Paris. Seitenstück zu A. Lafontaine's Eduard. 8. Leipz. 827. (Centr.-Cpt.) 1 rß 16 gr

**Adelaide,** oder der Gegenzauber. Frei nach d. Engl. von Louise Marezoll. 3 Thle. 8. Braunschw. 833. Hormeyer. 4 rß

**Adelaide**

— der, Geschichte, a. d. Franz. 2 Thle. 8. Nrnbg. Hauffe. 774.

**Adélaïde du Guesclin,** tragédie en cinq actes. Vienne 1768. V: *Arouet de Voltaire, François Marie.* (BrMm)

— u. Pauline. Zwey Erzähl. v. d. Verf. d. Delphine. 8. Dresd. Arnold. 808.

**Adelaide** und Pauline. Zwei Erzählungen von der Verf. der Delphine. Dresden 1809. V: *Staël-Holstein, Anne Louise Germaine baronne de.* (EE)

**Adelaide** und Theodor. Eine Erzählung von der Verf. der Delphine. Dresden 1805. V: *Staël-Holstein, Anne Louise Germaine baronne de.* (GGr) (EE)

**Adelaide Lindsay,** s.: Bibliothek, Europäische, 372—374. Bd. — Lindsay. Adelaide.

**Adelar, E.,** un domino. 12. (116 S.) Bonn 862, Marcus.

**Adelar,** Ed., à toujours. Bonn, 863. Marcus. 12. (IV, 118 S.) 12 ngr.

**Adelarchiv**, s. a. Adelsarchiv

**Adelarchiv,** allgem., d. österreich. Monarchie rc., in Bds. 1r—3r Thl. gr. 4. Wien, Hofmeister. 789.

**Adelard v. Bath, des, Traktat De eodem et diverso, hrsg. u. untersucht v. Hans Willner, s. a. Beiträge zur Geschichte der Philosophie des Mittelalters. IV, 1.**

**Adelardus** Bathoniensis: Des Adelard von Bath Traktat De Eodem et diverso. Zum ersten Male hrsg. u. hist.-krit. untersucht von Hans Willner. — Münster: Aschendorff 1903. VIII, 112 S. (Beiträge zur Geschichte d. Philosophie d. Mittelalters. 4,1.)
1: Nk 16290–4,1. 12: Ph. U. 51b–IV,1. 300: 100.699–B. Per. 4,1. 2. 3. 4. 5. 6. 7. 8. 9. 10. 11. 102.
1.10395

***Adelasia*** **et Aleramo, Melódrama serio in 2 A. 8. Wien 808. Wallishausser. 6 gr**

**Adelay,** Ed., Miß Betty. Orig.-Erzählung. 2. Aufl. 12. (107 S.) Berlin 883, A. Goldschmidt. *

— Krone und Kerker. Historischer Roman in 5 Büchern. 2 Bde. 8. (349, 390 S.) Berlin 880, Kogge und Fritze. *

**Adelberg**, H., s. a. Adelberg, Hermann

**Adelberg,** H. v., d. Mensch, oder Abbild. d. Lebens. 8. Leipzig, Vogel, 771.

**Adelberg,** Herm., Bibel-Gebetbuch oder: Gebete zu allen Capiteln der heiligen Schriften Alten u. Neuen Testaments. Nürnberg, 862. Sebald. Lex.-8. (VII, 667 S.) 1 rß. 22 ngr.

**Adelberg,** Herm., Bibel-Gebetbuch oder Gebete zu allen Kapiteln der heiligen Schrift Alten und Neuen Testaments. Neue (Titel-)Ausg. gr. 8. (VI, 667 S.) Erlangen (862)67. [Stuttgart, Evangelische Bücherstiftung.]

— **Geschichten vom lieben Heiland frommen Kindern erzählt.** Ansbach 866. Junge. 8. (VI, 263 S.) 16 ngr.

**Adelberg,** Herm., Geschichten vom lieben Heiland, frommen Kindern erzählt. 2. Ausg. Mit e. Titelbilde. (Stahlst.) gr. 16. (VI, 263 S.) Erlangen 874. Deichert. n. — 90; cart. n. 1. 20

**Adelberg,** Herm., Geschichtsbibliothek f. Kinder. 1—6. Bdchn. Erlangen 865—69. Deichert. 8. Jedes Bdchn. n. 12 ngr.; geb. n. 15 ngr.
1. Bdchn.: Die heilige Geschichte den Kindern erzählt. (X, 239 S.)
2. Bdchn.: Die alte Geschichte bis zu den Perserkriegen den Kindern erzählt. (VIII, 195 S.)
3. 4. Bdchn.: Die griechische Geschichte den Kindern erzählt. 2 Abthlgn. (VIII, 235; 272 S.)
5. 6. Bdchn.: Die römische Geschichte der Jugend erzählt. 2 Abthlgn. (VIII, 233; 2 Bll., 208 S.)

— Geschichtsbibliothek für Kinder. 5. und 6. Bdchn.: Die römische Geschichte den Kindern erzählt. 1. und 2. Abthl. 8. (VIII, 233; III, 208 S.) Erlangen 868,69, Deichert. à Bdchn. * M. 1. * cart. à Bdchn. * M. 1,20. *
1.—4. Bdchn. Ebendas. 1865—67. à Bdchn. * M. 1.; cart. * M. 1,20.; complet geb. in 3 Bdn. à * M. 2,80.

**Adelberg,** Herm., Lieder deutscher Treue, dem treuen deutschen Volke zu Ehren seines innigstgeliebten 90jähr. Heldenkaisers Wilhelm gedichtet, komponiert, gesungen von H. A. gr. 8. (19 S.) Erlangen 887, Deichert'sche Verlagsh. Nachf. *

Adelberg, H., Lieder deutscher Treue, dem treuen deutschen Volke zu Ehren seines innigstgeliebten 90jährigen Heldenkaisers Wilhelm gedichtet, komponiert, gesungen v. H. A. gr. 8. (19 S.) Leipzig 887. Deichert Nachf. n. 1 —

Adelberg, Herm. Lieder deutscher Treue. Gedichtet, komponiert u. d. treuen deutschen Volke gewidmet. Op. 2. Neue Folge. gr. 8. (21 S.) Lpz. 889. Deichert Nachf. * 1 —
On. 1. Gbh. 1887. * 1 —.

—— Luther. Sing- und Sage-Festspiel. 12. (62 S.) Leipzig 888, Fr. Richter. *

— Luther. Sing- u. Sage-Festspiel. 12. (62 S.) Leipzig 889. Fr. Richter. n. — 75

Adelberg, H., Jean Martell, s.: Jugend- u. Volksbibliothek, deutsche.

Vereinfachtes Kürzungsverfahren für Stenographen nach dem Einheitssystem '(Stolze-Schrey)', aufgest. u. hrsg. v. Rob. Adelberg, Reg.-Sekr. . . . zu Berlin. *Berlin: Selbstv. (Autogr. v. O. Badtke; Dr. v. F. Bartels) 1897.* (4 S., 5—28 autogr. S.) 1 Bd 8. [97. 8465

Lesebuch der vereinfachten Debattenschrift (Stolze-Schrey) nebst stenographischer Schulschrift. Hrsg. von Rob. Adelberg, Kgl. Reg.-Sekr. *Berlin: Selbstverl.; O. Nahmmacher in Comm. 1900.* (50 S.) 8° [Text lith.] [00. 9991

Adelbert u. Amalie. Pendant z. Gesch. d. Menschh. von M. J. Vetter. 8. Cöthen, Aue. 806.

Adelbert, v., Amathusia, od. d. Geheimnisse d. Toilette. Ein Noth- u. Hilfsb. f. Damen. 8. Leipz. Baumg. 809.

Adelbert, Amathusia, oder über d. Geheimnisse d. Toilette. Ein Geschenk f. Damen. 8. Halle 824, Reinicke u. Comp.

Adelbert, Karl, Sibylle. Roman. 2 Bde. 1. Aufl. 1875. 2. (Titel-)Ausg. 8. (228; 239 S.) Stuttgart 877, Hallberger.

Adelbert, der Kreuzritter, oder die schreckl. Proben des geheimnißvollen Bundes der Magier. 2 Bdchen. Mit 2 ill. Kpf. 12. Leipz. 823. Centr.-Compt. 1 ₰ 4 gl

Adelbourg, Edouard d' s. *Adelburg*, Eduard v.

Adelbulner, Mch., († d. 21. Juli 1779.), s. 1) Anweis. gerablin. Figuren rc., 2) Beschreib. d. Barometer.

**Adelbulner, Michael:** Kurze Beschreibung der Barometer und Thermometer, auch andern zur Meterologie gehörigen Instrumenten nebst einer Anweisung, wie dieselben zum Vergnügen der Liebhaber und zum Vortheil des Publici gebraucht werden sollen. [Verf.: Michael Adelbulner.] Mit Kupfern. — Nürnberg: Fleischmann 1768. 199 S.
12: Phys. sp. 64.
1.10412

[—] — Frankfurt & Leipzig: Monath 1776. 199 S.
2 [∞ Kupfer]. 7.
1.10413

Adelbulner, Michael (Hrsg.), s. a. Commercium litterarium...

— Commercium litterarium ad astronomiae incrementum inter huius scientiae amatores communi consilio institutum. T. 1-3. — Norimbergae 1735(-36).
2.3 ohne Titelbl.
1-3 . . . . . . . . . . . . . . . . . . . . 7.
1 . . . . . . . 1: Oh 2965. 12: 4° Astr. U. 4. 2.
1.10414

Adelbulner, Michael (Hrsg.), s. a. Himmelsbegebenheiten, Merkwürdige.

[—] Merkwürdiger Himmels-Begebenheiten Stück 1-34. (Nürnberg: [Selbstverl.]) 1736-40. 456 S. 4°
1-34 . . . . . . . . . . . . . . 7 [∞Titelbl.] 8.
1-24 . . . . . . . . . . . . . . . . . . . . 2.
1-12 . . . . . . . . . . 12: Eph. astr. 155-33m.
1.10415

**Adelbulner, Michael:** Invitatio ad Commercium litterarium in rei astronomicae incrementum communi consilio instituendum una cum eiusdem commercii specimine. (Verf.: Michael Adelbulner.) — (Norimbergae 1733.) 16 S.
12: Eph. astr. 1.
1.10416

**Adelburg, A. v.** - Einiges über die Musik der Orientalen, insonderheit über das dominirende persisch-türkische Tonsystem. (Aesthetische Rundschau. 2. Jahrgang Nr. 4ff. Wien 1867.)

Adelburg, Aug. v., Entgegnung auf die von Dr. Frz. Liszt in seinem Werke: „Des Bohémiens et de leur musique en Hongrie" (Die Zigeuner und ihre Musik in Ungarn) aufgestellte Behauptung: daß es keine ungarische Nationalmusik, sondern bloß e. Musik der Zigeuner gibt. Mit e. Vorwort von Alex. v. Czeke. Pest, 859. Lampel. 8. (30 S.) 7½ ngr.

Adelburg, August Ritter von —. In stiller Nacht. Gedicht von Dr. A. Morawitz. Nocturno für eine Baßstimme komponirt von — —. Nr. 27. Fol. (9 S.) Wien, Gustav Lewy. Lithogr. Anstalt von G. Wegelein.

Adelburg, E. v., Ausw. türk. Erzählgn. a. d. „Humajunnamé od. Kaiserbuch" v. Salih sade Ali Efendi. Handb. f. angeh. Orientalisten. 1. Hft. 8° (80). — Wien 1855, Kirsch.

Adelburg, Ed. v., Auswahl türkischer Erzählungen aus dem „Humajun-namé oder Kaiserbuch" همايون نامه von Salih sade Ali Efendi. Mit Urtext, Aussprache, deutscher Worterklärung u. vollständ. Uebersetzung. Ein Handbuch für angehende deutsche Orientalisten. 1. Heft. Wien 855. Mechitaristen-Congreg.-Buchhandlung. gr. 8. (XIV, 1 Bl., S. 1—80.) nn. 24 ngr.

v. Adelburg, Ed., Entwickelung einer analytisch-lexikalischen Methode, als leichtesten und sichersten Mittels zur Erkennung der Gewächse. Angewandt auf die in Europa natürlich wachsenden Pflanzengattungen; mit Darstellung einer neuen analytischen Beschreibungsform. gr. 8. Wien 841, Singer u. Goering. 2 ₰

**Adelding,** Friedrich, Nachricht a. d. ev. St.-Petri-Gemeinde in St. Petersburg über die am 29. Juni 1828 vollzogene Feier des 100jähr. Jubelfestes der Gründung ihrer Kirche. St. Petersburg 1829

**Adèle** ou la petite fermière, s.: Bibliothèque, petite, franç.

**Adele.** — Adele oder das grausame Verhängniss. Ein Roman vom Verf. der Blutsauger. — Quedlinburg & Leipzig 1823.
1: Yw 9356. 7.
1.10419

**Adele.** [Novelle]: Mundts Delphin. 1837. S. 147/221. V: *Wolff, Margarethe von.* (Goed. X, 234, 133) (DARP)

Adele, oder: die schrecklichen Folgen des Leichtsinns. Eine lehrreiche Erzählung zur Warnung für reifere Mädchen. Vom Verfasser der „tugendhaften Mädchen, Eustachia rc. rc." Mit Titelkpfr. gr. 12. Wien 838. Wimmer. ⅜ ₰

Adele, aus dem Stillleben eines weiblichen Herzens. Taschenbuch, den deutschen Frauen gewidmet. 16. (104 S. m. 1 Stahlst.) Darmstadt 849, Küchler. n. ⅓ ₰

Adele von Alleville. Ein Roman von Pigault le Brun. Aus d. Franz. Mit 1 Kpf. 8. Leipzig, Sommer'sche Bchh. 817.

Adele u. d'Alligny, v. Pigault le Brun. 8. Lpz. Sommer. 802.

— Cameron. Von Ludw. Theob. Kosegarten. 2 Theile, mit Kupf. Wohlf. Ausg. 8. Leipzig. Hinrichs. 818.

— Clermont, s. wissenschaftl. Werke.

Adele Clermont d. verlorne u. wiedergefundene. Eine Gesch. d. 19. Jahrh. Weihnachtsgeschenk f. d. Jugend. Mit 3 Kupf. 8. Leipzig 826, Wienbrack.

Adele und Germeuil. Aus d. Franz. übers. v. L. G. Förster. 8. Ronneb. 833. Weber. 1 ₰ Mit Jahrz. 1835, herabg. Pr. ¾ ₰

Adele und Germeuil. A. d. Franz. übers. v.. L. G. Förster. 2. Aufl. 8. (16 B.) Gera 835. [Greiz, Schumann.]

— de Montmorency. II Toms., avec fig. gr. 12. Leipz., (Schmidt). 1 ₰ 12 gl

— de Montmorency. II Tom. av. fig. gr. 12. Lps. Wolf et Comp.

Adèle, Comtesse de Ponthieu. Tragédie p. Mr. de la Place. 8. Vienne, Trattner. 760.

**Adèle de Senange,** ou Lettres de Lord Sydenham. Hamb. 1796. V: *Souza, Adele Marquise von.* (schl)

— de Senange, ou lettres de Lord Sydenham. II Vols. 8. Hamb. 797. (Campe). 1 ₰ 8 gl

— Dass. deutsch v. L. F. Huber. 8. Tüb. 795. v. Cotta. 16 gl

— Dass. englisch. 8. Berl. 797. Mylius. 20 gl

— von Sigmar. Trsp. v. Gebler. 8. Dresd. Walther. 772.

Adele et Theodore

— — le même l. III Vol. gr. 12. Paris. (Lagarde à Berlin).

— — le même l. III Vol. gr. 8. ibid.

— — le même l. III Vol. 12. Basle, Flick. 782.

— — le même l. III Vol. 8. Vienne. (Kupferberg à Mayence). 785.

— et Theodore, ou lettres sur l'education. III Voll. 12. Braunschw. 792. Vieweg. 2 ₰

— et Théodore, ou lettres sur l'éducation p. Genlis. IV Vol. 8. Stockh. Ulrich. 805.

— von Ungern; od. der Wettstreit weibl. Freundschaft. Trsp. 8. Wien, Kurzböck. 784.

— von Veltheim. Lstsp. m. Gesang, in 4 Akten v. G. F. W. Grossmann: 8. Lpz. Dyk. 781.

— von Veltheim; od. der Bassa von Tunis. Singsp. 8. Ebend. 781.

v. Adeler, Chr. Lente, s. Anleitung z. Hopfenbau rc.

Adeler, Kaspar s. *Adler.*

**Adeler's, M.,** Elbow-Room, s.: Roman-Bibliothek, transatlantische.

**Adeler, M.,** fern vom Weltgetümmel, s.: Humoristen, amerikanische.

**Adelfeld:** Die preussisch-brandenburgischen Merkwürdigkeiten, u. Staatengeschichte vor und unter der Regierung Königs Friedrich der Grosse, unpartheyisch beschrieben. (Abth. 1.) — o.O. 1782. 96 S. 1:St 580. 2. 1 10423

Adelfels, Kurt

—— Frei von Rom! 8. (40 S.) Stuttg. 892. (Lpz., O. Wigand.) — 25
Aus: Gesammelte Werke, besonders abgedruckt.

Adelfels, K., d. Lexikon d. Lebensglücks. Zuverläss. Führer u. Wegweiser auf d. Lebenswege. 8°(298).– Stuttg. 1889, Levy & M.

Adelfels, Kurt. Das Lexikon des Lebensglücks. Zuverlässiger Führer u. Wegweiser auf d. Lebenswege. 1. u. 2. (Titel-)Aufl. 8. (XIV, 298 S.) Stuttg. 889,92, Schwabacher. * 3 60

**Adelfels, K.,** das Lexikon d. Lebensglücks. Zuverlässiger Führer u. Wegweiser auf dem Lebenswege Ein prakt. Hand- u. Nachschlagebuch für alle Fragen des menschl. Wohlergehens. 8. (XIV, 298 S.) Stuttgart 890. Levy & Müller. n. 3. 60; geb. n. 4. 50

**Adelfels, Kurt,** das Lexikon d. Lebensglücks. Zuverlässiger Führer u. Wegweiser auf dem Lebenswege. Ein prakt. Hand- u. Nachschlagebuch f. alle Fragen d. menschl. Wohlergehens. (2. [Titel-] Aufl.) 8. (XIV, 298 S.) Stuttgart 892. Schwabacher. n. 3. 60

— das Lexikon der Schönheitspflege. Neues Universalbuch f. Damen u. Herren zur Erzielg. u. Förderg., Pflege u. Erhaltg. der körperl. Schönheit. 8. (XIV, 261 S.) Ebd. 893. n. 3. 60; geb. n. 4. 50

Adelfels, Kurt, das Lexikon der feinen Sitte. Prakt. Hand- und Nachschlagebuch für alle Fälle des gesellschaftl. Verkehrs. 8. (VIII, 298 S.) Stuttgart 883, Levy und Müller. *

—— Das Lexikon der feinen Sitte. 2. u. 3. verm. u. verb. Aufl. 8. (X, 317 S.) Stuttg. 890, [Levy u. Müller.] Ebd. * 3 60; geb. * 4 50

**Adelfels, Kurt,** Das Lexikon d feinen Sitte. Neuestes Universalbuch d guten Tones u d feinen Lebensart Prakt. Hand- u. Nachschlagebuch f. alle Fälle d. gesellschaftl. Verkehrs. 8., verm u. verb Aufl 8. (X, 333 S. m. Titelbild.) Stuttgart 897. Schwabacher. n 3 60; geb. n n. 4. 50

**Adelfels, Kurt,** das Lexikon der feinen Sitte. Neuestes Universalbuch d. guten Tones u. der feinen Lebensart. Prakt. Hand- u. Nachschlagebuch f. alle Fälle d. gesellschaftl. Verkehrs. 9., verm. u. verb. Aufl. 8. (X, 333 S. m. Titelbild.) Stuttgart 900. Schwabacher. n. 3. 60; geb. in Leinw. n.n. 4. 50

**Adelfels, Marie v.,** des Kindes Anstandsbuch Gold. Regeln i zierl. Reimen f. wohlerzog Kinder u. solche, die es werden wollen. Nebst e. Anh: Hübsche u. lehrreiche Märchen, Fabeln u. Parabeln D. lieben Kleinen zur Kurzweil, z. Nachdenken u z. Beherzigg. Illustr. von Pet Schnorr. 12. (112 S.) Ebd. (894). Geb. in Leinw. n 2 —

**Adelgenossenschaft.** — Adelgenossenschaft s. *Adelsgenossenschaft.*

**Adelgerus** s. *Algerus* Scholasticus.

**Adelgott, Der heilige,** Lehrjünger des h. Bernard, und Bischof von Chur. Brixen 1837. V: *Forer, Valentin.* (margr)

Adelgunde; od. d. Stimme zu St. Brandels, v. A. Willnau. 8. Hildburghaus. Hanisch. 802.

Adelhaid(e), s. Adelheid

ADELHART, MICHAEL STANISLAUS IGNATIUS: Arca foederis. Die Archen des Bundes. Das ist: Jährlich gewidmete Lob- und Ehren-Rede am hohen Titular-Fest des Barfüsser-Ordens. Ofen 1743. Druck. Nottensteinin. (6 f.) - 4°

Adelhaupt v. Stockfisch. 2 Thle. Mit 1 Kupf. u. Vign. 8. (Gotha) 800. Hennings. 2 ₰ 8 gl

Adelheid; od. die Deutschen. Trauersp. in 5 Aufz. v. Weidmann. 8. Wien, Wallishauser.

**Adelheid,** oder die unwahrscheinliche Liebe; ein Schauspiel in 5 Aufz. Leipzig 1779. V: *Thilo, Friedrich Theophilus.* (Ky) (MGT) (NN)

— od. d. unglückl. Liebenden; e. wahre Gesch. v. P. C. v. Bonafont. 8. Carlsruhe, Macklot. 803.

Adelheid u. Aimar, v. Anton Wall. 2 Thle. 8. Altenbg. Richter. (Schnuphase.) 800.

— v. Burgund, s. Historien, ital. deutsche.

**Adelheid von Burgund.** 1. Theil. Dresden 1791. V: *Schlenkert, Christian Friedrich.* (Ky) (MGT) (GGr)

Adelhaid, Königs Tochter v. Burgund, nachherige Gemahlin Kaiser Otto d. Großen. Eine erbaul. u. merkw. Gesch. aus d. 10. christl. Jahrh., mit Titelk. 8. Augsb. 827. 2e A. 829. 3e A. 831. Doll. (Krüll in Landsh.) 6 ℊ

Adelhaid, Königs-Tochter v. Burgund, nachher. Gemahlinn d. Kaisers Otto d. Gr. Eine erbaul. u. merkwürd. Gesch. a. d. 10. christl. Jahrh.: neu erzählt u. mit nützl. Sittenlehr. begleit. 2. Aufl. 829., 3. A. 831. (à 9½ B. u. Ttlkpfr.) 8. Augsburg. (Landshut, Manz.) h

Adelheid, Königstochter von Burgund; Geschichte aus d. 10. Jahrhundert. 4e Aufl. 8. Augsburg 1834, N. Doll. 8 Ngr. — 24 kr.

— v. Flandern; e. Gesch. des 14n Jahrh. 8. Leipz. 793. Köhler. 8 ℊ

Adelhaide von Flandern, eine Geschichte des vierzehnten Jahrhunderts, 8. Leipzig, 794. Köhler. 10 sgl.

* **ADELHEID** und Hendrich, oder die neue Eva und der neue Adam (von *Friedrich v. Hagedorn*). Hamburg 1747. 4°. 24 S. (Auch in Leipzig, Univbibl.)

Enthält eine ziemlich zahme Erzählung aus den Poésies diverses des P. du Cerceau, und 2 Erzählungen aus dem 89. und 90. Stücke der „Mahler der Sitten". Umarbeitung von S. 193—201 von Hagedorn's „Versuch in poetischen Fabeln und Erzehlungen." Hamburg 1738. 8°. 4 Bll. Vorr., 210 S. u. 7 Bll. Inh. — Nachgedr. Frankfurt a. M. 1753. — Goedeke IV, 17, 34; Anon.-Lex. I. p. 28 (nach Schröder).

Steht auch in: Bibliothek, Poetische .... Bd. 1. Heilbronn 1762. 8°, S. 173—190.

— v. Klarenz, oder die Leiden u. Freuden der Empfindsamkeit; hrsgg. v. Vernes; aus d. Französ. (v. Chr. Adm. Horn). 2 Thle. 8. Leipz. 798. (W. Nauck). 2 ₰ 12 ℊ

— v. Klarenz; od. d. Leiden u. Freuden d. Empfindsamkeit, in Briefen an d. Lemantischen Ufern geschr. gesamml. u. herausg. v. Vernes, a. d. Franz. 2 Bde. (hi a. d. Tit. Schweizerbriefe geschr. a. d. Lemantischen Ufern. 2 Bde.) 8. Leipz. Sommer. 798.

**Adelheid von Messina,** vom Verfasser der Scenen aus Fausts Leben. Lpz. 1802. V: *Schreiber, Alois Wilhelm.* (MGT) (Kn) (EE) (Ky) (NN)

**Adelheid von Rastenberg,** ein Trauerspiel. Weimar 1788. V: *Thon, Eleonore geb. Roedern.* (Schl) (Ky)

Adelheid, Gräfin v. Ravensberg, von J. A. Rothe. 8. Dresden. (Jetzt Kühn'sche Buchh. in Leipzig.) 793.

**Adelheid von Siegmar,** ein Schauspiel. Wien 1774. Verbesserte Auflage. Frankfurt a. M. 1775. V: *Gebler, Tobias Philipp Freiherr von.* (ML)

— Adelheid in der Sclaverey, oder Tugend und Unschuld bietet aller Verleumdung Trotz. Ein Trauersp. — Wien 1758. Bog. A–D. (Deutsche Schaubühne. 14.)
300:392.620–A. Bd 14.
1.10426

— — Wienn: Krauß 1760. 69 S. (Die deutsche Schaubühne zu Wienn. 8,3.)
1: in Yp 5882–8. 12: P. o. germ. 1256–8. 300: 23.135. Bd 8,3 [u.] 621.602–A. Th. S. 8,3.
1.10427

Adelheid, Gräfin v. Teck, Ritterschauspiel, v. Elisa Bürger. 8. Jena. Nolat.

Adelheid v. Thalheim, s.: v. Thalheim.

— v. Thedor; od. Briefe üb. d. Erziehung, a. d. Franz. d. Fr. v. Genlis, v. P. A. Winkopp, m. Anm. v. J. H. Campe. 3 Thle. 8. Gera, Beckmann. 783.
m. Kupf.

— von Ungarn, oder d. Wettstreit weibl. Freundschaft. Trspl. 8. Wien 784. Kurzböck. 5 ℊ

**Adelheid von Veltheim,** ein Schauspiel mit Gesang in 4 Akten. Leipz. 1780. V: *Grossmann, Gustav Friedrich Wilhelm.* (ML) (Mn)

**Adelheid** Äbtissin v. Vilich. Leben der h. Adelheid, Abtissin des adeligen Frauenstiftes Vilich. 1850 s. *Adelheidisbuechlein.*

**Adelheid von Wildenstein,** oder die Folgen der mütterlichen Eitelkeit. Bremen 1798. V: *Hoche, Johann Gottfried.* (MGT) (Ky) (GGr) (NN)

Adelheid von Wulfingen, Denkmal d. Barbarey d. 13ten Jahrh. Trsp. v. Kotzebue. 8. Lpz. Kummer. 792. Rthlr.

**Adelheidisbuechlein.** — Adelheidis-Büchlein. Leben der h. Adelheid, Abtissin d. adeligen Frauenstiftes Vilich, nebst Geschichte des Karmeliter-Klosters ... zu Pützchen. — Bonn 1850. 5.
1.10428

Adelheim, e. Schweizergesch. 2 Thle. s. Originalromane, neue, d. Deutschen 18r. 19r.

**ADELHEIM.** Eine Schweizergeschichte. Vom Verfasser Karl Saalfelds *(Karl Gottlob Cramer).* 2 Thle. Leipzig, Schneider, 1786. 8°. (In Dessau, Herzogl. Bibl.)

Neue Original-Romane der Deutschen. Bd. XVIII—XIX.

— — Dasselbe. Mit Titelkpf. Ebd. 1802. 8°. (2 Mk. Franz Teubner, Düsseldorf, c. 1898.)

Adelheim, Edmund, Estonus, Forensisch-chemische Untersuchungen über die wichtigsten Aconitum-Arten und ihre wirksamen Bestandtheile. Diss. Dorpat. 8°. 56 pp. 1869

Adelheit von Bergau, s. Bergau.

Adelhold, d. edle u. löbl. Adelstand. 4. Nürnberg. 727.

Adeliche, der, wie er weiland war, s. Mercier.

Adelina, s. Adeline

Adelinde, Gräfin v. Castell, s. Castell.

Adeline, od. d. Abenteuer im Walde, a. d. Engl. d. Anna Radcliff. 3 Thle. 8. Lpzg. Böhme. 793.

**Adelina** oder die Abentheuer im Walde. Aus dem Englischen. Wien u. Prag 1797. Ü: *Gerle, Wilh. Adolf* Sohn. (Hdschr. Mitt. von Gustav Gugitz, Wien.) (Wiener Zeitung 1797, S. 1816.) (Biblport) V: *Radcliffe, Anna.* Ü: *Wedekind, D. M.* »Wien 1799«. (BGE I³, 21)

**ADELINE** oder die Abentheuer im Walde. Aus d. Engl. (der *Anna Radcliffe* übers. von D. M. Wedekind). 3 Thle. Mit 2 TKpfrn. u. 2 Vign. Wien 1799. 8°. (3 Kr. Halm & Goldmann, 1907.)
Zahm. — Nicht im Anon.-Lex.

**Adeline, Gräfin;** Gegenstück zur Gräfin Pauline. Leipzig 18.. V: *Erle, Gust.* (Ky)

Adeline, od. Erziehung Welt u. Schicksal. 2 Thle. 8. Stuttg. 828. (Brodhag). 2 ₰

Adeline, od. Erziehung durch Welt u. Schicksal. In 4 Büch. 2 Thle. 8. (86 B.) Stuttgart 829, [Brodhag.]

**Adeline.** Liebeslieder vom Rheine. Köln, 861. Du Mont-Schauberg. 16. (VIII, 197 S.) n. 20 ngr.

Adeline v. T. . . . . . . . . Adeline v. Dobrowolsky.

**Adeline v. T.**, die Geschwister. Histor. Roman. 8. Leipz. 831. Kollmann. 1 ₰ 6 ₰

**Adelingen**, Mathildis, Gräfin von; e. Gemälde d. Barbarey aus d. Vorzeit. 8. Lpz. Jacobäer. 795.

**Adelise**, d. Gräfin, u. d. Grafen v. Linqueville. Gesch. a. d. Engl. 8. Frkft. 53.

**Adelkofer**, Marq., gründl. Gartenschule, welche in 3 Thl. lehret, wie man e. Blumen-, Baum- u. Küchengarten nützl. anlegen u. pflegen soll. Mit Kpf. 8. Augsburg, 1778. 2. Aufl. (1785.) 1792. Rieger. — 15

— genaue Wetterbeobachtt., nebst d. 7 Hauptplaneten. 8. Augsb. 780. Rieger. 10 ₰

**Adelkunde u. Friedrich**; od. an ein. Tage Braut, Wittwe, u. wieder Braut. Ritterschausp. v. Winkes. 8. Wien, Kaiserer. 793.

**Adelma**, die Fürstenbuhlerin; aus d. Memoiren der Gräfin v. L***. 2 Thle. 8. Erf. 805. Hennings in Gotha. 1 ₰ 16 ₰

**ADELMA**, die Fürstenbuhlerin. Aus dem (sic!) Memoires der Gräfin von L***. 2 Thle. Berlin (Erfurt, Hennings) 1805. Kl. 8°. 124 u. 252 SS. (6 Kr. Halm & Goldmann, Wien, 1904.)

**Adelma Elise**, s. a. Hephata

**Adelma-Elise.** Hephata. Gebete. 4. Aufl. 8°. (247, VI S.) Lechner (Wilhelm Müller) k.u.k. Hof- und Universitäts-Buchhandlung, Wien 1905

**Adelmann** (Episc. Bresciae 1060), de veritate corporis et sanguinis Domini; advers. Berengarium. E cod. edit. * C. A. Schmidt. 8. Brunsvicae 1770, Schulbuchh.

**Adelmann**, Frhr v. s. *Ausfuehrung* des reichs-ritterschaftlichen Einstands-Rechts ad causam Onz von der Ley wider Frh. v. Adelmann. 1771.

**Adelmann**: Verbesserte Extensions-Schwebe für Unterschenkelbrüche, s. Adelmann, Heinrich

**Adelmann**, Graf Alfr., e. Ausflug in die Normandie. Novelle. Nebst e. Anh.: Kleine Bilder aus großer Zeit. 8. (224 S.) Hannover 873. Rümpler. 3. 75

**Adelmann**, Alfr. Graf, Beno Donzini. Roman. 2 Bde. 8. (VI, 245 u. 232 S.) Stuttgart 885. Richter & Kappler. n. 7. —; geb. n.n. 8. 50

**Adelmann**, Alfr. Graf, Aus dem Felde. Erinnerungen, Skizzen und Noveletten. gr. 8. (III, 112 S.) Stuttgart 871, Greiner's Verlag. — Leipzig, Amelang's Verlag. [Stuttgart, Ullrich.] (* M 1,80.) *

— Fenella. Novelle. 8. (IV, 140 S.) Stuttgart 886. Bonz & Co. n. 1. 80: geb. n. 3. —

—— frei von Rom! Manifest eines deutschen Katholiken. 1. und 2. unveränd. Aufl. 8. (VII, 21 S.) Berlin 886, Behr's Verlag. *

**Adelmann**, Alfr. Graf, frei v. Rom! [Aus: „Gesammelte Werke".] 8. (40 S.) Stuttgart 892. (Leipzig, O. Wigand.) — 25

— aus Italien. Sieben Monate in Kunst u. Natur. gr. 8. (XIII, 252 S.) Stuttgart 877. Richter & Kappler. n. 5. —

**Adelmann, Alfr. Graf**, der edle Liberalismus und sein gefährlichster Gegner, s. a. Fragen, zeitbewegende.

— Der edle Liberalismus und sein gefährlichster Gegner. Leipzig: Wolf 1884. 25 S. (Zeitbewegende Fragen. 6.) 7.
1.10446

— der edle Liberalismus u. sein gefährlichster Gegner. 3. verm. Aufl. Als Vorwort: „Ein Weckruf an den deutschen Nationalstolz", als Anh.: „Ein offener Brief gegen das Centrum". gr. 8. (30 S.) Leipzig 887. [G. Wolf.] Levien. n. — 50

— dasselbe. 4. (Titel-) Aufl. gr 8. (30 S.) Ebd. 891. — 25

— am ligurischen Meere. Die Naturpracht der Riviera di Ponente. Mit e. Ansicht v. Monaco (in Lichtdr). 8. (VIII, 263 S.) Stuttgart 883. Richter & Kappler. n. 4. —; geb. n. 5. —

**Adelmann**, Alfr. Graf, Schwert u. Feder. Roman. 8. (VIII, 219 S.) Jena 881. Costenoble. n. 4. 50

— selbst errungen. Roman. 2 Bde. 8. (VII, 276 u. 193 S.) Hannover 872. Rümpler. 6. —

— Ein entscheidender Tag, s.: Bibliothek, dramat., in vereinf. deutscher Stenographie.

— was ist Glück? Novelletten. 16. (VII, 144 S.) Leipzig 885. G. Wolf. geb. m. Goldschn. n. 2. 50

Gesammelte Werke von Alfred Graf **Adelmann**. Bd 1–6. Stuttgart, Leipzig, Berlin, Wien: Deutsche Verl.-Anst. 1889–1901. 8°

1. Biographie u. gesammelte Aufsätze. Mit Portr. 1889. 2. Im Königsforst. Roman. 1890. 3. Novellen u. Skizzen. 1890. 4. Italienische Novellen u. Anderes. 1896. 5. Am blauen Meere. Die Naturpracht d. Riviera di Ponente. 1899. 6. Aus Italien. Sieben Monate in Kunst u. Natur. 1901. [11. 3184

**Adelmann**, C, Donna Elvira [Don Juan] als Kunstideal u. in ihrer Verkörperung auf der Münchener Hofbühne. gr. 8 (52 S.) München 888. Th. Ackermann's Verl. n. 1. —

**Adelmann, Damian Gustav** (Fulda), De fracturis ossium pelvis. Commentatio chirurg.-med. Marburg. Fulda (Mueller) 1835. 43 S. u. 1 Lithogr. (S. Hesselbach, Würzburg.) (4.50) 76
Gew.: Georg Adelmann.

**Adelmann**, Fritz, prakt. Tierarzt in Oppenau (Baden): (Aus d. tierhygien. Institut d. Univ. Freiburg i. B. Dir.: Prof. Dr. M. Schlegel.) Das Aneurysma verminosum equi vom pathologisch-anatomischen, statistischen, klinischen und zoologischen Standpunkte. Mit 13 Abb. auf 1 Taf. Berlin 1908: L. Schumacher. (40 S.) 8° ¶ (Aus: Archiv f. wissenschaftl. u. prakt. Tierheilkunde Bd 34, 1908.)
Gießen, Veterinär-Med. Koll., Ref. Olt, Diss. v. 15. Mai 1908
[Geb. 10. Dez. 76 Wertheim a. M.; Wohnort: Oppenau (Baden); Staatsangeh.: Baden; Vorbildung: Gymn. Wertheim a. M. Reife M. 96; Studium: Tierärztl. Hochsch. Hannover 4, Berlin 3 S.; Rig. 3. Juli 07.]

**Adelmann, G. F. B.**, Chirurg. 1844 s. *Adelmann*, Georg Franz Blasius.

**Adelmann**, Geo., de dignitate Lithontritiae. Dissertat. inaug. Mit 1 Tab. 8maj. Fuldae 832. Marb., Garthe.) 1/3 ₰

— Diss. de conditione vitae materiali ejusque in morbis dignitate. 4. Würzb. 801.

**Adelmann**, Geo., über d. Krankheiten d. Künstler u. Handwerker. gr. 8. Würzb. 803. Stahel. 16 ₰

**Adelmann, Georg Franz Blasius:** Annalen der chirurgischen Abtheilung des Landkrankenhauses zu Fulda während der Jahre 1835. 1836. — Marburg: Elwert 1840. XXXII, 221 S. (Adelmann: Beiträge zur medicinischen u. chirurgischen Heilkunde. 1.)
12: Path. 8h–1. 2. 4. 7. 8.
1.10452

— Beiträge zur medicinischen und chirurgischen Heilkunde mit bes. Berücks. der Hospitalpraxis. Bd 1–3. — Marburg: Elwert (2: Erlangen: Enke; 3: Riga: Götschel) 1840–52.

1. Adelmann: Annalen der chirurg. Abtheilung d. Landkrankenhauses zu Fulda während der Jahre 1835. 1836. 1840.
2. Adelmann: Aus dem chirurgischen Klinikum der Kaiserl. Universität zu Dorpat. 1845.
3. Adelmann: Beobachtungen u. Bemerkungen aus d. chirurg. Abtheilung d. Klinik an d. Kaiserl. Russ. Universität zu Dorpat während d. J. 1845 u. 1847. 1852.

1–3 . . . . . . . . . . . . . . . . 12: Path. 8h. 7.
1 . . . . . . . . . . . . . . . . . 2. 4. 8.
2 . . . . . . . . . . . . . . . . . 1: Ic 8870. 6.
1.10453

Adelmann, G.F.B., Beitr. z. medic. u. chirurg. Heilkunde. 3.Bd.= Beobacht. u. Bemerk. a. d. chir. Abth. d. Klinik an d. Univ. zu Dorpat währ. d. J. 1845 u. 1847. 8°(332).– Riga 1852 (Lpzg., Köhler.)

— Beobachtungen und Bemerkungen aus der chirurgischen Abtheilung der Klinik an der Kaiserl. Russ. Universität zu Dorpat während der Jahre 1845 und 1847 von G. F. B. Adelmann. — Riga: Götschel 1852. XII,330 S. (Adelmann: Beiträge zur medicinischen u. chirurgischen Heilkunde. 3.) 12:Path. 8h–3. 7.
1.10454

— Aus dem chirurgischen Klinikum der Kaiserlichen Universität zu Dorpat. — Erlangen: Enke 1845. XXXIII, 266 S. (Adelmann: Beiträge zur medicinischen u. chirurgischen Heilkunde. 2.)
1: Ic 8870–2. 12: Path. 8h–2. 6. 7.
1.10455

**Adelmann,** Georg. Franc. Blasius, de Steatomate proprio tumorum parasitorum genere. Commentatio pathogenetico-chirurg. 4maj. Marburgi 837. Elwert. 1/3 ℛ

**Adelmann,** G. F. B., Uebersicht der im 2. Semester 1841 und im J. 1842 in dem chirurg. Klinikum der k. Univers. zu Dorpat behandelten Krankheiten und verrichteten Operationen. gr. 4. Dorpat 843. (Gläser.) 1/6 ℛ

— Uebersicht der im zweiten Semester 1841 und im Jahre 1842 in dem chirurgischen Klinikum der Kaiserlichen Universität zu Dorpat behandelten Krankheiten und verrichteten Operationen. Von Georg F. B. Adelmann. — Dorpat 1843: Laakmann. 18 S. 4° 3. 4.
1.10456

— G. F. B. Adelmann. Untersuchungen über krankhafte Zustände der Oberkieferhöhle. — Dorpat 1844: Laakmann. 64 S. 4.
1.10457

Adelmann, G(eorg) F(ranz) B(lasius): Untersuchungen über krankhafte Zustände der Oberkieferhöhle. 64 S., gbd., 3 Taf.

Dorpat u. Leipzig: Model (Severin) 1844

**Adelmann,** G. F. B., die Zellengefängnisse in Belgien, nach eigenen Beobachtungen und Studien. (Abdruck aus d. Inland 1861.) Dorpat, 861. (Leipzig, Köhler.) gr. 8. (82 S. u. 1 lith. Taf. in Fol.) n. 15 ngr.

**Adelmann,** Heinr. Graf, kurze praktische Anleitung zum Obstbau für den Landmann und Obstzüchter in Württemberg. 1.—3. Aufl. 8. (V, 17 S.) Stuttgart 881, Metzler'sche Buchh. *

Adelmann, H. Graf, kurze prakt. Anl. u. Obstbau f. d. Landmann u. Obstzüchter in Württemberg. 4. Aufl. 8°(17).– Stuttg. 1881, Metzler's V.

**Adelmann,** Heinr. Graf, kurze praktische Anleitung zum Obstbau f. den Landmann u. Obstzüchter in Württemberg. 4. Aufl. Mit Abbildgn. 8. (V, 17 S.) Stuttgart 885. Metzler's Verl. n. — 20

**Adelmann,** Heinr. Graf. Kurze praktische Anleitung zum Obstbau für den Landmann u. Obstzüchter. 5. Aufl. 8. (V, 17 S. m. Abbildgn.) Stuttg. 891, Metzler's Verlag. * — 20

**Adelmann,** Heinr. Graf, kurze praktische Anleitung zum Obstbau f. den Landmann u. Obstzüchter. 6. Aufl. 8. (17 S. m. Abbildgn.) Stuttgart 894. J. B. Metzler's Verl. n. — 20

**Adelmann,** Heinr. Graf, Praktische Anleitung zum Obstbau f. d. schwäbisch. Landmann. 8. Aufl. 8. (IV, 20 S. m. Abbildgn.) Stuttgart (900). J. B. Metzler's Verl. n. — 20

— kurze u. prakt. Einführung in das Reichsgesetz, betr. die Invaliditäts- u. Alters-Versicherung vom 22. Juni 1889. Nebst e. Auszug der Württemberg. Vollzugsverfügg. 3. Aufl. 8. (24 S.) Aalen 890. Stierlin'sche Buchdr. n. — 20

**Adelmann,** verbesserte Extensions-Schwebe f. Unterschenkelbrüche. Nebst e. lith. Taf. gr. 8. (8 S.) Würzburg 872. Stahel. — 50

**Adelmann, Heinrich.** 1873: Verbesserte Extensions-Schwebe für Unterschenkel-Brüche. — Würzburg 1873.
12: Chir. 353–28. 6.
1.10459

— 62 Tage unter den Yankees. Reise-Erlebnisse. 1.—3. Aufl. gr. 8. (VII, 214 S. m. Bildnis.) Stuttgart 894. Strecker & Moser. n. 2. 50

**Adelmann, Heinrich** Graf. 1894: 62 Tage unter den Yankees. Reise-Erlebnisse. 2. Aufl. — Stuttgart: Strecker & Moser 1894. VII,214 S. 4.
1.10460

Adelmann, H. Graf, 62 Tage unter d. Yankees. Reise-Erlebnisse. 5.Aufl. 8°(214 m. Abb. u. Bildn.).– Stuttg. 1894, Strecker & M.

— Tagebuch des Grafen Heinrich Adelmann, Freiwilligen auf Kriegsdauer im Königl. Würtemb. 1. Infanterieregiment Königin Olga, ... geschrieben im Feldzug gegen Frankreich 1870. Als Ms. gedr. — Sigmaringen (1896): Liehner. 32 S. 10.
1.10461

**Adelmann,** Helene, aus meiner Kinderzeit. 8. (VI, 146 S.) Berlin 892. L. Oehmigke's Verl. n. 1. 80; geb. in Leinw. n. 2. 50

— Aus meiner Kinderzeit. — Berlin: Appelius [1892]. VI, 146 S. 1: Yz 8971.
1.10462

**Adelmann,** Helene, aus meiner Kinderzeit. 4. verm. Aufl. (VI, 180 S.) 8. Berlin (908). L. Oehmigke's Verl. Geb. in Leinw. 2. 50

[F.] Ratschläge für deutsche Erzieherinnen in England. Von Helene Adelmann, Vorsitzende des Ver. deutscher Lehrerinnen in England. *Berlin: W. Moeser [1895].* (21 S.) 1 Bd 8. [96. 813

**Adelmann,** Joh., praktisches Lehrbuch der englischen Sprache zum Schul- u. Privatunterricht. Nach e. neuen, leichtfaßl. Methode m. besond. Rücksicht auf Anfänger vers. 1. Kurs. 1. Abtlg. gr. 8. (VIII, 104 S.) Altenburg 883. Pierer. n. 1. —

**Adelmann,** Joh., praktisches Lehrbuch der französischen Sprache zum Schul- u. Privat-Unterricht. Nach e. neuen u. leichtfaßlichen Methode mit besonderer Rücksicht f. Anfänger. 1. Cursus. 1—3. Abth. Bamberg 870. Hübscher in Comm. gr. 8. (XIX, 379 S.) n. 1 ℛ 3 ngr.

—— dass. — 1. Cursus. 1. Abthl. 2. verm. und verb. Aufl. gr. 8. (VIII, 156 S.) München 871, Lindauer'sche Buchh. *

— dasselbe. 2. Curs. 1. u. 2. Abth. gr. 8. (VI, 406 S.) Ebend. 872. 75. à 1. 80

**Adelmann,** Joh., praktisches Lehrbuch der französischen Sprache zum Schul- u. Privat-Unterricht. Nach einer neuen leichtfaßl. Methode m. besond. Rücksicht auf Anfänger. 3. verm. u. verb. Aufl. 1. Cursus. 1. u. 2. Abth. 8. (VIII, 360 S.) München 874. Lindauer. à n. 1. 50

—— praktisches Lehrbuch der französischen Sprache zum Schul- und Privat-Unterricht. Nach einer neuen, leichtfaßl. Methode mit besond. Rücksicht auf Anfänger verfaßt. 4. verm. und verb. Aufl. 1. Kursus. 1. Abthl. gr. 8. (VIII, 174 S.) München 880, Lindauer'sche Buchh. *
1. Kursus 2. Abthl. und 2. Kursus 2 Abthlgn. Ebendas. 1873,75. * ℳ 5,10.

**Adelmann,** J., und G. Zeiss, Schulausgaben französischer Classiker mit Einleitung, Wort- und Sacherklärung und vollständigem Wörterverzeichniss. 1. und 2. Heft. gr. 8. Landshut, Krüll'sche Universitäts-Buchh. *
Inhalt:
Heft 1. Alexandre le Grand. Tragédie par Jean Racine. (93 S.) 877. * ℳ 1.
2. Considérations sur les causes de la grandeur des Romains et de leur décadence par Montesquieu. (278 S.) 878. * ℳ 2.

**Adelmann,** Irma Gräfin, Faust-Tagebuch. Gedanken u. Stimmgn. aus Goethes Faust. I. u. II. Tl. (134 S.) kl. 8. Stuttgart 910. Deutsche Verlags-Anstalt. 3.—; geb. in Leinw. 4.—; in Ldr. 6.—

Adelmann, K. [Rechtspraktikant in München]: Über die bei Successivgründung von Aktiengesellschaften hervorgehenden Rechtsverhältnisse ... München, Druck v. L. Wildenauer, 1893; 86 S. 8.
Erlangen, Jur. Fak., Inaug.-Diss. v. 1893
(Nur in beschränkter Zahl für den Austausch)

**Adelmann, Karl.** 1888: Alexius Angelus. Drama in 4 Aufz. Würzburg 1890. 1:Ys 26495.
1.10465

(—) Die Hohenstaufen. Als Hs. gedr. [1.2.] — (Würzburg 1902: Stürtz.) 1:Ys 33246.
1.10467

**Adelmann, Karl, die Kraftloserklärung abhanden gekommener oder vernichteter Urkunden im Aufgebotsverfahren nach Reichsrecht u. bayerischem Landesrecht.** (XI, 132 S. m. 2 Tab.) gr. 8. München 904. J. Schweitzer Verl. Geb. in Leinw. n. 3. 50

**Adelmann, Karl, über Riemenschneider.** E. vorläuf. Mitteilg. gr. 8. (23 S.) Würzburg 898. (E. Bauer.) n — 80

Adelmann, Leofrid

— Katalog der Sammlungen von Kunstsachen und Gemälden aus dem Nachlasse des Leofrid Adelmann in Würzburg. Versteigerung zu Würzburg 1888 durch J. M. Heberle (H. Lempertz' Söhne). — Köln (: Heberle) 1888. VI,211 S. 1:4° Ns 8921/388. 12:4° Art. 44q-77. 5.
1.10470

— Bayerische Trachten. Zur Begründung e. Reisestipendienfonds für würdige Zöglinge d. Schulen d. polytechn. Vereins zu Würzburg. Hrsg. von Leofrid Adelmann. [1.2.] — Würzburg: Polytechn. Verein 1856–58.
1. Unterfranken. 1856. 2. Mittelfranken. 1858.
1.2 . . . . . . . . . . . . . . . 1:4° Pn 3311.
1 . . . . . . . . . . . . . . . . 12:2° Bavar. 17 t.
1.10471

**Adelmann, Margaretha, Erinnerungen an Kissingen u. seine Umgebungen.** Würzburg, 864. Kellner. 16. (64 S. u. 2 Lithogr.) n. 15 ngr.

**Adelmann, Margar., Gedichte** (d. deutschen Frauen gewidmet). gr. 12. (14 B.) Leipzig 844, Brockhaus. *

Adelmann, M., Gedichte. Hrsg. v. K. Schrattenthal. 2. Aufl. 12. (VI, 102 S.) Dresden 888, Pierson's Verlag. *

**Adelmann, Margarethe, Gedichte.** Hrsg. v. K. Schrattenthal. 2. verm. Aufl. 12. (VI, 102 S.) Dresden 889. Pierson. n. 1. 50

Philippi **Adelmann**, Tractatus anatomico- chirurgicus de aneurysmate spurio varicoso. Acc. tabulae 2 lithogr. Würceburgi 1821: Nitribitt. 31 S. 8°
2. Ex.: Mx 29 (8)
3. Ex.: Mx 44 (2)

*Adelmann*, **P., tract. de aneurysmate spurio varicoso.** Mit 2 Abbildd. 4. Würzb. 823. Stahel. 1⅓ K

Adelmann, (Vincenz Fererius)(Hrsg.):
s.: Zeitschrift, Gemeinsame deutsche, für Geburtskunde. Bd 1-2. Weimar: 1827-28

**Adelmann** v. Adelmannsfelden, **Klemens** Frhr: Sätze aus allen Theilen der Philosophie. — Dillingen 1789.
6.
1.10474

**Adelmann** von Adelmannsfelden, Raban Graf, Referendar: Die Legitimation der Vereine ohne juristische Persönlichkeit zur Führung von Prozessen nach gemeinem Recht und B.G.-B. *Greifswald 1899: J. Abel.* (63 S.) 8°
Greifswald, Jur. Diss. v. 1899

**Adelmann** von Adelmannsfelden, Sigmund Graf: Die Grundlagen der Verfassung und des Verwaltungssystems der hohenzollernschen Fürstentümer. *Greifswald 1899: J. Abel.* (84 S.) 8°
Greifswald, Jur. Diss. v. 1899

**Adelmann v. Adelmannsfelden, Graf Sigm., 13 Monate in Marokko.** Reisebriefe. Mit 8 Abbildgn. u. 1 Übersichtskarte v. Marokko. (III, 101 S.) gr. 8. Sigmaringen 903. C. Liehner. n. 1. 50

**Adelmar, der Tempelritter,** s. a. Abendunterhaltungen.

**Adelmar, der Tempelritter.** Eine Erzählung aus den Zeiten der Kreuzzüge für die reifere Jugend. Vom Verfasser v. Reinholds Schicksale. Mit Titelbild. gr. 12. Augsburg 839. Lampert u. Comp. ¼ rℓ

**Adelmar der Tempelritter.** Eine Erzählung aus den Zeiten der Kreuzzüge f. d. reifere Jugend u. Erwachsene. Von d. Verf. v. Reinholds Schicksale u. d. Gemsschützen. 3. Aufl. Mit 1 Stahlstich. Augsburg 853. Lampart u. Co. gr. 12. (155 S.) 12 ngr

Adelmar, der Tempelritter. Eine Erzählung aus den Zeiten der Kreuzzüge für die reifere Jugend und Erwachsene. Von dem Verf. von „Reinholds Schicksale" und „Die Gemsschützen". 5. verb. Aufl. 8. (121 S. mit 1 Stahlst.) Straubing 883, Volks- und Jugendschriften-Verlag. cart.

**Adelmi, M., Badenweiler Novellen.** 1. Bdchn.: Der erste Badegast. 8. (124 S.) Frankfurt a/M. 881. Knauer. n. 1. 50

— **dasselbe.** 2. Bdchn.: Die Wette. 8. (94 S.) Schopfheim 882. Uehlin. n. 1. 50

**Adelmi, Mario** (Melanie Steinrück), König Drosselbart, s. a. Bloch's, Ed., Kinder-Schaubühne.

**Adelmi, Mario:** König Drosselbart. Kinderkomödie in 4 Bildern von Mario Adelmi [d.i. Melanie Steinrück]. — Berlin: Bloch (1898). 71 S. (Eduard Blochs Kinder-Schaubühne. 7.) 1:Ng 24904-7.
1.10484

— der Wahnsinnige. Novelle. 1. und 2. Aufl. 8. (252 S.) Bonn 882,84, Hauptmann. *

— Der Wahnsinnige. Novelle. — Bonn: Hauptmann [1882]. 252 S.
4. 7.
1.10485

— — 2. Aufl. Ebd. (1885). 252 S. 1:Yx 20541. 5.
1.10486

— — (2. Aufl.) Ebd. [1909]. 252 S. (P. Hauptmann'sche Roman-Sammlung. 22.)
5.
1.10487

**Adelnau.** Spezial-Karte d. Kreises Adelnau, nach d. neuesten Quellen berichtigt. 1:150,000. Lith. u. col. Fol. Ostr. 83, Priebatsch. n. — 75; auf Leinw. in Calico-Decke n. 1. 25

**Adelnau, Kreis,** s. a. Forstkarten.

— **s. a.: Ostrowo.**

**Adelnau, Kreis, s. a. Posen, Reg.-Bez.**

**Adelnau, Kreis.** Baron, P., Spezialkarte des Kreises Adelnau. Rev. v. den zuständ. Behörden. 1:100,000. 39 × 55 cm. Farbdr. Lissa (902). F. Ebbecke. n. — 50

**Adelnau-Ostrowo.** Spezial-Karte der Kreise Adelnau-Ostrowo. 1:150,000. 2., verb. Aufl. 27×36,5 cm. Farbendruck. Ostrowo 894. J. Priebatsch. n. — 75; auf Leinw. in Leinw.-Decke n. 1. 25

**Adelpha, junges Leben.** Aus dem Holl. (184 S.) 8. Kassel 908. J. G. Oncken Nachf. 1.50; geb. in Leinw. 2. —

**ADELRITTER,** Die. Ein Gräuelgemälde aus den Zeiten der Vehmgerichte in fünf Handlungen. Vom Verf. Gebhard des Zweiten, Kurfürsten von Köln *(Joh. Bapt. Durach).* Görlitz, bei Hermsdorf u. Anton, 1793. 8°.
Titelkpf., 172 S. Einiges etwas frei. — Anon.-Lex. I. p. 29 (nach Kayser, Meusel, Kehrein u. Hittmair).

**Adels, des Deutschen, Verdienste und Beruf.** Votum e. Nichtabgeordneten, hervorgerufen durch e. Antrag um Aufhebg. d. Adels bei der ersten Hohen Deutschen National-Versammlg. gr. 8. (46 S.) Frankfurt a. M. 848, Brönner. 6 ngr

Adels-Almanach. 1882. gr. 8. (224 S. mit Holzschn. und chromolithogr. Titelbl.) Leipzig, Greßner und Schramm. geb. mit Goldschn. *
Nicht weiter erschienen.

Adelsarchiv, s. a. A d e l a r c h i v

**Historisch-genealogisches Adelsarchiv.**
St. 1.
Mannheim 1780: Gegel. 8°

Das Preussische Adels-Archiv, histor., statist. u. geneal. Inhalts, hrsg. v. e. Standesgenossen (G. L. Frh. v. Reiswitz). Berlin 1824. 4.

v. Adelsbach, s. J. J. H. Bauer.

Adelsberg, s.: Geologische Karten. Spezialkarte. (Oesterr.-Ungarn.)

Adelsberg, la Grotta di. 12 Ansichten dieser Grotte in 4., gezeichnet v. A. Rieger, lithogr. v. Stranski. Mit deutschem, franz., ital. und engl. Text. Triest, Luigi Tedeschi. 1862 4 fl.

**Adelsberg, Graf Karl von.** Ein Trauerspiel in fünf Aufzügen. Leipzig 1776. V: *Hahn, Ludwig Phil.* (GGr) (Mn)

**Adelsberg, Carl,** neuer praktischer Briefsteller f. Damen. Nebst e. Anh.: Stammbuchverse. (96 S.) 8. Reutlingen 903. R. Bardtenschlager. — 50

— dasselbe f. Herren. Ein Leitfaden u. Ratgeber beim Briefschreiben in allen Fällen des Lebens. (96 S.) Ebd. (903.) — 50

Adelsberger, Aug., Jugurtha. Ein Trauerspiel in 5 Aufzügen. (XII, 121 S.) 8. Strassburg 908. J. Singer. 2.—; geb. in Leinw. 3.—

**Adels-Bibliothek.** 1.—9. Bd. schmal 8. Leipzig, Deutsches Verlags-Institut. n. 17.—
Aßmus, Burgh., „Jugendsünden". Sittenroman aus der Berliner Gesellschaft. (229 S.) (905.) (Bd. 9.) n. 2.—
Bodenfels, E. v., ein Kind der Liebe. Sittenroman aus der vornehmen Berliner Welt. (250 S.) (905.) (Bd. 2.) n. 2.—
Felden, Karl, eine aristokratische Ehe. Stimmungsbild aus dem modernen Eheleben. (126 S.) (905.) (Bd. 8.) n 2.—
— im Kampf des Lebens. Zeitbild aus dem Großstadtleben. (163 S.) (905.) (Bd. 7.) n. 2 —
— Memoiren der Gräfin Dora. Roman. (144 S.) (905.) (Bd. 3.) n. 2.—
— Schloß u. Pfarrhof. Interessante Enthüllgn. aus dem Leben eines Verlorenen. Roman. (78 S.) (905.) (Bd. 5.) n. 1.—
Linden, K. v., ein Schloß der Liebe. Roman der Baronesse Irma v. Baerenhorst. (183 S.) (905.) (Bd. 4.) n. 2.—
Mirabeau, Comtesse de, „Baron d'Aché". Autoris. Übersetzg. aus dem Franz. v. Marianne Stein. (184 S.) (905.) (Bd. 6.) n. 2.—
Romani, Helt. v., der Graf v. Nosembo. Ein Sittenroman aus hohen Kreisen. (177 S.) (905.) (Bd. 1.) n. 2.—

**Deutsches Adelsblatt. Wochenschrift für die Interessen des deutschen Adels beider Confessionen.** [Hrsg.: Freiherr v. Roell; sp. R. v. Mosch.] Jg. 1–62.
Berlin: Expedition (sp. Günther, sp. J. A. Stargardt) 1883–1944. 4°
Erscheint v. 1903 an bei J. Neumann in Neudamm.

**Adels- und Salonblatt. Wochenschrift.** [Red.: Harry v. Pilgrim; sp. Goedecke; sp. Georg Wattenbach u.a.] Jg. 1–23.
Berlin: Rothacker (sp. Goedecke und Gallineck) 1892/93–1913/14. 8°

Adels-u. Salonblatt. Wochenschrift. Red.: Goedecke. 5.Jahrg.Oktbr. 1896 - Septbr. 1897. 52 Nrn. 4°(Nr. 1-3,36).– Berl., G.Wattenbach. 6. Jahrg. 1897/98. Hrsg.: A. Graf v. Pfeil. Red.: H. Neumann. (H.A. Revel.). 36 Nrn. a Jahrg. 7.Jahrg.Jan - Septbr. 1898, 36 Nrn. 8.u.9. Jahrg. 1899 u. 1900.Red.: O. Marschall v. Bieberstein. Chef-Red.: H. Moltan. a 52 Nrn.

Adelsbrief, der, oder d. Prädikat; e. Lstspl. in 3 Aufz. 8. Augsb. 776. v. Jenisch u. St. 2 gr.

**Adels- und Wappenbriefe, Die,** des Namens Mayer in allen seinen Schreibungen. Wien 1911. H: *Höfflinger, Hch.* (EB)

Adelsbuch des Königreichs Baiern hrgg. v. Karl Heinrich Ritter von Lang. München. 1815.
Suppl. zum Adelsbuch des Königreichs Baiern. Ansbach. 1820. 8°.

**Adelsbuechlein.** — Adelsbüchlein oder ungehaltene Reden eines Abgeordneten über die Pairie. A. 1. Kann eine Pairie in Deutschland geschaffen werden? Der kleine Adel. A.2. Kann eine Pairie in Deutschland geschaffen werden? Der hohe Adel. — Berlin: Trautwein 1850. 32 S. (Fliegende Blätter für deutsche Politik. 1.)
12: J. publ. G. 924–13. 7.
1.10512

**Deutsche Adels-Chronik. Familien-Nachrichten der fürstlichen gräflichen und freiherrlichen Häuser sowie der adeligen Familien im Deutschen Reiche.** [Hrsg. u. Red.: E. Stückhardt.] Mit Supplement. Jg. 1. (Mehr nicht erschienen.)
Stuttgart: Stückhardt 1887/89. 4°
Suppl. s. a. Blätter, hist.-genealogische.

Adelsfried, s.: Wörndle v. Adelsfried.

**Adelsgallerie.** — Deutsche Adels-Gallerie. 1. — Darmstadt: Liter.-artist. Anst. 1879.
1. Dieffenbach, L. Ferdinand: Graf Franz zu Erbach-Erbach.
1: Qk 1362–1. 2. 3. 4. 7.
1.10513

**Adels-Halle,** Oesterreichische. Sammlung historischer Dichtungen von ausgezeichneten Schriftstellern. gr. 12. Wien 842. (Wimmer.) n. 1 2/3 rß

v. Adelsheim. Die Truppendivision. 8. Teschen 1876.

**v. Adelsheim,** Carl Jos., 444 Charaden, Räthsel u. dergl.; nebst 100 Wortspielen. Neue Liefg. 8. Mergentheim 846. (Würzburg, Voigt u. Mocker.) n. 10 1/2 ngl

Adelsheim, G. Dunst, v., die Truppen-Division in der Bewegung, im Stande der Ruhe und im Kampfe. Teschen 1876. 8.

**Adels-Herold.** Zeitschr. f. d. Inter. d. Gesellschaft. Jahrg. 1897 u 1898. 12 Nrn. (à ca. 12 S. m. Abb.) Fol. Berlin, R Teßmer. n. 3.–

**Adels-Herold.** Zeitschrift f. die Interessen der Gesellschaft. Jahrg. 1899. 24 Nrn. Fol. (à ca. 12 S. m. Abbildgn.) Berlin, R. Teßmer. n. 4.—

Adels-Herold. Zeitschrift f. d. Interessen d. Gesellschaft. (Schriftleitg.: F.v. Briesen.) 7. u. 8. Jahrg. 1902 u. 1903 je 26 Nrn.(1902 Nr. 1. 1o m. Abb.) Fol. Berl., R. Tessmer. 9. Jahrg. 1904, 12 Nrn. Erschien Ja. u. Febr. 1901 u. d. T.: W e l t , Vornehme.

**Adelsheros,** süddeutscher. In Verbindung mit vielen Gelehrten bearb. u. herausgeg. von Fr. Cast. In 3 Sectionen. 1. Section. 1. Bd. A. u. d. T.: Historisches u. genealogisches Adelsbuch d. Königreichs Württemberg. Von Fr. Cast. Mit dem Portrait seiner Majestät des Königs von Württemberg. Neue Ausg. gr. 8. Stuttgart 844, Cast. n. 2 5/6 rß

Adelsheros, süddeutscher, od. Gesch. u. Genealogie d. in d. südd. Staaten ansäss. od. mit dens. in Verbind. steh. fürstl., gräfl., freiherrl. u. erbadel. Häuser, mit Angabe ihres Besitzthums, Wappens, d. aus ihnen hervorgegang. Staatsmänner etc., u. ihrer in d. Gegenwart lebenden Mitglieder. In Verbind. mit mehr. Gelehrten u. Freunden d. vaterländ. Geschichte bearb. u. hrsg. v. Fr. Cast. In 3 Sect. — 1. Sect. 1. Bd. u. 2. Sect. 1. Bd. Lex.-8. Stuttgart 845, Cast. à *
Sect. 1. Bd. 1. Histor. u. genealog. Adelsbuch d. Königr. Württemberg. Von Fr. Cast. Neue Ausg. (35½ B. u. Portr. d. Königs v. Württemberg.)
2. - 1. Histor. u. genealog. Adelsbuch d. Grossherzogth. Baden. Nach officiell. u. a. authent. Quellen bearb. (26 B. u. Portr. d. Grossherzogs v. Baden.)

**Adelshofen**, Ritter von, kurze Darstellung aller Verordnungen u. Gesetze in Straffällen ꝛc. gr. 8. Prag, Enders. 814.

**v. Adelshofen**, Ritter Edw. F., Darstell. d. polit., geistl. u. militärischen Verordnn. u. Gesetze in Straffällen. gr. 8. Wien 814. 2e A. 816. b. Mösle. 1 fl

**Adelshofen, Ludwig Ferdinand** Ritter v.: Geschichte des souverainen religiosen Militaerordens des heiligen Johann von Jerusalem verf. v. L. R. v. A. [d. i. Ludwig Ferdinand Ritter von Adelshofen.] — Prag & Leipzig 1803.
1:Pf 6874. 12:Herald. 56 f. 300:176.788–A. 7.
1.10516

— Handb. d. erläuternden allgem. Jurisdictionsnormen, m. prakt. Noten u. d. neuen Landtafelpatente v. 22. März 1794 ꝛc. 8. Prag 795. Kronberger u. W. 16 gr Schrbp. 20 gr

**Adels-Kalender.** Handbuch f. den deutschen Adel. 1894. 12. (87 S. u. Schreibkalender.) Berlin, A. Dressel. Geb. in Leinw. n. 2.—

**Adels-Kalender.** Handbuch f. d. deutschen Adel. 1896 u. 1897. 12. (75 u. 78 S. u. Schreibkalender.) Berlin, A. Dressel. Geb. in Leinw. à n. 2.—

**Adels Lexicon, Allgemeines,** der österreichischen Monarchie, welches in alphabetischer Ordnung alle fürstliche, gräfliche, freyherrliche, ritterliche und adeliche Geschlechter darstellet. Wien 1784. V: *Schröckh, Samuel Jacob.* (Biblport)

Adels-Lexikon, Neues allgemeines deutsches, im Vereine mit mehreren Historikern hrsg. von Ernst Heinrich Kneschke. 9 Bde. (XXXII. 5611) 8. Leipzig 1859—70. 144,00.

Adels-Lexicon, neues allgemeines deutsches, im Vereine mit mehreren Historikern hrsg. von Ernst Heinr. Kneschke. 1—3. Bd. à 4 Abthlgn. gr. 8. Leipzig, Fr. Voigt. [1. Bd. (XXI und 608 S. mit Nachträge 7 S.) 859., 2. (VI und 620 S.) 860., 3. (IV und 624 S.) 861. à Abthl. * 1 Thlr. 10 Ngr.] *

**Adels-Lexicon, neues allgemeines deutsches, im Vereine mit mehreren Historikern hrsg. von Ernst Heinr. Kneschke. 4.—7. Bd. à Bd. 4 Abthlgn. und 8. Bd. 1. 2. Abthl. gr. 8. (4. Bd. 628 S., 5. Bd. 628 S., 6. Bd. 622 S., 7. Bd. 626 S., 8. Bd. 1. 2. Abthl. S. 1—320.) Leipzig 861—67, Fr. Voigt. à Abthl. * 1 Thlr. 10 Ngr.** *
1.—3. Bd. Ebendas. 1859—61. * 16 Thlr.

**Adels-Lexicon, neues allgemeines deutsches, im Verein mit mehreren Historikern hrsg. von Ernst Heinr. Kneschke. 8. Bd. 3. und 4. Abthl., 9. Bd. 4 Abthlgn. gr. 8. (8. Bd. S. 321—630; 9. Bd. 638 S.) Leipzig 868—70, Fr. Voigt. [Zander.] à Abthl. * ℳ 4. * compl. * Ermäss. Preis compl. * ℳ 24.; geb. ***
1.—8. Bd. 1. und 2. Abthl. Ebendas. 1859—67. * ℳ 120.

**Adels-Lexicon, neues Preußisches, oder genealogische und diplomatische Nachrichten von dem in der Preuß. Monarchie ansässigen oder zu derselben in Beziehung stehenden fürstlichen, gräflichen, freiherrlichen u. adeligen Häusern, mit der Angabe ihrer Abstammung, ihres Besitzthums, ihres Wappens und der aus ihnen hervorgegangenen Civil- und Militärpersonen, Helden, Gelehrten und Künstler; bearbeitet von e. Vereine von Gelehrten und Freunden der vaterländ. Geschichte unter dem Vorstande des Frhrn L. v. Zedlitz-Neukirch. 4 Bde. A—Z. gr. 8. Leipz. 836, 37. Gebr. Reichenbach. (Subscr.-Pr. à Bd. $1^2/_3$ fl Velinp. $2^1/_3$ fl Alle 4 Bde jetzt 9 fl Velinp. 12 fl Supp.-Bd., oder des ganzen Werkes 5r Bd. (A—Z.) gr. 8. Ebd. 839. Subscr.-Pr. n. $1^2/_3$ fl Velinp. n. $2^1/_3$ fl (Alle 5 Bde kosten ungetrennt jetzt nur $7^3/_4$ fl Velinp. $10^1/_2$ fl**

**Adels-Lexicon**, neues Preußisches, bearbeitet von einem Vereine von Gelehrten u. Freunden d. vaterländ. Geschichte unter dem Vorstande des Frhrn. L. v. Zedlitz-Neukirch. 1. Bd. 1.—6. u. 2. Bd. 7.—10. Lief. (Und Beiträge zur Statistik des Adels.) 2. wohlfeile mit neuen Nachträgen u. Verbesserungen verm. Ausgabe. gr. 8. Leipzig 842, Gebr. Reichenbach. à $^5/_{12}$ fl — Velinpap. à $^7/_{12}$ fl

— dass. 2. Supplem. zur 1. u. 2. Ausg. Berichtigungen und Nachträge seit 1839 enth. Nebst 1 Anh. über den Stand der Dom-, Collegiat- u. Fräulein-Stifte, so wie über Standes-Erhöhungen und Ordens-Verleihungen der neuesten Zeit. gr. 8. Ebd. 843. $^7/_{12}$ fl Velinpap. $^3/_4$ fl

**Adelsmair, Jos.**, Lehrbuch der Gabelsberger'schen Stenographie in österreichischer Orthographie, s.: Albrecht, Karl.

**Adelson** und Salvini, oder, giebt es in der Liebe auch Freunde? ein Originaltrauerspiel in 5 Handlungen. München 1776. V: *Daun, Maximilian Joseph Graf von.* (Ky) (MGT) (WBL)

Adelson und Salvini, eine Engl. Geschichte, aus dem Franz. des Herrn von Arnaud, 8. Breslau, 781. Gutsch. 13 sgl.

**Adelson u. Salvini; e. engl. Gesch. nach d'Arnaud. 8. Breslau. Gutsch. (Sommer in Lpzg.). 807.**

**Adelson u. Salvini, e. engl. Geschichte nach d'Arnaud (v. Jh. Milack). 8. Leipz. 807. (W. Nauck). 10 gr**

**Adelson,** Hans von: Beiträge zum Firmenrecht des Handelsgesetzbuches. *Berlin 1897: Norddeutsche Buchdr.* (29 S.) 8°
Erlangen, Jur. Diss. v. 30. Okt. 1897

**Adelson, Joseph** (Georgenburg [Jürburg]/Russl.), Dissert. sistens casum singularem morbi tuberosi in nosocomio medico-chirurgico Gottingensi observatum. Götting. (C. Herbst) 1822. 54 S. u. 2 Abb. (W. Eberlein del. H. C. Grape sc.) (5.—) 77
Gew.: I. I. Adelson, Carl Himly.

Adelson, (Jos.,) **dissert. inaug. sistens casum singularem morbi tuberosi. Cum tab. II. aen. 4. maj. Götting. 822, Vandenhök et Rup.**

Adelspartei, die, in Preußen. Eine politisch-histor. Abhandlung zur Würdigung der Ansprüche und Tendenzen dieser Partei. 2. (Titel-)Ausg. gr. 8. (104 S.) Leipzig (860)63, O. Wigand. *

**Adelspartei, die, in Preußen.** Eine politisch-histor. Abhandlung zur Würdigung d. Ansprüche u. Tendenzen dieser Partei. 2. Ausg. Leipzig, 863. O. Wigand. gr. 8. (104 S.) n. 5 ngr.
(1. Ausg. s.: Adelsspiegel.)

**ADELSPATENTE,** Moderne. Wir (Brüsseler Deutsche Zeitung) erhalten aus Cöln folgende Zusendung, eine freie Übersetzung der Ernennung der Lola Montez zur Gräfin. Brüssel, 14. Sept. 1847. Handschriftliche Copie. 4 SS. (2 Mk. Theod. Ackermann, München, 1913.)
Aeusserst satirischer fingierter Adelsbrief. Am Schluss unter Vermischte Nachrichten Bericht über den Stuttgarter Strassenkampf, an dem sich der König beteiligte.

Adelsrolle, **illustrirte deutsche, des 19. Jahrhunderts. Vollständigste Sammlung der Wappen des deutschen Adels in authent. Abdrücken von den Original-Wappensiegeln nebst den Wappen der Fürsten, welche seit 1800 in Deutschland regiert haben. Mit kurzen Erläuterungen. 1—10. Lfg. Lex.-8. (160 S. mit 30 Bl. in Buntdr. und 23 Bl. Erläut.) Leipzig 858—60, E. Schäfer. à Lfg. * 10 Ngr.** *

Adelsrolle, illustrirte deutsche, des 19. Jahrhunderts. Vollständigste Sammlung der Wappen des deutschen Adels in authent. Abdrücken von den Original-Wappensiegeln nebst den Wappen der Fürsten, welche seit 1800 in Deutschland regiert haben. Mit kurzen Erläuterungen. 11. — 14. Lfg. Lex.-8. (S. 161—176, Schluss des I. Halbbds., S. 1—48 des II. Halbbds. und Stnt. 31—41.) ·Leipzig 861—67, E. Schäfer. à Lfg. * 10 Ngr. *
1.—10. Lfg. Ebendas. 1858—60. * 3 Thlr. 10 Ngr.

Adels-Schematismus d. Oesterr. Kaiserstaates. In Verein mit mehrern Freunden herausg. v. J. Ritter v. Schönfeld, 1r Jahrg. mit 1 Bildniß. gr. 8. Wien 824. Schaumburg. 3 ₰

Adelssitze, böhmische, als Centralpunkte volkswirthschaftlicher und humanitärer Bestrebungen. 1. Heft: Schloss Tetschen. Von Frz. Klutschak. Lex.-8. (IX und 154 S. mit 8 lithogr. Ansichten von Carl Würbs.) Prag 855, (Credner.) *

Adelsspiegel. Histor. polit. Würdigung d. Ansprüche d. preuss. Adels. Leipz. 864.

Adels- und Bürgerspiegel, oder der Buchbinder und der Leibschneider, Lustspiel in 5 Aufzügen von Jul. v. Soden, gr. 8. Aarau, Sauerländer. 810.

Adelspiegel d. Seelen, in 5 Tract. v. Rusbroch u. a. 8. Ulm. 722. Rthlr. •

Adels-Stammsitze, tiroler. Kurze Schlösser- u. Burgen-Chronik. Von e. Alttiroler. (64 S.) gr. 8. Bozen 907. Salzburg, A. H. Huber. 1.50; erm. Pr. 1. 30

**Adelstan** und Röschen, ein Trauerspiel mit Gesang. Berlin 1776. V: *Schink, Johann Friedrich.* (GGr)

Adelstan's jovialisch-polit. Reise durch Italien während Buonaparte's Feldzügen rc. 2 Bde. 8. Hamb. 800. (Herold jun.) 2 ₰ 16 gr

Adelstan, jovialisch-politische Reise durch Italien, während Bonaparte's Feldzügen. 2 Bde. 8. Hambg. Vollmer. 800. (à 1 Rthlr. 8 gr.).

Adelstan, Joh. Fr., Deutschland u. Rom, ob. Betrachtungen üb. d. Acta Romana. 8. Darmst. 839. Leske. 1/3 ₰

**Adelstern** oder Ehrgeiz und Vorurtheil für seine Familie. Wien 1781. V: *Keppler, Jos. Fch. von.* (KY 8/73) (BGE³, III/538) (GGr V/504, Nr. 2/1) (Haydinger I/2, 204) (BiblPort)

Adelstern, oder d. bestrafte Ehrgeiz. Trspl. (von Karl Emm. Graf v. Traun). 8. Wien 782. Gerold. (Leipz., Barth). 4 gr

**Adelstolz** im Bade; ein Lustspiel in 3 Akten. Philadelphia 1791. V: *Möller, Christian Friedrich.* (NN)

Adelstolz, der, im Bade zu Lauchstädt. Lstspl. 8. Gera 791. Rothe. 4 gr

Adelsucht u. Trug, oder drei Bräute u. keine Hochzeit. Lstspl. 8. Prag 791. Neureutter. 6 gr

Adels-Zeitung, neue. Salon-Blatt der höheren Stände. Hrsg. u. Red: Jos. Wilh. Dworski. 7. Jahrg. 1873 52 Nrn. (B.) gr. 4. Wien 873. Perles. n. 16. —

Adelt, Gust. (geb. [Domanze in Schles.] 24. 9. 1836): Atrophiae circumscriptae totalis casus. Berolini (1862). (31 S.) 8°
Berlin, Med. Diss. v. 10. Apr. 1862

Adelt, Leonh., der Dritte. Drama in 3 Aufzügen. 8. (86 S.) Berlin (899). E. Bloch. n. 1.20

— Der Dritte. Drama in 3 Aufz. — Berlin: Bloch [1900]. 36 S. 1:Ys 31378. 11.
1.10549

— Werden. Novelle. 8. (122 S.) Dresden 899. E. Pierson. n. 2. —

Adelt, Mt., historia arianismi od. Nachr. von Schmigelsch. Arianism. 8. Danzig, Knoch. 741.

Adelsspiegel. Eine politisch-histor. Abhandlung zur Würdigung der Ansprüche u. Tendenzen der Adelspartei in Preußen. Leipzig, 861. O. Wigand. gr. 8. (104 S.) n. 20 ngr.
2. Ausg. s. A d e l s p a r t e i, Die, in Preußen.

Adelt, Max, Assistenzarzt an d. Prov.;Irrenanstalt zu Plagwitz a.Bober: Über einen F a l l von Verrücktheit auf schwachsinniger Basis (Imbecillität mit episodischer Wahnbildung) aus der Provinzial-Irrenanstalt zu B. München 1901: C.Wolf & Sohn. 28 S. 8°
München, Med.Diss. v. 1902.

Adelt, R., Geschichts-Tabellen f. Mittelschulen u. höhere Mädchenschulen. 8. (18 S.) Ohlau 887. Scheffner. n. — 20

Adelt-Duc, Frau Minna = Duc, Aimée [Autorname].

Adelt-Duc, Mrs. M. A., Tourist's guide books for the east. (English, German and French editions.) German edition. Vol. I. Süd-Indien u. Burma. (South India and Burma.) (40 S.) 8. Plauen i/V. 909. (Berlin, H. J. Köppen.) 1. —

Adelung, Sprachforscher. 1732-1806. 1799 s. *Adelung,* Johann Christoph.

Adelung, C. B., neues Taschen-Fremd-Wörterbuch, enthält über 4000 fremde Wörter u. Redensarten mit Angabe ihrer richtigen Aussprache. Ein Hand- u. Nachschlagebuch für Jedermann. 32. Hamburg 841, Berendsohn. 1/8 ₰ — 2. Aufl. 32. Ebd. 842. 1/8 ₰ — 3. Aufl. 32. Ebd. 843. 1/8 ₰ — 4. Aufl. ... 5. Aufl. 32. Ebd. 844. 1/8 ₰ — 6. u. 7. Aufl. Ebd. 845. à 1/8 ₰ — 8. u. 9. Aufl. Ebd. 846. à 1/8 ₰

Adelung, C. B., neues Taschen-Fremd-Wörterbuch enth. über 4000 fremde Wörter und Redensarten mit Angabe ihrer richtigen Aussprache. Ein Hand- und Nachschlagebuch für Jedermann. 10—13. Aufl. 32. (à 153 S.) Hamburg 848—50, Berendsohn.

Adelung, C. B., neues Taschen-Fremd-Wörterbuch, enthält über 12000 fremde Wörter u. Redensarten mit Angabe ihrer richtigen Aussprache. Nebst einem Anhange enthaltend: die Verdeutschung u. Erklärung der latein. u. anderer in der Gerichtssprache, bei Prozessen rc. vorkommender fremder Ausdrücke. Ein Hand- u. Nachschlagebuch für Jedermann. 13. stark verm. u. verb. Aufl. Hamburg 853. Berendsohn. 16. (IV, 171 S.) 7 1/2 ngr

Adelung, D. H., allgem. Musterbuch schriftl. Aufsätze rc., s. Briefsteller, obersächsischer.

Adelung, Fedor s. *Adelung,* Friedrich v.

Adelung, Frid. Guil. Ferd. (geb. Potsdam 7. 4. 1836): De laryngitide oedematosa. Berolini (1859). (31 S.) 8°
Berlin, Med. Diss. v. 13. Mai 1859

Adelung, Friederike: Emma oder Liebe und Täuschung. Von Klara [d. i. Friederike Adelung]. — Breslau 1810. 1:Yw 6761.
1.10563

Adelung, Friedr.

— s. ferner, 1) Calpurnius. 2) Denksprüche. 3) A. J. v. Krusenstern, Wältersamml. 4) H. Storch, Rußland. 5) Ju Romanen.

Adelung, Fr., s. Abentheuer in der Sierra Morena.

**Adelung,** Friedr., Bibliotheca Sanscrita. Literatur d. Sanskrit-Sprache. 2e, durchaus verb. und vermehrte Ausg. gr. 8. St. Petersburg 837. (Eggers u. Pelz.) n. 2 ß

(—) Entwurf einer statistischen Beschreibung des Kurländischen Gouvernements. — St. Petersburg 1800: Kais. Buchdr. 22 S. 4° 7.
1.10565

Adelung, Friedrich, (und Johann Christoph Adelung),
Altdeutsche // Gedichte in Rom, // oder // fortgesetzte Nachrichten // von Heidelbergischen Handschriften in der // Vatikanischen Bibliothek // von // Friedrich Adelung. // Nebst einer Vorrede // von dem // Herrn Hofrath Adelung // über // Handschriften von altdeutschen Gedichten in der // churfürstlichen Bibliothek zu Dresden. // Königsberg, // bey Friedrich Nicolovius, 1799. - XXXII Seiten Titelblatt und Vorreden. - 1 Blatt (nicht paginiert) Inhaltsangabe.- 332 S.
B. S. T. 8°.3d./2.Band.

**Adelung,** F., d. Titus Calpurnius Siculus ländl. Gedichte. gr. 4. Leipzig, Rein. 804.

— Siegmund Freiherr von Herberstein. Mit bes. Rücks. auf seine Reisen in Russland. — St. Petersburg 1818: Gretsch. XXX,513 S.
1:Au 9101. 12:Biogr. 517m. 300:32 W 63; 32 L 26 [u.] 28.088. 2. 3. 5. 7. 8. 10. 11.
1.10567

**Adelung,** F., Siegm. Freiherr von Herberstein mit besonderer Rücksicht auf seine Reisen in Rußl. M. 2 K. u. 1 Karte. gr. 8. St. Petersburg, (Halle, Hemmerde u. S. in Comm.) 818.

**Adelung.** Friedrich: Ueber die älteren ausländischen Karten von Russland. ([S.-A.] Beiträge zur Kenntniss des Russischen Reichs. Bd. 4.) St. Petersburg 1840. 52 S. 8°. [A 5510

— Lob d. Césars, nach Calpurnius. gr. 4. St. Petersb. 802.

— Augustin Freiherr von Meyerberg und seine Reise nach Russland. Nebst einer von ihm auf dieser Reise veranstalteten Sammlung von Ansichten, Gebräuchen, Bildnissen. — St. Petersburg 1827: Kray.
1:8° (Ansichten: quer-2°) Ue 7372. 12:It. sing. 654p. 300:176.946–B–D [u.] 28.003. 2. 4. 5. 7.
1.10569

**Adelung,** Fr. v., Augustin Freih. v. Meyerberg u. seine Reise nach Russland. Nebst ein. v. ihm auf dieser Reise (1661 u. 1662) veranstalt. Samml. v. Ansichten, Gebräuchen, Bildnissen (Trachten), etc. Lex.-8. (24½ B. u. 1 Atlas in Roy.-Fol. m. 64 Stnt., d. Bildn. d. Grafen N. P. Romanzoff, gestoch. Ttl. m. Vign. u. 2 B. Text.) St. Petersburg 827. (Weimar, Industrie-Comptoir.)

— Nachrichten von altdeutschen Gedichten, welche aus der Heidelbergischen Bibliothek in die Vaticanische gekommen sind. Nebst einem Verzeichnis derselben und Auszügen. — Königsberg: Nicolovius 1796. 252 S.
Forts. s. *Adelung*: Altdeutsche Gedichte in Rom.
1:Yd 356. 12:P.o. germ. 9 [u.ö.] 300:BE 12 R 59. Bd 1. 2. 3. 4. 5. 6. 7. 8. 9. 10. 11.
1.10572

— Nachträge zum 1n, 2n u. 3n Bde des Mithridates, s. Adelung, Jh. Chr., Mithridates 4r Thl.

— F. von, Nachträge zu Adelung's Mithridates. Herausg. von J. S. Vater. Berl. 817. 8.

**PAUSILIPPE** (von *Friedrich Adelung*). Mit Bewilligung der Kaiserlichen Censur. St. Petersburg 1801. 8°. 325 S. (3 Mk 50 Pfg. A. Bielefeld, Carlsruhe, 1911.)
2 Briefe Heinrich des VIII. an Anna Boleyn, — Anekdoten aus Wien. — Wiener Wörterbuch. — Gespenstergeschichte aus der alten Welt. — Beatrice Cenci, aus dem Italienischen. — etc.

— Peusilippe. 8. St. Petersb. (Mitau). 801.

***Adelung,*** **Fr., Rapports entre la langue Sanscrit et la langue Russe. 4. St. Petersb. 811.**

**Adelung,** (Fr.,) d. korssumschen Thüren in d. Kathedralkirche z. heil. Sophie in Nowgorod. Mit 1 Kupf. u. 8 Taf. in Steindr. gr. 4. Berlin 823, Reimer.

**Adelung,** F., die Korssunschen Thüren in der Kathedralkirche zur h. Sophie in Nowgorod. Berlin. 1825. 4. 3½ Thlr.

— Kritisch-literärische Übersicht der Reisenden in Russland bis 1700, deren Berichte bekannt sind. Bd 1.2. — St. Petersburg; Leipzig: Eggers 1846.
1:Ue 7242. 12:It. coll. 2m. 300:35.915–C. Kt. S. [u.] • 5612. 2. 3. 4. 5. 7. 8. 9. 10. 11.
1.10579

**Adelung,** Friedr. v., kritisch-literär. Uebersicht d. Reisenden in Russland bis 1700, deren Berichte bekannt sind. (Eines grossen Demidowschen Preises gewürdigt.) 2 Bde. gr. Lex.-8. (59¼ B., d. Verf. Bildn. u. Facs.) St. Petersburg 846, Eggers u. Comp.; Leipzig, T. O. Weigel. *

— Uebersicht aller bekannten Sprachen und ihrer Dialekte. St. Petersburg 1820: Gretsch. XIV,185 S.
1:V 4900. 12:Polygl. 1m. 300:65.786–B. 2. 3. 5. 7.
1.10580

**Adelung,** (Fr.,) Uebersicht aller bekannt. Sprachen u. ihrer Dialecte. gr. 8. Petersb. 820, (Halle, Hemmerde u. S.) Rthlr.

— Catherinens der Grossen Verdienste um die vergleichende Sprachenkunde. — St. Petersburg 1815: Drechsler. XIV,210 S.
1:4° V 58. 12:4° Polygl. 1. 300:61 C 27. 2. 3. 5. 7. 8. 10. 11.
1.10582

— Katharinens der Großen Verdienste um die vergleich. Sprachenkunde. gr. 4. St. Petersb. 816. (Hemmerde in Halle). 3 ß

— Versuch einer Literatur der Sanskrit-Sprache. — St. Petersburg 1830: Kray. XV,259 S.
2. Aufl. s. *Adelung*: Bibliotheca Sanscrita. 1837.
1:Ax 9440. 12:A. or. 4130. 300:34 R 15 [u.] 28.458. 2. 3. 4. 5. 7. 9. 10.
1.10583

— Versuch einer Litteratur d. Sanskrit-Sprache. gr. 8. St. Petersb. 830. (Leipzig, Cnobloch). 1 ß 12 gl

— Versuch einer Literatur der Sanskrit-Sprache. gr. 8. (17¼ B.) St. Petersburg 830. (Leipzig, Voss.)

**Adelung,** J. C., s. Adelung, Johann Christoph

**Adelung,** J. F. (fälschl.): Geschichte d. menschl. Narrheit, s. Adelung, Johann Christoph

***Adelung,*** **J. G., le nouveau maître Allemand etc., avec des remarques à l'usage des étrangers. Nouv. édit. rev. et considérablem. augm. 8. Altona 802. Aue. 1 ß**

**Adelung,** J. G. L., allgem. deutscher Briefsteller f. alle Fälle d. menschl. Lebens. 8. Nürnb. 810. 6e A. 825. Campe. 1 ß

**Adelung, J. G. L.:** Allgemeiner teutscher Briefsteller für alle Fälle des menschlichen Lebens. 2., durchaus verb. u. verm. Aufl. — Nürnberg: Campe 1819. VIII,544 S. 9.
1.10585

— — 8. verb. u. verm. Aufl. Ebd. 1834. VIII,520 S.
12:Epist. 1002s.
1.10586

— — 9. verb. u. verm. Aufl. Ebd. 1846. VIII,520 S.
12:Epist. 2f.
1.10587

**Adelung,** J. G. L., allgem. deutscher Briefsteller für alle Fälle d. menschl. Lebens. 4te Aufl. 8. Nürnb., Campe. 820.

**Adelung,** J. G. L., der treue Nothhelfer für Studirte und Unstudirte, oder verdeutschendes u. erklärendes Handwörterbuch derjenigen fremden Wörter, welche in d. Conversation, d. Lectüre u. d. Geschäftsleben vorkommen. 3e viel verm. Aufl. gr. 8. Nürnb. 835. Campe. 1½ ß
(NB. Die Angabe, daß schon 1832 die 6e Aufl. erschienen sein soll, muß demnach auf einem Irrthume beruhen.)

**Adelung,** Johann Christian (fälschl.): Denkwürdigkeiten, s. Adelung, Johann Christoph

Adelung, Johann Christoph

— s. ferner: 1) Beitr. zur bürgerl. Geschichte. 2) Begriff, menschl. Fertigkeiten. 3) Belustigungen, mineralog. 4) De Brosse, Geschichte. 5) Denkwürdigkeiten d. Gesch. v. Europa. 6) Denkwürdigkeiten Friedrichs d. Großen. 7) Einleitung z. allgem. Weltgeschichte. 8) Friedrichs II. Werke. 9) Geschichte v. Californien. 10) Geschichte menschl. Narrheiten. 11) Geschichte der Streitigkeiten zwischen Dänemark ꝛc. 12) Glossarium manuale. 13) Lehrgebäude d. Diplomatik. 14) Raulin, v. Erhalt. d. Kinder. 15) Schaubühne d. Staats ꝛc. Händel. 16) Schauplatz d. baier. Erbfolgekrieges. 17) Staatsbriefe hoher Potentaten. 18) Staatsmagazin, allgem. 19) Taschenbuch, militär. 20) Thamm, deutsch-böhm. Reallexikon. 21) Unterweisung in den Künsten ꝛc. 22) Versuch e. Gesch. d. Jesuiterordens. 23) Versuch e. Gesch. d. Kultur. 24) Verzeichniß, allgem., neuer Bücher. 25) Wallerius, Metallurgie. 26) Williams Ursprung. 27) Wochenblatt, Leipz.

Adelung, Jh. Cph., neuest. ABC=, Buchstabir= u. Lesebuch f. Knaben u. Mädchen. M. 10 ill. Kpf. 8. Prag 817. Buchler. 16 ⁄⁄

— Abrégé de la Grammaire allem., trad. par Chr. H. Reichel. 8. Leipz. 789. N. A. 794. (Aue in Altona). 1 ß

— Abrégé de la Grammaire de la langue allemande. 12. Strassb. 796. Levrault. 8 ⁄⁄

**Adelung, Johann Christoph** [Hrag.] s. *Anweisung* alte und neue Sprachen zu erlernen. 1797.

**Adelung, Johann Christoph:** Vollständige Anweisung zur deutschen Orthographie, nebst e. kleinen Wörterbuche. T. [1.] 2. — Frankfurt & Leipzig [: Weygand] 1788.
2 u. d. T.: Adelung: Kleines Wörterbuch für die Aussprache.
1.2 . . . . . . . . . . . **300**: 62 X 13 [u.] 20.009.
1.10588

— — T. [1.] 2. Leipzig: Weygand 1788.
2 u. d. T.: Adelung: Kleines Wörterbuch für die Aussprache.
1.2 . . . . . . . . . . . . **12**: L. germ. **3. 6. 7.**
1.10589

— — Bd 1.2. Brünn: Siedler 1788-91.
2 u. d. T.: Adelung: Kleines Wörterbuch für die Aussprache. 1791.
**300**: *3001.
1.10590

— — 2. verm. u. verb. Aufl. Th. [1.] 2. Ebd. 1790.
2 u. d. T.: Adelung: Kleines Wörterbuch für die Aussprache.
1.2 . . . . . . . . . . 1: Ya 7769^a. **2. 5. 7. 10.**
1 . . . . . . . . . . . . . . . . . . . . . **6.**
2 . . . . . . . . . . . . . . **12**: L. germ. 3a-2.
1.10591

— — Th. [1.] 2. Wien 1790-91: v. Trattner.
2 u. d. T.: Adelung: Kleines Wörterbuch für die Aussprache. 1791.
1.2 . . . . . . . . . . . . . . . . . . . **11.**
2 . . . . . . . . . . . . . . . . . . . . **5.**
1.10592

— — Neueste Aufl. [1.] 2. Frankfurt & Leipzig 1795-1807.
2 u. d. T.: Adelung: Kleines Wörterbuch für die Aussprache. 1807.
1 . . . . . . . . . . . . . . . . **1**: Ya 7770.
2 . . . . . . . . . . . . . . . . . . . . **10.**
1.10593

— — 3. Aufl. [1.] Leipzig: Weygand 1812. 424 S. **3. 9.**
1.10594

— — 4. verb. u. verm. Aufl. Th. [1.] 2. Ebd. 1819-20.
1. 1820.
2 u. d. T.: Adelung: Kleines Wörterbuch für die Aussprache. 1819.
1.2 . . . . . . . . . . . . . . . . . . . **4.**
2 . . . . . . . . . . . . . . . . . . . . **11.**
1.10595

Adelung, Joh. Chrstph., vollständ. Anweisung z. Deutschen Orthographie, nebst e. kleinen Wörterbuche f. d. Aussprache, Orthographie, Biegung u. Ableitung. 5. Ausg. 8. (27 B.) Leipzig 835, [Gebhardt u. Reisland.]

— Auszug aus der deutschen Sprachlehre für Schulen. — Berlin: Voß 1781. 246 S. **1**: Y 4441. **12**: L. germ. 4. **8. 10. 11.**
1.10633

— — Auszug aus der deutschen Sprachlehre. Wien 1782: v. Trattner. 215 S. **1**: Y 4443.
1.10634

— — Zum Gebr. d. Schulen im Hochstift Münster. Neueste Aufl. — Münster: Aschendorf 1784. 246 S. **6.**
1.10635

— — Auszug aus der deutschen Sprachlehre für Schulen. 2. verb. Aufl. — Berlin: Voß 1794. 200 S. **1**: Y 4445.
1.10636

— — 3. verb. Ausg. Ebd. 1800. VIII, 200 S. **2. 6. 10.**
1.10637

— — 4. Aufl. Ebd. 1818. VIII, 200 S. **10.**
1.10638

— Ausz. a. d. deutschen Sprachl. 8. Cölln, Fabricius. 789.

— Auszug aus dem grammatisch-kritischen Wörterbuche der hochdeutschen Mundart. Th. 1-4. — Leipzig: Breitkopf (2ff.: Breitkopf & Härtel) 1793-1802.
**1**: Y 2804. **12**: 4° L. germ. 2a. **6. 7.**
1.10662

— Auszug aus obig., 4 Bde. gr. 8. Ebd. 793—802. (Reimer in Berl.) 8 ß

— — J. C. Adelungs Kleines Wörterbuch der deutschen Sprache, nach dessen großem Wörterbuche ... zum Gebr. ... für Studierende, Beamte u. a. Geschäftsmänner bearb. von Franz Leopold Schmiedel. Bd 1-3. — Wien: Mösle 1820-1823.
Nebent.: Handwörterbuch der deutschen Sprache nach J. C. Adelungs großem Wörterbuche ... bearb. v. Franz Leopold Schmiedel.
1. A-K 1820. 2,1. L-Rech. 1823.
2,2. Reck-Sy. 1823. 3. T-Z. 1823. **300**: 33 T 41.
1.10663

[—] **Kurzer Begriff menschlicher Fertigkeiten und Kenntnisse, so fern sie auf Erwerbung des Unterhalts, auf Vergnügen, auf Wissenschaft, und auf Regierung der Gesellschaft abzielen. Für Realschulen u. d. bürgerliche Leben, von d. Verf. d. Unterweisung in Künsten und Wissenschaften [d. i. Johann Christoph Adelung]. Th. 1-4. — Leipzig: Hertel 1778-81.**
1-4 . . . . . . . . . . . . . . . . . . . **5. 7. 10.**
2-4 . . . . . . . . . . . . . **300**: 20.113. Bd 2/4.
1.10596

— — 2. verb. Aufl. Th. 1-4. Ebd. 1783-89.
1-4 . . . . . . . . . . . . . . . . . **12**: Enc. 1f.
1 . . . . . . . . . . . . . . **300**: 20.113. Bd 1.
1.10597

Adelung, J. C. (Hrsg.), s. Beiträge zur bürgerlichen Geschichte, zur Geschichte der Cultur...

Adelung, Joh. Chr. (Hrsg.), s. a. Belustigungen, Mineralogische...

Adelung (J. Chr.), Mineralogische Belustigungen zum Behuf der Chemie und Naturgeschichte des Mineralreichs. 6 Bände. Leipzig 1768—71. 8. In duplo.

— **Bibliotheca Jo. Christoph. Adelungii exhibens apparatum lectissimum librorum tam impressorum quam manuscriptorum. — Dresdae 1807: Gerlach. VIII, 253 S.**
**1**: Ap 30. **12**: Cat. 2. **300**: 47 Ll 210. **2. 4. 5.**
1.10598

[—] **Cantata per felicitar Sua Altezza Reale il Sig. Federico Errico Luigi, Prencipe R. di Prussia [Heinrich Prinz v. Preussen], alla solennità del suo sposalizio colla Sereniss. Prencipessa Guglielmina Landgr. d'Assia ... il 25 giunio 1752. In tributo d'ossequio ... della ragunanza mus. nell'Università Reale d'Ala. — (Halle 1752:) Hendel. 5 Bl.**
**1**: Mus. Ta 240.
1.10600

**Adelung**, Johann Chr., Denkwürdigkeiten Friedrichs des Grossen. (Gotha) 1757—66. 9 vol. 18.

Adelung, Joh. Chr. (Hrsg.), s. a. Denkwürdigkeiten, Neue, der gegenwärtigen Geschichte v. Europa.

[—] Neue Denkwürdigkeiten der gegenwärtigen Geschichte von Europa. Th. 1.2. — [Gotha] 1764-65. **5.**
1.10601

— Directorium d. i. chronologisches Verzeichniss der Quellen der süd-sächsischen Geschichte, sofern selbige aus Geschichtsschreibern aller Art und Denkmählern bestehen. — Meissen: Erbstein 1802. LVIII, 256 S.
**1**: 4° Sq 68. **12**: 4° Germ. sp. 2. **2. 3. 4. 5. 7. 8. 9. 10. 11.**
1.10602

Adelung, Jh. Cph. († d. 10. Sept. 1806.), Directorium, d. i. chronolog. krit. Verzeichniß d. Quellen z. südsächs. Geschichte. gr. 4. Meißen 802. N. A. 818. Gödsche. 2 ß 12 ⁄⁄

— Fortsetz. u. Ergänz. zu Jöchers Gelehrten-Lexikon, s. a. Jöcher.

Adelung, J. C., Fortsetzung und Ergänzung zu Jöchers allgemeinem Gelehrten-Lexicon. Leipz. 784-87. 2 Th. 4. 9 rthl. 8 gr.

— altdeutsche Gedichte in Rom, s. unten Nachrichten von Heidelberg. Handschriften.

Adelung, Joh. Chrph., Allgem. Gelehrten-Lexikon, s.: Jöcher, Chrn. Glieb.

— älteste Geschichte d. Deutschen, ihre Sprache u. Litt. bis zur Völkerwanderung. gr. 8. Leipz. 806. Göschen. 1 ß 18 ⁄⁄

Kurzgefasste Geschichte der Streitigkeiten der Herzoge von Holsteingottorp mit der Krone Dänemark aus öffentlichen Acten und Documenten bis auf gegenwärtige Zeit mit unparteiischer Feder beschrieben [v. Johann Christoph **Adelung**]. Frankfurt und Leipzig. 1762. 4° k.

Adelung, J. F., Geschichte der menschlichen. Narrheit, s.a. Geschichte.

[Adelung, Joh. Christoph]: Geschichte der menschlichen Narrheit oder Beschreibungen berühmter Schwarzkünstler, Goldmacher, Teufelsbanner, Zeichen- und Liniendeuter, Schwärmer, Wahrsager und anderer philosophischer Unholden. Th. 1-7. Leipzig: Weygand 1785 - 1789. 8°.
1. 1785 347 S.
2. 1786 440 S.
3. 1787 413 S.
4. 1787 423 S.
5. 1787 391 S.
6. 1788 457 S.
7. 1789 408 S.

Contains biographies of: Vol. I, Nicol. Barnaud, J. F. Borro, J. A. Augurelli, J. J. Becher. Vol. II, C. von Drebbel. Vol. III, Nicolas Flamel. Vol. IV, J. R. Glauber, J. B. van Helmont, David Beuther. Vol. V, Heinrich Khunrath. Vol. VI, Delisle and Aluys, Michael Sendivog. To each biography is appended a full bibliography. Published anonymously.

— Gesch. d. Schiffahrten u. Versuche zur Entdeck. d. nordöstl. Durchfahrt nach Japan u. China. gr. 4. Halle 768. Gebauer. 3 rß 12 gl

Adelung, J. Chr., Geschichte der Schiffahrten u. Versuche, welche zur Entdeckung des nordöstlichen Weges nach Japan u. China von verschiedenen Nationen unternommen wurden. Halle 1768. 4°.

— über die Geschichte d. deutschen Sprache, über deutsche Mundarten u. deutsche Sprachlehre. gr. 8. Leipz. 781. (Reimer in Berl.) 6 gl

(—) Glossarium manuale ad scriptores mediae et infimae latinitatis ex magnis glossariis Caroli du Fresne, Domini Du Cange et Carpentarii in compendium red. multisque verbis et dicendi formulis auct. T. 1–6. — Halae: Gebauer 1772–84.
1: Wb 4610. 12: L. lat. 219. 300: 20.386. 2. 3. 4. 5. 7. 9. 10. 11.
1.10611

— Grammatica Theodusica scholis consecr. lat. versa ed. F. G. Born. 8. Leipz. 798. Schwickert. 1 rß

— Grundsäze d. deutschen Orthographie. gr. 8. Leipz. 782. (Reimer in Berl.) 8 gl

— Handschriften von altdeutschen Gedichten in d. churfürstl. Bibliothek zu Dresden. 1799 in: *Adelung*, Friedrich v.: Altdeutsche Gedichte in Rom. 1.10613

— Geschichte d. Philosophie, f. Liebhaber. 3 Bde. 8. Leipz. 786. 87. 2e A. 800. 3e A. 809. (Hinrichs). 3 rß 4 gl

(J. Cp. **Adelung's**) Gesch. der Philos. f. Liebhaber. *Lpz.*, (Weygand. 786-87, nachher m. d. Namen des Verf.) Hinrichs. 810. 3 Bde. 8° 3 rß 4 gl

Adelung's, Joh. Chrph., neuestes vollständiges Handwörterbuch der deutschen Sprache und der üblichsten Fremdwörter, nebst einem faßl. Unterrichte, jedes deutsche Wort in kurzer Zeit recht schreiben zu lernen. Ein unentbehrl. Handbuch für alle Stände. 5., mit 5000 Artikeln verm. Orig.-Ausg. Neue (Titel.-)Ausg. gr. 8. (VIII, 480 S.) Wien 876, (Sallmayer und Comp.) Graeser.

**Adelung**, Jh. Chr., Handwörterbuch der deutschen Sprache, mit Hinzufügung der üblichsten Fremdwörter, die in der deutschen Schrift- und Umgangssprache vorkommen; in welchen zugleich die richtige Betonung, Prosodie, Rechtschreibung u. Ableitung nach den besten und neuesten Quellen, vorzüglich nach Heinsius, Petri, Schade, Vollbeding, Campe, Heyse, Sommer, Kaltschmidt rc. rc. angegeben ist. Vermehrt mit e. faßl. Unterrichte, jedes deutsche Wort in kurzer Zeit rechtschreiben zu lernen. 5. mit 5000 Artikeln verm. Aufl. gr. 8. Wien 846, Jg. Klang. 1 1/3 rß

— Kriegsgeschichte bis zum Hubertsburger Frieden, s. unten Staatsgeschichte, 8r u. 9r Thl.

— Kriegsgeschichte b. z. Hubertsb. Frieden, 2 Thle., od. d. pragmat. Staatsgesch. 8r u. 9r Thl. gr. 4. Gotha, Mevius. 767.

**Adelung**, Joh. Chrph, Umständliches Lehrgebäude der deutschen Sprache zur Erläuterung der deutschen Sprachlehre für Schulen. Th. 1. 2. Leipzig 1782—83. 8. (D.)

**Adelung**, Joh. Christoph (Hrsg.), s.a. M a g a z i n für die deutsche Sprache.

— Magazin für die deutsche Sprache. Bd 1.2. — Leipzig: Breitkopf 17(82)–84.
1: Y 1291. 12: L. germ. 8. 300 [∞ Bd 1]: • 31 F 52. 2. 4. 5 [∞ Bd 2]. 6. 7. 8. 9. 10. 11.
1.10615

— Magazin f. die deutsche Sprache. 2 Bde in 8 Stücken. 8. Leipz. 782—84. (Reimer in Berl.) 3 rß 8 gl

— Magazin für d. deutsche Spr., 8 Stück in 2 Bden. 8. Ebend. 785—86. (à St. 10 gr.)

— l. nouv. maître allem. ou abrégé de l. gramm. allem. 12. Leipzig, Jacobaeer. 802.

— Mithridates oder allgemeine Sprachenkunde mit dem Vater Unser als Sprachprobe in beynahe fünfhundert Sprachen und Mundarten. (2 ff.: Fortges. u. bearb. von Johann Severin Vater.) Th. 1–4. — Berlin: Voss 1806–17.
1–4 . . . 1: V 2276. 12: Polygl. 2. 300: 65.794–B [u.] 9189. 3. 4. 5. 6. 7. 8. 9. 10. 102.
1–3 . . . . . . . . . . . . . . . . . . 2. 11.
1.10616

—— Pars bibliothecae Jo. Christoph. Adelungii. Berolini 1827: Gaedicke. S. 60–264.
Enth. Nr 1320-5427 der Bibliotheca mit e. Nachtr. u. Anh.
1: Ap 31. 2.
1.10599

- - , Jacob Püterich // von // Reicherzhausen. // Ein // kleiner Beytrag // zur // Geschichte der Deutschen Dichtkunst // im // Schwäbischen Zeitalter. // Seinen // in Leipzig zurück gelassenen Freunden // gewidmet // von // Johann Christoph Adelung. // Leipzig, // bey Johann Gottlob Immanuel Breitkopf. // 1788. - 38 S.

— Jakob Püterich v. Reichershausen. Ein Beitr. zur Gesch. d. deutschen Dichtkunst. 8. Leipz. 788. (Reimer in Berl.) 6 gl

**Adelung**, Joh. Chr. (Hrsg.), s.a. S c h a u b ü h n e, Neue, der vorfallenden Staats-, Kriegs- und Friedenshändel.

[—] Neue Schaubühne der vorfallenden Staats-, Kriegs- und Friedenshändel. Stück 1–13. — Gotha 1760.
10.
1.10618

**Adelung**, J. C. (Hrsg.), s.a. S c h a u p l a t z des Bayerischen Erbfolgekriegs.

[—] Schauplatz des baierischen Erbfolgskrieges oder historische und geographische Beyträge zur Geschichte des Krieges, welcher nach Ableben des Churfürsten Maximilian Josephs ... entstanden ist. Stück 1–6. — Leipzig: Breitkopf 1778–79.
1–6 . 1: 4° Rz 4628 [u.] Kart. V 23272. 12: 4° Bavar. 2221–XII, 3 m [auch 1–4° Bavar. 2221–XII, 3 n]. 300: • 38 C 25. 2. 7.
1.2 . . . . . . . . . . . . . . . . . . 3. 4. 6.
1.10619

— Specimen illustrationis quorundam sacri codicis locorum ex Musaeo. — Halae Magd. 1756: Gebauer. 24 S. 4°
Gratulationsschrift für Baumgarten.
10.
1.10620

— Deutsche Sprachlehre. Zum Gebr. d. Schulen in den Königl. Preuß. Landen. — Berlin: Voß 1781. XXX,626 S.
1:Y 4421. **3. 5. 7. 8. 10. 102P.**
1.10621

— — Wien 1782: v. Trattner. 552 S.
1:Y 4423. 12: L. germ. 9. **6.**
1.10622

**Adelung, Johann Christoph:** Deutsche Sprachlehre. Zum Gebr. d. Schulen in d. Hochstifte Münster. Neue verb. Aufl. — Münster: Aschendorf 1784. 630 S.
1:Y 4451.
1.10623

— — Deutsche Sprachlehre. Zum Gebr. d. Schulen. Neue verb. Aufl. — Frankfurt & Leipzig 1785. **2.**
1.10624

— — Deutsche Sprachlehre für Schulen. 2. verm. und verb. Aufl. — Berlin: Voß 1792. 519 S. 1:Y 4425. **10.**
1.10625

— — 2. verm. u. verb. Aufl. Ebd. 1795. 519 S. **10.**
1.10626

— — 3. verm. u. verb. Aufl. Ebd. 1795. 519 S.
1:Y 4427. **3. 5. 11.**
1.10627

— — 4. verb. u. mit einer kurzen Geschichte d. deutschen Sprache verm. Aufl. — Ebd. 1801. XVI,542 S.
1:Y 4421ᵃ. **8. 10.**
1.10628

— — 5. verb. u. mit einer kurzen Geschichte d. deutschen Sprache verm. Aufl. — Berlin & Wien 1803. X,426 S.
**300:**∘588.
1.10629

— — 5. u. mit e. kurzen Geschichte d. deutschen Sprache verm. Aufl. — Berlin: Voß 1806. XII,542 S.
1:Y 4421ᵇ.
1.10630

— — 6. mit e. Geschichte d. deutschen Sprache verm. Aufl. Ebd. 1816. XVI,542 S. 1:Y 4421ᶜ. **4. 7.**
1.10631

— deutsche Sprachlehre für Schulen. 8. Berlin, Voß. 815.

— deutsche Sprachlehre z. Gebr. d. Schulen im Fürstenth. Münster. 8. Münster 784. Aschendorf. 12 gl. Dies. im Ausz. 4e Aufl. 8. Ebd. 818. Ebd. 6 gl.

— auserles. Staatsbriefe hoher Potentaten, 3 Thle. 8. Gotha. (Dietrich in G.) 762—64.

— pragmat. Staatsgesch. d. europ. Höfe, von dem Ableben Kaiser Karl VI. an. 9 Theile, (8r u. 9r Thl. A. u. d. T.: Kriegsgesch. bis z. Hubertsburg. Frieden 2 Thle). Mit Anh. gr. 4. Gotha 761—70. Mevius. 19 ℛ 14 gl (Neff in Stuttg.) 12 ℛ

[—] Allgemeines Staatsmagazin auf d. J. 1766. — Leipzig: Crusius 1767. **5.**
1.10641

— über den deutschen Styl. 3 Thle. 8. Berl. 785. 86. N. A. 787. 3e A. 2 Bde 789 u. 90. 4e A. 2 Bde. 8. Berl. 800. Voß. 1 ℛ 16 gl.

— dass. im Auszuge v. Th. Heinsius. 8. Berl. 2e A. 807. 3e A. 822. Voß. 18 gl

— ü. d. deutschen Styl im Ausz. v. Th. Heinsius. 8. Ebd. 808.

— über d. deutsch. Styl, im Ausz. v. Th. Heinsius. 3e Ausg. 8. Berlin 822, Voß.

— Supplement zum Wörterbuch 1r Bd. A — D. gr. 4. Ebend. 818.

— Orthographisches und etymologisches Taschenwörterbuch der deutschen Sprache zum Gebr. für Jedermann ... Um vieles verm. u. durchaus berichtigt v. Martin Span. — Wien & Triest: Geistinger 1819. XXIV,555 S.
**300:**36 M 6.
1.10648

Adelung, (J. C.,) orthogr. u. etymol. Taschenwörterbuch d. deutsch. Sprache z. Gebrauche f. Jedermann, u. insbes. f. Studierende, Beamte ꝛc., verm. u. bericht. v. M. Span. 12. Wien 819, Geistinger. (Landshut, Krüll.)

[ADELUNG]. *Unterweisung* in den vornehmsten Künsten und Wissenschaften zum Nutzen der niedern Schulen. Mit Kupfern. Frankfurt und Leipzig, Chr. Gottlieb Hertel, 1771. XVI, 512 S., 6 handkolor. gestoch. Karten (Globuskarte, Amerika, Afrika, Asien etc.) und 17 gefalteten Kupfer mit nahezu 120 Wappen. Kl.-8°. Hldr. d. Z. auf Bünden mit rotem Rsch. 30.—
★ Erste Ausgabe dieses in Fragen und Antworten geschriebenen, vielseitigen Belehrungsbuches. — Einzelne unbedeut. Bräunungen.

[—] Unterweisung in den vornehmsten Künsten und Wissenschaften zum Nutzen der Schulen. 3. verm. u. verb. Aufl. — Leipzig: Hertel 1777. XV,457 S. **11.**
1.10649

[ADELUNG, JOH. CHRISTOPH]. *Unterweisung* in den vornehmsten Künsten und Wissenschaften zum Nutzen der Schulen. Mit Kupfern. 4. verm. u. verb. Aufl. Leipzig, Ch. G. Hertel, 1785. X S. 2 Bl. (verbunden), 526 S. 1 Bl. Mit 6 gestoch., kolor. Karten, 15 gefalt. Kupfern (astronom. Fig., Bergwerk, Schiffe, Menschentypen u. Kostüme) und 4 gef. Kupfern (griech. Götter). 8°. Hübscher Ganzldrbd. mit Rückenvergoldung u. rotem Rückenschild. 22.—
Gutes Ex. dieses häufig aufgelegten Werkes; Schulpreis an Joh. Bernoulli 1796. — Einige Bräunungen. 1 Tafel (Bergwerk) eingerissen.

— Über den Ursprung der Sprache und den Bau der Wörter, bes. der deutschen. Ein Versuch. — Leipzig: Breitkopf 1781. X,68 S.
1:Y 1901. **300:**an 73 Aa 72. **3. 5. 7. 10. 11.**
1.10651

— über den Ursprung d. Sprache u. d. Bau d. Wörter. gr. 8. Leipz. 781. (Reimer in Berl.) 4 gl

[—] Versuch einer Geschichte der Cultur des menschlichen Geschlechtes. Von dem Verf. des Begriffs menschlicher Fertigkeiten und Kenntnisse [d.i. Johann Christoph Adelung]. — Leipzig: Hertel 1782. 472 S.
1:Nq 12990. **12:**H. g. hum. 230. **300:**20.008. **5. 7. 8. 10.**
1.10652

— — Mit e. Anh. verm. Ebd. (1782)–1800.
Anh. u. d. T.: Entwurf der neuesten Culturgeschichte seit der Ideenwanderung über Freiheit und Rechte der Menschen. 1800.
**300:** 12 L 1. **2. 10. 11.**
1.10653

(—) Versuch einer neuen Geschichte des Jesuiten-Ordens von dessen ersten Stiftung an bis auf die gegenwärtigen Zeiten. Th. 1. 2. — Berlin & Halle 1769–70.
1:Ci 640. **12:** Jes. 9f. **2**[∞2]. **4. 7. 8. 10.**
1.10654

(—) Versuch eines vollständigen grammatisch-kritischen Wörterbuchs der hochdeutschen Mundart mit beständiger Vergleichung der übrigen Mundarten, besonders aber der oberdeutschen. Beygefüget ist des Herrn M. (Friedrich Carl) Fulda Preisschrift über die beyden deutschen Haupt-Dialecte. Th. 1–5, Hälfte 1. — Leipzig: Breitkopf 1774–86.
Spätere Ausg. s. *Adelung:* Grammatisch-kritisches Wörterbuch.
1:4°Y 2791. **12:**4° L. germ. 1. **300:** 73 G 42 [u.] 1131. **2. 3. 4. 5. 6. 7. 9. 10. 11.**
1.10655

— Versuch e. vollständ. grammat. krit. Wörterbuchs d. hochdeutschen Mundarten. 4 Bde. gr. 4. Leipz. 774—86. 2e A. 793—801. (Reimer in Berl.) 24 ℛ 5r oder Supplement. 1r Bd. A—D. gr. 4. Ebd. 818. 1 ℛ

Adelung, Joh. Chr. (Hrsg.), s. Verzeichniss, Allgemeines, neuer Bücher mit kurzen Anmerkungen.

— Kritisches Verzeichniss der Landkarten und vornehmsten topographischen Blätter der chur- und fürstlichsächsischen Lande. — Meissen: Erbstein 1796. 310 S.
1:Sq 8610. **300:**6259. **2. 3. 5. 7.**
1.10656

— kritisches Verzeichniß d. Landkarten ꝛc. d. Sächs. Lande. gr. 8. Meissen, Gödsche. 796.

— kritisches Verzeichniß der Landkarten u. vornehmsten topographischen Blätter der sächsischen Lande. Neue wohlf. Ausg. gr. 8. Meißen, Gödsche. 818.

Adelung, Joh. Christoph (Hrsg.), s. Wochenblatt, Leipziger, für Kinder.

**Adelung, Johann Christoph:** Grammatisch-kritisches Wörterbuch der hochdeutschen Mundart. 2., verm. u. verb. Ausg. Th. 1–5,1. — Leipzig: Breitkopf (5,1: Berlin: Realschulbuchh.) 1793–1818.
1. A–E. 1793. 2. F–L. 1796. 3. M–Scr. 1798. 4. Seb–Z. 1801. 5,1 = Suppl. Bd. H. 1. 1818.
1. Ausg. s. *Adelung:* Versuch e. vollst. grammatisch-kritischen Wörterbuchs. 1774–86.
1–5,1 . . **12:**4° L. germ. 2x [auch 1–4 = 4° L. germ. 2 u. 6.; 1–3 = 4° L. germ. 2b]. **7. 8. 9. 10.**
1–4 . . . . . . **1:**4°Y 2792. **2. 3. 5. 89. 102P.**
3.4 . . . . **300:**51 D 15. Bd 3.4 [u.] 21.924. Bd 3.4.
5,1 . . . . . . . . . . . . . **11.**
1.10657

— — 2., verm. u. verb. Ausg. Th. 1.2. Wien: Wappler 1793–96. **300:**51 D 15. Bd 1.2 [u.] 21.924. Bd 1.2.
1.10658

— — Mit D[ietrich] W[ilhelm] Soltau's Beiträgen rev. u. berichtigt von Fr[an]z Xav[er] Schönberger. Th. 1–4. — Wien 1808: Pichler.
1–4 . . . **1:**4°Y 2798. **12:**4° L. germ. 3 [u. 6.] **9.**
4 . . . . . . . . . . . . **11.**
1.10659

Adelung, Jh. Cph., grammat.-krit. Wörterb. d. hochdeutschen Mundarten ꝛc. Mit D. W. Soltaus Beiträgen; revid. u. bericht. v. Fr. X. Schönberger. 4 Bde. gr. 4. Wien 811. Bauer. 11 ℛ 6 gl

— — Neuestes vollständiges Handwörterbuch der deutschen Sprache, mit Hinzufügung der üblichsten Fremdwörter ... Verm. mit e. fasslichen Unterrichte, jedes deutsche Wort ... recht schreiben zu lernen; nebst besondern Bemerkungen über die richtige Abfassung ... der Briefe ... und e. kurzen Uebersicht der ... Titulaturen. 5., ... verm. Original-Aufl. — Wien: Klang 1846. VII,480 S.
300:20.748-B.
1.10661

—Kl. deutsches Wörterbuch f. d. Aussprache, s. oben Anweis. zur Orthographie, 2r Thl.

— Kleines Wörterbuch für die Aussprache, Orthographie, Biegung u. Ableitung, als der 2. Th. der Vollst. Anweisung zur deutschen Orthographie. — Frankfurt & Leipzig [: Weygand] 1788. 252 [vielm. 452] S. (Adelung: Vollst. Anweisung zur deutschen Orthographie. 2.)
300: 62 X 13 [u.] 20.009. Bd 2.
1.10664

— — Leipzig: Weygand 1788. 252 [vielm. 452] S. (Adelung: Vollst. Anweisung zur deutschen Orthographie. 2.)
12: L. germ. 3-2. 6. 7.
1.10665

— — 2. verm. u. verb. Aufl. Ebd. 1790. 452 S. (Adelung: Vollst. Anweisung zur deutschen Orthographie. 2.)
1: Ya 7769[a]. 12: L. germ. 3a-2. 2. 5. 7. 10.
1.10666

— — Brünn: Siedler 1791. 407 S. (Adelung: Vollst. Anweisung zur deutschen Orthographie. 2.)
300: •3001. Bd 2.
1.10667

— — Wien 1791: v. Trattner. 518 S. (Adelung: Vollst. Anweisung zur deutschen Orthographie. 2.)
5. 11.
1.10668

— — Neueste verm. u. verb. Aufl. Frankfurt & Leipzig 1807. 435 S. (Adelung: Vollst. Anweisung zur deutschen Orthographie. 2.)
10.
1.10669

**Adelung, Johann Christoph:** Kleines Wörterbuch für die Aussprache, Orthographie, Biegung und Ableitung der deutschen Sprache. 4. verb. u. verm. Aufl. — Leipzig: Weygand 1819. 452 S. (Adelung: Vollst. Anweisung zur deutschen Orthographie. 2.)
4. 11.
1.10670

— kleines Wörterbuch für die Aussprache, Orthographie, Biegung und Ableitung der deutschen Sprache, 4te verb. u. verm. Aufl. 8. Leipzig, Weygand. 820.
Ist d. 2te Thl. d. vollständ. Anweis. z. deutsch. Orthographie.

— kl. Wörterbuch d. Orthographie u. d. deutschen Sprache, nach dess. groß. Wörterb. bearb. v. J. L. Schmiedel. 3 Bde. (A. u. d. T.: J. L. Schmiedel, Handwörterb. d. deutsch. Sprache.) gr. 8. Wien 823. v. Mösle. 4 ℛß 16 𝔤ℊ Wohlf. Ausg. 827. 3 ℛß

— kleines deutsch. Wörterbuch f. d. Aussprache, Rechtschreib., Biegung u. Ableit. 5e verm. u. bericht. v. K. B. Schade ganz umgearb. Aufl. 8. Leipzig 824, Weygand.

— kleines Wörterbuch d. deutsch. Sprache, nach dessen großen Wörterbuch bearb. v. J. L. Schmiedel. 3 Bde. A. u. d. T.: J. K. Schmiedel Handwörterbuch d. deutsch. Sprache rc. gr. 8. Wien 823, v. Moesle.

Adelung, Joh. Chr., kleines Wörterbuch d. deutsch. Sprache f. d. Aussprache, Rechtschreib., Beugung u. Ableit., nebst d. Erklär. aller grammat. Benennungen u. d. Verdeutschung vieler fremder Wörter. 6., nicht bloß verm. u. bericht., sondern ganz umgearb. u. als ein völlig neues Werk erscheinende, Ausg., verfaßt v. Karl Benj. Schade. 8. (46¼ B.) Leipzig 834, Weygand. [L. Gebhardt.]

— kleines Wörterbuch der deutschen Sprache für die Aussprache, Rechtschreibung, Beugung und Ableitung; nebst d. Erklärung aller grammat. Benennungen u. d. Verdeutschung vieler fremder Wörter. 6e ganz umgearb. u. als ein völlig neues Werk erscheinende Ausgabe, verfaßt v. Karl Benj. Schade. 8. Leipz. 835. Weygands Verlagsbuchh. 1 ℛß

**Adelung,** Joh. Christoph: Neues grammat.-krit. Wörterbuch d. engl. Sprache, s. a. Johnson

[—] Neues grammatisch-kritisches Wörterbuch der englischen Sprache für die Deutschen; vornehmlich aus d. grössern engl. Werke d. Hrn Samuel Johnson nach dessen 4. Ausg. gezogen, u. mit vielen Wörtern, Bedeutungen u. Beyspielen verm. Bd 1.2. — Leipzig: Schwickert 1783-96.
10.
1.10673

Adelung, Joh. Christ. Wörterbuch der Orthographie und der deutschen Sprache zum Gebrauche für Beamte, Geschäftsmänner und Schulen in den k. k. Staaten. 8. Wien 1808.

— Wörterb. d. Orthographie u. d. deuts. Sprache, z. Gebr. f. Beamte, Geschäftsmänner u. Schulen in d. k. k. Staaten. 8. Wien, Mösle. 810.

Adelung, Joh. Chr. (Hrsg.), s. Zeitungen, Neue Leipziger gelehrte.

**Adelung,** Jo. J., De moralitatis vi medica. 16 l. Erf. 4°. 1709

—, De nervis cogitationes spontaneas recludentibus quemadmodum praeludunt iisdem sensationes. Altd. 4°. 1769

**Adelung, Johann Justus** (Thuringus Dagwichensis), Flaviana Herodum historia adserta et nummis antiquis conciliata. Präs. Christoph Cellarius. Halle (Christian Henckel) 7. I. 1696. 12 Bl. (6.—) 78

**Adelung, Johann Paul:** Verzeichniß der Bücher des seligen Joh. Paul Adelung, welche am 29., 30. und 31. October 1765 zu Friedland auf dem Rathhause verkauft werden sollen. — o.O. [1765]. 126 S.
2.
1.10674

**Adolph,** Jo. Tr., De nervorum longitudine in compensationem multitudinis et vice versa. 16 pp. Altd. 4°. *Ludwig*, IV, 181—88.
1769

**v. Adelung,** *Nicolai:* Beiträge zur Kenntnis des tibialen Gehörapparates der Locustiden ... M. 2 Taf. (Aus: Zeitschr. f. wiss. Zool., Bd. LIV Heft 1, 2.) Leipzig, W. Engelmann, 1892; 1 Bl., 36 S., 2 Taf. 8.
Heidelberg, Naturw.-math. Fak., Inaug.-Diss. v. [18. Jan.] 1892

**Adelung,** Olga v., Der Größte, — Und das ist ganz gewiß! } s.: Jugendbühne.

**Adelung,** Sophie v., Cora's Bilderbuch. gr. 4. (24 Farbendr.-Bilder m. eingedr. u. 1 Bl. Text.) Stuttgart 883. G. Weise. geb. n. 5. —

**Adelung,** Sophie v., Heinrich von Eichenfels,
— D. graue Fräulein a. Scharfenstein,
— D. Hopfenblüten,
— D. verzauberte Königssohn,
— Jungfer Lottchen Meienbuch,
— D. Lumpensammler,
— D. Schneckenvroni,
} s.: Jugendbühne.

**Adelung,** Sophie v., das Gemeindeglied, s. a. Verein f. Verbreitung guter Schriften, Basel, Nr. 69.

Adelung, [Frl.] Sophie v[on]. Das Gemeindeglied (Nach einer wahren Begebenheit) von S' v. A'. — Die Schulreise (Erzählung) von J[acob] Eichenberger. 56 S. 8. Basel, Emil Birkhäuser, April 1906. fr. —. 10 R
Verein für Verbreitung guter Schriften. Basel, No. 69.

— s.: Jugendbühne.

Adelung, Sophie v., Kleeblatt. Drei Erzählungen für junge Mädchen. 8. (116 S.) Dresden 888, Dieckmann. geb. *

**Adelung,** Sophie v., Kleeblatt. Drei Erzählgn f junge Mädchen. 8. (116 S.) Dresden 889. Dieckmann. geb. n. 2 50

— Lustig u. Traurig. qu. gr. 4. (34 Bl. m. color. Illustr.) Ebend. 882. geb. n. 5. —

Adelung, Sophie v. Zwei Mädchenbilder in Pastell. 8. Dresd. 888. Lpz., Knaur. geb. [* 3 —] * 2 —

— Maikäfer auf Reisen. Peter u. der Pavian. Text v. S. u. O. v. Adelung. gr. 4. (28 Chromolith. m. eingedr. Text.) Ebend. 883. geb. n. 5. —

**Adelung, Sophie v., Mammon,** s. a. **Verein f. Verbreitung guter Schriften, Basel Nr. 48.**

— **Mammon. Monika,** s. a. **Volksbücher, neue. 81.**

**Adelung,** Sophie von. Mammon. 56 S. 8. Basel, Emil Birkhäuser, Januar 1901. fr. —. 10 R
Verein für Verbreitung guter Schriften. Basel, No. 48.

Mammon. Monika. Erzählungen von Sophie v. **Adelung**. Berlin: Schriftenvertriebsanst. [1904]. (107 S.) 8° [F.]
= **Volksbücher, Neue.** Bdch. 81. [05. 1566]

**Adelung, Sophie v., mitten in der Not,** s.: **Christblumen.**

— Russlàna. Erzählung für junge Mädchen. — Berlin: Meidinger [1888]. 184 S. 1:Ng 16238/10.
1.10679

— **Rußlàna. Erzählung f junge Mädchen. 8. (II, 184 S.) Stuttgart 888. Lutz. geb. n. 3 —**

— **Sonntagsfriede am Werktag. (140 S.) kl. 4. Heidelberg (902). Ev. Verlag. Kart. n. — 75; geb. 1. 75**

Adelung, Sophie v.: Aus dunklen Tagen, s. a. Verein f. Verbreitg. guter Schriften, Basel.

**Adelung,** [Frl.] Sophie von. Aus dunkeln Tagen. [Erzählung.] 56 S. 8. Basel, Emil Birkhäuser, Oktober 1908. fr. —. 10 R
Verein für Verbreitung guter Schriften. Basel, No. 79.

— Teneko, der Samojede. Um 1900 in: *Novellenschatz*, Vita's. 21.
1.10680

— Weihnachten in der Dachstube. Weihnachtsstück in 1 Akt. — Mühlhausen i. Th.: Danner [1904]. 16 S. (Aufführungen f. Weihnachten u. Neujahr. 15.)
1:Yp 6422-15. 3.
1.10681

Adelungk, K. W. Kurze histor. Beschreibung der freien Reichsstadt Hamburg. Hamburg 1696.

* **ADELUNGK,** Wolfg. Hnr., Thesaurus Historiarum, Oder Neu-Eröffnete Schatz-Kammer Rarer und Ausserlesener Historien ...... Hamburg, Verlegts, Gfr. Liebernickel, Druckts, Nic. Spiering, Anno 1695. (Nebst Kpftit.) 8°. (In Breslau, Kgl. u. Univ.-Bibl.)
8 Bll. Vorst., 808 SS., 4 Bll. Reg. Enth. 150 z. Theil anstössige Geschichten.

— — Dasselbe. Ibid. 1708. 8°.

— — Dasselbe. 3. Aufl. Mit einem doppelt. Anh. vieler curieuser Fragen .... Mit TKpf. Ibid. 1732. 8°. (5/6 Rthlr. Koebner, vor 1875; jetzt theurer!)

**Adema, E.:** Hermann Ritter und seine Viola alta. Gesammelte Aufsätze. Suppl. zu H. Ritter's Buche: Die Geschichte der Viola alta u. die Grundsätze ihres Baues. — Würzburg: Stuber 1881. 65 S.
1:Mus. Dr 380. 12:Mus. Th. 14.
1.10690

— Professor Hermann Ritter und seine Viola alta. Ergänzung der Schrift: Hermann Ritter und seine Viola alta. — Würzburg: Stuber 1890. 16 S.
1:Mus. Dr 381. 12:Mus. Th. 14a.
1.10691

**Ademeit,** Wilhelm, aus Köln: **Beiträge zur Siedlungsgeographie des unteren Moselgebietes.** *Marburg 1903: (Union in Stuttgart).* (104 S.) 8°
Marburg, Phil. Diss. v. [20. Febr.] 1903

**Ademeit, Wilhelm:** Beiträge zur Siedlungsgeographie des unteren Moselgebietes. — Stuttgart: Engelhorn 1903. 104 S. (Forschungen zur deutschen Landes- und Volkskunde. 14,4.)
Ersch. auch als Diss. Marburg 1903.
1:S 10448-14,4. 12:Germ. g. 133kc-14,4.
300:393.048-B. Kt. S. 14,4. 2. 3. 4. 5. 6. 7. 8. 9. 10. 11.
1.10697

**Aden, S., Bilder ohne Worte. 12 Bleistift-Zeichngn. Unveränderlicher Lichtdr. v. M. Rommel in Stuttgart. gr. 4. Esslingen 879. Schreiber. In Mappe. n. 10. —**

— **Piepser, der Kanarienvogel, Schnurr, das Kätzchen, u. Klein Mariechen. Ein buntes Bilderbuch m. lustigen Reimen. gr. 4. (18 Chromolith. m. eingedr. Text.) Stuttgart 880. Thienemann. geb. n. 4. —**

**Adenau.** — Aus dem Kreise [Kreis] Adenau. Ein Beitrag zu Denkmalpflege u. Heimatschutz. Hrsg. von d. Kreisverwaltung. — (Bonn [1910]: Broch & Schwarzinger.) 52 Bl. quer-8° 1:Th 2516. 5.
1.10717

**Adenauer,** August, Rechtsanw. in Cöln a. Rh.: Die **Contre-lettres** des französischen Rechts. *Cöln 1899: J. Pohl.* (50 S.) 8°
Tübingen, Jur. Diss. v. 1899

**Adenaw, A.:** Die Baracken-Lazarethe des Vereins für den Regierungs-Bezirk Aachen im Kriege 1870–71. Hrsg. von A. Adenaw u. A[ugust] v. Kaven. Mit 3 Steindrucktaf. — Aachen: J. A. Mayer 1872. 74 S.
1:Kq 9430. 5. 7. 82.
1.10720

**Adenaw,** Eduard [Architekt]: Beschreibung des neuen Schulgebäudes. Hierzu 3 Bildtaf. (Umschlagt.: Beschreibung des nach d. Plänen d. Herrn Stadtbaurath Joseph Laurent entworfenen u. ausgeführten neuen Anstaltsgebäudes.) *Aachen, 1893;* III—VII S., 3 Taf. 4.
Aachen. R m. Fachkl. '(frühere k. GwS)', OP 1893 (491)

**Adenbrunner, J. N., deutsche Messe für 3 Singstimmen mit Begleit. des Orchesters. Fol. Landshut, Krüll.** 813.

**Adeneuer,** *Johann:* Nachtrag X *zu dem 1882 erschienenen Kataloge der Bibliothek des Realgymnasiums.* [Nachtr. I—IX: P-Beil. 1886—94.] Köln, Druck v. J. P. Bachem, 1895; 21—23 S. 4.
Köln, st. RG m. Gymn.-Parallelkl. u. VS, P 1895 (483)

**Adeneuer,** *Johann:* Nachtrag XI *zu dem 1882 erschienenen Kataloge der Bibliothek der Anstalt.* [Nachtr. I—X: P-Beil. 1886—95.] Köln, Druck v. J. P. Bachem, 1896; 23—24 S. 4.
Köln, st. G u. RG in d. Kreuzgasse, P 1896 (482)

**Adensamer,** Thdr., üb. Ascodipteron phyllorhinae (n. gen., n. sp.), e. eigenthüml. Pupiparenform. [Aus: „Sitzungsber. d. k. Akad. d. Wiss."] gr. 8. (17 S. m. 2 Taf.) Wien 896. (C. Gerolds Sohn.) n. — 80

— Revision d. Pinnotheriden i. der Sammlung d. k. k. naturhistor. Hofmuseums in Wien. [Aus: „Annalen d. k. k. naturhistor. Hofmuseums".] Lex.-8. (6 S.) Wien 897. A. Hölder. n. — 40

**Adensamer, Dr. Theodor,** Revision der Pinnotheriden in der Sammlung des k. k. naturhistorischen Hofmuseums in Wien (Separat-Abdruck aus Band XII. Heft 2 der Annalen des k. k. naturhistorischen Hofmuseums.) Lex.-8. (6 S.) In Comm. —.20
Hölder, Wien 1898

**Adenstedt, Heinr. Conrad von** (Braunschweig), Singularia de testamento nuncupativo capita. Präs. Jo. Gottfried Schaumburg. Jena (Fickelscher) 13. IV. 1737. 38 S. (5.50) 79

**Adeodatus, Aurelius, Sr. Eminenz des Cardinals Jos. Pecci Schrift: Lehre des heil. Thomas über den Einfluß Gottes auf die Handlungen der vernünftigen Geschöpfe und über die scientia media. Analysirt von A. A. gr. 8. (65 S.) Mainz 888, Kirchheim.** *
Aus: „Der Katholik". besonders abgedruckt.

—— s. a. **Philosophie und Cultur, die, der Neuzeit und die Philosophie des heil. Thomas v. Aquino.**

**Adeodatus, Aurelius:** Die Philosophie und Cultur der Neuzeit und die Philosophie des h. Thomas von Aquino. Von Aurel. Adeodatus. Die mittelalterliche Kunst im Ordenslande Preußen. Von [Franz] Dittrich. — Köln: Bachem 1887. 97 S. (Goerres-Gesellschaft zur Pflege der Wissenschaft. Vereinsschrift. 1887,1.)
1:Ab 1639-1887,1. 12:Per. 61hm-1887,1.
300:183.138-B. Per. 1887,1. 2. 3. 5. 6. 7. 8. 10. 11. 102.
1.10749

**Adeon u. Curpone; od. die Gewalt der Liebe, eine mythol. Dichtung, v. Th. Heydemann. 16. Berlin, Schmidt. 798.**

Adept, Der zu Grunde gerichtete, s. Karsten, G.

**Adept, der zu Grunde gerichtete,. Schsp. 8. Freyberg, Craz u. Gerlach. 788.**

**Adeptenbuch, das. Von A. M. O. 2 Bde. (VIII, 446 u. VII, 331 S.) Lex.-8. Lorch 906. Renatus-Verlag. n.n. 12. —; geb. in Halbfrz. n.n. 15. —**

**Adepti, eines, Geheimniß d. Alchymie. 8. Dresd. 757. Gerlach. 16 gl**

**Adeptus** fatalis, d. i. Geld spricht die Welt. Freiburg [Nürnberg] 1721. V: *Volkamer, Johann Georg.* (will) (wr)

**Ader.** — Die preussische Ader in der deutschen Litteratur. Berlin (1889). (Neue litterarische Volkshefte. 2.) 1:Al 1862-2. 1.10751

Ader, A., and Kostvak, H. Deutschland u d Deutschen. NY. 1888.

***Ader*, J., Diss. physiologico-medica de instinctu etc. 4. Götting. 808. Dieterich. 5 gl**

Ader, Jean Joseph

— Der Feldzug nach Aegypten und Syrien, in den Jahren 1798 bis 1801. Von Ader. In strategischer Hinsicht durchges. vom General [Charles Théodore] Beauvais. Aus d. Franz., mit zahlr. Anm. u. Zusätzen von ***st [d. i. Christian Wilhelm Pabst]. Bdch. 1.2. — Darmstadt: Leske 1827. (Allgemeine Geschichte der Kriege der Franzosen. 4.5.) 12:Mil. g. 301x-4.5. 4. 5. 10. 1.10765

— — Ader. Geschichte des Feldzuges der Franzosen in Aegypten und Syrien unter Bonapartes Anführung. In strategischer Hinsicht durchges. von Beauvais ... Aus d. Franz. Mit 2 Plänen von A. M. Perrot. — Quedlinburg & Leipzig 1827. 1:Ur 8728. 1.10766

[—] Napoleon, seinen Zeitgenossen gegenüber. Aus d. Franz. Bd 1.2. — Quedlinburg & Leipzig 1827. 1:Rb 3548. 1.10768

[—] — Napoleon vor seinen Zeitgenossen. Aus dem Franz. nach d. 2. Aufl. d. Orig., mit Zusätzen u. Anm. [von Wilhelm Schulz-Bodmer]. Bdch. 1-3. — Darmstadt: Leske 1827-28. (Allgemeine Geschichte der Kriege der Franzosen. 6/8.)
1-3 . . . . . . . . . 12:Mil. g. 301x-6/8. 4. 5.
1.2 . . . . . . . . . . . . . . . . 10.
1.10769

**Aderhold, Rud., die kaiserl. biologische Anstalt f. Land- u. Forstwirtschaft in Dahlem, s.a. Mitteilungen aus der kaiserl. biologischen Anstalt f. Land- u. Forstwirtschaft. 1. Hft.**

**Aderhold, Rudolf:** Die Kaiserliche Biologische Anstalt für Land- und Forstwirtschaft in Dahlem. — Berlin: Parey 1906. 20 S. (Mitteilungen aus der Kais. Biologischen Anstalt für Land- u. Forstwirtschaft. 1.) 1:4° Ou 22617/120-1. 12:Oecon. 1253gd-1 [u. 8.] 2. 3. 4. 5. 6. 7. 8. 9. 10. 11. 1.10781

**— u. W. Ruhland, über den Bakterienbrand der Kirschbäume, s.a. Flugblätter der kaiserl. biologischen Anstalt f. Land- u. Forstwirtschaft. Nr. 39.**

— Über den Bakterienbrand der Kirschbäume. Von Rud. Aderhold u. W[illi] Ruhland. — Berlin: Parey; Springer 1906. 4 S. (Kais. Biologische Anstalt für Land- u. Forstwirtschaft. Flugblatt. 39.)
3. Aufl. s. *Aderhold* u. Ruhland: Über den Bakterienbrand des Steinobstes.
1:4° Ou 22617/10-39. 3. 4. 6. 7. 8. 10. 11. 1.10782

— — Der Bakterienbrand der Kirschbäume. Von Rud. Aderhold u. W. Ruhland. Untersuchungen über die Krankheiten der Zuckerrübe. Von W[alter] Busse. — Ebd. 1907. S. 294-360. (Arbeiten aus der Kais. Biologischen Anstalt für Land- u. Forstwirtschaft. 5,6.) 1:4° Ou 22617-5,6. 12:4° Oecon. 12k-5. 7. 8. 11. 1.10783

**Aderhold, Rudolf:** Über den Bakterienbrand des Steinobstes. Von Rud. Aderhold u. W[illi] Ruhland. 3. Aufl. — Berlin: Parey; Springer 1910. (Kais. Biologische Anstalt für Land- u. Forstwirtschaft. Flugblatt. 39.)
Frühere Aufl. s. *Aderhold* u. Ruhland: Über den Bakterienbrand der Kirschbäume.
1:Ou 22617/125³-39. 12:4° Oecon. 503-39. 7. 1.10784

— Ein Beitrag zur Frage der Empfänglichkeit der Apfelsorten für Fusicladium dentriticum (Wallr.) Fuck. und deren Beziehungen zum Wetter. 1902 in: *Aderhold:* Ueber Clasterosporium carpophilum (Lév.) Aderh. und Beziehungen desselben zum Gummiflusse des Steinobstes. 1.10785

Aderhold, Rudolf [aus Frankenhausen a/Kyffh.]: Beitrag zur Kenntnis richtender Kräfte bei der Bewegung niederer Organismen .... Jena, Gustav Fischer, 1888; 1 Bl + 35 S. 8°
Jena, Phil. Fak., Inaug.-Diss. v. 1888

**— s.: Bericht üb. die Tätigkeit der kaiserl. biologischen Anstalt f. Land- u. Forstwirtschaft.**

— Ueber Clasterosporium carpophilum (Lév.) Aderh. und Beziehungen desselben zum Gummiflusse des Steinobstes. Ein Beitrag zur Frage der Empfänglichkeit der Apfelsorten für Fusicladium dentriticum (Wallr.) Fuck. und deren Beziehungen zum Wetter. Von Rudolf Aderhold. Ueber das Triebsterben der Weiden. Von C[arl] Frhr v. Tubeuf. — Berlin: Parey; Springer 1902. S. 516-570. (Arbeiten aus der Biologischen Abtheilung für Land- u. Forstwirtschaft am Kais. Gesundheitsamte. 2,5.) 1:4° Ou 22617-2,5. 12:4° Oecon. 12k-2. 7. 8. 11. 1.10786

**— Die Fusicladien unserer Obstbäume, s.: Wandtafeln, pflanzenpathologische. II.**

**Aderhold, Rud., Generalregister, s.: Zeitung, botan.**

— Zur Kenntnis der Obstbaum-Sklerotinien. Von Rudolf Aderhold u. W[illi] Ruhland. Über Zerstörung der Kartoffeln durch Milben. Von O[tto] Appel u. [Karl] Börner. Mit 1 Taf. u. 17 Abb. — Berlin: Parey 1905. S. 427-465. (Arbeiten aus der Biologischen Abteilung für Land- u. Forstwirtschaft am Kais. Gesundheitsamte. 4,5.) 1:4° Ou 22617-4,5. 12:4° Oecon. 12k-4. 3. 7. 8. 11. 1.10787

— Ueber das Kirschbaumsterben am Rhein, seine Ursachen und seine Behandlung. — Berlin: Parey 1903. IV S., S. 309-363. (Arbeiten aus der Biologischen Abteilung für Land- u. Forstwirtschaft am Kais. Gesundheitsamte. 3,4.) 1:4° Ou 22617-3,4. 12:4° Oecon. 12k-3. 3. 7. 8. 11. 1.10788

— Der Krebs der Obstbäume und seine Behandlung. Von Rud. Aderhold u. Rud[olf] Goethe. — Berlin: Parey; Springer 1902. 4 S. (Kais. Gesundheitsamt. Biologische Abteilung für Land- u. Forstwirtschaft. Flugblatt. 17.) 1:4° Ou 22617/10-17. 1.10789

— — 2. Aufl. Ebd. 1905. 4 S. (Kais. Biologische Anstalt für Land- u. Forstwirtschaft. Flugblatt. 17.) 2. 3. 4. 5. 6. 7. 8. 10. 11. 1.10790

**— der amerikanische Mehltau des Stachelbeerstrauches, s.a. Flugblätter des kaiserl. Gesundheitsamtes. Nr. 35.**

— Der amerikanische Mehltau des Stachelbeerstrauches, eine für Deutschland neue Pflanzenkrankheit. — Berlin: Parey; Springer 1905. 4 S. (Kais. Biologische Anstalt für Land- u. Forstwirtschaft. Flugblatt. 35.) 1:4° Ou 22617/10-35. 1.10792

— — 2. verm. Aufl. Ebd. 1906. 4 S. (Kais. Biologische Anstalt für Land- u. Forstwirtschaft. Flugblatt. 35.) 2. 3. 4. 5. 6. 7. 8. 9. 10. 11. 1.10793

— — 3. Aufl. (Neu bearb. von W[illi] Ruhland.) Ebd. 1907. (Kais. Biologische Anstalt für Land- u. Forstwirtschaft. Flugblatt. 35.) 1:Ow 41778/4°. 1.10794

**Aderhold, Rudolf:** Die Monilia-Krankheiten unserer Obstbäume und ihre Bekämpfung. — (Berlin: Parey 1902.) 4 S. (Kais. Gesundheitsamt. Biologische Abtheilung. Flugblatt. 14.) **9.**
1.10706

—— 3. Aufl. Berlin: Parey; Springer 1903. 4 S. (Kais. Gesundheitsamt. Biologische Abteilung für Land- u. Forstwirtschaft. Flugblatt. 14.) **1:** 4° Ou 22617/10-14.
1.10797

—— Die Monilia (Sclerotinia)-Krankheiten unserer Obstbäume und ihre Bekämpfung. 4. Aufl. — (Berlin: Parey) 1905. 4 S. (Kais. Biologische Anstalt für Land- u. Forstwirtschaft. Flugblatt. 14.)
**2. 3. 4. 5. 6. 7. 8. 9. 10. 11.**
1.10798

—— 5. unveränd. Aufl. Ebd. 1908. 4 S. (Kais. Biologische Anstalt für Land- u. Forstwirtschaft. Flugblatt. 14.)
Neubearb. s. *Appel*, Otto: Die Monilia (Sclerotinia)-Krankheiten unserer Obstbäume. 1920.
**12:** 4° Oecon. 503-14.
1.10799

**— über das Mutterkorn des Getreides u. seine Verhütung, s. a. Flugblätter des kaiserl. Gesundheitsamtes. Nr. 21.**

— Über das Mutterkorn des Getreides und seine Verhütung. 3. Aufl. — Berlin: Parey; Springer 1905. 4 S. (Kais. Biologische Anstalt für Land- u. Forstwirtschaft. Flugblatt. 21.)
**1:** 4° Ou 22617/10-21. **12:** 4° Oecon. 503-21. **2. 3. 4. 5. 6. 7. 8. 9. 10. 11.**
1.10800

**— Über die Sprüh- u. Dürrfleckenkrankheiten (syn. Schusslöcherkrankheiten) des Steinobstes. Lex.-8. (62 S. m. 1 farb. Taf.) Berlin 901. P. Parey. n. 2. 50**
**Sonderabdruck aus: „Landw. Jahrbb."**

**— Untersuchungen üb. das Einsäuern v. Früchten u. Gemüsen. I. Gurken. Lex.-8. (65 S. m. 1 Taf.) Ebd. 899. n. 1. 50**
**Sonderabdruck aus: „Landw. Jahrbb."**

**Aderhold, W.**, Fachzeichnen f. Mechaniker, s.: Lehrhefte f. das Fachzeichnen an gewerblichen Schulen 17. Heft.

Aderholdt, A. E., s. Aderholdt, August E.

**Aderholdt, August.** 1859: Giordano Bruno. Hist. Trauerspiel in 5 Aufzügen. — Weimar 1859.
**1:** Ys 10871. **3.**
1.10802

**Aderholdt, Aug., Feldblumen. Lieder. Frankfurt a. M. 856. Auffarth. 16. (2 Bl., 60 S.)** n. 10 ngl.

**Aderholdt, A.**, Harz-Balladen. 8. (73 S.) Nordhausen 889. Haacke. n. 1. —; geb. n. n. 1. 75

— Harz-Balladen. — Nordhausen: Haushalter [1889]. 72 S.
**1:** Yo 22821. **3.**
1.10803

Aderholdt, Aug. Harz-Balladen. 8. (73 S.) Nordh. 889, Sangerhausen, Franke. * 1 —; geb. ** 1 75

— Kornblumen. Gedichte. — Berlin: Zeidler 1889. 166 S.
**1:** Yo 22896.
1.10804

— Kornblumen. Gedichte. 12. (166 S.) Berlin 890. H. & H. Zeidler. geb. n. 2. —

**Aderholdt, Aug., neues Leben. Lieder e. Vegetarianers 16. (159 S.) Rudolstadt 882. Hartung & Sohn. n. 2. — cart. n. 2. 50**

— Die naturgemässe Lebensweise (Vegetarianismus) ... 4 Vorträge. — Frankfurt a. M. 1884. 71 S.
**1:** Ik 6179.
1.10805

— Lore. Eine Novelle in Versen. — Weimar 1860.
**1:** Yo 9670.
1.10806

Aderholdt, August [!] (geb. am 2 Dec. 1828 in Nordhausen): De partibus inorganicis lycopodii chamaecyparissus et clavati ... Bonnae, form. F. P. Lechneri 1852. 2 Bl., 25 S., 1 Bl. 8.
Bonn, Phil. Fak., Diss. v. 4 Febr. 1852

Aderholdt, A. E. (Bibl., p. 262.)
Unorganische Chemie. . . . [Erste Auflage.] Weimar, 1855.

**Aderholdt, A. E.**, unorganische Chemie. Ein Leitfaden f. den Unterricht in Gymnasien, Realschulen, höheren Bürgerschulen, Laboratorien etc. u. Taschenb. f. Repetitoria u. Examinatoria. 2., umgearb. u. verm. Aufl. Weimar, 859. Böhlau. 8. (VI, 132 S.) 10 ngr.

**Aderholdt, A. E.**, unorganische Chemie. Ein Leitfaden f. den Unterricht in Gymnasien, Realschulen, höheren Bürgerschulen etc. u. Taschenbuch f. Repertoria u. Examinatoria. 3., mit Berücksichtigung der neueren Entdeckungen u. Ansichten bearb. Aufl. Weimar 868. Böhlau. 8. (IV, 132 S.) n. 10 ngr.

**Aderholdt, August E.:** Ueber Göthe's Farbenlehre. Ein Vortrag. Nebst e. Anh.: Grävell's Bemühungen zur Rechtfertigung Göthe's. Von August Aderholdt. — Weimar: Böhlau 1858. 72 S.
**1:** Mx 13135. **12:** Phys. sp. 3c. **300:** 115.879-B. **10. 11.**
1.10807

Aderholdt, A. (E.): Lehrb. d. analyt. Geometrie. 8°(204). – Weim. 1858, Böhlau.

— Lehrbuch der analytischen Geometrie. Zum Gebr. an höhern Lehranstalten u. zum Selbstunterricht. — Weimar 1859. **6. 83.**
1.10808

— Lehrbuch der Planimetrie. Ein Schulbuch mit vielen Uebungsaufgaben u. mit 130 in den Text eingedr. Figuren. Dresden, 863. Dietze. 8. (VI, 122 S.) n. 15 ngr.

Aderholdt, A. (E.): Lehrbuch d. Planimetrie. 8°(122 m. H.) Dresd. 1864, G. Dietze.

**Aderholdt, A. E.**, Leitfaden in der unorganischen Chemie, f. d. Unterricht in d. Realschulen, Gymnasien, höheren Bürgerschulen etc. Frkf. a. M. 855. Auffarth. 8. (VIII, 92 S.) n. 10 ngl.

— Die Theorie des Regenbogens. Von A. E. Aderholdt. — Jena: Doebereiner 1858. 12 S., 9 Taf. quer-4° **89.**
1.10809

Aderholdt, Ernst August Curt [aus Nordhausen]: Beiträge zur Kenntnis der Rektumsyphilis ... Berlin, C. Vogts Buchdr., 1896: 36 S., 2 Bl. 8.
Berlin, Med. Fak., Inaug.-Diss. v. 24. Juli 1896

**Aderholz, Georg Philipp:** Verlags-Katalog von Georg Philipp Aderholz in Breslau. Im Juni 1842. — (Breslau 1842.) 31 S. **2.**
1.10810

**Aderjahn, Paul:** Aderjahn's Almanach. (Bücher-Auslese.) Königsberg i. Pr. 1906. 41 S. **10.**
1.10811

**Aderkaas, Frz. Ldw. Lhrd.,** († d. 27. Juli 1792.) Brittischer Beitrag etc., s. Beitrag z. Bau etc.

**v. Aderkas, Fr. Wlh. Karl, s. Denkwürdigkeiten d. militär. Gesellsch. zu Berlin.**

**Aderlaesse.** — Die Aderläss, ein Schauspiel in 1 Aufz. aus d. Franz. — Leipzig & Budißin: Deintzer 1776. 30 S.
**1:** 1 in Yp 5046.
1.10812

—— Ebd. 1776. 30 S. (Deutsche Schaubühne. 108.)
**300:** 392.620-A. Bd 108.
1.10813

—— Das Aderlassen, ein Schauspiel in 1 Aufz. aus d. Franz. 2. verb. Aufl. — Ebd. 1777. 30 S.
**300:** 440.778-A. Bd 25.
1.10814

Adermann, Friedr. **Beiträge zur Kenntniss der in der Corydalis cava enth. Alkaloide. Diss. gr. 8. (42 S.) Dorp. 890, (Karow). * 1 —**

**Adernson, C., die Regenwürmer auf den Feldern der orientalischen Numismatik untersucht. gr. 8. Leipz. 836. Voß.** 1/3 ngl.

**Adé-Roederka.** — Adé-Röderka ein Träger, ein Sohn der Schöpfung. Aufruf an die Arbeiterschaft aller Länder insbes. an die organisierte Arbeiterschaft, an die eine internat. Sozialdemokratie! Die Reformation. 1904 s. *Adé-Roederka.*

**Aders, Ewald, Zufluchtsstätten f weibliche Personen, s.: Schriften d. deutschen Vereins f. Armenpflege u. Wohlthätigkeit.**

**Aders, Ewald:** Zufluchtstätten für weibliche Personen. Bericht, erstattet im Auftr. des Vereins v. Ewald Aders. Existenz-Minimum in der Armenpflege. Anrechnung der Leistungen der Privatwohlthätigkeit und Invalidenrenten. Von Dr. Schmidt, Beigeordnetem in Mainz, u. [Willi] Cuno, Stadtr. in Königsberg i. Pr. — Leipzig: Duncker & Humblot 1898. 150 S. (Schriften des deutschen Vereins für Armenpflege u. Wohlthätigkeit. 39.)
1: Fd 4990–39. 12: Pol. civ. 137 pm–39. 2. 5. 11.
1.10820

Aders, F., Jacob Friedrich Abel als Philosoph. 8°(93).– Berl. 1893, J. Bornemann.

**Aders, Fritz:** Jacob Friedrich Abel als Philosoph. — Berlin 1893: Sittenfeld. 93 S.
Ersch. auch als Diss. Rostock 1893.
12: Ph. U. 7 n. 4. 5. 10. 11.
1.10821

**Aders, Fritz**, Jacob Friedrich Abel als Philosoph. gr. 8. (III, 93 S.) Berlin 893. (T. Trautwein.) Geb. in Leinw. n. 2. 40

Aders, J. Gedanken über das neue preuss. Gesetz für die Zölle und Verbrauchssteuer. 8°. s. l. 1819.

**Aders**, Walter M., aus London: [1.] Über die Theilung von Protohydra Leuckarti. Mit 11 Fig. im Text. [2.] Beiträge zur Kenntnis der Spermatogenese bei den Cölenteraten. Mit 2 Taf. u. 8 Fig. im Text. *Marburg 1902: (Breitkopf & Härtel in Leipzig).* (38 S.) 8° ¶(Aus: Zeitschr. f. wiss. Zool., Bd 74, H. 1.)
Marburg, Phil. Diss. v. [28. Apr.] 1903

Adersbach. Zehn Ansichten von Adersbach in Böhmen. (Felsen von Quadersandstein darstellend.) Prag. 4.

**Adersbach, Gerson** (Fraustadt), De animi alienatione e venenis. Dissert. med.-psycholog. Halle (Friedr. Grunert's Sohn) 11. I. 1819. 32 S. mit Biographie. (4.60) 80
Gew.: Friedr. Nasse, A. Barnitson (Halle). Widm. v.: Ludwig Meyer.

Adersbach, S., s.: National–Litteratur, deut.

**Adersbacher Felsen**, s.: Landeshuter Kamm.

**Adersbachergebirge**, s.: Geologische Karten. Flegel.

Aderson, E., die Regenwürmer auf den Feldern d. Orientalischen Numismatik, untersucht. gr. 8. (2¼ B.) Leipzig 836, Voss. *

**Adert, J.,** s. Scholiorum Theocriteorum.

**Adert, J.,** Théocrite. Diss. 1843. 95 S.

**Adet, Pierre Auguste** .

— *Χημείας Ἐπιτομή, συγγραφεῖσα μὲν γαλλιστὶ διὰ προσταγῆς τῆς διοικήσεως εἰς χρῆσιν τῶν λυκείων τῆς Γαλλίας ὑπὸ Πέτρου Αὐγούστου Ἀδήτου. Μεταφρασθεῖσα δέ, καὶ μετά τινων προσθηκῶν ἐκδοθεῖσα ὑπὸ Κ[ωνσταντίνου] Μ[ιχαὴλ] Κούμα. Μέρο;* 1.2. — *Ἐν Βιέννῃ τῆς Αὐστρίας* [1808]: *Βενδώτης.*
1. *Περὶ συνθέσεως.* 2. *Περὶ ἀναλύσεως.*
1: Mr 2508. 12: Chem. 4 b.
1.10827

— Grundzüge der Chemie ... entworfen von P. August Adet. Aus d. Franz. übers., mit e. Vorr. u. mit Zusätzen begleitet von [Daniel] Huber. — Basel & Arau: Flick 1805. XV,421 S.
12: Chem. 3.
1.10829

**Adet, P. A., Grundzüge d. Chemie; aus d. Französ. mit Zusätzen v. Huber. gr. 8. Basel 805. Neukirch. 2 ℛ Wohlf. Ausg. 813. Ebd. 1 ℛ**

— — Neue unveränd. Ausg. Basel: Flick 1813. XV,421 S.
5.
1.10830

— s. Methode chem. Nomenclaturen.

**Adet de Roseville, E., die Kinderkrankheiten nach ihren Ursachen, Kennzeichen, ihrem Verlauf u. ihren Folgen theoret. u. prakt. geschildert. Nach der 5. Aufl. d. franz. Origin. bearb. gr. 8. (VI u. 62 S.) Stuttgart 847, Müller.** 9 ngr

**Adgar's** Marien-Legenden, s. a. Bibliothek, altfranzösische.

**Adgar:** Marienlegenden nach der Londoner Hs. Egerton 612 zum ersten Mal vollst. hrsg. von Carl Neuhaus. — Heilbronn: Henninger 1886. XLVIII,259 S. (Altfranzösische Bibliothek. 9.)
1: Xs 13688–9. 12: P. o. gall. 248–9. 300: 180.915–B. Bd 9. 2. 3. 4. 5. 6. 7. 8. 9. 10. 11.
1.10833

**Adhad-ed-din-el-Igi,** Statio quinta et sexta et appendix libri Mevakif, cum commentario Gorgánii. Ex codd. msc. bibl. reg. Dresdensis ed. Th. Soerensen. gr. 8. (XII u. 374 S.) Lipsiae 848, Guil. Engelmann. n. 4 ℛ

**Adhelmi, Sancti, ex abbate Malmesburiensi episcopi Schireburnensis, opera quae extant omnia e codicibus Mss. emendavit; nonnulle nunc primum edidit J. A. Giles. 8maj. Oxoniae 844, (Leipzig, T. O. Weigel.) n. 4½ ℛ**

**Adhémar, G.** C^te d': Die Boeren. Roman aus d. Transvaal. Autor. Uebers. von Wilhelm Thal [d. i. Lilienthal]. — Berlin, Eisenach, Leipzig: Hillger [1900]. 128 S. (Kürschners Bücherschatz. 205.) 1: Xs 8420–205.
1.10837

Adhémar, Joseph Alphonse

**Adhemar, J., Elemente der darstellenden Geometrie für Kunst- u. technische Schulen. Aus d. Französ. Mit 2 Steintaf. 12. Stuttg. 886. Beck u. Fränkel.** ⅓ ℛ

— Darstellende Geometrie von J. Adhémar. Deutsch bearb. u. bereichert mit d. neuesten Fortschritten der isometrischen Projektionslehre ... von O[tto] Möllinger. [Nebst] Atlas. — Solothurn: Jent & Gassmann 1845.
12: Text – Math. P. 2 nl; Atlas – 2° Math. P. 0 h.
300: 19.802–B. 8. 82. 89.
1.10849

Adhémar, J. Darstellende Geometrie. Deutsch bearbeitet von O. Möllinger. Solothurn 1854. Atl. fol.

**— die Lehre vom Steinschnitte, zum Gebr. für Civil-Ingenieure u. die Studierenden an Bauschulen, höheren Gewerbsschulen u. polytechnischen Lehranstalten. Uebers. u. durch die isometrischen Darstellungen der Hauptsteine eines jeden Systemes bereichert v. O. Möllinger. A. u. d. T.: O. Möllinger, isometrische Projektionslehre (Perspective), angewandter Theil. 1e Abthl. Steinconstruktionen. Mit 1 Atlas von 80 Steindrucktaf. gr. 8. Solothurn 840. Jent u. Gaßmann.** 8 ℛ

—— **die Lehre vom Steinschnitte, z. Gebr. f. Civilingenieure u. die Studir. an Bauschulen, höh. Gewerbsschulen etc. A. d. Franz.** frei bearb. u. durch Zusätze bereichert v. **O. Möllinger. — A. u. d. T.: Isometr. Projektionslehre. (Perspektive.) Wissenschaftlich begründet u. in ihrer Anwend. auf d. techn. Zeichnen bearb. v. O. Möllinger. Angewandter Theil. (5—8. Lfg. Schluss.) Lex.-8.** (14¾ B. u. Atlas mit **37 Stnt.) Solothurn 841, Jent u. Gassmann.** à * 1 Thlr. *
1—4. Lfg. Ebendas. 1841. * 4 Thlr. — Vgl. 9. Bd. 1. Abthl. S. 7.

— Die Lehre vom Steinschnitte, zum Gebr. für Civilingenieure ... von J. Adhémar. Aus d. Franz. frei bearb. u. durch Zusätze bereichert von O[tto] Möllinger. Text. Atlas. — Solothurn: Jent & Gassmann 1842. 8° (Atlas: quer-4°) (Möllinger, O.: Isometrische Projektionslehre (Perspektive). Angewandter Theil.)
12: Text – Math. P. 2 no; Atlas – 2° Math. P. 0 k. 4. 82. 83. 89.
1.10848

— Die Perspektivlehre zum Gebr. für Künstler. Von J. Adhémar. Aus d. Franz. übers. von O[tto] Moellinger. [Nebst] Taf. — Solothurn: Walser 1839. 12: Text – Art. 1 g; Taf. – 2° Art. 1.
1.10851

— — Text. Tafeln. Solothurn: Kassmus 1841. 8° (Taf.: 2°)
4.
1.10852

— — 2. wohlfeile Ausg. [Nebst] Atlas. — Solothurn: Scherer 1850. 8° (Atlas: 2°)
300: Text – 20.045–B; Atlas – 19.584–D. 3. 89.
1.10853

**— die Revolutionen des Meeres. Aus dem Franz. übers. Mit 2 Taf. Abbild. gr. 8. Leipzig 842, Peter; Köhling.** ½ ℛ

—— die Revolutionen d. Meeres. A. d. Franz. überſ. gr. 8. (5 B., u. 2 Taf. Abbild.) Leipzig 843, [Köſsling'ſche Buchh.]

— Die Revolutionen des Meeres. Aus d. Franz. übers. Mit 2 Taf. Abb. — Leipzig: Peter 1843. 75 S. **12:** Phys. sp. 3h. **89.**
1.10846

**Adhortatorium.** — Adhortatorium des Hoch-Fürstl. Brandenb. Onolzbachischen Geheimen Ministerii an die drey Herren Fürsten von Hohenlohe-Waldenburg, d. d. Onolzbach den 28. Aug. 1750. — o.O.u.J. 4 S. 2° **2.**
1.10865

Adhuc stat!, s.a. Henne-Am Rhyn, Otto

**Adhuc stat!** Die Freimaurerei in 10 Fragen u. Antworten. Zur Aufklärung f. das Volk u. deſſen Freunde. St. Gallen, 863. Scheitlin & Zollikofer. 8. (VII, 56 S.) 9 ngr.

Adhuc stat. La franc-maconnerie en 10 demandes et réponses. 8° (78).– St. Gall. 1865. (Lpzg., Findel.)

— — Die Freimaurerei in 10 Fragen u. Antworten. Zur Aufklärung f. das Volk u. deſſen Freunde. 3. Aufl. Ebend. 865. 8. (VII, 72 S.) 9 ngr.

**Adhuc stat!** Die Freimauerei in 10 Fragen u. Antworten. Zur Aufklärg. f. das Volk u. deſſen Freunde. 4. Aufl. gr. 8. (VII, 56 S.) St. Gallen 871. Scheitlin & Zollikofer. — 90

**Adhuc stat.** Die Freimaurerei in zehn Fragen und Antworten. Fünfte, neu bearbeitete Aufl. In-8°, 54 S. St. Gallen, Scheitlin & Zollikofer. 1881

**Adhuc stat!** Die Freimaurerei in zehn Fragen u. Antworten. Zur Aufklärg. f. das Volk u. deſſen Freunde. 5., neu bearb. Aufl. 8. (VII, 54 S.) St. Gallen 882. Scheitlin & Zollikofer. n. 1. —

**Adjarian,** Hratchia: Catalog d. armen Handschriften in d. Bibliothek d. Sanassarian-Instit. zu Erzerum u. in Täbris. s.: Haupt-Katalog d. armen. Handschriften, hrsg. v. d. Wiener Mechitharisten-Congregation.

**Adickes,** s. Adickes, Franz

**Adickes,** Erich

— Anti-Kappes. Eine notgedrungene Entgegnung. — Berlin: Mayer & Müller 1904. 60 S.
**1:** Nm 27389. **2. 6. 11.**
1.10877

— Charakter und Weltanschauung. Akad. Antrittsrede. — Tübingen: Mohr 1905. 46 S. **12:** Ph. Pr. 16 le. **4.**
1.10879

— — 2. Taus. Ebd. 1907. 46 S. **1:** No 1220. **5. 11.**
1.10880

— Kant contra Haeckel. Erkenntnistheorie gegen naturwissenschaftlichen Dogmatismus. — Berlin: Reuther & Reichard 1901. VI,129 S.
**1:** Lf 5300. **12:** Ph. Sp. 9u. **2. 3. 6. 8. 11. 102.**
1.10883

— — Kant contra Haeckel. Für den Entwicklungsgedanken gegen naturwissenschaftlichen Dogmatismus. 2., verb. u. erw. Aufl. — Ebd. 1906. VII,160 S.
**1:** Lf 5300ᵃ. **12:** Ph. Sp. 9ub. **300:** 445.207-B. **5. 7. 10. 11.**
1.10884

— [Hrsg.] s. *Kant*, Immanuel: Kritik der reinen Vernunft. 1889.

— Kant-Studien. — Kiel & Leipzig: Lipsius & Tischer 1895. 185 S.
**1:** Nm 1037. **12:** Ph. Sp. 9t. **2. 5. 6. 7. 8. 10. 11.**
1.10886

— Vier Schriften des Herrn Prof. Kappes, auf ihre Herkunft untersucht. — Berlin: Mayer & Müller 1903. IV,63 S.
**6. 102**P.
1.10889

— — 2., um e. Nachw. verm., sonst unveränd. Abdr. Ebd. 1903. IV,64 S. **1:** Au 12942/149ᵃ. **2. 11.**
1.10890

**Adickes.** Erich [aus Lesum]: **Kant's Systematik als mitbildender** Faktor bei der Entstehung seines Systems.... Berlin, Druck v. Carl Salewski (1887); 38 S. 8°.
Berlin, Phil. Fak., Inaug.-Diss. v. 14. Mai 1887.

— Kants Systematik als systembildender Factor. — Berlin: Mayer & Müller 1887. VIII,174 S.
Ersch. teilw. auch als Diss. Berlin 1887.
**1:** Nm 984. **12:** Ph. U. 7o. **3. 6. 7. 8. 10. 11.**
1.10891

Adickes, Erich, s.: Weltanschauung.

Adickes, Franz

**Adickes, F.,** 1. Der erste deutsche Armenpfleger-Kongress und die brennenden Fragen des Armenwesens. (Schmoller's Jahrb. f. Gesetzgeb, N. F. Bd. 6. $1882_2$.)

— Die sozialen Aufgaben der deutschen Städte. 2 Vorträge geh. zu Dresden 1903. Von Adickes u. [Gustav Otto] Beutler. — Leipzig: Duncker & Humblot 1903. 133 S.
**1:** Sa 5457. **12:** Pol. g. 4zh. **300:** 430.282-B. **2. 4. 5. 6. 11.**
1.10893

**Adickes,** siehe Zur Förderung d. Arbeiterversicherungswesens.

— u. **R. Baumeister,** die unterschiedliche Behandlung der Bauordnungen f. das Innere, die Aussenbezirke u. d. Umgebung v. Städten. Referate, erstattet auf der XVIII. Versammlg. des deutschen Vereins f. öffentl. Gesundheitspflege zu Würzburg am 25. Mai 1893. [Aus: „Vierteljahrsschr. f. öffentl. Gesundheitspfl."] gr. 8. (37 S.) Braunschweig 893. F. Vieweg & Sohn. n. — 60

Adickes, Franz s. Beiträge zur Reform ...

— 2. Die Bestrebungen zur Förderung der Arbeiterversicherung in d. Jahren 1848—1849 und K. Rodbertus-Jagetzow. (Zeitschr. f. d. ges. Staatswissensch. 1883.)

— 3. Correferat über Versicherungszwang u. Armenverbände. (Schrift. d. Ver. f. Soz.-Pol., Bd. 21, Leipzig 1882.)

**Adickes, F.** Ueber die weitere Entwickelung des Gemeindesteuerwesens auf Grund des preuss. Kommunalabgabengesetzes vom 14. Juli 1893. Zeitschr. f. Staatswiss., Bd. 50, 1894.

— Die Förderung des Arbeiterwohnungswesens und die Bekämpfung der Schwindsuchtsgefahren. Vorträge von Adickes, [Theodor] Schroeder u. [Friedrich] Thorwart. Bericht über d. 1. Versammlung d. Vereins für Förderung d. Arbeiterwohnungswesens u. verwandte Bestrebungen... 1900 zu Frankfurt a. M. — Frankfurt a. M. 1900 (: Boch & Englert). 66 S. **1:** Fd 3782/10.
1.10895

**Adickes,** Förderung des Baues kleiner Wohnungen durch die private Thätigkeit auf streng wirtschaftlicher Grundlage. Schriften d. Vereins f. Sozialpol., Bd. 96. gr. 8°. Leizig 1901.

— 4. Zur Frage der Arbeiterversicherung. (Zeitschr. f. Staatsw., $1879_4$.)

**Adickes, F.,** ſ.: Geſchäftsbericht des Vereins f. Förderung des Arbeiterwohnungsweſens.

**Adickes, F.**, Gesetz wegen Aufhebung direkter Staatssteuern, s.: Guttentag's Sammlung preußischer Gesetze.

— Grundlinien durchgreifender Justizreform. Betrachtungen und Vorschläge unter Verwertung engl.-schott. Rechtsgedanken. — Berlin: Guttentag 1906. VII,170 S.
1:Hb 3308. 12:Crim. 1cp. 300:445.787-B. 2. 3. 5. 6. 7. 8. 10. 11.
1.10896

— das Kommunalabgabengesetz vom 14. Juli 1893. Für den prakt. Gebrauch m. e. geschichtl. Einleitg. u. Erläutergn. versehen. 12. (VIII, 396 S.) Berlin 894. J. Guttentag. Kart. n. 6. —

**Adickes**, F[ranz]: Kommunalabgabengesetz vom 14. Juli 1893 und Gesetz wegen Aufhebung direkter Staatssteuern vom 14. Juli 1893. Text-Ausg. m. Anmerk. u. Sachreg. 4. Aufl. Berlin 1906. 8°. — Oo 4173. —
(Guttentag'sche Sammlung Preuss. Gesetze. Nr 14.)

Adickes, F.: Das Kommunalabgabengesetz vom 14. Juli 1893. Für den prakt. Gebrauch mit e. geschichtl. Einl. u. Erl. versehen. [Nebst] Nachtr. Berlin 1894.
**Mm 2000**

— Zur Lehre von den Bedingungen nach römischem und heutigem Recht. Eine Vorarbeit für das deutsche Civilgesetzbuch. — Berlin: Guttentag 1876. V,183 S.
1:Gd 17813. 12:J. rom. m. 1p. 2. 3. 4. 5. 6. 7. 9. 10. 11.
1.10897

— Zur Lehre von den Rechtsquellen, insbesondere über die Vernunft und die Natur der Sache als Rechtsquellen und über das Gewohnheitsrecht. — Cassel & Goettingen: Wigand 1872. XII,81 S. (Adickes: Studien über die heutige Geltung des römischen Rechts. 1.)
1:G 8114-1. 12:Jur. is. 2d-1. 2. 3. 4. 5. 6. 9. 10. 11.
1.10898

Adickes, Franz: Zur Lehre v. d. Rechtsquellen, s. Adickes: Studien üb. d. heut. Geltg. d. röm. Rechts.

— Die Nothwendigkeit weiträumiger Bebauung bei Stadterweiterungen und die rechtlichen und technischen Mittel zu ihrer Ausführung. Von Adickes, [Karl] Hinckeldeyn und [Johannes] Classen. — Braunschweig: Vieweg 1895. 51 S.
Aus: Deutsche Vierteljahrsschrift für öffentl. Gesundheitspflege. 27,1.
12:A. civ. 1 qs. 82.
1.10899

**Adickes**. röm. Rechtsquellen. Cassel 872.

— 5. Die Reform der deutschen Armengesetzgebung. (Handwörterb. d. Staatswissensch. I, 1890.)

— Stellung und Tätigkeit des Richters. Vortrag geh. zu Dresden 1906 von Adickes. — Dresden: v. Zahn & Jaensch 1906. 27 S. (Neue Zeit- u. Streit-Fragen. Hrsg. von d. Gehestiftung. 4,2.)
1:Ab 310-4,2. 12:Pol. g. 436e-13. 300:409.242-B. Per. 13,2. 2. 5. 6. 11.
1.10900

— Studien üb. die weitere Entwicklung des Gemeindesteuerwesens. Auf Grund des preuss. Kommunalabgaben-Gesetzes vom 14. Juli 1893. [Aus: „Zeitschr. f. d. ges. Staatswiss."] gr. 8. (IV, 125 S.) Tübingen 894. H. Laupp. n. 2. 60

— Studien über die heutige Geltung des römischen Rechts. 1. Cassel & Goettingen: Wigand 1872. XII,81 S.
1. Adickes: Zur Lehre von den Rechtsquellen.
1:G 8114. 12:Jur. is. 2d. 2. 4. 5. 6. 7. 9. 10. 11.
1.10901

— 6. Die Verhandlungen von 1882 u. die ferneren Aufgaben des Deutschen Vereins für Armenpflege und Wohlthätigkeit. (Schmoller's Jahrb. f. Gesetzgebung, N. F. Bd. 7, 1883, 2.)

— Zur Verständigung über die Justizreform. — Berlin: Guttentag 1907. 124 S.
1:Hb 3318. 12:Crim. 1cpb. 2. 3. 5. 6. 7. 11.
1.10902

**Adickes**, Bürgermeister in Altona. Die Vertheilung der Armenlasten in Deutschland und ihre Reform. Zeitschr. f. d. ges. Staatswiss., 1881, 2. Heft.

— Die Wohnungsfrage u. die städtischen Verwaltungen, s. a. Zur Förderung des Arbeiterwohnungswesens.

**Adickes**, Oberbürgermstr. Dr., Die Wohnungsfrage und die städtischen Verwaltungen. (52 S.) Frankfurt a. M. 1901. A. Detloff in Komm. —.75

— F., s. Zeitschrift f. d. ges. Staatswiss.

**Adieu Cholera!** oder: bester Rath und Schutz gegen die asiatische Cholera. Ansbach 854. Gummi. 16. (16 S.) 2 ngl.

Adieu Cholera! od.: Rath u. Schutz geg. d. asiat. Cholera. 16° (16).– Ansb. 1854 (Münch., Beck.)

— Adieu, Herr v. Beust, grüssen Sie Wien. 9. Aufl. — Berlin 1866. (Zeitbild. 2.) 1:Yy 9985-2.
1.10906

**Adieu der Minister**, od.: das neue Lied von der Abdankung. 8. (1 Bl.) Leipzig 848, Naumburg. n. 1 ngl.

**Adieux, Les.** Berlin 1807. V: *Heinecke, Henriette geb. Quade.* (MGT) (schl)

**Adieux, Les,** de Soeur Rosa A Son Clôstre. A Vienne 1784. V: *Fonson, Michael Joseph.* (Biographie Nationale 7/182.) (BiblPort)

Adilaide, s. Adelaide

Adimari, Alessandro, siehe Hans Aßmann Freiherr von Abschatz, Poetische Übersetzungen und Gedichte, Leipzig und Breslau (1704).

*Adimari, Jh., s. Mabillon.*

**Adinda, Johs.**, Angela. Ein Weihnachtsmärchen. Fol. (16 Bl. m. farb. Bildern.) Mainz 891. Fl. Kupferberg. Kart. n. 5. —

**Adinsky, E.**: Tuisko oder Tuisto? Ein Beitrag z. deutschen Götterkunde. [Nebst] Forts. — Königsberg i. Pr.: Nürmberger 1903–05.
Forts. u. d. T.: Adinsky: Tuisto die Himmelsgottheit der Germanen. Beiträge z. deutschen Mythologie. 1905.
1:Sa 4310. 12:H. g. hum. 2dm. 10.
1.10945

— Tuisto die Himmelsgottheit der Germanen. Beiträge z. deutschen Mythologie. — Königsberg i. Pr.: Nürmberger 1905. 82 S. (Adinsky: Tuisko oder Tuisto? Forts.)
1:Sa 4310. 12:H. g. hum. 2dm-2. 10.
1.10946

**Adiumentum.** — Adiumentum memoriae manuale, seu tabulae succinctae historico-chronologico-genealogicae. 1760 u.ö. s. *Hell*, Maximilian.

**Adjumentum memoriae manuale, seu tabulae hist. chron. et geneal.** 8. Ingolst. Krüll. 763.

— Adiumentum memoriae manuale chronologico-genealogico-historicum. 1737 u.ö. s. *Hell*, Maximilian.

**Adiumentum** memoriae manuale chronologico-genealogico-historicum. Vindobon. 1750. 2. Ed. 1774. V: *Hell, Maximilian.* (ML) (WBL)

**Adjurationen.** — Heinrich Runge. Adjurationen, Exorcismen u. Benedictionen, vorzüglich zum Gebr. bei Gottesgerichten. Ein Rheinauer Codex des 11. Jahrh. — Zürich 1859. (Mitteilungen der antiquarischen Gesellschaft in Zürich. 12,5.)
1:4° Rv 8820-12,5. 12:4° Acad. 167-12,5. 300:106.062-C. Bd 12,5. 2. 4. 5. 6. 7. 10. 11.
1.10952

Adjustirung der kais. königl. österreichischen Armee von 1848—1860. Manuscript und 161 lithogr. Taf. mit theilweise colorirten Abbild. (19 Hefte.) Fol. Wien 1860.

**Die Adjustirung und Ausrüstung der k. u. k. Kriegsmarine. (Enth. 2 Grupp. ganze Figuren, Specialitäten-Abzeichen etc.) 84 : 60 *cm*. Chromolith. —.60**
Verlag der Hof-u. Staatsdruckerei, Wien 1891

Adjustierungsbilder der italienischen Armee. (32 coloriert Taf.) (1865.)

**Adjustierungsvorschrift.** — Adjustierungs- und Ausrüstungsvorschrift für die k. und k. Erste Arcièren-leibgarde. Genehmigt mit Allerhöchster Entschließung vom 29. Jänner 1905. — Wien 1905: K. k. Hof- u. Staatsdr. VIII,85 S. 1:4° Hx 33493/9.
1.10953

— Adjustirungs- und Ausrüstungs-Vorschrift für das k. u. k. Heer. — Wien 1871: K. k. Hof- u. Staatsdr. 508 S. 4° 300:171.145-C.
1.10954

— Adjustirungs- und Ausrüstungs-Vorschrift für das k. k. Heer. (Verlautbart mit der Cirkular-Verordnung vom 13. Juni 1878, Präs. Nr. 2635, N. V. Bl., 29. Stück.) — Wien 1878: K.-k. Hof- u. Staatsdr. 534 S. 1:4° Hx 33480.
1.10955

— — Verlautbart mit der Circular-Verordnung vom 13. Juni 1878, Präs. Nr. 2635, N. V. Bl., 29. Stück. (Mit 11 Taf.) Beigeb.: 3., 4., 5., 6. und 7. Nachtrag. Provisorische Vorschrift für die Packung des zur Infanterie-Ausrüstung M. 1888 gehörenden Tornisters, Brotsackes und Patronen-Tornisters. (Zu Präs. Nr. 5904 v. J. 1888.) Provisorische Vorschrift für die Packung der Tornister und des Brotsackes. (Zu Präs. Nr. 4759 von 1893.) 4. Wien 1878—1893.

— Adjustierungs- und Ausrüstungsvorschrift für die königlich ungarische Leibgarde. Genehmigt mit Allerhöchster Entschließung vom 29. Dez. 1904. — Wien 1904: K. k. Hof- u. Staatsdr. V,101 S. 1:4° Hx 33493/6.
1.10956

Adjustirungs- und Ausrüstungs-Vorschrift für die Personen Seiner Majestät Kriegs-Marine. (Mit 4 Taf.) 4. Wien 1873.

— Adjustierungs- und Ausrüstungsvorschrift für die k. und k. Trabantenleibgarde. Genehmigt mit Allerhöchster Entschließung vom 12. März 1904. — Wien 1904: K. k. Hof- u. Staatsdr. VI,65 S. 1:4° Hx 33493/3.
1.10957

— Adjustirungs-Vorschrift für die Generale, Stabs- u. Ober-Officiere, dann für die Feld-Geistlichkeit, das Militär-Gerichts-Personale, die Feldärzte und sonstigen Parteien der kaiserlich-königlichen Armee. — Wien 1855: K. k. Hof- u. Staatsdr. 300:27-C.
1.10958

— Adjustirungs-Vorschrift für die Generalität, Stabs- und Ober-Officiere, dann Feldärzte der k. k. Armee. [Text. Tafeln.] — Wien [1827]. 300:26 F 59.
1.10959

— Adjustirungs-Vorschrift für die Generalität, Stabs- und Ober-Officiere, dann Feldärzte der kaiserlichen königlichen Armee vom Jahre 1837. — Wien [1837]: K. k. Hof- u. Staats-Aerarial-Dr. 76 S. 1:4° Hx 33300.
1.10960

Adjustirungs-Vorschrift der Generale, Stabs- und Ober-Officiere. kl. 8. Petersburg 1857.

— — für Generale, Stabs- und Ober-Officiere (bis 25. März 1860 rektificirt). 8. Petersburg 1860.

— — für die Generalität, Stabs-, Oberofficiere, dann Feldärzte der k. k. Armee. Vom Jahre 1837. (1 Bd. Text in 4. und 25 Taf. in Fol.) (2 Bde.) Beigeb. Abbildung der Cavallerie-Säbel für Stabs- und Oberofficiere nach der Verordnung E. 3665 vom Jahre 1845. 4. u. Fol. Wien 1837—1845.

**Adjustierungsvorschrift.** — Adjustierungsvorschrift für das k. u. k. Heer. T. 1.2 [nebst] Anh. zu T. 1. — Wien 1910–11: K. k. Hof- u. Staatsdr.
1. (Präs. Nr. 10.923 v. J. 1910. N. V. Bl., 38. Stück.) 1910.
2. (Präs. Nr. 9301 v. J. 1911. N. V. Bl., 34. Stück.) 1911.
300:477.029-C.
1.10961

— Adjustierungsvorschrift für die k. u. k. Leibgarde-Infanteriekompagnie. Genehmigt mit Allerhöchster Entschließung vom 25. Juni 1905. — Wien 1905: K. k. Hof- u. Staatsdr. VII,45 S. 1:4° Hx 33493/12.
1.10962

— Adjustierungsvorschrift für die k. u. k. Leibgarde-Reitereskadron. Genehmigt mit Allerhöchster Entschließung vom 5. März 1906. — Wien 1906: K. k. Hof- u. Staatsdr. IX,50 S. 1:4° Hx 33493/15.
1.10963

— Adjustierungsvorschrift für die kgl. ung. Trabantenleibgarde. Genehmigt mit Allerhöchster Entschließung vom 8. Dez. 1908. — Budapest 1908: Staatsdr. VII,85 S. 1:4° Hx 32493/18.
1.10964

**Adjustirung**, s. Adjustierung

**Adjutant, der; Lstspl. in 3 A. (von W. H. Brömel oder Fr. L. Schröder?) 8. Hamb. 780. (Fr. Fleischer in Leipz.) 5 gr.**

**Adjutantendienst.** — Der Adjutantendienst. Rathschläge und Erfahrungssätze im Dienste gesammelt für Bataillons-, Regiments- und Brigade-Adjutanten von Hauptmann St. Berlin 1882. 69 S.
Aus: Neue Militärische Blätter. 1880,2-4. 1:Hu 14924.
1.10965

**Adjutus, F. J., s. Jubiläums-Büchlein.**

Adjutus, F. J., Unterricht und Gebete für das Jubeljahr 1875. 1.—12. Aufl. gr. 16. (72 S.) Amberg 875, Habbel.

**Adjutus, J., Betrachtungsbuch für Priester, s. a. Handbücher f. das priesterliche Leben.**

Adjutus, Betrachtungsbuch für Priester. Schaffh. 1864. 4 vol. 8.

**Adjutus, J., Lesebüchlein f. die Pfarrherren, s. Handbücher f. das priesterliche Leben.**

**Adjutus, Johann (Wittenberg), Ex philosophia morali de honore. Präs. Gottfried Voigt (Delitzsch). Wittenbg. (Joh. Borckard) März 1667. 13 Bl. (6.—) 81**
Gew.: Carl Frhr. v. Friesen (Rötha), Martin Geier, Christoph Bulaeus, Gottfr. Beringer, Christian Heig. — Widm. v.: Mich. Wendeler, Constantin Ziegra, Aug. Fleischhauer, Joh. Peissker (dtsch.), Andr. Chph. Müller, Chn. Wolf, Chn. Donat (Wittbg.), Gottfr. Voigt (Delitzsch) (dtsch.), Gg. Friedr. Magnus (Pressburg), Gottfr. Thilo (Goldberg/Schles., dtsch.), Gottfr. Sigism. Trueb, Alb. Friedr. v. Syborg (Magdeburg), Joh. Wehse (dtsch.), Roman Fuchs (Leipzig), Joh. Rober (Julenburg), Gg. Heinr. v. Arnimb, Chn. Ziegra (Jessen), Joh. Paul Sperling, Chn. Behr (Delitzsch, dtsch.).

— — Dasselbe. Widmungen gesondert (je Blatt 0.80, zusammen 2.—) 81a

**Adkin, Thomas F.:** Ein Korrespondenzkursus der Instruktion in Vitaopathie. — o.O. 1900. 51 S.
1:N 19.340.
1.10973

Adleff, Norbert: Beiträge zur Geschichte d. siebenbürgisch-deutschen Kalenderliteratur. Diss. (Klausenburg). Klausenburg: Gombos 1907. 96 S. Gr.-8°. [Magyarisch.]

Adler, der, Welt- u. National-Chronik, Unterhaltungsbl., Literatur- u. Kunstzeit. f. die österr. Staaten. Redig. u. hrsg. v. A. J. Groß-Hoffinger. 1—4. Jahrg. 1838—41. Wien. (Schaumburg u. Comp.) [838. 1. Quart. (Nr. 1—64.) Fol. * 3 Thlr., m. Kunstbeil. * 4½ Thlr., 839—41. (à 312 Nrn. B.) Imp.-4. à * 8⅓ Thlr., m. Kunstbeil. * 16⅔ Thlr.] * 19⅓ Thlr., m. Kunstbeilage. *

**Adler, der, od. Schuld u. Sühne. Ein Familiengemälde aus d. Zeiten des 7jähr. Krieges. Der reiferen Jugend gewidm. v. d. Verf.: „Die Kinder der Wittwe." (E. v. Ambach.) Mit Stahlst. 8. (188 S.) Regensburg 848, Manz. ½ ℛ**

Adler, der. Novellen u. Erzählungen hrsg. von L. Fliß. Magdeburg (851), Quednow in Comm. 8. (576 S.) 1 ℛ 7½ ngl

**Adler**, der. Nov. u. Erz. hrsg. v. L. Fliss. 8°(576).– Magdeb. 1854. (Lpzg., Fernau.)

**Adler, der.** Deutscher Volkskalender auf das Gemeinj. 1873. 8. (160 S. m. eingedr. Holzschn.) Stendal 872. Franzen & Große. n. -- 75

**Adler**, der, Deutsch. Volkskal. f. 1873. 8°(160).– Stend., Franzen & G.

**Adler.** — Der brandenburgische hochfliegende Adeler, welchen, als des aller-durchlauchtigsten ... Friederichs [1.], Königs der Preussen, dritten Cröhnungs-Tag ... Herr Immanuel Rango ... mit einer solennen Oration den 18. Jan. 1703. feyrete, vorgestellet Ihr. Excellence Hn. D. Müllers ... Tisch-Compagnie. — Rostock: Schwiegerau o.J. 2 Bl. 2° **2.**
1.10978

**Adler, Der erhabene,** in der Masque des Falken Das ist: Josephs des Zweyten, glorreich herrschenden Römischen Kaisers Reise nach Frankreich unter dem Namen des Grafen von Falkenstein im Jahre 1777 vorgenommen. Zweyte verbesserte Auflage. Augsburg 1777. V: *Mayer, Joh. Gg.* (BiblPort)

**Adler,** Graf zu Holstein, der Held von der Schauenburg. Ein vaterländisches Gedicht. o. O. u. J. [nach 1817]. 8°

— Der cron-würdigste [kronwürdigste] preussische Adler, das ist kurtze Beschreibung derer Solennitaeten ..., welche bey der Crönung ... Friederichs [I. König v. Preussen] in ... Stargard ... angestellet worden den 18. Januarii des 1701. Jahres. Zum andern mahl zum Druck befodert. Cöln: Marteau [1701]. 24 S. 4° **2. 10.**
1.10981

**Adler, der neue, auf dem Stephansthurme 1842.** (Gedicht.) gr. 8. Wien 844, Tauer u. Sohn. 1/12 ℛ︀

**Adler, Der Oesterreichische —.** Redakteur: Dr. A. J. Groß-Hoffinger. Druck von M. Auer. 4. 2spaltig.

Der Rote **Adler.** Brandenburgischer Kalender ... Unter Mitw. von Ernst Friedel, Stadtrat, hrsg. von Robert Mielke. [1–3.] Berlin: M. Oldenbourg (1901–03.) 4°
[1.] Für 1902. [2.] Für 1903. [3.] Für 1904.
Forts. s. Berliner Kalender. 1905 ff. 10. 30.4

— Der Adler und die Sperlinge. Eine Fabel. — o.O. 1759. 4 Bl. **1:4° Yl 5381. 2.**
1.10986

**Adler, Viktor.** Schwurgerichtsverhandlung gegen Viktor Adler üb. die Anklage der Verbrechen der Störung der öffentlichen Ruhe, der Religionsstörung, der Vergehen der Aufwiegelung ꝛc. ꝛc., begangen durch Reden im Gablonzer Bezirke, durchgeführt vor dem Reichenberger Schwurgerichte vom 17. bis 20. Novbr. 1893. (Nach stenographischen Aufzeichngn.) 11.—15. Tauf. 8. (64 S.) Wien u. Reichenberg 894. (Wien, 1. Wiener Volksbuchh., J. Brand.) n. — 25

Der Adler des Westens: 1835–1840;
Weekly. Absorbed PITTSBURGER BEOBACHTER. Subscription held by Harmony Society, 1835–38. Edited & published by Jakob Schmidt (Smith) & J. G. Backofen. Opposed by the Orthodox because of radical attitude toward Evangelical Synod. See STERN DES WESTENS.
**Pittsburgh, PA**

**Adler u. Schunke,** siehe: Adreßbuch f. d. Stadt Erfurt.

**Adler.** 1858: Die Amts-Jubelfeier des Pfarrers der evangelischen Gemeinde in Bromberg, Herrn Consistorialrath Romberg am 1. Mai 1858. Nach d. Mittheilungen des Bromberger Wochenblattes zsgest. u. vervollst. — Bromberg: Mittler 1858. 45 S. **1:Av 8979. 2. 7.**
1.10988

Adler: Beschreibung eines uralten, angeblich von Pythagoras erfundenen mathematischen Spiels, in welchem die graden und ungraden Zahlen, gezeichnet auf mathematische Körper, in 128 Marsfeldern, mittelst der verschiedenen Rechnungsoperationen Krieg führen. 11 S. mit einer Lithogr. Progr. Sorau 1852.

**Adler** (Rabbiner in Kissingen): Offener Brief..., s. Adler, Lazar

**Adler.** 1817: Religiöse Gesänge zur 300jährigen Jubelfeier der Reformation. — Weissenfels (1817). **1:Cn 21112.**
1.10987

**Adler, Gewerbepolitik, s. Studien, Wiener staatswiss.**

Adler: De P. Ovidii Nasonis, quae fertur, Consolatione ad Liviam Augustam de morte Drusi Neronis, filii ejus. 16 S. Progr. Anclam 1851.

**Adler:** Plan..., s. Adler, C.

**Adler, ...** s. Samml. jurist. u. jüd. Contrakte.

**Adler:** Sendschreiben an die 77 so genannten Rabbiner s. Adler, A.

**Adler, ...** (in Sorau), s. Speccius, hebräischer.

**Adler, A.,** Die Anfänge der merkantilistischen Gewerbepolitik in Österreich. [Wiener staatswissenschaftliche Studien. 4. Bd. 3. Heft.] Gr.-8°. (IX, 121 S.) K 5 60
Deuticke, Wien 1903

**Adler, A.:** Prakt. Anleitung z. einf. u. dopp. Buchführung. – Auswahl dt. Handelsbriefe, s. Adler, Abraham.

**Adler, A.:** Einführung i. d. Geometrie, s. Adler, August

**Adler, A.:** Entwicklungsgeschichte d. dt. Zollvereins, s. Adler, Abraham

**Adler, A.:** Das Ganze d. kaufm. Arithmetik. – Einmonat. Geschäftsgang, s. Adler, Abraham.

— das Judenthum und die Kritik. Ein Sendschreiben an Herrn Dr. F. W. Ghillani. gr. 8. Mannheim 845, Bensheimer. n. 1/12 ℛ︀

**Adler, A.:** Lehrbuch d. Kontorwiss., s. Adler, Abraham

—— die 77 sogenannten Rabbiner u. d. Rabbiner-Versammlung. 1. Hft. gr. 8. (4 1/4 B.) Mannheim 845, (Bensheimer).

**Adler, A.,** Rechtsgrundsätze des Kgl. Ober-Tribunals über Grundgerechtigkeiten ꝛc., s. Vorbereiter, der, zum jurist. Examen.

**Adler, A.** 1857: Rechtsgrundsätze des Königlichen Ober-Tribunals über Grundgerechtigkeiten und Eigenthums-Beschränkungen. — Bromberg: Levit 1857. 125 S. **1:Gr 14336.**
1.10990

— — Rechtsgrundsätze des Königlichen Ober-Tribunals über Grundgerechtigkeiten und Eigenthums-Beschränkungen, oder was hat der Grundbesitzer zu beobachten, wenn er seine wohlerworbenen Grundgerechtigkeiten nicht augenblicklich verlieren will? — Berlin: Grieben 1858. 125 S. **1:Gr 14337.**
1.10991

**Adler, A.** (Hrsg.), s. Reform, Die, des Judentums.

— Sendschreiben an die sieben und siebzig so genannten Rabbiner, die durch Verdächtigung und Verläumdung zu gewinnen wähnen. — Frankenthal (1845): Enderes. 8 S. **1:Ez 24149.**
1.10989

**Adler, Dr. A.** John Law. Handwörterb. d. Staatswiss., IV, 1892; 2. Aufl., V, 1900.

Adler, Abraham

**Adler, A., praktische Anleitung zur einfachen u. doppelten Buchhaltung, s.: Odermann.**

**Adler, A.,** Auswahl deutscher Handelsbriefe, s.: Schiebe u. Odermann.

**Adler, Abraham.** 1873: Buchhaltungs-Übungen für Fortgeschrittene. Zum Gebr. an Handelshochschulen ... von A. Adler. — Leipzig & Berlin: Teubner 1908. 116 S.
**1:N 09.1666.**
1.10993

— — 2. verm. u. verb. Aufl. Ebd. 1913. 121 S.
**1:N 13.4206. 11.**
1.10994

**Adler, A.,** die Entwickelungsgeschichte des deutschen Zollvereins. Festrede, zum 83. Geburtstage Sr. Maj. d. Deutschen Kaisers geh. im Prüfungssaale der öffentl. Handelslehranstalt zu Leipzig. gr. 8. (24 S.) Leipzig 879. Gebhardt. n. — 50

— **das Ganze der kaufmännischen Arithmetik, s.: Feller u. Odermann.**

— einmonatiger **Geschäftsgang** e. offenen Handelsgesellschaft, hauptsächlich entnommen e. Kolonialwaren-Grosshandlg. 2. Aufl. (18 S.) gr. 8. Leipzig 902. J. M. Gebhardt. n.n. — 30

— Einmonatiger **Geschäftsgang** e. offenen Handelsgesellschaft, hauptsächlich entnommen aus dem Geschäftskreise e. Kolonialwaren-Grosshandlg. 3. Aufl. (18 S.) gr. 8. Leipzig 907. J. M. Gebhardt. — 40

— **Lehrbuch der Kontorwissenschaft, s.: Schiebe, A.**

— **Leitfaden** für den Unterricht in der Handelswissenschaft mit Berücksichtigung des volkswirthschaftlichen Standpunktes. Nebst e. Anh., enth.: Gesetz üb. die Ausgabe v. Reichscassenscheinen, vom 30. Apr. 1874. Deutsches Bankgesetz, vom 14. März 1875. Statistik der deutschen Banknoten, Ende Juli 1878. gr. 8. (VII. 88 S.) Leipzig 879. Gebhardt. n. 1. 50; geb. n.n. 1. 80

**Adler, A.,** Leitfaden für den Unterricht in der Handelswissenschaft mit besond. Berücksicht. der deutschen Gesetzgebung. 2. verm. und umgearb. Aufl. gr. 8. (VII, 98 S.) Leipzig 887, Gebhardt. *ℳ 1.50.; geb. **

**Adler, A., Leitfaden** f. den Unterricht in der Handelswissenschaft m. besond. Berücksicht. der deutschen Gesetzgebung. 3., verm. Aufl. gr. 8. (VI, 130 S.) Leipzig 892. J. M. Gebhardt's Verl. n. 2. —

— A. Adler. Leitfaden für den Unterricht in der Handelswissenschaft, mit bes. Berücks. d. deutschen Gesetzgebung. 4. verm u. verb. Aufl. — Leipzig: Gebhardt 1897. VI, 152 S.
**11.**
1.11002

— — 5. Aufl. Ebd. 1900. VIII, 159 S. **82.**
1.11003

— **Leitfaden f. den Unterricht in der Handelswissenschaft m. besond. Berücksicht. der deutschen Gesetzgebg. 6. verb. Aufl. (VI, 161 S.) 8. Leipzig 905. J. M. Gebhardt.** n. 1. 60; geb. n.n. 2. —

— A. Adler. Leitfaden der Volkswirtschaftslehre zum Gebr. an höheren Fachlehranstalten. — Leipzig: Gebhardt 1880. VIII, 192 S.
**1:Fe 5200. 82.**
1.11005

— — 3. Aufl. Ebd. 1895. VIII, 240 S.
**1:N 11.2. 12:Cam. 3w.**
1.11006

— — Leitfaden der Volkswirtschaftslehre zum Gebr. an höheren Fachschulen. 6. Aufl. — Ebd. 1910. VI, 287 S. **7.**
1.11007

**Adler**, A., Leitfaden der Volkswirtschaftslehre zum Gebrauch an höheren Fachlehranstalten u. z. Selbstunterricht. 4. Aufl. gr. 8. (VIII, 264 S.) Leipzig, J. M. Gebhardt. **901.** 3. 60; geb. 4. 20.

VI, 1. Hintze, O., Einleitende Darstellung der Behördenorganisation u. allgemeinen Verwaltung in Preussen beim Regierungsantritt Friedrichs II. (17. 6?? S.) 15. —. — VI, 2. Akten vom 31. V. 1740 bis Ende 1745, bearb. von G. Schmoller u. O. Hintze. (1013 S.) 22. —

**Adler, A., Leitfaden der Volkswirtschaftslehre zum Gebrauch an höheren Fachlehranstalten und zum Selbstunterricht. 5. verb. Aufl. (VIII, 276 S.) 8. Leipzig 905. J. M. Gebhardt.** n. 3. 60; geb. n.n. 4. 20

**Adler, A.,** Ricardo u. Carey in ihren Ansichten üb. die Grundrente. gr. 8. (36 S.) Leipzig 872. Gebhardt's Verl. n. 1. —

— A. Adler. Ricardo und Carey in ihren Ansichten über die Grundrente. — Leipzig 1873. 36 S.
Ersch. auch als Diss. Leipzig 1873.
**1:Ff 6798. 12:Cam. 3wd. 83.**
1.11011

**Adler, Adolf** (Helbigsdorf/Dresden), De auditoriis legalibus. Diss. jur. Präs. Andr. Florent. Rivinus. Wittenberg (Gerdes) 24. XII. 1755. 16 S. (4.50) 82

— — (Advocatus Dresdensis), De jure in arbores vicini in nostrum prominentes aerem. Präs. Georg Friedrich Kraus. Wittenbg. (Gerdes) 28. XI. 1765. 27 S., z. Tl. deutsch. (4.80) 83

**Adler,** Adolph: Wanderer, Land und Leute aus der Bukowina. Hildburghausen: Verl. d. B. J. 1865.

**Adler,** Albert S. (geb. San Francisco, Cal. [14. 1. 1858]): Ein Beitrag zur Lehre von den „bilateralen Functionen" im Anschlusse an Erfahrungen der Metalloscopie. Berlin: Gutmann (1879). (25 S.) 8°
Berlin, Med. Diss. v. 12. Apr. 1879

**Adler,** Alexander *(geb. Gleiwitz 7. 9. 1855)*: Ueber die Rectificationsrückstände der Braunkohlentheerdestillation und einige Verbindungen des Chrysens. Breslau 1879. (26 S.) 8°
Breslau, Phil. Diss. v. 26. Juni 1879

**ADLER ALFRED, Dr., FREUD S., Prof., FRIEDJUNG J. K., Dr., MOLITOR KARL, Dr., REITLER R., Dr., SADGER J., Dr., STEKEL W., Dr., Unus multorum: Beiträge über den Selbstmord insbesondere den Schülerselbstmord. (Diskussionen des Wiener psychoanalytischen Vereins, Heft 1.) Wiesbaden, J. F. Bergmann 1910, 60 S., gr. 8°.**

**Adler, Alfr., Gesundheitsbuch f. d. Schneidergewerbe, s.: Wegweiser d. Gewerbehygiene.**

Adler, Alfr.: s. Über d. Selbstmord. – Zentralblatt f. Psychoanalyse.

**Adler,** Alfr., über den Selbstmord insbesond. den Schüler-Selbstmord, s.: Diskussionen des Wiener psychoanalytischen Vereins. 1. Heft.

— Studie über Minderwertigkeit von Organen. — Berlin, Wien: Urban & Schwarzenberg 1907. 92 S.
**1:Ic 10455. 12:Path. 8ox. 300:455.644–C. 7. 11.**
1.11036

— Die Theorie der Organminderwertigkeit u. ihre Bedeutung f. Philosophie u. Psychologie, s.: Beilage, wissenschaftliche, zum 21. Jahresbericht der philosophischen Gesellschaft an der Universität zu Wien.

— s.: Zentralblatt f. Psychoanalyse.

**Adler, Alois, die Herkulesbäder nächst Mehadia. Zum Gebrauche für Aerzte und Curgäste dargestellt. 8. (109 S.) Pest 865, Stolp.**

**Adler's,** Arnold, commercielles Handbuch nebst Vormerk-Kalender f. 1895. Red. v. A. IX. Jahrg. schmal Fol. (III, 227 S.) Wien 894. Volkswirtschaftl. Verl. A. Dorn. Kart. 2. —

**Adler's** Commercielles Handbuch, nebst Vormerkkalender für 1896. Redigirt von Arnold Adler. X. Jahrgang. Schmal-Folio. (228 S.) Gebunden Dorn, Wien 1895 * 1.20

**Adler's** Commercielles Handbuch, nebst Vormerkkalender für 1897. Redigirt von Arnold Adler. XI. Jahrgang. Schmal-Folio. (228 S.) Gebunden * 1.20
Volkswirtschaftlicher Verlag (Dorn), Wien 1896

**Adler's** Commercielles Handbuch, nebst Vormerkkalender für 1898. Redigirt von Arnold Adler. XII. Jahrg. Schmal-Folio. (220 S.) Gebunden * 1.20
Volkswirtschaftlicher Verlag (Dorn), Wien 1897

**Adler's,** Arnold, commerc. Handbuch nebst Vormerk-Kalender f. 1899. Red. v. A. XIII. Jahrg. schmal Fol. (II, 216 S.) Wien, Volkswirtschaftl. Verlag A. Dorn. Kart. n. 2. —

Adler's Commercielles Handbuch, nebst Vormerkkalender für 1900. Alle Rechte vorbehalten. Redigirt von Arnold Adler. XIV. Jahrgang. Wien. [1899.] Dorn. Schmalfol. 202. S. Cart. fl. 1.20

Adler's, A.: Commercielles Hdb. nebst Vormerk -Kalender f. 1901. Red. v. G. Bretisch. XV.Jahrg. Fol. (222).– Wien(VIII, Schlösselgasse 11), Buchdr.„Industrie".

**Adler's, Arnold, commercielles Handbuch nebst Vormerk-Kalender f. 1903. Red. v. G. Bretisch. XVII. Jahrg. (II, 230 S.) schmal Fol. Wien (VIII, Schlösselgasse 11). Buchdr. „Industrie". Kart. 2. —**

**Adler's, (Arnold), commercielles Handbuch nebst Vormerk-Kalender f. 1906. Red. v. J. Sträussler. 20. Jahrg. (II, 190 S.) 31,5×11,5 cm.** Wien (IX, Alserstr. 26), **Buchdr. „Industrie".** Kart. n. 2. —

**Adler.** Arthur [Assistenzarzt der K. med. Klinik zu Breslau]: Aus d. K. med. Klinik zu Breslau. Beiträge zur Kasuistik und Theorie der Aphasie. . . . Breslau, Druck v. Grass, Barth & Comp. (W. Friedrich.) (1889); 5 Bl. + VIII + 55 + 1 S. + 1 Bl. 8°
Breslau, Med. Fak., Inaug.-Diss. v. 19. Okt. 1889

**Adler, Artur.** 1906: Die Haager Friedenskonferenz des Jahres 1907 und die Fortbildung des Völkerrechtes. — Berlin: Puttkammer & Mühlbrecht 1909. 65 S.
1:Fm 4504. 5. 7. 11.
1.11042

**Adler, Arth., die Spionage, s.a. Arbeiten aus dem juristisch-staatswissenschaftlichen Seminar der königl. Universität Marburg. 4. Hft.**

**Adler,** Arthur, Referendar am Königl. Amtsgericht zu Rüdesheim a. Rh.: Die Spionage. Eine völkerrechtliche Studie. Marburg 1906: H. Bauer. (XV, 92 S.) 8°
Marburg, Jur. Fak., Ref. Schücking, Diss. v. 12. Febr. 1906
[Geb. 17. Dez. 82 Frankfurt a. M.; Wohnort: Rüdesheim; Staatsangeh.: Preußen; Vorbildung: Realgymn. Wöhlersch. Frankfurt a. M. Reife O. 01; Studium: Heidelberg 2, Bonn 1, Berlin 1, Marburg 2 S.; Rig. 31. Juli 05.]

— Die Spionage. Eine völkerrechtl. Studie. — Marburg: Ehrhardt 1906. XV,92 S. (Arbeiten aus d. jurist.-staatswiss. Seminar d. Kgl. Univ. Marburg. 4.)
Ersch. auch als Diss. Marburg 1906.
1:F 14408-4. 12:Pol. g. 23u-4. 300:448.061-B.Per.4.
2. 4. 6. 7.
1.11043

**Adler, Artur.** 1899: Die Symptomatologie der Kleinhirn-Erkrankungen. — Wiesbaden: Bergmann 1899. 70 S.
1:Ki 2017. 2.
1.11039

**Adler,** Arthur [aus Dresden]: Untersuchungen über die Längenausdehnung der Gefässräume, sowie Beiträge z. Kenntnis v. d. Verbreitg d. Tracheïden u. d. Gefässe im Pflanzenreiche ... Jena, Druck v. B. Engau, 1892; 56 S. 8.
Jena, Phil. Fak., Inaug.-Diss. v. 1892

**Adler, Arth., Untersuchungen üb. die Längenausdehnung der Gefässräume, sowie Beiträge zur Kenntnis v. der Verbreitg. der Tracheïden u. der Gefässe im Pflanzenreiche.** Diss. gr. 8. (56 S.) Jena 892. (Rudolstadt, H. Dabis.) n. 1. 20

**ADLER, August** 513
Zur sphärischen Abbildung der Flächen und ihrer Anwendung in der darstellenden Geometrie von August Adler. (Mit 1 Tafel.) (Aus den Sitzungsberichten der kais. Akademie der Wissenschaften in Wien. Mathem.-naturw. Classe. Bd. CX. Abth. II.a. Jänner 1901.) Wien. 1901. In Comm. Gerold's Sohn. Gr.-8°. 23 S. K —.60

**Adler, Aug.,** graphische Auflösung der Gleichungen. gr. 8. (26 S.) Klagenfurt 891. (F. v. Kleinmayr.) n. 1. —

**Adler, Aug., zur graphischen Auswerthung der Functionen mehrerer Veränderlichen. Lex.-8. (20 S. mit 2 Holzschn.) Wien 886, (Gerold's Sohn.)** *
Aus: Sitzungsberichte der k. Akademie der Wissenschaften, besonders abgedruckt.

**Adler, A.,** zur graphischen Auswerthung der Functionen mehrerer Veränderlichen. (Mit 2 Holzschn.) [Aus: „Sitzungsber. der k. Akad. d. Wissensch."] Lex.-8. (20 S.) Wien 886. (Tempsky.) n. — 40

**Adler, Aug.,** weitere Bemerkungen üb. Raumcurven 4. Ordnung 2. Art. [Mit 1 (eingedr.) Holzschn.] [Aus: „Sitzungsber. d. k. Akad. d. Wiss."] Lex.-8. (11 S.) Wien 882. (Gerold's Sohn.) n.n. — 25

**Adler, A.,** Einführung in die Geometrie. Lehr- u. Übungsbuch f. die I. Klasse der Realschulen u. verwandt. Lehranstalten. (III, 35 S. m. 57 Fig.) gr. 8. Wien 908. A. Hölder. Kart. — 70

**Adler A.,** Einführung in die Geometrie, Lehr- und Übungsbuch für österreichische Gymnasien, Realgymnasien und Realschulen. Für die I. Klasse. 2., nach den neuen Lehrplänen umgearbeitete Auflage. Wien 1910. A. Hölder. Kart. K —.96. (Min.-Erl. vom 17. August 1910, Z. 34451.) 1910

Adler, August, Gedenkschrift zum 30jähr. Bestehen des Deutschen Turnvereins zu Mariaschein, 1900, 24 S., 8°.

— **Grundriss der Geometrie.** Lehr- u. Ubungsbuch f. Realschulen u. verwandte Lehranstalten. 1. Tl. Für die II. Klasse. (IV, 44 S. m. 57 Fig.) gr. 8. Ebd. 908. Geb. — 90

**Adler August,** Grundriß der Geometrie. Lehr- und Übungsbuch für österreichische Gymnasien, Realgymnasien und Realschulen. I. Teil. Für die II. Klasse. 2., nach den neuen Lehrplänen umgearbeitete Auflage. Wien 1910. A. Hölder. Geb. K —.96, geb. K 1.16. (Min.-Erl. vom 1. März 1910, Z. 5275.)

Adler, A., üb. d. z. Ausführg. geometr. Constructionsaufgaben 2. Grades nothwend. Hilfsmittel. 8°(14 m. 1 Taf.).– Wien 1890, C. Gerold's S.

— **üb. die zur Ausführung geometrischer Constructionsaufgaben zweiten Grades nothwendigen Hilfsmittel.** [Aus: „Sitzungsber. d. k. Akad. d. Wiss."] Lex.-8. (14 S. m. 1 Taf.) Wien 890. (F. Tempsky.) n. 1. —

**Adler, August,** Ueber die zur Ausführung geometrischer Constructionsaufgaben zweiten Grades nothwendigen Hilfsmittel. Mit 1 Taf. Gr.-8. (14 S.) Tempsky, Wien 1891 — 50

**ADLER, August** 515
Zur Construction der Flächen zweiten Grades aus neun gegebenen Punkten von August Adler. (Aus den Sitzungsberichten der kaiserl. Akademie der Wissenschaften in Wien. Mathem.-naturw. Classe. Bd. CX. Abth. II.a. März 1901.) Wien. 1901. In Comm. Gerold's Sohn. Gr.-8°. 5 S. K —.10

**— Fünfstellige Logarithmen, s.a. Sammlung Göschen.**

**Adler, August:** Fünfstellige Logarithmen. Mit mehreren graph. Rechentafeln u. häufig vorkommenden Zahlwerten. Von A. Adler. — Leipzig: Göschen 1909. 116 S. (Sammlung Göschen. 423.) 12:Var. 323-423. 11. 83. 102.
1.11047

**Adler, A.,** Zum Normalenproblem der Flächen zweiten Grades. [Aus: Sitzungsber. d. k. Akad. d. Wiss.] Gr.-8°. (9 S. mit 1 Tafel) † K —.40
Carl Gerald's Sohn, Wien 1902

— **über Raumcurven 4. Ordnung 2. Art.** [Mit 1 (lith.) Taf. u. 1 (eingedr.) Holzschn.] [Aus: „Sitzungsber. d. k. Akad. d. Wiss."] Lex.-8. (18 S.) Ebend. 882. n.n. — 50

— **über specielle Raumcurven 4. Ordnung 2. Art.** [Mit 3 (eingedr.) Holzschn.] [Aus: „Sitzungsber. d. k. Akad. d. Wiss."] Lex.-8. (18 S.) Ebend. 882. n. — 40

Adler, August: Zum graphischen Rechnen. (Mit einer Tafel.) 8 (S. 3—40). Progr. Deutsche Staatsrsch. *Karolinenthal* 1896.
Nicht im Tauschverkehr.

**Adler**, Aug., über Strictionslinien der Regelflächen 2. u. 3. Grades. [Mit 1 (eingedr.) Holzschn.] [Aus: „Sitzungsber. d. k. Akad. d. Wiss."] Lex.-8. (12 S.) Wien 882. (Gerold's Sohn.) n.n. — 25

— zur Theorie des Plückerschen Konoids. (7 S. m. 1 Taf.) gr. 8. Wien 904. (A. Hölder.) n. — 30
Sonderabdruck aus: „Sitzungsber. d. k. k. Akad. d. Wiss."

**Adler, Aug.**, Theorie d. geometrischen Konstruktionen, s.: Sammlung Schubert.

**Adler** August: Zur Theorie der geometrischen Constructionen. (11). Pilsen R. 95. Progr.

— Theorie der geometrischen Konstruktionen. Mit 177 Fig. Leipzig: Göschen 1906. VIII,301 S. (Sammlung Schubert. 52.)
1:O 2595-52. 12:Math.U.177rc-52. 11. 82. 83. 85. 89.
1.11053

Adler, A., z. Theorie d. Mascheroni'schen Constructionen. 8°( 7m. 1 Taf.).– Wien 190, C. Gerold's S.

**Adler**, Aug., zur Theorie der Mascheroni'schen Constructionen. [Aus: „Sitzungsber. d. k. Akad. d. Wiss."] Lex.-8. (7 S. m. 1 Taf) Wien 890. (F. Tempsky.) n. — 40

**Adler, August**, Zur Theorie der Mascheronischen Constructionen. Mit 1 Tafel. Gr.-8. (7 S.) Tempsky, Wien 1891 —.20

**Adler, Bernhard**: Chemische medicinische Abhandlung vom egerschen Gesundbrunnen. — Eger: Fritsch 1782. 95 S.
Ersch. auch als Diss. Wien 1782. 7.
1.11055

— — Ebd. 1785. 95 S. 1:Ir 32644.
1.11056

**Adler, Bernh.**, chemisch-medicin. Abhandl. von den Eigenschaften d. Egerschen Sauerbrunnen. 8. Wien 782. Camesina (Heubner). 4 ʎ 2e X. 8. Eger 785.

**Adler, Bruno**, der nordasiatische Pfeil, s. a. Archiv, internationales, f. Ethnographie. XIV. Suppl.

**Adler**, Bruno: Der nordasiatische Pfeil. Ein Beitrag zur Kenntnis d. Antropogeogr.[!] d. asiat. Nordens. Mit 8 Taf. u. 1 Karte. *Leiden: E. J. Brill 1901.* (40 S.) 4° Leipzig, Phil. Diss. v. [8. Nov.] 1901

— Der nordasiatische Pfeil. Ein Beitrag zur Kenntnis d. Anthropogeographie d. asiatischen Nordens von Bruno Adler. Mit 8 Taf. u. 1 Kt. — Leiden: Brill 1901. 40 S. (Internationales Archiv für Ethnographie. 14,Suppl.)
Ersch. auch als Diss. Leipzig 1901.
1:4° Pn 128-14, Suppl. 12:4° Anthr. 1b-14. 5. 7. 8. 10. 11. 102.
1.11058

**Adler, C.**, Aphorismen üb. die staatlichen Zustände Polens vor der ersten Theilung d. Reichs. gr. 8. (104 S.) Berlin 851, Geelhaar. n. 19 ngr

Adler C, Atlas manual para el uso y fácil inteligencia de los niños. 20 Karten. qu4° Hamburg 1871

**Adler**, C. Hamburger Festzug zur Gedächtnisfeier des hundertjährigen Geburtstages Friedr. Schiller's den 13. November 1859 ... gewidmet von C. Adler. Hamburg, C. Adler (1859). Leporello Album mit 31 Abb. 8°.

— Handatlas für Volks- und Bürgerschulen. 20 Karten mit Supplement: Kartennetze. qu4° Hamburg

**Adler's, C.**, Handatlas zum Einzeichnen. (Ohne Titelbl.) 3. Aufl. Fol. (20 Bl.) Hamburg 887, Adler.

**Adler's, C.**, Handatlas f. Volks- u. Bürgerschulen. 20 (lith.) Karten in Farbendruck mit erläuterndem Text. 5. Aufl. Hamburg 866. Adler. qu. 4. 10 ngr

**Adler, C.**: Das Handelsregister, s. Adler, Karl

— livrinhos do debuxo com os desenhos. 18 cadernos. qu. 4. (à 12 Bl.) Ebd. 895. à — 30
1. 2. Linhas rectas. — 3. Linhas curvadas, regulares. — 4. Objectos de uso. — 5. Ornamentos. — 6. Flores e frutas. — 7. Perspectiva. — 8. Natura morta. — 9. Paisagem. — 10. Animaes. — 11. Do homem. — 12. Varias. — 13—18. O homem.

— Maaß für Maaß od. unparteiische Beleuchtung der Schrift v. A. Ruhe: Herr Prof. Rötscher als Dramaturg. gr. 8. (24 S.) Bromberg 850. (Berlin, Springer.) n. 6 ngr

— Midas-Rötscher v. Berlin u. Dr. Wollheim, der Zoilo-Thersites v. Hamburg beleuchtet. gr. 8. (27 S.) Berlin 849, Springer in Comm. n. 6 ngr

Adler's C, progressive Muster-Schreibbücher. 12 Bde 4° Hamburg

**Adler's, C.**, Muster-Zeichenhefte. 18 Nrn. qu. 4. (à 12 Bl.) Hamburg 893. C. Adler. à — 30
1. 2. Gerade Linie. — 3. Regelmässig gebogene Linie. — 4. Gebrauchsgegenstände. — 5. Ornament. — 6. Blume u. Frucht. — 7. Perspektive. — 8. Stillleben. — 9. Landschaft. — 10. Tier. — 11. Mensch. — 12. Diverses. — 13—18. Der Mensch.

— dasselbe. 18 Nrn. (Neue umgearb. Aufl.) qu. 4. (à 12 Bl.) Ebd. 894. à — 30

**Adler's, C.**, Muster-Zeichenhefte. 18 Nrn. Russ. u. span. Ausg. qu. 4. (à 12 Bl.) Hamburg 895. C. Adler. à — 30
1. 2. Gerade Linie. — 3. Regelmäss. gebog. Linie. — 4. Gebrauchsgegenstände. — 5. Ornament. — 6. Blume u. Frucht. — 7. Perspektive. — 8. Stillleben. — 9. Landschaft. — 10. Tier. — 11. Mensch. — 12. Diverses. — 13—18. D. Mensch.

**Adler, C.**, Plan von Hamburg-Altona-Wandsbek. Hamburg 1900. 16°. (2144S)

Adler's Plan v. Hamburg-Altona-Wandsbek u. Umgebg. m. projectirter Hochbahn u. Vorortsringbahn. 53,5 x 78,5 cm. Farbendr. Nebst Text: Electr. Hochbahn f. Hamburg. Nach d. Schwebebahn-System Eug. Langen. 4°(4m Fig.) – Hamb. 1894, C. Adler.

Adler's Plan v. Hamburg-Altona-Wandsbek u. Umgebg. m. projektirter Vororts–Ringbahn u. Alster-Canalisirg. bis Ohlsdorf, sowie Elb-Regulirg. Rückseitig 42 Ansichten. 53,5 x 78 cm. Farbendr. Beschreib. Führer, 8°(38) Nebenkarte: Hamburg-Helgoland.. 1:1,000,000. Ausg. 1894.– Hambg. 1894. C. Adler.

Adler's Plan v. Hamburg-Altona-Wandsbek u. Umgebg. Rückseitig 42 Ansichten. Ausg. 1895. 53 x 78 cm. Farbendr. Nebst: Beschreib. Führer, Namen-Verzeichniss d. Strassen, Anlagen etc., Karte v. Hamburg-Helgoland. 12°(40).– Hambg. 1895. C. Adler.

Adler's, C. Plan v. Hamburg-Altona-Wandsbek u. Umgebg. 1: 1: 18.000. Aus. 1898. 62,5 x 84,5 cm. Farbdr. Nebst: Beschreibg. Führer u. Namen-Verzeichniss d. Strassen etc. 12° (42).– Hamb., C. Adler.

**Adler's, C.**, Plan von Wandsbeck-Hamburg-Altona und Umgebung. Imp.-Fol. Mit Ansichten und Text. 16. (38 S.) Hamburg 888, Adler. geb.

**Adler's** Plan von Wandsbeck — Hamburg — Altona und Umgebung mit Uebersichts-Karte der Tour von Hamburg nach Helgoland. Hamburg. 1 Bl. c. L.

Adler C, Schreibheft der höheren Kalligraphie. I-III je 12 Bl qu4° Hamburg

Adler's C. Schreibhefte f. Steilschrift. Deutsch u. Lateinisch. à 12 Hfte. 8°(a 24 ) – Hamb. 1893, C. Adler.

—— Schul-Atlas mit Textbeigabe. 22. revid. Aufl. gr. 4. (27 S. mit 29 Karten.) Ebendas. 888.
—— dass. — Supplement [enthaltend Umrisse und Gradnetze]. gr. 4. (44 Karten.) Ebendas. 888. In Mappe

Adler, C., Studien zur Cultur-Geschichte Polens. 1. Bd. Berlin 866. Mittler & S. (VI, 324 S.) n. 1 ℛ 10 ℊ

— Taschenbuch f. Zeichenlehrer 1896 m. Kalendarium 1. Oktbr. 1895 bis 31. März 1897. M. d. Bilde d. Prof. E. Herdtle u. 17 lith. Taf. m. 219 Fig. f. d. Unterr. i. freien Zeichnen nach eb. Gebilden. 3. Jahrg. gr. 16. (VI S., Schreibkal, 20, 17 u. 52 S. m Schülerlisten.) Ebd. Geb. in Leinw. n. 1. —

— dasselbe 1897 m. Kalendarium 1. Oktbr. 1896 bis 31. März 1898. M. d. Bilde Albr. Dürers u. 16 lith. Taf. (m. erklär. Text a. d. Rückseite) m. 141 Fig. f. d. Unterr. im Linearzeichnen 4. Jahrg. gr. 16. (VI S., Schreibkal. u. 48 S. m. Schülerlisten). Ebd. Geb. i Leinw. n. 1. —

— dasselbe 1898 m. Kalendarium 1. X. 1897 b. 31. III. 1899. M. d. Bilde Lionardo da Vincis u. 12 lith. Taf. f. d. Unterr. i. Linearzeichnen: C. Perspektive. 5. Jahrg. gr. 16. (VI S., Schreibkal., 16 u. 44 S. m. Schülerlisten.) Ebd. Geb. i. Leinw. n. 1. —

— Übungshefte f. Steilschrift. 4 Hfte. gr. 8. (à 32 S. liniiertes Pap.) Ebd. 893. à — 15

—— kleiner Volksschul-Atlas des Deutschen Reiches. [Für jeden Regierungs-Bezirk in besond. Ausg.] Nr. 1—34, 36 und 42—59. gr. 4. (à Atlas 10 Karten in Farbendr. mit Text zur Heimatkunde.) Ebendas. 885—88. à Atlas *

Inhalt:

1. Reg.-Bez. Köln. — 2. Reg.-Bez. Düsseldorf. — 3. Reg.-Bez. Trier. — 4. Reg.-Bez. Aachen. — 5. Reg.-Bez. Koblenz. — 6. Reg.-Bez. Arnsberg. — 7. Reg.-Bez. Münster. — 8. Reg.-Bez. Minden. — 9. Reg.-Bez. Gumbinnen. — 10. Reg.-Bez. Königsberg. — 11. Reg.-Bez. Marienwerder. — 12. Reg.-Bez. Danzig. — 13. Reg.-Bez. Hannover. — 14. Reg.-Bez. Lüneburg. — 15. Reg.-Bez. Stade. — 16. Reg.-Bez. Hildesheim. — 17. Reg.-Bez. Aurich. — 18. Reg.-Bez. Kassel. — 19. Reg.-Bez. Wiesbaden. — 20. Schleswig. — 21. Holstein. — 22. Reg.-Bez. Magdeburg. — 23. Reg.-Bez. Merseburg. — 24. Reg.-Bez. Erfurt. — 25. Reg.-Bez. Breslau. — 26. Reg.-Bez. Liegnitz. — 27. Reg.-Bez. Oppeln. — 28. Berlin. — 29. Reg.-Bez. Potsdam. — 30. Reg.-Bez. Frankfurt a. O. 31. Reg.-Bez. Stettin. — 32. Reg.-Bez. Stralsund. — 33. Reg.-Bez. Köslin. — 34. Reg.-Bez. Posen. — 36. Großherzogtümer Mecklenburg-Schwerin und Mecklenburg-Strelitz. — 42. Reg.-Bez. Oberbayern. — 43. Reg.-Bez. Niederbayern. — 44. Reg.-Bez. Oberpfalz. — 45. Reg.-Bez. Oberfranken. — 46. Reg.-Bez. Mittelfranken. — 47. Reg.-Bez. Unterfranken. — 48. Reg.-Bez. Schwaben. — 49. Rheinpfalz. — 50. Großherzogt. Hessen. — 51. Oberelsaß — 52. Unterelsaß. — 53. Reg.-Bez. Lothringen. — 54. Kreis Mannheim, Heidelberg, Mosbach. — 55. Karlsruhe, Baden, Offenburg. — 56. Freiburg, Villingen, Lörrach, Waldshut und Konstanz. — 57. Neckar- und Jagst-Kreis. — 58. Donau-Kreis. — 59. Schwarzwaldkreis und Hohenzollern.

—— dass. — Nr. 37.: Für die Volksschulen des Stadt- und Landkreises Köln. hoch 4. (12 chromolithogr. Karten mit 4 S. Text.) Ebendas. 888. *

— deutscher Zeichenlehrer-Kalender 1895 m. Kalendarium 1. Oktbr. 1894 bis 31. März 1896. Mit e. grösseren Zahl lith. Taf. u. Titelblätter nach Orig.-Entwürfen. gr. 16. (18, 26 und 53 S. m. Schreibkalender.) Ebd. 894. Geb. in Leinw. n. 1. —

Adler, C. F.: De beneficiis in gymnasium Soranum collatis eorumque auctoribus. 11 S. Progr. Sorau 1843.

Adler, C.F. Codex legum scholae Soranae Mstus. (V. J. 1608) 22 S. Sorau 1828.

Adler, C.F.: Perspectivae rectilineae ad juvandas exercitationes geometricas adolescentibus propositae pars prior. 13 S. Progr. Sorau 1838.

Adler, C.F.: Perspectivae rectilineae. Pars altera 19 S. Figt. Progr. Sorau 1847.

Adler, C.F.: Hebräischer Speccius, oder 4000 leichte Stellen des A. T. nach grammat. Regeln stufenmässig geordnet, und behufs mündl. und schriftl. Übungen gesammelt. 109 S. Progr. Sorau 1834.

Adler, C. W., der Lehrer als Arzt. 5., reich verm. u. vielfach verb. Aufl. (IV, 92 u. IV S: m. 47 Abbildgn.) gr. 8. Wien 903. (Sallmayer'sche Buchh.) n.n. 1. —

Adler, C. W., Zum Wohle d. Jugend. Mit zahlreichen in den Text gedruckten Illustrationen. Lex.-8°. (328 S.) Wien, Sallmayer'sche Buchhandlung (Jul. Schellbach). In Comm. Baar. fl. 2.—. 1887

Adler, C. W., zum Wohle der Jugend. Mit zahlreichen in den Text gedr. Illustr. gr. 8. (VII, 328 S.) Wien 888. (Sallmayer'sche Buchh.) n. 4. —

Adler, Car. Augustus (geb. Berlin 25. 1. 1813): De typho abdominali. Berolini (1851). (32 S.) 8°

Berlin. Med. Diss. v. 29. Sept. 1851

Adler, Carl, s. Adler, Karl

Adler, Chr. Fr., s. Liebekunst. die. 3 Bücher.

— **Christian Friedrich** (Weissenfels), Observationum e praxi medica desumtarum specimen I. Diss. med. Lpz. (F. A. Brockhaus) 27. IV. 1830. 26 S. (4.50) 84

Gew.: Joh. Aug. Wiedemann (Teuchern).

— **Chn. Gottfr.** (Nariscus), Exerc. jur. quaest. utrum foemina geradam a marito oppignoratam constante matrimonio . . . Präs. Frd. Gottlieb Zoller. Lpz. (Langenheim) 19. X. 1774. 14 S., z. Tl. deutsch. (3.60) 85

**Adler, E.:** Goethe und Frau v. Stein. — Leipzig & Wien: Toeplitz & Deuticke 1887. 16 S.

Aus: Deutsche Wochenschrift. 1:Au 6360/31. 1.11068

Adler, E.: Markenschutz, s. Adler, Emanuel

— **Aus** Russlands jüngster Vergangenheit. gr 8. Leipzig, B. Elischer Nachf.

1. Bd. Bresnitz v. Sydacoff, Aus dem Leben e. Kaiserpaares. Neues vom Petersburger Hofe. (III, 122 S.) 2 —.

Adler, E., Wandlungen. Roman. (118 S.) 8. Dresden, E. Pierson. n. 2. —; geb. n. 3. —

Adler, Eduard

**Adler, Eduard:** Die Behandlung und Erhaltung der Streichinstrumente. Unter bes. Berücks. d. Geige oder Violine zur Belehrung für Musiker ... verf. nebst e. Litteraturanh. u. e. Verzeichnis d. Geigenbauer. — Leipzig: Merseburger 1895. 56 S. 1:Mus. Fs 49. 1.11069

—— Neue durchges. Aufl. Ebd. 1910. 60 S. 1:Mus. Fs 49ᵃ. 1.11070

Adler, Ed., Grosslandwirtschaft oder Kleinlandwirtschaft. (Neue Zeit, Jahrg. 13, 1894/95.)

Von Ghetto zu Ghetto [Jews in many lands]. Reisen u. Beobachtungen von E[lkan] N[athan] **Adler**. Mit zahlr. Ill. Autor. Übertr. aus d. Engl. Stuttgart: Strecker & Schröder 1909. XIII, 213 S. 8° (10. 1173)

Adler, Emanuel

Adler, Eman., der Arbeitsvertrag im Entwurfe e. Novelle zum a. b. G. B. (64 S.) Lex. 8. Wien 908. Manz. 1. —

Sonderabdruck aus „Jurist. Blätter".

**Adler.** Emanuel [aus Loslau i. Schl.]: Beiträge zur Pathologie und Therapie der diphtherischen Lähmungen .... Halle a. S., Plötz'sche Buchdr. (R. Nietschmann), 1885; 38 + 2 S. 8°.

Halle, Med. Fak., Inaug.-Diss. v. 17. Dez. 1885.

Adler, Emanuel, Beiträge zur Pathologie und Therapie der diphtherischen Lähmungen. Diss. Halle a. S. 1885, Lippertsche Buchh. 8°. 38 S.

**Adler, Eman., die Beziehungen der beiden Staatsgebiete der österreichisch-ungarischen Monarchie betr. den Schutz der Erfindungen, Marken u. Muster.** (71 S.) 8. Wien 906. Manz. n. — 85
Sonderabdruck aus: „Österr. Patentblatt".

— Civilrechtliche Erörterungen zum Patentregister nach dem Gesetze vom 11. Jänner 1897, R.-G.-Bl. Nr. 30. — Wien: Hölder 1900. 184 S.
1:Fm 23356. 300:409.423-B. 2.
1.11078

**Adler, Emanuel.** 1889: Kleine Harmonielehre für Anfänger, insbes. zum Gebr. in Präparanden-Anstalten. — Breslau: Offhaus 1889. VI,87 S. 1:Mus. Ga 17.
1.11077

— Die unehelichen Kinder im Entwurf e. Novelle zum ABGB. (33 S.) 8. Ebd. 909. — 50
Sonderabdruck aus „Allg. öst. Ger.-Ztg."

— Ueber die Lage des Handwerks in Oesterreich. — Freiburg i. B., Leipzig & Tübingen: Mohr 1898. 130 S. (Wiener staatswissenschaftliche Studien. 1,1.)
1:F 568-1,1. 12:Pol. g. 913 in -1. 300:400.499-B. Per. 1,1. 2. 4. 5. 6. 7. 10. 11.
1.11079

Adler, E: Markenschutz und unlauterer Wettbewerb. Ein Beitrag zur Kritik des österreichischen Entwurfes eines Gesetzes, betreffend den Schutz gegen unlauteren Wettbewerb. Wien 1904

— Das Publicitäts-Princip im österreichischen Tabularrechte. Mit Unterst. d. Ges. zur Förderung deutscher Wissenschaft, Kunst u. Literatur in Böhmen. — Wien: Manz 1899. IV,161 S.
1:Gm 19720. 12:J. austr. 1 f. 300:97.569-B.
1.11081

**Adler, Emanuel.** Die Schneiderei in Prossnitz. Schriften d. Vereins f. Socialpolitik, Bd. 71. gr. 8°. Leipzig 1896.

**Adler**, Eman.: Der Schutz d. Erfindgn. Marken u. Muster in Österr., s.a. Schulz, Paul.

**Adler**, Eman., und Paul *Schulz*. Der Schutz der Erfindungen, Marken und Muster in Österreich. D. Gesetze, Verordn. u. Staatsverträge betr. Patente. Privilegien, Marken und Muster samt d. einschläg. Judikatur. 2. Aufl. Wien 1906. 8°. *[1. Aufl. 1897.]*
(Manzsche Taschenausg. d. österreich. Gesetze. Bd 1, Abt. 2.) — B: 4150, 1. 2. —

— Der Schutz des Namens im Entwurfe e. Novelle zum a. b. G. B. (19 S.) Lex. 8. Ebd. 908. — 40
Sonderabdruck aus „Jurist. Blätter".

— E., System des österreichischen Markenrechtes. Ausgezeichnet m. dem 1. Preise der Leopold Anton u. Marie Dierl'schen Preisaufgaben-Stiftg. (XI, 522 S.) gr. 8. Wien, Manz. 1908 10. 20: geb. 11. 40.

— System des österreichischen Markenrechtes. — Wien: Manz 1909. XI,522 S.
1:Fm 23533. 12:Merc. 2e. 300:462.479-B. 7.
1.11082

**— Emanuel Jacob** (Riga), De nephritide ejusque morbis secundariis. Diss. med. Bln. (Gebr. Schlesinger) 27. II. 1839. 32 S. mit Biogr. (Mutter: Christiane Gordon.) (4.—) 86
Oppon.: F. Keber, L. Borchardt, H. Blanck. Gew.: Matth. Lehmann, Sigism. Jac. u. Mart. Jac. Adler (Brüder).

**Adler,** Emil (geb. Berlin 17. 8. 1850): Ueber Pemphigus. Berlin (1876). (32 S.) 8°
Berlin, Med. Diss. v. 27. Juli 1876

**Adler, Emma, s. a. Buch der Jugend.**

**Adler, Emma:** Buch der Jugend. Für d. Kinder d. Proletariats. — Berlin: 'Vorwärts' 1895. 232 S.
1:Ng 16532.
1.11083

— Jane Welsh Carlyle. — Wien & Leipzig: Akad. Verl. 1907. 140 S.
1:Aw 5563. 12:Biogr. 190 nt. 300:451.896-B. 2.
1.11085

**Adler**, Emma (Hrsg.), s.a. F e i e r a b e n d.

**Adler, Emma, Feierabend.** Ein Buch f. die Jugend. Lex.-8. (III, 143 S.) Wien 902. Wiener Volksbuchh.
Geb. in Leinw. n. 2. —

— Die berühmten Frauen der französischen Revolution 1789–1795. — Wien: Stern 1906. XIV,280 S.
1:R 9970. 12:Gall. rev. 8 ob. 300:463.068-B.
1.11086

**Adler,** Ernst, Arzt aus Brieg: Aus d. Dermatol. Abteilung d. Allerheiligen-Hospitals zu Breslau. **Beitrag** zur Protargolbehandlung der männlichen und weiblichen Gonorrhoe. *Berlin 1900.* (20 S.) 8°
Breslau, Med. Diss. v. 1900

**Adler, Ernst, wie reise ich nach Steiermark? Graz (Steiermark) im Weltverkehre. Kürzeste Reiseverbindgn. m. den wichtigsten Plätzen des In- u. Auslandes. Für den Landesverband f. Fremdenverkehr in Steiermark zusammengestellt. 2. Aufl. Gültig ab 1. VI. 1909. (31 S. m. 1 Karte.) kl. 8. Graz, U. Moser.** — 20

**Adler**, Eugen [pr. Arzt aus Brieg]: Beiträge zur Casuistik der chronischen progressiven Bulbärparalyse. . . . Berlin, Buchdr. v. Gustav Schade (Otto Francke) (1889): 31 + 1 S. 8°
Berlin, Med. Fak., Inaug.-Diss. v. 19. Jan. 1889

**Adler**, F. s.a. A d l e r, Friedr.

**Adler, F.** v. 1865: Ballegard und Alsen. Vortrag, geh. am 17. Febr. 1865 in d. militair. Gesellschaft zu Berlin. — Berlin: Mittler 1865. 69 S., 1 Kt.
1:So 4116. 300:173.748-B. 7. 8. 11.
1.11088

— d. Zustand d. deutschen Häutemarktes bis ca. 1890. (38 S 1 B) Karlsruhe 1913

**Adler**, F. Th., s. A d l e r , Franz Theodor

**Adler**, Felix

— Die ethischen Gesellschaften. Ein Vortrag. — Berlin: Dümmler 1892. 17 S.
Aus: Die ethische Bewegung in Deutschland. 2. Aufl.
1:Np 17403. 12:Ph. Pr. 16m. 11.
1.11093

— Der Moralunterricht der Kinder. Autor. Übers. hrsg. v. Georg v. Gizycki. — Berlin: Dümmler 1894. 168 S.
1:Ng 9091. 12:Paed. Th. 27. 11.
1.11094

**Adler**, Fr. Chr., s. A d l e r , Friedrich Christian

**Adler, Fr. Ludwig, B. Ord. Praed.,** Betrachtungen über die 15 Rosenkranz-Geheimnisse. Zunächst für Priester. 18. (108 S.) —.40
Kirsch, Wien 1895

**Adler, Franz:** Die Umlaufszahlenreihen bei Werkzeugmaschinen. 1907. 33 S. 4° ¶ Auch in: Zeitschrift d. Vereines deutscher Ingenieure. Bd 51, Halbj. 2.
Hannover, Dr.-Ing.-Diss. v. 11. 3. 1907

**Adler,** Franz, aus Frankfurt a. M.: **Wohnungsverhältnisse** und Wohnungspolitik der Stadt Frankfurt a. M. zu Beginn des 20. Jahrhunderts. *Leipzig [1904]: O. Brandstetter.* (123 S.) 8°
Heidelberg, Phil. Diss. v. 1904

**Adler, Franz.** 1904: Wohnungsverhältnisse und Wohnungspolitik der Stadt Frankfurt a. M. zu Beginn des 20. Jahrhunderts. — Frankfurt a. M.: Schnapper 1904. 123 S.
Ersch. auch als Diss. Heidelberg 1904.
1:Fd 3812/43. 12:Pol. civ. 2e. 10.
1.11104

**Adler**, Franz Theodor

Adler, F. Th.: Locos quosdam librorum I. et II. Ciceronis de oratore vel emandavit vel illustravit. 32S. Progr. Halle Lat. Hptsch. W. 1869.

Adler, Franz Thdr., Mittheilungen aus Joh. Heinr. Callenberg's Briefen. gr. 8. (31 S.) Halle 868, Buchh. des Waisenhauses. *

**Adler**, Friedrich

**Adler, Frdr. v. d.**, s. a. Kastner, Ed. Fed.

Adler, F., Ausgrabungen in Mykenai. S.-A. 1876. 6 S. m. 1 Taf. 4°. 1.20

**Adler, Frdr.**, s.: Ausgrabungen, die, in Olympia.

Adler.: Die Ausgrabungen zu Olympia. s. Curtius

**Adler, F.**, mittelalterliche Backstein-Bauwerke d. Preuss. Staates, s. a. Zeitschrift f. Bauwesen. Supplement.

Adler, Fr., mittelalterliche Backstein-Bauwerke der preuss. Staaten. (In 12 Heften.) 1—8. Heft. gr. Fol. Berlin, Ernst & Korn. 1859—65. In Mappe à n. 2⅙ Rth.
Siehe auch Zeitschrift für Bauwesen Suppl. 1—8.

— Mittelalterliche Backstein-Bauwerke des preussischen Staates. Ges. u. hrsg. v. F. Adler. (In 12 Heften.) Bd 1.2. Berlin: Ernst & Korn (2: Ernst) 1862–98. (Zeitschrift für Bauwesen. Suppl.)
1. Die Mark Brandenburg. H. 1-6. 1862.
2. Die Mark Brandenburg. H. 7-12. 18(63-)98.
1–12 . . . . 1:2° Ny 1063. 12:2° A. civ. 1h. 3. 7. 10. 11. 82. 83. 85. 89.
1–10 . . . . . . . . . . . . . . . . 2. 9. 102.
1–6 . . . . . . . . . . . . . . . . 5.
1.11109

— [Mitarb.] s. a. *Baudenkmaeler* von Olympia. 1892–96.

Die Baudenkmäler von Olympia. Bearb. v. Friedrich **Adler**, Richard Borrmann, Wilhelm Dörpfeld, Friedrich Graeber, Paul Graef. Textbd. Tafelbd 1. 2. *Berlin: A. Asher & C. 1892—96.* 1 Bd 2. 2 Bde gr. 2.
Textbd. 1892(—96). (2 Bl., VIII, 220 S.)
Tafelbd 1. 1892. (4 Bl., 72 Taf.) Tafelbd 2. 1896. (4 Bl., 60 Taf.)
= Olympia. Die Ergebnisse der v. d. Deutschen Reiche veranstalt. Ausgrabg. Textbd II. Tafelbd I. [96. 3659

— F. Adler. Die Baugeschichte von Berlin. Vortrag. — Berlin: Haude & Spener 1861. 32 S.
1:Td 1538. 12:A. civ. 1r. 5. 11. 82. 83.
1.11110

— Früh-romanische Baukunst im Elsass. Aufgenommen u. gezeichnet von F. Adler. — Berlin: Ernst & Korn 1879. (Adler: Baugeschichtliche Forschungen in Deutschland. 2.)
12:2° A. civ. 70h–2. 300:20.956–D. Bd 2. 5. 6. 7. 83.
1.11111

— die Bauschule zu Berlin von C. F. Schinkel. Festrede gehalten bei der Schinkel-Feier am 13. März 1869. Berlin 869. Ernst & Korn. gr. 8. (24 S.) n. 8 *ngr.*

— Architekten-Verein zu Berlin. Die Bauschule zu Berlin von C. F. Schinkel. Festrede. — Berlin 1869 (: Schade). 24 S. 1:Ny 1078. 5. 83.
1.11112

**Adler, Friedrich.** 1861: Ausgeführte Bauwerke von F. Adler. 1.2. — Berlin: Ernst & Korn 1872–75. gr. 2°
1. Adler: Die St. Thomaskirche zu Berlin. 1872.
2. Adler: Christuskirche zu Berlin. Elisabeth-Kirche zu Wilhelmshaven. 1875.
83.
1.11113

— F. Adler. Christuskirche zu Berlin. Elisabeth-Kirche zu Wilhelmshaven. — Berlin: Ernst & Korn 1875. 2 S., 10 Taf. gr. 2° (Adler: Ausgeführte Bauwerke. 2.) 83.
1.11114

Der Dom in Schleswig v. F. **Adler.** Mit Fig. 1—7 und Bl. 25—29 des zugehörigen Atlas. Ausschnitt aus: Zeitschrift für Bauwesen. Jg. 47. H. 4/6. Berlin. 1897. Fol.

**Friedrich Adler. 1. Einleitung. Von Max Fleischer. 2. Proben aus Adlers Werken. (Prag '09.) S. 12—42. (Dt. Dichtg u. Kunst 9.) (Sammlg gemeinnütz. Vortr. 365/366.)**

**Adler, Friedrich.** 1891: Zwei Eisen im Feuer. Lustspiel in 3 Akten frei nach Calderon. — Stuttgart: Cotta 1900. 128 S.
12:P. o. germ. 9 cd. 300:432.145–B.
1.11139

—— 2. Aufl. Stuttgart & Berlin: Cotta 1905. 128 S.
1:Xk 5291°. 11.
1.11140

— Erläuterungsbericht zu dem Entwurfe eines neuen Domes zu Berlin auf 13 Bl. von F. Adler. — Berlin: Trowitzsch 1869. 16 S. 1:Td 2530/20.
1.11115

— Die evangelische Erlöser-Kirche in Jerusalem. Von F. Adler. Mit 4 Abb. — Berlin: Ernst 1898. 13 S. 4°
Erw. aus: Centralblatt d. Bauverwaltung. 1898. 89.
1.11116

—— der Felsendom und die heilige Grabeskirche zu Jerusalem, s. a. Sammlung gemeinverständl. wissenschaftl. Vorträge.

— Der Felsendom und die heilige Grabeskirche zu Jerusalem. Vortrag . . . von F. Adler. Mit 2 Lithogr. — Berlin: Lüderitz 1873. 27 S. (Sammlung gemeinverständlicher wissenschaftlicher Vorträge. 188.)
1:Ag 9016–188. 12:Var. 366am–188. 300:395.139–B. Per. 188. 2. 3. 4. 5. 6. 7. 8. 9. 10. 11. 82. 83.
1.11117

— Baugeschichtliche Forschungen in Deutschland. Aufgenommen u. gezeichnet von F. Adler. 1.2. — Berlin: Ernst & Korn 1870–79.
1. Adler: Die Kloster- und Stiftskirchen auf der Insel Reichenau. 1870.
2. Adler: Früh-romanische Baukunst im Elsass. 1879.
1.2 . . 12:2° A. civ. 70h. 300:20.956–D. 5. 6. 7. 83.
1 . . . . . . . . . . . . . . . . . . . 89.
1.11118

**Adler, Friedrich.** 1891: Freiheit. 3 Einakter. — Stuttgart & Berlin: Cotta 1904. 124 S. 1:Ys 34925. 5. 11.
1.11141

— Gedichte. — Berlin: Fontane 1893. 230 S.
1:Yo 24716.
1.11142

Adler, Frdr., Neue Gedichte. gr. 8. (IV, 88 S.) Leipzig 899. G. H. Meyer. n. 1. 50; geb. in Leinw. n. 2. 50

(B) **Adler, Frdr., neue Gedichte. 899. (KBB.29.) Jetzt: Prag-Weinberge, Fr. Adler.**

— Schinkel's Gestaltung des Grab- und Ehren-Denkmals. Vortrag . . . von F. Adler. — Berlin: Ernst & Korn 1864. 25 S. 83.
1.11119

— Don Gil. Komödie in 3 Akten, nach d. Motiven d. Tirso de Molina. — Stuttgart & Berlin: Cotta 1902. 160 S.
1:Ys 33077.
1.11143

— Gutachten über den für das Lutherdenkmal geeignetsten Platz. 1884 in: *Bericht* über die am 20. März 1884 abgeh. Generalversammlung. Luther-Denkmal-Verein zu Erfurt.
1.11120

— Die Kloster- und Stiftskirchen auf der Insel Reichenau. Aufgenommen und gezeichnet von F. Adler. — Berlin: Ernst & Korn 1870. (Adler: Baugeschichtliche Forschungen in Deutschland. 1.)
12:2° A. civ. 70h–1. 300:20.956–D. Bd 1. 5. 6. 7. 83. 89.
1.11121

— Vom goldenen Kragen. [Gedichte.] Mit Bildern von Richard Teschner. — Prag: Bellmann (1907). 32 Bl.
1:4° Yo 31248. 300:454.045–C.
1.11144

— Zur Kunstgeschichte. Vorträge, Abhandlungen und Festreden. — Berlin: Mittler 1906. 217 S.
1:Nr 3449/36. 12:Art. 1gc. 300:443.492–B. 2. 5. 11. 83. 89.
1.11122

— Moderne Lyrik, s. a. Sammlung gemeinnütziger Vorträge.

— Moderne Lyrik. — Prag: Verl. d. deutschen Vereines z. Verbreitung gemeinnütziger Kenntnisse (1899). 32 S. (Sammlung gemeinnütziger Vorträge. 254.255.)
1:Ag 309–254.255. 12:Var. 366ah–254.255. 300:403.703–B.
1.11145

— Der gläserne Magister. Schauspiel in 4 Akten. — Stuttgart & Berlin: Cotta 1910. 148 S. 1:Ys 38897. 10. 11.
1.11146

— Das Mausoleum zu Halikarnass. Von F. Adler. Mit 5 Taf. — Berlin: Ernst 1900. 12 S.
Erw. aus: Zeitschrift für Bauwesen. 1900.
300:405.993–D. 5. 10. 11.
1.11123

— Die Nordlandfahrt des Kaisers. Rede zur Feier des allerhöchsten Geburtstages S. M. des Kaisers u. Königs am 27. Jan. 1890 veranst. von d. Kgl. Akademie d. Künste in Berlin. Von F. Adler. — (Berlin 1890.)
1:4° U 8544/5. 12:4° Art. 126x–1.
1.11124

**Adler**, Friedrich, s. a. Olympia

— Architekten-Verein zu Berlin. Olympia. Vortrag. — Berlin 1877. 5. 83.
1.11125

— **Olympia u. Umgegend**, s.: Curtius, E.

— Das Pantheon zu Rom. Mit 3 Taf. Abb. — Berlin: Hertz in Komm. 1871. 20 S. (Programm zum Winckelmannsfest d. archäologischen Ges. zu Berlin. 31.)
1: 4° Nw 463–31. 12: 4° Arch. 160 t–31. 300: 391.868–C. Per. 31. 2. 4. 5. 7. 8. 9. 10. 11. 83.
1.11126

— das Pantheon zu Rom. Mit 3 (lith.) Taf. (in gr. 4. u. gr. Fol.) gr. 4. (20 S.) Berlin 872. Hertz in Comm. n. 2. —

**Adler, Friedrich.** 1861: Der Pharos von Alexandria. Von F. Adler. Mit 17 Abb. u. 3 Taf. — Berlin: Ernst 1901. 16 S. gr. 2°
Erw. aus: Zeitschrift für Bauwesen. 1901.
300: 415.220–D. Pp. S. 10. 11. 82. 83.
1.11127

**Adler**, Frdr.: Proben v. s. Werken, s.: Sammlung gemeinnütz. Vorträge.

[—] Das Berliner Rathhaus. Denkschrift zur Grundsteinlegung für d. neue Rathhaus am 11. Juni 1861. [Verf.: Friedrich Adler u. Eduard Fidicin.] — Berlin 1861: Schiementz. 31 S., 7 Bl.
2 versch. Drucke.
1: 4° Td 356 [u.] 4° Td 356ª. 5. 9. 11.
1.11128

[—] — Denkschrift des Magistrats zu Berlin zur Grundsteinlegung für d. neue Rathhaus. [Verf.: Friedrich Adler u. Eduard Fidicin.] 2. Aufl. — Berlin: Hirsch 1862. 31 S., 7 Bl.
1: 4° Td 356ª. 300: 173.306–C.
1.11129

— F. Adler. Die S[ank]t Thomaskirche zu Berlin. — Berlin: Ernst & Korn 1872. 8 S., 12 Taf. gr. 2° (Adler: Ausgeführte Bauwerke. 1.) 83.
1.11130

— F. Adler. Die Schlosskirche in Wittenberg, ihre Baugeschichte und Wiederherstellung. Mit 9 Abb. u. 9 Kupfertaf. — Berlin: Ernst 1895. 12 S.
Aus: Zeitschrift für Bauwesen. 1895.
1: gr. 2° Ny 9981/10. 12: 2° A. civ. 302 g. 2. 3. 4. 5. 6. 7. 8. 9. 10. 11. 82. 83. 85. 89.
1.11131

— Andreas Schlüter. Leben und Werke. Vortrag geh. am Schinkelfeste von F. Adler. — Berlin: Ernst & Korn 1862. 23 S.
1: Nt 8125. 12: Biogr. 1286–11. 300: 164.251–B. 5. 11. 83. 89.
1.11132

— Die Stoa des Königs Attalos zu Athen von F. Adler. Nebst 4 Taf. u. 2 Holzschnittvign. — Berlin: Archäolog. Ges. 1874. 22 S. (Programm zum Winckelmannsfest d. archäologischen Ges. zu Berlin. 34.)
1: 4° Nw 463–34. 12: 4° Arch. 160 t–34. 2. 4. 5. 8. 9. 10. 11. 83.
1.11133

— Die Stoa des Königs Attalos II zu Athen. Mit 7 Taf. u. 3 Holzschn. — Berlin: Ernst & Korn 1875. 16 S.
12: 2° Arch. Oy. 300: 392.028–D. 6. 7. 102.
1.11134

— Der Ursprung des Backsteinbaues in den baltischen Ländern. — Berlin 1884: Reichsdr. S. 177–212.
Aus: Festschrift der Königlichen Technischen Hochschule zu Berlin zur Feier der Einweihung ihres neuen Gebäudes.
1: 4° Ny 302. 5.
1.11135

Adler, F., s.: Verfassung u. Verwaltungsorganisation der Städte des Königr. Preußen.

—— die Weltstädte in der Baukunst, s. a. Sammlung gemeinverständl. wissenschaftl. Vorträge.

— F. Adler. Die Weltstädte in der Baukunst. Vortrag. — Berlin: Lüderitz 1868. 40 S. (Sammlung gemeinverständlicher wissenschaftlicher Vorträge. 51.)
1: Ag 9016–51. 12: Var. 366 am–51. 300: 395.139–B. Per. 51. 2. 3. 4. 5. 7. 8. 9. 10. 11. 82. 83.
1.11136

— — 2. Aufl. Ebd. 1872. 40 S. (Sammlung gemeinverständlicher wissenschaftlicher Vorträge. 51.) 6.
1.11137

— Wittenberg und Jerusalem. Rede zur Feier des allerhöchsten Geburtstages S. M. des Kaisers u. Königs am 27. Jan. 1894 veranst. von d. Kgl. Akademie d. Künste in Berlin von F. Adler. — (Berlin:) Holten (1894). 12 S.
1: 4° Ny 9973. 12: 4° Art. 126 x–3. 11.
1.11138

**Adler**, Friedrich Christian

Adler, Fr. Chr., Andachtsbuch f. Christen bei d. Feier d. heil. Abendmahls ꝛc. 8. Weißenf. 807. Graffé. (Schmidt in L.) 4 gr.

— Andachts- u. Communionbuch f. junge Christen. M. 1 Titelkpf. gr. 8. Leipz. 813. Hinrichs. 5 gr. Velinp. 8 gr.

— Andachts- u. Communionbuch f. junge Christen. Ins Poln. übersetzt v. M. Szanowskiegr. 4. Berl. 824. Enslin. 8 gr.

— kurze Geschichte der christl. Kirche und Religion. gr. 8. Ebend. 815.

— kurze Geschichte der christl. Rel. f. Kinder. gr. 8. Ebend. 815.

— Kurze Geschichte der christlichen Religion und Kirche von ihrem Entstehen an bis auf unsere Zeiten. Ein Nachtrag zu Hübner's Biblischen Historien. 1821 in: *Huebner*, Johann: Biblische Historien. 1827. 1.11158

— kurze Gesch. d. christl. Religion u. Kirche, von ihrem Entstehen an bis auf unsre Zeiten. gr. 8. Leipz. 815. 2e A. 818. 3e A. 821. Hinrichs. 2 gr.

— — kurze Geschichte d. christl. Religion und Kirche. 2te Aufl. gr. 8. Ebendas. 819.

— bibl. Historien, nach Hübner, s. Jh. Hübner.

— Hübners bibl. Histor. z. Gebr. f. d. Jugend- u. Volksschulen. 2 Thle. mit Titelk. 4te Auflage. 8. Ebend. 815. geb.

— dieselben m. 104 Kupf. geb.

— Die Psalmen exegetisch-homiletisch bearb. zum Gebr. für Prediger u. Schullehrer. — Leipzig: Hinrichs 1817. 360 S. 5.
1.11159

— Winke u. Entwürfe f. Prediger u. Schullehrer z. populär. Erklärung d. Psalmen, über welche statt d. Episteln u. Evangel. im Königr. Sachsen 1811 gepredigt werden soll. 4 Hefte. gr. 8. Leipz. 811—17. Hinrichs. à 9 gr. 1 Thlr. 12 gr. (A. u. d. T.: Die Psalmen exeget.-homilet. bearb. ꝛc. gr. 8. 817. 1 Thlr. 4 gr.)

**Adler**, Friedrich Wilhelm

— **Friedrich Wilhelm** (Nariscus), Usum actionis de recepto quoad mores hodiernos. Exercit. jur. Präs. Fried. Gottlieb Zoller. Lpz. (Langenheim) 1775. 14 S. (4.40) 87

**Adler, Friedrich Wolfgang** [aus Wien]: Die Abhängigkeit der specifischen Wärme des Chroms von der Temperatur. Mit 2 Tabellen. Zürich 1902. 64 S. 8°.
Zürich. Phil. Diss. II. S. 1902/1903.

— Bemerkungen über die Metaphysik in der Ostwald'schen Energetik von Friedrich Wolfgang Adler. — Leipzig: Reisland 1905. 47 S.
Aus: Vierteljahrsschrift für wiss. Philosophie u. Soziologie.
83.
1.11149

**Adler,** Fritz [aus Wolkramshausen]: Das Verhältniss von Shakespeare's Antony and Cleopatra zu Plutarch's Biographie des Antonius ... (Aus: Jahrb. d. Deutsch. Shakesp.-Ges., Bd XXXI.) Halle a. S., *Weimar. R. Wagner Sohn*, 1895; 4 Bl., 55 S. 8.
Halle, Phil. Fak., Inaug.-Diss. v. 1. Mai 1895

**Adler**, G. s.a. Adler, Georg

**Adler**, G.: Sechs Trienter Kodices, s. Adler, Guido

**Adler**, G.: Der Sinn f. d. Religion ..., s. Adler, Jakob Georg Christian

**Adler**, G. C. s.a. Adler, G.K.

**Adler**, G. C.: Ausführl. Beschreibg d. Stadt Rom, s. Adler, Georg Christian

**Adler, G. J.,** Professor in New York. 1852 s. *Adler*, George J.

Adler, G. K.: Berneck und seine nächsten Umgebungen. 2. ganz umgearb. Aufl. — Bayreuth 1844. 74 S.
1: Sf 9402. 12: Bavar. 51 h.
1.11175

— Geschichte und Beschreibung des Städtchens Gräfenberg ⟨in Oberfranken⟩. — Nürnberg 1850. VIII,182 S.
1: Sg 860. 12: Bavar. 51 i.
1.11176

Adler, G. K., der 30jährige Krieg im Aischgrunde, bayerischen Regierungsbezirk Mittelfranken. Eine Schrift fürs Volk. Nürnberg 867. Raw. 8. (52 S.) n. 6 ngr.

— Lebens-Nachrichten über die Verfasser der Lieder in dem Gesangbuche für die evangelisch-lutherische Kirche im Königreiche Bayern vom Jahre 1854 nebst Bibelstellen zur Begründung der Lieder aus der heiligen Schrift. — Nürnberg 1854: Sebald. VI,61 S.
12: Liturg. 1353–22 [u.5.] 9.
1.11177

— — 3. berichtigte Aufl. Mit Dr. Martin Luthers Portr. Nürnberg 1868: Sichling. VIII,64 S. 12: Liturg. 5.
1.11178

Adler, G. K., Lebens-Nachrichten über die Verfasser der Lieder in dem Gesangbuche für die evang.-luther. Kirche im Königr. Bayern vom J. 1854 nebst Bibelstellen zur Begründung der Lieder aus der heil. Schrift. Nürnberg 855. Riegel u. Wießner. 8. (VI, 62 S.) n. 4 ngr.

Adler, G. C., Lebens-Nachrichten über die Verfasser der Lieder in dem Gesangbuche für die evangelisch-luther. Kirche im Königr. Bayern, vom J. 1854, nebst Bibelstellen zur Begründung der Lieder aus der heil. Schrift. 2., bericht. und verm. Aufl. 8. (64 S.) Nürnberg 858(62), Mainberger.

Adler, Geo. s. Adler, Georg

Adler, Geo Chr., s. Adler, Georg Christian

Adler, Georg

Adler, G., Anarchismus. (Handw. d. Staatsw. Jena 1889.)

Adler, Georg, Der internationale Arbeiterschutz. (Dtsch. Rundsch., Bd. 63, 1890.)

— Die Arbeitslosenversicherung im Kanton Basel-Stadt. (Schweiz. Blätter f. Wirtschafts- u. Sozialpolitik, Jahrg. 2, 1894.)

— Die Arbeitslosenversicherung der englisch. Gewerkvereine. (Schweiz. Blätter f. Wirtschafts- u. Sozialpol., Jahrg. 2, 1894.)

— Die Basler Arbeitslosenversicherung. (Schweiz. Blätt. f. Wirtsch.- u. Soz.-Pol. III, 1895.)

— Arbeitslosigkeit. (Handwörterb. d. Staatswiss., Suppl. I, 1895.)

— Die Arbeitslosigkeit in der Geschichte. (Die Zukunft, Bd. 13, 1895.)

— Arbeitsnachweis. (Handwörterb. d. Staatswiss., Suppl. I, 1895.)

Adler, Georg: Über die Aufgaben des Staates angesichts der Arbeitslosigkeit. Akad. Antrittsrede. — Tübingen: Laupp 1894. 54 S.
1: Fd 1931. 12: Cam. 3xei. 300: 78.329-B. 2. 5. 6. 7. 8. 11.
1.11179

Adler, Geo., e. Baustein zur Lösung der socialen Frage. gr. 8. (12 S.) (Annaberg 872. Graser). n. — 50

Adler, Georg: Ein Baustein zur Lösung der sozialen Frage. Als Ms. gedr. [Buchholz i.S. 1871: Hollstein.] 12 S. $8^{0}$ [Umschlagtit.]

— Die Bedeutung der Illusionen für Politik und soziales Leben. — Jena: G. Fischer 1904. 55 S.
1: F 10640. 8.
1.11180

Adler, Georg (Red.), s. Blätter, Schweizerische, für Wirtschafts- und Sozialpolitik.

Adler, G., siehe: *Blätter f. Wirthschaftspolitik.*

— Bodenreformer früherer Zeiten, s.: Hauptwerke des Sozialismus u. der Sozialpolitik. 7. Hft.

— Die Entwickelung des sozialistischen Programmes in Deutschland. (Jahrb. f. Nat.-Oek. u. Stat., Bd. 56, 1891.)

— Ueber die Epochen der deutschen Handwerker-Politik. Jena: G. Fischer 1903. 106 S.
1: Ff 5240. 12: Cam. 3xk. 2. 5. 6. 7. 8. 10. 11.
1.11182

Adler, Geo., s.: Festgaben f. Wilhelm Lexis.

Adler, G.: s. Festgaben f. Adolph Wagner.

Adler, Geo., das großpolnische Fleischergewerk vor 300 Jahren. Darstellg. u. Urkunden. [Aus: „Zeitschr. der histor. Gesellsch. f. d. Prov. Posen".] gr. 8. (164 S.) Posen 895. J. Jolowicz. n. 2. 80

— Die Fleisch-Teuerungspolitik der deutschen Städte beim Ausgange des Mittelalters. — Tübingen: Laupp 1893. VIII,125 S.
1: Fb 6754. 12: Cam. 3xe. 300: 100.240-B. 3. 5. 6. 7. 8. 11.
1.11183

— Fourier u. der Fourierismus, s.: Hauptwerke des Sozialismus u. der Sozialpolitik. 6. Hft.

— Die Frage des internationalen Arbeiterschutzes. Nebst e. Kritik d. Ansicht Gustav Cohns. — München (& Leipzig: Hirth 1888). 113 S.
Aus: Annalen des Deutschen Reiches. 1888,7.
1: Fc 5816/10. 12: Cam. 3xc.
1.11185

— Die Geschichte der ersten sozialpolitischen Arbeiterbewegung in Deutschland mit besonderer Rücksicht auf die einwirkenden Theorien. Ein Beitrag zur Entwickelungsgeschichte d. sozialen Frage. — Breslau: Trewendt 1885. VIII,333,XIII S.
1: Fd 1614. 12: Pol. g. 5 d. 300: 189.765-B. 2. 4. 5. 6. 7. 8. 9. 10. 11. 82. 89.
1.11186

Adler, G.: Gesch. d. Sozialismus u. Kommunismus v. Plato bis z. Gegenwart, s. a. Hand- u. Lehrbuch d. Staatswiss.

— Geschichte des Sozialismus und Kommunismus von Plato bis zur Gegenwart. In 2 Teilen. T.1. — Leipzig: Hirschfeld 1899. (Hand- und Lehrbuch d. Staatswissenschaften. 1,3.)
1: F 818–1,3. 12: Cam. 64ws–1,3. 300: 54.755–B. L. S. 1,3. 2. 3. 4. 5. 6. 7. 8. 9. 10. 11. 82. 89.
1.11187

— — 3. Aufl. Unveränd. anastat. Abdr. T.1. Ebd. 1923. (Hand- und Lehrbuch d. Staatswissenschaften. 1,3.)
1: F $818^{a}$–1,3. 10. 11.
1.11188

— Die Grundlagen der Karl Marx'schen Kritik der bestehenden Volkswirtschaft. Kritische u. ökonomisch-litterarische Studien. — Tübingen: Laupp 1887. X,294 S.
1: Fe 5380. 12: Cam. 3xb. 5. 6. 7. 8. 9. 10. 11. 82. 89.
1.11189

— Handlungsgehilfe. (Art. im Handwörterb. d. Staatswiss. IV, 1892.)

Adler, Geo., s.: Hauptwerke d. Sozialismus u. d. Sozialpolitik.

— Ein Jurist über soziale Gesichtspunkte im Recht. (Schweiz. Blätt. f. Wirtsch.- u. Soz.-Pol. III, 1895.)

— Der Kampf wider den Zwischenhandel. Nebst einer Einleitung über Illusionen in der Sozialpolitik. — Berlin: Häring 1896. 31 S.
Erw. aus: Die Zukunft. 7.
1.11190

— Rodbertus' „Kapital". (Gegenwart, Bd. 25, 1884.)

— Die Lehren der Anarchisten. (Nord und Süd, 1885, März.)

— Franz Mehring als Historiker. — Kiel & Leipzig: Lipsius & Tischer 1903. 26 S. 8. 11.
1.11191

— Mittel gegen Arbeitslosigkeit. (Die Zukunft, Bd. 13, 1895.)

— Der Normal-Arbeitstag. (Die Gegenwart, Bd. 26, 1884.)

— Das Recht auf Arbeit. (Gegenwart, Bd. 25, 1884.)

— Rodbertus, der Begründer d. wissenschaftl. Sozialismus. Eine sozial-ökonom. Studie. gr. 8. (IX, 90 S.) Leipzig 883. Duncker & Humblot. n. 1. 80

**Adler, Georg:** Rodbertus, der Begründer des wissenschaftlichen Sozialismus. Eine sozial-ökonomische Studie. — Leipzig: Duncker & Humblot 1884. 90 S.
Ersch. auch als Diss. Freiburg i. B. 1883.
1: Fc 5674. 12: Cam. 3x. 300: 424.337–B. 11.
1.11192

— Der internationale Schutz der Arbeiter. (Ann. d. Deutsch. Reichs, 1888.)

— Der internationale Schutz der Arbeiter. (Die Gegenwart, Bd. 35, 1889.)

— Solon und die Bauernbefreiung in Attika. (Viertelj. f. Staats- u. Volkswirtsch. IV, 1895.)

— Der englische Sozialismus im 1. Viertel des 19. Jahrh., s.: Hauptwerke des Sozialismus u. der Sozialpolitik.

— dasselbe zu Anfang des 19. Jahrh., s.: Hodgskin, Thom., Verteidig. der Arbeit gegen die Ansprüche des Kapitals.

— Basels Sozialpolitik in neuester Zeit. — Tübingen: Laupp 1896. VIII, 173 S.
1: Ru 9676. 12: Cam. 3xh. 3. 5. 6. 7. 8.
1.11196

— Die imperialistische Sozialpolitik. D'Israeli, Napoleon III., Bismarck. Eine Skizze. — Tübingen: Laupp 1897. 44 S. 1: Fc 5889. 300: 90.032–B. 2. 8.
1.11197

— d. imperialistische Sozialpolitik — D'Israeli, Napoleon III., Bismarck —. Eine Skizze. [Aus: „Die Zukunft".] gr. 8. (IV, 44 S.) Ebd. 897. n. — 80

— Die Sozialreform im Altertum. — Jena: G. Fischer 1897. 98 S.
Aus: Handwörterbuch d. Staatswiss. 2. Suppl. Bd.
1: Pz 3057. 3.
1.11198

**Adler**, die Sozialreform im Altertum. [Aus: „Handwörterbuch d. Staatswiss."] Jena 898.

— die Sozialreform u. der Kaufmannsstand. (Sonderdr.) 8. (III, 61 S.) München 890. Hirth's Verl. n. 1. 50

— Die Sozialreform und der Kaufmannsstand. — München & Leipzig: Hirth 1891. 60 S.
Aus: Annalen des Deutschen Reichs. 1891.
12: Cam. 3xd. 8.
1.11199

— Die Sozialreform und das Theater. Auch eine „soziale Frage". — Berlin: Walther & Apolant 1891. 48 S.
1: Yp 4306. 300: 621.604 B. Th. S.
1.11200

— Stirners anarchistische Sozialtheorie. — Jena: G. Fischer 1907. 46 S. 4°
Aus: Festgaben für Wilhelm Lexis. 8.
1.11201

**Adler, G.** Die Versicherung der Arbeiter gegen Arbeitslosigkeit im Kanton Basel-Stadt. In-8°. 72 S. Basel, H. Müller. 1894 2 —

— Die Versicherung der Arbeiter gegen Arbeitslosigkeit im Kanton Basel-Stadt. Gutachten, erstattet dem Dep. des Innern d. Kantons Basel-Stadt. — Basel: H. Müller 1895. 72 S. 1: Fe 11191. 12: Cam. 3xf. 7.
1.11202

— Ein vergessener Vorläufer des modernen Socialismus (Jean Meslier). (Gegenwart, Bd. 25, 1884.)

— s.: Weltgeschichte.

Adler, Georg [Dr. phil.]: Die Marx'sche Wertlehre und ihre Konsequenzen für die Kritik der kapitalistischen Produktionsweise . . . Tübingen, Druck v. H. Laupp jr., 1886; 143 S. 8°.
Freiburg i. B., Phil. Fak., Hab.-Schr. v. 1886.

**Adler, Georg,** Wohlfahrtseinrichtungen der Reichspost. (Dtsch. Rundsch., Bd. 67, 1891.)

— Die Zukunft der sozialen Frage. — Jena: G. Fischer 1900. 75 S.
1: Fc 5910. 12: Pol. g. 5db. 300: 410.085–B. 5. 8. 11.
1.11203

**Adler, Georg Christian.** 1775: Ausführliche Beschreibung der Stadt Rom. Mit Kupfern. — Altona: Bohn in Komm. 1781. 354 S.
1: 4° Rr 4956. 12: 4° H. ant. 2 [u.ö.] 2. 3. 5. 6. 7. 8. 9. 10. 11. 83.
1.11205

— ausführl. Beschreib. d. Stadt Rom, mit 16 Kpf. gr. 4. Altona 781. Hammerich. 2 ℛ 12 g

**Adler, G. C.,** Ausführliche Beschreibung der Stadt Rom. Mit Kupf. Altona 781. 4. Dessau 782. 4. Braunschw. 797. 4. 2 rthl. 16 gr.

— dasselbe gr. 4. Braunschweig, Schulbuchhandl. 797.

— s. 1) G. C. M. Cilano, Abhandl. 2) Frontini de aquaeductibus. 3) Livius, röm. Geschichte.

— Entwurf seiner Predigten üb. d. ord. Episteln. 8. Altona 765.

**Adler, Georg Christian.** 1719: Die Gefährlichkeit der menschlichen Versuchungen, aus der 1. Corinther am X: v. 6–13. Am 9. Sonntage nach Trin. 1719. — Halle: Hendel 1719. 84 S. 3.
1.11204

— Nachricht von den pomtinischen Sümpfen und deren Austrocknung. Mit e. genauen Charte derselben. — Hamburg: Bohn [1783]. 59 S.
1: Rr 3272. 12: Ital. 3. 5. 7. 8. 10. 83. 89.
1.11206

**Adler, Georg Wilhelm:** Die Grabhügel, Ustrinen und Opferplätze der Heiden im Orlagau und in den schaurigen Thälern des Sorbitzbaches beschrieben von Wilhelm Adler. Mit 40 Abb. — Saalfeld: Niese 1837. XII, 76 S.
1: Sa 1499. 12: Germ. sp. 8d. 300: 121.724–B. 3. 4. 7. 11.
1.11207

— Plendisteria, imagines, calcaria et arma veterum lapidea non ita pridem in Pago H'Orlae ad Sorbitzii Wirraeque ripas detecta. Cum 20 fig. lithogr. — Gerae o. J.: Typogr. aulica. 18 S. 1: Sa 1496. 2. 3. 8.
1.11208

**Adler**, George J.

**Adler, G. J.,** Dictionary of the german and english languages; abridged from the author's larger work for the use of learners. 2 Parts. (German and english. — English and german.) gr. 12. (842 S.) New-York 852. (Philadelphia, Schäfer and Koradi.) *

**Adler, G. J.,** a dictionary of the german and english languages, indicating the accentuation of every german word, cont. several hundred german synonyms, together with a classification and alphabetical list of the irregular verbs, and a dictionary of german abbreviations. Compiled from the works of Hilpert, Flügel, Grieb, Heyse and others. In 2 parts. 5., revised edit. Lex.-8. (X und 1375 S.) New-York 860. (Philadelphia, Schäfer und Koradi.) geb. *

— Deutsches Lesebuch mit Rücksicht auf die amerikanische Ausgabe der Ollendorff'schen Methode bearb. v. G. J. Adler. New-York: Appleton 1852. XII, 308 S.
Nebent.: Adler: A progressive German Reader. 1: Ya 1353.
1.11209

Adler, G. J., Deutsches Lesebuch. m. Rücksicht auf die amerikan. Ausg. der Ollendorff'schen Methode bearb. gr. 12. (XII u. 308 S.) New-York 852. (Philadelphia, Schäfer & Koradi.) n. $1\frac{2}{3}$ nß

Adler, Gottlieb

Adler, G., üb. d. magnet. Arbeitswerth v. Substanzen veränderl. Magnetisirungszahl, insbes. v. Eisen. 8°(24 m. 1 Fig.). – Wien 1891, (C. Gerold's S.).

**Adler,** Glieb., üb. den magnetischen Arbeitswerth v. Substanzen veränderlicher Magnetisirungszahl, insbesondere v. Eisen. [Aus: „Sitzungsber. d. k. Akad. d. Wiss."] Lex.-8. (24 S. m. 1 Textfig.) Wien 891. (F. Tempsky.) n. — 40

**Adler,** G., üb. e. neue Berechnungsmethode der Anziehung, die e. Conductor in e. elektrostatischen Felde erfährt. I u. II. [Aus: „Sitzungsber. d. k. Akad. d. Wiss."] Lex.-8. Wien 888. (Tempsky.) n. — 70
I. (20 S.) n. — 40. — II. (16 S.) n. — 30.

— üb. e. Bestimmungsmethode der Magnetisirungszahl fester Körper mittelst der Waage. [Aus: „Sitzungsber. d. k. Akad. d. Wiss."] Lex.-8. (17 S.) Ebd. 891 n. — 50

— üb. die Energie u. die Gleichgewichtsverhältnisse e. Systemes dielektrisch-polarisirter Körper. [Aus: „Sitzungsber. d. k. Akad. d. Wiss."] Lex.-8. (19 S.) Ebd. 887. n. — 40

**Adler,** Glieb., üb. die Energie magnetisch-polarisirter Körper, nebst Anwendungen der bezüglichen Formel insbesondere auf Quincke's Methode zur Bestimmung der Diamagnetisirungszahl. [Aus: „Sitzungsber. d. k. Akad. d. Wiss."] Lex.-8. (17 S.) Wien 886. (Gerold's Sohn.) n. — 40

**Adler, Glieb.,** über die Energie und den Zwangszustand im elektrostatischen Felde. Lex.-8. (20 S.) Wien 884, (Gerold's Sohn.) *
Aus: Sitzungsberichte der k. Akademie der Wissenschaften, besonders abgedruckt.

— über die Energie u. den Zwangszustand im elektrostatischen Felde. I. u. II. [Aus: „Sitzungsber. d. k. Akad. d. Wiss."] Lex.-8. (41 S.) Ebend. 885. n. — 85

— über die elektrischen Gleichgewichtsverhältnisse von Conductoren u. die Arbeitsverhältnisse elektrischer Systeme überhaupt. [Aus: „Sitzungsber. d. k. Akad. d. Wiss."] Lex.-8. (29 S.) Ebd. 888. n. — 50

— üb. e. Consequenz der Poisson-Mosotti'schen Theorie. [Aus: „Sitzungsber. d. k. Akad. d. Wiss."] Lex.-8. (6 S.) Ebd. 891. n. — 20

— üb. die an Eisenkörpern im Magnetfelde wirksamen Oberflächenspannungen. [Aus: „Sitzungsber. d. k. Akad. d. Wiss."] Lex.-8. (11 S.) Ebd. 892. n. — 30

— allgemeine Sätze üb. die elektrostatische Induction. [Aus: „Sitzungsber. d. k. Akad. d. Wiss."] Lex.-8. (47 S.) Ebd. 889. n. — 80

— über die Veränderung elektrostatischer Kraftwirkungen durch e. leitende Wand. (Aus: „Sitzungsber. d. kais. Akad. d. Wiss.") Lex.-8. (28 S.) Ebd. 890. n. — 50

— über das Verhältniss v. Energie u. Arbeitsleistung beim Condensator. [Aus: „Sitzungsber. d. k. Akad. d. Wiss."] Lex.-8. (8 S.) Ebd. 887. n. — 20

**Adler Guido Dr.:** Die historischen Grundklassen der christlich-abendländischen Musik bis 1600. Diss. Wien, Univ. D: Allg. Musikzeitung XV. Jahrg. Nr 44—47, 1880
1880 PN 171 2115

**Adler, Guido, Josef Haydn. Festrede, geh. am 26. V. 1909 im grossen Musikvereinssaale. (Haydn-Zentenarfeier. Unter dem A. H. Protektorate Sr. k. u. k. ap. Maj. Franz Josef I. Wien, 25. bis 29. V. 1909.) (14 S.) gr. 8. Wien 909. Artaria & Co. — Leipzig, Breitkopf & Härtel. — 90**

— Haydn-Zentenarfeier. Wien, 25. bis 29. Mai 1909. Josef Haydn. Festrede geh. am 26. Mai 1909 im großen Musikvereinssaale. — Wien: Artaria; Leipzig: Breitkopf & Härtel 1909. 14 S. 1: Mus. Dh 367. 300: 467.060-B.M.S.
1.11216

**Adler, G. und Koller, O.,** Sechs Trienter Kodices. Geistliche und weltliche Kompositionen des 15. Jahrhunderts. [Publikationen der Gesellschaft zur Herausgabe der Denkmäler der Tonkunst in Österreich. 11. Jahrg. 1. Teil.] Fol. (VIII, 139 S.) K 20.—
Artaria & Co, Wien ca 1904

**Adler,** Guido (Hrsg.), s. Publicationen der Gesellschaft zur Herausgabe der Denkmäler der Tonkunst in Österreich.

— Studie zur Geschichte der Harmonie. — Wien: Gerold in Comm. 1881. 52, XXXI S.
Aus: Sitzungsberichte der phil.-hist. Kl. d. Kais. Akad. d. Wiss. 98,3.
1: Mus. Ca 60.
1.11222

**Adler,** Guido (Red.), s. Vierteljahrsschrift für Musikwissenschaft.

— Richard Wagner. Vorlesungen geh. an d. Univ. zu Wien. Leipzig: Breitkopf & Härtel 1904. XI, 372 S.
1: Mus. Dw 525. 12: Mus. Th. 5180 zyv.
300: 435.609-B.M.S. 2. 5. 10.
1.11223

— Richard Wagner. Conférences faites à l'université de Vienne et revues pour la traduction française. Traduites en français par Louis Laloy. (VIII, 386 S. m. 1 Bildnis.) gr. 8. Leipzig 909. Breitkopf & Härtel. 7.—; geb. n 8. 50

**Adler, Guido, die Wiederholung und Nachahmung in der Mehrstimmigkeit. Studie zur Geschichte der Harmonie.** gr. 8. (78 S.) Leipzig 886, Breitkopf und Härtel. *
Aus: Vierteljahrsschrift für Musikwissenschaft, besonders abgedruckt.

**Adler, Gust., der Architekt und Maurermeister,** } s. a. Taschenbibliothek, deutsche, bautechnische.
**— der Zimmermeister und Bauunternehmer,** } s. a. Taschenbibliothek, deutsche, bautechnische.

**Adler, Gustav,** Maurer- u. Zimmermeister. 1882: Der Architekt und Maurermeister. Handbuch bei Entwurf, Veranschlagen u. Ausführung städtischer und ländlicher Bauten unter Angabe der Polizeibestimmungen. H. 1–7. — Leipzig: Scholtze 1882. (Deutsche bautechnische Taschenbibliothek. 74/80.)
82. 83.
1.11225

— Der Zimmermeister und Bau-Unternehmer. Handbuch bei Holzankäufen, bei prakt. Bauausführung. H. 1–5. Leipzig: Scholtze 1882. (Deutsche bautechnische Taschenbibliothek. 69/73.)
83.
1.11226

**Adler, H.,** Die neuen Getreidezölle Portugals. (Zeitschr. f. Agrarpolitik I, 1888/9.)

**Adler, H. B.,** Darstellung d. drei gebräuchl. Rechnungssysteme d. einfachen u. doppelten italien. Buchhaltung ꝛc. 4. Leipz. 827. Lauffer. 12 gr

**Adler & Cie.,** H. W., Glühlampen, betrieben durch Accumulatoren, Batterien u. dynamo-elektrische Maschinen z. Erzeugung v. elektrischem Licht. Populär-prakt. Erläuterg. m. zahlreichen Illustr. gr. 8. (16 S.) Wien 884. (Spielhagen & Schurich.) n. — 40

**Adler, Hans.** 1887: Professor Ferdinand Ritter v. Arlt. Ein Erinnerungsblatt. — Wien 1887. 7.
1.11228

**Adler,** Hans, die während u. nach der Variola auftretenden Augenkrankheiten. Mit besond. Berücksicht. der in der Wiener Blattern-Epidemie 1872/73 gemachten Beobachtungen. [Aus: „Vierteljahresschrift f. Dermatologie u. Syphilis."] gr. 8. (III, 88 S.) Wien 875. Braumüller. n. 1. 20

Adler, Hans, Bericht über die Behandlung der Augenkranken [vom 25. Octbr. 1872 bis 31. Decbr. 1873] im k. k. Krankenhause Wieden und im St. Josef-Kinderspitale. gr. 8. (37 S.) Wien 874, (Czermak.) (Toeplitz und Deuticke.) *

— dasselbe. 2. Bericht [vom 1. Jänner bis 31. Dezbr. 1874] gr. 8. (36 S. m. 2 Steintaf.) Wien 875. Braumüller. n. 1. —

**Adler, Hans, 3.—7. Bericht über die Behandlung der Augenkranken im k. k. Krankenhause Wieden u. im St. Josef-Kinderspitale. [Aus: „Bericht d. k. k. Krankenhauses Wieden".) gr. 8. Wien 876—81. (Toeplitz & Deuticke.)** à n. 1. —

**3. Vom 1. Jänner bis 31. Decbr. 1875. (38 S.)**
**4. Vom 1. Jänner bis 31. Decbr. 1876. (34 S.)**
**5. Vom 1. Jänner bis 31. Decbr. 1877. (34 S.)**
**6. Vom 1. Jänner bis 31. Decbr. 1878. (20 S.)**
**7. Vom 1. Jänner bis 31. Decbr. 1879. (16 S.)**

**Adler, Hans, 10. Bericht über die Augenkranken-Abtheilung im k. k. Krankenhause Wieden und im St. Josef-Kinderspitale. gr. 8. (22 S.) Wien 883. (Wiesbaden, Bergmann.)** **
**Aus: Bericht des k. k. Krankenhauses Wieden für 1882, besonders abgedruckt.**

— drei Fälle v. Jequirity-Ophthalmie, vorgestellt in der wissenschaftl. Versammlg. am 10. Decbr. 1883. gr. 8. (4 S.) Ebend. 884. n.n. — 30

— Die Farbenstiftprobe. Eine neue Methode zur Untersuchung auf Farbenblindheit. — Wien: Hölder (1891). 7 S.
Aus: Wiener klinische Wochenschrift. 1891. 2.
1.11229

— über die Nothwendigkeit der Einführung neuer Massregeln zur Bekämpfung der Blennorrhoea neonatorum, als e. der häufigsten Ursachen der Erblindung. Vortrag, geh. in der Section f. öffentl. Gesundheitspflege d. Wiener medicin. Doctoren-Collegiums am 7. Febr. 1883. [Aus: „Mittheilgn. d. Wiener med. Doctoren-Collegiums".] gr. 8. (12 S.) Wien 883. Wiesbaden, Bergmann. n. n. — 30

Adler, (Heilmannus) Frid. (geb. Sorau 29. 12. 1824): De aquae frigidae usu nonnulla. Berolini (1847). (31 S.) 8°
Berlin, Med. Diss. v. 22. März 1847

Adler, Heinrich (Hrsg.), s.a. Chronik, Medicinische, des XIX. Jahrhunderts.

— u. Adolf Kronfeld: Medicinische Chronik des XIX. Jahrhunderts. — Wien: Perles 1900. 223 S.
1: Ib 1170. 300: 406.581-A [u.] 409.367-A.
1.11235

— — 2. mit Nachtr. u. Erg. vers. Aufl. Ebd. 1901. XVI, 223 S.
12: Med. g. 2t.
1.11236

**Adler, Heinrich.** 1886: Neue Couplets, komische Szenen und heitere Deklamationen. — Oberhausen & Leipzig: Spaarmann [1886]. 63 S. 1: Yo 20661. 5.
1.11238

Adler, H., neue Couplets, kom. Szenen u. heitere Deklamationen. 8°(64).– Styr 1886, Spaarmann.

**Adler, Heinr., neue Couplets, komische Szenen u. heitere Deklamationen. 4. Aufl. 12. (64 S.) Styrum 892. A. Spaarmann.** — 30

**Adler, Heinrich.** 1887: Zur Erneuerung der Handelsverträge. — Wien: Frick 1887.
1: Gz 12880. 300: 76.931-B.
1.11239

ADLER, Heinrich (Warschau): Ueber einen Fall von Früh-Apoplexie mit luetischer Aetiologie.- München: Müller & Steinicke 1910. 18 S. Diss. Ingolst.-Landsh.-Mchn.
29.10.1910 - Chr 1910/11,23; U 11.3583

**Adler, Heinr., zur Hebung der Seefischerei Österreichs. Eine Skizze. (16 S.) gr. 8. Wien 903. W. Frick. n. — 40**

**Adler, Heinr., s.a. Jahrtausend, e. halbes.**

ADLER, Heinrich 61.09
Ein halbes Jahrtausend Festschrift, anlässlich des 500-jährigen Bestandes der 'Acta facultatis medicae Vindobonensis herausgegeben vom Wiener medicinischen Doctoren-Collegium, redigirt von Dr. Heinrich Adler. Wien. 1899. Verlag des Wiener medicinischen Doctorencollegiums. [In Comm. Braumüller.] Lex.-8°. 208 S. K 6.—

**— s.: Medizinal-Kalender. Taschenbuch f. Civil-Arzte.**

Adler, Heinr. s.a. Medicinal-Kalender, Neuer.

— —, Dr. Heinrich. Neuer Medicinal-Kalender für Oesterreich auf das Jahr 1887. Taschenformat (XVIII u. 159 S. mit einem Beilageheft.) Wien, R. Löwit. geb. fl. 1.20. 1886

Adler, Heinr., s.: Medizinal-Schematismus f. Österr.

**Adler, H.** Medizinal-Schematismus f. Österreich 1899. Wien 1899.

— das Medicinalwesen Oesterreichs im J. 1883, s.: Börner, P.

— s.: Militärarzt, der.

— s.: Monatsschrift f. Gesundheitspflege.

**Adler, Heinrich.** Die facultative Naturalgrundsteuer in Finland und Japan. Unsere Zeit, 1889 I.

— für die ärztliche Praxis! Arzneiverordnungslehre u. Receptur, s.: Börner, P.

**Adler, Heinr.,** Rinder der österreichischen Alpenländer, s.: Kaltenegger, Ferd.

**Adler, H., s.: Rinder-Racen, die österreichischen.**

— Aerztliche Standes- u. Berufsverhältnisse, s.: Verwaltung, sociale, in Oesterreich. II. 2.

— ärztliches Vademecum. Darstellg. der d. ärztl. Praxis betreff. gesetzl. Bestimmgn., staatl. u. communalen Einrichtgn., m. bes. Berücksicht. v. Wien u. Niederösterreich. 12. (VIII, 320 S.) Wien 896. M. Perles n. 4. —; geb. n. 5. —

— s.: Wochenschrift, Wiener medicinische.

**Adler, Heinr., der Centralviehmarkt zu St. Marx. Ein Wort an die Regierung, die Landwirthe u. d. Commune Wien. gr. 8. (37 S.) Wien 884. (Gerold's Sohn.) n. — 80**

— Der Centralviehmarkt [Zentralviehmarkt] zu St. Marx. Ein Wort an die Regierung, die Landwirthe und die Commune Wien. — Wien: Hitschmann 1884. 37 S.
1: Fb 6690. 300: 166.120-C.
1.11237

**— die österreichisch-rumän. Zollfrage. gr. 8. (47 S.) Wien 886. Frick. n. 1. 20**

**Adler,** Heinrich, approb. Arzt: Statistische Zusammenstellung der in der Münchener chirurgischen Klinik in den Jahren 1893 mit 1900 zur Beobachtung und Behandlung gekommenen traumatischen Luxationen. *München 1902: C. Wolf & Sohn.* (37 S.) 8°
München, Med. Diss. v. 1902

**— Heinrich Wilhelm (Paderborn), De hydarthri in gonarthrocacem exitu. Dissert. med. Halle (Schimmelpfennig) 12. IV. 1832. 32 S. mit Biogr. (Mutter: Elisabeth Lammers. (4.80)** 88
**Gew.: Carl Wilhelm Wutzer (Bonn).**

**Adler, Helene, s.: Fribbe uff Erde!**

**Adler, Helene:** Beim Kuckuck. Launige zoopoetische Waldgesänge von H. Adler. — Frankfurt a. M.: Erras 1882. VI, 196 S. 1: Yo 19049.
1.11240

**Adler, Helene, Religion und Moral. Ein Beitrag zur Erziehungsfrage vom Standpunkte der Schopenhauerschen Ethik. gr. 8. (23 S.) Gotha 882, Stollberg'sche Verlagsh.** *
**Aus: Menschenthum, besonders abgedruckt.**

— Vorreden und Bruchstücke. Eine poetische Musterkarte von H. Adler. — Frankfurt a. M.: Staudt in Comm. 1897. VI, 126 S. 1: Yo 26492.
1.11241

**— über Waisenerziehung. gr. 8. (25 S.) Frankfurt a/M. 885. Erras.** n. — 50

**Adler, Hermann,** Lehrer, Breslau. 1856: Aelteste Geschichte der am Fusse des Zobtenberges liegenden Dörfer des Augustiner-Chorherren-Stiftes auf dem Sande zu Breslau. — Breslau: Maruschke & Berendt 1873. 77 S.
1: 4° Ta 5938. 12: 4° Bor. 1e. 2. 7.
1.11242

— Zur ältesten Geschichte Schlesiens. — Breslau: Graß, Barth & Co. in Komm. 1856. 26 S.
Aus: Programm der Realschule am Zwinger. 1856.
1: 4° Ta 1740. 12: 4° Austr. 4m. 7.
1.11243

**Adler, Hermann** [Apotheker aus Victorsau]: Ueber Nickelocyanid. St. Gallen 1897. 36 S. 8°.
Bern. Phil. Diss. 1897/98.

**Adler,** Hermann Friedrich: Beiträge zur Naturgeschichte der Cynipiden. Besonders abgedruckt aus: Deutsche Entomologische Zeitschrift. 21. (Berlin.) 1877. Heft 1. 8°

**Adler, Herm. M., z. Pathologie d. Pankreas, s.: Sauerbeck, Ernst.**

**Adler, J., kl. Leipziger Briefsteller. 8. Leipz. 805. Joachim. 12 gr.**

Adler, J.: Zur Theorie der Gerbung. Diss. Heidelberg 1908

* Adler, J., nöthiger Unterricht f. d. Bürger u. Landmann. 8. Altona, Bechtold. 797.

Adler, J. B.: Blicke in den Orden der Odd-Fellows. Kempten: Kösel 1889. 46 S. 8°

— moderne Dichter u. Schriftsteller, s. a. Broschüren, Frankfurter zeitgemäße.

**Adler, J. B.:** Moderne Dichter und Schriftsteller. — Frankfurt a. M.: Foesser 1889. S. 100–130. (Frankfurter zeitgemäße Broschüren. N.F. 10,4.)
1: Ag 8981–N.F. 10,4. 12: H. misc. 47rm–10. 5. 6. 102.
1.11248

Adler, J.B. d. Alte Geschichte b. z. Untergang d. röm. Republik in biograph. Darstellgn. 8°(88).– Hof 1878, Grau u. C.

**Adler, J. B., die alte Geschichte bis zum Untergang der römischen Republik in biographischen Darstellungen. Vorzugsweise f. Mittelschulen bearb. gr. 8. (IV, 88 S.) Hof 880. Grau & Co. n. 1. —**

Adler, J. B., das Jahrhundert der Heiligen, s. a. Broschüren, Frankfurter zeitgemäße.

— Das Jahrhundert der Heiligen ... Ein Beitrag zur kath. Reformation im 16. Jh. — Frankfurt a. M. & Luzern: Foesser 1892. S. 355–388. (Frankfurter zeitgemäße Broschüren. N.F. 13,12.)
1: Ag 8981–N.F. 13,12. 12: H. misc. 47rm–13. 5. 6. 102.
1.11249

Adler, J. B., Afrika's Leiden u. Zerfall durch den Islam, s. a. Broschüren, Frankfurter zeitgemäße.

**Adler, J. B.:** Afrikas Leiden und Zerfall durch den Islam. — Frankfurt a. M.: Foesser 1889. S. 362–388. (Frankfurter zeitgemäße Broschüren. N.F. 10,12.)
1: Ag 8981–N.F. 10,12. 12: H. misc. 47rm–10. 5. 6. 102.
1.11250

— Die Loge und die Revolutionen Europas. Von G[eorg] Aumiller [d. i. J. B. Adler]. — Frankfurt a. M.: Foesser 1885. S. 221–248. (Frankfurter zeitgemäße Broschüren. N.F. 6,6.)
1: Ag 8981–N.F. 6,6. 12: H. misc. 47 rm–6. 5. 6. 102.
1.11251

— — 2. Aufl. Ebd. 1893. 30 S. 1: Nb 6230°.
1.11252

— Die Mysterien der Loge nach den officiellen Catechismen und eigener Anschauung. Dargest. von Georg Aumiller [d. i. J. B. Adler]. — (Frankfurt a. M.: Foesser 1884.) S. 135–167. (Frankfurter zeitgemäße Broschüren. N.F. 5,5.)
1: Ag 8981–N.F. 5,5. 12: H. misc. 47 rm–5. 5. 6. 102.
1.11253

— die französische Revolution u. die Pariser Commune in socialistischer Geschichtsanschauung. 16. (61 S.) Mainz 892. F. Kupferberg. n. — 20

**Adler, J. B., die Sünden Englands an dem irischen Volke, s. a. Broschüren, Frankfurter zeitgemäße.**

— Die Sünden Englands an dem irischen Volke. — Frankfurt a. M.: Foesser 1882. S. 61–88. (Frankfurter zeitgemäße Broschüren. N.F. 4,3.) 4.
1.11254

— — Ebd. (1883). S. 61–88. (Frankfurter zeitgemäße Broschüren. N.F. 4,3.)
1: Ag 8981–N.F. 4,3. 12: H. misc. 47 rm–4. 4. 5. 6. 102.
1.11255

**Adler, J. C. G.,** Theologe u. Orientalist. 1835 s. *Adler,* Jakob Georg Christian.

**Adler, J. G.** 1890 s. *Adler,* J. Georg.

**Adler, J. G. C.,** Theologe u. Orientalist. 1773 s. *Adler,* Jakob Georg Christian.

**Adler, J. Georg:** 1390–1890. Ein Gedenkblatt zur 500jährigen Feier der Erbauung der St. Nikolai-Kirche in Flensburg. Im Auftr. des Kirchenkollegiums hrsg. von J. G. Adler, H[einrich] Birckenstaedt, F[riedrich] Nissen. — Flensburg (1890): Maaß. 32 S. 8.
1.11256

**Adler, J. T. H., De Dinarchi Attici oratoris vita et dictione. Diss. 1841. 46 S. 1,50**

**Adler, Jakob Christian Georg** s. *Adler,* Jakob Georg Christian.

**Adler, Jakob Georg Christian:** Adlers Abschiedspredigt in der Friedenskirche am 3. Fastensonntage, den 3. März 1793. — Kopenhagen [1793]: Thiele. 15 S. 8.
1.11258

**— Abschiedspredigt in d. Schloßkirche am Palmsonntage, d. 24. März 1793. 8. Kopenh. 793.**

**— Abschiedspredigt, gehalten in d. Israelitischen Synagoge zu Oldenburg, d. 8. Aug. 1830. 8. Oldenb. 831. Schulze. 7 gr.**

**— Abulfedae annales Moslemici, arabice et latine, s. *Abulfeda.***

**— Antrittspredigt in der Friedrichskirche auf Christianshaven am Himmelfahrtstage 1785. 8. Kopenh. 785.**

**— Antrittspredigt in der Schloßkirche am 4. Sonnt. nach Ostern, über Luca 2, 49. 8. Kopenh. 789.**

— Bibliotheca biblica Serenissimi Wuertenbergensium Ducis olim Lorckiana. (P. 1–5.) — Altonae 1787: Eckhardt.
1: 4° Bf 440. 12: 4° B. isag. 1. 300: 56.516–B. 3. 7. 8. 10.
1.11259

**— Bibliotheca biblica Sereniss. Würtembergens. ducis olim Lorckiana edita et Sereniss. duc. descripta. V Ptes. 4. Altona 787. Hammerich. 3 ℛ 12 gr.**

**Adler, Jac. G. C., Bibliotheca Biblica, Wurtemb. Duc. ol. Lorkiana. 4. Schlesw. Christiani. 787.**

**— idem liber, 5 Partes. Hamb. Hofmann. 787.**

— Catalogus bibliothecae rabbinicae et orientalis, quam reliquit Jac. Geo. Christ. Adler. — Kiliae Holsatorum (1836): Mohr. 39 S. 1: Ey 576. 2. 4. 5. 7. 9.
1.11260

— Catalogus librorum aliquot rarissimorum et pretiosorum cum manuscriptorum, tum impressorum e bibliotheca J. C. G. Adleri. — Kiliae Holsatorum 1835: Mohr. 15 S.
1: Ey 575. 4. 7. 8.
1.11261

**— Judaeorum codicis sacri rite scribendi leges ad recte aestimandos codices manuscriptos antiquos per veteres. E libello Talmudico (Tractat der Schreiber) in latinum conversas et annotationibus necessariis explicatas, eruditis examinandas tradit. 4. Hamb. 779. Bohn. 3 gr.**

— Collectio nova numorum cuficorum seu arabicorum veterum. 116 cont. numos, plerosque ined., e museis Borgiano et Adleriano. [Nebst] Suppl. — Hafniae 1792: Thiele. (Adler: Museum Cuficum Borgianum Velitris. 2.)
Vollst. . . . . . . . . . . . 1: Pm 8400–2. 7. 11.
[°° Suppl.] . . . 300: 62 F 5. Pp. S. 2 [u.] 5458. 3. 8.
1.11262

— — Ed. 2. suppl. aucta. Altonae: Hammerich 1795. (Adler: Museum Cuficum Borgianum Velitris. Ed. 2. 2.)
300: 5457. Bd 2. 5. 11.
1.11263

**— Collectio nova Numorum cufic. seu arabicor. etc. 4 maj. Hamburg, Bohn. 793.**

**Adler, Jakob Georg Christian:** Descriptio codicum quorundam cuficorum partes Corani exhibentium in bibliotheca regia Hafniensi et ex iisdem de scriptura cufica Arabum observationes novae. Praemittitur disquisitio generalis de arte scribendi apud Arabes ex ipsis auctoribus Arab. iisque adhuc ined. sumta. — Altonae 1780: Eckhardt. 34 S.
1:4° Bibl. Diez 215. 12:4° A. hebr. 481 q/2 [u.ö.] 300:45 S 50. 2. 3. 4. 5. 7. 10. 11.
1.11264

— Die Feier des ersten Neujahrstages des neunzehnten Jahrhunderts in der Gottorfer Schlosskirche von Adler. Schleswig 1801: Serringhausen. 31 S. 8.
1.11265

— die Feier des ersten Neujahrstages d. 19. Jahrh. in d. Gottorfischen Schloßkirche. 8. Schlesw. 801. (Altona, Hammerich). 3 gl

— die Forderungen Jesu in Absicht des Gehorsams gegen die Landesobrigkeit; eine Predigt in der Friedrichskirche gehalten. 8. Kopenh. 789.

— Brevis linguae Syriacae Institutio in usum tironum edita. Altonae 1784: Eckhardt. 64 S.
1:Zt 10398. 12:L. As. 415. 300:7 X 53. 3. 4. 7. 8.
1.11266

— breves linguae Syriacae institutiones. 8maj. Hamb. 784. Gundermann. 6 gl

Die Jubelfeier des Generalsuperintendenten Jacob Georg Christian Adler am 15. Januar 1833. Schleswig. (1834.) 8°. B1: Nr. 3

[—] Schleswig-Holsteinische Kirchen-Agende. — Schleswig: Röhß in Comm. 1797. VIII,334 S.
1:Dr 17256/1. 2. 4. 6. 8.
1.11267

— — [Nebst] Anh. Ebd. (Anh.: Marburg: Acad. Buchh.) 1797–1806.
Anh. von F[riedrich] W[ilhelm] Wolfrath. 1806.
Vollst. . . . . . . . . . . . . . . . . . . 4.
[ᵐAnh.] . . . . . . . 1:Dr 17256. 3. 6. 7. 8. 10.
1.11268

— — Schleswig-Holsteinische Kirchen-Agende. Unveränd. Ausg. — Leipzig: Cnobloch 1817. XIV,334 S.
1:Dr 17257.
1.11269

— — 3. Aufl. Ebd. 1824. XIV,334 S.
1:Dr 17258. 12:Liturg. 648 u.
1.11270

— Kirchenagende, Schleswig-Holsteinische, Einricht. d. öffentl. Gottesverehrung. Formulare f. d. öffentl. Religionshandlung. Sonn- u. Festtags-Perikopen. Auf allerhöchsten Befehl zum künft. allgem. Gebrauch verfaßt. gr. 8. Schlesw. 1e u. 2e A. 797. 3e A. Leipz. 824. Cnobloch. 1 rß 8 gl Dieselbe dänisch. gr. 8. Schlesw. 797. (Cnobloch in Leipz.) 1 rß

— Confirmation der Prinzessinnen Luise Marie Friederike u. Friederike Carol. Juliane zu Holstein-Glücksburg. 8. Schlesw. 827.

— Museum Cuficum Borgianum Velitris. P. [1.] 2. — Romae: Fulgonius 1782 (2: Hafniae 1792: Thiele).
2 u. d. T.: Adler: Collectio nova numorum cuficorum seu arabicorum veterum. [Nebst] Suppl. 1792.
Vollst. . . . . . . . . . . . 1:Pm 8400. 7. 11.
[ᵐSuppl. zu 2] . . . . 300:62 F 5. Pp. S. [u.] 5458 [auch P. 1 – 5457. Bd 1]. 3. 8.
1 . . . . . . . . . . 12:4° Num. ant. 2. 2. 4. 5.
1.11271

— — Ed. 2. suppl. aucta. P. 2. Altonae: Hammerich 1795.
2 u. d. T.: Adler: Collectio nova numorum cuficorum seu arabicorum veterum. Ed. 2. suppl. aucta. 1795.
300:5457. Bd 2. 5. 11.
1.11272

— nonnulla Matthaei et Marci enunciata ex indolo linguae Syriacae explicantur etc. 4. Hamb. 786. (Aug. Campe). 4 gl

— Predigten über einige wichtige Gegenstände. gr. 8. Kopenh. ... 2e A. 799. Schubothe. 8 gl

— Einige Predigten, gehalten vor den Königl. Dänischen Herrschaften und auf allerh. Befehl hrsg. — Kopenhagen 1790: Thiele. 120 S. 8.
1.11273

— Predigten üb. d. Sonn- u. Festtags-Evangelien d. ganzen Jahres. 2 Bde. gr. 8. Kopenh. 797. Brummer. 2 rß 16 gl

— Rede bey der feierlichen Einweihung der Kirche zu Geltingen, am 21. Dec. 1794. Von J. G. C. Adler. — Flensburg: Jäger 1795. 16 S. 8.
1.11274

— Reden, der würdigen Fürsten-Familie auf Gottorff ehrfurchtsvoll gewidmet von ihrem dankbaren Verehrer ... Adler. — Schleswig: Röhle, Christiani & Korte 1810. 40 S.
1:So 2034.
1.11275

— Reden, der würdigsten Fürstenfamilie auf Gottorf ehrfurchtsvoll gewidmet. 8. Schlesw. 810. Röhß. (Leipz., Mittler).

Adler, Reden der würdigen Fürsten Familie auf Gottorff gewidmet. 8. Schleßwig, Christiani. (Leipzig, Mittler.) 811.

— Jac. Geo. Chrn. Adler's Reisebemerkungen auf einer Reise nach Rom. Aus seinem Tagebuche hrsg. von Joh[ann] Chr[isto]ph Geo[rg] Adler. — Hamburg: Hofmann; Altona 1783: Eckhardt. 363 S.
1:Rm 8060. 3. 7. 8. 10.
1.11276

— — Ebd. 1784. 363 S. 4. 11.
1.11277

— — Altona 1792. 363 S. 12:It. sing. 7 b. 2.
1.11278

Adler, Jak. G. Ch.: Samml. v. gerichtl. jüd. Contracten, rabbinisch u. deutsch herausg.; m. einer Vorrede von Ol. Gh. Tychsen. *Altona*, Hammerich. (773.) 792. 8. (12 Gr.)

Adler, J. G. C., Sammlung von gerichtlichen *jüdischen Contracten*, rabbinisch u. deutsch, mit e. Vorrede *Oluf Gerh. Tychsen's* (Prof. u. Bibl. auf d. Universität (sic) zu Bützow). Hamburg u. Bützow, bey Buchenröder u. Ritter, 1773. 8°. Cart.
4 Bll., 176 S., 4 Bll. Anh.

— Sammlung von Predigten, in d. Friedrichskirche zu Kopenh. gehalten. 8. Kopenh. 796. Thiele. 2 rß

— s. J. A. Schrödter, was soll der Prediger.

—— der Sinn f. d. Religion begründet das Glück ein. Volkes. Worte z. Feier d. jährl. Reformationsfestes, so wie z. Andenken an d. Vermählungstag d. Prinzessin Wilhelmine Maria K. H. u. d. Prinzen Friedrich Carl Christian K. H. 8. (1¼ B.) Altona 829, (Aue.)

— s. Testamentum novum Syriacum.

— Trauerrede bei der Beisetzung der Leiche Königs Christian VII. 8. Schlesw. 808.

— Kurze Uebersicht seiner biblischkritischen Reise nach Rom. — Hamburg: Hoffmann; Altona 1783: Eckhardt. 228 S.
1:Rm 8066. 12:It. sing. 7. 300:*31 K 26 [u.] 4374. 2. 3. 4. 5. 7. 8. 11.
1.11279

Adler, Jak. Geo. Chr., kurze Uebersicht seiner biblisch-kritischen Reisen. Rom. 8. Altona 783. Hammerich (a. A. Campe). 16 gl

Adler, Jac. G. C., kurze Uebers. s. bibl. krit. Reise nach Rom. 8. Hamb. Hofmann. (auch Christiani in Schlesw. 784. Rthlr.

**Adler, Jakob Georg Christian:** Novi Testamenti Versiones Syriacae simplex, Philoxeniana et Hierosolymitana. Denuo examinatae et ad fidem codicum manu scriptorum bibliothecarum Vaticanae, Angelicae, Assemanianae, Mediceae, Regiae aliarumque novis observationibus atque tabulis aere incisis illustr. — Hafniae: Schultz 1789. 206 S.
1:4° By 2291. 12:4° B. or. 118. 300:2 T 1. 2. 3. 4. 5. 6. 7. 8. 10.

— novi Test. versio syriac. simplex Philoxeniana et Hierosolymitana, c. tabb. aere incisis. 4maj. Kopenh 789. (Altona, Hammerich). 3 rß

Adler, Ignaz, D. Lied v. dtsch. Volke v. Felix Marquart, vertont f. Männerchor, Leipzig, 8 S., 8°.

**Adler, Johann C. F.:** Fünf und zwanzig Jahre im Physicats-Amte des Kreises Schlochau 1834–1859. Von Adler. — Danzig (1859): Groening. 32 S.
1:Ib 19140. 3. 6. 10.
1.11282

Adler, Jh. Chr. Aug. († 180..), s. Ausrechnung. — Luthers kl. Katechismus.

— Joh. Christ. Friedrich (Berlin), De incubo. Diss. med. Bln. (Brüschck) 12. IX. 1827. 31 S. mit Biogr. (Mutter: Hildebrandt.) (4.20) 89
Gew.: J. Büttner, Carl Krappe.

**Adler**, Johann Christian Heinrich

[—] Die Franzosen im nürnbergischen Gebiet im Augustmonat 1796. Beitrag zur künftigen Geschichte des französisch-teutschen Kriegs. — Frankfurt & Leipzig 1797. 55 S.
1:Sg 3834/315.
1.11283

**Adler, Johann Christoph Georg** [Hrsg.] s. *Adler*, Jakob Georg Christian: Reisebemerkungen. 1783 u.ö.

— **Johann Conrad Ferd.** (Berlin), De polypis uteri. Diss. med. Halle (Friedr. Aug. Grunert & Sohn) 30. XI. 1822. 45 S. mit Biographie. (Mutter: Maria Becker.) (4.50) 90

**Adler,** Joh. Theophil. Herm. (geb. Lehmgruben bei Breslau 31. 8. 1817): De Dinarchi Attici oratoris vita et dictione. Berolini (1841). (46 S.) 8°
Berlin, Phil. Diss. v. 28. Sept. 1841

**Adler, Joh. W., Tourenbuch v. Kärnten u, Oberitalien sowie der österreich. Alpenländer f. Radfahrer u. Automobilisten.** Mit den Profilen d. Kärntner Reichsstrassen u. der anschliess. Hauptstrassen u. e. Strassen-Uebersichtskarte. 3., vollst. umgearb. u. bedeut. erweit. Aufl. Hrsg. vom Kärntner Radfahrer-Gauverband. 12. (153 S.) Klagenfurt 901. (J. Leon sen.)
Geb. in Leinw. n.n. 2.50

**Adler,** Joh. W., Tourenbuch v. Kärnten u. Oberitalien, sow. d. österr. Alpenländer f. Radfahrer. 2., bedeut. erweit. u. verb. Aufl. Hrsg. v. kärntner Radfahrer-Gauverband 12. (159 S. m. Abb.) Klagenfurt 897. (A. Raunecker.) Geb. in Leinw. n.n. 2. 40

Adler, J.W.: Tourenb. v. Kärnten u. Oberitalien sowie d. österr. Alpenländer f. Radfahrer u. Automobilisten. 3. Aufl. Hrsg. v. Kärntner Radfahrer-Gauverband. (153 m. Profilen u. 1. Karte.) 12°.– Klagenf., (J. Leon sen.) 1901.

Adler, Joh. W.: Tourenb. v. Kärnten u. Oberitalien sowie d. österr. Alpenländer f. Automobilisten u. Motor-Radfahrer. 4. Aufl. (116 u. 13 m. Abb. u. 1 Taf.) 8°. Klagenf. (J. Heyn) 1908.

**Adler,** Johannes, a. Neufahrwasser: Zur Shakespeare-Kritik des 18. Jahrhunderts. ⟨Die Shakespeare-Kritik im Gentleman's Magazine.⟩ Königsberg i. Pr. 1906: Hartung. (74 S.) 8°
Königsberg, Phil. Fak., Ref. Kaluza, Baumgart, Diss. v. 25. Juni 1906
[Geb. 28. Aug. 81 Neufahrwasser; Wohnort: Königsberg i. Pr.; Staatsangeh.: Preußen: Vorbildung: Realgymn. St. Johann Danzig Reife O. 02; Studium: Breslau 3. Königsberg 5 S.: Rig. 23. Mai 06.]

Adler, Josef

**Adler, Jos. Em.,** das christl. Adventbuch, oder die h. Weihnachtsfeier; ein Gebet- u. Erbauungsbuch. Mit 1 Titelk. 8. Wien 821. Grund. (Fr. Fleischer in Leipzig). 1 ß

— d. christl. Adventsbuch, oder d. heil. Weihnachtsfeier. 12. Wien 821, Grund. (Wimmer.)

— Andachtsbuch f. d. Fest, die Octave u. die feierl. Procession des heil. Frohnleichnams u. bei d. gewöhnl. vierzigstünd. Gebete. 12. Wien 817. Wallishauser. 12 gr

**Adler, Jos.,** lustiger Anekdotenkrämer, od.: Nu, gieb's nichs zu schachern? Alt Gold, alt Silber, Tressen, Blonden, Pretiösen u. dergl.? 1.Lfg. 12. (5 B.) Langensalza 845, Tetzner.

— der Begleiter auf der Wallfahrt nach Maria-Zell. Ein Gebet- u. Erbauungsbuch. 12. Wien 817. Wallishauser. 18 gr

**Adler, Joseph** —. Geistlicher Blumenstrauß für die Damen. Neue Vorträge im Katholikenvereine auf der Wieden, gehalten von — —. In Druck gegeben von einer wohlthätigen Frau zum Besten des vom Severinus-Vereine zu errichtenden Waisenhauses. Preis 10 kr. C. M. 8. (100 S.) Wien. Gedruckt bei A. Pichler's Witwe und Sohn. 1855.

— die heilige Feier des ersten Beicht- und Communiontages der Kinder. Ein Hilfsbuch für Katecheten, und zugleich ein Lehr- und Erbauungsbuch für Kinder an diesen heiligen Tagen. 12. Prag, Leitmeritz u. Teplitz 840. Medau. 5/12 ß

— s. K. W. Gärtner.

**Adler, Jos.,** geistliches Recept für Alle. Oder: Die Hauptfeinde des häuslichen Wohlstandes u. Glückes. In Vorträgen dargestellt, im Katholikenvereine auf der Wieden. Wien 856. Mayer u. Co. 8. (86 S.) 7 1/2 ngr

**Adler,** Jos., das Saftgewinnungs-Verfahren [Diffusion] des Herrn Jul. Robert in Seelowitz. Berichte, Ansichten, Urtheile u. Mittheilungen über dieses neue Extractions-System gesammelt u. zusammengestellt. Mit 2 lith. Taff. Wien 862. Gerold & Co. gr. 8. (VI, 218 S.) nn. 1 ß

**Adler, Josef.** 1868: Das Saftgewinnungs-Verfahren ⟨Diffusion⟩ des Herrn Julius Robert in Seelowitz. Berichte, Ansichten ... über dieses neue Extractions-System ges. u. zsgest. von Joseph Adler. — Wien: Gerold 1868. IV,214 S. **1:**Oq 925. **6.**
1.11285

**Adler, Jos.,** die Sorge für unser Seelenheil, in sechs Fastenreden dargestellt, mit einer Charfreitags- und Ostermontagspredigt. 12. Prag, Leitmeritz u. Teplitz, 840. Medau. 5/12 ß

**Adler, Josef:** Zur Theorie der Gerbung. 1908. 59 S. 8° ¶ Vgl. Zeitschrift f. Chemie u. Industrie d. Kolloide. Jg. 2. 1907/08. Suppl. II. 2.
Karlsruhe, Dr.-Ing.-Diss. v. 14. 12. 1907

**Adler Jos.** Drei Vorträge im Filial-Katholiken-verein auf der Wieden und Landstraße gehalten von — und von einem Menschenfreunde durch den Wiedner-Filialverein herausgegeben zum Besten des Severinus-Lehrlingsbesuches auf der Wieden. gr. 8. (16. S.) Wien, A. Pichlers Witwe und Sohn, 1853.

**Adler, Josef.** 1824: Ceremonien und Feyerlichkeiten nach dem Tode, bey der Wahl und Krönung eines Papstes. Nach d. neuesten, hierüber in Rom erschienenen Werke beschrieben u. mit dem Leben ... Pius VII. hrsg. Mit 9 Kupfertaf. — Wien: Wimmer 1824. 90 S.
**300:** • 2963. **10.**
1.11284

Adler, Josef Emanuel, s. Adler, Josef

**Adler, Julius,** Rechtsprakt.: Die Einwirkung der Wechselbegebung auf das kausale Schuldverhältnis. Stuttgart 1909: Union. x, 164 S. 8° ¶ (Aus: Zeitschr. f. d. gesamte Handels- u. Konkursrecht. Bd 64. 65.)
Würzburg, Jur. Diss. v. 26. Juli 1909, Ref. Mayer
[Geb. 29. Sept. 82 Würzburg; Wohnort: Würzburg; Staatsangeh.: Bayern; Vorbildung: Gymn. Würzburg Reife Juli 02; Studium: München 2, Berlin 2, Würzburg 4 S.; Rig. 2. Dez. 08.] [U 09. 4034

Adler, K. G., s. im 1n Thle S. 323. K. Botta, Gesch. Italiens.

Adler, K.F.

— erste Nahrung für Verstand und Herz der lieben Jugend. Ein Bilder-ABC- und Lesebuch für gute Kinder. Mit 123 bunten Abbildd. 8. Meißen 836. Goedsche. 5/8 ß

**Adler, K. F.,** die jungen Seefahrer, oder seltsame Schicksale und interessante Abentheuer der Zwillingsbrüder Wienholdt auf ihren Reisen durch Europa, Afrika und Amerika. 2 Bdchn. 8. Meißen 836. Goedsche. 1 1/3 ß Mit 8 ill. Bildn. 1 3/4 ß

**Adler, Karl.** 1851: Aphorismen über die staatlichen Zustände Polens vor der ersten Theilung des Reichs von C. Adler. — Berlin: Geelhaar 1851. 103 S.
**1:**Ud 1100. **12:**Polon. 1h.
1.11287

**Adler,** Entwicklungslehre u. Dogmatik des Gesellschaftsrechts. Berlin 894.

— Zur Entwicklungslehre und Dogmatik des Gesellschaftsrechts. — Berlin: Heymann 1895. VI,153 S.
**1:**Fn 3191/35. **12:**Merc. 2dc. **300:**413.488–B. **2. 4. 5. 6. 7. 8. 9. 10. 11.**
1.11291

— Das Handels- und Wechselrecht. — Wien: Manz 1909. XX,918 S. (Studienausgabe österreichischer Gesetze. 4.)
**1:**Fn 7383–4. **12:**J. austr. 54o 4.
**300:**435.457-B. L. S. 4. **5.**
1.11292

**Adler, C.** 1908: Das Handelsregister, seine Öffentlichkeit und sein öffentlicher Glaube. — Berlin: Puttkammer & Mühlbrecht 1908(–09). 46 S.
**1:**Fn 2500. **6. 11.**
1.11062

**Adler, Karl.** 1886: Mundartlich Heiteres. Hrsg. von Carl Adler. H. 1-3. — New York: Steiger (1886). (Steiger's humoristische Bibliothek. 1.10.18.)
**1:Yy 151/9-1.10.18.**
1.11289

— Das oesterreichische Lagerhausrecht. — Berlin: Heymann 1892. VII,234 S.
**1:** Fn 2235. **12:** Merc. 2d. **300:** 93.153-B. **2. 5. 6. 7. 11.**
1.11294

**Adler**, C[arl]: [Lied.] Den Schwestern gewidmet, 6. April [18] 70. o.O. [1870] 1 Bl. 8° [Kopftit.]

Adler, Karl (Red.), s. Logenblatt.

**Adler, Karl, der landwirtschaftliche Mobiliarcredit in Österreich während der letzten 50 Jahre. Lex.-8. (15 S.) Wien 899. (M. Perles.)** n. — 80
**Sonderabdruck aus: „Geschichte d. öst. Land- u. Forstwirtschaft u. ihrer Industrien 1848—1898".**

**Adler, Carl,** Dr.: Die Öffentlichkeit des Handelsregisters und wie weit reicht sein öffentlicher Glaube? (Melle) 1908: (Haag). 46 S. 8°

Heidelberg, Jur. Diss. v. 1908, Ref. Schröder

[Geb. 31. Okt. 84 Spandau; Wohnort: Spandau; Staatsangeh.: Preußen; Vorbildung: Gymn. Spandau Reife M. 04; Studium: Berlin 4, Münster 2 S.; Rig. 19. Juni 08.] [U 09. 1732

— Realcontract u. Vorvertrag. [Aus: „Jahrbb. f. die Dogmatik d. heut. röm. u. deutschen Privatrechts".] gr. 8. (III, 90 S.) Jena 892. G. Fischer. n. 2. —

— Studien zur Cultur-Geschichte Polens von C. Adler. Bd 1. — Berlin: Mittler 1866. 324 S.
**1:** Uc 5458. **12:** Polon. 1hc. **300:** 405.027-B. **2. 3. 11.**
1.11288

**— Unverschuldetes Unrecht. Rektoratsrede, geh. in der Aula der k. k. Franz-Josephs-Universität in Czernowitz am 2. XII. 1909. (35 S.)** Lex. 8. Wien 909. **Manz.** — 85

**Adler, K., Unverschuldetes Unrecht. Rektoratsrede, gehalten in der Aula der k. k. Franz-Josephs-Universität in Czernowitz am 2. Dezember 1909. Gr.-8°. (35 S.)** **K 1.–**
Mänhardt, Gmunden 1910

— Unverschuldetes Unrecht. Rektoratsrede geh. in Czernowitz 1909. — Wien: Manz 1910. 35 S.
**1:** Fv 2329/4. **300:** 470.793 -C.
1.11295

— Das österreichische Wechselrecht. — Innsbruck: Wagner 1904. VIII,183 S.
**1:** Fo 2692. **12:** Merc. 2df. **300:** 432.835-B. **9.**
1.11296

**Adler, Karl Chr., Erinnerungen aus dem Tagebuche eines Geistlichen, vormaligen Pfarrers bei der evangel. Gemeinde in Livorno. gr. 8. Schleiz 842, (Wagner). n. $1\frac{2}{3}$ ß**

**Adler, Karl Friedrich:** Hebräischer Speccius, oder 4000 leichte Stellen des alten Testaments, ... behufs mündl. und schriftl. Uebungen ges. (von Karl Friedrich Adler). Abth. 1. — Sorau 1834: Rauert. **1:** Bk 4190.
1.11297

Adler, Karl Wolfgang — Aufzeichnungen für Zöglinge des Handels von — —. Kaufmännische Briefe. Wien, 1856. Druck von L. C. Zamarski. Universitäts-Buchdruckerei. L. W. Seidel. (32 S. kl. 8.)

**Adler, Kaspar**
Nennt sich meist Caspar Aquila
— Casparis Aquilae Erklärung des uralten Weynacht-Liedes: Ein Kindlein so löbelich etc., welche allbereit A. C. 1556 zu Nürnberg gedruckt worden, ietzo aber, aus gutem Absehen, aus seinem Museo communiciret u. wieder aufflegen lassen Joh[ann] Christoph. Olearius. — Arnstadt: Ehrt 1709. 24 S. **7.**
1.11304

Adler, Konstantin, über die Entwickelung des Schulturnens (Ber. d. Realschule zu Basel 1891/92, Wissenschaftl. Beil.), Basel 1892, 2 S., Gr.-8°.

**Adler, L.,** Rabbiner in Kissingen, später in Kassel. 1854 s. *Adler*, Lazar.

**Adler, L., der Bau der Uterusschleimhaut des geschlechtsreifen Weibes, s.: Hitschmann, F.**

**Adler, Lazar**

Adler, Dr. (Rabbiner in Kissingen), offener Brief an die (antisemit.) Herren Landtagsabgg. *Ruland*, *Sepp*, *Allioli* u. Konsorten. (S.-A. aus der „Neuen Fränkischen Zeitung".) München 1850. Druck v. C. R. Schurich. Gr. 8°. 11 S. Cart.

**Adler, Lazar:** Emancipation und Religion der Juden oder das Judenthum und seine Gegner. Ein Sendschreiben an Prof. Allioli in Augsburg. Von Adler. — Fürth: Sommer 1850. 50 S. **1:** Ez 17005.
1.11329

— L. Adler. Friedens-Feier. Eine Predigt zur Feier des Friedensfestes am 11. November 1866 in der Synagoge zu Cassel gehalten. 3. Aufl. — Cassel (1866). **4.**
1.11330

— Die Hauptlehren der jüdischen Religion. Ein kurzgefasster Leitfaden für den Confirmanden-Unterricht. Von Adler. — Cassel: Kay 1872. V,31 S. **4.**
1.11331

**Adler, L., Hillel u. Schamai, oder die conservative Reform u. der stabile Conservatismus. Eine Friedensstimme an die Gemeinden Israels u. ihre Führer. gr. 8. (X, 195 S.) Mannh. 878. Schneider.** n. 3. —

**Adler, Lazar:** Hillel und Schamai, oder die conservative Reform und der stabile Conservatismus. Von L. Adler. — Straßburg: Schneider 1878. X,195 S. **1:** Ez 15305.
1.11332

**— der Jubel des deutschen Volkes. Eine Festpredigt zur Feier der Errettg. Sr. Maj. d. Kaisers u. Königs Wilhelm I. am 11. Mai 1878 in der Synagoge zu Cassel am 18. Mai bei dem hierzu anberaumten Festgottesdienst geh. gr. 8. (20 S.) Kassel 878. (Freyschmidt.) n. — 40**

— Deutsches Lesebuch für israelitische Schulen hrsg. von L. Adler in 3 Abth. — Cassel: Krieger 1864. XII,486 S. **4.**
1.11333

Adler, L., deutsches Lesebuch für israelitische Schulen. 3 Abthlgn. gr. 8. Cassel 864, [Halle, Barthel.] * –
Einzelne Abthlgn. *

Inhalt:

1. Abthl. Religion und Gesittung. (XII und 160 S.)
2. „ Geographie und Geschichte. (152 S.)
3. „ Natur- und Gewerbkunde. (174 S.)

— Des Kindes erstes Lesebuch. Deutsche u. hebräische Schreib-Lese-Fibel für israelitische Schulen ... bearb. von L. Adler. — Cassel: Kay 1872. 60,16 S. **4.**
1.11334

**— das Märtyrerthum unseres Kaisers oder: die Erziehung der Jugend. Eine Predigt beim Dank- u. Bitt-Gottesdienst wegen d. Attentats auf Se. Maj. den Kaiser Wilhelm I. am 2. Juni 1878 geh. am 7. Juni in der Synagoge zu Cassel. gr. 8. (19 S.) Ebend. 878. n. — 40**

Adler, L., drei Predigten. 8°(48).– Cass. 1855, Kay.

**Adler, L.,** drei Predigten in der Synagoge zu Kassel gehalten 2c. Kassel 854. (Bertram.) gr. 8. (2 Bl., 48 S.) 6 ngl

— Drei Predigten in der Synagoge zu Kassel gehalten und vielseitigen Wünschen entsprechend hrsg. von L. Adler. — Kassel: Luckhardt 1854. 48 S. **4.**
1.11335

Adler, L. (Hrsg.), s. Synagoge, Die.

— Weltgeschichtliche Verkündigung des messianischen Friedens. Festrede bei der Feier des Friedens in der Synagoge zu Cassel gehalten und ... hrsg. von L. Adler. — Cassel: Württenberger 1871. 15 S. **1:** 9 in Ez 108.
1.11336

— die Versöhnung v. Gott, Religion u. Menschenthum durch Moses Mendelssohn. Festrede geh. in Leipzig. gr. 8. (32 S.) Berlin 871. Gerschel. n. — 50

— Adler. Die Versöhnung von Religion und Menschenthum durch Moses Mendelssohn. Festrede. — Berlin: Gerschel 1870. 32 S. 8°
Aus: Adler: Vorträge zur Förderung der Humanität. 2.
**1:** 9 in 4° Dc 50.
1.11337

— Vorträge zur Förderung der Humanität. Hrsg. v. L. Adler. Bd [1.] 2. — Kassel: Messner (2: Berlin: Gerschel) 1860-70.
1.2 . . . . . . . . . . . . . . . . **1:** Ez 26456. **11.**
1 . . . . . . . . . . . . . . . . . . . **4.**
1.11338

— Zwei Vorträge zur Förderung der Humanität. Von L. Adler. 1. Das Buch Hiob und Göthes Faust oder: Optimismus und Pessimismus. 2. Culturkampf und Kampf um's Dasein. — Kassel: Klaunig 1876. 48 S.
**1:** Ez 26660. **12:** P. o. germ. 487bm. **4. 6.**
1.11339

**Adler, L.**, Welchen Einfluß soll die allgemeine Landestrauer auf die Gesinnungen u. Handlungen d. Landeskinder haben? Eine Predigt bei dem Trauer-Gottesdienste für die höchstselige Königin Wittwe F. W. Caroline von Bayern. gr. 8. Würzburg 841, Voigt u. Mocker. n. 1/6 ₰

Adler, L., thalmudische Welt- und Lebensweisheit oder Pirke Aboth (Sprüche der Väter) in punktirtem Urtexte rc. 1. Bd. 5—7. Heft. (Schluß des 1. Bds.) gr. 8. (IV und S. 331—544.) Kassel 854—56, [Bertram.] Thlr. *
Bd. 1. Heft 1 und 2. Fürth 1851. (Leipzig, Hunger.) * 16 Ngr.

**Adler, Leonhard.** 1874: Emilie. Dichtung. — Berlin 1874. 130 S. 1:Yo 15121.
1.11342

**Adler**, Leonhard: Entstehung und Vermeidung von Lagerströmen. Diss. Wien TH 1910.

**Adler, Leopold, die Börse. Ihr Wesen, ihre Bedeutung, mit besond. Rücksicht auf die Errichtung der Börse in Pest. Nebst einem Anhang: Die Statuten der pester Börse. 8. (22 S.) Pest 865, (Lampel.)**

**Adler**, L.: Das Friedensdenkmal, s.a.Bibliothek d. Gesamtlitt.

**Adler, Leopold.** 1894: Das Friedensdenkmal. Drama in 3 Aufz. (Den Bühnen gegenüber als Ms. gedr.) — Halle a. S.: Hendel [1898]. 87 S. (Bibliothek der Gesamtlitteratur des In- und Auslandes. 1168.1169.)
1:X 8366-1168.1169. 3.
1.11346

Adler, Leop. (I.) Das Buch Hiob. — Nur drei Worte, s.a. Universal-Bibliothek Nr. 2869.

— Das Buch Hiob. Schauspiel in 1 Aufz. Nur drei Worte. Lustspiel in 1 Aufz. — Leipzig: Reclam [um 1894]. 47 S. (Universalbibliothek. 2869.)
1:Ag 7201-2869. 300:410.411-A. Per. 2869. 10.
1.11347

**Adler, Leopold.** 1874: Die Leichenverbrennung. Mit bes. Rücks. auf die österreichische Gesetzgebung dargestellt. — Wien: Manz 1874. 31 S. 1:If 8533. 300:64.879-B. 8.
1.11345

—— die Pflichten und Rechte der Geschwornen Oesterreichs nach der neuen Strafproceßordnung. Populär dargestellt. 8. (79 S.) Wien 874, Manz. *

**Adler, Leop.**, die Pflichten u. Rechte der Geschwornen Oesterreichs nach der Strafprozeßordnung vom 23. Mai 1873. Populär dargestellt. 2., verm. u. verb. Aufl. 8. (100 S.) Wien 881. Manz. n. 1. —

— Dr. Leop., Die Pflichten u. Rechte d. Geschworenen Oesterreichs nach d. Strafprocess-Ordnung vom 23. Mai 1873. Dritte verm. u. verb. Aufl. 8. (110 S.) Wien, Manz'sche k. k. H.-V.- u. Univ.-B. 50 kr. 1884
3010

(F) **Adler**, L., **Clemens**, R. und **Friedlaender**, J., Sammlung handelsgerichtlicher Entscheidungen. Bd. XIII. Nr. 2418 bis 2670. Gr.-8°. (640 S.) K 11.—, geb. K 12.60
Manz'sche k.u.k. Hof-Verlags- u. Universitäts-Buchhandlung, Wien 1910

**Adler, Leop.**, u. Rob. **Clemens**, Sammlung von Entscheidungen zum Handels-Gesetzbuche. Wien 868. Braumüller. gr. 8. (IV, 184 S.) n. 24 ngr

— — 2. Folge. Wien 870. Manz. gr. 8. (IV, 180 S.) n. 1 ₰

— u. Rob. **Clemens**, Sammlung v. Entscheidungen zum Handels-Gesetzbuche. 3. Folge. Mit Paragrafen-, systemat. u. alphabet. Gesammtregister üb. die 3 erschienenen Bde. gr. 8. (IV, 555 S.) Ebend. 875. n. 8. — (1—3.: n. 13. 40.)

— u. **Rob. Clemens**, Sammlung von Entscheidungen zum Handels-Gesetzbuche. 1. Bd. 2. Aufl. gr. 8. (IV, 183 S.) Ebend. 879. n. 2. 40

—— dass. — 3. Aufl. gr. 8. (VIII, 148 S.) Stuttgart 884, A. Koch.

— — dasselbe. 4. Folge. Mit Paragraphen-, systemat. u. alphabet. Gesammtregister üb. die 4 erschienen. Bde. gr. 8. (III, 715 S.) Ebend. 880. n. 8. — (1—4: n. 21. 40)

**Adler, Leop.**, u. Rob. **Clemens**, Sammlung von Entscheidungen zum Handels-Gesetzbuche. 5. Folge. gr. 8. (III, 272 S.) Wien 883. Manz. n. 4. — (1—5.: n. 25. 40)

**Adler, Dr. Leopold und Dr. Robert Clemens**, Sammlung von Entscheidungen zum Handelsgesetzbuche. VI. Bd. Mit Paragraphen, systematischem und alphabetischem Gesammtregister über den V. und VI. Band. Gr.-8. (631 S.) 4.—
Kytka, Prag 1889

**Adler, L. u. R. Clemens**, Sammlung v. Entscheidungen zum Handels-Gesetzbuche. 6. Bd. Mit Paragraphen-, systemat. u. alphabet. Gesammtregister üb. den 5. u. 6. Bd. gr. 8. (III. 631 S.) Wien 890. Manz. n. 8. —

**Adler, Leop.**, u. **Rob. Clemens**, Sammlung v. Entscheidungen zum Handels-Gesetzbuche. Bd. I—III u. IV—V. 2. Aufl. gr. 8. (III, 628 u. III, 712 S.) Wien 891. Manz. à n. 8. —

— dasselbe. 7. Bd. 8. (III, 672 S.) Ebd. 890. n. 8. — (1—7.: n. 41. 40)

— dasselbe. 8. Bd. gr. 8. (III, 487 S.) Ebd. 892. n. 8. —

— u. Rob. **Clemens**, dasselbe. 9. Bd. Nr. 1515—1734. gr. 8. (III, 581 S.) Ebd. 894. n. 8. —

**Adler, Leop.**, Sammlung v. Entscheidgn. z. Handels-Gesetzbuche. 10. Bd. Nr. 1735—1901. M. Gesammtreg. gr. 8 (V, 629 S.) Wien 898. Manz. n. 8. —; geb. n. 9. 20

**Adler, Leop.**, u. Jos. **Friedlaender**, Sammlung v. Entscheidungen zum Handels-Gesetzbuche. XI. Bd. Nr. 1901 bis 2148. gr. 8. (III, 723 S.) Wien 901. Manz. n. 8. 80; geb. n. 10. 40

**Adler, Leop.**, s.a. Sammlung handelsrechtl. Entscheidungen.

(F) **Adler**, L., **Clemens**, R. und **Friedlaender**, J., Sammlung handelsrechtlicher Entscheidungen. XII. Bd. Nr. 2149—2417. Gr.-8°. (IV, 627 S.) K 10.—, geb. K 11.60

**Adler**, Liebmann, 57 Vorträge üb. Texte, den nachmosaischen biblischen Büchern entnommen. 3. Bd. d. unter d. Namen „Z'ënah Ur'ënah" erschienenen Belehrungs- u. Erbauungsbuches. gr. 8. (247 S.) Chicago Ill. 891. (Frankfurt a/M., J. Kauffmann.) Kart. n. 3.—

Adler, Liebman. Z'ena Ure'na. Ein religiöses Belehrungs- u. Erbauungsbuch f. Frauen u. Mädchen, dem Texte der fünf Bücher Moses folgend. 2. Bd. 3.—11. Lfg. (Des ganzen Werkes 9.—17. Lfg.) gr. 8. (S. 97—498.) Chicago, Ill. (Wien, Lippe.) [2. Bd. 3. u. 4. Lfg. 889. ** 1 60; 2. Bd. 5.—8. Lfg. 890. ** 4 —; 2. Bd. 9.—11. Lfg. 890. ** 2 —.] ** 7 60
1. Bd. (1.—6. Lfg.) 2. Bd. 1. u. 2. Lfg. (7. u. 8. Lfg.) Ebd. 888. ** 7 60. Preis d. compl. Werkes auf einmal bezogen ** 12 —.

**Adler**, Ludw. B., Betrachtgn. üb die 15 Rosenkranz-Geheimnisse. Zun. f. Priester. 12. (107 S.) Wien 895. H. Kirsch. n. — 80

**Adler, M.**, kurze u. einleuchtende Beantwort. d. Frage: Wozu muß sich jeder israelit. Unterthan im Königr. Baiern verpflichtet fühlen, wenn er das israelit. Schulwesen der Vergangenheit mit der Gegenwart in demselben vergleicht? 8. Sulzb. 827. v. Seidel. 6 kr

**Adler**, M.: Studien zu Richard Rolle de Hampole, s. Adler, Max

**Adler**, Marianne, s.: **Mardersteig, Aug.**, aus d. Bereiche d. König Friedrich August-Höhenwegs in d. Zentraldolomiten.

**Adler, Markus:** Chronik der Gesellschaft zur Verbreitung der Handwerke und des Ackerbaues unter den Juden im preussischen Staate. Gegründet 1812. Für d. Jahre 1812 bis incl. 1898. — (Berlin 1899: Boll.) 60 S.
1:Ez 25908. 12:4° Jud. 1f. 3. 4. 7. 8. 9. 10. 11.
1.11351

**Adler, Markus N.**, s.: **Benjamin v. Tudela**, des, Reisebeschreibungen.

Adler. Max. s.a.Melda. Max.

**Adler, Max,** Dr. iur., Wien. 1903: 1848 [Achtzehnhundert-achtundvierzig]. — Wien: Brand 1905. 24 S.
**12:** Eur. 6o. **300:** 437.681–B. **10.**
1.11352

**Adler, Max, 1848. (24 S.) gr. 8. Wien 905. Wiener Volksbuchh.** n. — 70

Adler, Max [Rudolf Johannes]: Ein neues *ἄλογον* in Sophokles' König Ödipus? S. 61—66. 8.
In: Ehrengabe der Latina. Acht Abhandlungen, ... Wilhelm Fries bei der Gedenkfeier seiner 25 jähr. Wirksamkeit als ... Direktor der Franckeschen Stiftungen dargebracht. Lat.
**Progr.** Hauptschule *Halle a. S.* 1906.

— Die Anfänge der merkantilistischen Gewerbepolitik in Österreich. — Wien & Leipzig: Deuticke 1903. IX,121 S. (Wiener staatswissenschaftliche Studien. 4,3.)
**1:** F 568–4,3. **12:** Pol. g. 913in–4,3. **300:** 400.499–B.
Per. 4,3. **2. 4. 5. 6. 7. 10. 11.**
1.11353

**Adler, Max. Karl Arnd und seine Stellung in der Geschichte der Nationalökonomie. Ein Beitrag zur Theorie der deutschen Freihandelsbewegung im XIX. Jahrhundert.** Diss. Phil. Bern ... von Max A' [von Ratibor]. VI+74 S. 8. Karlsruhe, G. Braun. 1906.
V Bern
*Auch sep. im Buchh. erschienen.* [M. 3.–] —

**Adler, Max,** u. Karl Gaedcke: Beiträge zur Geschichte, Volks- und Landeskunde der Altmark. T. 1. 1. M. Adler: Die prähistorischen Wohnstätten von Lübbow-Rebenstorf. 2. K. Gaedcke: Der Ursprung der Stadt Salzwedel. Salzwedel (1910): Menzel. 19 S. 4°
Salzwedel, k. G OP 1910 (345) [S 10. 2

**Adler,** Maximilianus *Rudolfus Joannes* [Parthenopolitanus]: De Alexandri Magni epistularum commercio ... Lipsiae, typ. expr. O. Schmidt, 1891; 44 S., 2 Bl. 8.
Leipzig. Phil. Fak., Inaug.-Diss. v. [15. Sept.] 1891

**Adler,** Max, Dr.: **W. Raabes Else von der Tanne. Ein Beitrag zur Würdigung der neueren deutschen Literatur. Halle a. S. 1904: Buchdr. d. Waisenh. (18 S.) 8°**
Halle, Latein. Hauptschule OP 1904 (280)

**Adler, Max, Immanuel Kant zum Gedächtnis, s.a. Vorträge u. Abhandlungen, hrsg. vom sozialwissenschaftlichen Bildungsverein in Wien. Nr. 2.**

(F) **Adler, M.,** Immanuel Kant zum Gedächtnis! Gedenkrede zum 100. Todestage. [Vorträge und Abhandlungen, herausg. vom Sozialwissenschaftlichen Bildungsvereine in Wien. Nr. II.] Gr.-8°. (47 S.) † K 1.—

**— Kausalität u. Teleologie im Streite um die Wissenschaft. (IV, 241 S.) gr. 8. Wien 904. Wiener Volksbuchh.** n. **4.** 50
**Sonderabdruck aus: „Marx-Studien".**

**Adler, Max, Marx als Denker. Zum 25. Todesjahre v. Karl Marx. (96 S.) 8. Berlin 908. Buchh. Vorwärts.** 1. 20

**— s.a. Marx-Studien.**

**Adler, M.** und **Hilferding,** R., Marx-Studien. Blätter für Theorie und Politik des wissenschaftlichen Sozialismus. I. Bd. Gr.-8°. (X, 433 S.) K 8.—

**Adler, M.** und **Hilferding,** R., Marx-Studien. Blätter für Theorie und Politik des wissenschaftlichen Spezialismus. Bd. III. Gr.-8°. (XI, 575 S.) K 10.—
Wiener Volksbuchhandlung F. Brand & Co, Wien 1910

**Adler,** Max *(geb. Neiße 16.7.1859)*: Ueber die Richard Rolle de Hampole zugeschriebene Paraphrase der sieben Busspsalmen. 1. Altenburg 1885. (28 S.) 8° *(Vollst. in: Englische Studien hrsg. v. E. Kölbing. [Bd 10. 1887.])*
Breslau, Phil. Diss. v. 23. Juni 1885

**Adler, Max, Skalen- und Akkordstudien für die Violine** im Quintenzirkel. Band I K 2.40, Band II K 3.60
Universal- Edition, Wien 1903

— Der Sozialismus und die Intellektuellen. — Wien: Brand 1910. 79 S. **1:** Fc 8013. **300:** 472.651–B.
1.11381

**— Der Sozialismus u. die Intellektuellen. (79 S.) gr. 8. Wien 910. Wiener Volksbuchh.** 1. —

Adler, M. u. M. Kuluza. **Studien z. Richard Rolle de Hampole,** s. 18. Bd. 2. Abthl. S. 661: **Studien, englische.** 10. Bd. 2. Heft.

**Adler, Max:** Wilhelm Raabes 'Trilogie' ⟨Der Hungerpastor, Abu Telfan, Der Schüdderump⟩. Salzwedel (1909): Menzel. 18 S. 4°
Salzwedel, k. G OP 1909 (339) [S 09. 1

**Adler, Max, s.: Verhandlungen der 47. Versammlung deutscher Philologen u. Schulmänner.**

**Adler,** Max, Dr.: **Volks- und Kinderlieder (Umschlagt.: Kinder- und Volkslieder), gesammelt u. erl.** *Halle a. S. 1901: Waisenhaus.* (29 S.) 4°
Halle, Latein. Haupt-S, OP 1901 (253)

**Adler, Max Ed.,** Referendar: Die rechtlichen Folgen des Verlustes der Wechselurkunde für den Verlierer, unter besonderer Berücksichtigung der Wirkungen des im Amortisationsverfahren ergangenen Ausschlußurteils. Göttingen 1908: Dieterich. 48 S. 8°
Göttingen, Jur. Diss. v. 15. Sept. 1908, Ref. Ehrenberg
[Geb. 17. Mai 84 Hamburg; Wohnort: Hamburg; Staatsangeh.: Hamburg; Studium: Genf 2, München 2, Göttingen 2 S.; Rig. 20. Juli 08.] [U 09. 1266

Adler, Maximilian: Zwei Beiträge zum plutarchischen Dialog „De facie in orbe lunae". 11 S. 8.
**Progr.** K. k. Staats-Gymn. *Nikolsburg* 1910.
1. Die Abfassungszeit des Dialogs. Vom Mondgesicht. 2. Einige Vorschläge zur Verbesserung und Erläuterung des Textes.

**Adler,** Max(imilianus) Rudolf(us) Jo(h)annes, s. Adler, Max

**Adler,** Moritz, a. Budapest, **Musikschriftsteller in Berlin: Die Handlungsvollmacht des Handlungsreisenden. Borna-Leipzig 1907:** R. Noske. (29 S.) **8° [F.]**
Leipzig, Jur. Fak., Diss. v. 3. Dez. 1907
[Geb. 20. April 58 Budapest; Wohnort: Berlin: Staatsangeh.: Österreich; Vorbildung: Real- u. Obergymn. auf d. Landstr. Wien Reife Juli 76; Studium: Wien 8 S.; Rig. 17. Mai 07.]

**Adler, Moritz:** Der Krieg, die Congressidee und die allgemeine Wehrpflicht im Lichte der Aufklärung und Humanität unserer Zeit ... von einem Freunde der Wahrheit [d. i. Moritz Adler]. — Prag: Steinhauser 1868. VII,92 S.
**1:** Fm 4050. **300:** 72.222–B.
1.11393

**Adler, Mor., die Opale! Ein idealist. Märchen. 12. (V 74 S.) Wien (I, Bauernmarkt 3) (901) Mor. Frisch.**
1. 20: geb. 1. 80

**Adler, Moritz:** Offenes Sendschreiben an P. T. Herrn Professor Theodor Billroth. Mit e. Vorw. v. Bertha v. Suttner. Berlin & Leipzig: Fried (1892). 31 S.
**1:** Fm 4224. **12:** J. publ. E. 13m.
1.11394

**Adler, Mor., offenes Sendschreiben an Hrn. Prof. Theodor Billroth. Mit e. Vorwort von Baronin Bertha v. Suttner. gr. 8. (31 S.) Berlin 892. [Fried & Co.] Wiener'sche Verl.-Buchh.** n. — 50

**Adler, N., hebräische Buchstabenbilder. (30 Bl.) 4. Fürth 904. (G. Rosenberg.) In Leinw.-Mappe n. 9. 60; m. die Renaissance des alten hebr. Lese-Unterrichts n. 10. 50**

**— die Renaissance des alten hebräischen Lese-Unterrichts im Lichte der modernen Methodik. Eine didakt. Studie. (31 S. m. 1 Taf.) gr. 8. Ebd. (903).** n. — 90

**Adler, N. M.,** Landrabbiner s. *Adler,* Nathan Markus.

Adler, N. T., Versiones syriacæ, simpl. Philox. et Hieros. denuo examinatæ etc. Kopenh. 1789. 4.

**Adler,** Nathan: Das Buch Josua, s.: Volksbücherei, Jüdische.

**Adler, Nath., aus den Tagen v. Mordechai u. Esther. Die Purimgeschichte, nach Midraschquellen erzählt. (72 S.) 11. 8. Frankfurt a/M. 909. J. Kauffmann. Kart.** — 80

**Adler, Nathan Markus:** Abschiedspredigt, gehalten ... ⟨den 28. Juni 1845⟩ in der Synagoge zu Hannover vom Landrabbiner N. M. Adler. — Hannover: Hahn 1845. 24 S.
**7.**
1.11396

Adler, (Land-Rabbiner Dr.) N. M., des Israeliten Liebe zum Vaterlande. Eine Predigt zur Feier des Geburtstages Sr Majestät des Königs Wilhelm IV. am Sabbathe כי תצא 5596, (27. Aug. 1836.) in der Synagoge zu Hannover gehalten. Auf Ansuchen einer löbl. Gemeinde dem Drucke übergeben. gr. 8. Hannov. 837. Helwingsche Hofbuchh. 1/3 ₰

**Adler, Noël**: Aus d. 2. med. Klinik d. Kgl. Charité. Spezialitäten und Geheimmittel bei der Gichtbehandlung. Berlin 1910: G. Schade. 30 S. 8°
Berlin, Med. Diss. v. 11. März 1910, Ref. Kraus
[Geb. 18. Dez. 84 London; Wohnort: London; Staatsangeh.: Großbritannien; Vorbildung: Gymn. Hamburg; Studium: Leipzig 4, Prag 1, Freiburg i. B. 1, Berlin 4 S.; Rig. 4. März 10.] [U 10. 12

Adler, O. S.: Geschichte d. ersten 25 Jahre d. Vereins Berliner Grundbesitzer von 1865. Leipzig 1893. 8°

Adler, Oskar Samuel

— Lehrgang der einzeiligen Kurzschrift ⟨Stenographie⟩ entworfen u. hrsg. von O. S. Adler. ⟨Als Ms. gedr.⟩ Th. 1.2. Berlin: Mittler in Komm. 1877. **1**:V 22032. **11.**
1.11397

— — 3. umgearb. u. vereinf. Aufl. ⟨Als Ms. gedr.⟩ Th. 1. Ebd. 1880. **1**:V 22032³. **11.**
1.11398

**Adler, O. S., Lehrgang der einzeiligen Kurzschrift [Stenographie].** 2 Thle. in 1 Bd. [Als Mscr. gedr.] 1. Aufl. (1878.) * ℳ 3., und 2. (unveränd.) Aufl. gr. 8. (51 S. mit 24 lithogr. Taf.) Berlin 879, (Bath.) cart. *

**— dasselbe. II. [fakultativer] Thl. Einzeilige Debatten-Kurzschrift. [Als Mscr. gedr.] gr. 8. (VIII, 54 S.) Berlin 881. Stuhr in Comm. n. 1. —**

**— Streitfragen d. Stenographie. I. Die kaiserl. deutsche Reichspost, die Fremdwörter u. die Stenographie. [Aus: „Flug- u. Fachblattt".] gr. 8. (24 S.) Berlin 880. Stuhr. n. — 40**
Fortsetzung davon:

**Adler, O. S., Zeit- u. Streitfragen d. Stenographie. 2. Hft. Das Zeitalter der Einzeiligkeit. [Aus: „Flug- u. Fachblatt".] gr. 8. (18 S.) Berlin 881. Stuhr. n. — 40**

**Adler, Ottilie:** Friedrich und Caroline Perthes. — Leipzig: Wallmann 1900. 339 S. (Christliche Lebensbilder für das deutsche Haus.) **1**:Av 5087. **12**:Biogr. 882 mg. **7.**

**Adler, Ottilie, Friedrich u. Caroline Perthes.** (Christliche Lebensbilder f. das deutsche Haus.) (Neue [Titel-]Ausg.) (339 S. m. 2 Bildnissen.) gr. 8. Gotha [900] (904). F. E. Perthes. n. 3 —; geb. in Leinw. n. 4. —

**— Otto** (Berlin), **Fieber bei Kreissenden.** Diss. med.-chirurg. Bln. (Gust. Schade [Otto Francke]) 25. V. 1887. 44 S. mit Biogr. (3.60) 91

**Adler, Otto:** Die mangelhafte Geschlechtsempfindung des Weibes. Anaesthesia sexualis feminarum. Dyspareunia. Anaphrodisia. — Berlin: Fischer 1904. 207 S. **1**:L 4565. **6. 11.**
1.11404

— Der kleine Liebreich. Pharmacopoea jocosa. Maximaldosen in Versen mit mnemotechn. Regeln v. Otho Aquila [d. i. Otto Adler]. — Berlin: Fischer [1892]. 47 S. **1**:Yo 24308.
1.11409

— Vom Keim zum Kinde. Eine biologische Skizze von Aquilejus [d. i. Otto Adler]. — Oranienburg: Koslowsky [1910]. 53 S. **1**:N 10.4055. **11.**
1.11410

— — Eine biologische Studie von Aquilejus. 7. Aufl. Oranienburg, Berlin: Koslowsky [1926]. 50 S. **1**:L 7557⁷. **11.**
1.11411

**Adler, Paul**, a. Aschaffenburg: **Die Bankdepotgeschäfte nach ihrer zivilrechtlichen Seite. Berlin 1905: Wilh. Pilz. (133 S.) 8°**
Würzburg, Jur. Fak., Ref. Mayer, Diss. v. 24. Mai 1905
[Geb. 2. Jan. 80 Aschaffenburg; Wohnort: Aschaffenburg; Staatsangeh.: Bayern; Vorbildung: Gymn. Aschaffenburg Reife Juli 99; Studium: Berlin 1, Leipzig 1, München 2, Würzburg 2 S.; Rig. 1. März 05.]

Die Bankdepotgeschäfte nach ihrer zivilrechtlichen Seite. Von Dr. jur. et rer. pol. Paul **Adler**. Berlin: Struppe & Winckler 1905. (X, 133 S.) 8°
[Erschien auch als Inaug.-Diss. Würzburg 1905.]

— 2. Demokratie und Monarchie in Frankreich. gr. 8°. Stuttgart, Oberheimische Verl.-Buchh., s. a. (1875.)

**Adler, Paul.** 1900: Die Lage der Handlungsgehilfen gemäss den Erhebungen der Kommission für Arbeiterstatistik. — Stuttgart: Cotta 1900. XVI, 197 S. (Münchener volkswirtschaftliche Studien. 39.)
Ersch. teilw. auch als Diss. München 1900.
**1**:Fe 677–39. **12**:Cam. 160 p–39. **300**:161.006-B. Per. 39. **2. 3. 4. 6. 7. 11.**
1.11413

**Adler,** Paul: Die **Lage** der Handlungsgehilfen gemäss den Erhebungen der Kommission für Arbeiterstatistik. *Stuttgart 1900: Union.* (IV, 65 S.) 8° • [Erschien vollst. als Stück 39 d. Münchener volkswirtschaftl. Studien.]
München, Staatswirtsch. Diss. v. 1900

Adler, P., d. dritte Mann. , s. a. Album f. Liebhaber-Bühnen.

**Adler, Paul.** 1892: Der dritte Mann. Posse mit Gesang in 1 Akt von Paul Adler. Musik von Richard Thiele. — Berlin: Kühling & Güttner [um 1892]. 24 S. (Album für Liebhaber-Bühnen. 288.) **1**:Yp 6329-288.
1.11412

**Adler, R., voir:** ***L'Europe illustrée*** **und** ***Wanderbilder.***

Adler, R., Ospedaletti bei San Remo (Riviera di Ponente). s. a. Europe, illustrated. – L'Europe illustree. – Wanderbilder , europ;

**Adler, R.** 1893: Ospedaletti bei San Remo ⟨Riviera di Ponente⟩. Von R. Adler. Mit Bemerkungen über Klimatologie und Heilerfolge von H. Enderlin. — Zürich: Orell Füssli [1893]. 36 S. (Europäische Wanderbilder. 210.) **1**:Pv 6615–210.
1.11429

**Adler,** Rudolf, a. Karlsbad ⟨Böhmen⟩: **Die Heteroalbumose und Protoalbumose des Fibrins. Ein Beitrag z. Kenntnis d. primären Produkte d. Eiweißabbaues. Weida i. Th. 1907: Thomas & Hubert. (69 S.) 8°**
Leipzig, Phil. Fak., Ref. Beckmann-Hantzsch, Diss. v. 8. Juni 1907
[Geb. 28. Febr. 82 Karlsbad; Wohnort: Karlsbad; Staatsangeh.: Österreich; Vorbildung: Staatsgewerbesch. Reichenberg bis Juli 02; Studium: Leipzig 8 S.; Rig. 30. Apr. 07.]

ADLER, S.
**(F) Populäre Darstellung der Luftballone und Flugapparate und ihrer Fahrten, resp. Flüge, Aufstiege (Luftschiff-Fahrten, -Aufstiege und -Reisen) nebst Anhang: Moderne Vehikel zu Lande, Wasser und Luft. Von S. Adler. Wien. 1899. In Comm. Stühelin & Lauenstein. 8°. 49 S. fl. 1.--**

Adler, S. Sammlung einiger in Zeitschriften zerstreuten wissenschaftlichen Artikeln. NY, 1886.

**Adler,** S(alo), Dir. Dr.: [Der **Abschied des Prof. Gustav Wertheim.**] *Frankfurt a. M. 1901: Kumpf & Reis.* (S. 27—29.) 4°
Frankfurt a. M., R d. isr. Gem. Philanthropin ⟨R u. HM⟩, OP 1901 (451)

**Adler,** S(alo), Dir. Dr.: [**Bericht über seine Einführung als Direktor des Philanthropins.**] *Frankfurt a. M. 1901: Kumpf & Reis.* (S. 25—26.) 4°
Frankfurt a. M., R d. isr. Gem. Philanthropin ⟨R u. HM⟩, OP 1901 (451)

—: [Oberlehrer Julius Bornstein † 27. Dezember 1901.] S. 48 bis 49. 4. **Progr.**
Realschule der israelit. Gemeinde Philanthropin (Realschule u. höh. Mädchenschule) *Frankfurt a. M.* 1902

**Adler,** S[alo], Dir. Dr.: [Dr. Hermann **Dobriner. Nekrolog.**] *Frankfurt a. M. 1903: Kumpf & Reis.* (S. 25—27.) 4°
Frankfurt a. M., R d. isr. Gemeinde Philanthropin ⟨R u. HM⟩, OP 1903 (479)

— Zur ältesten Geschichte des Welfenstammes. Von S. Adler. — Hannover: Helwing 1882. 20 S. **1**:Sa 10348. **300**:52.366–B. **5. 7. 10.**
1.11430

—: [Professor Gustav Wertheim tritt in den Ruhestand.] S. 27 bis 29. 4. **Progr.**
Realschule der israelit. Gemeinde Philanthropin (Realschule u. höh. Mädchenschule) *Frankfurt a. M.* 1901

— Das Schulunterhaltungsgesetz und die preußischen Bürger jüdischen Glaubens. Von S. Adler. — Frankfurt a. M.: Kauffmann 1905. 31 S. **1**:Ay 6631/2. **12**:Paed. Th. 27c. **4.**
1.11431

— dasselbe. 3., durch e. Anh.: „Der neue Schulgesetzentwurf u. die jüd. Schule" verm. Aufl. (44 S.) gr. 8. Ebd. 906. n. 1. —

— Herzog Welf VI und sein Sohn. Von S. Adler. — Hannover: Helwing 1881. IV,160 S.
Ersch. teilw. auch als Diss. Göttingen 1881.
1: Rx 19676. 12: Bavar. 51 t. 300: 51.768–B [u.] 35.280. 2. 3. 4. 5. 6. 7. 8. 11.
1.11433

Adler, Salomo —. Sei eingedenk des Festes. Rede gehalten in der Altsynagoge zu Pohrlitz am Rausch Haschana-Feste von — —. 8. (16 S.) Prag. Buchdruckerei von M. J. Landau, 1853.

Adler, Siegmund, s. Adler, Sigmund

Adler, Sigismund: Assimilation oder Nationaljudenthum? Von S. Adler. — Berlin: Apolant 1894. 15 S.
1: Ez 17502.
1.11440

Adler, Sigismundus *(geb. Neustadt in Oberschles. 26. 11. 1832)*: Nonnulla de morbis arteriae pulmonalis. Vratislaviae (1855). (32 S.) 8°
Breslau, Med. Diss. v. 6. Nov. 1855

Adler, Sigm., Berufsbeamtenthum u. Selbstverwaltung in Oesterreich, s.: Vorträge, volksthümliche.

— üb. das Erbenwartrecht nach den ältesten bairischen Rechtsquellen, s. a. Untersuchungen zur deutschen Staats- und Rechtsgeschichte.

— Über das Erbenwartrecht nach den ältesten bairischen Rechtsquellen. — Breslau: Koebner 1891. IV,130 S. (Untersuchungen zur deutschen Staats- u. Rechtsgeschichte. 37.)
1: Gl 917–37. 12: J. publ. G. 8571–37. 300: 395.247–B. Per. 37. 2. 3. 4. 5. 6. 7. 8. 9. 10. 11.
1.11435

Adler, Sigm., D. Gültbuch v. Nieder- u. Oberösterreich u. s. Function i. d. ständ. Verfassung, s. a. Festschrift z. 70. Geburtstage Dr Joseph Ungers.

Adler, d. Gültbuch v. Nieder- u. Ober-Oesterreich u. seine Function in d. ständischen Verfassg. Wien 898.

— Eheliches Güterrecht und Abschichtungsrecht nach den ältesten bairischen Rechtsquellen. — Leipzig: Duncker & Humblot 1893. 112 S.
1: Gn 5050. 12: Bavar. 51 td. 3. 5. 6. 7. 9. 10. 11.
1.11436

— üb. die Schönkirchner Handschrift d. österreichischen Landesrechts. [Aus: „Sitzungsber. d. k. Akad. d. Wiss."] Lex.-8. (6 S.) Wien 892. (F. Tempsky.) n. — 30

— Die Organisation der Centralverwaltung unter Kaiser Maximilian I. Auf urkundl. Grundlage dargest. — Leipzig: Duncker & Humblot 1886. XIII,572 S.
1: Go 4306. 12: J. publ. G. 11 o. 300: 158.747–B [u.] 36.720. 2. 3. 4. 5. 6. 7. 8. 9. 10. 11.
1.11437

Adler, Siegmund: Zur Rechtsgeschichte des adeligen Grundbesitzes in Österreich. — Leipzig: Duncker & Humblot 1902. 167 S.
1: Gm 14969. 12: J. austr. 1g. 300: 418.696–B. 2. 3. 5. 6. 7. 11.
1.11438

Adler, Sigm.: Der Augsburger Religionsfriede und der Protestantismus in Österreich. Weimar 1910. (in Af 468)
(in: Festschrift z. 70. Geburtstage f. Brunner.)

Adler, Simon [aus Laupheim in Württemberg]: Die Radikaloperation der Unterleibsbrüche. . . . Berlin. Buchdr. v. Gustav Schade (Otto Francke) (1889). 29 + 1 S. 8°
Berlin, Med. Fak., Inaug.-Diss. v. 5. März 1889

Adler, Th. Adversarien zur lat. Gramm. (Allgem Begriffe, besonders über die Redetheile, namentlich Subst. und Verb. 16 S. Progr. Neu-Stettin 1840.

Adler, Th.: Antrittsrede als Director. 8 S. Progr. Cöslin 1852.

Adler, Th., u. Weiske, Bericht üb. die Bibliothek d. Waisenhauses. gr. 4. (16 S.) Halle 877. Buchh. d. Waisenh. n. 1. —

Adler, Vikt., Alkoholismus u. Gewerkschaft. Referat, geh. auf dem 5. österreich. Gewerkschafts-Kongreß 1907 zu Wien. (12 S.) kl. 8. Wien 907. Brüder Suschitzky. — 12

Adler, V., Alkoholismus und Gewerkschaft. 8°. (12 S.) † Suschitzky, Wien 1908 * K —.12

— Die Arbeiterkammern und die Arbeiter. — Wien: Selbstverl. 1886. 24 S.
1: Fd 1620/5. 300: 62.341–B.
1.11443

Adler, Vict., die Arbeiterschaft u. die Alkoholfrage, s.: Lang, Otto.

— Die Fabrikinspektion insbesondere in England und der Schweiz. (Jahrb. f. Nat.-Oek. u. Statist., Bd. 42, 1884.)

Adler, Viktor (Hrsg.), s. Gleichheit.

— Jugend und Alkohol. Rede, geh. 1903. — (Berlin: Deutscher Arbeiter-Abstinenten-Bund 1903.) 8 S.
1: Fd 9316/34.
1.11444

— — Ebd. [um 1927]. 7 S. 1: Fd 9316/34ª.
1.11445

— die Marodeure des Klerikalismus. Rede, geh. in der 18. Sitzg. der 5. Session des niederösterr. Landtages. Nach d. stenograph. Protokolle. gr. 8. (16 S.) Wien 901. Wiener Volksbuchh. n. — 10

— Für die Nationen! Wider die nationalistischen Hetzer! Rede in der Sitzg. des Abgeordnetenhauses v. 3. XII. 1908. (18 S.) gr. 8. Wien 908. Wiener Volksbuchh. — 10

Adler, Vikt., der Paragraph 23 des österr. Preßgesetzes, | s. a. Volksbibliothek,

— 3. Der Paragraph 43 des österreichischen Pressgesetzes. 8°. Wien, L. A. Bretschneider, 1891. (Wiener Volksbibliothek, Nr. 2.)

Adler, Vikt.: Das Seuchengesetz u. d. Sozialdemokratie, s.: Schacherl, Mich.

— 4. Das allgemeine gleiche und direkte Wahlrecht und das Wahlunrecht in Oesterreich. (Wiener politische Volksbibliothek, Heft 4.) 8°. Wien, 1. Wiener Volksbuchhdlg., 1894.

Adler, Vinc., Orthographie u. Grammatik, s. a. Sammlung pädagogischer Vorträge.

Adler, Vinzenz: Orthographie und Grammatik in ihrer methodischen Behandlung nach den pädagogischen Grundsätzen Herbart-Zillers. Dargest. u. durch ein Beispiel erl. von Vincenz Adler. — Wien 1887: St. Norbertus-Dr. 33 S.
300: 77.122–B.
1.11446

— — Orthographie und Grammatik in ihrer methodischen Behandlung nach den Grundsätzen Herbart-Zillers. Dargest. u. durch ein Beispiel mit Zusammenstellung d. practischen Imperative für d. einzelnen Stufen erl. v. Vincenz Adler. Wie soll die Volksschule Deutsch lehren? Von Hermann v. Pfister-Schwaighusen. — Bielefeld: Helmich [1892]. 40 S. (Sammlung pädagogischer Vorträge. 5,7.)
1: Nc 3944–5,7. 4. 6.
1.11447

Adler, W. S., die Glogauer Ereignisse u. der räthselhafte Tod d. Fräulein Agnes Sander. Eine Erzählg. aus zuverläss. Quellen geschöpft. Leipzig 864. Pönicke. 16. (40 S.) 5 ngr.

Adler, W. S., Giftmord oder Selbstmord? Geschichte des Dr. Herm. Demme und der Flora Trümpy. Ein criminalist. Roman aus der neuesten Zeit. 16. (239 S. mit 1 Holzschntaf.) Leipzig, 865. G. Pönicke.

Adler, Wilhelm, aus Brieg, Zahnarzt: Die Entwickelung der äusseren Körperform und des Mesoderms bei Bufo vulgaris. *Leipzig: G. Thieme 1901.* (23 S.) 8° ¶ (Aus: Internat. Monatsschrift f. Anat. u. Phys., Bd 18.)
Rostock, Phil. Diss. v. [24. Juli] 1901

Adler, Wilhelm. 1819: Flora des Ziegenrücker Kreises und der umliegenden Gegenden, oder Verzeichniss der daselbst wildwachsenden Pflanzen. — Neustadt & Ziegenrück 1819.
1: Lx 11850.
1.11448

**Adler, Wilhelm,** Verf. von „Die Grabhügel, Ustrinen u. Opferplätze der Heiden im Orlagau". 1837 s. *Adler,* Georg Wilhelm.

**Adler, Wolfgang.** 1904: Die Geschichte der Breslauer Fleischerzunft. — Breslau 1904: Korn. 121 S. **2.**
1.11453

**Adler, Wolfgang.** 1895: Die Reichsbank als Hüterin der deutschen Goldwährung. — Breslau: Koebner 1895. 39 S. 1:Gz 14377. **2.**
1.11452

Adler, Wolfg., d. Reichsbank als Hüterin d. deutschen Goldwährung. gr. 8. (39 S.) Breslau 895. M. & H. Marcus. n. 1. —

— Anleitung zur deutschen und englischen Umgangssprache. kl. 16. Leipzig u. Paris 842, Weber. n. 2/3 ₰

**Adler-Mesnard, Dr.,** Anleitung zur deutschen u. franz. Umgangssprache. kl. 16. Leipzig u. Paris 842, Weber. n. 2/3 ₰

— Anleitung zur deutschen, französischen, englischen und italienischen Umgangssprache. kl. 16. Ebend. 842. n. 1 1/3 ₰ Alle 4 auch mit dem Rücken-Titel: Polyglotten-Wörter-Bücher. I—IV.

**Adler-**Mesnard, **Édouard Henri Emmanuel:** Anleitung zur deutschen und französischen Umgangssprache für Reisende und Studierende. — Paris-Brüssel-Leipzig [1854]. **8.**
1.11455

— Anleitung zur deutschen und italienischen Umgangssprache. kl. 16. Ebend. 842. n. 2/3 ₰

— Anleitung zur deutschen und italienischen Umgangssprache ... von Adler-Mesnard. — Paris: Hingray 1846. **8.**
1.11456

— et L. A. Beauvais, le conseiller epistolaire à l'usage de la jeunesse. 16. Berlin 841, Schultze. 1/2 ₰

— nouveau Dictionnaire allemand-français, français-allemand. Rédigé sur le plan et sous la direction de M. A. Regnier, Instituteur de S. A. R. le Comte de Paris. 2 Parties. A. u. d. T.: Neues Taschen-Wörterbuch der deutsch. u. französ. Sprache. Nach dem Plane und unter Leitung v. A. Regnier. 2 Thle. 16. Leipzig 846, J. J. Weber. 1 1/3 ₰

— Nouveau Dictionnaire français-allemand et allemand-français ... par Adler-Mesnard. — Paris: Hingray [1852]. 436,544 S.
Nebent.: Adler-Mesnard: Neues franz.-deutsches u. deutsch-franz. Taschenwörterbuch.
**12:**L.lat.f.1rt.
1.11457

— — Nouv. éd. revue et modifiée. Paris: Fouraut [1867].
Nebent.: Adler-Mesnard: Neues franz.-deutsches u. deutsch-franz. Taschenwörterbuch. Neue durchaus verb. & verm. Ausg.
**10.**
1.11458

— Neues französisch-deutsches und deutsch-französisches Taschenwörterbuch. 1852 u.ö. s. *Adler*-Mesnard: Nouveau Dictionnaire français-allemand et allemand-français.

Adler-Abc-Buch für fleißige Kinder. 1. und 2. Aufl. gr. 8. (16 S. mit 46 bunten Bildern in eingedr. Holzschn. Stuttgart 854, Chelius.

**Adler-ABC-Buch** f. fleiss. Kinder. 3. Aufl. 8° (16 m. H.).– Stuttg. 1861, Chelius.

**Adler-A-B-C-Buch** für fleißige Kinder. Mit 46 Bildern (Holzschn.) 4. Aufl. Stuttgart 869. Chelius. gr. 8. (16 S.) 3 ngr.

Adlerberg, Conrad von, und Leonore von Lichtenau, 8. Lindau, 782. Fritsche. 4 ggl.

**Adlerberg, Johann (Schwedischer Adel),** De vicariis imperii Romano-Germanici. Diss. solennis. Präs. Johann Schilter. Strassburg (Joh. Friedr. Spoor) 23. VII. 1693. 58 S., stellenweis dtsch. (7.50) 92

Illustrierte **Adler-Bibliothek**. Hrsg. von Georg Gellert. Bd 1. Berlin: Herlet (1909). 8° [11. 3398

**Adler-Bibliothek,** illustrierte. Hrsg. v. Geo. Gellert. 1—67. Bd. (à ca. 32 S. m. Abb.) 8. Berlin 910. W. Herlet. à — 10

Adler-Fahrräder. Preßstimme 4./97. Auszug aus der Zeitschrift »Fahrrad-Export«. (Frankfurt a. M. 1897)

Die Adler-Fahrradwerke vorm. Heinrich Kleyer, 1880—1905. Rückblick in den Ursprung und Werdegang eines industriellen Großbetriebes. Festschrift zur Feier des 25jähr. Jubiläums der Firma. Frankfurt a. M.

Adler-Fahrradwerke vorm. Heinrich Kleyer: Adler-Fahrräder. Frankfurt a. M. 1897. 1898

Adler-Fahrradwerke vorm. Heinrich Kleyer: Adler-Fahrräder. 2. Aufl. Frankfurt a. M. 1898

Adler-Fahrradwerke vorm. Heinrich Kleyer: Adler-Motor-Fahrräder. Frankfurt a. M. 1904

Adler-Fahrradwerke vorm. Heinrich Kleyer: Adler-Motorwagen. Frankfurt a. M. 1904

Adler-Fahrradwerke vorm. Heinrich Kleyer: Adler-Schnell-Schreibmaschine. 14. Aufl. Frankfurt a. M. (1905?)

Adler-Fahrradwerke vorm. Heinrich Kleyer: Katalog über Fahrräder, Motorräder, Motorwagen, Schreibmaschinen. 3. Aufl. Frankfurt a. M. 1904

Adler-Fahrradwerke vorm. Heinrich Kleyer: (Grande manufacture des cycles »Adler.«) Édition française. Francfort s/Mein 1898

Adler-Fahrradwerke vorm. Heinrich Kleyer: Spezial-Katalog über Adler-Motor-Fahrräder. 3. Aufl. Frankfurt a. M. 1904

**Adlerfeld, Gust.** Militärische Geschichte Karls XII. von 1700 bis zur Schlacht von Pultawa 1709. A. d. Französ. 3 Th. 8. M. Plän. Leipzig 1740–43.

**Adlerfeld, Karl v.,** od. Gespräch üb. d. menschl. Glück. v. L. v. Baczko. 8. Elbing. Hartmann. (Unger in Königsb.) 786.

**Adlerfelt, Gustaf:** Warhaffter Entwurff der Krieges-Thaten Carls XII., Königes von Schweden. Worin, was Merckwürdiges in diesem Kriege vorgelauffen und passiret, biss an den Alt-Ranstädtischen Frieden beschrieben ist. [Verf.: Gustaf Adlerfelt.] — [Hamburg] 1707. 366 S. **4. 7. 8. 9.**
1.11493

**Adlerfelt, Gustaf:**
Leben Carls des Zwölften, Königs von Schweden. Auf desselben Befehl beschrieben von Gustav von Adlerfeld. Mit Anm. erl. u. fortges., wie auch mit Abrissen vers. [Übers.: Karl Maximilian Adlerfelt.] Th. 1–3. Frankfurt & Leipzig 1740–42.
1–3 . . 1:Ua 7222. **12:**H. sept. 3d [u.ö.] **3. 5. 7. 8. 9. 10**W.
1 . . . . . . . . . . . . . . . . . . . **4.**
1.11496

**Adlerflug, Olga** v.: ABC des Gesanges. ABC of singing. — Dresden 1910: Holze & Pahl. 10,19,31 S.
1:4° Mus. E 1375.
1.11498

**Adlerflycht, Justinian** v.: Das Privatrecht der freien Stadt Frankfurt. In systematischer Ordnung vorgetr. Th. 1–5. — Frankfurt a. M.: Brönner 1824–32. XLVIII, 1398 S.
1-4. 1824. 5. Adlerflycht: Der Civilprozeß der freien Stadt Frankfurt. 1832.
1–5 . . . . 1:Gp 20725. **12:**1–4 = J. germ. 2m; 5 = J. pract. 2d. **2. 3. 4. 6. 7. 8. 9. 10.**
1–4 . . . . . . . . . . . . **300:**BE 12 P 70. **11.**
5 . . . . . . . . . . . . . . . . . . **5.**
1.11499

— Der Civilprozess [Zivilprozess] der freien Stadt Frankfurt. — Frankfurt a. M.: Brönner 1832. (Adlerflycht: Das Privatrecht der freien Stadt Frankfurt. 5.)
1:Gp 20725–5. **12:**J. pract. 2d. **2. 3. 4. 5. 6. 7. 8. 9. 10.**

**Adlerhold, C. G.,** Pforte d. Ehren z. Glückseligkeit. 8. Frankf. 732.

**Adlerhold, Germanus:** Umständliche Beschreibung deß nunmehr vom Krieg nachdrücklichst befreyeten, herrlichen Königreichs Neapolis ..., wie auch dessen Regierung. — Nürnberg: Buggel 1708. 982 S.
**12:**Ital. 6b. **300:**40.726.
1.11501

— Umständliche Beschreibung des anjetzo vom Krieg neu-bedrohten, sonst herrlichen Königreich Neapolis ..., wie auch dessen Regierung. — Nürnberg: Buggel 1702. 952 S.
1:Rt 733. **12:**Ital. 6. **300:**BE 6 R 67. **2. 7. 9. 10.**
1.11502

— Neu-eröffnetes Italien, oder accurate Beschreibung aller Städte, Vestungen, Schlösser, Märcke, Pässe, und vieler schau- oder denckwürdiger Gebäue dieses Landes ... mit schönen Kupfern gezieret. — Nürnberg: Buggel 1703. 564 S.
**12:**Ital. 5. **2. 7.**
1.11503

— Die Macht des portugiesischen Scepters, oder umständliche Beschreibung des Königreichs Portugal. — Franckfurth & Leipzig: Buggel 1703. 667 S.
**12:**Port. 1m. **2.**
1.11504

— — Ebd. 1705. 667,84 S. 1:Qq 7288. **12:**Port. 2.
1.11505

— Das neu-geharnischte Meyland oder umständliche Beschreibung des jetzt vom Krieg bedrohten Staats Meylands. — Nürnberg: Buggel; Schwobach 1702: Hagen. 794 S. 1:Ro 9692. 12:Ital. 4. 5. 7.
1.11506

— — Nun zum andernmal gedr. . . . und biss auf jezige Zeit mit denen Kriegs-Neuigkeiten vermehrt. — Nürnberg: Buggel 1702. 838 S. 300:57 K 20. 2. 10W.
1.11507

**Adlerhold, Germanus:** Das höchst-gepriesene Preussen, oder: umständliche Beschreibung und Verzeichnüs des herrlichen Landes Preussen. — Franckfurt & Leipzig: Buggel 1704. 789 S.
1:Sz 3234. 12:Bor. 7. 2. 5. 9. 10. 102P.
1.11508

— — Franckfurt & Leipzig: Buggel & Seitz 1725. 789 S. 7.
1.11509

Adlerhold, Germ. Neue u. accurate Vorstellung des Ottoman. Reichs, mit Begebenheiten des mit d. Röm.-Kays. u. Russ. Hof noch währenden Krieges. Nürnberg 1739.

**Adlerhorst, s. Bellmond Edler v. Adlerhorst.**

Adlerjung, J. L. s. Adlerjung, Joh. Ludw.

**Adlerjung, Jh. Ldw., theoret.-prakt. Briefsteller f. manche Fälle.** 8. Prag 790. 6te Aufl. 816. Widtmann. 1 ₰

**Adlerjung, J. L.,** theoret. prakt. Briefsteller f. manche Fälle. 8. Prag, Widtmann. 810.

Adlerjung, J. L, theoretisch-prakt. Briefsteller für das bürgerliche Leben. 6te Auflage. 8. Prag, Widtmann. 815.

**Adlerjung, Joh. Ludw.,** theoretisch-prakt. Briefsteller f. mannigfalt. Fälle d. bürgerl. Lebens, od. deutl. Anweis. z. Abfass. aller Arten v. Briefen u. Aufsätzen, rc.; nebst einer vollständ. Samml. v. Mustern zu Glückwünschungs- rc. Schreiben, Hochzeit-, Gevatter- u. Handlungsbriefen, Bittschriften rc., auch beigefügten Adressen zu Briefen in deutscher u. franz. Sprache. 7., verb. Aufl. gr. 8. (16 B.) Prag 834, Haase Söhne.

**— neuester Haussekretär, oder theoretisch-praktischer Briefsteller für alle im bürgerlichen Leben vorkommenden Fälle. Eine deutliche Anweisung zur Abfassung aller Arten von Briefen u. Aufsätzen, die im bürgerl. Leben vorkommen. 8e gänzlich umgearb. Aufl. von Carl Schlütter; die kaufmänn. Briefe u. Belehrung zur Führung der Wechselgeschäfte v. Ludw. W. Luzac, ehemals Großhändler. gr. 8. Prag, Haase Söhne. 1 1/6 ₰**

Adlerjung, J. L., neuester Haussekretär, od. theoret.-prakt. Briefsteller für alle im bürgerl. Leben vorkomm. Fälle. Eine deutl. Anweis. zur Abfass. aller Arten v. Briefen u. Aufsätzen rc. 8., gänzl. umgearb. Aufl. v. Carl Schlütter; die kaufmänn. Briefe u. Belehr. zur Führung d. Wechselgeschäfte v. Lud. W. Luzac. gr. 8. (24¾ B.) Prag 837, Haase Söhne.

**— Unterhaltt. belehr., e. Lehrers mit seinen Schülern. in Erzähll. 8. Prag 792. Widtmann. 12 ₰**

— gründl. Unterricht in der deutschen Rechtschreibung, nebst einem orthographisch. Wörterbuche. Ein Handbuch z. Selbstübung für Jedermann, besond. f. d. Jugend. 8. Prag, Enders. 812.

**Adlerkalender** f. 1908.– Luxembg. P. Clees.

**Adler-Kalender, Tiroler, f. d. J. 1910.** 5. Jahrg. Red. v. Eduard Hassenberger. (112 S. m. Abbildgn.) 8. Wien, E. Hassenberger & Co. — 60

**Adlerkannt u. Nettchen;** e. Gesch. a. d. Redoutensaale, v. Meißner. 8. Wien, Barth, Leipz. 783.

**v. Adlersberg,** s. Verhandtokv.

**v. Adlersburg, G.,** Versuch über den kaiserl. Hofmarschall und dessen Verhältn. zum k. Reichshofrath u. zur k. Reichskanzlei rc. rc. rc. 8. Wien 795. Gerold. 8 ₰ (Beck. 6 ₰)

**Adlerschwung.** — Schmertzhaffter Adler-Schwung, d. i.: Aussführliche Beschreibung dess wegen ... Leopoldi I. [Römisch-deutscher Kaiser] ... künstlich-auffgerichten Castri doloris. — [Wien] 1705. 5.
1.11513

**Adlersfeld**, Eufemia von, s. Adlersfeld-Ballestrem

**Adlersfeld, Gustav** v.: Handbuch des Schlesischen Rektorenvereins. Im Auftr. d. geschäftsführ. Ausschusses bearb. durch G. v. Adlersfeld. — Breslau: Selbstverl. 1910. 84,22 S. 2.
1.11514

— — 2. Aufl. Ebd. 1913. 92,11 S. 2.
1.11515

**Adlersfeld, Eufemia v., geb. Gräfin Ballestrem,** s. a.: Ballestrem, Eufemia Gräfin.

**Adlersfeld-Ballestrem, Eufemia v., Ahnentafeln zur Geschichte europäischer Dynastien. Nach d. Quellen aufgestellt u. bearb. gr. 8. (XX, 196 S.) Grossenhain 901. H. Starke. n. 6. —**

**Adlersfeld-Ballestrem, Eufemia v.,** die Augen der Assunta u. and. Novellen. 8. (283 S.) Dresden 898. E. Pierson. n. 3. —; geb. n. 4. —

**Adlersfeld-Ballestrem, Eufemia v., die Augen der Assunta u. andere Novellen. (3. Aufl.) (V, 274 S.) 8. Dresden 907. [E. Pierson] Berlin, Verl. Berlin-Wien. 3.—; geb. n 4. —**
Auch die übrigen Schriften aus E. Pierson's Verl. sind an obige Firma übergegangen.

**Adlersfeld-Ballestrem, Kaiserin Augusta. Ein Lebensbild.** Mit Porträts, geschichtl. Illustr. u. Zeichngn. v. Alex. Franz. gr. 8. (X, 318 S.) Berlin 902. G. Grote. n. 8. —; geb. in Leinw. n. 10. —

— s.: Aus Wald u. Grund.

— **das goldene Buch.** E. chronol. Verzeichniß d. regier. Häupter herrsch., erlosch. u. mediatisirter Fürstenhäuser Europas, sow. d. deutschen Standesherren. Nach d. zuverlässigsten Quellen zusammengest. Mit e. Einleitg. v. A. Kleinschmidt. 2., verm. [Titel-]Aufl. (m. Nachträgen u. Berichtiggn.). gr. 16. (XIV, 52, 564 S.) Breslau (892) 897. Schles. Buchdruckerei rc. n. 4. 50; geb. n. 5. 50

Das goldene Buch. Ein chronolog. Verzeichnis der regierenden Häupter herrschender, erloschener u. mediatisierter Fürstenhäuser Europas. Zsgst. von Eufemia von **Adlersfeld-Ballestrem.** Mit einer Einl. von A[rthur] Kleinschmidt. 2. verm. Aufl. — Breslau: Schottlaender; Leipzig: Steinacker; New-York: Stechert 1898. XIV, 52, 564 S. 8°

— **Die Dame in Gelb. E. sonderbare Geschichte. (232 S.) 8. Dresden 908. M. Seyfert. 3.—; geb. 4. —**

— **Djavahir. Lucifers Träne. 2 Novellen. 1.–3. Aufl. (à 228 S.) 8. Leipzig (906). Phil. Reclam jun. n. 3. —; geb. in Leinw. n. 4. —**

— **Diplomaten. Ein Roman in 45 Stunden. Mit e. Musikbeilage. 1. u. 2. Aufl. (Je 363 S. u. 2 S. in qu. 8.) 8. Leipzig 907. Ph. Reclam jun. 3.—; geb. in Leinw. 4. —**

**Adlersfeld-Ballestrem**, Frau E. v., Diue-Donnee, s.: Familien-Bibliothek.

**— Elisabeth Christine, Königin v. Preußen, Herzogin v. Braunschweig-Lüneburg. Das Lebensbild e. Verkannten. Nach Quellen bearb. unter Verwendg. zum Teil unbenutzten Materials aus dem braunschweig. Landesarchiv zu Wolfenbüttel. (219 S. m. 1 Bildnis u. 1 Stammbaumtaf.) gr. 8. Berlin 908. A. Schall. 4.—; geb. 5. —**

Adlersfeld-Ballestrem, Eufemia von Ott 2005
Die Falkner vom Falkenhof. Roman. 2. Aufl. Bd 1.2. Leipzig: Reclam jun. 1896. 8°

— **die Falkner vom Falkenhof.** Roman. 4. u. 5. Aufl. 2 Tle. in 1 Bde. (à 292 u. 272 S.) 8. Ebd. (905). n. 4. —; geb. in Leinw. n. 5. —

**Adlersfeld-Ballestrem, Eufemia v.,** die blonden Frauen v. Ulmenried. E. Familiengesch. a. vier Jahrhunderten. 3. Aufl. 8. (V, 278 S.) Dresden 897. E. Pierson. n. 3. —; geb. n. 4. —

– die blonden Frauen v, Ulmenried. Eine Familiengeschichte aus vier Jahrhunderten. 4. Aufl. 8. (292 S.) Dresden 900. E. Pierson's Verl. n. 3. —; geb. n. 4. —

— Die blonden Frauen v. Ulmenried. Eine Familiengeschichte aus vier Jahrhunderten. 5. Aufl. (312 S.) 8. Dresden 909. Berlin, Verlag Berlin-Wien. 3. —

— Major Fuchs auf Reisen. Der „Pension Malepertus" anderer Tl. Tragikomische Erlebnisse Mit Illustr. nach Orig.-Zeichngn. v. Fritz Koch. 1.—4. Aufl. (à 191 S ) gr. 8. Ebd. (905). n. 3. —; geb. n.n. 4. 50

— Major Fuchs auf Reisen. Der „Pension Marlepartus" anderer Tl. Tragikomische Erlebnisse. Mit Illustr. nach Orig.-Zeichngn. v. Fritz Koch. 7. Aufl. (191S.) gr. 8. Leipz. 910. Ph. Reclam jun. 3.—; geb. n 4. 50

— die Fürstäbtissin. Der Spiegel der Lucrezia Borgia, s: Universal-Bibliothek.

— Unheimliche Geschichten, s.: Universal-Bibliothek.

Adlersfeld-Ballestrem, Frau E.v., Haideröslein. Roman. 3. Aufl. 8° (339).– Bresl. 1893, Schles. Buchdr. etc.

— Haideröslein. Roman. 4. u. 5. Aufl. Mit Illustr. von Blanka v. Gündel. gr. 8. (à 306 S.) Breslau 900. 903. Schles. Buchdruckerei ꝛc. n. 4. —; geb. in Leinw. n. 5. —

— Hälali. Der Fall Stachelberg, s.: Universal-Bibliothek.

— Die blonde Ida u. andere Humoresken, s.: Reclam's Novellen-Bibliothek.

— die blonde Ida u. andere Humoresken, s.: Universal-Bibliothek.

— Palazzo Iràn. Roman. 1.—5. Aufl. (Je 200 S.) 8. Leipzig 909. 910. Ph. Reclam jun. 2.—; geb. in Leinw. 3. —

Der Jungfernturm. Eine Geschichte von d. Wende d. Jhs von Eufemia v. Adlersfeld-**Ballestrem.** Dresden: Seyfert [1909]. 242 S. 8° [10. 18392 2

Adlersfeld-Ballestrem, Eufemia v.: Kampf ums Glück. – Berl., Verl. Berlin–Wien. 1901/1905.

Der Kampf ums Glück. Erzählung von Eufemia v. Adlersfeld-**Ballestrem.** Dresden & Leipzig: Pierson 1902. 198 S. 8° [10. 18394 2

— Katechismus des guten Tons u. der feinen Sitte, s. 3. Weber's illustrierte Katechismen.

— Katechismus d. guten Tons u. der feinen Sitte. 12. (X, 157 S.) Leipzig 892. J. J. Weber. Geb. in Leinw. n. 2. —

— Katechismus des guten Tons u. d. feinen Sitte. 2., verm. u. verb. Aufl. 12. (X, 160 S.) Leipzig 895. J. J. Weber. Geb. in Leinw. n. 2. —

— Komtesse Käthe, s. a. Novellenschatz, illustr.

— Komtesse Käthe. Humoresken. Ill. v. F. Czabran u. O. Gerlach. (Quarks Lieblingsname. D. Bärenführer. Syndetikon.) 9. Aufl. gr. 8. (239 S.) Leipzig 898. Ph. Reclam jun. n. 3. —; geb. n.n. 4 50

— Komtesse Käthe. Humoresken. Illustriert v. F. Czabran u. O Gerlach. (Quarks Lieblingsname. Der Bärenführer. Syndetikon.) 10. Aufl. gr. 8. (239 S.) Leipzig 899. Ph. Reclam jun. n. 3. —; geb. n.n. 4. 50

— Komtesse Käthe. Humoresken. Illustriert v. F. Czabran u. O. Gerlach. 18. u. 19. Aufl. (à 239 S.) gr. 8. Leipzig (905). Ph. Reclam jun. n. 3. —; geb. in Leinw. n.n. 4. 50

**Adlersfeld-Ballestrem, Eufemia v., Komtesse Käthe. Humoresken. Illustriert v. F. Czabran u. O. Gerlach. 24. Aufl. (239 S.) gr. 8. Leipzig (910). Ph. Reclam jun. 3.—; geb. n 4. 50.**

— Komtesse Käthe in der Ehe. Humoresken. Illustr. von F. Czabran. (Tante Kukis Hochzeitsgeschenk. Die Anna. Also spricht Zarathustra.) 1.—7. Aufl. gr. 8. (à 180 S.) Ebd. 900—902. n. 3. —; geb. in Leinw. n.n. 4. 50

— Lanzen gefällt zur Attaque. Heit. Geschichten. 3. Aufl. 8. (III, 459 S.) Ebd. 897. n. 6. —; geb. in Leinw. n.n. 7. 50

— Lanzen gefällt zur Attaque. Heitere Geschichten. 4. u. 5. Aufl. (à III, 459 S.) 8. Ebd. (903 u. 906). n. 4. —; geb. n. 5. —

Adlersfeld-Ballestrem, Eufemia v.: Ihre Majestät. Roman. (395)8°.– Dresd., M. Seyfert 1910.

— Pension Malepartus. Eine ganz verrückte Geschichte. Mit Illustr. nach Orig.-Zeichngn. v. F. Czabran. 1.—3. Aufl. gr. 8. (à 157 S.) Ebd. (901). n. 3. —; geb. in Leinw. n. 4. 50

— Der Maskenball in der Ca'Torcelli. Roman. (488S.) 8. Berlin 910. Verlag Berlin-Wien. 5.—; geb. 6. —

Adlersfeld-Ballestrem, Eufemia von Ott 2006

Lady Melusine. Roman. Abt. 1.2. Mit dem Bildniß der Verf.
Berlin: Decker 1878. 378 S. 8°

— Lady Melusine. Roman. 2. Aufl. 8. (IV, 412 S.) Berlin 894. R. v. Decker. n. 4. —: geb. 5. —

Adlersfeld-Ballestrem, Eufemia von. Aus der Mutzenstadt. Berner Bilder von E' von A' – B'. Mit zehn Illustrationen nach Original-Photographien. 4. (Leipzig 1900.)

— Pommery & Greno u. and. Kuckucksnester-Geschichten. Militärhumoresken. 8. (251 S.) Ebd. 897. n. 3. —; geb. in Leinw. n. 4. —

— Pommery & Greno u. andere Kuckucksnester Geschichten. Militärhumoresken. 3. Aufl. (251 S.) 8. Ebd. (906). n. 3. —; geb. n. 4. —

— Raoul. Ein Sang aus alten Tagen. 2. Aufl. 8. (282 S.) Dresden 900. E. Pierson. n. 3. —; geb. n. 4. —

Adlersfeld-Ballestrem, E.v.: Die weissen Rosen v. Ravensberg. Roman. 2. Aufl. 2 Bde. 8°(302 u. 298).– Lpzg. 1898, P. Reclam jun.

— die weißen Rosen v. Ravensberg. Roman. 4. Aufl. 2 Bde. (302 u. 298 S.) 8. Ebd. (904). n. 7. —; geb. n.n. 9. —

Adlersfeld-Ballestrem, E.v.: Aus der Rumpelkammer d. Weltgesch., s. a. Veröffentlichungen d. Ver. d. Bücherfreunde.

Adlersfeld-Ballestrem, Eufemia von

Aus der Rumpelkammer der Weltgeschichte. Skizzen und Studien. 8.-10. Td.
Berlin: Schall & Grund (1896). V.246 S. 8°

— Maria Schnee. Der Roman e. Rätsels. 1. u. 2. Aufl. (Je 456 S.) 8. Dresden 907. M. Seyfert. 6.—; geb. 7. —

Adlersfeld-Ballestrem, Eufemia v., Ca' Spada. Eine Tragödie aus dem alten und ein Mysterium aus dem modernen Venedig. 3. Aufl. (243 S.) 8. Dresden 905. E. Pierson. n. 3. 50; geb. n. 4. 50
1. Aufl. (227 S.) Ebd. 904.

— Tannhäuser u. andere Novellen. 2. Aufl. (240 S.) 8. Breslau 905. Berlin, S. Schottländer's schles. Verlagsanstalt. n. 2. —; geb. n. 3. —

— Tiere u. Menschen, s.: Universal-Bibliothek.

— der gute Ton u. die feine Sitte, s.: Weber's illustrierte Handbücher. 188. Bd.

— Trix. Roman. 2 Tle. in 1 Bd. 1.—11. Aufl. (à 256 u. 228 S.) 8. Leipzig (903. 904). Ph. Reclam jun. n. 4. —; geb. in Leinw. n. 5. —

— Trix. Roman. 16. Aufl. 2 Tle. in 1 Bde. (256 u. 228 S.) 8. Leipzig 910. Ph. Reclam jun. 4.—; geb. 5. —

— Tropfen im Ocean. Dichtgn. 2., stark verm. Aufl. 12. (XI, 308 S.) Dresden 899. E. Pierson. n. 4. —; geb. in Celluloid m. Goldschn. n. 5. —

**Adlersfeld-Ballestrem**, Eufemia v.: Violet, s.a.Universal-Bibliothek. 5441/42.

Violet. Roman von Eufemia v. Adlersfeld-Ballestrem. Aufl. *Breslau: Schles. Verl.-Anst. 1904.* (252 S.) 8° [F.]

— Windbeutel u. andere heitere Geschichten, s.: Reclam's Novellen-Bibliothek.

— Windbeutel u. andere heit. Geschichten, s.: Reclam's Unterhaltungs-Bibliothek.

— dasselbe, s.: Universal-Bibliothek.

— Y. Z. 100 u. andere Humoresken, s.: Universal-Bibliothek.

**Adlersfeld-Ballestrem**, Eufemia v.: Zigeunerblut u. and. Novellen. 2. Aufl.(265) 8°;– Bresl. 1905. Berl., S. Schottlaenders schles. Verl.-Anst.

**Adlershof.** Straube, Jul., Lageplan der Gemeindebezirke Adlershof, Grünau, Alt-Glienicke, Ober- u. Niederschöneweide, Johannisthal, Karlshorst, Treptow. Entworfen u. gezeichnet nach Aufnahmen des Landmessers Vollmeister. 1:10,000, 53,5×95 cm. Lith. Berlin (906). J. Straube. n. 3. —

Adlerskron, Behaghel v., Tabellen zur Bestimmung des kubischen Inhalts runder Baumklötze, s. Behaghel.

**Adlerskron**, Herm. Behagel v., üb. Dinitrosalicylsäure. Inaugural-Dissertation. gr. 8. (40 S.) Göttingen 877. (Vandenhoeck & Ruprecht.) n. — 80

**Adlerskron**, J. v.: Der Luftkreuzer Spion. Erlebnisse u. Enthüllungen e. franz. Generalstabs-Offiziers. — Leipzig: Kummer (1909). 213 S. 1:Hy 43200. 10. 1.11516

**Adlersieg.** — Der vollkommene Adlers-Sieg, welchen ... Karl der VI [Römisch-deutscher Kaiser] durch die zu Posarowitz ... errichtete Friedens-Tractaten ... erhalten, durch ... Abbildung des Conferentz-Zeltes ... und ... Erzehlung dessen, was sich bei denen Friedens-Handlungen Merckwürdiges zugetragen, getreulich entworfen. — o.O. 1718. 12 S. 1:2° Ui 3608. 1.11535

**Adlerstam, Johann Patricius** (Schwedischer Adel), Diss. de origine et fatis poëseos septentrionalis antiquissimae. Präs. Jacob Wallen. Greifswald (J. H. Eckhardt) 9. X. 1805. 15 S. (5.—) 93
Gew.: Johann Wingard.

**Adlerstein, Dedo,** der wilde Ritter oder der Mädchenraub; Roman vom Verf. des »Fiorenzo«. Hamb. 1818. V: *Müller, Heinrich August.* (MGT) (Ky)

**Adlerstein.** — Die Ritter von Adlerstein. Eine Erzählung aus d. 15. Jh. — Elberfeld: Erziehungs-Ver. [1904]. 400 S. (Saat und Ernte. 20.) 1:Ng 10548–20. 1.11537

Adlerstein, Thorilde von, od. Frauenherz u. Frauenglück. 8. Leipz. Engelmann, 815.

v. Adlerstein, Joh. Janotyckh, die Militärheirathen in der k. k. österreichischen Armee gegen Sicherstellung von Nebeneinkünften. Wien 865. Braumüller. gr. 8. (X, 195 S.) n. 26 *ngr.*

v. Adlerstein, Joh. Janotyckh, s.: Archiv d. ungarischen Ministeriums. — Janotyckh.

**Adlerwerke.** — Adlerwerke vorm. Heinrich Kleyer, Aktiengesellschaft, Frankfurt am Main. Fahrräder – Automobile, Kleinautos, Luftschiffmotoren, Schreibmaschinen. — (Frankfurt am Main [1910].) 28 S. 4° 83. 1.11539

**ADLERWITZ,** Adolph, von. Ein psychologischer (stellenw. pikanter u. sehr abentheuerl.) Roman. 3 Thle. Nordhausen, bei Karl Gottfr. Groß, 1793, 94, 95. 8°.
Ausser Vorst.: 248 + 176 + 263 S. Selten cplt.! Vorrede zu Th. 2 ist B. unterzeichnet.

**Adlerz, Gottfr.,** zwei Gynandromorphen v. Anergates atratulus Schenk. (6 S. m. 2 Taf.) 8. Uppsala 908. Berlin, R. Friedländer & Sohn. nn 1. —
Sonderabdruck aus „Arkiv f. zoologi".

Adliche, der, wie er weiland war. A. d. Franz. d. Mercier. 8. Hamb. Matthiessen. (Gräff in Lpz.) 792.

Adliw, O., lustige Geschichten. 12. (III, 112 S.) Danzig 892. C. Hinstorff's Verl. n. 1. —; geb. n. 1. 50

**Adlmaier K.:** Das landwirtschaftliche Genossenschaftswesen im Kreise Oberbayern. Diss. (Erlangen). Münch. 1910. 79 S.

Adlmaier, K., u. Fr. X. Zahnbrecher, die Lage des bayer. Kleinhandels. (IV, 59 S.) gr. 8. Münch. 909. M. Rieger. 1. —

**Adlof, A.:** Morgendämmerung. Eine Erzählung aus d. Anf. d. 14. Jhs. Berechtigte Übers. aus d. Böhm. — Striegau: Urban 1906. 120 S. 1:Zp 12066. 2. 1.11560

— — 2. Aufl. Ebd. 1908. 128 S. 1:Zp 12066ᵃ. 12:Mor. 1262q. 2. 1.11561

— Gefundene Schätze. Aus d. Čechischen übertr. von Božena Chorvát. — Striegau: Urban 1905. 109 S. 1:Zp 12064. 2. 1.11562

— Aus Philadelphias großen Tagen. — Striegau: Urban 1908. 70 S. 1:Zd 16850. 2. 1.11564

Adlof, Jh. Chr., Anleit. zum Gebr. d. verbesserten Trokars. 8. Dachwich 794. (Erzieh.-Anst. in Schnepfenth.) 4 gr.

— s. Anweisung zum Unterricht im Schreiben.

Adlof, Jh. Fr., Sitten- u. Historienbüchlein f. Schulkinder. 8. Gotha 792. 2e Aufl. Mit 8 Kpf. Erfurt 794. 3e Aufl. 798. 4e Aufl. 806. Mit 8 Kpf. Keyser. 4 gr. Schrbp. 5 gr.

**Adloff, A.:** Uebersicht sämmtlicher im Departement des Königl. Ostpreussischen Tribunals in Königsberg in Pr. befindlichen Gerichtsbehörden mit ihren etatsmässigen Beamten u. den bei denselben angestellten Rechtsanwalten. Nebst Ancienniträts-Listen ... unter Benutzung amtl. Quellen hrsg. von Adloff [u.] Jakubowitz. — Königsberg i. Pr.: Selbstverl. 1863. 53 S. 10. 1.11565

**Adloff,** Franz Johann Rudolf: Die osteoplastische Amputation im Fussgelenk nach Pirogoff. Mit 1 Steindrucktafel. Halle (1868): Plötz. 39 S., 1 Taf. 8°
Halle-Wittenberg, Med. Diss. v. 9. Jan. 1868
Geb. Wojenthin bei Köslin (Pomm.) 6. 9. 1844. V.

**Adloff, J. Ch.,** Anleitung zum Gebrauch des verbesserten Trokars, nebst einigen praktischen Bemerkungen über Wartung des Rindviehes etc. Durwick & Schnepfenthal 794.

Adloff, (Joan. Car.) Rud. (geb. Berlin 27. 12. 1815): De ruptura cordis. Berolini (1839). (32 S.) 8°
Berlin, Med. Diss. v. 19. Juni 1839

**Adloff, Jos., Beichtvater u. Seelenführer.** (III, 103 S.) Lex. 8. Strassburg 910. F. X. Le Roux & Co. nn 2. —

— Katholische Moral und Sittlichkeit. Eine Duplik auf Prof. Herrmanns Schrift: Römisch-katholische und evangelische Sittlichkeit. Von Jos. Adloff. — Straßburg 1901: Le Roux. 54 S. 102. 1.11566

Adloff, Jos., katholische Moral u. innere Überzeugung. Neue Replik auf Prof. Herrmanns Schrift: Römische u. evangel. Sittlichkeit. (3. Aufl.) (72 S.) gr. 8. Straßburg 903. (F. X. Le Roux & Co.) n. — 80

— Römisch-katholische und evangelische Sittlichkeitscontroverse. Katholische Antwort auf e. protestantischen Angriff. — Straßburg 1900: Le Roux. 23 S.
Aus: Straßburger Diözesanblatt. 4. 102. 1.11570

Adloff, Paul

**Adloff,** Paul: Zur Entwickelungsgeschichte des Nagetiergebisses. M. 5 Taf. u. 4 Abbildungen im Text. *Jena: G. Fischer 1898.* (66 S. mit Taf.) 8°
Rostock, Phil. Diss. v. [26. Jan.] 1898

— Das Gebiss des Menschen und der Anthropomorphen. Vergleichend-anatom. Untersuchungen. Zugleich e. Beitrag zur menschl. Stammesgeschichte. Mit 9 Textfig. u. 27 Taf. — Berlin: Springer 1908. 164 S.
1:4° Kw 4794. 12: Anat. 12e. 5. 8. 9. 10. 11.
1.11572

**Adloff, Paul,** appr. Tierarzt: Aus d. chirurg. Klinik d. Tierärztl. Hochsch. zu Berlin ⟨Vorstand: Eberlein⟩. Die eitrig-jauchige Hufgelenksentzündung des Pferdes. Mit 4 Abb. auf 1 Taf. Stuttgart 1908: Union. 48 S. 8° ¶ (Aus: Monatshefte f. prakt. Tierheilkunde. Bd 19.)
Gießen, Veterinär-Med. Diss. v. 23. Sept. 1908, Ref. Pfeiffer
[Geb. 20. Aug. 77 Kabarz; Wohnort: Berlin; Staatsangeh.: Preußen; Vorbildung: Gymn. Gotha Reife M. 95; Studium: Berlin Tierärztl. Hochsch. 7 S.; Rig. 14. Febr. 08.] [U 09. 1130

**Adlon.** — Hotel Adlon, Berlin. — (Darmstadt: Koch 1909.) 54 S. 1:4° Td 95. 11.
1.11573

Adlstreu, Edle von (Hrsg.), s. R a d l e r i n, Die.

**Adlung,** A(lfred), Apotheker aus Stassfurt: **Beiträge zur Kenntnis einiger sauerstoffhaltiger Bestandteile ätherischer Öle mit besonderer Berücksichtigung ihres Verhaltens gegen Nitrosylchlorid.** *Marburg 1901: J. Hamel.* (69 S.) 8°
Marburg, Phil. Diss. v. [22. Febr.] 1902

**Adlung, Jakob:** Anleitung zu der musikalischen Gelahrtheit ... Mit Kupf. u. e. Vorr. Johann Ernst Bachs. — Erfurt: Jungnicol 1758. 30,814 S.
1: Mus. Ga 25. 12: Mus. Th. 22. 300: SA 73 F 11. 2. 7. 10.
1.11576

— — 2. Aufl., besorgt von Johann Adam Hiller. Dresden & Leipzig: Breitkopf 1783.
1: Mus. Ga 25[a]. 12: Mus. Th. 23. 300: SA 71 E 42. 5. 7.
1.11577

— Musica mechanica organoedi. Das ist: gründlicher Unterricht von der Struktur, Gebrauch und Erhaltung etc. der Orgeln, Clavicymbel, Clavichordien und anderen Instrumente ... In Ordnung gebr. u. zum Drucke befördert von Johann Lorenz Albrecht. Bd (1.) 2. — Berlin: Birnstiel 1768. XX,291,185 S.
1: Mus. Fo 21. 12:4° Mus. Th. 14. 300: SA 71 D 2. 3. 5. 6.
1.11578

— Musikalisches Siebengestirn. Das ist: sieben zu der edlen Tonkunst gehörige Fragen ... Aus der hinterlassenen eigenen deutschen Hs. des Verf. mit e. Vorr. ans Licht gest. von Johann Lorenz Albrecht. Mit 1 Notentab. — Berlin: Birnstiel 1768. 34 S.
1: Mus. Ga 28; 2 an Mus. Gd 70 [u.] 4° Bibl. Diez 2900. 12:4° Mus. Th. 15. 300: SA 73 C 30. 3.
1.11579

**Adlzreiter, J., Annal. Bojicae gent., III part. Fol. Leipzig, Gleditsch. 710.**

**Administratio.** — Administratio sacramentorum infirmorum iuxta Rituale Romanum. — Treviris 1885: Typogr. Pauliniana. 23 S. 1: Dt 2995. 5.
1.11592

Über die bisherige Administration der Brennholzmagazine oder Holzgärten in Würtemberg und die mögliche Verbesserung derselben. - Stuttgart 1821

**Chemins de fer Jura-Simplon. Administration et état nominatif du personnel. Année 1901. 255 p. fol.-obl.** V[4]

**Administration, de l', des Finances, par Necker. 3 Vol. 12. Liège 785. (Fr. Fleischer in Leipz.)** 2 ℛ

**Administration** des Finances du Royaume de Westphalie an 1808. 4°. Cassel 1809.

**Administrationsanzeige, kurze, Josephs II., aus d. Franz. 8. Gera, Rothe. 785.**

VI. **Administrationskarte vom Königreiche Illyrien.** *Herausgeg. v. k. k. geogr. Inst. zu Mailand im J. 1813. 9 Bl., 6 Bl. 14'' H., 20'' Br.; 2 Bl., 6'' H., 20'' Br.; 1 Bl. 25'' H., 15'' Br. Massstab: 1 Wr. Zoll = 6,944⁴/₉ Wr. Klftr. Verhältn. 1:500,000.* Nach den besten Quellen zusammengesetzt. Bildet eine Fortsetzung jener des Königreichs Italien.

V. **Administrationskarte v. Königreiche Italien.** *Herausg. v. k. k. geogr. Inst. zu Mailand. im J. 1811. 8 Bl., 6 Bl., 14'' H., 20'' Br. 2 Bl. 6'' H., 20'' Br. Massstab: 1 Wr. Zoll = 6,944⁴/₉ Wr. Klftr. Verhältn. 1:500.000.* Nach den besten Quellen zusammengesetzt. Auf Befehl der damaligen Regierung des Königreichs Italien. Auf Kupfer gestochen.

**Administrationssystem,** allgem. polit. u. kanonisches ꝛc.; aus d. Französ. übersetzt. 8. Manh., Schwan u. G. 12 gr.

**Administrativbericht** der Schweizerischen Abtheilung für die Internationale Ausstellung von 1876 in Philadelphia. 118 S. 8. Winterthur, J. Westfehling. 1877

**Administrativbericht u. Catalog der schweizerischen Abtheilung f. die internationale Ausstellung v. 1876 in Philadelphia. gr. 8. (118 u. XIV, 72 S. m. Tab., 1 lith. Plan u. 1 chromolith. Karte.) Winterthur 877. (Bern, Jenni.)** n. 2. 40

Administrativ-Bericht des Schweizerischen General-Commissairs für die internationale Ausstellung. (o. O. 1876?)

Administrativbericht des Schweizerischen General-Kommissärs für die Internationale Ausstellung von 1878 in Paris. Zürich 1879

**Administrativ-Bericht des Schweizerischen General-Commissairs für die Wiener Weltausstellung 1878. gr. 8. (138 S.) Schaffhausen 874, Baader.** *

Administrativ-Bericht des Schweizerischen General-Commissairs für die Wiener Weltausstellung des Jahres 1873. Winterthur 1874

**Administrativ-Karte vom Königr. Bayern, enth. die neue Gerichtsorganisation vom 1. Octbr. 1879, nach officiellen Quellen bearb. 1:400,000. 2 Bl. Lithogr. und color. München 879, Mey und Widmayer.** *
Auf Leinw. in Etui oder mit Stäben *

**Administrativkarte v. d. Königreichen Galizien u. Lodomerien mit dem Grossherzogthume Krakau u. den Herzogthümern Auschwitz, Zator u. Bukowina, in 61 Bl. Von Carl Kummerer Ritter von Kummersberg. 1 : 115.200. Im Jahre 1880 revidirt. Gr.-Q.-Folio. Kupferstich. Wien. Artaria & Co. Complet 25 fl.; einzelne Blätter à 50 kr.** 1881

**Administrativ-Karte von Nieder-Oesterreich. Hrsg. vom Vereine für Landeskunde. 1:28,800. Bl. 10: Harbach; Bl. 15: Geras. Kpfrst. Imp.-Fol. Wien 879, Artaria und Comp.)** à Bl. **

**Administrativ-Karte von Nieder-Oesterreich, hrsg. von dem Verein für Landeskunde von Nieder-Oesterreich. 1:28,000. Sect. 22, 24, 48, 57, 84, 85. Kpfrst. Imp.-Fol. Wien 880, (Artaria und Comp.)** à Sect. **
Inhalt:
22. Karlstift. — 24. Zwettl. — 48. Stein-Mautern. — 57. Wallsee. — 84. Ybbsitz. — 85. Gaming.

**Administrationskarte v. Nieder-Oesterreich im Massstabe n. 1 : 28800. Herausgegeben v. Verein für Landeskunde v. Nieder-Oesterr. Die Bl. 46, 11, 23, 35 (Weitra, Gerungs, Ottenschlag, Pöggstall) Hochfolio. Ebds. Commiss.-Debit à 80 kr. Nur gegen baar mit 10%.** 1881

—— dass. — Sect. C. 3, 4; D. 5, 6. Kpfrst. Imp.-Fol. (Ebendas.) 882. à Sect. **
Inhalt:
C. 3. Weitra. — 4. Gr.-Gerungs. — D. 5. Ottenschlag. — 6. Pöggstall.

**Administrativ-Karte vom Erzherzogthum Oesterreich unter der Enns. 1 : 28,800.** Herausgegeben vom Vereine für Landeskunde von Nieder-Oesterreich. Blatt 65: W i e n u n d U m g e b u n g. Vollständig neu bearbeitete und ergänzte Ausgabe. Gr.-4. Kupferstich. In Comm. * 1.40
Artaria & Cie, Wien 1890

**Administrator**, ein russischer, neuesten Schlages. (In russ. Sprache.) Berlin 868. Behr. 8. (VIII, 78 S.) n. 15 ngr.

**Admiral, der, Don Velasko de Gaston, (v. ... Brancaglio).** 4 Thle. 8. Helmst. 808, 809. 2e A. 819. 3e A. 830. Fleckeisen. 3 ß 12 gl

**Admiral, der, Don Velasko de Gaston oder kühne Thaten eines Seeräubers des Mittelmeeres.** 4 Thle. 2te Aufl. 8. Helmstädt, Fleckeisen. 819. Rthlr.

Reichswehrministerium. Marineleitung. Admiralitätskarte, Deutsche. – 1869 - (?).

**Admiralitätskarten,** s.: Seekarten der kaiserl. deutschen Admiralität.

**Admiralitätskarten**, Deutsche, herausg. von dem Hydrographischen Amt des Reichs-Marine-Amts. Dietrich Reimer, Commissions-Verlag.

I. Ostsee.

No. 78. Die Ostsee, nördlicher Theil. Segelkarte. 1 : 600000. Nach den neuesten Vermessungen. Mit Karton: Dünamünde 1 : 75000. Erschienen 1883. Berichtigt bis 1891. 2,50 M.
„ 60. Die Ostsee, mittlerer Theil. Segelkarte. 1 : 600000. Nach den neuesten deutschen u. ausländischen Vermessungen. Mit 12 Kartons. Erschienen 1880. Berichtigt bis 1891. 4 M.
„ 69. Die Ostsee, westlicher Theil. Mit der Einsegelung durch den Sund und die Belte. Segelkarte. 1 : 300000. Erschienen 1881. Berichtigt bis 1891. 4 M.
„ 81. Der Bottnische Meerbusen, Nördliches Blatt. Segelkarte. 1 : 600000. Erschienen 1890. Berichtigt bis 1891. 1,50 M.
„ 80. Der Bottnische Meerbusen, Südliches Blatt. Segelkarte. 1 : 600000. Erschienen 1886. Berichtigt bis 1891. 2,50 M.
„ 79. Der Finnische Meerbusen. Segelkarte. 1 : 600000. Nach den neuesten Vermessungen. (Mit den Kartons: Einsegelung nach Hangöstad, Einsegelung nach Helsingfors; Kronstadt; Kuuda Bucht; Narwa Mündung; Ankerplätze bei Laven-Sari 1 : 100000; Baltisch-Port 1 : 150000; Einsegelung nach Reval 1 : 200000). Erschienen 1881. Berichtigt bis 1891. 2 M.
„ 45. Deutsche Küste, Preussen. Sektion VIII. 2 Bll. 1 : 150000. Vermessen im Jahre 1875 unter Leitung des Korv.-Kapt. Hoffmann durch S. M. Kanonenboot Delphin. (Mit Karton: Hafen von Memel 1 : 25000.) Erschienen 1877. Berichtigt bis 1891. 3 M.
„ 51. Deutsche Küste, Preussen. Sektion VII. (Danziger Bucht.) 1 : 150000. Vermessen im Jahre 1876 unter Leitung des Korv.-Kapt. Hoffmann durch S. M. Kanonenboot Delphin. (Mit Kartons: Neufahrwasser und Pillau 1 : 20000). Erschienen 1878. Berichtigt bis 1891. 3 M.
„ 52. Königsberger Haff. Specialkarte der Sektion VII. 1 : 50000. Vermessen im Jahre 1876. (Mit Karton: Seetief und Hafen von Pillau 1 : 15000.) Erschienen 1878. Berichtigt bis 1891. 2 M.
„ 58. Deutsche Küste, Pommern. Sektion VI. 1 : 150000. Vermessen im Jahre 1877 unter Leitung des Korv.-Kapt. Hoffmann durch S. M. Kanonenboot Delphin. Mit Kartons: Rügenwaldermünde und Stolpmünde 1 : 10000. Erschienen 1879. Berichtigt bis 1891. 3 M.
„ 65. Deutsche Küste, Pommern. Sektion V. 1 : 150000. Vermessen im Jahre 1878 unter Leitung des Korv.-Kapt. Hoffmann durch S. M. Kanonenboot Delphin und Dampfer Rhein. (Mit Kartons: Swinemünde 1 : 20000. Colbergermünde 1 : 10000.) Erschienen 1880. Berichtigt bis 1891. 3 M.
„ 71. Deutsche Küste, Pommern. Sektion IV. 1 : 150000. Vermessen im Jahre 1879 unter Leitung des Korv.-Kapt. Hoffmann durch S. M. Kanonenboot Delphin und Dampfer Rhein. (Mit Karton: Swinemünde 1 : 20000.) Erschienen 1881. Berichtigt bis 1891. 3 M.

II. Nordsee.

No. 4. Die Weser von Bremerhaven bis Strohausen. 1 : 25000. Erschienen 1893. 2 M.
„ 5. Die Weser von Strohausen bis Elsfleth. 1 : 25000. Erschienen 1893. 2 M.
„ 6. Die Weser von Elsfleth bis Bremen. 1 : 25000. Erschienen 1893. 2 M.
„ 59. Die Nordsee. Segelkarte. 2 Bll. 1 : 1500000. Erschienen 1879. Berichtigt bis 1891. 4,50 M.
„ 44. Die Nordsee. Südlicher Theil. Segelkarte. Nach den neuesten deutschen und ausländischen Vermessungen. 5 Bll. 1 : 800000. Mit Karton: Firth of Forth 1 : 200000. Erschienen 1877. Berichtigt bis 1891. 6,50 M. Berichtigt bis 1893. 5 M.
„ 62. Nord-See. Westküste von Jütland, von Horns-Riff bis Hanstholm. Nach den neuesten Aufnahmen. 1 : 300000. (Mit Karton: Thybö-Rön-Kanal.) Erschienen 1884. Berichtigt bis 1891. 2 M.
„} 88. Nordsee. Helgoland. 1 : 15000. Nach den neuen englischen Vermessungen 1887. Erschienen 1890. Berichtigt bis 1891. 2 M.
„ 70. Schleswig-Holstein, Westküste. Nördlicher Theil. Sektion I. 1 : 100000. Nach den Vermessungen durch S. M. Vermessungs-Fahrzeug „Albatross" 1889 und früheren Aufnahmen. Neuausgabe 1890. Berichtigt bis 1891. 3 M.
„ 61. Schleswig-Holstein, Westküste. Südlicher Theil. Sektion II. 1 : 100000. Nach den Vermessungen durch S. M. Vermessungs-Fahrzeug „Albatross" 1889 Kommandant Kapt.-Lt. Hartmann. Erschienen 1891. Vorläufige Ausgabe. 2,50 M.
*„ 105. Die Eider-Mündung. 1 : 50000. Nach den Vermessungen durch S. M. Vermessungs-Fahrzeug „Albatross" 1889 und den Aufnahmen der Regierung von Schleswig 1889. Erschienen 1890. 1 M.
„ 50. Die Deutsche Bucht der Nordsee. Nach den neuesten deutschen und ausländischen Vermessungen. 2 Bll. 1 : 300000. (Mit Kartons: Eider-Mündung, Elbe-Mündung, Jade- und Weser-Mündung, Lister Tief 1 : 120000.) Erschienen 1888. Berichtigt bis 1891. 4,50 M. Das Südblatt allein. 2,25 M.
„ 75. Die Elbe von Cuxhaven bis Glückstadt. Specialkarte der Sektion III. 1 : 50000. (Mit Karton: Glückstadt 1 : 10000.) 1882. Neuausgabe 1891. 2 M.
„ 76a. Die Elbe von Glückstadt bis Brunshausen. Specialkarte der Sektion III. 1 : 50000. (Mit Karton: Hafen von Hamburg und Altona. 1 : 12500.) 1882. Neuausgabe 1891. 2 M.
„ 76b. Die Elbe von Brunshausen bis Hamburg. Specialkarte der Sektion III. 1 : 50000. 1882. Neuausgabe 1891. 2 M.
„ 49. Die Mündungen der Jade, Weser und Elbe. Sektion III. 1 : 100000. Mit Karton: Die Elbe von Glückstadt bis Hamburg in gleichem Massstabe. Nach den neuesten Vermessungen. Erschienen 1878. Neuausgabe 1890. Berichtigt bis 1891. 4,50 M.
„ 87. Die Mündungen der Jade, Weser, Elbe und Eider. 1 : 120000. Nach den neuesten Vermessungen. Erschienen 1886. Neuausgabe 1890. Berichtigt bis 1891. 4,50 M.
„ 72. Stettiner Haff. Specialkarte der Sektion V. 1 : 75000. Vermessen im Jahre 1879. (Mit den Kartons: Die Peene bis zum Ruden und Die Dievenow bis zur Mündung im Massstab der Hauptkarte. Erschienen 1881. Berichtigt bis 1891. 3 M.
„ 73. Greifswalder Bodden. Specialkarte der Sektion IV. 1 : 75000. Vermessen im Jahre 1879. Erschienen 1881. Berichtigt bis 1891. 1,50 M.
„ 74. Die Nord-West-Küste von Rügen mit den Einsegelungen nach Stralsund. Specialkarte der Sektion IV. 1 : 75000. Vermessen im Jahre 1879. Erschienen 1881. Berichtigt bis 1891. 1,50 M.
„ 36. Deutsche Küste, Holstein und Mecklenburg. Sektion III. 2 Bll. 1 : 100000. (Mit Karton: Hafen von Warnemünde 1 : 10000.) Erschienen 1876. Berichtigt bis 1891. 4 M.
„ 37a. Lübecker Bucht. Specialkarte der Sektion III. 1 : 50000. Nach den neuesten Vermessungen 1887. (Mit Kartons: Die Trave bis Lübeck, im Anschluss an die Hauptkarte und Travemünde 1 : 12500.) Erschienen 1891. 2,25 M.
„ 37b. Wismar-Bucht. Specialkarte der Sektion III. Massstab 1 : 50000. Nach den Aufnahmen S. M. Vermessungs-Fahrzeug „Pommerania" 1887/88. (Mit Karton: Plan der Einsegelung nach Wismar 1 : 25000.) Erschienen 1891. 2,25 M.
„ 30. Deutsche Küste, Schleswig-Holstein. Sektion II. 1 : 100000. (Mit Karton: Die Schlei bis Schleswig in gleichem Massstabe; Schleimünde 1 : 15000.) Erschienen 1880. Berichtigt bis 1891. 3 M.
„ 31. Fehmarn Sund. 1 : 40000. Erschienen 1881. Berichtigt bis 1891. 1,50 M.
„ 33. Kieler Föhrde. Specialkarte der Sektion II. 1 : 40000. Vermessen im Jahre 1885. Erschienen 1887. Neuausgabe 1891. 1,50 M.
„ 67. Kieler Hafen. Specialkarte. 1 : 12500. Erschienen 1881. Berichtigt bis 1891. 2 M.
„ 32. Eckernförder Bucht. Specialkarte der Sektion II. 1 : 50000. Vermessen im Jahre 1872 und 1874. Erschienen 1876. Neuausgabe 1891. 1,20 M.
„ 38. Kleiner Belt. Deutsche Küste, Schleswig. Sektion I. 2 Bll. 1 : 100000. Erschienen 1876. Berichtigt bis 1891. 3 M.
„ 39. Aarö Sund. Specialkarte der Sektion I. 1 : 50000. Nach den Aufnahmen S. M. Vermessungs-Fahrzeug „Pommerania" 1889. Kommandant Kapt.-Lt. von Halfern und nach früheren Vermessungen. Neuausgabe 1890. Berichtigt bis 1891. 2 M.
„ 40. Alsen Sund. Specialkarte der Sektion I. 1 : 50000. Nach den Aufnahmen S. M. Vermessungs-Fahrzeug „Pommerania" 1889. Kommandant Kapt.-Lt. von Halfern und nach früheren Vermessungen. Neuausgabe 1890. Berichtigt bis 1891. 2 M.
„ 41. Flensburger Föhrde. Specialkarte der Sektion I. 1 : 50000. Nach den Aufnahmen S. M. Vermessungs-Fahrzeug „Pommerania" 1889. Kommandant Kapt.-Lt. von Halfern und nach früheren Vermessungen. Neuausgabe 1890. Berichtigt bis 1891. 2 M.
„ 66. Jade- und Weser-Mündungen. Specialkarte der Sektion III. 1 : 50000. Nach den neuesten Vermessungen 1887 bis 1889. (Mit Karton: Die Weser vom Dwarsgat bis Bremerhaven in gleichem Massstabe.) Erschienen 1879. Neuausgabe 1890. Berichtigt bis 1891. 3 M.
„ 64. Ostfriesische Inseln. Sektion IV. 1 : 100000. Mit Benutzung der holländischen Aufnahmen 1887 und 1888. (Mit Karton: Die Ems von Knock bis Papenburg in gleichem Massstabe.) Neuausgabe 1890. Berichtigt bis 1891. 4,50 M.
*„ 114. Das Seegat von Norderney. 1 : 25000. Nach Vermessungen im Oktober 1889. Erschienen 1891. 0,50 M.

**Admiralitätskarten**, Deutsche, hrsg. von dem Hydrographischen Amt der Admiralität. Nr. 80, 82—89, 91 und 93—111. Kpfrst. Imp.-Fol. Berlin, (D. Reimer.) *

Inhalt:

- Nr. 80. Ostsee. Der Bottnische Meerbusen, südliches Blatt. Segelkarte. 1 : 600,000. 886. *ℳ 2.50.
- » 82. Nordsee. Westküste von Jütland, von Horns-Riff bis Hanstholm. 1 : 300,000. 884. *ℳ 1.50.
- » 83. China. Hafen von Pakhoi und Insel Guie-Chow. 1 : 50,000. Nebst Skizze der Hainan-Strasse und 8 S. Text. 877. *ℳ 1.—.
- » 84. —— Hafen von Wenchau. 1 : 12,500; Ngau-Fluss von Wenchau bis Sha-kia-tau. 1 : 25,000. 878. * 75 Pf.
- » 85. Westküste von Korea. Die Rhede von Roze-Island und Hafen von Tschi-mul-po. 1 : 20,000. 884. * 25 Pf.
- » 86. Chinesisches Meer. Die Paracel-Inseln. 1 : 300,000. 885. *ℳ 1.—.
- » 87. Nordsee. Mündungen der Jade, Weser, Elbe und Eider. 1 : 120,000. 886. *ℳ 4.—.
- » 88. Nordsee. Helgoland. 1 : 15,000. 885. *ℳ 1.50.
- Nr. 89. Stiller Ocean. Die West-Patagonischen Gewässer zwischen Golf von Trinidad und Golf von Peñas. 1 : 300,000. 885. *ℳ 3.—.
- » 91. —— Nord-West-Küste von Neu-Irland. Hafen von Nusa. 1 : 15,000. 885. * 75 Pf.
- » 93. Nördlicher Stiller Ocean. Karolinen-Inseln. Ruk Atoll [Hogolu-Gruppe]. 1 : 350,000. Lithogr. 887. * 25 Pf.
- » 94. Südlicher Stiller Ocean. Hermit-Inseln. Photolithogr. 887. * 30 Pf.
- » 95. —— Nord-Ost-Küste von Neu-Guinea, Astrolabe-Bai. Grossfürst Alexis-Hafen. Photolithogr. 887. * 25 Pf.
- » 96. Marshall-Gruppe. Majuro-Inseln. 1 : 200,000. Photolithogr. 887. * 10 Pf.
- » 97. Westindien. San Domingo, Samaná-Bai. Rhede von Las Cañitas oder Sanchez. Photolithogr. 887. * 40 Pf.
- » 98. Ostsee. Übersicht. 1 : 1,500,000. Kartons: Kiel 1 : 100,000; Stockholm 1 : 100,000; Nyborg-Korsör 1 : 100,000; Warnemünde 1 : 50,000; Drogden 1 : 100,000; Newa-Bucht 1 : 200,000; Danzig 1 : 100,000; Swinemünde 1 : 100,000; Isogonenkarte der Ostsee; Entfernungs-Tabelle. 889. *ℳ 4.—.
- » 99. Südlicher Stiller Ocean. Neu-Guinea. Kaiser Wilhelms-Land. Hatzfeldt-Hafen. 1 : 10,000. 887. * 25 Pf.
- » 100. Stiller Ocean. Kaiser Wilhelms-Land, Bismarck-Archipel und Salomon-Inseln. 1 : 200,000. 889. *ℳ 3.—.
- » 101. Afrika, Westküste. Kamerun-Mündung. 1 : 100,000. 888. *ℳ 1.—.
- » 102. Stiller Ocean. Bismarck-Archipel. Gazelle-Halbinsel (nordöstl. Teil von Neu-Pommern) und Neu-Lauenburg. 1 : 100,000. 888. * 75 Pf.
- » 103. —— Neu-Guinea. Kaiser Wilhelms-Land. Finsch-Hafen. 1 : 8000. 888. * 60 Pf.
- » 104. Afrika, Westküste. Guinea-Golf. Skizze der Flüsse Rumbi und Massake. 888. * 30 Pf.
- » 105. Nordsee. Die Eider-Mündung. 1 : 50,000. 889. *ℳ 1.20.
- » 106. Stiller Ocean. Samoa-Inseln. Mittlerer Teil der Nordküste von Upolu. 1 : 50,000. 888. *ℳ 1.20.
- » 107. —— Samoa-Inseln. Upolu. Hafen von Apia. 1 : 10,000. 888. * 30 Pf.
- » 108. —— Samoa-Inseln. Upolu. Safatu-Bucht. 1 : 20,000. 888. * 30 Pf.
- » 109. Ostküste von Afrika. Wasin und Gomany. 889. * 40 Pf.
- » 110. —— Hafen von Dar es Salaam. 888. *ℳ 1.50.
- » 111. Stiller Ocean. Bismarck-Archipel. Neu-Mecklenburg, Nordwestlicher Teil. 889. *ℳ 1.—.

Admirals-Befehle der k. u. k. Kriegs-Marine (Marine-Personal-Verordnungsblatt). Mit alphabetischem Inhalts-Verzeichnisse der Admirals-Befehle. (7 Bde.) Fol. (Wien) 1889—1895.

Admirals-Befehle der k. u. k. Kriegs-Marine. (Marine-Personal-Verordnungsblatt.) (Fortsetzung.) Jahrg. 1896—1901. (6 Bde.) (Lithographiert.) (Fortgesetzt unter dem Titel:) Fol. Wien 1896—1901.

**12278. Admirals-Brief für d. Commandeur des nach d. mittelländ. See ausgehenden Kriegsschiffs: das Wapen von Hamburg. 746.**

**Admiralschiff, das.** Singsp. in 1 A. v. Treitschke. 8. Wien, Wallishäußer. 803.

Admiranda antiquitatum Herculanensium descripta et illustr. ad a. 1750. Coll. et praef. adjecit Antonius Franc. Gorius [Antonio Francesco Gori]. T. 1. — Patavii 1752.
**1:**Nx 3963-1.
1.11622

— T. 1. 2. Londini: Noon; Romae 1752: Pallas.
1 . . . . . . . . . . . . . . . . . . . **5. 6.**
2 . . . . . . . . . . . . . . . . . **1:**Nx 3963-2.
1.11623

— Ed. 2. T. 1. 2. Londini: Noon; Romae 1756: Pallas.
**3. 7.**
1.11624

Die Admissions temporaires. Antwortschreiben des Vorortes des schweiz. Handels- und Industrie-Vereins an das Tit. Eidgen. Handelsdepartement. [Nebst] Beil. — Basel 1877: Riehm. 47 S. **83.**
1.11628

**1734. Admonitio ad Geometras de determinandis legibus motuum corporum in medio non resistente et acceleratione continua. 12. (Verfasser und Druckort finde ich nirgends angezeigt).**

The Admonitions of an Egyptian sage from a hieratic papyrus in Leiden ⟨Pap. Leiden 344 recto⟩. By Alan H[enderson] Gardiner. With 18 pl. in autogr. and 1 in collotype. — Leipzig: Hinrichs 1909. VI, 116 S.
**1:**4° Ur 3479/360. **12:**4° Arch. 68b.
**300:**464.453 D.Pp.S. **7. 8. 10. 11.**
1.11653

Admont, s.: Touristenkarten.

Admont, Umgeb., s.: Wiener Ausflugskarten.

Adnet-Molé, Mme., Steno-Tricographie, das ist neueste französ. Methode stenographischer Musterzeichnungen f. Kunst- u. Spitzenstrickerei. Ein nothwend. Supplement zu allen Anweisungen f. Kunststrickerei-, Spitzen- u. Häkelarbeiten. 16. Grimma 850, Verlags-Compt. Verklebt. 6 ngl

**Adnotationes.** Uberiorum adnotationum philologico-exegeticarum in Hagiographos Vet. Testamenti libros volumen I (—III) . . . Halae 1720. V: *Michaelis, Johann Heinrich, C. B. Michaelis & J. J. Rambach.* (BrMm)

**Adnotationes super Lucanum.** Primum ad vetustissimorum codicum fidem ed. Ioa. Endt. (XII, 447 S.) kl. 8. Leipzig 909. B. G. Teubner. 8.—; geb. 8. 60

**Adnotationes** theoretico-practicae, usibus Bohemiae accomodatae. Pragae 1778. V: *Cronenfels, Franz Wenzel Steph. von.* (ML) *Ebenfeld, Anton Ritter von.* (WUBb)

**Aedo** y Gallart, **Diego** de
Des Don Diego de Aedo y Gallart Schilderung der Schlacht von Nördlingen (i. J. 1634). Aus dessen Viaje del Infante Cardenal Don Fernando de Austria übers. u. mit Anm. vers. von Franz Weinitz. Mit e. Anh. u. e. Kte. Strassburg: Trübner 1884. 105 S.
1:Ry 10332. 12:Bavar. 54m. 300:158.342-B. 4. 7. 10.
2.216

**Adolar,** ein Roman vom Verf. der Heliodora. Freiberg 1802. V: *Lindau, Wilhelm Adolph.* (GGr) (EE) (MGT) 1820. (NN)

**Adolar** [Vogtherr], zwaa Buschtawe in der Buche-Mind. Local-Skizze nach e. wahren Begebenheit, in 1 Aufzug. 8. (22 S.) Frankfurt a/M. 884. Koenitzer. n. — 60

Adolar, Morgengrüße. (Gedichte. 2. Aufl.) 8. (6¼ B. u. Titvign.) Breslau 846, (Trewendt).

Adolar [Vogtherr], so sein se! Charakter-Skizze in 1 Aufzug. 8. (80 S.) Frankfurt a. M. 883, Koenitzer. *

**Adolar, F. E.,** der Branntweinbrennereibetrieb in seinem höchsten Ertrage. Im Verein mit mehreren Branntweinbrennereibesitzern herausgegeben. kl. 8. Leipzig 841, Wöller. 1 ß

**Adolar, F. E.:** Der Branntweinbrennerei-Betrieb in seinem höchsten Ertrage. Gründlicher Unterricht über alles für Brennereibesitzer Wissenswerthe . . . Neubearb. von E. J. Kraft. Vielfach verb. u. mit erl. Abb. verm. 4. Aufl. — Leipzig: Wöller [1850]. XII,174 S. 83.
1.11663

Adolarius, Leo, die Geheimnisse des neuen Testaments oder Zweifel, Beweise, Aufschlüsse und Offenbarungen über das Uebernatürliche und Mysteriöse der Geburt, Auferstehung, Himmelfahrt, sowie der Wunderthaten und Gleichnisse Jesu Christi — gegenüber dem Teufelsdienste unserer Zeit. Ein populäres Volksbuch. gr. 8. (IV und 205 S.) Weimar 850, Voigt.

Adolarius, Leo, Schatzkästlein aus Jacob Böhme's Schriften. br. 12. (XII und 287 S. mit Portr. in Stahlst.) Weimar 855, Voigt.

**Adolay, E.,** Andeutungen, das Justizwesen im Baier. Rheinkreise betr. 8. Frankenth. 821. (Löffler in Manh.) 4 gl.

**Adolay, Eduard:** Die Böhämmer. Eine Dorfchronik. — Berlin 1872. 1:Yx 15748.
1.11664

— Miss Hetty. — Berlin [1873]. (Goldschmidt's Bibliothek für Haus u. Reise. 20.) 1:Yx 16237-20. 2.
1.11665

— — 2. Aufl. Berlin [nach 1873]. 107 S. 1:Yx 16238.
1.11666

— Krone und Kerker. Hist. Roman in 5 Büchern. Bd 1.2. Berlin 1880. 1:Yx 19466.
1.11667

*Adolescens* studiosus per ordinarias preces ad christianam pietatem instructus. 12. Augsb. 778. Rieger. 4 gl

(Adolescens.) Politisches Gift und Gegengift. Antwort auf den ersten Aufsatz ([von] R. R. [Heinrich] Escher) in Nro. 54 [Jahrg. 1834] der Neuen Zürcher-Zeitung. Betreffend das eidgenössische Schiessen und die Volksversammlung am 20sten Juli [1834] bei Zürich. 8. Zürich 1834.

Adolf, s. a. Adolph

Adolf, König. Ein Trauerspiel v. H. L. gr. 16. (206 S.) Celle 862, Schulze'sche Buchh. —
geb. mit Goldschn. *

**ADOLF** und Hedwig, oder die Stürme der Leidenschaften im menschlichen Herzen. Eine Familienscene. Wien, Ant. Doll (c. 1800). 8°.
TKpf., Tit. gestoch. m. Vign. u. 171 S. Zahm. — Fehlt bei Kayser.

**Adolf, König,** s.: König Adolf.

**Adolf der Kühne, Raugraf v. Dassel.** Romantische Rittergeschichte der Vorzeit. Nach weil. Carl Cramer dem Volke erzählt v. G. u. B. Ovm. 8. (46 S.) Urfahr-Linz 878. Kraußlich. — 20

Adolf und Ludoiska, od. das Gottesgericht auf d. Eisfeldern Rußlands. Eine Erzähl. f. d. reif. Jugend von d. Verf. der Kinder d. Wittwe. 2., verb. Aufl. 8. (12⅓ B. u. 1 Stahlst.) Augsburg 845, v. Jenisch u. Stage'sche Buchh. —

Adolf und Ludoiska, oder: Das Gottesgericht auf den Eisfeldern Rußlands. Eine Erzählung für die reifere Jugend von dem Verfasser: „Die Kinder der Wittwe", (Ed. v. Ambach.) 3. Aufl. 8. (IV und 198 S. mit 1 Stahlst.) Augsburg 854, v. Jenisch und Stage'sche Buchh.

**— u. Ludoiska, od. das Gottesgericht auf den Eisfeldern Rußlands.** Eine Erzählg. der reiferen Jugend u. dem Volke gewidmet. 4. verb. Aufl. Mit 1 Stahlst. 8. (174 S.) Regensburg 877. Volks- u. Jugendschriften-Verl. cart. 1. 20

**Adolf,** der sanfte, und der zornige Wilhelm. Eine lehrreiche Erzählung für Aeltern u. Kinder. Als Gegenstück zu Christoph Schmid's Erzählung: Der gute Fridolin und der böse Dietrich. Herausgeg. vom Verf. der Theodolinde. 2. Aufl. Mit Titelbild. 8. Bamberg 841. (Augsburg, Matth. Rieger'sche Buchh. 842.) ¼ ß

**Adolf** Abt v. Fulda: Adolphus Abbt des Stiffts Fulda: [Verordnung betr. das Edictum de bonis redintegrandis oder von Ergäntzung deren geschlossenen Güteren.] — Dat. Fulda 20. Junii 1735. 4 Bl. 2°. 4.
1.11675

— Adolphus Abbt deß Stiffts Fulda: [Verordnung die Juden betr.] — Dat. Fuld[a] 22. Martii 1730. 1 Bl. gr. 2° 4.
1.11676

**Adolf** Friedrich Herzog zu Mecklenburg-Schwerin. 1818: Brief an den Grafen Friederich [Leopold] von Stollberg [Stolberg] über die Veranlassung seines Übertritts zur römisch-catholischen Religion, nebst Antwort des Letzteren. — o.O. 1818. 2 Bl. 6.
1.11692

**Adolf** Friedrich Herzog zu Mecklenburg-Schwerin. 1908: Ins innerste Afrika. Von Adolf Friedrich Herzog zu Mecklenburg. Bericht über d. Verlauf d. deutschen wissenschaftl. Zentral-Afrika-Expedition 1907–1908. — Leipzig: Klinkhardt & Biermann 1909. XI,476 S.
1:4° Us 848/43. 12:4° It. sing. 1v. 300:468.622-C. Kt. S. 2. 3. 5. 6. 7. 8. 9. 10. 11. 82.
1.11693

— — Ebd.; [übergekl.:] Lindner 1909. XI,476 S. 4.
1.11694

— — Nach d. Originalwerk bearb. von J[ohann] Hennings. Berlin: F. Schulze 1910. 95 S.
Text stenogr. 1:V 22806.
1.11695

— [Ins innerste Afrika, Ausz.] Aus: Ins innerste Afrika. Berlin-Friedenau: Mehler [1910]. 32 S. (Exotische Abenteuer. 9.) 1:Ng 25315-9.
1.11696

— — Ein 'Königreich' in Zentralafrika. Um 1910 in: *Welt,* Aus weiter.
1.11697

— Im Hinterlande von Deutsch-Ostafrika. Mit Federzeichn. von Max Slevogt. — Köln a. Rh.: Schaffstein (1910). 67 S. (Schaffsteins grüne Bändchen. 3.)
1:Ah 4257-3. 5.
1.11699

— Treibt Sport! Ein Weck- u. Mahnruf an Deutschlands Jugend. — Leipzig, Berlin: Grethlein [1908]. 61 S. (Miniatur-Bibliothek für Sport u. Spiel. 1.)
1:Os 6847/32-1. 11.
1.11700

**Adolf** Friedrich III. Herzog zu Mecklenburg-Strelitz: Anderweites Memoriale an eine hochlöbliche Reichs-Versammlung von dem regierenden Herrn Herzoge (Adolph Friedrich) zu Mecklenburg-Strelitz, die Erstattung des von den rußischen Völckern ihro Land- und Leuten verursachten und zugefügten sehr grossen Schadens und Ruins betreffend; nebst Justificirung der von ... dem regierenden Herrn Herzogen zu Mecklenburg-Schwerin angefochtenen Annexorum des ersten Memorials. Mit Beyl. sub. Lit. A. Dat. Strelitz 13. Julii 1718. 4 Bl.
1:52 in 4° Qk 3874.
1.11702

— Memoriale von dem regierenden Herrn Herzoge zu Mecklenburg-Strelitz Adolph Friderichen an die allgemeine hochlöbliche Reichs-Versammlung betr. den deplorablen Zustand, in welchem dero Fürstenthum u. Lande durch die rußische Einquartirung u. praetendirende unerträgliche Lieferungen sich gegenwärtig befinden. Sambt angeh. Petito. Mit Beyl. — Dat. Strelitz 7. Maii 1716. 5 Bl.
1:22 in 2° Gx 13000-5 [u.] 28 in 4° Sn 3581. 9.
1.11703

— Memoriale an eine hochlöbliche Reichs-Versammlung von dem regierenden Hertzoge Adolph Friderich zu Mecklenburg betr. die indemnisation und Erstattung des von denen im Nordischen Kriege stehenden hohen Puissancen ihren Land und Leuten vielfältig verursachten ... Schadens. [Nebst] Beyl. — Dat. Strelitz 9. Febr. 1714. 4 Bl.
1:45 in 4° Qk 3874. 9.
1.11704

— Memoriale an eine hochlöbliche Reichs-Versammlung von dem regierenden Herrn Hertzoge Adolph Friderichen zu Mecklenburg-Strelitz, die Remission derer letztern Reichs- und Creyß-, auch anderer vom Reich bewilligten Steuren wegen erlittenen sehr grossen Krieg- u. Brand-Schadens betr. Mit Beyl. — Dat. Strelitz 8. Martii 1715. 3 Bl.
1:23 in 2° Gx 13000-5. 9.
1.11705

**Adolf** Friedrich III. Herzog zu Mecklenburg-Strelitz: Memoriale an eine hochlöbliche Reichs-Versammlung von dem regierenden Herrn Herzoge Adolph Friderich zu Mecklenburg betr. den deplorablen Zustand, in welchen dero Fürstenthum und Lande durch die abermahls eingerückte rußische Trouppen gesetzet worden. Sambt angeh. Petito. Mit Beyl. sub Lit. A. & B. — Dat. Ratzeburg 20. Nov. 1716. 4 Bl.
1:47 in 4° Qk 3874.
1.11706

[—] Copey Schreibens an Ihro Czaarische Majestät ... (d. d. 27. Mai 1716). Sambt zwei Berichten von dero Stadt-Rath u. Beambten, die russischen harten Drangsahlen betr. Regensburg 1716. 2 Bl.
1:50 in 4° Qk 3874.
1.11707

**Adolf** Friedrich IV. Herzog zu Mecklenburg-Strelitz: Abdruck des zwischen ... Herrn Adolph Friedrich IV. und ... Herren Brüdern ... den 28. November 1772 geschlossenen und ... den 18. März 1773 confirmierten ... Haus-Vertrags. Strelitz d. 29. Jul. 1773. — Neubrandenburg [nach 1773]: Oesten. 8 Bl.
1:4° Sn 7230.
1.11708

— Erb-Vergleich, wie solcher von ... Adolph Friedrich IV. Hertzoge zu Mecklenburg durch dero Accession angenommen, und im Stargardischen Creyse publiciret worden. — Neu-Brandenburg 1760: Wapler. 215,97 S.
1:Sn 7222. 7.
1.11709

— Constitution [Konstitution] zu Aufrechthaltung des wahren Sinnes des 29. Articuls der Reversalen vom Jahr 1621. — Neustrelitz 1769. 12 S. 4°
5.
1.11710

— Erneuerte Constitution [Konstitution] wegen Wiederbesetzung der Bauer-Höfe etc. im Fürstenthum Ratzeburg. Dat. Neu-Strelitz, d. 30. Julii 1776. — Neu-Strelitz [nach 1776]. 4 Bl. 2°
3.
1.11711

**Adolf's Bilderbuch, oder Beschreib. merkw. Begebenh. aus der christl. Kirchengesch. Mit 22 ill. Kpf. 8. Meiß. 819. Us. 20 gr.**

**Adolfs, (Albr. Cph. Kayser,) gesammelte Briefe. 8. Leipzig 778. Weygand. 12 gr.**

Adolf, C. Deutschlands Heldenkaiser Wilhelm, d. Siegreiche, u. seine Zeit. Illustrirte Chronik d. deutschen Kaiserhauses. 32.—60. Heft. gr. 4. (IV, S. 372—714; zu jedem Heft 2 Chromolithogr.) Neusalza 889, Oeser. à Heft — 20; 5 80
1.—31. Heft. Ebd. 1888. à — 20.

**Adolf, C.,** Deutschlands Heldenkaiser Wilhelm, der Siegreiche, u. seine Zeit. Illustrirte Chronik d. deutschen Kaiserhauses. 60 Hfte. gr. 8. (IV, 714 S. m. je 2 Chromolith.) Neusalza 890. Oeser. à Hft. — 20

**Adolf, Friedrich August**

**— Walters Beruf.** Einakter. (III, 45 S.) 8. München (Feilitzschstr. 1). 906. Verlag „Die Bühne". n. 1.—

**Adolf, Friedrich August:** Ungewöhnliche Liebesgeschichten. — Berlin: Schildberger 1906. 110 S.
1:Yx 37743.
1.11713

— In eigener Sache. Drama. — Strassburg i. E.: Singer 1904. 197 S.
1:Ys 34713.
1.11714

Adolf, G. d. Buch v. d. Zeugg., Entwicklg. u. Geburt d. Menschen etc. 8°(720 m. H.).– Leipzig 1868 - 70. Minde.

**Adolf, G.,** das Buch von der Zeugung, Entwickelung u. Geburt d. Menschen, den Krankheiten der hierbei betheiligten Organe u. deren vernünftige Heilung. Ein ehrlicher Lehrer u. Rathgeber. Mit vielen eingedr. Abbildgn. (Holzschn.) Leipzig 870. Minde. 8. (720 S.) 1 ℛ 15 ngr.

**Adolf, G.,** die Gefahren der künstlichen Sterilität. Eine Studie f. Aerzte u. Laien. gr. 8. (53 S.) Leipzig 889. C. Minde. 1. —

**Adolf, G.,** d. Gefahren der künstl. Sterilität, bes. in ihrer Beziehg. z. Nervensystem. E. Studie f. Ärzte u. Laien. 4. u. 5., verm. Aufl. 8. (à 63 S.) Leipzig 898 u. 99. Krüger & Co. n. 1. 50

**Adolf, G.,** die Gefahren der künstlichen Sterilität, besonders in ihrer Beziehung zum Nervensystem. Eine Studie für Ärzte u. Laien. 6., verm. Aufl. 8. (63 S.) Leipzig 899. Krüger & Co. n. 1. 50

**Adolf, G. Schlimme Geschichten. Drei Novellen. Der Page. Evchen. Die Himmelsbraut. In-8°, 135 S. Zürich, Verlagsmagazin (J. Schabelitz). 1887 2 —**

Adolf, J.: Kl. Bilder a. d. Leben. 1. u. 2. Tl. (99) 8°.– Wien, C. Konegen 1906.

(F) **Adolf, J.,** Neue kleine Bilder aus dem Leben. 8°. (101 S.) Konegen, Wien 1908 K 1.80, geb. K 3.—

**Adolf, J.:** Kaiser Heinrich IV. Zur Erinnerung an die Tage der Busse von Canossa, 25.–28. Januar 1077. Dem Volke erzählt. — Hannover: Helwing 1877. 42 S.
12:Germ. g. 9h. 7.
1.11715

**Adolf, Jakob:** Kleine Bilder aus dem Leben. Von Jac. Adolf. T. 1. 2. — Wien: Konegen 1906. 98 S.
300:442.120-A.
1.11716

— Neue kleine Bilder aus dem Leben von Jac. Adolf. — Wien: Konegen 1909. 101 S.
300:461.994-B.
1.11717

Adolf, Karl [Pseud.]

s. Selke, Johann Karl Adolf [Wirkl. Name]

**Adolf, Karl,** die Harzbraut. Erzählung. 8. (162 S.) Berlin 876. Janke. n. 1. —

**Adolf, Karl,** heimlich verlobt. Lustspiel in 3 Akten. (V, 57 S.) 8. Dresden (906). E. Pierson. n. 1. 50

**Adolf, Karl (Karl Selke),** die Schmugglerstochter v. Norderney. Historischer Roman. 2 Bde. 8. (267 u. 245 S.) Königsberg i/Pr. 891. Hartung. n. 6. —

Adolf, Karl Daniel (pseud.). See Douai, Adolf (ed).

**Adolf, L.,** Herzensstille. Lieder und Sprüche. 16. (101 S.) Berlin 868, F. Schulze's Buchh. *

**Adolf, M.:** Polterabend-Grüsse. Aufführungen, Glückwünsche und Lieder für Polterabend und Hochzeit. Bdch. 1.2. — Mülheim a. d. Ruhr: Bagel [1894].
1:Yf 5920/156. 5.
1.11719

— — Bdch. 1. 2. Ebd. [1899].
1:Yf 5920/157. 5.
1.11720

Adolf, Otto: Ulrich v. Hutten. Schausp. (127) 8°.– Wien, Scherer-Verl. 1908.

**Adolf, Paulus, wer andern e. Grube gräbt, s.: Dilettanten-Bühne, katholische, 207. Heft.**

**Adolfbuch.** — (Das Adolf-Buch.) Zeitschrift der historischen Gesellschaft für d. Provinz Posen, zugleich Zeitschrift d. Histor. Ges. für d. Netzedistrikt zu Bromberg. Probenummer für ihre Umgestaltung, vor e. geladenen Kreise verlesen am 15. Febr. 1902 im 'Warschauer Keller' alias 'Kleinen Adolf', Bäckerstr. 12, anläßl. d. Feier d. 20jähr. Wirkens des Kgl. Archivrats Dr. Adolf Warschauer am Staatsarchive zu Posen. Probeweise hrsg. von Georg Minde-Pouet, gen. Hermann Fagel. Jg. 16, Erg. H. — Posen 1902: Decker. 94 S. 2.

**Adölfchen u. Fritzchen. 8. Eisenach 792. (Bärecke). 8 gr.**

Gerichts Ordenung vnd Stadt Recht, Welchs Wir **Johann Adolff**, Erbe zu Norwegen, Hertzog zu Schlesswig Hollstein etc. Vnser Stadt Husum auffs new gnedig gegeben. Schlesswig. 1608. 4° k.

Enthält angebunden die Abschriften von einer ganzen Menge von Erlassen etc. Am Schlusse, von hinten beginnend: Verzeichnis der Gebühren für den Husumschen Magistrat in Corpore und für jedes Mitglied desselbigen, wegen gewisser absonderlich beykommenden Handlungen, dat. Husum, den 17. Jan. 1772. Ferner unter dem Titel „Höchstes Pro Memoria": 1. aus wie vielen Häusern bestehet die dortige Stadt; 2. worin bestehet die hauptsächlichste Nahrung der Stadt; 3. welche ordinaire Abgaben haben die dortige Bürger und Einwohner etc. etc. dat. Husum, d. 17. August 1770.

**Adolf-Frey-Buch.** — Adolf Frey-Buch. Unter Mitw. von ... hrsg. von Carl Friedrich Wiegand. — Zürich & Leipzig: Grethlein (1920). 414 S.
1: Au 4201. 12: Biogr. 429cn. 300: 537.344–B. 3. 5. 10.
1.11724

**ADOLFGEN** und Frizgen. (Stellenw. freier Roman.) Eisenach, I. G. E. Wittekindt. 1792. 8°. 144 S.
Dasselbe. Neue Auflage. Ebend. 1807. 8°.

**Adolf-Ginsberg-Stiftung.** — Adolf-Ginsberg-Stiftung. (Berlin 1884.) 3 Bl.
Enthält Stiftungsurkunde u. Statuten d. Adolf-Ginsberg-Stiftung.
1: 2° Nr 1276.
1.11725

**Adolfholm, Erich:** Konfessionelle Zustände. Betrachtungen, welche die Ausstellung des heiligen Rockes zu Trier, J. Ronge's Brief und die Schneidemühler Gemeinde hervorgerufen. — Leipzig: Klinkhardt 1845. 126 S.
12: H. eccl. 3016. 10.
1.11726

— — Stockholm 1845. 126 S. 1: 1 in Du 28.
1.11727

**Adolfi, B., der weiße Adler od. die Räuber der Steppe. Eine Indianergesch. 8. (64 S.) Hamb. 880. Kramer. — 25**

**— unter dem Aequator od. der schwarze Panther. Eine Erzählg. 8. (64 S.) Ebend. 879. — 25**

**—— Freiheit und Sclaven, oder der Untergang des Mississippi-Dampfers. Eine Erzählung aus Louisiana. Nach Reid. 8. (64 S.) Hamburg 879, Kramer.**

**— Freiheit u. Sclaverei od. der Untergang d. Mississippi-Dampfers. Eine Erzählg. aus Louisiana. Nach Reid. 8. (64 S.) Ebend. 880. — 25**

die Gefangenen der Arapahos. Eine Indianergeschichte. Nach Reid. 8. (64 S.) Hamburg 881, Kramer.

— die Goldsucher, od.: Die Sonora-Expedition. 8. (63 S.) Hamburg 883. Kramer. — 25

Adolfi, B.: (d. i. Adolf Beneke) Die Goldsucher oder die Sonora-Expedition. Eine Erzählung. Berlin: A. Weichert (1900). (63 S.) 8° (F.)
= Indianer- u. Volksbibliothek. 119.

**— jenseits d. Oceans. Eine Abenteuer-Erzählg. nach Rowcroft. 8. (64 S.) Ebend. 881. — 25**

Adolfi, B., das Fräulein v. Jever, s. a. Volks-Erzählungen, kleine.

**— das Fräulein v. Jever od. d. Fehde um das Lehnserbe. Eine geschichtl. Erzählg. aus d. 16. Jahrh. gr. 16. (64 S.) Mülheim 879. Bagel. n. — 25**

**— das Indianer-Fort. Eine Erzählg. aus Tennessee. Nach Jones. 8. (61 S.) Hamburg 881. Kramer. — 25**

**— mexikanische Kämpfe. Eine Abenteuer-Erzählg. nach Reid. 8. (63 S.) Ebend. 881. — 25**

**—— Konradin, der Letzte der Hohenstaufen, s. Bibliothek interessanter Erzählungen.**

**— Montbars, der Freibeuter, od. zwischen Vater u. Sohn. Eine Erzählg. nach Aimard. 8. (64 S.) Ebend. 882. — 25**

— Pawnees u. Komanchen, od. gefahrvolle Stunden. Eine Indianergeschichte. Nach e. französ. Stoffe. 8. (64 S.) Ebend. 884. — 25

— die Piraten der Nordsee. Eine Seegeschichte nach Smidt. 8. (64 S.) Ebend. 883. — 25

**— die Piraten-Insel. Eine Erzählg. nach Warburton. 8. (63 S.) Ebend. 882. — 25**

Adolfi, B.: (d. i. Adolf Beneke). Die Piraten-Insel. Eine Erzählung nach Warburton. Berlin: A. Weichert (1900). (63 S.) 8° (F.)
= Indianer- u. Volksbibliothek. 120.

**— das Piratenschiff od. d. Herrn Wege sind wunderbar. Eine See-Geschichte. Nach Marryat. 8. (64 S.) Ebd. 880. — 25**

Adolfi, B., ein Polenherz oder die Flucht aus Sibirien, s. Bibliothek interessanter Erzählungen.

**— am Rande d. Abgrundes. Eine Erzählg. nach Aimard. 8. (64 S.) Ebend. 882. — 25**

Am Rande des Abgrunds. Eine Erzählung nach Aimard von B. Adolfi [d. i. Adolf Beneke]. *Berlin: A. Weichert [1900].* (64 S.) 8° [F.]
= Indianer- u. Volksbibliothek. 117. (02. 172)

**— die Schrecken d. Urwaldes od.: Der Feind d. Shawnees. Eine Indianer-Geschichte nach Bird. 8. (64 S.) Ebd. 880. — 25**

**— der Seminolen-Häuptling od.: Der Verrath des Mulatten. Eine Indianer-Geschichte aus Florida. Nach Reid. 8. (61 S.) Ebend. 880. — 25**

**— ein australischer Sträfling. Eine Erzählg. nach Rowcroft. 8. (63 S.) Ebend. 881. — 25**

**Adolfi, B. (Adf. Beneke), Jan Svensson, s. a Volks-Erzählungen, kleine.**

**— Jan Svensson oder: Bauerntreue u. Fürstendank. Eine Erzählg. aus der Zeit Karls XII. 16. (64 S.) Mülheim 878. Bagel. n. — 25**

Jan Svensson oder: Bauerntreue u. Fürstendank. Eine Erzählung aus d. Zeit Karls XII von B. **Adolfi** [d. i. Adolf Beneke]. Mülheim a. d. Ruhr: J. Bagel [1906]. (64 S.) 8° [F.] (06. 455)

**— der Ueberfall der Ansiedlung od. der Häuptling u. sein Sohn. Eine Indianergeschichte nach Simms. 8. (63 S.) Hamburg 879. Kramer. — 25**

Adolfi, B. (A. Beneke), s.: Volks-Erzählungen, kleine.

**— Jürgen Wedinghausen od.: die sieben Wächter d. Döhrener Thurmes. Eine histor. Erzähl. 16. (60 S.) Mülheim 878. Bagel. n. — 25**

**— im fernen Westen od. die Wölfin der Prairie. Eine Indianergeschichte. 8. (64 S.) Hamburg 879. Kramer. — 25**

Adolfi, Eug. v., juristisches Konversations-Lexikon f. jedermann. Praktisches Hand- u. Nachschlagebuch f. alle Fragen der Rechts- u. Gesetzeskunde, nebst den einschläg. Strafbestimmgn. in gemeinverständl. Darstellg. bearb. u. hrsg. 2., v. Burgmeier nach dem neuen Stand der Gesetzgebg. umgearb., verm. u. verb. Aufl. (IV, 328 S.) 8. Stuttgart (903). Schwabacher. n. 3. —; geb. in Leinw. n. 4. —

Adolfi, Herm., stille Nacht, heilige Nacht, s.: Rosen-Knospen. Nr. 20.

**Adolfi, Johann:** Chronik des Landes Dithmarschen. 1827 u.ö. s. *Adolfi:* Dithmersche historische Geschichte.

— (Dithmersche historische Geschichte, upgetekenet A. 1598) Johann Adolfi's, gen. Neocorus, Chronik des Landes Dithmarschen. Aus der Urschrift hrsg. von F[riedrich] C[hristoph] Dahlmann. Bd 1.2. — Kiel: Univ.-Buchh. 1827.
1: So 8226. 12: Hols. 287. 300: BE 10 K 42. 2. 3. 4. 5. 6. 7. 8. 9. 10. 11.
1.11728

— — [Neudr. d. Ausgabe von 1827.] Bd 1.2. Heide i. H.: Heider Anzeiger 1904–10. 8.
1.11729

— — Bd 1.2. Kiel 1827. [Faks.] (München: Jessen [1927].)
Vollst. . . . . . . . . . . . . . . 12: Hols. 503 r.
1 . . . . . . . . . . . . . . . . . . 8. 9.
1.11730

**Adolfi, K. F.:** Die verbotene Braut. Operette in 3 Akten von G. W. E. Schlack [Emil Schlack]. Musik von K. F. Adolfi. Text d. Gesänge. — Berlin: Bote & Bock 1910. 56 S.
1: Mus. T 280. 11.
1.11731

**Adolfi, Wilhelm Eugen** v.: Juristisches Konversations-Lexikon für jedermann. Praktisches Hand- u. Nachschlagebuch. — Stuttgart: Schwabacher [1894]. IV, 320 S.
1: Fk 2420. 7.
1.11732

**Adolfine oder das verlorne Kind.** Roman vorzüglich der weibl. Jugend gewidmet. 8. Bremen, Heyse. 818.

**Adolfine's, Tante,** Erzählungen. Märchen, Lieder u. Spiele f. Knaben u. Mädchen im Alter von 6 bis 12 Jahren. (Von Frau Breithaupt.) Mit vielen Orig.-Zeichngn. u. 3 Chromobildern. (223 S.) 8. Berlin (904). R. Gahl.
Geb. in Leinw. n. 4. —

Adolfine, Ideal u. Wirklichkeit. 8. Leipz. 838. Brockhaus. 1 1/4 Thlr

— Lotosblätter. Drei Novellen. 8. Leipz. 835. Brockhaus. 1 Thlr

Adolfino, d. seltne F...k...r. Von Carl Fischer. 3 Thle. m. Holzschnitten v. Gubitz. 8. Lpz. Gräff. 810.

Adolfino, der seltene Freiknecht, (v. Karl Fischer II.) 3 Thle. 8. Leipz. ... 2e A. 821. Wienbrack. 3 Thlr

**Adolf-Menzel-Stiftung.** — Adolf Menzel-Stiftung. — (Berlin 1886.) 4 Bl.
1: 2° Nr 1278. 6.
1.11734

**Adolfo, B.,** die Reise zum Antiquar. Burleske. (162 S.) 8. Leipzig 902. O. Mutze. n. — 60

*Aedologia,* oder Abhandl. von d. singenden Nachtigall, mit Kpf. 12. Straßb. 754. König. 4 gr

Adolph, s. a. Adolf

**Adolph,** ein Beitrag zur Gelehrtengeschichte unseres Zeitalters. [Zürich 1791]. V: *Geiger, Carl Jgnaz.* (ML)

**Adolph.** Aus gefundenen Papieren e. Unbekannten. Herausgeg. von B. v. Constant. Aus dem Franz. Mit Kupf. 12. Pesth, Hartleben. 817.

Adolph. (Seitenstück z. Genovefa.) Eine Geschichte d. Alterthums f. alle guten Menschen, besond. f. Eltern u. Kinder. 8. (4 B.) Bacha 843, Müller. Thlr.

Adolph u. Aline; od. Jugendjahre zweyer Liebenden rc. v. K. Albrecht. 8. Warschau, Wilke. 797.

Adolph v. Arnstein u. Jutta v. Brandenfels, Rittergeschichte des 15ten Jahrh. Mit 1 Abbild. 8. Weimar 834. Tantz. 5/6 Thlr

Adolph v. Bernstein, od. die Ritterproben. N. Aufl. 8. Weissenfels 811. Hinrichs in Leipz. 1 Thlr 12 gr

Adolph v. Bomsen u. seine treue Ida, oder Ritterkraft u. Mönchslist. Aus den Zeiten der heil. Vehme. Vom Verf. der Familie Veits v. Helmenrodt (J. Falckh). 8. Manh. 824. Löffler. 1 Thlr

Adolph u. Caroline; od. d. beyden Gefangenen. Lstsp. 8. Lpz. Schmidt. 805.

— u. Clara; od. d. beyd. Gefangenen. Singsp. in 1 A. nach Marsollier, v. F. K. Hiemer. 8. Stuttgart, Magaz. f. Litt. 801.

**Adolph** und Clara, oder die beiden Gefangenen. Lustspiel mit Gesang nach dem Franz. des Picard. Goslar 1808. V: *Lohmann, Christoph Wilh.* (schr) (MGT) (GGr)

**Adolph Graf von Dornhelm.** Ein Geschichte aus dem letzten Jahrzehend des 18ten Jahrhunderts. Vom Verf. der Brautkrone. Leipz. 1812. V: *Cuno, Heinr.* (MGT)

Adolph v. Durlach, Ritter, u. die holde Ida, od. die Wege des Schicksals. Ein romant. Gemälde v. Ldw. R—. 8. Nordh. 832. Fürst. 18 gr

— und Edelwald, die Brüder des Bundes für Menschenglück. Taschenformat, Leipzig, 796. Sommer. 20 gr.

Adolph und Edelwald, oder die Geweiheten des Bundes für Menschenglück. — Leipzig 1805. 7.
1.11668

Adolph u. Ekbert, oder d. Tugend Sieg. Ein nützl. Volksbüchlein zur Beförd. des Edlen u. Verbreitung d. Obstbaumzucht. 8. Ulm 819. Stettin. 6 gr

— od. d. glückl. Folgen ein. Fehltritts, v. E. Hildebrandt, m. K. 8. Berl Unger. 801.

Adolph oder die glücklichen Folgen eines Fehltritts, von E. Hildebrand. Neue Ausg. 8. Königsberg, Unzer. 817.

Adolph u. Johanna, od. die Tage uns. Lebens in Briefen, (von Th. Thiard). 8. Berl. 788. Maurers W. 8 gr

Adolph v. Helm, od. der vermeinte Bastard. 8. Quedlinb. ... N. A. 812. Ernst. 1 Thlr

**Adolph von Ilmenstein,** der Kreuzfahrer, und seine schöne Armgard; ein romanhaftes Gemählde aus der Vorzeit. Leipzig 1795. V: *Möbius, Christian Gottlieb.* (Ky) (MGT)

— u. Karoline, oder d. beiden Gefangenen. Lstspl. 8. Leipz. 805. Schmidt. 4 gr

**Adolph** u. Klara, s. a. Theaterstücke, kleine englisch-deutsche.

**Adolph** und Klara ... Komische Oper, ... 1812. V: *Hiemer, F. C.* (BrMm)

Adolph der Kühne, Raugraf von Dassel. Dramatisirt vom Verfasser des deutschen Alcibiades (C. G. Cramer). 2e verb. Aufl. 3 Thle. Mit 1 Titelkpfr und 1 Musikbeilage. 8. Leipzig 840. Melzer. 2 1/2 Thlr

**Adolph der Kühne,** Raugraf von Dassel. Schauspiel in 5 Aufzügen. Hannover 1788. 2. Aufl. 1790. V: *Nack, Carl Joseph.* (Ky)

**Adolph der Kühne,** Raugraf von Dassel dramatisirt vom Verf. des deutschen Alcibiades. Weissenfels 1792. 2. verb. Aufl. Leipzig 1840. V: *Cramer, Carl Gottlob.* (EE) (MGT)

Dasselbe. 3 Bde. Frankfurt u. Leipzig 1796—98. 8°. (2 fr. 50 cts. Schweizerisches Antiqu., c. 1895.)

— v. Kühne, Raugraf v. Dassel. E. Familiengem. in 5 A. v. Miedke. 8. Augsb. Stage. 798.

Adolph von Leonstein oder die Ritterproben. Eine fränkische Geschichte aus d. 14. Jahrhundert. — Weißenfels & Leipzig: Severin 1796. 406 S. 10.
1.11669

Adolph v. Leonstein. 8. Leipz. 811. Hinrichs. 1 ß 12 gl

— und Ludoiska, oder das Gottesgericht auf den Eisfeldern Rußlands. Eine Erzählung für die reifere Jugend von dem Verfasser der „Kinder der Wittwe.“ Mit 1 Stahlstich. 8. Augsburg 842, v. Jenisch u. Stage'sche Buchh. 7/12 ß — 2. verb. Aufl. 8. Ebend. 845, 7/12 ß

Adolph und Ludoiska oder: Das Gottesgericht auf den Eisfeldern Rußlands. Eine Erzählung für die reifere Jugend von dem Verf.: „die Kinder der Wittwe“ (Ed. v. Ambach.) Mit 1 Stahlst. 3. Aufl. Augsburg 854. v. Jenisch u. Stage. 8. (IV, 198 S.) 15 ngl

— u. Minna; od. d. Täuschung. Trsp. 8. Speyer, Hauth. (Gräff in Lpz.) 790.

— u. Minna, od. d. Täuschung. Trspl. in 5 A. 8. Speyer 790. (Wienbrack in Leipz.) 8 gl

ADOLPH und Minna oder die Wallfahrt. Eine Urkunde aus dem geretteten Archive einer fürstlichen Familie (vom Verf. der „Amida“). Erfurt, b. Joh. Karl Müller, 1810. 8°. (1 1/2 Rthlr.)
383 S. Zahm.

— v. Nassau; e. Nationaltrspl. in 5 Aufz. (v. J. W. T. Franz). 8. Frankf. a. M. 799. (Schäfer). 16 gl

— von Raueck, oder d. unverhoffte Entdeckung. Ein Lstspl. in 3 Akt. 8. Jena 805. Etzdorf. 12 gl

Adolph, Frhrr. v. Rubin. Ein Weibergeschichtchen. 2 Bde. 8. Leipz., (W. Rauck). 1 ß 8 gl

Der sächsische Adolph, welcher in dem ehemaligen Dreyßigjährigen Kriege seine ihm zustoßene sonderbare Begebenheiten ... erzählet. — Dreßden: Gerlach 1762. 432 S. 1:Yv 6271. 7.
1.11672

Adolph, der sanfte, u. der zornige Wilhelm. Eine lehrreiche Erzählung für Aeltern und Kinder. Als Gegenstück zu Christoph Schmids Erzähl.: „Der gute Fridolin und der böse Diedrich.“ Herausg. vom Verfasser der Theodolinde. Mit Titelbild. 8. Bamberg 837. Dresch. 1/4 ß

Adolph der Schöne, oder die geheime Geschichte des Prinzen von ***. — Deutschland [d. i. Wien: Schaumburg] 1803. 7.
1.11673

**Adolph von Schönthal.** Eine Geschichte dieses Jahrh. Halle 1787. V: *Vulpius, Christian August.* (Ky) (EE)

Adolph d. sechste, Graf v. Holstein. Ein Drama in 5 Acten. gr. 8. (9 B.) Hamburg 832, Perthes u. Besser.

— und Sidonie von Wappenkron, herausgegeben von J. J. C. von Wallenrodt, 2 Thle, mit 2 Kupf. 8. Halle, 796.97. Hendel. 2 Rthl. 13 sgl.

Adolph, oder d. edelmüth. Sohn. Schspl. (von Karl Glo. Sonntag). 8. Leipz. 787. Barth. 4 gl

**Adolph,** der edelmüthige Sohn. Ein Schauspiel in 2 Aufzügen. Aufgeführt am Geburtstage einer Mutter. Leipzig 1788. V: *Sonntag, Carl Gottlob.* (GGr) (Ky) (R-N)

— u. Sophie, od. Treue bis zum Tode. 8. Leipz. 815. Weygand. 14 gl

Adolf und Sophie oder Treue bis zum Tode. — Leipzig: Weygand 1816. 224 S. 1:Yw 7923.
1.11674

— u. Stephania; od. d. Franzos. in Louisiana, a. d. Franz. v. Aug. Kuhn. 2 Bde. 8. Berlin, Kunst u. Ind. Comt. (à 1 Rthlr.)

— u. Stephania, od. die Franzosen in Louisiana; aus d. Französ. v. Aug. Kuhn. 2 Bde. 8. Berl. 810. Schlesinger. 2 ß

— der Treue, Sittengem. in 4 A. 8. Wien, Wallishäußer. 806.

Adolph der kleine Vielwisser, auf seiner Wanderung durch die Werkstätten der Wissenschaften, Künste u. Gewerbe. Ein Lesebuch für wißbegierige Kinder, mit 23 ill. Kpfrn. ... Nürnberg ... Renner u. Comp. 1/2 ß

**Adolph der Vierte,** Graf von Holstein, Stormarn, Wagerland und Schauenburg. Hamburg 1818. V: *Hartmann, Carl Friedrich August.* (schr)

**Adolph der Vierte, Graf,** aus Schauenburgischem Stamme Bestätiger der Freiheit Hamburgs. Leipzig 1791. V: *Naubert, Christiane Benedicte Eugenia geb. Hebenstreit.* (schl) Hohenzollern [Wien] 1791. (Wr) (MGT)

— u. Virginie, od. Liebe u. Kunst, von Caroline Paulus, mit 1 Titelk. 8. Nürnb. Schrag. 811.

— Wollmann, nach seinem geführten Tagebuche. Ein Beitr. zur Gesch. d. menschl. Herzens. 2 Thle. 8. Leipz. 798. Kummer. 1 ß 16 gl

Adolphs u. Luisens Bilderkabinet. Ein Geschenk zur Erholung in müßigen Stunden, f. Kinder, mit 48 Fig. auf 12 Taf. gr. 8. Berlin 812. Schmidt. 1 ß 8 gl geb. 1 ß 12 gl

Adolphs gesammelte Briefe, 8. Daselbst, 778. Weygand. 15 sgl.

**Adolph,** Lehrbuch der Militair-Geographie von Europa. — Bd. 1. Auch unter dem Titel: Mathematische und physische Erdbeschreibung mit besonderer Rücksicht auf Europa. Mainz 1829. 8. — Bd. 2. Auch unter dem Titel: Lehrbuch der Erdbeschreibung der Pyrenäen-Halbinsel. Ebendas. 1831. 8.

Adolph, Aug. u. Ferd. (Wlh.) (Adolph Aug. Bergner), die heil. Rosen; romant. Sagen aus d. Mittelalter. 2 Thle. (A. u. d. T.: das Roß vom Berge Libanon; Thüringer Sage in 4 Büchern. — Der blaue Schleier; romant. Archivkunde.) 8. Leipz. 819—22. Kollmann. 2 ß 20 gl

Adolph, Bernhard [Pseudon.] s. Blau, Bernhard Adolph.

Adolph, C.

— trina dissertation. phys. medic. 4. Leipzig. 746.

Adolph, C., dissertationes phys. med. 4. Lpz. Dyck. 747

— de equitation. exim. usu med. dissert. 4. Leipz.

— de fontibus quibusdam soteriis. 8. Breslau, W. G Korn. 733.

**Adolph, C.** 1882: Über das Wetter und die Vorherbestimmung desselben in Europa. (Verf.: C. Adolph.) — Sorau 1882: Rauert. 16 S.
Zur Feier des Gedächtnisses an Herrn Philipp Ferdinand Adolf Just weiland Senator in Zittau am 9. December 1882.
1:20 in 4° Mz 9.
1.11735

Adolph, Ernst, e. Associationsgesetz. Zur Lösg. der Arbeiterfrage. 8. (27 S.) Berlin 879. Löwenthal. — 50

**Adolph,** Ernst, Gerichtsreferendar a. Elberfeld: Das landesherrliche Begnadigungsrecht in Deutschland. Bonn 1907: C. Georgi. (96 S.) 8°

Jena, Jur. Fak., Ref. Loening, Diss. v. Sept. 1907

[Geb. 20. Dez. 79 Schwelm, Reg.-Bez. Arnsberg; Wohnort: Elberfeld; Staatsangeh.: Preußen; Vorbildung: Städt. Gymn. Elberfeld Reife O. 99; Studium: Freiburg i. B. 1, München 1, Kiel 1, Bonn 3 S.; Rig. 26. Apr. 07.]

**Adolph, Ernst.** 1879: Die Dipterenflügel, ihr Schema und ihre Ableitung. Von E. Adolph. Mit 4 Taf. — Halle; Leipzig: Engelmann in Comm. 1885. S. 272–308. (Nova Acta der Ksl. Leop.-Carol. Deutschen Akad. d. Naturforscher. 47,6.)
1: 4° Lc 6491–47,6. 12: 4° Acad. 5–47. 2. 3. 4. 6. 7. 8. 9. 10.
1.11736

— Ueber Insectenflügel. Von G. Ernst Adolph. Mit 6 Taf. — Halle; Leipzig: Engelmann in Comm. 1879. S. 216–291. (Nova Acta der Ksl. Leop.-Carol. Deutschen Akad. d. Naturforscher. Bd 41, P. 2,3.)
Ersch. auch als Diss. Göttingen 1878.
1: 4° Lc 6491–Bd 41, P. 2,3 [u.] 4° La 1815.
12: 4° Zool. 4 p [u.ö.] 2. 3. 4. 5. 6. 7. 8. 9. 10.
1.11737

— Zur Morphologie der Hymenopterenflügel. Zugl. ein Beitr. zu d. Fragen d. Speciesbildung und d. Atavismus. Von E. Adolph. Mit 6 Taf. — Halle; Leipzig: Engelmann in Comm. 1883. S. 44–132. (Nova Acta der Ksl. Leop.-Carol. Deutschen Akad. d. Naturforscher. 46,2.)
1: 4° Lc 6491–46,2. 12: 4° Acad. 5–46. 2. 3. 6. 7. 8. 9. 10.
1.11739

**Adolph, E.,** Pflanzenkunde, s.: Loew.

— Ueber abnorme Zellenbildungen einiger Hymenopterenflügel. Von E. Adolph. Mit 1 Taf. — Halle; Leipzig: Engelmann in Comm. 1880. S. 296–328. (Nova Acta der Ksl. Leop.-Carol. Deutschen Akad. d. Naturforscher. Bd 41, P. 2,4.)
1: 4° Lc 6491–Bd 41, P. 2,4. 12: 4° Acad. 5–41.
300: 17.994. Bd 41. 2. 3. 4. 6. 7. 8. 9. 10.
1.11741

**Adolph, Ernst Siegfried** (Hirschberg/Schles.), Diss. de collo virilis vesicae cathetere et unguentis illi inferendis. Präs. Aug. Friedr. Walther. Lpz. (Langenheim) 7. V. 1745. 46 S. (5.—) 91

**Adolph, F., über primäre bösartige Neubildungen der Milz, s. 9. Klinik, Berliner.**

**Adolph, Friedrich:** Über primäre bösartige Neubildungen der Milz. Von F. Adolph. — Berlin: Fischer 1905. 27 S. (Berliner Klinik. 202.)
1: Ic 2548–202. 12: Path. 685 ac–202. 7. 11.
1.11744

**Adolph,** Friedrich [Assistenzarzt am städt. Krankenh. zu Frankfurt a. M.]: Ein menschlicher Pygopagus. '(Aus d. patholog. Institute zu Marburg)' ... Marburg, Univ.-Buchdr. '(R. Friedrich)'. 1894; 52 S., 1 Bl., 2 Taf. 8.
Marburg, Med. Fak., Inaug.-Diss. v. 10. Mai 1894

**Adolph, G.,** das Buch von der Zeugung, Entwickelung und Geburt des Menschen, den Krankheiten der hierbei betheiligten Organe und deren vernünftige Heilung. Ein ehelicher Lehrer und Rathgeber. 1. und 2. Aufl. gr. 8. (720 S. mit vielen eingedr. Abbild. in Holzschn.) Leipzig 871, Verlags-Anstalt.
1. Aufl., Leipzig 1869,70, Minde, 15 Lfgn. à 30 Pf., erschien unter dem Namen Adolf, G.

**Adolph, G.,** die einfachste u. schnellste Fabrikation der künstlichen Hefen. Eine leichtfaßliche Anleitung die vorzüglichsten Sorten künstlicher Hefe, sowohl flüssige wie trockene oder Preßhefe, namentlich auch die nach amerikan. u. engl. Art herzustellende trockene Hefe, binnen einigen Stunden auf ganz einfache Weise zu fabriciren. Nebst einem vorangehenden Abschnitt über die zweckmäßigste Behandlung u. Verbesserung der Bierhefe. Breslau 857. Jacobsohn u. Co. 8. (28 S.)
n. 10 ngr

**Adolph,** G. Ernst, s. Adolph, Ernst

**Adolph,** G. H. W. Carl, Bahnbestimmung der Mnemosyne u. Ableitung der Jupitermasse aus den Mnemosyne-Beobachtgn. seit 1859. 1. Thl. Inaugural-Dissertation. gr. 4. (100 S.) Karlsruhe 874. Braun.
n. 6. —

**Adolph, Gottlob**

— Letztere Predigt, d. 1. Aug. 1745. Hrsg. von Gottlob Kahl. Hirschberg: Editor (1746). 28 S. 1: 3 in Tb 3760.

**Adolph,** Gust. u. Adph. **Bengler,** 300 Ausflüge v. Gablonz a. d. N. unt. bes. Berücksicht. d. Isergebirges. schmal 12. (42 S. m. 1 farb. Karte.) Gablonz 897. (H. Rössler.) n.n. — 35

**Adolph, Gustav:** 300 Ausflüge in die nähere und weitere Umgebung von Gablonz a. N. unter bes. Berücks. des Isergebirges. Zsgest. v. Gustav Adolph u. Adolph Bengler. 3. verm. u. verb. Aufl. — Gablonz a. N.: Rößler (1904). 132 S. 300: 433.739–A.
1.11746

**Adolph,** Gustav, aus Gardelegen: Beiträge zur Kenntnis des Isothujons. Göttingen 1899: E. A. Huth. (47 S.) 8°
Göttingen, Phil. Diss. v. 3. Juli 1899.

**Adolph, Gust.,** Beiträge zur Kenntnis des Isothujons. Diss. gr. 8. (47 S.) Göttingen 899. (Vandenhoeck & Ruprecht.) n. 1. 20

**ADOLPH,** Guſtav (= Fr. Sickel). Eros. Betrachtungen über die Liebe. Vign. (Amor). Motto: Was iſt die Welt ohne Liebe? Was eine Zauberlaterne iſt ohne Licht. V. Goethe. Quedlinburg und Leipzig 1823. 8°. 199 S. u. Verlags-Anz.
Bei Hayn II, 177 ungenau.

**Adolph, Gstph.,** (Gstph. Ad. Fr. Sickel). Eros. Betrachtt. über die Liebe. Deutschlands gebildeten Jünglingen u. Jungfrauen gewidmet. 8. Quedlinb. 823. Basse. 20 gr. Dass. erschien 1828 unt. d. T.: Amor, oder das Buch d. Liebe. 8. Ebd.

**Adolph,** G. und **Bengler,** A., Wegekarte vom Jeschken- und Isergebirge mit den angrenzenden Teilen des Lausitzer und Riesengebirges. 2. Aufl. gefalzt K 1.20
Rössler, Gablonz 1907

**Adolph, H.,** wie hat sich die Kirche gegen die Verächter der Taufe und Trauung zu verhalten? Vortrag, gehalten auf der Insp.-Synode in Lehre. 8. (29 S.) Braunschweig 885, Wollermann. *

**Adolph, Heinrich.** 1907: Erinnerungen eines niedersächsischen Geistlichen. — Bielefeld & Leipzig: Velhagen & Klasing 1907. VI,296 S.
1: Dp 15738. 12: Biogr. [illegible]gm. 6. 7. 9.
1.11748

**Adolph,** Herbert, prakt. Arzt aus Frankfurt a. O.: Aus d. Kgl. Universitäts-Augenklinik zu Königsberg i. Pr. Ueber die Ausschaltung des Thränensackes. *Königsberg i. Pr. 1899: M. Liedtke.* (64 S.) 8°
Königsberg, Med. Diss. v. 22. Juli 1899

**Adolph, Hermann:** Archaiologische Glossen zur Urgeschichte. Moses-Herodot-Mythologisches. — Thorn: Lambeck 1886. 43 S. 10.
1.11752

[—] Ein Rückblick auf Thorn als Handelsplatz. Festschrift zur Feier des 25jährigen Bestehens der Handelskammer. — Thorn 1877: Rathsbuchdr. 64 S. 10.
1.11753

**Adolph, J. G. W.,** Lehrbuch der Militärgeographie von Europa. 1r Bd. A. u. d. T.: Mathemat. u. physische Erdbeschreibung, mit besonderer Rücksicht auf Europa, mit 2 Karten, 2 Figurentaf. u. d. Bildn. des Kronprinzen von Preußen. gr. 8. Mainz 829. Müller. 3 ₰ 2r Bd. Auch u. d. T.: Lehrbuch d. Erdbeschreib. d. Pyrenäen.-Halbinsel. Mit 2 Karten. gr. 8. Ebd. 831. 3 ₰ 3r — 5r Bd. gr. 8. Ebd. 831. Alle 5 Bände, mit 20 Karten. 11 ₰ 16 gr.

**Adolph, J. G. W.,** Theorie d. Längen-, d. Quadrat- u. Riemen- u. d. Körper- u. Schachtruthen-Maaßes, f. angeh. Geometer ꝛc., nebst Tafeln z. barometr. Höhenmessen u. Vergleichen d. übl. Thermometer; d. Faktoren v. 1—10500; des Fuß-, Ellen-, Lachter-, Ruthen- u. Meilenmaaßes; d. Geldes u. d. Münzfüße ꝛc., nebst mehr. andern Reductionstab., Notizen u. Nachrichten. 12. (12 B. u. 6 Tab.) Mainz 829, [Kirchheim, Schott u. Thielmann.]

Das Eyderstedtische Land-Recht, Welches von **Johann Adolph**, Postulirten und erwählten Ertz- und Bischof der Stiffte Bremen und Lübeck, Erbe zu Norwegen etc. etc. Ao. 1591 gegeben und promulgiret, Und von Christian dem IV. König zu Dännemark etc. etc. bestätiget und confirmiret. Nunmehro wegen ermangelnden Exemplarien ... wörtlichen Einhalts nachgedruckt und verleget v. B. Grauer. Tondern. 1737. 4° k.

**— Johann Heinrich (Grebenau/Hessen), Diss. de jure observantiae ac consuetudinis in causis publicis privatisue. Präs. Senckenberg. Giessen (E. H. Lammers) 23. II. 1743. 40 S., z. gr. Tl. deutsch. (5.—)** 96
Gew.: Jo. Phil. Christian Staub. — U. a.: Lauterer Weissthum. Ordnung d. Eygengerichts zu Eyssenhaussen. Reformation u. Ordnung d. Eygengerichts zu Eyssenhaussen im Ampt Blanckenstein gelegen / aufger. 1532. (Namen.)

Mx 100 (4) Johann Traugott Adolph

De Funiculo umbilicali vel intra uterum dissecando. [Resp.:] Conradus Augustus Henricus Hertz. Helmstadii (1767:) Schnorr. LXVI S. 8°
Helmstedt, Med. Diss. v. 22. Aug. 1767
2. Ex.: Mx 103 (19)

Mx 100 (2) Johann Traugott Adolph

Gravidae sectionem eiusque notatu digniora commemorat simulque ad anatomen publica, infanticidae in theatro anatomico Helmstadiensi... die 13. Nov. 1762 ... invitat Ioannes Traugott Adolph. Helmstadii (1762:) Schnorr. XVI S. 8°
2. Ex.: Mx 103 (15)

Mx 103 (16) Johann Traugott Adolph

Arteriologiae recte concinnandae Leges cum specimine arteriae carotidis externae. [Resp.:] Daniel Victor Hüpperlin. Helmstadii (1764:) Drimborn. 41 S. 8°
Helmstedt, Med. Diss. v. 12. Jan. 1764

Mx 103 (18) Johann Traugott Adolph

De Morbis catarrhalibus. [Resp.:] Carolus Gerhardus Cahle. Helmstadii (1764:) Schnorr. 43 S. 8
Helmstedt, Med. Diss. v. 17. Dez. 1764

Mx 35 (7) Johann Traugott Adolph

Programma academicum quo capsam petitianam pluribus cruris complicate fracti casibus aptandam proponit simulque... ad lectiones suas...invitat Ioannes Traugott Adolph.Helmstadii 1760: Schnorr. LXXI S. 8°
2. Ex.: Mx 100 (1)
3. Ex.: Mx 103 (14)

Mx 100 (3) Johann Traugott Adolph

De infanticidii notis Sectione legali detegendis. [Resp.:] Henricus Christophorus Drever. Helmstadii (1764:) Schnorr. 78 S. 8°
Helmstedt, Med. Diss. v. 10. Sept. 1764
2. Ex.: Mx 103 (17)

**Adolph, Josef:** Der Lebensversicherungs-Agent in der Praxis. Ein Wegweiser zur erfolgreichen Acquisitions-Thätigkeit im Lebensversicherungs-Fach. — Berlin-Schöneberg: Frankl 1903. 84 S. **1:Fe 11194/79.**
1.11755

— — 2. verb. Aufl. Berlin: Bermühler 1904. 84 S. **1:Fe 11194/79ª.**
1.11756

**Adolph**, Jos. [app. Arzt aus Hachenburg (Hessen-Nassau)]: Casuistische Mitteilungen. Zwei Fälle von multiplen Aneurysmen der Aorta thoracica ... München, Dr. Wild'sche Buchdr., 1892; 23 S. 8.
München, Med. Fak., Inaug.-Diss. v. 1892

**Adolph,** Karl, approb. Arzt aus Elberfeld: Aus d. chirurg. Klinik zu Bonn.) Über Hydrocele. (Nach d. Erfahrungen auf d. chirurg. Klinik in Bonn von 1895—1901.) *Bonn 1902: C. Georgi.* (28 S.) 8°
Bonn, Med. Diss. v. 5. März 1902

**Adolph, Karl, Haus Nummer 37. Ein Wiener Roman. (423 S.) 8. Wien 908. Wiener Verlag.** 3. —

**Adolph,** Karl, Lyrisches. Ill. v. Frz. Schuster u. Jos. Jungwirth. 8. (56 S.) Leipzig 897. Literar. Anstalt, A. Schulze. n 2. 50

**Adolph, Karl:** Psychologismus, Transcendenzproblem u. Metaphysik. Trier 1909: Paulinus-Dr. 148 S. 8°
Freiburg i. B., Phil. Diss. v. 1910, Ref. Rickert
[Geb. 25. Febr. 79 Malstatt-Burbach; Wohnort: Wehrden a. S.; Staatsangeh.: Preußen; Vorbildung: Gymn. Saarbrücken Reife O. 00; Studium: Trier Priestersem. 8, Bonn 1, Freiburg i. B. 4 S.; Rig. 6. März 09.] [U 10. 1017

Adolph, Karl Voltaire et le théâtre de Shakespeare.
20 S. **Progr.** *Sorau* 1883.

**Adolph, M., kurzgefaßter Elementar Unterricht zur Erlernung d. italienischen Sprache. Wien, 861. Pichler. (Leipzig, Liebeskind.) gr. 8. (66 S.)** n. 5 ngr.

Adolph, P. s.a. A d o l p h, Paul

Adolph, P. (Hrsg.), s. P a t e n t - Z e i t u n g, Internat.

**A d o l p h, Paul, de compromisso. Dissertatio inauguralis. gr. 8. (IV, 59 S.) Berlin (863)71, (Puttkammer und Mühlbrecht.)** *

**Adolph,** P[aul]. Das Kgl. Sächs. Gesetz gegen die Verunstaltung von Stadt und Land vom 10. März 1909 nebst d. Ausführungsordn. vom 15. März 1909. Unter Benutz. d. amtl. Quellen u. insbes. unter Berücks. d. Landtagsverhandlungen erl. Leipzig 1909. 8°.
(Jurist. Handbibliothek. hrsg. von Max *Hallbauer* u. W. *Schelcher*. Bd 288.)

**Adolph,** P[aul]. Vereinsgesetz vom 19. April 1908. U. Berücks. aller bisher. Landesgesetzgeb. Leipzig 1908. 8°.
(Jurist. Handbibliothek. hrsg. von Max *Hallbauer* [u.] W. *Schelcher*. Bd 227.)

**Adölphchen u. Fritzchen. N. A. 8. Eisenach 807. (W. Nauck in Leipz.) 8 gr**

A d o l p h e; Anecdote, trouvée dans les papiers d'un inconnu, et publiée par B. Constant. 12. Strasbourg, Treuttel et Würtz. 1817.

**Adolphe, Schwester,** s. a. S c h w e s t e r A d o l p h e.

Schwester Adolphe, oder Darstellung der Verhandlungen vor Grossherzoglichem Bezirks- und Obergerichte zu Mainz im Processe gegen Ch(ristoph) Warburg wegen Verläumdung der Schwester Adolphe, der barmh. Schwestern, der Verwaltungs-Commission des Mainzer Invalidenhauses. Hrsg. von einem Juristen. — Mainz: Kirchheim 1864. IV,268 S. **1:Fy 13970. 3. 5.**
1.11723

**Adolphe, Schwester,** oder die Geheimnisse der inneren Verwaltung des bürgerlichen Invalidenhauses zu Mainz unter Leitung der barmherzigen Schwestern. 6. Aufl. Frankfurt 1863. V: *Warburg, Ch.* (BMarsch 705)

**A d o l p h e et Clara, ou les deux prisonniers, par Marsollier. Braunschw. et Petersb. Pluchart.**

**Adölphgen u. Fritzgen. 8. Eisenach, Wittekind. 792.**

**— — dasselbe. 8. Lpzg. Sommer. 807.**

**Adolphi,** Diss. de morborum per manuum attractionem curatione. Lps. 4°. 1 7 3 0

**Adolphi.** 1865: Der Winkelschreiber. Lustsp. in 4 Aufz., nach einer Idee des Terenz. — (Berlin [um 1865].)
**5.**
1.11765

**Adolphi, A. v., Artemisia. Historische Novelle aus der röm. Kaiserzeit. 8. (IV, 330 S.) Kempten 881. Kösel. 2. 50; geb. n. 3. 40**

**Adolphi, Alexis, Gedichte. 8. (VIII und 305 S.) Riga 863. (Leipzig, Lorck.) * 2 Thlr.; geb. mit Goldschn. ***

**Adolphi, Alexis:** Gedichte. 2. Aufl. — Riga: Brutzer 1873. 282 S. **1:Yo 10598/20ª.**
1.11766

**Adolphi, Alexis. Lebensbild e. balt. Dichters, gezeichnet v. H. A. gr. 8. (47 S.) Riga 889. Stieda.** n. 1. 20

— Poetischer Nachlass. — Riga: Brutzer 1877. IV,228 S. **1:Yo 15273. 7.**
1.11767

Adolphi, Bapt., Geheimniß über d. Frauen zu siegen etc., s. a. Kabinetsbibliothek, geheime, für die elegante Welt.

**ADOLPHI**, B., Das Geheimniss über die Frauen zu siegen, und die Kunst zu lieben und Männer an sich zu fesseln. Berlin. O. J. (18**). 12°. Nicht erotisch.

**Adolphi, Christian** (Hirschberg/Schles.), Quasi-servianam. Präs. Paul Franziskus Romanus. Lpz. (Johann Georg) 18. IX. 1668. 16 Bl. (5.—) 97

**Adolphi,** Chr. Mich., resp. Chrph. Benj. **Sembder,** Diss. de affectu mirachiali. Lps. 4°. 1734

**Adolphi, Christian Michael:** Dissertationes physico-medicae quaedam selectae, varii argumenti, quae in Universitate Lipsiensi ... habitae sunt, nunc autem revisae, hinc indeque auctae ac in hocce vol. coll. — Lipsiae: Dyck 1747. 979 S. 1:4° Ic 5444. **2. 3. 5. 7. 8.**
1.11768

(Ne) Christian Michael Adolphi
Kassel 2(21)

Christianus Michael Adolphi: De siderum Influxu. [Resp.:] Justinus Zachtelius [Zachtel]. Lipsiae (1700:) Fleischer. 8 Bl. 8°

Leipzig, Phil.Disp.v.17.April 1700

Angeb.an: Wiedeburg, Johann Bernhard: Oratio panegyrica de influxu siderum in temperamentum hominis. Jenae 1720.

Mx 206 (11) Christian Michael Adolphi

De Motu ventriculi et intestinorum peristaltico. [Resp.:] Christophorus Süssenbachius [Süssenbach]. Lipsiae (1720:) Schedius. 32 S. 8°

Leipzig, Med. Disp. v. 12. Apr. 1720

**Adolphi,** Chr. Mich., Ein Observat. v. d. Nyctalopia, oder sogen. Nachtnebel, so fast epidemisch zu seyn geschienen. Bresl. Samml. Vers. VIII p. 320. 1717

**Adolphi,** Chr. Mich., resp. Jo. Chr. **Otto,** De passione cholerica. 56 pp. Lps. 4°. 1710

**Adolphi,** Chr. Mich., praes. Jo. Fr. **Ortlob,** De tono et atonia. 22 pp. Lps. 4°. 1700

— Christ. Michaelis Adolphi Tractatus de fontibus quibusdam soteriis, nimirum 1. de thermis Hirschbergensibus, 2. de fonte soterio Kukussensi in Bohemia, 3. de fonte sic dicto Molari ad Carolinas thermas. — Lipsiae & Wratislaviae: Korn 1733. 252 S.
**1:** Ir 19131. **300:** • 69 K 246. **2. 3. 4. 5. 7. 9. 11.**
1.11769

**Adolphi, Christian Michael:** Trias dissertationum medicarum ad diaeteticam potissimum spectantium, quarum 1. de aegrotantium conclavi, 2. de frictione, 3. de balneis particularibus inscribuntur, quaeque in illustri Academia Lipsiensi diversis temporibus conscriptae et habitae sunt authore & praeside Christiano Mich. Adolphi. — Lipsiae: Hered. Grossiani 1726. 173 S. 4°
**300:** 134.679-B. **4.**
1.11770

— Trias dissertationum medicarum, pathologico-therapeuticarum, nimirum 1. de morbis frequentioribus et gravioribus pro sexus differentia, 2. de passione cholerica, 3. de febri catarrhali. Quae quondam diversis temporibus pro cathedra academica publica explicatae sunt a Christiano Mich. Adolphi, nunc autem in unum fasc. coll. — Lipsiae: Monath 1727. 120 S.
**12:** 4° Path. 246/1. **300:** 134.678 B. **2. 4.**
1.11771

— Trias dissertationum medicarum tum physiologico-anatomicarum, tum pathologico-therapeuticarum, ... diversis temporibus ante hac seorsim conscriptae ... a Christiano Michaele Adolph, nunc autem in unum fasc. coll. — Lipsiae: Zedler 1728. 126 S.
**12:** 4° Diss. 3738-8. **300:** 134.677-B. **10.**
1.11772

— Trias dissertationum medico-chirurgicarum denuo recusarum, quarum 1. de spina ventosa, 2. de ligaturis dolorificis, 3. de morborum per manuum attrectatum curatione inscribuntur. — Lipsiae: Zedler 1730. 86 S.
**300:** 139.647-B. **4. 5. 9.**
1.11773

— Trias dissertationum physico-medicarum de quibusdam affectibus singularibus, nimirum 1. de affectu mirachiali, 2. de porcello cassoviensi, 3. de eructatione flammante, quae quondam diversis temporibus pro cathedra academica publice explicandae propositae sunt. — Lipsiae: Dyck 1746. CII S. 4° **4.**
1.11774

— Trias dissertationum physico-medicarum chorographiam medicam potissimum spectantium, quarum 1. de aëre, aquis et locis Lipsiensibus, 2. de salubritate Silesiae, 3. de incolatus montani salubritate inscribuntur, quaeque in illustri Academia Lipsiensi publice quondam habitae sunt authore et praeside Christiano Mich. Adolphi. — Lipsiae: Martin 1725. 156 S.
**1:** 4° Ib 18000. **12:** 4° Diss. 115/47. **300:** 134.680-B. **3. 4. 5.**
1.11775

Me 90 Christian Michael Adolphi

De equitationis eximio Usu medico dissertatio in illustri Academia Lipsiensi publice quondam pro cathedra explicata quondam pro cathedra explicata, jam 2.cura confecta ac aucta, ut novi opusculi mereatur titulum. Autore Christiano Mich(aele) Adolphi. Lipsiae: Zedler 1729. 100 S. 8°

Mx 154 (18) Christian Michael Adolphi

De Vinculis chirurgicis. [Resp.:] Johannes Ferdinandus Eiserr. Lipsiae (1730). 48 S. 8°

Leipzig, Med. Diss. v. 13. Jan. 1730

[Das Titelbl. ist stark beschnitten, sodass Impr. z. T. fehlt.]

## Adolphi, Christoph

— Wahlstättisches Denck und Danckmahl ... 1720 den 7.April in einer Mittags-Predigt aufgerichtet. — Jauer: Lorentz [1720]. 40 S. 4° **2.**
1.11777

Adolphi, Er., s. M. J. Brisset die Concini.

Adolphi, Felix, s. Scheltey, die Cenci.

**Adolphi, Friedrich** [Hrsg.] s. *Almanach*, Berlinischer [Zeitschriften].

– s. Almanach auf 1798.

— Freuden geselliger Zirkel. Eine Auswahl der unterhaltendsten ... Spiele, Räthsel, Charaden. — Berlin 1797. 53 S. **1:** 1 in Os 19262.
1.11780

Adolphi, Fr. Alb., die Freuden geselliger Zirkel. Mit Kupfern und Musik. 8. Berlin, Flittner. 811. geh.

**Adolphi, Gustav:** Ulrich von Hutten. Dramat. Gedicht in 5 Aufz. — Berlin 1872. 72 S. **1:** 11 in 4° Yp 5012.
1.11781

**Adolphi, H.,** Pastor zu Adsel, Livland. 1902: Am Fuße der Bergriesen Ostafrikas. Geschichte d. Leipziger evang.-luth. Mission in Deutsch-Ostafrika. Mit 32 Bild. u. 2 Kt. — Leipzig: Evang.-luth. Mission 1902. 140 S.
**1:** Us 986/18.
1.11783

**Adolphi, H.** 1896: Der kleine Problemfreund. Sammlung leichter zweizügiger Schachaufgaben. — Leipzig: Veit 1896. 48 S. **1:** Os 16543/17.
1.11782

**Adolphi, H.,** üb. das Verhalten d. Blutes bei gesteigerter Kalizufuhr. Inaug.-Diss. gr. 8. (40 S.) Dorpat 889, (Karow.) n. 1. —

**Adolphi, Hermann.** 1900: Aus Goethes „Epilog zu Schillers Glocke." (Verf.: H. A.) — o.O. [um 1900]. 5 S.
**1:** Yl 10059.
1.11790

**Adolphi, Herm.,** klassisch od. real? Eine Weltanschaug. (23 S.) 8. Riga 907. Jonck & Poliewsky. — 60

Adolphi, Herm., die Sprache. Eine wissenschaftl. Studie. gr. 8. (15 S.) Mitau 886, Felsko. *

Adolphi, Herm. Ueb. das Verhalten d. Blutes bei gesteigerter Kalizufuhr. Diss. gr. 8. (40 S.) Dorpat 889, (Karow). * 1 —

**— Johann Hermann** (Wesel), De exemplari, quinto Platonicorum causarum genere. Disp. metaphysica. Präs. Michael Walther. Wittenbg. (Joh. Haken) 21. XII. 1661. 10 Bl. (5.—) 99
Widm. v.: Anthon Gunther Ibbeken, Nicolaus Thesing (Oldenburg), Johann Diederich Köpken, Johann Fjarts (Lera/Ostfriesl.), Johann Caspar Wagener (Oldenburg).

Adolphi, M., s. Almanach d. Novellen u. Sagen.

**Adolphi, Marie:** Der Bund auf Kungabacka. Eine schwed. Geschichte aus d. ersten Jahren des 18. Jhs. Von M. Adolphi. — Halberstadt: Brüggemann 1830. 323 S.
1:Yx 991.
1.11793

Adolphi, M., d. Bund auf Kungubacka. Ein schwed. Roman aus den ersten Jahren des 18. Jahrh. Leipz. 830. (L. Schreck). 1½ Rthl.

— Schicksale des Harald Hardrada. — Halberstadt 1831. (Almanach d. Novellen u. Sagen. Jg. 1,4.) 3. 5. 7. 11.
1.11794

— Schicksale des Harald Hardrada. Eine Novelle. 12. Leipzig 831. (L. Schreck.) 2/3 Rthl.

— Die Schwaneninsel, eine schwed. Novelle von M. Adolphi. — Leipzig: Kollmann 1827. 336 S. 1:Yx 183.
1.11795

— Die Schwestern. Roman. Th. 1.2. — Leipzig 1829.
1:Yx 842.
1.11796

**Adolphi, Paul:** Doppelsuffixbildung und Suffixwechsel im Englischen mit besonderer Rücksicht auf das lateinisch-romanische Element. Marburg: Fues, Tübingen 1910. XII, 43 S. 8°
Marburg, Phil. Diss. v. 21. Mai 1910, Ref. Viëtor
[Geb. 13. Nov. 84 Leopoldshall; Wohnort: Marburg; Staatsangeh.: Anhalt; Vorbildung: Gymn. Bernburg Reife O. 03; Studium: Tübingen 3, Halle 2, Tübingen 5, Marburg 4 S.; Rig. 5. Febr. 10.] [U 10. 3337

Adolphi, W.

—— Anleitung zur Erziehung ergiebiger Melkkühe u. z. Wartung u. Pflege derselben. 2 Hfte. 8. Mitau 833, (Reyher's Vrlsh.) *

—— Anweisung zur Viehpflege f. Viehpächter in den russischen Ostseeprovinzen. 8. Mitau 838, (Reyher's Vrlsh.) *

Adolphi, W., eine bisher geheim gehalt. Heilart d. Krätze, mittelst welcher dieselbe in drei Tagen unfehlbar u. ohne Nachtheil f. d. Gesundheit geheilt werden kann. 8. Mitau 829, (Reyher's Vrlsh.) *

—— Leitfaden f. Laien, kranke Thiere zu untersuchen. 8. Mitau 831, (Reyher's Vrlsh.) *

**Adolphi,** Wilh., e. Beitrag zur Kenntnis der Chebulinsäure. Diss. gr. 8. (39 S.) Jurjew (Dorpat) 892. (E. J. Karow.) n. 1. —

Adolphie, (M.,) die Schwaneninsel, eine schwedische Novelle. 8. Leipz. 827, Kollmann.

**Adolphina.** Schauspiel in 1 Akt aus dem Französ. Leipzig 1804. V: *Franke, Christian Wilhelm.* (GGr VI, 449) (Zeitschr. f. Büch. 1923, S. 78.)

Adolphine. II. Tom. 12. Lpz. Wolf et Comp.

Adolphine. (A. u. d. T.: Minna's Feierstunden. 2r Thl.) 8. Leipz. 793. Wienbrack. 1 Rthl.

— v. d. Verfasserin d. Reise Emiliens nach Paris (s. a. d. Tit. Minna's Feyerstunden 2r Th.) 8. Lpzg. Gräff. 793.

**Adolphine.** Leipzig 1794. V: *Wahl, Sophie Helmine geb. Singer.* (GGr)

Adolphine. Schsp. in 1 A. a. d. Franz. 8. Leipz. Schäfer. (Kühn.) 804.

Adolphine, Mährchen u. Erzählungen für jugendl. Leserinnen. gr. 16. Leipzig 844, Brockhaus. 24 *ngl*

Adolphine, neue Märchen und Erzählungen für jugendliche Leserinnen. br. 8. Leipzig 846, Brockhaus. 24 *ngl*

Adolphine oder das verlorene Kind. Ein Roman vorzüglich d. weibl. Jugend gewidmet von Wilhelmine B. Bremen 1818: Heyse. 263 S. 1:Yw 8473. 7.
1.11733

Adolphine, Tante, s. a. Breithaupt, A.

Adolphine, Tante (Frau Breithaupt), Kochbuch f. kleine u. große Mädchen zur neuen Weihnachtsküche. 8. (VIII, 58 S.) Chemnitz 893. B. Richter. Kart. n. — 80

Adolphs, F. R., s. E. Sue, der ewige Jude.

Adolphson's illustrirte Bienen-Zeitung. Organ der Societas apiaria [internationaler Imkerverein]. 7. Jahrg. 1888. 12 Nrn. (à Nr. 1—2 Bog. mit eingedr. Holzschn.) gr. 4. Zürich, (Schmidt.) *
Vgl.: Bienenzeitung, illustrirte.

Adolphson's illustrirte Bienen-Zeitung. Organ der Societas apiaria [internationaler Imkerverein]. 8. Jahrg. 1889. 24 Nrn. (Bog. m. eingedr. Holzschn.) gr. 4. Zür., (Schmidt). * 2 —
Fortsetzung, s. Bienen-Zeitung, allgemeine illustrierte.

Adolphus, der graue Mann, s. Mann, der graue.

**Adolphus** Frederick Herzog v. Cambridge, Prinz v. Grossbritannien: Proclamation (v. 12. Jan. 1831). — (Hannover 1831.) 1 Bl. 1:3 in Sl 9065-2. 7.
1.11800

— Proclamation (v. 13. Jan. 1831). — (Hannover 1831.) 1 Bl. (Allg. Volkszeitung u. Harzfreund. Außerordentl. Beil.) 1:2 in Sl 9065-2.
1.11801

— Proclamation (v. 4. Febr. 1831). — (Hannover 1831.) 1 Bl. 1:4 in Sl 9065-2.
1.11802

— [Proclamationen und Rede] Sr. K. H. Adolphus Frederick, Herzog von Cambridge. — (Hannover 1831.) 7 Bl. 1:8 in Sl 9070.
1.11803

**ADOLPHUS** (ps.), Geschichte der Teufel neuerer Zeiten, durch den Herrn *Adolphum*, einen Englischen Juden, weiland berühmten Doktor der ausübenden Arzneygelahrtheit beschrieben. Aus dem Französischen übersetzt. (Mit Widmung an Friedrich d. Gr.) Cleve u. Frankfurt. (Berlin, Haude u. Spener) 1771. 8°. (3/4 Thlr. Scheible, Stuttgart; 6 Mk. Max Jaeckel, Potsdam, 1907.)
Weller, fing. Druckorte. — Zuerst gedr. Frankf. 1770. 8°. (Verf. nur mit A** bezeichnet.) (fl. 12 kr., Scheible in e. alten Cat.)
Orig.: Histoire des diables modernes par le feu Mr. Adolphus, Juif Anglois, Docteur en médicine. 3me édit. à Clèves, J. G. Baerstecher, 1771. (In Wolfenb.) (1 Thlr. Scheible.) Ed. I. 1770?

**Adolphus,** C. M., Hydrophobia morbi cholerici pedissequa. Acad. nat. cur. ephem., Augustae Vindel., 1722, IX—X, 171. 1722

Adolphus, John

— Geschichte von Grossbritannien. Von der Thronbesteigung des Königs Georg des Dritten bis zu dem im Jahre 1783 abgeschlossenen Frieden ... Aus d. Engl. [von E. A. W. v. Zimmermann]. Bd 1.2,1. — Leipzig: Schwickert 1808–15.
Vollst. . . . . . . . . . . . . . . . 8.
1 . . . . . . . . . . . . . . . . 12: Brit. 4 d. 2.
1.11810

Mx 155 (13) Simon Adolphus

Theses inaugurales anatomico- medicae miscellaneae. Halae Magdeb. (1730:) Hilliger. 26 S. 8°
Halle, Med. Diss. v. 9. Sept. 1730

**Adomeit,** Otto [pr. Arzt in Triptis]: Resection des Vas deferens als Heilmittel bei Prostatahypertrophie ... Greifswald, Druck v. J. Abel, 1896; 32 S. 8.
Greifswald, Med. Fak., Inaug.-Diss. v. 17. Juli 1896

**Adomeit, R.:** Über Blitzableiter. Vortrag. — Breslau 1891: Lindner. 24 S.
Aus: Breslauer Gewerbe-Blatt. 19-22. 83.
1.11827

— Der gegenwärtige Stand des Maschinenzeichnens in der Praxis und auf der Schule. Bericht über e. Studienreise von Adomeit. — Leipzig: Seemann 1893. IV,81 S.
Aus: Zeitschrift für gewerbl. Unterricht. 83.
1.11828

Aedone. Ein Journal f. die Flöte, v. J. W. Kreith u. H. G. Müller, 10 Hefte, Fol. Prag, Volk. 812.

Adonide, od. Liebe u. Schein, von J. G. D. Schmiedtgen. 8. Leipz. Enobloch. 815.

Adonis, Der, v. 2. Garderegt., s.: Bibliothek Wolf.

Adonis, d. gute Neger; e. wahre Anekdote a. d. Franz. d. Picquenard. 8. Gotha, Ettinger. 799.

**Adonis** und Zerbina oder die Leiden einer edlen Familie auf St. Domingo; für junge Leser von 10—16 Jahren. Gotha 1811. V: *Wolffram, Johann Chr.* (Ky)

**Adonis, J., zu schön, s.: Plouvien, E.**

**Adoption.** — [L'Adoption ou la maçonnerie des femmes, deutsch] Die Freymäuerey im Fischbein-Rocke. Th. 1. 2. Frankfurth & Leipzig 1775.
2 u. d. T.: [Pérau, Gabriel Louis Calabre:] Die verrathene Freymäuerey [Le Secret des francs-maçons, deutsch].
1:Nb 5198.
1.11830

*l'Adoption*, ou la maçonnerie des femmes en trois grades. 8. Bern 785. Haller. 6 gl

Adoption d'un nouveau matériel pour les batteries attelées de l'artillerie de campagne. Message du Conseil fédéral. (Du 8 mars 1901.) 21 p. 8. [Berne, C.-J. Wyss,] 1901. G

Der Adoptiv-Bürger: Jan. 1845?--Jan. 1846?
Labor daily; the VOLKSZEITUNG of New York claims that it was the first Labor paper printed in German. Edited & published by George Dietz.
Philadelphia, PA

Adoptiv-Bürger der VS. Mahnruf an die Deutschen. N. p., 1884.

**Ador**, Em., recherches sur le phtalyl radical de l'acide phtalique. Dissertation présentée à la section des mathématiques et des sciences de l'université de Zurich. 34 pp. in gr. 8. Zurich, impr. Zürcher & Furrer. 1872

Ador, Gustave. Administrativer und technischer Bericht des Schweizerischen Generalkommissariats, dem Hohen Bundesrate erstattet durch Gustav Ador, schweizerischem Generalkommissär (an der) Weltausstellung in Paris 1900. Mit 38 Ansichten und 17 Plänen. (1901 Oktober.) VIII + 381 S. 4. Genf, W. Kündig & Sohn, 1901. Vs
(Nach dem französischen Original übersetzt.)

**Ador, P.**, Jeschua v. Nazara. Roman, auf die Ergebnisse der histor. Forschg. begründet. 2 Thle. in 1 Bde. 8. (VIII, 240 u. 222 S.) München 888. Bassermann. n. 6. 60; geb. n. 8. —

**Adorate.** — Adorate! Gebete und Andachten zum gemeinsamen u. Privatgebrauche beim Stundengebete vor d. hochwürdigsten Gute. Nebst e. Ausw. von Gebeten für die heil. Kirche. — Paderborn: Junfermann 1877. IV,192 S.
1:Er 14946. 6.
1.11833

*Adoratio* Dei hominis in sanctiss. altaris sacram. ad ment. L. Ant. Muratorii. 8. Wien. 787. (A. Doll). 5 gl

**Adoremus.** — Adoremus. Gebetbüchlein, enthaltend die notwendigsten Gebete eines kath. Christen. — Kevelaer: Thum (1886). III,184 S.
5.
1.11839

**Adorf, s.: Preussen. Messtischblätter.**

**Adorf,** s.: Sachsen. Karte. Messtischblätter.

Adorna, Abhandl. v. Fegefeuer. 8. Augsb. 774. Wolf. 3 gl

**ADORNI,** der Räuber. Ein Retter der unterdrückten Menschheit. 2 Bdchn. Leipzig 1804—6. 8°.
1 Titkpf., 230, XII u. 195 SS. — Zahm.

**Adoro.** — Adoro. Vollständiges katholisches Gebetbuch in lateinischer u. deutscher Sprache mit Psalmen, Hymnen u. Liedern. — Paderborn: Schöningh 1861. XII,460 S.
6.
1.11851

— — 3. Ausg. Ebd. 1874. XVI,612 S.
1:Er 13716. 6.
1.11852

**Adoro.** Vollständiges katholisches Gebetbuch in lateinischer u. deutscher Sprache mit Psalmen, Hymnen u. Liedern. Mit 1 Stahlst. 2. umgearb. Aufl. Paderborn 870. Schöningh. 32. (XVI, 612 S.) 22½ ngr.

Adoro. Katholisches Gebetbuch für Studierende. Lat. u. deutsch. Von e. Priester d. Diöcese Paderborn. — Paderborn: Schöningh (1899). XXVIII,410 S.
1:Da 14522. 6.
1.11853

Adossides, Alexander [aus Konstantinopel]: Ueber den heutigen Stand der Therapie der Peritonitis tuberculosa ... Halle a. S., Heynemann'sche Buchdr., 1893: 63 S., 1 Bl. 8.
Halle, Med. Fak., Inaug.-Diss. v. 12. Dez. 1893

**Adpellatio** altera puncto spolii decimalis Pio VI oblata ... s. l. 1791. V: *Zinsmeister, Franz Xaver Joseph.* (BB) (ML)

**Adplausus** dum Seren. et heredit. princeps regius archidux Austriae Carolus V. idus Septembris anni 1803 Budam venit. Budae. V: *Szerdahelyi, Georg Alois.* (Pk)

**Adrabbo,** Oriental. Taschen-Wörterbuch f. Tagesereignisse, Politik, Börse u. Leben. gr. 16. (32 S.) Berlin (Schillingstr. 12) 898. E. Thiele. — 75

**ADRAMELECH** d. Aeltere (d. i. *Aug. Ad. Leop.* Graf *v. Lehndorf-Bandels*), Ramiro und Gianetta. Ein Teuflisches Matrimonial-Fragment aus den Ehestands-Acten der Hölle, bearb. von —. Vierte verbess. Aufl. Florentz (Anspach, Haueisen) 1793. Kl. 8°. (3 Mk. 50 Pfg. A. Buchholz, München, 1906.)
88 S. (incl. gestoch. Tit. m. Vign.). Lat. Lettern. — Es giebt nur diese eine Aufl. mit obigem Titel. — Der erste Druck hat d. Tit.: Ramiro und Gianetta, oder die Heirath des Teufels. Ebd. 1789. 8. (1 1/3 Thlr. Scheible.)

**Adrast u. Isidore,** od. die Serenade, nach Morliere. (Volkmar in Leipz.) 2 gl

Adrast u. Isidore; od. die Serenade. Operette v. Bretzner. 8. Lpz. Schneider. (a. Linke.) 789.

**Adrastea.** [Hrsg.: Joh. Gottfr. Herder.]
Bd 1–6 (= St. 1–12).
Leipzig: Hartknoch 1801–03. 8°

**Адресъ-Календарь: Общiй штатъ россiйской имперiи.** 1850. 2 Части. 8. С. Петерб. (Staatshandbuch Russlands für 1850. 2 Thle.) (Leipzig, Voss.) n. n. 6⅔ Thlr

**Adress.** — Adress [engl.] s. *Address.*

Adreß-Almanach, schwarzburg-rudolstädtischer. Privat-Bearbeitung nach den besten Quellen. 8. (III, 44 S.) Rudolstadt 871, (Fröbel.)

**Adreß-Almanach,** schwarzburg-rudolstädtischer. Privat-Bearbeitung nach den besten Quellen. 8. (III, 44 S.) Rudolstadt 872. (Fröbel.) — 80

Adress- und Wohnungsanzeiger, s. a. Adressbuch

Adress- und Wohnungs-Anzeiger, Budapester. Auf Grund der officiellen Daten des hauptstädt. Meldungs-Amtes. 3. Jahrg. 1883—1884. gr. 8. (XVII, 704 S. mit 1 chromolithogr. Plane von Budapest.) Budapest 884, (Leipzig, Haessel.) *

Adreß- und Wohnungs-Anzeiger für Coethen 1872—73 und 1874. Hrsg. von Ascherberg. gr. 8. (à 80 S.) Cöthen, Schulze. à Jahrg. *

—— —— von Eßlingen. Nebst einigen kaufmänn. Adressen aus der Umgebung. Mit alphabet. Register. gr. 8. (VII, 77 S.) Eßlingen 868, Weychardt. cart. *

—— —— der Stadt und des Kreises Graudenz in 4 Nachweisungen: nach amtl. Quellen zusammengestellt im Jan. 1868. Lex.-8. (55 S. mit 1 lithogr. Karte in gr. 4.) Graudenz 868, Röthe.

**Adreß- u. Wohnungs-Anzeiger** der Stadt Landsberg a. d. Warthe. Jahrg. 1883. Nach amtl. Materialien zusammengestellt. gr. 8. (176 S.) Landsberg a/W. 883. Volger & Klein. geb. n. 3. —

Adreß- und Wohnungsanzeiger der Stadt Landsberg a. d. Warthe. Jahrg. 1886. Nach amtl. Materialien zusammengestellt. gr. 8. (VIII, 264 S.) Landsberg a. d. W., Volger und Klein. geb. *

**Adressář král. hlavního města Prahy** (Adressbuch der königlichen Hauptstadt Prag und der benachb. Gemeinden). Mit deutsch-böhm. alphab. Inhalts-Verzeichniss. Prag, F. Rziwnatz. Lwdbd. 6 fl. Ins. 885

**Adressbuch,** s. a. Addressbuch

**Adressbuch,** s. a. Adress- und Wohnungs-anzeiger

– s. a. Adress- und Auskunftsbuch

– s. a. Adress- und Verkehrsbuch

– s. a. Adressbücher

– s. a. Adresscalender

– s. a. Adressen- und Wohnungsanzeiger

– s. a. Adressenbuch

– s. a. Adress- und Bürgerhandbuch

– s. a. Adress- und Stadthandbuch

– s. a. Adresskalender

– s. a. Geschäftsadressbuch

– s. a. Hand- und Adressbuch

**Adressbuch,** s. a. Handels- und Gewerbeadress-buch

– s. a. Stadt- und Adressbuch

**Adressbuch,** s. a. Universaladressbuch

– s. a. Wohnungsanzeiger

– s. a. Wohnungs- und Geschäftsanzeiger

– s. a. Wohnungs- und Geschäftshandbuch

Adreßbuch von Aachen, s. a. Adreß-Kalender.

**Adreßbuch** von Aachen u. Burtscheid. Aachen 855. Benrath u. Vogelgesang. 8. (1 Bl., 181 S.) n. 1 ℳ

**Adressbuch** für Aachen und Burtscheid. Hrsg. von Nic. Schüren. 8. (III und 311 S.) Aachen 861, Benrath und Vogelgesang.

Adreßbuch für Aachen und Burtscheid. gr. 8. (219 S.) Aachen 868, Benrath und Vogelgesang

Adreßbuch für Aachen und Burtscheid für 1877/78. Hrsg. von C. Vogelgesang. 8. (426 S.) Aachen, Benrath und Vogelgesang. *

**Adreßbuch** f. Aachen u. Burtscheid. Nebst (chromolith.) Plan v. Aachen u. Burtscheid. gr. 8. (XVI, XLVIII, 468 u. 62 S.) Aachen 885. (M. Jacobi). geb. n.n. 6. 50

Adreßbuch für Aachen und Burtscheid 1887. gr. 8. (IV, 544, 67 S. nebst Plan von Aachen und Burtscheid.) Aachen, (M. Jacobi.) **

**Adreßbuch** f. Aachen u. Burtscheid 1889. Nebst e. Plane v. Aachen u. Burtscheid. gr. 8. (608 u. 64 S.) Aachen 889. (Barth.) cart. n.n. 7. 50

Adreßbuch für Aachen u. Burtscheid rc. 1891. gr. 8. (8, 668 u. 46 S. m. 2 Plänen.) Aachen, (Barth). geb. * 8 —

**Adressbuch** Aachen, Reg.-Bez., s. a. Adresskalender

**Adressbuch** f. d. Regierungsbezirk Aachen, s. a. Ahn, Franz: (Adressbuch). Jahrbuch f. d. Regier.-Bezirk Aachen a. d. J. 1822–31.

**Adreßbuch** v. Aachen u. Umgebg. 1899. Unt. Benutzg. amtl. Quellen. gr. 8. (796 u. 152 S. m. Theater- u. farb. Stadtplan.) Aachen (Cremer). Geb. in Leinw. n.n. 8. 50

– v. Aachen u. Umgebg 1900. 8° (808 u. 185 m. 2 Pl.) – Aachen: (Cremer).

**Adreßbuch** v. Aachen u. Umgebung 1902. Unter Benutzg. amtl. Quellen. gr. 8. (860 u. 206 S. m. 1 Plan u. 1 Karte.) Aachen (Cremer). Geb. in Leinw. n.n. 8. 50

– Aachen u. Umgebg. (1024 m. 1 Pl.) 8° – Aach.: (Cremer) 1905.

**Adreßbuch** 1906 f. Aachen u. Umgebung. Unter Benutzg. amtl. Quellen. (1042 S. m. 1 Plan.) gr. 8. Aachen (Cremer). Geb. in Leinw. n.n. 8. 50

– Aachen und Umgebung. (16,12,603,251,80, 120 u. 253 m. 2 Pl.) gr 8° – Aachen: (Cremer) 1909.

**Adreßbuch** 1910 f. Aachen u. Umgebung. Zugleich Hand- u. Bürgerbuch f. das gesamte Publikum der Stadt Aachen. Unter Benutzg. amtl. Quellen. (XVI, XII, 608, 464, 13, 109, 135 u. 360 S. m. farb. Stadt- u. Theaterplan.) gr. 8. Aachen (Cremer). Geb. in Leinw. nn. 8, 50

**Adreßbuch** f. Aachen-Burtscheid, Forst, Rothe Erde u. Haaren. 1893. gr. 8. (683 u. 115 S. m. farb. Plan.) Aachen, (R. Barth, Verl.). Geb. n. 8. —

– Aachen-Burtscheid, Forst, Rothe Erde u. Haaren. 1895. 8° – (887 m. 2 Pl.) Aach.: (R. Barth V.).

**Adressbuch**

– der Oberamtsstadt u. des Bez. Aalen, s. Adreß- u. Geschäftshandbuch.

– Aalen. Stadt und Bezirk. (253). 8° – Aalen: (Wirth) 1908. m. Pl.

**Adressbuch**

—— von Aarau, s. a. Verzeichniß sämmtl. Einwohner rc. der Gemeinde Aarau.

— der Stadt Aarau. Von G. Vogel. gr. 8. (IV, 157 S.) Aarau 888. (Sauerländer.) n. 2. —

— der Stadt Aarau. Dienlich f. Jedermann, namentlich f. Beamte, Fabrikanten, Handels- u. Gewerbsleute v. G. Vogel. gr. 8. (IV, 172 S.) Aarau 892. (H. R. Sauerländer & Co.) n. 3. 40

**Adressbuch der Stadt Aarau (Schweiz) 1896. Nebst illustriertem Anhang, mit 1 Kupferstich und 56 Originalillustrationen. In-8°. XVI, 224 S. Aarau, Emil Wirz. 1896 brosch. 3 — gebd. 4 —**

— der Stadt Aarau 1899. IX. Ausg. Bearb. v. G. Vogel. [Aus: „Handels- u. Gewerbe-Adressbuch f. d. Kanton Aargau".] 8. (III, 94 u. 107 S.) Bern. Aarau, H. R. Sauerländer & Co. Geb. n. 4. —

Adressbuch der Stadt Aarau 1901. 10. Ausgabe. Bearb. von G(ottfried) Vogel... . VIII + 192 + 32 [+ 4] S. 8. Bern, Verlag der Polytechnischen Verlagsanstalt A. G.; Aarau, Druck von H. R. Sauerländer & Co., 1901. [geb. fr. 4.—]

Adressbuch der Stadt Aarau 1904. 11. Ausgabe. Bearb. von G(ottfried) Vogel... . II + 208 + *Annoncen* 16 [+ 4] S. 8. Aarau, H. R. Sauerländer & Co.; Bern, Polytechnische Verlagsanstalt. [geb. fr. 4.—]

— d. Stadt Aarau 1907. XII. Ausg. Bearb. v. G. Vogel. (II, 218 S.) kl. 8. Aarau (H. R. Sauerländer & Co.). Geb. 4. —

Adressbuch f. den Kanton Aargau 1899/1900. Nach amtlichen Quellen bearb. 1. Bd., enth. die Bezz. Aarau, Zofingen, Kulm, Lenzburg u. Muri. 8. (XII, 380 S.) Bern (Aarau, H. R. Sauerländer & Co.) Geb. in Leinw. n. 5. —

— dasselbe. 2. Bd., enth. die Bezirke Baden, Bremgarten, Brugg, Laufenburg, Rheinfelden u. Zurzach. 8. (X, 419 S.) Ebd. (899). Geb. in Leinw. n. 5. —

Adressbuch Abbazia, s. Adressbuch d. österreich. Riviera

— des gesammten deutschen Adels. 1. Jahrg. 1. Hft. Ostpreussen u. Westpreussen. Hrsg. v. Aug. Brodo. gr. 8. (107 S.) Berlin 894. A. Brode. Geb. n. 4. —

– v. Adorf, s. a. Adreß- u. Auskunftsbuch

– Adorf i. V. (83) 8° – Lpzg, Kühnel 1904.

Adressbuch der Adressbücher, s. a. Mahlau's Bücherei.

—— der Adressbücher. Verzeichniss sämmtl. der im deutschen Reich, Oesterreich und der Schweiz, sowie der in sonst. Staaten der Erde erschein. Staats-, Orts-, Fach- und Standes-Adressbücher, einschliessl. derjenigen Werke, welche ohne den Titel von Adressbüchern zu führen, ihres einschläg. Inhalts wegen doch in diese Kategorie gehören. gr. 16. (VII, 125 S.) Leipzig 868, Serbe'sche Verlagsh.

Adressbuch der Adressbücher. Verzeichniss sämmtl. im deutschen Reich, Oesterreich u. der Schweiz, sowie der in sonst. Staaten der Erde erschein. Staats-, Orts-, Fach- u. Standes-Adressbücher, einschliesslich derjenigen Werke, welche ohne den Titel v. Adressbüchern zu führen, ihres einschläg. Inhalts wegen doch in diese Kategorie gehören. gr. 16. (VII, 125 S.) Leipzig 878. Serbe. 5. —

— der Adressbücher. Verzeichniss v. Fach-, Handels-, Städte- u. Länder-Adressbüchern der Welt. Ca. 500 Branchen- u. nahezu 1500 Bücher-Nachweisgn. Hrsg. v. der Centralstelle f. Adressbücher u. Adressenwesen [Eisenschmidt & Schulze]. Novbr. 1889. gr. 8. (80 S.) Berlin 890. Eisenschmidt & Schulze. n.n. — 50

— der Adressbücher. Verzeichn. v. neueren Fach-, Handels-, Städte- u. Länder-Adressbüchern d. Welt. Hrsg. v. d. Centralstelle f. Adressbücher u. Adressenwesen, Leipzig. 4. Jahrg. 1899. 8. (III, 52 S.) Leipzig, Schultze & Co. n. — 75

– Adressbücher. Verzeichnis v. neueren Fach-, Handels-, Städte- u. Länder-Adressbücher u. Adressenwesen, Leipzig. 5. Jahrg. 1900. 8° (51) – Leipzig: Schulze.

— der Adressbücher. Verzeichnis v. neueren Fach-, Handels-, Städte- u. Länder-Adressbüchern der Welt. Hrsg. v. der Centralstelle f. Adressbücher u. Adressenwesen, Leipzig 8. Jahrg. 1903. 8. (IV, 62 S.) Leipzig, Schulze & Co. n.n.n. — 50

– Adressbücher. Verz. v. neueren Fach-, Handels-, Städte- u. Länder-Adressbb. d. Welt. 9. Jahrg. (61) 8° – Lpzg, Schulze & Co. 1904.

— der Adressbücher. Verzeichnis v. neueren Fach-, Handels-, Städte- u. Länder-Adressbüchern der Welt. 10. Jahrg. 1906. (63 S.) gr. 8. Leipzig, Schulze & Co. n. 1. —

Adreßbuch der Adreßbücher. Jg. 11. 1907 ff. Leipzig

– Adressbücher. Verz. e. Ausw. v. neueren Fach-, Handels-, Städte- u. Länder-Adressbb. d. Welt. 13. J. 1909. (63) 8° – Leipzig: Schulze

— der Adressbücher. Verzeichnis e. Auswahl der in den letzten Jahren erschienenen Fach-, Handels-, Städte- u. Länder-Adressbüchern der Welt. 14. Jahrg. 1910. (63 S.) 8. Leipzig, Schulze & Co. 1. —

Adressbuch

—– der Advocaten in den im Reichsrathe vertretenen Königreichen und Ländern der österr.-ungar. Monarchie, s. Verzeichniß.

—— Advocaten u. k. k. Notare, s. Verzeichniss der Advocaten u. k. k. Notare i. d. österr.-ungar. Monarchie.

—— der Advokaten und Notare der österr.-ungar. Monarchie, s. Verzeichnis.

— der Advokaten, Rechtsagenten u. Inkassogeschäfte d. Schweiz. Annuaire des avocats, agents d'affaires et maisons d'encaissements de la Suisse. Hrsg.: A. Roebelen-Goez. 8. (28 S.) Zürich 896. (Stuttgart, H. O. Sperling.) n. 1. 20

— deutscher Agentur-Geschäfte. (VII, 220 S.) 8. Berlin 909. Koburg, O. Rux. Kart. 5. —

– der deutschen Actien-Brauereien u. Actien-Mälzereien. Statistisches Nachschlagebuch üb. die Vermögensverhältnisse u. Geschäftsergebnisse im Betriebsj. 1889/90. gr. 8. (VIII, 226 S. m. 19 Tab.) Berlin-Groß-Lichterfelde 891. (Leipzig, O. Gracklauer.) n.n. 4. ––

— des Kreises Alfeld. Nach amtl. Material bearb. 12. (236 S.) Hildesheim (899). F. Borgmeyer. Kart. n. 1. 50

Adressbuch

– allgemeines, für die Bijouteriebranche u. deren Hilfsgeschäfte, sowie der Uhren-Industrie in Deutschland. Hrsg. v. Adf. Meier. gr. 8. (XXX, 47 u. 166 S.) Pforzheim 889. (Riecker. — Berlin, Eisenschmidt & Schulze.) geb. n.n. 7. 50

Adressbuch für den Deutschen Buchhandel, den Musikalien-, Kunst- und Landkarten-Handel u. verwandte Geschäftszweige, Allgemeines, 1810. Von O. A. Schulz.

– allgemeines, d. Haupt- u. Residenz-Stadt Dessau. Hrsg. v. H. Neubürger. 8° (156) – Dessau: Neubürger 1869.

– allgemeines, der Städte Eger, Asch, Franzensbad u. Marienbad. Bearb. v. C. J. Laukus. 1892. gr. 8. (VI, 107 S.) Eger, J. Kobrtsch & Gschihay. Geb. in Leinw. n. 2. —

— allgem., der freien Stadt Frankfurt a. M. 1834. Herausg. v. Geo. Fr. Krug. gr. 8. Frankf. 834. Krug. 7/8 Thlr. weiß Pap. 1 1/6 Thlr. dass. f. 1835. 2r Jahrg. 1 Thlr. dass. f. 1835/36. gr. 8. Ebd. 836. 1 Thlr. dass. für 1836. 2e Abthl. Handlungs-Adressen. gr. 8. Ebd. 836. 7 Gr. dass. für 1837/38. 3 Abthl. gr. 8. Ebd. 837. 1 1/2 Thlr. 2e u. 3e Abthl. A. u. d. T.: Allgem. Adreßbuch der freien Stadt Frankfurt. II Handlungs-Adreßbuch. gr. 8. Ebd. 837. n. 5/12 Thlr. III. Geschäfts-Adreßbuch. gr. 8. Ebd. 837. n. 1/4 Thlr. IV. Meß-Schema. Verzeichniß der Fabrikanten und Handelsleute, welche die Frankfurter Messen besuchen, mit Angabe ihrer Heimath, der Waaren, die sie zum Verkaufe ausstellen, und ihres Meßstandes. 2e Aufl. gr. 8. Ebd. 837. n. 1/6 Thlr.

—— allgemeines, der freien Stadt Frankfurt. Hrsg. v. Geo. Friedr. Krug. 1835—40. gr. 8. Frankfurt a. M., Krug. [835. (19 B.), 835—36. (19 1/2 B.) à 1 Thlr., 837—38. (25 1/8 B.) * 1 1/2 Thlr., 839—40. (13 3/4 B.) * 5/6 Thlr.]

— allgemeines, d. Gewerbs- u. Kaufmannsstandes der Schweiz. Ausschliesslich nach offiziellen Verzeichnissen und amtlichen Originaleingaben bearb. von J. Frick u. J. Senn. Zürich, 862. (Meyer & Zeller.) gr. 8. (VI, 492 S.) n. 2 ℛ

—— allgemeines, des Gewerbs- und Kaufmannsstandes der Schweiz. Ausschliesslich nach offiziellen Verzeichnissen und amtl. Originaleingaben bearb. von J. Frick und J. Senn. gr. 8. (VI und 492 S.) Zürich 863, (Meyer und Zeller's Verlag.) *

— allgemeines, der Residenz-Stadt Gotha für 1845. Herausg. v. A. Stiebritz. 12. Gotha 845, (Müller.) 1/3 ℛ

Adressbuch

— allgemeines, für Göttingen 1857. Göttingen, Vandenhoeck u. Ruprecht in Comm. 4. (2 Bl., 66 S.) nn. 15 ngr

— allgemeines, f. Göttingen, 1862. Göttingen, Vandenhoeck & Ruprecht. Lex.-8. (2 Bl., 81 S.) nn. 15 ngr

— allgemeines, f. Göttingen. 1865. (IV, 83 S.) — 1868. Göttingen, Vandenhoeck & R. gr. 8. (IV, 65 S.) Jeder Jahrg. n. 15 ngr

— allgemeines, für Göttingen. 1872. gr. 8. (III, 131 S.) Göttingen 872. Vandenhoeck & Ruprecht n.n. 1. 50

—— allgemeines, für Göttingen. 1875 und 1878. gr. 8. (115; 101 S.) Göttingen, Vandenhoeck und Ruprecht's Verlag. 1875 ** ℳ 1,80.; 1878 * ℳ

1876, 1877 und 1879 nicht erschienen.

—— allgemeines, für Göttingen. 1881 und 1883. Lex.-8. (II, 122; 136 S.) Göttingen, Vandenhoeck und Ruprecht's Verlag. à Jahrg. **

Jahrg. 1880 und 1882 nicht erschienen.

— allgemeines, f. Göttingen. 1885. gr. 8. (IV, 104 S.) Göttingen 885. Vandenhoeck & Ruprecht's Verl. n.n. 2. —

— dass. — 1887. gr. 8. (VI, 107 S.) Ebendas. **

— dass. — 1888—1889. gr. 8. (VI, 110 S.) Ebendas. cart. **

—— allgemeines, f. Göttingen. 1890 u. 1891. gr. 8. (VI, 74 u. 78; VI, 78 u. 74 S.) Götting., Vandenhoeck u. Ruprecht. geb. à Jahrg. ** 3 —

—— dass. — 1892. Nebst e. Anh.: Adressen der Umgegend. Mit e. Stadtplan u. e. Theaterplan. gr. 8. (VI, 84 u. 92 S.) Ebd. cart. ** 3 50

— allgemeines, f. Göttingen. Nebst e. Anh.: Adressen d. Umgegend. 1894. Mit 1 Stadtplan u. 1 Theaterplan. gr. 8. (VI, 86 u. 94 S.) Göttingen, Vandenhoeck & Ruprecht. Kart. n.n. 3. 50

– allg., f. Göttingen. Nebst e. Anh.: Adressen d. Umgegend. 1895. 8° (191 m. 2 Pl.). – Gött.: Vandenhoeck & R.

— allgem. f. Göttingen. Nebst e. Anh.: Adressen d. Umgeg. 1898. M. 1 Theaterplan. gr. 8. (VIII, 96 u. 109 S.) Göttingen, Vandenhoeck & Ruprecht. Kart. n.n. 3. 60

— allgemeines, f. Göttingen. Nebst e. Anh.: Adressen der Umgegend. 1899. Mit e. Theaterplan. gr. 8. (VIII, 100 u. 138 S.) Göttingen, L. Hofer. Geb. n.n. 3. 75

— allgemeines, f. Göttingen. Anh.: Adreßbuch f. den Landkreis Göttingen. 1906. Beilagen: Neuester Stadtplan, Theaterplan, Kalendarium, Wegekarte f. Göttingen u. Umgegend. (VIII, 97, 168 u. 14 S.) gr. 8. Göttingen (C. Spielmeyer's Nachf.). Geb. n. 4. —

— allgemeines, f. Göttingen. Anh.: Adreßbuch f. den Landkreis Göttingen. 1909. Beilagen: Neuester Stadtplan, Wegekarte f. Göttingen u. Umgegend, Kalendarium. (VIII, 111, 197 u. 18 S.) gr. 8. Göttingen (C. Spielmeyer's Nachf.). Geb. nn 4. —

Adressbuch

—— allgemeines, für die Stadt und Festung Groß-Glogau. Nach amtl. Quellen bearb. 1. Jahrg. 1855/56. 8. (XXIV und 101 S. mit 2 Tab. in qu. gr. 4.) Glogau 855, Reisner'sche Buchh. **

—— allgemeines, für die Stadt und Festung Groß-Glogau. Nach amtl. Quellen bearb. von der Verlagshandlung. 2. Jahrg. gr. 8. (VIII und 149 S.) Glogau 863, Reisner'sche Buchh. *

—— allgemeines und statist. Handbuch, s. Hand- und allgem. Adreßbuch.

Vgl.: Addreßbuch. — Staats- und Adreß-Handbuch.

— allgemeines, f. Handel u. Gewerbe der herzogl. Haupt- u. Residenz-Stadt Dessau. Nebst e. Zusammenstellung der sämmtl. Behörden, öffentl. Anstalten, Institute u. Vereine, welche ihren Sitz in Dessau haben. Nach Namen, Wohnungen u. Geschäftszweigen alphabetisch geordnet u. hrsg. von Herm. Neubürger. 1866. (IV, 140 S.) — 1869. Dessau, Neubürger. 8. (156 S.) Jeder Jahrg. n. 20 ngr; geb. n. 22½ ngr

— allgemeines, f. Handel, Gewerbe u. Industrie von Oberfranken. Nebst e. Waaren- u. Orts-Verzeichniß, sowie e. Verzeichniß der Speditionsgeschäfte an den vorzüglichsten Handelsplätzen Deutschlands. Bayreuth 867. Expedition. gr. 8. (126 S.) n. 25 ngr

— allgemeines, m. Häuser-Schematismus der l. f. Stadt Mödling. 1906. Verf. u. hrsg. v. F. Gschmeidler u. Frz. Skribany. (VI, 55 u. LV S.) gr. 8. Mödling, A. Thomas. Kart. n.n. 3. —

— allgem. Leipziger f. 1853. 32. Jahrg. Leipzig, Dürr'sche Buchh. Lex. 8. (XII, 347 u. 63 S.) n. 1 ℛ 10 ngr

— — für 1854. 33. Jahrg. Mit 1 lith. Plane d. Stadttheaters (in Fol.). Ebend. Lex. 8. (XII, 358, 76 S.) n. 1 ℛ 10 ngr

— — für 1855. 34. Jahrg. Ebend. Lex. 8. (XIV, 374, 103 S.) n. 1 ℛ 10 ngr

— — für 1856. 35. Jahrg. Unterstützt durch officielle Angaben Königl. u. städtischer Behörden u. Collegien. Mit 1 Plane der Stadt Leipzig (Kpfrst. in 4.). Ebend. Lex. 8. (XII, 392. 112 S.) n. 1 ℛ 10 ngr

— — für 1857. Mit 1 Ansicht d. Museums in Leipzig (Holzschn.) Ebend. Lex. 8. (XVI, 418, 118 S.) n. 1 ℛ 10 ngr

— — für 1858. 37. Jahrgang. Nebst einem Anh.: Das jetztlebende Leipzig. Anno 1701. Ebend. Lex. 8. (XVI, 439, 135 S.) n. 1 ℛ 10 ngr

—— allgem., für d. Gouvernement Livland u. d. Provinz Oesel, hrsg. v. Karl Freih. Budberg, genannt Bönninghausen. Neue, wohlf. Ausg. gr. 8. (13½ B.) Riga 812, Götschel.

—— allgemeines, der Großherzogth. Mecklenburg-Schwerin und Strelitz, verfaßt von mehreren Fachmännern, hrsg. von B. Ahrendt. (In 2 Bdn.) 1. Bd. 8. (VII und 152 S.) Neubrandenburg 860, (Brünslow.) *

— allgemeines, der Stadt Neumarkt i/O. 1893. gr. 8. (27 S.) Neumarkt i/Obpf.. (A. Boeal). n. — 60

— allgem., für die Stadt Nordhausen. Herausg. v. Jh. Fr. Mart. Lemecke. 8. Sondersh. 834. Eupel. n. 2/3 ℛ

Adressbuch

— allgemeines, der Städte Nürnberg-Fürth, Erlangen-Schwabach u. Neumarkt i/O. einschließlich der umliegenden industriellen Orte. 1893. Red. v. V. Brettinger jr. gr. 8. (338, 202, 46, 264, 128, 51, 23, 75, 70, 34, 27 u. 16 S. m. farb. Plan.) Nürnberg. (Stuttgart, A. Brettinger). Geb. in Leinw. n.n. 5. 50

—— allgemeines, der Städte Nürnberg-Fürth, Erlangen-Schwabach einschliesslich der umliegenden industriellen Orte. 1892. Red. v. V. Brettinger jun. gr. 8. (365, 191, VII, 146, 48, 67, 32, 15 S.) Nürnb. (Stuttg., Brettinger.) geb. in Leinw. ** 5 —

— allgemeines, d. Stadt Teschen, s.: Adressenbuch.

— allgemeines, der Großherzogl. Haupt- u. Residenz-Stadt Weimar auf d. J. 1855. Ein Handbuch f. Einheimische u. Fremde von Aug. Höpfner. Weimar 855. Jansen u. Co. gr. 8. (1 Bl., 65 S.) 15 Ngr.

— allgemeines, (Wohnungs-Anzeiger) für Köln, Deutz u. Mülheim a. Rh. Herausg. v. W. Greven. Köln 855. W. Greven. gr. 8. (XXVIII, 400 S.) n. 1 Thlr. 10 Ngr.

— allgemeines, od. vollständiger Wohnungs-Anzeiger f. d. Stadt Erfurt auf d. J. 1833. Enthalt. in alphabet. Ordnung: die Wohnungs-Nachweisungen aller Einwohner, welche einen eigenen Hausstand führen. Die Locale aller Behörden, öffentl. Institute ꝛc. Ein Handbuch für Einheimische u. Fremde. gr. 8. Erfurt 833. Andreä. 2/3 Thlr.

— allgemeines, oder vollständiger Wohnungs-Anzeiger für die Stadt Erfurt. 1. Jahrg. 1840. gr. 12. Erfurt 841, Hennings u. Hopf. n. 1/3 Thlr. — 2. Jahrg. 1841. Ebd. 1/3 Thlr. — 3. Jahrg. 1844. 12. Ebd. n. 1/3 Thlr. — 4. Jahrg. 1846. 12. Ebd. 846. n. 5/12 Thlr.

Adressbuch für die Stadt und den Kreis Altena. Nebst Geschäfts- u. Firmen-Register. Nach amtl. u. privaten Quellen hrsg. von Lorsbach's Adressbücher-Verl. 3. Aufl. *Altena 1899: R. Kord-Rawisch.* (Getr. Pag.) 8° [F.] [00. 10433 6

— für die Stadt u. den Kreis Altena. Nebst Geschäfts- u. Firmenregister. Nach amtlichen u. privaten Quellen hrsg. 3. Aufl. gr. 8. (225 S.) Altena 899. Geschw. Lorsbach. Kart. n 5. —

—— von Altenburg, s.a. Adreß- und Geschäfts-Handbuch.

— der Herzogl. Haupt- u. Residenzstadt Altenburg. 10. Aufl. Ausgegeben im März 1890. gr. 8. (IV, 248 S.) Altenburg 890. Pierer'sche Hofbuchdr. cart. n.n. 4. —

— der herzogl. Haupt- u. Residenzstadt Altenburg. 11. Aufl. 1892. gr. 8. (IV, 269 S.) Altenburg, Pierer'sche Hofbuchdr. Kart. n.n. 4. —

— der herzoglichen Haupt- u. Residenzstadt Altenburg. 15. Aufl. Ausg. im Mai 1900. Nebst Plänen der Stadt u. des herzogl. Hoftheaters, sowie einer Porträt-Beilage. gr. 8. (IV, 330 S.) Altenburg, Pierer'sche Hofbuchdr. Kart. n.n. 4. —

— des Kreises Altenkirchen. Ausg. 1908. Enth. e. vollständ. alphabet. Verzeichnis aller Einwohner u. sämtl. Behörden, Vereine, Schulen u. Bergwerke. Nach amtl. Material bearb. (VIII, 335 S.) 8. Betzdorf, O. Ebner. Kart. 4. —

— für die Stadt u. den Kreis Altenkirchen (Westerwald). Nebst alphabet. Namens- und Straßenverzeichniß von Altenkirchen, Betzdorf u. Herdorf. Nach amtl. u. priv. Quellen hrsg. 3. Aufl. gr. 8. (V, XVI, 70 S.) Siegen 898. Altena, Geschw. Lorsbach. Kart. n. 4. —

— Alt-Glienicke, s. Adressbuch Cöpenick.

Adressbuch

—— von Altona, s. Adreßbuch, kaufmännisches, von Hamburg ꝛc.

Adreßbuch, Altonaer, s. a. Adreßbuch, Hamburger.

—— Altonaer f. 1890, 1891, 1892. Hrsg. v. F. W. Döbereiner. gr. 4. (366; 375; 376 S.) Altona, (Harder Verlag). geb. à Jahrg. ** 6 —

— Altonaer, f. 1895. Hrsg. v. F. W. Döbereiner. gr. 4. (400 S.) Altona, (J. Harder, Verl.). Geb. in Leinw. n. 6. —

— Altonaer, f. 1896. Hrsg. v. FW Döbereiner. 4° – (408) Altona: (J. Harder's V. – Schlüter).

— Altonaer, f. 1899. Hrsg. v. F. W. Döbereiner. gr. 4. (424 S.) Altona (J. Harder Verl.). Geb. in Leinw. n. 6. —

— Altonaer, f. 1901. 100. Jahrg. gr. 4. (432 S.) Altona, (J. Harder Verl.). Geb. in Leinw. n. 6. —

— Altonaer, f. 1903. Bearb. u. hrsg. v. H. W. Köbner & Co. in Altona. 102. Jahrg. (IV, 444 S.) gr. 4. Altona (J. Harder Verl.). Geb. n. 6. —

– Altonaer. 104. Jahrg. (464) 4° – Altona, (J. Harder, V.) 1905.

— Altonaer, f. 1911. Bearb. u. hrsg. v. H. W. Köbner & Co. in Altona. 110. Jahrg. (VIII, 520 S.) Lex. 8. Altona (J. Harder Verl.). Geb. in Leinw. nn 6. —

—— altonaisches, für 1858—60. (Hrsg. von Aug. Flohr.) gr. Lex.-8. (ca. 170 S.) Altona, (Mentzel.) à Jahrg.

— Altonaisches, 1860—1864. Altona, (Lehmkuhl & Co.) Lex. 8. Jeder Jahrgang nn. 1 Thlr.

*Adreßbuch, Altonaisches, für 1864—68. Lex.-8. (200 S., 212 S., 228 S., 240 S., 248 S.) Altona, (Lehmkuhl und Co. Mentzel.) 1864—67 à Jahrg. ** 1 Thlr., Jahrg. 1868 *

Altonaisches Adressbuch für . . . Hrgg. v. F. W. Döbereiner. Altona. o.J. 8°m.
(1866), 1869, (1870, 72, 73), 76, 77.
– ebd. 4°.
(1878), 1880, (1881 - 83), 1884, (1885), 1886, 1887, (1888-91), 1892, 1893, (1894), 1895, (1896).

—— Altonaisches, für 1869—71. Hrsg. von F. W. Döbereiner. Lex.-8. (262; 298; 304 S.) Altona, (Mentzel'sche Buchh.) à Jahrg. * ℳ 4.: geb. *

—— Altonaisches für 1875—1879. Hrsg. von F. W. Döbereiner. gr. 8. (352; 360; 384; 313; 264 S.) Altona, (Harder.) geb. à Jahrg.

—— Altonaisches für 1880—1883. Hrsg. von F. W. Döbereiner. gr. 4. (à Jahrg. ca. 300 S.) Altona, (Harder.) geb. à Jahrg. *

—— Altonaisches, für 1885—1888. Hrsg. von F. W. Döbereiner. gr. 4. (320; 334; 336; 334 S.) Altona, (Harder.)

— Altonaisches, f. 1890. Hrsg. v. F. W. Döbereiner. gr. 4. (366 S.) Altona, (Harder's Verl.) geb. n. 6. —

Adressbuch der Gemeinden Altrahlstedt, Neurahlstedt, Oldenfelde, Meiendorf und Tonndorf-Lohe. [1.] Für d. J. 1909. Altrahlstedt: Lübsen: (1908). 8° [09.4493

– Alt-Ruppin, Amt Alt-Ruppin nebst Landsitz Molchowhaus. (16) 8° – Neu-Rupp.: Schallehn 1908.

— d. Stadt Alt-Ruppin, s. Einwohner-Verzeichnis.

— d. Dorfes Altwasser in Schlesien. Bearb. auf Grund amtlicher Unterlagen v. Gust. Weigmann. 8. (52 S.) Leipzig (899). Kühnel. n. 1. —

Adressbuch

— der Stadt Amberg. (2 Tle. in 1 Bde.) (IV, 66 u. 49 S.) 8. Amberg 910. Fr. Pustet. Geb. in Halbleinw. nn 3. —

— f. d. kgl. bayer. Stadt Amberg. I. Thl.: Vorwort. Einwohner-Verzeichniß. II. Thl.: Häuser-Verzeichniß, Behörden, Handel u. Gewerbe. (Bisher Adreßkalender.) 8. (IV, 45 u. XXXIX S.) Amberg 897. F. Pustet. Kart. n. 1. 50

— für die kgl. bayer. Stadt. Amberg. (Bearb. von K. Reindl.) 8. (IV, 95 S.) Amberg 901. F. Pustet. Kart. n. 2. —

— f. die kgl. bayer. Stadt Amberg. (IV, 57 u. 47 S. m. Stadtplan.) 8. Amberg 904. F. Pustet. Geb. n.n. 3. —

— Amberger. 1876. 1. Jahrg. gr. 16. (VIII, 68 S.) Amberg. E. Pohl's Verl. n.n. 1. —

Adressbuch

—— amtliches, der Stadt Barmen. Hrsg. vom Ober-Bürgermeister-Amt. [Jahrg. 1885 und 1887.] gr. 8. (VIII, 588; VII, 643 S.) Barmen, (Eigendorf. — Langewiesche.) geb. à Jahrg. *

Jahrg. 1886 ist nicht erschienen.

— amtliches, der Stadt Barmen. Hrsg. vom Oberbürgermeister-Amt. gr. 8. (VII, 672 S.) Barmen 889. (Langewiesche's Buchhandlg.) geb. n.n. 7. —

—— amtliches, der Stadt Barmen. gr. 8. (XVIII, 742 S. m. 1 Theaterplan.) Barmen 891, (Wiemann). geb. * 8 —

Adreßbuch, amtliches, der Stadt Barmen. Hrsg. vom Oberbürgermeister-Amt. gr. 8. (XIII, 769 S. m. Theaterplan.) Barmen 893. (D. B. Wiemann.) Geb. n. 8. —

– amtl., d. Stadt Barmen. Hrsg. v. Oberbürgermeister-Amt. 8° (828 m. 1 Pl.). – Barmen: 1895, (DB Wiemann).

— amtl., der Stadt Barmen. Hrsg. v. Oberbürgermeister-Amte. gr. 8. (864 S. m. Theaterplan.) Barmen 897. (D B. Wiemann.) Geb. in Halbleinw. n. 8. —

— amtliches, der Stadt Barmen. Hrsg. u. verlegt vom Oberbürgermeister-Amte. gr. 8. (916 S. m. Theaterplan.) Barmen 902 (D. B. Wiemann). Geb. in Leinw. n.n. 8. —

— amtliches, der Stadt Barmen f. 1905. (823 S.) gr. 8. Barmen (D. B. Wiemann). Geb. in. Leinw. n.n. 8. —

Adreßbuch, amtl., f. d. Stadt Rheydt. Novbr. 1894. Hrsg. n. amtl. Zusammenstellgn. v R. Häring u E. Kanzliwius. gr. 8. (188, 72 u. 7 S.) Rheydt (J. Kirschbaum). Kart. n. 4. 75

— amtliches, der Stadt Rheydt. 1900. Hrsg. v. Häring u. Kanzliwius. gr. 8. (292 u. 106 S. m. Stadtplan.) Rheydt (W. R. Langewiesche). Kart. n.n. 3. —

– Andernach. 8° – (96 m. 1 Pl.) Neuw. 1897, Meincke & Gützkow.

— der Stadt Andernach. Zusammengest. u. hrsg. v. Jos. Veith. gr. 8. (96 S. m. farb. Plan.) Neuwied 897. J. H. Heuser. Geb. n. 2. 50

—— von Anklam, s.a. Wohnungs-Anzeiger.

– Anklam, Stadt u. Kreis, sowie d. Ortschaften d. Kreises Greifswald, welche bis zu 15 Klm. v. Anklam entfernt liegen. (125) 8° – Ankl., (E. Süssermann) 1904.

—— der Städte Annaberg und Buchholz, nebst Geschäfts-Anzeiger für 1876/77. Unterstützt durch officielle Angaben von Behörden und Gesellschaften. Mit den lithogr. Stadtplänen von Annaberg und Buchholz in qu. gr. 4. und qu. Fol. gr. 8. (IX, 141 und 48 S.) Annaberg, Graser. *

1875, 1878 und 1879 nicht erschienen.

—— der Städte Annaberg und Buchholz nebst Geschäfts-Anzeiger für 1881. Unterstützt durch offizielle Angaben von Behörden und Gesellschaften. gr. 8. (XII, 139; IV, 45 S.) Annaberg, Graser. **

Jahrg. 1880, 1882, 1883 nicht erschienen.

— der Städte Annaberg u. Buchholz f. 1886 u. 1887, nebst Geschäfts-Anzeiger. Unterstützt durch offizielle Angaben v. Behörden u. Gesellschaften. 5. Ausg. gr. 8. (XIV, 139 u. VI, 54 S.) Annaberg, Graser. n.n. 3. 50; geb. n.n. 4. —

— der Städte Annaberg u. Buchholz. Hrsg. v. den Stadträthen zu Annaberg u. Buchholz im Aug. 1890. Mit den Stadtplänen v. Annaberg u. Buchholz. gr. 8. (XXIII, 224; 34 u. V, 81 S.) Annaberg, (Kuske). n.n. 4. —; geb. n.n. 4. 50

— der Städte Annaberg u. Buchholz. Hrsg. v. den Stadträthen zu Annaberg u. Buchholz im Septbr. 1894. gr. 8. (XV, 274 u. XII, 99 S. m. 2 Plänen.) Annaberg, (G. Beer). n. 4. —; geb. n. 4. 50

Adreßbuch der Städte Annaberg u. Buchholz. Hrsg. v. d. Stadträthen zu Annaberg u. Buchholz i. Mai 1898. M. d. (farb.) Stadtplänen von Annaberg u. Buchholz. gr. 8. (XVI, 321 u. XIII, 107 S.) Annaberg (Graser). Kart. n.n. 4. 50

— der Städte Annaberg u. Buchholz. Hrsg. von den Stadträthen zu Annaberg und Buchholz im Mai 1902. Mit den Stadtplänen v. Annaberg u. Buchholz. (XVIII, 379, XV, 123 u. 10 S.) Annaberg, (Graser). Geb. n.n. 4. 50

— der Städte Annaberg u. Buchholz. 1906. Hrsg. v. den Stadträten zu Annaberg u. Buchholz 5. Ausg. Mit den Stadtplänen v. Annaberg u. Buchholz u. 1 Plane üb. die Einteilg. der Plätze im Stadttheater zu Annaberg. (XIX, 419, XVI u. 143 S.) gr. 8. Annaberg (Graser). Geb. n.n. 5. —

— der Städte Annaberg u. Buchholz 1910. Hrsg. v. den Stadträten zu Annaberg u. Buchholz. 6. Ausg. Mit den (farb.) Stadtplänen v. Annaberg u. Buchholz, e. Plane üb. die Einteilg. der Plätze im Stadttheater zu Annaberg u. e. Grundrisse üb. die innere Einrichtg. des Stadtbades zu Annaberg. (XXIV, 326, 114, XXIV u. 299 S. gr. 8. Annaberg 910. Graser'sche Buchh. Geb. in Leinw. nn 5. —

Adressbuch

– Ansbach. 1900. 8° – (204) Ansb.: C. Brügel.

– Ansbach. 1909. (243) 8° – Ansb.: C. Brügel.

—— der Stadt Ansbach, Kgl. Kreishauptstadt von Mittelfranken. 1887 und 1888. (à Jahrg. ca. 150 S.) Ansbach, Brügel und Sohn.

—— der Stadt Ansbach, kgl. Kreishauptstadt v. Mittelfranken. 1889—1892. gr. 8. (IV, 164; IV, 132, 3 u. 3; XIV, 130; XIV, 142 S. m. Plan.) Ansbach, Brügel u. Sohn. cart. à Jahrg. * 1 20

– d. Stadt Ansbach, kgl. Kreishauptstadt v. Mittelfranken. 1895. 8° – (152) Ansb.: C. Brügel & S.

— der Stadt Ansbach, kgl. Kreishauptstadt v. Mittelfranken. 1898. 8. (IV, 165 S.) Ansbach, C. Brügel & Sohn. Kart. n. 1. 20

— der Stadt Ansbach, kgl. Kreishauptstadt von Mittelfranken. Hrsg. vom magistrat. Einwohner-Bureau. 1902. gr. 8. (VI, 219 S.) Ansbach, C. Brügel & Sohn. Kart. n. 2. —

— der Stadt Ansbach, kgl. Kreishauptstadt v. Mittelfranken. Bearb. auf Grund amtl. Quellen u. Erhebgn. 1906. (XVII, 242 S.) 8. Ansbach, C. Brügel & Sohn. Kart. n. 1. 20

— der Stadt Ansbach, kgl. Kreishauptstadt v. Mittelfranken. Bearb. auf Grund amtl. Quellen u. Erhebgn. 1911. (VIII, 261 S.) 8. Ansbach, C. Brügel & Sohn. Geb. in Halbleinw. 1. 20

— des Ansichts-Postkarten-Handels u. der bezüglichen Kunstanstalten. Hrsg. v. Henri Loewenthal. 8. (27 S.) Berlin 899. Reform-Verlag (nur direkt). n. 1. —

—— von Apolda. 8. Apolda 879, Teubner. **

– Apolda f. 1900. 8° – (194 m. Pl.) Apolda, R. Birkner.

— des Amtsgerichtsbez. Apolda u. angrenz. Ortschaften. gr. 8. (XII, 152 S.) Ebd. 902. Kart. n. 1. 50

—— für die Fabrik- und Handelsstadt Apolda auf das J. 1872 zu 1873. Hrsg. von W. Wölfel. gr. 8. (60 S.) Apolda. (Reichenbach, Köhler's Buchh.) *

— der Fabrik- u. Handelsstadt Apolda f. d. J. 1882. Bearb. im Melde-Amte d. Gemeinde-Vorstandes der Stadt Apolda. 1. Ausg. gr. 8. (VII, 108 S.) Apolda, Lauth in Comm. cart. n. 2. —

— der Fabrik- u. Handelsstadt Apolda f. d. J. 1883. Bearb. im Melde-Amte d. Gemeinde-Vorstandes der Stadt Apolda. 2. Jahrg. gr. 8. (VI, 166 S.) Apolda 883. (Lauth.) cart. n.n. 2. 50

—— der Fabrik- und Handelsstadt Apolda für das J. 1887. Bearb. im Melde-Amte des Gemeinde-Vorstandes der Stadt Apolda. gr. 8. (190 S.) Apolda, (Lauth.)

— der Fabrik- u. Handelsstadt Apolda f. 1891. Bearbeitet vom städt. Meldeamte. gr. 8. (145 S.) Apolda, Lauth. Kart. n. 2. —

— der Stadt Apolda f. 1898. Bearb. d. städt. Beamte. gr. 8. (IV, 194 S. m. farb. Plan.) Apolda, R. Birkner. Kart. n. 3. —

– Apolda, Stadt. (221) 8° – Apolda, R. Birkner 1904.

Adreßbuch der Stadt Apolda f. 1906. Bearb. durch städt. Beamte. (IV, 236 S.) gr. 8. Apolda, R. Birkner. Kart. n. 2. 50

Adressbuch der deutschen, schweizerischen u. luxemburgischen Apotheken mit Berücksichtigung der Interessenten in den deutschen Provinzen des österreichischen Staates, sowie in der Schweiz u. in Luxemburg für 1881. 84/85. 4. – 5. Aufl. Ebda. 8°.

—— der deutschen, schweizerischen und luxemburgischen Apotheken, Medicinalbeamten, chemischen Fabriken, Droguen- und Chemikalien-Handlungen, chem., pharmaceut., physikalischen und meteorologischen Utensilien-, Apparaten- und Instrumenten-Handlungen. Zusammengestellt in der Redact. der Pharmaceutischen Zeitung. 3. völlig umgearb. und bedeutend erweit. Aufl. gr. 8. (277 S.) Schleiz 874, Lämmel. *

— der deutschen, schweizerischen u. luxemburgischen Apotheken, Medicinalbeamten, chemischen Fabriken, Drogen- u. Chemikalien-Handlungen, chem.-, pharm.-, physikalischen u. meteorologischen Utensilien-, Apparaten- u. Instrumenten-Handlungen. Zusammengestellt in der Redact. der Pharmaceut. Zeitung. 3. völlig umgearb. u. bedeutend erweit. Aufl. gr. 8. (277 S.) Schleiz 874 Lämmert n. 2. 25

—— sämmtl. Apothekenbesitzer in Bayern etc., s. Martius, Th. W. Ch.

— für die deutschen Apotheker, Droguen-Handlungen, chemischen Fabriken, Mineralwasser-Anstalten u. die mit denselben in Geschäftsverkehr stehenden Gewerbzweige. Hrsg. von Herm. Müller. Berlin 867. J. A. Müller in Comm. Lex.-8. (VI, 191 S.) n. 1 ⅔ 10 ngr.

—— Appenzell, Kanton, s. Handels-, Gewerbe- und Hotel-Adreßbuch.

— der Architekten, Baumeister, Bauingenieure, Bauunternehmer, Maurer- u. Zimmermeister Deutschlands, nebst e. Verzeichnis der staatl. u. städt. Baubehörden. 1904/05. 2 Bde. Leipzig (904). Eisenschmidt & Schulze. Geb. in Leinw. 12. —; einzelne Bde. 7. 50
1. Norddeutschland. (III, 264 u. 30 S.)
2. Süd-, Mittel- u. Westdeutschland. (III, 428 u. 42 S.)

Adressbuch Arnau, s. Adress-Buch Hohenelbe

— der Stadt Arnau in Böhmen. Bearb. auf Grund amtl. Unterlagen v. Jos. Rindt. 8. (67 S.) Leipzig (900). Kühnel. n. — 75

—— für den Regierungs-Bezirk Arnsberg 1852. Enthaltend die Adressen sämmtl. königl. und Communal-Beamten, Geistlichen, Lehrer, Medizinal-Personen und der im Reg.-Bezirk befindlichen Militärs. Nebst Angabe der bedeutenderen gewerblichen Anlagen und kaufmännischen Etablissements, Gastwirthe etc. Nach amtlichen und anderen Mittheilungen hrsg. Ausg. mit Register. gr. 8. (VIII und 192 S.) Arnsberg 852, Ritter.

—— für den Reg.-Bez. Arnsberg. 1877. Nach amtl. und anderen Mittheilungen hrsg. gr. 8. (V, 166 S.) Arnsberg 876, Ritter. *
1875, 1876, 1878 und 1879 nicht erschienen.

—— für den Reg.-Bez. Arnsberg 1882. Nach amtl. und anderen Mittheilungen hrsg. gr. 8. (IV, 154 S.) Arnsberg Ritter. *
Jahrg. 1880 und 1881 nicht erschienen.

— für den Reg.-Bez. Arnsberg. 1888. Bearb. v. J. Schrader. 8. (VIII, 184 S.) Arnsberg, Becker. n. 1. 50

— für den Reg.-Bez. Arnsberg 1898. Im Auftrage d. Hrn. Regierungs-Präsidenten nach amtl. Angaben bearb. v. Carl Klemann. gr. 8. (VII, 256 S.) Arnsberg 898. F. W. Becker. n. 3. —

— f. den Reg.-Bez. Arnsberg 1904. Im Auftrage des Herrn Regierungs-Präsidenten nach amtl. Angaben bearb. u. hrsg. v. Karl Klemann. Verm. u. verb. Aufl. (VII, 300 S.) 8. Arnsberg 904. F. W. Becker. Geb. in Leinw. n. 5. —

— für die Stadt u. den Kreis Arnsberg, nebst Geschäfts- u. Firmen-Register. Nach amtl. u. zuverläss. Privatquellen hrsg. gr. 8. (III, 94 S.) Siegen 884. Lorsbach. 4. 50

Adressbuch für die Stadt und den Kreis Arnsberg. Nebst Geschäfts- u. Firmen-Register nach amtl. u. privaten Quellen. Hrsg. von Lorsbach's Adressbücher-Verl., Altena. 3. Aufl. *Altena 1900: R. Kord-Ruwisch.* (Getr. Pag.) 8° [F.] [oo. 10434 6

— f. d. Stadt u. d. Kreis Arnsberg. Nebst Geschäfts- u. Firmen-Register nach amtlichen u. privaten Quellen. 3. Aufl. gr. 8. (III, 8, XVIII, 195 S.) Altena 900. Geschw. Lorsbach. Kart. n. 5. —

—— von Arnstadt. Verzeichniß der Hauseigenthümer und Miethbewohner Arnstadts nach Straßen und Hausnummern. 8. (52 S.) Arnstadt 872, Frotscher. *

—— dass. — 1873. 8. (104 S.) Ebendas. *

– Arnstadt. (284) 8° – Arnst., E. Frotscher 1902.

— der Stadt Arnstadt, s.a. Adreß- u. Geschäfts-Handbuch.

– der Stadt Arnstadt, s.a. Wohnungs-u. Geschäfts-anzeiger

— der Stadt Arnstadt. 1876. 8. (120 S.) Arnstadt 876. Frotscher. n. 1. —

—— dass. — 1878. Bearb. von C. Gloeckner. 8. (190 S.) (Ebendas.) *
1875, 1877 und 1879 nicht erschienen.

—— der Stadt Arnstadt 1881 und 1884. Bearb. von C. Glöckner. 12. (194; 192 S.) Arnstadt, Frotscher. à Jahrg. *
Jahrg. 1880, 1882 und 1883 nicht erschienen.

Adressbuch Arnstadt u. Umgebung, s. a. Adressbuch Erfurt-Arnstadt.

– Arnstadt und Umgebung. 1910. (12,324 m. 1 Pl.) 8° – Arnst.: Frotscher.

— der Stadt Artern (Prov. Sachsen.) nebst den dazu gehörigen Landgemeinden. Bearb. nach amtl. Material. (VI, 5, 11, 38 u. 19. S.) 8. Leipzig (908). Kühnel. 2. —

—— für den deutschen Arznei-, Droguen- und Chemicalien-Handel mit einem Anhang für die Interessenten in der Schweiz und in Luxemburg für 1878—1879. 3. Aufl. 1875, und 4. umgearb. Ausg. gr. 8. (IV, 251 S.) Bunzlau 879. (Berlin, Springer.) **

Adressbuch für den deutschen Arznei-, Droguen- und Chemikalien-Handel, mit Anhang für die Interessenten in der Schweiz und in Luxemburg. (V.) Wien 81. Hartleben. M. 4.—

—— für den deutschen Arznei-, Droguen- und Chemicalien-Handel mit Berücksichtigung der Interessenten in den deutschen Provinzen des österreich. Staates, sowie in der Schweiz und in Luxemburg für 1881. 5. umgearb. Ausg. gr. 8. (IV, 264 S.) Bunzlau. (Berlin. Springer.) **

— für den deutschen Arznei-, Drogen- u. Chemikalien-Handel m. Berücksicht. der Interessenten in den deutschen Provinzen d. österreichischen Staates, sowie in der Schweiz u. in Luxemburg f. 1884/85. 6. Ausg. gr. 8. (493 S.) Bunzlau 884. Berlin, Springer. n.n. 3. 25

—— Aerzte, Apotheker etc., s. a. Fachadressbücher, schweizer.

— der Ärzte, Apotheker, Sanitätsanstalten u. Kur- u. Badeortelexikon v. Österreich-Ungarn, Bosnien-Herzegowina. Enth.: Ärzte, Apotheker, Hausapothekenbesitzer, Sanitätsanstalten, Kur- u. Badeorte, Heilquellen, Sanatorien, Kuranstalten, Wasserheilanstalten u. Sonnenbäder, sowie die Dampf-, Wannen- u. Schwimm-Badeanstalten. Nach amtl. Daten zusammengestellt v. Leop. Steiner. VI. erweit. Aufl. (VII, 297 S.) gr. 8. Wien 909. G. Szelinski. 6. 80

— der Aerzte, Apotheker sowie der Spitäler, Curorte u. sonstigen Sanitäts-Anstalten v. Oesterreich-Ungarn. Mit e. Anh.: Verzeichniss der Curorte u. Heilquellen Oesterreich-Ungarns u. Bezugsquellen-Wegweiser medicin., chem. u. pharmaceut. Gebrauchs- u. Handels-Artikel. IV. Jahrg. 1903—1904. (III, 275 S.) gr. 8. Wien 903. G. Szelinski. n. 8. 50

Adressbuch von Aschaffenburg, s. Wohnungs-Anzeiger.

— d. Stadt Aschaffenburg, s.: Adreß- u. Geschäfts-Handbuch.

— Aschaffenburger. Adress- u. Geschäfts-Handbuch f. d. kgl. bayer. Stadt Aschaffenburg. gr. 8. (III, 49, 70 u. 50 S.) Aschaffenburg 896. (C. Krebs.) Kart. n. 2. 40

— Aschaffenburger. Adreß- u. Geschäfts-Handbuch f. die kgl. bayer. Stadt Aschaffenburg einschließlich Damm u. Leider. (Nach amtl. Material bearb.) (111 u. 88 S. m. 1 farb. Plan.) gr. 8. Aschaffenburg 904. (C. Krebs.) Kart. n.n. 2. 50

—— Aschersleben, s. a. Adreß- u. Geschäfts-Handbuch.

—— für die Stadt Aschersleben. Hrsg. von A. Pfeiffer. 1874. gr. 8. (173 S.) Aschersleben, Schlegel. *

—— für die Stadt Aschersleben. 1876 und 1878. gr. 8. (II, 216; 238 S.) Aschersleben, Schlegel. à Jahrg. * cart. à Jahrg. *

1875, 1877 und 1879 nicht erschienen.

—— für die Stadt Aschersleben. 1880. Hrsg. vom Verleger. gr. 8. (102, 120 S.) Aschersleben, Schlegel. *

Jahrg. 1881 nicht erschienen.

— für die Stadt Aschersleben 1882. 8. (VII, 260 S.) Aschersleben, Siever. cart. n.n. 3. 50

—— für die Stadt Aschersleben. 1884. Hrsg. von Ludw. Siever. gr. 8. (IV, 186 S.) Ebendas. cart. *

Adreßbuch für die Stadt Aschersleben. 1886. Hrsg. v. Ludw. Siever. 8. (IV, 162 u. 29 S.) Aschersleben 886. cart. n. 4. —

— f. die Stadt Aschersleben 1888. Bearb. v. L. Siever. 8. (192 S.) Aschersleben, Siever. cart. n. 4. —

— für die Stadt Aschersleben. Alphabetisches Namenverzeichniß 1903. Nach amtl. Quellen bearb. v. Ludw. Siever. 19. Jahrg. (74 S.) gr. 8. Aschersleben (O. Bennewitz). Kart. n.n. 2. —

— Aschersleben. 21. Jahrg. (236 u. 62) 8° — Ascherl., (O. Bennewitz. - E. Riesel) 1905.

— Aschersleben 1909. J. 25. (16, 197 m. 1 Pl.) gr 8° — Aschersl.: (O. Bennewitz. - W. Günther).

—— der Städte Aschersleben, Ermsleben, Cochstedt, Hoym, Güsten, Sandersleben, mit den Ortschaften: Alterode, Amesdorf, Arnstedt etc. 8. (VII, 260; XI, 385 S.) Ebendas. 882. geb. *

Adressbuch

— der photographischen Ateliers, d. photochemigraph. Kunstanstalten u. Lichtdruckereien, sow. sämmtl. Fabriken u. Handlgn. photograph. Apparate, Utensilien u. Bedarfsartikel. 1897/98. gr. 8. (IV, 96, 30 u. 42 S.) Leipzig, Eisenschmidt & Schulze. Geb. in Leinw. n. 8. —

— der photographischen Ateliers, der photochemigraphischen Kunstanstalten u. Lichtdruckereien, sowie sämmtl. Fabriken u. Handlungen photographischer Apparate, Utensilien u. Bedarfsartikel Deutschlands. 3. Jahrg. 1902. gr. 8. (XVIII, 236 S.) Leipzig, Eisenschmidt & Schulze. Geb. in Leinw. n. 8. —

— der photographischen Ateliers, der photochemigraphischen Kunstanstalten u. Lichtdruckereien, sowie sämtl. Fabriken u Handlgn. photograph. Apparate, Utensilien u. Bedarfsartikel Deutschlands. 6. Jahrg. 1905/06. (XIV, 263 S.) gr. 8. Leipzig, Eisenschmidt & Schulze. Geb. in Leinw. n. 8. —

Adreßbuch der photographischen Ateliers, d. photochemigraphisch. Kunstanstalten u. Lichtdruckereien, sowie sämtl. Fabriken u. Handlgn. photograph. Apparate, Utensilien u. Bedarfsartikel Deutschlands. 7. Jahrg. 1908. (IV, 306 S.) gr. 8. Leipzig, Eisenschmidt & Schulze. Geb. in Leinw. 10. —

— der Fabrikstadt Aue i. Erzgeb. u. der Gemeinden Zelle u. Auerhammer. Bearb. u. hrsg. v. F. Bamberger. 1890/93. 8. (60 S.) Berlin, Eisenschmidt & Schulze. cart. n. 2. 50

— der Fabrikstadt Aue i. Erzgeb. u. der Gemeinden Zelle u. Auerhammer, nebst e. Geschäfts-Anzeiger f. Handel u. Gewerbe. Nach amtl. Unterlagen bearb. u. hrsg. v. Fr. Bamberger. 1890/93. gr. 8. (60 S.) Aue 891. Sabra. Kart. n.n. 2. 50

— Auerbach in V., Bockwa, Bärenwalde, Cainsdorf, Culitzsch, Cunersdorf, Ellefeld, Ebersbrunn, Falkenstein, Friedrichsgrün, Grünau, Grüna, Hartenstein, Hartmannsdorf, Kirchberg, Lössnitz, Lengenfeld i. V., Marienthal, Niederhasslau, Niederschlema, Oberschlema, Neustädtel, Reinsdorf, Rosenthal, Rothenkirchen, Schedewitz, Schwarzenberg, Schönau, Schönheide, Schneeberg, Stenn, Rodewisch, Vielau, Wilkau, Wiesenburg, Wiesen, Zwönitz, Wernesgrün, Niederplanitz, Oberplanitz. 8° (531) Zwick. 1896. (Chemnitz: B. Troitzsch).

— für Auerbach, Mühlgrün, Rodewisch, Ellefeld. Bearb. nach amtl. Unterlagen. (286 S. m. 1 farb. Plan.) gr. 8. Auerbach 909. C. Schipke. Geb. nn 3. —

– Augsburg f. 1901. 8° (298, 243, 147, 27 m. 3 Pl.) Augsbg.: Lampart.

Adressbuch

– Augsburg 1909. (11,248,252,150,26 u.9 m 3 Pl.) gr 8° – Augsbg.:(Lampart).

— von Augsburg u. Häuser-Verzeichniß. Von A. Kaiser. gr.8. (IV, 880 S.) Augsburg 881. Rieger. n. 5. —

—— dass. — 1884. Zusammengestellt von dem magistrat. Civil-Conscriptions-Bureau. gr. 8. (530 S.) Augsburg, Gebr. Reichel. cart. **
Jahrg. 1879, 1880, 1882 und 1883 nicht erschienen.

Adreßbuch d. Kreis-Hauptstadt Augsburg. 1832. gr. 8. (18½ B.) Augsburg, Kranzfelder.
Fortsetzung, vgl. Adreßkalender.

— der Königl. Kreishauptstadt Augsburg. Augsburg, 859. Schmid's Verlag. Lex.-8. (IV, 176 S.) n. 24 ngr.

— — Nach amtlichen Quellen zusammengestellt. Ebend., 862. gr. 8. (IV, 216 S.) n. 1 ₰

— der Königl. Kreishauptstadt Augsburg. Nach amtlichen Quellen zusammengestellt. Augsburg 866. Schmid. gr. 8. (IV, 266 S.) n. 1 ₰

—— der königl. Kreishauptstadt Augsburg. Nach den Volkszählungs-Listen zusammengestellt. gr. 8. (IV, 210 S.) Augsburg 872, (v. Jenisch und Stage'sche Buchh.) geb. *

– d. k. b. Kreishauptstadt Augsburg f. 1878/79. Zusammengestellt v. A. Kaiser. 8° (253) – Augsburg: Rieger.

— für Augsburg, Königl. Regierungs-Bezirks-Hauptstadt von Schwaben u. Neuburg. Augsburg 855. v. Jenisch u. Stage in Comm. 8. (IV, 120 S.) n. 10 ngl.

— der Stadt Augsburg nebst Häuser-Verzeichniß 1888. gr. 8. (33, 191, 180 u. 111 S. m. 1 farb. Plan.) Augsburg, Gebr. Reichel. geb. n. 6. —

—— der Stadt Augsburg, nebst Häuserverzeichniß. 1891. gr. 8. (13, XVIII, 233; V, 197; 109 u. 15 S. m. 1 farb. Plan.) Augsb., Gebr. Reichel. geb. in Leinw. 6 —

— der Stadt Augsburg, nebst Häuser-Verzeichniß 1893. Mit e. Anh.: Verkehrs-Mittheilgn. Mscr. vom Stadtmagistrat Augsburg. gr. 8. (XVIII, 250; X, 207; 116 u. 16 S. m. farb. Plan.) Augsburg, Gebr. Reichel. Geb. in Leinw. 6. —

– d. Stadt Augsburg nebst Häuserverzeichniss 1896. Mit e. Anh.: Verkehrs-Mittheilgn u. Sammlg. v. Verordngn u. ortspolizeil. Vorschriften. Hrsg. v. Stadtmagistrat Augsburg. 8° – (657 m. 1 Pl.) Augsb.:(Lampart & Co. – B. Schmid's S.).

— der Stadt Augsburg 1898. Mit e. Häuserverzeichn., e. systemat. Zusammenstellg., nebst e. Anh., enth. Verkehrs-Mittheilgn. u. Bestimmgn. üb. d. Sonntagsruhe i. Gewerbe, sow. 3 Planbeilagen. Hrsg. v. Stadtmagistrat Augsburg. gr. 8 (III, 13, 279, 231, 132 u. 28 S.) Augsburg (Lampart & Co.). Geb. in Leinw n. 6. —

— der Stadt Augsburg f. d. J. 1903, enth. e. alphabet. Verzeichniß der selbständ. Einwohner Augsburgs (I. Thl.), e. Häuserverzeichniß (II. Thl.), e. systemat. Zusammenstellg. nebst e. Anh. (III. Thl.), sowie 3 Planbeilagen. Bearb. auf Grund amtl. Quellen vom magistrat. Adreßbuchbureau. gr. 8. (III, 207, 217, 130 u. 20 S.) Augsburg, Lampart & Co. Geb. in Leinw. n. 6. —

— der Stadt Augsburg f. d. J. 1907, enth. e. alphabet. Verzeichnis der selbständ. Einwohner Augsburgs (I. Tl.), e. Häuserverzeichnis (II. Tl.), e. systemat. Zusammenstellg. nebst e. Anh. (III. Tl.), sowie 3 Planbeilagen. Bearb. auf Grund amtl. Quellen vom magistrat. Adreßbuchbureau. (III, 11, 240, 243, 163, 23 u. 7 S.) gr. 8. Augsburg (Lampart & Co.). Geb. in Leinw. n. 6. —

— der Stadt Augsburg f. d. J. 1911, enth. e. alphabet. Verzeichnis der selbständ. Einwohner Augsburgs (I. Tl.), e. Häuserverzeichnis (II. Tl.), e. systemat. Zusammenstellg. nebst e. Anh. (III. Tl.), sowie 3 Planbeilagen, dann je e. alphabet. u. je e. Häuser-Verzeichnis ꝛc. der einzugemeind. Vororte Oberhausen u. Pfersee. Hrsg. v. Stadtmagistrate Augsburg (III, 11, 270, 264, 159, 32, 21, 20, 9, 27, 24, 11 u. 7 S.) gr. 8. Augsburg (Lampart & Co.). Geb. in Leinw. nn 7. —

Adressbuch

— des Amtsgerichtsbez. Augustusburg i. S., umfassend Stadtschellenberg m. Jägerhof, Börnichen bei Grünhainichen, Borstendorf, Dorfschellenberg, Eppendorf, Erdmannsdorf, Falkenau, Flöha, Grünberg, Grünhainichen, Gückelsberg, Hennersdorf, Hohenfichte, Kunnersdorf, Leubsdorf, Marbach, Metzdorf, Plaue m. Bernsdorf, Waldkirchen m. Zschopenthal. gr. 8. (149 S.) Flöha i/S. 891. A. Peitz & Sohn. Kart. 2. 50

— d. Amtsgerichtsbez. Augustusburg i. S., umfass. Stadt-Schellenberg m. Jägerhof, Börnichen b. Grünhainichen, Borstendorf, Dorfschellenberg, Eppendorf, Erdmannsdorf, Falkenau, Flöha, Grünberg, Grünhainichen, Gückelsberg, Hennersdorf, Hohenfichte, Kunnersdorf, Leubsdorf, Marbach, Metzdorf, Plaue m. Bernsdorf, Waldkirchen m. Zschopenthal. gr. 8. (132 S.) Flöha 895. A. Peitz & Sohn. Kart. 2 50

Adreßbuch des Amtsgerichtsbez. Augustusburg, umfassend Stadt-Schellenberg, Börnichen bei Grünhainichen, Borstendorf, Dorfschellenberg, Eppendorf, Erdmannsdorf, Falkenau, Flöha, Grünberg, Grünhainichen, Gückelsberg, Hennersdorf, Hohenfichte, Kunnersdorf, Leubsdorf, Marbach, Metzdorf, Plaue m. Bernsdorf, Waldkirchen m. Zschopenthal. gr. 8. (153 S.) Flöha 899. A. Peitz & Sohn. Kart. 2. 50

— für den Amtsgerichtsbez. Augustusburg, umfassend Augustusburg, Börnichen bei Grünhainichen, Borstendorf, Dorfschellenberg, Eppendorf, Erdmannsdorf, Falkenau, Flöha, Grünberg, Grünhainichen, Gückelsberg, Hennersdorf, Hohenfichte, Kunnersdorf, Leubsdorf, Marbach, Metzdorf, Plaue m. Bernsdorf, Waldkirchen m. Zschopental. 4. Aufl. (236 S.) 8. Flöha, 905. A. Peitz & Sohn. Geb. in Leinw. n. 2. 50

Adreßbuch d. Städte Auma u. Triptis, s.: Adreß- u. Auskunftsbuch.

— der Stadt Aurich f. 1897, nebst e. Zusammenstellg. d. wichtigsten f. d. Stadt Aurich gilt. Polizei-Verordngn. u. s. w. 8. (III, 80 u. 25 S.) Aurich, A. H. F. Dunkmann. n. 1. —

Adress- und Auskunftsbuch, s. a. Adressbuch

Adreß- u. Auskunfts-Buch der Stadt Adorf i. V. Bearb. auf Grund amtl. Unterlagen v. Emil Wolff. (83 S.) kl. 8. Leipzig (904). Kühnel. n. 1. —

Adreß- u. Auskunftsbuch der Städte Auma u. Triptis. Bearb. auf Grund amtl. Unterlagen v. O. Rotter u. M. Neundorf. (112 S.) kl. 8. Leipzig (907). Kühnel. 2. —

— — v. Bärenstein (Bez. Chemnitz). Bearb. auf Grund amtl. Unterlagen v. Gust. Haase. (73 S.) 8. Ebd. (903). n. — 75

— — der Stadt Burgstädt i. S. Bearb. auf Grund amtl. Unterlagen. (123 S) 8. Ebd. (905). n. 1. 50

Adreß- u. Auskunfts-Buch der Stadt Colditz i/S. Bearb. auf Grund amtl. Unterlagen v. P. Kunze. 8. (113 S.) Leipzig (902). Kühnel. 1. —

— — der Stadt Cosel i. Schl. Bearb. auf Grund amtl. Unterlagen v. Günther u. Drost. (97 S.) kl. 8. Ebd. (904). n. 1. —

— — der Stadt Dux in Böhmen. Bearb. auf Grund amtl. Unterlagen v. Ant. Melzer. (145 S.) 8. Ebd. (905). n. 2. 25

— — v. Ebersbach i/S. Bearb. auf Grund amtl. Unterlagen v. Ewald Olbrich. 8. (113 S.) Ebd. (902.) 1. —

— — der Stadt Eger i. B. Bearb. auf Grund amtl. Unterlagen v. Frz. Thienelt unter Beihilfe von Lor. Kammerer. 8. (284 S.) Ebd. (902). 1. —

— — der Stadt Frankenstein in Schlesien. Bearb. auf Grund amtl. Unterlagen v. Jul. Martin. 8. (97 S.) Ebd. (902). 1. —

— — der Stadt Franzensbad in Böhmen. Bearb. auf Grund amtl. Unterlagen v. Korn. (79 S. m. Abbildgn.) 8. Ebd. (904). n. 1. —

— — der Stadt Friedland in Böhmen. Bearb. auf Grund amtl. Unterlagen v. Ertl. 8. (95 S.) Ebd. (901). 1. —

— — der Stadt Geithain i. S. Bearb. auf Grund amtl. Unterlagen v. Edwin Erler. (97 S.) 8. Ebd. (905). n. 1. —

— — der Stadt Genthin. Bearb. auf Grund amtl. Unterlagen v. Herm. Bremer. (91 S.) 8. Ebd. (905). n. 1. —

— — der Stadt Glatz i. Schl. Bearb. auf Grund amtl. Unterlagen v. Paul Henkel. (214 S.) 8. Ebd. (903). n. 1. 50

— — der Stadt Görkau i/Böhm. Bearb. auf Grund amtl. Unterlagen v. Carl Schönemann jun. 8. (84 S.) Ebd. (902). — 85

— — von Großschönau i. S. Bearb. auf Grund amtl. Unterlagen v. Edm. Schwarz. (111 S.) 8. Ebd. (905). n. 1. 50

— — der Stadt Grottau in Böhmen. Bearb. auf Grund amtl. Unterlagen v. Lorber. 8. (70 S. m. 1 Karte.) Ebd. (900). n. — 85

— — der Stadt Grottkau in Schlesien. Bearb. auf Grund amtl. Unterlagen v. C. Machalewski. 12. (78 S.) Ebd. (902). 1. —

Adreß- u. Auskunfts-Buch f. die Stadt u. den Kreis Guhrau. Bearb. u. hrsg. v. Reinhardt. 8. (III, 78 S.) Guhrau 893. (M. Lemke.) n.n. 1. 50

— — der Stadt Habelschwerdt i/Schl. Bearb. auf Grund amtl. Unterlagen v. Jul. Pramor. 8. (91 S.) Ebd. (902). 1. —

— — der Stadt Havelberg in Brandenburg. Bearb. auf Grund amtl. Unterlagen v. Herm. Schreiber. 8. (85 S.) Ebd. (902). 1. —

— — der Stadt Haynau in Schlesien. Bearb. auf Grund amtl. Unterlagen v. Franke u. Frenzel. 12. (142 S.) Haynau (900). Leipzig, Kühnel. 1. —

— — der Stadt Jägerndorf (Oesterreichisch-Schlesien). Bearb. auf Grund amtl. Unterlagen v. Vikt. Urban. (301 S.) kl. 8. Ebd. (904). n. 2. —

— — der Stadt Jauer in Schlesien. 8. (148 S. m. 1 Abbildg.) Leipzig (900). Kühnel. n. 2. —

Adreß- u. Auskunfts-Buch der Stadt Jöhstadt i/S. Bearb. auf Grund amtl. Unterlagen v. Herm. Brückner. (61 S.) 8. Leipzig (902). Kühnel. — 75

— — v. Karlsbad in Böhmen. Bearb. auf Grund amtl. Unterlagen v. Jos. Voigt. 8. (402 S. m. Abbildgn.) Ebd. (899). n. 1. 70

— — der Stadt Kirchhain (Niederlausitz). Bearb. auf Grund amtl. Unterlagen vom Magistratsbureau Kirchhain. 12. (54 S.) Ebd. (902). 1. —

— — der Stadt Klingenthal i. S. Bearb. auf Grund amtl. Unterlagen v. Paul Otto Fröhlich. (151 S.) 8. Ebd. (905). n. 1. 50

— — der Stadt Komotau in Böhmen. Bearb. auf Grund amtl. Unterlagen v. Frz. Habl. (285 S.) 8. Ebd. (905). n. 2. 25

— — der Stadt Königsberg a/Eger, in Böhmen. Bearb. auf Grund amtl. Unterlagen v. P. Stempian. 8. (60 S.) Ebd. (902). 1. —

— — der Stadt Lauban. Bearb. auf Grund amtl. Unterlagen. (170 S.) kl. 8. Ebd. (906). n. 1. 50

— — von Lauter i. S. Bearb. auf Grund amtl. Unterlagen v. Erwin Leistner. (79 S.) 8. Ebd. (905). n. 1. —

— — der Stadt Lommatzsch. Bearb. auf Grund amtl. Unterlagen v. Arno Keil. (131 S.) kl. 8. Ebd. (905). n. 2. —

— — der Stadt Lüben i/Schl. Bearb. auf Grund amtl. Unterlagen v. Knoll. 8. (81 S.) Ebd. (901). 1. —

— — der Stadt Markneukirchen i. S. Bearb. auf Grund amtl. Unterlagen v. Ludw. Herrmann. (185 S.) 8. Ebd. (904). n. 1. 50

— — der Stadt Markranstädt. Bearb. auf Grund amtl. Unterlagen v. Geo. Matthes. (161 S. m. 1 Plan.) 8. Ebd. (907). 2.50; geb. 3. —

— — der Stadt Meuselwitz, Sachsen-Altenburg. Bearb. auf Grund amtl. Unterlagen v. Bruno Etzold. 8. (79 S.) Ebd. (901). 1. —

— — der Stadt Münsterberg in Schlesien. Bearb. auf Grund amtl. Unterlagen v. W. Hübner. (133 S.) 8. Ebd. (903). n. 1. —

Adreß- u. Auskunfts-Buch der Stadt Neurode in Schlesien. Bearb. auf Grund amtl. Unterlagen v. Paul Olbrich u. Rich. Winter. (104 S.) 8. Leipzig (903). Kühnel. n. 1. —

— — der Stadt Neustadt O.-S. Bearb. auf Grund amtl. Unterlagen v. Knauer. (227 S.) 8. Ebd. (903). n. 1. 50

— — für den Ort Nixdorf in Böhmen. Bearb. auf Grund amtl. Unterlagen v. Joh. Fischer. 12. (64 S.) Ebd. (900). — 85

— — der Stadt Ohlau i. Schl. Bearb. auf Grund amtl. Unterlagen v. Stolzenberg. (109 S.) 8. Ebd. (903) n. 1. —

— — der Stadt Oels i. Schl. Bearb. auf Grund amtl. Unterlagen v. Haase u. Stoermer. (160 S.) kl. 8. Ebd. (904). n. 1. 25

— — der Stadt Patschkau i. Schl. Bearb. auf Grund amtl. Unterlagen v. Paul Friebel u. Jos. Baum. (92 S.) kl. 8. Ebd. (904). n. 1. —

— — der Stadt Pegau i/S. Bearb. auf Grund amtl. Unterlagen v. Dillner u. Osk. Leipart. 8. (125 S.) Ebd. (901). 1. —

— — der Stadt Prachatitz in Böhmen. Bearb. auf Grund amtl. Unterlagen v. Schafhäuser. 12. (75 S.) Ebd. (901). — 85

— — f. das Fürstent. Pyrmont 1910—1911. (142 S. m. Abbildgn., 1 farb. Plan u. Karte auf der Rückseite desselben.) gr. 8. Pyrmont, Vereinsbuchdruckerei. Geb. in Halbleinw. 3. —

— — der Stadt Ronneburg, S.-A., (nebst sämtl. zum herzogl. Amtsger.-Bez. Ronneburg gehörigen Landgemeinden). Bearb. auf Grund amtl. Unterlagen. (129 S.) kl. 8. Leipzig (907). Kühnel. 2. —

Adressbuch

— u. Auskunftsbuch d. Insel Rügen unt. spezieller Berücksicht. d. Kur- u. Bade-Orte. Bearb. a. Grund amtl. Unterlagen. 8. (299 S. m. 1 Karte.) Leipzig 898. Welt-Adressen-Verlag, E. Reiß. n. 2. —

— — der Stadt Rumburg in Böhmen. Bearb. auf Grund amtl. Unterlagen v. Carl Wenzel Sieber. 12. (170 S. m. 1 farb. Karte.) Ebd. (900). 1. —

— — der Stadt Schlettau im Erzgebirge. Bearb. auf Grund amtl. Unterlagen v. Paul Gamig u. Kurt Ruttloff. (53 S.) 8. Ebd. (903). n. — 75

— — der Stadt Schönbach in Böhmen. Bearb. auf Grund amtl. Unterlagen v. Rafael Engl. (76 S.) 8. Ebd. (905). n. 1. 25

— — der Stadt Schöneck i. V. Bearb. auf Grund amtl. Unterlagen v. Thdr. Wunderlich. (52 S.) 8. Ebd. (904). n. — 75

— — der Stadt Sprottau i/Schl. Bearb. auf Grund amtl. Unterlagen v. Wendt. 8. (92 S.) Ebd. (902). 1. —

— — der Stadt Strehlen in Schlesien. Bearbeitet auf Grund amtl. Unterlagen v. Paul Müller. (101 S.) 8 Ebd. 903. n. 1. —

— — der Stadt Tachau in Böhmen. Bearb. auf Grund amtl. Unterlagen v. Karl Frank. 8. (62 S.) Ebd. (901). 1. —

**Adress- u. Auskunftsbuch** der Vereine u. Gesellschaften im Königr. Sachsen. Mit Angabe ihres Zweckes u. Sitzes, ihres Gründungsjahres u. Tages, ihres dermal. Mitgliederstandes, ihrer Vorstände u. sonst. Organe, ihrer Vereinslocale u. s. w. Bearb. auf Grund amtl. bez. authent. Mittheilgn. unter Mitwirkg. der Bibliothekverwaltg. der Handelskammer zu Leipzig. (In 7 Lfgn.) 1.—5. Lfg. gr. 8. (S. 1—176.) Leipzig 890. (Moltke.) Subscr.-Pr. à n. — 80

— — der Vereine u. Gesellschaften im Königr. Sachsen. Mit Angabe ihres Zweckes u. Sitzes, ihres Gründungsjahres u. Tages, ihres dermal. Mitgliederstandes, ihrer Vorstände u. sonst. Organe, ihrer Vereinslocale u. s. w. Bearb. auf Grund amtl. bez. authent. Mittheilgn. unter Mitwirkg. der Bibliothekverwaltg. der Handelskammer zu Leipzig. 6. u. 7. (Schluss-)Lfg. gr. 8. (VI u. S. 177—236.) Leipzig 891. (Moltke.) Subskr.-Pr. à n. — 80 (kplt.: n. 5. 60; kart. n. 6. —)

Adress-und Auskunftsbuch der Stadt Warburg, Kreisstadt d. Prov. Westfalen. . . . [1.](1909). Warburg: Werth (1909). 8° A12.697 6

— — der Stadt Warburg, Kreisstadt der Prov. Westfalen. Mit 1 vollständig neu aufgenommenen Stadtplan nebst kurzer Geschichte Warburgs u. e. Führer durch die Stadt. Hrsg. unter Benutzg. des Materials des Einwohner-Meldeamtes. (170 S.) kl. 8. Warburg (910) C. F. Werth Söhne. Geb. in Halbleinw. nn 3. 50

— — f. das königl. Bez.-Amt Wunsiedel. 1. Tl. Die Stadt Wunsiedel. Bearb. nach amtl. Material. Hrsg. v. Hans Färber. (VI, 87 S.) 8. Wunsiedel 910. 11. G. Kohler. 1. 40

— — der Stadt Ziegenhals in Schlesien. Bearb. auf Grund amtl. Unterlagen v. Metzner. (96 S.) 8. Ebd. (904). n. 1. —

Adressbuch

— der k. Freistadt Aussig a. Elbe i/B. Bearb. auf Grund amtl. Unterlagen v. Opelt u. Güttler. 8. (340 S.) Leipzig (899). Kühnel. n. 1. 20

— der Stadt Aussig. Verf. u. hrsg. v. Frz. Braun u. Ed. Wagner. gr. 8. (IV, 4, 154, 100, 18, 24, 80 u. 10 S. m. farb. Plan.) Aussig 902. (A. Grohmann.) Geb. in Leinw. n n. 6. —

Adressbuch Aussig, Stadt u. Land, s. Kalender, ill. Aussiger.

—— für Autographen- und Portrait-Sammler, s. Fischer von Rößlerstamm.

— der Automobil-Industrie. 1. Bd. Deutschland. Ausg. 1902. gr. 8. (219 S.) Berlin [F. Walloch]. Deutsch. Automobil-Verlag. n. 3. —; geb. in Leinw. n. 4. —

Adressbuch der Automobil-Industrie. (Hrsg.: F[ranz] Walloch.) Ausg. 1902. Bd 1. *Berlin: F. Walloch (1902).* 8° 101. 16156

— Automobil- u. Motoren-Industrie v. Deutschl. 3. Ausg. (323) 8° — Berl., Deut. Automobil-Verl. F. Walloch 1904.

— dass. v. Europa. 4. Ausg. (311) 8° — Ebd. 1905.

— der Automobil-, Motoren- u. Fahrrad-Industrie v. Deutschland. 5. Ausg. 1906. (287, 157, 11, 27 u. 19 S.) gr. 8. Berlin, Deutscher Automobil-Verlag F. Walloch. Geb. in Leinw. n. 8. —

— Automobil-, Motoren- u. Fahrrad-Industrie Deutschlds. 8. Ausg. 1909. (468) gr 8° — Berlin: Deut. Fachadressbb. Verl.

— der Automobil-, Motoren- u. Fahrrad-Industrie Deutschlands. Unter Berücksicht. aller verwandten Industriezweige. 9. Ausg. 1910. (501 S.) gr. 8. Berlin, Deutscher Fachadressbücher-Verl. Geb. in Leinw. 10. —

— Automobil-, Motoren- u. Fahrrad-Industrie v. Europa. 6. Ausg. 1907. 2 Bde. (224,122,11,22,18,7 u. 112) 8° Ebd.

Adreßbuch von Baden, s. a. Lang's badischer Geschäftskalender.

— Baden. 4. Jahrg. (66) 8° — Wien, L. Steckler 1903.

— der Stadt Baden. Aufgestellt v. C. Rausch u. H. Weber. Jan. 1888. gr. 8. (IV, 262 S. m. 1 chromolith. Plan.) Baden-Baden, (Wild). geb. n.n. 3. 50

—— der großherzogl. Stadt Baden. Juni 1891. gr. 8. (IV, 288 S.) Baden-Baden, (Spies). cart. ** 3 —

Adressbuch

— Baden-Baden. Jan. 1900. 8° (351) Bad.-Bad.: (F. Spiess).

— Baden-Baden. (358) 8° — Bad.-B., (F. Spies) 1904.

— der grossherzogl. Stadt Baden-Baden. Aufgestellt pro 1. Apr. 1894 v. Herm. Weber, Carl Rausch u. A. Fass. gr. 8. (V, 328 S.) Baden-Baden, (F. Spies). Geb. n. 4. —

— der grossherzogl. Stadt Baden-Baden. Aufgest. v Herm Weber, Aug. Fass, Phil. Garrecht. gr. 8. (V, 360 S.) Baden-Baden 897. (F. Spies.) Geb. n. 4. —

— der grossherzogl. Stadt Baden-Baden. Aufgestellt v. Herm. Weber u. Friedr. Schäfer. 1902. gr. 8. (VIII, 355 S.) Baden-Baden (F. Spies). Kart. n. 4. —

— der grossherzogl. Stadt Baden-Baden. 1906. Aufgestellt v. Kurt Ziegler u. Frdr. Schäfer. (VIII, 381 S.) 8. Baden-Baden (F. Spies). Kart. n.n. 4 —

— der grossherzogl. Stadt Baden-Baden. Stand vom 1. IX. 1908. Aufgestellt v. Kurt Ziegler u. Ludw. Hartmann. (VIII, 381 S. m. 1 farb. Plan.) 8. Baden-Baden (F. Spies). Kart. nn 5. —

Adressbuch

— von Balingen, s.: Führer, illustrierter, durch den Zollerngau.

— für die ausserhalb ihrer Heimat lebenden Balten, s.: Balten, die deutschen.

—— von Bamberg, s.a. Adreß- und Geschäfts-Handbuch.

– Bamberg f. 1901. 8° (163, 172, 58, 62 u. 44 m. 1 Pl.) – Bambg.: (Handelsdr. u. Verlagsb. – Schmidt).

—— der Stadt Bamberg für das J. 1883. Nebst einem kleinen Führer von Bamberg. Mit Benutzung authent. Quellen bearb. gr. 8. (132 S.) Bamberg, (Hübscher.) cart. *
Jahrg. 1880, 1881 und 1882 nicht erschienen.

—— der Stadt Bamberg 1887. Mit Benützung amtl. Quellen bearb. gr. 8. (ca. 150 S.) Bamberg, (Hübscher.) **

—— dass. — 1888. gr. 8. (168 S.) Bamberg, (Schmidt.) *

—— der Stadt Bamberg f. d. J. 1890 u. 1893. gr. 8. (IV, 322; IV, 186, 144, 89 u. 43 S. m. 1 Plan.) Bamb., (Schmidt). cart. à Jahrg. ** 5 —

— der Stadt Bamberg f. d. J. 1895. Hrsg. v. magistrat. Einwohnermeldeamte. gr. 8. (IV, 136; 138, 44, 47 u. 43 S. m. farb. Plan.) Bamberg, (Handels-Druckerei). Geb. in Leinw. n.n. 4. 50

— d. Stadt Bamberg f. d. J. 1899. Hrsg. v magistrat. Einwohnermeldeamte. gr. 8. (IV, 153, 135, 51 u. 48 S. m. farb. Plan.) Bamberg (Handelsdruckerei u. Verlagsh.) Geb. in Leinw. n.n. 4. 50

— der Stadt Bamberg f. d. J. 1903. Hrsg. vom Stadtmagistrate Bamberg. gr. 8. (IV, 424 u. 69 S.) Bamberg (Handels-Druckerei u. Verlagsh.). Geb. in Leinw. n.n. 4.50

— der Stadt Bamberg f. d. J. 1905. Hrsg. vom Stadtmagistrate Bamberg. (IV, 167, 364 u. 64 S.) 8. Bamberg, (Handels-Druckerei u. Verlagsh.). Geb. i. Leinw. n.n. 4. 50

— der Stadt Bamberg f. d. J. 1909. Hrsg. v. Stadtmagistrate Bamberg. (IV, 235, 185, 172 u. 64 S.) gr. 8. Bamberg, Handelsdruckerei u. Verlagsh. Geb. in Leinw. nn 6. —

Adressbuch

– Bankfirmen, deut. Hrsg. v. Theophil Weber. J. 1909. (634) gr 8° – Lpzg: T. Weber.

— der deutschen Bankfirmen. Hrsg. v. Theophil Weber. Jahrg. 1910. (634 S.) gr. 8. Leipzig, Th. Weber. Geb. in Leinw. 8. —

—— der Bankfirmen und Spediteure, Gerichte, Advokaten und Gerichtsvollzieher, sowie der Konsuln, s. Regenhardt, C., Geschäftskalender für den Reichsverkehr und Geschäftskalender für den Weltverkehr.

— der Nordbahn-Vororte Bärenklau m. den Vorwerken Behlefanz, Leegebruch usw., Bergfelde, Birkenwerder, Borgsdorf m. Pinnow, Freienhagen, Friedrichsthal m. Dameswalde u. Fichtengrund, Gartenstdt. Frohnau, Germendorf, Glienicke, Grabowsee, Hermsdorf, Hohenbruch m. Johannisthal, Hohen-Neuendorf, Lehnitz, Malz, Nassenheide m. Birkhorst, Oranienburg, Sachsenhausen, Schmachtenhagen, Sommerswalde, Waidmannslust m. Lübars, Wensickendorf, Zehlendorf, Zühlsdorf. 1910. Auf Grund amtl. Materials hrsg. v. Wilh. Möller. (VIII, 287 S.) gr. 8. Oranienburg, W. Möller. Geb. 3. —

— v. Bärenstein, s.: Adreß- u. Auskunftsbuch.

Adressbuch

– Barmen. 8° (900) – Barmen 1900. (DB Wiemann).

– Barmen. (823) 8° – Barm., (DB Wiemann) 1905.

—— der Stadt Barmen für die J. 1875. 1877. 1879. Hrsg. auf Grund amtl. Aufnahme von Hartnack und Stöcker. 8. (382; 448; 483 S. mit 1 Plan.) Barmen, Langewiesche. geb. à Jahrg. *
1876, 1878 und 1880 nicht erschienen.

—— der Stadt Barmen für das J. 1882. Hrsg. auf Grund amtl. Aufnahme von Hartnack und Stöcker. 8. (506 S. mit 1 Plan.) Barmen, Langewiesche'sche Buchh. geb. **

— der Stadt Barmen nebst Adreßbuch f. d. Amt Langerfeld 1909. Bearb. nach eigener Anfang Mai durchgeführter Personenst.-Aufnahme. (560 u. 391 S. m. Stadtplan.) gr. 8. Barmen (Neuerweg 50), Osk. Born. Geb. in Leinw. nn 7. 50

—— der Stadt Barmen nebst Amt Langerfeld. gr. 8. (XXIV, 574 S. mit Plänen der Stadt und des Stadttheaters.) Barmen 885, (Wiemann.)

Adreß-Buch für Barth a. d. Ostsee. [1.] 1905. Barth: Anthony's Erben (1905). 8° [F.] [06. 10761]

— für Barth a. d. Ostsee 1906. (64 u. 4 S.) 8. Barth a. d. Ostsee, Anthony's Erben. (Nur direkt.) n. 1. —

– Barth a. d. Ostsee 1909. (64) 8° – Barth: Anthony's Erben.

— für Barth a. d. Ostsee 1910. (7411 Einwohner.) (62 S.) 8. Barth, Anthony's Erben. nn 1. —

Adressbuch

– v. Basel f. 1870. 8° (219) – Basel: Schweighauser.

— der Stadt Basel f. das J. 1868. (224 S. n. 24 ngr.) — 1870. Basel, Schweighauser. 8. (219 S.) n. 1 $

—— der Stadt Basel. 1874. 1877. 1880. 8. (272; III, 280, 59; IV, 326 S. mit 1 lithogr. Plan in gr. Fol.) Basel, Schwabe. 1874 *M* 4.; 1877 * *M* 4,80.; cart. 1880 *
1875, 1876, 1878 und 1879 nicht erschienen.

—— dass. — 1883, 1884, 1885. gr. 8. (IV, 351, 52; IV, 429; IV, 368, 59 S.) Ebendas. à Jahrg. **
Jahrg. 1881 und 1882 nicht erschienen.

— der Stadt Basel. 1886. 8. (IV, 385 u. 62 S.) Basel 886. Schwabe. cart. n.n. 4. 80

**Adressbuch der Stadt Basel, 1887.** In-8°, 400, 16 u. 64 S. Basel, Schweighauserische Buchhandlung (B. Schwabe). Cart. 5 —

Anhang zum Adressbuch der Stadt Basel. 1887. In-8°, 294 S. Basel, Schweighauserische Buchhandlung (Benno Schwabe). Subscriptionspreis cart. 4 —

Adressbuch d. Stadt Basel. 1888. In-8°, IV, 384 u. 66 S. Basel, Benno Schwabe. Cart. 6 —

—— der Stadt Basel. 1889, 1890, 1891, 1892. 8. (IV, 397 u. 74; IV, 416 u. 79; IV, 431 u. 76; IV, 452 u. 78 S.) Basel, Schwabe. cart. à Jahrg. ** 4 80

Adressbuch der Stadt Basel. Jahrg. 1893. In-8°. 471, 12 u. 79 S. Basel, Schweighauser'sche Buchdruckerei, B. Schwabe. Cart. 5 —

Adressbuch der Stadt Basel 1893, Anhang. In-8°, IV, 355 S. Mit farb. Plan. Basel, Benno Schwabe. 5 —

— der Stadt Basel. 1894. 8. (IV, 486 u. 82 S.) Basel, (B. Schwabe). Kart. n.n. 4. 80

Adressbuch der Stadt Basel. 1895. In-8°. IV, 495 u. 82 S. Basel, B. Schwabe. cart. 6 —

Adressbuch der Stadt Basel 1896. Gr. in-8°. 505, 10 u. 84 S. Basel, B. Schwabe. Cart. 6 —

Adressbuch der Stadt Basel. 1897. Gr. in-8°. 528, 10 u. 88 S. Basel, B. Schwabe. Cart. 6 —

— der Stadt Basel 1898. 8. (IV, 550 u. 91 S.) Basel, B. Schwabe. Kart. n n. 4. 80

der Stadt Basel 1899. 8°. IV, 576 u. 94 S. Basel, Benno Schwabe. Geb. 6 —

- der Stadt Basel mit Kleinhüningen. 1900. 8°. 613, 12 und 108 S. mit 1 Plan. Basel, Benno Schwabe. 7 —

Adressbuch der Stadt Basel mit Kleinhüningen. 1901 *u.* 1903 *u.* 1905. (*je* Mit einem Stadtplan.) 8. Basel, Benno Schwabe. [geb. *je* fr. 6. —]

1901. (*zus.* 754 S.) — 1903. (*zus.* 808 S.) — 1905. (*zus.* 854 S.)

Adressbuch der Stadt Basel mit Kleinhüningen. 1902. (Mit einem Stadtplan.) (*zus.* 785 S.) 8. Basel, Benno Schwabe. [geb. fr. 6. —]

Adressbuch der Stadt Basel mit Kleinhüningen. 1904. (Mit einem Stadtplan.) (*zus.* 838 S.) 8. Basel, Benno Schwabe. [geb. fr. 6. —]

Adressbuch der Stadt Basel mit Kleinhüningen. 1906. (Mit einem Stadtplan.) (*zus.* 871 S.) 8. Basel, Benno Schwabe. [geb. fr. 6. —]

Adressbuch der Stadt Basel mit Kleinhüningen. 1907. (Mit einem Stadtplan.) (*zus.* 890 S.) 8. Basel, Benno Schwabe. [geb. fr. 6.—]

Adressbuch der Stadt Basel mit Kleinhüningen. 1908. (Mit einem Stadtplan.) (*zus.* 910 S.) 8. Basel, Benno Schwabe. [geb. fr. 6. —]

Adressbuch der Stadt Basel. 1909. (Mit einem Stadtplan.) (*zus.* 960 S.) 8. Basel, Benno Schwabe & Co. [geb. fr. 6. —]

Adressbuch der Stadt Basel 1910. [Mit 1 Stadtplan.] (*zus.* 736 S. + *Inserate.*) 8. Basel, Benno Schwabe & Co. [geb. fr. 7. —]

Adressbuch. Anhang zum Ad' der Stadt Basel 1910. (Verzeichnis sämtlicher Häuser von B'.) [Mit 1 Stadtplan.] IV + 488 S. + *Inserate.* 8. Basel, Benno Schwabe & Co. [geb. fr. 6. —]

Adressbuch vom Kanton Baselland, bearb. u. hrsg. von H. Pohlmann. In-8°. II, 181 u. 44 S. Liestal, Gebr. Lüdin. 1891 Cart. 4 —

Adressbuch für den Kanton Baselland, enthaltend Teil 1: Alphabetisch geordnetes Verzeichnis der Einwohner nach Gemeinden; Teil 2: V' der Geschäftsfirmen nach Berufsarten geordnet; Teil 3: V' Schweizerischer und Kantonaler Behörden, Gerichte, Verwaltungen, Verkehrsanstalten, sowie der Vereine, Genossenschaften, Anstalten etc. Geschäftsanzeigen (**Umschlag:* A' des Kantons B'. 1907). IV + 242 + 48 [+ 12] S. 8. Basel, Buchmann & Waldmeyer, (1907). [geb. fr. 3. —]

Adressbuch

— f. d. Baugewerbe, s. Fachadressbücher, schweizerische.

—— für das gesammte deutsche Baugewerbe und verwandte Geschäftszweige, s. Weber's Adressbuch.

— für das gesamte Baugewerbe Deutschlands. Verzeichnis der f. das Baugewerbe in Betracht komm. Fabrikanten u. Lieferanten. Jahrg. 1901/02. gr. 8. (IV, 239 S.) Leipzig (901). Eisenschmidt & Schulze. Geb. in Leinw. n. 6. —

— für das gesamte Baugewerbe Deutschlands. 1. Bd.: Verzeichnis der f. d. Baugewerbe in Betracht komm. Fabrikanten u. Lieferanten. 3. Jahrg. 1905/1906. (IV, 349 u. 73 S.) gr. 8. Leipzig (905). Eisenschmidt & Schulze. Geb. in Leinw. n. 8. —

—— Baugewerbe Oesterreichs, s. Bau-Compass.

— sämmtl. Baugewerbetreibenden in Böhmen, als: Civil-Ingenieure f. alle Baufächer, Civil-Architekten, Bau-Ingenieure u. Baumeister, Maurer-, Zimmer- u. Steinmetzmeister, Kalkwerks-, Ziegelei- u. Brettsägenbesitzer, Holzhändler etc. Hrsg. v. Vereine d. Maurer-, Zimmer- u. Steinmetzmeister im nordwestl. Böhmen m. d. Sitze i Teplitz. 12. (IV, 19, 190 S.) Teplitz 895. (A. Becker.) n 2. —

Bauindustrielles Adressbuch von Oesterreich-Ungarn und Bezugsquellen-Führer für sämmtliche Baubedarfs-Artikel. 2. vermehrte und erweiterte Auflage. Herausgegeben von Leopold Steiner. Wien. 1900. Volkswirtschaftlicher Verlag. Dorn. Gr.-8°. VIII, XVII, 576 S. Cart. K 9.—

— bauindustrielles, v. Osterreich-Ungarn u. Bezugsquellen-Führer f. Baubedarfsartikel. Nach amtl. Daten zusammengestellt v. Leop. Steiner. VI. erweit. u. verm. Aufl. (VIII, 611 S.) gr. 8. Wien 909. Volkswirtschaftl. Verlag A. Dorn. Geb. in Leinw. 12. 50

Bisher u. d. T.: Auskunftsbuch, bautechnisches.

— bauindustrielles, v. Oesterreich-Ungarn u. Bezugsquellen-Führer f. sämmtl. Bedarfsartikel. 2. verm. u. erweit. Aufl. Hrsg. v. Leop. Steiner. gr. 8. (VIII, 570 S.) Wien 900. Volkswirtschaftl. Verlag A. Dorn. Kart. n. 7.50

Adressbuch der Baumwollen-Industrie Deutschlands 1903/04. (III, 234 S.) 8. Grünberg, Löbner & Co. Kart. n.n. 7. 50

— der Baumwollen- u. Seiden-Industrie Deutschlands. Mit e. Anh., enth. e. grosse Anzahl d. bedeutendsten Etablissements d. Baumwoll- u. Seiden-Industrie Oesterreichs u. des übr. Auslandes. 1894/95. gr. 8. (XIV, 364 S.) Grünberg, Löhner & Co. Geb. n. 5. —

Adreßbuch für Bautzen, s. a. Adreßbuch und Plan.

—— für Bautzen. Nebst 2 Anhängen enth. ortspolizeil. Bestimmungen, Steuertabellen ꝛc. und Verzeichnis sämtl. im Handelsregister eingetragener Firmen aus dem Bezirke der Handels- und Gewerbekammer Zittau. gr. 8. (IV, 292 S. mit Plan in Chromolithogr.) Bautzen 888, (Weller'sche Buchh.) **

— Bautzen. (278) 8° — Bautz., (Weller) 1905.

— Bautzen, Amtshauptmannsch. 8° (240) Dresden 1900. — Löbau: JG Walde.

— für die Stadt Bautzen auf das J. 1868. Zusammengestellt v. Herm. Florenz. Mit e. Anh. Bautzen, (Schmaler & Pech.) gr. 8. (IV, 120 S.) nn. 20 ngr.

—— der Stadt Bautzen. Ausg. im Juli 1889, 1890, 1891, 1892. gr. 8. (IV, 196; IV, 206; IV, 212; IV, 224 S. m. farb. Plan.) Bautzen, (Weller). cart. à Jahrg. ** 3 —

— der Stadt Bautzen, nach amtl. Quellen zusammengestellt. Mit Plan. Nebst e. Anh., enth. ortspolizeil. Bestimmgn. etc., sowie e. Geschäfts-Anzeiger. Ausg. Ende Juli 1894. gr. 8. (VI, 230 S.) Bautzen, (Weller). Kart. n.n. 3. —

— d. Stadt Bautzen. Nebst e. Anh. enth. ortspolizeil. Bestimmgn etc. Asg. Ende Juli 1895. 8°.— (226 m. Pl.) Bautzen: (Weller).

Adreßbuch d. Stadt Bautzen, n. amtl. Quellen zusammengest. M. (farb) Plan. Nebst e. Anh., enth. ortspolizeil. Bestimmgn. etc., sow. e. Geschäfts-Anzeiger. Ausg. Mitte Juli 1898. gr. 8. (VI, 236 S.) Bautzen (Weller). Kart. n.n. 3. —

— Bautzen, Stadt. Asg. Mitte Juli 1900. 8° (242 m. 1 Pl.)— Bautzen: (Weller).

— der Stadt Bautzen, nach amtl. Quellen zusammengestellt. Nebst e. Anh., enth. ortspolizeil. Bestimmgn. etc., sowie e. Geschäfts-Anzeiger. Ausg. Mitte Juli 1902. gr. 8. (XVI, 252 S. m. Stadt- u. Theaterplan.) Bautzen (Weller). Kart. n.n. 3. —

— der Stadt Bautzen 1906/07, nach amtl. Quellen zusammengestellt. Mit (farb.) Stadt- u. Theaterplan, nebst e. Anh., enth. ortspolizeil. Bestimmgn. etc., sowie e. Geschäfts-Anzeiger. Ausg. im Juli 1906. (XVI, 288 S.) gr. 8. Bautzen (Weller). Kart. n.n. 3. 50

— d. Stadt Bautzen 1909/10, nach amtl. Quellen zusammengestellt. Mit (farb.) Stadt- u. Theaterplan, nebst e. Anh., enth. ortspolizeil. Bestimmgn. etc., sowie e. Geschäfts-Anzeiger. Ausg. im Juli 1909. (XVI, 303 S.) gr. 8. Bautzen, Weller. Kart. nn 3. 50

Adressbuch für die Stadt Bautzen

— — u. Umgegend auf d. J. 1869. 2. Jahrg. (1869.) (XXIV, 144 S.) — 3. Jahrg. (1870.) Ebend. gr. 8. (VIII, 146 S.) Jeder Jahrg. nn. 20 ngr.

—— dass. — auf die J. 1872 und 1874, 1875. Redig. von Herm. Florenz. 4. und 5. Jahrg. gr. 8. (XXIV, 154; XVI, 114 S.) Bautzen, (Weller'sche Buchh.) à Jahrg. **

—— für Bautzen und Umgegend für die J. 1875 und 1877. Hrsg. von Herm. Florenz. 8. (156; 176 S.) Bautzen, (Weller'sche Buchh.) à Jahrg. *

—— dass. — für das J. 1879/80. Hrsg. von E. M. Monse. 8. (176 S.) (Ebendas.)

—— für Bautzen und Umgegend für das J. 1883. 8. (192 S.) Bautzen, (Weller'sche Buchh.) *

Adressbuch

—— Bayern, s. Leuchs, Adressbuch aller Länder der Erde, der Kaufleute etc., 1. Bd.

—— der kgl. Bayerischen Kreis-Haupt-Stadt Bayreuth. 1889. 8. (198 S.) Bayreuth, (Giessel). ** 3. —

— der königl. bayerischen Kreishauptstadt Bayreuth. 8. (269 S. m. 1 Stadtplan.) Bayreuth 889. Burger. n. 2. —

— d. Behörden, Offiziere u. Beamten d. XIII. Armeekorps (kgl. württemberg.), sowie d. in Ulm lieg. kais., kgl. preuss. u. kgl. bayer. Behörden u. Offiziere. Hrsg. v. E. v. Donat. Asg. 1895. (2. Jahrg.) 8° — (51) Strassb. Bas., GL Kattentidt.

— der Stadt Bensen i. Böhmen. Bearb. auf Grund amtl. Unterlagen von Max Heyßler. 8. (66 S. mit Abbildgn.) Leipzig (899). Kühnel. n. — 50

— für die Landherrenschaft Bergedorf, die hamburgischen Marschlande [Allermöhe, Billwärder an der Bille, Moorfleth, Moorwärder, Ochsenwärder, Reitbrook, Spadenland u. Tatenberg], die Amtsgerichtsbezirke Trittau u. Reinbek, sowie das ganze Herzogth. Lauenburg m. den lübeck. u. mecklenburg-strelitz'schen Enclaven, verbunden m. Kalender auf d. J. 1880, nebst Annoncen-Anh. Hrsg. von C. F. Fischer u. E. Winterberg jr. 4. (XVI, 127 S.) Bergedorf, Winterberg jr. cart. n. 2. —

— für die Landherrenschaft Bergedorf, f. Sande u. die umliegenden Gemeinden der Kreise Stormarn u. Lauenburg, nebst e. Wegweiser durch Bergedorf u. Umgegend. (265 u. 30 S. m. Abbildgn., 1 Plan u. 1 Karte.) 8. Bergedorf 908. H. Wobbe. Kart. 3. —

— Bergwerke u. Hütten Deutschlds. m. Nebenbetrieben. 1909/10. 6. J. (16, 441) 8° — Leipzig: HAL Degener (1909).

— Bergwerke, Hütten- u. Walzwerke Deutschlds. 2. Jahrg. (22,234) 8° — Dresd., H. Kramer 1905.

— 1906 sämtlicher Bergwerke, Hütten- u. Walzwerke Deutschlands. 3. Jahrg. (III, 466 S.) 8. Dresden-A., H. Kramer. Geb. in Leinw. n. 7. —

— 1910/11 sämtlicher Bergwerke, Hütten- u. Walzwerke Deutschlands nebst d. Nebenbetrieben. 7. Jahrg. (XVIII, 501 S.) 8. Leipzig (910). A. H. L. Degener. Geb. in Leinw. 8. —

— sämmtlicher Bergwerke, Hütten- u. Walzwerke, Giessereien, Maschinenfabriken, chemischen, Cement-, Glas- u. Thonwaarenfabriken, Fabriken feuerfester Producte, Ziegeleien u. verwandter Zweige im niederrheinisch-westfälischen Industriegebiet v. Scheidt. 2. Aufl. 8. (69 S.) Dortmund 888. (Dreist.) cart. n. 2. —

— sämmtlicher Bergwerke, Hütten- u. Walzwerke, Maschinen-Fabriken, Giessereien u. verwandten Zweige im niederrheinisch-westfälischen Industriegebiet. 4., verm. Aufl. 8. (140 S.) Gelsenkirchen 893. C. Bertenburg. Kart. n. 4. —

— sämmtlicher Bergwerke, Hütten- u. Walzwerke, Maschinen-Fabriken, Giessereien u. verw. Zweige im niederrhein.-westfäl. Industriegebiet. M. Aufführg. d. Firmen nach ihren Fabrikationszweigen als Bezugsquellen-Nachweiser. 5, verm. Aufl. 8. (190 S.) Gelsenkirchen 897. C. Bertenburg. Kart. n. 5. —

— sämmtlicher Bergwerke, Hütten- u. Walzwerke, Maschinen-Fabriken, Giessereien u. verwandten Zweige im niederrheinisch-westfälischen Industriegebiet. Mit Aufführg. der Firmen n. ihren Fabrikationszweigen als Bezugsquellen-Nachweiser. 6. verm. Aufl. (216 S.) 8. Gelsenkirchen (902). C. Bertenburg. Geb. in Leinw. n. 5. —

— sämtlicher Bergwerke, Hütten- u. Walzwerke, Maschinen-Fabriken, Giessereien u. verwandt. Zweige im niederrheinisch-westfälischen Industriegebiet. Mit Aufführg. der Firmen nach ihren Fabrikationszweigen als Bezugsquellen-Nachweiser. 7. verm. Aufl. (320 S.) 8. Gelsenkirchen (908). C. Bertenburg. Geb. in Leinw. 5. —

Adressbuch

— Berlin u. Potsdam, sowie Charlottenburg. Red. im Bureau d. kgl. Ministeriums d. Innern 191. Jahrg. (40,991) 8° — Berlin: C. Heymann 1905.

— Berlin u. Potsdam, sowie Charlottenburg f. 1909. Red. im Bureau d. kgl. Ministeriums d. Innern. 195. J. (40,964) 8° — Berlin: C. Heymann.

— Berlin u. Vororte. 1901. 2 Bde. 8° (1866, 196, 778, 343, 295 m. Theaterplänen u. Stadtpl. u. 20) Berl.: A. Scherl.

Adreßbuch für Berlin und seine Vororte. Mit Plan von Berlin und Umgebung, sowie Nachträgen. Jg. 1897—1913. 51 Bde

— f. Berlin u. f. Vororte 1899. Unt. Benutzg. amtl. Quellen. M. d. Beigabe: Plan v. Berlin u. Umgebg. 2 Bde. gr. 4. (XII, 1695; XVI, 186, 722, 318 u. 263 S. m. Theaterplänen, Nachträge V S. u. Straßenverzeichn. rc. z. Plan 15 S.) Berlin, A. Scherl. Geb. in Halbfrz. n.n. 10.—

– Berlin-Dahlem. J. '10.(86) 8° – Berlin-Lichterf.: (Drakerstr. 45). Paul JR Schmidt.

Adreßbuch Berliner, s.a. Adreßkalender

Adreßbuch Berliner, s.a. Gesellschaft, Die, v. Berlin.

Adreßbuch Berliner, s.a. Offizier-Adreßbuch von Berlin u. Umgegend.

Berliner Adreßbuch. Hrsg. von H. Baeblich, (1871 ff.:) von H. Schwabe, (1875 ff.:) von A. Ludwig. Jg. 1–28. 1869–96. 34 Bde

—— Berliner, für das J. 1874. Hrsg. unter Mitwirkung von H. Schwabe. 6. Jahrg. 1874. Lex.=8. (VIII, 1751 S.) Berlin, Guttentag. geb. **

—— Berliner, für das J. 1875. Unter Benutzung amtl. Quellen redig. von A. Ludwig. Hrsg. von der Societät der Berliner Bürger=Zeitung, F. Beutner und D. Collin. 7. Jahrg. Lex.=8. (VII, 1859 S.) Berlin, (Guttentag.) geb. **

— dasselbe, für das Jahr 1876. Red. v. A. Ludwig. 8. Jahrg. Lex.=8. (VIII, 1080; 662 u. 196 S. m. 8 Theaterplänen in Holzschn. u. 1 chromolith. Stadtplan in Imp.=Fol.) Ebend. 876. geb. n.n. 12. —

—— dass. — für das J. 1877. 9. Jahrg. Lex.=8. (VIII, 914, 556, 113 und 84 S. mit 8 Theaterplänen in Holzschn.) (Ebendas.) geb.

— Berliner, f. d. J. 1878. Unter Benutzung amtlicher Quellen red. v. A. Ludwig. Mit dem neuesten (chromolith.) Plan v. Berlin. 10. Jahrg. Lex.=8. (XVI, 1046; 582, 122 u. 118 S. mit 11 Theaterplänen in Holzschn.) Berlin 878. (Guttentag.) geb. n.n. 11. —

Adreßbuch, Berliner, f. d. Jahr 1879. Unter Benutzung amtlicher Quellen red. v. A. Ludwig. Mit dem neuesten (chromolith.) Plan v. Berlin. Hrsg. v. der Societät der Berliner Bürger=Zeitung [vorm. D. Collin] W. u. S. Löwenthal. 11. Jahrg. gr. 8. (XIV, 1062, 8, 601, 128 u. 141 S. mit 10 Theaterplänen in Holzschn.) Berlin, Guttentag. geb. n.n. 13. —

—— dass. — für das J. 1879. 11. Jahrg. gr. 8. (XIV, 1062, 8, 601, 128 und 141 S. mit 10 Theaterplänen in Holzschn. und dem neuesten chromolithogr. Plan von Berlin.) Berlin, W. und S. Loewenthal. geb.

—— dass. — für das J. 1880. 12. Jahrg. Lex.=8. (XVIII, 1106, 622, 159 und 107 S. mit 11 Theaterplänen in Holzschn. und dem neuesten Plane von der Umgegend von Berlin.) Ebendas. geb.

—— Berliner, für das J. 1881. Unter Benutzung amtl. Quellen redig. von A. Ludwig. 13. Jahrg. Lex.=8. (1107, 420, 224, 163, 112 S. mit 10 Theaterplänen in Holzschn. und dem Plan von Berlin.) Berlin, W. und S. Loewenthal. geb. **

Adreßbuch, Berliner, für das J. 1882. 14. Jahrg. Lex.=8. (1142, 417, 232, 164, 112 S. mit 10 Theaterplänen in Holzschn. und dem neuesten Droschkenwegemesser von Berlin.) Berlin, W. und S. Loewenthal. geb. **

—— dass. — für das J. 1883. 15. Jahrg. Lex.=8. (1188, 432, 247, 171, 120 S. mit 8 Theaterplänen in Holzschn. und dem neuesten Plan von Berlin.) Ebendas. geb. **

—— dass. — für das J. 1884. 16. Jahrg. Lex.=8. (1143, 435, 167, 176, 110 S. mit 8 Theaterplänen in Holzschn. und dem neuesten Plan der Umgegend von Berlin.) Ebendas. geb. **

—— dass. — für das J. 1885. 17. Jahrg. Lex.=8. (1193, 717, 163, 102 S. mit 8 Theaterplänen in Holzschn. und dem neuesten Plan von Berlin.) Ebendas. geb. **
Vgl.: Adress-Kalender.

—— Berliner, für das J. 1888. Unter Benutzung amtl. Quellen redig. von A. Ludwig. Hrsg. von W. und S. Loewenthal. 20. Jahrg. 4. (VII, 1298; XVI, 769; 192, 126 S. mit dem neuesten Plan von Berlin.) Berlin, W. und S. Loewenthal. geb. **
Vgl.: Adreß-Kalender.

—— Berliner, f. d. J. 1890—1893. Mit dem neuesten Plan v. Berlin. 22.—25. Jahrg. Lex.=8. (à Jahrg. 2500—3000 S.) Berl., W. u. S. Loewenthal. geb. à Jahrg. ** 16 50

— Berliner, f. d. J. 1890. Unter Benutzg. amtl. Quellen red. v. A. Ludwig. Mit dem neuesten Plan v. Berlin. Hrsg. v. W. & S. Loewenthal. 22. Jahrg. 4. (VI, 1401; 861; 199 u. 151 S.) Berlin, W. & S. Loewenthal. geb. n.n. 16. 50

— Berliner, f. d. J. 1893. Unter Benutzg. amtl. Quellen red. v. A. Ludwig. XXV. Jahrg. 2 Bde. Lex.=8. (VI, 1548 u. XVI, 584, 221, 200, 210 u. 196 S. m. 9 Theaterplänen, farb. Stadtplan u. Straßen= rc. Verzeichniß 24 S.) Berlin, W. & S. Loewenthal. Geb. in Halbleinw. n. 21. 30

— Berliner, f. d. J. 1896. Unt. Benutzg. amtl. Quellen hrsg. 2 Bde. 28. Jahrg. 4. (VIII, 1700; 780; VIII, 247; 241; VIII, 200; 328 u. Straßenverzeichn. 24 S. m. farb. Stadtplan u. 10 Theaterplänen.) Berlin, W. & S. Loewenthal. Geb. in Halbleinw. n.n.n. 6.—; in Halbfrz. n.n.n. 7.—

Adreßbuch, Berliner. Unter Benutzung amtlicher Quellen. Mit der Beigabe: Großer Verkehrs-Plan von Berlin und Vororten. 2 Bde. Ausg. 1901—1908. Berlin, 1900—1907.

— Berliner 1903. Unter Benutzg. amtl. Quellen. Mit der Beigabe: Großer Verkehrsplan v. Berlin u. Vororten. 2 Bde. (V, XII, 2040; III, 208; 834, 372 und 347 S. m. 1 Plan u. Straßenverzeichnis usw. zum Plan 24 S.) gr. 4. Berlin, A. Scherl. Geb. in Halbfrz. n.n. 12.—

— Berliner. 1906. Unter Benutzg. amtl. Quellen. Mit der Beigabe: Großer Verkehrs=Plan v. Berlin u. Vororten. 2 Bde. (V, XIV, 2586; III, 16, 238, 940, 436 u. 487 S. u. Straßenverzeichnis usw. zum Plan 31 S.) 4. Berlin, A. Scherl. Geb. in Halbldr. n.n. 14.—

– Berliner, 1909. 2 Bde. (12, 3112, 16, 270, 1055, 502 u. 656 m. 1 Pl., Theaterplänen u. Strassenverz. usw. z. Pl. 40) 30,5 x 12 cm. – Berlin: A. Scherl.

— Berliner. 1911. Unter Benutzg. amtl. Quellen. Mit der Beigabe: Großer Verkehrs-Plan v. Berlin u. Vororten. 2 Bde. (V, XII, 3388; III, 16, 288, 1099, 499, 780 S. m. Theaterplänen u. Straßenverzeichnis usw. zum Plan 48 S. in Lex. 8.) 31×25 cm. Berlin, A. Scherl. Geb. in Halbldr. nn 14.—

Adressbuch
—— von Bern, s. Adreßkalender.

—— der Bundesstadt Bern, s. Hand- und Adreßbuch.

Adressbuch für den Kanton Bern. 1. Bd. Stadt Bern u. Mittelland. 1. Tl. Stadt Bern. 8. (XV, 452 u. 7 S. m. 1 Plan.) Bern (Marktgasse 59) 900. Polytechn. Anstalt f. Verlag u. Publizität. Geb. in Leinw. n. 3. 40

Adreßbuch für Stadt und Stadtbezirk Bern, s. a. Verzeichnis sämmtlicher Bürger der Stadt Bern.

— für Stadt und Stadtbezirk Bern. 1881. [30. Septbr.] 8. (IV, 309 S. mit 1 lithogr. Plan der Stadt Bern.) Bern, Haller. cart. **
Jahrg. 1882 nicht erschienen.

— dass. — 1883/84. 8. (VIII, 303 S. mit 1 Plan der Stadt Bern.) Ebendas. 883. ** ℳ 3,60.; cart. **

— für Stadt und Stadtbezirk Bern. 1886/87. Mit 2 Plänen [Stadtplan u. Theaterplan]. 8. (VI, 328 S.) Bern 886. Nydegger & Baumgart. n.n. 3. 60; cart. n.n. 4. —

— für Stadt u. Stadtbezirk Bern 1888/89. [Abgeschlossen auf 1. Aug. 1888.] Mit 2 Plänen (Stadtplan u. Theaterplan). 8. (408 S.) Bern, Nydegger & Baumgart. n.n. 3. 60; cart. n.n. 4. —

— für Stadt u. Stadtbezirk Bern 1891/92. [Abgeschl. auf 31. Mai 1891.] Mit 2 Plänen [Stadtplan u. Theaterplan]. gr. 8. (VI, 448 S.) Bern, Nydegger u. Baumgart. ** 5 70
geb. in Leinw. ** 6 —
Erscheint alle 2 Jahre.

— für Stadt u. Stadtbez. Bern 1893/94. Bearb. v. der städt. Polizeidirektion. (Abgeschlossen auf 31. Mai 1893.) 8. (IV, 461 S. m. Stadt- u. Theaterplan.) Bern, Nydegger & Baumgart. n.n. 5. 70; geb. n.n. 6. —
— dasselbe 1893/94. Suppl., enth.: Alphabetisches Verzeichnis der städt. Einwohner m. Angabe ihres Wohnorts. Abgeschlossen auf 15. Juni 1894. Bearb. v. der städt. Polizeidirektion. 8. (196 S.) Ebd. Kart. n.n. 2. 50

— für Stadt u. Stadtbez. Bern 1895/96. Bearb. v. d. städt. Polizeidirektion. (Abgeschl. auf 31. Mai 1895.) Mit 2 Plänen (Stadtplan u. Theaterplan.) gr. 8. (XV, 476 S) Bern, Nydegger & Baumgart. Kart. n.n. 6. —

— dasselbe 1896/97. Suppl., enth: Alphabet. Verzeichn. der ständ. Einwohner d Stadt Bern m. Angabe ihres Wohnorts. Abgeschl auf 15. XI. 1896. 8. (212 S.) Ebd Kart. n n. 2. 50 (Kplt. m. Suppl.: n.n. 8 50)

Adressbuch für Stadt und Stadtbezirk Bern 1899. Abgeschlossen auf 1. Dezember 1898. 8°. 558 S. m. Stadt- u. Theaterplan. Bern, Haller'sche Buchdruckerei. 1899 6 —

Adressbuch für Stadt- und Stadtbezirk Bern 1901/02. (*Umschlag:* Bottin de la ville de Berne.) Abgeschlossen auf 20. August 1901. Mit sorgfältig revidiertem Stadtplan im Masstab von 1 : 10,000. VIII + 648 [+ 10] + 48 S. 8. Bern, Haller & Nydegger, 1901. ([geb.] Subscr. fr. 5. —, Ladenpreis fr. 6. —)

Adressbuch für Stadt und Stadtbezirk Bern 1902-1903. (*Umschlag:* Bottin de la ville de Berne.) Abgeschlossen auf 4. Oktober 1902. Mit revidiertem Stadtplan von 1 : 12500. VIII + 636 [+ 6] + 32 S. 8. Bern, Haller, 1902. ([geb.] Subscr. fr. 5. —, Ladenpreis fr. 6. —)

Adressbuch für Stadt und Stadtbezirk Bern (= Bottin de la ville de Berne) 1903-1904. Abgeschlossen anfangs November 1903. Mit revidiertem Stadtplan im Masstab von 1 : 12500. VIII + 632 [+ 6] + 32 S. 8. Bern, Haller, 1903. ([geb.] fr. 6. —, Subscr. fr. 5. —)

Adressbuch für Stadt und Stadtbezirk Bern (= Bottin de la ville de Berne) 1904-1905. Abgeschlossen Ende November 1904. Mit revidiertem Stadtplan im Masstab 1:12500. VIII + 640 [+ 6] + 24 S. 8. Bern, Haller, 1904. ([geb.] fr. 6. —, Subscr. 5. —)

Adressbuch für Stadt und Stadtbezirk Bern 1905-1906 = Bottin de la ville de Berne. Abgeschlossen Mitte November 1905. Mit revidiertem Stadtplan im Masstab von 1 : 12500. VIII + 632 + 38 [+ 8] S. 8. Bern, Haller, 1905. ([geb.] fr. 6. —, Subscr. 5. —)

Adressbuch für Stadt und Stadtbezirk Bern 1906 - 1907 = Bottin de la ville de Berne. Redaktionsschluss: 25. November 1906. Mit revidiertem Stadtplan im Masstab von 1 : 12500. VIII + 632 + 36 [+ 14] S. 8. Bern, Haller, 1906. ([geb.] fr. 6. —, Subscr. 5. —)

Adressbuch für Stadt und Stadtbezirk Bern 1907-08 = Bottin de la ville de Berne. Redaktionsschluss: 15. November 1907. Mit revidiertem Stadtplan im Masstab von 1 : 12500. VIII + 640 + 36 [+ 14] S. 8. Bern, Haller, 1907. ([geb.] fr. 6. —, Subscr. 5. —)

Adressbuch für Stadt und Stadtbezirk Bern 1908-09 = Bottin de la ville de Berne. Nach amtlichen Quellen revidiert. ⟨Redaktionsschluss: 10. November 1908.⟩ Mit revidiertem Stadtplan im Masstab von 1 : 12500. VIII + 648 + 36 [+ 14] S. 8. Bern, Haller, 1908. ([geb.] fr. 6. —, Subscr. 5. —)

Adressbuch für Stadt und Stadtbezirk Bern 1909-10 = Bottin de la ville de Berne. Nach amtlichen Quellen revidiert. ⟨Redaktionsschluss: 25. Oktober 1909.⟩ Mit revidiertem Stadtplan im Masstab von 1 : 12 500. XII + 660 + 48 [+ 14] S. 8. Bern, Haller, 1909. ([geb.] fr. 6. —, Subscr. 5. —)

Adressbuch für Stadt und Stadtbezirk Bern 1910-1911 = Bottin de la ville de Berne. Nach amtlichen Quellen revidiert. ⟨Redaktionsschluss: 22. Oktober 1910.⟩ Mit revidiertem Stadtplan im Masstab von 1 : 12,500. XII + 684 + 40 S. 8. Bern, Haller, 1910. ([geb.] fr. 6. —, Subscr. 5. —)

Adressbuch
– f. Bernau, Buch, Zepernick u. Röntgental, s. a. Vorort-Adreßbücher, Berliner. 1.

Adressbuch von Bernau, sowie Buch, Zepernick und Röntgental. Auf Grund amtl. Materials hrsg. von Alfred Piper. [1.] 1908. Berlin: Baedeker & Moeller 1908. 8° [K.]
= Vorort-Adressbücher, Berliner. Bd 1. [08. 5679]

– Bernburg, Kreis (ausschliessl. d. Kreisstadt) 1899. 8°– 146 u. 14) Bernbg 1898. (P. Böttger).

— des Landkreises Bernburg 1902. Hrsg. unter Benutzg. amtl. Materials v. W. Holtzendorff, W. Pfannenberg. (V, 198 S.) gr. 8. Bernburg (P. Böttger). Geb. n.n. 3. 50

— des Landkreises Bernburg 1907. Hrsg. unter Benutzg. amtl. Materials v. M. Grey u. H. Schmidt. (VI, 210 S.) gr. 8. Bernburg 906. (P. Böttger.) Kart. nn 3. 50

— der Stadt Bernburg für das J. 1877/78, nebst einem Nachweis der Civil- und Militärbehörden des Kreises, sämmtl. Institute, Stiftungen, Vereine, Kassen 2c. 2c. Zusammengestellt von Wilh. Weber. gr. 8. (147 S.) Bernburg, (Schmelzer's Hofbuchh.) cart. **
1875, 1876 und 1879 nicht erschienen.

— der Stadt Bernburg f. 1880—81, nebst einen Nachweis der Civil- u. Militärbehörden d. Kreises, sämmtl. Institute, Stiftungen, eingetragene Handelsfirmen, Vereine, Kassen 2c. Zusammengestellt von Wilh. Weber. gr. 8. (IV, 194 S.) Bernburg, (Schmelzer). n. 3. —

— der Stadt Bernburg für 1882/83, nebst e. Nachweis der Civil- u. Militärbehörden des Kreises, sämmtlicher Institute, eingetragenen Handelsfirmen, Vereine, Kassen 2c. Zusammengestellt von Wilh. Weber. gr. 8. (III, 136 S.) Bernburg 883. Bacmeister. geb. n.n. 3. —

— der Stadt Bernburg pro 1887. Hrsg. von Wilh. Weber. gr. 8. (IV, 143 S. mit chromolithogr. Plan.) Bernburg, (Schmelzer's Hofbuchh.) cart. *

— dass. — pro 1888/89. Hrsg. von Wilh. Weber. gr. 8. (IV, 152 S.) (Ebendas.)

— der Stadt Bernburg pro 1889/90. Hrsg. v. W. Weber. gr. 8. (V, 168 S. m. Plan.) Bernburg, (Schmelzer). n.n. 3. —; cart. n.n. 3. 50

— der Stadt Bernburg pro 1891/92. gr. 8. (IV, 112 S. m. 2 Plänen.) Bernb., (Schmelzer). cart. * 4 75

— der Stadt Bernburg f. 1894/95. Hrsg. v. Wilh. Weber. gr. 8. (IV, 231 u. 32 S. m. farb. Plan.) Bernburg, (R. Schilling). Kart. n. 4. 70

– der Stadt Bernburg f. 1896. Hrsg. v. W.Weber. 8°.– (240) Bernburg: (R. Schilling).

— der Stadt Bernburg f. 1897/98. Hrsg. v. Wilh. Weber. gr. 8. (IV, 250 S. m. farb. Plan.) Bernburg (R. Schilling). Kart. n. 4 75

– Bernburg, Stadt. (296) 8° – Bernburg: (A. Schmelzer) 1904.

— der Stadt Bernburg f. 1. VII. 1906 bis 1. VII. 1907. Hrsg. v. Wilh. Weber. (V, 50 u. 293 S. m. Plan.) gr. 8. Ebd. Kart. n.n. 3. —

– Bernburg, Stadt, 1909–10. (383) gr 8° – Ebd. 1909.

— der Stadt Bernburg f. 1911. Nach amtl. Quellen bearb. v. A. Hausmann. (VIII, 354 S.) gr. 8. Ebd. 910. Geb. 3. 50

– Beuthen O.-S. einschl. Schwarzwald u. Rossberg. (115, 177 u. 88 m. 1 Pl.) 8° – Beuth., (H. Freund) (1904).

– Beuthen O.-S. einschliesslich d. Verwaltgsbez. Schwarzwald u. Gemeinde Rossberg. 1899, 1900. 8° (244 u. 8 m. 1 Pl.) – Beuthen: (H. Freund).

—— der Stadt Beuthen O/S. und der ländlichen Ortschaften des Kreises Beuthen. 2. Jahrg. hrsg. und bearb. durch Rob. Laube. 8. (104 S.) Beuthen 880, Foerster.
1. Jahrg. (1876) erschien u. d. T.: Wohnungs- und Geschäfts-Anzeiger.

— der Stadt Beuthen O.-S. und der ländlichen Ortschaften d. Kreises Beuthen. 4. Jahrg. Hrsg. u. bearb. durch Rob. Laube. gr. 8. (III, 156 u. 84 S.) Beuthen 885. Freund. cart. n. 4. —

— der Stadt Beuthen O.-S. einschließlich des Verwaltungsbez. Schwarzwald u. der Gemeinde Roßberg. Im amtl. Auftrage bearb. u. hrsg. von Geo. v. Mejer. Mitarbeiter: Gabiersch u. Melzer. gr. 8. (284 u. XCII S. m. Plan.) Beuthen 902. (H. Freund). Kart. n. 6. —

— der Stadt Beuthen O.-S. einschließlich des Verwaltungsbez. Schwarzwald u. der Gemeinde Roßberg. Im amtl. Auftrage bearb. u. hrsg. von Geo. v. Mejer. (1906 u. 1907.) (V, 438 u. XXXVI S. m. Stadt- u. Theaterplan.) gr. 8. Beuthen (906). (H. Freund.) Kart. n. 6. —

— des Außig-Karbitzer Bezirkes, umfassend die Städte Außig, Karbitz, Türmitz, sowie die gesamten Ortschaften d. polit. Bez. Außig. 1907—08. (XV, 444, 66, 18, 36 u. 27 S. m. 1 Abbildg.) gr. 8. Außig (A. Grohmann). Geb. in Leinw. nn 5. —

— des Bezirkes der kgl. Amtshauptmannsch. Bautzen, enth. die Einwohner-Verzeichnisse der Städte Bischofswerda—Schirgiswalde u. der zugehörigen 254 Landgemeinden, sowie Inseraten-Anh. empfehlenswerther Firmen. Nach amtl. Quellen bearb. u. hrsg. v. Rob. Hellriegel. gr. 8. (IV, 240 S.) Dresden 900. Löbau, J. G. Walde. Kart. n. 4. —

— des Bezirks der königl. Amtshauptmannsch. Kamenz, enth. die Einwohner-Verzeichnisse der Städte Kamenz, Pulsnitz, Königsbrück, Elstra u. der zum Bezirk gehör. 119 Landgemeinden, sowie Inseraten-Anh. empfehlenswerter Firmen f. 1904/1905. Nach amtl. Quellen bearb. u. hrsg. v. Rob. Hellriegel. (319 S.) 8. Dresden, B. Sturm. Kart. n. 4. —

— des Bezirkes der königl. Amtshauptmannsch. Löbau, enth. die Einwohner-Verzeichnisse der Städte Neusalza-Weißenberg u. der zugehör. 89 Landgemeinden sowie der Stadt Bernstadt. Nach amtl. Quellen bearb. u. hrsg. v. Rob. Hellriegel. gr. 8. (181 S.) Dresden 900. (Löbau, J. G. Walde.) Kart. n. 4. —

— des Bezirks der königl. Amtshauptmannsch. Zittau, enth. die Einwohner-Verzeichnisse der Stadt Ostritz und der zugehör. 64 Landgemeinden. Nach amtl. Quellen bearb. u. hrsg. von Rob. Hellriegel. gr. 8. (216 S.) Dresden 900. (Löbau, J. G. Walde.) Kart. n. 4. —

— der landwirtschaftlichen Bezugs- u. Absatzgenossenschaften im Deutschen Reiche. Hrsg. v. Th. Waage. Mit Nachtrag 1905. (256 u. 32 S.) 8. Berlin (904/905). (Hamburg, G. W. Seitz Nachf.) n. 3. —

— d. besten Bezugsquellen f. die ges. Mühlen-Industrie in Deutschland, Oesterreich-Ungarn u. d. Schweiz. E. treuer Berather b. Einkauf v. Bedarfsartikeln. M. d. Anh.: D. Mühlen d. Schweiz. Hrsg. v. Fr. A. Roebelen-Goez. gr. 8. (48 S.) Zürich 896. (Stuttgart, H. O. Sperling.) n. 1. 20

Adress- u. Bezugsquellenbuch f. die Zuckerindustrie. Hrsg. v. N. Weller. 3. Ausg. (III, 82 S.) kl. 8. Leipzig, (910). Weller & Winkler. 2. —

— v. Biberach, s.: Adreß- u. Geschäfts-Handbuch.

Adreßbuch deutscher Bibliotheken. 12. Dresden 844, Walthersche Hofbuchh. 1/3 nß

Adressbuch der Bibliotheken Deutschlands mit Einschluss von Österreich-Ungarn und der Schweiz. Dresden 1875

— der Bibliotheken der österreich.-ungarischen Monarchie. Von Joh. Bohatta u. Mich. Holzmann. (Schriften des „Oesterreich. Vereines f. Bibliothekswesen".) gr. 8. (VI, 575 u. 5 S.) Wien 900. C. Fromme. n. 14. —

Adressbuch
— der Stadt Biebrich a. Rh. 1901. Red. u. hrsg. v. Carl Schnegelberger & Co. gr. 8. (IV, 89 S.) Wiesbaden, (G. Quiel). Kart. n. 2. —

— der Stadt Biebrich a. Rh. f. die Zeit von März 1903 bis März 1905. Red. u. hrsg. v. Carl Schnegelberger & Cie. (97 S.) gr. 8. Wiesbaden (903.) (G. Quiel.) Kart. n. 2 —

Adreßbuch d. Stadt Biebrich a. Rh. m. Amöneburg 1909. Red. u. hrsg. v. Carl Schnegelberger & Cie. (183 S. m. 1 Plan.) 8. Wiesbaden, (G. Quiel). Kart. 2. 80

— für die Stadt u. den Kreis Biedenkopf. Nach amtl. Quellen hrsg. 2. Aufl. gr. 8. (IV, XVI, 101 S.) Siegen 898. Altena, Geschw. Lorsbach. n. 3. 50

Adressbuch der Stadt Biel und der Gemeinden Bözingen, Nidau, Madretsch, Mett, Vingelz, Leubringen und Magglingen. Mit Plan von Biel. Kl. in-8°. 200 S. Biel, Küfenacht & Heer. 1893 cart. 3 —

— der Stadt Biel u. der Gemeinden Nidau, Madretsch u. Bözingen. Nach amtl. Quellen bearb. 8. (130 S.) Biel 884. (Kuhn.) n. 2. 70

Adressbuch von Biel und Umgebung 1901/1902. Mit Stadtplan und [illustriertem] Führer von Biel und Umgebung. — Indicateur de Bienne et environs. Avec plan de la ville et guide [illustré] de Bienne et environs. VIII + 387 + 47 S. 8. Biel, Schüler & Cie., 1901. [geb. fr. 4. —]

Adreßbuch der Stadt (1. 2: u. Feldmark) Bielefeld mit Gadderbaum-Sandhagen. Bearb. nach amtl. Materialien. Mit 1 Pl. d. Stadt u. d. näheren Umgebung. Jg. [1]–7. *Bielefeld: M. Pfeffer 1880–96.* 7 Bde 8° [Fr.]
[1.] 1880. 2. 1884. 3. 1888. 4. 1890. 5. 1893. 6. 1894.95.
7 u. d. T.: Amtliches Adreßbuch d. Stadt Bielefeld. 1896.

— für Stadt Bielefeld u. Amt Gadderbaum 1896/97. M. e. (farb.) Uebersichtsplan d. Stadt u. Amt Gadderbaum. 2. Jahrg. gr. 8. (314 S.) Bielefeld, F. Eilers. Geb. in Leinw. n. 6. —

– Bielefeld u. Gadderbaum, Brackwede, Heepen, Schildesche 1900/01. 4. Jahrg. 8° (414 m. 1 Pl.) – Bielef.: (M. Pfeffer).

— für Stadt Bielefeld u. Gadderbaum, Brackwede, Heepen, Schildesche 1902/03. Mit e. Uebersichtsplan der Stadt u. Umgegend. 5. Jahrg. gr. 8. (461 S.) Bielefeld (M. Pfeffer). Geb. in Leinw. n.n. 6. 50

— für Stadt Bielefeld, Gadderbaum, Brackwede, Heepen, Schildesche 1905/06. Mit e. Übersichtsplan der Stadt u. Umgegend. 7. Jahrg. Bearb. nach amtl. Materialien. (558 S. m. Theaterplan.) gr. 8. Bielefeld (M. Pfeffer). Geb. in Leinw. n.n. 6. 50

— für Stadt Bielefeld, Sieker, Gadderbaum, Brackwede, Heepen, Schildesche 1907. Mit e. Übersichtsplan der Stadt u. Umgegend. 8. Jahrg. Bearb. nach amtl. Materialien. (600 S.) gr. 8. Bielefeld, (M. Pfeffer). Geb. in Leinw. nn 6. 50

— v. Bielitz-Biala, s.: Popper, Adf.

— der Bierbrauer d. gesammten Deutschland u. Oesterreich-Ungarn, verbunden m. e. fachl. Inseratentheil, pro 1875. 1. Jahrg. gr. 8. (XII, 124 S.) Berlin 875. (Lorentz.) n. 1. 50

— der Bier-Brauereien in Deutschland, m. genauer Angabe der Steuerbezirke, Namen der Besitzer resp. Pächter u. Poststationen. Nach amtl. Quellen. gr. 8. (IV, 370 S.) Berlin 879. Lorentz. n. 10. —

— der Bierbrauereien der Schweiz. Mit e. Anh.: Empfehlensw. Bezugsquellen f. d. Bierbrauer. Ausg. Mai 1896. Hrsg.: A. Roebelen-Goez. gr. 8. (32 S.) Zürich (Stuttgart, H. O. Sperling). n. 1. 20

— der Bierbrauereien der Schweiz. Mit e. Anh. Die besten Bezugsquellen f. d. Bierbrauer in Deutschland, Oesterreich-Ungarn u. der Schweiz. IV. Aufl. 1899. Ein Nachschlagebuch f. den Einkauf tägl. Bedarfsartikel. 8. (17 S.) Glarus (Stuttgart, H. O. Sperling). n. 2. —

— Bijouterie-Fabriken u. verwandte Geschäfte in Pforzheim u. Umgegend. Asg. 1900. 12° (117) – Pforzh.: (C. Hauck).

— der Bijouterie-Fabriken u. Hilfsgeschäfte in Pforzheim u. Umgegend. Ausg. 1902. 12. (XVI, 121 S.) Pforzheim, E. Birkner. Geb. in Leinw. n. 2. 50

— der Stadt Bilin i. Böhmen. 8. (94 S.) Leipzig (899). Kühnel. n. — 50

— der Städte Bingen, Rüdesheim u. Bingerbrück, nebst e. Anh. üb. die Sehenswürdigkeiten. 1887. Bearb. v. J. Stein. gr. 8. (IV, 54; 32 u. 19 S.) Bingen 887. (Römer.) cart. n. 2. 50

—— des Fürstentums Birkenfeld. 1892. 8. Kreuzn., Voigtländer. * 2 50

— für das Fürstent. Birkenfeld. Auf Grund amtl. Materials zusammengestellt. gr. 8. (118 S.) Kreuznach 893. R. Voigtländer's Buchdr. Kart. n. 2. 50

— Bischheim, s. Adressbuch Schiltigheim.

— der Stadt Bischofswerda in Sachsen. 1907. Hrsg. Paul Haschke. (107 S.) 8. Bischofswerda, (E. H. Petzold). 1. 25

— der Stadt Bitterfeld 1893. Nach amtl. Quellen bearb. gr. 8. (84 S. m. 1 Plan.) Bitterfeld, W. Meißner. Kart. n. 1. 50

— der Stadt Bitterfeld, m. e. Anh. v. Geschäfts-Anzeigen. 1900. Nach amtl. Quellen bearb. v. Paul Reichert. gr. 8. (118 S.) Bitterfeld, W. Meißner. Geb. n. 2. —

— der Stadt Bitterfeld m. e. Anh. v. den im Kreise Bitterfeld belegenen Ortschaften m. Angabe der Behörden, sowie e. Geschäfts-Anzeiger. 1904. Nach amtl. Quellen bearb. von Paul Reichert. (146 S.) gr. 8. Bitterfeld, W. Meißner. Kart. n. 2. —

—— Blankenburg (Harz), s. a. Adreß- u. Geschäfts-Handbuch.

— Blankenburg am Harz. 11. Ausg. (183 m. 1 Pl.) 8° – Blankenburg a/H., Hoefer 1902.

— Blankenburg am Harz 1909. 18. Ausg. (168 m. 1 Pl.) 8° – Blankenbg: Hoefer.

— der Stadt Blankenburg am Harz. 8. (106 S.) Blankenburg 888. Fulda. cart. n. 1. 50

— d. Stadt Blankenburg am Harz. 8° (106) – Blankenburg 1888, Vieweg's Filial-Bh.

— von Blankenese, Dockenhuden, Gr. Flottbek, Osdorf, Lurup, Nienstedten, Rissen, Schulau, Spitzerdorf, Schenefeld, Sülldorf und Wedel. 8. (85 S.) Blankenese 889. (Altona, Harder's Verl.) n. — 80

—— von Blasewitz, s. a. Adreß- und Geschäfts-Handbuch.

— für Blasewitz. Zusammengestellt nach den Einwohner-Meldebüchern d. Gemeindeamtes. Nebst Straßenverzeichniß, Verzeichniß der Sommerbewohner u. neu rev. (lith.) Situationsplan, sowie communl. u. privaten Einrichtgn. 1879. gr. 8. (57 S.) Dresden 879. Meinhold & S. n. 1. —

**Adressbuch** der schweizerischen Blechwaren-, Eisen- u. Eisenwaren-, Metallwaren- u. Werkzeughandlungen, sowie der Haushaltungs- u. Küchengerätehandlungen etc. In-12°. 48 S. Stuttgart, Komm.-Verlag von H. O. Sperling. 1897 2 70

— der schweiz. Blechwaren-, Eisen- u. Eisenwaren-, Metallwaren- u. Werkzeughandlgn., sowie der Haushaltungs- u. Küchengerätehandlgn. etc. M. e. Anh.: Empfehlensw. Bezugsquellen u. Inserate. 12. (48 S.) Zürich. Ebd. 897. n. 2 —

— Bocholt. (180 m. 1 Pl.) 8° – Bocholt, E. Grote 1902. (Nur dir.)

—— der Stadt Bochum. Hrsg. nach den amtl. Registern. gr. 8. (187 S.) Bochum 878, Stumpf.
1875—77 und 1879 nicht erschienen.

—— der Stadt Bochum. Hrsg. nach den amtl. Registern. gr. 8. (162 S.) Bochum 882, Stumpf. *

—— für die Stadt Bochum 1892. gr. 8. (294 S.) Bochum, (Stumpf). cart. ** 4 50

— für die Stadt Bochum 1894. Hrsg. nach amtl. Material v. Beamten der städt. Verwaltg. gr. 8. (VI, 296 u. 28 S.) Bochum, (A. Stumpf). n. 5. —; geb. n. 5. 50

— d. Stadt Bochum 1897. Hrsg. v. A. Dreyer, J. Riester, E. Grisard. gr. 8. (VIII, 346 S.) Bochum, W. Schmitz. Geb. in Leinw. n. 6. 80

— der Stadt Bochum u. der angrenzenden Bezirke v. Altenbochum, Weitmar u. Wiemelhausen. 1899. gr. 8. (494 S.) Bochum, A. Stumpf Nachf. Geb. in Leinw. n.n. 6. —

— der Stadt Bochum u. der angrenz. Bezirke v. Wiemelhausen u. Altenbochum. 1897. gr. 8. (IV, LXXXVI, 246 u. 166 S. m. Stadtplan) Bochum, A. Stumpf Nachf. Geb. in Leinw. n.n. 5. —

— der k. Stadt Bodenbach i. B. Bearb. auf Grund amtl. Unterlagen v. Wilh. Riedl. 8. (58 S. m. 1 Karte.) Leipzig (899). Kühnel. n. — 50

— der Stadt B.-Kamnitz. Bearb. auf Grund amtl. Unterlagen v. Wilh. Hüttmann. 8. (68 S.) Leipzig (899). Kühnel. n. — 85

— von Böhm. Kamnitz einschließlich Ober- u. Nieder-Kamnitz. Zusammengestellt v. A. O. Walenta. (II, 156 S.) 8. Böhm. Kamnitz 909. (R. Wollmann). 1. 30

— der Stadt Böhm.-Leipa. Von Ant. Ullmann. Mit dem (lith.) Situationsplane der Stadt Böhmisch-Leipa. gr. 8. (138 S.) Böhm.-Leipa 880. (Hamann). n.n. 2. 50

Adressbuch
— des Landkreises Bonn umfassend die Bürgermeistereien Duisdorf, Godesberg, Hersel, Oedekoven, Sechtem, Vilich, Villip, Waldorf. 1. Ausg. (303 S.) 8. Bonn (907.) P. Hauptmann. 1.—; kart. 1. 50

—— **der Stadt Bonn.** 8. (IV, 236 S. mit 1 lithogr. Plane in Fol.) Bonn 878, Neusser. geb.

—— der Stadt Bonn. 1875. 1877. 1879. 8. (IV, 248; IV, 280 S. mit lithogr. und color. Grundriss; IV, 302 S.) Bonn, Neusser. cart. à Jahrg. ** mit Stadtplan **
1876 und 1878 nicht erschienen.

—— der Stadt Bonn. 1881 und 1883. 8. (IV, 328; 316 S.) Bonn, Neusser. cart. à Jahrg. **ℳ 3.; mit Stadtplan **
Jahrg. 1880 und 1882 nicht erschienen.

—— der Stadt Bonn. 1885 und 1887. 8. (IV, 328; 368 S.) Bonn, Neusser. cart. à Jahrg. **ℳ 3.—.; mit Plan **

— der Stadt Bonn u. der Gemeinde Poppelsdorf. 1889. 12. (IV, 388 S.) Bonn, Neusser. cart. n.n. 3.50; m. Stadtplan n.n. 4.

— der Stadt Boppard. N. amtl. Material bearb. v. Karl Mertins. 12. (100 S. m. farb. Plan.) Boppard 895. Dr. Keil. n.n. 1.50; geb. n.n. 1.80

— **für Borna, Altstadt=Borna u. Gnandorf. 1. Jahrg. 1880. Red. v. H. Laessig. gr. 8. (IV, 92 S.) Borna, (Schumann). cart. n. 1.25; geb. n. 1.75**

—— für Borna, Altstadt Borna und Gnandorf. Bearb. von L. Stopfkuchen. gr. 8. (IV, 122 S.) Borna 885, Noske.

— für Borna, Altstadt Borna u. Gnandorf. Bearb. v. Louis Stopfkuchen. gr. 8. (IV, 122 S.) Borna 886. Noske. geb. n. 2.75

— der Bezirksstadt Borna einschließl. Altstadt=Borna u. Gnandorf. N. amtl. Unterlagen bearb. v. Stopfkuchen. gr. 8. (VII, 146 S.) Borna 896. R. Noske. Geb. in Leinw. n. 3.—

— der Stadt Borna einschließlich Altstadt=Borna u. Gnandorf. Mit Lageplan der Stadt Borna u. Verkehrskarte v. Sachsen. Hrsg. v. Rob. Noske. (XVI, 122 S.) gr. 8. Borna (904). R. Noske. Geb. in Leinw. n. 4.—

— **der Städte Borna u. Regis nebst 70 Landgemeinden der Amtshauptmannsch. Borna. Zusammengestellt u. hrsg. v. Rob. Noske. (XV S. m. Abbildgn. u. VIII, 244 S. m. 1 farb. Plan.) gr. 8. Borna (909) R. Noske. Geb. in Leinw. 4.—**

— Bosnien u. Hercegovina, s. Adressenjahrbuch.

**Adressbuch, botanisches. Verzeichniss d. lebenden Botaniker, sowie d. botan. Anstalten, Gesellschaften u. Zeitschriften, hrsg. v. Fachmännern. gr. 8. (III, 186 S.) Lpz. 891, W. Engelmann. * 5 —; geb. ** 5 75**

—— Bozen, s. Verzeichniß sämmtl. Handel- u. Gewerbetreibenden d. Kammerbezirks Bozen.

Adressbuch Bozner, s. a. Adreßkalender.

— Bozner, m. Gries u. Zwölfmalgreien. 3. Jahrg. (128, 84) 8° — Boz., Bh. "Tyrolia" 1905.

—— der Freihafenstadt Brake für das J. 1877. gr. 8. (18 S.) Brake. (Bremen, Sauernheimer.) *
1875, 1876, 1878 und 1879 nicht erschienen.

— **der elektrotechnischen u. mechanischen Branchen. Enth. die Elektrotechniker, Elektrizitätsanstalten, Elektrizitätswerke, Installateure, Gaswerke, Wasserleitgn., Mechaniker, Elektromechaniker, Telegraphen-, Telephon- u. Blitzableiterbauanstalten, Optiker u. Händler opt. Waren, Instrumentenmacher u. Instrumentenhändler, Büchsenmacher, Gewehrfabriken u. Waffenhändler, Uhrmacher u. Uhrenhändler, Automobil- u. Fahrräderfabriken u. -Händler, Nähmaschinenfabriken u. -Händler, Schreibmaschinenfabriks-Niederlagen u. -Händler, photogr. Apparate u. Bedarfsartikel v. Österreich-Ungarn. Nach amtl. Daten zusammengestellt v. Leop. Steiner. (261 S) 8. Wien 906. G. Szelinski. n. 7.—**

— **der elektrotechnischen u. mechan. Branchen v. Österreich-Ungarn, Bosnien-Herzegowina, nebst Branchen u. Bezugsquellenführer aller einschlägigen Bedarfsartikel. Nach amtl. Daten zusammengestellt v. Leop. Steiner. 2. erweit. Aufl. (XV, 288 S.) 8. Wien 910. G. Szelinski. 6.80**

—— Branchen=Adreßbücher, s. Starke, E. M.

— Brandenburg a. H. f. 1900. (271 u. 16) — Brandenburg: (R. Koch).

— Brandenburg a.H. (336) 8° — Brandenbg, (R.Koch) 1905.

**Adreßbuch** für die Provinz Brandenburg, s. Hoffmann, P.

— für d. Stadt Brandenburg a. H. Hrsg. v. F. H. D. Gries. gr. 8. (108 S.) Brandenburg 848, Müller. n. 2/3 ℛ

— der Stadt Brandenburg mit Einschluß des Domes. Herausg. von W. Keuth. 4. Aufl. Brandenburg 856. Müller in Comm. 16. (206 S.) n. 20 ngl

-- für die Stadt Brandenburg mit Einschluß des Doms. Herausg. von Wilh. Keuth. 8. Aufl. Brandenburg, 862. Müller in Comm. gr. 16. (220 S.) n. 20 ngr.

—— der Stadt Brandenburg mit Einschluß des Doms. Hrsg. von Gust. Matthes. April 1875. April 1877—April 1879. gr. 16. (238; 244; 24, 195 und 51 S. mit Fahrplan; 255 S. mit Fahrplan.) Brandenburg, (Koch's Hofbuchh.) à Jahrg. ** geb. à Jahrg. **

—— der Stadt Brandenburg mit Einschluß des Doms. Hrsg. von Gust. Matthes. April 1880. 12. (290 S.) Brandenburg, (Koch's Hofbuchh.) **ℳ 3,60.; geb. **

—— dass. — Juni 1881. 12. (305 S. mit 2 Tab.) (Ebendas.) **ℳ 3,60.; geb. **

— **der Stadt Brandenburg mit Einschluß des Doms. Hrsg. v. Gust. Matthes. Ausg. 1882. 8. (322 S. m. 1 Tab.) Brandenburg, (Koch). n.n. 3.60; geb. n.n. 4.—**

—— dass. — Ausg. 1883 und 1884. 8. (295; 306 S.) Brandenburg 883. (Lunitz. — Koch's Hofbuchh.) à Jahrg. **

—— der Stadt Brandenburg. [Novbr. 1885.] 8. (20, 222, 70 S.) Brandenburg, (Koch's Hofbuchh.) *

—— dass. — [Januar 1887.] 8. (20, 228, 64 S.) (Ebendas.) *

—— der Stadt Brandenburg an der Havel u. d. Domes f. 1892. gr. 8. (IV, 21, 248, 73 u. 10 S.) Brandenb. a. d. H., (Haeckert). cart. ** 4 —

— der Stadt Brandenburg an der Havel u. d. Domes f. 1892. Hrsg. v. Gust. Matthes. gr. 8. (IV, 21, 248, 73 u. 10 S.) Brandenburg a/H., (R. Koch). Kart. n.n. 4.—

— der Stadt Brandenburg a. d. Havel u. d. Domes f. 1896. Hrsg. v. Gust. Matthes. gr. 8. (36, 280, 109, 34 u. 20 S.) Brandenburg (R. Koch). Kart. n.n. 4.50

— **der Stadt Brandenburg a. H. m. Einschluß des Domes f. 1902. Auf Grund amtl. Quellen hrsg. v. Paul Kahle. gr. 8. (308 S.) Brandenburg (R. Koch). Geb. in Leinw. n.n. 4.50**

— von Stadt u. Dom Brandenburg a. H. 1906. Anh.: Verzeichnis der Behörden v. rund 90 Ortschaften der Umgebg. Nach amtl. Quellen hrsg. (352 S. m. farb. Plan.) gr. 8. Brandenburg (R. Koch). Geb. n.n. 4.—

— **von Stadt u. Dom Brandenburg a. H. 1907. Nach amtl. Quellen hrsg. (343 S.) gr. 8. Brandenburg, (R. Koch). Geb. nn 4.—**

— **der gesammten Brauereien u. Malzfabriken Deutschlands u. des Auslandes (Adressen der ganzen Welt). gr. 8. (590 S.) Berlin (901). (C. M. A. Müller & Co.). Geb. in Leinw. n. 7.50**

Adreßbuch der gesamten Brauereien und Malzfabriken Deutschlands und des Auslandes (Adressen d. ganzen Welt). 2. verb. Ausg. *Rathenow: U. H. Wenckebach [1903].* (756, XXIX, 16 S.) 8° [o>-9851]

— der gesamten Brauereien u. Malzfabriken Deutschlands u. des Auslandes (Adressen der ganzen Welt). 3. Ausg. (767 S.) gr. 8. Rathenow (905). (Berlin S.-Rixdorf, C. M. A. Müller & Co.) Geb. n.n. 10. 50

— der Brauereien u. Malzfabriken v. Europa. Hrsg. v. Johs. Horn. 2., verm. Aufl. 1892/93. gr. 8. (IV, 526 u. 78 S.) Berlin. (Leipzig, Eisenschmidt & Schulze.) Geb. in Leinw. n. 15. —

— f. Brauereien, Malzfabriken u. Hopfenhändler in Oesterreich-Ungarn u. Bosnien. Mit e. Anh. v. Bezugsquellen v. Bedarfs-Artikeln f. Brauereien, Malzfabriken u. Hopfenbau. Zusammengestellt u. hrsg. v. Gilbert Anger. gr. 8. (XVIII, 124 S.) Wien 894. G. Anger. Geb. n. 3. —

– f. Brauereien, Malzfabriken u. Hopfenhändler in Oesterreich-Ungarn u. Bosnien. Mit e. Anh. v. Bezugsquellen v. Bedarfs-Artikeln f. Brauereien, Malzfabriken u. Hopfenbau. Zusammengestellt u. hrsg. v. G. Anger. 8° – (124) Wien: 1894, Derflinger & F.

— der Brauereien, Malz-, Zucker- u. Spiritus-Fabriken, sow. d. Presshefe-Fabrikation in Oesterreich-Ungarn u Bosnien. M. e. Anh.: Bezugsquellen von Bedarfs-Artikeln f. d. oben gen. Branchen Verzeichn. empfehlensw. Hopfenhandlgn., Fach-Schulen u. Vereine. Red. u. hrsg. v. Gilbert Anger (2. Aufl.) gr. 8 (XVII, 152 S.) Wien 896. G. Anger. Geb. n. 5. —

— der Brauereien, Malz-, Zucker- u. Spiritus-Fabriken, sowie der Presshefe-Fabrikation in Oesterreich-Ungarn u. Bosnien. Mit e. Anh.: Verzeichnis empfehlenswerter Hopfenhandlgn., Fach-Schulen, Vereine u. Inserate. Red. u. hrsg. v. Gilbert Anger. IV. Ausg. Kampagne 1904/1905. (VIII, 144 S.) 8. Pilsen 904. Volksschriften-Verlag. Kart. n. 5. —

Adressbuch d. Brauereien v. Württemberg u. Hohenzollern m. Nachw. v. Bezugsquellen f. Brauerei- u. Mälzerei-Betriebe etc. 1. Ausg. 1897. gr. 8. (79 u. 20 S.) Ravensburg, Dorn. n. 3. 50

– Brauerei- u. Mälzerei-Berufsgenossenschaft d. Deut. Reiches, Mitglieder. (31,194) gr 8° – Mannh.: (J. Bensheimer's V.) 1908.

—— Braugewerbe, s. Braugewerbe-Adreßbuch.

– Brau-Industrie Europas. I. Bd.: Deutschl. 7. J. 1908. (31, 650) gr 8° – Leipzig: Eisenschmidt.

— für die gesamte Brau-Industrie. 1. Bd.: Deutschland. 3. Jahrg. 1903. gr. 8. (IV, 500 u. 128 S.) Leipzig, Eisenschmidt & Schulze. Geb. in Leinw. n. 12. —

Adreßbuch für die gesammte Brau-Industrie Europas. Leipzig Bd 1. Deutschland. 1898

— für die gesamte Brau-Industrie Europas. 2 Bde. gr. 8. Leipzig 905. Eisenschmidt & Schulze. Geb. in Leinw. n. 20. —; einzelne Bde. n. 12. —
1. Deutschland. 5. Jahrg. 1905. (IV, XXXII, 480 u. 163 S.)
2. Ausserdeutsche Staaten. 1. Jahrg. 1905. (IV, 307 u. 141 S.)

— dasselbe. I. Bd.: Deutschland. 6. Jahrg. 1906. (IV, XXXI, 516 u. 148 S.) gr. 8. Ebd. Geb. in Leinw. n. 15. —

— f. die gesamte Brau-Industrie Europas. I. Bd.: Deutschland. 8. Jahrg. 1910. (IV, XXXI, 664 S.) gr. 8. Leipzig, Eisenschmidt & Schulze. Geb. in Leinw. 15. —

— f. den politischen Bez. Braunau in Böhmen, bestehend aus 2 Abtlgn. u. zw.: 1. Abtlg.: Gerichts- u. Steuerbez. Braunau m. 28.794 Einwohnern in 3.572 Häusern. 2. Abtlg.: Gerichts- u. Steuerbez. Wekelsdorf m. 13.955 Einwohnern in 2.367 Häusern u. Gerichts- u. Steuerbez. Politz a. d. M. Bearb. auf Grund amtl. Verzeichnisse. (84 u. 53 S.) gr. 8. Rochlitz im Riesengeb. (907.) Frz. Gebert. (Nur direkt.) Geb. in Leinw. nn 2. 50

— der Stadt Braunau in Böhmen. Bearb. auf Grund amtl. Unterlagen v. Ernst Böhm unter Mitwirkg. v. Jos. Alt. 8. (76 S. m. 1 Karte.) Leipzig (899). Kühnel. n. — 85

Adressbuch
—— Braunschweig, s. Mess-Adressbuch.

Adreßbuch, Braunschweigisches, f. d. J. 1832 u. 33. 8. (20 1/2, 24 1/2 B.) Braunschweig, J. H. Meyer. à Thlr.

—— dass. a. d. J. 1834. (Enthält noch den Braunschweigschen Staats-Kalender, Angabe des fremden, die Messe besuchenden Handelsstandes, Post-Bericht ꝛc.) 8. (20 B.) Braunschweig, J. H. Meyer. 20 Gr., Schrbp.
Die 1. Abtheil. (der Staats-Kalender) apart.

—— Braunschweigisches, f. d. J. 1835—37. 23—25. Ausg. (Enthält noch d. Braunschweig. Staats-Kalender, Angabe der die Braunschweig. Messen besuch. Verkäufer, Post-Berichte ꝛc.) 2 Abthl. 8. Braunschweig, J. H. Meyer. [835. (26 3/4 B.), 836. (28 B.), 837. (29 1/2 B.) à * 5/6 Thlr.]
1. Abthlg. (der Staats-Kalender) apart à * 1/2 Thlr.

— Braunschweigisches, f. d. Jahr 1846. 34. Ausg. 8. Braunschweig, (J. H. Meyer.) n. 1 1/6 ß

— Braunschweigisches, für 1847. 35. Ausg. 8. (574 S.) Braunschweig. (J. H. Meyer.) — f. d. J. 1848. 36. Ausg. (2 Abthlgn.) 8. (588 S.) Ebd. — f. d. J. 1849. 37. Ausg. (2 Abthlgn.) 8. (VIII u. 545 S.) Ebd. — f. d. J. 1850. 38. Ausg. (2 Abthlgn.) 8. (X u. 552 S.) Ebd. — f. d. J. 1851. 39. Ausg. 8. (VIII u. 574 S.) Ebd. — f. d. J. 1852. 8. (VIII u. 583 S.) Ebd. à n. 1 1/6 ß Hieraus besonders: f. d. J. 1848. (1. Abth.) 8. (VIII u. 224 S.) Ebd. — f. d. J. 1849. (1. Abthlg.) 8. (VIII u. 224 S.) Ebd. — f. d. J. 1850. 1. Abthlg. 8. (X u. 226 S.) Ebd. à n. 1/2 ß

—— braunschweigisches, für die J. 1852—55. 40—43. Ausg. 8. Braunschweig 852—55, J. H. Meyer. à Jahrg. *

—— dass. — Für das J. 1856. 44. Ausg. 8. (VIII und 652 S.) Ebds. 856. *

—— braunschweigisches, für die J. 1857, 58, 60 und 61. 45—48. Ausg. 8. Braunschweig, J. H. Meyer. [1857. * 1 Thlr. 5 Ngr., 1858. * 1 Thlr. 10 Ngr., 1860. * 1 Thlr. 15 Ngr., 1861. (VIII und 685 S.) * 1 Thlr. 15 Ngr.] *

—— Braunschweigisches, für die J. 1863—67. 49.—53. Ausg. 8. (VIII und 732 S., 748 S., VIII und 145 S., 884 S., 884 S.) Braunschweig, J. H. Meyer. cart. [1863. * 2 Thlr., 1864. * 1 Thlr. 15 Ngr., 1865. * 20 Ngr., 1866. * 1 Thlr. 15 Ngr., 1867. * 1 Thlr. 15 Ngr.] *

— Braunschweigisches, f. d. J. 1865—1868. 51—54. Ausg. Braunschweig, J. H. Meyer. gr. 8. Jeder Jahrg. (à ca. 150 S.) n. 20 ngr.

—— Braunschweigisches, für die J. 1869—1872. 55.—58. Ausg. 2 Abthlgn. gr. 8. Braunschweig, J. H. Meyer. à Jahrg. *
1. Abthl. (Staatshandbuch) apart

—— Braunschweigisches, für die J. 1875—1879. 61.—65. Ausg. gr. 8. (425; 432; 439; 449; 473 S.) Braunschweig, J. H. Meyer. cart. à Jahrg. *

—— Braunschweigisches, für die J. 1880—1883. gr. 8. (630; 628; 623; 509 S.) Braunschweig, J. H. Meyer. cart. à Jahrg. *

—— Braunschweigisches für die J. 1884—1888. gr. 8. (514; 527; 545; 559; 574 S.) Braunschweig, J. H. Meyer. à Jahrg. **
Die 1. Abthl. apart u. d. T.: Staatshandbuch, Braunschweigisches.

— Braunschweigisches, f. d. J. 1898. Nach amtl. Quellen bearb. gr. 8. (IV, 43, 334 u. 287 S. m. Theaterplan.) Braunschweig, J. H. Meyer.
Geb. in Leinw n.n. 5. —; m. d. Hof- u. Staats-Handbuch d. Herzogth. Braunschweig in 1 Bd. geb. n.n. 6. —

– Braunschweig., f. 1900. 86. Asg. 8° (58, 359 u. 292 m. Theaterpl.) Braunschweig: JH Meyer.

— Braunschweigisches, f. d. J. 1902. Nach amtl. Quellen bearb. 88. Ausg. gr. 8. (IV, 68, 368 u. 302 S. m. Theaterplan.) Braunschweig, J. H. Meyer.
Geb. in Leinw. n.n. 6. —; m. dem Hof- u. Staats-Handbuch des Herzogth. Braunschweig in 1 Bd. geb. n.n. 7. —; auf Schreibpap. n.n. 8. —

– Braunschweig. 91. Ausg. (72,408 u. 328 m. 2 Pl.) 8° – Braunschweig: JH Meyer. Geb. m. d. Hof- u. Staats-Hndb. d. Herzogt. Braunschweig in 1 Bd nn 8 – : auf Schreibpap. nn 9 – d.

— Braunschweigisches, für das J. 1906. Nach amtl. Quellen bearb. 92. Ausg. (IV, 73, 418, 254 u. 78 S. m. Stadt- u. Theaterplan.) gr. 8. Braunschweig, J. H. Meyer.
Geb. in Leinw. m. dem Hof- u. Staats-Handbuch des Herzogt. Braunschweig in 1 Bd. n.n. 8. —; auf Schreibpap. n.n. 9. —

– Braunschweig., 1910. 96. Ausg. (81, 464, 282, u. 90 m. 2 Pl.) gr 8° – Braunschw.: JH Meyer.

— Braunschweigisches, f. d. J. 1911. Nach amtl. Quellen bearb. 97. Ausg. (IV, 84, 474, 288 u. 94 S. m. 2 Theaterplänen.) gr. 8. Braunschweig, J. H. Meyer.
Geb. in Leinw. nn 7.—; auf Schreibpap. nn 8. —

Adressbuch

— der freien Hansestadt Bremen. 1855. Hrsg.: H. Strack. Bremen, Strack. 4. (VI, 310 S.) n. 1 Thlr 22½ ngr

—— der freien Hansestadt Bremen für das J. 1858. Hrsg. von Heinr. Strack. Lex.-8. (VI und 327 S.) Bremen, Strack. *

—— der freien Hansestadt Bremen und der Hafenstädte Bremerhaven, Geestemünde, Vegesack ür das J. 1874. Lex.-8. (470 S.) Bremen, Heinsius. ** M. 7,50.; geb. **
geb. mit Schreibpapier durchschossen *

—— der freien Hansestadt Bremen und der Hafenstädte Bremerhaven, Geestemünde, Vegesack, für die J. 1875—1878. Lex.-8. (VIII, 498; VIII, 478, 56; VIII, 499, 46; VIII, 511, 48 S.) Bremen, Heinsius. geb. à Jahrg. **

—— dass. — für die J. 1879 und 1880. Hrsg. von Mor. Heinsius. Lex.-8. (VI, 528, 53; V, 534, 69 S.) Ebendas.
1879 geb. ** M. 7,60.; 1880 geb. **

Adreßbuch der freien Hansestadt Bremen und der Hafenstädte Bremerhafen, Geestemünde, Vegesack, für die J. 1881—1883. Hrsgbr.: Mor. Heinsius. gr. 8. (VI, 601; VII, 614; VII, 559, 70 S.) Bremen, Heinsius. geb. à Jahrg. **

—— der freien Hansestadt Bremen u. der Hafenstädte Bremerhaven u. Vegesack. 1859. Herausg. Heinr. Strack. Bremen, Strack. Lex.-8. n. 1 Thlr 10 ngr.

Adreßbuch der freien Hansestadt Bremen und der Hafenstädte Bremerhafen u. Vegesack. 1860—64. Herausg. Heinr. Strack. Bremen, Strack. Lex.-8. 60: n. 1 Thlr 17 ngr.; 61 u. 62: à n. 1 Thlr 13½ ngr.; 63 u. 64: à n. 1 Thlr 16½ ngr.; geb. n. 1 Thlr 26 ngr.

—— der freien Hansestadt Bremen und der Hafenstädte Bremerhaven und Vegesack. 1862—67. Hrsg. von Heinrich Strack. Lex.-8. (VI und 352 S., VI und 352 S., VI und 362 S., 408 S., 424 S., 416 S.) Bremen, Strack. [1862. * 1 Thlr. 13½ Ngr., 1863—67. à Jahrg. * 1 Thlr. 16½ Ngr.] geb. à Jahrg. *

—— der freien Hansestadt Bremen, des Landgebietes und der Hafenstädte Bremerhafen, Geestemünde, Vegesack. 1884. Neue Folge. 11. Jahrg. Hrsgbr.: Mor. Heinsius. gr. 8. (XVIII, 558, 96 S.) Ebendas. geb. **

—— der freien Hansestadt Bremen, des Landgebietes und der Hafenstädte Bremerhafen, Geestemünde, Vegesack. 1885. Neue Folge. 12. Jahrg. Hrsgbr.: Mor. Heinsius. gr. 8. (VIII, 579, 104 S.) Bremen, Heinsius.

—— dass. — 1885. Nachtrag. Geschlossen am 1. Juni 1885. gr. 8. (34 S.) Ebendas. *

Adreßbuch der freien Hansestadt Bremen, des Landgebietes und der Hafenstädte Bremerhafen, Geestemünde, Vegesack. 1886 und 1887. Neue Folge. 13. und 14. Jahrg. Hrsgbr.: Mor. Heinsius. gr. 8. (VIII, 694; VIII, 700 S.) Bremen, Heinsius. geb. à Jahrg. **

—— dass. — 1887. Nachtrag. gr. 8. (36 S.) Ebendas. *

—— dass. — 1888. Neue Folge. 15. Jahrg. Hrsgbr.: Mor. Heinsius. gr. 8. (VIII, 708 S.) Ebendas. geb. **

— der freien Hansestadt Bremen, des Landgebietes und der Hafenstädte Bremerhaven, Geestemünde mit Geestendorf, Vegesack. 1890. Neue Folge. 17. Jahrg. gr. 8. (VIII, 738 S. m. e. Theaterplan.) Bremen, Heinsius Nachf. geb. n n. 8. 50

—— der freien Hansestadt Bremen, des Landgebietes u. d. Hafenstädte Bremerhaven, Geestemünde, Vegesack. 1891 u. 1892. Neue Folge. 18. u. 19. Jahrg. gr. 8. (X, 649, 144; XII, 653, 147 u. 7 S.: m. 1 Plan d. Stadt Bremen u. 1 Uebersichtsplan d. Plätze im Stadttheater.) Bremen, Heinsius Nachf. geb. à Jahrg. ** 9 —
Auf Schreibp. m. Ldr. Rücken à Jahrg. ** 12 —
Nachtrag (40 S.) à Jahrg. * 1 —

Adreßbuch der freien Hansestadt Bremen, ihres Landgebietes u. der Hafenstädte Bremerhaven, Geestemünde u. Vegesack. 1894. Neue Folge. 21. Jahrg. Hrsg.: Rob. Lindner. Mit e. Plan der Stadt Bremen nach Aufnahme vom 31. Decbr. 1893, e. Uebersichtsplan der Plätze im Stadttheater u. e. Liste d. sämmtl. v. der Weser fahr. Seeschiffe. gr. 8. (XIV, 712; 48, 106, 4 u. 10 S.) Bremen, M. Heinsius Nachf. Geb. in Leinw. n.n. 10. —

— dasselbe 1894. Nachtrag. Geschlossen am 15. Juni 1894. gr. 8. (46 S.) Ebd. n. 1. 35

– d. freien Hansestadt Bremen, ihres Landgebietes u.d. Hafenstädte Bremerhaven, Geestemünde u. Vegesack. 1895. Neue Folge. 22. Jahrg. Hrsg.: R. Lindner. Mit Fremdenführer u.e. Liste d. sämmtl. v.d. Weser fahr. Seeschiffe. 8° – (909 m. Pl.) Bremen: M. Heinsius Nf. Geb. in Lnw. n.n.10 – Nachtrag. Geschlossen am 15. Juni 1895 (47).

— der freien Hansestadt Bremen, d. Hafenstädte Bremerhaven, Geestemünde u. Vegesack u. d. Landgebietes 1898. N. F. 25. Jahrg. Hrsg.: Rob. Lindner. Beigegeben sind: Fremdenführer, Plan d. Stadt Bremen n. Aufn. v. 31. XII. 1897. Uebersichtsplan d. Plätze i. Stadttheater und Liste der sämmtl. v. d. Weser fahr. Seeschiffe. gr. 8. (12, IV, 814, 49, 98, 16 u. 4 S.) Bremen, M. Heinsius Nachf. Geb. in Leinw. n.n. 10. —; auf Schreibpap., geb. in Leinw. m. Ldr.-Rücken n.n. 14. —

– Bremen, Bremerhaven, Geestemünde u. Vegesack u. Landgebiet. 1900. Neue Folge. 27. Jahrg. 8° (16, 879, 164, 10 u. 6 m. 2 Pl.) Brem.: R. Landmann.

— der freien Hansestadt Bremen, der Hafenstädte Bremerhaven, Geestemünde u. Vegesack u. des Landgebietes. Nach amtl. Quellen bearb. 1901. Neue Folge. 28. Jahrg. Beigegeben sind: Fremdenführer, Plan der Stadt Bremen nach Aufnahmen vom 31. XII. 1900. Uebersichtsplan der Plätze im Stadttheater u. Liste der sämmtl. v. der Weser fahr. Seeschiffe. gr. 8. (18, 912, 162 u. 15 S.) Bremen, R. Landmann. Geb. in Leinw. n.n. 9. 50

**Adreßbuch, Bremer.** Adreßbuch d. freien Hansestadt Bremen, des Landgebiets u. Vegesacks, nebst Firmenverzeichnis von Bremerhaven. 1905. Neue Folge. 32. Jahrg. Nach amtl. Quellen bearb. (V, 1040, 20 u. 4 S. m. 1 farb. Plan.) gr. 8. Bremen, C. Schünemann. Geb. in Leinw. n.n. 10. 50

– Bremer. Stadt Bremen, Landgeb. u. Vegesack, nebst Firmenverzeichnis v. Bremerhaven. 1909. N. F. 36. J. (16, 1224 m. 1 Pl.) gr 8° Brem.: C. Schünemann.

— **Bremer.** Adreßbuch der freien Hansestadt Bremen, des Landgebiets u. Vegesacks, nebst Firmenverzeichnis v. Bremerhaven. 1910. Neue Folge. 37. Jahrg. Nach amtl. Quellen bearb. (XVI, 1258 S. m. 1 farb. Plan.) gr. 8. Bremen, C. Schünemann. Geb. in Leinw. nn 10. 50

—— von Bremerhaven und Geestemünde nebst Verzeichniß der von der Weser fahrenden Schiffe. 13.—18. Jahrg. 1875—1880. gr. 8. (à ca. 36 S.) Bremerhaven, v. Vangerow. à Jahrg. **

—— von Bremerhaven und Geestemünde nebst Verzeichniß der von der Weser fahrenden Schiffe. 1881—1883. gr. 8. (à 49 S.) Bremerhaven, v. Vangerow. à Jahrg. **

—— von Bremerhaven und Geestemünde, nebst Verzeichniß der von der Weser fahrenden Bremer, Oldenburger und Preuß. Seeschiffe für die J. 1884—1887. gr. 8. (à Jahrg. ca. 64 S.) Bremerhaven, v. Vangerow. à Jahrg. **

— von Bremerhaven, Geestemünde u. dem Leher Freigebiet, nebst Verzeichniß der v. der Weser fahr. Bremer, Oldenburger u. preuß. Seeschiffe f. d. J. 1888. gr. 8. (65 S.) Bremerhaven, v. Vangerow. n.n. 1. 25

— für Bremerhafen, Geestemünde u. Lehe a. d. J. 1898. 2 Bde. gr. 8. (91, 77 u. 71 S.) Bremerhaven, L. v. Vangerow. Geb. n.n. 5. —

– Bremerhaven, Geestemünde u. Lehe f. 1900. 8° (92, 102 u. 84) – Bremerh.: L. v. Vangerow.

— für Bremerhaven, Geestemünde, Lehe u. Wulsdorf auf d. J. 1902. gr. 8. (117, 109, 14 u. 100 S.) Bremerhaven, L. v. Vangerow. Geb. in Leinw. n.n. 5. —

– Bremerhaven, Geestemünde, Lehe u. Wulsdorf. (134, 123, 16 u. 126) 8° – Bremerhaven: L. v. Vangerow 1904.

— für Bremerhaven, Geestemünde, Lehe u. Wulsdorf auf d. J. 1906. (131, 133, 149 u. 18 S.) gr. 8. Bremerhaven. L. v. Vangerow. Geb. in Leinw. n.n. 5. —

– für Bremerhaven (Geestemünde, Lehe u. Wolsdorf) auf d. J. 1910. (518 S.) gr. 8. Bremerhaven, L. v. Vangerow. Geb. in Leinw. nn 5. —

—— der Hafenstädte Bremerhaven und Geestemünde 1892. gr. 8. (163 S.) Bremerhaven, v. Vangerow. ** 2 — Erscheint alljährlich.

— der Hafenstädte Bremerhaven-Geestemünde, nebst Verzeichniß der v. der Weser fahr. Bremer, Oldenburger u. preuß. Seeschiffe f. d. J. 1893. gr. 8. (78, 52 u. 33 S.) Bremerhaven, L. v. Vangerow. Kart. n.n. 2. —

– f. d. Hafenstädte Bremerhaven-Geestemünde u. Lehe f. 1895. 8°. – (220) Bremerhaven: L. v. Vangerow.

—— der Brennereien in Deutschland mit genauer Angabe der Steuerbezirke, Namen der Besitzer resp. Pächter und Poststationen. Nach amtl. Quellen. gr. 8. (IV, 190 S.) Berlin 877, Lorentz. *

**Adressbuch der Brennereien,** Liqueurfabriken, Grossdestillationen, Sprit-, Stärke-, Presshefe- u. Zuckerfabriken Deutschlands. Nach amtl. Unterlagen zusammengestellt. 1. Jahrg. gr. 8. (IV, 128 u. 21 S.) Leipzig (901). Eisenschmidt & Schulze. Geb. in Leinw. n. 6. —

—— von Breslau, s. Adreß- und Geschäfts-Handbuch.

—— d. Haupt- u. Residenz-Stadt Breslau, aufgenomm., begründet, hrsg. u. d. Hochlöbl. Stadtverord.-Versamml. Breslau's hochacht. gewidmet v. Fr. Mehwald. gr. 8. (18 B.) Breslau 832, Leuckart.

— der Haupt- und Residenzstadt Breslau, für 1835, 1837, herausg. v. Fr. Mehwald. gr 8. Bresl., Friedländer. n. 3/4 ℛ︀ dass. f. 1839, herausg. v. Gust. Roland. gr. 8. Ebd. n. 3/4 ℛ︀

— der Haupt- und Residenz-Stadt Breslau, herausgeg. von Gust. Rohland. 2. Ausg. gr. 8. Breslau 841, Friedländer. n. 3/4 ℛ︀

—— der Haupt- u. Residenzstadt Breslau. Hrsg. v. Rud. Gantz. Lex.-8. (17¾ B.) Breslau 843, Graß, Barth u. Comp. *

—— dass. f. d. J. 1844. Hrsg. v. M. F. Vogt. gr. 8. (25½ B.) Ebds. *

—— dass. f. d. J. 1846. Hrsg. v. M. F. Vogt. gr. 8. (29¼ B. u. Geschäfts-Anzeiger auf 1⅛ B.) Ebds. *

— der Haupt- u. Residenzstadt Breslau f. d. J. 1847. Hrsg. v. M. F. Vogt. gr. 8. (254 S.) Breslau, Graß, Barth & Co. Verl. n. 2/3 ℛ︀

— der Haupt- u. Residenzstadt Breslau f. d. J. 1852. Bearb. u. hrsg. v. A. Müller u. F. E. Baumgarten. Lex. 8. (IV u. 437 S.) Breslau. (Schulz & Co.) baar n. n. 1⅓ ℛ︀

— der Haupt- u. Residenzstadt Breslau. Herausg. im Jan. 1855. von F. E. Baumgarten. Breslau. (Aland.) gr. 8. (2 Bl., 548 S.) n. 2 ℛ︀

— — für das Jahr 1856. Hrsg. von F. E. Baumgarten. Breslau, Korn in Comm. gr. 8. (2 Bl., 569 S.) n 2 ℛ︀

— der Haupt- u. Residenzstadt Breslau. 1864. Herausg. von Emil Kabath u. Th. Rohmann. Breslau, (Maruschke & Berendt.) gr. 8. (449 S.) nn. 1 ℛ︀ 20 ngr.

—— der Haupt- und Residenz-Stadt Breslau. 1864 und 1866. Hrsg. von Emil Kabath und Th. Rohmann. gr. 8. (449 S.) Breslau, (E. Morgenstern.) à **

— der königl. Haupt- u. Residenzstadt Breslau f. d. J. 1905. Nebst Anh., enth. die Ortschaften Brockau, Carlowitz, Kl.-Gandau, Goldschmieden, Gräbschen, Grüneiche, Hartlieb, Hundsfeld, Klettendorf, Krietern, Deutsch-Lissa, Gr.- u. Kl.-Mochbern, Oltaschin, Opperau, Oswitz, Pirscham, Rosenthal, Schmiedefeld, Gr.- u. Kl.-Tschansch u. Woischwitz. Nebst 4 Theater-Plänen. (XVI, 994, 580, 164, 56, 178, 81, 16, 46 u. 11 S.) Lex.-8. Breslau, Graß, Barth & Co. Geb. in Leinw. n.n. 8. —

– Breslau u. Umgebg. 1909. (31, 620, 275, 93, 137, u. 54 m. 1 Pl., Theaterplänen u. Strassenverz. usw. z. Plan 14) 30,5 × 23,5 cm. – Breslau, Berlin: A. Scherl.

— Breslau u. Umgebung. 1911. Unter Benutzg. amtl. Quellen. Mit der Beigabe: Neuester Plan der Stadt Breslau. XXXI, 648, 288, 109, 149 u. 58 S. m. Theaterplänen u. Straßenverzeichnis usw. zum Plan 16 S. in Lex.-8.) 31×25,5 cm. Breslau. Berlin, A. Scherl. Geb. in Halbldr. 8. —

— europäischer Briefmarkenhändler. Hersg. v. Chr. Mann jun. Leipzig 864, Luppe in Comm. 16. (18 S.) n. 10 ngr.

—— der überseeischen u. orientalischen Briefmarkensammler. Hrsgbr.: Herm. Mittelmann. 12. (34 S.) Lahr 891, Schauenburg. * 1 —

— der überseeischen u. orientalischen Briefmarkensammler. Hrsg. v. Herm. Mittelmann. 12. (34 S.) Lahr 894. M. Schauenburg. n. 1. —

— der Stadt Brieg. Nebst einer kurzgefaßten topograph. Chronik der Stadt Brieg bis zum Aussterben der Piasten 1675 v. E. Wernicke. gr. 8. (XXXII, 141 S.) Brieg 879. Lebek & Weigmann. n. 2. 50

— für die Stadt u. den Kreis Brieg. gr. 8. (II, 238 S. m. Verkehrskarte.) Brieg 901. (G. W. Kroschel). Kart. n.n. 5. —

— für die Stadt u. den Kreis Brieg. (XXIV, 216 S. m. 1 farb. Karte.) gr. 8. Brieg 905. (G. W. Kroschel.) Kart. n.n. 3. 50

— f. d. Stadt u. d. Kreis Brieg sow. d. Nachbar-Städte Falkenberg, Schurgast, Grottkau, Ohlau, Wansen u. Strehlen. M. e. Verzeichn. d. Poststationen i. d. 1. Zone v. Brieg, sow. e. alphabet. Verzeichn. sämtl. Wohnplätze d. Landger.-Bez. Brieg. gr. 8. (IV, 210 S.) Brieg 896 G. W. Kroschel. n.n. 5. —

— für die Stadt u. den Landgerichtsbez. Brieg. Mit e. kurzen Geschichte der Stadt Brieg v. Constant. Bulla. gr. 8. (1. Tl. 160 S. m. 1 farb. Karte.) Brieg 892. (G. W. Kroschel.) n. 5. 30

— für die Stadt u. den Kreis Brilon. Nach amtlichen Quellen herausgegeben. gr. 8. (VII, 54 S.) Siegen 884. Lorsbach. 3. —

— für die Stadt u. den Kreis Brilon. Nebst Geschäfts- u. Firmen-Register nach amtl. u. priv. Quellen hrsg. 3. Aufl. gr. 8. (8. X, 118 S.) Altena 901. Geschw. Lorsbach. Kart. n. 5. —

—— von Bromberg, s. Wohnungs-Anzeiger.

– Bruchsal. (186 u. 22 m. 1 Pl.) gr 8° – Bruchsal: (W.Ott) 1907.

– d. Stadt Bruchsal. Ausgearb. nach d. im Oktbr. 1894 gemachten Erhebgn. 8° (139). – Bruchsal: 1895, (W. Ott).

— der Stadt Bruchsal. Ausg n. d. i. Novbr. 1897 gem. Erhebgn. 8. (138 S.) Bruchsal 898. (W. Ott.) Kart. n.n. 2. —

— der Stadt Bruchsal. Ausgearb. nach den am 1. XII. 1900 gemachten Erhebgn. gr. 8. (140 S.) Bruchsal 901. (W. Ott.) Kart. n.n. 2. 50

— der Stadt Bruchsal. Ausgearb. aufgrund im Jan. 1904 veranstalteter Erhebgn. (176 S. m. 1 Plan.) gr. 8. Bruchsal (W. Ott). Geb. n.n. 3. —

— der Stadt Bruchsal. Hrsg. vom Bürgermeisteramt nach dem Stande vom 1. VI. 1910 m. Nachträgen des alphabet. Einwohnerverzeichnisses bis 5. VII. 1910. (III, 66, 97, 24, 16, 5, 21, 11, 3. u. 4 S. m. 1 farb. Plan.) gr. 8. Bruchsal (W. Ott). Geb. in Leinw. nn 2. 50

— von Brünn. Schematismus u. Wohnungs-Anzeiger nebst e. Verzeichnis der protokollirten Firmen d. Landeshauptstadt v. Mähren. 1890. gr. 8. (XXXIII, 299 S.) Brünn, Winkler, geb. n. 5. 20

—— von Brünn. 1892. gr. 8. (XL, 404 S. m. 3 Plänen.) Brünn, Winkler. geb. in Leinw. ** 5 60

Adressbuch von Brünn. 1903. Gr.-8°. (598, LXIII S.) geb. K 8.—

**Adressbuch** von Brünn und der Vororte Königsfeld, Hussowitz und Kumrowitz. Schematismus, Wohnungsanzeiger, Verzeichniss der protokollirten Firmen und Häuserschema mit einem Plane der Stadt Brünn, Sitzplan des Stadttheaters, des grossen Fest-Saales im Deutschen Hause und einer Umgebungskarte. Gr.-8. (CIX, 480 S.) In Lnwd. geb. 3.–
Brünn: Winkler 1894.

— von Brünn u. der Vororte Königsfeld, Hussowitz u. Kumrowitz. 1895. Schematismus, Wohnungs-Anzeiger, Verzeichnis der protokollierten Firmen u. Häuserschema, m. 1 Plan der Stadt Brünn, Sitzplan des Stadttheaters, des grossen Festsaales im Deutschen Hause u. 1 Umgebungskarte. gr. 8. (XXXV, 479 S.) Brünn, C. Winkler. Geb. in Leinw. n. 6. —

**Adressbuch** von Brünn und der Vororte Königsfeld, Hussowitz und Rumrowitz für 1896. Mit einem Plane der Stadt Brünn, Sitzplan des Stadttheaters. Gr.-8. (XX, 228 u. XCV S.) In Lnwd. geb. Wien: Winkler 1896. * 3.—

**Adressbuch** von Brünn und den Vororten Königsfeld-Karthaus, Hossowitz, Kumrowitz, Sebrowitz, Julienfeld und Czernowitz. Gr.-8. (LIX, 520 S.) In Lnwd. geb. 3.50
Brünn: Winkler 1898.

Adressbuch von Brünn und der Vororte Königsfeld, Hussowitz, Kumrowitz, Sebrowitz, Julienfeld, Schimitz und Czernowitz. Behörden-Schema, Handels- und Gewerbe-Adressbuch, Wohnungs-Anzeiger, Verzeichnis der protokollierten Firmen, Häuserschema, Plan der Stadt Brünn, Sitzplan des Stadt-Theaters etc. Brünn. 1899. Winkler. Gr.-8°. LVII, 523 + 10 S. Geb. fl. 3.50

Adressbuch von Brünn mit den Vororten Königsfeld, Hussowitz, Kumrowitz, Sebrowitz, Julienfeld, Schimitz, Czernowitz, Ober-Gerspitz und Steinmühle. Behörden-Schema, Handels- und Gewerbe-Adressbuch, Wohnungs-Anzeiger, Verzeichnis der protokollierten Firmen, Häuserschema, Plan der Stadt Brünn, Sitzplan des Stadt-Theaters. Kurze Geschichte der Landeshauptstadt und viele andere nothwendige Notizen, Tarife und eine Umgebungskarte von Brünn etc. Brünn. 1900. Winkler. Gr.-8°. LXVII, 592 S. Geb. K 7.—

— von Brünn m. den Vororten Königsfeld, Hussowitz, Kumrowitz, Sebrowitz, Julienfeld, Schimitz, Czernowitz, Ober-Gerspitz u. Steinmühle. Neuester Plan, das ganze Stadtgebiet Brünns umfassend. Behörden-Schema, Handels- u. Gewerbe-Adressbuch, Wohnungs-Anzeiger, Verzeichnis der protokollierten Firmen, Häuserschema, Sitzplan des Stadttheaters etc. gr. 8. (XXXIX, 595 S. m. 1 Abbild.) Brünn 902. C. Winkler. Geb. in Leinw. n.n. 8.—

— von Brünn m. den Vororten Königsfeld, Hussowitz, Kumrowitz, Sebrowitz, Julienfeld, Schimitz, Czernowitz, Ober-Gerspitz u. Steinmühle. 1904. (XVIII, 619 S. m. farb. Plan.) gr. 8. Brünn, F. Irrgang. Geb. in Leinw. n.n. 8. —

Adressbuch von Brünn und den Vororten Königsfeld, Hussowitz etc. 1905. Gr.-8°. (644, XLVIII S.) geb. K 8.—
Brünn: Irrgang 1905.

— von Brünn u. den Vororten Königsfeld, Hussowitz, Kumrowitz, Sebrowitz, Julienfeld, Schimitz, Czernowitz, Ober-Gerspitz u. Steinmühle. 1909. (XXII, 817 S. m. Stadt- u. Theaterplan). gr. 8. Brünn, F. Irrgang. Geb. in Leinw. 9. —

— f. den politischen Bez. Brüx, bestehend aus 3 Abteilgn. u. zwar: I. Abteil.: Gerichts- u. Steuerbez. Brüx, II. Abteilg.: Gerichts- u. Steuerbez. Oberleutensdorf, III. Abtlg.: Gerichts- u. Steuerbez. Katharinaberg. Bearb. auf Grund amtl. Verzeichnisse. (XVI, 148 S., S. 96a—h, 56 u. 18 S.) gr. 8. Rochlitz i/Riesengeb. (910.) F. Gebert. (Nur direkt.) Geb. in Leinw. nn 2. 50

— der Stadt Brüx in Böhmen. Bearb. auf Grund amtlicher Unterlagen von Joh. Zwerenz. 12. (197 S. m. 1 Karte.) Leipzig (899). Kühnel. n. 1. —

– Buch, s. Adressbuch Bernau.

Adreßbuch v. Buch, s.: Vorort-Adreßbücher, Berliner. 1.

—— der Buch- u. Steindruckereien, s. Klimsch, Karl.

— d. Buch- u. Steindruckereien d. Schweiz. Anh.: Empfehlensw. Bezugsquellen u. Inserate. 1. Aufl. 1897. 8. (56 S.) Glarus. Stuttgart (H. O. Sperling.) n. 2. —

Adressbuch der Buch- u(nd) Steindruckereien in der Schweiz. 2. Ausgabe. (November 1905.) [Mit Abbildungen und 1 Tafel.] II + 64 S. 8. Glarus, J(acques) Spälti; Komm. für Deutschland: H. O. Sperling, Stuttgart. [M. 2.—]

—— des Buch-, Antiquar-, Musikalien-, Kunst- und Landkartenhandels in Oesterreich-Ungarn, s. Schurich, Victor.

— des ausländischen Buchhandels. gr. 8. Leipzig 845, Naumburg. baar 1/2 ℔ — s. auch O. A. Schulz.

— für d. deutschen Buchhandel, s.a. Schulz, O. A.

Adressbuch für den deutschen Buchhandel. Leipzig 1878

Adressbuch f. d. Deutschen Buchhandel, den Antiquar-, Colportage-, Kunst-, Landkarten- u. Musikalien-Handel sowie verwandte Geschäftszweige. 1876—88. Bearb. u. herausg. von H. Schulz. Leipzig. 8.

—— für den Deutschen Buchhandel, den Antiquar-, Musikalien-, Kunst- und Landkarten-Handel und verwandte Geschäftszweige. 1843, 45—48, 51—57, 59—60. Von O. A. Schulz.

Adressbuch des deutschen Buchhandels und verwandter Berufszweige mit Zeitschriften-Adressbuch. [Hrsg. von] C. F. *Müller*. Jg 15, 1910. Leipzig [1909]. 8°.

ADRESSBUCH DES DEUTSCHEN BUCHHANDELS und die verwandten Geschäftszweige. (Begründet von O. A. SCHULZ.)
Im Auftrage des Vorstandes bearbeitet von der Geschäftsstelle des Börsenvereins der Deutschen Buchhändler in Leipzig.
Jahrg. 51. 1889. Mit einem Bildnis Raymund Härtels und einer Abbildung des Deutschen Buchhändlerhauses. Leipzig, Geschäftsstelle des Börsenvereins der Deutschen Buchhändler. 8°. [1])
Jahrg. 52. 1890. Mit einem Bildnis Friedrich Gerolds. ib. —
Jahrg. 53. 1891. Mit einem Bildnis Eduard Viewegs. ib. —
Jahrg. 54. 1892. Mit einem Bildnis Eduard von Hallbergers. ib. —
Jahrg. 55. 1893. Mit einem Bildnis Rudolph Gaertners. ib. —
Jahrg. 56. 1894. Mit einem Bildnis Georg Wigands. ib. —
Jahrg. 57. 1895. Mit einem Bildnis Nikolaus Trübners. ib. —
Jahrg. 58. 1896. Mit einem Bildnis Hermann Kaisers. ib. —
Jahrg. 59. 1897. Mit einem Bildnis des Freiherrn Christian Bernhard von Tauchnitz. ib. —
Jahrg. 60. 1898. Mit den Bildnissen Arnold Bergstraessers u. Wilhelm Volkmanns. ib. —

ADRESSBUCH DES DEUTSCHEN BUCHHANDELS.
(Begründet von O. A. SCHULZ.)
Im Auftrage des Vorstandes bearbeitet von der Geschäftsstelle des Börsenvereins der Deutschen Buchhändler zu Leipzig.
Jahrg. 70. 1908. Mit dem Bildnisse Ferdinand Springers. ib. —
— Dasselbe. Kleine (Personal-)Ausgabe. ib. —
Jahrg. 71. 1909. Mit dem Bildnisse Karl J. Trübners. ib. —
— Dasselbe. Kleine (Personal-)Ausgabe. ib. —
Jahrg. 72. 1910 Mit dem Bildnis Carl Friedrich David Voersters. ib. —
— Dasselbe. Kleine (Personal-)Ausgabe. ib. —
Jahrg. 73. 1911. Mit dem Bildnis Johannes Stettners. ib. —
— Dasselbe. Kleine (Personal-)Ausgabe. ib. —
Jahrg. 74. 1912. Mit dem Bildnis Adolf von Kröners. ib. —
— Dasselbe. Kleine (Personal-)Ausgabe. ib. —
Jahrg. 75. 1913. Mit dem Bildnis Carl Müller-Grotes. ib. —
— Dasselbe. Kleine (Personal-)Ausgabe. ib. —
Jahrg. 76. 1914. Mit dem Bildnis Wilhelm Spemanns. ib. —
Jahrg. 77. 1915. Mit dem Bildnis von Dr. Eduard Brockhaus. ib. —

—— des deutschen Buchhandels u. der verwandten Geschäftszweige. [Begründet v. O. A. Schulz.] 51.—53. Jahrg. 1889—1891. Im Auftrage d. Vorstandes bearb. v. d. Geschäftsstelle d. Börsenvereins d. deutschen Buchhändler zu Leipzig. gr. 8. (L, 624 u. 502 S. m. 1 Bildnis Raymund Härtels u. 1 Abbild. d. deutschen Buchhändlerhauses; XXXII, 650 u. 490 S. m. 1 Bildnis Friedr. Gerold's; XXXVI, 670 u. 437 S. m. 1 Bildnis Ed. Vieweg's.) Lpz., Geschäftsstelle d. Börsenvereins d. deutschen Buchhändler.
geb. f. Mitglieder d. Börsenvereins à Jahrg. ** 10 —
f. Nichtmitglieder à Jahrg. ** 12 —
Personal-Ausg. f. Mitglieder d. Börsenvereins à Jahrg. ** 6 —
f. Nichtmitglieder à Jahrg. ** 7 50

—— dass. — 54. Jahrg. 1892. Im Auftrage d. Vorstandes bearb. v. d. Geschäftsstelle d. Börsenvereins d. deutschen Buchhändler zu Leipzig. 2 Bde. gr. 8. (XXVIII, 698; 450 S. m. 1 Bildnis Ed. v. Hallbergers.) Ebd.
geb. vollständige Ausg. f. Mitgl. d. Börsenvereins ** 11 50
f. Nichtmitglieder ** 13 50; geb. in 1 Bd. ** 10 — bez. ** 12 —
Personal-Ausg. f. Mitgl. d. Börsenvereins ** 6 —
f. Nichtmitgl. d. Börsenvereins ** 7 50
Vgl.: Auszug, humoristischer, aus Schulz, Adressbuch.

— des deutschen Buchhandels u. der verwandten Geschäftszweige. (Begründet von O. A. Schulz.) 56. Jahrg. 1894. Im Auftrage des Vorstandes bearb. v. der Geschäftsstelle des Börsenvereins der Deutschen Buchhändler zu Leipzig. gr. 8. (XXVI, 724 u. 466 S. m. e. Bildnis Geo. Wigands in Stahlst.) Leipzig, Geschäftsstelle des Börsenvereins der Deutschen Buchhändler, Geb. in 1 Bd. Für Mitglieder des Börsenvereins n.n.n. 10. — ; für Nichtmitglieder n.n.n. 12. —: in 2 Bdo. f. Mitglieder des Börsenvereins n.n.n. 11. 50; f. Nichtmitglieder n.n.n. 13. 50; 1. Abtlg. allein (XXVI, 724 S. m. Bildnis). Geb. Für Mitglieder des Börsenvereins n.n.n. 6. — ; f. Nichtmitglieder n.n.n. 7. 50

— des deutschen Buchhandels u. d. verw. Geschäftszweige. (Begr. v. O. A. Schulz.) 60. Jahrg. 1898. Im Auftr. d. Vorst. bearb. v. d. Geschäftsstelle d. Börsenver. d. Deutschen Buchhändler z. Leipzig. M. d. Bildnissen Arnold Bergstraessers u. Wilhelm Volkmanns. gr. 8. (XXIV, 786 u. 476 S.) Leipzig, Geschäftsstelle des Börsenvereins der Deutschen Buchhändler. Geb. in 1 Bd. n.n.n. 16. —; in 2 Bdn. n.n.n. 18. —; 1. Abtlg. allein (XXIV, 786 S. m. 2 Bildn.) Geb. n.n.n. 10 — ; f. Mitgl. d. Börsenver. n.n.n. 10. — ; 11. 50 u. 6. —

Adressbuch für den Buch-, Kunst-, Musikalienhandel und verwandte Geschäftszweige der österreichisch-ungarischen Monarchie, mit einem Anhang: Zeitungsadressbuch für Oesterreich. Hrsg. von Mor. Perles. 5. Jahrg. 1870. gr. 8. (120 S.) Wien, Perles. *
cart. mit dem (in Tondr. lithogr.) Portr. von M. Gerold. *
geb. * ℳ 4.; das Portr. apart. *

**Adressbuch** f. den Buch-, Kunst-, Musikalienhandel u. verwandte Geschäftszweige der österreichisch-ungarischen Monarchie, m. e. Anhang.: Zeitungs-Adressbuch f. Oesterreich. Hrsg. v. Mor. Perles. 6. Jahrg. 1871. gr. 8. (128 S.) Wien 871. Perles. n. 3. 50; m. dem (lith.) Bildnisse v. Frdr. Tempsky cart. n. 3. 75; geb. n. 4. — Das Portr. apart 1. 50

— dasselbe. 7. Jahrg. 1872. Mit dem (lith.) Bildnisse v. Ed. Hölzel. gr. 8. (148 S.) Ebend. 872. n. 4. —

— dasselbe. 8. Jahrg. 1873. Mit dem Bildnisse v. Gust. Heckenast. gr. 8. (147 S.) Ebend. 873. cart. n. 4. —; geb. n. 4. 20; ohne Portr. n. 3. 40

— dasselbe. 9. Jahrgang. 1874. Mit dem (lith.) Bildnisse v. Frdr. Gerold. gr. 8. (146 S.) Ebend. 874. cart. n.n. 4. 50; geb. n. 5. —; ohne Portr. n. 4. —

— dasselbe. 1875. 10. Jahrg. Mit dem (lith.) Bildnisse v. L. T. Neumann. gr. 8. (IV, 140 S.) Ebend. 875. n.n. 5. —; geb. n.n. 5. 50; geh. ohne Portr. n.n. 4. —

— dasselbe. 1876. 11. Jahrg. Mit dem (lith.) Bildniss v. Moritz Ráth gr. 8. (148 S. m. 1 chromolith. Karte in qu. gr. 4.) Ebend. cart. n. 6. —; geb. n. 6. 10; geh. ohne Portr. n. 4. 80

—— dass. — 12. Jahrg. 1877. gr. 8. (158 S. mit 1 chromolithogr. Karte in qu. gr. 4.) Ebendas. *
cart. mit dem (lithogr.) Bildnisse von Rud. Lechner. *

Adressbuch für den Buch-, Kunst-, Musikalienhandel und verwandte Geschäftszweige der österreichisch-ungarischen Monarchie, mit einem Anhang: Zeitungs-Adressbuch für Oesterreich. Hrsg. von Mor. Perles. 13. Jahrg. 1878. gr. 8. (162 S. mit 1 chromolithogr. Karte in qu. gr. 4.) Wien, Perles. *
cart. mit dem (lithogr.) Bildnisse von L. W. Seidel *
geb. *

— für den Buch-, Kunst- u. Musikalienhandel u. verwandte Geschäftszweige der österreich.-ungarischen Monarchie, m. einem Anh.: Oesterr.-ung. Zeitungs-Adressbuch. Hrsg. v. Mor. Perles. 1879. 14. Jahrg. Mit dem (lith.) Bildnisse v. Herm. Manz. gr. 8. (IV, 166 S. m. e. chromolith. Karte.) Wien, Perles. cart. n.n. 5. —; geb. n.n. 5. 40; geh. ohne Portr. u. Karte. n. 4. 80; Port. ap. n. — 80; Karte ap. n. — 80

—— für den Buch-, Kunst-, Musikalienhandel und verwandte Geschäftszweige der österreichisch-ungarischen Monarchie, mit einem Anhang: Oesterreichisch-ungarisches Zeitungs-Adressbuch. Hrsg. von Mor. Perles. 15. Jahrg. 1880. gr. 8. (170 S. mit 1 lithogr. Karte und dem lithogr. Bildniss von Ferd. Pfeifer.) Wien, Perles. geb. *

—— dass. — 16. Jahrg. 1881. gr. 8. (186 S. mit 1 lithogr. Karte und dem lithogr. Bildniss von R. v. Waldheim.) Ebendas. geb. *

—— dass. — 17. Jahrg. 1882. gr. 8. (200 S. mit 1 lithogr. Karte und dem lithogr. Bildniss von Ant. Schumacher.) Ebendas. geb. *

—— dass. — 18. Jahrg. 1883. gr. 8. (204 S. mit dem lithogr. Bildniss von Friedr. Kilian.) Ebendas. geb. *

—— dass. — 19. Jahrg. 1884. gr. 8. (VIII, 208 S. mit dem lithogr. Bildniss von Frz. Rziwnatz.) Ebendas. geb. **

Adressbuch für d. Buch-, Kunst-, Musikalienhandel u. verwandte Geschäftszweige d. österr.-ung. Monarchie nebst Anhang: Oesterr.-ungar. Zeitungs-Adressbuch. Herausgeg. v. Moritz Perles. 1885. XX. Jahrg. Mit Bildn. v. Theodor Demuth. 8. (208 S.) Wien, Moritz Perles. Subscript.-Preis ohne Portr. 1 fl. 70 kr., geb. mit Portr. 2 fl., jetziger Preis ohne Portr. 2 fl., geb. mit Portr. 2 fl. 50 kr., Portr apart 30 kr. N. b.

— für den Buch-, Kunst-, Musikalienhandel u. verwandte Geschäftszweige der österreichisch-ungar. Monarchie, mit e. Anhange: Oesterr.-ungar. Zeitungs-Adressbuch. Hrsg. v. Mor. Perles. 1886. XXI. Jahrg. Mit dem (lith.) Bildnisse von Ottomar Beyer. gr. 8. (IV, 231 S.) Wien, Perles. geb. n.n. 5. —

—— dass. — 1887. XXII. Jahrg. gr. 8. (IV, 247 S. mit dem lithogr. Bildnisse von Wilh. Frick.) Ebendas. geb. * * geb. ohne Portr. * *

—— dass. — 1888. XXIII. Jahrg. gr. 8. (IV, 264 S. mit dem lithogr. Bildnisse von Ladisl. Gubrynowicz.) Ebendas. geb. * *

—— für den Buch-, Kunst-, Musikalienhandel u. verwandte Geschäftszweige der österr.-ungar. Monarchie, m. e. Anh.: Oesterr.-ungar. Zeitungs-Adressbuch. Hrsg. v. Mor. Perles. 1889, 1890, 1891, 1892—1893. XXIV.—XXVII. Jahrg. gr. 8. (IV, 276; VIII, 304; XXVII, 312; VIII, 311 S. m. je 1 lithogr. Bildnisse.) Wien, M. Perles.

**Adressbuch** für den Buch-, Kunst-, Musikalienhandel und verwandte Geschäftszweige der österr.-ungar. Monarchie, mit einem Anhang: Oesterr.-ungar. Zeitungs-Adressbuch. Herausgegeben von Moritz Perles. 1893—1894. XXVIII. Jahrg. Mit dem Bildnisse von J. Otto. Gr.-8. (VI, 320 S.) 2.50, geb. * 2.50
Wien: Perles 1893.

**Adressbuch** für den Buch-, Kunst-, Musikalienhandel und verwandte Geschäftszweige der österr.-ungar. Monarchie, mit einem Anhang: Oesterr.-ungar. Zeitungs-Adressbuch. Herausgegeben von Moritz Perles. XXIX. Jahrg. 1894—1895. Mit dem Bildnisse von Ludwig Mayer. Gr.-8. (VI, 336 S.) Gebd. * 2.50 Ohne Porträt * 1.80, Porträt apart —.30
Wien:Perles 1894.

**Adressbuch** für den Buch-, Kunst-, Musikalienhandel und verwandte Geschäftszweige der österr.-ungar. Monarchie, mit einem Anhange: Oesterr.-ungar. Zeitungs-Adressbuch. Herausgegeben von Moritz Perles. XXX. Jahrgang. 1895—1896. Mit dem Bildnisse von Karl Prochaska sen. Gr.-8. (VI, 348 S.) Geb. * 2.50 Ohne Porträt * 1.80, Porträt apart —.30
Wien.Perles 1895.

**Adressbuch** für den Buch-, Kunst-, Musikalienhandel und verwandte Geschäftszweige der österr.-ungar. Monarchie, mit einem Anhange: Oesterr.-ungar. Zeitungs-Adressbuch. Herausgegeben von Moritz Perles. XXXI. Jahrgang. 1896—1897. Mit dem Bildnisse von Sigmund Bensinger. Gr.-8. (VI, 340 S.) 2.20, gebunden 2.80, Subscriptionspreis geb. * 2.20
Wien:Perles 1896.

**Adressbuch** für den Buch-, Kunst-, Musikalienhandel und verwandte Geschäftszweige der österr.-ungar. Monarchie, mit einem Anhange: Oesterr.-ungar. Zeitungs-Adressbuch. Herausgegeben von Moritz Perles. XXXII. Jahrg. 1897—1898. Mit dem Bildnisse von Adolf Robitschek. Gr.-8. (VI, 364 S.) 2.20
Gebunden Wien:Perles 1897. 2.80

— f. d. Buch-, Kunst-, Musikalienhandel u. verw. Geschäftszweige d. österr.-ungar. Monarchie, m. e. Anh.: Oesterr.-ungar. Zeitungs-Adressbuch. Hrsg. v. Mor. Perles. 1898—1899. XXXIII. Jahrg. M. d. Bildn. v. Franz Deuticke (in Photograv.). gr. 8. (VII, 370 S.) Wien, M. Perles. Geb. in Leinw. n. 6. 40; brosch. ohne Bildn. n. 5. 40

Adressbuch für den Buch-, Kunst-, Musikalienhandel und verwandte Geschäftszweige der österreichisch-ungarischen Monarchie mit einem Anhange: Oesterr.-ungarisches Zeitungs-Adressbuch. Herausgegeben von Moritz Perles. 1899—1900. XXXIV. Jahrgang. Mit dem Bildnisse von Wilhelm Müller. Wien. Perles Gr.-8°. 39) S. * fl. 2.40, geb. * fl. 3.20

Adressbuch für den Buch-, Kunst-, Musikalienhandel und verwandte Geschäftszweige der österreichisch-ungarischen Monarchie mit einem Anhange: Oesterr.-ungarisches Zeitungs-Adressbuch. Herausgegeben von Moritz Perles. 1900—1901. XXXV. Jahrgang. Mit dem Bildnisse von Norbert Dunkl. Wien. Perles. Gr.-8°. XV, 394 S. * K 4.80, geb. * K 6.40

Adressbuch für den Buch-, Kunst-, Musikalienhandel und verwandte Geschäftszweige der österreichisch-ungarischen Monarchie mit einem Anhange: Oester.-ungarisches Zeitungs-Adressbuch. Herausgegeben von Moritz Perles. 1901—1902. XXXVI. Jahrgang. Mit dem Bildnisse von Carl Konegen. Wien. Perles. Gr.-8°. 405, 11, XXVII S. K 5.—, geb. K 6.—

— für den Buch-, Kunst-, Musikalienhandel u. verwandte Geschäftszweige der österreichisch-ungarischen Monarchie, m. e. Anh.: Oesterr.-ungar. Zeitungs-Adressbuch. Hrsg. v. Mor. Perles. 1902—1903. XXXVII. Jahrg. Mit dem Bildnisse v. Friedrich Grosse. gr. 8. (X, 413 S.) Wien, M. Perles. Geb. in Leinw. n. 9. —; brosch. ohne Bildnis n. 7. —

Adressbuch für den Buch-, Kunst- und Musikalienhandel und verwandte Geschäftszweige der österr.-ungar. Monarchie. 1903—1904. 38. Jahrg. Gr.-8°. (420, XXXI, 16 S.)
Wien:Perles 1903. K 5.—, geb. 6.60

Adressbuch für den Buch-, Kunst- und Musikalienhandel und verwandte Geschäftszweige der österr.-ungar. Monarchie. 39. Jahrg. 1904/05. Gr.-8°. (434, XVIII, 11 S.) geb. K 6 60
Wien:Perles 1904.

Adressbuch für den Buch-, Kunst- und Musikalienhandel und verwandte Geschäftszweige der österr.-ungar. Monarchie. 1905—1906. 40. Jahrg. Gr.-8°. (XVI, 437 S.) K 5.—, geb. K 6.60
Wien:Perles 1905.

— für den Buch-, Kunst-, Musikalienhandel u. verwandte Geschäftszweige der österreichisch-ungarischen Monarchie, m. e. Anh.: Österr.-ungar. Zeitungs-Adressbuch. Hrsg. v. Mor. Perles. 1906—1907. 41. Jahrg. (XII, 433 S.) gr. 8. Wien, M. Perles. n.n. 7. —; geb. m. 1 Bildnis n.n. 8. 40

Adressbuch für den Buch-, Kunst- und Musikalienhandel und verwandte Geschäftszweige der österr.-ungar. Monarchie mit einem Anhange: Österreichisch-ungarisches Zeitungsadreßbuch 1907—1908. XLII. Jahrg. Gr. 8. (444, XIX S.)
ohne Porträt K 5.80, geb. mit Porträt K 6.80
Wien: Perles 1907.

Adreßbuch für den Buch-, Kunst- und Musikalienhandel und verwandte Geschäftszweige der österreichisch-ungarischen Monarchie 1908—1909. XLIII. Jahrg. Gr.-8°. (442, XXX S.)
Wien: Perles 1908. geb. K 6.80

Adreßbuch für den Buch-, Kunst- und Musikalienhandel und verwandte Geschäftszweige der österreichisch-ungarischen Monarchie 1909—1910. XLIV. Jahrg. Gr.-8°. (444, XXXIV. S.)
Wien: Perles 1909 (ohne Porträt) K 5.80. (mit Porträt) K 6.80

— f. den Buch-, Kunst-, Musikalienhandel u. verwandte Geschäftszweige der österreichisch-ungarischen Monarchie, m. e. Anh.: Österr.-ungar. Zeitungs-Adressbuch. Hrsg. v. Mor. Perles. 1910—1911. 45. Jahrg. (XV, 456 S.) gr. 8. Wien, M. Perles.
nn 7.—; geb. m. 1 Bildnis nn 8.—

Adressbuch für den österreichischen Buch-, Kunst-, Musikalienhandel u. verwandte Geschäftszweige. 1. Jahrg. 1866. Leipzig, Wengler in Comm. gr. 8. (IV, 60 S.) n. 27 ngr.

Adressbuch für den österr. Buch-, Kunst-, Musikalienhandel u. verwandte Geschäftszweige. 1. Jahrg. 1866. 8. Wien. Beck'sche U. B. (A. Hölder) in Comm. br. 1 fl. 5 kr., cart. 1 fl. 20 kr., geb. 1 fl. 30 kr.

— — m. e. Anh.: Zeitungsadressbuch f. Oesterreich. Hersg. v. Mor. Perles. 2. Jahrg. 1867. (76 S. n. 1 Thlr.) — 3. Jahrg. 1868. Wien, Beck in Comm. gr. 8. (98 S.)
n. 24 ngr.

—— für den österreichischen Buch-, Kunst-, Musikalienhandel und verwandte Geschäftszweige, mit einem Anhang: Zeitungsadressbuch für Oesterreich. Hrsg. von Mor. Perles. 3. Jahrg. 1868. gr. 8. (98 S.) Wien, (Hölder.)
Subscr.-Pr. *
cart. * M. 2,40.; geb. *
Laden-Pr. * M. 2,40.; cart. * M. 2,60.; geb. *

— — 4. Jahrg. 1869. (114 S. u. 1 lith. Portr. n. 1 Thlr. 3 ngr.) — 5. Jahrg. 1870. Wien, Perles. gr. 8. (120 S.) n. 1 Thlr. 5 ngr.; mit 1 (lith.) Portr. n. 1 Thlr. 7½ ngr.; geb. n. 1 Thlr. 10 ngr.; das Portrait apart n. 8 ngr.

—— Berliner Buchhändler und Colporteure, s. Malzahn, Emil.

— v. Buchholz, s.: Adreßbuch d. Städte Annaberg u. Buchholz.

—— von Budapest, s. a. Adreß- und Wohnungs-Anzeiger.

—— von Budapest, s. a. Adressen- und Wohnungs-Anzeiger.

—— von Budapest, s. a. Adressenbuch.

Adressbuch von Budapest. 1902/03. (1867 S.) geb. K 16.
Wien: Braumüller 1902.

—— von Buenos Aires, s. Jahrbuch und Adress-Kalender.

— für Bühnenangehörige. 1892/93. Hrsg. v. Otto Sontag. gr. 16. (102 S.) Berlin, K. Siegismund.
— 50

— der Stadt Bunzlau, verbunden m. e. Anh. postal. Bestimmgn. Zusammengestellt u. hrsg. von Jul. v. Gruchalla. gr. 8. (114 S.) Bunzlau 900. (G. Kreuschmer).
n.n. 1.80

— der Stadt Bunzlau, verbunden m. e. Anh. postal. Bestimmgn. Zusammengestellt u. hrsg. von Jul. v. Gruchalla. (116 S.) gr. 8. Bunzlau 903. (G. Kreuschmer.)
n.n. 2.—

— der Stadt Bunzlau sowie v. Burglehn, verbunden m. e. Anh. postal. Bestimmgn. Zusammengestellt von Jul. v. Gruchalla. 8. (110 S. m. Stadtplan.) Bunzlau 893. G. Kreuschmer's Verl. n.n. 1.25

— der Stadt Bunzlau, sowie von Burglehn und Sand, verbunden m. e. Anh. behördl. u. postal. Bestimmgn. Zusammengestellt v. J. Donat. 8. (88 S. m. 1 Plan.) Bunzlau 889. (A. Appun's Buchhandlg.) n.n. 1.—

—— Bunzlauer. Zusammengestellt von J. Mäßiggang. gr. 8. (91 S.) Bunzlau 876, (Kreuschmer.) **
Seitdem nicht erschienen.

— Bunzlauer. Zusammengetragen v. G. Studt. 8. (91 S. m. 1 chromolith. Plan.) Bunzlau 881. (A. Appun's Buchh.)
n. 1.—

Adreßbuch Burg (a. F.), s. Adreß- u. Geschäftshandbuch

—— der Bürger und Niedergelassenen der Stadt Zürich im J. 1882, s. Verzeichniß.

– Burghausen, s. Adressbuch Leipzig-Land.

– Burgstädt i. S. (123) 8° – Leipzig: Kühnel (1905)

Adreßbuch für die Stadt Burgstädt u. Umgebung, s. a. Adreß- u. Auskunftsbuch

— für die Stadt Burgstädt u. Umgebung. Nach amtl. Unterlagen bearb. u. hrsg. (VIII, 190 S.) gr. 8. Burgstädt (903). Reinh. Schmidt. (Nur direkt.) Geb. n. 3.50

— der Bürsten- u. Pinsel-Industrie Deutschlands. Hrsg. v. der Red. d. „Zeitschrift f. Bürsten-, Pinsel- u. Kammfabrikation" in Leipzig. 8. (XVI, 432 S.) Leipzig 893. P. Ludwig. In Leinw. kart. n. 15.—

— v. Burtscheid, siehe: Adressbuch v. Aachen.

— für die Calciumcarbid- u. Acetylen-Industrie u. verwandten Berufszweige. Hrsg. v. der Geschäftsstelle der Zeitschrift f. Calciumcarbid-Fabrikation u. Acetylen-Beleuchtg. 1899. gr. 8. (III, 84 S.) Berlin. L. Toporski. Kart. n.n. 5.—

— der Stadt Camburg nebst e. Verzeichnis der Orte der Grafschaft. Mit e. Führer durch Camburg u. Umgebg. Nach amtl. Unterlagen bearb. (96 S. m. 1 Karte.) 8. Camburg 910. M. Schrener Nachf. 1.—

— v. Cannstatt, s. a. Adreß- u. Geschäfts-Handbuch.

– Cannstatt. (23, 106, 140 u. 30 m. 3 Pl.) 8° – Cannstatt: (H. Reitzel).

—— der Stadt Celle für 1877. gr. 8. (IV, 105 S.) Celle, (Schulze'sche Buchh.) cart. *
1875, 1876, 1878 und 1879 nicht erschienen.

—— der Stadt Celle für 1880, 1882 und 1884. Hrsg. von H. Rehm. 8. (VI, 111; IV, 116; 118 S.) Celle, (Schulze'sche Buchh.) cart. à Jahrg. *
Jahrg. 1881 und 1883 nicht erschienen.

—— der Stadt Celle für 1886 und 1888. Hrsg. von H. Rehm. gr. 8. (à Jahrg. IV, 124 S.) Celle, (Schulze'sche Buchh.)
cart. à Jahrg. **
Jahrg. 1885 und 1887 nicht erschienen.

—— der Stadt Celle f. 1890 u. 1892. gr. 8. (IV, 138; IV, 134 S. m. je 1 lithogr. Plan.) Celle, (Schulze). cart. à Jahrg. ** 3 —

— der Stadt Celle f. 1894. Hrsg. v. H. Rehm. gr. 8. (IV, 139 u. 32 S. m. Plan.) Celle, (Schulze). Kart. n.n. 3.—

— d. Stadt Celle f. 1898. Hrsg. v. H. Rehm. gr. 8. (VIII, 143 S.) Celle (Schulze). Kart. n.n. 3.—

— der Stadt Celle f. 1900. Hrsg. v. H. Rehm. gr. 8. (VIII, 145 S.) Celle (Schulze). Kart. n.n. 3.—

— der Stadt Celle f. 1905. Hrsg.: E. Langer. (VII, 212 u. 44 S.) 8. Celle (Schulze). Kart. n. 4.—

Adressbuch Charlottenburg, s. a. Die Gesellschaft von Berlin.

—— für Charlottenburg-Westend. 1876. Hrsg. von Adf. Fritze und Ludw. Fernkorn. gr. 8. (IV, 80 S. mit lithogr. Plan in gr. Fol.) Charlottenburg, Fritze. cart. *
1875, 1877—79 nicht erschienen.
Vgl.: Adreßbuch, Berliner. — Adreßkalender.

Adressbuch für Chemikalien und Drogen, Parfümerien, Seifen ... u. verwandte Geschäftszweige. Deutsches Reich. (In 15 Lfgn.) *Berlin: C. Regenhardt 18(91.)92.* (2 Bl., VI, 438 S., 1 Bl., XVI, 16 S.) 1 Bd 8.
(C. Regenhardts Fachadressbücher. [No 4.]) [95. 8.00

—— Chemikalien u. Drogen, s. Regenhardt, C.

— der Fabrik- u. Handelsstadt Chemnitz für 1840. Ein Handbuch für Einheimische und Fremde. (Von Wilh. Starke.) 8. Chemnitz, Starke. n. 5/6 ℔

— der Fabrik- u. Handelsstadt Chemnitz. Hrsg. v. Mor. Böhme. 5. Jahrg. gr. 8. (164 S.) Chemnitz 850. (Kurzwelly.) n. 2/3 ℔

— der Fabrik- u. Handelsstadt Chemnitz. Herausg. v. Mor. Böhme. 8. Jahrg. 1857. Chemnitz, (May). gr. 8. (VIII, 212 S.) n. 1 ℔

— — f. d. J. 1858. Im Auftrage des Rathes der Stadt Chemnitz bearb. v. Mor. Böhme. Ebend. gr. 8. (248 S.) n. 1 ℔ 10 ngl

—— der Fabrik- und Handelsstadt Chemnitz für die J. 1863—68. Bearbeitet im Polizeiamte des Raths der Stadt Chemnitz. 6.—11. Ausg. Lex.-8. und hoch 4. Chemnitz, (Focke) cart. [1863. (LIII und 200 S. mit lithogr. Plan in qu. Fol.) 1864. (XL und 224 S. mit lithogr. Plan in qu. Fol.) 1865. (L und 232 S. mit lithogr. Plan in qu Fol.) 1866. (LIV und 889 S. mit 1 lithogr. Plan in qu. Fol.) 1867. (LIV und 358 S. mit 1 chromolithogr. und 1 lithogr. Plane.) 1868. (LVI und 383 S. mit 1 chromolithogr. Plane der Stadt Chemnitz und dem lithogr. Theaterplane in qu. Fol.)]
Jahrg. 1863—66. à * 25 Ngr.; 1867 und 1868 à **

— — f. die J. 1867—1869. Bearb. im Polizeiamte d. Raths der Stadt Chemnitz. 10.—12. Ausg. Mit 1 (lith.) Plane der Stadt Chemnitz u. dem (lith.) Theaterplane (in Fol.). Ebend. Lex.-8. (LIV, 358 S.; LVI, 383 S.; XII, 399 S.) Jeder Jahrg. nn. 1 ℔

—— der Fabrik- und Handelsstadt Chemnitz für die J. 1869—1873. Bearb. im Polizeiamte des Rathes der Stadt Chemnitz. 12.—16. Ausg. gr. 8. (XIII, 447 S. mit 1 lithogr. Plan der Stadt Chemnitz und dem lithogr. Theaterplane in 4. und gr. 4.) Chemnitz, Focke. à Jahrg. cart. **

—— dass. — für das J. 1874. 17. Ausg. gr. 8. (XV, 472 S. mit 1 chromolithogr. Plane der Stadt Chemnitz in Fol., dem lithogr. Theaterplane in qu. 4. und 1 Tab. die Hauptergebnisse der Volkszählung vom 1. Decbr. 1871 enth.) (Ebendas.) geb. **

—— der Fabrik- und Handelsstadt Chemnitz für das J. 1875. Bearb. im Polizeiamte der Stadt Chemnitz. 18. Ausg. Mit 1 chromolithogr. Plane der Stadt Chemnitz in gr. Fol. und dem lithogr. Theaterplane in qu. Fol. gr. 8. (XIV, 476 S.) Chemnitz, (Focke.) **

— der Fabrik- u. Handelsstadt Chemnitz f. d. J. 1876. Bearb. im Polizeiamte der Stadt Chemnitz. 19. Ausg. Mit e. (lith. u. color.) Plane der Stadt Chemnitz (in Imp.-Fol.) Lex.-8. (XIV, 264 u. 312 S.) Chemnitz, Focke in Comm. n.n. 4. —

—— dass. — für die J. 1877. 1878 und 1879. 20.—22. Ausg. gr. 8. (XXIV, 258; XXV, 268; XXVI, 276 S. mit je 1 lithogr. und color. Plane der Stadt Chemnitz in qu. Fol.) (Ebendas.) à Jahrg. *

—— der Fabrik- und Handelsstadt Chemnitz für die J. 1880 und 1881. Hrsg. vom Polizeiamte der Stadt Chemnitz. 23. und 24. Ausg. gr. 8. (XVI, 654 S. mit 1 chromolithogr. Plane der Stadt Chemnitz.) Chemnitz, (Focke.) cart. à Jahrg. **

—— dass. — für die J. 1882 und 1883. 25. und 26. Ausg. gr. 8. (XX, 666; XVI, 689 S. mit 1 chromolithogr. Plane der Stadt Chemnitz.) (Ebendas.) cart. à Jahrg. **

—— dass. — für die J. 1884 und 1885. 27. und 28. Ausg. gr. 8. (XX, 706; XX, 727 S. mit 1 chromolithogr. Plane der Stadt Chemnitz und dem lithogr. Theaterplane.) (Ebendas.) cart. à Jahrg. **

—— der Fabrik- und Handelsstadt Chemnitz für die J. 1886—1888. Hrsg. vom Polizeiamte der Stadt Chemnitz. 29.—31. Ausg. gr. 8. (XX, 727; XXI, 808; XII, 853 S. mit je 1 chromolithogr. Plane der Stadt Chemnitz und dem lithogr. Theaterplane.) Chemnitz, (Focke's Buchh.) cart. à Jahrg. **

—— dass. — für das J. 1889. gr. 8. (XXI, 910 S. mit 1 Plan.) Chemnitz, Troitzsch' Verlag. geb. **

—— der Fabrik- u. Handelsstadt Chemnitz f. d. J. 1890—1892. 33.—35. Ausg. gr. 8. (XXII, 492, 474; XXIII, 515, 494; XXIV, 527, 516 S. m. je 3 Plänen.) Chemnitz, (Focke. — Troitzsch). cart. à Jahrg. ** 6 —

— der Fabrik- u. Handelsstadt Chemnitz f. d. J. 1894. Hrsg. vom Polizeiamte der Stadt Chemnitz. 37. Ausg. Lex.-8. (XXIV, 563 u. 540 S. m. Stadtplan u. 2 Theaterplänen.) Chemnitz, (Focke). Kart. n.n. 6. —

– d. Fabrik- u. Handelsstadt Chemnitz f. 1895. Hrsg. v. Polizeiamte d. Stadt Chemnitz. 38. Asg. $8^{o}$ (1186 m. 3 Pl.). – Chemnitz: (B. Troitzsch).

— der Fabrik- u. Handelsstadt Chemnitz f. d. J. 1898. Hrsg. v. Polizeiamte d. Stadt Chemnitz. 41. Ausg. gr. 8. (XXV, 631, 427 u. 183 S. m. farb. Stadtplan u. 2 Theaterplänen.) Chemnitz (B. Troitzsch). Kart. n.n. 7. 50

– Chemnitz f. 1900. 43. Asg. $8^{o}$ (670, 450 u. 190 m. 3 Pl.) – Chemnitz:(Focke).

— der Fabrik- u. Handelsstadt Chemnitz f. d. J. 1902. Hrsg. vom Polizeiamte der Stadt Chemnitz. 45. Ausg. gr. 8. (XXIV, 764, 526 u. 218 S. m. farb. Stadtplan u. 2 Theaterplänen.) Chemnitz (Focke). Geb. in Leinw. n.n. 8. —

– Chemnitz. 48. Ausg. (30,862,594 u. 254 m. 4 Pl.) $8^{o}$ – Chemn., (Focke. – B Troitzsch Nf.).

Adreßbuch der Fabrik- u. Handelsstadt Chemnitz f. d. J. 1907. Hrsg. vom Polizeiamte der Stadt Chemnitz. 50. Ausg. (XXVIII, 872, 620 u. 244 S. m. farb. Stadtplan u. 3 Theaterplänen.) gr. 8. Chemnitz (Focke. — B. Troitzsch Nachf.). Geb. in Leinw. n.n. 10. —

– Chemnitz f. 1909. 52. Ausg. (29, 965, 668 u. 249 m. 5 Pl.) gr $8^{o}$ – Chemn.: (Focke.–B. Troitzsch Nf.).

— der Fabrik- u. Handelsstadt Chemnitz f. d. J. 1911. Hrsg. vom Polizeiamte der Stadt Chemnitz. 54. Ausg. (XXXII, 1006, 718 u. 248 S. m. farb. Stadtplan, 4 Theaterplänen u. Straßenverzeichnis. 1 Bl. 46,5×55,5 cm.) gr. 8. Chemnitz, (Focke). Geb. in Leinw. nn 10. —

– Chemnitzer, für 1840. Bearbeitet von M. B. 8. Chemnitz, Exped. des Gewerbeblattes. (Binder.) n. 7/12 ℔

— Chemnitzer, für 1843. Bearb. u. herausg. von Mor. Böhme. gr. 8. Chemnitz 843, Gödsche Sohn. n. 1/2 ℔

— Chemnitzer, f. 1847. Bearb. u. hrsg. v. Mor. Böhme. Mit e. Anh., die Fabrikanten aus der Umgegend von Chemnitz enthaltend. 8. (106 S.) Chemnitz, Gödsche. n. 18 ngl

Adressbuch von Chile, s. Jahr- und Adress-Buch der deutschen Colonien in Chile.

— der k. Stadt Chodau i./B. Bearb. auf Grund amtl. Unterlagen v. L. Krämling. 8. (39 S.) Leipzig (899). Kühnel. n. — 50

— von Chur u. Davos, nebst Ragionenbuch der Cantone Graubünden u. Glarus. 1889. gr. 8. (43 u. 86 S.) Basel. (Chur, Rich.) cart. n. 4. —

— der Stadt Chur m. Geschäfts-Adressbuch u. Annoncen. 4. (60 u. 38 S.) Chur 899. (J. Rich.) Kart. n. 2. 40

Adressbuch der Stadt Chur, mit Geschäfts-Adressbuch und Annoncen. (3. Ausgabe.) VI + 104 S. kl.-4. (Chur,) Jos. Casanova, 1903. [geb.] fr. 3. —

Adressbuch der Stadt Chur, mit Geschäfts-Adressbuch und Annoncen. 4. Ausgabe. 1906. (zus. 106 S.) 8. (Chur,) Jos. Casanova's Erben. [geb.] fr. 3. —

— der herzogl. Residenzstadt Coburg. 1870. Herсg. von Burkh. Breithuth u. Gust. Eckardt. Coburg, Sendelbach. 8. (VI, 112 S.) n. 15 ngr.

—— dass. — 1872. 8. (184 S.) Ebendas. 873. *

—— dass. — Nachträge für 1873. 8. (68 S.) Ebendas. *

— der herzogl. Residenzstadt Coburg 1875. Hrsg. v. Wilh. Schmidt. 8. (III, 195 S.) Coburg 875. Sendelbach in Comm. n. 2. —

—— dass. — 1878. gr. 8. (146 S.) (Ebendas.) *
1876, 1877 und 1879 nicht erschienen.

—— für die herzogl. Residenzstadt Coburg. 1881. gr. 8. (152 S.) Coburg, Sendelbach's Sortiment. **

Adreßbuch für die herzogl. Residenzstadt Coburg. Nach der Aufnahme vom Oktbr. 1882 und nach amtl. Quellen bearb. gr. 8. (155 S.) Coburg 883, Sendelbach's Sortiment. **
Jahrg. 1880 und 1882 nicht erschienen.

— für die herzogl. Residenzstadt Coburg. Nach der Aufnahme vom Oktober 1885 u. nach amtl. Quellen bearb. gr. 8. (160 S.) Coburg 886. Sendelbach. geb. n.n. 3. —

—— dass. — 1888. 5., nach der Aufnahme vom Oktbr. 1887 und nach amtl. Quellen bearb. Aufl. gr. 8. (170 S.) Ebendas. **
Für 1884, 1886 und 1887 nicht erschienen.

— für die herzogl. Residenzstadt Coburg 1890. 6. Aufl. gr. 8. (176 S.) Coburg, Sendelbach. n. 4. —

— f.d. herzogl. Residenzstadt Coburg 1895. Nach d. Aufnahme v. Oktbr. 1894 bearb. v. G. Sendelbach. 8. Afl. 8° (202). — Coburg: 1894, G. Sendelbach.

— f. d. herzogl. Residenzstadt Coburg 1897. N. d. Aufn. v. Oktbr. 1896 u. n. amtl. Quellen bearb. v. G. Sendelbach. 9. Aufl. gr. 8. (211 S.) Coburg, G. Sendelbach. Kart. n.n. 3. —

— für die herzogl. Residenzstadt Coburg 1899. Nach der Aufnahme vom Oktbr. 1898 u. nach amtl. Quellen bearb. v. G. Sendelbach. 10. Aufl. gr. 8. (202 S.) Coburg, Dietz. n.n. 2. 50; kart. n.n. 3. —

— für die Stadt Cochstedt m. den Ortschaften Schneidlingen, Ober-, Unter-Börneck, Hecklingen u. Winningen. 8. (87 S.) Aschersleben 882. Siever. cart. n. 1. 20

— Colditz i/Sa. (113) 8° — Leipzig: Kühnel (1902).

Adreßbuch der Stadt Colmar 1892. gr. 8. (129 S. m. 1 Plan.) Colmar 893. M. Wettig. n.n. 2. 50; geb. n.n. 3. —

— der Stadt Colmar i. Els. 1. Juli 1895. Bearb. n. amtl. Quellen i. Polizeibureau. gr. 8. (168 S. m. farb. Plan.) Colmar, M. Wettig. n.n. 3. —; geb. n.n. 3. 50

— der Stadt Colmar i. E. 1909/10. (468 S. m. 1 farb. Plan.) 8. Colmar, Straßburger Druckerei u. Verlagsanstalt Filiale Colmar. Kart. 5. —

— für Connewitz auf 1877. Nach amtl. Unterlagen zusammengestellt u. hrsg. v. L. Ferd. Berger. gr. 8. (IV, 62 S.) Leipzig 877. (Serbe.) n. 2. —

— für Connewitz auf das Jahr 1886. 3. Jahrgang. Nach amtl. Quellen bearb. gr. 8. (62 S.) Connewitz, Braune. geb. n.n. 1. 50

— v. Cosel, s.: Adreß- u. Auskunftsbuch.

—— der Stadt Cöthen. Hrsg. von A. Ascherberg. 8. (120 S.) Cöthen 877, (Schulze.) cart. *
1875, 1876, 1878 und 1879 nicht erschienen.

— der Stadt Cöthen. Hrsg. v. A. Ascherberg. 8. (IV, 196 S.) Cöthen 882. (Schulze.) cart. n. 4. —

— der Stadt Cöthen. Hrsg. von A. Ascherberg. 8. (IV, 216 S.) Cöthen 886. (Schulze.) cart. n.n. 3. 50

— der Stadt Cöthen 1888. Hrsg. v. A. Ascherberg. 8. (III, 214 S.) Cöthen 888. Schettler's Erben, Verl. cart. n.n. 3. 50

— der Stadt Cöthen. Hrsg. v. A. Ascherberg. 8. (III, 321 S.) Cöthen 896. (O. Schulze Verl.) Geb. n.n. 3. 60

— der Stadt Cöthen 1901. Hrsg. v. A. Ascherberg. 12. (VII, 860 S.) Cöthen, P. Schettler's Erben. Geb. in Leinw. n. 4. —
Früher u. d. T.: Wohnungs-Anzeiger.

— Cöthen m. Geuz u. Klepzig. (167, 131 u. 64) 12° — Cöthen: P. Schettler's Erben 1904.

— der Stadt Cöthen m. dem Einwohnerverzeichnis der Ortschaften Geuz u. Klepzig f. d. J. 1906/07. Begründet v. A. Ascherberg. Bearb. u. hrsg. unter Benutzg. offizieller Angaben v. Behörden u. Kollegien. (VII, 165, 135 u. 68 S.) kl. 8. Cöthen, P. Schettler's Erben. Geb. in Leinw. n. 4. —

— Cöthen, Stadt u. Kreis, m. Elsnigk, Löbnitz a. d. L., Maxdorf, Micheln u. Klietzen f. 1908/09. (188, 161, 239 u. 78) kl 8° — Cöthen: P. Schettler's Erben.

— für Stadt u. Kreis Cöthen m. dem Einwohner-Verzeichnis d. Ortschaften Elsnigk, Fraßdorf, Friedrichsdorf, Klietzen, Körnitz, Lausigk, Libbesdorf, Löbnitz a. d. L., Maxdorf, Meilendorf, Micheln, Naundorf, Pösigk, Reppichau, Reupzig, Röpau, Rosefeld, Scheuder u. Storkau f. d. J. 1910/11. Bearb. u. hrsg. unter Benutzg. offizieller Angaben u. m. Unterstützg. v. Behörden u. Kollegien v. Fr. Paul Hoernig. (VIII, 743 S.) kl. 8. Cöthen 910. P. Schettler's Erben. Geb. in Leinw. 5. —

—— von Cottbus mit Berücksichtigung der Vorstädte Sandow und Brunschwig-Rittergut für die J. 1876/77. Nach einer speciellen Aufnahme bearb. von Carl Schneider. 8. (288 S.) Cottbus 877, Differt's Buchh. *
1875 und 1878 nicht erschienen.

Adreßbuch von Cottbus mit Berücksichtigung der Vorstädte Sandow und Brunschwig-Rittergut für das J. 1879. Nach einer speciellen Aufnahme bearb. von Carl Schneider. 8. (282 S.) Cottbus, Differt's Buchh. *

— von Cottbus m. Berücksichtigung der Vorstädte Sandow u. Brunschwig-Rittergut f. d. J. 1881. Nach amtlichem Material bearb. v. Carl Schneider. gr. 8. (208 S. m. 1 Tab.) Cottbus, Differt. cart. n. 3. 50

—— der Kreisstadt Cottbus und der Vororte Sandow und Brunschwig für 1883/84. Nach eigenem Material bearb. von Carl Schneider. gr. 8. (130 S.) Ebendas. 883. cart. **

— der Kreisstadt Cottbus u. der Vororte Sandow u. Brunschwieg f. 1885/86. Nach amtl. Material bearb. gr. 8. (130 S.) Cottbus 885. Differt. cart. n.n. 3. —

—— der Kreisstadt Cottbus und der Vororte Sandow und Brunschwig für 1887/88. Nach amtl. Material bearb. gr. 8. (IV, 168 S.) Cottbus, Differt. cart. *

— der Kreisstadt Cottbus und der Vororte Sandow u. Brunschwig f. 1889. gr. 8. (166 S.) Cottbus 889. Differt. cart. 3. —

— von Cottbus u. den Vororten Sandow u. Brunschwig f. 1891. Nach amtl. Material bearb. gr. 8. (162, 25 u. 168 S.) Cottbus, Differt. n. 5. —; geb. n. 5. 75

— v. Cottbus u.d. Vororten Sandow u. Brunschwig f. 1895. 8° (384). — Cottbus: H. Differt.

— von Cottbus u. d. Vororten Sandow u. Brunschwig f. 1897. N. amtl. Material bearb. gr. 8. (134 u. 261 S.) Cottbus, H. Differt. Kart. n. 6. —

— von Cottbus u. den Vororten Sandow u. Brunschwig f. 1899. Nach amtl. Material bearb. gr. 8. (133 u. 280 S.) Cottbus, H. Differt. Kart. n.n. 5. —

— von Cottbus u. den Vororten Sandow u. Brunschwig f. 1903. Nach amtl. Material bearb. (366 S.) gr. 8. Cottbus, H. Differt. Geb. n.n. 4. 50

— v. Cottbus u. des Dorfes Ströbitz f. 1907. Nach amtl. Listen bearb. (384 u. 12 S.) 8. Cottbus, H. Differt. Geb. nn 5. —

—— Cottbuser, für die J. 1874/75. 8. (190 S.) Cottbus, Differt. *

— Cradefeld, s. Adressbuch Leipzig-Land.

—— von Crimmitschau, s. Adreß- und Geschäfts-Handbuch.

—— der Fabrikstadt Crimmitschau nebst Geschäftsanzeiger auf das J. 1884. Aufgestellt auf Grund amtl. Unterlagen von Rob. Rosenfeld und Carl Simonis. gr. 8. (179 S.) Crimmitschau, (Große.) *
Jahrg. 1881—83 nicht erschienen.

— für die Stadt Crimmitschau. 1880. Unterstützt durch officielle Angaben der Behörden. gr. 8. (83 S.) Crimmitschau, Burkhardt in Comm. n. 2. —

— f. d. Stadt Crimmitschau u. die Gemeinden Wahlen u. Leitelshain, nebst Geschäfts-Anzeiger, im J. 1889. Hrsg. v. R. Raab. gr. 8. (214 S.) Crimmitschau, (Burkhardt. — Simonis). cart. n.n. 3. —

— für die Stadt Crimmitschau m. Stadttheil Wahlen u. Gemeinde Leitelshain, nebst Geschäftsanzeiger, im J. 1891. Auf Grund amtl. Unterlagen hrsg. v. Rob. Raab. Lex.-8. (246 S.) Crimmitschau, (Burkhardt). Kart. n.n. 3. —

— Cunnersdorf, s. Adressbuch Leipzig-Land.

— Cuxhavener, 1906. Adressbuch f. das hamburg. Amt Ritzebüttel: Die Stadt Cuxhaven u die Landgemeinden Arensch u. Berensch, Duhnen, Groden, Gudendorf, Holte u. Spangen, Neuwerk (Insel), Oxstedt, Sahlenburg, Stickenbüttel (Brockeswalde), Süder- u. Westerwisch. Nach amtl. Material bearb. (66 S.) Lex.-8. Cuxhaven (A. Rauschenplat). Geb. n.n. 1. 80

**Adreßbuch** von Czernowitz, s.a. Kalender, Termin- u. Vormerkbuch.

Adreßbuch von Czernowitz mit Kalender 1909. Gr.-8°. (XXVIII, 367 S.) Pardini: Czernowitz 1909. K 8.—

Adreßbuch von Czernowitz 1910. Gr.-8°. * K 3.— Pardini: Czernowitz 1910.

Adressbuch von Czernowitz samt Vorstädten. Kalender 1908. Gr.-8°. Pardini: Czernowitz 1907. K 2.—

Adressbuch von Czernowitz samt Vorstädten, sowie Radautz und Suczawa. Als „Wohnungsanzeiger" von Anton Norst begründet. Czernowitz: Pardini 1910; weitere Folgen 1911, 1912.

— v. Czernowitz samt Vorstädten, zusammengestellt nach Daten der k. k. Polizeidirektion, sowie der Städte Radautz u. Suczawa. Schematismus sämtl. Behörden u. Privatanstalten der Bukowina, Ortschaftsverzeichnis der Bukowina, Verzeichnis der protokolliert. Firmen etc. Als „Wohnungs-Anzeiger" v. Ant. Norst 1895 begründet. Kalender 1911 m. Termin- u. Vormerkbuch. (XXIV, 378 S. m. 1 eingedr. Theaterplan.) Lex.-8. Czernowitz (911.) H. Pardini. Geb. in Halbleinw. nn 3. —

— für Dahlem. Jahrg. 1910. (86 S.) 8. Groß-Lichterfelde-West (Steglitzer Str. 35), P. J. R. Schmidt. Geb. 1. 50

— der Dampf-Anlagenbesitzer Deutschlands. Zusammengestellt v. der Red. der Zeitschrift „Dampf". gr. 8. (VIII, 253 S.) Berlin 884. Tessmer. n. 20. —

— der Dampfkesselbesitzer Deutschlands. N. amtl. Unterl. bearb. v. M. Schubert. I. Bd.: Prov. Brandenburg. 1897. Lex.-8. (IV, 147 S.) Leipzig, Eisenschmidt & Schulze. Subskr.-Pr. n. 5. —; Einzelpreis n. 7. 50

— der Dampfwäschereien Deutschlands. Verzeichnis der privaten, sowie der Dampfwäschereien als Nebenbetriebe von Hôtels, Krankenhäusern, Irrenanstalten, Kliniken, Kasernen u. anderer Fabrikunternehmen Deutschlands. Ausg. 1906. Red. v. Carl Romen jr. (VI, 160 S.) gr. 8. Berlin, O. Dreyer. Kart. 6. —

— f. Danzig, s.a. Bach, F.W.

von Danzig, s.a. Wohnungsliste der Offiziere und Beamten.

— des Landkreises Danzig. 8. (85 S.) Danzig 888. (Saunier.) n. 1. —

— Danzig, Offiziere u. Militär-Beamte (einschl. Langfuhr u. Neufahrwasser). Herbst u. Winter 1905/06. (42) 8° — Danz.: AW Kafemann.

—— für die Provinzial-Hauptstadt Danzig und deren Vorstädte für 1880. Nebst einem Anhang: Danziger Industrie-Anzeiger. gr. 8. (VIII, 394 S. mit 1 lithogr. Plan des Danziger Stadt-Theaters.) Danzig, Art. geb. **
1875—79 nicht erschienen.
Vgl.: Wohnungs-Anzeiger.

—— für die Provinzial-Hauptstadt Danzig und deren Vorstädte für 1884. Nebst einem Anhang: Danziger Industrie-Anzeiger und 1 (eingedr.) Plane des Danziger Stadt-Theaters. gr. 8. (VIII, 201; 114, 102 S.) Danzig, Art. geb. **

— für die Provinzial-Hauptstadt Danzig u. deren Vorstädte f. 1886. Nebst e. Anh.: Danziger Industrie-Anzeiger, u. e. Plan der Stadt Danzig. gr. 8. (VI, 201; 118 u. 113 S.) Danzig 886. Art. geb. n.n. 7. 50

—— dass. — für 1888. Nebst einem Anhang: Danziger Industrie-Anzeiger. gr. 8. (201, 120, 84, 34 S. mit 1 Plan des Stadttheaters von Danzig.) Ebendas. geb. **

— für die Provinzial-Hauptstadt Danzig u. deren Vorstädte f. 1890. Nebst e. Anh.: Danziger Industrie-Anzeiger u. e. Plan des Stadttheaters v. Danzig. gr. 8. (VIII, 220; 130, 94 u. 35 S.) Danzig, Art. geb. n.n. 7. 50

—— d. Königl. Westpreuß. See- u. Handlungsstadt Danzig u. deren combinirte Vorstädte. Jahrg. 1830. 8. . . . Danzig, Anhuth.

— Danzig u. Vororte. 1898. 2. Jahrg. 8° (18, 384, 207, 136, 49, 42 u. 43 m. 1 Pl.) Danzig: AW Kafemann.

Adressbuch

—— von Darmstadt und Bessungen für 1880 und 1881. Bearb. und hrsg. im Bureau des großherzogl. Polizeiamts. gr. 8. (418 S. mit 1 lithogr. Plan von Darmstadt und Bessungen.) Darmstadt, (Jernin.) cart. à Jahrg. **

— von Darmstadt u. Bessungen f. 1882. Bearb. v. P. Hoffmann. Mit e. (lith.) Plane v. Darmstadt u. Bessungen. gr. 8. (III, 455 S.) Darmst., (Jernin). cart. n. 5. 35

—— dass. — für 1883. Nebst einem Anhang der Firmenregister und der Register der Gewerbetreibenden und Geschäftsleute von Arheilgen, Eberstadt, Griesheim, Nieder-Ramstadt, Ober-Ramstadt und Pfungstadt. Bearb. von P. Hoffmann. Mit 1 (lithogr. und color.) Plane von Darmstadt und Bessungen, sowie 1 (lithogr.) Plane des Zuschauerraumes des großherzogl. Hoftheaters. gr. 8. (III, 484 S.) Darmstadt, (C. Hoffmann.) cart. **

Jahrg. 1884 nicht erschienen.

—— dass. — für 1885. Mit 1 Plane von Darmstadt und Bessungen, sowie 1 Plane des Zuschauerraumes des großherzogl. Hoftheaters. gr. 8. (IV, 515 S. mit 1 Lichtdr.-Porträt.) Darmstadt, (Zernin.) cart. *

—— von Darmstadt und Bessungen für 1886 und 1887. Nebst einem Anhang der Firmenregister und der Register der Gewerbetreibenden und Geschäftsleute von Arheiligen, Eberstadt, Griesheim, Nieder-Ramstadt, Ober-Ramstadt und Pfungstadt. Bearb. von P. Hoffmann. gr. 8. (IV, 528; IV, 525 S. mit je 1 Plan von Darmstadt und Bessungen, sowie 1 Plan des Zuschauerraums des großherzogl. Hoftheaters und 1 Lichtdr.-Portr.) Darmstadt, (Zernin.) cart. à Jahrg. *

—— von Darmstadt (einschließlich der mit Darmstadt seit dem 1. April 1888 vereinigten Gemeinde Bessungen) 1889. Bearb. von H. Hoffmann. 8. (530 S. nebst Plan.) Ebendas. **

— von Darmstadt [einschließlich der mit Darmstadt seit dem 1. Apr. 1888 vereinigten Gemeinde Bessungen] für 1890. Nebst e. Anh. der Firmenregister u. der Register der Gewerbtreibenden u. Geschäftsleute von Arheilgen, Eberstadt, Griesheim, Nieder-Ramstadt, Ober-Ramstadt u. Pfungstadt. Bearb. v. P. Hoffmann. M. e. Plane der Stadt, sowie 1 Plane d. Zuschauerraums d. großherzogl. Hoftheaters. gr. 8. (540 S. m. e. Portr.) Darmstadt, Otto'sche Hofbuchdr. cart. n. 5. —

– Darmstadt einschl. Bessungen f. 1909, nebst Geschäfts-u. Handelsregister v. Darmstadt, Arheilgen, Eberstadt, Griesheim, Hahn, Nieder-Ramstadt, Ober-Ramstadt, Pfungstadt u. Rossdorf. (9, 736, 63 m. 2 Pl.) 8° – Darmstadt: A. Bergsträsser.

—— der Haupt- und Residenzstadt Darmstadt nebst Bessungen für 1876 und 1878. Mit 1 lithogr. und color. Plan von Darmstadt und 1 lithogr. Plan der innern Einrichtung des großherzogl. Hoftheaters. gr. 8. (246; IV, 375 S.) Darmstadt, (Köhler's Verlag.) cart. à Jahrg. **

1875, 1877 und 1879 nicht erschienen.

— der Haupt- u. Residenzstadt Darmstadt, einschließlich der m. Darmstadt seit dem 1. Apr. 1888 vereinigten Gemeinde Bessungen f. 1894, nebst Geschäfts- u. Handelsregister v. Darmstadt, Alsbach, Arheilgen, Auerbach, Eberstadt, Griesheim, Jugenheim, Nieder-Ramstadt, Ober-Ramstadt, Pfungstadt, Seeheim u. Zwingenberg. Bearb. u. hrsg. v. dem Hauptmeldebureau des großherzogl. Polizeiamts. gr. 8. (IV, V, 508 S. m. Stadt- u. Theaterplan.) Darmstadt, A. Bergsträßer. Geb. in Leinw. n.n. 5. —

— der Haupt- u. Residenzstadt Darmstadt, einschließl. der m. Darmstadt s. d. 1. IV. 1888 verein. vormal. Gemeinde Bessungen f. 1898, nebst Geschäfts- u. Handelsregister v. Darmstadt, Alsbach, Arheilgen, Auerbach, Eberstadt, Griesheim, Hahn, Jugenheim, Nieder-Beerbach, Nieder-Ramstadt, Ober-Ramstadt, Pfungstadt, Roßdorf, Seeheim, Traisa u. Zwingenberg. Bearb. u. hrsg. v. d. Bureau d. großherzogl. Polizeiamts. gr. 8. (IV, IV, III, 537 u. 53 S. m. Stadt- u. Theaterplan.) Darmstadt, A. Bergsträßer. Geb. in Leinw. n.n. 5. —

— der Haupt- u. Residenzstadt Darmstadt, einschließlich der m. Darmstadt seit dem 1. IV. 1888 vereinigten vormal. Gemeinde Bessungen f. 1902, nebst Geschäfts- u. Handelsregister v. Darmstadt, Alsbach, Arheilgen, Auerbach, Eberstadt, Griesheim, Hahn, Jugenheim, Nieder-Beerbach, Nieder-Ramstadt, Ober-Ramstadt, Pfungstadt, Roßdorf, Seeheim u. Zwingenberg. Bearb. u. hrsg. v. dem Bureau des großherzogl. Polizeiamts. gr. 8. (XVI, 591 u. 64 S. m. Stadt- u. Theaterplan.) Darmstadt, A. Bergsträßer. Geb. in Leinw. n.n. 5. —

— der Haupt- u. Residenzstadt Darmstadt, einschließlich der m. Darmstadt seit dem 1. IV. 1888 vereinigten vormal. Gemeinde Bessungen f. 1904, nebst Geschäfts- u. Handelsregister v. Darmstadt, Alsbach, Arheilgen, Auerbach, Eberstadt, Griesheim, Hahn, Jugenheim, Nieder-Beerbach, Nieder-Ramstadt, Ober-Ramstadt, Pfungstadt, Roßdorf, Seeheim u. Zwingenberg. Bearb. u. hrsg. v. dem Bureau des großherzogl. Polizeiamts. (XII, 575, 47 u. 11 S. m. Stadt- u. Theaterplan.) gr. 8. Darmstadt, A. Bergsträßer. Geb. in Leinw. n.n. 5. —

— der Haupt- u. Residenzstadt Darmstadt einschließlich der m. Darmstadt seit dem 1. IV. 1888 vereinigten vormaligen Gemeinde Bessungen f. 1911, nebst Geschäfts- u. Handelsregister v. Darmstadt, Arheilgen, Eberstadt, Griesheim, Hahn, Nieder-Ramstadt, Ober-Ramstadt, Pfungstadt u. Roßdorf. Bearb. u. hrsg. v. dem Bureau des großherzogl. Polizeiamts. (IX, 749 u. 54 S. m. 2 [1 eingedr. u. 1 farb.] Plänen.) gr. 8. Darmstadt, A. Bergsträßer. Geb. in Leinw. nn 6. —

Adressbuch der Landschaft Davos. 1. Ausgabe. [Illustriert.] 60 + *Inserate* 48 [+ 6] S. 8. Davos-Platz, C. Neweczerzal, (1909). [geb. fr. 2. 50]

– Deidesheim, s. Adressbuch Neustadt a. d. Haardt.

— der Delikatessen-Branche u. der damit verwandten Geschäftszweige v. Deutschland. Jahrg. 1907. (IV, 190 S.) gr. 8. Leipzig, Schulze & Co. Kart. 12. —

— der Stadt Delitzsch. Mit Benutzung amtl. Unterlagen zusammengestellt v. G. Fricke. (IV, 126 S. m. 1 Plan.) gr. 8. Delitzsch (904). (R. Pabst.) n.n. 2 50

Adreß-Buch der Stadt Delitzsch. Mit Benutzung amtl. Unterlagen zsgest. von G(ust.) Fricke, Stadtsekr. [1.] *Delitzsch: Selbstverl. [1904].* 8° [F.] [04 335,?]

— der Stadt Delmenhorst nebst Amtsbezirk, der Gemeinden Altenesch, Ganderkesee, Hasbergen, Hude, Schönemoor u. Stuhr. (1902/03.) Nach amtl. Quellen hrsg. gr. 8. (III, 215 S.) Delmenhorst, L. Horstmann & Sohn. Geb. n. 2. 80

— für die Stadt Delmenhorst 1906/07. 2. Ausg. Nach amtl. Quellen bearb. (VIII, 114 S. m. farb. Plan.) 8. Delmenhorst, L. Horstmann & Sohn. Geb. n.n. 5. —

— Delmenhorster. 2. Tl. d. Delmenhorster Kalenders 1890. 8. (115 S.) Delmenhorst, Friedrich. n.n. 1. 20

— der Stadt Demmin. Nach amtl. Quellen bearb. gr. 8. (94 S.) Demmin 902. W. Gesellius. (Nur direkt.) n. 2. —

— der Stadt Demmin. Nach amtl. Quellen bearb. (120 S.) gr. 8. Demmin 906. W. Gesellius. Kart. n. 2. —

— der Stadt Demmin. Unter Mitbenutzg. amtl. Quellen bearb. (140 S.) gr. 8. Demmin 910. W. Gesellius. Kart. 3. —

— der Haupt- u. Residenz-Stadt Dessau. Unter Mitbenutzung amtlicher Register hrsg. v. Frz. Frenzel. 8. (224 S.) Dessau 878. (Heine. — Reißner.) cart. n. 3. 50

— der Haupt- u. Residenz-Stadt Dessau. Unter Mitbenutzung amtl. Register hrsg. v. Frz. Frenzel. 8. (IV, 271 S.) Dessau 883. (Reißner.) geb. n.n. 4. —

—— der Haupt- und Residenzstadt Dessau. Unter Mitbenutzung amtl. Register hrsg. von Frz. Frenzel. 8. (298 S.) Dessau 885. (Baumann. — Reißner.) cart. **

—— dass. — 8. (IV, 311 mit 1 Plan der Stadt Dessau.) Ebendas. 887. cart. **

—— der Haupt- u. Residenz-Stadt Dessau. 1889/90, 1891, 1892. 8. (IV, 371; IV, 393; IV, 427 S.) Dessau, (Baumann. — Reißner). cart. à Jahrg. ** 5 —

— der Haupt- u. Residenz-Stadt Dessau. 1895. Unter Mitbenutzg. amtl. Register red. v. Frz. Frenzel. 8. (IV, 463 S.) Dessau, (P. Baumann). Geb. in Leinw. n.n. 5. —

— d. Haupt- u. Residenz- Stadt Dessau. 1896. Hrsg. v. F. Frenzel. 8° (484). — Dessau:(P.Baumann).

— d. Haupt- u. Residenz-Stadt Dessau 1899. Unt. Mitbenutzg. amtl. Register hrsg. v. Frz. Frenzel. 8. (V, 274 u. 266 S.) Dessau (P. Baumann.) Geb. in Leinw. n.n. 5. —

— Dessau 1901. 8° (294 u. 286) — Dessau: (P. Baumann.— Birkner & Teetzmann).

— der Haupt- u. Residenzstadt Dessau. 1903. Unter Mitbenutzg. amtl. Register hrsg. v. Frz. Frenzel. 8. (V, 315 u. 306 S.) Dessau (P. Baumann's Verl.). Geb. in Leinw. n.n. 5. —

— der Haupt- u. Residenzstadt Dessau. Unter Mitbenutzung amtl. Quellen hrsg. v. Frz. Frenzel. (XIV, 371, 245 u. 104 S. m. Stadtplan.) 8. Dessau 906. (P. Baumann's Nachf.) Geb. in Leinw. n.n. 6. —

— des Landkreises Dessau, einschließlich der Städte Jeßnitz, Oranienbaum, Raguhn u. Wörlitz. Nach amtl. Quellen zusammengestellt u. hrsg. v. C. Neundorf. gr. 8. (VIII, 131 S.) Dessau 892. R. Kahle. Kart. n. 2. —

— für die Residenzstadt Dessau. Unter Mitbenutzg. amtl. Register hrsg. v. Frz. Frenzel. gr. 8. (IV, 177 S.) Dessau 875. (Reißner.) n. 3. —

— d. Destillationen u. Liqueurfabrikanten Deutschlands. 3., verm. u. verb. Aufl. gr. 8. (IV, 112 S.) Berlin 1897. (Berlin-Friedrichshagen, Commerzielles Adreß-Comptoir. C. Teistler & Co.) n. 6. —

— deutscher Detailhändler in Delikatessen, Konserven, Fischwaren u. andern dergleichen Nahrungsmitteln. gr. 8. (110 S.) Leipzig 886. Spamer. n. 10. —

— der Residenzstadt Detmold. 8. (III, 58 S.) Detmold 884. Hinrichs. cart. n. 2. —

— der Residenzstadt Detmold. 2. Aufl. 8. (V, 67 S.) Detmold 887. Hinrichs. n. 2. —

—— der Residenzstadt Detmold. 3. Aufl. gr. 8. (V, 121 S. m. 1 Plan.) Detmold 891, Hinrichs. ** 2 50

— der Residenzstadt Detmold. 4. Aufl. gr. 8. (VII, 130 S. m. Plan.) Detmold 894. Hinrichs. n.n. 2. 50

— der Residenzstadt Detmold. 5. Aufl. 8. (IV, 140 S. m. 1 farb. Plan.) Detmold 897. Hinrichs. n.n. 2. 50

— der Residenzstadt Detmold. 6. Aufl. (117 S.) gr. 8. Detmold 904. H. Hinrichs. Kart. n.n. 3. —

— deutsch-südwestafrikanisches. 1910. Mit e. halbjährlich erschein. kostenlosen Nachtrag. Hrsg. vom Adressen-Bureau A. Schulze, Swakopmund. (275 u. 29 S.) 8. Swakopmund, Verlag der Deutsch-südwestafrikan. Zeitg. 10. —

— Dewitz, s. Adressbuch Leipzig-Land.

— für den Kreis Dillenburg. Nach amtl. u. Privat-Quellen hrsg. gr. 8. (54 S.) Siegen 885. Lorsbach. 2. —

— für den Dill-Kreis. Nach amtl. u. Privat-Quellen hrsg. 2. Aufl. gr. 8. (49 u. 30 S.) Wetzlar (892). Altena, Geschw. Lorsbach. Kart. n. 2. 50

— Dill-Kreis. 2. Aufl. (49 u. 30) 8° — Wetzl. (1898). Altena, Geschw. Lorsbach.

— d. Directoren u. Aufsichtsraths-Mitglieder. Jahrg. 1898/99. Hrsg. v. H. Arends & Curt Mossner. 12. (IV, 295 S.) Berlin, Correspondenz Gelb. Geb in Leinw. n. 5. —

Adressbuch der Direktoren und Aufsichtsraths-Mitglieder der Actien-Gesellschaften. Herausgegeben von H. Arends und C. Mossner. Berlin. Jahrgang 1901 ff.

— der Directoren u. Aufsichtsraths-Mitglieder der Actien-Gesellschaften. Jahrg. 1902. Hrsg. v. Hans Arends & Curt Mossner. gr. 8. (460 S.) Berlin, Finanzverlag. Geb. in Leinw. n. 10. —

— der Directoren u. Aufsichtsraths-Mitglieder der Actien-Gesellschaften. Jahrg. 1903. Hrsg. v. Hans Arends & Curt Mossner. (624 S.) gr. 8. Berlin 903. Finanzverlag. Geb. in Leinw. n. 10. —

— Directoren u. Aufsichtsrats-Mitglieder d. Aktien-Gesellsch. J. 1909. Hrsg. v. Hans Arends & Curt Mossner. (1236 u. 40) 8° — Berl.: Finanzverl. 1909.

— der Directoren u. Aufsichtsrats-Mitglieder der Aktien-Gesellschaften. Jahrg. 1910. Hrsg. v. Hans Arends & Curt Mossner. (1268 u. 40 S.) 8. Berlin 910. Finanzverlag. Geb. in Leinw. nn 12. —

— der Stadt Dittersbach in Schlesien. Bearb. auf Grund amtl. Unterlagen v. Adf. Förster. 8. (50 S.) Leipzig (899). Kühnel. n. 1. —

Adreßbuch f. d. Stadt Döbeln auf d. J. 1888 u. 1889 Verzeichniß der selbstständ. Einwohner der Stadt Döbeln, sowie der kaiserl., königl. u. städt. Behörden u. der Gutsvorsteher u. Gemeindevorstände der Amtshauptmannsch. Döbeln. Mit e. Anh., enth. die Adressen der Ritterguts-, Guts- u. Gasthofsbesitzer, der Handels- u. Gewerbetreibenden etc. in den im Amtsbezirke Döbeln belegenen Ortschaften. gr. 8. (136 S.) Döbeln, Schmidt. cart. n.n. 2. 50 geb. n.n. 3. 25

—— für die Stadt Döbeln auf d. J. 1891 u. 1892. gr. 8. (IV, 147 S.) Döbeln, Schmidt. cart. ** 3 —; geb. ** 3 75

— für die Stadt Döbeln auf die J. 1893 u. 1894. Verzeichniß der selbstständ. Einwohner der Stadt Döbeln, sowie der kaiserl., königl. u. städt. Behörden u. der Gutsvorsteher u. Gemeindevorstände der Amtshauptmannsch. Döbeln. Nebst e. Anh., enth. die Adressen der Ritterguts-, Guts- und Gasthofsbesitzer, der Handels- u. Gewerbetreibenden etc. etc. in den im Amtsbez. Döbeln belegenen Ortschaften. Nach den neuesten Aufnahmen bearb. gr. 8. (VI, 171 S.) Döbeln, C. Schmidt. Kart. n.n. 3. —; geb. in Leinw. n.n. 3. 75

— f. die Stadt Döbeln a. d. J. 1898 u. 99. Verzeichn. d. selbständ. Einwohner d. Stadt Döbeln, sow. d kaiserl., königl. u. städt. Behörden u. d. Gutsvorsteher u. Gemeindevorstände d. Amtshauptmannsch. Döbeln. Mit e. Anh., enth. d. Adressen d. Ritterguts-, Guts- u. Gasthofsbesitzer, d. Handels- u. Gewerbetreibenden etc. etc. in d. im Amtsbez. Döbeln beleg. Ortschaften. Nach amtl. Unterl. bearb. gr. 8. (III, 196 S.) Döbeln, C. Schmidt's Buchh. Kart. n. 4. —

— für die Stadt Döbeln auf die J. 1900 u. 1901. Verzeichniß der selbständ. Einwohner der Stadt Döbeln, sowie der kaiserl., königl. u. städt. Behörden u. der Gutsvorsteher u. Gemeindevorstände der Amtshauptmannsch. Döbeln. M. e. Anh., enth. die Adressen der Ritterguts-, Guts- u. Gasthofsbesitzer, der Handels- u. Gewerbetreibenden etc. etc. in den im Amtsbez. Döbeln belegenen Ortschaften. Nach amtl. Unterlagen bearb. gr. 8. (III, 211 S.) Döbeln, C. Schmidt's Buchh. Kart. n.n. 6. —

— für Stadt u. Landkreis Döbeln auf die J. 1884 u. 1885. Mit e. Anh. enth. die Adressen der Ritterguts-, Guts- u. Gasthofsbesitzer resp. Pachter etc. aus mehr als 100 in Döbelns nächster Umgebg. belegenen Ortschaften. gr. 8. (XVI, 116 u. XX S.) Döbeln 884. Schmidt. geb. n.n. 3. —

— Döbitz, s. Adressbuch Leipzig-Land.

—— Döhlen, s. Adreß- u. Geschäfts-Handbuch.

— Dorpater. Mit 1 (lith.) Plan (in 4.) u. 4 Bildern (in Holzschn.) Dorpat 869. Gläser. 8. (VI, 66 S.) 15 ngr.

— von Dortmund, *s.* Wohnungs- und Geschäfts-Anzeiger.

Adreßbuch f. d. Landkreis Dortmund. Hrsg. v. Carl Weddige. gr. 8. (290 S. m 1 farb. Karte.) Dortmund 895. (Köppen.) Kart. n.n. 4. 50

— für den Landkreis Dortmund. Nach amtl. Quellen bearb. u. hrsg. v. Frdr. Welberg. Mit 1 Karte des Landkreises Dortmund. gr. 8. (420 u. 28 S.) Dortmund 900. (Köppen.) Geb. n.n. 6. —

— für den Landkreis Dortmund. Nach amtl. Quellen bearb. (548 u. 29 S. m. 1 Karte.) gr. 8. Dortmund 903. F. W. Ruhfus. Kart. n. 6 —

– Dortmunder. (157,619,271 u. 133 m. 1 Pl.) 8° – Dortm.: (C.Garms. – Koeppen).

— Dortmunder, f. d. J. 1895. Nach amtl. Quellen hrsg. v. Otto Faehre. gr. 8. (IV, 105; 453, 169, 75 u. 2 S. m. farb. Plan.) Dortmund, (Ch. Garms. — Köppen). Geb. in Halbleinw. n.n. 6. —

— Dortmunder, f. d. J. 1899. N. amtl. Quellen hrsg. v. Otto Faehre. gr. 8. (146, 452, 216, 81 u. 2 S. m. farb. Plan.) Dortmund (Ch. Garms. — Köppen). Geb. in Leinw. n n. 6. —

– Dortmunder, f. 1901. 8° (146, 495, 232, 88 u. 2 m. 1 Pl.) Dortmund: (C. Garms.– Köppen.)

— Dortmunder, f. d. J. 1903. Nach amtl. Quellen hrsg. v. Otto Faehre. gr. 8. (132, 531, 227 u. 103 S. m. farb. Plan.) Dortmund (Ch. Garms. — Koeppen.) Geb. n.n. 7. 50

— Dortmunder, f. d. Jahr 1907. Nach amtl. Quellen hrsg. v. Otto Faehre. (169, 670, 290 u. 145 S. m. farb. Plan.) 8. Dortmund (Ch Garms. — Koeppen). Geb. in Leinw. n.n. 7. —

Adreßbuch, Dortmunder. Nach amtlichen Quellen hrsg. Ausg. 1908. Dortmund, 1908.

– Dortmunder 1909. (187, 739, 317, 174 u. 3 m. 1 Pl.) 8° – Dortm.: (Koeppen).

— Dortmunder, f. d. J. 1911. Nach amtl. Quellen bearb. (204, 783, 347, 205 u. 3 S. m. 1 farb. Plan.) 8. Dortmund (W. Crüwell). Geb. in Leinw. nn 7. 50

— von Dresden, *s.* Adreß- und Geschäfts-Handbuch.

— dass. — *s.* Merkel, H. G.

— Dresden, *s.* Wohnungs- u. Geschäfts-Handbuch.

— d. königl. Residenz- u. Hauptstadt Dresden 1898. Mit Unterstützg. d. kgl. Polizei-Direktion, sow. d. kgl u. städt. Behörden bearb. Beilagen: Neuester Plan d. Stadt Dresden u. Umgebg., Uebersichtspläne d. Plätze d. kgl. Hoftheater, d. Residenztheaters u. d. Concertsaales „Vereinshaus“. gr. Lex.-8. (XXXII, 663, 540, 168, 160 u. 59 S.) Dresden, G. A. Kaufmann. Geb. in Halbleinw. n. 14. —

— für Dresden u. seine Vororte. Beilagen: Neuester Plan d. Stadt Dresden m. Umg., Uebersichtspläne der Plätze d. kgl. Hoftheater, d. Residenztheaters u. d. Concertsaales „Vereinshaus“. gr. Lex.-8. (XXXII, 663, 540, 168, 160, 59 u. 421 S.) Ebd. 898. Geb. in Leinw. n. 16. —; Adreßbuch d. Vororte allein, m. Uebersichtsplänen der Plätze d. kgl. Hoftheater, d. Residenztheaters, sow. d. Concertsaales „Vereinshaus“ zu Dresden. (421 S.) Geb. in Leinw. n. 6. 75

– Dresden u. Vororte 1900. 8° (79, 736, 567, 143, 191, 67 u. 516 m. 5 Pl.) – Dresden: (GA Kaufmann's Bh.)

— für Dresden u. seine Vororte 1902. Mit Unterstützg. der königl. Polizei-Direktion, der königl. u. städt. Behörden zu Dresden, sowie der Gemeindeämter bearb. Beilagen: Neuester Plan der Stadt Dresden m. Umgebg., Uebersichtspläne der Plätze des königl. Opernhauses, sowie des königl. Schauspielhauses, des Residenztheaters, des Central-Theaters u. des Concert-Saales „Vereinshaus“. 6. Jahrg. gr. Lex.-8. (88, III, 803, 620, 159, 208, 71 u. 596 S.) Dresden (G. A. Kaufmann's Buchh.). Geb. in Leinw. n.n. 16. —

– Dresden u. Vororte. 9. Jahrg. (100,1016,184, 792,244,80 u. 476 m. 6 Pl.) 4° – Dresden: (GA Kaufmann's Bh.)

— für Dresden u. seine Vororte (Blasewitz, Briesnitz, Bühlau usw.) 1906. Bearb. u. hrsg. v. der unter Verwaltg. d. Rates zu Dresden stehenden Buchdruckerei der Dr. Güntzschen Stiftg. Beilagen: Übersichtspläne d. Plätze des kgl. Opernhauses, des kgl. Schauspielhauses, d. Residenz-Theaters, des Central-Theaters u. des Konzertsaales „Vereinshaus“. Neuester Plan der Stadt Dresden mit Umgebung. 10. Jahrg. (96, 1020, 180, 739, 240, 79 u. 484 S.) 4. Dresden (G. A. Kaufmann's Buchh.). Geb. in Leinw. n.n. 16. —

— f. Dresden u. seine Vororte (Blasewitz, Borsberg, Boxdorf usw.) 1911. Bearb. u. hrsg. v. der unter Verwaltg. des Rates zu Dresden steh. Buchdruckerei der Dr. Güntzschen Stiftg. Beilagen: Übersichtspläne der Plätze des königl. Opernhauses, des königl. Schauspielhauses, des Residenztheaters, des Centraltheaters u. des Konzertsaales im Vereinshaus. Neuester (farb.) Plan der Stadt Dresden m. Umgebg. (XXIV, 72, 1088, 188, 795, 230, 83 u. 552 S.) Lex.-8. Dresden, G. A. Kaufmann's Buchh. Geb. in Leinw. nn 18. —

– Dresden u. Vororte 1910. (24, 70, 1071, 186, 783, 222, 80 u. 535 m. 6 Pl.) Lex 8° – Drsd.: GA Kaufmann's Rh.

Adressbuch f. d. deutschen Droguen- und Chemikalienhandel 1881. 1.95

— Duisburger. Nach amtl. Quellen bearb. u. hrsg. v. W. Heuer u. H. Hawerkamp. gr. 8. (IV, 430 S.) Duisburg 897. (J. Ewich.) Geb. n. 6. 40

– Duisburger. 8° (479 m. 1 Pl.) Duisbg 1899, (J.Ewich).

— Duisburger. Nach amtl. Quellen bearb. u. hrsg. v. W. Heuer u. H. Hawerkamp. gr. 8. (IV, 573 S. m. Stadtplan.) Duisburg 902. (J. Ewich.) Geb. n.n. 7. —

– Duisburger. (598 m. 1 Pl.) 8° – Duisburg: (J. Ewich) 1905.

— Duisburger. Nach amtl. Quellen bearb. u. hrsg. v. Baumann, Brands, Hawerkamp u. Kreitz f. den Bezirk der alten Stadt Duisburg. (IV, 670 S. m. farb. Plan.) 8. Duisburg 906. (J. Ewich) Geb. n.n. 7. 50

— Duisburger. Nach amtl. Quellen bearb. u. hrsg. v. Baumann, Brands, Hawerkamp u. Kreitz f. den Bezirk der alten Stadt Duisburg. (VII, 505 u. 256 S. m. farb. Plan u. Straßenverzeichnis dazu 11 S.) 8. Duisburg 908. (F. Krieger) Geb. nn 9. —

Adreßbuch für Duisburg-Meiderich. Nach amtl. Quellen bearb. u. hrsg. v. Frdr. Mellinghaus. (III, 269 S.) gr. 8. Duisburg-Meiderich 906. (A. Heiland & Co) Geb. n. 3. 50

— der Stadt Düren f. 1889/90. Nebst e Plan der Stadt u. der Umgebg. Red. u. hrsg. v. M. A. Förster. gr. 8. (139 S.) Düren, (Solinus). cart. n.n. 3. —

— der Stadt Düren f. 1893/94. Red. u. hrsg. v. Ant. Haselberger. gr. 8. (XXVII, 134 u. 32 S.) Aachen. (Düren, W. Solinus.) Kart. n.n. 3. 50

— der Stadt Düren f. 1903. Redigiert u. hrsg v. Ant. Haselberger. (XX, 187 u. 68 S.) gr. 8. Düren (W. Solinus). Geb. n.n. 4. —

– Dürkheim, s. Adressbuch Neustadt a. d. Haardt.

Adressbuch Durlach, s. Adressbuch Karlsruhe

— der Stadt **Durlach**. 6. Jahrg. 1911. Bearb. nach amtl. Material. Stand vom 1. XI. 1910. (68 S.) 8. Karlsruhe, G. Braun'sche Hofbuchdr. Geb. nn 1.40

—— von **Düsseldorf**, s. a. Geschäfts-Adreßbuch.

– Düsseldorf f. 1900. 8° (1008 m. 1 Pl.) – Düsseldorf: L. Voss.

– Düsseldorf. Offiziere u. Beamte sowie Reserve u. Landwehr-Offiziere. Zusammengest. v. O. Hoff. (17) 8° – Düsseldorf: (Schrobsdorff) 1904.

—— der Oberbürgermeisterei **Düsseldorf** auf das J. 1859. Aus amtl. Quellen. Neue Folge. 1. Jahrg. gr. 8. (III und 210 S.) Düsseldorf 862, Kaulen und Comp. *

—— dass. — Jahrg. 1863—67. gr. 8. (à Jahrg. 262 S.) Düsseldorf, Stahl. à Jahrg.

—— der Oberbürgermeisterei **Düsseldorf**. Zusammengestellt nach amtl. Quellen am 1. Jan. 1870 von Klann. gr. 8. (260 S.) Düsseldorf 871, (Schaub'sche Buchh.) *

—— dass. — für 1873. Nach amtl. Quellen zusammengestellt und berichtigt bis zum 1. Decbr. 1872 von Klann. 4. (102 S.) Düsseldorf, (Spielmeyer und Olbertz.) *

—— der Oberbürgermeisterei **Düsseldorf** für 1875—79. Nach amtl. Quellen zusammengestellt und bericht. von Klann. 8. (à ca. 300 S.) Düsseldorf, (Bitter.) à Jahrg. *

—— der Oberbürgermeisterei **Düsseldorf** für 1880 und 1881. Nach amtl. Quellen zusammengestellt von Klann. gr. 8. (334; 342 S.) Düsseldorf, (Spielmeyer.) à Jahrg. *

— der Oberbürgermeisterei **Düsseldorf** f. 1882. Nach amtl. Quellen [zusammengestellt u. berichtigt bis zum 15. Nov. 1881] v. Klann. gr. 8. (347 S.) Düsseldorf, (Spielmeyer). n. 5. 50

—— dass. — für 1883. Nach amtl. Quellen [zusammengestellt und berichtigt bis zum 1. Novbr. 1882] von Klann. gr. 8. (368 S.) (Ebendas.) *

—— dass. — für 1884 und 1885. Nach amtl. Quellen [zusammengestellt und berichtigt] von Klann. gr. 8. (388; 222, 176 S.) Düsseldorf, (de Haen'sche Buchh.) à Jahrg. **

—— der Oberbürgermeisterei **Düsseldorf** für 1886. Nach amtl. Quellen [zusammengestellt und berichtigt bis zum 1. Novbr. 1885] von A. Klann. Lex.-8. (232, 179 S.) Düsseldorf, (de Haen.) **

—— dass. — für 1887. Aufgenommen nach dem Stande vom 1. Novbr. 1886 und im Auftrage des Oberbürgermeister-Amtes hrsg. von A. Kollmann. gr. 8. (VIII, 228; 212, 52 S.) Düsseldorf, (de Haen. — Schmitz und Olbertz.) **

—— dass. — für 1888. Aufgenommen nach dem Stande vom 1. Novbr. 1887 und im Auftrage des Oberbürgermeister-Amtes hrsg. von A. Kollmann. gr. 8. (VIII, 254; 253, 56 S.) (Ebendas.) **

— der Oberbürgermeisterei **Düsseldorf** f. d. J. 1890. Zusammengestellt u. hrsg. v. J. Schmitz. Lex.-8. (VIII, 338; 313 u. 64 S. m. 3 Plänen.) Düsseldorf, (de Haen. -- Schmitz & Olbertz). geb. n.n. 6. 50

—— f. d. Reg.-Bezirk **Düsseldorf**, s. a. Meyer, Heinr.

— vom Regierungs-Bezirk **Düsseldorf**. Hrsg. von Frdr. Sprengepiel. Elberfeld, 860. (Reinhardt.) gr. 8. (IV, 476 S.) n. 2 ℛ︎ß

—— vom Regierungs-Bezirk **Düsseldorf**. Hrsg. von Friedr. Sprengepiel. gr. 8. (IV und 476 S.) Elberfeld 861, (Reinhardt.) *

—— vom Regierungs-Bezirk **Düsseldorf**. Hrsg. von Friedr. Sprengepiel. gr. 8. (IV und 476 S.) Elberfeld 862, (Reinhardt.) *

Adressbuch der Stadt Düsseldorf, s. a. Wohnungsliste, Schrobsdorff'sche, d. Officiere.

Adreßbuch der Stadt **Düsseldorf** f. d. J. 1889—1892. Mit e. Plan. Nach d. Stande v. 1. Dez. 1888, 89, 90 u. 91 n. amtl. Materialien bearb. gr. 8. (VIII, 314, 298 u. 64 S. m. 3 Plänen; VIII, 338, 313 u. 64 S. m. 3 Plänen; XVI, 767 S. m. 2 Theaterplänen; XVI, 792 S. m. 2 Theaterplänen.) Düsseld., Voß u. Comp. geb. à Jahrg. ** 6 —

— der Stadt **Düsseldorf** f. d. J. 1894. Mit e. Plan des Stadtkreises Düsseldorf. Nach dem Stande vom 1. Dezbr. 1893 u. amtl. Materialien bearb. gr. 8. (VIII, 832 S. m. 2 Theaterplänen.) Düsseldorf, L. Voß & Co. Kart. n.n. 6. —

– d. Stadt Düsseldorf f. 1895. Nach d. Stande v. 1. Dezbr. 1894 bearb. 8° (856 m. 1 Pl.). – Düsseldorf: L. Voss & Co.

— der Stadt **Düsseldorf** f. d. J. 1898. M. 1 Plan d. Stadtkreises Düsseldorf. Zusammengest. im Auftr. d. Stadtverwaltg. gr. 8. (XIV, 944 S.) Düsseldorf, L. Voß & Co. Geb. n.n. 5. —

— der Stadt **Düsseldorf** f. d. J. 1901. Mit 1 Plan des Stadtkreises Düsseldorf. Zusammengestellt im Auftrage der Stadtverwaltg. gr. 8. (XIV, 1024 S.) Düsseldorf, L. Voß & Co. Geb. n.n. 5. —

Adreßbuch für die Stadtgemeinde Düsseldorf und die Landbürgermeistereien Benrath, Eller, Gerresheim, Heerdt, Kaiserswerth, Ludenberg und Rath. Nach amtlichem Material zsgest. Mit Stadtplan. Ausg. 1901 u. 1908. Düsseldorf, 1901—1908.

— von **Dux**, s.: Adreß- u. Auskunftsbuch.

— von **Eberswalde**, s. a. Adreß- u. Geschäfts-Handbuch.

—— von **Eberswalde**, s. a. Wohnungs-Anzeiger.

– Eberswalde 1900. 8° (143) Ebersw.: A. Lemme.

– Eberswalde. (240 u. 71) 8° – Eberswalde: (H. Langewiesche). 1904.

Adreßbuch für **Eberswalde** u. Umgegend, Biesenthal u. Joachimsthal 1902. gr. 8. (V, 180 u. 76 S.) Eberswalde, S. Dyck. (Nur direkt.) Kart n. 3. —

— **Eberswalder**, s. a. Adreß- u. Geschäfts-Handbuch.

— **Eberswalder**, nebst Geschäfts-Handbuch f. d. J. 1890. Hrsg. v. Knebel u. Sawatzke. gr. 8. (176 S.) Eberswalde, (Wolfram). n. 2. —

— **Eberswalder**, nebst Geschäfts-Handbuch f. d. J. 1892. Unter Benutzg. amtl. Materials hrsg. v. O. Knebel. gr. 8. (168 S. m. 2 Plänen.) Eberswalde, (P. Wolfram). n. 2. 20; geb. n. 2. 50

– Eberswalder, 1908. (123, 140 u. 90) gr 8° – Ebersw.: (R. Schmidt).

— von **Ebingen**, s.: Führer, illustrierter, durch den Zollerngau.

– Eckernförde, Stadt u. Kreis. 3. Ausg. (220) 8° – Eckernf.: C. Heldt 1907.

– Edenkoben, s. Adressbuch Neustadt a. d. Haardt.

– Ehrenbreitstein, s. Adressbuch Coblenz.

—— **Eichstätt**, s. Verzeichnis.

— der Stadt **Eichstätt**. Bearb. nach den Ergebnissen der Berufszählg. 1907 v. Fr. Wießmeier u. W. Hörner. (III, 116 S.) gr. 8. Eichstätt 908. Ph. Brönner. Geb. in Leinw. nn 2. 50

– Eilenburg. (144) 8° – Eilenbg.: CW Offenhauer 1903.

— der Stadt Eilenburg f. 1894. Bearb. v. Paul Werner. gr. 8. (VIII, 120 S.) Eilenburg, (C. W. Offenhauer). n. 1. 35

— der Stadt Eilenburg f. 1898. Bearb. i. Dezbr. 1897 von Franke. gr. 8. (X, 123 S.) Eilenburg, C. W. Offenhauer. n. 1. 60; geb. n. 2. —

— der Stadt Eilenburg f. 1906. Bearb. im J. 1906 v. Lutter. (XIV, 175.) 8. Eilenburg. C. W. Offenhauer. n.n. 2. 50

— der Stadt Eilenburg. Mit e. Anh., enth. die vom Magistrat u. v. der Polizeiverwaltg. hrsg. Ortsstatute u. Verordngn. Bearb. im Juli 1910 durch das Einwohner-Meldeamt. (XIII, 112, 63 u. IV, 196 S.) 8. Eilenburg, C. W. Offenhauer. nn 3. 50

—— der Stadt Einbeck, nebst den umliegenden Ortschaften. 8. (... S.) Einbeck 888, Ehlers. *

— der Stadt u. des Kreises Einbeck u. der benachb. braunschweig Orte. Jahrg. 1895/96. gr. 8. (144 S.) Einbeck (H. Ehlers). Kart. n.n. 3. —

– Einbeck, Stadt u. Kreis, u. benachbarte braunschweig. Orte. Jahrg. 1899/1900. 8° (164) – Einbeck 1899, (H. Ehlers).

— der Stadt u. des Kreises Einbeck. Jahrg. 1902. gr. 8. (VIII, 155 S.) Einbeck (H. Ehlers). Kart. n. 3. —

— der Stadt u. des Kreises Einbeck. Jahrg. 1904. (VI, 161 S.) gr. 8. Einbeck, Johs. Schroedter. (Nur direkt.) Kart. n.n. 3. —

— der Stadt u. des Kreises Einbeck. Jahrg. 1907. (VIII, 192 S.) 8. Einbeck, A. Oehmigke. Kart. nn 3. —

— sämmtlicher Einwohner der Vororte v. Leipzig, sowie aller übrigen Gemeinden der Amtshauptmannschaft Leipzig. Eine vollständ. Zusammenstellg. sämmtl. Einwohner der 134 Gemeinden der Amtshauptmannschaft Leipzig, enth.: I. Die Ortsbehörden, Vereine u. Gesellschaften. II. Das alphabet. Verzeichniß der Einwohner nach Ortschaften. III. Das Verzeichniß der Einwohnerschaft nach Straßen u. Hausnummern rc. IV. Ein Verzeichniß sämmtlicher Fabrikanten, Kaufleute u. Gewerbe. Nach Mittheilg. der resp. Gemeindebehörden u. sonst. authent. Quellen aufgenommen u. sorgfältigst bearb. v. G. Lademann u. H. Gundermann. gr. 8. (696 S.) Leipzig (880). Licht & Meyer. cart. n. 3. —

**Adreßbuch** (Einwohnerbuch, Branchen-Fernsprechbuch) ... der freien und Hansestadt Lübeck u. benachbarter Orte. 1852. 1925 ff. — Lübeck: Schmidt-Römhild 1852. 1925 ff. 4° u. 8°

—— für die großherzogl. Haupt- und Residenzstadt Eisenach. 1872. gr. 8. (78 S.) Eisenach, Jacobi. *

—— für die großherzogl. Haupt- und Residenzstadt Eisenach. 1878. gr. 8. (148 S.) Eisenach, (Rasch und Coch.) ** 1875—77 und 1879 nicht erschienen.

— für die großherzogl. Haupt- u. Residenzstadt Eisenach. 1881. gr. 8. (V, 136 S. m. 1 chromolith. Plan.) Eisenach, (Jacobi). n. 2. —

— für die großherzogl. Haupt- u. Residenzstadt Eisenach. 1885. gr. 8. (IV, 115 S.) Eisenach 885. Rasch & Coch. cart. n.n. 2. 25

—— für die großherzogl. Haupt- und Residenzstadt Eisenach. 1887. Nach amtl. Material bearb. gr. 8. (IV, 124 S.) Eisenach, Rasch und Comp. cart. **

—— für die Großherzogl. Haupt- u. Residenzstadt Eisenach. 1890. Nach amtl. Material bearb. gr. 8. (XVIII, 124 S.) Eisenach, Brunner. geb. * 3 —
—— dass. — 1892. Unter Beihilfe d. Polizei-Amtes hrsg. v. H. Kahle. gr. 8. (XVI, 119 S.) Eisenach, Kahle. ** 2 —

— für die großherzogl. Haupt- u. Residenzstadt Eisenach 1894. Unter Beihilfe des Polizei-Amtes hrsg. v. der Hofbuchdruckerei Eisenach H. Kahle. gr. 8. (III, XX, 134 S.) Eisenach, H. Kahle. Kart. n.n. 2. —

— für die großherzogl. Haupt- u. Residenzstadt Eisenach 1898. Unter Beihülfe d. Polizei-Amtes hrsg. gr. 8. (III, XX, 156 S. m. 3 [2farb.] Plänen.) Eisenach, H. Kahle. n.n. 2. 50; geb. n.n. 3. —

— für die großherzogl. Haupt- u. Residenzstadt Eisenach 1902. gr. 8. (215 S. m. Stadt- u. Theaterplan.) Eisenach. H. Kahle. n. 2. 50

– Eisenach. 1908. (296 m. 2 Pl.) gr 8° – Eisenach: Hofbuchdr. Eisenach, H. Kahle.

— der Stadt Eisenach. 1910. (VII, 173 u. 150 S. m. Stadt- u. Theaterplan.) gr. 8. Eisenach, Hofbuchdruckerei Eisenach (H. Kahle). nn 3. —

—— der Eisenbahn-Behörden etc., s. Flister, Carl.

— 1906/7 sämtlicher Eisenbahnen u. Strassenbahnen Deutschlands. Jahrg. 1906 u. 1907. (III, 103 S.) 8. Dresden, H. Kramer. Geb. in Leinw. n. 5. —

— 1909/10 der Eisenbahnen, Strassenbahnen u. Dampfschiff-Gesellschaften Deutschlands nebst Anh.: Ausland. IV. Ausg. Mit Angaben d. Betriebseinrichtgn. (ob Elektrizität, Dampf- od. Pferdekraft), ob Aktien-Gesellschaft, privater, städt. od. staatl. Besitz, Länge d. Bahnlinien, Namen d. Inhab., Direktion, Gründungsjahr, Aktienkapital usw. (V, 402 S.) 8. Leipzig, H. A. L. Degener. Geb. in Leinw. 6. —

— von Eisenberg m. Friedrichstanneck u. Saasa. Mit amtl. Unterstützg. hrsg. 1. Jahrg. (80 S.) 8. Eisenberg 910. (Gera, Karl Bauch.) Geb. in Leinw. nn 3. —

— der Eisen- u. Metall-Industrie u. Branchen-Bezugsquellenführer v. Österreich-Ungarn. Mit Benützg. amtl. Daten hrsg. v. Leop. Steiner. (VII, 335 S.) gr. 8. Wien 908. G. Szelinski & Co. Geb. 12. 50

— der Eisen- u. Kurzwaaren-Händler in Deutschland, Oesterreich-Ungarn, Schweden u. Norwegen, Holland etc. Hrsg. v. Hirsch & Werner. gr. 8. (152 S.) Berlin 882. Tessmer. geb. n. 20. —

—— von Eisleben, s. Adreß- und Geschäfts-Handbuch.

— der Stadt Eisleben. 1904. Bearb. nach amtl. Quellen u. hrsg. v. A. Müller. (IV, 236 S.) 8. Eisleben (G. Reichardt). Geb. in Leinw. n.n. 3. 50

**Adressbuch** für das Elb-Departement im Königreich Westphalen oder Verzeichniss der königlichen Beamten in diesem Distrikt. Magdeburg 1809. H: *Wohler, Johann Jacob.* (MGT)

**Adreßbuch** für die Stadt Elberfeld, s. a. Born's J. H., Adreßbuch.

—— für die Stadt Elberfeld 1888/89. Hrsg. auf Grund eigener Aufzeichnungen der Bürgerschaft. gr. 8. (XII, 664 S. nebst 1 Stadtplan und 1 Plan des Zuschauerraumes des Elberfelder Stadttheaters.) Elberfeld, Lucas. — Loewenstein's Verlag. * Frühere Jahrg. s. Adreß- und Bürger-Handbuch.

—— für die Stadt Elberfeld 1890/91. Nebst neu rev. Stadtplan u. e. Plan d. Zuschauerraumes d. Elberfelder Stadttheaters. gr. 8. (XVI, 681 S.) Elberf., (Lucas. — Loewenstein's Verlag). geb. ** 5 —
– dass. — 1891/92. gr. 8. (708 S.) (Ebd.) geb. * 6 —

— für die Stadt Elberfeld. 1893/94. Nebst Stadtplan. gr. 8. (X, 70; 588 u. 32 S.) Elberfeld, E. Loewenstein. — S. Lucas. Geb. n.n. 5. —

— der Stadt **Elberfeld** f. 1900, nebst neuestem Stadtplan v. Elberfeld u. e. Uebersichtsplan des Stadtkreises, das ganze Gemeindegebiet umfassend, ferner e. Uebersicht der einzelnen Etagen des neuen Rathauses u. des Stadttheaters, sowie e. Abhandlg. „Zur Geschichte u. Entwicklg. Elberfelds im XVIII. Jahrh." m. Ansichten v. Alt-Elberfeld. gr. 8. (XVI, 727 S.) Elberfeld, J. H. Born. Geb. in Leinw. n.n. 6. —

— der Stadt **Elberfeld**. Nach amtl. Angaben u. nach eigener f. Elberfeld im Mai vorgenommener Personenstandsaufnahme bearb. durch Heinr. Born. Beilagen: Grundstücksangebote u. 2 Stadtpläne. XIX. Ausg. (582 u. 384 S.) Lex. 8. Elberfeld 909. J. H. Born. Geb. in Leinw. nn 7. 50

— **Elberfeld-Barmer**. Hrsg. v. Frdr. Sprengepiel. 12. (VIII u. 445 S.) Elberfeld 850. (Mebus & Co.) n. 1 1/6 ℛ

— **Elberfelder**. Hersg. auf Grund amtlicher Aufnahmen. Elberfeld 869. Loewenstein & Co. gr. 8. (VII, 262 S.) n. 1 ℛ 10 ngr.

— **Elberfelder**. 1872. Hrsg. auf Grund amtl. Aufnahmen. gr. 8. (IV, 268 S.) Elberfeld 872. Loewenstein & Co. n. 4. —; geb. n.n. 5. —

— für die **Elbgegend**. Einwohner-Verzeichn. v. Blankenese-Dockenhuden, Bönningstedt, Eidelstedt, Gr. Flottbek, Kl. Flottbek, Halstenbek, Haselau, Haseldorf, Heist, Holm, Hetlingen, Klevendeich, Lurup, Niendorf, Nienstedten, Osdorf, Pinneberg, Quickborn, Rissen, Schenefeld, Schnelsen, Schulau, Sülldorf, Uetersen, Wedel, Winzeldorf. M. Geschäfts-Anzeiger, Uebersichts-Plan von Blankenese u. Karte d. Elbgegend. 3. Aufl. 8. (172 S.) Blankenese 898. (Hamburg, C. Kloß.) Kart. n.n. 2. —

—— von **Elbing**, s. Wohnungs-Anzeiger.

— **Elbinger**, f. 1847. gr. 8. (IV u. 108 S.) Elbing, Neumann-Hartmann. 1/3 ℛ — f. d. J. 1852. gr. 8. (IV u. 112 S.) Ebd. n. 2/3 ℛ

— **Elbinger**, f. das J. 1855. Elbing, Neumann-Hartmann. gr. 8. (2 Bl., 116 S.) n. 20 ngr

— — für das J. 1858. Ebend. 8. (2 Bl., 114 S.) n. 20 ngr

— **Elbinger**, f. d. J. 1861. Elbing, Neumann-Hartmann. gr. 8. (2 Bl., 155 S.) nn. 25 ngr.

— — f. 1864—65. Auf Grund amtl. Materialien u. authent. Privatnotizen zusammengestellt u. herausg. von C. Rud. Reimann. Ebend. gr. 8. (122 S.) nn. 1 ℛ.

— der **Elektricitäts-Branche** u. der damit verwandten Geschäftszweige v. Europa. 2 Bde. gr. 8. Leipzig, Eisenschmidt & Schulze. Geb. n. 12. 50
1. Deutschland. 1892/93. (IV, 486 u. 88 S.)
2. Ausland. 1893/94. (II, 260 u. 64 S.)

– d. Elektricitäts-Branche u. d. damit verwandten Geschäftszweige v. Europa. 1895/96. 2 Bde. 8° (1. Bd., Deutschland, 823). – Lpzg.: Schulze 1895.

— der **Elektricitäts-Branche** u. der verw. Geschäftszweige v. Europa. 1897/98. 2 Bde. gr. 8. (1. Bd., Deutschland, XVI, 410; 158; VIII, 232 u. 144 S. m. 1 Bildn.) Leipzig, Schulze & Co. Geb. in Leinw. n.n. 18. —; 1. Bd. allein n.n. 15. —

— dasselbe 1898/99. 2. Bd. Ausland. gr. 8. (IV, 318 u. XVIII S.) Ebd. Einzelpr. geb. in Leinw. n.n. 8. —

– Elektricitäts-Branche u. verwandte Geschäftszweige v. Europa. 2 Bde. 8° Leipzig: Schulze.
1. Deutschl. (446, 179, 250, 196 m. 1 Bildnis.) 1899.
2. Ausland. (364) 1900.

— der **Elektricitäts-Branche** u. der damit verwandten Geschäftszweige v. Europa. 1901/1902 1. u. 2. Bd. gr. 8. Leipzig, Schulze & Co. n. 25. —
1. Deutschland 1902. (IV, 496, 198, XV, 311 u. 103 S.) 902. Einzelpr. n. 20. —
2. Ausland. (III, 364 S.) 900. Geb. Einzelpr. n.n. 8. —

— dasselbe. 2. Bd. 1903/1904. Ausland. (III, 316 u. XXIII S.) gr. 8. Ebd. (904). Geb. in Leinw. n.n. 10. —

— der **Elektrizitäts-Branche** u. der damit verwandten Geschäftszweige v. Europa. 1906/1907. 1. Bd. Deutschland. (IV, 530, 256, 338, 63 u. 132 S.) gr. 8. Leipzig 906. (Schulze & Co.) Geb. in Leinw. n.n. 25. —

— der **Elektrizitäts-Branche** u. der damit verwandten Geschäftszweige v. Europa. 1908/1909. I. Bd. Deutschland. (VIII, 400; XXI, 484, 61, 18 u. 134 S.) gr. 8. Leipzig 909. Schulze & Co. Geb. in Leinw. nn 25. —

— dasselbe. 1909/10. II. Bd. Ausland. (III, 548, 22 u. 46 S.) gr. 8. Ebd. 909. Geb. in Leinw. nn 15. — (Vollständig, zusammenbez. nn 30.—)

**Adressbuch** d. **Elektrotechnik** u. verwandter Zweige. Enth. d. einschläg. Adressen v. Deutschland, Oesterreich-Ungarn u. der Schweiz, nebst e. Verzeichniss der Telegraphen-Verwaltgn., techn. Hochschulen, Lehr- u. Versuchsanstalten, sowie der elektrotechn. Fachpresse, Vereine etc. 1. Jahrg. 1892. gr. 8. (XIV, 50, 66 u. 16 S.) Frankfurt a/M., A. Balck. Geb. in Leinw. 5. —

— **elektrotechnisches**. (Deutschland.) Unter Berücksicht. aller verwandten Industriezweige. 1. Ausg. 1910. (448 S.) gr. 8. Berlin, Deutscher Fachadressbücher-Verlag. Geb. in Leinw. 12. —

**Adressbuch, elektrotechnisches.** Jetzt: Leipzig, Schulze & Co.

Elektrotechnisches **Adressbuch** ⟨Deutschland⟩. Unter Berücks. aller verwandten Industriezweige. Ausg. 1. 1910. Berlin: Walloch (1910). 8° (10. 3479)

— für **Ellefeld**, s.: Adreßbuch f. Auerbach.

— d. Stadt **Elmshorn** 1896. N. amtl. Material bearb. v. W. Issennecker. gr. 8. (187 S.) Elmshorn (J. M. Groth). n. 2. —

— der Stadt **Elmshorn**. 1900. Nach amtl. Material bearb. v. W. Issennecker. gr. 8. (XX, 167 S.) Elmshorn, C. Vollbehr. n.n. 2. —; geb. n.n. 2. 50

— der Stadt **Elmshorn** u. der Landgemeinden Altenmoor, Bevern, Bokel usw. m. zusammen 35,726 Einw. Nach amtl. Material bearb. v. Thdr. Schmutzler. (III, 314 S.) 8. Elmshorn 906. J. M. Groth. Geb. n.n. 3. —

— der **Emaillierwerke** u. Emailschilderfabriken in Deutschland u. Österreich-Ungarn. 2. Aufl. — Aug. 1910. Hrsg. v. der Red. des Sprechsaal in Coburg. (III, 116 S.) kl. 8. Coburg, Müller & Schmidt. Geb. 3. —

— **Emden**, s. Adreß- und Geschäfts-Handbuch.

—— von **Emden**, s. Adreß- und Stadt-Handbuch.

– d. Stadt Emden 1887. 3. Asg. 8° (247) – Emden: Haynel.

— der Stadt **Emden**. 1890. 4. Ausg. gr. 8. (108 S.) Emden, Haynel. geb. n.n. 2. 50

**Adreßbuch der Stadt Emden 1897.** N. d. Personenstand v. 1. Juli 1897. gr. 8. (140 S.) Emden, W. Haynel. Geb. in Leinw. n n. 2. 50

— der Stadt **Emden**. 1902. Nach dem Personenstand vom 1. VI. 1902. gr. 8. (VI, 140 S. m. 1 farb. Plan). Emden, W. Haynel. Geb. in Leinw. n. 4. —

— der Stadt Emmendingen im Breisgau. 1908. (III, 100 S. m. farb. Stadtplan.) 8. Emmendingen, Druck- u. Verlags-Gesellschaft vorm. Dölter. Geb. in Leinw. nn 2.50

— der Stadt Ems. 1890. 8. (XVI, 79 S.) Ems, Sommer. cart. 1. 20.

— der Stadt Ems. Hrsg. 1896. 8. (XVI, 74 S.) Ems, R. Sommert. Kart. n.n. 1. 50

— der Stadt Ems. Hrsg. 1902. 8. (XVIII, 80 S.) Ems, R. Sommer. n. 1. —

— der Stadt Ems. Hrsg. 1906. (XXII, 88 S.) 8. Ems, R. Sommer. Kart. n. 2. —

— Engelsdorf, s. Adressbuch Leipzig-Land.

— für Amt u. Kirchspiel Epe i. W. Nach amtl. Quellen bearb. von Jos. Debus. (54 S.) 8. Gronau 905. J. Schievink. Kart. n. 1. 50

— f. d. Stadt Erfurt auf d. J. 1850. Hrsg. v. Adler u. Schunke. gr. 8. (VI u. 212 S.) Erfurt, Villaret in Comm. baar n. 1 ℳ

— der Stadt Erfurt f. 1882 u. 83. Nebst e. (chromolith.) Stadtplan nach der neuesten Aufnahme. Hrsg. v. den Beamten d. Melde-Amts Hartung, Diener, Zimmermann. gr. 8. (IV, 299 S.) Erfurt, (Neumann). n.n. 5. —; geb. n.n. 5. 60

—— dass. — für 1884. Hrsg. von Hartung, Diener und Zimmermann. gr. 8. (III, 336 S.) (Ebendas.) ** geb. **

—— der Stadt Erfurt für 1886. Hrsg. von den Beamten des Melde-Amts Hartung, Diener, Zimmermann. gr. 8. (IV, 398 S. nebst 1 Stadtplan nach der neuesten Aufnahme.) Erfurt, (Neumann's Sortiment.) **ℳ 4.20.; geb. **

—— dass. — für 1888. Hrsg. von Diener, Zimmermann, Keip. gr. 8. (VIII, 421 S.) (Ebendas.) geb. **

—— dass. — für 1889. gr. 8. (VIII, 442 S.) (Ebendas.) * geb. *

—— der Stadt Erfurt f. 1890 u. 1891. Hrsg. v. Beamten d. Melde-Amts. gr. 8. (VIII, 480; XII, 423 S.) Erf., (Neumann). à Jahrg. ** 4 50; geb. ** 5 —

—— dass. — f. 1892. gr. 8. (XII, 472 S.) (Ebd.) ** 5 — geb. ** 5 50

— der Stadt Erfurt f. 1894. Hrsg. v. Diener, Zimmermann, Fickewirth. gr. 8. (XII, 448 S.) Erfurt, (H. Neumann). n.n. 5. —; geb. n.n. 5. 50

— d. Stadt Erfurt f. 1896. Bearb. v. Zimmermann, Fickewirth, Baumgarten. 8° (455). — Erfurt: H. Neumann.

— d. Stadt Erfurt f. 1899. M. e. Plane d. Stadttheaters. Hrsg. v. d. Beamten d. Einwohner-Meldeamts Zimmermann, Fickewirth, Baumgarten, Emme. gr. 8. (X, 504 S.) Erfurt (H. Neumann). n.n. 5. 50; geb. n.n. 6. —

— Erfurt f. 1901. 8° (528 m. 1 Pl.) Erfurt: (H. Neumann)

— der Stadt Erfurt f. 1903 m. e. Stadtplan u. e. Umgebungskarte v. Erfurt. Bearb. u. hrsg. v. den Beamten des Einwohner-Meldeamts. gr. 8. (XII, 562 S.) Erfurt (H. Neumann). n.n. 6. —; geb. n.n. 6. 50

— Erfurt u. Ilversgehofen. (727) 8° — Erfurt: (H. Neumann) 1906.

— Erfurt m. Ilversgehofen u. Hochheim. 1910. (14, 816) gr 8° — Erfurt: (H. Neumann).

— der Stadt Erfurt m. Ilversgehofen u. Hochheim. 1911. Bearb. u. hrsg. v. den Beamten des Erfurter Einwohner-Meldeamts. (XIV, 850 S.) gr. 8. Erfurt, H. Neumann. nn 7.—; geb. nn 7. 50

— der Stadt Erfurt u. Nachbarorte. 1907. Bearb. u. hrsg. v. Beamten des Erfurter Einwohner-Meldeamts. (XIV, 815 S. m. Stadt- u. Theaterplan u. 1 Karte.) gr. 8. Erfurt (H. Neumann). n.n. 7. —; geb. n.n. 7. 50

— von Erfurt-Arnstadt u. Umgegend. 4. verm. u. verb. Aufl. Bearb. v. H. Nicolai. (XII, 496 S.) gr. 8. Erfurt 907. Keyser. Geb. in Leinw. nn 5. —

— Erfurter, für alle Stände. Ein Handbuch f. Einheimische und Fremde. Nebst einem gemeinnütz. Anhange. A. u. d. T.: Alphabetisch geordneter Wohnungs-Anzeiger aller Stände Erfurts. gr. 8. Erfurt 836. (Gotha, Wenige.) n. 1/4 ℳ

—— Erfurter, für 1876 und 1878. Hrsg. von B. Hartung und W. Diener. gr. 8. (IV, 270; IV, 272 S.) Erfurt, (Neumann.) à Jahrg. *

1875, 1877 und 1879 nicht erschienen.

—— von Erlangen für das J. 1884. Gefertigt vom Stadtmagistrate Erlangen. gr. 8. (IV, 173 S.) Erlangen, (Merkel.) cart. *

Jahrg. 1880, 1882 und 1883 nicht erschienen.

—— von Erlangen. Gefertigt 1885 vom Stadtmagistrate Erlangen. 8. (208 S. mit 1 lithogr. Wappentaf.) Erlangen, (Merkel.) cart. **

—— dass. — Gefertigt 1888 vom Stadtmagistrate Erlangen. gr. 8. (206 S.) Erlangen, (Bläsing.) cart. *

—— von Erlangen. Gefertigt 1890 u. 1892 v. Stadtmagistrate Erlangen. gr. 8. (IV, 227; IV, 234 S. m. 1 farb. Plan.) Erlang., (Blaesing). cart. à Jahrg. ** 2 —

— von Erlangen 1893. Vom Vorstand d. magistrat. Einwohnerbureaus bearb. gr. 8. (IV, 253 S.) Erlangen, F. Junge. Kart. n. 2. —

— v. Erlangen 1895. Vom Vorstand d. magistrat. Einwohnerbureaus bearb. 8°. (211) — Erlangen: F. Junge.

— von Erlangen 1897. V. Vorst. d. magistrat. Einwohnerbureaus bearb. gr. 8. (IV, 90 u. 35 S. m. Stadtplan.) Erlangen, F. Junge. Geb. in Leinw. n. 2. —

— Erlangen. (148 m. 1 Pl.) 8° — Erl.: F. Junge 1905.

— von Erlangen 1907. Hrsg. v. J. Brandel. (IV, 147 S. m. 1 Plan.) gr. 8. Erlangen, F. Junge. Geb. n. 2. —

— Erlangen 1909. (187, 142 u. 16 m. Abb. u. 1 Pl.) gr 8° — Erlangen: F. Junge.

Adreßbuch v. Erlangen 1911. Hrsg. v. J. Brandel. (IV, 198, 164 u. 16 S. m. Abb. u. 1 farb. Plan.) gr. 8. Erlangen, Fr. Junge. Geb. in Halbleinw. 3. —

—— der königl. Universitätsstadt Erlangen. 1875 und 1878. Von Friedr. Krieger. 8. (à IV, 80 S.) Erlangen, (Besold.) 1875 **ℳ 1.; 1878 **

1876, 1877 und 1879 nicht erschienen.

— der kgl. Universitätsstadt Erlangen. 1881. Von Fr. Krieger. Verm. u. vollständig umgearb. Aufl. gr. 8. (IV, 109 S.) Erlangen, (Besold). n.n. 1. 50

— für die Stadt Ermsleben m. den Ortschaften Alterode, Arnstedt, Bräunrode ꝛc. 8. (105 S.) Aschersleben 882. Siever. cart. n. 1. 50

**Adressbuch, Erstes Allgemeines Magdeburgisches.** Magdeburg 1817. H: *Lohmann, W.* (Ky)

— erstes, des modernen Betriebs in der gesamten Ton-, Ziegel-, Zement-, Chamotte-, Kalk-, Porzellan- u. Glasindustrie etc. (Keramik der Neuzeit.) I. 2. Aufl., verm. u. verb. Ausg. 1905/6. (III, 60 S.) gr. 8. Jena (904). H. Jackob. Kart. n. 1. 50

**Adressbuch, erstes,** des gesamten **Fell-, Häute- u. tierischen Rohprodukten-Handels** nebst d. Rosshaarspinnereien. (Borsten, Rosshaare, Tierhaare aller Art, Hörner, Wolle, Leimleder etc.) Mit besond. Berücksicht. der Häute- u. Fellhandlgn. Österreichs u. der Schweiz. Mit güt. Unterstützg. deutscher u. österreich. Handelskammern hrsg. vom Verlage. Ausg. 1903—1904. (II, 50 u. VIII, 38 S.) gr. 8. Jena (903). H. Jackob. Kart. n. 4. —

— erstes, der **Lederfabriken**, Gerbereien, Treibriemenfabriken, Engroshandlungen, d. Lederfärbereien u. Lederleimfabriken. 3. rev. Aufl. Ausg. 1907/1910. Nebst: Der moderne Betrieb in d. gesamten Gerberei, Leder- u. Schuhfabrikation u. seine Bezugsquellen, hrsg. vom Verleger. Mit e. Orig.-Abhandlg. v. Rich. Rieder. (126 Sp. u. VIII, 27 S.) gr. 8. Jena (907). H. Jackob. Kart. 5. —

— erstes, des gesamten **Lederhandels** Deutschlands, die Ledergross- u. -Kleinhandlungen, -Kommissionsgeschäfte, -Agenten, -Importeure; Exporteure, Treibriemen- u. Schuhmacherartikel-Handlungen u. Rohstoffgenossenschaften. Mit besond. Berücksichtigung Österreichs, der Schweiz, der Niederlande u. Luxemburgs sowie wicht. Leder-Import- u. -Exportfirmen aller Staaten Europas, des Orients u. der Vereinigten Staaten v. Amerika. Mit güt. Unterstützg. deutscher Handelskammern u. kaiserl. deutscher Konsulate. (Einbd.: Deutsche Leder-Industrie. 1. Bd.) (III, 93 u. 65 S.) gr. 8. Jena 903. H. Jackob. Geb. n. 7. 50

— erstes, der gesammten **Leder-Industrie** Deutschlands. 1. Bd. Unter Mitwirkg hervorrag. Fachmänner hrsg. vom Verleger. gr. 8. (II, VIII, 38 u. 92 S.) Jena 902. H. Jackob. Geb. n. 8. —

— erstes, der **Lederindustrie** Oesterreich-Ungarns u. des Orients. (Serbien, Rumänien, Türkei, Klein-Asien, Aegypten, Palästina, Griechenland u. Archipel.) I. Lederfabriken, Gerbereien, Treibriemenfabriken, Leder-, Häute- u. Fellhandlgn. — Fabr. de cuirs, tanneries, neg. de cuirs et peaux. — The leather and belt manufacturers, tanners, merchants of leather and hides. (In 2 Ausg.) Ausg. 1904/1905. (49 u. II, 50 S.) Lex.-8. Ebd. (904). Kart. n.n. 3. 80

— erstes, der gesamten **Lederwaren-, Sattlerwaren-, Geschirrfabrikation** usw. einschliesslich der Lederhandschuh-Branche. Ausg. 1905/1906. (Deutsche Lederindustrie Bd V.) (35 S.) gr. 8. Ebd. (905). Kart. n. 1. 50

— erstes, der deutschen **Schirm-, Stock-, Stoff-, Fournitur- und Posamenten-Fabrikanten.** Mit einem Bezugsquellen-Anzeiger. 12. (XVI, 112 S.) Leipzig 887, L. Klewitz. geb. *

— erstes, der **Schuh- u. Schäftefabriken**, Schuhmacher-Bedarfs-Artikel-Handlungen u. Schuhwaren-Engros-Geschäfte Deutschlands. In alphabet. Ortsverzeichnis hrsg. vom Verleger. 2. Aufl. (80 autogr. S.) gr. 8. Jena 907/08. H. Jackob. 4. —

— erstes, der **Schuh- u. Schäftefabriken** u. Schuhwaaren-Engros-Geschäfte Deutschlands. In alphabet. Ortsverzeichniss hrsg. vom Verleger. (Deutsche Leder-Industrie, Bd. IIIa.) gr. 8. (74 S.) Jena 903. H. Jackob Kart. n. 2. 80

Vergl. Adressbuch der gesammten Leder-Industrie.

**Adressbuch, erstes,** d. **Wirkwarenfabrikation**, sowie d. zugehörigen Flach- u. Rundwirk- einschliesslich d. Strickmaschinenbranche d. Deutschen Reichs. I u. II. gr. 8. Apolda, A. Birkner. Kart. à n. 2. —

I. Adressbuch des modernen Betriebes in der Wirk-, Trikot- u. Strickwarenfabrikation. (70 S.) Jena (901).
II. umfassend die Stoffhandschuh-, Strickwaren-, Strumpfwaren, Phantasiewirkwaren-, Trikotstoff- u. Trikotagenfabriken, einschliesslich verwandter Wollwaren- u. Plüschfabriken usw. in alphabet. Ortsfolge. (65 S.) 905.

— der Stadt **Eschwege.** Hrsg. v. **Pröpper.** 8. (99 S. m. Plan.) Eschwege 894. (A. Roßbach.) Kart. n. 2. 20

— der Stadt **Eschwege.** Hrsg. v. **Pröpper.** 1897. 8. (108 S. m. Plan.) Eschwege (A. Roßbach). Geb. n. 2. 40

— der Stadt **Eschwege.** Hrsg. v. **Pröpper.** 1899. 8. (128 S.) Eschwege (J. Braun). Kart. n. 2. 80

— Essen, s. Wohnungs- u. Geschäftsanzeiger.

— der Bürgermeisterei **Essen.** Nach den Resultaten der neuesten Volkszählung u. unter Zugrundelegung der amtl. Zählungslisten zusammengestellt von F. C. **Drewen** u. F. W. **Küchler.** Mit 1 (lith.) Situationsplane. Essen 865. Bädeker. gr. 8. (XVI, 128 S.) nn. 1 ₰

— der Stadt **Essen.** Zusammengestellt auf Grund der im Novbr. 1877 vorgenommenen Volkszählung und den amtl. Anmeldungen sowie Gewerbesteuer-Register von einigen städt. Beamten. 8. (177 S. mit 1 Plan.) Essen 877, (Baedeker.) *
1875, 1876, 1878 und 1879 nicht erschienen.

— dass. — 8. (176 S. mit 1 Plan.) (Ebendas.) 880. *

— der Stadt **Essen** für 1882. 8. (350 S. mit 1 Plan.) Essen, (Baedeker.) *

— der Stadt **Essen** (Ruhr), nebst Stadt- u. Theaterplan (f. d. J. 1901). Hrsg. v. Kortenkamp, Kuhlendahl, Pieper. gr. 8. (XV, 40, 335, 169, 25, 9 u. 61 S.) Essen (H. L. Geck). Geb. in Leinw. n. 10. —

Adreßbuch für die Stadt Essen einschließlich Rüttenscheid. Ausg. 1901—1903, [1904 nicht erschienen], 1905—1908. Essen-Ruhr, 1901—1908.

— von **Eßlingen**, s. Adreß- und Wohnungs-Anzeiger.

— von **Eßlingen**, s. Adreßbuch und Wohnungs-Anzeiger.

— von **Eßlingen**, s.: Adreß- u. Geschäfts-Handbuch.

— der Stadt **Eupen.** Nach amtl. Material zusammengestellt. (82 u. 98 S.) gr. 8. Eupen 906/07. C. Braselmann. (Nur direkt.) Geb. nn 3. 50

— von **Europa**, s. Merkel, H. G.

— für **Export**, s. Haupt-Exporteure und Importeure, die, Europa's.

— **Exportadressbuch**, s. Leuchs.

— deutscher **Export-Firmen.** Auf Anregg. d. königl. preuss. Handelsministeriums im Auftrage d. Centralverbandes deutscher Industrieller u. d. deutschen Handelstages hrsg. von W. **Annecke**, F. **Beutner**, H. **Bueck**, H. **Rentzsch.** 4 Bde. (Text in deutscher, engl., franz. u. span., beziehentl. russ., schwed. Sprache.) gr. 4. Leipzig, Spamer. n. 82. 50; geb. n. 98. 50

1. Bd. Nr. 1—717. Bergbau, Metall-Industrie, Maschinenbau. (XVI, 698 S.) 883. n. 26. —; geb. n. 30. —
2. Bd. Nr. 718—1791. Textil-Industrie, Bekleidungs-Industrie, chem. Industr. (VIII, 601 S.) 884. n. 22. 50; geb. n. 26. 50
3. Bd. Nr. 1792—2551. Industrien in Thon u. Stein, Glaswaaren, Holz, Leder, Papier, Nahrungs- u. Genussmitteln etc. (X, 494 S.) 884. n. 18. —; geb. n. 22. —
4. Bd. Nr. 2552—3200. (VIII, 304 u. Register 80 S.) 885. n. 16. —; geb. n. 20. —; Register ap. n. 10. —

— deutscher **Export-Firmen.** N. F. A. Anregg. d. Reichsamts d. Innern u. d. kgl. preuss. Ministeriums f. Handel u. Gewerbe, i. Auftr. d. Centralverbandes deutscher Industrieller u. d. deutschen Handelstages hrsg. v. W. **Annecke**, H. A. **Bueck**, H. **Rentzsch**, **Beumer.** (In deutscher, engl., französ. u. span. Sprache.) gr. 4. (XVI, 1064 S.) Leipzig 897. O. Spamer. n. 40. —; geb. in Halbfrz. n.n. 45. —

— **Export-Geschäfte**, s. Leuchs.

— der Export-Geschäfte d. deutschen Reiches u. Oesterreichs. Ein unentbehrl. Nachschlagebuch f. alle Ausländer, welche Einkäufe in Deutschland u. Oesterreich machen wollen. In 2 Bdn., wovon der 1. Bd. die Firmen mit Angabe der Waaren od. Fabrikate, etwaiger Agenten, Stand zur Messe, der 2. Bd. die Waaren u. Fabrikate in alphabet. Folge m. Angabe der Firmen, v. welchen sie bezogen werden können, enthält. 1. Bd. 1–3. Lfg. u. 2. Bd. 2. u. 3. Lfg. gr. 8. (II, 719 u. 138 S.) Nürnberg 873—75. Leuchs & Co. 18. —

—— der Export-Geschäfte des deutschen Reiches und Oesterreich-Ungarns. Ein unentbehrl. Nachschlagebuch für alle Ausländer, welche Einkäufe in Deutschland und Oesterreich machen wollen. 4. und 5. Lfg. gr. 8. (174; 268 S.) Nürnberg 875, Leuchs und Comp. à ℳ 3.
1.—3. Lfg. Ebendas. 1873,74 ℳ 9.

—— Fabrikanten Deutschlands, s. Merkur.

—— d. Fabrikanten d. Erzgebirges u. Vogtlandes, s. Fabrikanten-Adressbuch.

Adressbuch der Fabrikanten u. Handlungen v. Feuerwehrartikeln in Deutschland, Oesterreich u. der Schweiz, nebst e. Verzeichniss der Feuerwehr-Literatur v. 1665 bis 1884. 1. Jahrg. Mit dem Titelbild (in Lichtdr.) v. Karl Metz, Heidelberg, Begründer der deutschen Feuerwehren. 8. (VII, 76 S.) Leipzig 884. R. Scheibe. cart. 1. 50

Adreßbuch der Fabrikanten, Kaufleute u. Gewerbsleute vom Großherzogth. Baden. Zugleich Handelsgeographie, Produkten- u. Fabrikaten-Bezugs-Angabe. [Bd. 2 d. großen Adreßbuches aller Länder der Erde.] 6. Ausg. gr. 8. (200 S.) Nürnberg 875. Leuchs & Co. 6. —

— der Fabrikanten u. Kaufleute v. Rußland. Zugleich Handelsgeographie, Produkten- u. Fabrikaten-Bezugs-Angabe. [Bd. 24 d. großen Adreßbuches aller Länder der Erde.] 4. Ausg. gr. 8. (112 S.) Ebend. 875. 6. —

—— Fabrikanten-Adressbuch für Kleidermacher, s. Weiss, C.

— der feinkeramischen Fabriken in den Vereinigten Staaten v. Amerika. Hrsg. v. der Red. des Sprechsaal in Coburg. (88.) 8. Coburg 902. Müller & Schmidt. n. 1. —

—— der Fabriken und Gewerbebetriebe der Prov. Hannover, s. Ecker, C.

— der keramischen Fabriken Russlands 1904. Ausg. der Redaction des Journales: „Keram. Revue". (116, XXVIII, XXXII u. XVI S.) 8. Nikolaieff 904. (Leipzig, Th. Thomas.) n. 4 —

Adreßbuch der Fabriken u. Werkstätten d. Hütten- u. Metall-Industrie in Westdeutschland. Ausg. 1909. (2. Aufl.) Hrsg. v. R. Knop. (172 S.) 8. Dortmund, (F. W. Ruhfus). 5. —

—— des die leipziger Messe besuchenden auswärt. Fabrik- und Handelsstandes. Herbstmesse 1849. 12. (102 S.) Leipzig, Spamer.
Aus: Leipziger Messtaschenbuch etc., besond. abgedruckt.

Adreßbuch, Fach-Adreßbücher, s. Starke, C. M.

Adressbuch
—— der deutschen, österreichischen und schweizerischen Fachzeitschriften (C. A. Haendel's Inseraten-Versendungsliste), welche Inserate, Beilagen und Rezensionen aufnehmen, nach den Wissenschaften geordnet, mit Angabe der Redakteure und Verleger, der Erscheinungsweise, Abonnements-, Anzeigen- und Beilagenpreise und andern Nachweisen, bearb. von H. O. Sperling. 29. Jahrg. 1887/88. Lex-8. (IV, 99 S.) Leipzig-Reudnitz, Expedition des Zeitschriften-Adressbuchs.

— der Fahrrad- u. Motorfahrzeug-Branche Deutschlands 1910. Zusammengestellt v. der Zeitschrift „Der Radmarkt u. das Motorfahrzeug". (III, 786 S.) gr. 8. Bielefeld, E. Gundlach.
Geb. in Leinw. 10. —

— der Stadt Falkenau i. Böhmen. 8. (51 S.) Leipzig (899.) Kühnel. n. — 50

— der Färbereien, Reinigereien (Chemisch-Wäschereien) u. Dampfwaschanstalten im Deutschen Reiche 1909/1910. Hrsg. v. der Fachzeitschrift „Der Färber u. Wäscher" Gera-Reuss. (XIV, II, 94 S.) 31×13 cm. Papiermühle (Gebr. Vogt). Geb. in Leinw. nn 10. —

— der Feinkeramik, d. Glasindustrie u. der Fabriken besserer Wirtschaftsartikel. Hrsg. v. der Fachzeitg. „Die Porzellan- u. Glashdlg." (III, 1918.) 31,5×24 cm. Berlin 908. „Die Porzellan- u. Glashandl." 4. —

– Fell-, Häute- u. tier. Rohprodukten-Handel nebst Rosshaarspinnereien. Mit bes. Berücks. d. Häute- u. Fellhandlgn. Österr. u. d. Schweiz. (50 u. 38) 8° – Jena: H. Jackob (1903).

Adressbuch der in den amtlichen Registern für Schleswig-Holstein und Lauenburg eingetragenen Firmen, Gesellschaften, Genossenschaften und Procuren, zsgest. v. [Nicolaus Louis] Böger. Kiel. 1879. 8°.

—— der im Königreich Sachsen in die Handelsregister eingetragenen Firmen, s. Verzeichniss.

— der Firmen v. Holzhandel u. Holzindustrie im Deutschen Reich. Enth. die Holzhandlgn., Sägewerke, Hobelwerke, Holzbearbeitungs- und Holzwaren-Fabriken, Möbelfabriken, Fass- u. Kistenfabriken, Wagenbauereien u. sonst. holzindustrielle Etablissements sowie Zimmerei- u. Baugeschäfte, ferner die Forstverwaltgn., Oberförstereien u. Forstämter im Deutschen Reich. 12. vollständ. neubearb. Aufl. 1911. (VIII, LXIV, 392 S.) gr. 8. Leipzig 910. Amthor.
Geb. in Leinw. 10. —
Bisher u. d. T.: Holzhandels-Adressbuch.

– d. industriellen u. Handels-Firmen d. Rheinprovinz. I. Abth.: Köln, Mühlheim a. Rh. u. Umgebg. Zusammengestellt v. J. Dietz. 8° (156) – Köln: Kölner Verl.-Anst. & Dr. Kart. 1894.

— der industriellen Firmen v. Leipzig u. Umgegend, auf Grund officieller Angaben u. privater Ermittelgn. m. Unterstützg. des statist. Amtes der Stadt Leipzig zusammengestellt v. P. Rocke. gr. 8. (VIII, 106 S.) Leipzig 894. C. Jacobsen. Geb. in Leinw. n. 3. —

Adreß- und Firmenbuch der Kreishauptstadt Ansbach. Eingeleitet durch eine Geschichte von Ansbach. 1865. gr. 8. (LXIII und 132 S.) Ansbach 865, Junge. cart. *

Adressbuch

— der Stadt Fischern in Böhmen. Bearb. auf Grund amtl. Unterlagen v. Frz. Hietel. 8. (92 S. m. 1 Karte). Leipzig (899). Kühnel. n. — 85

— der Stadt Flensburg f. 1865—1866. (156 S.) — 1868—1869. (156 S.) Flensburg, Herzbruch. 8. Jeder Jahrg. n. 1 ℳ

—— der Stadt Flensburg für 1868—1869. Nach authent. Material bearb. 8. (156 S.) Flensburg 868, Herzbruch. [Westphalen.]

Adreßbuch für Flensburg (und nächste Umgebung). Nach amtl. Material . . . gesam. u. hrgg. v. Carl Lange (1894. ff. v. N. H. Eggert). Flensburg. 8° u. 4°
[Jg. 2], 1878. Jg. 6, 1882. Jg. 8, 1884.
Jg. 9, 1885. Jg. 17, 1893 — Jg. 22, 1898.
Fortges. u. d. T.:
Adreßbuch für (die Stadt) Flensburg, Adelbylund . . . (und für die Stadt Glücksburg). Nach amtl. Material . . . gesam. u. hrgg. v. N. H. Eggert (1914 gesam. u. hrgg. v. d. Stadt Flensburg). Flensburg. 8°
Jg. 23, 1899. Jg. 25, 1901 — Jg. 34, 1910. Jg. 38 ⟨1⟩, 1914. [Nebst] Nachtrag.

—— für Flensburg und nächste Umgebung. 1879. Nach amtl. und authent. Material vom 12. Novbr. 1878 gesammelt und hrsg. von Carl Lange. gr. 8. (VIII, 264 S.) Flensburg 879, (Huwald'sche Buchh.) cart. **

—— für Flensburg und nächste Umgebung 1880—1882. Nach amtl. und authent. Material vom 12. Novbr. 1879—1881 gesammelt und hrsg. von Carl Lange. gr. 8. (VIII, 281; VIII, 296; VIII, 306 S.) Flensburg, (Huwald'sche Buchh.)
Jahrg. 1880 und 1881 cart. à **
Jahrg. 1882 cart. **

—— dass. — 1883. 7. Jahrg. Nach amtl. Material vom 13. Novbr. 1882 gesammelt und hrsg. von Carl Lange. gr. 8. (VIII, 302 S.) (Ebendas.) cart. *

—— dass. — 1884. 8. Jahrg. Nach amtl. Material vom 12. Novbr. 1883 gesammelt und hrsg. von Carl Lange. gr. 8. (VIII, 307 S. mit 1 lithogr. Plan.) (Ebendas.) cart. *

—— für Flensburg und nächste Umgebung 1885. 9. Jahrg. Nach amtl. Material vom 12. Novbr. 1884 gesammelt und hrsg. von Carl Lange. gr. 8. (VIII, 322 S.) Flensburg, (Huwald'sche Buchh.) cart. *

—— dass. — 1886. 10. Jahrg. Nach amtl. Material vom 12. Novbr. 1885. Gesammelt und hrsg. von Carl Lange. gr. 8. (VIII, 334 S. mit 1 lithogr. Plan.) (Ebendas.) cart. *

—— dass. — 1887. 11. Jahrg. Nach amtl. Material vom 12. Novbr. 1886 gesammelt und hrsg. von Carl Lange. gr. 8. (VIII, 340 S. mit lithogr. Plan.) (Ebendas.) cart. **

—— dass. — 1888. 12. Jahrg. Nach amtl. Material vom 14. Novbr. 1887 gesammelt und hrsg. von Carl Lange. gr. 8. (X, 348 S. mit Stadtplan.) (Ebendas.) geb. **

—— für Flensburg u. nächste Umgebung. 1889—1892. 13.—16. Jahrg. Nach amtl. Material hrsg. v. Carl Lange. gr. 8. (X, 360; X, 380; VIII, 390; X, 396 S. m. je 1 Stadtplan.) Flensb., (Huwald). geb. 13. Jahrg. ** 5 —; 14.—16. Jahrg. à * 6 —

— für Flensburg u. nächste Umgebung. 1894. 18. Jahrg. Nach amtl. Material vom 12. Novbr. 1893 gesammelt u. hrsg. v. N. H. Eggert. gr. 8. (X, 398 S. m. Stadtplan.) Flensburg, (Huwald). Kart. n. 6. —

– f. Flensburg u. nächste Umgebg. 1895. 19. Jahrg. Nach amtl. Material v. 12. Novbr. 1894 gesammelt u. hrsg. v. NH Eggert. 8° (417 m. 1 Pl.). – Flensburg: (Huwald).

— für Flensburg u. nächste Umgebung. 1898. 22. Jahrg. N. amtl. Mat. v. 4. Nov. 1897 ges. u. hrsg. v. N. H. Eggert. gr. 8. (X, 464 S. m. Stadt- u. Theater-Plan.) Flensburg (Huwald). Geb. in Leinw. n. 6. —

— für Flensburg, Adelbylund, Engelsby, Twedt u. die Stadt Glücksburg. 1902. 26. Jahrg. Auf Grund amtl. Quellen u. privater Mittheilgn. gesammelt u. hrsg. v. N. H. Eggert. gr. 4. (X, 276 S. mit Stadt- u. Theater-Plan). Flensburg (Huwald). Geb. in Leinw. n.n. 6. —

— für die Stadt Flensburg, Adelbylund, Engelsby, Fruerlund, Mürwik, Twedt, Klues u. f. die Stadt Glücksburg. 1906. 30. Jahrg. Auf Grund der Personenstandsaufnahme v. 2. XI. 1905 u. privater Mitteilgn. gesammelt u. hrsg. v. N. H. Eggert. (XVI, 336 S. m. Stadt- u. Theater-Plan.) Lex.-8. Flensburg (Huwald). Geb. n. 6. —

— für die Stadt Flensburg, Adelbylund, Sünderup, Engelsby, Fruerlund, Mürwik, Twedt u. f. die Stadt Glücksburg. 1910. 34. Jahrg. Auf Grund der Personenstandsaufnahme vom 15. X. 1909 u. privater Mitteilgn. gesammelt u. hrsg. v. N. H. Eggert. (XII, 367 S. m. Theaterplan u. 2 farb. Plänen, nebst Straßenverzeichnis 4 S.) gr. 8. Flensburg (Huwald). Geb. nn 7. —

– Florisdorf nebst Gr.-Jedlersdorf, Leopoldau, Kagran u. Strebersdorf. 1. Jahrg. (20, 178) 8° – Florisdorf: 1902. Wien (IV/1, Taubstummengasse 6), Verl. d. Florisdorfer Zeitg.

—— forstl. u. jagdl., s. Wald u. Flur.

— forstliches, sämmtlicher königl. preußischen Oberförstereien (einschließlich der Hofkammer- u. d. kgl. prinzl. Reviere), üb. Sitz jeder Oberförsterei, Jahresquantum der hauptsächl. Verkaufshölzer nach Sortimenten, Abfuhrstraßen u. Anfuhrkosten f. Bahn- u. Wassertransport, Reiseverbindgn., Unterkunft im Gasthofe u. a. m., nebst 50 lith. Uebersichtsskizzen der Oberförstereibezirke bezüglich der Hauptwege u. der Schutzbezirke bezw. Wohnorte der Förster. Bearb. v. Otto Müller. Mit 1 Orientirungskarte u. e. Holzarten-Verkaufstafel üb. das ganze behandelte Gebiet. schmal Lex.-8. (III, 309 S.) Berlin 902. J. Springer. Kart. n. 7. 50

—— der Fabrik- und Handelsstadt Frankenberg in Sachsen mit dem Vorort Gunnersdorf und dem angrenzenden Ortsteil von Niederlichtenau. 1. Ausg. 8. (IV, 188, 16 S.) Frankenberg 885, Roßberg. *

— der Fabrik u. Handelsstadt Frankenberg in Sachsen m. den 19 Dorfschaften d. Amtsgerichtsbez. Frankenberg f. d. J. 1890. 2. Ausg. Mit e. Plan der Stadt Frankenberg. Lex.-8. (VII, 144 u. 78 S.) Frankenberg i/S., Roßberg. cart. n.n. 3. —; geb. n.n. 3. 50

— der Fabrik- u. Handelsstadt Frankenberg in Sachsen m. den 19 Dorfschaften des Amtsgerichtsbez. Frankenberg u. dem Dorf Langenstriegis. 1894/95. 3. Ausg. Bearb. nach offiziellen Unterlagen. gr. 8. (IV, 132 u. 76 S.) Frankenberg, C. G. Roßberg. Kart. n.n. 3. —; geb. in Leinw. n.n. 3. 50

— der Stadt Frankenberg in Sachsen m. den 19 Dorfschaften des Amtsgerichtsbez. Frankenberg u. dem Dorf Langenstriegis. 1902. 4. Ausg. Bearb. nach offiziellen Unterlagen. gr. 8. (IV, IV, 118, 38 u. 76 S. m. farb. Plan.) Frankenberg, C. G. Roßberg. Kart. n.n. 3. —; geb. in Leinw. n.n. 3. 50

— der Stadt Frankenberg in Sachsen m. den 19 Dorfschaften des Amtsgerichtsbez. Frankenberg u. dem Dorf Langenstriegis. 1908. 5. Ausg. Bearb. nach offiziellen Unterlagen. (IV, VI, 116, 34 u. 84 S. m. 1 farb. Plan.) gr. 8. Frankenberg, C. G. Roßberg. Kart. nn 3. —; geb. in Leinw. nn 3. 50

— vom Solbad Frankenhausen, s.: Adreß- u. Geschäfts-Handbuch.

Adressbuch von Frankfurt a. M., s.a. Mess-Adressbuch.

—— Frankfurt a. M., s.a. Nachdrucks-Prozess des Frankfurter Adressbuches.

— von Frankfurt a. M. 1841/42. Bearb. u. herausg. von G. F. Krug. 4. Aufl. 1. Abth. (allgem. Adreßb.) Dasselbe 1842/43. 2. Abth. (Handlungs-Adreßb.) Dasselbe. 1843. 5. Abth. (Meß-Schema. 3. Aufl.) hoch gr. 12. Frankf. Krug. I. 1 ℛ, II. 1/2 ℛ, V. 6 1/4 ngl Dasselbe 5. Aufl. 844, (ganz complet) 8. Ebend. 1 1/4 ℛ

— der fr. Stadt Frankfurt. 4. Aufl. 2. Abth. Handlungs-Adreßbuch. 3. Abth. Geschäfts- u. Gewerbs-Adreßbuch. 8. Frankf. Krug. (II. 1839, 1/3 ℛ III. 1840, 5/12 ℛ) 3/4 ℛ

—— von Frankfurt am Main 1844. 8. (29 1/4 B.) Frankfurt a. M., (Varrentrapp's Sort.-Buchh.) **

– von Frankfurt a. M. und Bockenheim . . . s.a. Hausbesitzer, Die.

—— von Frankfurt a. M., Bockenheim, Oberrad, Niederrad, Rödelheim, Heddernheim, Eschersheim und Hausen. 1889. [3. Jahrg.] Hrsg. von W. Lehmann. gr. 8. (804 S. mit Plan.) Frankfurt a. M., Frankfurter Adressbuch-Verlag. geb. **
Erscheint jährlich.

—— von Frankfurt a. M. (Sachsenhausen, Bornheim) mit Bockenheim, Oberrad und Niederrad für 1875 und 1876. Hrsg. von Geo. Friedr. Krug. 8. (882; 872 S.) Frankfurt a. M., Mahlau und Waldschmidt. à Jahrg. *

—— dass. — für 1877—1880. 8. (903; 927; 992; 1024 S.) Ebendas. à Jahrg. *

—— von Frankfurt a. M. (Sachsenhausen, Bornheim) mit Bockenheim, Oberrad und Niederrad. Nebst 1 Plan der Stadt Frankfurt a. M. mit Sachsenhausen, Bornheim und Bockenheim. 1880—1885. 8. (1024; 1040; 1048; 1080; 1104; 1112 S.) Frankfurt a. M., Waldschmidt und Mahlau. à Jahrg. *

—— von Frankfurt a. M. (Sachsenhausen, Bornheim) mit Bockenheim, Oberrad und Niederrad. 1889. Hrsg. nach G. F. Krug. Kleine Ausg. 8. (1216 S. mit Plan.) Frankfurt a. M., Mahlau und Waldschmidt. cart. ** Grosse Ausg. geb. **
Erscheint jährlich.

—— von Frankfurt a. M., [Sachsenhausen, Bornheim] m. Bockenheim, Oberrad, Niederrad, Bergen, Berkersheim, Bonames etc. 1890—1893. 22.—25. Jahrg. Hrsg. nach Geo. Friedr. Krug. Nebst e. Plan der Stadt sowie den Plänen d. Schauspielhauses, Opernhauses u. d. grossen Saalbau-Saales. gr. 8. (VI, 1302; VI, 1392; VI, 1446; VI, 1450 S.) Frankf. a. M., Mahlau u. Waldschmidt. cart. à Jahrg. ** 6 —; geb. in Leinw. ** 10 —
Nachträge werden gratis geliefert.

— von Frankfurt a/M. (Sachsenhausen, Bornheim) m. Bockenheim, Oberrad, Niederrad, Bergen, Berkersheim, Bonames etc. 1894. 26. Jahrg. Hrsg. nach Geo. Frdr. Krug. (Nebst einem besonders für das Adressbuch angefertigten u. erweit. Plan der Stadt Frankfurt a/M., m. Sachsenhausen, Bornheim u. Bockenheim, sowie den Plänen des Schauspielhauses, Opernhauses u. des grossen Saalbau-Saales.) gr. 8. (VI, 1448, 32 u. 47 S.) Frankfurt a/M., Mahlau & Waldschmidt. Kart. n.n. 6. —; geb. in Leinw. n.n. 10. —

— v. Frankfurt a/M., (Sachsenhausen, Bornheim) m. Bockenheim, Oberrad, Niederrad, Bergen, Berkersheim, Bonames etc. 1895. 27. Jahrg. 8° (1470 m. Plänen). — Frankf. a/M.: Mahlau & W.

— von Frankfurt a/M. (Bockenheim, Bornheim, Sachsenhausen.) Nebst Anh.: Bergen, Berkersheim, Bonames etc. 1897. 29. Jahrg. Nach Orig.-Aufzeichngn. u. amtl. Mittheilgn. bearb. Mit e. bes. f. d. Adressbuch angefert. u. erweit. Plan d. Stadt Frankfurt a/M. m. Sachsenhausen, Bornheim u. Bockenheim, sowie d. Plänen d. Schauspielhauses, Opernhauses u. d. grossen Saalbau-Saales. gr. 8. (VI, 1488 u. 72 S.) Frankfurt a/M., Mahlau & Waldschmidt. Ausg. A. kart. n.n. 10. —; Ausg. B. geb. in Leinw. n.n. 12. —

— von Frankfurt a/M., neue Ausg., s. Mahlau's Frankfurter Adressbuch.

— für Frankfurt am Main u. Umgebung. 1906. Unter Benutzg. amtl. Quellen. Mit der Beigabe: Großer Plan v. Frankfurt a. M. u. Umgebg. (XX, 406, 238, 88, 86 u. 83 S. u. Straßenverzeichnis usw. zum Plan 14 S.) 4. Frankfurt a/M. Berlin, A. Scherl. Geb. in Halbldr. n. 8. —

— Frankfurt a. M. u. Umgebg. 1909. (23, 458, 288, 103, 122 u. 104 m. 1 Pl., Theaterplänen u. Strassenverz. usw. z. Pl. 16 S.) 30,5×23,5 cm. Frankf. a.M., Berlin: A. Scherl.

Adressbuch Frankfurt a.d. O., s.a. Mess-Adressbuch.

— von Frankfurt a. O., s. a. Wohnungs-Anzeiger und Adreß-Kalender.

— für Frankfurt an der Oder. 1902. Bearb. nach amtl. Material. Stand vom 1. XI. 1901. gr. 8. (XXXI, 120, 168, 100 u. 92 S. m. 1 Taf. u. farb. Stadtplan.) Frankfurt a/O., Trowitzsch & Sohn. Kart. n. 4. —

— Frankfurt an d. Oder. 1905. (20, 140, 188, 116 u. 80 m. 1 Taf. u. 1 Pl.) 8° — Frankf. a/O.: Trowitzsch & S. 1904.

— f. Frankfurt a. Oder 1911. Bearb. nach amtl. Material. Stand vom 1. XI. 1910. (XXVII, 159, 219, 78, 61 u. 78 S. m. Abb. u. 1 eingedr. Plan.) 8. Frankfurt a. O., Trowitzsch u. Sohn. Geb. in Halbleinw. nn 3.50; m. farb. Plan nn 4. —

## Adressbuch, Fränkisches, für das Jahr 1795. Ansbach und Bayreuth [1795. H: *Rosenhahn, Carl Wilh. Friedr. von.* (ML)

— von Franzensbad, s.: Adreß- u. Auskunftsbuch.

— für die Frauen Leipzigs. Ein Verzeichnis der f. sie vorhandenen Wohlfahrts- u. Bildungseinrichtgn. Zusammengestellt v. dem Leipziger Komitee zur Errichtg. v. Auskunftsstellen f. Frauen. 12. (84 S.) Leipzig 900. E. Kempe. n. — 50

— Bezirk Freiberg, s. Adreß- u. Geschäfts-Handbuch.

— der Stadt Freiberg. 1876. Nebst Anhang für Geschäftsankündigungen. gr. 8. (154 S. mit 1 lithogr. Plan in Fol.) Freiberg, (Engelhardt'sche Buchh.) * *
1875, 1877 und 1878 nicht erschienen.

— dass. — 1879. Nebst Anhang für Geschäftsankündigungen. gr. 8. (168 S. mit 1 lithogr. Plan.) Freiberg, (Frotscher.) * *

— der Stadt Freiberg. 1881. Nebst e. Anh. f. Geschäftsankündigungen. gr. 8. (160 S.) Freiberg, Frotscher in Comm. n.n. 2. 50

— der Stadt Freiberg sowie der angrenzenden Ortschaften Freibergsdorf und Friedeburg. 1883. [Herbst.] Zusammengestellt vom hiesigen Einwohneramt. Nebst einem Anhang für Geschäfts-Ankündigungen. gr. 8. (VI, 155 S.) Freiberg, (Engelhardt'sche Buchh.) geb. * *
Jahrg. 1880 und 1882 nicht erschienen.

— der Stadt Freiberg, sowie der angrenzenden Ortschaften Freibergsdorf und Friedeburg. 1886. Zusammengestellt vom hiesigen Einwohneramt. Nebst einem Anhang für Geschäfts-Ankündigungen. gr. 8. (VI, 189 S.) Freiberg, Mauckisch. * geb. *

— dass. — 1888. gr. 8. (IV, 196 S.) Ebendas. *

— d. Stadt Freiberg sowie der Ortschaften Freibergsdorf u. Friedeburg 1893. 8. (264 S.) Freiberg, Mauckisch. * 3 25; geb. * 3 75
Erscheint alle 2 Jahre.

— der Stadt Freiburg f. d. J. 1894. Mit der 65. Fortsetzg. der Beiträge zur Geschichte der Stadt Freiburg u. des Breisgaues: Chronikblätter der Stadt Freiburg im Breisgau, nebst Geschäfts-Empfehlgn. gr. 8. (364 S. m. 1 Theaterplan.) Freiburg i/B., (Lorenz & Waetzel). Kart. n. 3. 75

— dasselbe f. d. J. 1895. Mit der 66. Fortsetzg. der Beiträge zur Geschichte der Stadt Freiburg u. des Breisgaues: Chronikblätter der Stadt Freiburg im Breisgau, nebst Geschäfts-Empfehlgn. gr. 8. (392 S. m. Plan.) Ebd. Kart. n.n. 3. 60; geb. n. 4. —

— der Stadt Freiburg i/Br. f. d. J. 1897. M. d. 67. Fortsetzg. d. Beiträge z. Gesch. d. Stadt Freiburg u. d. Breisgaues. Chronikblätter d. Stadt Freiburg i/Br.; nebst Geschäfts-Empfehlgn. gr. 8. (405 S.) Freiburg i/Br. (Literar. Anstalt). Kart. n.n. 2. 80; geb. n.n. 3. —

— der Stadt Freiburg im Breisgau f. d. J. 1900. Mit der 70. Fortsetzg. der Beiträge zur Geschichte der Stadt Freiburg u. des Breisgaues. Chronikblätter der Stadt Freiburg im Breisgau, nebst Geschäfts-Empfehlgn. gr. 8. (463 S. m. Stadt- u. Theaterplan.) Freiburg i/B. (Lorenz & Waetzel). Kart. n.n. 4. —

— Freiburg im Br. (576 m. 2 Pl.) 8° — Freibg. i/Br.: (Lorenz & W.) 1905.

— der Stadt Freiburg im Breisgau f. d. J. 1906. Mit der 76. Fortsetzung der Beiträge zur Geschichte d. Stadt: Chronikblätter der Stadt Freiburg im Breisgau, nebst Geschäfts-Empfehlgn. (608 S. m. farb. Stadt- u. Theaterplan.) 8. Freiburg i/B. (Lorenz & Waetzel). Kart. n.n. 5. —

— Freiburg im Br. 1907. Mit d. 77. Fortsetzg d. Beitr. z. Gesch. d. Stadt: Chronikblätter d. Stadt Freiburg. (632 m. 2 Pl. u. 1 Karte.) 8° — Freibg i.B.: (H. Borst).

— der Hauptstadt Freiburg im Breisgau. Jahrg. 1911. Bearb. nach Orig.-Aufnahmen u. amtl. Material. Mit der 81. Fortsetzg. der Beiträge zur Geschichte der Stadt. Stand vom 15. XI. 1910. (624, VIII u. 267 S. m. 2 farb. Plänen.) 8. Freiburg i. B. (Eisenbahnstr. 46), D. Lauber. Geb. in Leinw. 6. 40

— der Stadt Freiburg i/Schl., sowie der Dorfgemeinden Polsnitz u. Zirlau, nebst deren kurzgefaßter Chronik. Bearb. v. A. Ulber. gr. 8. (XIV, 61 S.) Freiburg i/Schl. 889. (Heiber.) cart. n.n. 2. 50

— für Bad Freienwalde a. O. u. Alaunwerk, Alt-Gliezen a. O., Alt-Kietz, Alt-Ranft, Alt-Tornow, Bralitz, Cöthen i. M., Dannenberg i. M., Falkenberg i. M., Gabow, Neuenhagen Nm., Neu-Gliezen a. O., Neu-Kietz, Neu-Tornow, Schiffmühle (Oderbruch), Wollenberg u. Wölsickendorf. 1909/10. Bearb. nach amtl. Material. (VIII, 228 S.) gr. 8. Freienwalde a. O., E. Battré (durch Mitisch, Segler & Co.. Berlin). Geb. nn 2. 75

— des Hamburgischen Freihafengebietes. [April 1889.] Nebst Ansicht d. Freihafengebietes. Hrsg. v. F. Landau. gr. 8. (36 S.) Hamburg, (Kramer). n. 1. —

**Adressbuch** der königl. bayer. Stadt Freising. Mit e. Anh.: Neustift u. Weihenstephan. 1881. gr. 8. (IV, 56 S.) Freising, Datterer. cart. n. 2. —

—— der königl. bayer. Stadt Freising. Mit einem Anhange: Neustift und Weihenstephan. 1886. gr. 8. (62 S. mit 1 Stadtplan.) Freising, Datterer. cart. *

— der k. bayer. Stadt Freising nebst Neustift u. Weihenstephan. Mit e. Führer durch die Stadt u. ihre Umgebg. gr. 8. (57 S.) Freising 891, Dr. Datterer. 1. 50

— der k. bayer. Stadt Freising, nebst Neustift u. Weihenstephan. Mit e. Führer d. d. Stadt u. ihre Umgebung. gr. 8. (62 S.) Freising 895. Dr. F. P. Datterer. n. 1. 35

— der Stadt Freising u. der zum Bez.-Amt Freising gehörenden Ortschaften. (XIX, 128 S.) 8. Freising 907. (Dr. F. P. Datterer & Co.) 1. 50

— für Freising, Weihenstephan, Neustift, Moosburg, Nandlstadt u. Au. Ausg. 1901 u. Nachtrag 1903. (4, XI, 55 u. 82 S.) gr. 4. Freising, Expedition des Freisinger Tagblattes. n.n. 1. 50

— d. polit. Bez. Freiwaldau, umfass. d. Gerichtsbezirke Freiwaldau, Jauernig, Weidenau u. Zuckmantel. Hrsg. v. A. Blažek. gr. 8. (IV, 161 S.) Freiwaldau 896. A. Blažek. Geb. 3. —

– Freudenstadt m. Filialen Christofstal, Langenwald, Langenhardt, Kniebis sowie Zwieselberg (Gemeinde Reinerzau). (112 m. 1 Pl.) 8^O – Freudenst.: (Schlaetz) 1909.

—— für Freunde der Münz-, Siegel- und Wappenkunde, s. Grenser, Alfr.

— für Friedenau u. den Schöneberger Ortsteil (Postbez. Friedenau). M. e. Übersicht der Reichs-, Staats-, Provinz-, Bezirks- u. Kreisbehörden u. spezieller Angabe der Gemeinde-Verwaltung unseres Ortes. 1907. (275 S.) 8. Friedenau-Berlin (R. Jacoby). Kart. nn 2. 50

– Friedenau u. d. Schöneberger Ortsteil (Postbez. Friedenau). 1907. (275) 8^O – Frieden.-Berlin: Leo Schultz. (Nur dir.)

— von Friedrichshafen (m. e. Führer durch diese Stadt. Nach amtl. Material zusammengestellt.) (8, 68 S. m. Abbildgn.) 8. Ravensburg (906). Dorn. n. 1. 80

— d. Friseure u. Barbiere Deutschlands. gr. 8. (234 autogr. S.) Berlin 898. Pardes u. Potolowsky. n. 7. —

– Friseure u. Barbiere Deutschlds. 8^O (234) – Berlin 1899, M. Pardes.

– Frohnau i.M., s. Adressbuch f. Lübars-Waidmannslust.

—— für Fulda auf die J. 1877 und 1879. Zusammengestellt von Wilh. Jäckel. 8. (à 144 S.) Fulda, (Maier.) à Jahrg. **
1875, 1876 und 1878 nicht erschienen.

— der Stadt Fulda. Zusammengestellt von Wilhelm Jäckel. 8. (130 S.) Fulda 881. (Maier.) n. 3 —

—— der Stadt Fulda. gr. 8. (140 S.) Fulda 884, (Maier.) *

— der Stadt Fulda. Zusammengestellt v. W. Jäckel. 8. (156 S.) Fulda 889. (Maier.) n n. 3. —

— der Stadt Fulda. Nach amtl. Material zusammengestellt. gr. 8. (168 S.) Fulda 894. (A. Maier.) Geb. in Leinw. n.n. 3. —

— d. Stadt Fulda 1898. Zusammengest. v. Wilh. Trabert. Juli 1898. 8. (IV, 208 S.) Fulda (A. Maier). Geb. in Leinw. n.n. 4. 50

– Fulda 1899. 8^O (209) – Fulda: (A. Maier).

Adreßbuch der Stadt Fulda 1901. Zusammengestellt v. Wilh. Trabert. gr. 8. (II, 234 S. m. Stadtplan.) Fulda (A. Maier). Geb. in Leinw. n.n. 4 —

– Fulda. (256 m. Pl.) 8^O – Fulda: A. Maier 1904.

— der Stadt Fulda. Zusammengestellt v. Ign. Kemmert. (IV, 302 S.) 8. Fulda 906. (A. Maier.) Geb. in Leinw. n.n. 4. 50

– Fulda. (302) 8^O – Fulda: (A. Maier) 1909.

— f. d. Stadt u. Colonie Fürstenwalde Spree, sowie Neu- u. Alt-Ketschendorf f. d. J. 1897. Enth.: Tarif f. d. Dienstmänner, Tarif üb. d. öffentl. Fuhrwesen, Geschäfts-Anzeigen etc. gr. 8. (358 S.) Fürstenwalde. (Leipzig, R. Gerhard.) n.n. 1. 50

—— Fürth, s.a. Adreß- u. Geschäfts-Handbuch.

Adressbuch von Fürth, s.a. Häuserverzeichnis

— von Fürth i. B., s.a. Schmittner.

— der Stadt Fürth. Mit Angabe der Hausbesitzer u. Einwohner, der verschiedenen Gewerbe, Behörden u. Anstalten, der neuen und alten Straßen-Nummern. Nürnberg, 859. Leuchs & Co. gr. 8. (2 Bl., 95 S.) 21 ngr.

— der Stadt Fürth. Nach amtl. Quellen zusammengestellt v. Hilpert u. Höfer. 8. (175 S.) Fürth 880. Kühl. geb. n. 3. —

– Fürth. 1905. (279, 187, 40, 80 u. 60 m. 1 Pl.) 8^O – Fürth: A. Schmittner.

— für Füssen i. A., s.: Adreß- u. Geschäfts-Handbuch.

Adressbuch für Gaarden (Kreis Plön) für das Jahr 1882. Zsgest. im Gemeinde-Bureau zu Gaarden. Gaarden. 1882. 8^O.

Adressbuch für Gaarden, Kr. Plön, sowie die Ortschaften Gaarden, Kr. Kiel, Ellerbeck, Wellingdorf, Neumühlen und Dietrichsdorf für das Jahr 1894. Gaarden. 1894. 8^O.

Adressbuch von Gablonz a. N., s.a. Handels- und Gewerbe-Adressbuch

– Gablonz a. N. (280 m. 1 Pl.) gr 8^O – Gablonz: F. Lutz 07.

— für d. Stadt Gablonz, s.: Adreßbuch u. Wohnungs-Anzeiger.

— der Leipziger Garçons. Winterhalbj. 1894/95. Hrsg. v. Gust. Radtke. gr. 8. (204 S.) Leipzig, (P. Ehrlich). Kart. n. 3. —

— der Stadt Gardelegen, nebst Ortschafts- u. Behörden-Verzeichniß des Kreises Gardelegen. Bearb. u. hrsg. v. J. Manger. 8. (68 S.) Gardelegen 881. Manger. cart. n. 2. —

— der Stadt Gardelegen, nebst Ortschafts- u. Behörden-Verzeichniß d. Kreises Gardelegen. gr. 8. (70 S.) Gardelegen 889. Manger. cart. n. 2. —

— der Stadt Gardelegen, nebst Ortschafts- u. Behörden-Verzeichn. d. Kreises Gardelegen. 8. (71 S.) Gardelegen 898. J. Manger. Kart. n.n. 2. 50

– Gas- u. Wasserfach. 1899/1900. 8^O (292) – Leipzig: Eisenschmidt & Schulze.

— für das Gas- u. Wasserfach. Enth. die Adressen der Installations-Geschäfte f. das Gas-, Wasser- u. Heizungsfach, der Gas- und Wasserwerks-Baugeschäfte, der Gas-Centralen u. der Fabriken u. Handlgn. einschläg. Bedarfsartikel Deutschlands. 2. Jahrg. 1902. gr. 8. (IV, 469 S.) Leipzig, Eisenschmidt & Schulze. Geb. in Leinw. n. 12. —

— für das Gas- u. Wasserfach. Enth. die Adressen der Installations-Geschäfte für das Gas-, Wasser- u. Heizungsfach, der Gas- u. Wasserwerks-Baugeschäfte, der Gas-Centralen u. der Fabriken u. Handlgn. einschläg. Bedarfsartikel Deutschlands. 4. Jahrg. 1904. (XII, 388 u. 120 S.) gr. 8. Leipzig, Eisenschmidt & Schulze. Geb. in Leinw. n. 12. —

— für das Gas- u. Wasser- u. Heizungsfach. Enth. die Adressen der Gas-Centralen, der Wasserwerke, der Gas- u. Wasserwerks-Baugeschäfte, der Gas- u. Wasserwerks-Betriebs-Gesellschaften, der Installations-Geschäfte für das Gas-, Wasser- u. Heizungsfach u. der Fabriken u. Handlgn. einschläg. Bedarfsartikel Deutschlands. 7. Jahrg. 1909. (III, XII, 174; XV, 142, 5, 4; X, 257, 133 u. 139 S.) gr. 8. Leipzig, Eisenschmidt & Schulze. Geb. in Leinw. 18. —

— d. Gasglühlicht-Geschäfte Deutschlands. 1897/98. gr. 8. (45 S.) Berlin, Pardos & Potolowsky. 5. —

—— der Gastwirthe, s. Gastwirths-Kalender, deutscher.

— für das Gebiet der Stadt Celle f. 1868. (87 S. n. 16 ngr) — 1870. Zusammengestellt u. hrsg. v. H. Churmeyer. Celle, (Schulze'sche Buchhdlg.) gr. 8. (88 S.) nn. 25 ngr.

—— für das Gebiet der Stadt Celle 1870. 1872. Zusammengestellt und hrsg. von H. Churmeyer. gr. 8. (88; III, 108 S.) Celle, (Schulze'sche Buchh.) à Jahrg. **

– Geestemünde, s. Adressbuch Bremerhaven.

— deutscher Geflügelzüchter, -Händler u. -Liebhaber. Hrsg.: Otto Droescher. 12. (46 S.) Berlin 895. Exped. des Thiermarkt. 1. —

Adreßbuch von Geflügelzüchter-Vereinen Deutschlands 1909. Hrsg. v. Herm. Schaefer. (88 S.) gr. 8. Lüneburg (909). (Leipzig, Schulze & Co.) nn 3. —

— für den Kreis Geilenkirchen. Mit 1 (farb.) Karte des Kreises. 2. Ausg. 1909. Mit e. Nachtrag. (XXXVIII, 495 Sp., VIII S. u. 148 Sp.) gr. 8. Geilenkirchen, C. v. Gils. Geb. 4. —

— der katholischen Geistlichen Deutschlands f. d. J. 1894. Nach Staaten, Provinzen u. Ortschaften alphabetisch geordnet. 1. Jahrg. Hrsg. v. Aug. Brode. gr. 8. (VI, 531 S.) Berlin, A. Brode. n. 15. —

— der gesammten evangelischen Geistlichkeit Deutschlands. Nach amtl. Unterlagen zusammengestellt. 1894. gr. 8. (IV, 82 u. 285 S.) Leipzig, Eisenschmidt & Schulze. Geb. in Leinw. n 10. —

Adressbuch der ges. evang. Geistlichkeit Deutschlands. N. amtl. Unterlagen zusammengest. 1898. gr. 8. (IV, 460 S) Leipzig, Schulze & Co. Geb. in Leinw. n.n. 15. —

– Geistlichkeit, ev., Deutschlds. 3. Jahrg. 8° (432 u. 38) – Leipzig 1900, Schulze.

— der gesamten evangelischen Geistlichkeit Deutschlands. Nach amtl. Unterlagen zusammengestellt. 4. Jahrg. 1902. gr. 8. (III S., 940 Sp. u. S. 941—974.) Leipzig, Schulze & Co. Geb. in Leinw. n.n. 15. —

— der gesamten evangelischen Geistlichkeit Deutschlands. Nach amtlichen Unterlagen zusammengestellt. 5. Jahrg. 1904. (1063 u. 42 S.) gr. 8. Leipzig, Schulze & Co. Geb. in Leinw. n.n. 15. —

— der gesamten evangel. Geistlichkeit Deutschlands. M. Unterstützg. der kirchl. Behörden zusammengestellt. 7. Jahrg. 1909. (VIII S., 1166 Sp., S. 1169—1203 u. 44 S.) gr. 8. Leipzig, Schulze & Co. Geb. in Leinw. nn 18. —

— der gesammten katholischen Geistlichkeit Deutschlands f. d. J. 1894. Auf Grund der neuesten amtlich statist. Materials nach Staaten, Provinzen u. Ortschaften alphabetisch zusammengestellt. gr. 8. (VI, 531 S.) Berlin, W. Homborn. n. 8. —

—— der höheren evangel. Geistlichkeit in Deutschland. Nebst einigen kirchl.-statist. Notizen. 1. Jahrg. 1843. gr. 8. (1½ B. u. 1 Stnt.) Leipzig 843, Goetz. *-

Adreßbuch der katholischen Geistlichkeit von Baden und Hohenzollern, s. Personal-Verzeichniß.

— der katholischen Geistlichkeit im Königr. Bayern. Mit Schematismus der Seelsorgestellen. gr. 8. (III, 229 S.) München 890. Literar. Institut v. Dr. M. Huttler. n. 3. —; kart. n. 4. —

—— der Geistlichkeit d. Diöces Münster. Hrsg. v. F. Schem. 1842 u. 1845. gr. 8. Münster, Theissing'sche Buchh. [842. (8 B.) 845. (8¾ B.)] à -

— v. Geithain i. S., s.: Adreß- u. Auskunftsbuch.

– Geldern '10. (426) gr 8° – Geldern: LN Schaffrath.

– Geldern, Cleve u. Moers, Kreise. März 1897. 8° (356) – Geldern, LN Schaffrath.

— der Gemeinden u. Pastoren der deutschen evangel. Synode v. Nordamerika. Hrsg. v. F. Kauffmann. Nebst Winken f. Auswanderer m. Rücksicht auf d. Ziel d. Auswanderung u. auf die besten Reisegelegenheiten nach d. Ver. Staaten Nordamerikas. 12. (52 S.) Stuttgart 886. J. F. Steinkopf. n. — 50

— gemeinnütziges und vollständiges, für d. Stadt Nürnberg mit ihren Vorstädten und Burgfrieden, herausg. v. Just. Chr. Fr. Schäfer. gr. 8. 1829 und Nachtrag 1831. Nürnb. 833. (Riegel u. W.) 1 ℔

—— der Genealogen und Heraldiker, s. Eberstein, Alfr. Frhr. v., Handbuch f. d. deutschen Adel.

— württembergischer Genossenschafts- wie Privatmolkereien u. Käsereien. Hrsg.: Titus Lohmüller, Dampfmolkerei. (91 S.) 8. Neu-Ulm (907). (Hamburg, C. Boysen.) Kart. 3. 30

— v. Genthin, s.: Adress- u. Auskunftsbuch.

—— von Gera, s. a. Adreß- und Geschäfts-Handbuch, sowie Wohnungs-Anzeiger.

— der Haupt- u. Residenzstadt Gera f. 1861. Herausg. von Jul. Blumentritt. Gera. (Schleiz, Hübscher.) gr. 8. (3 Bl., 105 S.) .nn. 12½ ngr.

—— der Haupt- und Residenzstadt Gera für 1862 und 1863. 2. und 3. Jahrg. Hrsg. von Jul. Blumentritt. gr. 8. (V und 127 S., 152 S.) Gera 863, (Kanitz.) à Jahrg. **

—— der Haupt- und Residenzstadt Gera für 1868—1873. 7.—11. Jahrg. Redig. von Jul. Blumentritt. gr. 8. (à 160—184 S.) Gera, Griesbach's Verlag. geb. à Jahrg. *

—— der Haupt- und Residenzstadt Gera für 1875 und 1876. 13. und 14. Jahrg. Redig. von Karl Bethmann und Ernst Müller. 8. (202; 228 S.) Gera, Griesbach's Verlag. cart. à Jahrg.
15. Jahrg. vgl.: Adreß- und Geschäfts-Handbuch.

– Gera m. Debschwitz, Pforten u. Untermhaus. 29. Jahrg. (400) 8° – Gera: K. Bauch 1905.

— der Haupt- u. Residenzstadt Gera m. den Orten Debschwitz, Pforten u. Untermhaus. Zusammengestellt v. dem städt. Meldeamte u. der Verlagshandlg. 30. Jhrg. (418 S.) gr. 8. Gera 907. K. Bauch. Geb. in Leinw. n. 7. 50

– Gera m. Debschwitz, Leumnitz, Pforten, Tinz, Untermhaus u. Zwötzen. 1910. 33.J. (420) gr 8° – Gera: K. Bauch.

— der Gerbereien u. Lederfabriken v. Deutschland. (Unter besond. Berücksicht. der Mitglieder der Lederindustrie-Berufsgenossenschaft.) f. 1901. gr. 8. (146 S.) Ebd. (901.) Geb. in Leinw. n. 10. —

—— der Gerichtsstellen im Deutschen Reiche. Ein Verzeichniß hauptsächl. aller größeren Orte des Deutschen Reichs mit Angabe ihrer Gerichtsstellen, der Amtsgerichte, Landesgerichte und Oberlandesgerichte, nebst einem Anhang, enth.: Alphabet. Verzeichniß der Orte, in welchen Handelskammern und Strafkammern sich befinden. Zusammengest. von Brecht. 1.—3. Aufl. gr. 8. (109 S.) Berlin 879, Burmester und Stempell. cart.

—— 4. Aufl. Ebda 1880. gr. 8.

– Geringswalde, s. Adressbuch f. Rochlitz.

Adressbuch

—— nebst allgemeinem Geschäfts-Anzeiger von Bromberg und dessen Vororten auf das J. 1888. Nach amtl. Quellen bearb. von L. Gardiewski. 8. (VIII, 347 S.) Bromberg, (Mittler'sche Buchh.) ++

Vgl.: Wohnungs-Anzeiger.

— nebst allgemeinem Geschäftsanzeiger v. Bromberg u. dessen Vororten auf d. J. 1890. Bearb. v. C. Gardiewski. gr. 8. (X, 236; 88, 20, 55 u. IV S.) Bromberg. (Berlin, Eisenschmidt & Schulze.) cart. n.n. 4. —

—— nebst allgemeinem Geschäftsanzeiger v. Bromberg u. dessen Vororten auf d. J. 1890. gr. 8. (X, 236; 88, 20, 55 u. IV S.) Bromb. 889. (Lpz., Eisenschmidt u. Schulze.) cart. ** 4 —

– und Geschäftsanzeiger für die Gemeinden Altenessen und Karnap. Ausg. 1905. Altenessen, 1905. 240 S.

— u. Geschäfts-Anzeiger f. Bocholt 1902. Nach amtl. Quellen zusammengestellt u. hrsg. v. Rich. Wiedemann, Seb. Bender, Wilh. Pilsbach. gr. 8. (XIV, 180 S. m. Stadtplan.) Bocholt, E. Grote. Kart. n.n. 3. 50

—— nebst Geschäfts-Anzeiger der Stadt Glauchau. Bearb. von Aug. Lobowsky und Frz. Ehrhardt. Hrsg. im Aug. 1876. gr. 8. (128 S.) Glauchau, (Burow's Buchh.) **

1875, 1877 und 1878 nicht erschienen.

—— dass. — Bearb. von G. A. Neumärker und Fr. Ehrhardt. Hrsg. im Octbr. 1879. gr. 8. (III, 111 S.) (Ebendas.) **

— nebst Geschäfts-Anzeiger der Stadt Glauchau. Bearb. v. A. R. Tschackert u. B. M. Martin. Hrsg. im Mai 1882. gr. 8. (III, 156 S.) Glauchau. (Peschke). n.n. 4.—

— u. Geschäfts-Anzeiger für den Stadtkreis Hagen i/W. Hrsg. v. Heinr. Kruse. 1893. 12. (XXI, 356 S.) Hagen, (O. Hammerschmidt). n. 4. —

– u. Geschäfts-Anzeiger f.d. Stadtkreis Hagen i.W. Hrsg. v. H. Kruse. 1895. 8° (310) – Hagen: (O. Hammerschmidt).

— u. Geschäfts-Anzeiger f. d. Kreis Hamm i. W., umfass. d. Städte: Hamm, Unna, Camen, d. Aemter: Rhynern, Pelkum, Unna-Camen, Fröndenberg m. sämtl. Landgemeinden d. Kreises. A. amtl. Quellen zusammengest. gr. 8. (IV, III, 166, 41, 33 u. 80 S. m. 1 Plan.) Hamm 895. E. Griebsch. Geb. n. 6. —

—— und Geschäfts-Anzeiger für die Stadt Hamm i. W. Aus amtl. Quellen zusammengestellt von C. Eckhoff und A. Derbogen. 8. (XXVIII, 128 S.) Hamm 886, Grote'sche Buchh. *

— u. Geschäfts-Anzeiger f. die Stadt Hamm i/W. Aus amtl. Quellen zusammengestellt v. Th. Schönhoff. 8. (LIII, 133 S. m. 1 farb. Plan.) Hamm i/W. 892. E. Griebsch. Kart. n. 3. —

— u. Geschäfts-Anzeiger f. d. Stadt Limbach i/S. u. d. Amtsgerichtsbez. Limbach nebst d. benachb. Dörfern Hartmannsdorf u. Rußdorf a. d. J. 1896—1897. Nebst e. Plane d. Stadt Limbach, sow. e. Verzeichn. d. i. Handelsregister d. königl. Amtsgerichts zu Limbach eingetr. Firmen u. e. Verzeichn. d. Teilnehmer a. d. Fernsprecheinrichtg. gr. 8. (115 S.) Limbach (M. Stoll). Geb. n.n. 3. —

— u. Geschäfts-Anzeiger f. die Stadt Schwelm. Nach amtl. Quellen zusammengestellt v. Joh. Sahler u. Albert Ritter. gr. 8. (III, 47 S.) Schwelm 891. M. Scherz. Kart. n.n. 2. 50

Adreßbuch u. Geschäfts-Anzeiger f. die Stadt Schwelm. Nach amtl. Quellen zusammengestellt. 3. Aufl. (IV, 214 S.) gr. 8. Schwelm 902. M. Scherz. Geb. in Leinw. n. 3. —

— u. Geschäftsanzeiger f. die Stadt Schwelm. 5. Aufl. Nach amtl. Quellen zusammengestellt. (VII, 278 S.) gr. 8. Schwelm 910. M. Scherz. Geb. in Leinw. 3.50; m. farb. Plan n 4. 25

— — der Oberamtsstadt Tuttlingen m. Stadtplan. Hrsg. v. der Stadtgemeinde Tuttlingen u. in deren Auftrag bearb. v. Balsch, Bitzer, Eyrich. 2. Aufl. gr. 8. (200 S.) Tuttlingen 901. (E. L. Kling.) Kart. n.n. 2. 50

— — der Oberamtsstadt Tuttlingen 1906. Hrsg. v. der Stadtgemeinde Tuttlingen u. in deren Auftrag bearb. v. Bitzer, Heckler, Speck. (II, 174 S.) 8. Tuttlingen 906. (E. L. Kling.) Kart. n. 2. 70; m. Plan n. 3. —

—— —— der Stadt Zittau. 1886/87. gr. 8. (200 S.) Zittau, (Schaeffer.) geb. *

—— —— dass. — 1888/89. gr. 8. (III, 207 S.) Zittau, (Fiedler's Antiqu. — Schaeffer.) geb. *

Adreßbuch u. Geschäfts-Anzeiger der Stadt Zittau. 1890/91. gr. 8. (IV, 206 S.) Zittau, (Fiedler. — Schaeffer). geb. n. 3. —

—— —— dass. — 1892/93. Nebst Stadtplan u. Theaterplan, sowie e. Verzeichniß d. im Handelsregister eingetrag. Firmen aus d. Ortschaften d. Zittauer Umgegend. gr. 8. (256 S.) Ebd. cart. * 4 —

— u. Geschäfts-Anzeiger der Stadt Zittau 1894—1895. Nebst Stadtplan u. Theaterplan, sowie e. Verzeichnis der im Handelsregister eingetragenen Firmen in Zittau u. den benachbarten Ortschaften. gr. 8. (IV, 267 S.) Zittau, (W. Fiedler's Antiqu.). n. 4 —

Adreßbuch u. Geschäfts-Anzeiger d. Stadt Zittau 1898—1899. Nebst Stadtplan u. Theaterplan, sow. Verzeichn. d. i. Handelsregister eingetrag. Firmen Zittaus u. d. benachb. Ortschaften. gr. 8. (352 S.) Zittau (J. Kloß). Kart. n. 4. —

Adressbuch und Geschäfts-Handbuch für Stadt und Kreis Eckernförde. Eckernförde. 1897. 8°.

Adreßbuch und Geschäfts-Handbuch für Stadt und Kreis Eckernförde. 4. Ausg. Eckernförde. 1910. 8°.

Adressbuch

— nebst Geschichte und Fremdenführer f. die Bürgermeistereien Godesberg, Villip u. Siebengebirge incl. d. Luftcurortes Honnef. 8. (IV, 42 S.) Leipzig 886. Lesimple. cart. n. — 80

Adressbuch für Getreide und Mühlen einschliesslich d. Brau- u. Brennereien sowie d. grösseren Gutsbesitzer. 2. wesentl. erw. u. verb. Aufl. Lfg. 1. Berlin: C. Regenhardt 1901. 8°.

= Fachadressbücher, C. Regenhardts .[6.] [ 02.14709

— des Getreide-, Saaten-, Dünge- u. Futtermittelhandels (des Königr. Preussen). Hrsg.: Th. Waage. (418 S) 4. Berlin 901. (Hamburg, G. W. Seitz Nachf.) n. 24. —

Adreß-Buch des Getreide-, Saaten-, Dünge- und Futtermittelhandels. Hrsg. unter freundl. Mitw. ... von Dr. Theodor Waage. Mit e. Anh.: Die Landwirthschaftl. Ein- u. Verkaufsgenossenschaften f. Getreide-, Sämereien-, Dünge- u. Futtermittel. Berlin [1906]: (G. Schenck Sohn). (960, XXXI S.) 8° [Ant. u. F.] [06. 1149]

— des Getreide-, Saaten-, Dünge- u. Futtermittelhandels. 3. Aufl. Hrsg. v. Th. Waage. (1. Hft. 96 S.) 8. Berlin (907). (Hamburg, G. W. Seitz Nachf.) Für vollständig 20. —

— für das graphische Gewerbe. Ratgeber f. Bezugsquellen aller im graph. Gewerbe brauchbaren Bedarfsartikel. 1. Jahrg. gr. 8. (IV, 116 S.) Dresden (900). M. Paul. n. 3. —

— für Gewerbe u. Handel des Großhergth. Baden. Ulm (858). Verlag der Gewerbe- u. Handels-Adreßbücher. 16. (375 S.) n. 1 1/3

—— über Gewerbe und Handel von Stuttgart. Auf Anregung des Lokalgewerbevereins verfaßt von A. C. G. Fischer. 8. (IV und 75 S.) Stuttgart 858, Aue. *

— über u. für den Gewerbe- u. Handelsstand der Großherzogth. Mecklenburg-Schwerin u. Strelitz. Medio 1862. Schwerin, Schmale & Co. gr. (VII. 278 S.) n 1 ₰

— der Gewerbetreibenden, Kaufleute, Fabrikanten, Vereine, Behörden, Aerzte, Advocaten etc. v. Vorarlberg u. dem Fürstenth. Liechtenstein. Hrsg. v. J. Webering. Handelsgeographie, Angabe d. Bezuges v. Landesproducten u. Fabrikaten. gr. 8. (82 S.) Bregenz 888. Wagner. cart. n. 1. 70

— d. deutschen Gewerbe- u. Handwerkervereine, zusammengestellt u. hrsg. v. dem unter dem hohen Protektorate Sr. Maj. d. Königs Friedrich August v. Sachsen steh. allgem. Handwerkerverein zu Dresden. (XI, 139 S.) gr. 8. Dresden 907. W. Baensch. Kart. 2. —

— der Gewerbe- u. Handelswelt Kroatiens im J. 1890. Nach amtl. Quellen zusammengestellt v. Geo. Justić u. Ludw. Strohmayor. (Kroatisch und deutsch.) Lex.-8. (LIV, 246 S.) Agram, Buchhandlg. der Actien-Buchdruckerei. n. 10. —

— gewerbliches, f. die Prov. Ostpreussen. Hrsg. v. der Direction des gewerbl. Centralvereins der Prov. Ostpreuss. gr. 8. (108 S.) Königsberg 882. (Beyer.) n. 1. 50

— sämmtlicher Gewerbs- u. Handelstreibenden sowie d. Staats-Diener d. Verwaltungs-Bezirks Fulda. Hrsg. v. der Gesellschaft der Gewerbs- u. Handels-Fortschritte unter der Firma: H. A. Weber & Co. gr. 8. (126 S.) Fulda 850. (Müller.) n. n. 5/6 ₰

—— Gießen, s. Adreß- u. Geschäfts-Handbuch.

— der Provinzial-Hauptstadt Giessen f. d. J. 1895. Amtl. aufgest. gr. 8. (IV, 172 u. 18 S. m. farb. Plan.) Giessen, C. v. Münchow. Geb. n.n. 4. —

— der Prov.-Hauptstadt Gießen. 1903. Amtlich aufgestellt. Mit e. neurev. Plan der Stadt. gr. 8. (VIII, 252 u. XXIV S. m. Theaterplan.) Gießen, v. Münchow. Kart. n. 4. —

— der Prov.-Hauptstadt Gießen. 1904. Amtlich aufgestellt. Mit e. neu rev. Plan der Stadt. (VIII, 228 u. 56 S.) gr. 8. Gießen, v. Münchow. Kart. n. 4. —

— d. Glas- u. Porzellanwaaren-Handlungen Deutschlands. gr. 8. (IV, 168 S.) Berlin 1897/98. (Berlin-Friedrichshagen, Commerzielles Adreß-Comptoir, C. Teistler & Co.) n. 6. —

– Glashütten, Deutsche, s. Deutschland's Glasindustrie.

— der Glashütten in den Vereinigten Staaten von Amerika. Hrsg. v. der Red. des Sprechsaal in Coburg. (20 S.) 8. Coburg (902). Müller & Schmidt. n. 2. —

– Glashütten in den Vereinigten Staaten v. Nord-Amerika. 2. Aufl. 1909. (21) kl 8° – Coburg: Müller & Sohn.

— der Glas-Industrie, enth. die Firmen der Fabriken, Hütten, Schleifereien, Spiegelbeleganstalten, Raffinerien, Decorationsanstalten, Malereien, Lampenbläsereien, Mosaikanstalten in Deutschland u. Oesterreich-Ungarn m. allen Fabrikmarken. Hrsg. unter Mitwirkg. des Vorstandes des Verbandes der Glasindustriellen Deutschlands v. der Red. des Sprechsaal. 8. (V, 344 S.) Coburg 892. Müller & Schmidt. n. 6. —

— der Glas-Industrie, enth. d. Firmen d. Fabriken, Hütten, Wasserglasfabr., Schleifereien, Spiegelbeleganst., Raffinerien, Decorationsanst., Malereien, Lampenbläsereien, Mosaikanst. in Deutschland u. Oesterreich-Ungarn m. allen Fabrikmarken. II. Aufl. Hrsg. unt. Mitwirkg. d. Vorst. d. Verb. d. Glasindustriellen Deutschlands v. d. Red. d. Sprechsaal. 8. (VI, 452 S.) Coburg 895. Müller & Schmidt. n. 6. —

— der Glas-Industrie; enth. die Firmen der Fabriken, Hütten, Wasserglasfabriken, Schleifereien, Spiegelbeleganstalten, Raffinerien, Decorationsanstalten, Malereien, Lampenbläsereien, Mosaikanstalten in Deutschland u. Oesterreich-Ungarn m. allen Fabrikmarken. 3. Aufl. Hrsg. unter Mitwirkg. d. Vorstandes d. Verbandes der Glasindustriellen Deutschlands v. der Red. des Sprechsaal in Coburg. 8. (VI, 464 S.) Coburg 899. Müller & Schmidt. n. 6. —

— der Glas-Industrie, enth. die Firmen der Fabriken, Hütten, Schleifereien, Aetzereien, Biegereien, Belegereien, Sandbläsereien, Malereien, Druckereien, Lampenbläsereien u. Mosaikanstalten in Deutschland u. Österreich-Ungarn m. den Fabrikmarken. 7. Aufl. Hrsg. v. der Red. des Sprechsaal in Coburg. (VI, 621 S.) 8. Coburg 906. Müller & Schmidt. Kart. n. 6. —

Adressbuch der Glas- und Porzellanwaaren-Handlungen Deutschlands. 1. Aufl. *Berlin: O. Simmel-Walther* (auf d. Umschl.: *Berlin-Friedrichshagen: C. Teistler & Co.*) 1897/98. (168 S.) 8° [F.]

Adreßbuch v. Glas, s. Adreß- u. Auskunftsbuch.

— für die Grafschaft Glatz, Reg.-Bez. Breslau. Unter theilweiser Benutzung amtl. Quellen verf. u. hrsg. von Frz. Krieger. 1. Jahrg. gr. 8. (IV, 164 S.) Glatz 886, (Platz.) n. 2. 50

Adressbuch für die Grafschaft Glatz bezw. der bedeutendsten Plätze der Grafschaft. Unter Benutzung amtl. Materials hrsg. von Johannes Villain. [1.] Glatz: Jenkner 1910/11. 8°

—— der Fabrik- u. Handelsstadt Glauchau f. d. J. 1892. Aufgestellt vom Einwohner-Amte d. Stadt Glauchau. 1. Ausg. gr. 8. (IV, 195 S. m. farb. Plan.) Glauchau, R. Dulce. cart. ** 4 —

— der Fabrik- u. Handelsstadt Glauchau f. d. J. 1894. Aufgestellt vom Einwohner-Amte der Stadt Glauchau. 2. Ausg. Mit e. (farb.) Plane der Stadt Glauchau. gr. 8. (IV, 217 S.) Glauchau, (A. Peschke). Kart. n.n. 4. —

— der Fabrik- u. Handelsstadt Glauchau f. d. J. 1898. Aufgest. v. Einwohner-Amte d. Stadt Glauchau. 4. Ausg. M. 1 Plane d. Stadt Glauchau. gr. 8. (IV, 238 S.) Glauchau (A. Peschke). Kart. n.n. 4. —

— der Fabrik- u. Handelsstadt Glauchau f. d. J. 1900. Aufgestellt vom Einwohner-Amte der Stadt Glauchau. 5. Ausg. gr. 8. (IV, 284 S. m. farb. Plan. Glauchau (A. Peschke). Kart. n.n. 4. —

— der Fabrik- u. Handelsstadt Glauchau m. den Ortschaften Albertsthal u. Rothenbach f. d. J. 1904. Aufgestellt vom Stadtrate zu Glauchau. 6. Ausg. (IV, 298 S. m. farb. Plan.) gr. 8. Glauchau (A. Peschke). Kart. n.n. 4. 25

— der Stadt Glauchau nebst Geschäfts-Anzeiger. Bearb. v. einigen städt. Beamten. Hrsg. am 1. Juni 1886. gr. 8. (XV, 143 S.) Glauchau 886. (Peschke.) n.n. 4. —

— der Stadt Glauchau, nebst Geschäfts-Anzeiger. 1888. Hrsg. am 15. Aug. 5. Aufl. gr. 8. (VIII, 166 S.) Glauchau, (Peschke). n.n. 4. —

— v. Gleiwitz, s. Adreß- u. Geschäfts-Handbuch.

— für die Stadt Gleiwitz. Bearb. v. F. Heine. Mit e. Plane der Stadt Gleiwitz. gr. 8. (IV, 136 S.) Gleiwitz 887. (Raschdorff.) n. 3. 50

— f. Glogau sow. statist. Ortschafts-Nachweis d. Glogauer Kreises (Grundbesitzer, königl. u. Communalbeamte, Gewerbetreibende, Handwerksmeister ꝛc.) u. Nachweisg. d. Behörden u. Gewerbetreib. d. Städte Beuthen a/O., Polkwitz, Schlawa. gr. 8. (IV, 176 u. 67 S.) Glogau 895. G. John. Kart. n. 4. —

— für die Stadt Glogau, sowie statistischer Ortschafts-Nachweis d. Glogauer Kreises u. Nachweisung der Behörden u. Gewerbetreibenden der Städte Beuthen a/O., Polkwitz, Schlawa. Jahrg. 1893/94. gr. 8. (VI, 188 u. 53 S.) Glogau, G. John. Geb. in Leinw. n. 5. 70

— der Stadt u. des Kreises Glogau. Zusammengestellt v. G. Alex. (VII, 274, 157 u. 66 S. m. 1 farb. Karte u. 2 [1 farb.] Plänen.) 8. Glogau 910. (Hellmann.) Geb. in Halbleinw. nn 6. —

—— für die Städte Glogau und Polkwitz in Verbindung mit einem statist. Ortschafts-Nachweis des Glogauer Kreises. Zusammengestellt nach amtl. Quellen und der im Monat Juli bewirkten Einwohner-Aufnahme der Stadt Glogau. 8. (XXIII, 237 S.) Glogau 877. Exped. des „Stadt- und Landboten". * *

— für Glücksburg, s.: Adreßbuch f. Flensburg.

— v. Gmünd, s.: Adreß- u. Geschäfts-Handbuch.

— für Godesberg u. Mehlem. 1900. 8. (95 S.) Godesberg (J. Schugt). Kart. n. 2. —

— f. Godesberg, Plittorsdorf u. Rüngsdorf nebst Strassenskizze 1890. 8. (IV, 64 S.) Bonn, Strauss. cart.

— für Godesberg, Plittersdorf-Rungsdorf u. Mehlem. 1898. 8. (123 S.) Godesberg (G. Schlosser). Kart. n. 2. —

— für Gohlis auf d. J. 1879. Nach amtl. Quellen u. statist. Aufnahmen bearb. v. Chr. Sandler. gr. 8. (75 S.) Gohlis, (Sandler). cart. 2. —

— für Gohlis auf d. Jahr 1886. Nach amtl. Quellen bearb. v. Hugo Schneider u. Paul Boragk. Mit e. Geschäftsanzeiger. gr. 8. (95 S.) Gohlis, (Th. Fritzsche). cart. n.n. 2. 50

—— für Gohlis und Möckern nebst einem Verzeichniß der Gewerbetreibenden in Eutritzsch, Gohlis und Möckern auf 1866. gr. 8. (II und 80 S.) Ebendas. * *

— für die Stadt Goldberg i Schl. 1900. Angefertigt auf Grund der Personenstands-Aufnahme am Ende Oktbr. 1899 v. P. Schramm. 12. (55 S.) Goldberg (C. Obst). n.n. 1. —

**Adressbuch** der Stadt Goldberg in Schlesien. [1.] Goldberg: E. Gruhn in Warmbrunn 1906. 8° [F.] [07. 7151 2

— der Stadt Goldberg in Schlesien. (89 S.) 8. Warmbrunn 906. (Goldberg, C. Obst.) n. 2. —

— der Oberamtsstadt Göppingen, s.: Adreß- u. Geschäfts-Handbuch.

Adreßbuch von Görlitz, s. Handels- und Gewerbe-Adreßbuch.

Adressbuch von Görlitz, s. Wohnungsanzeiger und Adreßbuch

— der Stadt Görlitz. 2. Ausg. gr. 8. (52 S.) Görlitz 852, Heyn. n. 1/3 ℛ

**Adreßbuch**, Görlitzer, f. d. J. 1889. Mit 1 Plane d. Stadt u. 1 Uebersichtsplan der Plätze im Stadttheater. gr. 8. (VIII, 438 S.) Görlitz 889. (Remer.) cart. n.n. 4. —

—— Görlitzer, auf d. J. 1891. Nebst wicht. Bekanntmachgn., Tarifen u. s. w. f. Handel, Verkehr u. Haus. Mit e. Plane der Stadt u. 2 Theaterplänen. gr. 8. (IV, 468 S.) Görlitz, (Remer). cart. * * 4 —

— Görlitzer, 1893. Nebst wicht. Bekanntmachgn., Tarifen ꝛc. f. Handel, Verkehr u. Haus. gr. 8. (V, III, 512 S. m. Stadtplan u. 2 Theaterplänen.) Görlitz, (H. Tzschaschel). Kart. n. 5. 30

— Görlitzer, 1896. Nebst wicht. Bekanntmachgn., Tarifen ꝛc. f. Handel, Verkehr u. Haus. gr. 8. (V, III, 518 S. m. Stadtplan u. 3 Theaterplänen.) Görlitz 896. (E. Remer.) Kart. n.n. 4. 50

— der Stadt Goslar. Nebst e. Stadtplan, sowie e. Anh. Geschäftsanzeiger. gr. 8. (IV, 96 S.) Goslar 900. (F. A. Lattmann). n. 3. —; geb. n. 3. 50

— Goslar'sches, f. d. J. 1865. Goslar, Brückner. 8. (96 S. u. 1 lith. Plan.) 15 ngr.

—— der Residenzstadt Gotha 1865 und 1867. 8. (VIII und 119 S., IV und 144 S.) Gotha, (Thienemann.) geb. 1865. * 1867. *

—— der Residenzstadt Gotha. 1868. 1870. 1871. 1872. 1873. 1874. 8. (VI, 152; IV, 162; IV, 164; IV, 172; IV, 176; IV, 176 S.) Gotha, Thienemann. 1868, 1870—1873 à * 1874 *

—— der Residenzstadt Gotha. 1875. 1876. 1877/78. 1878/79. 1879/80. 8. (à ca. 200 S.) Gotha, (Thienemann.) cart. à Jahrg. * *

—— der Residenzstadt Gotha. 1880/81. 1881/82. 1882/83. 1883/84. 8. (à ca. 200 S. mit Taf. und Plänen.) Gotha, (Thienemann.) cart. à Jahrg. *

—— dass. — 1884/85. 8. (232 S.) Gotha, Engelhard-Reyher'sche Hofbuchdruckerei. geb. *

—— der Residenzstadt Gotha. 1885/86. 8. (237 S.) Gotha, Engelhard-Reyher'sche Hofbuchdruckerei. geb. * *

— der Residenzstadt Gotha f. d. Zeitraum v. 1. Juli 1886 bis 30. Juni 1887. 8. (254 S.) Gotha, Engelhard-Reyher'sche Hofbuchdr. geb. n. n. 2. 40

—— dass. — für den Zeitraum vom 1. Juli 1887 bis 30. Juni 1888. 8. (IV, 257 S. nebst Stadtplan.) Ebendas. geb. * *

—— dass. — für den Zeitraum vom 1. Juli 1888 bis 30. Juni 1889. 8. (IV, 260 S. mit verb. Stadtplan.) Ebendas. geb. * *

—— der Residenzstadt Gotha f. den Zeitraum vom 1. Juli 1889 bis 30. Juni 1890 u. 1. Juli 1890 bis 30. Juni 1891. 8. (III, 267; III, 278 S. m. je 1 Stadtplan.) Gotha, Engelhard-Reyher'sche Hofbuchdr. geb. à Jahrg. * * 3 —

—— dass. — f. den Zeitraum vom 1. Juli 1891 bis 30. Juni 1892 u. 1. Juli 1892 bis 30. Juni 1893. 8. (III, 283; III, 284 S. m. je 1 Stadtplan.) Ebd. geb. à Jahrg. * * 2 50

— der Residenzstadt Gotha f. den Zeitraum vom 1. Juli 1894 bis 30. Juni 1895. Mit verb. Stadtplan. 8. (III, 300 S.) Gotha, Engelhard-Reyher'sche Hofbuchdr. Geb. in Leinw. n.n. 2. 50

— d. Residenzstadt Gotha f. d. Zeitraum v. 1. Juli 1898 b. 30. Juni 1899. Nebst verb. Stadtplan. 12. (IV, 318 S.) Gotha, Engelhard-Reyher'sche Hofbuchdr. Geb. in Leinw. n.n. 2, 50

— der Residenzstadt Gotha f. den Zeitraum vom 1. VII. 1902 bis 30. VI. 1903. 12. (IV, 428 S.) Gotha, Engelhardt-Reyher'sche Hofbuchdr. (Nur direkt.) Geb. in Leinw. n.n. 3. 25

— der Residenzstadt Gotha f. den Zeitraum vom 1. VII. 1903 bis 30. VI. 1904. (IV, 443 S.) 12. Gotha, Engelhardt-Reyher'sche Hofbuchdr. (Nur direkt.) Geb. in Leinw. n.n. 3. 25

— der Residenzstadt Gotha f. den Zeitraum vom 1. VII. 1910—30. VI. 1911. (527 S.) kl. 8. Gotha, Engelhard-Reyher'sche Hofbuchdr. Geb. in Leinw. nn 3.50.

— des Amtsgerichtsbez. Gräfenthal u. der angrenzenden Ortschaften. Nach amtl. Quellen bearb. 1901. 8. (VIII, 111 S.) Saalfeld, C. Niese. Kart. n.n. 1. 50.

— Grasdorf, s. Adressbuch Leipzig-Land.

**Adressbuch des Kantons Graubünden pro 1896/97.** Bearb. von *L. Jost.* Mit einer Textbeigabe (128 S.) u. 1 Karte des Kantons, aufgen. vom Eidgen. statist. Büreau (Mass-Stab 1 : 250,000). Gr. in-8⁰. IV, 10, 128, 120 S. nebst XV und 222 S. Anzeigen. Samaden, Simon Tanner. Cart. 6 —

—— der Stadt und Festung Graudenz. 1889. 8. (44, LXIII S. mit Plan.) Graudenz, Gaebel's Buchh. **

— der Stadt u. Festung Graudenz. gr. 8. (39, LXIII S. m. lith. Plan.) Graudenz 890. Gaebel. n. 1. 75 cart. n. 2. —

— der Stadt u. Festung Graudenz. Nach amtl. Mitteilgn. zusammengestellt. gr. 8. (51 u. XXXIX S. m. 1 farb. Plan.) Graudenz 893. J. Gaebel. Kart. n. 3. —

— der Stadt u. Festung Graudenz. N. amtl. Mitteilgn. zusammengest. gr. 8. (III, 54 u. XXX S.) Graudenz 895. J. Gaebel. Kart. n. 3. —

—— von Graz, s. Adreß- und Geschäfts-Handbuch. — Geschäfts- und Adreß-Kalender.

— der Landeshauptstadt Graz, s.: Adressenbuch.

— Graser. s.: Adressenbuch.

— v. Greifswald, s.: Adreß- u. Geschäfts-Handbuch.

Adreßbuch von Greifswald, s. Wohnungs-Anzeiger.

—— Greifswalder, für 1870. Berichtigt bis zum Tage der Herausgabe. Hrsg. von Nap. von Kameke. gr. 8. (100 S.) Greifswald. (Scharff.)

— Greifswalder, f. 1872. Nach der neuesten Volkszählg. aufgestellt v. W. Fortong. Mit e. (lith.) Plane der Stadt (in qu. gr. 4.) gr. 8. (IV, 101 S.) Greifswald 872. Bindewald. geb. n. 3. —

— Greifswalder, u. Geschäfts-Anzeiger f. 1880. Nach amtl. Quellen bearb. Ausg. gr. 8. (IV, 125 S.) Greifswald, Bindewald. n. 2. —; geb. n. 2. 50

—— von Greiz, s. Adreß- und Geschäfts-Handbuch.

— für die Stadt Grimma u. die in dem königl. Amtsgerichtsbez. Grimma gelegenen Städte Brandis, Mutzschen, Naunhof, Nerchau u. Trebsen. 1901/02. Mit Uebersichtsplan der Stadt Grimma. Bearb. nach amtl. Unterlagen v. Arth. Schröter. gr. 8. (IV, 147 u. 62 S.) Grimma 901. (G. Gensel's Verl.) Geb. in Leinw. n.n. 4. —

— für die Städte Grimma, Brandis, Mutzschen, Naunhof, Nerchau u. Trebsen sowie 62 Nachbar-Landgemeinden 1905—06. 2. Ausg. Bearb. nach amtl. Unterl. v. Arth. Schröter. (IV, 120, 11, 7, 12, 11, 6 u. 52 S. m. 1 Plan u. 1 Karte.) gr. 8. Grimma (G. Gensel, Buchh.). Geb. in Leinw. n.n. 4. —

— für die Städte Grimma, Brandis, Mutzschen, Naunhof, Nerchau u. Trebsen sowie 83 Nachbar-Landgemeinden 1909/10. 3. Ausg. Bearb. nach amtl. Unterlagen v. Arth. Schröter. (IV, 122, 12, 8, 15, 12, 8, 74 u. 74 S. m. 1 Plan u. 1 Karte.) gr. 8. Grimma, (G. Gensel). Geb. in Leinw. nn 4. —

— des Kreises Gronau. Nach amtl. Material bearb. 12. (211 S.) Hildesheim (899.) F. Borgmeyer. Kart. n. 1.50

— für die Stadt Gronau i. W., nebst e. Sammlg. der f. den Bezirk der Stadt Gronau erlassenen Ortsstatute u. Polizei-Vorschriften sowie e. kurzen Beschreibg. der Behörden der Prov. Westfalen ꝛc. Anh.: Geschäfts-Anzeigen. Nach amtl. Quellen bearb. v. Frz. Kluge. (142 S. u. S. 101—192.) 8. Gronau 905. J. Schievink. Geb. n. 3. —

—— von Großenhain, s. Adreß- und Geschäfts-Handbuch.

Adressbuch

— großes, des Handels-, Fabrik- u. Gewerbestandes von Baden. Mit Handelsgeographie, Ortsregister u. Verzeichniß der Bezugsquellen verschiedener Waaren, Produkte u. Fabrikate. Persönlich u. nach amtl. Quellen bearb. Nürnberg, 863. Leuchs & Co. Lex.-8. (134 S.) n. 1 ₰ 20 ngr.

— großes, d. Handels-, Fabrik- u. Gewerbestandes d. Königreichs Bayern. Zugleich Handelsgeographie, Produkten- u. Fabrikaten-Bezugsangabe. Herausg. von J. C. Leuchs. 7., ganz umgearb. Ausgabe von 1863/64. Nürnberg, 864. Leuchs & Co. Lex. 8. (2 Bl., 436 S.) 2 ₰

—— großes, des Handels-, Fabrik- und Gewerbstandes von Nord-Deutschland. 1. Bd.: Adreßbuch von Anhalt-Bernburg, Anhalt-Dessau, Braunschweig, Mecklenburg-Schwerin und Mecklenburg-Strelitz, Holstein und Lauenburg, Oldenburg, Hannover, Lippe, Schaumburg-Lippe, Waldeck, Schwarzburg-Sondershausen, Schwarzburg-Rudolstadt, Hamburg, Bremen und Lübeck, mit handelsgeograph. Einleitungen, einem „Adressen-Anzeiger", einem Ortsregister und einem genauen Verzeichnisse über die Bezugsquellen der verschiedenen Producte und Fabrikate. Persönlich und nach amtl. Mittheilungen aufgenommen und systemat. bearb. von Chrph. Sandler. 4 Lfgn. Lex.-8. (IX und 640 S.) Chemnitz 860, Focke. à Lfg. ⅓ Thlr.

— grosses, d. Handels-, Fabrik- u. Gewerbstandes von Nord-Deutschland. Chemnitz, Focke. Lex.-8.
1. Bd.: Adressbuch d. Handels-, Fabrik- u. Gewerbstandes von Schleswig, Holstein u. Lauenburg, Anhalt, Braunschweig, Mecklenburg, Oldenburg, Hannover, Lippe, Schaumburg-Lippe, Waldeck, Schwarzburg, Hamburg, Bremen u. Lübeck, mit handelsgeograph. u. topograph. Einleitungen, e. „Adressen-Anzeiger", e. Ortsregister etc. Nach amtl. Mittheilungen aufgenommen u. systematisch bearb. von Chrph. Sandler. 2., durch e. Nachtrag verm. u. bis Mitte 1865 vollständig rectificirte Aufl. 1866. (1249 S.) n. 5 ₰ 15 ngr; Nachtrag apart n. 3 ₰ 20 ngr.

—— dass. — 2. Bd.: Das Königreich Preussen. 1. Abthl.: Adreßbuch des Handels-, Fabrik- und Gewerbstandes v. Rheinland und Westphalen, mit handelsgeograph. Einleitgn., einem Adressen-Anzeiger, einem Ortsregister und einem genauen Verzeichnisse über die Bezugsquellen der verschiedenen Producte und Fabrikate. Persönlich und nach amtl. Mittheilungen aufgenommen und systemat. bearb. von Chrph. Sandler. (VIII und 472 S. mit 1 Stahlst.) Lex.-8. Köln 862, W. Greven. Thlr. *

—— dass. — 2. Bd.: Das Königreich Preussen. 2. Abthl. 1. Hälfte: Adressbuch von Brandenburg, Sachsen und Pommern mit handelsgeograph. Einleitungen, einem „Adressen-Anzeiger", einem Orts-Register und einem genauen Verzeichnisse über die Bezugsquellen der verschied. Producte und Fabrikate. Persönlich und nach amtl. Mittheilungen aufgenommen und systemat. bearb. von Chrph. Sandler. Lex.-8. (208 S. mit 1 Stahlst.) Berlin 863, Boettcher. *

—— dass. — 2. Abthl. 2. Hälfte. Lex.-8. (VII und S. 209—583 mit 1 Stahlst. in qu. Fol.). Ebendas. 863. *

—— dass. — 3. Bd. 1. Hälfte: Adressbuch vom Königreich Sachsen, von den sächs. Herzogth. und den thüring. Staaten mit handelsgeograph. Einleitungen, einem „Adressenanzeiger", einem Ortsregister etc. Nach amtl. Mittheilungen aufgenommen und systemat. bearb. von Chrph. Sandler. Lex.-8. (S. 1—208). Chemnitz 864. Focke. *

—— —— 3. Bd. 2. Hälfte: Adressbuch vom Königr. Sachsen, von den sächs. Herzogth. u. den thüring. Staaten u. handelsgeograph. Einleitungen, e. „Adressen-Anzeiger", e. Ortsregister etc. Nach amtl. Mittheilungen aufgenommen u. systematisch bearb. von Chrph. Sandler. 2. Hälfte. 1864. (IV. S. 209—509.) n. 1 ₰ 10 ngr.

—— dass. — 3. Bd. 2. Hälfte. Lex.-8. (IV und S. 209—509.) Ebendas. 865. *

— großes, d. Handels-, Fabrik- u. Gewerbestandes v. Rheinpreußen, Westfalen, Birkenfeld, Lippe u. Luxemburg. 6., ganz neu aufgenommene Ausg. Nebst Handelsgeographie, Produkten- u. Fabrikaten-Bezugsangabe. gr. 8. (507 S.) Nürnberg 871. Leuchs & Co. 12. —

— großes, d. Handels-, Fabrik- und Gewerbstandes von Ungarn, Siebenbürgen, Banat, Croatien, Slavonien, Siebenbürgische-, Croatische-, Slavonische- Militärgränze, Galizien, Dalmatien. Mit Handelsgeographie, Register der Orte, Fabrikate u. Produkte. Nürnberg, 862. Leuchs & Co. 4. (162 S.) n. 1 ₰ 20 ngr.

—— großes, der Kaufleute, Fabrikanten u. handelnden Gewerbsleute v. Europa u. d. Hauptplätzen d. fremden Welttheile. Zugleich Handelsgeographie, Produkten- u. Fabrikaten-Bezugsangabe. Nr. 1—24. gr. 8. Nürnberg, Leuchs u. Comp. à Nr.

Nr. 1. Königr. Bayern. 2., verb. Ausg. (22 B.) 844. (1. Asg. 1841).
- 2. Königr. Württemberg, Großh. Baden u. Fürstenth. Hohenzollern. 1. Ausg. 842 (16½ B.) 2. Ausg. mit d. Nachträgen v. 1845. (18¼ B.) 846.
- 3. Freie Stadt Frankfurt, Großh. Hessen, Kurfürstenth. Hessen u. Herzogth. Nassau. (10 B.) 842.
- 4. Rheinpreußen u. Westphalen. (17¾ B.) 842.
- 5. Königr. Sachsen. Großh. Sachsen-Weimar. Herzogth. Sachsen-Meiningen-Hildburghausen u. Koburg-Gotha. Fürstl. Reuß'sche u. Schwarzburg'sche Länder. (15¾ B.) 842.

Adreßbuch, großes, der Kaufleute, Fabrikanten &c.

Nr. 6. Hamburg, Bremen, Lübeck. (7 B.) 844
- 7. Hannover, Braunschweig, Oldenburg, Mecklenburg. (Nebst Regierungsbezirk Posen, als Nachtrag zu Nr. 9.) (9¼ B.) 844.
- 8. Preußisch-Sachsen, Anhalt, Detmold, Lippe-Schaumburg, Waldeck u. Regierungsbezirk Trier. (11 B.) 843.
- 9. Brandenburg, Preußen, Posen, Pommern, Schlesien. (33 B.) 843.
- 10. Die Schweiz. (17¼ B.) 844.
- 11. Tyrol, Steyermark, Illyrien, Dalmatien u. Triest. (6½ B.) 844.
- 12. Böhmen, Mähren, Galizien, Krakau. 2. Ausg. mit d. Nachträgen von 1845. (10½ B.) 845.
- 13. Oesterreich ob. u. unter d. Enns. (7 B.) 844.
- 14. Ungarn u. Siebenbürgen. (9 B.) 844.
- 15. Belgien, Holland u. Luxemburg. (10⅛ B.) 844.
- 16. Holstein, Schleswig, Lauenburg u. Dänemark. (7¼ B.) 846.
- 17. Schweden u. Norwegen. (3 B.) 846.
- 18. Rußland u. Polen. (6¾ B.) 845.
- 19. Frankreich. (24¼ B.) 844.
- 20. Italien mit Sizilien u. Malta. (7½ B.) 845.
- 21. England, Schottland u. Irland. (9½ B.) 846.
- 22. Die Königr. Spanien u. Portugal. (3¼ B.) 845.
- 23. Griechenland, Türkei, Asien, Afrika u. Australien. (13 B.) 845.
- 24. Amerika. (9¼ B.) 846.

—— Grossgrundbesitzer- und Güter-Lexikon, s. Hoffmann, Paul.

—— der Gross-Grundbesitzer im Königr. Kroatien-Slavonien. Mit Angabe der ihnen gehör. Güter nebst Post-, Telegraphen- u. Eisenbahn-Stationen, Comitat [Kreis], Steuergemeinde, Bezirksamt, Orts- u. Bezirks-Gericht, Gerichtshof, ferner die Grösse der Güter nach Joch u. Klafter. Nach amtl. u. authent. Quellen bearb. durch Emil Jahnz. gr. 8. (96 S.) Agram 890, (Hartman's Verlag). ** 3 —

— der Grossgrundbesitzer im Königr. Kroatien-Slavonien. Nach amtl. Quellen zusammengestellt durch Emil Jahnz. 2. rev. Aufl. 4. (21 autogr. S.) Agram 901. (L. Hartman.) n. 4. —

Adressbuch der Grossgrundbesitzer im Königreich Kroatien-Slavonien. 3. Aufl. Gr.-8°. (23 S) Agram: Hartmann (Kugli u. Deutsch) 1902.

—— der Groß-Grundbesitzer des Deutschen Reichs und der Oesterreich-Ungar. Monarchie, s. General-Adreßbuch.

—— des deutschen Grosshandels und Fabrikstandes von H. Rudolph. 1854. gr. 16. (243 S.) Leipzig 853, Rudolph. *

—— des deutschen Grosshandels und Fabrikstandes incl. aller Spedition - Commission - Incasso - Export - Bank - und Wechselgeschäfte von H. Rudolph. 1855. Nebst Suppl. 16. (312 S.) Leipzig 855, Rudolph. Thlr. *

Adressbuch des deutschen Grosshandels und Fabrikstandes incl. aller Spedition-Commission-Incasso-Export-Bank- und Wechselgeschäfte von H. Rudolph. 1856. Nebst Suppl. 16. (312 S.) Leipzig 856, Deckmann. *

—— der, die leipziger Messe besuchenden Großhändler und Fabrikanten nebst Angabe ihrer Geschäftslocale in Leipzig, Braunschweig und Frankfurt a. O. und einem Verzeichniß der Firmen nach Waaren, Fabrikaten und Geschäftsbranchen. 1. Jahrg. 1854. Von H. Rudolph. 16. (196 S.) Leipzig, Hinrichs'sche Buchh. **

—— dass. — Mit einem Verzeichniss der Firmen nach Waaren, Fabrikaten und Geschäftsbranchen. Von H. Rudolph. 1855. 5. Jahrg., durchgängig neu bearb. 16. (189 S.) Leipzig, Deckmann. *

—— dass. — Von H. Rudolph. 1855. 5. Jahrg., durchgängig neu bearb. Michaelis-Messe. 16. (203 S.) Ebds. *

—— dass. — Von H. Rudolph. 1856. 6. Jahrg., durchgängig neu bearb. Neujahr-Messe. 16. (199 S.) Leipzig, Deckmann. *

—— dass. — 6. Jahrg. 1856. (Oster-Messe.) Mit einem Anhang. 16. (204 S.) Ebds. *

—— der die leipziger Messe besuchenden Grosshändler und Fabrikanten mit Angabe ihrer Geschäftslocale in Leipzig, Braunschweig, Frankfurt a. O. etc. und einem Verzeichniss der Firmen nach Waaren, Fabrikaten und Geschäftsbranchen. Von H. Rudolph. 1857—59. 7—9. Jahrg., durchgängig neu bearb. 16. (230, 250 und 267 S.) Leipzig 857—59, (Hübner.) à Jahrg. [illegible] -

— — 1857. 7. Jahrg., durchgängig neu bearb. Leipzig, Umlauf u. Lüder. 16. (1 Bl. 230 S.) n. 17½ ngr

— — 1858. 8. Jahrg., durchgängig neu bearb. Ebend. 16. (1 Bl., 250 S.) n. 17½ ngr

— der die Leipziger Messe besuchenden Grosshändler u. Fabrikanten m. Angabe ihrer Geschäftslocale in Leipzig, Braunschweig, Frankfurt a. O. etc. u. e. Verzeichniss der Firmen nach Waaren, Fabrikaten u. Geschäftsbranchen. Von H. Rudolph. 1859. 9. Jahrg., durchgängig neu bearb. Leipzig, Umlauf & Lüder. 16. (267 S.) n. 17½ ngr

— der Gross-Industrie, d. Gross- u. Export-Handels d. Deutschen Reiches, Oesterreich-Ungarns u. d. Schweiz. Nach Branchen geordn. m. Inhaltsverzeichniss. 3 Tle. in 1 Bd. gr. 8. (XVII, 480; VII, 364 u. VI, 111 S.) Leipzig 897. (W. Malende.) Geb. in Leinw. n. 15. —

Adressbuch der Gross-Industrie, des Gross- und Export-Handels des Deutschen Reiches, Oesterreich-Ungarns und der Schweiz mit Inhaltsverzeichnis. 6. Aufl. (Bd 1—3 [in 1 Bd].) Halle: J. Benkenstein [1906]. (586, 241, 107 S.) 8° [06. 13417 B

— der Gross-Industrie, des Gross- u. Export-Handels des Deutschen Reiches, Oesterreich-Ungarns u. der Schweiz m. Inhaltsverzeichnis. 6. Aufl. (586, 241 u. 107 S.) gr. 8. Halle (906). (C. Marhold.) Geb. in Leinw. n. 25. —

— Grossinserenten u. reklametreib. Firmen Deutschlds, s. Adressen-Register.

— von Groß-Lichterfelde, auf Grundlage amtl. Materials bearb. v. D. Schönwandt. 1. Jahrg. 1895. gr. 8. (IV, 132 S. m. farb. Plan.) Groß-Lichterfelde, B. Gebel. Geb. in Leinw. n.n. 3. —

— von Groß-Lichterfelde, Lankwitz, Teltow m. Seehof. III. Jahrg. 1898. M. Plan v. Groß-Lichterfelde. gr. 8. (III, 175 S.) Groß-Lichterfelde, B. Gebel. Geb. n. 2. —

— Grossmiltitz, s. Adressbuch Leipzig-Land.

— v. Großschönau i. S., s.: Adreß- u. Auskunftsbuch.

Adressbuch der Gruben, Hütten, Maschinenfabriken etc. v. M Stein. Leipzig 1876

— Grünau, s. Adressbuch f. Cöpenick.

— der Stadt Grünberg in Schlesien unter Berücksicht. der Ortschaften des Kreises. Nebst e. Anh.: Inserate. gr. 8. (IV, 113 S.) Grünberg 880. Weiß' Nachf. n.n. 3. —

— der Stadt Grünberg in Schlesien unter Berücksichtg. d. Ortschaften d. Kreises. gr. 8. (104 S.) Grünberg 884. Weiß' Nachf. n. 3. —

— der Stadt Grünberg in Schlesien, unter Berücksicht. der Ortschaften d. Kreises. Nebst e. Anh.: Inserate. gr. 8. (III, 151 S.) Grünberg i/Schl. 887. Weiß' Nachf. Verl. n. 3. —

Adressbuch

— des ländlichen Grundbesitzes in der Prov. Brandenburg, nach amtl. Quellen bearb. v. R. de Terra. gr. 8. (III, 164 S.) Berlin 893. O. Dreyer. Kart. n. 5. —

— d. landwirthschaftl. Grundbesitzes im Königr. Sachsen. Bearb. v. H. Dege. 8. (IV, 227 S.) Leipzig 890. Exped. d. Leipziger Nachrichten. geb. n. 6. —

— des landwirthschaftlichen Grundbesitzes im Königr. Sachsen. Nach authent. Quellen aufgenommen u. bearb. v. Herm. Dege. gr. 8. (IV, 227 S.) Leipzig-Reudnitz 891. (Berlin, Horn & Raasch.) Geb. n. 6. —

— des landwirthschaftlichen Grundbesitzes in der Prov. Sachsen. Nach authent. Quellen aufgenommen u. bearb. v. Herm. Dege. gr. 8. (VI, 111 S.) Berlin 891. Horn & Raasch. Geb. in Leinw. n. 5. —

— des landwirthschaftlichen Grundbesitzes in den Thüringischen Staaten, nach authent. amtl. u. zuverläss. Quellen bearb. v. Arth. Jahnke. 2 Bde. gr. 8. (1. Bd. IV, 110 S.) Leipzig 893. A. Jahnke. Geb. in Leinw. „ 10. —

— des Grundbesitzes im Herzogth. Posen dem Areal nach v. 500 Morgen aufwärts. Mit Angabe d. Gutes, der speciellen Culturarten, d. Grundsteuer-Reinertrages, d. Besitzers resp. Pächters, der nächsten Post-, Eisenbahn- u. Telegraphen-Stationen u. der Industriezweige, welche auf dem betreff. Gute betrieben werden. Nach amtl. Quellen zusammengestellt. gr. 8. (VIII, 221 S.) Berlin 872. Bürde & Co. n. 6. —

— des Grundbesitzes in der Prov. Sachsen dem Areal nach v. 500 Morgen aufwärts. Mit Angabe d. Gutes, der speciellen Culturarten d. Grundsteuer-Reinertrages, d. Besitzer resp. Pächter, der nächsten Post-, Eisenbahn- u. Telegraphen-Stationen u. der Industriezweige, welche auf dem betreff. Gute betrieben werden. Aus amtl. Quellen zusammengestellt. gr. 8. (VII, 289 S.) Ebend. 872. n. 6. —

**Adreßbuch** des schlesischen Grundbesitzes. Nach amtl. u. authent. Quellen bearb. Ausg. 1910. Berlin, Gr.Lichterfelde-West & Leipzig: Ceres 1910. 343 S. 8°
(Adreßbücher d. Grundbesitzes f. d. Deutsche Reich. Bd 1.) 10. 1854

— für Grunewald-Halensee nebst Berliner Verkehrs-Lexicon. Mit Plan v. Grunewald-Halensee u. Verkehrsplan v. Berlin. 1. Sem. 12. (XVIII, 198, 128 u. 102 S.) Berlin 899. M. Schildberger. Kart. n. 2. —

— der Stadt Guben. (Geschlossen am 31. XII. 1903.) Hrsg. v. B. Wendt. (XXV, 352 S. m. Theaterplan.) gr. 8. Guben 904. A. Koenig. Kart. n.n. 4. —

— der Stadt Guben. (1908.) (Geschlossen am 20. X. 1907.) Hrsg. v. B. Wendt. (27, 216, 130 u. 24 S. m. Theaterplan.) 8. Guben, A. Koenig. Kart. 4. 50

— Gubener, f. d. J. 1907. (Geschlossen am 15. X. 1906.) Hrsg. v. B. Wendt. (Kleine Ausg.) (216 S. m. Theaterplan.) 8. Ebd. n. 1. 75

— für Gumbinnen, Pillkallen, Schirwindt u. Stallupönen. (Stadt u. Land.) 1895. Hrsg. v. Alb. Gelleszun. gr. 8. (VII, 82 u. 86 S. m. 1 Plan.) Gumbinnen 895. (C. Sterzel.) Kart. n.n. 4. —

— der Stadt u. d. Kreises Gumbinnen. Hrsg. v. Alb. Gelleszun. 1885. gr. 8. (IV, 81 S. m. 1 autogr. Plan.) Gumbinnen 885. (Sterzel.) n. 2. —

— der Stadt u. d. Kreises Gumbinnen, m. d. Beilagen: 1. Chronik der Stadt Gumbinnen, 2. Situationsplan v. derselben. Hrsg. v. A. Gelleszun. 1887. gr. 8. (III, 76 u. IV, 39 S.) Gumbinnen, (Sterzel). n.n. 2. —

— der Stadt u. d. Kreises Gumbinnen m. d. Beilagen 1. Land u. Leute in Ostpreußen, 2. Situationsplan der Stadt. Hrsg. v. Alb. Gelleszun. gr. 8. (VI, 86 u. 88 S.) Gumbinnen 892. (C. Sterzel.) n.n. 3. —

— der deutschen Gummi-, Guttapercha- u. Asbest-Industrie u. verwandter Geschäftszweige, wie Kabel-, Celluloid- u. Linoleum-Industrie, nebst e. Bezugsquellen-Liste, hrsg. v. Herm. Kramer. 3. Ausg. 1905. (IV, 210 S.) schmal 8. Dresden (Steinkopff & Springer). Geb. in Leinw. 3. —

**Adreßbuch** der deutschen Gummi-, Guttapercha- und Asbest-Industrie. 5. Ausg. Dresden-A 1907

— der deutschen Gummi-, Guttapercha- u. Asbest-Industrie nebst verwandter Geschäftszweige, wie Kabel-, Celluloid- u. Linoleum-Industrie. Mit e. alphabet. Firmen-Register nebst Bezugsquellen-Liste u. Inserenten-Verzeichnis. 8. Ausg. 1910. (V, 66, 464 u. 37 S.) 8. Berlin, Union, Zweigniederlassung. Geb. in Leinw. 5. —

– Gundorf, s. Adressbuch Leipzig-Land.

— von Günzburg a. D., s.: Adreß- u. Geschäfts-Handbuch.

— für die Stadt Güsten m. den Ortschaften Amesdorf, Warmsdorf, Giersleben, Groß- u. Klein-Schierstedt. 8 (75 S. Aschersleben 882. Siever. cart. n. 1. 20

— Güstrower, s.: Wohnungs-Anzeiger.

—— schlesischer Güter, s. Güter-Adreßbuch.

—— der Gutsbesitzer im Reg.-Bez. Königsberg. Nach amtl. Quellen. gr. 8. (III, 105 S.) Königsberg 870, Hartung'sche Zeitungsdruckerei. *

Adressbuch

— der Stadt Hadersleben 1904. (77 S.) 8. Hadersleben (J. Dreesen Nachf.). Kart. n.n. 2. 50

— — Hagen i. W., s. Adreßbuch u. Geschäfts-Anzeiger.

—— für die Stadt Hagen. Nebst Geschäfts- und Firmen-Register des Handelskammer-Bez. Hagen. Aus amtl. Quellen bearb. von Heinrich. gr. 8. (IX, 131 S.) Hagen 877, Butz. cart. *

— für die Stadt Hagen u. das Amt Boele-Hagen. Nach amtl. Quellen bearb. v. Fr. Schemann. 8. (VIII, 194 S.) Hagen 880. Butz. cart. n. 3. 50

— f. d. Stadtkreis Hagen i. W., s.: Hinnerwisch, C.

— für den Stadt- u. Landkreis Hagen i. W., s.: Hinnerwisch, C.

– Haida, Gerichts- u. Steuerbez., s. Adress-Buch v. Leipa.

**Adreßbuch** der Stadt Haida in Böhmen. Bearb. auf Grund amtl. Unterlagen v. Kunze u. Schlenkert. 8. (45 S.) Leipzig (899). Kühnel. n. — 70

— von Haida u. Umgebung. Hrsg. v. Frz. Kralert jun. u. Ed. Graf. gr. 8. (83 S.) Haida 881. (Böhm.-Leipa, Hamann.) n. 2. 40

— von Hainspach, s.: Adreßbuch v. Schluckenau.

—— Halberstadt, s. Adreß- u. Geschäfts-Handbuch.

—— von Halle a. d. S., s. Adreßbuch und Wohnungs-Anzeiger.

—— für die Gesammtstadt Halle, s. Wohnungsanzeiger.

—— für die Stadt Halle a. d. Saale m. Giebichenstein auf d. J. 1892. gr. 8. (XVI, 504 u. 56 S. m. 1 farb. Stadt- u. 1 Theaterplan.) Ebd. geb. in Leinw. ** 5 —

— für die Stadt Halle a/S. m. Giebichenstein auf d. J. 1894. Bearb. v. Paul Trautmann. gr. 8. (XIV, 548 u. 56 S. m. 1 farb. Stadt-, 1 Theaterplane und 1 Karte der Umgegend.) Halle a/S., O. Hendel. Geb. in Leinw. n.n. 6.50

— f. d. Stadt Halle a. d. Saale m. Giebichenstein, Trotha u. Cröllwitz auf d. J. 1899. 32. Jahrg. M. 1 Plane d. Stadt Halle m. Giebichenstein, d. Plane d. Stadttheaters, Plänen v. Trotha u. Cröllwitz u. e. Karte d. Umg. v. Halle. gr. 8. (XII, 379, 148, 78, 44, 26 u. 80 S.) Halle, O. Hendel. Geb. in Leinw. n. 3. —

— für die Stadt Halle a. d. Saale, nebst Ammendorf, Beesen, Radewell, Böllberg, Wörmlitz, Passendorf, Nietleben, Dölau, Lettin, Diemitz u. Büschdorf auf d. J. 1903. 36. Jahrg. Mit 1 großen Plane der Stadt, neu aufgenommen u. gezeichnet vom Stadtbauamt, dem Plane des Stadttheaters u. 1 Karte der Umgegend v. Halle. gr. 8. (VIII, 547 u. 338 S.) Halle, O. Hendel. Geb. in Leinw. n.n. 3. —

— für die Stadt Halle an der Saale, nebst Ammendorf, Beesen, Radewell, Böllberg, Wörmlitz, Passendorf, Nietleben, Dölau, Lettin, Diemitz, Büschdorf u. Bruckdorf auf d. J. 1904. 37. Jahrg. Mit 1 großen Plane der Stadt, neu aufgenommen u. gezeichnet v. Stadtbauamt, dem Plane des Stadttheaters u. 1 Karte der Umgegend v. Halle. (X, 561 u. 358 S.) gr. 8. Halle, O. Hendel. Geb. in Leinw. n.n. 3. —

— für Halle a. S. u. Umgebung. Unter Benutzg. amtl. Quellen. Mit der Beigabe: Neuester Stadtplan v. Halle. (III, XXXII, 266, 219, 88, 165 u. 84 S. m. Theaterplänen.) 30,5×24,5 cm. Halle. Berlin, A. Scherl. Geb. in Halbldr. nn 5. —

— für Halle a. S. u. Umgebung. 1906. Unter Benutzg. amtl. Quellen. Mit der Beigabe: Neuester Stadtplan v. Halle. (III, XXIV, 234, 188, 80, 122 u. 64 S.) 4. Halle. Berlin, A. Scherl. Geb. in Halbldr. n. 4. —

— Hallesches, f. 1849. 8. (VI u. 256 S.) Halle 849, Heynemann in Comm. n. 2/3 ßß

—— hallesches, für 1852 hrsg. von Friedr. Heinze. 8. (XLVIII und 178 S.) Halle 852, Berner. **

Hallesches **Adreßbuch**. Bearb. u. hrsg. von W(illiam) Kutschbach. [1–8.] 1897–1904. Halle a. S.: W. Kutschbach 1897–1904. 8 Bde 8°
[1–4.] Mit d. Einwohner-Verz. d. Vororte Giebichenstein, Cröllwitz, Trotha, Böllberg u. Diemitz. 1897–1900.
[5.] ... d. Vororte Böllberg u. Diemitz. 1901.
[6.] ... d. Vororte Ammendorf, Böllberg, Diemitz u. Radewell. 1902.
[7.] ... d. Vororte Ammendorf, Beesen, Böllberg, Diemitz u. Radewell. 1903.
9 [vielm. 8]. ... d. Vororte Ammendorf ... Radewell, sowie d. Verz. d. Behörden, Handels- u Gewerbetreibende v. Bruckdorf ... nebst e. ill. Chronik d. Stadt. 1904.
Forts. s. u. d. T.: Neues Adreßbuch f. Halle a. S. u. Umgebung. 1905 ff.

Adreßbuch f. die Bürgermeisterei Hamborn (umfassend die Ortschaften Hamborn, Schmidthorst, Fahrn, Marxloh, Alsum u. Bruckhausen). (Nach amtl. Quellen bearb. u. hrsg. v. Ohoven u. Giebing.) 1904. (516 S.) 8. Meiderich (A. Heiland). Kart. n.n. 4. 50

—— von Hamburg, s. Börsen-Adreßbuch, Hamburger.

—— von Hamburg, s. Handels-Adressbuch.

**Adressbuch, Hamburger.**
[Hamburg] 1787 ff. H: *Hermann, Johann Heinrich.* (schr)

Adreßbuch, Hamburger, f. 1898. gr. 4. (1433 S.) Hamburg (C. Boysen). Geb. in Leinw. n. 18. —

— Hamburger, 1902. (116. Jahrg.) — Altonaer Adreßbuch f. 1902. 101. Jahrg. gr. 4. (XIV, 123, XX, 904, 567, 484, 72 u. IV, 444 S. m. 5 Theaterplänen.) Hamburg u. Altona. (Hamburg, O. Meißner's Sort.) Geb. in Leinw. n.n. 12. —

— Hamburger. 1906. (120. Jahrg.) — Altonaer Adreßbuch f. 1906. Bearb. u. hrsg. v. H. W. Köbner & Co. 105. Jahrg. (IV, XXV, 118, 806, 336, 280, 574, 124, 32 u. 476 S.) 4. Hamburg u. Altona. (Hamburg, O. Meissner's Sort.) In 2 Bde. geb. n.n. 14. —

Adreßbuch, Hamburger, 1911. (125. Jahrg.) — Altonaer Adreß-Buch f. 1911. Bearb. u. hrsg. v. H. W. Köbner & Co. 110. Jahrg. 2 Tle. (IV, XXIV, 104, 39, 962, 471, 189 u. 747, 158, 52 u. VIII, 520 S. m. 1 farb. Plan u. Theaterplänen.) 30,5×24,5 cm. Hamburg u. Altona (Hamburg, O. Meißner's Sort.) Geb. nn 14. —

Adressbuch, Hamburgisches, s.a. Firmen-Register, Hamburger.
— Handels-Adressbuch, Hamburger.

—— Hamburgisches, f. d. J. 1830. 8. (49 B. u. 1 Doppel-Plan v. Hamburg.) Hamburg, (Herold.)

Hamburgisches Adreß-Buch für das Jahr . . . Hamburg.
1833. 1838. 8°
1842. 1845. 1858. 1863. 1867. 1869. 4°

—— hamburgisches, für 1853. Lex.-8. (LXXXVIII und 600 S.) Hamburg 853, Berendsohn. **

— Hamburgisches, für 1858. Hamburg, Hermanns Erben. Lex. 8. (LXXXIV, 544 S.) nn. 1 ßß; geb. nn. 1 ßß 6 ngr.

— Hamburgisches, für 1860—63. Hamburg, (Altona, Mentzel.) Lex.-8. Jeder Jahrg. n. 1 ßß 17 ngr.

—— Hamburgisches, für 1862—67. Lex.-8. (XCVI und 623 S., XCVI und 617 S., XCVI und 675 S., XCVI und 712 S., LXX und 744 S., XCVI und 792 S.) Hamburg. (Altona, Mentzel.) 1862—64. à * 1 Thlr. 17 Ngr., 1865—67. à *

— Hamburgisches, f. 1866—1869. (à Jahrg. n. 2 ßß) — 1870. Hamburg. (Altona, Mentzel.) Lex.-8. (CIV, 896 S.) n. 2 ßß 7 ngr.; geb. 2 ßß 17 ngr.

—— dass. — für 1871. 1872. Lex.-8. (CXVI, 921; CXX, 948 S.) Hamburg. (Grüning.) geb. à Jahrg. *

— dasselbe f. 1873. Lex.-8. (CXVI, 964 S.) Ebend. 873. geb. n. 7. 20

—— Hamburgisches, für die J. 1875—1879. 8. (à ca. 900 S.) Hamburg, Hermann's Erben. geb. à Jahrg. **

—— Hamburgisches, für 1886. gr. 4. (900 S.) Hamburg, Hermann's Erben. **

—— dass. — für 1887. 4. (930 S.) Hamburg, (Boysen.) **
Erscheint jährlich in ähnlichem Umfange und zu gleichem Preise.

—— Hamburgisches. 1893. gr. 4. (1320 S.) Hamburg, (Hoffmann u. Campe). ** 9 50
Erscheint alljährlich.

—— der Stadt Hameln für 1879. 8. (XXIX, 90 S.) Hameln, Schmidt und Suckert.
1875—78 nicht erschienen.

—— der Stadt Hameln für 1880—1882. Mit 1 (chromolithogr.) Plane von Hameln und Umgegend. 8. (à ca. 80 S.) Hameln, Schmidt und Suckert. à Jahrg.

— der Stadt Hameln m. allgemeinem Geschäftsanzeiger u. e. neu rev. (lith.) Plane v. Hameln u. Umgegend (in Fol.) f. 1883. gr. 8. (80 S.) Hameln 882. Fuendeling. n.n. 2. 25

— der Stadt Hameln f. 1885. gr. 8. (80 S.) Hameln 885. Fuendeling. n. 2. —

— der Stadt Hameln m. allgemeinem Geschäftsanzeiger f. 1888. 8. (85 S.) Hameln, Fuendeling. n.n 3. —

— der Stadt Hameln m. allgemeinem Geschäftsanzeiger f. 1893. gr. 8. (101 S.) Hameln, Th. Fuendeling. n. 2. 25; geb. n.n. 2. 50

— der Stadt Hameln m. allgem. Geschäfts-Anzeiger f. 1898. M. 1 Karte der Stadt Hameln. gr. 8. (XVII, 157 S.) Hameln, Th. Fuendeling. n.n. 2. 75; geb. n.n. 3. —

— der Stadt Hameln m. allgemeinem Geschäfts-Anzeiger f. 1902. Mit 1 neubearb. Karte der Stadt Hameln. gr. 8. (XL, 164 S.) Hameln, Th. Fuendeling. n. 3. —; geb. n. 3. 40.

— der Stadt Hameln m. allgemeinem Geschäfts-Anzeiger f. 1906, bearb. v. F. Beuermann. Mit 1 neubearb. Karte der Stadt Hameln. (256 S.) 8. Hameln, Th. Fuendeling. n. 3. —; geb. n. 3. 50

— der Stadt Hameln m. allgem. Geschäfts-Anzeiger f. 1910. Mit 1 neubearb. (farb.) Karte der Stadt Hameln. (LXXXVIII, 99 S.) 8. Hameln, Th. Fuendeling. 4. —

—— von Hamm i. W., s. Adreßbuch und Geschäfts-Anzeiger für Hamm.

— der Stadt Hamm (Westf.) m. Thermalsolbad Hamm u. den umliegend. Ortschaften. 1910. Nach amtl. Quellen bearb. u. hrsg. v. M. Breuer u. A. Hund. (XIV, 391 u. 47 S. m. 1 Plan.) gr. 8. Hamm i/W. (Bahnhofstr. 16a), Märkische Tageszeitung. Geb. nn 6. —

Adressbuch

— von Hanau am Main f. d. J. 1874. 8. (152 S. m. 1 lith. Plane.) Hanau 874. König. 4. —

— dasselbe m. Kesselstadt f. d. J. 1876—77. Red. v. Joh. Phil. Klein. 8. (IV, 144 S. m. lith. Plan in qu. 4.) Ebend. 876. n. 4. 50

—— dass. — für d. J. 1878/79. 8. (156 S. mit lithogr. Plan in qu. 4) (Ebendas.) *

— von Hanau am Main, Kesselstadt u. Schloß Philippsruhe f. d. J. 1880—81. gr. 8. (190 S.) Hanau, König. cart. n.n. 5. —

—— dass. — für die J. 1883 und 1884. gr. 8. (228 S. mit 1 lithogr. Plan in 4.) Ebendas. cart. *

— von Hanau a. Main f. d. J. 1886 u. 87. Auf Grund der letzten Volkszählg. nach dem Material d. hies. Meldeamts bearb. 8. (184 S. m. 1 Plan.) Hanau, König. cart. n. 4. —

—— von Hanau am Main, Kesselstadt und Schloß Philippsruhe für die J. 1888 und 1889. gr. 8. (197 S.) Ebendas. cart. *

—— von Hanau am Main, Kesselstadt u. Schloß Philippsruhe f. die J. 1890 u. 1891, 1892 u. 1893. gr. 8. (III, 252; III, 96, 56, 32, 19, 11, 8 u. 5 S. m. je 1. Stadtplan.) Hanau, König. cart. à Jahrg. * 4 —

— v. Hanau am Main, Kesselstadt u. Schloß Philippsruhe f. die J. 1894 u. 1895. gr. 8. (III, 102; 60, 34, 19, 13, 8, 2 u. 4 S. m. Plan.) Hanau, F. König. Kart. n. 4. —

Adreßbuch der Stadt Hanau a. M., enthält das Verzeichniß sämmtlicher Einwohner, sowie der Geschäfts-Adressen u. Handlungsfirmen, nebst 1 (lith.) Stadtplan (in 4.). Hanau 867. König's Sorthdlg. 8. (3 Bll., 53 S.) n. 14 ngr.

— von Hanau u. Umgebungen f. d. J. 1870. Verfaßt von Fuchs. Ebend. gr. 8. (VI, 202 S. u. 1 lith. Plan in Fol.) n. 24 ngr.

Adreß- u. Handbuch der Stadt Celle u. deren Vorstädte. Celle, 861. Schulze. gr. 8. (VIII, 126 S.) 1 Thlr.

Adreß- und Handbuch der Stadt Celle und deren Vorstädte für 1866. gr. 8. (VIII und 150 S.) Celle, (Schulze'sche Buchh.) cart.

Adress- u. Handbuch f. das deutsche Goldschmiedegewerbe. Ein Ratgeber f. den gesamten Geschäftsverkehr des Juwelen-, Gold- u. Silberwaren-Faches Hrsg. v. der Red. der deutschen Goldschmiede-Zeitg. (VII, 456 S.) gr. 8. Leipzig 903. W. Diebener. Geb. in Leinw. n. 6. —

Adress - und Handbuch

— der Stadt Harburg. Nach amtl. Mittheilungen. 6. Jahrgang. Harburg, 864. Elkan. gr. 8. (171 S.) nn. 17½ ngr. (1—4. Jahrg. s.: Adreßbuch; — 5. Jahrg. s.: Adreß- u. Geschäftshandbuch.)

—— —— der Stadt Harburg. Nach amtl. Mittheilungen. 6.—9. Jahrg. gr. 8. Harburg 864—67, Elkan. cart. [6. Jahrg. (171 S.) ** 17½ Ngr., 7. Jahrg. (187 S.) ** 17 Ngr., 8. Jahrg. (199 S.) ** 18 Ngr., 9. Jahrg. (200 S.) ** 18 Ngr]. ** Vgl.: Adreß- und Geschäfts-Handbuch der Stadt Harburg.

— — der Stadt Harburg. Nach amtlichen Mittheilgn. 7—12. Jahrg. 1865—70. Harburg, Elkan. 8. Jeder Jahrg. (à ca. 200 S.) nn. 16 ngr.

—— —— der Stadt Lüneburg. 1. Jahrg. 1860. gr. 8. (XII und 180 S.) Lüneburg, Engel's Buchh. ** 22½ Ngr.; geb. **

— — 2. Jahrg. 1862—1863. Ebend. gr. 8. (XIV, 220 S.) n. 1 Thlr.

— — der Stadt Lüneburg. 3. Jahrg. 1866. (XVI, 162 S.) — 4. Jahrg. 1869. Lüneburg, Engel. gr. 8. (XVI, 144 S.) Jeder Jahrg. nn. 25 ngr.

Adreß- u. Handbuch der Stadt Lüneburg. 5. Jahrg. 1872. gr. 8. (XLIV, 159 S.) Lüneburg 872. Engel. n. n. 2. 50

— — dasselbe. 6. Jahrg. 1875. gr. 8. (XLIV, 172 S.) Ebend. 875. n.n. 3. —

Adress- und Handbuch d. Stadt Lüneburg. 7. Jahrg. 1877. 8°. (176) – Lüneburg: Engel.

Adreß- u. Handbuch der Stadt Lüneburg. 8. Jahrg. 1880. gr. 8. (XLVI, 186 S.) Lüneburg, Engel. geb. n. 4. 50

— — der Stadt Pyritz. Bearb. u. hrsg. v. Gust. Mielke. (II, 174 S.) 8. Pyritz 906. (H. Backe.) n.n. 1. 75

Adress- und Handbuch der Stadt Pyritz. Bearb. u. hrsg. von Gustav Mielke, Polizeisekr. [1.] 1906. Pyritz: Selbstverl. 1906. 8° [J.-B. 6. 1905 9

—— —— der Stadt Uelzen. 1867. gr. 8. (IV und 66 S.) Harburg, Elkan. *

Adressbuch für Handel u. Gewerbe der Stadt Chur u. des Kantons Graubünden. Bearb. v. Pet. Willy. gr. 8. (96 S.) Chur 880. (Hitz.) cart. n. 2. 40

— für Handel u. Gewerbe d. Kreise Geldern, Cleve u. Moers. Hrsg. a. Gr. amtl. Quellen. März 1897. gr. 8. (356 S.) Geldern. L. N. Schaffrath. Geb. n. 2. —

— für Handel, Industrie u. Gewerbe v. Leipzig einschliesslich sämmtlicher Vororte. 1887. 1. Jahrg. gr. 8. (XII, 304 u. 96 S.) Leipzig, Joachim & Jüstel. geb. n. 4.

—— für Handel, Industrie und Gewerbe von Leipzig einschliesslich sämmtlicher Vororte. 1887. 1. Jahrg. gr. 8. (XII, 304, 96 S.) Leipzig, Jüstel und Göttel. geb. *

— für Handel, Industrie u. Grossgewerbe des Grossherzogth. Baden. Mannheim 866. Schneider. gr. 8. (VIII, 230 S.) n. 1 Thlr. 20 ngr.

Adressbuch für Handel und Industrie der Rheinprovinz. Hrsg. u. bearb. v. Hans Winter, Düsseldorf. D. Material der Ortschaftsverz. ist durchweg amtl. Mittheilgn entnommen. Bd (1.) II. *Düsseldorf: E. Lintz 1896. 97.* 2 Bde 8.
(1.) 1896. (XIV, 2072, 16, 195 [vielm. 95] S.)
II. Regiergs-Bezirke: Köln, Coblenz, Trier u. d. Fürstentum Birkenfeld. 1897. (XVI, 1765, 167 S.) [98. 2824

Adreß- und Handelsbuch der Stadt Iserlohn, s. Handels- und Adreßbuch.

Adressbuch

—— der Schweizerischen Handels-Firmen, s. Handels-Register der Schweiz.

— der Handels- u. Gewerbsleute in Mannheim. Mit e. Uebersicht der Ankunft und des Abgangs der Brief- und Fahrposten rc.; Personentaxe d. Eilwagen u. rhein. Dampfschiffe rc., nebst e. Anhang: Statistische Beschreibung Mannheims, nebst e. Wegweiser in und um die Stadt für Fremde. gr. 8. Mannh. 840. Schmelzer. ⅓ Thlr.

— leistungsfähiger Handelsmühlen u. Getreidegeschäfte [ca. 2000 Adressen] der Provinzen Ost- u. Westpreußen, Pommern, Posen, Brandenburg, Schlesien, Sachsen, Königr. Sachsen, Ungarn rc. gr. 16. (42 S.) Leipzig 879. Gerbe's Verl. in Comm. n. 9. —

— des deutschen Handels- u. Fabrikstandes u. Leipziger Meßhandels-Adreßbuch f. das Jahr 1853. v. H. Rudolph. 3. Jahrg. Leipzig 853. Rudolph. 16. (210 S.) n. 15 ngr.

— des fremden Handelsstandes welcher die Leipziger Messen besucht. 1855. 1. Jahrg. Mit einem Verzeichniß aller in Leipzig sowohl abgehenden als ankommenden Post- und Dampfwagen. (Abdr. aus d. Leipz. Adreßbuch.) Leipzig 855. Dürr'sche Buchhdlg. Lex. 8. (1 Bl., 59 S.) 10 ngr.

— des Handels- u. Gewerbsstandes v. Frankfurt a. M. 1839 u. 40. 8. Frankf. a. M. 840. Krug. n. 5/6 ₰

—— des nürnberger Handelsstandes, oder Verzeichniß aller Kaufleute und Fabrikanten der Stadt Nürnberg. gr. 16. (64 S.) Nürnberg 848, v. Ebner'sche Buchh. *

—— sämmtlicher Handel- u. Gewerbetreibenden d. Grossherzogth. Luxemburg, verbunden m. Handelsgeographie, nebst Verzeichniss der im Grossherzogth. Luxemburg befindl. Staats- u. Communal-Behörden u. der bei denselben angestellten Beamten m. der Karte d. Luxemburger Landes. Für Private u. zum Gebrauch auf Comptoir u. Reise, bearb. v. F. Kerschenmeyer. 12. (378 S.) Luxemburg 890, Breithof. * 4 75

—— der Handlungs-Gremien und Fabriken des Königr. Böhmen für das J. 1848. Verfaßt und hrsg. von Joh. Stiasny. 2. Jahrg. gr. 8. (366 S., mit 1 statist.-topogr. Post- und Straßenkarte des Königr. Böhmen, von Fr. Pluth. Fol.) Prag, (Credner und Kleinbub. Leipzig, Fr. Fleischer.) **

— der Handlungsgremien rc. des Königreichs Böhmen, siehe: Adressenbuch.

— Hänichen, s. Adressbuch Leipzig-Land.

—— Hannover, s. Adreßbuch, Stadt- u. Geschäfts-Handbuch.

—— von Hannover, s. Sonnenberg, F., Lehrer-Adreßbuch für die Provinz Hannover.

—— der kgl. Haupt- u. Residenzstadt Hannover u. ihrer Vorstädte f. 1844. 8. (... B.) Hannover, Hahn'sche Hofbuchh. *

Adreßbuch der königlichen Haupt- u. Residenz-Stadt Hannover f. 1862. Hannover, (Helwing.) gr. 8. (XVI, 654 S. m. lith. Plan in Fol.) nn. 1 ₰ 17½ ngr.

— — für 1863 u. 1864. Mit dem Plane der Stadt in Fol. Ebend. gr. 8. (XV, 694; XVI, 672 S.) Jeder Jahrgang nn. 1 ₰ 25 ngr.

— der königl. Residenzstadt Hannover. 1865—1869. Mit dem (lith.) Plane der Stadt (in Fol.). Hannover, Klindworth. gr. 8. (65: XIV, 687 S.; 66: XVI, 759 S.; 67: XXXII, 692 S.; 68: XXXIII, 711 S.; 69: XXII, 750 S.) Jeder Jahrg. n. 2 ₰

— der Stadt Harburg, nebst den vorzüglichsten Adressen der Städte Buxtehude u. Winsen a. d. Luhe. Mit 1 (lithogr.) Grundriß der inneren Stadt Harburg (in 16.). Harburg, 859. Elkan. gr. 8. (118 S.) n. 10 ngr.

— — 2. Jahrg. Nebst Empfehlungs- u. Geschäfts-Anzeiger. Ebend., 860. gr. 8. (135 S.) nn. 12½ ngr.

— — 3. Jahrg. Herausg. von Gust. Elkan. Nebst e. Empfehlungs- und Geschäfts-Anzeiger. Ebend., 861. gr. 8. (164 S.) nn. 16 ngr.

— — d. Stadt Harburg u. d. Städte Buxtehude u. Winsen a. d. Luhe, sowie von Tostedt. Herausg. von Gust. Elkan. 4. Jahrg. Ebend., 862. gr. 8. (166 S.) nn. 1 ₰
(Vergl.: Adreß- u. Handbuch.)

—— der Stadt Harburg mit dem Schloß- und Hafenbezirk für 1876, 1878 und 1880. gr. 8. (180; 194; 200 S.) Harburg, (Elkan.) cart. à Jahrg. *
1875, 1877 und 1879 nicht erschienen.

—— der Stadt Harburg mit dem Schloß- und Hafenbezirk und dem der Stadt angrenzenden Theile der Ortschaft Wilstorf für 1882 und 1884. gr. 8. (208; 218 S.) Harburg, (Elkan.) cart. à Jahrg. *

—— der Stadt Harburg mit dem Schloß- und Hafenbezirk, dem der Stadt angrenzenden Theile der Ortschaft Wilstorf und dem zum Holzwege gehör. Theile der Ortschaft Heimfeld für 1886. gr. 8. (234 S.) Harburg, (Reichenau.) cart. *

—— der Stadt Harburg mit den Ortschaften Wilstorf, Heimfeld, Schloß- und Hafengemeinde, sowie dem zwischen dem Neulanderwege und dem Bahnkörper der Venlo-Hamburger Eisenbahn belegenen Theile von Neuland für 1888. gr. 8. (287 S.) (Ebendas.) cart. **

—— der Stadt Harburg, m. den Vororten Wilstorf, Heimfeld, Schloß- u. Hafengemeinde, sowie der Parzelle Neuland f. 1890 u. 1892. gr. 8. (324; III, 312 S. mit je 1 Plan.) Harburg, (Elkan. — Reichenau). Jahrg. 1890 ** 4 —; Jahrg. 1892 * 4 50

Adreßbuch der Stadt Harburg m. d. Vororten Wilstorf, Heimfeld, Schloß- u. Hafenbezirk, sowie d. Parzelle Neuland f. 1894. Mit 1 Plan v. Harburg u. Umgegend. 8. (III, 374 S.) Harburg, (F. H. W. Reichenau). Kart. n. 4. 50

— der Stadt Harburg f. 1898. gr. 8. (IV, 437 S.) Harburg (F. H. W. Reichenau). Kart. n. 4. 50

— der Stadt Harburg f. 1902. gr. 8. (IV, 444 u. 55 S.) Harburg (F. H. W. Reichenau). Kart. n. 4. 50

— der Stadt Harburg f. 1906. (IV, 496 u. 67 S.) 8. Harburg (F. H. W. Reichenau). Kart. n. 4. 50

— der Stadt Hartha i. S., nebst e. Anh. der Gemeinde Flemmingen. Bearb. v. Fr. Bamberger. 1890/93. gr. 8. (32 S.) Hartha. (Berlin, Eisenschmidt & Schulze.) cart. n.n. 2. 50

—— der Stadt Hartha i. S., nebst e. Anh. der Gemeinde Flemmingen. 1890/93. gr. 8. (32 S.) Hartha. (Lpz., Eisenschmidt u. Schulze.) cart. ** 2 50

Adressbuch vom Harz... Nach amtl. Material bearb. Ausg. 1. Bad Warmbrunn: E. Gruhn 1904. 8° [F.] [05.14876 2

— vom Harz, umfassend folg. Städte, Sommerfrischen u. Badeorte: Harzburg, Thale, Ilsenburg, Schierke, Elbingerode, St. Andreasberg, Lauterberg, Zellerfeld, Grund, Lautenthal, Clausthal, Wernigerode, Hahnenklee, Bockswiese, Wildemann, Benneckenstein, Wieda, Nöschenrode, Hasserode, Buntenbock, Neuwerk, Rübeland, Blankenburg. Nach amtl. Material bearb. (V, 860 S.) 8. Warmbrunn 904. E. Gruhn. Kart. n. 4. —

—— der Hausbesitzer der Stadt Quedlinburg. Nach amtl. Quellen bearb. 8. (132 S.) Quedlinburg 878, Huch. *
Andere Jahrg. nicht erschienen.

— der Stadt Haynau in Schlesien. Bearb. auf Grund amtl. Unterlagen v. Franke u. Frenzel. 8. (142 S. m. 1 Karte.) Leipzig (900.) Kühnel. n.n. 1. —

—— der Stadt Heidelberg für 1874/75. Hrsg. von C. F. Brahl. 8. (180 S.) Heidelberg, Selbstverlag des Verfassers. **

—— dass. — für 1876/77. Hrsg. von A. Schlotterbeck. 8. (164 S.) Ebendas. **

—— dass. — für die J. 1878 und 1879. Zusammengestellt im Auftrag des Stadtrathes. 8. (IV, 232; VIII, 212 S.) Heidelberg, (Koester.) cart. à Jahrg. **
Vgl.: Einwohner-Verzeichnis.

—— der Stadt Heidelberg für die J. 1881 und 1883. Zusammengestellt im Auftrage des Stadtrathes. gr. 8. (VIII, 224; X, 231 S. mit je 1 chromolithogr. Plan der Stadt Heidelberg.) Heidelberg, (Koester.) à Jahrg. **
Jahrg. 1880 und 1882 nicht erschienen.

—— dass. — für das J. 1884. gr. 8. (X, 184, 57 S.) (Ebendas.) **

—— der Stadt Heidelberg für die J. 1885 und 1886. Zusammengestellt im Auftrage des Stadtrates. gr. 8. (X, 259; X, 280 S. mit je 1 chromolithogr. Plan der Stadt Heidelberg.) Heidelberg, (Koester.) à Jahrg. *

—— dass. — für die J. 1887 und 1888. Zusammengestellt im Auftrage des Stadtrates. gr. 8. (XII, 287; XVI, 292 S. mit je 1 neuen Plan der Stadt Heidelberg und Umgebung.) Heidelberg, (C. Winter's Sortiment.) à Jahrg. **

—— dass. — für das J. 1889. gr. 8. (XVI, 295 S.) Heidelberg, (Koester.) **

—— der Stadt Heidelberg, nebst den Stadtteilen Neuenheim u. Schlierbach f. d. J. 1890—1892. gr. 8. (XVI, 224 u. 86; XVIII, 223 u. 93; XX, 240 u. 96 S. mit je 1 farb. Plan). Heidelb., Hörning. cart. à Jahrg. 1890 u. 1891 * 3 —; Jahrg. 1892 * 4 —

— der Stadt Heidelberg f. d J. 1890. Zusammengestellt im Auftrage d. Stadtrates. Mit verb. Plan der Stadt Heidelberg u. Umgebg. gr. 8. (XVI, 224 u. 86 S.) Heidelberg, (Köster). n.n. 3. —

— der Stadt Heidelberg nebst den Stadtteilen Neuenheim u. Schlierbach f. das J. 1894. Zusammengestellt im Auftrage des Stadtrates. gr. 8. (XXVIII, 388 S. m. Plan.) Heidelberg, F. Hörning. Kart. n. 4. —

— der Stadt Heidelberg, nebst d. Stadtteilen Neuenheim u. Schlierbach f. d. J. 1897. Zusammengest. i. Auftr. d. Stadtrates. M. e. neuen Plan d. Stadt Heidelberg u. Umgebg. u. e. Plan d. Stadttheaters. gr. 8. (XXVIII, 432 S.) Heidelberg, J. Hörning. Kart. n. 4. —

— der Stadt Heidelberg, nebst den Stadtteilen Neuenheim u. Schlierbach f. d. J. 1902. Zusammengestellt im Auftrage des Stadtrates. Mit e. neuen Plan der Stadt Heidelberg u. Umgebg. u. e. Plan des Stadttheaters. gr. 8. (XXX, 518 S.) Heidelberg, J. Hörning. Geb. in Leinw. n.n. 4. 50

— der Stadt Heidelberg, nebst den Stadtteilen Neuenheim, Schlierbach u. Handschuhsheim f. d. J. 1906. Zusammengestellt im Auftrage des Stadtrates. Mit e. neuen Plan der Stadt Heidelberg einschl. Handschuhsheim u. Schlierbach, e. Plan des Stadt-Theaters sowie e. Bestuhlungsplan des großen Saales der Stadthalle. (XXXII, 440 u. 255 S.) 8. Heidelberg, J. Hörning. Geb. in Leinw. n.n. 5. —

— der Stadt Heidelberg, nebst den Stadtteilen Neuenheim, Schlierbach u. Handschuhsheim sowie dem angrenzenden Teile der Gemeinde Rohrbach f. d. J. 1911. Zusammengestellt im Auftrage des Stadtrates. Mit e. neuen vom städt. Vermessungsamt bearb. (farb.) Plan der Stadt Heidelberg, sowie e. Plan des Stadt-Theaters. (XL, 632 S.) 8. Heidelberg, J. Hörning. Geb. in Leinw. nn 5. —

Adressbuch
— der Oberamts- und Industriestadt Heidenheim a. B. 1. Ausg. Frühj. 1908. Bearb. v. Meck. (157 S.) 8. Heidenheim, (C. F. Rees). Geb. 4. —

—— Heilbronn, s. Adreß- u. Geschäfts-Handbuch.

— der Stadt Heilbronn, s. a. Adreß- u. Geschäfts-Handbuch.

—— der Stadt Heilbronn von 1855. In alphabet. Ordnung mit Angabe der Gewerbe. Aufgestellt im Juni—Juli 1855 von G. Füger. 8. (III und 181 S.) Heilbronn 855, (Landherr.) **

— der Stadt Heilbronn v. 1855. In alphabet. Ordnung mit Angabe d. Gewerbe. Aufgestellt i. Juni—Juli 1855 v. G. Füger. Heilbronn 855. (Scheurlen.) 8. (2 Bl. 181 S.) ...

— der Stadt Heilbronn. Aufgestellt im Frühjahr 1859 von C. G. Eben. Heilbronn, (Claß.) gr. 16. (V, 170 S.) n. 22⅔ ngr.

—— der Stadt Heilbronn. 1862 und 1864 von C. G. Eben. 8. (206 S., 251 S.) Heilbronn. Schmidt. cart. à Jahrg. *

— der Stadt Heilbronn. Aufgestellt im Decbr. 1864 von C. G. Eben. Heilbronn, (Scheurlen.) 8. (251 S.) n. 24 ngr.

— — Hrsg. von L. Ehmann. Ebend. 868. 8. (XIV, 196 S.) n. 24 ngr.

—— dass. — Hrsg. von L. Ehmann. gr. 8. (XVI, 204 S.) Heilbronn 872, (Scheurlen's Verlag. — Schmidt.) cart. **

— dasselbe 1875. 8. (XXIV, 225 S.) Ebend. 875. n.n. 3. —

—— dass. — Hrsg. und verlegt von Kopp. 8. (XIX, 251 S. mit lithogr. Stadtplan.) Heilbronn 877, (Schmidt's Sortimentsb.) cart. *

—— dass. — Bearb. von L. Ehmann. gr. 8. (XXX, 232 S.) Heilbronn 879, (Scheurlen.) cart. **
1876 und 1878 nicht erschienen.

—— der Stadt Helmstedt f. d. J. 1892. 4. Ausg. gr. 8. (III, 121 S.) Helmstedt, Richter. cart. * 2 —

— der Stadt Helmstedt f. d. J. 1894. 5. Ausg. Hrsg. v. Fr. Wilh. Berkefeldt. gr. 8. (III, 137 S.) Helmstedt, F. Richter. Kart. n. 2. 50

— der Stadt Helmstedt f. d. J. 1898. 7. Ausg. Hrsg. v. Fr. Wilh. Berkefeldt. gr. 8. (III, 161 S.) Helmstedt, F. Richter. Kart. n. 3. —

— der Stadt Helmstedt f. d. J. 1900. 8. Ausg. Hrsg. v. Fr. Wilh. Berkefeldt. gr. 8. (III, 155 S.) Helmstedt, F. Richter. Kart. n. 3. —

— der Stadt Helmstedt u. der umliegenden Ortschaften f. d. J. 1906. 11. Ausg. Hrsg. v. Fr. Wilh. Berkefeldt. (215 S.) 8. Helmstedt, F. Richter. Kart. n.n. 3. —

— der Stadt Helmstedt f. d. J. 1910. Hrsg. v. Fr. Wilh. Berkefeldt. 13. Ausg. (187 S.) 8. Helmstedt, F. Richter. Geb. nn 3. —

—— der Stadt und Feldmark Herford. gr. 8. (54 S.) Herford 876, Menckhoff.
1875 und 1877—79 nicht erschienen.

— der Stadt Herford u. Feldmarken 1896. gr. 8. (212 S.) Herford, W. Finnefroh. Geb. n.n.n. 5. —; m. Stadtplan n.n.n. 6. —

Adressbuch d. k. freien Stadt Hermannstadt u. d. Umgeb., sowie d. Städte Mediasch u. Mühlbach. Herausg. v. Hermannstädt. Bürger- u. Gewerbe-Vereine. III. Jahrg. 8. (142 S.) Wien, *Carl Graeser. 80 kr. N. b. 1884.

— der k. freien Stadt Hermannstadt u. deren Umgebung, sowie d. Städte Mediasch u. Mühlbach. Hrsg. vom Hermannstädter Bürger- u. Gewerbe-Vereine. 3. Jahrg. 8. (IV, 124 S.) Hermannstadt 885. (Wien, Graeser.) n. 1. 60

—— der k. freien Stadt Hermannstadt und deren Umgebung, sowie der Städte Broos, Mediasch und Mühlbach. Hrsg. vom Hermannstädter Bürger- und Gewerbe-Verein. 4. Jahrg. 8. (IV, 179 S.) Hermannstadt 887. (Wien, Graeser.) **

— der k. freien Stadt Hermannstadt. Hrsg. vom Hermannstädter Bürger- u. Gewerbe-Verein. Bearb. v. G. Theis. V. Jahrg. 8. (IV, 148 S.) Hermannstadt 890. (Krafft.) n.n. 1. 70

— der k. freien Stadt Hermannstadt. Hrsg. vom Hermannstädter Bürger- u. Gewerbe-Verein. Bearb. v. Gust. Theis. VI. Jahrg. gr. 8. (IV, 130 S.) Hermannstadt 892. W. Krafft. n. 2. —

**Adressbuch** der k. freien Stadt Hermannstadt. Herausgegeben vom Hermannstädter Bürger- und Gewerbe-Verein. VII. Jahrgang. Gr.-8. (142 S. und XVIII S.) Cart. 1.20
Hermannstadt: Krafft 1895.

— der k. freien Stadt Hermannstadt. Hrsg. v. Hermannst. Bürger- u. Gewerbe-Ver. Bearb. v. Gust. Theiss. VIII Jahrg. gr. 8. (VI, 153 S.) Hermannstadt, 898. W. Krafft. Kart. n. 2. 40

Adressbuch der k. freien Stadt Hermannstadt. Herausgegeben vom Hermannstädter Bürger- und Gewerbe-Verein. Bearbeitet von Magistrats-Obernotar Gustav Theis. IX. Jahrgang. Hermannstadt, 1901. Krafft. Gr.-8°. 178, XLIV S. Cart. K 2.50

— der k. freien Stadt Hermannstadt. Hrsg. vom Hermannstädter Bürger- u. Gewerbe-Verein. Bearb. von Gust. Theis. 10. Jahrg. (IV, 200 S. m. farb. Plan.) gr. 8. Hermannstadt 904. W. Krafft. Kart. n. 2. 97

— der k. freien Stadt Hermannstadt. Hrsg. vom Hermannstädter Bürger- u. Gewerbe-Verein. Bearb. v. Jos. Schochterus. XI. Jahrg. (VI, 214 S.) 8. Hermannstadt 908. W. Krafft. Kart. 2.70; m. Stadtplan 3. 40

Adressbuch

— für die Stadt Hildburghausen. Nach amtl. Mittheilungen bearb. v. J. K. Schwessinger. April 1877. gr. 8. (75 S.) Hildburghausen 877. (Schwessinger.) — 90.

— für die Stadt Hildburghausen 1886. Auf Grund amtl. Erhebgn. üb. die Volkszählg. vom 1. Dezbr. 1885 bearb. v. Carl Funk. Mit 1 Plane der Stadt. gr. 8. (62 S.) Hildburghausen 886. Gadow & Sohn. n. 1. 20

— für die Stadt Hildburghausen 1891. Auf Grund amtl. Erhebgn. über die Volkszählg. v. 1. Dezbr. 1890 bearb. v. M. Peter u. J. Burk. gr. 8. (II, 68 S. m. Plan.) Hildburghausen, Gadow & Sohn. n. 1. 20

— für die Stadt Hildburghausen 1895. A. Gr. amtl. Erhebgn. bearb. v. Peter. gr. 8. (80 S. m. 1 Plan.) Hildburghausen 895. F. W. Gadow & Sohn. n. 1. 20

— für die Stadt Hildburghausen u. deren Umgebung. 1900. Auf Grund amtl. Erhebgn. bearb. v. Mart. Peter. Mit e. Plane der Stadt u. des Stadttheaters. gr. 8. (II, 143 S.) Hildburghausen, F. W. Gadow & Sohn. n. 2. —

— d. Landkreises Hildesheim. N. amtl. Material bearb. 12. (244 S.) Hildesheim 898. F. Borgmeyer. Geb. n. 2. —

— des Landkreises Hildesheim. Nach amtl. Material bearb. (214 S.) kl. 8. Hildesheim 909. F. Borgmeyer. Kart. 2.—; durchsch. n 3. —

—— von der Stadt Hildesheim und des Fleckens Moritzberg für 1875—1879. 8. (à ca. 160 S.) Hildesheim, Fünfstück. à Jahrg. * *

— der Stadt Hildesheim u. des Fleckens Moritzberg f. d. J. 1903. Hrsg. von M. v. Witzleben. Mitbearb v. O. Lenuweit. Mit e. Plan v. Hildesheim u. Umgebg. 8. (XIII, 627 S.) Hildesheim (A. Lax.) Geb. n.n. 5. 50

— der Stadt Hildesheim u. des Fleckens Moritzberg f. d. J. 1907. Hrsg. von M. v. Witzleben. Mitbearb. von O. Lenuweit. Mit e. (farb.) Plan von Hildesheim u. Umgebg. (XVI, 703 S.) 8. Hildesheim (A. Lax). Geb. in Leinw. n.n. 6. —

— der Stadt Hildesheim u. des Fleckens Moritzberg f. d. J. 1910. Hrsg. von M. v. Witzleben. Bearb. v. O. Lenuweit. (647 u. 175 S. m. 1 farb. Plan.) 8. Hildesheim, (A. Lax). Geb. in Leinw. 8. —

—— der Stadt Hirschberg in Schlesien für die J. 1878—1880. Zusammengestellt nach amtl. Quellen. 1.—3. Jahrg. 8. (130; XXI, 151; 160 S.) Hirschberg i. Schl., Actiengesellschaft „Bote aus dem Riesengebirge". à Jahrg. *

— f. d. Kreis Höchst a/M. f. d. J. 1898—99, enth. d. Städte Höchst a/M. u. Hofheim a/T. u. d. Ortschaften Eschborn, Griesheim a/M., Hattersheim, Kriftel, Langenhain, Lorsbach, Marxheim, Münster i. T., Nied, Niederhofheim, Oberliederbach, Okriftel, Schwanheim, Sindlingen, Soden a/T., Sossenheim, Sulzbach, Unterliederbach u. Zeilsheim. N. amtl. Mat. zusammengest. v. W. Graf. gr. 8. (210 S. m. 2 Theaterplänen, 1 Karte u. 1 Plan.) Höchst, W. Graf. Geb. n. 4. —

— für den Kreis Höchst a. M. f. die J. 1902—1903, enth. die Städte Höchst a. M. u. Hofheim a. T. u. die Ortschaften Eschborn, Griesheim a. M., Hattersheim, Kriftel, Langenhain, Lorsbach, Marxheim, Münster i. T., Nied, Niederhofheim, Oberliederbach, Okriftel, Schwanheim, Sindlingen, Soden a. T., Sossenheim, Sulzbach, Unterliederbach u. Zeilsheim. 4. Ausg. Nach amtl. Materiale zusammengestellt v. Willy Graf. gr. 8. (231 S. m. 2 Theaterplänen, 1 Karte u. 1 Plan.) Höchst (902). W. Graf. Kart. n. 4. —

— für die Stadt Höchst a. M. nebst den Vororten Nied u. Unterliederbach f. die J. 1904/05. 5. Ausg. Nach amtl. Material zusammengestellt v. Willy Graf. (130 S. m. 1 Plan.) 8. Höchst 904. W. Graf Nachfl. Kart. n.n. 2. 50

— v. Hof, s.: Adreß- u. Geschäfts-Handbuch.

— der kgl. bayer. Stadt Hof, s.: Adreß- u. Geschäfts-Handbuch.

— der Hoflieferanten im Königr. Sachsen. 1905. (VI, 149 S.) gr. 8. Dresden. (Leipzig, F. Koch Nachf.) Geb. in Leinw. n. 3. —

— für den politischen Bez. Hohenelbe im Riesengebirge, bestehend aus 2 Abtlgn. u. zwar: I. Abtlg.: Gerichtsbez. Hohenelbe m. 23.985 Einwohnern. II. Abtlg.: Gerichtsbez. Arnau m. 20.235 Einwohnern. Bearb. auf Grund amtl. Verzeichnisse. (119 u. 91 S.) gr. 8. Rochlitz i. Riesengeb. 905. Frz. Gebert. (Nur direkt.) Geb. in Leinw. n.n. 2. 50

— der Stadt Hohenelbe in Böhmen. Bearb. auf Grund amtl. Unterlagen v. Frdr. Weiß u. Joh Haase. 8. (102 S. m. 1 Karte.) Leipzig (900.) Kühnel. n. 1. —

— für die Kreisstadt Hohensalza nebst Ortschafts- u. Einwohnerverzeichnis der Kreise Hohensalza u. Strelno. Ausg. 1907. Auf Grund amtl. Materials bearb. (III, 208 S.) gr. 8. Hohensalza, E. Lehmann. Kart. nn 5. —

Adreßbuch für Holzhandel und Holzindustrie. [1.] 1906. Bunzlau: Der Holzmarkt (1905). 4° 106. 5037 2

— für Holzhandel u. Holzindustrie. 2. Aufl. Mit e. alphabet. Ortsverzeichnis. (50 u. 380 S.) 34×11 cm. Berlin (907). (Bunzlau, G. Kreuschmer.) Kart. 6. —

—— Holzhändler, s. Holzhändler-Adressbuch.

—— dass. — s. Holzhändler-Adreßbuch, neues.

— der Holzhändler, Holzstoff- u. Cellulose-Fabriken, Sägewerke etc., sowie der Fabriken v. Maschinen u. Werkzeugen, welche zur Bearbeitg. d. Holzes, Holzstoffes etc. gebraucht werden. Hrsg. v. der Red. d. „Handelsblatt f. Walderzeugnisse." 8. (III, 150 S.) Trier 876. Lintz. n. 2. 50

— der schweizerischen Holz-Industrie. Mit e. Anh. Empfehlenswerte Bezugsquellen. 1. Aufl. 1897. 8. (30 S.) Zürich (Stuttgart, H. O. Sperling). n. 2. —

Adreßbuch der Holzinteressenten Oesterreich-Ungarns mit Bosnien und der Hercegovina. - Wien 1897. Jg. 2. - Mit Benützung amtl. Daten bearb. von Jacques Sachs, hrsg. v. d. Redaction d. Oesterr. -ungar. Centralblattes f. Walderzeugnisse. - 3. Aufl. Wien 1902-1903. Jg. 6, 140 S.

Adressbuch der Holz-Interessenten Oesterreich-Ungarns. III. Jahrg. Nachtrag 1898. Mit Benützung amtlicher Daten bearbeitet von Jacques Sachs. Gr.-8. (28 S.) In Comm * —.60 Frick: Wien 1898.

Adressbuch der Holz-Interessenten Osterreich-Ungarns mit Bosnien und Herzegowina. Mit Benützung amtlicher Daten bearbeitet von Jacques Sachs. Herausgegeben von der Redaction des „Österr.-Ungar. Centralblatt für Walderzeugnisse". IV. Jahrgang. Nachtrag 1898/99. Wien. 1899. Selbstverlag. [In Comm. Frick.] 8°. 48 S. * fl. 1.—

— der Holz-Interessenten Oesterreich-Ungarns. III. Aufl. VI. Jahrg. 1902/03. Mit Benützg. amtl. Daten bearb. v. Jacques Sachs. (140 S.) gr. 8. Wien, Sachs' Verl. Kart. n. 7. 20

— der Holz-Interessenten Oesterreich-Ungarns m. Bosnien u. der Herzegowina. 4. Aufl. 8. Jahrg. 1908. Mit Benützg. amtl. Daten bearb. v. Jacques Sachs. (160 S.) gr. 8. Wien 908. Sachs' Fachblätter- u. Kalender-Verlag. Kart. 7. 50

— für Homburg v. d. Höhe. 1906—1907. V. Ausg. Nach amtl. Quellen aufgestellt v. L. Neiss. (76 u. 83 S. m. 1 Plan.) gr. 8. Homburg v. d. H. (F. Supp). Geb. n. 3. 50

— für Homburg v. d. Höhe. 1910—1911. VII. Ausg. Im Auftrag des Magistrats nach amtl. Quellen aufgestellt v. Louis Neiss. (78 u. 95 S. m. 1 Plan.) 8. Homburg v. d. H. (F. Supp). Geb. nn 2. 80

— von Hönheim, s.: Adreßbuch v. Schiltigheim.

— der Bürgermeisterei Honnef am Rhein f. 1910/11. Bearb. nach amtl. Material. (XII, 118 S.) 8. Honnef, K. Werber. 1. —

Adreßbuch der Stadt Honnef am Rhein. [1.] Für 1904/5. Bearb. von Aug. Krah. Honnef a. Rh.: Werber 1904. 8° [10. 5429

— der Stadt Hörde, sowie der Aemter Aplerbeck, Barop, Kirchhörde u. Wellinghofen, hrsg. v. H Pellinghoff. 1888/89. gr. 8. (305 S.) Hörde. (Soest, Tappen.) cart. n. 5. —

—— der Stadt Hörde, sowie der Aemter Aplerbeck, Barog, Kirchhörde und Wellinghofen, hrsg. von H. Pellinghoff. 8. (301 S.) Soest 889, Tappen.

—— der Hôtels, s. Hôtel-Adressbuch, praktisches, f. d. Reise.

—— der Hôtels, s. Wedekind's Reise- und Geschäfts-Kalender.

— von Hotels, Pensionaten und Privatwohnungen im Harz u. Kyffhäusergebirge. Mit Angabe der Preise, Lage u. kurzer aber genauer Beschreibg. d. einzelnen Orte. Hrsg. v. Ad. Schliepstein. 8. (85 S.) Braunschweig 893. A. Limbach. n.n. — 50

—— sämmtlicher Hôtels und Gasthöfe der österreichisch-ungarischen Monarchie, s. Lehnert's, A., Hôtel-Adressbuch.

Adreßbuch der Hôtel- u. Gastgeschäfte, Restaurationen, Kaffeehäuser, Bierbrauereien 2c. Oesterreich-Ungarns u. der empfehlenswerthesten Deutschlands m. Fremden-, Touristen- u. Curgastführer. Hrsg. v. der Hôtel- u. Gastgeschäfts-Agentur. gr. 8. (172 S.) Wien 877. (Leipzig, Serbe.) n. 3. —

— für die Stadt Hoym m. den Ortschaften Frose, Nachterstedt, Friedrichsaue, Königsaue, Schadeleben u. Wilsleben. 8. (83 S.) Aschersleben 882. Siever. cart. n. 1. 20

— deutscher Hundezüchter, -Händler u. Liebhaber. Hrsg.: Otto Droescher. 12. (30 S.) Berlin (SW., Planufer 31) 895. Exped. d. Thiermarkt. n. 1. —

— deutscher Hypothekenbanken u. anderer Geld-Institute, welche Hypotheken-Credit gewähren. Mit e. Auszug aus dem neuen Hypothekenbankgesetz f. das Deutsche Reich. Bearb. v. J. Weiß. 8. (73 S. m. 1 Tab.) Frankfurt a/M. (899). J. Alt. n. 1. 50

— v. Jägerndorf, s.: Adreß- u. Auskunftsbuch.

— v. Jauer, s.: Adreß- u. Bürgerbuch.

— der Stadt Jauer in Schl., s.: Adreß- u. Bürgerbuch.

—— der Residenz- und Universitätsstadt Jena. 1883. 3. Folge. gr. 8. (79 S.) Ebendas.
Jahrg. 1880 und 1882 nicht erschienen.

—— der Residenz- und Universitätsstadt Jena. 1886 und 1887. 4. und 5. Folge. gr. 8. (96; 100 S.) Jena, Neuenhahn.

—— der Residenz- u. Universitätsstadt Jena 1889 u. 1891. 6. u. 7. Folge. gr. 8. (103; IV, 101 S.) Jena, Neuenhahn. à Jahrg. ** 1 50

— der Residenz- u. Universitätsstadt Jena, nebst Einwohner-Verzeichniß von Wenigenjena-Camsdorf. 1893. 8. Folge. gr. 8. (IV, 112 S.) Jena, G. Neuenhahn. n.n. 1. 50

– d. Residenz- u. Universitätsstadt Jena, nebst Einwohner-Verzeichnis v. Wenigenjena. 1895. 9. Folge. 8° (120) – Jena: G. Neuenhahn.

— d. Residenz- u. Universitätsstadt Jena nebst Einwohner- u. Straßen-Verzeichniß v. Wenigenjena 1899. 11. Folge. gr. 8. (IV, 160 S.) Jena, G. Neuenhahn. n.n. 2. —

– Jena nebst Wenigenjena 1900. 12. Folge. 8° (170) – Jena: G. Neuenhahn.

Adreßbuch der Residenz- u. Universitätsstadt Jena nebst Einwohner- u. Straßen-Verzeichniß v. Wenigenjena 1903. 15. Folge. gr. 8. (215 S.) Jena, G. Neuenhahn. n.n. 2. —

– Jena nebst Wenigenjena. 18. Folge. (252) 8° – Jena: G. Neuenhahn 1906.

Adreßbuch der Residenz- u. Universitätsstadt Jena nebst Einwohner- u. Straßen-Verzeichniß v. Wenigenjena 1907. 19. Folge. (268 S.) gr. 8. Jena, G. Neuenhahn. n.n. 2. —

– Jena nebst Wenigenjena 1909. 21. Folge. (290 u. 2 m. 1 Pl.) gr 8° – Jena, G. Neuenhahn.

— der Residenz- u. Universitätsstadt Jena 1910. 22. Folge. (304 S.) gr. 8. Jena, G. Neuenhahn. nn 2. 50

—— für die Universitätsstadt Jena 1871 und 1872; 1873 und 1874. Hrsg. von A. Kühl. gr. 8. (56; 50 S.) Jena, Neuenhahn. à Jahrg. *

— dasselbe 1874 u. 1875. Ein Führer f. Einheimische u. Fremde v. C. Eberhardt u. C. Fleckstein. 8. (80 S.) Jena 874. Deistung in Comm. n. 1. 50

– f. d. Univ.-St. Jena 1874 u. 75. Hrsg. v. E. Eberhardt u. C. Fleckstein. 8° (80) Jena: Neuenhahn 1874.

—— der Universitätsstadt Jena auf das J. 1879. Hrsg. von A. Neuenhahn. gr. 8. (74 S.) Jena, Neuenhahn. *
1875—78 nicht erschienen.

— der Universitätsstadt Jena. 1881. gr. 8. (73 S.) Jena, Neuenhahn. 1. 50

– Iglau. (197) 8° – Iglau: (E. Netoliczka) 1905.

– Ika, s. Adressbuch d. österr. Riviera.

– Ilmenau i. Th. (140) 8° – Ilmenau: A. Schröter.

— von Bad Ilmenau i/Thür. N. amtl. Quellen bearb. v. Thiede. gr. 8. (VIII, 94 S. m. Plan.) Ilmenau 896. (A. Schröter.) Kart. n.n. 2. —

— von Bad Ilmenau i. Thür. Nach amtl. Quellen bearb. v. Künzel u. Graiche. 1901 gr. 8. (VI, 120 S.) Ilmenau (A. Schröter). Geb. in Leinw. n.n. 2. 50

— von Bad Ilmenau i. Th. Nach amtl. Quellen bearb. 1904. (IV, 127 S.) gr. 8. Ilmenau, A. Schröter. Geb. in Leinw. n.n. 2. 50

— v. Bad Ilmenau i. Thür. Nach amtl. Quellen bearb. v. Graiche u. Bredschneider. (IV, 151 S.) 8. Ilmenau 910. A. Schröter. Geb. in Leinw. nn 3. —

— der Industrie- u. Badestadt Ilmenau. 1892/93. Nach amtl. Quellen bearb. von Paul Eckardt. gr. 8. (III, 84 S.) Ilmenau, (P. Schulze). Kart. n.n. 1. 50

— von Ilversgehofen f. 1894. [Aus: „Adreßbuch d. Umgegend v. Erfurt".] gr. 8. (16 S.) Erfurt, Keyser. — 30

— d. russischen Import- u. Export-Handels. Hrsg. v. Albr. Pieszczek & Co. I. Jahrg. Octbr. 1894. 4. (XII, 50; 51, 215 u. 52 S.) Leipzig, A. Pieszczek & Co. Geb. in Leinw. 15. —

—— Chemische Industrie, s. Adress-Buch u. Waarenverzeichniss. — Fachadressbücher, schweizerische.

– Chemische Industrie d. Deut. Reiches, s. Wenzel's Otto, Adressb.

— der gesamten sächsisch-thüringischen Industrie. Hrsg. vom Export-Verein f. das Königr. Sachsen unter dem Ehrenpräsidium Sr. königl. Hoh. des Prinzen Friedrich August, Herzog zu Sachsen. 8. (XXIX, 438 u. 193 S. m. 1 farb. Karte.) Dresden 901. (C. Höckner). Kart. n.n. 5. —

—— für Industrie, Handel und Gewerbe der österreichisch-ungarischen Monarchie. 1891. Lex.-8. (XX, 280 u. 1566 S.) Wien, (L. Bergmann u. Comp.) Oesterreich. Verlagsgesellschaft. cart. * 30 —

Adressbuch für Industrie, Handel- und Gewerbe der österreichisch-ungarischen Monarchie nach Fachgruppen (Branchen) geordnet. Wien. 1901. Verlag der Steyermühl. [In Comm. Moritz Stern.] Lex.-8°. XV, 576 S. K 7.—

— für Industrie, Handel u. Gewerbe v. Tirol u. Vorarlberg. Unter Förderg. des k. k. Handelsministeriums (Ministerial-Erlass vom 15.V.1907, Z. 13. 431). 2. verb. Ausg. Enth. sämtl. Adressen der Fabrikanten, Kaufleute, Handels-u. Gewerbetreibenden, Ärzte, Advokaten u. Notare, Hotels, Gasthöfe, Bäder, Restaurants u. Cafés auf Grund der v. den Handels- u. Gewerbekammern geführten Kataster u. der v. den k. k. Gewerbe-Behörden mitgeteilten Nachträge. Hrsg. v. Joh. Moser. (483 S.) gr. 8. Innsbruck 908. H. Schwick. Geb. 8. —

— der keramischen Industrie. 1. Abth.: Porzellan-, Steingut-, Fayence-, Siderolith-, Majolika-Fabriken u. die d. feinen Steinzeugs in Deutschland u. Oesterreich-Ungarn. Hrsg. auf Veranlassg. u. unter Mithülfe d. Verbandes keram. Gewerke in Deutschland v. der Redaction d. Sprechsaal. 8. (IV, 180 S.) Coburg 883. (Sendelbach.) n.n. 4. 50

Adressbuch der keramischen Industrie, enthaltend die Firmen der Fabriken für Porzellan, Steingut, Fayence, Majolika, Siderolith, Terralith, Oefen, Irdenwaaren, Terracotta, Fliesen, Steinzeug, Thonpfeifen, grobe und feuerfeste Thonwaaren, Graphitblöcke und Schmelztiegel in Deutschland und Oesterreich-Ungarn mit allen Fabrikmarken. Herausg. unter Mitwirk. der Vorstände des Verbandes keram. Gewerke in Deutschland und des Vereins deutscher Fabriken feuerfester Produkte von der Redaction des »Sprechsaal«. 2. Aufl. Coburg 1887. 8.

— der keramischen Industrie, enth. die Firmen der Fabriken f. Porzellan, Steingut, Fayence, Majolika, Siderolith, Terralith, Oefen, Irdenwaaren, Terracotta, Fliesen, Mosaik, Steinzeug, Thonpfeifen, grobe u. feuerfeste Thonwaaren, Graphitblöcke u. Schmelztiegel in Deutschland u. Oesterreich-Ungarn m. allen Fabrikmarken. Hrsg. unter Mitwirkg. der Vorstände d. Verbandes keram. Gewerke in Deutschland u. d. Vereins deutscher Fabriken feuerfester Produkte v. d. Redaction d. „Sprechsaal". 3. Aufl. 8. (V, 455 S.) Coburg 890. Müller & Schmidt n. 6. —

— der keramischen Industrie, enth. die Firmen der Fabriken f. Porzellan, Steingut, Fayence, Majolika, Siderolith. Terralith, Oefen, Irdenwaaren, Terracotta, Fliesen, Mosaik, Steinzeug, Thonpfeifen, feuerfeste Thon- u. Chamottewaaren, Graphitblöcke u. Schmelztiegel in Deutschland u. Oesterreich-Ungarn m. allen Fabrikmarken. 6. Aufl. Hrsg. unter Mitwirkg. der Vorstände des Verbandes deutscher Fabriken feuerfester Producte v. der Red. des Sprechsaal. 8. (VI, 642 S.) Coburg 899. Müller & Schmidt. n. 6. —

— der keramischen Industrie, enth. die Firmen der Fabriken f. Porzellan, Steingut, Fayence, Majolika, Siderolith, Terralith, feines Steinzeug, Oefen, Irdenwaren, Terrakotta, Fliesen, Mosaik, Steinzeug, Tonpfeifen, Ton- u. Schamottewaren, Graphitblöcke u. Schmelztiegel sowie die Porzellanmalereien in Deutschland u. Oesterreich-Ungarn m. den Fabrikmarken. 9. Aufl. Hrsg. v. der Red. des Sprechsaal. (VI, 824 S.) kl. 8. Coburg 906. Müller & Schmidt. n. 6. —

– Keram. u. Glas-Industrie in Dänemark, Schweden, Norwegen u. Finnland. 2. Afl. Mai 1909. Hrsg. v. d. Red. d. Sprechsall in Coburg. (34) kl8° – Müller & Schm.

— der sächsisch-thüringischen Industrie. (XVI, 636; VIII, 119 u. 67 S. m. Taf. u. 1 Karte.) 8. Dresden-N. (Niedergraben 5) 907. Export-Verein im Königreich Sachsen. Geb. in Leinw. 5. —

— des obererzgebirgischen Industriebezirks. Große Ausg. Annaberg, Buchholz, Elterlein, Geyer, Jöhstadt, Oberwiesenthal, Scheibenberg, Schlettau, Unterwiesenthal, Wolkenstein, Weipert i. B. u. 43 Landgemeinden. (XXIV, 326, 114, XXIV, 299 u. 256 S. m. 3 [2 farb.] Plänen u. 1 Grundriß.) gr. 8. Annaberg (910.) Graser's Sort. Geb. in Halbleinw. nn 8. —

— dasselbe. Kleine Ausg. Elterlein, Geyer, Jöhstadt, Oberwiesenthal, Scheibenberg, Schlettau, Unterwiesenthal, Wolkenstein, Weipert i. B. u. 43 Landgemeinden. (II, 256 S.) gr. 8. Ebd. (910.) Geb. in Halbleinw. nn 3. 50

—— für Industrielle, Kaufleute, Gewerbetreibende, Aerzte rc., s. Schraml.

— der Industriellen, Handel- u. Gewerbetreibenden in Oberösterreich, welche an directer Erwerbsteuer ohne Zuschlag mindestens 5 fl. ö. W. jährl. zu entrichten haben, m. Angabe der handelsgerichtlich protokollirten Firmen. Verf. u. hrsg. v. K. Hochhauser u. F. Woracz. 4. Aufl. gr. 8. (VIII, 350 S.) Linz 887. (Ebenhöch.) n. 4. —

Adressbuch der Industriellen, Handel- und Gewerbetreibenden in Oberösterreich. Verfasst von Karl Hochhauser und Friedrich Woracz. VI. Auflage. Lex.-8. (XV, 317 S.) Linz: Wimmer 1896. * 2.50

Adressbuch der Industriellen, Kaufleute, Gewerbetreibenden, s. Adressenbuch

—— der Industriellen, Kaufleute, Gewerbtreibenden, s. Welt-Adressbuch.

Adressbuch der chemischen u. verw. Industrien u. Gewerbe v. Österreich-Ungarn. Hrsg. v. d. Abtheilg. f. Chemie u. Physik d. niederösterreich. Gewerbevereins. I. Ausg. 4. (VI, 543 S.) Leipzig 897. E. Baldamus. Geb. in Leinw. n. 15. —

—— von Ingolstadt. Nach amtl. Quellen bearbeitet. gr. 8. (VII, 188 S. m. Plan u. Karte.) Ingolstadt 892, (Krüll). cart. ** 2 –

— von Ingolstadt. (VIII, 85, 68, 38 u. 34 S.) 8. Ingolstadt (906). (Krüll.) Kart. n. 3. —

— der kgl. bayer. Festungsstadt Ingolstadt. 3. Aufl. Jahrg. 1886. Nach amtl. Quellen bearb. gr. 8. (VIII, 127 S. m. 2 Autotyp. u. 1 lith. u. color. Plan.) Ingolstadt 886. Ganghofer. cart. n. 1. —

— der kgl. bayrischen Festungsstadt Ingolstadt. 4. Aufl. Jahrg. 1888. 8. (XXIV, 127 S. m. 1 Portr.) Ingolstadt, Ganghofer. cart. n. 1. 50

— der kgl. Stadt Ingolstadt, nebst e. Verzeichniß der Häuser u. Hausbesitzer. Nach amtl. Quellen zusammengestellt. gr. 8. (IV, 76 S. mit 1 lith. u. color. Plan.) Ingolstadt 881. Ganghofer. cart. n. 2. —

—— der Inhaber von Giro-Conten bei der Reichsbank, s. Verzeichniß.

Adressbuch der Landeshauptstadt Innsbruck mit dem Verzeichnis der sämmtlichen Handel- und Gewerbetreibenden Nordtirols. Herausgegeben vom Stadtmagistrat und der Handels- und Gewerbekammer in Innsbruck. Innsbruck. 1899. Edlinger. Gr.-8°. 196 S. fl. 1.80

Adressbuch der Landeshauptstadt Innsbruck und der Gemeinde Wilten. Herausgegeben vom Stadtmagistrat. Innsbruck. 1900. Edlinger. Gr.-8°. 56, 154 S. K 3.—

— der Landeshauptstadt Innsbruck u. der Gemeinden Wilten, Hötting, Pradl u. Mühlau nach dem Stande am 1. XII. 1901. gr. 8. (IV, 184 S. m. 1 Plan.) Innsbruck, A. Edlinger. n. 4. —

(F) Adressbuch der Landeshauptstadt Innsbruck. Lex.-8°. (184, 72 S.) Innsbruck: Edlinger 1902. K 5.—

**Adressbuch** der Landeshauptstadt Innsbruck und der Gemeinden Wilten, Hötting, Pradl und Mühlau. 1903. Gr.-8°. (190, VIII, LXXX S.) K 5.—

— der Landeshauptstadt Innsbruck u. der Gemeinden Hötting u. Mühlau nach dem Stande am 1. XII. 1905. (VIII, 253 S. m. 1 Plan.) Lex.-8. Innsbruck 906. (A. Edlinger.) n. 3. 50

— der Landeshauptstadt Innsbruck u. der Gemeinden Hötting u. Mühlau nach dem Stande am 1. XII. 1907. (XVI, 314 S. m. 1 farb. Plan.) Lex. 8. Innsbruck 908. (Wien, A. Edlinger) 3. 50

—— von Inowrazlaw, nebst Ortschafts-Verzeichniss vom Kreise Inowrazlaw. 8. (IV, 97 S.) Inowrazlaw 878, Olawski. *

Andere Jahrgänge nicht erschienen.

— für Insterburg m. Abbauten. Zusammengestellt unter Zuhilfenahme amtl. Quellenmaterials. 1906. (IV, 258 S.) 8. Insterburg 905. (Leipzig, Schulze & Co.) n.n. 2. 50

Internationales **Adreßbuch** der Antiquitäten-, Gemälde-, Kunst- u. Münzen-Sammler u. Händler nebst Museen, Vereinen, öffentlichen u. Privat-Bibliotheken. Annuaire international des collectionneurs ... International Directory of collectors ... *Berlin: R. Seelig 1903.* (IV, 284, XVI S.) 8°

= Führer, Seelig's, durch d. Sammelsport. Bd 1. [64. 1153

**Adressbuch.** Internationales A' der Genossenschafts-Presse. Hrg. vom Internationalen Genossenschaftsbund. IV + 60 S. 8. London, Verlag des Int' Genossenschaftsbundes; Im Buchh. zu beziehen durch: Puttkammer & Mühlbrecht, Berlin, 1909. [M. 1. 25]

Internationales **Adressbuch** von bildenden Künstlern. Jahrg. 1907. Gr.-8°. (446 S.)
Wien: Klement 1907. geb. K 24.—, vom 15. Mai 1907 an K 30.—

— internationales, des Viehhandels, enth. ca. 25000 Adressen der Zucht-, Schlachtvieh-, Pferde- u. Geflügelhandlgn., Zuchtgenossenschaften etc. des In- u. Auslandes, nebst e. prakt. Anh. Hrsg. v. Frz. Kanzler. (VI, 451 S) gr. 8. Leipzig 904. F. Kanzler. Geb. in Leinw. n. 6. —

— der k. k. freien Bergstadt Joachimsthal nebst Dürnberg, Elbecken, Mariasorg, Neustadt, Werlsberg u. Werlsgrün. Bearb. nach amtl. Unterlagen v. Fr. Kretzschmer. 8. (48 S. m. 1 Karte) Leipzig (899). Kühnel. n. — 50

—— der Stadt Iserlohn für 1876. Bearb. von C. Hoffmann. 8. (180 S.) Iserlohn, (Baedeker.) geb. *

1875 und 1877—79 nicht erschienen.

—— der Stadt Iserlohn, nebst Firmen- und Geschäfts-Register, sowie Verzeichniß der Gewerbetreibenden aus den Städten Altena, Hagen, Hohenlimburg, Lüdenscheid, Menden, Neheim, Plettenberg und Siegen, sowie aus den Aemtern Altena, Ergste, Hemer, Hohenlimburg und Menden. Hrsg. von C. W. Hoffmann. 8. (X, 373 S.) Iserlohn 888, (Bädeker's Sortiment.)

– v. Itzehoe u. Sude. 1892. 8°(98) – Itzehoe: W. Francke.

— von Itzehoe u. Sude. 1892. gr. 8. (98 S.) Itzehoe, A. Nusser. Kart. n. 2. —

— von Itzehoe u. Sude. 1897. gr. 8. (XIV, 92 S.) Itzehoe, W. Francke. Kart. n.n. 3. —

— von Itzehoe u. Sude. Hrsg. auf Grund amtl. Angaben. gr. 8. (XI, 105 u. 17 S.) Itzehoe 901. Th. Brodersen. Kart. n. 2. —

— von Itzehoe u. Sude. Hrsg. auf Grund amtl. Angaben. 1905. (XXVIII, 136 S.) gr. 8. Itzehoe, Th. Brodersen. Kart. n. 3. —

— der Stadt Itzehoe u. der Landgemeinden Sude, Itzehoer Klosterhof, Münsterdorf u. Lägerdorf. Hrsg. auf Grund amtl. Angaben. 1909. (219 S.) gr. 8. Itzehoe, Th. Brodersen. Geb. in Leinw. nn 3. 60

— der Juden Berlins. Praktisches Handbuch f. das kauf. Publikum. Zusammengestellt v. B. Blavier. gr. 16. (IV, 277 S.) Berlin 888. B. Blavier, N., Zionskirch-Platz 15. n. 1. —

— der Stadt Kaiserslautern, Otterberg, Winnweiler u. Hochspeyer. Mit Stadtplan u. Plan des Stadttheaters. XVI. Ausg. 1905/6. (XII, 719 S.) 8. Kaiserslautern (905). Bh. Rohr. Geb. n. 4. —

— der Stadt Kaiserslautern, m. den benachbarten Orten Hochspeyer, Landstuhl, Otterberg u. Winnweiler Mit Stadtplan u. Plan d. Stadttheaters. XVIII. Ausg. 1909/10. (X, 772 S.) 8. Kaiserslautern, Bh. Rohr. Geb. 4. 50

– Kamenz, Amtshauptmannsch. Städte Kamenz, Pulsnitz, Königsbrück, Elstra u. 119 Landgemeinden. (319) 8° – Dresd.: B. Sturm 1904.

— für den amtshauptmannschaftl. Bez. Kamenz i. Sa. Im Anh.: Bernsdorf O.-L. (13, 8, 104, 7, 36, 44, 47 u. 110 S. m. Abbildgn. u. 1 eingedr. Kartenskizze.) gr. 8. Kamenz, H. Baßler Nachf. Geb. in Halbleinw. 2. —

— deutscher Kaninchenzüchter, Händler u. Liebhabor. Hrsg.: Otto Droescher. 12. (13 S.) Berlin (SW., Planufer 31) 895. Exped. d. Thiermarkt. n. 1. —

— v. Karlsbad, s.: Adreß- u. Geschäfts-Handbuch.

– Karlsbad u. Umgebg. (50, 325 u. 81) 8° – Karlsbad (Mühlbrunnstr. 24), A. Rosenfeld & Co. (1904).

— Karlsbader, 1883. Nach amtl. Quellen zusammengestellt v. Bernh. Knauer. 8. (IV, 140 S.) Karlsbad 883. Knauer. geb. 2. 40

— Karlsbader, 1888. kl. 4. (IV, 307 S. m. 1 Theaterplan.) Karlsbad, Jakob. cart. n. 4. —

— für die Haupt- u. Residenz-Stadt Carlsruhe. Bearbeitet nach Original-Aufnahmen u. amtl. Material. Stand vom 1. Juli 1873. gr. 8. (211 S.) Carlsruhe 873. Bielefeld. geb. n.n. 3. —

—— für die Haupt- und Residenzstadt Carlsruhe. Bearb. nach Original-Aufnahmen und amtl. Material. Nachtrag. Stand vom 1. Novbr. 1873. gr. 8. (VIII, 116 S.) Carlsruhe 874, Bielefeld's Hofbuchh. *

—— dass. — 1875—1880. Stand vom 1. Decbr. 1874—15. Novbr. 1879. gr. 8. (V, 318; 84, 191 S. mit lithogr. Plan in qu. gr. 4.; II, 80, 192 S.; 282 S. mit lithogr. Plan; 278 S. mit lithogr. Plan; 106, 193 S. mit lithogr. Plan.) Ebendas. geb. à **

—— für die Haupt- und Residenz-Stadt Karlsruhe. 1880—1883. Bearb. nach Orig.-Aufnahmen und amtl. Material. Stand vom 15. Novbr. 1879—1882. gr. 8. (106, 193; 280; 304; 311 S. mit lithogr. Plan.) Karlsruhe, Bielefeld's Hofbuchh. geb. à Jahrg. **

—— dass. — mit teilweiser Berücksicht. der Nachbarstädte Durlach, Ettlingen und Mühlburg. 1884. Bearb. nach Orig.-Aufnahmen und amtl. Material. Stand vom 15. Novbr. 1883. gr. 8. (289 S. mit 1 chromolithogr. Plan von Karlsruhe.) Ebendas. cart. **

—— für die Haupt- und Residenz-Stadt Karlsruhe mit teilweiser Berücksicht. der Nachbarstädte Durlach, Ettlingen und Mühlburg. 1885 und 1886. Bearb. nach Orig.-Aufnahmen und amtl. Material. Stand vom 15. Novbr. 1884 und 1885. gr. 8. (299; 309 S. mit je 1 chromolithogr. Plan von Karlsruhe.) Karlsruhe, Bielefeld's Verlag. cart. à Jahrg. **

—— für die Haupt- und Residenzstadt Karlsruhe mit teilweiser Berücksicht. der Nachbarstädte Durlach und Ettlingen. 1887—1889. Bearb. nach Orig.-Aufnahmen und amtl. Material. Stand vom 15. Novbr. 1886, 1887 und 1888. gr. 8. (332; 352; 356 S. mit je 1 chromolithogr. Plan.) Ebendas.

—— für die Haupt- u. Residenzstadt Karlsruhe, m. teilweiser Berücksichtigung der Nachbarstädte Durlach u. Ettlingen. 1890—1892. gr. 8. (372; 396; 403 S. m. je 1 farb. Plan.) Karlsruhe, Bielefeld's Verlag. cart. à Jahrg. ** 4 40

— für die Haupt- u. Residenz-Stadt Karlsruhe, mit teilweiser Berücksichtg. der Nachbarstädte Durlach u. Ettlingen. 1895. Bearb. nach Orig.-Aufnahmen u. amtl. Material. Stand vom 15. Novbr. 1894. gr. 8. (450 S. m. 1 farb. Plan.) Karlsruhe, J. Bielefeld's Verl. Kart. n.n. 4. 40

– f.d. Haupt- u. Residenz-Stadt Karlsruhe, m. teilweiser Berücks. d. Nachbarstadt Durlach. 1896. 8°(464 m. Stadt- u. Theater-Pl.). – Karlsruhe: J. Bielefeld's V.

— f. d. Haupt- u. Residenz-Stadt Karlsruhe, m. teilw. Berücksicht. d. Nachbarstadt Durlach. 26. Jahrg. 1899. Bearb. n. Orig.-Aufn. u. amtl. Material. Stand v. 1. XI. 1898. gr. 8. (495 S. m. farb. Stadtplan.) Karlsruhe, J. Bielefeld's Verl. n.n. 4. 40

— für die Haupt- u. Residenzstadt Karlsruhe, m. teilweiser Berücksicht. der Nachbarstadt Durlach. 30. Jahrg. 1903. Bearb. nach Orig.-Aufnahmen u. amtl. Material. Stand vom 1. XI. 1902. gr. 8. (574 S. m. farb. Stadt- u. Theaterplan.) Karlsruhe, J. Bielefeld. Kart. n. 4. 40

– Karlsruhe u. Durlach. 33. Jahrg. (424,220 u. 55 m. 1 Pl.) 8° – Karlsruhe: G. Braun'sche Hofbuchdr. 1905.

— der Haupt- u. Residenzstadt Karlsruhe, der Vororte Beiertheim, Rintheim, Rüppurr u. der Nachbarstadt Durlach. 34. Jahrg. 1907. Bearb. nach Orig.-Aufnahmen u. amtl. Material. Stand Mitte Oktbr. 1906. (432, 256 u. 58 S. m. farb. Stadt- u. Theaterplan.) 8. Karlsruhe, G. Braun'sche Hofbuchdr. Geb. in Leinw. n.n. 5. 50

– Karlsruhe, Beiertheim, Rintheim, Rüppurr u. Durlach. 35. J. 1908. (426, 264 u. 60 m. 2 Pl.) 8° – Karlsruhe: G. Braun'sche Hofbuchdr.

— der Haupt- u. Residenzstadt Karlsruhe einschließlich der Vororte Beiertheim, Daxlanden, Grünwinkel, Rintheim u. Rüppurr u. d. Nachbarstadt Durlach. 38. Jahrg. 1911. Bearb. nach Orig.-Aufnahmen u. amtl. Material. Stand Mitte Oktbr. 1910. (XXIV, 43; 65; 348; 213; 67, 19 u. 69 S. m. 1 farb. Plan.) 8. Karlsruhe, G. Braun'sche Hofbuchdr. Geb. in Leinw. nn 6. —

**Adressbuch** von Kärnten pro 1898. Herausgegeben von der kärntnerischen Handels- und Gewerbekammer in Klagenfurt. Gr.-8. (XV, 484 S.) Geb. Klagenfurt: Bertschinger 1898. 3.50

— v. Kärnten. Hrsg. v. d. kärntner. Handels- u. Gewerbekammer in Klagenfurt. gr. 8. (XV, 484 S.) Klagenfurt 898. (J. Heyn. — A. Raunecker.) Kart. n.n. 7. —

3*

— von Kassel u. Umgebungen f. d. J. 1865—1870. Herausg. von den Hinterbliebenen d. verst. Polizeicommissars Preime. 32—37. Jahrg. Kassel, (Württenberger.) gr. 8. (à ca. 450 S.) Jeder Jahrg. n. 1 ℛ 10 ngr.

— von Kassel u. Umgebungen. Hrsg. v. den Hinterbliebenen d. verst. Polizeicommissarius Preime. 38. Jahrg. Mit e. (lith.) Plan der Stadt. (in qu. 4.) gr. 8. (III, 476 S.) Kassel 871. (Württenberger.) n.n. 4. 50

—— dass. — für die J. 1872 und 1873. 39. und 40. Jahrg. gr. 8. (503; 528 S. mit 1 lithogr. Plane der Stadt in qu. 4.) Kassel, (Meßner'sche Buchh.) à Jahrg. **

— dasselbe f. d. J. 1874—1876. Hrsg. v. den Hinterbliebenen d. verstorb. Polizeicomm. Preime. 41—43. Jahrg. Mit e. (lith.) Plane der Stadt (in gr. qu. 4.) gr. 8. (à ca. VIII, 538 S.) Ebend. 874—76. à n. 6. —

—— dass. — für das J. 1877. Hrsg. von Chr. Preime's Erben und C. Boppenhausen. 44. Jahrg. gr. 8. (575 S. mit 1 neuen Plane der Stadt in qu. gr. Fol.) (Ebendas.) cart. **

—— dass. — für die J. 1878—80. 45.—47. Jahrg. gr. 8. (563, 40; 608; 616 S. mit 1 lithogr. Plane der Stadt in qu. gr. Fol.) (Ebendas.) cart. à Jahrg. **

—— von Kassel und Umgebungen für die J. 1881 und 1882. Hrsg. von Chr. Preime's Erben und C. Boppenhausen. 48. und 49. Jahrg. 8. (à Jahrg. ca. 623 S.) Kassel, (Meßner'sche Buchh.) cart. à Jahrg. **

—— dass. — für das J. 1883 und 1884. Hrsg. von Chr. Preime's Erben und C. Boppenhausen. 50. und 51. Jahrg. Mit 1 neuen (lithogr.) Stadtplane. gr. 8. (IV, 648; 656 S.) Kassel, (Baier und Comp.) cart. à Jahrg. **

—— von Kassel und Umgebungen für die J. 1885 und 1886. Hrsg. von Chr. Preime's Erben und C. Boppenhausen. 52. und 53. Jahrg. gr. 8. (668; VIII, 687 S. mit je 1 lithogr. Plane der Stadt.) Kassel, (Baier und Comp.) cart. à Jahrg. **
—— dass. — für 1889. Hrsg. von C. Boppenhausen und E. Preime. (LXXII, 688 S. mit 1 Plan.) Ebendas. cart. *

— von Cassel u. Umgebungen f. d. J. 1889. Hrsg. v. C. Boppenhausen u. E. Preime. 56. Jahrg. M. e. neuen Stadt-Plan. gr. 8. (VIII, LXXII, 644 u. 24 S.) Cassel, (Baier & Co.). cart. n.n. 7. 50

— v. Cassel u. Umgebungen f. d. J. 1894. Hrsg. unter Mitwirkg. des königl. Polizei-Meldeamts v. Phpp. Döll. 61. Jahrg. gr. 8. (LXXII, 738, 56, 24 u. 32 S. m. farb. Plan.) Cassel, (A. Baier & Co.). Geb. in Leinw. n. 8. —

— von Cassel, Wehlheiden, Bettenhausen, Kirchditmold, Niederzwehren, Rothenditmold, Wahlershausen, Waldau, Wilhelmshöhe u. Wolfsanger f. d. J. 1898. 65. Jahrg. Hrsg. unt. Mitwirkg. des kgl. Polizei-Meldeamtes zu Cassel u. d. Polizei-Meldeamtes zu Wehlheiden v. Phpp. Dölls Erb. m. 1 erweit. u. vervollständ. Stadtplan in 5 Farben u. 1 Plan des kgl. Theaters. gr. 8. (VIII, 60, 236, 173, 89 u. 61 S.) Cassel, L. Döll. Geb. in Leinw. n.n. 5.75

– Katharinaberg, Gerichts- u. Steuerbez., s. Adress-Buch f. Brüx.

—— aller Kaufleute, Fabrikanten u. Apotheker d. Staaten Bayern, Württemberg u. Baden. Nach d. zuverläß. Quellen bearb. u. meistens persönl. aufgenommen v. e. prakt. Kaufmanne. 1. u. 2. Lfg. gr. 8. Ulm, Nübling. Thlr.
Lfg. 1. Württemberg. (7¼ B.) 837. ⅔ Thlr.
" 2. Frankfurt a. M. u. Baden. (6¾ B.) 839. ⅔ Thlr.

**Adressbuch** der Kaufleute, Fabrikanten, Apotheker, Berg- und Hüttenwerke, . . . 2. Ausg. Nürnberg 1820. 4. Ausg. Nürnberg 1831. V: *Leuchs, Johann Carl.* (Ky) (EngMt)

—— d. Kaufleute u. Fabrikanten v. ganz Deutschland, sowie der Haupt-, Handels- u. Fabrikorte d. übrig. Europa u. d. and. Welttheile. 4 Thle. (Neue Aufl.) gr. 8. (77½ B.) Nürnberg 828, Leuchs u. Comp.

– der Kaufleute u. Fabrikanten von ganz Deutschland (von J. C. Leuchs). 4e Ausg verm. m. d. neuen Adressen u. den Berichtigungen bis 1833. 5 Theile. gr. 8. Nürnb. 833. Leuchs u. Comp. 6¾ ℛ 5r Thl enth. die neuen Adressen u. Berichtigungen der frühern 4 Bde. gr. 8. Ebd. 833. 2 ℛ

— der Kaufleute, Fabrikanten u. Gewerbtreibenden vom Königr. Bayern. Zugleich Handelsgeographie, Produkten- u. Fabrikanten-Bezugsangabe. 1. Bd. der neuen Ausg. d. grossen Adressbuches aller Länder der Erde. [10. Ausg.] gr. 8. (VIII, 726 S.) Nürnberg 878. Leuchs & Co. 15. —

— dasselbe v. Brandenburg u. Berlin. Zugleich Handelsgeographie, Produkten- u. Fabrikaten-Bezugs-Angabe. [8. Bd. der neuen Ausg. d. Adreßbuchs aller Länder d. Erde.] 6. Ausg. gr. 8. (46 u. 624 S.) Ebend. 877. n. 12. —

— dasselbe v. Dänemark, Schweden u. Norwegen. Zugleich Handelsgeographie, Produkten- u. Fabrikaten-Bezugs-Angabe. [23. Bd. der neuen Ausg. d. Adreßbuchs aller Länder d. Erde.] 5. Ausg. gr. 8. (6 u. 254 S.) Ebd. 877. 6. —

— dasselbe, sowie der Hof- u. Gutsbesitzer von Schleswig-Holstein u. Lauenburg. Zugleich Handelsgeographie, Produkten- u. Fabrikaten-Bezugsangabe. [13. Bd. der neuen Ausg. d. Adreßbuchs aller Länder der Erde.] 6. Ausg. gr. 8. (22 u. 208 S.) Ebend. 877. 6. —

Adressbuch der Kaufleute, Fabrikanten und Gewerbtreibenden vom Königr. Holland. Zugleich Handelsgeographie, Produkten- und Fabrikaten-Bezugs-Angabe. [Bd. 22 des grossen Adressbuchs aller Länder der Erde.] 5. Ausg. gr. 8. (VIII, 392 S.) Nürnberg 878, Leuchs und Comp.

– d. Kaufleute, Fabrikanten u. Gewerbetreibenden v. Rheinpreussen, Westfalen, Birkenfeld-Lippe u. Luxemburg. 7. Asg. 8° (862) – Nürnberg, 1876, Leuchs u. Co.

— dasselbe vom Königr. Sachsen, der Herzog- u. Fürstenthümer Sachsen-Altenburg, Weimar-Eisenach, Koburg-Gotha, Meiningen, Reuß, Schwarzburg, Schleußingen, Schmalkalden, Suhl. Zugleich Handelsgeographie, Produkten- u. Fabrikaten-Bezugsangabe. [5. Bd. der neuen Ausg. des großen Adreßbuches aller Länder der Erde.] [7. Ausg.] gr. 8. (VIII, 748 u. 96 S.) Ebend. 878. 15. —

— dasselbe der gesammten Schweiz. Zugleich Handelsgeographie, Produkten- u. Fabrikaten-Bezugs-Angabe. [20. Bd. der neuen Ausg. d. Adreßbuchs aller Länder der Erde.] 5. Ausg. gr. 8. (46 u. 551 S.) Ebend. 877. n. 12. —

— dasselbe von Tirol, Vorarlberg, Triest, Krain, Istrien u. Küstenland. [16. Bd. der neuen Ausg. des grossen Adressbuches aller Länder der Erde.] [6. Aug.] Ausg. f. 1878/79. gr. 8. (181 S.) Ebend. 878. 6. —

Adressbuch

— für Kaufleute, Fabrikanten u. Gewerbsleute v. Bayern. Zugleich Handelsgeographie, Produkten- u. Fabrikaten-Bezugsangabe. Herausg. v. J. C. Leuchs. Ausg. von 1858. Nürnberg, Leuchs u. Co. Lex.-8. (1 Bl., 178 S.) n. 1 ℔ 20 ngl

—— der Kaufleute, Fabrikanten und Gewerbsleute vom Königr. Bayern. Zugleich Handelsgeographie, Produkten- und Fabrikaten-Bezugsangabe. [Bd. 1 des großen Adreßbuchs aller Länder der Erde.] 9. Ausg. (142, IV, 536 S.) 1876. ℳ 9., und 10. Ausg. gr. 8. (VIII, 726 S.) Nürnberg 878, Leuchs und Comp.

—— der Kaufleute, Fabrikanten und Gewerbsleute von Belgien. Zugleich Handelsgeographie, Produkten- und Fabrikaten-Bezugs-Angabe. [Bd. 2 des großen Adreßbuchs aller Länder der Erde.] 4. Ausg. gr. 8. (150 S.) Ebendas. 875.

—— der Kaufleute, Fabrikanten und Gewerbsleute des Königr. Belgien. Zugleich Handelsgeographie, Produkten- und Fabrikaten-Bezugsangabe. gr. 8. (87 S.) Nürnberg 871, Leuchs und Comp.

— der Kaufleute, Fabrikanten u. Gewerbsleute von Böhmen, Mähren, östr. Schlesien, Krakau. Zugleich Handelsgeographie, Produkten- u. Fabrikaten-Bezugsangabe. Nürnberg 865. Leuchs & Co. gr. 8. (IV, 315 S.) 2 ℔

—— der Kaufleute, Fabrikanten und Gewerbsleute von Brandenburg und Berlin. Zugleich Handelsgeographie, Produkten- und Fabrikaten-Bezugs-Angabe. [Bd. 8 des großen Adreßbuchs aller Länder der Erde.] 6. Ausg. gr. 8. (46, 624 S.) Ebendas. 877.

—— der Kaufleute, Fabrikanten und Gewerbsleute von Dänemark, Schweden und Norwegen. Zugleich Handelsgeographie, Produkten- und Fabrikaten-Bezugs-Angabe. [Bd. 23 des großen Adreßbuchs aller Länder der Erde.] 5. Ausg. gr. 8. (6, 254 S.) Ebendas. 877.

— dasselbe v. Elsaß-Lothringen. [Bd. 13a. d. großen Adreßbuches.] 2. Ausg. gr. 8. (214 S.) Ebend. 875. 8. —

— d. Kaufleute, Fabrikanten u. Gewerbsleute d. freien Stadt Frankfurt, des Großherzogth. Hessen-Darmstadt, d. Kurfürstenthum Hessen-Cassel, d. Herzogth. Nassau, d. Landgrafsch. Homburg u. d. Herzogth. Luxemburg. Zugleich Handelsgeographie, Produkten- u. Fabrikaten-Bezugsangabe. Nürnberg, 860. Leuchs & Co. Lex.-8. (113 S.) n. 1 ℔ 20 ngr.

—— der Kaufleute, Fabrikanten und Gewerbsleute der freien Stadt Frankfurt, des Großherzogth. Hessen-Darmstadt, des Kurfürstenth. Hessen-Cassel, des Herzogth. Nassau, der Landgrafschaft Homburg und des Herzogth. Luxemburg. Zugleich Handelsgeographie, Produkten- und Fabrikaten-Bezugsangabe. gr. 8. (280 S.) Nürnberg 865, Leuchs und Comp.

— der Kaufleute, Fabrikanten, Gewerbsleute u. größeren Gutsbesitzer von Hannover, Braunschweig, Oldenburg, Hamburg, Bremen, Lübeck. Zugleich Handelsgeographie, Produkten- u. Fabrikaten-Bezugsangabe. Nürnberg 867. Leuchs & Co. gr. 8. (314 S.) 3 ℔

—— der Kaufleute, Fabrikanten, Gewerbsleute und größeren Gutsbesitzer von Preußisch-Schlesien und Posen. Zugleich Handelsgeographie, Produkten- und Fabrikaten-Bezugs-Angabe. gr. 8. (IV und 293 S.) Nürnberg 866. Leuchs und Comp.

— der Kaufleute, Fabrikanten, Gewerbsleute u. Gutsbesitzer v. Ost- u. West-Preußen. Zugleich Handelsgeographie, Produkten- u. Fabrikaten-Bezugsangabe. [Bd. 11 des großen Adreßbuches aller Länder.] gr. 8. (174 S.) Ebend. 874. 6. —

—— der Kaufleute, Fabrikanten, Gewerbsleute und Gutsbesitzer in Pommern. Zugleich Handelsgeographie, Produkten- und Fabrikaten-Bezugsangabe. [Bd. 12 des großen Adreßbuches aller Länder der Erde.] gr. 8. (118 S.) Nürnberg 874, Leuchs und Comp.

– d. Kaufleute, Fabrik. u. Gewerbsl. v. Hannover, Braunschweig, Oldenburg, Mecklenburg, Hamburg, Bremen, Lübeck, Schaumburg, Lippe. 7. Asg. 8° (550) – Nürnberg: 1875, Leuchs & Co.

—— der Kaufleute, Fabrikanten und Gewerbsleute von Hessen-Kassel, Hessen-Darmstadt, Nassau, Frankfurt a. M., Homburg und Waldeck. Zugleich Handelsgeographie, Produkten- und Fabrikaten-Bezugsangabe. [6. Ausg.] gr. 8. (200 S.) Nürnberg 871, Leuchs und Comp.

—— der Kaufleute, Fabrikanten und Gewerbsleute, sowie der Hof- und Gutsbesitzer von Schleswig-Holstein und Lauenburg. Zugleich Handelsgeographie, Produkten- und Fabrikaten-Bezugs-Angabe. [Bd. 13. des großen Adreßbuchs aller Länder der Erde.] 6. Ausg. gr. 8. (22, 208 S.) Ebendas. 877.

—— der Kaufleute, Fabrikanten und Gewerbsleute von preuss. Sachsen, Anhalt-Dessau, Bernburg, Köthen, Schwarzburg-Sondershausen. Zugleich Handelsgeographie, Produkten- und Fabrikaten-Bezugsangabe. 6. Aufl. gr. 8. (182 S.) Nürnberg 871, Leuchs und Comp.

—— der Kaufleute, Fabrikanten und Gewerbsleute von Rheinpreußen und Westphalen. Zugleich Handelsgeographie, Produkten- und Fabrikaten-Bezugsangabe. gr. 8. (IV und 464 S.) Nürnberg 865, Leuchs und Comp.

— dasselbe. Rheinpreußen, Westfalen, Birkenfeld-Lippe u. Luxemburg. Zugleich Handelsgeographie, Produkten- u. Fabrikaten-Bezugsangabe. [7. Bd. der in 31 Bdn. erschein. neuen Ausg. d. Adreßbuchs aller Länder der Erde.] 7. Ausg. gr. 8. (IV, 84; 528 u. 250 S.) Ebend. 876. 15. —

—— für Kaufleute, Fabrikanten, Gewerbsleute und Rittergutsbesitzer von Brandenburg und Berlin. Zugleich Handelsgeographie, Produkten- und Fabrikaten-Bezugs-Angabe. gr. 8. (288 S.) Nürnberg 866, Leuchs und Comp.

Adreßbuch der Kaufleute, Fabrikanten, Gewerbsleute u. Rittergutsbesitzer v. Hannover, Braunschweig, Oldenburg, Mecklenburg, Hamburg, Bremen, Lübeck, Schaumburg, Lippe. Zugleich Handelsgeographie, Produkten- u. Fabrikaten-Bezugs-Angabe. [Bd. 6. d. großen Adreßbuchs aller Länder der Erde.] 7. Ausg. gr. 8. (550 S.) Nürnberg 875. Leuchs & Co. 12. —

— der Kaufleute, Fabrikanten, Gewerbsleute u. Rittergutsbesitzer von Ost- u. Westpreußen. Zugleich Handelsgeographie, Produkten- u. Fabrikaten-Bezugs-Angabe. Nürnberg 866. Leuchs & Co. gr. 8. (114 S.) 2 ℔

— der Kaufleute, Fabrikanten, Gewerbsleute u. Rittergutsbesitzer von Pommern. Zugleich Handelsgeographie, Produkten- u. Fabrikaten-Bezugs-Angabe. Nürnberg 866. Leuchs & Co. gr. 8. (77 S.) 1 ℔

—— für Kaufleute, Fabrikanten, Gewerbsleute und Rittergutsbesitzer von Preußisch Sachsen und Anhalt. Zugleich Handelsgeographie, Produkten- und Fabrikaten-Bezugs-Angabe. gr. 8. (170 S.) Nürnberg 866, Leuchs und Comp.

— der Kaufleute, Fabrikanten und Gewerbsleute des Königr. Sachsen, d. Herzog- u. Fürstenthümer Altenburg, Koburg-Gotha, Meiningen-Hildburghausen, Weimar, Reuß, Greiz, Schleiz, Lobenstein u. Schwarzburg. Zugleich Handelsgeographie, Produkten- u. Fabrikaten-Bezugsangabe. Nürnberg, 859. Leuchs & Comp. Lex.-8. (IV, 181 S.) 2 ℛ

— — (2. Aufl.) Ebend., 864. Lex.-8. (298 S.) 3 ℛ

—— der Kaufleute, Fabrikanten und Gewerbsleute vom Königr. Sachsen, der Herzog- und Fürstenth. Sachsen-Altenburg, Koburg-Gotha, Meiningen-Hildburghausen, Weimar, Reuß, Schwarzburg, Kreis Schleusingen, Schmalkalden, Suhl. Zugleich Handelsgeographie, Produkten- und Fabrikaten-Bezugsangabe. Lex-8. (298 S.) Nürnberg 864, Leuchs und Comp.

—— der Kaufleute, Fabrikanten und Gewerbsleute vom Königr. Sachsen und der Herzog- und Fürstenth. Sachsen-Altenburg, Weimar-Eisenach, Koburg-Gotha, Meiningen, Reuß, Schwarzburg, Schleusingen, Schmalkalden, Suhl. Zugleich Handelsgeographie, Produkten- und Fabrikaten-Bezugsangabe. [Bd. 5 des großen Adreßbuches aller Länder der Erde.] gr. 8. (IV, 404 S.) Nürnberg 870, Leuchs und Comp.

— dasselbe vom Königr. Sachsen, der Herzog- u. Fürstenth. Sachsen-Altenburg, Weimar-Eisenach, Koburg-Gotha, Meiningen, Reuß, Schwarzburg, Schleusingen, Schmalkalden, Suhl. Zugleich Handelsgeographie, Produkten- u. Fabrikaten-Bezugsangabe. [Bd. 5 d. großen Adreßbuches aller Länder der Erde.] gr. 8. (469 S.) Ebend. 874. 12 —

—— der Kaufleute, Fabrikanten und Gewerbsleute vom Königr. Sachsen, der Herzog- und Fürstenthümer Sachsen-Altenburg, Weimar-Eisenach, Koburg-Gotha, Meiningen, Reuß, Schwarzburg, Schleußingen, Schmalkalden, Suhl. Zugleich Handelsgeographie, Produkten- und Fabrikaten-Bezugs-Angabe. [Bd. 5 des großen Adreßbuchs aller Länder der Erde.] [7. Ausg.] gr. 8. (VIII, 748, 97 S.) Ebendas. 878.

— dasselbe v. Prov. Sachsen, Herzogth. Anhalt, Schwarzburg-Sondershausen. [Bd. 10. d. großen Adreßbuches.] 7. Ausg. gr. 8. (294 S.) Ebend. 875. 6. —

—— der Kaufleute, Fabrikanten und Gewerbsleute von Schlesien und Posen. [Bd. 9 des großen Adreßbuchs aller Länder der Erde.] 4. Ausg. gr. 8. (378 S.) Ebendas. 875.

—— der Kaufleute, Fabrikanten und Gewerbsleute der gesammten Schweiz. Zugleich Handelsgeographie, Produkten- und Fabrikaten-Bezugs-Angabe. [Bd. 20 des großen Adreßbuchs aller Länder der Erde.] 5. Ausg. gr. 8. (46, 551 S.) Ebendas. 877.

— dasselbe v. Württemberg u. Hohenzollern. [Bd. 3. d. großen Adreßbuches. 6. Ausg. gr. 8. (198 S.) Ebend. 875.

Adressbuch der Kaufleute und Fabrikanten von Oesterreich-Ungarn s. Stehlik's Handels-Adressbuch.

— der Kaufleute u. Gewerbtreibenden von Crefeld, der dasigen Behörden, öffentl. Anstalten rc. 4e umgearb. Aufl. gr. 8. Crefeld ... Schüller. n. 5/6 ℛ

— der Kaufleute u. Gewerbtreibenden v. Crefeld; der dasigen Behörden, öffentl. Anstalten rc. rc. Nebst e. Nachweise der Hausnummern der Gemeinde Crefeld; e. Verzeichnisse der zum Handels-Gerichts-Bezirke Crefeld gehör. Kreise rc. Hrsg. v. C. M. Schüller. 7. ganz umgearb. Aufl. gr. 8. (137 S.) Crefeld 849, Schüller. n. 7/12 ℛ

— der Kaufleute u. Gewerbtreibenden von Crefeld; der dasigen Behörden, öffentl. Anstalten rc. Nebst einem Nachweise der Hausnummern der Gemeinde Crefeld; e. Verzeichnisse der zum Handelsgerichts-Bezirke Crefeld gehörigen Kreise, Kantone und Bürgermeistereien rc. Hrsg. v. C. M. Schüller. 8., ganz umgearb. Aufl. Crefeld 853. Schüller. gr. 8. (1 Bl., 154 S.) 20 ngr

— der Kaufleute u. Gewerbetreibenden von Crefeld, der dasigen Behörden, Verwaltungen rc. 9. Aufl. Crefeld, 863. Schüller. gr. 8. (168 S.) n. 20 ngr.

—— luxemburger Kaufleute rc., s. Adressenbuch.

Adressbuch der sämtlichen Kaufleute, Fabrikanten, Manufakturisten und Makler in den Städten und Flecken der Herzogthümer Schleswig und Holstein hrgg. v. Jakob Bernhard Frise. Flensburg, 1806. 8°.

**Adreßbuch, Kaufmännisches. Jg. 12. 1892/1893. Berlin (1892)**

— kaufmänn., v. Berlin. Nach Fabriken, Manufakturen u. d. Haupt-Handelszweigen alphabet. geordn. u. mit ein. allgem. Sach- u. Namenreg. versehen. gr8°(10 1/2 B.) Berlin 1830, Trautwein.

**Kaufmännisches Adressbuch von Berlin. [Red.: A. Ludwig.] Jg. 1–4. Berlin: W. u. S. Löwenthal 1881–1884. 8° 1a**

—— kaufmännisches, von Berlin 1887. Redig. von A. Ludwig. Hrsg. von W. und S. Loewenthal. VII. Jahrg. [Anfangs Mai 1887.] gr. 8. (XIV, 439 S.) Ebendas. geb. *

— kaufmännisches, v. Berlin 1888/89. Red. v. A. Ludwig. Hrsg. v. W. & S. Loewenthal. VIII. Jahrg. [Anfangs Mai 1888.] gr. 8. (XXXII, 484 S.) Berlin, W. & S. Loewenthal. geb. n. 4. 50

—— kaufmännisches [für Deutschland]. 1891/2, 1892/3, 1893/4. Hrsg. v. W. u. S. Loewenthal. XI. — XIII. Jahrg. Lex.-8. (XXIX, 839; XII, 840; XII, 1200 S.) Berl., W. u. S. Loewenthal. geb. in Leinw. XI. Jahrg. * 4 50; XII. u. XIII. Jahrg. à * 6 50

— kaufmännisches, v. Hamburg, Altona u. Ottensen 1886. Adressbuch f. Handel, Industrie u. Gewerbe. Bearb. u. hrsg. v. Gebr. Broemel. 1. Jahrg. gr. 8. (VIII, 206 S.) Hamburg 886. (Boysen.) geb. n. 4. —

— kaufmännisches, für Industrie, Handel u. Gewerbe d. österreichisch-ungarischen Monarchie. 1891. Lex.-8. (XX, 280 u. 1566 S.) Wien [L. Bergmann & Co.]. Oesterreichische Verlagsgesellschaft in Wien, I. Wollzeile 16. Kart. n. 30. --

— kaufmännisches, f. das Deutsche Reich 1894/95. Hrsg. v. W. & S. Loewenthal. XIV. Jahrg. (Mai 1894—Mai 1895). Lex.-8. (XV, 1238 S.) Berlin, W. & S. Loewenthal. Geb. in Leinw. n. 10. —

— kaufmännisches, f. die Rheinprovinz. 1. u. 2. Bd. Nach amtl. Quellen bearb. u. hrsg. v. H. Wiese. gr 8. Köln 884. (Theissing.) geb. n. 5. —
1. Reg.-Bez. Köln. (XVI, 416 S.) n. 3. —
2. Reg.-Bez. Düsseldorf. (254 S.) n. 2. —

— für den Kreis Kempen, Rhein, 1898, enth. die Städte Kempen, Dülken, Kaldenkirchen u. Süchteln, sowie alle übrigen Ortschaften des Kreises. Nach amtl. Materiale zusammengestellt gr. 8. (195 S.) Kempen (Klöckner & Mausberg). Kart. n. 3. 75

—— Kempten, s. Adreß- u. Geschäfts-Handbuch.

— der Stadt Kempten. 1879, nach den im Magistrate vorlieg. Quellen bearb. gr. 8. (81 S.) Kempten, Wenger. n. 4. —

—— der Stadt Kempten. 8. (86 S. mit 1 Plan.) Kempten 881. Wenger.

— der Stadt Kempten. (III, 206 S.) gr. 8. Kempten (906). T. Dannheimer. n.n. 3. 50

— der Keram-Industrie, enth. die Fabriken f. Porzellan, Steingut, Fayence, Majolika, Kunstterrakotta, Siderolith, Terralith, Kunst- u. Feinsteinzeug, Gefässe f. d. chem. Industrie u. den Wirtschaftsgebrauch, Kanalisations- u. Wasserleitungsartikel, Klinkerwaren, Oefen u. Kachelwaren, Töpferei-Erzeugnisse, Tonpfeifen, feuerfeste Erzeugnisse, ordinäre Schamottewaren, Bauterrakotten, sowie die Porzellanmalereien in Deutschland u. Oesterreich-Ungarn m. Angabe der Fabrikmarken. 11. Aufl.—Mai 1910. Hrsg. v. der Red. des Sprechsaal. (IV, 806 S.) 8. Coburg, Müller & Schmidt. Geb. in Leinw. nn 6. 50

Adressbuch der Keram-Industrie in Deutschland und Österreich-Ungarn. 11. und 12. Auflage. Koburg 1910. 13

— des deutschen Kiautschou-Gebiets. 1902. (54 u. u. 73 S.) gr. 8. Tsingtau, O. Rose. n. 4. —

– Kiautschou-Gebiet, deut., 1907–1908. (118) 8° – Tsingtau. (Brem., M. Nössler.)

Adress-Buch des deutschen Kiautschou-Gebiets. [1.] Für 1907–1908. Tsingtau: Rose (1907). 8° [II. 15646

— des deutschen Kiautschou-Gebiets f. 1910—1911. (V. 136 S.) gr. 8. Tsingtau (Bremen M. Nössler.) n n 3. 50

Adressbuch der Stadt Kiel .Hrgg. v. Carl Baurmeister und Christian Bünsow. Mit 1 Ansicht von Kiel. für 1842. Kiel. (1842). 8°

Adressbuch der Stadt Kiel .Hrgg. v. Christian Bünsow. für 1844 u. 48. Kiel. o.J. 8°.

Adressbuch der Stadt Kiel, der Brunswieck und Düsternbroock, nebst einem Verzeichniss sämmtlicher Hausbesitzer . . . Hrgg. v. Fr. M u d e r s p a c h und J. G. N a e c k . 8°.
für das Jahr 1852. Kiel. 1852.
für das Jahr 1854 und 1855. Kiel. 1854.
Fortges. u. d. T.:
Kieler Stadt- und Adressbuch. 1857/58. I. Adressbuch der Stadt Kiel und der Ortschaften und Güter der Umgegend auf ca. Zwei Meilen um Kiel, nebst einem Verzeichniss der Hausbesitzer in Kiel etc. Kiel. 1857. 8°.
Fortges. u. d. T.:
Adressbuch der Stadt Kiel, der Brunswiek und Düsternbrook nebst Verzeichniss sämmtlicher Hausbesitzer und Strassen etc. Hrgg. v. Claus Jess M u h l . 8°.
für das Jahr 1860, 62, 65, 67, 69. Kiel. 1860, 62, 65, 67, 69.

— der Stadt Kiel, der Brunswiek u. Düsternbrook, nebst Verzeichniß sämmtl. Hausbesitzer u. Straßen, e. Uebersicht der öffentl. Einrichtungen u. Institute, e. Verzeichniß d. Ortschaften u. Güter der Umgegend ꝛc. f. d. J. 1865. Hersg. von C. J. Muhl. Kiel, (Schröder & Co.) gr. 8. (VI, 267 S.) n. 1 ℛ 20 ngr

— — f. das J. 1867. (LXXVIII, 291 S.) — 1869. (CIV, 321 S.) Kiel, (Schwers.) gr. 8. Jeder Jahrg. n. 2 ℛ

—— der Stadt Kiel incl. der Brunswiek und Düsternbrook nebst Verzeichniß sämmtl. Hausbesitzer und Straßen, einer Uebersicht der öffentl. Einrichtungen und Institute für das J. 1869. Hrsg. von C. J. Muhl. gr. 8. (CIV, 321 S.) Kiel, (Schwers'sche Buchh.) geb. *

Adreßbuch der Stadt Kiel incl. der Brunswiek, Düsternbrook und der Ortschaft Gaarden nebst Verzeichniß sämmtl. Hausbesitzer und Straßen, einer Uebersicht der öffentl. Einrichtungen und Institute, sowie ein empfehlender Anzeiger für das J. 1872. Hrsg. von C. J. Muhl. gr. 8. (LVI, 308 S.) Kiel, (Schröder und Comp. — Schwers'sche Buchh.) *

—— dass. — incl. Brunswiek, Düsternbrook, sowie der Ortschaften Gaarden und Ellerbeck nebst einem Verzeichniß sämmtl. Hausbesitzer und Straßen, einer Uebersicht der Behörden, Gewerbe, öffentl. Einrichtungen und Institute ꝛc., sowie ein empfehlender Anzeiger für das J. 1873. Hrsg. von C. J. Muhl. gr. 8. (VI, 298 S.) Kiel, (Schwers'sche Buchh.) geb. *

— der Stadt Kiel incl. Brunswiek u. Düsternbrook, sowie der Ortschaften Gaarden u. Ellerbeck, nebst e. Verzeichniß sämmtl. Hausbesitzer u. Straßen, e. Uebersicht der Behörden, Gewerbe, öffentl. Einrichtgn. u. Institute ꝛc., sowie e. empfehl. Anzeiger f. d. J. 1875/76. [Abgeschlossen am 1. Octbr. 1875.] Hrsg. v. C. J. Muhl. gr. 8. (X, 332 S.) Kiel 875. (v. Maack.) n. 6. —

—— dass. — für 1877, mit alphabet. Straßen- und Häuserverzeichniß, einem nach Kataster-Nummern geordneten Verzeichniß sämmtl. Gebäude nebst deren gegenwärt. Versicherungs-Summen und einigen gemeinnütz. Nachrichten, sowie einem Anhang mit empfehlenden Anzeigen. [Abgeschlossen am 15. Jan. 1877.] Nach amtl. Quellen zusammengestellt von F. Lindig. gr. 8. (252 S.) (Ebendas.) cart. *

—— dass. — einschließlich Gaarden und Ellerbeck. 1878. [Abgeschlossen am 1. Decbr. 1877.] 1880. [Abgeschl. am 1. Decbr. 1879.] Zusammengestellt von F. Lindig. gr. 8. (XI, 337; VIII, 329 S.) Kiel, Universitäts-Buchh. cart. 1878 * ℳ 6.; 1880 **

— der Stadt Kiel, sowie d. Ortschaften Gaaden u. Ellerbek f. d. J. 1882. Hrsg. v. F. Lindig. gr. 8. (VII, 386 S.) Kiel, Universitäts-Buchh. cart. n. n. 7. —

Adreßbuch der Stadt Kiel, sowie der Ortschaften Gaarden und Ellerbek für das J. 1888/89. Abgeschlossen am 1. Decbr. 1887. Hrsg. von F. Lindig. gr. 8. (VIII, 404, 47 S.) Kiel, (Universitäts-Buchhandlung.) cart. *
Auch für 1884/85 und 1885/86 erschienen.

—— der Stadt Kiel, sowie der Ortschaften Gaarden u. Ellerbeck f. d. J. 1890—1892. Hrsg. von F. Lindig. gr. 8. (VIII, 419 39; VIII, 448, 39; VIII, 464, 40 S.) Kiel, Universitäts-Buchh. cart. Jahrg. 1890 u. 1891 à ** 6 50; Jahrg. 1892 ** 8 50

— der Stadt Kiel, sowie der Ortschaften Gaarden und Ellerbek f. d. J. 1894. Abgeschlossen am 1. Decbr. 1893. Hrsg. v. F. Lindig. gr. 8. (VIII, 514 u. 42 S.) Kiel, Universitäts-Buchh. Kart. n.n. 6. 50

– d. Stadt Kiel, sowie d. Ortschaften beide Gaarden, Ellerbek u. Hassee-Winterbek f. 1896. Hrsg. v. F. Lindig. 8° (580) – Kiel: Univ.-Buchh.

Adreßbuch der Stadt Kiel, sow. d. Ortschaften beide Gaarden, Ellerbek u. Hassee-Winterbek f. d. J. 1898. Hrsg. v. F. Lindig. gr. 8. (VIII, 456 u. 38 S.) Kiel, Universitäts-Buchh. Kart. n. 8. 70

— der Stadt Kiel, sowie der Ortschaften Gaarden (Landkreis), Ellerbek u. Hassee-Winterbek f. d. J. 1903. Hrsg. v. F. Lindig. gr. 8. (VIII, 560 u. 55 S.) Kiel, Universitäts-Buchh. Kart. n.n. 9. —

— der Stadt Kiel u. Vororte f. d. J. 1905, nebst Stadtplan (als Beilage). Hrsg. v. J. Krützfeldt. (VIII, 638 78 S.) Lex.-8. Kiel (Universitäts-Buchh.). Geb. in Leinw. n.n. 9. —

– Kiel u. Vororte 1908. (836 u. 91 m. Plänen.) Lex 8° – Kiel: (Univ.-Bh.) 1907.

— der Stadt Kiel u. Vororte f. d. J. 1909, nebst Stadtplan. Nach amtl. Unterlagen bearb. u. hrsg. v. J. Krützfeldt. (VII, 836 u. 91 S. m. Theaterplänen.) Lex. 8. Kiel, (Universitäts-Buchh.) 907. Geb. in Leinw. nn 9. —

— Kieler, s.: Stadt- u. Adreßbuch.

Adressbuch

—— kirchliches, für Nord-Amerika. Im Auftrage des Central-Ausschusses für die Innere Mission der deutschen Evangelischen Kirche, der Evangelischen Gesellschaft für die protestant. Deutschen in Amerika und der Diaspora-Konferenz. Hrsg. von H. Borchard. 8. (69 S. mit 1 Karte der Vereinigten Staaten von Nord-Amerika.) Bielefeld 884, Velhagen und Klasing. cart. *

Kirchlich-soziales Adreßbuch. Dezember 1904. Hrsg. von d. Generalsekretariat d. Freien kirchl. sozialen Konferenz, Berlin. (Berlin): Generalsekretariat (1904). (83 S.) 8° [Umschlagt. F.] 145. 1:26

— kirchlich-soziales, Dezbr. 1904. Hrsg. v. dem Generalsekretariat der freien kirchlich-sozialen Konferenz. (84 S.) 8. Berlin (N. 31, Versöhnungs-[Privat-]straße 1), (905). Generalsekretariat der Konferenz. n. — 50

— v. Klagenfurt, s. Amts- u. Adreß-Kalender, Kärntner

— dasselbe, s. Haus-, Geschäfts- u. Adreß-Kalender.

– dass., s. K l e i n m a y r , Ferd.

Adreßbuch der Landeshauptstadt Klagenfurt, enthaltend: den Personalstand der Behörden, Aemter und Schulen, ein Verzeichniß aller Handels- und Gewerbetreibenden und Wohnparteien; ferner ein übersichtlich geordnetes Häuser-Verzeichniß. 8. (XXXI, 134 S.). Cart. * 2.—
Klagenfurt: Bertschinger 1889.

— der Landeshauptstadt Klagenfurt. 8. (VIII, 68 u. 124 S.) Klagenfurt 889 J. & R. Bertschinger. (Auslieferung durch M. Perles in Wien.) cart. n. 4. —

(F) **Adressbuch** der Landeshauptstadt Klagenfurt mit einem Verzeichnis der Hausbesitzer. 3. Ausgabe. Gr.-8°. (185 S.) Bamberg, Laibach: Ig. v. Kleinmayr u. Fd. 1902. * K 2.40

— der Landeshauptstadt Klagenfurt m. e. Verzeichnis der Hausbesitzer. Nach amtl. Aufzeichngn. 3. Ausg. schmal gr. 8. (185 S.) Klagenfurt (902.) F. v. Kleinmayr. n. 2. 40

— von Klagenfurt, Villach, sow. d. Städte u. Märkte Althofen, Bleiberg-Kreuth, Bleiburg, Eisenkappel, Feldkirchen, Ferlach, Friesach, Gmünd, Grades, Greifenburg, Griffen, Gurk, Gutenstein, Guttaring, Hermagor, Himmelberg, Hüttenberg, Lavamünd, Malborghet, Mauthen, Metnitz, Millstatt, Ober-Drauburg, Obervellach, Paternion, Reichenfels, Sachsenburg, Spital a/D., St. Andrä, St. Leonhard, St. Paul, St. Salvator, St. Veit, Strassburg, Tarvis, Unterdrauburg, Völkermarkt, Weitensfeld, Wolfsberg in Kärnten. gr. 8. (IV, 166 S.) Klagenfurt 895. (A. Raunecker.) Kart. n.n. 3. —

– Klausen, s. Adressbuch v. Brixen.

— das kleine Berliner, nebst grossem Plan. Winterhalbj. 1902/03. gr. 8. (XV, 606 S.) Berlin, Verlag Das kleine Berliner Adressbuch Geb. 1. 50

Das Kleine Berliner Adressbuch nebst grossem Plan. [1.] Winterhalbj. 1902/03. *Berlin: Brée, Windmeyer & Co. (1902).* 8° [03. 869

— kleines Kölner 1898. Zusammengest. u. hrsg. v. Jean Dietz. gr. 8. (III, 444 S. m. 2 farb. Plänen.) Köln, Kölner Verlags-Anstalt u. Druckerei. Kart. 1. —

– Kleinmiltitz, s. Adressbuch Leipzig-Land.

— der Stadt Cleve. Nach amtl. Quellen bearb. (XV, 160 S. m. 1 farb. Stadtplan.) gr. 8. Cleve 905. F. Char. Geb. in Leinw. n.n. 3. —

— der Stadt Cleve. Nach amtl. Quellen bearb. (XVI, 157 S. m. farb. Plan.) gr. 8. Cleve 909. F. Char. Geb. in Leinw. 4. —

— v. Klingenthal, s.: Adreß- u. Auskunftsbuch.

— f. den Reg.-Bez. Coblenz, s. a. Adreß-Kalender.

**Adreß - Buch** für den Regierungsbezirk Coblenz auf das Jahr 1827. Coblenz (1826).

— d. Residenzstadt Coblenz, d. Stadt Ehrenbreitstein u. d. Gemeinde Pfaffendorf. 1899. Bearb. u. hrsg. v. A. Castor, C. Bux u. J. Böhm. gr. 8. (VIII, 378 S. m. Theaterplan.) Coblenz (W. Groos. — J. Schuth). Geb. in Leinw. n.n. 4. 50

– Coblenz, Ehrenbreitstein u. Pfaffendorf. 1900/1901. $8^{O}$ (396 m. 1 Bildnis u. 1 Pl.) Cobl.: (W. Groos. – J. Schuth.

**Adreßbuch** der Residenzstadt Coblenz, der Stadt Ehrenbreitstein u. der Gemeinde Pfaffendorf. 1902/1903. Bearb. u. hrsg. v. A. Castor, C. Bux u. J. Böhm. gr. 8. (VIII, 434 S. m. farb. Stadtplan.) Coblenz (W. Groos. — J. Schuth.) Geb. in Leinw. n.n. 4. 50

– Coblenz, Ehrenbreitstein u. Pfaffendorf. (456 m. 1 Pl.) $8^{O}$ – Cobl., (W. Groos. – J. Schuth) 1904.

— der Residenzstadt Coblenz, der Stadt Ehrenbreitstein u. der Gemeinde Pfaffendorf. 1906. 1907. Hrsg. v. C. Bux. (VIII, 477 S. m. 1 Plan.) gr. 8. Coblenz (H. Schu. — J. Schuth). Geb. in Leinw. n.n. 4. 50

– Coblenz, Ehrenbreitstein u. Gemeinden Pfaffendorf, Horchheim u. Arenberg, Metternich u. Stadt Vallendar. 1909. (320, 10, 34, 59, 21, 52 u. 26 m. 1 Pl.) $8^{O}$ – Coblenz: (W. Groos).

— der Residenzstadt Coblenz, der Orte des Landkreises Coblenz Capellen, Rhens u. Metternich, der Stadt Ehrenbreitstein u. der Orte Arenberg, Arzheim, Horchheim, Niederberg u. Urbar, der Stadt Vallendar m. den Orten Mallendar, Niederwerth u. Weitersburg u. der Städte Höhr, Grenzhausen. Nach amtl. Quellen bearb. 1910. (XVI, 352, 185, 10, 58, 38, 77, 40, 14 u. 16 S. m. farb. Plan.) 8. Coblenz, (W. Groos). Kart. 5. —

— der Stadt Coblenz. 1879. Red. u. hrsg. v. N. Theiß. 8. (XII. 312 S.) Coblenz. (Hölscher). n.n. 4. 50

—— der Stadt Coblenz mit Ehrenbreitstein. 1883. Redig. und hrsg. von N. Theiß. 8. (XII, 372 S.) Coblenz, (Schuth.) geb. **

—— der Stadt Coblenz m. den eingemeindeten Vororten Coblenz-Lützel u. Coblenz-Neundorf u. d. Stadt Ehrenbreitstein f. d. J. 1892. 8. (VIII, 455 S.) Cobl., (Schuth). cart. * 5 30

— der Stadt Coblenz m. den eingemeindeten Vororten Coblenz-Lützel u. Coblenz-Neuendorf, der Stadt Ehrenbreitstein u. der Gemeinde Pfaffendorf. 1894/95. Zusammengestellt im Monat Juli 1894 u. hrsg. v. N. Theiß. 8. (VIII, 456 S. m. farb. Plan.) Coblenz, (W. Groos). Geb. in Leinw. n.n. 5. —

— der Stadt Coblenz (einschl. Coblenz-Lützel u. Coblenz-Neuendorf), d. Stadt Ehrenbreitstein u. d. Gem. Pfaffendorf 1897. Zusammengest. i. Monat Aug. 1896 u. hrsg. v. A. Castor, P. Kretzmann u. C. Bux. 8. (VIII, 480 S. m. farb. Plan.) Coblenz (J. Schuth). Geb. in Leinw. n.n. 4. 50

—— der Stadt Coblenz mit Lützel-Coblenz und Stadt Ehrenbreitstein. 1886. Redig. und hrsg. von N. Theiß. 8. (VIII, 408 S.) Coblenz, (Schuth.) geb. *
Jahrg. 1884, 1885, 1887 und 1888 nicht erschienen.

— der Stadt Coblenz mit Lützel-Coblenz und der Stadt Ehrenbreitstein. 1889/90. Zusammengestellt u. hrsg. v. N. Theiß. 8. (VIII, 407 S.) Coblenz, (Groos. — Hölscher. — Schuth). geb. n.n. 4. —

**Adreßbuch** des Deutschen Kohlenhandels, mit Berücks. der am deutschen Kohlenmarkt interessierten Firmen Oesterreich-Ungarns, d. Schweiz etc. hrsg. unter Mitw. d. Central-Verbandes d. Kohlenhändler Deutschlands. [1.] 1904. Berlin: Deutsche Kohlen-Zeitung 1904. 8° [05. 978

– d. deut. Kohlenhandels, m. Berücks. d. am deut. Kohlenmarkt interessierten Firmen Oesterr.-Ungarns, d. Schweiz etc. (189) $8^{O}$ – Berlin: H. Spamer 1904.

— des deutschen Kohlenhandels, m. Berücksicht. der am deutschen Kohlenmarkt interessierten Firmen Oesterreich-Ungarns, der Schweiz, Hollands etc. hrsg. unter Mitwirkg. des Central-Verbandes der Kohlenhändler Deutschlands. 1906/07. (IV, 222 S.) 8. Berlin. H. Spamer. Geb. n. 4. —

— des deutschen Kohlenhandels, m. Berücksicht. der am deutschen Kohlenmarkt interessiert. Firmen Oesterreich-Ungarns, der Schweiz, Hollands etc. hrsg. unter Mitwirkg. des Central-Verbandes der Kohlenhändler Deutschlands. 1910/11. (IV, 268 S.) Lex. 8. Berlin, H. Spamer. Geb. in Leinw. 6.—; Subskr.-Pr. 5. —

– Kohren, s. Adressbuch Frohburg.

—— für Colberg, s. Wohnungs-Anzeiger, allgemeiner.

—— Köln, s. Cönen.

—— der Stadt Köln. Zusammengestellt nach amtl. Quellen von E. Kluge. 1. und 2. Jahrg. 4. (IV und 399 S. und IV und 402 S.) Köln 854—55, Lengfeld. à Jahrg. *

— — Ergänzungen pro 1855 als 3. Jahrg. Herausg. von E. Kluge. Ebend. 856. Lex.-8. (54 S.) nn. 7 1/2 ngl

—— für Köln, Deutz und Mülheim sowie der Geschäftsfirmen der Umgebung Köln's. Hrsg. von C. Kluge. 4. Jahrg. 1857. Lex.-8. (IV und 415 S.) Köln 857. [Leipzig, C. H. Mayer.] geb. *

— für Köln, Deutz u. Mülheim am Rhein sowie der Geschäftsfirmen der Umgebung Köln's. 6. Jahrg. 1860. Herausg. von C. Kluge. Köln, W. Greven. Lex.-8. (IV, 447 S.) nn. 1 Thlr 15 ngr.

—— für Köln, Deutz und Mülheim, sowie Umgebung Kölns. 21.—26. Jahrg. 1875—1880. gr. 8. (à ca. 270 S. mit 1 Stadtplane.) Köln, Greven. à Jahrg. *

— f. d. Stadtgemeinde Köln, s.: Greven's Adreßbuch.

Adressbuch

—— für Kolonialwaaren u. Nahrungsmittel, s. Regenhardt, C.

—— der deutschen Colonien am La Plata, s. Jahrbuch und Adress-Kalender.

— für den deutschen Colportage- und Eisenbahn-Buchhandel, der Buchbindereien, Schreibmaterialien-Handlungen u. verwandte Berufszweige. 1884. 2. Jahrg. Bearb. u. hrsg. v. Emil Malzahn. gr. 8. (172 S.) Berlin 884. Malzahn. geb. n.n. 6. —

—— für den deutschen Kolportage- und Eisenbahn-Buchhandel, der Buchbindereien, Papier- und Schreibmaterialien-Handlungen und verwandte Berufszweige, Malzahn's (Emil). Ausg. A.: für Komptoire. 3. Aufl. 1888—89. Bearb. u. herausg. von Emil Malzahn. Berlin 1888. 8. — Ausg. B.: für die Reise. Ebda 1888. 12.
——, —— 4. Aufl. Ebda 1893. 8.

—— deutscher Colportage- und Eisenbahnbuchhändler, nebst Colportageverlagskatalog und Geschäftsanzeiger. 1. Jahrg. 1883. Hrsg. von Emil Malzahn. gr. 8. (V, 115 S.) Berlin, Malzahn. * ℳ 3.; geb. *

— commercielles u. industrielles, Südungarns. Hrsg. v. Joh. Tokár u. Karl Novobátzky. (Deutsch u. ungarisch.) gr. 8. (XIII, 268 u CLV S.) Temesvár 899 (Wien, Spielhagen & Schurich.) n.n. 3. 60

**Adreßbuch** der Kommerzien- und Kommissions-Räte in Deutschland. [Jg. 1.] Reuthau, Kr. Sprottau: A. Johannesson 1906. 8° [06. 376

– v. Komotau, s. a. Adreß- u. Auskunftsbuch

– Komotau in Böhmen. (285) 8° – Leipzig: Kühnel (1905).

– Komotau. (144) gr 8° – Komotau: W. Benker 1909.

— von der Stadt Komotau u. deren politischem Bezirk. (302 S.) kl. 8. Komotau 908. J. Mändl. 1. —

— selbständiger Conditoren in Deutschland 1879, zusammengestellt v. G. A. E. Richter. gr. 8. (78 S.) Berlin. (Lorentz). n. 4. —

Adressbuch

– für Königsberg, s. a. Ernst, J. C.

– Königsberg a/Eger, in Böhmen. (60) 8° – Leipzig: Kühnel (1902).

— der Haupt- u. Residenzstadt Königsberg f. 1848. 3. Jahrg. gr. 8. (160 S.) Königsberg 848, Mangelsdorf & Kläbr. n. 1 Thlr — f. 1849. (4. Jahrg.) gr. 8. (IV u. 172 S.) Ebd. 849. n. 1 1/3 Thlr — f. 1850. (5. Jahrg.) gr. 8. (296 S.) Ebd. 850. baar n. 1 Thlr — f. 1852. gr. 8. (IV u. 138 S.) Königsberg, Nürmberger. n. 1 1/3 Thlr

— der Haupt- u. Residenzstadt Königsberg f. 1853. Redig. v. C. Th. Nürmberger. Königsberg 853. Nürmberger. Lex. 8. (3 Bl., 175 S.) nn. 1 Thlr

— — für 1854. Ebend. Lex. 8. (II, 190 S.) n. 1 Thlr 10 ngr

—— der Haupt- und Residenzstadt Königsberg für 1858. Redig. von C. Th. Nürmberger. gr. 8. (239 S.) Königsberg 858, Nürmberger. *

—— der Haupt- und Residenzstadt Königsberg für 1863—67. Auf Grund amtl. Materialien und authent. Privatnotizen redig. von C. Th. Nürmberger. Lex.-8. (275—387 S.) Königsberg, Nürmberger. geb. *

— der Haupt- u. Residenzstadt Königsberg f. 1866. (387 S.) n. 1 Thlr 20 ngr — 1867. (332 S.) n. 1 Thlr 24 ngr — 1868. (316 S.) n. 1 Thlr 10 ngr — 1869. (304 S.) n. 1 Thlr 10 ngr — 1870. Auf Grund amtl. Materialien u. authent. Privatnotizen redig. von C. Th. Nürnberger. Königsberg, Nürnberger. gr. 8. (344 S.) n. 2 Thlr

—— dass. — für 1870, 1878 und 1874. gr. 8. (344; XIII, 303; 338 S.) Ebendas. geb. à Jahrg. *

**Adreßbuch** der Haupt- und Residenzstadt Königsberg in Pr. für 1875—79. Auf Grund amtl. Materialien und authent. Privat-Notizen redig. von Carl Nürmberger. gr. 8. (370; IV, 226, 131; 395; III, 419; 465 S.) Königsberg, Nürmberger's Buchh. geb. à Jahrg. *

— — der Haupt- und Residenzstadt Königsberg für 1880. Auf Grund amtl. Materialien und authent. Privat-Notizen redig. von Carl Nürmberger. gr. 8. (IV, 420 S.) Königsberg, (Strübig.) geb. *
Mit Handels- und Gewerbe-Adreßbuch (64 S.) *

—— dass. — für 1881. Auf Grund amtl. Materialien und authent. Privat-Notizen redig. von Carl Nürmberger. gr. 8. (428 S.) (Ebendas.) geb. *

**Adreßbuch der Haupt- und Residenzstadt Königsberg für 1882 und 1883.** Auf Grund amtl. Materialien und authent. Privatnotizen redig. von Carl Nürmberger. gr. 8. (IV, 450; 484 S.) Königsberg, (Bon's Verlag.) Jahrg. 1882 geb. * Jahrg. 1883 geb. **

— — dass. — für 1884. Auf Grund amtl. Materialien und authent. Privatnotizen redig. von Carl Nürmberger. gr. 8. (322, 128, 64 S.) Königsberg, (Hartung'sche Verlagsdruckerei.) geb. **

—— der Haupt- und Residenzstadt Königsberg für 1885. Auf Grund und unter Vergleichung amtl. und privater Materialien und Notizen redig. von Carl Nürmberger. gr. 8. (X, 336, 160 S.) Königsberg, Nürmberger. geb. **

—— dass. — für 1886 und 1887. Auf Grund amtl. und privater Materialien und Notizen redig. von Carl Nürmberger. gr. 8. (338, 160; 298, 200 S.) Königsberg, Nürmberger's Adreßbuch-Verlag. geb. à Jahrg. **

—— dass. — für 1888. Auf Grund amtl. und privater Materialien und Notizen redig. von Carl Nürmberger. gr. 8. (300, 240 S.) Ebendas. geb. **
Vgl.: Handbuch von Königsberg.

—— der Haupt- u. Residenzstadt Königsberg f. 1889 u. 1890. gr. 8. (298, 160, 48, 36; 358, 158, 48, 38 S.) Königsb., [Nürmberger's Adreßbuch-Verlag.] Hartung. à Jahrg. ** 8 —

—— dass. — f. 1891 u. 1892. gr. 8. (IV, 384, 160, 58, 48; IV, 320, 84, 64, 52 S. m. je 1 Plan der Stadt u. d. Stadttheaters.) Königsb. i. Pr., Hartung. geb. in Leinw. à Jahrg. ** 5 —

— der Haupt- u. Residenzstadt Königsberg i/Pr. u. der angrenzenden Ortschaften f. 1894. Auf Grund amtl. Quellen u. privater Mittheilgn. hrsg. Mit e. Plane der Stadt Königsberg u. des Stadttheaters. gr. 8. (VIII, 432, 218, 64 u. 63 S.) Königsberg, Hartung. Geb. in Leinw. n.n. 6. 50

– d. Haupt- u. Residenzstadt Königsberg in Pr. u. d. angrenz. Ortschaften f. 1895. 8° (840 m. 2 Pl.). – Königsberg: Hartung.

— der Haupt- u. Residenzstadt Königsberg in Preußen u. d. angrenz. Ortschaften f. 1898. A. Gr. amtl. Quellen u. priv. Mittheilgn. hrsg. M. e. Plane d. Stadt Königsberg u. d. Stadttheaters. gr. 8. (XIX, 600, 256, 71, 24, 74 u. 3 S.) Königsberg, Hartung. Geb. n.n. 8. —

— der Haupt- u. Residenzstadt Königsberg in Preußen u. seiner Vororte f. 1902. Auf Grund amtl. Quellen u. privater Mittheilgn. hrsg. gr. 8. (XIX, 717, 285, 82, 24, 84 u. 3 S. m. Stadt- u. Theaterplan.) Königsberg, Hartung. Geb. n.n. 6. —

— der Haupt- u. Residenzstadt Königsberg in Preußen u. der Vororte f. 1905. Auf Grund amtl. Quellen u. privater Mittheilgn. hrsg. (XIX, 529, 264, 92, 34, 88 u. 3 S. m. Stadt- u. Theaterplan.) gr. 8. Königsberg, Hartung. Geb. n.n. 5. —

—— Königsberger, f. 1891. Redact.: Geo. Kurreck. Mit Karten der Stadt, Stadttheaterplan u. Samland. gr. 8. (VIII, IV, 96; 371, 207, 10 S.) Königsb. i. Pr., Haasenstein u. Vogler. geb. ** 4 50; ohne Karten ** 4 —

— der großherzogl. badischen Kreishauptstadt Konstanz f. d. J. 1894. gr. 8. (IV, 183 u. 32 S. m. farb. Plan.) Konstanz, (W. Meck). n. 3. 40; geb. n. 4. —

— der großherzogl. bad. Kreishauptstadt Konstanz f. d. J. 1896. gr. 8. (XII, 192 S. m. farb. Plan.) Konstanz (W. Meck). n.n.n. 2. 50

Adreßbuch der Konsulate, Handelskammern und Export-Firmen. [1.] 1910. ([Oranienburg b. Berlin: Möller] 1909.) 8° [11. 7617

— f. Cöpenick u. Adlershof 1909. Nach selbst gesammeltem Material bearb. u. hrsg. v. M. Schroeter. (315 S.) gr. 8. Cöpenick, M. Schroeter. Kart. 3. 50

— für Cöpenick, Adlershof, Grünau, Alt-Glienicke u. Rudow. 1906. Nach selbstgesammeltem Material bearb. u. hrsg. v. M. Schroeter. (248 S.) gr. 8. Cöpenick (R. Schön). Kart. n. 3. —

Adroßbuch der alten Corpsstudenten Schlesiens. Hrsg. im Auftr. d. Komitees z. Veranstaltung d. Alten Herren-Kommerse zu Breslau. *Breslau: A. Favorke 1903.* (60 S.) 8° [04. 8840

Adressbuch der alten Corpsstudenten Schlesiens. Hrsg. im Auftr. d. Komitees z. Veranst. d. Alten-Herren-Kommerse zu Breslau. 2. Ausg. Breslau: A. Favorke 1905. (64 S.) 8° [06. 4904

Adressbuch der alten Corpsstudenten Schlesiens. Hrsg. im Auftr. d. Komitees z. Veranst. d. Alten Herren-Kommerse zu Breslau. 3. Ausg. Breslau: A. Favorke 1907. (64 S.) 8° [08. 4845

— der alten Corpsstudenten Schlesiens. Hrsg. im Auftrage des Komitees zur Veranstaltg. der Alten Herren-Kommerse zu Breslau. 4. Ausg. (64 S.) 8. Breslau 909. A. Favorke (durch das Schles. Vereins-Sort.). 1. —

— für Köslin, s. a. Wohnungsanzeiger

— Köslin. 25. Jahrg. (227) 8° — Köslin: A. Hoffmann.

— Köslin 1909. 29. j. (236) 8° — Kösl.: A. Hoffmann.

—— von Kötschenbroda, s. Adreß- und Geschäfts-Handbuch.

- Kötzschenbroda usw., s. a. Adressbuch f. d. Lössnitzortsch.

— für Kötzschenbroda, Naundorf, Niederlößnitz, Oberlößnitz, Radebeul, Zitzschewig 1910. Von den Gemeindeämtern bearb. [Aus: „Adreßb. f. Dresden".] Beilagen: Übersichtspläne der Plätze des königl. Opernhauses, des königl. Schauspielhauses, des Residenztheaters u. des Konzertsaales im Vereinshause. (136 S.) Lex. 8. Dresden (-A., Breitestr. 9), Buchdr. der Dr. Güntz'schen Stiftg. 2. 40

—— Krain, s. Kalender, deutscher, für Krain.

**Adreßbuch d. Kranken- u. Pflege-Anstalten Deutschlds. Adr.- u. Nachschlagebuch üb. d. Krankenhäuser, Lazarette, Kliniken, Irren-, Siechen- u. Versorggs.-Anstalten, üb. d. Heilstätten, Sanatorien u. Genesungsheime. Mit e. Anh. betr. die Seebäder, Mineral-, Moor- u. Soolbäder, sowie über die deutschen Luftkurorte, Sommerfrischen, Ferienkolonien usw. Hrsg. auf Grund eigener Umfragen bei den Anstalten v. Verlage der „Zeitschrift f. Krankenanstalten". (VIII, 487 S.) Lex. 8. Leipzig 907. F. Leineweber.** Geb. in Leinw. 10. —

— der Stadt Crefeld, 1859. 2. Jahrg. Crefeld, (Gehrich & Co.) gr. 8. (265 S.) n. 1 *Thlr* 10 *ngr.*

—— der Stadt Crefeld 1876. Nach dem Ergebniß der Volkszählung zusammengestellt von Scheuer. gr. 8. (408 S.) Crefeld, Kramer und Baum. **
1875, 1877 und 1878 nicht erschienen.

—— dass. — 1879. Nach amtl. Quellen zusammengestellt von Scheuer. gr. 8. (172, 268, 65 S.) Ebendas. **

— der Stadt Crefeld. 1882. Nach amtlichen Quellen zusammengestellt v. Scheuer. gr. 8. (490 S.) Crefeld, Kramer & Baum. n. 6. —; geb. n.n. 6. 50

—— der Stadt Crefeld. 1886. Nach amtl. Quellen zusammengestellt von Secretairen des Polizeiamtes. gr. 8. (607 S.) Crefeld, (Klein.) geb. **

— Crefelder. 1889. Bearb. v. A. Thelen u. H. Kranich. gr. 8. (VIII, 280 u. 416 S. m. 1 Plan.) Crefeld 889. Kramer & Baum. geb. n.n. 6. 50

— Crefelder, 1893. Nach amtl. Quellen bearb. v. A. Thelen u. H. Kranich. gr. 8. (VIII, 312; 28 u. 416 S.) Crefeld, Kramer & Baum. Kart. n.n. 6. 50

— des Eisenacher Kreises (3. u. 4. Verwaltungsbezirk). Mit 1 Spezial-Karte. gr. 8. (VI, 50 S.) Ebd. (902). n.n. 1. —

— des Eisenacher Kreises (3. u. 4. Verwaltungsbezirk). (2. Aufl.) (80 S.) gr. 8. Ebd. 908. 1. —

—— des Saalfelder Kreises [mit Ausschluß der Kreisabtheilung Camburg] und verschiedener angrenzender Ortschaften. 1876. 8. (VIII, 247 S.) Saalfeld, Niese. cart. *
1875 und 1877—79 nicht erschienen.

**Adressbuch** schwäbischen Kreises. 2 Thle. Ulm 1768. V: *Tilger, Gottfried Paul.* (Lex. jetztleb. Schwäb. Schriftsteller, S. 230.) (biblport)

— der Kreishauptstadt der Pfalz Speier am Rhein. Nach amtl. Quellen bearb. gr. 8. (VIII, 128 u. 28 S.) Speier 894. (G. L. Lang.) n.n. 2. 50

— d. Kreishauptstadt d. Pfalz Speyer a/Rh. 1897. gr. 8. (68 S.) Speyer, Jäger. n. 2. —

— der Kreishauptstadt der Pfalz Speyer am Rhein. Nach amtlichen Quellen bearb. v. Geo. Trobliger. 1901. gr. 8. (VII, 132 S.) Speyer (Jaeger). n. 2. 70

— Krems. 1. Jahrg. (48) 8° — Krems: F. Oesterreicher 1901.

— Krems a. d. W. Ausg. 1909. (85) gr 8° — Krems: F. Oesterreicher.

— der Stadt Krems a. d. W., s.: Wohnungs- u. Geschäfts-Anzeiger.

—— von Kreis und Stadt Kreuznach. Auf Grund amtl. Materialien hrsg. unter Mitwirkung von Joh. Beisiegel und Karl Grass. 1878. gr. 8. (III, 82 S.) Kreuznach, Voigtländer. cart. ** mit lithogr. Stadtplan **
1875—77 und 1879 nicht erschienen.

—— von Stadt Kreuznach, den Salinen Karls- und Theodorshalle und Bad Münster am Stein. Auf Grund amtl. Materialien hrsg. unter Mitwirkung von Karl Grass und Joh. Beisiegel. 1881. 8. (III, 81 S.) Kreuznach, Voigtländer's Verlag. cart. **
1880, 1882 und 1883 nicht erschienen.

— der Stadt Kreuznach, der Salinen Karls- u. Theodorshalle u. Bad Münster am Stein. Auf Grund amtl. Materialien hrsg. v. Wilh. Tönsmann. gr. 8. (III, 83 S.) Kreuznach 884. Voigtländer's Verl. cart. n.n. 2. 50; m. Stadtplan n. 3. 70

—— der Stadt Kreuznach, der Salinen Karls- und Theodorshalle und Münster am Stein. Auf Grund amtl. Materialien hrsg. von Wilh. Tönsmann. 1887. gr. 8. (III, 89 S.) Kreuznach, Voigtländer's Sortiments-Buchh. geb. **

—— von Stadt u. Kreis Kreuznach. Auf Grund amtl. Materials zusammengestellt. 1891. 8. (V, 104, 56 S.) Kreuznach, Voigtländer's Buchdr. cart. * 4 —

**Adreßbuch von Stadt u. Kreis Kreuznach. Auf Grund des amtl. Materials zusammengestellt. 1894. Mit Industrie-Register (hrsg. v. der Firma Gebr. Staudt, Frankfurt a/M.). 8. (III, 158 u. 32 S.) Kreuznach, R. Voigtländer's Buchdr. Kart. n. 3. —**

**— von Stadt u. Kreis Kreuznach. Auf Grund d. amtlichen Materials zusammengest. 1897. 8. (IV, 155 S.) Kreuznach 897. Buchdruckerei R. Voigtländer. Kart. n. 4. —**

**— von Stadt u. Kreis Kreuznach 1902. Auf Grund der amtl. Materialien zusammengestellt. gr. 8. (II, 170 S.) Kreuznach, R. Voigtländer. Geb. n. 4. —**

— v. Stadt u. Kreis Kreuznach 1904. (II, 212 S.) 8. Kreuznach, R. Voigtländer Nachf. Kart. n. 4. —

— — von Kulmbach, s. Adreß- und Geschäfts-Handbuch.

— sämmtlicher Kunstgärtnereien, Samen- und Pflanzenhandlungen Deutschlands u. d. Schweiz m. genauer Angabe aller ihrer Geschäftszweige. Ein Hand- u. Hülfsbuch für Kunst- u. Handelsgärtner. Herausg. von J. O. Otto. 1. Jahrg. Erfurt, 863. F. W. Otto in Comm. gr. 4. (IV, 45 S.) n. 20 ngr.

— sämmtlicher Kunstgärtnereien, Samen- und Pflanzenhandlungen Frankreichs, Hollands u. Belgiens m. genauer Angabe aller ihrer Geschäftszweige. Ein Hand- und Hülfsbuch für Kunst- u. Handelsgärtner. Herausg. von J. O. Otto. 1. Jahrg.: Ausgegeben am 1. November 1863. Ebend. gr. 4. (31 S.) n. 20 ngr.

– sämmtl. Kunstgärtnereien, Samen- u. Pflanzenhandl. Frankr., Holl. u. Belg. Hrsg. v. JO Otto. 1. Jahrg. 4° (31) – Erf.: Otto's 1864.

*Adressbuch* des bayerischen Kunstgewerbe-Vereins in München. Für d. J. 1883. München, Knorr & Hirth. 8°. IV—128 S. Cart.

— Dasselbe. Für d. J. 1884. Mit photo-lithogr. Titelbild (Vereinshaus). Ibid. 8°. Cart.*)
IV—77 S. u. 108 S. Geschäftsanzeigen m. Frontisp. u. vielen interess. Holzschn.

— Dasselbe. Für d. J. 1886. 8°. Eleg. blau Hsrsb.*)
Frontisp., IV—101 S. u. 84 S. Anzeigen mit vielen Holzschnitten.

Adressbuch des bayerischen Kunstgewerbevereins München 1908. München 1908

Adressbuch des Kunstgewerbevereins zu Hamburg 1891. Hamburg 1891

– v. bild. Künstlern d. Gegenwart. Hrsg. v. G. Teichelmann. Jahrg. 1893. 8° (205) – München: A. Bothe.

— von bildenden Künstlern der Gegenwart. Hrsg. v. Gust. Teichelmann. Jahrg. 1893. 8. (VII, 205 S.) München, G. Teichelmann. Geb. u. m. Schreibpap. durchsch. n.n. 20. —

– dass. Begründet v. G. Teichelmann. Jahrg. 1896. Hrsg. v. A. Bothe. 8° (231). – Ebd. 1895.

**— von bild. Künstlern d. Gegenwart. Jahrg. 1898. Hrsg. v. Adf. Bothe. 8. (VII, 288 S.) München, A. Bothe. Geb. in Leinw. u. durchsch. n.n. 25. —**

**— von bildenden Künstlern der Gegenwart. Jahrg. 1901. Hrsg. v. Adf. Bothe. 8. (VII, 297 S.) München, A. Bothe. Geb. in Leinw. u. durchsch. n.n. 25. —**

— von bildenden Künstlern der Gegenwart. Jahrg. 1904. Hrsg. v. Adf. Bothe. (VII, 282 S.) 8. München 903. Stuttgart, A. Bothe (durch die Deutsche Verlags-Anstalt). Geb. in Leinw. u. durchsch. n.n. 25 —

—— bildender Künstler. 8. (VIII, 159 S.) Münch. 890, Selbstverlag d. Verf. (Redact. der „Kunst f. Alle"). * 26 50

Kyffhäuser-Verband der Vereine Deutscher Studenten. **Adreßbuch.** [Jg. 1.] 1900. Im Auftr. d. Vororts-Ausschusses des K.-V. bearb. von Dr. Hans Güldner. Gütersloh: L. Flöttmann 1900. 8° [F.] 06. 1

**— 1906 des Kyffhäuser-Verbandes der Vereine deutscher Studenten. (Stand vom 1. I. 1906.) Bearb. v. Hans Güldner. (200 S.) 8. Prenzlau (A. Mieck) n.n. 2. 50**

Kyffhäuser-Verband der Vereine Deutscher Studenten. **Adreßbuch** 1908.– Stand vom 1. Januar 1908.– 6. Ausg. der Verbandslisten hrgg. v. Hans Güldner. Anklam in Pommern. Neumünster. (1908) 8°

—— der Stadt Lahr. Nach amtl. Quellen bearb. 8. (104 S. mit 1 lithogr. und color. Plane der Stadt in qu. 4.) Lahr 876, Schauenburg. cart. **
Spätere Jahrg. nicht erschienen.

—— der Stadt Lahr. Nach amtl. Quellen bearb. 8. (120 S. mit 1 lithogr. und color. Plane der Stadt in qu. 4.) Lahr 881, Pfisterer. cart. **

— v. Laibach, s.: Fischer's allgem. Wohnungsanzeiger.

—— von Laibach, s. Häuser-Verzeichniß.

—— Landauer, f. d. J. 1892. gr. 8. (XV, 119 S. m. farb. Plan.) Landau, (Lang). cart. ** 2

— Landauer, f. d. J. 1894. Bearb. unter theilweiser Benützg. amtl. Quellenmaterials v. Frz. Steuer. Mit dem neuesten Plane der Stadt. gr. 8. (XVI, 160 S.) Landau, (G. L. Lang). Kart. n. 4. —

**— Landauer 1896/97. Bearb. unt. theilw. Benützg. amtl. Quellenmat. v. Frz. Steuer. gr. 8. (XVI, 171 S. m. Theater- u. farb. Stadtplan.) Landau (G. L. Lang). Kart. n. 4. —**

**— Landauer, für 1901, hrsg. v. Frz. Steuer. gr. 8. (XVI, 181 S. m. Theater- u. farb. Stadtplan.) Landau (G. L. Lang). Kart. n. 4. —**

— für die Hohenzollernschen Lande, verb. m. Geschäfts-Empfehlgn. gr. 8. (V, 96 S. m. 1 farb. Karte.) Hechingen 898. (Sigmaringen, C. Liehner.) Kart. n.n. 1. —; geb. in Halbleinw. n.n. 1. 20

—— aller Länder der Erde, s. Leuchs.

— aller Länder der Erde, der Kaufleute, Fabrikanten, Gewerbtreibenden, Gutsbesitzer etc., s. Leuchs.

— für die Landgemeinden des königl. Amtsgerichtsbez. Meißen. Nach amtl. Quellen bearb. u. hrsg. v. Rob. Hellriegel. 1902/3. gr. 8. (104 S.) Dresden (901). (Meißen, L. Mosche). Kart. n.n. 3. —

**— der Landgemeinden des Herzogt. Sachsen-Altenburg (Ostkreis). Mit e. Geschäftsanzeiger, 1 (farb.) Plan des herzogl. Hoftheaters zu Altenburg, 1 Karte vom Ostkreis, sowie 1 (farb.) Übersichtskarte der Stadt Altenburg. Hrsg. im Juli 1910. (XIV S. S. A—Q u. 232 S. m. Abbildgn.) gr. 8. Altenburg S.-A. (Ecke Wilhelm- u. Gartenstr.) 910. R. Hauenstein. Geb. in Leinw. nn 5. —**

**— sämtlicher Landgemeinden u. selbständiger Gutsbezirke d. Amtshauptmannsch. Meißen einschließlich d. Städte Nossen, Lommatzsch, Wilsdruff, Siebenlehn nebst e. Anh. beachtenswerter Geschäfts-Anzeigen. Bearb. auf Grund amtl. u. selbst beschaffter Unterlagen v. Frdr. Eismann. (XVI, 242 S.) gr. 8. Meißen (909). (L. Mosche.) Geb. in Leinw. 4. 20**

—— von Landsberg a. d. W., s. Adreßbuch und Wohnungs-Anzeiger.

—— für Landsberg a. d. Warthe 1889. Mit Anhang. 2. umgearb. und bis zur Gegenwart ergänzte Aufl. Hrsg. auf Grund amtl. Angaben und eigener Aufzeichnung der Bürgerschaft von Louis Schneider. gr. 8. (VIII, 244 S. mit Plan der Stadt, gezeichnet von Friedenreich.) Landsberg a. d. W., R. Schneider und Sohn. cart. *
Jahrg. 1886 s. Adreß- und Wohnungs-Anzeiger.

—— für Landsberg a. d. Warthe. 1892. Mit Anhang u. Plan des neuesten Stadttheils. gr. 8. (VIII, 261 S.) Landsberg a. d. W., Schneider u. Sohn. ** 3 50

Adressbuch Landshut, s. Adreß- und Geschäfts-Handbuch

— der königl. bayer. Kreishauptstadt Landshut. Nach amtl. Quellen bearb. gr. 8. (86 S.) Landshut 882. Engelländer. cart. n.n. 3. —

—— dass. — Nach amtl. Quellen bearb. gr. 8. (IV, 92 S.) Landshut 883, (Krüll'sche Universitäts-Buchh.) cart. **

—— dass. — Nach amtl. Quellen bearb. Stand vom 1. Novbr. 1883. gr. 8. (124 S.) (Ebendas.) 884. cart. *

—— der königl. bayer. Kreishauptstadt Landshut. Nach amtl. Quellen bearb. gr. 8. (IV, 140 S.) Landshut 886, Krüll. cart. **

—— dass. — Jahrg. 1888, s. Adreß- und Geschäfts-Handbuch.

– Landshut u. Achdorf u. Berg. (84,59,26,47,9 u. 9 m. 1 Pl.) 8° – Landshut: (P. Krüll) 1904.

— der k. bayer. Kreishauptstadt Landshut u. der Nachbargemeinden Achdorf u. Berg. Ausg. vom 26. I. 1906. Bearb. v. dem städt. Einwohnermeldeamte u. dem Verein zur Förderg. des Fremdenverkehrs in Landshut u. Umgebg. (e. V.). (16, 87, 63, 30, 49 u. 13 S. m. 1 farb. Plan.) gr. 8. Landshut (Ph. Krüll). Kart. n.n. 3. —

– Landshut u. Achdorf u. Berg. Ausg. 1909. (16,87,73,32,52,15 u. 15 m. 1 Pl.) gr 8° – Landshut: (P. Krüll).

— der k. bayer. Kreishauptstadt Landshut u. der Nachbargemeinden Achdorf u. Berg. Ausg. 1910. Offiziell bearb. v. der Adreßbuchkommission (bestehend aus Vertretern des Stadtmagistrats, des Fremdenverkehrsvereins, der Gemeinden Achdorf u. Berg u. den Distriktsvorstehern der k. Kreishauptstadt Landshut). (XVI, 92, 75, 33, 52, 15 u. 15 S. m. 1 farb. Plan.) gr. 8. Landshut (Ph. Krüll). Kart. nn 3. —

**Adressbuch** der Land- und Forstwirthschaft, sowie der landwirthschaftlichen Industrie Oesterreich-Ungarns, enthaltend die Adressen der Grossgrundbesitzer, der Zuckerfabriken, Spiritusbrennereien, Bierbrauereien, Malzfabriken, Dampfmühlen, Weinproducenten, Kunst- und Handelsgärtner Oesterreich-Ungarns, nebst einem Nachweise zahlreicher Bezugsquellen von Bedarfsartikeln für Land- und Forstwirthschaft, Wein- und Gartenbau, Brauerei- und Mühlen-Industrie, sowie für alle Zweige der landwirthschaftlichen Industrie. Redigirt mit Benützung amtlicher Quellen v. J. Ehrlich. 8. (207 S.) Geb. 3.— Wien: Oberhofer 1890.

— der Land- u. Forstwirthschaft, sowie der landwirthschaftlichen Industrie Oesterreich-Ungarns, enth. die Adressen der Grundbesitzer, der Zuckerfabriken, Spiritusbrennereien etc. Red. m. Benützg. nur amtl. Quellen v. Wilh. Oberhofer. gr. 8. (VI, 352 S.) Wien 893. XIII., Kirchengasse 3, W. Oberhofer. Kart. n. 9. —

— landwirthschaftliches, der Grossgrundbesitzer, Gutspächter, Viehzüchter, Viehhändler, Spiritusproducenten etc. v. Oesterreich-Ungarn. Mit e. Anh.: Bezugsquellen u. Anzeigen f. Haus- u. Landwirthschaft. Auf Grund der neuesten amtl. Daten zusammengestellt v. Wilh. Borsordi. VI. Bd. Ungarn. gr. 8. (XXXII, 586 S. u. Sp.) Wien 886. Szelinski. geb. n. 24. —

Langendreer-Werner Adressbuch. Nach amtl. Quellen bearb. Hrsg. von Heinrich Pöppinghaus u. Richard Honsberg. Ausg. [1.] Landendreer-Werne: Selbstverl. d. Herausg. 1903. 8°.



— der Stadt Langensalza. Bearb. v. Ernst Rob. Jung. 8. (163 S. m. farb. Plan.) Langensalza 891. Wendt & Klauwell. Geb. n. 4. —

— der Stadt Langensalza. Bearb. v. Polizei-Bür. 8. (III, 184 S.) Langensalza 896. Wendt & Klauwell. Geb. n. 4. —

— der Stadt Langensalza. Bearb. vom Polizei-Büreau. 8. (III, 189 S.) Langensalza 900. Wendt & Klauwell. Geb. n. 4. —

— von Stadt u. Kreis Langensalza. Langensalza, 864. Klinghammer. 8. (83 S.) n. 20 ngr.

—— der Stadt Langensalza und sämmtl. Orte des Kreises sowie der zunächst gelegenen Ortschaften des Herzogth. Gotha. 2. Jahrg. Bearb. und hrsg. von Jul. Wilh. Klinghammer. gr. 8. (96 S.) Langensalza 870, Klinghammer's Buchh. *

—— der Stadt Langensalza und sämmtlicher Orte des Kreises. 8. (121 S.) Langensalza 875, Ditter. *
Spätere Jahrg. nicht erschienen.

—— der Stadt Langensalza, sowie sämmtlicher Orte des Kreises. Bearb. von E. R. Jung. 8. (IV, 158 S.) Langensalza 886, Wendt und Klauwell. geb. **

— von Langensalza u. Umgegend. Auf Grund amtl. Unterlagen unter Mitwirkg. des städt. Einwohner-Meldeamtes bearb. u. hrsg. v. W. Wendt. Nach dem Stande vom 1. X. 1904. (III, 96 u. 126 S.) 8. Langensalza, Wendt & Klauwell. Geb. n. 4. —

— von Langensalza u. Umgegend. Auf Grund amtl. Unterlagen unter Mitwirkg. des „Städt. Einwohner-Meldeamtes" bearb. u. hrsg. v. W. Wendt. Nach dem Stande vom 1. I. 1908. (III, 100 u. 143 S.) 8. Langensalza, Wendt & Klauwell. nn 3. 25; geb. 4. —

Langensalzaer Adressbuch...Bearb. von Carl Brandt, Polizei-Registr. (1.) Langensalza: Dietmar & Schütz, 1904. 8°.



— v. Lauban, s.: Adreß- u. Auskunftsbuch.

— der Stadt Lauban 1892/93. Zusammengestellt nach amtl. Quellen. gr. 8. (131 S. m. Plan u. Karte.) Lauban, (G. Reipprich). Kart. n.n. 2. —

— der Stadt Lauban. Zusammengestellt nach amtl. Quellen. gr. 8. (142 S.) Lauban 900. (G. Reipprich.) Kart. n.n. 2. —

— der Stadt Lauenburg in Pommern 1909. Auf Grund amtl. Quellen bearb. (XXI, 58 S.) gr. 8. Danzig-Langfuhr (Hauptstr. 118), Spendig & Graf. Kart. 2. —

– Lausen. s. Adressbuch Leipzig-Land.

— v. Lauter, s.: Adreß- u. Auskunftsbuch.

— der deutschen Lederfabrikanten, Gerber, Lederhändler, Häutehändler. (VI, 303 S.) Lex.-8. Berlin 904. Kampffmeyer'scher Verlag. Geb. in Leinw. 12. —; ermäss. Pr. 3. —

– Lederfabriken, Gerbereien, Treibriemenfabriken, Engroshandlgn, d. Lederfärbereien u. Lederleimfabriken. 3. Afl. Ausg. '07/10. Nebst: Der moderne Betrieb in d. ges. Gerberei, Leder- u. Schuhfabrikation u. s. Bezugsquellen, hrsg.v. Verleger. Mit e. Orig.-Abhandlg. v. Rich. Rieder. (126 Sp. u. 27 S.) gr 8° – Jena: (1907). Apolda, H. Jackob.

—— der oesterreichisch-ungarischen Lederfabriken, Gerbereien, Leder-, Häute- und Fellhandlungen. Separatabdr. aus dem Fachblatte „Der Gerber". 8. (XV, 121 S.) Wien 884, Administration des „Gerber". **

— Lederhandel Deutschlds. Mit bes. Berück. Österr., d. Schweiz, d. Niederl. u. Luxemburgs sowie wicht. Leder-Import- u. Exportfirmen aller Staaten Europas, d. Orients u.d. Verein. Staaten v. Amerika. (Einbd: Deut. Leder-Industrie. 1. Bd.) (93 u. 65) 8° – Jena: H. Jackob, 1903.

**— der Leder-Handlungen Deutschlands. gr. 8. (136 S.) [Berlin 897. J. Brass.] Berlin-Friedrichshagen, Commerz. Adress-Comptoir, C. Teistler & Co.** n. 6. 50

— Leder-Industrie Deutschlds. 1. Bd. (38 u. 92) 8° – Jena: H. Jackob, 1902.

— Leder-Industrie Oesterr.-Ungarns u.d. Orients. I. Lederfabriken, Gerbereien, Treibriemenfabriken, Leder-, Häute- u. Fellhandlgn. (In 2 Ausg.) Ausg. 1904/5. (49 u. 50). 8° – Jena: H. Jackob, (1904).

**Adressbuch für die Leder- u. Schuh-Industrie u. verwandter Geschäftszweige der Schweiz. Mit e. Anh.: Empfehlenswerte Bezugsquellen. 2. Aufl. 1896/97. 8. (24 S.) Zürich (896). (Stuttgart, H. O. Sperling.) n. 2. —**
**Vergl. Adressbuch f. die Schuh- u. Leder-Industrie. 896.**

— Lederwaren-, Sattlerwaren-, Geschirr-Fabrikation usw., einschl. d. Lederhandschuh-Branche. Ausg. 1905/6. (Deut. Lederindustrie Bd. V.)(35). 8° – Jena: H. Jackob, (1905).

—— der Stadt Leer. Hrsg. von Joh. Janssen im Mai 1888. gr. 8. (68 S.) Leer, (Leendertz.) **

— der Stadt Leer. Hrsg. v. Joh. Janssen im Aug. 1890. gr. 8. (72 S.) Leer, (Leendertz). n.n. 2. 50

**— der Stadt Leer. Hrsg. v. Janssen. 1896. gr. 8. (46, 32 u. 52 S.) Leer (W. J. Leendertz).** n. 3. 40; geb. in Leinw. n. 4. 25.

— der Stadt Leer. 1905. Aufgestellt nach dem Material des Polizei-Melde-Amts. (52, 44 u. 22 S. m. 1 Plan.) 8. Leer (W. J. Leendertz). n.n. 3. —; geb. n.n. 4. —

— Lehe, s. Adressbuch Bremerhaven.

—— der Lehrer und Lehrerinnen von Breslau, s. Adreß-Notiz.

**— des politischen Bezirkes Leipa m. Wohnungsanzeiger der Städte Leipa, Haida u. Niemes. (2. Aufl.) gr. 8. (143 S. m. 1 farb. Karte.) Leipa 899. J. Künstner. Kart. 1. 20**

—— Leipaer, von Jos. Hamann. gr. 8. (70 S.) Böhm.-Leipa 877, Hamann.
1878 und 1879 nicht erschienen.

—— Leipzig, s. Geschäfts-Adreßbuch. — Mess-Adressbuch.

**Adreßbuch, s. Leipzig, s.: Handbuch f. Leipzig.**

Adreßbuch von Leipzig, s. Lehrer-Adreßbuch für Stadt und Amtshauptmannschaft Leipzig.

—— für Leipzig, Frankfurt a. M., Frankfurt a. O., Braunschweig etc., s. Mess-Adressbuch.

—— Leipziger, a. d. J. 1830—35. (Nebst Angabe des fremden, die Messen besuchenden Handelsstandes, 2 Abthl.) 8. (27, 23¼, 24½, 27¼, 28¼ u. 28½ B.) Leipzig, Staritz. à Jahrg. 1828, 29. vgl. Adreßkalender.

Adreßbuch, Leipziger, auf d. J. 1833—1840. 8. Leipzig, Staritz. (Hinrichs.) (à J. 1 ℛ) 8 ℛ Vgl. C. F. W. Lorenz.

—— Leipziger, auf das Jahr 1836—42. (Nebst Angabe des fremden die Messe besuchenden Handelsstandes. 2 Abtheil.) 8. (27⅛, 27¼, 26, 26, 27, 28¼, 29 B.) Leipzig, Staritz. à J. *
Vgl. Lorenz, Leipz. Meßadreßbuch.

— Leipziger, auf die Jahre 1841—1846. (Nebst Angabe des fremden, die Messen besuchenden Handelsstandes. — 8. Leipzig, (Hinrichssche Buchhandlung). geb. baar à n. 1 ℛ

—— leipziger, (mit Angabe d. auswärt. Buchhändler u. des d. Messen besuch. fremden Handelsstandes) auf d. J. 1842—1846. (à 2 Abthl.) 8. (à 29—31 B.) Leipzig, Staritz. à J. Thlr. **
Vgl.: Lorenz, leipz. Meß-Adreßbuch. — Meß-Adreßbuch.

—— leipziger, auf die J. 1847—50. 8. (à 480—496 S.) Leipzig, Staritz. à J. *

— Leipziger, auf d. J. 1848. 8. (482 S.) Leipzig, Staritz. n. 1 ℛ — auf d. J. 1849. 8. (VIII u. 474 S.) Ebd. n. 1 ℛ — auf d. J. 1850. 8. (VIII u. 488 S.) Ebd. n. 1 ℛ — f. d. Schaltjahr 1852. 8. (VIII u. 514 S.) Ebd. n. n. 5/6 ℛ

—— leipziger, für die J. 1851—52. 8. Leipzig 852—53, Staritz. à Jahrg. **

—— dass. — für 1853. (32. Jahrg.) Lex.-8. (XII, 347 und 63 S.) Leipzig 853, (Dürr'sche Buchh.) *

—— leipziger, für die J. 1854 und 1855. 33. und 34. Jahrg. gr. 8. Leipzig, Dürr'sche Buchh. [33. Jahrg. (XII und 437 S. mit 1 lithogr. Plane.) 854., 34. Jahrg. (XIV und 477 S.) 855.] à Jahrg *

—— leipziger, für 1856. 35. Jahrg. Lex.-8. (XII und 504 S. mit 1 Plane der Stadt Leipzig in Kpfrst. und in gr. 4.) Leipzig, Dürr'sche Buchh. *

—— leipziger, für 1857. 36. Jahrg. Unterstützt durch officielle Angaben königl. und städtischer Behörden und Collegien. Lex.-8. (XVI und 536 S. mit einer in Holz geschn. Ansicht des Museums zu Leipzig.) Leipzig 857, Dürr'sche Buchh. *

—— dass. — für 1858. 37. Jahrg. Unterstützt durch officielle Angaben königl. und städtischer Behörden und Collegien. Nebst einem Anhang: Das jetztlebende Leipzig. Anno 1701. Lex.-8. (XVI und 574 S.) Ebendas. 858. **

**— Leipziger, f. 1859—61. 38—40. Jahrg. Unterstützt durch officielle Angaben Königl. u. Städtischer Behörden u. Collegien. Leipzig, Dürr'sche Buchhandlg. Lex.-8. Jed. Jahrg.** n. 1 ℛ 10 ngr.

—— Leipziger, für 1862—67. 41.—46. Jahrg. Unterstützt durch officielle Angaben königl. und städt. Behörden und Collegien. Lex.-8. Leipzig, Edelmann. cart. [1862. (XVI und 651 S.) ** 1 Thlr. 10 Ngr., 1863. (XVI und 776 S.) ** 2 Thlr., 1864. (XII und 762 S. mit Plan der Stadt Leipzig in Kpfrst. in Imp.-Fol.) * 2 Thlr. 10 Ngr., 1865. (XII und 756 S.) ** 2 Thlr., 1866. (XII und 766 S.) ** 2 Thlr., 1867. (XIV und 770 S.) ** 2 Thlr.] **

— — f. 1862. 41. Jahrg. Nebst e. Anhang: Wohlfahrtspolizeiliche u. andere Anordnungen des Rathes der Stadt Leipzig u. Verfügungen d. Polizeiamtes aus d. J. 1861. Ebend. Lex.-8. (XVI, 651 S.) n. 1 ℛ 10 ngr.

— — für 1863. 42. Jahrg. Nebst e. Anhang: Wohlfahrtspolizeiliche und andere Anordnungen des Raths der Stadt Leipzig und Verfügungen d. Polizei-Amtes aus d. J. 1862. Ebend. Lex.-8. (XVI, 776 S.) n. 2 ℛ

**Adreßbuch, Leipziger, f. 1864. 43. Jahrg. Nebst einem Anhang: Wohlfahrtspolizeiliche u. andere Anordnungen d. Raths der Stadt Leipzig u. Verfügungen d. Polizeiamtes aus d. J. 1863. Leipzig, Dürr'sche Buchhandlung. Lex.-8. (XII, 762 S.)** nn. 2 ℛ;
**mit Hebels Plan der Stadt Leipzig** nn. 2 ℛ 10 ngr.

**— Leipziger, f. 1865—1870. 44—49. Jahrg. Unterstützt durch officielle Angaben königl. u. städt. Behörden u. Collegien. Leipzig, Dürr'sche Buchhdlg. Lex.-8. (à ca. 800 S.) Jeder Jahrg.** nn. 2 ℛ; geb. nn. 2 ℛ 5 ngr.

—— Leipziger, für 1868—1871. 47.—50. Jahrg. Unterstützt durch officielle Angaben von Behörden und Collegien. gr. 8. (XX, 780; XX, 804; XVI, 836; XIX, 828 S.) Leipzig, Edelmann. cart. ** geb. **

—— dass. — für 1872—1874. 51.—53. Jahrg. Unterstützt durch officielle Angaben von Behörden und Collegien. gr. 8. Ebendas. [1872. (XVI, 854 S. mit den Uebersichts-Plänen der Plätze im neuen und alten Stadttheater.); 1873. (773 S. mit dem Stahlst.-Portr. des Bürgermeisters Dr. Koch); 1874. (XVI, 773 S. mit den Uebersichts-Plänen der Plätze im neuen und alten Stadttheater in Holzschntaf.)] cart. à Jahrg. ** geb. **

—— Leipziger, für 1875—1879. 54.—58. Jahrg. Unterstützt durch officielle Angaben von Behörden und Collegien. Mit den Uebersichts-Plänen der Plätze im neuen und alten Stadttheater (Holzschntaf.) gr. 8. (XVIII, 802; XVI, 532, 302; XVI, 548, 318; XVI, 562; XVI, 576, 336 S.) Leipzig, Edelmann.
1875—77 cart. à ** M. 7.; geb. **
cart. mit Stadtplan (Kpfrst. Imp.-Fol.) ** M. 8.; geb. **
1878 und 1879 cart. à ** M. 7.; geb. **
cart. mit Stadtplan (Kpfrst. und Farbendr., Imp.-Fol.) **
geb. **
Beigabe: Deutsches Reichsgericht, königl. Landgericht, königl. Amtsgericht ꝛc. gr. 8. (15 S.) Ebendas. 880. **

—— Leipziger, für 1880—1884. 59.—63. Jahrg. Unterstützt durch officielle Angaben von Behörden und Collegien. Mit 1 (chromolithogr.) Plane der Stadt Leipzig und den Uebersichts-Plänen der Plätze im neuen und alten Stadttheater (in Holzschn.). gr. 8. (XVI, 604, 323; XVI, 616, 334; XVI, 636, 352; XVI, 656, 360; XVI, 671, 372 S.) Leipzig, Edelmann.
geb. à Jahrg. **

—— Leipziger, für 1885. 64. Jahrg. Unterstützt durch officielle Angaben von Behörden und Collegien. gr. 8. (XXXII, 696, 387 S. mit 1 chromolithogr. Plane der Stadt Leipzig, den Uebersichts-Plänen der Plätze im neuen und alten Stadttheater und 1 Uebertragungstab. der bisher. alten Hausnummern in die neuen vom J. 1885.) Leipzig, Edelmann. geb. **

Adreßbuch, Leipziger, f. 1886. 65. Jahrg. Unterstützt durch officielle Angaben v. Behörden u. Collegien. Mit e. Plane der Stadt Leipzig, den Uebersichts-Plänen der Plätze im neuen u. alten Stadttheater. gr. 8. (XVI, 716 u. 406 S.) Leipzig, Edelmann. geb. n.n. 9. —

—— dass. — für 1887 und 1888. 66. und 67. Jahrg. Unterstützt durch officielle Angaben von Behörden und Collegien. gr. 8. (XVIII, 728, 379, 48; XVII, 734, 398, 40 S. mit je 1 Plane der Stadt Leipzig, den Uebersichts-Plänen der Plätze im neuen und alten Stadttheater und im Carola-Theater.) Ebendas.
geb. à Jahrg. **

—— Leipziger, f. 1889—1892. 68.—71. Jahrg. Unterstützt durch offizielle Angaben von Behörden und Collegien. Mit den Plänen der Stadt Leipzig und der Theater. gr. 8. (XVIII, 784, 408, 48, 26, 137; XXVIII, 522, 98, 344, 174, 424, 34; XXIV, 540, 203, 351, 310, 448, 48; XXIX, 552, 228, 348, 330, 484, 38 S.) Lpz., Edelmann. geb. 68. Jahrg. ** 10 —, 69. Jahrg. ** 12 —
70. Jahrg. ** 15 —, 71. Jahrg. ** 16 —

-- Leipziger, f. 1894. 73. Jahrg. Unterstützt durch offizielle Angaben v. Behörden u. Collegien. Mit dem neuesten Plane der Stadt Leipzig, den Uebersichts-Plänen der Plätze im neuen u. alten Stadttheater u. im Carola-Theater. gr. 8. (XXX, 834, 348, 344, 524 u. 56 S.) Leipzig, A. Edelmann. Geb. in Leinw. n.n. 16. —

– Leipziger, f. 1895. 74. Jahrg. 8° (2237 m. 5 Pl.) Leipzig, A. Edelmann.

— Leipziger, f. 1898. 77. Jahrg. Unterst. d. offic. Ang. v. Behörden u. Collegien. M. d. neuesten Plane d. Stadt Leipzig, d. Uebersichts-Plänen d. Plätze i. neuen u. alt. Stadttheater, i. Carola-Theater u. i. Krystallpalast. gr. 8. (XXII, 1030, 384, 403, 588 u. 50 S.) Leipzig, A. Edelmann. Geb. in Leinw. n.n. 16. —; kleine Ausg. (VIII, 1030 u. 285 S.) geb. in Leinw. n.n. 8. —

— Leipziger, f. 1902. 81. Jahrg. Unterstützt durch officielle Angaben v. Behörden u. Collegien. Mit dem neuesten (farb.) Plane der Stadt Leipzig, den Uebersichts-Plänen der Plätze im neuen u. alten Stadttheater, im Carolatheater u. im Krystallpalast. gr. 8. (XXII, 1214, 408, 478, 684 u. 56 S.) Leipzig, A. Edelmann. Geb. in Leinw. n.n. 16. —; kleine Ausg. (VI, 1214 u. 326 S.)
Geb. in Leinw. n.n. 8. —

— Leipziger. 1906. 85. Jahrg. Unter Benutzg. amtl. Quellen. Mit der Beigabe: Amtlicher Verkehrs-Plan v. Leipzig u. Vororten. (XVI, 765, 412, 130, 164 u. 118 S. u. Straßenverzeichnis usw. zum Plan 16 S.) 4. Leipzig, A. Scherl. Geb. in Halbldr. n.n. 10. —

– Leipziger, 1909. 88. J. (23,824,445,144,187 u. 186 m. Theaterplänen, 1 Pl. u. Strassenverz. usw. z. Plan 16) 30,5 x 23,5 cm). Leipzig, Berlin : A. Scherl.

— Leipziger. 1911. 90. Jahrg. Unter Benutzg. amtl. Quellen. Mit der Beigabe: Amtlicher Verkehrs-Plan v. Leipzig u. Vororten. (1:10,000.) (XXIV, 970, 500, 157, 192 u. 49 S. m. Theaterplänen u. Straßenverzeichnis usw. zum Plan. 16 S. in Lex.-8.) 31×25 cm. Leipzig, A. Scherl. Geb. in Halbldr. nn 10. —

— Leipzig-Land 1908. Hrsg. v. Otto Beißert. (20, 20, 28, 16, 16, 18, 30, 20, 28, 18, 16, 24, 12, 20, 36, 12, 14, 12, 12, 21, 11, 11, 12, 12, 12, 12, 12, 25, 12 u. 12 S.) gr. 8. Leipzig (Serig). Geb. 12. —

– Leipzig-Land 1910. 2., 4., 10–13., 30. u. 33. Heft. 8° – Leipzig (–Neust., Tauchaerstr. 62 II), O. Beissert.
Die fehl. Hefte sind vergriffen.

— der Stadt Leisnig u. der Vorstadtorte Fischendorf u. Tragnitz. 1893—94. 8. (III, 110 S.) Leisnig, H. Ulrich.
n. 1. —

— der Stadt Leisnig u. der zum Amtsgerichtsbez. Leisnig gehörenden 70 Ortschaften, nebst 1 Kartenplan d. Amtsgerichtsbez. Leisnig. 2. Ausg. 1910. (VIII, 189 S.) 8. Leisnig, H. Ulrich. Geb. in Leinw. 3. —

— des Gerichtsbezirkes Leitmeritz, m. histor.-topogr.-statist. Beiträgen. Hrsg. u. verf. v. G. A. Ressel. gr. 8. (VIII, 200 S. m. 2 Karten.) Leitmeritz 889. (Berlin, Eisenschmidt & Schulze.) n.n. 3. —

— der Stadt Leitmeritz i. Böhmen. Bearb. auf Grund amtl. Unterlagen v. W. Seyfert. 8. (120 S. m. 1 Karte.) Leipzig (899). Kühnel. n. 1. —

Adreßbuch des Kreises Lennep, umfassend die Bürgermeistereien Lennep, Remscheid, Lüttringhausen, Radevormwald, Hückeswagen, Ronsdorf, Dabringhausen, Wermelskirchen u. Burg a. W. Nach amtl. Quellen zusammengestellt. Remscheid 870. Krumm. 8. (2 Bll., 292 S.) n. 1 ℳ 10 ngr.

— des Kreises Lennep, Ausg. 1901, enth. die Bürgermeistereien Lennep und Fünfzehnhöfe, Wermelskirchen, Burg, Lüttringhausen m. Beyenburg, Ronsdorf, Radevormwald, Hückeswagen, Neuhückeswagen sowie Dabringhausen m. Dhünn. Nach amtl. Material zusammengestellt. gr. 8. (525 S. m. 1 farb. Karte.) Wermelskirchen. (Mettmann, H. v. der Heyden.) Kart. n. 5. 50

— des Kreises Lennep f. 1907/08. III. Jahrg. (20, 31, 27, 37, 77, 60, 59, 76 u. 91 S.) Lex. 8. Elberfeld 907. J. H. Born. Geb. in Leinw. nn 7. 50

— der elektrischen Lichtanlagen. Enth. in mögl. Vollständigkeit u. vielfach m. Angaben d. Lampenzahl etc. d. Adressen d. Besitzer elektr. Lichtanlagen i. Deutschland u. Oesterreich-Ungarn, sowie zahlr. n. Staaten geordn. Ausland-Adressen. In e. Anh.: Adressen d. elektrotechn. Installationsgeschäfte Deutschlands. Bezugsquellen-Nachweis. Hrsg. v. Carl Habermalz. 8. (148 u. 20 S.) Berlin 895. Verlag der „Dampfpost". Kart. n. 12. —

— für Lichtenstein-Callnberg u. Umgebung. Mit Angabe der örtl. Behörden. Zusammengestellt auf Grund amtl. Unterlagen. 1906/1907. (192 S.) gr. 8. Lichtenstein. (Lichtenstein-Callnberg, M. Doerffeldt.) Geb. n. 4. —

— f. Liebertwolkwitz u. die Nachbarorte Belgershain, Fuchshain, Grosspösna, Güldengossa, Holzhausen, Rödgen, Seifertshain, Störmthal, Threna, Wachau, Zuckelhausen. Auf Grund amtl. Quellen hrsg. vom Verlage des Anzeigers f. Liebertwolkwitz u. Umgegend. (IV, 106 S.) 8. Liebertwolkwitz (904). (Leipzig, K. F. Pfau.) Kart. n. 2. —; m. Plan n. 2. 50

— Liebertwolkwitz u. Belgershain, Fuchshain, Grosspösna, Güldengossa, Holzhausen, Rödgen, Seifertshain, Störmthal, Threna, Wachau, Zuckelhausen. (106) 8° — Liebertwolkw. 1905. (Lpzg., KF Pfau).

— für Liebertwolkwitz u. die Nachbarorte Belgershain, Fuchshain, Grosspösna, Güldengossa, Holzhausen, Rödgen, Seifertshain, Störmthal, Threna, Wachau, Zuckelhausen. Auf Grund amtl. Quellen hrsg. vom Verlage des Anzeigers f. Liebertwolkwitz u. Umg. (XIV, 112 S.) 8. Liebertwolkwitz 907. (Leipzig, K. F. Pfau.) Kart. 2.—; m. Plan 2.50

—— Liegnitz, s. Wohnungsanzeiger.

— für den Landkreis Liegnitz. Nach amtl. Quellen bearb. v. Carl Franke. (173 S.) gr. 8. Liegnitz 904. E. Scholz Nachf. n. 4.—

—— Liegnitzer, für das J. 1878. 8. (327 S.) Liegnitz, (Kaulfuß.) *
1875, 1876 und 1877 erschienen im Selbstverlag.

—— dass. — für das J. 1879. Hrsg. von Brinschwitz und Schimann. 8. (436 S.) (Ebendas.) *

Adreßbuch, Liegnitzer. 8. (458 S.) Liegnitz 883, Kaulfuß'sche Buchh. *

— Liegnitzer, für d. J. 1888. Hrsg. v. Brinschwitz u. Schimann. gr. 8. (282 S.) Liegnitz. (Zippel). cart. 7.50

— Liegnitzer, f. d. J. 1897. Hrsg. v. Brinschwitz u. Schimann. gr. 8. (VI, 148; 190 u. XXVI S. m. 2 Theaterplänen.) Liegnitz (Th. Kaulfuß). Geb. n. 6.60

— Liegnitzer, 1909, nebst (farb.) Stadt- u. Theaterplan sowie wicht. Bekanntmachgn., Tarife usw. f. Handel, Verkehr u. Haus. Hrsg. auf Grund amtl. Quellen u. privater Mitteilgn. v. Max Heinze. (XII, 498 S.) gr. 8. Liegnitz (Reisner). Geb. nn 5.—

— für Limbach i/S. auf die J. 1890—1891. 8. (70 S.) Limbach, (M. Stoll). Kart. n.n. 3.—

— der Fabrik- u. Handelsstadt Limbach in Sachsen m. deren Amtsgerichtsbezirk, nebst Hartmannsdorf u. Nußdorf f. d. J. 1887. Hrsg. v. C. O. Liebers. 1. Ausg. Mit 1 Plane der Stadt Limbach, sowie e. Inseratentheile nebst Bezugsquellen-Nachweiser. 8. (163 S.) Limbach. (Chemnitz, Strauß.) cart. 3.—

— für die Stadt Limbach i. S., den Amtsgerichtsbez. Limbach u. die benachbarten Dörfer Hartmannsdorf u. Nußdorf. Mit e. Plane der Stadt Limbach u. 2 Kärtchen f. Oberfrohna u. Nußdorf. 5. Aufl. (244 S.) gr. 8. Limbach (O. Kleinschmidt). Geb. n.n. 3.—

— f. d. Stadt Limbach i. S. u. d. Amtsgerichtsbez. Limbach, nebst d. benachb. Dörfern Hartmannsdorf u. Nußdorf a. d. J. 1898—1899. gr. 8. (143 S. m. farb. Plan.) Limbach (M. Stoll). Geb. n.n. 3.—

— für die Stadt Limbach i. S., den Amtsgerichtsbez. Limbach u. die benachbarten Dörfer Hartmannsdorf u. Nußdorf. 6. Aufl. (324 S. m. 1 farb. Plan.) gr. 8. Limbach 908. (O. Kleinschmidt.) Geb. nn 4.—

— von Limburg, Diez, m. Einschluß der Gemeinden Altendiez, Birlenbach-Fachingen, Freiendiez, Hahnstätten-Zollhaus u. Holzappel, Nassau, Ems, Hadamar, Montabaur, Camberg, Runkel u. Villmar. Bearb. auf Grund des gesammelten amtl. Materials. 1904/05. (XX, 322 S. m. Abbildgn.) gr. 8. Limburg, Limburger Vereinsdruckerei. Geb. in Leinw. n.n 2.50

— der Stadt Limburg. N. amtl. Material zusammengest. 1896. 8. (XXIV, 82 S.) Limburg, Limburger Vereinsdruckerei. Geb. in Leinw. n. 2.—

— der Stadt Limburg. Mit e. Stadtplan. Unter amtl. Mitwirkg. zusammengestellt. 8. (XXVIII, 100 S.) Limburg 900. Limburger Vereinsdruckerei. 1.50

— von Lindau im Bodensee u. Umgebung (Aeschach, Hoyren u. Reutin). 1909. Auf Grund amtl. Erhebgn. hrsg. u. verlegt vom Zeitungs-, Reiseführer- u. Adreßbücher-Verlag „Monachia", München (98 S.) gr. 8. München (E. Scherzer). Geb. 2.—

— f. Lindenau. 1889. 3. Ausg. Hrsg. v. Heinr. Haupt. gr. 8. (121 S.) Lindenau-Leipzig, Haupt. cart. n.n. 2.50

Adreßbuch für Lindenau u. Plagwitz nebst e. Verzeichniß der Gewerbetreibenden in Böhlitz-Ehrenberg, Groß-Zschocher, Gundorf etc. auf 1866. (60 S.) nn. 15 ngr.

— für Lindenau-Plagwitz 1879. Zusammengestellt u. hrsg. v. L. Ferd. Berger. gr. 8. (IV, 156 S.) Leipzig, (Serbe's Verl.). cart. n. 2.50

— für Lindenau-Plagwitz u. Neu-Schleußig 1885. Hrsg. v. Heinr. Haupt u. Osk. Weigert. gr. 8. (151 S.) Lindenau-Leipzig 885. Haupt. cart. n. 3.—

—— dass. — 1887. 2. Aufl. Hrsg. für Lindenau von Heinr. Haupt, für Plagwitz-Neuschleußig von Osk. Weigert. gr. 8. (96, 64 S.) Ebendas. cart. *

— von Linz. Auf Grundlage der v. dem löbl. Gemeinde-Amte u. v. der löbl. Handels- u. Gewerbekammer in Linz gelieferten authent. Daten zusammengestellt. Nebst e. (lith.) Plane v. Linz (in gr. Fol.) gr. 8. (106 S.) Linz 873. Ebenhöch. n. 2.—

— für das Fürstenth. Lippe. gr. 8. (IV, 500 S.) Detmold 901. (H. Hinrichs.) Geb. n. 6.—

— für die Stadt u. den Kreis Lippstadt. Nebst Geschäfts- u. Firmen-Register nach amtl. u. priv. Quellen. gr. 8. (III, XVI, 176 S.) Altena 900. Geschw. Lorsbach. Kart. n. 5.—

— der Kreisstadt Lissa in Posen. Bearb. auf Grund amtl. Unterlagen v. E. Petzold. 8. (115 S. m. 1 Karte. Leipzig (899). Kühnel. n. 1.50

— der Stadt Lissa i. P. f. d. J. 1905/6. Nach nur amtl. Quellen bearb. v. Hans Dünnhaupt. (VIII, 112 S.) 8. Lissa. A. Fenske. Geb. n. 3.—

—— Livland, s. Verkehrs- u. Adreßbuch der balt. Provinzen.

— der Stadt Löbau i. S., nebst e. Geschäfts-Anzeiger v. Gewerbtreibenden, hrsg. von F. Bamberger. gr. 8. (II, 54 S. m. farb. Plan.) Löbau 889. (Oliva.) cart. n.n. 2.50

— der Stadt Löbau i/S., nebst e. Geschäfts-Anzeiger v. Gewerbtreibenden. 2. Ausg. Nach amtl. Unterlagen bearb. u. hrsg. v. Fr. Bamberger. 1893/94. gr. 8. (IV, 80 S. m. 1 Ansicht u. 1 farb. Plan.) Löbau i/S., (E. Oliva). Kart. n.n. 2.50

— der Stadt Löbau i. S, nebst e. Geschäfts-Anzeiger v Gewerbetreib. 3. Ausg. N. amtl Unterl. bearb. Hrsg. v. Thdr. Keßner. 1896. gr. 8. (IV, 91 S. m. 1 Abb.) Löbau 895. (E. Oliva.) Kart. n.n. 2.50

— der Stadt Löbau i. S. sowie der Ortschaften Altlöbau, Oelsa, Ebersdorf, Unwürde, Kittlitz, Groß- u. Kleinschweidnitz u. der königl. Landesanstalt Großschweidnitz, sowie e. Geschäftsanzeiger v. Gewerbtreibenden. 5. Ausg. Nach amtl. Unterlagen bearb. u. hrsg. v. Thdr. Keßner. 1902. gr. 8. (IV, 144 S.) Löbau (E. Oliva). Kart. n.n. 3.50

— der Stadt Löbau i. S. nebst den Ortschaften Altlöbau, Oelsa, Ebersdorf, Unwürde, Kittlitz, Groß- u. Kleinschweidnitz u. der königl. Landesanstalt Großschweidnitz, sowie e. Geschäftsanzeiger v. Gewerbtreibenden. 6. Ausg. Nach amtl. Unterlagen bearb. Hrsg. v. Thdr. Keßner. 1906. (IV, 159 S.) gr. 8. Löbau (E. Oliva). Kart. n.n. 3.50

Adreßbuch der Stadt Löbau i. S. nebst d. Ortsch. Altlöbau, Oelsa, Ebersdorf, Unwürde, Kittlitz, Klein- u. Großschweidnitz m. der königl. Landes-Heil- u. Pflege-Anstalt, sowie neu: Georgewitz, W.-Paulsdorf u. W.-Cunnersdorf u. e. Geschäftsanzeiger v. Gewerbetreibenden. 7. Ausg. Nach amtl. Unterlagen bearb. Hrsg. v. Thdr. Keßner. 1909. (IV, 164 S. m. Abbildgn.) 8. Löbau (J. G. Walde. — E. Oliva). Kart. nn 3. 50

—— Löbtau, s. Wohnungs- u. Geschäfts-Handbuch.

— v. Lommatzsch, s.: Adreß- u. Auskunftsbuch.

— für die Stadt u. den Kreis Lörrach 1893. Hrsg. nach amtl. Aufzeichngn., ausgearb. v. R. A. Mertel. gr. 8. (XIII, 167 S. m. Stadplan.) Lörrach, (Ch. Haerdle). n 2. 50

— der Stadt Lörrach u. Stetten, sowie der Gewerbetreibenden v. Brombach, Kandern, Müllheim, Schönau, Schopfheim, Steinen, Todtnau u. Zell i. W., nebst e. Fremdenführer u. Geschäftsanzeigen. Hrsg. v. M. Herbert. gr. 8. (202 S. m. 1 Plan.) Lörrach 900. J. Poltier-Weeber. Geb. in Leinw. n.n. 3. —

—— Lörrach-Stetten. 8. (160 S. m. 1 Plan d. Stadt u. 1 Karte d. Umgegend.) Lörrach 892, (Haerdle). * 2 50

—— von Loschwitz, s. Adreß- und Geschäfts-Handbuch.

– Lovrana, s. Adressbuch d. österr. Riviera.

—— Lübecker für die J. 1875—1880. gr. 8. (à ca. 580 S.) Lübeck, Schmidt und Erdtmann's Buchdruckerei. à Jahrg. *

— Lübeckisches, nebst Local-Notizen. 862. Lübeck, (v. Rohden.) 8. (VI, 414 S.) n. 1 ₰ 10 ngr.

— — 1864. Lübeck. (Dittmer.) 8. (IV, 431 S.) n. 1 ₰ 24 ngr.

— Lübeckisches, nebst Local-Notizen. 1866. (462 S.) — 1868. (394 S.) — 1870. Lübeck, (Dittmer.) gr. 8. (496 S.) Jeder Jahrg. n. 2 ₰

—— Lübeckisches, nebst Local-Notizen. 1868. 8. (394 S.) Lübeck, (Aschenfeldt'sche Buchh.) cart. *

—— dass. — 1870. gr. 8. (496 S.) Lübeck, (Dittmer'sche Buchh.) cart. *

—— Lübeckisches, für 1889. gr. 8. (XXXVIII, 490, 48, 57, 15 S.) Lübeck, M. Schmidt. geb. **

Adreßbuch, Lübeckisches, für 1890. gr. 8. (VIII, XL, 534; 48, 59 u. 15 S.) Lübeck, (Dittmer). geb. n.n. 7. 50

—— Lübeckisches, f. 1890—1892. gr. 8. (à Jahrg. ca. 725 S.) Lübeck, (Lübcke u. Hartmann). geb. à Jahrg. ** 7 50

— Lübeckisches, f. 1894. gr. 8. (VIII, XLVII, 582, 48, 54, 8 u. 15 S.) Lübeck, (Lübcke & Hartmann). Kart. n n 7 50

— Lübeckisches, f. 1898. gr. 8. (VIII, LV, 676, 53, 62, 24 u. 5 S.) Lübeck (Lübcke & Hartmann). Geb. in Leinw. n n 7 50

— Lübeckisches, f. 1902. gr. 8. (VIII, LXVIII, 966 S. m. farb. Plan.) Lübeck (Lübcke & Röhring). Geb. in Leinw. n. 8. —

– Lübeck., (994, 8, 79, 19, 16, u. 6) 8⁰ – Lübeck: (Lübcke & N.) 1905.

— Lübeckisches, f. 1906. (VII, 90, 1028, 82, 22, 16 u. 6 S.) 8. Lübeck (Lübcke & Röhring). Geb. in Leinw. n. 8. —

– Lübeck., 1909, m. Einwohnerverz. d. Orte Brodten, Cleverbrück, Cronsforde, Crummeffe, Eckhorst, Fackenburg, Gothmund, Genin, Ivendorf, Israelsdorf, Krempelsdorf, Moisling, Mori, Nusse, Pöppendorf, Ravensbusch, Schlutup, Schwartau, Gross-Steinrade, Stockelsdorf u. Travemünde. (72, 1155 u. 116 m. 3 Pl.) 8⁰ – Lüb.: (Lübcke & N.).

— Lübeckisches, f. 1911 m. Einwohnerverzeichnis der umliegenden Ortschaften u. 1 (farb.) Stadtplan. (VIII, 81, 681, 52 u. 58 S. m. 2 Theaterplänen.) gr. 8. Lübeck, M. Schmidt. Geb. in Leinw. nn 6. 50

Lübener Adressbuch. Bearb. von Georg Kühn. [1.] Für 1909. Lüben, Schles.: P. Kühn (1909) 8⁰. A12.3879

—— für Luckenwalde, s. Wohnungs-Adreßbuch.

—— von Lüdenscheid, s. Adreß- und Geschäfts-Handbuch.

Adressbuch Ludwigsburg, s. Adreß- und Geschäfts-Handbuch

—— von Ludwigshafen, s. Adreß-Kalender.

Adreßbuch d. Stadt Ludwigshafen a/Rh. 1896. Hrsg. v. Polizei-Meldeamt. gr. 8. (XV, 255 S. m. 1 Plan.) Ludwigshafen, A. Lauterborn. Kart. n.n. 3. 50

— der Stadt Ludwigshafen a. Rh. u. der Stadtteile Friesenheim u. Mundenheim. Einwohner- u. Häuserverzeichnis, sowie Zusammenstellg. der eingetragenen Firmen u. Branchen. 1905. Mit Benutzg. des v. dem Polizei-Meldeamt zur Verfügung gestellten Materials. Beendet Mitte Dezbr. 1904. (XV, 351 S. m. 1 Plan.) gr. 8. Ludwigshafen (F. Baumgartner). Geb. in Leinw. n.n. 5. —

— der Stadt Ludwigshafen incl. Hemsdorf, nebst e. Verzeichniß der Hauseigenthümer, der Behörden, Institute u. Vereine, der Handelsfirmen, Gewerbs- u. Geschäftsleute 2c., sowie e. (autogr.) Plan der Stadt Ludwigshafen. gr. 8. (III, 106 S.) Ludwigshafen 882. Lauterborn. n. 1. 50; geb. n. 1. 80

—— der Stadt Ludwigslust für 1877 und 1879. 1. und 2. Jahrg. gr. 8. (IV, 96; XVIII, 86 S.) Ludwigslust, Hinstorff'sche Hofbuchh. à Jahrg. *

— der Stadt Ludwigslust f. 1881. 3. Jahrg. gr. 8. (XII, 52 S.) Ludwigslust, Hinstorff's Verl. n.n. 1. 50

—— von Lüneburg, s. Adreß- und Handbuch.

—— Lüneburg, s. Einwohner- u. Straßen- u. Häuserverzeichnis.

— der Stadt Lüneburg nebst der Orte Lüne u. Neuhagen f. d. J. 1903. Nebst e. Nachtrag (S. 322), enth. Zusätze u. Verändergn. während des Druckes. gr. 8. (IV, 322 S.) Lüneburg (Herold & Wahlstab). Kart. n.n. 3. —

— für den Stadt- u. Landkreis Lüneburg. 1906. (VII, 447 S. m. 1 Plan u. 1 Karte.) 8. Lüneburg (Herold & Wahlstab). Geb. n.n 4. —

— für den Stadt- u. Landkreis Lüneburg. 1907. (VII, 455 S. m. 1 Plan u. 1 Karte.) 8. Lüneburg (Herold & Wahlstab). Kart. nn 4. —

– Lunzenau, s. Adressbuch Penig.

—— von Luxemburg, s. Adreß-Kalender.

**Adressbuch** der Stadt Luzern. 96 Stn. 16. Luzern, C. Petermann, Sohn. **1871** —. 65

—— von Stadt und Canton Luzern für 1877. Mit vollständ. lithogr. Plane der Stadt Luzern und Inseraten-Anhang. gr. 8. (IX, 99, 60 S.) Luzern, (Prell.) cart.
1875, 1876, 1878 und 1879 nicht erschienen.

—— von Stadt und Kanton Luzern für 1883. Mit vollständ. lithogr. Plane der Stadt Luzern und Inseraten-Anhang. Bearb. von L. Widmer. gr. 8. (207 S.) Luzern, (Prell.) cart. **

Adress-Buch von Stadt und Kanton Luzern 1901. Mit Inseraten-Anhang und Stadtplan. Nach offiziellem Material des städtischen Kontrollbureaus bearb. von L[eonz] Widmer, Geschäftsbureau,... Luzern, unter dem Protektorate der Gesellschaft für Handel und Industrie. 6. Ausgabe. (zus. 416 S.) 8. Luzern, J. L. Bucher & Sohn. [geb. fr. 6. —]

**Adressbuch** der Stadt Luzern und der Centralschweiz (Kantone Luzern, Uri, Schwyz, Unterwalden und Zug), 1886. Mit Inseraten-Anhang. Bearbeitet von *L. Widmer*. In-8⁰, XI, 271 u. 16 S., mit 1 Plan. Luzern, Druck von J. Burckhardt. 1886 cart. 6 —

— der Stadt Luzern u. der Centralschweiz [Kantone Luzern, Uri, Schwyz, Unterwalden u. Zug] 1886. Mit Inseraten-Anh. Bearb. v. L. Widmer. gr. 8. (XIII. 269 S. m. 1 Plan.) Luzern, (Doleschal). cart. n. 4. 50

**Adressbuch** der Stadt Luzern u. der Centralschweiz [Kantone Luzern, Uri, Schwyz, Unterwalden u. Zug] 1890. gr. 8. (276 S.) Luzern, (C. F. Prell Nachf.). n. 4. 80

**Adreßbuch** für die Stadt Lyck, nebst e. Verzeichniß der Behörden u. Gewerbetreibenden v. Prostken, sowie als Anh.: Ortschaftsverzeichniß f. d. Landgerichtsbez. Lyck. Auf Grund amtl. Materials zusammengestellt v. Alb. Glanert. gr 8. (64 u. XXXVI S.) Lyck 900. (E. Wiebe.) Kart. n. 2. 80

— für die Stadt Lyck, nebst e. Verzeichnis der Behörden u. Gewerbetreibenden v. Prostken, sowie als Anh.: Ortschaftsverzeichnis f. den Landgerichtsbez. Lyck. Auf Grund amtl. Materials zusammengestellt v. Otto Scheumann. (76 u. XXXV S.) 8. Lyck 904. (E. Wiebe.) Kart. n.n. 2. 50

Adressbuch für Stadt und Kreis Lyck. Zsgest. auf Grund amtl. Materials von Oscar Auschwitz. [1.] Ausg. f. d. J. 1908. Lyck: O. Auschwitz (1908). 4°(8°) Lol. 1944 10

– Lyzeen u.d. weiterführ. Bildgsanst., s. Adressen-Verzeichnis.

Adressbuch Magdeburg, s. a. Adreß- und Geschäfts-Handbuch

—— für Magdeburg. 1846. Redig. von C. Kieß. 18. od. Neue Folge 2. Jahrg. 8. (20½ B.) Magdeburg, Baensch.

— für Magdeburg, Neustadt, Buckau u. Sudenburg. 1854. Redig. u. herausg. von C. Kiess. 10. Jahrg. Magdeburg. (Baensch.) 8. (VIII, 220, 159, 87 S.) nn. 1 ₰ 15 ngl

— — 1855 u. 1856. 11. u. 12. Jahrg. Ebend. (Ebend.) 8. (VIII, 248 S.) Jeder Jahrg. nn. 1 ₰ 15 ngl

**Adreßbuch** für Magdeburg rc. Herausg. von C. Kieß. 13—15. Jahrg. 857—59. (à 20 Bgn.). Magdeburg, C. Baensch. 8. Jeder Jahrg. nn. 1 ₰. 15 ngl

– Magdeburg u. Umgebg. 1909. 65.J. (31,330, 152,48,112 u. 31 m. Theaterplänen u. 1 Pl.). 30,5 x 23,5 cm. Mgdbg. Berl.: A. Scherl.

—für Magdeburg u. Umgebung. 1911. 67. Jahrg. Unter Benutzg. amtl. Quellen. Mit der Beigabe: Neuester Plan v. Magdeburg u. Umgebg. (XXIV, 382, 196, 68, 134 u. 8 S. m. Theaterplänen.) 30,5×24,5 cm. Magdeburg. Berlin, A. Scherl. Geb. in Halbldr. 8.—

—— für die Markgrafschaft Mähren und das Herzogthum Schlesien, s. Handels- und Gewerbe-Adressbuch.

Adressbuch von Mainz, s. a. Adreß- und Geschäfts-Handbuch

– Mainz einschl. Kastel m. Amöneburg, Mombach u. Zahlbach, ferner Bretzenheim, Budenheim, Finthen, Gonsenheim, Hafen Gustavsburg, Hechtsheim, Kostheim, Laubenheim, Nierstein u. Weisenau. 1910. (711 m. 1 Pl. u. 1 Karte.) gr 8° – Mainz: J. Diemer.

— f. Mainz einschließlich den eingemeindeten Orten: Kastel m. Amöneburg, Mombach u. Zahlbach, ferner f. d. Gemeinden: Bretzenheim, Budenheim, Finthen, Gonsenheim, Hafen Gustavsburg, Hechtsheim, Kostheim, Laubenheim, Nierstein u. Weisenau. 1911. (VI, 719 S. m. Theaterplan, 1 farb. Plan u. 1 farb. Karte.) gr. 8. Mainz, J. Diemer. Geb. nn 9. —

— für 1890 der Provinzialhauptstadt Mainz mit Zahlbach, der Städte Bingen, Kastel, Oppenheim u. der Gemeinde Mombach. gr. 8. (X, 546 S. m. e. Plan.) Mainz, Diemer. geb. n.n. 7. —

— der Provinzialhauptstadt Mainz m. Zahlbach, d. Stadt Kastel u. der Gemeinde Mombach. 1881/82. Bearb. nach Orig.-Aufzeichngn. u. amtl. Notizen. gr. 8. (VIII, 368 S. m. 1 lith. Plan.) Mainz, Diemer. cart. n.n. 6. —

—— dass. — 1883 und 1884. Bearb. nach Orig.-Aufnahmen und amtl. Material. gr. 8. (VIII, 389; VIII, 392 S. mit chromolithogr. Stadtplan.) Ebendas. Jahrg. 1883 geb. ** Jahrg. 1884 geb. *

—— der Provinzial-Hauptstadt Mainz mit Zahlbach, der Stadt Kastel und der Gemeinde Mombach 1885 und 1886. Bearb. nach Orig.-Aufnahmen und amtl. Material. gr. 8. (VIII, 424; IX, 426 S. mit je 1 chromolithogr. Plan.) Mainz, Diemer. cart. à Jahrg. *

—— der Provinzial-Hauptstadt Mainz mit Zahlbach und der Gemeinde Mombach 1887 und 1888. Bearb. nach Orig.-Aufnahmen und amtl. Material. gr. 8. (VIII, 403; VIII, 416 S. mit je 1 chromolithogr. Plan.) Ebendas. cart. à Jahrg. **

—— der Provinzialhauptstadt Mainz, mit Zahlbach, der Stadt Kastel und den Gemeinden Mombach und Weisenau. 1880. Bearb. nach Orig.-Aufzeichnungen und amtl. Notizen. gr. 8. (450 S.) Mainz, Diemer. cart. **

— der Stadt Mainz. Herausgeg. von D. Jacobi. gr. 8. Mainz 843, (Halenza.) geb. n. 1 ₰

— f. Mainz m. Zahlbach, d. Städte Alzey, Kastel, d. Gemeinden Gonsenheim, Laubenheim, Mombach, Nierstein, Weisenau u. Hafen Gustavsburg. 1899. N Orig.-Aufn. u. amtl. Materiale. gr. 8. (XII, 605 S. m. 1 Plan.) Mainz, J Diemer, Verl. Kart. n.n. 9. —

— für Mainz m. Zahlbach, die Städte Alzey, Kastel, die Gemeinden Gonsenheim, Mombach, Nierstein, Weisenau u. Hafen Gustavsburg 1895. Nach Orig.-Aufnahmen u. amtl. Materiale. gr. 8. (X, 578 S. m. 1 Plan.) Mainz, J. Diemer's Verl. Kart. n.n. 9. —

—— für Mainz m. Zahlbach, die Städte Bingen, Kastel, Oppenheim u. die Gemeinden Mombach, Nierstein u. Weisenau 1892. gr. 8. (X, 562 S. m. 1 Plan.) Mainz, Diemer's Verlag. cart. * 9 50
Erscheint jährlich.

– Mainz m. Zahlbach u. Kastel. (674 m. 1 Bildnis u. 1 Pl.). 8° – Mainz: J. Diemer, 1906.

— für Mainz m. Zahlbach, die Stadt Kastel, die Gemeinden Bretzenheim, Budenheim, Finthen, Gonsenheim, Kostheim, Laubenheim, Mombach, Nierstein, Weisenau u. Hafen Gustavsburg. 1907. Nach Orig.-Aufnahmen u. amtl. Materiale. (V, 680 S. m. 1 farb. Plan u. 1 Karte.) gr. 8. Mainz, J. Diemer. Kart. n.n. 9. —

— für Mainz m. Zahlbach, die Stadt Kastel, die Gemeinden Gonsenheim, Kostheim, Laubenheim, Mombach, Nierstein, Weisenau u. Hafen Gustavsburg. 1903. Nach Orig.-Aufnahmen u. amtl. Materiale. gr. 8. (VI, 619 S. m. 1 farb. Plan.) Mainz, J. Diemer. Kart. n.n. 9. —

—— von Malchin, s. Jahrbuch, Malchiner.

— Mannheimer. 1892. 8. (IX, 481 S.) Mannheim, (J. Bensheimer's Sort.). n.n. 5. —

— Mannheimer, m. den Stadtteilen Käferthal, Neckarau u. Waldhof sowie der Rheinau. 71. Jahrg. 1906. Unter amtl. Mitwirkg. hrsg. (XVI, 1119 S. m. Stadt- u. Theaterplan.) gr. 8. Mannheim, Dr. H. Haas. Geb. in Leinw. n.n. 7. —

— Mannheimer, m. den Stadtteilen Käferthal, Neckarau u. Waldhof sowie der Rheinau, nebst Handelsfirmen-Verzeichnissen sämtl. Orte der Amtsbezz. Mannheim, Schwetzingen u. Weinheim. 72. Jahrg. 1907. Unter amtl. Mitwirkg. hrsg. (XIV, 1172 S. m. Stadt- u. Theaterplan.) gr. 8. Mannheim, Dr. H. Haas. Geb. in Leinw. nn 7. —

—— für Manufakturisten, s. Regenhardt, C.

—— der Stadt Marburg nach amtl. Aufnahmen. gr. 8. (58 S.) Marburg 876, (Elwert'sche Universitäts-Buchh.) * *
1875 und 1877—79 nicht erschienen.

—— der Stadt Marburg nach amtl. Aufnahmen. gr. 8. (46 S.) Marburg 881, Koch. *

—— der Stadt Marburg (Hessen). gr. 8. (68 S.) Marburg 887, Koch. geb. *

Adressbuch v. Marienbad, s. Adreß- und Geschäfts-Handbuch

— der Stadt Marienbad in Böhmen. Bearb. auf Grund amtl. Unterlagen v. Joh. Schwarz. 8. (100 S. m. 1 Karte.) Leipzig (899). Kühnel. n. 1. —

– Marienbad, Stift u. Stadt Tepl u. Königswart. (168 m. 8 Taf. u. 1 Pl.) 8° – Marienbad: F. Gschihay (1905).

— d. Kreises Marienburg m. Ausnahme d. Fleckens Moritzberg. N. amtl. Material bearb. 12. (340 S.) Hildesheim 898. F. Borgmeyer. Geb. n. 3. —

— des Kreises Marienburg m. Ausnahme des Fleckens Moritzberg. Nach amtl. Material bearb. (312 S.) kl. 8. Hildesheim 909. F. Borgmeyer. Kart. 8.—; durchsch. n 4. —

—— des Landkreises Marienburg in Westpreußen m. Einschluß der Städte Tiegenhof u. Neuteich. Nebst e. Beilage: Die Gutsherrschaft v. Licht- u. Güldenfelde. Ein Beitrag zur Geschichte der Entwickelg. d. Kirchen- u. Schulpatronats im Gebiete d. westpreuß. Provinzialrechts. Von Osc. Wunderlich. gr. 8. (168 S.) Marienburg i. Westpr. 890, Dr. Osc. Wunderlich's Selbstverlag. * 5 —

— der Stadt Marienburg mit Einschluß der politischen Gemeinde Sandhof, hrsg. v. O. Wunderlich. gr. 8. (159 S.) Marienburg 889. (Hemmpel.) geb. n.n. 1. —

Adreßbuch der Stadt Marienburg in Westpreußen. Auf Grund amtl. Quellen bearb. [1.] 1909. Danzig-Langfuhr: Spendig & Graf (1909). 8° [10. 398 10

— der Stadt Marienburg, Westpr., u. der Gemeinden Hoppenbruch, Sandhof, Schloß-Kalthof u. Vogelsang m. Stadtplan u. Geschäftsanzeiger. 1910. (X, 45, 35, 15, 6 u. 18 S.) gr. 8. Marienburg, F. Großnick. 2. —

Adreßbuch der Stadt Marienburg mit d. Vororten Sandhof, Hoppenbruch, Schloß-Kalthof u. Vogelsang. Auf Grund amtl. Materials zsgest. (1.) Für d. J. 1910. Marienburg Westpr.: Halb 1900. 8° [10. 3608 10

Adressbuch der Stadt Marienwerder mit den Vororten Mareese, Marienau, Marienfelde u. Schäferei f. d. J. 1903. Nach amtl. Quellen bearb. von M(ax) Hanert, Magistr.-Registr., u. J[oseph] Witt, Einwohner-Meldeamts-Vorst. *Marienwerder: R. Kanter 1902.* (104 S.) 8° [J.] [03. 1438 10

— der Stadt Marienwerder m. d. Vororten Mareese, Marienau, Marienfelde u. Schäferei f. d. J. 1903. Nach amtl. Quellen bearb. v. M. Hanert u. J. Witt. (104 S.) gr. 8. Marienwerder (F. Böhnke). n.n. 2. 50

— markgräfler. Einwohnerverzeichnis d. Amtsbezz.: Lörrach, Müllheim, Säckingen, Schönau, Schopfheim. (III, 114, 48, 40, 27, 46, 74 u. 20 S.) 8. Lörrach 908. C. Poltier-Weeber. Geb. in Leinw. nn 5. —

Adreßbuch v. Markneukirchen, s.: Adreß- u. Auskunftsbuch.

— der Stadt Markranstädt, s.: Adreß- u. Auskunftsbuch.

— der Maschinen-, Metall- u. Eisenbranche Oesterreich-Ungarns 1891. Hrsg. vom österreichisch-ungar. Anzeiger f. Berg-, Hütten- u. Maschinenwesen. Lex.-8. (IV, 143 u. 136 S.) Wien, Verl. d. österr.-ungar. Anzeigers f. Berg-, Hütten- u. Maschinenwesen. Geb. in Leinw. n. 14. —

— der deutschen Maschinenfabriken. IV. Jahrg. 1908. (III, 293 u. XXXII S.) gr. 8. Leipzig, Schulze & Co. Geb. in Leinw. nn 15. —

— der deutschen Maschinen-Industrie, Eisen-, Stahl- u. Metallwerke f. 1891. Unter Mitwirkg. hervorrag. Fachleute hrsg. v. der Verlagshandlg., das Fach-Register bearb. v. Max Peter. Mit e. Lichtdr.-Bild: Alfr. Krupp. gr. 8. (XVI, 664 S.) Dresden, Friese & v. Puttkamer. Geb. n.n. 15. —

— der deutschen Maschinen-Industrie, Eisen-, Stahl- u. Metallwerke. 2. Aufl. Jahrg. 1895/96. Unt. Mitwirkg. v. Alfr. Holzt u. anderer hervorrag. Fachmänner, hrsg. v. d. Verlagshandlg. Mit e. Bildn.: Werner v. Siemens. gr. 8. (XXII, 1272 S.) Dresden. Friese & v. Puttkamer. Geb. in Leinw. n. 20. —

Adreßbuch der deutschen Maschinen-Industrie, Eisen-, Stahl- und Metallwerke. 3. Aufl. u. d. T.: Industrien, Deutschlands. Dresden
Th. 1. Die deutsche Maschinen-Industrie 1902/1903. (1902)

— der schweiz. Maschinen- u. Metall-Industrie. Mit e. Anh.: Empfohlensw. Bezugsquellen. Ausg. Juni 1896. Hrsg.: A. Roebelen-Goez. 8. (59 S.) Zürich (Stuttgart, H. O. Sperling). 2. 50

—— der Maschinen-Papier- und Pappen-Fabriken... s.a. Güntter-Staib.

—— der Maschinen-Papier- und Pappen-Fabriken, sowie der Holzstoff-, Strohstoff- und Cellulose-Fabriken des deutschen Reiches, Oesterreich-Ungarns und der Schweiz. Zusammengestellt von Güntter-Staib. 1878/79. Biberach 878, Dorn'sche Buchh.

—— der Maschinen-, Papier- und Pappen-Fabriken, sowie der Holzstoff- und Holzpappen-, Strohstoff- und Cellulose-Fabriken des Deutschen Reichs, Oesterreich-Ungarns und der Schweiz. Zusammengestellt von Güntter-Staib. 13. Aufl. 1889. 12. (168, 115 S.) Biberach 888, Dorn'sche Buchh. geb. *
Vgl.: Güntter-Staib.

—— der Maschinen-Papier- u. Pappen-Fabriken, sowie der Holzstoff- u. Holzpappen-, Strohstoff- u. Cellulose-Fabriken d. Deutschen Reiches, Oesterreich-Ungarns u. der Schweiz. Zusammengestellt v. Güntter-Staib. 14. u. 15. Aufl. 1890/91 u. 1892. 12. (VII, 124; VIII, 190 S.) Biberach, (Dorn). cart. à Jahrg. * 2 —

— der Maschinen-Papier- u. Pappen-Fabriken sowie der Holzstoff- u. Holzpappen-, Strohstoff- u. Cellulose-Fabriken des Deutschen Reiches, Österreich-Ungarns u. der Schweiz. Zusammengestellt v. Güntter-Staib. 16. Aufl. 1894. 12. (VII, 202 S.) Biberach, (Dorn). Kart. n. 2. —

— der Maschinenpapier- u. Pappenfabriken, sowie der Holzstoff- u. Holzpappen-, Strohstoff- u. Cellulose-Fabriken v. Oesterreich-Ungarn u. der Schweiz. Zusammengestellt v. Güntter-Staib. 18. Aufl. 1899—1900. 8. (XXIII, 56 S.) Biberach (Dorn). Kart. n. 2. —

— der Maschinenpapier- u. Pappenfabriken, sowie der Holzstoff- u. Holzpappen-, Strohstoff- u. Cellulose-Fabriken des Deutschen Reiches. Zusammengestellt v. Güntter-Staib. 19. Aufl. 1903—1904. (XXXVI, 159 S.) 8. Biberach (Dorn). n. 3. —; geb. n. 3. 50

— der Maschinenpapier- u. Pappenfabriken, sowie der Holzstoff- u. Holzpappen-, Strohstoff- u. Cellulose-Fabriken d. Deutschen Reiches. Zusammengestellt v. Güntter-Staib. 20. Aufl. 1908—1909. (XXXVII, 240 S. u. Bl. 241—254.) kl. 8. Biberach (Dorn). nn 3. —; geb. nn 4. —

— für die deutsche Mechanik u. Optik u. verwandte Berufszweige, m. e. Auswahl der f. die Mechanik u. Optik in Betracht komm. in- u. ausländ. Institute, Lehranstalten, Vereine u. Zeitschriften, zusammengestellt v. Fr. Harrwitz. 2 Thle. in 1 Bd. gr. 8. (X, 404 u. 104 S.) Berlin 894. M. Harrwitz. n. 10. —; geb. n. 12. —

— für die deutsche Mechanik u. Optik u. verw. Berufszweige m. e. Ausw. d. f. d. Mechanik u. Optik in Betracht komm. Bezugsquellen u. e. Verzeichn. v. in- u. ausländ. Instituten, Lehranst., Vereinen u. Gesellschaften, Importeuren u. Exporteuren etc. 2., vollst. neu bearb. u. sehr verm. Ausg. Hrsg. v. Fr. Harrwitz. I. Bd. Verzeichn. d. deutschen Mechaniker, Optiker, Glasinstrumentenmacher u. verw. Berufszweige n. Firmen, Städten u. Spezialitäten. 3 Tle. in 1 Bde. gr. 8. (VIII, 377 S.) Berlin 898. Administration des Mechaniker. n. 8. —

— für die deutsche Mechanik u. Optik u. verwandte Berufszweige m. e. Auswahl der f. die Mechanik u. Optik in Betracht kommenden Bezugsquellen u. e. Verzeichnis v. in- u. ausländischen Instituten, Lehranstalten, Vereinen u. Gesellschaften, Importeuren u. Exporteuren etc. 2., vollständig neu bearb. u. sehr verm. Ausg. Hrsg. v. Fr. Harrwitz. II. Bd.: Lieferanten f. die deutsche Mechanik, alphabet. geordn. nach Firmen, Städten u. Spezialitäten; sowie e. Verzeichnis wissensch. Institute u. höherer Lehranstalten, wissensch. Vereine u. Gesellschaften des In- u. Auslandes, Verzeichnis v. Exporteuren u. Importeuren wissensch. Instrumente, deutscher Konsulate im Auslande, Fachschulen, Stellenvermittelgn., Stiftgn. u. Berufsgenossenschaften f. Mechaniker u. Elektromechaniker. gr. 8. (VI, 424 S.) Berlin 900. Administration des Mechaniker. n. 8. —

Bd. I. Ebd. 898. n. 8. —.

Adreßbuch von Meerane, s. Adreß- und Geschäfts-Handbuch.

— der Fabrik- u. Handelsstadt Meerane sowie der Gemeinden Seiferitz u. Crotenlaide nebst Geschäfts-Anzeiger f. 1902. Auf Grund amtl. Unterlagen hrsg. v. Alfr. Laue u. Joh. Schulze. (219 S. m. Plan.) gr. 8. Meerane 902. (A. Send.) Kart. n.n. 4. 50

Adreßbuch der Stadt Meerane, nebst Geschäfts-Anzeiger. Im Auftrage des Gewerbevereins auf Grund amtl. Unterlagen zusammengestellt von Heinr. Roth. Hrsg. im Febr. 1888. gr. 8. (IV, 123 S.) Meerane, (Send.) geb. **

— der Stadt Meerane nebst Geschäfts-Anzeiger f. 1897/98. A. Gr. amtl. Unterl. hrsg. v. Paul Schulz. Mit 1 (farb.) Stadtplan. gr. 8. (II, 203 S.) Meerane, A. Send. Kart. n. 4. —

— der Stadt Meerane i. S. m. Anschluß der Gemeinden Seiferitz, Crotenlaide, Schönberg, Hainichen. 1907. Mit e. Stadtplan. Bearb. unter teilweis. Benutzg. amtl. Quellen. (X, 264 S.) gr. 8. Meerane, A. Send. Kart. 4. 50

— Meiderich, s. Adressbuch Duisburg.

— der Bürgermeisterei Meiderich. 8. (62 S.) Ruhrort 887. Andreae & Co. n. 2. —; geb. n. 2. 40

— der Bürgermeisterei Meiderich. gr. 8. (ca. 60 S.) Ruhrort 892, (Andreae u. Comp.). * 2 —

— der Gemeinde Meiderich. gr. 8. (233 S.) Meiderich 894. (Ruhrort, Andreae & Co.) n. 3. —

— der Stadt Meiderich am Niederrhein. Nach amtl. Quellen bearb. u. hrsg. v. R. Gläßner. gr. 8. (VII, 272 S. m. Stadtplan.) Meiderich 902. A. Heiland. Kart. n.n. 3. 50

— der Stadt Meiderich am Niederrhein. Nach amtl. Quellen bearb. u. hrsg. v. R. Gläßner. (VI, 248 S.) gr. 8. Meiderich 904. A. Heiland. Kart. n.n. 3. 50

— der Residenzstadt Meiningen. Auf Grund amtl. Mittheilungen zusammengestellt. 1876 und 1878. gr. 8. (62; 65 S.) Meiningen, Brückner und Renner. 1876 * ℳ 1,20.; 1878 *
1875, 1877 und 1879 nicht erschienen.
Vgl.: Häuser- und Einwohner-Verzeichniß.

— der Residenzstadt Meiningen. Auf Grund amtl. Mittheilgn. zusammengestellt. 1. Apr. 1881. gr. 8. (75 S.) Meiningen, Brückner & Renner. n. 1. 50

— der Residenzstadt Meiningen. Auf Grund amtl. Mittheilgn. zusammengestellt. März 1884. gr. 8. (75 S.) Meiningen 884. Brückner & Renner. n. 2. —

— der Residenzstadt Meiningen. Auf Grund amtl. Mittheilungen zusammengestellt. Dezbr. 1886. gr. 8. (80 S.) Meiningen, Brückner und Renner. *

— dass. — October 1888. gr. 8. (83 S.) Ebendas. *

— der Residenzstadt Meiningen. Aug. 1890. gr. 8. (II, 100 S.) Meiningen. Brückner u. Renner. * 2 —

— der Residenzstadt Meiningen. Auf Grund amtl. Mitteilgn. zusammengestellt. Dezbr. 1894. gr. 8. (111 S.) Meiningen, Brückner & Renner. n. 2. —

— d. Residenzstadt Meiningen. A. Grund amtl. Mitteilgn. zusammengest. 11. Ausg. gr. 8. (II, 145 S. m. farb. Stadtplan.) Meiningen, Brückner & Renner. n.n. 2. 50

— der Residenzstadt Meiningen. Auf Grund amtl. Mitteilgn. zusammengestellt. 13. Ausg. gr. 8. (II, 166 S. m. 1 Plan.) Meiningen 902. Brückner & Renner. n.n. 2. 50

— der Residenzstadt Meiningen. Auf Grund amtl. Mitteilgn. zusammengestellt. 14. Ausg. (IV, 184 S. m. 1 Plan.) 8. Meiningen 904. Brückner & Renner. n.n. 2. 50

— der Residenzstadt Meiningen. Auf Grund amtl. Mitteilgn. zusammengestellt. 17. Ausg. (IV, 223 S. m. 1 Plan.) 8. Meiningen 910. Brückner & Renner. nn 3. —

— v. Meißen, s.: Adreß- u. Geschäfts-Handbuch.

— der Stadt Meißen, s.a. Adreß- u. Geschäfts-Handbuch.

— Meissen Stadt, u. Bohnitzsch, Fischergasse, Hintermauer, Korbitz, Lercha, Neudörfchen, Niedermeisa, Obermeisa, Oberspaar, Questenberg, Zaschendorf u. Zscheila. (32,232) gr 8° — Meissen: (L. Mosche) (1909).

— Adressbuch f. d. Stadt Meissen u. deren Vororte f. 1890. Hrsg. v. EH Krausse. 8° (160) Meissen: (Mosche).

— Meissen u. Vororte. (32,220) 8° — Meissen: (L. Mosche) 1904.

— Meissen-Cölln, Fischergasse, Hintermauer, Korbitz, Lercha Neudörfchen, Ober-u, Niederspaar, Ober-u. Niedermeisa, Questenberg u. Zscheila. Ausg. Ende Apr. 1900. 8°(24, 195) Meiss., (L. Mosche).

— d. See- u. Handelstadt Memel. 1858. Memel, Mangelsdorf. 8. (2. Bl., 92 S.) n. 22½ ℛℳ

—— der See- und Handelsstadt Memel. 1858. gr. 8. (III und 92 S) Memel 858, [Nürnberger.] ** —

— u. alphabet. Namensordnung zusammengef. u. neu bearb. f. d. Stadt Memmingen. Verf. u. hrsg. v. J. G. Reutter. gr. 8. (120 S.) Memmingen 895. (J. Feiner.) n. 1. 20

— des Kurorts Meran. Meran, Obermais, Untermais u. Gratsch. gr. 8. (III, 91 S.) Meran 882. Pötzelberger. cart. n. 1. 40

— des Kurortes Meran. Meran, Obermais, Untermais u. Gratsch. 2. Aufl. gr. 8. (III, 124 S.) Meran 884. Pötzelberger. cart. n. 1. 40

**Adressbuch** des Curortes Meran. Meran, Obermais, Untermais und Gratsch. 3. Auflage. gr. 8°. (III, 160 S.) Meran, Pötzelberger. cart. fl. 1.—. 1887.

—— des Kurortes Meran. Meran, Obermais, Untermais und Gratsch. 3. Aufl. gr. 8. (III, 160 S.) Meran 887, Ellmenreich. cart. *

— des Kurortes Meran [Meran, Obermais, Untermais u. Gratsch] u. der Gemeinden des Gerichtsbez. Meran. 4. Aufl. gr. 8. (VIII, 444 S.) Meran 890. Ellmenreich. cart. n. 2. 80

— des Kurortes Meran (Meran, Obermais, Untermais u. Gratsch) u. der Gemeinden des Gerichtsbez. Meran. 5. Aufl. gr. 8. (VIII, 409 S.) Meran 894. F. W. Ellmenreich's Verl. Kart. n. 2. 80

— des Kurortes Meran (Meran, Obermais, Untermais u. Gratsch), der Gemeinden des Gerichtsbez. Meran u. der Gemeinde Lana. 6. Aufl. gr. 8. (VIII, 487 S.) Meran 900. F. W. Ellmenreich. Kart. n. 4. 50

— des Kurortes Meran (Meran, Obermais, Untermais, Gratsch), der Gemeinden des Gerichtsbez. Meran u. der Gemeinde Lana. 7. Aufl. (VIII, 512 S.) gr. 8. Meran 904. F. W. Ellmenreich. Kart. n. 4. 50

—— merkantilisches, der Hansestädte, s. Petersen, J. A.

—— mercantilisches, für die Großherzogthümer Mecklenburg-Schwerin und Strelitz. Verzeichniß der in die Handels-Register der Großherzogth. Mecklenburg-Schwerin und Strelitz eingetrag. Einzelfirmen, Gesellschaften und Prokura. Zusammengestellt auf Grund der amtl. Bekanntmachungen. Jahrg. 1866. gr. 8. (III und 104 S.) Rostock 866, Hinstorff'sche Verlagsbuchh. *

— mercantilisches, für die Großherzogth. Mecklenburg-Schwerin u. Strelitz. Verzeichniß sämmtl. Handelsfirmen, Actien-Gesellschaften u. Genossenschaften. Zusammengestellt unter Berücksicht. der Eintraggn. in die Handels-Register. 2. Jahrg. 1880. gr. 8. (XII, 126 S.) Ludwigslust, Hinstorff's Verl. geb. n. 2. 50

— merkantilisches, f. die Großherzogthümer Mecklenburg-Schwerin u. Strelitz. Verzeichniß sämmtl. Handelsfirmen, Actien-Gesellschaften u. Genossenschaften. Zusammengestellt unter Berücksicht. der Eintraggn. in die Handels-Register. 3. Jahrg. 1886. gr. 8. (IV, 152 S.) Rostock 886. Hinstorff's Verl. cart. n. 2. 50

— Merkwitz, s. Adressbuch Leipzig-Land.

—— von Merseburg, s. Wohnungs- und Geschäfts-Anzeiger.

— für Merseburg u. Umgegend f. 1892. 8. (24 u. 163 S.) Merseburg, (P. Steffenhagen). n. 2. 50

— für den Kreis Meschede. Nach amtl. u. Privat-Quellen hrsg. 8. (VII, 46 S.) Siegen 884. Lorsbach. 2. —

**Adressbuch** für die Stadt und den Kreis **Meschede**. Nebst Geschäfts- u. Firmen-Register nach amtl. u. privaten Quellen. Hrsg. von Lorsbach's Adressbücher-Verl., Altena. *Altena 1900: R. Kord-Kuwisch.* (Getr. Pag.) 8° [F.] [00. 10495 6

— für die Stadt u. den Kreis Meschede. Nebst Geschäfts- u. Firmen-Register nach amtl. u. priv. Quellen. 3. Aufl. gr. 8. (9, XV, 75 u. 160 S.) Altena 900. Geschw. Lorsbach. Kart. n. 4. 50

—— für die **Messen** in Leipzig, Frankfurt a. M., Frankfurt a. O., Braunschweig etc., s. **Mess-Adressbuch.**

**Adress-Buch** des Kreises Mettmann. Jg. 1. Für 1906/07. Elberfeld: J. H. Born 1906. 8° [F.] [08. 16635

— des Kreises Mettmann f. 1909/10. II. Ausg. (8, 90, 32, 60, 57, 38, 61, 68, 104, 79 u. 55 S. m. 1 farb. Karte u. 1 farb. Plan.) gr. 8. Elberfeld 909. J. H. Born. Geb. in Leinw. nn 7. 50

— von Metz. 1. Jahrg. 1879. Nach d. städt. Volkszählg. bearb. (Deutsch u. französisch.) gr. 8. (345 S. m. lith. Plan.) Metz, Deutsche Buchh. cart. n.n. 6. —

— von Metz. 3. Jahrg. 1885. Nach der städt. Volkszählg. bearb. 8. (III, 170 S.) Metz 884. Lang. cart. n.n. 4. 50

—— von Metz. 1888. Nach der städt. Volkszählung bearb. gr. 8. (351 S.) Metz, (Lang.) **

—— von Metz 1890/91. 8. (III, 370 S.) Metz, Deutsche Buchhandlung. cart. ** 6 —

— von Metz 1894. Auf Grund des amtl. Materials bearb. (Deutsch u. französisch.) 8. (IV, 211; 160, 30 u. 73 S.) Metz, Deutsche Buchh. Kart. n.n. 6.

— von Metz 1896. A. Gr. d. amtl. Mat. bearb. (Deutsch u. französisch.) 8. (IV, 229; 159, 32 u. 92 S. m. 1 autogr. Plan.) Metz, G. Lang. Kart. n.n. 6. —

— von Metz u. der Vororte Ban-St.-Martin, Devant-les-Ponts, St. Julien, Longeville, Montigny, Plantièrs, Queuleu, Sablon u. Sauvage. 1902. Nach amtl. Material bearb. — Annuaire de Metz inclus la banlieue de la ville. gr. 8. (IV, 126; 29, 123, 42 S. u. 64 Sp. m. 1 Plan.) Metz, R. Lupus. Kart. n.n. 6. 50

— von Metz u. der Vororte Ban-St.-Martin, Devant-les-Ponts, St. Julien, Longeville, Montigny, Plantièrs, Queuleu, Sablon u. Sauvage. 1904. Nach amtl. Material bearb. — (IV, 141, 60, 137, 50 u. 77 S. m. 1 Plan.) gr. 8. Metz, R. Lupus. Kart. n.n. 6.50

**Adreßbuch v. Metz u. d. Vororte Ban St. Martin, Devant-les-Ponts, St. Julien, Longeville, Montigny, Plantières, Queuleu, Sablon u. Sauvage.** 1907. Nach amtl. Material bearb. (156, 102, 218 u. 41 S. m. Stadtplan.) gr. 8. Metz, Metzer Stadt- u. Schlachtfelder-Verl. Kart. nn 6. 50

— Meuselwitz, Sachsen-Altenburg. (79). 8° — Leipzig: Kühnel (1901).

— der Stadt Meuselwitz, nebst e. Geschäfts-Anzeiger v. Gewerbtreibenden. 1889—91. Hrsg. v Fr. Bamberger. gr. 8. (26 S.) Meuselwitz, (Wiedemann). cart. n.n. 2. 50

— der Miethș-Agenten v. West- u. Ostpreußen, s.: Hampel, F. J.

—— für Militär-Anwärter. 8. (29 S.) Berlin 888, Liebel. *

— für Militär-Anwärter, enth. d. vollständ. Adressen — nebst Angabe d. Titulatur u. des Amtssitzes — von denjenigen Reichsbehörden [einschließlich den Behörden der preuß., bayer., sächs u. württemberg. Militär-Verwaltg.] u. denjenigen preuß. Staatsbehörden, an welche die Anstellungsbewerbgn. zu richten sind. gr. 8. (29 S.) Berlin 889. Liebel. n. — 75

— deutscher Millionäre, Grossgrundbesitzer, Grossindustrieller, Kommerzienräte, hoher Militärs etc. 1909. (288 S.) 8. Leipzig (908). Schulze & Co. Geb. in Leinw. nn 20. —

– d. Stadt Minden f. 1862. 8° (101) – Minden: (Volkening's V.)

—— der Stadt Minden pro 1873. br. 8. (83 S.) Minden. (Leipzig, Siegismund und Volkening.) cart. **

— der Stadt Minden 1910. (IV, 344 S. m. 1 farb. Plan.) 8. Minden, J. C. C. Bruns. Geb. in Halbleinw. nn 4.50

— der Stadt Minden, der Neustadt u. der Feldmarken, pro 1876. Nach dem Material der allgemeinen Volkszählg. am 1. Dezbr. 1875 zusammengestellt. gr. 8. (100 S.) Minden 876. (Hufeland.) n. 3. —

— der Stadt Minden, der Neustadt u. der Feldmarken, pro 1880. Mit einer (lith.) Straßenkarte. gr. 8. (89 S.) Minden, (Hufeland). cart. n.n. 3. —

der Stadt Minden, der Neustadt u. der Feldmarken pro 1885. gr. 8. (68 S.) Minden 886. (Hufeland.) cart. n.n 2. 50

— der gesamten Mineralwasserindustrie, der Mineralwasser-Fabriken u. -Niederlagen, d. Fabriken alkoholfreier Getränke, der Mineralquellen u. der m. diesen Branchen in Verbindung stehenden Geschäfte Deutschlands, nebst ausführl. Bezugsquellen-Register. Nach amtl. Quellen u. auf Grund direkter Angaben zusammengestellt. 2. verm. u. verb. Aufl. 1908/09. (IV, 296, 54 u. 10 S.) 8. Leipzig, Schulze & Co. Kart. nn 10. —

— des Ostseebades Misdroy, enth. alle Bewohner, auch d. Villen-Besitzer v. auswärts u. d. Geschäfte, welche nur im Sommer ihre Lokale eröffnen. Zusammengest. n. amtl. Quellen. 8. (17 S. m. farb. Plan.) Misdroy 896. R. Schück. — 60

— der Mitglieder der Brauerei- u. Mälzerei-Berufsgenossenschaft des Deutschen Reiches. Hrsg. auf Grund des berufsgenossenschaftl. Katasters. (XXXI, 194 S.) gr. 8. Mannheim 908. (J. Bensheimer's Verl.) Geb. in Leinw. 6. —

— für die Mitglieder der Krieger-Vereine der Stadt Berlin m. Kalendarium f. d. J. 1884. Hrsg.: Alban Horn. 8. (IV, 71 S.) Berlin 884. (Asschenfeldt.) n. — 50

—— der Mitglieder der Logen und Lager des unabhängigen Ordens der sonderbaren Brüder [J. O. O. F.] in Deutschland und der Schweiz. Mit einem Verzeichniss der Beamten der G. L. D. R. und der G. L. Ver. St. U. O. S. B. [J. O. O. F.] Hrsg. von „Herz und Hand". 8. (92 S.) Berlin 874, Grieben. **

Adress-Buch der Mitglieder des Unabhängigen Ordens der Odd-Fellows (J.O.O.F.) in Deutschland und der Schweiz pro 1875. Herausgegeben von „Herz und Hand". Berlin, Febr. 1875. kl. 8. 1 Bl. 154 S. u. 2 Portraits.

Adreßbuch für die Mitglieder der Rosenkranz-Bruderschaft. 8. (332 S.) —.85
Teschen: Feitzinger 1890.

— der Mitglieder des deutschen Vegetarier-Bundes f. d. J. 1902/03. Hrsg. v. Vorstande im August 1902. gr. 8. (32 S.) Leipzig, K. Lentze. n. — 50

— für die Mitglieder des deutschen Vegetarier-Bundes f. d. J. 1904/05. Hrsg. vom Vorstande im Juli 1904. (32 S.) gr. 8. Leipzig, K. Lentze. n. — 50

—— von Mittelfranken, s. Vetter, C.

—— für die Stadt Mittweida auf das J. 1879. 8. (115 S.) Mittweida, Billig. *

— für den Stadt- u. Amtsgerichtsbez. Mittweida. Auf Grund amtl. Auszüge bearb., zusammengestellt u. hrsg. v. Wilh. Werner. Mit e. farb. Orientirungsplan u. e. Geschäfts-Anzeiger. Hrsg. am 1. Juli 1891. gr. 8. (IV, 224 S.) Mittweida, (H. Schlüter). Geb. n.n. 3. 50

— der deutschen Möbel-Fabriken etc., neue Aufl., s.: Koch's, Alex., Geschäfts-Adressbuch V.

— für Mockau einschließlich der angrenzenden Orte des Parthethales: Thekla, Portitz, Plaußig, Seegeritz, Cradefeld u. Graßdorf auf d. J. 1903. 1. Jahrg. Unterstützt durch offizielle Angaben der Ortsbehörden. (XXVII, 84 S. m. 2 Taf.) gr. 8. Mockau. (Leipzig, J. Milde.) Kart. n. 2. —

— der Leipziger Vororte Möckern, Wahren, Stahmeln, Lützschena, Quasnitz, Hänichen, Lindenthal, Breitenfeld, Groß- u. Klein-Wiederitzsch. Zusammengestellt auf Grund behördl. Angaben v. Reinh. Hoheisel. 1903—1904. (X, 87, 56, 43 u. 39 S.) 8. Leipzig (J. Milde). n. 1. 50; geb. in Leinw. n. 3. —

Hieraus einzeln: Möckern. (X, 87 S.) n.n. — 35. — Wahren. (X, 56 S.) n.n. — 35. — Stahmeln, Lützschena, Quasnitz, Hänichen. (X, 43 S.) n.n. — 35. — Lindenthal, Breitenfeld, Groß- u. Klein-Wiederitzsch. (X, 39 S.) n.n. —. 35.

– Mödling, 2. Jahrg. (43). 8° – Wien: L. Steckler, 1903.

– Mödling 1906. (55 u. 55) gr 8° – Mödl.: J. Thomas.

— der deutschen etc. Molkereien, s.: Taschenbuch, milchwirtschaftliches.

—— der hauptsächlichsten Molkereien Deutschlands und der angrenzenden Länder. gr. 16. (36 S.) Bremen 892, Heinsius Nachf. * 1 —
Aus: Milchwirtschaftliches Taschenbuch, besonders abgedruckt.

—— von M.-Gladbach für 1879. 8. (49 S.) M.-Gladbach, (Hoster.) geb. *

—— von München-Gladbach für 1883. 8. (358 S.) M.-Gladbach, (Hoster.) geb. *

— der Stadt M. Gladbach 1874. gr. 8. (136 S.) M. Gladbach 874. Hoster. n. 4. —

—— für die Stadt München-Gladbach. Hrsg. auf Grund amtl. Listen und eigener Aufzeichnung der Bürgerschaft. Für 1886 und 1888. 8. (360; 410 S.) M.-Gladbach, Schellmann. à Jahrg. *

—— für die Stadt M.-Gladbach. 8. (434 S.) M.-Gladb. 892, Schellmann. * 5 —
Vorhergehende Ausgabe: 1889.

—— Montan- u. Metallindustrie, Maschinen etc., s. Reichs-Adressbuch deutscher Industrie- u. Handelsfirmen.

— von Morchenstern in Böhmen. Bearb. auf Grund amtl. Unterlagen des Hrn. Posselt. 8. (77 S.) Leipzig (899). Kühnel. n — 85

— f. Mühlgrün, s.: Adreßbuch f. Auerbach.

—— von Mühlhausen in Th., s. Adreßbuch und Wohnungs-Anzeiger.

—— für die Stadt Mühlhausen in Thüringen. 1889 u. 1892. gr. 8. (84, 103 S. m. 1 Plan; 84, 96 S.) Mühlh. i. Th., (Danner). geb. à Jahrg. ** 3 —

— für die Stadt Mühlhausen in Thüringen. Nach amtl. Quellen zusammengestellt v. B. Block. gr. 8. (84 u. 96 S.) Mühlhausen i/Th. 892. (G. Danner.) Geb. n.n. 3. —

— d. Stadt Mühlhausen i/Th. f. 1898. Red. v. Zenker. gr. 8. (VI, 176 S. m. farb. Plan.) Mühlhausen i/Th., C. Albrecht. Geb. in Leinw. n.n. 2. 50

— für die Stadt Mühlhausen in Thüringen f. 1901/1902. Zusammengestellt auf Grund amtl. Unterlagen. gr. 8. (VIII, 200 S. m. farb. Plan.) Mühlhausen i/Th., C. Albrecht. Geb. in Leinw. n.n. 3. 50

— für die Stadt Mühlhausen i. Th. f. 1904, zusammengestellt auf Grund amtl. Unterlagen. (VIII, 215 S. m. farb. Plan.) gr. 8. Mühlhausen i. Th., C. Albrecht. Geb. in Leinw. n n. 3. 50

— für die Stadt Mühlhausen in Thüringen f. 1910, zusammengestellt auf Grund amtl. Unterlagen. (X, 242 S. m. farb. Stadtplan.) gr. 8. Mühlhausen i/Th., C. Albrecht. Geb. in Leinw. nn 3. 75

—— der Stadt Mülhausen für 1877. gr. 8. (403 S.) Mülhausen, (Bufleb.)
1875, 1876, 1878 und 1879 nicht erschienen.
Vgl.: Guide du Voyageur à Mulhouse.

—— der Stadt Mülhausen für 1882. gr. 8. (XV, 416 S.) Mülhausen i. E., (Bufleb. — Detloff's Buchh.) *
Jahrg. 1880 und 1881 nicht erschienen.

—— der Stadt Mülhausen [i. E.] von C. Meyer. 1888. 8. (XXVI, 556 S.) (Ebendas.) *ℳ 6.—; geb. *

— der Stadt Mülhausen v. C. Meyer. gr. 8. (XXVI, 556 S.) Mülhausen i. E. 889. (Detloff.) n. 6. —; cart. n. 7. —

—— d. Stadt Mülhausen i. E. f. d. J. 1891. gr. 8. (XX, 610 S.) Mülh. i. E., Detlof. * 7 —; geb. * 8 —

— der Stadt Mülhausen i/E. f. d. J. 1894. Nebst Plan. Nach amtl. Quellen bearb. u. hrsg. v. Luge & Triebel. gr. 8. (XVI, 480 S.) Mülhausen i/E. (C. Bahy). Kart. 6. 50

— der Stadt u. d. Kreises Mülhausen 1885. Bearb., m. Genehmigg. der Kreisdirektion, v. H. Janssen. gr. 8. (XV, 557 S.) Mülhausen 885. Detloff. n. 8. —; geb. n. 9. —

Adressbuch Mülheim a. R., s. Cönen

— von Mülheim a.d. Ruhr, s. Wohnungs- und Geschäfts-Anzeiger

— für die Bürgermeistereien Mülheim a. d. Ruhr Stadt u. Mülheim a. d. Ruhr Land. Aufgestellt unter Zugrundelegg. der allgemeinen Volkszählg. vom 1. Decbr. 1871. gr. 8. (225 S.) Mülheim a. d. R. 872. (v. Kamp.) n. n. 3. —

—— für die Bürgermeistereien Mülheim a. d. Ruhr Stadt und Land. Hrsg. von R. Heinrich. 8. (232 S.) Mülheim 876, Selbstverlag.
1875 und 1877–79 nicht erschienen.

— für den Kreis Mülheim a. d. Ruhr. 1883/84. Hrsg. v. Spitzer, Bosshamer, Weber. gr. 8. (VIII, 340; 80, 53 u. 19 S.) Oberhausen 884. (Mülheim, Bädecker.) n.n. 6. —; geb. n.n. 7. —

— f. die Stadt Mülheim a. d. Ruhr., sow. f. d. Bürgermeistereien Broich, Heißen u. Styrum, nebst Plan d. Stadt Mülheim a/Ruhr. N. amtl. Quellen bearb. u. hrsg. v. Th. Seul. gr. 8. (II, 320 S.) Mülheim a/R. 898. (H. Baedeker.) Geb. n n. 5. 50

Adreßbuch für die Stadt Mülheim an der Ruhr u. Umgegend. Nach amtl Quellen bearb. u. hrsg. v. Th. Seul. gr. 8. (II, 282 S.) Mülheim a/R. 902. (H. Baedeker.) Kart. n.n. 4. 50

— für die Städte Mülheim a. d. Ruhr u. Oberhausen u. die Landbürgermeistereien Broich, Heissen u. Styrum. Aufgestellt nach amtl. Material. 8. (303 S.) Mülheim 880. (Bertenburg jun.) n. 4. —

— für die Stadtgemeinde Mülheim a. d. Ruhr, sowie f. die Bürgermeistereien Broich, Heißen u. Styrum, nebst (farb.) Plan der Stadt Mülheim a. d. Ruhr. Nach amtl. Quellen bearb. u. hrsg. v. Th. Seul. gr. 8. (II, 277 u. 28 S.) Mülheim a. d. R. 894. (H. Baedeker.) Kart. n n 6 —

— für den Stadt- u. Landkreis Mülheim a. d. Ruhr. Nach amtl. Quellen bearb. u. hrsg. v. Seul u. Engelhardt. Herbst 1906. (IV, 37, 304 u. 275 S. m. 1 Karte.) gr. 8. Mülheim-Ruhr (H. Baedeker). Kart. n.n. 7. —

— für den Stadt- u. Landkreis Mülheim a. d. Ruhr. Nach amtl. Quellen bearb. v. Ernst Marks. 1910. (VI, 42, 228, 216, 14, 33 u. 91 S. m. 1 farb. Plan.) Lex. 8. Mülheim-Ruhr (H. Baedeker). Geb. in Leinw. nn 7. 50

– Mülheim an d. Ruhr u. Umgegend. (442). 8° – Mülh. a/R.: (H. Baedeker) (1904).

— - der Müller, s. Müller-Adressbuch.

—— f. Müller, s. Müller-Adreßbuch. neuestes (für Deutschland).

Adressbuch von München, s.a. Siebert, M.

— v. München. 1856. Von M. Siebert. München, Literar.-artist. Anstalt. gr. 8. (2 Bl., 312 S.) n. 1 ℛ 2 ngr

Adreßbuch von München für das J. 1858. Im Auftrage der königl. Polizeidirektion München aus amtl. Quellen bearb. von M. Siebert. gr. 8. (IV und 419 S.) München 858, (Franz.) Thlr. **

— — f. d. J. 1858. Im Auftrage d. Kgl. Polizeidir. München aus amtlichen Quellen bearb. von M. Siebert. München. (Kaiser.) 8. (2 Bl., 419 S. nn. 20 ngr

— von München f. d. J. 1859. Im Auftrage der Königl. Polizeidirektion München aus amtl. Quellen bearb. von M. Siebert. München, (Kaiser.) gr. (IV, 392 S.) nn. 1 ℛ

—— von München für die J. 1862—67. Nach amtl. Quellen bearb. von M. Siebert. gr. 8. München, (Franz.) [1862. (IV und 407 S.), 1863. (IV und 419 S.), 1864. (. . . .), 1865. (IV und 466 S.), 1866. (IV und 477 S.), 1867. (IV und 473 S.)]. cart. à Jahrg. *

— von München f. d. J. 1865—1870. Nach amtlichen Quellen bearb. von M. Siebert. München, (Kaiser). gr. 8. Jeder Jahrg. (à ca. 480 S.) n. 28 ngr

—— von München für die J. 1868—1878. Nach amtl. Quellen bearb. von M. Siebert. gr. 8. (IV, 478; IV, 497; IV, 480; VIII, 494; VIII, 500; VIII, 514 S.) München, (Th. Ackermann. — Franz'sche Buchh. — Kaiser.) à Jahrg. *

— dasselbe f. d. J. 1874. gr. 8. (VI, 498 S.) Ebend. 874. n.n. 3. —

—— von München für das J. 1875. gr. 8. (VI, 732 S.) München, (Th. Ackermann. — Kaiser.) **

—— dass. — für die J. 1876. 1877. Lex.-8. (VIII, 326, 439 S. und Anh. 50 S. mit 1 lithogr. Stadtplan in Imp.-Fol.; IX, 356, 340, 212 S.) (Ebendas.) 1876 ** 1877 **

—— dass. — für das J. 1878. Hrsg. von der königl. Polizei-Direktion. gr. 8. (X, 385, 369, 202 S.) München, (Ad. Ackermann. — Th. Ackermann. — Franz'sche Buchh. — Kaiser.) **M 4,50.; geb. **

—— dass. — für die J. 1879 und 1880. Hierzu das Handels- und Gewerbe-Adreßbuch, hrsg. von der Handels- und Gewerbekammer für Oberbayern. gr. 8. (VII, 453, 419, 139, 200, 219 S. mit 1 lithogr. Plan in Imp.-Fol.; 1281 S.) Ebendas. 1879 **M 5.; geb. **M 5,50.; 1880 **M 5,50.; geb. **

**Adreßbuch von München für die J. 1881 und 1882. Hrsg. von der kgl. Polizei-Direktion. Hiezu das Handels- und Gewerbe-Adreßbuch, hrsg. von der Handels- und Gewerbekammer für Oberbayern. Hergestellt nach dem Stande vom 1. Novbr. 1880 —1881 unter Berücksicht. später eingetretener Veränderungen. gr. 8. (VIII, 516, 467, 160; IV, 203 S.) München, (Kaiser.) Jahrg. 1881 **M 5,50.; geb. ** Jahrg. 1882 geb. ***

—— dass. — für das J. 1883. Hergestellt nach dem Stande vom 1. Novbr. 1882 unter Berücksicht. der mit 1. Jan. 1883 in Wirksamkeit tretenden Neu- und Umbenennung von Straßen und Umnummerirung einzelner Häuser. gr. 8. (XVI, 570, 505, 151; IV, 202 S.) (Ebendas.) geb. *

—— dass. — für das J. 1884. Hergestellt nach dem Stande vom 1. Novbr. 1883. gr. 8. (XXIV, 576, 527, 159; 215 S.) (Ebendas.) geb. **

—— dass. — für das J. 1885. Hergestellt nach dem Stande vom 1. Novbr. 1884. gr. 8. (XVI, 595, 538, 119; 224 S.) (Ebendas.) geb. *

— von München f. d. J. 1886. Hrsg. v. der kgl. Polizei-Direktion. Hiezu das Handels- u. Gewerbe-Adreßbuch, hrsg. v. d. Handels- u. Gewerbekammer f. Oberbayern. Hergestellt nach dem Stande vom 1. Novbr. 1885. gr. 8. (XVI, 596, 550, 124 u. 284 S.) München, (Franz' Sort. — Kaiser). geb. n 8 —

—— dass. — für das J. 1887. Hergestellt nach dem Stande vom 1. Novbr. 1886. gr. 8. (XVI, 632, 566, 133, 293 S. mit lithogr. Plan.) (Ebendas.) geb. **

—— dass. — für das J. 1888. Hergestellt nach dem Stande vom 1. Novbr. 1887. 4. (IX, 385, 340, 80, 163 S.) München, (Th. Ackermann's Sortiment. — Franz' Sortiment. — Kaiser.) geb **

—— dass. — für das J. 1889. Hergestellt nach dem Stande vom 1. Novbr. 1888. 4. (XII, 392, 355, 85, 184 S.) (Ebendas.) geb. **

—— von München f. d. J. 1890—1892. Hrsg. v. der kgl. Polizei-Direktion. Hiezu das Handels- u. Gewerbe-Adreßbuch, hrsg. v. der Handels- u. Gewerbekammer für Oberbayern. 4. (à Jahrg. ca. 1200 S.) Münch., (Th. Ackermann's Sort. — Franz' Sort. — Kaiser). geb. à Jahrg. ** 8 50

— von München f. d. J. 1895. Hrsg. v. der königl. Polizei-Direktion. Hiezu das Handels- u. Gewerbe-Adreßbuch, hrsg. v. der Handels- u. Gewerbekammer f. Oberbayern. Hergestellt nach dem Stande vom 1. Novbr. 1894. 4. (XVI, 544; 532, 146, 243 u. 2 S.) München, (Th. Ackermann). n.n. 7. 80; geb. n.n. 8. 50

— v. München f. d. J. 1899. Hrsg. v. d. kgl. Polizei-Direktion. Hiezu d. Handels- u. Gewerbe-Adreßbuch, hrsg. v. d. Handels- u. Gewerbekammer f. Oberbayern. Hergest. n. d. Stande v. 1. XI. 1898. 4. (XVI, 635, 643, 192, 308 u. 2 S. m. Kalender.) München (Th. Ackermann. — Ch. Kaiser). n.n. 7. 80; geb. n.n 8. 50

— v. München f. d. J. 1903. Hrsg. v. d. kgl. Polizei-Direktion. Hiezu das Handels- u. Gewerbe-Adreßbuch, hrsg. v. der Handels- u. Gewerbekammer f. Oberbayern. Hergestellt nach d. Stande v. 1. XI. 1902. (XVI, 761; 766, 203, 364 u. 2 S. m. 6 Plänen.) 4. München (Th. Ackermann. — Ch. Kaiser.) n.n. 8. 40; geb. n.n. 9. —

– München. (646,550,216 u. 258 m. 1 Pl.) 4° – München: (Th. Ackermann. - C. Kaiser. - J. Lindauer) 1906.

—— der königl. Haupt- u. Residenzst. München. gr. 8. (18 B.) München 835. [Kgl. Hof-Buchh.] *

— der k. Haupt- und Residenzstadt München. gr. 8. München 835 Weber. 1⅓ ß

— für München u. Umgebung. 1907. Hrsg. v. d. kgl. Polizeidirektion. Hiezu das Handels- u. Gewerbeadreßbuch, hrsg. v. der Handels- u. Gewerbekammer f. Oberbayern. Hergestellt nach dem Stande vom Novbr. 1906. (XVI, 648, 552, 233, 263 u. 41 S. m. Theaterplänen, Stadtplan u. 1 Karte.) 4. München (Th. Ackermann. — Ch. Kaiser. — J. Lindauer). n.n. 9. 50

– München u. Umgebg. '10. (16,698,596,275,322 u. 57 m. Theaterplänen, Stadtpl. u. 1 Karte.) 31 x 23,5 cm.-München: (T. Ackermann. – J. Lindauer).

— f. München u. Umgebung. 1911. Hrsg. v. der kgl. Polizeidirektion. Hiezu d. Handels- u. Gewerbeadreßbuch, hrsg. v. der Handelskammer München. Hergestellt nach d. Stande vom 31. X. 1910. (XVI, 725, 628, 290, 331 u. 62 S. m. Theaterplänen, farb. Stadtplan u. 1 farb. Karte.) 31,5×24 cm. München (Th. Ackermann. — J. Lindauer). nn 11. —; geb. in Leinw. nn 12. 50; in Halbfrz. nn 13. 50

—— von München und seine nächste Umgebung, s. Handels- und Gewerbe-Adreßbuch.

— der Stadt Münden einschl. Blume sowie der Städte Dransfeld u. Hedemünden u. der übrigen Ortschaften d. Kreises Münden. (92 S.) gr. 8. Hann. Münden 907. (R. Werther.) 3. —

— für d. Stadt u. d. Kreis Münden f. Blume, Dransfeld u Hedemünden, sowie f. die übrigen Ortschaften d. Kreises 8. (71 S.) Münden, Augustin. cart. n. 2. 25

—— für die Stadt und den Kreis Münden, für Blume, Dransfeld und Hedemünden, sowie für die übrigen Ortschaften des Kreises. gr. 8. (63 S.) Münden 887, (Augustin.) *

— für die Stadt u. den Kreis Münden, f. Blume, Dransfeld u. Hedemünden, sowie für die übrigen Ortschaften des Kreises. gr. 8. (71 S.) Münden 890. (Augustin.) Kart. n. 2. 25

– der Stadt Münster nach den amtl. Registern herausg. mit Bewilligung des hochlöbl. Magistrats. 1853. Münster, Cazin. gr 8°. (IX, 120 S.)

**Adreßbuch** der Stadt Münster f. 1875. Hrsg. nach den amtl. Registern. gr. 8. (VI, 269 S.) Münster 875. Russell. geb. n.n. 4. 50

—— dass. — für 1877/78. gr. 8. (III, 122; 36, 39 und 86 S.) Ebendas. geb. *M 4,50.; mit 2 Plänen *

—— dass. — für 1879. gr. 8. (VII, 334 S. mit 3 lithogr. Karten.) Ebendas. geb. *

— der Stadt Münster für 1881. gr.8. (372 S. m. 1 lith. Straßenskizze.) Münster, Russell. geb. n. 5. 50

—— dass. — für 1888. Nach officiellen Quellen bearb. gr. 8. (VI, 176, 87, 46, 126 S.) Ebendas. **
Jahrg. 1880 und 1882 nicht erschienen.

—— der Stadt Münster für 1885, 1887—1889. gr. 8. (463; XII, 484; XIV, 487; 416 S.) Münster, Russell. à Jahrg. ** ℳ 5.50.; geb. **

—— der Stadt Münster i. W. f. 1890 u. 1892. gr. 8. (à Jahrg. ca. 450 S.) Münster, Russell's Verlag. à Jahrg. ** 5 50; geb. ** 6 —

— der Stadt Münster i/Westf. f. 1894. gr. 8. (193, 62, 42 u. 170 S.) Münster, A. Russell. n.n. 6. —; geb. n.n. 7. —

Adreßbuch der Stadt Münster i/W. 1895. gr. 8. (188, 64, 44 u. 175 S.) Münster, A. Russell. n.n. 6. 50; geb. n n. 7. —

— Münster i.W. 38. Jahrg. (252,138,59 u. 204 m. 1 Pl.) 8° — Münster: H. Schöningh Sep.-Cto 1905.

— der Stadt Münster i. Wf. 39. Jahrg. 1906. (XVI, 249, 124, 69, 220 u. 43 S. m. 1 Plan.) gr. 8. Münster, H. Schöningh Sep.-Cto. Geb. in Leinw. n.n. 7. 50

— Münster i.W. 42.J. '09. (24,248,132,71,242 u. 51 m. Pl. u. Karte.) gr 8° — Münst.:H.Schöningh.

— der Stadt Münster i.W. 43.Jahrg. 1910. Mit Stadt- u. Umgebungsplan v. Münster i.W., sowie 1 Plan des Stadttheaters. (XXIV, 200, 171, 92, 50 u. 40 S.) Lex.8. Münster, H. Schöningh. Geb. in Leinw. 8. 50

— der Stadt Münster u. d. Kirchspiels Mauritz. Herausg. nach den amtlichen Registern. 3. Ausgabe. 1860. Münster, Cazin. 8. (141 S.) n. 1 ℳ

— der Stadt Münster u. nächster Umgebung. Hersg. nach den amtlichen Registern. Jahrg. 1868—1870. Münster, Russell. gr. 8. (175 S.; 256 S.; VII, 254 S.) Jeder Jahrg. n. 1 ℳ

— v. Münsterberg, s.: Adreß- u. Auskunftsbuch.

Adressbuch für Münz-, Siegel- und Wappenkunde, s. Grenser, A.

— der Museen, Bibliotheken, Sammler u Antiquare. E. Handbuch f. Sammler, Auctionatoren, Museums-Vorstände u. Händler. Hrsg. v. R. Forrer u. H. Fischer. M. e ill. Studio üb. elsäss. Privatsammlgn u. 12 Lichtdr.-Taf. gr. 8. (XXV, 380 S.) Strassburg 897. (Schlesier & Schweikhardt.) Geb. in Leinw. n.n 15. —

—— für die Musikinstrumentenbranche, s. Wit, P. de.

—— Musikinstrumenten-Industrie, s. Weltadressbuch.

— der Stadt Mylau i/V. (nebst e. Beschreibg. d. Ortes). Red.: A. Reuther. 8. (76 S. m. 1 Karte.) Leipzig-Plagwitz 897. (Mylau, R. Kirchner.) n.n. — 50

Adress- und Nachschlagebuch der königl. Stadt Iglau und der angrenzenden politischen Bezirke Datschitz, Deutschbrod, Gross-Meseritsch, Iglau, Neustadtl, Pilgram und Trebitsch, mit einem Verzeichniss der protokollirten Industrie-, Handels- und Gewerbebetriebe sowie einem Schematismus der Herrschaften und Güter und einem Orts-Verzeichniss der genannten Bezirke. — Nach amtlichen Quellen. — Gr.-8. (XX, 420 S.) Cartonnirt. Iglau: Bayer 1893. * 1.80

Adress- u. Nachschlagebuch über sämmtliche deutschen Maschinenfabriken, Eisengiessereien, Kesselschmieden etc. und deren Specialität, auf Grund amtl. Ermittelungen und direct eingeholter Information zusammengestellt u. herausg. von Alb. Ballewski. Magdeburg 1878. gr. 8.

Adressbuch

—— nassauisches, f. die J. 1890 u. 91, enth. die Verzeichnisse sämmtl. Behörden, Institutionen u. Einwohner: a) d. Landkreises Wiesbaden, u. zwar der Städte u. Orte: Auringen, Biebrich-Mosbach, Bierstadt etc., b) d. Kreises Höchst a. M., m. den Orten: Eschborn, Griesheim, Hattersheim etc., c) die Adressen von 6—7000 selbstständ. Wiesbadener Einwohnern [Geschäftsleute, Beamte, Offiziere, Rentner u. s. w.]. Hrsg. v. Carl Schnegelberger. gr. 8. (VI, 472 S.) Wiesbaden, (Dietrich). geb. ** 6 —

— für Naturheilkunde. 1. Jahrg. 1893. Apr. 1893—Apr. 1894. Bearb. v. e. alten Fachmann. gr. 8. (80 S.) Stuttgart, Verl. & Exped. d. Gesundheitsrat. n. 2. —

— d. Naturheilvereine u. verw. Richtgn. als: Kneipp-Vereine, Impfgegner-Vereine, Vegetarier-Vereine, approb. Aerzte u. ausüb. Vertreter, Zeitschriften u. s. w. Anh.: Wie leitet man e. Versammlg. u. was muß d. Vorstand wissen? Ausg.: Novbr. 1898. gr. 8. (58 S.) Berlin, W. Möller. 1. —

Adressbuch der Kreishauptstadt Nauen, s.a. Vorort-Adreßbücher, Berliner, II.

Adressbuch der Kreishauptstadt Nauen. Zsgest. auf Grund amtl. Materials. [1.] 1908. Berlin: Baedeker & Moeller 1908. 8° [F.]
= Vorort-Adressbücher, Berliner. Bd 2. 108. 3680

—— von Naumburg, s. Adreß- und Geschäfts-Handbuch.

— für Naundorf, s.: Adreßbuch f. Kötzschenbroda.

— der Stadt Naunhof u. Umgegend nach dem Stande vom 1. IV. 1901. Auf Grund amtl. Unterlagen hrsg. 8. (128 S.) Naunhof, Günz & Eule. n. 1. 50; m. 1 Karte n. 1. 65

— für den Landkreis Neisse, nebst e. Anh., enth. die Ortschaften: Eckwertsheide, Mogwitz, Petersheide, Schönheide, Woitz, Zedlitz, Kreis Grottkau. Einwohnerzahl des Landkreises Neisse: 60594. (VIII, 208 S.) 8. Neisse 906. (J. Graveur.) Kart. n.n. 4. —

Adreßbuch für den Landkreis Neisse nebst e. Anh., enth. d Ortschaften: Eckwertsheide, Mogwitz, Petersheide. Schönheide, Woitz, Zedlitz, Kreis Grottkau... Neisse: E. Letzel 1906. (208 S.) 8° [F.] 16 10613

Adreßbuch d. Stadt Neisse. Hrsg. v. B. Baumann. gr. 8. (V, 201 S.) Neisse 887. Graveur's Verl. cart. n. 4. —

— der Stadt Neisse 1902/03. gr. 8. (XI, 268 S.) Neisse (J. Graveur's Verl.) Geb. in Leinw. n.n. 4. 50

— der Stadt Neisse 1905—06. (IX, 281 S. m. 1 Theaterplan.) 8. Ebd. Geb. n.n. 4. —

— der Stadt Neisse. 1908/09. (V, 337 S. m. Theaterplan.) 8. Neisse (J. Graveur's Verl.). Kart. nn 4. —

— der Vorderstadt Neubrandenburg 1893. 1. Jahrg. gr. 8. (67 S.) Neubrandenburg, (C. Brünslow). n.n. 2. —

— der Vorderstadt Neubrandenburg f. d. J. 1896/97. 2. Jahrg. gr. 8. (82 S.) Neubrandenburg (C. Brünslow). Kart. n.n. 2. 25

— der Vorderstadt Neubrandenburg f. d. J. 1902. Nach amtl. Quellen bearb. v. R. Jahncke. 6. Jahrg. gr. 8. (III, 104 S.) Neubrandenburg 902. (C. Brünslow.) n.n. 2. —

— der Vorderstadt Neubrandenburg f. d. J. 1905. Nach amtl. Quellen bearb. v. R. Jahncke. 9. Jahrg. (IV, 112 S.) 8. Neubrandenburg 905. (C. Brünslow.) n.n. 2. 20

— der Stadt Neuburg, s. Gebäude-Verzeichniß.

— neues allgem., od. Wohnungs-Anzeiger aller selbstständ. Einwohner der Stadt Erfurt. gr. 8. Erfurt 840. Andreä. 1/2 ℔

— neues, der Stadt Biel u. der Gemeinden Bözingen, Nidau, Madretsch, Mett, Vingelz, Leubringen u. Magglingen. Nach amtl. Quellen bearb. 8. (XXXI, 200 S. m. farb. Plan.) Biel 893. (Küfenacht & Heer.) Kart. n.n. 3. —

— neues, f. Breslau u. Umgebung. 1906. Unter Benutzg. amtl. Quellen. Mit der Beigabe: Neuester Plan der Stadt Breslau. (XXVI, 608, 244, 77, 122 u. 44 S. u. Text zum Plan 11 S.) Lex.-8. Breslau. Berlin, A. Scherl. Geb. in Halbldr. n. 8. —

— neues, von Brünn 1885. Specieller Wohnungs-Anzeiger, nebst Handels- u. Gewerbe-Adreßbuch d. Landeshauptstadt v. Mähren. gr. 8. (XXIV, 313 S.) Brünn 885. Winkler. geb. n. 5. 20

– neues, d. deut. Buchhandels u.d. verwandten Geschäftszweige. 1895/96. Asg. im Oktbr. 1895. Abgeschlossen am 1. Septbr. 1895. 8°(393). – Leipzig: W. Fiedler.

— neues, d. deutschen Buchhandels u. d. verw. Geschäftszweige m. Gratis-Beilage Verleger-Auslieferungstabelle (in Imp. Fol.) 1899. M. e. Bildn. Konrad Ferdinand Meyers. gr. 8. (663, 31 u. Nachträge 6 S.) Leipzig, W. Fiedler. Geb. in Leinw. n. 6. —

– Buchhandel, neues, u. verwandte Geschäftszweige m. Gratis-Beil. Verleger-Auslieferungstab. (in Fol.) 1900. 8° (683 m. 1 Bildnis.) Leipzig: W. Fiedler.

— neues, des deutschen Buchhandels u. d. verwandten Geschäftszweige m. Gratis-Beilage Verleger-Auslieferungstab. (in Imp.-Fol.) Hrsg. v. Walth. Fiedler. 7. Jahrg. 1902. Mit e. Bildnis Wilh. Raabes. (804 S.) gr. 8. Leipzig. [W. Fiedler.] C. F. Müller. Geb. in Leinw. n. 6. —

— neues, des deutschen Buchhandels u. der verwandten Geschäftszweige m. Gratis-Beilage Verleger-Auslieferungstabelle (in Imp.-Fol.). 8. Jahrg. 1903. Mit e. Bildnis Julius Wolffs. (781 S.) gr. 8. Leipzig, C. F. Müller. Geb. in Leinw. n. 6. —
Fortsetzung, s.: Müller's Adressbuch.

Adreß- u. Bürgerbuch, neues, der Stadt Jauer i/Schl. Bearb. v. Otto Sonnenberg. gr. 8. (129 S.) Jauer (901). O. Hellmann. n. 2. —; Plan n. 2. 50; Plan allein — 75

Adreß- u. Bürgerbuch, neues, der Stadt Jauer in Schles. 3. Ausg. (138 S. m. 1 Plan u. 1 Karte.) 8. Jauer (904). (O. Hellmann.) n. 2. 50

Adreß- u. Bürgerbuch neues, der Stadt Jauer in Schlesien. 4. Ausg. (168 S.) 8. Jauer (907). (Glogau, Verlag Hellmann). nn 2. 50

— neues, f. Danzig u. f. Vororte. 1898. A. Gr. amtl. Quellen u. privater Mittheilgn. 2. Jahrg. gr. 8. (IV, VII, 18, 384, 207, 136, 49, 42 u. II, 43 S. m. farb. Plan.) Danzig, A. W. Kafemann. Geb. n.n. 6. —

Neues Adreßbuch [2: Adreßbuch] für Frankfurt am Main und Umgebung. [Jg. 1.] 1904. Unter Benutzung amtl. Quellen. Frankfurt a. M.: A. Scherl (1904). 4° [F.] 05. 4

— neues, v. Gleiwitz, s.: Adreß- u. Geschäfts-Handbuch.

Neues Adreßbuch von Graudenz mit Einschluß d. Feste Courbiere u. d. Vororte Kunterstein u. Kl.-Tarpen. Nach amtl. Quellen u. privaten Mitteilungen zsgest. (Hrsg.: Arnold Kriedte.) Jg. 1. 1905. Graudenz: A. Kriedte (1904). 8° [F.] 05. 667 10

— neues, v. Graudenz m. Einschluß der Feste Courbiere u. der Vororte Kl. Kunterstein u. Kl. Tarpen. Nach amtl. Quellen u. privaten Mitteilgn. zusammengestellt. 1911. 4. Ausg. (II, 11, 140, 81, 4, 58, 31 u. 31 S.) gr. 8. Graudenz, A. Kriedte. Geb. in Halbleinw. 5. —

— neues, der Stadt Greifswald, s.: Adreß- u. Geschäfts-Handbuch.

Neues Adreßbuch für Halle a. S. und Umgebung. Unter Benutzung amtl. Quellen. Mit d. Beigabe: Neuester Stadtplan von Halle. [1.] 1905. Halle a. S.: A. Scherl (1905). 4°(8°) [F.]
Auf. s. u. d. T.: Adreßbuch u. Wohnungs-Anzeiger f. d. Gesamtstadt Halle a. d. S., u.: Hallesches Adreßbuch. 05. 2501

— neues, der k. bayr. Stadt Kempten im Allgäu. Nach amtl. Quellen bearb. 8. (76 S. mit 1 color., lithogr. Stadtplane in Fol.) Kempten 875, Wenger. * f
1876—1878 nicht erschienen.

– neues, d. k. bayr. Stadt Kempten im Allgäu. 8° (76) Kempten: 1876, Wenger.

— dass. — für 1879, nach den im Magistrate vorliegenden Quellen bearb. gr. 8. (81 S.) Ebendas.

Neues Kieler Adressbuch mit Einwohnerverzeichnis der Ortschaften Dietrichsdorf, Ellerbek, Gaarden (Landkr. Kiel), Hassee (Winterbek), Neumühlen, Wellingdorf für das Jahr ..., hrgg., bearb. u. gedr. von der Buch- und Steindruckerei Schmidt & Klaunig, Kiel.
1906 ff. Kiel (1905 ff.) 8°.

Adreßbuch, neues Kölner, (verbunden mit einem Repertorium d. Polizei-Verordnungen für d. Stadt Köln) herausgeg. v. J. G. Heyn. 1841. gr. 8. Köln 841, (Eisen). n. 2 ℔

— neues, für Leipzig, s. Handbuch.

— neues, der Stadt Leipzig nebst einverleibten Vororten f. 1896. 1. Jahrg. Bearb. v. A. Becker u. A. Ploetzke m. Unterstützg. der hohen kaiserl. u. königl. Behörden. Beigegeben sind: Officieller Plan der Stadt Leipzig, Pläne des neuen u. alten Stadt-Theaters, Carola-Theaters, Krystall-Palastes u. Gewandhauses. gr. 8. (V, 910; 537, 208 u. 216 S.) Leipzig 895. R. Richter. Geb. in Leinw. n.n. 9. —
Weiter nicht erschienen.

— neues, der Stadt Nordhausen. Hrsg. v. Friedr. Lemecke. 8. (15 B.) Nordhausen 816, (Förstemann). *
(Enthält auch: Beiträge zu e. Geschichte d. Verfass. d. Stadt Nordhausen. Von E. G. Förstemann.)

— neues, von Nürnberg. Herausg. von E. Mainberger. Anhang zur 1. Abth. Die seit 1852 vorgekommenen Veränderungen im Häuserbesitz enthaltend. Nürnberg 855. Riegel u. Wießner. 8. (2 Bl., 48 S.) 5 ngl. Schreibp. 6 ngl.

— neues, der Stadt Nürnberg. Hrsg. von Carl Mainberger. 3 Abthlgn. 8. (XXII und 644 S.) Nürnberg 850, Riegel und Wießner. *

— neues, d. Stadt Offenbach a/M. 1897. Bearb. v. Heinr. Huhn. Hrsg. v. Carl Schoeller. Beil.: Neuester Straßenplan m. Straßenverzeichn., sow. Pläne d. Frankfurter Opern- u. Schauspielhauses u. d. Saalbaues. gr. 8. (VIII, 143; 86, 37 u. 24 S.) Offenbach, Th. Steinmetz. Geb. in Leinw. n. 5. —

— neues, der Haupt- und Residenzstadt Oldenburg, nebst Osternburg, auf das Jahr 1882. Nach einer von Haus zu Haus sorgfältig vorgenommenen Aufnahme unter Berücksicht. d. am 1. Novbr. d. J. stattgefundenen Wohnungswechsels in Auftrag ausgearb. v. J. F. Steinbömer. gr. 8. (III, 75 S.) Oldenburg, Bültmann & Gerriets. n. — 80

— dasselbe für 1882/83. Im Auftrage des Stadt-Magistrats nach amtl. Quellen bearb. 8. (163 S.) Oldenburg, Schulze. n. 2. —; geb. n. 2. 75

— neues, f. Stadt u. Kreis Peine. gr. 8. (91 u. 53 S.) Peine 897. (C. Rother.) Kart. n. 3. 50

— neues, für Reudnitz, auf d. J. 1869. Nach den sichersten Quellen zusammengestellt von L. Oehring. Reudnitz, Richter. gr. 8. (IV, 59 S., 1 Plan von Leipzig u. 1 Karte der Umgegend in Holzschn.) n. 10 ngr.

**Adressbuch**, neues, für den Kanton Schaffhausen. 8. Schleitheim, Bühler. 1874 —. 50

—— neues, v. Schloß u. Stadt Wernigerode, Nöschenrode u. Hasserode, m. e. Verzeichniß sämmtl. königl., gräfl., städt. u. Kreis-Behörden, den wichtigsten Gesetzen u. Polizei-Verordngn. Hrsg. v. C. Angerstein. Am Schluß: Ueberblick üb. die Geschichte u. Baudenkmäler v. Wernigerode u. Umgegend v. Ed. Jacobs. 8. (IV, 145; 34, 52 S. m. 1 Plan.) Wernig. 889, (Berl., Drewitz Nachf.) cart. * * 2 50

—— —— u. Umgegend [Biebrich-Mosbach, Bierstadt, Dotzheim, Langen-Schwalbach, Schlangenbad u. Sonnenberg] f. d. J. 1890/91, 1891/92, 1892/93. II.—IV. Jahrg. Hrsg. v. Carl Schnegelberger. gr. 8. (à Jahrg. ca. 700 S. m. je 1 Plan.) (Ebd.) geb. in Leinw. à Jahrg. * * 6 —

—— neues, v. Wiesbaden f. d. J. 1889/90. Hrsg. v. Carl Schnegelberger. gr. 8. (XII, 251 268 S. m. 1 Stadt- u. 1 Theaterplan.) Wiesb., (Moritz u. Münzel). geb. * 5 50

— neues, v. Wiesbaden, Biebrich-Mosbach, Bierstadt, Dotzheim u. Sonnenberg f. d. J. 1890/91. Hrsg. u. red. v. Carl Schnegelberger. Nebst e. geometr. Plan der Stadt Wiesbaden. gr. 8. (IV, VIII, 524; 67, 94 u. VII S.) Wiesbaden, (Moritz & Münzel). geb. n.n. 6. —

— neues, u. Wohnungs-Anzeiger v. Göppingen. Hrsg. v. W. Langguth. 8. (IV, 74 S. m. Plan.) Eßlingen 889. Langguth. cart. n. 2. 25

Adreßbuch, neuestes, der k. b. Kreishauptstadt Augsburg. Auf Grund der letzten Volkszählung vom Dezbr. 1875 und nach sonst. authent. Quellen zusammengestellt von A. Kaiser. gr. 8. (IV, 64; 148 S.) Augsburg 876, Rieger'sche Buchh. cart. *
Vgl.: Kaiser, A., Verzeichniß der Haus-Besitzer der k. b. Kreishauptstadt Augsburg.

—— dass. — für 1876/77. 1878/79. Zusammengestellt von A. Kaiser. gr. 8. (148; IV, 170; 83 S.) Ebendas. à Jahrg. *

**Adressbuch**, neuestes, der königl. Stadt Pilsen. Mit Einschluss des Bezirkes der Handels- u. Gewerbekammer in Pilsen, des Pilsner Bezirksvertretungsgebietes u. des Grossgrundbesitzes in den westl. Gebieten des Königr. Böhmen von der westl. Landesgrenze bis zur Linie Saaz-Přibram-Budweis. Zusammengestellt v. Jarosl. Schiebl. (VIII, XX, 556 S. m. 1 farb. Plan.) gr. 8. Pilsen 906. C. Maasch. Kart. n.n. 9. 50

—— neuestes, der Schirm-, Stock-, Stoff-, Fournitur- u. Posamenten-Fabrikanten Deutschlands, Oesterreich-Ungarns u. d. Schweiz. Mit e. Bezugsquellen-Anzeiger. 12. (XIV, 155 S.) Lpz. 890, Wilh. Meyer. geb. * 4 50

— neuestes u. vollständigstes, f. Berlin u. Potsdam auf das Jahr 1850. 1. Jahrg. gr. 16. (303 S.) Berlin, Hofmann & Co. 3/4 ₰.

Neuestes Adressbuch deutscher Weinhändler. Weinstubenbesitzer, Wein-Agenten und Wein-Commissionäre. Bearb. nach Original- und Amtlichen Aufnahmen. Mainz: Diemer 1883. 174 S. -- 17*
--- Dass. 2., vollst. neu bearb. Aufl. Ebd. 1885. 239 S. -- 17*
--- Dass. 4., vollst. neu bearb. Aufl. Hrsg. von J. Diemer und Ed[uard] Goldschmidt. Ebd. 1889. 312 S. -- [Zit. nach Heinsius]
--- Dass. 5., vollst. neu bearb. Aufl. Ebd. 1890. VIII, 316 S. [Zit. nach Heinsius]
--- Dass. 6., vollst. neu bearb. Aufl. Ebd. 1892. X, 393 S. [Zit. nach Heinsius]
--- Dass. 7., vollst. neu bearb. Aufl. Ebd. 1894. VIII, 457 S. [Zit. nach Kayser]
--- Dass. 9., vollst. neu bearb. Aufl. Ebd. 1898. II, VI, 603 S. [Zit. nach Kayser]
--- Dass. 10., vollst. neu bearb. Aufl. Ebd. 1900. II, VII, 724 S. [Zit. nach Kayser]
--- Dass. 12., vollst. neu bearb. u. wesentlich verm. Aufl. Ebd. 1905. VIII, 734 S. [Zit. nach Kayser]
--- Dass. 13., vollst. neu bearb. und wesentlich verm. Aufl. u.d.T.: Neuestes Adressbuch deutscher Weinhändler, Weinstubenbesitzer, Hotels, sowie Schaumweinfabriken, Weinagenten, Weinkommissionäre und Kognakbrennereien. Hrsg. ... von J. Diemer und Ed[uard] Goldschmidt. Ebd. 1907. 752 S. -- 17*
--- Dass. 14., vollst. neu bearb. u. wesentlich verm. Aufl. u.d.T.: Neuestes Adressbuch deutscher Weinhändler, ... nebst einem Anhang, enthaltend die Schaumweinfabriken und Kognakbrennereien. Hrsg. und Eigentum von J. Diemer und E[duard] Goldschmidt. Mainz: Expedition der Deutschen Weinzeitung (Diemer) 1910. 752, 14 S. -- 17*

— der Stadt u. des Kreises Neuhaldensleben mit Berücksichtigung ~~der Orte Calvörde, Flechtingen u. Oebisfelde~~. Zusammengestellt unter Mitwirkg. königl. Behörd., hochlöbl. Magistrats, der Gemeinde- u. Gutsvorstände d. Kreises. Hrsg. v. A. Besser. gr. 8. (IV, 105 S.) Neuhaldensleben 882. Besser. cart. 1. 50

— der Stadt u. des Kreises Neuhaldensleben. Hrsg. v. A. Besser. gr. 8. (117 S.) Neuhaldensleben 889. (Besser's Nachf.) cart. n. 1. 50

— der Stadt u. des Kreises Neuhaldensleben. Nach amtl. Quellen u. Angaben zusammengestellt u. hrsg. 4. Aufl. (VI, 205 S.) 8. Neuhaldensleben 906. E. Pflanz. Kart. 2. —

---- von Neuhaldensleben und Wolmirstedt, s. Geschäfts-Adreßbuch.

— von Neumarkt i. O.-Pf. Anh.: Adreßbuch d. Gewerbetreibenden der Nachbarorte. 8. (145 S.) Neumarkt in Ob.-Pf. 900. J. Boegl. Kart. n. 2. —

— der Stadt Neumünster, aufgestellt im Aug. 1891 nach dem polizeil. Register, nebst e. Anh. gr. 8. (78 S.) Neumünster, (J. Brumby). Kart. n. 2. —

– Neunkirchener. (43). 8° – Neunk., (Neunkirch. Zeitg) 1905.

— v. Neurode, s.: Adreß- u. Auskunftsbuch.

Adressbuch von Neu-Ruppin, s. a. Wohnungs-Anzeiger

– Neu-Ruppin. (195 u. 20) 8° – Neu-Ruppin: (P. Howe) 1904.

– Neu-Ruppin. Anh.: Wohngs-Anzeiger v. Alt-Ruppin. (216, 21 u. 16) 8° – Neu-Ruppin: KFR Schallehn 1908.

– Neuruppin '10. (2, 218, 22, u. 18) 8° – Neurupp., M. Birkner 1910.

— d. Stadt Neu-Ruppin, s.: Wohnungs-Anzeiger.

– Neusalz a/O. (103) 8° – Leipzig: Kühnel (1901).

— für die Städte Neusalz a. O., Freystadt i. Schl., Beuthen, Bez. Liegnitz, Neustädtel u. Deutsch-Wartenberg. Abgeschlossen: 28. II. 1904. Hrsg. v. Curt Stobbe u. Jos. Flaschel. (VIII, 160 S. m. 1 Karte.) 8. Neusalz a/O. 904. C. Stobbe. (Nur direkt.) n.n. 2. —; kart. n.n. 2. 50

— für Neuschönefeld auf 1866. (28 S.) nn. 6 ngr.

—— für Neuschönefeld auf 1877. Nach amtl. Unterlagen zusammengestellt und hrsg. von L. Ferd. Berger. gr. 8. (IV, 62 S.) Leipzig, (Serbe'sche Verlagsh.) *

—— des Kreises Neuß. gr. 12. (3⅔ B. incl. 1 Tab.) Neuß 844, Schwann.

— für die Stadt Neuß 1886. Nach amtl. Quellen zusammengestellt. gr. 8. (IV, 106 S.) Neuß 886. van Haag. cart. n 2. 50

—— für die Stadt Neuß und die Kreise Neuß und Grevenbroich. 1883. Nach amtl. Quellen zusammengestellt. gr. 8. (III, 160 S.) Neuß, van Haag. cart. *

— für Stadt u. Bez.-Amt Neustadt a. d. Haardt sowie der Städte Bad Dürkheim, Wachenheim, Deidesheim, Edenkoben u. Umgebung. 1905. Bearb. v. Karl Gerlinghaus. (XXIV, 431 S.) 8. Neustadt a. d. H. (Leipzig Schulze & Co.) Kart. n.n. 4. —

— von Neustadt a/Hdt. u. Umgeb., umfass. d. Städte Neustadt a/Hdt., Deidesheim, Lambrecht u. Wachenheim; d. Gemeinden Diedesfeld, Frankeneck, Gimmeldingen, Haardt, Hambach, Königsbach, Lachen, Lindenberg, Maikammer, Mußbach, Neidenfels, St. Martin u. Speyerdorf. Hrsg. i. März 1896 u. n. amtl. Mittheilgn. bearb. v. Wilh. Dörrlamm. gr. 8. (VII, 370 S. m. 1 Plan.) Neustadt a/Hdt. 896. W. Dörrlamm. Kart. n.n. 3. —

Adreßbuch v. Neustadt O.-S., s.: Adreß- u. Auskunftsbuch.

— von Neustadt (Orla), m. e. Verkehrskarte v. Neustadt (Orla) u. weiterer Umgebung. Bearb. v. Albin Erbert. 8. (IV, 100 S.) Neustadt (Orla) 902. R. Hertel. n. 2. —

— von Neustadt a. d. Orla. Nach amtl. Unterlagen bearb. v. Albin Erbert. (VIII, 144 S. m. 1 Plan.) 8. Neustadt a. d. Orla 909. Hertel. 1. 50; geb. 2. —

— Neustadter; umfassend die Städte u. Orte: Neustadt, Deidesheim, Diedesfeld, Bad Dürkheim, Duttweiler, Edenkoben, Elmstein, Esthal, Forst, Frankeneck, Frankenstein, Geinsheim, Gimmeldingen, Haardt, Hambach, Haßloch, Kirrweiler, Königsbach, Lachen, Lambrecht, Lindenberg, Maikammer, Meckenheim, Mußbach, Neidenfels, Niederkirchen, Ruppertsberg, St. Martin, Speyerdorf, Wachenheim, Weidenthal. Nach amtl. Material zusammengestellt u. bearb. v. Firmbach. Ausg. 1911/12. (X, 587 S. m. 1 Theaterplan.) 8. Neustadt a. d. Hardt, Pfälz. Verlagsanstalt. Geb. in Leinw. nn 6. —

— für Neustettin 1909. (90 S.) 8. Neustettin (F. A. Eckstein). Kart. 3. —

— d. Stadt Neustettin 1896. 8. (52, 53 u. 16 S. m. farb. Kreiskarte.) Neustettin (F. A. Eckstein). Kart. n.n. 3. 50

— Neustettiner, 1900. 8. (136 S.) Neustettin (F. A. Eckstein). n.n. 2. 75

— Neustrelitzer, f. die J. 1894/95. Hrsg. v. Rob. Jacoby. 1. Jahrg. gr. 8. (83 S.) Neustrelitz, R. Jacoby, Verlag. n.n. 1. 60

—— Neu-Ulm, s. Adreß- u. Geschäfts-Handbuch der Stadt Ulm.

— der Stadt Neuwied. Bearb. v. Rud. Maerker. gr. 8. (VII, 140 S. m. Plan.) Neuwied 892. (Heuser's Verl.) Kart. n. 2. 25

— für die Stadt u. den Kreis Neuwied sowie die Bürgermeisterei Bassenheim (Weißenthurm). Nach amtl. Material bearb. Hrsg. vom Verein zur Wahrg. gewerbl. u. städt. Interessen zu Neuwied. (IV, 285 S.) 8. Neuwied 909. (F. Gützkow.) Geb. in Leinw. nn 4. 50

— d. Stadt Neuwied u. der Umgeb. einschließl. d. Orte Heddesdorf u. Weißenthurm. Zusammengest. u. hrsg. v. Rud. Maerker. gr. 8. (V, 232 S. m. 1 Plan.) Neuwied 896. L. Heuser's Verl. Geb. n. 3. —

— der Stadt Neuwied, Weißenthurm u. Umgebung. Zusammengestellt u. hrsg. v. F. Häuser u. L. Fiand. (VII, 247 S.) gr. 8. Neuwied 905. L. Heuser's Erben. Geb. n.n. 4. 50

— für Neuwied u. Umgegend. 1. Jahrg. 1871. Hrsg. v. der Red. d. Neuwieder Anzeigers. 8. (92 S.) Neuwied 872. Heuser. 1. 50

– Niederlössnitz, s. Adressbuch Kötzschenbroda.

— des Kreises Norden (m. Ausnahme der Insel Norderney) f. 1904. Nach amtl. Quellen bearb. v. O. Nordwall. (144 S.) gr. 8. Norden 904. H. Braams. n. 1. 20; geb. n.n. 1. 75

— d. Stadt Norden f. 1897/98. N. amtl. Quellen bearb. v. O. Nordwall. 8. (80 S.) Norden, H. Braams. n. 1. —

Adreßbuch für Nordenham u. den Amtsbez. Butjadingen. Bearb. auf Grund amtl. Materials. Hrsg.: Fr. Schwarz. (127 S.) gr. 8. Oldenburg 909. E. Bültmann. Geb. nn 2. 50

— der Inselgemeinde Norderney, königl. Nordseebad. Bearb. nach amtl. Quellen v. E. A. Dunkel. (80 S. m. Abbildgn.) 8. Ebd. 905. Geb. n. 1. 25

— des Nordsee-Bades Norderney vom 1. Juni 1879 bis 1. Juni 1880. Von C. Gerdes. gr. 16. (38 S.) Norden, Soltau. n. — 50

— des Nordseebades Norderney f. 1893. 12. (56 S.) Norden, D. Soltau. — 60

Adressbuch von Nordhausen, s. a. Adreßbuch und Wohnungsanzeiger

—— von Nordhausen. 1848. 8. (XIV und 244 S.) Nordhausen 848, Förstemann. *

— von Nordhausen. 1852. Hrsg. v. Joh. Frdr. Mart. Lemecke. 8. (IV u. 188 S.) Nordhausen. (Büchting.) n. ⅔ ₰

Adreßbuch von Nordhausen auf d. J. 1856. Herausg. von Joh. Friedr. Mart. Lemecke. Nordhausen. (Büchting.) 8. (2 Bl., 194 S. u. 1 Tab. in 4.) n. 25 ngr.

—— von Nordhausen. 1858 und 1859. Hrsg. von Carl Wegener. gr. 8. Nordhausen 858. 59, (Büchting.) [1858. (IV und 172 S.) 1859. (III und 164 S.) à Jahrg. * 25 Ngr.] *

— — 1862. Herausg. von F. Kiesewetter. Nordhausen, (Büchting. — Förstemann's Verlag.) 8. (160 S.) n. 20 ngr.

— — f. d. J. 1863. Mit Beschreibung der statistischen Nachrichten über die Erhebung der Stadt in gewerblicher Beziehung, sowie über die Verschönerung derselben nach Innen u. Außen während der J. 1813—1863. Herausg. von F. Lennecke. Nordhausen, (Büchting.) 8. (178 S.) n. 25 ngr.

—— für die Stadt Nordhausen. 1868. Hrsg. von Otto Engel. gr. 8. (IV, 184 S.) Nordhausen, (Haacke.) *

—— dass. — 1870. Hrsg. von Carl Aug. Läger. gr. 8. (IV, 203 S.) Ebendas. **

—— dass. — 1874. Hrsg. von Läger und Kiesewetter. gr. 8. (218 S.) Ebendas.

— der Stadt Nordhausen 1893. Nach amtl. Quellen bearb. gr. 8. (VIII, 286 S.) Nordhausen, (C. Haacke). Geb. in Leinw. n.n. 3. 50

— d. Stadt Nordhausen 1897. Hrsg. v. Paul Peters. gr. 8. (VIII, II, 324 S. m. farb. Stadtplan.) Nordhausen (C. Haacke). Geb. in Leinw. n.n. 3. 50

— der Stadt Nordhausen f. d. J. 1902. Zusammengestellt u. hrsg. von Paul Peters. gr. 8. (VIII, 352 S. m. Stadt- u. Theaterplan.) Nordhausen (C. Haacke). Geb. in Leinw. n.n. 4. —

– Nordhausen. (359 m. 1 Pl.) 8° – Nordhausen: (C. Haacke) 1904.

— der Stadt Nordhausen f. die J. 1906–07. Zusammengestellt u. hrsg. v. Paul Peters. (XII, 374 S. m. Stadt- u. Theaterplan.) gr. 8. Nordhausen (C. Haacke). Geb. in Leinw. n.n. 5. —

– f.d. Stadt u.d. Kr. Nordhausen. 1865. Hrsg. v. F. Kiesewetter. 8° (144) – Nordh.: (Büchting).

— für die Stadt u. den Kreis Nordhausen. 1865. Hersg. von F. Kiesewetter. Nordhausen, (Bleicherode, Ruediger.) gr. 8. (2 Bll., 144 S.) n. 20 ngr.

—— von Nördlingen, s.a. Hand- und Adreßbuch.

– Nördlingen. (232 m. 1 Pl.) 8° – Nördlingen: CH Beck, 1906.

— d. Stadt Nördlingen, s.: Hand- u. Adreßbuch.

— für Nowawes, Neuendorf, Wannsee, Klein-Glienicke, Schloß Glienicke, Neu-Babelsberg, Pfaueninsel, Nicolskoe, Stolpe, Albrechts-Theerofen, Eule, Kohlhasenbrück, Drewitz, Ahrensdorf, Rudow, Steinstücken, Fahlhorst, Philippsthal, Schenkendorf, Sputendorf etc. 1902. Nach amtl. Quellen bearb. v. O. Krug. gr. 8. (II, 187 S.) Potsdam. Berlin, A. W. Hayn's Erben. Kart. n. 2. —

– Nowawes, Neuendorf, Wannsee, Klein-Glienicke, Schloss Glienicke usw. (213) 8° – Potsdam: 1905. (Berl., AW Hayn's Erben).

— von Nürnberg f. d. J. 1876. Gefertigt vom magistrat. Einwohner-Bureau. gr. 8. (IV, 310; 236 u. 112 S.) Nürnberg 876. (Korn.) n.n. 4. 50

—— dass. — für das J. 1878. gr. 8. (XXIV, 723 S.) (Ebendas.) **
1875, 1877 und 1879 nicht erschienen.

—— dass. — für das J. 1880. gr. 8. (116, LXXII, 256, 341, 144 S.) Nürnberg, (Ebner'sche Buchh. — Korn'sche Buchh. — Stein's Buchh.) **

—— von Nürnberg für das J. 1881. Gefertigt vom magistrat. Einwohner-Bureau. gr. 8. (LXXV, 756 S.) Nürnberg, (v. Ebner'sche Buchh. — Stein's Buchh.) cart. **

—— dass. — für das J. 1882. gr. 8. (LXXXVIII, 263, 338, 180 S.) Nürnberg, (v. Ebner'sche Buchh.) cart. **

—— dass. — für das J. 1883. gr. 8. (XCII, 276, 307, 176 S.) Nürnberg, (Stein's Buchh.) cart. **

—— dass. — für das J. 1884. gr. 8. (IV, 313; 292, 182, 91 S.) (Ebendas.) cart. **

—— von Nürnberg für das J. 1885. Gefertigt vom magistrat. Einwohner-Bureau. gr. 8. (IV, 316, 299, 186, 111 S.) Nürnberg, (v. Ebner's Sortiment.) geb. **
—— dass. — für das Jahr 1886. gr. 8. (322, 311, 192, 135 S.) (Ebendas.) geb. **
—— dass. — für das J. 1887. 10. Aufl. gr. 8. (VIII, 283, 277, 168, 94 S.) (Ebendas.) cart. **
—— dass. — für das J. 1888. 11. Aufl. gr. 8. (VIII, 296, 288, 172, 117 S.) Nürnberg, (H. Schrag.) cart. **
—— dass. — für das J. 1889. 12. Aufl. gr. 8. (IX, 310, 207, 181, 103 S.) (Ebendas.) geb. *

—— von Nürnberg 1890–92. Mit e. Anh. der in den angrenz. Gemeinden wohn. selbstständ. Gewerbetreibenden. 13.–15. Jahrg. Gefertigt vom magistrat. Einwohner-Bureau. gr. 8. (à Jahrg. ca. 950 S.) Nürnb., (J. L. Schrag). geb. à Jahrg. ** 6 —

— von Nürnberg 1895. Mit e. Anh. der in den angrenz. Gemeinden wohn. selbständ. Gewerbetreibenden. 18. Jahrg. Gefertigt vom magistrat. Einwohner-Bureau. gr. 8. (468, 304, 160 u. 104 S.) Nürnberg, (J. L. Schrag). Geb. in Leinw. n.n. 6. —

— von Nürnberg 1899. M. e. Anh. d. i. d. angrenz. Gemeinden wohn. selbständ. Gewerbetreibenden. 22. Jahrg. Gefert. v. magistrat. Einwohner-Amt. gr. 8. (XVI, 595, 422, 304 u. 143 S.) Nürnberg (J. Ph. Raw's Verl. — J. L. Schrag). Geb. in Leinw. n n. 6. 50

— von Nürnberg. 1903. 26. Jahrg. Gefertigt vom magistr. Einwohner-Amt. gr. 8. (X, 438; 327, 213 u. 110 S.) Nürnberg (J. L. Schrag). Geb. in Leinw. n.n. 7. —

– Nürnberg. 29. Jahrg. (479,372,246 u. 138 m. 1 Pl.) 8° – Nürnberg: (F. Korn. – JL Schrag) 1906.

— v. Nürnberg. 1907. 30. Jahrg. Gefertigt vom magistrat. Einwohner-Amt. (XV, 497, 396, 253 u. 104 S. m. Stadtplan.) Lex.-8. Nürnberg (F. Korn. — J. L. Schrag). Geb. in Leinw. n.n. 7. 50

– Nürnberg. '10. 33. J. (16,560,457,274, u. 116 m. 2 Pl.) Lex 8° – Nürnbg.: (F.Korn - JL Schrag).

— v. Nürnberg. 1911. 34. Jahrg. Gefertigt vom magistrat. Einwohner-Amt. Hergestellt nach dem Stande vom 1. XI. 1910. (XII, 426; 311, 218 u. 84 S.) 31×24,5 cm. Nürnberg, (F. Korn. — J. L. Schrag). Geb. in Leinw. nn 9. —

— der Stadt Nürnberg. Hrsg. v. Carl Mainberger. 3 Abthlgn. 8. (1: VI u. 166 S. 2: XVI u. 246 S. 3: 232 S.) Nürnberg 850, Riegel & Wießner. 2 fl

– d. Stadt Nürnberg. Hrsg. v. JC Hering. 1. Abth. 8° (164) – Nürnberg: 1862, (W. Schmid).

—— der Stadt Nürnberg. Nach amtl. Quellen bearb. und hrsg. von J. C. Hering. 1. Abthl. Verzeichniß der Hausbesitzer nach fortlauf. Nummern der beiden Stadttheile, der Vorstädte und des Burgfriedens. Mit Anhang. gr. 8. (IV und 164 S.) Nürnberg 868, (W. Schmid's Verlag.) cart. *

– Nürnberg, Stadt u. Umgebung, s. Adressbuch der Stadt und Umgebung von Nürnberg.

—— Nürnberg-Fürth, s. Handels- u. Gewerbe-Adressbuch.

— ober-elsässisches, mit Ausnahme von Mülhausen. 1882. 8. (IV, 141 u. 496 S.) Colmar 882. (Frankfurt a/M., Boselli.) cart. n.n. 7. 20

– Oberleutensdorf, Gerichts u. Steuerbez., s. Adressbuch f. Brüx.

— der k. Stadt Oberleutensdorf i/B. Bearbeit. auf Grund amtl. Unterlagen v. Joh. Riedl. 8. (72 S. m. Plan u. Karte.) Leipzig 899. Kühnel. n. — 85

—— Oederan, s. Adreß- u. Geschäfts-Handbuch.

— für den Amtsgerichtsbez. Oederan, umfassend die Stadt Oederan sowie die Orte Börnichen, Breitenau, Frankenstein, Gahlenz, Görbersdorf, Hartha, Hetzdorf, Kirchbach, Mammendorf, Schönerstadt, Thiemendorf, Wingendorf. (110 S.) 8. Flöha 908. A. Peitz & Sohn. Geb. in Leinw. 2. 50

—— für Offenbach am Main, s. Walter, G.

— der Stadt Offenbach am Main, enthält das Verzeichniß sämmtl. Einwohner, der Geschäfts-Adressen- u. Handlungs-Firmen, sowie der Behörden u. städt. Anstalten u. 1 (lith.) Stadtplan. Herausg. von G. Walter. Offenbach a. M., 863. (Strauß.) gr. 8. (VIII, 58 S.) 20 ngr.

—— der Stadt Offenbach am Main. Bearb. von dem Melde-Büreau der Großherzogl. Bürgermeisterei Offenbach. 1877 und 1879. 8. (à ca. VIII, 238 S. mit 1 chromolithogr. Plan von Offenbach.) Offenbach, Steinmetz. à Jahrg. *
1875, 1876 und 1878 nicht erschienen.

—— der Stadt Offenbach am Main. Hrsg. von Heinr. Huhn. gr. 8. (XXIV, 302 S. mit 1 chromolithogr. Plan von Offenbach.) Offenbach 883, Steinmetz. *
geb. *

— der Stadt Offenbach a. Main. Hrsg. v. Heinr. Huhn. Mit e. geometr. Plan v. Offenbach v. Alex. Franz. gr. 8. (VIII, 312 S.) Offenbach 885. Heß. cart. n. 5. —

— der Stadt Offenbach a. M., nebst den Handelsfirmen v. Bieber, Bürgel, Dietesheim, Mühlheim, Neu-Isenburg, Groß-Steinheim, Klein-Steinheim, Obertshausen u. Rumpenheim. Mit Stadtplan u. Plan des Stadttheaters. gr. 8. (VI, 192, 68, 40 u. 16 S.) Offenbach a. M. 888. Heß. geb. n. 5. —

—— der Stadt Offenbach a. M., nebst den Handelsfirmen v. Bieber, Bürgel, Dietesheim, Mülheim, Neu-Isenburg, Groß-Steinheim, Klein-Steinheim, Obertshausen u. Rumpenheim. gr. 8. (VIII, 199; 80, 48, 20 S.) Offenbach a. M. 891, Heß. geb. * 5 —

— der Stadt Offenbach am Main, nebst den Handelsfirmen v. Bieber, Bürgel, Dietesheim, Mühlheim, Neu-Isenburg, Groß-Steinheim, Klein-Steinheim, Obertshausen u. Rumpenheim. Hrsg. v. Heinr. Huhn. gr. 8. (IV, 148; 90, 50, 18 u. 32 S. m. farb. Stadtplan.) Offenbach 893. 894. A. Heß. Kart. n. 5. —

— der Stadt Offenbach am Main, bearb. v. Heinr. Huhn. Nebst Anh.: Bieber, Bürgel, Dietesheim, Fechenheim, Lämmerspiel, Mühlheim, Neu-Isenburg, Gross-Steinheim, Klein-Steinheim, Olbertshausen u. Rumpenheim. 1902. gr. 8. (164, 103, 44, 43 u. XVI S. m. Stadtplan.) Offenbach (Th. Steinmetz). Geb. n.n. 5. —

— der Stadt Offenbach am Main, bearb. v. Heinr. Huhn. Nebst Anh.: Bieber, Bürgel, Dietesheim, Fechenheim, Heusenstamm, Lämmerspiel, Mühlheim, Neu-Isenburg, Gross-Steinheim, Klein-Steinheim, Obertshausen u. Rumpenheim. 1905. (IV, 188, 126, 47, 48 u. XX S. m. Stadtplan.) gr. 8. Offenbach (Th. Steinmetz). Geb. n.n. 5. —

— der Stadt Offenbach a. Main einschliesslich Bürgel, bearbeitet von Heinrich Huhn. Nebst Anhang: Bieber, Dietesheim, Fechenheim, Heusenstamm, Lämmerspiel, Mühlheim, Neu-Isenburg, Gross-Steinheim, Klein-Steinheim, Obertshausen, Rumpenheim. 1909. (IV, 222, 144, 52, 47, 32 u. XXX S. m. Stadtplan.) gr. 8. Offenbach, Th. Steinmetz. Geb. 7. —

—— der großherzogl. badischen Kreishauptstadt Offenburg. Entworfen von Friedr. Hahn. 8. (166 S. mit 1 lithogr. Plan in qu. 4.) Offenburg 876, (Debold. — Hambrecht. — Trube.) *
Andere Jahrg. nicht erschienen.

— der großh. badischen Kreishauptstadt Offenburg. 8. (IV, 152 S.) Offenburg 881. (Trube.) n. 1. 50

—— der großherzogl. Badischen Kreishauptstadt Offenburg. Hrsg. von Müller, nach dem Stand vom November 1886. 8. (115 S.) Offenburg 887, (Trube.) *

—— der großherzogl. Badischen Kreishauptstadt Offenburg. 1892. 8. (XIII, 142 S.) Offenb., Trube. ** 1 60

OFFIZIELLES ADRESSBUCH DES DEUTSCHEN BUCHHANDELS und die verwandten Geschäftszweige.
(Begründet von O. A. SCHULZ.)
Im Auftrage des Vorstandes bearbeitet von der Geschäftsstelle des Börsenvereins der Deutschen Buchhändler in Leipzig.
Jahrg. 61. 1899. Mit dem Bildnisse Fritz Borstells. ib. —
Jahrg. 62. 1900. Mit dem Bildnisse Hermann Loeschers. ib. —
Jahrg. 63. 1901. Mit dem Bildnisse Dr. Pareys. ib. —
Jahrg. 64. 1902. Mit dem Bildnisse von Wilhelm Hertz. ib. —

OFFIZIELLES ADRESSBUCH DES DEUTSCHEN BUCHHANDELS.
(Begründet von O. A. SCHULZ.)
Im Auftrage des Vorstandes bearbeitet von der Geschäftsstelle des Börsenvereins der Deutschen Buchhändler zu Leipzig.
Jahrg. 65. 1903. Mit dem Bildnisse Dr. Max Abrahams. ib. —
Jahrg. 66. 1904. Mit einem Bildnis Karl Franz Koehlers. ib. —
Jahrg. 67. 1905. Mit einem Bildnisse Rudolf Oldenbourgs. ib. —
Jahrg. 68. 1906. Mit einem Bildnisse Ernst Arthur Seemanns. ib. —
Jahrg. 69. 1907. Mit dem Bildnisse von Emil Strauss. ib. —

— offizielles, des deutschen Buchhandels u. der verwandten Geschäftszweige. (Begründet v. O. A. Schulz.) 64. Jahrg. 1902. Im Auftrage des Vorstandes bearb. v. der Geschäftsstelle des Börsenvereins der Deutschen Buchhändler zu Leipzig. 2 Bde. Mit dem Bildnisse v. Wilh. Hertz. gr. 8. (VIII S., Bl. IX—XIII, S. XV—XXII, 847 u. 502 S.) Leipzig. Geschäftsstelle des Börsenvereins der deutschen Buchhändler. Geb. 18. —; für Mitglieder des Börsenvereins n.n.n. 11. 50; in 1 Bd. geb. n. 16. —; bezw. n.n.n. 10. —; 1. Abtlg. allein (VIII S., Bl. IX—XIII, S. XV—XXII, 847 S. m. 1 Bildnis.) Geb. n. 4. —

Adressbuch, Offizielles, des deutschen Buchhandels. (Begründet von O. A. *Schulze.*) Im Auftr. d. Vorstandes bearb. von d. Geschäftsst. d. Börsenver. d. Deutschen Buchhändler zu Leipzig. Jg 68, 1906 [nebst] Nachtr. 1906. Leipzig 1906. 8°. — Nd 10. —

— offizielles, des deutschen Buchhandels. (Begründet v. O. A. Schulz.) 69. Jahrg. 1907. Im Auftrage des Vorstandes bearb. v. der Geschäftsstelle des Börsenvereins der Deutschen Buchhändler zu Leipzig. Mit dem Bildnisse v. Emil Strauss. (XXXII, 564, 507 u. 49 S.) Lex.-8. Leipzig, Geschäftsstelle des Börsenvereins der Deutschen Buchhändler. Geb. in Leinw. n. 16. —; f. Mitglieder des Börsenvereins n.n.n. 10. —; kleine Ausg. (XXXII, 564 u. 49 S.) n. 4. —

— Buchhandel, deut., offizielles. (Begründet v. OA Schulz) 72. J. 1910. Bearb. v. d. Geschäftsstelle d. Börsenver. d. Deut. Buchhändler zu Leipzig. (23, 623, 310, 186 u. 66 S. u. Nachtr. 5 Bl. m. 1 Bildn.) Lex 8° — Leipzig: Geschäftsstelle d. Börsenver. d. Deut. Buchhändler.

— offizielles, des deutschen Buchhandels. (Begründet v. O. A. Schulz.) 73. Jahrg. 1911. Im Auftrage des Vorstandes bearb. v. der Geschäftsstelle des Börsenvereins der Deutschen Buchhändler zu Leipzig. Mit dem Bildnis Johannes Stettners. (XXI, 629, 313, 196 u. 67 S. u. Nachtrag V Bl.) Lex. 8. Leipzig, Geschäftsstelle d. Börsenvereins d. Deutschen Buchhändler. Geb. in Leinw. 16. —; f. Mitglieder des Börsenvereins nnn 10. —; Ausg. in 2 Bde. geb., Abteilg. I durchschossen 20. —; f. Mitglieder des Börsenvereins nnn 13. —; kleine (Personal-)Ausg. (XIII, 629 u. 67 S. u. Nachtrag V Bl.) 4. —

(F) **Officielles Adressbuch** der Stadt Hall in Tirol. Herausgegeben mit Genehmigung und Unterstützung des Stadtmagistrates Hall. Innsbruck. 1900. Vereins-Buchhandlung. Gr.-8°. 72 S. mit einer Tafel. K 1.20

— officielles, der Stadt Hall in Tirol. Hrsg. m. Genehmigg. u. Unterstützg. des Stadtmagistrates Hall. gr. 8. (VIII, 52 S. m. 1 Abbildg. u. 1 Plan.) Innsbruck 901. Vereins-Buchh. u. Buchdr. 1.20

**Adressbuch.** Offiziolles A' für Handel und Gewerbe vom Kanton St. Gallen (*Umschlag:* St. Gallisch kantonales A' für H' und G') 1907. [1. Ausgabe. Illustriert.] Hrg. und nach amtlichem Manuskript bearb. von der Buchdruckerei Klein & Kast in Horn am Bodensee. (*zus.* 391 S.) 8. [geb. fr. 3. 50]

— offizielles, der Stadt Komotau m. (farb.) Stadtplan. Mit Genehmigg. des Stadtrates auf Grund amtl. Daten zusammengestellt v. Alfr. Brückner. (144 S.) gr. 8. Komotau (909). W. Benker. nn 3. —

— officielles, für Rheinland-Westphalen, [in 3 Thln. 1r Thl.: Preuß. Rhein-Provinz. Enthaltend: Die Adreß-Sammlungen d. Regierungs-Bezirke Düsseldorf, Köln u. Koblenz, vom letztern aber nur insoweit, als sie auf dem diesseitigen (rechten) Rheinufer liegen, jedoch einschließlich d. Stadtkreise Köln u. Koblenz.] Mit 1 Bildn. gr. 8. Elberfeld 834. (Schönian.) 1 1/3 ℛ 2r Thl. [Provinz Westphalen. Enth. d. Adreß-Samml. d. Regierungsbezirke Arnsberg, Münster u. Minden, von letztern beiden jedoch die Dorfschaften ausgenommen.] gr. 8. Ebd. 834. 1 ℛ 3r Thl. [Rang- u. Quartier-Liste d. k. Preuß. Truppentheile in Rheinland-Westphalen. — Anweisung zur Titulatur, Form d. Briefe u. Adressen.] gr. 8. Ebd. 834. 2/3 ℛ (NB. Die 2e Aufl. s. R. Brüning.)

Offizielles Adressbuch der Stadt St. Gallen 1901. Nach amtlichen Quellen. Mit einem Telephon-Abonnenten-Verzeichnis, Strassen-Verzeichnis, Stadtplan, Theaterplan und Inseraten-Anhang. (*zus.* 334 S.) 8. St. Gallen, J. J. Sonderegger. [geb. fr. 4. —]

Offizielles Adressbuch der Stadt St. Gallen 1902 *u.* 1903. Nach amtlichen Quellen. Mit einem Telephon-Abonnenten-Verzeichnis, Strassen-Verzeichnis, Stadtplan, Theaterplan und Inseraten-Anhang. XI + 304 + 35 S. *u.* IX + 316 + 47 S. 8. St. Gallen, J. J. Sonderegger. [geb. fr. 4. — *u.* geb. fr. 4. 50]

Offizielles A' der Stadt St. Gallen 1904 *u.* 1905. Nach amtlichen Quellen. Mit einem Telephon-Abonnenten-Verzeichnis, Strassen-Verzeichnis, Stadtplan, Theaterplan und Inseraten-Anhang. IX + 318 + *Anhang* 41 S. *u.* XI + 328 + *Anh'* 49 S. 8. St. Gallen, J. J. Sonderegger. [geb. *je* fr. 4. —]

Offizielles A' der Stadt St. Gallen und der Gemeinde Tablat 1906. Nach amtlichen Quellen. Mit einem Telephon-Abonnenten-Verzeichnis, Strassen-V', Stadtplan, Theaterplan und Inseraten-Anhang. (*zus.* 472 S.) 8. St. Gallen, Herm. Honer. [geb. fr. 5. —]

Offizielles A' der Stadt St. Gallen und der Gemeinden Straubenzell und Tablat.... Nach amtlichen Quellen. 8.
... 1907 *u.* ... 1908. [*je* Mit 1 Plan.] IV + 431 S. + *Anzeigen u.* IV + 490 S. + *Anzeigen.* St. Gallen, Herm. Honer. [geb. *je* fr. 5. —]
... 1909, mit Übersichtsplan der Stadt St. G' und der Gem' Str' und T'. IV + 479 S. + *Anzeigen.* St. G', J. J. Sonderegger. [geb. fr. 6. —]
... 1910, mit Üb' der Stadt St. G' und der Gem' Str' und T', sowie der Pläne des Stadttheaters und der Tonhalle. IV + 534 S. + *Anzeigen.* St. Gallen, J. J. S'. [geb. fr. 6. —]

— Offiziere, Ärzte u. Beamte d. Garnison Würzburg. (11) 12° — Würzburg: J. Staudinger's V. 1900.

— Offiziere u. Beamte etc. d. Garnison Mainz-Kastel, Wiesbaden u. Biebrich. Winter-Ausg. 1904/5. (17). 8° — Mainz: V.v. Zabern.

— Offiziere u. Beamte etc. d. Garnison Thorn. (25). 16° — Thorn: W. Lambeck 1905.

— der Offiziere u. Beamten des XIV. Armeekorps. Hrsg. v. F. Berendt. Ausg. 1894. gr. 8. (52 S.) Strassburg, G. L. Kattentidt. n. 1. 50

— der Offiziere u. Beamten des XIV. Armeekorps. Hrsg. v. F. Berendt. Ausg. 1895. (2. Jahrg.) gr. 8. (47 S.) Strassburg. Basel, G. L. Kattentidt. n. 1.50

— der Offiziere, Behörden und Beamten des XI. Armeekorps. Hrsg. v. F. Berendt. Ausg. 1894/95. gr. 8. (49 S.) Ebd. n. 1. 50

— dasselbe des kgl. bayer. I. Armeekorps. Hrsg. n. amtl. Quellen von v. Donat. Ausg. 1895. gr. 8. (64 S.) Ebd. n. 1. 50

— der Offiziere und Militärbeamten des XIII. kgl. württembergischen Armeekorps m. Einschluss des kgl Hofes. Hrsg. n. amtl. Quellen n. d. Stande v. 15. Octbr. 1895. Ausg. 1895/96. 2. Jahrg. gr. 8. (42 S.) Stuttgart 895. (H. v. Treuenfeld.) n. 1. 50

— **der Offiziere u. Militär-Beamten sämmtlicher Garnisonen in Elsass-Lothringen. Ausg. 1892/93. gr. 8. (124 S.) Ebd. n. 4. —**

— der Offiziere u. Militärbeamten in Offiziersrang des XII. (königl. sächsischen) Armeekorps. Ausg. v. Novbr. 1894. gr. 8. (IV, 33 S.) Leipzig, Zuckschwerdt & Möschke. n. — 50

— d. Offiziere u. Militärbeamten i. Offiziersrang d. XII. (kgl. sächs.) Armeekorps. Ausg. v. 1. April 1895. gr. 8. (IV, 33 S.) Leipzig 895. Zuckschwerdt & Möschke. n. — 50

— d. Offiziere u. Militär-Beamten d. Garnison Posen. Winter-Ausg. 1903/04. (37) 8° — Posen: (F. Ebbecke).

— Offiziere, Sanitäts-Offiziere u. Militär-Beamte p.p. d. Standorte Dietz, Diedenhofen, Mörchingen, St. Avold, Forbach u. Dieuze. Hrsg. v. R. Freimark. 10. Jahrg. 1905. 4 Hefte. (1. Heft, 45 u. 12). 8° — Metz: P. Müller.
Bis 1901 hrsg. v. Koenigs.

— Cöln, Offiziere, Sanitäts-Offiziere u. Militärbeamte d. Garnison Cöln, Deutz, Mülheim u. Kalk. 9. Jahrg. 1904 (74) 16° — Köln, JG Schmitz.

— Offiziere, Sanitätsoffiziere u. Militärbeamte d. Garnison München. (83). 12° — München: J. Palm, 1901.

— Offiziere, Sanitäts-Offiziere u. Militär-Beamte pp. d. Garnison Trier. 7. Jahrg. 1905. 4 Hefte. (1. Heft. 8) 8° — Trier: F. Lintz.

— **der Offiziere u. höheren Zivil- u. Militär-Beamten der Städte Düsseldorf u. Crefeld. 2. Jahrg. Ausg. 1906/1907. Zusammengest. n. amtl. u. priv. Quellen v. Otto Hoff. (41 S.) 8. Barmen, H. Klein's Buchh. n. 1. —**

— der Offiziere, sowie Zivil- u. Militär-Beamten der Städte Düsseldorf u. Crefeld. Zusammengestellt nach amtl. u. privaten Quellen v. Otto Hoff. 3. Jahrg. Ausg. 1908/09. (58 S.) 8. Barmen, H. Klein's Buchh. 1. —

— v. Ohlau, s.: Adreß- u. Auskunftsbuch.

Adressbuch von Oldenburg, s. Volksbote

— für die Haupt- u. Residenzstadt Oldenburg, sowie f. Stadtgebiet u. Osternburg. 1873—74. Nach amtl. Quellen bearb. 8. (III, 138 S.) Oldenburg 873. Bültmann & Gerriets in Comm. n. 2. —

— der Residenzstadt Oldenburg für 1880/81. Nach amtl. Quellen bearb. 8. (153 S.) Oldenburg, Schulze'sche Hofbuchh. ℳ 3.; geb. *

—— dass. — für 1882/83 und 1884/85. Im Auftrage des Stadtmagistrats nach amtl. Quellen bearb. 8. (163; 171 S.) Ebendas. à Jahrg. *M 2.; geb. *

—— der Residenzstadt Oldenburg für 1885/86, 1886/87, 1887/88 und 1888/89. Im Auftrage des Stadtmagistrats nach amtl. Quellen bearb. 8. (172; 176; 180; 182 S.) Oldenburg, Schulze'sche Buchh. à Jahrg. *M 2.—.; geb. *

—— der Residenzstadt Oldenburg f. 1889/90, 1890/91, 1892/93. 8. (à Jahrg. ca. 200 S.) Oldenb., Schulze. à Jahrg. * 2 —; geb. * 2 75

— der Residenzstadt Oldenburg f. 1893/94. Im Auftrage des Stadtmagistrats nach amtl. Quellen bearb. 8. (201 S.) Oldenburg, Schulze. n. 2 —; geb. n. 2. 75

— d. Residenzstadt Oldenburg f. 1898/99. J. Auftr. d. Stadtmagistrats u. amtl. Quellen bearb. 8. (II, 232 S.) Oldenburg, Schulze. n. 2. —; geb. n. 2. 75

— der Residenzstadt Oldenburg m. Vororten f. 1901. Im Auftrage des Stadtmagistrats nach amtl. Quellen bearb. 8. (III, 264 S.) Oldenburg, Schulze. n. 3. —

– Oldenburg m. Vororten. (284) 8° – Oldenbg.: Schulze, 1904.

— der Residenzstadt Oldenburg m. Vororten f. 1906. Im Auftrage des Stadtmagistrats nach amtl. Quellen bearb. (IV, 295 S.) 8. Oldenburg, Schulze. n. 3. 50; geb. in Leinw. n. 4. 50

— der Residenzstadt Oldenburg m. Vororten f. 1909. Im Auftrage des Stadtmagistrats unter Mitbenutzg. amtl. Quellen bearb. (IV, 344 S.) kl. 8. Oldenburg, Schulze. 4. —

— der Stadt Oldenburg. Mit einem Anhange. 8. Oldenburg 844, Stalling. 1/12 ℔

— der Gemeinde Oliva. Nach amtl. Quellen bearb. v. O. Ramminger. Jahrg. 1909. (XV, 72 S.) gr. 8. Danzig-Langfuhr, Spendig & Graf. (Nur direkt.) 2. —

– Olmütz, s. Adolph's Adressenanzeiger

— d. kgl. Hauptstadt Olmütz u. ihrer Vororte. Hrsg. v. Olmützer Gewerbeverein. 1. Jahrg. 1895. M. 1. Situationsplan v. Olmütz u. d. Sitzplan d. städt. Theaters. gr. 8. (VIII, 177 S.) Olmütz, E. Hölzel. Kart. n. 3. —

— der königl. Hauptstadt Olmütz u. ihrer Vororte. Hrsg. vom Olmützer Gewerbeverein. II. Jahrg. 1899. gr. 8. (VI, 178 S. m. 1 Plan.) Olmütz, E. Hölzel. Kart. n. 3. 50

Adressbuch für die Stadt und den Kreis Olpe. Nebst Geschäfts- u. Firmen-Register. Nach amtl. u. privaten Quellen hrsg. von Lorsbach's Adressbücher-Verl., Altena. 3. Aufl. *Altena 1899: R. Kord-Ruwisch.* (48, XXXX, 80 S.) 8° [J.] [oo. 10416 6

— für die Stadt u. den Kreis Olpe. Nebst Geschäfts- u. Firmen-Register. Nach amtl. u. priv. Quellen hrsg. 5. Aufl. gr. 8. (VII, 8, XL, 70 S.) Altena 899, Geschw. Lorsbach. Kart. n. 4. —

— v. Oels, s.: Adreß- u. Auskunftsbuch.

— für Oelsnitz im Erzgebirge auf d. J. 1903. (VII, 208 S.) gr. 8. Oelsnitz (H. Sigling). Kart. n.n. 4. 60

Adressbuch Oelsnitz i. V., s. a. Hand- und Adreßbuch

— der Industriestadt Oelsnitz i/V., nebst Geschäftsanzeiger u. neuem Stadtplan, sowie e. Anh., enth.: „Deutsches Industrie-Register" (Bezugsquellen-Nachweis f. den Geschäftsverkehr). 3. (Ergänzungs-) Ausg. pro 1893 und 1894. Hrsg. v. Paul Stubenhöfer u. Arth. Bahner. gr. 8. (IV, 78 u. 28 S.) Oelsnitz, Selbstverlag der Herausgeber. n. 2. —
Frühere Ausg. erschien u. d. T.: Hand- u. Adreßbuch.

— d. Stadt Oelsnitz i. V., s.: Hand- u. Adreßbuch.

– Oelsnitz i.V. m. Vogtsberg, Raschau, Lauterbach u. Untermarxgrün. 5. Ausg. (204 m. 1 Pl.) 8° – Oelsnitz: (H. Back) 1904.

— f. d. Stadt Olten. Bearb. u. hrsg. v. Jules Näf u. Glieb. Probst. I. Ausg. 1897. 8. (119 S. m. 6 Abb. u farb. Plan.) Olten (A. Michel.) Geb. in Leinw. n. 2. —

Adress-Buch für die Stadt Olten mit Inseratenanhang. Bearb. und hrsg. von Jules Näf und Gottlieb Probst. 2. Ausg. 1901. Im Selbstverlage der Verfasser. [Mit 4 Ansichten.] XVI + 148 + 56 S. 8. (Olten,) Peter Dietschi (*Aufdruck:* H. R. Sauerländer & Co, Verlagsbuchh., Aarau). [fr. 3.—]

*S. VII—XV:* Aus den Urkunden des Stadtarchivs. Nach den von Herrn Rektor Ed[uard] Zingg verfassten Regesten.

— d. Reg.-Hauptstadt Oppeln f. d. J. 1895. Hrsg. v. Herm. Muschner. gr. 8. (VIII, 61 u. 68 S. m. farb. Plan.) Oppeln. E. Franck. Kart. n. 4. —

— der Reg.-Hauptstadt Oppeln. gr. 8. (XV, 145 S.) Oppeln 902. G. Maske. Kart. n. 5. —

— der Regierungs-Hauptstadt Oppeln einschließlich der Gemeinde Königl. Neudorf. (XII, 164 u. 24 S.) gr. 8. Oppeln 906. (H. Muschner.) Kart. n.n. 3. —

— für Oranienburg u. Umgegend. 1906. Auf Grund amtl. Materials hrsg. v. Wilh. Möller. (IV, 109 S.) gr. 8. Oranienburg, W. Möller. n. 1. —; geb. n. 1. 60

— f. Oranienburg u. Umgegend 1908/09. Auf Grund amtl. Materials hrsg. v. Wilh. Möller. (32, 98 u. 73 S. m. Abbildgn.) gr. 8. Oranienburg (907.) W. Möller. 1.50; geb. 2. —

Adreßbuch umliegender Orte v. Zwickau, Sa. Mit Angabe der örtl. Behörden. Zusammengestellt auf Grund amtl. Unterlagen v. Heinr. Hilker. 1903. Hrsg. v. Heinr. Hilker u. O. Mor. Kogel. gr. 8. (418 S.) Wilkau i/S. (Hermannstr. 87 B), H. Hilker. Kart. n. 5. —

— der Ortschaften des Plauen'schen Grundes, die Stadt Tharandt u. die Dörfer Burgk, Coßmannsdorf, Deuben, Döhlen, Hainsberg, Neucoschütz, Potschappel u. Zaukeroda umfassend. Mit Geschäftsanzeiger. 1. Ausg. 1882 u. 1883. Nach officiellen Angaben u. m. Unterstützung der Gemeindebehörden verf. v. H. Ludw. Laessig. 8. (182 S.) Potschappel 882. Engelmann in Comm. geb. 4. —

– f. sämmtl. Ortschaften d. Kreises Bernburg ausschliesslich d. Kreisstadt 1895/96. Hrsg. v. H. Weissert. 8°.– (144) Bernb.: (P. Böttger).

— f. sämmtl. Ortschaften d. Kreises Bernburg (ausschließl. d. Kreisstadt) 1899 m. Ang. d. bezügl. Verwaltungsbehörden. Hrsg. v. H. Weißert. gr. 8. (III, 146 u. 14 S.) Bernburg (P. Böttger). Kart. n.n. 2. —

Adressbuch v. Oschatz, s. a. Adreß- und Geschäfts-Handbuch

– Oschatz. (114, 21, 26, 19 u. 170) 8° – Oschatz: (B. Krasemann Nf.) 1904.

—— von Oschersleben, s. Adreß- und Geschäfts-Handbuch.

— für die Stadt Osnabrück. 1862. Osnabrück, (Rackhorst.) gr. 8. (152 S.) 1 ₰.

—— für die Stadt Osnabrück. 1868. gr. 8. (IV, 80 S.) Osnabrück 869, (Rackhorst'sche Buchh.) geb. **

—— für die Stadt und Feldmark Osnabrück auf die J. 1875. 1876/77. Hrsg. von G. Elstermann. 8. (154; 160 S.) Osnabrück, Rackhorst'sche Buchh. geb. à Jahrg. **

—— dass. — auf die J. 1878. 1879/80. 8. (166; 180 S. mit 1 Stadtplan.) Ebendas. geb. à Jahrg. **

—— für die Stadt und Feldmark Osnabrück auf die J. 1881, 1882/83. Hrsg. von G. Elstermann. 8. (16, 188, 60; 188, 50 S. mit Stadtplan.) Osnabrück, Rackhorst'sche Buchh. geb. à Jahrg. **

— für die Stadt u. Feldmark Osnabrück 1884. Hrsg. v. G. Elstermann. gr. 8. (X, 194 S. m. 2 lith. Plänen.) Osnabrück 884. (Veith.) geb. n.n. 4. 50

—— für die Stadt und Feldmark Osnabrück auf die J. 1885—1887. Hrsg. von G. Elstermann. 8. (204; 206; 202 S.) Osnabrück, (Veith.) à Jahrg. **

—— dass. — auf das J. 1888/89. Hrsg. von G. Elstermann. 8. (VIII, 170 S. mit 2 Plänen.) Osnabrück, (Pillmeyer.) **

—— für die Stadt und Feldmark Osnabrück auf das J. 1890/91. (212 S. mit 1 Stadtplan.) Osnabr., (Pillmeyer). ** 4 —

— für die Stadt- u. Feldmark Osnabrück auf d. J. 1893. 16. Ausg. Bearb. u. hrsg. v. G. Elstermann. 8. (VIII, 216 S. m. 1 Stadtplan.) Osnabrück, (G. Pillmeyer). Geb. n.n. 4. —

— der Stadt Osterode a. Harz, nebst Vorortsgemeinden Freiheit, Petershütte u. Lehrde. Nach amtl. Quellen bearb. 8. (90 S. m. Stadtplan.) Osterode 900. A. Sorge. Geb. n. 1. 50

Adressbuch Oesterreich - Ungarn, s. F i r m e n , d.protokollierten

– Oesterreich-Ungarn, s. S t e h l i k ' s Handels-Adressbuch der Kaufleute u. Fabrikanten von Oesterreich-Ungarn.

— für Osterwieck a. H. 1901/02. gr. 8. (68 S.) Osterwieck. (Leipzig, P. Stiehl.) n. 1. 25

— für Ostfriesland [Landdrostei Aurich]. 1880—1881. gr. 8. (355 S.) Leer. (Emden, Haynel.) n. 5. 50

—— von Ostpreußen, s. Handbuch der Provinz Ostpreußen.

—— für die Ostvorstadtorte Leipzigs: Volkmarsdorf, Neuschönefeld, Neustadt, Schönefeld, Sellerhausen, Neusellerhausen, Anger-Crottendorf, nebst einem Geschäfts-Anzeiger von Gewerbtreibenden auf das J. 1888. 1. Jahrg. Nach amtl. Unterlagen zusammengestellt von Fr. Bamberger. gr. 8. (VIII, 267 S.) Volkmarsdorf, F. Bamberger, Bergstr. 1. cart. **

—— dass. — auf das J. 1889. 2. Jahrg. gr. 8. Ebendas. **

—— für die Ostvororte Leipzigs: Volkmarsdorf, Neustadt, Neuschönefeld, Schönefeld, Sellerhausen, Neusellerhausen, Thonberg, Neureudnitz, Stötteritz auf d. J. 1890. 3. Jahrg. gr. 8. (IV, 242 S.) Lpz.-Volkmarsdorf. (Lpz., Eisenschmidt u. Schulze.) cart. ** 3 —

— f. die Leipziger Ostvorstadt, L.-Reudnitz, L.-Anger-Crottendorf, L.-Volkmarsdorf, L.-Neustadt, L.-Neuschönefeld, L.-Sellerhausen, L.-Thonberg, L.-Neureudnitz u. der Gemeinde Neusellerhausen, nebst e. Geschäftsanzeiger f. Handel u. Gewerbe. 4. Jahrg. Nach den sichersten Quellen zusammengestellt v. F. Bamberger. gr. 8. (VIII, 346 S.) Leipzig-Volkmarsdorf 891. (Leipzig, Eisenschmidt & Schulze.) Kart. n.n. 3. 50

—— von Ottensen, s. Adreßbuch, kaufmännisches, von Hamburg ꝛc.

Adreßbuch für Ottensen und den Kreis Pinneberg, nämlich für die in letzterem belegenen Orte Barmstedt, Blankenese, Elmshorn, Pinneberg, Uetersen, Wedel und deren ländliche Umgebungen pro 1875. Ottensen. (1875.) 8°

– Oetzsch-Gautzsch m. Dölitz-Markkleeberg, Zöbigker, Prödel, Gaschwitz-Gr.-Städteln, Debitzdeuben, Grossdeuben, Probstdeuben. (187 m. Abb. u. 2 Taf.) 8° – Oetzsch b/Lpzg., 1902, Lpzg., R. Gerstäcker.

Adreßbuch für Oetzsch-Gautzsch m. Einwohnerverzeichniß der Orte Dölitz-Markkleeberg, Zöbigker, Prödel, Gaschwitz-Gr.-Städteln, Debitzdeuben, Großdeuben, Probstdeuben. Zusammengestellt auf Grund behördl. Angaben v. Carl Hugo Müller. 1902/03. gr. 8. (187 S. m. 7 Abbildgn. u. 2 Taf.) Oetzsch b/Leipzig (Städtelnerstr. 44), Carl Hugo Müller. Geb. n. 4. —

— vom Bad Oeynhausen. N. amtl. Mat. bearb. v. A. Hettler. 1. Jahrg. 1895. gr. 8. (51 S.) Bad Oeynhausen. (Leipzig, E. O. Jahn.) n.n. 2. 40

— d. Badeortes Oeynhausen u. d. Amtes Rehm. 1897—1898. Hrsg. v. A. Lütgort. gr. 8. (VIII, 173 S. m. 1 Plan u. 1 Bl. Strassenverzeichn.) Oeynhausen, G. Ibershoff. n. 2. 50

Adressbuch v. Paderborn, s. a. A d r e ß - und Geschäfts - H a n d b u c h

– Paderborn. (262) 8° – Paderb: Junfermann, 1904.

— d. Stadt Paderborn. s.: Adreß- u. Geschäftshandbuch.

– Panitzsch, s. A d r e s s b u c h Leipzig-Land.

—— Papier, s. Adressen der Papier-, Pappen-, Holzstoff- etc. Fabriken v. Dänemark, Norwegen, Schweden u. Finnland.

—— der Papier-Erzeugung, Verarbeitung und Handel, s. Papier-Kalender.

—— der Papierfabriken etc., s. Güntter-Staib.

— der Papier-, Halbstoff- u. Pappenfabriken Oesterreich-Ungarns, s.: Adressenbuch.

—— der Papier-, Holzstoff-, Strohstoff- und Cellulose-Fabriken, s. Verzeichniss.

—— Papierfach, s. Papier-Kalender.

— der Papier-Industrie Deutschlands u. der Schweiz, enth. die Adressen der Papier-, Pappen- u. Papierstoff-Fabriken, der Buntpapier-, Glacé-, Metallpapier-Chromopapier-, Chromokarton-, Kartonpapier- u. Pergamentpapier-Fabriken sowie der Papier- u. Pappen-Grosshandlgn. nebst e. ausführl. Bezugsquellen-Verzeichnis der Erzeugnisse. Jahrg. 1910. (XXX, 330 u. 96 S.) Lex. 8. Berlin. A. Birkner. Geb. 6. —

Adreßbuch der Papier-Industrie Deutschlands und der Schweiz. Jg. 1910 ff. Berlin

—— der Papier-Verarbeitung u. des Papier-Grosshandels in Deutschland. Berlin 1892. 8.

— der Papier-Verarbeitung u. d. Papier-Grosshandels in Deutschland. gr. 8. (XII, 526 S.) Berlin 893. C. Hofmann. Geb. in Leinw. n. 8. —

—— Papierwaaren, s. Regenhardt, C.

**Adressbuch** des **Papier-, Schreib- u. Galanterie-Waren-Handels**, sowie der Buchbinder in Deutschland. gr. 8. (XXX, 532 S.) Berlin 894. C. Hofmann, Verl. der Papier-Zeitung. Geb. n. 8. —

— des **Papier- u. Schreibwarenhandels**, sowie der Papierfabriken, Papierfabriks-Niederlagen, Papierconfectionäre, Schreibwaren-Erzeuger, Engrossisten, Buch- und Musikalienhändler, Buchdrucker, Musikinstrumenten-Erzeuger und Händler, Buchbinder und Lieferanten der Branchen v. Oesterreich-Ungarn und Balkanländer. 2. Jahrg. 1894. Verm. u. verb. Aufl. 8. (159 S.) Wien, (Leipzig, R. Gerhard). Geb. in Leinw. n. 6. —

– d. Papier- u. Schreibwarenhandel, sowie d. Papierfabriken, Papierfabriksniederlagen, Papierconfectionäre, Schreibwarenerzeuger u. Engrossisten, Buch- u. Musikalienhändler, Buchdrucker, Musikinstrumenten–erzeuger u. – Händler, Buchbinder u. Lieferanten d. Branchen v. Oesterreich-Ungarn u. d. Balkanländern. (Red.: M. Stern.) III. Jahrg. 1895. 3. Aufl. 8° (140) Wien (XVIII, 2, Schöffelgasse 12), Administr. d. Fach–zeitschr. „ Der österr.- ungar. Papier- u. Schreibwaren–handel ".

**Adressbuch** des Papier- und Schreibwaarenhandels, sowie der Papierfabriken, Papier-Fabriks-Niederlagen, Papier-Confectionäre, Schreibwaaren-Erzeuger und Engrossisten, Buch- und Musikalienhändler, Buchdrucker, Musik-Instrumenten-Erzeuger und Händler, Buchbinder und Lieferanten der Branche von Oesterreich-Ungarn und den Balkanländern. IV. Jahrg. 1896. 4. vermehrte und verbesserte Auflage. 8. (163 S.) Geb. 3.60
Wien: Administration des österr.- ungar. Papier- und Schreibwaarenhandels 1896.

**Adressbuch** des Papier- und Schreibwaarenhandels, sowie der Papierfabriken, Papier-Fabriks-Niederlagen, Papier-Confectionäre, Schreibwaaren-Erzeuger und Engrossisten, Buch- und Musikalienhändler, Buchdrucker, Musik-Instrumenten-Erzeuger und Händler, Buchbinder und Lieferanten der Branche von Oesterreich-Ungarn und den Balkanländern. V. Jahrg. 1897. 4. vermehrte und verbesserte Auflage. 8. (163 S.) Geb. 3.— netto.
Wien: Administration des österr.- ungar. Papier- und Schreibwaarenhandels 1897.

**Adressbuch** des **Papier- u. Schreibwarenhandel**, sow. d. Papierfabriken, Papierfabriksniederlagen, Papierconfectionäre, Schreibwarenerzeuger u. Engrossisten, Buch- u. Musikalienhändler, Buchdrucker, Musikinstrumenten-Erzeuger u. -Händler, Buchbinder u. Lieferanten d. Branchen v. Oesterreich-Ungarn u. d. Balkanländern. (Red.: Mich. Stern.) VI. Jahrg. 1898. 6, verm. u. verb. Aufl. gr. 8. (166 S.) Wien (XVIII/2, Gersthof), Stern's Zeitungsverl. Geb. i. Leinw. 10. —

— des **Papier- u. Schreibwarenhandels**, sowie d. Papierfabriken, Papierfabriksniederlagen, Papierconfectionäre, Schreibwarenerzeuger u. Engrossisten, Buch- u. Musikalienhändler, Buchdrucker, Musikinstrumentenerzeuger u. Händler, Buchbinder u. Lieferanten d. Branchen v. Oesterreich-Ungarn u. d. Balkanländern. (Stern's Adressbuch der Papier- u. Schreibwarenbranche.) X. Jahrg. 1902. 10. verm. u. verb. Aufl. 8. (169 S.) Wien, Stern's Zeitungsverl. Geb. in Leinw. 10. —

**Adressbuch** des Papier- und Schreibwarenhandels sowie der Papierfabriken etc. 11. Jahrg. 1903. 11. Aufl. Gr.-8°. (175 S.) Wien: Seidel 1903. geb. K 6.--

— des **Papier- u. Schreibwarenhandels**, sowie der Papierfabriken, Papierfabriks-Niederlagen, Papier-Konfektionäre, Schreibwaren-Erzeuger u. Engrossisten, Buch- u. Musikalienhändler, Buchdrucker, Musikinstrumenten-Erzeuger u. -Händler, Buchbinder u. Lieferanten der Branchen v. Oesterreich-Ungarn u. den Balkan-Ländern. (Stern's Adressbuch der Papier- u. Schreibwarenbranche.) XIII. Jahrg. 1905. 13., verm. u. verb. Aufl. (181 S.) gr. 8. Wien, Mich. Stern. Geb. in Leinw. n. 10. —

— **der Vorderstadt Parchim.** 1881. gr. 8. (V, 68 S.) Parchim, Wehdemann. cart. n. 1. 50

— der Vorderstadt **Parchim** 1886. gr. 8. (VI, 68 S.) Parchim, Wehdemann. n. 1. 25

— **der Vorderstadt Parchim 1891. Mit Beilage: Situationsplan der Stadt Parchim.** gr. 8. (X, 72 S.) **Parchim, H. Wehdemann. n. 2. —**

— d. Vorderstadt **Parchim** 1896. (N. d. amtl. Mat. d. letzten Volkszählg. bearb.) M. Beil.: Situationsplan d. Stadt Parchim u. vergleich. Verzeichn. d. Straßen-No. m. d. Stadtbuch-No. d. Häuser. gr. 8. (IX, 71, 7 u. 12 S.) Parchim, H. Wehdemann. n. 2. —; geb. n. 2. 25

— der Vorderstadt **Parchim** 1901. (Nach dem amtl. Material der letzten Volkszählg. bearb.) Mit e. Situationsplan der Stadt Parchim. gr. 8. (XI, 86 S.) Parchim, H. Wehdemann. Geb. in Leinw. n. 2. 50

— der Vorderstadt **Parchim** 1906. (Nach dem amtl. Material der letzten Volkszählg. bearb.) (XI, 92 S. m. 1 Plan.) 8. Parchim, H. Wehdemann. n. 2. 50; geb. n. 3. —

— der Stadt **Passau**. 8. (162 S.) Passau 891, (M. Waldbauer). geb. in Leinw. ** 2 —

— **der Stadt Passau.** Nach Orig.-Aufnahmen bearb. u. hrsg. v. Albr. Liesecke. 2. Ausg. 8. (XL, 195 u. 32 S.) Passau 893. (K. Abt. — M. Waldbauer.) Kart. n. 3. —

– Passau u. Umgebg. m. Kurort Hals. '09-10. (15,264 m. 1 Pl.) gr 8° – Passau: (M.Waldbauer).

— f. **Passau** u. Umgebung m. Kurort Hals. 1911—1912. Bearb. u. hrsg. v. Ablaßmayer & Penninger. (XV, 300 S. m. 1 farb. Plan.) gr. 8. Passau, (M. Waldbauer). Geb. in Halbleinw. nn 4. 50

— v. **Batschkau**, s.: Adreß- u. Auskunftsbuch.

— von Stadt u. Kreis **Peine**. Nach amtl. Material bearb. 8. (387 S.) Hildesheim (900). F. Borgmeyer. Geb. in Halbleinw. n. 3. —

— der Stadt u. des Kreises **Peine**, sowie einiger Ortschaften des Herzogth. Braunschweig u. des Kreises Burgdorf, nebst Anh., enth. ortsstatuar., polizeil. u. einige wicht. gesetzl. Bestimmgn. f. die Stadt Peine. Auf Grund amtl. Unterlag. bearb. u. zusammengestellt v. W. Kamm u. C. Buck. gr. 8. (V, 121, 180 u. 85 S.) Peine 901. C. Rother. Geb. in Leinw. n. 4. —

— der Stadt u. des Kreises **Peine** sowie der nächsten Ortschaften des Kreises Burgdorf u. des Herzogt. Braunschweig. 1906. Auf Grund amtl. Unterlag. bearb. (IV, 169 u. 108 S.) gr. 8. Peine, C. Rother. Geb. in Leinw. n. 4. —

— der Stadt u. des Kreises Peine sowie der nächsten Ortschaft. d. Kreises Burgdorf u. d. Herzogt. Braunschweig. 1909. Auf Grund amtl. Unterlagen bearb. (IV, 137, V u. 88 S.) gr. 8. Peine, C. Rother. Geb. in Leinw. 4. —

**Adressbuch** der Stadt Pesth auf das Jahr 1803. Ofen [1803]. H: *Rath, Paul.* (MGT) (KU) (EngG)

— deutscher Pferde- u. Viehzüchter, Händler u. Liebhaber. Hrsg.: Otto Droescher. 12. (14 S.) Berlin (SW., Planufer 31) 895. Expd. d. Thiermarkt. n. 1. —

— der Stadt Pforzheim. Herausg. von Mathis. Mit 1 lith. Plane der Stadt Pforzheim (in Fol.). Pforzheim, Flammer. gr. 8. (IV, 90 S.) n. 18 ngr.

—— der Stadt Pforzheim. Hrsg. von Mathis. gr. 8. (IV und 90 S. mit lithogr. und ill. Plane der Stadt Pforzheim in qu. gr. Fol.) Pforzheim 859, Flammer. *

—— der Stadt Pforzheim nach dem Stand vom 1. Juli 1867. Hrsg. von E. Baumann. gr. 8. (IV und 189 S.) Pforzheim 867, Behrens. *

– v. Pforzheim v. 1. Juli 1867. Hrsg. v. E.Baumann. 8° (139) – Pforzheim: Riecker.

— der Stadt Pforzheim nach dem Stand vom 1. Juni 1872. Hrsg. v. Thdr. Wenk. gr. 8. (IV, 144 S.) Pforzheim 872. Riecker. n. 2. 70

—— der Stadt Pforzheim nach dem Stand vom 15. Decbr. 1876. Unter Zugrundelegung des neuen Stadtplans. Hrsg. von L. Rühl. gr. 8. (137 S.) Pforzheim, Riecker's Buchh. *
1875 und 1877—79 nicht erschienen.

—— der Stadt Pforzheim nach dem Stande vom 15. März 1881. Bearb. nach Orig.-Aufnahmen und amtl. Material. gr. 8. (136 S.) Pforzheim, (Riecker's Buchh.) **
Jahrg. 1880, 1882 und 1883 nicht erschienen.

—— der Stadt Pforzheim mit Brötzinger Neustadt nach dem Stande vor Beginn des J. 1887. Nach Orig.-Aufnahmen und amtl. Quellen zusammengestellt von Ludw. Rühl. gr. 8. (168 S.) Pforzheim, (Riecker.) **

— der Stadt Pforzheim 1906. Nach Orig.-Aufnahmen u. amtl. Quellen zusammengestellt v. F. Seifert u. K. Webel. (VIII, 251 u. 343 S.) gr. 8. Pforzheim (O. Riecker). Kart. n.n. 5. —

– Pforzheim 1909. (14,280 u. 394) 8° – Pforzheim: (O. Riecker).

— der Stadt Pforzheim 1910. Nach Orig.-Aufnahmen u. amtl. Quellen zusammengestellt v. J. Herzog u. K. Webel. (XIV, 284 u. 403 S.) 8. Pforzheim 910. (O. Riecker). Geb. nn 5. —

— der Stadt Pforzheim mit Brötzinger Neustadt nach dem Stande vor Beginn des Monats Juni 1889. Zusammengestellt v. L. Rühl. gr. 8. (136 S.) Pforzheim 889. (Riecker.) n.n. 3. —

— der Stadt Pforzheim m. Neustadt-Brötzingen nach dem Stande vor Beginn des 10. Mai 1893. Mit e. verb. Plan der Stadt Pforzheim, sowie e. Auszug (Tabelle) der wichtigsten Post-Bestimmgn. Nach Orig.-Aufnahmen u. amtl. Quellen zusammengestellt v. Seifert u. Webel. gr. 8. (XII, 176 u. 294 S.) Pforzheim, (O. Riecker). Kart. n.n. 5. —

– d. Stadt Pforzheim m. Neustadt-Brötzingen nach d. Stande auf 20. Juni 1895. Zusammengestellt v. F. Seifert u. K. Webel. 8° (388 m.Pl.) –Pforzh., (O. Riecker).

— der Stadt Pforzheim m. Neustadt-Brötzingen n. d. Stande a. 2. VI. 1897. N. Orig.-Aufn. u. amtl. Quellen zusammengest. v. F. Seifert u. K. Webel. gr. 8. (XVI, 416 S. m Plan.) Pforzheim (C. Hauck. — O. Riecker). Kart. n. 5. 40

— der Stadt Pforzheim m. Neustadt-Brötzingen nach dem Stande auf 1. VII. 1902. Nach Orig.-Aufnahmen u. amtl. Quellen zusammengestellt v. F. Seifert u. K. Webel. gr. 8. (VII, 210 u. 225 S. m. 1 Plan.) Pforzheim (O. Riecker.) Kart. n.n. 5. 50

– Pforzheim m. Neustadt-Brötzingen. (236 u. 318 m. 1 Pl.) 8° – Pforzh.: (O. Riecker), 1903.

— philatelistisches. Verzeichnis der bedeutendsten Briefmarkensammler u. Händler der Welt. 8. (80 S.) Bremen 890. Marbes. n. 1. 50

— philatelistisches. Verzeichn. d. bedeutendsten Briefmarkensammler u. Händler der Welt. 2., bedeut. verm. Ausg. Zusammengest. v. Verleger. 8. (144 S.) Bremen 896. A. Marbes. n.n. 2. 50

— für Photographie u. verwandte Fächer. gr. 8. (IV, 164 S.) Wien 879. Verlag der Photograph. Correspondenz. cart. 8. —

— der lebenden Physiker, Mathematiker u. Astronomen des In- u. Auslandes u. der technischen Hilfskräfte. Zusammengestellt v. Frdr. Strobel. (X, 208 S.) gr. 8. Leipzig 905. J. A. Barth. n. 7. —; kart. n. 7. 60

Adressbuch der lebenden Physiker, Mathematiker und Astronomen des In- und Auslandes und der technischen Hilfskräfte. 2. umgearbeitete Aufl. ([Mit] Anzeigen-Anhang.) VI + 270 S. 8. Leipzig, Johann Ambrosius Barth, 1909. [M. 8.—]
*Darin:* Aarau, Basel, Bern, Davos *etc. etc.*

– von Pieschen, s.a. Adreß- und Geschäfts-Handbuch

—— Pieschen, s.a. Wohnungs- u. Geschäfts-Handbuch.

– f. Pieschen, f. 1886/87. 8° (118) Dresden: Albanus.

– Pilsen. Mit Einschl. d. Bez. d. Handels- u. Gewerbekammer in Pilsen, d. Pilsner Bez.-Vertretgsgeb. u.d. Grossgrundbesitzes in d. westl. Geb. d. Kgr. Böhmen v.d. westl. Landesgrenze bis z. Linie Saaz-Pribram-Budweis. (20,556 m. 1 Pl.) gr 8° – Pilsen: C.Maasch 1906.

—— für Pilsen und das westliche Böhmen, enthaltend die Stadt Pilsen, den Pilsener, Egerer, Saazer, Budweiser und Piseker Kreis, von J. Bloch. Jahrg. 1876. 8. (72, 65 S.) Pilsen, Steinhauser. *
1875 und 1877—79 nicht erschienen.

— der königl. Stadt Pilsen 1894. Auf Grund authent. Daten verf. v. Jaroslav Schiebl. gr. 8. (IV, VIII, 351 S.) Pilsen, W. Steinhauser. Geb. n. 7. —

— der Stadt Pirmasens. Nach amtl. Quellen bearb. u. hrsg. v. Wilh. Neumann. gr. 8. (III, 229 S. m. farb. Plan.) Pirmasens 899. (Lützel & Co.) Kart. n.n. 4. —

— der Stadt Pirmasens 1906/1907. Nach polizeil. Aufnahmen, den Angaben des städt. Meldeamtes u. anderen amtl. Quellen red. v. Gust. Leis in Firma W. Neumann. (491 S. m. 1 farb. Plan.) 8. Pirmasens (Lützel & Co.). Geb. in Leinw. n.n. 5. —

—— Pirna, s. Adreß- u. Geschäfts-Handbuch.

— für Plagwitz u. Neuschleußig auf d. J. 1889. 3. Jahrg. [1. Sep.-Ausg.] Hrsg. v. O. Weigert. gr. 8. (III, 74 S.) Plagwitz, Selbstverlag d. Herausgebers, Gleisstraße 1, II. cart. n.n. 1. 50

— und Plan der Stadt Apolda für 1902. Bearb. durch städt. Beamte. gr. 8. (IV, 210 S.) Apolda, R. Birkner. Kart. n. 2. 50

— u. Plan der Stadt Bautzen. Nach amtlichen Quellen zusammengestellt. Nebst einem Anhange, enthaltend ortspolizeil. Bestimmungen, sowie einem Geschäfts-Anzeiger. Ausgabe im Juli 1886. gr. 8. (IV, 200 S.) Bautzen, (Weller). cart. n. n. 3. —

— u. Plan der Stadt Bautzen. Nebst e. Anh., enth. ortspolizeil. Bestimmungen, Steuertabellen &c., sowie e. Geschäfts-Anzeiger. Ausg. im Juli 1890. gr. 8. (IV, 206 S.) Bautzen, (Weller). cart. n.n. 3. —

**Adressbuch** nebst Plan der Stadt Belgard a. d. P. Bearb. u. hrsg. von d. Polizeiverwaltung. [1.] 1905. Belgard 1905: G. Klemp. 8° [F.] 07. 13445 B

— nebst Plan der Stadt Mülhausen i. E. 1901. Unt. Benutzg. v. amtl. Quellen hrsg. gr. 8. (XV, 598 S. m. Theaterplan.) Mülhausen i/E. (C. Detloff). Kart. n.n. 6. —

— nebst Plan der Stadt Mülhausen i. E. 1903. Unter Benutzg. v. amtl. Quellen hrsg. (VIII, 375 u. 216 S. m. Theaterplan.) gr. 8. Mülhausen i. E. (C. Detloff.) Kart. n n. 6. —

– von Plauen bei Dresden, s. Adreß- und Geschäfts-handbuch

—— Plauen b. Dresden, s. Wohnungs- u. Geschäfts-Handbuch.

– d. Gemeinde Plauen bei Dresden f. 1888/89. 8° (71) Dresden: Albanus.

— der Kreisstadt Plauen im Vogtlande. 1874. Nach officiellen Grundlagen bearb. 8. (XXXI, 237 S.) Plauen 874. Neupert. n. 2. 75; geb. n. 4. —

—— der Kreisstadt Plauen im Voigtlande. 1877/78. Nach officiellen Grundlagen bearb. 8. (312, XXXV S. mit lithogr. Plan.) Plauen, Neupert. cart. Subscr.-Pr. * ℳ 3.; *
1875, 1876 und 1879 nicht erschienen.

— der Kreisstadt Plauen im Vogtland, nebst Geschäfts-Anzeiger für 1881. Mit e. (lith.) Plan der Stadt Plauen als Gratiszugabe. 6. Ausg. Unter Benützung officieller Angaben bearb. gr. 8. (V, 186 S.) Plauen, Neupert. cart. n. 4. —

—— dass. — für 1884. 7. Ausg. gr. 8. (IV, 249 S.) Ebendas. * ℳ 4.; Stadtplan dazu *
Jahrg. 1880, 1882 und 1883 nicht erschienen.

—— der Kreisstadt Plauen i. V. nebst Geschäfts-Anzeiger für 1886/87 und 1888/89. 8. und 9. Ausg. Unter Benützung officieller Angaben bearb. gr. 8. (IV, 276; XVI, 256, 32 S. mit je 1 chromolithogr. Plan.) Plauen, Neupert's Verlag.

— der Kreisstadt Plauen i. V. nebst Geschäfts-Anzeiger f. 1890/91. 10. Ausg. Mit Plan der Kreisstadt Plauen, gez v. G. Herold. 1 : 6000. gr. 8. (XIV, 276 u. XL S.) Plauen i. V., Neupert. cart. n.n. 5. 50

—— dass. — f. 1892/93. 11. Ausg. gr. 8. (XVI, 298, LXXII S.) Ebd. 892. cart. ** 6 —

— der Kreisstadt Plauen i/V., nebst Geschäftsanzeiger f. 1894/95. 12. Ausg. Unter Benutzg. offizieller Angaben bearb. gr. 8. (IV, XXII, 328 und LXXXVIII S.) Plauen i/V., F. E. Neupert's Verl. Kart. n.n. 6. —

— d. Kreisstadt Plauen i/V. nebst Geschäfts-Anzeiger f. 1898—99. 15. Ausg. Unt. Benutzg. amtl. Angaben bearb. gr. 8. (V, IX, 352 u. 90 S.) Plauen. R. Neupert jun. Geb. n.n. 7. 50

— der Kreisstadt Plauen i. V. m. den Stadtteilen Haselbrunn, Chrieschwitz f. 1902/03. Unter Benutzg. amtl. Angaben bearb. 19. Ausg. gr. 8. (XII, 428 S. m. Stadt- u. Theaterplan.) Plauen (R. Neupert jr.). Kart. n.n. 7. 50

— der Kreisstadt Plauen i. V. mit den Stadtteilen Haselbrunn, Chrieschwitz, Reusa, Kleinfriesen, Sorga und Tauschwitz. 1905—1906. Unter Benutzg. amtl. Angaben bearb. 22. Ausg. (VIII, 544 S. m. Stadt- u. Theaterplan.) gr. 8. Plauen (Schulstr. 3), Druckerei Neupert. Kart. n.n. 7. 50

— der Stadt Plauen f. 1863. Plauen, (Schröter.) 8. (XII, 120 S.) n. 15 ngr

– Plaussig, s. Adressbuch Leipzig-Land.

– des Kreises Pless mit Kalender. Auf Grund amtl. Materials zsgest. von J(ohannes) Luppa, Stadt-Sekr. [1.] Für d. J. 1906. Pless: J. Luppa [1906]. 8°.

Adreßbuch des Kreises Plön. Plön i. H. o. J. 8°

– Plösitz, s. Adressbuch Leipzig-Land.

—— Pommern, s. Güter-Adreßbuch.

— der Prov. Pommern, enth. ca. 23,000 Adressen der bestsituirtesten Bewohner des platten Landes, sowie der Städte Pommerns als: Aerzte, Beamte, Fabrikanten, Geistliche, Gewerbetreibende, Kaufleute m. Angabe der Branche, Rechtsanwälte, Rentiers, Ritterguts- u. Gutsbesitzer-, -Pächter, sowie namentlich auch der Bauerhofsbesitzer &c., nebst e. Handbuch der königl. Behörden Pommerns. gr. 8. (X, XXXII, 147; 89 u. 39 S. m. 1 Bildnis.) Stettin 902. P. Niekammer. n. 13. —; geb. in Leinw. 14. —

– Pönitz, s. Adressbuch Leipzig-Land.

Adressbuch, Adolf Poppers, von Bielitz-Biala und Umgebung, s. Popper, Adolf.

– Porzellan- u. Glas-Handlungen Deutschlds. 1. Afl. Ausg. '09. (4,192) kl 8° – Cobg., Müller & Schm.

— d. Porzellan- u. Glas-Malereien, enth. sämmtl. Firmen i. Deutschland u. Oesterreich-Ungarn m. all. Fabriken. Hrsg. v. d. Red. d. Sprechsaal. 8. (V, 229 S.) Coburg 894. Müller & Schmidt. 4. 50

— der Porzellan- u. Glasmalereien, enth. sämmtl. Firmen in Deutschland u. Oesterreich-Ungarn m. allen Fabrikmarken. 2. Aufl. Hrsg. v. der Red. des Sprechsaal. 8. (96 S. m. Fig.) Coburg 897. Müller & Schmidt. n. 3. —

—— von Posen, s.a. Adreß- und Geschäfts-Handbuch.

**Adressbuch für die Provinz Posen, s. Hoffmann, P.**

— der Prov.-Haupstadt Posen f. d. J. 1902. gr. 8. (V, 4, 299 u. 275 S. m. farb. Stadtplan.) Posen, W. Decker & Co. (Nur direkt.) Geb. n.n. 6. 50

— der Prov.-Hauptstadt Posen 1905. (IX, IV, 263 u. 276 S. m. 1 Plan.) gr. 8. Posen (F. Ebbecke). Geb. n. 8. —

– Posen. 1908. (16,280 u. 271 m. 3 Pl.) gr 8° – Posen: (F. Ebbecke).

— der Prov.-Hauptstadt Posen 1910. (XVIII, IV, 302 u. 287 S. m. 3 [1 farb.] Plänen.) gr. 8. Posen, (F. Ebbecke). Geb. nn 8. —

– Stadt Posen, s.a. Wohnungs- und Geschäftsanzeiger

—— der Stadt Posen für das J. 1882. gr. 8. (230 S. mit 3 Plänen.) Posen, (Decker und Comp.) *

—— der Stadt Posen für das J. 1887. gr. 8. (178 S.) Posen, (Heine.) geb. *

– f. Postkarten-Hersteller usw. d. ganzen Welt. – Berlin (W., Friedrichstr. 75), O. Seiffert Nf. 10–. Einsendung wurde verweigert.

– von Potschappel, s.a. Adreß- und Geschäfts-Handbuch

– f. Potschappel f. 1886. 8° (64 m. 1 Pl.) – Dresden: Albanus.

—— für Potsdam, s. Adreßbuch für Berlin.

—— Potsdam, s. Adreß-Kalender. — Gesellschaft, die, von Berlin.

—— von Potsdam, s. Wohnungs-Anzeiger.

— der königl. Residenzstadt Potsdam 1911. Unter Benutzg. amtl. Quellen. Mit 1 (farb.) Verkehrsplan v. Potsdam u. Umgebg. 48. Jahrg. (300, 252, 82 u. 96 S. u. 27 S. m. Theaterplänen.) 8. Berlin, A. W. Hayn's Erben. Geb. in Leinw. 6.—

– Pozsonyer, f.d. westl. Oberungarn. (Ungarisch u. deutsch.) (28,464) 8° – Pozsony(Pressbg): P. Schwarz, 1905.

—— von Prag, s. Adressen-Buch.

— der Hauptst. Prag, s.: Adressenbuch.

—— der königl. Hauptstadt Prag für die J. 1847 und 1848. 1. und 2. Jahrg. gr. 8. Prag, Haase Söhne, Berl.-Exped. [1847. (VI und 320 S.) * 1 Thlr. 15 Ngr., 48. (334 S.) * 1 Thlr. 17½ Ngr.] *

— der Königl. Hauptstadt Prag, der Stadtgemeinden Karolinenthal, Smichow u. der Bergstadt Wyšehrad auf Grundlage ämtl. Quellen bearb. u. herausg. von Nikol. Lehmann. 1. Jahrgang. Prag, 859. Lehmann. gr. 8. (VIII, 334 S.) n. 1 ℛ 18 ngr.

— für Prag, Karolinenthal, Kgl. Weinberge, Smichow, Žižkow u. die benachbarten Ortschaften, nebst e. Verzeichnisse sämmtl. protokoll. Firmen. Nebst Nachtragsbd. Hrsg.: H. R. Hartwig. Lex.-8. (VIII, 629; 224, 60 u. Nachtragsbd. 160 S.) Prag 889. (Neugebauer.) cart. n.n. 14.—

— Prager, f. Handel u. Gewerbe 1893. Lex.-8. (IV, XIII, 303 S.) Prag. (H. Dominicus). Kart. n. 8.—

Adressbuch, Prager, für Handel und Gewerbe. 1893. Lex.-8. (XIII, 303 S.) Cart. * 4.—
Wien: Perles 1893.

— der deutschen Präzisionsmechanik u. Optik u. verwandt. Berufszweige (Glasinstrumentenindustrie, Elektromechanik). Zusammengestellt v. F. Harrwitz. 3. vollständig neu bearb. Aufl. (IV, 376 S. u. Nachträge 2 Bl.) gr. 8. Berlin 906. Administration der Fachzeitschrift „Der Mechaniker". 8.—; geb. 10.—

– von Prenzlau, s. Wohnungsanzeiger

— des Kreises Prenzlau. Nach amtl. Material bearb. u. hrsg. v. Ernst Reiter. (169 S.) gr. 8. Prenzlau 902. (Leipzig, C. H. Serbe.) Kart. n. 4.—

—— Prenzlauer. 1892. Hrsg. v. Ernst Schreiber. gr. 8. (VII, 152 S.) Prenzlau, (Vincent). ** 3 —

— Prenzlauer, 1902. Nach amtl. Material bearb. u. hrsg. v. Ernst Reiter. gr. 8. (IV, 164 S.) Prenzlau. (Leipzig, C. H. Serbe.) Geb. n. 3. 60

—— Preßburg, s. Wegweiser, Preßburger.

— Preßburger, s.: Wegweiser, Preßburger.

– Pressburger. 55. Jahrg. (472 m. 1 Pl.) 8° – Pozsony (Pressbg.): (G. Heckenast's Nf.) 1906.

Adressbuch der Privatgärtnereien Deutschlands. *Berlin: H. Thiele & Co. 1902.* (Getr. Pag.) 8°
= Adressbuch, Thiele's, d. gesamten Gartenbaues. Bd 1.

Adressbuch der Professoren, Docenten u. Lectoren der Universitäten u. techn. Hochschulen Deutschlands, Deutsch-Oesterreichs, der Schweiz u. der Ostseeprovinzen. Hrsg. v. Paul Emil Richter. Octbr. 1883. 16. (IV, 158 S.) Leipzig 883. Teubner. cart. n. 2.—

— der Professoren, Docenten u. Lectoren der Universitäten u. technischen Hochschulen Deutschlands, Deutsch-Oesterreichs, der Schweiz u. der Ostseeprovinzen. Mit Angabe der Wohngn. in Berlin, Leipzig u. Wien. Hrsg. v. P. E. Richter. Oktober 1889. 12. (IV, 188 S.) Leipzig, Teubner. cart. n. 2. 40

— der Professoren, Docenten u. Lectoren der Universitäten, der technischen u. landwirthschaftlichen Hochschulen, sowie der Forst- und Bergakademien Deutschlands, Oesterreichs, der Schweiz u. der Ostseeprovinzen m. deutscher Vortragssprache. Mit Angabe der Wohngn. in Berlin, Leipzig u. Wien. Hrsg. v. Paul Emil Richter. 3. Aufl. Octbr. 1891. gr. 16. (IV, 189 S.) Leipzig, B. G. Teubner. Kart. n. 2. 40

— der Procuraträger, Bevollmächtigten, Geschäftsführer u. Gehilfen d. deutschen Buch-, Kunst-, Musikalien- u. Antiquar-Handels im In- u. Auslande. Bearb. von Ernst Wadsak. 4. Jahrg. 1868. (IV, 126 S. u. Portr. B. Trömels. n. 20 *ngr.*) — 5. Jahrg. 1869. Mit dem Bild Alb. Rottner's (in Photogr.). Berlin, Kortkampf in Comm. 8. (IX, 212 S.) nn. 25 *ngr.*; ohne Portr. n. 20 *ngr.*

— des Posener Prov.-Lehrervereins, s.a. Vereinsbuch.

– Posener Prov.– Lehrerverein, s.a. Verzeichnis

— des Posener Prov.-Lehrervereins (begründet am 17. XI. 1871). Hrsg. vom geschäftsführ. Ausschuß. Mit e. Bild u. der Biographie Adolf Driesners. (III, 92 S) gr. 8. Lissa 906. F. Ebbecke. n. 1.—

— für den Amtsbez. Pulsnitz, enth. sämmtl. Einwohner der Stadt Pulsnitz i. S., Pulsnitz M.-S. u. Großröhrsdorf, v. den übrigen 14 Orten nur die Firmen, Gewerbetreibenden u. Gutsbesitzer. 1890/91. Hrsg. v. F. Bamberger. gr. 8. (70 S.) Pulsnitz, (v. Lindenau). cart. n.n. 2. 50

— d. Stadt Pyritz, s.: Adreß- u. Handbuch.

— f. das Fürstent. Pyrmont, s.: Adreß- u. Auskunftsbuch.

— für die Stadt Quakenbrück. 1. Ausg. 1905. (III, IV, 143 S. m. 1 Plan.) kl. 8. Quakenbrück, R. Kleinert. n.n. — 50

— für die Stadt Quakenbrück. 2. Ausg. 1910. (III, III, 128 S.) kl. 8. Quakenbrück, R. Kleinert. — 50

– Quasnitz, s. Adressbuch Leipzig-Land.

—— von Quedlinburg, s. Adreßbuch, Wohnungsanzeiger und Geschäfts-Handbuch.

— der St. Quedlinburg. 1852. 8. (VIII u. 119 S.) Quedlinburg, Basse. ½ ℛ

— für die Stadt Quedlinburg. 1880—1881. Bearb. u. hrsg. v. A. Rühl. gr.8. (75 S.) Quedlinburg, (Vieweg). n.n. 1. 50

— d. Stadt Quedlinburg. 1896. N. amtl. Quellen bearb. Hrsg. v. Ernst Voges 8. (245 S.) Quedlinburg, E. Voges. n.n. 2. 10; geb. n.n. 3. —

— Quedlinburger. 1901. Nach amtl. Material zusammengestellt. gr. 8. (III, 234 S.) Quedlinburg, H. C. Huch. n.n. 2. 25; geb. n.n. 2. 75

— Quedlinburger. Nach amtl. Material zusammengestellt. 4. Ausg. 1905. (II, 238 S.) 8. Quedlinburg 905. H. C. Huch. n.n. 2. 25; geb. n n. 2. 75

– Quedlinburger. 1909. 6. Ausg. (264) 8$^{o}$ – Quedlinburg: HC Huch.

— Quedlinburger. 1910. Nach amtl. Material zusammengestellt. 7. Ausg. (II, 280 S.) 8. Quedlinburg, H. C. Huch. nn 2.50; geb. nn 3. —

– Querfurt. Kreis. 2 Bde. 8$^{o}$–Querf.,R.Jaeckel. 1. (180) 1909. 2.(175 m. 1 Pl.) 1910.

— für Radebeul, s.: Adreßbuch f. Kötzschenbroda.

— der Stadt Rastatt, nebst den ortspolizeil. Vorschriften. Zusammengestellt v. F. Graf. gr. 8. (V), 207 S. m. 1 Tab.) Rastatt 889. Greiser. cart. n. 2. —

— d. Stadt Rastatt m. kurzer Chronik d. Stadt. 8. (IV, 155 S.) Rastatt 896. E. Greiser. Kart. n. 2. 50

— der Stadt Rastatt m. Anh: Bezirks- u. ortspolizeil. Vorschriften. 8. (XVII, 155 u. 175 S) Rastatt 900, H. Greiser. Kart. n. 2 20

— der Stadt Rastatt. Ausg. 1904 nach dem Stand vom Monat Oktbr. 1903. (III, III, 140 S. m. 1 Plan.) 8. Rastatt, H. Greiser. Kart. n. 2.—
Fortsetzung, s.: Einwohner-Verzeichnis.

— der Stadt Rastatt. Ausg. 1908, nach dem Stand vom Monat August 1907. (XII, 191 S. m. 1 Tab. u. 1 Plan.) 8. Rastatt 907. H. Greiser. Kart. nn 2. 25

—— der Stadt und Festung Rastatt. 8. (185 S.) Rastatt 877. (W. Mayer.) **
1875, 1876, 1878 und 1879 nicht erschienen.

— von Rastenburg, Stadt u. Kreis. Unt. Benutzg. d. amtl. Personenstandsaufnahme. Bearb. v. F. Ebert. gr. 8. (48 S.) Rastenburg 898. (P. Küßner.) n.n. 1. 50

— von Rastenburg, Stadt u. Kreis, u. den benachbarten Ortschaften der Kreise Lötzen, Sensburg, Angerburg. Zusammengestellt unter Zuhülfenahme amtl. Quellenmaterials. 1906. (IV, 136 S.) 8. Rastenburg, E. Ahl. n.n. 2. 25

—— Rathenow, s. Adreß-Kalender.

—— von Rathenow und Neufriedrichsdorf, s.a. Wohnungs-Anzeiger.

— für Rathenow, sowie die Orte Neufriedrichsdorf u. Neue Schleuse. 1904. Zusammengestellt v. O. Bellgardt. (XVI, 96; 68, 20, 32 u. 50 S.) gr. 8. Rathenow. (Berlin, C. M. A. Müller & Co.) Geb. n. 3. —

—— von Ratibor, s. Adreß- und Geschäfts-Handbuch.

— für den Stadtkreis Ratibor u. die Vororte Schloß Ratibor, Plania und Ostrog. 1910. Im amtl. Auftrage bearb. u. hrsg. v. Hoppe u. Fingas. (256 S.) gr. 8. Ratibor, (E. Simmich). Geb. in Leinw. nn 4. —

– Ravensburg. Weingarten, Tettnang, Friedrichshafen, m. Berücks. d. Gemeinden in d. Umgegend. (182,60,48 u. 62) 8$^{o}$ – Ravensburg: F. Alber (1902).

— von Ravensburg (m. e. Führer durch diese Stadt. Nach amtl. Material zusammengestellt). (12 u. 167 S. m. Abbildgn.) 8. Ravensburg (906). Dorn. n.n. 2. 50

— der Oberamtsstadt Ravensburg, Garnisonstadt Weingarten, Oberamtsstadt Tettnang, Sommerresidenz Sr. Maj. des Königs v. Württemberg: Friedrichshafen, Oberamtsstadt Wangen i. Allgäu je m. 1 Führer durch diese Städte. Nach amtl. Material zusammengestellt. (12, 167, 62, 8, 34, 8, 58, 7 u. 51 S. m. Abbildgn.) 8. Ebd. (906.) n.n. 5. —; geb. n.n. 5. 60

Adreßbuch der Stadt Ravensburg. Mit e. Anh., enth. die Gemeinden mit ihren Parzellen, nebst ein. Verzeichniß der Herren Geistlichen, Lehrer u. Schultheißen des Oberamtsbezirks. Hrsg. v. T. Hafner. 8. (89 S.) Ravensburg 881. (Dorn.) n.n. 2. 50

— der Stadt Ravensburg. Nach der Volkszählg. vom 1. Dezbr. 1885, der neuen Straßenbenenng. u. Häusernummerierg. hrsg. v. T. Hafner. gr. 8. (89 S.) Ravensburg 886. (Dorn.) n.n. 1. 20

—— der Stadt Ravensburg. Nach d. Volkszählung vom 1. Dezbr. 1890, der neuen Straßenbenenng. u. Häusernummerierg. hrsg. v. T. Hafner. gr. 8. (140 S.) Ravensburg 891, (Dorn). ** 1 50

— der Stadt Ravensburg. gr. 8. (78 S.) Ravensburg 894. Dorn. n. 2. 70

— d. Stadt Ravensburg. gr. 8. (121 S.) Ravensburg 897. Dorn. n.n. 2. 50

Adreßbuch der Stadt Rawitsch in Posen. Bearb. auf Grund amtl. Unterlagen v. Krey. 8. (137 S. m. 1 Karte.) Leipzig 899. Kühnel. n. 1. —

—— der Rechtsanwälte des Deutschen Reichs, s. Brecht.

– Recklinghausen 1907. (252) gr 8$^{o}$ – Recklingh.: (Lpzg, Schulze & Co.).

— der Stadt Recklinghausen 1908. Nach amtl. Material bearb. u. hrsg. v. städt. Beamten. (VII, 252 S.) gr. 8. Recklinghausen. (Leipzig, Schulze & Co.) Kart. nn 6. —

– d. deut. Rednerschaft. Winterhalbj. 1905/06. (46) 8$^{o}$ – Berlin: Gesellschaft f. Verbreitg. v. Volksbildg.

— der deutschen Rednerschaft. Winterhalbj. 1906/07. (51 S.) gr. 8. Berlin, Gesellschaft f. Verbreitg. v. Volksbildg. n. 2. —

– Rednerschaft, deutsche. Winterhalbj. '09/10. (53) gr 8$^{o}$ – Berlin: Gesellsch. f. Verbreitg v. Volksbildung.

— der deutschen Rednerschaft. Winterhalbj. 1910/11. Hrsg. v. der Gesellschaft f. Verbreitg. v. Volksbildg. (56 S.) gr. 8. Berlin 910. Gesellschaft f. Verbreitg. v. Volksbildg. 2. —

— der deutschen u. der wichtigsten ausländischen Reform-Gasthäuser, sowie der Bezugsquellen f. alkoholfreie Getränke u. sonstigen Wirtschafts-Bedarf. Hrsg. vom deutschen Verein f. Gasthaus-Reform. 1. Ausg. (83 S.) 12. Weimar 904. (Leipzig, K. G. Th. Scheffer.) n. — 40

C. Regenhardts ... Adressbuch für Eisenwaren und Maschinen, Lampen-, Bronze- u. Metallwaren einschliessl. d. Schlosser, Schmiede u. Blecharbeiten, Gas- u. Wasserleitungsgeschäfte u. s. w.... 2., vollständ. neu bearb. Aufl. In 18 Lfgen u. e. Nachtrag. *Berlin: C. Regenhardt 1898–1900.* (856, XXXII, 30 S.) 4°(8°)
= Fachadressbücher, C. Regenhardts. [3.] [01. 7382

C. Regenhardts ... **Adressbuch** für Fahrräder und Nähmaschinen mit allem Zubehör u. den damit in Verbindung stehenden Geschäftszweigen unter Berücks. d. Motor- u. Automobil-Industrie f. das Deutsche Reich, Oesterreich-Ungarn u. d. Schweiz. 2. Aufl. In 10 Lfgen. *Berlin: C. Regenhardt 1899.* (VIII, 479, XV S.) 4°(8°)

— **Fachadressbücher**, C. Regenhardts. [8.] [01. 7523

—— von Regensburg für das J. 1862. Im Auftrage des Stadtmagistrats Regensburg aus amtl. Quellen bearb. von Jak. Habinger. 8. (235 S.) Regensburg 863, (Coppenrath.) ** – Feine Ausg. **

—— der Kreishauptstadt Regensburg. Bearb. von J. M. Debel. gr. 8. (LVI, 196 S.) Regensburg 876, Coppenrath. **
1875 und 1877—79 nicht erschienen.

—— für die Kgl. Bayer. Kreis-Hauptstadt Regensburg. 14. Ausg. 8. (17 1/2 B.) Regensburg 840, (Manz.) *

— für die königlich bayerische Kreishauptstadt Regensburg u. der Stadt Stadtamhof. Herög. von Jos. Marchner. 1868. Ebend. 8. (263 S.) 1 ₰

— f. die Königl. Bayer. Kreis-Hauptstadt Regensburg u. die Königl. Bayer. Stadt Stadtamhof. 19. Ausg. Regensburg 859. (Coppenrath.) 8. (VII, 328 S.) nn. 25 ngr.

— der Kreishauptstadt Regensburg u. deren Nachbarstadt Stadtamhof. Bearbeit. v. Aug. Lindstätter u. Frdr. Freytag. Mit e. (lith.) Plane der Stadt Regensburg. gr.8. (VI, 368 S.) Regensburg 881. Coppenrath. n.n. 3. 50; geb. n.n. 4. —

– d. Kreishauptstadt Regensburg u. deren Nachbarstadt Stadtamhof. 8° (249 m. Pl.) – Regensburg: 1884, Coppenrath.

— der Kreishauptstadt Regensburg u. deren Nachbarstadt Stadtamhof. gr. 8. (IX, 242 u. 18 S. mit 1 Plan.) Regensburg 889. Coppenrath's Verl. geb. n.n. 3. 60

— der Kreishauptstadt Regensburg u. deren Nachbarstadt Stadtamhof. Nach amtl. Quellen bearb. v. Josef Kainz. gr. 8. (IX, 274; 19 u. Straßenverzeichnis 4 S. m. farb. Stadtplan.) Regensburg 891. A. Coppenrath's Verl. Geb. in Leinw. n.n. 3. 60

— der Kreishauptstadt Regensburg, deren Nachbarstadt Stadtamhof u. der Gemeinde Steinweg. Nach amtl. Quellen bearb. Mit e. Plane der Stadt Regensburg. gr. 8. (VIII, 259 u. 34 S.) Regensburg 886. Coppenrath. geb. n.n. 4. —

— d. Kreishauptstadt Regensburg, d. Nachbarstadt Stadtamhof u. d. Gemeinde Steinweg. N amtl. Quellen bearb. v. Jos. Kainz. gr. 8. (XI, 183, 140, 88, 47, 24, 14 u. 4 S. m. 1 farb. Plan.) Regensburg 898. A. Coppenraths Verl. Geb. in Leinw. n.n. 5. —

— der Kreishauptstadt Regensburg, der Nachbarstadt Stadtamhof u. der Gemeinde Steinweg. Nach amtl. Quellen bearb. v. Jos. Kainz. gr. 8. (XI, 181, 143, 96, 49, 38 u. 4 S. m. 1 farb. Plan.) Regensburg 900. A. Coppenrath's Verl. Geb. in Leinw. n.n. 5. —

— der Kreishauptstadt Regensburg, der Nachbarstadt Stadtamhof u. des Marktes Steinweg. Hrsg. vom Stadtmagistrat Regensburg. (XI, 523 S. m. Stadtplan.) Lex.-8. Regensburg 906. (H. Bauhof. — A. Coppenrath's Verl.) Geb. in Leinw. n.n. 6. —

— der Kreishauptstadt Regensburg, der Nachbarstadt Stadtamhof u. des Marktes Steinweg. Hrsg. vom Stadtmagistrat Regensburg. (VIII, 151, 163, 55, 45 u. 34 S. m. Stadtplan.) Lex. 8. Regensburg 910. (H. Bauhof. — A. Coppenrath's Verl.) Geb. in Leinw. nn 8. —

— der Städte Regensburg u. Stadtamhof f. d. J. 1872. Bearb. v. L. Mühe. gr. 8. (XXXI, 111 S.) Regensburg 872. Mühe. n. 2. —

— Regensburger, 1865. Zusammengestellt von J. Marchner. Regensburg, (Coppenrath.) 8. (XXXIX, 240 S.) n. 24 ngr.

— von Regis, s.: Adreßbuch v. Borna.

— des Deutschen Reichs auf d. J. 1882. gr. 4. (IV, 400 S.) Strassburg, Mondt's Verl. n. 8. 50

— des Deutschen Reiches f. Handel, Gewerbe u. Industrie. Hrsg. v. Carl Schulte. I. u. II. Bd. Lex. 8. Elberfeld, C. Schulte. Geb. à 10. —
I. Rheinprovinz, Westfalen, Birkenfeld, Luxemburg. Ausg. 1909. (XL, 1503 S.)
II. Königr. Sachsen, Prov. Sachsen, Grossherzogt. Sachsen-Weimar, Herzogtümer: Sachsen-Meiningen, Sachsen-Coburg-Gotha, Sachsen-Altenburg u. Anhalt. Fürstentümer: Schwarzburg-Rudolstadt, Schwarzburg-Sondershausen, Reuss jüngere u. ältere Linie u. hess. Kreis Schmalkalden. Ausg. 1910. (XLIV, 1403 S.)

— **des Deutschen Reiches speciell f. die Hopfen- u. Brauereibranche** [Getreide-Handlungen, Malz-Fabriken, Maschinenfabriken, Fass-Fabriken, Fassholz-Handlungen etc.]. gr. 8. (XXXVII, 804 S.) Frankfurt a/M. 881. Grobel. Subscr.-Pr. n. 10. —

— des Deutschen Reiches u. seiner Industrie. Nach amtl. Quellen. Jahrg. 1888. gr. 8. (XVI, 704 S.) Berlin, Ad. Klein. geb. in Halbleinw. n.n. 12. 50
in Leinw. n.n. 13. 50

– des russischen Reiches. (27. Bd. d. Welt-Adressbuches.) gr8°. (673 S.). – Wien: Meyer & Bilitz. Eleg. geb. 18 fl.

—— von Reichenbach, s. Adreß- und Geschäfts-Handbuch.

— der Stadt Reichenbach in Schlesien 1906. (III, 226 S.) 8. Reichenbach i. Schl. (Leipzig, Schulze & Co.) Kart. n.n. 1. 50

— der Fabrik- u. Handelsstadt Reichenbach i. V. u. v. Oberreichenbach rc., nebst Anh., Geschäfts-Anzeiger betr. Unter Benutzg. amtl. Unterlagen bearb. Lex.-8. (XXXII, 198; 10, LVIII u. 7 S.) Reichenbach i. V. 901. (E. Müller.) Geb. n.n. 4. —

— der Stadt Reichenbach i/V. u. Geschäfts-Anzeiger f. 1893. (Mit Anh., Oberreichenbach betr.) Unter Benutzg. amtl. Unterlagen bearb. gr. 8. (XVI, 276 S.) Reichenbach i/V., (E. Müller). Kart. n.n. 3. —

—— für die Städte Reichenbach, Lengenfeld, Treuen, Mylau und Netzschkau im Voigtlande nach amtl. Quellen zusammengestellt von Herrm. Scheinfuß. 8. (127 S.) Reichenbach 869, Köhler's Buchh. *

—— von Reichenberg, s.a. Adreßbuch und Wohnungs-Anzeiger.

– Reichenberg i.B. (128, 139, 48, 42, 144 u. 36 m. 1 Pl.) 8° – Reichenberg: (Schöpfer) 1901.

— der Stadt Reichenberg i/B., s.a. Jahrbuch u. Wohnungs-anzeiger.

— der Stadt Reichenberg. Mit dem neuesten authentischen (lith. u. color.) Stadtplane (in Fol.), herausg. von A. Anschiringer. Reichenberg, 863. Jannasch. gr. 16. (VI, 108 S.) n. 20 ngr.

— für die Stadt u. den politischen Bez. Reichenberg sowie f. die dem Reichenberger Schulbezirke angehörige Stadt Böhmisch-Aicha u. die Gemeinde Böschnig, bestehend aus 3 Abteilgn. u. zwar: I. Abteilg.: Stadt Reichenberg, II. Abteilg.: Gerichts- u. Steuerbez. Reichenberg (Landgemeinden), III. Abteilg.: Gerichts- u. Steuerbez. Kratzau. Bearb. auf Grund amtl. Verzeichnisse. (93, 105 u. 68 S.) gr. 8. Rochlitz i./Riesengeb. (910.) F. Gebert. (Nur direkt.) Geb. in Leinw. nn 2. 50

—— s. Reichs-Adressbuch, allgemeines, deutsches.

—— des deutschen Reichs-Heeres für die J. 1875—1880. Ein nothwend. Hilfsmittel für alle Behörden und das correspondir. Publikum, besond. für die königl. Landraths-Aemter, kaiserl. Post-Aemter, Magistrate, Bezirks-Aemter und Gemeinde-Aemter, bei ihrem Verkehr mit den verschiedenen Truppentheilen und Angehörigen des deutschen Reichs-Heeres. Nach amtl. Mittheilungen bearb., unter Berücksicht. der neuesten Allerhöchsten Veränderungen im Quartierstande und Commando der einzelnen Truppentheile. 16.—21. Jahrg. Mit Abbild. und Beschreib. von Orden und Ehrenzeichen. gr. 8. (à 36—40 S.) Potsdam 875—78, Stechert. à Jahrg. *

— für die Stadt Remscheid. Hrsg. vom Bürgermeister der Stadt. gr. 8. (XIX, 363 S.) Remscheid 884. (Schmidt.) n. 5. —

—— für die Stadt Remscheid. Hrsg. vom Bürgermeister der Stadt. gr. 8. (430 S.) Remscheid 886, (Schmidt.) *

—— für d. Stadt. u. d. Stadtkreis Remscheid. 1891. 8. (554 S.) Remscheid, (Schmidt). * 5 —
Erscheint alle zwei Jahre.

— für die Stadt u. den Stadtkreis Remscheid. Red. im Büreau d. städt. Verwaltg. gr. 8. (VIII, 560 S.) Remscheid 899. (W. Witzel). Geb. n.n. 5. 50

Adreßbuch für Rendsburg. 1878. Redig. von Emil Otto. gr. 8. (82 S.) Rendsburg, (Ehlers.)
1875—77 und 1879 nicht erschienen.

— der Stadt Rendsburg. 1892. Nach amtl. Quellen bearb. 8. (106 S.) Rendsburg, (W. Berger). n. 2. 40

— d. Stadt Rendsburg f. 1898. N. amtl. Material bearb. gr. 8. (120 S.) Rendsburg (W. Bergers Nachf.) n. 1. 50

– Rendsburg u. Ortschaften d. Umgegend. 1907. (16,164) 8° – Rendsburg: (Coburg).

— für die Stadt Rendsburg u. Ortschaften der Umgegend, 1910. Nach amtl. Material bearb. (IV, XX, 177 S.) 8. Rendsburg, (Coburg). Geb. nn 2. 50

— für Reudnitz nebst e. Verzeichniß der Gewerbetreibenden in Anger, Crottendorf, Neureudnitz ꝛc. auf 1866. (VI, 50 S.) nn. 12½ ngr.

—— für Reudnitz mit einem Empfehlungsanzeiger von Gewerbtreibenden auf die J. 1876—80. Nach den sichersten Quellen zusammengestellt von L. Oehring. gr. 8. (VI, 79; IV, 80; IV, 87; IV, 36, 91; 94 S.) Reudnitz, (Deeg.) cart. à *

—— für Reudnitz mit einem Empfehlungsanzeiger von Gewerbtreibenden, nebst 1 chromolithogr. Specialkarte von Reudnitz und den angrenzenden Fluren auf die J. 1886—1888. 17.—19. Jahrg. Nach den sichersten Quellen zusammengestellt von L. Oehring. gr. 8. (VI, 146; VI, 170 S.) Reudnitz, Selbstverlag des Herausgebers.

– f. d. kgl. württemberg. Kreishauptstadt Reutlingen. 8° (199 m. Pl.) – Reutl. 1895, (C.F. Palm).

— f. d. kgl. württemberg. Kreishauptstadt Reutlingen. Hrsg. n. amtl. Quellen. gr. 8. (XVIII, 97, 73 u. 33 S. m. 1 Plan.) Reutlingen 898. (Leipzig, Schulze & Co.) Kart. n.n. 3. 50

Adressbuch für den Bezirk Rheinfelden ⟨Kanton Aargau⟩.... [1. Ausgabe.] 94 [+ 8] S. 8. Basel, Buchmann & Waldmeyer, (1908). [geb. Subscr. fr. 2. 50, im Buchh. 3. 50]

—— Rheingauer, f. die J. 1890 u. 91, enth. die Verzeichnisse sämmtl. Behörden, Institutionen u. Einwohner v. 35 rhein. Städten u. Ortschaften. Nach amtl. Quellen, sowie Orig.-Aufnahmen red. u. hrsg. v. Carl Schnegelberger. Nebst e. Rheinpanorama v. Mainz bis Cöln. gr. 8. (XVIII, 524 S.) Wiesb. 890, (Dietrich). geb. * 6 —

— Rheingauer, f. die J. 1893/96, enth. die Verzeichnisse sämmtl. Behörden, Institutionen u. Einwohner v. 35 rhein. Städten u. Ortschaften. Nach amtl. Quellen, sowie Orig.-Aufnahmen red. v. Carl Schnegelberger. 2. Aufl. gr. 8. (IV, 369 S.) Wiesbaden, C. Schnegelberger & Co. Geb. in Leinw. n. 5. 50

— Rheingauer, f. d. J. 1897/1900, enth. d. Verzeichnisse d. Behörden, Institutionen u. Einwohner v. 37 rhein. Städten u. Orten. N. amtl. Quellen, sow. Orig.-Aufn. red. u hrsg. v. Carl Schnegelberger. 3. Aufl. gr. 8. (IV, 415 S.) Wiesbaden (G. Quiel). Geb. in Leinw. n.n. 5. —

— Rheingauer, f. die J. 1900/1902, enth. die Verzeichnisse der Behörden, Institutionen u. Einwohner v. 37 rhein. Städten u. Orten. Nach amtl. Quellen, sowie Orig.-Aufnahmen red. u. hrsg. v. Carl Schnegelberger. 4. Aufl. gr. 8. (IV, 408 S.) Wiesbaden (G. Quiel). Geb. in Leinw. n.n. 5. —

Adressbuch, Rheingauer, f. die J. 1903, 1904 u. 1905, enth. die Verzeichnisse der Behörden u. Einwohner v. 38 rhein. Städten u. Orten. Nach amtl. Quellen, sowie Orig.-Aufnahmen red. u. hrsg. v. Carl Schnegelberger & Co. 5. Aufl. (III, 466 S.) gr. 8. Wiesbaden (G. Quiel). Geb. in Leinw. n.n. 5. —

— Rheingauer, f. 1909, 1910 u. 1911, enth. die Verzeichnisse der Einwohner, Gewerbetreibenden u. Behörden v. 42 rhein. Städten u. Orten. Nach amtl. Quellen red. u. hrsg. v. Carl Schnegelberger & Cie., Wiesbaden. 7. Aufl. (607 u. 60 S.) 8. Wiesbaden, (G. Quiel). Geb. in Leinw. nn 5. —

—— für Rheinland-Westphalen, s. Brüning, R.

— für die Rheinpfalz. Ausg. f. d. J. 1907, 1908, 1909. 2 Bde. (724 u. XXVI, 826 S.) gr. 8. Ludwigshafen (907). (Kaiserslautern, E. Crusius.) Geb. 6.—; einz. Bde. 4. —

– Rheinstrom, Gebiet, Spedition u. Schiffahrt 1908/9. Das deut. Rheinstromgeb., Basel-Stadt, Holld u. d. Geb. d. Dortmund-Ems-Kanals. (240) gr 8° – Duisburg-Ruhrort: "Rhein".

– Rheydt. (374) 8° – Rheydt: (WR Langewiesche) 1904.

— s. Riesa, s.a. Adreß- u. Geschäfts-Handbuch.

– Riesa. (182) 8° – Riesa: (J. Hoffmann) 1905.

— der Stadt Riesa. 1882. gr. 8. (68 S.) Riesa, (Nagel). n. 1. 50

— der Stadt Riesa f. 1884—85. Nach officiellem Material bearb. gr. 8. (42 S.) Riesa 884. (Nagel.) n. 2. —

—— der Stadt Riesa. 1886. 8. Riesa, (Nagel.) *
—— dass. — Jahrg. 1888 und 1889, f. Adreß- und Geschäfts-Handbuch.

**Adressbuch, Rigisches,** von 1790. [Riga]. H: *Bergmann, Libor. v.* (R-N)

—— rigasches, für 1861. Lex.-8. (LX und 182 S.) Riga 861, Kymmel. (Leipzig, C. F. Fleischer.) *

—— **Rigasches** für 1864/65. Lex.-8. (IV und 212 S. mit 1 lithogr. Plane der Stadt in Imp.-Fol.) Riga 864, Kymmel's Buchh. cart. *

—— Rigasches, für 1868/69. Lex.-8. (III, 367 S.) Riga 868, Kymmel. cart. *

—— **Rigasches**, für 1877. Lex.-8. (XX, 296 S.) Riga, Kymmel. cart. *
1875, 1876, 1878 und 1879 nicht erschienen.

— Rigasches, f. 1885. Hrsg. v. Richter & Co. 4. (III, 174 S. m. 2 Theaterplänen.) Riga 885. (Kymmel's Sort.) cart. n.n. 10. —

**Adreßbuch,** Rigasches, f. 1889/90. Hrsg. v. A. W. Kröger. Lex.-8. (IV, 322 S.) Riga, (Stieda's Verl.). cart. n. 12. —

— **Rigasches**, 1898/99. Hrsg. v. Adf. Richter. gr. 8. (VI, 64, 271, 70 u. 60 S.) Riga (Jonck & Poliewsky). Geb. n.n. 12. —

— **Rigasches**, 1900. Hrsg. v. Adf. Richter. Lex.-8. (VIII, 63, 298, 61, 80 u. 4 S.) Riga (Jonck & Poliewsky). Geb. in Leinw. n.n. 12. —

Rigasches **Adressbuch.** Hrsg. v. Adolf Richter. 1907. Riga ('07). 4°

—— der Ritterguts- und Grundbesitzer im Deutschen Reich, s. General-Adressbuch.

—— der Rittergutsbesitzer und Rittergüter, s. Bauer, C. Fr., Adress-Buch.

— der Rittergutsbesitzer resp. -Pächter, Gutsbesitzer, Gemeindevorstände u. Wirthschaftsbesitzer rc. in den 279 Ortschaften der Kgl. Amtshauptmannsch. Meißen. Nach amtl. Quellen bearb. Hrsg. v. F. Jul. Baumert 8. (100 S.) Meißen 885. Baumert. cart. n. 1. —

— Ritzebüttel, s. Adressbuch, Cuxhavener.

— **der österreichischen Riviera, v. Abbazia, Voloska, Lovrana u. Ika. Hrsg.: Frz. Kreisel. (IV, 96 S.) 8. Abbazia (910.) Verl. d. Kur- u. Bade-Zeitung (Nur dir.)** 1. 60

— Rochlitz (Riesengebirge), s. Adressbuch Hohenelbe.

—— von Rochlitz, s. Adreß- und Geschäfts-Handbuch.

— **f. den Bez. Rochlitz im Riesengebirge, umfassend die polit. Gemeinden Rochlitz, Harrachsdorf u. Witkowitz, m. e. ausführl. Geschichte des Bezirkes u. der Gemeinden seit ihrer Gründg. bis zur Jetztzeit, sowie die weitere deutsche Minderheit im polit. Bezirke Starkenbach, als: Das Adressenverzeichnis der Gemeinde Huttendorf, u. der deutschen Großindustrie m. ihren Kolonien u. Einschichten wie: Jablonetz, Hradsko (Schloßberg), Glasersdorf, Passek, Ponikla, Bukan u. Benetzko, ferner die dem Verlage rechtzeitig zugegangenen Adressen der in der Fremde wohn. Rochlitzer Heimatsgenossen nebst Charakter u. Wohnort. Bearb. auf Grund amtl. Verzeichnisse. (4 u. 170 S. m. Abbildgn. u. 3 Taf.) gr. 8. Rochlitz im Riesengebirge, (908.) Frz. Gebert. (Nur dir.)** Geb. nn 2. 50

— der Stadt Rochlitz i. S., nebst e. Geschäfts-Anzeiger v. Gewerbetreibenden. Hrsg. v. F. Bamberger. 1890/93. 2. Ausg. gr. 8. (42 S.) Rochlitz, (Pretzsch). geb. n. 2. 50

— **der Stadt Rochlitz i. S., nebst e. Geschäfts-Anzeiger v. Gewerbetreibenden. Nach amtl. Unterlagen bearb. u. hrsg. v. Max Bode. Ausg. 1894. gr. 8. (II, 66 S.) Rochlitz, (B. Pretzsch). Kart.** n. 2. 70

— für Rodewisch, s.: Adreßbuch f. Auerbach.

— der Stadt Ronneburg, s.: Adreß- u. Auskunftsbuch.

— von Röntgental, s.: Adreßbuch v. Bernau.

— dasselbe, s.: Vorort-Adreßbücher, Berliner. 1.

—— rostocker, für 1858 und 1860. 2. und 3. Jahrg. hoch 4. (145 S. und IV und 196 S.) Rostock 858 und 860, (Stiller'sche Hofbuchh.) à Jahrg. geb. * *

—— Rostocker für die J. 1875—79. 8. (à 256 S.) Rostock, Boldt. geb. à Jahrg. *

— der Oberamtsstadt Rottweil, zugleich illustrierter Führer durch Rottweil u. Umgebung. 1902. Nach amtl. Erhebgn. zusammengestellt. gr. 8. (114 S. m. 5 Taf.) Rottweil (R. Wolf). n.n. — 50

—— Rübenzucker-Fabriken rc., s. Verzeichniß d. R.

—— über Rüben-Zucker-Fabriken und deren Besitzer, resp. Firmen, in sämmtl. Zollvereins-Staaten nach amtl. Berichten bis Januar 1861 entworfen und hrsg. von W. Platt. Hierzu: Platt's Fabriken-Karte von Mittel-Europa. 16. (28 S. mit 5 lithogr. Karten in 16. und 8., wovon 2 ill.) Magdeburg 861, (Baensch.)

—— der Rübenzucker-Fabriken, Raffinerien, Candis-Fabriken etc. des Zollvereins, s. Zabel und Comp.

— über sämmtliche Rübenzucker-Fabriken u. bedeutendste Raffinerien der Zollvereins-Staaten bis zum J. 1865 u. über sämmtliche Zuckerfabriken des Kaiserth. Oesterreich. Verzeichniss der im Regierungs-Bezirk Magdeburg gelegenen Spiritus-Brennereien. Magdeburg 865. (Gebhardi.) gr. 8. (20 S.) n. 1 a$\not{b}$

— üb. sämmtl. Rübenzucker-Fabriken d. Zollv.-Staaten bis z. J. 1865 u. üb. sämmtl. Zuckerfabr. Oesterr. 8° (20) – Magdeb.: 1865, (Rathke).

—— **über sämmtliche Rübenzucker-Fabriken und bedeutendste Raffinerien der Zollvereins-Staaten bis zum J. 1865 und über sämmtl. Zuckerfabriken des Kaiserth. Oesterreich. Verzeichniss der im Regierungs-Bezirk Magdeburg gelegenen Spiritus - Brennereien. Lex.-8. .(20 S.) Magdeburg 868. [Brieg], (Gebhardi.)** *

— des Amtsbez. Rüdersdorf. Hrsg. v. A. Heyer u. J. Kühnert im März 1903. (70 S. m. 1 Plan.) gr. 8. Kalkberge-Rüdersdorf. (Berlin, Berolina-Versand-Buchh.) Kart. n. 1. 50

— v. Rudolstadt, s.: Adreß- u. Geschäfts-Handbuch.

— der fürstl. Haupt- und Residenzstadt Rudolstadt, s. a. Adreß- u. Geschäfts-Handbuch.

— der fürstl. Haupt- u. Residenzstadt Rudolstadt. Nach amtl. Quellen bearb. gr. 8. (VII, 103 S.) Rudolstadt 900. Fürstl. priv. Hofbuchdr. F. Mitzlaff. Kart. n.n. 2. —

— d. fürstl. Residenz Rudolstadt. Bearb. v. P am Ende. 8° (151) – Rudolstadt: Hofbuchdr. 1889.

Adressbuch Rudolstadt u. Umgebg. (216) 8° – Rudolst.: Fürst. priv. Hofbuchdr. 1906.

—— Rudolstädter, s.a. Einwohner-Verzeichniß.

—— Rudolstädter, für den Zeitraum von 1876 bis 1878. 8. (124 S. mit 1 lithogr. und color. Situationsplane in qu. Fol.) Rudolstadt 876, Fröbel. *

— für den Kreis Ruhrort. 8. (271 S.) Ruhrort 888. Andreae & Co. n.n. 3. 50; geb. n.n. 4. —

—— von Rumänien, s. Annuaire de Roumanie.

— für die Bezz. Rumburg u. Warnsdorf, (bestehend aus 2 Abtlgn. u. zwar: 1. Abtlg.: Gerichts- u. Steuerbez. Rumburg m. 29707 Einwohnern in 3694 Häusern, bestehend aus den Städten Rumburg u. Schönlinde, sowie den Gemeinden Daubitz, Khaa, Nieder-Ehrenberg, Oberhennersdorf, Schönborn, Schönbüchel u. Wolfsberg. II. Abtlg.: Gerichts- u. Steuerbez. Warnsdorf m. 39166 Einwohnern in 4139 Häusern, bestehend aus den Städten Warnsdorf, Kreibitz u. Skt. Georgental, sowie den Gemeinden Neu-Kreibitz, Niedergrund, Nieder-Kreibitz, Obergrund, Ober-Kreibitz, Schönfeld, Teichstatt u. Tollenstein. Bearb. auf Grund amtl. Verzeichnisse. (72 u. 83 S.) gr. 8. Rochlitz im Riesengebirge (908.) Frz. Gebert. (Nur direkt.) Geb. in Leinw. nn 2. 50
Auch u. d. T.: Adreßbuch f. die Bezz. Warnsdorf u. Rumburg.

— der Ruprecht-Karls-Universität zu Heidelberg. Winterhalbjahr 1840—1841. gr. 8. Heidelberg, K. Winter. 1/8 ₰

Adressbuch der Ruprechts-Karls-Universität in Heidelberg. Winter-Halbjahr 1900/1901. Heidelberg: K. Groos 1900. (48 S.) 8°
(Nur in beschränkter Zahl für den Austausch.)

Adressbuch der Ruprecht-Karls-Universität in Heidelberg. Sommer-Halbjahr 1901. *Heidelberg: K. Groos 1901.* (53 S.) 8°
(Nur in beschränkter Zahl für den Austausch)

— der Amtsgerichtsbezirke Saalfeld u. Gräfenthal u. verschiedener angrenzender Ortschaften. 1881. 8. (IV, 208 S.) Saalfeld, Niese. cart. n.n. 2. —

— der Amtsgerichtsbezirke Saalfeld u. Gräfenthal u. verschiedener angrenzender Ortschaften. 8. (IV, 255 S.) Saalfeld 886. Niese. geb. n. 3. —

Adreßbuch der Amtsgerichtsbezirke Saalfeld u. Gräfenthal u. verschiedener angrenzenden Ortschaften. 8. (VIII, 287 S.) Saalfeld 891. Niese. Geb. n. 3. —

— d. Amtsger.-Bezirke Saalfeld u. Gräfenthal u. verschied. angrenz. Ortschaften. 1896. 8. (VIII, 290 S. m. farb. Plan.) Saalfeld, C. Niese. Kart. n. 3. —

— der Stadt Saalfeld u. deren Umgebung. Nach amtl. Quellen bearb. Mit e. Anh., enth.: Zusammenstellung der Saalfelder Ortsgesetze u. wicht. reichs- u. landesgesetzl. Vorschriften. 1899. 8. (XVI, 388 S.) Saalfeld, C. Niese. Kart. n.n. 3. —

—— von Saarbrücken und St. Johann, s. a. Wohnungs-Anzeiger.

– f. d. Saarbrücken u. St. Johann, sowie Umgegend. Bearb. v. Bier u. van Hoffs. 8° (289 m. Pl.) – Saarbr.: St. Joh. 1895, Klingebeil & Pr.

— für die Städte Saarbrücken u. St. Johann a. d. Saar, sowie Umgegend, bearb. von Bier u. König. Nebst e. Anh. gr. 8. (VIII, 252 S.) St. Johann-Saarbrücken 890. (Moelchert u. Würtenberger.) cart. n.n. 4. 50
Vgl.: Adressbuch f.d. Städte St. Johann a.d. S. u. Saarbrücken.

— für die Städte Saarbrücken u. St. Johann a. d. Saar sowie Umgegend, nach dem amtl. Material der Bürgermeistereien beider Städte bearb. v. Bier u. van Hoffs. Nebst e. Anh. gr. 8. (IV, 248 S.) Saarbrücken 894. H. Klingebeil. Kart. n.n. 3. 75

—— von Sachsen, s. Merkel, H. G.

—— der preuß. Provinz Sachsen, s. Universal-Handbuch und Statistisches Ortslexikon für das Deutsche Reich.

—— des Herzogthums Sachsen-Altenburg, s. Staats- und Adreß-Handbuch.

– Sachsen-Altenburg (Ostkreis) Landgemeinden. '10. (14, s.A-Q u. 232 m. Abb., 2 Ktn u. 1 Pl.) gr8° – Altenbg.S.-A.: (Ecke Wilhelm- u. Gartenstr.), R. Hauenstein. (1910).

—— von Sagan, s. Adreß- und Geschäfts-Handbuch.

— für die Stadt Sagan f. 1909/10. (Zusammengestellt v. O. Daum.) 8. Aufl. (IV, 148 S.) gr. 8. Sagan 909. (R. Schoenborn). Geb. in Halbleinw. 4. —

— v. Bad Salzbrunn in Schlesien. Bearb. auf Grund amtl. Unterlagen v. H. Vogt. 8. (77 S.) Leipzig (899). Kühnel. n. 1. —

—— von Salzburg, s. Geschäfts-, Volks- und Amtskalender.

—— von Salzburg, s. Handels- und Gewerbe-Adreßbuch.

Adressbuch Salzburg, s. Wohnungs-, Handels- u. Gewerbe-Adreß-Buch

– Salzburger. 6. Ausg. (96) 8° – Salzburg: Mayr (1905).

— der Stadt u. des Amtsgerichtsbezirks Salzungen m. Einschluß der angrenzenden Orte Barchfeld, Dorndorf, Kaiseroda, Tiefenort. Auf Grund amtl. Materials bearb. u. hrsg. (IV, 138 S.) 8. Salzungen (908.) L. Scheermesser. 2. —

—— der Stadt Salzwedel. Bearb. und hrsg. von Gust. Klingenstein. 8. (57 S. mit 1 lithogr. Plan in qu. Fol.) Salzwedel 877, Klingenstein. *
1875, 1876, 1878 und 1879 nicht erschienen.

— der Stadt Salzwedel. Bearb. u. hrsg. v. Gustav Klingenstein. gr. 8. (92 S.) Salzwedel 881. Klingenstein. n. 2. —

—— der Stadt Salzwedel. Bearb. und hrsg. von Gust. Klingenstein. 8. (106 S. mit 1 Plan.) Salzwedel 888, Klingenstein. **

— d. Stadt Salzwedel. 8. (112 S. m. 1 Plan.) Salzwedel 895. G. Klingenstein. n.n. 3. —

— für Stadt u. Kreis Salzwedel 1907, m. dem Plane der Stadt u. der Karte der Altmark. Bearb. nach dem letzten amtl. Material. (157 S.) gr. 8. Salzwedel (G. Klingenstein) nn 5. —.

— für Sande, s.: Adreßbuch f. Bergedorf.

—— der in Wien wohnhaften Sanitätspersonen, s. Verzeichniß.

Adressbuch von St. Gallen, s. a. Handels-Adreßbuch, officielles, der Stadt St. Gallen

– Sankt Gallen. (328) 8° – St. Gall.: (H. Honer) 1905.

Adressbuch St. Gallen, Kanton, s. a. Handels- Gewerbe- und Hotel- Adreßbuch

— der Stadt St. Gallen. 8. St. Gallen 840. Scheitlin u. Zollikofer. $^3/_8$ ℛ

— der Stadt St. Gallen. 1880. Von Balth. Ritz. 8. (X, 188 S.) St. Gallen, (Scheitlin & Zollikofer). cart. n.n. 5. —

—— der Stadt St. Gallen. 8. (VIII, 104, 52, 38 S.) St. Gallen 888, (Kreutzmann.) *

Adressbuch der Stadt St. Gallen, 1889. Redaktor: *H. Guyer*. In-8°, VIII, 188 S. St. Gallen, M. Kreutzmann. Cart. 5 —

— der Stadt St. Gallen 1891. Hrsg. v. F. Hasler u. J. Custer. 8. (IV, 116; 36 u. 36 S.) St. Gallen, F. B. Müller. geb. n. 5. —

— der Stadt St. Gallen f. 1893. Mit e. Straßenverzeichniß. Nach amtl. Quellen bearb. von J. Bucher & F. Hasler. gr. 8. (IV, 116, 5, 48 u. 48 S.) St. Gallen, (L. Kirschner-Engler). Geb. in Leinw. n.n. 4. 50

Adressbuch der Stadt St. Gallen 1895. Nach amtl. Quellen bearbeitet von *J. Bucher* u. *F. Hasler*. Gr. in-8°. IV, 222 S. St. Gallen, Scheitlins Buchh. geb. 4 50

— der Stadt Sankt Gallen 1897. N. amtl. Quellen bearb. v. F. Hasler. M. e. Telephon-Abonnenten-Verzeichn., Strassenverzeichn., Stadtplan, Theaterplan u. Inseraten-Anh. 8. (IV, 241; 5 u. 8 S.) St. Gallen (Scheitlin). Geb. n. 4. —

— der Stadt St. Gallen 1899. Mit e. Telephon-Abonnenten-Verzeichnis, Strassen-Verzeichnis, Stadtplan, Theaterplan u. Inseraten-Anhang. 8°. VII, 279 S. St. Gallen, (J. J. Sonderegger). Geb. 4 80

— der Stadt u. d. Kantons St. Gallen. Von D. Hintermeister. St. Gallen, 861. (Scheitlin & Zollikofer.) Lex.-8. (XI, 151 S.) n. 1 ℛ 10 ngr.

– d. Stadt u. d. Kant. St. Gallen. Von D. Hintermeister. 8° (151). – St. Gallen:(Scheitlin u. Z.) 1862.

– Sankt Gallen u. Tablat 1906. (384 u. 4 m. 2 Pl.) 8° – St. Gall.: (O. Lütolf). (Nur dir.)

— f. d. Stadt St. Ingbert. M. e Plan d. Stadt. 1. Jahrg. 1896/97. gr. 8. (VII, XLI, 96 S.) St. Ingbert, F. X. Demetz. Kart. n. 3. 50

– f. St. Johann a.d. S., s.: Adressbuch v. Saarbrücken.

—— von St. Johann und Saarbrücken, s. Wohnungs-Anzeiger.

— f. d. Städte Sankt Johann, Saarbrücken u. Malstatt-Burbach. N. d. amtl. Mat. d. Bürgermeistereien bearb. v. Bier, van Hoffs, C. Ritter. 1898. gr. 8. (VII, 390 u 89 S. m. 1 farb. Plan.) St. Johann (Klingebeil & Proeller). Kart. n.n. 4. —

—— für die Städte St. Johann a. d. Saar und Saarbrücken sowie Umgegend, nur nach amtl. Material bearb. von Koenig und Bier. Nebst einem Anhang, enthaltend insbesondere eine geographisch-histor. und statistisch-volkswirthschaftl. Beschreibung der Städte und Umgegend von H. W. Glabbach. gr. 8. (VII, 384 S.) St. Johann-Saarbrücken 888, (Bock und Seip.) cart.

—— für d. Städte St. Johann a. d. Saar u. Saarbrücken, sowie Umgegend, nach d. amtl. Material d. Bürgermeistereien beider Städte bearb. v. van Hoffs u. Bier. Nebst 1 Anh. gr. 8. (IV, 244 S.) Saarbrücken 892, Klingebeil. cart. ** 3 50
Vgl.: Adreßbuch f. d. Städte Saarbrücken u. St. Johann.

—— St. Petersburger, Handels- und Industrie-, s. Handels- und Industrie-Adressbuch.

— des Kantons u. der Stadt Schaffhausen m. Feuerthalen, nach dem neuesten amtl. Material zusammengestellt v. H. Siegerist. gr. 8. (IV, 88 S.) Schaffhausen 886. Kober. cart. n.n. 3. 50

Adressbuch des Kantons u. der Stadt Schaffhausen m. Feuerthalen, nach dem neuesten amtl. Material zusammengestellt v. *H. Siegrist*. Gr. in-8°. 112 S. M. farb. Plan. Schaffhausen, C. Schoch. 1894

— d. Kantons u. d. Stadt Schaffhausen m. Feuerthalen. 1898. gr. 8. (II, 130 S. m. Stadt-, Theater- u. Kirchenplan.) Schaffhausen, C. Schoch. Kart. n. 2. —

—— von Schandau, s. Adreß- und Geschäfts-Handbuch.

— der k. freien Stadt Schässburg. 2. Jahrg. (VII, 96 S.) 8. Schässburg 906. Hermannstadt, W. Krafft. n.n. 1. 25

— u. Schematismus der Brauereien, Brennereien u. Zuckerfabriken in Oesterreich-Ungarn. Hrsg. v. R. J. Rohr. V. Ausg. gr. 8. (IV, 70 S.) Leitmeritz 893. (H. Blömer.) n. 4. —

— u. Schematismus d. Brauereien, Brennereien u. Zuckerfabriken i. Oesterreich-Ungarn. Hrsg. v. R. J. Rohr. VI. Ausg. gr. 8. (IV, 66 S.) Leitmeritz 898. (H. Bloemer.) n. 4. —

— u. Schematismus der Brauereien, Brennereien u. Zuckerfabriken in Oesterreich-Ungarn. Hrsg. v. F. J. Honsig. 7. Aufl. (94 S.) gr. 8. Wien 905. (M. Perles.) n. 5. —

— v. Schiltigheim-Bischheim-Hönheim 1908. Nach amtl. Quellen, m. 1 Straßenplan v. Schiltigheim-Bischheim-Hönheim. (143 S.) 8. Schiltigheim. Straßburg-Schiltigheim, Barth & Reimann. nn 2.50; geb. nn 3. —

Adressbuch der deutschen Schirm-, Stock-, Stoff-, Fournitur- und Posamenten-Fabrikanten, neuestes Deutschlands, Oesterreich-Ungarns u. der Schweiz. Ebda 1890. 12.

– Schkeuditz, s. Adressbuch Leipzig-Land.

—— Schleiz, s. Adreß- u. Geschäfts-Handbuch.

Adreßbuch von Schlesien, s. Firmen- u. Adreßbuch, oberschles. — Güter-Adreßbuch, schles.

—— der Herzogth. Schleswig, Holstein, Lauenburg, zum Gebrauch am Comptoir und auf Reisen. 1853. ult. Oct. 2., revid. und nachgeführte Aufl. gr. 8. (III und 204 S.) Rendsburg 853. (Altona, Lehmkuhl und Comp.) *

—— der Herzogthümer Schleswig, Holstein, Lauenburg, zum Gebrauch am Comptoir und auf Reisen. 1857. gr. 12. (IV und 225 S.) Rendsburg 858. (Altona, Hestermann.)

— der Herzogthümer Schleswig, Holstein, Lauenburg, zum Gebrauch am Comptoir u. auf Reisen. 1860. Rendsburg. (Altona, Mentzel.) 8. (251 S.) n. 1 ℛ

– d. Herz. Schlesw., Holst., Lauenb. 8° (246) – Rendsb.: 1863. (Schlesw., Bergas.)

— —1863. Rendsburg. (Schleswig, Heiberg.) 8. (246 S.) n. 1 ℛ

— der Stadt Schleswig. 1. Jahrg. 1878. 8. (115 S.) Schleswig, Bergas. cart.

— der Stadt Schleswig. 1881. 8. (123 S.) Schleswig 881. Bergas. cart. n.n. 3. —

— der Stadt Schleswig. 1885. 8. (129 S.) Schleswig 885. Bergas. cart. baar n.n. 2. 50

— der Stadt Schleswig 1889. 8. (125 S.) Schleswig 889. Bergas. cart. n. 2. 70

— der Stadt Schleswig. 1893. 8. (110 S.) Schleswig, J. Bergas. Kart. n. 2. 70

— d. Stadt Schleswig 1896. 8. (147 S.) Schleswig, J. Bergas. Kart. n.n.n. 3. —

— der Stadt Schleswig. 1900. gr. 8. (96 S.) Schleswig, J. Bergas Verl. Kart. 3. 50

Adreßbuch der Stadt Schleswig 1903. (Jg. 7) .– Schleswig. (1903).

— der Stadt Schleswig 1906. (III, 113 S.) 8. Schleswig, J. Bergas Verl. Kart. n.n. 3. 50

– Schleswig 1908. (139). 8° – Schlesw.: J Bergas V.

— der Stadt Schleswig. 1910. Mit Anh.: Adressenverzeichnis der Orte Erfde, Friedrichstadt, Kappeln, Kropp u. Süderbrarup im Kreise Schleswig. (III, 144 u. 14 S.) 8. Schleswig, J. Bergas Verl. Geb. in Halbleinw. 4. —

5

Adreßbuch f. Schleswig-Holstein . . . s.a. A d r e ß - K a l e n d e r

Adreßbuch f. Schleswig - Holstein..., s.a. F i r m e n k a l e n d e r

— für Schleswig-Holstein u. Eutin. 1867. Rendsburg. (Altona, Uflacker.) gr. 8. (2 Bll., 310 S.) n. 1 ℛ 10 ngr.

— für das Herzogthum Schleswig-Holstein und das Fürstenthum Lübeck. Nach sämmtl. Postbezirken geordnet. Mit einer Eintheilung der Kreise und Bezirke sammt den Ressorts und dem Personalbestande der Behörden in der Verwaltung und der Rechtspflege. Hrsg. von Fritz Buckow. gr. 8. (VII, 247 S.) Dessau 870. (Schleswig, Heiberg's Buchh.) * *

Adressbuch für die Herzogthümer Schleswig-Holstein und das Fürstenthum Lübeck. Nach Postbezirken geordnet. Mit einer Eintheilung der Kreise und Bezirke etc. Hrgg. v. Fritz Buchow u. a. 1. Ausg. Dessau. (1869.) – 3. Aufl. Garding. 1878. – 5. Aufl. ebd. 1888. – 6. Aufl. Rheinfeld. (1892.) – 7. Aufl. ebd. 1897. 8° .

— für die Herzogthümer Schleswig-Holstein u. das Fürstenthum Lübeck nebst der Zollvereinsniederlage Hamburgs m. e. Verzeichniß der Behörden u. den Kreisen u. Bezirken ihrer Wirksamkeit v. Fritz Buckow. gr. 8. (VI, 302 S.) Garding 874. (Schleswig, Bergas. — Hamburg, Hoffmann & Campe.) n. n. 5. —

— für die Prov. Schleswig-Holstein u. das Fürstenthum Lübeck, nebst der Zollvereinsniederlage Hamburgs u. einem Verzeichniß der Behörden. Nach Postbezirken alphabetisch geordnet. Hrsg. v. Fritz Buckow. 3., bedeutend verm. Aufl. gr. 8. (XVIII, 360 S.) Garding 878. Lühr & Dircks in Comm. n.n. 6. —

— für Schleswig-Holstein, Lauenburg u. das Fürstent. Lübeck, nebst e. Verzeichnis der Behörden. Nach Postbezirken alphabetisch geordnet. Hrsg. v. Fritz Buckow. 4. bedeutend verm. Aufl. gr. 8. (XXIV, 390 S.) Garding 884. Lühr & Dircks. n. 6. —

— für Schleswig-Holstein, Lauenburg u. das Fürstent. Lübeck, nebst e. Verzeichnis der Behörden. Nach Postbezirken alphabetisch geordnet. Hrsg. v. F. Buckow. 5. verm. Aufl. gr. 8. (XXXII, 456 S.) Garding 888. (Lühr & Dircks.) n. 6. —

– f. Schleswig-Holstein einschliesslich Fürstenth. Lübeck u. Herzogth. Lauenburg, nebst e. Verzeichniss d. Behörden, sowie d. in Schleswig-Holstein vorhand. Spar- u. Leih-Kassen u. allen Molkerei-Genossenschaften u. Molkerein genannter Landestheile. Verf. u. hrsg. v. G. A. Nahrendorf. 6. Aufl. 8° (773) – Reinf. 1892. (Garding: Lühr).

— für Schleswig-Holstein einschließlich Fürstenth. Lübeck u. Herzogth. Lauenburg, nebst e. Verzeichniß der Behörden, sowie der in Schleswig-Holstein vorhandenen Spar- u. Leih-Kassen u. allen Molkerei-Genossenschaften u. Molkereien genannter Landestheile. Nach Postbezirken alphabetisch geordnet. Verf. u. hrsg. v. Gust. Adf. Nahrendorf. 6., bedeutend verm. Aufl. gr. 8. (XXIII, 750 S.) Reinfeld i/H. 892. G. A. Nahrendorf. Kart. n.n. 8. —

— für Schleswig-Holstein einschließl. Herzogth Lauenburg u. Fürstenth. Lübeck. N. Postbezirken alphabet. geordn. Bearb. u. hrsg. v. F. Retzlaff. 7., vollst. neu bearb. Aufl. gr. 8. (IV, 1032 S.) Reinfeld 897. F. Retzlaff. Kart. Subskr.-Pr. n. 8. —; Ladenpr. n. 10. —

— für Schleswig-Holstein einschließl. Herzogt. Lauenburg u. Fürstent. Lübeck. Nach Postbezirken alphabet. geordnet. Bearb. u. hrsg. v. J. Schüthe's Verlagsbuchdruckerei, Bad Oldesloe. 8., vollst. neu bearb. Aufl. (1265 S.) gr. 8. Oldesloe (904). (Hamburg, J. Kriebel.) Geb. n. 10. —

— v. Schlettau, s.: Adreß- u. Auskunftsbuch.

Adreßbuch f. d. polit. Bez. Schluckenau in Nordböhmen, bestehend aus 2 Abteilgn. und zwar: I. Abteilg.: Gerichts- u. Steuerbez. Schluckenau m. 28203 Einwohnern in 4005 Häusern, bestehend aus den Städten Schluckenau u. Georgswalde, sowie den Gemeinden Alt-Ehrenberg, Filippsdorf, Fürstenwalde, Fugau, Herrnwalde, Kaiserswalde, Königswalde, Kunersdorf, Neugrafenwalde und Rosenhain. II. Abtgl. Gerichts- und Steuerbez. Hainspach m. 24459 Einwohnern in 3557 Häusern, bestehend aus dem Markte Hainspach, der Stadt Schönau u. den Gemeinden Hielgersdorf, Lobendau, Neudörfel, Nixdorf, Nieder-Einsiedel, Ober-Einsiedel, Röhrsdorf, Wölmsdorf u. Zeidler. Bearb. auf Grund amtl. Verzeichnisse. (88 u. 69 S.) gr. 8. Rochlitz im Riesengeb. (908). Frz. Gebert. (Nur direkt.) Geb. nn 2. 50

— der Stadt Schluckenau in Böhmen. Bearb. auf Grund amtl. Unterlagen v. Ludw. Seifert. 8. (112 S.) Leipzig (900). Kühnel. n. — 85

— der Stadt Schmalkalden u. des Schmalkalder Industriebezirkes. Auf Grund amtl. Materiales bearb. u. hrsg. v. Feod. Wilisch. gr. 8. (86 u. 32 S.) Schmalkalden 893. (F. Wilisch.) n. 2. —; geb. n.n. 2. 50

— der Stadt Schmiedeberg in Schlesien. 1. Jahrg. 1878. Zusammengestellt nach amtl. Quellen. gr. 8. (XII, 38 S.) Hirschberg i. Schl., Actiengesellschaft „Bote aus dem Riesengebirge". *

1875—77 und 1879 nicht erschienen.

— v. Schmölln, s.: Adreß- u. Geschäfts-Handbuch.

—für die Stadt Schmölln (Sachsen-Altenburg). Ausg. 1910. (167 S.) 8. Schmölln (R. Bauer). Geb. 3. 50

— für Schneeberg, s. Adreß- und Geschäfts-Handbuch.

– Schönau, s. A d r e s s b u c h Leipzig-Land.

— v. Schönbach i. B., s.: Adreß- u. Auskunftsbuch.

— v. Schöneck i. B., s.: Adreß- u. Auskunftsbuch.

— der Stadt Schönlinde in Böhmen. Bearb. auf Grund amtl. Unterlagen v. Frz. Frank. 8. (95 S.) Leipzig (900). Kühnel. n. — 85

— der Schuh- u. Schäfte-Fabrikanten v. Deutschland, Luxemburg, Oesterreich-Ungarn, Schweiz, Italien, Belgien, Holland, Dänemark, Schweden, Norwegen, Russland u. der deutschen Schuhwaren-Detailhändler u. Grossisten. (364 S.) gr. 8. Berlin 903. Kampffmeyer'scher Verlag. Geb. in Leinw. 12. —; erm. Pr. n. 3. —

— Schuh- u. Schäftefabriken, Schuhmacher-Bedarfs-Artikel-Handlgn u. Schuhwaren-Engros-Geschäfte Deutschlds. 2. Afl. (80) gr 8$^{0}$ — Jena: 1907/8, Apolda, H. Jackob.

— Schuh- u. Schäftefabriken u. Schuhwaaren-Engros-Geschäfte Deutschlds. (Deut. Leder-Industrie, Bd. III a.) (74) 8$^{0}$ — Jena: H. Jackob 1903.

— f. d. Schuh- u. Leder-Industrie u. verw. Geschäftszweige d. Schweiz. M. e. Anh.: D. besten Bezugsquellen f. d. Gerbereien, Schuh- u. Schäftefabriken, Leder-, Häute-, Schuhwaren- u. Fourniturenllandlgn. etc. Hrsg. v. A. Roebelen-Goez. 12. (36 S.) Zürich 896. (Stuttgart, H. O. Sperling.) n. 1. 20

— für die Schuh- u. Leder-Industrie, 2. Aufl., s.: Adressbuch f. die Leder- u. Schuh-Industrie.

— d. Schuhwaaren-Fabriken u. Handlgn. Deutschlands. (2. Aufl.) gr. 8. (172 S.) Berlin 897. J. Brass. 7. —

**Adressbuch der Kgl. polytechnischen Schule in Hannover für das Studienj. 1877/78. Hannover: Schmorl & v. Seefeld Febr. 1878.**

**Adreßbuch** der (1860-61 ff.: Grossherzogl. Badischen) polytechnischen Schule (1885-86 ff.: Technischen Hoch-Schule) in Carlsruhe. Studienj. (1866-67: für das Jahr; 1867-68 — 1886/87: für das Studienj.; 1887/88 ff.: für das W.- bzw. S.-S.) 1848-49 —1902/1903. 1849—1902.

Fortges. u. d. T.:

Fridericiana. Grossherzogl. Badische Technische Hochschule zu Karlsruhe. **Adressbuch** für das S.-S. 1903. W.-S. 1903/04 [usw.]—W.-S. 1912/13. 1903—12.

—— der königl. polytechnischen Schule in Hannover für das Schuljahr 1879/80. 8. (22 S.) Hannover, Schmorl und v. Seefeld.

— von Schw. Gmünd. Enth. sämmtl. Gold- u. Silberwaaren-Fabriken, deren Hilfsgeschäfte, Handel- u. Gewerbetreibende, sowie e. Verzeichniß der Behörden, Lehranstalten u. Vereine. Hrsg. v. Frdr. Manz. gr. 8. (37 S.) Schw. Gmünd 884. Schmid. cart. n. 1. —

—— für Schwäbisch-Hall, s. Adreß- und Geschäfts-Handbuch.

Hans Schwarz' Adressbuch der Schweiz für Industrie, Handel und Gewerbe. 4. Ausg. — 1901. Annuaire Hans Schwarz pour l'industrie et le commerce de la Suisse. 4. éd. — 1901. [Illustriert.] [XXXVIII +] 1824 + XVIII S. 4. Zürich, Hans Schwarz & Cie., 1901. [geb. fr. 22. —]

Hans Schwarz' A' der Schweiz für Industrie, Handel und Gewerbe. 2 Bände. 5., bedeutend vermehrte und verbesserte, gänzlich neu bearbeitete Ausgabe. 1907 = Annuaire Hans Schwarz pour l'industrie et le commerce de la Suisse. 2 Volumes. 5e éd. revue et considérablement augmentée. [Illustriert.] 4. Zürich, Schweizer Industrie-Verlag A.-G. [geb. *zus.* fr. 25. —]

Band 1 = Volume 1 (Aargau — Neuchâtel). XX S. + S. 1 — 1239 [+ 40 S.].
Band 2 = Volume 2 (St. Gallen — Zürich). IV S. + S. 1241 — 2584 [+ 72 S.].

Hans Schwarz' A' der Schweiz für Industrie, Handel und Gewerbe. 2 Bände. 6. Ausgabe, gänzlich neu bearbeitet. 1909/10 = Annuaire suisse Hans Schwarz pour l'industrie et le commerce. 2 Volumes. 6e Ed. remaniée entièrement. [Illustriert.] 4. Zürich, Schweizer Industrie-Verlag A.G. [geb. *zus.* Subscr. fr. 20. —, im Buchh. 25. —]

Band 1: Aargau — Neuenburg = Volume 1: Argovie — Neuchâtel. XXII S. + S. 1—1053 [+ 34 S.].
Band 2: St. Gallen — Zürich = Volume 2: St-Gall — Zurich. II S. + S. 1055—2158 [+ 70 S.].

— v. Schwarzenbach, s.: Adreß- u. Geschäfts-Handbuch.

—— von Schweidnitz für 1887. 8. (152 S.) Schweidnitz, Expedition des Tageblattes. cart. *

—— der Stadt Schweidnitz. 1881. Unter Benutzung amtl. Quellen. 8. (XVII, 235 S. mit 1 lithogr. Stadt- und Theaterplane.) Schweidnitz, Heege. geb. **

— der Stadt Schweidnitz. 1884. Unter Benutzg. amtl. Quellen. Mit e. (lith.) Stadt- u. Theaterplane. 8. (XVII, 235 S.) Schweidnitz 884. Heege. geb. n.n. 3. 50

— der Stadt Schweidnitz. Nach amtl. Material bearb. Mit e. Stadt- u. Theaterplan. gr. 8. (III, 278 S.) Schweidnitz 901. L. Heege. Geb. in Leinw. n.n. 3. 50

— der Stadt Schweidnitz. Nach amtl. Material bearb. Mit e. Stadt- u. Theaterplan. (III, 315 S.) 8. Schweidnitz 905. L. Heege. Kart. n. 3. —

— Schweidnitzer. 1890. 8. (160 S.) Schweidnitz, O. Maisel. n. 2. 50

— Schweidnitzer, 1895/96. gr. 8. (III, XI, 186 S.) Schweidnitz, Walter & Kropiwoda. n. 2. —; geb. n. 2. 50

—— von Schweinfurt, s. Einwohner-Verzeichniß.

—— der Stadt Schweinfurt, s. a. Beck, Heinr. Christ.

— der Stadt Schweinfurt. Mit vorausgeschickter Darstellung der Hauptmomente ihrer Geschichte u. einer Uebersicht der Sehenswürdigkeiten d. Stadt. Von Hnr. Chr. Beck. 8. Schweinfurt 840, Wetzstein. 12 ngl

—— für die königl. bayer. Stadt Schweinfurt. Nach dem Stande vom Septbr. 1875. 8. (IV, 141 S.) Schweinfurt 875, (Stoer.) *

1876—78 nicht erschienen.

— für die königlich bayerische Stadt Schweinfurt. Nach dem Stande vom 1. Oktober 1879. Hrsg. von Fr. J. Reichardt. gr. 8. (VIII, 197 S.) Schweinfurt 879. (Giegler.) geb. n.n. 3. —

— für die königl. bayer. Stadt Schweinfurt. Nach den Ergebnissen der letzten Volkszählg. gr. 8. (VIII, 220 S.) Schweinfurt 886. (Stoer.) cart. n.n. 3. —

— für die königl. bayer. Stadt Schweinfurt. Nach amtl. Quellen zusammengestellt. gr. 8. (VIII, 248 S.) Schweinfurt 890. (Stoer.) Kart. n.n. 3. —

— f. d. kgl. bayer. Stadt Schweinfurt. 8° (268) — Schweinf. 1895, (E. Stör).

— f. d. kgl. bayer. Stadt Schweinfurt. N. amtl. Quellen zusammengest. Ausg. Mai 1898. gr. 8. (IV, 147 S.) Schweinfurt (E. Stör). Kart. n.n. 2. 50

— für die königl. bayer. Stadt Schweinfurt. Nach amtl. Quellen zusammengestellt. (Ausg. Jan. 1901.) gr. 8. (VIII, 295 S.) Schweinfurt (E. Stör). Kart. n.n. 4. —

— für die königl. bayer. Stadt Schweinfurt. Nach amtl. Quellen zusammengesetzt. (XII, 288 S. m. farb. Stadtplan.) 8. Schweinfurt 904. (E. Stoer.) Geb. in Halbleinw. n.n. 4.—

— für die kgl. bayer. Stadt Schweinfurt. Nach amtl. Quellen zusammengestellt. Mit Stadtplan u. alphabet. Namensverzeichnis der Gemeinde Oberndorf. (XII, 248 S.) gr. 8. Schweinfurt 908. (E. Stoer.) Geb. nn 5. 50

—— der Schweiz, s. Gewerbe- und Handels-Adressbuch.

—— der Schweiz, s. Handels- und Gewerbe-Adressbuch der Schweiz.

Adreßbuch der Schweiz, s. Ragionenbuch, Schweizerisches.

Schweizerisches A' für das Baugewerbe und den Hochbau, Ingenieur- u. Maschinenwesen, sowie Kunstgewerbe, nebst Bezugsquellenangaben für alle einschlagenden Berufe, unter Billigung des Zentralkomitees des Schweizer. Ingenieur- u. Architektenvereins. 3. Aufl. November 1904 bis November 1905. — *A. u. d. T.:* Annuaire Suisse de la Construction. Renseignements, Adresses et Informations relatifs aux travaux du bâtiment, du génie civil et des arts mécaniques et industriels.... 3e éd. Novembre 1904 — Novembre 1905. (*zus.* 72 +) XXXXVI + 798 S. gr.-8. Neuenburg und Lausanne = Neuchâtel et L', Bureau; N', Edm. Sandoz; L', Th. Sack, 1904. [geb. fr. 6.—]

Schweizerisches A' für das Baugewerbe und den Hochbau, Ingenieur- und Maschinenwesen sowie Kunstgewerbe, nebst Bezugsquellenangaben für alle einschlagenden Berufe, unter Billigung des Zentralkomitees des Schweizerischen Ingenieur- und Architektenvereins. 4. Aufl. 1906. — *A. u. d. T.:* Annuaire Suisse de la Construction. Renseignements, Adresses et Informations relatifs aux travaux du bâtiment, du génie civil et des arts mécaniques et industriels.... 4e éd. 1906. (*zus.* 82 +) XIV + 961 S. gr.-8. Neuenburg und Lausanne = Neuchâtel et L', Bureau; N', Edm. Sandoz; L', Th. Sack, 1906. [geb. fr. 6. —]

Schweizerisches A' für das Baugewerbe und den Hochbau, Ingenieur- und Maschinenwesen sowie Kunstgewerbe, nebst Bezugsquellenangaben für alle einschlagenden Berufe, und Billigung des Zentralkomitees des Schweizerischen Ingenieur- und Architektenvereins. 5. Aufl. 1908. — *A. u. d. T.:* Annuaire Suisse de la Construction. Renseignements, Adresses et Informations relatifs aux travaux du bâtiment, du génie civil et des arts mécaniques et industriels.... 5e éd. 1908. [Illustriert.] (*zus.* 96 +) XIV + 900 S. gr.-8. Neuenburg = Neuchâtel, Edm. Sandoz; Auslieferung = Expéd.: Th. Sack, Lausanne, 1908. [geb. fr. 6. —]

Schweizerisches A' für das Baugewerbe und den Hochbau, Ingenieur- und Maschinenwesen sowie Kunstgewerbe, nebst Bezugsquellenangaben für alle einschlagenden Berufe, unter Billigung des Zentralkomitees des Schweizerischen Ingenieur- und Architektenvereins. 6. Aufl. 1909. — *A. u. d. T.:* Annuaire Suisse de la Construction. Renseignements, Adresses et Informations relatifs aux travaux du bâtiment, du génie civil et des arts mécaniques et industriels.... 6e éd. 1909. [Illustriert.] VI + 842 (+ *zus.* 98) S. gr.-8. Neuenburg = Neuchâtel, Edm. Sandoz, 1909. [geb. fr. 10. —]

Schweizerisches A' für das Baugewerbe und den Hochbau, Ingenieur- und Maschinenwesen sowie Kunstgewerbe, nebst Bezugsquellenangaben für alle einschlagenden Berufe, unter Billigung des Zentralkomitees des Schweizerischen Ingenieur- und Architektenvereins. 7. Aufl. 1910—1911. — *A. u. d. T:* Annuaire Suisse de la Construction. Renseignements, Adresses et Informations relatifs aux travaux du bâtiment, du génie et des arts mécaniques et industriels.... 7e éd. 1910—1911. [Illustriert.] VIII + XII + 768 S. + *Inserate.* gr.-8. Neuenburg = Neuchâtel, Edm. Sandoz, 1910. [geb. fr. 8. —]

—— Schwelm, s. a. Adreßbuch u. Geschäftsanzeiger.

— Schwelm. 4. Afl. (258) gr 8° — Schwelm: M. Scherz 1907.

— für d. Stadt Schwelm, s.: Adreß- u. Geschäftsanzeiger.

—— von Schwerin, s. Wohnungs-Anzeiger.

—— von Sebnitz, s. Adreß- und Geschäfts-Handbuch.

— Seegeritz, s. Adressbuch Leipzig-Land.

— Sehlis, s. Adressbuch Leipzig-Land.

Adressbuch der Seifenfabrikanten und den mit der Seifenfabrikation verwandten Geschäftszweigen von Belgien, Dänemark, Frankreich, Grossbritannien, Griechenland, Italien, Luxemburg, den Niederlanden, Norwegen, Portugal, Rumänien, Russland, Schweiz, Schweden, Serbien, Spanien, Türkei, Afrika, Amerika, Asien, Australien. gr8°. (VIII, 87 S.) Ebd. 1889. cart.

— der Seifenfabrikanten u. den mit der Seifenfabrikation verwandten Geschäftszweigen von Deutschland u. Oesterreich-Ungarn. 1880. Nach officiellen Angaben bearb. gr. 8. (135 S.) Leipzig, Stauffer in Comm. geb. n. 10. —

— der Seifenfabrikanten u. der mit der Seifenfabrikation verwandten Geschäftszweige v. Deutschland u. Oesterreich-Ungarn. 2. Aufl. Bearb. v. A. Engelhardt. gr. 8. (203 S.) Leipzig 888. Stauffer. cart. n. 10. —

—— der Seifenfabriken, s. Engelhardt, A.

— der Seifen- u. Parfümerie-Fabriken u. d. m. d. Seifen- u. Parfümerie-Fabrikation verw. Geschäfte v. Deutschland, Oesterreich-Ungarn u. d Schweiz. 4., gänzl. umgearb. u. verm. Aufl. 1897. gr. 8. (VI, 276 S.) Leipzig, Schulze & Co. n. 12. —

— der Seifen- u. Parfümerie-Fabriken u. der m. der Seifen- u. Parfümeriefabrikation verwandt. Geschäfte in Deutschland, Oesterreich-Ungarn u. der Schweiz. 5. gänzlich umgearb. u. verm. Aufl. gr. 8. (IV, 260 S.) Leipzig 900. Schulze & Co. Geb. in Leinw. n. 12. —

— Seifen- u. Parfümeriefabriken u. e. Ausw. d. m. d. Seifen- u. Parfümeriefabrikation verwandten Geschäfte in Deutschld., Oesterr.-Ungarn u. d. Schweiz. 6. Afl. (178) 8° — Leipzig: Schulze & Co. 1903.

— der Seifen- u. Parfümerie-Fabriken u. e. Auswahl der m. der Seifen- u. Parfümeriefabrikation verwandten Geschäfte in Deutschland, Oesterreich-Ungarn u. der Schweiz. 7., verm. u. verb. Aufl. 1907. (III, 190 u. XVIII S.) gr. 8. Leipzig, Schulze & Co. Kart. n.n. 12. —

— der Seifen- u. Parfümerie-Fabriken u. e. Auswahl der m. der Seifen u. Parfümeriefabrikation verwandten Geschäfte in Deutschland, Österreich-Ungarn u. der Schweiz. Nach amtl. Quellen u. auf Grund direkter Angaben zusammengestellt. 8. verm. u. verb. Aufl. 1909. (III, 171 u. XXIV S.) gr. 8. Leipzig, Schulze & Co. Kart. nn 12. —

Adreßbuch der Gemeinde Seifhennersdorf auf die Jahre 1900/1901. Nach amtl. Quellen bearb. v. Rob. Hellriegel. gr. 8. (63 S. m. 1 Karte.) Seifhennersdorf. (Löbau, J. G. Walde). Kart. n. 1. —

—— von Serbien, s. Handels-Adressenbuch.

— der Kreise Sieg u. Waldbröl, 23 Bürgermeistereien umfassend. Nach amtl. Quellen bearb. 1900. gr. 8. (573 S.) Siegburg. (Köln, H. Inderau.) Geb. n.n. 3. —

— der Stadt Siegburg auf Grund amtl. u. privater Angaben nach dem Stande vom 1. V. 1910. (128 S.) 8. Siegburg (C. Dietzgen). Geb. 2. 50

— der Städte: Siegburg, Königswinter, Honnef-Rhöndorf sowie der Industrieorte: Eitorf, Honnef, Obercassel, Oberdollendorf, Niederdollendorf u. Troisdorf. 1905/06. (217 S.) gr. 8. Siegburg. (Köln, Kölner Lehrmittel-Anstalt.) Geb. n. 2. —

— für die Stadt Siegen i. W. Nebst Geschäfts- u. Firmen-Register, sowie Straßen-Verzeichniß. Nach amtl. u. priv. Quellen hrsg. 9. Aufl. gr. 8. (16, 59, 116 u. 80 S.) Siegen 897. Altena, Geschw. Lorsbach. Kart. n. 5. —

—— für die Stadt und den Kreis Siegen, nebst Geschäfts- und Firmen-Register etc. Nach amtl. Quellen hrsg. 8. (162 S.) Siegen 879, Lorsbach's Buchh.

— für die Stadt u. den Kreis Siegen, nebst Geschäfts- u. Firmen-Register. Nach amtl. Quellen hrsg. 2. Aufl. gr. 8. (VII, 134 S.) Siegen 881. Lorsbach. 4. —

— für die Stadt u. den Kreis Siegen, nebst Geschäfts- u. Firmen-Register, sowie (lith.) Plan der Stadt. Nach amtl. Quellen hrsg. 3. Aufl. gr. 8. (VII, 216 S.) Siegen 883. Lorsbach. cart. n. 4. 50

—— für die Stadt und den Kreis Siegen. Nach amtl. Quellen hrsg. 5. Aufl. gr. 8. Siegen 887, Lorsbach'sche Buchh.

– Siegen, Stadt u. Kreis. Ausg. '10/11. (59,723) gr 8° – Siegen: H. Montanus.

– Siegkreis. (170 u. 280 m. 1 farb. Kte.) gr 8° – Siegburg: 1910. (Köln, Kölner Lehrmittel-Anst., H. Inderau.)

— des Kreises Simmern. Auf Grund amtl. Materials zusammengestellt. 1891. 8. (IV, 65 S.) Kreuznach, R. Voigtländer's Buchdr. n. 2. —

— der Stadt Singen am Hohentwiel m. 1 (farb.) Stadtplan. Ausg. 1908. Zusammengestellt v. Aug. Becker. (XI, 28 u. 62 S. m. Abbildgn.) 8. Singen (Becker & Beeser). Geb. 2. 50

— der Städte Soest u. Werl, sowie der zum Kreise Soest gehörenden Landgemeinden. gr. 8. (108, 27 u. 71 S.) Soest 888, Tappen. cart. n. 5. —

— der Städte Soest u. Werl, sowie der zum Kreise Soest gehörenden Landgemeinden, auf Grund amtl. Materials bearb. 2. Aufl. gr. 8. (275 S.) Soest 892/93. W. Tappen. Kart. n. 4. 80

– Sommerfeld, s. Adressbuch Leipzig-Land.

— Sommerfelder, bearb. u. hrsg. v. Otto Matthes. gr. 8. (138 S.) Sommerfeld 900. Kaufmann Otto Matthes. 1. 50

—— der fürstl. Residenzstadt Sondershausen. Hrsg. nach amtl. Quellen von Thilo Joedicke. 8. (III, 80 S. mit lithogr. und color. Plan in qu. Fol.) Sondershausen 877, Eupel.
1875, 1876, 1878 und 1879 nicht erschienen.

—— der fürstl. Residenzstadt Sondershausen für das J. 1882. Hrsg. nach amtl. Quellen von Thilo Joedicke. 8. (III, 86 S.) Sondershausen, Eupel.
Jahrg. 1880, 1881 und 1883 nicht erschienen.

— der fürstl. Residenzstadt Sondershausen. (III, 127 S.) 8. Sondershausen 904. F. A. Eupel. n. 1. 50

– Sondershausen. (135 m. 1 Pl.) 8° – Sondersh.: FA Eupel, 1908.

— der fürstl. Residenzstadt Sondershausen. (III, 133 S. m. 1 Plan.) 8. Sondershausen 910. F. A. Eupel. 1. 50

—— von Sonneberg, s. Adreß- und Geschäfts-Handbuch.

— der Stadt Sonneberg. Nach amtl. Quellen bearb. 6. Aufl. (196 S.) gr. 8. Sonneberg 903. F. Glaser. n. 4. —

— Sorauer. Zusammengestellt v. F. Ostheeren u. A. Deckert. I. Jahrg. gr. 8. (III, 146 S.) Sorau 893. E. Zeidler. n. 3. —; kart. n. 3. 50

— Sorauer. Zusammengest. u. amtl. Quellen a. Gr. d. Personenstands-Aufnahme v. F. Ostheeren u. A. Deckert II. Jahrg. gr. 8. (148 S.) Sorau 895. E. Zeidler. n. 3. —; kart. n.n. 3. 50

— soziales. Verzeichnis v. sozialen u. charitativen Auskunftsstellen, Einrichtgn. u. Anstalten, v. Standes- u. Berufsvereinen u. -Verbänden, v. kath. Seelsorgestellen in der Diaspora usw., nebst Adressen der Zentrumsabgeordneten. Hrsg. vom Volksverein f. das kathol. Deutschland. (224 S.) 16. Kevelaer 904. Butzon & Bercker. n. — 50

Adreßbuch, sociales. Jetzt: M.-Gladbach, Zentralstelle des Volksvereins f. das kathol. Deutschland.

— für die Stadt Spandau u. den Kreis Osthavelland 1886. Nach amtl. Quellen zusammengestellt. Mit 1 Plan d. Kreises Osthavelland. gr. 8. (242, 132, 76, 48 u. 66 S.) Spandau, Jürgens. cart. n.n. 5. —

— für die Stadt Spandau und den Kreis Osthavelland. 1890. gr. 8. (224, XL, 190 u. 67 S.) Spandau, Jürgens. cart. 5. —

— für die Stadt Spandau u. Umgegend 1892. Nach amtl. Quellen zusammengestellt. gr. 8. (229 u. LXIV S.) Spandau, C. Jürgens. Kart. 4. —

— Spandauer, f. d. J. 1896. N. amtl. Mat. zusammengest. v. Gust. Schob. gr. 8. (IV, 179 S.) Spandau (C. Jürgens). Kart. n.n. 3. —

— Spandauer, f. d. J. 1901. Nach Hauslisten zusammengestellt v. Gust. Schob. gr. 8. (VIII, 221 S.) Spandau (Neugebauer). Geb. n.n. 4. —

— Spandauer, 1909, m. dem (farb.) Plan v. Spandau. Aufgenommen am 1. XI. 1908. Zusammengestellt v. Gust. Schob. (II, 176, 122 u. 93 S.) gr. 8. Spandau (Neugebauer). Kart. nn 5. —

—— Spediteure, s. Flister, C. — Lösch. — Schotte.

Adressbuch der Spediteure Europas und der sich mit Spedition befassenden Firmen. Zusammengestellt nach Ländern, Provinzen und Orten nebst vollständigem Orts-Verzeichnisse. Herausgegeben von Leopold Steiner. Wien. 1899. Spielhagen & Schurich. Gr.-8°. 178 S. Cart. fl. 3.50

Adressbuch für Spedition u. Schiffahrt im Geb. d. Rheinstroms, s. a. Speditions-Adressbuch

– f. Spedition und Schiffahrt im Gebiete des Rheinstroms, s.a. Wohnungsanzeiger

Adreßbuch f. Spedition u. Schiffahrt im Geb. d. Rheinstroms 1908/1909. Inhalt: Das deutsche Rheinstromgebiet, Basel-Stadt, Holland u. das Gebiet des Dortmund-Ems-Kanals. (III, V, 240 S.) gr. 8. Duisburg-Ruhrort, „Rhein". Geb. in Leinw. (urspr. Pr. 8. —)

— d. deutschen Speditions- u. Möbeltransport-Geschäfte. Hrsg. v. Theophil Weber. (III, 207 u. 22 S.) gr. 8. Leipzig 907. Th. Weber. nn 5. —

— der Speditionshäuser im Deutschen Reiche und der hauptsächlichsten Handelsplätze des Auslandes. Ein Hand- und Nachschlagebuch für Spediteure, Kaufleute, Fabrikanten, überhaupt für Alle, welche Güter versenden. gr. 8. (V, 66 S.) Leipzig 877, H. Voigt.

— f. Speyer u. Umgebung. Neueste Ausg. 1904. (XIX, 208 S.) gr. 8. Speyer (Jäger). Kart. n. 3. —

— Speierer, nach amtl. Quellen bearb. gr. 8. (VIII, 176 S. mit 1 Plan der Stadt Speier.) Speier 888, (Lang.) ** Vgl.: Adreß-Kalender.

— Speierer. März 1892. gr. 8. (VIII, 111 S. m. 1 Plan.) Speier, (G. L. Lang). ** 2 50

— der Spielwaaren-Fabriken und Handlungen Deutschlands. 1893/94. gr. 8. (IV, 152 u. 60 S.) Leipzig, Eisenschmidt & Schulze. Geb. in Leinw. n.n. 7. 50

— der Spielwaaren-Industrie, nebst Taschen-Notiz-Kalender. Hrsg. v. Th. H. Wechsung. 12. (122 S.) Coburg 888. (Bonsack.) n. 1. —

— der Spinnereien u. Webereien Deutschlands u. der m. diesen Branchen verwandten Geschäfte. 1907. (V, 184, 112, 39, 9, 12 u. XXXIII S.) gr. 8. Leipzig, Schulze & Co. Geb. in Leinw. 12. —

— dasselbe. II. Bd., s.: Adressbuch der gesamten Textilindustrie Deutschlands.

Adreßbuch der Spiritus-Brennereien in Deutschland. gr. 8. (208 S.) Berlin 877, Lorenz. *

— für Sport, s. Sport-Adressen, Wiener.

— Sprottau i/Schl. (92) 8° — Lpzg.: Kühnel, (1902).

— der Stadt Stade, nebst Geschäfts-Empfehlgn. 1886. (131 S.) Stade, F. Steudel jun. geb. n. 2. 35

— der Stadt Stade. 1889. 8. (130 S.) Stade, F. Steudel jun. geb. n. 2. 35

— der Stadt Stade, nebst Geschäfts-Empfehlungen 1892. 8. (125 S.) Stade, F. Steudel jun. Geb. in Leinw. n. 2. —

— der Städte Stade, Buxtehude, Bremervörde, der Flecken Horneburg u. Neuhaus a. d. Oste. 1860. Stade, (Steudel.) 8. (IV, 152 S.) nn. 15 ngr.

— der Stadt und Umgebung von Nürnberg. Nürnberg, 860. Leuchs & Co. gr. 8. (206 S.) n. 1 ₰ 5 ngr.

— folg. Städte u. Ortschaften: Auerbach i. V., Bockwa, Bärenwalde, Cainsdorf, Culitzsch, Ebersdorf, Ellefeld, Ebersbrunn, Falkenstein, Friedrichsgrün, Grünau, Grüna, Hartenstein, Hartmannsdorf, Kirchberg, Lößnitz, Lengenfeld i. V., Marienthal, Niederhaßlau, Niederschlema, Oberschlema, Neustädtel, Reinsdorf, Rosenthal, Rothenkirchen, Schedewitz, Schwarzenberg, Schönau, Schönheide, Schneeberg, Stenn, Rodewisch, Vielau, Wilkau, Wiesenburg, Wiesen, Zwönitz, Wernesgrün, Niederplanitz, Oberplanitz. Mit Ang. d. städt. u. örtl. Behörden. Zusammengest. auf Grund amtl. Unterlagen. gr. 8. (VI, 531 S.) Zwickau 896. (Chemnitz, B. Troitzsch.) Kart. n.n. 3. 50

— umliegender Städte u. Orte v. Zwickau, s.: Hiller, Heinr.

— der Städte-Verwaltungen Deutschlands 1906. Auf Grund amtl. Mitteilgn. bearb. v. Alb. Renné. (XI, 710 S.) Lex.-8. Berlin, Berliner Union. Geb. in Leinw. n. 15. —

— der Städte-Verwaltungen Deutschlands 1907. Auf Grund amtl. Mitteilgn. bearb. v. Alb. Renné. (XI, 704 S.) Lex. 8. Berlin, Berl. Union. Geb. in Leinw. 15. — [Fortges. u. d. Tit.]

Adressbuch der Stadt- und Gemeinde- Verwaltungen Deutschlands.

— Stadt- und Geschäfts-Handbuch der königl. Residenzstadt Hannover. 1875—1879. gr. 8. (1000; 1052; XVI, 720, 292; XVI, 740, 318, 50; XVI, 756, 344 S. mit dem chromolithogr. Plane der Stadt und 1 lithogr. Theaterplan.) Hannover, Klindworth. geb. 1877 geb. 1878 und 1879 à

— Stadt- und Geschäfts-Handbuch der königl. Residenzstadt Hannover. 1880. gr. 8. (XVI, 780, 840 S. mit dem chromolithogr. Plane der Stadt.) Hannover, Klindworth. geb. ** Nachtrag (50 S.) **

— dass. — 1881. 1882. Mit dem (chromolithogr.) Plane der Stadt. gr. 8. (XVI, 1088; XVI, 776, 272 S.) Ebendas. geb. à Jahrg. **

— Stadt- und Geschäfts-Handbuch der königl. Residenzstadt Hannover. 1885. gr. 8. (XV, 830, 310 S. mit dem chromolithogr. Plane der Stadt.) Hannover, Klindworth. geb. **

— Stadt- u. Geschäfts-Handbuch der königl. Residenzstadt Hannover u. d. Stadt Linden. 1886. gr. 8. (XV, 854 u. 318 S. m. 1 Tab., 1 chromolith. Stadt-Plan u. 1 Theaterplan.) Hannover 886. Klindworth. geb. n.n. 9. —

— dass. — 1887. gr. 8. (XVI, 877, 334 S. mit chromolithogr. Plan.) Ebendas. geb. **

— dass. — 1888. gr. 8. (XVIII, 904, 348 S. mit Zugabgangs-Tab., 2 Theaterplänen und Stadtplan.) Ebendas. geb. **

— Stadt- u. Geschäfts-Handbuch d. königl. Residenzstadt Hannover u. d. Stadt Linden. 1889—1892. gr. 8. (1135; 1168; 1258; 1301 S. m. 1 farb. Stadtplan, 2 Theaterplänen u. 1 Tab.) Hannov., Klindworth. geb. à Jahrg. ** 10 —

— Stadt- u. Geschäfts-Handbuch der königl. Haupt- und Residenzstadt Hannover u. der Stadt Linden. 1893. gr. 8. (XIV, 976 u. 354 S. m. 1 farb. Stadtplan, 2 Theaterplänen u. 1 Tab.) Hannover, Klindworth. Geb. n.n. 10. —

— Stadt u. Geschäfts-Handbuch d. königl. Haupt- u. Residenzstadt Hannover u. d. Stadt Linden 1895. gr. 8. (XIV, 1072; 200 u. 162 S. m. Theater- u. farb. Stadtplan.) Hannover 895. Klindworth. Geb. in Leinw. n.n. 10. —

Adressbuch der Stadt- u. Gemeinde-Verwaltungen Deutschlands 1908. Begründet v. Alb. Renné. Auf Grund amtl. Mitteilgn. bearb. (XV, 1171 S.) Lex.-8. Berlin, Berliner Union. Geb. in Leinw. 15. —

Adressbuch der Stadt- u. Gemeinde-Verwaltungen Deutschlands. Kommunales Auskunftsbuch f. d. J. 1909/10. 4. Jahrg. Begründet v. A. Renné. Mit e. Geleitwort v. Pagels. Bearb. auf Grund amtl. Mitteilgn. (XV, 1274 S.) Lex-8. Berlin-Charlottenburg, A. R. Maetzig & Co. Geb. in Leinw. 15. —

— d. Stadt- u. Gemeinde-Verwaltungen Deutschlands. Kommunales Auskunftsbuch f. d. J. 1910/11. 5. Jahrg. Gegründet v. Alb. Renné. Bearb. auf Grund amtl. Mitteilgn. (XV, 1295 S.) Lex. 8. Berlin-Charlottenburg (910) [A. R. Maetzig & Co.] Berlin, Union. Zweigniederlassg. Geb. in Leinw. 15. —

— Stahmeln, s. Adressbuch Leipzig-Land.

— Stanz- u. Emaillierwerke, Europ., s. Europas Emailleindustrie.

— von Stargard i. P., s. a. Wohnungs-Anzeiger.

— für Stargard in Pomm. 1902 m. Plan v. Stargard. Unter Benutzg. amtl. Quellen zusammengestellt v. Zuck. 34. Jahrg. gr. 8. (VIII, 248 u. 24 S.) Stargard (W. Prange). Geb. n.n. 3. —

— für Stargard i. Pom. 1909. Unter Benutzg. amtl. Quellen zusammengestellt v. Zuck. 41. Jahrg. (VII, 251 u. 16 S.) 8. Stargard (Prange's Verl.). Kart. nn 4. —

— v. Staßfurt, s.: Wohnungs- u. Adreßbuch.

—— von Staßfurt und Leopoldshall, s.a. Wohnungs- und Adreßbuch.

– Stassfurt u. Leopoldshall. 1906.(307)gr 8° – Stassfurt: (Lpzg, Schulze & Co.)

— von Staßfurt u. Leopoldshall 1910. Nach amtl. Material bearbeitet. (IV, 268 S.) 8. Staßfurt, Gebr. Schencker. 4. —

— statistisches, der Sparkassen Deutschlands. Hrsg. v. der Red. der volkswirthschaftl. Zeitschrift: Die Sparkasse, Organ d. deutschen Sparkassen-Verbandes [Dr. jur. Heyden]. gr. 8. (XXX, 442 S.) Essen 885. (Silbermann.) n.n. 5. —

— Steglitzer, f. 1895, nebst Plan v. Steglitz u. e. Anh., enth. Ortspolizei-Verordngn. rc. 14. Jahrg. Hrsg. v. R. Steinmeister. gr. 8. (VII, 127 u. 16 S.) Steglitz. (Berlin, Amelang's Sort.). Kart. n. 3. —

— Steglitzer, f. 1896, nebst Plan v Steglitz u. e. Anh., enth Steuerordngn. rc. 15. Jahrg. Hrsg. v. R. Steinmeister. gr. 8. (8, 158 S.) Steglitz. (Berlin, Amelang's Sort.) Kart. n. 3. —

– Steiermark, Das Kronland, f. Industrie, Handel u. Gewerbe, s. Adressenbuch.

– Stein- u. Zement-Ind., gröss. Unternehmer. (139) gr 8° – Berlin: Gebr. Borntraeger 1909.

—— der Stadt Stendal. Nebst einem Anh.: Geschichtliche Notizen der Stadt Stendal und einem Geschäfts-Empfehler. 8. (70 S.) Stendal 867, Franzen und Große. *

—— der Stadt Stendal. 1876. 8. (109 S.) Stendal, Franzen und Grosse. *
Anhang dazu: Verzeichniß der Hausbesitzer (1878) *
Andere Jahrg. nicht erschienen.

Adreßbuch der Stadt Stendal. 1880. Bearb. nach dem Register d. städt. Meldeamts. Lex.-8. (49 S.) Stendal, Franzen & Große. n. 2. 50

— der Stadt Stendal. 1886. Bearb. nach dem Material d. städt. Einwohner-Meldeamtes. Lex.-8. (72 S.) Stendal, Franzen & Grosse. 4. 50

—— der Stadt Stendal 1889 u. 1891. Lex.-8. (88; II, 119 S.) Stendal, Franzen u. Grosse's Verlag. à Jahrg. * 4 50

— der Stadt Stendal 1894. 9. Aufl. 4. (156 S.) Stendal, Franzen & Grosse's Verl. n. 4. 50

— d. Stadt Stendal 1898 11. Aufl. 4. (II, 174 S) Stendal, Franzen & Grosse's Verl. Postfrei n. 4. 50

— der Stadt Stendal u. der Ortschaften Haferbreite, Röxe, Wahrburg. 1902. 13. Aufl. 4. (II, 189 S.) Stendal, Franzen & Grosse's Verl. n.n. 4.50

– Stendal u. Haferbreite, Röxe, Wahrburg. 14. Afl. (192) 8° – Stendal: Franzen & Grosse's V. 1904. (Nur dir.).

Adreßbuch der Stadt Stendal sowie der Ortschaften Haferbreite u. Wahrburg. 1906. 15. Aufl. (VI, 184 S.) gr. 8. Stendal, Franzen & Große's Buchdr. (Nur direkt.) n. 4. 50

– Stendal sowie Haferbreite u. Wahrburg. 1908. 16. Afl. (184) gr 8° – Stendal, Gewert & Sluyter. (Nur dir.)

— der Stadt Stendal sowie der Ortschaften Haferbreite u. Wahrburg. 1910. 17. Aufl. (IX, 186 S.) gr. 8. Stendal (Breitestr. 3), Gewert & Sluyter. nn 4. 50

—— für Stenographen, s. Adreß-Kalender.

Stern's Adressbuch der Papier- und Schreibwaarenbranche. Adressbuch des Papier- und Schreibwarenhandel, sowie der Papierfabriken, Papierfabriksniederlagen, Papierconfectionäre, Schreibwarenerzeuger u. Engrossisten, Buch- u. Musikalienhändler, Buchdrucker, Musikinstrumenteuerzeuger u. Händler, Buchbinder u. Lieferanten der Branchen von Oesterreich-Ungarn und den Balkanländern. VII. Jahrgang. 1899. 7. vermehrte und verbesserte Auflage. Wien. Verlag [von Stern's] „Oesterr.-ung. Papier- und Schreibwarenhandel". Gr.-8°. 176 S. Geb. fl. 3.—

Stern's Adressbuch der Papier- und Schreibwareninteressenten Österreich-Ungarns und der Balkanländer. 1904. Gr.-8°. (179 S.) Wien: Stern's Zeitungsverlag. geb. K 10. -

– Sterzing, s. Adressbuch v. Brixen.

—— von Stettin, s.a. Adreß- und Geschäfts-Handbuch.

– Stettin, 49. Jahrg. (469 u. 354 m. 6 Pl.) 8° – Stettin: P. Niekammer 1905.

—— von Stettin, Grabow, Bredow u. s. w., s. Adreß- und Geschäfts-Handbuch.

Adreßbuch für Stettin u. Umgebung 1908, s.: Adreß- u. Geschäfts-Handbuch.

– Stettin u. Umgebg. 1909. 53.J.(24, 312, 124, 45, 107 u. 30 m. Theaterplänen u. 1 Pl.) 30,5 x 23,5 cm. Stett., Berlin: A. Scherl.

— für Stettin u. Umgebung. 1911. 55. Jahrg. Unter Benutzg. amtl. Quellen. Mit der Beigabe: Neuester Plan v. Stettin u. Umgebg. (XXIV, 340, 136, 50, 184 u. 37 S. m. Theaterplänen.) 31×24,5 cm. Stettin. Berlin, A. Scherl. Geb. in Halbldr. 8. —

— der Stadt Stolberg 1901. Zusammengestellt nach behördl. Angaben. gr. 8. (XII, 54; 50, 28, 11, 8, 11 u. 8 S. m. 1 Abbildg.) Stolberg (Rheinl.), (J. Mathes). Kart. n.n. 2. 75

— der Stadt Stolberg (Rhld.) 1907 (u. umliegenden Ortschaften.) Zusammengestellt nach behördl. Angaben. (VIII, 48, 42, 10, 25, 8, 2 u. 4 S. m. 1 Taf.) gr. 8. Stolberg (Rhld.). (Leipzig, Schulze & Co.) Geb. in Leinw. nn 3. —

— v. Stollberg i. E., s.: Adreß- u. Geschäfts-Handbuch.

—— von Stolp, s.a. Wohnungs-Anzeiger.

– Stolp. (37,252 u. 39) 8° – Stolp: (C. Schrader) 1905.

—— für die Stadt Stolp. Nach amtl. Quellen bearb. von Geo. Holder. 8. (224, 39, 60 S.) Stolp 888, (Hildebrandt.) cart. *

— für die Stadt Stolp, f. d. J. 1890. Bearb. v. G. Holder. gr. 8. (IV, 80; 88, 50 u. 54 S.) Stolp, (Schrader). cart. n.n. 4. —

—— für die Stadt Stolp, f. d. J. 1892, bearb. v. Jul. Hellwig. gr. 8. (266 S.) Stolp, (Hildebrandt). ** 5 —
Erscheint alljährlich.

— der Stadt Stolp. Nach amtl. Quellen bearb. v. Jul. Hellwig. gr. 8. (V, 79; 95, 26, 20, 4 u. 54 S.) Stolp i/P. 893. (C. Schrader.) Kart. n.n. 4. —

— f d Stadt Stolp. Nebst Verzeichn. d. Ortschaften d. Butower, Lauenburger, Schlawer, Stolper u. Rummelsburger Kreises. N. amtl. Quellen bearb. v. Jul. Hellwig. gr. 8. (246, 50 u. 4 S.) Stolp 898. (C. Schrader). Kart. n.n 4. —

— für die Stadt Stolp. (1902.) Nach amtl. Quellen bearb. v. Jul. Hellwig. gr. 8. (114, 136, 50 u. 3 S.) Stolp (H. Schrader). Geb. n.n. 5. —

— für die Stadt Stolp. 1906. Nach amtl. Quellen bearb. v. Jul. Hellwig. (39, 23, 92, 139 u. 49 S.) gr. 8. Stolp (C. Schrader). Kart. n.n. 5. —

— für die Stadt Stolp. 1908. Nach amtl. Quellen bearb. v. Jul. Hellwig. (41, 19, 96, 189 u. 49 S.) gr. 8. Stolp (C. Schrader). Kart. nn 6. —

Adreßbuch der Bürgermeisterei Stoppenberg [einschließlich Katernberg, Schonnebeck, Frillendorf und Huttrop]. Jg. 1908. Essen-Ruhr, 1908. 384 S.

—— von Stralsund für 1875—1879. 8. (à ca. 154 S.) Stralsund, (Bremer.) à Jahrg. *

—— dass. — für 1880. 8. (73, 98 S.) (Ebendas.) * geb. **

—— von Stralsund für 1881—1884. 8. (à Jahrg. 100 S.) Stralsund, (Bremer.) à Jahrg. *

—— von Stralsund. 1885—1888. 8. (à Jahrg. 100—120 S.) Stralsund, (Bremer.) à Jahrg. *

—— v. Strassburg i. E. 1890 u. 1892. gr. 8. (727, 747 S. mit je 1 Stadt- u. Theaterplan.) Strassb. i. E., Heinrich. cart. à Jahrg. * 7 —
Erscheint alle 2 Jahre.

— von Strassburg i/E. 1894. Nach amtl. Quellen. gr. 8. (XV, 329 u. 429 S. m. Stadt- u. Theaterplan.) Strassburg, W. Heinrich. Kart. n. 7. —

— v. Strassburg i. E. 1895. 8° (788 m. 2 Pl.) — Strassb., W. Heinrich.

— von Strassburg i/E. 1898. N. amtl. Quellen. M. e. Plane d. Stadt Strassburg u. d. Stadttheaters, nebst e. Umgebungskärtchen. gr. 8. (XVI, 350 u 507 S.) Strassburg, W. Heinrich. Kart. n.n. 7. —

— von Strassburg i. E. 1902. Nach amtl. Quellen. Mit e. Plane der Stadt Strassburg u. des Stadttheaters, nebst e. Umgebungskärtchen. gr. 8. (XIV, 411, 552 u. L S.) Strassburg, W. Heinrich. Geb. in Leinw. n.n. 8. —

— Strassburg i.E. (448,560 u. 55 m. 2 Pl. u. 1 Karte) 8° — Strassburg: W. Heinrich, 1904.

— von Strassburg i. E. 1906. Nach amtl. Quellen. Mit e. Plane der Stadt Strassburg u. des Stadttheaters, nebst e. Umgebungskärtchen. (XV, 449, 583 u. LVI.) gr. 8. Strassburg, W. Heinrich. Geb. in Leinw. n.n. 8. —

—— der Stadt Strassburg für 1873. gr. 8. (671 S. mit dem lithogr. und color. Plane der Stadt in qu. gr. 4.) Strassburg, Schauenburg. *

—— der Stadt Strassburg. Lex.-8. (XI, 663 S. mit lithogr. Plane in qu. 4.) Mannheim 874, Bensheimer. *

— dasselbe. Nachtrag. gr. 8. (90 Sp.) Ebend. 875. n. 1. —

—— der Stadt Strassburg für 1876. Nach amtl. Quellen. gr. 8. (598 Sp. mit dem lithogr. Plane der Stadt in qu. Fol.) Strassburg, Bensheimer. cart. *

—— dass. — 1878. gr. 8. (882, 142 Sp.) Ebendas. cart. *

—— der Stadt Strassburg. 1880 und 1882. Nach amtl. Quellen. gr. 8. (à Jahrg. ca. 450 S.) Strassburg, Heinrich und Schmittner. cart. à Jahrg. *
Jahrg. 1881 und 1883 nicht erschienen.

—— dass. — 1884—85. Nach amtl. Quellen. gr. 8. (IV, 241; 225 S. mit 1 chromolithogr. Plane der Stadt Strassburg.) Strassburg, Heinrich. cart. *

— der Stadt Strassburg. 1886—87. Nach amtl. Quellen. Mit 1 Plane der Stadt Strassburg. gr. 8. (VIII, 264 u. 326 S.) Strassburg 886. Heinrich. geb. n. 6. 50

Adressbuch der Stadt Strassburg. 1888. Nach amtl. Quellen. gr. 8. (VIII, 308, 333 S. mit 1 Plan der Stadt Strassburg.) Strassburg, Heinrich. cart. *

— Strassburg i. E. m. Vororten, sowie Kehl-Stadt u. Kehl-Dorf 1908. (480 u. 734 m. 2 Pl. u. 1 Karte.) gr 8° — Strassbg.: W. Heinrich.

— von Strassburg i. Els. m. den Vororten, sowie der Gesamtgemeinde Kehl. 1910. Nach amtl. Quellen. Mit e. (farb.) Plane der Stadt Strassburg u. des Stadttheaters, nebst e. Umgebungskärtchen. (IV, 496 u. 780 S.) gr. 8. Strassburg, W. Heinrich. Geb. in Leinw. 8. —

—— der Stadt Straubing. 8. (102 S.) Straubing 877, Attenkofer'sche Buchh. *
1875, 1876, 1878 und 1879 nicht erschienen.

— für die k. b. Stadt Straubing. 1893. 8. (83 S.) Straubing, (Cl. Attenkofer). Kart. n. 2. —

Adreßbuch f. d k. b. Stadt Straubing 1895. gr. 8. (111 S.) Straubing (M. Hirmer). Kart. n. 2. 40

— v. Strehlen, s.: Adreß- u. Auskunftsbuch.

— der Strickerei-, Wirkerei-, Tricotagen-, Fantasiewaaren- u. Posamenten-Industrie u. verwandten Branchen, auch bez. Spinnereien, Färbereien, Appretur-Anstalten etc. Deutschlands und Oesterreich-Ungarns. 1898. gr. 8. (XX, 264 S.) Grünberg, Löhner & Co. Geb. n. 5. —

— v. Striegau, s.: Adreß- u. Geschäfts-Handbuch.

— der Stadt Striegau, s. a. Adreß- u. Geschäfts-Handbuch.

— der Stadt Striegau. 1882. 8. (70 S. m. 1 chromolith. Plan.) Striegau, Nahlick. n. 1. 25

—— von Striesen, s. Adreß- und Geschäfts-Handbuch.

— von Stuttgart, s. a. Adreß- u. Geschäfts-Handbuch.

— v. Stuttgart, s. a. Wohnungs-Anzeiger der Offiziere...

— von Stuttgart für 1841. gr. 8. Stuttg., Neff. 3/8 ß

— Stuttgart. (542 u. 932 m. 3 Pl. ) 8° — Stuttgart: (F. Stahl) 1905.

— Stuttgart m. Cannstatt, Ostheim, Berg, Heslach, Gablenberg u. Gaisburg, Untertürkheim, Wangen u. Degerloch f. 1910. 3 Tle in 1 Bde. (29,828, 1074 u. 262 m. 4 Pl. u. 1 Karte.) gr 8° — Stuttgart: (H. Moser. - F. Stahl.)

— der königl. Haupt- u. Residenzstadt Stuttgart, s.: Adreß- u. Geschäfts-Handbuch.

— Südungarns. Adressbuch der Komitate Temes-Torontál- u. Krassó-Szörény. Auf Grund des Gewerbekatasters d. Temesvárer Handels- u. Gewerbekammer zusammengestellt. (Ungarisch u. deutsch. (464 u. XXII S.) gr. 8. Tremesvár 907. (Polatsek.) nn 4. —

— f. d. Stadt Suhl i/Thür. N. amtl. Quellen zusammengest v. Fr. Schonekatte. gr. 8. (V, 92 S.) Suhl 895/96. A. Kaufmann. Kart. n.n. 2. 50

— für die Stadt Suhl in Thüringen. Nach amtlichen Quellen zusammengestellt von Fr. Schonekatte. gr. 8. (V, 104 S.) Suhl 901. A. Kaufmann. n.n. 2. 50

— für die Stadt Suhl i. Thüringen. Nach amtl. Quellen zusammengestellt vom Meldebeamten der Stadt Suhl. (102 S.) gr. 8. Suhl 905. A. Kaufmann Nachf. n n. 3. —

— für die Stadt Suhl i. Thüringen. Nach amtl. Quellen zusammengestellt v. Fr. Haberkorn. (100 S.) gr. 8. Suhl (910). A. Kaufmann Nachf. 3.—; m. Plan 3.50.

— der Stadt Swinemünde. Zusammengestellt v. Gust. Heinrich. (IV, 218 S.) kl. 8. Swinemünde 905. W. Fritzsche. Kart. n.n. 3. —

— der Stadt Swinemünde. Zusammengestellt v. Gust. Heinrich. (III, IV, 254 S. m. 1 farb. Plan.) kl. 8. Swinemünde 909. W. Fritzsche. Kart. 3. —

— für Swinemünde u. Westswine f. 1890. kl. 4. (IV, 69 S.) Swinemünde, Fritzsche. cart. n. 2. —

— f. Swinemünde u. Westswine u. d. benachb. Ostseebäder Ahlbeck u. Heringsdorf. Hrsg. v. L. Viereck. 4. (IV, 107 S.) Swinemünde 896. W. Fritzsche. Kart. n. 2. —

— d deutschen Tabakindustrie. gr. 8. (277 u. III S.) Mannheim (1897). I. Katz. Geb. in Leinw. n. 12. —

— Tabakindustrie, Zigarren-, Zigaretten- u. Tabakfabriken, Tabakgrosshandlgn u.-Importeure u. deren Hilfsgeschäfte im Deut. Reiche. 2.J. 1908. (195) gr 8° — Leipzig: Schulze & Co.

— der gesamten Tabakindustrie, Zigarren-, Zigaretten- u. Tabakfabriken, Tabakgrosshandlungen, -Importeure, -Makler u. -Agenturen u. deren Hilfsgeschäfte im Deutschen Reiche. 3. Jahrg. 1910/11. (III, 196 S.) gr. 8. Leipzig, Schulze & Co. Geb. in Leinw. nn 10. —

— von Tailfingen, s.: Führer, illustrierter, durch den Zollerngau.

Adreßbuch der europäischen Tapetenfabriken u. Tapetenhandlungen v. Deutschland, Oesterreich-Ungarn, Schweiz, Holland, Belgien u. Luxemburg. Zusammengestellt v. Alex. Koch. Nebst 2 Abhandlgn.: Papiertapete u. Linoleum in gesundheitl. u. künstler. Beziehg. v. Geo. Bötticher. — Über das Selbststudium auf dem Gebiete der Kunstindustrie v. Lorenz Bodenschatz. 2. Aufl. 12. (VII, 160 S.) Darmstadt 891. A. Koch. Geb. n. 4. —

— Tapeten-, Linoleum-. Linkrusta- u. Buntglaspapier-Fabriken aller Länder der Welt. Ausg. 1909. Hrsg. v. Paul Schmidt. (77) gr 8° — Berl.-Schöneberg: (Hauptstr. 100), Paul Schmidt.

— der deutschen Tapetenhandlungen u. europäischen Tapetenfabriken. Zusammengestellt v. A. Koch. 16. (216 S.) Darmstadt 889. Exped. der Tapetenzeitung. geb. n. 5. —

**Adressbuch** für Tegel und Schloßbezirk Tegel. Auf Grund amtl. Materials hrsg. von Wilhelm Müller, Verl. d. 'Tegeler Anzeiger'. [1.] Tegel: W. Müller (1906). 8° [Ant. u. F.] [07. 9671

— für abgekürzte Telegramm-Adressen f. d. Deutsche Reich. Hrsg. m. Genehmigg. des Reichs-Postamtes, der General-Direktion der kgl. bayer. Posten u. Telegraphen u. der General-Direktion der kgl. württ. Posten u. Telegraphen u. unter Benutzg. amtl. Quellen. Im amtl. Gebrauch. Hrsg.: Rud. Bartel. gr. 8. (IX, 699 S.) Schöneberg bei Berlin (Ebersstr. 61) (902). R. Bartel. Geb. in Leinw. n.n. 4. 50

— Telegramm-Adressen, abgekürzte, neue Afl., s. Telegramm-Adressenbuch f.d. Deut. Reich.

— Telephon, s. Telephon-Adressbuch für Süd- u. West-Deutschland.

— Temesvárer. (277) 8° — Temesv.: (Polatsek) 1902.

— Temesvarer, m. Kalend. f. d. J. 1909. (XXIV, 132 S.) gr. 8. Temesvár (Polatsek). 3. —

Tengers Adreß- und Handbuch für das Papier- und Buchgewerbe in Österreich-Ungarn und den Balkanstaaten. 1910—11. Gr.-8°. (XX, 648 S.) Wien: Tenger 1910. geb. K 12.—

Adressbuch

— des politischen Bezirkes Teplitz mit Wohnungs-Anzeiger von Teplitz-Schönau. Zugleich topographisch-histor. Handbuch. Hrsg. von G. A. Ressel. 1. Thl. gr. 8. (V, S. 1—128.) Teplitz 872,73. (Prag, Dominicus.) * feine Ausg. **

— Teplitz (Landgemeinden). (71 u. 117) gr. 8° — Rochlitz (Riesengeb.), F. Gebert. (Nur dir.)

— Teplitz-Schönau-Turn, s.a. Taschen-Adreßbuch u. Häuserverzeichnis.

— von Teplitz-Schönau, Turn u. dem politischen Bez. Teplitz. Verf. u. hrsg. von W. A. Westmann. gr. 8. (X, 222, 51 u. 44 S.) Teplitz (900). (A. Becker.) n. 3.—

— Teplitz-Schönau-Turner, u. Kalender 1902. 15. Jahrg. gr. 8. (48, 16, 14, 151 u. 96 S. m. Abbildgn.) (Teplitz-Schönau, A. Becker.) n.n. 1 —

— Teplitz-Schönau-Turn. 18. Jahrg. (384) 8° — Tepl.-Schönau: (A. Becker) 1905.

— Teplitz-Schönau-Turn, 1906. 19. Jahrg. (412 S.) 8. Teplitz-Schönau (A. Becker). Geb. in Leinw. n. 1. 60

— Teplitz-Schönau-Turn, 1908. 21. Jahrg. (504 S.) 8. Teplitz-Schönau (A. Becker). Geb. in Leinw. 1. 80

— europ. Teppich- u. Möbel-Stoff-Fabrikanten, sow. Teppich- u. Möbel-Stoff-Handlgn. v. Deutschland, Oesterreich-Ungarn, Niederlande u. d. Schweiz. 12. (V, 128 S.) Darmstadt 896. K. Koch-Krauss. Geb. in Leinw. 4. 50.

— der europäischen Teppich-, Portièren-, Möbelstoff-, Gardinen- u. Tapeten-Fabriken, nebst e. Adressen-Anh. v. Musterzeichnern f. diese Branchen, sowie der deutschen Teppich-Handlgn. Zusammengestellt v. Alex. Koch. 8. (VII, 128 S.) Darmstadt 892. A. Koch. Geb. n. 5. —

— dasselbe, neue Ausg., s.: Koch's, Alex., Geschäfts-Adressbuch IV.

— der Teppich- u. Möbelstoff-Industrie. Hrsg. v. Karl Koch. 2. Aufl. (V, 184 S.) kl. 8. Berlin 902. K. Koch-Krauss. Geb. in Leinw. n. 4. 50

— v. Teschen, s.a. Adressenbuch.

— Teschen, 9. Jahrg. (212 m. Abb.) 8° — Teschen: Kutzer & Co. 1905. (Nur dir.).

— Teschen m. Kalendarium. '10. 14.J. (192 m. Abb.) gr. 8° — Teschen: (E. Feitzinger).

— **für den politischen Bez. Tetschen a. E.**, bestehend aus 3 Abtlgn. u. zwar: I. Abtlg.: Gerichts- u. Steuerbez. Tetschen a. E., II. Abtlg.: Gerichts- u. Steuerbez. Bensen, III. Abtlg.: Gerichts- u. Steuerbez. Böhm-Kanmitz. Bearb. auf Grund amtl. Verzeichnisse. (222, 64 u. 74 S.) gr. 8. Rochlitz im Riesengebirge (909). Frz. Gebert. (Nur direkt.) Geb. in Leinw. nn 2. 50

— für den Gerichtsbez. Tetschen. 1892. gr. 8. (III, 228 S. m. 1 Karte u. 2 Plänen.) Tetschen, (O. Henckel). n.n. 2. 20

— der k. Stadt Tetschen a. Elbe. Bearb. auf Grund amtl. Unterlagen v. Gust. Richter. 8. (93 S.) Leipzig (899). Kühnel. n. — 85

— der Städte Tetschen-Bodenbach. Mit den 2 neuesten Stadtplänen. Nach amtl. Material bearb. (61 u. 78 S.) 8. Tetschen 904. (O. Henckel.) n. 4. —

— v. Tettnang (m. e. Führer durch diese Stadt. Nach amtl. Material zusammengestellt). (8, 33 S. m. Abbildgn.) 8. Ravensburg (906). Dorn. n. 1. 20

— der gesamten **Textilindustrie Deutschlands**. 2 Bde. gr. 8. Leipzig, Schulze & Co. Geb. nn 27. —
I. Spinnereien, Webereien u. Zwirnereien Deutschlands u. der m. diesen Branchen verwandten Geschäfte. Nach amtl. Quellen u. direkten Angaben zusammengestellt. 2. verm. u. verb. Aufl. 1909. (VIII, 397 u. XXXVI S.) 15. —
II. Adressbuch d. textilen Veredlungs-Industrie Deutschlands u. der m. dieser Branche verwandten Geschäfte, nach amtl. Unterlagen u. auf Grund direkter Angaben. 1908. (Appreturanstalten, Bleichereien, Färbereien usw. Deutschlands.) (VI, VI, 263 S.) nn 12. —
Vgl. Adressbuch der Spinnereien u. Webereien Deutschlands.

— der gesamten **Textilindustrie**, Spinnereien, Webereien, Zwirnereien, Appreturanstalten, Bleichereien, Färbereien usw., u. der m. diesen Branchen verwandten Geschäfte v. Russland. 1909/10. (VI, 192 S.) gr. 8. Ebd. Geb. in Leinw. nn 15. —

— f. d. **Textil-Industrie** u. verwandter Geschäftszweige der Schweiz Mit e. Anh. Empfehlenswerte Bezugsquellen. 1. Aufl. 1896/97. 8. (39 S.) Zürich. (Stuttgart, H. O. Sperling.) n. 2. —

— der **Textil-Industrie** Österreich-Ungarns 1889. 2., verm. Aufl. Hrsg. v. d. Zeitschrift „Österreichs Wollen- u. Leinen-Industrie", Reichenberg [Böhmen]. Nebst Nachtrag zu 1889/90. gr. 8. (VIII, 275 u. Nachtrag 60 S.) Reichenberg, Exped. der Zeitschrift: „Österreichs Wollen- u. Leinen-Industrie". Geb. u. geh. n.n. 10. —

**Adressbuch der Textil-Industrie Russlands.** Unter Benutzg. amtl. Materials hrsg. v. der Red. der „Textil-Zeitg." gr. 8. (III, 242 S.) Berlin 899. W. & S. Loewenthal. n. 8. —

— Thale a.h. 1909. (276 u. 34) 8° — Thale: (R. Jacoby).

— der Gemeinde **Thale** a. H. m. Forst- u. Rittergutsbez. Thale. 1903. Bearb. nach amtl. Material im Einwohner-Meldeamt. (IV, 199 S.) gr. 8. Thale a/H. (Gemeinde-Vorstand). Kart. n. 3. —

**Adreß-Buch** der Gemeinde **Thale** a. H. mit Forst- u. Rittergutsbezirk Thale. 1903. Bearb. nach amtl. Material im Einwohner-Meldeamt. *Thale a. H.: F. Grupe & Sohn (1903).* (199, 40 S.) 8° [F.] [03. 13553

— Tharandt, s. a. Adreß- u. Geschäfts-Handbuch f. Tharandt.

— für **Tharandt** f. d. J. 1900/01. Anh.: Geschäftsempfehlungen. Beilage: Stadtplan. gr. 8. (VIII, 90 S.) Tharandt (Akadem. Buchh.). Kart. n.n. 2. —

**Adreßbuch von Tharandt**, Bezirk, s. Adreß- u. Geschäfts-Handbuch für Döhlen u. Tharandt.

(H.) Thiele's **Adressbuch** des gesamten Gartenbaues. Bd 1. *Berlin: H. Thiele & Co. 1902.* 8° [02. 6;6

**Adreßbuch** für Thorn Stadt und Land. Hrsg. aufgrund amtl. Quellen u. eigener Feststellungen. Jg. 1. 1908. Thorn: C. Dombrowski (1908). 8° [F.] [08. 6641 10

— **Thorner**, f. d. J. 1880, nebst Verzeichniß aller am hies. Orte befindl. Militär-, königl. u. Civil-Behörden. gr. 8. (IV, 128 S.) Thorn, E. Lambeck. n. 2. —

**Adreßbuch, Thorner**, f. d. J. 1884. Nach amtl. Quellen bearb. u. hrsg. v. A. Perpließ. 8. (IV, 124 S.) Thorn 884. (Wallis.) n. 2. —

— **Thorner**, f. d. Jahr 1892, hrsg. v. P. Kirstein. 8. (116 u. 64 S.) Thorn, W. Lambeck. n.n. 3. —

**Adressbuch** vom Kanton **Thurgau** 1902. Mit Karte des Kantons Thurgau. Hrg., persönlich aufgenommen und nach offiziellem Material bearb. von der Schweiz. Aktien-Gesellschaft für Reklame, Weinfelden. ([Mit] Annoncen-Anhang.) VIII + XLIV + 365 + *Anhang* 31 S. gr.-8. [Chur, Buchdr. Sprecher & Valer, 1902.] [geb. fr. 7.—]

— deutscher **Thierzüchter**, Liebhaber u. Händler. Hrsg. v. Otto **Droescher**. gr. 8. (171 S.) Berlin (S.W. 48, Friedrichstr. 244) 898. O. Droescher. n. 5. —

— für die Stadt **Tilsit** auf d. J. 1893 m. e. Anhange, Führer durch T. 8. (209, 48 S. m. 1 Stadtplan.) Tilsit 892, (Bergens. — Lohauß). * ? 3 —

— von **Tirol** u. Vorarlberg 1903—1904, enth. Adressen v. Fabrikanten, Kaufleuten, Handels- u. Gewerbetreibenden, Hotels, Gasthöfen, Restaurants u. s. w. Verzeichnis der Aerzte, Advokaten, Notare, Bergführer, Vereine u. s. w. v. Ludw. Th. Jakopp (247, 16 u. 37 S.) gr. 4 Innsbruck (H. Schwick). Kart. n. 8. —

— Tirol u. Voralberg. Industrie, Handel u. Gewerbe. Hrsg. v. Joh. Moser. (483) gr 8° — Innsbruck: H. Schwick 1908.

— Ton-, Ziegel-, Zement-, Chamotte-, Kalk-, Porzellan- u. Glasindustrie etc. (Keramik d. Neuzeit). I. 2. Afl. (60) 8° — Jena: H. Jackob (1904).

**Adreßbuch** für die Stadt Tönning. [1.] 1902. Tönning: Boysen jr. (1902). 8° [02. 5072 8

— der Kreisstadt **Torgau** f. 1890/91, nebst Geschäftsanzeiger f. Handel u. Gewerbe. Bearb. v. Fr. Bamberger. 2. Ausg. gr. 8. (61 S.) Torgau, Horst. cart. n. 2. 50

— Torgau. V. Ausg. (132 u. 156 m. 1 Pl.) 8° — Torgau: (F. Jacob) (1901).

— von **Trautenau**. Mit Führer durch Stadt u. Umgebg. Bearb. v. Alois Falge u. Herm. Benisch. (204 S. m. 2 Taf. u. Plan.) 8. Trautenau (906). (G. Lorenz.) n.n. 2. —

— für den politischen Bez. **Trautenau** im Riesengebirge, bestehend aus 3 Abtlgn. u. zw.: I. Abtlg.: Gerichts- u. Steuerbez. Trautenau m. 48.056 Einwohnern in 5925 Häusern. II. Abtlg.: Gerichts- u. Steuerbez. Marschendorf m. 10.656 Einwohnern in 1768 Häusern. III. Abtlg.: Gerichts- u. Steuerbez. Schatzlar m. 14.649 Einwohnern in 1201 Häusern u. als kurzen Anh. den tschech. Gerichts- u. Steuerbez. Eipel m. 14.649 Einwohnern in 1852 Häusern. Bearb. auf Grund amtl. Verzeichnisse. (127, 38 u. 27 S. m. 1 Taf.) gr. 8. Rochlitz i. Riesengeb. (906). Frz. Gebert. (Nur direkt.) Geb. in Leinw. n.n. 3. —

— der Stadt **Trautenau** i. Böhmen. Bearb. auf Grund amtl. Unterlagen von Alois Falge u. Joh. Kaspar. 8. (199 S. m. 1 Karte.) Leipzig (899). Kühnel. n. 1. —

— v. Trier, s.: Adreß- u. Geschäfts-Handbuch.

— des Reg.-Bez. Trier, s. a. Adreß-Kalender.

— über den Regierungs-Bezirk Trier. Enthaltend aus dem Regierungsbezirk Trier die Namen resp. Firmen der Behörden, Institute, Corporationen, Vereine ꝛc., welche im geschäftlichen Verkehr zum Nutzen gereichen können. Trier, 861. Gall. gr. 8. (VIII, 169 S.) n. 15 ngr.

— — Zusammengestellt auf Grund der amtl. Volkszählung vom 3., 4. u. 5. Dezbr. 1861. Nebst einem Anhang. Trier, Lintz's Verlag. gr. 16. (234 S.) n. 20 ngr.

— d. Stadt Trier, s.a. Adreß- u. Geschäftshandbuch.

—— der Stadt Trier. Zusammengestellt auf Grund der amtl. Volkszählung vom 3. Dezbr. 1867. gr. 8. (LVI, 120 S.) Trier 868, Lintz' Verlag. *

**Adreßbuch** der Stadt Trier. Zusammengestellt auf Grund der amtl. Volkszählg. vom 1. Decbr. 1871. Nebst e. Verzeichniß der Einwohner nach ihren Gewerben u. Geschäften u. e. Anh. v. Geschäfts-Anzeigen. gr. 8. (LXIV, 105 S.) Trier 872. Lintz. n. n. 2. 50.

—— der Stadt Trier. Zusammengestellt auf Grund der amtl. Volkszählung vom 1. Decbr. 1875. Nebst einem Verzeichniß der Einwohner nach ihren Gewerben und Geschäften und einem Anhang von Geschäfts-Anzeigen. 8. (LXVII, 152 S.) Trier 876, Lintz'sche Buchh. *

—— dass. — Amtlich zusammengestellt durch das städt. Klassensteuer-Büreau. 8. (204 S.) Ebendas. 879. *
1876—78 nicht erschienen.
Vgl.: Adreß-Kalender.

— der Stadt Trier, sowie der Vororte St. Barbara, Euren, Feyen, Heiligkreuz, Kürenz, Löwenbrücken, Maar, St. Matthias, St. Medard, Olewig, Pallien, St. Paulin, Zurlauben. Mit e. (lith.) Plane. Nach amtl. Material bearb. 8. (V, 260 S.) Trier 881. Lintz. cart. n. 4. —

—— dass. — sowie der Vororte St. Barbara, Heiligkreuz, Kürenz, Löwenbrücken, Maar, St. Matthias, St. Medard, Olewig, Pallien, St. Paulin, Zurlauben. Nach amtl. Material bearb. 8. (VIII, 220 S.) Ebendas. 884. **

—— der Stadt Trier, sowie der Vororte St. Barbara, Heiligkreuz, Kürenz, Löwenbrücken, Maar, St. Matthias, St. Medard, Olewig, Pallien, St. Paulin, Zurlauben. Nach amtl. Material bearb. 8. (CXLIII, 150 S.) Trier 886, Lintz'sche Buchh. cart. *
Vgl.: Adreß-Kalender.

— der Stadt Trier. 8. (XII, CLIII u. 157 S.) Trier 890. Lintz. cart. n. 4. 50

— der Stadt u. d. Stadtkreises Trier pro 1851. gr. 16. (206 S.) Trier, Lintz. ½ ℛℬ

—— der Stadt und Vororte Trier. Angefertigt auf Grund der amtl. Bevölkerungs-Aufnahme vom 3. 4. und 6. Decbr. 1858. Von J. Marx, M. Klein und H. Wirtz. gr. 8. (IV und 152 S.) Trier 859, Braun's Verlag. **

— d. Stadt Trier u.d. Vororte. 16° (234) — Trier: 1862, Lintz.

— d. Stadt Trier u. Vororte. N. amtl. Mat. bearb. Ausg. i. Juli 1896. 8. (XII, CXCV 216 S.) Trier, F. Lintz. Kart. n.n. 6. —

—— von Triest, s. Almanacco e guida scematica di Trieste.

— der Stadt Triptis, s.: Adreß- u. Auskunftsbuch Auma.

—— von Troppau, s.a. Adreß- und Geschäfts-Handbuch.

—— Troppau, s.a. Wohnungs-Anzeiger, allgemeiner.

— Troppau 1905. (30,293,24 u. Nachtr. 6) gr 8° — Tropp.: (Kaiser Josef-Park 5), A. Drechsler.

— d. Landeshauptstadt Troppau, s.a. Adress-, Geschäfts- u. Personalhandbuch.

— der Landeshauptstadt Troppau f. 1874—1875. gr. 8. (134 S.) Wien 874. Buchholz & Diebel. n. 1. —

— Troppauer, s.: Wohnungs-Anzeiger.

— v. Tübingen, s.a. Adreß- u. Geschäfts-Handbuch.

— Tübingen. (156 m. 1 Pl.) 8° — Tüb.: (Osiander) 1904.

Adreßbuch der Oberamts- u. Univ.-Stadt Tübingen, s.: Adreß- u. Geschäfts-Handbuch.

— der Stadt Tübingen. 1. Thl. Lex.-8. (VII, 60 u. 54 S.) Tübingen 877. Fues. n.n. 2. 20

— dasselbe. 2. Thl. Verzeichniß der Beamten, Lehrer u. Studirenden der königl. Württemberg. Universität Tübingen in dem Winter-Halbj. 1877/78 aus amtl. Quellen. Lex.-8. (42 S.) Ebend. 877. n. — 80

— v. Tuttlingen, s.: Adreßbuch u. Geschäftsanzeiger.

— für die deutsche Uhren- u. mech. Musikwerke-Industrie m. Einschluss verwandter Branchen u. Hilfsgeschäfte. (48, 464 S.) gr. 8. Leipzig 904. [W. Weisske & Co.] Cöthen, P. Dünnhaupt. Geb. in Leinw. n. 5. —

— für die deutsche Uhren-Industrie m. Einschluss verwandter Zweige u. Hilfsgeschäfte namentlich der Fabrikanten u. Grosshändler des optischen u. Schmuckwarenfaches sowie der Musikwerke-Industrie. Hrsg. unter Mitwirkg. u. Empfehlg. des Verbandes deutscher Uhren-Grossisten Sitz: Leipzig sowie im besonderen des deutschen Uhrmacher-Bundes Sitz: Berlin, Zentralverbandes der deutschen Uhrmacher Sitz: Leipzig u. der deutschen Uhrmacher-Vereinigg. Sitz: Leipzig. (VIII, 414 u. XVIII S.) gr. 8. Cöthen 907. P. Dünnhaupt. Geb. in Leinw. 7. 50

**Adressbuch** d. deutschen Uhrmacher, Uhren-, Fournituren-, Werkzeug-, Gehäuse-, Zeiger-, Zifferblatt- etc. Fabrikanten u. Händler, nebst Bezugsquellen-Anzeiger im Inserat-Anhang. 12. (278 S.) Leipzig 889. (Gracklauer.) cart. u. m. Schreibpap. durchsch. n.n. 4. 50

— v. Ulm, s.: Adreß- u. Geschäfts-Handbuch.

—— für d. k. Kreishauptstadt Ulm (u. ihre nächste Umgebung. Nebst d. Polizei-Gesetz für Ulm). gr. 8. (11¾ B. u. 2 Tab.) Ulm 842, Seitz.

— für die Königl. Württ. Kreishauptstadt und Bundesfestung Ulm und die Königl. Baier. Stadt Neu-Ulm. Ulm, 860. Krick. gr. 8. (IV, 222 S. u. 1 Tab. in Fol.) n. 14 ngr.

—— für die königl. württembergische Kreishauptstadt und Bundesfestung Ulm und die königl. bayer. Stadt Neu-Ulm. 8. (IV und 174 S.) Neu-Ulm 865, Helb'sche Buchh. *

— [Wegweiser] für die württemb. Kreishauptstadt u. Festung Ulm u. die königl. bayer. Stadt Neu-Ulm. 1865. (IV, 174 S.) n. 12 ngr. — 1868. Neu-Ulm, Helb. 8. (VIII, 274 S.) n. 18 ngr.

— der kgl. württ. Kreis-Haupt- u. Oberamtsstadt Ulm, s.: Adreß- u. Geschäfts-Handbuch.

—— für die königl. württembergische Kreishauptstadt Ulm. Mit einem alphabet. Verzeichniß der Einwohner von Neu-Ulm. gr. 8. (VIII und 248 S.) Ulm 853, (Müller's Buchh.)

—— der Stadt Uelzen. 8. (78 S.) Uelzen 886, (Starcke.)

— f. d. Stadt Uelzen. 1897. gr. 8. (IV, 102 S. m. 1 Fahrplan.) Uelzen (H. Starcke). Kart n. 2. 50

**Adreßbuch** für die Stadt Uelzen 1904. (III, 139 S. m. 1 Fahrplan in gr. 4.) gr. 8. Uelzen (H. Starcke). Kart. n.n. 2. 50

— für die Umgebung von Leipzig auf 1866 nebst Verzeichniß der Gewerbtreibenden der Nachbarorte aus den sichersten Quellen bearb. von Th. Burkhart. Leipzig, (H. Fritzsche.) gr. 8. (XIII, 168 S.) nn. 1 ℛℬ

— von Nürnberg's Umgeb. 1895/96. Red.: P. Brettinger jun. gr. 8. (V, 219 S. m. 1 Karte.) Fürth (Stuttgart, A. Brettinger). Geb. n.n. 1. 50

— der Umgegend v. Erfurt (Prov. Sachsen u. Thüring. Staaten). gr. 8. (VI, 193 S. m. 1 Karte.) Erfurt 894. Keyser. Kart. n. 3. —

— d. Umgegend v. Erfurt (Landkreis Erfurt u. Thüring. Staaten). 2., verb. u. verm. Aufl. gr. 8. (VI, 228 S. m. 1 Karte.) Erfurt 898, Keyser. Kart. n. 4. —

— der Umgegend v. Erfurt (Landkreis Erfurt u. thüring. Staaten). 3., verb. u. verm. Aufl. (VIII, 282 S.) gr. 8. Erfurt (903). Keyser. Geb. n.n. 4. —

—— der Umgegend v. Gera. [Unterländischer Bezirk Reuß j. L.] Ausg. im Monat Sept. 1891. Red. v. E. Weller. 1. Jahrg. Lex.-8. (98 S.) Gera, [E. Weller.] Bauch. geb. in Leinw. * 3 50

— der Umgegend v. Gera m. 140 Ortschaften von Crossen bis Münchenbernsdorf, v. Großenstein bis Klosterlausnitz m. der Pflege Reichenfels. Zusammengestellt v. Karl Bauch. 2., stark verm. Aufl. (178 S.) gr. 8. Ebd. 904. Kart. n. 4. 50

— ungarisches landwirtschaftliches 1896/97. gr. 4. (270 u. VIII S.) Budapest (Wien, W. Frick). Geb. in Leinw. n.n. 15.—

—— von Ungarn, s. Jekelfalussy, J. v.

– Urfahr, s. Adressbuch Linz.

—— der Stadt Varel. 8. (33 S.) Varel 877, (Acquistapace.) * 1875, 1876, 1878 und 1879 nicht erschienen.

— der Stadt Varel. gr. 8. (27 S.) Varel 883. (Acquistapace.) — 75

— der Stadt Varel. 8. (31 S.) Varel 891. (Bültmann & Gerriets Nachf.) n. 1. —

— d Stadt Varel. N. amtl. Quellen bearb. u. b z. Ausg. d. Buches ergänzt. 8. (54 S.) Varel 898. (J. W. Acquistapace). n.n 1. —

— der Stadt Varel f. 1904/1905, nebst Verzeichnis der Straßen, der Fernsprechteilnehmer, der Gewerbetreibenden, der Behörden, Kommissionen, Schulen, Kirchengemeinden, Kassen, Vereine etc. (99 S.) 8. Varel (904). Verlagsanstalt A. Allmers. n. — 75

— der Stadt- u. Landgemeinde Varel 1901—1902. Hrsg. u. nach amtl. Quellen bearb. v. Arnold Lange u. Aug. Behrens. gr. 8. (73 S.) Varel (901). (J. W. Acquistapace.) n.n. 1. 25

– Vegesack, s. Adressbuch Bremen.

Adressbuch, zusammengestellt vom Vorstande des Deutschen Vereins für naturgemässe Lebensweise (Vegetarianer) L. May, Baron, Nauhaus. 2. Aufl. Berlin 1871. qu.-8. — Berichtigungen u. Ergänzungen. Ebda 1872. qu.-8.

—— für Vegetarianer. Zusammengestellt nach Beschluss des Dresdner Vereinstags vom Vorstande des deutschen Vereins für naturgemässe Lebensweise [Vegetarianer] E. Baltzer, L. Belitski, S. Rosenthal. 4. Aufl. (48 S.) 1875. und 5. Aufl. gr. 16. (56 S.) Nordhausen 876, (Förstemann.) *

— für Vegetarianer. Zusammengestellt nach Beschluss d. Dresdner Vereinstags vom Vorstande d. deutschen Vereins f. naturgemässe Lebensweise [Vegetarianer] E. Baltzer, L. Belitski, S. Rosenthal. 5. Aufl. gr. 16. (56 S.) Nordhausen 876. (Förstemann.) n. — 40

—— dass. — Zusammengestellt im Auftrag des deutschen Vereins für naturgemässe Lebensweise [Vegetarianer] von L. May. 6.—8. Aufl. gr. 16. (50 S.) Nordhausen 877—879. (Leipzig, Eigendorf.) *

—— für Vegetarianer. Zusammengestellt von Osc. Herrmann. 9. Aufl. 16. (68 S.) Rudolstadt 880, Hartung und Sohn. **

—— dass. — Redig. von Osc. Herrmann. 10. Aufl. 8. (VI, 99 S.) Bern 881. (Rudolstadt, Hartung und Sohn.) **

— für Vegetarianer. Red. v. Osc. Herrmann. Hrsg. vom Vorstande d. Deutschen Vereins f. naturgemässe Lebensweise. 11. Aufl. 8. (IV, 91 S.) Zürich 884. (Rudolstadt, Hartung & Sohn.) n. — 65

— für Vegetarianer [Vegetarier]. Hrsg. vom Vorstande d. deutschen Vereins f. naturgemässe Lebensweise. 12. Aufl. 8. (IV, 82 S.) Leipzig 888. (Hartung & Sohn.) n. 1. —

— für Vegetarier. Hrsg. v. Hugo u. Herm. Zeidler. 12. (VII, 118 S. m. 1 Bildnis.) Berlin 894. (Leipzig, H. Hartung & Sohn.) n. 1. 20

Adreßbuch des Vereins für deutsches Kunstgewerbe in Berlin. 1893. 1894. 1896. Berlin

Adress- und Verkehrsbuch, s. a. Adressbuch

—— s. a. Verkehrs- u. Adreßbuch d. baltischen Provinzen.

Adreß- u. Verkehrsbuch nebst Fremdenführer der Stadt Osterode am Harz m. den Vorortsgemeinden Freiheit u. Petershütte. Nach amtl. Quellen bearb. 8. (100 S. m. 1 Ansicht.) Osterode a/H. 894. A. Sorge. n.n. 1. 30

Adreß- u. Verkehrsbuch des Reg.-Bez. Gumbinnen. Hrsg. v. Alb. Gelleßun. 1908. 2 Bde. (VIII, 326 S. m. 1 Tab. u. 225 S.) gr. 8. Gumbinnen (907). R. Hinz. Kart. nn 6. —

— der Verpflegungs-Anstalten Deutschlands. Enth. die Adressen v. ca. 4000 Krankenhäusern u. Heilanstalten etc., ca. 1400 Kasino's u. Kantinen, ca. 1100 Consumvereinen, ca. 300 Zucht- u. Arbeitshäusern etc., ca. 1100 Erziehungsanstalten u. Pensionaten, ca. 1900 Versorgungs- u. Wohlthätigkeitsanstalten etc., ca. 1600 Klöstern u. Diakonissenanstalten etc., ca. 3200 Hôtels. gr. 8. (107 S.) Berlin 891. Verlag Dampfpost. n. 10. —

— d. privaten Versicherungs-Unternehmungen in Deutschland. 1. Ausg. 1909—1910. (158 S.) gr. 8. Stuttgart (Römerstr. 144) (909). Verlag des Adressbuchs der privaten Versicherungs-Unternehmgn. Geb. in Leinw. 6. —

Adreßbuch od. Verzeichniß sämmtl. Einwohner d. Stadt Aachen, nebst Klassifikation ihrer Beamten, Fabrikanten, Gewerbe ꝛc. gr. 12. (9 1/3 B.) Aachen 838, Mayer.

Addressbuch f. deut. Viehzüchter. Hrsg. v. B. Martiny. Rinder. 1-3 Abth. 8°.— Berl. 1882-84, Parey.
1. Holländer u. verwandte Schläge. Holländer, Friesen, Oldenburger (84) 1882.
2. Rote u. rotbunte Schläge Deutschlands, Österreichs u. d. Schweiz. (73) 1882.
3. Enth. Nachträge zu Hft. I u. II u. Neu-Eintragg. v. Pferde-, Rindvieh-, Schaf-u. Schweinezuchten. (68) 1884.

— für den Vogel-, Vogelfutter-, Vogelkäfig-, Aquarien- u. Zierfischhandel, sowie verwandte Branchen des In- u. Auslandes, nebst Bezugsquellenregister. (IV, 67 S.) 8. Biberach 906. K. Halder. n. 3. 60

– Vogel-, Vogelfutter-, Vogelkäfig-, Aquarien- u. Zierfischhandel, sowie verw. Branchen d. In-u. Auslandes. 2. Afl. (64) 8° – München: V. Höfling 1910.

— deutscher Vogelzüchter, -Händler u. -Liebhaber. Anh.: Aquarien- u. Terrarien-Thierzüchter, Liebhaber und Händler Hrsg.: Otto Droescher. 12. (37 S.) Berlin (S.W., Planufer 31) 895. Exped. des Thiermarkt. n. 1. —

Adressbuch, vollständiges, von Aachen u. Burtscheid. 12. (XII u. 462 S.) Aachen 850, ter Meer. 1 3/4 ℛℬ

Vollständiges Adressbuch von Bozen-Gries und Zwölfmalgreien nebst Branchenregister und Inseratenanhang. 2. Jahrg. 1904. Gr.-8°. Bozen: Buchhandlung Tyrolia. K 3.—

(F) Vollständiges Adressbuch von Bozen, Gries und Zwölfmalgreien. 3. Jahrg. 1905. Gr.-8°. (CXXVIII, 19 S.) K 3.— Bozen: Tyrolia (Buchhdlg).

**Vollständiges Adressbuch** von Bozen, Gries und Zwölfmalgreien. 5. Jahrg. 1907. Gr.-8°. (149, 32, 80 S.) K 3.—, geb. K 4.— Bozen: Tyrolia (Buchhdlg).

—— vollständ., f. d. Stadt Heilbronn, doppelt, sowohl nach d. Straßen, Hausbesitzern u. Miethsbewohnern, als auch nach alphabet. Reihenfolge sämmtl. Einwohner. Mit e. kurzen Topographie Heilbronns. 8. (9½ B. u. 1 Anſ.) Heilbronn 843, Landherr.

— vollständiges, f. die Stadt Heilbronn, doppelt, sowohl nach den Straßen, Hausbesitzern u. Miethsbewohnern, als auch nach alphabet. Reihenfolge sämmtl. Einwohner. Mit e. Topographie Heilbronns, e. ausführl. Gewerbs-Register u. e. Nachweisung üb. die Ankunft u. den Abgang der Boten u. Frachtfuhrleute ꝛc. gr. 8. (XII u. 134 S.) Heilbronn 851, Landherr. ⅔ ₰ — Mit 1 Stahlst. in Imp.-Fol. 1 ₰

— vollständiges, der deutschen u. österreichischen **Hüttenwerke**, Maschinenfabriken u. mechanischen Werkstätten. Handbuch der Leistungsfähigkeit der deutschen Eisen-, Metallwaaren- u. Maschinenbau-Industrie hersg. von Alex. Rabe. 3 Abthlgn. Berlin 865. Vogel & Co. 4. (1. Abth. XL, 290 S.) n. 5 ₰

—— vollständiges nach ämtlichen Quellen zusammengestelltes, der königl. Stadt **Iglau**. 1878. 8. (74 S. mit dem lithogr. Situations-Plane von Iglau.) Iglau, (Lehmann.) cart. **
ohne Plan **

1875—77 und 1879 nicht erschienen.

— **vollständiges, der königl. Stadt Iglau f. d. J. 1905.** Nach amtl. Quellen zusammengestellt v. Jul. Kruspl u. Aug. Illing. (XI, 197 S.) 8. Iglau (E. Netoliczka). Kart. n. 3. 50

— vollständiges, der Stadt Minden f. 1862. Aus amtlichen Quellen zusammengetragen. Minden, (Volkening.) gr. 8. (101 S.) nn. 15 ngr.

— vollständiges, von Minden f. 1865. Aus amtlichen Quellen zusammengetragen. Minden 865. (Volkening.) gr. 8. (88 S.) nn. 17½ ngr.

**Adress- u. Nachschlagebuch,** vollständiges, nach authentischen Quellen zusammengestelltes, der königl. Stadt Iglau, m. e. Uebersicht der wichtigsten Orte der angrenz. polit. Bezirke Datschitz, Deutschbrod, Grossmeseritsch, Iglau, Neustadtl, Pilgram u. Trebitsch unter Angabe der daselbst befindl. Staats-, Landes-, kirchl. u. Gemeindebehörden, der öffentl. Anstalten, der Industrie-, Handels- u. Gewerbebetriebsfirmen, e. Schematismus der Herrschaften u. Güter in den genannten Bezirken u. e. alphabetisch geordneten Verzeichnisse sämmtl. in diesen Bezirken gelegenen Ortsgemeinden m. Angabe der zutreff. Bezirks- u. Kreisgerichte, der Bezirkshauptmannschaften, sowie der nächsten Post- u. Eisenbahnstationen. Bearb. v. Jul. Hugo Kruspl. 8. (XX, 420 S.) Iglau 893. A. Bayer. Kart. n. 3. 50

Adressbuch

—— vollständiges, von Reichenbach, sowie der Handel- und Gewerbetreibenden der Gerichtsamts-Bezirke Eibenstock, Falkenstein, Lengenfeld, Oelsnitz, Reichenbach i. V., und Treuen für das J. 1873. gr. 8. (80 S.) Reichenbach, Köhler's Buchh. **

—— vollständiges, der activen Sanitäts-Offiziere des deutschen Reichs-Heeres und der kaiserl. Marine, s. Verzeichniß.

—— vollständ., der Schweiz. 1—3 Abth. 8. St. Gallen, Scheitlin u. Zollikofer. à

Abth. 1. Kanton St. Gallen, Appenzell, Thurgau, Schaffhausen, Glarus, Graubünden, Konstanz. 1. u. 2., verb. Aufl. [1. A.? 2. A. (12½ B.)] 846.
„ 2. Kanton Zürich, Aargau, Uri, Schwyz, Unterwalden. (… B.) 843.
„ 3. Die Kantone Bern, Luzern, Solothurn, Basel-Stadt, u. Basel-Land. (8¾ B.) 844.

— Voloska, s. Adressbuch d. österr. Riviera.

— **Vorarlberger**, enth. 1. e. vollständ. Kalender 1905; 2. e. vollständ. Verzeichnis aller Wohnparteien, k. k. Staats- u. Bahnbediensteten, Kontorangestellten u. Lehrer etc. v. Bregenz, Dornbirn, Feldkirch u. Bludenz; 3. e. vollkommenes Branchen-Register aller Handels- u. Gewerbetreibenden Vorarlbergs m. e. Inseraten-Anh. 1905. 2. Jahrg. Hrsg.: Joh. Moser. (48 u. 174 S.) 8. Innsbruck. (Linz, Zentraldruckerei vorm. E. Mareis.) n. 2.—

—— der Vororte von Leipzig. I. Connewitz, Lindenau, Plagwitz, II. Eutritzsch, Gohlis, Möckern, III. Anger, Crottendorf, Neuschönefeld, Neusellerhausen, Neustadt, IV. Reudnitz, Schönefeld, Sellerhausen, Volkmarsdorf, V. Neureudnitz, Thonberg. Nach amtl. Material zusammengestellt. 8. (969 S.) Leipzig 883, C. W. Löwe.

— Leipzigs südl. Vororte. (327 u. 40 m. Abb.) 8° — Oetzsch (b. Leipzig) (1904). Leipzig, R. Gerstäcker.

Adreßbuch für die südlichen Vororte Leipzigs 1904—1905. (327 u. 40 S m Abbildgn.) 8. Oetzsch (b. Leipzig) (904). Carl Hugo Müller. (Nur direkt.) Geb. in Leinw. n. 4. —

— der westlichen Berliner Vororte: Grunewald, Halensee-Wilmersdorf, Schmargendorf, Dahlem, Schlachtensee, Nikolassee, Wannsee u. Grunewald-Forst. Mit e. Pharus-Plan in 10 Farben u. e. besond. Karte v. Wannsee. Auf Grund amtl. Quellen hrsg. v. Osw. Kohut. (VII, 257 S.) gr. 8. Grunewald (903). (Halensee-Berlin, Grunewald-Buchh.) Geb. n. 2. —

— Wachenheim, s. Adressbuch Neustadt a.d. Haardt.

— der Wagenfabrikanten Deutschlands, sowie e. Theiles v. Holland, der Schweiz u. Russland, dann 321 Lackierer u. 105 Schmiede. Zusammengestellt v. Geo. Meitinger. 2. Aufl. gr. 16. (59 S.) München 892. G. Meitinger. Geb. in Leinw. n. 15. —

— üb. 3953 **Wagenfabrikanten** und Wagenbauer Deutschlands u. 117 a. d. Schweiz. (4070.) Zusammengest. v. Geo. Meitinger. 3. Aufl. 8. (119 S) München 898. G. Meitinger. n. 12. —

— der Wagenfabrikanten u. Wagenbauer, Stellmacher u. Wagner, Wagenschlosser, Wagenschmiede, Wagensattler, Wagenlackirer u. aller uns bekannten m. Wagenbau u. Stalleinrichtung in Beziehung stehenden Handelsgeschäfte m. Ausnahme Frankreichs, Nordamerikas u. Englands. Hrsg. v. Geo. Meitinger. 12. (240 S.) München 884. Meitinger. cart. n. 16. —

— internat. vereinter Wahrheits-Sucher. Hrsg. von Leopold Engel. Jahrg. 1897/98. I. Adressbuch vereinter Wahrheitssucher (80 S.) II. Internat. Adress-Almanach aller bestehenden okkultistischen Vereine u. Zeitschriften, hrsg. von Max Rahn. (78 S.) Mit einem Anzeigen-Anhg. 12. Bittorfeld (F. E. Baumann). n. 1.10; kart. n. 1.25; ermäss. Preis n. — 75; kart. n. 1. —

— Waldbröl, Kreis, s. Adressbuch Gummersbach.

**Adressbuch** der Fürstenthümer Waldeck und Pyrmont für das Jahr 1820. Mit 2 histor.-topogr. Beschreib. d. Fürstenthums Waldeck. Speyer. V: *Varnhagen, Arnold Fr. Christoph.* (Ky)

— der Stadt Waldenburg (und Ober-Waldenburg) in Schlesien. Bearb. auf Grund amtl. Unterlagen von G. Hofert. 8. (197 S.) Leipzig (900). Kühnel. n. 1. 50

— der Städte Waldenburg, Gottesberg u. Friedland, sowie aller Ortschaften d. Kreises Waldenburg. gr. 8. (304 S.) Gottesberg 889. (Waldenburg i/Schl., Drobnig.) n.n. 3. 50

—— von Waldheim (und umliegende Gemeinden), s. Adreß- und Geschäfts-Handbuch.

— der Stadt Waldheim, nebst e. Geschäftsanzeiger f. Handel u. Gewerbe. Bearb. v. Fr. Bamberger. 1890/93. gr. 8. (64 S.) Waldheim, (Steinert). n.n. 2. 50

— der Stadt Wandsbeck u. des Kreises Stormarn. 1890. gr. 8. (64 S.) Wandsbeck, (J. Nissen). n.n. 2. 60

—— der Stadt Wandsbeck u. des Kreises Stormarn. 1890. gr. 8. (XXVIII, 219, 76 S.) Wandsb., (Nissen). ** 2 60

— von Wangen (i. Allgäu, m. e. Führer durch diese Stadt. Nach amtl. Material zusammengestellt). (7, 51 S. m. Abbildgn.) 8. Ravensburg (906). Dorn. n. 1. 80

— für die Aemter Wanne u. Eickel. Hrsg. auf Grund amtl. Materials v. den Amtssekretären in Wanne und Eickel. (VII, 603 S.) gr. 8. Wanne 906. (Leipzig, Schulze & Co.) Geb. in Leinw. n.n. 5. 25

— der Stadt Warburg, s.: Adreß- u. Auskunftsbuch.

— der Waaren-Agenten, Commissionäre u. Spediteure in Deutschland, nebst Geschäfts-Kalender f. 1881, sowie neuester Zoll-, Post-, Telegraphen- u. Wechselstempel-Tarif. Geschlossen 31. Aug. 1880. 16. (VIII, 231 S.) Berlin. (Leipzig, Serbe.) cart. n. 3. —

— v. Warendorf, s.: Bürger- u. Adreßbuch.

— des Kreises Warendorf. Hrsg. v. Ferd. Kruse. (176 S.) 8. Warendorf 909. J. Schnell. Kart. nn 2. 50

— 1904 Waren- u. Kaufhäuser Deutschlands u. Bezugsquellen f. Engros- u. Export-Handel. (III, 80 S.) kl. 8. Dresden, H. Kramer.
Geb. in Leinw. u. durchsch. n. 3. —

—— und Waarenverzeichniss der chemischen Industrie des Deutschen Reichs, nebst den Zolltarifen aller Länder für Chemikalien. Hrsg. von Otto Wenzel. 1888. 1. Jahrg. gr. 8. (X, 452; IV, 183, 31 S.) Berlin, Mückeberger.

— u. Waarenverzeichniss der chemischen Industrie d. Deutschen Reichs, nebst den Zolltarifen aller Länder f. Chemikalien. Hrsg. v. O. Wenzel. 1889/90. 2. Jahrg. gr. 8. (VIII, 864; IV, 211 u. 20 S. m. 2 Tab.) Berlin, Mückenberger. geb. n. 25. —

—— —— dass. — des Deutschen Reichs. Hrsg. v. Otto Wenzel. 1892. 3. Jahrg. Lex.-8. (CIV, 1164, 152 S.) Ebd.
geb. in Leinw. * 25 —

**Adressbuch u. Warenverzeichniss** der chemischen Industrie des Deutschen Reichs. Hrsg. v. Otto Wenzel. 1894. IV. Jahrg. gr. 8. (1388 S.) Berlin, R. Mückenberger. Geb. in Leinw. n. 25. —

— u. Waarenverzeichniss d. chem. Industrie d. Deutschen Reichs. Hrsg. v. Otto Wenzel. 1898. VI. Jahrg. gr. 8. (XII, 517, 677, 113 u. 167 S.) Berlin, R. Mückenberger. Geb. in Leinw. n. 25. —

Adressbuch und Waarenverzeichniss d. chem. Industrie d. Deut. Reichs. Hrsg. v. O. Wenzel. 1902/03. VIII. Jahrg. (591, 718 u. 150) 8° — Berlin: R. Mückenberger 1903.

— u. Warenverzeichniss der chemischen Industrie des Deutschen Reichs. Hrsg. v. Otto Wenzel. IX. Ausg. 1906. (XIV, 589, 701, 153 u. 138 S.) gr. 8. Berlin, R. Mückenberger. Geb. in Leinw. n. 30. —

Adressbuch und Waarenverzeichniss d. chem. Industrie d. Deut. Reichs. Hrsg. v. Otto Wenzel. 10. Ausg. 1908. (16, 584, 743, 153 u. 164) gr 8° — Berlin: Mückenberger.

— u. Warenverzeichnis der chemischen Industrie des Deutschen Reichs. Hrsg. v. Otto Wenzel. XI. Ausg. 1910. (XVI, 567, 720, 147 u. 126 S.) gr. 8. Berlin, R. Mückenberger. Geb. in Leinw. 30. —

Adressbuch und Warenverzeichnis d. chem. Industrie d. Deuts. Reichs, Neue Afl., s. Wenzel's Otto, Adressbuch.

— für Warnsdorf, s.: Adreßbuch f. Rumburg.

Adressbuch der Wasserheilanstalten, Bäder, Kurorte, Institute für Massage u. Heilgymnastik u. ähnlichen Unternehmungen sowie der im Sinne fortgeschrittener, natürlicher Heilkunde thätigen Aerzte, ferner der sog. Naturheilkundigen, Masseure, Magnetiseure etc. Deutschlands, Oesterreichs u. der Schweiz. Unter besond. Berücksicht. der empfehlenswertheren Anstalten u. Heilkünstler zusammengestellt von E. Paul. Jhg. 1—2. 1891—93. Wiesbaden. 12.

— Weener, s. Adressbuch d. Kreises Leer.

— von Wehlheiden, Wahlershausen, Wilhelmshöhe, Kirchditmold, Harleshausen, Rothenditmold f. d. J. 1886. gr. 8. (48 S.) Wehlheiden 886. (Kassel, Klaunig.) n.n. 2. —

— von Wehlheiden, Wahlershausen, Wilhelmshöhe, Kirchditmold, Harleshausen, Rothenditmold f. d. J. 1889. Alphabetisches Verzeichniß der Einwohner m. Angabe d. Standes d. Straßen u. d. Hausnummer. gr. 8. (44 S.) Wehlheiden. (Cassel, Klaunig.) n. 2. 50

— v. Wehlheiden, Wahlershausen, Wilhelmshöhe, Kirchditmold, Rothenditmold, Harleshausen f. d. J. 1895. Alphabet. Verzeichn. d. Einw. m. Ang. d. Standes, d. Straße u. d. Hausnummer. gr. 8. (90 S.) Wehlheiden (Kassel, G. H. Wigand's Sort.). n.n. 1. 50

— der Stadt Weida. Bearb. v. K. Riedling. Mit einer Spezialkarte v. Weida u. e. Einwohner-Verzeichnis von Hohenleuben u. Wünschendorf. Ausg. Dezbr. 1905. (209 S.) 8. Weida (Thomas). n.n. 1. 50

— Weiden. (114) 8° — Weiden: E. Wittmann 1908.

— für die kgl. bayer. Stadt Weiden. (114 S.) 8. Weiden, 908. G. Taubald. Kart. nn 3. —

—— für die großherzogl. Haupt- und Residenzstadt Weimar. 1879. gr. 8. (156 S. mit 2 Plänen in Stahlst.) Weimar, Böhlau. **
1875—78 nicht erschienen.

Adreßbuch für die großherzogl. Haupt- und Residenzstadt Weimar. 1882 und 1883. gr. 8. (à Jahrg. 193 S. mit 2 Plänen.) Weimar, Böhlau. à Jahrg. **

—— für die großherzogl. Haupt- und Residenzstadt Weimar. 1887. gr. 8. (208 S.) Weimar, im Verlag des Polizei-Bureau. (Erscheint jährlich.) **

—— der Großherzoglichen Haupt- u. Residenzstadt Weimar. 1893. (246 S.) Weimar, (Hoffmann). 2 50
Erscheint jährlich.

— der großherzogl. Haupt- u. Residenzstadt Weimar. 1894. Hrsg. vom Polizeibüreau der Residenzstadt Weimar. gr. 8. (XI, 256 S.) Weimar, (L. Thelemann). Geb. n. 2. 70

— d. großherzogl. Haupt- u. Residenzstadt Weimar 1895. Hrsg. v. Polizeibur. d. Residenzstadt Weimar. gr. 8. (XII, 276 u. 5 S. m. farb. Plan u. 1 Karte.) Weimar (L. Thelemann). Kart. n.n. 3. 20

— d. großherzogl. Haupt- u. Residenzstadt Weimar 1902. Nach amtl. Quellen bearb. gr. 8. (XII, 318 S. m. farb. Stadt- u. Theaterplan.) Weimar, Putzer & Hölzer. Geb. n. 3. —

— d. Stadt Weimar auf 1855. 8° (98) — Weimar: (Berl., Mode's V.)

Weinfreund's Adressbuch. Jg. 3. 1898. Zürich: Dömel 1897.

— von Weingarten (m. e. Führer durch diese Stadt. Nach amtlichem Material zusammengestellt). (62 S.) 8. Ravensburg (906). Dorn. n. 1. 60

— der Weingrosshandlungen, Weingrossagenturen u. Weinkommissionäre in Deutschland. 8. (IV, 113 S.) Stettin 901. P. Niekammer. Geb. in Leinw. n. 10. —

— der Weingrosshandlungen, Weingrossagenturen u. Weinkommissionäre sowie der Kognakbrennereien in Deutschland. 2. Aufl. (IV, 132 S.) kl. 8. Stettin 906. P. Niekammer. Geb. n. 6. —

— Weingrosshandlgn, Weingrossagenturen u. Weinkommissionäre sowie Kognakbrennereien in Deutschland. 2. Afl. (132) kl 8° — Stett.: L. Saunier 1906.

—— für den Weinhandel von Ungarn und Oesterreich, s. Deil, Eugen.

—— der Weinhändler, s. Dochnahl, Friedr. Jak.

**Adressbuch** der Weinhändler, Liqueur-, Spirituosen-Fabrikanten u. -Händler, Destillateure, Essigfabrikanten u. Agenturen dieser Branche in der Schweiz. (Deutsch u. französisch.) In 12⁰. 83 S. Zürich, Cäsar Schmidt. 1897 2 —

Adreßbuch der Weinhändler, Schaumweinfabrikanten und Weincommissionäre in Deutschland, Oesterreich-Ungarn u. der Schweiz. Für Private u. zum Gebrauch auf Comptoir u. Reise nach den zuverlässigsten Quellen bearb. v. Fr[ie]dr[ich] Jac[ob] Dochnahl. Kreuznach: Voigtländer 1877. III, 179 S. -- [ Zit. nach Kayser] --- Dass. 2. Aufl. Ebd. 1880. -- [ Zit. nach dem Realkatalog der DSB]

– deut. Weinhändler, Weinstubenbesitzer, sonst. Vertriebsstellen, sowie Schaumweinfabriken, Weinagenten, Weinkommissionäre u. Kognakbrennereien. Hrsg. v. J. Diemer u. E. Goldschmidt. 12. Afl. (734) 8⁰ – Mainz: J. Diemer 1905.

– Weinhändler, Weinstubenbesitzer, Hotels, sowie Schaumweinfabriken, Weinagenten, Weinkommissionäre u. Kognakbrennereien, deut. Hrsg. v. J. Diemer u. Ed. Goldschmidt. 13. Afl. (724) kl 8⁰ – Mainz: J. Diemer, 1907.

—— der Weinhandlungen Deutschlands. Hrsg. von Hirsch und Werner, Berlin C., Auskunftsbureau für Handel und Industrie. Verm. und verb. Aufl. 1880. 12. (IV, 179 S.) Berlin. (Leipzig, Serbe'sche Verlagsb.) geb. *

Adressbuch der Weinhandlungen Deutschlands. Anklam: Brass; Berlin: Pardes 1896. 415 S. -- [ Zit. nach Kayser und Hinrichs]

— der Stadt Weinheim f. d. J. 1900. gr. 8. (XVI, 109 S. m. Abbildgn.) Weinheim (F. Ackermann). Kart. n. 2. 20

— der Stadt Weinheim an der Bergstraße. Hrsg. vom Bürgermeisteramte. (VII, 199 S. m. Abbildgn. u. 1 farb. Plan.) 8. Weinheim (904). (F. Ackermann) Geb. n.n. 3.—

— der Stadt Weinheim incl. Nächstenbach f. d. J. 1882. 1. Jahrg. Mit e. Plan v. Weinheim (in Lichtdr.). Hrsg. vom Eigenthümer d. Stahlbades Weinheim [Alb. v. Toussaint]. 8. (84 S.) Weinheim, (Ackermann). n. 1. 35

—— der Weinproducenten, s. Rosenzweig, J.

—— von Weipert, von M. Luft. 1887. 8. (IV, 80 S.) Weipert, (Brüder Kanneberger.) brosch. *

— der Stadt Weipert. [Aus: „Keilberg-Jahrb."] (S. 183—167.) gr. 8. Weipert 909. F. Thoms. —85.

— d. Stadt Weißenburg, s.: Adreß- u. Geschäfts-Handbuch.

—— von Weißenfels a. d. S., s. Adreß- und Geschäfts-Handbuch.

—— Welt-Adreßbuch der selbständigen Wagenbauer und einschlägigen Handelsfirmen, s. Wagenbauer-Adreßbuch.

— des Welthandels. Die Importeure der überseeischen Haupthandelsplätze u. die europ. Export-Firmen. 1.—3. Bd. gr. 8. Leipzig, O. Spamer. n. 28. 50; geb. in Leinw. n. 34. —

1. Afrika, Central- u. Süd-Amerika, Mexiko, West-Indien, Asien u. Australasien. Die europ. Export-Firmen. Zusammengestellt v. Jul. Fleischmann. (XXIV, 366 S.) 891. n. 10. — ; geb. in Leinw. n. 12. —
2. Nord-Amerika: Die Vereinigten Staaten u. Canada. Zusammengestellt v. Jul. Fleischmann. (XLII, 188 S.) 892. n. 8. 50; geb. in Leinw. n. 10. —
3. England und Schottland. Zusammengestellt von Jul. Fleischmann. (XII, 362 S.) 893. n. 10 — ; geb. in Leinw. n. 12. —

— des Welthandels. D. Importeure d. überseeischen Haupthandelsplätze u. d. europ. Export-Firmen. 1. Bd.: Afrika, Central- u. Süd-Amerika, Mexiko, West-Indien, Asien u. Australien. D. europ. Export-Firmen Zusammengest. v. Jul. Fleischmann. 1895. gr. 8. (XI, 371 S.) Gotha. (Leipzig, O. Spamer). Geb. in Leinw. n. 15. —

—— Weltverkehr-, s. Regenhardt, Geschäftskalender.

— der Fabrikstadt Werdau, nebst e. Geschäfts-Anzeiger, f. d. J. 1887/88. gr. 8. (200 S.) Werdau. Leipzig, Mertens. n. 3. —

— der Fabrikstadt Werdau m. Vorort Leubnitz. gr. 8. (XII, 108, 80 u. 24 S. m. Stadtplan.) Werdau 891. (F. Thümmler.) Geb. n.n. 3. 50

– d. Fabrikstadt Werdau m. Vorstadt Leubnitz f. 1895. (Im Anh.: Gewerbetreibende v. Steinpleis.) 8⁰ (285 m. Pl.) – Werd., (A. Thümmler).

— d. Fabrikstadt Werdau m. Vorort Leubnitz f. d. J. 1897. (Im Anh.: Gewerbetreibende v. Steinpleis.) A. Gr. amtl. Unterl. bearb. gr. 8. (8, 118, 132, 34 u. 17 S m. Plan.) Werdau (A. Thümmler). Kart. n.n. 5. —

— der Fabrikstadt Werdau m. Vorort Leubnitz f. d. J. 1900. (Im Anh.: Gewerbetreibende von Steinpleis.) Auf Grund amtl. Unterlagen bearb. gr. 8. (XI, 111, 118, 38 u. 18 S. m. Stadtplan.) Werdau (A. Thümmler). Kart. n.n. 5. —

– Werdau m. Vororten. (114, 78, 44, 43, 16, 15 u. 23 m. 1 Pl.) 8⁰ – Werdau: (A. Thümmler) 1903.

— der Fabrikstadt Werdau mit den Vororten Leubnitz, Steinpleis u. Langenhessen f. d. J. 1906. Auf Grund amtl. Unterlagen bearb. (XII, 356 S. m. 1 Plan.) gr. 8. Werdau (A. Thümmler). Geb. n.n. 5. —

— der Fabrikstadt Werdau m. den Vororten Leubnitz, Steinpleis u. Langenhessen f. d. J. 1909. Auf Grund amtl. Unterlagen bearb. (XII, 377 S. m. Stadtplan.) gr. 8. Werdau, (A. Thümmler). Geb. nn 5. —

— der Stadt Werl u. der zum Kreise Soest gehörenden Landgemeinden. gr. 8. (27 u. 71 S.) Soest 888. Tappen. cart. n. 2. —

—— von Wesel, s. a. Wohnungs-Anzeiger.

– Wesel. (223 m. 1 Pl.) 8⁰ – Wesel: C. Kühler, 1902.

– Wesel u. Obrighoven-Lackhausen. (14, 350 m. 1 Pl.) 8⁰ – Wesel: C. Kühler, 1909.

**Adreßbuch** der Stadt und Feldmark Wesel. 1. und 2. Ausg. 8. (à 204 S. mit 1 Plan der Stadt Wesel.) Wesel 876, 80, Kühler. geb. 1876. ℳ 4, 50. Herabgef. Pr. ℳ 3. 1880. *

— der Stadt u. Feldmark Wesel. Ausg. im Oktbr. 1883. 8. (XXIV, 138 S.) Wesel 884. Kühler. cart. n. 4. —

Westdeutschlands Adressbuch für alle Zweige der Hütten- und Metall-Industrie mit Bezugsquellen-Nachweis f. d. ges. techn. Bedarf. Hrsg. unter Mitw. techn. Fachleute von R[einhold] Knop. Ausg. 1907/08. Lütgendortmund: Druckerei u. Verl.-Gesellsch. 1907. 202 S. 8⁰ [10. 12:77 B

— für Westphalen, s. auch Seemann, ...

— f. d. Provinz Westphalen, ... Minden ... Eßmann. ½ ℳ

Adreßbuch für die Provinz Westfalen. Auf d. J. 1829. 1846. 1852. Münster.

—— der Provinz Westfalen a. d. J. 1840. Hrsgeb.: Klier. gr. 8. (24 B.) Münster, Regensberg. *

—— der Provinz Westfalen. 1846. Hrsg.: Klier. gr. 8. (24½ B.) Münster 846, Regensberg. *
Vgl. Adreß-Handbuch u. Adreß-Kalender.

— für den Kreis Westprignitz. Ein Verzeichniß der Einwohner in Stadt u. Land, der Behörden ꝛc. Unter Zuhülfenahme amtl. Quellen bearb. u. hrsg. von Alex. Henkel. gr. 8. (XII, 540 S.) Wittenberge. (Leipzig, Schulze & Co.) Geb. n.n. 6. —

– Wetzlar, Braunfels, Weilburg, Herborn, Dillenburg u. Haiger. (220) 8⁰ – Giess.: v. Münchow (1903).

— für die Stadt u. den Kreis Wetzlar, nebst Geschäfts- u. Firmen-Register, sowie (lith.) Plan der Stadt. Nach amtl. Quellen hrsg. gr. 8. (IV, 93 S.) Siegen 884, Lorsbach. 4. —

— für die Stadt u. den Kreis Wetzlar, m. Plan, nebst Geschäfts- u. Firmen-Register. Nach amtl. Quellen hrsg. gr. 8. (VIII, 108 S.) Wetzlar 892. Altena, Geschw. Lorsbach. Kart. u. 4. —

**Adressbuch** Wien, s. Kulka's Rob., Handels-u. Gewerbe-Adressbuch

— von Wien, s.: Lehmann's Wohnungs-Anzeiger.

—— von Wien, s. Lehmann's allgem. Wohnungs-Anzeiger.

**Adressbuch** Wien, s. Straßen, Gassen, Plätze.

– Wiener-Neustadt. (168) 8° – Wr.-Neust.: A. Folk, 1901.

—— des Reg.-Bez. Wiesbaden, s. Staats- und Communal-Adreßbuch.

— der Haupt- u. Residenzstadt Wiesbaden f. d. J. 1860/61. Herausg. von Wilh. Joost. 1. Jahrg. Wiesbaden, (Limbarth.) 12. (219 S.) nn. 25 ngr.

—— f. d. J. 1861/62—1864/65. 2—5. Jahrg. Ebend. 12. Jeder Jahrg. n. 1 ℳ

—— der Stadt Wiesbaden für die J. 1869—73. Hrsg. von Wilh. Joost. 10.—13. Jahrg. 12. (IV, 414 S. mit 1 lithogr. Plane der Stadt Wiesbaden in qu. Fol.) Wiesbaden, (Feller und Gecks.) à Jahrg. *

—— dass. — für die J. 1873—1874 und 1874—1875. Hrsg. von Wilh. Joost. 14. und 15. Jahrg. 8. (482; VII, 506 S.) Wiesbaden, (Limbarth.) à Jahrg. *

—— der Stadt Wiesbaden für die J. 1875/76. 1876/77. 1877/78. 1878/79. 16.—19. Jahrg. Hrsg. von Wilh. Joost. 8. (à ca. 500 S.) Wiesbaden, (Limbarth.) à Jahrg. **

—— dass. — für die J. 1879/80. 20. Jahrg. 8. (IV, 590, 88 S.) (Ebendas.) **

—— der Stadt Wiesbaden für die J. 1882/83 und 1883/84. Hrsg. von Wilh. Joost. 23. und 24. Jahrg. 8. (IV, 624; III, 632 S.) Wiesbaden, (Moritz und Münzel.) à Jahrg. **

—— dass. — für das J. 1884/85. Hrsg. von Wilh. Joost. 25. Jahrg. 8. (IV, 647 S.) Wiesbaden, (Limbarth.) cart. **

—— der Stadt Wiesbaden für die J. 1885/86, 1886/87, 1887/88 und 1888/89. Hrsg. von Wilh. Joost. 26.—29. Jahrg. 8. (IV, 664; IV, 684; IV, 708; 740 S.) Wiesbaden, (Limbarth.) cart. à Jahrg. **

Adreßbuch der Stadt Wiesbaden f. d. J. 1889/90, 1890/91, 1891/92, 1892/93. Hrsg. v. Wilh. Joost. 30.—33. Jahrg. kl. 8. (à Jahrg. 820—940 S.) Wiesb., (Limbarth). à Jahrg. * 5 50

**Adreßbuch** der Stadt Wiesbaden f. d. J. 1893/94. Hrsg. v. „Wilh. Joost Nachf." Else u. Ludw. Joost. 34. Jahrg. 12. (IV, 946 S.) Wiesbaden, (Chr. Limbarth). Kart. n.n. 5. 50

– d. Stadt Wiesbaden u. Umgebg (Biebrich, Langenschwalbach, Schlangenbad u. Sonnenberg) f. 1895/1896. Hrsg. v. E. Joost. 36. Jahrg. 8° (990 m. 1 Taf.) – Wiesb., (C. Limbarth).

**— von Wiesbaden u. Umgegend** [Biebrich a/Rh., Bierstadt, Dotzheim, Langen-Schwalbach, Schlangenbad u. Sonnenberg] f. d. J. 1894/95. 6. Jahrg. Hrsg. u. red. v. C. Schnegelberger. Nebst 1 geometr. Plan der Stadt Wiesbaden, 1 Plan der Umgegend, sowie 2 Ansichten des neuen Theaters. gr. 8. (X, 719 S.) Wiesbaden, (G. Quiel). Geb. in Leinw. n.n. 5. 50

– v. Wiesbaden u. Umgegend (Biebrich a. Rhein, Bierstadt, Dotzheim, Langen-Schwalbach, Schlangenbad u. Sonnenberg) f. 1895/1896. 7. Jahrg. Hrsg. u. red. v. C. Schnegelberger. Nebst d. neuen Steuerordng betr. d. Erhebg d. Gemeindesteuer im Bez. d. Stadt Wiesbaden, sowie jährlich 2 Verzeichnissen d. Teilnehmer an d. Fernsprecheinrichtg v. Wiesbaden u. Umgegend. 8° (765 u. Nachtr. 21 m. 2 Pl.) – Wiesb., (G. Quiel).

**Adressbuch v. Wiesbaden u. Umgeg.** (Biebrich a/Rh., Bierstadt, Dotzheim, Langen-Schwalbach, Schlangenbad u. Sonnenberg) f. d. Zeit von Mai 1898 b. dahin 1899. 10. Jahrg. Freibeigaben: E. (farb.) Plan d. Stadt Wiesbaden, sow. jährl. 2 Verzeichn. d. Teilnehmer a. d. Fernsprecheinrichtg. v. Wiesbaden u. Umgeg. Hrsg. u. red v. Carl Schnegelberger. gr. 8. (846 S.) Wiesbaden (G. Quiel). Geb. n.n. 6. —

— von Wiesbaden u. Umgegend (Biebrich a. Rhein, Bierstadt, Dotzheim, Langen-Schwalbach, Schlangenbad u. Sonnenberg) für die Zeit von Mai 1902 bis Mai 1903. 14. Jahrg. Mit e. geometr. Plan der Stadt Wiesbaden, sowie den Plänen des königl. Theaters, des Residenztheaters u. des Variétés Walhalla. Hrsg. u. red. v. Carl Schnegelberger & Cie. gr. 8. (959 S.) Wiesbaden, G. Quiel. Geb. in Leinw. n.n. 6. 50

— von Wiesbaden u. Umgegend (Biebrich a. Rh., Bierstadt, Dotzheim, Langen-Schwalbach, Schlangenbad u. Sonnenberg) f. die Zeit von Mai 1905 bis Mai 1906. 17. Jahrg. Unter Benutzg. amtl. Quellen red. u. hrsg. v. Carl Schnegelberger & Cie. (XX, 990 S.) 8. Wiesbaden (G. Quiel). Geb. in Leinw. n.n. 6. 50

– Wiesbaden u. Umgegend, Bierstadt, Dotzheim, Lg.-Schwalbach, Rambach, Schierstein, Schlangenbad u. Sonnenberg. Mai 1909 - Mai 1910. 21. J. (1191 m. 1 Pl.) 8° – Wiesb.: (G. Quiel).

— von Wiesbaden u. Umgegend, Bierstadt, Dotzheim, Erbenheim, Langen-Schwalbach, Rambach, Schierstein, Schlangenbad u. Sonnenberg, vom Mai 1910 bis Mai 1911. Unter Benutzg. amtl. Quellen red. u. hrsg. v. Carl Schnegelberger & Cie. 22. Jahrg. (1119 S. m. 1 farb. Plan.) 8. Wiesbaden, (G. Quiel). Geb. in Leinw. nn 8. 50

– Wilhelmsburg 1910. (44, 78, 75 u. 21) gr 8° – Wilhelmsburg (bei Hambg): Gottfr. Veith. (Nur dir.)

— der Gemeinden Wilhelmsburg u. Neuhof f. d. Jahr 1906. (128, 72 u. 10 S.) gr. 8. Hamburg-Wilhelmsburg (G. Veith). n.n. 1. 50

— der Gemeinden Wilhelmsburg u. Neuhof f. d. J. 1908. 6. Jahrg. Bearb. v. Gottfr. Veith. (75, 86 u. 16 S.) gr. 8. Wilhelmsburg (bei Hamburg), Gottfr. Veith. (Nur direkt.) 2. —

– Wilhelmshaven, s. Adressbuch f. Rüstringen.

—— Wilsdruff, s. Adreß- u. Geschäfts-Handbuch.

—— von Winterthur, s. Adreß- u. Geschäfts-Handbuch.

— der Stadt Winterthur m. Oberwinterthur, Töß, Veltheim, Seen u. Wülflingen. Mit 1 Stadtplan v. Winterthur u. Umgebg. 1889. 8. (VI, 237 S.) Winterthur 889. Ehrich. cart. n. 4. —

Adressbuch der Stadt Winterthur mit (* *Umschlag:* und der Gemeinden) Töss, Veltheim, Wülflingen, Oberwinterthur und Seen. Nach amtlichen Quellen bearbeitet. Mit einem Stadtplan von Winterthur. 1901. (Erstellt mit Subvention des Tit. Stadtrates Winterthur und der Tit. Gemeindräte der interessierten Gemeinden.) IV + 330 + 52 [+ 8] S. 8. Winterthur, Buchdr. Winterthur. [geb. fr. 4. —]

– Wipperfürth, s. Adressbuch Gummersbach.

– Wirkwarenfabrikation, sowie zugehör. Flach- u. Rundwirk- einschl. Strickmaschinenbranche. I u. II. 8° – Apolda: R. Birkner.
I. Adressb. d. modernen Betriebes in d. Wirk-, Trikot- u. Strickwarenfabrikation. (70) Jena 1904.
II. Stoffhandschuh-, Strickwaren-, Strumpfwaren-, Phantasiewirkwaren-, Trikotstoff- u. Trikotagenfabriken, einschl. verwandter Wellwaren- u. Plüschfabriken usw. (65) 1905.

—— Wismar'sches, für 1875. Nachtrag zum Jahrg. 1874. 4. Jahrg. gr. 8. (IV, 45 S.) Wismar, Hinstorff'sche Hofbuchh. *
Vgl. XV. Bd. 1. Abthl. S. 17: Adreß-Kalender, Wismarscher. Jahrg. 1876 vgl.: Adreß-Kalender.

—— dass. — für 1877—1880. 6.—9. Jahrg. gr. 8. (134, 146; 169; 78 S.) Ebendas. à Jahrg. *

—— Wismar'sches, für 1881—1884. 10.—13. Jahrg. 8. (179; 154; 157; XXXIII, 160 S.) Wismar, Hinstorff'sche Hofbuchh. cart. à Jahrg. *

Adreßbuch, Wismar'sches, für 1885—1889. 14.—18. Jahrg. gr. 8. (III, 164; 168; 167; VIII, 170; 179 S.) Wismar, Hinstorff'sche Hofbuchh., Verlag. cart. à Jahrg. *

— Wismar'sches, f. 1886. 15. Jahrg. gr. 8. (77 u. 91 S.) Wismar 886. Hinstorff's Verl. cart. n.n. 1. 75

—— Wismar'sches, f. 1890, 1891 u. 1892. 19.—21. Jahrg. gr. 8. (189; 190; 190 S.) Wismar, Hinstorff's Verlag. cart. à Jahrg. * 2 —

— Wismar'sches, f. 1893. 22. Jahrg. gr. 8. (III, 88 u. 100 S.) Wismar, Hinstorff's Verl. n. 1.75; kart. n. 2. —

– Wismar., f. 1895. 24. Jahrg. 8° (195) – Wism., Hinstorff's V.

— Wismar'sches, f. 1897. 26. Jahrg. gr. 8. (III, 114 S.) Wismar, Hinstorff's Verl. Kart. n. 2. —

— Wismarsches, für 1900. 29. Jahrg. gr. 8. (108 u. 123 S.) Wismar, Hinstorff's Verl. n. 1.75; kart. n. 2. —

– Wismar'sches. 34. Jahrg. (86, 115 u. 48 m. 1 Pl.) 8° – Wism.: Hinstorff's V. 1905.

— Wismar'sches, f. 1906 nebst Anh. 35. Jahrg. (98, 124, II u. 40 S. m. Theater-Plan.) gr. 8. Wismar, Hinstorff's Verl. Geb. n. 2. —

— Wismar'sches, f. 1909, nebst Anh. 39. Jahrg. (103, 123, 46 u. 53 S. m. Stadt- u. Theaterplan u. 1 Karte.) gr. 8. Wismar, Hinstorff's Verl. Geb. nn 2. 50

— der Stadt Witten f. d. J. 1888. Bearb. v. A. Nitsch. gr. 8. (170 S.) Arnsberg. (Witten, Gräfe.) cart. n. 3. 50

—— der Stadt Witten f. d. Jahr 1893. Bearb. von A. Nitsch. gr. 8. (205 S.) Arnsberg, (Witten, Koetzold u. Comp.) * 3 —
Erscheint alljährlich.

— d. Stadt Witten f. d. J. 1898. Unt. Benutzg. amtl. Quellen bearb. v. A. Nitsch. gr. 8. (240 S.) Arnsberg (Witten, B. Koetzold & Co) Kart. n.n. 4. 50

— der Stadt Witten f. d. J. 1901. Unter Benutzg. amtl. Quellen bearb. v. A. Nitsch. gr. 8. (264 S.) Arnsberg. (Witten, B. Koetzold & Co.) Kart. n.n. 4. 50

– Witten. (300) 8° – Witt.: (B. Koetzold & Co.) 1905.

— der Stadt Witten 1906. Unter Benutzg. amtl. Quellen bearb. v. G. Flanz. (330 S.) 8. Witten (B. Koetzold & Co.). Kart. n.n. 5. —

– Witten 1909. (156 u. 109). 8° – Witten: (B. Koetzold & Co.).

— der Stadt Witten 1910. Unter Benutzg. amtl. Quellen bearb. v. G. Flanz. (160 u. 113 S.) 8. Witten, (B. Koetzold & Co.). Geb. nn 5. —

— für Wittenberg u. Kleinwittenberg. Auf Grund der Personenstandsaufnahme April 1904 bearb. v. Emil Roeßler. (231 S.) 8. Wittenberg 904. (P. Wunschmann.) Geb. n. 3. 50

Adressbuch d. Stadt Wittenberg, s. a. Wollen-Gewerbe-Adressbuch

— f 1898—99 d. Stadt Wittenberg. N. amtl. Quellen bearb. v. Emil Roeßler. gr. 8. (V, 175 S.) Wittenberg (P. Wunschmann). Geb. 2. 75

— der Stadt Wittenberg. Nach amtl. Quellen bearb. gr. 8. (V, 176 S.) Wittenberg (901). (P. Wunschmann.) Geb. n. 2. —

— der Stadt Wittenberg einschließlich der Ortschaften Kleinwittenberg, Piesteritz u. Pratau. Nach amtl. Quellen bearb. nach dem Stande am 1. X. 1907. (104, 58, 16, 12, 8, 23 u. 6 S.) gr. 8. Wittenberg (907). (P. Wunschmann) Geb. 4. 50

—— der Stadt Wittenberg nebst Vorstädten und einem Anhang, enthaltend die Haushaltungen von Klein-Wittenberg, sowie allgemeine Notizen. 8. (III, 152 S.) Wittenberg 883, (Herrosé Verlag.) geb. *

— der Stadt Wittenberg nebst Vorstädten pro 1885. Mit 1 (lith.) Plan v. Wittenberg. 8. (152 S.) Wittenberg 885. (Herrosé Verl.) geb. n. 1. 35

— der Stadt Wittenberg nebst Vorstädten pro 1890/91. gr. 8. (173 S.) Wittenberg, Wunschmann. cart. n. 1. 50 m. Plan n. 2. 25

— der Stadt Wittenberge. 3. Ausg. m. dem lith. Plane der Stadt Wittenberge. Bearb. v. A. Arndt. gr. 8. (VIII, 189 S.) Wittenberge 890. Gotthardt. cart. n. 3. —

— der Stadt Wittenberge. 4. Ausg. Nach amtl. Quellen bearb. gr. 8. (VIII, 189 S. m. Plan.) Wittenberge 893. Th. Gotthardt. Kart. n. 3. —

— d. Stadt Wittenberge. N. amtl. Quellen bearb. v. Adf. Arndt. 5. Ausg. M. Chronik u. sämmtl. f. d. Stadt gült. Ortspolizei-Verordngn., Ortsstatut, Steuer-Ordngn., Regulativen 2c. gr. 8. (VIII, 274 S.) Wittenberge 896. Th. Gotthardt. Geb. n. 3. —

– Wittenberge. 7. Ausg. (218 m. 1 Pl.) 8° – Wittenb.: T. Gotthardt, 1904.

— der Stadt Wittenberge. Nach amtl. Quellen bearb. 8. Ausg. Mit farb. Stadtplan u. Telefon-Teilnehmer-Verzeichnis (2 S. in 4.). (VI, 226 S.) gr. 8. Wittenberge 906. Th. Gotthardt. Geb. n. 4. 50

– Wittenberge. 9. Ausg. (147 m. 1 Pl.) gr 8° – Wittenberge: T. Gotthardt, 1908.

— der Stadt Wittenberge. Nach amtl. Quellen bearb. 10. Ausg. (Jubiläums-Ausg.) (VIII, 124, 102, 33 u. 2 S. m. farb. Stadtplan.) gr. 8. Wittenberge 910. Th. Gotthardt. Geb. nn 4. 50

— für Wittenberge u. Umgegend. Nach amtl. Quellen bearb. gr. 8. (XII, 132 S.) Wittenberge 902. (Th. Gotthardt.) n. 3. —

— für den Kreis Wittgenstein. Nach amtl. u. Privat-Quellen hrsg. 3. Aufl. gr. 8. (XIV, 34 S.) Siegen 898. Altena, Geschw. Lorsbach. Kart. n. 3. —

Adreßbuch der Wohlfahrtseinrichtgn. in Düsseldorf. Auf Grund der v. der städt. Armenverwaltg. beschafften Unterlagen bearb. im städt. statist. Amte. (VI, 48 S.) kl. 8. Düsseldorf 910. L. Voß & Co. — 75

— u. Wohnungs-Anzeiger v. Burg. 1901—1902. Zusammengestellt v. W. Stolze. 8. (420 S.) Burg 901. (A. Hopfer.) n. 3. 40; geb. n. 4. —

— oder Wohnungs-Anzeiger f. Connewitz, Eutritzsch, Gohlis, Lindenau, Neureudnitz, Neuschönefeld, Plagwitz, Reudnitz u. Thonbergsstraßenhäuser auf das J. 1863. Leipzig, Pönicke. Lex.-8. (XI, 128 S.) nn. 22½ ngr.

— u. Wohnungs-Anzeiger v. Coethen. Hrsg. v. A. Ascherberg. 8. (64 S.) Coethen 874. Schulze. n.n. 1. 50

**Adreßbuch u. Wohnungs-Anzeiger** von Eßlingen. Nebst einigen kaufmännischen Adressen aus der Umgebung. Mit alphabet. Register. Eßlingen 868. Weychardt. gr. 8. (VII, 77 S.) n. 18 ngr.

Adreßbuch und Wohnungs-Anzeiger von Eßlingen sammt den Filialen. Nebst einigen gewerbl. Adressen aus der Umgebung. Mit alphabet. Register und 1 autogr. Stadtbauplan (in qu. gr. 4.) gr. 8. (VI, 282 Sp.) Eßlingen 876, (Weychardt.) cart. *
1875 und 1877—79 nicht erschienen.

— u. Wohnungs-Anzeiger v. Eßlingen. Hrsg. v. Carl Th. Schweizer. 8. (VI, 126 S.) Eßlingen 881. Lung in Comm. cart. n.n. 2. 50

Adreßbuch und Wohnungs-Anzeiger von Eßlingen sammt den Filialen. Nebst einigen gewerbl. Adressen aus der Umgebung. Mit alphabet. Register und 1 autogr. Stadtbauplan (in qu. gr. 4.) gr. 8. (126 S.) Eßlingen 881, (Weychardt.) cart. **

— u. Wohnungs-Anzeiger von Eßlingen am Neckar. Bearb. v. Reiser u. Lung. gr. 8. (132 S) Eßlingen 886. Lung. cart. n. 2. 50

— u. Wohnungs-Anzeiger v. Eßlingen am Neckar. Bearb. v. Reiser. gr. 8. (IV, 138 S.) Eßlingen 889. (Lung.) cart. n. 2. 50

— u. Wohnungs-Anzeiger v. Eßlingen am Neckar. Bearb. v. Reiser u. Kitzele. gr. 8. (IV, 133 S.) Eßlingen 892. (A. Lung.) Kart. n. 2. 40

— u. Wohnungsanzeiger für die Stadt Gablonz a. N. (VIII, 280 S. m. Plan.) gr. 8. Gablonz, E. Böhme. Geb. in Leinw. n.n. 6. —

— u. Wohnungs-Anzeiger f. d. Stadt Gablonz a/N. gr. 8. (IV, 188 S. m. Plan.) Gablonz 895. E. Böhme. Geb. in Leinw. n. 2. 50

— u. Wohnungs-Anzeiger f. d. Stadt Gablonz a/N. gr. 8. (V, 217 S. m. 1 Plan.) Gablonz 898. E. Böhme. Geb. in Leinw. n. 3. 50

— — f. die Stadt Gablonz a. N. gr. 8. (V, 239 S. m. farb. Plan.) Gablonz (902), E. Böhme. Geb. in Leinw. n. 5. —

— und Wohnungs-Anzeiger f. Gablonz a. N. u. d. Gablonz-Tannwalder Bezirk. 8. (VII, 189 S. m. 1 Plan u. 1 Bezirkskarte.) Gablonz a/N. 886. Böhme. cart. n. 3. 50

— Wohnungs-Anzeiger u. Geschäftshandbuch v. Quedlinburg. Hrsg. v. E. Meyer. gr. 8. (312 S.) Quedlinburg 887. Vieweg. n. 4. —

— — der Stadt u. d. Kreises Graudenz in 4 Nachweisungen nach amtl. Quellen zusammengestellt im Janr. 1868. Graudenz, Röthe. Lex.-8. (55 S. u. 1 lith. Karte in 4.) 22½ ngr.

— — f. die Gesammtstadt Halle a. d. S. u. Giebichenstein auf d. J. 1867. (219 S. n. 1 ₰ 4 ngr.) — 1868. (224 S. n. 25 ngr.) — 1869. (240 S. n. 25 ngr.) — 1870. Bearb. von Herm. Pöhnitzsch. Halle, Hendel. gr. 8. (VI, 270 S. u. 1 lith. Plan.) nn. 1 ₰
Jahrg. 1865 u. 66. s. Wohnungsanzeiger.

—— —— dass. — nebst statist. und topograph. Notizen aus dem Saalkreise auf die J. 1871—1873. Bearb. von Herm. Pöhnitzsch. gr. 8. (VI, 272; VI, 272; VI, 278 S.) Ebendas. geb. à Jahrg. **

— dasselbe auf das Jahr 1874. Lex.-8. (VIII, 147 S.) Ebend. 874. geb. n.n. 4. —

—— —— für die Gesammtstadt Halle a. d. Saale und Giebichenstein, nebst statist. und topograph. Notizen aus dem Saalkreise für die J. 1875—1880. Hrsg. von Herm. Pöhnitzsch. gr. 8. (VI, 309; VI, 328; VI, 343; VI, 342; VIII, 347; 366 S. mit 1 Plane.) Halle, Hendel. geb. à Jahrg. **

—— —— für die Gesammtstadt Halle a. d. Saale und Giebichenstein, nebst statist. und topograph. Notizen aus dem Saalkreise für die J. 1881 und 1882. Hrsg. von Herm. Pöhnitzsch. Mit 1 (chromolithogr.) Plane der Stadt (in gr. 4.). gr. 8. (VI, 389; VIII, 392 S. mit 1 lithogr. Theaterplan.) Halle, Hendel. geb. à Jahrg. **

—— —— für die Gesammtstadt Halle a. d. S. und Giebichenstein, nebst statist. und topograph. Notizen aus dem Saalkreise für die J. 1886—1888. Hrsg. von Herm. Pöhnitzsch. gr. 8. (VIII, 394, 56; VIII, 404, 60; VIII, 422, 64 S. mit je 1 Plan der Stadt.) Halle, Hendel.

—— u. Wohnungs-Anzeiger f. die Gesammtstadt Halle a. d. Saale u. Giebichenstein, nebst statist. u. topograph. Notizen aus dem Saalkreise f. d. J. 1889 u. 1890. gr. 8. (VIII, 448 u. 68; VIII, 470 u. 70 S.) Halle, Hendel. geb. à Jahrg. ** 5 —

—— —— der Stadt Landsberg a. d. Warthe und Umgegend. Jahrg. 1874/1875. Nach amtl. Materialien zusammengestellt. 4. (162 S.) Landsberg a. d. W. 875, Volger und Klein. * geb. *
1876 und 1877 nicht erschienen.

— u. Wohnungsanzeiger der Stadt Landsberg a. d. Warthe. Jahrg. 1878—1879. Nach amtl. Materialien zusammengestellt. Lex.-8. (148 S.) Landsberg a/W., Volger & Klein. cart. n. 3. —

**Adreßbuch** und Wohnungs-Anzeiger der Stadt Landsberg a. d. Warthe. Nach amtl. Materialien zsgest. Jg. 1883. 1889. 1892. April 1894—Juli 1895. April 1896—Juli 1897. 1897. 1900. 1903. 1906. 1909. Landsberg a. W. (1883—1909).

— — v. M.-Ostrau u. Umgebung. Verf. u. hrsg. v. Louis Lányi. Mit e. Plane v. M.-Ostrau u. Umgebg. gr. 8. (224 S.) Mähr.-Ostrau 900. (R. Papauschek.) Kart. n. 6. —

— — der Stadt Marburg a/D. Mit Benützg. amtl. Quellen hrsg. v. Thdr. Kaltenbrunner. gr. 8. (VIII, 208 S.) Marburg 899. W. Blanke Nachf. Kart. n. 3. —

—— —— für Mühlhausen in Thüringen, redig. und hrsg. von B. Block und W. Dönhardt. gr. 8. (IV, 205 S.) Mühlhausen 877, (Heinrichshofen'sche Buchh.) *
1875, 1876, 1878 u. 1879 nicht erschienen. — Vgl. Wohnungs-Anzeiger.

— u. Wohnungs-Anzeiger f. Mühlhausen in Thüringen, red. u. hrsg. v. B. Block u. W. Dönhardt. gr. 8. (174 S.) Mühlhausen 881. (Heinrichshofen.) geb. n.n. 2. 50

— u. Wohnungs-Anzeiger f. Mühlhausen in Thüringen, red. u. hrsg. v. Pol.-Insp. B. Block u. Pol.-Secr. W. Dönhardt. gr. 8. (168 S) Mühlhausen i/Th. 885. (Heinrichshofen). geb. n.n. 2. 50

— u. Wohnungs-Anzeiger f. Mühlhausen in Thüringen. Red. u. hrsg. von B. Block u. W. Dönhardt. 1889. gr. 8. (84 u. 103 S. m. 1 chromolith. Plan.) Mühlhausen i. Th., (Heinrichshofen). geb. n.n. 3. —

— u. Wohnungs-Anzeiger f. die Stadt Nordhausen 1874. Hrsg. vom Läger u. Kiesewetter. gr. 8. (218 S.) Nordhausen 874. Haacke in Comm. 3. 40

—— —— für die Stadt Nordhausen. 1877 und 1880. Hrsg. von Carl Aug. Jäger. gr. 8. (IV, 215; IV, 217 S. mit 1 Plane.) Nordhausen, (Haacke.) 1877 geb. * ℳ 3,65. 1880 **
1875, 1876, 1878 und 1879 nicht erschienen.

—— —— für die Stadt Nordhausen. 1882. Hrsg. von Carl Aug. Läger. gr. 8. (225 S.) Nordhausen, Haacke. *
Jahrg. 1881 und 1883 nicht erschienen.

— u. Wohnungs-Anzeiger f. die Stadt Nordhausen. 1885. Hrsg. v. Carl Aug. Läger. gr. 8. (230 S.) Nordhausen 885. (Haacke.) n. 5. —

— u. Wohnungs-Anzeiger f. d. Stadt Nordhausen 1888. Hrsg. v. C. A. Läger. gr. 8. (213 S.) Nordhausen 888. Haacke. geb. n.n. 3. 40

—— —— für d. Stadt Nordhausen 1891 u. 1893. gr. 8. (222; VIII, 285 S.) Nordh., (Haacke). à Jahrg. ** 4 —

— u. Wohnungs-Anzeiger der Stadt Reichenbach. Nebst e. Anh., enth. sämmtl. protocollirte u. registrirte Genossenschaften d. Reichenberger k. k. Kreisgerichtssprengels. Verf. v. Ferd. Sagasser. Mit einem (chromolith.) Orientirungsplano v. Reichenberg. gr. 8. (IX, 307 S.) Reichenberg 882. Schöpfer. geb. n. 7. —

— u. Wohnungsanzeiger der Stadt Reichenberg nebst e. Anh. enth. sämmtl. protokoll. Firmen d. Reichenberger k. k. Kreisgerichts-Sprengel. Zusammengestellt v. Ferd. Sagasser. gr. 8. (VIII, 174 S.) Reichenberg 871. Schöpfer. geb. n. 3. —

Adressbuch und Wohnungs-Anzeiger der Stadt Reichenberg. Mit einem Anhang, enth.: sämmtl. protokoll. Firmen und registrirte Genossenschaften des Reichenberger k. k. Kreisgerichts-Sprengels. Verfasst von Ferd. Sagasser. gr. 8. (VII, 287 S.) Reichenberg 877, Schöpfer. cart. *
1875, 1876, 1878 und 1879 nicht erschienen.

— u. Wohnungs-Anzeiger d. Stadt Reichenberg. Verf. v. F. Sagasser. 8° (307 m. Pl.) — Reichenberg: 1882, Schöpfer's V.

— u. Wohnungs-Anzeiger der Stadt Reichenberg. Verf. u. hrsg. v. F. Sagasser. gr. 8. (X, 396 S.) Reichenberg 887. (Fritsche.) geb. n. 7. —

— od. vollständiger Wohnungs-Anzeiger f. die Stadt Erfurt. Hrsg. von Trützschler v. Falkenstein. 1855. Erfurt, Hennings u. Hopf. 12. (1 Bl., 332 S.) 1 ₰

—— oder vollständiger Wohnungs-Anzeiger für die Stadt Erfurt. Hrsg. von Trützschler v. Falkenstein. 1858. gr. 8. (238 S.) Erfurt 858, (Müller'sche Buchh.) **

— oder vollständiger Wohnungs-Anzeiger für die Stadt Erfurt. Herausg. von W. Ed. Schubotz. 1862. Erfurt, Müller in Comm. Lex.-8. (180 S.) nn. 25 ngr.

Adreßbuch oder vollständiger Wohnungs-Anzeiger für die Stadt Erfurt. Hrsg. von Wilh. Ed. Schubotz. 1862 und 1865. Lex.-8. (180 und 238 S.) Erfurt, (Neumann.) à **

Adreßbuch oder vollständiger Wohnungs-Anzeiger für die Stadt Erfurt. Hrsg. von den Beamten des Personenstands-Bureau B. Hartung und W. Diener. gr. 8. (277 S.) Erfurt 873. (Leipzig, Gebhardt.) *

— Wohnungs- u. Geschäfts-Handbuch d. kgl. Residenz- u. Hauptstadt Dresden f. 1895. 41. Asg. Nebst Sonderverzeichniss d. Strassen, Plätze etc. m. Erläutergn. 8° (2140 m. 3 Pl.). — Dresden: (GA Kaufmann).
Bisher u. d. T.: Wohnungs-u. Geschäfts-Handbuch etc.

— für die Stadt Wolfenbüttel. Nebst Mittheilgn. üb. Verhältnisse der Stadt Wolfenbüttel in den letzten beiden Jahrzehnten u. e. statist. Bearbeitg. der Ergebnisse der dort. Volkszählg. vom 1. Decbr. 1871. Anh. 1. Verzeichniß der Gemeinden d. Kreises Wolfenbüttel m. Angabe der ortsanwes. Bevölkerg. nach der Volkszählg. vom 1. Decbr. 1871. 2. Postalische Mittheilgn. gr. 8. (VIII, 259 S.) Wolfenbüttel 872. Engelhardt. n.n. 2. 50

Adreßbuch der Stadt Wolgast. Bearb. auf Grund amtl. Unterlagen v. Wilh. Ramdohr. Anh.: Adreß-Buch des Ostseebades Zinnowitz 8. (IV, 108 u. 12 S.) Wolgast 902. (F. Cleppien.) n. 1. 50; geb. in Leinw. n.n. 2. —

— der Wollen-Industrie Europas. Zusammengestellt v. Thdr. Feder. 1890/91. gr. 8. (VIII, 911 S.) Grünberg i/Schl., Weiss Nachf. Verl. n. 14. — geb. n.n. 15. —

— der Wollen-Industrie Europas. 1900. gr. 8. (895 u. LXIV S.) Grünberg, Löbner & Co. Geb. n. 16 —

—— der Stadt Worms. 1867. gr. 8. (VII und 132 S.) Worms, (Rahke). *

—— der Stadt Worms 1876. gr. 8. (IV, 130 S.) Worms, (Kräuter's Buchh.) **
1875 und 1877—79 nicht erschienen.

— der Stadt Worms. 1880. gr. 8. (144 S.) Worms, Kraeuter. cart. n. 3. —

—— der Stadt Worms. 1885/86. gr. 8. (294 S.) Worms, Kräutersche Buchh. *

— dass. — 1888. gr. 8. (V, 210 S.) Worms, (Kräuter'sche Buchh. — Reiß.) **

— der Stadt Worms. gr. 8. (V, 210 S.) Worms 888. (Reiß.) n.n. 3. —

—— der Stadt Worms. 1891. gr. 8. (III, 253 S. m. farb. Plan.) Worms, (Reiß). ** 4 —; geb. ** 4 50

— der Stadt Worms f. d. J. 1893. gr. 8. (III, 230 u. Anh.: Deutsches Industrie-Register 28 S. m. 1 Theaterplan.) Worms, (Kräuter). Kart. n. 4. 70

— der Stadt Worms 1898. gr. 8. (380 S. m. Theater- u. farb. Stadtplan.) Worms (H. Kraeuter). Geb. in Leinw. n. 5. 40

— der Stadt Worms. 1902. gr. 8. (III, 374 S.) Worms (H. Kräuter). Kart. n. 5. 40

— Worms. (440) 8° — Worms: (H. Kraeuter) 1905.

— der Stadt Worms. 1906. (VI, 460 S.) gr. 8. Worms (H. Kraeuter). Geb. in Leinw. n.n. 5. —

— der Stadt Worms f. 1909. (XVI, 483 S. m. Stadt- u. Theaterplan.) gr. 8. Worms, (H. Kräuter). Geb. in Leinw. nn 4. 50

— Wulsdorf, s. Adressbuch Bremerhaven.

— f. das königl. Bez.-Amt Wunsiedel, s.: Adreß- u. Auskunftsbuch.

—— Württemberg, s. Rachel, Louis, Handels-Adreßbuch.

—— für Württemberg, s. Schmidlin, E.

Adressbuch des Königreichs Württemberg von L. Rachel. 2. Auflage. Stuttgart 1881

Adressbuch Würzburg, s. a. Adreß- u. Geschäfts-Handbuch

—— von Würzburg. Nach dem Stande vom August 1862. Von J. Schneider. gr. 8. (324 S.) Würzburg 862, (Stahel'sche Buchh.) *

—— dass. — 1865. Von J. Schneider. gr. 8. (358 S.) Ebendas. 866. *

—— von Würzburg, Aschaffenburg etc., s. Scharold, K. G.

— Würzburger, m. d. Einwohner-Verzeichn. v. Heidingsfeld, Gerbrunn, Höchberg, Rimpar, Rottendorf, Unterdürrbach, Veitshöchheim, Versbach, Zell a/M. 1898. Bearb. v. Jos. Balduin Kittel. M. e. Anh.: Verkehrs-Mittheilgn., ortspolizeil. u. statutar. Vorschriften, sow. e illustr. Beigabe: A. Würzburgs neuester Baugeschichte. II. gr. 8. (XII, 580 S. m. farb. Plan.) Würzburg, H. Stürtz. Geb. in Leinw. n.n. 6. —

— Würzburger, mit den Einwohner-Verzeichnissen der Nachbargemeinden Heidingsfeld, Gerbrunn, Höchberg, Randersacker, Rimpar, Rottendorf, Unterdürrbach, Veitshöchheim, Versbach, Zell a. M. 1903. Mit e. Anh.: Verkehrs-Mittheilgn., neue ortspolizeil., statutar., reichs- u. landesgesetzl. Vorschriften, sowie e. illustr. Beigabe: Aus Würzburgs neuster Baugeschichte VII. gr. 8. (XII, 618 S. m. farb. Plan) Würzburg, H. Stürtz. Geb. in Leinw. n.n. 6. —

— Würzburger. (630 m. 1 Pl.) 8° — Würzburg: H. Stürtz, 1905.

— Würzburger, m. den Einwohner-Verzeichnissen der Nachbargemeinden Heidingsfeld, Gerbrunn, Höchberg, Oberdürrbach, Randersacker, Rimpar, Rottendorf, Unterdürrbach, Veitshöchheim, Versbach, Zell a. M. 1906. Mit e. Anh.: Verkehrs-Mitteilgn., neue ortspolizeil., statutar, reichs- u. landesgesetzl. Vorschriften, sowie e. illustr. Beigabe: Aus Würzburgs neuester Baugeschichte X. (XV, 646 S. m. farb. Plan.) Lex.-8. Würzburg, H. Stürtz. Geb. in Leinw. n.n. 6. —

— Würzburger, m. Heidingsfeld, Gerbrunn, Höchberg, Oberdürrbach, Randersacker, Rimpar, Rottendorf, Unterdürrbach, Veitshöchheim, Versbach, Zell a.M. 1909. Mit: Aus Würzburgs neuester Baugesch. XIII. (16,668 m. Abb. u. 1 Pl.) Lex 8° — Würzburg: H. Stürtz.

— Würzburger, m. den Einwohner-Verzeichnissen der Nachbargemeinden Heidingsfeld, Gerbrunn, Höchberg, Oberdürrbach, Randersacker, Rimpar, Rottendorf, Unterdürrbach, Veitshöchheim, Versbach, Zell a. M. 1911. Mit e. Anh.: Verkehrs-Mitteilungen, neue ortspolizeil., statutar., reichs- u. landesgesetzl. Vorschriften, sowie e. illustr. Beigabe: Aus Würzburgs neuester Baugeschichte XV. (XV, 702 S. m. Abb., 1 farb. Stadt- u. 1 Theater-Plan.) Lex. 8. Würzburg, H. Stürtz.
Geb. in Leinw. nn 6. —

— der Stadt Wurzen in Sachsen. 2. Ausg. 1888/89. 8. (150 S.) Wurzen 888. G. Jacob. cart. n.n. 2. 50

—— der Stadt Wurzen i. S. 4. Ausg. 1892/93. 8. (200 S.) Wurzen, (Delling). cart. * * 2 50
Erscheint alle 2 Jahre.

— der Stadt Wurzen in Sachsen. 5. Ausg. 1894/95. gr. 8. (186 S.) Wurzen, G. Jacob. Kart. n. 3. 60

— d. Stadt Wurzen i. Sachsen. 6. Ausg. 1896/97. gr. 8. (192 S.) Wurzen, G. Jacob. Kart. n.n.n. 2. 50

— der Stadt Wurzen u. der zum königl. Amtsgerichtsbez. Wurzen gehörigen Ortschaften. 7. Ausg. 1899 bis 1900. gr. 8. (212 u. 59 S.) Wurzen, Gustav Jacob. Kart. n. 4. —

— der Stadt Wurzen u. der zum königl. Amtsgerichtsbez. Wurzen gehörig. Ortschaften. 9. Ausg. 1905/1906. (XXIV, 196 u. 62 S.) 8. Wurzen (905). (Leipzig, Schulze & Co.) Kart. n.n. 4. —

— der im Deutschen Reiche, der österreichisch-ungarischen Monarchie, der Schweiz, den Königreichen Belgien, Niederlande, Dänemark, Schweden u. Norwegen in selbständiger Praxis thätigen approbirten Zahnärzte, American Doctors of Dental Surgery, im sonstigen Auslande diplomirten Dentisten, Zahnkünstler u. Zahntechniker, nach Ländern, Provinzen u. Städten geordnet, nebst e. Anh. bezüglich der grösseren Städte Russlands, Rumäniens, Serbiens u. des Orients. Ausg. f. 1894—95. VII. Jahrg. Hrsg. v. der Red. des zahnärztl. Adressbuches (Erich Richter). Als Fortsetzg. des Dental-Kalenders f. Deutschland, Österreich-Ungarn u. die Schweiz. 16. (282 u. 19 S.) Berlin, Dr. Erich Richter. Geb. in Leinw. n. 4. —; m. Schreibpap. durchsch. n.n. 5. 50

— d. i. Deutschen Reiche, in der österreich.-ungar. Monarchie, i. d. Schweiz, i. d. Königreichen Belgien, Niederlande, Dänemark, Schweden u. Norwegen in selbständ. Praxis thät. approb. Zahnärzte, American Doctors of Dental Surgery, i. sonst. Auslande diplomirt. Dentisten, Zahnkünstler u. Zahntechniker, n. Ländern, Provinzen u. Städten geordnet, nebst e. Anh. bezügl. d. gröss. Städte Russlands, Rumäniens, Serbiens u. d. Orients. Ausg. f. 1896. VIII. Jahrg. Hrsg. v. d. Red. d. zahnärztl. Adressbuches. Als Fortsetzg. d. Dental-Kalenders f. Deutschland, Österreich-Ungarn u. d. Schweiz. gr. 16. (320 S.) Berlin 896. Dr. Erich Bichter. Geb. in Leinw. n. 4. —

— der Zahnärzte u. Zahnkünstler des In- u. Auslandes. 1905. (291 S.) 8. Berlin, Berliner Union.
Geb. in Leinw. n. 5. —

— der Zahnärzte u. Zahntechniker Deutschlands. 1902. 8. (III, 252 S.) Berlin, Verlag d. zahntechn. Reform.
Geb. in Leinw. n. 2. —

**Adreßbuch**, zahnärztliches, s.: Adreß-Kalender.

**Adreßbuch** der deutschen Zeitschriften und der hervorragenden politischen Tagesblätter. Jg. 30. 1889 ff. Leipzig, seit 1895: Stuttgart
Seit 1901: **Adreßbuch** der deutschen Zeitschriften und der hervorragenden politischen Tagesblätter Deutschlands, Oesterreichs und der Schweiz.
Seit 1902: **Zeitschriften-Adreßbuch**, Sperlings.

—— der deutschen Zeitschriften u. der hervorragendsten politischen Tagesblätter. [C. A. Haendels Inseratenversendungsliste.] Nach den Wissenschaften geordnet m. Angabe der Adressen der Redakteure u. Verleger, der Erscheinungsweise, Abonnements-, Anzeigen- u. Beilagenpreise u. anderen Nachweisen. 30. Jahrg. 1889, bearb. v. H. O. Sperling. 4. (III, 180 S.) Lpz., Exped. d. Zeitschriften-Adressbuchs. * * 2 —; geb. * * 2 50
29. Jahrg. u. d. T.: Adressbuch der deutschen Fachzeitschriften, s. XVIII. Bd. 1 Abthl. S. 15.

—— dass. — [Begründet v. C. A. Haendel.] Hand- u. Jahrbuch d. deutschen Presse. Mit Angabe d. Adressen d. Redakteure u. Verleger, der Erscheinungsweise, Bezugs-, Anzeigen- u. Beilagenpreise der Blätter u. andern Nachweisen. 31.—33. Jahrg. 1890—1892. Bearb. v. H. O. Sperling. Lex.-8. (319; 400; 358 S.) Ebd.
geb. in Leinw. à Jahrg. * 4 —

— der deutschen Zeitschriften u. der hervorragenden politischen Tagesblätter. [Begründet v. C. A. Haendel.] Hand- u. Jahrbuch der deutschen Presse. Nach den Wissenschaften geordnet, m. Angabe der Adressen der Redakteure u. Verleger, der Erscheinungsweise, der Nummer der Postpreisliste, des Leipziger Kommissionärs, der Bezugs-, Anzeigen- u. Beilagenpreise der Blätter, ob diese illustriert, u. andern Nachweisen. 35. Jahrg. 1894. Hrsg. v. H. O. Sperling. Lex.-8. (VI, 170, 72 u. 122 S.) Leipzig, Exped. d. Zeitschriften-Adressbuches. Geb. in Leinw. n. 4. —

– d. deut. Zeitschriften u. d. hervorragenden polit. Tagesblätter. (Begründet v. C. A. Haendel.) Handel- u. Jahrbuch d. deut. Presse. 36. Jahrg. 1895. Hrsg. v. H. O. Sperling. 8° (391) – Stuttgart: H. O. Sperling.

— d. deutschen Zeitschriften u. der hervorrag. polit. Tagesblätter. (Begr. v. C. A. Haendel.) Hand- u. Jahrbuch d. deutschen Presse. N. d. Wissenschaften geordnet, m. Ang. d. Adressen d. Redakteure u. Verleger, d. Erscheinungsweise, d. Nummer d. Postpreisliste, d. Leipziger Kommissionärs, d. Bezugs-, Anzeigen- u. Beilagenpreise d. Blätter, ob diese ill. u. and. Nachweisen. 38. Jahrg. 1898. Hrsg. v. H. O. Sperling. gr. 8. (VI, 190, 119 u. 153 S.) Stuttgart, H. O. Sperling. Geb. in Leinw. n. 4. —

— der deutschen Zeitschriften u. der hervorragend. politischen Tagesblätter Deutschlands, Oesterreichs u. der Schweiz. Hand- u. Jahrbuch der deutschen Presse. Nach den Wissenschaften geordnet, mit Angabe der Adressen d. Redakteure u. Verleger, d. Erscheinungsweise, des Leipziger Kommissionärs, der Bezugs-, Anzeigen- u. Beilagenpreise d. Blätter, ob diese illustriert u. anderen Nachweisen. 40. Jahrg. 1900. Hrsg. v. H. O. Sperling. gr. 8. (VIII, 231, 108 u. 174 S.) Stuttgart 901. H. O. Sperling. Geb. in Leinw n. 4. —
Fortsetzungs.: Sperling's, H. O., Zeitschriften-Adressbuch.

—— von Zeitz, s.a. Adreß- und Geschäfts-Handbuch.

—— dass. — s.a. Wohnungs-Anzeiger und Geschäfts-Handbuch.

– Zeitz, sowie d. Gutsbez. Moritzburg. (186 u. 168 m. 1 Pl.) 8° – Zeitz: (A. Huch) 1902.

— der Cement-Fabriken Deutschlands nebst ihren Fabrikmarken. gr. 8. (166 S. m. Abbildgn.) Berlin (902). Verlag der Thonindustrie-Zeitg. Geb. in Leinw. n. 3. —

— von Zepernick, s.: Adreßbuch v. Bernau.

— dasselbe, s.: Vorort-Adreßbücher, Berliner. 1.

—— Zerbst, s.a. Adreß- u. Geschäfts-Handbuch.

Adreßbuch der Kreisstadt Zerbst. Hrsg. v. F. Kirchner. 8. (III, 173 S.) Zerbst 887. Gast. n. 2. 70

– Zerbst. 9. Ausg. (143) 8° – Zerbst: (F. Gast) 1903.

— der Kreisstadt Zerbst 1906. Zusammengestellt auf Grund der Register des städt. Einwohner-Meldeamts. 10. Ausg. (VII, 155 S.) gr. 8. Zerbst (F. Gast).
n.n. 3. —; kart. n.n. 3. 75

— der Kreisstadt Zerbst. 1908. Zusammengestellt auf Grund der Register des städt. Einwohner-Meldeamts. 11. Ausg. (VIII, 162 S.) gr. 8. Zerbst, (F. Gast). Kart. nn 4. —

— der Ziegeleien, Chamottefabriken u. Thongruben, sowie der Fabriken u. Handlungen von Maschinen, Geräten u. Bedarfsartikeln f. die Thonindustrie. Nach amtl. Unterlagen zusammengest. (In 2 Bdn.) 1. Bd.: Norddeutschland. 3. Jahrg. 1902/03. gr. 8. (IV, 125 u. 68 S.) Leipzig, Eisenschmidt & Schulze. Geb. in Leinw. n. 7. 50

— dasselbe. 2. Bd.: Süd-, Mittel- u. Westdeutschland. 1901/1902. gr. 8. (VI, 133 u. 64 S.) Ebd. (901). Geb. in Leinw. n. 7. 50 (Beide Bände zusammenbezogen n. 12. —)

— der Ziegeleien, Chamottefabriken u. Tongruben, sowie der Fabriken u. Handlungen v. Maschinen, Geräten u. Bedarfsartikel f. die Tonindustrie. Nach amtl. Unterlagen zusammengestellt. 2 Bde. 5. Jahrg. 1905/06. gr. 8. Leipzig, Eisenschmidt & Schulze. Geb. in Leinw. 12 —; einzelne Bde. 7. 50

1. Norddeutschland. (IV, 139 u. 96 S.)
2. Süd-, Mittel- u. Westdeutschland. (IV, 132 u. 98 S.)

Adress-Buch für die gesamte Ziegelei-, Ton-, Porzellan-, Glas-, Cement-, Kalk-, Kunststein-, Gips-, etc. Industrie. Ausg. [1.] 1906/1907. Gotha, Hamm i. W., Leipzig: T. O. Weber [1907]. 8° [07. 7725 6

— f. die gesamte Ziegelei-, Cement-, Ton-, Kalk-, Porzellan-, Kunststein-, Glas-, Gips- etc. Industrie. Ausg. 1906/07. (IV, 281 S.) gr. 8. Hamm, Th. O. Weber. Geb. in Leinw. 12. —

— v. Ziegenhals, s.: Adreß- u. Auskunftsbuch.

— Ziegenhals O.-S., s. Adressbuch Neisse.

— der Cigarren- u Cigarretten-Fabriken i. Deutschen Reiche. Zusammengest. v. d. Centralstelle f. Adressbücher u Adressenwesen in Leipzig. 1898. (Beigabe z. „Tabakindustrie-Kalender 1898".) 12. (67 S.) Leipzig, Schulze & Co. n. 3. —

— Zittau. s. Adreßbuch u. Geschäfts-Anzeiger

— der Fabrik- und Handelsstadt Zittau. Juli 1883. 12. (IV, 312 S.) Zittau 883, (Schaeffer.) cart. *

— der Stadt Zittau, s.a. Adreßbuch u. Geschäftsanzeiger.

— der Stadt Zittau, nebst Uebersicht der im Bezirke der Handels- u. Gewerbekammer Zittau [Kreisdirection Bautzen] vorkomm. Fabrikgeschäfte. Juli 1874. Hrsg. v. Rich. Menzel. gr. 8. (187 S.) Zittau 874. Pahl. n.n. 1. 50

— für Zitzschewig, s.: Adreßbuch f. Kötzschenbroda.

— der Zivil- u. Militärärzte, Apotheker, Spitäler, Zivil- u. Militär-Sanitätsanstalten, sowie der Kurorte u. Heilquellen v. Österreich-Ungarn, Bosnien-Herzegowina. Nach amtl. Daten zusammengestellt v. Leop. Steiner. V. Jahrg. 1905—1906. (X, 278 S.) gr. 8. Wien 905. G. Szelinski. n. 7. —

— der Zoologen, Anatomen, Physiologen, Palaeontologen u. dgl. Russlands. Hrsg. v. der Abtheilg. für Zool. u. Physiol. der k. Naturforschergesellschaft zu St. Petersburg. (In russ. u. deutscher Sprache.) gr. 8. (147 S.) St. Petersburg 901. (Leipzig, W. Engelmann.) n. 1. 25

— zoologisches. Namen u. Adressen d. leb. Zoologen, Anatomen, Physiologen u. Zoopalaeontologen, sow. d. künstler. u. techn. Hülfskräfte. Hrsg. i. Auftr. d. deutschen zool. Gesellschaft v. R. Friedländer & Sohn. gr. 8. (VIII, 740 S.) Berlin 895. R. Friedländer & Sohn. n. 10. —

Zoologisches Adressbuch. Namen und Adressen der lebenden Zoologen, Anatomen, Physiologen und Zoopalaeontologen, sowie der künstlerischen und technischen Hülfskräfte. Hrg. im Auftrage der Deutschen Zoologischen Gesellschaft von (— International Zoologist's Directory. Edited by — Almanach International des Zoologistes. Publié par) R. Friedländer & Sohn. Teil 2 enthaltend die seit September 1895 eingetretenen Veränderungen.... VIII + 517 S. 8. Berlin, R. Friedländer & Sohn, Februar 1901. [M. 6. —]

*Darin S. 89—94 u. S. 406 f.:* Schweiz.

—— des Amtsgerichtsbezirks Zschopau. gr. 8. (149 S.) Flöha i. S. 892, Peitz u. Sohn. cart. 2 50

— für den Amtsgerichts-Bez. Zschopau i/S. nebst e. Karte der Umgegend v. Zschopau. gr. 8. (105 S.) Flöha 893. A. Peitz & Sohn. Kart. n. 2. 50

— für den Amtsgerichtsbez. Zschopau, umfassend Zschopau, Dittersdorf, Dittmannsdorf, Gornau, Hohndorf, Krumhermersdorf, Schlößchen-Porschendorf, Weißbach, Witzschdorf. 2. Aufl. (146 S.) 8. Flöha 905. A. Peitz & Sohn. Geb. in Leinw. n. 2. 50

— der Zuckerfabriken, s.: Neumann's Jahrbuch für Zuckerfabriken.

der Zuckerfabriken, s.: Rathke's Alb., Bibliothek f. Zucker-Interessenten.

— der Zuckerfabriken, s.: Zabel und Comp.

—— der Zuckerfabriken und Raffinerien Oesterreich-Ungarns, s. Jahr- und Adressenbuch.

— Zuckerindustrie, s. Adress- und Bezugsquellen buch.

—— für Zucker-Interessenten, s. Zikmund, V.

— für die Städte Züllichau u. Schwiebus unter Berücksicht. der Ortschaften d. Kreises 3. Ausg. vom Sommer 1901. gr. 8. (285 S. m. 2 Plänen.) Züllichau (H. Liebich). n. 4. —

—— der deutschen, österreichisch-ungarischen, schweizer, schwedischen, norwegischen, dänischen, holländischen, belgischen und italienischen Zündwaaren- und Holzdraht-Fabrikanten, der Maschinen-, Rahmen-, Schachtel- etc. Fabrikanten, der Grossisten, Droguisten etc. Hrsg. von Wladimir Jettel. 1877. gr. 8. (308 S.) Dresden. (Wien, Hartleben's Verlag.) *

—— des Kantons Zürich, s. Handels-Adressbuch.

Adressbuch der Stadt Zürich, s.a. Verzeichniß der Bürger und Niedergelassenen...

Adressbuch der Stadt Zürich für 1875–95. Zürich.

—— der Stadt Zürich für 1875 und 1877. gr. 8. (IV, 344; II, 296, 105 S.) Zürich, Orell, Füssli und Comp. Verlag. cart. Jahrg. 1875 * ℳ 10.; 1877 **

1876 nicht erschienen.

—— der Stadt Zürich und der Ausgemeinden für 1878—1880. gr. 8. (VIII, 306, 93; X, 316, 107; VIII, 330, 111 S.) Ebendas. cart. à Jahrg. **

—— der Stadt Zürich und der Ausgemeinden für 1881—1884. gr. 8. (IX, 455; IX, 571; 475, 120; 401, 89, 128.) Zürich, Orell, Füssli und Comp. cart. à Jahrg. **

—— der Stadt Zürich und der Ausgemeinden für 1885. gr. 8. (403, 127 S.) Zürich, Orell, Füssli und Comp., Verlag. cart. **

—— dass. — für 1886. gr. 8. (566 S.) Ebendas. cart. *

—— dass. — für 1887 und 1888. gr. 8. (480, 142; 422, 129 S. mit je 1 Plan von Zürich und Umgebung.) Ebendas.

—— der Stadt Zürich u. der Ausgemeinden f. 1889, 1890 u. 1891. gr. 8. (578; 610; 605 S. m. je 1 Plan v. Zürich u. Umgebg.) Zür., Art. Institut. Orell, Füssli Verlag. cart. à Jahrg. * 10 —

Adressbuch der Stadt Zürich einschliesslich der bisherigen Ausgemeinden für 1892. Mit color. Plan. In-8⁰. 486, 10 u. 151 S. Zürich, Art. Institut Orell Füssli. Cart. 10 —

— der Stadt Zürich f. 1893. Mit 1 farb. Plan v. Zürich u. Umgebg., sowie 1 Plane d. Stadttheaters u. der Tonhalle. gr. 8. (XII, 11, 493, 12 u. 151 S.) Zürich, Art. Institut Orell Füssli Verl. Kart. n. 10. —

Adressbuch der Stadt Zürich f. 1895. M. e. Plane v. Zürich u. Umgebung sowie e. Plane des Stadttheaters und der Tonhalle, e. Strassenverzeichnis und einem Verzeichnis der Telephonabonnenten. Gr. in-8⁰. XIII, 636, 14 u. 168 S. Zürich, Art. Inst. Orell Füssli. Cart. 10 —

Adressbuch der Stadt Zürich für 1896. Mit e. Plan der Stadt und Umgebung, sowie des Stadttheaters und der Tonhalle, e. Verzeichnis der Strassen und der Telephon-Abonnenten. Gr. in-8⁰. 583, 18, 114 u. 172 S. Zürich, Art. Inst. Orell Füssli. Cart. 10

— der Stadt Zürich f. 1898. M. 1 Plan v. Zürich u. Umgebg., sow. 1 Plane d. Stadttheaters u. d. Tonhalle u. e. Strassenverzeichn. XXIII. Bd. gr. 8. (XIII, 620, 126, 186 u. 15 S.) Zürich, Art. Institut Orell Füssli. Kart. n. 8. —

Adressbuch der Stadt Zürich für 1899. Mit 1 Plan v. Zürich u. Umgebung, sowie 1 Plane des Stadttheaters u. der Tonhalle u. e. Strassenverzeichnis. XXIV. Bd. Gr. 8⁰. XIII, 639, 131, 16 u. 198 S. Zürich, Art. Institut Orell Füssli. Kart. 10 —

Adressbuch der Stadt Zürich für 1900. Mit 1 Plan von Zürich und Umgebung, sowie einem Plan des Stadttheaters und der Tonhalle und einem Strassenverzeichnis. 25. Band. Gr. 8⁰. 522, 108, 14 u. 171 S. Zürich, Verl. Art. Inst. Orell Füssli. 10 —

Adressbuch der Stadt Zürich für 1901. Mit einem Plan von Zürich und Umgebung, sowie einem Plane des Stadttheaters und der Tonhalle und einem Strassenverzeichnis. Band 26. (*zus.* 1078 S.) 8. Zürich, Art. Institut Orell Füssli, 1901 [geb. fr. 10.—]

Adressbuch der Stadt Zürich für 1902. Mit einem Plan von Zürich und Umgebung, sowie einem Plane des Stadttheaters und der Tonhalle und einem Strassenverzeichnis. Band 27. (*zus.* 1058 S.) 8. Zürich, Art. Institut Orell Füssli, 1902. [geb. fr. 10. —]

Adressbuch der Stadt Zürich für 1903. Mit einem Plan von Zürich und Umgebung, sowie einem Plane des Stadttheaters und der Tonhalle und einem Strassenverzeichnis. Band 28. (*zus.* 1066 S.) 8. Zürich, Art. Institut Orell Füssli, 1903. [geb. fr. 10. —]

Adressbuch der Stadt Zürich für 1904. Mit einem Plan von Zürich und Umgebung, sowie einem Plane des Stadttheaters und der Tonhalle und einem Strassenverzeichnis. Band 29. (*zus.* 1022 S.) 8. Zürich, Orell Füssli, 1904. [geb. fr. 10. —]

Adressbuch der Stadt Zürich für 1905. Mit einem Plan von Zürich und Umgebung, sowie einem Plane des Stadttheaters und der Tonhalle und einem Strassenverzeichnis. Band 30. (*zus.* 1076 S.) 8. Zürich, Orell Füssli, 1905. [geb. fr. 10. —]

Adressbuch der Stadt Zürich für 1906. Mit einem Plan von Zürich und Umgebung, sowie einem Plane des Stadttheaters und der Tonhalle und einem Strassenverzeichnis. Band 31. (*zus.* 1088 S.) 8. Zürich, Orell Füssli, 1906. [geb. fr. 10. —]

Adressbuch der Stadt Zürich für 1907. Mit einem Plan von Zürich und Umgebung, sowie einem Plane des Stadttheaters und der Tonhalle und einem Strassenverzeichnis. Band 32. (*zus.* 1148 S.) 8. Zürich, Orell Füssli, 1907. [geb. fr. 10.—]

Adressbuch der Stadt Zürich für 1908. Mit einem Plan von Zürich und Umgebung, sowie einem Plane des Stadttheaters und der Tonhalle und einem Strassenverzeichnis. Band 33. (*zus.* 1180 S.) 8. Zürich, Orell Füssli, 1908. [geb. fr. 10.—]

Adressbuch der Stadt Zürich für 1909. Mit einem Plan von Zürich und Umgebung, sowie einem Plane des Stadttheaters und der Tonhalle und einem Strassenverzeichnis. Band 34. (*zus.* 1236 S.) 8. Zürich, Orell Füssli, 1909. [geb. fr. 10. —]

Adressbuch der Stadt Zürich für 1910. Mit einem Plan von Z' und Umgebung, sowie einem Plane des Stadttheaters und der Tonhalle und einem Strassenverzeichnis. Band 35. (*zus.* 1258 S. + *Inserate.*) 8. Zürich, Orell Füssli, 1910. [geb. fr. 10. —]

Adressbuch der Stadt Zürich und der Ausgemeinden, s. Adressbuch der Stadt Zürich.

—— für die Stadt Zweibrücken. Hrsg. v. Hermann Reiselt. 1. u. 2. Jahrg. 1890/91, 1891/92. gr. 8. (108; 118 S.) Zweibrück., (Lehmann). à Jahrg. ** 2 50

— für die Stadt Zweibrücken. 3. Jahrg. 1893/94. Bearb. u. hrsg. v. Herm. Reiselt. gr. 8. (108 u. XVIII S. m. 1 Abbildg. u. Stadtplan.) Zweibrücken, (F. Lehmann). Kart. n.n. 3. —

Adressbuch Zwickau, s. Adressbuch umliegender Orte von Zwickau.

—— von Zwickau, s. Album von Zwickau.
Vgl.: Adreß-Handbuch und Adreß-Kalender.

Adressbuch Zwickau [umliegender Städte u. Orte v. Zwickau], s. Hilker, Heinr.

— der Kreisstadt Zwickau u. der Ortschaften Bockwa, Oberhohndorf, Schedewitz, Nieder-Kainsdorf u. Planitz. 2. Ausg. Zwickau 854. Gebr. Thost. 8. (VI, 164 S.) n. 20 ngr

— — 3. Ausg. Ebend. 857. 8. (VI, 186 S.) n. 20 ngr

— der Kreisstadt Zwickau u. d. Ortschaften Bockwa, Oberhohndorf, Schedewitz, Planitz u. Nieder-Kainsdorf. 4. u. 5. Ausg. Zwickau, 860, 62. Gebr. Thost. Jed. Jahrg. n. 20 ngr
Vgl.: Nummern- und Adreßbuch. - Wohnungsanzeiger

— der Kreisstadt Zwickau, sowie der Dorfschaften Bockwa, Cainsdorf, Oberhohndorf, Planitz u. Schedewitz u. Geschäftsanzeiger. 6. Ausg. 865. (VI, 208 S.) n. 20 ngr — 7. Ausg. Zwickau 868. Gebr. Thost. 8. (VIII, 191 S.) nn. 25 ngr
Vgl.: Nummern- und Adreßbuch. - Wohnungsanzeiger

— — nebst (lith.) Plan v. Zwickau (in Fol.) u. Geschäftsanzeiger. Ebend. 870. 8. (III, 219 S.) n. 1 ₰ 10 ngr; der Plan apart n. 22½ ngr

—— der Kreisstadt Zwickau, sowie der Dorfschaften Bockwa, Cainsdorf, Oberhohndorf, Planitz und Schedewitz und Geschäftsanzeiger. 7. Ausg. 8. (VIII, 191 S.) Zwickau 870, Gebr. Thost. **

—— dass. — sowie der Dorfschaften Bockwa, Cainsdorf, Oberhohndorf, Planitz, Reinsdorf und Schedewitz und Geschäftsanzeiger. 8. Ausg. 8. (III, 219 S. nebst lithogr. Plan von Zwickau in Imp.-Fol.) Ebendas. 871. *
der Plan apart *

— der Kreisstadt Zwickau sowie der Dorfschaften Bockwa, Cainsdorf, Oberhohndorf, Planitz, Reinsdorf, Schedewitz, Wilkau nebst Geschäfts-Anzeiger f. 1872/73. 9. Ausg. Unterstützt durch offizielle Angaben v. Behörden u. Gesellschaften. gr. 8. (LXIV, 252 S.) Zwickau 872. Dominik. n. 4. 50

— dasselbe, sowie der Ortschaften Bockwa, Cainsdorf, Eckersbach, Marienthal, Oberhohndorf, Planitz, Pölbitz, Reinsdorf, Schedewitz, Weißenborn, Wilkau nebst Geschäfts-Anzeiger f. 1875/76. 10. Ausg. Unterstützt durch officielle Angaben v. Behörden u. Gesellschaften. gr. 8. (LXXII, 267 S.) Zwickau 875. Gebr. Thost. 4. 50

— der Kreisstadt Zwickau, sowie der Ortschaften Bockwa, Cainsdorf, Eckersbach, Marienthal, Oberhohndorf, Planitz, Pöhlau, Pölbitz, Reinsdorf, Schedewitz, Weißenborn, Wilkau, nebst Geschäfts-Anzeiger f. 1879/80. 11. Ausg. Unterstützt durch officielle Angaben v. Behörden u. Gesellschaften. gr.8. (VII, 303 S.) Zwickau 879. Gebr. Thost. geb. n.n. 5. —

—— der Kreisstadt Zwickau für 1882/83, nebst Geschäfts-Anzeiger. Mit Uebersicht der Behörden, der Steinkohlen- und Hüttenwerke, der Kohleneisenbahnen, der Fabriken, Brauereien, Coaksbereitungsanstalten und Dampfmühlenwerke, sowie der Vereine in den Ortschaften Bockwa, Cainsdorf, Eckersbach, Marienthal, Oberhohndorf, Planitz, Pöhlau, Pölbitz, Reinsdorf, Schedewitz, Weißenborn, Wilkau. 12. Ausg. Unterstützt durch officielle Angaben von Behörden und Gesellschaften. gr. 8. (XVI, 305 S.) Zwickau 883, Thost. ***M* 5,50.; geb. **

—— der Kreisstadt Zwickau für 1885/86, nebst Geschäfts-Anzeiger. Mit Uebersicht der Behörden, der Steinkohlen- und Hüttenwerke, der Kohleneisenbahnen, der Fabriken, Brauereien, Coaksbereitungsanstalten und Dampfmühlenwerke, sowie der Vereine in den Ortschaften Bockwa, Cainsdorf, Eckersbach, Marienthal, Oberhohndorf, Planitz, Pöhlau, Pölbitz, Reinsdorf, Schedewitz, Weißenborn, Wilkau. 13. Ausg. Unterstützt durch officielle Angaben von Behörden und Gesellschaften. gr. 8. (VIII, 322 S.) Zwickau, Thost. ***M* 5.50.; geb. **

—— dass. — für 1888. Mit Angabe der Behörden, industriellen Anlagen, Vereine 2c. in den nächstgelegenen Ortschaften und einem Verzeichniß der in das Firmenregister des königl. Amtsgerichts eingetragenen Handelsfirmen. Bearb. mit Benutzung offizieller Unterlagen des Einwohner-Meldeamtes und der Unterstützung von Behörden und Gesellschaften. gr. 8. (XIV, 369 S.) Zwickau, Bär.

— der Kreisstadt Zwickau f. d. J. 1890. Mit Angabe der Behörden u. industriellen Anlagen in den nächstgelegenen Ortschaften u. e. Verzeichniß d. in das Firmenregister d. königl. Amtsgerichts eingetragenen Handelsfirmen. gr. 8. (XIV, 401 S.) Zwickau, (Bär). geb. n.u. 5. —

—— der Kreisstadt Zwickau f. d. J. 1890 u. 1892. Mit Angabe der Behörden u. industriellen Anlagen in den nächstgelegenen Ortschaften u. e. Verzeichniß d. in das Firmenregister d. königl. Amtsgerichts eingetragenen Handelsfirmen. 8. (416; 439 S.) Zwickau, Förster u. Borries. geb. u Jahrg. ** 5 —

— der Kreisstadt Zwickau f. d. J. 1895. Mit Angabe der Behörden u. industriellen Anlagen in den nächstgelegenen Ortschaften u. e. Verzeichniß der in das Firmenregister des königl. Amtsgerichts eingetragenen Handelsfirmen. Bearb. unter Mitwirkg. des städt. Einwohneramtes u. m. Unterstützg. v. Behörden u. Gesellschaften. gr. 8. (XVI, 452 S. m. Theaterplan.) Zwickau, Förster & Borries. Geb. in Leinw. n.n. 5. —

— der Kreisstadt Zwickau f. d. J. 1898/99. M. Ang. d. Behörden u. industr. Anlagen i. d. nächstgeleg. Ortschaften u. e. Verzeichn. d. i. d. Firmenregister d. königl. Amtsgerichts eingetr. Handelsfirmen. Bearb. unt Mitwirkg. d. städt. Einwohneramtes u. m. Unterstützg. v. Behörden u. Gesellschaft. gr. 8. (XVI, 518 S. m. 1 farb. Plan.) Zwickau, Förster & Borries. Geb. n.n. 5. —

— der Kreisstadt Zwickau f. d. J. 1902. Mit Angabe der Behörden u. industriellen Anlagen in den nächstgelegenen Ortschaften, unter besond. Berücksicht. der in das Handelsregister des königl. Amtsgerichts eingetragenen Firmen. Bearb. unter Mitwirkg. des städt. Einwohneramtes u. m. Unterstützg. v. Behörden u. Gesellschaften. Mit e. Straßenplan der Stadt Zwickau. gr. 8. (XVI, 530 S. m. Theaterplan.) Zwickau, Förster & Borries. Geb. in Leinw. n.n. 5. —

– Zwickau. (490 m. 2 Pl.) 8° – Zwickau: Förster & Borries, 1904.

— der Kreisstadt Zwickau f. 1906/07. Mit Angabe der Behörden u. industr. Anlagen in den nächstgeleg. Ortschaften, unter besond. Berücksicht. der in das Handelsregister des kgl. Amtsgerichts eingetrag. Firmen. Bearb. unter Mitwirkg. des städt. Einwohneramtes u. m. Unterstützg. v. Behörden u. Gesellschaften. Mit e. Straßenplan der Stadt Zwickau. (XVIII, 546 S. m. Theaterplan.) gr. 8. Zwickau, Förster & Borries. Geb. in Leinw. n.n. 6. —

— der Kreisstadt Zwickau, f. 1910/11. Mit Angabe der Behörden in den nächstgelegenen Ortschaften, sowie aller in das Handelsregister des königl. Amtsgerichts Zwickau eingetragenen Firmen. Mit 1 (farb.) Straßenplan der Stadt Zwickau. (XX, 611 S. m. Theaterplan.) gr. 8. Zwickau, Förster & Borries. Geb. in Leinw. nn 6. 50

— der Stadt Zwickau in Böhmen. Bearb. auf Grund amtl. Unterlagen v. Ed. Wamberg u. G. Zöhrer. 8. (83 S.) Leipzig (900). Kühnel. n. — 85

Adressbücher, s.a. Adressbuch

Adressbücher. Verzeichnis v. neueren Fach-, Handels,-Städte- u. Länder-Adressbüchern d. Welt. Hrsg. v. d. Centralstelle f. Adressbücher u. Adressenwesen, Leipzig. 5. Jahrg. 1900. 8° (51).– Lpzg, Schulze & Co.

Adressbücher des Grundbesitzes f. das Deutsche Reich. I. Bd. gr. 8. Berlin-Gross-Lichterfelde-West, Ceres. Geb. in Leinw. 3. —

I. Adressbuch des schlesischen Grundbesitzes. Nach amtl. u. authent. Quellen bearb. Ausg. 1910. (IV, 313 S.)

Adressbücher-Adressbuch. Verzeichnis aller erschein. Städte-, Länder-, Welt- u. Fach-Adressbücher, sowie sonst. Nachschlagewerke. Hrsg. v. Mahlau's Frankfurter Adressbuch-Verlag. 4. Aufl. Jan. 1894. Nebst e. Anh.: Die erste Nachschlage-Bücherei. 12. (108 S.) Frankfurt a/M., Mahlau & Waldschmidt. n. — 65

Adressbücher-Adressbuch, 5. Aufl., s.: Mahlau's Bücherei.

Adreßbuch-Rangliste, württembergische, u. Auskunftsbuch, Verzeichnis der königl. Familie u. des königl. Hofs, der Behörden, Offiziere u. Beamten des XIII. (königl. württ.) Armeekorps, des Staatsministeriums u. der höheren Beamtenstellen im Justiz-, Kriegs- u. Finanzministerium, im Ministerium des Innern, des Kirchen- u. Schulwesens u. der auswärt. Angelegenheiten, der kgl. Gesandtschaften u. Konsulate, sowie der am hies. königl. Hof beglaubigten Gesandtschaften u. Konsulate. Angabe der nicht im Armeekorps-Verband befindl. Offiziere, Militärbehörden etc., württemberg. u. ausländ. Orden u. Ehrenzeichen, statist., militär. und allgemeine Notizen. Nach amtl. Quellen zusammengestellt. Mit mehreren Illustr. Stand vom 1. XI. 1907. 8. Jahrg. (III, 85 S.) 8. Stuttgart, Zeller & Schmidt. — 75

Adreßbuch-Rangliste, württemberg., der Behörden, Offiziere u. Beamten des XIII. (königl. württ.) Armeekorps m. Einschluß des kgl. Hofes u. dessen Hofstaaten, sowie Angabe der nicht im Armeekorps-Verband befindl. Offiziere, Militärbehörden etc. Stand: 1. XI. 1902. Nach amtl. Quellen zusammengestellt. (III, 91 S. m. 2 Bildnissen.) gr. 8. Stuttgart 902. Zeller & Schmidt vorm. E. Kupfer. n. 2. 50

— Verzeichniss sämmtlicher Mühlen u. Mühlenbesitzer in Oesterreich [Cisleithanien]. Nach amtl. Quellen Hrsg. v. der Wiener Frucht- u. Mehlbörse. Lex.-8. (VIII, 372 S.) Wien 876. Hölder in Comm. n.n. 20. —

Adreßbuch-Zeitung, Zürcher. 1. Jahrg. 1899. 52 Nrn. gr. 4. (II, 416 S. m. Abbildgn.) Zürich, Art. Institut Orell Füßli. n. 8 —;

Bandausg. u. d. T.: Chronik der Stadt Zürich. 4 Hfte. à n. 2. —; geb. n. 12. —

Fortsetzung s.: Wochen-Chronik, Zürcher.

Adresscalender, s.a. Addresscalender

Adresscalender, s.a. Adressbuch

Adresscalender, s.a. Adress-Kalender

Adress-Calender, Des loeblichen Schwäbischen Craises allgemeiner, ... Tübingen 1749. H: *Scholl, Joh. Fr.* (Heyd)

**Adress-Calender** für die Bewohner des Regierungs-Bezirks Trier, ... 1.—17. Jahrg. 1835—1851. Trier. H: *Bärsch, Georg.* (EngG)

**Adress-Calender, Dresdner,** auf die Jahre 1809—1814. 1816—1823. H: *Scheppach, G. A.* (MGT)

**Adreß- u. Geschäfts-Calender** der Residenz Rudolstadt f. 1873/1874. Hrsg. u. verfaßt v. A. Rühl. gr. 8. (59 S.) Rudolstadt 874. Froebel. n. 1. 20

**Adress-Calender** der Preussischen Justiz-Behörden und Justiz-Commissarien.... Berlin 1838. H: *Rauer, Carl Friedrich.* (Ky)

**Adress-Calender, Leipziger,** auf die Jahre 1828 und 29. Leipzig. H: *Stimmel, J. G.* (EngG)

**Adress- und Postcalender, Liefländischer.** Mitau 1784. H: *Bergmann, Balthasar.* (ML) (EngG)

**Adress-Calender** der Königl. Freystadt Pest. 1. und 2. Jahrg. Pesth 1804—5. V: *Rath, Paul.* (EngG)

Adresscomptoir, s.a. Addresscomptoir

Adress-Comptoir-Nachrichten, Altonaische. – Altona: 1800-1844.

**Hamburgische Adress-Comtoir-Nachrichten. [Hrsg.: P. A. Leisching.] Hamburg: Dietr. Anton Harmsen 1767–1824. 4° 18**

**( Trägt den Charakter einer Handelszeitung.**

**Adreß-Comtoir-Nachrichten**, Hamburgische. – Hamburg: 1.I.1824 - 31. XII. 1825.
Vorh. u. d. T.: Zeitung, Hamburger Neue.
Fortges. u. d. T.: Zeitung, Hamburgische Neue.

Königl. Privil. Altonaer **Adress-Comtoir-Nachrichten.** Altona. 4°k. Jahr 1808 u. 1816.

Königl. privil Altonaer **Adreß-Comtoir-Nachrichten.** Jahr 1821. 1830. 1831. (Altona.) 8°

Königl. privil. Altonaer **Adreß-Comtoir-Nachrichten** (1848, Nr. 25. 26: Privil. Altonaer Adreß-Comtoir-Nachrichten. Nr. 27 ff.: Altonaer privil. Adreß-Comtoir-Nachrichten). — (Altona: Kiss.) 8°, 4°, 2°
1810. 1814—15. 1817—20. 1822—29. 1832—41. 1845. 1847—51.

**Adreßdebatte, die, im bayrischen Landtage. Auf Grundlage des stenograph. Protokolles und anderer zugängl. Quellen vaterländisch besungen von einem bayr. Collegen des Phpp. Ulr. Schartenmayer, weil. Schullehrer. gr. 16. (VII, 50 S.) Nürnberg 876, (Korn'sche Buchh.) ***

**Adressdebatte**, d., im bayer. Landtage. Vaterländisch besungen v. e. bayr. Collegen d. PU Schartenmayer, weil. Schullehrer. 16°(50).– Nürnberg 1877, (Korn).

Adresse, s.a. Addresse

**Adresse, Allerunterthaenigste,** an Seine Majestät den König Anton von Sachsen, die zeitherige Verfassung des Censurwesens betreffend ... Leipzig 1830. V: *Seeburg, Mor.* (Cb)

**Adresse, Allerunterthänigste,** an ein Grossmächtigstes Ober-Haupt. 1703. V: *Loescher, Valent. Ernst.* (MvI)

Adresse einer beträchtlichen Anzahl hiesiger [zürcherischer] Landbürger an den helvetischen Senat; nebst demjenigen Begleitschreiben, mit welchem diese Adresse... an die Municipalität... von Zürich mitgetheilt worden ist, und der... darauf bekannt gemachten Gegenäusserung. (November 1801.) 8. *o. O.* [1801].

**Adresse** der deutschen Arbeiter an die Frankfurter National-Versammlung. Druck von Ed. Krause 1 Bl. 4.
Flugblatt. Berlin, 17. Feb. 1849.

Adresse der **Bauern und Bürger der Pfalz an die 40 Bauern der Mark Brandenburg. — (Birsfelden 1847: Walser.) 8 S.**
**1:2 in 4° Rz 8885/99.**
**1.11880**

**Adresse der 40 brandenburgischen Bauern an Se. Maj. Friedrich Wilhelm IV., König von Preußen. 1 Bl. in Fol. Mannheim 848. (Hoff.) 1 ngr.**

**Adresse** mehrerer Berlinerinnen an die Regierung. Druck von C. Striese. 2 S. 8.
Flugblatt. Berlin 1848/49.

**— für die Bewohner d. Regier.-Bezirks Trier. 7r Jahrg. 1841. gr. 16. Trier 840. Kintz. n. 5/12 ℛ**

**Adresse** des 17. Bezirks an die National-Versammlung. Druck von F. Reichardt u. Co. 1 Bl. Fol.
Flugblatt. Berlin, 12. Nov. 1848.

**Adresse des Bildungsvereines in London an die deutschen Proletarier. 8°. Brüssel, Vogel, 1846.**

**—— des Bildungs-Vereins in London, an d. deutschen Proletarier. 8. (½ B.) London 846. (Brüssel, Vogler.)**

**Adresse.** — Adresse und Bitte der Kaiserl. Leopoldinisch-Carolinischen Akademie der Naturforscher an die deutschen Fürsten und ihre Regierungen, die deutschen Kammern und alle deutschen Mitbürger. (Unterz.: [Christian Gottfried] Nees v. Esenbeck.) — (Breslau 1851: Grass, Barth & Co.) 56 S. **1:4° Lb 4690.**
**1.11882**

Adresse des **Wahlbezirks Böhmisch-Leippa, überreicht durch den Abgeordneten H. Reitter in Prag. — Dat. Boehmisch-Leippa 6. Nov. 1848. 1 Bl. 4°**
**1:66 in 2° Rz 9199. 7.**
**1.11883**

**Adresse** der Bürger des 51. Bezirk-Vereines an den Geh. Justizrath und Vorsitzenden des Schwurgerichts im Waldeckschen Prozesse Herrn Taddel. Druck von A. Bahn. 1 Bl. Fol.
Flugblatt. Berlin, 3. Dez. 1849.

Adresse von Bürgern [Bürger] Breslau's an ihren Magistrat in betreff der Glaubens- und Gewissensfreiheit. (Dat. Breslau, den 28. November 1847.) — (Leipzig) o.J. (:Wiede). 8 S. **2.**
**1.11885**

**— der Bürger u. Einwohner der Stadt Celle an Sr. M. den König v. Hannover. gr. 4. (1 lith. Bog.) Celle 848, Capaun-Karlowa. 1/12 ℛ**

**[Adresse der Bürger und Einwohner Hanau's an die Nationalversammlung.] — Dat. Hanau 14. Juni 1848. 1 Bl.**
**1:4 in 2° Rz 9199.**
**1.11887**

(**Adresse** an die Schweidnitzer Bürgerwehr.) Kameraden! Den zu einem die Kräftigung und Einigung — Die Berliner Bürgerwehr. Friedländersche Buchdruckerei. 1 Bl. Fol.
Flugblatt. Berlin, 6. Aug. 1848.

**Adresse** des demokratischen Bürgerwehr-Vereins in Berlin an die Nationalversammlung — Friedländersche Buchdruckerei. 1 Bl. Fol.
Flugblatt. Berlin, 8. Nov. 1848.

**Adresse du Comité de commerce de la ville de Strasbourg à MM. les commerçans, artistes et artisans, ainsi qu'à tous les habitans de cette ville, qui s'intéressent au commerce et à l'industrie nationale. — (Straßburg 1790.) 6 S.**
**Nebent.: Zuschrift des Handlungs-Comité der Stadt Straßburg an sämtliche Herren Handelsleute, Künstler, Handwerker und bey Handlung und Gewerb interessirte Einwohner Straßburgs.**

**Adresse** des Comités zur Sammlung einer Ehrengabe für die neue Kaiser Wilhelms-Akademie am 10. Juni 1910. Im Glasschrank.

**Adresse à la Convention nationale par l'auteur de l'Essai politique sur les vicissitudes inévitables des sociétés civiles. Vienne: Alberti 1793. 108 S.**

Adresse und Denkschrift des Städtetages der Provinz Preußen an die hohe National-Versammlung zu Berlin über die der Gemeinde-Ordnung bevorstehenden Reformen. — Elbing 1848: Wernich. 14 S.

Adresse der vereinigten 22 Deputirten der 11 Bezirke an den h. Regierungsrath des Cantons Zürich, welche am 1. März 1839 ... dem Herrn Amtsbürgermeister überreicht worden ist. 8. Zürich 1839.

Dernière Adresse du peuple français à la Convention nationale. Projet formé dans les sections de Paris le 5 oct. 1795. Suivie d'une note sur le décret concernant le culte. Réimpr. — Leipsic: Dyck [nach 1795]. 22 S. 2.
1.11910

**Adresse.** — Adresse du Directoire de la Confession d'Augsbourg à Strasbourg aux pasteurs de son ressort sur les moyens qu'ils ont de concourir à la santé de leurs paroissiens, particulièrement par la propagation de la vaccine. — Strasbourg: Koenig 1808. 30 S. 1: Ko 5960.
1.11911

Dritte Adresse der Gesellschaft der Freunde der Konstitution in Straßburg. 1791 s. *Adresse* der Gesellschaft der Freunde der Konstitution.

Adresse aux églises françoises des États prussiens en réponse à l'écrit qui leur a été adressé en allemand cette année sous le titre d'Appel aux communes françoises de la Monarchie prussienne par un de leurs plus anciens pasteurs. — Berlin: Dunker & Humblot in Komm. 1814. 71 S. 7.
1.11912

**Adresse** aux Eglises françoises de la Prussie, en réponse à l'écrit de Mons. Théremin, intitulé appel aux Eglises françoises. Berlin 1815. V: *Henry, Jean.* (MGT)

**Adresse** (Die) einiger Einwohner Elbings an Sir Rob. Peel vom 14. Juli 1846; sein Antwortsschreiben vom 5. Aug. 1846 und eine Beleuchtung darüber, dass jene weisen Reformen auch in Preussen als Grundprincipien einer Steuer-Reform angewendet werden könnten; von J. F. Silber. 8°. Elbing 1858.

Adresse der gesammten Einwohner Wiens an das souveraine Parlament zu Frankfurt. — Dat. Wien 8. Juni 1848. 1 Bl. 1:3 in 2° Rz 9199. 7.
1.11913

**Adresse** aux enfants d'Havre. V: *Philippson, Carl Hch.* (Biogr. Nationale 1/356.) (BiblPort)

Adresse des États au Roi, prononcée le 6 juillet 1808, à Napoléonshoehe, par le Comte [Karl Friedrich Gebhard] de Schulenbourg-Wolfsbourg. Adresse der Stände an den König, gesprochen am 6ten Juli 1808 zu Napoleonshöhe, durch den Grafen von Schulenburg-Wolfsburg. — (Cassel 1808.) 7 S. 4° 4.
1.11916

**Adresse.** Seiner Exzellenz dem Kaiserlichen Wirklichen Geheimen Rat und Präsidenten des Reichsbankdirektoriums Herrn Dr. Koch zum 50jährigen Dienstjubiläum am 2. November 1903 gewidmet von den Beamten der Zweiganstalten der Reichsbank.

**Adresse** an Friedrich Wilhelm IV. (Noch waren die Opfer nicht zur Erde bestattet.) O. O., Z. u. Drucker. 2 S. 4.
Flugblatt. Berlin, 31. März 1848.

**Adresse** der seligen Geister aus dem Friedrichshain an die unseligen Geister in der Sing-Academie. Friedländersche Buchdruckerei. 1 Bl. Fol.
Flugblatt. Berlin, 22. Mai 1848.

**— die, der 370 Geistlichen der Erzdiözese Köln u. ihre Gegner. Zur Verständigung u. Versöhnung. gr. 8. (200 S.) Köln 850, Du Mont-Schauberg. n. 16 ngl**

Gemeinschaftliche Adresse betreffend die definitiven Personal- und Besoldungs-Etats für die Behörden und Beamten des Großherzogthums Hessen. — Darmstadt 1836: Leske. 20 S. 4.
1.11918

Zweyte Adresse der Gesellschaft der Freunde der Konstitution zu Straßburg an die Einwohner der beyden rheinischen Departemente. — Dat. Straßburg 8. April 1791. 23 S. 1: Flugschr. 1791–5.
1.11919

Dritte Adresse der Gesellschaft der Freunde der Konstitution in Straßburg an ihre Mitbürger auf dem Lande in den beyden rheinischen Departementen. Den 13. Junius 1791. — [Straßburg 1791.] 24 S. 1: Flugschr. 1791–6. 5.
1.11920

—— der Gesellschaft f. wissenschaftl. Medicin an Jos. Herrm. Schmidt, betreff. dessen Schrift: „die Reform d. Medicinal-Verfassung Preussens." gr. 8. (1 B.) Berlin 846, Springer.

**Adresse der devotesten Glückwünsche und Erinnerungen der Zettelträger fremder Künstler und Marktleute ihren hohen und geehrtesten Gönnern zum neuen Jahre 1857. Druck von A. Leykams Erben in Gratz. (7 S. 8.)**

**Adresse.** — Adresse aux habitans du canton de Berne par un ami de l'ordre et de la félicité publique. — o. O. 1790. 16 S. 2. 7.
1.11923

Adresse des Handelsstandes der Städte Anclam, Barth, Colberg, Danzig, Kiel, Lübeck, Posen, Rostock, Rügenwalde, Stettin, Stralsund, Swinemünde, Ückermünde und Wolgast an die hohe deutsche Nationalversammlung zu Frankfurt a. M. [betr. Berufung von Sachverständigen d. Handels u. d. Industrie]. — (Frankfurt a. M. 1848: Krebs.) 1 Bl. 1:38 in 2° Gv 14460. 7.
1.11924

Adresse des Münchener Hauptvereins f. konstitut. Monarchie u. religiöse Freiheit gegen die Judenemanzipation (1849). 4°. 1 Bl., zweispaltig. — b) Mittheilung über die dem berüchtigten jüd. Red. des „Volksboten", Dr. *Zander* aus München, nachdem derselbe auf einer Volksversammlung in Dorfen gesprochen, auf dem Heimwege zu Erding widerfahrenen argen Misshandlung. (Beilage zu Nr. 147 der „Neuen Münchener Zeitung" vom 25. Juni 1849.) 2 Bll. Fol. à 2 Col., in 4to gebd., cart.

**Adresse der Heidelberger.** Adresse aus Leipzig, aus Braunschweig, aus Breslau u. mehr. klein. schles. Städten, u. aus Darmstadt an d. Schleswig-Holsteiner. Adresse d. Mannheimer an d. zweite Kammer d. bad. Stände. Nebst e. Uebersicht Aller, bis z. 21. Aug., durch d. offenen Brief d. Königs v. Dänemark hervorgeruf. Aktenstücke. gr. 8. (1½ B.) Hamburg 846, Bödecker. Thlr.

Heidelberger Adresse an die Schleswig-Holsteiner. Heidelberg, Winter 1846. 14 S. 8.

**Adresse** des adeligen Klosters Itzehoe zum 1100-jährigen Jubiläum der Stadt Itzehoe überreicht am 18. Juni 1910 im Ständesaal durch den Verbitter Graf Christian zu Rantzau auf Rastorf. o. O. [1910.] 4°

**Adresse** des Bernerischen Kirchenraths an den Vollziehungsausschuss der Helvetischen Republik. Bern 1800. V: *Stephani, F. L. & Johann Jth.* (MGT)

(**Adresse** der 91. Compagnie an Rimpler.) Erinnerung an den 8. August 1848. Herr General! Die jüngst verflossenen Tage umschlossen — Lithographirt. 1 Bl. 4.
Flugblatt. Berlin, 8. Aug. 1848.

(**Adresse** an den König die Untersuchung gegen von Natzmer betr.) Die erste Compagnie des 8. Bataillons (29. Bezirk) an sämmtliche übrigen Compagnieen der Berliner Bürgerwehr. — 1 Bl. 8.
Flugblatt. Berlin, 22. Juni 1848.

Adresse an Seine Majestät den König, und sämmtliche Resolutionen, wie sie von der kirchlichen Versammlung in der Stadtkirche zu Celle am 22. April 1863 beschlossen sind. — Celle: Schulze 1863. 22 S. 4° 7.
1.11929

Adresse an Se. Maj. den König, nach dessen Rückkehr aus dem Felde. Von dem Senate der Friedrich-Wilhelms-Universität überreicht am 8. Aug. 1866. (Berlin 1866.) (2 Bl.) 4° [Kopftit.]

Adresse an Seine Majestät den König auf die Thronrede vom 26. Februar 1849. Einer hohen Zweiten Kammer empfohlen von einer Stimme aus der Provinz. — Soldin: Siebert 1849. 2 Bl. 10. 11.
1.11930

Adresse an den König, von den schleswig-holsteinischen Prälaten, der Ritterschaft und den übrigen Gutsbesitzern, und Eingabe an die Schleswig-Holstein-Lauenburgische Canzelei. Beschlossen am 7. April 1831. — Braunschweig 1831: Vieweg. 11 S. 8.
1.11932

Adresse der Bukowiner Landesvertretung an seine k. k. apost. Majestät über die Durchführung des stabilen Katasters in der Bukowina. Czernowitz 1864.

*Lateinische Adresse für Staatsminister a. D. Dr. Falk, Präsidenten des königl. Oberlandesgerichts.* 4 (S. 31).
**Progr.** Kgl. G. *Hamm* 1897

*Lateinische Adresse, dem Matthias Claudius-G. in Wandsbek bei der Feier seines fünfundzwanzigjährigen Bestehens überreicht.* 4 (S. 13 der Schuln.). **Progr.** Kgl. Christianeum *Altona* 1898

—— der zum Senate nicht gehörenden akadem. Lehrer an den illustern Senat der Univers. Jena. gr. 8. (8 S.) Jena 848, Frommann.

Adresse der Universität Leipzig an Se. Excellenz den Herrn Staatsminister des Cultus und öffentlichen Unterrichts Freiherrn Dr. J[ohann] P[aul] von Falkenstein und Antwort des Herrn Staatsministers. — Leipzig 1871: Edelmann. 4 Bl. **1:4° Az 3014.**
1.11935

Adresse des loges françaises de l'est aux maçons allemands. [Metz ca. 1900: J. Mayer] 1 Bl. 4° [Nebentit.:] Adresse der ostfranzösischen Logen an die deutschen Freimaurer.
Deutsch u. franz.

**Adresse Louis Philipps an d. französ. Volk. Nach der Original-Handschrift Sr. Majestät, aus d. franz. übers. und mit dessen facsimile versehen. gr. 12. Leipz. 835. Geo. Wigand.** 1/3 ϑ

**Adresse an S. k. und k. apostolische Majestät, Bericht der Landtagskommission über die Fundamentalartikel** rc. **gr. 16. (63 S.) Prag 871, (Mourek.)** *

—— der großen Mehrzahl d. Mitglieder d. breslauer Israeliten-Gemeinde an W. Freund. gr. 8. (½ B.) Bresl. 846, (Trewendt.) *

Adresse der Mitglieder des unter dem 20. April 1846 durch Cabinetsordre aufgelösten bürgerlichen Artillerie-Corps in Rendsburg an ... den König von Dänemark etc., unterschrieben den 12. Mai 1846. — Rendsburg: Oberreich 1846. 15 S. **8.**
1.11945

**Adresse** an den National-Convent; aus dem Italienischen. Wien 1793. V: *Giuliani.* (Ky)

(**Adresse** an die National-Versammlung ihren Beschluß vom 9. August betr.) Hohe Versammlung! Die zur Vereinbarung der preußischen Staatsverfassung berufene Versammlung — Eine freie Vereinigung von Urwählern Berlins. 1 Bl. Fol.
Flugblatt. Berlin, 1o. Sept. 1848.

(**Adresse.**) Hohe National-Versammlung! Das **Volk** ist **wach!** Mit Begeisterung begrüßt es die letzten Beschlüsse — **Breslau,** die Central-Commission der sämmtlichen Bürgerwehr-**Clubbs** u. a. Druck von H. Richter. 1 Bl. Fol.
Flugblatt. Berlin, 11. Nov. 1848.

Adresse an eine hohe National-Versammlung in Frankfurt a. M. von 7600 Bürgern der Stadt Aachen und der Umgegend [betr. Gewissens- und Religionsfreiheit]. 10. Juni 1848. — Aachen (1848): Funcke & Müller. 1 Bl. **1:33 in 2° Gv 14460.**
1.11947

(**Adresse** an die National-Versammlung gegen das Ministerium.) **Als die** Kunde von den blutigen Ereignissen in Schweidnitz — **Der** Pommern-Verein für Wahrheit und Recht. Gedruckt **bei** C. Lindow. 1 Bl. Fol.
Flugblatt. Berlin, 4. Sept. 1848.

Den Neumünsterske **Adresse** til den Holstenske Staenderforsamling og den Holstenske Staenderforsamlings Adresse til Kongen. Hamburg. 1846. 8°.

—— eine, der ersten politischen Notabilitäten Ungarns vom J. 1857. gr. 8. (16 S.) Leipzig 861, [Hennings und Comp.)

**Adresse.** — Eine Adresse der ersten politischen Notabilitäten Ungarns vom Jahre 1857. — Leipzig: Lehmann 1861. 16 S.
**1:** Se 4939/25. **12:** Austr. 4951m/2. **300:** 30.416.
1.11950

—— der Stadt Nürnberg an d. Schleswig-Holsteiner, mit 1548 Unterschriften, u. d. Ueberschrift: Wackre deutsche Brüder in Schleswig-Holstein! Fol. (2½ B.) Nürnberg 846, (Korn'sche Buchh.). *

— **Nürnberger, an d. Schleswig-Holsteiner mit Unterschriften. Fol. Nürnberg 846, Kern'sche Buchh. n. 4** *ngl*

**Oeffentliche Adresse** an die zum Vereinigten Landtage berufenen preußischen Staatsbürger. — Der Berliner politische Clubb. Mit einem Rahmen von Portraits. Stahlstich von H. Lami. Druck von F. Reichardt. 1 Bl. Fol.
Flugblatt. Berlin, 27. März 1848.

—— oldenburgische, an d. deutsch-kathol. Gemeinde zu Schneidemühlen. gr. 4. (½ B.) Oldenburg 845, (Schulzesche Bh.)

**Adresse und Petition der Tagelöhner in den ritterschaftl. Gütern des Großherzogth. Mecklenburg an die hohe Abgeordneten-Kammer in Schwerin. Nach mehr als 50000 erhalt. Unterschriften der Oeffentlichkeit übergeben und mit Erläuterungen versehen von Th. Schinker. gr. 8. (31 S.) (Hamburg 849, Meißner und Schirges.)** Thlr. *

Adresse an das Großherzogthum Posen aus Oberschlesien. Von B. v. d. M. — Rosenberg: Kuhnert 1848. 8 S.
**1:** Deutsche Flugschr. 1848-191. **2.**
1.11955

Adresse des Preussen-Vereins für constitutionelles Königthum an die National-Versammlung zur Vereinbarung der Preussischen Verfassung. — Dat. Berlin 12. Juli 1848. 1 Bl. 4° **7.**
1.11956

Adresse an einen Reichstagsabgeordneten (Wurm, vom vaterländischen Verein von Eßlingen). — o.O. [1848]. 4 S. **1:22 in 4° Rz 9355. 7.**
1.11958

Adresse des Reussen-Vereins für constitutionelles Knutenthum an Se. Majestät den Großmogul. Druck von E. Litfaß. 1 Bl. Fol.
Flugblatt. Berlin 1848/49.

— **die Schleswig'sche, veröffentlicht zur Beherzigung für Alle, die ein Mitgefühl f. die Bedrängniß der deutschen Schleswiger haben. Meiningen, 860. Brückner & Renner. gr. 8. (25 S.)** 3 *ngr.*

**Adresse** an den gefangenen Volksfreund Gustav Adolph Schlöffel. — Der Volks-Verein unter den Zelten. Druck der Vereins-Buchdruckerei. 1 Bl. Fol.
Flugblatt. Berlin, 10. Mai 1848.

Adresse zum spielend-französischen Sprach-Echo, welches aus unserer teutschen Mutter-Sprach entsprungen, und gleich als von einem bunten Wand-Calender en passant nur so spielend abzulernen ist. — Franckfurt & Leipzig [um 1700]. **1:** Ya 251.
1.11968

**Adresse** an die Stadtverordneten-Versammlung. 1 Bl. Fol.
Flugblatt. Berlin, 14. Dez. 1848.

Adresse an die Holsteinische Ständeversammlung, beschlossen u. unterzeichnet in der Volksversammlung zu Neumünster am 2. Juli 1846. — Bremen: Heyse [1846]. 4 S.
Aus: Bremer Zeitung. 1846. **8.**
1.11969

— **der Holsteinischen Stände-Versammlung, vom 24. Juli 1846 an Sr. Majestät den König von Dänemark, in Veranlassung des offenen Briefes v. 8. Juli 1846. gr. 8. Hamburg 846, Kittler. n. 2** *ngl*

**Adresse d. Holsteinischen Stände-Versammlung 1844 an Se. Maj. d. König v. Dänemark, betreff. die Erbfolge in d. Herzogth. Schleswig und Holstein. (Aus der Holstein. Ständeztg. v. 1844 besond. abgedr.) Nebst d. offenen Brief Sr. Maj. des Königs von Dänemark, v. 8. Juli 1846 an seine getreuen Unterthanen. gr. 8. Hamburg 846, (Altona, Lehmkuhl.) 3** *ngl*

Adresse der Holsteinischen Stände-Versammlung von 1844 an Se. Majestät den König von Dänemark, betreffend die Erbfolge in den Herzogthümern Schleswig und Holstein. (Aus der Holsteinischen Ständezeitung von 1844 besonders abgedruckt.) Nebst dem offenen Brief Sr. Majestät des Königs von Dänemark vom 8. Juli 1846 an seine getreuen Unterthanen. — Hamburg (1846): Wönner. 16 S.
**3. 8.**
1.11970

— der Schleswigschen Stände-Versammlung an den Thron v. 2. Nov. 1846. gr. 8. (15 S.) Hamburg 847, Hoffmann u. Campe. 1/12 ϑ

Adresse der vereinigten Ständeversammlung in Berlin auf die Thronrede Sr. Majestät des Königs Friedrich Wilhelm IV. nebst Antwort Sr. Majestät des Königs auf dieselbe. — Schweidnitz 1847. 8 S.
**1:** Flugschr. 1847-24.
1.11973

Adresse von 170 Studenten von der Wartburg, gez. Gustav Klier aus Wien, etc. mit der Forderung einer republikanischen Form für den Gesammtstaat Deutschland. Der Nationalversammlung überreicht durch den Abgeordneten von Breslau Arnold Ruge. Dat. Frankfurt a. M. 17. Juni 1848. — ([Frankfurt a./M.] 1848:) Adelmann. 7 S.
**1:** Rz 9256. **12:** J. publ. G. 923-35. **300:** 486.650-B.
**2. 5. 7. 9. 11.**
1.11974

Adresse von 10 000 Todten in Paris an die Lebenden in Berlin. — Druck von C. A. Schiementz. 1 Bl. Fol.
Flugblatt. Berlin, 12. Juli 1848.

—— Sr. Maj. dem König von Sachsen überreicht von Stadtrath und Stadtverordneten der Stadt Leipzig (am 2. März 1848). gr. 8. (8 S.) Leipzig 848, Biedermann'sche Vrlgsh.

**Adresse,** *dem Oberschulrath Dr. Theodor Leidenfrost bei seinem Scheiden aus dem Schuldienste überreicht von den Lehrerkollegien der höheren Schulen und der Seminarien des Grossherzogthums Sachsen-Weimar-Eisenach.* Eisenach, Hofbuchdr., 1897; 3—4 S. 4.
Eisenach, Carl Friedrichs-G, OP 1897 (701)

**Adresse,** *dem Realgymnasium zu Altona bei der Feier seines 25-jährigen Bestehens überreicht von dem Lehrerkollegium des Königl. Christianeums zu Altona.* Altona, Druck v. P. Meyer, *1897*; 25—26 S. 4.
Altona, k. Christianeum, P 1897 (284)

**Adresse.** — Adresse an den Herrn Prediger [Leberecht] Uhlich zu Magdeburg. — o.O. 1847. 4 S.
1:4 in Dn 4303.
1.11978

Die Adresse der Ultramontanen und die Erklärung des Herrn Dr. Guido Görres.[1]) Beleuchtet von einem baierischen Katholiken. Zum Nutz und Frommen der Verständigen abgedruckt aus dem „Politischen Gevattersmann". Expedition des „Politischen Gevattersmanns". 8 S. 8°. 1848

**Adresse, Unterthänigste,** an ein Durchlauchtigstes Haupt und Bedenken über die 15. Unions Puncte... nebst dem Calvinischen A. B. C. 1721. V: *Heinson.* (Myl)

Adresse des liberalen Vereins der Stadt St. Gallen an die liberalen Mitglieder des Grossen Rathes. (St. Gallen, den 3. Juni 1859.) 4. *o. O.*

Adresse an das deutsche Volk, überreicht seinen in Frankfurt a. M. versammelten Vertretern von den Deutschen in London. Dat. London 30. März 1848. — (London 1848:) Meldola, Cahn & Co. 1 Bl.
1:Rz 9170.
1.11984

**Adresse, die, a. d. Volk in Oesterreich.** gr. 8. (56 S.) Leipzig 898. O. Wigand. — 75

**Adresse** des römischen Volkes an Pius IX. (Freue dich, o Papst, du bist König). (Von Mazzini.) 16°. Köln 1851.

Adresse des römischen Volkes an Papst Pius IX. 4. Aufl.— Köln: Creteur 1851. 12 S.
1:Cd 14158[4]. 5.
1.11986

Adresse der Elmshorner Volksversammlung an den Herzog Friedrich. Elmshorn, den 27. Dec. 1863. (Hamburg.) 1 Bl. Fol.

Adresse der Nortorfer Volksversammlung an die hohe Ständeversammlung des Herzogthums Schleswig betreffend die staatsrechtlichen Verhältnisse der Herzogthümer Schleswig und Holstein. Den 14. Sept. 1846. — Hamburg: Nestler & Melle 1846. 2 Bl.
1:So 2685. 3. 8.
1.11987

Adresse des Centralkomité's für Arbeiter an die konstituirende Versammlung zu Berlin. Vereinsbuchdruckerei. 1 Bl. 4.
Flugblatt. Berlin, 26. Mai 1848.

Adresse des deutschen Central-Comité's [Zentralkomitee] in Posen an das deutsche Parlament in Frankfurt am Main. — Dat. Posen 4. Juni 1848. 4 S. 4°
1:14 in 2° Gv 14460. 2. 7.
1.11988

Zweyte Adresse der Gesellschaft der Freunde der Konstitution in Straßburg. 1791 s. *Adresse* der Gesellschaft der Freunde der Konstitution.

Adressen, s.a. Addressen

**Adressen,** 800, der Sägewerksbesitzer in d. Schweiz 2. Aufl. In-fol. Leipzig, C. Herm. Serbe. 1889

— 890, der Banquiers, Bankinstitute etc. in der Schweiz. 2. Aufl. In-fol. Leipzig, C. Herm. Serbe. 1888 13 50

(Adressen des konstitutionellen Clubs an die Berliner und Frankf. Nat.-Vers.) Druck von Marquardt u. Steinthal. 1 Bl. Fol. Flugblatt. Berlin, 10. Nov. 1848.

**Adressen,** 320, der Badeorte, Brunnenorte, Kurplätze etc. (Verwaltungen) in der Schweiz. 2. Aufl. In-fol. Leipzig, C. Herm. Serbe. 1888

— 3390, der Hôtels in der Schweiz. 2. Aufl. In-fol. Leipzig, C. Herm. Serbe. 1888 40 —

**Adressen,** 3500 neue gute, der Provv. Ost- u. Westpreussen, zusammengestellt v. Willy Schnock. gr. 8. (164 S.) Königsberg (901). Bon's Buchh. n. 6. —

**Adressen,** 530, der Kürschner in der Schweiz. 2. Aufl. In-fol. Leipzig, C. Hermann Serbe. 1888

— 525, der Bierbrauereien in d. Schweiz. 3 Aufl. In-fol. Leipzig, ebendas. 1888 13 35

— 550, der Buch- und Steindruckereien in der Schweiz. 2. Aufl. In-fol. Ebendas. 1888 13 35

**Adressen,** 520, der chemischen Industrie in der Schweiz. In-fol. Leipzig, C. Herm. Serbe. 1889

**Adressen,** 5000, der wohlhabendsten u. intelligentesten Kreise von Ungarn u. dessen Nebenländern, in alphabet. Reihenfolge der Ortschaften u. nach ihren Berufsarten bestehend aus: 338 hoher Adel u. Dignitäre, 1522 Honoratioren der Wissenschaft, 1495 Handel- u. Gewerbetreibende, 273 Gutsbesitzer u. Landwirthe, 667 Lesegesellschaften u. Vereine, 273 Private, auf mehr als 4200 Orte vertheilt. Auf Grund der neuesten Abonnenten-Liste eines in Ungarn am meisten verbreiteten grossen u. angesehenen polit. Tageblattes in deutscher Sprache, zusammengestellt v. Gust. Buzárovits. 2. Aufl. 1877. qu. gr. Fol. (51 Bog.) Gran. Leipzig 877. Serbe in Comm. n. 10. —

— 65, der Auskunfts- und Informationsbureaux in der Schweiz. In-fol. Leipzig, ebendas. 1888

**Adressen, gute.** 1.—10. Taus. gr. 8. (44 S.) Harzgerode 893. Th. Truelson. — 50

**Adressen** an den Hochw. Erzbischof Hermann v. Freiburg aus verschied. Theilen d. Christenheit aus Anlaß d. Badischen Kirchenstreits. 4 Hefte. Mainz 854. Kirchheim. Lex.-8. (VIII, 92; VIII, 94; IV, 70; IV, 91 S.) Jedes Heft 6 ngl

Adressen der Hotels, Pensionen und Kuranstalten d. Schweiz, s.: Adresses des hotels, pensions et etablissements . . .

— 165, der Leihbibliotheken, welche mit dem Buchhandel nicht in direktem Verkehr stehen, in der Schweiz. 2. Aufl. In-fol. Leipzig, ebendas. 1888 5 35

Adressen von Kauf- und anderen Handelsleuten in Württemberg. Herausgegeben von der Königlichen Zentralstelle für Gewerbe und Handel. 4° Stuttgart 1855

**Adressen** der Lehrer u. Lehrerinnen an den Breslauer Volksschulen f. 1885/86, nebst Anciennetätslisten u. Übersicht der Schulen. Hrsg. v. Wilh. Vogt. Neue Folge, 1. Jahrg. 16. (80 S.) Breslau 885. Priebatsch. n. — 60

**Adressen** an eine hohe Deutsche National-Versammlg. zu Frankfurt a. M. u. an eine hohe provisor. Regierung zu Rendsburg, welche v. Kiel abgesandt werden. gr. 8. (8 S.) Kiel 848, Naeck. n. 1 ngl

**Adressen,** 980, der Buchbinder in der Schweiz. 2. Auflage. In-fol. Leipzig, C. Herm. Serbe. 1888

Adressen der Papier-, Pappen-, Holzstoff-, Strohstoff- u. Cellulose-Fabriken v. Dänemark, Norwegen, Schweden u. Finnland. 2. Aufl. Zusammengest. v. Güntter-Staib. 12. (16 S.) Biberach 891, (Dorn). * 1 —

**Adressen und Proteste** gegen das von der 2. Kammer der Stände zu Darmstadt beschlossene Kirchengesetz. gr. 8. (III und 108 S.) Mainz 863, Kirchheim. *

Adressen an d. Schleswig-Holsteiner, wie auch sonstige Aktenstücke, zu welchen der am 8. Juli dieses Jahres vom Könige von Dänemark erlassene Brief die Veranlassung gegeben. 2 Hefte. 8. Hamburg 846, G. Bödecker. 1/8 rℬ.

Die Adressen der Ständeversammlungen in Itzehoe und Roeskilde und der lauenburgischen Ritter- und Landschaft in Beziehung auf die staatsrechtliche Selbstständigkeit der Herzogthümer Schleswig, Holstein und Lauenburg. Mit einem Vorwort und einer Stammtafel von Karl Lorentzen. Kiel, Chr. Bünsow 1845. 40 S. 8.

Adressen, die, d. Ständeversammlungen in Itzehoe u. Roeskilde u. d. lauenburg. Ritter- u. Landschaft, in Bezieh. auf d. staatsrechtl. Selbstständigkeit d. Herzogthümer Schleswig, Holstein u. Lauenburg. M. Vorwort u. 1 Stammtaf. v. Karl Lorentzen. gr. 8. (2½ B.) Kiel 845, Naeck.

Adressen, 1850, der Dampfkessel-Besitzer in der Schweiz. 2. Aufl. In-fol. Leipzig, C. Herm. Serbe. 1888 33 35

— 1080, der Leihbibliotheken, welche mit dem Buchhandel nicht in direktem Verkehr stehen, in Deutschland, Oesterreich-Ungarn und der Schweiz. 2. Aufl. In-fol. Leipzig, ebendas. 1888

Adressen, 1300, d. kath. Geistlichkeit d. Diöcese Breslau einschl. d. österr. Bistums-Anteils, d. Delegatur-Bez. d. Prov. v. Brandenburg u. Pommern, d. Preuss. Bistums-Anteile d. Erzdiöcesen Olmütz u. Prag. Fol.– Breslau: Goerlich 1888.

Adressen, 1175, der öffentlichen und Privatbibliotheken in Oesterreich-Ungarn und der Schweiz. 2. Aufl. In-fol. Leipzig, C. Herm. Serbe. 1888

— 1930, d. Delicatessen- (Fisch-, Geflügel-, Wildpret-, Conserven-, Fleischwaaren, Südfrüchte etc.) Handlungen in der Schweiz. 2. Auflage. In-fol. Ebendas. 1888 33 35

Adressen, 1400, der katholischen Pfarrämter in der Schweiz. 2. Auflage. In-fol. Leipzig, C. Herm. Serbe. 1888 27 —

Adressen der land- und forstwirtschaftlichen Vereine Oesterreich-Ungarns. Circa 4000 Adressen. - Wien 1896. 2. Aufl.

Adressen, 480, der Freimaurerlogen in Deutschland. Leipzig: Serbe 1889. 2°.
(Georg: Schlagwort-Katalog. 2 (1898) S.18.)

— 465, der öffentlichen und Privatbibliotheken in d. Schweiz. 2. Aufl. In-fol. Leipzig, ebendas. 1888 13 35

4050 Adressen der Forstbeamten in Österreich-Ungarn. - Leipzig 1888. 3. Aufl.

4 970 Adressen der Forst-Ämter, Verwaltungen, resp. Directorien (fiscalische u. private) in Deutschland. - Leipzig 1889. 4. Aufl.

4 060 Adressen der Holzhändler und der Holz consumirenden Fabriken in Deutschland. - Leipzig 1889. 3. Aufl.

10 100 Adressen der Forstbeamten in Deutschland. - Leipzig 1888. 3. Aufl.

— 235, der Seifen- (Siedereien) Fabriken in der Schweiz. 2. Aufl. In-fol. Ebendas. 1888 13 35

Adressen- und Wohnungs-Anzeiger, Budapester. Auf Grund der officiellen Daten des hauptstädt. Meldungs-Amtes. 1. Jahrg. 1880—1881. Lex.-8. (XVI, 515 S.) Budapest. (Leipzig, Haessel.) *

Adressen- u. Wohnungs-Anzeiger, Budapester. Auf Grund der officiellen Daten d. hauptstädt. Meldungsamtes. 2. Jahrg. 1882. (Ungarisch u. deutsch.) Lex.-8. (XXI, 681 S.) Budapest. (Leipzig, Haessel.) n. 7. 60

—— —— dass. — 3. Jahrg. 1883—1884. Lex.-8. (XVII, 704 S. mit 1 chromolithogr. Plane von Budapest.) (Ebendas.) *

Adressen- u. Wohnungs-Anzeiger, Budapester. Auf Grund der officiellen Daten d. hauptstädt. Meldungs-Amtes. 4. Jahrg. 1885—86. Mit e. Plane v. Budapest. (Ungarisch u. deutsch.) Lex.-8. (XIII, 780 S.) Budapest 885. (Leipzig, Haessel.) n. 10. —

Budapester Adressen- u. Wohnungs-Anzeiger. IV. Jahrg. 1885 bis 1886. Lex.-8. (XVIII u. 808 S. m 1 Plane.) Wien, *Georg Szelinsky. 5 fl.

Adressen- u. Wohnungs-Anzeiger, Budapester. Red. v. L. Kolos. 5. Jahrg. 1888. gr. 8. (XXIX, 496 S.) Budapest. (Leipzig, Haessel.) geb. n. 10. —

Adressen- u. Wohnungs-Anzeiger, Budapester. Auf Grund officieller Daten red. v. Adf. Janssky. 7. Jahrg. 1891—1892. In ungar. Sprache. Lex.-8. (XXIV, 777 S.) Budapest. (Leipzig, H. Haessel's Komm.-Geschäft.) Geb. in Leinw. n. 10. —

Adressen- u. Wohnungs-Anzeiger, Budapester, des Franklin-Vereins. 12. Jahrg. Mai 1900—April 1901. gr. 8. (XLIII, 1703 S.) Budapest, Franklin-Verein. Geb. in Leinw. n. 16. —

Adressen- und Wohnungsanzeiger, s.a. Adressbuch

Adressenbuch, s. a. Adressbuch

—— allgemeines, von Brünn, s. Handels-, Gewerbe- und allgemeines Adressenbuch.

Adressenbuch, allgemeines, und Häuserschema für die königl. Hauptstadt Brünn. Von Joh. Alex. Herlth. 2. Jahrg. gr. 16. (V und 400 S.) Brünn 850, Buschak und Irrgang. *

—— allgemeines, der königl. Hauptstadt Prag, der Vorstädte Karolinenthal, Smichow, sowie der Weinberg-Gemeinde, mit einem Häuser- und Strassen-Verzeichnisse nach der alten und neuen Numerirung. Ein vollständ. Verzeichniss sämmtl. handelsgerichtl. protokoll. Firmen Böhmens. Zusammengestellt auf Grund authent. Ausweise der bezügl. k. k. und Communal-Behörden und Aemter. Als Anhang: Die Gemeindeordnung für Prag. — Marktordnung für Prag. — Fiaker- und Droschken-Fahrtaxe. — Allgemeine Post-Bestimmungen und Tarife. — Gesetz über die neue Maas- und Gewichts-Ordnung. — Plan von Prag (lithogr.) Imp.-Fol. — Pläne der 3 Prager Theater (Holzschntaf.). gr. 8. (IX, 804 S.) Prag 875, [Bohemia] Haase. geb. **

— allgemeines, der königl. Hauptstadt Prag u. der Vorstädte Karolinenthal, Smichow, Weinberg u. Zižkow m. ein. Häuser- u. Strassen-Verzeichnisse nach d. alten u. neuen Nummerirung. Ein vollständ. Verzeichniss sämmtl. handelsgerichtl. protocollirten Firmen Böhmens. 2. Jahrg. Lex.-8. (XVII, 565 S.) Prag 878. Haase. cart. n.n. 10. —

(F) Allgemeines Adressenbuch der Stadt Teschen mit Kalendarium für das Jahr 1904. 8. Jahrg. Lex.-8°. (208 S.) Teschen: Kutzer 1903. geb. K 2.—

— allgemeines, der Stadt Teschen m. Kalendarium f. d. J. 1905. 9. Jahrg. Nach authent. Daten zusammengestellt u. hrsg. vom Verleger. (212 S. m. Abbildgn.) gr. 8. Teschen, Kutzer & Co. (Nur direkt.) Kart. n.n.n. 2. —

— allgemeines, der Stadt Teschen m. Kalendarium f. d. J. 1910. 14. Jahrg. Nach authent. Daten zusammengestellt u. hrsg. (192 S. m. Abbildg.) gr. 8. Teschen, (E. Feitzinger). Geb. nn 2. —

Adressenbuch (Wegweiser) des Bács-Bodrogher Comitates. 8. (104 S.) —.80
Lombor: Schön 1891

Adressenbuch der k. k. Behörden u. Aemter in Prag., s.a. Stiasny Adressenbuch.

— der k. k. Behörden und Aemter in Prag, dann Handlungen, Fabriken und Gewerbe des Königr. Böhmen. Verfaßt und herausg. von Jos. Stiasny. Ebend., 862. (Calve. — Mercy.) gr. 8. (XLIX, 720 S. m. 1 lith. Taf.) n. 3 rℬ

—— Prag, 863. (Calve.) gr. 8. (LXVIII, 830 S.) n. 4 rℬ 12 ngr.

Adressenbuch von Budapest. Mit einem vollständ. Handels- und Gewerbe-Adressenbuche, Häuserschema und neu aufgenommenen Wohnungsanzeiger von Budapest. Hrsg. von Gebr. Légrády. Lex.-8. (14, 535 S.) Budapest 878, (Grimm.) **

Adressenbuch v. Budapest f. d. J. 1881. Mit ein. vollständ., übersichtl. Verzeichnisse sämmtl. Handels- u. Gewerbetreibenden, ein. authent. Häuserschema u. ein. nach der allerneuesten Localaufnahme zusammengestellten Wohnungsanzeiger v. Budapest. Hrsg. v. Gebr. Légrady. Lex.-8. (738 S.) Budapest, Légrády. n. 8. —; geb. n. 10. —

Adressenbuch der Landeshauptstadt Graz 1906. Mit den angrenz. Gemeinden: Eggenberg (m. den Katastralgemeinden Algersdorf, Baierdorf u. Wetzelsdorf), Fölling (m. den Katastralgemeinden Wenisbuch u. Niederschöckel) u. der Gemeinde Waltendorf-Ruckerlberg. Dasselbe enthält ferner sämtl. handelsgerichtlich eingetrag. Firmen der Steiermark. Nach amtl. Quellen. 30. Jahrg. (XXII, 549 S. m. farb. Stadtplan.) Lex.-8. Graz, Styria. Kart. n. 6. —

Adressenbuch der Landeshauptstadt Graz. 1907. 31. Jahrg. Lex.-8°. (XXII, 573 S.) Graz: Styria. geb. K 7.—

Adressenbuch der Landeshauptstadt Graz 1908. 32. Jahrg. Lex.-8°. (58? S.) Graz: Styria. * K 7.—

(F) Adressenbuch der Landeshauptstadt Graz. 1909. 33. Jahrgang. Lex.-8°. (595 S. mit Stadtplan. Graz: Styria. geb. K 7.—

Adressenbuch der Landeshauptstadt Graz. 1910. 34. Jahrg. Lex.-8°. Graz: Styria. K 7.—

Adressenbuch der Landeshauptstadt Graz 1911. Mit den angrenz. Gemeinden: Marktgemeinde Eggenberg, Gemeinde Waltendorf-Ruckerlberg, Ortsgemeinde Fölling, den Gemeinden Gösting u. Schattleiten. Enthält ferner sämtl. handelsgerichtlich eingetragene Firmen der Steiermark. Nach amtl. Quellen. 35. Jahrg. (XXVIII, 621 S. m. Theaterplänen u. farb. Stadtplan.) Lex. 8. Graz, Styria. Geb. in Halbleinw. 6. —

Adressenbuch, Grazer, f. 1894. 18. Jahrg. Nach amtl. Quellen. Enth. sämmtl. Behörden, Institute, Vereine, sämmtliche protokollirten Firmen Steiermarks, das Verzeichniß der Häuser u. deren Besitzer u. viele andere Verkehrs-Behelfe. Lex.-8. (XX, 388 S.) Graz, Verlagsbuchh. Styria. Kart. n. 4. 20

Adressenbuch, Grazer, für 1895. XIX. Jahrgang. Nr. 4. (XXI, 421 S.) Geb. * 2.50

Graz: Styria 1895

Adressenbuch, Grazer, für 1896. XX. Jahrgang. Nach amtlichen Quellen. Mit einem Plane der Stadt Graz. (XXIV, 443 S.) Geb. * 2.80

Graz: Styria 1896

Adressenbuch, Grazer, für 1897. XXI. Jahrgang. Nach amtlichen Quellen. Mit einem Plane der Stadt Graz Lex.-8. (XXIV, 465 S.) Cart. * 2.80

Graz: Styria 1897.

Adressenbuch, Grazer, f. 1898. 22. Jahrg. N. amtl. Quellen. Enth. sämmtl. Behörden, Institute, Unterrichts-Anst., Ver., e. Handels- u. Gewerbe-Adressenbuch, sämmtl. protokoll. Firmen Steiermarks, d. Verzeichn. d. Häuser und deren Besitzer, e. Wohnungs-Anzeiger u. viele and. Verkehrs-Behelfe. Lex. 8. (XX, 459 S. m. 1 farb. Stadtplan.) Graz, Styria. Kart. n. 5. —

(F) Grazer Adressenbuch für 1899. XXIII. Jahrgang. Nach amtlichen Quellen. Enthält sämmtliche Behörden, Institute, Unterrichtsanstalten, Vereine, ein Handels- und Gewerbe-Adressenbuch, sämmtliche protokollirten Firmen Steiermarks, das Verzeichnis der Häuser und deren Besitzer, einen Wohnungsanzeiger und viele andere Verkehrs-Behelfe. Mit einem Plane der Stadt Graz. Graz, 1899. Styria. Lex.-8°. XX, 495 S. Cart. fl. 3.—

(F) Grazer Adressenbuch für 1900. XXIV. Jahrgang. Nach amtlichen Quellen. Enthält sämmtliche Behörden, Institute, Unterrichtsanstalten, Vereine, ein Handels- und Gewerbe-Adressenbuch, das Verzeichnis der Häuser und deren Besitzer, ferner den Wohnungsanzeiger der Landeshauptstadt Graz und der angrenzenden Gemeinde Eggenberg (mit den Catastralgemeinden Algersdorf, Baierdorf und Wetzelsdorf, sowie sämmtliche protokollirten Firmen des Kronlandes Steiermark). Mit einem Plane der Stadt Graz. Graz. 1900. Styria. Lex.-8°. XXX, 517 S. K 6.—

(F) Grazer Adressenbuch 1901. XXV. Jahrgang. Nach amtlichen Quellen. Enthält sämmtliche Behörden, Institute, Unterrichts-Anstalten, Vereine, ein Handels- und Gewerbe-Adressbuch, das Verzeichnis der Häuser und deren Besitzer, ferner den Wohnungs-Anzeigen der Landeshauptstadt Graz und der angrenzenden Gemeinde Eggenberg (mit den Catastralgemeinden Algersdorf, Baierdorf und Wetzelsdorf), sowie sämmtliche protokollirten Firmen des Kronlandes Steiermark. Graz. 1901. Styria. Lex.-8°. XXVIII, 527 S. mit 1 Karte. Cart. K 6.—

Adressenbuch, Grazer, f. 1902. 26. Jahrg. Nach amtl. Quellen. Enth. sämmtl. Behörden, Institute, Unterrichts-Anstalten, Vereine, e. Handels- u. Gewerbe-Adressenbuch, das Verzeichnis d. Häuser u. deren Besitzer, ferner den Wohnungs-Anzeiger d. Landeshauptstadt Graz u. d. angrenz. Gemeinde Waltendorf m. d. Ortschaft Ruckerlberg u. d Gemeinde Eggenberg (m. den Castralgemeinden Algersdorf, Baierdorf u. Wetzelsdorf), sowie sämmtl. protokoll. Firmen des Kronlandes Steiermark. Lex.-8. (XXX, 521 S. m. farb. Stadtplan.) Graz, Styria. Kart. n.n. 6. —

Grazer Adressenbuch 1903. 27. Jahrg. Lex.-8°. (XXIV, 547 S.) Graz: Styria. * K 7.—

(F) Grazer Adressenbuch. 1904. 28. Jahrg. Lex.-8°. (XXVI, 557 S. mit 1 Plane) Graz: Styria. K 7.—

(F) Grazer Adressenbuch. 1905. 29. Jahrg. Lex.-8°. (XXII, 563 S. mit 1 Plan) Graz: Styria. K 7.—

Adressen- und Hand-Buch für den Ober-Main-Kreis. Baireuth 1819—21. H: *Heinritz, Johann Georg.* (BMarsch 776)

Adressenbuch für Handel, Gewerbe u. Actien-Gesellschaften der oesterreichisch-ungarischen Monarchie, enthltd.: die sämmtl. nach dem neuen mit 1. Juli 1863 ins Leben getretenen Handelgesetze erfolgten Eintragungen in die Einzeln- u. Gesellschafts-Register mit Angabe der Procuraführer, der Ehepacten u. der Rechtsverhältnisse bei Gesellschaftsfirmen ca. 50,000 Firmen in ca. 5400 Orten, zusammengestellt u. hersg. von Leop. Kastner. 3. Jahrg. 1870. Wien, Beck. Lex.-8. (2 Bll., 703 S.) n. 4
1. u. 2. Jahrg. s. Handels- u. Gewerbe-Adressenbuch.

Adressenbuch f. Handel, Gewerbe u. Actien-Gesellschaften der oesterreichisch-ungarischen Monarchie, enth.: die sämmtl. nach dem neuen m. 1. Juli 1863 in's Leben getretenen Handelsgesetze erfolgten Eintraggn. in die Einzeln- u. Gesellschafts-Register m. Angabe der Procuraführer, der Ehepacten u. der Rechtsverhältnisse bei Gesellschaftsfirmen ca. 60,000 Firmen in 5500 Orten, zusammengestellt u. hrsg. v. Leop. Kastner. Ausgabe 1874. Mit e. Nachtrag in 4 Abthlgn. Enth. die bis Ende März 1874 vorgekommenen Verändergn. Lex.-8. (806 u. Nachtrag 91 S.) Wien 874. Hölder. n. 12. —; Nachtrag apart n. 3. —

Adressenbuch für Handel, Industrie, Actiengesellschaften, Behörden u. Corporationen d. Herzogth. Steiermark. gr. 8. (III, 108 S.) Graz 872. Verl. „Leykam-Josefsthal." n. 4. —

Adressenbuch d. vorzügl. Handels- u. Gewerbsleute in d. Walachei, Moldau u. Bulgarien. 8° (38)– Kronst.: (Frank u. D.) 1858.

—— der vorzüglichern Handels- und Gewerbsleute in der Walachei, Moldau und Bulgarien. Hrsg. von der kronstädter Handels- und Gewerbe-Kammer. 8. (38 S.) Kronstadt 858, (Haberl und Sindel's Buchh.) *

— der vorzüglichern Handels- u. Gewerbsleute in d. Walachei, Moldau u. Bulgarien. Herausgegeben von der Kronstädter Handels- und Gewerbe-Kammer. Kronstadt 858. (Németh.) 8. (37 S.) n. 5 ngl

Adressenbuch des Handels-und Fabrikstandes von Siebenbürgen, nebst Angabe der Post-und Telegraphen-Stationen, sowie der Ortsamtssitze, mit einem Anhang, enthaltend: Meilenzeiger, Stempelscala und sonstige im öffentlichen Verkehre vorkommende Gebührenbemessungen in alphabetischer Ordnung, Reductionstabelle für österreichisches und deutsches Zollgewicht, Verzeichniss der landesf. Loseinteressen-Auszahlungsorte und Ziehungen sämmtlicher österreichischen Lotterie-Effecten, sowie eine Belehrung über das Wechselgeschäft. Zusammengestellt von Nicolaus Kádár. kl8°(84 S.).– Wien, Dirnböck's B. (G. Draudt.) 1868.

Adressen-Buch der Handlungen, Fabriken und Gewerbe des Königr. Böhmen für die J. 1857—61. Von Joh. Stiasny. gr. 8. Prag 857—61, (Mercy.) [1857. (XVI und 519 S.) * 2 Thlr. 20 Ngr., 1858 (XVI und 537 S.) * 2 Thlr. 20 Ngr., 1859. (XVI und 628 S.) * 2 Thlr. 20 Ngr., 1860. (XII und 704 S.) ** 3 Thlr., 1861. (XXII und 721 S. mit 1 Stnt.) ** 3 Thlr.] **

— der Handlungen, Fabriken u. Gewerbe des Königr. Böhmen. Verfaßt u. herausg. von Joh. Stiasny. Ebend., 864. (Calve.) gr. 8. (XI, 683 S.) n. 4 ß

Adressen-Buch der Handlungs-Gremien u. Fabriken des Königr. Böhmen f. d. J. 1848. Verfaßt u. hrsg. v. Joh. Stiasny. 2. Jahrg. gr. 8. (366 S., mit e. in Kpfr. gest. statist.-topogr. Post- u. Straßenkarte des Königr. Böhmen, von Fr. Bluth, in Fol.) Prag 848. (Credner. — Leipzig, Fr. Fleischer.) In engl. Einb. baar 1 ß 12 ngl

Adressen-Buch der Handlungs-Gremien, Fabriken und Gewerbe des Königreiches Böhmen für das Jahr 1855. Von Johann Stiasny. Prag, 1855. Druck der k. k. Hofbuchdruckerei von Gottlieb Haase Söhne. (XVI, 604 S. 8.) geh.

—— der Handlungs-Gremien, Fabriken und Gewerbe des Königr. Böhmen für das J. 1856. Von Joh. Stiasny. gr. 8. (XV und 521 S.) Prag 856, (Mercy.) *

Adressen-Buch der Handlungs-Gremien, Fabriken u. Gewerbe des Königr. Böhmen f. d. J. 1860. Von J. Stiasny. gr. 8. (704 S.) Prag. Mercy in Comm. geb.

— der sämmtlichen Industriellen, Handel- u. Gewerbetreibenden d. Erzherzogth. Oesterreich ob der Enns, welche an jährl. Erwerbsteuer [ohne Zuschlag] mindestens den Betrag pr. 5 fl. Oe. W. entrichten. Auf Grundlage des Erwerbsteuer-Catasters der Handels- u. Gewerbekammer Oberösterreichs hrsg. v. Carl Hochhauser u. Frdr. Woracz. gr. 8. (189 S.) Linz 877. Eurich. n. 4. —

— dasselbe. Auf Grund der neuesten authent. Daten verf. u. hrsg. v. Carl Hochhauser u. Frdr. Woracz. 2. Aufl. 1880 m. Nachtrag 1881. gr. 8. (152 u. Nachtrag 64 S.) Linz 882. (Ebenhöch.) n.n. 3. —

— d. Landwirte i. Königr. Ungarn. Im Auftr. d. kön. ung. Ackerbauministers verf. u. hrsg. d. d. kön. ung. statist. Central-Amt. (Ungar. u. deutsch.) gr. 4. (X, 670 S.) Budapest 897. (O. Nagel jun.) Geb. in Leinw. n. 25. —

Dasselbe bildet nach Angabe des Verlegers d. 2. Bd. d. Landwwirtschaftl. Statistik d. Länder d. ung. Krone.

— Luxemburger, der Kaufleute, Industriellen, Gewerbtreibenden, Versicherungs-Gesellschaften, Banken, Beamten rc. 16. (240 S.) Luxemburg 881. Brück. 1. 50

— d. ung. Mühlen, Spiritusbrennereien, Zuckerfabriken u. Bierbrauereien. (Deutsch u. ungar.) gr. 8. (IV, 146 S.) Budapest. Wien 897. (M. Perles.) n. 10. —

— neues, der Stadt Teschen (österr. Schlesien). Nach authent. Daten zusammengestellt u. hrsg. v. Ed. Mitter. Ausg. 1894. gr. 8. (III, 230 S. m. 1 Plan.) Teschen, (C. Feitzinger). Kart. n.n. 2. 50

— neues, d. Stadt Teschen m. Kalendarium f. d. J. 1899. N. authent. Daten zusammengest. u. hrsg. v. Verleger. Lex.-8. (165 S. m. 1 Bildn.) Teschen, Kutzer & Co. Kart. n. 1. 50

— der gesammten katholischen Ordenswelt. Reich illustr. Schematismus sämmtl. Männer- u Frauen-Klöster, Abteien, Stifte, Collegiatcapitel, geistl. Institute, Erziehungsanstalten, Pensionate, Waisenhäuser, Spitäler, Missionshäuser u. s. w. in Oesterreich-Ungarn, Bosnien, Deutschland, Luxemburg u. der Schweiz. Mit 200 Orig.-Illustr. Nach dem neuest. amtl. Quellenmaterial zusammengest. m. e. Abhandlg. üb. das Wesen u. Wirken d. kath. Orden u. m. kurz. Charakteristiken üb. die einz. Orden u. Häuser, ihre Gründg., ihre Vorsteher u. s. w. (St. Hieronymus-Kloster-Schematismus.) I. Männer-Orden. gr. 8. (VIII, 239 u. 47 S.) Wien (900). (H. Kirsch). n. 7. —

—— österreichisch-schlesisches, der sämmtlichen Industriellen, Handel- und Gewerbetreibenden, welche an Erwerbsteuer mindestens fl. 4.20 entrichten, mit Ersichtlichmachung der handelsgerichtlich protocollirten Firmen und mit Angabe des Gerichtsbezirkes, Postamtes und der Einwohnerzahl bei jedem Orte. Auf Grund authent. Daten verf. und hrsg. von Karl Schüffer. gr. 8. (201 S.) Teschen 882. (Wien, Wallishausser'sche Buchh.) *

—— der Papier-, Halbstoff- u. Pappenfabriken Oesterreich-Ungarns. Hrsg. v. Joh. Markowich. 2. Aufl. gr. 8. (232 S.) Wien 891. (Lpz., G. Hedeler.) geb. in Leinw. ** 4 20

— der Papier-, Halbstoff- u. Pappenfabriken Oesterreich-Ungarns. Hrsg. v. Joh. Markowich. III. Aufl. gr. 8. (240 S.) Wien 893. (Leipzig, G. Hedeler.) Geb. in Leinw. n.n. 4. 20

— d. Papier-, Halbstoff- u. Pappenfabriken Oesterreich-Ungarns. Hrsg. v. Joh. Markowich. V. Aufl. gr. 8. (178 S.) Wien 898. (Leipzig, G. Hedeler.) Geb. in Leinw. n. 6.

— der Papier-, Halbstoff- u. Pappenfabriken Oesterreich-Ungarns. Hrsg. v. Adf. Hladufka. VII. Aufl. gr. 8. (180 S.) Wien 902. (Leipzig, G. Hedeler.) Geb. in Leinw. n. 6. —

— der Papier-, Halbstoff- u. Pappenfabriken Oesterreich-Ungarns. Hrsg. v. Adf. Hladufka. VIII. Aufl. (175 S.) gr. 8. Wien 904. (Leipzig, G. Hedeler.) Geb. in Leinw. n. 6. —

— der Papier-, Halbstoff- u. Pappenfabriken Österreich-Ungarns. Hrsg. unter Mitwirkg. v. Frz. Krawany v. Adf. Hladufka. X. Aufl. (225 S.) gr. 8. Wien 909. (Leipzig, G. Hedeler.) Geb. in Leinw. 6. —

Adressenbuch d. Papier-, Halbstoff- u. Pappen-Fabriken, der Papier-Niederlagen u. der Papier verarbeitenden Industrien u. Gewerbe in Oesterreich-Ungarn. Hrsg. v. R. Bolt u. J. Markowich. gr. 8. (288 S.) Wien 889. (Steckler.) geb. n. 6. —

— der königl. Hauptstadt Prag für d. J. 1847 u. 1848. 1. u. 2. Jahrg. gr. 8. (I: IV u. 320 S. II: 334 S.) Prag, Haase Söhne. 1: n. 1½ ß 2: n. 1$^{1}/_{12}$ ß

Adressenbuch, Salzburger, für 1895. II. Theil. Wohnungsanzeiger der Landeshauptstadt Salzburg nach amtlichen Quellen. Mit Stadtplan. Jahrgang I. Kl.-4. (42 S.) Cart. * —.80
Salzburg: Mayr 1895.

— Salzburger, f. 1897. 2. Thl.: Wohnungs-Anzeiger d. Landeshauptstadt Salzburg n. amtl. Quellen. M. Stadtplan. 2. Jahrg. gr. 8. (76 S.) Salzburg, Mayr. Kart. n. 1. 80

— dasselbe 1. Thl., f.: Geschäfts-, Volks- u. Amtskalender, Salzburgischer.

(F) Salzburger Adressen-Buch für 1899/1900. II. Theil: Wohnungs-Anzeiger der Landeshauptstadt Salzburg und der Gemeinde Maxglan nach amtlichen Quellen. Mit Stadtplan. III. Jahrgang. Salzburg. Mayrische Buchh. Lex.-8°. VIII, 92 u. 24 S. Cart. fl. —.90

(F) Salzburger Adressen-Buch für 1901/1902. Wohnungs-Anzeiger der Landeshauptstadt Salzburg und der Gemeinde Maxglan, Aigen, Gnigl sammt den dazugehörigen Ortschaften nach amtlichen Quellen. IV. Jahrgang. Salzburg. Mayrische Buchh. Lex.-8°. IV, 81 u. 18 S. Cart. K 1.80

(F) Salzburger Adressenbuch für 1903/1904. 5. Jahrg. Gr.-8°. (86, 40 S. mit einer Karte) Salzburg: Mayr 1903. K 2.80

— Salzburger, f. 1906—1907. Wohnungs-Anzeiger der Landeshauptstadt Salzburg, der Gemeinden Maxglan, Aigen u. Gnigl m. den dazugehör. Ortschaften u. dem neuesten Plan der Stadt Salzburg. Neu bearb. nach amtl. Quellen des städt. Meldeamtes. 6. Ausg. (IV, 96 S.) gr. 8. Salzburg (905). Mayr. Kart. n. 2. 10

Salzburger Adressenbuch für 1908—1910. 7. Ausg. Gr.-8°. (XXXVI, 116 S.) Salzburg: Mayr 1908. kart. K 3.—

— Salzburger, f. 1910. Wohnungs-Anzeiger der Landeshauptstadt Salzburg, der Gemeinden Maxglan, Aigen u. Gnigl. m. den dazugehör. Ortschaften. Neu bearb. nach amtl. Quellen des städt. Meldeamtes. 8. Ausg. (120 S.) gr. 8. Salzburg, Mayr. Geb. 2. 50

— der Schanklizenzbesitzer, Bouteillen-Schänker, Regalienpächter (Steuerpächter), Spiritus-, Bier-, Liqueur- u. Essigfabrikanten, Wein-, Bier-, Spiritus- u. Branntwein-Grosshändler v. Ungarn. M. moral. Unterstützg. d. hoh. kön. ung. Finanzministeriums verf. v. Mich. M. Hoffmann. (Ungar. u. deutsch.) gr. 8. (543 S.) Budapest 898. (C. Grill.) Geb. in Leinw. n. 18. —

—— der Stadt Teschen. Hrsg. vom Unterstützungs-Vereine „Schülerlade an der k. k. Oberrealschule zu Teschen". 1875. 1877. 1. und 2. Jahrg. 8. (60; 68 S.) Teschen, Feitzinger. à Jahrg. *
1876, 1878 und 1879 nicht erschienen.

Adressenbuch der Stadt Teschen. Hrsg. vom Vereine Schülerlade. 3. Ausg. 1886. 8. (108 S.) Teschen, (Prochaska.) **

Adressenbuch der Stadt Teschen m. Kalendarium f. 1901. Nach authent. Daten zusammengestellt u. hrsg. vom Verleger. Lex.-8 (174 S. m Abbildgn. u. 1 Taf.) Teschen, Kutzer & Co. Kart. n.n. 1. 65

Wattolik's Adressenbuch der Stadt Mährisch-Ostrau und ihrer Nachbar-Gemeinden Přivoz, Witkowitz, Poln. Ostrau u. Hruschau für das Jahr 1886. 8°. (105 S.) Mähr.-Ostrau, Wattolik. fl. —.60.

Adressen-Handbuch des mährisch-schlesischen Auskunfts-Kalenders, f. d. J. 1900. Lex.-8. (S. 31—239.) Brünn, F. Irrgang. — 60.

Adressen-Jahrbuch der Papier- und Papierstofffabriken des europäischen Continents. Herausg. von A. Rudel. Ausg. 1—5. 1878/79—81. Dresden. qu.-8.

Adressen-Kalender für den Kanton Luzern, von 1880 und 1881. Mit Führer durch die Stadt Luzern. Geb. in Leinwand. Kl. in-8°, 187 und 55 S. Luzern, C. F. Proll. 3 50

Adressen-Kalender, neuester, v. Raab u. Raab-Szigeth f. d. J. 1871 Handels- u. Gewerbe-Adressenbuch u. Wohnungsanzeiger v. Raab u. Raab-Szigeth. gr. 8. (155 S.) Raab 871. (Wien, Lechner's Verl.) n. 1. 50

(Pilger-Mission [auf] St. Chrischona bei Basel.) Adressenliste der von St. Chrischona ausgegangenen Brüder. 1901. 20 S. 8. (Basel, Pilgermissions-Buchdr. St. Chrischona.)

Adressen-Register der Grossinserenten u. Reklame treibenden Firmen Deutschlands, zusammengestellt v. Alfr. Hildebrand. (150 autogr. S.) 34,5×25,5 cm. Leipzig 910. Schulze & Co. Geb. nn 25. —

Adressen-Sammler, der. Monatsschrift f. Adressen- u. Auskunfts-Bureaux, Adreßbuch- u. Kalender-Verlag, Gratisversandtblätter, Rundschreibenversendg., Privatpostwesen u. alle darauf sich stütz. Geschäftsempfehlgn., verbunden m. e. Markte f. Angebot u. Nachfrage in Adressen v. Bezugsquellen m. Absatzgebieten. Red.: John Meyer. 1. Jahrg. März 1894—Febr. 1895. 12 Nrn. (à ca. 1 Bog.) hoch 4. Leipzig-Neuschönefeld, Gebr. Kretschmer. n. 4. —

Adressen-Schema v. Österreich-Ungarn u. dem Auslande. Enth. üb. 1 Million Adressen in 4 Abtheilgn.: I. Budapest, II. Österreich-Ungarn, III. Wien u. IV. Ausland (sämmtl. Culturstaaten umfassend), u. zw. die richtiggestellten Adressen der Industriellen, Kaufleute, Gewerbetreibenden, Advokaten, Notare, Grossgrundbesitzer, Oekonomen, Weinproducenten u. Weinhändler, ferner Banken, Creditinstitute, Verkehrs-, Privat- u. Lehranstalten, sowie auch Handelsgeographie m. statist. Daten üb. die Einwohnerzahl, nebst Post-, Bahn-, Schiff- u. Telegraphenstationen, u. zur Orientirg. e. Ortsregister v. Österreich-Ungarn u. Sachregister v. Budapest, Wien u. dem Auslande. 5., verb. u. bedeutend verm. Aufl. Hrsg.: Max Leopold. Lex.-8. (XII, S. 1—240 [1]; XXXII u. S. 241—2568.) Budapest 894. (C. Grill.) Geb. in Leinw. n.n. 30. —

Adressensprache, die. E. Mittel z. Verständigg. f. alle, denen e. off. Briefverkehr unmöglich ist, namentl. f. Liebende. qu. 16. (48 S.) Mülheim a/R. 898. J. Bagel. n. — 50

Adressentwurf. — [Franz von] Deák's Adress-Entwurf und das Staatsrecht Oesterreichs. Mai 1861. — Wien: Gerold 1861. 80 S.
1:Se 4942/4. 12:Austr. 40. 300:174.798-B.
1.11996

Adreß-Entwurf der National-Versammlung an den König. Gedruckt bei J. Sittenfeld. 1 Bl. 4.
Flugblatt. Berlin, 18. Juni 1848.

Adressenverzeichnis, s.a. Adressenverzeichniss

Adressenverzeichnis, s.a. Adressverzeichnis

Adressen-Verzeichnis d. Acetylenlicht-Industrie. April 1898. gr. 8. (12 autogr. S.) Berlin, Pardes & Potolowsky. 3. —

Adressenverzeichnis der alt(christ)katholisch. Jungmannschaften Deutschlands u. der Schweiz, s.a. Broschüre des Reichsverbandes altkatholischer Jungmannschaften.

Adressenverzeichnis der alt(christ)katholischen Jungmannschaften Deutschlands und der Schweiz, hrsg. v. Verbandsvorstand. — München 1907: Gotteswinter. 23 S. (Reichsverband altkatholischer Jungmannschaften. Broschüre. 6.) 1:Do 18103-6. 12:H. eccl. 1048ug-6. 5.
1.11999

Deutscher Buchbinder-Verband. Adressenverzeichnis der Zahlstellen- und Gaubevollmächtigten und der Unterstützungszahler. — Berlin 1909: Vorwärts. 18 S.
1:N 10.598.
1.12004

Adressenverzeichniss, s.a. Adressenverzeichnis

Grossherzogliche Technische Hochschule zu Darmstadt. Adressen-Verzeichniss der ehemaligen Studirenden der höheren Gewerbeschule, der technischen Schule, sowie der polytechnischen Schule, bezw. technischen Hochschule zu Darmstadt. 1885. 88 S. 8°

Adressen-Zeitung. Anzeigeblatt für Geschäfte, Waren, Fabrikate, Maschinen, Preise, Bezugsquellen. Zugleich Verzeichniß des Wissenswerthesten aller Gewerbeausstellungen. 1. Jahrg. Oktbr. 1850—Juli 1852. 12 Nrn. (½ Bog.) Mit: Allgemeine Waren-Fabrikaten- und Maschinen-Preis- und Beziehungsliste von und für Deutschland. (108 S. mit 2 Stnt.) gr. 4. Nürnberg 852, Leuchs und Comp. *
Der Titel im II. Bde.: Adressen-, Preis- und Neuigkeiten-Zeitung ist hiernach zu ändern.

—— dass. — 2. Jahrg. 1852.53. 12 Nrn. (½ Bog.) gr. 4. Ebds. 853.

**Adressen-, Preis- u. Neuigkeiten-Zeitung** f. Roherzeugnisse, Fabrikate, Maschinen u. Gegenstände jeder Art. 1. Jahrg. Oktbr. 1850—Septbr. 1851. 12 Nrn. 4. (1/2 B.) Nürnberg, Leuchs & Co. n. 8 ngr.

**Adresses**, s.a. A d d r e s s e s

**Adresses** delivered at the Lowell Commemoration. Held in the Architektenhaus, Berlin. Febr. 19, 1897. *Berlin: Mayer & Müller (1897).* (28 S.) 1 Bd 8. .95. 1198

**Adresses des Hôtels, Pensions et Etablissements de cure de la Suisse, groupées par ordre de Cantons, revues par les soins de la Société suisse des Maîtres d'hôtels. — Adressen der Hotels, Pensionen und Kuranstalten der Schweiz, nach den Kantonen geordnet, zusammengestellt vom Verein Schweizer Hoteliers. In-12°, 42 p. Genève (H. Georg). 1887** 1 50

(Pro Finlandia 1899.) Les Adresses internationales à S.M. l'Empereur-Grand-Duc Nicolas II [Nikolaj II Kaiser v. Russland]. — (Berlin: Mertz in Komm. 1899.) V, 130 Bl. 2° 4. 5. 8. 9. 1.12009

**Adresse** - und Intelligenz - **Zettel**, Wöchentliche Duisburgische. – Duisburg: 1736 - 1797.

**Adresshandbuch**, s.a. A d d r e s s h a n d b u c h

**Adresshandbuch**, s.a. S t a a t s - und Adress h a n d b u c h .

**Adreß-Handbuch**, allgemeines, ausübender Photographen von Deutschland, den österr. Kaiserstaaten, der Schweiz und den Hauptstädten der angränzenden Länder als Brüssel, Kopenhagen, London, Paris, Petersburg, Stockholm 2c. Leipzig, 863. R. Schaefer's Verl. gr. 16. (136 S.) n. 16 ngr.

Adreß-Handbuch f. d. Herzogth. Anhalt-Deßau, s. S t a a t s - H a n d b u c h.

—— für den Beamtenstand, insonderheit die Geistlichen und Lehrer des Regierungs-Bezirks P o t s d a m, enth.: ein Verzeichniß der geistlichen 2c. Oberbehörden, der Kirchen und Schulen und ihrer Collations-Verhältnisse 2c. 12. (XVI und 335 S.) Potsdam 848, (Riegel'sche Buchh.) **

— für den Beamtenstand, insonderheit d. Geistlichen u. Lehrer d. Reg.-Bezirks P o t s d a m, enth. ein Verzeichniß d. geistl. 2c. Oberbehörden, der Kirchen u. Schulen u. ihrer Collations-Verhältnisse, der geistl. u. Schul-, sowie der Verwaltungs- und Justiz-Beamten 2c. 2c. (Herausg. von C. F. W. S c h e i b e l i c h.) 2., verb. u. verm. Aufl. Potsdam 853. Riegel'sche Buchhdlg. in Comm. 12. (XVI, 428 S.) nn. 25 ngr.

**Adress-Handbuch** f. d. Beamtenstand, insond. d. Geistl. u. Lehrer d. Reg.-Bez. Potsdam. 2. Aufl. 12°. (428) – Potsdam 1853, Stein.

**Adress** - und Bürger**handbuch**, s.a. A d r e s s b u c h

**Adress** - und Bürger**handbuch**

—— —— für B l a s e w i t z für das J. 1886, nach amtl. Quellen bearb. 8. Jahrg. gr. 8. (IV, 100 S. mit 1 Situationsplane von Blasewitz.) Dresden, Albanus'sche Buchdruckerei. *

**Adreß- u. Bürger-Handbuch** f. den Handelsgerichts-Bezirk E l b e r f e l d, umfassend den Stadtkreis Elberfeld, den Kreis Mettmann u. den obern Theil d. Kreises Solingen. gr. 8. (XI, 404 S.) Elberfeld 875. Löwenstein & Co. n.n. 4. 50

A d r e ß - und B ü r g e r - H a n d b u c h für die Stadt Elberfeld. Hrsg. auf Grund eigener Aufzeichnung der Bürgerschaft. gr. 8. (VIII, 404 S.) Elberfeld 877, Löwenstein und Comp. cart. *
1871, 1876, 1878 und 1879 nicht erschienen.

**Adreß- u. Bürger-Handbuch** f. die Stadt E l b e r f e l d. Hrsg. auf Grund eigener Aufzeichnung der Bürgerschaft. gr. 8. (XVI, 524 S. m. 1 chromolith. Plan.) Elberfeld 880. Löwenstein & Co. cart. n. 6. —

—— dass. — gr. 8. (XII, 519 S.) Ebendas. 883. geb. *

—— dass. — nebst Bürgermeisterei und Gemeinde Sonnborn. Hrsg. auf Grund eigener Aufzeichnung der Bürgerschaft. gr. 8. (VIII, 565, 18 S. mit 1 Plane der Stadt und 1 Plane der Landgemeinde Elberfeld.) Ebendas. 884. geb. *

**Adreß- u. Bürger-Handbuch** der Stadt Elberfeld f. 1885/86. Nachtrag. Bearb. auf Grund e. vollständig neuen Aufnahme. gr. 8. (68 S.) Elberfeld 885. Loewenstein's Verl. n. — 75

—— —— für die Stadt Elberfeld Hrsg. auf Grund eigener Aufzeichnungen der Bürgerschaft. gr. 8. (VIII, 580 S. mit 1 Stadtplane, in Farbendr.) Ebendas. 887. cart. *

—— dass. — Nachtrag 1887/88. Bearb. auf Grund einer vollständig neuen Aufnahme. gr. 8. (74 S.) Ebendas. *

**Adresshandbuch**

—— der Fabrik- und Handelsstadt C h e m n i t z, a. d. J. 1838 u. 1839. Ein Wegweiser f. Fremde u. Einheimische. 8. (6 B.) Chemnitz, Billig. *

A d r e ß - H a n d b u c h für die Stadt D r e s d e n auf das J. 1849. Lex.-8. (VIII und 410 S. mit 1 lith. Plan. in gr. 4.) Dresden 849. (Leipzig, Fr. Fleischer.) *

—— von **Frankfurt a. M.** 1865. 18. Aufl. gr. 8. (XVI und 464 S.) Frankfurt a. M., (C. Jügel.) geb. *

— der Stadt F r e i b e r g. 1853. Freiberg, Wolf. gr. 8. (2 Bl., 91 S.) n. 10 ngr.

—— der Stadt F r e i b e r g. 1855. gr. 8. (IV und 80 S. mit 1 lithogr. Grundr. in qu. Fol.) Freiberg 855, Wolf. *

**Adresshandbuch** für die Fränkischen Fürstenthümer. Ansbach und Bayreuth. 1801. V: *Fenk ·hl, Carl Friedrich.* :Ky) (MGT)

—— für die **Geistlichen** und Lehrer des Regierungs-Bezirks Potsdam enth. die Genealogie des königl. Hauses, ein Verzeichniß der geistl. 2c. Oberbehörden, der Kirchen und Schulen und ihrer Patronats-Verhältnisse 2c. 8., völlig umgearb. und verm. Aufl. 8. (XV und 215 S.) Potsdam 867, (Riegel'sche Buchh.) **

**Adress-Handbuch** f. d. Geistl. u. Lehrer d. Reg.-Bez. Potsdam. 3. Afl. 8° (215) – Potsdam 1867, (Stein).

**Adress** - und Geschäfts**handbuch**, s.a. A d r e s s b u c h .

**Adress**- und Geschäfts**handbuch** , s.a. W o h n u n g s a n z e i g e r und Geschäftshandbuch.

**Adreß- u. Geschäfts-Handbuch** der Oberamtsstadt u. des Bez. A a l e n. (253 S.) 8. Aalen 908. A. Wirth. Geb. nn 2.50; m. Plan nn 3. —

A d r e ß - und G e s c h ä f t s - H a n d b u c h der herzogl. Haupt- und Residenzstadt A l t e n b u r g. Ausg. 1875/76. gr. 8. (171 S. mit 1 lithogr. Plan der Stadt.) Altenburg, Blücher. *

—— —— dass. — Ausg. 1877/78. Hrsg. im Novbr. 1877. gr. 8. (201 S.) Ebendas. * M. 2.; cart. *

—— —— dass. — Ausg. 1879/80. Hrsg. im Octbr. 1879. gr. 8. (VI, 224 S.) Ebendas. * M. 2,25.; geb. **

**Adreß- u. Geschäfts-Handbuch** der herzogl. Haupt- u. Residenzstadt A l t e n b u r g. Hrsg. im Octbr. 1881. gr. 8. (V, 222 S. m. 1 chromolith. Plan.) Altenburg, Blücher. cart. n. 3. 50

—— —— dass. — 7. Aufl. Hrsg. am 1. Novbr. 1883. gr. 8. (240 S. mit chromolithogr. Plan der Stadt und der Plätze des herzogl. Hoftheaters.) Ebendas. cart. *
Jahrg. 1882 nicht erschienen.

**Adreß- u. Geschäfts-Handbuch** der herzogl. Haupt- u. Residenzstadt A l t e n b u r g. 8. Aufl. 1885—86. gr. 8. (VIII, 245 S.) Altenburg, Blücher. cart. n. 3. 50

**Adreß- u. Geschäfts-Handbuch** der herzogl. Haupt- u. Residenzstadt A l t e n b u r g. 1887—88. 9. Aufl. gr. 8. (VIII, 24; 157, 54 u. 32 S.) Altenburg, (Schnuphase). cart. n.n. 3. 50

**Adreß- u. Geschäfts-Handbuch** der herzogl. Residenzstadt Altenburg. gr. 8. (III, 137 S.) Altenburg 871. (Borna, Gensel.) n. 1. —

— dasselbe 1873. gr. 8. (159 S.) Altenburg 873. Schnuphase in Comm. n. 2. —

— dasselbe. Ausg. 1875. Nebst e. (lith.) Plan der Stadt. gr. 8. (171 S.) Altenburg 875. Blücher. n. 2. —

Adreß- u. Geschäfts-Handbuch der Stadt Arnstadt. 1891. Hrsg. v. Fr. Hopf. 8. (V, 262 S. m. farbigen Stadtplan.) Arnst., Frotscher. * 2 —

**Adreß- u. Geschäfts-Handbuch** der Stadt Arnstadt. 1894. Bearb. v. C. Mönch. 8. (II, 290 S.) Arnstadt, E. Frotscher. n 2. —

— — der Stadt Arnstadt u. ihrer Umgebung. 1911. Bearb. v. G. Ganz u. P. Vogelsberg. (XII, 314 S. m. 1 Plan.) 8. Arnstadt, E. Frotscher. Geb. in Halbleinw. 3. —

— — f. die kgl. bayer. Stadt Aschaffenburg einschließlich Damm u. Leider. (Nach amtl. Material bearb.) (110, 90, 42, 88 u. 9 S. m. 1 farb. Plan.) 8. Aschaffenburg, C. Krebs. Geb. nn 3. 20

**Adreß- u. Geschäftshandbuch** f. d. Stadt Aschersleben. 1862. Redigirt u. herausg. von F. Würfel. Aschersleben, (Huch.) gr. 8. (VI, 184 S. u. 1 Tab. in 4.) nn. 20 ngr.

**Adreß- und Geschäfts-Handbuch** f. die Stadt Aschersleben. 1865. Red. u. hersg. von F. Klewitz. Aschersleben, (Schnock.) 8. (2 Bll., 184 S. u. 1 Tab. in Fol.) n. 17½ ngr.

—— —— der Stadt Aschersleben. 1870. Redig. und hrsg. von J. G. Kuhn. 8. (III, 200 S.) Aschersleben, (Schnock's Buchh.) **

— — für die Stadt Aschersleben 1894—1895. Unter gefl. Mitwirkg. des Hrn. Steinbrück nach amtl. Quellen bearb. v. Ludw. Siever. 14. Jahrg. gr. 8. (IX, 232 u. 28 S.) Aschersleben, L. Siever. Kart. n. 4. —

—— —— der Stadt Aschersleben. 1890 u. 1892. Bearb. v. Ludw. Siever. 12. u. 13. Jahrg. gr. 8. (228; 212 S. m. je 1 Plan.) Aschersl., Siever. (Huch.) cart. 12. Jahrg. ** 5 — cart. 13. Jahrg. ** 4 —

— — d. Stadt Aschersleben f. 1898–1899. N. amtl. Quellen bearb. v. Ludw. Siever. 16. Jahrg. gr. 8. (X, 223 S.) Aschersleben (O. Bennewitz). Kart. n.n. 4. —; m. Plan n.n. 4. 50

— —Aschersleben. 1900 - 01. 17. Jahrg. 8$^{0}$(266).– Aschersl., (O. Bennewitz).

**Adreß- u. Geschäfts-Handbuch** f. die Stadt Aschersleben. 1902. Nach amtl. Quellen bearb. v. Ludw. Siever. 18. Jahrg. gr. 8. (XII, 233 u. 41 S.) Aschersleben (O. Bennewitz. — E. Riesel). Kart. n.n. 4. 50

**Adreß- u. Geschäfts-Handbuch** für die Stadt Aschersleben. 1906. Nach amtl. Quellen bearb. v. Ludw. Siever. 22. Jahrg. (X, 256 u. 6 S.) gr. 8. Aschersleben (O. Bennewitz. — E. Riesel). Geb. n.n. 4. 50

— — f. die Stadt Aschersleben 1911. Nach amtl. Quellen bearb. v. Ludw. Siever. 27. Jahrg. (XI, 273 S.) gr. 8. Aschersleben (O. Bennewitz). Geb. in Halbleinw. nn 4. 50

— — der Bez.-Stadt Auerbach, sowie des Marktfleckens Rodewisch u. der Ortschaften Ellefeld u. Mühlgrün i. V. Nach amtl. Quellen bearb. gr. 8. (V, 192 S. m. farb. Plan.) Auerbach 899, P. G. Caspari. Kart. n.n. 3. 50

— — der Stadt Bamberg u. folgender Orte u. Städte: Aschbach, Burgebrach, Burgwindheim, Eltmann, Forchheim, Hallstadt, Haßfurt a/M., Höchstadt a/A., Lichtenfels, Scheßlitz, Staffelstein, Weißmain u. Zeil. 1876. 8. (202 S.) Bamberg 876. Schmidt. n. 3. 60

Adreß- und Geschäfts-Handbuch der Stadt Bamberg rc. für das J. 1878. Mit Nachtrag. 8. (163 S.) Bamberg, (Reindl.) *

— — für den Bezirk der k. s. Amtshauptmannsch. Freiberg [enth. die Ortschaften der 3 Amtsger.-Bezirke Freiberg, Brand u. Sayda] [excl. der Stadt Freiberg, Freibergsdorf, Friedeburg u. Brand] auf die J. 1888/90. Nach amtl. Registern bearb. gr. 8. (III, 89 S.) Dresden 889. H. O. Gärtner. n. 2. 50

—— —— für den Bezirk d. kgl. Amtshauptmannsch. Großenhain m. Stadt Radeburg. 1892. gr. 8. (III, 175 S.) Großenhain, (Hentze). geb. ** 3 —

— — f. d. Bezirk d. königl. Amtshauptmannsch. Großenhain m. Stadt Radeburg. gr. 8. (III, 203 S.) Großenhain 898. H. Starke. n. 3. —

— — der Oberamtsstadt u. des Bez. Biberach. (IX, XXXXII, 256 S.) gr. 8. Biberach 903. (Dorn.) Geb. n. 5. —

—— —— von Blankenburg [Harz] 1891 m. 1 Stadtplane. 2. Ausg. 8. (IV, 110 S.) Blankenb. [Harz], Sundelin u. Hoefer. cart. 1 50

— — v. Blankenburg (Harz) 1893 m. 1 Plane der Stadt u. Umgebung. 3. Ausg. 8. (VII, 130 S.) Blankenburg (Harz), Sundelin & Hoefer. Kart. n. 2. 50

— — von Blankenburg a/Harz 1898. 7. Ausg. Hrsg. v. Fritz Hoefer. gr. 8. (VII, 167 S. m. Plan d. Stadt u. Umgeg.) Blankenburg a/H., Hoefer. Kart. n. 3. —

— —Blankenburg Harz 1899. 8.Ausg. 8$^{0}$(176 m. 1 Pl.).– Blankenbg. a/H., Hoefer.

— — von Blankenburg am Harz 1902. 11. Ausg. gr. 8. (IV, 183 S. m. Stadtplan.) Blankenburg a/H., Hoefer. Geb. in Leinw. n. 3. 50

— — von Blankenburg-Harz. (Einband: Blankenburger Adreßbuch.) 1910. 19. Ausg. (IV, 172 S. m. farb. Plan.) 8. Blankenburg, Hoefer. Geb. in Leinw. 4. —

Adress- und Geschäfts**handbuch** für Blasewitz f. 1886. 8. Jahrg. 8$^{0}$ (100 m. 1 Pl.) – Dresden: Albanus.

— — für Blasewitz f. d. J. 1886, nach amtl. Quellen bearb. 8. Jahrg. Mit 1 Situationsplane v. Blasewitz. gr. 8. (IV, 100 S.) Dresden, Teich. n. 1. 25; geb. n. 1. 50

—— —— für Blasewitz, Neugruna und Neuseidnitz [Oberblasewitz], nebst neurevid. (lithogr.) Situationsplan 1880. Bearb. nach amtl. Quellen. Mit Verzeichniß der Einwohner, Straßen, Behörden, öffentl. Anstalten und Einrichtungen. gr. 8. (74 S.) Dresden, Meinhold und Söhne. *

—— —— dass. — Nebst neurevid. (lithogr.) Situations-Plan 1884. gr. 8. (89 S.) Dresden, Teich. * ℳ 1,25.; geb. *

— — f. Blasewitz m. Neugruna u. Neuseidnitz f. d. J. 1892, nach amtl. Registern bearb., m. e. neuaufgenommenen Situationsplane v. Blasewitz u. e. Geschäfts-Anzeiger. 14. Jahrg. gr. 8. (VII, 119 S.) Blasewitz, Alwin Arnold. n. 1. 25; geb. n. 1. 50

— — f. Blasewitz m. Neugruna u. Neuseidnitz f. d. J. 1895, n. amtl. Reg. bearb., m. e. neuaufgenomm. Situationsplane v. Blasewitz u. e. Geschäfts-Anzeiger. 17. Jahrg. gr. 8. (VI, 143 S.) Dresden-Blasewitz 895. Alwin Arnold. n. 1. 50; kart. n. 2. —

Adreß- und Geschäftshandbuch der Haupt- und Residenz-Stadt Breslau für das J. 1860/61. Redig. von Thdr. Sust. Lex.-8. (VI u. 620 S.) Breslau 860, (Maruschke und Berendt.) **

— der Haupt- u. Residenzstadt Breslau. Redig. von Thdr. Sust. 1—3. Jahrg. 1861—1863. Breslau, (Maruschke & Berendt.) Lex.-8. Jeder Jahrg. nn. 2 ℳ

**Adreß-** u. Geschäfts-**Handbuch** der Haupt- und Residenzstadt Breslau (35. 36: Adreßbuch d. kgl. Haupt- u. Residenzstadt Breslau). (6–9: Hrsg. unter Mitw. von Dr. E(rnst) Bruch, Dir.; 11ff.: ... von Wilhelm Schwoch; 30–33: ... von Paul Zucker.) Jg. (1)–[36]. Breslau: E. Morgenstern (29ff.: Graß, Barth & Co.; 35f.: Friedrich & Lehmann) (1866–1905). 36 Bde 8° [F.]
(1.) 1866. 2. 1868. 3–5. 1870–74. 6–[36.] 1875–1905.
Forts. s. u. d. T.: Neues Adreßbuch f. Breslau u. Umgebung. 1906. 106. 1008

—— —— der Haupt- und Residenzstadt Breslau für die J. 1862, 1863 und 1866. 1862 und 1863 redig. von Thdr. Sust. Lex.-8. Breslau 862, 63 und 66, Morgenstern. [1862. (VI und 481 S.) ** 1 Thlr. 10 Ngr., 1863. (XVI und 684 S. mit 1 Stnt.) ** 2 Thlr., 1866. (VIII und 786 S.) ** 2 Thlr.] **

— — der Haupt- u. Residenzstadt Breslau f. d. J. 1866. (VIII, 786 S. n. 2 ℛ) — 1868. 2. Jahrg. (V, 878 S. u. 1 lith. Plan in Fol. n. 2 ℛ) — 1870. 3. Jahrg. Breslau, Morgenstern. Lex.-8. (XII, 828 S. u. 2 Tabb. in Fol.) nn. 2 ℛ 7½ ngr.

— — der Haupt- u. Residenzstadt Breslau f. d. J. 1872. 4. Jahrg. gr. 8. (V, 872 S.) Breslau 872. Morgenstern. geb. n. n. 6. 75

—— —— dass. — für das J. 1874. 5. Jahrg. gr. 8. (917 S.) Ebendas. *

—— —— der königl. Haupt- und Residenzstadt Breslau für die J. 1875 und 1876. Hrsg. unter Mitwirkung von E. Bruch. 6. und 7. Jahrg. gr. 8. (XI, 957; VIII, 488, 516 S.) Breslau, Morgenstern. cart. à Jahrg. **

—— —— dass. — für 1877. 8. Jahrg. gr. 8. (XII, 484, 533 S.) Ebendas. cart. **
mit lithogr. und color. Plan in Imp.-Fol. **

—— —— dass. — für das J. 1878. Hrsg. unter Mitwirkung von E. Bruch. 9. Jahrg. gr. 8. (XII, 432, 499 S.) Ebendas. cart. **
Beigabe: Breslauer Bürgerbuch. 1. Jahrg. 16. (VIII, 292 S.) **

—— —— dass. — für das J. 1879. 10. Jahrg. gr. 8. (XII, 934 S. mit chromolithogr. Plan in Imp.-Fol. und lithogr. Theater-Plan.) Ebendas. geb. **

—— —— dass. — für das J. 1880. Hrsg. von W. Schwoch. 11. Jahrg. gr. 8. (XII, 988 S. mit einem Theater-Plan in Holzschn.) Ebendas. **
Beigabe: Breslauer Bürgerbuch. 2. Jahrg. 16. (VIII, 292 S.) **

—— —— der königl. Haupt- und Residenzstadt Breslau für die J. 1881—1884. Hrsg. unter Mitwirkung von Wilh. Schwoch. 12.—15. Jahrg. gr. 8. (XII, 996 S. mit 2 Plänen in Holzschn. und Photolithogr. und chromolithogr. Stadtplan; XII, 1046 S. mit 2 Theaterplänen in Holzschn.; VII, 1061 S. mit 2 Theaterplänen in Holzschn.; XVI, 1079 S. mit 2 Theaterplänen in Holzschn.) Breslau, Morgenstern. geb. à Jahrg. **

—— —— der königl. Haupt- und Residenzstadt Breslau für das J. 1885. Hrsg. unter Mitwirkung von Wilh. Schwoch. 16. Jahrg. gr. 8. (XVI, 1091 S. mit 2 Theaterplänen in Holzschn.) Breslau, E. Morgenstern's Verlag. geb. **

—— —— dass. — für das Jahr 1886. 17. Jahrg. gr. 8. (XII, 1117 S. mit chromolithogr. Stadtplan und 2 Theaterplänen in Holzschn.) Ebendas. geb. **

—— —— dass. — für das J. 1887. 18. Jahrg. gr. 8. (XII, 1151 S. mit 2 Theaterplänen in Holzschn.) Ebendas. geb. **

—— —— dass. — für das J. 1888. 19. Jahrg. gr. 8. (XII, 1174 S. mit 1 chromolithogr. Stadtplan und 2 Theaterplänen in Holzschn.) Ebendas. geb. **

—— —— der königl. Haupt- u. Residenzstadt Breslau f. d. J. 1889—92. Hrsg. unter Mitwirkg. v. Wilh. Schwoch. 20.—23. Jahrg. gr. 8. (à Jahrg. ca. 1300 S. m. je 3 Theaterplänen in Zinkätzg.) Bresl., E. Morgenstern, Verlag. geb. à Jahrg. ** 10 —
Plan v. Breslau dazu ** — 50

— — der königl. Haupt- u. Residenzstadt Breslau f. d. J. 1894. Hrsg. unter Mitwirkg. v. Wilh. Schwoch. 25. Jahrg. gr. 8. (XVI, 705 u. 741 S. m. 3 Theaterplänen.) Breslau, E. Morgenstern's Verl. Geb. in Halbleinw. n.n. 10. 50; in Halbfrz. n.n. 11. 50

**Adress- und Geschäftshandbuch** d. kgl. Haupt- u. Residenzstadt Breslau f. 1895. Hrsg. unter Mitwirkung v. W. Schwoch. 26. Jahrg. 8° (1510 m. 3 Pl.) – Breslau: E. Morgenstern. Stadtplan dazu, 1 : 10,000, 64 x 73,5 cm Farbendr. Mit Strassenverzeichnis. 8° (6).

— — der kgl. Haupt- u. Residenzstadt Breslau f. d. J. 1897. Nebst Anh., enth. d. Ortschaften Gräbschen, Grüneiche, Herdain, Kleinburg, Morgenau, Oswitz, Pöpelwitz, Rosenthal u. die Colonie Wilhelmsruh. Hrsg. unt. Mitwirkg. v. Wilh. Schwoch. 28. Jahrg. gr. 8. (XVI, 796 u. 858 S. m. 3 Theaterplänen u. Plan d. Schlacht- u. Viehhofes.) Breslau, E. Morgenstern, Verl.
Geb. in Halbleinw. n.n. 7. —
Plan u. Straßenverzeichniß (6 S.) dazu n. — 70

— — Breslau f. 1900. Nebst Brockau, Carlowitz, Gräbschen, Grüneiche, Herdein, Krietern, Morgenau, Oswitz, Rosenthal u. Wilhelmsruh. 31. Jahrg. 8° (894 u. 972 m. 3 Pl.). – Bresl., Grass, Barth & Co.

— — der königl. Haupt- u. Residenzstadt Breslau f. d. J. 1902. Nebst Anh., enth. die Ortschaften Brockau, Carlowitz, Dürrgoy 2c. Hrsg. unter Mitwirkg. v. Paul Zucker. 33. Jahrg. Nebst 3 Theater-Plänen. gr. 8. (XVI, 986, 529, 50, 144, 78, 156, 68 u. 63 S.) Breslau, Graß, Barth & Co. Geb. in Leinw. n. 7. —

— — der königl. Haupt- u. Residenzstadt Breslau f. d. J. 1903. Nebst Anh., enth. die Ortschaften Brockau, Carlowitz, Cosel usw. 34. Jahrg. Nebst 3 Theater-Plänen. (XVI, 1002, 541, 54, 155, 78, 164, 84 u. 65 S.) gr. 8. Breslau, Graß, Barth & Co. Geb. in Leinw. n. 7. —
Fortsetzung, s.: Adreßbuch.

— — v. Burg. 1887. 8. (107, 96 u. 50 S.) Burg, Hopfer. n. 2. —

— — v. Burg. 1892/93. Zusammengestellt v. W. Stolze. 8. (132, 146 u. 28 S.) Burg, (A. Hopfer). n. 2.—

— — von Burg f. 1895. Zusammengest. v. W. Stolze. 8. (308 S.) Burg (A. Hopfer). n. 2. —

— — Cannstadt. 1900. 8° (101, 84, 31 u. 28 m. 1 Pl.). – Cannst., (H. Reitzel.)

—— —— der Stadt Canstatt für das J. 1876. 8. (84 S.) Canstatt, Bosheuer's Buchh. *
1875, 1877—1879 nicht erschienen.

—— —— der Stadt Cannstatt. Nach dem neuesten Stand bearb. von Bub. gr. 8. (IV, 99 S.) Cannstatt 880, Bosheuyer's Buchh. *

—— —— dass. — gr. 8. (137 S.) Cannstatt 884, Stehn's Buchh. *

**Adreß- u. Geschäfts-Handbuch** der Stadt Cannstatt. 1885. Bearb. durch Mayer. Mit dem (chromolith.) Stadtplan. gr. 8. (176 S.) Cannstatt 885. (Bosheuyer.) n.n. 3. 50

—— —— dass. — 1887. Bearb. von Mayer und Mehl. gr. 8. (79, 55, 21, und Anhang 18 S.) (Ebendas.) *

— — der Stadt Cannstatt, 1889. Bearb. v. Mayer u. Mehl. gr. 8. (VII, 69; 83 u. 18 S.) Cannstatt, (Bosheuyer). n.n. 3. —

—— —— der Stadt Cannstatt. 1891. Bearb. u. verlegt durch Mayer u. Huber. gr. 8. (VIII, 73; 87, 19 S.) Cannst., (Bosheuyer). ** 3 50

— — der Stadt Cannstatt. 1894. Bearb. durch Mayer u. Huber. gr. 8. (VIII, 95 u. 18 S. m. 1 Plan.) Cannstatt, (L. Bosheuyer). n. 3.—

— — d. Stadt Cannstatt. 1899. Bearb. u. verlegt v. Huber u. Forstner. gr. 8. (VIII, 96, 81, 29 u. 25 S.) Cannstatt (L. Bosheuyer.) n. 4. —

— — der Stadt Cannstatt. 1902. Hrsg. v. der Stadtgemeinde Cannstatt. gr. 8. (23, 98, 123, 6, 26 u. 5 S. m. Stadt- u. Theaterplan.) Cannstatt (H. Reitzel).
n.n. 3. —

— — der Stadt Cannstatt. 1904. Hrsg. v. der Stadtgemeinde Cannstatt. (XXIII, 106, 140 u. 30 S. m. 2 Theaterplänen u. farb. Stadtplan.) gr. 8. Stuttgart—Cannstatt (H. Neitzel). Geb. in Leinw. n.n. 2. 70

—— —— der Fabrikstadt Crimitschau pro 1872. Hrsg. von A. Rühl. gr. 8. (46 S.) Reichenbach, (Köhler's Buchh.) *

—— —— für die Fabrikstadt Crimmitschau 1876/77. Hrsg. von A. Rühl. gr. 8. (80 S.) Crimmitschau, (Burkhardt'sche Buchh.)
1875, 1878 und 1879 nicht erschienen.

Adress- und Geschäftshandbuch m. d. Orten Cuba, Debschwitz u. Untermhaus. Asg. im Monat Jan. 1895. Red. v. Rose u. Keller. 24. Jahrg. 8° (340) – Gera: K. Bauch.

**Adreß- und Geschäfts-Handbuch** der Königl. Haupt- und Residenzstadt Dresden für das J. 1855. Bearb. durch das Einwohneramt der Königl. Polizeidirection. Mit 1 (lith.) Grundriß der Stadt Dresden (in Fol.). Dresden, am Ende in Comm. Lex.-8. (XII, 686 S.) nn. 1 ß 20 ngl

— — für das J. 1856. Bearb. durch das Einwohneramt der Königl. Polizeidirection. Mit 1 (lith.) Grundriß der Stadt Dresden (in Fol.) u. 1 (in Kpfr. gest.) Plan v. Innern d. Kgl. Hoftheaters (in 4.). Ebend. Lex.-8. (XII, 675 S.) nn. 1 ß 20 ngl

—— —— der königl. Haupt- und Residenzstadt Dresden für das J. 1857. Bearb. durch das Einwohneramt der königl. Polizeidirection. Lex.-8. (XVI und 681 S. mit einem Grundriß der Stadt Dresden und einem Plan vom Innern des königl. Hoftheaters in Kpfrst. und Fol.) Dresden, (am Ende.) **

**Adreß- und Geschäfts-Handbuch** der Königl. Haupt- und Residenzstadt Dresden für das J. 1858. Mit 1 Grundriß der Stadt Dresden (Kpfrst. in Fol.). Ebend. Lex.-8. (XVI, 654 S.) nn. 1 ß 20 ngl

— der Königl. Haupt- u. Residenzstadt Dresden f. das J. 1859. Bearb. durch das Einwohneramt der Königl. Polizei-Direction. Mit e. Grundriß der Stadt Dresden. (Kpfrst. in Fol.) Dresden, am Ende in Comm. Lex.-8. (X, 669 S.) nn. 1 ß 20 ngr

— — f. d. J. 1860. Ebend. Lex. 8. (XVI, 713 S.) nn. 2 ß

— — f. d. J. 1861—64. 7—10. Ausg. Ebend. Lex.-8. Jeder Jahrg. nn. 2 ß 10 ngr

—— —— der königl. Haupt- und Residenzstadt Dresden für die J. 1862—1867. Bearbeitet durch das Einwohneramt der königl. Polizeidirektion. 8.—13. Ausg. Lex.-8. Dresden, (am Ende.) [1862. (XXI und 779 S.) 1863. (XXIV und 825 S.) 1864. (XXIV und 876 S.) 1865. (XVIII und 938 S.) 1866. (XIX und 980 S.) 1867. (XX und 1012 S. mit 1 Plane der Stadt Dresden in Kpfrst. und Imp.-Fol.)] à Jahrg. **

—— —— der Königl. Haupt- und Residenzstadt Dresden für die J. 1868—72. Bearb. durch das Einwohneramt der Königl. Polizeidirection. 14.—18. Ausg. Lex.-8. Dresden, (am Ende.) [1868. (XX, 1025 S. mit 1 Plane der Stadt Dresden in Kpfrst. und Imp.-Fol.); 1869. (XII, 958 S.); 1870. (993 S.); 1871. (XII, 1056 S.); 1872. (XII, 1098 S. mit 2 lithogr. Karten in qu. und Imp.-Fol.)] cart. à Jahrg. **

Adreß- und Geschäfts-Handbuch der königl. Residenz- und Hauptstadt Dresden für die J. 1873 und 1874. Bearb. durch das Einwohneramt der königl. Polizeidirection. 19. und 20. Ausg. gr. 8. (XII, 1105; XII, 1147 S., mit je 1 Plane der Stadt Dresden, Kpfrst. in Imp.-Fol.) Dresden, (Kaufmann.) cart. à Jahrg. **

—— —— der königl. Haupt- und Residenzstadt Dresden für das J. 1875. Bearb. durch das Einwohneramt der königl. Polizeidirection. 21. Ausg. Nebst Nachträgen zur 1. und 2. Abthl. und 1 Plane der Stadt Dresden (Kpfrst. in Imp.-Fol.). Lex.-8. (XII, 1193 S.) Dresden, Kaufmann. cart ** geb. **

— dasselbe für d. Jahr 1876. 22. Ausg. Nebst Nachträgen zur 1. u. 2. Abth. u. e. Plane der Stadt Dresden. (Kpfrst. Imp.-Fol.) Lex.-8. (XII, 442; 346 u. 452 S.) Ebend. 876. n.n. 9. —; geb. n.n. 10. —

—— —— dass. — für das J. 1877. 23. Ausg. Lex.-8. (XII, 446, 350, 444 S.) Dresden, (Biller.) cart. ** geb. **

—— —— dass. — für die J. 1878—1880. 24.—26. Ausg. Lex.-8. (XX, 458, 373, 456; XX, 468, 382, 468; XVI, 492, 395, 472 S.) Dresden, (Kaufmann's Sortiment.) cart. à Jahrg. **

—— —— der königl. Residenz- und Hauptstadt Dresden für die J. 1881—1885. Bearb. durch das Einwohneramt der königl. Polizeidirektion. 27.—31. Ausg. Nebst Nachträgen zur I. und II. Abthl. und 1 (lithogr.) Plane der Stadt Dresden. Lex.-8. (XX, 507, 411, 464; XXIII, 445, 380, 448; XXIII, 847, 444; XXIII, 879, 460; XXIV, 944, 460 S.) Dresden, (Kaufmann's Sort.) Jahrg. 1881 ** Jahrg. 1882—1884 à ** M 10,70.; Jahrg. 1885 **

—— —— der königl. Residenz- und Hauptstadt Dresden für die J. 1886 und 1887. Bearb. durch das Einwohneramt der königl. Polizeidirektion. 32. und 33. Ausg. Nebst Nachträgen zum I. und II. Thl. Lex.-8. (XXIV, 1027, 472; XXIV, 1079, 416 S. mit je 1 lithogr. Plane der Stadt Dresden.) Dresden, (Kaufmann's Sortiment.) cart. à Jahrg.

— — der königl. Residenz- u. Hauptstadt Dresden f. d. J. 1888. Bearb. durch das Einwohneramt der königl. Polizeidirektion. 34. Ausg. Nebst Nachträgen zum I. u. II. Thl. u. e. (chromolith.) Plane der Stadt Dresden. Lex.-8. (XXIV, 1124 u. 436 S.) Dresden, (Kaufmann's Sort.). geb. n.n. 10. —

Adress-u. Geschäfts-Handbuch
— der Stadt Eberswalde f. 1906. Einwohner-Verzeichnis v. Amalienhof, Biesenthal, Britz usw. Bearb. nach amtl. Material v. Rud. Schmidt. (IV, 255 u. 62 S.) gr. 8. Eberswalde (Neue Kreuzstraße 5), C. Jancke. Kart. n.n. 4. —

— — **Eberswalder**, 1910. Hrsg. u. bearb. v. Rud. Schmidt. (308 u. 88 S.) gr. 8. Eberswalde, (W. Jancke). Geb. in Halbleinw. nn 4. —

— u. Geschäfts-Handbuch f. Stadt u. Kreis Eckernförde. gr. 8. (VI, V, 147 S. m. 1 Ansicht.) Eckernförde 897. C. Held. Kart. 3. —

— — für Stadt u. Kreis Eckernförde. (2. Ausg.) gr. 8. (V, 185 S.) Eckernförde 902. C. Heldt. Kart. n. 3. —

— — f. Stadt u. Kreis Eckernförde. 4. Ausg. (III, 224 S.) 8. Eckernförde 910. C. Heldt. Geb. in Halbleinw. nn 3. 50

— — von Eisleben. Mit e. Anh., enth. das zur Orientirg. Wünschenswertheste betr. der umlieg. Ortschaften. Red. v. B. Wicht. gr. 8. (VI, 123 S.) Eisleben 873. Reichhardt's Sort. n. 1. 25; cart. n. 1. 50

—— —— von Eisleben. 1875. 1876. Redig. von B. Wicht. gr. 8. (148; VIII, 126 S.) Eisleben, (Maehnert's Verlag.) 1875 * M 1,25.; 1876 *
1877—79 nicht erschienen.

— — von Eisleben u. dem daranstoßenden Theile der Gemeinde Helfta. 1882. Hrsg. v. B. Wicht. 8. (VIII, 172 S. m. 1 lith. u. color. Stadtplan.) Eisleben, (Mähnert). n. 3. —

— — von Eisleben. 1884. Hrsg. v. B. Wicht. gr. 8. (VIII, 192 S.) Eisleben 884. (Mähnert.) n. 3. —

— — Eisleben 1899. 8°(196).– Eisl., G. Reichardt.

—— —— der Stadt Eisleben. 1888. Hrsg. von H. Haase. gr. 8. (VII, 190 S.) Eisleben, M. Gräfenhan. geb. **

— — der Stadt Eisleben. Jahrg. 1890. Hrsg. v. H. Haase. gr. 8. (V, 190 S.) Eisleben, Gräfenhan. geb. n.n. 3. —

3

— — der Stadt Eisleben. 1892. Verf. v. H. Haase. 8. (V, 192 S.) Eisleben, M. Gräfenhan. Geb. in Leinw. n.n. 3.—

— — d. Stadt Eisleben. 1895. Hrsg. v. A. Müller. 8° (192) – Eisl., G. Reichardt.

— — d. Stadt Eisleben f. 1898. Bearb. n. amtl. Quellen u. hrsg. v. A. Müller. 8. (IV, 196 S.) Eisleben, G. Reichardt. Geb. in Leinw. n.n. 5. —

— — der Stadt Emden. 1880—81. 2. Ausg. Mit e. neuen (chromolith.) Plane der Stadt Emden (in gr. Fol.). gr. 8. (XVI, 232 S.) Emden, Haynel. geb. n.n. 5. —

Adreß- u. Geschäfts-Handbuch der Stadt Emden. 1887. 3. Ausg. gr. 8. (XVIII, 247 S.) Emden, Haynel. geb. n.n. 4. —

—— —— der Stadt Emden. 1890. gr. 8. (108 S.) Emden, Haynel. geb. * 2 —

— — f. d. Stadt Essen. Nach amtl. Quellen bearb. 1. Jahrgang 1859. Essen, (Deiter.) 16. (VIII, 77 S.) n. 20 ngr.

—— —— für die Stadt Essen. Nach amtl. Quellen bearb. 1. Jahrg. 1859. gr. 16. (VIII und 77 S.) Essen, (Seemann's Sortimentsh.) **

Adress- und Geschäftshandbuch

— — von Eßlingen am Neckar. Bearb. v. Klein u. Uhl. gr. 8. (VII, 143 S.) Eßlingen 894. (A. Lung.) Kart. n. 2. 40

— — v. Eßlingen am Neckar. Hrsg. auf 1. Jan. 1896 v. Klein u. Uhl. gr. 8. (VIII, 148 S.) Eßlingen 896. (C. Amsler. — A. Lung.) Kart. n.n. 2. 50

– Esslingen a/Neckar samt Filialen f. 1900. 8°(192).– Essl. (W. Langguth).

— — der Oberamtsstadt Eßlingen a/Neckar samt Filialen f. d. J. 1901. Hrsg. v. Siegel. gr. 8. (II, 208 S.) Eßlingen (W. Langguth). Kart. n. 3. 50

— — der Oberamtsstadt Eßlingen am Neckar samt Filialen f. d. J. 1903. Hrsg. v. Siegel. (II, 235 S.) gr. 8. Eßlingen. (Stuttgart, A. Lung.) Kart. n.n. 3. —

— — von Soolbad Frankenhausen a. Kyffh. u. den umlieg. Ortschaften Bendeleben, Borxleben, Esperstedt, Göllingen, Günserode, Jchstedt, Kyffhäuser, Oldisleben, Rathsfeld, Ringleben, Rothenburg, Seega, Seehausen, Steinthalleben, Udersleben. Mit e. Anh.: „Eisenbahn-Fahrpreise v. Station Frankenhausen ab" u. „Postorte innerh. der 1. Zone". 1. Jahrg. 1899. gr. 8. (IV, 75 S.) Frankenhausen, E. Werneburg. Kart. n. 1. 20

— — von Solbad Frankenhausen. Nach amtl. Quellen bearb. 2. Jahrg. 1906. (VI, 91 S.) 8. Frankenhausen, E. Werneburg. n.n. 1. 50

— — von der Stadt Freiburg i/Schl., sowie den Nachbargemeinden Zirlau u. Polsnitz. Nach amtl. Quellen bearb. v. A. Ulber. 2. Ausg. gr. 8. (107 S.) Freiburg i/Schl. 894. (H. Heiber.) Geb. in Halbleinw. n.n. 2. 50

— — von Freudenstadt m. Filialen Christofstal, Langenwald, Langenhardt, Kniebis sowie Zwieselberg (Gemeinde Reinerzau), nebst e. Plan v. Freudenstadt. Nach amtl. Erhebgn. zusammengestellt u. bearb. in der Buchdr. G. Graf. 1909. (112 S.) 8. Freudenstadt, (Schlaetz). 1. 20

— — v. Fürth, s.a. Schmittner.

—— —— von Fürth für das J. 1884. Nach amtl. Quellen zusammengestellt vom städt. Einwohner-Bureau. gr. 8. (VI, 229 S. mit 1 lithogr. Stadtplan.) Fürth, Kühl. cart. **

— — von Fürth f. d. J. 1886. Nach amtl. Quellen zusammengestellt. gr. 8. (IV, 355 S.) Fürth 886. Eßmann. n.n. 4. —

—— —— von Fürth. 1889 u. 1891. gr. 8. (328; 501 S. m. je 1 farb. Plan.) Fürth, Schmittner. geb. à Jahrg. ** 4 50

— — v. Fürth. 8. (XVI, 184; 138, 23, 81 u. 60 S. m. farb. Plan.) Fürth 890. Schmittner. geb. n. 4. 50

— — für Füssen i. A. (im Allgäu) u. Umgebung Faulenbach—Schwangau—Hohenschwangau) 1910. Auf Grund amtl. Erhebgn. hrsg. u. verlegt vom Zeitungs-, Reiseführer- u. Adreßbücher-Verlag „Monachia" München. (48 S. m. Abbildgn.) gr. 8. München, (E. Scherzer). Geb. 2. —

— — der Haupt- u. Residenzstadt Gera mit den Landgemeinden d. unterländischen Bezirkes, d. Pflege Reichenfels u. der Enclave Liebschwitz. Nebst 3 rev. Plänen: Stadtplan $^1/_2$, Flurkarte u. Theaterplan. 1893. Red. v. Rose u. Keller. 23. Jahrg. Lex.-8. (XVI, 408 S.) Gera, C. B. Griesbach. Geb. in Leinw. n.n. 7. 50

— — d. Haupt- u. Residenzstadt Gera m. d. Orten Cuba, Debschwitz u. Untermhaus. Ausg. i. Mon. Jan. 1895. Red. v. Rose u. Keller. 24. Jahrg. gr. 8. (XV, 340 S.) Gera 895. K. Bauch. Geb. in Leinw. n.n. 6. —

— — Gera m. Debschwitz, Pforten u. Untermhaus. Ausg. Neuj. 1901. 27. Jahrg. 8°(216 u. 127).– Gera, K. Bauch.

— — der Haupt- u. Residenzstadt Gera m. den Orten Debschwitz, Pforten u. Untermhaus. Ausg. Neujahr 1903. Red. v. dem städt. Meldeamte u. der Verlagsbuchhandlg. 28. Jahrg. gr. 8. (XVI, 362 S.) Gera, K. Bauch. Geb. in Leinw. n.n. 7. —

— — der Provinzial-Hauptstadt Gießen f. d. J. 1889, sowie Auszüge aus den verschiedenen Ortsgesetzen. Hrsg. v. dem Bureau Großh. Polizeiamts Gießen. gr. 8. (IV, 143 S.) Gießen, (Ferber). geb. n. 4. —

—— —— für die Provinzial-, Haupt- und Universitätsstadt Gießen für 1874. Hrsg. von A. Rühl. gr. 8. (64 S.) Gießen, (Ferber.) *

—— —— der Stadt Glauchau hrsg. von Fr. Bamberger. Jahrg. 1872. gr. 8. (84 S.) (Glauchau, Burow.) *

– Gleiwitz u. Richtersdorf. 1898 - 99. 8°(272).– Gleiw., A. Jaeger).

— — der königl. württemb. Oberamtsstadt Gmünd. Bearb. v. Alb. Netzel. 1894. gr. 8. (178 S.) Schw. Gmünd, (J. Roth). Kart. n.n. 3. 50

— — der königl. württemb. Oberamtsstadt Gmünd. Bearb. v. Alb. Netzel. gr. 8. (VIII, 203 S. m. Plan.) Schwäb. Gmünd 900. (B. Krauß. — J. Roth.) Kart. n.n. 3. —

— — der königl. württ. Oberamtsstadt Gmünd. Bearb. v. Alb. Netzel. (VIII, 229 S. m. 1 Plan.) gr. 8. Schw.-Gmünd 906. (J. Roth.) Geb. n.n. 5. —

— — der Oberamtsstadt Göppingen. Unter Mitwirkg. v. Schwanz hrsg. v. Illig u. Müller. gr. 8. (IV, 160 S. mit Stadtplan.) Göppingen 900. (J. Dietler.) Kart. n. 3. —

— — der Oberamtsstadt Göppingen. Bearb. nach dem Stand am 1. X. 1906. (VIII, 250 S. m. 1 Plan.) 8. Göppingen 906. (E. Herwig). Kart. nn 4. 50

—— —— für die Stadt Görlitz. Unter Zugrundelegung amtl. Mittheilungen hrsg. von Louis Stangen. Lex.-8. (III und 162 S.) Görlitz 861., Vierling. * —

—— —— der Landeshauptstadt Graz. Mit Benützung amtl. Quellen zusammengestellt. gr. 8. (III und 448 S.) Graz 867, (Leuschner und Lubensky.) cart. * *

– Greifswald f. 1899. 8°(178 m. 3.Pl.).– Greifsw., J. Abel.)

—— —— der Residenzstadt Greiz pro 1871/1872. Hrsg. von A. Kühl. gr. 8. (48 S.) Reichenbach 872, (Köhler's Buchh.) *

—— —— der Residenzstadt Greiz pro 1878/79. Nach officiellen Grundlagen zusammengestellt von Chrn. Teich. gr. 8. (VI, 136 S.) Greiz, Teich's Buchh. *
1875—77 nicht erschienen.

— — der Residenzstadt Greiz pro 1881/82. Nach amtl. Unterlagen zusammengestellt. gr. 8. (170 S.) Greiz, Teich. geb. n. 3. —

— — der Residenzstadt Greiz f. 1885. Nach amtl. Unterlagen zusammengestellt v. Jul. Klemm u. Otto Poetzsch. gr. 8. (192 S.) Greiz 885. Schlemm. cart. n. 4. —

— — der Residenzstadt Greiz f. 1889. gr. 8. (III, 224 S.) Greiz, Schlemm. geb. n. 4. 50

— — der Residenzstadt Greiz f. 1892. Nach amtl. Unterlagen zusammengestellt. gr. 8. (IV, 254 S. m. farb. Plan.) Greiz, E. Schlemm. n. 4. —

— — d. fürstl. Residenzstadt Greiz f. 1898. N. amtl. Unterl. zusammengest. gr. 8. (IV, 281 S.) Greiz, E. Schlemm Nachf. Geb. in Leinw. n. 4. —

—— —— der Stadt Grimma. Hrsg. von Fr. Bamberg. 1887/88. gr. 8. (50 S.) Grimma, (Gensel.) cart.

— — der Stadt Grimma. Hrsg. v. Fr. Bamberg. 1887/88. gr. 8. (50 S.) Grimma, (Hensel). cart. n. 2. —

— —Grossenhain, Amtshauptmannsch., m. Stadt Radeburg. 8°(203).– Grossenh. 1898, H. Starke.

— — der Stadt Großenhain. Nach amtl. Quellen bearb. 8. (III, 119 S. m. lith. Plan.) Großenhain 880. Hentze. cart. n. 2. —

— — der Stadt Großenhain. Nach amtl. Quellen bearb. gr. 8. (III, 151 S.) Großenhain 884. (Hentze.) cart. n. n. 3. —

—— —— der Stadt Großenhain. Nach amtl. Quellen bearb. gr. 8. (III, 165 S.) Großenhain 887, (Hentze.) cart.

— — der Stadt Großenhain. gr. 8. (III, 136 S.) Großenhain 889, (Hentze). cart. n. n. 3. 50

— — der Stadt Großenhain. Nach amtl. Quellen bearb. gr. 8. (III, 152 S. m. 1 Tab.) Großenhain 892. (A. Hentze.) Geb. n. n. 3. —

— — d. Stadt Großenhain. gr. 8. (III, 166 S. m. farb. Plan.) Ebd. 898. n. 3. —

— — von Günzburg a. D. 1910. Auf Grund amtl. Erhebgn. hrsg. u. verlegt vom Zeitungs-, Reiseführer- u. Adreßbücher-Verlag „Monachia", München. (47 S.) 8. München, (E. Scherzer). Geb. 2. —

—— —— von Halberstadt f. d. J. 1892. 35. Jahrg. gr. 8. (386 S. m. Stadtplan.) Halberst., (Helm). ** 2 60; geb. ** 2 80

— — von Halberstadt f. d. J. 1898 m. 1 Plan von Halberstadt u. 1 Karte d. Stadt- u. Landkreises Halberstadt, sow. Verzeichn. d. Einwohner v. Wehrstedt. Hrsg. v. G. Dietze. 41. Jahrg. 8. (IV, 360 u. 44 S.) Halberstadt (Frantz). n. 2. 80

Adress- und Geschäfts-Handbuch d. Residenzst. Hannover f. 1869. 8° (750) Hannover: Klindworth.

— — d. Stadt Harburg. Herausg. von Gust. Elkan. 5. Jahrg. Harburg, 863. Elkan. gr. 8. (122 S.) nn. 16 ngr.

— — der Stadt Heilbronn. 1882. Bearb. v. Kopp. Mit dem (chromolith.) Stadtplan. 8. (III, 270 S.) Heilbronn 882. (Scheurlen's Sort.) cart. n. 4. 65

—— —— der Stadt Heilbronn. 1887. Bearb. von Kopp. 8. (329 S. mit 1 Stadtplan.) Heilbronn, (Scheurlen's Sortiment.) cart. *

— — der Stadt Heilbronn. Bearb. durch Kopp. 1893. Mit dem Stadt- u. Theaterplan. gr. 8. (III, 418 S.) Heilbronn, (E. Becker-Merker). Kart. n. 4. —

— — d. Stadt Heilbronn. Bearb. durch Kopp. 1893. 8° (418 m. 2 Pl.) — Heilbr., Selbstverl. d. Hrsg.

—— —— der Stadt Heilbronn. 1893. 8. (404 S. m. 1 Stadtplan.) Heilbr., Scheurlen's Sortiment. * 4 —
Erscheint alle 2 Jahre.

— — d. Stadt Heilbronn. Bearb. durch Kopp. 1897. M. d. Stadt- u. Theater-Plan. gr. 8. (438 S.) Heilbronn (E. Becker). Kart. n. 4. —

— — der Stadt Heilbronn. Bearb. durch Wanner. 1901. 8. (III, 472 S. m. Plan.) Heilbronn (F. Stritter). Kart. n. n. 5. —

— — der Stadt Heilbronn. Bearb. durch Wanner. 1906. (III, 556 S. m. Stadtplan.) 8. Heilbronn (F. Stritter). Kart. n. n. 5. —

— — der Stadt Heilbronn. Bearb. durch Wanner 1909. (III, 596 S. m. farb. Plan.) 8. Heilbronn, (F. Stritter). Geb. nn 5. 50

—— —— der Stadt Hof. 1873. Mit einem vollständigen Straßen- und Häuserverzeichniß mit Angabe der Haus-Eigenthümer. gr. 8. (VIII, 163 S.) Hof, Grau und Comp. * mit 1 lithogr. Plan der Stadt (in Imp.-Fol.) *

Adreß- und Geschäfts-Handbuch der Stadt Hof. 1875 und 1878. gr. 8. (IX, 260; IV, 141 S.) Hof, Grau und Comp. Jahrg. 1875. * *M* 3.; Jahrg. 1878. *
1876, 1877 und 1879 nicht erschienen.

—— —— der Stadt Hof. 1880. 1883. gr. 8. (IV, 142; IV, 150 S.) Hof, Grau und Comp. à Jahrg. *
Jahrg. 1881 und 1882 nicht erschienen.

— — der Stadt Hof f. 1885 u. 1886. gr. 8. (IV, 164 S.) Hof 885. Lion. n. 3. —

—— —— dass. — für 1887 und 1888. gr. 8. (IV, 176 S.) Ebendas. *

— — der Stadt Hof f. 1891/92. 8. (IV, 284 S.) Hof, Lion. n. 4. —; geb. n. 4. 40

Adreß- u. Geschäfts-Handbuch der Stadt Hof f. 1893/94. gr. 8. (IV, 300 S.) Hof, R. Lion. Kart. n. n. 4. 40

Adress- und Geschäftshandbuch d. Stadt Hof in Bayern 1895/1896. 10. Asg. 8⁰ (219 m. 1 Ansicht.) – Hof: R. Lion.

— — d. Stadt Hof in Bayern. 1897. 11. Ausg. Bearb. n. offiz. Unterl. gr. 8. (VIII, 283 S.) Hof, R. Lion. Kart. n. 5. —

– Hof in Bayern. 1899. 12. Ausg. 8⁰(235).– Hof, R. Lion.

— — der Stadt Hof in Bayern. 1901 u. 1902. 13. Ausg. Bearb. nach offiziellen Unterlagen. gr. 8. (VI, 267 S.) Hof, R. Lion. Kart n.n. 5. —

— — der Stadt Hof in Bayern. 1905 u. 1906. 15. Ausg. Bearb. nach offiziellen Unterlagen. (VIII, 312 S.) gr. 8. Hof, G. A. Grau & Co. Kart. n.n. 5. —

— — der kgl. bayer Stadt Hof. 1909 u. 1910. 17. Ausg. Bearb. nach offiziellen Unterlagen. (IV, 374 S.) gr. 8. Hof (909.) G. A. Grau & Co. Geb. nn 6. —

— — derStadt Kaiserslautern 1870. Redig. von Ph. Rohr. Kaiserslautern, Rohr. gr. 8. (2 Bll., 144 S.) n. 16 ngr.

— — der Stadt Kaiserslautern 1872. Red. v. Ph. Rohr. 2. Ausg. 8. (151 S.) Kaiserslautern 872. Rohr. n. 1. 80

— — dasselbe 1876. 3. Ausg. 8. (177 S.) Ebend. 876. 2. 50

— — der Stadt Kaiserslautern. 4. Ausg. 1881. 8. (312 S.) Kaiserslautern. Rohr. n. 3. —

— — dasselbe. Nachtrag zur 4. Ausg. gr. 8. (48 S.) Ebend. 882. n. — 40

— — dass. — Redig. von Ph. Rohr. 5. Ausg. 1884. gr. 8. (398 S.) Ebendas. **

— — der Stadt Kaiserslautern. Redig. von Ph. Rohr. 6. und 7. Ausg. 1886 und 1888/89. gr. 8. (432 S. mit 1 lithogr. und color. Plan; 441 S.) Kaiserslautern, Rohr. à Jahrg. *

— — der Stadt Kaiserslautern. 8. u. 9. Ausg. 1890/91 u. 1892/93. gr. 8. (493; 538 S. m. je 1 Stadtplan u. Plan d. Stadttheaters.) Kaiserslautern, Rohr. cart. à Ausg. ** 3 50

— — der Stadt Kaiserslautern. X. Ausg. 1894/95. 8. (VIII, 558, 32 u. 4 S. m. Stadt- u. Theaterplan.) Kaiserslautern, Ph. Rohr. n.n. 3. —; geb. in Halbleinw. n.n. 3. 50

— — d. Stadt Kaiserslautern. M. Stadtplan u. Plan d. Stadttheaters als Anh. XI. Ausg. 1896/97. 8. (VIII, 616 S.) Kaiserslautern, Ph. Rohr. Geb. n. 3. 50

— — der Stadt Kaiserslautern. Mit Stadtplan u. Plan des Stadttheaters als Anh. XIV. Ausg. 1901. 8. (VIII, 886 S.) Kaiserslautern, Ph Rohr. Geb. n. 3. 50

— — der Stadt Kaiserslautern, Otterberg u. Winnweiler. Mit Stadtplan u. Plan des Stadttheaters Kaiserslautern als Anh. XV. Ausg. 1903/4. (XVI, 1023 S.) 8. Kaiserslautern (903). Ph. Rohr. Geb. in Leinw. n. 4. —

— — von Karlsbad u. Umgebg. 1906/07. Auf Grund amtl. Unterlagen bearb. v. Jos. Voigt. (L, 304 u. 95 S. m. 1 Plan.) gr. 8. Karlsbad, R. Hougstenborg. Geb. in Leinw. n.n 6. 50

— — der Stadt Kattowitz f. d. J. 1894. Nach amtl. Material zusammengestellt u. hrsg. v. Karl Göldner. 1. Jahrg. gr. 8. (VI, 266 S.) Kattowitz, Gebr. Böhm. Kart. n. 4. —

— — der Stadt Kempten 1888. gr. 8. (III, 128 S.) Kempten, Dannheimer.

— — der Stadt Kempten 1892. gr. 8. (138 S.) Kempten, T. Dannheimer. n.n. 3. —

— — d. Stadt Kempten 1895. gr. 8. (142 S.) Kempten, T. Dannheimer. n.n. 3. —

— — der Stadt Kempten 1899. gr. 8. (IV, 172 S. m. 1 farb. Plan.) Kempten, T. Dannheimer. n. 4. —

— — d. kgl. sächs. Amtsgerichts-Bez. Königstein, aufführ. d. Einwohner-Verzeichnisse v. Königstein m. Ortstheilen Ebenheit u. Halbestadt, Festung Königstein, Cunnersdorf, Gohrisch, Hermsdorf m. Brausenstein, Hütten, Kleinhennersdorf, Langhennersdorf, Leupoldishain mit Nicolsdorf, Papstdorf m. Koppelsdorf, Pfaffendorf, Bastei, Rathen (Ober- u. Niederrathen), Naum, Reichstein, Rosenthal m. Neidberg u. Schweizermühle, Thürmsdorf u. Weißig m. Strand. 1894/96. N. amtl. u. priv. Quellen bearb. gr. 8. (65 S.) Dresden (C. Winter). Kart. 2. —

— — für Kötzschenbroda mit Ortstheil Fürstenhain, Niederlößnitz u. Oberlößnitz [incl. einiger zur Gemeinde Serkowitz gehör. Grundstücke]. 1880. Hrsg. v. Wold. Vogel. gr. 8. (94 S.) Kötzschenbroda. (Dresden, v. Zahn.) n.n. 1. 25; geb. n.n. 2. —

— — für Kötschenbroda mit Ortstheil Fürstenhain, Niederlößnitz und Oberlößnitz [incl. einiger zur Gemeinde Serkowitz gehör. Grundstücke]. 1886. 4. (116 S.) Dresden, Albanus'sche Buchdruckerei. (Chr. Teich.) *

— — der Ortschaften Kötzschenbroda — Fürstenhain, Nieder- und Ober-Lößnitz auf das J. 1876. Im Selbstverlag hrsg. von Aug. Ziegner. gr. 8. (29 S.) Kötzschenbroda, Selbstverlag. **

— — der Stadt Kulmbach, m. e. Anh.: Verzeichniß der Beamten u. Bediensteten d. kgl. Zuchthauses Plassenburg. gr. 8. (132 S.) Kulmbach 882. Wanderer. 1. 50

— — der kgl. bayer. Stadt Kulmbach m. e. Anh.: Verzeichnis der Beamten u. Bediensteten d. kgl. Zuchthauses Plassenburg. gr. 8. (123 S.) Kulmbach 894. R. Rehm. Kart. n. 1. 60

Adreß- u. Geschäfts-Handbuch d. Landgemeinden d. Altenburger Ostkreises. Nebst e. Geschäfts-Anzeiger, sow. e. (farb.) Spezial-Karte d. Ostkreises. Bearb. v. Br. M. Jungandreas. gr. 8. (XVI, 240 S.) Langenleuba-Niederhain 896. (Altenburg, Schnuphase. — Leipzig, P. Stiehl.) Geb. in Leinw. n.n. 4. 50

— — für Landsberg, s. Wohnungs-Anzeiger u. s. w.

— — für die königl. bayer. Kreishauptstadt Landshut. Nach amtl. Quellen bearb. Mit einer statistisch-topograph. Einleitung. gr. 8. (V, 40, 100 S.) Landshut 888, Krüll'sche Universitäts-Buchh. cart. *

— — für d. kgl. bayer. Kreishauptstadt Landshut. gr. 8. (94 S.) Landsh. 890, Krüll. cart. ** 3 —

— — dass. — gr. 8. (IV, 40, 64, 20, 21 S.) Ebd. 892. cart. * 3 50

— — für d. kgl. bayer. Kreishauptstadt Landshut 1894. Nach amtl. Quellen bearb. gr. 8. (IV, 62, 52 u. 46 S.) Landshut, (Ph. Krüll). Kart. n.n. 3. —

Adreß- u. Geschäfts-Handbuch f. d. kgl. bayer. Kreishauptstadt Landshut. N. amtl. Quellen bearb. v. Fremdenbureau d. Stadtmagistrats Landshut. gr. 8. (IV, 66, 59, 24, 19 u. 9 S.) Landshut 898. (Ph. Krüll.) Kart. n. 3. —

Adreß- u. Geschäfts-Handbuch für die k. b. Kreishauptstadt Landshut. Nach amtl. Quellen bearb. vom Einwohnerbureau des Stadtmagistrates Landshut. gr. 8. (VIII, 64 u. 84 S. m. 1 Plan) Landshut 902. (Ph. Krüll.) Kart. n.n. 2. 50

— — für Loschwitz 1886. Verzeichniß der Einwohner, Straßen, Behörden, öffentl. Anstalten u. Einrichtgn. gr. 8. (74 S.) Dresden 886. Teich. n. 1. —

— — für Loschwitz f. d. J. 1888/89. gr. 8. (78 S. m. Plan.) Dresden, Albanus'sche Buchdr. (Chr. Teich). n. 1. —

—— —— für Loschwitz. 1890/91. 4. Jahrg. gr. 8. (78 S.) Blasewitz, Alw. Arnold. 1 —

— — für Stadt u. Amt Lüdenscheid. 8. (170 S.) Lüdenscheid 888, Wenck. cart. n. 4. —

Adress-u. Geschäfts - **Handbuch** f. Stadt u. Amt Lüdenscheid. 8°(179).– Lüdensch. 1891, (P. Dalichow.)

— — für Stadt u. Amt Lüdenscheid. Nach amtl. Quellen bearb. 8. (II, 179 S.) Lüdenscheid 891. O. Wenck. Kart. n. 4. —

— — der Stadt Ludwigsburg. 1892. 8. (218 S.) Ludwigsburg, (J. Aigner). n.n. 2. 20

—— —— für Magdeburg. 1856. Redig. und hrsg. von C. Kieß. (12. Jahrg.) gr. 8. (VIII und 248 S.) Magdeburg 856, (Gebr. Baensch.) **

**Adreß- und Geschäftshandbuch** von Magdeburg, Neustadt, Sudenburg und Buckau. 1857—1863. Redig. und herausg. von C. Kieß.' 13—19. Jahrg. Magdeburg, (E. Baensch.) gr. 8. Jeder Jahrg. nn. 1 [illegible] 15 ngr.

—— —— von Magdeburg, Neustadt, Sudenburg und Buckau. 1862—1867. Redig. und hrsg. von C. Kieß. 18.—23. Jahrg. Lex.-8. (VIII und 312 S., VI und 308 S., [...], IV und 304 S., VI und 318 S., IV und 316 S., VI und 324 S.) Magdeburg, (Baensch.) cart. à Jahrg. ** 1 Thlr. 15 Ngr. **

— — von Magdeburg f. d. J. 1890. Hrsg. v. C. R. Kieß. 46. Jahrg. gr. 8. (IV, 84 u. 600 S. m. chromolith. Plan.) Magdeburg. (Berlin, Eisenschmidt & Schultze.) geb. n.n. 9. —

—— —— von Magdeburg f. d. J. 1892. Hrsg. v. Carl Rob. Kieß. 48. Jahrg. gr. 8. (XIV, 100, 654 S.) Magdeb., (Faber). ** 7 50 Erscheint jährlich.

— — v. Magdeburg f. d. J. 1894. Zusammengestellt u. hrsg. v. Carl Rob. Kieß. 50. Jahrg. Jubiläums-Ausg. gr. 8. (VI, X, 104, 400, 279 u. 32 S. m. Bildnis, Wandkalender, Plan u. Führer. 12. [8 S.]) Magdeburg. (Leipzig, Eisenschmidt & Schulze.) Geb. in Leinw. n.n. 10. —

— — v. Magdeburg f. d. J. 1897. Zusammengest. v. Carl. Rob. Kieß. 53. Jahrg. gr. 8. (IV, 122; 452 u. 311 S. m. Theaterplänen im Text u. Stadtplan.) Magdeburg (Fürstenwallstr. 11), C. R. Kieß. Geb. in Leinw. n.n. 9. —

—— —— der Provinzial-Hauptstadt Mainz mit Gartenfeld und Zahlbach für 1872. Nach amtl. Notizen und Original-Aufzeichnungen bearb. gr. 8. (VIII, 385 und Firmen-Register 31 S.) Mainz, (Diemer's Buchh.) cart. **

—— —— dass. — für 1874. Nach Original-Aufzeichnungen und amtl. Notizen bearb. gr. 8. (376 S.) Ebendas. cart. **

—— —— der Provinzial-Hauptstadt Mainz mit Gartenfeld und Zahlbach. Nach Orig.-Aufzeichnungen und amtl. Notizen bearb. Hrsg. am 1. Septbr. 1876. gr. 8. (VIII, 167 und 231 S.) Mainz, (Diemer.) cart. **

— — der Provinzial-Hauptstadt Mainz einschließlich der Neustadt u. Zahlbach. Nach Orig.-Aufzeichngn. u. amtl. Notizen bearb. Hrsg. den 1. Aug. 1878. gr. 8. (VIII, 396 S.) Mainz 878. Diemer in Comm. n.n. 8. —

— — der Kurstadt Marienbad, des Stiftes Topl, der Stadt Topl u. Königswart. Nach amtl. Quellen bearb. v. Alfr. Andersch. (XVI, 168 S. mit 8 Taf. u. 1 farb. Plan.) gr. 8. Marienbad (905). F. Gschihay. Geb. in Leinw. n.n. 5. —

—— —— der Fabrikstadt Meerane für 1877. Hrsg. von A. Ruhl. 8. (84 S.) Meerane, Selbstverlag. geb. *

— — der Stadt Meißen u. der Vororte Bohnitzsch, Fischergasse, Hintermauer, Korbitz, Lercha, Neudörfchen, Niedermeisa, Obermeisa, Niederspaar, Oberspaar, Questenberg, Zaschendorf u. Zscheila nebst Inseraten-Anh. Ausg. Ende Juni 1906. Hrsg. m. Unterstützg. des städt. Meldeamtes zu Meißen. (XXXII, 234 S.) gr. 8. Meißen (L. Mosche). Geb. n.n. 3. 75

— — der Stadt Meißen u. der Vororte Bohnitzsch, Fischergasse, Hintermauer, Korbitz, Lercha, Neudörfchen, Niedermeisa, Obermeisa, Oberspaar, Questenberg, Zaschendorf u. Zscheila nebst Inseraten-Anh. Ausg. Mitte Juli 1910. Bearb. nach amtl. u. privaten Unterlagen. (X, 261 S.) gr. 8. Meißen, (L. Mosche). Geb. nn 4. —

— — der Stadt Meißen u. d. Vororte Fischergasse, Hintermauer, Korbitz, Lercha, Neudörfchen, Ober- u. Niederspaar, Ober- u. Niedermeisa, Questenberg, Zscheila u. Zaschendorf nebst Inseraten-Anh. Ausg. im Juni 1902. Hrsg. mit Unterstützg. des städt Meldeamtes zu Meißen. gr. 8. (XXXII, 222 S.) Meißen (L. Mosche). Geb. n.n. 3. 50

— — für die Stadt Meißen u. deren Vororte, nebst Inseraten-Anh. Meißner u. auswärt. Firmen auf d. J. 1890. Hrsg. v. E. H. Krauße. gr. 8. (160 S.) Meißen, (Mosche). cart. n.n. 2. 50

—— —— für die Stadt Meißen und seiner Vororte, auf die J. 1887—1888. Hrsg. von A. R. Hellriegel. gr. 8. (155 S.) Meißen, Kobisch. geb. **

— — für Meißen-Cölln, Fischergasse, Hintermauer, Lercha, Neudörfchen, Ober- u. Niederspaar, Ober- u. Niedermeisa, Questenberg u. Zscheila nebst Inseraten-Anh. 1898/99. Hrsg. v. B. Miersch. gr. 8. (VII, 200 S.) Meißen (L. Mosche). Geb. n.n. 3. 25

— — für Meißen-Cölln, Hintermauer, Questenberg, Fischergasse, Klosterhäuser, Neudörfchen, Ober- u. Niedermeisa, Ober- u. Niederspaar auf d. J. 1893. Hrsg. v. B. Miersch. gr. 8. (VIII, 192 S.) Meißen, (L. Mosche). Geb. n.n. 3. —

Adress- und Geschäfts**handbuch** für Meissen-Cölln, Hintermauer, Questenberg, Neudörfchen, Ober- u. Niedermeisa, Fischergasse, Ober- u. Niederspaar. Asg. im Juli 1895. Hrsg. v. B. Miersch. 8° (191) – Meiss., (L. Mosche).

— — für die Stadt Mittweida u. die zum Amtsgerichtsbez. Mittweida gehörenden Landorte. Auf Grund amtl. Unterlagen bearb. v. Hugo Hertwig. 1899. gr. 8. (VI, 164 u. 68 S. m. 1 Karte.) Mittweida (H. Schlüter). Kart. n.n. 3. 50

—— —— Naumburger für die J. 1875—1879. 8. (à 218 S.) Naumburg, Sieling. à Jahrg. **

— — d. Landkreises Neisse. Hrsg. v. Paul Negwer. 8. (II, 361 S.) Neisse 898. (J. Graveur's Verl.) Geb. in Leinw. n. 3. 50

— — d. Stadt Neisse, Hrsg. v. P. Negwer, 1895. 8° (241) – Neisse, (J. Graveur's V.).

— — für die Stadt Oederan u. die Landgemeinden Börnichen, Breitenau, Eppendorf, Frankenstein, Gahlenz, Görbersdorf, Hartha, Hetzdorf, Kirchbach, Memmendorf, Schönerstadt, Thiemendorf, Wingendorf 1890/92. Bearb. u. Hrsg.: H. O. Gärtner. gr. 8. (95 S.) Dresden. (Berlin, Eisenschmidt & Schulze.) cart. n.n. 3. —

— — für die Ortschaften der beiden kgl. sächs. Amtsger.-Bezirke Döhlen-Tharandt auf die J. 1889/90. gr. 8. (78 S.) Dresden, H. O. Gärtner. cart. n. 2. —

— — für d. Ortschaften d. kgl. sächs. Amtsgerichts Großenhain auf die J. 1888/89. Hrsg.: A. R. Hellriegel. gr. 8. (65 S.) Dresden, (H. O. Gärtner). cart. n. 1. 50

— — für die Städte Oschatz, Dahlen, Mügeln, Strehla u. sämtliche in der königl. Amtshauptmannsch. Oschatz gelegenen Landgemeinden. 1904. (114, 21, 26, 19 u. 170 S.) gr. 8. Oschatz (B. Krasemann Nachf.). Geb. n.n. 3. 50.

— — f. d. Städte Oschatz, Strehla, Mügeln, Dahlen u. sämmtliche in der königl. Amtshauptmannsch. Oschatz gelegenen Landgemeinden. 1895. gr. 8. (III, 112; 23, 24, 23 u. 152 S.) Oschatz, F. Oldecop's Erben. Geb. in Leinw. n. 2. 50

— — der Stadt Oschersleben. 1876/77. Bearb. v. C. Vollmann. In 4 Abtheilgn. nebst Chronik der Stadt u. gewerbl. Anzeigen. 8. (102 S.) Oschersleben 876. (Köppel.) n. 1. 25

— — der Stadt Paderborn. 1883. 8. (IV, 153 S.) Paderborn 883. Junfermann. geb. n.n. 2. —

—— —— der Stadt Paderborn. 1887. 8. (104, 31 S.) Paderborn, Junfermann'sche Buchh. geb.

— — der Stadt Paderborn. 1892. 8. (III, 114 u. 32 S. m. Plan.) Paderborn, Junfermann. Kart. n.n. 2. 25

— — f. d. Stadt Paderborn. 1898. 8. (III, 215 S.) Paderborn, Junfermann. n.n. 3. —

— — der Stadt Paderborn. 1901. 8. (III, 250 S.) Paderborn 901. Junfermann. n.n. 3. —

— — der Stadt Paderborn. 1906. (III, 259 S.) 8. Paderborn, Junfermann. n.n. 4. —

— — der Stadt Paderborn. 1908. III, 268 S.) 8. Paderborn 908. Junfermann. nn 4. —

— — d. Stadt Passau (1895/1896). Bearb. u. hrsg. v. A. Liesecke. 3. Asg. 8° (296) – Pass., (M. Waldbauer).

— — d. Stadt Passau, nebst e. Wohnungs-Anzeiger d. Kurortes Hals, sowie d. an d. Stadt grenz. Gemeinden Beiderwiese, Grubweg, Hacklberg, Haidenhof u. Ries. N. Orig.-Aufn. bearb. u. hrsg. v. Albr. Liesecke. 4., verb. Ausg. 8. (308 S.) Passau 898. (G. Kleiter. — M. Waldbauer.) Kart. n.n. 3. —

— — der Stadt Passau sowie der an die Stadt grenz. Gemeinden Beiderwiese, Grubweg, Hacklberg, Haidenhof, Ries u. Markt Hals. Mit e. Plan v. Passau. Nach Orig.-Aufnahmen bearb. u. hrsg. v. Ablaßmeyer & Penninger. 5. verb. Ausg. (1900—2.) 8. (334 S. m. 1 Taf.) Passau (M. Waldbauer). Kart n. 4 70

**Adress-, Geschäfts- u. Personal-Handbuch** der Landeshauptstadt Troppau 1905. Zusammengestellt nach amtl. Daten v. Otto Krämer. (30, 293, 24 u. Nachtrag 6 S.) gr. 8. Troppau (Kaiser Josef-Park 5), A. Drechsler. n. 4. 50

Adress - und Geschäftshandbuch

— — für Pieschen, f. die Jahre 1886/87. Nach amtl. Quellen bearb. gr. 8. (118 S.) Dresden, Teich. n. 1. 50

—— —— für Pirna u. Copitz. Mit 1 Plan d. Stadt. 1891. 6. Ausg. gr. 8. (208 S.) Pirna, Eberlein. ** 2 50; geb. ** 3 —
Erscheint alle 3 Jahre.

— — für Pirna u. Copitz. 1895. 7. Ausg N. behördl. Unterlagen a. Gr. d. Hauslisten zusammengest. gr. 8. (II, 200 u. 40 S. m. farb. Plan.) Pirna, F. J. Eberlein. Kart. n. 2. 50; geb. n. 3. —

— — der Gemeinde Plauen bei Dresden f. d. J. 1886/87. gr. 8. (66 S.) Ebend. n. 1. —

— — der Gemeinde Plauen bei Dresden f. d. J. 1888/89. gr. 8. (71 S. m. Plan.) Dresden 888. Albanus'sche Buchdr. (Chr. Teich.) n. 1. —

—— —— der Stadt Posen für die J. 1876 und 1879. (à 44, 118 S.) Posen, (Rehfeld.) à Jahrg. *
1875, 1877 und 1878 nicht erschienen.

— — der Stadt Posen. 1890. gr. 8. (VI, 154, 147 u. 47 S. m. 3 lith. Plänen.) Posen, Decker & Co. n. 5. 50

—— —— der Stadt Posen. 1892. gr. 8. (IV, 147, 141, 56 S. m. 3 lithogr. Plänen.) Posen, Decker u. Comp. * 6 50
Erscheint jährlich.

— — der Stadt Posen, nebst der Vororte Bartholdshof, Berdychowo, Jersitz, St. Lazarus, Pietrowo u. Wilda. 1894. gr. 8. (IV, 159, 156 u. 73 S. m. Stadtplan u. 2 Theaterplänen.) Posen, W. Decker & Co. Kart. n. 5. 50

— — d. Stadt Posen, nebst d. Vororten Bartholdshof, Berdychowo, Jessitz, St. Lazarus, Pietrowo u. Wilda. 1896. gr. 8. (IV, 218, 168 u. 32 S. m. 1 Stadt- u. 2 Theaterplänen.) Posen, W. Decker & Co. Kart. n.n. 6. 50

— — für Potschappel f. d. J. 1886. Nach amtl. Quellen bearb. gr. 8. (64 S. m. 1 Plan.) Ebend. n.n. 1. 25

— — für den Kreis Querfurt. 8. (159 S.) Querfurt 899. W Schneider. Kart. n. 1. 20

—— —— der Stadt Ratibor für die J. 1878 und 1879. Hrsg. von Hencke und Petreins. 1. und 2. Jahrg. 8. (184; 104 S.) Ratibor, Selbstverlag. 1878 ℳ 3,50. 1879

— — der Stadt Ratibor f. d. J. 1885. Hrsg. v. Henke. 3. Jahrg. 8. (250 S.) Ratibor 885. Lindner. n. 2. 50

— — der Stadt Ratibor f. d. J. 1889. Hrsg. v. Henke. 4. Jahrg. 8. (281 S.) Ratibor, Schmeer & Söhne. n.n. 3. —

— — der Oberamtsstadt Ravensburg u. der Garnisonsstadt Weingarten. gr. 8. (219 S.) Ravensburg 1900. H. Burger. n. 3. —

— Ravensburg u. Weingarten. 8°(219).– Ravensbg. 1900, H. Kitz.

— — d. Stadt Reichenbach (Schlesien). 1896/97. gr. 8. (VII, 252 S.) Reichenbach i/Schl., P. Wogkittel. Postfrei n.n. 2. 50; geb. n.n. 3. —

—— —— der voigtländischen Städte Reichenbach, Mylau, Netzschkau, Lengenfeld, Treuen und Auerbach, nebst den Ortschaften der Gerichtsamtsbezirke Reichenbach, Lengenfeld, Treuen und Auerbach. Nach den amtl. Registern bearb. gr. 8. (III, 137 S.) Reichenbach i. V. 877, Haun und Sohn. cart. *
1875, 1876, 1878 und 1879 nicht erschienen.

—— —— der Stadt Riesa für 1888 und 1889. Nach amtl. Quellen bearb. gr. 8. (IV, 100 S.) Riesa, (Hoffmann.) * geb. *

— — der Stadt Riesa nebst dem Einwohnerverzeichniß v. Gröba. gr. 8. (III, 131 S.) Riesa 890. (Hoffmann.) n. 2. 50; cart. n. 2. 75

— — der Stadt Riesa. Nach amtl. Quellen bearb. 1892. gr. 8. (III, 147 S.) Riesa, (J. Hoffmann). Kart. n. 3. —

— — d. Stadt Riesa. N. amtl. Quellen bearb. 1895/96. gr. 8. (III, 148 S.) Riesa (J. Hoffmann). Geb. in Leinw. n.n. 3. —

— Riesa. 1899/1900. 8°(168).– Riesa, (J. Hoffmann).

— — der Stadt Riesa. Nach amtl. Quellen bearb. 1901—1902. gr. 8. (III, 196 S.) Riesa (J. Hoffmann). Geb in Leinw. n. 3. 50

— — der Stadt Riesa. Nach amtlichen Quellen bearb. 1905/1906. Hrsg. am 1. VII. 1905. (III, IV, 182 S.) gr. 8. Riesa (J. Hoffmann). Geb. in Leinw. n.n. 3. 25

— — der Stadt Rochlitz. Hrsg. v. Fr. Bamberger. gr. 8. (45 S.) Rochlitz 887. (Pretzsch.) cart. n. 1. 50

— — der Stadt Rochlitz i. S. 1890—1893. Hrsg. v. Fr. Bamberger. gr. 8. (42 S.) Rochlitz, (Pretzsch). * 2 50

— — der fürstl. Haupt- und Residenzstadt Rudolstadt. Nach amtl. Quellen bearb. v. Paul am Ende. 8. (VIII, 160 u. 32 S.) Rudolstadt 894. Hofbuchdruckerei. Kart. n.2.—

— — der fürstl. Haupt- u. Residenzstadt Rudolstadt u. deren Umgebung (Blankenburg, Schwarza, Volkstedt usw.). Nach amtl. Quellen bearb. u. hrsg. vom Verkehrs- u. Hausbesitzer-Verein zu Rudolstadt. (VII, 216 S.) gr. 8. Rudolstadt 906. Hofbuchdr. Geb. n.n. 3.—

— — der fürstl. Haupt- u. Residenzstadt Rudolstadt, der Oberherrschaft des Fürstent. Schwarzburg-Rudolstadt u. einiger angrenzender Sachsen-Altenburgscher, Sachsen-Meiningenscher u. Sachsen-Weimarscher Orte. Nach amtl. Quellen bearb. u. hrsg. v. Thdr. Eichhorn. (VIII, 246 S.) gr. 8. Rudolstadt 909. (Müller). Geb. in Leinw. nn 4.—

— — der fürstl. Residenz Rudolstadt. Nach amtl. Quellen bearb. v. Paul am Ende. gr. 8 (VII, 131 S.) Rudolstadt 886. Hofbuchdr. geb. n.n. 1. 50

— — der fürstl. Residenz Rudolstadt. Bearb. v. Paul am Ende. 8. (VII, 151 S.) Rudolstadt 889. Hofbuchdruckerei. geb. n.n. 1. 50

— — der Stadt Sagan. 1876 und 1879. Redig. und hrsg. von F. Würfel. gr. 8. (188; IV, 207 S.) Sagan, (Schönborn's Buchh.) à Jahrg. **
1875, 1877 und 1878 nicht erschienen.

— — der Stadt Sangerhausen 1893. Bearb. im Dezbr. 1892 v. Louis Frenzel. gr. 8. (III, 10, 77, 39 u. 16 S.) Sangerhausen, (E. Sittig). n. 1. 50

— — für die Kur- u. Bade-Stadt Schandau f. die J. 1887/88. gr. 8. (VI, 72 S.) Dresden, Albanus'sche Buchdr. (Teich.) n. 1. 25

**Adreß- u. Geschäfts-Handbuch** der Stadt Schleiz, nebst e. Inseraten-Anhang. Ausg. am 1. Dezbr. 1888. Hrsg. v. R. Rosenthal. 3. Aufl. gr. 8. (90 S.) Schleiz, (Lämmel). n.n. — 60

— — für die Stadt Schmölln. 1890/91. Bearb. v. E. Pfort. Nebst Nachtrag, enth. das Geschäfts- u. Vereins-Verzeichniß in verb. Aufl. gr. 8. (80 u. Nachtrag 16 S.) Schmölln, (Bauer). cart. n.n. 2. 50

— — f. d. Stadt Schmölln i. Sachsen-Altenburg. 2. Ausg. 1896/97. N. amtl. Quellen bearb. gr. 8. (116 S.) Schmölln (R. Bauer). Kart. 4.—

— — für die Stadt Schmölln (Sachsen-Altenburg). Ausg. 1902. Nach amtl. Quellen bearb. gr. 8. (136 S.) Schmölln (R. Bauer). Kart. n.n. 3.—

**Adreß- u. Geschäfts-Handbuch** für die Stadt Schmölln (Sachsen-Altenburg). Ausg. 1905. Nach amtl. Quellen bearb. (147 S.) 8. Schmölln (R. Bauer). Kart. n.n. 3. 25

— — der Stadt Schneeberg im Erzgebirge auf das J. 1888. Aufgestellt auf Grund amtl. Unterlagen. gr. 8. (IV, 70 S.) Schneeberg, (Unger.) cart. *

— — der Oberamtsstadt Schwäbisch Hall. Bearb. durch C. Hohl. gr. 8. (143 S.) Schw. Hall 886. Piper & Kühn. cart. n.n. 3.—

— — der Oberamtsstadt Schwäbisch-Hall. Bearb. durch G. Scholder. gr. 8. (VI, 149 S.) Schwäb.-Hall 890, Piper. cart. ** 3 —

— — der Oberamtsstadt Schwäbisch Hall. Bearb. durch G. Scholder. gr. 8. (VII, 160 S.) Schwäb. Hall 894. (W. German's Verl.) Kart. n.n. 3.—

— — der Oberamtsstadt Schwäbisch Hall. Red. v. Wilh. Burkhardt. 8. (VII, 150 S.) Schwäb. Hall 901. (E. Richter.) Kart. n. 4. 30

— — der Stadt Schwarzenbach a. Saale u. umliegenden Ortschaften. Bearb. nach offiziellen Unterlagen im Jahre 1905. Hrsg.: Hans Weigand. (104 S.) 8. Schwarzenbach. (Hof, G. A. Grau & Co.) Geb. n. 4.—

— — für die Stadt Sebnitz u. die Ortschaften Amtshainersdorf, Hofhainersdorf, Hertigswalde, Hinterottendorf u. Schönbach auf d. J. 1888/89. Zusammengestellt v. O. Hartlich. 8. (100 S.) Sebnitz 889. (Dresden, Knecht.) cart. n.n. 2.—

Adress- und Geschäfts-Handbuch f. d. Stadt Sebnitz u. d. Ortschaften Amtshainersdorf, Hofhainersdorf, Hertigswalde, Hinterottendorf u. Schönbach f. 1888/89. Hrsg. v. O. Hartlich. 8° (100) Sebnitz, Sachse.

— — von Sonneberg. 1874 und 1879. gr. 8. (84; 102 S.) Sonneberg, Brand. 1874 * ℳ 1,20. 1879 *
1875—1878 nicht erschienen.

— — von Sonneberg. gr. 8. (45 S.) Sonneberg 874. Wilisch's Buchh. 1. 50.

— — f. Stargard i. Pomm. 1898. Unt. Benutzg. amtl. Quellen zusammengest. v. Zuck. 30. Jahrg. 8. (VIII, 239 S.) Stargard (Weber). Geb. n.n. 3.—

**Adress- und Geschäfts-Handbuch**, statistisches, von Winterthur. 19 Bgn. gr. 8. mit 2 color. Plänen. Winterthur, J. Westfehling. gbdn. **1872** 5. 50

— — f. Stettin. 1861—1863. (Amtliche Ausgabe.) 5—7. Jahrg. Stettin, Nagel. gr. 8. Jeder Jahrg. n. 1 ₰ 16 ngr.

— — für Stettin. 1862—68. (Amtliche Ausg.) 6.—12. Jahrg. gr. 8. (203 S., 212 S., 210 S., 216 S., 242 S., 250 S., 250 S.) Stettin, Nagel. cart. [1862 und 63 à * 1 Thlr. 16 Ngr., 1864—68. à ** 1 Thlr. 5 Ngr.] **

— — für Stettin. 9—14. Jahrg. 1865—1870. Amtliche Ausg. Stettin, Nagel. gr. 8. Jeder Jahrg. (à ca. 250 S.) nn. 1 ₰ 5 ngr.

— — dass. — 1871—1873. Amtliche Ausg. 15—17. Jahrg. gr. 8. (248; 256; 258 S.) Ebendas. cart. à Jahrg. **

— — dass. — 1874. Amtliche Ausg. 18. Jahrg. gr. 8. (271 S.) Ebendas. **

— — für Stettin. 1875. 19. Jahrg. gr. 8. (272 S.) Stettin, Nagel. cart. **

— — dass. — die Stadt Grabow; die Ortschaften Bredow, Züllchow, Bollinchen, Frauendorf, Herrenwiese und Gotzlow. 1876—1879. 20.—23. Jahrg. gr. 8. (IV, 279; 274; 288; 308 S.) Ebendas. cart. à Jahrg. **

— — dass. — 1880. Nach amtlichen Quellen und auf Grund directer Aufnahme. 24. Jahrg. gr. 8. (VII, 440 S. mit 1 chromolithogr. Plane und 1 Ansicht von Stettin.) Stettin, Dannenberg — Nagel. geb. **

—— —— für Stettin, die Stadt Grabow, die Ortschaften Bredow, Züllchow, Bollinchen, Frauendorf, Herrenwiese und Gotzlow für 1881. Nach amtl. Quellen zusammengestellt. gr. 8. (VII, 370 S. mit lithogr. Theaterplan.) Stettin, Nagel. geb. **

—— —— dass. — 1882—1884. Nach amtl. Quellen zusammengestellt. gr. 8. (VII, 388; VII, 431; VI, 472 S.) Ebendas. Jahrg. 1882 geb. * Jahrg. 1883 und 1884 à **

—— —— für Stettin, die Stadt Grabow, die Ortschaften Bredow, Züllchow, Bollinchen, Frauendorf, Herrenwiese und Gotzlow für 1885. Nach amtl. Quellen zusammengestellt. gr. 8. (VI, 486 S. mit 3 Theaterplänen.) Stettin, Nagel. geb. **

— — für Stettin, die Stadt Grabow, die Ortschaften Bredow, Züllchow, Bollinchen, Frauendorf, Herrenwiese u. Gotzlow f. 1886. Nach amtl. Quellen zusammengestellt. gr. 8. (VI, 502 S. m. 1 Stadtplan u. 3 Theaterplänen.) Stettin, Nagel. geb. n.n. 6. —

—— —— dass. — für 1887. Nach amtl. Quellen zusammengestellt. gr. 8. (VI, 516 S. mit 2 Theaterplänen.) Ebendas. geb. **

—— —— dass. — für 1888. Nach amtl. Quellen zusammengestellt. gr. 8. (VI, 540 S. mit 3 Theaterplänen.) Ebendas. geb. **

—— —— für Stettin, d. Stadt Grabow, die Ortschaften Bollinchen, Bredow, Frauendorf, Gotzlow, Herrenwiese u. Züllchow f. 1889 u. 1890. gr. 8. (554; 575 S. m. je 3 Theaterplänen.) Stettin, Nagel. geb. à Jahrg. ** 6 —

—— —— für Stettin, d. Stadt Grabow, die Ortschaften Bollinchen, Bredow, Gotzlow u. Züllchow f. 1891 u. 1892. gr. 8. (593; 595 S. m. je 1 farb. Stadtplan u. 4 Theaterplänen.) Ebd. geb. à Jahrg. ** 6 —

— — für Stettin, die Stadt Grabow, die Ortschaften Bollinchen, Bredow, Frauendorf, Gotzlow u. Züllchow f. 1894. Nach amtl. Quellen zusammengestellt. gr. 8. (IX, 617 S. m. 5 Theaterplänen u. Stadtplan.) Stettin, F. Nagel. Geb. in Leinw. n.n. 7. 50

Adress- und Geschäftshandbuch f. Stettin, d. Stadt Grabow a. O., d. Ortschaften Bollinchen, Bredow, Frauendorf, Gotzlow, Nemlitz u. Züllchow f. 1895. 8° (626 m. 6 Pl.) – Stett., F. Nagel.

— — für Stettin, d. Stadt Grabow, d. Ortschaften Bollinchen, Bredow, Frauendorf, Gotzlow u. Züllchow f. 1898. N. amtl. Quellen zusammengest. gr. 8. (IX, 656 S. m. 5 Theaterplänen.) Stettin, P. Niekammer. Geb. in Leinw. n.n. 7. 50

– Stettin, Grabow, Bollinchen, Bredow, Frauendorf, Gotzlow u. Züllchow f. 1900. 8°(687 m. 6 Pl.).– Stett. P. Niekammer.

— — für Stettin (m. Einschluß der in Stettin eingemeindeten Vororte Grabow, Bredow u. Nemitz) u. der Ortschaften Bollinken, Frauendorf, Gotzlow, Pommerensdorf u. Züllchow f. 1903. Nach amtl. Quellen zusammengestellt. gr. 8. (IX, 735 S. m. Stadtplan u. 5 Theaterplänen) Stettin, P. Niekammer. Geb. in Leinw. n.n. 7. 50

— — für Stettin f. 1907, red. v. Paul Niekammer. 51. Jahrg. (III, VI, 497 u. 380 S. m. 1 farb. Plan u. 4 Theaterplänen.) gr. 8. Stettin, P. Niekammer. Geb. in Leinw. n.n. 8. 50

— — für Stettin f. 1908, red. v. Paul Niekammer. 52. Jahrg. (III, VI, 539 u. 404 S. m. 1 farb. Plan u. 4 Theaterplänen.) gr. 8. Stettin, P. Niekammer. Geb. in Leinw. nn 8. 50

— — von Stollberg f. d. J. 1884. Nach amtl. Unterlagen bearb. v. A. T. Putzger. gr. 8. (78 S.) Stollberg 884. (Leipzig, Giegler.) cart. n.n. 1. 80

— — von Stollberg i. Erzg. u. dem Nachbarort Hohenneck, m. e. Karte v. Stollberg u. Umgeb. Ausg. Oktbr. 1900. gr. 8. (113 S.) Stollberg (900). E. F. Keller's Wwe. Kart n. 2. 25

— — für Stollberg i. E. u. die Nachbarorte Hoheneck, Mitteldorf, Niederdorf u. Niederwürschnitz, m. e. Karte v. Stollberg u. Umgebg. Ausg. Aug. 1905. (188 S.) 8. Stollberg, E. F. Keller's Wwe. Kart. n. 3. —

— — der Stadt Striegau. 2. Jahrg. 1890. gr. 8. (IV, 97 S.) Striegau, Nahlick. cart. n. 2. —

— — der Stadt Striegau. Bearb. u. hrsg. von Geo. Wattenbach. 3. Jahrg. 1894. gr. 8. (IV, 105 S.) Striegau. Berlin, G. Wattenbach. Kart. n. 2. 25

— — der Stadt Striegau. Bearbeitet u. hrsg. v. Rud. Mitschke. 1905/06. (IV, 126 S.) 8. Striegau, R. Mitschke. Kart. n.n. 2. 50

**Adreß- u. Geschäfts-Handbuch** der Stadt Striegau. Bearb. u. hrsg. v. Rud. Mitschke. 1910. (IV, 131 S.) 8. Striegau, R. Mitschke. Geb. nn 4. —

Adress- und Geschäfts-**Handbuch** d. Gemeinde Striesen 1886. 8° (122 m. 1 Pl.) – Dresden: Albanus.

— — der Gemeinde Striesen, nebst neuaufgenommenem Situationsplan 1886. Nach amtl. Quellen bearb. gr. 8. (122 S.) Dresden 886. Teich. n. 1. 50

—— —— der königl. Haupt- und Residenzstadt Stuttgart für das J. 1869. Bearb. durch Beck. gr. 8. (III, 545 S.) Stuttgart, (Koch.) geb. *

Adress- und Geschäfts-Handbuch der Königlichen Haupt- und Residenzstadt Stuttgart. 1871-78. 1880-1900. Stuttgart 1871-1900

—— —— dass. — für die J. 1873 und 1874. Bearb. durch Beck. 2 Thle. gr. 8. Stuttgart, (A. Müller.) [1873. (III, 280; 396 S. mit 1 chromolithogr. Plane der Stadt Stuttgart in qu. 4.); 1874. (719 S.)] geb. à Jahrg. *

—— —— der königl. Haupt- und Residenzstadt Stuttgart für die J. 1879 und 1880. Bearb. durch Beck. gr. 8. (VIII, 288 und 437; VIII, 272, 438 S. mit 1 chromolithogr. Plan in qu. gr. Fol.) Stuttgart, (Metzler'sche Sortimentsb.) à Jahrg. geb. **

—— —— der königl. Haupt- und Residenzstadt Stuttgart für die J. 1881—1884. Bearb. durch Beck. gr. 8. (VIII, 276, 436 S. mit chromolithogr. Plan; 724; VIII, 286, 441 S. mit 1 chromolithogr. Stadtplan; VIII, 292, 451 S.) Stuttgart, (Metzler'sche Sortimentsb.) Jahrg. 1881 cart. ** Jahrg. 1882 * M 7,40.; Jahrg. 1883 ** Jahrg. 1884 **

—— —— der königl. Haupt- und Residenzstadt Stuttgart für die J. 1885 und 1886. Bearb. von Beck. à 2 Thle. in 1 Bde. gr. 8. (VIII, 296, 455; VIII, 302, 451 S. mit je 1 chromolithogr. Uebersichtsplan der Stadt Stuttgart.) Stuttgart, (Metzler'sche Sortimentsb.) cart. à Jahrg. **

Adress- und Geschäfts-Handbuch d. k. Haupt- u. Residenzstadt Stuttgart f. 1885. Bearb. durch Beck. 2 Thle in 1 Bd. 8° (751 m. Pl.) – Stuttgart: (Ullrich).

— — der königl. Haupt- u. Residenzstadt Stuttgart f. d. J. 1886. Bearb. durch Beck Mit e. (chromolith.) Uebersichtsplan der Stadt Stuttgart. 2 Thle. in 1 Bd gr. 8. (VIII, 302 u. 451 S.) Stuttgart 886. (Ullrich.) cart. n.n. 6. —

—— —— dass. — für die J. 1887 und 1888. Redig. und hrsg. von Beck. à 2 Thle. in 1 Bde. 23. und 24. Jahrg. gr. 8. (VIII, 308, 458; VIII, 316, 436 S. mit je 1 chromolithogr. Uebersichtsplan der Stadt Stuttgart und dem Theaterplane.) (Ebendas.) cart. à Jahrg. **

— — der kgl. Haupt- u. Residenzstadt Stuttgart f. d. J. 1889. Hrsg. v. d. Stadtgemeinde Stuttgart. 2 Thle. in 1 Bde. gr. 8. (823 S. m. 1 farb. Plan d. Stadt u. 1 Theaterplan.) Stuttg., (Metzler's Sort.). cart. ** 6 —

— — dass. — m. d. Vorstadt Berg, Karlsvorstadt Heslach u. d. Weiler Gablenberg f. d. J. 1890—1892. Hrsg. v. d. Stadtgemeinde Stuttgart. 2 Thle. in 1 Bde. gr. 8. (870; 895; 936 S. m. je 1 farb. Plane d. Stadt Stuttgart u. 1 Theaterplane.) (Ebd.) Jahrg. 1891 ** 6 50; Jahrg. 1890 u. 1892 à ** 6 —

— — der königl. Haupt- u. Residenzstadt Stuttgart, m. der Vorstadt Berg, Karlsvorstadt Heslach u. dem Vorort Gablenberg f. d. J. 1894. Hrsg. v. der Stadtgemeinde Stuttgart. Mit e. (farb.) Uebersichtsplan d. Stadt Stuttgart und dem Theaterplane. 2 Thle. in 1 Bd. gr. 8. (VIII, 390 u. 601 S.) Stuttgart, (J. B. Metzler's Sort. — R. Roth). Kart n.n. 6. —

Adress- und Geschäftshandbuch d. kgl. Haupt- u. Residenzstadt Stuttgart m. d. Vorstadt Berg, Karlsvorstadt, Heslach u. d. Vorort Gablenberg f. 1896. Hrsg. v. d. Stadtgemeinde Stuttgart. 8° (1062 m. Stadt- u. Theaterpl.) – Stuttgart: (J. B. Metzler' Sort.)

— — d. kgl. Haupt- u. Residenzstadt Stuttgart (m. d. Vorstadt Berg, Karlsvorstadt Heslach u. d. Vorort Gablenberg) f. d. J. 1899. Hrsg. v. d. Stadtgemeinde Stuttgart. gr. 8. (VIII, 438 u. 720 S. m. Stadt- u. Theaterplan.) Stuttgart (J. B. Metzler's Sort.). Kart. n.n. 7. —

Stuttgart. Adress- und Geschäftshandbuch der königlichen Haupt- und Residenzstadt Stuttgart 1901-07. Stuttgart 1901-07

– Stuttgart (m. Berg, Karlvorstadt Heslach u. Gablenberg) f. 1901. 8° (472 u. 810 m. 4 Pl.).– Stuttg., (J.B. Metzler's S.).

— — der königl. Haupt- u. Residenzstadt Stuttgart m. der Vorstadt Berg, Karlsvorstadt Heslach u. den Vororten Gablenberg u. Gaisburg f. d. J. 1903. Hrsg. v. der Stadtgemeinde Stuttgart. Mit 1 Uebersichtsplan der Stadt Stuttgart u. 2 Theaterplänen. gr. 8. (XII, VIII, 512 u. 892 S.) Stuttgart (F. Stahl). Geb. in Leinw. n.n. 7. —

— — der königl. Haupt- u. Residenzstadt Stuttgart m. dem Stadtbez. Cannstatt, der Vorstadt Berg, der Karlsvorstadt Heslach, den Vororten Gablenberg u. Gaisburg, der Vorstadt Untertürkheim u. dem Vorort Wangen f. d. J. 1906. Hrsg. v. der Stadtgemeinde Stuttgart. Mit 1 Orientierungskarte v. Stuttgart u. Umgebg., 1 Plan v. Stuttgart, Cannstatt, Untertürkheim u. Wangen, sowie 2 Theaterplänen. 2 Tle. in 1 Bde. (XVI, VIII, 678 u. 113 S.) gr. 8. Stuttgart (F. Stahl). Geb. in Leinw. n.n. 7.50; 1 Tl. (XVI, VIII, 678 S.) allein n.n. 3.50

Adress- und Geschäftshandbuch der Haupt- und Residenzstadt Stuttgart 1908-13. Stuttgart 1908-13

— — der königl. Haupt- u. Residenzstadt Stuttgart m. dem Stadtbez. Cannstatt, dem Stadtteil Ostheim, der Vorstadt Berg, der Karlsvorstadt Heslach, den Vororten Gablenberg u. Gaisburg, der Vorstadt Untertürkheim u. den Vororten Wangen u. Degerloch f. d. J. 1911. Hrsg. v. der Stadtgemeinde Stuttgart. Mit 1 (farb.) Orientierungskarte v. Stuttgart u. Umgebg., 1 (farb.) Plan v. Stuttgart m. Cannstadt, sowie Untertürkheim u. Wangen u. 3 Theaterplänen. 3 Tle. in 1 Bde. (XXX, 860, 1120 u. 272 S.) gr. 8. (Stuttgart, F. Stahl) Geb. in Leinw. nn 10. —

— — der Gemeinde Thalheim i. Erzg. Nach amtl. Unterlagen bearb. u. hrsg. v. Rob. Schulze. 1902. gr. 8. (IV, 100 S. m. 1 Plan.) Thalheim, C. Märker. Kart. n. 1. —

Adress- und Geschäfts-Handbuch f. Tharandt f. 1886. 8° (70) – Dresden: Albanus.

— — für Tharandt f. d. J. 1886. Nach amtl. Quellen bearb. gr. 8. (70 S.) Dresden, Teich. n. 1. 25

— — für Tharandt f. d. J. 1891/92. Nach amtl. Quellen bearb. Anh.: Geschäfts-Empfehlungen. gr. 8. (VII, 72 S.) Dresden, Albanus. n.n. 1. 25

– Trier. Ausg. im April 1899. 8°(23, 204 u. 100) .– Trier, F.Lintz
Früher u. d. T.: Adressbuch.

— — der Stadt Trier u. der Vororte Heiligkreuz, Kürenz, St. Matthias, St. Medard, Pallien. Mit Stadtplan u. Straßenverzeichnis. Nach amtl. Material bearb. Ausg. im April 1901. gr. 8. (20, 174 u. 154 S.) Trier, F. Lintz. Kart. n.n. 6. 50

— — der Stadt Trier u. der Vororte Heiligkreuz, Kürenz, St. Matthias, St. Medard, Pallien. Mit Stadtplan u. Straßenverzeichnis. Nach amtl. Material bearb. Ausg. im Juli 1906. (16, 224 u. 167 S.) gr. 8. Trier, F. Lintz. Geb. in Leinw. n.n. 6. —

— — der Stadt Trier u. der Vororte Heiligkreuz, Kürenz, St. Matthias, St. Medard, Pallien. 1908/09. Alphabetisches Verzeichnis der Einwohner u. der Geschäftsfirmen. Mit Stadtplan u. Straßenverzeichnis. Nach amtl. Material bearb. Ausg. im Septbr. 1908. (VIII, 168 S.) gr. 8. Trier, F. Lintz. Geb. in Leinw. 3. —

— — der Landeshauptstadt Troppau. 3. Jahrg. 1877. 8. (172 S.) Troppau, Traffler. *

Adress- und Geschäftshandbuch der Landeshauptstadt Troppau 1905/06. Gr.-8°. (293, 24 S.) K 5.—
Troppau: Drechsler 1906.

— — der Oberamts- u. Universitätsstadt Tübingen. Mit 1 Übersichtsplan der Stadt. gr. 8. (III, 111 S.) Tübingen 886. (Osiander.) n. 1. —

— — der Oberamts- u. Universitätsstadt Tübingen. 1889 u. 1891. gr. 8. (91; 99 S.) Tüb., (Fues' Verlag.) Jahrg. 1889 ** 1 20; Jahrg. 1891 ** 1 50

Adreß- u. Geschäfts-Handbuch der Oberamts- und Universitätsstadt Tübingen. Aus amtl. Quellen. gr. 8. (VIII, 82 S.) Tübingen 894. (F. Fues.) n.n. 1. 50

— — d. Oberamts- u. Universitäts-Stadt Tübingen. A. amtl. Quellen. gr. 8. (XII, 120 S.) Tübingen 898. (Osiander.) n. 1. 60

— — der Oberamts- u. Universitäts-Stadt Tübingen. Hrsg. unter Mitwirkg. des Stadtpolizeiamts Tübingen. gr. 8. (II, 143 S.) Tübingen 902. (F. Fues.) Kart. n.n. 2. 50

— — der Oberamts- u. Universitäts-Stadt Tübingen. Hrsg. unter Mitwirkg. des Stadtpolizeiamts Tübingen. (III, 170 S.) gr. 8. Tübingen 906. F. Fues. Kart n.n. 3. 20

— — der Oberamts- u. Universitäts-Stadt Tübingen. Hrsg. unter Mitwirkg. des Stadtpolizeiamts Tübingen. (174 S. m. farb. Stadtplan.) gr. 8. Tübingen 908. (Osiander). Kart. 3. —

— — der königl. würtembergischen Kreis-Hauptstadt Ulm und der königl. bayerischen Stadt Neu-Ulm für die J. 1875—1879. 8. (à ca. 210 S. mit 2 Plänen.) Ulm, Ling's Buchdr. à Jahrg. *

— — der königl. württ. Kreis-Haupt- u. Oberamtsstadt Ulm u. der königl. bayer. Stadt Neu-Ulm. Bearb. v. Mack. Mit 1 Plan der beiden Städte. gr. 8. (VIII, 276 u. 36 S.) Ulm 886. (Ebner.) cart. n. 5. —

— — der kgl. württemberg. Kreis-Haupt- u. Oberamtsstadt Ulm u. d. unmittelbaren kgl. bayer. Stadt Neu-Ulm. 1889 u. 1891. Bearb. v. Mack. gr. 8. (362; 384 S. m. je 1 farb. Plan d. beiden Städte.) Ulm, (Ebner). geb. Jahrg. 1889 ** 3 50; Jahrg. 1891 ** 4 —

— — der königl. württemb. Kreis-Haupt- u. Oberamtsstadt Ulm u. d. unmittelbaren königl. bayer. Stadt Neu-Ulm. 1894. Bearb. v. Mack. gr. 8. (376 u. 49 S. m. farb. Plan.) Ulm, (J. Ebner). Kart. n.n. 4. —

— — d. kgl. württ. Kreis-Haupt- u. Oberamtsstadt Ulm u. d. unmittelb. königl. bayer. Stadt Neu-Ulm. 1898. Bearb. v. Weber u. Häußler. Nebst e. neuen Plan d. beiden Städte. gr. 8. (422 u. 54 S.) Ulm (J. Ebner). Geb. n.n. 4. —

— — der königl. württ. Kreis-Haupt- u. Oberamtsstadt Ulm u. der unmittelbaren königl. bayr. Stadt Neu-Ulm. 1902. Bearb. v. Mack. Nebst e. neuen Plan der beiden Städte. gr. 8. (422 u. 67 S.) Ulm (J. Ebner). Geb. n.n. 4. —

— — der königl. württ. Kreis-Haupt- u. Oberamtsstadt Ulm u. der unmittelbaren königl. bayer. Stadt Neu-Ulm. 1904. Bearb. v. Mack. Nebst e. neuen Plan der beiden Städte. (448 u. 66 S.) gr.8. Ulm (J. Ebner). Geb. nn 4.—

— — der königl. württ. Kreis-, Haupt- u. Oberamtsstadt Ulm m. der Vorstadt Söflingen u. der unmittelbaren königl. bayr. Stadt Neu-Ulm. 1907. Bearb. v. Mack. Nebst e. neuen Plan der beiden Städte. (535, 30 u. 76 S.) gr. 8. Ulm, (J. Ebner). Geb. nn 4. 50

Adreß- und Geschäfts-Handbuch der Städte Waldheim, Hartha, sowie der Gemeinden Flemmingen, Richzenhain, Reinsdorf, Heiligenborn, Kriebstein, Kriebethal, Ehrenberg, Grünlichtenberg, Massanei, Gebersbach, Meinsberg und Schönberg, für die J. 1885 und 1886. Nach amtl. Quellen bearb. und hrsg. von Will. Ernst Schoppe. Redaktionsschluß am 25. Juni 1885. 8. (88 S. mit 1 Plan von Waldheim.) Waldheim, Haasenstein und Vogler. cart. **

— — der königl. Stadt Weißenburg in Bayern. (88 S.) 8. Weißenburg 906. V. Stoll. n. 1. —; geb. n. 1. 50

—— —— für Weißenfels. 1869. Redig. und hrsg. von Friedr. Aug. Huth. 8. (112 S.) Weißenfels, (Prange.) *

—— —— der Stadt Weißenfels a. S. für 1876/77, bearb. von F. Steinbrück. gr. 8. (142 S. mit lithogr. und color. Plan in qu. gr. Fol.) Weißenfels 876, Gröbe's Nachf. cart. * geb. **

— — der Stadt Weißenfels a. S., bearb. v. Heinr. Snobinsky. gr.8. (IV, 196 S.) Weißenfels 881. Lehmstedt. cart. n.n. 2. 50

—— —— dass. — 1883/84, bearb. von Heinr. Snobinsky. gr. 8. (152 S.) Ebendas. **

—— —— der Stadt Weißenfels a. S. 1886/87 und 1888/89, bearb. von H. Snobinsky. gr. 8. (108, 60; ... S.) Weißenfels, Lehmstedt.

— — d. Stadt Weißenfels a/S. 1898/99, bearb. v. Heinr. Snobinsky. gr. 8. (119 u. 100 S.) Weißenfels (M. Lehmstedt). Kart. n. 4. 40

Adreß- u. Geschäfts-Handbuch der Stadt Weißenfels a. S. 1902/1903, bearb. v. Heinr. Snobinsky. gr. 8. (112 S.) Weißenfels (M. Lehmstedt). Geb. n.n. 3. 50

—— —— der Stadt Werdau pro 1872 hrsg. von Fr. Bamberger. gr. 8. (68 S.) Zwickau, (Werner.) *

— — von Stadt und Schloß Wernigerode, Nöschenrode u. Hasserode, m. e. Verzeichnis der kaiserl., königl., fürstl., Kreis-, städt. u. Gemeinde-Behörden, e. Geschäfts-Anzeiger, e. Plan der Stadt Wernigerode u. e. Wegekarte der Umgegend v. Wernigerode. 8. (68, 144, 120 u. 22 S.) Wernigerode, B. Angerstein. Kart. n.n. 2. 50

— — für Wilsdruff, nebst Ortschaften d. Amtsger.-Bez. Wilsdruff, auf die J. 1888—1890. gr. 8. (64 S.) Dresden, H. O. Gärtner. cart. n. 1. 50

**Adress- und Geschäfts-Handbuch von Winterthur 1875. Mit colorirtem Plan von Winterthur und Umgebung. 8. Winterthur, Bleuler-Hausheer & Co.**

Adreß- und Geschäfts-Handbuch von Winterthur 1875. gr. 8. (VIII, 141 S. mit lithogr. und kolor. Plan von Winterthur und Umgebung in qu. gr. 4.) Winterthur, Westfehling. * ℳ 3,20.; mit Nachtrag von 1877 (48 S.) *
1876, 1878 und 1879 nicht erschienen.

—— —— von Winterthur 1880. gr. 8. (215 S. mit lithogr. und kolor. Plan von Winterthur und Umgebung in qu. gr. 4.) Winterthur, Westfehling. *
Jahrg. 1881—83 nicht erschienen.

Adreß- u. Geschäfts-Handbuch von Winterthur 1884. 8. (VI, 132 S.) Winterthur 884. Westfehling. cart. 3. —

—— —— nebst Wohnungsanzeiger für die Stadt Aschaffenburg auf das J. 1882. Zusammengestellt von Lorenz Lieb. 2. verm. und verb. Aufl. gr. 8. (IV, 164 S.) Aschaffenburg, Krebs'sche Buchh. *

—— —— sowie Wohnungsanzeiger der Haupt- und Residenzstadt Gera mit Untermhaus und Cuba. Ausgegeben im Mai 1877. Redig. von Carl Bethmann. 15. Jahrg. gr. 8. (XIV, 213 S.) Gera, Griesbach's Verlag. geb. **
Jahrg. 1875 und 1876 vgl.: Adreßbuch der Haupt- und Residenzstadt Gera.

—— —— dass. — Ausgegeben im Monat Januar 1879. Redig. von Carl Bethmann. 16. Jahrg. gr. 8. (XIV, 224, 34 S.) Ebendas. geb. **

— — sowie Wohnungs-Anzeiger der Haupt- u. Residenzstadt Gera m. Untermhaus u. Cuba. Ausg. im Monat Jan. 1881. Red. v. Carl Bethmann. 17. Jahrg. Mit 3 (chromolith.) Plänen [Stadtplan, Flurkarte u. Theaterplan]. gr. 8. (XIII, 256 S.) Gera, Griesbach. geb. n.n. 6. —

—— —— dass. — Ausg. im Monat Jan. 1883. Redig. von Carl Bethmann. 18. Jahrg. gr. 8. (XIII, 277 S.) Ebendas. geb. **

— — sowie Wohnungs-Anzeiger der Haupt- u. Residenzstadt Gera m. Untermhaus u. Cuba. Ausg. im Monat Jan. 1885. Red. v. Carl Bethmann. 19. Jahrg. gr. 8. (XIII, 312 S.) Gera 885. Griesbach's Verl. geb. n.n. 7. 50

—— —— sowie Wohnungs-Anzeiger der Haupt- und Residenzstadt Gera mit Untermhaus, Cuba und Debschwitz. Ausgegeben im Monat Januar 1887. Redig. von Carl Bethmann. 20. Jahrg. gr. 8. (XIII, 283 S.) Gera. Griesbach. geb. **

— — sowie Wohnungs-Anzeiger der Haupt- u. Residenzstadt Gera m. Untermhaus, Cuba u. Debschwitz. Ausg. im Monat Januar 1889. Red. v. C. Bethmann. 21. Jahrg. Mit 3 neuerv. Plänen [Stadtplan, Flurplan u. Theaterplan]. gr. 8. (XII, 288 u. 23 S.) Gera, Griesbach's Verl. geb. n.n. 7. 50

—— —— dass. — mit Untermhaus u. Cuba. Ausg. im Monat Jan. 1891. Redig. v. Hugo Hantich. 22. Jahrg. Lex.-8. (XVI, 115, 195 S.) Ebd. geb. ** 6 —

Adress - und Geschäftshandbuch

—— —— für die königl. bayerische Kreis-Haupt- und Universitäts-Stadt Würzburg. Nach amtl. Quellen bearb. gr. 8. (IV, 140 und 266 S. mit chromolithogr. Plan in qu. gr. 4.) Würzburg 876, Stuber's Buchh. * ℳ 5,50.; geb. **

—— —— dass. — gr. 8. (157, 94 S.) Ebendas. 878. ** geb. **
1875, 1877 und 1879 nicht erschienen.

— — für die k. bayer. Kreis-Haupt- u. Universitäts-Stadt Würzburg. Nach amtl. Quellen bearb. gr. 8. (IV, 412 S.) Würzburg 881. Stuber. cart. n.n. 6. —

—— —— dass. — Mit einer Einleitung: Über Würzburgs Entwickelung in den letzten 30 Jahren. gr. 8. (VII, 180, 204 S.) Ebendas. 884. geb. **

— — für die königl. bayer. Kreishaupt- u. Universitätsstadt Würzburg. Mit e. Einleitg.: Würzburg's Entwickelg. bis in die Zeit d. 30jähr. Krieges. Von Aug. Schäffler. gr. 8. (VII, 182, 167 u. 107 S.) Würzburg 886. Stuber's Verl. cart. n.n. 6. —

—— —— für die königl. bayer. Kreishaupt- und Universitätsstadt Würzburg. 1888. gr. 8. (VII, 165, 228, 116 S.) Ebendas. cart. **

Adreß- u. Geschäfts-Handbuch für die kgl. bayer. Kreishaupt- u. Universitätsstadt Würzburg. gr. 8. (562; 559 S. m. je 1 Orientirungsvl.) Würzb. 890,92. Stuber's Verlag. cart. à Jahrg. ** 6 50

— — für d. königl. bayer. Kreishaupt- u. Universitätsstadt Würzburg (1893/94). gr. 8. (9, VII, 210, 280, 62 u. 32 S. m. Plan.) Würzburg, A. Stuber's Verl. Kart. n.n. 6.50

Adreß- u. Geschäfts-Handbuch f. d. kgl. bayer. Kreishaupt- u. Universitätsstadt Würzburg. gr 8. (VII, 408 S. m. farb. Plan.) Würzburg 896. A. Stuber's Verl Kart. n n. 6. 50

Weitere Jahrgänge u. d. T.: Adressbuch, Würzburger.

—— —— für die Kreis- und Fabrikstadt Zeitz 1871/1872. Hrsg. von A. Rühl. gr. 8. (115 S.) Naumburg 872. (Reichenbach, Köhler's Buchh.) *

— — der Stadt Zeitz 1866. Redig. u. hersg. von F. Werner. Zeitz, (Weber.) 8. (IV, 161 S.) n. 15 ngr.

—— —— der Stadt Zeitz 1868. Redig. und hrsg. von H. Gieseler. 8. (IV, 170 S.) Zeitz, (Weber'sche Buchh.) **

— — der Stadt Zeitz. 1873. Hrsg. v. Warnick u. Violet. gr. 8. (166 S.) Zeitz 873. Huch. 1. 50

—— —— der Stadt Zeitz 1877. Hrsg. im Decbr. 1876 von Warnick und Violet. gr. 8. (178 S.) Zeitz, (Strien's Sortiment.) geb. **

1875, 1876, 1878 nicht erschienen.

—— —— der Stadt Zeitz, sowie des, einen selbstständ. Gutsbezirk bild. Schlosses Moritzburg und der Restdomaine Zeitz. 1880. Hrsg. Ende Decbr. 1879 von Warnick und Violet. gr. 8. (191 S.) Zeitz, (Huch.) *

— — der Stadt Zeitz, sowie d., e. selbstständigen Gutsbezirk bildenden Schlosses Moritzburg u. der Restdomaine Zeitz. 1882. Hrsg. Ende Decbr. 1881 v. Warnick u. Violet. gr.8. (210 S.) Zeitz, (Kühling). n. 2. —

—— —— dass. — 1884. Hrsg. Ende Decbr. 1883 von Adf. Warnick und Karl Violet. 8. (224 S.) Zeitz, (Huch.) *

— — der Stadt Zeitz, sowie d., e. selbstständ. Gutsbezirk bild., Schlosses Moritzburg u. der Restdomaine Zeitz. 1886. Hrsg. Ende Decbr. 1885 v. Adf. Warnick u. Karl Violet. gr. 8. (223 S.) Zeitz 886. (Huch.) n. 2. 50

—— —— dass. — für 1888, s. Wohnungs-Anzeiger und Geschäfts-Handbuch.

—— —— von Zerbst. 8. (184 S.) Zerbst 875, Zeidler's Hofbuchh. *

1876—79 nicht erschienen.

—— —— von Zerbst 1881. Hrsg. von H. Spahrmann. 8. (III, 182 S. mit 1 chromolithogr. Plan.) Zerbst, (Luppe's Hofbuch.) *

ohne Plan *

—— —— der Stadt Zerbst. 1890 u. 1892. gr. 8. (122; 126 S.) Zerbst, (Gast). à Jahrg. ** 2 75; geb. à Jahrg. ** 3 —

— — der Stadt Zerbst. 1894. Hrsg. auf Grund d. amtl. Register des Einwohner-Meldeamts. gr. 8. (VIII, 128 u. 28 S.) Zerbst, (F. Gast). n. 3.70; geb. n. 4. —

— — d. Stadt Zerbst. 1897. Hrsg. a. Gr. d. amtl. Reg. d. Einwohner-Meldeamts. gr. 8. (IV, 116 S.) Zerbst (F. Gast). n. 3. —; geb. n. 3. 60

— — der Stadt Zerbst. 1900. Hrsg. auf Grund der amtl. Register d. Einwohner-Meldeamts. gr. 8. (124 S.) Zerbst (F. Gast). n. 3. —; geb. n.n. 3.50

— — der Stadt Zittau 1900—1901. Nebst (farb.) Plan des Grundbesitzes der Stadt Zittau, Stadtplan u. Theaterplan, sowie Verzeichnis der im Handelsregister eingetragenen Firmen Zittaus und der benachbarten Ortschaften. gr. 8. (IV, 392 S.) Zittau (W. Fiedler). Kart. n. 4. —

— — der Stadt Zittau 1904—1905. Nebst (farb.) Plan des Grundbesitzes der Stadt Zittau, Stadtplan u. Theaterplan, sowie Verzeichnis der im Handelsregister eingetragenen Firmen Zittau's u. der benachbarten Ortschaften u. Verzeichnis der Behörden, Geistlichen u. Lehrer in den zur kgl. Amtshauptmannsch. Zittau gehör. Ortschaften. (VIII, 348, 94 u. 56 S.) 8. Zittau (W. Fiedler). Geb. in Leinw. n.n. 4.50

— — d. Stadt Zittau 1909. Nebst (farb.) Plan d. Grundbesitzes der Stadt Zittau, Stadtplan u. Theaterplan, sowie Verzeichnis der im Handelsregister eingetragenen Firmen Zittau's u. der benachbarten Ortschaften u. Verzeichnis der Behörden, Geistlichen u. Lehrer in den zur kgl. Amtshauptmannschaft Zittau gehörigen Ortschaften 2c. 2c. (VIII, 364, 125 u. 72 S.) 8. Zittau, (W. Fiedler). Geb. in Leinw. nn 5. —

—— —— der Stadt Zittau und der Ortschaften der königl. Amtshauptmannschaft einschließlich Herrnhut und Ober-Oderwitz. 1880 und 1883. 12. (XXXII, 259; 312 S.) Zittau, (Schaeffer.) cart. à Jahrg. *

Jahrg. 1881 und 1882 nicht erschienen.

**Adress-Handbuch** [und statistisches Handbuch] für den Rezatkreis im Königreich Baiern. Ansbach 1814. II: *Fenkohl, Carl Fch.* (Ky) »Bamberg«. (MGT)

**Adress- u. Handels-Handbuch** der Hauptstadt Prag m. den Vorstädten nebst allen protokollirten Firmen, Fabriken u. Etablissements in Böhmen v. J. Grafnetter u. G. Fanta. 1. Jahrg. 4 Hfte. Lex.-8. (910 S.) Prag 870. (André.) n. 8. —

Adress- und Handels-Handbuch der Hauptstadt Prag mit den Vorstädten nebst allen protokollirten Firmen, Fabriken und Etablissements in Böhmen von J. Grafnetter und G. Fanta. 1. Jahrg. 4 Hefte. Lex.-8. (1. Heft 79 S.) Prag 871, (Dr. Grégr und Dattel.) *

Adresshandbuch

Adreßhandbuch für Hessen a. d. J. 1840 u. 41. gr. 8. (à 5 1/4 B.) Darmstadt, Jonghaus. à J.

Adreßhandbuch für das Landgrafthum Hessen-Homburg, s. Staats- und Adreßhandbuch

Adreßhandbuch der Stadt Coblenz. gr. 12. Coblenz 841, Hölscher. 1/2 ℛ Mit d. Plane v. Coblenz. 2/3 ℛ

Adreßhandbuch des Herzogthum Nassau, s. Staats-und Adreßhandbuch

Adress - und Geschäftshandbuch

— — neues, v. Gleiwitz u. der Ortschaft Richtersdorf. Zusammengestellt u. hrsg. v. Paul Madaisky. gr. 8. (VI, 352 S.) Gleiwitz 901. (A. Jaeger.) Kart. n. 9. —

— — neues, v. Gleiwitz u. der Ortschaft Richtersdorf. Zusammengestellt u. hrsg. v. Paul Madaisky. (XVI, XV, 372 S.) gr. 8. Gleiwitz 905. (A. Jaeger.) Kart. n. 5. —

— — neues, v. Gleiwitz u. der Ortschaft Richtersdorf. Zusammengestellt u. hrsg. v. Paul Madaisky. (XV, VIII, 382 S.) gr. 8. Gleiwitz 907. O. Grötschel's Nachf. Geb. nn 6. 60

— — neues, v. Gleiwitz nebst d. Ortschaften Trynek, Petersdorf u. Richtersdorf. Zusammengest. u. hrsg. v. Frdr. Krause. 1896 - 1897. gr. 8. (242 S.) Gleiwitz (A. Jaeger). Geb. n. 5. 50

— — neues, d. Stadt Greifswald f. d. J. 1898, nebst Stadtplan. Hrsg. m. Benutzg. d. Einwohner-Meldeamts. gr. 8. (VI, 176 S. m. 2 Concertsaalplänen.) Greifswald, J. Abel. n.n.n. 1. 75; geb. n.n.n. 2. 25

— — neues, der Stadt Greifswald f. d. J. 1902, nebst e. Stadtplan. Hrsg. m. Benutzg. des Einwohner-Meldeamtes. gr. 8. (VI, 183 S. m. 2 Concertsaalplänen.) Greifswald, J. Abel. n.n. 1. 75; geb. n.n. 2. 25

— — neues, der Stadt Greifswald f. d. J. 1906, nebst e. Stadtplan. Hrsg. m. Benutzg. d. Einwohner-Meldeamtes. (VI, 192 S.) gr.8. Greifswald, J. Abel. n.n. 1.75; geb. n.n. 2. 25

— — neues, der Stadt Greifswald f. d. J. 1908, nebst e. Stadtplan. Hrsg. m. Benutzg. des Einwohner-Meldeamts. (IV, 196 S.) gr. 8. Greifswald, J. Abel. Geb. nn 2. 25

—— —— neues, nebst vollständigem Häuserschema der Landeshauptstadt Graz. Nach amtl. Quellen redig. von Ferd. Mayr. hoch 4. (VII, 208 S. mit 2 Theater-Plänen in Holzschn.) Graz 877, Leykam-Josefsthal. cart. **
1875 und 1876 nicht erschienen. Vgl. Geschäfts- und Adreß-Kalender.

Olberschlesisches Adreß-Handbuch. T. 1. *Kattowitz: G. Siwinna* 1902. 8° [Umschlagt.]

Adreß-Handbuch, oberschlesisches. II. Tl. Verwaltungs-Handbuch f. den Reg.-Bez. Oppeln. Auf Grund amtl. Materials zusammengestellt v. E. Beyer. (VIII, 383 S.) gr. 8. Kattowitz 903. G. Siwinna. Geb. in Leinw. n. 8. —

— für den Reg.-Bez. Oppeln. I. Tl. Verzeichnis der in die Handelsregister eingetragenen Firmen, hrsg. v. der Handelskammer f. den Reg.-Bez. Oppeln. (IV, 264 S.) gr. 8. Ebd. 902. Geb. in Leinw. n. 4. 50

— der Kgl. Sächs. Kreis-, Fabrik- u. Handelsstadt Plauen. Plauen 854. Schmidt. (Leipzig, Rein.) gr. 16. (XI, 146 S.) n. 20 ngl; mit lith. Plan n. 26 ngl

Adreß-Handbuch des Herzogthums Sachsen-Coburg u. Gotha für d. J. 1837. Mit 1 Wappen-Abbild. 8. Coburg u. Gotha 837. (Meusel u. Sohn.) n. 23 gl

—— des Herzogth. Sachsen-Coburg u. Gotha. 1843. 8. (25 1/2 B.) Gotha, Müller. **

—— des Herzogth. Sachsen Coburg und Gotha, 1847. 8. (XVIII und 448 S.) Coburg, Meusel und Sohn. *

Adreß-Handbuch des Herzogth. Sachsen Coburg und Gotha 1854. 8. (XVI und 382 S.) Coburg 854, Meusel und Sohn. *

Adreß- und Staats-Handbuch des Herzogthums Nassau, s. Staats- und Adreßbuch.

Adress - und Stadthandbuch, s.a. Adressbuch

Adreß- und Stadt-Handbuch der Stadt Emden, mit dem lithogr. Plane der Stadt und einer Ansicht des Rathhauses (Holzschntaf.) 1877/1878. gr. 8. (XXIV, 608 S.) Emden 877, Haynel. geb. Subscr.-Pr. ** M. 8.; Ladenpr. * Ergänzungsheft 1878/79. (218 S.) geb. **
1875 und 1876 nicht erschienen.

Adresshandbuch

— — der Stadt Uelzen. 1867. Harburg, Elkan. gr. 8. (IV, 66 S.) n. 12 ngr.

Vollständiges Adress- u. Geschäfts-Handbuch der Landeshauptstadt Troppau, nebst einem Personal-Handbuch des Herzogthums Ober- und Nieder-Schlesien 1901. Zusammengestellt nach authentischen Daten der letzten Volkszählung von Stadt-Ober-Official Otto Krämer und Redacteur Ernst Baumann. Troppau. Buchholz & Diebel. Gr.-8°. 338, 40 S. K 6.—

Adresshandbuch

—— für das Königr. Württemberg, enthaltend: sämmtl. Hof-, Militär-, Staats-, Kirchen-, Schul- und Gemeinde-Beamte, die Inhaber württemberg. und fremder Orden rc. Nach amtl. Quellen bearb. 8. (XXI und 247 S.) Stuttgart 853, (Neff.) **

Adreß-Handbuch für die königl. bayerische Kreis-Haupt- und Universitäts-Stadt Würzburg. Nach authent. Quellen bearb. von Joh. Geo. Wilhelm. gr. 8. (VI, 99 S.) Würzburg 870, Stahel'sche Buchh. **

Adreß-Handbuch f. die kgl. bayer. Kreis-, Haupt- u. Universitäts-Stadt Würzburg nach dem Stand vom 1. Mai 1872. Nach authent. Quellen bearb. v. Joh. Geo. Wilhelm. gr. 8. (XVI, 324 S. m. e. chromolith. Plan in gr. 4.) Würzburg 872. Stuber. n.n. 4. 80

Adresskalender, s.a. Addresskalender

Adresskalender, s.a. Adressbuch

Adress-Kalender, s.a. Adress-Calender

Adresskalender, s.a. Almanach

Adresskalender, s.a. Jahrbuch

Adresskalender, s.a. Wohnungsanzeiger

Adreß-Kalender der Stadt Aarau und Umgebung für das J. 1854. 8. (XX und 56 S.) Aarau 854, Martin.

— allgemeiner, für die Prov. Schleswig-Holstein mit Lauenburg u. d. Fürstenth. Lübeck. Hrsg. v. Joh. Heinr. Haß. gr.8. (XVI, 236 S.) Kiel 882. Haeseler. n. 4. 50

Adreßkalender, Amberger, f. 1894 sammt d. Amberger Volkskalender f. d. J. 1894. 4. (36 u. XVI S. m. Abbildgn.) Amberg, F. Pustet. n. — 50

Adresskalender, Amberger, f. 1895, nebst d. Amberger Volkskalender f. 1895. 4°(55 m. Abbildgn.)– Amberg., F. Pustet.

Adreß-Kalender, Amberger, f. 1897, f. d. Amberger Volkskalender f. d. J. 1897. 4. (XVIII, 36 S. m. Abbildgn.) Amberg, F. Pustet. n. — 50
Die Fortsetzung erschien u. d. Titel: Adreßbuch.

Adreß-Kalender, Amberger, f. 1899, sammt dem Amberger Volkskalender f. d. J. 1899. 4. (88 u. XX S. m. Abbildgn.) Amberg, F. Pustet. n. — 50

Adreß-Kalender, Augsburger, auf d. J. 1833, welches ein gewöhnliches Jahr von 365 Tagen ist. 8. Augsburg 833. (Kollmann.) 2/3 rß

Adreß-Kalender der Königl. Preuß. Haupt-u. Residenzstädte Berlin u. daselbst befindlichen Königl. Hofes, (1788 ff.:) Berlin u. Potsdam, bes. der daselbst befindlichen hohen u. niederen Collegien, Instanzien u. Expeditionen. Auf d. J. 1712. 1713. 1715. 1719. 1724 - 1726. 1728. 1730 - 1796. 1798 - 1807. 1818. Berlin. 86 Bde.

(Fortges. u. d. T.:)
Adreß-Kalender für die Königl. Haupt-u. Residenzstädte Berlin u. Potsdam (1878 ff.:) sowie Charlottenburg. Jg. 1819 - 1831. 1833. 1837 - 1850. 1852 - 1912. ; 90 Bde.

— für die Königl Haupt- und Residenz-Städte Berlin und Potsdam auf die J. 1833—35. gr. 8. Berlin 835. Rücker u. Püchler. 1835. 1 7/12 rß derf. für 1836—40. à J. 1 1/3 rß

— für d. Königl. Haupt- u. Residenz-Städte Berlin, Potsdam u. Charlottenburg a. d. J. 1838. gr. 8. Berlin, Boike. 1 1/3 rß

— für die Königl. Haupt- und Residenz-Städte Berlin und Potsdam, deßgl. für Frankfurt a. d. O. u. Charlottenburg auf d. J. 1839. 125r Jahrg. gr. 8. Berl. 839. Boike. n. 1 7/12 rß

Adreß-Kalender f. d. kgl. Haupt- u. Residenz-Städte Berlin u. Potsdam, deßgl. f. Brandenburg, Charlottenburg, Frankfurt, Neu-Ruppin, Oranienburg, Prenzlow, Schwedt u. Spandow, auf d. Jahr 1842—1845. (Von J. W. Boike.) 128—131. Jahrg. gr. 8. (à 41—48 1/2 B.) Berlin, Boike. à **

—— derf., auf d. Jahr 1846. 132. Jahrg. 2 Thle. A. u. d. T.: Provinzial-Adreß-Kalender für d. Regierungs-Bezirke Potsdam u. Frankfurt. 2 Thle. gr. 8. Ebds. à **
Thl. 1. Die kgl., städt. u. sonst. Behörden, welche sich in Berlin u. Potsdam befinden. (38 B.)
2. Die kgl., städt. u. sonst. Behörden, mit Ausschluß d. in Berlin u. Potsdam befindlichen. (29 1/2 B.)

**Adreß-Kalender** f. die K. Haupt- u. Residenz-Städte Berlin u. Potsdam, auf d. J. 1849. 135. Jahrg. gr. 8. (XVI u. 433 S.) Berlin, Voike. (Hold.) — auf d. J. 1850. 2 Thlr. (in 1 Bd.) 136. Jahrg. gr. 8. (XIV u. 408 S.) Ebd., Voikes Erben. (Gärtner.) — auf d. J. 1851. Auf Grund amtl. Nachrichten red. im Büreau des Königl. Ministerii des Innern. gr. 8. (XIV u. 383 S.) Ebd., Hayn. — auf d. J. 1852. gr. 8. (XVI u. 374 S.) Ebd. à n. n. 1½ ℛ

— für die Königl. Haupt- und Residenzstädte Berlin und Potsdam auf das J. 1853. Auf Grund amtl. Nachrichten redig. im Büreau des Kgl. Ministerii des Innern. Berlin, Hayn. Lex. 8. (XV, 363, 43 S.) nn. 1 ℛ 15 ngr

— — auf das Jahr 1854. Ebend. Lex.-8. (XVIII, 374, 44 S.) nn. 1 ℛ 15 ngr

— — auf das Jahr 1855. Ebend. Lex.-8. (XVI, 399, 48 S.) nn. 1 ℛ 15 ngr

— — auf das Jahr 1856. 142. Jahrg. Ebend. Lex.-8. (XVI, 441, 50 S.) nn. 1 ℛ 15 ngr; geb. nn. 1 ℛ 20 ngr

— — auf das Jahr 1857. 143. Jahrg. Ebend. Lex.-8. (XVI, 452, 51 S.) nn. 1 ℛ 15 ngr; geb. nn. 1 ℛ 20 ngr

— — auf das Jahr 1858. 144. Jahrg. Ebend. Lex.-8. (XVI, 469, 54 S.) nn. 1 ℛ 15 ngr; geb. nn. 1 ℛ 20 ngr

**Adreß-Kalender** f. die königl. Haupt- u. Residenzstädte Berlin u. Potsdam auf die J. 1859—1864. Auf Grund amtl. Nachrichten redig. im Bureau des königl. Ministeriums des Innern. 145—150. Jahrg. Lex.-8. Berlin, Hayn. Jeder Jahrg. nn. 1 ℛ 15 ngr; Schreibp. nn. 1 ℛ 25 ngr

**Adreß-Kalender** f. die königl. Haupt- u. Residenzstädte Berlin u. Potsdam, auf d. J. 1865—1870. Auf Grund amtlicher Nachrichten redig. im Bureau d. königl. Ministerii d. Innern. 151—156. Jahrg. Berlin, Hayn. gr. 8. (65: XVI, 574 S.; 66: XVI, 589 S.; 67: XVI, 600 S.; 68: XVI, 623 S.; 69: XVI, 651 S.; 70: XVIII, 672 S.) Jeder Jahrg. nn. 1 ℛ 20 ngr; geb. nn. 1 ℛ 25 ngr; Schreibpap. nn. 2 ℛ

**Adreß-Kalender** f. die königl. Haupt- u. Residenzstädte Berlin u. Potsdam, auf d. J. 1871. Auf Grund amtl. Nachrichten red. im Bureau d. königl. Ministerii d. Innern. 157. Jahrg. gr. 8. (XIX, 673 S.) Berlin 871. Hayn's Erben. n.n. 5. —; geb. n.n. 5. 50; auf Schreibp. n.n. 6. —

—— dass. — auf das J. 1872. 158. Jahrg. gr. 8. (XX, 700 S.) Ebendas. **

—— dass. — auf das J. 1873. 159. Jahrg. gr. 8. (XXII, 671; 74 S.) Ebendas. **

—— dass. — auf das J. 1874. 160. Jahrg. gr. 8. (XXII, 757 S.) Ebendas. **

Adreß-Kalender für die königl. Haupt- und Residenzstädte Berlin und Potsdam auf die J. 1875—1877. Auf Grund amtl. Nachrichten redig. im Büreau des königl. Ministerii des Innern. 161—163. Jahrg. gr. 8. (XXIII, 813; (XXIV, 784, 74; XXIV, 786, 64 S.) Berlin, Hayn's Erben. à Jahrg. **

—— für die königl. Haupt- und Residenzstädte Berlin und Potsdam, sowie Charlottenburg auf das J. 1878. Redig. im Bureau des königl. Ministeriums des Innern. 164. Jahrg. gr. 8. (XXXIV, 954 S.) Berlin, C. Heymann's Verlag. ** geb. **

—— dass. — auf das J. 1879. 165. Jahrg. gr. 8. (XXXIV, 864 S.) Ebendas. **

—— **für die königl. Haupt- und Residenzstädte Berlin und Potsdam, sowie Charlottenburg auf die J. 1880—1884. Redig. im Bureau des königl. Ministeriums des Innern. 166.—170. Jahrg. gr. 8. (XXXIV, 868; XXXII, 722; XXXII, 762; XXXIII, 769; XXXII, 646 S.) Berlin, C. Heymann's Verlag.** cart. à Jahrg. **

Adress-Kalender für die königl. Haupt- und Residenzstädte Berlin und Potsdam, sowie für Charlottenburg auf die J. 1885—1888. Redig. im Bureau des königl. Ministeriums des Innern. 171.—174. Jahrg. gr. 8. (XXXV, 659; XXXVI, 674; XXXVI, 686; XXXVI, 651 S.) Berlin, C. Heymanns Verlag.

Adress-Kalender f. die königl. Haupt- u. Residenzstädte Berlin u. Potsdam, sowie f. Charlottenburg auf d. J. 1889—1892. Red. im Bureau d. königl. Ministeriums d. Innern. 175.—178. Jahrg. gr. 8. (704; 737; 771; 797 S.) Berl., C. Heymann. cart. à Jahrg. ** 10 —

— **für die königl. Haupt- u. Residenzstädte Berlin u. Potsdam, sowie f. Charlottenburg auf d. J. 1893. Red. im Bureau d. königl. Ministeriums d. Innern. 179. Jahrg. gr. 8. (XXXVIII, 788 S.) Berlin, C. Heymanns Verl. Kart.** n.n. 10. —

— **f. die königl. Haupt- u. Residenzstädte Berlin u. Potsdam, sow. f. Charlottenburg a. d. J. 1898. Red. i. Bureau d. königl. Ministeriums d. Innern. 184. Jahrg. gr. 8. (XXXVIII, 827 S.) Berlin, C. Heymann's Verl. Kart.** n.n. 10. —

**Adress-Kalender** f. die königl. Haupt- u. Residenzstädte Berlin u. Potsdam, sowie f. Charlottenburg auf d. J. 1901. Red. im Bureau des königl. Ministeriums des Innern. 187. Jahrg. gr. 8. (XXXVIII, 905 S.) Berlin, C. Heymann's Verl. Kart. 10. —

— f. die königl. Haupt- u. Residenzstädte Berlin u. Potsdam, sowie f. Charlottenburg auf d. J. 1902. Red. im Bureau des königl. Ministeriums des Innern. 188. Jahrg. gr. 8. (XXXIX, 944 S.) Berlin, C. Heymann. Kart. n.n. 10. —

**Adress-Kalender** f. die königl. Haupt- u. Residenzstädte Berlin u. Potsdam, sowie f. Charlottenburg auf d. J. 1903. Red. im Bureau des königl. Ministeriums des Innern. 189. Jahrg. (XXXX, 977 S.) gr. 8. Berlin, C. Heymann. Kart. 10. —

**Adress-Kalender** f. die königl. Haupt- u. Residenzstädte Berlin u. Potsdam, sowie f. Charlottenburg auf d. J. 1904. Red. im Bureau des königl. Ministeriums des Innern. 190 Jahrg. (XXXX, 962 S.) gr. 8. Berlin, C. Heymann. Kart. 10. —

**Adreß-Kalender** f. die königl. Haupt- u. Residenzstädte Berlin u. Potsdam, sowie f. Charlottenburg auf d. J. 1906. Red. im Bureau des königl. Ministeriums des Innern. 192. Jahrg. (XXXX, 863 S.) 8. Berlin, C. Heymann. Kart. n.n. 10. —

**Adreßkalender für die königl. Haupt- u. Residenzstädte Berlin u. Potsdam, sowie f. Charlottenburg auf d. J. 1910. Red. im Bureau des königl. Ministeriums des Innern. 196. Jahrg. (XL, 982 S.) 8. Berlin, C. Heymann. Geb. in Halbleinw. nn 10. —**

—— für Stadt und Stadtbezirk Bern für 1877 und 1879. gr. 16. (à VIII, 436 S. mit 1 lithogr. Plan der Stadt Bern.) Bern, Haller. à Jahrg. *M.* 3.; cart. *
1875, 1876 und 1878 nicht erschienen.

**Adreß-Kalender** f. die Bewohner d. Reg.-Bez. Aachen auf d. Jahr 1882. Mit Benutzg. amtl. Materials. 1. Jahrg. 12. (XXXII, 155 S.) Aachen, Barth. n. 1. 50; geb. n. 2. —

**Adreß-Kalender** f. die Bewohner d. Reg.-Bez. Aachen auf d. J. 1883. Mit Benutzg. amtl. Materials. 2. Jahrg. 12. (XXXII, 128 S.) Aachen 883. Barth. n. 1. 50

— für die Bewohner d. Großherzogth. Luxemburg. 1865. Luxemburg, Heintze. 16. (215 S.) 12 ngr

—— für die Bewohner des Großherzogthums Luxemburg. 1874. 7. Jahrg. Vermehrt mit einem Anhang der bedeutendsten Industrieen- und Geschäfts-Adressen des Landes und der officiellen Reductions-Tabelle der Gulden und Kreuzer in Thaler, Silbergroschen und Pfennige. gr. 16. (258 S.) Luxemburg, Gebr. Heintze's Buchh. *

— für die Bewohner des Regierungs-Bezirks Trier. 1.—3. Jahrgang. 1835—1842. gr. 16. Trier 834—41, Lintz. 8. Jahrgang. n. 5/12 ℛ

—— für die Bewohner des Regierungs-Bezirks Trier, nebst e. Anh., enth. e. Nachtrag zur statist.-topograph. Beschreibung des Regierungs-Bezirks Trier. (14. Jahrg.) 1848. 16. (299 S.) Trier 848, Lintz'sche Buchh. **

—— ders., (15—17. Jahrg.) 1849—51. gr. 16. Ebds. à Jahrg. **

Vgl.: Adreß-Buch.

—— für die Bewohner des Regierungs-Bezirks Trier. 1852. (18. Jahrg.) 16. (XL und 168 S.) Trier 852, Lintz'sche Buchh.

— für die Bewohner d. Regierungsbezirks Trier. 1859—63. 25—29. Jahrg. Trier, Lintz's Verlag. 16. Jeder Jahrg. nn. 10 ngr.

Vgl. Wohnungs-Anzeiger.

—— für die Bewohner des Regierungsbezirks Trier. 1862—67. 28.—33. Jahrg. gr. 16. (LIV—LXVIII und 203—210 S.) Trier, Lintz' Verlag. à Jahrg. ** —

—— für die Bewohner des Regierungs-Bezirks Trier auf die J. 1869—1872. 35.—39. Jahrg. Nebst einem Anhang von Geschäfts-Anzeigen. 16. (à ca. XLII, 200 S.) Trier, Lintz' Verlag. à Jahrg. **

—— dass. — auf das J. 1874. 40. Jahrg. Nebst einem Anhang von Geschäfts-Anzeigen. gr. 16. (XLIV, 213 S.) Ebendas. **

—— für die Bewohner des Regierungs-Bezirks Trier auf die J. 1875—1880. 41.—46. Jahrg. Nebst einem Anhang von Geschäfts-Anzeigen. gr. 16. (XLI, 231; XXIX, 238; XXIX, 240; XLVIII, 242; XVIII, XXX, 248; XXXII, 260 S.) Trier, Lintz'sche Buchh. à Jahrg. **

—— für die Bewohner des Reg.-Bez. Trier auf die J. 1881—1884. 47.—50. Jahrg. Nebst einem Anhang von Geschäfts-Anzeigen. 16. (L, 255; L, 267; LI, 260 S.) Trier, Lintz'sche Buchh. à Jahrg. * geb. à Jahrg. *

—— für die Bewohner des Reg.-Bez. Trier auf die J. 1885—1888. 51.—54. Jahrg. Nebst einem Anhang von Geschäfts-Anzeigen. 16. (à Jahrg. L, 270—290 S.) Trier, Lintz'sche Buchh.

—— für die Bewohner d. Reg.-Bez. Trier auf d. J. 1889—1892. 55.—58. Jahrg. gr. 16. (à Jahrg. ca. 350 S.) Trier, Lintz. 55. u. 56. Jahrg. à * 1 20; 57. u. 58. Jahrg. à * 1 50

— für die Bewohner d. Reg.-Bez. Trier auf d. J. 1893. 59. Jahrg. Mit e. Anhang v. Geschäfts-Anzeigen. 16. (XX, XXXII, 365 S.) Trier, Fr. Lintz. n. 1.50

— f. d. Bewohner d. Reg.-Bez. Trier a. d. J. 1898. 64. Jahrg. N. e. Anh. v. Geschäfts-Anzeigen. 12. (VIII S., Schreibkalender, XXXIV, 352 S.) Trier, F. Lintz. n. 1.60; geb. n. 2. —

—— der Stadt Biel und Umgebung Nidau und Bözingen. Bis 1. Juni 1868 nachgetragen. 8. (108 S.) Biel 868, (Steinheil.) *

**Bozner Adresskalender.** Vollständiges Adressbuch von Bozen-Gries und Zwölfmalgreien. 1. Jahrg. 1903. Gr.-8°. * K 3.— Bozen: Tyrolia 1903

— Bozner. Vollständiges Adreß-Buch v. Bozen, Gries u. Zwölfmalgreien, nebst Beamtenschematismus, Verzeichnis der Handels- u. Gewerbetreibenden u. Inseratenanh. 4. Jahrg. 1906. (130 u. 84 S.) gr. 8. Bozen, Buchh. „Tyrolia". n. 3.—; geb. n. 4. —

— Bozener. Vollständiges Adreß-Buch v. Bozen, Gries u. Zwölfmalgreien, nebst Beamtenschematismus, Verzeichnis der Handels- u. Gewerbetreibenden u. Inseratenanh. 7. Jahrg. 1909. (144 u. 78 S.) gr. 8. Bozen, „Tyrolia". 3. —

— f. Breslau, s.: Wohnungs-Anzeiger.

— des Bundes deutscher Gastwirte. Hrsg. vom Bund „Deutscher Gastwirte". Bearbeitet v. Ernst Heitmann. 14. Jahrg. 1905. (XXVIII, 688 S.) kl. 8. Leipzig (E. Heitmann). Geb. n. 1.50

— der Fabrik- und Handelsstadt Chemnitz, auf d. J. 1838 und 1839. Ein Wegweiser für Fremde u. Einheimische. 8. Chemnitz 838. Billig. n. 1/2 ₰

—— Dresdner, a. d. J. 1831. 8. (26 B.) Dresden, (Arnold.)

—— von Düsseldorf, s. Almanach.

— f. Frankfurt a. d. O., s.: Wohnungs-Anzeiger.

—— Freiburger, für das J. 1851, zugleich statist. Handbuch des großherzogl. bad. Oberrhein-Kreises. Mit der 31. Fortsetzung der Beiträge zur Geschichte der Stadt Freiburg und des Breisgaues: Birkenreuthe. 16. (XXXII und 180 S. mit 1 Stnt., und 1 Tab. in 4.) Freiburg im Br. 855, Wangler.

— Freiburger, für das Jahr 1853, zugleich statistisches Handbuch des Großh. Badischen Oberrhein-Kreises. Mit d. 33. Fortsetzung der Beiträge zur Geschichte der Stadt Freiburg und des Breisgraues: Die Straßenanlagen und Zollrechte der Städte Freiburg u. Villingen. (Von J. Rösch.) Freiburg, Wangler. gr. 16. (XXVI, 182 S. u. 1 Tab. in 4.) n. 8 ngr.

—— dass. — für das J. 1854, zugleich statist. Handbuch des großherzogl. bad. Oberrhein-Kreises. Mit der 34. Fortsetzung der Beiträge zur Geschichte der Stadt Freiburg und des Breisgaues: Rathsbesatzungen der Stadt Freiburg. gr. 16. (LXII und 180 S. mit 1 Tab. in gr. 4.) Ebds. 854. *

—— Freiburger, für das J. 1873. Nach amtl. Materialien. Mit einem Anhang: Geschäfts-Empfehlungen. 8. (160 S.) Freiburg i. B., Scheuble. **

Adreß-Kalender der Großherzogl. badischen katholischen u. evangel. Geistlichkeit für 1858. Lahr, Geiger. 16. (19 Bl., 62 Notizbl., 24 Bl.) n. 14 ngr.

Adreß-Kalender f. Hannover Jahrg. 1874 u. Jahrg. 1875.

**Adreß-Kalender, Heidelberger,** f. das J. 1868. Hrsg. von Lehmann. Mit e. Beitrag zur Geschichte der Stadt: die Zerstörung Heidelberg's im J. 1689. Heidelberg, Emmerling. 8. (XXVII, 149 S.) n. 16 ngr.

(F) **Hitschfeld's Illustrierter Adreß- und Auskunftskalender** für Nordböhmen. 1909. XVIII. Jahrg. Gr.-8°. (118 S.) Sternberg: Hitschfeld 1908. K 1.50

— der Preuß. Justiz-Behörden und Justiz-Kommissarien. Herausg. v. d. Redaktion des Centralblattes f. Preuß. Juristen (C. F. Rauer). Jahrg. 1838. 8. Berl., Hirschwald. n. 1/2 ₰

—— für d. Residenzstadt Karlsruhe. Bearb. durch Kaiser. 1843. gr. 8. (9 1/4 B.) Karlsruhe, Müller'sche Hofbuchh.

Adreß-Kalender für die Residenzstadt Carlsruhe. Hrsg. von Carl Reichard und Carl Friedr. Bilharz. 1858. gr. 8. (VIII und 163 S.) Carlsruhe, Müller'sche Hofbuchh. **

— f. die Residenzstadt Carlsruhe. Herausg. von C. Reichard. (Nach dem Stand vom Monat März 1861.) Carlsruhe, Müller. gr. 8. (VIII, 168 S.) nn. 15 ngr.

—— für die Residenzstadt Carlsruhe. Hrsg. von C. Reichardt und Ed. Baumann. 1862, 65 und 66. gr. 8. (L und 134 S., LIV und 154 S., 136 S.) Carlsruhe, Müller'sche Hofbuchh. [1862 und 65. à Jahrg. ** 15 Ngr., 1866. ** 12 Ngr.] **

**Adress-Kalender** für den Regierungsbezirk Coblenz enth. d. Reichs-, Staats- u. Kommunalbehörden u. Beamten aller Ressorts ... Nach amtl. Mitteilungen bearb. Jg. 1. Coblenz: Krabben 1909. XXXI, 176 S. 8°

Fortges. u. d. T.: Behörden- u. Beamten-Verzeichnis für d. Reg. Bez. Coblenz. 1910.

— f. den Reg.-Bez. Coblenz, enth. die Reichs-, Staats- u. Kommunalbehörden u. Beamten aller Ressorts, die Geistlichen, Lehrpersonen, Ärzte, Tierärzte u. Apotheker, sowie die Militärbehörden, die Offiziere u. Militärbeamten des aktiven Dienststandes, der Reserve u. der Landwehr f. d. J. 1910. Nach amtl. Mitteilgn. bearb. v. dem Bibliothek-Beamten der Regierg. zu Coblenz. 1. Jahrg. (XXXI, 176 S.) 8. Coblenz 909. (W. Groos). nn 3. —

Adress-Kalender von den im Fürstenthum Minden, Grafschaft Ravensberg, Grafschaft Teklenburg, Grafschaft Lingen, Herzogthum Cleve, Grafschaft Mark, Fürstenthum Möurs, Herzogthum Geldern, Fürstenthum Ostfriesland und Fürstenthum Neufchatel befindl. hohen und niederen Collegien... Magisträten... Kirchen und Schulen auf das J. 1787. [Berlin 1786.]

**Adreß-Kalender** der Großherzoglich Badischen Kreishauptstadt **Konstanz** f. d. J. 1874. gr. 8. (128 S.) Konstanz 874. Fritz. n. 1. 40

**Adreßkalender für die Stadt Konstanz auf die Jahre 1839 und 1840. 8. Konstanz, Glückher. ¼ ₰**

—— **Leipziger**, a. d. J. 1828 u. 29. (Nebst Angabe des fremden, die Messen besuchenden Handelsstandes rc. Hrsg. v. J. G. Stimmel.) 8. (29½, 27 B.) Leipzig, Staritz.
Fortsetzung, vgl. Adreßbuch.

—— der Stadt **Ludwigshafen** incl. Hemshof. 8. (90 S. mit 1 lithogr. Plan in Imp.-4.) Ludwigshafen 876, Lauterborn. **
1875, 1877—79 nicht erschienen.

— **Ludwigshafener**, für d. J. 1887, mit dem neuesten Plane der Stadt Ludwigshafen am Rhein. Zusammengestellt v. der städt. Kanzlei auf Grund amtl. Erhebgn. gr. 8. (216 S.) Ludwigshafen, Lauterborn. n. 2. —

— **Ludwigshafener**, für d. J. 1891, mit dem neuesten Plane der Stadt Ludwigshafen a/Rh. Zusammengestellt vom Polizei-Meldeamt [Paßbureau], auf Grund amtl. Erhebgn. gr. 8. (IV, 264 S.) Ludwigshafen a/Rh., A. Lauterborn. Kart n.n. 3. –

Adress-Kalender f. d. Grossh. Luxemburg. 1865. 16° (215) – Luxemburg: Heintze.

—— **Luxemburger**, auf die J. 1878—1880, für die Bewohner des Großherzogthums Luxemburg. 1.—3. Jahrg. 16. (156; 171; 181 S.) Luxemburg, Brück. à Jahrg. *

—— **Luxemburger, auf die J. 1881 und 1882 für die Bewohner des Großherzogth. Luxemburg. 4. und 5. Jahrg. 16. (à 246 S.) Luxemburg, Brück. à Jahrg.**

—— **marburger** akademischer, 1830—1841. gr. Fol. (à 12 B.) Marburg, Elwert'sche Univ.-Buchh. à
Vgl. Addreßbuch.

Adress-Kalender für die Mitglieder des vereinigten Landtages. – Berlin: Gropius 1847. 40 S.
1: Sx 4510. 4.
1.12912
– (3. Aufl.) Berlin: Reimarus 1847. 6. 7.
1.12913

**— f. d. Mitglieder des verein. Landtages. 8. (40 S., 1 Stahlst. u. 1 Plan in 4.) Berlin 847, Reimarus. (jetzt: Ernst & Korn.) n. ½ ₰**

—— **neuester**, von Raab und Raab-Szigeth für das J. 1871. Handels- und Gewerbe-Adressenbuch und Wohnungsanzeiger von Raab und Raab-Szigeth. gr. 8. (155 S.) Raab. (Wien, Lechner's Universitäts-Buchh.) *

**Adreß-, Haushaltungs- u. Schreib-Kalender, obersteirischer,** 1909. Ein Familien-Hausbuch m. e. reichen Auswahl v. Aufsätzen zur Belehrg. u. Orientierg. des Staatsbürgers, Geschäftsmannes u. Ökonomen, sowie f. Handel u. Industrie, nebst Erzählgn. u. Illustr. (204 S.) gr. 8. Bruck a/d. M., H. Smrczek. Kart. — 80

**Adress-Kalender** der Odd-Fellows (J. O. O. F.) Deutschlands und der Schweiz. 1876 1877. Verlag von „Herz und Hand". Berlin, Aug. 1876. kl. 8. 241 S.
Verzeichnet 248 Mitglieder; in diesem Jahre hatte der Orden in Deutschland und in der Schweiz seinen Höhepunkt erreicht.

— **Rathenower**, u. Geschäfts-Anzeiger für d. J. 1890. Zusammengestellt v. B. Wust. gr. 8. (XVI, 44, 46, 18, 22 u. 20 S.) Rathenow. (Berlin, Eisenschmidt & Schulze.) cart. n.n. 3. —

— **Rathenower**, u. Wohnungs-Anzeiger f. Neufriedrichsdorf f. d. J. 1903. Zusammengestellt v. O. Bellgardt. gr. 8. (VIII, 102; 68 u. 20 S.) Rathenow. (Berlin, C. M. A. Müller & Co.) Geb. in Leinw. n. 2. —

— **Rathenower**, Fortsetzg., s.: Adreßbuch f. Rathenow.

Adresskalender, Scholastischer, auf d. J. 1768 u. 69., 1769 u. 70. Worinnen nebst andern wichtigen Nachrichten die Namen u. Aemter aller jetztlebenden Lehrer der Ritterakademien und Gymnasien in und auserhalb Teutschland befindlich. Erlangen o. J. 16.

—— **Speierer**, nach amtl. Quellen bearb. gr. 8. (124 S. mit lithogr. Plane der Stadt Speier.) Speier 885, (Lang.) *
—— dass. — gr. 8. (176 S.) (Ebendas.) 888. *

— für **Stenographen** nach dem Systeme v. Stolze. 1882. Unter Mitwirkg. d. Adreß-Vereins für Stenographen [Stolze] zusammengestellt u. hrsg. v. J. Fieweger. 16. (196 S.) Breslau, Aderholz. n. 1. 50

—— dass. — 1883. 16. (30 S.) Ebendas. *

—— für **Stenographen** nach dem System von Stolze. 1884. Unter Mitwirkung des Adreß-Vereins für Stenographen [Stolze] zusammengestellt und hrsg. von J. Fieweger. 16. (16 S.) Breslau, Aderholz' Buchh. *

Adresskalender für die Königliche Haupt- und Residenzstadt Stuttgart, für das Jahr 1860. 62. 65. Stuttgart 1860-65

— f. d. Königl. Haupt- u. Residenzstadt **Stuttgart** auf das J. 1862. Verfaßt von **Braun** u. **Epple**. Stuttgart, (Aue.) 8. (305 S.) n. 28 ngr.

—— **für die königl. Haupt- und Residenzstadt Stuttgart auf die J. 1862—67. br. 8. (266—305 S.) Stuttgart, (Aue.) cart. à Jahrg. ***

**Adreß- u. Terminkalender.** Jahrbuch für den Reg.-Bez. Düsseldorf 1894. Bearb. v. R. Harnisch. 82. Jahrg., alte Folge. 2. Jahrg., neue Folge. 12. (XIII S., Schreibkalender u. 181 S.) Düsseldorf, E. Lintz. n. 2. —

— dasselbe, Fortsetzg., s.: Jahrbuch für den Reg.-Bez. Düsseldorf.

Adress-Kalender
– Trier, Reg.–Bez., 1900. 66 Jahrg. 12° (Schreibkalender u. 350).– Trier, F. Lintz.

— des Reg.-Bez. **Trier**, enthält die sämtl. Behörden u. Beamten f. d. J. 1902. Nach amtl. Material bearb. 68. Jahrg. gr. 16. (V, 26; XXII u. 323 S.) Trier, F. Lintz. n. 2. —; geb. n. 2. 50

— des Reg.-Bez. Trier, enth. die sämtl. Behörden u. Beamten f. d. J. 1903. Nach amtl. Material bearb. 69. Jahrg. (V, 25; XXIII u. 328 S.) gr. 16. Trier, F. Lintz. 2. —; geb. 2. 50.

— des Reg.-Bez. Trier, enth. die sämtl. Behörden u. Beamten f. d. J. 1904. 70. Jahrg. (V, 25; XXII u. 333 S.) gr. 16. Trier, F. Lintz. 2. —; geb. 2. 50.

**Adress Kalender** des Reg.-Bez. Trier, enth die sämtl. Behörden u. Beamten f. d. J. 1905. 71. Jahrg. (30, XVIII, 343 S.) 16. Trier, F. Lintz. 2. —; geb. 2. 50.

— des Reg.-Bez. **Trier**, enth. die sämtl. Behörden u. Beamten f. d. J. 1906. Nach amtl. Material bearb. 101. Jahrg. (II, 30, XVI, 355 S.) 16. Trier, F. Lintz. n. 3. —; geb. n. 3. 50

— **des Reg.-Bez. Trier**, enth. die sämtl. Behörden u. Beamten f. d. J. 1909. Nach amtl. Material bearb. 104. Jahrg. (30, XVIII, 380 S.) 16. Trier, F. Lintz. 3.—; geb. 3.50; f. den Reg.-Bez. Trier 2.50; geb. 3. —

—— **Wismar'scher**, für 1874. 3. Jahrg. gr. 8. (XXXIII, 156 S.) Wismar, Hinstorff'sche Hofbuchh. *

— **Wismar'scher**, f. 1876. 5. Jahrg. gr. 8. (IV, 164 u. Anh. XXXV S.) Wismar, Hinstorff. n. 2. —
cf. Adreßbuch, Wismarsches.

— **Wismar'scher**, f. 1885. 13. Jahrg. gr. 8. (XXXIII, 160 S.) Wismar 884. Hinstorff's Verl. n. 1. 75; cart. n. 2. —

— **zahnärztlicher**, f. den europäischen Kontinent. Für d. J. 1906/7. 1. Tl. Deutschland. (XX, 355 S.) kl. 8. Berlin (906). Berlin. Verlagsanstalt. Geb. in Leinw. n. 5. —

— **zahnärztlicher**, f. den europäischen Kontinent. 1908. 1. Tl. Deutschland. (XXIII, 376 S.) kl. 8. Berlin, Berlin. Verlagsanstalt. Geb. in Leinw. 5. —

Adresskarte (mit Bild) des Wiener Centralbades, I., Weihburggasse Nr. 20. Wien, Druck von Philipp & Kramer.
Verboten v. L.-G. Wien, 16. Jänner 1894. § 516.
— — Dasselbe. II. Aufl.
Verboten v. L.-G. Wien, 23. Jänner 1894. § 516.

**Adresskontor**, s. Adress-Comptoir

**Adresskontor**, s. Adress-Comtoir

**Adress-Nachrichten, Hamburger.** Hamburg 1825ff. H: *Ludwig, Æ.* (MGT)

**Adreß-Notiz** der Lehrer und Lehrerinnen an den Breslauer evangelischen höheren Bürger- und Töchter-, städtischen Volks- und Pfarr-Schulen. Nebst einem Anhange enth.: Anciennetätslisten und Uebersicht der Schulen. Hrsg. von Jul. Herold. 1. und 2. Jahrg. 1877 und 1878. 82. (40; 64 S.) Breslau, Priebatsch's Buchh.
Jahrg. 1877 **
Jahrg. 1878 **

—— dass. — der städtischen Mädchen-Mittelschule und den Volksschulen für 1879/80. Nebst einem Anhange, enth: Anciennetätslisten und Uebersicht der Schulen. Hrsg. von Jul. Herold. 3. Jahrg. 16. (72 S.) Ebendas. *

**Adreß-Notiz** der Lehrer und Lehrerinnen an den Breslauer Volksschulen für 1880/81. 1881/82. 1882/83. 1883/84. 1884/85. Nebst einem Anhang, enth.: Ancienitätslisten und Übersicht der Schulen. Hrsg. von Jul. Herold. 4.—8. Jahrg. 16. (68; 70; 74; 75; 76 S.) Breslau, Priebatsch's Buchh.
à Jahrg. *

**Adress-Sammlung.** — Adress-Sammlung der Beamten und Gewerbetreibenden in Köln am Rhein. Alphabetisches Verzeichniss der Kaufleute, Fabrikanten ... Aus amtl. Quellen geschöpft. -- Köln: Ritzefeld 1834. 87 S. 5.
1.12014

**Adresstaschenbuch**, s.a. Addresstaschenbuch

**Adreß-Taschenbuch**, allerneuestes, für ꝛc. Rheinland und Westphalen, s. Fr. Hyll.

**Adress-Taschen-Buch**, Aussiger, f. d. J. 1896, n. amtl. Quellen zusammengest. gr. 16. (300 S.) Aussig (A. Becker. — A. Grohmann). 3. —

**Adress-Taschenbuch** vom Herzogthum Berg und der Grafschaft Mark. 4. Aufl. Barmen und Elberfeld 1828. V: *Hyll, Fr.* (Ky)

**Adress-Taschenbuch** der Haupt- u. Residenzstadt München. Hrsg. von *J. V. Müller*. München 1842. 8°. Ppb.
XII—527 S., 1 S. Err. —

**Adress-, Reise- u. Reklamen-Taschenbuch** f. Thun u. Berner Oberland. Hrsg. v. J. Brunner. 1908—1909. (VIII, 303 S.) 8. Thun, (St. Streiff).
Geb. in Leinw. nn 5. —

**Adressverzeichnis**, s.a. Addressverzeichnis

**Adressverzeichnis**, s.a. Adressenverzeichnis

**Adressverzeichnis**, s.a. Adressverzeichniss

**Adreß-Verzeichnis** inserierender Firmen 1907. Unter Beifügg. e. Adreßbuch der Annoncen-Expeditionen. (204 S.) 8. Leipzig (907.) W. Fiedler. Geb. nnn 10. —

**Adress-Verzeichnis, Hallisches,** aller jetzt lebenden und in öffentlichen Ämtern stehenden geistlichen und weltlichen Personen, auf das Jahr 1804 ... [Halle.] V: *Hendel, Johann Chr.* (Ky)

**Adress-Verzeichnis** des Institut Kanon. Ausg. im Jan. 1904. Berlin: (Inst. Kanon 1904). (16 S.) 8° [Umschlagt.] [u6. 6406

**Adress-Verzeichnis, Fürstlich Lippisches,** auf das Jahr 1803. Nebst gemeinnützigen Nachrichten. Lemgo 1803. H: *Clostermeier, Christi. Gottli.* (MGT)

**Adressverzeichnis** der Mitglieder der Gesellschaft ehemaliger Studirender der eidg. polytechnischen Schule. (Mit wissenschaftlichen Beilagen, Statuten etc.) Nr. 1—26. Zürich 1869—95.

**Gesellschaft ehemaliger Studierender der Eidg. polytechnischen Schule in Zürich** ⟨gegründet 1869⟩. 8.
82. Adressverzeichnis der Mitglieder. Hrg. im Auftrage des Vorstandes im Juli 1901. IV + XII + 50 S. Zürich, Emil Cottis Wwe., 1901. — Anhang zum 82. Adressverzeichnis.... Juli 1901. 48 S.
83. Adressverzeichnis — — im Juli 1902. IV + XII + 267 S. Zürich, Emil Cottis Wwe., 1902.
84. Adressverzeichnis — — im August 1903. IV + XIV + 50 S. Zürich, Juchli & Beck, 1903. — Anhang zum 84. Adressverzeichnis.... Juli 1903. 56 S.

**Adressverzeichniss**, s.a. Adressverzeichnis

**Adress-Verzeichniss** nordamerikanischer Bibliotheken v. 10,000 u. mehr Bänden. [Aus: „Petzoldt's Neuer Anzeiger f. Bibliogr. u. Bibliothekwissensch.“] gr. 8. (13 S.) Dresden 877. Schönfeld. n. 1. —

**Adreß-Verzeichniß** des Kauf- und Handelsstandes ꝛc. der Stadt Zittau. Beigefügt sind demselben: Reglement für den telegraph. Verkehr, Nummern der Häuser Zittau's ꝛc. 8. (24 S.) Zittau 855, Schöpsische Buchh.

**Adressverzeichniss** (11.) der Mitglieder der Gesellschaft ehemaliger Studirender der eidgenöss. polytechn. Schule in Zürich. Juli 1880. In-8°, VII u. 194 S. mit Gebäudeansicht in Holzschn. Zürich, Druck von Schiller & Cie.

**Adressverzeichniss, XV.**, der Mitglieder der Gesellschaft ehemaliger Studierender der eidg. polytechnischen Schule in Zürich. Juni 1884. Zusammengestellt im Auftrage des Vorstandes. In-8°, 183 S. Zürich, Druck von Schiller & Cie. (B. Coth).

**Adressverzeichniss**, zweites, der Mitglieder der Gesellschaft ehemaliger Studirender der eidg. polytechn. Schule in Zürich. IV, 56 u. 112 Stn. und 2 lithogr. Beilagen. 8. Zürich, Zürcher & Furrer. 1872

Adreß-Verzeichniß f. d. Stadt Wittenberg nebst Vorstädten pro 1893/1894. gr8°(200 S.).– Wittenberg, (P. Wunschmann). Kart.

Adress-Verzeichniss d. Stadt Zittau. 8° (24) – Zittau: (Pahl.) 1855.

**Adria.** Illustrierte Monatsschrift f. Landes- u. Volkskunde, Volkswirtschaft u. Touristik der adriat. Küstenländer. Hrsg.: Jos. Stradner. 1. u. 2. Jahrg. Dezbr. 1908—Novbr. 1910. à 12 Hefte. (III, 472 u. III, 468 S.) 31×23 cm. Triest (Via dei Cordaroli 296, Villa Lucia), Jos. Stradner à Jahrg. 9. —

Adrian

— od. d. Sieg der Tugend. Oper in 3 Aufz. von Meyer. 8. Wien, Wallishäußer.

**Adrian, Kaiser in Syrien.** Schauspiel nach Metastasio. Leipzig 1781. V: *Bock, Johann Chn.* (Ky)

**Adrian, Kaiser, in Syrien.** Schsp. 8. Lpz. Hilscher. 781.

**Adrian**, s.a. Adrian, Carl

— s.a. Adrian, Fr. R.

— s.a. Adrian, Johann Valentin

— s.a. A d r i a n , Karl

**Adrian's** *εἰσαγωγὴ εἰς τὰς θείας γραφάς*, aus neu aufgefundenen Handschriften hrsg., übers. u. erläutert v. F. Goessling. gr. 8. (XII, 140 S.) Berlin 887. Reuther. n. 3. 20

**Adrian**, s. Goessling, Friedrich.

— s. I r v i n g , W.: Ausgewählte Schriften.

Adrian: De locis aliquot primi idylli Theocritei difficilioribus. 24 S. Progr. Gr.-Glogau ev. G. 1871.

Adrian, s. M i t t h e i l u n g e n aus Handschriften.

— s. S c o t t , W.: Halidonshöhe.

Adrian, Adolph (Giessen)
Ueber Diffusionsgeschwindigkeiten und Diffusionsäquivalente bei getrockneten Membranen.
Giessen: Brühl 1860. 19 S. 2 Bl. Thesen.
Diss. med. 18.1.1860. vorh. 7. Δ.

Adrian, Adolph
Ueber die Funktionen des Plexus coeliacus und mesentericus.
Giessen 1861. 27 S.
Habil. med. 19. August 1861. vorh. 26.

Adrian,C., s. A d r i a n , Karl

ADRIAN, CARL. Ueber den Einfluss täglich einmaliger oder fractionirter Nahrungsaufnahme auf den Stoffwechsel des Hundes. Strassburg, 1893. **Diss.** G. S.

**Adrian, Carl, das Halleiner Weihnachtsspiel. Ein Beitrag zum Volksschauspiel in Salzburg.** (28 S.) Lex.-8. Wien 903. (Gerold & Co.) n. — 50
**Sonderabdruck aus: „Ztschr. f. österr. Volkskunde".**

Adrian, Clemens August, Arzt zu Friedrich Wilhelms-Hütte a. d. Sieg: Zusammenstellung der in der Bonner chirurgischen Universitätsklinik von October 1895 bis October 1898 angetroffenen Kopfgeschwülste. – Bonn 1899: C. Georgi. (74 S.) 8°.
Bonn, Med. Diss. v. (19. Juli) 1899.

**Adrian, (D.,)** Grundzüge zu e. provenzalischen Grammatik, nebst Chrestomathie. gr. 8. Frankf. 825, Sauerländer.

— d. Priesterinnen d. Griechen. 8. Ebend. 823, Ebend.

Adrian,F., s. A d r i a n , Ferdinand

Adrian, Fd., s. A d r i a n , Ferdinand

Adrian, Ferdinand

**Adrian, Ferd.,** Gott segne das ehrbare Handwerk. Ein Handbuch für den deutschen Gesellen in der Heimath und in der Fremde. Mit einem Vorwort von A. Kolping. 12. (IV und 314 S. mit 1 lithogr. und ill. Reisekarte in Fol.) Freiburg im Br. 858, Herder'sche Verlagsh.

**Adrian, Fd.,** der deutsche Handwerksbursche nach den Forderungen der Gegenwart. Eine Sammlung nützlicher Erfahrungen u. Anleitungen, welche dem jungen Wanderer die Bahn öffnen, auf der er sich jene moralische und politische Bildung erwerben kann, die so nothwendig ist, wenn er sich zu einem edlen Menschen u. tüchtigen Bürger heranbilden und das Glück der Zukunft begründen will. Mit 1 Karte von Deutschland. 8. Mannheim 845, (Löffler). n. 2/3 ℛ

A d r i a n , Fr. R. : De cantico, quod est apud Euripid. Bacch. vers. 367-426 edit. Herm. 35 S. Progr. Görlitz 1860.

**Adrian, Gabriel:** Der bei den sieben Bergen am Rhein wohnende Rechenmeister. Th. 1.2. — Bonn 1792–93: Kurfürstl. Hofbuchdr. 1:Oc 2027.
1.12040

(—) Stunden den Musen gelebt. T. 1. — Bonn: Selbstverl. 1798. XVI,175 S. 4.
1.12041

**Adrian, Gerh., Beiträge zur Würdigung der Nibelungendichtung.** (Progr.) (41 S.) Lex. 8. Dortmund 908. (Leipzig, Buchh. G. Fock.) 1. 50

**Adrian, Gerhard:** Beiträge zur Würdigung der Nibelungendichtung. Dortmund 1908: Herfort. S. 3—41. 4°
Dortmund, st. G P 1908 (451) [S 08. 2

Adrian, Gerhardus (Elbingensis): Quaestiones Statianae (o.O.), typ. Hoferianis, 1893; 42 S., 1 Bl. 8°.
Würzburg, Phil Fak., Inaug.-Diss. v. 1893.

**Adrian, Hendrik (Pseudonym), sein letzter Wunsch. Ein Tendenzstück in 4 Aufzügen m. Vor- u. Nachspiel.** (55 S.) 8. Hamburg 910. C. Boysen. 1. 20

Adrian, Herm. (geb. Berlin 5. 8. 1858): Zur Frage vom moralischen Irresein und Verbrecherwahnsinn. Berlin (1881). (30 S.) 8°
Berlin, Med. Diss. v. 17. Mai 1881

**Adrian, J. V.** s. *Adrian*, Johann Valentin.

Adrian,J. Valent., s. A d r i a n , Johann Valentin

Adrian,Jh. Val., s. A d r i a n , Johann Valentin

Adrian,Joh. Val., s. A d r i a n , Johann Valentin

**Adrian, Johann Valentin** [Übers.] s. *Bandello*, Matteo: Novellen [Novelle, deutsch]. 1818–19.

**Adrian, Joh. Val.,** Bilder aus England. 2 Thle., m. 3 u. 4 Kpfrn. gr. 12. (à 13 B.) Frankfurt a. M. 827, 28, Sauerländer. à

Adrian,Johann Valentin, s. B y r o n : Die Braut von Abydos.

Adrian, Johann Valentin, s. B y r o n: Erzählungen.

Adrian,Johann Valentin, s. B y r o n : Lara.

**Adrian, J. Valent., Catalogus codicum manuscriptorum Bibliothecae Academiae Gissensis. Accedunt tabulae lithogr. VIII. schmal gr. 4. Francof. a. M. 840. Sauerländer. n. 8 ℛ**

Adrian, Johann Valentin, s. C e r v a n t e s : Gesch. d. Theolinde.

**Adrian, Dr. Jh. Val., Erzählungen. 8. Frankf. 821. Sauerländer. 1 ℛ**

—— neuestes Gemälde v. London u. sein. Umgebungen. Handbuch f. Reisende nach London. M. ein. Wegweiser v. Frankfurt a. M. über Mainz, Coblenz, Cöln, 2c. nach London 2c. Nebst 1 Reisekarte, d. Plan u. d. Panorama v. London, so wie 1 Karte d. Umgeb. v. London. gr. 12. (19 1/3 B.) Frankfurt a. M. 829, Sauerländer.

— Grundzüge zu einer provenzalischen Grammatik, nebst Chrestomathie. Von Adrian. — Frankfurt a. M.: Sauerländer 1825. 110 S.
1:Xs 12500. **12:** L. lat. f. 550. **300:** 65.987-B. **2. 3. 4. 7. 10. 11.**
1.12050

Adrian, Johann Valentin, s. H e b e l: Alleman. Gedichte.

Adrian, Johann Valentin [Übers.]
s. Hugo, V.: Sämmtliche Werke. 1835 - 1839.

**— d. Maientanz, oder d. Gründung v. Würzburg, eine romant. Darstellung. 8. Bamb. 817. (Wesché in Frkf.) 5/6 ℛ Velinp. 9/12**

— Mittheilungen aus Handschriften und seltenen Druckwerken, von J. V. Adrian. — Frankfurt a. M.: Sauerländer 1846. VII,467 S.
1:Ag 8758. **12:** Var. 271. **300:** 14.267-B. **2. 3. 4. 5. 7. 8. 10. 11.**
1.12051

**ADRIAN** (Joh. Val., 1793—1864), **Nachtstimmen. Frkft. a. M., J. G. W. Schaefer, 1818. 8°. 384 S. (In Darmstadt: E 3573.)**

— Die Priesterinnen der Griechen. — Frankfurt a. M.: Sauerländer 1822. 136 S.
1:Ug 8588. **12:** Ant. 1 t. **300:** 26 Z 166. **7. 8. 9. 10.**
1.12053

— Reise-Scenen aus Amerika. T. 1. — Frankfurt a. M. 1835. 1:Ut 3340.
s.a. Reise-Scenen aus Amerika. 1.12054

Adrian,Johann Valentin, s. S c o t t , W.: Halidon-Höhe.

**—— Skizzen aus England. 1. u. 2. Thl.** (13 1/2 B., 1 Kpfr. u. 2 Stnt. u. 15 1/2 B.) gr. 12. Frankfurt a. M. 830, 33, Sauerländer. à

Adrian, J. Valent., rheinisches Taschenbuch, s. Taschenbuch.

**Adrian,** Jos., Psychologie des christlichen Glaubens nach der Darstellung der hl. Schrift. Progr. (110 S.) gr. 8. Erfurt 910. (Körner). 1. 25

**Adrian,** [Josef Ignaz] Heinrich: Das alemannische Gedicht von Johannes dem Täufer und Maria Magdalena. ⟨Wiener Pap. Kod. 2841. Karlsruher Pap. Kod. 66.⟩ Straßburg 1908: M. DuMont Schauberg. (167 S.) 8° ¶ [Erscheint vollst. in: Deutsche Texte d. Mittelalters, hrsg. v. d. Königl. Preuß. Akademie d. Wiss.]
Straßburg, Phil. Fak., Ref. Martin-Henning, Diss. v. 15. Dez. 1906
[Geb. 17. Febr. 85 Hindisheim (Unt.-Els.); Wohnort: Straßburg i. E.; Staatsangeh.: Elsaß-Lothringen; Vorbildung: Bischöfl. Gymn. Straßburg, Gymn. Schlettstadt Reife M. 03; Studium: Straßburg 7 S.]

Adrian, K., s. Adrian, Karl

– s. Adrian, Konradus

**Adrian, Karl,** kleine Heimatkunde v. Salzburg. Ein Wiederholungsbüchlein f. Schüler. Mit 3 Kartenskizzen u. 12 Ansichten aus Salzburg. (38 S.) 8. Wien 907. A. Pichler's Wwe. & Sohn. — 40

Adrian, K., Salzburger Heimats-Atlas, s.: Rothaug, J.G.

**Adrian** und **Rothaug,** Karte der Bezirke Stadt und Land Salzburg und Hallein. 1 : 150.000 K —.20
Wien: Freytag & Berndt 1908.

Adrian, K.: Karte d. Bezirke St. Johann u. Tamsweg. 1:250,000. 36,5 x 30,5 cm. Farbdr. Wien 1898, G. Freytag & Berndt.

– Karte d. Bez. Zell am See. 1:250,000. 36,5 x 31,5 cm. Farbdr.– Wien 1898, G. Freytag & Berndt.

Adrian, Karl u. JG Rothaug: Plan d. Landeshauptstadt Salzburg. 1 : 10,000. 40 x 28 cm. Farbdr. – Wien: Freytag 1909.

Adrian, C.: Schulwandk. d. Herzogth. Salzburg. 1: 100,000. 4 Bl. je 64,5 x 94,5 cm. Farbdr. Wien: G. Freytag & Berndt 1902.

— Salzburger Volksspiele, Aufzüge u. Tänze. Mit 3 Lichtdr.-Taf., 9 Abbildgn. u. Noten im Texte. (160 S.) gr. 8. Salzburg 908. A. H. Huber. 3.—; geb. 3. 50

**Adrian, Karl,** Salzburger Volksspiele. Jetzt: München, J. J. Lentner.

Adrian, Konradus (Hovestadtensis): Aristotelis systema causarum ad motum circularem refertur. . . Monasterii Guestf., ex typogr. Coppenrathiana, 1886; 59 S. 8°.
Münster, Phil. Fak. Inaug.-Diss. v. 1886.

Adrian, Konradus, **Aristotelis systema causarum ad motum circularem refertur.** Diss. **Münster 1886, H. Mitsdörffer.** 8°. 59 S.

**Adrian, L., Ueber das lateinische participium praesentis passivi. Pr. 1875. 85 S. 4°.** 1.50

**Adrian,** Theod. (geb. Danzig 2. 3. 1861): Ueber Projectivitäts- und Dualitäts-Beziehungen im Gebiete mehrfach unendlicher Kegelschnittschaaren. Berlin (1882). (55 S.) 8°
Berlin, Phil. Diss. v. 22. Nov. 1882

Der Adrian Anzeiger: 1872?–1874? **Adrian, Ml.**
Weekly. Circulation: 1873, 480. Edited & published by C. Lohmann.

**Adriane, oder die Leidenschaften einer Italienerin. Von Durdent. Aus d. Franz. 2 Thle. Mit Kupf. 8. Pesth, Hartleben. 817.**

**Adriani,** Aufbereitung der Blei-, Fahl- und Kupfererze der Schwabengrube bei Müsen. (Preussische Zeitschr., Bd. 12.) Berlin 1864. 4.

**Adriani, J.** [Pseud.] s.a. *Hibeau,* Adriana.

Adriani, J. (Adriana Hibeau), Abu Hassan. Roman. 8. (245 S.) Frankfurt a/O. 897. H. Andres & Co. n. 2. 50
geb. in Leinw. n. 3. 50

**Adriano, L',** in Siria. Salisb. 1764.
V: *Metastasio, Petro.* (Hr)

**Adrianopel, s.: Europa. Generalkarte.**

**Adrianopolites, Agathangelos** s. *Agathangelos* Adrianopolites.

**Adrianow, s. Donamar, Ramiro's Tagebuch.**

**Adrianus, Fr. R. L.,** De cantico quod est apud Euripidem Bacch. verss. 367—426. Pr. 1860. 35 S. 4°. 2.—

Adrianus Sextus

**Adriani Sexti** anecdota quae partim ex codice ipsius Adriani autographo, partim ex apographis edidit, commentario de vita et scriptis Adriani et animadvers. illustr. E. H. J. Reusens. Lovanii, 862. (Bonn, Marcus.) gr. 8. (LII, 93 S.) n. 26 ngr.

— syntagma doctrinae theologicae quod una cum apparatu de vita et scriptis Adriani conscripsit E. H. J. Reusens. Accedunt anecdota quaedam Adriani Sexti. Ebend., 862. gr. 8. (LVI, 248 S.) n. 1 ₰ 10 ngr.

Adriany, Joh.

**Adriany, J.** Leitfaden für Vorträge über Markscheidekunde. Wien, 1852.
**dgl. 2. Auflage.** Ebend., 1861.

**Adriany, Joh.,** Leitfaden seiner Vorträge über Markscheidekunst in Verbindung mit den f. den Markscheider wichtigsten Lehren aus der praktischen Geometrie zum Gebrauche seiner Zuhörer verfaßt. Mit 8 (lith.) Taff. (in Fol.) Wien 852. Braumüller.) gr. 8. (VIII, 136 S.) n. 20 ngr.

**Adriany,** Joh., die Markscheidekunde in Verbindung mit den für den Markscheider wichtigsten Lehren aus der Feldmesskunde. Ein Leitfaden zum Gebrauche bei Vorlesungen. 2. verbess. Auflage. Mit 120 in den Text eingedr. Holzschn. Wien, 861. Braumüller. gr. 8. (VIII, 174 S.) n. 1 ₰

**Adriany, Die Markscheidekunst etc. 2. Auflage. Wien 1861. 8.**

Adriatisches Meer [Schlagwort]

Adriatisches Meer, s.a. Oesterreich-Ungarn, Küsten-Karte.

**Adriatisches Meer.** General-Karte des Adriatischen Meeres in 4 Blättern. 1 : 350,000. Ausg. Septbr. 1894 m. Nachträgen auf Grund der Revisions-Aufnahme vom J. 1895. Hydrograph. Amt d. k. u. k. Kriegs-Marine, Seekarten-Depot Pola. à 79,5 × 98 cm. Kpfrst. u. kolor. Pola. Triest 895. (F. H. Schimpff.) à n.n. 4. —

**Adriatischen Meeres** — Häfen des — Versch. M. G. M. 1859.

**Adriatisches Meer.** Hafenpläne d. Adriatischen Meers, Ostküste. Hydrographisches Amt der k. u. k. Kriegsmarine, Seekarten-Depot, Pola. Blatt 3—10. à 35,5 × 48 cm. Kpfrst. Triest, (F. H. Schimpff). à n.n. 1. 20
3. Häfen v. Brgulje, Jazi (Manzo), Lungo; Lussin piccolo, Zapuntello u. S. Pietro di Nembi. Ausg. Mai 1892.
4. Hafen u. Rhede v. Sebenico, Vodice u. Zlarin. 1 : 30,000. Ausg. Mai 1892.
5. Häfen v. Rogoznica, Bossiglina, Saldon, Trau u. S. Giorgio. Ausg. Mai 1892.
6. Bai Castelli u. Canal Spalmadori. Ausg. Mai 1892.
7. Häfen v. S. Giorgio v. Lissa, Cittavecchia, Verbosca, Brna, Oliveto, Vallegrande, Carboni, Trepozzi, Lago grande u. Lago piccolo. Ausg. Mai 1892.
8. Hafen v. Gravosa u. die Ombla-Bucht. 1 : 7,500. Ausg. Novbr. 1891.
9. Ankerplätze u. Engen im Golf v. Cattaro. 1 : 15,000. Ausg. Novbr. 1891.
10. Häfen v. Antivari, Durazzo u. S. Giovanni di Medua. Ausg. Mai 1892.

Adriatisches Meer. Küstenkarte d. adriat. Meeres. Hrsg. v. hydrograph. Amt d. k. k. Kriegsmarine, Seekarten-Depot Pola. Nr. 1–5. Neue Asg. 1883. Kpfrst. Fol. Triest, (Schimpff).
1. Golf v. Triest. – 2. Umago u. Parenzo. – 3. Orsera u. Rovigno. – 4. Pola. – 5. Golf v. Medolino.

— Küstenkarte d. Adriatischen Meeres. Hydrographisches Amt der k. u. k. Kriegsmarine, Seekarten-Depot, Pola. 1 : 180,000. Bl. 2—7. à 93,5 × 63 cm. Kpfrst. Triest, (F. H. Schimpff). à n.n. 2. —
2. Cap Promontore bis Spitze Punte-Bianche. Ausg. Novbr. 1891.
3. Spitze Punte-Bianche bis Insel Lissa. Ausg. Mai 1892.
4. Cap Planka bis Klippe Clavat. Ausg. Mai 1892.
5. Klippe Clavat bis Spitze d'Ostro. Ausg. Mai 1892.
6. Spitze d'Ostro bis Cap Laghi. Ausg. Novbr. 1891.
7. Cap Laghi bis Nord-Corfu. Ausg. Novbr. 1891.

**Adriatisches Meer.** Küstenkarte, österreichische. Hydrographisches Amt der k. u. k. Kriegsmarine, Seekarten-Depot Pola. Adriatisches Meer. Blatt 1. Caorle bis Cap Promontore. 1 : 180,000. Ausg. Mai 1890. Kpfrst. Imp.-Fol. Triest 890. (Schimpff.) n.n. 2.—

— Spezial-Karte d. Adriatischen Meers, Ostküste. Hydrographisches Amt der k. u. k. Kriegsmarine, Seekarten-Depot, Pola. 1 : 80,000. Blatt 7—30. à 55,5×69,5 cm. Kpfrst. Triest 891. 892. (F. H. Schimpff.) à n.n. 1. 20
7. Golf v. Fiume. — 8. Zengg u. Arbe. — 9. Lussin u. Selve. — 10. Insel Pago u. der Morlacca-Canal, nebst Becken v. Novegradi. — 11. Melada u. Zara. — 12. Inseln Grossa u. Incoronata. — 13. Canal v. Pažman. — 14. Sebenico. — 15. Spalato. — 16. Brazza. — 17. S. Andrea u. Pomo. — 18. Lissa u. Lesina. — 19. Curzola. — 20. Lagosta. — 21. Narenta-Canal. — 22. Meleda. — 23. Ragusa. — 24. Cattaro. — 25. Antivari. — 26. Drin-Golf. — 27. Durazzo. — 28. Mittel-Albanien (Musaklja). — 29. Valona. — 30. Kimara.

**Adrien, E. G.,** Blüthen und Früchte. 212 Erzählungen, Beschreibungen und Gedichte, gesammelt und herausg. A. m. d. T.: Fleurs et fruits. Choix de lectures allemandes destinées à l'enfance. 212 récits etc. suivis d'un dictionnaire allem.-franç. Mit 8 color. Stahlstichen. Genf 858. Keßmann. 8. (286 S.) 1 ℛ 6 ngl

Adrien, E. G., Blüthen und Früchte. 212 Erzählungen, Beschreibungen und Gedichte, gesammelt und hrsg. gr. 8. (286 S. mit 8 ill. Stahlst.) Genf 858, [Müller-Darier.]

*Adry, J. F.,* s. *Fenelon,* les avantures de Telemaque.

**Adscensus** Jesu Christi in coelum historia biblica. Gott. 1800. V: *Ammon, Christoph Friedrich.* (Ficker)

**Adsersen, F. F.,** underholdende Læsningsmethode paa Dansk og Fransk, eller naturlig Methode til at lære i et fremmed Sprog de meest brugelige Ord, bestaaende af 432 Billeder, med en fortklarende Text paa Dansk og Fransk. 4. (56 S. u. 24 lith. u. col. Taf.) Copenhagen 848, Bing. 1 1/6 ℛ

**Adt:** Anleitung für die Isolierrohrverlegung zum Schutze elektrischer Leitungen nach dem System Adt. Gebrüder Adt Aktiengesellschaft. — (Saarbrücken) 1906 (:Hofer). 110,46 S.
Sondert.: Sicherheitsvorschriften für die Errichtung elektr. Starkstromanlagen.
83.
1.12160

**Adt, Familie,** s. Grentz, Jacob.

**Adt, Gebrüder, Akt.-Ges.:** Kataloge über elektrotechnische Fabrikate usw.
Bd 1. Preisliste Nr. 12. Ausgabe 1914.
Bd 2. Lose Listen. 1904 ff.

**Adtl, Johann Wolfgang:** Mobile perpetuum, das ist zwey in ihrer clösterlichen Ruhe unruhige Capuciner . . ., P. Josephus à Leonissa und F. Seraphin à Montegranario, in einer Lob- und Schluss-Rede, da deren Seelig-Sprechung . . . zu Wienn . . . vom 4. biss 9. Maii A. 1738 feyerlichst begangen worden, vorgestellet. — (Wien [1738]:) Schilge. 7 S. 4°
2.
1.12161

**ʻAḍud ad-Dīn al-Īǧī.** Statio quinta et sexta et appendix libri Movakif auctore ʻAdhad-ed-Dîn el-Îgi cum commentario Gorgânii . . . edidit Th. Soerensen. Lipsiae 1848.
De 3009.

Adumbratio eruditorum Basiliensium. Basiliæ 1780 s.a. [Herzog, Johann Werner.] Athenae Rauricae.

**Adumbratio** eruditorum Basiliensium meritis apud exteros olim hodieque celebrium; adpendicis loco Athenis Rauricis addita. Basileae 1780. V: *Herzog, Johann Werner.* (Ky) (MGT)

— eruditorum Basiliensium etc. adpendicis loco Athenis Rauricis addita, (v. Jh. W. Herzog). 8 maj. Basel 780. Serini. 10 gl

**Adumbratio** primae ejusque tenuissimae renascentium literarum faciei. Bair. 1713. V: *Dieterich, Johann Georg.* (Fiker)

**Adumbratio** historiae juris ecclesiastici . . . Salisburgi 1811. V: *Sautter, Jos. Ant.* (WUBb)

*Adumbratio* summaria institutionum politicar. excerpta etc. Jos. a Sonnenfels. Pars I. 8. Budae 808. (Eggenberger in P.) 12 gl

Adumbrationes plant., s. de Schlechtendal.

**Adurad,** B. u. Fel. v. Bruchau, e. dummer Streich. Lustspiel in 1 Vorspiel u. 3 Akten. gr8°(74 S.) – Coburg 1893. H. Bonsack.

**Advena, Flor. Maria,** de Metrorrhagia. Dissert. 8maj. (5 B.) Gryphiae 838, (Bamberg.)

**Advendts-Andacht,** s.a. Advent-Andacht

NÜTZLICHE ADVENDTS-ANDACHT und geistliche Zubereitung. Raab 1751: Streibig. 119 S. - 130 mm

**Advent–,** s. a. Advents–

ANDÄCHTIGES ADVENT, oder bequeme Zubereitung, die heilige Advents-Zeit nebst denen darauf folgenden Fest-Tagen, . . . mehreren Seelen-Nutzen zu begehen . . . auf neu inn Druck gegeben. Oedenburg 1775: Druck. Siess. 144 S. - 170 mm Auszug aus dem Gebethbuch: Das himmlische Phoenix-Nest.

**Advent, der große,** s.: Sammlung neuer theosophischer Schriften.

**Advent,** d. heil. Betracht. üb. d. vornehmsten Weissag. d. A.T. auf Christum. 24° (230) – Eisl.: (Berl., akad. Bh.) 1857.

Advent, der heilige. Betrachtungen über die vornehmsten Weissagungen des A. Test. auf Christum, zum Gebrauche bei den tägl. Andachten in der Adventszeit. 24. (VIII und 230 S.) Eisleben 857. (Berlin, Evangelische Buchh.) geb. **

**Advent,** der heilige. Betrachtungen über die vornehmsten Weissagungen des A. T. auf Christum, zum Gebrauche bei den tägl. Andachten in der Adventszeit. Eisleben 857. Christlicher Verein. 24. (VIII, 230 S.) 7 1/2 ngl

**Advent,** der heilige. Betrachtungen üb. die vornehmsten Weissaggn. d. A. T. auf Christum, zum Gebrauche bei den tägl. Andachten in der Adventszeit. 2. Aufl. gr. 16. (VIII, 230 S.) Eisleben 859. Christl. Verein im nördl. Deutschland. Geb. —75

**Advent,** swjaty. I. Wopominanja najwoßebnischich wjeschczenjow starebo sakonja na Khrystußa, woßebje k natwarenju we adventskim czaßu. Na ßerbski pschełożił A. Sey-tora. II. Adventska harfa. Sserbam ßerbsku podał M. Domaschka. Bautzen 864. (Leipzig, Schmaler & Pech.) 8. (XVI, 192 S.) n. 15 ngr

**Advent-Andacht,** s.a. Advendts-Andacht

**Advent-Andacht,** nach d. Geiste d. kathol. Kirche. 8. Augsb. 819. Wolf. 3 gl

**Adventisten,** die, vom siebenten Tag (auch Sabbatisten genannt). Ein Wort der Aufklärg. u. Warnung. (Von Algernon J. Pollock.) (Aus dem Engl.) 2. Aufl. (22 S.) gr. 8. Bonn (909.) J. Schergens. p —25

**Advent- u. Weihnachtskreis.** Eine Auswahl v. Gebeten u. Betrachtgn. zur Verehrg. der gnadenreichen Menschwerdg. u. hl. Kindheit unsers göttl. Erlösers, nebst e. besonderen Adventandacht zur allerseligsten Jungfrau Maria. 16. (108 S. m. 1 Stahlst.) Regensburg 884. Pustet. n. —40; geb. n. —60

Das VERLÄNGERTE Advent-Lied. Maria! sey gegrüßet, du lichter Morgen-Stern. Ungarisch-Altenburg 1849: Alexander Czéh.

**Advent-Predigten,** zweiundzwanzig. [Aus dem schriftl. Nachlasse e. ausgezeichneten Predigers.] 2 Lfgn. gr. 12. (VI u. 264 S.) Landshut 849, Thomann. 18 ngl

Advents– , s. a. Advent –

Advents- und Weihnachtsbetrachtungen, s. Betrachtungen über das Kommen des Verheißenen rc.

**Adventsbuechlein.** — Adventsbüchlein. Drei Advents-, ein Christnachts- u. ein Sylvester-Abendgottesdienst in der einfachsten liturgischen Form. — Hamburg: Agentur d. Rauhen Hauses in Komm. [1865]. 71 S. 8.
2.4

**Adventsbüchlein.** Drei Advents-, ein Christnachts- u. ein Sylvester-Abendgottesdienst in der einfachsten liturg. Form. 2. Aufl. Hamburg 867. Agent. d. Rauhen Hauses in Comm. 16. (72 S. m. Holzschn.) n. 3 *ngr.*

**Adventsbüchlein.** Drei Advents-, e. Christnachts- u. e. Sylvester-Abendgottesdienst in d. einfachsten liturg. Form. gr. 16. (48 S.) Rathenow 883. Babenzien. n. — 10

— — Rathenow: Haase 1883. 48 S. 1:5 in Eq $70^c$.
2.5

**Adventsbüchlein.** Rathenow 883, Meyer.

Advents-Büchlein. — (Königsberg: Ostpreuß. Zeitungs- u. Verl.-Dr. [1893].) 31 S. 1: Ds 5558. 10.
2.7

**Adventsbüchlein.** Liturg. Andachten f. die Adventszeit u. den hl. Christabend. Unter Anlehng. an die Agende f. d. evangel. Landeskirche v. 1895. 4. Aufl. 12. (32 S.) Königsberg 899. E. Rautenberg. n. — 15

— Drei Advents-, e. Christnachts- u. e. Sylvester-Abendgottesdienst in der einfachsten liturg. Form. 4. verb. Aufl. Hrsg. v. den Pastoren im „Ländchen Rhinow“. 12. (48 S.) Rathenow 900. M. Babenzien. n.n. — 10

Adventsbüchlein. Ordnung für Adventsgottesdienste. 1.2. Kassel: Lometsch [1909]. 4.
2.8

**Adventsbüchlein.** Ordnung f. Adventsgottesdienste. I u. II. (Je 8 S.) 8. Cassel (910.) F. Lometsch. à — 05

— zur Vorbereitung auf das hohe Weihnachtsfest, s.: Tauet, Himmel, den Gerechten!

**Adventsfeier,** die, im Hause eines getauften Zöllners. Halle, 859. Mühlmann, 8. (V, 90 S.) 7½ *ngr.*

**Advents- u. Weihnachtsfeier.** Zusammenstellung v. Bibelworten u. Liedern aus den Heimschen Volksgesängen f. gemischt. Chor. (14 S.) 8. Leipzig (906). P Pabst. n. — 60

Adventsgabe in 4 Predigten. Von Müllensiefen, Souchon, Kuntze und Knack. gr. 8. (54 S.) Berlin 856(57,) evangelische Buchh.

Adventsgabe in 4 Predigten. Von Mülleinsiefen, Souchon, Kuntze u. Knak. $8^0$(54).– Berlin: (Beck) 1857.

**Adventsgabe.**— Adventsgabe in vier Predigten. Von (J[ulius]) Müllensiefen [u. a.] — Berlin: Kritz 1857. 54 S.
1: Ec 17174.
2.13

**Adventsgabe** in vier Predigten von Gust. Knak, Kuntze, J. Müllensiefen, A. F. Souchon. 2. Ausg. Berlin 870. E. Beck. 8. (54 S.) n. 5 *ngr.*

**Adventsgespraech.** — Erbauliches (3.4: Fortgesetztes) Advents-Gespräch zwischen einem Lehrer und Kinde. 1–4. Königsberg: Hartung & Zeise 1764–66.
1. Von der Zukunft Christi ins Fleisch. 1764.
2. Von seiner Zukunft in Jerusalem. 1764.
3. Von der Zukunft Christi in die Herzen der Gläubigen. 1766.
4. Von seiner Zukunft zum jüngsten Gericht. 1766.
1–4 . . . . . . . . . . . . . . . . . 1: Cz 3240.
1.2 . . . . . . . . . . . . . . . . . . 10.
2.14

Adventspredigten, s. Die Festpredigt d. freien Christentums.

**Adventspredigten,** drei, im Dome zu Braunschweig geh. am 2., 3. u. 4. Advent 1886 (v. H. Bichmann, E. Rothe u. K. v. Schwartz). gr. 8. (33 S.) Braunschweig 887. Wollermann. n. — 50

**Adventssonntag.** — Erster Advents-Sonntag. Ein ausserordentliches Dankfest. 1. Chron. XXX,11–13. — o. O. [um 1790]. 8 S. 1:18 in Si 5346.
2.18

**Advents-Verheißungen.** 28 farb. Spruchkarten m. Weissaggn. auf Christum, f. den Adventsbaum. 16. Dresden 886. (Leipzig, Buchh. d. Vereinshauses.) n. — 60

**Advents-Verheißungen.** 28 farb. Spruchkarten m. Weissagungen auf Christum f. d. Adventsbaum. 2. u. 3. Aufl. qu. 24. Dresd. 890,92, Niederl. z. Verbreit. christl. Schriften. In Umschlag * — 60

**Advents-Verheißungen** m. geeign. Liederversen. 8. (32 S.) Frankfurt a/M. 898. J. Schergens. — 50

Adventu

De Messiae duplici Adventu dissertationes 2 adversus Judaeos. 1701 s. *Allix*, Pierre.

***Adventuale,*** d. kleine, oder Ermahnungsreden f. d. Advocaten. 8. Augsb. 759. Wolf. 5 *kr*

**Adventum.** — In Adventum Regis et Reginae Regiomonti die 3. Junii 1798. — Regiomonti 1798: Degen. 7 Bl. 10.
2.21

**Adventures, the, of Elizabeth in Rügen, s.: Collection of British authors.**

Adventzeit, die heilige, s. Steck, F. X.

**Advent-Zeit.** — Die ominöse und kummervolle Dresdner Advent-Zeit, wie durch Allerhöchst Ihro Königl. Maiestät von Preussen erlangten glorreichen Sieg ... selbige zu frieden-reicher Weihnachts-Freude gediehen, überreichet in fussfälligster Unterthänigkeit einer, der den Frieden liebet. — Berlin 1746: Grynäus. 2 Bl.
1:91 in 4° Rz 3300.
2.19

Adversaria argumenti physico-medici. Ed. Heinrich Friedrich von Delius. Fasc. 1–6, gbd.

Erlangae: Walther 1778–1790

Fasc. 1,1: Muller, Anton(ius) Stat(ius): Adversaria physico medica. 1775
" 2: Schmitian, Hermann Levin: Adversaria quaedam medica theoretico-practica et chemica nonnulla. 1775
" 3: Roth, Johann Alexander: Adversaria medico forensia.. 1775
Fasc. 2,4: Strebel, Johann Christian: Fragmenta quaedam physico-medica. 1778
" 5: Hassfurther, Leo Samuel: Analecta quaedam physico-medica. 1778
" 6: Cressel, Kaspar Christian Albert: Meletemata quaedam physico chemica et universam medicinam spectantia. 1779
" 7: Wagner, Heinrich Elias Otto: Propositiones nonnullae chemico medicae. 1780
Fasc. 2,8: Eisenberg, Friedrich Leberecht: Initia medicinae extemporaneae et domesticae cum adversariis quibusdam chemicis. 1780
" 3,9: Bawier, Konrad: Meditationes quaedam in medicinae universae partes. 1780
" 10: Kapp, Leonhard Michael: Propositiones quaedam medico-chirurgicae cum adversariis nonnullis chemicis. 1780
" 11: Zobel, Johann Adam Simon: Dissertatio de gratiola... 1782
Fasc. 3,12: Trier, Georg Siegfried: De affectibus arthriticis quaedam... 1782
" 4,13: Delius, Heinrich Friedrich von: Curae posteriores nonnullae circa acidum Spathi. 1783
" 14: Helmershausen, Siegmund Gottlob Friedrich: Brevis lustratio medicamentorum antiphtisicorum. 1783
" 15: Frickhinger, Anton Ernst: Dissertatio de capite mortuo vivificando. 1783
Fasc. 4,16: Neff, Johann: Propositionum et meditationum physico medicarum sylloge. 1784
" 17: Boettger, Karl Christian: Dissertatio de diebus intercalaribus... 1784

" 18:Schaltenbrand, Jakob Friedrich: Cogitationes nonnullae circa efficaciam medicamentorum...1784
" 5,19:Groote, Karl Friedmann de: Propositiones et observationes quaedam medicinam obstetriciam et populationem...spectantes.1784
Fasc. 5,20: Wagner, Konrad Bernhard: Ex= perimenta et cogitata quaedam circa habitum solutionum metallorum. Diss. 1785
" 21: Eydt, Johann Andreas: Particulae quaedam physico-medicae. 1786
" 22: Singeisen, Theobald: De ophthal= mia a vitio ventriculi. Diss. 1786
" 23: Haas, Georg Christoph: De malignitate circa febres tertia= nas. Diss. 1786
Fasc. 5,24: Schmidt, Karl Philipp: De panni asperi lanei usu medico chirurgico. 1786
" 6,25: Bender, Christoph Bernhard: Gle= coma hederacea Linn. egregium in atrophia medicamentum. Diss. 1787
" 26: Hechtel, Johann Christian: Nonnulla officium medici duplex clinicum et forense spectantia. 1788
" 27: Dresser, Friedrich Wilhelm: Meditationes quaedam de vicinia morbifica. 1788
Fasc. 6,28: Jaeck, Philipp Jakob: Rhapsodia meditationum et observationum medicarum nonnullarum. 1789
" 29: Bäumlein, Ernst Christian Fried= rich: De scutellaria galericulata seu tertianaria. 1789
" 30: Schmidt, Johann Elias: Observata et cogitata nonnulla chiriatrica nec non medico practica. 1789.

**Adversaria**, Bibliographisch. 1. en 2. deel. à 10 Nrn. 12. Haag 878,74, Nijhoff. à Bd. *

**Adversaria medico-practica. [Hrsg.: Christian Gottlieb Ludwig.] Bd 1–3 (je 4 Teile). Leipzig: Weidmann 1769–72. 8° 12**

**Adversaria**, medico practica, III Vol. 8maj. Leipzig, Weidemann. 769—76.

Advertiser: 1899. Leavenworth, KS
Weekly, published in English and German. Edited by F. F. Metschan, & published by Advance Publishing Co., 1899.

Advielle, Victor

— Le Rouergue dans ses rapports avec le Dauphiné et la Savoie, du 1er au XIXe siècle. — Vienne 1868: Timon. 64 S. 8° 1:3 in 4° Qv 1989. 2.87

**Curieuser Advisen- oder Zeitungs-Schlüssel, das ist: Historische Nachrichten und Erklärungen .. Oeffnung 1–21. Braunschweig 1720–25(?) 4°**

**Advocat**, s.a. Advokat

Advocat: 1820–? Pottstown, PA.
Weekly. Established July 17, 1820, by John Royer, with the title of Der Advokat. The paper was continued by Royer until after 1820. Pottstown Mercury Office has July 19 – Dec. 27, 1820.

**Advocat**, der aufrichtige, oder Unterr. v. Proceßgebrauch. 8. Berlin 772. Sander. 4 gr

Der Advocat und Bauern Anzeiger: July 19, 1820—Feb. 7, 1827. Pottstown, PA.
Weekly. Title varies: Der Advocat, July 19, 1820 – May 11, 1825. Continued as Der Advocat und Montgomery County Anzeiger (Sumneytown, Pa.). Edited & published by Samuel Royer.

Der Advocat der Geistlichen. — Wien 1783. 48 S. 12: J. can. P. 909–VIII. 7. 2.119

— der Geistlichen. gr. 8. Wien 784. Hartmann. 3 gr

— der geschickte, 8. Jena 757. Güth. 3 gr

**Advocat, Der,** des schönen Geschlechtes gegen einen Prediger. Wien 1781. V: *Voll, M. C.* (Steininger, Sig., Die christl. Handelsleute in Wien, S. 42.) (BiblPort)

— der, bei Injuriensachen, ein Hülfsbuch f. diejen., welche sich üb. die Verhältnisse bei Ehrenkränkungen unterrichten wollen. 8. Berlin 824. Logier. 12 gr

Der Advocat bei Injurien-Sachen; ein Hilfsbuch für diejenigen, welche sich über die Verhältnisse bei Ehrenkränkungen ... dergestalt belehren wollen, daß sie keines Anwaltes bedürfen ... Mit bes. Rücks. auf d. Königreich Preußen entw. von d. Verf. d. gerichtlichen Rathgebers für Hauseigenthümer u. Miether. — Berlin, Posen & Bromberg: Mittler 1827. XIV,143 S. 1: Fv 10665. 2.120

**Advocat**, der kleine, oder Anleitung zur selbstständigen Anstellung von Bagatellklagen u. Fortführung des sich daraus entwickelnden Processes, sowie zum Betreiben der Execution durch alle ihre Grade. Ein Buch f. Geschäftsleute, Professionisten jeder Art, Vermiether rc., von e. pract. Juristen. Nebst 40 Formularen zu Klagen, Arrest-, Editions- rc. Gesuchen. Dortmund, 860. Crüwell. 8. (IV, 64 S.) 7½ ngr.

Constitutioneller Advocat und Allentaun Gazette: 1807. Allentown, PA.
Weekly. Edited & published by Karl A. Brückmann. Press burned in Jan. 1808. Weeks later reissued as Northampton Advertiser.

**Advocat, Des Landmanns.** Das ist: Kurzer Auszug aus solchen Gesetzen von Pennsylvania und England, welche daselbst in völliger Kraft ... sind ... Philadelphia 1761. H: *Henderson, David.* (BrMm)

Der Advocat und Montgomery County Anzeiger: Apr. 27, 1827—Apr. 27, 1829.
Weekly. Continued from Der Advocat (Pottstown, Pa.). Edited & published by Samuel Boyer. Sumneytown, PA.

**Advocat**, der, Patalin. Lstspl. 8. Lübeck 762. Donatius. (Danzig, Wedel). 6 gr

**Der Advocat pro und contra. Schiffbeck 1746.**

— der redende, dem Stummen des Hrn Bandel entgegengesetzt, (v. J. W. Jungendres). 1r — 7r Auftritt. 8. Nürnb. 761 — 66. Endters. 1 ₰

**Advocat, Der,** der geschornen Schwestern. Wien 1782. V: *Seelinger, Ignaz.* (Wiener Zeitung 1782, Beil. bei Nr. 70.) ([Hch. Wolfg.] Behrisch, Die Wiener Autoren 1784, S. 210.) (BGE³, VIII/418) (Geissau, Verzeichniss, S. 6.) (Provinc Nachr. 1782, S. 406.) (BiblPort)

**Der stumme (1768 ff.: stummgewesene) Advocat. [Hrsg.: Jos. Anton v. Bandel.] o. O. (Jg. 8 ff.: Constanz u. a.) 1750–76. 8° 12, 22, 155**

**Advocat, Der stumm gewesene.** Costniz 1768. V: *Bandel, Jos. Ant. von.* (WUBb)

**Advocat**, d. verdorbene, s. Clauselpeters jurist. Praxis.

German-American Advocate: 1882—1886. Hays, KS.
Weekly, in English and German. 1886—87 Hays City Times. See also Hays Free Press.

People's Advocate and Commercial Advertiser: 1872? – 1887? Pittsburgh, PA.
Weekly, published in interests of liquor trade, in English and German. Editions also published for Cincinnati, Cleveland, Philadelphia, New York. Large folio, each issue 8 pages. Circulation: 1885, 5000. Edited & published by S. Gilliland.

Advocaten, die; Lstspl. in Versen. 8. Hamb. 753. ... 2 K

— die,. Schsp. v. Iffland. 8. Lpz. Göschen. 796.

Das Advocatennest oder Unterredung zweyer verhaften Advocaten namens Eckrensgall und Timmscher ... Wie sie in Hochburg bey Weinhausen an der Strase Abtritt ohngefehr zusammen gekommen u. daselbst ihre Fata einander erzehlt. Aus d. Juristischen ins Deutsche. — Hochburg bey Weinhausen 1782. 32 S.
1:Yy 7034.
2.123

Advocatenordnung, s.a. Advokatenordnung

**Advocaten-Ordnung** f. Bosnien u. die Hercegovina. gr. 8. (17 S.) Wien 883. Hof- u. Staatsdruckerei. n. — 40

**Advocatenordnung**, die Königl. Hannoversche, enthaltend 1) Verordn. üb. d. Prüfung u. Anstellung d. Advocaten. 2) Verordn. üb. Prüfung, Anstellung u. Beförderung d. Rechts-Candidaten. 8. (2 B.) Celle 832, Schulze. Thlr.

Advocaten-Ordnung für das Hertzogthum Hollstein königl. Antheils, die Herrschafft Pinneberg und Graffschaft Rantzau. Sub dato Friderichsberg, d. 14. Martii A. 1740. — Glückstadt (1740): Babst. 12 Bl. 8.
2.126

Advocaten-Ordnung eingeführt durch das Gesetz vom 6. Juli 1868. — Wien 1868: Hof- u. Staatsdr. 18 S.
300:64.020-B.
2.127

— Die Advocaten-Ordnung vom 6. Juli 1868, sammt Disciplinarstatut vom 1. April 1872. 2. Aufl. — Wien 1874. (Offizielle Handausgabe der österreichischen Gesetze und Verordnungen. 5.)
1:Go 1190-5. 300:391.095-A. L. S. 5.
2.128

Advocaten-Ordnung, die, vom 6. Juli 1868, sammt dem Disciplinarstatute, der Geschäftsordnung der niederösterreich. Advocatenkammer, den Statuten des juridischen Doctoren-Collegiums und der damit verbundenen Witwen- und Waisensocietät und den den Advocatenstand betreffenden Stiftungen. Hrsg. auf Veranlassung des Ausschusses der niederösterreich. Advocatenkammer unter Benützung der von demselben beigestellten ämtl. Quellen. kl. 8. (169 S.) Wien 885, Manz'sche Hof-Verlagsh. *
A. u. d. T.: Manz'sche Gesetz-Ausgabe Nr. 30.

**Advocatenordnung und Notariatsordnung** f. d. Königr. Sachsen vom 3. Juni 1859 nebst Ausführungsverordnungen u. Taxordnungen zu denselben. Dresden, 859. Meinhold & Söhne. gr. 8. (72 S.) 7½ ngr.

Provisorische Advocaten-Ordnung. — Wien ([um 1849]: Hof- u. Staatsdr.) 15 S. 300:11.761-B.
2.130

Fürstliche sachßen-altenburgische neu-errichtete Advocaten-Ordnung. A. 1732. — o.O. 1732. 32 S. 4°
3. 4. 7.
2.131

Advocaten-Ordnung für das Hertzogthum Schleßwig. De dato Friederichsberg, d. 14. Martii 1740. — Schleswig (1740): Holwein. 10 Bl. 8.
2.133

**Advocatenreglement.** — Neues Advocaten- und Procuratoren-Reglement. — Dat. Cölln 5. April 1713. 4 Bl.
1:3 in 4° Gr 3507.
2.135

Advocatentarif, s.a. Advokatentarif

**Advocaten-Tarif.** Inh.: Gesetz v. 26. März 1890. Verordnung des Justizministeriums vom 25. Juni 1890. 12. (15 S.) —.20
Dasselbe böhmisch. 12. (13 S.) —.20
Brünn: Rohrer 1890.

**Advocaten-Tarif.** (Verordng. d. k. k. Justiz-Ministeriums v. 11. XII. 1897, R.-G.-Bl. Nr. 114.) 12. (32 S.) Graz 898. H. Wagner. n. — 60

— Ausg. f. d. Gerichtsbezirke Innsbruck, Bozen u. Feldkirch (m. Ausn. d. Städte Innsbruck u. Meran) u. f. d. Städte Trient u. Rovereto. 12. (32 S.) Innsbruck 898. Wagner. n. — 60

— Ausg. f. die Städte Innsbruck u. Meran. 12. (32 S.) Ebd. 898. n. — 60

(F) Advocaten-Tarif im Grunde der Verordnung des Justizministeriums vom 11. December 1897, R. G. Bl. 298. Mit einem alphabetischen Register jener Leistungen der Advocaten und ihrer Kanzleien, für deren Entlohnung der vorliegende Tarif erlassen wurde und mehreren Beispielen von Kostenverzeichnissen mit Berücksichtigung des Verfahrens nach der neuen Civilprocessordnung. 2. nach den Verordnungen vom 16. November 1898, R. G. Bl. 203, und vom 8. Jänner 1899, R. G. Bl. 8, richtiggestellte Ausgabe. Von J. Wolfgang Salzberg. Wien. 1899. Manz. 8°. V, 41 S. Cart. fl. —.35

**Advocatentarif**, d. neue. Auf Grund d. Gesetzes v. 26. März 1890. 8. (9 S.) Freiwaldau 890. Blazek. n. — 30

**Advocatenzahl.** — Advocaten-Zahl und Ordnung (im Erzbistum Trier). — o.O. (1770). 4° 5.
2.136

**Advocatia.** — Sublimis Advocatia ecclesiastica ordinaria illustrissimo Comiti Saynensi in coenobium Marienstadt vigore fundationis ac superioritatis territorialis vindicata. Das ist gründlicher Beweis, daß das Closter zu Marienstadt ... denen Herren Grafen zu Sayn ... unterworfen seye. In Sachen d. Herrn Grafen Hermans zu Sayn ... contra das Closter Marienstadt. — Wetzlar 1765: Stock. 738,354 S. 1:4° Si 9218. 5.
2.114

**Advocatia, Sublimis statuum S. R. I.,** patrimonialis et ecclesiastica ordinaria, ... das ist: Geschichte und Rechte der Landeshoheit und der ... verbundenen Erb- Schutz- und Erbkasten-Vogtheylichen Obrigkeit und Herrschaft, über die in der Reichs-Grafschaft Oettingen-Wallerstein gelegenen Reichs-Vogthey Neresheim auf dem Herlfeld ... Wetzlar 1755. V: *Koenig von Koenigsthal, Gustav Georg.* (ML)

Advocatis, von den, s. C. Ulr. Grupen.

**Advocatus** diaboli, s.: Gegen den Strom.

Advocatus pallio serico vestitus ex ipsa lege sacra et civili repraesentatus. — Magdeburgi: Seidel 1714. 14 S.
1:4 in 4° Hc 6800. 12:4° Diss. 06/17. 3. 8. 10.
2.116

Advokat, s.a. Advocat

Der Advokat und Botschafter: July 1851—1852? York, PA.
Whig weekly. Edited & published by Henry F. Thomas.

Der deutsche Advokat in den Vereinigten Staaten von Nord-Amerika. Ein unentbehrliches Hand- u. Formular-Buch für jeden ... in deutscher u. englischer Sprache. 3. Aufl. — New York: Deutsche Vereinsbuchh.; Bremen: Heyse 1852. XXII,450 S.
Nebent.: The German Lawyer in the United States of America.
2.
2.118

**Advokat**, der Deutsche, in den Vereinigten Staaten v. Nord-Amerika. Ein unentbehrl. Hand- u. Formular-Buch f. Jeden, insbesondere aber f. den Landwirth, Handwerker, Arbeiter u. Kaufmann rc. In deutscher u. engl. Sprache. Ferner: Die wichtigsten Gesetze rc. Nebst: der Verfassung u. Unabhängigkeits-Erklärg. der Verein. Staaten. 3. Aufl. A. u. d. T.: The German lawyer in the United States of America. An indispensable form-book and assistant to anybody etc. In German and English. 3. Edition. gr. 8. (XXII u. 450 S.) New-York 852. Bielefeld, Helmich. 1¾ ₰

Deutscher Advokat: 1890?—? Cincinnati, OH.
Weekly.

**ADVOKAT,** Der, des schönen Geschlechts gegen einen Prediger. Wien 1781. 8°. 32 S. Sehr rar!

**ADVOKAT,** Der, des schönen Geschlechts, gegen einen Prediger. Wien, 1782 bey Jos. Ant. Edlen von Ghelen. 8°.
Magaz. d. Buch- u. Kunst-Handels. Jahrg. 1782. Lpz. gr. 8°. S. 51. — O. M. V. 1782. S. 255.

Advokat, d. kleine, od. Anl. z. selbstst. Anstellg v. Bagatellklagen. 8° (64) – Dortmund: Crüwell 1860.

**Des Kleinhändlers Advokat**: March 1899—? Milwaukee, WI.
Bilingual, predominantly German, trade paper, presumably published monthly. Originally appeared in March 1899 and nothing more is known regarding it. Motto: Handel richtig vertheilt ist ein Segen für das Gemeinwesen; seine Monopolisierung ein Fluch. 14 × 18, 4 p.: p. 1—2, Ger.; p. 3—4, Eng. Hereafter to be published weekly; circulation is 28,000.

**Advokat**, der neue amerikanische, in den Vereinigten Staaten von Nord-Amerika. Ein unentbehrl. Hand- und Formular-Buch für jeden Einwanderer, insbesondere aber für den Landwirth, Kaufmann, Handwerker, Arbeiter ꝛc. Enthaltend: Mehrere hundert Formen, von Verträgen aller Art, als Kauf-, Tausch-, Pacht- ꝛc. Verträge; Cessionen, Wechsel-Anweisungen und deren Proteste ꝛc. in deutscher und engl. Sprache, mit vorangehenden Belehrungen, über den Gebrauch der Formulare. Ferner: Die wichtigsten Gesetze, als: Das Verjährungs-, Retentions-, Vorkaufs- und Heimstätterecht ꝛc. Nebst: der Verfassung und Unabhängigkeits-Erklärung der Vereinigten Staaten. A. u. d. T.: The new American lawyer in the United States of America. 2. Aufl. 1855. (XXII und 448 S.) und 4. Aufl (XXIII und 450 S.) New-York 860. (Philadelphia, Schäfer und Koradi.) geb. 4

**Advokat**, der neue badische, oder verständlicher Rathgeber für Jedermann, seine gerichtlichen Angelegenheiten ohne e. Anwalt selbst besorgen zu können. Nach der Prozeß-Ordnung, dem neuesten Gesetz über die Militärgerichtsbarkeit ꝛc. Mit e. Anhang enthaltend: Das Wichtigste über den Gebrauch von Stempelpapier, über Kostenersatz, Ganggebühren ꝛc. Donaueschingen, 860. Schmidt. 12. (VIII, 200 S.) n. 18 ngr.

**Advokat**, der neue badische, od. verständl. Rathgeber f. Jedermann, seine gerichtl. Angelegenheiten bei den Amtsgerichten ohne e. Anwalt selbst besorgen zu können. Nach der neuen Prozeß-Ordnung vom J. 1864 u. den übrigen neuen Gesetzen. 2. Aufl. Freiburg i. Br. 866. Schmidt. 8. (VIII, 205 S.) n. 20 ngr.

**Advokat**, der neue badische, od. verständlicher Rathgeber f. Jedermann, seine gerichtl. Angelegenheiten bei den Amtsgerichten ohne e. Anwalt selbst zu besorgen. Nach der neuen Prozeßordng. u. den übrigen neuesten Gesetzen. Mit e. Anh., enth.: das Wichtigste üb. den Gebrauch v. Stempelpapier, Sporteln u. Anwaltskosten, Ganggebühren ꝛc. 5. gänzlich umgearb. Aufl. 8. (VIII, 183 S.) Freiburg i. B. 871. Schmidt. 2. 25

**Advokat**, der neue deutsche, oder verständlicher Rathgeber für Jedermann, seine gerichtlichen Angelegenheiten bei den Amtsgerichten ohne einen Anwalt selbst zu besorgen. Nach den Reichsjustizgesetzen bearb. von einem prakt. Juristen. Mit einem Anhang, enth. das Wichtigste über Gerichtskosten und Gebühren für Zeugen, Sachverständige und Gerichtsvollzieher, zahlreiche Formulare zu gerichtl. Erklärungen. Folge des in 5. Aufl. erschienenen Neuen Badischen Advokaten. 8. (VIII, 200 S.) Freiburg i. B. 879, Schmidt's Buchh. * ℳ 2,40.; geb. *

**Advokat**, der neue deutsche, od. verständl. Rathgeber f. Jedermann, seine gerichtl. Angelegenheiten bei den Amtsgerichten ohne e. Anwalt selbst zu besorgen. Nach den Reichsjustizgesetzen bearb. v. e. prakt. Juristen. Mit e. Anh., enth. das Wichtigste üb. Gerichtskosten u. Gebühren f. Zeugen, Sachverständige u. Gerichtsvollzieher, zahlreiche Formulare zu gerichtl. Erklärungen. Folge d. in 5. Aufl. erschienenen Neuen Badischen Advokaten. 8. (VIII, 200 S.) Freiburg i/Br. 879. Wagner. n. 2. —; geb. n. 2. 30

— d. redende, Bandels Stimmen entgeg. ges., 8 Stcke. 8. Nürnberg, Enders. 762—73.

**Advokat**, der verdorbene. Eine Satyre. Weißenfels. (Leipz. Schmidt.) 806.

Advokaten, s. Advocaten

**Advokaten-Gebühren**, die, in den bayerischen Landestheilen diesseits des Rheins nach der neuen kgl. Allerhöchsten Verordnung vom 15. Decbr. 1852 u. d. nebenbei noch bestehenden älteren Bestimmungen nebst e. systemat.-alphabet. Zusammenstellung derselben und Berechnung verschied. zwischen d. vorgeschrieb. niedrigsten u. höchsten Ansätzen liegenden Mittelstufen. München 853. Franz. 12. (1 Bl., 46 S.) n. 4 ngr.

**Advokaten-Gebühren**, die, nach der neuesten königl. Verordnung vom 22. Aug. 1873. gr. 16. (20 S.) München 873. Stahl. — 30

**Advokatengebührenordnung**. München 870. (Kaiser.) gr. 8. (27 S.) n. 3 ngr.

**Advokaten-Gebühren-Ordnung**, die. 32. (100 S.) Kempten 876. Kösel. — 45

Advokaten - u. Terminkalender, s.a. Kalender

**Advokaten- und Terminkalender** auf das J. 1820. nach deutscher u. russ. Zeitrechnung. 8. Leipzig, Sommer.

Advokatenordnung, s.a. Advocatenordnung

Fürstliche sachsen-gothaische erneuerte und verbesserte Advokaten-Ordnung. — Gotha 1724: Reyher. 22 S. 4° **3. 4. 7.**
2.132

**Advokaten-Ordnung für das Großfürstenthum Siebenbürgen und die damit vereinigten Theile. 8. (31 S.) Wien, k. k. Hof- u. Staatsdruckerei, 1852.**

**Advokatenpraxis.** — Aus der österreichischen Advokatenpraxis. Festschrift der Wiener Advokaten-Gesellschaft Union aus Anlaß ihres 25jähr. Bestandes hrsg. von Max Frhr v. Mayr u. Eduard Coumont. — Wien: Manz 1905. VII,189 S.
1:Go 652. **12:**J. austr. 37g. **300:**463.341–B.
2.134

**Advokatentag**, XI. österreichischer. Gutachten. Pollak, Rud., Gutachten üb. die Reform des Konkursrechts. — Ehrenzweig, Armin, Gutachten üb. den Entwurf e. Nachtragsgesetzes zum allgemeinen bürgerl. Gesetzbuche. — Mayr, Rob. v., Betrachtungen üb. den Revisionsentwurf. — Anh.: Regierungsvorlage, betr. die Änderg. u. Ergänzg. einiger Bestimmgn. des allgemeinen bürgerl. Gesetzbuches. (88, 86, 83 u. LXVIII S.) gr. 8. Wien 908. Manz. 3. 40

Advokatentarif, s.a. Advocatentarif

**Advokatentarif.** Mit einem alphabetischen Register und mehreren Beispielen von Kostenverzeichnissen mit Berücksichtigung des Verfahrens nach der neuen Civilproceß-Ordnung. Von F. Wolfgang Salzburg. 8. (V, 41 S.) —.24
Wien: Manz 1898.

**Advokaten-Tarif.** Verordnung des k. k. Justizministeriums v. 3. VI. 1909, R.-G.-Bl. Nr. 82. (30 S.) 16. Graz 909. U. Moser. — 50

Advokatentarif, Der neue, s.a. Gesetz-Ausgabe, Manz'sche.

**— der neue. Verordnung des k. k. Justiz-Ministeriums vom 3. VI. 1909. (Auf Grund des Gesetzes v. 26. III. 1890, R.-G.-Bl. Nr. 58.) 1. u. 2. Aufl. (à 22 S.) kl. 8. Wien 909. M. Perles. —.80; Plakatausg. 63×97 cm. —80**

(F) **Der neue Advokatentarif.** Verordnung des Justizministeriums vom 3. Juni 1909, RGB. vom 10. Juni 1909, Nr. 82. 16°. (33 S.) Wien: Schöpperl 1909. K —.50

**Der neue Advokatentarif** in Plakatformat mit Brief-, Fahrpost- und Telegrammtarifen Wien: Perles 1909. K —.80

Advokaten-Taxordnung, s. Beiträge.

**Advokaten-Tochter**, die schöne, zu Wachholderleben. Ein Seitenstück zur Pfarrers-Tochter zu Taubenhayn. Leipzig 866. Literar. Museum. 16. (160 S.) 10 ngr.

**Advokatenverein**, der allgemeine sächsische, u. die sächs. Advokatenordnung. Abdruck aus dem „Herold." 8. Leipzig 846, Expedition des Herold. 1/4 ℛ

Advokatur, d., in Hamburg. 2. Afl. 8°. (10) Hamburg, 1868, Grüning.

**Advokatur**, die, in Hamburg. Ein Warnungsschreiben. 1. u. 2. Aufl. Hamburg 869. Grüning. gr. 8. (10 S.) n. 4 ngr.

Ady, Carl, prakt. Arzt aus Greifswald: Die subkutanen Leberverletzungen. – Greifswald 1900: J. Abel. (48 S.) 8°
Greifswald, Med. Diss. v. 12. Mai 1900.

**Ady, Mrs. Henry, s.: Cartwright, Julia.**

AEG, s. Elektrizitätsgesellschaft, Allgemeine

**A-E-G-Curtis-Turbine.** — Die AEG-Curtis-Turbine. — Berlin: Allg. Elektricitäts-Ges. (1909). 43 S. 2.
2.227

**A-E-G-Dampfturbine.** — Die A.E.G.-Dampfturbine für Abgabe und Verwertung von Niederdruckdampf. — Berlin: Allg. Elektrizitäts-Ges. 1908. 31 S. 1:4° N 11.1761.
2.228

— — Ebd. 1909. 32 S 2.
2.229

**A-E-G-Einphasen-Turbodynamos.** — AEG-Ein-&Mehrphasen-Turbodynamos. — [Berlin:] Allg. Elektricitäts-Ges. [um 1909]. 40 S. 2.
2.231

**A-E-G-Gleichstrom-Turbodynamos.** — AEG-Gleichstrom-Turbodynamos. — Berlin: Allg. Elektrizitäts-Ges. [um 1910]. 34 S. 1:4° N 11.1813.
2.233

**A E G-Zeitung.** Jg. 12—17. Berlin 1909/10—1914

Russische Volksmärchen. [Narodnyja russkija skazki.] Gesammelt von Alexander N[ikolaevič] Afanaßjew [Afanaśev]. Deutsch von Anna Meyer. Wien: Stern 1906. 304 S. 8° [II. 3767

**Afanassjew, A. N., Russische Volksmärchen.** Neue Folge. Deutsch v. Anna Meyer. (V, 174 S.) 8. Wien, 910. Dr. R. Ludwig. Kart. 3. —

**Afanasieff,** über die Entwicklung der ersten Blutbahnen im Hühnerembryo. Mit 1 (lith.) Taf. (in 4.) [Aus d. Sitzungsber. d. k. Akad. d. Wiss.] Wien 866. (Gerold's Sohn.) gr. 8. (10 S.) n. 6 ngr.

Afanaßjew, Alexander Nikolaevič [Russe]
s. Afanaśev. [II. 3768

**Afanassjew:** Zur Pathologie des akuten und chronischen Alkoholismus. Beiträge zur pathologischen Anatomie u. Physiol. VIII. 443. 8°. Jena. 1890.

**Afertal, s.: Villnösstal.**

The Affair at the inn. By Kate Douglas Wiggin [u. a.] Copyright ed. — Leipzig: Tauchnitz 1905. 278 S. (Collection of British authors. Tauchnitz Edition. 3808.)
1:Ah 30-3808. 12:P.o.angl. 469am-5. 8. 11.
2.2158

**Affaire, Die,** von Eckernförde vor dem dänischen Generalkriegsgericht. Nach der offiziellen dänischen Departements-Tidende. Altona 1850. V: *Ingwersen, Paul.* (BMarsch 104)

**Affaire,** die, von Eckernförde vor dem dänischen Generalkriegsgericht. Nach der officiellen dän. Departements-Tidende. 4. (16 S. mit 1 lith. Positions-Karte.) Hamburg 850, (Rittler. Altona, Lehmkuhl.) *
Aus: Feuilleton der „Hamburger Nachrichten", besond. abgedruckt.

Affaire de Görlitz le 7. Septembre 1757. 1:28,400. 1 Bl.

**Affaire Länderbank.** Replik. gr. 8. (VII, 48 S.) Wien 880. (Sintenis.) n. — 50

**Affaire Länderbank.** Interpellation der „Vereinigten Linken" am 23. Novbr. 1881. Interpellations-Beantwortung seitens der Regierung am 3. Decbr. 1881. Debatte im Hause der Abgeordneten am 14. und 15. Decbr. 1881 über das Verhältniss der Regierung zur k. k. privileg. österreich. Länderbank. Mit einem Anhang. gr. 8. (VII, 171 S.) Wien 882, Rosner. *

**Affaire Länderbank.** Replik. 8. (VII, 48 S.) Wien 882, (Sintenis.) *

L'Affaire Mirès. 8. (29 S.) Berlin 861, Besser's Verlagsh. Thlr. *

**l'Affaire Mirès.** Berlin, 861. F. Duncker. 8. (29 S.) n. 4 ngr.

Die Affaire von Somo Sierra. [30. Nov. 1808.] 8. Berlin 1853.

**Affanassijew** s. Afanassjew.

**Affanassiewa, Anna.** von Orel (Russland): Statistische Erhebungen über die Verteilung der Augenkrankheiten nach Alter und Geschlecht. Bern 1905. 28 S. 8°. [26. VII. 05.]
Bern. Med. Diss. 1905/1906.

**Affanassiewa, Anna.** Statistische Erhebungen über die Verteilung der Augenkrankheiten nach Alter und Geschlecht. Diss. Med. Bern. II + 28 S. 8. Bern, Rutishauser & Ludwig, 1905.

**Affanassiewa. Maria.** von Orel (Russland): Statistischer Vergleich zwischen der Häufigkeit des Vorkommens der gewöhnlichen Augenkrankheiten der Privatpraxis einerseits und der Poliklinik andererseits. Bern 1906. 20 S. 8°. [13. XII. 05.]
Bern. Med. Diss. 1905/1906.

**Affanassiewa, Maria.** Statistischer Vergleich zwischen der Häufigkeit des Vorkommens der gewöhnlichen Augenkrankheiten der Privatpraxis einerseits und der Poliklinik andererseits. Diss. Med. Bern. II + 20 S. 8. Bern, Rutishauser & Ludwig, 1906.

**Aefficke, A:** Sonder-Liste über Waagen mit Vorrichtung zum Entlasten sämmtlicher Schneiden, Arretiren des Waagebalkens und Feststellen der Brücke. Stettin (1897?)

**Affe.** — Der französische Affe. — Berlin [um 1870].
1:Kr. Samml. V 112.
2.2194

**Affe,** der, bei guter Laune, od. d. eifrige Barbier. Scherzhafte Erzähl. M. 16 col. Kpfrn. qu. 16. (1 B.) Leipzig 835, Baumgärtner. *

**Affe,** der, bei guter Laune, od. d. eifrige Barbier. Scherzhafte Erzählung mit 16 col. Kpfrn. 3. Aufl. (Kleinkinderbuch.) qu. 16. (1⅛ B.) Leipzig 842, Baumgärtner's Buchh. *

**AFFE,** Der 42jährige. Ein ganz vermaledeites Mährchen! Aus dem Französischen (Deutsches Original von *Karl Franz Guolfinger* Ritter *v. Steinsberg*, geb. 1757 zu Wien.) 2 Thle. Mit 2 schönen satyr. Titelvignetten u. 1 Beilage. Berlin (Prag, Schönfeld) 1784. 8°. (Expl. in Stuttgart.) I. 250 S., 2 Bll. II: 240 S., 3 Bll.) (20 Mk., Expl. mit Superexlibris, Leo Liepmannssohn, Berlin, 1907.)
Diese scharfe u. pikante Satyre wurde bisher sonderbarerweise als gegen Voltaire gerichtet bezeichnet, während sie in Wirklichkeit unverkennbar auf Joseph II., der damals 42 Jahre alt war, sich bezieht. Das Buch war beim Erscheinen so rasch vergriffen, dass bald kein Expl. unter 6—12 Dukaten zu kaufen war. (Ebeling III p. 596.) (10 Mk., Th. 1 apart, mit Titel in Roth- und Schwarzdruck, Adolf Weigel, Lpz., 1905.) (Th. 1 auch in Wien, Stadtbibl. unter „Josefina", u. in Breslau, Kgl. u. Univbibl.) — Der zweite Theil, „auf feinem Schrenzpapier (!) gedrukkt" (Berlin 1784. Mit satyr. Titelvign. u. Tit. in Roth- und Schwarzdruck), den Bibliographen unbekannt, enthält hauptsächlich Ausfälle gegen den Clerus und die Juden; am Schluss die „Schlachtordnung der Mönchsorden".

— — Dasselbe. Neue Aufl. 2 Thle. Mit Titelvignetten. Ebd. 1786. 8°. (In Stuttgart.) Kayser's Romanen-Verz. 1827, hat: 2 Thle. Prag, Schönfeld, 1786. 8°. (1 ½ rt.)

— — Dasselbe. 2 Thle. Stuttgart 1829. 8°. (In Stuttgart.)

— — Dasselbe. Fehlen im Anon.-Lex.

**Affectus** humani, argumentum quinque meditationum, ... Monachi anno 1758 ... Affectus humani, argumentum trium meditationum ... anno 1759 ... Affectus humani, argumentum quatuor meditationum ... anno 1760 ... V: *Pemble, Joseph.* (SO)

— Salutares morientis, seque pro felici aeternitate disponentis Affectus a quopiam Societatis Jesu sacerdote in commodum moribundorum congesti. Secundo auctius ed. — Olomucii 1741: Hirnle. 36 Bl. 2.
2.2200

**Affelteri, Wolffango Ferdinando:** Il vero Ritratto d'un prencipe cristiano, operetta non meno profittevole, che necessaria nel secolo presente, facendo toccare quasi colle mani i sovrani anzi à tutt' i regenti ... la grandezza ed importanza dei loro doveri ... accresc., espurgata e data in luce in lingua italiana. — Cologna & Gotha: Reyher (1718). 217 S. 1:Fa 5958. 12:Pol. g. 5m.
2.2220

**AFFEN,** Die. Eine allegorische Urkunde. Nebst einem Anhange. Erste (einz.) Auflage. O. O. u. J. (Vorber. dat. 1763). 8°. (In Berlin 2 Expll.: an Yl 8031; Yy 5701.)
Satyren in Prosa. Einiges in Versen. 36 S. (incl. 4 Bll. Vorst.).

Affen, des muthwilligen, tolle Streiche. Ein Scherz f. Kinder in 16 (ill.) Bildern. N. d. Franz. qu. 16. (1 ¼ B. Text.) Stuttgart 836, Erhard.

**Affenaer.** — Der Jesuit Affenaer vor den Pariser Assisen. Nebst einer Einleitung. — Berlin: Voss 1845. 43 S.
2. 10.
2.2224

Affengeschlecht, d. u. d. Gürtelthiere. f. d. kleine Büffon ꝛc.

**Affenhaus, das, und seine Nachbarn.** 14 color. Abbild. (auf 6 Holzschntaf.) mit beschreib. Text über Heimath und Lebensweise der Thiere. gr. 4. (6 S.) Halle 876, Schwetschke'scher Verlag, Sep.-Cto. cart. *.

Affenkönig, der, oder die Reformation des Affenlandes, ein Roman in 2 Büchern, 8. Wien, 788. Wucherer. 18 sgl.

**Affenkönige, die, od. die Reformation d. Affenlandes. 8. Wien 789. Wucherer. 13 gr**

**Affenland, Das,** oder der Doctor Fanfa-rone. Mit akademischen Schriften. 1787 o. O. 32 S. 8°, 1 Kupfer. Zweite Auflage 1787 o. O. 36 S. 8°, 1 Kupfer. »Wien 1787«. V: *Richter, Joseph* (??). V: *Widtmann.* (Hdschr. Mitth. Gustav Gugitz, Wien.) (Hans Viktor Pisk: Josef Richter. Diss. Wien 1927. S. 103—109.) (KY 1/35) »Prag 1787«. Affenland, Das und Jocos (!!). (BIBLPORT)

**Affenland, das, od. der Doctor Fanfarone. 8. Wien 787. Wucherer. (Mayr in Salzb.) 13 gr**

**Affenreligion.** — Die Affen-Religion. Ein in Arizona darüber gehaltenes Gespräch, in zierliche Reime gebracht von einem Menschen. — Manville (1817). 40 S.
1: Yo 14791.
2.2225

**Affen-Religion, die.** Ein in Arizona darüber gehaltenes Gespräch in zierl. Reime gebracht v. e. Menschen. gr. 16. (40 S.) Manville 873. (Dresden, Naumann. — Hamburg, Gräfe.) — 75

**Affenspiegel, der.** Hrsg.: Rob. Heymann. Verantwortlich: Val. Karl. Mai—Dezbr. 1901. 28 Nrn. Imp.-Fol. (à 4 S. m. z. Tl. farb. Abbildgn.) München [Schacherl & Mütterlein]. Leipzig, H. Dege. à — 10
Weiter nicht erschienen.

**Affen-Streiche.** 4. (24 S. m. farb. Abbildgn.) München (902). Braun & Schneider. n. 1. —

**Affentheater,** kleines. Leporello-Album. qu. 4. (10 Farbdr.) Stuttgart 889. Loewe. 2. 50

Affentheater, lustiges. Leporello-Album mit 12 feinen Farbendr.-Taf. qu. Fol. Stuttgart 888, Loewe. geb.

Affiches, annonces et avis divers d'Emden. s. Bekanntmachungen, Anzeigen und Nachrichten aus Emden.

Affiches, Annonces et Avis divers de Hambourg oder: Nachrichten, Bekanntmachungen und unterschiedliche Anzeigen von Hamburg. – Hamburg: 6.XII.1811 - 25.I.1813.
Vorh. u. d. T.: Nachrichten, Privilegirte wöchentliche und gemeinnützige.
Fortges. u. d. T.: Nachrichten von Hamburg.

Affiches, Annonces et Avis divers de Hambourg oder: Nachrichten, Bekanntmachungen und unterschiedliche Anzeigen von Hamburg: 1.VI.1813 - 18.V.1814.
Vorh. u. d. T.: Nachrichten, Privilegirte wöchentliche Gemeinnützige.
Fortges. u. d. T.: Nachrichten, Privilegirte Wöchentliche Gemeinnützige.

Affiches, Annonces et Avis divers de Lubek oder Lübeckische Anzeigen. – Lübeck: 16.I.1813–19.I.1813.
Vorh. u. d. T.: Anzeigen, Lübeckische.
Fortges. u. d. T.: Anzeigen, Lübeckische.

**Aeffin, die, e. lustiges Mährchen (o. Mich. Kosmeli). 2 Bde. 8. Hamb. 800. (Herold jun.) 1 ß 12 gr**

Aeffin, die, e. lustiges Mährchen. 2 Bde. 8°.-Hamburg: Vollmer 1800. V: Kosmeli (Cosmeli), Mich.

Affini: Unterschied zwischen den von den spanischen und den englischen Kolonien auf dem amerikanischen Festlande erzielten Resultaten. 19 S.
Progr. Roveredo UR. 1869

Affolter, Albert

Affolter, J. A., die Actio ad exhibendum und ihre Bedeutung für das heutige Prozeßrecht. Diss. Zürich 1880. Leipzig, Gustav Fock in Comm. 8°. 47 S. 80 Pf.

Affolter, A(lbert). Bundesverfassung der schweizerischen Eidgenossenschaft von 1874 mit allen Abänderungen und Zusätzen bis 1907. Versehen mit Erläuterungen von Dr. A. A', Bundesrichter, Lausanne. [Mit 1 Ansicht.] 2., ... vermehrte Aufl. als Beilage zum Jahrg. 28 [1907/08] des «Fortbildungsschülers». IV + 40 S. 8. Solothurn, C. Gassmann, [1907]. fr. —.50

Grundzüge des Allgemeinen Staatsrechts von A. **Affolter**. *Stuttgart: F. Enke 1892.* (VI, 85 S.) 8° [F.]
[03-13331 6

Affolter, A[lbert]. Grundzüge des Schweizerischen Staatsrechts. VIII + 239 S. 8. Zürich, Orell Füssli, [1904]. [fr. 3. —]

**Affolter, J. A.** Die Causalreihe und ihre Auflösung. Eine Lehre vom Eigenthumsübergange und vom Vertrage. In-8°, 97 S. Glarus, Carl Ziegenhirt & Cie. 1886 2 50

— die Causalreihe und ihre Auflösung. Eine Lehre vom Eigenthumsübergange und vom Vertrage. gr. 8. (VIII, 97 S.) Leipzig 886, Ziegenhirt. *

— die Causalreihe u. ihre Auflösung. Eine Lehre vom Eigenthumsübergange u. vom Vertrage. gr. 8. VIII, 97 S.) Mühlheim a/R. 886. Ziegenhirt. n. 2. —

**Affolter, A.**, zur Lehre vom Rechtsgeschäfte. gr. 8. (54 S.) Solothurn 888. Jent & Co. n. 1. 40

Affolter, A[lbert]. Zur Lehre von der Verfassung. Von Dr. A. A' in Solothurn. (Abdruck aus den Annalen des Deutschen Reichs für Gesetzgebung, Verwaltung und Volkswirtschaft.... Jahrg. *1905*, Nr. 7.) II S. + S. 551—559. 8. (München, J. Schweitzer.)

Affolter, A[lbert]. Naturgesetze und Rechtsgesetze. Von Dr. A. A' [Advocat in Solothurn]. 62 S. 8. München, J. Schweitzer, 1904. [M. 1. 80]

Affolter, A[lbert]. Staat und Recht. Versuche über allgemeines Staatsrecht. Von Dr. A. A' in Solothurn. [4 Artikel.] (Abdruck aus den Annalen des Deutschen Reichs für Gesetzgebung, Verwaltung und Volkswirtschaft.... Jahrg. 1903, Nr. *1—3 u. 11.*) II S. + S. 51—70 + 113—128 + 161—193 + 811—848. 8. (München, J. Schweitzer.)

**Affolter, A.** Untersuchungen üb. d. Wesen d. Rechts. Gr. in-8°. 78 S. Solothurn, Jent & Cie. 1889

(Affolter, Emil.) Der Turnverein von Solothurn 1855—1905. 70 S. 8. Solothurn, C. Gassmann, 1905.

*Affolter. F. G.*, Beiträge zur Geometrie der Vielecke. Solothurn 1870.
**Progr.-Schr.**

**Affolter, F. G., Beiträge zur geometr. Theorie der ebenen Curvenreihen. Inaugural-Dissertation. 4. 48 Stn. Solothurn. Gassmann's Buchdruckerei. 1875**

**Affolter,** F. G. Lehrsätze und Aufgaben über die Kugel.

**Affolter,** F. G. Unser neuer 12 cm-Mörser. Mit Taf. Frauenfeld 1885. 13 S.

Affolter. F. G. Zur Theorie der Conchoide.

Affolter, F. G. (Hrsg.), s. Zeitschrift, Schweizerische, für Artillerie und Genie.

Affolter, Friedrich: Geschichte des intertemporalen Privatrechts. — Leipzig: Veit 1902. XIV,652 S. (Affolter: Das intertemporale Privatrecht. 1.) (Affolter: Das intertemporale Recht. 1, 1.)
1: Fl 3889-1,1. 12: J. rel. 1c-1,1. 300: 417.424-B. Bd 1,1. 2. 3. 4. 5. 6. 7. 8. 10. 11.
2.2302

— Das römische Institutionen-System, sein Wesen und seine Geschichte. Von Friedrich Xaver Affolter. — Berlin: Puttkammer & Mühlbrecht 1897. VI,568 S. (Affolter: Thatbestand, Rechtsverhältnisse u. Rechtsordnung. 1.)
Ersch. auch als Hab.-Schrift. Heidelberg 1897.
1: Gc 3580-1. 12: J. rom. c. 1 s-1. 300: 77.658-B. Bd 1 [u.] 445.210-B. Bd 1. 2. 3. 4. 5. 7. 8. 11.
2.2303

— Das intertemporale Privatrecht. T. 1.2. — Leipzig: Veit 1902-03.
1. Affolter: Geschichte des intertemporalen Privatrechts. 1902.
2. Affolter: System des deutschen bürgerlichen Übergangsrechts. 1903.
(Affolter: Das intertemporale Recht. Bd 1.)
1: Fl 3889-1. 12: J. rel. 1c-1. 300: 417.424-B Bd 1. 2. 3. 4. 5. 6. 7. 8. 10. 11.
2.2305

— Das intertemporale Recht. Das Recht d. zeitlich verschiedenen Rechtsordnungen. Bd 1,1.2. — Leipzig: Veit 1902-03.
1. Affolter: Das intertemporale Privatrecht. 1.2.
1: Fl 3889. 12: J. rel. 1c. 300: 417.424-B. 2. 3. 4. 5. 6. 7. 8. 10. 11.
2.2306

**Affolter**, Frdr., das intertemporale Recht. Das Recht der zeitlich verschiedenen bürgerl. Rechtsordngn. I. Bd. Das intertemporale Privatrecht. 2. Tl. System des deutschen bürgerl. Übergangsrechts. (XIV, 468 S.) gr. 8. Leipzig 903, Veit & Co. n. 14. —
I. Bd. 1. Tl. Ebd. 901. n. 18. —

— System des deutschen bürgerlichen Übergangsrechts. — Leipzig: Veit 1903. XIV,468 S. (Affolter: Das intertemporale Privatrecht. 2.) (Affolter: Das intertemporale Recht. 1,2.)
1: Fl 3889-1,2. 12: J. rel. 1c-1,2. 300: 417.424-B. Bd 1,2. 2. 3. 4. 5. 6. 7. 8. 10. 11.
2.2307

System des badischen Verwaltungsrechts. Zugleich e. kurzgefaßtes Lehrbuch d. bad. Verwaltungsrechts von Dr. jur. Friedrich **Affolter**, Prof., Heidelberg. *Karlsruhe: G. Braun 1904.* (VIII, 142 S.) 8° [04. 919

Einladung zur öffentlichen Probe-Vorlesung, welche Dr. Friedrich Affolter zur Erlangung der Venia legendi bei der juristischen Facultät der Ruprecht-Carls-Universität zu Heidelberg Mittwoch d. 30. Juni 1897. . . abhalten wird. Thema: Der Thatbestand im römischen Recht. – Heidelberg, Druck v. J. Hörning, 1897; 1 Bl. 8° (Nicht für den Austausch.)

— Thatbestand, Rechtsverhältnisse und Rechtsordnung. Grundlagen e. allgemeinen Teils des Privatrechts. Von Friedrich Xaver Affolter. (T. 1.) — Berlin: Puttkammer & Mühlbrecht 1897.
1. Affolter: Das römische Institutionen-System.
1: Gc 3580. 12: J. rom. c. 1 s. 300: 77.658-B [u.] 445.210-B. 2. 3. 4. 5. 7. 8. 11.
2.2309

Affolter, Friedrich Xaver (Dr.): Thatbestand, Rechtsverhältnisse und Rechtsordnung. Grundlagen e. allgem. Teils d. Privatrechts. (And. Tit.:) Das römische Institutionen-System, sein Wesen u. seine Geschichte. . . Einl. Teil.)– Heidelberg, Druck v. A. Emmerling & Sohn. 1897; VI S., 1 Bl. 568 S. 8°.
Heidelberg, Jur. Fak., Hab.-Schr. v. (30.Juni) 1897.

Affolter, Friedrich Xaver, s. Affolter, Friedrich

Affolter, J. Sammlung von Dokumenten und Gutachten über die Iva-Pflanze und die Iva-Produkte. Chur.

Affolter, J. A. s. Affolter, Albert

Affolter, L.: Üb. d. Vernehmung d. Parteien als Zeugen i. Civilproc. Diss. Bern 1879.

**Affre, August**, Erzbischofs v. Paris, letzte Augenblicke u. Tod. Einzig authent. unter dem Schutz d. Pariser General-Capitulariums erschien. Veröffentlichg. der Thatsachen, nähern Umstände u. Todes dieses hochherz. Märtyrers. 8. (16 S.) Aachen 848, Kaatzer. (Leipzig, Wengler.) baar 1 1/2 ngl

Affre, (Dionys Aug.,) v., das Christenthum u. d. Wissenschaft, od. philosoph. Einleit. in d. Studium d. Christenthums. Nach d. 3. Brüsseler Ausg. ins Deutsche übers. gr. 12. (8 1/2 B.) Bonn 846, Habicht.

— philosophische Einleitung in die Lehre des Christenthums. Deutsch und mit Anmerkungen von Dr. W. Smets. gr. 12. Aachen 846, Boisserée. 1/2 ₰

**Affre, Dyonis Aug.**, philosoph. Einleitung in die Lehre d. Christenthums. Deutsch u. m. Anmerkgn. v. W. Smets. 2. m. e. kurzen Biographie des Verf. verm. Ausg. 12. (XXIV u. 216 S.) Aachen 849, ter Meer. 1/2 ₰

Affre, Dionys Aug. (Erzbischof v. Paris, † Juni 1848 erschossen als Friedensstifter auf den Barrikaden), philosoph. Einleitung in das Studium des Christenthums. Deutsch und mit Anmerk. von Canonicus Dr. Wilh. Smets († 1848). 2e mit kurzer Biographie des Verfassers verm. Ausg. 12. Aachen 1849, jetzt Mayer. 1/2 Thlr. — 54 kr.

Affry, Louis[-Auguste-Philippe] d'. Discours prononcé Par Son Excellence Mr. Louis d'Affry ... Landamman de la Suisse, à l'ouverture de la Diète composée des Députés des 19 Cantons suisses confédérés, réunis à Fribourg le 4 Juillet 1803. 8. *s. l.*

Affry, Louis[-Auguste-Philippe] d'. Discours prononcé par Son Excellence Monsieur Louis d'Affry, Landammann de la Suisse, à l'ouverture de la Diète de la Confédération, le 5 Juin 1809. 8. Fribourg.

— Memorial des Königl. Französischen Ministers Grafen von Affry, an die Herren General Staaten, Haag, d. 17. März 1757. Nebst andern dergleichen Schrifften. — o.O. 1757. 11 S. 1: Flugschr. 1757-120. 12: 4° Eur. 418-13.
2.2333

Affsprung, Joh. Michael s. Afsprung, Joh. Michael.

Affterkönig

Der unzeitig erwehlte und bereits flüchtige Affter- und Nebel-König, in Gross-Pohlen, mit seinem treu-vergessenen Anhange, auch was Franckreich und Schweden unter solcher pohlnischen Unruhe und neuen Wahl zeithero intendiret und gesucht haben. — o.O. 1704. 70 S.
1: Flugschr. 1704-6. 12: 4° Eur. 389-37. 300: 35 F 308. 2. 5. 7.
2.2436

Afghanistan [Schlagwort]

**Afghanistan**, s.a. Afrika, Karte, neue, von.

**Afghanistan**, s.a. Generalkarten. Flemming.

— s.a. Hand- u. Reisekarten. 52.

**Afghanistan**, s.a. Kriegsschauplatzkarten.

**Afghanistan**. Handtke, F., Generalkarte v. Afghanistan u. seiner Nachbarländer. 1 : 3,000,000. 61,5×77,5 cm. Farbendr. Glogau 893. C. Flemming. n. 1. —

Afghanistan, Karte von, u. den angrenzenden russischen u. engl. Gebieten. Bearb. v. Gust. Freytag. Masstab 1:2,100,000. Farben-Tondruck in Gr. - Qu. - Fol. – Wien, A. Hartleben. In Carton mit 7 Ansichten aus Afghanistan. 4°. 60 kr. Auch in 2. u. 3. Aufl. 1885.

**Afghanistan. Langhans, Paul**, Politisch-militärische Karte v. Afghanistan, Persien und Vorder-Indien zur Veranschaulichung des Vordringens der Russen und Engländer. 1 : 7,500,000. 68,5 × 58 cm. Farbdr. Mit militärstatist. Begleitworten (auf dem Umschlag). Gotha (901). J. Perthes. n. 1. —

Afghanistan, Sohr, K.: Karte v. Afghanistan, Turkestan und Persien. 1:800,000. Chromol. Fol.- Glogau: Flemming 1885

**Afh, Friedr.**, Vorlagen für Korbflechter, Muster von Geflechten, Korb-Modellen und Körben. Zum Gebrauche für Korbflechter und als Lehrbehelf für Korbflecht-Schulen bei dem Fachzeichnen. 1. Folge. 40 (lithogr.) Taf. gr. 4. (6 S. Text.) Weimar 883, B. F. Voigt.

**Afh**, Frdr., Vorlagen f. Korbflechter, Muster v. Geflechten, Korb-Modellen u. Körben. Zum Gebrauche f. Korbflechter u. als Lehrbehelf f. Korbflecht-Schulen bei dem Fachzeichnen hrsg. 2. Aufl. 40 (lith.) Taf. gr. 4. (1 Bl. Text.) Weimar 886. B. F. Voigt. 3. —

**Afhandlinger** det Kongelige Danske videnskabernes Selskabs naturvidenskabelige og mathematiske. 12. Deel. Med 26 Tavler. gr. 4. (CXL u. 406 S.) Kjøbenhaven 846. (Host.) n. 3 1/3 ₰ (I—XII. n. 31 1/3 ₰)

**Afinger,** Otto (geb. Berlin 5. 4. 1855): Einige Derivate des Bromanilins. Berlin (1879). (37 S.) 8°
Berlin, Phil. Diss. v. 28. Febr. 1879

**Aflenzer Staritzen,** s.: Oesterreich, Freytag, G.

**Aefner,** Eustach. Heinr. Wilh. Rud.

**HILARIS,** Dr. F. (d. i. *Eustach. Heinr. Wilh. Rud. Aefner*), Cremor Tartari für Hypochondristen. Eine Sammlung von Anekdoten, Schnurren und Späßen. Magdeburg, Wagner u. Richter, 1836. 8°. 8 Bog.
A. G. Schmidt, Gallerie etc.

**Aefner,** Joan. Frid. Rud. (geb. Magdeburg 4. 5. 1837): De docimasia pulmonum nonnulla. Berolini (1861). (32 S.) 8°
Berlin, Med. Diss. v. 20. Juli 1861

**Aefner, Rudolf:** Friedrich der Grosse. Dargest. nach d. besten Quellen von A. E. Fern [d. i. Rudolf Aefner]. Th. 1.2. — Magdeburg: Rubach 1840–41.
1:Sv 1048. 2. 5.

— — Hrsg. u. mit Plänen der vornehmsten Schlachten u. Schlachtordnungen verm. von A. Strähle. Neue Ausg. Th. 1.2. — Magdeburg: Baensch 1861.
1:Sv 1048².

**Afonassjew, W.:** Praktische Formeln, welche auf die Fortbewegung eines Schiffes Bezug haben. Übers. aus dem russ. Orig. von Fr. H. — Kiel 1901: Vollbehr & Riepen. 32 S.
89.
2.2370

**Afra's Trauer,** am 7. Juni 1827. gr. 8. Meiss. 827. Gödsche. 5 Gr.

**Afra Veit,** s. Veit, Afra.

Africa [Sachl. OW]

**Africa,** dargestellt in den Forschungen und Erlebnissen der berühmtesten Reisenden neuerer Zeit. Andersson. – Barth. – Burton. – Galton. – Heuglin. – Ladisl. Magyar. – Livingstone. – Richardson. – Vogel u. a. Ein geographisches Lesebuch von H[ermann] Kletke. Bd 1–6. — Berlin: Hasselberg [1863–64].
1. Livingstone, David: Reisen in Südafrika [Missionary Travels and researches in South Africa, deutsch]. [1863.]
2. Du Chaillu, Paul [Belloni]: Reisen in Centralafrika [Explorations and adventures in equatorial Africa, deutsch]. [1863.]
3. Barth, Heinrich, (Adolph) Overweg u. (James) Richardson: Reise in Central-Afrika in den Jahren 1849–1855. [1863.]
4. Andersson, Ch[arles] J[ohn]: Der Okovanghofluß [The Okavango river, deutsch]. [1863.]
5. Vogel, Eduard: Reise in Centralafrika ... Nebst e. Bericht der Expedition zur Aufsuchung der Verschollenen. [1863.]
6. Burton, [Richard Francis], u. [John Hanning] Speke: Der Nil und seine Quellen. [1864.]

1–6 . . . . . . . . . . . . . . . . 1:Uq 486. 2.
3 . . . . . . . . . . . . . . 12:H. Afr. 8006g–3.
4–6 . . . . . . . . . . . . . . . . . . . . 11.
2.2390

**Africa,** juxta navigationes et observationes recentissimas aucta correcta et in sua Regna et status divisa in lucem edita A. Matth. Scuttero S. Caes. Maj. Geographo Aug. Aug. Vindelic. 1728? 1 : 20,000,000. 1 Bl.

**Africa** concinnata secundum Observationes etc. per G. de L'Isle Geographum. Augustae Vindelicorum prostat apud Tobiam Conrad Lotter. 1 : 20,000,000. 1 Bl.

**Africa,** concinata secundum Observationes Membror. Acad. Regal. Scientiarum et nonnullorum aliorum, et juxta recentissimas annotationes. Per G. de L'Isle Geographum. Augusta Vindelicorum prostat apud Tobiam Conr. Lotter, Calcogr. 1728? 1 : 24,000,000. 1 Bl.

**Africa,** Secundum legitimas Projectionis Stereographicae regulas et juxta recentissimas relationes et observationes in subsidium vocatis quoque veterum Leonis Africani Nubiensis Geographi et aliorum monumentis et climenatis fabulosis aliorum designationibus pro praesenti statu ejus aptius exhibita a Joh. Math. Hasio M. P. P.O. h.t. Facult. Phil. in Acad. Witeb. Decano. Impensis Homannianorum Haeredum. Norimbergae in Officina Homanniana. 1745? 1 : 20,000,000. 1 Bl.

**Africa,** nach Robert Vaugondy, Renell's und Sotzmanns Skizze des nördlichen Theils von Africa, nach den geographischen Nachrichten, welche die Afrikanische Gesellschaft gesammelt hat, Robert Sayer, Lemprier, Sparrmann, Bruce, Niebuhr, Robert, Dapres etc. entworfen und herausgegeben im Jahre 1794. Nürnberg bey Ad. Gottl. Schneider und Weigel. 1794. 1 : 16,000,000. 1 Bl.

— Aus Africa und Spanien. Erlebnisse und Schilderungen eines früheren Kapitäns der Fremdenlegion. [Mutmaßl. Verf.: C. Bamberg.] Bd 1.2. — Jena: Mauke 1870.
1:Qn 1230. 12:Mil. g. 2g. 7.
2.2392

**Africa.** Afrika in Wort und Bild, mit besonderer Berücksichtigung der evangelischen Missionsarbeit. Hrg. vom Calwer Verlagsverein. Mit einer Völkerkarte und 215 Abbildungen [wovon 10 Tafeln]. 416 S. gr.-8. Calw und Stuttgart, Vereinsbuchh., 1904. [M. 5. —]

*Darin S. 139–142. 196–198. 201–216. 231–244. 280. 296 etc. die Schweizer. Missionen betr.*

**Africa** [Schlagwort]

**Africa,** s. a. Afrika.

**Africa,** s.a. Afrique.

**Africa,** I. Karte von – Nach den neuesten Entdeckungen und Ansichten, mit besonderer Rücksicht auf Karl Ritters Erdkunde. Ein kritischer Entwurf, entworfen und bearbeitet im Jahre 1824 von Heinrich Berghaus.
II. Erster Karton zu H. Berghaus Karte von Africa, die in den Jahren 1822, 1823 und 1824 gemachten Entdeckungen der H. H. Denham, Clapperton und Oudney vollständig enthaltend. Stuttgart, herausgegeben von der geographischen Anstalt der J.G. Cotta'schen Buchhandlung. 1826. Originalausgabe, gestochen von Heinrich Brose. 1 : 15,000,000. 2 Bl.

**Africas** – Charte der Nordküste – oder die Staaten Marocco's Fes, Algier, Tunis, Tripoli und Aegypten. Nach den neuesten und bessten Hülfsmitteln gezeichnet von I.C.M. Reinecke. Weimar im Verlag des geogr.Instituts. 2te Ausgabe. 1804. 1 : 6,000,000. 1 Bl.

**Africae** – totius – Nova Repraesentatio qua practer diversos in ea Status et Regiones, etiam Origo Nili ex veris R.R.P.P. Missionariorum Relationibus ostenditur a Jo. Baptista Homanno Sac. Caes. Maj. Geographo Noribergae. 1 : 20,000,000. 1 Bl.

**Africa septentrionalis,** s.: Europa. Wolf, Carl.

**Africae,** accurata tabula ex officina Nic. Vischer 1700? 1 : 20,000,000. 1 Bl.

**Africae** – accuratissima totius – tabula in lucem producta per Jacobum de Sandrart Norimbergae. 1712? Joan Bapt. Homann sculpsit. 1 : 20,000,000. 1 Bl.

**Africana.** Monatsberichte üb. die Fortschritte u. Beweggn. im schwarzen Erdteil. Hrsg. u. Schriftleiter Paul Olpp. 1. Jahr. 1909. 12 Nrn. (IV, 86 S. m. 3 Taf.) gr. 8. Calw, P. Olpp. Geb. 2. 40
Erscheint nicht mehr.

**Africanus,** s.: Zaïda, das Negermädchen.

**Africanus minor,** s.: Dernburgs Programm.

**Africani,** Sexti Julii, Ὀλυμπιάδων ἀναγραφή adjectis ceteris quae ex olympionicarum fastis supersunt. Recensuit, commentario critico et indice olympionicarum instruxit J. Rutgers. gr. 8. (XIV und 170 S.) Leiden 862, Brill. **

Afrika [Sachliches OW]

**Afrika. Evangelischer Afrikaverein. [Red.: G. Müller; sp. Merensky u. Grundmann.] Jg. 1–8. Berlin: Buchhandlung der Berliner evangelischen Missionsgesellschaft (sp. Bielefeld: Velhagen u. Klasing) 1893–1901. 8°**

AFRIKA. Herausgegeben unter Mitwirkung von Superintendent MERENSKY und D. GRUNDEMANN vom Evangelischen Afrika-Verein zu Berlin. Ausgabestelle und verantwortliche Schriftleitung: Pastor (GUSTAV) MÜLLER, Berlin.[3])
Jahrg. 1. 1894. Selbstverlag des Evangelischen Afrika-Vereins. Kommissions-Verlag der Buchhandlung der Berliner evangelischen Missions-Gesellschaft. — 8°.
Jahrg. 2—5. 1895—1898. ib. —

AFRIKA. Monatsschrift für die sittliche und soziale Entwickelung der deutschen Schutzgebiete.
Im Auftrage des Evangelischen Afrika-Vereins herausgegeben von GUSTAV MÜLLER in Groppendorf bei Hakenstedt u. Verantwortlicher Redakteur.
Jahrg. 6. Bielefeld und Leipzig 1899. Velhagen & Klasing. —
Jahrg. 7. ib. 1900. —
Jahrg. 8. ib. 1901. Ferd. Dümmlers Verlagsbuchhandlung.

AFRIKA. Zeitschrift für die sittliche und soziale Entwickelung der deutschen Schutzgebiete.
Herausgegeben vom Evangelischen Afrika-Verein.
Jahrg. 9 und 10. 1902 und 1903. ib. Selbstverlag des Evangelischen Afrika-Vereins.
Jahrg. 11, 12. ib. —. (Ohne bes. Titelblatt.)
Jahrg. 13. 1906. ib. —
Jahrg. 14. und 15. ib. —
Jahrg. 16. und 17. ib. —

**Afrika.** 2. Auflage nach der von Professor Dr. Wilhelm Sievers verfassten 1. Auflage umgearbeitet und erneuert von Professor Dr. Friedrich Hahn. Mit 173 Abbildungen im Text, 11 Karten und 21 Tafeln in Farbendruck. Holzschnitt und Ätzung von E. F. Compton, Th. v. Eckenbrecher, Paul W. Ehrhardt, E. Heyn, W. Kuhnert, G. Mützel, O. Schulz und O. Winkler. Allgemeine Länderkunde. Unter Mitarbeitung von Dr. Emil Deckert, Prof. Dr. Friedrich Hahn etc. etc. herausgegeben von Prof. Dr. Wilhelm Sievers. 2, gänzlich umgearbeitete und erneuerte Auflage. Leipzig und Wien. 1901. Bibliographisches Institut. Gr.-8°. XII, 681 S. Geb. K 20.40

— u. seine Bewohner; nach Lamiral, im Ausz. 8. Hannov. 798. Hahn. 12 gr.

— Afrika, geographisch, historisch und philosophisch betrachtet.—Leipzig 1806. 1:Uq 962. 12:Am.A.410/3.
2.2391

Afrika, geograph., histor. u. polit. betrachtet. 8. Leipz. 806. (W. Nauck). 14 gr.

Afrika von Süd nach West, und von West nach Ost endlich einmal durchkreuzt, oder kurze Uebersicht der Missionsreisen und Entdeckungen des Dr. Livingston durch Süd-Afrika von der West-Küste nach der Ost-Küste. Aus den engl. Berichten der londoner Missions-Gesellschaft mitgetheilt von J. L. Krapf. gr. 8. (40 S. nebst 1 lithogr. Karte in gr. 4.) Ludwigsburg 857, Riehm.

— Der Weltteil Afrika in Einzeldarstellungen. 1–5. — Leipzig: Freytag; Prag: Tempsky 1883–86.
1. Hartmann, R[obert]: Abyssinien und die übrigen Gebiete der Ostküste Afrikas. 1883.
2. Hartmann, R[obert]: Die Nilländer. 1884.
3. Falkenstein, J[ulius]: Afrikas Westküste. Vom Ogowe bis zum Damara-Land. Abt. 1. 1885.
4. Fritsch, Gustav: Südafrika bis zum Zambesi. Abt. 1. Das Land mit seinen pflanzlichen u. tierischen Bewohnern. 1885.
5. Hartmann, R[obert]: Madagascar und die Inseln Seychellen, Aldabra, Komoren und Mascarenen. 1886.
(Das Wissen der Gegenwart. 14.24.29.34.57.)
1–5 . . . 1:Uq 150. 12:Var. 390e–14.24.29.34.57.
300:79.193–B. Bd 14.24.29.34.57. 4.
1–3 . . . . . . . . . . . . . . . . . . 102.
1.2.4 . . . . . . . . . . . . . . . . . . 10.
2–5 . . . . . . . . . . . . . . . . . . 6.
2.2394

— das westl., s.a. Miniaturgemälde.

Afrika, das westliche, oder Sitten, Gebräuche u. Gewohnheiten d. Afrikaner. Aus d. Französ. 4 Bdchen, mit Kupf. 12. Pesth, Hartleben. 817.

Afrika in Wort und Bild mit besond. Berücks. d. evang. Missionsarbeit. Hrsg. vom Calwer Verlagsverein. Mit e. Völkerkarte und 215 Abb. *Calw & Stuttgart: Calwer Verlagsver. 1904 (1903).* (416 S.) 4° [F.] 103.14404 7

Afrika's Menschen, Thieren. Gewächse. m. illum. K. 5 Bde. 8. Zeiz, Webel. 801.

Afrika [Schlagwort]

Afrika s.a. Afrique.

Afrika s.a. Atlanten. Rössel, Th.

Afrika s.a. Atlanten, Stieler.
Sydow & Habenicht.

Afrika s.a. Eisenbahnkarten.

Afrika s.a. Europa. Baur, C.

Afrika s.a. Europa, Petermann, A.

Afrika s.a. Generalkarten, Flemming.

Afrika s.a. Hand-u. Reisekarten. Nr. 55 - 58.

Afrika s.a. Karten, Physikalische.

Afrika s.a. Kolonien.

Afrika s.a. Madagaskar.

Afrika s.a. Schulwandkarten, Sydow.

Afrika s.a. Seekarten.

– Andree, Rich.

– Andree, R. u. A. Scobel, Karte v. Afrika. 1:10,000. 4 Bl. 7. Neudr. Chromol. Fol. Bielefeld: Velhagen & K. 1885.

**Afrika.** Andree, R., u. A. Scobel, Karte v. Afrika. 1 : 10,000,000. Neuer rev. u. verm. Abdr. m. den Grenzen d. deutsch-engl. Abkommens u. den Ergebnissen der letzten Stanley'schen Reise. Farbendr. Imp.-Fol. Bielefeld 890. Velhagen & Klasing. n. 5. —; auf Leinw. in Mappe 7. 50; m. Stäben 8. —

**Afrika.** Andree, Rich., u. A. Scobel, Karte v. Afrika. 1 : 10,000,000. Neuer rev. u. verm. Abdr. 1892 m. e. neuen Nebenkarte: Deutsch-Ostafrika 1 : 5,000,000 u. m. Spezialkärtchen der übr. deutschen Besitzgn. Farbendr. 82×72 cm. Mit e. Namenverzeichnis aller in der Karte v. Afrika vorkomm. Namen. hoch 4. (21 S.) Bielefeld 892. Velhagen & Klasing. n. 5. —; auf Leinw. in Mappe 7. 50; m. Stäben 8. —

– Atlas v. Afrika. 50 col. Karten auf 18 Taf. Mit e. geograph.-statist. Text. 8°(16).– Wien 1886, Hartleben.

– Bamberg, Karl

— Bamberg, K., Handkarte v. Afrika. 1 : 26,400,000. Chromolith. qu. Fol. Berlin 888. Chun. n.n. — 25

– Bamberg, K., Schulwandkarte v. Afrika 1: 6,000,000. 12 Bl. 11. Aufl. Farbendr. Fol.– Berl., Chun. 1889.

— — dasselbe. 1 : 6,000,000. Politische Ausg. 12 Blatt à 48×88 cm. Farbendr. u. kolor. Ebd. 893. n. 12. —; auf Leinw. in Mappe n. 16. 50; m. Stäben n. 18. —

— Bamberg's, Karl, Schulwandkarte v. Afrika. 1 : 6,000,000. Physikalische Ausg. 14., verb. Aufl. 12 Blatt à 48×38 cm. Farbendr. Berlin 894. C. Chun. 12. —; auf Leinw. in Mappe n. 16. 50; m. Stäben n. 18. —

— — dasselbe. 1 : 6,300,000. (Politische Ausg.) 4., rev. Aufl. 12 Blatt à 47,5 × 38 cm. Farbdr. Ebd. 897. 12. —; auf Leinw. in Mappe n. 16. 50; m. Stäben n. 18. —

**Afrika.** Bamberg's, K., Schulwandkarte v. Afrika. 1 : 6,300,000. 16., rev. Aufl. (Physikalische Ausg. m. rot markierten polit. Grenzen.) 12 Blatt à 47,5 × 38 cm. Farbdr. Berlin 898. C. Chun. 12. —; auf Leinw. in Mappe n. 16. 50; m. Stäben n. 18. —

**Afrika.** Bamberg's, Karl, Schulwandkarte v. Afrika. 1 : 6,300,000. (Politische Ausg.) 5. rev. Aufl. 12 Blatt à 47,5 × 38 cm. Farbdr. Berlin (899). C. Chun. 12. —; auf Leinw. in Mappe n. 16.50; m. Stäben n. 18. —

**Afrika.** Bamberg's, Karl, Schulwandkarte v. Afrika. Umgearb. v. Frz. Bamberg. 1:6,300,000. 21. verb. Aufl. (Physikalische Ausg. m. od. ohne polit. Grenzen.) Je 6 Blatt à 55×76 cm. Farbdr. Berlin (906). C. Chun. à n. 13. —; auf Leinw. in Mappe od. m. Stäben à n. 20. —; polit. Ausg. 8., verb. Aufl., zu gleichen Preisen.

– Bamberg, K. Wandkarte v. Afrika. 1:6,000,000. 12 Bl. 8.Aufl. Chromol. Fol. Berlin: Chun 1885.

— — Wandkarte v. Afrika. 1 : 6,000,000. 12 Blatt. 11. Aufl. Chromolith. qu. gr. Fol. Ebd. 889. 12. —; auf Leinw. in Mappe n. 16. 50; mit Stäben n. 18. —

– Berghaus, H. physikal. Wandkarte v. Afrika. 1:8,000,000. 6 Bl. Chromol. Fol. Mit Text. 8. (4) Gotha: Perthes 1881.

– Berghaus-Gönczy, Wandkarte v. Afrika. (In ungar. Sprache.) 1:8,000,000. 6 Bl. 2. Aufl. Chromol. Fol. Gotha:Perthes 1884.

— Bludau, Alois u. Otto Herkt, Karte von Ostafrika aus Sohr-Berghaus' Hand-Atlas, IX. Aufl., m. Karton: Politische Uebersicht v. Afrika. 1 : 10,000,000. 42,5 ×35 cm. Farbdr. Glogau (904). Berlin, C. Flemming. n. 1. —

— Blümcke, K., Ubersichtskarte d. Kriegsschauplatzes v. Ost-Afrika, der engl. u. deutschen Emin Pascha-Expedition u. der europ. Besitzgn. nach den neuesten Grenzabmachgn. vom 18. VI. 1890. 1 : 3,000,000. Imp.-Fol. Berlin 890. A. Tonger's Kunst-Verl. n. 1.—

– Chavanne, J.

— – Karte v. Central-Afrika. 1:5,000,000. Chromol. Fol. Wien: Hartleben 1881.

– Chavanne, J. physikal. Wandkarte v. Afrika. 1:8,000,000. 4 Bl. 2 Aufl. Chromol. Fol. Nebst Text. 8°(31 m. 1 chromol. Reise-Routenkarte.) Wien: Hölzel 1882.

– Dahse, P. Karte d. Goldküste, nach d. Karten v. Wyld, Petermann, Hassenstein, d. Baseler Missions-Gesellschaft, E.Stanford's kartograph. Anstalt, Bonnat u. eig. Routen-Aufnahmen bearb. Novbr. 1881. 1:750.000. Chromol. Fol. Bremen 1882. (V.Halem)

— Debes', E., Schulwandkarte v. Afrika. Im Anschluss a. d. Herausgebers Schulatlanten bearb. 1 : 6,000,000. (Physikalisch-politisch.) 6 Blatt à 72 × 58,5 cm. Farbdr. u. kolor. Leipzig 897. H. Wagner & E. Debes. n. 8.—; auf Leinw. m. Stäben n. 15.—

Afrika. Diercke, C., Schulwandkarten. Afrika. Bodenverhältnisse. 1 : 6,000,000. 186×159 cm. Farbdr. Braunschweig (905). G. Westermann. Auf Leinw. m. Stäben 22. 50

— Engelhardt, P., u. J. v. Wensierski, Karte v. Central-Ost-Afrika, nach authent. Quellen unter Benutzg. d. Materials der deutsch-afrikan. Gesellschaft entworfen u. gezeichnet. 1 : 3,000,000. Neu rev. Ausg. 1887. Autogr. u. color. Imp.-Fol. Berlin 887. Schropp. n. 1.50

— Fees, Thdr., Schulwandkarte v. Afrika. 1 : 6,000,000. 6 Blatt à 55,5×84 cm. Farbendr. Wien 893. E. Hölzel. n. 9. —; auf Leinw. in Mappe n. 14. 50; m. Stäben n. 17. —

— Friederichsen, L. Karte d. Westafrikan. Küstengebietes zw. d. Alt-Calabar-Fluss u. Corisco-Bai (Kamerun, Biafra, Batanga etc.) z. Veranschaulichg. d. unter deut. Schutzherrschaft gestellten Länderstrecken. 1:780,000. Lith. u. col. Fol.– Hambg. 1885, Friedrichsen & Co.

Afrika. Friederichsen, L., Karte v. Ungú, Useguа u. Süd-Usambóa [Deutsch-Ost-Afrika], zur Veranschaulichg der Reiseroute, Beobachtgn. u. Erkundiggn. Frz. Stuhlmann's [16. Aug. bis 6. Octbr. 1888]. 1 : 500,000. Farbendr. qu. gr. Fol. Hamburg 890. Friederichsen & Co. 1.—

– Friederichsen, L. Karte West-Aequatorial-Afrikas z. Veranschaulichung d. deut. Colonialbesitzes. 1:780,000. 2 Aufl. Autogr. u. col. Fol. Hamburg: Friederichsen & Co. 1884.

—Friederichsen, L. Karte v. Central–Afrika z. Veranschaulichg. d. Resultate d. Kongo-Konferenz u. d. neuesten polit. Gestaltg. Central-Afrikas. 1:5,000,000. Farbendr. Fol.– Hamb. 1885, Friedrichsen & Co.

— Friedrich, Ernst, Produkten- u. Verkehrskarte v. Afrika. 3 Blätter, 1 : 10,000,000, 47×38,5; 47×42 u. 39,5×47 cm., nebst e. Beigabe, Literaturverzeichnis u. Statistik enth. Ausgeführt in der geograph. Anstalt von Velhagen & Klasing in Leipzig. (10 S.) gr. 4. Bielefeld 903. Velhagen & Klasing. n. 9.—

— Führer, geographischer, zu d. Tagesereignissen. Südafrika, Transvaal, Oranje-Freistaat, Chart. Comp. etc. 1 : 11,000,000. 28,5 × 45 cm. Farbendr. M. Text auf d. Rückseite. Radebeul—Dresden 896. C. Marx. —40

- Gaebler, Eduard

— Gaebler, Ed., Schul-Wandkarte v. Afrika m. Höhenschichten- od. politischem Grenz-Kolorit. 1 : 6,400,000. à 6 Blatt à 55×97,5 cm. Farbendr. Leipzig 893. G. Lang. à n. 14.—; auf Leinw. m. Stäben à n. 22. —

— Gaebler, Ed., Schul-Wandkarte von Afrika. 1 : 6,400,000. 2. Aufl. 6 Blatt à 54,5 × 97,5 cm. Farbdr. u kolor. Leipzig 897. G. Lang. n. 15. —; auf Leinw. in Mappe od. m. Stäben n. 22. —

— Gaebler, Ed., Schul-Wandkarte v. Afrika. Physikalisch. 1 : 6,400,000. 2. Aufl. 6 Blatt à 56,5 × 99 cm. Farbdr. Leipzig (899). G. Lang. n. 15. —; auf Leinw. mit Stäben n. 22. —

— — dasselbe. Politisch. 1 : 6,400,000. 4. Aufl. Neue Bearbeitg. 1900. 6 Blatt à 55,5 × 97,5 cm. Farbdr. u. kolor. Ebd. (900). n. 15. —; auf Leinw. in Mappe od. m. Stäben n. 22. —

— Gaebler, Eduard, Schul-Wandkarte von Afrika. (Physikalische Ausg.) 1:6,400,000. 4. Aufl. 6 Blatt je 54,5×97,5 cm. Farbdr. Leipzig (905). G. Lang. n. 15. —; auf Leinw. in Mappe od. m. Stäben n. 22. —; polit. Ausg., 5. Aufl., zu gleichen Preisen.

— Gaebler, Eduard, Schul-Wandkarte von Afrika. (Physikalische Ausg.) 1 : 6,400,000. 7. Aufl. 6 Bl. je 55×97,5 cm. Farbdr. Leipzig (910). G. Lang. 16.—; auf Leinw. m. Stäben 22.—; politische Ausgabe. 7. Aufl. (910) zu gleichen Preisen.

— — Spezialkarte v. Afrika u. deutsche Kolonialkarte m. den deutschen Schutzgebieten in der Südsee. 1 : 16,000,000. 4. Aufl. 1897. Mit Berücksicht. der neuen Abgrenzg. 57,5 × 63 cm. Farbdr. Ebd. 897. n. 1. —

— Geripp-Karte v. Afrika. 4 Blatt. Chromolith. Imp.-Fol. Weimar 887. Geograph. Institut. n. 5. —

— Geschichte der Fremden-Legion in Afrika und Spanien in den Jahren 1826 bis 1852 ... von C. B. Bd 1.2. — Ebd. 1873. 1:Rf 1582. 12:Mil. g. 78m. 7. 2.2393

— Haack, Herm., Schulwandkarte v. Afrika. Politische Ausg. 1 : 6,000,000. 190×167 cm. Farbdr. Gotha (909). J. Perthes. 12.—; auf Leinw. in Mappe 18.—; m. Stäben 21.—; u. lackiert 24.—; physikal. Ausg. zu gleichen Preisen.

— Haardt, Vinc. v., Schul-Wandkarte v. Afrika. 2., vollständig neu bearb. Aufl. 1 : 800,000. 4 Blatt. Farbendr. 63×62 cm. Mit 1 Blatt Text. Wien 891. E. Hölzel. n. 5. —; auf Leinw. in Mappe n. 8. 40; m. Stäben n. 10. —

— — dasselbe. 1 : 8,000,000. 2., vollständig neu bearb. Aufl. 4 Blatt à 65×65 cm. Farbendr. Nebst Begleitworten. gr. 4. (2 S.) Ebd. 893. n. 8. 50; auf Leinw. in Mappe n. 12. 50; m. Stäben n. 14. 50

– Habenicht, Herm.

– Habenicht, H. Spezial-Karte v. Afrika. 1:4,000,000. 10 Bl. Bearb. v. HHB Domann u. R. Lüddecke. (In 5 Lfgn.) 1-3 Lfg. a 2 chromol. Karten. Fol. Mit Text. (26) Gotha: Perthes 1885.

—Habenicht, H. Spezial-Karte v. Afrika. 1:4,000,000. (10 Bl.) Bearb. v. H.H., B. Domann u. R. Lüddecke. 4.u.5. Lfg. a 2 farb. Karten. Fol. Mit Text. 4°(8).– Gotha 1886, J. Perthes.

– Habenicht, H. Spezial-Karte v. Afrika. 1:4,000,000. (10 Bl.) Bearb. v. H.H., B. Domann u. R. Lüddecke. 4.u.5. Lfg. à 2 farb.Karten. Fol. Mit Text. 4°(8).– Gotha 1886, J. Perthes. Suppl.-Lfg. 2 farb. Karten. 1886.

— Habenicht, H., Spezial-Karte v. Afrika. 1 : 4,000,000. [10 Blatt.] Bearb. v. H. H., B. Domann u. R. Lüddecke. 2. Aufl. 5 Lfgn. à 2 chromolith. Karten. gr. Fol. Mit Text. (40 S. in 4.) Gotha 887. J. Perthes. à n. 3. —

— — dasselbe. Suppl.-Lfg. 2 chromolith. Karten. gr. Fol. Ebd. 887. n. 3. —

— Habenicht, Herm., Spezialkarte v. Afrika. 1 : 4,000,000. Entworfen v. H. H., bearb. v. demselben, Bruno Domann u. Rich. Lüddecke. 3. Aufl. 5 Lfgn. u. Suppl.-Lfg. à 2 farb. Karten. à 49×62,5 cm. Mit Text. (30 S. in 4.) Gotha 891. 892. J. Perthes. à n. 3. —

— **Hand-Atlas** v. **Afrika u. Australien**, s. im Alphabet d. Bücher: **Miniatur-Bibliothek.**

– Handtke, F. Gerneralkarte v. Afrika. 1:14.500,000. Rev. u. ergänzt v. O. Herkt. 2. Aufl. Chromol. Fol. – Glogau: Flemming 1885.

— **Handtke, F., General-Karte v. Afrika.** 1 : 14,500,000. Nach den neuesten Materialien rev. u. ergänzt im kartograph. Institut der Verlagshandlg. 55. Aufl. Chromolith. Imp.-Fol. Glogau 890. Flemming. n. 1. —

— Handtke, F., General-Karte v. Afrika. 1 : 14,500,000. 63. Aufl. Farbendr. 64 × 74,5 cm. Glogau 891. C. Flemming. n. 1. —

— — Schul-Wandkarte v. Afrika. 7. Aufl. Umgearb. v. Otto Herkt. 1 : 6,500,000. 9 Blatt. Chromolith. qu. gr. Fol. Ebd. 889. 5. —; auf Leinw. n. 9. —; m. rohen Holzrollen n. 10. —; m. pol. Holzroll. n. 11. —

— — Schul-Wandkarte v. Afrika. 1 : 6,500,000. 8. Aufl. 9 Blatt. Farbendr. 46 × 52,5 cm. Ebd. 891. 5. —; auf Leinw. in Mappe n. 9. —; m. Stäben n. 10. —; m. polirten Stäben n. 11. —

— **Handtke, F., Schul-Wandkarte von Afrika.** 1 : 6,500,000. 10. Aufl. Rev. u. ergänzt im kartograph. Institut der Verlagshandlg. 9 Blatt à 44 × 50,5 cm. Farbdr. Glogau 898. C. Flemming. 5. —; auf Leinw. in Mappe n. 9. —; m. rohen Holzrollen n. 10. —; m. polierten Holzrollen n. 11. —

— **Hartmann, vorläufige Karte d. Concessionsgebietes d. South West Africa Co.** Aufgenomm. in den J. 1893—1895. Gezeichnet v. L. Friederichsen. 1 : 500,000. 24 × 64 cm. Steindr. Hamburg 897. L. Friederichsen & Co. n. 1. —

– Hemmleb, Herm.

– Hemmleb, H., Schulwandkarte v. Afrika. 1:7,500,000. 4 Bl. Polit. u. physikal. Ausg. Farbendr. Fol.– Weim. 1886, Hemmleb.

— **Hemmleb, Herm., Schulwandkarte v. Afrika.** 1 : 7,500,000. Politisch - physikal. Ausg. (3. Aufl.) 4 Blatt à 65,5 × 60 cm. Farbendr. Weimar 893. H. Hemmleb. n. 10. —; auf Leinw. m. Stäben n. 15. —

— Herrich, A., Generalkarte v. Afrika. 1 : 14,500,000. 4. Aufl. 66 × 81 cm. Farbendr. Glogau 894. C. Flemming. n. 1. —

**Afrika. Herrich, A., Generalkarte v. Afrika.** 1 : 14,500,000. 16. Aufl. 66 × 81 cm. Farbdr. Glogau 898. C. Flemming. n. 1. —

— — **neue Special-Karte v. Eritrea, Abessinien u. dem östlichen Sudan.** 1 : 3,000,000. Nach italien., deutschen, engl. u. französ. Quellen bearb. 38 × 44,5 cm. Farbendr. Ebd. 896. n. — 50

— — **Neue Special-Karte der südafrikanischen (Transvaal-) Republik, des Oranje-Freistaats u. der angrenz. Gebiete.** Mit 1 Nebenkarte vom mittl. Matabele- u. Maschona-Land. Nach afrikan., engl., deutschen, holländ., portugies. und französ. Quellen bearb. 1 : 3,000,000. 3. Aufl. 42,5 × 38 cm. Farbdr. Ebd. 897. n. — 50

— **Herrich, A., neue Special-Karte der südafrikan. (Transvaal)-Republik, des Oranje-Freistaats u. der angrenzenden Gebiete.** Mit 1 Nebenkarte vom mittleren Matabele- u. Maschona-Land. Nach afrikan., engl., deutschen, holländ., portugies. u. französ. Quellen bearb. 1 : 3,000,000. 4. Aufl. 42,5 × 38 cm. Farbdr. Glogau (899). C. Flemming. n. — 50

— — **dasselbe.** Mit einer Nebenkarte von Südafrika. 1 : 14,500,000. Nach afrikan., engl., deutschen, holländ., portugies. u. französ. Quellen bearb. Neue Ausg. 42,5 × 38 cm. Farbdr. Ebd. (899). n. — 50

**Afrika. Jeppe's map of the Transvaal or S. A. Republic and surrounding territories.** 1 : 476,000. 6 Blatt à 94 × 63 cm. Lith. u. kolor. London (901). (Zürich, J. Meier.) Auf Leinw. in Mappe n. 36. —

— Kaart der Zuid-Afrikaansche Republiek (Transvaal) Oranje - Vrijstaat, Natal enz. (Met de spoorwegen.) 1 : 2,500,000. 44 × 39 cm. Farbendr. Amsterdam 893. Seyffardt. n. 1. 25

— **Kaart van de zuid-afrikaansche Republiek (Transvaal) Oranje-Vrijstaat, Natal, enz. (Met de spoorwegen.)** 1 : 2,500,000. 1897. 44 × 38,5 cm. Farbdr. Amsterdam 897. Seyffardt. n. 1. 25

**Afrika**, Charte von — nach astronomischen Beobachtungen, auch alten und neuen Nachrichten, ingleichen den Charten von Sayer, Rennel, Arrowsmith u. a. m. neu entworfen von F. L. Güssefeld. Nürnberg bey den Homannischen Erben. 1806. 1 : 20,000,000. 1 Bl.

— Karte, neue, v. Afrika. Nebst Madagaskar, Arabien, Persien, Afghanistan, Belutschistan, Syrien u. Klein-Asien, m. Anschluss an Europa. 1 : 7,500,000. Ausg. 1887. 4 Blatt. Chromolith. Imp.-Fol. Stuttgart 887. J. Maier, Sep.-Cto. n. 8. —

— — neueste, v. Afrika. 1 : 7,500,000. Ausgeführt in der kartogr. Anstalt v. J. Mann. 4 Blatt. Farbendr. u. color. Imp.-Fol. Ebd. 890. n. 4. —

— — **der Südafrikanischen Republik (Transvaal) u. des Orange-Freistaats.** 1 : 5,000,000. 30,5 × 21,5 cm. Farbdr. Berlin (900). B. Klette. — 30

— **Karte v. Süd-Afrika.** 1 : 10,000,000. 21 × 28,5 cm. Farbdr. Leipzig (900). H. Wagner & E. Debes. — 20

— — **von Transvaal u. der angrenzenden Gebiete.** 1 : 5,000,000. 47,5 × 51 cm. Farbdr. Berlin 899. D. Reimer. — 60

– Kettler's J.I., Generalkarte v. Deutsch-Ostafrika u. d. Nachbarländern. 1:3,000,000. 2. Aufl. d. Spezial-Wandkarte v. Deutsch-Ostafrika. (In 6 Lfgn.) 1-3. Lfg. Farbendr. Fol. (a 2 Bl.).– Weim.1890, Geogr. Inst.

**Afrika. Kettler, J. I., Generalkarte d. mittleren Ostafrika.** 1 : 3,000,000. Hrsg. u. ausgeführt vom Geograph. Institut zu Weimar. 3., verb. Ausg. 6 Blatt à 29 × 34 cm u. 6 Blatt à 29 × 31,5 cm. Farbendr. Weimar 892. Geograph. Institut. n. 9. —

– Kettler's J.I. Handkarte d. deut. Schutzgebiete in Ostafrika. 1:1,000,000. Farbendr. Fol.– Weim. 1889, Geogr. Inst.

– Kettler, J.I. u. H. Müller, Karte v. Afrika. 1: 8,000,000. 4 Bl. in Kpfrst. m. Farbendr. u. Kolorirt. (In 4 Lfgn.) 1-3.Lfg. Fol. (à 1 Bl.) Weimar: Geograph. Inst. 1885.

– Kettler's, J.I. u. H. Müller, Karte v. Afrika. 1:8,000,000. 4 Bl. in Kpfrst. m. Farbendr. u. Kolorit. 4. Lfg. Fol. ( 1 Bl.).– Weim.1886.

— Kettler, J. I., Karte v. Emin Pascha's Gebiet (1 : 3,000,000) u. den Nachbarländern (1 : 8,000,000). Chromolith. qu. Fol. Weimar 888. Geograph. Institut. n. — 80

– Kettler's J.I., Spezial-Wandkarte v. Deutsch-Ostafrika. 1:3,000,000. 8 Bl. Farbdr. Fol.– Weim. 1889, Geogr. Inst.

– Kettler's J.I., Übersichtskarte v. Deutsch-Afrika. Farbendr. Fol.– Weim. 1890, Geogr. Inst.

– Kiepert, Heinr.

–Kiepert, H. polit. Schulwandkarte v. Afrika, neu bearb. v. R. Kiepert. 1: 8,000,000. 6 Bl. Chromol. Fol.Berlin: D. Reimer. 1881.

— — **Übersichtskarte vom nordwestlichen Afrika.** [Aus: „Handatlas".] Neubearbeitung v. Rich. Kiepert. 1 : 5,000,000. Neue Ausg. Kpfrst. u. kolor. 42,5 × 54 cm. Ebd. 892. n. 1. 20

— — polit. Übersichtskarte v. Afrika. Nach d. neuesten Forschgn. u. Reise-Ergebnissen berichtigt u. ergänzt. Mit Freihandelsgebiet, Congo-Staat u. neuesten Colonien. 1:20,000,000 Lith. u. col, Fol. Berlin: Reimer 1885.

— Kiepert, H., politische Uebersichtskarte v. Afrika. Nach den neuesten Forschgn. u. Reise-Ergebnissen ergänzt u. berichtigt. 1:20,000,000. [Aus: „Handatlas".] Neue Ausg. Kpfrst. u. color. qu. gr. Fol. Berlin 890. D. Reimer. n. 1. 20

— Kiepert, Heinr., politische Übersichtskarte v. Afrika. Nach den neuesten Forschgn. u. Reise-Ergebnissen ergänzt u. berichtigt. Neubearbeitung v. Rich. Kiepert. 1 : 20,000,000. [Aus: „Handatlas".] Neue Ausg. Kpfrst. u. kolor. 41×52,5 cm. Berlin 892. D. Reimer. n. 1. 20

— — physikalische Wandkarte v. Afrika. 1:8,000,000. 4. Aufl. Neubearbeitung v. Rich. Kiepert. 6 Blatt. Farbendr. u. kolor. 42×59 cm. Ebd. 891. n. 8. —; auf Leinw. in Mappe n. 14. —; m. Stäben n. 16. —

— — polit. Wandkarte v. Afrika. 1:8,000,000. Neu bearb. v. Kiepert. 6 Bl. 3. Aufl. Chromol. Fol. Berlin: Reimer 1885.

— — politische Wandkarte v. Africa. 1 : 8,000,000. Neubearbeitung v. Rich. Kiepert. Verbessert 1890. 6 Blatt. Farbendr. u. color. qu. gr. Fol. Ebd. 890. n. 8. —; auf Leinw. in Mappe n. 14. —; m. Stäben n. 16. —

— — politische Wandkarte v. Afrika. 4. Aufl. Neubearbeitung v. Rich. Kiepert. 1 : 8,000,000. 6 Blatt. Farbendr. u. kolor. 41×57 cm. Ebd. 891. n. 8. —; auf Leinw. in Mappe n. 14. —; m. Stäben n. 16. —

— Kiepert's, H., politische Wandkarte v. Afrika. 1 : 8,000,000. 6. Aufl. Neubearbeitung v. Rich. Kiepert. 6 Blatt à 42,5 × 59 cm. Farbdr. u. kolor. Berlin 898. D. Reimer n. 8. —; auf Leinw. in Mappe n. 14. —; m. Stäben n. 16. — u. lackiert n. 19. —

— — physikal. Wandkarten. Nr. 5. Afrika. 1:8,000,000. Neubearbeitg. v. R. Kiepert. 3. Aufl. 6 Bl. Chromol. Fol. Berlin: Reimer 1885.

— Kiepert, R., neue Handkarte v. Afrika. 1:30,000,000. Mit 4 Kartons: Kamerun, Süd-Afrika, Nilländer, Ost-Afrika. Lith. u. color. qu. gr. Fol. Berlin 887. D. Reimer. n. — 60

— Kiepert, R., Karte der neuen Grenze Kamerun's gegen das englische Niger-Benuë-Gebiet. (Abkommen vom 14. Apr. u. 15. Novbr. 1893.) [Aus: „K.'s deutscher Kolonialatlas".] 49×38,5 cm. Lith. u. kolor. Berlin 893. D. Reimer. n. — 50

— Kiepert, R. Karte d. Congo-Beckens. Nomenklatur in franz. Sprache. 1:4,000,000. Mit Angabe d. v. d. Berliner Conferenz festgestellten Grenze d. Freihandels-Gebietes, ferner derjenigen d. neuen Congo-Staates u. d. Colonial-Besitzgn. d. europ. Staaten u. d. Neger-Reiche, sowie d. hauptsächlichsten Reiserouten d. Forschungsreisenden. 3 Aufl. Chromol. Fol. Berlin: Reimer 1885.

— — — d. westafrikan. Küste v. Accra bis z. Ogowe (Meerbusen von Guinea). 1:3,000,000. Mit Carton: Umgegend d. Camerun-Gebirges in West-Afrika. 1:1,000,000. 2 Aufl. Chromol. Fol. Berlin: Reimer 1885.

— — Map, a, of the Gold Coast and inland countries between and beyond the Pra and Volta by the Basel Missionaries on the Gold Coast. 1:3,000,000. Chromol. Fol. Basel: Missionsbh. 1885.

— — neue Spezialkarte v. Aequatorial-Ost-Afrika, nach den neuesten Forschgn. bearb. 1 : 3,000,000. [Aus: „K., deutscher Kolonial-Atlas".] 57,5×77 cm. Farbendr. u. kolor. Mit Namen-Verzeichnis. gr. 8. (15 S.) u.: Die Quellen u. die Konstruktion der Karte „Aequatorial-West-Afrika". Fol. (7 S.) Ebd. 893. n. 3. —; auf Leinw. n. 4. 50

— — dasselbe v. Aequatorial-West-Afrika. 1 : 3,000,000. [Aus: „K., deutscher Kolonial-Atlas".] 57,5×77 cm. Farbendr. u. kolor. Mit Namen-Verzeichnis. gr. 8. (16 S.) u.: Die Quellen u. die Konstruktion der Karte „Aequatorial-West-Afrika". Fol. (7 S.) Ebd. 893. n. 4. —; auf Leinw. n. 5. 50

— — dasselbe v. Deutsch-Südwest-Afrika, nach den neuesten Forschgn. bearb. 1 : 3,000,000. [Aus: „K., deutscher Kolonial-Atlas".] 57,5×40,5 cm. Farbendr. u. kolor. Mit Namen-Verzeichnis. gr. 8. (6 S.) u.: Die Quellen u. die Konstruktion der Karte „Äquatorial-West-Afrika". Fol. (7 S.) Ebd. 893. n. 2. —; auf Leinw. n. 3. —

— — politische Übersichtskarte v. Ostafrika nach den neuesten Verträgen u. Besitzergreifungen. 1 : 8,000,000. [Aus: „Polit. Wandkarte v. Afrika in 6 Bl."] Chromolith. u. color. Imp.-Fol. Ebd. 887. n. 2. —

— Körner, H., Specialkarte der Südafrikanischen (Transvaal-)Republik, des Oranje-Freistaates u. der angrenzenden Gebiete. 1 : 3,000,000. 47×35cm. Farbdr. Leipzig (899). Körner & Dietrich. — 60

- Liebenow, W. Karte v. Afrika m. bes. Berücks. d. deut. Kolonien. 1: 10,000,000. 4 Bl. Farbendr. Fol.– Berl. 1886, Berl. Lith. Inst.

— Liebenow, W., Karte v. Afrika m. besond. Berücksicht. der deutschen Kolonien. 5. Aufl. Neu bearb. u. bis auf die Gegenwart berichtigt durch Gust. Richter. 1 : 10,000,000. 88×82,5cm. Farbdr. Berlin 899. Berliner lith. Institut. n. 4. —

— — Karte v. Süd-Afrika m. besond. Berücksicht. der deutschen Kolonien. 3. Aufl. Neu bearb. u. bis auf die Gegenwart berichtigt durch Gust. Richter. 1 : 10,000,000. 45×82,5 cm. Farbdr. Ebd. 899. n. 2. —

— Lüddecke, R., Karte v. Afrika. [Blatt 2 v. B. Domann.] 1 : 10,000,000. 6 Blatt. Kpfrst. u. color. gr. Fol. Mit alphabet. Namensverzeichniss. hoch 4. (23 S.) Gotha 890. J. Perthes. Auf Leinw. in Leinw.-Decke. n. 10. —

Afrika. Lüddecke, R., Emin Pascha u. Stanley in Centralafrika 1889. [Justus Perthes' Gelegenheitskarten zur Tagesgeschichte, 1889. Nr. 2.] 1 : 10,000,000. Chromolith. qu. Fol. Gotha 889. J. Perthes. n. — 60

— Mechow, A. v., Karte d. Kuango-Expedition. 1:81,200. 26 Bl. (1 Übersichtskarte u. 25 Sectionen). Chromol. Fol. Berlin: Asher & Co. 1884. In Mappe.

— Merensky, A. Karte v. Angra Pequena. 1:2,500,000. Lith. u. col. Fol. Berlin: Schropp 1884.

— — original map of South Africa. 1:2,500,000. 4 Bl. Chromol. Fol. Berlin: Schropp 1884.

— Merensky, A., original map of South Africa. Containing all South African colonies and natives territories. Compiled from all available information, combined with the results of his own explorations. 1 : 2,500,000. 4. and revised ed. 4 Blatt. Lith. u. color. Imp.-Fol. Berlin 889. Schropp. n. 12. —

— — original Map of the Transvaal or South-African republic including the gold- and diamondfields. 1:1,850,000. Lith. u. col. Fol. Berlin: 1881 (Wohlgemuth).

Afrika. Mittelbach, R. Schulwandkarte v. Afrika. Mit bes. Berücks. d. colonialen Erwerbgn. u. Schutzgebiete europ. Staaten. 1:7,500,000. 4 Bl. Farbendr. Fol.–Kötzschenbr. 1889, Mittelbach's Selbstverl.

— Moises, F., Karte v. Deutsch-Ost-Afrika. 1:6,000,000. 2. Aufl. Farbendr. Fol.– Münch. 1889 (Foth).

— Müller, H. u. C. Riemer, Karte v. Angra Pequena. (1:2,000,000) u. Südafrika. 1:8.000,000. Chromol. Fol. Weimar: Geograph. Inst. 1884.

— Perthes, Just., Wandkarte v. Afrika zur Darstellg. der Bodenbedeckung, m. 8 Kärtchen zur Entdeckungsgeschichte u. 14 Bildnissen berühmter Afrikaforscher. Bearb. v. Paul Langhans. Auf Grundlage der neuen Afrikakarte v. H. Habenicht, B. Domann u. C. Barich in Stielers Handatlas. 1:7,500,000. 143×104,5 cm. Farbdr. Mit Namenverzeichnis. (124 S.) 8. Gotha (906). J. Perthes. n. 9.—; auf Leinw. in Mappe od. m. Stäben n. 12.—

— Petermann, A. Nord-Afrika, s.: Mittelländisches Meer.

— Richter, Gust., Schulwandkarte von Afrika. 1:5,500,000. 3., verb. u. gänzlich umgearb. Aufl. 6 Blatt à 52×70 cm. Farbdr. u. kolor. Essen 898. G. D. Baedeker. n. 14.—; auf Leinw. m. Stäben n. 20.—

— Richter, Gust., Wandkarte v. Afrika f. den Schulgebrauch. 1:5,500,000. 6 Blatt. Farbendr. u. kolor. 52×70 cm. Essen 891. G. D. Baedeker. n. 10.—; auf Leinw. in Mappe n. 16.—; m. Stäben u. Rollvorrichtg. n. 18.—

— Riemer's Karte v. Inner-Afrika. Farbendr. 22×29 cm. Weimar 892. Geograph. Institut. n. —50

Afrika. Rothaug, Joh. Geo., Karte v. Afrika. — Karte von Australien u. Polynesien. Physikalisch. 1:50,000,000. 32×22 cm. Farbdr. Wien (905). G. Freytag & Berndt. n. —12

— Rothaug, Joh. Geo., physikalische u. politische Schulwandkarte von Afrika. 1:6,000,000. à 6 Blatt à 63×83 cm. Farbdr. Wien (900). F. Freytag & Berndt. à Karte n. 9.—; auf Leinw. in Mappe à n. 13.50; m. Stäben à n. 15.—

— Schotte's physikalische Schulwandkarte v. Afrika. bearb. v. R. Korbgeweit. 1:6,000,000. 12 Blatt à 55×40,5 cm. Farbendr. Berlin 894. E. Schotte & Co. n. 13.50; auf Leinw. in Mappe 18.—; m. Stäben 20.—

— Scobel, A. Karte v. Afrika, s.: Andree, R.

—Spezial-Wand-Karte v. Deutsch-Ost-Afrika. 1:3,000,000. (12 Bl. in 6 Lfgn.) 1.u.2. Lfg. 4. (a 2 farb. Bl.).– Weim. 1887, Geograph.Inst.

— Wildeis, Gust., Schul-Wandkarte v. Afrika. 1:7,250,000. 4 Blatt. Farbendr. 62×72 cm. Leipzig 891. O. Klemm's Sort. n. 10.—; auf Leinw. m. Stäben n.n. 16.—

— Wolf, S., Wandkarte v. Afrika. 1:7,500,000. 4 Blatt à 72,5×60 cm. Farbendr. Esslingen 895. Stuttgart, A. Lung. Mit Leinw.-Rändern u. Stäben n. 3.60; auf Leinw. m. Stäben n. 8.80

Afrika-Bibliothek, kleine. Unterhaltendes u. Belehrendes z. Förderg. d. Interesses u. d. Liebe zu uns. ärmsten schwarzen Brüdern. Hrsg. v. A. Halka. 1.u.2. Bd. à 6 Nrn. 12$^{0}$(à Nr. 32).– Salzb. 1893-95, A. Pustet.

**Afrika-Bibliothek**, kleine. Unterhalt. u. Belehrendes z. Förderg. d. Liebe z. uns. ärmsten schwarzen Brüdern. Hrsg. v. d. St. Petrus Claver-Sodalität. 2.—5. Bd. à 6 Nrn. 12. Salzburg 895—898. [A. Pustet.] Exped. d. Echo aus Afrika. à Bd. n. —50; einzelne Nrn. n. —10

**Kleine Afrika-Bibliothek. Unterhaltung und Belehrung zur Förderung der Liebe zu unseren ärmsten schwarzen Brüdern.** [Hrsg.: St. Petrus Claver Sodalität.] Bd 1–18.
Salzburg: H. Pustet 1899–1911. 8°
( Forts. u. d. T.: Das Negerkind. Jg. 1912ff.

**Afrika-Bibliothek**, kleine. Illustr. kathol. Monatsschrift zur Förderg. der Liebe zu unseren ärmsten schwarzen Brüdern. Hrsg. v. der St. Petrus Claver-Sodalität f. die afrikan. Missionen. Red.: Alex. Halka. 15.—17. Bd. 1908—1910. à 12 Nrn. (à Bd. 192 S.) kl. 8. Salzburg, St. Petrus Claver-Sodalität. à Bd. 1.—

**Afrika-Bote. Nachrichten aus den afrikanischen Missionen für das katholische Volk.** [Hrsg.: Missionshaus der Weissen Väter in Trier. Red.: Pfeffermann; sp. Froberger; sp. Matthias Hallfeld.] Jg. 1–45.
Trier: Löwenberg (sp. Missionshaus der Weissen Väter) 1895/96–1939. 8° **5, 12, 30**
( Forts. u. d. T.: Nachrichten aus den Missionen der weissen Väter in Deutsch-Ost-Afrika. Jg. 1933ff.

**Afrika-Bote.** Nachrichten a. d. afrikan. Missionen f. d. kathol. Volk, bes. f. d. Mitglieder d. Vereins kathol. Frauen u. Jungfrauen z. Unterstützg. d. Missionen in Afrika, hrsg. v. d. Missionshause d. Weißen Väter in Trier. Red.: Pfeffermann. 1.—4. Jahrg. 1895—1898. 12 Hfte. (Bog.) gr. 8. Trier, Loewenberg. à Jahrg. n.n. 1.40

**Afrika-Bote.** Nachrichten a. d. afrikan. Missionen f. das kathol. Volk, besond. f. die. Mitgl. des Vereins kathol. Frauen u. Jungfrauen zur Unterstützg. der innerafrikan. Missionen, hrsg. v. dem Missionshause der Weißen Väter in Trier. 5. Jahrg. 1899. 12 Hfte. (Bog.) gr. 8. Trier [Loewenberg], Missionshaus der Weißen Väter. (Nur direkt.) n.n. 1.40

**Afrika-Bote.** Nachrichten a. d. afrikan. Missionen f. das kathol. Volk, besond. f. d. Mitgl. d. Vereins kathol. Frauen u. Jungfrauen zur Unterstützg. der innerafrikan. Missionen, hrsg. v. dem Missionshause der Weißen Väter in Trier. 6.—8. Jahrg. Oktbr. 1899—Septbr. 1902. à 12 Hfte. gr. 8. (288, 288 u. 292 S. m. Abbildgn.) Trier, Missionshaus der Weißen Väter. (Nur direkt.) Postfrei à Jahrg. n. 2.—

— dasselbe. 9. Jahrg. Oktbr. 1902—Septbr. 1903. 12 Hfte. gr. 8. (à ca. 24 S. m. Abbildgn.) Ebd. Postfrei n. 2.—

**Afrika-Bote.** Nachrichten aus den Missionen der Weißen Väter in Deutsch-Ost-Afrika u. in Uganda, Kongo, Nyassa, Sudan, Sahara, Kabylien. 10.—13. Jahrg. Oktbr. 1903 bis Sept. 1907. à 12 Hfte. (10: IV, 288; 11: IV, 284 S. m. Abbildgn.) gr. 8. Trier, Missionshaus der Weißen Väter. (Nur direkt.) Postfrei à Jhrg. n. 2.—

**Afrika-Bote.** Nachrichten aus den Missionen der Weißen Väter. Illustr. Monatsschrift. Red.: M. Hallfell. 14.—16. Jahrg. Oktbr. 1907—Septbr. 1910. à 12 Hefte. (à Jahrg. IV, 288 S.) gr. 8. Trier, Missionsanstalt der Weißen Väter. à Jhrg. 2.—

**Afrikaner**, der, der bekehrte Räuberhauptmann. 8. Basel 845, (Schneider). 1/12 ₰

**Afrikanerin**, die. Ein Opernroman. 3 Thle. Leipzig 867. Kollmann. 8. (522 S.) 2 ₰

— Grosse heroisch-lyrisch-romant. Oper in 5 Akten [aus den Münchener fliegenden Blättern.] Gotha 868. Müller. 8. (18 lith. S. stenogr. mit Bildern.) n. 4 ngr.

Afrikanus, Sextus Julius, s. Julius Africanus, Sextus

**Afrika-Post. Organ für deutsche Interessen in Afrika.** [Hrsg. u. Red.: Ehler Reimers.] Jg. 1–6.
Berlin: Eisler (sp. Bruer u. Co) 1888–1893. 4° **182, 212, H 79**

**Afrika-Post.** Organ für deutsche Interessen in Afrika. Red. u. herausg. v. Ehler Reimers. 3. Jahrg. 1890. 24 Nrn. (2 B.) gr. 4. Hamburg. (Berlin, Bruer & Co. Verl.) n. 15.—; halbjährlich n. 8.—

**Afrika-Post.** Organ f. deutsche Interessen in Afrika. Red. v. Ehler Reimers. 4.—6. Jahrg. 1891—1893. à 24 Nrn. (2 Bog.) gr. 4. Berlin, (Bruer & Co.). à Jahrg. n. 15.—; halbjährlich n. 8.—

**Afrika-Walfisch-Bai,** s.: Seekarten.

**L'Afrique** explorée et civilisée. Journal mensuel, dirigé par G. Moynier, rédigé par Ch. Faure. In-8°. Genève, Bâle, Lyon, H. Georg. 1884 par an 10 —

**Afrique explorée et civilisée.** Ve année, N° 1. 1884

Sommaire: Bulletin mensuel. Nouvelles complémentaires. — Le Soudan égyptien. — Correspondance: Lettre de *M. D. Jeanmairet.* Bibliographie: De la lecture des cartes étrangères, par *Henri Mayer.*

**L'Afrique explorée et civilisée.** Ve année, N° 2. 1884

Sommaire: Bulletin mensuel. — Nouvelles complémentaires. — Les langues modernes de l'Afrique, d'après R. N. Cust. — Correspondance: Lettre de M. R. N. Cust. — Bibliographie.

**L'Afrique explorée et civilisée.** Ve année, N° 3. 1884

Sommaire: Bulletin mensuel. — Nouvelles complémentaires. — L'œuvre de Gordon dans le Soudan égyptien. — Correspondance: Lettre de M. *D. Jeanmairet.* — Bibliographie.

**L'Afrique explorée et civilisée.** Ve année, N° 4. 1884

Sommaire; Bulletin mensuel. Nouvelles complémentaires. — Cimbébasie et Hottentottie. — Correspondances; Lettre de M. J.-M. Schuver. Lettre de M. Jeanmairet. — Bibliographie. — Carte: Cimbébasie et Hottentottie.

**L'Afrique explorée et civilisée.** Ve année, N° 6. 1884

Sommaire: Bulletin mensuel. Nouvelles complémentaires. — La province égypt. du *Bahr-el-Ghazal.* — Bibliographie: Africana, by the *Rev. Duff Macdonald.* A l'assaut des pays nègres. Original-Map of South Africa, by *Rev. A. Merensky.*

**L'Afrique explorée et civilisée.** Ve année, N° 7. (Juillet). 1884

Sommaire: Bulletin mensuel. — Nouvelles complémentaires. — Madagascar. — Bibliographie! Courret, à l'Est et à l'Ouest dans l'océan Indien. — Chavanne, carte de l'Afrique équatoriale. — Macquarie, carte: Madagascar.

**L'Afrique explorée et civilisée.** Ve année, N° 8 (Août). 1884

Sommaire: Bulletin mensuel; nouvelles complémentaires. — Madagascar. — Correspondance: Lettres de Schoshong de Jeanmairet. — Bibliographie.

**L'Afrique explorée et civilisée.** Vme année, N° 10. 1884

Sommaire: Bulletin mensuel. Nouvelles complémentaires. — Annexion du Territoire de Phaba-N'chu à l'Etat libre de l'Orange par M. *E. Jacottet.* — Expédition de MM. les missionnaires Coillard et Jeanmairet au Zambèze. — Bibliographie.

**L'Afrique explorée et civilisée.** Vme année, N° 11.

Sommaire: Bulletin mensuel. — Nouvelles complémentaires. — Stanley et l'oeuvre du Congo. — Le mal causé par les spiritueux en Afrique et les moyens d'y remédier. — Correspondance de L. Jaques: Une excursion en chemin de fer au Senegal. — Bibliographie. 1884

**L'Afrique explorée et civilisée.** Vme année, N° 12. 1884

Sommaire: Bulletin mensuel, Nouvelles complémentaires. — Le mal causé par les spiritueux en Afrique et les moyens d'y remédier (suite et fin). — Nouvelles possessions allemandes du golfe de Guinée. — Correspondance: Lettres de D. Jeanmairet de Patamatenga et de Leshoma. — Bibliographie. — Table des matières de la cinquième année. — Carte: Nouvelles possessions allemandes du golfe de Guinée.

**L'Afrique** explorée et civilisée, journal mensuel, dirigé par *G. Moynier*, rédigé par *Ch. Faure.* VIIe année. In-8°. Genève et Bâle, Georg. 1886

**L'Afrique explorée et civilisée.** VIIe année. N° 2. 1886

Sommaire: Bulletin mensuel. — Nouvelles complémentaires. — Le Maroc. — Nouvelle exploration des affluents du Congo, par *M. Grenfell* et *M. von François.* — Bibliographie. — Post-scriptum. — Carte du Maroc.

**L'Afrique explorée et civilisée.** VIIe année. N° 3. 1886

Sommaire: Bulletin mensuel. — Nouvelles complémentaires. — Les missionnaires anglais dans l'Ou-Ganda et l'évêque Hannington. — Une campagne contre l'importation des spiritueux en Afrique. — Le Maroc au point de vue industriel et commercial. — Les derniers travaux de Savorgnan de Brazza. — Correspondance. — Bibliographie.

**L'Afrique explorée et civilisée.** VIIe année. N° 4.

Sommaire: Bulletin mensuel. — Expédition de M. W. Montagu Kerr de Gouboulououayo au lac Nyassa (avec carte). — Correspondance. — Bibliographie. 1886

**L'Afrique explorée et civilisée.** VIIe année. N° 5.

Sommaire: Bulletin mensuel. — Expédition du Dr. Bernard Schwarz au Cameroun (avec carte). — Correspondance. — Bibliographie et cartographie. 1886

**L'Afrique explorée et civilisée.** VIIe année. N° 7.

Sommaire: Bulletin mensuel. — Etat social du Maroc. — Correspondance. — Bibliographie. 1886

**L'Afrique explorée et civilisée.** VIIe année. N° 8. 1886

Sommaire: Bulletin mensuel. — Voyage du Dr. Jannasch de l'embouchure du Schwika à Mogador. — Reconnaissance du Sankourou et du Lomami, par le Dr. *Wolf.* — Correspondance. — Bibliographie.

**L'Afrique explorée et civilisée.** VII<sup></sup>e année. N⁰ 9.

Sommaire: Bulletin mensuel. — L'Etat libre du Congo. — Le pétrole égyptien. — Correspondance. — Bibliographie et cartographie. **1886**

**L'Afrique explorée et civilisée.** VIIe année. N⁰ 10.

**Sommaire: Bulletin mensuel. — Exploration de M. H. Berthoud entre les Spelonken et Lorenzo Marquez (avec une carte). — Le Portugal et le roi Gungunhana. — Correspondance. — Bibliographie. 1886**

**L'Afrique explorée et civilisée.** VIIe année. N⁰ 11.

Sommaire: Bulletin mensuel. — Le mouvement colonial allemand en Afrique. — La nouvelle ville de Barberton au Transvaal. — Correspondance. — Bibliographie. **1886**

**L'Afrique explorée et civilisée.** VIIe année. N⁰ 12.

Sommaire: Bulletin mensuel. — Le mouvement colonial allemand en Afrique (suite et fin). — Correspondance. — Bibliographie. — Table des matières. **1886**

**L'Afrique** explorée et civilisée. Journal mensuel fondé et dirigé par *Gustave Moynier*, rédigé par *Charles Faure*. VIIIe année, 1887 (12 Nos). In-8⁰, av. plans et cartes. Genève, Bâle, Lyon, H. Georg. **1887** Par an 10 —

**L'Afrique** explorée et civilisée. Journal mensuel fondé et dirigé par *Gustave Moynier*, rédigé par *Charles Faure*. IXe année, 1888. (12 Nos.) In-8⁰, av. plans et cartes. Genève, Bâle, Lyon, H. Georg. **1888** par an 10 —

**L'Afrique explorée et civilisée.** Xe année. N⁰ 1. **1889**

Sommaire: Bulletin mensuel. — Le tracé du chemin de fer du Congo. — Les intérêts missionnaires dans l'Afrique orientale équatoriale. — Correspondance. — Bibliographie. — Carte.

**L'Afrique explorée et civilisée.** Xe année. N⁰ 2. **1889**

Sommaire: Bulletin mensuel. — Chronique de l'esclavage. — Le commerce de la Suisse avec l'Afrique. — Correspondance. — Bibliographie.

**L'Afrique explorée et civilisée.** Xe année. N⁰ 4. **1889**

Sommaire: Bulletin mensuel. — Nouvelles complémentaires. — Communications entre la côte orientale d'Afrique et l'intérieur. — Chronique de l'esclavage. — Lettre de Tati, de M. *A. Demaffey*, ingénieur des mines.

**L'Afrique explorée et civilisée.** 1889. N⁰ 5.

Bulletin mensuel. Nouvelles complémentaires. Chronique de l'esclavage. Expédition de Stanley, de Yambouya à l'Albert Nyanza. Bibliographie. Carte: Itinéraire de Stanley, de Yambouya au lac Albert.

**L'Afrique explorée et civilisée.** 1889. N⁰ 6.

Bulletin mensuel. Nouvelles complémentaires. Chronique de l'esclavage. De la région comprise entre le Haut-Nil et la côte de la Somalie. Lettre de Cape-Town, de M. A. Demaffey, ingénieur des mines. Bibliographie. Carte: Région comprise entre le Haut-Nil et la côte de la Somalie.

**L'Afrique explorée et civilisée.** 1889. N⁰ 7.

Bulletin mensuel. Nouvelles complémentaires. Chronique de l'esclavage. Expédition de M. Selous au nord du Zambèze. Lettre de Lorenzo-Marquez, de M. le missionnaire *P. Berthoud*. Bibliographie.

**L'Afrique** explorée et civilisée. Journal mensuel fondé et dirigé par *Gustave Moynier*, rédigé par *Charles Faure* avec la collaboration de M. le prof. *William Rosier*. Xe année 1889. 12 Nros in-8⁰ avec cartes. Genève, Bâle, Lyon, H. Georg. par an 10 —

**L'Afrique** explorée et civilisée. Journal mensuel, fondé par *G. Moynier*, publié et rédigé par *Ch. Faure*, avec la collaboration de *W. Rosier*. 11e année. 1890. N⁰ 1. Gr. in-8⁰. 32 p. Genève, Bâle, Lyon, H. Georg. **1890**

**L'Afrique** explorée et civilisée. Journal mensuel, fondé par *G. Moynier*, publié et rédigé par *Ch. Faure* et *W. Rosier*. 12e année. 1891. (12 Nos). N⁰ 1. Gr. in-8⁰. 32 p. Genève, Bâle, Lyon, H. Georg. **1891** Par an 10 —

**L'Afrique** explorée et civilisée. Journal mensuel, fondé par *G. Moynier*, publié et rédigé par *Ch. Faure* et *W. Rosier*. 13e année. 1892. (12 Nos). N⁰ 1. Gr. in-8⁰. 32 p. Genève, Bâle, Lyon, H. Georg. **1892** Par an 10 —

**L'Afrique** explorée et civilisée. Journal mensuel, fondé par *G. Moynier*, publié et rédigé par *Ch. Faure* et *W. Rosier*. 14e année. 1893. (12 Nos). N⁰ 1. Gr. in-8⁰. 32 p. Genève, Bâle, Lyon, H. Georg. **1893** Par an 10 —

**L'Afrique** explorée et civilisée. Journal mensuel, fondé par *G. Moynier*, publié et redigé par *Ch. Faure* et *W. Rosier*. 15e année. 1894 (12 Nos). N⁰ 1. Gr. in-8⁰. 32 p. Genève, Bâle, Lyon, Georg & Co. **1894** Par an 10 —

Afronius Fatagel, der Freiheitsritter. Philanthrop. Roman v. † Justus Ironius Kosmopolita (W. v. Lüdemann). 8. (13½ B.) Glogau 835, Flemming.

**Afsprung**, Johann Michael

**— an meine Mitbürger. 8. Ulm 782. Dann u. d. T.: Kurze u. deutliche Anweis. für den gemeinen Mann, vernünftig u. glücklich zu leben. 8. Ebd. 785. Wohler. 4 gr**

**Afsprung, Jh. Mch., († d. 21. März 1808.) Bemerkk. über die Abhandl. von der deutschen Literatur. 8. Frankf. a. M. 781.**

**Afsprung**, Joh. Michael, s. B r i e f e, Freymüthige, an Herrn Grafen v. V. über den gegenwärtigen Zustand d. Gelehrsamkeit. . .

— s. E r n s t's Briefe

**— d. gute J u u k e r, od. Nachr. v. d. Einricht. Biderb. in Freudenthal. 8. Ebend. 795.**

**— über Kunstrichter u. Kritikanten. 8. Ulm 789. Wohler. 5 gr**

— über die Vereinigten Niederlande; in Briefen an Fräulein v. ***. 8. Ulm 787. Wohler. 1 ℔

— Ode an das gute Volk des Kantons Appenzell. 4. St. Gallen 785. Huber u. C. 1 ℛ

— Reime. gr. 8. St. Gallen 806. Huber u. Comp. 1 ℔

— Reise durch einige Kantone der Eidgenossenschaft. 8. Leipz. 784. Weidmann. 16 ℛ

— Reisen d. d. Schweiz. 8. Leipzig, Weidmann. 784.

**RÜGGERICHT**, gehalten von Minos, Rhadamantus und Aeakus .... (von *Joh. Michael Afsprung*). Berlin, 1786.

— Schreiben vor Fr. L. zu M. Ein Beitrag über Teutschlands Verfassung u. Freiheit. 8. St. Gallen 799. Huber u. C. 1 ℛ

Afsprung, Joh. Mch., s. Vorschlag, auch ein, zur besseren Benutzung d. Rieds.

— patriot. Vorstell. an seine Obrigkeit, das Schulwesen betreff. 8. Amsterd. (Frankf. a. M.) 776. (Leipz., Kummer). 3 ℛ

Afstemmingen i Slesvigs nordlige Distrikter. Et par Ord til Drøftelse for mine Landsmaend af „en Slesviger." gr. 8. (28 S.) Kiel 867, Schwers'sche Buchh.

**Aftermietwesen, Das,** in der Stadt Essen nach der Aufnahme vom 1. Dezember 1900 ... Essen 1902. V: *Wiedfeldt, Otto.* (stBKöln II, 201)

**Afterwerther** oder Folgen jugendlicher Eifersucht. Originalschauspiel in fünf Aufzügen. Lübeck 1784. V: *Henselt, A.* (GGr)

Afterwerther, oder Folgen jugendl. Eifersucht. Schspl. 8. Lübeck 784. Iversen. 4 ℛ

AF UHR, C. Dav.: Anleitung zur vortheilhaftesten Verkohlung des Holzes in stehenden oder liegenden Meilern; für deutsche Cameralisten, Hütten- und Forstmänner. A. d. Schwed. übers. v. J. G. L. Blumhof. - Giessen 1820. 128 S., 8 Taf.

— — Bericht von einem Probeschmelzen auf Roheisen auf d. Biörnhütte, im Bergrev. Grangjärde, ꝛc. Aus dem Schwed. übers. v. J. G. L. Blumhof. Mit 7 Tabellen. gr. 8. Rudolstadt, Hofbuchh. 818.

**Afzelius, Arvid August:**
[—] Carl [Karl] der Zwölfte. Ein Gedicht, schwedisch u. deutsch. — Stralsund 1840: Regierungs-Buchdr. 36 S.
1:Zl 6850. 2. 3. 9. 10.
2.2450

Afzelius, Arv. Aug., Volkssagen u. Volkslieder aus Schwedens älterer u. neuerer Zeit. A. d. Schwed. übers. v. F. H. Ungewitter. Mit Vorw. v. Ludw. Tieck. 3 Thle. 8. (61¼ B.) Leipzig 842, Kollmann.

**Afzelius, F. G.,** Aristotelis de imputatione actionum doctrina. 7 partes. 1841. XXXVI, 108 S. 8.50

*Afzelius*, Jh. Arv., s. Car. *Linnaei*.

**Afzelius,** Petrus Wlh., num possit ex philosophia Hegeliana in usum religionis christianae animi immortalitas probari. Disquisitio. 8. Upsaliae 1843, (Greifswald, Bamberg.) n. ⅓ ℔

Aga, Gfried., s. Sklaven, die.

**Aga, Gottfried** [Pseud.] s. *Stricker*, Karl.

**Aegaea.** — Aegaea. Tragoedia acta ludis saecularibus a Gymnasii Tricoronati iuventute. — Coloniae Agr.: Hilden 1740. 4 Bl.
1:Yp 5021.
2.226

Agabar, der Renegat, s. d'Arlincourt.

**Agahd, Herm.,** der heilige Christabend in der Volksschule. Evangelischen Lehrern u. Schulkindern dargeboten. Ducherow 869. (Berlin, E. Beck.) 8. (38 S. u. 1 Holzschn.) n. 5 ngr

Agahd, H., der heilige Christabend in der Volksschule. Evangelischen Lehrern und Schulkindern dargeboten. 8. (IV, 36 S. mit 2 Bildern.) Ducherow 869. (Anklam, Schmidt's Verl.) n. — 25

— Grundriß e. Erziehungs- u. Lehrplanes, betr. die Präparanden-Vorbildung. Berlin 870. Beck. gr. 8. (VIII, 183 S.) n. 20 ngr

Agahd, Konr., praktische Anweisung zur Durchführung des preuß. Fürsorgeerziehungs-Gesetzes. Lehrern und Lehrerinnen, Geistlichen, Erziehungs- u. Bildungsvereinen, Waisenräten, Pflegern u. Pflegerinnen, sowie den Schul- u. Armenbehörden dargereicht. gr. 8. (40 S.) Berlin 901. M. Schnetter. n. — 50

Agahd, Konr., Über die soziale Bedeutung, des hauswirtschaftl. Unterrichts u. seine Einführg. in alle Mädchenschulen. (27 S.) gr. 8. Halle (908.) H. Schroedel. — 50

Die Erwerbsthätigkeit schulpflichtiger Kinder. Nebst Anhang mit Tabellen, Fragebogen u. Schriftennachweis v. Konrad Agahd (Volksschull. zu Rixdorf-Berlin). *Bonn, Berlin, Leipzig: F. Soennecken [1897].* (64 S.) 1 Bd 8.
= Sammlung pädagogischer Vorträge. Bd X. H. 9 u. 10. [97. 8466

Gesetz betr. Kinderarbeit in gewerblichen Betrieben. Vom 30. März 1903. Nebst den dazu gehörigen Bekanntmachungen d. Bundesrats, d. Ausführungsanweisungen d. deutschen Bundesstaaten u. Elsass-Lothringens, u. 4 Anh. Von Konrad Agahd u. M[ax] v. Schulz. 3. (wesentlich verm.) Aufl. Jena: G. Fischer 1905. (XVI, 408 S.) 8° [𝔊.]
= Schriften d. Gesellschaft f. Soziale Reform. H. 10. [06. 8318 11

Jugendwohl und Jugendrecht. (Mit e. Führer durch d. Literatur u. e. Sachreg.) Von Konrad Agahd, Rixdorf-Berlin. Prakt. Wegweiser durch d. Gesamtgebiet e. Kinder- u. Jugendfürsorge. Für Eltern, Pfleger ... Behörden. Halle a. S.: H. Schroedel 1907. (XX, 231 S.) 8° [𝔊.] [08. 7115

— Kind und Gesellschaft. 2 Vortr. — Langensalza: Beyer 1908. 38 S. (Beiträge zur Kinderforschung und Heilerziehung. 52.)
1:Nc 3999/8-52. 12:Paed. Th. 393k-52. 3.
2.2492

— Kinderarbeit u. Gesetz gegen die Ausnutzung kindl. Arbeitskraft in Deutschland. (Unter Berücksicht. d. Gesetzgebg. d. Auslandes u. d. Beschäftigg. d. Kinder in d. Landwirtschaft.) gr. 8. (XII, 206 S.) Jena 902. G. Fischer. n. 2. 40

Agahd, Konr., gewerbliche Kinderarbeit in Erziehungsanstalten —. Eine Reform im Sinne des Reichsgesetzes betr. die Kinderarbeit in gewerbl. Betrieben? (IV, 59 S.) gr. 8. Leipzig 905. E. Wunderlich. n. — 80

Agahd, Kinderarbeit u. Kinderschutz, s. Fortschritt soz.

— Kinderarbeit und Kinderschutz. 3. Taus. — Leipzig: Dietrich 1904. 15 S. (Sozialer Fortschritt. 4.)
1:Fc 407/7-4.
2.2495

— — 4. Taus. Ebd. 1904. 15 S. (Sozialer Fortschritt. 4.)
12:Cam. 43 ut-4.
2.2496

Der Lehrermangel nach seinen Ursachen und Wirkungen von Konrad Agahd. Vortrag auf d. Prov.-Lehrer-Versammlung in Fürstenwalde (Spree) 1907. Liegnitz (1907): K. Seyffarth. (22 S.) 8° [𝔊.] [08. 2245

— Lehrerschaft u. Jugendfürsorge in Stadt u. Land. Vorträge. Abhandlgn. Materialien. Organisation. (VII, 240 S.) gr. 8. Berlin 909. Gerdes & Hödel. 3. 50; geb. 4. 50

— Soll die Lehrerschaft in Jugendfürsorge-Organisationen mitarbeiten? Vortrag auf der deutschen Lehrerversammlg. in Dortmund, Pfingsten 1908. (31 S.) gr. 8. Halle 908. H. Schroedel. — 60

Agahd, Reinhold: [Bericht über seine Einführung als Direktor der Anstalt.] S. 17—21. 4.
**Progr.** Oberschule (Realgymn.) *Frankfurt a. d. O.* 1908

Griechisches Elementarbuch aus Homer. Auf Grund d. Elementarbuches von H. L. Ahrens bearb. von Dr. R[einhold] Agahd, Oberl. [Nebst] Ergänzung. Göttingen: Vandenhoeck & Ruprecht 1904—05. 2 Bde 8° [𝔊.] [06. 8377 7

Attische Grammatik. Unter Berücks. d. 'Elementarbuchs aus Homer' bearb. von Dr. R[einhold] Agahd, Oberl. Göttingen: Vandenhoeck & Ruprecht 1905. (X, 144 S.) 8° [𝔊.] [06. 8378 7

**Agahd,** Reinholdus *Hermannus Augustus* [Pomeranus]: De Varronis rerum divinarum libris I XIV XV XVI ab Augustino in libris de civitate dei IV VI VII exscriptis ... (Enth. nur e. Theil d. eingereichten Arb. — Soll vollst. ersch.) Lipsiae, typ. B. G. Teubneri, 1896; 38 S., 1 Bl. 8.
Strassburg, Phil. Fak., Inaug.-Diss. v. 1896

**Agahd, Rhold., Quaestiones Varronianae,** s.: Varronis, M. Terenti, antiquitatum rerum divinarum libri.

**Agahd, R., lateinische Syntax.** (VIII, 56 S.) 8. Leipzig 908. B. G. Teubner. Kart. 1.—

Agahd, R[einhold]: Lateinische Syntax. Bearbeitet von R. A. VII S., 1 S. ungez., 56 S. 8. Progr.
Realgymn. u. Reformrealgymn. i. E. (Oberschule) *Frankfurt a. d. O.* 1909.

Agahd, R.: Latein. Syntax. (56) 8$^{o}$.– Lpzg., B.G. Teubner 1909.

— **Attisches Übungsbuch.** Anh.: Einiges üb. Maße u. ähnliches, sowie Abrisse d. Geschichte d. griech. Literatur u. Philosophie. (X, 154 S.) gr. 8. Göttingen 905. Vandenhoek & Ruprecht. Geb. 2. 40

**Against** the stream by the author of the „Schönberg-Cotta Family", s.: Collection of brit. authors.

Ägäisches Meer [Schlagwort]
s. a.: Griechenland.

**Aegaeisches Meer,** s. a. Mytilini.

**Ägäisches Meer.** Handkarte, neue, v. Ägäischen Meer m. Kreta. 1 : 1,750,000. 6. Aufl. 45 × 36,5 cm. Farbdr. Glogau 897. C. Flemming. n. — 50

**Aga-Leuchtfeuer.** — Berlin-Anhaltische Maschinenbau-Actien-Gesellschaft. Aga-Leuchtfeuer. Hrsg. Okt. 1909. (Berlin: Berl.-Anhalt. Maschinenbau-A.-G. 1909.) 81 S.
1:N 11.50.
2.2505

Agamemnon
– Tragedie. par Lemercier. – Brschw. et Petersb. Pluchart.

**Agamemnon.** Ein Trauerspiel. Aus dem Englischen übersetzt. Göttingen 1750. V: *Thomson, J.* (GGr) Ü: *Michaelis, Johann David.* (ML)

Agamemnon. Ein Trspl.; aus d. Engl. 8. Götting. 750. Vandenhöck u. R. 12 gr.

**Agamemnon.** Trsp. von Thomson. 8. Carlsruhe, Macklot. 771. Rthlr.

— Trsp. d. Aeschylus, rythmisch übers. m. Anm. v. Jenisch. gr. 8. Libau, Friedrich. 786.

— Trsp. Nach d. Griech. v. Halem. 8. Rostock, Stiller. 796.

Agamemnon, ein Trauerspiel, in d. Versart d. Urschrift verdeutscht, v. Thomson, aus d. Engl. v. Fr. Görwitz. 8$^{o}$.– Erfurt. Müller 1815.

**Agamemnon,** ein Trauerspiel, in d. Versart d. Urschrift verdeutscht, v. C. P. Conz. 8. Tübing. Osiander. 815.

— u. Coriolan. 2 Trsp. v. Schlegel. gr. 8. Copenhag. Pelt. 760.

**Aganoor** Pompilj, **Vittoria:**
— Gedichte. Frei verdeutscht von Otto Haendler. — Dresden: Reißner 1910. XIV, 113 S.
1:Xp 11051. 12:Heyse-Archiv XII-371.
2.2512

Agape. Ein christl. Taschenbuch. Mit Beiträgen von mehr. Dichtern, und Schriftstellern, hrsg. von Carl Steiger. 2., wohlf. Ausg. 16. (XII und 266 S. mit 1 Stahlst.) St. Gallen 819, Scheitlin und Zollikofer.

**Agapetus.** Ein kleines Gemälde aus den letzten Lebensjahren des grossen Apostels der Liebe in 12 Ges. Heidelberg 1829. V: *Keller-Schleitheim, Franz Freih. v.* (EE)

Agapetus. Ein kleines Gemälde a. d. letzt. Lebensjahren des groß. Apostels d. Liebe, in 12 Gesäng. gr. 8. (10 B.) Heidelberg 829, Oßwald.

Agapetus, Diaconus
(—) — Ermahnungen eines Geistlichen der katholischen Kirche an den Kaiser J***. — o.O. 1783. 48 S.
12: Austr. 1395 [u.ö.] 300:13.597.
2.2541

(—) — LXXII Ermahnungsstücke eines Geistlichen der katholischen Kirche an den Kaiser J***: eine Uebers. [von Michael Prahll]. — Frankfurt & Leipzig 1782. 87 S.
1:Vw 8176. 12:P. gr. 15 d.
2.2540

Agapeti, Scheda regia, s. de officio boni princip. c. n. Groebel. gr. et lat. 8. Lpz. Fritsch. ?33.

*Agapeti* scheda regia de officio boni principis ad imperatorem Justinianum. (Griechisch.) 8. Berl., Franke. 1 gr.

**Agapetus** Diaconus:
— — *Σχέδη βασιλικὴ κεφαλααίων* [!] *παραινετικῶν περὶ τοῦ καθήκοντος τοῦ καλοῦ ἄρχοντος πρὸς τὸν Αὐτοκράτορα Ἰουστινιανόν.* Scheda regia de officio boni principis ad Imperatorem Justinianum. — Coloniae Brandenb. [um 1720]: Liebpertus. 32 S. 1:2 an Vd 680. 9.
2.2532

— — [griech. u. lat.] *Σχέδην βασιλικὴν κεφαλαίων παραινετικῶν περὶ τοῦ καθήκοντος τοῦ καλοῦ ἄρχοντος πρὸς τὸν Αὐτοκράτορα Ἰουστινιανόν.* Schedam regiam praeceptorum de officio boni principis ad Imperatorem Justinianum rec., notis Jac. et Jac. Pancrat. Brunonum et suis indicibusque instruxit Jo[hannes] Augustinus Groebelius. — Lipsiae: Martin 1733. 222 S.
1:Vw 7984. 12:P. gr. 14 [u.ö.] 4. 5. 7. 10.
2.2533

Agapi, Imi: Menschliches. (7, 156) 8$^{o}$.– Dresd., E. Pierson 1910.

Agapide, Ant., s. W. Irving, sämmtl. Werke. 32r—37r Bd.

**Agapito, Girolamo,** Conte: Descrizioni storico-pittoriche di pubblici passeggi suburbani, dell'escursioni campestri, di notabili ville e giardini privati e di piccioli viaggi di diporto sul mare ne' contorni di Trieste. — Vienna 1826: Strauss. 176 S.
1:Sc 7466/20. 300:31.742-A [u.] 28.904.
2.2570

Kitab al-ʿunvan [Kitāb al-ʿunwān]. Histoire universelle écrite par **Agapius** ⟨Mahboub⟩ de Menbidj. Éd. et trad. en franç. par Alexandre Vasiliev [Aleksandr Aleksandrovič Vasiľev], Prof., Dorpat. P. 1. Paris: Firmin-Didot; Fribourg-en-Brisg.: Herder (1910). 4°(8°)
(Patrologia orientalis T. 5, Fasc. 4.) [11. 3431

Deutsch-litauische Übungen. Vokiškai-lietuviškos pašnekėles tai geriausis budas išsimokinti vokiškai ir lietuviškai. Gesetzt von A. **Agaras.** Kowno, Riga: A. Macejewsky 1907. (64 S.) 8° [F. u. Ant.] [07. 11819 10

Agardh, Carl Ad.

Agardh, C. A., Algarum. Decas I—IV. 4. Hafn. Bonnier. 812—15. ist d. Preis

**Agardh, Carl Ad.,** Algarum decas quarta. Lund (Berling) 1815. 9 Bl. (S. 41—56.) (3.—) 110

— aphorismi botanici. Pars I — VII. 8. Lund.

**Agardh,** C. A., allgem. Biologie d. Pflanzen. Mit e. Vorrede v. C. F. Hornschuch. Aus d. Schwed. v. F. C H. Creplin. Mit 1 Kpf. 8. Greifswald, 1832. Koch (2½. —) 1. —

—— Conspectus crit. Diatomacearum, quem Venia Ampl. Ord. Phil. Lundensis pro exercitio publice defendet C. P. Lilljeborg, Fred. Wahlgren, O. J. Torslow, Ed. M. Höök. P. I—IV. 8 maj. (4¼ B.) Lundae 830—32. (Gryphiswaldiae, Koch.)

— conspectus specierum nicotianae. Einige Worte über die Verbesserung d. Tabaks-Anbaues. Aus d. Schwed. übersetzt. 8. Kopenh. 820. Bonnier. (Wienbrack in Leipz.) 6 gr.

*Agardh,* C. A., dispositio algarum Succiae. Dec. I—IV. 4. Kopenh. 812—15. Bonnier. 20 gr.

— Essai sur le développement intérieur des plantes. 8. Lund 820. (Leipz., W. Vogel). 12 gr.

—— Essai sur le Développement intérieur des Plantes. 8. (6 B.) Lund 829. (Leipzig, Vogel.)

**Agardh,** C. A., Essai sur la métaphysique du calcul différentiel. gr. 8. (46 S. m. 1 lith. Taf.) Stockholm 848. (Leipzig, Brockhaus.) n. 1/3 ₰

— Essai de réduire la physiologie végétale à des principes fondamentaux. 8. Lund 828. (Leipz., W. Vogel. 10 ℊℊ) (Brockhaus). 8 ℊℊ

Agardh, Car. Adolph, Icones Algarum Europaearum. — Représentation d'Algues Européennes, suivie de celles des espèces exot. les plus remarquables recemment découvertes. Livr. I. à IV. No. 1 à 40. gr. in-8. (5½ B. u. 40 ill. Kpfrt.) Leipsic 828—35, Voss. à

— Icones Algarum ineditae. Fasc. I., cum X tabb. aen. nigr. 4. Lund 820. Auctor. 2 ₰ 6 ℊℊ Fasc. II., c. X tabb. color. 4 maj. Ibid. 823. (Perthes et B. in H.) 2 ₰

— Icones Algarum ineditae. Fasciculi qui exstant duo. Editio nova. gr. 4. (6 S. u. 20 Kpfrtaf.) Lundae 846. (Lipsiae, Voss.) n. 2 ₰

—— Lehrb. d Botanik. 1. Abthl. — A. u. d. T.: Organographie d. Pflanzen. M. ein. Vorr. v. J. W. Hornemann. A. d. Schwed. übers. v. L. Meyer. M. 4 Kpfrt. gr. 8. (28 B.) Kopenhagen 831, Gyldendal.

—— dass. 2. Abthl. — A. u. d. T.: Allgem. Biologie d. Pflanzen. A. d. Schwed. übers. v. F. C. H. Creplin. M. ein. Vorr. v. C. F. Hornschuch. M. 1 Kpfrt. gr. 8. (30½ B.) Greifswalde 832, Koch.

— notice sur une méthode élémentaire de résoudre les équations numériques d'un degré quelconque par la sommation des séries. gr. 8. (49 S.) Carlstad 847. (Leipzig, Brockhaus.) n. 1/3 ₰

— C. A. Agardh. Organographie der Pflanzen. Mit einer Vorr. von J[ens] W[ilken] Hornemann. Übers. von L. Meyer, Prof. — Kopenhagen: Gyldendal 1831. XII,436 S. (Agardh: Lehrbuch der Botanik [Lärobok i botanik, deutsch]. 1.)
1: Lw 19694-1. 12: Phyt. 4 I-1. 300: 43 J 7. Bd 1. 2. 3. 5. 9. 2.2631

**Agardh,** C. A., Revision der Algengattung Macrocystis, s. Acta nova phys.-med. Acad. Caes. Leopold. Carol. XIX.

Agardh, C. A., Ueber den in der Polar-Zone gefundenen rothen Schnee. (Nova Acta der Kaiserl. Leop.-Carol. Deutschen Akad. der Naturforscher. Bd. XII. Abth. 2. No. 11.) [Bonn 1825.]

— — Species Algarum rite cognitae, cum synonymis, differentiis specificis et descriptionibus succinctis. Vol. I. Pars. I. gr. 8. Gryphiswaldiae. Mauritius. 1821.

— Species algarum rite cognitae, cum synonymis differ. specificis et descript. succinctis. Vol. I. P. 2. 8 maj. Gryphiae 822, Mauritius. 2 Rthlr., (P. 1. II.)

—— Species Algarum rite cognitae, cum synonymis, differentiis specif., et descript. succinctis. Vol. II. Sect. I. 8 maj. (17 B.) Gryphiae 828, Mauritius.
Vol. I. Sect. 1. 2. Ebendas. 1821, 22. 8 Thlr.

Agardh, C. A. s. Swarz, adnotationes botanicae.

— — Synopsis Algarum Scandinaviae adjecta disposit. univers. algarum. 8. Lundae, (Hafniae, J. H. Schubothe) 1817.

—— Systema algarum. 8. (22 B.) Lundae 824. (Greifswalde, Mauritius.)

Systema Algarum. Fasc. I — III. 8. Lund 825. (Mauritius, Greifsw.)

— von der Zeitrechnung der Lebensgeschichte des Apostels Paulus, u. den Schwierigkeiten sie zu bestimmen. Aus dem Schwed. v. A. G. Holm. gr. 8. (43 S.) Stockholm 847. (Leipzig, Brockhaus.) n. 1/3 ₰

Agardh, Jacob Georg.

**Agardh,** Jac. G., Algae maris Mediterranei et Adriatici, observationes in diagnosin specierum et dispositionem generum. Lex.-8. Parisiis 841, (Lipsiae, Michelsen.) n. 1⅓ ₰

Agardh, Jac. Geo., Algae maris mediterranei et adriatici, observat. in diagnosin specier. et disposit. generum. Lex.-8. (11 B.) Parisiis 842. (Lipsiae, Michelsen.) *

**Agardh,** J. G., analecta algologica. Observationes de speciebus algarum minus cognitis earumque dispositione. [Aus: „Acta soc. physiogr. Lund."] gr. 4. (182 S. m. 3 farb. Taf.) Lund 892. (Hj. Möller's Univ.-Bh.) n. 3. 50

— dasselbe. Continuatio I. [Aus: „Acta soc. physiograph. Lundensis" tom. XXIX.] gr. 4. (144 S. m. 2 farb. Taf.) Ebd. 894. n. 3. 40

— De cellula vegetabili fibrillis tenuissimis contexta. 4. (11 S. u. 2 lith. Taf.) Lundae 852. (Lipsiae, T. O. Weigel.) n. 1/3 ₰

**Agardh,** J. G., Florideernes morphologi. gr. 4. (199 S. m. 33 Chromolith.) Stockholm 879. (Leipzig, T. O. Weigel.) n. 32. —

Agardh (J. G.). Morphologia Floridearum. Lipsiae, 1880. 8°.

Agardh, Jac. Geo., Recensio specierum generis Pteridis. 8maj. (6 B.) Lundae 839. (Lipsiae, W. Vogel.) *

Agardh, Jac. Geo., Species, genera et ordines Algarum, seu descriptiones succinctae specierum generum et ordinum, quibus Algarum regnum constituitur. Vol. I et II., (Pars I et II. I.) 8maj. Lundae. (Lipsiae, T. O. Weigel.) *
Etiam sub titulis:
Vol. I. Species, genera et ordines Fucoidearum etc. (VIII und 363 S.) 848. * 3 Thlr.
- II. Species, genera et ordines Floridearum. Pars I et II. [I. (XII und 351 S.) * 3 Thlr., II. 1. (S. 337—504.) 851. * 1 Thlr. 15 Ngr.

—— Species genera et ordines Algarum, seu descriptiones succinctae specierum generum et ordinum, quibus Algarum regnum constituitur. Vol. II. Et. s. t.: Species genera et ordines Floridearum. Vol. II. pars II.: 2. 8maj. (S. 505—720). Lundae 852. (Lipsiae, T. O. Weigel.) *

—— id. — Vol. II, pars III: 1. 8maj. (S. 701—786.) Ibid. 852. *
Vol. I. et II. (Pars I. et II. 1.) Ibid. 1848—51. * 7 Thlr. 15 Ngr.

Agardh, Jac. Geo., species, genera et ordines Algarum. Vol. II. pars 3. Fasc. 2. et Vol. III. gr. 8. Lundae 863. 76. (Leipzig, T. O. Weigel.) n. 28. — (I—III.: n. 57. —)
II. Species, genera et ordines Floridearum. Pars 3. Fasc. 2. (S. 787—1291.) n. 8. —
III. Epicrisis systematis Floridearum. (VII, 724 S.) n. 20. —

Agardh, Jac. Geo., Species, genera et ordines algarum, seu descriptiones succinctae specierum, generum et ordinum, quibus algarum regnum constituitur. Vol. III. Pars 2. E. s. t.: Morphologia Floridearum. gr. 8. (V, 301 S.) Lundae 880. (Leipzig, T. O. Weigel.) *
Vol. I—III, 1. (Ebendas.) 1848—66. * ℳ 57.

—— Synopsis generis Lupini. 8maj. (3¾ B. u. 2 Stnt.) Lundae 835. (Lipsiae, Voss.)

**Agardh,** J. G., till Algernos Systematik. Nya bidrag. 1.—5. Afdelningen. [Aus: „Lunds Univ. Årsskrift".] (In schwed. u. latein. Sprache.) gr. 4. Lund 872/88. (Möller.) à n. 5. —
1. Caulerpa, Zonaria, Sargassum. (71 S.)
2. Chordarieae, Dictyoteae. (136 S. mit 3 Taf.)
3. Ulvaceae. (182 S. mit 4 Taf.)
4. Florideae. (120 S. mit 1 Taf.)
5. Siphoneae. (180 S. mit 5 Taf.)

**Agardh,** Jac. Georg., theoria systematis plantarum; accedit familiarum phanerogamarum in series naturales dispositio, secundum structurae normas et evolutionis gradus instituta. Cum tabb. XXVIII (lith.). Lundae 858. Gleerup. (Lipsiae, T. O. Weigel.) gr. 8. (3 Bl., XCVI, 408 S. u. 28 Bl. Erklärung der Taff.) n. 6 ₰

Agaro, Maxim. d', Sapienti pauca, sive meditationes etc. 8. Augsb. Wolf, 750.

**Agassis, Carl Ludwig** (Verbigenensis), Systhematis physici. Disput. 50. quae est de sulphuribus. Präs. J. P. de Crosa. Lausanne-Bern 1723. 19 S. (5.—) 111
Gew.: Nicolaus Jenner, Ludw. Caesar de Saussure, Joh. Pet. d'Apples, Carl du Plessis-Gouret, Joh. Phil. Loys (Villardin . .), David Osterwald (Biolai . .), Christoph Agassis.

Agassiz, A.: Recension über E. Haeckel, Das System der Medusen 1880.

Agassiz, Elis. Cary, Louis Agassiz's Leben u. Briefwechsel. Autoris. deutsche Ausg. v. C. Mettenius. Mit Louis Agassiz's (Lichtdr.=) Bildniß. gr. 8. (X, 448 S.) Berlin 886. G. Reimer. n. 9. —; geb. n. 10. —

Agassiz, J. G., praes. Wendt, De therapia maniae. 42 pp. Erl. 4°.
*Reil*, Fieberlehre, IV, 479. *Doering*, I, 166. (Dec. hellob. alb. 3 Wochen lang, dann geheilt.) 1785

Agassiz' (Louis,) und seiner Freunde geologische Alpenreisen in der Schweiz, Savoyen und Piemont. Unter Agassiz', Studer's und Carl Vogt's Mitwirkung verfaßt von E. Desor. Hrsg. von Carl Vogt. 2., verm. Aufl. 8. (XXXVI und 672 S. mit 4 Kart. in gr. 4.) Frankfurt a. M. 847, Literarische Anstalt. *

Agassiz, Louis, geologische Alpenreisen. Unter Agassiz Mitwirkung verfaßt von E. Desor. Deutsch mit einer topographischen Einleitung über die Hochgebirgsgruppen von C. Vogt. Mit 3 lith. Tafeln. 8. Frankfurt a. M. 844, Literarische Anstalt. (J. Rütten.) $2^{1}/_{2}$ ß

Agassiz, Louis

— s. auch W. Buckland Geologie und Mineralogie.

—— über d. Aufeinanderfolge u. Entwickelung d. organ. Wesen auf d. Oberfläche d. Erde in d. verschied. Zeitaltern. Rede bei d. Einweih. d. Akademie zu Neufchatel am 18. Nov. 1841. A. d. Franz. v. N. Gräger. gr. 8. (1 B.) Halle a/S. 843, Gräger.

Agassiz, L.: Beschreibung einer neuen Species aus dem Genus Cyprinus Lin. Isis. (Nach Beobachtungen auf dem Münchener Fischmarkt.– München 1828.

— Catalogus Ectyporum Echinodermatum fossilium Musei Neocomensis, secundum ordinem zoologicum dispositus; adjectis synonymis recentioribus, nec non stratis et locis in quibus reperiuntur. Sequuntur characteres diagnostici generum novorum vel minus cognitorum. 4maj. Solothurn 841, Jent et Gassmann. n. $8^{3}/_{4}$ ngl

Agassiz, Louis, Catalogus systematicus Ectyporum Echinodermatum fossilium Musei Neocomensis, secund. ord. zoologicum dispositus; adjectis synonymis recentioribus, nec non stratis et locis in quibus reperiuntur. Sequuntur charactcres diagnostici gener. novor. vel minus cognitor. 4maj. ($2^{3}/_{4}$ B.) Neocomi Helvet 840. (Solothurn, Jent et Gassmann.) *

—— Description des Echinodermes fossiles de la Suisse. Part. I. et II. gr. in-4. Neuchatel. (Solothurn, Jent et Gassmann.) *
Part. I. Spatangoïdes et Clypéastroïdes. ($12^{1}/_{2}$ B. u. 14 Stnt., d. 10. in dopp. Grösse.) 839. * $4^{1}/_{2}$ Thlr.
- II. Cidarides. ($14^{1}/_{4}$ B. u. 11 Stnt.) 840. * $3^{1}/_{2}$ Thlr.
Besond. Abdruck aus: Neue Denkschriften d. allgem. schweiz. Gesellsch. f. d. gesammt. Naturwissenschaften. 3. Bd.

— siehe: Desor, E., Agassiz' u. seiner Freunde geologische Alpenreisen.

— études critiques sur les Mollusques fossiles. 1e Livr., contenant les Trygonies du Jura et de la Craie Suisse. Mit 11 Taf. Abbildd. gr. in-4. Soloth. 840. Jent et Gassmann. $3^{1}/_{2}$ ß

— Etudes critiques sur les Mollusques fossiles. 1e Livr. Cont. les Trigonies du Jura et de la Craie Suisses. gr. in-4. (Mit 11 Steintafeln.) Les mêmes 1840. n. $3^{1}/_{2}$ ß 2.—4. Livr. Cont. les Myes du Jura et de la Craie Suisses. (Mit 94 Steint.) Les mêmes 843—46, (842, 2. Livr.) n. 14 ß — 3e Livr. n. $8^{1}/_{6}$ ß — 4e Livr. n. $5^{5}/_{6}$ ß — 1—4. Livr. n. $31^{1}/_{2}$ ß

— le même, 3. Livr. Cont. les Galérites et les Dysaster, par Ed. Desor. gr. in-4. (Mit 17 Steintaf.) Neuchatel 842, (Solothurn, Jent et Gassmann.) n. 7 ß

— le même, 4. Livr. Cont. l'anatomie du genre Echinus, par G. Valentin. gr. in-4. ($17^{3}/_{4}$ B. u. Atlas mit 9 Steintaf., wovon 8 in qu. 1/2 gr. Fol.) Les mêmes 842. n. 7 ß (1—4: n. $28^{1}/_{6}$ ß)

— Etudes sur les Glaciers. Ouvrage accomp. d'un Atlas de 32 (36) planches. (Dessinés d'après nature et lithogr. par Jph. Bettannier, in qu. 1/2 Roy.-Fol. und in verziert. farb. Umschlag.) Lex.-8. Neuchatel 840, (Soleure, Jent et Gassmann.) n. $11^{1}/_{3}$ ß

— études sur les glaciers. Mit 32 Taf. gr. in-8. Solothurn 840. Jent et Gassmann. $11^{1}/_{3}$ ß

Agassiz. L[ouis]. Nouvelles études et expériences sur les glaciers actuels... par L. A'. Avec un Atlas de 3 cartes et 9 planches. [2 tomes.] Paris. Leipzig 1847.
[Tome 1er. Texte. Avec des tableaux.] 8. — [Tome 2e.] Atlas.... fol. (Système glaciaire ou Recherches sur les glaciers... par MM. L. A', A[rnold] Guyot & E[douard] Desor. 1re partie [seule parue].)

— Selecta Genera et species piscium, quos in itinere per Brasiliam annis 1817–20 ... peracto coll. et pingendos cur. Jo. Bapt. de Spix, ... digessit, descripsit et observationibus anatomicis illustr. L. Agassiz, et ed. F[riedrich] C[arl] Ph[ilipp] de Martius. — Monachii: Wolf 1829. Getr. Pag.
1:2° Lo 25277. 12:2° Zool. 146m. 300:181.408–D. 2. 5. 6. 7. 9. 10. 11.
2.2730

—— und Aug. A. Gould, Grundzüge der Zoologie, mit besond. Rücksicht auf den Bau, die Entwickelung, Vertheilung und natürl. Anordnung der noch lebenden und der ausgestorbenen Thier-Formen. Für höhere Lehranstalten und zum Selbstunterricht. Mit e. Vorwort von Bronn. (Praktische Lehrbücher. 10. Bd.) 1. Lfg.: Vergleichende Anatomie und Physiologie. 8. (VIII und 211 S. mit vielen eingedr. Holzschn.) Stuttgart 850(51,) Müller's Vrlgsh.

—— A. A. Gould und Max Perty, Grundzüge der Zoologie, mit besonderer Rücksicht auf den Bau, die Entwickelung, Vertheilung und natürliche Anordnung der noch lebenden und der ausgestorbenen Thierformen. Für höhere Lehr-Anstalten und zum Selbstunterricht. Mit (eingedr.) Holzschn. 2—4. (letzte) Abthl.: Spezielle Zoologie und Naturgeschichte der Thiere; von Max Perty. 3 Lfgn. 8. (715 S.) Stuttgart 854—55. [Leipzig, C. F. Winter'sche Vrlgsh.] à Lfg. 24 Ngr.
1. Lfg. Ebendas. 1850. 24 Ngr.

—— Histoire naturelle des Poissons d'eau douce de l'Europe centrale. Livr. 1. et 2. qu. 1/2 Roy.-Fol. Neuchatel, 839. (Solothurn, Jent et Gassmann.) * $27^{1}/_{2}$ Thlr., Vlnp. * $37^{1}/_{2}$ Thlr., Prachtausg. *
Livr. 1. Salmo et Thymallus. (27 Stnt. (incl. 20 ill. u. 30 Bl. franz., deutsch u. engl. Erkl.) 839. * $20^{1}/_{2}$ Thlr., Vlnp. * 28 Thlr., Prachtausg. * 40 Thlr.
2. L'embryologie des Salmones, p. Voigt. (14 Stnt. u. . . , B. franz., deutsch. u. engl. Erkl.) 842. * 7 Thlr., Vlnp. * $9^{1}/_{2}$ Thlr., Prachtausg. * 14 Thlr.

—— Iconographie d. Coquilles tertiaires, réputées identiques avec l. espèces vivantes ou dans differens terrains de l'époque tertiaire, accomp. de la descript. d. espèces nouvelles. gr. in-4. (8 B. u. 15 Taf.) Neuchatel 845. (Soleure, Jent et Gassmann.) Thlr. *
Aus: Nouv. Mémoires de la soc. helvét. d. sc. nat. Tom. VII., besond. abgedruckt.

— Nomenclatoris zoologici Index universalis, cont. nomina systematica classium, ordinum, familiarum et generum animalium omnium, auctore L. Agassiz. — Soloduri: Jent & Gassmann 1846. VIII,393 S. 4° (Agassiz: Nomenclator zoologicus. Index.)
1:4° Lk 7131. 12:4° Zool. 6. 300:42.818–C. Bd 2 [u.] 2 in • 5032. 2. 3. 4. 5. 7. 8. 9. 11.
2.2732

Agassiz, L., Nomenclatoris zoologici index universalis, cont. nomina systematica classium, ordinum, familiarum et generum animalium omnium, tam viventium quam fossilium, secundum ordinem alphabet. unicum disposita, adjectis homonymiis plantarum. 8. (X und 1135 S.) Soloduri 848, Jent et Gassmann. *
Der Preis des vollständigen Werkes ist * 24 Thlr. — Vgl.: 10. Bd. 1. Abthl. S. 11.

Agassiz, Louis, die Classification des Thierreichs. Aus dem Engl. übertragen von Chr. Hempfing. gr. 8. (V und 68 S.) Marburg 866, Ehrhardt's Universitäts-Buchh. *

—— Mémoire sur les moules de Mollusques vivants et fossiles. 1. Part. Moules d'Acéphales vivants. Imp.-4. (6 B. u. 12 Stnt.) Neuchatel 840. (Solothurn, Jent et Gassmann.) *
Auszug aus d.: Mémoires de la société des sc. nat. de Neuchatel, Vol. II.

Agassiz, Louis, Monographie d. Poissons fossiles du vieux grès rouge ou système dévonien. (Old Red Sandstone), d. iles britann. et de Russie. 3 Livrs. Imp.-4. (Avec Planches, 3 Livrs. in qu. 1/2 gr. Fol.) Neuchatel. (Soleure, Jent et Gassmann.) [1. (5 B. u. 13 z. Theil ill. Stnt.) 844. * $8^{2}/_{3}$ Thlr., 2. (5 B., 1 Tab., u. 13 Stnt. incl. 11 ill.) 844, 45. * $8^{1}/_{3}$ Thlr., 3. (16 B., 17 Taf., wov. 12 ill., u. verziert. Ttl.) 845. * $11^{1}/_{3}$ Thlr.] *

— Monographies d'Echinodermes vivans et fossiles. 1r Livr. contenant les Salenies. Mit 5 lithogr. Tafeln. gr. in-4. Soloth. (838.) 840. Jent et Gassmann. $2^{5}/_{6}$ ß

—— Monographies d'Echinodermes vivans et fossiles. Livr. 1—4. Imp.-4. Neuchatel. (Solothurn, Jent et Gassmann.) *:
Livr. 1. Les Saléuies. (5⅓ B. u. 5 Stnt.) 838. * 2⅔ Thlr.
- 2. Les Scutelles. (19¼ B. u. 31 Stnt., zum Thl. col.) 841. * 11⅔ Thlr
- 3. Les Galérites et les Dysasters. p. E. Desor. (16½ B. u. 17 Stnt.) 842. * 7 Thlr.
- 4. L'anatomie du genre Echinus, p. Valentin. (18 B. u. 9 Stnt.) 842. * 7 Thlr.

Agassiz, Louis, Naturgeschichte des Thierreichs, s. a. Volks-Naturgeschichte.

— Naturgeschichte des Thierreichs, mit bes. Rücksicht auf Gewerbe, Künste und praktisches Leben. Von Louis Agassiz u. A[ugustus] A[ddison] Gould u. Max[imilian] Perty. Mit Holzschn. Abt. 1.2. — Ebd. 1855.
1. Allgemeine Zoologie. 2. Spezielle Zoologie.
(Volks-Naturgeschichte der drei Reiche für Schule und Haus. 3.) 2. 10. 2.2756
— Abt. 1.2. Ebd. 1855.
Nebent.: Agassiz: Grundzüge der Zoologie mit bes. Rücksicht auf den Bau ... der ... Thierformen. 1854.
(Volks-Naturgeschichte der drei Reiche für Schule und Haus. 3.) 2. 2.2757

— Nomenclator zoologicus, cont. nomina systematica generum mammalium tam viventium quam fossilium, secundum ordinem alphabet. disposita, adjectis auctoribus, libris in quibus reperiuntur, anno editionis, etymologia et familiis, ad quas pertinent, in variis classibus. Fasc. I. et II. Cont. Mammalia, Echinodermata et Acalephas. — Aves. (Recogn. Princeps C. L. Bonaparte, G. R. Gray et H. E. Strickland.) 4 maj. Solothurn 842, Jent et Gassmann. Pro compl. n. 14 ₰

Agassiz, Louis, Nomenclator zoologicus, cont. nomina systematica generum animalium tam viventium quam fossilium secundum ordinem alphabet. disposita, adjectis auctoribus, libris in quibus reperiuntur, anno editionis, etymologia et familiis, ad quas pertinent, in variis classibus. Fasc. III—XII. gr. 4. 3. et 4. Crustacea et Vermes i. e. Entozoa, Turbellaria et Annulata. Hemiptera et Infusoria: Polygastrica et Rotatoria. (XXII u. 80 S.) 5. et 6. Neuroptera, Orthoptera, Polypi et Reptilia. (XXVI u. 98 S.) 7. et 8. Addenda. (XVI u. 202 S.) 9. et 10. Titulus et praefatio, Mollusca, Lepidoptera, Strepsiptera, Diptera, Myriapoda, Thrysanura, Thrysanoptera, Suctoria, Epizoa et Arachnidae. (LXVIII u. 241 S.) 11. Coleoptera. (XII u. 170 S.) 12. Index universalis. (VIII u. 393 S.) Soloduri 842—47, Jent & Gassmann. à n. 2 ₰ (complt. n. 24 ₰)

—— Notice sur l. Glaciers de l'Allée-blanche et du Valferret, s. Desor, E.

Agassiz, Louis, Recherches sur les Poissons fossiles, comprenant une introduction à l'étude de ces animaux; l'anatomie comp. des systèmes organiques qui peuvent contribuer à faciliter la détermination des espèces fossiles; une nouv. classific. d. Poissons, exprimant leurs rapports avec la série d. formations etc.; enfin la descript. de 500 espèces qui n'existent plus et dont on a rétabli les caractères d'après les débris qui sont contenus dans les couches de la terre. Livr. 1 à 3. gr. in-4. Neufchatel. (Francfort s. M., Schmerber.) [I. (12½ B., 12 schw. u. 11 ill. Stnt.) 833., II. (12 B., 1 schw. u. 20 ill. Stnt.), III. (.. B., 3 schw. u. 17 ill. Stnt.) 834.] à

Agassiz, Louis, Recherches sur les Poissons fossiles. Livr. 1—14. Roy.-4. (155 B. u. 311 Stnt. in qu. ½ u. Roy.-Fol.) Neuchatel 833—42. (Soleure, Jent et Gassmann.) à L. Thlr. *

—— Recherches sur l. Poissons fossiles. Livr. 15—18 (et dern.). Imp.-4. (47 B. u. Atlas mit 151 z. Theil ill. Stnt.) Neuchatel 843. (Soleure, Jent et Gassmann.) à L. *
Livr. 1—14. Ebendas. 1833—42. à * 10 Thlr.

Agassiz, Louis, der Schöpfungsplan. Vorlesungen üb. die natürl. Grundlagen der Verwandtschaft unter den Thieren. Deutsche Uebersetzg., durchgesehen u. eingeführt v. C. G. Giebel. Mit 50 (eingedr.) Holzschn. im Text. gr. 8. (XII, 185 S.) Leipzig 875, Quandt & Händel. n. 3. 60

— s. Sowerby, J., Mineral-Conchologie Großbrittaniens.
— Dess. Conchologie minéralogique de la Grande Bretagne.

—— de la succession et du développement des êtres organisés à la surface du globe terrestre, dans les différens âges de la nature. Discours prononcé à l'inaugurat. de l'acad. de Neuchatel, le 18. Nov. 1841. gr. in-8. (1¼ B.) Neuchatel. (Soleure, Jent et Gassmann.) *

— A. Guyot et E. Desor, Système glaciaire ou recherches sur les glaciers, leur mécanisme, leur ancienne extension et le rôle qu'ils ont joué dans l'histoire de la terre. I. Partie. Nouvelles études et expériences sur les glaciers actuels, leur structure, leur progression et leur action physique sur le sol; par L. Agassiz. Avec un atlas de 3 cartes et 9 planches. (Lith. in gr. Fol.) gr. 8. (XXXII u. 598 S.) Paris 847. (Leipzig, Voss.) n. 14⅔ ₰

—— A. Guyot et E. Desor, Système glaciaire ou recherches sur les glaciers, leur mécanisme, leur ancienne extension et le rôle qu'ils ont joué dans l'histoire de la terre. I. Partie. Nouvelles études et expériences sur les glaciers actuels, leur structure, leur progression et leur influence sur le sol; par L. Agassiz. gr. 8. (XXXI und 598 S., e. Atlas mit 3 Karten und 9 Stnt. in gr. Fol.) Paris 848. Leipzig, Voss. *

— Untersuchungen über die Gletscher. Mit 32 Fol.-Tafeln. gr. 8. Solothurn 840. Jent u. Gaßmann. 11⅓ ₰

Agassiz, Louis. Untersuchungen über die Gletscher. Von L. A. (Deutsche Bearbeitung [von] Carl Vogt.) Nebst einem Atlas von 32 Steindrucktafeln. [2 Theile.]
[Theil 1. Text.] 8. Solothurn 1841.
[Theil 2. Atlas. Mit Titelvignette.] Nach der Natur gezeichnet und Lithographirt von J[ose]ph Bettannier 1840. Lithographie... Neuchâtel... fol.

—— Untersuchungen üb. d. Gletscher. Nebst 1 Atlas von 32 (36) Stndrckt. (N. d. Natur gez. u. lith. v. Jph. Bettannier. qu. ½ Roy.-Fol.) Lex.-8. (21¼ B.) Neuchâtel 841. (Solothurn, Jent u. Gaßmann.) *

—— —— —— die Zoologie, mit besonderer Rücksicht auf den Bau, die Entwickelung, Vertheilung und natürliche Anordnung der noch lebenden und der urweltlichen Thierformen, und auf die Bedürfnisse der Gewerbe, Künste und des prakt. Lebens gemeinfaßlich dargestellt. I. Thl. und II. Thl. 1. Hälfte. gr. 8. Stuttgart 855. [Leipzig, C. F. Winter'sche Vrlgsh.]
Inhalt:
Thl. I. Agassiz, Louis, und A. A. Gould, allgemeine Zoologie. (178 S. mit 170 eingedr. Holzschn.) 24 Ngr.
- II. 1. Perty, Max, spezielle Zoologie. (S. 1—260. mit eingedr. Holzschn.) 1 Thlr.

AGASTI, Vasamta: indische Liebe. Die Lieder des —, hrsg. von O. Linke. Berlin, o. J. (1898). Kl. 4°. 70 S. (Mk. 3—.) (2 Mk. Taussig, 1904.)

Agasti, Vasanta, Indische Liebe. D. Lieder des A., hrsg. v. Osc. Linke. 4. (94 S.) (Berlin 898. H. Storm.) Leipzig, C. F. Tiefenbach. n. 3. —

AGATHA. *Der Genius des Kränzchens.* Frei nach dem Holländ. bearb. Mit 47 Abb. v. O. HERRFURTH. Lpz. 1892. 8°. Orlwd. 8.—

Agatha, die heilige, Jungfrau u. Martyrin. Ein Büchlein f. die liebe Jugend. Von e. Priester der Diöcese Paderborn. Paderborn 868. Junfermann. 16. (24 S.) n. 1 ngr.

Agatha, die Tochter d. Kosaken. Historische Erzählg. Frei nach dem Holl. bearb. Illustr. v. Marie Wunsch. 8. (VI, 386 S.) Leipzig 893. Gribel & Brockhaus. Geb. in Leinw. n. 6. —

Agathander, Norbert: Considerationes quindecim de statu, et bonis ecclesiasticis, ex certis sanae politicae principiis, pro defensione instituti catholici, ac pietatis Austriacae. — Augustae Vind.: Klett 1754. 227 S.
12: J. can. P. 18 [u. ö.] 2. 2.2785

Agathangelus u. die Akten Gregors v. Armenien, neu hrsg. v. P. de Lagarde. [Aus: „Abhandlgn. d. k. Gesellsch. d. Wiss. zu Göttingen".] gr. 4. (163 S.) Göttingen 887. Dieterich's Verl. n. 7. —

Agatha's husband, s.: Collection of british authors.

Agathe, der Genius d. Kränzchens. Frei nach dem Holl. bearb. Mit 47 Abbildgn. v. O. Herrfurth. gr. 8. (VI, 332 S.) Leipzig 892. Geibel & Brockhaus. Geb. in Leinw. n. 6 —

**Agathe, oder das Grabgewölbe, von A. Lafontaine. 3 Thle. 8. Leipzig, G. Fleischer. 817.**

Agathe und Isidore, aus dem Franz. der Madame Benoist, 2 Thle., 8. Kopenhagen, 761. Rothe. 25 sgl.

**— u. Isidore; aus d. Französ. d. Madame Bonoist. 2 Thle. 8. Kopenh. 769. Proft. (Brummer). 20 gr**

**Agathe** [Pseud.] s. *Suhr*, Luise Henriette v.

**Agathe** die Urmutter. Geschichte aus der Geister- und Ritterzeit von F. W. v. F. Leipzig 1809. V: *Vibeau, Xaver Maximilian Amadeus Edmund.* (GGr)

**Agathe, die Urmutter; e. Gesch. aus d. Geister- u. Ritterzeit, v. F. W. v. F. 2 Bde. 8. Leipz. 809. Solbrig. (Fr. Fleischer). 1 rthl 16 gr**

**Agathe, C.,** Schedae Aristophaneae. Diss. 1861. 40 S. 2.—

Agathens Gatte, s.: **Bibliothek, europäische.**

Agathen's Wahl. Eine wahre Erzählung. 16. (32 S.) Bremen 871, Verlag des Tractathauses. *

Agathias Scholastikos

*Agathiae* Myrin. historiarum **recens. B. G. Niebuhr,** s. a. *Corpus script.* hist. Byzant.

**Agathias:**

Agathiae Myrinaei Historiarum libri 5. cum versione Lat. et annotationibus Bon(aventurae) Vulcanii. B[artholdus] G[eorgius] Niebuhrius C. F. Graeca recensuit. Acc. Agathiae Epigrammata [griech. u. lat.] — Bonnae: Weber 1828. XXXVII,419 S. (Corpus scriptorum historiae Byzantinae.)
**1:** Vo 4558. **12:** H. int. 8h-3. **300:** 66.571-B. H. S. 2. **3. 4. 5. 6. 7. 8. 9. 10. 11.**
2.2805

**Agathina.** — Agathina, Rinaldos Geliebte. Eine romant. Geschichte. Aus d. Engl. [Übers.: Xaver Maximilian Amadeus Edmund Vibeau.] — Erfurt 1803.
**1:** Zd 4700. **7.**
2.2813

**AGATHINA,** Rinaldo's Geliebte. Aus d. Engl. Erfurt, Beyer & Maring, 1803. 8°. Zahm.

**Agathina, Rinaldo's Geliebte; aus d. Engl. 8. Erfurt 803. (Otto). 20 gr**

**Agathiste** ou prières en l'honneur de la passion divine de notre Seigneur Jésus-Christ, traduit de Slavon (des Erzbischofs Innocenz von Odessa) par A. Petroff. Genève 858. (Leipzig, Gerhard.) 8. (60 S.) n. 10 ngr

Agatho, die schönste Blume,
—— die Edelsteine,
—— die arme Maienkönigin,
—— zum Namensfeste einer Ordensschwester und Lehrerin. Die beiden Schwestern. Most beautiful,
—— der Schulstreit,
—— das Taufgeschenk,
—— der Weihnachtstraum. — Der Weihnachtsbaum,
—— Wem gebührt die Ehre?
—— Wunderschön,
} s. Jugendbibliothek, dramatisch-deklamatorische.

**Agathobulus, Jacobus:** Jacobi Agathobuli, rustici Schaumbugensis, ad Johannem Cleobulum, rusticum Veronensen, Epistola, quâ iudicium fert de harmoniâ religionis Luheranae & reformatae, occasione Epistolae Cleobuli ad Jusum Sincerum. — Schaumburgi 1700. 4 Bl.
**1:** 4° Dl 42. **12:** 4° Diss. 367/16.
2.2814

— Ebd. 1701. 4 Bl. 4° **2.**
2.2815

**Agathodämon, v. Chph. Mart. Wieland. 8. Lpz. Göschen. 799.**

**Agathokles. 3 Thle, v. Karol. Pichler. 8. Wien, Pichler, 808.**

**Agathokles, von Carol. Pichler. N. Aufl. 3 Bde. (Den sämmtl. Werke. N. A. 3r bis 5r Bd.) 8. Wien, Pichler. 820. (Liebeskind.).**

**Agathokles,** das Stadtpfarrertum u. seine Gefahren. Biblische Richtlinien, erprobt u. dargeboten. (74 S.) 8. Schwerin 909. F. Bahn. 1. —

**Agathon.** Leipzig 1773. V: *Wieland, Chph Mart.* (GGr)

**— et Deidamie, conte libre. 8. Frcft. Kessler. 79.**

**Agathon, Gesch. des, v. C. M. Wieland. 4 Thle. 8. Lpzg. Weidmann. 798.**
**holl. Pap.**

**Agathon u. Psyche. Drama mit Gesang v. Fr. Schlenkert. 8. Lpz. Kummer. 780.**

**Agathon.** 1793: Wolf von Blankenhorn und Kunigunde von Sachsenheim. Eine altschwäbische Geschichte. (Verf.: Agathon.) — Augsburg 1793. **7.**
2.2818

Agathons Geschichte, von C. M. Wieland, 4 Thle. mit Kupf., 8. Leipz. 773. Weidemanns 1 Rthl. 10 sgl.

**Agathosyne. Eine Quartalschrift.**
**[Hrsg.: Joh. Friedr. Gottl. Lehmann u. Riemain] Jg. 1802.**
**Königsberg: Degen 1802.**

**Agats, Arth., der hansische Baienhandel,** s. a. Abhandlungen, Heidelberger, zur mittl. u. neueren Geschichte. 5. Hft.

Agats, Arthur aus Wald (Rhld.): Der hansische Baienhandel. Heidelberg: C. Winter 1904. (IV, 44 S.) 8°. (Erschien vollst. in: Heidelberg. Abhandl. zur mittleren u. neueren Gesch.)
Phil. Diss., Heidelberg 1904.

**Agats,** Gust. (geb. Schwelm in Westf. 22. 6. 1816): De morbo Hungarico. Berolini (1840). (32 S.) 8°
Berlin, Med. Diss. v. 15. Aug. 1840

**Agatz, G. J., Atlas** zur chirurgischen Anatomie und Operationslehre. 136 Taf. in Stahlst. und 52 lithogr. Umrisstaf. grösstentheils nach der Natur gezeichnet von Jos. Greb. (Handbuch der chirurg. Operationslehre und Anatomie. 3. Bd.) Lex.-8. (145 Blatt Text.) Erlangen 860, Enke's Verlag. *
geb. *

— Claude Bernard u. Ch[arles] Hütte: Handbuch der chirurgischen Operationslehre mit Einschluss der chirurgischen Anatomie und Instrumentenlehre. Mit Bezugnahme auf den Atlas der chirurgischen Operationslehre (von Claude Bernard u. Charles Hütte). — Würzburg: Halm 1856. VIII,1108 S. **12:** Chir. 22s. **6. 8. 10.**
2.2832

— ärztliches Taschenbuch. 2. Jahrg. 1854. Ebend. 8. (4 Bl., 92 Notizbl. u. 52 Bl. Text.) n. 25 ngr

— — 3. Jahrg. 1855. u. 4. Jahrg. 1856. Ebend. 8. (à 2 Bl., 61 Notizbl. u. 52 Bl. Text.) Jeder Jahrg. n. 20 ngr

**Agatz,** G. J., Taschenbuch für Aerzte. Mit besonderer Berücksichtigung Bayerns. 1853. Nebst e. Schematismus der Aerzte Bayerns. Würzburg, Halm. 16. (63 Bl., 65 Bl. und: Schematismus der promovirten, zur Praxis berechtigten Aerzte Bayerns. Ende Octbr. 1852. Zusammengestellt von Dr. G. J. Agatz. 10 Bl. in kl. Fol.) 1 rthl

—— dass. — 1854—56. 2—4. Jahrg. Ebds. [2. Jahrg. 8. (296 S.) 854. * 25 Ngr., 3. Jahrg. 16. (230 S.) 854., 4. Jahrg. 16. (222 S.) 855. à * 20 Ngr.] *

—— Taschenkalender für Aerzte, s. Taschenkalender.

Agay-Han. Roman n. d. Poln. d. A. K. v. Emil Brachvogel. 8. (15¼ B.) Leipzig 840, Einhorn.

AGE. Bestrafte Komtessen. Historische Erzählung aus der französischen Revolution. Leipzig, Leipziger Verlag G. m. b. H. Verb. d. Ldg. II, Berlin 2b. J. 87/13.

*Agénaax*, ou l'amour voyageur etc. 12. Düsseld. 798. Schreiner. 18 gr.

Agenda, s.a. Agende

Agenda, oder kurtzer Auszug aus der Kirchen-Ordnung. Für die Pfarrherren u. Seelsorger im Fürstenthum Weimar, wie dieselbe anfangs bey der christlichen Einweihung der... Schloss-Kirche zu Weimar... den 28. May 1658 ausgefertiget, nun aber nach Abgang der ersten Exemplarien vollst. wider aufgeleget worden. — Weimar 1707: I. A. Müller. 214 S. 4° 3. 9.
2.2909

Agenda, Kirchenagenda der Prediger der Grafschaft von Mansfeld. 3. Ausgabe. Eisleben 1718. 4.

Agenda. (Notizenbuch für jeden Tag im Jahre. Mit farbig gedruckten Vignetten und Verzierungen, Taschen und Bleifeder.) 16. Prag 837. Haase Söhne. 1½ ₰

— (Notizbuch.) Mit 1 Ansicht von Sanssouci u. vielen farbig gedruckten Vignetten. 16. (96 farbig liniirte Blätter mit Einfassung.) Berlin 842, Morin. n. ⅔ ₰

Agenda. Nach der hessischen Kirchenordnung, so 1574 zuerst erschienen, sodann 1662, u. endlich 1723 aufs Neue aufgelegt ist, für den gemeinen Gebrauch der evangel. Pfarrherrn eingerichtet. gr. 8. (3½ B.) Frankfurt a. M. 842, (Leipzig, Rud. Hartmann.) n. ⅓ ₰

Agenda, wie es in des Churfürsten zu Sachsen Landen in den Kirchen gehalten wirdt. Ein Beitrag zur Geschichte des Interim. Von Emil Friedberg. — Halle: Waisenhaus 1869. IV,78 S.
1:Dr 16263. 12:Liturg. 7. 300:121.896-B. 2. 3. 4. 5. 7. 8. 11.
2.2962

—— ein Schreib- und Notizbuch für Jedermann für die J. 1869—1875. gr. 16. (à 208 S.) Prag, Mercy. geb. à Jahrg. *

—— Ein Schreib- und Notizbuch für Jedermann für das J. 1876 und 1877. gr. 16. (208; IV, 208 S.) Prag, Mercy. geb. à Jahrg. *

—— Kern's Notizbuch für jeden Tag des J. 187 . Mit Münzvergleichungs-, Zinsenberechnungs- und Gewichtsreductions-Tabellen. Notizen über Geld, gültige und ungültige Banknoten etc. 16. Breslau, Kern's Verlag. geb. in Leinw. * Durchschossen * ℳ 1,50.; geb. in Leder *

Agenda. Notizkalender für die J. 1875—1880. Nebst Kalender, jüd. Festtagen, Messen- und Märkte-Verzeichniss u. einem Anh. gr. 16. (à ca. 425 S.) Elberfeld, Lucas. geb. à Jahrg. *

— Notizkalender f. alle Tage d. Jahres. Nebst e. Anh. gr. 16. (194 S.) 877. geb. n. 1. —

Agenda od. Notizkalender f. Börse, Geschäft etc., gültig f. d. J. 1895. gr. 16. (IV S., Schreibkalender u. 25 S.) Elberfeld, S. Lucas. Geb. in Leinw. n. 1. 50; in Ldr. 2. 25; in Ldr. als Brieftasche n. 3. —

Agenda od. Notizkalender f. Börse, Geschäft etc., gült f. d. J. 1896. gr. 16. (IV S., Schreibkal. u. 32 S.) Elberfeld, S. Lucas. Geb. in Leinw. n. 1. 50; in Ldr. 2. 25; in Ldr. als Brieftasche n. 3. —

Agenda od. Notizkalender f. Börse, Geschäft etc. gültig f. 1901. 16° (Schreibkalender u. 28).– Elberf., S. Lucas.

Agenda od. Notizkalender f. Börse, Geschäft etc., gültig f. d. J. 1903. gr. 16. (Schreibkalender u. 30 S.) Elberfeld, S. Lucas. Geb. in Leinw. n. 1. 50; in Ldr. n. 2. 25; als Brieftasche n. 3. —

Agenda od. Notizkalender f. Börse, Geschäft etc., gültig f. d. J. 1906. (Schreibkalender u. 35 S.) kl. 8. Elberfeld, S. Lucas. Geb. in Leinw. n. 1. 50

Agenda od. Notizkalender f. Börse, Geschäft etc., gültig f. d. J. 1908. (Schreibkalender u. 35 S.) kl. 8. Elberfeld, S. Lucas. Geb. in Leinw. 1. 50

Agenda 1887. 1. Jahrg. 16. (219 S.) Aachen 887. Barth. geb. in Leinw. n. 1. —; in Ldr. n. 1. 50 in Kalbldr. mit Goldschn. n. 4. —

Agenda ... et Aide-mémoire de la Sage-Femme (*Umschlag:* Ag' des Sages-Femmes) par le Dr G[uillaume] Rossier.... 8. [relié à] fr. 2. —

Ag' 1903.... (1re année.) 8 [+ 208] + 84 p. Berne, Office Polytechnique d'Édition, 1903.

Ag' 1904.... Avec un Avant-Propos de M. le Professeur Dr [Otto] von Herff-von Salis (Bâle). (2me année.) 1 + 9 [+ 236] + 88 p. Genève, Soc. Suisse d'Édition S. A., 1904.

*Forts. s.* Agenda de la Sage-Femme....

— des avocats suisses, s.: Geschäfts- u. Terminkalender, schweizerischer, f. Gerichts- u. Verwaltungsbehörden etc.

Agenda des Cafetiers Suisses pour l'année 1911. Propriété et publication officielle de l'Union Suisse des C^s. 19e Année. Edité par l'Union s' des C^s. IV + 262 p. + *Annonces*. 8. Zurich, Impr. Juchli & Beck. [relié fr. 3. —] P

Christliche Agenda oder Kirchen-Ordnung, wie es mit der Lehre des göttlichen Worts und den Ceremonien, auch mit andern dazu nothwendigen Sachen in den Kirchen, die in eines hochedlen und hochweisen Raths des heil. Römischen Reichs freyen Stadt Hall in Schwaben Obrigkeit und Gebiet gelegen, soll gehalten werden. — Hall 1771: Messerer. 312 S. 12:4° Liturg. 12u.
2.2871

Agenda communis. Die älteste Agende in der Diözese Ermland u. im Deutschordensstaate Preußen nach d. ersten Druckausgaben von 1512 u. 1520. Von Dr. A[ugustin] Kolberg, Generalvikar zu Frauenburg. *Braunsberg: R. Rudlowski in Komm. 1903.* (124 S.) 8° [Ant. u. F.]

Agenda. — Agenda dioecesis Paderbornensis rituali Romano accomodata, per Hermannum Wernerum Episcopum Paderbornensem 1687 evulgata, nunc ex speciali clementissima licentia et mandato Clementis Augusti de novo reimpressa. — Paderbornae 1753. 4° 5.
2.2873

Agenda ecclesiae Argentinensis. Per ... Joannem Episcopum Argentinensem ... in gratiam pastorum suae dioecesis auctior ac emendatior typis evulgata. — Coloniae: Calenius & Quentel 1590. 349 S.
1:4° Dq 6316. 12:4° Liturg. 13x. 300:22 D 34. 6.
2.2874

[Agenda ecclesiae Coloniensis] Agenda s. Coloniensis ecclesiae. Hoc est: liber pastoralis, in quo continentur quae in sacramentis administrandis aliisque ritibus sacris peragendis ad parochorum ac sacerdotum ... officium spectant, iussu et auctoritate ... Ferdinandi Archiepiscopi Coloniensis ... evulgata. — Coloniae Agr.: Gualtherus & Cholinus 1614. 389 S. 1:Dq 7126. 2. 6.
2.2876

— Ebd. 1637. 339 S. 1:Dq 7127. 5. 7.
2.2877

— Agenda s. Coloniensis ecclesiae ..., iussu et auctoritate ... Josephi Clementis Archi-episcopi Coloniensis ... recogn., aucta et emendatiùs evulgata. — Coloniae Agr.: Noethen 1720. 446 S. 1:4° Dq 7133. 5. 7. 102P.
2.2878

Agenda ecclesiae Hildesimensis ..., iussu et auctoritate ... Clementis Augusti Archi-episcopi Coloniensis ... recogn., et auctior evulgata ad usum dioecesis Hildesiensis. Hildesii: Schlegel 1752. 510 S. 4° 6.
2.2879

Agenda ecclesiastica. Oder: Forma der Handlung der h. Sacramenten, Ehe-Einsegnung u. öffentlichen Gebet deren der Augspurgischen Confession zugethanen Kirchen in der freyen Reichs-Stadt Augspurg. Rev. u. erneuert. — (Augspurg) 1718: Lotter. 92 S. 1:Dr 7234.
2.2893

Agenda für den VIII. internationalen Genossenschaftskongress. 8°. Hamburg, H. Kaufmann, 1910.

Agenda geognostica, s. Leonhard, K. C. v.

Agenda de l'Horloger pour 1907. Formulaire de Renseignements Techniques et Pratiques. Rédigé par Hermann Grossmann..., avec le concours de plusieurs collaborateurs. 4e Année. [Illustré.] VIII + 308 p. 8. Berne, E. Magron. [relié fr. 2. —]

Agenda de l'Horloger pour 1908. Formulaire de Renseignements Techniques et Pratiques. Rédigé par Hermann Grossmann ..., avec le concours de plusieurs collaborateurs. 5e Année. [Illustré.] VI + 338 (+ 2) p. 8. Berne, E. Magron. [relié fr. 2. —]

Agenda de l'Horloger pour 1909. Formulaire de Renseignements Techniques et Pratiques. Rédigé par Hermann Grossmann ..., avec le concours de plusieurs collaborateurs. 6e Année. [Illustré.] VI + 356 p. 8. Berne, E. Magron. [relié fr. 2.—]

**Agenda 1910 pour l'Horlogerie, la Bijouterie et la Petite Mécanique. Formulaire de Renseignements Techniques et Pratiques. Rédigé par Hermann Grossmann ..., avec le concours de plusieurs collaborateurs. 7e Année. [Illustré.] VI + 372 p. 8. Berne, E. Magron. [relié fr. 2. —]**

*Forts. von:* Agenda de l'Horloger...

**Agenda für das Jahr 1863. 6. Jahrg. 8. Wien 862, Bartelmus. geb.**

**Agenda f. jedes Jahr. 16. (381 S.) München 885. J. A. Finsterlin. geb.** n. — 40

Agenda, das ist: Kirchen-Ordnung, wie es im Fürstenthum Hessen mit Verkündigung göttlichen Worts, Reichung der heiligen Sacramenten und andern christlichen Handlungen und Ceremonien gehalten werden sol. Wie dieselbe in Anno 1657 herauskommen u. anjetzo aufs neue mit e. Anh. einiger besondern Verordnungen, samt ordentlichen Registern versehen, zum Druck gegeben. — Cassel: Harmes 1723. Getr. Pag.
Beigedr.: 1. Wilhelm [VI.] Landgraf zu Hessen: Ordnung und Reformation, wie es in unsern Fürstenthumen ... im Kirchen-Regiment ... gehalten werden sol. o. J.
Beigedr.: 2. Wilhelm [VI.] Landgraf zu Hessen: Ordnung .... wie es mit unserm zu Cassel bestelltem Consistorio ... gehalten ... werden sol. o. J.
Beigedr.: 3. Wilhelm [VI.] Landgraf zu Hessen: Presbyterial- oder Aeltesten-Ordnung. o. J.
Beigedr.: 4. Wilhelm [VI.] Landgraf zu Hessen: Erneuerte Ordnung, wie wir es hinfüro mit Ehe-Verlöbnissen, Weinkauffen ... in unsern Fürstenthumen ... gehalten haben wollen. 1723.
Beigedr.: 5. Wilhelm [VI.] Landgraf zu Hessen: Ordnung .... wie es hinkünfftig mit Unterrichtung der Jugend in den Unter-Schulen unserer Fürstenthumen ... gehalten werden sol. 1723.
1: Dr 10350. 4. 7.
2.2916

Agenda. — Agenda, das ist: Kirchen-Ordnung, wie es im Fürstenthum Hessen mit Verkündigung göttliches Worts, Reichung der heil. Sacramenten und andern christlichen Handlungen und Ceremonien gehalten werden soll. Gedr. zu Marpurg ... 1574. Jetzo aufs neue wieder aufgelegt u. gedr. zu Darmstadt ... 1662. Abermahls aufgelegt. — Darmstadt: Klug 1724. 662,38 S.
Beigedr.: 1. Wilhelm [IV.], Ludwig [IV.], Philipp [II.] u. Georg [I.] Landgrafen zu Hessen: Ordnung und Reformation ..., wie es in unsern Fürstenthummen ... im Kirchen-Regiment ... gehalten werden soll. o. J.
Beigedr.: 2. Christliche teutsche Kirchengesänge, so in obberührten Agenden zu singen verordnet, und aber doch in gemeinen Gesang-Büchern nicht zu finden seyndt. 1662.
Beigedr.: 3. Georg [II.] Landgraf zu Hessen[-Darmstadt]: Erklärung ... uber etliche bey jüngst gehaltener General-Kirchen-Visitation zu einer allgemeinen ... Verbesserung ausgesetzte Puncten. Publ. anno 1629. Wiederum aufgelegt. 1661.
Beigedr.: 4. Georg [II.] Landgraf zu Hessen[-Darmstadt]: Ordnung von fleissiger Ubung deß Catechismi, der Kinderlehr ... u. anderer ... Stücke. Gedr. zu Marpurg ... 1634. Wiederum auffgel. u. gedr. 1661.
Beigedr.: 5. Luther, Martin: Der kleine Catechismus, neben beygefügten Fragstücken für diejenige ...., welche ... das h. Abendmahl gebrauchen. 1661.
Beigedr.: 6. Appendix verschiedener nach und nach ergangener fürstlicher Verordnungen, wornach sich die Prediger ... richten sollen. 1720 [vielm. 1724].
1: Dr 10330 [u.] 10330a. 12 [defekt]: 4° Liturg. 697 a. 4. 5. 7.
2.2917

**Agenda, d. i.: Kirchen-Ordnung, wie es im Fürstenth. Hessen mit Verkündigung des göttlichen Worts, Reichung der heil. Sacramente u. andern Christl. Handlungen und Ceremonien gehalten werden soll. Neuer amtlicher Abdr. d. Ausgabe von 1657, 1678 u. 1723, nebst der Reformation-Ordnung v. J. 1656, der Consistorial-Ordnung v. 1657 und der Presbyterial-Ordnung v. 1657. Rengshausen 853. (Cassel, Bertram.) 4. (1 Bl., 378 S.)** n. 2 ₰

Agenda, oder Kirchen-Ordnung, wie sich die Pfarrherren und Seelsorger in ihren Aembtern und Verrichtungen im Fürstenthum Altenburg verhalten sollen. — Altenburg 1705: Richter. 216 S. 1: Dr 16682.
2.2926

*AGENDA*, | Das ist, | Kirchen-Ordnung: | Wie sich die Pfarrherren und Seel-|sorger in ihren Aemtern und Diensten | verhalten sollen. | Før die Diener der Kirchen | Jn | Hertzog Heinrich zu Sachsen, V. G. H. | Førstenthum gestellet | Jetzo auffs neue aus | Chur-Først *AUGUSTI* | Kirchen-Ordnung | gebessert/ | Auch mit etlichen Collecten der Superintendenten | vermehret. | LEJPZJG/ | Jn Verlegung Friedrich Lanckischens Erben, | *ANNO M DCC XII.*
Schwarz/Rotdr. – Leipzig 1712, [V:] F. Lanckische Erben – 8° – (12) 189 (4) Sn.

– dass. nur:] ... | gebessert, | ... | LEJPZJG, | ...
Schwarz/Rotdr. – Leipzig 1712, [V:] F. Lanckisches Erben – 8° – (12) 189 (4) Sn.

*AGENDA*, | Das ist: | Kirchen-Ordnung, | Wie sich | die Pfarrherren und Seelsorger in ihren Aemtern | und Diensten verhalten sollen, | Før die Diener der Kirchen | Jn | Hertzog Heinrichs zu Sachsen, U. G. H. | Førstenthum gestellet, | Jetzo aufs neue aus | Churførst *AUGUSTI* | Kirchen-Ordnung | gebessert, | auch mit vielen Collecten der Superintendenten, | wie nicht weniger mit selbigen | auf alle Wochen- Sonn- und Fest-Tage | vermehret. | Leipzig, | bey Friedrich Lanckischens Erben, 1748.
Leipzig 1748, [V:] F. Lanckische Erben – 8° – (12) 258 (8) Sn.

*AGENDA* | das ist | Kirchen-Ordnung | wie sich | die Pfarrherren und Seelsorger in ihren Aemtern | und Diensten verhalten sollen | før die Diener der Kirchen | in | Herzog Heinrichs zu Sachsen, U. G. H. | Førstenthum gestellet | ietzo aufs neue aus | Churførst Augusti Kirchen-Ordnung | gebessert | auch mit vielen Collecten der Superintendenten | wie nicht weniger mit selbigen | auf alle Wochen- Sonn- und Festtage | vermehret. | Leipzig | bey Johann Friedrich Junius, 1771.
Leipzig 1771, [V:] J. F. Junius – gr. 8° – (8) 258 Sn.

**Agenda dla ewangielickiego kościola w kraiach królewsko-pruskich. Z osobnemi przepisami i dodatkami dla prowincyi pruss. Podlug wydania z roku 1829 przetlumaczona. gr. 4. (XVI, 242 S.) Königsberg 869, Hartung'sche Zeitungsdruckerei.** *

**Agenda** für Lehrer. Leipzig, 862. Kollmann. 16. (160 S.) n. 5 *ngr.*; geb. n. 8 *ngr.*

**—— für Lehrer. 16. (160 S.) Leipzig 863, Kollmann. * geb. ***

**Agenda,** Leipziger, f. 1852. Adressen-Kalender f. Fremde u. Einheim. Mit e. Grundrisse d. Theaters u. d. Concertsaales im Gewandhause (in Holzschn.), e. Orientirungsplan v. Leipzig u. e. Karte seiner Umgebung (in Kpfrst. u. 4.) 16. (VIII u. 184 S.) Leipzig, Weber. In Engl. Einb. n. 1/3 ₰

**— pro nonnullis liturgicis functionibus et processionibus in usum ecclesiarum dioecesis Brixinensis. (35 S.) Lex. 8. Brixen 908. A. Weger.** 3. —

Agenda & Livre d'Adresses de l'Électricien Suisse. — Kalender & Adressbuch des Schweiz. Elektrotechnikers. (1re éd.) 1902. Rédacteur en chef: M. Emmanuel Gaillard, Professeur à Lausanne. IV + 276 + XXX p. 8. Genève, Ch. Eggimann & Cie. [relié] fr. 3. —

Agenda. 1903. Agenda & Livre d'Adresses de l'Électricien Suisse. — Kalender & Adressbuch des Schweiz. Elektrotechnikers. Rédacteur en chef: M. Emmanuel Gaillard, Professeur à Lausanne. [2e Année. — Avec des figures.] IV + 276 + XXII p. 8. Genève, Ch. Eggimann & Cie. [relié] fr. 2. 50

**Agenda & Livre d'Adresses de l'Électricien Suisse = Kalender & Adressbuch des Schweiz. Elektrotechnikers. Rédacteur en chef: M. Emmanuel Gaillard.... 1904. [Avec des figures.] IV + 328 + 24 [+ 5] p. 8. Genève, Ch. Eggimann & Cie. [relié] fr. 2. 50**

Agenda et Livre d'adresses de l'Electricien Suisse = Kalender und Adressbuch des Schweiz. Electrotechnikers. Rédacteur en chef: M. Emmanuel Gaillard.... 1905. IV + 336 + 24 [+ 5] p. 8. Genève (Soc. Générale d'Imprimerie). [relié] fr. 2.50

Agenda et Livre d'adresses de l'Electricien Suisse = Kalender und Adressbuch des Schweiz. Electrotechnikers. Rédacteur en chef: M. Emmanuel Gaillard.... 1906. [Avec des figures.] IV + 336 + 24 [+ 5] p. 8. Genève (Soc. Générale d'Imprimerie). [relié] fr. 2.50

**Agenda, neue. Kalender für alle Jahre.** schmal Fol. (208 S.) Lahr 882, Schauenburg. cart. *

— neue. Kalender für alle Jahre. Schmal-Fol. (136 u. 80 S.) Lahr 887. Schauenburg. cart. n. 1. 20

— neue. Kalender f. alle Jahre. schmal Fol (136 u. 111 S. m. 1 farb. Karte.) Lahr 898. M. Schauenburg. Kart. n. 1. 20

**Agenda, Neue,** dritten Grads in Versmaass. Auf Grundlage des Fesslerschen Rituals bearbeitet. Chemnitz 1879. V: *Geidel, Friedrich Hermann.* (wolfstieg II, 611)

**Nova agenda scholastica.** [Hrsg.: Peter Graf v. Hohenthal.] St. 1–10. Leipzig: Intelligenz-Comtoir in Comm. 1765 bis 1774. 12, 15
( Vorher u. d. T.: Agenda scholastica. Berlin 1749 ff.

Agenda pastoralia dioecesis Monasteriensis, rituali Romano passim accomodata, autoritate ... Francisci Arnoldi Episcopi Monasteriensis ac Paderbornensis in gratiam curatorum evulgata. — Monasterii Westph. 1712: Nagel. 346,8 S. 1:Dq 9530. 6.
2.2942

Agenda für den prakt. Photographen. Hrsg. von J. Krüger und O. Spamer. 1. Jahrg. 1862. 2 Thle. Schreib-, Notiz- und Merk-Kalender. Nebst Hülfs- und Nachschlagebuch zum tägl. Gebrauch und Jahrbuch der Erfahrungen und Fortschritte auf dem Gebiete der Photographie, Panotypie und Stereoskopie. gr. 16. (XI und 430 S.) Leipzig 861(62,) Spamer. geb. *

— — Herausg. v. K. de Roth u. O. Spamer. 2. u. 3. Jahrg. f. 1863 u. 64. Ebend. 16. (365; 357 S.) Jed. Jahrg. n. 1 ℛ

— für den praktischen Photographen. 4. Jahrg. Schreib-, Notiz- u. Merk-Kalender f. 1865. Jahrbuch der Erfahrungen u. Fortschritte auf dem Gebiete der Photographie, Pannotypie u. Stereoskopie. Nebst Hülfs- u. Nachschlagebuch zum tägl. Gebrauch. Leipzig 865. Spamer. 16. (337 S.) n. 1 ℛ

Agenda sacra, das ist: Kirchen-Ordnung, zum heiligen Gebrauch der herrmannstädtischen, wie auch der übrigen evangelischen Kirchen in Siebenbürgen, von neuem übers., verm. u. aufgelegt. — Herrmann-Stadt 1748: Sardi. 325 S. 1:Dr 17430. 300: 24 H 55.
2.2956

Agenda de la Sage-Femme [pour] 1905 (*Umschlag: Ag' des Sages-Femmes), suivi d'un Aide-mémoire par le Dr G[uillaume] Rossier.... Avec un Avant-Propos de M. le Professeur Dr [Otto] von Herff-von Salis ⟨Bâle⟩. ⟨3e année.⟩ X [+ 224] + 82 p. 8. Genève, Soc. Suisse d'Édition S. A., 1905. [relié] fr. 1. 50
*Forts. von:* Agenda ... et Aide-mémoire de la Sage-Femme....

**Agenda scholastica oder Vorschläge ... zur Einrichtung und Erhaltung guter Schulanstalten ...** [Hrsg.: Joh. Friedr. Hähn.] Bd 1–10.
Berlin: Realschulbuchhdlg. 1749–52. 7
( Forts. u. d. T.: Nova agenda scholastica. Leipzig 1765 ff.

Agenda secundum ritum ecclesiae Swerinensis correcta. Die Agende d. Diözese Schwerin von 1521. Hrsg. von Pfarrer Dr. Albert Schönfelder. Paderborn: F. Schöningh 1906. (XXV, 107 S.) 8° [J. u. Ant.] = **Bibliothek,** Liturgische. Bd 2. [06. 13418 S

**Agenda (für alle Tage des Jahres). 16. (188 S.) [Esslingen 881, Langguth's Buchdruckerei.] Dresden, Barth und Schirrmeister. geb. ***

— f. alle Tage d. Jahres. gr. 16. (366 S.) Kaiserslautern 893. A. Gotthold. Geb. in Leinw. n. 1. 50

Agenda therapeutica. Neuere Medicamente und Arzneiverordnungen zusammengestellt von Privatdocent Dr. Heinrich Paschkis. Wien. 1900. [In Comm.] Hölder. 8°. 105 S. K 2.—

Agenda. J. Manuscript für Brr. F Mr. (von Osw. Marbach). Leipzig (853.) Weinedel in Comm. 8. (VIII, 311 S.) nn. 1 ℛ 10 ngr

— — 2. verm. Aufl. Leipzig (856.) Wienbrack. 8. (VIII, 200 S.) n. 16 ngr

Agenda, J., s. Marbach, Osw.

Agend-Buch, oder christliche Kirchen-Gebräuche und Gebätter, wie die in der Kirche zu Basel an Sonn- und Werck-Tagen bey Predigten, Kinderlehren und Bättstunden ... gehalten und geübet werden. — Basel 1752: Thurneysen. 148,32 S. 1:Dr 7650.
2.3055

**Agendbuch, Neues,** für die Nürnbergischen Kirchendiener. Nürnb. 1801. V: *Junge, Christian Gottfried.* (will) (MGT)

Agend-Büchlein für die nürnbergische Kirchendiener in der Stadt und auf dem Lande. — Nürnberg 1755: Fleischmann. 140 S. 1:Dr 13510.
2.3062

— [Ausz.] Auszug aus dem anno 1755 neu aufgelegten Agend-Buch für die nürnbergische Kirchen-Diener. — Nürnberg 1784. 4° 7.
2.3064

Agende s.a. Agenda

**Agende.** Zum Handgebrauch f. Evang. Geistliche bei allen Amtshandlungen. 8. (VIII u. 251 S.) Berlin 847, Bessers Verlag. (Frz. Duncker.) n. 2/3 ℛ, geb. n. 5/6 ℛ

Die älteste Agende des Bistums Münster. Mit Einl. u. Erl. als Beitrag zur Liturgie- u. Kulturgeschichte hrsg. von Richard Stapper. Im Anh.: 1. Ein münstersches Domrituale. 2. Vier Lichtdrucktaf. — Münster: Regensberg 1906. VI,147 S.
1:4° Dq 9522. 12:4° Liturg. 618 h. 300:442.124–B.
2. 3. 5. 6. 7. 102.
2.2965

**Agende** bei Begräbnißfeierlichkeiten. [Aus: „Agende f. d. evangelisch-luther. Landeskirche d. Königr. Sachsen".] Hrsg. v. dem evangelisch-luther. Landes-Consistorium zu Dresden. gr. 8. (III, 75 S.) Leipzig 880. Pöschel & Trepte. n. 1. —; geb. n. 2. —

Agende f. Begräbnisfeierlichkeiten. Hrsg. v. dem evangelisch-luther. Landeskonsistorium zu Dresden. 2. Aufl. (III, 87 S.) 8. Leipzig 906. Pöschel & Trepte. Geb. in Ldr. n. 2. 40
Sonderabdruck aus: „Agende f. die evangelisch-luther. Landeskirche des Königr. Sachsen".

**Agende** für Dorfschulmeister ... [ca. 1784]. V: *Masius (recte Meese), Johann Nicolaus* (später *Gottfried Lebrecht*). (MGT)

Agende, evangelische. Hrsg. von dem evangel. Kirchenverein des Westens. gr. 8. (VI und 364 S.) New-York 857(58.) (Philadelphia, Schäfer und Koradi.) geb. *

Evangelische Agende für das Herzogtum Anhalt. Nebst e. Anh. — Dessau 1881: Reiter. 232 S. 1:Dr 7204.
2.2967

— (1. 2.) Dessau 1907: Dünnhaupt. 291 S.
1. Gottesdienste.
2. Heilige Handlungen. 1:4° Dr 7206.
2.2968

Evangelisch-lutherische Agende. Hrsg. von Christian Friedrich v. Boeckh. Th. 1.2 [nebst] Zugabe. — Nürnberg: Sebald 1870–73.
1. Die öffentlichen Gottesdienste.
2. Die kirchlichen Handlungen.
Zugabe u. d. T.: Boeckh, Christian Friedrich v.: Vierzehn agendarische Passions-Andachten. 1873.
1 [$^{\infty}$Zugabe]: Dr 2265. 12:4° Liturg. 30ed–1/3.
2.2969

Agende, evangelisch-lutherische, oder sogen. Wittenberger, bestehend aus der Allgemeinen Beichte, der Absolution und dem Allgemeinen Kirchengebet, dem Tauf-, Abendmahls-, Ordinations-, Traungs- und Begräbnisformular, sowie aus den Epistel- und Evangelienkollekten für alle Sonn-, Fest- und Feiertage durchs ganze Kirchenjahr nebst einem agendar. Anhang. Zum Druck befördert von der evangelisch-luther. Immanuelsynode Südaustraliens als Festgabe zur Jubiläumsfeier des 50jähr. Bestehens der evangelisch-luther. Kirche Australiens 1838—1888. 4. (VIII, 252 S. mit 1 Titelbild.) Breslau 887, (Dülfer.) *

Agende für christliche Gemeinden des evangel.-luther. Bekenntnisses. Aus den luther. Agenden der k. preuß. Provinz Sachsen zusammengestellt und für den Gebrauch in Kirche und Haus geordnet von Gust. Schubring. gr. 8. (VIII und 332 S.) Halle 856(57,) Mühlmann. *

Agende für christl. Gemeinden d. luther. Bekenntnisses. Hrsg. v. Wilh. Löhe. Schmal gr. 4. (34¾ B.) Nördlingen 844, Beck'sche Buchh. 1 Thlr. 15 Ngr., Schrbp.
Vgl.: Sammlung liturg. Formulare.

Agende für die evangelisch-lutherischen Gemeinden im Russischen Reiche. — o.O. (1832). 96,XIII S.
12:4° Liturg. 30cr. 2. 8.
2.2973

Agende für die evangelisch-lutherischen Gemeinden im Russischen Reiche. [Nebst] Musicalische Beil. — St. Petersburg 1835: Buchdr. d. Dirigirenden Senats. VI, 178,13 S. 8.
2.2974

— Ebd. 1844. VI,177,13 S. 8.
2.2975

— St.-Petersburg 1879: Golicke. 173,13 S. 8.
2.2976

Agende für die evangelisch-lutherischen Gemeinden im Russischen Reiche. Rev. im Auftr. der livländ. Provincial-Synode d. Jahres 1883. (Als Ms. gedr.) — Dorpat 1884: Laakmann. 21 S. 8.
2.2977

— Rev. im Auftr. d. livländ. Provinzial-Synode d. Jahres 1883. [1.]2[nebst] Musikalischer Anh. — Dorpat 1885–86: Laakmann. 4° 8.
2.2978

Agende für die evangelisch-lutherischen Gemeinden im Russischen Reiche. Th. 1.2 [nebst] Musikbeil. — St. Petersburg 1898: Golicke. 1: Dr 26075. 9 [$^{\infty}$Musikbeil.]
2.2979

Agende zum Gebrauch beim Gottesdienst evangelisch-luther. Gemeinden. Herausg. von einigen Pastoren der ev.-luther. Kirche in Preußen. Sorau 854. (Liegnitz, Reisner.) 4. (VIII, 95 S.) nn. 20 ngr

Agende f. d. Heer. 2 Tle. (D. Gemeindegottesdienste. — Kirchl. Handlgn.) gr. 4. (III, 191, 44 u. 92 S.) Berlin 897. E. S. Mittler & Sohn. n. 5. —; geb. in Halbldr. n.n. 8. 25; m. Goldschn. n.n. 9. 50; in Ldr. m. Goldschn. n.n. 13. 50

Agende f. d. Heer. Anhang f. S. M. Schiffe. gr. 4. (15 S.) Berlin 898. E. S. Mittler & Sohn. Geb. in Leinw. n. 1. 60 (Hauptwerk m. Anh. u. Musikanh. [16 S.] n. 6. 60; geb. in Halbldr. n.n. 9.85; m. Goldschn. n.n. 11. —; in Ldr. m. Goldschn. n.n 15. —

Agende f. Kindertaufe, Nottaufe, Trauung, Krankenkommunion u. Begräbnis. 8. (III, 108 S.) Hannover 902. H. Feesche. Geb. in Leinw. n.n. 1. 50; in Ldr. n.n. 2. —; in Chagrinldr. m. Goldschn. n.n. 2. 75
Sonderabdruck aus: „Agende f. d. ev.-luth. Kirche der Prov. Hannover".

Agende für die evangelische Kirche. Herausgeg. von Carl F. Tyszka. 8. Berlin 843, Besser. n. ⅔ Thlr — In Leinwand geb. n. ⅚ Thlr

Agende. — Agende für die evangelische Kirche in den Königlich Preußischen Landen. Nach Maßgabe des gegenwärtigen Bedürfnisses überarb. u. vervollst. von K[arl] A[ugust] Dächsel. — Berlin: Berggold 1880. X,344 S.
1: Dr 15618.
2.2985

— für die evangel. Kirche in den königl. Preuß. Landen. Mit besonderen Bestimmungen u. Zusätzen für die Provinz Brandenburg. (v. Dr. Eylert, Ehrenberg u. a.) 2 Thle. gr. 4. Berl. 829. (Mittler). 2 Thlr 16 gGr

— [Nachtr.] Nachtrag zu der erneuerten Kirchen-Agende, insbesondere für die Provinz Brandenburg. — [Berlin 1829: Dieterici.] 71 S. 1:4° Dr 15253. 10. 11.
2.2988

— f. d. evangelische Kirche in den Königl. Preußischen Landen v. 1829. Mit besond. Bestimmgn. u. Zusätzen f. die Prov. Brandenburg. Neudruck. gr. 4. (XVI, 90; 15 u. 86 S.) Berlin 887. Mittler & Sohn. n.n. 7. —

—— für die evangelische Kirche in den königl. preußischen Landen von 1829. Mit besond. Bestimmungen und Zusätzen für die Prov. Brandenburg. 4. (233 S.) Berlin 888, Mittler und Sohn.

Agende für die evangelische Kirche in den Königlich Preußischen Landen. Mit bes. Bestimmungen für das königliche Krieges-Heer. — Berlin 1829: Dieterici. Getr. Pag. 1:4° Dr 15118. 4. 11.
2.2989

Agende für die evangelische Kirche in den Königlich Preußischen Landen. Mit bes. Bestimmungen u. Zusätzen für die Provinz Pommern. — Berlin 1829: Dieterici. Getr. Pag. 1:4° Dr 15255. 2. 4. 9. 11.
2.2990

— [Nachtr.] Nachtrag zu der erneuerten Kirchen-Agende, insbesondere für die Provinz Pommern. — [Berlin 1829: Dieterici.] 38 S. 1:4° Dr 15257. 10. 11.
2.2991

Agende für die evangelische Kirche in den Königlich Preußischen Landen. Mit bes. Bestimmungen u. Zusätzen für die Provinz Posen. — Berlin 1832: Dieterici. Getr. Pag.
1:4° Dr 15259. 2. 4. 11.
2.2992

— für die evangelische Kirche in den königl. preuß. Landen von 1832. Mit besond. Bestimmgn. u. Zusätzen f. die Provinz Posen. gr. 4. (XVI, 223 S.) Berlin 879. Mittler & Sohn. n.n. 6. 50

Agende für die evangelische Kirche in den Königlich Preußischen Landen. Mit bes. Bestimmungen u. Zusätzen für die Provinz Preußen. — Berlin 1829: Dieterici. Getr. Pag.
1:4° Dr 15276. 4. 11. 102P.
2.2993

– Berlin: Mittler 1879. XVI,88 S. 4° 2. 10.
2.2994

Agende für die evangelische Kirche in den Königlich Preußischen Landen. Mit bes. Bestimmungen u. Zusätzen für die Provinz Sachsen. — Berlin 1829: Dieterici. Getr. Pag. 1:4° Dr 15280. 2. 3. 4. 10 [defekt]. 11.
2.2997

— Dies., mit besonderen Bestimmungen u. Zusätzen f. d. Provinz Sachsen. 2 Theile. (v. Dr. Eylert, Westermaier u. a.) gr. 8. Berl. 829. Mittler. 2 Thlr 16 gGr

Agende für die evangelische Kirche in den Königlich Preußischen Landen. Mit bes. Bestimmungen u. Zusätzen für die Provinz Schlesien. — Berlin 1829: Dieterici. Getr. Pag. 1:4° Dr 15284. 4. 9. 10. 11.
2.2998

— Ebd. 1887. LXVI,84 S. 4° 2.
2.2999

Agende für die evangelische Kirche in den Königlich Preußischen Landen. Mit bes. Bestimmungen u. Zusätzen für die Provinz Westphalen und die Rhein-Provinz. Berlin 1834: Dieterici. Getr. Pag. 1:4° Dr 15292. 5. 11.
2.3001

— T. [1.]2. Berlin 1879: Mittler. 4° 2. 5.
2.3002

— für die evangelisch-lutherische Kirche in Bayern. 4. (IV u. 364 S.) München 852, Literar.-artist. Anstalt. n. 1 Thlr 24 ngr

— [Anh.] Musikalischer Anhang zur Agende der evangelisch-lutherischen Kirche in Bayern. 3., rev. u. ergänzte Aufl. — Erlangen: Blaesing 1907. XXX,174 S.
12:4° Bavar. 68-3.
2.3006

— Musikalischer Anhang zur Agende für die evangelisch-lutherische Kirche in Bayern. Rev. u. ergänzte Aufl. des musikalischen Anhangs zum Agendenkern von 1856. — [Nürnberg:] Allg. Pfarrwittwenkasse; Erlangen: Deichert [in Komm.] 1883. XX,142 S.
12:4° Liturg. 30ed-4.
2.3007

— f. die evangelisch-lutherische Kirche in Bayern. Rev. u. ergänzte Aufl. 2 Tle. 4. Ansbach 901. Nürnberg, Administration der allgemeinen Pfarr-Witwenkasse. n.n. 5. —
1. Die öffentlichen Gottesdienste. (X, 287 S.) n.n. 3. —
2. Die hl. Handlungen. (IV, 172 S.) n.n. 2. —

— f. d. evangel.-luther. Kirche d. Herzogt. Braunschweig. 4. (V, 330 S.) Wolfenbüttel 895. J. Zwißler. n. 11. —; geb. in Ldr. m. Goldschn. n. 18. —

**Agende** für die evangelisch-lutherische Kirche der Provinz Hannover. *Hannover 1901: Schlüter.* (VII, 320 S.) 8° [F.]
(o3. sanga 7

Agende für die evangelisch-lutherische Kirche in Hessen. Entwurf auf Grund der althessischen „Agenda, das ist Kirchenordnung etc." von 1574. — Cassel 1894: Hof- & Waisenhaus-Buchdr. XIV,231 S. 4°
4.
2.3012

Agende für die evangelisch-lutherische Kirche in Preußen. T. 1.2. — Leipzig 1886: Pöschel & Trepte (2: Gotthold-Exp. in Komm.)
1. Die Gottesdienstordnung.
2. Die kirchlichen Handlungen.
1:4° Dr 15634.
2.3013

— für die evangelisch-lutherische Kirche im Fürstenth. Schwarzburg-Rudolstadt. 2 Thle. 4. (XIV, 310; V, 181 S.) Leipzig 887. (Rudolstadt, Müller.)

Agende für die evangelisch-lutherische Kirche im Hamburgischen Staate. — Hamburg 1890: Lütcke & Wulff. 96 S.
1:Dr 9666.
2.3014

— für die evangel.-protestant. Kirche im Großhrzgth. Baden. gr. 4. (24 B.) Karlsruhe 830, Groos. *

Agende der evangelisch-reformierten Kirche im Fürstentum Lippe. Neue Ausg. — Detmold 1908: Bruder. 164 S.
1:4° Dr 11754. 12:4° H. ref. 820a-1.
2.3017

Agende für d. evangel. Kirchen, s. a. G: Ch. B. Busch.

Agende für evangelische Kirchen, besorgt von Gabriel Christoph Benjamin Busch. — Sondershausen & Nordhausen: Voigt 1821. XVI,384 S.
1:Dr 1240.
2.3019

Agende für evangel. Kirchen. schmal gr. 4. (17½ B.) München 830, Literarisch-artist. Anstalt.

— für evangel. Kirchen. 2., verm. u. verb. Ausg. Schmal 4. (24 B.) München 844, Literar.-artist. Anstalt. *

Agende für die evangelisch-lutherische Kirchengemeinschaft im Konsistorialbezirk Cassel. Entwurf auf Grund der althessischen „Agenda, das ist Kirchenordnung etc." von 1574. — Cassel 1895: Hof- & Waisenhausbuchdr. X, 335 S. 4°
4.
2.3022

— [Nebst] Musikal. Anh. Cassel 1896-97: Hof- & Waisenhaus-Buchdr. (Anh.: Röttger).
1 [∞ Musikal. Anh.]: 4° Dr 10395. 4.
2.3023

**Agende** für die evangelisch-lutherische Kirchengemeinschaft im Konsistorialbezirk Cassel. *Cassel 1896: Hof- & Waisenh.-Buchdr.* (341, 6 S.) 4° [F.]
(o2. 9008 4

— Auszug aus der Agende für die evangelisch-lutherische Kirchengemeinschaft im Consistorialbezirk Cassel. — Cassel 1897: Hof- & Waisenhaus-Buchdr. 137 S.
1:Dr 10396/6.
2.3024

Agende für die evangelisch-reformierte Kirchengemeinschaft in Hessen. (Entwurf.) — Cassel 1895: Hof- & Waisenhaus-Buchdr. 264 S. 4°
4.
2.3027

Agende für die evangelisch-reformierte Kirchengemeinschaft im Konsistorialbezirk Cassel. [Nebst] Erg. — Cassel 1896-1919: Hof- & Waisenhaus-Buchdr.
Vollst. . 1: Agende = 4° Dr 10394; Erg. = Dr 10394/3.
[∞ Erg.] . . . . . . . . . . . . . . . . 4. 6.
2.3025

— Auszug aus der Agende für die evangelisch-reformierte Kirchengemeinschaft im Consistorialbezirk Cassel. — Cassel 1897: Hof- & Waisenhaus-Buchdr. 127 S.
1:Dr 10396/5.
2.3026

Agende für die evangelisch-unierte Kirchengemeinschaft im Konsistorialbezirk Cassel. — Cassel 1896: Hof- & Waisenhaus-Buchdr. 290,6 S. 1:4° Dr 10396. 4.
2.3028

Auszug aus der Agende für die evangelisch-unierte Kirchengemeinschaft im Consistorialbezirk Cassel. Cassel 1897: Hof- & Waisenhaus-Buchdr. 130 S.
1:Dr 10396/7.
2.3029

Agende für die unierte Kirchengemeinschaft im Konsistorialbezirk Cassel. (Entwurf.) — Cassel 1895: Hof- & Waisenhausbuchdr. VI,287 S. 4°
4.
2.3030

Agende der hannoverschen Kirchenordnungen. Mit historischer Einl. . . . hrsg. von Ludw[ig] Adolf Petri. — Hannover: Hahn 1852. V,167,88 S.
1:Dr 10020. 12:4° Liturg. 512m. 4. 5. 7. 8.
2.3031

Agende für Krankenkommunion, Begräbnis und Nottaufe. Zsgest. von Gerhard Uhlhorn. — Hannover: Feesche 1889. 64 S.
7.
2.3050

Entwurf. Agende für die evangelische Landeskirche. Berlin: Mittler 1894. X,240 S.
1:4° Dr 15672. 2. 3. 4. 5. 7. 9. 10. 11.
2.3032

— f. d. evangel. Landeskirche. 2 Tle. m. Musik-Anhang. gr. 4. Berlin 895. E. S. Mittler & Sohn. n. 4. —; geb. in Halbldr., d. Einlagen z. 1. Bd. in Futteral n.n. 7.25; m. Goldschn. n.n. 8.50; in Ldr. m. Goldschn. n.n. 12.50
1. D. Gemeindegottesdienste. (193 S. u. 11 Einlgn. à 4 S.) Einzelpr. n. 2.80; geb. in Halbdr., d. Einlgn. i. Futteral n.n. 4.60; m. Goldschn. n.n. 5.30; i. Ldr. m. Goldschn. n.n. 7.30; 11 Einlgn. all. n. —50; jede derselben —10.
2. Kirchliche Handlgn. (102 S.) Einzelpr. n. 1.20; geb. i. Halbdr. n.n. 2.65; m. Goldschn. n.n. 3.20; i. Ldr. m. Goldschn. n.n. 5.20. — Musik-Anhang. (16 S.) Einzelpr. n. —20; i. Skytogen-Umschlag n. —40.

— f. d. evangel. Landeskirche, Musik-Anhang dazu. gr. 8. (6 S.) Neubrandenburg 896. C. Brünslow. —10

— dasselbe. B. evang. Ober-Kirchenrat veranstalt. Hand-Ausg. f. d. Gemeindegottesdienste. 4. (IV, 111 u. 44 S. in kl. 4.) Ebd. 895. n. 1.25; geb. i. Halbdr. n.n. 2.75; m. Goldschn. n.n. 3.25; in Ldr. m. Goldschn. n.n. 4.60

— dasselbe. B. evang. Ober-Kirchenrat veranstalt. Hand-Ausg. f. d. kirchl. Handlgn. 8. (75 S.) Ebd. 895. n. —50; geb. in Leinw. n.n. 1.10; m. Goldschn. n.n. 1.60

— dasselbe. 2 Tle. m. Musik-Anhang. Ausg. f. d. Provv. Pommern u. Westfalen. gr. 4. Ebd. 895. à n. 4.20; geb. i. Halbldr., d. Einlgn. z. 1. Bd. in Futteral à n.n. 7.40; m. Goldschn. à n.n. 8.60; in Ldr. m. Goldschn. à n.n. 12.70
1. D. Gemeindegottesdienste. (Ausg. f. Pommern. 204 S.; f. Westf. 202 S. u. je 11 Einlgn. à 4 S.) Einzelpr. n. 3. —; geb. i. Halbldr., d. Einlgn. i. Futteral n.n. 4.80; m. Goldschn. n.n. 5.50; i. Ldr. m. Goldschn. n.n. 7.50; 11 Einlgn. allein n. —50; jede derselben —10.
2. Kirchl. Handlgn. (Ausg. f. Pommern u. f. Westf. à 103 S.) Einzelpr. n. 1.25; geb. i. Halbldr. n.n. 2.70; m. Goldschn. n.n. 3.25; i. Ldr. m. Goldschn. n.n. 5.25. — Musik-Anhang. (16 S.) Einzelpr. n. —20; i. Skytogen-Umschlag n. —40.

— dasselbe. Ausg. f. d. Provv. Pommern u. Westfalen. 4. (Ausg. f. Pommern IV, 121 S.; f. Westf. 120 S. u. je 44 S. in kl. 4.) Ebd. 895 à n. 1.25; geb. i. Halbldr. à n.n. 2.75; m. Goldschn. à n.n. 3.25; in Ldr. m. Goldschn. à n.n. 4.60

— dasselbe. Ausg. f. die Provv. Pommern u. Westfalen. 8. (Ausg. f. Pommern u. f. Westf. à 77 S.) Ebd. 895. à n. —50; geb. in Leinw. à n.n. 1.10; m. Goldschn. à n.n. 1.60

Agende für die evangelisch-lutherische Landeskirche in Mecklenburg-Strelitz. — Neustrelitz [um 1900]: Bohl. 62 S. 1:Dr 12760.
2.3039

Agende für die evangelisch-lutherische Landeskirche im Fürstenthum Reuß jüngere Linie. Th. 1.2. — Leipzig 1887: Pöschel & Trepte.
1. Die Ordnung des Gottesdienstes.
2. Besondere gottesdienstliche Handlungen. 1:Dr 16104.
2.3040

Entwurf einer Agende für die evangelisch-lutherische Landeskirche des Königreichs Sachsen. Bearb. von d. evangelisch-luther. Landes-Consistorium zu Dresden. — Leipzig 1878: Pöschel & Trepte. 11.
2.3042

— für die evangelisch-lutherische Landeskirche d. Königr. Sachsen. (Hrsg. v. dem evangelisch-luther. Landes-Consistorium zu Dresden.) 2 Thle. 4. (XIV, 304 u. V, 168 S.) Leipzig 880. Pöschel & Trepte. n. 9. —; geb. m. Goldschn. n.n. 16. —

— dasselbe. Ausg. f. den Handgebrauch. gr. 8. (XII, 248 S.) Ebend. 881. n. 3. 60; geb. n. 4. 50

— für die evangelisch-lutherische Landeskirche im Königr. Sachsen. 2 Tle. 2. Aufl. Lex.-8. Leipzig 906. Pöschel & Trepte. n. 10. —; geb. in Ldr. m Goldschn. n.n. 17. 50
1. Ordnung d. Gottesdienstes nebst musikal. Teile. (XIV, 322 S.)
2. Besondere gottesdienstliche Handlungen. (V, 15· S.)

— dasselbe. Ausg. f. d. Handgebrauch. Hrsg. v. dem evangel.-luther. Landeskonsistorium zu Dresden. 2. Aufl. (XII, 255 S.) gr. 8. Ebd. 906. n. 4. —; geb. in Leinw. n. 4. 80

Agende für die evangelisch-lutherische Landeskirche des Fürstentums Schaumburg-Lippe. — Bückeburg 1899: Grimme. 186 S. 1:4° Dr 11748.
2.3047

Agende für die evangelisch-lutherische Landeskirche des Fürstenthums Schwarzburg-Sondershausen, hrsg. vom Fürstl. Kirchenrath. Th. 1.2. — Leipzig 1887: Pöschel & Trepte.
1. Die Ordnung des Gottesdienstes.
2. Besondere gottesdienstliche Handlungen. 1:4° Dr 17334.
2.3048

—— leipziger, für 1852. Adressen-Kalender für Fremde und Einheimische. 16. (VII und 184 S. mit einem Grundriss des Theaters und des Concertsaales im Gewandhause in Holzschn., einem Orientirungsplan von Leipzig und einer Karte seiner Umgebung in Kpfrst. und 4.) Leipzig 852, Weber. *

Agende für Missionsfeste evangelischer Gemeinden lutherischen Bekenntnisses. (Von Aug. Schwenck.) 4. (V und 13 S.) Darmstadt 867, (Würtz.) *

Agende für Missionsfeste evangelischer Gemeinden lutherischen Bekenntnisses. (Von Aug. Schwenck.) Darmstadt 868. Würtz in Comm. 4. (V, 13 S.) n. 6 ngr

Agende, die neue, u. das Evangelium. Zugleich e. Erörterung d. Oberkirchenräthlichen Belehrung. Mannheim, 859. Löffler. gr. 8. (24 S.) 3 ngr

Agende nach den Ordnungen der evangelisch-lutherischen Kirche der Provinz Hannover. Zsgest. von Gerhard Uhlhorn. [Nebst] Nachtr. — Hannover: Feesche 1889–95. 1:Dr 10060. 8 [= Nachtr.] 7.
2.3049

— über die Preußische, oder Prüfung der Dr. Eylertschen Schrift, über d. Werth u. die Wirkung derselben. Sendschreiben eines protestant. Geistlichen aus Rheinbaiern an seinen Amtsbruder in Baiern. gr. 8. Nürnb. 831. Riegel u. W. 8 gr

Agende, die, der Diözese Schwerin v. 1521, s.: Bibliothek, liturgische. II.

— für die hl. Taufe u. Krankenkommunion. Hrsg. vom evangelisch-luther. Landeskonsistorium zu Dresden. 2. Aufl. (IV, 94 S.) 8. Leipzig 906. Pöschel & Trepte. Geb. in Leinw. n. 2. —
Sonderabdruck aus: „Agende f. die evangelisch-luther. Landeskirche des Königr. Sachsen".

Agende für die heilige Taufe, Krankencommunion und Begräbniß. Auszug aus der Agende für die evangelisch-lutherische Landeskirche im Fürstenthum Reuß jüngere Linie. — Leipzig 1887: Pöschel & Trepte. IV,64 S. 1:Dr 16103.
2.3041

— f. d. heilige Taufe, Krankencommunion u. Begräbniß. Auszug aus der Agende f. die evang.-luther. Kirche im Fürstenth. Schwarzburg-Rudolstadt, hrsg. v. fürstlichen Kirchenrath. gr. 8. (IV, 64 S.) Leipzig 887. (Rudolstadt, Müller.) n.n. 1. 50

— für die heilige Taufe, Krankencommunion u. Trauung. [Aus: „Agende f. die evangelisch.-luther. Landeskirche d. Königr. Sachsen".] gr. 8. (IV, 155 S.) Ebend. 881. n. 1. 50; geb. n. 2. 20

Agende für die Todten-Feier. Alljährlich stattfindend am Versöhnungstage, am achten Tage des Suckoth-, am achten Tage des Pesach- und am zweiten Tage des Schewuoth-Festes in der Synagoge zu Königsberg i. Pr. Veranstaltet vom Israelitischen Verein für Krankenpflege und Beerdigung. — Königsberg 1866: Rosbach. 8 S. 10.
2.3052

**Agendenbuechlein.** — Agendenbüchlein, enthaltend die liturgischen Formulare bei Taufe, Confirmation, Beichte, Abendmahl und Trauung. Hrsg. von Friedr[ich] Wilh[elm] Bodemann. — Hannover: Feesche 1877. 16 S. 7.
2.3056

Agenden-Kampf, der. Zuschrift eines protestantisch-katholischen Dechants an einen evangelisch-protestantischen Dekan, Agende betreffend. 8. Stuttg. 830. Metzler. 8 gr

**Agendenkern.** — Agenden-Kern für die evangelisch-lutherische Kirche in Bayern. Mit vorangestellter Ordnung u. Form des Hauptgottesdienstes an Sonn- u. Festtagen. — Nürnberg: Allg. Protestantische Pfarrwittwenkasse 1856. VIII,284 S.
Spätere Ausgaben s. *Agende* für die evangelisch-lutherische Kirche in Bayern. 1901 u. 5.
12:4° Liturg. 30g. 9.
2.3066

Agenden-Kern für die evangelisch-lutherische Kirche in Bayern. Mit vorangestellter Ordnung u. Form des Hauptgottesdienstes an Sonn- u. Festtagen. Rev. u. ergänzte Aufl. [Entwurf.] 4. [VIII, 304 S.] Ansbach 877. (Erlangen, Deichert.) n. 4. —

Agent, der. Erzählung nach dem Leben, s. a. Hausfreund, Hamburger.

Agent, der. Wochenblatt für Industrie, Stellen-, Geschäfts- und Capital-Vermittlung. Jahrg. 1867. 52 Nrn. (Bog.) Fol. Dresden, Wallerstein'sche Buchh. *

Agent, der. Centralblatt f. die gegenseitigen Interessen d. Agentur-, Commissions- u. Engrosgeschäfte, sowie Fabrikanten aller Branchen. 1. Jahrg. Octbr. 1880 bis Septbr. 1881. 52 Nrn. (B.) gr. 4. Leipzig, Liebernickel. n. 8. —

**Agent,** der. Organ f. die wirtschaftl. u. rechtl. Interessen der Agenten. Red.: E. Haering. Oktbr. 1902—Septbr. 1903. 24 Nrn. (à Nr. ca. 16 S.) hoch 4. Berlin, Industrieller Verlag H. G. M. Bürgel. n. 6. —

**Agent,** der. Organ f. Fabrikanten u. Agenten des In- u. Auslandes. Red.: Ferd. Dorsch 2. u. 3. Jahrg. 1903 u. 1904 à 24 Nrn. (à ca. 24. S.) hoch 4. Berlin, Industrieller Verlag. à Jhrg. n. 6. —
Jahrg. 1903 ist v. E. Haering redigiert.

— dasselbe. Red.: Ernst Schmidt. 4. Jahrg. 1905. 24 Nrn. (724 S.) 4. Ebd. n. 7. 50

— dasselbe. 5. Jahrg. 1906. 1. Halbj. 12 Nrn. (356 S.) 4. Ebd. n. 3. 75
Fortsetzung, s.: Importeur u. Agent.

**Agent, der neubestellte,** von Haussaus. Freyburg [Leipzig] 1704—1708. V: *Stubel, A.* (wr)

**AGENT**, Der neu-bestellte, von Haus aus mit allerhand curieusen Missiven, Brieffen, Memoralien, Staffeten, Correspondencen und Commissionen nach Erforderung der heutigen Staats- u. gelehrten Welt. (Hrsg. von Andreas Stiefel, auch Stübel gen., geb. zu Dresden 1653, † 1725 als emeritirter Konrektor der Thomasschule in Leipzig.) 3 Fonctionen à 12 Depeschen. Mit vielen Kupfern. Freyburg (Leipzig, Groschuff) 1704—1707. 8°. (30 Mk., Expl. in 3 Prgtbdn., Leo Liepmannssohn, Berlin, 1907.)
Goedeke III, 227 No. 86 erwähnt dieses compilatorische Werk nicht, das nach Art einer periodischen Zeitschrift über alle Ereignisse berichtet; daher wichtig für die Zeitgeschichte in Politik, Cultur u. Literatur aller Länder Europas u. Amerikas. Die Kupfer stellen Portr., Ansichten von Städten, Schlachten, Wappen, Münzen, Curiositäten etc. dar.
Weller, fing. Druckorte, hat „1704—8".

**Der neu bestellte Agent von Hauss aus, mit allerhand curieusen Missiven, Brieffen, Memoralien, Staffeten ...** [Hrsg.: Andreas Stübel.] 3 Funktionen zu je 12 Depeschen. Freyburg: J. G. Wahrmund (d. i. Leipzig: Groschuff) 1704–09. 8° 12, 14
ℭ Anf. u. d. T.: Aufgefangene Briefe. Leipzig 1699 ff.
ℭ Forts. u. d. T.: Der mit Staats- Friedens- Krieges-Affairen beschäftigte Secretarius. Leipzig 1710 ff.

**Aeger**, Carl, haben wir e. petrinische Kirche zu erwarten od. die von Herrn v. Döllinger u. Andern prophezeite johanneische? Eine Skizze. gr. 8. (23 S.) Augsburg 873. Kranzfelder. n. — 30

**Aeger**, C., haben wir e. petrin. Kirche zu erwarten od. d. v. Herrn v. Döllinger u. A. prophezeite johannische? 8°(23).– Augsb. 1875, Kranzfelder.

**Aeger**, Karl, s. a. Aeger, Carl

**Aeger, Karl:** Moralphilosophie nach christlichen Principien. — Schaffhausen: Hurter 1873. 192 S. **102.** 2.232

**Agerer, F.**, über magnetische Drehung der Polarisationsebene des Lichtes in Salzlösungen u. Bestimmung der absoluten magneto-optischen Konstanten f. Wasser. (28 S.) gr. 8. Wien 905. (A. Hölder.) n. — 60
Sonderabdruck aus: „Sitzungsber. d. k. k. Akad. d. Wiss."

–, dass. – Wien (1905) Gerold.

**Agerius**, Aulus, u. Numerius **Negidius**, üb. d. preuß. Strafjustiz. Zwei Aufsätze a. d. „Preuß. Jahrbüchern". gr. 8. Berlin 896. H. Walther. n. 1. —
I. A., d. Einfluß d. Staatsanwaltschaft i. d. preuß. Justiz.
II. N., Aulus Agerius u. d. preuß. Staatsanwaltschaft. (49 S.)

**Agerius**, Aulus, die Wege des Königthums. Ein Vortrag. Danzig, 864. Kafemann. gr. 8. (20 S.) 3 *ngr.*

**Agerley, Matthias,** Medizinalprakt.: Aus d. psychiatr. u. Nervenklinik zu Kiel. Zur Symptomatologie und Pathologie der Tumoren der grossen Ganglien. Berlin 1910: G. Schade. 22 S. 8°
Kiel, Med. Diss. v. 1. Juli 1910, Ref. Siemerling
[Geb. 15. Sept. 83 Blans; Wohnort: Blans; Staatsangeh.: Preußen; Vorbildung: Gymn. Flensburg Reife O. 04; Studium: Berlin 2, München 1, Leipzig 1, Kiel 6 S.; Coll. 2. Juli 09; Approb. 1. Juni 10.]

**Agéron.** Die practische Verwendung der Mosquera-Fleisch-Präparate in der Massen- u. Volksernährung. Hrsg. bei Gelegenheit d. internation. Ausstellg. f. das Rothe Kreuz zu Leipzig, Febr. 1892 v. d. Mosquera Julia Food Co. gr. 8. (10 S.) Lpz. 892, (Verlag d. Reichs-Medicinal-Anzeigers, B. Konegen.) — 25
Aus: Reichs-Medicinal-Anzeiger, besonders abgedruckt.

**Agéron**, Eduard (Appr. Arzt aus Gräfensteinberg): Beiträge zur Anatomie, Histologie und Physiologie der Ligamenta uteri rotunda beim Neugebornen ... München, K. Hof-u. Univ.-Buchdr. v. Dr. C. Wolf & Sohn, 1886; 38 S. u. 2 Taf. 8°
München, Med. Fak., Inaug.-Diss. v. 23.1.1886.

**Ageron**, Thdr., die Hoheit d. geistlichen Hirtenamts. Synodal-Predigt über Apost.-Gesch. 20,28., geh. am 12. August 1863 in Weissenburg a/S. Weissenburg, a/S., Meyer. gr. 8. (24 S.) 3 *ngr.*

**Aegerter**, L.: Karte d. Allgäuer - & Lechtaler Alpen. Westl. Hlfte. Hrsg. v. deut. u. österr. Alpen-Ver. 1:25,000. 82 x 54 cm. 1907. Wien, 1906. (Münch., J. Lindauer). Östl. Hälfte. 78,5 x 56 cm. 1907.

**Aegerter**, L.: Karte d. Ankogel-Hochalmspitzgruppe. Terrainstich v. H. Rohn. 1:50,000. (SA) 34,5 x 55,5 cm. Farbdr. Wien, 1909. (Münch. , J. Lindauer).

**Aegerter**, L.: Karte d. Brentagruppe. Terrainstich v. H. Rohn. Hrsg. v. deut. u. österr. Alpen-Ver. 1:25,000. (SA) 86,5 x 55 cm.– Wien 1908 (Münch., Lindauer J.)

**Aegerter**, L.: Karte d. Langkofel- u. Sellagruppe. 1:25,000. 40,5 x 64,5 cm. Farbdr. Wien 1904. (Münch., J. Lindauer.)

**Aegerter**, L.: Karte d. Marmolatagruppe. 1:25,000. 57 x 88,5 cm. Kpfrst.– Wien 1905. (Münch., J. Lindauer.)

**Agg**, J. Verhandlungen und Debatten der Konvention der Republik Pennsylvanien um Verbesserungen der Konstitution vorzuschlagen. Harrisburg 1837–39. 14 Bde.

**[Hebr.]** Aggâdat Estēr ... 'im be'ârôt ... mimmenni Šelômo Buber ... *Kraka: J. Fischer 567 l. p. k.* [A. T.:] Agadische Abhandlungen zum Buche Ester nach e. Hs. aus Jemen hrsg. u. m. Anm. vers. v. Salomon Buber. *Krakau: J. Fischer 1897.* (XII, 84 S.) 1 Bd 8. [90. 660

Die Diwâne der Regezdichter El'aggâg [al-'**Aǵǵâǵ**, 'Abdallâh Ibn-Ruba at-Tamîmî] und Ezzafajân [az-Zafajân Abul-Mirqâl 'Aṭa Ibn-Usaid at-Tamîmî] hrsg. von W[ilhelm] Ahlwardt. *Berlin: Reuther & Reichard 1903.* (LXV, 67, 100 S.) 8°
= Sammlungen alter arabischer Dichter. 2. [04. 194

Das erste Gedicht aus dem Dîwân des arabischen Dichters Al-'**Aǵǵâǵ**. Nach den Hs. von Constantinopel, Kairo u. Leiden hrsg. v. Dr. Maximilian Bittner, Assist. d. Oriental. Inst. d. k. k. Univ. Wien. *Wien: A. Hölder 1896.* (13, 50 S., 1 Bl.) 1 Bd 8. [96. 1986

**Aggermann, Jos.**, die elektrischen Scheinwerfer in militär-elektrischer Anwendung. Behelf f. Offiziere aller Waffen. Mit 16 Fig.-Taf. (II, 100 S.) gr. 8. Wien 908. L. W. Seidel & Sohn. 5. —

**Die vermeintliche Aggression** der röm.-kath. Kirche. Offener Brief an Herrn Dr. Schenkel aus Heidelberg, mit Beziehung auf dessen am 15. Sept. 1857 im evang. Bunde zu Berlin gehaltenen Vortrag. Von R. N. Regensburg, Manz (jetzt Verlagsanst.), 1857, gr. 8°, 28 S., 40 P.

**d'Aghonne**, Mle, in unlösbaren Bänden, s.: Welchert's Wochen-Bibliothek.

**d'Aghonne, L. M.**, les droits de l'amour. 5 Vols. (Bibliothèque choisie. Vols. 696—700.) 16. (773 S.) Naumburg 864, Pätz.

**Agjahardus, W.**, Deutsche Worte aus zwei Jahrtausenden. gr. 8. (95 S.) Prag 902. G. Neugebauer. n. 1. 80

**Agiaris** Keserve. Becs. 1772. V: *Bessenyei, Gg.* (Ranschburg 82/210) (Biblport)

**Agib.** Ein Märchen aus 1001 Nacht, in stenograph. Schrift übertr. v. Vieweger. 8. (20 S.) Breslau 880. Aderholz. n. — 30

„Aegide". Reise-Institut für Deutschland-Schweiz. Reise-Handbuch für eine. die interessantesten Punkte der Centralschweiz umschliessende ... Rundreise .... [Mit 2 colorierten Tafeln und 2 Karten.] 8. Zürich 1872.

**Aegidi, s.: Staatsarchiv, das.**

**Aegidi,** Staatsrechtler. 1867 s. *Aegidi*, Ludwig Karl.

**Aegidi,** August. Ern. (geb. Danzig 30. 1. 1790): De pilorum anatomia physiologia, pathologia, et therapia. Berolini (1810). (42 S.) 8°
Berlin, Med. Diss. v. 29. März 1810

**Aegidi,** Car. Julius (geb. Kiauten 14. 5. 1794): De ruptura perinaei. Berolini (1810). (46 S.) 8°
Berlin, Med. Diss. v. 5. Apr. 1819

**Aegidi, L. K.,** Staatsrechtler. 1865 s. *Aegidi,* Ludwig Karl.

**Aegidi, Ludwig:** Prolog. Zur Feier des allerhöchsten Geburtsfestes Seiner Majestät des Deutschen Kaisers Wilhelm des Zweiten von Preussen. ⟨Gedichtet von Ludwig Aegidi.⟩ — Godesberg 1889. 2 Bl. 1:2° Yo 22985.
2.234

**Aegidi, Ludwig Karl** [Hrsg.] s. *Aktenstuecke* zur deutsch-dänischen Frage aus den Jahren 1861–1863. 1863 u.ö.

— Allerseelen. Ein Vorspiel von Ludwig Helfenstein [d. i. Ludwig Karl Aegidi]. — Gotha: F. A. Perthes (1884).
1:Ys 23468.
2.235

Ad avdiendam orationem de periodis historiae ivris Germanorvm pvblici definiendis pro aditv mvneris prof. ord. in ordine ... ivrecons. vniversitatis Fridericiae Gvilelmiae Rhenanae d. XXIX m. Ivl. ... habendam ... invitat Lvdovicvs Karolvs **Aegidi** ... Inest: Commentatio [lingua patria conscripta] de art. IV et VI instrvmenti pacis Pragensis. Bonnae, form. C. Georgi 1869. 20 S. 4. ¶ Erschien zugleich selbständig bei Marcus in Bonn *u. d. T.:* Die Mainlinie. Ein Beitrag zur Interpretation des Prager Friedens.

[—] Alter Ego. Eine Studie zu Shakespeare's Kaufmann. — Hamburg: Boyes & Geisler 1862. XIV,17 S.
1:Zc 8297. 7. 10.
2.236

— Zur Feier des 18ten März. Rede im Namen u. Auftrag des Akademischen Gymnasium u. der Gelehrten- u. Real-Schule des Johanneums, geh. am 17. März 1863. — Hamburg: Boyes & Geisler 1863. 16 S. 1:Sp 1639.
2.237

— — 2. Aufl. Ebd. 1863. 7.
2.238

[—] Zur Fragestellung über Staat und Kirche. Eine Stimme aus dem Jahre 1858. — Berlin: Allg. Deutsche Verlagsanst. 1876. 59 S.
1:Flugschr. 1876-8. 12:Pol. g. 325n. 5. 11.
2.239

— Frei Schiff unter Feindes Flagge. Urkundliche Darstellung der Bestrebungen zur Fortbildung des Seerechts seit 1856, auf Veranlassung der Bremer Handelskammer hrsg. von Ludwig Karl Aegidi u. Alfred Klauhold. — Hamburg: Meissner 1866. XXXVIII,166 S. (Staatsarchiv. 10, Beil.)
1:Qe 5301–10, Beil. 12: J. publ. E. 413x–11.
300:406.669–B. Bd 10. 4. 6. 7. 8. 9. 10. 11. 83.
2.240

Aegidi, Ludw. Karl, der Fürstenrath nach dem Lüneviller Frieden. Eine reichsrechtliche Abhandlung. Berlin 853. G. Reimer. gr. 8. (XIV, 1 Bl., 331 S. und 1 Tab. in Fol.) n. 1 ₰ 20 ngr

Aegidi, L. K., das deutsche Fürstenthum, s. a. Vorträge u. Abhandlungen, gemeinnützige.

— Das deutsche Fürstenthum. Vortrag. — Berlin: Janke (1881). 16 S.
Aus: Deutsche Revue. 6,5.
(Gemeinnützige Vorträge und Abhandlungen. 7.) 2.
2.242

— Unser Akademisches Gymnasium. Ein ausseramtliches Programm des Rectors L. K. Aegidi. — Hamburg: Boyes & Geissler 1865. 15 S. 4° 7.
2.243

Aus dem Jahr 1819. Beitrag zur deutschen Geschichte, (nebst urkundlicher Beilage, die Registratur über die in der 35. Sitzung der Bundesversammlung vom 20. September 1819 zu § 220 abgegebenen (geheim gehaltenen) – Abstimmung enthaltend (v. Ludwig Karl **Aegidi**). Hamburg 1861. (Verzeichniss der Vorlesungen 1861/62.) 4°
– Separatabdruck. Hamburg 1861. 4°

— Aus dem Jahr 1819. Beitrag zur deutschen Geschichte. — Hamburg: Boyes & Geisler 1861. IV,38 S.
Ersch. auch als Progr. Hamburg 1861.
1:4° Rz 7511. 12: 4° Germ. g. 0f. 300:173.507–C.
3. 5. 7. 8. 10. 11.
2.244

— — 2. verm. Aufl. Ebd. 1861. VI,185 S.
1:Rz 7512. 2. 3. 4. 5. 6. 7. 8. 9.
2.245

[—] Der deutsche Kern der italienischen Frage. — Leipzig: Veit 1859. 41 S. 1:Qo 3337. 7. 8.
2.246

— Die Krisis des Jahres 1866. Aktenstücke, die Vorgänge in Deutschland und Italien betreffend. Von L. K. Aegidi u. A[lfred] Klauhold. — Hamburg: Meissner 1867.
Aus: Staatsarchiv. 11.12. 1:Qo 3824. 8.
2.247

— u. Alfred Klauhold: Die Krisis des Zollvereins urkundlich dargest. — Hamburg: Meissner 1862. (Staatsarchiv. 3, Beil.)
1:Qe 5301-3, Beil. 12: J. publ. E. 413x–3.
300:112.034–C. 89.
2.248

— die Mainlinie. Ein Beitrag zur Interpretation d. Prager Friedens. Bonn 869. A. Marcus. 4. (20 S.) n. 7½ ngr.

[—] Preussen und der Friede von Villafranca. Ein Beitrag zur neuesten deutschen Geschichte. — Berlin: G. Reimer 1859. 37 S.
1:Flugschr. 1859–35. 12:Germ. g. 556–47.
300:177.188–B. 2. 4. 5. 6. 7. 8. 9. 10. 11.
2.250

**Aegidi, Ludwig Karl:** Zur Propaganda der national-konstitutionellen Partei. Von einem freimüthigen Widersacher der Revolution. Anh.: Wählen oder nicht wählen? (Verf.: S. September [d. i. Ludwig Karl Aegidi].) — Berlin: G. Reimer 1849. XIV,71 S.
1:Rz 9522 [u.] Flugschr. 1849–178. 12: J. publ. G. 597k.
7. 9. 10. 11.
2.251

—— Rede zur Einführung in die Professur der Geschichte am Akademischen und Real-Gymnasium der freien und Hansestadt Hamburg, gehalten in der Aula, den 25. Oktober 1859. gr. 8. (22 S.) Hamburg 859, Nolte und Köhler. *

—— zur Reform des Seekriegsrechts. Aus dem amtl. stenograph. Bericht der Reichstags-Verhandlungen vom 18. April 1868. Mit Vorwort. gr. 8. (VI, 35 S.) Berlin 868, Kortkampf. *

— Der Rothbart. Trauerspiel in 5 Aufz. von Ludwig Helfenstein [d. i. Ludwig Karl Aegidi]. ⟨1844 und 1871.⟩ ⟨Den Bühnen gegenüber Manuscript.⟩ — Bonn: Marcus 1871. 128 S. 1:Ys 16836. 12: Heysearchiv XI–9,1. 5.
2.253

—— die Schluß-Acte der wiener Ministerial-Conferenzen zur Ausbildung und Befestigung des deutschen Bundes. Urkunden, Geschichte und Commentar. 4 Lfgn. gr. 8. (1. und 2. Lfg. 452 S.) Berlin 860, G. Reimer. *
Vgl.: Staatsarchiv, das.

Abth. 1. Die Urkunden. 1860.
Abth. 2. Geschichte der Wiener Schluß-Acte.
Lfg 1. (einz.) Von Carlsbad nach Wien. An der Schwelle der Conferenzen. Der Gang der Verhandlungen. 1869.

(Aegidi, Ludwig Karl). Gegen die Signatura temporis. Von einem freimüthigen Widersacher der Revolution. Berlin, G. Reimer 1849. 162 S. 8.

— Bundesrechtliche Studien. Manuskript. — Erlangen 1857. 98 S.
Aus: Deutsches Staatswörterbuch. Bearb. v. Bluntschli u. Brater. 3.
1:Gv 20803. 4. 11.
2.256

[—] Suum cuique. Eine Denkschrift über Preussen. — Leipzig: Engelmann 1859. 74 S.
1:Sw 10830. 12: Bor. 189w. 2. 6. 7. 8.
2.257

Aegidi, L. K., Teutschland u. Deutschland. Untergang d. alten u. Anfang d. neuen Gemeinwesens unsrer Nation. Bericht über den am 7. Janr. 1867 zu Schleswig gehalt. Vortrag. [Aus d. „Flensburger Norddeutschen Zeitung."] Flensburg 867. Herzbruch. 16. (8 S.) n. 1 ngr.

Der ungarische Verfassungsstreit urkundlich dargestellt. Beilage zu dem Staatsarchiv v. Ludwig Karl Aegidi u. Alfred Klauhold. (Bd. 3.) Hamburg. 1862. 8°.

— das Verhältniß der Turner u. Turnvereine zur Politik. (Aus der „Norddeutschen Turnzeitung.") Hamburg, 863. Boyes & Geisler. gr. 8. (16 S.) 2½ ngr.

[—] Vorwände und Thatsachen. Ein Beitrag zur Kritik der Opposition gegen den Handelsvertrag vom 2. August 1862. Berlin: G. Reimer 1862. 47 S.
1:11 in Fg 525. 12: Merc. 252d. 7. 8. 11.
2.260

— Aus der Vorzeit des Zollvereins. Beitrag zur deutschen Geschichte. — Hamburg: Boyes & Geisler 1865. 132 S.
Ersch. auch als Progr. Hamburg 1865/66.
1:4° Gz 11260. 12:4° Merc. 1m. 2. 3. 4. 5. 8. 10. 11.
2.261

— Woher und Wohin? Ein Versuch, die Geschichte Deutschlands zu verstehen. — Hamburg: Boyes & Geisler 1866. 31 S. 1:Rz 10440. 11.
2.262

— — 2. Aufl. Ebd. 1866. 31 S.
12:Germ. g. 10h. 7. 10.
2.263

— — 3. Aufl. Ebd. 1866. 31 S. 11.
2.264

— — 4. Aufl. Ebd. 1866. 37 S. 4.
2.265

Aegidi, L. K. (Hrsg.), s. Zeitschrift für deutsches Staatsrecht...

**Aegidi, Ludwig Karl** [Hrsg.]
[—] Zeitung aus und über Utopia. — Hamburg: Boyes & Geisler 1866. 23 S. 12: J. publ. G. 927-26. 7.
2.266

Ægidia, Wohltun trägt Zinsen. Mädchenspiel in einem Aufzug. [Christliche Schul- und Vereinsbühne. 106. Bd.] 8°. (21 S.) Linz a. D.: Presseverein 1908. K —.23

**Aegidia, die alte Hanne, s.a. Schul- u. Vereinsbühne, christl. 19.**

Schwester Aegidia, Die alte Hanne Lustspiel in 2 Aufzügen. [Christl. Schul- und Vereinsbühne. Nr. 19.] 8°. (16 S.) K —.24

Verlag des katholischen Pressevereines in Linz-Urfahr 1904.

**Aegidius, Summa, s.a. Quellen zur Geschichte des römisch-kanonischen Prozesses im Mittelalter. 1. 6/7.**

Die Summa des Magister **Aegidius**. (Hrsg. von Dr. Ludwig Wahrmund.) Innsbruck: Wagner 1906. (XIII, 27 S.) 4°(8°)
— **Quellen** z. Geschichte d. römisch-kanon. Processes im Mittelalter. Bd 1, H. 6. [06. 1330 3

**Aegidius Assisiensis, beatus, Dicta, s.: Bibliotheca Franciscana ascetica. III.**

Aegydius von Assisi, des seligen, Leben u. goldene Sprüche. Bearb. nach d. Bollandisten v. Friedr. Pösl. gr. 8. (5¼ B.) Paßau 841, [Ambrosi's Buchh.]

Aegidius von Assisi, Leben und goldene Sprüche. Nach den Bollandisten bearbeitet von Fr. Pösl (Redemptorist). 2e verb. Aufl. (1e 1844) 8. Paßau 1847. Ambrosi. 6 Ngr. — 21 kr.

**Aegidius** Corboliensis: Carmina medica. Ad fidem ms. cod. et vet. ed. rec., notis et ind. illustr. Ludovicus Choulant. — Lipsiae: Voss 1826. XLII,215 S.
1: Xc 3524. 12: P. o. lat. 5b. 300: •44 Mm 18. 2. 3. 4. 5. 7. 10. 11.
2.277

Egidii Corboliensis Viaticus de signis et symptomatibus aegritudinum. Nunc primum ed. Valentinus Rose. — Lipsiae: Teubner 1907. XXX,125 S. (Bibliotheca scriptorum Graecorum et Romanorum Teubneriana.)
1: Xc 3528. 12: P. o. lat. 5bd. 2. 3. 5. 6. 7. 11.
2.286

— Ebd. 1907. XXX,125 S. (Bibliotheca scriptorum medii aevi Teubneriana.)
300: 429.235-A. L. S. Med. aev. 25. 4. 9. 10.
2.287

Aegidii de Fuscarariis quaestiones de jure canonico, s. Collectio scriptorum de processu canonico.

**Aegidius** a Sancto Ferdinando: Andächtige Betrachtungen ... vom ... Leyden und Sterben ... Jesu Christi. — Breslau: Hilse 1729. 191 S. 2.
2.298

— — Breslau: Hilse 1730. 191 S. 2.
2.299

Agilon, Gualterus
s. **Gualterus** Agulinus. [11. 13659

v. Aegina, P., s. Hippokrates, Abhandl. über d. Fisteln.

**Agincourt, Jean Baptiste Louis George Séroux d'** s.a. *Séroux* d'Agincourt.

**d'Agincourt, J. B. L. G. Seroux, Denkmäler der Architectur, Sculptur und Malerei, s. Sammlung von Denkmälern der Architectur.**

d'Agincourt, J. B. L. G. Seroux. Sammlung von Denkmälern der Architektur, Sculptur und Malerei vom IV. bis zum XVI. Jahrhundert. Redigirt von **A. Ferd. von Quast** und **Stüler.** Mit 328 Kupfertafeln. 1 Bd. Text, 2 Bde. Tafeln. Berlin (184c)

Agincourt Sd', Sammlung der vorzügl. Denkmäler der Architektur, vorzugsw. in Italien vom 4.-16. Jahrhundert. (73 T) fol Text 4° Frankfurt a. M.-Berlin

Agincourt Sd', Sammlung der vorzüglichsten Denkmäler der Skulptur vom 4. bis 16. Jahrhundert. (51 T) fol Text 4° Frankfurt a. M. Berlin

**Agino** und Edgar, die Tapfern bei Tschesme oder die Goldprobe der Freundschaft. Nach dem Franz. frei übersetzt von Johannes Selbstdenker. Hamb. 1838. V: *Anderssen, Johann Friedr. Wilhelm.* (schr)

**Agio.** — 800 000 Thlr. Agio oder: das Statut der „Berliner Handels-Gesellschaft" unter dem Secirmesser der Wahrheit. Eine Warnungstafel für Kaufleute. — Berlin: Bernhardt 1856. 15 S. 1: Fg 9403-4. 11.
2.3131

**Agioreglement.** — Agio-Reglement, nach welchem es in Pommern und Rügen bis ... 1762 ... gehalten werden soll. — Stralsund (1762): Struck. 8 S. 2° 9.
2.3133

**Agioreserve, die, d. österreichisch-ungarischen Bank.** (Der sogen. „Kursgewinn d. österr.-ungar. Bank a. ihrem Goldschatze".) E. Studie z. Währungs- u. Bankfrage. 4. (VI, 222 S.) Wien 898. A. Hölder. n. 4. —

**Aegir, s.: Arminius an Publikus.**

**Aegir-Serie.** 1.—4. Bd. 8. Stuttgart, R. Lutz. à n. 2. 50; geb. in Leinw. à n. 3. 50
1. Seemannshumor. Geschichten u. Schwänke v. der Wasserkante. Von W. W. Jacobs. 1. Sammlg. (357 S.) 901.
2. dasselbe. 2. Sammlg. (V, 372 S.) 901.
3. Abenteuer des Kapitäns Kettle. Von C. Hyne. Autoris. Uebersetzg. v. Hans Lindner. 1. Sammlg. Mit 12 Vollbildern. (352 S.) 902.
4. Südseegeschichten. Von Louis Becke. Autoris. Uebersetzg. v. Hans Lindner. 1. Sammlg. (348 S.) 902.

**Aegir-Serie.** 5. u. 6 Bd. 8. Stuttgart 903. R. Lutz. à n. 2. 50; geb. à n. 3. 50
5. Abenteuer des Kapitäns Kettle. Von C. Hyne. Autoris. Uebersetzg. v. Hans Lindner. 2. Sammlg. Mit 8 Vollbildern. (312 S.)
6. Obersteuermann Trunnell. Seeroman. Von J. Hains. Autoris. Uebersetzg. v. Frdr. Meister. (299 S.)

**Agis, König zu Sparta. Trsp. 8. 751.**

Agis, König in Sparta. Ein Trspl. in 5 Aufz. 8. ... 752. ... 2K

— Dass., s. J. Aug. Chr. Zarnack.

**Agitation, Die,** in Jena im April 1848. Jena 1848. V: *Ortloff, Friedr.* (Ky) (Wa)

Die Agitation im Eisenacher Oberland gegen den Wucher. Von einem Bauernfreund im Eisenacher Oberland. — Berlin: Germania 1878. 28 S. 1:1 in Gf 3000.
2.3140

Die protestantenvereinliche Agitation in der lutherischen Landeskirche Hannovers von H. H. — Hannover: Feesche 1875. 76 S. 7.
2.3141

**Agitation, die protestantenvereinliche,** in der lutherischen Landeskirche Hannovers, nach ihrem bisherigen Verlauf und Resultat dargestellt und beurtheilt von H. H. gr. 8. (76 S.) Hannover 876, Feesche. *

**Agitation, protestantische, gegen die Jesuiten, s.a. Flugschriften, katholische, zur Wehr u. Lehr.**

Protestantische Agitation gegen die Jesuiten. Beleuchtet durch einige der neuesten Vorkommnisse. — Berlin (1891). (Katholische Flugschriften zur ‚Wehr u. Lehr'. 20.)
1: Di 9254-20. 12: Polem. 1008 p-20.
2.3142

Die Agitationen des Augustenburgers und seiner Partei. Ein Mahnruf an die Bevölkerung Schleswig-Holsteins.– Kiel 1865. 8°

Agitations-Bibliothek, genossenschaftliche. Nr. 1. 8. Berlin (O. 17, Goßlerstr. 16) 906. Verlag „Der Genossenschafts-Pionier". n. — 20
Heimarbeit u. Genossenschaftswesen. Vortrag anläßlich der Heimarbeits-Ausstellg. zu Berlin am 6. II. 1906 im Saale des Gewerbegerichts geh. Von Slm. Katzenstein. (24 S.)

— gewerkvereinliche. Nr. 1. gr. 8. Düsseldorf 905. (Buchhandlg. Gewerkverein.) n. — 80
Kraftprobe im Ruhrgebiet. Von Ant. Erkelenz. 1.—5. Tauf. (75 S.)

Sozialdemokratische Agitations-Bibliothek. Zeitbilder aus d. Klassenstaat. 1.Berlin: Vorwärts. 1904. 8°

Agitations-Bibliothek (Socialdemokratische). Zeitbilder aus dem Klassenstaat. I—XI. gr. 8°. Berlin, Buchhdlg. Vorwärts, 1905/08.

Agitations-Bibliothek, sozialdemokratische. Zeitbilder aus dem Klassenstaat. I. gr. 8. Berlin, Buchh. Vorwärts. —. 20.
I. Arenberg, Prinz, u. die Arenberge. (47 S.)

Agitations-Bibliothek, sozialdemokratische. Zeitbilder aus dem Klassenstaat. II. gr. 8. Berlin, Buchh. Vorwärts. —. 20.
II. Zukunftsstaat, der, der Junker. Manteuffeleien gegen die Sozialdemokratie im preuss. Herrenhaus am 11. u. 13. V. 1904. Mit Einleitg. u. Anmerkgn. v. K. Eisner. (48 S.)

Agitations-Bibliothek, sozialdemokratische. Zeitbilder aus dem Klassenstaat. III. gr. 8. Berlin, Buchh. Vorwärts. —. 20.
III. Klassenkampf, der, im Ruhrrevier. (47 S.)

Agitations-Bibliothek, sozialdemokratische. Zeitbilder aus dem Klassenstaat. gr. 8. Berlin, Buchh. Vorwärts.
IV. Ausnahme-Gesetz, das neue, gegen die Bergarbeiter. Aktenmässige Schilderg. des vom preuss. Klassenparlament u. vom Zentrum gegen die Bergarbeiter verübten Verrats. (63 S.) —. 20.

Agitations-Bibliothek, sozialdemokratische. Zeitbilder aus dem Klassenstaat. 8. Berlin, Buchh. Vorwärts.
V. Massenstreik, der politische, u. die Sozialdemokratie. (63 S.) —. 20.

Agitations-Bibliothek, sozialdemokratische. Zeitbilder aus dem Klassenstaat. gr. 8. Berlin, Buchh. Vorwärts.
VI. Sozialistentödter Bülow im deutschen Reichstag. Aus den Verhandlgn. des deutschen Reichstages üb. den Etat 1907. (132 S.)* —. 25. — VII. Abrechnung, e., m. dem Reichslügenverband. Aus den Verhandlgn. des deutschen Reichstags vom 15. u. 19. III. 1907. (94 S.) —. 20.

VII. Abrechnung, e., m. dem Reichslügenverband. Aus d. Verhandl. d. deutsch. Reichstags v. 15. u. 19. III. 1907. (94 S.) 907. (VII.) — 20

Agitations-Bibliothek, sozialdemokratische. Zeitbilder aus dem Klassenstaat. gr. 8. Berlin, Buchh. Vorwärts.
VIII. „Sodom u. Gomorrha". Der Prozess der Königsmacher. (16 S.) —. 10.
21*

Agitations-Bibliothek, sozialdemokratische. Zeitbilder aus dem Klassenstaat. gr. 8. Berlin, Buchh. Vorwärts.
9. Bebel, Die Reichstagswahlen des J. 1907 u. die politische Lage. Rede auf dem sozialdemokrat. Parteitage in Essen. (29 S.) '07. —. 20. — 10. Bebel, A., Der nationalliberale Parteitag u. die Sozialdemokratie. Rede. (31 S.) '07. —. 20.

10. Bebel, Aug., der nationalliberale Parteitag u. die Sozialdemokratie. Rede in der Volksversammlg. vom 16. X. 1907 in „Kellers Festsälen" in Berlin. (31 S.) 907. (X.)

Agitations-Bibliothek, sozialdemokratische. gr. 8. Berlin, Buchh. Vorwärts.
XI. Wahlrecht u. Wahlrechtsdemonstration vor dem deutschen Reichstage. Aus den Verhandlgn. des deutschen Reichstages vom 22. I. 1908. (32 S.) —. 20.

Agitations-Bibliothek, sozialdemokratische. Zeitbilder aus dem Klassenstaat. gr. 8. Berlin, Buchh. Vorwärts.
XII Regiment, das persönliche, vor dem deutschen Reichstage. Die Verhandlgn. des deutschen Reichstages vom 10. u. 11. XI. 1908. (128 S.) —. 25.

Agitator. – Berlin: 1870 - 1871.

**Der Agitator. Wochenschrift.** [Hrsg.: Ecks.] Jg. 1–?
Berlin: Expedition 1875– ? 8°
( Vorh. u. d. T.: Lassalle'sche Wochenzeitung (Westentaschenzeitung) für Arbeiter. Jg. 1874/75.

Agitator: Jahrgang 1, no. 1, June 15, 1893–?
Labor monthly. Sub-title: Den Interessen der Arbeiterklasse des Staates New Jersey gewidmet. Octavo, each issue 12 pages. Published by Arbeiter Publishing Association. Printed by Elizabethport Printing Co.
Elizabeth, NJ

**Agius** Monachus: Das Leben der Hadumod, erster Aebtissin des Klosters Gandersheim ... beschr. von ihrem Bruder Agius, in Prosa und Versen, aus d. Lat. übertragen von Friedrich Rückert. — Stuttgart: Liesching 1845. 74 S.
Im Exemplar von ? Erscheinungsvermerk übergekl. Gütersloh: Bertelsmann.
1: Dw 11440. 12: V. SS. 356. 2. 3. 7. 11.
2.3146

*Αγκυλιώνος, Θεοδώρου. τῶν περὶ Ἰσοκράτη ζητήσεων βιβλίον πρῶτον, ἐκδοθέν.* gr. 4. *Ἐν Ῥοδολφουπόλει* 876. (Berlin, Mayer & Müller.) n. 1. 20

Aglaga, s. Aglaja

**AGLAJA,** eine Philosophie für das schöne Geschlecht. Frankfurt a. M. 1795. 8°. (½ Thlr.) Gebhard u. K.
Bibl. Bülov. II. 2. p. 305.

**Aglaia. Jahrbuch für Frauenzimmer auf d. J. 1801–1803.** [Hrsg.: Nic. Pater Stampel.] Jg. 1–3.
Frankfurt a. M. (Heidelberg: Mohr) 1801–03. 12°

Aglaga, Taschenbuch. 1r — 19r Jahrg. 1815 — 33. Mit Kpf. 16. Wien 814 — 32. Wallishauser. à Jahrg. 3 fl 12 kr. 1 — 3. J. Neue wohlf. Ausg. 832. Mit 18 Kpf. Ebd. 4 fl.

— — dasselbe in Pariser Velinpb. jed. Jahrg. à 3 Rthl. 18 Gr.

Aglaja, Sammlung von romant. und histor. Erzählungen, von Karamsin. Aus d. Russ. übers. von F. v. Biedenfeld. 8. Leipzig, Brockhaus. 819.

**Aglaja,** Bilder aus der Jugendwelt. Hamburg 1834. V: *Hoffmann, Peter Friedrich Ludwig.* (schr)

Aglaja, Auswahl des Neuesten u. Interessantesten a. d. schönen Literatur aller Völker. Handbibliothek zur Unterhalt. u. Erheiterung. 1. Jahrg. 1. Bd. 1. Lfg. gr. 8. (6 B.) Stuttgart 841, Wachendorf's Verlbuchh.

Aglaja. Auswahl des Neuesten u. Interessantesten aus d. schönen Literatur aller Völker. Handbibliothek z. Unterhaltung u. Erheiterung. I. Jahrg. 1841. 1. Bd. 2. Lfg. gr. 8. (6 B.) Stuttgart 842, Wachendorf's Vrlsh. *

Aglaßinger, Jh. Nep., Versuch, die urbanischen Anlaitsfälle sowohl bei Intestat- als Testaterbschaften, u. deren Veränderungen gründlich berechnen zu können. 8. Salzb. 787. Duyle. 5 kr.

Aegler, Hans. Sunnsite. Bärndütschi Rymli vom A'-H'. [Umschlag illustriert.] IV + 104 S. 8. Bern, K. J. Wyss, 1909. [fr. 2. —]

Aegler, Joh[ann]. Neue Lieder. Zweistimmig. Viertes bis sechstes Schuljahr. 14 S. 8. Bern, K. J. Wyss, 1901. [fr. —. 30]

Aegler, Joh[ann]. Märchen, Sagen und Bilder. Ein Buch für die Jugend. Mit Bilderschmuck von K[arl] Gehri [4 Tafeln]. 154 S. 8. Bern, K. J. Wyss, 1903. [geb. fr. 3. —]

Agmann, Adf., In kurzer Zeit Bauchredner! Prakt. Anleitg. z. erfolgr. Selbstunterr. i. d. Bauchredekunst. Nebst e. Anh.: D. Nachahmen v. Tierstimmen, Musikinstrumenten u. and. Prakt. Regeln, Uebungsvorträge, Täuschungsstücke. 8. (VI, 89 S.) Stuttgart 898. Schwabacher. n. 1. 20

Agmann, Adf., der Schattenspiel-Künstler. Vollständ. Anleitg. z. Erlerng. der Schattenspielkunst. Nebst 22 hochkom. Scenen z. erfolgr. Aufführg. in Familie, Gesellschaft u. Verein. Mit 60 vom Verf. gezeichn. Illustr. 8. (VI, 169 S.) Stuttgart (900). Schwabacher. n. 2. —; geb. in Leinw. n. 2. 50

**Agner, Carl Friedrich** (Penig), Semiotices medicae generalia commentata. Präs. Carl Christian Krause. Lpz. (Klauberth & Langenheim's Erben) 17. III. 1780. 40 S. (5.—) 112

— **Christian Georg** (Merseburg), De cessione beneficii competentiae et alimentorum exinde provenientium. Diss. jur. Präs. Georg Andr. Joachim. Lpz. (Joh. Christian Langenheim) 9. VI. 1733. 40 S. (5.—) 113
Gew.: Gg. Carl Pflugk (Ehrenhayn), Georg Pflugk (Heuckewalde).

**Agner, Johann Samuel:** Das mit ausgebreiteten Händen vor dem sächsischen Friedens-Altare auf seinen Knien liegende Zeitz wurde ... 1746 ... in der Nachmittags-Predigt aus Psalm 147, v. 12-14 ... betrachtet. — Zeitz: Hucho (1746). 22 S. 4° 3.
2.3220

**Agnes**, oder die kleine Braut vom heil. Sakrament, s. Erzählungen, katholische.

**Agnès**, ou la petite joueuse de luth; drame par l'auteur des Oeufs de Pâques. Mit 5 Steindr. 12. Paris et Strassb. 832. Levrault. 5 ggr mit ill. Abbildd. 5/12 Rthlr.

Agnes, Taschenbuch f. d. gebildete Lesewelt auf d. J. 1839 u. 40. gr. 12. Rawicz 839. Magazin f. Buchh. ꝛc. (Loebell.) à 1½ Rthlr.

**Agnes**, von der Wiege bis zum Grabe begnadigt zu einem Leben in Gebet und Treue, zu einem Sterben in fester Hoffnung einer sel. Auferstehung von den Todten in Christo Jesu. (Herausg. von Thal und Krak.) Berlin 855. W. Schultze. 16. (96 S.) n. 5 ngr

Agnes v. Castro. Trspl. 8. Augsb. 771. Klett. 4 ggr

**Agnes** und Claire; von der Verfasserin der Familie Walberg. Görlitz 1816. V: *Gersdorf, Charlotte Eleonore Wilhelmine von.* (MGT) (schl)

Agnes und Claire, von W. v. Gersdorf. 8. Görlitz, Anton. 816.

Agnes, die seltene Dulderin. Ein psycholog. Versuch z. Lösung d. Aufgabe in Nr. 130 d. Theater-Zeitung 1820: „Wie konnte eine übrig. musterhafte Frau ohne Gewissensverletzungen v. ihrem Manne entweichen?" 2., unveränd. Aufl. 8. (16¾ B.) Neustadt a. d. O. 833, (Wagner.) Thlr.
Erläuterung hierzu, s. Briefe ꝛc.

Agnes, die standhafte Dulderinn, od. d. Kraft d. Religion u. d. Gebets, schwere Leiden zu lindern. Nach ein. wah. Begebenheit zur Erläut. ein. philosoph. Theorie bearb. 8. (17 B.) Leutschau 828. (Leipzig, Reclam.)

— auf Falkenstein, oder d. rasche That mit ihren Folgen. Trspl. in 4 Aufz. 8. Halle 793. Hendel. 8 ggr

**Agnes, Gräfin von Habsburg**; ein Schauspiel. Grätz 1788. V: *Kalchberg, Johann Edler von.* (Ky) (MGT)

— Gräfin v. Habsburg. Schspl. (von Jh. v. Kalchberg). 8. Grätz 788. Müller. 3 ggr

Agnes, die heilige, Jugendpatronin. Ein Lehr- und Betbuch für christl. Jungfrauen von einem kathol. Priester der Diözese Münster. 1. und 2. Aufl. 12. (299 S.) Donauwörth 880,82, [Buchh. des kathol. Erziehungsvereins.] Auer.
geb. * ℳ 1,60.; * ℳ 2. und *

Agnes, die heil., Jugendpatronin. Ein Lehr- und Gebetbuch für christl. Jungfrauen von einem kathol. Priester der Diözese Münster. 3. und 4. Aufl. 16. (350 S.) Donauwörth 886,87, Auer.

Agnes, die hl., Jugendpatronin. Ein Lehr- u. Gebetbuch f. christl. Jungfrauen v. e. kathol. Priester der Diözese Münster. 5. Aufl. 16. (IV, 350 S. m. 1 Farbendr.) Donauwörth 893. L. Auer. Geb. in Leinw. n. 1.50

Agnes, die hl., Jugendpatronin. Ein Lehr- u. Gebetbuch f. christl. Jungfrauen v. e. kathol. Priester d. Diözese Münster. 8. Aufl. 16. (456 S. m. 1 Farbdr.) Donauwörth (901). L. Auer. Geb. in Leinw. n. 1.20

**Agnes, die hl.**, Jugendpatronin. Ein Lehr- u. Gebetbuch f. christl. Jungfrauen, v. e. kathol. Priester der Diözese Münster. 11.—15. Aufl. (à 456 S. m. 1 Farbdr.) 16. Donauwörth 903—906. L. Auer. Geb. in Leinw. n. 1.20; m. Goldschn. n. 1.60 u. wattiert n. 2.50

**Agnes, die hl.**, Jugendpatronin. Ein Lehr- u. Gebetbuch f. christl. Jungfrauen v. e. kathol. Priester d. Diözese Münster. 16.—18. Aufl. (à 456 S. m. 1 Farbdr.) 16. Donauwörth (907—09.) L. Auer. Geb. in Leinw. 1.20

**Agnes, der heiligen**, Brautlied. 16. (4 S.) Dülmen 881. Laumann. — 2

— u. Irmengard. Ein Beispiel für Kinder u. Dienstboten. 18. Münch. 818. Giel. (Barth in Leipz.) 1 ggr

**Agnes von Lilien.** 2 Theile. Berlin 1798. V: *Wolzogen, Friederike Sophie Caroline Aug. von, geb. v. Lengefeld.* (GGr) (EE) (MGT) (Ky)

— v. Lilien, (v. Frau v. Wolzogen). 2 Bde. 8. Berl. 798. (Herbig). 1 Rthlr 12 ggr Schrbp. 3 Rthlr Velinp. 4 Rthlr

Agnes Linden, od. scheinbare u. wirkl. Liebe, (v. Gf. Müller). 2 Bde. 8. Berl. 802. Maurers B. 1 Rthlr 14 ggr

— u. Ludwig. Schsp. in 3 A. v. d. Clar. 8. Berlin. (Wilke in Warschau.) 796.

**AGNES**, das verliebte Nönnchen. Leipzig, Gust. Körner, o. J. (c. 1872). 16°. Kl. 8°. (¼ Thlr.) (1 Mk. Ed. Fischhaber, Reutlingen.)

Sancta Agnes. Provenzalisches geistliches Schauspiel hrsg. von Karl Bartsch. — Berlin: W. Weber 1869. XXXIII, 76 S.
1: Xs 13532. 12: P. o. gall. 1546s. **2. 3. 4. 5. 6. 7. 8. 9. 10. 11.**
2.3223

Agnes von Sizilien, s. Rothe, J. A.

Agnes, Königin von Sizilien, oder Sieg der Tugend über Bosheit und Tücke. Eine anmuthige Geschichte zur Belehrung und Unterhaltung. Neuhaus, 1855. Druck und Verlag von Alois Josef Landfraß. (198 S. 2 Bl. 8.) hlbft.

**Agnes** und Sophia, oder: Die Leiden und Gefahren der gemischten Ehen. Eine Erzählung für katholische Jungfrauen. Augsburg 1839. V: *Lautenschlager, Othmar.* (Kehrein I, 220) (Zeitschr. f. Büch. 1923, S. 78)

Agnes und Sophia, oder: Die Leiden u. Gefahren d. gemischten Ehen. Eine Erzähl. f. kathol. Jungfrauen. Von d. Verf. d. „Erzähl. d. Priesters Ottmar," „der Liebe u. d. Kreuzes." 8. (6½ B.) Augsburg 839, Lampart u. Comp.

**Agnes** und Sophia, oder die Leiden u. Gefahren der gemischten Ehen. Eine Erzählung für katholische Jungfrauen. Von dem Verfasser der Erzählungen des Priesters Ottmar, der Liebe u. des Kreuzes, Maria Wards Leben u. Wirken ꝛc. 2. verb. u. mit Titelkupfer gezierte Aufl. 8. Augsburg 842, Lampart u. Comp. ⅓ Rthlr

**Agnes, Tante,** harmlose Geschichten. 8. (82 S.) Hannover 893. (H. Feesche.) Kart. n. — 75

Tante **Agnes**. Novelle von (Prinzessin) O. de C. Ins Deutsche übers. von M. B. Bonn: Hauptmann [1909]. 214 S. 8°
(P. Hauptmann'sche Roman-Sammlung. 9.) [10. 2261 5

**Agnes, Herzogin** v. Sachsen-Altenburg, ein Wort an Israel, s.a. Schriften d. Institutum judaicum in Leipzig.

**Agnes** Herzogin v. Sachsen-Altenburg: Ein Wort an Israel. Mit e. Vorw. d. weil. D. Friedrich Ahlfeld. (Neuhrsg. von W. Faber in Tschirma b. Greiz.) — Leipzig: Akad. Buchh 1893. 74 S. (Schriften d. Institutum Judaicum in Leipzig. 37.38.) **1**:De 5450 37.38. **12**:Jud. 45qc–37.38. **4.**
2.3228

— — 5. Aufl. Ebd. 1893. 74 S. **12**:Jud. 1ak.
2.3229

Agnes (Miß), Geraldine, s. Carrington

**Agnes Franz**, s.a. Franz Agnes.

**Agnes, Frz., Angelo,** e. Gesch. in Briefen. 4 Bdchn. 8. Essen 831. Bädeker. 3 ℛ

— Erzählungen, s. Samml. v. Romanen u. Erzähll. 3r Bd.

— Glycerion. Samml. kl. Erzähll. u. Romane. 8. Bresl. 824. Max u. C. 1 ℛ 8 gr.

— Volks-Sagen. 8. Wesel 830. Klönne. 1 ℛ 8 gr.

**Agnes-Blatt.** Monatsschrift f. die weibl. Jugend. Schriftleitung: Frl. Olga v. Garnier. 1. u. 2. Jahrg. Oktbr. 1908—Septbr. 1910. à 12 Nrn. (à ca. 16 S. m. Abb.) gr. 8. Berlin (C 25, Kaiserstr. 37), Verb. kathol. Vereine erwerbstät. Frauen u. Mädchen Deutschl. à Jhrg. nnn 1.20
Nicht durch den Buchhandel zu beziehen.

Agnese

— od. d. wunderbare Unglück; e. wahre Gesch. d. Vorzeit. 8. Leipz. 800. (Mittler). 18 gr.

Agnese, Tochter des k. k. Sergeanten Saalbach, jetzigen Gastwirths zu Heidenheim. Mit Titelvignette. Leipzig 1794. 8°.
Interessante u. glaubhafte Geschichte. — Selten!

**Agnese, Tochter d. k. k. Sergeanten Saalbach;** e. Begebenheit dieser Zeit. 8. Leipz. 794. Weygand. 18 gr.

Agnese von Sizilien, s. Agnes von Sizilien.

Agneso und Amanda oder die furchtbaren See-und Landräuber von Marino, ihre Gefangenschaft in Tunis nebst Beschreibung der dortigen Lebensweise, ihre wunderbare Befreiung und ferneren Abenteuer. Nach einen größeren Werke bearbeitet. (5.) Druck und Verlag von Trowitzsch und Sohn, in Frankfurt a.d.O. und Berlin, Oberwasserstraße No. 10.o.J., 77 S., 175 x 100. Priv. Bes. Schenda VoB S. 400.

Agneß (sic!), oder das wunderbare Unglück. Eine wahre Geschichte der Vorzeit. (Betrifft Agnes v. Mansfeld u. den vertriebenen Erzbischof (und Kurfürsten) Gebhard v. Cöln, beide † 1601). Leipzig, bey Fr. Leop. Supprian. 1800. 8°. Tit. u. 254 S. Zahm.

**Agnetendorf, s.: Schreiberhau.**

**Agnethler, Michael Gottlieb:** Beschreibung des Schulzischen Münzkabinet. Entw. u. mit kurzen Anm. begl. Th. 1–4. — Halle: Gebauer 1750–52.
1. 1750. 2. 1752. 3. 4. 1751.
Lat. Ausg. s. *Agnethler:* Numophylacium Schulzianum. 1746.
**1**:4° Pi 5666. **12**:4° Num. ant. 3. **3. 7. 10.**
2.3237

Mich. Gottlieb Agnethleri Commentatio de lauro. — Halae p. S. [1751]: Gebauer. 60 S.
Ersch. auch als Diss. Halle 1751.
**12**:4° Diss. 791/1. **300**:70 D 21. **3. 10.**
2.3238

***Agnethler*, Mch. Glb., († d. 15. Jan. 1752.) Comment. de Lauro. 4. Halle 751. (Hahn in H.) 4 gr.**

— s. Lexicon medicum.

Agnethler, M. G., Numophylacium Schulzianum. Erford. 746. 4. Lips. 753. 4. 5 gr.

— Numo-phylacium Schulzianum digessit, descripsit et perpetuis insigniorum rei numariae scriptorum commentariis illustr. Accedunt Selectiores clarorum virorum ad B. Schulzium epistolae. [Vorr.: Martin Schmeizel.] P. 1. — Lipsiae & Halae 1746. VIII,418 S.
Deutsche Ausg. s. *Agnethler:* Beschreibung des Schulzischen Münzkabinet. 1750-52.
**1**:4° Pi 5664. **12**:4° Num. ant. 4. **300**:44 H 12. **2. 3. 5. 8. 10.**
2.3240

— Laurent. Joann. Nepomucenus Reen ... plagii literarii in Regiae Fridericianae Parnasso graviter accusatus, convictus atque Halensium musarum decreto condemnatus. Interprete Michaele Gottlieb Agnethlero. — Halae a. S.: Hendel 1750. 8,44 S.
**1**:4 in Am 3305. **12**:4° Diss. 1845/15. **2. 3.**
2.3241

**Agnetus, H.,** eine moderne Kanzel. (31 S. m. 1 Abbildg.) 11. 8. Frankenstein 903. Neu-Weißensee, H. W. Th. Dieter. n. —. 10

**Agnetus, H.,** e. moderne Kanzel. Jetzt: Freiburg i/B., Geschäftsstelle des Charitas-Verbandes.

Agnew, E.C.

(Agnew, Miß,) Geraldine &c., s. Geraldine.

(Agnew, Miß,) Geschichte der Führung einer Seele, s.a. Geraldine.

**Agnew, E. C.:** Geraldine oder Geschichte der Führung einer Seele. Aus d. Engl. [Übers.: Fanny Sendtner.] Bd 1–3. — Augsburg: Kollmann 1839.
**1**:Zd 6412/120. **12**:P. o. angl. 6de. **5.**
2.3250

— 2., neu überarb. u. zweckmäßig abgekürzte Aufl. Bd 1.2. — Ebd. 1847. **12**:P. o. angl. 6df.
2.3251

**Agnis-Säjt,** Angeli-Lieder. Frei aus d. Oriental. übersetzt. Leipzig 869. Matthes. 16. (45 S.) 7½ ngr.

**Agnus Dei.** Anbetung u. Sühng. vor dem allerheiligsten Altarssacramente. Nach Anleitg. der ehrwürd. M. Mechtilde vom allerheiligsten Sacramente. (2. Aufl.) 16. (287 S. m. 1 Farbenholzschn.) Wien 893. St. Norbertus, Verlagsbuchh. n. 1. —

**Agnus-Dei.** — Ein auß schneeweissem Wachs abgebildetes Agnus Dei ... Das ist: Der Heilige Joannes von Nepomuck ... in einem Ehren-Gerüst vorgestellet. — Prag 1729: Fitzky. Bog. A–H. **1** [defekt]: an 2° Dx 1976ᵃ. **2.**
2.3267

**Agobar,** der Renegat. Chemnitz 1823. V: *Arlincourt, Vicomte d'.* Ü: *Kretschmar, K. F.* (GGr X, 509, 364) (Zeitschr. f. Büch. 1923, S. 78.)

**Agobar,** d. Renegat &c. 2 Abthll. 8. Chemn. 823. Kretschmar. 1 ℛ 12 gr.

**Agobardus** Archiepiscopus Lugdunensis:

**Agobard,** des heil., Bischof's zu Lyon, Abhandlungen wider die Juden. In Briefform. Aus d. Latein. übertr. u. m. e. kurzen Berichte üb. Agobard's Leben versehen v. Eman. Samostz. gr. 8. (IV u. 55 S.) Leipzig 852, Hunger. n. ⅓ ℛ

**Agon de Lacontrie, R. d',** das französische Omnibus du langage zum Gebrauch der Deutschen bearb. 8. (3¼ B.) Nördlingen 846, Beck'sche Buchh.

**Agopoglu,** oder der blinde Fischer u. seine drei Söhne. Leipzig 859. (Mainz, Janitsch.) gr. 4. (25 S. m. color. Holzschn. im Text.) 18 ngr.

**Agordo** (das Aerarial-Kupferwerk). Vom k. k. Finanz-Ministerium. Mit einer Karte. 4. (26 S.) Wien 860, Hof- und Staats-Druckerei.

***Agostani*, Jos. Franc., de corporis humani combustione spontanea. 8 maj. Ticini Regii 824. (Volke in Wien). 6 gr.**

**Agosti, Giulio:**
Gesänge aus dem Singspiele: Das Herbstabendtheuer, oder Wer wagt, gewinnt, in 2 Aufz., nach d. Ital. von [Johann Christian] Bock. In Musik ges. von Agosti. — Hamburg 1791: Michaelsen. 20 S. 1:6 in Mus. T 22.
2.3287

**Agostini,** Giuseppe: Brevis Notitia eorum, que scitu sunt necessaria confessariis ad audiendas confessiones. In lucem ed. per Decium Cyrillum (d.i. Giuseppe Agostini).

— 3. parte auctior supra priores ed. Acc. Brevis instructio pro ordinandis. — Coloniae Agr.: Metternich 1722. 200 S. 1: Ds 17668. 12: Mor. 63.
2.3322

Agostino, der kühne Räuberhauptmann u. s. Genossen. Romant. Gemälde a. Spaniens u. Italiens neuest. Zeit. 8. (9¼ B.) Ludwigsburg 830, Nast.

**Agostino da Montefeltro,** Glaube u. Liebe od. die Heilung der Schäden der modernen Gesellschaft. Predigten, geh. in der St. Marcuskirche zu Mailand während der heil. Fastenzeit 1890. Aus d. Ital. v. Jos. Drammer. 1. u. 2. Aufl. 8. (IV, 191 S.) Mainz 890. Kirchheim. 1. 50

—— Jesus Christus u. die christliche Wahrheit. Predigten, geh. in d. St. Carlo-Kirche in Rom während der heil. Fastenzeit 1889. (Predigten II.) Aus d. Ital. v. Jos. Drammer. [Mit Bildniß u. röm. Original.] 1.—4. Aufl. 12. (IV, 255 S.) Ebd. 889—892. 2 25

— **Kanzelreden.** Cyclus: Mailand 1890. Wiedergegeben v. J. Okič. (382 S.) Budapest 890. Robicsek. n. 3. — geb. n. 3. 80

**Agostino** da Monte-Feltre, Kanzelreden. Cyclus: Mailand 1890. Wiedergegeb. v. J. Okič. 8. (382 S.) Budapest 890. Preßburg, G. Heckenast's Nachf. 3. —
Erm. Pr. n. 1. —

**Agostino da Montefeltro,** O. S. F., Konferenzreden u. Fastenpredigten. A. d. Ital. v. Jos. Drammer. 1.—4. Bd. kl. 8. Mainz 907. Kirchheim & Co. à 1.50; geb. in Leinw. à 2. —
1. Die Wahrheit. Konferenzreden, geh. in der St. Carlokirche in Rom. 6. Aufl. (303 S. m. Bildnis.)
2. Jesus Christus u. die christliche Wahrheit. Predigten, geh. in der St. Carlokirche in Rom während der hl. Fastenzeit 1889. 5. Aufl. (256 S.)
3. Katholische Wahrheiten. Predigten, geh. in Florenz, Turin u. in der St. Carlokirche in Rom. 5. Aufl. (245 S.)
4. Glaube u. Liebe od. Die Heilung der Schäden in der modernen Gesellschaft. Predigten, geh. in der St. Marcuskirche zu Mailand während der hl. Fastenzeit 1890. 3. Aufl. (193 S.)

**Agostino da Montefeltro,** die Predigten, geh. in S. Carlo zu Rom, Florenz u. Turin. Vollständige Ausg., aus dem Ital. übers. von Ph. Seeböck. 3 Lfgn. gr. 8. (356 S.) Innsbruck 889. Vereins-Buchhandlg. u. Buchdr. à 1. 20

— Predigten des Augustin von Montefeltro Ord. S. F., gehalten zu Mailand 1890. Aus d. Ital. übers. von Philibert Seeböck. N. F. — Innsbruck: Vereinsbuchh. 1890. 126 S. 300: 1 an 154.983-B.
2.3339

—— Die Wahrheit. Konferenzreden. (Predigten I.) Aus dem Ital. v. Jos. Drammer. 1.—5. Aufl. 12. (VIII, 295 S.) Mainz 889—892, Kirchheim. 2 50

—— Katholische Wahrheiten. Predigten, geh. in Florenz, Turin u. in der S. Carlo-Kirche in Rom. (Predigten III.) Aus d. Ital. v. Jos. Drammer. 1.—4. Aufl. 12. (IV, 213 S.) Ebd. 889—892. 2 —
Vgl.: Augustin.

**Agoston,** Mailáth, der Zauberkünstler auf der Höhe der Zeit. Ein Cyklus effektvollster Salonpiècen f. Dilettanten u. Künstler. Erklärg. der neuest. Taschenspieler- u. Kartenkunststücke, v. jedermann ohne Kenntnis besond. Kunstgriffe ausführbar. Anh.: Die Geheimnisse d. Falschspieler. 8. (124 S. m. 50 Abb.) Leipzig (900). A. F. Schlöffel. n. 1. 50

**Agoston,** Mailáth, der Zauberkünstler auf der Höhe d. Zeit. Ein Zyklus effektvollster Salonpiecen f. Dilettanten u. Künstler. Erklärung d. neuesten Taschenspieler- u. Kartenkunststücke, v. jedermann ohne Kenntnis besonderer Kunstgriffe ausführbar. Anh.: Die Geheimnisse d. Falschspieler. 2. Aufl. (112 S. m. 50 Abbildgn.) 8. Leipzig (908). A. F. Schlöffel. 1. 50

**Agostus, Josephus** s. *Agosti*, Giuseppe.

**Agoult, Charles Constance César Loup-Joseph-Mathieu:**
Lieber Gott! Wie dumm sind die Franzosen! (Verf.: d'Agoult.) Aus dem Franz. übers. — München: Strobl 1791. 139 S. 12: Gall. rev. 395. 4.
2.3356

**Agoult, Marie** Ctesse d'
Pseud.: Daniel Stern :
Jeanne Darc. Drame historique en 5 actes et en prose, par Daniel Stern. — Paris: M. Lévy 1857. 11.
2.3368

— Hrsg. u. erl. von H[ermann] Schütz. Bielefeld: Velhagen & Klasing 1862. 130 S. (Théâtre français, publ. par C. Schütz. 17,2.) 1: Xv 1985-17,2. 6.
2.3369

— Johanna d'Arc. Historisches Drama. Nach d. Franz. der Gräfin Marie d'Agoult, geb. de Flavigny, von Robert Weber. Autor. Ausg. — Bern 1871. 1: Xw 8958. 12: P. o. gall. 22 mc.
2.3370

— Daniel Stern's Moralische Skizzen und Reflexionen. Nach der 3. Aufl. des franz. Originals bearb. u. hrsg. von Carl Aug[ust] Müller. — Berlin: Reichardt & Zander 1862. VIII, 270 S. 1: Np 1052. 11.
2.3372

Agram [Schlagwort]

**Agram,** s. a. Geologische Karten. Gorjanović.

Agram sammt Umgebung. 14,400. 8 Bl.

Agram. Umgebungskarte v. Agram. Hrsg. v. k. k. militär-geograph. Institute. 1:75,000. Lith. Fol.– Wien 1883, (Lechner's S.)

Agrander, H., (Pseud.), s.a. Feldmann, Josef (wirkl. Name)

**Agrander,** J. (Jos. Feldmann), greift nur hinein. Ernste u. heitere Erzählgn. 8. (III, 223 S.) Leipzig (896). G. Körner. n. 2. —

**Agrapha,** neue Oxyrhynchuslogia, hrsg. v. Erich Klostermann, s.: **Texte,** kleine, f. theolog. Vorlesungen u. Übungen. 11.

**Agrarbewegung.** — Zur Agrarbewegung in Rußland. 1. Die Agrarkrisis und die politische Lage in Rußland von J. J. Petrunkewitsch [Petrunkevič]. 2. Die Agrarfrage und ihre ökonomische Lösung von A[leksandr] A[ppollonovič] Manuilow [Manuilov]. 3. Anh.: Die (Agrar-) Reformprogramme. Nach d. Russ. bearb. u. eingeleitet von Bernhard Braude. — Leipzig: Teutonia-Verl. 1907. 96 S. 1: Uf 812. 300: 448.037-B.
2.3394

**Agrarbewegung,** unsere, u. der Bund d. deutschen Landwirte Böhmens, s. a. Stimmen a. d. agrarischen Lager. I.

(F) Unsere Agrarbewegung und der Bund der deutschen Landwirte Böhmens. (Stimmen aus dem agrarischen Lager. Herausgegeben von Stefan Richter. 1. Heft.) Prag. 1900. Verlag des Bundes der deutschen Landwirte Böhmens. In Comm. Calve. 16°. 267 S. K 1.20

Agrar-Congress, Oesterreichs erster, zu Wien im November 1868. Besprochen von Carl Graf Belrupt und Otto Baron Petrino. gr8° (83 S.).– Innsbruck, Wagner'sche U.-B. 1869.

**Agrarfrage** (Die). Protokolle der Agrarkommission vom 11.—13. Febr. nebst Vorträgen u. Beilagen. (In russ. Sprache.) 8°. St. Petersburg 1907.

**Agrarfrage** (Zur livländischen). Hrsg. v. der Kommission zur Bearbeitung der Frage einer Ansiedelungspolitik für Livland. (Aus: „Baltische Wochenschrift f. Landwirtschaft, Gewerbefleiß u. Handel.) 8°. Riga, Löffler, 1906.

Agrarfrage, Zur russischen. Von e. russ. Mitglied d. Internat. Vereinig. f. vergleich. Rechtswissenschaft u. Volkswirtschaftslehre. Übers. von Baron Wolf v. *Osten-Sacken*. 8°.
Aus: Blätter f. vergleich. Rechtswiss. u. Volkswirtschaftslehre. Jg 2, H. 1. 1906.

**Agrar-Gesetze.** (85 S.) Lex. 8. Innsbruck (909). (Wagner.) nn 1. 65
Sonderabdruck aus: „Gesetz- u. Verordngsbl. f. d. gefürst. Grafsch. Tirol u. d. Land Vorarlberg".

— die neuen, d. Preuß. Staats. Vom 2. u. 11. März 1850. Mit den Motiven der Regierung u. der Kammern nebst Sachregister u. Anmerkungen. Hrsg. v. Herrm. Wulsten. 3 Lfgn. gr. 8. (VIII u. 382 S.) Frankfurt a/O. 850, Koscky & Co. 1½ Thlr.

Agrargesetze, die rheinischen. Das Verfahren über die Zusammenlegung der Grundstücke, Aufhebung der Servituten, Theilung der Gemeinheiten und Forsten und über die hypothekar. Belastung des Grundbesitzes. Systematisch dargestellt von einem richterl. und einem höheren Verwaltungs-Beamten. 8. (VIII, 81 S.) Düsseldorf 886, Schwann. *
—— dass. — und das Gesetz, betr. die durch ein Auseinandersetzungs-Verfahren begründeten gemeinschaftl. Angelegenheiten. Systematisch dargestellt von einem richterl. und einem höheren Verwaltungs-Beamten. 2. verm. Aufl. 12. (VIII, 205 S.) Ebendas. 887.

Agrar-Gesetze, die, des preuß. Staats nebst Ergänzungen und Erläuterungen. Zusammengestellt von J. Koch. 4., nach der neuesten Gesetzgebung vollständig umgearb. Aufl. 3 Lfgn. gr. 8. (XX und 511 S.) Breslau 850, G. P. Aderholz, Brlgsh.

Agrar-Gesetze, die, des preußischen Staats nebst Ergänzungen und Erläuterungen. Zusammengestellt von J. Koch. 4., nach der neuesten Gesetzgebung vollständig umgearb. Aufl. 2. Abdr. gr. 8. (XX und 511 S.) Breslau 853, Aderholz.

**Agrarier** (Die), **was sie versprechen u. was** sie sind. **gr. 8°. Berlin, G. Reimer, 1876.**

**Agrarkonferenz** (Die) **vom 28. Mai bis 2. Juni 1894. Bericht über die Verhandlungen der von Sr Exc. dem Kgl. preuss.** Minister **für Landwirtschaft, Domänen u. Forsten zur Erörterung agrarpolitischer Massnahmen einberufenen Konferenz.** Lex.-8°. **Berlin, P. Parey, 1894. (Auch u. d. T. Landwirtschaftl. Jahrb., hrsg. v. H. Thiel, II. Ergänzungsband.)**

**Agrar-Kongress,** s. Agrar-Congress

**Agrarproblem.** — Das Agrarproblem. — Berlin: Deutscher Kulturbund für Politik [um 1910]. 21 S.
Aus: Deutsche Kultur.
([Problemhefte d. Deutschen Kulturbundes für Politik.] 7.)
1:F 846/10–7. 12:Cam. 251.
2.3410

**Agrarprogramme.** (In russ. Sprache.) 8°. St. Petersburg 1908.

**Agrar-Verfassung** (Die freie) nach Peter Reichensperger. (Abdr. aus der „Berliner Revue".) Lex-8°. Berlin (Heinicke) 1856.

Livländische **Agrar- und Bauern-Verordnung.** In Uebereinstimmung mit der vom dirigierenden Senat im Jahre 1849 erlassenen Original-Druckschr. in russischer Sprache. — **Riga 1850: Häcker. VIII, 294 S. mit Beil.**

**Agrarzeitung,** deutsche, *s. a.* Wochenschrift, agrarpolitische.

**Agrarzeitung,** deutsche. Wochenhefte f. d. polit. Interessen d. deutschen Landwirtschaft. Hrsg.: Edm. Klapper. 1. Jahrg. 1898. 52 Hfte. (Bog.) gr. 8. Berlin, H. Walther. n. 20. —; einz. Hfte. n. — 50

**Agrarzeitung,** deutsche. Wochenhefte f. d polit. Interessen der deutschen Landwirthschaft. Hrsg.: Edm. Klapper. 2.—5. Jahrg. 1899—1902. à 52 Hfte. gr. 8. (à ca. 16 S.) Berlin, Herm. Walther. à Jahrg. n. 20. —; vierteljährlich n. 5. —; einzelne Hfte. n. — 50

**Agrarzeitung,** deutsche. Wochenhefte f. die polit. Interessen der deutschen Landwirtschaft. Hrsg. u. Red.: Edm. Klapper. 6.—9. Jahrg. 1903—1906. à 52 Hfte. (à ca. 16 S.) gr. 8. Berlin, Herm. Walther. à Jhrg. n. 20. —

**Agrarzeitung,** deutsche. Wochenhefte f. die polit. Interessen d. deutsch. Landwirthschaft. Hrsg. u. Red.: Edm. Klapper. 10. u. 11. Jahrg. 1907 u. 1908 à 52 Hfte. (à 16 S.) gr. 8. Berlin, Herm. Walther. à Jhrg. 20. —
Erscheint nicht mehr.

Agrarzeitung, deutsche. Wochenhefte f. d. polit. Interessen der deutschen Landwirtschaft. Begr. v. E. Klapper. 12. Jahrg. 1909. 52 Hefte. gr8°.– Berlin, Geschäftsstelle der Deutschen Agrarzeitung. Vierteljährl.
(Schließt mit Jahrg. 13. 1910 ab.)

v. **Agreda,** Jesu, s. Auszug aus d. geistl. Stadt Gottes.

Agreda, Mar. d', de Jesu, mystica civitas Dei III. pts. Fol. Augsb. Wolf. 719.

Agreda, Mutter Maria, v. († n. 1627), gesammelte Schriften. 1r Bd. enthaltend: Samaniego, Lebensgeschichte derselben. 4. Augsb. 1843, Rieger. 1 fl.
Weiter ist davon nichts erschienen und wird nicht mehr erscheinen.

Agreda, Maria von, die geheimnißreiche Stadt Gottes, *s. a.* Sammlung d. vorzügl. mystisch. Schriften.

**Agreda, Maria v., D. geheimnißreiche Stadt Gottes,** od. d. Gesch. d. Lebens d. heiligsten Jungfrau Maria, wie sie d. ehrwürd. Klosterjungfrau A. geoffenbart, u. v. ders. in span. Sprache niedergeschr. wurde. Bearb. v. Ludw. Clarus. Neue, illustr. Volksausg., bearb. v. Frz. X. Kerer. gr. 8. (XVI, 488 S. m. farb. Titelbild.) Regensburg 897. Nationale Verlagsanstalt. Geb. in Leinw. n. 3. 60

— — Auszug aus der „Geistl. Stadt Gottes." Neu herausg. 2e Aufl. gr. 8. Landshut 1843, Thomann. 20 Nar. — 1 fl.

— Auszug aus derselben, v. Katzenberger. 8. Ebendas. 747.

d'Agreda, Maria, geistl. Stadt Gottes. 2 Thle. 4. Augsb. 768. Wolf. 4 Thlr.

— Dass. im Auszuge v. K. Katzenberger. 8. Augsb. 774. Wolf. 16 K

Agreda, Maria à Jesus v., Leben Christi u. Mariä, s. Auszug.
Vgl.: Maria.

Agrell, Alfhild. Einsam, *s. a.* Universal-Bibliothek Nr. 2728.

— Einsam. Schauspiel in 3 Aufz. Deutsch von Gustav Lichtenstein. — Leipzig: Reclam [1890]. 67 S. (Reclams Universalbibliothek. 2728.)
1:Ag 7201–2728. 300:410.411–A.Per. 2728. 10.
2.3458

Agrell, A., Gerettet, *s. a.* Universal-Bibliothek Nr. 1810.

— Gerettet. Schauspiel in 2 Aufz. Einzige autoris. deutsche Uebers. von Jens Christensen. — Leipzig: Reclam [1883]. 67 S. (Reclams Universalbibliothek. 1810.) 1:Ag 7201–1810. 300:410.411–A.Per.1810.
2.3470

**Agrell, Alfhild,** s. Stigson, Stig.

Agrell, Karl Magnus

**Agrell**, Karl M., Commentatio de varietate generis et numeri in LL. OO. Hebraea, Arabica et Syriaca. Part. I. 4. Lund 815. (Mauritius in Greifsw.) 2 ₰ 16 gl.

— Otiola syriaca. Dec. I. et II. 4. Hafn. 816. Bonnier. 1 ₰

— Dasselbe 4. Greifswalde, Mauritius. 816.

— Supplementa ad Lexicon Syriacum Castellianum. Edidit Henr. Gerh. Lindgren. Fasc. I. 4maj. Upsaliae 839. (Stockholm, Fritze u. Bagge.) n. 1 ₰

Caroli Magni Agrellii Supplementa syntaxeos Syriacae praefatus est Joan[nes] Godofr[edus] Ludov[icus] Kosegarten. — Gryphisvaldiae: Mauritius 1834. XVI,312 S.
1: Zt 10470. 12: L. As. 415c. 2. 3. 4. 5. 7. 8. 9. 10.
2.3475

[Supplementa syntaxeos Syriacae, App.] Caroli Magni Agrellii Appendicula ad Supplementa sua syntaxeos Syriacae. — Gryphisvaldiae: Mauritius 1836. 56 S.
1: Zt 10472. 7. 8. 9. 10.
2.3476

— Caroli Magni Agrellii Appendicula posterior ad Supplementa sua syntaxeos Syriacae. — Ebd. 1838. 42 S.
1: Zt 10474. 2. 4. 5. 7. 8. 10.
2.3477

Agrell, Carol. M, s.: Thesaurus syriacus.

**Agrell, Olof:** Neue Reise nach Marokos, welche im Lande selbst gesammelte interessante, historisch-statistische Nachrichten bis in das Jahr 1797 enthält. Nebst Anhang von Wil[liam] Lempriere, Reise in einen entfernteren Theil des Reichs und besondere Bemerkungen über das Innere des Harems [A Tour from Gibraltar, Ausz., deutsch]. Aus d. Schwed. übers. Mit e. Karte von Fes und Marokos von Fr. Gottl. Canzler. — Nürnberg: Schneider & Weigel 1798. XXXIX,510 S. (Bibliothek der neuesten Reisebeschreibungen. 21.)
1: Uq 5172. 12: It. sing. 8gh [u. ö.] 300: 4158. Bd 21.
2. 3. 4. 9.
2.3479

**Agrell, Sigurd:**
Aspektänderung und Aktionsartbildung beim polnischen Zeitworte. Ein Beitrag zum Studium d. indogermanischen Präverbia u. ihrer Bedeutungsfunktionen. — Lund 1908: Ohlsson. V,127 S. (Acta Universitatis Lundensis. N.F. Afd. 1, Bd 4,2.)
Ersch. auch als Diss. Lund 1908.
1: 4° Az 41108–N. F. Afd. 1, Bd 4,2. 12: 4° H. lit. P. 6mb–4. 300: 550.442–C. N. F. Afd. 1, Bd 4,2. 7. 8. 9. 11.
2.3484

**Agrellius, Carolus Magnus** s. *Agrell,* Karl Magnus.

**Ågren**, Hugo, lappländische Collembola. (30 S. m. 2 Taf.) gr. 8. Stockholm 904. (Berlin, R. Friedländer & Sohn.) n.n. 1. 80
Sonderabdruck aus: „Arkiv f. zoologi".

**Ågren**, Sven, allgem. Lehrbuch. 1e Abthl. Physische Erdbeschreibung. Mit 2 Hemisphärkarten und Konstruktionstafel. gr. 8. Berl. 832. Reimer. $^3/_4$ ₰ dass. mit Tafeln in Roy.-Fol. $1^1/_2$ ₰

—— dass. m. Taf. in Roy.-Fol.

**Aegri** somnia Aphorismen u. Fragmente als Beilage zu den „Tagebuchnotizen e. Alt-Elsässers". gr. 8. (84 S.) Straßburg 900 (J. H. E. Heitz). n. 1. 50

Agria, s. S c h r a d e r , A.

**Agria** Jll. et Rev. Dno Ignatio et L. B. Szepesy de Négyes, Magni Transilvaniae principatus episcopo abs se abscedenti lachrimas et vota fundit. Agriae 1820. V: *Török, Jos.* (Pk)

**Agricola Julius**; a. d. latein. Handschr. d. Tacitus übers. gr. 8. Gotha, Ettinger. 777.

Agricola, s. a. A g r i k o l a

**Agricola** [Pseud.] 1777 s. *Anderson,* James.

**Agricola.** 1834: Meine funfzigjährigen Erfahrungen im Gebiete der Landwirthschaft. — Dresden & Leipzig 1848.
1: Au 29190. 12: Oecon. 42z.
2.3534

**Agricola**, meine 50jähr. Erfahrungen im Gebiete der Landwirthschaft. Nachgewiesen durch e. Reihe comparativer Versuche u. deren Ergebnisse. 8. (X u. 398 S.) Leipzig 850, Arnold. 2 ₰

Gesang, den die Freymäurer zu London den $\frac{3}{24}$ Jan. 1758 zum Lobe des Königs von Preussen abgesungen. Nebst zwey Melodien von Herrn Agricola. Engl. und Deutsch. Berlin: Birnstiel. [1758] 7 S. 2 Notenbl. 4° [Umschlagtit.]
Kl. 838

**Agricola**, hat Deutschland eine Revolution zu fürchten? gr. 8. (2 B.) Heidelberg 834, Groos.

**Agricola**, ..., die Interessen der Deutschen Fürsten bei dem Wiener Congresse. gr. 8. Heidelberg 834. Groos. $^1/_3$ ₰

**Agricola** [Pseud.] 1859 s. *Keller,* Friedrich Ludwig v.

Agricola [Pseudon.] s. Schmid, Oscar von.

**Agricola**, s. a. Siegfried.

**Agricola.** 1906: Siegfried. Ein Heldengedicht in 5 Gesängen. Frei nach d. Nibelungenliede bearb. und allen Freunden d. Humors gewidmet. — Berlin: Harmonie [1906]. 36 Bl.
1: Yo 30905. 11.
2.3539

**Agricola**, s. Urlichs, Car. Ludov.

**Agricola** s.: Vorträge, landwirtschaftliche, f. Soldaten.

**Agricola's** Wanderbücher. 1.—4. Bd. kl. 8. Chemnitz, W. Gronau. n. 4. 10
1. Die Insel Rügen u. ihre Bäder. Prakt. Führer f. Touristen u. Badegäste. Mit 1 Spezialkarte. (IV, 82 S.) (906.) n. 1. 25
2. Die Insel Bornholm u. ihre Bäder. Mit 1 Karte. (VII, 82 S.) 906. 907. n. 1. 25
3. 4. Wie reist man in Schweden u. Norwegen. Praktischer Ratgeber u. Touristenführer. Mit 3 Karten. (VIII, 132 S.) 906. 907. n. 1. 60

**Agricola's** Wanderbücher. 5. u. 6. Bd. kl. 8. Chemnitz, W. Gronau. à Bd. 1. 25 (1.—6: 6. 60)
5. Die böhmischen Bäder u. ihre Umgebung. Prakt. Führer für Kurgäste u. Touristen. Mit 4 Karten. (130 S.) (907.)
6. Rhön u. angrenzende Gebiete. Bad Kissingen. Bad Brückenau. Mit 3 Karten. (150 S.) (907.)

Agricola, Alfred
[J.] Bekenntnisgebundenheit und Lehrfreiheit unter dem Gesichtspunkt des Rechts. Von Dr. A. **Agricola,** Reichsgerichtsrat a. D. . . . *Eisenach: M. Wilckens 1898.* (49 S.) 1 Bd 8. [98. 2264

**Agricola**, A., Bekenntnisgebundenheit u. Lehrfreiheit. 898. (1t BL 29)
Nebst: Leipzig. D. Himly.

**Agricola**, Alfr., die Gewere zu rechter Vormundschaft als Princip des sächsischen ehelichen Güterrechts. gr. 8. (XXXVI, 652 S.) Gotha 869, F. A. Perthes. *

**Agricola**, Alfredus ⟨geb. am 15 Jan. 1824 in Gotha⟩: De ratihabitione ... Gothae, ex off. C. Stollbergii 1848. 2 Bl., 62 S., 2 Bl. 8.
Bonn, Jur. Fak., Diss. v. 18 März 1848

**Agricola Ammonius, Johann**

s.: **Agricola, Johann**

**Agricola, Andreas.** 1717: s. *Agricola,* Georg Andreas.

**Agricola**, Aug., die Führung des Patronenwagens, ein Handbuch für Infanterie-Unteroffiziere und Gefreiten nebst 3 Abbildgn. 16. (VIII und 181 S. mit 2 Stnt. in qu. gr. 4.) Torgau 852. (Merseburg, Garcke'sche Buchh.) *

**Agricola,** Bernhard, aus Kreuznach ⟨a. d. Nahe⟩: Über traumatische Myositis ossificans. *Freiburg i. B. 1903: Ch. Lehmann's Nachf.* (25 S.) 8°
Freiburg i. B., Med. Diss. v. 1903

*Agricola*, C., (Geo. Chr. Croll,) disputatio de clausula art. IV. pac. Rysvicensis, ad ducat. Bipont. non pertinente etc. 4. Regensb. 766. (Schäfer in Frkf.) 10 gr.

**Agricola, Christian** [Pseud.] s. *Crollius*, Georg Christian.

Agricola, E. G., aus e. langen Leben. Erinnerungen u. Lebensbeobachtgn. aus Stadt u. Land. (120 S.) 8. Jauer (904). O. Hellmann. n. 2. —

**Agricola,** Ernestus, Rhenanus: De Aristidis censu. *Berolini (1900): E. Ebering.* (46 S.) 8°
Berlin, Phil. Diss. v. 10. März 1900

Agricola, Felix

**Agricola,** F., die Poesie in der Arbeit, s.a. Fragen, zeitbewegende.

**Agricola**, Fel., Die Poesie in der Arbeit. Ein Beitrag zur Lösung der Arbeiterfrage. gr.-8°. Leipzig, Lievien, 1884. 2. (Titel-) Ausg. gr.-8°. Ebd. (1890).

**Agricola**, Geo. von Glauchen, s.: A g r i c o l a, Georg

**Agricola**, Georg

Agricola, G., Bergmannus, od. Gespräch über d. Bergbau, als Einleit. in die mineralog. Schriften desselben, aus d. Latein. übers. v. F. A. Schmidt. gr. 8. Frberg 806. Craz u. G. 18 gr.

— Gespräch vom Bergwesen, wegen seiner Fürtrefflichkeit aus d. Lat. in d. Teutsche übers., mit nützlichen Anm. erl. u. mit einem ganz neuen Zusatze von klüglicher Anstellung des Bergbaues u. von d. Zugutemachung d. Erze auf d. Hüttenwerken versehen von Johann Gottlieb Stör. — Rotenburg a. d. Fulda: Hermstädt 1778. 180 S. **3.**
2.3618

— mineralog. Schriften; a. d. Latein. übers. ꝛc. v. E. Lehmann. 4 Thle in 5 Bden mit ill. Kpf. u. Tabb. gr. 8. Frberg 806—12. Craz u. G. 5 rthl 16 gr.

**Agricola,** Georg Andreas

AGRICOLA, Georg Andreas: Wahre Assecuration oder Versicherung des Erfinders der neu- und höchst-nutzbaren Universal-Vermehrung aller Bäume und Staudengewächse. - Leipzig 1716

— **Kurtzer Bericht** von dem Ursprunge der neu- und höchst-nutzbaren Universal-Vermehrung aller Bäume und Stauden-Gewächse des Georg Andreä Agricolä mit beygefügten Ursachen, warum der Autor dieses neue Inventum eher, als er solches etliche Jahre zuvor practiciret, der gantzen Welt communicire ... Ingleichen sind die Responsiones ... der kunst-verständigen Garten-Liebhaber beygedr. — Regenspurg: Peetz (1716). 28 S. **7.**
2.3647

— — Gedr. nach d. regenspurg. Exemplar. Leipzig 1716. 24 S. **1:3 an Ow 26156. 7.**
2.3648

[—] **Catalogus** experimentorum physicorum hortensium, das ist: physicalische Garten-Proben, welche nach den Versuchen der Universal-Vermehrung aller Bäume und Stauden-Gewächse, wie sie der Autor theoretice in denen 2 Theilen in folio beschrieben, anjetzo aber practice von ihm selbst experimentiret und gemachet werden. Im Jahre 1717. — Regensburg (1717): Hofmann. 4 Bl. **9.**
2.3649

— **Copia** des eröffneten Geheimnüß Herrn Georg Andreä Agricolae ... in ... Regenspurg von der neu- und höchst-nutzbaren Universal-Vermehrung aller Bäume- und Stauden-Gewächse, welche in allen mit des Autores Original übereinkommet und von einem Schüler dieses Autoris in der Schweitz ... communiciret wird. — Dat. Regenspurg 1716. 12 Bl. **1:1 an Ow 26156. 2.**
2.3650

**Agricola, Georg Andreas:** Oeffentliche **Declaration**, wie es der Inventor mit der Publication der neu- und nie-erhörten Universal-Vermehrung aller Bäume u. Stauden-Gewächß ... gehalten haben will, wie er solches allen ..., welche Land-Güter u. Gärten besitzen ..., kund u. zu wissen gemacht. (Verf.: Georg Andreas Agricola.) Nach dem zu Regenspurg gedr. Exemplar. — Leipzig [: Boetius] 1716. 4 Bl. **1:2 an Ow 26156. 7.**
2.3651

— **Kurtze Einleitung**, wie man nach dem Versuch der neu-erfundenen Universal-Vermehrung aller Bäume u. Stauden-Gewächse vermittelst der verstürtzten Plantage die ausgehauene Wälder u. andere leere Stäte schnell ... mit grossen dicken ... Aesten u. Zweigen ... ersetzen kan, so daß sie noch in diesem Jahr austreiben u. Wurtzeln schlagen können. — Regensburg (1717): Hofmann; Leipzig: Boetius. 4 Bl. **3.**
2.3652

AGRICOLA, Georg Andreas: Kurtze doch treuherzige Ermahnung an alle diejenigen, so das Exemplar ... von der Universal-Vermehrung aller Bäume und Staudengewächse empfangen. - Regenspurg 1716

AGRICOLA, Georg Andreas: Abgedrungene Gegen-Antwort auff die ehrenrührige, nachtheilige und gantz verdrehte Antwort, welche in der Vorrede des (Tit.) Hrn. Friederich Küffners, andern Theils der Bau-Kunst befindlich. - Regenspurg o. J.

— **Entdeckte** neu-erfundene **Kunst** von der Universal-Vermehrung aller Baum- und Stauden-Gewächs. — Franckfurt & Leipzig 1716. **12: 4° Phyt. 4. 5.**
2.3653

AGRICOLA, Georg Andreas: Nachricht von seiner erfundenen höchst-nutzbaren Universal-Vermehrung aller Bäume und Staudengewächse. - Regenspurg o. J. 4 S.

— **Nachricht** von seiner erfundenen höchst nutzbaren Universal-Vermehrung aller Bäume und Stauden-Gewächse, vermittelst welcher ein Liebhaber in weniger Zeit ... seine Kunst- und Obst-Gärten ... vermehren kan. Nebst einer Probe von diesem Wunder-Geheimnisse. Nach dem zu Regenspurg gedr. Exemplar. — Leipzig [: Boetius] 1716. 4 Bl. **1: Ow 26156. 7.**
2.3654

— **Wahre Nachricht** von dem neuangelegten und nach der Natur verfertigten Sonn- und Stern-Wald. Wie solcher nach dem Versuch der neuerfundenen Universal-Vermehrung aller Bäume u. Stauden-Gewächse vermittelst der verstürtzten Plantage, sich praesentiret, und ... im Nordgau ... von ... Andrea Agricola ... ist angeleget worden ... 1717. — Leipzig (1717): Boetius. 8 S. **3.**
2.3655

AGRICOLA, Georg Andreas: Christ-brüderliche unpartialische Remarquen über das neu höchst nutzbare Bäum- und Stauden-Gewächse universale Vermehrungs-Menstruum ... - Regenspurg 1716

AGRICOLA, Georg Andreas: Kurtz-gefasstes Send-Schreiben an alle Hohe u. Niedrige Garten-Patronen, Betreffend den ersten Theil des neu- und nie erhörten, doch in der Natur und Vernunfft wohlgegründeten Versuchs der Universal-Vermehrung aller Bäume und Staudengewächse. - Leipzig 1716

— **Neu- und nie erhörter, doch in der Natur und Vernunfft wohlgegründeter Versuch** der Universal-Vermehrung aller Bäume, Stauden und Blumen-Gewächse, das erste mahl theoretice als practice experimentiret, auch mit raren Kupffern ausgezieret. Th. (1.) 2. — Leipzig: Boetius in Comm. 1716–17.
1.2 . . **1: 4° Ow 26158. 12: 2° Phyt. 1 x [auch Th. 2 – 2° Phyt. 2–2] [u. ö.] 300: 2853 [auch defekt – • 44 B 11]. 6. 8. 9.**
1 . . . . . . . . . . . . . . . . . . . . . . **2.**
2.3656

— — [1.] **Regenspurg** (1716): Petz. **12: 2° Phyt. 2–1.**
2.3657

— — (Th. 1.) **Frankfurt & Leipzig**: Klaffschenckel in Augspurg 1752. 184 S. **12: 2° Phyt. 3–1.**
2.3658

**AGRICOLA, Georg Andreas: Neu- und nie erhörter, doch in der Natur und Vernunfft wohlgegründeter Versuch, der Universal-Vermehrung aller Bäume, Stauden und Blumen-Gewächse, das erstemal theoretice als practice experimentirt auch mit raren Kupff. ausgezieret. - Tl. 1 u. 2. Leipzig 1716 u. 1717. (gedr. nach d. Regenspurger Exemplar v. 1716). - 2. Aufl. Frankfurt a. M., Leipzig 1752. - 3. Aufl. Frankfurt a. M. 1754**

**Agricola,** Gg. Andr., Versuch e. allgem. Vermehrung aller Bäume, Stauden u. Blumengewächse, theoret. u. prakt. vorgetragen. 3 Thle mit Kpf. 4. Regensburg (1716). Neue Aufl. Fol. Frankfurt, 1752. Regensburg, 1754. Von Christ. Gottl. Brauser. 2 Thle mit 31 Kpf. Regensburg, 1772. Neue Aufl. 1784. Manz. 3 —

— **Versuch einer allgemeinen Vermehrung aller Bäume, Stauden und Blumengewächse theoretisch u. practisch vorgetragen. Mit Kupfern erl. Anjetzo auf ein neues übersehen, mit Anm. u. einer Vorr. vers. von Christoph Gottlieb Brausern. Th. 1.2. — Regensburg: Montag & Gruner 1772. 1: 4° Ow 26159. 12: 2° Phyt. 4. 7. 9.**
2.3659

— — **Mit vielen Kupfern erl., neu verb., mit Anm. u. einer Vorr. von Christoph Gottlieb Brausern. Th. 1.2. — Regensburg 1784: Montag. 12: 2° Phyt. 5.**
2.3660

AGRICOLA, Georg Andreas: Verzeichniss aller Physicalischen Garten-Proben, welche von G. A. Agricola nach seinem Wercke, von dem Versuch der Universal-Vermehrung aller Bäume und Staudengewächse practice experimentiret und gemachet werden. - Leipzig 1717

AGRICOLA, Georg Andreas: Verzeichniss derer Kapitel seines dritten Theils, handelnd von der Wahrheit und Beständigkeit der Universal-Vermehrung aller Bäume und Staudengewächse. - Leipzig 1717 Boetius

AGRICOLA, Georg Andreas: Gründliche Wiederlegung an statt der Duplic, betreffend die boshafftige Wieder-Antwort des Tit. Hrn. Fr. Küffner sammt einer nachdrücklichen Vermahnung. - Regenspurg 1718

**Agricola, Giovanni Federico** s. *Agricola*, Johann Friedrich.

**Agricola**, Hermann, aus Gotha: Die thermoelektromotorische Kraft des Quecksilbers und einiger sehr verdünnter Amalgame in ihrer Abhängigkeit von Druck und Temperatur. *Leipzig 1902: A. Pries.* (27 S.) 8°
Erlangen, Phil. Diss. v. 12. Dez. 1901

**Agricola, J.** [Pseud.] s. *Uhle*, Theodor.

Agricola, J. Gf. Rud., († d. 3. Jan. 1825.) Gedichte an d. franzöf. Volk; Corday; Frage u. Antwort. 8. Berl. 794.

— der Herr unser Gott sei mit uns. Eine Predigt. gr. 8. Berl. 813. Mittler. 3 gl.

— Reden u. Gedichte zum Declamiren für Kinder von 8 bis 14 Jahren. 8. Berl. 795.

Agricola, J. H., abgenöthigte Vertheidigung gegen Apitzsch, das neue Gesangbuch betreffend. 8. Magdeb. 782. Creutz. 1 gl.

**Agricola, Ignatius.** Historia provinciae societatis Jesu Germaniae superioris (1541-1640). Augustae Vindelicorum 1727-54. Fortgesetzt von: *Flottus*, *A.* & *F. X. Kropf.* (BrMm)

**Agricola, Ignatius:** Historia provinciae Societatis Jesu Germaniae Superioris, authore Ignatio Agricola (3: authoreAdamo Flotto; 4. 5: authore Francisco Xaverio Kropf). P. (1)–5. — Augustae Vind.: Schlüter & Happach (4: Monachii: Gastl) 1727–54.
(1.) 1727. 2. 1729. 3. 1734. 4. 1746. 5. 1754.
1–5 . . . . . . . . 12:2° Jes. 1 [u. 5.] 300:43 D 5.
1–4 . . . . . . . . . . 1:4° Ci 15160. 2. 3. 6. 7.
1.2 . . . . . . . . . . . . . . . . . . . . 5.
1 . . . . . . . . . . . . . . . . . . . . 102.
4 . . . . . . . . . . . . . . . . . . . . 8.
2.3673

**Agricola, Ignatius.** Schriften, möglichst vollständig verzeichnet. Zur Erinnerung an das dritte Jubelfest der Reformation. Altona 1817. V: *Kordes*, *Berend.* (Ky)

Agricola, Jh. (Ferd. Jul. Koch), über d. Köhlerglauben, oder Beweis, daß D. Mart. Luthers Glaube der wahre Köhlerglaube sei. 8. Berl. 789.

Agricola, Joh., humoristische Erzählungen, s. Hausschatz, humoristischer, fürs deutsche Volk.

Agricola, Johann

**Agricolae** Islebiensis, Joa., apophthegmata nonnulla, nunc primum edidit L. Daae. gr. 4. (XVIII, 27 S.) Christiania 886. (Aschehoug & Co.) n.n. 1.—

— Neue Feldscherer-Kunst. Auctore Joanne Agricola. Dresden: Winckler 1701. 252 S. 7.
2.3773

Agricola aus Eisleben, J., Schriften, möglichst vollständ. verzeichnet. Zur Erinnerung an d. 3e Jubelfest d. Reformation. (Herausg. v. B. Kordes). 8. Altona 817. Hammerich. 1 rf 18 gl

Agricola, Johann Christoph

— **Johann Christoph** (Buchonicus/Thür.), De jureconsulto sine lege loquente. Präs. Jac. Friedrich Ludwig. Halle (Christoph Andreas Zeitler) 21. VIII. 1700. 32 S., z. Tl. deutsch. (4.80) 116

— — Dasselbe. Halle (Chph. Salfeld). (4.80)

— — Dasselbe. Halle (Christoph Andreas Zeitler) 1710. (4.—)

— — Dasselbe. Halle (Joh. Christ. Grunert) 1747. 40 S., z. Tl. deutsch. (4.—)

Agricola, Johann Friedrich

**Agricola, Johann Friedrich:** Achille in Sciro. Dramma per musica e festa teatrale da rappresentarsi nel regio teatro di Berlino per le nozze delle Altezze Loro Reali il Prencipe di Prussia [Friedrich Wilhelm II. König von Preussen], . . . con la Principessa Elisabetta Christina Ulrica di Brunswico [Elisabeth Christine Ulrike von Braunschweig]. (Musica del Giovanni Federico Agricola. [Poesia del Pietro Metastasio.]) — Berlin: Haude & Spener 1765. 113 S.
Nebent.: Agricola: Achilles in Scirus, ein Singespiel und theatralisches Fest.
Text ital. und deutsch. 1:1 in Mus. T 63. 2.
2.3774

(—) Amore e Psiche. Dramma per musica da rappresentarsi nel regio teatro di Berlino in occasione delle faustissime nozze di Sua Altezza Reale Federiga Sofia Guglielmina Principessa di Prussia [Friederike Sophie Wilhelmine Markgräfin von Bayreuth] e Sua Altezza Serenissima Guglielmo V Principe d'Orange e Nassau [Wilhelm V. Prinz von Oranien u. Nassau]. (Dramma del Antonio Landi; musica del Gio. Federigo Agricola.) — Berlin: Haude & Spener 1767. 117 S.
Nebent.: Agricola: Amor und Psyche, ein Singespiel.
Text ital. und deutsch.
1:1 in Mus. T 61. 2.
2.3775

[—] Il Filosofo convinto in amore, intermezzi per musica da rappresentarsi nel real teatro di Potsdam. — Berlin: Haude & Spener 1750. 55 S.
Nebent.: Agricola: Der von der Liebe überwundene Weltweise.
Text ital. und deutsch. 1:5 in Mus. T 58.
2.3776

(—) I Greci in Tauride, dramma per musica in 3 atti da rappresentarsi nel regio teatro di Berlino . . . nel carnovale del 1773. (Musica del G. Fed. Agricola; poesia del Ant[onio] Landi.) — Berlin: Haude & Spener 1772. 91 S.
Nebent.: Agricola: Die Griechen in Taurica, ein musikalisches Schauspiel.
Text ital. und deutsch. 2.
2.3777

(—) Oreste e Pilade. Opera per musica in 1 atto da rappresentarsi nel regio teatro di Berlino . . . nel carnovale del 1772. (Poesia del Antonio Landi; musica del Gio. Federigo Agricola.) — Berlin: Haude & Spener 1771. 125 S.
Nebent.: Agricola: Orestes und Pylades, ein musikalisches Schauspiel.
Text ital. und deutsch. 1: Mus. Ta 370. 2.
2.3778

(—) — (Poesia del Ant[onio] Landi; musica del Gio. Federigo Agricola.) — Ebd. 1786. 91 S.
Text ital. und deutsch. 1:4 in Mus. T 66.
2.3779

AGRICOLA (Johann Friedrich)

Schreiben an Herrn = = =, in welchem Flavio Anicio Olibrio [J. F. Agricola], sein Schreiben an den critischen Musikus an der Spree vertheidiget, und auf dessen Wiederlegung antwortet. - *Berlin*, 6. Juli 1749. In-8, 51 p.

(—) Schreiben eines reisenden Liebhabers der Musik von der Tyber, an den critischen Musikus an der Spree. (Verf.: Flavio Anicio Olibrio [d. i. Johann Friedrich Agricola].) Dat. Berlin 11. Merz 1749. 8 S.
1: an Mus. Hf 10.
2.3781

(—) Il Tempio d'amore. Festa teatrale per le nozze delle Altezze Loro Reali il Principe Ferdinando [August Ferdinand Prinz von Preussen] fratello di S. M. il Re con la Principessa Anna Elisabetta Lodovica di Schvedt [Anna Elisabeth Luise Prinzessin von Brandenburg-Schwedt]. (Musica del Gioanni Fèderico Agricola.) — Berlin 1755: Michaelis. 63 S.
Nebent.: Agricola: Le Temple de l'amour. Fête théâtrale.
Text ital. und franz.
1: Mus. Ta 375.
2.3782

Agricola, Joh. Friedr. s. Tosi.

**Agricola, Johann Friedrich:** Musikalisches Trauergedicht über den Tod Ihro Majestät der Königl. Frau Mutter Sophien Dorotheen, verwittweten Königin von Preussen, vom Herrn Lieberkühn; und durch Agricola in Noten gesetzt. — Berlin 1757: Winter. 2 Bl. 2°
2.
2.3783

— Disquisitio philosophica de certitudine ex relatione sensuum contra Idealistas et Egoistas. 8. Heidelb. 768.

*Agricola*, **Jos. († d. 7. Jan. 1777.) Aetatis nostrae incredulus in Deum rempublicam, se ipsum injurius. 8. Heidelb. 774.**

**— Reflexiones philosophicae in varias recentiorum quorundam Philosophorum, nomen sibi arrogantium opiniones sacrae et profanae reipubl. noxias. 8. Heidelb. 769.**

*Agricola*, **Jos., Sensus communis philosophice examinatus et adplicatus. 8. Heidelb. 770.**

**— systema terrae motae. 8. Heidelb. 775.**

**— Theorema fontenellianum s. multiplex numeri novenarii usus. 8. Heidelb. 772.**

**— Theoria fulminum per electricitatem illustrata. 8. Heidelb. 771.**

**— Theoria motus in conflictu corporum physice et algebraice exposita. 8. Heidelb. 773.**

Agricola(e) Islebiensis, s. A g r i c o l a , Johann

Agricola, M. Wolfgang Christoph

Geistliches | Waldvögelein / | Das ist: | Unterschiedliche Geistliche / und in drey | Theil verordnete Gesänglein / von GOtt / | seiner werthen Mutter / und Heiligen GOttes / ne-|bens andern mehr *Musicalischen Materien* / in *Pro-|cession* / Wall-tågen / und sonsten von der lieben | Jugend / und Aufferbauung Christlie-|bender Seelen zu gebrauchen. | *AUTHORE* | *M. WOLFGANGO CHRI-|STOPHORO AGRICOLA, NO-|tario Publico, Poligrapho & Orga-|nœdo ad Salam Neapolitano.* | [Z] [B] [Z] | Hierbey seynd nebst denen Sirenis / auch | gantz neu-componirte Gesänger anjetzo | beygedruckt / verbessert und vermehrt. | Wörtzburg / druckts Martin Frantz Hertz / | Jm Jahr CHristi 1719. [II: Kmeer 1716]

Würzburg 1719, M. F. Hertz - 12° - 232 (6) Sn.

New vermehrtes Geistliches | Waldvögelen / | Das ist: | Vnterschiedliche / Geistliche | vnd in drey Theyl verordnete Ge-| sånglein / von GOtt / seiner wehrten Mut-| ter / vnd Heyligen Gottes / nebens andern mehr | *Musicalischen Materien* in *Processionen* / Walltågen / | vnd sonsten von der lieben Jugend / vnd zu Auffer-|bawung Christliebende Seelen zu | gebrauchen. | *EDITIO QUARTA.* | Auffs New mit vnterschiedlichen sehr an-|nemblichen Gesånglein vermehret. | *AVTHORE,* | *M. WOLFGANGO* | *CHRISTOPHORO AGRICOLA,* | *Notario Publico, Poligrapho &* | *Organœdo ad Salam Neo-|politano.* | Getruckt zu Wörtzburg / Jn Verlegung | Johann Heinrich Utten / Buchbinder zu | Newstatt / bey jhm die Exemplaria | zu finden.

Würzburg [?] [nach 1711], [V:] J. H. Utt[e?], (Bad) Neustadt/S - 12° - (16) 266 Sn.

Agricola, Martin

— **Musica instrumentalis deudsch. 1. u. 4. Ausg. Wittemberg 1528 u. 1545. In neuer diplomatisch genauer, z.T. facs. Ausg. (Hrsg.: Rob[ert] Eitner.) — Leipzig: Breitkopf & Härtel 1896. 295 S. (Publikation älterer praktischer u. theoretischer Musikwerke. 24,20.)**
1: Mus. 11106. 12: Mus. Th. 49b. 2. 3. 4. 5. 7. 8. 9. 10.
2.3806

**Agricola**, O., Polens Untergang u. Wiederherstellung. Gotha, 863. F. A. Perthes. gr. 8. (VI, 124 S.) n. 20 *ngr.*

Agricola, Peter Franz

**Agricola, Peter Franz:** Saeculi XVIII. Bibliotheca ecclesiastica authorumque notitiae biographicae. Conscripsit Petrus Franciscus Agricola. T. 1. — Hildesii 1778: Tuchtfeld. 260 S.
1. (1701-09.)
1: Bc 8144-1. 12: Th. U. 3-1. 300: 56.878-A. Bd 1. 3. 7.
2.3820

— T. 1-4. Hannoverae 1780-82: Pockwitz.
1. (1701-08.) 1781. 3. 1715-18. 1781.
2. (1710-14.) 1780. 4. 1719-22. 1782.
1-4 . . . 12: Th. U. 4 [auch T. 2-4 = Th. U. 3-2/4] [u. 5.] 8.
2-4 . . 1: Bc 8144-2/4. 300: 56.878-A. Bd 2/4. 3. 5. 7.
2.3821

*Agricola*, **Pt. Frz., († d. 25. Jan. 1807.) Saeculi XVIII. Bibliotheca ecclesiastica auctorumque notitia bibliographica. V Pts. 8. Hann. 779—84. Hahn. (a. Helwing). 1 ℔ 16 ℊ**

— Iurisprudentiae ecclesiastico-germanicae prodromus. Studio Petri Franc. Agricola. — Erfordiae 1786: Off. Nonniana. 60 S. 12: J. can. U. 1. 7.
2.3822

— Sciagraphia seculi XVIII. bibliothecae ecclesiastico-iuridicae delineata a Pet. Franc. Agricola. — Erfordiae: Keyser 1784. 30 S. 12: J. can. F. 2. 7.
2.3823

**Agricola, Rudolf.** 1797: **Gesang bei der königlichen Gruft unserer geliebten Landesmutter Elisabeth Christine. Am 20. Januar 1797. [Verf.: Rudolf Agricola.] — Berlin (1797). 2 Bl.** 1: 4° Yf 6758.
2.3890

Agricola, Rud., sein Leben und seine Schriften, s. S a m m l u n g der bedeutendsten pädagogischen Schriften aus alter u. neuer Zeit.

— **Predigt zum Gedächtniß der allerdurchlauchtigsten Fürstin und Frau, Frau Louise Friederike, verwittwete Königin von Preußen und geb. Prinzessin von Hessen-Darmstadt. — Berlin: Dieterici 1805. 16 S.** 1: 24 in Sw 24.
2.3891

**Agricola**, Sincerus, das Verständniß der ewigen Erlösung durch Jesus Christus, der einzige Weg zur Verständigung der gläubigen christl. Confessionen. Eine Skizze. Bamberg 866. Reindl. 8. (47 S.) 4½ *ngr.*

Agricola, Wolfgang Christoph, s. A g r i c o l a, M. Wolfgang Christoph

**Agriculture** (De l') et de la conditon des agriculteurs en Irland et dans la Grande Bretagne. Extraits des enquêtes et des pièces officielles publiées en Angleterre par le Parlement depuis 1833. 2 vols. gr. 8⁰. Vienne, Gerold, 1840.

Amerikanischer Agriculturist: Band 1—47, [no. 1—498], Jan.? 1842—July 1888.

Monthly. German edition of AMERICAN AGRICULTURIST. Sub-title: Gewidmet der Farm, dem Garten und der Haushaltung, 1842?—1888. Sub-title, which appears on printed title-page: Gewidmet der Belehrung aller Klassen, welche in der Bodencultur betheiligt sind, darin begriffen: Der Farmer, Gärtner, Obstzüchter, Pflanzer, Viehzüchter, &c. Title varies: DER AMERIKANISCHE AGRICULTURIST. Among subscribers was the Harmony Society, with as many as five subscriptions, for the years 1864—1868. Circulation: 1882—86, 5000 per year. Large quarto, each issue 32—40 pages; illustrated, including engravings, maps, diagrams, &c. Edited by Karl Reidel. Published by Orange Judd [Band 25—47, as Orange, Judd & Co.], 1842—88.
New York, NY

**Agriculturist**, amerikanischer. Eine Zeitschrift zur Belehrung aller Volksklassen, welche in der Bodencultur betheiligt sind. Hrsg. von Orange Judd. 17. und 18. Bd. Jahrg 1858 und 59. à Bd. 12 Nrn. (à 4 Bog. mit eingedr. Holzschn.) gr. 4. New-York, (Westermann und Comp.) à Jahrg. Thlr. *

Texanischer Agriculturist: 1881—?

Agricultural semi-monthly. Circulation: 1881, 650. Edited by C. A. Büchner.
Austin, TX

**Agriculturzeitung.** H: ***Bourscheid, J. W. von.*** **([Hch. Wolfg. Behrisch] Die Wiener Autoren. Pressb. 1784. S. 262.) »Agriculturzeitung, Ungarische«. Pressb. März 1783. (F. Nicolai, Beschreibung einer Reise 6/377, 12. Beilage 75.)** (BiblPort)

Agrikola, s.a. A g r i c o l a

**Agrikola**, W., D. rat. landwirtschaftl. Obstbau, s.: Flugschriften, landwirtschaftliche.

**Ungarische Agrikultur-Zeitung. St. 1 bis 3.**

**Pressburg 1789.**

**¶ Vgl. Nicolai, Beschreibung einer Reise VI, S. 377 u. XII, Zusätze, S. 75.**

Agrionien. Ein Taschenbuch f. d. gesellige Vergnügen, v. A. Apel, Fr. Schulz, Fr. Kind ꝛc., herausg. v. Th. Hell, f. d. J. 1811. 12. Leipz., Er. Fleischer. 2 ₰

Agrippa (Bruder), mit Gass, Jacob (Bruder Lamech). 'Chronicon Ephratense. Ephrata, Pa, 1786.

— das Ganze d. Taschenspielerkunst. 8. Leipz. .. 3e Aufl. 821. Wienbrack. 1 ₰

Agrippa, Cornelius s. a. Agrippa, Heinrich Cornelius

**Agrippa** von Verulamio, **Cornelius:** Cornelius Agrippa von Verulamio Priesters... Apocaliptische Noten über die Einführungs-Rede des Freyherrn von Spiegel zum Diesenberg. — Amaurotum: Hythlodäus 1789. 88 S.
12: H. g. hum. 168. 5. 6.
2.4039

Agrippa, Heinrich Cornelius

Agrippa, (Hnr. Korn. v. Nettesheim), über des Weibes Adel u. Vorzug vor dem Manne; aus d. Latein. (v. C. A. Frege). Mit 1 Kpf. 12. Kopenh. 796. .. 2e A. 798. Schubothe. 8 gr.

Agrippa v. Nettesheim, H.C., Cabbala, s.a. Wunder-Schauplatz, kleiner.

— Die Cabbala des Heinrich Cornelius Agrippa von Nettesheim. Vollst. aus dessen Werke De occulta philosophia und mit der Ansicht eines alten Esoterikers über Schöpfung durch Zahlen und Worte als Vorw. vers. durch Friedrich Barth. Mit vielen Holzschn. — Stuttgart: Scheible 1855. (Kleiner Wunder-Schauplatz der geheimen Wissenschaften. 4.) 1: N 68–4. 12: Phys. m. 256 n–4.
2.4033

Erörterung

— —, Gründliche, der Frage: Ob ein Mann seine Frau zu schlagen berechtiget sei? Welcher beygefüget sind *Cornelii Agrippae* curieuse und Lesenswürdige Gedanken von dem Vorzug des Weiblichen vor dem Männlichen Geschlechte. Mit Titelkpf. Jena 1736. 8⁰. (4 Mk. 50 Pfg. G. Priewe, 1895.)
— — Dasselbe. Ebd. 1755. 8⁰. (4 Mk. Derselbe.)

**AGRIPPA** v. Nettesheym, Vom Herkommen des Adelichen Fürtrefflichen Weiblichen geschlechtes. Auch was gutes (von anfang der Welt her) durch sie geschehen und vollbracht worden ist, usw. [Aus dem Latein. des *Henr. Corn. Agrippa* übers. von Joh. Heroldt.] Franckfurt a. M., bey Mart. Lechler, in verlegung Sigm. Feirabends und Sim. Hüters 1566. 16⁰. (In Amsterdam, Bibl. Gerritsen.)

La 1re édition rarissime de l'original parut en 1529. — Wohl erste deutsche Uebersetzung ist: Vom Adel vnd Fürtreffen Weibliches geschlechts. O. O. u. J. (Frankf. a. M., Chr. Egenolff, c. 1540.) 4⁰. 32 Bll. (20 Mk., Jos. Baer & Co., Frankf. a. M., 1888.)

§ — — Dasselbe, titulo: Abigail, das ist des Lobwürdigen Frauenzimmers Adel und Forträfligkeit. Verdeutschet, mit Anmärkungen erläutert, und samt einer Zugabe zweyer paar Hochzeit-Gedichte herausgegäben von M J(ohann) B(ellin) (geb. 11. Juni 1618 zu Gr. Schönfeld bei Bahn in Pommern; seit 1646 „der Willige in Zesen's Deutschgesinnter Genossenschaft, † 21. Dez. 1660 als Rektor in Wismar). Lübeck 1650. 8⁰. (4 Mk. Max Weg, Lpz., 1897; jetzt theurer!)

288 S. Sehr rar! Goedeke III. p. 104; Anon.-Lex. I p. 34.

Orig.: De nobilitate et praecellentia foeminei sexus (et ejus super virum eminentia auf d. Tit. späterer Ausgaben). S. l. et a. 8⁰. (In München.) Idem opus c. aliis operibus. Colon. 1532. 8⁰. (Ebd., 2 Expll.); rep. s. l. 1567. 8⁰. (In München.) Rep. s. l. 1568. 12⁰. Mit Holzschn.-Portr. auf d. Titel. (3 Mk., Ludw. Rosenthal, München, c. 1885); Hagæ Comitum 1653. 12⁰. (1 Mk. 50 Pf. Heberle, Cöln, 1877; jetzt theurer!)

Französ. Uebersetzung: Anvers 1698. 12⁰; dann von De Gueudeville in 3 Theilen: Leide 1726. 12⁰. Avec frontisp.

§ — — Dasselbe, titulo: Des *Cornelii Agrippae* anmuthiges und curieuses Tractätgen von dem Vorzug des weiblichen vor dem männlichen Geschlecht, ehemals aus dem Lateinischen ins Frantzöische (!) anietzo aus dem Frantzöischen (!) ins Teutsche übersetzet von J. K. L. Gedruckt im Jahr 1721. O. O. 12⁰. 118 S. (Max Perl's Berliner Febr.-Auct. 1908, no. 6, wo auch das folgende.)

— — Gegenschrift: Der gerette (!) Vorzug des männlichen vor dem weiblichen Geschlechte, oder Beleuchtung *C. Agrippae* Tractats, darin dem weiblichen vor dem männlichen Geschlechte der Vorzug gegeben .... O. O. Gedruckt im Jahr 1721. 12⁰. 120 S.

— — Dasselbe, titulo: Der Vorzug des weiblichen Geschlechts vor dem männlichen zur Ehre des Erstern. Aus d. Latein. übersetzt (!), u. sehr angenehm zu lesen. (Vign.) Leipzig (ohne Adresse) 1780. (Ulm, Bartholomäi.) 8⁰. 80 S.

§ — — Dasselbe, titulo: Über des Weibes Adel und Vorzug vor dem Mann; aus dem Lateinischen übersetzt (von Christian August Frege). Mit Titelkpf. (C. D. Fritzschin v., Hüllmann sc.). Kopenhagen, bey J. H. Schubothe, 1796. 12⁰. X—116 S. (7 Mk. 50 Pfg. Rich. Bertling, Dresden, 1907.)

Anon.-Lex. I. p. 34.

Agrippa von Nettesheim, Heinrich Cornelius: De incertitudine et vanitate omnium scientiarum et artium liber, lectu plane jucundus et elegans... Accedunt duo ejusdem auctoris libelli; quorum unus est de nobilitate et praecellentia foeminei sexus, ejusdemque supra virilem eminentia; alter de matrimonio seu coniugio lectu etiam jucundissimi. 660 S., gbd.

Francofurti et Lipsiae: Plener 1714

JB 5.597

— Allgemeine Schutz-Schrifft des ehrsamen Weiber-Handwerckes ... Gestellet durch Critille [d. i. Otto von Graben zum Stein]. — Cölln a. Rh. 1730. 104 S.
Nach einer alten handschriftl. Notiz im Buch eine Übersetzung der Schrift: De Nobilitate.
1: an Y 1822. 12: L. eleg. m. 720 c. 8.
2.4000

**AGRIPPA** v. Nettesheym, Henricus Cornelius (1486—1535). — HENRICI CORNELII AGRIPPAE Ungewißheit u. Eitelkeit aller Künste u. Wissenschaften, auch wie selbige dem menschlichen Geschlechte mehr schädlich als nützlich sind. Ferner von eben diesem Autore zwei curieuse Tractätlein, als I. Von dem Vorzug und Fürtrefflichkeit des Weiblichen Geschlechts vor dem Männlichen. II. Von dem H. Ehestand. Aus dem Lateinischen ins Teutsche übersetzt. Cölln (Nürnberg, Monath), 1713. 8⁰. (9 Mk. Paul Neubner, Cöln, 1893; 12 Mk. Carl Uebelen, München, 1892.)

Sehr seltene einzige deutsche Ueberetzung des berühmten Werkes: De incertitudine et vanitate omnium scientiarum et artium liberalium .... declamatio inuectiva" Antverp., Jo. Grapheus, 1530. 4⁰. (In Nürnberg, Stadtbibl.) (Vendu 10 Rthl.) Cfr. Vogt. Viele Ausgaben, einige der neueren castrirt, die Uebersetzung scheint es nicht zu sein. Enth. u. a.: vom Springen und Tantzen; von der Hurenkunst; von der Huren-Wirthschafft.

— — Dasselbe. In München folgende Ausgaben des latein. Orig. (z. Theil mit Titel-Portraitvignette in Holzschnitt): S. l. et a. 8⁰; s. l. 1531. 8⁰ (2 Expll.); Colon. 1531. 8⁰ (4 Expll.); s. l. 1532. 8⁰ (2 Expll.) (2 fl. 50 kr., F. Rohracher, Lienz [Tyrol], 1892); s. l. 1536. 8⁰; s. l. 1539. 8⁰; s. l. 1544. 8⁰; Hagae Comitum 1562. 8⁰; Lugduni 1564. 8⁰; Colon. 1575. 8⁰; ibid 1584. 8⁰; ibid. 1598. 8⁰; Lugd. Batav., 1643. ex officinis Abr. Commelini et David Lopes de Haro. 8⁰. XII—395 pp. (20 frcs. Georg & Co., Basel, 1904.); Hagae Comitum 1662. 8⁰. ($1\frac{1}{2}$ Thlr., Hartung, Lpz.); Francof. & Lips. 1693. 8⁰. (3 Mk. Paul Neubner, Cöln, 1893.); ibid 1714. 8⁰.

Vorzug

— —, Der, des weiblichen Geschlechts vor dem männlichen, zur Ehre des erstern. Aus d. Lat. (des *H. C. Agrippa v. Nettesheim*) übersetzt. O. O. (Ulm, Bartholomäi) 1780. 8⁰.
— — Dasselbe. Mit Titelvignette. Leipzig 1780. 8⁰. (2 Mk. G. Priewe, 1895.)

Agrippa v. Nettesheim — Magische Werke, s.a. Wunder-Schauplatz, kleiner.

Heinrich Cornelius Agrippa v. Nettesheim. Magische Werke, sammt den geheimnißvollen Schriften des Petrus v. Abano, Pictorius v. Villingen [u. a.] Zum 1. Male vollst. ins Deutsche übers. Vollst. in 5 Th., mit einer Menge Abb. Bdch 1–5. — Stuttgart: Scheible 1855. (Kleiner Wunderschauplatz der geheimen Wissenschaften. 7/11.)
12: Phys. m. 256 n–7/11.
2.3959

Agrippa, Heinrich Kornelius, s. Agrippa, Heinrich Cornelius.

Agrippa, Kornelius s. Agrippa, Cornelius.

Agrippa, Kornelius, s. Agrippa, Heinrich Cornelius

Agrippa von Nettesheim, 1487 - 1535. s. Agrippa, Heinrich Cornelius.

**Agrippa,** Paracelsus, Der Harnröhren-Katarrh (Gonorrhoea virorum) u d. Geheimniss s. raschen Heilung durch astrale Naturkräfte. E. Beitrag z. therapeut. Magie. (Magisch-therapeut. Konsultationen.) gr. 8. (16 S.) Leipzig 898. Administration der physiognost. Central-Station. n. 2. —

Agrippa d. Aubigne, Thr., Denkwürdigkeiten aus seinem Leben, von ihm selbst beschrieben. 8. Tübing. 780. Osiander. 20 ℊ

**Agrippina. Zeitschrift für Poesie, Literatur und Kunst. [Hrsg.: J. Bapt. Rousseau.] Jg. 1.**
**Köln: Dumont-Schauberg 1824. 4° 36**

**Agrippina,** der Assistent. Schwank m. Gesangseinlagen in 1 Akt. (43 S.) kl. 8. Berlin 906. R. Schoetz. n. 1. —

**Agrippina,** d. Gemahlin d. Claudius, Stifterin v. Cöln, v. F. Wallraf. m. K. Taschenform. Cöln, Fabricius. 800.

l' Agrogome, des quatre saisons, publié par Pouplin. 12 tableaux sur carton fin en cadre élégant. in fol. Paris 1820.

**Agrumi,** volksthüml. Poesieen aus allen Mundarten Italiens und seiner Inseln. Gesammelt und übers. von Aug. Kopisch. (1e Lfrg.) gr. 12. Berlin 837. Crantz. 1/2 ℛ

— Dasselbe vollständig. Ebd. 838. 2 ℛ

**Agsten,** Fr., s.: Stammrolle d. Feldzugs-Theilnehmer d. kgl. sächs. 7. Infanterie-Regts. „Prinz Georg" Nr. 106.

Agthe, Adolf

**Agthe, A.,** Bericht über die Vorarbeiten für systematische Entwässerung u. Reinigung der Stadt Riga. gr. 8. (211 S.) Riga 886. (Kymmel's Sort.) n. 5. —

— dasselbe. Beilagen hierzu. gr. 8. (26 Taf. u. 1 Karte.) Ebd. 886. n. 12. —

— Beschreibung der gegenwärtig zur Reinigung und Entwässerung der Städte angewendeten Systeme, s.: Bochmann, E.

**Agthe, A.,** d. Elevator d. Rigaschen Hafens. Lex.-8. (48 S. m. 7 z. Tl. farb. Taf.) Riga 895. (N. Kymmel's Sort.) n. 7. —

— Erläuterungsbericht zu den Messungen zur Bestimmung der Terraingestaltung, der Höhenlage und der Schwankungen des Grundwasserstandes sowie der Wasserquantitäten u. Durchflussgeschwindigkeiten der offenen Gewässer der Stadt Riga. Ausgef. in den J. 1881—1884 im Auftr. der Stadtverwaltg. gr. 8. (30 S.) Riga 887. (Kymmel's Sort.) n. 2. 40

— Die Hafenmauer am rechten Dünaufer vor der Stadt Riga. — Riga: Kymmel 1892. 20 S.,5 Taf. 4°
Aus: Rig. Industrie-Zeitung. 1892,13-16. 83. 89.
2.4050

**Agthe, A.,** Lage d. Landarbeiter i. Livland, s. Zeitschrift f. d. gesamte Staatswissenschaft., Ergänzungsh. 29.

**Agthe, Adolf,** a. Riga: Ursprung und Lage der Landarbeiter in Livland. Tübingen 1909: Laupp. x, 159 S. 8° ¶ (Ersch. auch als: Zeitschr. f. d. gesamte Staatswissensch. Erg. H. 29.)
Leipzig, Phil. Diss. v. 16. Febr. 1909, Ref. Bücher, Kirchner
[Geb. 6. Sept. 83 Warschau; Wohnort: Leipzig; Staatsangeb.: Rußland; Vorbildung: Stadt-Gymn. Riga Reife Juni 03; Studium: Dorpat 3, Leipzig 5 S.; Rig. 31. Juli 08.] [U 09. 2917

— Versuch der Beantwortg. einiger Fragen betr. die systemat. Entwässerung u. Reinigung der Stadt Riga. gr. 8. (30 S.) Ebd. 886. n. 1. 50

Agthe, Carl

**Agthe, C.,** Anleitung zur deutschen Rechtschreibung oder Orthographie. Goslar, 863. Schönpflug. gr. 8. (34 S.) 3 ngr.

**Agthe, C.,** Leitfaden beim ersten Unterrichte in der Physik; f. mittlere Gymnasialclassen, höhere Bürger- u. Realschulen, so wie zur Selbstbelehrung. 2. verb. Aufl. Nebst 2 Kpfrtaf. m. Fig. (in qu. gr. 4.) gr. 8. (VIII u. 228 S.) Hannover 852, Hahn. 2/3 ℛ

**Agthe, C.,** Leitfaden beim Unterrichte in der Naturlehre, für Progymnasien, Bürger- u. Gewerbeschulen. Mit 2 Kpfrtaf. gr. 8. Hannover 838. Hahn'sche Hofbuchh. 2/3 ℛ

**Agthe, Carl,** die Parabase und die Zwischenakte der altattischen Komödie. gr. 8. (V und 196 S. mit 6 eingedr. Holzschn.) Altona 866, Lehmkuhl und Comp. *

**Agthe, C.,** Anhang zu dem Buche: Die Parabase und die Zwischenakte der alt-attischen Komödie. gr. 8. (XI, 144 S. mit 6 eingedr. Holzschn.) Altona 868, Lehmkuhl und Comp. [Gotha, Haendcke und Lehmkuhl.] *
Die Parabase. Ebendas. 1866. * ℳ 3,60.

—— Schedae Aristophaneae. gr. 8. (44 S.) Göttingen 863, Rente.

— Vorschule zur deutschen Sprachlehre für die ersten Unterrichtsstufen in höheren Lehranstalten. 2. Aufl. Goslar, 863. Schönpflug. gr. 8. (VI, 50 S.) n. 5 ngr.

— Vorschule zur deutschen Sprachlehre f. die ersten Unterrichtsstufen in höhern Lehranstalten. 3. Aufl. Goslar 868. Schönpflug. gr. 8. (VIII, 64 S.) n. 6 ngr.

— — Anhang dazu. Ebend. 868. gr. 8. (XI, 144 S.) n. 24 ngr.

Aghte, Karl, s. Aghte, Carl

Die Agthestiftung und die Lehrer-Witwen- und Waisen-Unterstützungs-Kasse am Gymnasium und Realgymnasium zu Goslar. 8 (S. 139—140). Rg. u. G. *Goslar* 1888.

**Agthoven, Johann Bap. Wilhelm van** (Batavaduro-Batavus), De hydrophobia. Diss. med. Berlin (Brueschck) 10. V. 1822. 32 S. mit Biographie. (Mutter: Wilhelmine van Oesterum.) (4.—) 122
Opponenten: A. Müller, M. Mayer, C. Hildebrand. — Gew.: Ch. Wilh. Hufeland.

**Agudes Bereschit.** אגדת בראשית Erzählungen, Gleichnisse über das I. Buch Mosis. *Lemberg* 1858. Gedr. bei *Mich. M. Poremba.* 144 S., 16°.

Aguesseau, Henri Francois

**Aguesseau, v.,** Reden bei Eröffnung der Audienzen und den feierlichen Versammlungen der Parlamente, vorzüglich Justiz- und Geschäftsmännern geweiht, aus dem Französ. und herausgegeben von G. M. von Weber. gr. 8. Sulzbach, Seidel. 1816.

— Reden u. a. Werke; aus d. Französ. 2 Thle. gr. 8. Leipz. 762. Eurich. 16 ℊ

— Reden und andere Werke des Herrn Kanzlers von Aguesseau. In 2 Theilen. — Leipzig: Lankisch 1762. 246 S. 12:P. o. gall. 25.
2.4100

**Aguilaniedo,** J. M. L., Verbrechertum u. Prostitution, s. Bibliothek, sexualpsycholog., 3. H.

**Aguilaniedo,** J. M. L., Verbrechertum u. Prostitution in Madrid, s.: Quirós, C. Bernaldo de.

Aguilar, Grace

—— Erziehungs-Resultate. Eine Erzählung für Mütter und Töchter. Nach dem Engl.: Home influences. 8. (VI und 529 S.) Leipzig 858, Voigt und Günther.

**Aguilar,** Grace, Erziehungs-Resultate. Eine Erzählg. f. Mütter u. Töchter. Nach dem engl. „Home Influences". 2. Aufl. 8. (570 S.) Leipzig 873. E. J. Günther. geb. 4. 50

– home influence, s.a. C o l l e c t i o n of British Authors.

— Home influence. A tale for mothers and daughters. 7. ed. illustr. — London: Groombridge 1856. XVIII,421 S.
Forts. s. *Aguilar:* The mother's Recompense. 1851.
2.
2.4141

— — Copyright ed. Vol. 1.2. Leipzig: Tauchnitz 1859. (Collection of British authors. 464. 465.)
1: Ah 30–464.465. 12: P. o. angl. 6 i. 300: 393.080–A. Per. 464.465. 3. 4. 10. 11.
2.4142

—— die Jüdin. Nach der 5. Orig.-Aufl. 8. (298 S.) Leipzig 860, Voigt und Günther.

—— der Lohn einer Mutter. Fortsetzung der „Erziehungs-Resultate." Eine Erzählung für Mütter und Töchter. Uebers. nach der 5. Aufl. des engl. Originals: „The mother's recompense." 2 Bde. 8. (671 S.) Leipzig 859, Voigt und Günther. geb.

**Aguilar,** Grace, der Lohn einer Mutter. Fortsetzung der „Erziehungs-Resultate". Eine Erzählung f. Mütter u. Töchter. Uebers. nach der 5. Aufl. d. engl. Originals: „The mother's recompense". 2. Aufl. 2 Thle. in 1 Bd. 8. (279 u. 272 S.) Leipzig 881. Abel. geb. 4. 50

**Aguilar,** Grace, der Lohn e. Mutter. Eine Erzählg. f. Mütter u. Töchter. 3., vollständig neu bearb. Aufl. Nach dem engl „The Mother's recompense". 8. (337 S.) Leipzig 893. Abel & Müller. Geb. in Leinw. n. 4. —

**Aguilar,** Grace, Mädchenfreundschaft. 8. (VI und 420 S. mit 2 Holzschnt.) Leipzig 856(57,) Voigt und Günther.

— Mädchenfreundschaft. 2. Aufl. 8. (390 S.) Ebend. 880. cart. n. 4. —

— Mädchenfreundschaft. Eine Erzählg. f. Mütter u. Töchter. 3., vollständig neu bearb. Aufl. 8. (331 S.) Ebd. 893. Geb. in Leinw. n. 4. —

— Marie Henriquez Morales. Erzählung. Frei bearb. u. mit einem Vorwort versehen v. J. Piza. Oldenburg 856. Schmidt. 8. (XIV, 284 S.) 1 *rf* 10 *ngr*

— Marie Henriquez Morales. Erzählung. Frei bearb. u. mit e. Vorw. vers. von J. Piza. — Magdeburg: Falckenberg 1860. 232 S. (Schriften hrsg. vom Institute zur Förderung der israelitischen Literatur. 5.) 12: Jud. 45 q–22.
2.4149

— Mutterliebe. Eine Erzählg f. Mütter u. Töchter. 3., vollständig neu bearb. Aufl. Nach dem engl. „Home influence". 8. (334 S.) Ebd. 893. Geb. in Leinw. n. 4. —

—— the mother's recompense, s.a. Collection of british authors.

— The mother's Recompense. A sequel to „Home influence". — London 1851.
5.
2.4144

— — Copyright ed. Vol. 1.2. Leipzig: Tauchnitz 1859. (Collection of British authors. 487.488.)
1.2 . . . . 1: Ah 30–487.488. 12: P. o. angl. 6 k. 300: 393.080–A. Per. 487.488. 3. 9. 11.
2 . . . . . . . . . . . . . . . . . 10.
2.4145

**Aguilar,** Miß Grace, das Cederntbal, s.a.: Universal-Bibliothek. jüdische. 81. 82.

**Aguilar,** Grace, das Cedernthal. 2. (Titel-)Ausg. von „Marie Morales." Oldenburg (856.) 857. Schmidt. 8. (XIV, 284 S.) 20 *ngr*

**Aguirre,** Carlos, das Handelsrecht, Wechselrecht, Konkursrecht u. Seerecht v. Mexiko, s.: Handelsgesetze, die, des Erdballs.

**Aguirre, Domingo** de: Tractatus de tacita onerum, & conditionum repetitione ..., quem ... scribebat ... Dominicus ab Aguirre ... Cui acc. eiusdem authoris Discursus super officiis venalibus generalitatis Cathaloniae. Viennae Austriae 1721: Schwendimann. 332,104 S.
1: 4° Gi 24006. 300: 35 G 8.
2.4194

**Aguirre, Domingo** de: Tratado histórico-legal del Real palacio antiguo y su quarto nuevo de la ... ciudad de Barcelona, y de los officios de sus alcaydes o concerjes. — Vienna de Austria 1725: Schwendimann. 296 S.
1: 2° Qu 1508. 12: 2° Hisp. 2. 300: BE 2 J 3 [u.] 9497.
2. 7.
2.4196

AGUIRRE, JOSEPHUS SAENZ DE : *Philosophia rationalis nov – antiqua,* (I : Logica), Campidonae, fol. 1722

**Agur,** des Sohnes Sake, u. Lemuels Briefwechsel über d. Dammsche Religionssystem, (v. J. D. Dannies). 4. Frankf. u. Leipz. 770. (Aue in Altona). 3 *gr*

**Agus, Joseph.,** Epistola b. Pauli apostoli ad Romanos analytice et logice explicata. Regensburg, Pustet, 1888, gr. 8°, VIII und 812 S., 8 Mk.

**Agustin, Antonio:**

— Antonii Augustini De Emendatione Gratiani dialogorum libri 2, cum Stephani Baluzii [Étienne Baluze] et Gerh[ardi] Mastrichtii notis. Curante Jos[epho] Ant[onio Stephano] de Riegger. Liber 1.2. — Vindobonae 1762: G. L. Schulz. LVI,859 S.
1.2 . . . . . . . . . . . . . . . . . . 7.
1 . . . . . . . . . . . . . . . 300: 26 X 15.
2.4251

— Liber 1.2. Viennae: Krauss 1764.
1: Fp 6051. 12: J. can. F. 5. 5. 102.
2.4252

**Agyafalva,** s. Goro.

**St. Aegyd,** s.: Ausflugskarten.

Aegydius von Assisi, s. A e g i d i u s von Assisi

**Aegydius Lebrecht,** egypt. Traumbuch, s.a. Traumbuch.

**Aegydius Lebrecht,** des Mönches, verbessertes großes egyptisches Traumbuch nach alten egyptischen, schwedischen und arabischen Handschriften bearb. und zusammengestellt. Nebst den beigefügten Lotto-Nummern, sowie dem Verzeichnisse der Glücks- und Unglückstage des Jahres, dem Lotto-Tarif und einer Anweisung, wie man im Lotto spielen muß, um zu gewinnen. 1.—3. Aufl. 8. (122 S. mit eingedr. Holzschn.) Troppau 864—67, Kolck.

**Aegydius Lebrecht,** des Mönches, verbessertes großes egyptisches Traumbuch, nach alten egypt., schwed. und arab. Handschriften bearb. und zusammengestellt. Nebst den beigefügten Lotto-Nummern, sowie dem Verzeichnisse der Glücks- und Unglückstage des Jahres; dem Lotto-Tarif und einer Anweisung, wie man spielen muß, um zu gewinnen. Mit 90 Bildern (16 Holzschntaf.) 8. Aufl. 8. (106 S.) Leipzig 876, Brauns.

**Aegydius Lebrecht,** des Mönches, verbessertes großes egyptisches Traumbuch, nach alten egypt., schwed. und arab. Handschriften bearb. und zusammengestellt. Nebst den beigefügten Lotto-Nummern, sowie dem Verzeichnisse der Glücks- und Unglückstage des Jahres; dem Lotto-Tarif und einer Anweisung, wie man spielen muß, um zu gewinnen. Mit 90 Bildern (16 Holzschntaf.). 9.—13. Aufl. 8. (106 S.) Leipzig 877—83, Brauns.

Aegypten [Sachliches OW]
Aegypten, s.a. A e g y p t u s

**Aegypten.** Für die Jugend und ihre Freunde, s. Wanderer.

**Aegypten,** oder Sitten rc., s.a. Miniaturgemälde.

**Aegypten,** oder Sitten, Gebräuche, Trachten und Denkmäler d. Aegyptier. Nach d. Franz. d. Herrn Breton, 4 Bdchen. Mit Kupf. 12. Pesth, Hartleben. 817.

Ägypten. Unter- und Ober-Ägypten bis zum zweiten Katarakt. Mit 10 Kt., 19 Pl. u. Grundr., 43 Textbild. 3. Aufl. — Leipzig & Wien: Bibliogr. Inst. 1895. XII, 312 S. (Meyer's Reisebücher.)
12: It. coll. 53d–28,1. 300: 411.515–A. Kt. S. 25,3. A.
2.331

— Ägypten. Unter- und Oberägypten, Obernubien und Sudân. 4. Aufl. Mit 10 Kt., 20 Pl. u. Grundr., 43 Textbild. Ebd. 1904. XII,304 S. (Meyers Reisebücher.)
300: 411.515–A. Kt. S. 25,4. A. 7.
2.332

— 5. Aufl. Mit 11 Kt., 31 Pl. u. Grundr. u. zahlr. Abb. Ebd. 1909. XIV,437 S. (Meyers Reisebücher.)
1: Uq 8367[5]. 300: 411.515–A. Kt. S. 25,5. A.
2.333

— Das alte, – christliche – und heutige Aegypten, geschildert von F. B. Mit 1 Landkt. — Budapest: „Athenaeum" 1880. XIII,781 S. 1: Ur 660.
2.334

**Aegypten**, das alte, — christliche — u. heutige, geschildert v. F. B. Mit e. (lith.) Landkarte. Lex.-8. (XIII, 781 S.) Budapest 880. (Kilian.) n. 8. —

— in histor., geograph., physikal. ꝛc. Hinsicht, (von J. A. Bergk). Mit 1 Karte u. 6 Kpf. u. 2 Fortsetz. mit Kpf. u. Karten. 8. Berlin u. Leipzig 798—800. (Heinsius in Gera). 4 ℛ 8 g. 1e Fortsetz. A. u. d. T.: Arabien u. Syrien. 1 ℛ 8 g. 2e Fortsetz. A. u. d. T.: Natolien, Georgien, Armenien ꝛc., mit 5 Kpf. u. 2 Karten. 1 ℛ 16 g.

Aegypten — Charte von — Nach astronomischen Beobachtungen, den Reisen von Niebuhr, Norden u. a. m. den durch die Franzosen, von ihren neuen Entdeckungen bis jetzt bekannt gemachten Nachrichten, vorzüglich nach der Herren Bruns und Hartmann Beschreibung entworfen von F. L. Güssefeld. Nürnberg bey Homanns Erben 1800. 1 : 1,600,000. 1 Bl.

**Ägypten, Palästina und Syrien.** 2. Aufl. Mit 11 Kt., 17 Pl. u. Grundr., 45 Textbild. (Bearb.: Heinr[ich] Brugsch, M[artin] Hartmann u. [Konrad] Schick.) — Leipzig: Bibliogr. Inst. 1889. XV,XVI,507 S. (Meyers Reisebücher.)
1. Aufl. ersch. u. d. T.: Der Orient. 1881.
1: Uk 4336[8]. 12: It. coll. 53d–27.
2.336

Aegypten u. Syrien während d. Napoleonischen Verheerung dieser Länder durch d. franz. Raubvögel. (v. J.F.W.) 8°. – Köln, Imhof-Schwarz

Aegypten; was es war – ist – und sein könnte, oder Beschreibung der Städte . . . dieses Landes. Ein Handbuch für Zeitungsleser. – Berlin 1799, Braun.

— was es war, ist u. sein könnte ꝛc., e. Handbuch f. Zeitungsleser. 8. Berlin 800. Braun. 16 g.

**Aegypten, wie man es am besten bereist.** (3. Aufl.) Mit 41 farb. Illustr. von A. O. Lamplough. — Hannover-Leipzig: Sponholtz (1909). 235 S. 7.
2.338

**Ägypten.** Wie man es am besten bereist. Mit 41 farb. Illustr. v. A. O. Lamplough. (3. Aufl.) (236 S. m. 2 farb. Karten u. Plänen.) kl. 8. Hannover 910. A. Sponholtz Verl. Geb. in Leinw. 2. 80

Aegypten in Wort und Bild dargestellt von unsern ersten Künstlern, beschrieben von **Georg Ebers**. 2 Bde. Stuttgart und Leipzig 1879—1880. Fol.

Aegypten [Schlagwort]

Aegypten, s.a. Egypten

Aegypten, s.a. Europa. Baur C.F.

Aegypten, s.a. Hand- u. Reisekarten. 57.

Aegypten, s.a. Nilländer, Herkt.

**Aegypten.** **Schweinfurth**, Geo., Aufnahmen in der östlichen Wüste v. Ägypten. 1. Serie. (10 Blätter.) 1.—3. Lfg. Blatt 1—6 u. 10 a. b. Farbdr. Berlin, D. Reimer. Auf Leinw. in Mappe à Lfg. 64. —; einzelne Blätter n. 8. —

I. 1. Die Umgegend von Heluan als Beispiel der Wüsten-Denudation. 1 : 30,000. 54,5×76 cm. — 2. Karte der Gegend zwischen Belbês u. Sues nach Routen-Aufnahmen in den J. 1879, 80, 81, 83, 84, 85 u. 1886. 1 : 200,000. 48,5×64 cm. — 3. Die Thalsysteme des Uadi Moathil u. des Uadi Tarfeh nach Routen-Aufnahmen in den J. 1876, 1884 u. 1887. 1 : 200,000. 42×65 cm. 899. n. 24. —

II. 4. Die südliche Galâla m. dem nördlichen Teil der krystallinischen Küstengebirge am Rothen Meer, nach Routen-Aufnahmen u. Triangulirgn. in den J. 1876, -77, -78, -84, -85 u. -87 entworfen u. gezeichnet. 1 : 200,000. 62,5×51 cm. — 5. Die krystallinischen Küstengebirge am Roten Meer zwischen dem Uadi Qeneh u. Gebel Set, nach Routen-Aufnahmen u. Triangulirgn. in den J. 1877, -78, -84 u. -85 entworf. u. gezeichnet. 1 : 200,000. 53,5×63 cm. 900. n. 16. —

III. 6. Die krystallin. Küstengebirge am Roten Meer zwischen 26° 40' u. 27° 30' n. Br. nach Routen-Aufnahm. u. Triangulirungen in den J. 1877, -78, -84 u. -85 entworfen und gezeichnet. 1 : 200,000. 43,5×62,5 cm. — 10 a. b. Die Wüstenregion zwischen Nil u. Rotem Meer nördlich von der Qeneh-Qosser Strasse zwischen 25° 50' u. 26° 50' n. Br., nach Routen-Aufnahmen u. Triangulirgn. 1884—1885 entworfen u. gezeichnet. 1 : 200,000. 2 Blatt. 49,5×47 cm. bezw. 49,5×49,5 cm. 902. n. 24. —

**Ägypten.** **Schweinfurth**, Geo., Aufnahmen in der östlichen Wüste v. Äpypten. I. Serie. (10 Blätter.) 4. Lfg. 7. u. 8. Bl. Farbdr. Berlin 910. D. Reimer. Auf Leinw. in Mappe 16. —; à Bl. 8. —

7. Die Wüstenregion zwischen Nil u. Uadi Keneh von der Wasserscheide zwischen Nil u. Rotem Meer bis Assiut, östl. Hälfte, nach Routenaufnahmen in den J. 1877, 1878 u. 1884 entworfen u. gezeichnet. 1 : 200,000. 57×54,5 cm.
8. Dasselbe. Westliche Hälfte. 1 : 200,000. 48×54 cm.

**Aegyptiaca.** — Aegyptiaca seu veterum scriptorum de rebus Aegypti commentarii et fragmenta. Collegit Fridericus Andreas Stroth. P.1.2. — Gothae: Ettinger 1782–84.
1. Herodotus: *Libri 2 cum parte libri 3. et reliquorum librorum fragmentis* [Historiae, Ausz.] 1782.
2. Diodorus Siculus: *Liber 1. cum reliquorum librorum fragmentis* [Bibliotheca historica, Ausz.] 1784.
1: Ur 1302. 12: A. gr. C. 841. 2. 4. 5. 7. 8. 10.
2.339

**Aegyptiaca.** Festschr. f. Georg Ebers z. 1. März 1897. M. 1 Taf. in Lichtdr. u. 9 Fig. im Text. *Leipzig: W. Engelmann 1897.* (4 Bl., 152 S., 1 Taf.) 1 Bd 8. [97. 1736

**Bondi**, J. H.: Gegenseitige Kultureinflüsse d. Ägypter u. Semiten. *Leipzig 1897.*
in: **Aegyptiaca.** Festschr. f. G. Ebers z. 1. März 1897. [97. 1736

**Borchardt**, Ludwig: E. Rechnungsbuch d. königlichen Hofes aus d. alten Reiche. *Leipzig 1897.*
in: **Aegyptiaca.** Festschr. f. G. Ebers z. 1. März 1897. [97. 1736

**Erman**, Adolf: Die Sprüche v. d. Himmelsgöttin. *Leipzig 1897.*
in: **Aegyptiaca.** Festschr. f. G. Ebers z. 1. März 1897. [97. 1736

**Hommel**, Fritz: Ägypten in d. südarab. Inschriften. *Leipzig 1897.*
in: **Aegyptiaca.** Festschr. f. G. Ebers z. 1. März 1897. [97. 1736

**Krebs**, Fritz: Die Polizei im röm. Ägypten. *Leipzig 1897.*
in: **Aegyptiaca.** Festschr. f. G. Ebers z. 1. März 1897. [97. 1736

**Lemm**, Oscar v.: Miscellanea Coptica. *Leipzig 1897.*
in: **Aegyptiaca.** Festschr. f. G. Ebers z. 1. März 1897. [97. 1736

**Lincke**, Arthur: Kambyses in der Sage, Litteratur u. Kunst d. Mittelalters. *Leipzig 1897.*
in: **Aegyptiaca.** Festschr. f. G. Ebers z. 1. März 1897. [97. 1736

**Meyer**, Eduard: Glossen zu d. Thontafelbriefen von Tell el Amarna. *Leipzig 1897.*
in: **Aegyptiaca.** Festschr. f. G. Ebers z. 1. März 1897. [97. 1736

**Müller**, W[ilh.] Max: Das phönikische Rezept des Pap. Ebers. *Leipzig 1897.*
in: **Aegyptiaca.** Festschr. f. G. Ebers z. 1. März 1897. [97. 1736

**Pietschmann**, Richard: Der Verstorbene als Schreibpalette u. die Schreibpalette als Osiris. *Leipzig 1897.*
in: **Aegyptiaca.** Festschr. f. G. Ebers z. 1. März 1897. [97. 1736

**Reinhardt**, K.: E. arab.-koptische Kirchenbann-Urkunde. *Leipzig 1897.*
in: **Aegyptiaca.** Festschr. f. G. Ebers z. 1. März 1897. [97. 1736

**Schäfer**, Heinrich: Noch einmal die Inschrift v. Neapel. *Leipzig 1897.*
in: **Aegyptiaca.** Festschr. f. G. Ebers z. 1. März 1897. [97. 1736

**Schmidt**, Carl: E. griech. Grabinschrift aus Antinoë. *Leipzig 1897.*
in: **Aegyptiaca.** Festschr. f. G. Ebers z. 1. März 1897. [97. 1736

**Sethe**, Kurt: Amenhotep, der Sohn des Hapu. *Leipzig 1897.*
in: **Aegyptiaca.** Festschr. f. G. Ebers z. 1. März 1897. [97. 1736

**Spiegelberg**, Wilhelm: E. neue Sammlung v. Liebesliedern. *Leipzig 1897.*
in: **Aegyptiaca.** Festschr. f. G. Ebers z. 1. März 1897. [97. 1736

**Steindorff**, Georg: Eine neue Art ägyptischer Kunst. *Leipzig 1897.*
in: **Aegyptiaca.** Festschr. f. G. Ebers z. 1. März 1897. [97. 1735

**Wilcken**, Ulrich: Z. ägyptisch-hellenistischen Litteratur. *Leipzig 1897.*
in: **Aegyptiaca.** Festschr. f. G. Ebers z. 1. März 1897. [97. 1735

**Aegyptiaca Pauli de Lagarde studio et sumptibus ed. — Gottingae: Dieterich 1883. VIII,296 S.**
**1:Zz 354. 12:B. or. 12 ev. 300:49.213-B. Pp. S. 2. 3. 5. 6. 7. 10.**
2.340

— Ebd. 1883. VIII,296 S.
Umschlagt.: Aegyptiaca von Paul de Lagarde. Anastat. Neudr. Göttingen: Horstmann in Comm. 1896.
**4. 5. 7. 11.**
2.341

Aegyptus, s.a. Aegypten

***Aegyptus* auct. Jbu al-Vardi. Ex autogr. Escorial., una cum lectionibus var., e cod. Dresdens. ed. vert. not. illustr. C. F. Fraehn. 8 maj. Halle 804. Hendel. 12 g**

**Aegyptus auct. Ibn al Vardi, ex autogr. Escorial, c. lect. var. e cod. Dresd. ed. G. M. Fraehm. 8 maj. Halle, Hendel. 808.**

Aegyptus, antiqua. Mandato serenissimi Delphini publici juris facta. Auctor d'Anville, Primus Regis Geographus etc. Prostat Norimbergae in Officina Weigelio — Schneideriana 1784. 1: 2,000,000. 1 Bl.

Aegyptus, et Arabia Petraea. Reichardi Orbis terrarum antiquus, a D. Campio editus Norimbergae 1818. Tab. I. A, Canerin sc. 1 : 2,550,000. 1 Bl. nebst einer Tabelle.

Aegypti deserta — Thebaidis, Arabiae, Syriae etc. ubi accurate notata sunt loca inhabitata per sanctos Patres Anachoretas. Exhibita a Matth. Seutter. 1728? Ohne Maasstab. 1 Bl.

Aegyptus hodierna ex itinerario celeberrimi Viri Pauli Lucae Franci desumta ac novissime repraesentata à Johanne Baptista Homann. S. C. M. Geographo Norimbergae. Johannes Christophorus J. B. Homanni filius delineavit. 1 : 2,400,000. 1 Bl.

**Ah! 6 Sorten. 12. (à 8 farb. Taf.) Leipzig 889. Fr. Pfau.**
**à n.n. -- 10**

**Ah, quel Conte! conte polit. et astronom. p. Crebillon-le fils. VIII. Vol. 8.**

Ah – wie schön! 2 Nrn. 4°( a 10 m. 8 Chromol.) Düsseld. 1882, A. Bagel.

**Ah — wie schön! 2 Nrn. hoch 4. (à 8 Chromolithogr. mit 10 S. Text.) Düsseldorf 884, A. Bagel. à Nr. 70 Pf.**

**Ah — wie schön! 2 Nrn. hoch 4. (à 8 Chromolith. m. 10 S. Text.) Düsseldorf 885. A. Bagel. cart. à — 70**

**— dasselbe. 6 Sorten. 8. (à 4 Chromolith. m. Text.) Wesel 885. Düms. à — 5**

Ah, wie schön! Leporello-Album. qu. 8. (20 Farbdr.-Taf. m. eingedr. Text auf Pappe.) Stuttgart 891. F. Loewe.
3. —

Ah
Neujahrsblatt
— 93., hrsg. v. der Hülfsgesellschaft in Zürich auf d. J. 1893: Wie sorgt das Land Unterwalden (ob u. nid dem Kernwald) f. seine Armen u. Kranken. Von *Ah*. Mit 1 Lichtdr. In-4°. 32 S. Zürich, Höhr & Fäsi. **1893** 1 70

Ah, Joseph Ignaz von. Dem unsterblichen Andenken Seiner Eminenz. des... Kardinals Caspar Mermillod.... Dem schweiz. Piusverein vorgetragen... den 25. August 1892 von Josef Ig' von Ah.... [Mit Porträtvignette.] 8. (Solothurn [1892].)

**Ah, J. J. von.** Die Bundes-Briefe der alten Eidgenossen. 1291—1513. Zusammengestellt und erläutert auf Veranlassung und nach Beschluss des Historischen Vereins der fünf Orte. Ein Lesebuch für das Schweizervolk und seine Schulen. Mit 20 Sigelabbildungen u. 3 Facs.-Taf. (2 in-fol.). Gr. in-8°. 168 S. Einsiedeln, Benziger & Co. **1891** Gebd. 3 50

Ah, Jos[eph] Ignaz von. Durch Gehorsam zum Frieden. Gepredigt am Feste unseres seligen Landesvaters Bruder Nikolaus von Flühe, den 21. März 1871... zu Sachseln. 8. Stans 1871.

**Ah, v., Jos. Ig.** (Pfarrer in Kerns). Durch Gottes Hand zum Frieden. Predigt an der Leichenfeier des hochw. Herrn P. Adalbert Regli, Abt von Muri-Gries, in der Pfarrkirche zu Sarnen. In-8°, 14 S. Stans, Caspar von Matt. **1881**

**Ah, Jos. Ignaz von** (Pfarrer in Kerns). Einzug und Heimzug. Predigt an der Landeswallfahrt Obwaldens nach Maria-Einsiedeln, Dienstag den 6. Juni 1882. In-8°, 19 S. mit Titelbild. Einsiedeln, Gebr. Karl und Nikolaus Benziger. **1882**

**Ah, J. J. v., Festreden an der Schlachtfeier in Sempach, s.: Segesser.**

Ah, Jos[eph] Ig[naz] von. † In treuem Gedenken! Leichenrede bei der feierlichen Begräbnis des Titl. Hrn. Landammann... Nikolaus Durrer in der Pfarrkirche zu Kerns, Freitag, 4. Oktober 1895. 8. (Sarnen [1895].)

Ah, Jos[eph] Ig[naz] von. In Vielem nur Eines! Leichenrede bei der feierlichen Begräbniss des Tit. Herrn... Nationalrath Nicolaus Hermann, in seiner Pfarrkirche zu Sachseln, den 7. August 1888. 8. Sarnen 1888.

**Ah, Jos. Ign. von** (Pfarrer in Kerns). Käse und Menschen. Gepredigt am Aelplerfeste 1875 zu Sachseln. 2. Aufl. In-8°, 16 S. Stans, C. v. Matt. **1879**

Ah, Jos. Ign. v., der selige Bruder Klaus als Friedensstifter auf der Tagsatzung zu Stans. Schluß-Predigt, gehalten zur 400jähr. Todesfeier des Seligen in der Pfarrkirche zu Sachseln, den 21. März 1887. gr. 8. (24 S.) Einsiedeln 887, Benziger und Comp.

**— — von dem frommen Leben und segensreichen Wirken des heil. Karl Borromäus, Erzbischofs von Mailand und Cardinals der heil. röm. Kirche. Ein Gedenkbuch für das Volk. Festgabe des kathol. Schweizerlandes zur 300jähr. Todesfeier des verklärten Heiligen. Mit dem Chromo-Facs. eines alten Portraits und 14 Orig.-Zeichnungen. gr. 8. (207 S.) Einsiedeln 884, Gebr. Benziger. *M 5.; geb. mit Goldschn. ***

**Ah, Josef Ignaz** v.: Von dem frommen Leben und segensreichen Wirken des Hl. Karl Borromäus, Erzbischofs von Mailand und Cardinals der hl. röm. Kirche. Ein Gedenkbuch für d. Volk. Von J. I. v. Ah. Festgabe zur 300jähr. Todesfeier. Mit d. Chromo-Facs. e. alten Portr. u. 14 Orig.-Zeichn. — Einsiedeln [usw.]: Benziger 1885. 207 S.
**1:**Dw 4800. **12:**V. SS. 163x. **5.**
2.4300

**Ah, J. J. v., von dem frommen Leben u. segensreichen Wirken des heil. Karl Borromäus, Erzbischofs von Mailand u. Cardinals der hl. röm. Kirche. Ein Gedenkbuch f. das Volk. 2., bill. Ausg. Mit e. Titelbild u. 15 Orig.-Illustr. 8. (207 S.) Einsiedeln 888. Benziger & Co. geb. 2. 40**

**Ah, Jos. Ign. v., von dem frommen Leben u. segensreichen Wirken des hl. Karl Borromäus, Erzbischofs v. Mailand u. Cardinals der hl. römischen Kirche. Ein Gedenkbuch f. das Volk. 3. Aufl. Mit e. Titelbild u. 15 Orig.-Illustr. (207 S.) kl. 8. Einsiedeln 902. Verlagsanstalt Benziger & Co. Geb. in Leinw. n. 1. 60**

**— des seligen Einsiedlers Nikolaus v. Flüe, — genannt Bruder Klaus zu Unterwalden — wunderbares Leben, segensreiches Wirken u. gottseliges Sterben, dem kathol. Volke erzählt. Mit 1 Chromo, mehr. Fcsms. in Lichtdr. u. Phototypie, 2 Kärtchen u. 50 Illustr. gr. 8. (270 S.) Ebd. 887. n. 4. —; geb. mit Goldschn. n. 6. —**

Ah, Jos. Ign. v., D. sel. Einsiedlers Nikolaus v. Flüe — gen. Bruder Klaus z. Unterwalden — wunderbares Leben, segensreiches Wirken u. gottsel. Sterben, d. kathol. Volk erz. 2. Ausg. M. 1 Chromo u. 50 Ill. 8. (270 S.) Einsiedeln 897. Verlagsanstalt Benziger & Co.
Geb. in Leinw. 1. 60

Ah, Joseph Ignaz von. A l'impérissable mémoire de Son Éminence le Cardinal Gaspard Mermillod, évêque de Lausanne et Genève. Discours prononcé ... à Einsiedeln, le 25 août 1892, Par M. l'abbé J'-Ignace Von Ah .... Traduit de l'allemand par L[éon] E[sseiva]. 8. Fribourg 1892.

**— Kunstmaler M. Paul von Deschwanden, wie er gelernt, gelebt, gearbeitet und selig gestorben. Abdruck aus dem „Nidwaldner Volksblatt". Gr. in-8°, 21 S. Stans, Caspar von Matt. 1881**

**— Pfingsten, Einst und Jetzt. Gepredigt a. d. Jahresversamml. d. aarg. Pius-Vereins 1878 zu Muri. In-8°, 20 S. Ebendas. 1879 — 20**

Ah, Joseph Ignaz von. Ausgewählte Predigten u. Predigt-Entwürfe von J' J' von Ah, weiland Pfarrer in Kerns. Mit einem Vorwort hrg. von Dr. J[oseph] Beck.... Band 1: Sonntags-Predigten. Abteilung 1: Weihnachts- und Osterfestkreis. [Mit Porträt-Tafel.] (7 Liefg.) VIII + XXIV + 517 S. 8. Stans, Hans von Matt & Co., (1903—)1904. (Liefg. à fr. 1. —)

*A. u. d. T.:* Predigten u. Predigt-Entwürfe auf die Sonntage des Kirchenjahres.... Abteilung 1: Weihnachts- und Osterfestkreis. (Liefg. 1–4. 1903; Liefg. 5—7. 1904.)

Ah, Joseph Ignaz von. Ausgewählte Predigten u. Predigt-Entwürfe von J' J' von Ah, weiland Pfarrer in Kerns. Mit einem Vorwort hrg. von Dr. J[oseph] Beck.... Band 1: Sonntags-Predigten. Abteilung 2: Pfingstfestkreis. (Liefg. 8—12.) VIII + 351 S. 8. Stans, Hans von Matt & Co., (1905—) 1906. [Liefg. à fr. 1. —]

*A. u. d. T.:* Predigten u. Predigt-Entwürfe auf die Sonntage des Kirchenjahres.... Abteilung 2: Pfingstfestkreis. (Liefg. 8—10. 1905; Liefg. 11—12. 1906.)

Ah, Joseph Ignaz von. Ausgewählte Predigten u. Predigt-Entwürfe. Hrg. von Dr. J[oseph] Beck .... Band 2: Festtags-Predigten. (Liefg. 13—20.) VIII + 668 S. 8. Stans, Hans von Matt & Co., (1907—) 1911. [pro Liefg. fr. 1.—]

*A. u. d. T.:* Predigten u. Predigt-Entwürfe auf die Feste des Kirchenjahres :...

**Ah, Joseph Ignaz von. Ausgewählte Predigten u. Predigt-Entwürfe von Joseph Ignaz von Ah, weiland Pfarrer in Kerns. Mit einem Vorwort hrg. von Dr. J[oseph] Beck, Professor an der Universität Freiburg i. d. Schweiz. (Band 1,) Liefg. 1. [Mit Porträt-Tafel.] II + XXIV + 56 S. 8. Stans, Hans von Matt & Co., 1903. (*cpl.* in 3 Bänden; Bandes 1 Abtlg. 1 in 4 Liefg. à fr. 1. —)**

Ah, Joseph Ignaz von. Ausgewählte Predigten u. Predigt-Entwürfe. Mit einem Vorwort hrg. von Dr. J[oseph] Beck.... (Band 1,) Liefg. 2. II S. + S. 57—136. 8. Stans, Hans von Matt & Co., 1903. (à fr. 1. —)

Ah, Joseph Ignaz von. Ausgewählte Predigten u. Predigt-Entwürfe ... hrg. von Dr. J[oseph] Beck.... ([Band] 1,) Liefg. 3. II S. + S. 137—216. 8. Stans, Hans von Matt & Co., 1903. [à fr. 1. —]

Ah, Joseph Ignaz von. Ausgewählte Predigten u. Predigt-Entwürfe... hrg. von Dr. J[oseph] Beck.... ([Band] 1,) Liefg. 4. II S. + S. 217—288. 8. Stans, Hans von Matt & Co., 1903. [à fr. 1. —]

**Ah, Joseph Ignaz von. Ausgewählte Predigten und Predigt-Entwürfe... hrg. von Dr. J[oseph] Beck.... ([Band] 1,) Liefg. 5. II S. + S. 289—368. 8. Stans, Hans von Matt & Co., 1904. [à fr. 1.—]**

Ah, Joseph Ignaz von. Ausgewählte Predigten u. Predigt-Entwürfe ... hrg. von Dr. J[oseph] Beck.... ([Band] 1,) Liefg. 6. II S. + S. 369—448. 8. Stans, Hans von Matt & Co., 1904. [à fr. 1. —]

Ah, Joseph Ignaz von. Ausgewählte Predigten u. Predigt-Entwürfe... hrg. von Dr. J[oseph] Beck.... ([Band] 1, [Abteilung] 2,) Liefg. 8. II + 80 S. 8. Stans, Hans von Matt & Co., 1905. [à fr. 1. —]

Ah, Joseph Ignaz von. Ausgewählte Predigten u. Predigt-Entwürfe ... hrg. von Dr. J[oseph] Beck.... ([Band] 1, [Abt.] 2,) Liefg. 9. II S. + S. 81—160. 8. Stans, Hans von Matt & Co., 1905. [à fr. 1. —]

Ah, Joseph Ignaz von. Ausgewählte Predigten u. Predigt-Entwürfe ... hrg. von Dr. J[oseph] Beck.... ([Band] 1, [Abt.] 2,) Liefg 10. II S. + S. 161—240. 8. Stans, Hans von Matt & Co., 1905. [à fr. 1. —]

Ah, Joseph Ignaz von. Ausgewählte Predigten u. Predigt-Entwürfe... hrg. von Dr. J[oseph] Beck.... ([Band] 1, [Abt.] 2,) Liefg. 11. II S. + S. 241—320. 8. Stans, Hans von Matt & Co., 1906. [à fr. 1. —]

Ah, Joseph Ignaz von. Ausgewählte Predigten u. Predigt-Entwürfe.... Liefg. 12. II S. + (Band 1, Abteilung 2:) VIII S. + S. 321—351 + ([Band] 2,) S. 1—32. 8. Stans, Hans von Matt & Co., 1906.

Ah, Joseph Ignaz von. Ausgewählte Predigten u. Predigt-Entwürfe ... hrg. von Dr. J[oseph] Beck .... ([Band] 2;) Liefg. 13. II S. + S. 33—112. 8. Stans, Hans von Matt & Co., 1907. [à fr. 1. —]

Ah, Joseph Ignaz von. Ausgewählte Predigten u. Predigt-Entwürfe ... hrg. von Dr. J[oseph] Beck.... ([Band] 2;) Liefg. 14. II S. + S. 113—192. 8. Stans, Hans von Matt & Co., 1907. [à fr. 1. —]

Ah, Joseph Ignaz von. Ausgewählte Predigten u. Predigt-Entwürfe ... hrg. von Dr. J[oseph] Beck.... ([Band] 2;) Liefg. 15. II S. + S. 193—272. 8. Stans, Hans von Matt & Co., 1908. [à fr. 1.—]

Ah, Joseph Ignaz von. Ausgewählte Predigten u. Predigt-Entwürfe ... hrg. von Dr. J[oseph] Beck.... ([Band] 2;) Liefg. 16 *u.* 17. *je* II S. + S. 273—432. 8. Stans, Hans von Matt & Co., 1909. [*à* fr. 1. —]

**Ah, Jos. Ign. von, Pfr. in Kriens. Die periodische Presse in der Schweiz. Vortrag an der Jahresversammlung der schweizer. gemeinnützigen Gesellschaft in Stans, Nidwalden, 28. Sept. 1887. In-8°, 22 S. Stans, Druck von Paul von Matt. 1888**

**Ah, Jos. Jg. v., der Segen des Hirten-Standes, gepredigt am Aelplerfeste, 23. S. nach Pfingsten, 28. Weinmonat 1866, in der Pfarrkirche zu Stans. Luzern 866. Gebr. Räber. 8. (19 S.) 3 *ngr.***

**Ah, Jos. Ign. von (Pfarrer in Kerns). Vom Suchen, Finden u. Bleiben des Heilandes. Predigt. In-8°, 21 S. Einsiedeln, Benziger. 1878**

Ah, J. J. v., della vita e delle opere di San Carlo Borromeo, arcivescovo di Milano et cardinale di s. r. chiesa. Traduzione dal tedesco per G. M. Bianchetti. gr. 8. (171 S. m. 14 Abbildgn. u. farb. Bildnis.) Einsiedeln 892. Benziger & Co. Geb. in Leinw. m. Goldschn. n. 5. 20

**Ah, Jos. Ign. v., was soll gepredigt werden? Homiletische Aphorismen für das Priester-Kapitel von Obwalden. gr. 8. (10 S.) Luzern 870, Gebr. Räber.**

**Aus: Blätter für Wissenschaft, Kunst und Leben, besonders abgedruckt.**

Von dem frommen und segensreichen Wirken des Hl. Karl Borromäus, Erzbischofs von Mailand u. Cardinals d. hl. römischen Kirche. Ein Gedenkbuch f. d. Volk. Von J[os.] I[gn.] v. **Ah**, Pfarrer. 3. Aufl. Mit e. Titelb. u. 15 Orig.-Ill. *Einsiedeln, Köln [um 1902].* (206 S.) 8° [F.] [03.10780

**Aha!!! Lieder-Sang und Schellen-Klang aus den J. 1874 und 1875. Nebst einer kurzen Historie vom Berliner Carneval und einem Anhang. Illustrirt von Dupré, Hauer u. A. Im Auftr. der Berliner Carnevals-Gesellschaft hrsg. vom Kleinen Rath. 8. (IV, 145 S. mit eingedr. Holzschn. und 1 Holzschntaf.) Berlin 875, Denicke's Verlag.**

**Aha, C., das Singfest in Abdera. Humoristisches Gedicht in 3 Gesängen. gr. 8. Frankfurt a. M. 838. Döring. 1/4 ß**

**Ahacel, M., Koroške in Stajerske pesmi, s. Pesmi.**

Ahad hā-'am. 1904 [Pseud.]
s. Ginzberg, Āšēr. [09.4318

**Ahammer**, Franz: Johann Schultheis von Lenzburg, Bischof von Gurk und Brixen und Kanzler der österreichischen Herzoge Rudolf IV., Albrecht III. und Leopold III. Diss. Wien, Univ. 1904 PN 1706 883

**Ahammer, Friedrich, a. Weißenburg i. B., Rechtsprakt. am Kgl. Bezirksamt Weißenburg i. B.: Der Widerruf letztwilliger Verfügungen nach § 2255 und § 2256 BGB. Weißenburg i. B. 1908: C. F. Meyer. (VIII, 44 S.) 8°**

**Erlangen, Jur. Fak., Ref. Siber, Diss. v. 25. April 1908**

[Geb. 1. Mai 83 Weißenburg; Wohnort: Weißenburg; Staatsangeh.: Bayern; Vorbildung: Gymn. Ansbach Reife 02; Studium: Erlangen 6, Berlin 1, Kiel 1 S.; Rig. 10. März 08.]

**Aharon a. Lunel**, s.: Hakohen, A.

Avetis Aharonian [**Aharonean**]: Bilder aus Türkisch-Armenien. Übers. u. hrsg. von Artak Wartapet Smbatjanz. Etschmiatsin 1910: (Klosterdr.). V, 133 S. 8° (11. 6090

Armenische Erzählungen von Awetis **Aharonean**. Übers. von Agnes Finck-Gjandschezian [Geandžeçean]. Leipzig: Reclam [1909]. 106 S. 8°
(Universal-Bibliothek. 5107.) (09. 11877

**Ahasver.** Ein Monolog v. Ego. 12. (8 S.) Zürich 890. Verlags-Magazin. n. — 40

**Ahasver,** der ewige Jude d. Urzeit. Lebensbilder vergang. u. gegenwärt. Tage. Deutsches Originalwerk. 3 Bde. od. 16 Hefte. 16. (67½ B. u. 12 Illustrat.) Meißen 844, 45, Goedsche. à 5 Ngr.

Der **olle ehrliche Ahasver**. Unabhängige jüdische Tageszeitung. Hrsg.: Schmul Mordche Zuckerkant. [No 1-3]. (Abschiedsnummer.) *(Königsberg i. Pr.: Ostdeutsche Buchh. in Komm. 1902.)* 3 Bde 8° [Kopft. 5 u. Ant.] [illegible] 10

**Ahasver am Rhein. [Hrsg.: Frick, A. Rehner, A. Schumacher.] Jg. 1. 2. Mainz: Wirth 1836–37. 2° 36**
**Forts. u. d. T.: Das Rheinland. Mainz 1837 ff. (s. unter Literar. Zeitschriften).**

**Ahasver, Heinrich** (Bremen), Diss. histor.-jurid. qua diploma Ottonis I. anni 937 ob locum Adami Bremensis in historia ecclesiastica L. 2. cap. I. illustratur. Götting. (H. M. Grape) 14. IX. 1793. 66 S. (5.—) 123

Ahasver, Johann Abraham

— — De M. Coccejo Nerva Romanorum imperatore qua de ejus institutis constitutionibusque egregiis agitur. Diss. jur. Götting. (Georg Ludw. Schultz) 14. IV. 1752. 80 S. (5.50) 125
Widm. v.: Gerhard von dem Busch (Bremen, deutsch), D. Iken. Eberhard Tiling (Bremen, dtsch.), Arnold Duntze, Jo. Pundsack.

— **Johann Abraham** (Bremen), De Marco Coccejo Nerva Roman. imper. qua de ejus vita moribus et majoribus, horumque ad jus pertinentibus reliquiis, agitur. Diss. jur. prior. Präs. Heinrich Lampe. Bremen (Wwe. Jan.) 27. VIII. 1748. 30 S. (5.20) 124

**Ahasvers** s.: Italien u. seine Krankenhäuser.

**Ahasverus.** Frei nach d. Franz. des Edg. Quinet. Ludwigsburg... (Hamburg, Berendsohn.) 2 ℳ

Ahasverus. Nachricht von dem Geschlecht, Leben und Eigenschaften des Herrn Dr. H. von Post. Barmen 1762. fol.

**Ahasverus, J.,** deutsche Volksbücher, von K. Simrock, s. Volksbücher.

**Ahasverus, J.,** s.: Zeichen der Zeit.

Ahaus [Schlagwort]
Ahaus, s.a. Deutschland. Karte (Abt. Preussen).

— s.a. Münster.

— s.a. Westfalen. Grundkarte.

— s.a. Westfalen. Wegekarte.

**Ahaus.** Wandkarte des Kreises Ahaus, Reg.-Bez. Münster. Bearb. nach den neuen Messtischblättern der kgl. preuss. Landes-Aufnahme. 1:35,000. 2 Blatt. à 112×61 cm. Farbdr. Berlin (903). D. Reimer. n. 10.—

Ahausen [Schlagwort]
**Ahausen,** s.: Preussen. Messtischblätter.

**Ahdim;** e. morgenländ. Erzählung (v. Jh. Ldw. Geo. Schwarz). 12. Berl. 796. Vieweg in Braunschw. 18 gr Velinp. 1 ℳ 8 gr

Ahe, Fridericus von der: De scarlatina. Halis (1868): Lipke. 30 S. 8°
Halle-Wittenberg, Med. Diss. v. 14. Jan. 1868
Geb. Köln a. Rh. 30. 9. 1842. V.
Letzte lateinische medizinische Dissertation in Halle.
**Biogr. (Mutter: Catharina Strater.)** (3.80)
**Opponenten: M. Vogel, K. Böing.**

**von der Ahe, Frdr. Wilh.,** Geschichte d. preußischen Staates bis auf die neueste Zeit, zunächst zum Schulgebrauch bestimmt. Köln 868. Du Mont-Schauberg. 12. (VIII, 120 S.) n. 9 ngr.

**Ahl,** Fritz, aus Köln a. Rh.: **Untersuchungen über geodätische Linien.** *Kiel 1901: P. Peters.* (50 S.) 8°
Kiel, Phil. Diss. v. [14. Dez.] 1901

**Ahl, M. A. W.,** vollst. Verzeichn. f. sämmtl. Sortimentsbücher d. s. J. 1768. 1r—5r Thl. 8. Coburg, Ahl.

— — — dasselb. v. 1769—810. 8. Ebend.

Ahlbeck [Schlagwort]
— s. Flaggenkarte.

— s. Heringsdorf.

— s. Ostseebäder.

— s. Ueckeritz.

— s. Usedom.

**AHLBERG,** Albrecht, u. seine Freunde, oder: auch die Liebe führt wunderbar. Eine Geschichte aus dem wirklichen Leben. Zwickau u. Leipzig, bey Friedr. Schumann 1804. 8°. 288 SS.
A. E.: Schleusingen u. Suhl, gedr. b. Hoffmann u. Lange. — Zahm.

**Ahlberg, Axel W.,** de correptione iambica Plautina quaestiones. Accedit excursus de genetivo pronominali in ius exeunti. (V, 96 S.) 8. Lund 901. H. Möller. n.n. 1. 65

**Ahlberg, Axel W.,** de proceleusmaticis iamborum trochaeorumque antiquae scaenicae poesis latinae studia metrica et prosodiaca. I, II. gr. 8. (VI, 161 u. 30 S.) Lund (900). H. Möller. n.n. 2. 60

— Durative Zeitbestimmungen im Lateinischen von Axel W. Ahlberg. — Lund 1906: Ohlsson. 72 S. (Lunds Universitets Årsskrift. N. F. Afd. 1, Bd 1,3.)
1: Az 41108–N. F. Afd. 1, Bd 1,3. 12: 4° H. lit. P. 6mb–1.
800: 550.442–C. N. F. Afd. 1, Bd 1,3. 5. 7. 8. 9. 11.
2.4354

**Ahlberg, B. M.,** ein modernes Mädchen, s. a: Engelhorn's allgemeine Roman-Bibliothek.

— Ein modernes Mädchen. Von B. M. Ahlberg. Übers. aus d. Dän. von M. Iven. — Stuttgart: Engelhorn 1907. 142 S. (Engelhorns Allgemeine Roman-Bibliothek. 23,15.)
1: Yt 664–23,15. 12: L. eleg. g. 126n–23,15.
2.4360

**Ahlberg, Hugo,** Festigkeitslehre in elementarer Darstellung m. zahlr., der Praxis entnommenen Beispielen. Zum Gebrauch f. Lehrer u. Studierende an techn. Mittelschulen sowie f. die Praxis. (IV, 144 S. m. Fig.) gr. 8 Hannover 904. Dr. M. Jänecke. Geb. in Leinw. n. 3. —

**Ahlborn,** Frau Oberamtmann, s.: Haidheim, L.

**Ahlborn** (Red.), s. Mitteilungen der mathematischen Gesellschaft in Hamburg.

**Ahlborn, C.,** Ergebnis der Bestandserhebung im VII. deutschen Turnkreise (Oberweser) am 1. 1. 1909—19, Göttingen, 8°. 11 Bde.

Ahlborn, *Christian Georg Friedrich* Der Flug der Fische. 4 (56 S., 1 S. unp., 1 Taf.).
**Progr.** Rg. des Johanneums *Hamburg* 1895

Ahlborn, F: Hydrodynamische Experimentaluntersuchungen. Vortrag. Berlin 1903

Ahlborn, F: Die Wirkung der Schiffsschraube auf das Wasser. Berlin 1904

**Ahlborn**, Fr., s. Ahlborn, Friedrich Heinrich Hermann

**Ahlborn, Friedrich:** Zur Mechanik des Vogelfluges. Von Fr. Ahlborn. Mit 54 Abb. im Text. — (Hamburg: Friederichsen 1896.) 134 S. (Abhandlungen aus d. Gebiete d. Naturwissenschaften, hrsg. v. Naturwiss. Verein in Hamburg. 14.)
1:4° Lc 7320-14. 12:4° Acad. 69r-14. 7. 8. 10.
2.4382

**Ahlborn, Fr.,** über den Mechanismus des hydrodynamischen Widerstandes. gr. 4. (59 S. m. 16 Taf.) Hamburg 902 L. Friederichsen & Co. n. 12. —
Sonderabdruck aus: „Abhandlgn. a. d. Geb. d. Naturwiss."

— Der Schwebflug u. d. Fallbewegung ebener Tafeln in der Luft. Üb. d. Stabilität d. Flugapparate. [Aus: „Abhandlgn. aus d. Geb. d. Naturwissenschaften".] 4. (32 u. 51 S. m. Fig. u. 2 Taf.) Hamburg 897. L. Friederichsen & Co. n. 5. —

Ahlborn, Friedr. Heinr. Herm. Über Berechnung von Summen von gröfsten Ganzen auf geometrischem Wege nach der von Eisenstein zuerst angewandten Methode. 20 S. u. Taf.
Rg. Joh. *Hamburg* 1881.

**Ahlborn, Fr.,** d. Flug d. Fische. Progr. gr. 4. (57 S. m 1 Taf) Hamburg 895. (Herold's Verl.) n.n. 2. 50

**Ahlborn,** *Friedrich Heinrich Hermann* [Dr.]: Der Flug der Fische. Hamburg, gedr. bei Lütcke & Wulff, 1895; 2 Bl., 56 S., 1 Bl., 1 Taf. 4.
Hamburg, RG d. Johanneums, OP 1895 (758)

**Ahlborn, H.,** üb. Berechnung v. Summen v. grössten Ganzen auf geometrischem Wege nach der v. Eisenstein zuerst angewandten Methode. 4. (20 S. m. 1 Steintaf.) Hamburg 881. (Nolte.) n.n. 2. 50

**Ahlborn, H.,** Mitteilungen aus der Geschichte der mathematischen Gesellschaft zu Hamburg u. aus den Werken einiger ihrer bedeutenderen Mitglieder in der ersten Zeit ihres Bestehens. gr. 4. (29 S.) Hamburg 884. (Nolte.) n.n. 2. —

Ahlborn, Hermann: Unsere Abiturientenaufgaben aus der Mathematik zusammengestellt von H. A. 1 Bl., 59 S. 8.
Progr. Realgymn. des Johanneums *Hamburg* 1904

**Ahlborn, Herm.,** unsere Abiturientenaufgaben aus der Mathematik. Progr. (IV, 59 S.) gr. 8. Hamburg 904. (Herold) n.n. 1. 50

**Ahlborn,** *Julius* [Arzt in Homberg a. Rh.]: Beiträge zur Kenntnis der Hernien der linea alba ... Homberg a. Rh., Druck v. E. Hadtstein, 1895; 42 S. 8.
Jena, Med. Fak., Inaug.-Diss. v. [10. Aug.] 1895

**Ahlborn, Luise** [Wirkl. Name] s. *Haidheim*, L.

**Ahlborn,** Siegmund [app. Arzt aus Kirchhain, ext. Hilfsarzt an d. Kgl. Frauenklinik zu Dresden]: Beitrag zur Totalexstirpation des Uterus und der erkrankten Adnexa von der Scheide aus ... Marburg, Univ.-Buchdr. v. J. A. Koch, 1893; 24 S. 8.
Leipzig, Med. Fak., Inaug.-Diss. v. 20. Juni 1893
(Nicht für den Austausch)

Ahlborn, Wilh. Sein Leben, s. Sander, W.

**Ahlbory, G.,** zur Erklärung griechischer Classiker. Greifswald, 863. (Scharff.) gr. 8. (16 S.) 4 ngr.

**Ahlbrecht,** Leopold, Referendar in Nordhausen: **Die Stellung des Vorerben, insbesondere im Prozesse.** *Halle a. S. 1902: C. A. Kaemmerer & Co.* (VI, 71 S.) 8°
Halle, Jur. Diss. v. 30. Mai 1902

**Ahlburg,** Prof. am Polytechnikum, Braunschweig. 1870 s. *Ahlburg*, Karl Friedrich Heinrich.

**Ahlburg,** die Klosterkirche zu Riddagshausen. gr. Fol. (6 S. mit 3 Kpfrt.) Berlin 857, Ernst und Korn.
Aus: Zeitschrift für Bauwesen, besonders abgedruckt.

**Ahlburg,** die Klosterkirche zu Riddagshausen. Mit 3 Kpfrtaf. (Abdr. aus d. Zeitschr. f. Bauwesen.) Berlin (858.) Ernst u. Korn. Gr. Fol. (Mit 3 Bl. Text.) n. 2 ℔

**Ahlburg, H.,** üb. Charakterbildung. Pädagogische Abhandlg. gr. 8. (100 S.) Leipzig 882. Siegismund & Volkening. n. 1. 20

**Ahlburg, Joh.,** die Grube „Schöner Anfang" bei Breitenbach (Kr. Wetzlar.) Ein Beitrag zur Tektonik d. nordöstl. Lahnmulde. (S. 345—368 m. 9 Fig., 2 farb. Taf. u. 4 Pausen.) Lex. 8. Berlin (N. 4, Invalidenstr. 44) 910. Vertriebsstelle d. kgl. geolog. Landesanstalt nn 1. 80
Aus: „Jahrb. d. kgl. preuss. geol. Landesanst."

**Ahlburg,** Johannes, a. Hamburg: Die Trias im südlichen Oberschlesien. (Berlin 1906: A. W. Schade.) (165 S.) 8°
Berlin, Phil. Fak., Ref. Branco, Diss. v. 28. Juli 1906
[Geb. 9. Sept. 83 Treuenbrietzen; Wohnort: Hamburg; Staatsangeh.: Preußen; Vorbildung: Johanneum Hamburg Reife O. 02; Studium: Berlin Univ. 6, Berlin Bergakad. 6 S.; Rig. 15. Febr. 06.]

— Die Trias im südlichen Oberschlesien. Mit 6 Taf. u. 5 Fig. Berlin: Geol. Landesanst. 1906. 163 S. (Abhandlungen d. Kgl. Preuss. Geologischen Landesanstalt u. Bergakademie. N. F. 50.)
Ersch. auch als Diss. Berlin 1906.
1:4° Mn 833-50. 2. 4. 6. 7. 9. 10. 11. 102.
2.4390

**Ahlburg**, Karl Friedrich Heinrich

**Ahlburg,** der Strassenbau mit Einschluss der Construction der Strassenbrücken. Lehrbuch f. den Unterricht an techn. Lehranstalten, sowie zum Selbststudium f. Strassenbau-Ingenieure. Mit 315 Holzschn. (im Texte). Braunschweig 870. Schwetschke & S. gr. 8. (XVI, 375 S.) n. 2 ℔ 12 ngr.

Ahlden [Schlagwort], s. Preussen. Messtischblätter.

Die Herzogin von Ahlden, Stammmutter der kgl. Häuser Hannover und Preussen. Leipzig 1852. 8.

**Ahle,** Enzyklika u. Syllabus vom 8. XII. 1864. Vortrag, geh. im kathol. Kasino zu Augsburg am Donnerstag, den 3. XI. 1904. (10 S.) Lex.=8. Augsburg (904). Literar. Institut v. Dr. M. Huttler. —10

**Ahle, J. N.** s. *Ahle*, Johann Nepomuk.

**Aehle, Johann August Ernst** (Goessitio-Neustadt), De typho ejusque praecipuis formis. Diss. pathol. Präs. Christian Gotthold Eschenbach. Lpz. (Richter) 8. V. 1812. 30 S. (4.50) 101

**Ahle, Johann Georg**
Johan Georg Ahlens Musikalisches Winter-Gespräche, darinnen ferner vom grund- und kunstmäßigen Komponiren gehandelt wird. — Mühlhausen 1701: Brükner. 41 S.
1:3 an Mus. ant. theor. A 35.
2.4399

Ahle, Johann Nepomuk

**Ahle, Joh. Nep.,** *s.a.* Christbaum, geistlicher.

**Ahle, Johann Nepomuk:** Die Choral-Ausgabe der heiligen Riten-Congregation ⟨Editio Medicaea⟩, ihre Geschichte und Stellung unter den liturgischen Büchern der römisch-katholischen Kirche. Eine liturgie-historische Studie von J. N. Ahle. — Regensburg: Pustet 1895. VIII, 174 S. 1: Mus. E 4637. 12: Liturg. 12e. 6.
2.4400

Geistlicher Christbaum. Eine Sammlung von größeren und kleineren Weihnachtsspielen, Krippenliedern und Gedichten. Geordnet u. mit Melodieen versehen unter Mitwirkung mehrerer Komponisten von J. N. Ahle. H. 1-35 [nebst] Anh. zu H. 13. — Donauwörth: Auer 1873[-1902].
12: Paed. Pr. 80.
2.4401

— 2. Aufl. H. 12-15 [nebst] Anh. zu H. 13. Ebd. 1888-89.
12: Paed. Pr. 80b.
2.4402

— 3. Aufl. H. 1-7. 8. 12. 13 [nebst] Anh. zu H. 13. Ebd. 1887 [-1904].
Vollst. . . . . . . . . . . . . . 12: Paed. Pr. 81.
1-7 . . . . . . . . . . . . . . . . 1: Yf 4064ᵃ.
2.4403

— 4. Aufl. H. 1-7. Ebd. [um 1898]. 12: Paed. Pr. 81b.
2.4404

**Ahle**, J. N., geistlicher Christbaum. Eine Sammlg. v. größeren u. kleineren Weihnachtsspielen, Krippenliedern u. Gedichten. Geordnet u. m. Melodien versehen. Hrsg. v. kathol. Erziehungs-Verein in Bayern. 1—7. Hft. gr. 16. (16, 16, 16, 14, 15, 20 u. 72 S.) Neuburg 874. Prechter in Comm. n. 1. 90

Ahle, J. N., geistlicher Christbaum. Eine Sammlung von größeren und kleineren Weihnachtsspielen, Krippenliedern und Gedichten. Geordnet und mit Melodien versehen unter Mitwirkung mehrer Componisten. 9.—15. Heft. 12. Donauwörth, [Buchh. des kathol. Erziehungsvereins.] Auer. [9.—11. Heft. [3. Bdchn.] (80 S.) 881. * 75 Pf.; 12. Heft. (48 S.) 881. * 30 Pf.; 13. Heft. Mit Anhang: Lieder zu dem Krippenspiele: Die Hirten von Bethlehem [für Knabenstimmen] von v. Berlichingen. (72 S.; Anhang 26 S.) 881. * 75 Pf.; 14. und 15. Heft. (62; 84 S.) 884. à * 75 Pf.] *

1.—8. Heft. Ebendas. 1879. * M 2.

**Ahle**, J. N., geistlicher Christbaum. Eine Sammlung v. größeren u. kleineren Weihnachtsspielen, Krippenliedern u. Gedichten. Geordnet u. m. Melodien versehen. 13 Hfte. gr. 16. Donauwörth 879—81. Buchh. d. kathol. Erziehungsvereins. n. 3. 80

1—8. 2. Aufl. (229 S.) n. 2. —
9—11. [3. Bdchn.] (80 S.) n. — 75
12. (48 S.) n. — 30
13. Mit Anh.: Lieder zu dem Krippenspiele: Die Hirten v. Bethlehem [für Knabenstimmen] von v. Berlichingen. (72 S. u. Anh. 26 S.) n. — 75

**Ahle**, J. N., geistlicher Christbaum. Eine Sammlg. v. größeren u. kleineren Weihnachtsspielen, Krippenliedern u. Gedichten. Geordnet u. m. Melodieen versehen unter Mitwirkg. mehrerer Komponisten. 14. u. 17. Hft. 12. (à ca. 68 S.) Donauwörth 884—86. Auer. à n. — 75 (1—17.: n. 6. 80)

Ahle, J. N., geistlicher Christbaum. Eine Sammlg. von größeren u. kleineren Weihnachtsspielen, Krippenliedern u. Gedichten. Geordnet u. m. Melodieen versehen unter Mitwirkung mehrerer Komponisten. 18.—26. Hft. 12. Donauwörth, L. Auer. n. 4. 15 (1—26.: n. 10. 20)

18. 19. Der Schutzengel. Weihnachtsspiel. Die Hirten auf dem Felde u. bei der Krippe. (72 S.) 890. n. — 75
20. 21. Der Weihnachtstraum. Kinderspiel v. Mich. Gerhauser. Die Weisen aus dem Morgenlande. Weihnachtsspiel. (Von Ant. Bertle.) (80 S.) 891. n. — 75
22. 23. Der kleine Mausfallenhändler. Ein einfaches Weihnachtsspiel f. gute Kinderlein von 4—6 Jahren. Von J. M. K. Licht vom Licht. Ein Weihnachtsspiel in Versen von Frz. Eichert. (128 S.) 892. n. — 75
24. Der Arbeit Fluch u. Segen. 3 Weihnachtsspiele vom Onkel Ludwig. (Besonders für Gesellen- u. Arbeiter-Vereine.) (88 S.) 893. n. — 75
25. Dora od. die Töchter Bethlehems. Ein Weihnachtsspiel in 5 Akten v. Val. Eschenlohr. (88 S.) 893. n. — 75
26. Die Entstehung u. Bedeutung des Christbaums. Weihnachtsspiel. Nach e. schwäb. Volkssage bearb. vom Onkel Ludwig. (48 S.) 893. n. — 40

**Ahle**, J. N., geistlicher Christbaum. Eine Sammlg. v. größeren u. kleineren Weihnachtsspielen, Krippenliedern u. Gedichten. Geordnet u. mit Melodien versehen unter Mitwirkg. mehrerer Komponisten. 1.—15. Hft. 12. Donauwörth 887—890. Auer. n. 5. 30

1.—7. Hft. 3. Aufl. (167 S.) n. 1. 60
8. Hft. 2. Aufl. (56 S.) n. — 40
9.—11. Hft. 2. Aufl. (80 S.) n. — 75
12. Hft. 2. Aufl. (48 S.) n. — 30
13.—15. Hft. 2. Aufl. (98, 62, 84 S.) à n. — 75

Ahle, J. N., geistlicher Christbaum. Eine Sammlung von größeren und kleineren Weihnachtsspielen, Krippenliedern und Gedichten. Geordnet und mit Melodien versehen unter Mitwirkung mehrerer Komponisten. 1.—8., 12., 16. und 17. Heft. 12. Donauwörth, Auer. [1.—7. Heft. 3. Aufl. (167 S.) 887. * M 1.60.; 8. Heft. 2. Aufl. (56 S.) 887. * 40 Pf.; 12. Heft. 2. Aufl. (48 S.) 888. * 30 Pf.; 16. und 17. Heft. (68 S.) 886. * 75 Pf.]

— die Maiandacht, s.: Grimm, Balth.

— über Mass u. Milde in kirchenmusikal. Dingen. Ein Vortrag, geh. bei der 16. General-Versammlg. des allgem. Cäcilien-Vereins zu Regensburg am 20. VIII. 1901. gr. 8. (23 S.) Regensburg 901. A. Coppenrath's Verl. — 40

AHLE (Johann Rudolf)

**Kurze doch deutliche Anleitung zu der lieblich- und löblichen Singekunst, vor vielen Jahren verfasset und geordnet ... und etliche mahl herausgegeben von Johan Rudolf Ahlen; itzund aber, sowohl denen Lehr- als Lernenden zu beliebiger Nachricht mit ergetz- und nützlichen, teils auch nöhtigen Anmerkungen, nach vielfältigem Begehren ... vermehrter ... zum Drukke befördert durch des seeligen Verfassers Sohn Johann Georg Ahlen K.G.P. – *Mühlhausen, Christian Pauli*, 1690. In-8, 45 p.**

—— Zum zweiten Mahle, und zwar verbesserter und viel vermehrter zum Drukke befördert ... – *Mühlhausen, Tobias David Brückner* (*Michael Keiser*), 1704. In-8, 32–86 p.

Johann Rudolph Ahle's Ausgewählte Gesangswerke mit u. ohne Begleitung von Instrumenten. Hrsg. von Johannes Wolf. *Leipzig: Breitkopf & Härtel 1901.* (XIV, 171 S.) 2°(4°)
= Denkmäler deutscher Tonkunst. Bd 5. [01. 12666

Ahle, Michael: Textkritische Untersuchungen zum dritten Buche vom landwirtschaftlichen Werke Varros. 48 S., 1 Bl. 8.
Progr. K. Progymn. *St. Ingbert* (*Pfalz*) 1910.

Ahlefeld, s.a. Ahlefeldt

**Ahlefeld**, v., Vize-Admiral. 1910 s. *Ahlefeld*, Hunold v.

**Ahlefeld**, Albert von, aus Olpenitz: Beitrag zur Statistik der Thränensack-Exstirpation. *Kiel 1901: Schmidt & Klaunig.* (21 S.) 8°
Kiel, Med. Diss. v. [18. März] 1901

**Ahlefeld**, Charlotte v., s. Ahlefeldt, Charlotte v.

**Ahlefeld**, Hans Detlef von: Beziehungen der Familie von Ahlefeld zur Stadt Flensburg. (Flensburg. 1908.) 8°. Ausschnitt aus: Flensbuger Norddeutsche Zeitung. Jg. 45, 1908. Nr. 23 - 31. BA29

**Ahlefeld**, Hans v., Verzeichniß sämmtlicher Offiziere, Aerzte u. Zahlmeister, s.: Gottschalck, Max, Geschichte des 1. thüringischen Infanterie-Regiments Nr. 31.

**Ahlefeld**, Hans Detl. v., Schloß Glücksburg. (35 S. m. 3 Stammtaf. u. 2 Abbildgn.) 8. Stuttgart 908. (Flensburg, Huwald.) Geb. nn 2. —

— 600 Jahre militärischer Verdienste der Familie von Ahlefeldt. Festschrift dem ... Bn Ludwig v. Ahlefeldt-Dehn zu seinem 70. Geburtstag 1909 gewidmet. — (Flensburg 1909: Maaß.) 39 S. 8.
2.4409

**Ahlefeld**, Hunold v.
Das grosse Weh im Leben des Seeoffiziers. Von e. Vize-Admiral. (Verf.: [Hunold] v. **Ahlefeld**.) Kiel & Leipzig: Lipsius & Tischer 1910. 13 S. 8° [10. 15713] 8

**Ahlefeld**, J., resp. Jo. Andr. **Schreiber**, Diss. de epilepsia febrium intermittentium comite. Giess. 4°. 1705

**Ahlefeld**, Ludw., Kreuz u. Hammer. Eine Erzählg. 12. (99 S. m. 2 Abbildgn.) Zeitz 899. Christl. Missions-Buchh. — 50; geb. — 70

Ahlefeld, R. v.
**Ahlefeld**, R. v., 25 Jahre Garnison in Altona. Z. 3. Juli 1896 zusammengest. gr. 8. (29 S.) Altona 896. (J. Harder Sort.) n.n. — 40

— 80 Jahre Geschichte d. Infanterie-Regts. Graf Bose (1. Thüringisches) Nr. 31. F. d. Mannschaften d. Regiments zusammengest. 2. Aufl. Durchges. u. vervollst. von H. v. Ahlefeld. 12. (40 S.) Ebd. 895. n. — 50

**Ahlefeld** — Laurvig, Jens Juel, s. Ahlefeldt - Laurvig, Jens Juel.

**Ahlefelder,** Carl [aus Mülheim a. d. Ruhr]: Aus d. medicin. Klinik zu Greifswald. Über Typhus abdominalis mit petechiösem Exanthem ... Greifswald, Druck v. J. Abel, 1894; 34 S. 8.
Greifswald, Med. Fak., Inaug.-Diss. v. 6. Mai 1894

Mischmasch und Grillen für die Herzogthümer Schleswig-Holstein (von *Carl Christian Friedr. Ulr.* Frhr. *v. Ahlefeldt*). Itzehoe 1795—96.
Anon.-Lex. III. p. 150 (nach Kayser). — Rar!

**Ahlefeldt,** s.a. Ahlefeld

**Ahlefeldt,** Charlotte
– s. a. Bilder aus großer Zeit

– s. a. Mohrenknabe, der

– s. a. Natalia, ... Gedichte

– s. a. El. Selbig

**Ahlefeldt, Charlotte** v.: Amadea, ein Roman. Von der Verf. der „Erna", „Felicitas" etc. [d. i. Charlotte v. Ahlefeldt]. — Weimar: W. Hoffmann 1827. 304 S.
1:Yw 4706. 3.
2.4414

v. Ahlefeld, Charl. Sophie Louise Wilhelm., die Bekanntschaft auf d. Reise. 8. Berl. 801. (Reimer). (Bildet auch den 3n Bd. d. Journals d. Romane).

**Ahlefeldt, Charlotte** v.: Bilder aus der grossen Welt. In Erzählungen. Von der Verf. des „Lichts im Hüttchen" [d. i. Charlotte v. Ahlefeldt]. — Quedlinburg & Leipzig 1826. 238 S. 1:Yw 4705. 10.
2.4416

[—] Bunte Blätter zur flüchtigen Unterhaltung aus dem Reiche der Wirklichkeit und der Phantasie. Von der Verf. der „Clara". — Quedlinburg & Leipzig: Basse 1826. 247 S.
1:Yw 10168. 10.
2.4417

— 2. Ausg. Ebd. 1827. 3.
2.4418

[—] Der Bote von Jerusalem. Ein Ritterroman. Von der Verf. der „Marie Müller". — Altona: Hammerich 1823. VI,273 S. 7. 8.
2.4419

[—] Der Brautsee und andere Erzählungen. Von der Verf. der „Clara, oder das Licht im Hüttchen". — Quedlinburg & Leipzig: Basse 1827. 212 S. 1:Yx 234. 11.
2.4420

— Briefe auf einer Reise durch Deutschland und die Schweiz im Sommer 1808 von Charlotte v. Ahlefeld. — Altona: Hammerich 1810. 256 S. 12: It. sing. 8i. 8.
2.4421

v. Ahlefeld, Charlotte C. L. W. geb. v. Seebach, Briefe auf e. Reise durch Deutschland u. die Schweiz im J. 1808. 8. Altona 818. Hammerich. 1 ₰ 4 ℊℊ

Ahlefeld, Charlotte von, Clara oder das Licht im Hüttchen. Ein einfacher Roman. Von C. Quedlinburg, Leipzig: Basse 1825. 196 S. 8°.

[—] Einfache Darstellungen aus dem menschlichen Leben. Von der Verf. der „Marie Müller". Bd 1. — Berlin 1799.
1:Yw 4697. 7. 10.
2.4422

— Hohenzollern: Wallishausser 1800. 162 S. 11.
2.4423

[—] Erna. Kein Roman. Hrsg. von C. — Altona: Hammerich 1820. 306 S. 1:Yw 8828. 8. 11.
2.4424

[—] Gesammelte Erzählungen von der Verf. der „Maria Müller". Bd 1.2. — Schleswig: Königl. Taubstummen-Institut 1822.
1.2 . . . . . . . . . . . . . . . 1:Yw 9153. 8.
1 . . . . . . . . . . . . . . . . . . . . . . . 7.
2.4425

— Esperance oder die goldne Kette. Von Elisabeth Selbig [d. i. Charlotte v. Ahlefeldt]. — Meißen: Goedsche 1817. (Selbig, Elisabeth, u. Wilhelmine Willmar [d. i. Charlotte v. Ahlefeldt u. Wilhelmine Gensicke]: Der Kranz. 1.)
1:Yt 568–1.
2.4426

[—] Felicitas. Ein Roman von der Verf. der „Erna" etc. — Berlin: Dunker & Humblot 1825. 346 S.
1:Yw 9679. 10.
2.4427

[—] Franziska und Aenneli. Ein Roman von der Verf. der „Marie Müller". — Altona: Hammerich 1813. 236 S.
1:Yw 7285. 2. 8. 11.
2.4428

Die Frau von vierzig Jahren [v. Charlotte v. **Ahlefeld,** geb. v. Seebach]. Wien. 1800. 8°

[—] Die Frau von vierzig Jahren. Eine Erzählung aus d. wirklichen Leben. Von der Verf. der „Erna", „Felicitas". Weimar: W. Hoffmann 1829. 308 S.
1:Yx 815. 2. 3. 11.
2.4429

**FRIEDCHEN.** Eine wahre Geschichte (zahmer Roman von *Charlotte Sophie Louise Wilhelmine v. Ahlefeld,* geb. *v. Seebach*). O. O. (Altona, Hammerich) 1823. 8°. 254 S.
Anon.-Lex. II. p. 125 (nach v. Schindel u. Engelmann). Kayser hat „1824" (?).

— Gedichte von Natalie [d. i. Charlotte v. Ahlefeldt]. — Berlin: Unger 1808. 149 S.
1:Ym 9681. 8. 10. 11.
2.4432

[—] Gedichte von der Verf. der „Erna". — Weimar: W. Hoffmann 1826. VIII,208 S. 8.
2.4433

[—] Hedwig, Königin von Polen, und andere Erzählungen. Von C., Verf. der „Erna". — Quedlinburg & Leipzig: Basse 1831. 172 S. 1:Yx 1562. 7.
2.4434

[—] St. Hubert und andere Erzählungen von der Verf. der „Erna", „Felicitas" — Leipzig: Kollmann 1828.
1:Yx 376.
2.4435

[—] Klosterberuf. Ein Roman von der Verf. der „Marie Müller". — Kiel: Hesse 1812. 328 S.
1:Yw 7048. 8. 11.
2.4437

— Neue Ausg. Kiel: Akad. Buchh. [1818]. 328 S. 2.
2.4438

**KOKETTE,** Die. Ein (zahmer) Roman (von *Charlotte Sophie Louise Wilhelmine v. Ahlefeld,* geb. *v. Seebach*). Breslau 1810. 8°.
— — Dasselbe. Ebd. 1826. 8°. (1/3 Rthl. Schmidt, Halle, vor 1875.)
Anon.-Lex. II. p. 369 (nach Kayser, Meusel, Engelmann), wo aber die erste Ausgabe fehlt.

— Der Kranz. Hrsg. von Elisabeth Selbig u. Wilhelmine Willmar [d. i. Charlotte v. Ahlefeldt u. Wilhelmine Gensicke]. Th. 1–4. — Meißen: Goedsche 1817.
1. Selbig: Esperance oder die goldene Kette.
2. Willmar: Mistama oder die Reise nach Ostindien.
3 u. 4 ohne Stücktitel.
1:Yt 568.
2.4440

[—] Liebe und Entsagung. Von der Verf. [der] „Maria Müller". (1.2.) — Berlin 1805.
12:P.o.germ. 12a. 7.
2.4441

**LIEBE** und Trennung, oder merkwürdige Geschichte der unglücklichen Liebe zweyer Fürstlichen Personen jetziger Zeit (von *Charlotte Sophie Louise Wilhelmine v. Ahlefeld*). Mit Titelkpfr. London, 1798. Bey William Harris, und zu finden in allen deutschen Buchh. (Weißenfels, Severin.) 8°.
In 30 zahmen Briefen. Tit. u. 291 SS. — Anon.-Lex. III. p. 58 hat „1797" (nach Meusel u. v. Schindel).
Weller, fing. Dr., hat auch die folgende Ausgabe.
— — Dasselbe. Ebd. (Leipzig, Hinrichs) 1811.

**LOUISE** und Meiland. Ein Characktergemälde (von *Charlotte Sophie Auguste Wilhelmine v. Ahlefeld*). 2 Thle. Mit 1 Titelkpfr. u. 1 Titelvign. Leipzig (o. Adresse) 1803. 8°. 192 u. 168 S. Zahm.
— — Dasselbe. Berlin 1807. 8°.
Anon.-Lex. III. p. 87 (nach Kayser, Schindel, Meusel, Lübker-Schröder).

[—] Der Mohrenknabe oder die Wallfahrt nach dem Montserrat. Ein Roman von C. — Altona: Hammerich 1821. 257 S. 1:Yw 4701. 8. 11.
2.4443

[—] Marie Müller. — Berlin: Unger 1799. 388 S. 11.
2.4444

— Maria Müller. Wien & Hohenzollern: Wallishausser 1799. 120 [vielm. 220] S. 300:12.437.
2.4445

— Marie Müller. Von Charlotte v. Ahlefeld. 2. verm. u. verb. Aufl. — Schleswig: R. Koch 1814. 252 S.
1:Yw 4696.
2.4446

— Mirthe [Myrthe] und Schwert. Von Elisabeth Selbig [d. i. Charlotte v. Ahlefeldt]. — Meißen: Goedsche 1819.
1:Yw 8773.
2.4447

[—] Römhild-Stift. Eine Erzählung aus d. wirklichen Leben. Von der Verf. der „Erna" etc. T. 1. 2. — Weimar: W. Hoffmann 1828.
1.2 . . . . . . . . . . . . . . . . 1:Yw 4707. 8.
1 . . . . . . . . . . . . . . . . . . . . . 7.
2.4448

[—] Rosamunde und andere Erzählungen aus d. Reiche der Wahrheit und Dichtung. Von der Verf. der „Erna". — Quedlinburg & Leipzig: Basse 1827. 272 S.
1:Yx 167. 10. 11.
2.4449

[—] Rose oder der Findling. Ein kleiner Roman von der Verf. der „Marie Müller". — Frankfurt a. M.: Wilmans 1812. 163 S. 1:Yw 4699. 10.
2.4450

[—] Das Sanct Jacobifest und andere Erzählungen. Von der Verf. der „Erna". — Leipzig: Kollmann 1829. 226 S.
1:Yx 801. 8.
2.4451

— Schmetterlinge. Hrsg. von Elisabeth Selbig und Wilhelmine Willmar [d. i. Charlotte v. Ahlefeldt u. Wilhelmine Gensicke]. Samml. 1. 2. — Meißen: Goedsche 1819–20.
1:Yz 6779.
2.4452

[—] Die Sicilianerin oder das Liebespfand. Eine romantische Erzählung aus d. Ritterzeit. — Quedlinburg & Leipzig: Basse 1825. 175 S. 1:Yw 4702. 10.
2.4453

**Ahlefeldt, Charlotte** v.: Der Stab der Pflicht. Eine Erzählung aus d. wirklichen Leben. Von der Verf. der „Erna" [d. i. Charlotte v. Ahlefeldt]. — Weimar: W. Hoffmann 1832. 137 S. 1:Yx 1804.
2.4454

[—] Die Stiefsöhne. Von der Verf. der „Maria Müller". Altona: Hammerich 1810. 310 S. 1:Yw 6760. 8. 10.
2.4455

[—] Tagebuch auf einer Reise durch einen Theil von Baiern, Tyrol und Oestreich, von der Verf. der „Erna". — Neustadt a. d. Orla 1828. 12:It. sing. 8k. 7.
2.4456

[—] Therese. Ein Roman. Th. 1. 2. — Hamburg: B. G. Hoffmann 1803. 396 S. 7.
2.4457

— Ebd. 1805. 396 S. 1:Yw 5639.
2.4458

**— Therese. 2 Thle. 8. Hamb. 806. (Campe). 1 ₰ 12 gr**

[—] Alte Zeit und neue Zeit, in Erzählungen u. historischen Skizzen von C. — Quedlinburg & Leipzig: Basse 1825. 247 S. 1:Yw 9754. 11.
2.4459

Ahlefeldt's Detlef, Memoiren a. d. J. 1617—1659. N. d. Orig.-Handschrift i. Haseldorfer Archiv hrsg. v. Louis Bobé. gr. 8. (XIX, 181 S. m. 1 genealog. Taf.) Kopenhagen. 896. A. F. Høst & Sohn. n. 5. —

v. Ahlefeldt, Graf Fd., freimüth. Gedanken üb. Landwirthschaft, mit Rücksicht auf Böhmen. Mit 5 Kpf. gr. 8. 817. (Krauß in Prag). 1 ₰ 20 gr Schrbp. 2 ₰ 8 gr (Haase Söhne). 12 gr Schrbp. 20 gr

**Ahlefeldt**, geborne Manssen, Henriette, Feld-Blumen. (Gedichte.) 8. Hamburg 842, (Nestler u. Melle.) baar 6¼ ngr

[AHLEFELDT, JOH. AD. V.], Mischmasch und Grillen für die Herzogthümer Schleswig-Holstein, die Herrschaft Pinneberg und Graffschaft Rantzau. Von einem dasigen Pflanzer ohnweit der Threene. 1. Th. Für d. J. 1762 bis 66 incl. U. St. o. A. [Itzehoe. 1795]. — 2. Th. Für d. J. 1765 bis 80 incl. U. St. o. A. [Sm. St. 1796]. [3.—4. Th. mgl. i K. B.].

v. Ahlefeldt, Graf Karl Friedr. Chr. Ulr., s. Mischmasch u. Grillen rc.

Ahlefeldt, L. v. u. W. A. v. Rumohr-Drüllt, Die Schleswig-Holsteinsche Ritterschaft. 1. u. 2. Heft. Familie von Ahlefeldt. Mit Wappentfln. 1869. 4.

**Ahlefeldt**, Louis v., zur Geschichte der Familie v. Rantzau [Linie Neuhaus]. gr. 8. (16 S. m. 1 Tabelle in Fol.) (Berlin 872. Mitscher & Röstell.) n. 1. 20

Ahlefeldt, Louise, s. Brockdorff-Ahlefeldt, Louise.

**Ahlefeldt, Paul Ludwig Philipp** v.: Verzeichniß der von dem verstorbenen Geheimen expedirenden Secretair Paul Ludwig Philipp v. Ahlefeldt hinterlassenen Bibliothek aus allen wissenschaftlichen und Kunstfächern. — Berlin 1840: Weidle. 218 S. 1:Ap 56.
2.4464

Ahlefeldt - Laurvig, Jens Juel Graf v.

v. Ahlefeld-Laurwig, Graf Jens Jak. (†d. 20. Nov. 1794.), s. a. Gedanken üb. Regierung.

– s. a. Politik, über Dänemarks

– s. a. Sendschreiben eines dänischen Bürgers.

**Ahlefeldt**-Laurvig, **Jens Juel** Graf v.: Hingeworfene Gedanken über Regierung. [Verf.: Jens Juel Graf v. Ahlefeldt-Laurvig.] — Altona: Hammerich 1791. 103 S.
4. 5. 8.
2.4470

Ahlefeld, J. J. v., Grundf. e. Politik, s. a. Grundsätze

(—) Grundsätze einer richtigen Politik nach dem Phocion. Von einem dänischen Bürger (d. i. Jens Juel Graf von Ahlefeldt-Laurwig). — Schleswig & Leipzig: Boie 1793. 158 S. 8.
2.4471

— — Grundsätze einer richtigen Politik nach dem Phocion. 8. 793. Ist jetzt Verlag von Hammerich in Altona.

Ahlefeld-Laurwig, Jens Jakob Graf von: „Grundsätze einer wichtigen Politik, nach dem Phocion", Schleswig 1793 (Röss).

– Der Missionskirchhof in Westafrika, s. Heiden, aller, Trost

[—] Ueber Dännemarks gegenwärtige Politik. Von einem dänischen Bürger. — Schleswig & Leipzig: Boie 1793. 31 S.
1:Tz 9774. 7. 8.
2.4472

Ahlefeld, J. J., über Dänemarks gegenwärtige Politik. 8. 793. Ist jetzt Verlag von Hammerich in Altona.

– Die Rechtsphilosophie oder das Naturrecht, s. Das Naturrecht oder die Rechtsphilosophie (4. Aufl.)

[—] Schreiben eines dänischen Bürgers an den Kronprinzen. 1793. — Schleswig & Leipzig: Boie 1793. 24 S.
1:1 an Tz 9774. 12:H. sept. 178. 7. 8.
2.4473

— — Schreiben eines dänischen Bürgers an den Kronprinzen. 8. 793. Ist jetzt Verlag von Hammerich in Altona.

**Ahlemann.** 1798: Funfzigjährige Dienstfeier des Königl. Preuß. Generalmajors Herrn Johann Ernst von Kunheim. (Verf.: Ahlemann.) — Dat. Berlin 9. Febr. 1798. 24 S.
1:Sv 2827.
2.4475

Ahlemann, Ernst Heinrich Friedrich

— Anleit. zur Religion nach d. Lehre Jesu. 8. Berl. 803. Nauck. 4 gr

**Ahlemann, Ernst Heinrich Friedrich:** Beschreibung des Taubstummen-Institutes in Berlin. Von Ahlemann. 2. Aufl. — Berlin: Taubst.-Inst.; Maurer in Komm. 1804. 114 S. 2. 5. 10.
2.4483

— Herr Professor Eschke und das von ihm gestiftete, jetzt Königl. Taubstummen-Institut zu Berlin. Geschildert von Ahlemann. — Berlin: Taubst.-Inst. 1801. 86 S.
1:1 an Nf 11950. 2. 3. 8.
2.4484

— Geistliche Reden. Ausgewählt u. nebst einer kurzen Biographie des Verf. hrsg. von Willhelm Traugott Krug. Berlin: Frölich 1805. XVIII,380 S. 1: Ec 956.
2.4486

**Ahlemann, Georg Ludwig:** Büchersammlung des ... Georg Ludwig Ahlemann, wie des ... Joh[ann] Jak[ob] Dusch. — Altona (1788): Eckhardt. 154,32 S. 7.
2.4487

AHLEMANN, GEORG LUDW., Die Herlichkeit evangelischer Gotteshäuser, bey der Einweihung der neuen Kirche in Oldesloe d. 27. May 1764 in einer Predigt vorgestellet. Altona. 1764. 4. P.

(—) Ueber das Leben und den Charakter des Grafen Johann Hartwig Ernst von Bernstorff. — [Hamburg] 1777. 168 S. 1: Tz 9526. 12: Biogr. 95. 4. 5. 6. 7. 8. 9.
2.4489

— Nachricht vom Altonaischen Krankenhause. 15. May 1783. U. St. 4. P. — 20. Dec. 1784. u. St. 4. P. (U.B.).

— Rede v. Beförd. d. Rechtschaffenheit. 8. Altona 771. (J. G. Herold in H.) 3 gl.

— Rede v. Beförder. d. Rechtschaffenh. 8. Ebend. 772.

— Rede von der Beförderung der Rechtsschaffenheit als dem Hauptzweck alles Unterrichts in Gymnasien und gelehrten Schulen, bey der Einführung der neuen Lehrer des Altonaischen Gymnasii, in dem groszen Hörsaal desselben am 13. Nov. 1771 gehalten. Altona. P.

— Rede am Einweihungstage des neuen Krankenhauses in Altona d. 27. Dec. 1784 gehalten. U. St. 4. P.

— geistl. Reden; nebst e. kurzen Biographie d. Verf., herausg. v. W. Trg. Krug. gr. 8. Berl. 805. Duncker u. H. 12 gl.

Ahlemann, Geo. Ldw., († d. 4. Dec. 1787.) Samml. einiger Predigten, nach d. Tode herausg. v. F. G. Hensler. 8. Altona 788. (J. G. Herold in H.). 1 Rthl 12 gl.

Ahlemann, G. L., Samml. einiger Predigten. gr. 8. Hamburg, Herold. 789.

Sammlung einiger Reden, welche bey Gelegenheit der Stiftung der neuen Gemeine zu Niendorf in der Herrschaft Pinneberg gehalten worden v. Georg Ludwig **Ahlemann.** Altona. 1771. 8°

— Samml. etl. Reden. gr. 8. Altona 771. Iversen. 4 gl.

Ahlemann, H., Predigt zum Gedächtniß des Herrn Consistor.-Raths Pfr. Gust. Lenhartz am 1. Advent, den 3. Decbr. 1871 gehalten. 8. (15 S.) Minden 872. (Barmen, Klein.) *

**Ahlemann, H.:** Zuruf an die evangelischen Gemeinden, zunächst der Synode Minden, zur Entgegnung auf zwei jüngst erschienene Brochüren in Sachen des Gustav-Adolph-Vereins: a) K. Schrader: Reden über Dr. Rupp's Ausschliessung etc. b) N. N.: Beitrag zur Geschichte der Kirche Petershagen's. — Minden: Selbstverl. 1847.
6 [defekt].
2.4491

Ahlemann, Joachim
— Auf der Dorfstraße gefunden. S. a. Geschichten u. Bilder der Frauenhülfe. 1. Hft.

**Ahlemann, Joachim:**
Auf der Dorfstrasse gefunden. Preisgekrönte Erzählung. (Potsdam: Stiftungsverl. [1907].) 21 S. (Geschichten u. Bilder der Frauenhülfe. 1.) 1: Yt 728/102-1.
2.4493

**Ahlemann, Joach., aus der Niederung. Ein Skizzen- u. Geschichtenbuch. (144 S.) kl. 8. Potsdam 908. (Stiftungsverlag.) Kart. 2. 25**

**Ahlemeyer,** Car. Gust. (geb. Herford 28. 12. 1820): De cacochymia carcinosa et de pseudoplasmatibus, quae inde oriuntur. Berolini (1842). (38 S.) 8°
Berlin, Med. Diss. v. 25. Okt. 1842

**Ahlemeyer,** Johann Baptist: De argumento et ratione viaque primae Hor. satirae. 10 S.
Progr. Paderborn 1835.

Ahlemeyer, J. B. Disputatio de loco Q. Horatii Flacci Sat. I, 6. 42-44. 16 S.
Progr. Paderborn 1847.

Ahlemeyer, J. B.: Proben aus einer alten und ungedruckten Bearbeitung der Trutznachtigall von Fr. v. Spee. 16 S.
Progr. Paderborn 1858.

Ahlemeyer, J.B. Über die dichterische Prolepsis des Adjectiv. 12 S.
Progr. Paderborn 1827.

**Ahlemeyer,** Johann Baptist (Paderborn): Über das dichterische Prolepsin des Adjektivs. Paderborn 1844. 4°
Dr. phil. Giessen 4.6.1845.

Ahlen, der Herzogin von, Geschichte, ein treues Gemählde verbildeter Menschheit, 8. Kopenhagen, 785. Delt. 13 fgl.

**Ahlén, Gust., d. Landmann's Obstbau. Nach der neuesten Methode bearb. Mit 7 in den Text gedr. Abbildgn. 8. (48 S.) Wittenberg 883. Wunschmann. n. — 50**

**Johan Georg Ahlens musikalisches Winter-Gespräche, darinnen ferner vom grund- und kunstmässigen Komponiren gehandelt wird. –** ***Mühlhausen, Tobias David Brückner,*** **1701. In-8, 41 p.**

**Ahlen,** Ludwig van, approb. Arzt aus Gladbeck: Aus d. Psychiatr. u. Nerven-Klinik zu Kiel. **Beitrag** zur Kenntnis der Polyneuritis alkoholica. *Kiel 1904: H. Fiencke.* (25 S.) 8°
Kiel, Med. Diss. v. [8. Jan.] 1904

**Ahlendorf, Moritz:** Aus d. Hautabt. d. med. Klinik Jena. Beitrag zu den bei dem Pruritus, den Erythemen und der Urticaria vorkommenden inneren Störungen mit besonderer Berücksichtigung des Gastrointestinalkanals. (Altenburg) 1910: (Pierer). 23 S. 8°
Jena, Med. Diss. v. 19. Jan. 1910, Ref. Spiethoff
[Geb. 27. Okt. 83 Hainbücht; Wohnort: Roda S.-A.; Staatsangeh.: Sachsen-Altenburg; Vorbildung: Gymn. Jena Reife O. 04; Studium: Würzburg 2, München 1, Würzburg 2, Jena 5 S.; Coll. 25. Juni 09; Approb. 15. Juni 10.]
[U 10. 2280

**Ahlenius, Karl:**
En kinesisk Världskarta från 17:de århundradet af K. Ahlenius. (Mit e. Résumé in deutscher Sprache.) — Uppsala (: Lundström); Leipzig: Harrassowitz (1903). 25,IV S., 1 Kt. (Skrifter utg. af K. Humanistiska Vetenskaps-Samfundet i Uppsala. 8,4.)
1: Ab 5060-8,4 [u.] Kart. Z 1772. 12: Acad. 123yl-8. 300: 407.585-B. Per. 8,4. 3. 5. 7. 8. 9. 10. 11.
2.4522

Ahlenstiel, Emil: Bericht über die Abschiedsfeier für Direktor Dr. Nebe. (Aus: Lüneburgsche Anzeigen v. 3.Juli 1909.) S.10 - 13. 4°.
Progr. Johanneum Lüneburg 1910.

**Ahlenstiel** [Emil], Prof.: Bericht über die Jubiläumsfeier des Johanneums 25. bis 27. September 1906. (Lüneburg 1907: v. Stern.) (In: Festschrift, 36 S.) 4°
Lüneburg, Johanneum OP 1907 (383)

**Ahlenstiel,** Walther [aus Wilsnack]: Die Lebergeschwülste und ihre Behandlung ... (Aus: Arch. f. klin. Chir., Bd. 52 Heft 4.) Berlin, gedr. bei L. Schumacher, 1896; 31 S., 2 Bl. 8.
Berlin, Med. Fak., Inaug.-Diss. v. 17. Juli 1896

Ahler, (G. H.) Reden, Segenswünsche u. Gebete, gesprochen bei d. feierl. Legung d. Grundsteins z. neuen evangel. protest. Schulgebäude in Mannheim am 26 Jun. 1823. 8. Heidelb. 823, Groos.

— Vereinigungsfeier d. wallonisch-reform. mit d. deutsch-reform. Gemeinde in Mannheim, nebst e. Altarrede v. C. Kilian. 8. Mannheim 822, Schwan u. G.

Ahlers, s. a. Ahlers, Jakob

Ahlers, Landsynd. Rat, und Past. Ahlers, Eid und Eidesnot. Vorträge, gehalten auf der kirchl. Konferenz zu Neubrandenburg am 7. Juli 1886. 8. (44 S.) Neubrandenburg 886, Brünslow. *

Ahlers u. Biermann: Kanonier, Der, s. Ahlers, Kurt

Ahlers, Register zur officiellen Beilage des Anzeigers bis Ende 1882. Neustrelitz 883.

**Ahlers,** Anton, approb. Arzt aus Nottuln, Westf.: **Beitrag zur Aetiologie der Cervixrisse.** *Greifswald 1904: J. Abel.* (31 S.) 8°
Greifswald, Med. Diss. v. 25. März 1904

**Ahlers, Bernhard:** Hannoversches Pfarrbuch. Kurze Beschreibung d. Pfarrstellen d. hannoverschen evang.-luth. Landeskirche. — Hannover: Hannov. Pfarrerverein 1909. 434 S. 7.
2.4532

**Ahlers, Chr.:** Forellenzucht. Kurze Anleitung für Landwirte, welche Forellen-Teichwirtschaft als Nebenerwerb betreiben wollen. Hrsg. von der Forellenzucht des Gutes Sandfort bei Osnabrück Siegfried Jaffé. [Verf.: Chr. Ahlers.] — Osnabrück: Rackhorst in Komm. 1894. 24 S., 5 Taf. 7.
2.4533

**Ahlers,** Elisab., Sir Dudley. 8. (IV, 210 S.) Lüneburg 902. Herold & Wahlstab Geb. in Leinw. n. 5. —

**Ahlers,** Hugo, aus Hamburg: Ein Fall von chronischem Magencatarrh. *Würzburg 1899: Stahel.* (34 S.) 8°
Würzburg, Med. Diss. v. 1899

**Ahlers, Jac.,** die Einführung der York and Antwerp Rules of General Average. Erläuternde Bemerkungen zu den Antwerpener Beschlüssen vom 1. Sept. 1877. gr. 8. (82 S.) Hamburg 878. Friederichsen & Co. n. 3. —

**Ahlers, J.,** York-Antwerp Rules 1890. Erläuternde Bemerkgn. zu den Liverpooler Beschlüssen vom Septbr. 1890. 8. (V, 75 S.) Hamburg, Friedrichsen & Co.

**Ahlers, Jac.,** York-Antwerp Rules 1890 im englischen Orig.-Text u. in deutscher Uebersetzung, nebst erläut. Anmerkgn. 2., veränd. u. ergänzte Aufl. gr. 8. (IX, 30 S.) Hamburg 894. L. Friederichsen & Co. n. 1. 60

**Ahlers, Jac.,** York-Antwerp Rules 1890 im englischen Orig.-Text u. in deutscher Uebersetzung nebst erläut. Anmerkungen. 3. unveränd. Aufl. gr. 8. (IX, 30 S.) Hamburg 902. L. Friederichsen & Co n. 1. 60

**Ahlers, Johann:** Zufällige Gedanken von dem, in den itzigen Feudis oder Lehngütern des Königreichs Dännemarck, rechtsbegründeten Modo succedendi. [Verf.: Johann Ahlers.] — Hamburg 1741. 95 S. 4° 8.
2.4540

**Ahlers, Kurt:** Der Kanonier und Geschützführer der Fussartillerie. Bearb. von Ahlers u. [Kurt] Biermann. — Berlin: Mittler 1902. 140,8 S. 1:Hw 31869. 7.
2.4541

— — Ahlers-Biermann. Der Kanonier, Fahrer und Geschützführer der Fußartillerie. 3. Aufl., bearb. von Biermann. — Ebd. 1904. IV,192 S.
1:Hw 31869a.
2.4542

— — 4. Aufl., bearb. von Biermann. Ebd. 1905. IV,189 S.
1:Hw 31869a.
2.4543

**Ahlers u. Biermann,** der Kanonier, Fahrer u. Geschützführer der Fußartillerie. 5. Aufl., bearb. v. Biermann. Mit e. Bildnis Sr. Maj. des Kaisers u. Königs, 3 bunten Taf., 5 Vollbildern u. 98 Abbildgn. im Text. (IV, 186 S.) 8. Berlin 906. E. S. Mittler & Sohn. n.n. — 65; kart. n.n. — 75

— — 6. Aufl., bearb. von Biermann. Ebd. 1908. IV,169 S.
1:Hw 31869a.
2.4544

— — Ahlers-Biermann. Der Kanonier, Fahrer und Geschützführer der Fußartillerie für die Kontingente Preußen, Bayern, Sachsen, Baden. 7. Aufl., bearb. von Biermann. Ebd. 1909. IV,165 S. 1:N 09.1667[7].
2.4545

— — 8. Aufl., bearb. von Biermann. Ebd. 1910. IV,165 S.
1:N 10.1204.
2.4546

— — 9. Aufl., bearb. von Biermann. Ebd. (1910). 164 S.
1:N 11.751.
2.4547

— — Ausbildungsjahr 1911–1912. 10. Aufl., bearb. von Biermann. — Ebd. (1911). IV,213 S.
1:N 12.989. 4.
2.4548

**Ahlers,** Rudolf, aus Hamburg, Referendar daselbst: **Ueber die Lade- und Löschfrist und das Liegegeld nach dem Reichsgesetz, betreffend die privatrechtlichen Verhältnisse der Binnenschiffahrt, vom 15. Juni 1895.** *Erlangen 1900: F. Junge.* (VI, 36 S.) 8° [J.]
Erlangen, Jur. Diss. v. 28. Febr. 1900

**Ahlers, W.,** Neubrandenburger Bürgerbuch. Sammlung v. Verordnungen, Ortsstatuten u. Regulativen, sowie Satzungen öffentlicher u. gemeinnütziger Einrichtungen u. Anstalten, Genossenschaften u. Vereine der Vorderstadt Neubrandenburg. 1. Jahrg. gr. 8. (VIII, 112 S.) Neubrandenburg 881. Brünslow. n. 2. —

**Ahlers, W.,** die Notabilitäten der Thierwelt dargestellt in 6 Bilderkränzen. Berlin 869. Wiegandt & Hempel. gr. 8. (XVI, 512 S. u. 1 Taf. in Holzschn.) n. 2 ₰ 10 ngr.

**Ahlers, W.,** historisch-topographische Skizzen aus der Vorderstadt Neubrandenburg. gr. 8. (XII, 194 S.) Neubrandenburg 876, Brünslow. *

**Ahlers, W.,** alphabetisch-chronologisches Verzeichniß der in der Offiziellen Beilage zu den Meckl.-Strelitzischen Anzeigen bis Ende 1848, sowie der in dem Großherzogl. Meckl.-Strelitzischen Officiellen Anzeiger f. Gesetzgebung u. Staatsverwaltung bis Ende 1882 publicirten Verordnungen u. Bekanntmachungen. 4. (IV, 114 S.) Neustrelitz 883. (Jacoby.) n. 2. 70

**Ahlers,** Wilhelm, a. Pollitz, Prov. Sachsen: **Über Acetyl-hydrocotarnin-essigsäure.** (Berlin: R. Trenkel 1906.) (38 S.) 8°
Berlin, Phil. Fak., Ref. Gabriel, Diss. v. 17. März 1906
[Geb. 15. Juli 79 Pollitz, Altmark; Wohnort: Großbolzhausen, Altmark; Staatsangeh.: Preußen; Vorbildung: Realgymn. Halberstadt Reife O. 00; Studium: Greifswald 1, Berlin 6 S.; Rig. 29. Jan. 06.]

**Ahlers, Wilh.,** der Fahrsport, s. a.: Bibliothek f. Sport u. Spiel. XVI.

**Ahlers, Wilhelm:** Der Fahrsport. — Leipzig & Berlin: Grethlein (1902). 227 S. (Bibliothek für Sport u. Spiel. 16.) 12:Gymn. 7 g–16.
2.4560

— — 2. Aufl. Ebd. [1907]. 227 S. (Bibliothek für Sport u. Spiel. 16.) 1:Os 6837/128–16. 11.
2.4561

**Ahlers, Wilhelm:** Die Jagd. — Leipzig: Grethlein (1901). 248 S. (Bibliothek für Sport u. Spiel. 4.)
12:Gymn. 7 g–4. 11.
2.4562

**Ahlert,** Otto, aus Schwerin i. M.: **Zur Kenntnis der Azooxyverbindungen und des Reaktionsverlaufes zwischen Anilin, Nitrobenzol und Alkali.** *Berlin (1903): G. Schade.* (38 S.) 8°
Berlin, Phil. Diss. v. 22. Juli 1903

Ahles, v., s. Ahles, W.

**Ahles, A.,** Lehrplan f. den evangel. Religionsunterricht in den Volksschulen Badens. 8. (25 S.) Emmendingen 885. Dölter. — 30

**Ahles, A.,** Lehrplan f. d. evangel. Religionsunterricht i. d. Volksschulen Badens, 2. Aufl, s.: Krone, Rud., Lehrplan.

Ahles, C.: Hausandachten nach zusammenhäng. Schriftabschnitten d. Neuen Testaments. Die Bergpredigt nach Arbeiten v. Gerok, Beck, Rothe, Kögel, Thiersch, Hülle, Arndt u. A. Nebst e. Anh. üb. d. Kirchenjahr u. d. Kirchenlied. 8°(364).– Berl. 1887, Reuther.

**Ahles, C.**, Hausandachten nach zusammenhängenden Schriftabschnitten d. Neuen Testaments. Die Bergpredigt nach Arbeiten v. Gerok, Beck, Rothe, Kögel, Thiersch, Hülle, Arndt u. A. Nebst e. Anh. üb. das Kirchenjahr u. das Kirchenlied. gr. 8. (III, 364 S.) Karlsruhe 887. Reuther. n. 3. —; geb. n. 4. —

— Reiseskizzen aus Spanien, s.: Hausbibliothek.

**Ahles, G. H.**, Fürst u. Volk im Lichte evangel. Verklärung. Eine Pred. am Geburtsfeste S. Kgl. Hoh. d. Großh. v. Baden Leopold. D. 29. Aug. 1830 gehalt. gr. 8. (1 B.) Mannheim 830, Löffler.

**Ahles, G. H.**, Predigt am Sylvesterabend des verhängnißvollen denkwürd. Jahres 1842, gehalten in der Concordienkirche zu Mannheim. gr. 8. Mannh. 843, Löffler. 1/8 ℛ

— Rede bei d. Amtsjubelfeier d. Frhrn. v. Drais. gr. 8. Manh. 827. Löffler. 6 gr

Ahles, G. H., Reden, Segenswünsche u. Gebete, gespr. bei d. feierl. Legung d. Grundsteins z. neuen evangel. protest. Schulgebäude in Manheim am 26. Juni 1823. 8. Heidelb. 823. Groos. 3 gr

— Vereinigungsfeier d. wallonisch-reform. mit d. deutsch-reform. Gemeinde in Manheim. Nebst e. Altarrede v. C. Kilian. 8. Manh. 822. Schwan u. G. 3 gr

**Ahles, Luise**, die Weihenacht, s.: Vereinsbühne 31. Heft.

Ahles, M., Wohnungs-Mietrecht, s.: Jahresbericht, 5., des Arbeiter-Sekretariats München.

[F.] **Ahles**, Max [Dr. jur., Rechtspraktikant]: Die sozialen Wirkungen der bayerischen Heimatgesetzgebung ... München, kgl. Hof- u. Univ.-Buchdr. v. Dr. C. Wolf & Sohn, 1897; 68 S. 8.
Erlangen, Jur. Fak., Inaug.-Diss. v. 1897

**Ahles W.:** Vier Feinde d. Landwirthschaft. Das Mutterkorn u. der Rost d. Getreides. Die Kartoffel- u. Traubenkrankheit ... Ravensburg 1874. 54 S. P.

Ahles, W., unsere wichtigeren Giftgewächse m. ihren pflanzlichen Zergliederungen u. erläut. Text zum Gebrauche in Schule u. Haus. 3., gänzlich umgearb. Aufl. v. M. Ch. F. Hochstetter's Giftgewächse Deutschlands u. der Schweiz. 1. u. 2. Thl. Fol. Eßlingen 874. 76. Schreiber. à n. 5. 50

1. Samenpflanzen. Phanerogamae. (VI, 14 S. m. 19 color. Steintaf. in qu. gr. Fol.)
2. Allgemein verbreitete eßbare u. schädl. Pilze m. einigen mikroskop. Zergliedergn. u. erläut. Text zum Gebrauche in Schule u. Haus. (VIII, 14 S. m. 30 color. Steintaf.)

**Ahles, v.**, unsere wichtigeren Giftgewächse m. ihren pflanzlichen Zergliederungen u. erläuterndem Text zum Gebrauch in Schule u. Haus. 4. Aufl. Samenpflanzen, Phanerogamae. (VIII, 16 S. m. 18 farb. Taf.) 4. Eßlingen (904). J. F. Schreiber. Kart. n. 4. 50; französ. Ausg. n. 5. —
Wandtafelausg., s.: Schreiber's große kolorierte Wandtafeln der Naturgeschichte.

Ahles, v., d. Handelspflanzen i. Bild u. Wort, s.: Groß, Heinr.

— allgem. verbreitete eßbare u. schädliche Pilze m. einigen mikroskop. Vergrößergn. u. erläut. Text z. Gebr. i. Schule u. Haus. 2. Aufl. gr. 8. (VII, 52 u. 5 S. m. 32 farb. Taf.) Eßlingen 896. J. F. Schreiber. n. 3. — geb. in Leinw. n. 3. 50

Ahles, v., s.: Schreiber's große kolorierte Wandtafeln z. Unterricht in d. Naturgeschichte (Handelspflanzen).

— s.: Schreiber's Wandtafeln der essbaren u. schädlichen Pilze.

**Ahles, W.**, botanische Wandtafeln für den Anschauungs-Unterricht. Die Lehre von der Gestalt, der Zelle, der Gewebe und der Blüte nebst den darauf bezügl. Vorgängen. 8 lithogr. Bl. mit erläut. Text. gr. 8. (52 S.) Imp.-Fol. Ravensburg [Stuttgart] 873, Ulmer. *

—— Wandtafeln der Pflanzenkrankheiten. Vier in Farbendruck ausgeführte Tableaux für höhere Lehranstalten, Schule und Haus, sowie für den Landwirth, Weinzüchter und Gärtner. Imp.-Fol. Mit Text: Vier Feinde der Landwirthschaft. Das Mutterkorn und der Rost des Getreides. Die Kartoffel- und Traubenkrankheit. [Mehlthau, Honigthau, Russthau etc.] gr. 8. (54 S.) Ravensburg [Stuttgart] 873, Ulmer. *

**Ahlfeld**, Kreis, s.: Hildesheim, Reg.-Bez.

Ahlfeld, ..., s. Rechenknecht, humoristisch-poetischer.

**Ahlfeld, D. Friedrich**, weiland Pastor zu St. Nicolai in Leipzig. Ein Lebensbild. Mit (Lichtdr.-)Portr. gr. 8. (IV, 199 u. Anhang v. Gedichten 58 S.) Halle 885. Mühlmann's Verl. n. 4. 50; geb. n. 5. 50

Ahlfeld, F., s. A h l f e l d , Friedrich

Ahlfeld, Fr. s. A h l f e l d , Friedrich

**Ahlfeld, Frdr.**, Abendandachten, aus den Predigten hrsg. v. Heinr. Ahlfeld. gr. 8. (VII, 454 S.) Halle 884. Mühlmann's Verl. n. 4. —; geb. n. 5. —; m. Goldschn. n. 5. 50

Ahlfeld, Frdr., Abendandachten, aus den Predigten v. F. A. hrsg. v. H. Ahlfeld. 2. Aufl. gr 8. (VII, 454 S.) Halle 889. Mühlmann's Verl. n. 4. —; geb. n. 5. —; m. Goldschn. n. 5. 50; auch in 10 Lfgn. à n. — 40

Ahlfeld, Frdr., Abendandachten, a. d. Predigten hrsg. v. Heinr. Ahlfeld. 3. Aufl. M. e. Familienchronik. gr. 8. (VII, 454 u. 16 S.) Halle 895. R. Mühlmann's Verl. n. 4. —; geb. in Leinw. n. 5. —; m. Goldschn. n. 5. 50

Ahlfeld, F.: Abendandachten a. d. Predigten, hrsg. v. H. Ahlfeldt. 4° (Tit.-)Aufl. Mit e. Familienchronik. 8°(454 u. 16 ).– Halle(1895) 1901, R. Mühlmann's V.

Ahlfeld, Frdr., Abendandachten, aus den Predigten v. A. Hrsg. v. Heinr. Ahlfeld. 5. Aufl. Mit e. Familienchronik. gr. 8. (VII, 454 u. 16 S.) Halle 903. R. Mühlmann's Verlag. Geb. in Leinw. n. 5. —

**Ahlfeld, Fr.**, Abschiedspredigt, gehalten am Sonntag Misericordias Domini, den 1. Mai 1881. 8. (16 S.) Leipzig 881. Hinrichs' Verl. — 30

**Ahlfeld, Frdr.**, das Alter d. Christen. Ein Büchlein f. die, so im Alter jung sein wollen. Halle 868. Mühlmann. 8. (XI, 201 S.) n. 24 ngr.; geb. n. 1 ℛ; m. G. n. 1 ℛ 4 ngr.

Ahlfeld, Friedr., das Alter der Christen. Ein Büchlein f. die, so im Alter jung sein wollen. 2. Aufl. 8. (XI, 209 S.) Halle 869. Mühlmann. n. 2. 40; geb. n. 3. —; m. Goldschn. n. 3. 40

— das Alter des Christen. Ein Büchlein für die, so im Alter jung sein wollen. 3. Aufl. 8. (XII, 209 S.) Halle 880. Mühlmann. n. 2. 40; geb. n. 3. —; m. Goldschn. n. 3. 40

— das Alter d. Christen. Ein Büchlein f. die, so im Alter jung sein wollen. 4. Aufl. 8. (XII, 209 S.) Ebd. 889. n. 2. 40; geb. n. 3. —; m. Goldschn. n. 3. 40

— das Alter des Christen. Ein Büchlein f. die, so im Alter jung sein wollen. 5. Aufl. 8. (XII, 196 S.) Ebd. 899. n. 2. 40; geb. n. 3. —

**Ahlfeld, F.**, Am Sylvester schlägt der Christ die Chronik d. verwichenen Jahres auf. Predigt üb. Esther, 6, 1–3. gehalt. zu Halle. gr. 8. (16 S.) Leipzig 851, Ph. Reclam jun. 3 ngr

— s.: Ansprachen, fünf.

— u. C. E. **Luthardt**, christliche Armenpflege. Zwei Vorträge. [20. Jahresbericht der Gesellschaft der Armenfreunde in Leipzig. 1867.] Leipzig 868. Hinrichs. gr. 8. (40 S.) n. 7½ *ngr.*

**Ahlfeld, Frdr.,** Armuth u. Gesellenstand. Fünf Reden bei Vereinsfesten in Leipzig u. Halle gehalten. Halle, 861. Mühlmann. 8. (VII, 104 S.) 9 *ngr.*

[F.] Die rechte Arznei, um die Bitterkeit und Gefahr der Trübsal zu vertreiben. Predigt z. 3. Sonntag nach Trinitatis ... v. D. Friedrich **Ahlfeld**, weil. Pastor ... in Leipzig. *Halle a. S.: R. Mühlmann 1897.* (11 S.) 8.
= **Sonntagsfreude.** [Bd] п. [No] 21. [98. 6163

**Ahlfeld, F.,** der praktische Arzt u. die Händegefahr, s.a. Sammlung klinischer Vorträge.

Der praktische Arzt und die Händegefahr von Geh. Med.R. Prof. Dr. F[riedrich] **Ahlfeld**, Marburg a/L. Mit 8 Taf. Leipzig: J. A. Barth 1908. (55 S.) 4°(8°) [Umschlagt.]
= **Sammlung** klinischer Vorträge. N. F. No 492/493. [08. 11350

—— Auch aus dem tiefsten Tode weckt Jesus Christus auf. Probepredigt über Evang. Joh. 11, V. 32—46, gehalten am Sonnt. Lätare 1851 zu Leipzig. gr. 8. (16 S.) Leipzig 851, Fr. Fleischer. **

[F.] Die aus dem Herrn geborene Liebe ist die schönste Blume im Christenleben. Predigt z. Sonntag Estomihi ... v. D. Friedrich **Ahlfeld**, weil. Pastor ... in Leipzig. *Halle a. S.: R. Mühlmann 1897.* (11 S.) 8.
= **Sonntagsfreude.** [Bd] п. [No] 1. [98. 3633

[F.] Das tägliche Aus- und Anziehen des Christen. Predigt z. 19. Sonntag nach Trinitatis ... v. D. Friedrich **Ahlfeld**, weil. Pastor ... in Leipzig. *Halle a. S.: R. Mühlmann 1897.* (11 S.) 8.
= **Sonntagsfreude.** [Bd] п. [No] 37. [98. 6181

— der Auszugsvater. Eine Erzählg. für's Volk. 6. Aufl. 8. (36 S.) Ebend. 873. n. — 20

[F.] Verschiedene Bäume auf demselben Boden. Predigt z. 14. Sonntag nach Trinitatis ... v. D. Friedrich **Ahlfeld**, weil. Pastor ... in Leipzig. *Halle a. S.: R. Mühlmann 1897.* (11 S.) 8.
= **Sonntagsfreude.** [Bd] п. [No] 32. [98. 6176

— **Bausteine zum Aufbau der Gemeinde.** Bd 1–6. Leipzig: Fleischer 1852–55.
1. 2. 1852. 3. 1853. 4. 5. 1854. 6. 1855.
(Ahlfeld: Predigten an Sonn- u. Festtagen geh. in d. Nicolaikirche zu Leipzig. [1.])
1–6 . . . . . . . . 3. 10.
3 . . . . . . . . 1:Ec 16010.
2.4587

— — 2. Aufl. Bd 1. Ebd. 1853. X,392 S. (Ahlfeld: Predigten an Sonn- und Festtagen geh. in d. Nicolaikirche zu Leipzig. [1,]1.) 12:Hom. 2032m-1.
2.4588

— — 3. Aufl. Bd 1–3. Ebd. 1856–59.
1. 1856. 2. 1857. 3. 1859.
(Ahlfeld: Predigten an Sonn- u. Festtagen geh. in d. Nicolaikirche zu Leipzig. [1,]1/3.)
1 . . . . . . . . 11.
2 . . . . . . . . 2.
2.3 . . . . . . . . 5. 7. 10.
2.4589

**Ahlfeld, Friedrich,** Pastor, Leipzig. 1845: **Bausteine** zum Aufbau der Gemeinde. 4. Aufl. Bd 1. — Leipzig: Fleischer 1862. (Ahlfeld: Predigten an Sonn- u. Festtagen geh. in d. Nicolaikirche zu Leipzig. [1,]1.) 2. 3. 5. 7. 10.
2.4590

**Ahlfeld,** Frdr., Beiträge zur Lehre vom Übergang der intrauterinen Athmung zur extrauterinen. [Aus: „Beiträge zur Physiologie".] gr. 4. (32 S. m. 4 lith. Taf.) Marburg i/H. 891. Elwert's Verl. n. 2. —

**Ahlfeld, F.,** Berichte u. Arbeiten aus der geburtshülflich-gynaekologischen Klinik zu Giessen 1881—1882. Mit Beiträgen v. F. Marchand. Mit 10 lith. Taf. u. 5 Holzschn. gr. 8. (X, 320 S.) Leipzig 883. Grunow. n. 10. —

— dasselbe aus der geburtshilflich-gynaekologischen Klinik zu Marburg 1883—1884. Mit 7 lith. Taf. u. 4 Holzschn. 2. Bd. gr. 8. (VII, 239 S.) Ebend. 885. n. 10. —

**Ahlfeld, F.,** Berichte u. Arbeiten der geburtshilflich-gynaekologischen Klinik zu Marburg 1885—1886. Mit 4 lith. Taf. u. 3 Holzschn. 3. Bd. gr. 8. (VII, 174 S.) Leipzig 887. Grunow. n. 8. — (1—3.: n. 28. —)

— Bruder Berthold v. Regensburg der größte deutsche Prediger d. Mittelalters. Ein Vortrag im Vereinshause f. innere Mission in Leipzig am 21. Januar 1874 geh. 8. (31 S.) Ebend. 874. n. — 60

— **Neuere Bestrebungen auf dem Gebiete der exakten Beckenmessung,** s.a. Sammlung klinischer Vorträge.

— Neuere Bestrebungen auf dem Gebiete der exakten Beckenmessung von F. Ahlfeld. Mit 3 Abb. — Leipzig: Breitkopf & Härtel 1907. 16 S. (Sammlung klinischer Vorträge. N.F. 443.)
1:Ic 2472-445 12:Path. 1352ga-III,161. 3. 5. 6. 7. 8. 9. 10. 11.
2.4756

[F.] Bete, dass dich der heilige Geist hineinführe in die rechte Gemeinschaft mit deinem Heilande. Predigt z. Sonntag Rogate ... D. Himmelfahrtsfest ist d. lichte Höhe zwischen d. Gesch. d. Herrn u. d. Gesch. seiner Kirche. Predigt z. Himmelfahrtsfeste ... v. D. Friedrich **Ahlfeld**, weil. Pastor ... in Leipzig. *Halle a. S.: R. Mühlmann 1897.* (22 S.) 8.
= **Sonntagsfreude.** [Bd] п. [No] 14. [98. 6158

[F.] Bist du stärker geworden an dem inwendigen Menschen? Predigt z. 10. Sonntag nach Trinitatis ... v. D. Friedrich **Ahlfeld**, weil. Pastor ... in Leipzig. *Halle a. S.: R. Mühlmann 1897.* (11 S.) 8.
= **Sonntagsfreude.** [Bd] п. [No] 34. [98. 6178

[F.] Das zweite Blatt im Schuldbuche des Christen. Predigt z. 4. Sonntag nach Epiphanias ... v. D. Friedrich **Ahlfeld**, weil. Pastor ... in Leipzig. *Halle a. S.: R. Mühlmann 1897.* (11 S.) 8.
= **Sonntagsfreude.** [Bd] п. [No] 54. [98. 6198

[F.] Bleibe in der Liebe. Predigt z. 1. Sonntag nach Trinitatis ... v. D. Friedrich **Ahlfeld**, weil. Pastor ... in Leipzig. *Halle a. S.: R. Mühlmann 1897.* (10 S.) 8.
= **Sonntagsfreude.** [Bd] п. [No] 19. [98. 6163

—— das rothe Buch. Aus Kreuz und Freude einer Kaufmannsfamilie. 8. (III und 76 S.) Halle 867, Mühlmann. *

[F.] Der Christ in der Nachfolge seines Herrn. Predigt z. Sonntag Oculi ... v. D. Friedrich **Ahlfeld**, weil. Pastor ... in Leipzig. *Halle a. S.: R. Mühlmann 1898.* (11 S.) 8.
= **Sonntagsfreude.** [Bd] п. [No] 4. [98. 6148

[F.] Christi Weg mein Weg. Predigt z. 6. Sonntag nach Trinitatis ... v. D. Friedrich **Ahlfeld**, weil. Pastor ... in Leipzig. *Halle a. S.: R. Mühlmann 1897.* (11 S.) 8.
= **Sonntagsfreude.** [Bd] п. [No] 24. [98. 6168

—— Danket dem Herrn, dem großen Siegverleiher. Predigt über Psalm 46, 8—12 am 50jähr. Jubiläum der Leipziger Völkerschlacht den 18. Octbr. 1863 in der Kirche zu St. Nicolai in Leipzig gehalten. 1. und 2. Aufl. gr. 8. (14 S.) Leipzig 863,64, Naumann.

— Dein Alter sei wie deine Jugend. Predigt über V. Mose 33, 25 am Missionsfeste den 25. Juli 1860 in der Domkirche zu Halle gehalten. Halle, Mühlmann. gr. 8. (22 S.) 3 *ngr.*

[F.] Die Demut ist die erste Arzenei für das kranke christliche Gemeindeleben. Predigt z. 15. Sonntag nach Trinitatis ... v. D. Friedrich **Ahlfeld**, weil. Pastor ... in Leipzig. *Halle a. S.: R. Mühlmann 1897.* (11 S.) 8.
= **Sonntagsfreude.** [Bd] п. [No] 33. [98. 6177

**Ahlfeld, F.,** die Desinfection der Hand des Geburtshelfers u. Chirurgen, s.a. Sammlung klin. Vorträge.

— Die Desinfection der Hand des Geburtshelfers und Chirurgen von F. Ahlfeld. — Leipzig: Breitkopf & Härtel 1901. 68 S. (Sammlung klinischer Vorträge. N.F. 310.311.)
1:Ic 2472-310.311. 12:Path. 1352ga-III,113. 3. 5. 6. 7. 8. 9. 10. 11.
2.4757

[F.] Durch die Tiefe in die Höhe! Predigt z. Palmsonntag ... v. D. Friedrich **Ahlfeld**, weil. Pastor ... in Leipzig. *Halle a. S.: R. Mühlmann 1897.* (12 S.) 8.
= **Sonntagsfreude.** [Bd] п. [No] 7. [98. 6151

[F.] Der eine heilige Geist in den mancherlei Gaben schafft Frieden. Predigt z. 10. Sonntag nach Trinitatis ... v. D. Friedrich **Ahlfeld**, weil. Pastor ... in Leipzig. *Halle a. S.: R. Mühlmann 1897.* (11 S.) 8.
= **Sonntagsfreude.** [Bd] II. [No] 28. [98. 6172

[F.] Die eine Liebe Gottes schafft die eine Gemeinde. Predigt z. 2. Adventssonntag ... v. Dr. Friedrich **Ahlfeld**, weil. Pastor ... in Leipzig. *Halle a. S.: R. Mühlmann 1897.* (11 S.) 8.
= **Sonntagsfreude.** [Bd] II. [No] 44. [98. 6188

—— **Ehrengedächtniß unseres entschlafenen Königs Johann. Predigt, gehalten am 19. Novbr. 1873 zu Leipzig. gr. 8. (14 S.) Leipzig 873, Hinrichs' Verlagsb.**

— Ehrengedächtniß unseres entschlafenen Königs Johann. Predigt, geh. am 19. Nov. 1873 zu Leipzig. gr. 8. Leipzig 874. Hinrichs' Verl. — 30

**Ahlfeld,** Frdr., die Entstehung der Stirn- u. Gesichtslagen. Mit 15 (eingedr.) Holzschn. u. 5 photolith. Taf. gr. 8. (IV, 128 S.) Leipzig 873. Grunow. n. 6. —

— Epistelpredigten, s. a. Sonntagsfreude.

— Epistel-Predigten. 4. Aufl. gr. 8. (VIII, 703 S.) Ebd. 887. n. 8. —; geb. n. 9. —

**Ahlfeld,** Frdr., Erlebnisse u. Erfahrungen m. eigener Küchenverwaltung in Frauenkliniken u. Hebammenlehranstalten. (8 S.) gr. 8. Jena 905. G. Fischer. n. — 50
Sonderabdruck aus: „Klin. Jahrbuch".

**Ahlfeld,** F., üb. Ernährung d. Säuglings an der Mutterbrust. Fortlaufende Wäggn. während der Säugungsperiode. gr. 4. (45 S) Leipzig 878. Grunow. n. 1. 50

[F.] Ein Erntekranz zur Ehre Gottes. Predigt z. 13. Sonntag nach Trinitatis ... v. D. Friedrich **Ahlfeld**, weil. Pastor ... in Leipzig. *Halle a. S.: R. Mühlmann 1897.* (11 S.) 8.
= **Sonntagsfreude.** [Bd] II. [No] 31. [98. 6175

—— **zur Eroberung von Paris. Predigt über Offenbarung Johannis Cap. 14 Vers 7 und 8 gehalten in der Nicolaikirche zu Leipzig am Sonntage Septuagesimä 5. Febr. 1871. gr. 8. (15 S.) Leipzig 871, Hinrichs' Verlagsb.** *

— Erzählungen. Halle, 859, 61. Mühlmann. 8.
Nr. 1.: Der Verwalter und sein Kind. Eine Erzählung für's Volk. 5. Aufl. (46 S.) n. 3 ngr.
Nr. 2.: Das Knecht-Jubiläum. Eine Erzählung für's Volk. 5. Aufl. (27 S.) n. 2 ngr.

—— **Erzählungen. Nr. 1 und 3. 8. Halle 863 und 67, Mühlmann. [Nr. 1. * 3 Ngr., Nr. 2. * 2 Ngr.]** *
Inhalt:
Nr. 1. Der Verwalter und sein Kind. Eine Erzählung für's Volk. 5. Aufl. (46 S.)
" 3. Des Spielers Gang und Ende. Eine Erzählung für's Volk. 5. Aufl. (32 S.)

— Erzählungen. Ebend. 865—70. 8.
Nr. 1. Der Verwalter u. sein Kind. Eine Erzählung für's Volk. 6. Aufl. (46 S.) n. 3 ngr.
Nr. 2. Das Knecht-Jubiläum. Eine Erzählung für's Volk. 6. Aufl. (28 S.) n. 2 ngr.
Nr. 3. Des Spielers Gang u. Ende. Eine Erzählung für's Volk. 5. Aufl. (32 S.) n. 2 ngr.
Nr. 4. Der Auszugsvater. Eine Erzählung für's Volk. 5. Aufl. (36 S.) n. 2 ngr.
Nr. 5. Berend Stein der Knechtepastor. Eine Erzählung für's Volk. 5. Aufl. (31 S.) n. 2 ngr.
Nr. 6. Das verachtete Kind. Eine Erzählung für's Volk. 5. Aufl. (36 S.) n. 2 ngr.

—— Erzählungen. Nr. 3 u. 4. 8. Ebd. 892. à * — 20
3. Des Spielers Gang u. Ende. Eine Erzählg. für's Volk. 8. Aufl. (33 S.)
4. Der Auszugsvater. Eine Erzählg. für's Volk. 7. Aufl. (37 S.)

— **Erzählungen für's Volk. 1. Bd. Aus d. „Volksbl. f. Stadt u. Land" besond. abgedr. 8. (231 S.) Halle 847, Mühlmann. n. 18 ngr — 2. Aufl. 8. (IV u. 242 S.) Ebd. 852. 18 ngr Daraus apart: 1. Der Verwalter u. sein Kind. 3. Ausg. 8. (46 S.) Ebd. 848. n. 3 ngr — 4. Aufl. 8. (46 S.) Ebd. 851. n. 2 ngr — 2. Das Knecht-Jubiläum. 3. Ausg. 8. (28 S.) Ebd. 848. n. 2 ngr — 4. Aufl. 8. (28 S.) n. 2 ngr — 3. Des Spielers Gang u. Ende. 8. (32 S.) Ebd. 847. n. 2 ngr — 3. Aufl. 8. (32 S.) Ebd. 850. n. 2 ngr — 4. Aufl. 8. (32 S.) Ebd. 852. n. 2 ngr — 4. Der Auszugsvater. 8. (36 S.) Ebd. 847. n. 2 ngr — 3. Aufl. 8. (36 S.) Ebd. 850. n. 2 ngr — 4. Aufl. 8. (36 S.) Ebd. 852. n. 2 ngr — 5. Berend Stein, der Knechtepastor. 8. (31 S.) Ebd. 847. n. 2 ngr — 3. Aufl. 8. (31 S.) Ebd. 850. n. 2 ngr — 4. Aufl. 8. (31 S.) Ebd. 852. n. 2 ngr — 6. Das verachtete Kind. 8. (39 S.) Ebd. 847. n. 2 ngr — 3. Aufl. 8. (36 S.) Ebd. 850. n. 2 ngr — 4. Aufl. 8. (36 S.) Ebd. 852. n. 2 ngr**

—— Erzählungen für's Volk. 3. Aufl. 8. (III und 242 S.) Halle 859, Mühlmann.
Aus: Volksblatt für Stadt und Land, besonders abgedruckt.

— Erzählungen für's Volk. 4. Aufl. [Aus „Volksblatt f. Stadt u. Land"]. 8. (III, 209 S.) Halle 872. Mühlmann. 1. 80

— Erzählungen für's Volk. 5. Aufl. 8. (209 S.) Halle 881. Mühlmann. n. 1. 80; geb. n. 2. 20

— Erzählungen fürs Volk. 6. Aufl. 8. (III, 222 S.) Ebd. 891. n. 1. 80; geb. n. 2. 20

— Erzählungen fürs Volk. 7. Aufl. 8. (III, 222 S.) Halle 898. R. Mühlmann's Verl. n. 1. 80

[F.] Es ist erschienen die heilsame Gnade Gottes allen Menschen. Predigt z. 1. heil. Christtag ... D. Freundlichkeit Gottes in d. Geburt seines Sohnes ist d. schönste Christgeschenk. Predigt z. 2. heil. Christtag ... v. D. Friedrich **Ahlfeld**, weil. Pastor ... in Leipzig. *Halle a. S.: R. Mühlmann 1897.* (21 S.) 8.
= **Sonntagsfreude.** [Bd] II. [No] 47. [98. 6191

— Evangelien-Predigten. 12. Aufl. gr. 8. (X, 696 S.) Ebd. 892. n. 6. —; geb. n. 7. —

—— Fahre auf die Höhe! Predigt über Lucas V, 1—11. gehalten zu Leipzig am Missionsfeste den 24. Juni 1850. gr. 8. (16 S.) Leipzig 850, C. L. Fritzsche. *

[F.] Der Fall Israels in der Wüste eine mächtige Warnung für das pilgernde Christenvolk. Predigt z. 9. Sonntag nach Trinitatis ... v. D. Friedrich **Ahlfeld**, weil. Pastor ... in Leipzig. *Halle a. S.: R. Mühlmann 1897.* (11 S.) 8.
= **Sonntagsfreude.** [Bd] II. [No] 27. [98. 6171

—— **Festrede bei der Jahresfeier des Vereins für innere Mission in Leipzig am 23. Oktbr. 1870 gehalten. gr. 8. (15 S.) Leipzig 870, (Hinrichs' Verlagsb.)**
Aus: Erster Jahresbericht des Vereins für innere Mission in Leipzig, besonders abgedruckt.

— **eine neue typische Form durch amniotische Fäden hervorgebrachter Verbildung. [Aus: „Festschr. der Gesellsch. f. Geburtshilfe u. Gynäkol."] gr. 8. (8 S. m. 2 farb. Taf.) Wien 894. A. Hölder. n. 2. —**

**Ahlfeld,** F., Die Frauenklinik d. Universität z. Marburg nach ihrer Erweiterung, s.: Jahrbuch, klinisches.

—— Freue dich, Jüngling, in deiner Jugend. Rede über Prediger Salomonis 11, 9. beim Jahresfeste des dresdener Jünglingsvereins den 8. Juli 1860 gehalten. gr. 8. (13 S.) Leipzig 860. (Dresden und Leipzig, Naumann.) * *
Aus: Gesetz und Zeugniß, besonders abgedruckt.

**Ahlfeld,** F., freue dich, Jüngling, in deiner Jugend. Ein Wort an Jünglinge, namentlich an junge Handwerker. 8°(16).– Dresd. 1879 (Lpzg., Bh. d. Vereinsh.)

— **freue dich, Jüngling, in deiner Jugend. Ein Wort an Jünglinge, namentlich an junge Handwerker. 8. (16 S.) Dresden 879. (Leipzig, Matthies.) — 15**

[F.] Friede sei mit euch. Predigt z. 17. Sonntag nach Trinitatis ... v. D. Friedrich Ahlfeld, weil. Pastor ... in Leipzig. *Halle a. S.: R. Mühlmann 1897.* (11 S.) 8.
= Sonntagsfreude. [Bd] II. [No] 35. [98. 6179

—— ein Gang über zweierlei Erntefelder. — Schlachtfeld und Erntefeld. — Predigt über Psalm 145, 13—16 gehalten am 11. Sonntage nach Trinitatis den 28. August 1870. 1. und 2. Aufl. gr. 8. (15 S.) Leipzig 870, Hinrichs' Verlagsh. *

— des Spielers Gang u. Ende. Eine Erzählg. für's Volk. 6. Aufl. 8. (31 S.) Halle 873. Mühlmann. n. — 20

—— „Geh mit uns nicht ins Gericht." Predigt gehalten am Bußtage 1848 zu Halle. 8. (18 S.) Halle 848, Mühlmann.

[F.] Die Geistlichen sind Haushalter über Gottes Geheimnisse. Predigt z. 3. Adventssonntag ... v. Dr. Friedrich Ahlfeld, weil. Pastor ... in Leipzig. *Halle a. S.: R. Mühlmann 1897.* (11 S.) 8.
= Sonntagsfreude. [Bd] II. [No] 45. [98. 6189

— Genese, Prophylaxe u. Behandlung der Eklampsie. gr. 8. (16 S.) München 901. Seitz & Schauer. n. 1. —
Sonderabdruck aus: „Deutsche Praxis".

— Genese, Prophylaxe u. Behandlg. der Eklampsie. 901. (KBL 31.) Jetzt: Münschen, Verlag d. ärztl. Rundschau.

Ahlfeld, Frdr.: Genese usw. d. Eklampsie. Münch., Verl. d. ärztl. Rundschau. 1901/1905.

[F.] Gesetz und Evangelium. Predigt z. 12. Sonntag nach Trinitatis ... v. D. Friedrich Ahlfeld, weil. Pastor ... in Leipzig. *Halle a. S.: R. Mühlmann 1897.* (11 S.) 8.
= Sonntagsfreude. [Bd] II. [No] 30. [98. 6174

— gieb mir, mein Kind, dein Herz! Confirmationsrede, am Donnerstag nach Judica, den 11. April 1878, geh. 8. (16 S.) Leipzig 878. Hinrichs' Verl. — 30

[F.] Gottes Kinder treibet der Geist Gottes. Predigt z. 8. Sonntag nach Trinitatis ... v. D. Friedrich Ahlfeld, weil. Pastor ... in Leipzig. *Halle a. S.: R. Mühlmann 1897.* (10 S.) 8.
= Sonntagsfreude. [Bd] II. [No] 26. [98. 6170

[F.] Die Gottlosigkeit ist die höchste Thorheit. Predigt z. Busstag ... v. D. Friedrich Ahlfeld, weil. Pastor ... in Leipzig. *Halle a. S.: R. Mühlmann 1897.* (11 S.) 8.
= Sonntagsfreude. [Bd] II. [No] 41. [98. 6185

— haltet das Erbtheil fest, das euch von den Vätern geworden ist! Confirmationsrede am Freitag nach Judica, den 23. März 1877, geh. 8. (15 S.) Ebend. 877. — 30

—— der christliche Hausstand. Vier Predigten über Epheser 6, V. 1—9. gehalten in der Trinitatiszeit 1850. 8. (IV und 75 S.) Halle 851, Mühlmann.

—— der christliche Hausstand. Fünf Predigten über Epheser 5, 22—33, und 6, 1—9, gehalten. 2. Aufl. 1852. und 3. Aufl. 8. (IV und 99 S.) Halle 856, Mühlmann. *

— der christliche Hausstand. Eine Hochzeitsgabe in Predigten. 4. Aufl. Halle 866. Mühlmann. 16. (VII, 171 S.)
18 ngr.; geb. n. 1 ℳ; m. G. n 1 ℳ 4 ngr

Ahlfeld, Fr., der christliche Hausstand. Eine Hochzeitsgabe in Predigten. 5. verm. Aufl. 16. (XI, 242 S.) Halle 877. Mühlmann. n. 2. 80

[F.] Der christliche Hausstand. E. Hochzeitsgabe in Predigten v. D. Friedrich Ahlfeld. 6. Aufl. *Halle: R. Mühlmann 1897.* (X S., 1 Bl., 242 S.) 1 Bd 8. [97. 1566

Ahlfeld, F., Heiden- u. Christengräber. Ein Vortrag gehalt. bei dem Missionsfeste zu Magdeburg den 9. Octbr. 1850. 8. (16 S.) Halle 850. (Magdeburg, Heinrichshofen.) 2 ngr.

— die Heidenwelt, der bettelnde Blinde am Wege. Predigt über Lucas 18, v. 31—43, gehalten am Missionsfeste in Nürnberg den 16. Juni 1857 in der Kirche zu St. Sebald. Nürnberg, 857. Raw. gr. 8. (23 S.) n. 2 ngr.

[F.] Der heilige Geist ist der neue Lebensodem der Gläubigen. Predigt z. 2. heil. Pfingsttag ... v. D. Friedrich Ahlfeld, weil. Pastor ... in Leipzig. *Halle a. S.: R. Mühlmann 1897.* (12 S.) 8.
= Sonntagsfreude. [Bd] II. [No] 17. [98. 6161

Ahlfeld, Friedrich, Pastor, Leipzig. 1845: Vom rechten Heimweh. Von F. Ahlfeld. 2. Aufl. — Berlin (1883). (Deutsche evangelische Buchgesellschaft. 118.)
1: Cv 52148-118.
2.4626

—— Herr Jesu, wecke unsere todte Jugend auf. Predigt am Jahresfeste des halleschen Jünglingsvereins den 11. Juli 1858 in der Neumarktkirche zu Halle gehalten. 16. (23 S.) Halle 858, Mühlmann.

—— 2. Aufl. Ebd. 1859. 23 S. 2.
2.4628

— Jesus Christus der einige Brunnen lebendigen Wassers. Predigt üb. Ev. Joh. 4, V. 5—15. am 23. Febr. 1851 zu Dresden gehalten. 12. (24 S.) Halle 851, Mühlmann. 1/12 ℛ

[F.] Jesus Christus ist der rechte Hohepriester. Predigt z. Sonntag Judica ... v. D. Friedrich Ahlfeld, weil. Pastor ... in Leipzig. *Halle a. S.: R. Mühlmann 1897.* (12 S.) 8.
= Sonntagsfreude. [Bd] II. [No] 6. [98. 6150

— ihr aber, meine Lieben, erbauet euch auf euern allerheiligsten Glauben. Predigt üb. Brief Judae V. 20 u. 21 zum Schluß der 2. ordentlichen evangelisch-lutherischen Landessynode im Königreich Sachsen, den 11. November 1876 in der Hof- u. Sophienkirche zu Dresden gehalten. gr. 8. (14 S.) Dresden 876. v. Zahn. n. — 25

— Innungen u. Jünglingsvereine. Rede über Nehemia 2, 15—18, am 2. Stiftungsfeste d. Leipziger christl. Jünglingsvereins d. 19. Juli 1863 gehalten. Leipzig, Naumann in Comm. 8. (16 S.) n. 2 ngr.

[F.] Irdisch oder himmlisch? Predigt z. 23. Sonntag nach Trinitatis ... v. D. Friedrich Ahlfeld, weil. Pastor ... in Leipzig. *Halle a. S.: R. Mühlmann 1897.* (12 S.) 8.
= Sonntagsfreude. [Bd] II. [No] 42. [98. 6186

—— der lieben Jugend zur Erinnerung an die Confirmation. Drei Confirmationsreden aus den J. 1872 und 1878. 8. (51 S.) Leipzig 873, Hinrichs' Verlagsh.
geb. mit Goldschn.

— Katechismuspredigten. Bd 1-3. — Halle: Mühlmann 1852-56.
1. Ahlfeld: Predigten über das 1. Hauptstück. 1852.
2. Ahlfeld: Predigten über das 2. Hauptstück. 1855.
3. Ahlfeld: Predigten über das 3., 4. u. 5. Hauptstück. 1856.
1-3 . . . . . . . . . . . . . . 1: Ec 15321. 3.
2.3 . . . . . . . . . . . . . . . . . . . 11.
2.4632

—— 3. Aufl. Bd 1-3. Ebd. 1859-67.
1. Ahlfeld: Predigten über das 1. Hauptstück. 1859.
2. Ahlfeld: Predigten über das 2. Hauptstück. 1865.
3. Ahlfeld: Predigten über das 3., 4., 5. u. 6. Hauptstück. 1867.
1-3 . . . . . . . . . . . . . . . . . . . 3.
1 . . . . . . . . . . . . . . . . . . . 10.
2.4633

—— 4. Aufl. Bd 1-3. Ebd. 1867-1900.
1. Ahlfeld: Predigten über das 1. Hauptstück. 1867.
2. Ahlfeld: Predigten über das 2. Hauptstück. 1900.
3. Ahlfeld: Predigten über das 3., 4., 5. u. 6. Hauptstück. 1897(-98).
1 . . . . . . . . . . . . 12: Hom. 2043 o-1. 11.
2.3 . . . . . . . . . . . 1: Ec 15322-2.3. 3. 4.
2.4634

—— Katechismuspredigten. 2. Bd.: Predigten üb. d. 2. Hauptstück, geh. in St. Nicolai zu Leipzig in den Mittwochgottesdiensten der J. 1852—1854. 3. Aufl., anastat. Neudruck. gr. 8. (XII, 416 S.) Ebd. 890. * 4 50

— Katechismus-Predigten. 3 Bde. gr. 8. Ebd.
à n. 3. —; geb. à n. 4. —
1. Predigten üb. das 1. Hauptstück, geh. in St. Nicolai zu Leipzig in den Mittwochsgottesdiensten der J. 1851—1852. 5. Aufl. (XI, 1236 S.) 900.
2. Predigten üb. das 2. Hauptstück, geh. in St. Nicolai zu Leipzig in den Mittwochsgottesdiensten der J. 1852—1854. 4. Aufl. (X, 314 S.) 900.
3. Predigten üb. das 3., 4., 5. u. 6. Hauptstück, ingleichen üb. das Wort Gottes, geh. in St. Nicolai zu Leipzig in den Mittwochsgottesdiensten der J. 1854—1856. 4. Aufl. (XI, 364 S.) 897.
Erschien auch in 9 Lfgn. à n. 1. —.

—— ein Kirchenjahr in Predigten. gr. 8. (X, 770 S.) Halle 874, Mühlmann. * ℳ 8.; geb. *

— ein Kirchenjahr in Predigten. 2. Aufl. gr. 8. (X, 762 S.) Ebend. 883. n. 8. —; geb. n. 9. —

— ein Kirchenjahr in Predigten. 3. Aufl. gr. 8. (X, 762 S.) Ebd. 892. n. 8. —; geb. in Leinw. n. 9. —

— letzte Confirmationsrede, gehalten am Montag nach Palmarum, den 11. April 1881. 8. (13 S.) Leipzig 881. Hinrichs' Verl. — 30

— acht Confirmationsreden nebst e. Beichtrede, geh. in den Jahren 1872—1877. 3. Aufl. 8. (III, 123 S.) Ebend. 877. geb. m. Goldschn. n. 2. 40

— fünf Confirmationsreden aus den J. 1872, 1873 u. 1874. 2. Aufl. 8. (81 S.) Ebend. 876. 1. 25; geb. m. Goldschn. 2. —

— Confirmationsreden aus den Jahren 1868—1879, gehalten zu St. Nicolai in Leipzig. 1. u. 2. Sammlung. 8. Leipzig 880. Hinrichs' Verl. à n. 1. 50; in 1 Bd. geb. m. Goldschn. n. 3. 80

1. 4. Aufl. (III, 119 S.)
2. (III, 128 S.)

— zwei Confirmationsreden am 22. März u. 1. April 1874 geh. 8. (32 S.) Leipzig 874. Hinrichs' Verl. — 50

Ahlfeld, Friedr. (I.), zwei Confirmationsreden am 2. und 11. April 1876 geh. 8. (31 S.) Leipzig 876, Hinrichs'sche Buchh. *

Ahlfeld, Friedr., 40 evangel. Confirmations-Scheine mit Bibelsprüchen u. Liederversen, d. Mittelpunkte der christl. Heilslehre entnommen, ingl. mit bibl. Bildern u. Randzeichn. Lith. u. hrsg. v. Leop. Gast. qu. 4. Halle a/S. 846, (Mühlmann). *

— 40 (lith.) evangelische Confirmations-Scheine. 2. wesentlich veränd. Aufl. qu. 4. Halle 852, Mühlmann. n. 1 ℛ

— 40 (lith.) evangelische Confirmations-Scheine mit Bibelsprüchen u. Liederversen dem Mittelpunkte d. christl. Heilslehre entnommen, ingleichen mit bibl. Bildern u. Randzeichnungen. 3., wesentl. veränd. Aufl. Halle (855.) Mühlmann. Qu. 4. n. 1 ℛ

Sind in 3 verschiedenen Ausgaben erschienen: 1) mit verschiedenen Bildern, 2) mit dem Abendmahlsbilde allein, 3) mit dem Crucifixbilde allein.

Ahlfeld, Friedr. (I.), vierzig evangelische Confirmations-Scheine. Mit Bibelsprüchen und Liederversen. 5. veränd. Aufl. 1871, und 6. Aufl. hoch 4. Halle 873, Mühlmann. *

Ahlfeld, Friedr., 40 evangelische Confirmations-Scheine. Mit Bibelsprüchen u. Liederversen. 2. Serie. hoch 4. Halle 873, Mühlmann. (à) n. 3. —

— 40 evangelische Confirmations-Scheine. Mit Bibelsprüchen u. Liederversen. 1. Serie. 6. Aufl. gr. 4. Halle 875. Mühlmann. n. 3. —

— 40 evangelische Confirmations-Scheine. Mit Bibelsprüchen u. Liederversen, ausgewählt v. F. A. 1. u. 2. Serie. qu. gr. 4. Ebd. 887. à n. 2. —

1. 8. Aufl. — 2. 3. Aufl.

— 40 evang. Confirmations-Scheine. Mit Bibelsprüchen u. Liederversen. I.—III. Serie. 9. Aufl. gr. 4. Ebd. 895/896. In Umschlag à n. 2. —

I. 9. Aufl. — II. 4. Aufl. — III. zu den v. F. A. hrsg. Serien zusammengest. von H. Hoffmann.

Ahlfeld, F.: 40 ev. Confirmations-Scheine. Mit Bibelsprüchen u. Liede versen. I. Serie. 9. Aufl. 4°.– Halle 1897, R. Mühlmann's V.

[F.] Das Lamm Gottes, welches der Welt Sünde trägt. Predigt z. Karfreitag ... v. D. Friedrich Ahlfeld, weil. Pastor ... in Leipzig. *Halle a. S.: R. Mühlmann 1897.* (12 S.) 8.
= Sonntagsfreude. [Bd] II. [No] 8. [98. 6152

—— unsere Landessynode. Predigt am Sonntage nach Schluß der Synode über Apostel-Geschichte 2, 42—47 gehalten. gr. 8. (15 S.) Leipzig 871, Hinrichs' Verlagsh. *

— lasset uns ihn lieben, denn er hat uns zuerst geliebt. Confirmationsrede am Montag nach Palmarum, den 7. April 1879 gehalten. 8. (14 S.) Leipzig 879. Hinrichs' Verl. — 30

[F.] Laufet also, dass ihr das Kleinod ergreifet. Predigt z. Sonntag Septuagesimä ... v. D. Friedrich Ahlfeld, weil. Pastor ... in Leipzig. *Halle a. S.: R. Mühlmann 1897.* (12 S.) 8.
= Sonntagsfreude. [Bd] II. [No] 55. [98. 6199

— das Leben im Lichte d. Wortes Gottes. Ein Lebensbuch, insonders f. reifere Confirmanden u. Brautpaare 1. Hälfte: Vom Geburtstage bis zum Trauungstage. — 2. Hälfte: Vom Einzug in das eigene Haus bis zum Begräbniß, Denkmal u. zur Grabschrift. Halle 861. Mühlmann. gr. 8. (VIII, 323; IV, 352 S.) 2 ℛ 21 ngr.

— — 2. verm. Aufl. Ebend., 864. gr. 8. (VIII, 598 S.) 2 ℛ; geb. 2 ℛ 10 ngr.

— das Leben im Lichte d. Wortes Gottes. Ein Lebensbuch insonders f. reifere Confirmanden u. Brautpaare. 3., verm. Aufl. Ebend. 867. gr. 8. (VIII, 588 S.) 2 ℛ; geb. 2 ℛ 10 ngr.; m. G. n. 2 ℛ 16 ngr.

— das Leben im Lichte d. Wortes Gottes. Ein Lebensbuch. 4. verm. Aufl. gr. 8. (XIII, 597 S.) Halle 871. Mühlmann. 6. —; geb. n. 7. —; m. Goldschn. n. 7. 60

— dasselbe. 5. verm. Aufl. gr. 8. (X, 613 S.) Ebend. 874. 7. 50; geb. n. 8. 50; geb. m. Goldschn. n. 9. —

— das Leben im Lichte d. Wortes Gottes. Ein Lebensbuch. 6. Aufl. gr. 8. (X, 613 S.) Halle 879. Mühlmann. n. 7. 20; geb. n. 8. 20; m. Goldschn. n. 8. 70

— das Leben im Lichte d. Wortes Gottes. Ein Lebensbuch. 7. Aufl. gr. 8. (VIII, 541 S.) Ebend. 886. n. 7. 20; geb. n. 8. 20; m. Goldschn. n.n. 8. 70

Das Leben im Lichte des Wortes Gottes. Ein Lebensbuch. Von D. Friedrich Ahlfeld, weil. Pastor in Leipzig. 8. Aufl. *Halle a. S.: R. Mühlmann 1902.* (VIII, 541 S.) 8° [F.]

[F.] Ein Lebensspiegel für den Umgang mit den Brüdern. Predigt z. 3. Sonntag nach Epiphanias ... v. D. Friedrich Ahlfeld, weil. Pastor ... in Leipzig. *Halle a. S.: R. Mühlmann 1897.* (12 S.) 8.
= Sonntagsfreude. [Bd] II. [No] 53. [98. 6197

— Lehrbuch der Geburtshilfe zur wissenschaftlichen u. praktischen Ausbildung f. Ärzte u. Studierende. Mit 236 Abbildgn. u. 16 Kurventaf. im Text. Lex.-8. (VIII, 488 S.) Leipzig 894. F. W. Grunow. n. 12. —; geb. in Leinw. n.n. 13. 25; in Halbfrz. n.n. 14. 50

— Lehrbuch der Geburtshilfe. Z. wissenschaftl. u. prakt. Ausbildg. f. Ärzte u. Studierende bearb. 2., völlig umgearb. Aufl. M. 338 Abb. u. 16 Curventaf. i Text. Lex. 8. (X, 638 S.) Leipzig 898. F. W. Grunow. Geb. in Leinw. n. 6. —; in Halbfrz. n.n. 8. —

— Lehrbuch der Geburtshilfe. Zur wissenschaftl. u. prakt. Ausbildg. f. Ärzte u. Studierende bearb. 3. umgearb. Aufl. Mit 462 Abbildgn. u. 17 Curventaf. im Text. (VIII, 758 S.) Lex.-8. Leipzig 903. F. W. Grunow. Geb. in Leinw. n. 9. —

— Lerne von deinem Heilande mit Furcht und Zittern deine Seligkeit schaffen. Predigt über Ev. St. Lucae, Cap. 19, v. 41—48 am 10. Sonnt. p. Trin. in Thurnau gehalten. Bayreuth, 859. Gießel. gr. 8. (16 S.) n. 2 ngr.

[F.] Die brüderliche Liebe unter dem Kreuze. Predigt z. 22. Sonntag nach Trinitatis ... v. D. Friedrich Ahlfeld, weil. Pastor ... in Leipzig. *Halle a. S.: R. Mühlmann 1897.* (12 S.) 8.
= Sonntagsfreude. [Bd] II. [No] 40. [98. 6184

— abwartende Methode od. Credé'scher Handgriff? Eine kurz gefasste Darstellg. d. Physiologie u. Diätetik der Nachgeburtsperiode f. Aerzte u. Studierende. gr. 8. (36 S.) Ebd. 888. n. 1. —

— die Missbildungen d. Menschen. Eine systemat. Darstellg. der beim Menschen angeboren vorkomm. Missbildgn. u. Erklärg. ihrer Darstellungsweise. 1. u. 2. Abschnitt. gr. 8. Ebend. 880. 82. n. 54. —

1. Spaltung, Doppelbildg. u. Verdoppelg. Anh.: Riesenbildung u. Riesenwuchs. Mit Atlas (23 Steintaf., qu. Fol. in Mappe). (XV, 144 S.) n. 24. —

2. Spaltbildung. Anh.: Perverse Bildg. der Genitalien Hydrocephalie, Mikrocephalie. Cyklopie. Mit Atlas (Steintaf. 24—49, gr. Fol. in Mappe). (IX u. S. 145—297.) n. 30. —

— siehe: Missions-Freund.

— Monica, s.: Hausfreund, Hamburger

—— Monica. Ein Lebensbild. 12. (55 S.) Hamburg 853, Agentur des Rauhen Hauses.

— Morgenandachten aus den Predigten von Friedrich Ahlfeld, hrsg. von Heinrich Ahlfeld. — Halle: Mühlmann 1883. VIII,450 S. 1:Et 14781. 3.
2.4652

— Morgenandachten, aus den Predigten hrsg. v. Heinr. Ahlfeld. 2. Aufl. gr. 8. (VII, 449 S.) Ebend. 885. n. 4. —; geb. n. 5. —; m. Goldschn. n. 5. 50

—— Morgenandachten, aus den Predigten hrsg. von Heinr. Ahlfeld. 2. Aufl. gr. 8. (VII, 449 S.) Halle 888, Mühlmann's Verlag. *M* 4.—.: geb.

— Morgenandachten aus den Predigten v. F. A. Hrsg. v. Heinr. Ahlfeld. 3. Aufl. gr. 8. (VII, 452 S.) Ebd. 891. n. 4. —; geb. in Leinw. n. 5. —

— Morgenandachten, a. d. Predigten v. F. A. hrsg. v. Heinr. Ahlfeld. 4. Aufl. M. e. Familienchronik. gr. 8. (VII, 452 u. 16 S.) Halle 897. R. Mühlmann's Verl. n. 4. —; geb. in Leinw. n. 5. —

**Ahlfeld**, F.: Morgenandachten, a. d. Predigten v. H. Ahlfeld. 5. (Tit.-) Aufl. Mit. e. Familienchronik. 8°(452 u. 16) .– Halle 1897/1901. R. Mühlmann's V.

Morgenandachten aus den Predigten von D. Friedrich **Ahlfeld** hrsg. von Heinrich Ahlfeld, Konsist.R. in Hannover. 6. Aufl. *Halle a. S.: R. Mühlmann 1903.* (VI, 452 S.) 8° [F.]

Nachgeburtsbehandlung und Kindbettfieber. Erinnerungen u. Erlebnisse aus d. Trierschen Institut. Von Geh. Med.R. Prof. Dr. F[riedrich] **Ahlfeld**. Leipzig: J. A. Barth 1910. 26 S. 8° [Umschlagt.]
(Sammlung klinischer Vorträge. N. F. Nr 594.) [10. 15405

**Ahlfeld**, F., Nasciturus. Eine gemeinverständl. Darstellg. des Lebens vor der Geburt u. der Rechtsstellg. des werd. Menschen, f. Juristen, Mediziner u. gebildete Laien verf. (VII, 92 S. m. 30 Abbildgn.) Lex.-8. Leipzig, F. W. Grunow. 1906. 2. —

[F.] Opfere deinen Zorn auf dem Altare der göttlichen Barmherzigkeit. Predigt z. Sonntag Cantate ... v. D. Friedrich **Ahlfeld**, weil. Pastor ... in Leipzig. *Halle a. S.: R. Mühlmann 1897.* (11 S.) 8.
= Sonntagsfreude. [Bd] II. [No] 13. [98. 6157

— die Orgel eine Mithelferin am Lobe des Herrn. Predigt über Psalm 150 zur Einweihung der neuen Orgel in St. Nicolai in Leipzig am 22. Sonnt. p. Tr. (16. Nov.) 1862 gehalten. Leipzig, Fr. Fleischer. gr. 8. (15 S.) 3 *ngr.*

[F.] Paulus der rechte Lehrmeister in dem heiligen Kampfe der Christen. Predigt z. 21. Sonntag nach Trinitatis ... v. D. Friedrich **Ahlfeld**, weil. Pastor ... in Leipzig. *Halle a. S.: R. Mühlmann 1897.* (11 S.) 8.
= Sonntagsfreude. [Bd] II. [No] 39. [98. 6183

— Pelagia, oder: Die Perle von Antiochia. Eine merkwürdige Bekehrungsgeschichte von Pastor Ahlfeld. — Königsberg: Rautenberg [1850]. 16 S.
Aus: Missions-Freund. 5. 1850. 10.
2.4658

—— Predigt, bei Gelegenheit der ersten Generalversammlung des Hauptvereins für innere Mission der evangelisch-luther. Kirche im Königr. Sachsen, gehalten am 21. Juli 1868 in der Kirche zu Neustadt-Dresden; nebst Bericht erstattet von L. W. Rüling. gr. 8. (29 S.) Dresden 868, Bach. *

— Predigt am 3. Aug. 1870, s. Predigten, sechs.

—— Predigt und Ansprache, s. Gräfe, W.

**Ahlfeldt**, Fr., Predigt über Ezechiel 47. V. 1—10 u. 12 am Missionsfeste den 2. Juli 1845 in der Domkirche zu Halle gehalten. gr. 8. Halle 845, Mühlmann. n. 2 *ngl*

— Predigten, s.: Sonntagsfreude.

— Predigten über das dritte, vierte und fünfte Hauptstück, gehalten in St. Nicolai zu Leipzig ... 1854 bis 1856. — Halle: Mühlmann 1856. XII,484 S. (Ahlfeld: Katechismuspredigten. 3.) 1:Ec 15321-3. 3. 11.
2.4660

**Ahlfeld, Friedrich,** Pastor, Leipzig. 1845: Predigten über das dritte, vierte, fünfte und sechste Hauptstück, ingleichen über das Wort Gottes, gehalten in St. Nicolai zu Leipzig ... 1854 bis 1856. 3. Aufl. — Halle: Mühlmann 1867. XIV,464 S. (Ahlfeld: Katechismuspredigten. 3.) 3.
2.4661

— — 4. Aufl. Ebd. 1897(-98). XI,364 S. (Ahlfeld: Katechismuspredigten. 3.) 1:Ec 15322-3. 3. 4.
2.4662

— Predigten über das erste Hauptstück, gehalten in St. Nicolai zu Leipzig ... 1851 und 1852. — Halle: Mühlmann 1852. X,358 S. (Ahlfeld: Katechismuspredigten. 1.) 1:Ec 15321-1. 3.
2.4663

**Ahlfeld**, Fr., Predigten üb. d. erste Hauptstück. 2. Aufl. Halle 1859. br. gr. 8. (Katechismus-Predd. I.) 4. —

— — 3. Aufl. Ebd. 1859. XII,312 S. (Ahlfeld: Katechismuspredigten. 1.) 3. 10.
2.4664

— — 4. Aufl. Ebd. 1867. XII,308 S. (Ahlfeld: Katechismuspredigten. 1.) 12:Hom. 2043o-1. 11.
2.4665

— — 5. Aufl. Ebd. 1900. XI,236 S. (Ahlfeld: Katechismuspredigten. 1.) 1:Ec 15322-1. 3. 4.
2.4666

— Predigten über das zweite Hauptstück, gehalten in St. Nicolai zu Leipzig ... 1852 bis 1854. — Halle: Mühlmann 1855. XII,420 S. (Ahlfeld: Katechismuspredigten. 2.) 1:Ec 15321-2. 3. 11.
2.4667

— — 3. Aufl. Ebd. 1865. XII,416 S. (Ahlfeld: Katechismuspredigten. 2.) 3.
2.4668

— — 3. Aufl. Anastat. Neudr. XII,416 S. Ebd. 1890. (Ahlfeld: Katechismuspredigten. 2.) 12:Hom. 2043o-2.
2.4669

— — 4. Aufl. Ebd. 1900. X,314 S. (Ahlfeld: Katechismuspredigten. 2.) 1:Ec 15322-2. 3. 4.
2.4670

— Ein Jahrgang Predigten über die epistolischen Perikopen. (St. 1-56.) — Halle a. S.: Mühlmann 18(97-)98. (Sonntagsfreude. 2.) 1:Ec 26124-2. 3.
2.4671

**Ahlfeld**, Friedr. (I.), letzte Predigten, nach der Feier seiner 25jähr. Amtsführung als Pastor zu St. Nicolai in Leipzig gehalten. 2. Thl.: 19 Predigten in den J. 1879—1881 gehalten. gr. 8. (VII, 333 S.) Leipzig 881, Hinrichs'sche Buchh. * geb. * *M* 4.; beide Thle. geb. in 1 Bd. *

— letzte Predigten nach der Feier seiner 25jähr. Amtsführg. als Pastor zu St. Nicolai in Leipzig geh. 2. Thl. 19 Predigten, in den J. 1879—1881 geh. gr. 8. (VII, 333 S.) Leipzig 885. Hinrichs' Verl. n. 3. 20; geb. n. 4. — (cplt.: n. 5. 20; geb. n. 7. —; in 1 Bd. geb. n. 6. —)

— dasselbe. 1. Thl. 10 Predigten, in dem J. 1876 geh. 2. Aufl. gr. 8. (193 S.) Ebend. 885. n. 2. —; geb. n. 3. —

— letzte Predigten, nach der Feier seiner 25jähr. Amtsführg. als Pastor zu St. Nicolai in Leipzig, geh. 2 Thle. Neue Ausg. gr. 8. (193 u. VII, 333 S.) Leipzig 889. Hinrichs' Verl. In 1 Bd. geb. n. 4. —

— Neunzehn Predigten in den Jahren 1879-1881 zu St. Nicolai in Leipzig gehalten. — Leipzig: Hinrichs 1885. VI, 333 S. (Ahlfeld: Letzte Predigten nach d. Feier seiner 25jähr. Amtsführung. 2.)
1:Ec 24394-2. 12:Hom. 36m-IV,2. 3. 7.
2.4675

— — Neue Ausg. Ebd. [1889]. (Ahlfeld: Letzte Predigten nach d. Feier seiner 25jähr. Amtsführung. 2.) 6.
2.4676

—— Predigten über die epistolischen Perikopen. gr. 8. (VIII und 736 S.) Halle 867, Mühlmann. * 2 Thlr. 20 Ngr.; geb. *

— Predigten über die epistolischen Pericopen. 867. (VIII, 736 S.) — 2. Aufl. Halle 869. Mühlmann. gr. 8. (VIII, 703 S.) n. 2 Thlr. 20 ngr.; geb. n. 3 Thlr.

—— Predigten über die epistolischen Perikopen. 3. Aufl. gr 8. (VIII, 703 S.) Halle 877, Mühlmann. *

— — 4. Aufl. Ebd. 1887. VIII,703 S.
Nebent.: Ahlfeld: Epistel-Predigten.
1:Ec 20121[4]. 12:Hom. 2027 p. 2. 3. 6. 7.
2.4680

— Predigten üb. die epistolischen Perikopen. (Umschlag: Epistel-Predigten.) 5. Aufl. gr. 8. (VIII, 676 S.) Ebd. 899. n. 8. —; geb. n. 9. —

**Ahlfeld, Friedrich,** Pastor, Leipzig. 1845: Fr. Ahlfeld. Predigten über die evangelischen Perikopen. H. 3.4. — Halle: Mühlmann 1848–51.
4 u. d. T.: Ahlfeld: Trinitatis-Predigten. 1851.
3 . . . . . . . . . . . . . . . . . 11.
4 . . . . . . . . . . . . 1:an Ec 14468. 3.
2.4682

— — 2. Aufl. H. 1–3. Ebd. 1850. 1:Ec 14468. 3.
2.4683

— — 3. Aufl. Ebd. 1852. VIII,679 S.
12:Hom. 2042n. 3. 11.
2.4684

— Predigten über die evangel. Perikopen. 4. Aufl. Ebend. 854. gr. 8. (VIII, 679 S.) — 5. Aufl. 857. (VIII, 688 S.) n. 2 Thlr.

— — 6. Aufl. Ebd. 1860. VIII,688 S. 3. 7. 9.
2.4687

— Predigten über d. evangelischen Perikopen. 6. Aufl., 860. (VIII, 688 S.) — 7. verm. Aufl. Halle, 863. Mühlmann. gr. 8. (VIII, 690 S.) n. 2 Thlr.

— Predigten üb. die evangelischen Pericopen. 8., verm. Aufl. Ebend. 868. gr. 8. (VIII, 698 S.) n. 2 Thlr.; geb. n. 2 Thlr. 10 ngr.

— Predigten üb. die evangelischen Perikopen. 9. Aufl. gr. 8. (X, 696 S.) Halle 873. Mühlmann. n. 6. —; geb. n. 7. —

— Predigten üb. die evangelischen Perikopen. 10. Aufl. gr. 8. (X, 696 S.) Ebend. 880. n. 6. —; geb. n. 7. —

— Predigten üb. die evangelischen Perikopen. 11. Aufl. gr. 8. (X, 696 S.) Ebend. 886. n. 6. —; geb. n. 7. —

— — 12. Aufl. Ebd. 1892. X,696 S. 6.
2.4693

— Predigten an Sonn- und Festtagen gehalten in der Nicolaikirche zu Leipzig. [Cyklus 1,] Bd 1–6. Cyklus 2, Bd 1–3. Cyklus 3, Bd 1–3. — Leipzig: Fleischer 1852–61.
[1.] Ahlfeld: Bausteine zum Aufbau der Gemeinde. Bd 1-6. 1852-55.
2. Ahlfeld: Zeugnisse aus dem inneren Leben. Bd 1-3. 1856-58.
3. Ahlfeld: Die Ruhe der Kinder Gottes in dem Herrn. Bd 1-3. 1859-61.
Vollst. . . . . . . . . . . . . . . . . . 3. 10.
1,3 . . . . . . . . . . . . . . . 1:Ec 16010.
2,1-3. 3,1-3 . . . . . . . . 12:Hom. 36m–II. III.
2,2.3,1.2 . . . . . . . . . . . . . . . . . 11.
2.4694

— Predigten an Sonn- und Festtagen gehalten in der Nicolaikirche zu Leipzig. (1. Cyclus.) 1—6. Bd. A. u. d. T.: Bausteine zum Aufbau der Gemeinde. 1—6. Bd. Leipzig 853—56. Fr. Fleischer. gr. 8. Jeder Bd. 1 Thlr. 15 ngr.
1. Bd. 2. u. 3. Aufl. 853. 56. (XII, 392 S.) — 2. Bd. 2. u. 3. Aufl. 854. 56. (XII, 416 S.) — 3. Bd. 853. (VIII, 304 S.); 2. Aufl. 855. (XII, 480 S.) — 4. Bd. 854. (VIII, 320 S.) — 5. Bd. 854. (VIII, 320 S.) — 6. Bd. 855. (VIII, 368 S.)

—— Predigten an Sonn- und Festtagen gehalten in der Nicolaikirche zu Leipzig. 3. Aufl. 2. und 3. Bd. A. u. d. T.: Bausteine zum Aufbau der Gemeinde. 3. Aufl. 2. und 3. Bd. Lex.-8. (XII und 416 S., XII und 480 S.) Leipzig 857. 59. Fr. Fleischer. à Bd. 1 Thlr. 15 Ngr.

— Predigten an Sonn- u. Festtagen gehalten in d. Nicolaikirche zu Leipzig. Leipzig, Fr. Fleischer. gr. 8. Jeder Bd. 1 Thlr. 15 ngr.
1. Cyklus: Bausteine zum Aufbau der Gemeinde. 1. Bd. 4. Aufl. 862. (XII, 392 S. — 3. Bd. 3. Aufl. 860. (XII, 480 S.)
2. Cyklus: Zeugnisse aus d. innern Leben. 1. Bd. 2. Aufl. 860. (XII, 399 S.) — 2. Bd. 2. Aufl. 862. (XII, 383 S.) — 3. Bd. 2. Aufl. 864. (XII, 424 S.)
3. Cyklus: Die Ruhe der Kinder Gottes in dem Herrn. 1. Bd. 859. (XII, 355 S.) — 2. Bd. 860. (XII, 382 S.) — 3. Bd. 861. (XII, 384 S.)

Ahlfeld, F.: Predigten an Sonn- u. Festtagen f. d. ges. Kirchenjahr. (3. Aufl.) Ausw. v. Predigten üb. freie Texte a. d. Evangelien u. d. Apostelgesch. 8°(702 m. Bildnis.).– Lpzg. 1898. Halle, R.Mühlmann's V.
Neue Ausg. u. d. T.:
Predigten üb. freie Texte a. d. Evangelien u. d. Apostelgesch. f. d. ges. Kirchenjahr. 4. Aufl. 8°(702 m. Bildnis.).– Halle 1900, R. Mühlmann's V.

— Predigten an Sonn- u. Festtagen f. d. ges. Kirchenjahr. (3. Aufl.) Ausw. v. Predigten üb. freie Texte a. d. Evangelien u. d. Apostelgeschichte. Neu aufgelegt aus: „Bausteine z. Aufbau d. Gemeinde, „Zeugnisse a. d. inn. Leben" u. „Ruhe d. Kinder Gottes i. d. Herrn". gr. 8. (VIII, 702 S. m. Bildn.) Leipzig 898. F. Fleischer Verl. n. 8. —; geb. in Leinw. n. 9. —

Ahlfeld, Frdr., Predigten üb. freie Texte aus d. Evangelien u. der Apostelgeschichte f. das gesammte Kirchenjahr. 4. Aufl. gr. 8. (X, 702 S.) Halle 900. R. Mühlmann's Verlag. n. 8. —; geb. n. 9. —

— zehn Predigten nach der Feier seiner 25jährigen Amtsführung als Pastor zu St. Nicolai in Leipzig geh. gr. 8. (193 S.) Leipzig 877. Hinrichs' Verl. n. 3. —; geb. n. 4. —

**Ahlfeld, Friedrich,** Pastor, Leipzig. 1845: Zehn Predigten in dem Jahre 1876 zu St. Nicolai in Leipzig gehalten. 2. Aufl. — Leipzig: Hinrichs 1885. (Ahlfeld: Letzte Predigten nach d. Feier seiner 25 jähr. Amtsführung. 1.)
12:Hom. 36m–IV,1. 7.
2.4701

— — Neue Ausg. Ebd. [1889]. (Ahlfeld: Letzte Predigten nach d. Feier seiner 25 jähr. Amtsführung. 1.) 3.
2.4702

Ahlfeld, Friedr., Anna Magdalena von Reibnitz, ein Kind aus gemischter Ehe u. eine Frau in gemischter Ehe. Ein Beitrag z. Gesch. d. Elends der gemischten Ehen. Leipzig 854. Dörffling u. Franke. 8. (76 S.) n. 8 ngr.

[F.] Ringe mit allem Ernst darnach, dass du in den Dienst des rechten Herrn kommst. Predigt z. 7. Sonntag nach Trinitatis . . . v. D. Friedrich Ahlfeld, weil. Pastor . . . in Leipzig. *Halle a. S.: R. Mühlmann 1897.* (11 S.) 8.
= Sonntagsfreude. [Bd] II. [No] 25. [98. 6169

— Die Ruhe der Kinder Gottes in dem Herrn. Bd 1–3. — Leipzig: Fleischer 1859–61.
1. 1859. 2. 1860. 3. 1861.
(Ahlfeld: Predigten an Sonn- u. Festtagen geh. in d. Nicolaikirche zu Leipzig. 3.)
1–3 . . . . . . . . . 12:Hom. 36m–III. 3. 10.
1.2 . . . . . . . . . . . . . . . . . . . 11.
2.4706

— u. E. Luthardt, Hans Sachs u. Albrecht Dürer. Lebensbilder aus Nürnberg. Zwei Vorträge. 8. (52 S.) Leipzig 875. Buchh. d. Vereinsh. n. 1. —

[F.] Schicket euch in die Zeit, denn es ist böse Zeit. Predigt z. 20. Sonntag nach Trinitatis . . . v. D. Friedrich Ahlfeld, weil. Pastor . . . in Leipzig. *Halle a. S.: R. Mühlmann 1897.* (12 S.) 8.
= Sonntagsfreude. [Bd] II. [No] 38. [98. 6180

[F.] Die Sehnsucht des Christen nach der Vollendung des Heils. Predigt z. 4. Sonntag nach Trinitatis . . . v. D. Friedrich Ahlfeld, weil. Pastor . . . in Leipzig. *Halle a. S.: R. Mühlmann 1897.* (11 S.) 8.
= Sonntagsfreude. [Bd] II. [No] 22. [98. 6166

[F.] Selbstsucht und Liebe. Predigt z. 2. Sonntag nach Trinitatis . . . v. D. Friedrich Ahlfeld, weil. Pastor . . . in Leipzig. *Halle a. S.: R. Mühlmann 1897.* (10 S.) 8.
= Sonntagsfreude. [Bd] II. [No] 20. [98. 6164

— selig ist der Mann, der recht beten kann. Predigt am Sonntag Rogate 1873 geh. gr. 8. (15 S.) Leipzig 873. Hinrichs' Verl. n. — 20

[F.] Die Seligkeit des Christen, der den Herrn aufgenommen hat. Predigt z. 4. Adventssonntag ... v. Dr. Friedrich Ahlfeld, weil. Pastor ... in Leipzig. *Halle a. S.: R. Mühlmann 1897.* (11 S.) 8.
= Sonntagsfreude. [Bd] II. [No] 46. [98. 6190

— Siehe, dein König kommt zu dir! (Neue Titel-Ausg. der) Morgen- u. Abendandachten aus den Predigten v. F. A. Hrsg. v. H. Ahlfeld. 2 Tle. gr. 8. (VII, 452 u. VII, 454 S.) Ebd. (884/85) 891. geb. in 1 Bd. n. 9 —

—— Siehe, dein König kommt zu dir! Morgen- u. Abendandachten aus den Predigten von F. A. Hrsg. v. Heinr. Ahlfeld. 2 Tle. 2. u. 3. verm. u. verb. Aufl. gr. 8. (VII, 452; VII, 454 S.) Halle a. S. 891, Mühlmann's Verlag. geb. in 1 Leinwbd. * 9 —
Erschien auch u. d. T.: Ahlfeld, Friedr. Morgen- u. Abendandachten.

— Siehe, dein König kommt zu dir! Morgen- u. Abendandachten a. d. Predigten. Hrsg. v. Heinr. Ahlfeld. 5. Aufl. M. e. Familienchronik. gr. 8. (VII, 452; VII, 454 u. 16 S.) Halle 899. R. Mühlmann's Verl. Geb in Leinw. n. 9. —

—— der verlorene Sohn. Sieben Zeitpredigten über Luc. 15, 11—32. gehalten zwischen Ostern und Pfingsten 1849. 8. (VII und 117 S.) Halle 850, Mühlmann.

—— der verlorene Sohn. Sieben Zeitpredigten über Lucas 15, V. 11—32 gehalt. zwischen Ostern und Pfingsten 1849. 2. Aufl. 8. (III und 122 S.) Halle 856, Mühlmann.

— der verlorene Sohn. Sieben Zeitpredigten üb. Lucas 15, V. 11—32, gehalten zwischen Ostern u. Pfingsten 1849. 3. Aufl. 8. (III, 111 S.) Ebd. 894. n. 1. —

— Sonntagsgnade u. Sonntagssünden. Vier Predigten an den Sonnt. Miser. Dom. bis Rogate 1850 zu Halle gehalt. gr. 16. (IV u. 50 S.) Ebd. 850. 1/4 ₰ — 2. Aufl. 8. (IV u. 66 S.) Ebd. 851. 1/4 ₰

— Sonntagsgnade und Sonntagssünde. Vier Predigten an den Sonntagen Miser. Dom. bis Rogate 1850 in d. Kirche zu St. Laurentii zu Halle gehalten. 3. Aufl. Halle 853. Mühlmann. 8. (2. Bl., 71 S.) 7 1/2 ngl

— Sonntagsgnade u. Sonntagssünde. Vier Predigten an den Sonntagen Misor. Dom. bis Rogato 1850 in der Kirche zu St. Laurentii zu Halle geh. 4. Aufl. 8. (V, 65 S.) Ebd. 894. n. — 80

— Staat, Haus u. Herz in u. außer der Kirche Christi. Geschichtlicher Vortrag am Missionsfeste zu Dessau den 15. Octbr. 1851 gehalten. gr. 8. (19 S.) Dessau 851. (Halle, Mühlmann.) n. 1/12 ₰

[F.] Stehe auf vom Schlaf, denn der Herr ist nahe. Predigt z. 1. Adventssonntag ... v. Dr. Friedrich Ahlfeld, weil. Pastor ... in Leipzig. *Halle a. S.: R. Mühlmann 1897.* (11 S.) 8.
= Sonntagsfreude. [Bd] II. [No] 43. [98. 6187

— Berend Stein der Knechtepastor. Eine lehrreiche Erzählg. Hrsg. v. der Wupperthaler Traktat-Gesellschaft. 9. Aufl. 8. (31 S.) Barmen 874. Wiemann in Comm. n. — 20

[F.] Einige Stücke aus dem von Gnade und Wahrheit durchleuchteten Christenleben. Predigt z. 2. Sonntag nach Epiphanias ... v. D. Friedrich Ahlfeld, weil. Pastor in ... Leipzig. *Halle a. S.: R. Mühlmann 1897.* (12 S.) 8.
= Sonntagsfreude. [Bd] II. [No] 52. [98. 6156

[F.] Zwei Stücke aus dem rechten evangelischen Fasten. Predigt z. Sonntag Reminiscere ... v. D. Friedrich Ahlfeld, weil. Pastor ... in Leipzig. *Halle a. S.: R. Mühlmann 1897.* (12 S.) 8.
= Sonntagsfreude. [Bd] II. [No] 3. [98. 6147

-- die Technik der Schwangerenuntersuchung, s.a. Sammlung klin. Vorträge.

— Die Technik der Schwangerenuntersuchung. Von Fr. Ahlfeld. — Leipzig: Breitkopf & Härtel 1874. S. 599-618. (Sammlung klinischer Vorträge. N. F. 79.)
1: Ic 2462-79. 12: Path. 1352g-3,26. 3. 4. 5. 6. 7. 8. 9. 10.
2.4773

[F.] Die zwei Testamente Gottes. Predigt z. Sonntag Lätare ... v. D. Friedrich Ahlfeld, weil. Pastor ... in Leipzig. *Halle a. S.: R. Mühlmann 1897.* (12 S.) 8.
= Sonntagsfreude. [Bd] II. [No] 5. [98. 6149

— Trinitatis-Predigten über die evangelischen Perikopen. — Halle: Mühlmann 1851. XII,525 S. (Ahlfeld: Predigten über die evangelischen Perikopen. 4.)
1: Ec 14468-4. 3.
2.4724

— Trost u. Mahnung in den Tagen der Cholera. Drei Predigten gehalt. an den Sonnt. d. Monats Junius 1849 zu Halle. 8. (IV u. 52 S.) Halle 849, Mühlmann. n. 6 ngl

[F.] Über Bethlehem geht der beste Weg in das neue Jahr. Predigt zu Neujahr ... v. D. Friedrich Ahlfeld, weil. Pastor ... in Leipzig. *Halle a. S.: R. Mühlmann 1898.* (12 S.) 8.
= Sonntagsfreude. [Bd] II. [No] 48. [98. 6192

[F.] Unser ganzes Heil ruht in der heiligen Dreieinigkeit. Predigt z. Feste d. heil. Dreieinigkeit ... v. D. Friedrich Ahlfeld, weil. Pastor ... in Leipzig. ... *Halle a. S.: R. Mühlmann 1897.* (10 S.) 8.
= Sonntagsfreude. [Bd] II. [No] 18. [98. 6162

[F.] Unser Glaube ist der Sieg, der die Welt überwindet. Predigt z. Sonntag Quasimodogeniti ... v. D. Friedrich Ahlfeld, weil. Pastor ... in Leipzig. *Halle a. S.: R. Mühlmann 1897.* (12 S.) 8.
= Sonntagsfreude. [Bd] II. [No] 10. [98. 6154

**Ahlfeld, Frdr.,** unsere Glocken sind Predigerinnen der Ehre Gottes in der Höhe. Predigt über Jesaias 40, V. 9. bei der Einweihung der vier neuen Glocken zu St. Nicolai zu Leipzig am 8. S. n. Tr. [18. Juli] 1869 gehalten. Leipzig 869. Naumann. gr. 8. (16 S.) 3 ngl

— Vergesset über der Messe die Eine köstliche Perle nicht. Meßpredigt üb. Matth. 13, V. 45 u. 46 gehalt. am Sonnt. Mis. Dom., den 4. Mai. 8. (16 S.) Leipzig 851, C. L. Fritzsche. n. 1/12 ₰

Ahlfeld, F.: Vergesset üb. d. Messe d. Eine köstliche Perle nicht. Messpred. 8°(16).– Lpzg. 1851, C.F. Schmidt.

—— der Verwalter u. sein Kind u. das Knecht-Jubiläum. Zwei Erzählungen für's Volk. 8. (4 1/2 B.) Halle 845, Mühlmann. *
Aus: Volksblatt f. Stadt u. Land, besond. abgedruckt.

— das deutsche Volk im Lobethal. Predigt üb. 2. Chronik 20, 26—30 am allgemeinen Friedensfeste, den 18. Juni 1871 geh. gr. 8. (16 S.) Leipzig 871. Hinrichs' Verl. n. — 20

—— unser Volk in seinen Freuden und Festen. Vortrag in der Pastoralconferenz zu Leipzig den 8. Juni 1865 gehalten. gr. 8. (16 S.) Halle 865, Mühlmann.

— vom Krieg zum Frieden. Fünf Predigten aus schwerer Zeit geh. zu Leipzig vom außerordentl. Buß- u. Bettage den 3. Aug. 1870, bis zum allgemeinen Friedensfeste den 18. Juni 1871. gr. 8. (76 S.) Leipzig 871. Hinrichs' Verl. n. 1. —

[F.] Von Gottes Gnade bin ich, das ich bin. Predigt z. 11. Sonntag nach Trinitatis ... v. D. Friedrich Ahlfeld, weil. Pastor ... in Leipzig. *Halle a. S.: R. Mühlmann 1897.* (11 S.) 8.
= Sonntagsfreude. [Bd] II. [No] 29. [98. 6173

—— das Wachsen des Missionsbaumes. Freue dich, Jüngling, in deiner Jugend. Zwei Ansprachen. Auf Wunsch zur Förderung der Missions- und Jünglings-Vereinssache nebst Anhang zum Neudruck gegeben. gr. 8. (24 S.) Halle 884, Petersen. *

[F.] Wann ist Christus für dich umsonst gestorben? Predigt z. Sonntag Invoc. ... v. D. Friedrich Ahlfeld, weil. Pastor ... in Leipzig. *Halle a. S.: R. Mühlmann 1897.* (11 S.) 8.
= Sonntagsfreude. [Bd] II. [No] 2. [98. 6146

—— was bleibt uns? Rede, bei Confirmation der Mädchen am Sonntag Judica den 7. April 1878 geh. 8. (16 S.) Leipzig 878, Hinrichs'sche Buchh.

Ahlfeld, Frdr., Was kann der Geistliche thun zum Wiederaufbau des Hauses in dem Herrn? Vortrag auf der Leipziger Pastoral-Conferenz den 12. Jun. 1862. Leipzig, Fr. Fleischer. gr. 8. (20 S.) 3 ngr.

—— was können wir thun, damit unserem Volke aus den großen Jahren 1870 und 1871 ein geistliches Erbe verbleibe? Vortrag auf der Berliner Conferenz den 10. Octbr. 1871 gehalten. 1. und 2. Aufl. gr. 8. (34 S.) Leipzig 871, Hinrichs' Verlagsh. *

— was können wir thun, damit unserem Volke aus den großen Jahren 1870 u. 1871 ein geistliches Erbe verbleibe? Vortrag geh. auf der Berliner Conferenz den 10. Octbr. 1871. 3. (Titel-) Aufl. 8. (34 S.) Ebend. 878 n. — 40

— Was muss des Christen Herz erfüllen beim Hinblick auf das Volk Israel? Predigt. — Berlin: Wohlgemuth in Comm. 1847. 1: Ec 14255.
2.4735

[F.] Was sind Christen nach der Seite ihres Wandels? Predigt z. 1. Sonntag nach Epiphanias ... v. D. Friedrich Ahlfeld, weil. Pastor ... in Leipzig. *Halle a. S.: R. Mühlmann 1897.* (11 S.) 8.
= Sonntagsfreude. [Bd] II. [No] 51. [98. 6195

—— Weckstimmen aus dem J. 1866. 8 Predigten. 8. (V und 128 S.) Halle 867, Mühlmann. *

— Welches ist das Amt d. Wortes Gottes am Menschenherzen? Predigt üb. 2. Corinther 3, 6. gehalt. am Bibelfeste zu Dresden den 13. Aug. 1851. gr. 8. (16 S.) Dresden 851, Naumann. n. n. 1/12 ℛ

[F.] Welches ist der Kern alles Christengebetes? Predigt z. 18. Sonntag nach Trinitatis ... v. D. Friedrich Ahlfeld, weil. Pastor ... in Leipzig. *Halle a. S.: R. Mühlmann 1897.* (11 S.) 8.
= Sonntagsfreude. [Bd] II. [No] 36. [98. 6180

—— Welches ist der rechte Weg zum Frieden mit Gott? Predigt über Brief Pauli an die Römer, Cap. 3, v. 23—36, gehalten den 21. Juni 1857 in der Kirche zu Thurnau. gr. 8. (22 S.) Nürnberg 857, Raw'sche Buchh. *

[F.] Welches ist die beste Rechtfertigung der Christen gegen die Anklage der Welt. Predigt z. Sonntag Jubilate ... v. D. Friedrich Ahlfeld, weil. Pastor ... in Leipzig. *Halle a. S.: R. Mühlmann 1897.* (12 S.) 8.
= Sonntagsfreude. [Bd] II. [No] 12. [98. 6156

[F.] Wenn ich mich rühmen will, will ich mich meiner Schwachheit rühmen. Predigt z. Sonntag Dom. Sexagesimä .. v. D. Friedrich Ahlfeld, weil. Pastor ... in Leipzig. *Halle a. S.: R. Mühlmann 1897.* (12 S.) 8.
= Sonntagsfreude. [Bd] II. [No] 56. [98. 6200

[F.] Wer feiert Ostern in Lauterkeit u. Wahrheit? Predigt z. 1. heil. Ostertag ... Die Ostersonne geht auf über den Heiden. Predigt z. 2. heil. Ostertag ... Von D. Friedrich Ahlfeld, weil. Pastor ... in Leipzig. *Halle a. S.: R. Mühlmann 1897.* (20 S.) 8.
= Sonntagsfreude. [Bd] II. [No] 9. [98. 6153

[F.] Wer mit Christo leidet, hat mit ihm auch Freude und Wonne. Predigt z. Sonntag nach Neujahr ... v. D. Friedrich Ahlfeld, weil. Pastor ... in Leipzig. *Halle a. S.: R. Mühlmann 1897.* (11 S.) 8.
= Sonntagsfreude. [Bd] II. [No] 49. [98. 6193

— Wie erlangen wir die schöne Krone e. gesegneten Alters? Predigt über Sprichwörter Salomonis 16, V. 31, den 31. Octbr. 1867 am Einweihungstage der Herberge „zur Heimath" im Dom zu Magdeburg gehalten. Magdeburg 867. Heinrichshofen. gr. 8. (16 S.) 3 ngr.

Ahlfeld, F., wie erlangen wir d. schöne Krone eines gesegn. Alters? Pred. 8°(16).– Magdeb. 1868, Heinrichshofen.

[F.] Wie feiert die gläubige Gemeinde das Fest der Erscheinung Jesu Christi? Predigt z. Epiphanienfest ... v. D. Friedrich Ahlfeld, weil. Pastor ... in Leipzig. *Halle a. S.: R. Mühlmann 1897.* (12 S.) 8.
= Sonntagsfreude. [Bd] II. [No] 50. [98. 6194

—— wie nehmen Christen die Friedensbotschaft auf? Predigt über Nahum, Capitel 2 Vers 1 zur Leipziger Friedensfeier den 6. März 1871 gehalten. gr. 8. (14 S.) Leipzig 871, Hinrichs' Verlagsh. *

[F.] Wie rüstet sich ein gläubiger Christ auf Pfingsten? Predigt z. Sonntag Exaudi ... v. D. Friedrich Ahlfeld, weil. Pastor ... in Leipzig. *Halle a. S.: R. Mühlmann 1897.* (11 S.) 8.
= Sonntagsfreude. [Bd] II. [No] 15. [98. 6159

[F.] Wie wird die Gemeinde wirklich eine Gemeinde? Predigt z. 5. Sonntag nach Trinitatis ... v. D. Friedrich Ahlfeld, weil. Pastor ... in Leipzig. *Halle a. S.: R. Mühlmann 1897.* (11 S.) 8.
= Sonntagsfreude. [Bd] II. [No] 23. [98. 6167

[F.] Die Wunderwege des heiligen Geistes. Predigt z. 1. heil. Pfingsttag ... v. D. Friedrich Ahlfeld, weil. Pastor ... in Leipzig. *Halle a. S.: R. Mühlmann 1897.* (12 S.) 8.
= Sonntagsfreude. [Bd] II. [No] 16. [98. 6160

— König Zamba od. gekauft u. verkauft, } s.: Heiden, aller, Trost.

[F.] Zeitlebens trägt der Christ dem Herrn sein Kreuz nach. Predigt z. Sonntag Miseric. Dom. ... v. D. Friedrich Ahlfeld, weil. Pastor ... in Leipzig. *Halle a. S.: R. Mühlmann 1897.* (12 S.) 8.
= Sonntagsfreude. [Bd] II. [No] 11. [98. 6155

— Zeugnisse aus dem inneren Leben. Bd 1–3. — Leipzig: Fleischer 1856–58.
1. 1856. 2. 1857. 3. 1858.
(Ahlfeld: Predigten an Sonn- u. Festtagen geh. in d. Nicolaikirche zu Leipzig. 2.)
1–3 . . . . . . . . . . . 12: Hom. 36m–II. 3. 10.
2 . . . . . . . . . . . . . . . . . . . 11.
2.4750

Ahlfeld, Heinrich, Pastor. 1878: D. Friedrich Ahlfeld, weiland Pastor zu St. Nikolai in Leipzig. Ein Lebensbild. Mit Portr. (Verf.: Heinr. Ahlfeld u. Johannes Röntsch.) — Halle a. S.: Mühlmann 1885. IV,199,58 S.
1: At 7444. 12: Biogr. 7 n. 2. 3. 5. 6. 7. 9. 10. 11.
2.4777

Ahlfeld, Heinr., das Bedürfniß nach Sonntagserholung und Sonntagsfreude und seine Befriedigung. Vortrag. gr. 8. (16 S.) Breslau 886, Dülfer. *
Aus: Verhandlungen des Breslauer Congresses für innere Mission, besonders abgedruckt.

Ahlfeld, H., der lutherische Katechismus, s.: Spangenberg, E.

— Lasset uns bleiben in der Gemeinschaft des Evangeliums. Abschiedspredigt über 1. Corinther 15,1-10. 2. Aufl. — Cassel: Buchh. im Evang. Vereinshaus 1885. 15 S. 4.
2.4778

Ahlfeld, Heinr., lasset uns bleiben in der Gemeinschaft d. Evangeliums. Abschiedspredigt üb. 1. Corinther 15, 1—10, am XI. Sonntag nach Trinitatis den 16. Aug. 1885 geh. in der luther. Kirche zu Cassel. 2. Aufl. 12. (15 S.) Cassel 885. Röttger. n. — 20

(—) Geistliche Lieder. Eine Sammlung der schönsten Choräle und Hymnen. (Hrsg.: Heinrich Ahlfeld, Hermann Kretzschmar u. Paul Stöbe.) — Leipzig 1889. VI,666 S
10.
2.4779

Ahlfeld, H., o du fröhliche, o du selige gnadenbringende Weihnachtszeit! Unserer Kinder Weihnachtslieder, gesammelt. 8. (45 S.) Hannover 890. C. Meyer. n. — 60

Ahlfeld, H., Rede beim Betgottesdienst f. den Kaiser Wilhelm, geh. in der luther. Kirche am 6. Juni 1878. gr. 8. (8 S.) Kassel 878. Freyschmidt. — 30

Ahlfeld, M., neuester Lohnberechner. Zum prakt. Gebrauch f. Beamte, Fabrikanten, Gewerbetreibende, Bauunternehmer, Landwirte, Handwerker, Arbeiter usw. (100 S.) 16. Reutlingen (907). Enßlin & Laiblin. — 50

Ahlgren, Ernst (Pseud.), s.a. Benedictsson, Victoria Maria (wirkl. Name)

—— Geld. Roman. Autoris. Uebersetzg. a. d. Schwed. v. Mathilde Mann. 8. (162 S.) Berl. 889, Schorer, A.-G. * 2 —
——' dass. — s. Für's Coupé.

Ahlgren, E., Geld. Roman. Autoris. Uebersetzg. aus dem Schwed. v. Mathilde Mann. 8. (162 S.) Berlin 890. Schorer. n. 2. —

— Kameraden. Von Viktoria Benedictsson. Aus d. Schwed. übers. von Paul Jürges. — Wiesbaden: Volksbildungsver. 1924. 28 S. (Wiesbadener Volksbücher. 198.) 1: Yc 7681/12-198. 7.
2.4796

Ahlgren, Ernst [Frau Victoria Benedictson]. Frau Marianne, s.a. Collection Spemann.

**Ahlgren, Ernst (Viktoria Benedictsson): Frau Marianne, s.a: Kürschners Bücherschatz.**

— Frau Marianne. Roman von Ernst Ahlgreen. Autoris. Uebers. aus d. Schwed. von Mathilde Mann. — Berlin, Eisenach, Leipzig: Hillger [1897]. 128 S. (Kürschners Bücherschatz. 7.) 1:X 8420–7. 300:393.601–A.Per.7.
2.4800

**Ahlfeld**, Franz, s. A h l g r i m m , Friedrich Franz Albert

**Ahlgrimm,** [Friedrich Franz Albert], Dr.: **Ansprache** bei der Trauerfeier für [den Oberlehrer] Dr. Köhler. *Hamburg 1903: Lütcke & Wulff.* (S. 2--4.) 4°
Hamburg, OR vor d. Holstentore, OP 1903 (837)

—: **Ansprache bei der Trauerfeier für Professor Dr. Wilhelm Kollhoff in der Aula der Anstalt am 13. Juni 1904. S. 4—5 der Schuln. 4.**
**Progr.** Oberrealschule vor dem Holstentore *Hamburg* 1905

A h l g r i m m, **[Franz]: Bericht über einen in der Unterprima und Oberprima unternommenen Versuch, die besonderen Fähigkeiten und Neigungen der Schüler durch freie Arbeiten zu pflegen und zu fördern. S. 6—8. 4.**
**Progr.** Oberrealschule vor dem Holstentore *Hamburg* 1910

**Ahlgrimm,** Franz [aus Priepert (Mecklenburg-Strelitz)]: Untersuchungen über die Gothaer Handschrift des „Herzog Ernst". . . . Kiel, Druck v. H. Fiencke, 1890; 3 Bl. + 96 S. + 2 Bl. 8°
Kiel, Phil. Fak., Inaug.-Diss. v. 22. Febr. 1890

**Ahlgrimm,** Paul: **De Juba Plinii auctore in naturalis historiae de animalibus libris.** Leipzig 1907: B. G. Teubner. (36 S.) 4°
Schwerin, großh. G Fridericianum OP 1907 (823)

Katalog der Bibliothek der Berliner Schachgesellschaft. Hrsg. von Carl **Ahlhausen** (Febr. 1887), erneut u. vervollst. von G. B u c h m a n n (Apr. 1897). (Berlin [1897]: O. Hube.) (23 S.) 8°

[Kopft.:] **Ahlheim,** August [Dr.]: **Die Schriftstellerlektüre der Ober-Sekunda nach den Grundsätzen der Konzentration.** I. Tl. *Bensheim, 1893;* 23 S. 4.
Bensheim, grossh. G, OP 1893 (623)

[Kopft.:] **Ahlheim,** August [Dr.]: **Die Schriftstellerlektüre der Ober-Sekunda nach den Grundsätzen der Konzentration.** II. Tl. (Forts. d. P-Beil. 1893.) *Darmstadt, G. Otto's Hof-Buchdr., 1894;* 23 S. 4.
Bensheim, grossh. G, OP 1894 (628)

**Ahlheim, Augustus [Langwadensis]: De Senecae rhetoris usu** dicendi quaestiones selectae. . . . Darmstadini, typ. expr. G. Otto, 1886; 2 Bl. + 54 S. + 1 Bl. 8°.
Giessen, Phil. Fak., Inaug.-Diss. v. 1886.

**Ahlheim, Aug., Übungsstücke im Anschluß an Ciceros Briefe, s.: Übungsstücke z. Übersetzen a. d. Deutschen ins Lateinische. 5. Heft.**

**Ahlmann, Hanns, s. a. Andeutung des Irr- u. Wirrwissens.**

Ahlmann, Hanns, *s. a.* A n d e u t u n g e n in den letzten 27 Thesen.

**Ahlmann, Hans.** 1818: **Andeutung des Irr- und Wirrwissens in den ersten 68 Thesen des Archidiakonus Harms. Ein Beitrag aus dem Stifte Fyen. [Verf.: Hans Ahlmann.] Hamburg: Herold 1818. 40 S.**
1:7 in Dn 993. 12: Polem. 1230 n–8/39a. 8.
2.4843

(—) **Andeutung des Irr- und Wirrwissens in den letzten 27 Thesen des Archidiakonus Harms. Zweiter Beitrag aus dem Stifte Fyen. (Verf.: Ahlmann.) — Kiel: A. F. J. Schmidt 1819. 70 S.**
1:10 in Dl 4207 [u.] Bu 8400. 12: Polem. 1230 n–8/39b. 8.
2.4844

**Ahlmann,** Heinrich, appr. Arzt a. Bismarck, Westfalen: Weitere Untersuchungen über die Giftigkeit der Blausäure. Würzburg 1905: P. Scheiner. (38 S.) 8°
**Würzburg, Med. Fak., Ref. Lehmann, Diss. v. 7. Juni 1906**
**[Geb. 19. Mai 78 Bismarck; Wohnort: Würzburg; Staatsangeh.: Preußen; Vorbildung: Gymn. Attendorn Reife O. 00; Studium: Tübingen 2, Kiel 2, München 1, Berlin 2, Würzburg 2 S.; Coll. 1. März 05; Approb. 31. Jan. 05.]**

**Ahlmann,** Max *Hermann Friedrich* [pr. Arzt aus Pommern]: Das Fieber im Eruptionsstadium der Syphilis . . . Greifswald, Druck v. J. Abel, 1895; 26 S., 1 Taf. 8.
Greifswald, Med. Fak., Inaug.-Diss. v. 9. Mai 1895

**Ahlmeyer,** Ernst *Heinrich Karl* [app. Arzt aus Neviges]: Historisch-bibliographische Zusammenstellung der Methoden der Wiederbelebung Neugeborener . . . Marburg, Druck v. K. Drobnig in Bonn, 1897; 87 S. 8.
Marburg, Med. Fak., Inaug.-Diss. v. 14. Mai 1897

Ahlmeyer, Ferdinand
– Studien über Seetaktik und den Seekrieg mit den Kriegsmitteln der Neuzeit.
1. Theil. Ueber Seetaktik.
2. Theil. Ueber den Seekrieg. Pola 1875. 1878.

**Ahlqvist,** Alfr., zur Kenntnis der Benzoinkondensation, s.: **E k e c r a n t z,** Th.

**Ahlqvist, August:** Auszüge aus einer neuen Grammatik der finnischen Sprache. 1–3. — Helsingfors 1870–74: Dr. d. Finn. Litteratur-Ges.
1. 1870. 2. 1872. 3. 1874.
Aus: Acta Societatis scientiarum Fennicae. 9.10.
1:4° Zr 20784.
2.4874

— Die von Staatsrath Prof. August Ahlquist in Helsingfors hinterlassene **Bibliothek**: Orientalia. Baltica. Rossica... Leipzig: Hiersemann 1890–91. 129 S. (Hiersemann, Karl W.: Katalog. 72.) 1:Aq 7712–72.
2.4875

— F o r s c h u n g e n auf dem Gebiete der ural-altaischen Sprachen. Th. 1–3,1.4. — St. Petersburg (2 ff.: Helsingfors) 1861–94.
1. Ahlqvist: Versuch einer mokscha-mordwinischen Grammatik. 1861.
2. Ahlqvist: Die Kulturwörter der westfinnischen Sprachen [De vestfinska språkens Kulturord, deutsch]. 1875.
3,1. Ahlqvist: Ueber die Sprache der Nord-Ostjaken. Abth. 1. 1880.
4. Ahlqvist: Ueber die Sprache der Wogulen. Abth. 1.2. 1891–94.
4 = (Suomalais-Ugrilaisen Seuran Toimituksia. 2.7.)
1–4 . . 1:1–3,1 – Zy 1416; 4,1 – Ag 375–2; 4,2 – Ag 375–7. 12:1–3,1 – L. rel. 1311; 4,1.2 – Acad. 41 kc–2.7. 300:1–3,1 – 65.107–B; 4 – 101.822–C. Bd 2.7. 2. 3. 7. 8. 9. 10.
1.2.4 . . . . . . . . . . . . . . . . . 4.
1.2 . . . . . . . . . . . . . . . . 5. 102.
1.4 . . . . . . . . . . . . . . . . . 11.
2.4876

**A h l q u i s t, Aug., Forschungen auf dem Gebiete der Ural-Altaischen Sprachen. 1. Thl.: Versuch einer Mokscha-Mordwinischen Grammatik nebst Texten und Wörterverzeichniss. Lex.-8. (XI und 214 S.) St. Petersburg 861. (Leipzig, Voss.)** * *

A h l q u i s t, Aug., Forschungen auf dem Gebiete der uraltaischen Sprachen. 2. Thl.: Die Kulturwörter der westfinnischen Sprachen. Ein Beitrag zu der älteren Kulturgeschichte der Finnen. Deutsche, umgearb. Ausg. gr. 8. (XXIII, 314 S.) Helsingfors 875. Leipzig, (Voss' Sortiment.) *
1. Thl. (Ebendas.) 1861. ** ℳ 3.

**Ahlqvist, Aug., Forschungen auf dem Gebiete der ural-altaischen Sprachen. 3. Thl. Ueber die Sprache der Nord-Ostjaken. Sprachtexte, Wörtersammlg. u. Grammatik. 1. Abth. Sprachtexte u. Wörtersammlg. gr. 8. (VII, 194 S.) Helsingfors 880. Edlund in Comm.** n.n. 5. — (1—3.: n.n. 17. —)

**Ahlqvist, Aug, Forschungen a. d. Gebiete d. ural-altaischen Sprachen. IV. Tl., 2. Wogulische Sprachtexte, nebst Entw. e. wogul. Grammatik, s.: Mémoires de la société Finno-Ougrienne.**

**A h l q v i s t, Aug., wotisk grammatik** jemte språkprof och ord-**förteckning, s. A c t a societatis** scientiarum fennicae.

— Die Kulturwörter der westfinnischen Sprachen. Ein Beitrag zu der älteren Kulturgeschichte der Finnen. Deutsche umgearb. Ausg. — Helsingfors: Wasenius; Leipzig: Voss in Comm. 1875. XV,314 S. (Ahlqvist: Forschungen auf d. Gebiete der ural-altaischen Sprachen. 2.)
1:Zy 1416–2. 12: L. rel. 1311–2. 300:65.107–B. Bd 2.
2. 3. 4. 5. 7. 8. 9. 10. 102.
2.4881

**Ahlqvist, August:** Ueber die Sprache der Nord-Ostjaken. Sprachtexte, Wörtersammlung und Grammatik. Abth. 1. Helsingfors: Edlund in Comm. 1880. VI,194 S.
1. Sprachtexte und Wörtersammlung. 1880.
(Ahlqvist: Forschungen auf d. Gebiete der ural-altaischen Sprachen. 3.)
1: Zy 1416-3. **12:** L. rel. 1311-3. **300:** 65.107-B. Bd 3,1. **2. 3. 7. 8. 9. 10.**
2.4896

— Ueber die Sprache der Wogulen. Abth. 1.2. — Helsingfors 1891-94: Dr. d. Finn. Litteraturges.
1. Ahlqvist: Wogulisches Wörterverzeichnis. 1891.
2. Ahlqvist: Wogulische Sprachtexte. 1894.
(Ahlqvist: Forschungen auf d. Gebiete der ural-altaischen Sprachen. 4,1.2.) (Suomalais-Ugrilaisen Seuran Toimituksia. 2.7.)
1: Ag 375-2.7. **12:** Acad. 41kc-2.7. **300:** 101.822-C. Bd 2.7. **2. 3. 4. 7. 8. 9. 10. 11.**
2.4897

— Wogulische Sprachtexte nebst Entwurf einer wogulischen Grammatik ... Hrsg. von Yrjö Wichmann. — Helsingissä 1894: Suomal. kirjallisuuden Seuran kirjapaino XIII,243 S. (Ahlqvist: Ueber die Sprache der Wogulen. 2.) (Ahlqvist: Forschungen auf d. Gebiete der ural-altaischen Sprachen. 4,2.) (Suomalais-Ugrilaisen Seuran Toimituksia. 7.)
1: Ag 375-7. **12:** Acad. 41kc-7. **300:** 101.822-C. Bd 7. **2. 3. 4. 7. 8. 9. 10. 11.**
2.4898

— Versuch einer mokscha-mordwinischen Grammatik, nebst Texten und Wörterverzeichniss. — St. Petersburg: Kais. Akademie; Leipzig: Voss in Comm. 1861. X,214 S. (Ahlqvist: Forschungen auf d. Gebiete der ural-altaischen Sprachen. 1.)
1: Zy 1416-1. **12:** L. rel. 1311-1. **300:** 65.107-B. Bd 1. **2. 3. 4. 5. 7. 8. 9. 10. 11. 102.**
2.4899

— Unter Wogulen und Ostjaken. Reisebriefe u. ethnograph. Mittheilungen. — Helsingfors 1883: Dr. d. Finn. Literaturges. 175 S.,11 Taf.,1 Kt. 4°
Aus: Acta Societatis scientiarum Fennicae. 14. **8.**
2.4901

— Wogulisches Wörterverzeichnis. (Vorr.: Ilmi Bergroth.) — Helsingissä 1891: Suomal. kirjallisuuden Seuran kirjapaino. 107 S. (Ahlqvist: Ueber die Sprache der Wogulen. 1.) (Ahlqvist: Forschungen auf d. Gebiete der ural-altaischen Sprachen. 4,1.) (Suomalais-Ugrilaisen Seuran Toimituksia. 2.)
1: Ag 375-2. **12:** Acad. 41kc-2. **300:** 101.822-C. Bd 2. **2. 3. 4. 7. 8. 9. 10. 11.**
2.4900

Ahlquist, Oscar Helge Gabriel: Studien zur spätlateinischen Mulomedicina Chironis. Inaugural-Dissertation von Helge Ahlquist. Upsala 1909. 148s. (Ur: Upps. univ. årsskr., 1909.)
Diss. Uppsal. phil.

**Ahlring, F.,** Portotaxe u. alphabetisches Verzeichnis sämtl. Postanstalten des Deutschen Reiches m. Angabe der Zonen f. die Orte: Bremerhaven, Geestemünde, Lehe, Langen, Schiffdorf, Wulsdorf, Unterlande, Nordenham u. Blexen (Taxquadrat Nr. 494) nebst Auszug aus der Postordng. f. das Deutsche Reich vom 20. III. 1900. (III, 187 S.) gr. 8. Bremerhaven 903. L. v. Vangerow. Kart. n. 2.—

Ahlström, Bertel: Zur Kenntnis der aliphatischen Amine besonders der ditertiären Diamine. Helsingfors 1909. VI +101 pg.
Diss. Hels.

**Ahlström, Gust., zur Kasuistik der okularen Tumoren,** s.: **Beiträge zur Augenheilkunde.**

Ahlström, Gustav
— Zur Kenntnis der subkonjunktivalen lipomatösen Tumoren. Von Gustav Ahlström. — Hamburg & Leipzig: Voß 1904. 13 S. (Beiträge zur Augenheilkunde. 61.)
1: Km 410-61. **12:** Chir. 17gt-61. **7.**
2.4913

**Ahlum,** s.: **Braunschweig.** Landeskarte.

Ahlvick, Alexander Edvard: Historisch - kritische Darstellung der verschiedenen Castrationsmethoden bei Hühnern. Von d. Conseil d. Dorpatschen Veterinairschule gekr. Preisschr. Dorpat 1860. 36 S. 4° AM 2360

Ahlward, s. Ahlwardt

**Ahlwardt** u. seine Judenflinten. Ansichten e. deutschen Waffenoffiziers. 1.—10. Tausf. gr. 8. (16 S.) Berlin 892. Charlottenburg, Schreiter. n. —50

— dasselbe. 2. Aufl. 11.—20. Tausf. gr. 8. (16 S.) Charlottenburg 892. A. Michow. n. —50

— Der Prozess Ahlwardt. Ein Zeichen der Zeit u. e. lehrreiche Studie. Von *** e. Deutsch-Nationalen. gr. 8. (56 S.) Berlin 892. [P. Heichen.] Frankfurt a/O., Th. Heinrich. n. —50

— Der 2. Prozeß Ahlwardt wegen Beleidigung d. Magistrats u. anderer Personen. Nach stenograph. Berichten üb. die Verhandlgn. vor der II. Strafkammer beim kgl. Landgericht I. zu Berlin, vom 16. bis 22. Febr. 1892. gr. 8. (41 S.) Berlin 892. G. A. Dewald. —30

**Ahlwardt,** Reichstagsabgeordneter u. Rektor, Berlin. 1892
s. *Ahlwardt*, Hermann.

**Ahlwardt, Christian Wilhelm,** Ankündigung einiger Abschieds-Reden. Voran Bemerkungen über einige Stellen griechischer Dichter. Oldenburg (Gerh. Stalling) 1798. 20 S. (2.—)
Namen: Christian Adam Epping (Delmenhorst), Johann Friedrich Mutzenbecher (Amsterdam), Gerhard Friedr. Herbart (Stollham).

— — Ankündigung einiger Abschieds-Reden u. des gewöhnlichen Examens. Voran Bemerkungen über einige Stellen griechischer Dichter vorzügl. in Rücksicht des Sylbenmasses. Oldenburg (Gerh. Stalling) 1801. 19 S. (2.—)
Namen: Wilh. Gerh. Mohr (Oldenburg), Hermann Gerhard Achgelis (Ovelgönne), Carl Christian Gramberg (Oldenburg), Gerh. Wefer.

— — Dasselbe. Voran ein kleiner Nachtrag zu dem Programm v. 1801. Oldenburg (Gerh. Stalling) 1802. 8 S. (1.20)
Namen: Georg Christian Matthias von Oeder (Oldenburg), Heinr. Christian Roth (Golzwarden), Adam Levin Wardenburg (Hatten).

— — Dasselbe. Voran Ossians Karthon, metrisch übersetzt; ein Versuch. Oldenburg (Gerh. Stalling) 1802. 19 S. (1.60)
Namen: Adam Levin Wardenburg (Harten), Stephanus Michaelsen (Elsfleth), Friedr. Aug. Vollers (Bardenfleth), Heinr. Friedr. Gerh. Bödeker (Holle), Peter Ludw. Carl Friedr. v. Negelein (Oldenburg), Hans Wilhelm Karl Barnstedt (Holzkamp), Georg Gottlieb Engelbert Meyer (Oldenburg).

— — Dasselbe. Voran Bemerkungen über Psalm 22, V. 30. Oldenburg (Gerh. Stalling) 1803. 10 S. (1.20)
Namen: Georg Gottlieb Engelbert Meyer, Caspar Gottlieb Carl Scholtz (beide Oldenburg), Friedr. Aug. Kunstenbach (Tossens), Friedr. Christian v. Römer (Oldenburg).

— — Dasselbe. Voran eine grammatische Bemerkung. Oldenburg (Gerh. Stalling) 1804. 8 S. (1.50)
Namen: Moritz Ernst Carl Grimm (Oldenburg), Ernst Aug. Ruhstrat (Ovelgönne), Friedr. Wilh. Anton Römer (Oldenburg).

— — Dasselbe. Voran Bemerkungen über Ilias 15, 18—21. Oldenburg (Gerh. Stalling) 1805. 12 S. (1.40)
Namen: Friedr. Wilh. Ant. Römer, Joh. Friedr. Schütte (beide Oldenburg), Christian Wilhelm Lauw (Strückhausen), Peter Friedr. Ludw. Möller, Peter Friedr. Heinr. Christian Carl v. Lowtzow (beide Oldenburg).

— — Dasselbe. Voran Bemerkungen über einige Stellen griechischer Dichter, vorzüglich in Rücksicht des Sylbenmasses. Oldenburg (Gerh. Stalling) 1807. 11 S. (1.40)
Namen: Heinr. Friedr. Christian Carl von Lowzow (Oldenburg), Herrmann Anton Conrad Hesemeyer (Tossens), Gerh. Christoph Jürgens (Varel), Heinr. Schloifer (Oldenburg).

— — Oisian's Apostrophe an die Sonne im Sylbenmasse des Originals. Zur Ankünd. d. Abschieds-Reden. Oldenburg (Gerh. Stalling) 1810. 8 S. (1.40)
Namen: Chr. Fr. Wilh. Schloifer (Oldenburg), C. Heinr. Neumann (Bardenfleth), Chr. Lud. Ranniger (Oldenburg), Ant. Bernh. Hollmann (Oldenburg), M. Th. Leb. Zedelius (Neuenburg).

— — Der Attis des Catullus, im Sylbenmasse des Originals. Zur Ankündigung des Examens u. der Abschiedsreden. Oldenburg (Gerh. Stalling) 1808. 18 S. (Angeh. ganzseit. Besprech. d. J. A. L. Z. Mai 1809.) (2.—)

— Beitr. zur Portugies. Literatur. 4. Oldenb. 806.

— — Beitrag zu J. G. Schneider's griechisch-deutschem Wörterbuche. Oldenburg (Gerh. Stalling) 1808. 24 S. (3.—)

Ahlwardt, C. W., Beitrag zu Schneiders griechischem Wörterbuche. Zwei Progr. Oldenb. 808. 4. (24 Seiten). Greifsw. 813. 4. (30 S.)

Ahlwardt, Ch. W., Bemerkungen üb. einige Stellen Griechischer Dichter, vorzügl. in Rücks. d. Sylbenmasses. Pr. 1801. 19 S. 4°. 1.—

Ahlwardt, C. W., Bemerkungen über einige Stellen griechischer Dichter, vorzüglich in Rücksicht des Sylbenmaafses. Progr. Oldenb. 807. 4. (10 S.)

– s. Callimachus, Hymnen

– s. Catull, Attis.

—Chrestomathia portugueza, para o uso dos Principiantes. Portugiesische Chrestomathie f. Anfänger, nebst e. portugies. Wortregister. gr. 8. Leipz. 808. Schwickert. 1 ℛ 12 ℊ

Ahlwardt, Ch. W., Chrestomathia portugueza para o uso dos Principiantes. Portugiesische Chrestomathie f. Anfänger, nebst einem portug. Wortregister. gr. 8. Leipzig, Schwickert. 812.

— s. Erklär. d. Idyllen Theokrits. 8. Rostock, Stiller. 792.

Ahlwardt, Chr. Wlh., über Aeschylus Eumen. V. 288, u. über d. Alexandriner d. Tragiker. 4. Oldenb. 807.

— — Über Oisian's Fionnghal G. 1. V. 7—33. Zur Ankünd. d. Examens u. d. Abschieds-Reden. Oldenburg (Gerh. Stalling) 1811. 8 S. (1.30) 139
Namen: Th. Lebr. Mart. Zedelius (Oldenburg), Joh. Wilh. Tappenbeck (Oldenburg), C. Heinr. Detlev v. Muck (Oldenburg), Joh. Heinr. Friedr. Müller (Oldenburg), Lud. C. Alb. Flotow (Neu-Strelitz), Th. Ant. Ernst Zwerg (aus dem Oldenburgischen).

Ahlwardt, Chr. Wlh., s. Godwin Saint-Leon.

— über Ilias 15. V. 18. 21., u. über die Cäsur des Hexameters. 4. Oldenb. 805.

– s. Juvenals achte Satire

– s. Juvenals Satiren

— üb. die Nomina collectiva d. latein. Sprache. 4. Oldenb. 804.

– s. Ossians, Apostrophe

Ahlwardt, Chr. Wlh., s. Ossian's Gedichte.

– s. Pindar, Carmina.

Ahlwardt, L. W., Probe ein. neu. Uebers. d. Attis d. Catulls ꝛc. 4. Hamburg, Perthes. 808.

— — Probe einer neuen Uebersetzung der Gedichte Ossian's aus dem Gaelischen Original. Oldenburg (Gerh. Stalling) 1807. 44 S. (4.—) 135

— Probe e. n. Uebersetz. d. Ossian, a. d. Gaelisch. Original 4. Hamburg, Perthes. 808.

Ahlwardt, Er. Fr., s. Lebensbeschreibung des Grafen v. Wackerbarth.

Ahlwardt, F., de Alcibiadis anno natali. Progr. Gryph. 821. 4. (8 Seiten).

Ahlwardt, Herm., Bundschuh. gr. 8. (VII, 192 S.) Dresden 894. Druckerei Glöß. n. 2. —

Ahlwardt, Herm. Neue Enthüllungen, Judenflinten. 1.—33. Aufl. gr. 8. (37 S.) Dresd. 892, Druckerei Glöß. * — 50

— der Gipfel jüdischer Frechheit. Das Gesetz ist todt — Es lebe Bleichröder! (Von Herm. Koniecki.) gr. 8. (13 S.) Berlin 891. G. A. Dewald. n. — 20

— der Gipfel jüdischer Frechheit. Das Gesetz ist todt — Es lebe Bleichröder! (Von Koniecki). Berlin 892.

—— Judenflinten. II. Thl. 1.—15. Aufl. gr. 8. (62 S.) Dresd. 892, Druckerei Glöß. * — 50
—— dass. — Nachtrag, s. Neumann, Herrm. Die Judenjagd u. die deutsche Meute.
1. Thl. Ahlwardt, Herm. „Neue Enthüllungen" (s. d.).
Vgl. Bericht, stenographischer. Christenflinten. — Feuerring, Jos. Der Antisemitenapostel! — Patronen, scharfe, s. Judenflinten.

— über die Judenfrage. Oeffentlicher Vortrag, geh. im Tivoli zu Dresden am 28. Apr. 1892. Stenographische Aufnahme v. Max Trömel. gr. 8. (31 S.) Dresden 892. Hertwig. — 30

— die Judenfrage. Vortrag, geh. zu Leipzig am 5. Juli 1892. Stenographischer Bericht v. Armin Graf. gr. 8. (26 S.) Leipzig 892. Verlag der Neuen Deutschen Zeitg. n. — 40

— der Kampf des Germanentums m. dem Judentum. Vortrag nach kurzschriftl. Aufzeichngn. in der Versammlg. vom 23. Mai 1894 auf dem Johannisberg bei Elberfeld. 1.—5. Tausf. gr. 8. (23 S.) Elberfeld 894. (G. ten Winkel.) n. — 20

— die Prozesse Manché u. Bleichröder. gr. 8. (16 S.) Berlin 891. G. A. Dewald. n. — 20

— die Prozesse Manché u. Bleichröder. Berlin 892.

Ahlwardt, Herm., mehr Licht! Der Orden Jesu in seiner wahren Gestalt u. in seinem Verhältnis zum Freimaurer- u. Judentum. (92 S.) gr. 8. Dresden 910. Freideutscher Verlag. 1. —

— Otterngezücht. gr. 8. (56 S.) Dresden 892. Druckerei Glöß. n. — 50

— wahrer u. falscher Patriotismus. Vortrag, geh. im deutsch-socialen Verein zu Zwickau am 28. Mai 1892. gr. 8. (48 S.) Zwickau 892. (F. Badstübner.) n. — 40

— Rede üb. Judenflinten, geh. Montag, den 16. Mai 1892. Stenographischer Bericht. gr. 8. (24 S.) Magdeburg 892. (Berlin, G. A. Dewald.) — 10

Ahlwardt, H., vor s. Wählern. Rede, geh. in Woldenberg. 8°(23).— Dresd. 1893, Druckerei Glöss.

— des deutschen Volkes Rettung aus jüdischer Knechtschaft. Worte an alle deutschen Handwerker u. Gewerbetreibende. Vortrag, geh. im „Deutschen Bunde zur Hebg. d. Mittelstandes". gr. 8. (16 S.) Berlin 892. G. A. Dewald. — 10

— S.a. Schwerin u. Bleichröder.

[—] Schwerin und Bleichröder, Edelmann und Jude. Von *** [d. i. Hermann Ahlwardt]. — Dresden: Glöſs 1893. VII, 95 S.
Als Verf. wird auch Rudolf Plack-Podgorski genannt. 5.
2.4945

— 4. Aufl. Ebd. 1893. 6.
2.4946

—— Meine Verhaftung. 1.—3. Aufl. gr. 8. (46 S.) Dresd. 892, Druckerei Glöß. * — 50

— — 6. Aufl. Ebd. 1892. 12: Jud. 1apc/7.
2.4948

**Ahlwardt, H.,** der Verzweiflungskampf der arischen Völker m. dem Judentum. gr. 8. (VII, 251 S.) Berlin 890. (Leipzig, Th. Fritsch.) n. 3. —

— der Verzweiflungskampf der arischen Völker m. dem Judenthum. II. Thl. Der Eid e. Juden. 1. u. 2. Aufl. gr. 8. (55 S.) Berlin 891. G. A. Dewald. n. 1. —

— dasselbe. 2.—5. Zehntaus. gr. 8. (64 S.) Ebd. 891. n. 1. —

— dasselbe. III. Thl. Jüdische Taktik. Zugleich Antwort an Hrn. Ludw. Jacobowski. 1.—10. Aufl. gr. 8. (58 S.) Ebd. 892. n. 1. — (I—III.: n. 5. —)

—— Wach' auf, deutscher Michel! Sensationelle Enthüllgn. Vortrag, geh. am 1. Novbr. 1891 in Mülheim a. d. Ruhr. gr. 8. (32 S.) Gelsenkirchen, 892. (Nossen, Westphal.) * — 30

—— dass. — 2. Aufl. Mit Anh.: Ahlwardt's Vertheidigungsrede in seinem jüngsten Prozeß. gr. 8. (32 S.) (Ebd.) 892. * — 30

— vor seinen Wählern. Rede, geh. am 14. Mai 1893 in Woldenberg. gr. 8. (23 S.) Dresden 893. Druckerei Glöß. n. — 30

—— Wie es der Jude treibt. Vortrag, geh. nach seiner Verurteilung zu 4 Monaten Gefängnis am 21. Febr. 1892. gr. 8. (16 S.) Berl. 892, Dewald. * — 20
Vgl.: Fanfaren, Berliner. Nr. 1. — Förster, Paul. — Jacobowski, Ludw. Offene Antwort eines Juden. — Prozeß Ahlwardt. — Weinberg, Paul.

Ahlwardt, L.W., s. A h l w a r d t , Christian Wilhelm

**Ahlwardt, Peter:** Der Abelit. [Verf.: Peter Ahlwardt.] — Leipzig 1746. 66 S.
1: 4° Nb 9991. 12: 4° Diss. 685/18. 2. 3. 5. 7. 9. 10.
2.4953

— Petrus Ahlwardt. De Angelis tutelaribus. — (Gryphiswaldiae 1764.) 16 S. 1: 69 in Bd 8603–137.
2.4955

— u. Franz Jacob Nuerenberg: Von der wahren Artigkeit und dem Reize besonders des schönen Geschlechts. — Greifswald 1754: Struck. 32 S.
1: 9 in 4° Bibl. Diez 2574.
2.4956

— Betracht. üb. d. Blitz u. Donner. 8. Ebend. 745.

— Die Betrachtung des Todes zum rechten Gebrauch der Zeit. — Stralsund & Greifswald: Weitbrecht 1749. 40 S.
9.
2.4957

— Betrachtungen über die Erndte. — Stralsund, Greifswald & Leipzig: Weitbrecht 1747. 336 S.
1: Eb 4814. 9.
2.4958

— Gründliche Betrachtungen über die Augspurgische Confession. Bd 1–3. — Greifswald & Leipzig (2,6.7: Stralsund & Greifswald; 3: Leipzig, Stralsund & Greifswald): Weitbrecht 17(42)–51.
Bd 1 = Th. 1-3. 17(42)–44.
Bd 2 = Th. 4-7. 1745–48. Bd 3. 1751.
Vollst. . . . 1: Df 3942. 12: 4° Dogm. 7f. 2. 3. 5. 7. 8. 9.
1,1.2 . . . . . . . . . . . . . . . . . 10.
2.4959

— Bronto-Theologie, oder: Vernünftige und theologische Betrachtungen über den Blitz und Donner. — Greifswald & Leipzig: Weitbrecht 1745. 22,410 S.
1: My 17359. 300: 71 W 105. 2. 3. 4. 5. 7. 9. 10.
2.4960

— Ebd. 1746. 22,410 S. 12: Phys. sp. 5m. 10.
2.4961

— Ebd. 1747. 22,410 S. 1: My 17359/20. 8.
2.4962

— Einleit. in d. dogmat. Gottesgelahrtheit. 8. Greifsw. 753. (Mylius in Berl.) 10 gl

— Einleit. in d. Philosophie. 8. Greifsw. 752. (Mylius in Berl.) 8 gl

[—] Vernünfftige Gedancken von der natürlichen Freyheit. Nebst einem Anh. von der Frage: Ob der Ursprung des Bösen im Verstande oder Willen zu suchen sey. (Verf.: Alethinus Libertus [d. i. Peter Ahlwardt].) — Leipzig: Weitbrecht 1740. 88 S.
1: Cy 500. 12: Ph. sp. 446/4. 9.
2.4966

— P. Ahlwardt. Vernünfftige und gründliche Gedancken von Gott und dem wahrhafften Gottes-Dienst. — Greiffswald & Leipzig: Weitbrecht 1742. 176 S. 1: Cx 640. 9.
2.4967

— Vernünfftige und gründliche Gedancken von den Kräfften des menschlichen Verstandes und deren richtigen Gebrauch in der Erkenntniss der Wahrheit. Durch P. Ahlwardt. — Greiffswald & Leipzig: Weitbrecht 1741. 550 S.
1: Nl 20624. 9. 10.
2.4968

— Die Magister-Trommel, eine pragmatische Erzählung durch P. Ahlwardt. — Greifswald 1762: Röse. 14 S. 4°
9. 11.
2.4969

**Ahlwardt, Peter:** Der seeligmachende Glaube wird in einem Antwortschreiben an einem wahren Gönner in etwas erkläret durch P. A. [d. i. Peter Ahlwardt]. — Greifswald (1763): Röse. 24 S.
2. 9. 10.
2.4970

— Philosophisches Sendschreiben an ... Jacob Heinrich von Balthasar, worinn einige seiner philosophischen ... Sätze gründlich zu vertheidigen ... suchet Peter Ahlwardt. — Leipzig [: Selbstverl.] 1750. 40 S.
9.
2.4971

**Ahlwardt, W.,** Bemerkungen üb. die Aechtheit der alten arabischen Gedichte m. besond. Beziehg. auf die sechs Dichter nebst Beiträgen zum richt. Verständniss Ennâbiga's u. 'Algama's. gr. 8. (VII, 168 S.) Greifswald 872. Bamberg. n. 5. —

— Über Beurtheilung der poetischen Leistungen von Seiten der Araber. — Greifswald 1856: Kunike. 18 S. 4°
9.
2.4973

Ahlwardt, W., s. **Chronik,** anonyme arabische.

**Ahlwardt,** Wilh., über Poesie und Poetik der Araber. Gotha 856. F. A. Perthes. gr. 4. (2 Bl., 88 S. und 6 S. arabischer Text.) n. 1 [illegible] 6 ngl

Ahlwardt, W., üb. Poesie u. Poetik d. Araber. 4°(94).– Gotha 1857, F.A.Perthes.

Ahlwardt, W., Chalef elahmar's Qasside. Berichtigter arab. Text, Uebersetzung und Commentar, mit Benutzung vieler handschriftl. Quellen. Nebst Würdigung Jos. v. Hammer's als Arabisten. gr. 8. (VIII und 456 S.) Greifswald 859, Koch's Verlagsh. *

Ahlwardt, W., s.: Ruba ben El 'Aggag, Diwan.

**Ahlwardt, W.,** s.: Sammlungen alter arab. Dichter.

(—) Zwölf arabische Schrifttafeln. — Berlin: Asher 1899. 12 Taf.
Aus: Ahlwardt: Verzeichniss d. arabischen Handschriften d. Kgl. Bibliothek zu Berlin. 10.
1: 4° Zu 2475. 9. 10. 11.
2.4976

— Verzeichniss der arabischen Handschriften der Königlichen Bibliothek zu Berlin von W. Ahlwardt. Bd 1–10. — Berlin 1887–99: Schade (2ff.: Asher).
1. 1887. 2. 1889. 3. 1891. 4. 1892. 5. 1893. 6. 1894. 7. 1895. 8. 1896. 9. 1897. 10. Reg. u. Schrifttaf. 1899.
(Handschriften-Verzeichnisse d. Kgl. Bibliothek zu Berlin. 7/9. 16/22.)
1: 4° Ao 5235–7/9. 16/22. 12: 4° Cat. 8nf–7/9. 16/22.
300: 540.716–C. H. S. 7/9. 16/22. 2. 3. 4. 5. 6. 7. 8. 9. 10. 11. 102.
2.4977

Ahlwardt, W.: Verz. arab. Handschr. d. kgl. Bibl. z. Berlin. Jetzt: Lpzg. Harrassowitz.

—— Verzeichniss arabischer Handschriften der königl. Bibliothek zu Berlin aus den Gebieten der Poesie, schönen Litteratur, Litteraturgeschichte und Biographik. gr. 8. (XII, 305 S.) Greifswald 871, Bamberg. *

Ahlwardt, W., kurzes Verzeichniss d. Glaser'schen Sammlung arabischer Handschriften in der Königl. Bibliothek zu Berlin. gr. 8. (X, 47 S.) Berlin 887. (Asher & Co.) n.n. 1. 20

— Kgl. Bibliothek, Berlin. Kurzes Verzeichniss der Glaser'schen Sammlung arabischer Handschriften von W. Ahlwardt. — Berlin 1887: Unger. X,47 S.
1:Ao 5260. 12:Cat. 43qo. 300:*17 E 48. H. S.
2. 3. 5. 6. 7. 8. 9. 10. 11. 102.
2.4979

— kurzes Verzeichniss der Landberg'schen Sammlung arabischer Handschriften auf der königl. Bibliothek zu Berlin. gr. 8. (XII, 107 S.) Berlin 885. Asher & Co. n. 3. —

— Kgl. Bibliothek, Berlin. Kurzes Verzeichniss der Landberg'schen Sammlung arabischer Handschriften von W. Ahlwardt. (Vorr.: Valentin Rose.) — Berlin 1885: Schade. VIII,107 S.
1:Ao 5256, 5256a, 5256b [u.] 5256d. 12:Cat. 43qn.
300:105.616-B. H. S. 2. 3. 4. 5. 6. 7. 8. 9. 10. 11.
102.
2.4980

Ahlwardt, Wilhelm *Heinrich Erdmann* [Kammerger.-Ref.]: Die Mittel der Nötigung. '(§ 240 d. Reichsstrafgesetzbuches)'... Greifswald, Druck v. J. Abel, 1896; 41 S. 8.
Greifswald, Jur. Fak., Inaug.-Diss. v. 1896

Ahlwardtfinten. Kritik u. sachliche Widerlegg. der „Judenflinten". Von e. deutschen Offizier. gr. 8. (20 S.) Leipzig 892. M. Spohr. n. — 50

Ahlwart, Peter, s. Ahlwardt, Peter

Ahlwarth, K., Gyrinidae, s.: Coleopterorum catalogus.

Ahlwick, Alex. Edv., historisch-kritische Darstellung der verschiedenen Castrationsmethoden bei Hühnern. (Preisschrift.) Veröffentlicht von Fr. Unterberger. Imp.-4. (III und 36 S. mit 4 Stnt.) Dorpat 860(61,) (Hoppe.) *

Ahmad, s.a. Ahmet

Ahmed Hikmet [Aḥmad Hikmat], Türkische Frauen [Ḫāristān u-gulistān, Ausz.]. Nach d. Stambuler Druck Xaristan u-gülistan von 1317 h z. 1. Male ins Deutsche übertr. u. mit Fussnoten u. e. Einl. versehen von Dr. Friedrich Schrader. (Vorr.: Dr. Georg Jacob.) Berlin: Mayer & Müller 1907. (VIII, 64 S.) 8°
— Bibliothek, Türkische. Bd 7. [o. 1908 2

Aḥmad ian abî Ṭâhir Ṭaifûr, Kitâb Bagdâd. 6. Bd. Hrsg. u. übers. v. H. Keller. 2 Tle. Lex. 8. Leipzig 908. O. Harrassowitz. 20. —
I. Arabischer Text. (388 autogr. S.) 12. —
II. Deutsche Uebersetzg. (XXVI, 160 S.) 8. —

Sechster Band des Kitâb Baġdâd von (Abu'l-Fadl) Aḥmad ibn abî Tâhir Taifûr. Hrsg. u. übers. v. Dr. H(ans) Keller. T. 1.2. Leipzig: O. Harrassowitz 1908. 2 Bde. 4°(Text lith.)
1. Arab. Text. 2. Deutsche Uebers.

Aḥmad Kamâl:
Tables d'offrandes. Par Ahmed Bey Kamal. T. 1.2. — Le Caire; [Leipzig: Hiersemann] 1906–09: Inst. français d'archéol. orientale. (Catalogue général des antiquités égypt. du Musée du Caire.)
1:4° Ur 2898/162–35. 12:2° Arch. 65g-46.47.
300:414.869-D. Pp. 46. 2. 3. 4. 5. 7. 9.
2.5013

Der kurdische Diwan des Schēch Ahmed von Ǧezîret Ibn 'Omar, genannt Mälā'i Ǧizri (Ahmad Malā-i-Gizrī). Fotolithografie e. Hs. Mit e. Einführung von Martin Hartmann. Berlin: S. Calvary & Co. 1904. (XI S., 222 Taf.) 4°. [03.7693]

Eine Türkische Botschaft an Friedrich den Großen von Ahmed Ressmi [Aḥmad Rasmi] Effendi. Aus d. Türkischen ins Deutsche übertr. von Willy Bey-Bolland, Uebers. d. Sultans. (Vorr.: Peregrinus.) (*Konstantinopel: O. Keil [1903].*) (40 S.) 8°
= Mitteilungen d. Deutschen Exkursions-Klubs in Konstantinopel. 1903, H. 6. [03.13341

Ahmed I., Sultan, Bestallungs- und Vertrags-Urkunde für Gabriel Báthori von Somlyó ... vom Jahre 1608 der christlichen Zeitrechnung. Von Walter Friedrich Adolf Behrnauer. (Aus dem XVIII. Bande des ... Archivs für Kunde österreichischer Geschichtsquellen besonders abgedruckt.) — Wien 1857.

Aḥmed, des Schēch, v. Ǧezîret ibn 'Omar, genannt Mälā'i Ǧizri, kurdischer Diwan. Fotolithografie e. Handschrift. Mit e. Einführg. v. Mart. Hartmann. (224 Bl. m. IX S. Text.) Lex.-8. Berlin 904. S. Calvary & Co. In Mappe n. 60. —; erhöht. Preis n. 75. —

Ahmed, d. Schēch, v. Gezîret' ibn 'Omar, kurdischer Diwan. Berlin 904. (KBL 33.) Jetzt: Leipzig, R. Haupt. 60. —

Ahmed Ben Mohammed Ebn-Arabschah, s. Libri arabici.

Ahmed Bey Kamal, Stèles ptolémaïques et romaines, s.: Catalogue général des antiquités égyptiennes du musée du Caire.

Ahmed filii Mohammedis cognominati Ebn-Arabschah liber arabicus; edid. Freytag, s. Liber.

Ahmed ibn abi Jakûb ibn Wâdhih al-Kâtib al-Jakûbî, Kitâb al-Boldân, s.: Bibliotheca geographorum arabicorum.

Ahmed ibn Abī Ja:qūb, noto nomine Al-Ja:qūbii. Specimen e literis orientalibus, exhibens Kitābo'l-Boldān, sive librum regionum, quem nunc primum arabice ed. Abrah. Wilh. Thdr. Juynboll. gr. 8. (158 S.) Leiden 861, Brill. * *

Ahmed Resmi Efendi. . . . gesandtschaftliche Berichte von seinen Gesandtschaften in Wien im Jahre 1757 und in Berlin im Jahre 1763. Aus dem Türkischen Originale übersetzt. . . . Berlin und Stettin 1809. Ü: *Hammer-Purgstall, Joseph von.* V: (Anmerk.) *Nicolai, Christoph Friedrich.* (BrMm) »Ü: *Dietz, H. von.*« (Ky)

Ahmet, Resmi Efendi, des türkischen Gesandten Berichte von seinen Gesandtschaften in Wien im J. 1757 u. in Berlin im J. 1764. Aus d. Türk. übers., mit erläut. Anmerkk. (v. H. v. Dietz). gr. 8. Berl. 809. Nicolai. 10 g(

Ahmet Ben-Abdala Mohammedani
Epistola theologica de articulis quibusdam fidei ad Serenissimos Auriacum et Portugalliae Principes scripta, e msto Anglico nunc ed. notisque ... illustr. passim ac refutata: à Zacharia Grapio [Grape]. — Rostochii: Schwiegerovius 1705. 136 S.
1:De 7410 [u.] 14 in Bd 8117. 12:4° Diss. 2212/67. 7.
2.5008

Ahmet Ben-Abdala Mohammedani Epist[ola] theologica de libero arbitrio ad Dn. de Aquila scripta. E ms. Anglico nunc ed. ... à Zacharia Grapio [Grape]. Annexae sunt duae disputationes ... altera sub tit.: Spicilegium historico-philologicum historiam literariam Alcorani sistens. Altera de Judaeorum & Mohammedanorum Chibbut hakkebher. — Rostochii & Lipsiae: Rusworm [um 1700]. 64 S. 1:Zu 7520. 12:4° Diss. 393/29 [u.ö.] 9 [defekt].
2.5009

Ahmold, Joh. B.: Über die Aufgabe einer Philosophie der Natur. (Erster Artikel.) S. 3-30. Progr. Dilingen 1837.

Ahn's amerikanischer Dolmetscher für Deutsche, zum Erlernen der englischen Sprache ohne Lehrer. Anleitung zur Aussprache des Englischen. Kurzgefaßte Grammatik, nebst leichten Beispielen, Gesprächen, Wörtersammlungen, Inserate und Zeitungsartikel, schriftl. Verkehr rc. 8. (VI, XLVI, 240 S. mit 2 Plänen.) New-York 884, Steiger und Comp. cart.

Ahn"s Eisenbahn-Kursbuch, nebst Routen- und Spezial-Karte und Personengeld-Tarif. 1882—1884. Nach amtl. Quellen bearb. 12. (à VIII, 152 S. mit 1 Karte.) Köln, Ahn. à Heft *
Erschien im Sommer alle 14 Tage, im Winter monatlich.
Fortsetzung u. d. T.: Eisenbahn-Kursbuch [illegible]

Ahn's Operntext-Bibliothek. II. Serie. Nr. 36—40. 8. Köln 887. A. Ahn. à n. — 50
36. Paladilhe, Vaterland! (52 S.)
37. Samara, Flora mirabilis. (31 S.)
38. Barney, der verregnete Liebesgott. (63 S.)
39. Audran, Ameise u. Grille. (68 S.)
40. Mozart, Don Juan. (Orig.-Text der 1. Aufführg. am 29. Okt. 1787 zu Prag.) (55 S.)

Ahm: Über die plinianische Stelle: Von der ältesten Zeiteintheilung der Römer. H. N. VII, 60. 6S. Progr. Pest St. G. 1859.

—— Taschen-Fahrpläne für Rheinland und Westfalen. 12. (à Heft ca. 80 S. mit Karte.) Ebendas. 885—88. à Heft
Erscheint jährlich einmal, bei Beginn des Sommerfahrplans.

Ahn's Unterhaltungs-Bücherei. 2 Bde. gr. 8. Köln 888. A. Ahn. n. 2. 50
1. Ebeling, Adf., Verloren. Erzählung nach dem Französ. (309 S.) n. 2. —
2. Colombi, Marchesa, ein Geständnis. Erzählung nach dem Italien. (53 S.) n. — 50

Ahn, C. Kleon. Versuch einer Ehrenrettung. 26 S. 8. G. *Laibach* 1877.

Ahn, E.M.G. [geb. zu Riouw]: Beitrag zur Operativen Behandlung der ektopia vesicae... Leiden, Blankenberg & C., 1892; 5 Bl., 55 S., 1 Taf. 8°.
Freiburg i.B., Med. Fak., Inaug.-Diss. v. 1892

Ahn, F, s.a. Ahn, Fr.

–, s.a. Ahn, Franz

Ahn, F. Praktischer Lehrgang zur schnellen Erlernung der englischen Sprache. Ed: H. Ginal. Phila, 1872.

Ahn F. D. Praktischer Curs der Französischen Sprache, ohne die Regeln auswendig lernen zu müssen. 2. Poln. Ausg. (Kurs praktyczny jezyka francuzkiego bez uczenia se regul na pamiec.) Lemberg, Paul Stockmann 1852. 8.

Ahn, F. H., s. Ahn, Franz Heinrich

Ahn, Fr., kurzgefaßte Anweis. z. Nivelliren mit d. sogenannten Kanalwaage. Mit 1 Kpf. u. 3 Tabb. gr. 8. Köln 819. Rommerskirchen. 7 gGr.

Ahn, F., Anweisung zum Nivelliren mit der sogenannten Kanalwage. Mit 1 Kupfer und 3 Tab. gr. 8. Cölln, Rommerskirchen. 820.

— d. Nöthigste aus d. Lehre von den Höhenmessungen. M. 1 Kpft. gr. 8. Köln 819. Rommerskirchen. 7 gGr.

Ahn, F. Das Nöthigste aus der Lehre der Höhenmessungen. Cöln, 1820.

Ahn, Fr.
— — Vergleichungstafeln, der in den Königl. Preußischen Staaten neu eingeführten Maße und Gewichte rc. 8. Ebendas. 820. Rthlr.

Ahn, Franz, s.a. Ahn, Franz Heinrich

Ahn, Franz

— (Addreßbuch) Jahrbuch f. d. Regier.-Bezirk Aachen, a. d. J. 1822—31. 8. Aachen, Schiffer (Kohnen).

— s. C. L. W. Aldefeld, die älteren und neueren Maaße und Gewichte.

Ahn, F., l'Allemagne poétique ou choix des meilleures poésies allemandes des deux derniers siècles. Classées par ordre chronologique et précédées d'un aperçu historique de la poésie allemande depuis Haller jusqu'à nos jours. 8. (XXXI und 240 S.) Leipzig 860(61,) Brockhaus. *

Ahn, Fr. Aufgaben zum Uebersetzen aus dem Deutschen ins Französische. Ein Anhang zur französischen Grammatik. I. Heft. Aufgaben zur elementaren Grammatik. Mainz 857. Kupferberg. gr. 8. (IV, 120 S.) 7½ ngr

Ahn, F., Aufgaben zum Uebersetzen aus dem Deutschen ins Französische. Ein Anhang zur französ. Grammatik. 1. Heft. Aufgaben zur elementaren Grammatik. 2. Aufl. gr. 8. (IV, 120 S.) Mainz 873, Kupferberg.

Ahn, Fr., Auswahl französischer Gedichte zum Uebersetzen und Memoriren mit Einleitung und Anmerkungen. 8. (XII und 177 S.) Leipzig 851(52,) Geibel.

Ahn, Fr., vollständ. kaufmännische Bibliothek, s. a. Bibliothek.

Ahn, F. (Herausgeber, im Vereine mit mehreren anderen): „Vollständige kaufmännische Bibliothek", 12 Hefte, Aachen und Leipzig 1837—1839. — Vorh.: Com. Bibl. Hamburg. — Inhalt: Heft 1—4: F. Ahn, „Handbuch des kaufmännischen Briefwechsels"; Heft 5: A. Dietrich, „Handbuch der kaufmännischen Terminologie"; Heft 6—7: A. Dietrich, „Handbuch der Contorkunde"; Heft 8—9: F. Schmidt, „Handbuch der Buchhaltungskunde"; Heft 10—11: A. F. Berger, „Handbuch der Maasse und Gewichte aller Länder der Erde"; Heft 12: A. F. Berger, „Handbuch der Münz- und Wechselkunde".

Ahn, F., vollständige kaufmännische Bibliothek im Vereine m. Mehreren hrsg. 1. u. 2. Hft. A. u. d. T.: Deutsche Handelskorrespondenz m. französ. Uebersetzg. aller in den Briefen vorkomm. schwier. Wörter u. Ausdrücke. 5. verb. u. verm. Aufl. 8. (XVI, 208 S.) Köln 878. Mayer. n. 2. —

Ahn, F., English-German conversation-book for young ladies. Englisch-deutsches Gesprächbuch für höhere Töchterschulen. 8. (VIII und 100 S.) Leipzig 865, Brockhaus. *

— french conversation-book for young ladies. Leipzig, 864. Brockhaus. 8. (VI, 105 S.) n. 10 ngr.

—— French conversation-book for young ladies. 8. (VI und 105 S.) Leipzig 865, Brockhaus. *

—— Italian conversation-book for young ladies. 8. (VI und 124 S.) Köln 867, DuMont-Schauberg'sche Buchh.

—— Exercices allemands, pour les classes supérieures des gymnases et des écoles réales. Traduits en français. gr. 8. (IV und 115 S.) Mayence 851, Kupferberg.

— Französ. Fabellese f. Schule u. Haus. Eine Auswahl aus d. Werken der vorzüglichsten älteren u. neueren französ. Fabeldichter. Nebst e. Abhandlg. üb. den Bau u. die Lektüre französ. Verse. 12. (XVI u. 296 S.) Köln 849, Du Mont-Schauberg. ¾ rß

— französische Fabellese f. Schule u. Haus. Eine Auswahl aus den Werken der vorzüglichsten älteren u. neueren französ. Fabeldichter. Nebst e. Abhandlung über den Bau u. die Lectüre französ. Verse. Neue Ausg. Köln, 861. Du Mont-Schauberg. 12. (XV, 296 S.) n. 12 ngr.

— Italienische Fabellese f. Schule u. Haus. Eine Auswahl aus den Werken der vorzüglichsten älteren u. neueren italien. Fabeldichter. Nebst e. Abhandlg. üb. den Bau u. die Lektüre italien. Verse. 12. (VIII u. 204 S.) Köln 851, Du Mont-Schauberg. 5/12 rß

— italienische Fabellese f. Schule u. Haus. Eine Auswahl aus den Werken der vorzüglichsten älteren u. neueren italien. Fabeldichter. Nebst e. Abhandlung über den Bau u. die Lectüre italien. Verse. Neue Ausg. Ebend., 861. 12. (VIII, 204 S.) n. 8 ngr.

—— französische Fibel. Erste Uebungen im Französischen für Knaben und Mädchen von 6—10 Jahren. Vorbereitungs-Cursus zum prakt. Lehrgang zur Erlernung der französ. Sprache. Neueste Ausg. 1867, und 3. Aufl. 8. (V, 75 S. mit 1 Stnt.) Köln [Leipzig] 872, Ahn's Verlag. cart.

Ahn, F., französische Fibel. Erste Uebungen im Französischen für Knaben und Mädchen von 6—10 Jahren. 5. Aufl. 1875. (IV, 77 S.) und 6. und 7. Aufl. gr. 16. (IV, 74 S.) Leipzig 876,77, Ahn's Verlag. cart.

— dasselbe. 8. Aufl. gr. 16. (IV, 73 S.) Ebend. 882. cart. n. — 75

Ahn, F., französische Fibel. Erste Uebungen im Französischen f. Knaben u. Mädchen v. 6—10 Jahren. 10. Aufl. 12. (IV, 72 S.) Leipzig 889. Ahn's Verl. cart. n. — 75

Ahn, F. Französ. Fibel. Erste Uebgn. im Französ. f. Knaben u. Mädchen v. 6—10 Jahren. 10. Aufl. 12. (IV, 72 S.) [Lpz. 889], Limburg, Verlag der St. Marien-Stiftung. cart. * — 75

Ahn, F., englisches Gesprächbuch für höhere Töchterschulen. gr. 8. Köln 861, DuMont-Schauberg'sche Buchh.

— englisch-deutsches Gesprächbuch f. höhere Töchterschulen. — English-german conversation-book for young ladies. Leipzig, 864. Brockhaus. 8. (VIII, 100 S.) n. 10 ngr.

Ahn, F.: engl.-deut. Gesprächb. f. höh. Töchtersch. 8°(100).– Lpzg. 1865, Brockhaus.

— französisch-deutsches Gesprächbuch für höhere Töchterschulen. Köln, 864. Du Mont-Schauberg. 16. (VII, 120 S.) 9 ngr.

— französisches Gesprächbuch für höhere Töchterschulen. 2. Aufl. 8. (VII, 120 S.) Köln 871, DuMont-Schauberg'sche Buchh.

— französisch-deutsches Gesprächbuch f. höhere Töchterschulen. 3. Aufl. gr. 16. (IV, 124 S.) Köln 877. Du Mont-Schauberg. — 90

— italienisch-deutsches Gesprächbuch für höhere Töchterschulen. 8. (VI und 124 S.) Köln 867, DuMont-Schauberg'sche Buchh.

— grammaire allemande théorique et pratique. Leipzig, 859. Brockhaus. 8. (VIII, 252 S.) n. 1 ℛℬ

— Grammaire allemande théorique et pratique. 2. Edit. 8. (IV und 252 S.) Leipzig 865, Brockhaus. *

— Grammaire allemande théorique et pratique. 3e édit. revue et corrigée — 8e édit. 8. (VIII, 252 S.) Leipzig 869—74, Brockhaus. *

— Grammaire allemande théorique et pratique. 9e et 10e édit. 8. (VIII, 252 S.) Leipzig 876,79, Brockhaus. *

— Grammaire allemande théorique et pratique. 11e et 12e édit. 8. (VI, 252 S.) Leipzig 881,83, Brockhaus. *

Ahn, F., grammaire allemande théorique et pratique. 12. éd. 8. (VI, 252 S.) Leipzig 883. Brockhaus. n. 2. 40

— grammaire allemande théorique et pratique. 13. éd. 8. (VI, 252 S.) Leipzig 888. Brockhaus. n. 2. 40

Ahn, F., Grammaire allemande théorique et pratique. 14. éd. 8. (VI, 252 S.) Leipzig 897. F. A. Brockhaus. n. 2. 40

— grammaire allemande théorique et pratique. 16. éd. 8. (VIII, 252 S.) Leipzig 872. Brockhaus. n. 2. 40

— dasselbe. Traduction des thèmes français. 8. (54 S.) Ebend. 880. n. — 80

— a new practical grammar of the Dutch language. With dialogues and readings in prose and verse. London 854. Thimm. 8. (2 Bl., 105 S.) n. 1 ℛℬ 10 ngr.

— a practical grammar of the german language. Author's own edition. 8. (XV und 352 S.) Leipzig 861, Brockhaus' Sortiment und Antiquarium. *

— englische Grammatik f. Gymnasien u. Realschulen. Mainz, 863. Kupferberg. gr. 8. (VIII, 182 S.) 15 ngr.

— französ. Grammatik f. Gymnasien u. höhere Bürgerschulen. gr. 8. Mainz 832. Kupferberg. 12 ggr.

Ahn, Fr., französische Grammatik für Gymnasien u. höhere Bürgerschulen. 2e verb. u. verm. Aufl. gr. 8. Mainz 834. Kupferberg. 1/2 ℛℬ 3e verb. und verm. Aufl. gr. 8. Ebd. 836. 1/2 ℛℬ 4e Aufl. 838. 1/2 ℛℬ 5e verm. Aufl. 840. 1/2 ℛℬ

Ahn, F., Französ. Grammatik für Gymnasien u. höhere Bürgerschulen. 6. Aufl. 841. — 7. verb. Aufl. gr. 8. Mainz 843, Kupferberg. 1/2 ℛℬ

— Französische Grammatik f. Gymnasien u. höh. Bürgerschulen. 10. verb. u. verm. Aufl. gr. 8. (XII u. 244 S.) Mainz 846, Kupferberg. — 11. verb. u. verm. Aufl. gr. 8. (XII u. 244 S.) Ebend. 848. — 12. Aufl. gr. 8. (XII u. 244 S.) Ebend. 849. — 13. Aufl. gr. 8. (XII u. 244 S.) Ebend. 850. — 14. Aufl. gr. 8. (XII u. 244 S.) Ebend. 851. 1/2 ℛℬ

— — 15. Aufl. Ebd. 1852. XII, 244 S. 6. 2.5043

— Französische Grammatik f. Gymnasien u. höhere Bürgerschulen. 16. Aufl. 853. (XII, 244 S.) — 17. Aufl. Mainz 854. Kupferberg. gr. 8. (X, 230 S.) 15 ngr.

— — 18. Aufl. Ebd. 1855. VIII, 230 S. 2. 2.5045

— — 1. Thl. Die elementare Grammatik. 19. Aufl. (X, 230 S.) 15 ngr. — 2. Thl. Die Satzlehre f. die oberen Klassen. (VI, 278 S.) 18 ngr. Ebend. 856. gr. 8. 1 ℛℬ 3 ngr.

— französische Grammatik f. Gymnasien u. höhere Bürgerschulen. 1. Theil. Die elementare Grammatik. 22—25. Auflage. Mainz, 859—63. Kupferberg. gr. 8. (X, 230 S.) 15 ngr.

— französische Grammatik für Gymnasien und höhere Bürgerschulen. 1. Thl. Die elementare Grammatik. 25.—30. Aufl. gr. 8. (X und 231 S.) Mainz 863—67, Kupferberg.

— französische Grammatik für Gymnasien, Real- und höhere Bürgerschulen. 1. Thl. Die elementare Grammatik. 31.—35. Aufl. gr. 8. (X, 231 S.) Mainz 868—73, Kupferberg.
2. Thl. Ebendas. 1856. ℳ 1,80.

— französische Grammatik für Gymnasien, Real- und höhere Bürgerschulen. 2 Thle. gr. 8. Mainz, Kupferberg.
Inhalt:
Thl. 1. Die elementare Grammatik. 36.—38. Aufl. (X, 231 S.) 875—80. ℳ 1,50.
2. Die Satzlehre. 2. theilweise umgearb. Aufl. Hrsg. von F. H. Ahn. (VIII, 245 S.) 876. ℳ 1,80.

Ahn, F., französische Grammatik f. Gymnasien, Real- u. höhere Bürgerschulen. 1. Thl. Die elementare Grammatik. 39. Aufl. gr. 8. (X, 231 S.) Mainz 882. Kupferberg. 1. 50

— französische Grammatik f. Gymnasien, Real- u. höhere Bürgerschulen. 1. Tl. Die elementare Grammatik. 41. Aufl. gr. 8. (X, 231 S.) Mainz 886. Kupferberg. 1. 50

Ahn, F., französische Grammatik f. Gymnasien, Real- u. höhere Bürgerschulen. 1. Thl. Die elementare Grammatik. 43. Aufl. gr. 8. (X, 231 S.) Mainz 892. F. Kupferberg. 1. 50

— Grundzüge der Englischen Aussprache, f. Gymnasien u. Realschulen. 12. (IV u. 103 S.) Köln 850, Du Mont-Schauberg. 1/4 ℛℬ

— Grundzüge der englischen Aussprache für Gymnasien und Realschulen. 2., verb. Aufl. 12. Köln 857, DuMont-Schauberg'sche Buchh.

Ahn, Franz
— Handbuch des kaufmännischen Briefwechsels. Von F. Ahn. — Aachen & Leipzig: Mayer 1837. 190 S. (Vollständige kaufmännische Bibliothek. 1.2.)
1: Fg 5376-1.2. 2.5049

— Handbuch d. deutschen Handelscorrespondenz, s. Bibliothek, kaufmännische.

— Handbuch der engl. Handels-Correspondenz, mit beigefügter Uebersetzung aller in den Briefen vorkommenden schwierigen Wörter und Ausdrücke. 8. Aachen 839. Mayer. 1/2 ß

— Handbuch der franz. Handels-Correspondenz. 8. Köln 836. Dü Mont-Schauberg. 3/4 ß

—— Handbuch der holländ. Handelscorrespondenz, nebst d. nöth. Anmerk. einer Sammlung d. gebräuchl. Formularen u. Erklärung d. kaufmänn. Kunstausdrücke. 8. (11 3/4 B.) Crefeld 843, Schüller.

— Handbuch der italienischen Handels-Correspondenz; s.a. Bibliothek, vollständige kaufmännische, 15s u. 16s Hft.

— Handbuch der italienischen Handels-Korrespondenz, mit beigefügter Uebers. aller in den Briefen vorkommenden schwierigen Wörter u. Ausdrücke. Von Fr. Ahn. — Aachen & Leipzig: Mayer 1840. (Vollständige kaufmännische Bibliothek. 15.16.) 1: Fg 5376–15.16.
2.5063

—— neues Handb. d. franz. Sprache u. Lit., od. Sammlung auserles. Stücke a. d. klass. franz. Schriftstellern, in chronolog. Folge bis auf d. neueste Zeit, nebst biograph. Skizzen, Karakteristiken u. bibliograph. Nachweisungen. Zum Gebr. f. höh. Bildungsanst. — Prosaischer Thl. gr. 8. (35 3/4 B.) Mainz 834, Kupferberg.

Ahn, Fr., neues Handbuch der franz. Sprache u. Literatur, od. Samml. auserles. Stücke a. d. klass. französ. Schriftstellern, in chronolog. Folge bis auf d. neueste Zeit, nebst biograph. Skizzen, Karakteristiken u. bibliograph. Nachweisn. Zum Gebr. f. höhere Bildungsanstalten. Prosa. Thl. 2., revid. Aufl. gr. 8. (35 3/4 B.) Mainz 838, Kupferberg. Thlr.

—— Handbuch der französischen Sprache und Literatur für höhere Bildungsanstalten. 1 Thl.: Prosa. 3., verm. Aufl. gr. 8. (VIII und 404 S.) Mainz 853, Kupferberg.

— Handbuch der holländischen Sprache. 8. (VII, 288 S.) Leipzig 883. Ahn's Verl. n.n. 2. 60

— Handbuch der engl. Umgangssprache. 8. Köln 834. J. G. Schmitz. 5/12 ß Dasselbe mit deutscher und franz. Uebersetzung. 2e verm. Aufl. 16. Mainz 839. Kupferberg. 1/2 ß

—— Handbuch d. engl. Umgangssprache, mit deutscher u. franz. Uebersetzung. 3. u. 4., verm. Aufl. Breit 16. (14 3/4 B.) Mainz 842, 46, Kupferberg. à

— Handbuch der englischen Umgangssprache, mit deutscher und französ. Uebersetzung. 6., verb. Aufl. Ebend. 855. gr. 16. (VIII. 228 S.) 15 ngr

— Handbuch der englischen Umgangssprache mit deutscher u. französischer Uebersetzung. 7., verb. Auflage. Ebend., 859. 12. (VIII, 228 S.) 15 ngr

—— Handbuch der englischen Umgangssprache, mit deutscher und französischer Uebersetzung. 8. Aufl. gr. 16. (VIII und 228 S.) Mainz 865, Kupferberg.

—— Handbuch der englischen Umgangssprache, mit deutscher und französ. Uebersetzung. 9. Aufl. 4. (VIII, 228 S.) Mainz 868, Kupferberg.

— Handbuch der englischen Umgangssprache. 10. umgearb. Aufl. hrsg. v. F. H. Ahn. 8. (IX, 244 S.) Ebend. 871. 1. 50

— dasselbe m. deutscher u. französ. Uebersetzg. 11. unveränd. Aufl. gr. 16. (VIII, 228 S.) Ebend. 874. n. 1. 50

—— Handbuch d. franz. Umgangssprache. 2., verb. A. (10 1/2 B.) 3., verb. A. (10 B.) 8. Köln 832, 35, DuMont-Schauberg. à

—— Handbuch der franz. Umgangssprache. 3—6., verb. u. verm. Aufl. gr. 12. (3. u. 4. Aufl. à 6 2/3 B., 5. u. 6. Aufl. à 7 B.) Köln 835, 37, 40 u. 41, DuMont-Schauberg. à

—— Handbuch d. französ. Umgangssprache. 7., verm. Aufl. gr. 12. (7 2/3 B.) Köln 843, DuMont-Schauberg.

— Handbuch der Französischen Umgangssprache. 10. Aufl. gr. 8. (IV u. 176 S.) Ebend. 850. — 11. Aufl. gr. 8. (IV u. 176 S.) Ebend. 850. 5/12 ß

— — 15. Aufl. Ebd. 1857. IV,216 S. 5.
2.5056

Ahn, F.: Handb. d. franz. Umgangsspr. 22. Aufl. 8°(176).– Köln 1864, Du Mont-Sch.

—— Handbuch der französischen Umgangssprache. 23. Aufl. 8. Mainz 866, Kupferberg.

—— Handbuch der französischen Umgangssprache. 24., verb. und verm. Aufl. 8. (IV, 214 S.) Mainz 869, Kupferberg.

Ahn, F., Handbuch der französischen Umgangssprache. 25. und 26. Aufl. 8. (IV, 214 S.) Köln 872,75, DuMont-Schauberg'sche Buchh. (ℳ 1,25.)

— Handbuch der französischen Umgangssprache. 27. Aufl. 8. (IV, 214 S.) Köln 880. Du Mont-Schauberg. 1. 50

— Handbuch der holländischen Umgangssprache. Nebst einem Anhang, enthalt.: die holländ. Münz., Maaße u. Gew. u. die Hauptreiserouten in Holland. 8. Crefeld 840. Schüller. 1/3 ß

— Handbuch der holländischen Umgangssprache. 2. verm. u. verbess. Aufl. Crefeld 855. Schüller. 8. (1 Bl., V, 120 S.) 10 ngr

— Handbuch der holländischen Umgangssprache. 4. verb. Aufl. 8. (XVI, 112 S.) Ebend. 883. n. 1. —

— Deutsche Handelskorrespondenz. — Englische Handelskorrespondenz, s. a. Bibliothek, vollständ. kaufmännische. 1. u. 2. 13. u. 14. Hft.

—— deutsche Handelskorrespondenz mit französischer Uebersetzung aller in den Briefen vorkommenden schwierigen Wörter und Ausdrücke. 5. verb. und verm. Aufl. 8. (XVI, 208 S.) Leipzig 878, Mayer. *
Bildet Heft 1 und 2 von: Bibliothek, vollständige kaufmännische.

—— englische Handelscorrespondenz, s. a. Bibliothek, vollständige kaufmännische.

— englische Handelskorrespondenz m. beigefügter Uebersetzung aller in den Briefen vorkommenden schwierigen Wörter u. Ausdrücke. 4. verm. u. verb. Aufl. 8. (XVI, 175 S.) Leipzig 882. Mayer. n. 2. —

— französische Handelskorrespondenz, s. a. Bibliothek, kaufmännische.

— französische Handelskorrespondenz m. beigefügter Uebersetzung aller in den Briefen vorkommenden schwierigen Wörter u. Ausdrücke. 7. verm. u. verb. Aufl. 8. (XVI, 210 S.) Ebend. 884. n. 2. —

— französische Handelskorrespondenz mit beigefügter Uebersetzung aller in den Briefen vorkommenden schwierigen Wörter u. Ausdrücke. 8. verm. u. verb. Aufl. Hrsg. v. F. H. Ahn. 8. (VIII, 204 S.) Leipzig 889. E. H. Mayer. n. 2. —; geb. n. 2. 50

Ahn, F., französ. Handelskorrespondenz m. beigefügter Übersetzg. aller i. d. Briefen vorkomm. schwier. Wörter u. Ausdrücke. 9., verm. u. verb. Aufl. 8. (VIII, 204 S.) Leipzig 895. E. H. Mayer. n. 2. —

—— holländische Handelscorrespondenz, nebst den nothwendigen Anmerkungen, einer Sammlung der gebräuchlichsten Formularen und Erklärung der kaufmänn. Terminologie. 3. Aufl. gr. 8. (VIII, 175 S.) Köln [Leipzig] 872, Ahn's Verlag. *

— italienische Handelskorrespondenz, s.: Bibliothek, vollständige kaufmännische.

— Jahrbuch f. d. Regierungsbezirk Aachen a. d. Gemeinjahr 1822. 8. Aachen, Schiffer.

—— Jahrbuch (Adreßbuch) f. d. Regierungsbezirk Aachen, a. d. Gemeinjahr 1831. 10. Jahrg. gr. 12. ($3\frac{1}{3}$ B.) Aachen, (Kohnen.)
1—9. Jahrg. 1822—30. (Aachen, Urlichs.) à 8 Gr.

—— a key to the exercises of Dr. Ahn's german grammar. 8. (70 S.) Leipzig 861, Brockhaus' Sortiment und Antiquarium. *

—— a key to the exercises of (the) new method of learning the german language. 1. and 2. Course. 2. Edit. 853–54., 3. Edit. 855. and 4. Edit. 8. (40 S.) Leipzig 856, Brockhaus. *

—— a key to the exercises of the new method of learning the german language. 1. and 2. Course. 5—7. Edit. 8. (40 S.) Leipzig 857—60, Brockhaus. *

Ahn, F., a key to the exercises of Ahn's new method of learning the German language. 1. and 2. Course. 8. and 9. Edit. 8. (40 S.) Leipzig 863,67, Brockhaus. *

—— a Key to the exercises of the new Method of learning the German Language. 1st and 2d Course. 10th and 11th edit. 8. (40 S.) Leipzig 870,72, Brockhaus. *

—— Key to the Exercises of Ahn's New method of learning the German Language. 1st and 2d course. 12th edit. 8. (40 S.) Ebendas. 881.

—— praktischer Lehrgang zur Erlernung der deutschen Sprache, nach Ahn's Methode, für Griechen bearb., s. Wied, Carl.

—— praktischer Lehrgang zur schnellen und leichten Erlernung der englischen Sprache. 1. Cursus. gr. 12. (IV und 115 S.) Köln 856, Du Mont-Schauberg'sche Buchh.

—— praktischer Lehrgang zur schnellen und leichten Erlernung der englischen Sprache. 1. Cursus. 5. Aufl. 12. (IV und 116 S.) Köln 861. Du Mont-Schauberg'sche Buchh.

—— praktischer Lehrgang zur leichten und schnellen Erlernung der englischen Sprache. 1. Cursus. 6.—11., verb. und verm. Aufl. 8. (IV und 126 S.) Köln 867, DuMont-Schauberg'sche Buchh.

Ahn, F., prakt. Lehrg. z. Erlerng. d. engl. Spr. 1. Curs. 13 Aufl. 8° (126).– Köln 1869, Du Mont-Sch.

—— praktischer Lehrgang zur leichten und schnellen Erlernung der englischen Sprache. 1. Cursus. 17.—20. Aufl. 8. (IV, 126 S.) Köln 868—74, DuMont-Schauberg'sche Buchh. (75 Pf.)

—— praktischer Lehrgang zur schnellen und leichten Erlernung der englischen Sprache. 1. Cursus. 21.—27. verb. und verm. Aufl. 8. (III, 126 S.) Köln 875—79, DuMont-Schauberg'sche Buchh.

—— praktischer Lehrgang zur schnellen und leichten Erlernung der englischen Sprache. 1. Cursus. 28. und 29. Aufl. 8. (III, 126 S.) Köln 882,83, DuMont-Schauberg'sche Buchh.
2. Cursus. Ebendas. 1879. 90 Pf.

—— praktischer Lehrgang zur schnellen und leichten Erlernung der englischen Sprache. 1. Kursus. 30.—32. Aufl. 8. (IV, 126 S.) Köln 885—88, DuMont-Schauberg'sche Buchh.

Ahn, F. Prakt. Lehrgang zur schnellen u. leichten Erlernung der engl. Sprache. 1. u. 2. Kurs. Köln, Du Mont-Schauberg. [1. Kurs. 33. u. 34. Aufl. (IV, 126 S.) 890,91; 2. Kurs. 11., teilweise umgearb. Aufl. (IV, 112 S.) 891.] à Kurs. — 90; 1 80

[F.] Praktischer Lehrgang zur schnellen u. leichten Erlernung der englischen Sprache. Von Dr. F[ranz] Ahn. [Kurs 1. 2.] *Köln: M. Dumont-Schauberg 1897.* 2 Bde 8.
1. 35. Aufl. (2 Bl., 126 S.) 2. 12. Aufl. (IV, 112 S.) [97. 8200 ...

— praktischer Lehrgang zur schnellen u. leichten Erlernung der englischen Sprache. 1. u. 2. Kurs. Köln, M. Du Mont Schauberg. 1. 80
1. 36. Aufl. (IV, 126 S.) 894. — 90
2. 11., teilweise umgearb. Aufl. Hrsg. v. F. H. Ahn. (IV, 112 S.) 891. — 90

— Prakt. Lehrgang zur schnellen u. leichten Erlernung d. engl. Sprache. 2 Kurse. 8. Köln 897. M. Du Mont-Schauberg. à — 90
1. 38. Aufl. (IV, 126 S.) — 2. 12. verb. Aufl. (IV, 112 S.)

— praktischer Lehrgang zur schnellen u. leichten Erlernung der englischen Sprache. 1. Kurs. 41. Aufl. 8. (IV, 126 S.) Köln 902. M. Du Mont-Schauberg. — 90

Ahn, F., praktischer Lehrgang zur schnellen u. leichten Erlernung der englischen Sprache. I. u. II. Kurs. 8. Cöln, M. Du Mont-Schauberg. à n. — 90
I. 43. Aufl. (IV, 126 S.) 906.
II. 13., verb. Aufl. (IV, 112 S.) 904.

—— Kursus 1. 45. Aufl. Ebd. 1908. 126 S.
1:N 09.1668–1.
2.5069

Ahn, F., praktischer Lehrgang zur schnellen u. leichten Erlerng. der englischen Sprache. Neubearb. v. J. Sporleder. I. u. II. Kurs. 8. Cöln, M. Du Mont-Schauberg.
I. 46. Aufl. (IV, 141 S.) 909. Geb. 1. 50
II. 14. Aufl. (VII, 179 S.) 910. 1. 50; geb. in Halbleinw. 1. 65; in Leinw. 1. 80

Ahn, Fr., praktischer Lehrgang zur schnellen und leichten Erlernung der englischen Sprache. 2. Cursus. Ebend. 857. 12. (IV, 126 S.) $7\frac{1}{2}$ ngl

— Praktischer Lehrgang zur schnellen und leichten Erlernung der englischen Sprache. Von F. Ahn. Cursus 2. 2. Aufl. — Köln: Dumont Schauberg 1858.
1:Z 2653$^{a}$–2.
2.5072

—— dass. — 2. Cursus. 5. Aufl. 8. (IV und 126 S.) Ebendas. 866.

—— dass. — 2. Cursus. 6. und 7. Aufl. 8. (IV, 126 S.) Ebendas. 868,73. (75 Pf.)
Schlüssel dazu. Ebendas. 1859. 90 Pf.

—— dass. — 2. Cursus. 8.—10. Aufl. 8. (IV, 126 S.) Ebendas. 875—79.

— dasselbe f. Deutsche in Amerika. Mit durchgäng. Bezeichng. der Aussprache u. Betong. Völlig umgearb. v. Carl Thdr. Eben. gr. 8. (VIII, 304 S.) Philadelphia 891. 911 Arch-Str., J. Kohler. 2. 55; geb. in Leinw. 3. 85

— dasselbe. Nebst Angabe der Aussprache m. deutschen Buchstaben u. deutschen Lauten v. J. C. Oehlschläger. Neue rev. Ausg. 1. Curs. 3. Aufl. (VI, 136 S.) 8. St. Louis, Mo. 902. Freiburg i/B., Herder. Geb. n. 1. —

— dasselbe. Nebst Angabe der Aussprache m. deutschen Buchstaben u. deutschen Lauten v. J. C. Oehlschläger. Neue, rev. Ausg. 2. Curs. 2. Aufl. (III, 136 S.) kl. 8. St. Louis, Mo. 904. Freiburg i/B., Herder. Kart. n. 1. —

— dasselbe. Nebst Angabe der Aussprache m. deutschen Buchstaben u. deutschen Lauten v. J. C. Oehlschläger. Neue, rev. Ausg. II. Curs. 3. Aufl. (III, 136 S.) kl. 8. St. Louis, Mo. 907. Freiburg i/B., Herder. Kart. 1. —

Ahn, Franz
— prakt. Lehrgang zur schnellen u. leichten Erlernung der französischen Sprache. 8. Köln 834. Du Mont-Schauberg.

—— praktischer Lehrgang zur schnellen u. leichten Erlern. der franz. Sprache. 1. Cursus. 2—10. Aufl. gr. 12. (10. Aufl. $5\frac{1}{2}$ B.) Köln 835—41, Du Mont-Schauberg. à

—— prakt. Lehrgang zur schnellen u. leichten Erlernung d. französischen Sprache. 1. u. 2. Cursus. gr. 12. Köln 842—45, DuMont-Schauberg. [1. 11—24. Aufl. (à $5\frac{1}{2}$ B.), 2. 3—8. Aufl. (à 5 u. 6 B.)] à Curs.
Vgl.: Hauschild's Elementarbuch.

Ahn, Fr., prakt. Lehrgang zur schnell. u. leicht. Erlernung d. Französ. Sprache. 1. Cursus. 25—29. Aufl. gr. 8. (IV u. 126 S.) Köln 847, Du Mont-Schauberg. — 30—36. Aufl. gr. 8. (IV u. 126 S.) Ebend. 848. — 37—42. Aufl. gr. 8. (IV u. 126 S.) Ebend. 849. — 43—54. Aufl. gr. 8. (IV u. 126 S.) Ebend. 850. — 55—63. Aufl. gr. 8. (IV u. 126 S.) Ebend. 851. 52. 1/4 ß

—— praktischer Lehrgang zur schnellen und leichten Erlernung der franz. Sprache. 1. und 2. Curs. gr. 12. Köln 847—51, Du Mont-Schauberg'sche Buchh. [1. 29—59. Aufl. (IV und 126 S.) à 7 1/2 Ngr., 2. 10—17. Aufl. (144 S.) à 7 1/2 Ngr.]

— praktischer Lehrgang zur schnellen und leichten Erlernung der französischen Sprache. 1. Cursus. 64.—110. Aufl. Ebend. 852—58. gr. 12. (126 S.) 7 1/2 ngr

Ahn, F., praktischer Lehrgang zur schnellen u. leichten Erlernung der französischen Sprache. 1. Cursus. 111—143. Aufl. u. 2. Cursus. 30—36. Aufl. Köln 859—64. Du Mont-Schauberg. gr. 8. (XVI, 126; 144 S.) Jeder Cursus 7 1/2 ngr.

—— praktischer Lehrgang zur schnellen und leichten Erlernung der französischen Sprache. 1. Cursus. 143.—158. Aufl. gr. 8. (XVI und 126 S.) Köln 863—67, DuMont-Schauberg'sche Buchh.

—— praktischer Lehrgang zur schnellen und leichten Erlernung der französischen Sprache. 1. Cursus. 159.—190. Aufl. gr. 8. (XVI, 126 S.) Köln 868—75, DuMont-Schauberg'sche Buchh.

—— praktischer Lehrgang zur schnellen und leichten Erlernung der französischen Sprache. 1. Cursus. 191.—200. Aufl. gr. 8. (XVI, 126 S.) Ebendas. 875—79.

—— praktischer Lehrgang zur schnellen und leichten Erlernung der französischen Sprache. 1. Cursus. 201.—206. Aufl. 8. (XVI, 126 S.) Ebendas. 880—83.

Ahn, F., praktischer Lehrgang zur schnellen und leichten Erlernung der französischen Sprache. 1. Cursus. 207.—209. Aufl. 8. (XVI, 126 S.) Köln 885,86, DuMont-Schauberg'sche Buchh.

—— dass. — 1. Cursus. 210. und 211. sorgfältig verb. und teilweise neu bearb. Aufl., hrsg. von F. H. Ahn. 8. (X, 169 S.) Ebendas. 886,87.

—— Prakt. Lehrgang zur schnellen u. leichten Erlernung d. französ. Sprache. 1. u. 2. Kurs. Hrsg. v. F. H. Ahn. 8. Köln, Du Mont-Schauberg. [1. Kurs. 212.—216. Aufl. (X, 169 S.) 889—92. — 90; 2. Kurs. 50. Aufl. (144 S.) 889. — 75.] 1 65

— dasselbe zur schnellen u. leichten Erlernung der französischen Sprache. 1. Kurs. 217. Aufl., hrsg. v. F. H. Ahn. gr. 8. (X, 169 S.) Köln 894. M. Du Mont-Schauberg. — 90

— prakt. Lehrgang zur schnellen u. leichten Erlernung d. franz. Sprache. 1. u. 2. Kurs. gr. 8. Ebd. 898. 1. 65
1. 220 Aufl., hrsg. v. F. H. Ahn. (X, 169 S) — 90. —
2. 52. Aufl. (144 S.) — 75.

Dr. F.[ranz] Ahns Praktischer Lehrgang zur schnellen und leichten Erlernung der französischen Sprache. Kursus 1. 2. Köln: M. Du Mont-Schauberg 1898-99. 2 Bde. 8°. [F.]
1. 221. Aufl., hrsg. von Dr. F(ranz)H(einrich) Ahn. 1899.
2. 32. Aufl. 1898. (00. 5500 5

— dasselbe zur schnellen u. leichten Erlernung der französischen Sprache. 1. Kurs. 223. Aufl. Hrsg.: F. H. Ahn. gr. 8. (X, 169 S.) Köln 899. M. Du Mont-Schauberg. — 90

— dasselbe, der französischen Sprache. I. u. II. Kurs. gr. 8. Cöln, M. DuMont-Schauberg. n. 1. 65
I. 226 Aufl., hrsg. v. F. H. Ahn. (X, 169 S.) 906. n. — 90
II. 53. Aufl. (144 S.) 903. n. — 75

— — Kursus 1. 227. Aufl., hrsg. von F[ranz] H[einrich] Ahn. Köln: du Mont-Schauberg; Leipzig: Köhler, Volckmar & Staackmann; Stuttgart: Koch; Wien: Friese & Lang 1907. X,169 S. 1:N 09.1669-1.
2.5093

— dasselbe der französischen Sprache. I. Kurs. 228. Aufl., hrsg. v. F. H. Ahn. (X, 169 S.) 8. Cöln 909. M. Du Mont-Schauberg. Geb. 1. 25

— — Kursus 1. 231. Aufl., hrsg. von F[ranz] H[einrich] Ahn. Ebd. 1912. X,184 S. 1:N 13.2931.
2.5094

— — Kursus 1. 232. Aufl., hrsg. von F[ranz] H[einrich] Ahn. Ebd. 1915. X,184 S. 1:N 15.1334.
2.5095

— — Kursus 1. 236.-237. Aufl. Neu bearb. von W[oldemar] Lommatzsch. — Köln: du Mont-Schauberg 1921. XII,10, 174 S. 1:Xs 3840[236].
2.5096

—— dass. 2. Curs. 1. u. 2. Aufl. gr. 12. (à 5 B.) Köln 840, Du Mont-Schauberg. à

— — Cursus 2. 3. verb. u. verm. Aufl. Ebd. 1841. VI,122 S.
5.
2.5099

— Dass. 2. Cursus. 4. stark verm. Aufl. gr. 12. Ebd. 843. 1/4 ß — 5., 6. Aufl. gr. 12. Ebd. 843, 44, à 1/4 ß — 7., 8. Aufl. Ebd. 845. 1/4 ß

— Dass. 2. Cursus. 9. u. 10. Aufl. gr. 8. (141 S.) Ebend. 847. — 11. u. 12. verm. u. verb. Aufl. gr. 12. (144 S.) Ebend. 848. — 13. u. 14. Aufl. gr. 8. (144 S.) Ebend. 848. — 15 u. 16. Aufl. gr. 8. (144 S.) Ebend. 851. — 17. Aufl. gr. 8. (144 S.) Ebend. 851. 1/4 ß (1. u. 2.: 1/2 ß)

— — 2. Cursus. 18—29. Aufl. Ebend. 852—58. gr. 12. (144 S.) 7 1/2 ngr

—— praktischer Lehrgang zur schnellen und leichten Erlernung der französischen Sprache. 1. Cursus. 110. Aufl. und 2. Cursus. 30. Aufl. gr. 12. (XVI und 126, 144 S.) Köln 858. 59, Du Mont-Schauberg'sche Buchh. à 7 1/2 Ngr.

—— dass. — 2. Cursus. 36.—89. Aufl. gr. 8. (144 S.) Ebendas. 863—67.

—— dass. — 2. Cursus. 40.—45. Aufl. gr. 8. (144 S.) Ebendas. 868—75.

—— dass. — 2. Cursus. 46. Aufl. gr. 8. (144 S.) Ebendas. 877.

—— dass. — 2. Cursus. 47. und 48. Aufl. gr. 8. (144 S.) Ebendas. 881,84.

—— dass. — 2. Cursus. 49. Aufl. 8. (144 S.) Ebendas. 887.

— praktischer Lehrgang zur schnellen u. leichten Erlernung der französischen Sprache. 1. u. 2. Kurs. gr. 8. Ebd. 1. 65
1. Kurs. 214. Aufl., hrsg. v. F. H. Ahn. (X, 169 S.) 889. — 90
2. Kurs. 50. Aufl. (144 S.) 889. — 75

— — Cursus 2. 51. Aufl. Ebd. 1895. 5.
2.5106

— — Cursus 2. 52 Aufl. Ebd. 1898. 5.
2.5107

— — Kursus 2. 54. Aufl. Köln: du Mont-Schauberg; Leipzig: Volckmar & Staackmann; Wien: Friese & Lang 1907. IV,142 S. 1:N 09.1669-2.
2.5108

— praktischer Lehrgang zur schnellen u. leichten Erlernung der italienischen Sprache. 1. Cursus. 1—3. Auflage. Ebend., 859—63. 12. (III, 88 S.) 7 1/2 ngr.

—— praktischer Lehrgang zur schnellen und leichten Erlernung der italienischen Sprache. 1. Cursus. 3.—5. Aufl. 12. (III und 88 S.) Köln 863—66, DuMont-Schauberg'sche Buchh.

—— praktischer Lehrgang zur schnellen und leichten Erlernung der italienischen Sprache. 1. Cursus. 6.—8. Aufl. 12. (III, 88 S.) Köln 868—74, DuMont-Schauberg'sche Buchh. (75 Pf.)

—— praktischer Lehrgang zur schnellen und leichten Erlernung der italienischen Sprache. 1. Cursus. 9.—11. Aufl. 8. (III, 88 S.) Ebendas. 875—77.

—— praktischer Lehrgang zur schnellen und leichten Erlernung der italienischen Sprache. 1. Cursus. 12. Aufl. 8. (III, 88 S.) Ebendas. 881.
2. Cursus. Ebendas. 1877. 90 Pf.

—— praktischer Lehrgang zur schnellen und leichten Erlernung der italienischen Sprache. 1. und 2. Kursus. 8. Ebendas. [1. Kursus. 13.—15. Aufl. (III, 88 S.) 883—87; 2. Kursus. 8. Aufl. (VI, 100 S.) 885.]

—— Prakt. Lehrgang zur schnellen u. leichten Erlernung d. italien. Sprache. 1. u. 2. Kurs. 8. Ebd. [1. Kurs. 16. u. 17. Aufl. (III, 88 S.) 889,91; 2. Kurs. (VI, 100 S.) 890.] à Kurs. — 90; 1 80

— dasselbe zur schnellen u. leichten Erlernung der italienischen Sprache. 1. Kurs. 18. Aufl. 8. (III, 88 S.) Ebd. 894. — 90

— prakt. Lehrgang zur schnellen u. leichten Erlernung d. italien. Sprache. 1. u. 2. Kurs. 8. Ebd. à — 90
1. 19. Aufl. (III, 88 S.) 896. — 2. 10. Aufl. (IV, 100 S.) 898.

— dasselbe zur schnellen u. leichten Erlernung der italienischen Sprache. 1. Kurs. 20. Aufl. 8. (III, 88 S.) Ebd. 899. — 90

— dasselbe, der italienischen Sprache. 1. Kurs. 21. Aufl. (III, 88 S.) 8. Ebd. 903. n. — 90

— dasselbe der italienischen Sprache. I. u. II. Kurs. 8. Ebd. Geb. à 1. 25
I. 22. Aufl. (III, 88 S.) 907. — II. 11. Aufl. (IV, 100 S.) 910.

— — 2. Cursus. Ebend., 859. 12. (IV, 99 S.) 7½ ngr.

—— dass. — 2. Cursus. 3. Aufl. 8. (IV und 99 S.) Ebendas. 865.

—— dass. — 2. Cursus. 4. und 5. Aufl. 8. (IV, 99 S.) Ebendas. 868,70. (75 Pf.)

—— dass. — 2. Cursus. 6. und 7. Aufl. 8. (104 S.) Ebendas. 876—79.

— praktischer Lehrgang zur schnellen u. leichten Erlernung der italienischen Sprache. 1. u. 2. Kurs. 8. Ebend. 885. à — 90
1. 14. Aufl. (III, 88 S.) — 2. 8. Aufl. (VI. 100 S.)

— praktischer Lehrgang zur schnellen u. leichten Erlernung d. italien. Sprache. 1. u. 2. Kurs. 8. Ebd. 1. 80
1. 16. Aufl. (III, 88 S.) 889. — 90
2. 9. Aufl. (VI, 100 S.) 890. — 90

Praktischer Lehrgang zur schnellen und leichten Erlernung der ital[ie]-nischen Sprache von F[ranz] Ahn. 2. Kursus. 10. Aufl. *Köln: M. Du Mont-Schauberg 1898.* (IV, 100 S.) 8° [F.] 103.935.5

—— praktischer Lehrgang zur schnellen und leichten Erlernung der ungarischen Sprache, bearb. von Ludw. Nagy. 2 Thle. 8. Budapest, Benkö. [1. Thl. 3. Aufl. (96 S.) 883; 2. Thl. 2. Aufl. (70 S.) 884.] à Thl. * 80 Pf.; geb. in 1 Bde. *

—— englisches Lesebuch für Gymnasien und Realschulen. gr. 8. (VIII und 272 S.) Köln 851, Du Mont-Schauberg'sche Buchh.

—— englisches Lesebuch für höhere Töchterschulen. gr. 8. (VIII und 175 S.) Köln 861, Du Mont-Schauberg'sche Buchh.

—— erstes Lesebuch f. d. Unterr. in d. engl. Sprache. — A. u. d. T.: Letters of Lady M. W. Montague. With explanatory german notes and a copious vocabulary. 8. (8 B.) Crefeld 838, Schüller.

—— u. P. J. Leloup, franz. Leseb., in 3 Curs., m. Anmerkn. u. ein. Wortregister. (1. Aufl.) 8. (17 B.) Aachen 827, Cremer.

Ahn, (F. u. P. J.,) Leloup, französisches Lesebuch, in 3 Cursen, mit Anmerkk. u. Wortregister. 8. Aachen 827, La Ruelle u. D. Rthlr.

— u. P. J. Leloup, französ. Lesebuch, in 3 Bden, mit Anmerkk. u. Register. 8. Aachen 827. L. Ruelle u. D. 16 ggr. 2e verb. Aufl. in 3 Cursus. Mit Anmerkk. u. Wörterverzeichniß. 8. Ebd. 832. Cremer. 16 ggr.

—— franz. Lesebuch in 3 Kurs., m. Anmerkn. u. ein. Wörterverzeichniß. 2., verb. u. verm. Aufl. (18¾ B.) 832. 18 Gr., 3., verm. A. (18 B.) 833, 4., verm. A. ... 8. Aachen 835. Cremer. à

—— französisches Lesebuch in drei Kursus, mit Anmerkn. u. e. Wörterverzeichniß, f. Gymnasien und höhere Bürgerschulen. 4—7., verb. u. verm. Aufl. — A. u. d. T.: Französisches Lesebuch. I. Abthl., f. d. untern u. mittl. Klassen. gr. 8. (7 Aufl. 16 B.) Aachen 835—41, Cremer'sche Buchh. à

—— französisches Lesebuch in 3 Kursus, mit Anmerk. u. e. Wörterverzeichniß für die untern u. mittl. Klassen d. Gymnasien u. höhern Bürgerschulen. 8. Aufl. gr. 8. (14½ B.) Köln 844, DuMont-Schauberg.

—— dass. (mit verändert. Ttl.) franz. Lesebuch für Gymnasien u. höhere Bürgerschulen. 2 Thle. gr. 8. Köln, DuMont-Schauberg. [1. Für d. unteren u. mittl. Klassen. 9., verm. Aufl. (15 B.) 845., 2. Für d. oberen Klassen. (11¼ B.) 846.] à

—— französisches Lesebuch für Gymnasien und höhere Bürgerschulen. 1. Thl. Für die unteren und mittleren Klassen. 10—12. Aufl. gr. 8. (XII und 226 S.) Köln 847—50, Du Mont-Schauberg'sche Buchh.
2. Theil. Ebendas. 846. 15 Ngr.

— — 13. Aufl. Th. 1. Für die unteren u. mittleren Klassen. Ebd. 1852. XII,226 S. 5.
2.5128

Ahn, F., franz. Lesebuch f. Gymn. 1. Thl.: Für d. unt. u. mittl Kl. 18 Aufl. 8°(226).– Köln 1864, Du Mont-Sch.

Ahn, Franz

—— französisches Lesebuch für Gymnasien und höhere Bürgerschulen. 1. Thl. Für die unteren und mittleren Classen. 19. Aufl. gr. 8. Köln 866, DuMont-Schauberg'sche Buchh.

—— französisches Lesebuch für Gymnasien und höhere Bürgerschulen. 1. Thl. Für die unteren und mittleren Classen. 20. und 21. Aufl. gr. 8. Köln 868,73, DuMont-Schauberg'sche Buchh. (ℳ 1,50.)

— französisches Lesebuch f. Gymnasien, Real- u. höhere Bürgerschulen. 1. Thl. Für die unteren u. mittleren Klassen. 22. Aufl. gr. 8. (X, 228 S.) Ebend. 880. 1. 80

—— französisches Lesebuch für Gymnasien, Realgymnasien und höhere Bürgerschulen. 1. Tl.: Für die unteren und mittleren Klassen. 23. sorgfältig durchgeseh. Aufl. Hrsg. von F. H. Ahn. gr. 8. (VIII, 228 S.) Köln 886, DuMont-Schauberg'sche Buchh.

—— dass. — 2. Thl. Für die oberen Classen. 3. Aufl. gr. 8. Ebendas. 862. (ℳ 1,50.)

— franz. Lesebuch für höhere Töchterschulen. gr. 12. Köln 839. Dü Mont-Schauberg. ½ rf

— französ. Lesebuch für höhere Töchterschulen. 2. verm. Aufl. gr. 12. Köln 841, Ebend. ½ rf — 3. Aufl. gr. 12. Ebend. 845. ½ rf

— Französ. Lesebuch f. höh. Töchterschulen. 4. Aufl. gr. 12. Ebend. 847. — 5. verm. Aufl. gr. 12. (VIII u. 226 S.) Ebend. 849. — 6. Aufl. gr. 12. (VIII u. 235 S.) Ebend. 851. ½ rf

—— französisches Lesebuch für höhere Töchterschulen. 7., verm. Aufl. gr. 12. (VIII und 241 S.) Köln 853, Du Mont-Schauberg'sche Buchh.

—— französisches Lesebuch für höhere Töchterschulen. 14., verm. Aufl. 8. Köln 865, DuMont-Schauberg'sche Buchh.

—— französisches Lesebuch für höhere Töchterschulen. 15. theilweise umgearb. Aufl. von F. H. Ahn. (VI, 258 S.) 1869, und 16. verm. Aufl. 8. Köln 872, DuMont-Schauberg'sche Buchh. (ℳ 1,50.)

— französisches Lesebuch f. höhere Töchterschulen. 17. Aufl. gr. 8. (VI, 258 S.) Ebend. 877. n. 1. 80

—— italien. Lesebuch in 3 Kurs., m. Anmerkn. u. ein. Wörterverzeichniß. 8. (19½ B.) Leipzig 834, Fr. Fleischer.

—— italienisches Lesebuch, mit Anmerkungen und Wörterverzeichniß. 2., verb. und verm. Aufl. gr. 8. (VIII und 199 S.) Leipzig 853, Fr. Fleischer.

— petit livre de conversation anglais-français à l'usage des institutions de demoiselles. Leipzig, 864. Brockhaus. 8. (VIII, 98 S.) n. 10 ngr.

—— petit livre de conversation anglais-français à l'usage des institutions de demoiselles. 8. (VIII und 98 S.) Leipzig 865, Brockhaus. *

— petit livre de conversation anglais-français à l'usage des institutions de demoiselles. 2. éd. 8. (VI, 98 S.) Leipzig 882. Brockhaus. n. 1. —

— petit livre de conversation anglais-français à l'usage des institutions de demoiselles. 3. éd. revue et corrigée. 8. (VI, 98 S.) Leipzig 894. F. A. Brockhaus. n. 1. —

—— petit livre de conversation italien-français à l'usage des institutions de demoiselles. 8. (VI und 124 S.) Köln 867, DuMont-Schauberg'sche Buchh.

— manual of german conversation or vademecum for english travellers. 2. ed. 8. (X, 187 S.) London 875. Strassburg, Trübner. n. 2. —

Ahn, (F.,) Manuel de conversation française. Handbuch d. franz. Uebungssprache. 8. Köln 827. Dumont-Schauberg.

— manuel de conversation française. Handb. d. franzöf. Umgangssprache. 8. Köln 827. 2e verb. Aufl. 832. 10 gl. DuMont-Schauberg. 12 gl.

—— Manuel de la correspondance commerciale, s. Bibliothek, kaufmännische.

— Manuel de la correspondance commerciale par F. Ahn. — Aix-la-Chapelle & Leipsic: Mayer 1838. 187 S. (Vollständige kaufmännische Bibliothek. 3. 4.)
1: Fg 5376-3. 4.
2.8134

—— new method of learning the German language, a Key to the exercises, s. Key.

— a new, practical and easy method of learning the German language. 1. Course. 8. (86 S. u. 1 lith. Taf.) Leipzig 849, Brockhaus. ⅓ ₰ — 2. edition. 8. (II u. 86 S.) Ebend. 851. n. ⅓ ₰ — 3. edition. 8. (86 S.) Ebend. 852. n. ⅓ ₰ — 2. Course. 8. (IV u. 118 S.) Ebend. 850. n. 12 ngl (1 u. 2.: n. 22 ngl)

—— a new, practical and easy method of learning the german language. I. Course. 3. and 4. Edition. (86 S.) 1852—53. 5. and 6. Edition. and 2. Course. 4. and 5. Edition. 8. (II und 86, V und 118 S.) Leipzig 854, Brockhaus. [Course I. * 10 Ngr., 2. * 12 Ngr.] Thlr. *

— a new, practical and easy method of learning the German language. 1. course. 6—13. edit. Leipzig 854—58. Brockhaus. 8. (1 Bl., 86 S.) n. 10 ngl

—— a new, practical and easy method of learning the german language. 1. Course. 11—17. Edit. 8. (II und 86 S. mit 1 Stnt.) Leipzig 857—61, Brockhaus. *

—— a new, practical and easy method of learning the German language. 1. Course. 18.—22. Edit. 8. (86 S. mit 1 Stnt.) Leipzig 863—67, Brockhaus. *

—— a new, practical and easy Method of learning the German Language. 1st Course. 23d—30th edit. 8. (IV, 86 S.) Leipzig 868—74, Brockhaus. *

—— a new, practical and easy method of learning the German language. 1st course. 31st—34th edit. 8. (IV, 86 S.) Leipzig 875—79, Brockhaus. *

—— a new, practical and easy Method of learning the German language. 1st course. 35th—37th edit. 8. (IV, 86 S.) Ebendas. 881—84. *

—— a new, practical and easy Method of learning the German language. 1st course. 38th edit. 8. (IV, 86 S.) Leipzig 887, Brockhaus. *
—— dass. — 2d course. 30th edit. 8. (IV, 120 S.) Ebendas. 888. *
3d course. Ebendas. 1884. * ₰ 1.—.

—— A new, practical and easy method of learning the German Language. 1. course. 39. ed. 8. (86 S.) Lpz. 890, Brockhaus. * 1 —

— a new, practical and easy method of learning the German language. 3 courses. 8. Ebd. 894. n. 3. 20
1. 40. ed. (IV, 86 S.) n. 1. —
2. 31. ed. (IV, 120 S.) n. 1. 20
3. 12. ed. (IV, 91 S.) n. 1 —

— A new practical and easy method of learning the German language. 1. and 2. course. 8. Leipzig, F. A. Brockhaus. n. 2. 20
1. 41. ed. (IV, 86 S.) 896. n. 1. —
2. 32. ed. (IV, 120 S.) 900. n. 1. 20

— — 2. course. 4—11. edit. Ebend. 854—58. 8. (IV, 120 S.) n. 12 ngl

— — 2. Course. 12—16. edit. Ebend., 859—64. (IV, 120 S.) n. 12 ngr.

—— dass. — 2. Course. 15.—18. Edit. 8. (IV und 120 S.) Ebendas. 863—67. *

—— dass. — 2d Course. 19th—24th edit. 8. (IV, 120 S.) Ebendas. 868—74. *

—— dass. — 2d course. 25th and 26th edit. 8. (IV, 120 S.) Ebendas. 875,78. *

—— dass. — 2d course. 27th—29th edit. 8. (IV, 120 S.) Ebendas. 879—84. *

— a new, practical and easy method of learning the German language. 1. and 2. course. 8. Leipzig, Brockhaus. n. 2. 20
1. 38. ed. (IV, 86 S.) 887. n. 1. —
2. 30. ed. (IV, 120 S.) 888. n. 1. 20

— — 3. course, cont. a selection of pieces from modern authors with explanatory notes. 1. and 2. edit. Ebend. 854, 58. 8 (VI, 91 S.) n. 10 ngl

— — 3. Course. 3. u. 4. edit. 8. Ebend., 861, 64. (IV, 91 S.) n. 10 ngr.

—— dass. — 3d Course. Containing a selection of pieces from modern authors, with explanatory notes. 5th—8th edit. 8. (IV, 91 S.) Ebendas. 868—74. *

—— dass. — 3d course. Containing a selection of pieces from modern authors, with explanatory notes. 9th—11th edit. 8. (IV, 91 S.) Ebendas. 878—84. *

— dasselbe. Key. 1. a. 2. course. 11. ed. 8. (40 S.) Ebend. 872. n. — 50

— dasselbe. 1. and 2. course. Key. 12. ed. 8. (40 S.) Ebd. 881. n. — 50

Ahn, Franz
— A new, practical and easy method of learning the German language. With a pronunciation, arrang. according to J. C. Oehlschlaeger's pronouncing German dictionary. Rev. et 1. course 3. ed. 8 (IV, 109 S. m. 1 Schrifttaf.) St. Louis, Mo. 897. Freiburg i/B., Herder. Geb. in Leinw. n. 2. —

—— a new, practical and easy method of learning the italian language. 1. and 2. Course with a key to the exercises. gr. 12. (IV und 220 S.) Leipzig 860, Brockhaus' Sortiment und Antiquarium. *

—— nouvelle méthode pratique et facile p. apprendre la langue allemande. 8. (7 B. u. 1 Stnt.) Leipzig 843, Brockhaus et Avenarius. *

—— nouvelle méthode pratique et facile pour apprendre la langue allemande. I. Cours. 2—4. Édition, revue et augmentée. 8. (IV und 87 S.) Leipzig 847—51, Brockhaus. *

— nouvelle méthode pratique et facile pour apprendre la langue allemande. 1. cours. 6.—11. édit., revue et augmentée. Ebend. 854—58. 8. (IV, 87 S.) n. 8 ngl

— nouvelle méthode pratique et facile pour apprendre la langue allemande. 1. Cours. 12—19. édit. Ebend., 859—64. 8. (III, 87 S.) n. 8 ngr.

—— nouvelle méthode pratique et facile pour apprendre la langue allemande. 1. Cours. 17. — 23. Édit. 8. (III und 87 S. mit 1 Stnt.) Leipzig 863—67, Brockhaus. *

—— nouvelle méthode pratique et facile pour apprendre la langue allemande. 1er cours. 24e—66e édit. 8. (IV, 87 S.) Leipzig 868—74, Brockhaus. *

—— nouvelle méthode pratique et facile pour apprendre la langue allemande. 1er cours. 67e—94e édit. 8. (IV, 87 S.) Ebendas. 875—80. *

—— nouvelle méthode pratique et facile pour apprendre la langue allemande. 1er cours. 95e—115e édit. 8. (IV, 87 S.) Ebendas. 880—84. *

—— nouvelle méthode pratique et facile pour apprendre la langue allemande. 1er cours. 116e—128e édit. 8. (IV, 87 S.) Ebendas. 885—88. *

—— Nouvelle méthode pratique et facile pour apprendre la langue allemande. 1er—3e cours. 8. Lpz., Brockhaus. [1er cours. 129e—135e édit. (IV, 87 S.) 889—92. * — 80; 2e cours. 53e et 54e édit. (IV, 118 S.) 890—91. * 1 —; 3e cours. 40e édit. (IV, 91 S.) 891. * — 80.] * 2 60

— nouvelle méthode pratique et facile pour apprendre la langue allemande. 3 cours. 8. Ebd. n. 2. 60
1. 136. éd. (IV, 87 S.) 891. n. — 80
2. 58. éd. (IV, 118 S.) 894. n. 1 —
3. Renfermant des morceaux choisis de littérature allemande, faciles et gradués, et accompagnés de notes explicatives. 39. éd. (IV, 91 S.) 895. n. — 80

— Nouvelle méthode pratique et facile pour apprendre la langue allemande. 2 cours. 8. Leipzig 897. F. A. Brockhaus. n. 1. 80
1. 144 éd. (IV, 87 S.) n. — 80. — 2. 57. éd. (IV, 118 S.) 896. n. 1. —.

— Nouvelle méthode pratique et facile pour apprendre la langue allemande. 3 cours. 8. Ebd. n. 2. 60
1. 148. éd. (IV, 87 S.) 900. n. — 80
2. 58. éd. (IV, 118 S.) 899. n. 1. —
3. Renfermant des morceaux choisis de littérature allemande. faciles et gradues, et accompagnés de notes explicatives. 42. éd. (IV, 91 S.) 898. n. — 80

— Nouvelle méthode pratique et facile pour apprendre la langue allemande. I. et III. cours. 8. Leipzig, F. A. Brockhaus. à n. — 80
I. 155. éd. (IV, 87 S.) 906.
III. Renfermant des morceaux choisis de littérature allemande, faciles et gradués, et accompagnés de notes explicatives. 44. éd. (IV, 91 S.) 906.

— Nouvelle méthode pratique et facile pour apprendre la langue allemande. I. et II. cours. 8. Leipzig, F. A. Brockhaus. 1. 80
I. 158. éd. (IV, 87 S.) 909. — 80
II. 60. éd. (IV, 116 S.) 910. 1. —

—— le même, 2. Cours. Édition 1 et 2. 8. Le même. [Édit. 1. (VIII und 117 S.) 848., 2. (117 S.) 850.] *

—— le même. — 2. Cours. 4. Édition. 1854. et 5. Édition. 8. (V und 118 S.) Le même 856. *

—— dass. — 2. Cours. 6—9. Édit. 8. (V und 118 S.) Ebendas. 857—61. *

— — 2. Cours. 8—10. édit. Ebend., 59—63. 8. (IV, 118 S.) n. 10 ngr.

—— dass. — 2. Cours. 10.—12. Édit. 8. (V und 118 S.) Ebendas. 863—66. *

—— dass. — 2e cours. 13e—31e édit. 8. (V, 118 S.) Ebendas. 868—74. *

—— dass. — 2e cours. 32e—41e édit. 8. (IV, 118 S.) Ebendas. 875—79. *

—— dass. — 2e cours. 42e—48e édit. 8. (IV, 118 S.) Ebendas. 880—84. *

— — dass. — 2e cours. 49e—52e édit. 8. (IV, 118 S.) Ebendas. 885—88. *

— nouvelle méthode pratique et facile pour apprendre la langue allemande. 3 cours. 8. Ebd. n. 2. 60
1. 133. éd. (IV, 87 S.) 890. n. — 80
2. 54. éd. (IV, 118 S.) 890. n. 1. —
3. Des morceaux choisis de littérature allemande, faciles et gradués, et accompagnés de notes explicatives. 39. éd. (IV, 91 S.) 888. n. — 80

—— le même. — 3. Cours, renfermant des morceaux choisis de littérature allemande, faciles et gradués, et accompagnés de notes explicatives. 1. Édition. 1852. et 2. Édition. 8. (IV und 91 S.) Le même 855. *

— — 3. Cours. Renfermant des morceaux choisis de littérature allemande faciles et graduées, et accompagnés de notes explicatives. 3—7. édit. Ebend., 859—64. 8. (IV, 91 S.) n. 8 ngr.

—— dass. — 3. Cours. Renfermant des morceaux choisis de littérature allemande faciles et graduées, et accompagnés de notes explicatives. 7. et 8. Édit. 8. (IV und 91 S.) Ebendas. 864,67. *

—— dass. — 3e cours. Renferment des morceaux choisis de littérature allemande faciles et gradués et accompagnés de notes explicatives. 9e—27e édit. 8. (IV, 91 S.) Ebendas. 868—74. *

—— dass. — 3e cours. Renfermant des morceaux choisis de littérature allemande faciles et gradués, et accompagnés de notes explicatives. 28e—35e édit. 8. (IV, 91 S.) Ebendas. 875—77. *

dass. — 3e cours. Renfermant des morceaux choisis de littérature allemande, faciles et gradués, et accompagnés de notes explicatives. 36e et 37e édit. 8. (IV, 91 S.) Ebendas. 883. *

—— dass. — 3e cours: Renfermant des morceaux choisis de littérature allemande, faciles et gradués, et accompagnés de notes explicatives. 38e et 39e édit. 8. (IV, 91 S.) Ebendas. 885,87. *

—— nouvelle méthode pour apprendre la langue allemande. Traduction des thèmes français. I. et 2. Cours. 8. (40 S.) Leipzig 853, Brockhaus. *

— nouvelle méthode pour apprendre la langue allemande. Traduction de thèmes français. 1. et 2. cours. Ebend. 854. 8. (40 S.) n. 5 ngl

—— dass. — Traduction des thèmes français. 1. et 2. Cours. 2. Édit. 8. (40 S.) Ebendas. 858. *

—— dass. — Traduction des thèmes français. 1. et 2. Cours. 3.—5. Édit. 8. (40 S.) Ebendas. 862—67. *

—— dass. — Traduction des thèmes français. 1er et 2d cours. 6e—12e édit. 8. (40 S.) Ebendas. 868—73. *

— dasselbe. Traduction des thèmes français. 1. u. 2. cours. 12. éd. 8. (40 S.) Ebend. 874. n. — 50

—— dass. — Traduction des thèmes français. 1er et 2d cours. 13e et 14e édit. 8. (36 S.) Ebendas. 875,76. *

—— dass. — Traduction des thèmes français. 1er et 2e cours. 15e et 16e édit. 8. (40 S.) Ebendas. 881,83. *

—— dass. — Traduction des thèmes français. 1er et 2e cours. 17e édit. 8. (40 S.) Ebendas. 888.

— dasselbe. Traduction des thèmes français. 1. et 2. cours. 18. éd. (36 S.) Ebd. 890. n. — 50

— dasselbe. Traduction des thèmes français. 1. et 2. cours. 18. éd. 8. (36 S.) Ebd. 891. n. — 50

Ahn, Franz
— nouvelle méthode pratique et facile pour apprendre la langue anglaise. 1. Cours. 1—4. édit. Köln, 859—64. Du Mont-Schauberg. (III, 123 S.) 7½ ngr.

—— nouvelle méthode pratique et facile pour apprendre la langue anglaise. 1. Cours. 4.—6. Édit. 12. (III und 123 S.) Köln 864—66, DuMont-Schauberg'sche Buchh.

—— nouvelle méthode pratique et facile pour apprendre la langue anglaise. 1er cours. 7e—24e édit. 8. (III, 123 S.) Köln 868—75, DuMont-Schauberg'sche Buchh. (75 Pf.)

—— nouvelle méthode pratique et facile pour apprendre la langue anglaise. 1er cours. 25e—35e édit. 8. (IV, 123 S.) Köln 875—79, DuMont-Schauberg'sche Buchh.

—— nouvelle méthode pratique et facile pour apprendre la langue anglaise. 1er cours. 36e—47e édit. revue et corrigée. (VIII, 123 S.) 1880—83; 48e et 49e édit. revue et corrigée. (IV, 123 S.) 1884 et 50e édit. revue et corrigée. 8. (VIII, 123 S.) Köln 884, DuMont-Schauberg'sche Buchh.

—— nouvelle méthode pratique et facile pour apprendre la langue anglaise. 1er cours. 51e—61e édit. revue et corrigée. 8. (VIII, 123 S.) Köln 885—88, DuMont-Schauberg'sche Buchh.

—— Nouvelle méthode pratique et facile pour apprendre la langue anglaise. 1er et 2e cours. 8. Köln, Du Mont-Schauberg. [1er cours. 62e—72e édit. revue et corrigée. (IV, 123 S.) 889—92; 2e cours. 21e—27e édit. revue et corrigée. (IV, 108 S.) 889—92.] à cours — 90; 1 80

— — Cours 1. 73. éd., rev. Ebd. 1893. 5. 2.5146

— nouvelle méthode pratique et facile pour apprendre la langue anglaise. 1. et 2. cours. Köln, M. Du Mont-Schauberg. 1. 80
1. 76. éd., revue et corrigée. (VIII, 123 S.) 894. — 90
2. 28. éd., revue et corrigée. (IV, 108 S.) 893. — 90

— — Cours 1. 80. éd., rev. Ebd. 1895. 5. 2.5147

— Nouvelle méthode pratique et facile pour apprendre la langue anglaise. 1.—3. cours. 8. Köln, Du Mont-Schauberg. n. 4. 60
1. 85. éd. Rev. et corr. (VIII, 123 S.) 898. — 90
2. 31. éd. rev. et corr. (IV, 108 S.) 897. — 90
3. Grammaire anglaise, théorique et pratique par F. H. Ahn. 6. éd Rev. et corr. (XLVIII, 314 S.) n. 2. 60; clef à l'usage des professeurs. 3. éd Rev. et corr. (104 S.) 895. 3. —

— dasselbe pour apprendre la langue anglaise. 1. u 2. cours. Revue et corrigée. 8. Köln, M. Du Mont-Schauberg. à — 90
1. 93 éd. (VIII, 123 S.) 901. — 2. 34. éd. (IV, 108 S.) 902.

— — Cours 1. 89. éd., rev. Ebd. 1899. 5. 2.5148

— dasselbe, la langue anglaise. 1.—3. cours. 8. Köln, M. DuMont-Schauberg. n. 4. 60
I. 103. éd. Revue et corrigée. (IV, 123 S.) 906. n. — 90
II. 36. éd. Revue et corrigée. (IV, 108 S.) 905. n. — 90
III. Grammaire anglaise, théorique et pratique par F. H. Ahn. 7. éd. Revue et corrigée. (XLVIII, 314 S.) 903. n. 2. 80

— — Cours 1. 108.-110. éd., rev. et corr. Ebd. 1908. 123 S. 1:N 09.1671-1. 5. 2.5149

— dasselbe pour apprendre la langue anglaise. I. et II. cours. 8. Köln, M. Du Mont-Schauberg. 2. 15
I. entièrement revisé et coordonné par Emile P. La Forgue. 114.—116. éd. (IX, 105 S.) 910. — 90
II. 38. éd. Revue et corrigée. (IV, 108 S.) 909. 1. 25

—— dass. — 2. Cours. 1. und 2. Édit. 12. (III und 108 S.) Ebendas. 863,65.

Ahn, F., nouvelle méthode pratique et facile pour apprendre la langue anglaise. 2e cours. 3e—8e édit. 8. (III, 108 S.) Köln 868—74, DuMont-Schauberg'sche Buchh. (75 Pf.)

—— dass. — 2e cours. 9e—15e édit. 8. (IV, 108 S.) Ebendas. 875—79.

—— dass. — 2e cours. 16e—21e édit. revue et corrigée. 8. (IV, 108 S.) Ebendas. 881—85.

—— dass. — 2e cours. 22e et 23e édit. revue et corrigée. 8. (IV, 108 S.) Ebendas. 887.

— nouvelle methode pratique et facile pour apprendre la langue anglaise. 3 cours. 8. Köln, Du Mont Schauberg. n. 4. 60
— 90
2. 25. éd. (IV, 108 S.) 890. — 90
3. Grammaire anglaise théorique et pratique par F. H. Ahn. 5. éd. (XLVIII, 313 S.) 890. 2. 80

Nouvelle méthode pratique et facile pour appendre la langue anglaise. Par Dr. F[ranz] Ahn. Cours 1. 2. *Cologne: Dumont-Schauberg 1897. 98.* 2 Bde 8.

2. 31. éd. . . . 1897. (IV, 108 S.) [97. 8000 B.

Ahn, Franz, Sprachwissenschaftler: Nouvelle Méthode pratique et facile pour apprendre la langue anglaise. Par F. Ahn. Cours 2. 32. éd., rev. — Cologne: Dumont-Schauberg 1897. 5. 2.5157

—— dass. — 3e cours. Grammaire anglaise théorique et pratique par F. H. Ahn. 8. (LIV, 319 S.) Ebendas. 878. *

—— dass. — 3e cours. Grammaire anglaise théorique et pratique par F. H. Ahn. 2e et 3e édit. revue et corrigée. (LIII, 316 S.) Ebendas. 877,79. *

—— dass. — 3e cours. Grammaire anglaise théorique et pratique par F. H. Ahn. 4e édit. revue et corrigée. 8. (XLVIII, 313 S.) Ebendas. 885. *

—— nouvelle méthode pratique et facile pour apprendre la langue italienne. 1. Cours. 12. (III und 96 S.) Köln 860, Du Mont-Schauberg'sche Buchh.

—— nouvelle méthode pratique et facile pour apprendre la langue italienne. 1. Cours. 2. Édit. 12. (III und 96 S.) Köln 864, DuMont-Schauberg'sche Buchh.

—— nouvelle méthode pratique et facile pour apprendre la langue italienne. 1er cours. 3e—7e édit. 8. (III, 96 S.) Köln 869—75, DuMont-Schauberg'sche Buchh. (75 Pf.)

Ahn, F., nouvelle méthode pratique et facile pour apprendre la langue italienne. 1er cours. 8e—10e édit. 8. (IV, 96 S.) Köln 876—79, DuMont-Schauberg'sche Buchh.

— — nouvelle méthode pratique et facile pour apprendre la langue italienne. 1er cours. 11e—14e édit. 8. (IV, 96 S.) Ebendas. 881—84.

—— nouvelle méthode pratique et facile pour apprendre la langue italienne. 1er cours. 15e et 16e édit. revue et corrigée. 8. (IV, 96 S.) Ebendas. 887,88.

—— Nouvelle méthode pratique et facile pour apprendre la langue italienne. 1er et 2e cours. 8. Ebd. [1er cours. 17e et 18e édit., revue et corrigée. (IV, 96 S.) 890—92; 2e cours. 9e et 10e édit., revue et corrigée. (III, 108 S.) 889—92.] à cours — 90; 1 80

— nouvelle méthode pratique et facile pour apprendre la langue italienne. 1. et 2. cours. 8. Ebd. 1. 80
1. 19. éd. revue et corrigée (IV, 96 S.) 894. — 90
2. 10. éd. revue et corrigée (III, 108 S.) 891. — 90

Nouvelle méthode pratique et facile pour apprendre la langue italienne. Par Dr. F[ranz] Ahn. Cours 1. 21. éd. *Cologne: Dumont-Schauberg 1896.* 8. [97. 8000 B.

— Nouvelle méthode pratique et facile pour apprendre la langue italienne. 1. et 2. cours. 8. Ebd. 898. à — 90
1. 22. éd. (IV, 96 S.) — 2. 11. éd. (108 S.)

— dasselbe pour apprendre la langue italienne. 1. u. 3. cours. Revue et corrigée. 8. Ebd. n. 2. 90
1, 24 éd. (IV, 96 S.) 901. n. — 90
3, 4 éd. (XII, 259 S.) 899. n. 2. —

— dasselbe, la langue italienne. 1. et 2. cours. 8. Ebd. à n. — 90
I. 26. éd. Revue et corrigée. (IV, 96 S.) 906.
II. 12. éd. Revue et corrigée. (108 S.) 902.

— — Cours 1. 27. éd., rev. et corr. Ebd. 1908. IV,96 S.
1:N 09.1672. 5.
2.5173

**Ahn, F.**, nouvelle méthode pratique et facile pour apprendre la langue italienne. I. cours. 28. éd. Revue et corrigée. (IV, 96 S.) kl. 8. Köln 910. M. Du Mont-Schauberg. Geb. 1. 25

— — 2. Cours. Ebend., 863. 12. (III, 106 S.) 7½ ngr.

—— dass. — 2e cours. 2e—4e édit. 8. (III, 106 S.) Ebendas. 869—72. (75 Pf.)

—— dass. — 2e cours. 5e et 6e édit. 8. (IV, 106 S.) Ebendas 877.

—— dass. — 2e cours. 7e édit., revue et corrigée. 8. (IV, 108 S.) Ebendas. 882.

— nouvelle méthode pratique et facile pour apprendre la langue italienne. 3 cours. 8. Ebd. 3. 80
1. 17. éd. (IV, 96 S.) 890. — 90
2. 9. éd. (III, 108 S.) 889. — 90
3. Grammaire italienne théorique et prat. 3. éd. 890. n. 2. —

— dasselbe. 3. cours. 8. Ebend. 875. n. 2. —
(1—3.: n. 3. 50)
Grammaire italienne théorique et pratique par F. H. Ahn. (XII, 260 S.)

—— dass. — 3e cours. Grammaire italienne théorique et pratique par F. H. Ahn. 8. (XII, 260 S.) Ebendas. 876. *

—— dass. — 3e cours. Grammaire italienne théorique et pratique par F. H. Ahn. 2e édit. revue et augmentée. 8. (XII, 259 S.) Ebendas. 881. *

—— dass. — 3e cours: Grammaire italienne théorique et pratique par F. H. Ahn. 3e édit., revue et corrigée. gr. 8. (XII, 259 S.) Ebd. 890. * 2 —

Nouvelle méthode pratique et facile pour apprendre la langue italienne par F[rançois] Ahn. 3. cours: Grammaire ital. théor. et prat. par F[rançois] H[enri] Ahn. 4. éd. rev. et corr. *Cologne: M. Du Mont Schauberg 1899.* (XII, 259 S.) 8°
[03. 9323 5]

—— dass. — 3e cours: Grammaire anglaise, théorique et pratique, par F. H. Ahn. 5e édit., revue et corrigée. (XLVIII, 313 S.) Ebd. 890. * 2 80
Clef des versions, des thèmes et des morceaux etc., s. Ahn, F. H.

Ahn, Franz
— nuovo metodo pratico e facile per imparare la lingua tedesca. Colla traduzione tedesca de temi italiani. Corso I. Leipzig, 859. Brockhaus. (III, 94 S.) n. 10 ngr.

—— e Enr. Wild, nuovo metodo pratico e facile per imparare la lingua tedesca proposto alla gioventù italiana. 2 corsi con traduzione tedesca dei temi italiani. 8. Leipzig, Brockhaus. *
Corso 1. 2a—5a ediz., emendata ed accresciuta per cura del Prof. Enr. Wild. (IV, 112 S.) 870—74. * ℳ 1,20.
Corso 2. In unione al metodo del Dr. F. Ahn dal Prof. Enr. Wild. 2a—5a ediz. emendata. (VIII, 207 S.) 870—75. * ℳ 1,60.
Traduzione tedesca dei temi italiani contenuti nel corso I del Dr. F. Ahn e nel corso II del Prof. Enr. Wild. (64 S.) 870. * 80 Pf.

—— e Enr. Wild, nuovo metodo pratico e facile per imparare la lingua tedesca proposto alla gioventù italiana. Corso 1. 6a e 7a ediz., emendata ed accresciuta per cura del Prof. Enrico Wild. 8. (IV, 112 S.) Leipzig 875,78, Brockhaus. +

**Ahn, F., e Enrico Wild**, nuovo metodo pratico e facile per imparare la lingua tedesca proposto alla gioventù italiana. 2 corsi. 8. Leipzig, Brockhaus. [Corso 1. Dal Dr. F. Ahn. 8a e 9a ediz., emendata ed accresciuta per cura del Prof. Enrico Wild. (IV, 112 S.) 881,83. * ℳ 1,20.; Corso 2. In unione al metodo del Dr. F. Ahn dal Prof. Enrico Wild. 6a e 7a ediz. (VIII, 208 S.) 882,83. * ℳ 1,60.] +
Traduzione tedesca dei temi. Ebendas. 1877. * 80 Pf.

— nuovo metodo pratico e facile per imparare la lingua tedesca proposto alla gioventù italiana. Corso I. 10. ed., amendata ed accresciuta per cura del Enrico Wild. 8. (IV, 112 S.) Leipzig 886. Brockhaus. n. 1. 20

— — Nuovo metodo pratico e facile per imparare la lingua tedesca proposto alla gioventù italiana. Corso I. 12. ediz., emendata ed accresciuta per cura del Enrico Wild. 8. (IV, 112 S.) Lpz. 892, Brockhaus. * 1 20
Corso II von Wild, H., s. XVIII. Bd. 2. Abth. S. 866.

— nuovo metodo pratico e facile per imparare la lingua tedesca proposto alla gioventù italiana. Corso I. 13. ed. emendata ed accresciuta per cura del Enrico Wild. 8. (IV, 112 S.) Leipzig 894. F. A. Brockhaus. n. 1. 20

— u. **Enrico Wild**, nuovo metodo pratico e facile per imparare la lingua tedesca proposto alla gioventù italiana. 1. e 2. corso. 8. Leipzig 872. Brockhaus. n. 2. 80
1. 5. ed. emendata et accresciuta. (IV, 112 S.) n. 1. 20
2. In unione al metodo del Fr. Ahn. 3. ed. emendata. (VIII, 208 S.) n. 1. 60

**Ahn, F., e Enrico Wild**, nuovo metodo pratico e facile per imparare la lingua tedesca proposto alla gioventù italiana. 2 corsi. 8. Leipzig 883. Brockhaus. n. 2. 80
1. Dal F. Ahn. 9. ed., emendata ed accresciuta per cura del Enrico Wild. (IV, 112 S.) n. 1. 20
2. In unione al metodo del F. Ahn dal Enrico Wild. 7. ed. (VIII, 208 S.) n. 1. 60

— dasselbe. Traduzione tedesca dei temi italiani contenuti nel corso I et II. 2. ed. 8. (64 S.) Ebd. 877. n. — 80

— s. Percy, St., tales of the kings of England.

—— the poetry of Germany. A selection from the most celebrated german poets of the two last centuries. Chronologically arranged and accompanied with an historical survey of the german poetry from Haller to the present time. 8. (XXXI und 240 S.) Leipzig 859, Brockhaus. 1 Thlr.; geb. *

— English Reading book. Englisches Lesebuch für Anfänger. Mit erl. Anm. u. e. vollst. Wörterbuche. Zum Schul- u. Privatgebr. Von F. Ahn. — Köln: du Mont-Schauberg 1867. 363 S.
1:Z 10007. 5.
2.5189

— Schlüssel zur französischen Handels-Correspondenz, oder Sammlung kaufmännischer Musterphrasen. gr. 12. Aachen 839. Cremer'sche Buchhdlg. (Cazin.) ½ ₰

— Schlüssel zu Ahn's Praktischem Lehrgang zur schnellen und leichten Erlernung der englischen Sprache. Mit Erl. u. Zusätzen über Aussprache u. Grammatik. Cursus 1. 2. — Köln: Dumont-Schauberg 1858. 88 S.
1:Z 2653–Schlüssel. 5.
2.5078

— dasselbe. Schlüssel zum 1. u. 2. Curs. 2. Aufl. 8. (88 S.) Ebend. 878. — 90

— neue holländ. Sprachlehre in 10 Lectionen, zum Selbstunterrichte f. Deutsche. Nebst e. Samml. prosaischer u. poet. Stücke aus d. besten Schriftstellern. gr. 12. Köln 829. P. Schmitz. 12 gGr.

— neue holländ. Sprachlehre, zum Unterricht für Deutsche. Nebst einer Samml. prosaischer u. poet. Stücke aus den besten Schriftstell. 2e verm. Aufl. gr. 12. Köln 833. Pt. Schmitz. ½ ₰ 3e verm. Aufl. gr. 12. Crefeld 836. Schüller. ½ ₰ 4e verb. Aufl. 8. Ebd. 839. ½ ₰

— neue holländische Sprachlehre, zum Selbstunterricht für Deutsche. Nebst einer Sammlung prosaischer u. poetischer Stücke aus den besten Schriftstellern. 5. verb. Aufl. gr. 12. Crefeld 841, Schüller. ½ ₰ — 6. verb. Aufl. 8. Ebend. 845. ½ ₰

— neue holländ. Sprachlehre zum Selbstunterricht für Deutsche. Nebst einer Sammlung prosaisch. u. poet. Stücke aus d. besten Schriftstellern. 7. verb. Aufl. 8. (XIV u. 192 S.) Crefeld 849, Schüller. — 8. verb. Aufl. 8. (XVI u. 192 S.) Ebd. 851. ½ ₰

— neue holländische Sprachlehre zum Selbstunterricht für Deutsche. Nebst einer Sammlung prosaischer und poetischer Stücke aus d. besten Schriftstellern. 9., verb. rc. Aufl. Crefeld 856. Schüller. 8. (XV, 192 S.) 15 ngr.

— neue holländische Sprachlehre zum Selbstunterricht für Deutsche. Nebst e. Sammlung prosaischer und poet. Stücke aus d. besten Schriftstellern. 10. u. 11. Aufl. Crefeld, 859, 63. Schüller. 8. (XV, 192 S.) 15 ngr

—— neue holländische Sprachlehre zum Selbstunterricht für Deutsche. Nebst einer Sammlung prosaischer und poet. Stücke, aus den besten Schriftstellern. 13. Aufl. 8. (XII, 192 S.) Köln [Leipzig] 872, Ahn's Verlag. *

—— neue holländische Sprachlehre zum Selbstunterricht für Deutsche. Nebst einer Sammlung pros. und poet. Stücke aus den besten Schriftstellern. 14. Aufl. (XII, 187 S.) 1875. und 15. Aufl. 8. (XI, 171 S.) Leipzig 878, Ahn's Verlag.

—— dass. — 16. Aufl. Sorgfältig revid. und nach der neuen Orthographie von M. de Vries und L. A. te Winkel eingerichtet von A. M. Brand van Straaten. 8. (X, 175 S.) Ebendas. 879. M 1,60.; geb. *

—— neue holländische Sprachlehre zum Selbstunterricht für Deutsche. Nebst einer Sammlung pros. und poet. Stücke aus den besten Schriftstellern. 17. Aufl. Sorgfältig revid. und nach der neuen Orthographie von M. de Vries und L. A. te Winkel eingerichtet von A. M. Brand van Straaten. 8. (X, 175 S.) Leipzig 882, Ahn's Verlag. *

—— dass. — 18. Aufl. Nach der neuen Orthographie von M. de Fries und L. A. te Winkel eingerichtet von A. M. Brand van Straaten. 8. (X, 176 S.) Ebendas. 884. *

— neue holländische Sprachlehre zum Selbstunterricht f. Deutsche. Nebst e. Sammlg. pros. u. poet. Stücke aus den besten Schriftstellern. 19. Aufl. Nach der neuen Orthographie v. M. de Fries u. L. A. te Winkel eingerichtet v. A. M. Brand von Straaten. 8. (X, 176 S.) Leipzig 886. Ahn's Verl. (Lesimple). n. 1. 60; geb. n. 1. 80

-- neue holländische Sprachlehre zum Selbstunterricht f. Deutsche. Nebst e. Sammlg. prosaischer u. poet. Stücke aus den besten Schriftstellern. 20. Aufl. Nach der neuen Orthographie v. M. de Fries u. L. A. te Winkel eingerichtet v. A. M. Brand van Straaten. 8. (X, 176 S.) Leipzig 891. Ahn's Verl. n. 1.60; geb. n. 2.—

Ahn, F., neue holländ. Sprachlehre z. Selbstunterr. f. Deutsche. Nebst e. Sammlg. pros. u. poet. Stücke aus d. besten Schriftstellern. 21. Aufl. N. d. neuen Orthographie v. M. de Fries u. L. A. te Winkel einger. v. A. M. Brand van Straaten. 8. (X, 176 S.) Leipzig 896. Ahn. n. 1. 60; geb. n. 2.—

— Deutsche Uebungsstücke zum Uebersetzen in das Französische, f. d. obern Klassen d. Gymnasien u. Realschulen. Gesammelt u. hrsg. gr. 8. (IV u. 142 S.) Mainz 850, Kupferberg. 1/2 Thlr

— deutsche Uebungsstücke zum Uebersetzen in das Französische für die obern Klassen der Gymnasien und Realschulen. Gesammelt und herausg. ꝛc. 2. verb. ꝛc. Aufl. Mainz 856. Kupferberg. gr. 8. (VI, 146 S.) 10 ngr

—— deutsche Uebungsstücke zum Uebersetzen in das Französische, für die obern Klassen der Gymnasien und Realschulen. 3., verb. und verm. Aufl. gr. 8. (VI und 146 S.) Mainz 866, Kupferberg.

—— deutsche Uebungsstücke zum Uebersetzen in das Französische, für die obern Klassen der Gymnasien und Realschulen, 4. verb. Aufl. gr. 8. (VI, 146 S.) Mainz 872, Kupferberg.

— Vergleichungstafeln, der in d. k. Preuß. Staaten neu eingeführten Maaße u. Gewichte. 8. Köln 820. Schiffer. 12 gr (Rommerskirchen). 14 gr

— Vocabulaire systématique et manuel de conversation anglaise par F. Ahn. — Cologne: du Mont-Schauberg 1872. X,207 S. 1:Z 2148. 2.5201

Ahn, F. Ueber die französische Wortnegation *in* (un). Neuss, G., 1846. 4.

Ahn, über die französischen Zeitwörter in oir. Progr. des Collegiums. Neuß 1845.

Ahn, Franz Heinrich, s.a. A h n , Franz

Ahn, Franz Heinrich, s.a. A h n , G. H.

Ahn, Franz Heinrich

Ahn, F. H., Anthologie française accompagnée d'introductions littéraires, de notices biographiques et de notes explicatives à l'usage des classes supérieures des institutions de demoiselles. Lex.-8. (XII, 772 S.) Mainz 871, Kupferberg. *

Ahn, F. H., Anthologie française, accompagnée d'introductions littéraires, de notices biographiques et de notes explicatives à l'usage des classes supérieures des institutions de demoiselles. 2e édit. gr. 8. (XII, 772 S.) Mainz 876, Kupferberg.

**Ahn, F. H.,** class-book of English poetry and prose comprising select specimens of the most distinguished poets and prose writers from Chaucer to the present time, with biographical notices, explanatory notes and introductory sketches of the history of English literature, and an appendix on American literature. Cöln 869. Du Mont-Schauberg. gr. 8. (XVI, 1136 S.) n. 2 Thlr 10 ngr

—— Class-Book of English Poetry and Prose comprising select specimens of the most distinguished poets and prose writers from Chaucer to the present time, with biographical notices, explanatory notes and introductory sketches of the history of English Literature, and an appendix on American Literature. gr. 8. (XVI, 1136 S.) Köln 870, DuMont-Schauberg'sche Buchh. *

**Ahn, F. H.,** class-book of english poetry and prose, comprising select specimens of the most distinguished poets and prose writers from Chaucer to the present time, with biographical notices, explanatory notes and introductory sketches of the history of english literature, and an appendix on american literature. 2. ed., revised and improved. gr. 8. (XIX, 928 S.) Köln 881. Du Mont-Schauberg. n. 8. —

**Ahn, F. H.,** clef des versions, des thèmes et des morceaux suivis de la grammaire théorique et pratique de langue anglaise. A l'usage des professeurs. 2. éd., revue et corrigée. 8. (104 S.) Köln 885. Du Mont-Schauberg. 3. —

— — 3. éd., rev. Ebd. 1895. 5. 2.5206

—— Clef des versions, des thèmes et des morceaux suivis de la grammaire théorique et pratique de la langue italienne par F. H. Ahn. A l'usage des professeurs. 8. (54 S.) Ebendas. 878. *

— Clef des versions, des thèmes et des morceaux suivis de la grammaire théorique et pratique de la langue italienne. Par F. H. Ahn. A l'usage des professeurs. 2. éd., rev. et corr. — Cologne: Dumont-Schauberg 1897. 54 S. 1:Xn 2684. 5. 2.5207

—— s. Collection of British and American standard Authors.

— italian conversation-book for young ladies. Ebend. 867. 8. (VI, 124 S.) 9 ngr

— italienisch-deutsches Gesprächbuch f. höhere Töchterschulen. Ebend. 867. 8. (VI, 124 S.) 9 ngr

— grammaire allemande théorique et pratique. 2. édit. 865. — 3. édit. revue et corrigée. Leipzig 869. Brockhaus. 8. (VIII, 252 S.) n. 24 ngr

**Ahn, F. H.**, grammaire anglaise, s. a. Ahn, F., nouvelle méthode pratique et facile pour apprendre la langue anglaise.

— Grammaire anglaise théorique et pratique. Par F. H. Ahn. Cologne: Dumont-Schauberg 1873. (Ahn, Franz: Nouvelle Méthode pratique et facile pour apprendre la langue anglaise. Cours 3.) 5. 2.5209

— — 2. éd., rev. Ebd. 1877. (Ahn, Franz: Nouvelle Méthode pratique et facile pour apprendre la langue anglaise. Cours 3. 2. éd.) 5. 2.5210

— — 4. éd., rev. et corr. Ebd. 1885. XLVIII,315 S. (Ahn, Franz: Nouvelle Méthode pratique et facile pour apprendre la langue anglaise. Cours 3. 4. éd.) 1:Z 2144[a]. 5. 2.5211

— — 5. éd., rev. et corr. Ebd. 1890. (Ahn, Franz: Nouvelle Méthode pratique et facile pour apprendre la langue anglaise. Cours 3. 5. éd.) 1:Z 2144[a]. 5. 2.5212

— — 6. éd., rev. Ebd. 1895. (Ahn, Franz: Nouvelle Méthode pratique et facile pour apprendre la langue anglaise. Cours 3. 6. éd.) 5. 2.5213

**Ahn, Franz Heinrich**: Grammaire italienne théorique et pratique. Par F. H. Ahn. 2. éd., rev. — Cologne: du Mont Schauberg 1881. (Ahn, Franz: Nouvelle Méthode pratique et facile pour apprendre la langue italienne. Cours 3, 2. éd.) 5. 2.5215

— — 3. éd., rev. et corr. Ebd. 1890. (Ahn, Franz: Nouvelle Méthode pratique et facile pour apprendre la langue italienne. Cours 3. 3. éd.) 1:Xn 2683[a]. 5. 2.5216

— — 4. éd., rev. et corr. Ebd. 1899. XII,259 S. (Ahn, Franz: Nouvelle Méthode pratique et facile pour apprendre la langue italienne. Cours 3. 4. éd.) 5. 2.5217

**Ahn, F. H.**, grammaire théorique et pratique de la langue anglaise. Clef des versions, des thèmes et des morceaux suivis. A l'usage des professeurs. 2. éd. revue et corrigée. 8. (104 S.) Köln 885. Du Mont-Schauberg. 3. —

— Grammaire théorique et pratique de langue italienne. Clef des versions, des thèmes et des morceaux suivis. A l'usage des professeurs. 2. éd. rev. et corr. 8. (54 S.) Köln 897. M. DuMont-Schauberg. n. 2. —

— französische Grammatik f. Gymnasien, Real- u. höhere Bürgerschulen. 1. Thl. Die elementare Grammatik. 30. Aufl. Mainz 867. Kupferberg. gr. 8. (X, 231 S.) 15 ngr.

— Handbuch der englischen Umgangssprache, mit deutscher u. französ. Uebersetzung. 8. Aufl. 865. — 9. Aufl. Mainz 868. Kupferberg. 16. (VIII, 228 S.) 15 ngr.

— Handbuch der französischen Umgangssprache. 24., verb. u. verm. Aufl. Köln 869. Du Mont-Schauberg. 8. (IV, 214 S.) 12½ ngr.

— englische Handelscorrespondenz, französ. Handelscorrespondenz, s. Bibliothek, vollständige kaufmännische.

— a key to the exercises of Ahn's new method of learning the german language. 1. and 2. course. 6. edit. Ebend. 867. 8. (40 S.) n. 5 ngr.

— praktischer Lehrgang zur leichten u. schnellen Erlernung der englischen Sprache. 1. Cursus. 11—13. verb. u. verm. Aufl. Köln 867—69. Du Mont-Schauberg. 8. (IV, 126 S.) 7½ ngr.

— praktischer Lehrgang zur schnellen u. leichten Erlernung der französischen Sprache. 2 Curse. Ebend. 865—69. 12. Jeder Cursus 7½ ngr.
1. Curs. 147—167. Aufl. (XVI, 126 S.) — 2. Curs. 38—41. Aufl. (144 S.)

**Ahn, F. H.**, französisches Lesebuch f. höhere Töchterschulen. 15., theilweise umgearb. Aufl. Cöln 869. Du Mont-Schauberg. gr. 8. (VI, 258 S.) n. 15 ngr.

— English Literature of the nineteenth century. A biographical and critical review from 1800—1872. With an appendix on the contemporary literature of America. 8. (XII, 244 S.) Mainz 878, Kupferberg.

— english literature of the nineteenth century. A biographical a. critical review from 1800—1872. With an appedix on the contemporary literature of America. 8. (XII, 244 S.) Ebend. 874. 3. —

— petit livre de conversation italien-français à l'usage des institutions de demoiselles. Ebend. 867. 8. (VI, 124 S.) 9 ngr.

— Manuel théorique et pratique de compositions françaises. gr. 8. (XV, 293 S.) Mainz 871. Kupferberg.

— Manuel théorique et pratique de compositions françaises. Nouvelle (2e) édit. 8. (XV, 293 S.) Ebendas. 877.

— le même. 4. éd. 8. (IV, 89 S.) Ebend. 875. — 75

— a new, practical and easy method of learning the german language. 1—3. Course. Leipzig 866—68. Brockhaus. 8. Jeder Cursus n. 10 ngr.
1. Course: 21—23. edit. (86 S.) — 2. Course: 17—19. edit. (IV, 120 S.) — 3. Course: 5. edit. (IV, 91 S.)

— nouvelle méthode pratique et facile pour apprendre la langue allemande. 1—3. Cours. Leipzig 865—70. Brockhaus. 8. n. 26 ngr.
1. Cours: 21—28. édit. (III, 87 S. u. 1 lith. Taf.) n. 8 ngr. — 2. Cours: 11.—15. édit. (IV, 118 S.) n. 10 ngr. — 3. Cours: 8. édit. (IV, 91 S.) n. 8 ngr.

— — Traduction des thèmes français. 1. 2. Cours. 4. et 5. édit. Ebend. 864, 68. 8. (40 S.) n. 5 ngr.

— nouvelle méthode pratique et facile, pour apprendre la langue anglaise. 1. Cours. 11. édit. Cöln 868. Du Mont-Schauberg. 8. (VIII, 123 S.) 7½ ngr.

— nouvelle méthode pratique et facile, pour apprendre la langue italienne. 1. Cours. 3. édit. Leipzig 869. Brockhaus. 8. (III, 96 S.) 7½ ngr.

— — 2. Cours. 2. édit. Ebend. 868. 8. (III, 106 S.) 7½ ngr.

— e H. Wild, nuovo metodo pratico e facile per imparare la lingua tedesca proposto alla gioventù italiana. 2 Corsi con traduzione tedesca dei temi italiani. Leipzig 870. Brockhaus. 8. n. 1 ℳ 6 ngr.
1. Corso: 2. ediz., emendata ed accresciuta per cura di H. Wild. (IV, 112 S.) n. 12 ngr. — 2. Corso: In unione al metodo del F. Ahn di H. Wild. 2. ediz. emendata. (VIII, 207 S.) n. 16 ngr.
— Traduzione tedesca dei temi italiani contenuti nel corso 1. di F. Ahn e nel corso 2. di H. Wild. (64 S.) n. 8 ngr.

— English reading-book. — Englisches Lesebuch f. Anfänger. Mit erläuternden Anmerkungen u. e. vollständ. Wörterbuche. Zum Schul- u. Privatgebrauch. Köln 867. Du Mont-Schauberg. 8. (XII, 363 S.) n. 20 ngr.

— little english readings for little german readers with a vocabulary a. explanatory notes. Prose a. verse. gr. 16. (XII, 196 S.) Trier 874. Troschel. n. 1. —

— first rudiments of the French language for children from 6 to 10 years. 8. (VI und 72 S.) Leipzig 865, Brockhaus. *

— first rudiments of the german language for children from 6 to 10 years old. Leipzig 866. Brockhaus. 8. (III, 79 S.) n. 8 ngr.

— Sketches of the Franco-German War. 8. Köln 871, DuMont-Schauberg'sche Buchh. *

— Syllabaire allemand. Premières leçons de langue allemande avec un nouveau traité de prononciation et un nouveau système d'apprendre les lettres manuscrites. 8. (III, 88 S.) Bruxelles [Leipzig] 866, Ahn's Verlag. *

— Syllabaire allemand. Premières leçons de langue allemande avec un nouveau traité de prononciation et un nouveau système d'apprendre les lettres manuscrites. 4e édit. 8. (IV, 89 S.) Leipzig 875, Ahn's Verlag.

— syllabaire allemand. Premières leçons de langue allemande avec un nouveau traité de prononciation et un nouveau système d'apprendre les lettres manuscrites. 7. éd. 8. (96 S.) Leipzig 885. Ahn's Verl. cart. n. — 80

**Ahn, F. H.,** syllabaire allemand. Premières leçons de langue allemande avec un nouveau traité de prononciation et un nouveau système d'apprendre les lettres manuscrites. 8. éd. 8. (96 S.) Leipzig 891. Ahn's Verl. n. — 80

—— Theory and practice of English composition. gr. 8. (XIII, 213 S.) Mainz 871, Kupferberg.

——. Theory and practice of English composition. New (2d) edit. 8. (XIII, 200 S.) Mainz 877, Kupferberg.

— Theory and practice of English composition. By F. H. Ahn. New ed. — Mayence: Kupferberg 1887. XIII, 200 S. 11. 2.5218

— deutsche Uebungsstücke zum Uebersetzen in das Französische, f. die obern Klassen der Gymnasien u. Realschulen. 3., verb. u. verm. Aufl. Mainz 866. Kupferberg. gr. 8. (VI, 146 S.) 10 ngr.

**Ahn,** Frdr., D. slovenischen Erstlingsdrucke d. Stadt Laibach (1575–1580.) gr. 8. (21 S.) Graz 896. Leuschner & Lubensky. n. 2. —

**Ahn,** Frdr., die periodische Presse der Steiermark in den J. 1848–1898. (68 S.) 8. Graz (Schumanngasse 16) 900. Selbstverlag. n. 2. 60
Sonderabdruck aus: „Beiträge zur Kunde steiermärk. Gesch.-Quellen".

— dasselbe in den J. 1899—1903. 1. Nachtrag zu: Die period. Presse der Steiermark in den J. 1848—1898. (8 S.) 8. Ebd. 904. n. — 80

**Ahn,** Frdr., die periodische Presse der Steiermark in den J. 1904—1908. 2. Nachtrag zu: Die period. Presse der Steiermark in den J. 1848—1898. (11 S.) 8. Graz (k. k. Universitätsbibliothek) 909. Selbstverlag. nn — 60
Hauptwerk u. 1 Nachtrag. Ebd. 900. 904. 3. 30

**Ahn,** Frdr., bibliographische Seltenheiten der Truberliteratur. gr. 8. (48 S.) Graz 894. (Leipzig, O. Harrassowitz.) n.n. 1. 50

Ahn, G. H., s.a. Ahn, Franz Heinrich

**Ahn,** G. H., clef des versions, des thèmes et des morceaux suivis de la grammaire théorique et pratique de la langue anglaise. A l'usage des professeurs. 8. (106 S.) Köln 878. Du Mont-Schauberg. 3. —

— manuel théorique et pratique de compositions françaises. Nouvelle (2). éd. 8. (XV, 293 S.) Mainz 877. Kupferberg. 2. 25

**Ahn,** Henricus (geb. am 9 Mai 1835 in Aachen): De Bentleio Miltoni editore ... Bonnae, form. Carthausianis (1859). 2 Bl., II, 3–56 S., 1 Bl. 8.
Bonn, Phil. Fak., Diss. v. 21 Juli 1859

Ahna, de, s.a. De Ahna

de Ahna, E., Gedichte, mit 2 Musikbeilagen. 8. Münch. 812. (Fleischmann). 16 gl

Ahna, Friedrich de, aus Giessen: Ein Beitrag zur Casuistik der sogenannten Kümmell'schen Krankheit. Berlin: M. Günther 1901. (45 S.) 8°
Berlin, Med. Diss. v. 19. Juli 1901

**Ahndung.** — Gerechte Ahndung und Anzeige eines neuen Frevels und Unfugs, welcher in der fortgesetzten Sammlung von alten u. neuen theologischen Sachen auf das Jahr 1730 begangen worden, auf ausdrücklichen Befehl der ... Hoch-Gräfl. Vormundschafft in Ober-Gräitz zum Druck befördert. — Gräitz 1733: Ludewig. 4 Bl. 4° 2. 2.5223

Rechtmässige Ahndung der von dem bosshafften Verräther Johan Reinhold Patkul im Druck ausgegebenen schändlichen Deduction, nebst zweyen beygefügten unvernünfftigen Responsis wieder die in der grossen Königl. Commission Anno 1694 allhier zu Stockholm über ihn gerichtlich ausgesprochene Sententz u. Urtheil. — o.O. [um 1702]. 4 Bl. 4° 2. 2.5224

Ahndungen, heilige. 2 Bde. 8. Leipz. 812. Joachim. 1 ß 12 gl

— u. Visionen, s.a. J. Ch. Hennings.

Von den Ahndungen und Visionen. 484 S. Lpz. 8°. 1777

Ueber Ahndungen und Vorboten. — o.O. 1799. 16 S. 1: Na 2377. 2.5320

Ahne, W. A.

**Ahne,** W., das Familienleben in seiner christlichen Würde und Heiligkeit. Beiträge zur Beförderung häuslicher Glückseligkeit. Für Gebildete. Prag 862. Bellmann. gr. 8. (X, 367 S.) n. 1 ß 10 ngr.

**Ahne,** W. A., Maria, Unsere liebe Frau, zu verehren durch würdige u. fromme Weih- u. Opfer-Gaben. Mit Gebeten der Heiligen zur Verehrung der seligsten Jungfrau Maria. Für Gebildetere. Prag 867. Lehmann. 16. (XII, 176 S. u. 1 Stahlst.) n. 10 ngr.

— Shakspeare-Blüthen als Festgabe zur 300jährigen Gedächtnissfeier d. grossen brittischen Dichters. Prag, 864. Credner. 8. (IX, 172 S.) n. 20 ngr.

**Aehnelt,** H., u. M. Cohn, Rechte u. Pflichten aus dem Invaliditäts- u. Altersversicherungs-Gesetz. Für den prakt. Gebrauch dargestellt. 12. (III, 112 S.) Berlin 891. J. J. Heine. n. 1. 20

**Ahnen, Die.** Ein dramatisirtes Sittengemälde. Berlin 1795. V: *Bertuch, Heinrich Friedrich Christian.* (GGr) (MGT) (Ky)

Ahnen, die, (v. Hnr. Chr. Bertuch). 8. Lpz. 795. (W. Rauck). 8 gl

Ahnen, die. 8. Lpz. Sommer. 795.

Ahnen, die, dramat. Sittengemälde. 8. Berl. 795. Felisch. (Wienbrack in Leipz.) 8 gl

Ahnen, die sechszehn, des Grafen von Lustheim. Eine romant. Familien-Chronik, von Jul. v. Voß. 8. Berlin, Schüppel. 821.

Ahnenfrau, die, dramat. Gemälde in 5 A. (von Fr. Walther,. 8. Götting. 807. (Vandenhöck u. R.) 16 gl

Ahnenfrau, die; e. musikal. Quodlibet (v. A. v. Schaden). gr. 8. Berl. 816. Maurers B. 16 gl

**Ahnenfrau, Die,** ein musikalisches Quodlibet tragikomischer Natur, in einer neu aufgekommenen Versart bearbeitet. Berlin 1818. V: *Schaden, Johann Nepomuk Adolph von.* (MGT) (Ky)

**Ahnenprobe** bey Bauern. [Berl. 1795]. V: *Nachtigal, Johann Carl Chph* (MGT)

Ahnenreihen aus dem Stammbaum des Portugiesischen Königshauses. Mit Text v. HG Ströhl u. L. Kämmerer. (13 T) fol. (33 S.) 4° – Stuttgart (1903).

**Ahnensaal, sächsischer.** Beiträge zur Verwirklichg. e. St. L. Roth'schen Lieblingsgedankens. Hrsg. v. Frz. Obert. 2. Hft. gr. 8. Hermannstadt, F. Michaelis. n. 1. 60
2. Steinacker, Edm.: Gustav Kapp. (Mit dem Brustbilde Kapps.) (V, 116 S.) 898. n. 1. 60
Das s. Zt. in Kronstadt erschienene 1. Hft. ist vergriffen.

**Ahnenstolz.** — Ahnenstolz. Lustspiel in 5 Aufz. nach [Karl Gottlob] Kramer von E. A. F. K. — Braunschweig: Schröder 1795. 128 S. 1:Ys 1012. 300:3.301–A. 2.5235

**Ahnenstolz, der,** oder d. Duell. Lstspl. in 3 Aufz. von G. v. H. 8. Osnabr. 810. Crone. 8 gr

— u. Edelsinn. Dramat. Familiengemälde. 8. Nürnb. 795. (v. Seidel in Sulzb.) 20 gr Schrbp. 1 rß

**Ahnenstolz und Edelsinn.** Ein dramatisirtes Familiengemaelde in 6 Acten. — Nürnberg: Pech 1796. 399 S. 12:P. o. germ. 13. 300:3.148–A. 2.5236

— — dass. Familiengem. in 6 Akten, 8. Sulzbach, Seidel. 796. Schreibp.

— Dass., dramat. Familiengemälde. 8. Leipz. 810. Andrä. 16 gr Schrbp. 1 rß

— — dass. Dramatisch. Familiengem. 8. Lpz. Brauer. 810.

— dass. — Preßburg 1810. 399 S. 1:Ys 2872. 2.5237

**Ahnenstolze, der,** auf d. Lande. Ein Lstspl. in 2 Aufz. (von Gr. F. G. v. Nesselrode). 8. Leipz. 774. Fr. Fleischer. 6 gr

**Ahnensucht, die;** e. Lstspl. in 3 Aufz. 8. Augsb. 776. v. Jenisch u. St. 2 gr

Ahnentafel des Freiherrn von La Roche-Starkenfels gnt. von Vultée. 1859.

Ahnentafel der Geschwister von Le Coq. Berlin 1888. fol.

Ahnentafel der Dorothea de Verdugo, geb. Reichsgräfin v. Mansfelt. — o.O.u.J. 1 Bl. 2° (Familientafeln der Häuser v. Mansfelt und v. Verdugo. 3.) 2. 2.5238

Ahnentafel der Margaretha van Zuylen, (8 Ahnen) in Kupfer gestochen von G. P. Busch. Mit 15 Wappenabbildgn. fol.

**Ahnen-Tafeln.** (Herausgeg. von L. v. Alvensleben.) 1. Heft. Lex.-8. Frankfurt a. M. 846, Sauerländer. n. 2 rß

**Ahner, Alfr.,** König Kreon. Trauerspiel in 4 Aufzügen. Mit freier Benutzg. der „Sieben gegen Theben" d. Aeschylus, der Antigonefabel d. Sophokles u. einiger Motive altgriech. Lyrik. gr. 8. (91 u. IV S.) Berlin 890. Vaterländ. Verlags-Anstalt. 1. 50

Ahner, Gust. Alex., s. Cobbet engl. Sprachlehre.

Ahner, Gustav Alexander
Ahner, G. A. (Hrsg.), s.a. M a g a z i n der neuesten Erfindungen und Fortschritte in den vorzüglichsten techn. Gewerben und Künsten...

Ahner GA, Magazin der neuesten Erfindungen und Fortschritte, besonders in der Mechanik. 3 Bde Leipzig 1826-28

Ahner, Gustav Eduard
**Ahner, Gust. Ed.,** christliche Dichtungen. 16. Grimma 845, Gebhardt. 12 ngr

**Ahner, Gust. Ed.,** drei Feldpredigten, vor einzelnen Abtheilgn. des 2. Corps der K. Preuß. Rhein-Armee im Badischen Feldzuge gehalten. gr. 8. (24 S.) Frankfurt a. M. 850, Zimmer'sche Sort.-B.) (Völcker.) n. 4 ngr

**Ahner, Gustav Eduard:** Liebesgabe in christlichen Liedern. Von G.E. Ahner. — Genthin 1871. 38 S. 1:29 in Yf 6764a. 2.5245

— christliche Lieder und Sonette. Neuere Sammlung. 8. (175 S.) Eilenburg 848, Schreiber.
Die erste Sammlung erschien u. d. T.: Christliche Dichtungen, bei Gebhardt in Grimma 1845 und kostet 12 Ngr.

— Nikodemus u. der Herr, ein Stücklein Schriftauslegung in 6 Predigten an den ersten Trinitatissonnt. 1851 zu Großglogau gehalten. gr. 8. (46 S.) Heilbronn 852, Scheurlen. n. 1/6 rß

**Ahner, Max,** Erntedankfest- u. Abschieds-Predigt, geh. in der Kirche zu Kötzschenbroda am 10. Sonntage nach Trin. 1881. 8. (12 S.) Kötzschenbroda 881. (Dresden, J. Naumann.) n. — 20

**Ahner, Max,** Fredegis v. Tours. Ein Beitrag zur Geschichte der Philosophie im Mittelalter. gr. 8. (58 S.) Leipzig 878, [Böhme und Drescher.] Böhme. *
Ersch. auch als Diss. Leipzig.
1:As 7815. 12:Ph. U. 8. 300:162.548–B. 2.5247

**Ahner, Max,** der lutherische Gotteskasten. Ein Büchlein f. solche, die den luther. Gotteskasten u. seine Arbeit gern kennen lernen wollen. Mit 11 Bildern. gr. 8. (64 S.) Dresden 886. J. Naumann. n. — 30

**Ahner, M.,** der lutherische Gotteskasten. Ein Büchlein f. solche, die den luther. Gotteskasten u. seine Arbeit kennen lernen wollen. 2. Aufl. Mit 14 Bildern. gr. 8. (72 S.) Dresden 887. (J. Naumann.) n. — 30

**Ahner, Max,** D. lutherische Gotteskasten. E. Büchl. f. solche, d. d. luther. Gotteskasten u. s. Arbeit kennen lernen wollen. 3. Aufl. gr. 8. (82 S. m. 22 Abb. u. 1 eingedr. Karte.) Leipzig 898. Akadem. Buchh. n. — 30

— Gustav-Adolf-Verein u. Gotteskasten. E. Vortrag. gr. 8. (19 S.) Ebd. 898. n. — 20

**Ahner, M.,** lutherische Kirche, verwalte treu dein heiliges Amt! Predigt üb. II. Cor. 4, 1. 2, geh. beim Gotteskastenfest in der Kirche zu Constappel am 17. Sonntage nach Trinitatis. gr. 8. (14 S.) Leipzig 891. Verlag der Akadem. Buchh. (W. Faber). n. — 20

**Ahner, Max,** ohne Hirten! Predigt üb. Marc. 6, 34 am ersten Landesbußtage, den 10. III. 1909. (14 S.) 8. Leipzig 909. P. Eger. — 20

Ahnert, A., s.: Jugend-Bibliothek, Stenographische.

Ahnert, Christian Gotthelf
Ahnert, Chr. Gth.: „Grundsätze der Macht und Glückseligkeit der Staaten, in Rücksicht auf Reichthum und Bevölkerung", Riga 1794 (Meinshausen).

— Grunds. d. Macht u. Glückseligk. d. Staaten, in Rücks. a. Reichth. u. Bevölker. gr. 8. Riga, Meinshausen. 796.

— Lehrbegriff d. Wissenschaften, Erfordernisse u. Rechte d. Gesandten. Nach Wicquefort u. A. bearb. 2 Bde. gr. 8. Dresd. 784. Walther. 2 rß 8 gr

— gesamm. Schriften. 16 Stück. 8. Frberg. 784. Craz u. G. 4 gr

Ahnert, E. v., s. A h n e r t , Eduard von

**Ahnert, E.,** Regierungsrat, Prof., Dresden. s. *Ahnert*, Ernst.

**Ahnert,** E., s.: Blätter, bunte.

Ahnert, Eduard von, s.a. A n e r t , Eduard von

Ahnert, Eduard von
**Ahnert, E. v.,** geologische Untersuchungen an der Ost-Küste des russischen Sachalins im J. 1907. (In russ. u. deutscher Sprache.) (IV, 219 S. m. eingedr. Skizzen, 4 Taf. u. 1 farb. Karte.) 33,5×25,5 cm. St.-Pétersbourg 908. Leipzig, M. Weg. nn 7. —
Sonderabdruck aus „Mémoires du comité géol".

Ahnert, Ernst
Ahnert, E., Einführung in die vom VII. deutschen Stenographentage Gabelsberger zu Berlin beschlossene neue Systemgestalt. Für den Unterricht in Schulen u. Vereinen bearb. (Umschlag: 5. Aufl.) (82 S.) gr. 8. Wolfenbüttel 903. Heckner. n.n. — 50

— s.: Jugend-Bibliothek, stenographische.

— Lehrgang der Gabelsbergerschen Stenographie f. den Schul- u. Vereinsunterricht. (Umschlag: 6. Aufl.) (80 S.) gr. 8. Wolfenbüttel (902). Heckner. n.n. 1 —; geb. n.n. 1. 30

— Lehrgang der Gabelsbergerschen Stenographie f.denSchul- u. Vereinsunterricht. (25. Aufl.) (IV, 68 S.) gr. 8. Wolfenbüttel 907. Heckner. nn 1. —

Ahnert, E.: Lehrg. d. Gabelsb. Stenogr. f. d. Schul-u. Vereinsunterr. (41.Taus.) (4,68) 8°.– Wolfenb., Heckner 1910.

— Leitfaden der Gabelsbergerschen Stenographie. 4. Aufl. (86 S.) 8. Ebd. 906. nn — 60

Ahnert, E.: Leitf. d. Gabelsb. Stenogr. (12. Taus.) ( 36) 8°.– Wolfer Heckner 1910.

Ahnert, G., u. H. Scheuerlein, Geographie üb. sämmtliche Erdtheile f. Volksschulen u. zum Selbstunterricht. 8. (III, 105 S.) Schmölln 874. Bauer. n. — 50

Ahnert, G., u. H. Scheuerlein, Geographie üb. sämmtliche Erdtheile f. Volksschulen u. zum Selbstunterricht. 2. verb. Aufl. gr. 8. (VI, 105 S.) Schmölln 877. Bauer. n. — 50

Ahnert, J.A. (Hrsg.), s. Muster-Zeitung, Deutsche, für wollene Rock- und Hosenstoffe.

Ahnes, Adele, zwischen Dunkel u. Tag. Gedichte. (144 S.) 8. Bremen 910. G. Winter Verl. 2.—; geb. in Leinw. 3.—

Ahnfelt, Oscar: Geistliche Lieder. (Übers.: Christian Bau.) Nebst e. Auswahl vorzüglicher geistl. Lieder von versch. Verf. 3. durchges. u. verm. Aufl. — Flensburg: Kordt 1910. 296 S. 8.
2.5285

Ahnfelt, Otto, s.: Bericht üb. die Verhandlungen der X. allgemeinen lutherischen Konferenz.

Ahnfrau, die,. Dramat. Gem. in 5 Akten. 8. Götting. Dankwärts. 807.

Ahnfrau, die, Trauerspiel in 5 Aufzügen von Fr. Grillparzer. 3te Aufl. 8°.– Wien, Wallishauser 1819.

Ahnfrau, die, e. Roman v. Verf. d. Lorenzo, (H. A. Kerndörfer). 2 Thle. Mit Kpf. 8. Brünn 820. Traßler. 2 ₰ 6 ℊ

**Ahnfrau, Die,** vom Verfasser des Lorenzo. Leipzig 1821. [Brünn 1820]. V: *Kerndörffer, Heinrich August.* (Ky) (MGT) (GGr) (NN)

Ahnfrau, die, oder die Geister des Doms, ein Camera-Obscura-Gemälde vom Verf. d. Lorenzo. 3 Thle. gr. 12. Leipzig, Hartmann. 821.

— die, od. d. Geister d. Doms. 3 Thle. gr. 12. Lpz. 821. (Lehnhold). 4 ₰ 12 ℊ

Ahnfrau, die. Eine Tragödie in 2 Akten. Für kleinere u. größere Puppen u. solche, die es werden wollen, v. Grillparzer dem Besseren. 12. (8 S.) Berlin 894. M. Böhm. 1. —

Ahnfrau, die warnende, der Geyersburg u. das Blutgericht zu Hall. Stuttgart, 863. Fischhaber. 16. (176 S.) 12 ngr.

Ahnherr, der wandelnde, oder: Alf v. Schroffenfels mit dem blutigen Harnisch. Romantische Ritter-, Räuber-, Kloster- u. Geistergeschichte aus der grauen Vorzeit. 2 Thle. Mit 1 Lthgr. 8. Nordhausen 838. Fürst. 2 ₰

— Th. 1–3. Leipzig: Literar. Museum in Comm. 1847. 7.
2.5299

**Ahnherrinnen, Die,** deutscher Regenten-Familien aus dem Gräflichen Hause Henneberg. Eine Denkschrift zu Feier des fünfundzwanzigjährigen Regierungsjubiläum Seiner Hoheit des Herzogs Bernhard Erich Freund zu Sachsen-Meiningen und Hildburghausen ... Meiningen 1846. V: *Bechstein.* (BMarsch 535)

Ahnhudt, H. (Red.), s. Verkehrs-Gewerbe, Deutsches.

**Aehnlichkeit, Die.** Innsbruck 1781. V: *Pontifeser, Maximilian Anton.* (Margr Nr. 29) (BiblPort)

Aehnlichkeit einer Skizze. 8. Frankf. a. M. 778. Andreä. 2 ℊ

Ahnung u. Gegenwart, ein Roman, mit einem Vorwort, herausg. von Fr. de la Motte Fouqué. 3 Thle. 8. Nürnberg. Schrag. 815.

Merkwürdige Ahnungen, Anzeichen und verbürgte Geistererscheinungen; oder räthselhafter Zusammenhang unseres Lebens mit dem Jenseits. — Oels: Ludwig [nach 1844]. 47 S. 8.
2.5319

Ahnungen u. Träume; meine, in 23 Thatsachen dargestellt. Ein Beitrag zur Erfahrungsseelenkunde. 8. Leipz. 820. C. Klein. 10 ℊ

Aho, Juhani [Pseud.], s. a. Brofeldt, Juhani [wirkl. Name]

Aho, Juhani, Elli's Ehe. Roman. J. Deutsche übertr. v. Ernst Brausewetter. 8. (279 S.) Berlin 896. Schuster & Loeffler. 3. 50; geb. n. 4. 50.

Aho, Juhani (J. Brofeldt), Einsam. Roman. Autoris. Übersetzg. aus dem Finn. v. E. Stine. 8. (144 S.) Leipzig (902). H. Seemann Nachf. n. 2. —; geb. n. 3. —

— [Mitarb.] s. *Gyarmathy,* Etelka v.: Der verhasste Schwiegersohn. Und andere Novellen. 1894.

— Gutsbesitzer Hellmann und andere Novellen. Autoris. Uebers. von J. Madsen. Mit Illustr. von W. Roegge. — Berlin, Eisenach, Leipzig: Hillger [1899]. 128 S. (Kürschners Bücherschatz. 134.)
1: X 8420-134. 8. 11.
2.5340

Aho, Juhani, der Hochzeitstag, s.: Bibliothek der fremden Zungen.

— Elli's Jugend. Roman. Ins Deutsche übertr. v. Ernst Brausewetter. 8. (170 S.) Berlin 899. Schuster & Loeffler. 2. 50; geb. n. 3. 50

Junggesellenliebe und andere Novellen. Von Juhani Aho. Aus d. Finn. übertr. von Milli Vinkentiwna Konowalow. Mit Vorbemerkung von Theo Kroczek u. d. Bilde d. Dichters. Halle a. S.: O. Hendel [1906]. (IV, 163 S.) 8° [J.]
(Bibliothek d. Gesamtliteratur d. In- u. Auslandes. No 1943–45.)

— Novellen, s. a. Universal-Bibliothek.

— Novellen. Aus d. Finnischen übers. von Friedr[ich] v. Känel. — Leipzig: Reclam [1897]. 91 S. (Universalbibliothek. 3758.)
1: Ag 7201-3758. 300: 410.411-A. Per. 3758. 8. 10.
2.5382

— Panu. Bilder aus den letzten Kämpfen des Christentums gegen das Heidentum in Finnland. Aus dem Finn. übers. v. Emmy Schreck. 8. (403 S.) Leipzig (899). G. Wigand. n. 6. —

**Ahoi! Zeitschrift für deutsche Segler. [Hrsg.: G. v. Glasenapp.] Jg. 1–3. Hamburg: Friedrichsen in Komm. (sp. Potsdam: Expedition, sp. Berlin: Braun) 1884/85–1887. 8° 5, 12**

Ahoi. Jg. 1 - 41. Berlin 1884 - 1923. Seit 1887: Wassersport. Beilage „ Von Fluß und See". 1905 - 1914.

Ahorn, Max — Reise eines Schwaben von Linz über Gmunden nach Ischl, Ebensee, Laufen, Goisern, Hallstatt u. s. w. im Jahre 1855. Auszüge aus dem Tagebuche des Herrn Dr. Hilarius Schwepsermann. Satyrische Federzüge von — —. Wels, 1857. Dr. und Verlag von Joh. Haas. (41 S. 8.)

**Ahorner,** v.: Sebastian Windprecht, der blinde Bücher-Antiquar zu Augsburg. Nekrolog. Als Ms. gedr. — Augsburg: Windprecht [um 1837]. 8 S.
1: An 9636 [u.] 2 in 4° At 6965. 12: Biogr. 1286–32.
2.5408

Ahorner von Ahornrein, Josef
— Bibliothek f. Kinderärzte. 2 Bdchen. 8. Wien 792.

**Ahorner v. Ahornrein, Jos.**, Briefe an Karolinchen; e. Erziehungsschrift. 2 Bdchen. 12. Augsb. 787—88. (Wolf). 9 ℛ

— Gesch. Jesu, e. Geschenk f. Kinder. 12. Augsb. 786. N. A. 795. Kranzfelder. 4 ℛ

— Gesch. Jesu, e. Gesch. f. Kind. 12. Ebend. 803.

— s. Hippokrates, Aphorismen.

**Ahorner** von Ahornrain, **Josef Karl:** Bemerkungen über die Nichtigkeitsbeschwerde im Civilprocesse. — Augsburg: Rieger 1812. VIII,91 S.
Ersch. auch als Diss. Erlangen. 3. 5. 7. 9.
2.5409

**Ahr, s.:** Bonn.

**Ahr**, die metrischen Maße und Gewichte in Versform. Ausg. für die österreich.-ungar. Monarchie. gr. 16. (32 S.) Wien 873, (Carow.) *

— dasselbe. Ausg. f. Preußen. gr. 16. (32 S.) Ebend. 873. n. — 60

**Ahr**, die metrischen Maße u. Gewichte in Versform. 8. (23 S.) Wien 875. Perles in Comm. n. — 60

Ahr, W., s. Ahr, Wilhelm

Ahr, Wilhelm
Karte des deutschen Außen-Handels 1904. (Entworfen u. gezeichnet von (Wilhelm) Ahr, Berlin. Berlin: Berl. Lith.Inst. 1904.)( 1 Kartenbl. 75 x 51 cm.) (Kopft. lith.)

Ahr, W.: Karte d. deut. Aussenhandels 1904. 52 x 75,5 cm. Autogr.– Berl. 1905. (Gr. Lichterf.–West, P. Richter.)

**Ahr, W.**, Kriegswesen u. Volkswirtschaft der Großmächte während der letzten 30 Jahre. 2. Aufl. Mit mehreren bildl. Darstellgn. im Text u. 21 farb. Taf. als Anlage. (44 S.) gr. 8. Berlin 910. Vossische Buchh. 2. —
1. Aufl. (16 S. m. 1 farb. Taf.) Ebd. 909. 2. —

**Abraham**, P., Der Thronverzicht nach deutschem Staatsrecht. (VII, 122 S.) gr. 8. Berlin, C. Heymann. 3. —

Ahrberg, Fritz: Die Brechung und Dispersion von Argon und Sauerstoff. Halle a. S. 1909: Kaemmerer. 30 S. 8°
Halle, Phil. Diss. v. 11. März 1909, Ref. Dorn

**Aehre.** Eine reife Ae'. Zur Erinnerung an unsere geliebte Maria Kappeler - van Vloten, 5. August 1874—13. März 1905. [Mit Portrait-Tafel.] 19 S. 8. Frauenfeld, Huber & Co., [1905].

Ahreiner, (Johann) Georg: Ueber die Blutungen bei der sogenannten chronischen Metritis. Berlin 1908: L. Schumacher. (45 S., 1 Taf.) 8° (Aus: Archiv für Gynäkologie Bd 85 H. 2.)
Straßburg, Med. Fak., Ref. Fehling, Diss. v. 20. Mai 1908.

Ahrem, Maximilian: Das Problem des Tragischen bei Theodor Lipps und Johannes Volkelt. Nürnberg 1908: Stich. 78 S. 8°
Bonn, Phil. Diss. v. 10. März 1909, Ref. Erdmann.

Ahremberg, der Herzogin von, Liebesbegebenheiten, aus dem Franz. 8. Leipzig, 790. Weygand. 27 sgl.

Aehren, Auszüge aus klass. Schriftstellern in Garben gebunden. 12. St. Gallen 823, Huber u. Comp.

Ähren u. Blüten, s.: Volksbibliothek d. Lahrer Hinkenden Boten.

**Ähren, goldene. 1.—12. Heft. (à 32 S. m. Abb. u. Titelbild.) 8. Reutlingen, Enßlin & Laiblin. à — 15; je 6 Hfte. in 1 Bd. geb. 1. 50**
Barth, M., „Wie uns die Alten sungen, so Jesse kam die Art". Weinachtserzählung. (909.) (Hft. 6)
Berthold-Schwiebus, H., Reichtum macht nicht glücklich. Erzählung aus dem Leben. (910.) (Hft. 10)
Czygan, M., seines Glückes Schmidt. Erzählg. (909.) (Hft. 4)
Dorn, Käthe, mein ist Silber u. Gold. Erzählung aus dem Leben. (909.) (Hft. 2)
Gernert, M., geleitet u. geläutert. Erzählung. (910.) (Hft. 8)
Harries, M., ein dummer Streich. Erzählung. (910.) (Hft. 11)
Huber-Cador, A., geben ist seliger denn nehmen. Erzählg. (910.) (Hft. 12)
Lundehn, G., der Nußbaumkrause. Erzählung. (909.) (Hft. 1)
— Theas Patenkind. Erzählung. (910.) (Hft. 7)
Rüdiger, M., ganz glücklich. Erzählung. (909.) (Hft. 5)
Weber, M., besser spät als nie! Dem Leben nacherzählt. (910.) (Hft. 9)
— Weg' hat er allerwegen! Erzählung nach dem Leben. (909.) (Hft. 3)

— dasselbe. Band-Ausg. 8. Ebd.
Theas Patenkind. Erzählgn. Von G. Lundehn u. a. (192 S. m. 12 Abb. u. 6 Vollbildern.) (910.) Geb. in Leinw. 1. 50
Vgl. auch: Nußbaumkrause, der.

— oder Sentenzen, Maximen u. Reflexionen f. Jünglinge u. Mädchen, z. Gebr. in Stammbücher rc., aus deutschen u. lateinischen Classikern gesammelt. Neue Aufl. gr. 12. St. Gallen 827. Huber u. C. 6 ℛ

Ahren, Aug., Beiträge zur Kenntn. deutscher Käfer. 1s 2s Heft, siehe Schriften, neue, d. naturforsch. Gesellschaft in Halle.

— hingeworf. Ideen u. Vorschl. zu e. verb. Theateranstalt, bes. f. Provinzial- u. Departementsstädte. 8. Halle, Hendel 811.

**v. Ahrenberg, d. Herzogs, Liebesbegebenheiten. 8. Leipz. 790. Weygand. 21 ℛ**

d'Ahrenberg, Ern. L'Art de Fortification appliqué à la défense des places de guerre. 4° av. 18 pl. – Vienne 1824.

Ahrenberg, Jac., neue Bahnen, s. a. Engelhorn's allgem. Romanbibliothek. XV. 15.

**Ahrenberg, Jacob:** Neue Bahnen (Haapakoski). Ein Roman aus d. heutigen Finnland von Jac. Ahrenberg. Uebers. von Maria Lammfromm. — Stuttgart: Engelhorn 1899. 160 S. (Engelhorns allgemeine Roman-Bibliothek. 15,16.)
1: Yt 664–15,15. 12: L. eleg. g. 126n–15,15.
2.5431

**Ahrenberg, Jac., der Stockjunker, s. a. Bibliothek d. Gesamtlitteratur d. In- u. Auslandes.**

Ahrenberg, Jacob: Der Stockjunker. Eine Erzählung aus Karelen. Autoris. Übers. aus d. Schwed. von M. Hellbusch. — Halle a. S.: Hendel [1895]. 228 S. (Bibliothek d. Gesammtlitteratur d. In- u. Auslandes. 830/832.) 1: X 8366–830/832. 3. 9.
2.5444

**Ahrend,** Eug., die Versicherung der Aussenstände! Schutz gegen Concurs-Verluste. Ein prakt. Wink. 8. (16 S.) Berlin 878. Hohorst. n. — 50

**Ahrend, Paul, gib mir, mein Sohn, dein Herz.** Eine Sammlg. kurzer evangel. Schulandachten, insbesondere f. höh. Lehranstalten. (VIII, 150 S.) gr. 8. Leipzig 904. G. Strübig. 2 —; geb. n.n. 2. 80

**Ahrends,** B.: Verf. von: Der reisende Kaufmann
s. **Ahrens,** B.

Ahrends, Leopold A. F., Ueber den Sprachgesang der Vorzeit und die Herstellbarkeit der althebräischen Vocalmusik. Berlin 1867.

**Ahrendt, der Küster, an seinen Pastor, betreffend die Einführung der Speciesmünze in den Herzogth. Schleswig u. Holstein.** gr. 8. Kopenh. 788. Brummer. 1 ℛ

**Ahrendt, [Asmus]:** Bericht über die Feier der Grundsteinlegung des Realschulgebäudes. [Nebst] Bericht über die Feier der Einweihung des Realschulgebäudes. Haynau 1910: Raupbach. S. 1—6, 11—15. 4°
Haynau, st. R OP 1910 (322)

**Ahrendt,** Asmus [aus Gr. Siemz i. Meckl.-Strel.]: Untersuchungen über die Parallelflächen der Flächen zweiten Grades. . . . Rostock, Univ.-Buchdr. v. Adler's Erben, 1888; 75 S. 8°
Rostock, Phil. Fak., Inaug.-Diss. v. 11. Sept. 1888

**Ahrendt, B.,** Adreßbuch der Großherzogth. Mecklenburg-Schwerin und Strelitz, s. Adreßbuch.

Ahrendt, Carl, s. Ahrendt, Karl

Ahrendt, Christen (Pseud.), s.a. Claudius, Matthias (wirkl. Name )

**Ahrendt, Der Küster Christen,** in der Gegend von Husum, an seinen Pastor betreffend die Einführung der Speciesmünzen in den Herzogthümern Schleswig und Holstein. Husum 1788. V: *Claudius, Matthias.* (GGr)

Ahrendt, Friedrich Georg Heinrich Ludwig (Pr. Arzt aus Schwerin i. Mecklb.): Ueber die operative Heilung der Haemorrhoidalknoten . . . Greifswald, Druck v. J. Abel, 1897; 39 S. 8.
Greifswald, Med. Fak., Inaug.-Diss. v. 26. Mai 1897

**Ahrendt, J. F., das Gedächtniß des Gerechten bleibt im Segen.** Letzte Predigt gehalten am Erndtedankfest, 11. Octbr. 1863, und Predigt zum Gedächtniß d. Entschlafenen, gehalten am Beerdigungstage, 6. Dcbr. 1863, von E. Milarch. Neubrandenburg, 863. Brünslow. gr. 8. (24 S.) n. 5 ngr.

**Ahrendt, J. F.,** Predigt am 17. October 1860 vor der Gr. königl. Hoh. dem Großherzog Friedrich Wilhelm von den Ständen geleisteten Huldigung in der St. Marienkirche zu Neubrandenburg gehalten. gr. 8. (14 S.) Neubrandenburg 860, Brünslow. Thlr. **

**Ahrendt, Karl, die Entwickelung der Theologie in den letzten 75 Jahren.** gr. 8. (21 S.) Leipzig 893. Verlag der Akadem. Buchh. (W. Faber). n. — 80

**Ahrendt, Mor., 80 Briefe f. die Schule u. das prakt. Leben,** zur Verwertg. in d. Volksschule f. die Hand der Schüler bearb. gr. 8. (40 S.) Blankenburg 901. Hoefer. n. — 60

Ahrendt O, die vertragsmässige Doppelwährung. 1. 2. Berlin 1880

**Ahrendts,** Kgl. Garnison-Bauinspektor: Die Ventilation der bewohnten Räume. Nach den neuesten Erfindungen und Erfahrungen bearb. Mit 49 Abb. — Leipzig: Scholtze 1880. 75 S. 12: Techn. 3g. 8. 83.
2.5453

— Ebd. 1880. 75 S. (Deutsche bautechnische Taschenbibliothek. 49.) 83.
2.5454

— 2. verm. u. verb. Aufl. Ebd. 1885. 90 S. (Deutsche bautechnische Taschenbibliothek. 49.)
1: Nz 1955². 83.
2.5455

— Die Central-Heizungen [Zentralheizungen] der Wohnhäuser, öffentlichen Gebäude etc. Nach den neuesten Erfindungen und Erfahrungen bearb. — Leipzig: Scholtze 1880. 93 S. 82.
2.5456

— Ebd. 1880. 93 S. (Deutsche bautechnische Taschenbibliothek. 50.) 83.
2.5457

— 2. verb. u. verm. Aufl. Ebd. 1885. 102 S. (Deutsche bautechnische Taschenbibliothek. 50.)
1: Nz 2775². 83.
5458

**Ahrendts,** Carl: Der Einfluß des ehelichen Güterrechts auf die Gestaltung der Vermögensverhältnisse einer Handelsfrau. Straßburg i. E. 1910: Dr. d. Straßburger Neuesten Nachr. VIII, 74 S. 8°
Würzburg, Jur. Diss. v. 17. März 1910, Ref. Mayer.
(Geb. 24. Juni 81 Saargemünd; Wohnort: Straßburg; Staatsangeh.: Elsaß-Lothringen; Vorbildung: Lyz. Strßburg Reife O01; Studium: Strßburg 4, Berlin 2, Bonn 2 S.; Rig. 26.Jan 10.) (U 10. 4274

**Ahrendts, Fr., Leseschule.** Zum Gebr. für Kinder in Stadt- u. Landschulen bearb. 8. Deßau 837. Hofbuchdruckerei. $1\frac{1}{2}$ ℛ

**Ahrendts, Franz:** Die bauliche Entwicklung Arnstadts bis in das 15. Jahrhundert. — [Arnstadt 1917: Frotscher.] 44 S.
Aus: Alt-Arnstadt. 5. 1: S 6958. 3. 7. 9.
2.5459

**Ahrendts, Frz.,** die pleuritischen Exsudate und ihre operative Behandlung. Inaugural-Dissertation. gr. 8. (52 S.) Greifswald 868, Bamberg. *

**Ahrendts, H.,** Im Anfang klein, im Ausgang groß. Predigt am Missionsfeste zu Deßau am 13. Mai 1857. gr. 8. (15 S.) Deßau 857, Baumgarten und Comp.

Ahrendts, Hans, Referendar: Die materielle Rechtskraft. Ihre Wirkung und ihre sittenwidrige Ausbeutung. Eberswalde 1909: Arendt. IV, 67 S. 8°
Jena, Jur. Diss. v. 4. Dez. 1909, Ref. Löning.
(Geb. 14. Juli 86 Halle a. S.; Wohnort: Berlin; Staatsangeh.: Preußen; Vorbildung: Gymn. Eberswalde ReifeO.04; Studium: Marburg 1, Berlin 6 S.; Rig. 29. Juni 09). (U 10.2225

**Ahrendts, Herm., der Vogel-Freund.** Gründliche Anweisung, die Vögel abzubalgen u. auszustopfen; Canarienvögel in fliegender Hecke u. im Zimmer zu ziehen, nebst Mittheilung, die Krankheiten derselben zu heilen, u. einem Anh., den einheimischen Vögeln das Sprechen zu lehren. Nach vieljähr. Erfahrung. Berlin 855. Geelhaar. (32 S.) n. 5 ngr.

**Ahrendts, K., u. H. W. Schmidt,** Reiterbilder. Original-Radierungen. gr. Fol. (9 Bl.) Weimar 888. [Gesellschaft f. Radierkunst.] Magdeburg, L. Schaefer's Buchh. Verlag. In Mappe. n. 20. —

**Ahrendts, Ldw., Heinrich Pestalozzi.** Sein Leben u. Wirken der Jugend erzählt zu seinem 100. Geburtst. am 12. Jan. 1846. gr. 8. Frankf. a. d. O. 846. Harnecker u. Comp. 3 ngl.

**Ahrendts, Rudolf:** Erster Entwurf zur Einleitung in die christliche Culturgeschichte als theologische Disciplin. — Alsleben a. S.: M. Schulze 1875. 15 S.
1: Cb 505. 2. 3. 4. 5. 7. 9. 10.
2.5460

**Ahrendts, Rud.,** erster Entwurf zur Einleitung in die christliche Culturgeschichte als theologische Disciplin. 8. (15 S.) Alsleben 875. (Halle, Schwabe.) n. — 50

— **Leitfaden zum Confirmanden-Unterricht.** Nebst einigen Wiederholungs-Fragen dazu. gr. 8. (14 u. 8 S.) Ebend. 877. n. — 50

[—] Leitfaden zum Confirmanden-Unterricht. 2. Aufl. — Halle: Anton in Komm. 1888. 28 S.
1: Eo 13320. 3.
2.5461

**Ahrenfeldt, Mart., alkoholfreie Obst- u. Fruchtsäfte.** Ihr Wert, ihre Verwendg. u. ihre Selbstbereitg. im Haushalt. Nach mehrjähr. Erfahrgn. im eigenen Haushalt dargestellt. Hrsg.: J. Weck, Gesellschaft m. beschr. Haftung. (52 S.) 8. Oeflingen (906). (Leipzig, Fritzsche & Schmidt.) Geb. in Leinw. n.n. 1. 25

Aehrenkabinettchen, bestehend aus 10 Exempl. d. merkw. ausländ. Getraidearten, nebst e. Bemerkk. darüber. 1e Lief. Schnepfenth. 811. (Erzieh.-Anstalt). 12 gGr

Aehrenkranz von Balladen, Romanzen u. Sagen d. deutschen Dichter neuester Zeit 1815—1837. Zu Redeübungen f. d. höh. Gymnasial- u. Redeklassen bestimmt. 8. (27½ B.) Leipzig 837, [Hartung.]

Aehrenkranz von Balladen, Romanzen u. Sagen der deutschen Dichter neuester Zeit. 1815—1837. Zu Redeübungen für die höheren Gymnasial- u. Redeklassen bestimmt. 8. Leipz. 837. Wunder. n. 1 Thlr

Aehrenkranz von Balladen, Romanzen u. Sagen deutscher Dichter neuester Zeit. (Bis 1842.) Zunächst zu Redeübungen für Gymnasien u. Realschulen bestimmt. kl. 8. Leipzig 843, Hartung. ¼ Thlr

Ährenlese, s.a. Ährenleser

**Die Aehrenlese, eine Zeitschrift für Geistesbildung, für Länder- und Handelskunde.** Jg. 1. 2
Elberfeld: Stahel 1812.

**Ährenlese.** Sammlung kleiner Romane, Erzählungen, Gedichte, Sagen und Legenden älterer und neuerer Zeit der Rheinländer. Köln 1818. H: *Spitz, Wilhelm.* (GGr)

**Ährenlese.** Sammlung von Bruchstücken zur älteren und neueren Geschichte, Literatur und Völkerkunde. — Wien 1819: Strauss. 299 S. 300: 33 X 15. 2. 11.
2.348

— Samml. v. Bruchstücken z. ältern u. neuern Geschichte d. Litt. u. Völkerkunde. gr. 12. Wien 819. Tendler. 1 Thlr (Ferstl in Grätz). 12 gGr

**Aehrenlese.** Eine Sammlung lehrreicher Erzählungen zur Bildung des menschlichen Verstandes und Herzens. Ein Geschenk für die reifere Jugend. Von einem Pfarrer der St. Pöltner-Diözese. 8°(132 S.).– Linz. Druck und Verlag von Johann Huemer's Witwe. 1835.

**Aehrenlese, ein katholisches Wochenblatt. Jg. 1–37 (zu je 52 Nrn).**
**Dillingen: Aulinger 1839–75.** 12
**( Forts. u. d. T.: Der Wahrheitsfreund. Augsburg 1875 ff.**

**Aehrenlese.** Eine Sammlung lehrreicher Erzählungen zur Bildung des menschlichen Verstandes u. Herzens. Ein Geschenk f. d. reifere Jugend. Von e. Pfarrer d. St. Pöltner Diözese. Linz 856. Huemer (& Danner). 8. (4 Bl., 132 S. u. 1 Lith.) 5 ngr

**Aehrenlese.** Beiblatt d. Monatsblattes: „Der Korrespondent". [Zugleich Kollektenbote f. die Sache zur Hebg. der Sittlichkeit.] Red.: Jul. v. Gemmingen. Jahrg. 1882. 4 Nrn. (¼ B.) 8. Gernsbach, Christl. Colportage-Verein. n.n. — 25

Aehrenlese. Kollektenbote f. die Sache zur Hebg. der Sittlichkeit. Beiblatt d. Monatsblattes: „Der Korrespondent". Red.: Jul. v. Gemmingen. 2—4. Jahrg. 1883—1885 à 4 Nrn. (¼ B.) 8. Gernsbach, Christl. Colportage-Verein. à Jahrg. — 30

**Aehrenlese. Kollektenbote für die Sache und Hebung der Sittlichkeit. [Red.: Julius v. Gemmingen.] Jg. 1882–1913.**
**Mülheim a. d. R.: Christlicher Colportage-Verein (sp. Buchhandlung des evangelischen Vereinshauses) 1882–1913. 8°** 5
**( Zeitweise: Beiblatt des Monatsblatt „Der Korrespondent".**

**Ährenlese.** 1. u. 2. Hrsg. v. der Literatur-Kommission des Vereins kathol. deutscher Lehrerinnen. Ausgewählt u. m. Anmerkgn. versehen v. Helene Pagés u. Elisab. Nieland. 8. Düsseldorf (909). L. Schwann. à 1.50; geb. in Leinw. 2. —
1. Balladen. 1.—8. Tauf. (VIII, 199 S.)
2. Legenden. 1.—3. Tauf. (X, 175 S.) (910).

Archaeologische Achrenlese. (Hrsg. von [Karl August] Böttiger.) Samml. 1. — o.O. (1811). 2° 11.
2.349

Aehrenlese z. Bildung d. Herzens u. z. Uebung d. Gedächtn. etc. auf 1801. Berlin 800. Lange. 14 gGr

**Ähren-Lese** aus deutschen Dichtern. Sammlung von Gedichten, Räthseln und Charaden. Für die Jugend herausgegeben von einem Schulmann. Hamb. 1835. V: *Fleck, Franz Gottlieb.* (Schr)

Aehrenlese aus deutschen Dichtern. Samml. von Gedichten, Räthseln u. Charaden. Für die Jugend herausgeg. von einem Schulmanne. 12. Hamb. 835. Literatur-Comptoir. ½ Thlr

Aehrenlese auf dem Felde der Belletristik, s.a. Taschen-Bibliothek der Reise-, Zeit- und Lebensbilder.

Aehrenlese auf dem Felde der Belletristik. — Rudolstadt: Fröbel 1855. 203 S.
Aus: Pilot. Unterhaltungsblatt zur Allg. Zeitung.
1: X 8322.
2.350

**Aehrenlese** auf dem Felde der Kriegsgeschichte. Eine Sammlung von Helden- und Charakterzügen berühmter Feldherren und tapferer Krieger. (26 1/4 B.) 16°.– Ansbach 1838.

— auf dem Felde der Kriegsgeschichte, oder Schlachtengemälde, Anekd. u. Charakterzüge berühmt. Krieger u. Feldherren. 16. Ansb. 839. Brügel. (Erlang., Fd. Enke.) n. ⅚ Thlr

—— auf dem Felde d. Kunst. Eine ausführl. Beschreibung von Originalhandzeichnungen und Nadelarbeiten d. Maler, Kupferstichen u. in Holz geschnitt. Werken. (Von Joh. Aug. Gottlob Weigel). I. Abthl.: Originalhandzeichnungen. gr. 8. (8½ B. u. 1 Stnt.) Leipzig 836, (R. Weigel.)

Aehrenlese auf dem Felde deutscher Prosa, v. F. K. A. P. Ein Hülfsbuch beim Unterricht im Styl u. in d. Muttersprache, u. eine unterhaltende Lektüre f. Liebhaber des Nützlichen u. Schönen. 1s—3s Heft. gr. 8. Leipzig, Joachim. 812.
I. Beschreibungen u. Erzählungen.
II. Schilderungen, Briefe u. Gespräche.
III. Geschichtsstyl, Lehrvortrag u. Rede.

— auf d. Felde deutscher Prosa, oder: Musterstücke z. Bildung d. Geschmacks etc., (v. K. Binni). 1s—8s Bdchn. N. Aufl. 16. Leipzig 825. Central-Compt. 2 Thlr (2s Bdchn. A. u. d. T.: Romantische Blumenkrone. 3s Bdchn. 3e Aufl. A. u. d. T.: Historisch-romant. Kabinetsstücke. 4s Bdchn. 3e Aufl. A. u. d. T.: Binni, K., Briefmuster. 5s Bdchn. 3e Aufl. A. u. d. T.: Dialogisirte Darstellungen aus dem Menschenleben. 6s Bdchn. 3e Aufl. A. u. d. T.: Binni, K., Histor. Galerie. Auch unter noch mehreren Titeln.)

Aehrenlese auf d. Felde deutscher Prosa. 4. Bdchn. 3., verb. Aufl. — A. u. d. T.: K. Binni, Briefmuster v. Garve, Gleim, v. Goethe etc. 16. (8½ B.) Leipzig 829, Central-Comptoir.
1—3. 5—8. Bdch. Ebendas. 1825. 1 Thlr. 16 Gr.

**Aehrenlese auf dem Felde der Reformation des 19. Jahrhunderts.** Eine Monatsschrift für denkende Menschen. Red.: K. Pfeiffer. 1. Jahrg. 1851. 12 Nrn. gr. 4. (à 2 B.) Hersbruck. (Nürnberg, Zeh.) n. n. 2 ₰

— auf dem Felde der Romantik u. Belletristik. Hrsg. von C. F. Scherl. Berlin 853—55. Brigl u. Lobeck. Jeder Band 7½ ngl

I. Serie. 1. Bd.: Der weiße Sklave oder Memoiren eines Flüchtlings von R. Hildreth. (187 S.)

2—7. Bd.: Sämmtliche Romane von P. Lacroix, gen. Jacob der Bibliophile. Aus d. Französ. 1—7. Bd.

1. 2. 7. Bd.: Pignerol oder d. Mann mit d. eisernen Maske. Geschichte a. d. Zeit Ludwigs XIV. 1680. Aus d. Franz. v. Max Julius. 3 Thle. (188; 172; 186 S.)

4—6. Bd. Die Giftkammer. Geschichte aus der Zeit Ludwigs XIV. Aus d. Französ. 3 Thle. (2 Bl., 154; 2 Bl., 156; 2 Bl., 215 S.)

8. Bd.: Die Schneiderwerkstatt, oder: Nicht zu hoch hinaus. Eine Erzählung für's Volk v. A. Rehfeldt. (1 Bl., 183 S.)

9. 10. Bd.: Das Apfelgartenschloß, oder: Ein erster Schritt und seine Folgen. Von P. Lacroix, gen. Jakob der Bibliophile. Aus dem Französ. 2 Thle. (2 Bl., 403 S. u. 2 Holzschn.)

11. Bd.: Dreißig Jahre Landjunkerleben. Frei nach den „Bekenntnissen" des Herrn Axel v. Bringen, von dessen Vetter. Von G. Danckwardt. Mit 2 Illustr. in Holzschn. (1 Bl., 239 S.)

12. Bd.: Die Burgruine. Erzählung von Rdph. Dehnicke. (1 Bl., 152 S.)

II. Serie. 1. 2. Bd.: Die schwarze Höhle, oder: Die Engländer in Indien. Historische Erzählung von Rdph. Dehnicke. 2 Thle. Mit 2 Illustr. in Holzschn. (1 Bl., 256; 1 Bl., 293 S.)

3. 4. Bd.: Vasallen u. Bürger. Histor. Roman v. Fritz Beringer. 2 Thle. Mit 2 Illustr. in Holzschn. (1 Bl., 254; 1 Bl., 258 S.)

5. 6. Bd.: Die Eroberung von Konstantinopel. Historische Erzählung von Rdph. Dehnicke. 2 Thle. Mit 2 Illustr. in Holzschn. (2 Bl., 455 S.)

7. 8. Bd.: Feodorowna. Ein Blatt aus der großen Welt. Histor. Roman aus der neuesten Zeit von Rdph. Dehnicke. 2 Thle. Mit 2 Illustr. in Holzschn. (2 Bll., 559 S.)

— auf d. Felde des Schönen, Nützlichen u. Guten. Ein Festgeschenk f. d. Jugend. 8. Luzern 837. (Augsb., Kollmann.) ½ ₰

**Ährenlese** gemeinnütziger und unterhaltender Gegenstände aus den besten Zeitschriften. Eine Quartalschrift. Breslau 1804—1806. H: *Krebs, Carl Joseph.* (Ky)

— gemeinnütz. u. unterhalt. Gegenstände, a. d. besten Zeitschriften. Eine Quartal-Schrift. 3 Jahrgg. 8. Breslau 804—6. Barth. (Holäufer). à 2 ₰ 6 g/; 6 ₰ 18 g/.

—, die, im Gotteshause. Eine Sammlung Predigten unverändert hrsg. von H. A. Schmid. gr. 8. (IV und 207 S.) Querfurth 850, Schmid. **

— vom Kalenderfelde, bestehend in e. Auswahl der vorzüglichsten Aufsätze aus Deutschlands Taschenbüchern, 16 Bdchn. mit e. Titelkpfr. von Chodowiecki. 16. Berlin 792. (Fr. Fleischer in Leipz.) 5/6 ₰ 26 Bdchn. m. 12 Kpfr. 1 ₰, cpl. 1 5/6 ₰

— v. Kalenderfelde. Auswahl d. vorzügl. Aufsätze aus Taschenbüchern rc. (v. J. G. Scheffner). 2 Bdchn, mit Kpf. 12. Berl. 792—94, Lagarde. (Köchly). 1 ₰ 20 g/.

Aehrenlese vom Calenderfelde, bestehend in einer Auswahl vorzüglicher Aufsätze aus Deutschlands Taschenbüchern für das Jahr 1794. (Hrsg. von Joh. George Scheffner.) Berlin, bey F. T. Lagarde. 12⁰. 13 Bl., 296 S. u. 13 Kupfer. (Barbiez del.) Illustr. Orig.-Cart. (10 Mk. E. Frensdorff, 1907.) Selten! (Expl. im British-Museum.)
Inhalt: Ueber Hüte, Corallen, Chokolate, Hochzeitskränze. Schnürbrüste, Handschuhe, Käse, Austern, Schlittschuhlaufen, Leckereyen, Spielkarten, Schreibfedern, Siegellack, Engl. Bleystifte etc. etc. — Bildet Jahrg. 3 dieses Taschenbuchs.

**Aehrenlese, die landwirthschaftliche.** Ein guter Rathgeber f. die Mitglieder landwirthschaftl. Vereine. Hersg. von Alois Reichel. Brüx 866. Friede. gr. 8. (XI, 163 S.) n. 20 ngr.

— a. d. Gebiete der Lebensphilosophie u. des Schönen, s. a. G. H. Meißner, Stammbuch. 2 Thle.

— auf d. Geb. der Lebensphilosophie u. des Schönen. Als Fortsetzung des Stammbuchs, v. G. H. Meißner. 72. Grätz, Tänzer u. Comp. 812.

— medicinische, eine Zeitschrift für die wissenschaftlich-prakt. Gesammtheilkunde. Hrsg. von A. Droste. 1—3. Jahrg. 1856—58. à 12 Nrn. (à 1 Bgn.) Osnabrück. (Rackhorst.) gr. 8. Jeder Jahrg. n. 1 ₰ 10 ngl

**Aehrenlese,** medicinische, eine hannoversche Zeitschrift f. d. wissenschaftlich-praktische Gesammtheilkunde. Herausg. von A. Droste. 4—9. Jahrg. 1859—64. à 12 Nrn. (à 1 Bogen). Osnabrück, Rackhorst in Comm. gr. 8. Jeder Jahrgang n. 1 ₰ 10 ngr.

— **medicinische,** eine hannoversche Zeitschrift f. die wissenschaftlich-prakt. Gesammtheilkunde. Hersg. von Aug. Droste. 10. Jahrg. 1865. 12 Nrn. (à 1 Bgn.) Osnabrück, Rackhorst in Comm. Lex.-8. n. 1 ₰ 10 ngr.

**Neue Aehrenlese.**
**Dillingen: Expedition 1890–? 8°**

**Aehrenlese, pädagogische,** oder: Wichtigstes u. Bestes aus pädagog. Schriften alter u. neuer Zeit, während 40jähr. Thätigkeit im Schulfache gesammelt u. hrsg. für Schullehrlinge u. Schulseminaristen, vorzügl. für Schullehrer, Schulinspectoren, auch für Eltern rc. Von Fr. Xaver Heindl. 3 Hfte. gr. 8. (30½ B.) Augsburg 846, Rieger'sche Buchh.

— poetische. Sammlung religiöser Gedichte zur Erbauung der Jugend. Hersg. von e. Weltpriester. Wien 866. Sartori. 8. (50 S. u. 1 Stahlst.) 4 ngr.

— kathol. Predigten, oder dogmatisch moral. Kanzelvorträge z. Erbauung u. Belehrung d. Gläubigen rc., aus d. vorzügl. Prediger-Werken gesammelt, u. durch viele Stellen d. heil. Schrift, durch Bilder rc. vermehrt, vorgetragen, u. hrsg. v. Jos. Ignaz Klaus. A. d. latein. Originaltexte übers. u. d. Zeitverhältnissen angemessen, zum Kanzelgebrauche eingerichtet von V. J. R. I. Bd. 1. u. 2. Hft. gr. 8. (14 B.) Grätz 843, Damian u. Sorge. à H. * Thlr. -

**Aehrenlese katholischer Predigten,** oder: dogmatisch-moralische Kanzelvorträge aus den vorzüglichsten Prediger-Werken gesammelt und hrsg. von Jos. Ign. Klaus. Aus dem latein. Originaltexte übers. und zum Kanzelgebr. eingerichtet von Vict. Jos. Reichel. 1. Bd. 3. u. 4. (letztes) Heft. gr. 8. (S. 107—288.) Grätz 845—48, Damian und Sorge. à Heft * -
1. und 2. Heft. Ebendas. 843. à * 12½ Ngr.

— aus den Predigten v. Charles Haddon Spurgeon. Dem deutschen Christenvolke dargeboten v. Balmer-Rinck. 3. Aufl. 16. (196 S.) Hamb. 887, J. G. Oncken Nachf. cart. * — 40

— religiöse, aus den Schriften frommer gottsel. Frauen u. Jungfrauen älter. u. neuerer Zeiten. Zur Erbauung u. Betrachtung rc. 1.—6. Bdchn. A. u. d. T.: Schriften der heiligen Therese von Jesu. 16. Augsburg 841, Schlosser. (à 2⅔ g/) ⅔ ₰

— unterhaltender Romane und Novellen aus allen Sprachen. 1. und 2. Bd. 16. Berlin 853, [Brigl und Lobeck.] à Bd. 7½ Ngr.

Inhalt:
Bd. 1. Hildreth, R., der weiße Sklave, oder Memoiren eines Flüchtlings. (187 S.)
2. Lacroix, Paul, gen. Jacob der Bibliophile, sämmtliche Romane. Aus dem Französ. 1. Bd.: Pignerol, oder der Mann mit der eisernen Maske. 1. Thl. (188 S.)

— aus den Verhandlungen des preußischen Abgeordnetenhauses 1862—64. In unveränd. Abdruck aus den stenogr. Berichten. Leipzig, 864. Priber. gr. 8. (VIII, 245 S.) n. 10 ngr.

[J.] Ährenlese aus Welt und Zeit … *Berlin: Christl. Zeitschriftenver. 1897.* (38 S.) 1 Bd 8.
— Broschüren, Religiöse, f. Gebildete. H. 6. [97. 7687

Ährenleser, s.a. Ährenlese

**Aehrenleser,** der. 1.—5. Jahrg. 1839—43. … 6. Jahrg. 1844. 104 Numm. ($^1/_2$ Bog.) 16. Hamburg, (Herold.) n. 1 ß

**Aehrenleser,** der. Unterhaltungsblatt für alle Stände. 7—14. Jahrg. 1845—52. à 104 Nrn. 8. ($^1/_2$ B.) Hamburg. (Herold.) à Jahrg. n. 1 ß

**Aehrenleser,** der. Unterhaltungsblatt für alle Stände. Hrsg. von J. C. F. Kniesch. 15—18. Jahrg. 1853—56. à 104 Nrn. (à $^1/_2$ Bgn.) Hamburg. (Kittler. — Nolte u. Köhler.) 8. Jeder Jahrg. n. 1 ß

**Der Ährenleser auf dem Felde der Geschichte, Literatur und Kunst.** Jg. 1–5. Danzig: Alberti 1821–25. 4° **22**

**Aehrenleserin,** die, u. ihr Kind. 24. (16 S.) Stuttgart 882. Buchh. der Evangel. Gesellschaft. n. — 4.

**Aehrenleserin, die kleine,** Lsftb. f. Kind. in 1 A. v. C. F. Weiße. 8. Lpz. Crusius. (W. Vogel.) 774.

**Die Aehrenleserin auf dem Missionsfelde. Ein Volks-Missionsblatt für Erwachsene.** [Hrsg.: J. Stursberg; sp. G. Krüsemann.] Jg. 1–12. Neukirchen, Kreis Moers: Stursberg 1899–1920. 8° **1a**

**Aehrenleserin,** die, auf dem Missionsfelde. Ein Volks-Missionsblatt f. Erwachsene. Hrsg.: J. Stursberg. 1. Jahrg. 1899. 6 Nrn. 4. (à 4 S. m. Abbildgn.) Neukirchen, Missionsbuchh. Stursberg & Co. — 10

— dasselbe. 2. u. 3. Jahrg. 1900 u. 1901. à 12 Nrn. 4. (à Jahrg. 48 S. m. Abbildg.) Ebd. à Jahrg. n. — 20

— dasselbe. 4. Jahrg. 1902. 12 Nrn. 4. (48 S. m. Abbildgn.) Ebd. n. — 25

**Aehrenleserin,** die, auf dem Missionsfelde. Ein Volks-Missionsblatt f. Erwachsene. Hrsg.: Jul. Stursberg. 5.—8. Jahrg. 1903—1906. à 12 Nrn. (à Jahrg. 48 S. m. Abbildgn.) gr. 8. Neukirchen, Missionsbuchh. Stursberg & Co. à Jhrg. — 25; kart. à Jhrg. — 50

**Aehrenleserin,** die, auf dem Missionsfelde. Ein Volks-Missionsblatt f. Erwachsene. Hrsg.: Jul. Stursberg u. seit 1910: G. Paschen. 9.—12. Jahrg. 1907—1910. à 12 Nrn. (à 4 S. m. Abbildgn.) gr. 8. Neukirchen, Missionsbuchh. Stursberg & Co. à Jahrg. — 25

**Aehrenleserin,** die neue, auf d. Felde d. griechischen, römischen u. anderer Litt., im deutschen Gewande rc. 8. Magdeb. 800. Schütz. (Lauffer in Leipzig). 18 ℊ

Ahrens, s. Ahrens, O.

Ahrens, A., s.a. Ahrens, August

**Ahrens, A.:** Historische Nachrichten über die merkwürdigsten Städte, Dörfer, Burgen, Klöster in der Grafschaft Mannsfeld. H. 1–3. — Eisleben: Losse 1834–36.
1–3 . . . . . . . . . . . . . . . . . . 1: Tf 64.
1.2 . . . . . . . . . . . . . . . . . . 8.
2.5467

Ahrens, Adolf

**Ahrens,** Ad., Anti-Vernunft. Beweisstücke f. d. jetz. ungenüg. Irrengesetze. gr. 8. (52 S.) Hamburg 891. Oberhafenstraße 2, A. Ahrens. n. — 80

**Ahrens, Adolf.** 1890: Ein Appell an Hamburgs Bürger. Einige Bemerkungen über Physicats-Gutachten. 3. Aufl. Hamburg: Grüning 1890. 63 S.
1: Kl 5477[a]. 12: Med. g. 606 i.
2.5468

**Ahrens,** Ad., e. Appell an Hamburgs Bürger. Einige Bemerkgn. üb. Physicats-Gutachten. 4. Aufl. 8. (64 S.) Hamburg 890, Oberhafenstr. 2., Ad. Ahrens. n. — 80
Vgl.: Ermann. Der Fall Ahrens.

— Unsere Bürgerschaft und unsere Presse über die hamburgischen Physicatszustände. Ein Anh. zu "Ein Appell an Hamburgs Bürger". — (Hamburg [um 1890].) 5.
2.5470

Ahrens, Alexander (app. Arzt): Tötliche Fettembolie nach gewaltsamer Streckung beider Kniegelenke … (Aus: Beitr. z. klin. Chir., Bd XIV Heft I.) Tübingen, H. Laupp'sche Buchh., 1895; 2 Bl., 6 S. 8.
Tübingen, Med. Fak., Inaug.-Diss. v. 1895.

Ahrens, Alfred (app. Arzt): Die Tuberkulose der Harnröhre … (Aus: Beitr. z. klin. Chir. VIII. Bd. II. Heft.) Tübingen, H. Laupp'sche Buchh., 1891; 22 S. 8.
Tübingen, Med. Fak., Inaug.-Diss. v. 1891.

**Ahrens,** Frau Anna, s. a. Pilot, Anna.

Warnemünder Geschichten. Novellen von Anna **Pilot** [d. i. Anna Ahrens]. Mit Ill. von A. Lewin. Berlin, Leipzig: H. Hillger [1907]. (96 S.) 8° [J.]
— **Bücherschatz,** Kürschners. No 563. [07. 13379

Ahrens, Ant. Frz. Hnr., s. Handbuch d. n. Geographie.

Ahrens, Aug., Beitrr. zur Kenntniß deutscher Käfer, s.a. Schriften d. naturforsch. Gesellsch. in Halle II. 2.

**Ahrens, August.** : Beiträge zur Kenntniß deutscher Käfer. Mit 2 Kupfertaf. — Halle: Hendel 1812. 50 S. (Neue Schriften der naturforschenden Gesellschaft zu Halle. 2,2.)
1: Lc 6760–2,2 [u.] Ls 5850. 2. 4. 5. 8. 10.
2.5473

— Beschreib. d. großen Wasserkäferarten, s. Schr. d. naturforsch. Gesellsch. in Halle I. 6.

(Ahrens, A.) Fauna Insectorum Europae, s.a. Germar.

— E. F. Germar et F. Kaulfuss, Fauna Insect. Europae, Fasc. I—XIV. Mit Kpf. gr. qu. 16. Halle 812—32. Kümmel. à 1 ß 8 ℊ 18 ß 16 ℊ

**Ahrens,** Aug., E. F. Germar et F. Kaulfuss, Fauna Insectorum Europae. Fasc. XV—XXI. Mit Kupf. gr. qu. 16 Halle 832—39. Kümmel. (à $1^1/_3$ ß)

— Fasc. XIX. Et. s. tit.: Insectorum protogaeae specimen, sistens Insecta carbonum fossilium. Mit 25 Kpfrtaf. qu. 8 Halle 837. Kümmel. $1^1/_3$ ß

— hingeworfene Ideen u. Vorschläge zu e. verbess. Theateranstalt, besonders f. Provinzial- u. Departementsstädte. 8. Halle 811. Hendel. 6 ℊ

**Ahrens,** Aug., Monographie der deutschen Rohrkäferarten. (N. Schrr. d. Nat. Ges. zu Halle. I.) Halle 1809. 8.

**Ahrens,** Aug., üb. d. Natur u. Bildung d. Blumen, u. wodurch letztere begünstigt od. erschwert werde? Eine Preisaufgabe. (Aus d. neuen Schriften d. naturforschenden Gesellschaft z. Halle. gr. 8. Halle, 1813. Hendel. — $12^1/_2$

Ahrens, August (aus Schlesin'(Meckl.)' app. Arzt, ehem. Assist. d. Univ.-Augenklinik zu Rostock): Untersuchungen über die Bewegung der Augen beim Schreiben. . . Rostock, C. Boldt'sche Hof-Buchdr., 1891; 30 S. 8°.–
Rostock, Med. Fak., Inaug.-Diss. v. (26. Aug.) 1891

**Ahrens, August.** Welche Wirkung ist der angestrebten Verdoppelung der gegenwärtigen Getreide-Zölle ohne gleichzeitige Aufhebung des Identitäts-Nachweises zuzuschreiben? Rede in d. Generalversammlung der Pomm. Oeconom. Gesellschaft am 15. Nov. a. c. in Cöslin. — (Stettin: Sarau [1889].) 2 Bl. 1: 2 in 4° Gz 13679.
2.5477

AHRENS, B.
Die Entwicklung der Chemie im 19. Jahrhundert. Vortrag. Stuttgart, 1900. 8vo.

**Ahrens, B.**, internationales Handbuch f. den reisenden Kaufmann. Praktische Winke u. Ratschläge üb. die Rechte u. Pflichten zur Geldersparnis im In- u. Auslande. Mit e. Anh.: Die wichtigsten Entscheidgn. des Reichsoberhandelsgerichts für Handlungsreisende. 1.—3. Aufl. gr. 8. (IV, 160 S.) Hannover-Linden 891. Manz & Lange. n. 2. —

Spätere Ausg. s. *Ahrens*: Praktische Winke für Handlungsreisende zur Geldersparnis im In- und Auslande. 1893.
12: Merc. 330.
2.5479

— Der reisende Kaufmann [Geschäftsreisende], wie er sein soll. Ein Handbuch f. junge Kaufleute, welche reisen od. reisen wollen. Von dem „Europ. Reisenden" [B. A.]. 1.—3. Aufl. gr. 8. (104 S.) Berl. 889—91, Globig. * 1 50

**Ahrens, B., D. reisende Kaufmann (Geschäftsreisende), wie er sein soll. E. prakt. Handbuch f. junge Kaufleute, welche reisen od. reisen sollen. V. d. „europ. Reisenden" (A.). Vollst. umgearb. u. neu hrsg. v. Herm. Pilz. gr. 8. (107 S.) Berlin 898. W. Möller. n. 1. —**

**Ahrens, B., der reisende Kaufmann (Geschäftsreisende), wie er sein soll. Ein prakt. Handbuch f. junge Kaufleute, welche reisen oder reisen sollen. Von dem „europ. Reisenden" (A.). Vollständig umgearb. u. neu hrsg. v. Herm. Pilz. 5. unveränd. Aufl. (107 S.) 8. Oranienburg (907). [W. Möller] Stuttgart, W. Violet.** 1. 50

**Ahrens**, B., Reisebuch d. Kaufmanns durch Europa. Süd-Deutschland, m. 7 Städte-Plänen, e. Eisenbahnkarte u. e. Pferdebahnnetz der Stadt München. 8. (XXXII, 319 S.) Mainz 884. (Leipzig, Haasenstein & Vogler.) geb. n. 6. —

Ahrens, B. Reisebuch des Kaufmannes für die Schweiz. Mit Städte-Plänen und einer Schweizerkarte. 8. Mainz 1883.

Ahrens, B. (Hrsg.), s. Sammlung chemischer und chemisch-technischer Vorträge.

**— praktische Winke f. Handlungsreisende zur Geldersparnis im In- u. Auslande. Mit e. Anh.: Die wichtigsten Entscheidgn. des Reichsoberhandelsgerichts f. Handlungsreisende. (Titel-Ausg. v. „A., internationales Handbuch f. den reis. Kaufmann".) gr. 8. (160 S.) Hannover-Linden 893. Manz & Lange.** n. 1. —

Ahrens, B. D. s. Ahrens, B.

**Ahrens, C., die Festigkeitslehre, s.: Lauenstein, R.**

**Ahrens, C., üb. das Hamburger Leuchtgas, s.: Dennstedt, M.**

**— Die Mechanik, s.: Lauenstein, R.**

**Ahrens, C., wie ist d. Verhältnis d. schwefligen z. Schwefelsäure i. d. Verbrennungsproducten d. Leuchtgases, s.: Dennstedt, M.**

Ahrens, C. C. C., s. Ahrens, Carl Chr. Chr.

Ahrens, C. Meyer-, s. Meyer-Ahrens

Ahrens, Carl Chr. Chr., über Abwehrung einer Verjährung durch bloße Klageanstellung allein, und wenn, ohne ihre Schuld, vor Verjährungsende kein decret. noch insinuat. erreichbar: was Rechtens? Auch als fragmentar. Beitrag zu einer Gesetzgebung für abgekürzte Verjährungsfristen von persönl. Klagen. gr. 8. (20 S.) Gießen 855, Ferber'sche Universitäts-Buchh. *

**Ahrens,** C.C.C., üb. Abwehrg. e. Verjährg. durch blosse Klageanstellg. allein, u. wenn, ohne ihre Schuld, vor Verjährungsende kein decret, noch insinuat. erreichbar: was Rechtens? 8°(20).– Giess. 1855, Roth.

**Ahrens,** Caesar [aus Hamburg]: Ueber einige Derivate des Meta-Xylols.... Göttingen, Druck d. Dieterich'schen Univ.-Buchdr., 1891; 53 S., 1 Bl. 8°
Göttingen, Phil. Fak., Inaug.-Diss. v. [29. Apr.] 1891

**Ahrens**, Caesar, üb. einige Derivate der Meta-Xylols. Diss. gr. 8. (53 S.) Göttingen 891. (Vandenhoeck & Ruprecht.) n. 1. —

**Ahrens, Christ. Sam. Fr., s. Landtag, der Mecklenburgische.**

**Ahrens, E.,** Pastor, Kusal. 1858 s. *Ahrens*, Eduard. 1843.

**Ahrens, E.,** Rechtsphilosoph. 1868 s. *Ahrens*, Heinrich. 1838.

**Ahrens, E. A. J.** 1836 s. *Ahrens*, Ernst Anton Julius.

Ahrens, Eduard

Ahrens, E., Abriß einer geographischen und genealogischen Geschichte sämmtl. Staaten, s. Abriß.

**Ahrens, Eduard,** Pastor, Kusal. 1843: Abriss einer geographischen und genealogischen Geschichte sämmtlicher Staaten alter und neuer Zeit. Ein Hülfsbuch beim Gebrauche historischer Werke. (Verf.: E. Ahrens.) — Reval: Kluge 1858. IX,237 S. 1: Py 1833. 300: 420.888–B.
2.5484

**Ahrens, Eduard.** 1885: Achmed und Clothilde. Ein dramatischer Scherz in 1 Akte. [Verf.: Eduard Ahrens.] — [Rio de Janeiro um 1885.] 1: Ys 23991.
2.5489

Ahrens, Eduard, approb. Arzt aus Drochtersen i.H.: Die Cribra orbitalia und die Spina trochlearis der Göttinger anatomischen Schädelsammlung. Göttingen 1904: L. Hofer. (22 S.) 8°
Göttingen, Med. Diss. v. (27.Apr.) 1904.

**Ahrens, Eduard, die Cribra orbitalia u. die Spina trochlearis der Göttinger anatom. Schädelsammlung. Diss. (22 S.) 8. Göttingen 904. (Vandenhoeck & Ruprecht.) n. —80**

— Grammatik der ehstnischen Sprache revalschen Dialektes. Th. 1.(2.) — Reval: Laakmann (2: Kluge & Ströhm in Comm.) 1843–53.
1. Formenlehre. 1843. 2. Satzlehre. 1853.
1.2 . . . . . . . . . . 12: L. rel. 1433. 8. 11.
1 . . . . . . . . . . . . 1: Zr 24128. 3.
2 . . . . . . . . . . . . . . . 10.
2.5485

— — 2. umgearb. Aufl. Th. 1. Reval: Kluge & Ströhm in Comm. 1853. 12: L. rel. 1433b. 8. 10. 11.
2.5486

**Ahrens, Ed., Johann Hornung, der Schöpfer unserer Esthnischen Kirchensprache. Zur Ehrenrettung des Unterdrückten. gr. 8. Reval 845. (Eggers.)** 1/2 ℛ

— Johann Hornung, der Schöpfer unserer ehstnischen Kirchensprache. — Reval: Kluge 1845. 51 S.
1: Ax 7124. 12: Biogr. 1278–27. 5. 8.
2.5487

— Sprachfehler der ehstnischen Bibel. — Reval: Kluge & Ströhm in Comm. 1853. 94 S. 1: Bx 2190.
2.5488

Ahrens, Ernst. Über einen besondern Fall der Bewegung eines materiellen Punktes. 18 S. *Burg* 1882.

**Ahrens,** Ernst: Tabellen zur Bestimmung der in der Umgegend von Burg wachsenden zweisamlappigen Blütenpflanzen und der nacktsamigen Pflanzen. (Umschlagt.: Tabellen ... von Burg wildwachsenden Phanerogamen, I. Tl.) Burg, Druck v. A. Hopfer, 1893; 1—18 S. 4.
Burg, k. Victoria-G, P 1893 (232)

[Umschlagt.:] **Ahrens,** Ernst: Tabellen zur Bestimmung der in der Umgebung von Burg wildwachsenden Phanerogamen, II. Tl. [Forts. d. P-Beil. 1893.] Burg, Druck v. A. Hopfer, 1894; 1—16 S. 4.
Burg, k. Victoria-G, P 1894 (231)

[Umschlagt.:] **Ahrens,** Ernst: Tabellen zur Bestimmung der in der Umgebung von Burg wildwachsenden Phanerogamen, III. Tl. [Forts. d. P-Beil. 1893. 94.] Burg, Druck v. A. Hopfer, 1895; 3—16 S. 4.
Burg, k. Victoria-G, P 1895 (233)

**Ahrens,** Ernst: Tabellen zur Bestimmung der in der Umgebung von Burg wildwachsenden, zweisamlappigen Phanerogamen. Forts. III ([Umschlagt.:] IV. Tl) u. Schluss [d. P-Beil. 1893. 94. 95.] Burg, Druck v. A. Hopfer, 1896; 13—42 S. 4.
Burg, k. Victoria-G, P 1896 (234)

Ahrens, Ernst Anton, s. Ahrens, Ernst Anton Julius

Ahrens, Ernst Anton Julius

*Ahrens*, E. A. J., s. *Cicero* oratio.

— die drei Volkstribunen Tib. Gracchus, M. Drusus und P. Sulpicius, nach ihren politischen Bestrebungen dargestellt, Ein Beitr. zur röm. Geschichte. 8. Leipz. 836. Krappe. 1/2 ₰

**Ahrens, E. A. J.**, Ueber einige Interpolationen in der Elektra des Sophokles. Pr. 18 S. 4°.

**Ahrens, Ernst Anton,** De quibusdam locis Sophoclis et Aeschyli commentatio critica. Coburg (Ahl) 1829. 16 S. (3.50) 140

**Ahrens, E. A. J.**, Ueb. die Mischung der Dialecte in der griech. Lyrik. Gel. 26 S. 4°.

**Ahrens, E. A. J.**, Probe einer neuen Uebersetzung des Sophokles. (Einladungsschrift des Herzogl. Gymnasiums zu Coburg von 1851.) 4. (20 S.) Coburg 852. (Riemann.) 1/6 ₰

**Ahrens, E. A. J.**, Quaestionum non Tullianarum particula prima. 4. (2½ B.) Coburgi 837, (Sinner'sche Hofbuchh.)

**Ahrens, E. A. J.**, Quaestionum Tullianarum particula. 2 Tle. Pr. 1887 u. 18 19, 18 S. 4°. à 1

Ahrens, E. A. J. Rechtfertigung des Tiberius Sempronius Gracchus. 8. Coblenz 1833.

**Ahrens, E. A J.**, Rechtfertigung d. Tib. Sempronius Gracchus. Progr. 8. (2 B.) Coburg 833, (Meusel u. Sohn.)

**Ahrens, E. A. J.**, s. Sophoclis fragmenta.

Ahrens, F., s.a. Ahrens, Felix Benjamin

**Ahrens, F.**, Ausgew. Chorlieder f. jugendliche Männerstimmen. F. d. Oberkl. d. Gymnasien u. Realschulen bearb. 12. (VI, 112 S.) Bremen 897. L. v. Vangerow. Geb. in Leinw. n. 1.20

**Ahrens, F.* Die Konkurrenz der Ansprüche aus dem Eigenversicherungsvertrage und dem Versicherungsvertrage zugunsten eines Dritten. D. Leipzig 1909.

Ahrens, F.: Die Ruinen v. Athen, s.: Kotzebue, A.

Ahrens, F., die landwirthschaftlichen Vereine für kleinere Landwirthe in Mecklenburg-Schwerin. Festschrift zum 10jähr. Bestehen derselben. gr. 8. (48 S.) Rostock 883, (Koch.) *

Die landwirtschaftlichen Vereine für kleinere Landwirthe in Mecklenburg-Schwerin. Festschrift zum 10jähr. Bestehen derselben von F. Ahrens. — Rostock: Selbstverl. (1884). 48 S. 8° 1.

Ahrens, F. (Hrsg.), s. Vereinsblatt, Landwirtschaftliches, für die kleineren Landwirte Mecklenburgs.

Ahrens, F.B., s. Ahrens, Felix Benjamin

Ahrens, F. G. (wirkl. Name), s.a. Brügge, Walter

**Ahrens, F. G.**
Pseud.: Walter Brügge

— Walter Brügge. Die Augen des Toten. — (Berlin: Metropol-Verl. [1907].) 32 S. (Spuk- u. Geister-Geschichten. 10.) 10. 2.5494

— Der Gemäldediebstahl am Cavendish-Square. Kriminal-Erzählung von Walter Brügge. Mit Illustr. von A. Lewin. — Berlin, Leipzig: Hillger [1909]. 111 S. (Kürschners Bücherschatz. 695.) 1: X 8420–695. 11. 2.5495

Ahrens, F. H. L., s. Ahrens, Heinrich Ludolf

Ahrens, F. J. Cph., über d. Rechte eines Testators in Ansehung der Cautio usufructuaria wegen des im Testamente vermachten Niesbrauchs. 8. Rostock 821.

Ahrens, Fel. B. D., s. Ahrens, Felix Benjamin

**Ahrens, Felix,** Chemiker. 1901 s. *Ahrens*, Felix Benjamin.

Ahrens, Felix Benjamin

**Ahrens, Fel. B.**, das Acetylen in der Technik, s.a. Sammlung chemischer u. chemisch-technischer Vorträge. IV. 6.

**Ahrens, Felix Benjamin:** Das Acetylen in der Technik von Felix B. Ahrens. Mit 25 Abb. — Stuttgart: Enke 1899. S. 204–254. (Sammlung chemischer u. chemisch-technischer Vorträge. 4,6.) 12: Chem. 266 ed–4. 6. 88. 89. 2.5497

— Anleitung zur chemisch-technischen Analyse. Ein Lehr- u. Nachschlagebuch f. Studierende, Chemiker, Hüttenleute. Techniker u. s. w. gr. 8. (VIII, 446 S. m. 87 Abbildgn.) Stuttgart 901. F. Enke. n. 9. —

**Ahrens, Fel. B.**, organische Chemie f. Ärzte in 12 Vorlesungen. gr. 8. (136 S.) Stuttgart 894. F. Enke. n. 3. —

— Einführung in die praktische Chemie, s.a. Volksbücher der Naturkunde u. Technik. 3. Bd.

— Einführung in die praktische Chemie. Bd 1.2. — Stuttgart: Moritz 1901–02.
1. Unorgan. Teil. 1901. 2. Organ. Teil. 1902.
(Volksbücher der Naturkunde und Technik. 3.4.)
12: Phys. g. 500 o–3.4. 2.5500

— 2. Aufl., durchges. ... von F. W[illy] Hinrichsen. Mit Taf. u. zahlr. Textabb. — Ebd. (1912). XI, 302 S. (Bibliothek d. Naturkunde. 3.4.) 1: Lf 23558ᵃ–3.4. 2.5501

— die Entwicklung der Chemie im 19. Jahrh. Vortrag, geh. im Humboldtverein zu Breslau zur Jahrhundertwende. gr. 8. (39 S.) Stuttgart 900. F. Enke. n. 1. —

— das Gärungsproblem. gr. 8. (50 S.) Ebd. 902. n. 1.20
Sonderabdruck aus: „Sammlg. chem. u. chemisch-techn. Vorträge."

**Ahrens, Fel. B.**, D. Goldindustrie d. südafrikan. Republik (Transvaal), s.a. Sammlung chemischer u. chemisch-techn. Vorträge.

— Die Goldindustrie der südafrikanischen Republik ⟨Transvaal⟩. — Stuttgart: Enke 1897. S. 257–324. (Sammlung chemischer u. chemisch-technischer Vorträge. 2,5.) 12: Chem. 266 ed–2. 6. 88. 89. 2.5503

Handbuch der Elektrochemie v. Dr. Felix B. Ahrens, a. o. Prof. a. d. Univ. zu Breslau. M. 281 in d. Text gedr. Abb. *Stuttgart: F. Enke 1896.* (VIII, 540 S.) 1 Bd 4.(8.) (96. 1179

**Ahrens, Fel. B.**, Handbuch der Elektrochemie. 2., völlig neubearb. Aufl. (X, 686 S. m. 298 Abbildgn.) gr. 8. Stuttgart 903. F. Enke. n. 15. —; geb. in Leinw. n. 16.20

— Schlesiens chem. Industrie u. die techn. Hochschule in Breslau. gr. 8. (60 S.) Breslau 898. Schletter. n. 1.20

**Ahrens**, Felix B. [Dr. phil.]: Zur Kenntnis des Sparteïns. ... Breslau, Buchdr. z. Gutenberg Anton Schreiber (1889); 1 Bl. + 30 S. + 1 Bl. 8°
Breslau, Phil. Fak., Hab.-Schr. v. 11. Febr. 1889

Lebensfragen. Die Vorgänge d. Stoffwechsels. Von Dr. Felix B. **Ahrens**, Prof. Mit 8 Abb. Leipzig: Quelle & Meyer 1907. (V, 153 S.) 8° [F.]
= **Wissenschaft** u. Bildung. 18. (07. 14330

— Lehrbuch der chemischen Technologie der landwirtschaftlichen Gewerbe. Die Grundzüge der Fabrikation v. Zucker, Stärke, Alkohol, Bier u. Essig für Studierende der Universitäten, techn. Hochschulen, landwirtschaftl. Hochschulen u. Akademien, techn. Schulen usw., sowie zum Selbstunterricht. (VI, 356 S. m. 129 Abbildgn.) gr. 8. Berlin 905. P. Parey. Geb. in Leinw. n. 9. —

— d. Metallcarbide u. ihre Verwendung, s.a. Sammlung chemischer u. chemisch-techn. Vorträge.

— Metallcarbide (Die) und ihre Verwendung. Stuttgart, 1896. 8vo. Ill.
*Cf.* Sammlung chemischer und chemisch-technischer Vorträge.
There is a Russian translation by A. M. Lomonossoff. St. Petersburg, 1897.

Ahrens, Felix (aus Danzig): Untersuchungen über Octylbenzol. . . Breslau, Buchdr. zum Gutenberg Anton Schreiber(1886); 64 S. 8°.
Breslau, Phil. Fak., Inaug.-Diss. v. 2. Aug. 1886.

**Ahrens, Fel.**, Untersuchungen üb. Octylbenzol. gr. 8. (62 S.) Breslau 886. (Köhler.) n. 1. —

— s.: **Zeitschrift, chemische.**

Ahrens, Fr., Lehrgang f. den Unterricht im Zitherspiel. I. Theil. Wien, F. Wessely. 1 fl. 80 kr. 725

**Ahrens, Fr.**, die Ruinen v. Athen, s.: Kotzebue, A.

**Ahrens, Franciscus Henricus Ludolfus** s. *Ahrens*, Heinrich Ludolf.

**Ahrens, Franz**, Referendar: Die Konkurrenz der Ansprüche aus dem Eigenversicherungsvertrage und dem Versicherungsvertrage zugunsten eines Dritten. Borna-Leipzig 1909: Noske. VIII, 31 S. 8°
Jena, Jur. Diss. v. 29. Juni 1909, Ref. Fehr
[Geb. 2. Sept. 84 Berlin; Wohnort: Berlin; Staatsangeh.: Preußen; Vorbildung: Königstädt. Realgymn. Berlin Reife O. 04; Studium: Berlin 8 S.; Rig. 25. Mai 09.] [U 09. 2079

Ahrens, Frid. (Eduard. Guil.) (geb. Essen 27. 7. 1816): De rheumatismi acuti pathologia. Berolini (1839). (32 S.) 8°
Berlin, Med. Diss. v. 5. Juli 1839

**Ahrens, Friedrich:** Das hängende Gasglühlicht. Seine Entstehung, Wirkung u. Anwendung. Ein Handbuch. Mit 391 Abb. — München & Berlin: Oldenbourg 1907. V,278 S. 1:Op 26853. 12:Techn. 3gt. 11. 82. 89.
2.5510

**Ahrens,** [Friedr. Ludw. Aug.], Gesanglehrer: **Lehrplan für Gesang.** *Bremerhaven 1901: Krause & Kandermann.* (S. 8—10.) 4°
Bremerhaven, G u. R, OP 1901 (794)

**Ahrens,** Fritz, Referendar a. Schwerin: Das Ehescheidungserfordernis des § 172 StGB. Schwerin 1908: W. Sengebusch. (67 S.) 8°
Rostock, Jur. Fak., Ref. Wachenfeld, Diss. v. 30. Juli 1908
[Geb. 15. Aug. 80 Schwerin; Wohnort: Schwerin; Staatsangeh.: Mecklenburg-Schwerin; Vorbildung: Gymn. Schwerin bis M. 00, Erg.-Prüfung Gymn. Rostock M. 05; Studium: Berlin 2, Rostock 6 S.; Rig. 8. April 08.]

**Ahrens,** Georg, Referendar in Hannover: Die **Rechtsstellung** der Kinder aus nichtigen Ehen nach dem Bürgerlichen Gesetzbuche. *Borna-Leipzig 1903: R. Noske.* (VIII, 34 S.) 8°
Leipzig, Jur. Diss. v. 1903

Ahrens, H., s.a. Ahrens, Heinrich

**Ahrens, H.**, die Abwege in der neuern deutschen Geistesentwickelung und die nothwendige Reform des Unterrichtswesens. gr. 8. (III, 104 S.) Prag 873, Tempsky. *
Aus: Die neue Zeit, besonders abgedruckt.

Ahrens, H., Ueb. die neue Einrichtung des griechischen Elementarunterrichtes. Pr. 1852. 40 S. 1.—

**Ahrens, H.** 1897: Die Hauptstücke der Landwirtschaftslehre für Schüler ländlicher Fortbildungs- oder Abendschulen. — Stuttgart: Ulmer 1897. VII,95 S. 1:N 11.51.
2.5512

**Ahrens,** H. Edmund [Referendar]: Das Blanko-Accept ... Erlangen, k. b. Hof- u. Univ.-Buchdr. v. F. Junge, 1897; VI S., 1 Bl., 50 S. 8.
Erlangen, Jur. Fak., Inaug.-Diss. v. 1897

**Ahrens, H. L.**, Philologe. 1838 s. *Ahrens*, Heinrich Ludolf.

**Ahrens,** Hans, appr. Arzt a. Schwerin in Mecklenburg: Ueber luetische Nekrose am Alveolarfortsatz der Kiefer. (Mit 4 Taf.) München 1906: C. Wolf & Sohn. (43 S.) 8°
München, Med. Fak., Ref. v. Angerer, Diss. v. 21. Dez. 1906
[Geb. 26. März 83 Schwerin; Wohnort: Schwerin; Staatsangeh.: Mecklenburg-Schwerin; Vorbildung: Gymn. Fridericianum Schwerin Reife O. 01; Studium: Rostock 2, Kiel 1, Marburg 1. München 6 S.; Coll. 21. Dez. 06; Approb. 15. März 06.]

**Ahrens, Harry**, Elementar-Musiklehre. 8. (IV, 54 S.) Hamburg 887, O. Meißner's Verlag.

**Ahrens, Heinrich,** Steinhauermeister, Hannover. 1883: Alt-Hannover von Rudolf Kempf, Text von H. Ahrens. — Hannover: Alpers 1893. 30 Taf. mit je 1 Erl.Bl. 1:2° Sm 4628. 7. 89.
2.5532

**Ahrens, H.**, Cours de droit naturel, ou de philosophie du droit, fait d'après l'état actuel de cette science en Allemagne. (1re partie. III. fasc.) gr. in-8. Paris (et Leipz.) 838—840. Brockhaus et Avenarius. 1 Bd. n. 2 ℛ

—— **Cours de droit naturel ou de philosophie du droit, complété, dans les principales matières, par des aperçus historiques et politiques. 6e édit., entièrement refondue et complétée par la théorie du droit public et du droit des gens. 2 vol. gr. 8. (XXII, 330; XIV, 522 S.) Leipzig 868, Brockhaus.** *

**Ahrens,** Henri, cours de droit naturel ou de philosophie du droit, complété, dans les principales matières, par des aperçus historiques et politiques. 7. éd., réimprimée, après la mort de l'auteur, sur la 6. éd., entièrement refondue et complétée par la théorie du droit public et du droit des gens. 2 vols. gr. 8. (XXII, 330 u. XIV, 522 S.) Leipzig 875. Brockhaus. n. 10. —; geb. n. 13. —

**Ahrens,** Henri, cours de droit naturel ou de philosophie du droit, complété, dans les principales matières, par des aperçus historiques et politiques. 8. éd. réimprimée, après la mort de l'auteur, sur la 6me éd., entièrement refondue et complété par la théorie du droit public et du droit des gens. 2 tomes. gr. 8. (XXII, 330 u. XIV, 522 S.) Leipzig 892. F. A. Brockhaus. n. 10. —; geb. n. 13. —

**H. Ahrens: Cours de psychologie fait à Paris sous des auspices du gouvernement. (*Par.*, Merklein. 836. Nachher) *Par.*, Brockhaus u. Avenarius. 840. 2 vol. gr8° 4ℛ 16gl**

— Cours de Psychologie, fait à Paris sous les auspices du Gouvernement 2 Vol. Auch m. d. Umschl.-Tit.: Cours de Philosophie. gr. in-8. Paris (et Leipzig) 840. Brockhaus et Avenarius. n. 4 2/3 ℛ

**Ahrens, H.**, juristische Encyklopädie, oder organische Darstellung der Rechts- und Staatswissenschaft, auf Grundlage einer ethischen Rechtsphilosophie. 1. und 2. Lfg. gr. 8. (VIII S. und S. 1—528.) Wien 855—56, Gerold's Sohn. [1. Lfg. * 1 Thlr. 20 Ngr., 2. * 1 Thlr.] *

Ahrens, H., juristische Encyclopädie, oder organische Darstellung der Rechts- und Staatswissenschaft, auf Grundlage einer ethischen Rechtsphilosophie. 3. (Schluß-)Lfg. Lex.-8. (S. 529—808.) Wien 857, Gerold's Sohn. *
1. und 2. Lfg. Ebendas. 1855,56. * 2 Thlr. 20 Ngr.

— Geschichte der Garten-Gemeinde in der Königl. Residenzstadt Hannover. Zum Besten der St. Pauluskirche zu Hannover. — Hannover 1883: Schlüter. 104 S. 1:Sm 4736. 7.
2.5533

**Ahrens,** H., Grondbeginselen der Mensch-en Zielkunde naar de leer van K. C. F. Krause, ontvouwd in 12 voorlezingen gehouden te Parijs. Vrij vertaald met verbeteringen enz. van J. Nieuwenhuis. 2 Deele. gr. 8. (549 S.) Utrecht 848, Kemink & Zoon. n. 3 ℛ 6 ngl

**Ahrens,** H., Herrenhausen u. seine Sehenswürdigkeiten. 8. (44 S.) Hannover 887. Cruse. n. — 80

**Ahrens, H.**, hannoversche Landschafts- u. Städtewappen. Mit 89 Wappenabbildgn. auf 20 Taf. in Photolith. u. Farbendr. gr. 8. (42 S.) Hannover 891. (Klindworth.) Kart. n.n. 8. —

**Ahrens, Heinr.**, Fichte's politische Lehre in ihrer wissenschaftlichen, culturgeschichtlichen u. allgemeinen nationalen Bedeutung. Festrede zur Fichtefeier an der Universität Leipzig. Leipzig, 862. Veit & Co. gr. 8. (40 S.) 7½ ngr.

**Ahrens, H.**, s.: Mitteilungen, heraldische.

**Ahrens,** Heinr., Naturrecht oder Philosophie d. Rechts u. d. Staates. Auf dem Grunde d. ethischen Zusammenhanges von Recht u. Cultur. 1. Bd. Die Geschichte der Rechts-Philosophie u. die allgemeinen Lehren. 6., durchaus neu bearb., durch die Staatslehre u. die Principien d. Völkerrechts verm. Aufl. Wien 870. Gerold's Sohn. gr. 8. (XIV, 390 S.) n. 2 *ℳ* 10 *ngr.*

— Naturrecht od. Philosophie d. Rechts u. d. Staates. Auf dem Grunde d. ethischen Zusammenhanges v. Recht u. Cultur. 2. Bd. Das System des Privatrechts, die Staatslehre u. die Principien d. Völkerrechts. 6., durchaus neu bearb., durch die Staatslehre u. die Principien des Völkerrechts verm. Aufl. gr. 8. (XVI, 531 S.) Wien 871. Gerold's Sohn. n. 9. —

**Ahrens,** H., das Naturrecht oder d. Rechtsphilosophie nach d. gegenwärt. Zustande dieser Wissenschaft in Deutschland. N. d. 2. Ausg. deutsch v. Adf. Wirk. Lex.-8. (27½ B.) Braunschweig 846, Westermann. *

—— die Philosophie des Rechts. 2. Thl. A. u. d. T.: Die organische Staatslehre auf philosophisch-anthropolog. Grundlage. 1. Bd. Enthaltend: Die philosoph. Grundlage und die allgem. Staatslehre. gr. 8. (XX und 269 S.) Wien 850, Gerold, Verl. *

Der erste Theil erschien bei Westermann in Braunschweig 1846 u. d. T.: Das Naturrecht rc. und kostet * 2 Thlr. 10 Ngr.

**Ahrens,** H., die Philosophie des Rechts und des Staates. 1. Thl. A. u. d. T.: Die Rechtsphilosophie, oder das Naturrecht, auf philosophisch-anthropolog. Grundlage. 4., von dem Verf. selbst besorgte und neu bearb. deutsche Ausg. 3 Lfgn. gr. 8. (1. Lfg. XX und 167 S.) Wien 851(52,) Gerold, Verl. *

— Die Rechtsphilosophie, oder das Naturrecht, auf philosophisch-anthropologischer Grundlage, von H. Ahrens. 4., von d. Verf. selbst besorgte u. neu bearb. deutsche Ausg. Wien: Gerold 1852. XX,613 S. (Ahrens: Die Philosophie des Rechts und des Staates. 1.)
1: Fl 6352–1. 12: Ph. Pr. 17n–1. 300: 31.924. Bd 1.
2. 3. 4. 7.
2.5520

— Rede, gehalten am 26. April beim Antritt des Lehramtes der Rechtsphilosophie von H. Ahrens. — (Wien: Gerold 1850.) 25 S. 300: 54.441–B. 4.
2.5530

**Ahrens,** H., das deutsche Reichstagshaus i. s. herald. Schmucke u. s. Inschriften. [Aus: „Vierteljahrsschr. f. Wappen-, Siegel- u. Familienkde."] gr. 8. (47 S.) Hannover 896. L. Ost. n. 1. —

— Die organische Staatslehre auf philosophisch-anthropologischer Grundlage, von H. Ahrens. Bd 1. — Wien: Gerold 1850. XVIII,243,25 S.
1. Die philosophische Grundlage u. die allgemeine Staatslehre.
(Ahrens: Die Philosophie des Rechts. 2,1.)
1: Fl 6352–2,1. 12: Ph. Pr. 17n–2. 300: 31.924. Bd 2.
2. 4. 7. 10.
2.5531

— die mißglückte Ueberrumpelung der Stadt Hannover im J. 1490. 8. (30 S.) Hannover-Linden 890. Manz. n. — 60

Die Wappen der Provinzen des Königreichs Preussen v. Heinrich **Ahrens.** Mit Zeichnungsbeilagen (14 Tafeln) v. Oscar **Rolck.** Hannover. 1897. 4°.

Ahrens, Heinrich Ludolf

**Ahrens,** Heinr. Ludolf, das Amt der Schlüssel. Hannover, 864. C. Rümpler. gr. 8. (VII, 144 S.) n. 20 *ngr.*

**Ahrens,** Heinr. Ludolf, *Αὐλή* u. Villa. Etymologische Untersuchg. 4. (25 S.) Hannover 874. (Berlin, Calvary & Co.) n. 1. 60

— Raphaeli Kuehnero scholae quondam rectori optime merito ... semisaecularia summorum in philosophia honorum rite obtentorum a. d. III. Id. Decemb. MDCCCLXXIV rite celebranda gratulantur Lycei I. Hannoverani praeceptores. Inest disquisitio etymologica „*Αὐλή* und villa" auctore H. L. Ahrens. — Hannoverae 1874: Culemann. 39 S. 1: Va 2549. 7.
2.5542

**Ahrens,** H. L., Ein Beitrag zur Etymologie der griechischen Zahlwörter. S. A. s. a. 88 S. 1.20

**Ahrens,** Heinr. Ludolf, Beiträge zur griechischen u. lateinischen Etymologie. 1. Hft. A. u. d. T.: Die griech. u. latein. Benenngn. der Hand. Etymologische Untersuchg. 1. Hft. gr. 8. (XII, 206 S.) Leipzig 879. Teubner. n. 4. 80

— Die griechischen und lateinischen Benennungen der Hand. Etymologische Untersuchung. H. 1. — Leipzig: Teubner 1879. (Ahrens: Beiträge zur griechischen und lateinischen Etymologie. 1.)
12: Philol. 1r–1. 2. 3. 4. 5. 6. 7. 8. 9. 10. 11.
2.5544

— de Theocriti carmine aeolico tertio nuper invento. Hannover 868. (Berlin, Calvary & Co.) 4. (28 S.) n. 10 *ngr.*

Ersch. auch als Schulprogr. Hannover 1868.

**Ahrens,** (F.) Henr. Ludolf., de Crasi et Aphaeresi cum Corollario Emend. Babrianarum. 4maj. (4¼ B.) Stolbergae Hercyn. 845, Kleinecke's Vrlsh. [Gotha, Schneitler et Soc.] *

Ersch. auch als Schulprogr. Ilfeld 1845.
1: 4° Vc 5440. 12: 4° L. gr. 3. 300: 101.534–C. 2. 3. 5.
7. 8. 9. 10. 11.
2.5547

**Ahrens,** F. H. L., de causis quibusdam Aeschyli nondum satis emendati comment.. s. a. Brohm.

**Ahrens,** L., De causis quibusdam Aeschyli nondum satis emendati. Pr. 1882. 36 S. 4°. 1.20

**Ahrens,** H. L., De duodecim deis Platonis. Gel. 1864. 24 S. 1.20

—— de duodecim deis Platonis. — Unedirte griechische und römische Münzen, beschrieben und erläutert von Carl Ludw. Grotefend. gr. 8. (45 S. mit 2 Stnt.) Hannover 864, Hahn'sche Hofbuchh. *

—— de graecae linguae dialectis. Lib. I. — E. s. t.: De dialectis aeolicis et pseudaeolicis. 8maj. (19 B.) Gottingae 839, Vandenhoeck et Ruprecht.

—— de graecae linguae dialectis. Liber II. E. s. t.: De dialecto dorica. 8maj. (37½ B. u. 1 Bl. in qu. gr. 4.) Gottingae 843, Vandenhoeck et Ruprecht.
Liber I. ibid. 1839. 1⅓ Thlr.

**Ahrens,** Heinr. Ludolf, *Δρῦς* u. seine Sippe. Etymologische Untersuchung. Hannover 866. (Berlin, Calvary & Co.) gr. 8. (86 S.) n. 12 *ngr.*

**Ahrens,** Heinr. Ludolf, Griechisches Elementarbuch aus Homer. 1. Cursus. gr. 8. (XLVI u. 108 S.) Göttingen 850, Vandenhoeck & Ruprecht. ½ *ℳ*

— griechisches Elementarbuch aus Homer. 2. umgearb. Aufl. Göttingen 870. Vandenhoeck & Ruprecht. gr. 8. (VII, 119 S.) n. 14 *ngr.*

**Ahrens,** H. L., griechisches Elementarbuch aus Homer, neue Bearbeitg., s.: Agahd, R.

**Ahrens,** H. L., Emendationes Theocriteae. Gel. 1841. 85 S. 1.25

**Ahrens,** (F.) Henr. Lud., Emendationes Theocriteae. 4. (4¾ B.) Gottingae 841, Vandenhoeck et Ruprecht. Thlr.

**Ahrens,** Heinr. Ludolf, griechische Formenlehre des homerischen und attischen Dialektes, zum Gebrauche bei dem Elementar-Unterrichte, aber auch als Grundlage für eine historisch-wissenschaftl. Behandlung der griech. Grammatik. gr. 8. (XII und 280 S.) Göttingen 852, Vandenhoeck und Ruprecht's Vrlgsh. *

Ahrens, H.L., griech. Formenlehre d. Homer, u. Att. Dial. 8°(280).– Gött. 1853, Vandenhoeck & R.

—— griechische Formenlehre des homerischen und attischen Dialektes. Zum Gebrauche bei dem Elementar-Unterrichte, aber auch als Grundlage für eine histor.-wissenschaftl. Behandlung der griech. Grammatik. 2. verb. Aufl. gr. 8. (XII, 280 S.) Göttingen 869, Vandenhoeck und Ruprecht's Verlag. *

— s. Gesangbuch, christliches, für Schulen.

— Geschichte d. Lyceums zu Hannover von 1267—1533. Hannover 870. (Berlin, Calvary & Co.) 4. (53 S.) n. 15 *ngr.*

—— Jahresbericht des Lyceums zu Hannover. 1. Ueber die neue Einrichtung des griech. Elementarunterrichtes am Lyceum. 2. Schulnachrichten. gr. 8. (69 S.) Göttingen 852, Vandenhoeck und Ruprecht's Vrlgsh. *—

Ahrens, H. L., Conjecturen zu Alcaeus, Sappho, Corinna, Alcman. S.-A. 1889. 29 S. 2.50

Ahrens, H. L., über die Conjugation auf μι im Homerischen Dialekte. gr. 4. Nordhausen 838. (Förstemann). 1/3 ℛ

Ersch. auch als Schulprogr. Ilfeld 1838.
1:4° Ve 4470. 3. 5. 7. 8. 10.
2.5555

Ahrens, H. L.: Über Namen und Zeit des Campus Martius der alten Franken. 40 S.
Progr. Hannover Lyc. I. 1872.

Ahrens, H.L., üb. Namen u. Zeit d. Campus martius d. alten Franken. 4°(42).– Berl. 1872, Calvary u. Co.

— Ueber Namen und Zeit des Campus Martius der alten Franken.—Hannover 1872: Culemann. 42 S. 4° 7. 8. 11.
2.5556

—— über Namen und Zeit des Campus Martius der alten Franken. gr. 4. (42 S.) Hannover 873. (Berlin, Calvary und Comp.) *

— 'ρᾳ, Beitrag zur griechischen Etymologie, und Lexikographie. Pr. 1873. 19 S. 4°. 1.—

Ahrens, H. B., 'Pᾳ. Beitrag zur griech. Etymologie und Lexikographie. 4. (19 S.) Berlin 874, (Calvary und Comp.) *

Ahrens, Heinr. Lud., kleine Schriften. 1. Bd. Zur Sprachwissenschaft. Besorgt v. Carl Haeberlin. Mit e. Vorwort v. O. Crusius. gr. 8. (XV, 584 S.) Hannover 891. Hahn. n. 16. —

— griechische Schulgrammatik, s.: Hornemann, F.

— Schulrede bei der Nachfeier des Geburtstages König Wilhelm I. am 23. März 1868. Hannover 868. Schmorl & v. Seefeld. 8. (12 S.) n. 5 ngr.

— noch drei kleine Schulreden patriotischen Inhalts. gr. 8. (36 S.) Hannover 879. Schmorl & v. Seefeld. n. — 50

—— zwei kleine Schulreden bei Abiturienten-Entlassungen. gr. 8. (16 S.) Hannover 868, Schmorl und v. Seefeld.

Ahrens, F. H. L., De Athenarum statu politico et literario inde ab Achaici foederis interitu usque ad Antoninorum tempora. Gekr. Pr. 1829. 81 S. 1.50

Gekrönte Preisschrift der Univ. Göttingen.
12:4° Diss. 3778–1. 2. 4. 7. 10. 11.
2.5560

— **Franziskus Heinrich Ludolf** (Helmstedt), De Athenarum statu politico et literario inde ab Achaici foederis interitu usque ad Antoninorum tempora. Commentatio in certamine literario civium academiae Georgiae Augustae de sententia amplissimi philosophorum ordinis praemio regio die 4. VI. 1829 ornata. Gött. (Vandenhoeck & Ruprecht; Druck: Friedr. Ernst Huth) 1829. 81 S. (5.—)

Ahrens, H. L., Ueber die Göttin Themis. I. Pr. 1862. 66 S. 2.—

Ahrens, H. L.: 1. Urkunden zur Geschichte des Lyceums zu Hannover und 2. Geschichte des Lyceums zu Hannover von 1267 bis 1533. Zs. 84 S.
Progr. Hannover Lyc. I. 1869, 70.

**Ahrens, Henri,** Rechtsphilosoph. 1868 s. *Ahrens*, Heinrich. 1836.

Ahrens, Hermann, s.a. Ahrens, Hermann Adolf

**Ahrens,** *Hermann* [Dir.]: Die Einweihungsfeier des neuen Schulgebäudes. Göttingen, Druck v. L. Hofer, 1893; 8—15 S., 2 Taf. 4.
Göttingen, Kaiser Wilhelm II. R, OP 1893 (343)

**Ahrens,** Hermann: Exposé über die Errichtung gemeinnütziger Kolonien. (Berlin) o. J. 8° *[Umschlagtit.]*

**Ahrens,** *Hermann* [Dir.]: Geschichte der Entstehung der Anstalt und ihre Entwicklung in den ersten zwei Jahren. Göttingen, Druck v. L. Hofer, 1893; 3—7 S. 4.
Göttingen, Kaiser Wilhelm II. R, OP 1893 (343)

Ahrens, Hermann Die Kosmogenie der Genesis. 4 (S. 3—30).
G. u. Rprg. *Stade* 1886 (296).

Ahrens, Hermann Adolf, s.a. Ahrens, Hermann

Ahrens, [Hermann Adolf]: Die Einweihungsfeier des Ergänzungsbaues der Oberrealschule. S. 3—8. 4. **Progr.**
Städt. Oberrealschule i. E. (Kaiser Wilhelm II. - Realschule)
*Göttingen* 1906

**Ahrens,** Hermann *Ludwig Adolf:* Die Wettiner und Kaiser Karl IV. E. Beitr. z. Geschichte d. Wettinischen Politik in d. Jahren 1364 bis 1379 ... [Erschien vollst. als Heft 2 d. 1. Bds von: Leipz. Studien aus d. Geb. d. Gesch.] Leipzig, Duncker & Humblot, 1895; 3 Bl., 50 S., 1 Bl. 8.
Leipzig, Phil. Fak., Inaug.-Diss. v. [26. Febr.] 1895

Ahrens, J. B. A., Lob Gottes. Ein Notenbuch f. Sonntag-Schule, Kirche u. Haus. qu. 8. (182 S.) Nashville, Tenn. (Philadelphia 876. Schäfer & Koradi.) n. 3. —

Ahrens, J. B. A., Mexiko und mexikanische Zustände. In den Jahren 1820—1866. gr. 8. (123 S.) Göttingen 866, Rente. *

Ahrens, J. E., Lehrbuch d. Geometrie, zum Gebrauch in gelehrten Schulen u. auf höhern Bildungsanstalten. Mit 11 Steintaf. gr. 8. Nürnb. 831. Schrag. 2 ℛ

**Ahrens, J. F.** s. *Ahrens*, Jürgen Friedrich.

**Ahrens, J. H. H.** s. *Ahrens*, Johann Heinrich Hermann.

**Ahrens, J. T.** s. *Ahrens*, Johann Thomas.

**Ahrens,** Jak., die Ministerialität in Köln u. am Niederrhein, s.a. Abhandlungen. Leipziger historische. 9.

**Ahrens,** Jakob: Die Ministerialität in Köln und am Niederrhein. Leipzig: Quelle & Meyer 1908. (IV, 97 S.) 8° ¶ [= Leipziger historische Abhandlungen H. 9.]
Leipzig, Phil. Fak., Ref. Seeliger-Lamprecht, Diss. v. 15. Mai 1908
[Geb. 19. Dez. 84 Frankfurt a. M.; Wohnort: Frankfurt a. M.; Staatsangeh.: Preußen; Vorbildung: Kaiser-Friedrichs-Gymn. Frankfurt a. M. Reife O. 03; Studium: Tübingen 3, Leipzig 5 S.]

**Ahrens,** Joachim, Grevesmühlen i. Meckl.: Darstellung der Syntax im angelsächsischen Gedicht 'Phönix'. *Rostock 1904: C. Hinstorff.* (82 S.) 8°
Rostock, Phil. Diss. v. [24. Mai] 1904

**Ahrens, Joach., Darstellung der Syntax im angelsächsischen Gedicht „Phönix". Diss. (88 S.) gr. 8. Rostock 904. (H. Warkentien.) n. 1. 50**

Ahrens, Johann Heinrich Hermann

**Ahrens J. H. H.:** Unmassgeblicher Entwurf v. der Beschaffenheit u. Abhelfung d. im Holsteinischen wütenden Horn-Vieh-Seuche ... Plön 1745. (15) S.

Ahrens, Johann Thomas

Ahrens, J. T., s. J. B. Biot, Versuch einer analyt. Geometr.

Ahrens, J. T., Lehrbuch d. Geometrie, z. Gebr. in gelehrten Schulen u. a. höh. Bildungsanst. M. 11 Stnt. (in qu. gr. Fol.) gr. 8. (25½ B.) Nürnberg 831, Schrag. Thlr.

Ahrens, Joh. Thom.: Über das Problem des Apollonius von Perga von den Berührungen. S 3-18 mit 1 Fig-Tafel.
Progr. Augsburg 1832.

Ahrens, Joh. Thom.: Über das Problem des Apollonius von Perga von den Berührungen. S. 3-16 mit 1 Fig. Taf.
Progr. Augsburg 1836.

Ahrens, J.T., europ. Russland. Fol. – Nürnb. 1854, Beyerlein.

Ahrens, Joh. Thomas: Analytische Untersuchung einer krummen Linie. S. 3-16.
Progr. Augsburg 1827.

**Ahrens, Jul. Ern. Guil.**, Observationes et experimenta de qualitate et quantitate electricitatis corporis humani in statu sano et morboso. Diss. med inaug. Kiliæ. 1813. 4. P. (U. B.).

**Ahrens, Juergen Friedrich:** Graf Adolf IV. oder Vergangenheit und Gegenwart. Ein Gedicht von J. Fr. Ahrens. Itzehoe 1865: Pfingsten. 15 S. 8.
2.5566

Bericht über die Schul-Ausstellungen auf der Kunst- und Kunstindustrie-Ausstellung in München 1876, an den Magistrat der Stadt Kiel erstattet v. Jürgen Friedrich **Ahrens** und Hinrich Huss. Kiel, 1877. 8°.

**Ahrens, J. F., Buchstabenrechnung** u. Algebra f. gewerbliche Fortbildungs- u. Fachschulen, Handwerkerschulen, sowie zum Selbstunterricht. 1.—3. Hft. gr. 8. Kiel 894. Lipsius & Tischer. Kart. n. 1. 80
1. Buchstabenrechnung im Allgemeinen. (III, 37 S.) n. — 50
2. Gleichungen ersten Grades. (S. 38—75.) n. — 50
3. Potenz- u. Wurzelrechnung, nebst Gleichgn. zweiten Grades u. Logarithmen. (S. 80—171.) n. — 80

**Ahrens, J. F., Buchstabenrechnung** u. Algebra f. gewerbl. Fortbildungs- u. Fachschulen, Handwerkerschulen, sowie z. Selbstunterricht. 1. Hft. Buchstabenrechnung im allgem. 2., verb. Aufl. gr. 8. (39 S.) Kiel 898. Lipsius & Tischer. Kart. n. — 50

**Ahrens, J. F., Buchstabenrechnung u. Algebra f. gewerbliche Fortbildungs- und Fachschulen, Handwerkerschulen, sowie zum Selbstunterricht. 1. Hft. Buchstabenrechnung im allgemeinen. 3. verb. Aufl. (39 S.) gr. 8. Kiel 904. Lipsius & Tischer.** Kart. n. — 50

**Ahrens, J. F., Buchstabenrechnung** u. Algebra f. gewerbliche Fortbildungs- u. Fachschulen, Handwerkerschulen sowie zum Selbstunterricht. II. Heft. Gleichungen ersten Grades. 3. verb. u. verm. Aufl. (49 S.) 8. Kiel 908. Lipsius & Tischer. Kart. — 50

Ahrens, J.F.: Buchstabenrechng. u. Algebra f. gewerbl. Fortbildgs.- u. Fachsch. Handwerkersch., sowie z. Selbstunterr. 1.u. 2. Heft. 4. Aufl. 8°.– Kiel, Lipsius & T.
1. Buchstabenrechnen im allgemeinen. (39) 2. Gleichungen 1. Grades.(39 u. Result. 41-49) 1910.

[F.] **Ahrens,** *Jürgen Friedrich* [Dir.]: Entstehung, Entwicklung und Organisation *der Gewerbeschule in Kiel.* Kiel, Druck v. A. F. Jensen, 1897; 3—6 S. 8.
Kiel, Gewerbe-S, OP 1897**

**Ahrens,** J[ürgen] F[riedrich]: **Entstehung,** Entwicklung und Organisation [der Gewerbeschule in Kiel]. *Kiel 1898: A. F. Jensen.* (3—5 S.) 8° ¶ [Vgl. P-Beilage 1897.] [F.]
Kiel, Gewerbe-S, OP 1898**

**Ahrens,** J[ürgen] F[riedrich], Dir.: Die geschichtliche **Entwicklung** und der gegenwärtige Stand des gewerblichen Schulwesens der Stadt Kiel. *Kiel 1900: A. F. Jensen.* (S. 3—9.) 8° [F.]
Kiel, Gewerbe-S, OP 1900**

**Ahrens, Jürgen Friedr., Feldblom. Plattdeutsche Gedichte. 8. (182 S.) Hamburg 874, Richter.** *

— **Festgrüsse den Mitgliedern und Freunden des Plattdeutschen Vereins zu Leipzig dargebracht ... am 6. Januar 1875 von J. Fr. Ahrens, Klaus Groth, Willem Schröder. — (Leipzig 1875: Fischer.) 19 S.** 8.
2.5573

Ahrens, J.F.: Der deut. Gewerbeschul-Verband u. s. Werk, s.: Cathiau, Jos. Thom.

Ahrens JF, Lehrbuch für Gewerbeschulen sowie für gewerbliche Fortbildungsschulen. 2. Auflage. Kiel 1890

**Ahrens, J. F., Lehr- u. Lesebuch f. gewerbliche Fortbildungsschulen u. Fachschulen, sowie zur Selbstbelehrung. gr. 8. (X, 322 S.) Kiel 882. Homann.** n. 2. 40

Ahrens, J.F.: Lesebuch f. d. Fachkl. d. Bäckereigewerbes, s.: Schmidt, Wilh.

— **Lesebuch f. die Fachklassen der Bauhandwerker.** Hrsg. unter Mitwirkg. v. Fachmännern. Ergänzung zum Lesebuch f. gewerbl. Fortbildungs- u. Fachschulen. (7. verm. u. verb. Aufl.) Nach den Vorschriften des Hrn. Ministers f. Handel u. Gewerbe vom 5. VII. 1897. (VII, 240 S. m. 124 Abbildgn. u. 4 Taf.) gr. 8. Ebd. 907. Geb. 2. —

— 8. Aufl. Allg. T. Ebd. 1910. 8.
2.5575

**Ahrens, J. F.**, Lesebuch f. die Fachklassen des Bekleidungsgewerbes, s. Gullasch, Emil.

— **Lesebuch f. gewerbliche Fortbildungs- u. Fachschulen. Mit ergänz. „Fachlesebüchern" f. Bauhandwerker, Metallarbeiter, Nahrungs-, Bekleidungs- u. verzier. Gewerbe.** Allgemeiner Tl. 7., verb. Aufl. Nach den Vorschriften des Hrn. Ministers f. Handel u. Gewerbe vom 5. VII. 1897. Mit 70 Abbildgn. im Text u. 10 Taf. u. e. Anh.: Geschäftsaufsätze u. Geschäftsbriefe. (XV, 528 S.) gr. 8. Ebd. 906. Geb. n. 2. 80

— dasselbe f. gewerbliche **Fortbildungs- u. Fachschulen.** Mit ergänz. „Fachlesebüchern" f. Bauhandwerker, Metallarbeiter, Nahrungs-, Bekleidungs- u. verzier. Gewerbe. Allgemeiner Tl. 8., verb. Aufl. Nach den Vorschriften des Hrn. Ministers f. Handel u. Gewerbe vom 5. VII. 1897. Mit 70 Abbildgn. im Text u. 10 Taf. u. e. Anh.: Geschäftsaufsätze u. Geschäftsbriefe. (XV, 528 S.) gr. 8. Ebd. 910. Geb. 2. 80

Ahrens, J. F., Lesebuch f. Gewerbeschulen, sowie f. gewerbliche Fortbildungs- u. Fachschulen. Zugleich e. Hausbuch f. Handwerker zur Selbstbelehrg. 2. umgearb. Aufl. Mit 125 Abbildgn. gr. 8. (IX, 566 S.) Kiel 890. Lipsius & Tischer. geb. n. 3. —

— **Lesebuch** f. Gewerbeschulen, sowie für gewerbl. Fortbildungs- u. Fachschulen. Zugleich e. Hausbuch f. Handwerker zur Selbstbelehrg. 3., verm. Auflage. gr. 8. (X, 640 S. m. 175 Abbildgn.) Ebd. 892. Geb. in Leinw. n. 3. —

**Ahrens, J. F., Lesebuch f. Gewerbeschulen,** sow. f. gewerbl. Fortbildungs- u. Fachschulen. Zugl. e. Hausbuch z. Selbstbelehrg. 4., verb. u. stark verm. Aufl. M. 180 Abb. u. e. Anh.: Geschäftsaufsätze u. Geschäftsbriefe. gr. 8. (XI, 656 S.) Kiel 897. Lipsius & Tischer. Geb. in Leinw. n. 3. —

— **Lesebuch f. Handwerkerschulen,** gewerbl. Fortbildungs- u. Fachschulen. Zugl. e. Hausbuch z. Selbstbelehrg. 5., m. d. 4. gleichlaut. Aufl. M. 180 Abb. u. e. Anh.: Geschäftsaufsätze u. Geschäftsbriefe. gr. 8. (XI, 656 S.) Ebd. 899. Geb. in Leinw. n. 3. —

— **Rechenbuch** f. Gewerbeschulen u. gewerbliche Fortbildungsschulen. gr. 8. (IV, 102 S.) Ebd. 889. cart. n. 1. —

— **Rechenbuch f. Gewerbeschulen u. gewerbliche Fortbildungsschulen. Resultate.** gr. 8. (20 S.) Ebd. 889. n. — 40

**Ahrens, J. F., Rechenbuch** f. Handwerkerschulen u. gewerbl. Fortbildungsschulen. 2., verb. u. verm. Aufl. gr. 8. (IV, 110 S. m. 59 Fig.) Ebd. 898. Kart. n. 1. —; Resultate u. Auflösgn. (28 S.) n. — 50

— **Die Reform des Kunstgewerbes in ihrem geschichtlichen Entwickelungsgange. Von J. F. Ahrens. — Berlin: Habel 1886. 64 S. (Deutsche Zeit- u. Streit-Fragen. N.F. 1,9.10.)**
1: Ag 9123–N.F. 1,9.10. 12: Var. 392da–9.10.
300: 406.065–B. N. F. 1,9.10. 3. 5. 11. 82.
2.5576

**Ahrens, K.,** das „Buch d. Naturgegenstände". gr. 8. (VIII, 84 u. 71 autog. S.) Kiel 892. Berlin, Gose & Tetzlaff. n. 10. —

**Ahrens, K.,** das „Buch der Naturgegenstände", hrsg. u. übers. gr. 8. (VIII, 84, III u. 71 autogr. S.) Kiel 892. [C. F. Haeseler, Verl.] H. Eckardt. n. 10. —

**Ahrens**, K., d. Buch d. Naturgegenstände. 892. (KBL 27.) Jetzt: Leipzig, R. Haupt. Ern. Pr. 3. —

Ahrens, K. Zur Geschichte des sogenannten Physiologus. Ploen, G., 1885. 23 S. 4.

Ahrens, L., s.a. Ahrens, Heinrich Ludolf

Ahrens, L., s.a. Ahrens, Ludwig

**Ahrens**, L., Plan v. Schwerin. Mit Benutzung des Plans von C. Wunderlich. Lith. Fol. Schwerin 849, Kürschner (jetzt Hildebrand.) n. 1/4 ß

Ahrens, L.: Tigislege, ein wichtiger Grenzpunkt der Landschaften Engern und Ostfalen wie der Diözesen Minden und Hildesheim innerhalb der jetzigen Stadt Hannover. 62 S. Progr. Hannover I. Lye. 1871.

— **Tigislege**, ein wichtiger Grenzpunkt der Landschaften Engern und Ostfalen wie der Diöcesen Minden und Hildesheim innerhalb der jetzigen Stadt Hannover. 4. (62 S.) Hannover 872. (Berlin, Calvary und Comp.) *

**Ahrens**, Ludw., das deutsche Dorf. Ein Vortrag zu e. Lichtbilderserie. s.a. Handreichungen f. Volks- u. Familien-Abende.

**Ahrens, Ludwig.** 1910: Das deutsche Dorf. Ein Vortrag. Berlin: Deutsche Landbuchh. 1910. (Handreichungen für Volks- u. Familien-Abende. 5.) 1: Fb 13334-5. 2.5584

**Ahrens**, L., nach 20 Jahren. Rückblick auf die Thätigkeit der landwirthschaftl. Vereine kl. Landwirte in Mecklenburg-Schwerin in den ersten 20 Jahren ihres Bestehens. gr. 8. (64 S.) Rostock 893. (H. Koch.) n. 1. —

Ahrens, L.: Kann d. Hausgarten u. Kleintierhof etwas einbringen? s.: Glück, Ländliches.

**Ahrens, Ludwig**, Lehrer, Ellerbeck. 1897: Praktischer Lehrgang der vereinfachten deutschen Stenographie ‹Einigungssystem Stolze-Schrey›. Für Unterrichtskurse u. zum Selbstunterricht. Bearb. von L. Ahrens u. Chr[istoph] Petersen. — Schleswig: Bergas 1897. 32 S. 1: V 22348. 2. 8. 2.5577

**Ahrens, L., u. Chr. Petersen**, Prakt. Lehrgang d. vereinf. deutschen Stenographie (Einigungssystem Stolze-Schrey). F. Unterrichtskurse u. z. Selbstunterr. 2., verb. Aufl. gr. 8. (IV, 32 S.) Schleswig 898. J. Bergas. n. — 80

— **u. Chr. Petersen**, praktischer Lehrgang der vereinfachten deutschen Stenographie (Einigungssystem Stolze-Schrey). Für Unterrichtskurse u. zum Selbstunterricht. 4., verb. Aufl. gr. 8. (IV, 34 S.) Ebd. 901. n. — 80

**Ahrens, L. u. Chr. Petersen, praktischer Lehrgang der vereinfachten deutschen Stenographie (Einigungssystem** Stolze-Schrey). Für Unterrichtskurse u. zum Selbstunterricht. 5., verb. Aufl. (IV, 34 S.) gr. 8. Schleswig 903. J. Bergas Verl. n. — 80

**Ahrens, L., u. Chr. Petersen**, praktischer Lehrgang der vereinfacht. deutschen Stenographie (Einigungssystem Stolze-Schrey). 6., unveränd. Aufl. (IV, 34 S.) 8. Schleswig 907. J. Bergas Verl. — 80

**Ahrens, Ludw., die vereinfachte deutsche Stenographie** (Einigungssystem Stolze-Schrey). **Lehr- u. Übungsbuch** f. den Schul- u. Selbstunterricht. gr. 8. (IV, 48 S.) Schleswig 900. J. Bergas Verl. n. 1. —

**Ahrens, M.**, Geschäftsführung ohne Auftrag als Strafausschliessungsgrund, s.a. Abhandlungen, strafrechtliche, 101. Heft.

**Ahrens, Martin:** Geschäftsführung ohne Auftrag als Strafausschliessungsgrund. — Breslau: Schletter 1909. 74 S. (Strafrechtliche Abhandlungen. 101.) Ersch. auch als Diss. Göttingen 1909. 1: Fu 668-101. 12: Crim. 1chs-101. 2. 4. 5. 6. 7. 2.5586

**Ahrens, Martin**, Referendar: Geschäftsführung ohne Auftrag als Strafausschliessungsgrund. Breslau: Schletter 1909. 74 S. 8° (Ersch. auch als: Strafrechtl. Abhandlungen H. 101.) Göttingen, Jur. Diss. v. 29. Mai 1909, Ref. v. Hippel
[Geb. 7. März 86 Lesumstotel; Wohnort: Lesumstotel; Staatsangeh.: Preußen; Vorbildung: Gymn. Bremen; Studium: Heidelberg 1, Berlin 2, Göttingen 3 S.; Rig. 30. Okt. 08.] [U 09. 1267

**Ahrens**, Max *Louis Albert Gustav* [pr. Arzt aus Ostpreussen]: Aus d. patholog. Institut d. Kgl. Univ. Greifswald. Zwei Fälle von geborstenen Aneurysmen der Artt. lienalis und hepatica ... Greifswald, Druck v. J. Abel, 1892; 24 S. 8. Greifswald, Med. Fak., Inaug.-Diss. v. 16. Febr. 1892

**Ahrens**, O., Erdkunde. Für die Schüler der einfachen Volksschule Mecklenburgs bearb. Mittelstufe. 8. (72 u. Begleitwort 8 S.) Güstrow 902. Opitz & Co. n. — 50

**Ahrens u. Just**, Erdkunde. Für die Schüler der einfachen Volksschule Mecklenburgs bearb. Mittel- u. Oberstufe. 2. Aufl. (132 S.) 8. Güstrow 909. Opitz & Co. Kart. — 60

— **u. Evermann**, deutsche u. mecklenburgische Geschichte. Für die Schüler der einfachen Volksschule bearb. 6.—10. Tausend. 8. (86 S.) Güstrow 902. Opitz & Co. n. — 50

**Ahrens u. Evermann**, deutsche u. mecklenburgische Geschichte. Für die Schüler der einfachen Volksschule bearb. 4. Aufl. (11.—18. Tausend.) Neue Rechtschreibg. (92 S.) 8. Güstrow 903. Opitz & Co. n. — 50

**Ahrens**, Deutsche Sprachschule, s.: Evermann.

Ahrens, P.: Panorama d. Veste Coburg. 49,5x18,5 cm. Lith.– Cobg. 1899, E. Riemann.

**Ahrens**, Paulus, Sigedunensis: De Plauti Asinaria. Jenae 1907: G. Neuenhahn. (43 S.) 8°
Jena, Phil. Fak., Ref. Goetz, Diss. v. 13. Dez. 1907
[Geb. 1. Jan. 84 Frohlinde (Westfalen); Wohnort: Siegen; Staatsangeh.: Preußen; Vorbildung: Gymn. Dortmund Reife O. 03; Studium: Marburg 1, Berlin 2, Jena 6 S.; Rig. 19. Juli 07.]

**Ahrens**, Philipp [aus Barenburg (Hannover)]: Über die Erfolge von Ovariotomien m. bes. Berücks. v. 60 Fällen d. Würzburger Universitätsfrauenklinik ... Würzburg, Becker's Univ.-Buchdr., 1893; 40 S. 8. Würzburg, Med. Fak., Inaug.-Diss. v. 1893

Ahrens, R., s. Ahrens, Reinhold

**Ahrens**, R. A., Mecklenburgs östliche Seebäder m. der Seestadt Rostock. — Mecklenburgs westliche Seebäder mit Doberan u. der Seestadt Wismar. — Rügen, Bornholm u. die Seebäder Vorpommerns, s.: Volckmann's illustrierter Führer f. Land- u. Seereisen.

**Ahrens**, Reinhold [pr. Arzt aus Ostpreussen]: Beiträge zur Casuistik von Psychosen nach Influenza ... Greifswald, Druck v. Julius Abel, 1890; 24 S. 8° Greifswald, Med. Fak., Inaug.-Diss. v. 2. Jun. 1890

**Ahrens**, R., Beiträge zur Casuistik v. Psychosen nach Influenza. 8. (23 S.) Tübingen 890. Moser'sche Buchh. n. — 70

**Ahrens, Rich., die Ausgleichungsrechnung nach der Methode der kleinsten Quadrate u. ihre spezielle Anwendung auf die Geodäsie, nebst e. Anh. v. Beispielen.** (IV, 102 S. m. 13 Fig.) 8. Leipzig 906. G. J. Göschen. n. 2. —

Ahrens, Thdr., s. Ahrens, Theodor

Ahrens, Theodor
Geschichte unserer Missionsstation Nowrangapur in Jeypur ‹Vorderindien›. Von Missionar Theodor **Ahrens**. Breklum: Missionshaus 1905. (72 S.) 8° [F.] [ca. 1906

Ahrens, Thdr.: Der strafrechtl. Schutz d. relig. Gefühls im gelt. Recht, im Vor-Entwurf u. im Gegen.-Entwurf, s.: Abhandlungen, Strafrechtl.

**Ahrens, Thdr.,** wie Heiden darnach ringen, selig zu werden, s. a. Morgenrot in Indien. Nr. 7.

— Wie Heiden darnach ringen, selig zu werden. 2. u. 3. Taus. Breklum: Missionshaus 1903. 16 S. (Morgenrot in Indien. 7.) (Kleine Missionsschriften, hrsg. vom Missionshause in Breklum.) 1: Uo 6690–7.
2.5591

**Ahrens,** Theodorus Henricus: De varioloidum complicatione. Halae (1829): Baentsch. 30 S. 8°

Halle-Wittenberg, Med. Diss., nachgeliefert von dem am 20. Okt. 1829 auf Thesen promovierten Verf.

Geb. Hamburg 20. 12. 1807. V.

**Ahrens, W.,** Missionar. s. a. *Ahrens*, Wilhelm.

**Ahrens, W.,** Verf. von Schriften über Mathematik u. Kulturgeschichte, Rostock. s. a. *Ahrens*, Wilhelm.

AHRENS, W. Zur Kenntniss des Xylols. Göttingen, 1867. Diss.

**Ahrens,** Walter, appr. Arzt a. Braunschweig: Aus d. Prosektur d. städt. Krankenhauses r. d. Isar. Prosektor: Privatd. Dr. Oberndorfer. Zur Kasuistik der käsigen Pneumonie. München 1907: C. Wolf & Sohn. (15 S.) 8°

München, Med. Fak., Ref. v. Bollinger, Diss. v. 22. Juli 1907

[Geb. 16. Juni 77 Braunschweig; Wohnort: Braunschweig; Staatsangeh.: Braunschweig; Vorbildung: Neues Gymn. Braunschweig Reife O. 97; Studium: Kiel 1, Marburg 4, Kiel 1, München 7 S.; Coll. 22. Juli 07; Approb. 19. Juni 03.]

Ahrens, Wilhelm

Die Aussätzigen im Jeypur-Lande oder 'Jesu lieber Meister, erbarme Dich unser!' Von Missionar W(ilhelm) **Ahrens** in Jeypur. Breklum: Missionshaus 1904. (16 S.) 8° [F.]

— **Morgenrot** in Indien. No 9.

(Kleine Missionsschriften hrsg. v. Missionshause in Breklum.) [06. 13068

**Ahrens, Wilh.,** Betrachtungen über die biblische Geschichte. Von der Schöpfung bis zum Einzug der Israeliten in Kanaan. Mit Fragen für Bibelklassen. gr. 16. (256 S.) Cincinnati 856. (Philadelphia, Schäfer und Koradi.) geb. *

**Ahrens,** Wilhelm: Ueber eine Gattung *n*-fach periodischer Functionen von *n* reellen Veränderlichen ... Rostock, C. Boldt'sche Hof-Buchdr., 1895; 36 S., 1 Bl. 8.

Rostock, Phil. Fak., Inaug.-Diss. v. [13. Febr.] 1895

**Ahrens, Wilh., Gelehrten-Anekdoten.** Gesammelt u. hrsg. (Umschlagzeichng. v. E. Gericke.) (IV, 144 S.) 8. Berlin-Schöneberg 911. H. Sack. 2.—; geb. 2. 80

— C. G. J. Jacobi als Politiker. Ein Beitrag zu seiner Biographie von W. Ahrens. — Leipzig: Teubner 1907. 45 S.
Erw. aus: Bibliotheca mathematica. 3,7.
1: Au 11860/10. 7. 11.
2.5599

— s.: **Jacobi, C. G. J. u. P. H. Fuss,** Briefwechsel über die Herausgabe der Werke Leonhard Eulers.

**Ahrens,** Wilhelm. In welcher Sprache sollen die Werke Leonhard Eulers herausgegeben werden? Sonder-Abdruck [aus:] Internationale Wochenschrift für Wissenschaft Kunst u. Technik.... (18. September 1909.) II S. + 12 Sp. 4. Berlin, August Scherl.

**Ahrens,** Wilhelm, aus Osterode am Harz, Assistenzarzt an d. Brandenburg'schen Land-Irren-Anst. in Neu-Ruppin: Zur Kenntnis der optisch activen ß-Oxydbuttersäure und ihres Natriumsalzes. – Göttingen 1899: Dieterich. (31 S.) 8°.
Med. Diss. v.(1 .Aug.) 1899, Göttingen.

**Ahrens, Wilh.,** zur Kenntnis der optisch activen β-Oxybuttersäure u. ihres Natriumsalzes. Diss. gr. 8. (31 S.) Göttingen 899. (Vandenhoeck & Ruprecht). n. — 80

**Ahrens,** Wilhelm. Latein oder Deutsch? Die «Sprachenfrage» bei der Herausgabe der Werke Leonhard Eulers. IV + 76 S. 8. Magdeburg, Komm. Karl Peters, 1910. [M. 1. 60]

**Ahrens, W[ilhelm]. Scherz und Ernst in der Mathematik. Geflügelte und ungeflügelte Worte, gesammelt und hrg. von Dr. W. A' in Magdeburg. X + 522 S. 8. Leipzig, Teubner, 1904. [geb. M. 8. —]**

Mathematische Spiele. Von Dr. W[illy] **Ahrens** in Magdeburg. Mit 1 Titelbild u. 69 Fig. Leipzig: B. G. Teubner 1007. (VI, 118 S.) 8° [F.]

— **Natur,** Aus, u. Geisteswelt. Bdch. 170. [07. 14734

**Ahrens, W.,** mathematische Unterhaltungen u. Spiele. 2 Hälften. gr. 8. (XII, 428 S. m. Fig. u. 1 Taf.) Leipzig 901. B. G. Teubner. à n. 5.—; in 1 Leinw.-Bd. n. 10.—

— **Mathematische Unterhaltungen u. Spiele.** 2., verm. u. verb. Aufl. 1. Bd. (IX, 400 S. m. 200 Fig.) gr. 8. Leipzig 910. B. G. Teubner. Geb. in Leinw. 7. 50

**Ahrensdorf,** Hermann. Wie es mir erging! Ein Beitrag zur Geschichte des deutschen Heimathsrechtes. Schönebeck 1851. 24 S. 8.

Ahrensen, A., **Dissertatio de methodo endermatica.** 8maj. (17½ B.) Hauniae 836. (Reitzel.) *

**Ahrensen,** A.: Dissertatio de methodo endermatica Hauniae. 267. 8°. 1836. (Beh. v. Del. trem. mit Morphium.) Ref. Schmidts Jahrbücher. XXII. 351. 1839.

**Ahrent,** Fritz, aus Hannover: Über Mitosen in bösartigen Geschwülsten. *Würzburg 1902: A. Borst.* (25 S.) 8°

Würzburg, Med. Diss. v. 1902

**Aehrenthal,** Joh. Frhr. v., Anleit. unter d. in Deutschland bekanntesten Kernobstsorten ohne Beihülfe wissenschaftl. Systeme e. d. verschied. Zwecken entsprechende Wahl selbst treffen z. können etc. Mit 3 Taf. Lex.-8. Prag, 1845. Tempsky. — 15

**Aehrenthal,** Joh. (Lexa) v., Anleitung, unter den in Deutschland bekannt. Kernobstsorten ohne Beihilfe wissenschaftl. Systeme eine den verschied. Zwecken entsprech. Wahl selbst treffen zu können, erläut. durch e. im prakt. Sinne aufgefaßte Zusammenstell., Eintheil. u. Ordnung d. Kernobstsorten Deutschlands. Lex.-8. (12 B. u. 3 Stnt.) Prag 845, (Calve'sche Brlsh.). *

—— Deutschlands Kernobstsorten, dargestellt in Abbildungen nach der Natur; mit erläuternden Auszügen aus F. A. Diel's Versuch einer system. Beschreibung der in Deutschland vorhandenen Kernobstsorten etc. Bd. 1—3. (Kolor. Abbild. auf Stnt.) Prag 1833. (Leitmeritz) 1846. gr. 4.

**(——) Deutschlands Kernobstsorten,** dargest. in Abbildungen nach d. Natur; mit erläuternden Auszügen aus F. A. Diel's Versuch ein. systemat. Beschreibung der in Deutschland vorhandenen Kernobstsorten etc. 2. Bd. 10—12. Hft. u. 3. Bd. 1—7. Hft. gr. 4. Leitmeritz 840—46. (Prag, Calve'sche Buchh.) [à Hft. 3 B. u. 12 color. Abbildn. auf 3 Stnt. à Hft. * 3 Thlr.] *

1. u. 2. Bd. 1—9. Hft. Ebendas. * 57 Thlr. —

(——) **Verzeichniss derjenigen Obstsorten, welche in den von Aehrenthal'schen Gärten, Anlagen u. Baumschulen etc. vorhanden sind.** 8. (1¾ B.) Leitmeritz 840, ....

**Ahrle, Hermann:** Ueber die Bildung und Synthese der Caro'schen Säure. ⟨Monosulfopersäure.⟩ 1908. 78 S. 8° ¶ Vgl. Journal f. prakt. Chemie. Bd 187. N. F. Bd 79. 1909.

Darmstadt, Dr.-Ing.-Diss. v. 28. 12. 1908

**Ahrnsdorf, Herm., Durch's Schwert zum Frieden! Rede bei der Einführung in das Sprecheramt der freien Gemeinde zu Dessau am 19. Januar 1851 gehalten. gr. 8. (15 S.) Dessau 851, Fritsche. n. 1 ngl**

—— **Friede sei mit euch!** Rede bei der Einführung in das Sprecheramt der freien Gemeinde zu Zerbst am 2. Febr. 1851 gehalten. gr. 8. (15 S.) Dessau 851, Fritsche. *

— **das Gesetz der Entwickelung auf dem Gebiete der Religion. Rede den 15. Decbr. 1850 vor der freien Gemeinde zu Dessau gehalten. gr. 8. (13 S.) Ebend. 850. n. 1 ngl**

—— **das Gesetz der Entwickelung auf dem Gebiete der Religion.** Rede den 15. Dezbr. 1850 vor der freien Gemeinde zu Dessau gehalten. gr. 8. (13 S.) Dessau 851, Fritsche. *

—— **Jesus.** Eine Weihnachtsgabe für freie Gemeinden. Rede vor der freien Gemeinde zu Dessau am 1. Weihnachtstage 1850 gehalten. 2. Aufl. gr. 8. (16 S.) Dessau 851, Fritsche. *

—— **Tod ist nicht Tod!** Eine nicht gehalt. Rede. 8. (8 S.) Dessau 851, (Fritsche.) *

**Ahron** Barcelonita [Saec. XIII.], Sefer Ha-Chinnuch, Liber praeceptorum mosaicorum. gr. 8. (138 S.) Berlin 876. Adf. Cohn. n. 7. —

**Ahron ben Ascher**, siehe: **Kontres hamassoreth.**

עץ חיים **Ahron** ben Elia's aus Nikomedien des Karäers System der Religionsphilosophie, aus einem zu Constantinopel geschrieb. Codex der Stadt-Bibliothek zu Leipzig, mit Vergleichung eines andern der Königl. Bibliothek zu München, nebst einem dazu gehörigen einleit. Tractat des Karäers Kaleb Abba Afendopolo zum ersten Mal herausgeg. und durch Anmerk., Indices u. Excurse, zum Theil von M. Steinschneider, so wie durch reichhaltige Excerpte aus arabischen Handschriften mehrerer Bibliotheken, betreffend die Geschichte der Philosophie unter den Muhammedanern sprachlich, kritisch u. geschichtl. erläutert von Frz. Delitzsch. — A. u. d. T.: Anekdota zur Geschichte der mittelalterlichen Scholastik unter Juden u. Moslemen. gr. 8. Leipzig 841, Barth. 3 ℳ

**Ahron ben Moscheh ben Ascher,** Die Dikduke ha-tᵉamim des, und andere alte grammatisch-massorethische Lehrstücke zur Feststellung eines richtigen Textes der hebräischen Bibel . . . herausgegeben von S. Baer und H. L. Strack. Leipzig 1879.

**Ahron ibn Chajjim.** Sēfer Qorban Aharōn [Kommentar zu Sifra nebst Text] Blatt א—כ die Middōt Aharōn. Dessau 1741—1742.

**Ahron Moses,** die Bücher der Maccabäer, welche handeln von den Kriegen, so geführt hat Friedrich, König von Preussen, mit Theresia, Königin der Bohemaken. 8 Bücher. 1760—1762. V: *Richter, Christian Gottlieb.* (ML)

**Ahronheim,** Albert. (geb. Waren in Meckl. 28. 7. 1843): De pathologia et therapia articulationis coxae aegrotantis. Berolini (1866). (32 S.) 8°
Berlin, Med. Diss. v. 12. März 1866

**Ahronheim,** Alb., zur Pathologie u. Therapie der Pott'schen Kyphose. [Aus: „Deutsche Ztschr. f. prakt. Med."] gr. 8. (28 S.) Leipzig 877. (Berlin, Peiser's Sort.) n. — 60

**Ahronheim,** Albert, die Scoliose in ihrer rationellen Beurtheilung u. Behandlung. Monographisch dargestellt f. prakt. Aerzte u. Studirende. gr. 8. (68 S.) Berlin 874. Peiser's Sort. in Comm. n. 1. —

**Ahronheim,** Carl, aus Berlin: Über Psoriasis nach Impfung. *Berlin (1899): G. Schade.* (29 S.) 8°
Berlin. Med. Diss. v. 28. Apr. 1899

**Ahrons,** Jos., das Lied vun die Kuggel. Ein Scherz. 16. (19 S.) Hamburg 864, (Glogau's Antiquariat.)

**Ahrons, Josef:** Das Lied vun die Kuggel. Ein Scherz. — Hamburg 1864(:Halberstadt). 19 S. 1:Ez 28052.
2.5627

**Ahrons,** Jos., das Lied vun die Kuggel. Ein Scherz. 2. und 3. Aufl. 16. (16 S.) Altona 877, Verlags-Bureau. *

**Ahrons,** J., das Lied vun die Kuggel. Ein Scherz. 4. Aufl. 8. (15 S.) Hamburg 888. Kramer. n. — 50

**Ahrt,** E., üb. zwei Fälle v. Tuberkulose der weiblichen Genitalien. Inaugural-Dissertation. gr. 8. (16 S.) Göttingen 880. (Vandenhoeck & Ruprecht.) n. — 60

**Ahrtal.** s. a. **Weinbaukarten.**

**Ahrtal.** — Das Ahrthal. Malerische Ansichten. — Bonn: Habicht [1837]. quer-8° 5.
2.5628

**Ahrthal,** d., in 6 der vorzüglichst. Ansichten. Gez. u. in Stahl gest. v. ausgezeichn. Künstl. gr. 8. Bonn 835. Habicht. 1/2 ℳ

— das, in 12 der vorzüglichst. Ansichten. Gez. u. in Stahl gest. v. ausgezeichnet. Künstlern. qu. 8. Bonn 837. Habicht. n. 1 ℳ

**Ahrthal, das, u. d. vulkanische Eifel.** 12. (IV, 77 S. m. Karten u. Bild.) Trier 896. H. Stephanus. n. 1. —

Das Ahrthal und die vulkanische Eifel. Mit Karten u. Bildern. 2. Aufl. — Trier: Stephanus 1898. 76 S.
1:Th 1227². 5.
2.5630

— 3. Aufl. Ebd. 1900. 77 S. 1:Th 1227³. 5.
2.5631

— 5. Aufl. Ebd. 1906. 86 S. 1:Th 1227⁵. 5.
2.5632

— 6., durchges. Aufl. Ebd. 1909. 92 S.
1:Th 1227⁶. 5.
2.5633

Ahrweiler [Schlagwort]

**Ahrweiler.** Rappard, F. v., Karte der Kreise Ahrweiler, Bonn, Köln, Euskirchen u. Rheinbach. 1:80,000. Lith. Imp.-Fol. Köln 887. Warnitz & Co. n. 1. —

**Ahrweiler,** Ionas (geb. am 30 Nov. 1814 in Koblenz): De nonnullis casibus morborum cerebri in clinico medico Bonnensi observatis ... Bonnae, typ. C. & F. Krüger (1841). 2 Bl., 29 S., 1 Bl. 8.
Bonn, Med. Fak., Diss. v. 13 Sept. 1841

Ahsan, Tewfik, u. E.A. Radspieler: Türkisch-arab.-deut. Wörterb., s.: Kunst, Die, d. Polyglottie.

**Ahsbahs, Georg:** Flugschrift zur Aufklärung d. Züchter u. d. Behörden. Die öffentlichen Angriffe der Pferdehändler und Privathengsthalter auf den Verband der Pferdezüchter in den Holsteinischen Marschen (e. G. m. b. H.) und die Zurückweisung dieser Angriffe von dem Verbandsvorsitzenden (Georg Ahsbahs). — Glückstadt (1910): Augustin. 60 S. 1:4° Ov 21535/101. 8.
2.5636

Gestütbuch der Holsteinischen Elbmarschen enthaltend Nachrichten über das Zuchtgebiet und die Entwicklung der Pferdezucht, das Verzeichnis der in den Stammregistern eingetragenen Pferde, Stammtafeln und Abbildungen. Hrgg. vom Vorstand des Verbandes der Pferdezuchtvereine in den holsteinischen Elbmarschen. (Kremper Marsch und Seestermühe-Haseldorfer Marsch. (Durch Georg Ahsbahs.) 8°.

Gestütbuch der Holsteinischen Marschen. Hrgg. v. Verband der Pferdezüchter in den Holsteinischen Marschen (durch Georg und Theodor Ahsbahs). 8°.
Bd. 4. Berlin. 1898. Bd. 5. ebd. 1903.

(—) **Holsteins Pferdezucht.** Horse-breeding in Holstein. Verband d. Pferdezüchter in d. Holstein. Marschen, e. G. m. b. H. Elmshorn, Holstein, Deutschland. (Verf.: G. Ahsbahs.) — Glückstadt (1904): Augustin. 26 S.
1:Ov 20121. 3. 8.
2.5637

(—) — Holsteins Pferdezucht ... Univ. Expos. St. Louis, U. S. A., 1904. — Ebd. (1904). 26 S. 3. 8.
2.5638

(—) Die Pferdezucht in der Kremper Marsch nebst Stuten-Stammregister. (Verf.: G. Ahsbahs.) — Kiel: Biernatzki 1886. (Gestütbuch der Holsteinischen Elb-Marschen. 1.)
1:Ov 21484/20–1. 8.
2.5639

**Ahsbahs, Georg:** Referat zur Frage der Fleischnoth, erstattet in d. gemeinsamen Delegierten-Versammlung d. landwirthschaftl. Kreisvereine Pinneberg u. Steinburg am 3. Jan. 1899. (Verf.: G. Ahsbahs.) — Glückstadt (1899): Augustin. 59 S., 1 Tab. 8.
2.5640

— Der Viehverkauf am Hamburger Schlachtviehmarkt durch die Geschäftsstelle der Landwirtschaftskammer. Im Auftr. d. Kommission für d. Vertretung d. Landwirtschaftskammer an d. Viehmärkten bearb. von Georg Ahsbahs u. Carl Ziese. — (Hamburg) 1910 (:Schultz). 51, XLVII S. (Arbeiten d. Landwirtschaftskammer für d. Provinz Schleswig-Holstein. 15.)
1:Ou 13657–15. 12:4° Oecon. 510 q–15. 8.
2.5641

**Ahsbahs,** Leo, aus Sommerlander Riep. Gerichtsref. i. Kiel: Die Grundlinien des Notwehrrechts. Ein Beitrag zur Revision d. Notwehrlehre. *Kiel: W. G. Mühlau in Komm. 1903.* (65 S.) 8°
Kiel, Jur. Diss. v. [5. Dez.] 1903

**Ahsbahs, Leo:** Die Grundlinien des Notwehrrechts. Ein Beitrag zur Revision d. Notwehrlehre. — Kiel: Mühlau in Komm. 1903. 65 S.
Ersch. auch als Diss. Kiel 1903. 1:Fv 5045. 7. 8.
2.5642

Ahsen, J. H., s. A h s e n , Jakob Heinrich

**Ahsen, Jakob Heinrich** v.: Antrittspredigt am 31. März 1829 gehalten. — Hamburg: Meissner [1829]. 23 S. **8.**
2.5643

**Ahsen, J. H. v.,** Unser Gotteshaus im Lichte unseres heutigen Jubelfestes. Predigt über Psalm 65, 2—5, gehalten am 18. Sonnt. nach Trin., den 19. Octbr. 1862. Hamburg, Nolte. gr. 8. (14 S.) n. 2 ngr.

***Ahstring*, J. N., s. *Hill*.**

Ahting, Karl, aus Varel: Aus d. Zool. Institut d. Universität Rostock. Untersuchungen über die Entwickelung des Bojanus'schen Organs und des Herzens der Lamellibranchier. Mit 3 Taf. Jena: G. Fischer 1901. (30 S.) 8°
Rostock, Phil. Diss. v. (28. Sept.) 1900

Ahtzehen wahtel [Wachteln] in den sac! Ein zweckloses d.h. sehr artiges altes Lügenmärchen. An Tag gegeben von Wilhelm Wackernagel. ⟨K.K.Hs.CXIX.⟩ — (Friedrichsstadt [d.i. Berlin] 1828.) 8 S.
**300: 22.118-B. 3. 7. 10. 11.**
1.6642

Ahues, Adele: Zwischen Dunkel u. Tag. Gedichte. (144) 8°.– Brem., G. Winter V. 1910.

**Ahuus, Rog.:** Populäre Besprechungen über deutsche Schreibung, Schrift und Typen. — Cöln: Barnick in Komm. 1868. 120 S. 1:Ya 8354. **3. 4. 5. 7. 10. 11.**
2.5640

**Al** [Pseud.] s. *Arndt*, Christian Gottlieb.

Aja, oder d. heimliche Ehe. Skizze eines Trauerspiels in 5 A. 8. Münch. 792. Lindauer. 4 gr.

**AIA,** Mutter, oder das Waldfräulein, eine Ritter-, Geister- und Kloster-Geschichte. Wien (ohne Adresse), 1800. 8°. Titelkpf. u. 174 S. Theilweise etwas frei.

Ajaki s. A j a k y

**Ajáky** Kleine Bibel für Schule und Haus. I. Theil. Altes Testament. II. Theil. Neues Testament. (Biblia, Iskolai és Házi Kis. — In ungar. und deutscher Sprache.) 12. (112 und 104 pag.) Pesth. Verlag von Gustav Heckenast. Nyom. Landerer és Heckenastnál. 1853.

**Ajáky**, iskolai es házi kis **Biblia**. 2 Rész. (O Testamentom. — Uj Testamentom.) Kleine Bibel für Schule und Haus. 2 Thle. (Altes Testament. — Neues Testament.) gr. 12. (216 S.) Pesth 853, Heckenast's Verlag. à 4 Ngr. *

— neues ungarisch-deutsches Bilder-Lesebuch für Kinder v. 6—10 Jahren. Ebend 855. 4. (100 S. m. Holzschn. im Text.) n. 16 ngr.

**Ajaki**, erstes Ungarisch-Deutsches und Deutsch-Ungarisches Lautir- und Lesebüchlein. Verfasser . . . (Első magyar-német és német-magyar hangoztató- és olvasó-könyvke Szerző . . . 8. (64 S.) Pesth, Druck von Landerer und Heckenast, Verlag Gustav Heckenast 1853.

**Ajáky. Legszebb Dalversek, Magyar és Német nyelven. I. Füzet. Az első Gyermeki Kornak. (6 — 9 évig.) Kiválogatta: Ajáky. Pesten, nyom. Bucsánszky Alajosnál. 1853. 8. (64 pag.) (Ajáky. Schönste Lied. r in ungarischer und deutscher Sprache. I. Heft. Für Kinder von 6 — 9 Jahren. Pesth. Gedruckt bei Alois Bucsánszky. 1853.)**

Ajaky, ungar. deut. n. deutsch-ungar. Lese-, Lern-u. Uebungsbüchl. 8°(96).– Pest 1853, Heckenast.

**d'Ajano,** R. Broglio, Die venetianische Seidenindustrie. 8°. Stuttgart 1893.

Aiar, unsere Zeit u. ihre Tendenzen in Beziehung auf Staat u. Kirche. gr. 8. (3½ B.) Leipzig 843, Fort.

Ajax, Eleonore, Irrlicht. Roman. (138 S.) 8. Straßburg 910. J. Singer. 2.50; geb. 3.50

**Aibling, s.: Bayern. Kartö.**

Aiblinger, Caspar

— — Melodien zu Görres Marienlieder, 5 Hfte. München, Cotta's Anst. 4 fl.

**Aiblinger, Kasp.,** sechs Messen für Sopran- und Alt-Stimmen, mit Begleitung der Orgel, Basso und Violoncello, ad libitum. 1. und 2. Abthl. Partitur. Fol. Regensburg 859—61, Pustet. [1. Abthl. 1 Thlr. 18 Ngr., 2. Abthl. 1 Thlr. 5 Ngr.]
Die Stimmen einzeln in gr. 4. [1. Abthl. 11 Ngr., 2. Abthl. 7 Ngr.]
Inhalt:
Abthl. 1. Messa Santa Clara. (56 S.) 15 Ngr. Stimmen dazu. (30 S.) 4 Ngr. — Messa Santa Philomena. (56 S.) 15 Ngr. Stimmen dazu. (20 S.) 4 Ngr. — Messa Santa Theresia. (71 S.) 18 Ngr. Stimmen dazu. (18 S.) 3 Ngr.
2. Messa dedicata al cor di Gesu e Maria. (63 S.) 18 Ngr. Stimmen dazu. (18 S.) 3 Ngr. — Messa di Santa Croce. (55 S.) 15 Ngr. Stimmen dazu. (16 S.) 3 Ngr. — Messa a Canto fermo. (3 S.) 2 Ngr. Stimmen dazu. (4 S.) 1 Ngr.

**Aiblinger,** Ludw., Katechismus der Musik. Eine kurzgefasste Darstellg. der Entwickelg. der abendländ. Musik. gr. 8. (IV, 123 S.) Regensburg 886. Coppenrath. n. 1. 50

Aicard, Jean, das Lied vom Kinde. Eine Auswahl aus dem von der französ. Akademie preisgekrönten Werke „La Chanson de l'Enfant". In deutscher Bearbeitung von W. v. Zobel. Vom Verf. autoris. Ausg. 8. (VII, 43 S.) Dresden 888, Tamme.

Aich B.: Kurze Naturbeschreibung üb. den Ursprung d. Viehseuche, dessen Ausweichung u. Abhelfung. Wien 1775. 22 S. P.

**Aich,** Frz. Xav., d. hl. Familie v. Nazareth u. d. christl. Familie. E. Cyklus Predigten z. Gebr. b. d. Versammlgn. d. frommen Vereins v. d. hl. Familie. Unt. Mitwirkg. mehr. Priester hrsg. gr. 8. (IV, 252 S.) Regensburg 896. Nationale Verlags-Anstalt. n. 3. —

**Aich,** Fr. Xav., Festpredigt zur Feier des 900jährigen Jubiläums des hl. Bischofes u. Bekenners Wolfgang. († 31. Oktbr. 994.) gr. 8. (11 S.) Regensburg 894. Nationale Verlagsanstalt. n. — 20

Aich, Frz. Xav., s.: Gelegenheitsreden.

**Aich, Frz. Xav., s.: Prediger u. Katechet, der.**

— Predigten f. den Jahresanfang u. den Jahresschluß, gesammelt u. hrsg. (IV, 175 S.) gr. 8. Regensburg 906. Verlagsanstalt vorm. G. J. Manz. n. 2. —

— Sonn- u. Festtags-Predigten f. das ganze Kirchenjahr, s.: Brettenreicher, M.

— Standeslehren, s: Zollner, Joh. Ev.

**Aich, V.,** Erinnerungen für Landleute zur Erhaltung u. Beförderung der Gesundheit des Viehes. 8. Wien 797. Wallishausser. M. —.65

Aicha, E. Frhr. v., geschichtliche Darstellung der Panzerungen und Eisen-Construction für Befestigung überhaupt. Wien 1873. 8.

Aichach. Im Jahre 1814 vom K. Steuer-Kataster. 1 : 2500. 1 Bl.

Aicham, Aloysius

***Aicham*, Aloys (†, . . 1784.) Institut. metaphysicae. C. fig. 8maj. Ulm 778. Wagner.**

**Aicham, A.,** Logica et Inst. Metaphysicae. c. fig. 8. Ulm, Wagner. 778.

Aicham, Aloysius : *Logica tironum usibus accommodata,* Ulmae, 8. 1778

**Aichbergen,** Adf., s.: Kutschera Ritter v. Aichbergen, Adf.

**Aichberger,** J., Franz Josef I. Festschrift f. die Jugend anläßlich der Feier d. 40jähr. Regierungs-Jubiläums Sr. Maj. d. Kaisers. 1. u. 2. Aufl. 8. (31 S. m. eingedr. Bildern.) Linz 888—889. Ebenhöch. n. —20

**Aichberger,** Jul., kleine Heimatkunde v. Oberösterreich. Ein Wiederholungsbüchlein f. Volksschüler. Mit 5 Kartenskizzen u. 12 Ansichten aus Oberösterreich. (31 S.) 8. Wien 907. A. Pichler's Wwe. & Sohn. —40

**Aichel, C. O. F.** s. *Aichel,* Kaspar Otto Friedrich.

**Aichel, Kaspar Otto Friedrich:** Fortgesetzte Bemerkungen über das Verhältniss der Kirche in den Herzogthümern Bremen und Verden zu den symbolischen Büchern der lutherischen Kirche, besonders zur Concordienformel. Gegen Wendt und Pratje. Von C. O. F. Aichel. — Stade 1846: Pockwitz. IV,36 S. 7. 2.5721

**Aichel,** C. O. F., fortgesetzte Bemerkungen üb. das Verhältniß der Kirche in den Herzogthümern Bremen u. Verden zu den symbol. Büchern der luth. Kirche, besonders zur Concordienformel. Gegen Wendt u. Pratje. 8. (IV u. 36 S.) Stade 847, Pockwitz. 1/6 ₰

— Bilder aus Frankreich in Angelegenheiten der Volksschule. [Abgedruckt aus den Blättern für die Volksschule d. Herzogth. Bremen u. Verden u. des Landes Hadeln.] 8. (30 S.) Stade 850, Schaumburg. n. n. 1/12 ₰

— Kleine Chronik von Horneburg im Herzogthum Bremen. Letzte Abschiedsgabe an seine liebe Gemeine daselbst von C. O. F. Aichel. — Horneburg: Damman in Komm.; Stade 1845: Pockwitz. IV,36 S. 7. 2.5722

**Aichel,** C. O. F., über den Cultus der lutherischen Kirche, insonderheit über das Princip der Ordnung d. Hauptgottesdienstes derselben. Ein Vortrag in d. 2. Pastoral-Conferenz luther. Confession zu Stade am 30. August 1854. Stade 854. Schaumburg. gr. 8. (28 S.) n. 4 ngr

—Dr. Heinrich Müller ꝛc., s. a. Schillings-Bücher.

— Dr. Heinrich Müller, weil. Professor und Superintendent zu Rostock, Verf. des evangel. Herzensspiegels, der geistl. Erquickstunden ꝛc. Eine Lebensbeschreibung. 8. (56 S.) Hamburg 854, Agentur des Rauhen Hauses.

— Dr. Heinrich Müller. Eine Lebensbeschreibung von C. O. F. Aichel. 2. Aufl. — Hamburg: Rauhes Haus (1855). 56 S. (Schillingsbücher d. Rauhen Hauses. 47. 48.) 1: Cv 52010-47. 48. 12: Asc. 4335h-47. 48. 2.5725

**Aichel,** C. O. F., kurze Uebersicht der verbotenen Grade der Blutsfreundschaft u. Schwägerschaft, sammt nöthigen Erläuterungen u. Vergleichung der betreff. Gesetze in den verschied. Landestheilen des Königreichs Hannover. Zum Handgebrauche für Alle, welche mit Ehe-Dispensations-Sachen zu thun haben. gr. 8. Hannover 842, Hahn'sche Hofbuchhandlung. 1/4 ₰

— Hermann Vespasius. Kurze Nachricht über ihn und seine 1571 hrsg. geistlichen Gedichte in plattdeutscher Mundart nebst einigen Proben daraus. Dem Herrn Pastor Ludwig Heinrich Kunhardt zu seinem 70. Geburtstage am 1. Juni 1858 von C. O. F. Aichel. — Stade (1858): Pockwitz. 16 S. 7. 9. 2.5727

**Aichel,** Ordulf Geo., experimentelle Untersuchungen üb. d. Abfluß d. Wassers bei vollkommenen Überfallwehren verschiedener Grundrißanordnung. s. a. Mitteilungen üb. Forschgsarbeiten a. d. Geb. d. Ingenieurwesens. 80. Heft.

**Aichel, Ordulf Georg:** Experimentelle Untersuchungen über den Abfluss des Wassers bei vollkommenen Überfallwehren verschiedener Grundrissanordnung. München u. Leipzig: G. Franz 1907. VII, 111 S., 11 Bl. Tab., 10 Taf. 8° ¶ Kurzer Ausz. in: Zeitschrift d. Vereines deutscher Ingenieure. Bd 52. 1908, Halbj. 2.
Karlsruhe, Dr.-Ing.-Diss. v. 17. 7. 1907

**Aichel, Ordulf Georg:** Experimentelle Untersuchungen über den Abfluss des Wassers bei vollkommenen schiefen Ueberfallwehren. — Berlin: Springer 1910. 57 S. 4° (Mitteilungen über Forschungsarbeiten auf d. Gebiet d. Ingenieurwesens. 80.) 12: Math. A. 173md-80. 82. 85. 2.5728

**Aichel, Oswald:** Die Reduktion von Metalloxyden mit Hilfe von Ceritmetallen. 1904. 41 S. 8° ¶ Ausz. in: J. Liebig's Annalen d. Chemie. Bd 337.
München, Dr.-Ing.-Diss. v. 22. 3. 1904

**Aichel,** Otto, über die Blasenmole. Eine experiment. Studie. Habilitationsschrift. gr. 8. (III, 72 S. m. 1 Taf.) Erlangen 901. (M. Mencke.) n. 2. —

**Aichel,** Otto, Dr. phil. et med.: Über die Blasenmole. Eine experimentelle Studie. *Erlangen 1901 [vielm. 1902/03]: F. Junge.* (71 S.) 8°
Erlangen, Med. Hab.-Schr. v. 1901

**Aichel,** Otto, eine neue Hypothese üb. Ursachen u. Wesen bösart. Geschwülste. (86 S.) gr. 8. Santiago de Chile 908. (München, J. F. Lehmann's Verl.) 1. 50

Eine neue Hypothese über Ursachen und Wesen bösartiger Geschwülste von Dr. Otto Aichel. Santiago de Chile: Universo 1908. (36 S.) 8° [illegible]

**Aichel,** Otto *[Oscar Wilhelm]* [aus Concepcion de Chile]: Zur Kenntnis des histologischen Baues der Retina embryonaler Teleostier ... Erlangen, k. b. Hofbuchdr. v. A. Vollrath, 1896; 23 S., 1 Bl., 1 Doppeltaf. 8.
Erlangen, Phil. Fak., Inaug.-Diss. v. 24. Juni 1896

Aichel, Otto: Üb. Zellverschmelzg. m. qualitativ abnormer Chromosomenverteilg. als Ursache d. Geschwulstbildg., s.: Vorträge u. Aufsätze üb. Entwickelungsmechanik d. Organismen.

**Aichelberg,** Douglas, der Gemeindewaisenrat. Ein Beitrag zur Ausgestaltg. der Jugendfürsorge u. des Waisenschutzes. (40 S.) 8. Graz 906. (Leykam.) n. —40

**Aichelburg,** Eug., Graf, ausgewählte Dichtungen. (XXI, 419 S. m. Bildnis.) 8. Dresden 905. E. Pierson. n. 5. —; geb. n. 6. —

**Aichelburg,** Eug., a g'reimt's Kraff'l. 12. (91 S. m. Vignetten.) Graz 890. (Wien, Frick.) n. 2. —

**Aichelburg,** Eug. Graf: Lieder e. Junggesellen. 8. (VIII, 81 S.) Dresden 897. E. Pierson. n. 1. 50; geb. n. 2. 50

— „Nachtfalter". Gedichte. 16. (VII, 100 S.) Innsbruck 890. Wagner. n. 2. —

**Aichelburg,** Eugy Graf, Schmeidograd. Eine Sage aus Ober-Krain. 12. (54 S.) Leipzig 894. R. Claußner. n. 2. —

— Skizzen a. d. Süden. 8. (21 S. m. Bildn.) Lübeck 897. Verlag der Novellen-Bibliothek. n. —50

— Mein Strauß. — Leipzig: Körner [1897]. 67 S. 1: Yo 26795. 2.5744

-auf hamlichen Wegen. 8. (79 S.) Wien 891. W. Frick. n. 2. 80

Aichelburg, Gugy s. Aichelburg, Eug.

Aichelburg, J.: „Ueber die Knechtschaft", Wien 1773 (Kurzböck).

**Aichelburg-Labia, Frhr. Frz., Gemeindeordnung und Gemeindewahlordnung f. alle Gemeinden des Erzherzogt. Österreich ob der Enns m. Ausnahme v. Linz u. Steyr. (61 S.) kl. 8. Linz a/D. 904. J. Feichtinger's Erben. (Nur direkt.) Kart. n. — 90**

**Aichelburg-Labia, Frhr. Frz.**, verwaltungspolizeiliche Vorschriften. Eine Sammlg. der Gesetze u. Verordngn. üb. Arbeitsscheue u. Landstreicher, Zwangsarbeitsanstalten, Schüblinge (auszuweis. Fremde), Zigeunerunwesen, Naturalverpflegsstationen, Paß u. Meldewesen; nebst e. Anh. üb. das Strafverfahren d. Verwaltungsbehörden. (250 S.) kl. 8. Linz a/D. 904. J. Feichtinger's Erben. (Nur direkt.) Kart. n. 3. —

**Aichelburg-Labia, Frhr. Frz., verwaltungspolizeiliche Vorschriften. Ergänzungen. Richtiggestellt bis Juni 1909. (I u. S. 247—297.) kl. 8. Linz a/D. 909. Jos. Feichtinger's Erben. (Nur direkt.) — 85**

**Aichele**, einige Sätze als Antwort auf die Frage: „Welches sind die geeigneten Mittel, dem geistl. Amt seinen gebührenden Einfluß auf das Leben der Gemeinden zu verschaffen?" vorgetragen im Ulmer Diöcesanverein. gr. 8. (32 S.) Ulm 871. Wohler. — 40

Aichen s.a. Eichen

**Aichen** der Gaszähler, das. Verordnung, das Aichen von Gaszählern u. den Gebrauch geaichter Gaszähler betreffend; vom 26. Septbr. 1859. Instruction über das Verfahren beim Aichen der Gaszähler; vom 30. Decbr. 1859. Beschreibung des Cubicirungsapparates nebst (lith.) Taf. (in Fol.) Dresden, 860. Meinhold & Söhne. 8. (27 S.) 7½ ngr.

v. Aichen, F. P., der Bittgang nach Maria Hülf, am 5. Sept. 1831. (Gedicht.) gr. 8. Wien 831. Wimmer. 1½ ℛ

**v. Aichenhayn, J.**, s.: Aichinger v. Aichenhayn.

AICHER Franz: Sancti patris et ecclesiae doctoris Anselmi Cantuariensis theoria redemptionis generis humani in opere celeberrimo „Cur deus homo?" — (1850) 50 S. 4° (Handschr.) Diss. 151
Diss. Wien Univ.

**Aicher, Georg**, Dr.: Kamel und Nadelöhr. Eine kritisch-exeget. Studie über Mt 19, 24 und Parallelen. Münster i. W.: Aschendorff 1908. VI, 64 S. 8° ¶ (Neutestamentliche Abhandlungen. H. 5.)
München, Theol. Hab.-Schr. v. 1908 [U 10. 3714

**Aicher**, Georg, Dr.: Das alte Testament in der Mischna. Freiburg i. B.: Herder 1906. (XVII, 181 S.) 8° ¶ (= Biblische Studien Bd 11 H. 4.)
München, Theol. Fak., Ref. Göttsberger, Diss. v. 28. Jan. 1905
[Geb. 7. Apr. 73 Palling; Wohnort: München; Staatsangeh.: Bayern; Vorbildung: Gymn. Freising Reife Juli 93; Studium: Lyzeum Freising 8, Univ. München 8 S.; Rig. 28. Jan. 05.]
(Nur in beschränkter Anzahl für den Austausch)

**Aicher**, Hans: Ein Beitrag zur Genese der Wurzelcysten. *München 1898: Kastner & Lossen.* (42 S.) 8°
München, Med. Diss. v. 1898

**Aicher**, Herm.: Beiträge z. Gesch. d. Tagesbezeichng. im MAlter, s.: Quellenstudien a. d. histor. Seminar d. Univ. Innsbruck.

**Aicher, Otto**, Epitome chronologica historiae universalis sacrae et profanae ab orbe condito usque ad ann. 1702. Köln, 1706. 4°, 3 Bde.

**Aicher,** Severin, a. Mahlstetten: Kants Begriff der Erkenntnis verglichen mit dem des Aristoteles. Halle a. S. 1907 (C. A. Kaemmerer & Co.) (XII, 137 S.) 8° ¶ [= Kantstudien Erg.-H. Nr. 0 — Berlin: Reuther & Reichard 1907.]
Tübingen, Phil. Fak., Ref. Maier, Diss. v. 9. Nov. 1907
[Geb. 3. Febr. 82 Mahlstetten. O.-A. Spaichingen; Wohnort: Mahlstetten; Staatsangeh.: Württemberg; Vorbildung: Gymn. Rottweil Reife M. 03; Studium: Tübingen 7 S.; Coll. 21. Febr. 07.]

Aichgebührentaxe s.a. Eichgebührentaxe

**Aichgebühren-Taxe** n. d. am 1. Jan. 1896 gült. Bestimmgn. Hrsg. v. d. kaiserl. Normal-Aichungs-Kommission. gr. 8. (40 S.) Berlin 896. W. Moeser. n.n. 1. —

— für Längenmaße, Flüssigkeitsmaße, Fässer, Hohlmaße, Gewichte u. Waagen, zusammengest. n. d. am 1. Jan. 1896 gült. Bestimmgn. Plakat. 63×90 cm. Ebd. 896. n.n. — 50

— f. chemische Meßgeräthe, besond. Waagengattgn., Thermo-Alkoholometer, Thermo-Aräometer f. Mineralöle u. Gasmesser, zusammengest. n. d. am 1. Jan. 1896 gült. Bestimmgn. Plakat. 47×41,5 cm. Ebd. 896. — 25

**Aichholz**, s.: Miller zu Aichholz.

**Aichholz, Karl:** Mahnruf an die Franzosen. [Verf.: Karl Aichholz.] — Dresden: Pierson [1907]. 70 S.
1: Rc 11795. 12: Gall. g. 1005 e.
2.5798

**Aichholzer, Eduard**, lyrische Dichtungen (192 S.) 8. Straßburg 907. J. Singer. 3. —

Aichhorn, Sigmund: Anleitung zur Flächenzeichnung einfacher Krystallgestalten. Inaugural-Dissertation. Wien, 1839. 8°.

**Aichhorn,** Sigm., Anleitung zur Flächenzeichnung einfacher Krystallgestalten. Mit 3 (lith.) Taf. Wien 855. Gerold. gr. 8. (XII, 56 S.) n. 12 ngr.

— — Anleitung zur Flächenzeichnung einfacher Krystallgestalten. Zweite umgearbeitete Auflage. Wien, 1855. 8.

Aichhorn, Sigm., Charaktere d. höheren systemat. Einheiten d. Thierreiches. Für Anfänger entworfen. gr. 8. (5¾ B.) Gratz 846, Damian u. Sorge. *

**Aichhorn, Sigm.**, Charactere der höheren systemat. Einheiten des Thierreichs. Für Anfänger entworfen. gr. 8. (VI u. 86 S.) Gratz 847, Damian u. Sorge. n. ¾ ℛ

**Aichhorn**, Dr. Sigmund, Einleitung in das Studium der Naturgeschichte. Für Anfänger bearbeitet. 3. unveränderte Aufl. kl. 8. (56 S.) Gratz, 1862, Damian & Sorge. 60 kr.

**Aichhorn,** Sigm., Einleitung in d. Studium d. Naturgeschichte. Für Anfänger bearb. 3. unveränd. Aufl. Gratz, 862. (Leuschner & Lubensky.) 16. (56 S.) n. 10 ngr.

Aichhorn, S. Eine Entgegnung (betreff. Fossilien in Steiermark). Graz 1878.

Aichhorn, S. u. A. Plankensteiner. Das wilde Loch auf der Grebenzenalp. Graz 1875.

— das Mineralien-Kabinet am steiermärk. st. Joanneum zu Gratz mit besonderer Berücksichtigung der mineralog. Schausammlung. Ein Leitfaden zum nützlichen Besuch desselben. Mit 1 lith. Plan (in Fol.). Gratz 855. Damian u. Sorge in Comm. 8. (VIII, 142 S.) n. 15 ngr.

Aichhorn, Dr. Sigmund — Geographische Vertheilung des Schiefer-, Schicht- und Massen-Gebirges in Steiermark. Von — —. Gratz, 1856. Druck und Papier von A. Leykam's Erben. (14 S. 8.)

**Aichinger, A.**, und F. A. Birk, Beschreibung der Anlage und des Betriebes der Semmering-Eisenbahn, s. Birk, F. A.

**Aichinger,** Carl, Ist Eigenthum — Diebstahl? Brauchen wir Gütergemeinschaft? Ein Beitrag zur Bekämpfung wirtschaftlicher Irrlehren. (Moser'sche Sammlung zeitgem. Broschüren, Heft 1.) 8°. Graz 1895.

Aichinger, Carl Friedrich, s. Aichinger, Karl Friedrich

**Aichinger,** Geo., Kloster Metten und seine Umgebungen. 8. (XIII und 376 S. mit 2 Stahlst. und 13 eingedr. Holzschn.) Landshut 859, Thomann'sche Buchh. geb.

**Aichinger,** Geo., Johann Michael Sailer, Bischof von Regensburg. Ein biograph. Versuch. Freiburg im Br. 865. Herder. 12. (XII, 466 S.) 28 ngr.

**Aichinger,** J., Technik des Bergsteigens. Hrsg. vom Zentral-Ausschuß des D. u. Ö. Alpenvereins. (52 S.) 8. Innsbruck 906. (München, J. Lindauer.) Kart. n. 2. —

Aichinger, J.: Villach im Kärntner Oberland, s.: Kumpf, Ernst.

**Aichinger,** Joh. Ev., organische Entwicklung der Intelligenz u. Sprache. Als Leitfaden beim Taubstummen-Unterrichte. gr. 8. (XIV u. 240 S.) Linz 849, Haslinger in Commiss. n. 1 ℛ

**Aichinger,** Jos., Nach Italien u. Rom. Reiseerlebnisse, d. Freunden i. d. Heimat erz. gr. 8. (160 S. m. Abbildgn.) Warnsdorf 894. A. Opitz. n. 1. —

**Aichinger,** Jos., nach Italien u. Rom. Reiseerlebnisse, den Freunden in der Heimat erzählt. (2. Aufl.) (157 S. m. Abbildgn.) gr. 8. Warnsdorf 903. A. Opitz. n. 1. —

Aichinger, Karl Friedrich

Aichinger, Karl Fr., (†...) Abhandl. über die seufzende Kreatur. 8. Regensb. 772. (Montag u. W.)

**Aichinger, Karl Friedrich:** Bemühung der Obern Pfalz, den Zorn des Herrn Prof. Gottscheds zu besänftigen. [Verf.: Karl Friedrich Aichinger.] — o.O. 1750. 15 S.
12: 4° Bavar. 2120-VII,54/2 [u.ö.] 300: 1 an 5.415-B. 3. 7. 2.5806

— das Christenthum über die Vernunft, oder Betrachtt. über das Buch vom Werth der Gefühle im Christenthum. 8. Regensb. 771. (Montag u. W.)

— Versuch über die seuffzende Creatur. — Regensburg: Montag & Gruner 1772. 55 S. 1: Bt 4356. 2.5808

**Aichinger, Karl Friedr.,** Versuch über die seufzende Kreatur. (Röm. 8, 22.) Regensburg (Verl.-Anst.), 1772. 8°. 25 Pf.

— Vers. e. deutschen Sprachlehre rc. 8. Frankf. u. Leipz. 753. N. Aufl. Wien 754. Kraus. 16 gr

**Aichinger,** K. F., Vorschl. d. deutsche Bibelübers. betr. 8. Regensburg, Montag u. W. 774.

— unvorgreifl. Vorschläge, die deutsche Bibel nach d. Uebersetz. Luthers betreffend. 8. Regensb. 774. Montag u. W. 6 gr

**Aichinger, Ludw.,** Heimat. Ein Buch heim. Dichtg. Mit Buchschmuck v. Max Pauly. (171 S.) gr. 8. Linz 903. Oberösterr. Buchdruckerei- u. Verlags-Gesellschaft. n. 2. 50; geb. in Leinw. n. 3. 20

Aichinger, V. v.: Über das Wurzelziehen aus irrationalen Wurzelgrössen. 43 S.
Progr. Bozen OG. 1873.

**Aichinger v. Aichenhayn,** Jos., botanischer Führer in und um Wien. 6 Lfte. 16. (IV u. 524 S.) Wien 847, Beck. $1\frac{1}{2}$ ℛ

**Aichlburg, Josef** Frhr v.: Ueber die Knechtschaft. — Wien: Kurzböck 1773. 88 S.
1: Fc 10646. 300: 179.387-A. 7. 2.5812

— — Ebd. 1775. 88 S. 12: Bavar. 2320 p-1. 2.5813

v. Aichlburg, Jos. F., (†...) über d. Knechtschaft. 8. Wien 775. 2e Aufl. 783. (Heubner). 3 gr

**Aichmiller,** J., Tabelle zur Beschleunigung u. Erleichterung der Bau-Ueberschlags-Berechnungen. 4. Grätz 818. Miller. 8 gr

Aichner, Ferdinand (Red.), s. Hygiea.

Aichner, Simon

(F) **Aichner,** S., Auszug aus den Statuten der Brixener Diözesan-Synode vom Jahre 1900. 8°. (43 S.) K .40
Brixen: Weger 1903

**Aichner,** Sim., Compendium juris ecclesiastici cum singulari attentione ad leges particulares VI. conventionis 18. Aug. 1855 cum sede Apostolica initae in imperio austriaco vigentes. Editio I. (XVI und 686 S. und Appendix 56 S.) 1862. * 3 Thlr. 10 Ngr.; und Editio II. emendatior. 2 Fasc. Lex-8. (Fasc. 1. XVI und 336 S.) Brixen 863, Weger's Buchh. *

**Aichner,** Sim., compendium juris ecclesiastici ad usum cleri, ac praesertim per imperium austriacum in cura animarum laborantis. Editio III novis curis recognita et emendata. 2 Fascc. Brixen 870. Weger. gr. 8. (XXXI, 831 S.) n. 4 ℛ

**Aichner,** Sim., compendium juris ecclesiastici ad usum cleri ac praesertim per imperium austriacum in cura animarum laborantis. 4. ed., novis curis recognita et expolita. Lex.-8. (XLVII, 837 S.) Brixen 874. theolog. Verlags-Anstalt. n. 8. —

**Aichner,** Sim., Compendium juris ecclesiastici ad usum cleri, ac praesertim per imperium austriacum in cura animarum laborantis. Edit. V. novis curis recognita et emendata. gr. 8. (IV, 810 S., Beilagen LXIX S.) Brixen 884, Weger's Buchh. *

**Aichner,** S., compendium juris ecclesiastici ad usum cleri, ac praesertim per imperium austriacum in cura animarum laborantes. Ed. VI. gr. 8. (IV, 832 u. Anh. 71 S.) Brixen 887. Weger. n. 9. 60

**Aichner,** Simon. Compendium juris ecclesiastici ad usum cleri, ac praesertim per imperium Austriacum in cura animarum laborantis. Edit. VII. gr. 8. (IV, 859, 71 S.) Brixen 890, Weger. * 9 60

**Aichner,** Simon, compendium juris ecclesiastici ad usum cleri, ac praesertim per imperium austriacum in cura animarum laborantis. Ed. VIII. Novis curis recognita et emendata. gr. 8. (IV, 864 u. 73 S.) Brixen 895. A. Weger. n. 9. 60

**Aichner,** Simon, Compendium juris ecclesiastici ad usum cleri, ac praesertim per imperium austriacum in cura animarum laborantis. Ed. IX, emendata et recentissimis decretis accommodata a Theod. Friedle. gr. 8. (IV, 880 u. 75 S.) Brixen 900. A. Weger. n. 10. —

**Aichner,** Simon, Compendium iuris ecclesiastici ad usum cleri, ac praesertim per imperium austriacum in cura animarum laborantis. Ed. X, recognita et emendata a Theod. Friedle. (IV, 889 u. 74 S.) gr. 8. Brixen 905. A. Weger. n. 10. —

**Aichner,** Simon, Compendium iuris ecclesiastici ad usum cleri, ac praesertim per imperium austriacum in cura animarum laborantis. Ed. XI, recognita et emendata a Vicar. gen. Protonot. apost. Thdr. Friedle. (IV, 895 u. 75 S.) gr. 8. Brixinae 910. Brixen, A. Weger. 10. —

**Aichner,** Simon, s.: Geschichte der hl. Angela Merici u. d. v. ihr gestifteten Ordens der Ursulinen.

**Aichner,** Simon, s.: Synodus Brixinensis.

Aichordnung s.a. Eichordnung

**Aichordnung,** s.a. Gareis, C., deutsche Reichsgesetze.

Aichordnung, Abänderung und die Aichgebührentaxe, Aichung des Getreideprobers. (Gareis, Reichsgesetze 141) Giessen 1891

Aichordnung, Abänderung vom 6.5.92 u 14.1.93. Aichung von Messwerkzeugen für Mineralöle vom 23.12.91. (Gareis, Reichsgesetze 158) Giessen 1893

**Aichordnung** f. die im Reichsrathe vertretenen Königreiche u. Länder der österreichisch-ungarischen Monarchie in Ausführg. der Maß- u. Gewichtsordng. vom 23. Juli 1871, erlassen v. der k. k. Normal-Aichungs-Commission am 19. Dezbr. 1872. Amtliche-Ausg. Mit 3 (lith.) Taf. Abbildgn. (in qu. Fol.) u. e. Anh. enth.: die Maß- u. Gewichtsordng. vom 23. Juli 1871. gr. 8. (60 S.) Wien 873. Seidel & Sohn. n. 1. 60

Aich-Ordnung, die, für das Deutsche Reich vom 27. Dezbr. 1884, nebst Aichgebühren-Taxe vom 28. Dezbr. 1884. gr. 8. (71 S.) Kempten 885, Kösel'sche Buchh.
Aus: Die bayerische Kanzlei, besonders abgedruckt.
—— dass. — Vom 24. Dezbr. 1884. R. G. Bl. 1885. Nr. 5. 8. (99 S. mit ausführl. Sachregister.) Berlin 885, v. Decker. *
—— dass. — Nebst Aichgebühren-Taxe vom 28. Dezbr. 1884 und Bekanntmachung, betreffend die Zulassungsfristen für ältere Maaße, Meßwerkzeuge, Gewichte und Waagen vom 30. Dezbr. 1884. Hrsg. von der Redact. des Reichs-Gesetzbuches für Industrie, Handel und Gewerbe. gr. 8. (IV, 70 S.) Berlin 885, Bruer und Comp. cart.
—— dass. — [2. Ausg.] nebst Abänderung der Aichordnung vom 4. Mai 1888. Hrsg. von der Redact. des Reichs-Gesetzbuches für Industrie, Handel und Gewerbe. gr. 8. (IV, 78 S.) Hamburg—Berlin 888, Bruer und Comp. cart.

Aichordnung für das Deutsche Reich. Vom 27. Dez. 1884. Mit Berücks. der von d. Kais. Normal-Aichungs-Komm. bis z. 30. April 1900 erlass. Abänderungen u. Erg. bearb. von [Georg] Zimmermann, Kgl. Aichungs-Insp. *Berlin: W. Moeser 1900.* (95 S.) 8° [J.] [01. 6708

Aichstaedt — Eigentliche Verzeichnung der Gegend und Prospecten der Hochfürstl. Bischöfflich. Haupt- v. Residenzstadt. — Zu finden bey Joh. Bapt. Homanns seel. Erben in Nürnberg und edirt im Jahre 1730. 1 : 20,000. 1 Bl.

Aichstettensis — Episcopatus — cum dynastiis et praefecturis suis ac viciniis, hac geographica delineatione accurate descriptus à Mattheo Seuttero. Aug. Vind. Tob. Conr. Lotter sculps. 1: 170.000. 1 Bl.

Aichung s.a. Eichung

**Aichung** der Binnenschiffe. Hrsg. im Reichsamt des Innern. 8. (43 S.) Berlin 899. J. Springer. Kart. n.n. — 60

Aichung der Brückenwaagen und selbstthätigen Registrierwaagen. Vom 10.12.98. (Gareis, Reichsgesetze 256) Giessen 1898

— von chemischen Messgeräten. Vom 26.7.93. (Gareis, Rges. 170) Giessen 1894

**Aickelin,** Hans, a. Reutlingen: Ueber Oxytriazol-, Triphenylmethan- und Xanthonverbindungen. Tübingen 1908: H. Kirschmer. (79 S.) 8°
München, Phil. Fak., Ref. v. Baeyer, Diss. v. 22. Nov. 1907
[Geb. 8. Febr. 85 Reutlingen (Württemberg); Wohnort: Reutlingen; Staatsangeh.: Württemberg; Vorbildung: Oberrealsch. Reutlingen Reife Juli 03; Studium: München 8 S.; Rig. 22. Nov. 07.]

Aickin, Thomas (geb. Trim in Irland 14. 9. 1816): De podagra. Berolini (1842). (39 S.) 8°
Berlin, Med. Diss. v. 2. Mai 1842

Aidé, Hamilton

**Aidé,** H., Carr of Carrlyon, s.a. Collection of British Authors.

**Aidé, Hamilton:** Carr of Carrlyon: A novel. Copyright ed. Vol. 1. 2. — Leipzig: Tauchnitz 1862. (Collection of British authors. 604. 605.)
1: Ah 30-604.605. 12: P. o. angl. 6 p-2/3. 300: 393.080-A. Per. 604.605. 8. 11.
2.5832

**Aidé,** Hamilton, die Erzieherin (Jane Treachel), s.a. Engelhorn's allgemeine Roman-Bibliothek. XVIII. 11.

Aidé, Hamilton: Die Erzieherin. (Jane Treachel.) Roman. Uebers. von Alwina Vischer. — Stuttgart: Engelhorn 1902. 158 S. (Engelhorns allgemeine Roman-Bibliothek. 18, 11.)
1: Yt 664-18,11. 12: L. eleg. g. 126 n-18,11.
2.5849

Ein dunkles Geheimnis. Kriminal-Roman von Hamilton Aidé. Deutsch von J. Cassirer. Berlin: A. Weichert [1904]. (175 S.) 8° [J.]
— Sammlung interessanter Criminal- u. Detectiv-Romane. Bd 2. [05. 4814

**Aidé,** Hamilton, das Geheimnis der Klippe, s.a. Kürschner's Bücherschatz.

Das Geheimnis der Klippe [Cliff Mystery]. Erzählung von Hamilton Aidé. Deutsch von Wilma Willerer. Mit Ill. von H. Fr. Rumpf. Berlin, Leipzig: Hillger [1910]. 111 S. 8°
(Kürschners Bücherschatz. Nr 740.) [11. 1452

**Aidé,** H., vornehme Gesellschaft, s.a. Engelhorn's allgemeine Romanbibliothek.

— Vornehme Gesellschaft. (Introduced to society.) Roman. Autoris. Uebers. aus d. Engl. von Auguste Scheibe. — Stuttgart: Engelhorn 1884. 159 S. (Engelhorn's allgemeine Romanbibliothek. 1, 7.)
1: Yt 664-1,7. 12: L. eleg. g. 126 n-1,7. 7. 9.
2.5838

**Aidé,** Hamilton, Imogen, s.a. Engelhorn's allgemeine Romanbibliothek.

— Imogen. (Passages in the life of a lady in 1814–1815–1816.) Roman. Autoris. Uebers. aus d. Engl. von Emmy Becher. Bd 1. 2. — Stuttgart: Engelhorn 1890. (Engelhorn's allgemeine Romanbibliothek. 7, 5. 6.)
1: Yt 664-7,5.6. 12: L. eleg. g. 126 n-7,5.6. 9.
2.5842

— introduced to society, s.a. Collection of British authors.

Introduced to society. Copyright ed. — Leipzig: Tauchnitz 1884. 288 S. (Collection of British authors. 2271.)
1: Ah 30-2271. 12: P. o. angl. 6 p-13. 8. 11.
2.5837

**Aidé,** H., the Marstons, s.a. Collection of British Authors.

— The Marstons. A novel. Copyright ed. Vol. 1. 2. — Leipzig: Tauchnitz 1868. (Collection of British authors. 970. 971.)
1: Ah 30-970.971. 12: P. o. angl. 6 p-4/5. 300: 393.080-A. Per. 970.971. 8. 11.
2.5839

Aidé, Hamilton: Morals and Mysteries, s.a. Collection of British Authors.

— Morals and mysteries. Copyright ed. — Leipzig: Tauchnitz 1872. 319 S. (Collection of British authors. 1218.)
1: Ah 30-1218. 12: P. o. angl. 6 p-7. 8. 11.
2.5840

Aidé, Hamilton: Penruddocke, s.a. Collection of British Authors.

— Penruddocke. Copyright ed. Vol. 1. 2. — Leipzig: Tauchnitz 1873. (Collection of British authors. 1341. 1342.)
1: Ah 30-1341.1342. 12: P. o. angl. 6 p-8/9. 300: 393.080-A. Per. 1341.1342. 8. 11.
2.5843

**Aidé,** H., Poet and Peer, s.a. Collection of british authors.

— Poet and peer. Copyright ed. Vol. 1. 2. — Leipzig: Tauchnitz 1880. (Collection of British authors. 1924. 1925.)
1: Ah 30-1924.1925. 12: P. o. angl. 6 p-11/12. 8. 11.
2.5844

[—] Rita: an autobiography. Copyright ed. — Leipzig: Tauchnitz 1859. 350 S. (Collection of British authors. 495.)
1: Ah 30-495. 12: P. o. angl. 6p-1.
300: 393.080-A. Per. 495. 8. 11.
2.5846

— Rita. Roman aus dem Engl. Uebers. von A. und E. Stosch. 3 Bde. 8. (180; 170; 187 S.) Dresden 878, Baensch. +

Aïdé, Hamilton: In that state of life, s.a. Collection of British Authors.

— In that State of life. Copyright ed. — Leipzig: Tauchnitz 1871. 279 S. (Collection of British authors. 1154.)
1: Ah 30-1154. 12: P. o. angl. 6p-6.
300: 393.080-A. Per. 1154. 8. 11.
2.5848

**Aïdé**, Hamilton, a voyage of discovery, s.: Library, the English.

**Aïdé, H.**, a nine days' wonder, s.a. Collection of British Authors.

— "A nine days' Wonder". A novelette. Copyright ed. — Leipzig: Tauchnitz 1875. (Collection of British authors. 1510.)
1: Ah 30-1510. 12: P. o. angl. 6p-10.
300: 393.080-A. Per. 1510. 11.
2.5850

**Aide-mémoire** à l'usage des officiers d'artillerie suisses, s.a. Handbuch f. schweizerische Artillerie-Officiere.

**Aide-Mémoire** à l'usage des officiers d'artillerie. 2e édit. gr. in-8. Mit 50 Steindruckt. Strassbourg 844. Ve Levrault. relié. n. 4 ℳ

**Aide mémoire** à l'usage des officiers de l'artillerie suisse. 2. éd. I., III. et VIII. chapitre. 12. Aarau, H. R. Sauerländer & Co. n. 6. 20
I. Poudre de guerre. Rédigé par E. Schenker. Éd. française. Revue par Pagan. (VII, 52 u. 33 S. m. 7 Taf.) 891. n. 1. 40
III. Bouches à feu par de Tscharner et Gressly. Éd. française, revue par Pagan. (134 S. m. 3 Taf.) 892. n. 3. —
VIII. Connaissance du cheval par le colonel Wirz, traduit par Goetz. Anatomie et extérieur du cheval. Connaissance de l'âge d'après la dentition. Connaissance du sabot. Connaissance de la ferrure. Étude sur les différents races de chevaux. Avec 7 planches. (IV, 185 S.) 890. n. 1. 80

**Aide-mémoire** à l'usage des officiers d'artillerie suisses. Chapitre II: Stahel, Munitions et artifices. Avec 4 planches. 124 pp. in-12. Aarau, H. R. Sauerländer's Verlag. 1871

**Aide-mémoire** à l'usage des officiers d'artillerie suisses. Chap. XI. Schumacher, construction des batteries et fortification de campagne. Avec 9 planches lithogr. 114 pp. in-16. Aarau, H. R. Sauerländer's Verlag. 1871

**Aide-mémoire** à l'usage des officiers d'artillerie suisses. Chap. XII. H. Siegfried, H., Théorie du tir. II. Partie. Tir aux pièces d'Artillerie. Avec 6 planches lithogr. 176 pp. in-12. Aarau, H. R. Sauerländer. 1871

**Aide-mémoire** à l'usage des officiers d'artillerie suisses. Chap. XIII. Armes portatives, par R. Schmidt. Avec 8 planches lith. et 2 tables. 44 pp. in-16. Aarau. H. R. Sauerländer's Verlag. 1871

**Aide-mémoire** à l'usage des officiers d'artillerie suisses. XIV. chapitre: Reconnaissances, établissement de ponts et de camps. Par le colonel Rothpletz et le colonel Schumacher. Avec 5 pll. lith. 96 pp. in-12. Aarau, H. R. Sauerländer. 1872

**Aide-mémoire** à l'usage des officiers d'artillerie suisses. Chap. XV. Notes mathématiques, physiques et mécaniques. Avec 1 planche lithogr. Par C. Pestalozzi. 116 pages in-16. Aarau, H. R. Sauerländers Verlag. 1871

**Aidlingen**, s.: Württemberg, Höhenkurvenkarte.

**Ajdukiewicz, T.**, l'armée roumaine. (27 farb. Taf.) 53 × 43 cm. Leipzig 903. M. Ruhl. Geb. in Leinw. n. 36. —

**Aigar et Maurin.** Bruchstücke e. Chanson de geste, nach der einz. Handschrift in Gent neu hrsg. v. Alfr. Brossmer. gr. 8. (103 S.) Erlangen 902. F. Junge. n 1. 60
Sonderabdruck aus: „Romanische Forschungen."

**Aigeldinger, Jos.**, leichtfaßliche Belehrung u. Behandlung der verschiedenen Arten von Kolik, des Harnverhaltens, sowie der Trommelsucht u. Verstopfung beim Pferde und Rinde. Aus prakt. Erfahrungen bearb. Mit 1 (lith.) Abbild. gr. 8. (48 S.) Rottweil 852, Degginger in Comm. n. 6 ngr

**Aigeldinger, Jos.**, leichtfaßliche Belehrung und Behandlung der verschiedenen Arten von Kolik, des Harnverhaltens, sowie der Trommelsucht und Verstopfung beim Pferde und Rinde. Aus prakt. Erfahrungen bearb. gr. 8. (48 S. mit 1 Stnt.) Rottweil 853, (Degginger.) *

Aigen bei Salzburg. Ein Begleiter für Einheimische u. Fremde. Mit 4 Kunstbeilagen. 16°. (57 S.) Salzburg, Oberer's sel. Witwe. fl. –70. 1887.

**Aigle**, s.: Schweiz. Atlas.

**Aigler, Jos. Ant.** († d. 17. Jan. 1822.), s. Glaubensprofession, über die.

**Aign**, Das Wunder der Welt für Theologie u. Naturwissenschaft. Kaiserslautern. 1861 – 62. Gewerbeschul-Progr.

*Aign*, Rup., († d. 19. Sept. 1813.) Conspectus theologicus de vitiis et peccatis, de legibus, et de sacramentis in genere. 4. Regensb. 761. — Contin. de ultimis sacramentis. 4. Ibid. 762. (2 Alph. u. 2 Bog.)

Aignan, Etienne

— Geschichte des Geschwornen Gerichts von Aignan. Aus d. Franz. übers. — Heidelberg: Winter in Komm. 1823. VI,150 S.
300: 27 Ji 101.
2.5886

**Aignan**, Gesch. d. Jury, s.a. Themis. 1s Bdch.

— Geschichte des Jury. Aus d. Franz. des Herrn Aignan. Ebd. 1823. VI,150,VIII S. (Themis, eine Sammlung von staatswissenschaftlichen Abhandlungen. 1.) 7. 9.
2.5887

Aigner, A. s. Aigner, Adolf

Aigner, A.: s. Aigner, Aug.

**Aigner, Adolf**, Real-Index über die wichtigsten bergmännischen pyrotechnischen Werke und Artikel, mit Berücksichtigung des Salinenwesens. Lex.-8. (239 S.) Wien: Manz 1895 4.—

**AIGNER, Albert**
Ueber das Epithel im Nebenhoden einiger Säugethiere und seine secretorische Thätigkeit von Albert Aigner. (Mit 3 Tafeln.) (Aus den Sitzungsberichten der kaiserl. Akademie der Wissenschaften in Wien. Mathem.-naturw. Classe; Bd. CIX. Abth. I I. October 1900.) Wien. 1900. Gerold's Sohn. Gr.-8°. 27 S. K 1.20

Aigner, A.: Üb. d. Epithel im Nebenhoden ein. Säugethiere u. s. secretor. Thätigkeit. (S.-A.) (27 m. 3. Taf.) 8°.– Wien, A. Hölder, 1900.

AIGNER, Albert
Über Trugbilder von Poren in den Wänden normaler Lungenalveolen von cand. med. Albert Aigner. (Mit 1 Tafel.) Aus den Sitzungsberichten der kaiserl. Akademie der Wissenschaften in Wien. Mathem.-naturw. Classe; Bd. CVIII. Abth. III. Juli 1899. Wien. 1899. In Comm. Gerold's Sohn. Gr.-8°. 11 S. fl. —.35

**Aigner,** Alfons, Medizinal-Praktikant a. München: Ein Fall von Struma congenita. München 1907: C. Schnell. (16 S., 1 Taf.) 8°
München, Med. Fak., Ref. v. Bollinger, Diss. v. 18. Febr. 1908
[Geb. 25. März 80 München; Wohnort: München; Staatsangeh.: Bayern; Vorbildung: Gymn. Ansbach Reife Juli 99; Studium: Jura Berlin 1, München 2, Med. München 2, Erlangen 1, München 5 S.; Coll. 18. Febr. 08; Approb. 12. Jan. 08.]

Aigner, Anton
— Frage: Ob ein Recensent, wenn er nur derb schimpfen kann, darum auch schon Recht haben müsse? 8. Wien 782.

Aigner, Ant., († d. 27. März 1796.) freimüthige Gedanken über einige in der Naturlehre noch unentschied. Streitigkeiten. 8. Wien 782.

**Aigner, Aug., Hallstatt. Ein Kulturbild aus prähistor. Zeit. (VII, 222 S. m. 10 Taf. u. 2 Tab.) gr. 8. München 911. E. Reinhardt. 4.—; geb. in Leinw. n 5.50**

Aigner, A. Index über die wichtigsten Werke des Salinenwesens. Wien, 1895.

Die Mineralschätze der Steiermark. Hand- u. Nachschlagebuch f. Schürfer, Bergbautreibende u. Industrielle von August **Aigner.** Mit e. Übersichtskarte über d. Bergbaue Steiermarks. Wien-Leipzig: Spielhagen & Schurich 1907. (VIII, 291 S.) 4°(8°) [07. 4383

**Aigner, Aug., Real-Index üb. d. wichtigsten bergmänn., pyrotechn. Werke u. Artikel m. Berücksicht. d. Salinenwesens. Lex.-8. (VII, 239 S.) Wien 895. Manz. n. 8.—**

Aigner, Aug., das Wassermaß. Praktische Anleitung zur Bestimmung des Wasserausflusses aus kreisförmigen Oeffnungen. Für Salinen zur Vertheilung von Brunnen und Mineralquellen rc. ausgeführt. 8. (41 S. mit 2 Stnt. in qu. 4.) Wien 861, Gerold's Sohn. *

Aigner, A., das Wassermaß. Praktische Anleitung zur Bestimmung des Wasserausflusses aus kreisförmigen Oeffnungen. Für Salinen zur Vertheilung von Brunnen und Mineralquellen rc. ausgeführt. Mit 2 (lith.) Figurentaf. (in 4.) Wien, 862. Gerold. 8. (41 S.) n. 12 ngr.

Aigner, Augustin. Prakt. Anleitg. zum würdigen Empfange d. heil. Kommunion. 3. unveränd. Aufl. 16. (80 S. m. 1 Bild.) Innsbr. 890, F. Rauch. * — 20

**Aigner, Augustin, S. J., prakt. Anleitung zum würdigen Empfange der hl. Kommunion. 4., unveränd. Aufl. (80 S. m. Titelbild.) 16. Innsbruck 905. F. Rauch. n. — 20**

**Aigner, Aug., S. J., praktische Anleitung zum würdigen Empfange der hl. Kommunion. 5. unveränd. Aufl. (80 S. m. Titelbild.) 16. Innsbruck 910. F. Rauch. p — 17**

**Aigner,** Damasus: Das Benediktenwandgebirge, s.: Forschungen, Landeskundl.

**Aigner,** P. Damasus, O. S. F., das Tölzer Diluvium, s.a. Forschungen, landeskundliche. 7. Hft.

**Aigner** (Damasus), Das Tölzer Diluvium. Geogr.-geol. Untersuchungen auf dem Gebiete der oberbayerischen Glazialablagerungen zwischen Loisach und Schlierach. M. 1 geol. Kt., 2 Taf. u. mehr. Textfig. München 1910. 159 S.
(Landeskundl. Forschungen. H. 7.)
Aus: Mitteil. d. Geogr. Gesellsch. in München. Bd 5, H. 1, 1910.

**Aigner,** Damasus: Die Entwicklgslehre in ihrem Verhältn. z. Christentum, s.: Sammlung Natur u. Kultur.

Aigner, Damasus, P[ater], Priester aus d. Franziskaner-Orden: Über die Ossa parietalia des Menschen. Ein Beitrag zur vergleichenden Anthropologie. München 1900 : C. Wolf & Sohn. (251 S.) 8°.
München, Phil. Diss. v. 1900.

Aigner, Eduard [app. Arzt aus München] : Vier Fälle von Carcinom des Pankreas ...München, Druck v. C.A. Seyfried & C., 1896; 29 S. 8°.
München, Med. Fak., Inaug.-Diss. v. 1896.

**Aigner, Eduard, Lourdes im Lichte deutscher medizinischer Wissenschaft. Bericht üb. den Münchner Lourdes-Prozeß vom 20. u. 22. XI. 1909 auf Grund d. stenograph. Wiedergabe der ärztl. Sachverständigen-Gutachten. (62 S.) gr. 8. München 910. J. F. Lehmann's Verl. 1.20**

Aigner, Eduard: Der gegenwärt. Stand d. Wünschelruten-Forschg. s.: Klinckowstroem, Graf Carl v., Bibliogr. d. Wünschelrute.

**— Die Wahrheit üb. e. Wunderheilung v. Lourdes. Eine ärztl. Studie zum goldenen Lourdesjubiläum 1908. Mit e. Anh.: Eine Wunderheilg. v. Emil Dosenheimer. (Bibliothek der Aufklärg.) (32 S.) 8. Frankfurt a/M. 908. Neuer Frankfurter Verlag. — 50**

**Aigner, Frz., Einfluss des Lichtes auf elektrostatisch geladene Konduktoren. (20 S. m. 4 Fig.) gr. 8. Wien 906. (A. Hölder). — 75**
Sonderabdruck aus „Sitzungsber. d. k. Akad. d. Wiss."

Aigner, Gottfried. Beiträge zur Kenntnis über die technische Darstellung von Aetznatron und Chlor durch Elektrolyse, bei Anwendung von Quecksilber-Kathoden. Diss. Phil. [II.] Univ. Zürich. [Mit Figuren und 5 Tafeln.] 107 S. 8. Zürich, Jean Frank, 1905.

Aigner, H. v., Tabellen f. den Kubik-Inhalt runder Stammhölzer, falls die Länge u. der mittlere Durchmesser oder beziehentlich der mittlere Umfang bekannt sind, im Kubikfuß angegeben. Nebst dem Gewichte der verschiedenen Hölzer in Zollpfunden. Für Holzhändler, Zimmermeister, Bauführer rc. Breslau, 863. Kern. 8. (IV, 38 S.) 7½ ngr.

**Aigner,** Hans v.

**Aigner,** Hans v.: neuer Plan v. Breslau u.d. nächsten Umgebg. Fol. Bresl. 1861, Kern's V.

Aigner, Hans v., Plan der Umgegend von Breslau. Nach den neuesten Veränderungen gezeichnet. Neue verb. Aufl. Redig. von K. Kreuschmer. Fol. Breslau 872, Kern's Verlag. *

**Aigner, Hans v., Plan der Umgegend von Breslau. Nach den neuesten Veränderungen gezeichnet. 1 : 50,000. Lithogr. von R. Flender. Neue verb. Aufl. Revid. von R. Kreuschner.** qu. gr. Fol. **Breslau 879, Kern's Verlag. ***
**Auf Leinw. gedr. ***

**Aigner, Hans v., Plan der Umgegend von Breslau. Nach den neuesten Veränderungen gezeichnet. 1 : 50,000.** Lithogr. von R. Flender. **4. Aufl. Erweitert und verb. durch** Gause. Lithogr. gr. Fol. **Breslau 885, Kern's Verlag. ***
**Auf Leinw. gedr. ***

Aigner, J., Illustrationen zu Aschenputtel. gr. 4. (9 Bl. in Lichtdr.) München 878, Stroefer. In Mappe *

— Illustrationen zu Dornröslein. gr. 4. (9 Bl. in Lichtdr.) Ebendas. 879. In Mappe *

— Illustrationen zu Kinkel's Otto der Schütz. gr. 4. (12 Bl. in Lichtdr.) Ebendas. 878. In Mappe *

—— dass. — 8. (12 Bl. in Lichtdr.) Ebendas. 879. In Mappe *

**— Illustrationen zu Kinkel's Otto der Schütz. gr. 4. (12 Bl. in Lichtdr.) Ebend. 880. In Mappe. 12. —**

Aigner, Jos.

– s. Jak. B a l d e : Oden.

**Aigner, Jos., der Volks- u. Industrieschulen-Reformator Bischof Ferd. Kindermann. Wien 867. Mayer & Co. gr. 8. (VI, 144 S. u. 1 Holzschn.) n. 17½ ngr.**

Aigner, (J.) d. christl. latein. Muse. 1r Bd. enth.: d. poet. Umschreib. d. Evang. d. Johannes, u. einige Bruchstücke aus d. übrigen 3 Evang., v. M. Balticus. Latein. u. deutsch. gr. 8. München 823. Giel.

**Aigner, Jos., die christl. latein. Muse, 1r Bd. enth.: d. poet. Umschreib. d. Evangeliums d. Johannes, v. U. Bollinger, u. einige Bruchstücke aus d. übrigen 3 Evangel., v. J. Balticus. Latein. u. deutsch. gr. 8. Münch. 825—27. Giel. (Barth in Leipz.) 2 ℛ**

Aigner, Jos. (Rektor), die christl.-latein. Muse; mit Uebersetzung u. latein. Texte zur Seite. 1—3r Bd. I. B o l l i n g e r, B a l t i c u s. II. Gedichte des V i d a. III. Ged. v. niederländ. Dichtern. gr. 8. Mchn. 1824—29, Giel. 2⅔ Thlr. — 4 fl. 24 kr.
Desselben 4r Band (B a l d e's Oden.) gr. 8. Augsburg 1831, Rieger.

**Aigner, Jos., Predigten auf verschied. Feste des kathol. Kirchenjahres nebst Gelegenheitsreden. 1. Bdchn. (2 Hfte. 8. (VI u. 288 S.) München 850, Palm. n. 23 ngr.**

**Aigner, Jos.**, Die Psalmen oder Preisgesänge Davids und anderer heil. Männer des Alten Bundes übersetzt und kurz erläutert. Augsburg, Rieger, 1850, 8°, XII u. 212 S., 1,50 Mk.

— die S c h ö n h e i t des apostol. oder ursprünglich kathol. Glaubens. 8. (96 S.) München 849, Palm's Hofbuchh. *

Aigner, Klemens: G. W. Rabeners Verhältnis zu Swift. S. 3—20. 8. Progr. K. k. Staats-Gymn. *Pola* 1905.

Aigner, Klemens: Festrede, gehalten am 2. Dezember 1908. S. 16—22. 8. Progr. K. k. Staatsgymn. *Pola* 1909.

Aigner, Klemens: Zwei literarische Fehden aus dem XVIII. Jahrhundert. (Ein Beitrag zur Geschichte des satirischen Motivs vom totgesagten Gegner.) S. 3—15. 8. Progr. K. k. Staatsgymn. *Pola* 1909.
Im wesentlichen Überarbeitung eines Aufsatzes, der in der Zeitschrift „Der Kyffhäuser" 3 (*Linz* 1901) Heft 8 u. 9 erschien.

Aigner, Ludw. v. (wirkl. Name), s.a. A b a f i, Ludw.(Pseud.)

Aigner, Ludwig v., s.a. A i g n e r - A b a f i, L.v.

**Aigner, Ludw., schlichte Gedichte üb. die Kneipp'schen Heilkräuter u. einige andere Heilmittel. Den lieben Kneipp-Vereinen u. allen Kneipp-Freunden gewidmet. 12. (IV, 187 S. m. Abbildgn.) Kempten 900. (J. Kösel). 1. 20; geb. in Leinw. n. 1. 80**

— Geschichte der Freimaurerei in Oesterreich-Ungarn. Von Ludwig Abafi [d. i. Ludwig Aigner]. Bd 1-5. — Budapest 1890–99. **1:Nb 3528. 300:392.075–B.**
**2.5908**

Aigner, Ludw. v. (Red.), s. H a j n a l

— Die ungarische Legion in Preussen 1866. Von Ludwig Abafi-Aigner. — Budapest 1897: Pester Lloyd-Ges. 26 S.
Aus: Pester Lloyd vom 16. u. 17. April 1897.
**1:Qo 5367. 11.**
**2.5910**

— Ungarische Volksdichtungen. Übers. u. eingel. — Pest: Selbstverl. 1873.
**1:Zr 14578. 12:P. o. rel. 1106. 300:+2406. 11.**
**2.5912**

Aigner, Ludw., ungarische Volksdichtungen. Uebers. und eingeleitet. 2. (Titel-)Aufl. 8. (XL, 227 S.) Budapest 879, Aigner. *

**Aigner, Walt., Gedenkblätter an den Krieg in Süd-Afrika. Gedichte. (48 S.) 12. Leipzig, 903. (J. Klinkhardt.) n. — 60; geb. in Leinw. n. — 80**

**Aigner-** Abafi, L. s. a. *Aigner*, Ludwig.

**Aigner-Abafi, L. v., Johnson, e. Hochstabler des XVIII. Jahrh. Beitrag zur Geschichte der Freimaurerei. Nach archival. Quellen. gr. 8. (III, 130 S.) Frankfurt a/M. 902. Mahlau & Waldschmidt. n. 2. 40.**

Aigremont: Fuss-u. Schuh-Symbolik u.–Erotik. Folklorist. u. sexual-wiss. Untersuchgn. (73) gr8°.– Lpzg., Ethnolog. Verl. (1909.)

**Aigremont, Fuß- u. S c h u h - S y m b o l i k u. -Erotik. Folkloristische u. sexual-wissenschaftl. Untersuchgn. Mit e. Geleitwort v. Frdr. S. Krauss. (VIII, 73 S.) gr. 8. Leipzig (909). DeuscheVerlagsactiengesellschaft. 2. 25**

**— V o l k s e r o t i k u. Pflanzenwelt. Eine Darstellg. alter wie moderner erot. u. sexueller Gebräuche, Vergleiche, Benenngn., Sprichwörter, Redewendgn., Rätsel, Volkslieder, erot. Zaubers u. Aberglaubens, sexueller Heilkunde, die sich auf Pflanzen beziehen. 9 Lfgn. (1. Bd. 165 S. u. 2. Bd. III, 121 S.) gr. 8. Halle (908. 909). Leipzig, Ethnolog. Verlag.**
**Subskr.-Pr. bis 1. VIII. 908 à — 80 (kplt. 9. —)**

Volkserotik und Pflanzenwelt. Eine Darstellung alter wie moderner eoritischer u. sexueller Gebräuche, Vergleiche . . . die sich auf Pflanzen beziehen. Von Dr. **Aigremont. 2.** Aufl. Bd. 1,2. Leipzig: Krauss 1910. 8°
(Histor. Quellenschriften z. Studium d. Anthropophyteis. (5)

**Aiken, O., u. Mrs. Barrauld, lehrreiche Erzählungen u. Gespräche für die reifere Jugend. Frei nach d. Engl. vom Verfasser des „Conrad Haselbaum". 12. Wien 847, J. Klang. ¼ ℛ**

**Aiken, Peter Freeland:** [A comparative View of the constitutions of Great Britain and the United States of America, d e u t s c h] P. F. Aiken's vergleichende Darstellung der Constitution Grossbritanniens und der Vereinigten Staaten von Amerika. Bearb. von K[nut] J[ungbohn] Clement mit einer Vorr. von Franz Baltisch [d. i. Franz Hermann Hegewisch]. — Leipzig: Brockhaus 1844. XII, 253 S.
**1:Fa 129. 12:Brit. 6f. 300:17.598–B. 2. 5. 7. 8. 9. 11.**
**2.5943**

**Aikin u. Barrauld, s.: E r z ä h l u n g e n u. Gespräche, lehrreiche.**

**Aikin**, s.a. A i k i n, Jh.

**Aikin**, s.a. A i t k e n, John

**Aikin, A.**: Miscellaneous pieces in Prose. s. A i k i n, J.

**Akin, C.K.**: Ideen zur Reform des höheren Unterrichtswesens. Denkschrift, gerichtet an den k. ungarischen Minister für Cultus und Unterricht. Deutsche Ausgabe. gr. 8°. (47 S.) Pest, Kilian's k. ungar. Univ.-Buchh. 1868.

**Aikin, C.R.** , s. A i k i n, Charles Rochemont

**Aikin**, Charles Rochemont

**Aikin, C. R., Darstell. d. wichtigsten die Kuhpocken betreff. Thatsachen; aus d. Engl. v. F. G. Friese. Mit 1 Kpf. 8. Bresl. 801. (Gosohorsky). 8 ggr.**

— Kurze Darstellung der wichtigsten die Kuh-Pocken betreffenden Thatsachen. Von C. R. Aikin. Aus d. Engl. übers. von F[riedrich] G[otthilf] Friese. — Breslau: Meyer 1801. XXXVI, 74 S. **2. 3. 8.**
**2.5951**

**— Dass. in e. andern Uebers. mit 1 ill. Kpf. 8. Berl. 801. (Reimer). 8 ggr.**

**— Dass. aus d. Engl. übers. v. Hunnemann. Mit 1 ill. Kpf. 8. Hannover 801. Hahn. 8 ggr.**

**Aikin, Charles Rochemont:**
Kurze Uebersicht der wichtigsten Erfahrungen über die Kuhpocken von C. R. Aikin. Aus d. Engl. — Berlin: Himburg 1801. 74 S. 1:Ko 6705. 3. 10.
2.5950

Aikin, C(harles) R(ochemont): Kurze Uebersicht der wichtigsten Erfahrungen über die Kuhpocken. (A concise View of all the most important facts concerning the cow pox. Dt.) 52 S., gbd.

Pesth: Leyrer 1802

**Aikin C. R.:** Kurzgefasste Ubersicht d. wichtigsten Thatsachen, welche bisher üb. die Kuhpocken erschienen sind. Aus d. Engl. übers. v. J. Hunnemann. Hann. 1801. 79 S. 1 Tvl.

Aikin, J., s.a. Aikin, John

**Aikin, J.,** Annales du règne de Georges III. roi d'Angleterre, traduit par Eyriès et continuées par Theremin. 3 Vol. in 8. Paris, 820.

*Aikin*, **J. and A., Miscellaneous pieces in Prose. 8. Altenb. 775. (Hennings in Neisse). 12 gr.**

Aikin, Jh. s.a. Aikin, John

**Aikin, Jh., Anfangsgründe d. theoret. u. prakt. Wundarzneikunst, in systemat. Ordnung; aus d. Engl. gr. 8. Leipz. 781. Weygand. 1 Rthlr.**

**Aikin, Jh., über Beinbrüche u. Verrenkungen, f. Wundärzte: aus d. Engl. mit Anmerkk. u. Zusätzen v. G. Chr. Reich. 1r Thl. mit Kpf. gr. 8. Nürnb. 793. Felsecker. 1 Rthlr. 8 gr.**

— Grundſ. d. Entbindungsk., a. d. Engl. m. K. gr. 8. Nürnberg, Raspe. 788.

— Grundsätze d. Entbindungskunst; aus d. Engl. n. d. 3n Aufl. übers. u. mit ein. Anmerkk. vers. v. K. H. Spohr. Mit 31 Kpft. gr. 8. Nürnb. 789. Bauer u. Raspe. 1 Rthlr. 20 gr.

**Aikin.** 1784: Haben die Klöster nicht auch ihr Gutes? Aus d. Engl. übers. durch Carl von Raumer. — Dessau: Buchhandlung der Gelehrten 1784. 36 S. 7. 102P.
2.5945

— haben die Klöster nicht auch ihr Gutes? aus d. Engl. übers. v. K. G. v. Raumer. 8. Leipz. 784. Barth. 2 gr.

— haben d. Klöster nicht auch ihr Gutes, a. d. Engl., durch C. v. Raumer. 8. Leipzig, Barth. 787.

Aikin, John: Beobachtungen über den äußerlichen Gebrauch der Bleymittel nebst einigen allgemeinen Anmerkungen über die örtlichen Artzneyen. (Observations on the external use of lead... Second edition. Dt.) 124 S., gbd.

Altenburg: Richter 1776

— Beobachtt. über d. äußerl. Gebr. d. Zubereitungen aus Blei, nebst Anmerkk. üb. d. örtl. Arzneien; aus d. Engl. 8. Altenb. 776. (Hennings in Neisse). 8 gr.

— Leben, Character und Verdienste John Howard's, des Menschenfreundes. Aus d. Engl. von Johann Christian Fick. — Leipzig: Heinsius 1792. 214 S.
1:Aw 9176. 12:Biogr. 544 m. 300:9 L 61. 2. 3. 7. 8.
2.5985

— Leben, Charakter u. Verdienste John Howards; aus d. Engl. v. J. G. Ch. Fick. 8. Gera 796. Heinsius. 16 gr.

— Naturkalender z. Unterr. u. Vergnügen junger Leute. Aus d. Engl. (v. Chr. Fel. Weiße). 8. Leipz. 787. Weidmann. 9 gr.

**Aikin, John, geograph. Schilderungen u. Uebersicht d. natürl. u. polit. Zustandes aller Theile d. Erdkugel. Aus d. Engl. v. F. K. G. v. Duisburg. 2 Thle. 8. Danzig 817. Ewert. (Kummer in Leipz.) 3 Rthlr.**

— geogr. Schilderungen und Uebersicht der natürlichen und politischen Zustandes aller Theile der Erdkugel. A. d. Engl. 2 Thle. 8. Danzig, Krause. 1818.

— Versuch über die Anwend. d. Naturhistorie auf d. Dichtkunst; aus d. Engl. m. Zusätzen, (v. Chr. H. Schmid). 8. Leipz. 779. (Brockhaus). 5 gr.

**Ailhaud**, Jean: Universal-Arzney oder Abhandlung von dem Ursprunge der Krankheiten, u. dem Gebrauche des abführenden Pulvers. Straßburg, 1765: Lorenz. 38 S. 8°.

— Versuch über die Anwendung der Naturhistorie auf die Dichtkunst, aus d. Engl. des J. Aikin mit Zusätzen des Uebersetzers [Christian Heinrich Schmid]. — Leipzig: Junius 1779. 174 S.
12: L. eleg. g. 3 m. 2.
2.5964

**Aikin, Luc., Elisabeth v. England, ihr Hof u. ihre Zeit. Aus d. Engl. (v. G. W. Becker). 2 Thle, mit 1 Kpf. gr. 8. Halberst. 819. Brüggemann. 2 Rthlr. 16 gr.**

— Elisabeth, ihr Hof und ihre Zeit. Aus d. Engl. der Lucie Aikin. [Übers.: Gottfried Wilhelm Becker.] Th. 1.2. — Halberstadt: Vogler 1819.
1:Tr 7686. 300:32 X 13. 2. 10.
2.5992

Ailhaud, Jean

**Ailhaud, J., Abhandl. von d. wahren Ursachen d. Krankheiten rc., n. d. Französ. 8. Straßb. 777. Treuttel u. W. 1 Rthlr. 18 gr.**

— Abhandl. v. d. Ursprung u. d. Gebr. d. abführenden Pulvers; aus d. Französ. 8. Bresl. . . 3e Aufl. 753. W. G. Korn. 14 gr.

-- Universal-Medecin dargethan durch Beweis-Gründe, erwiesen durch die Erfahrung. Oder: Kurzer Innhalt des Tractats des Johann Ailhaud durch den Johann Caspar Ailhaud. — (Frankfurt a.O.) 1761. 1:an Im 6500.
2.6031

Ailio, Julius

**Aillo, Jul.,** über Strandbildungen des Litorinameeres auf der Insel Mantsinsaari. gr. 8. (43 S. m. 8 Fig. u. 1 farb. Karte.) Helsingfors 898. (Leipzig, M. Weg.) n.n. 1. 25
**Sonderabdruck aus:** „Bulletin de la commission géolog. de la Finlande".

**Ailio, Julius:** Übersicht der steinzeitlichen Wohnplatzfunde in Finland. Helsingfors 1909. IX + 114 pg.
Diss. Hels.

Finnische Altertumsgesellschaft. Die steinzeitlichen Wohnplatzfunde in Finland von Julius **Aillo**. T. 1. 2. Mit Abb. Helsingfors: Akad. Buchh. in Komm. 1909. 4°
1. Übersicht d. Funde. 2. Beschreibung d. Funde. Mit 18 Taf. u. 1 Kt.
10. 3438 3

**Ailcur, mein Vaterhaus! Gratulationsgedichte für Jung und Alt zu Fest- und Geburtstagen. 1. Ausg. (92 S.) 50 Pf., 2. Ausg. gr. 16. (52 S.) Wollin 879, Lipski.**

**Aim Effendi,** Honni soit qui mal y pense! ob. Wie wir unser Vaterland verloren. (60 S.) 8. Leipzig-Gohlis 909. B. Volger. 1. —

**Aimar u. Lucine; herausg. v. Lütkemüller, m. C. M. Wielands Vorrede. 2 Thle. 8. Brschwg. Vieweg. 802.**

**Aimard, Gustave**
Pseudonym für Olivier Gloux

**Aimard, Gust.,** die Abenteurer. Roman. 3 Thle. Leipzig, 864. Kollmann. 16. (537 S.) 1 Rthlr. 15 ngr.

Aimard, Gust., Antinahuel der Aucashäuptling. Eine araukanische Erzählung. Aus dem Französ. übertragen. 6 Bde. 8. (1038 S.) Leipzig 859, Kollmann.

Aimard, Gust. Antinahuel, der Großtoqui der Araukaner, bearb. v. Fogowitz, s. Universal-Bibliothek f. d. Jugend.

— der Araucanier. Deutsch von A. Wießner. 2 Bde. gr. 16. (333 S.) Leipzig (867)68, Kollmann. *

— die Bienenjäger. Aus dem Französ. übers. 2 Thle. gr. 16. (402 S.) Leipzig 865, Kollmann. *

Aimard, Gust., Zeno Cabral. Aus d. Französ. übers. von A. Wießner. 2 Bde. Leipzig 866. Kollmann. 8. (414 S.) n. 1 ß 10 ngr.

— das goldene Castilien. Roman. Aus d. Französ. übers. von A. Wießner. 2 Thle. Ebend. 866. (419 S.) n. 1 ß 10 ngr.

— Curumilla. Deutsch von W. E. Drugulin. 2 Bde. Leipzig, 861. Kollmann. 16. (380 S.) n. 1 ß 10 ngr.

Aimard, der Fährtensucher, s. Borneck, A.

Aimard, Gust.: der Fährtensucher od. auf der Jagd nach dem Prärieräuber, s. Universal-Bibliothek f. die Jugend.

— der Fährtensucher. Deutsch von W. E. Drugulin. 2 Bde. gr. 16. (564 S.) Leipzig 860, Kollmann.

Aimard, Gustave, der Fährtensucher. Für die reifere Jugend bearb. von Fr. C. v. Wickede. Mit 6 Bunt- u. mehreren Tondr.-Bildern. gr. 8. (359 S.) Halle 881. Schwetschke's Sep.-Cto. geb. 4. —

— Der Fährtensucher. Für d. reifere Jugend bearb. von Fr. C. von Wickede. — Halle: Schwetschke [1882]. 359 S. 1:Ng 15730. 8. 2.6071

— Der Fährtensucher oder: Auf der Jagd nach dem Prairieräuber. Eine Erzählung ... Nach Gustave Aimard für d. deutsche Jugend bearb. von A[ndrä] H[einrich] Fogowitz. — Stuttgart, Berlin, Leipzig: Union [1893]. 188 S. (Universal-Bibliothek für d. Jugend. 299/301.) 1:Ng 10561-299/301. 2.6072

— Der Fährtensucher. Frei nach Gustave Aimard für d. Jugend neu bearb. von Paul Oskar Höcker. Mit 5 feinen Farbendruckbildern von Wilhelm Schäfer. — (Wesel: Düms [1894].) 192 S. 1:Ng 16493/66. 8. 2.6073

Aimard, Gustave, der Fährtensucher. Für die Jugend neu bearb. v. Paul Osk. Höcker. Mit 5 feinen Farbendr.-Bildern nach Aquar. v. Wilh. Schäfer. 7. u. 8. Taus. gr. 8. (192 S.) Wesel (902). W. Düms. Geb. 2. 50

— Felsenherz. Aus dem Französ. übers. 2 Theile. Ebend., 865. 16. (346 S.) n. 1 ß 10 ngr.

— la grande flibuste. 3 Vols. (Bibliothèque choisie. Vol. 333—335.) 16. (493 S.) Paris 860. Naumburg, Paetz.

— Freikugel. Deutsch von E. Drugulin. 3 Bde. Leipzig, 861. Kollmann. 16. (556 S.) 1 ß 15 ngr.

Aimard, G., Freikugel. Deutsch v. E. Drugulin. 3 Bde. 16°(556) Lpzg. 1863, Kollmann.

— die Gambucinos. Roman. Deutsch von A. Wießner. 2 Thle. Ebend. 867. 8. (398 S.) n. 1 ß 10 ngr.

Aimard, Gust., das Goldfieber. Aus dem Französ. von W. E. Drugulin. 2 Bde. gr. 16. (411 S.) Leipzig 861, Kollmann. Thlr. *

— die Grenzstreifer. Deutsch von W. E. Drugulin. 3 Bde. gr. 16. (422 S.) Leipzig 861, Kollmann.

— der Guaranis. Aus dem Französ. übers. von A. Wießner. 2 Bde. gr. 16. (412 S.) Leipzig 866, Kollmann. *

Aimard, Gust., Valentin Guillois. Deutsch von W. E. Drugulin. 2 Bde. Leipzig, 862. Kollmann. 16. (416 S.) 1 ß 15 ngr.

— die mexikanischen Jäger. Deutsch von A. Wießner. gr. 16. (301 S.) Leipzig (867)68, Kollmann. *

— Indianer, Freischärler u. Goldgräber, s.: Fogowitz, A. H.

— Kampf und Verrath, s. Saat und Garben.

— der Löwe der Wildniß. Aus dem Französ. übers. von A. Wießner. gr. 16. (287 S.) Leipzig 866, Kollmann. *

— das Lynch-Gesetz. Deutsch von W. E. Drugulin. 3 Bde. gr. 16. (551 S.) Leipzig 861, Kollmann.

— die Mas-Horca. Roman. 3 Thle. gr. 16. (455 S.) Leipzig 867, Kollmann.

— Montonero. Aus dem Französ. übers. von A. Wießner. 3 Bde. gr. 16. (446 S.) Leipzig 866, Kollmann.

— mexikanische Nächte. Aus dem Französ. übers. 4 Thle. gr. 16. (619 S.) Leipzig 864, Kollmann.

— Mexikanische Nächte. Aus d. Franz. übers. Th. 1-4. — Leipzig: Kollmann 1865.
1-4 . . . . . . . . . . . . 1:Xy 12040/725.
1.2 . . . . . . . . . . . . . . . . . . 7.
2.6104

AIMARD G. [= O. GLOUX] *Prairieblume* oder Natah Otann, der Fürst der Steppe ... F. d. reif. Jugend bearb. v. C. Wirth. 2. Aufl. m. 4 farb. Bildern. Leipzig, Gebhardt [c. 1865]. 8°. Orhlwd. m. chromolith. Deckelbildern.

Aimard, Gust., Prairieblume oder Natah Otann, der Fürst der Steppe. Eine Erzählung aus den Kämpfen der Indianer gegen die Weißen. Für die reifere Jugend bearb. von Carl Wirth. Mit 4 Bildern in Farbendr. von H. Leutemann. br. 8. (VI, 274 S.) Leipzig 873, Gebhardt's Verlag. geb.

— Prairieblume oder Natah Otann, der Fürst der Steppe. Eine Erzählung aus den Kämpfen der Indianer gegen die Weißen. Für die reifere Jugend bearb. von Carl Wirth. 2. Aufl. Mit 4 Bildern in Farbendr. von H. Leutemann. 8. (280 S.) Leipzig 877, Gebhardt's Verlag. cart.

— die Prairie-Piraten. Aus dem Französ. übers. von W. E. Drugulin. 3 Bde. gr. 16. (490 S.) Leipzig 860, Kollmann.

— eine mexikanische Rache und drei kleinere Erzählungen. Deutsch von A. Wießner. 2 Bde. 8. (296 S.) Leipzig 867, Kollmann. *

— Rosas. Roman. Deutsch von A. Wießner. gr. 16. (IX, 472 S.) Leipzig 869, Kollmann.

— Sacramenta. Roman. Aus dem Französ. übers. von A. Wießner. 2 Thle. gr. 16. (365 S.) Leipzig 866, Kollmann. *

— der Schatz Montezumas, s.: Volksbücher, neue.

— Schnellwasser. Roman. 3 Thle. gr. 16. (635 S.) Leipzig 864, Kollmann.

— die freien Schützen. Deutsch von W. E. Drugulin. 3 Bde. gr. 16. (533 S.) Leipzig 862, Kollmann.

— die Söhne der Schildkröteninsel. Deutsch von A. Wießner. 3 Bde. gr. 16. (IX und 541 S.) Leipzig (867)68, Kollmann.

— der Späher. Aus dem Französ. übers. von W. E. Drugulin. 4 Bde. gr. 16. (658 S.) Leipzig 860, Kollmann.

— Starkhand. Aus dem Französ. übertragen von E. Th. Zianitzka. 4 Thle. gr. 16. (656 S.) Leipzig 863, Kollmann.

— die Trapper in Arkansas. Deutsch von W. E. Drugulin. 3 Bde. 8. (460 S.) Leipzig 859, Kollmann.

— Treuherz. Aus dem Französ. übertragen. 3 Bde. gr. 16. (519 S.) Leipzig 861, Kollmann.

— Roman. Einzig berechtigte deutsche Uebers. Th. 1.2. — Wien: Tendler 1868. **300**:158.621–B.
2.6112

— — Th. 1.2. Ebd. 1868. (Belletristisches Frankreich des 19. Jahrhunderts. 24.25.) 7.
2.6113

Aimard, Gust., Waldläufer, Freibeuter u. Goldgräber, s.: Wagner, Eduard.

—— der Wüstenzug. Deutsch von W. E. Drugulin. 3 Bde. gr. 16. (461 S.) Leipzig 861, Kollmann.

—— die Zigeuner des Meeres. Roman. Aus dem Französ. übers. von A. Wießner. 2 Thle. gr. 16. (293 S.) Leipzig 866, Kollmann.

Aimé-Martin, L., Die Civilisation des Menschengeschlechtes durch die Frauen, oder Erziehung der Hausmütter. Deutsch von J. Leutbrecher. 8°. Breslau s. a. (1846).

**Aimé-Martin, L.**, die Civilisation des Menschengeschlechts durch die Frauen oder Erziehung der Hausmütter. Ein von d. Akad. Frankreichs gekröntes Werk. 2. verb. u. verm. Ausg. Uebertragen von J. Leutbecher. Mit Vorwort u. Anmerkungen von Fr. Nösselt. 2 Liefrgn. 16. (XXXIV u. 699 S.) Breslau 847, A. Schulz. n. 2 ꝶ geb. n. $2^1/_3$ ꝶ

Aimé-Martin, L., die Civilisation des Menschengeschlechts durch die Frauen oder Erziehung der Hausmütter. Uebertragen von J. Leutbecher. Mit Vorwort und Anmerkungen von Fr. Nösselt. Der 2. verb. und verm. Aufl. 2. (Titel-)Ausg. 16. (XXXIV und 699 S. mit lithogr. Titel.) Leipzig (847)63, [Gebhardt's Verlag.]

Aimé-Martin, L., die Civilisation des Menschengeschlechtes durch die Frauen oder Erziehung der Hausmütter. Uebertragen von J. Leutbecher. Mit Vorwort u. Anmerkungen von Fr. Nösselt. Der 2. verbes. u. verm. Aufl. 2. Ausgabe. Leipzig, 863. Schrag's Verlag. 16. (XXXIV, 699 S.) 1 ꝶ

**Aimelair, Pierre:**
Versuch über das Verbrennen menschlicher Körper nach einem langen Mißbrauche geistiger Getränke. Aus d. Franz. von Christian Wilhelm Ritter. — Hamburg: Kratzsch 1801. VI,58 S. 8. 8.
2.6124

Aimelair-Pierre, Versuche üb. d. Verbrennung menschl. Körper; d. Mißbrauch geistiger Getränke; aus d. Französ. v. Chr. Wlh. Ritter. 8. Hamb. 801. (Hammerich in Altona). 4 gr.

Aimerich, Mh., Spec. veter. rom. literaturae etc. II. pts. 4. Ferrar. Handwerk. 786.

**Ainbach** s.: Forcher v. Ainbach, Frz.

**Ainbigel, Joh.** Martin, die Ziegelmanipulazion in ihrem ganzen Umfange. Nach eigenen Erfahrungen praktisch dargestellt. gr. 8. Wien 841, Beck's Universitäts-Buchhandlung. $^3/_8$ ꝶ

Ainbigel, Joh. Martin, die Ziegelmanipulazion in ihrem ganzen Umfange. Nach eigenen Erfahr. prakt. dargestellt. gr. 8. ($4^1/_2$ B.) Wien 842, Beck's Univers.-Buchh.

**Aino u. Tio.** Ein fabulist. Spiel mit u. ohne tiefere Bedeutg. Von Elisarion (Elisar v. Kupffer). (Mit e. Vorworte von Eduard v. Mayer u. Briefen von Paul Schlenther u. von Max Schillings.) (XV, 137 S.) 8. Dresden (907). E. Pierson. 3. —

Aino u. Tio. Fabulistisches Spiel mit u. ohne tiefere Bedeutg. Von Elisarion. 2. Aufl. (15,130) kl8°.– Münch., 1908. Lpzg., Klaristischer Verl. Akropolis.

*Ainsi* va le monde, ou les lunettes de mon Oncle Simon. 12. Winterth. 791. Steiner. 18 gr.

Ainsidl, H.: „Der Rechnungs-Revident; eine Anweisung, wie man die herrschaftlichen Rent- und Wirthschaftsrechnungen revidiren soll", Wien 1821 (Wimmer).

Ainsidl, Ignaz Peregrin

Ainsidl, J. P.: Anleit. z. Erricht. d. Registraturen und Archive f. herrschaftliche Amtskanzleyen. *Wien*, 823. 8. (6 Gr.)

Ainsidl, Ign. P., Anleit. z. Erricht. d. Registraturen u. Archive, f. herrschaftl. Amts-Kanzleien. 8. Wien 824. Mörschner u. J. 6 gr.

— Handbuch d. Gesetze u. Belehrungen, welche über den 2n Thl. d. Strafgesetzes in schweren Polizeiübertretungen nachträgl. in d. J. 1804 bis incl. 1821 erschienen sind. gr. 8. Wien 822. 2e A. 828. Wimmer. 1 ꝶ

-- I. P. Ainsidl's Handbuch von allen Herrschaften, Magistraten, Gütern und Gülten in Oesterreich unter der Enns, deren (P. T.) Herren Inhaber ... Beamten und Dienern, mit der Angabe der Fideicommiß- und Allodial-Güter, der Landgerichte und Posten. — Wien: Geistinger 1825. 373 S. 1:Sc 316. **300**:72 N 234.
2.6173

**Ainsidl, Ignaz Peregrin:** Handbuch des Personalstandes von den sämmtlichen Dominien in Oesterreich unter der Enns. Enthaltend: Alle Herrschaften, deren P. T. Inhaber, Beamten und Diener, Landgerichte und Poststationen, ferner: die in Wien wohnenden Direktionsbeamten, und den Stand des Instituts für Wittwen und Waisen der herrschaftlichen Beamten. — Wien: Hirschfeld 1823. VI,268 S. **300**:4.564–B [u.] 19.599.
2.6172

— Handb. d. Personalstandes v. d. sämmtl. Dominien Oesterr., enth. alle Herrschaften, Magistraten, Gütern u. Gülten in Oesterr. u. d. Enns; d. Inhaber mit ihren Chargen, Würden u. Wohnungen rc. 8. Wien 825. Geistinger. 1 ꝶ 8 gr. (Gerold). Hbg. Pr. 16 gr.

Ainsidl, der Rechnungsrevident. Eine Anweis., wie man die herrschaftl. Rent- und Wirthschaftsrechg. revidiren soll. 8. Wien, Wimmer. 820.

Ainsiedl s. Ainsidl

Ainsworth, Henry

— Heinrich Ainsworths Hohes Lied Salomonis. Aus andern Sprüchen der H. Schrift deutlich erkl. Und anitzo mit einer neuen Vorr. vers. von Daniel Ernst Jablonski. — Berlin: Nicolai 1735. 238 S.
1:4 in Bd 8587. 12:Exeg. 18 [u.6.] 4. 5.
Frühere Ausgabe ebd. 1714. 8°. 16 Bog. (Georgi, l. c.) Orig.: Annotat. on the five Books of Moses the Psalms and the Songs of Salomon. London 1639. Fol. Beste Ausgabe

Ainsworth, Radulphus Fawsett (geb. Manchester in England 1813): De corneis humani corporis excrescentiis adiecta cornu praeputialis observatione. Berolini (1836). (26 S.) 4°
Berlin, Med. Diss. v. 10. März 1836

**Ainsworth, W. H.** s. *Ainsworth,* William Harrison.

Ainsworth, William Harrison

— — Auriol oder: Das Lebenselixir. Ein Roman. Aus d. Engl. übers. von Ernst Susemihl. Bd 1.2. — Leipzig: Kollmann 1853. 7.
2.6223

— der Bandit von London, s. Hausbibliothek, illustrirte.

Ainsworth, Will. Harrison, Stanley Brereton, s. Collection of British Authors.

– Chetwynd Calverley, s.a. Collection of British Authors.

Ainsworth, William Harrison: W.H. Ainsworth. Chetwynd Calverley. Roman. Frei nach d. Engl. Bd 1-3. — Berlin: Janke 1879. 1:Zd 8280. 7.
2.6229

—— Schloß Chiverton. A. d. Engl. übers. v. W. A. Lindau. gr. 16. (14 B.) Leipzig 845, Kollmann.

—— Mervyn Clitheroe, s.a. Collection of british authors.

Ainsworth, W.H. : Mervyn Clitheroe, s.a. Lese–Cabinet, belletr.

— Mervyn Clitheroe. By W. Harrison Ainsworth. Copyright ed. Vol. 1.2. — Leipzig: Tauchnitz 1858. (Collection of British authors. 438.439.)
1:Ah 30–438.439. 12:P.o.angl. 7b–10.11.
300:393.080–A.Per. 438.439. 8. 9. 11.
2.6232

— Mervyn Clitheroe. Ein Roman. Aus dem Englischen übersetzt von C. Drugulin. 4 Bde. Leipzig, 860. Kollmann. 16. (720 S.) 1 ℛ 20 ngr.

**Ainsworth, W. H.**, der Connetable von Bourbon, s.a. Romane, moderne, d. Auslandes.

Ainsworth, William Harrison: Der Connetable von Bourbon, von William Harrisson Ainsworth. Aus d. Engl. übers. von A. Eltze. Bd 1-4. — Berlin: Janke 1867. (Moderne Romane d. Auslandes. 37/40.)
1:Zd 8272. 7. 11.
2.6239

— the Constable de Bourbon, s. Collection of British Authors.

Ainsworth, William Harrison, the constable of the Tower, s.a. Collection of british authors.

— The Constable of the Tower. An historical romance. Copyright ed. — Leipzig: Tauchnitz 1861. VIII,372 S. (Collection of British authors. 559.)
1:Ah 30–559. 12:P.o.angl. 7b–13.
300:393.080–A.Per. 559. 3. 8. 11.
2.6240

– Old Court, s.a. Collection of British Authors.

— Old Court. A novel. Copyright ed. Vol. 1.2. — Leipzig: Tauchnitz 1867. (Collection of British authors. 899.900.)
1:Ah 30–899.900. 12:P.o.angl. 7b–24.25.
300:393.080–A.Per. 899.900. 3. 8. 11.
2.6242

Ainsworth, W. H., Crichton. Aus d. Engl. übersetzt von W. A. Lindau. 3 Bde. 8. Leipz. 837, 38. Kollmann. 3½ ℛ

— Crichton. Histor. Roman. Aus d. Engl. v. W. A. Lindau. 3 Bde. 2. verb. Aufl. gr. 16. Leipzig 845. Kollmann. 1 ℛ

Ainsworth, William Harrison: Merry England, or Nobles and Serfs, s.a. Collection of British Authors.

— Merry England: or, nobles and serfs. Copyright ed. Vol. 1.2. — Leipzig: Tauchnitz 1874. (Collection of British authors. 1409.1410.)
1:Ah 30–1409.1410. 12:P. o. angl. 7b–38.39. 8. 11.
2.6257

—— der Erbe von Old Court, s.a. Romane, moderne, des Auslandes.

W. H. Ainsworth. Der Erbe von Old Court. Roman. Autoris. Ausg. Aus d. Engl. übers. von Marie Giese. Bd 1-3. — Berlin: Janke 1868. (Moderne Romane d. Auslandes. 81/83.) 1:Zd 8266. 7. 11.
2.6244

– the fall of Somerset, s.a. Collection of British Authors.

— The Fall of Somerset. Copyright ed. Vol. 1.2. — Leipzig: Tauchnitz 1877. (Collection of British authors. 1683. 1684.)
1:Ah 30–1683.1684. 12:P. o. angl. 7b–48.49.
300:393.080–A. Per. 1683.1684. 8. 11.
2.6258

—— Guy Fawkes. Histor. Roman. A. d. Engl. übers. v. Ernst Susemihl. 3 Bdchn. M. 22 Bild. n. G. Cruikshank. 8. (50⅝ B.) Leipzig 841, 42, Kollmann.

—— the Flitch of Bacon, s.a. Collection of british authors.

— The Flitch of bacon: or, the custom of Dunmow. A tale of English home. Copyright ed. — Leipzig: Tauchnitz 1854. XII,339 S. (Collection of British authors. 302.)
1:Ah 30–302. 12:P. o. angl. 7b–8.
300:393.080–A. Per. 302. 3. 8. 11.
2.6263

—— die Geheimnisse v. London. Bearb. v. Aloys Kosegarten. 33 Bdchn. 16. (132⅛ B. u. 7 Bild.) Leipzig 844, Berger's Buchh. à Bdchn. * 6¼ Ngr. * 6

—— Talbot Harland, s.a. Collection of British Authors.

— Talbot Harland. A tale of the days of Charles II. Copyright ed. — Leipzig: Tauchnitz 1870. 312 S. (Collection of British authors. 1108.)
1:Ah 30–1108. 12:P. o. angl. 7b–32. 8. 11.
2.6267

—— Talbot Harland. Roman aus den Tagen Karl II. Aus dem Engl. von Lina Kayser. Einzige autoris. deutsche Ausg. 2 Bde. 8. (IV, 318; IV, 246 S.) Leipzig 871, Schlicke.

**Ainsworth, William Harrison:**
Die Hexen von Lancashire. Th. 1-5. — Grimma: Verl.-Comptoir 1849. (Europäische Bibliothek d. neuen belletristischen Literatur. Bd 215/219 = Ser. 3,15/19.)
1:X 8309–215/219.
2.6277

**Ainsworth, W. Harrison**, die Hexen von Lancashire. Roman. Aus dem Engl. übers. v. Ernst Susemihl. 4 Bde. gr. 16. (255. 248. 267 u. 264 S.) Leipzig 849, Kollmann. (1. Bd. ⅓ ℛ 2–4. Bd. à ½ ℛ) 1⅚ ℛ (s. auch: Bibliothek, Europ. 215–219. Bd. — Welt, die belletrist. 85–90. Bdchn.)

— Jakob II. oder die Revolution von 1688. Ein histor. Roman. Aus dem Engl. v. A. Kretzschmar. 3 Bde. gr. 16. (268. 187 u. 120 S.) Leipzig 848, Kollmann. 1½ ℛ

**Ainsworth, W. Harrison**, der Commandant des Towers. Historische Erzählung. Autoris. deutsche Ausgabe. 2 Bde. Leipzig, 863. Kollmann. 16. (532 S.) n. 1 ℛ 10 ngr.

— the Lancashire witches, s.: Collection of British authors. Vol. 162. 163.

– John Law the projector, s.a. Collection of British authors.

— John Law the projector. Copyright ed. Vol. 1. 2. — Leipzig: Tauchnitz 1864. (Collection of British authors. 724.725.)
1: Ah 30–724.725. 12: P. o. angl. 7b–18.19.
300: 393.080–A. Per. 724.725. 3. 8. 11.
2.6279

– the leaguer of Lathom, s.a. Collection of British Authors.

Ainsworth, William Harrison: The Leaguer of Lathom. A tale of the civil war in Lancashire.
— — Copyright ed. Vol. 1. 2. Leipzig: Tauchnitz 1877. (Collection of British authors. 1649.1650.)
1: Ah 30–1649.1650. 12: P. o. angl. 7b–46.47.
300: 393.080–A. Per. 1649.1650. 8. 11.
2.6280

**Ainsworth, W. Harrisson.** Mervyn Clitheroe's Leben und Abenteuer. Deutsch von Dr. Emil Steinmann. *Pest, Wien* u. *Leipzig* 1859. *Hartleben's* Verl.-Exped. 1.–4. Theil. 196, 180, 183, 239 S. 8°. 2 fl. 36 kr. CM.
Auch unt. d. Tit.: »Neuestes belletrist. Lese-Cabinet der besten und interessantesten Romane aller Nationen etc. Lief. 141—153.

— der Lordmajor von London, oder Leben in der City vor 100 Jahren. Historischer Roman. Aus dem Engl. von A. Kretzschmar. Autoris. Ausg. 3 Bde. Leipzig, 862. Günther. 8. (VIII, 694 S.) n. 2 ℛ

– the Lord Major of London, s.a. Collection of British authors.

— The Lord Mayor of London: or, city life in the last century. Copyright ed. Vol. 1. 2. — Leipzig: Tauchnitz 1862. (Collection of British authors. 614.615.)
1: Ah 30–614.615. 12: P. o. angl. 7b–14.15.
300: 393.080–A. Per. 614.615. 3. 8. 11.
2.6281

—— the Spanish match, s. Collection of British authors.

Ainsworth, William Harrison: Beau Nash, s.a. Collection of British authors.

— Beau Nash; or, Bath in the eighteenth century. Copyright ed. Vol. 1. 2. — Leipzig: Tauchnitz 1879. (Collection of British authors. 1844.1845.)
1: Ah 30–1844.1845. 12: P. o. angl. 7b–52.53. 8. 11.
2.6286

— Offenbarungen von London. Aus d. Engl. von A. Diezmann. Illustr. von „Phiz". Mit Portr. u. Lebensskizze d. Verf. 1.—5. Liefg. Mit Kpf. gr. 8. Leipzig 844, 45, B. Tauchnitz jun. à 1/6 ℛ

— Offenbarungen von London. 1. u. 2. Lfg. kl. 8. Stuttgart 846, Göpel. 1/3 ℛ

—— Ovingdean Grange, s.a. Collection of british authors.

— Ovingdean Grange. A tale of the south downs. Copyright ed. — Leipzig: Tauchnitz 1860. VIII, 328 S. (Collection of British authors. 522.)
1: Ah 30–522. 12: P. o. angl. 7b–12.
300: 393.080–A. Per. 522. 3. 8. 9. 11.
2.6288

— Ovingdean-Grange oder Cavaliere und Rundköpfe. Eine Erzählung von den Dünen im südlichen England. Deutsch von E. Susemihl. 3 Bde. Leipzig, 863. Kollmann. 16. (433 S.) n. 1 ℛ 10 ngr.

—— Cardinal Pole, s.a. Collection of British authors.

— Cardinal Pole: or, the days of Philip and Mary. A historical romance. Copyright ed. Vol. 1. 2. — Leipzig: Tauchnitz 1863. (Collection of British authors. 665.666.)
1: Ah 30–665.666. 12: P. o. angl. 7b–16.17.
300: 393.080–A. Per. 665.666. 8. 11.
2.6292

– Myddleton Pomeret, s.a. Collection of British Authors.

**Ainsworth, William Harrison:** Myddleton Pomfret. A novel. Copyright ed. Vol. 1. 2. — Leipzig: Tauchnitz 1868. (Collection of British authors. 946.947.)
1: Ah 30–946.947. 12: P. o. angl. 7b–26.27.
300: 393.080–A. Per. 946.947 [u.]
590.346–A. Engl. B. 946.947. 8. 11.
2.6293

— Preston fight; or, the insurrection of 1715. A tale. Copyright ed. Vol. 1. 2. — Leipzig: Tauchnitz 1875. (Collection of British authors. 1520.1521.)
1: Ah 30–1520.1521. 12: P. o. angl. 7b–42.43.
300: 393.080–A. Per. 1520.1521. 8. 11.
2.6294

— modernes Ritterthum oder der neue rasende Roland. Aus d. Engl. übers. von E. Susemihl. Leipzig 858. Kollmann. 16. (3 Bl., 202 S.) n. 20 ngr

W. Harrison Ainsworth's Historische Romane und Sittengemälde in sorgfältigen Uebertragungen. (Übers.: Adolph Bruder.) Bd 1–18. — Stuttgart: Göpel 1844–48.
1. 2. Schloß Windsor. 1. 2. 1844.
3. 4. Die Tochter des Geizhalses. 1. 2. 1844.
5. 6. Die alte St. Paulskirche. 1. 2. 1844.
7. 8. St. James-Palast. 1. 2. 1844.
9. 10. Jack Sheppard. 1. 2. 1845.
11. 12. Rookwood. 1. 2. 1846.
13. 14. Der Tower von London. 1. 2. 1847.
15. 16. Crichton. 1. 2. 1847.
17. 18. Guy Fawkes. 1. 2. 1848.
1: Zd 8224.
2.6218

—— dass., Ausgabe in Bänden. 15—19. Bd. 8. Ebds. 848.
Bd. 15 und 16. Crichton. 2 Bde. (608 S.) 1 Thlr.
" 17 " 18. Guy Fawkes, oder die Pulververschwörung. 2 Thle. (VIII und 630 S.) 1 Thlr. 5 Ngr.
" 19. Offenbarungen von London. — Kleine Erzählungen. 15 Ngr.
" 20. Sir John Chiverton. (246 S.) 15 Ngr.
1—14. Bd. Ebendas. 1844—47. 6 Thlr. 25 Ngr.

**Ainsworth, William Harrison**, histor. Romane rc.
A. u. d. Titln.:
Lfg. 1—5. Schloß Windsor. (30 B.) 843. 5 Bdchn.
" 6—11. Die Tochter d. Geizhalses. (34½ B.) 843. 6 Bdchn.
" 12—14, 22, 23. St. James-Pallast, oder d. Hof d. Königin Anna. (30½ B.) 844. 5 Bdchn.
" 15—21. Die alte St. Paulskirche. Eine Erzählung v. d. Pest u. d. Feuersbrunst in London. (43 B.) 844. 7 Bdchn.
" 24 u. 25. Offenbarungen v. London. (Seitenst. zu d. Geheimnissen v. Paris.) (10½ B.) 845. 1. u. 2. Bdchn.
" 30—35. Jack Sheppard. (36 B.) 845. 5 Bdchn.
" 36—41. Rookwood. (39 B.) 845, 46. 6 Bdchn.
" 42—47. Der Tower v. London. (33 B.) 847. 6 Bdchn.
Lfg. 26—29. (Fortsetzung d. Offenbarungen) sind noch nicht erschienen.

—— histor. Romane und Sittengemälde. In sorgfältiger Uebertragung aus dem Engl. von Ad. Bruder. 26—29. Lfg. 8. Stuttgart 848, Göpel. à Lfg.
Auch unter den Titeln:
Lfg. 26. Offenbarungen und kleine Erzählungen. (50 S.) 5 Ngr.
" 27—29. Sir John Chiverton. (246 S.) 15 Ngr.

—— dass., 48—60. Lfg. 8. Ebds. 847—48. à Lfg.
Auch unter den Titeln:
Lfg. 48—53. Crichton. 6 Bdchn. (608 S.) 1 Thlr.
" 54—60. Guy Fawkes, oder die Pulververschwörung. 7 Bdchn. (2 Thle.) (VIII und 630 S.) 1 Thlr. 5 Ngr.
1—25. und 30—47. Lfg. Ebendas. 1843—47. 7 Thlr. 5 Ngr.

— Rookwood, oder der Bandit rc. — s.a. Ausland, das belletrist., von K. Spindler. 280.—286. Bdchn.

— — Rookwood, oder: Der Bandit der Hochstrasse. Roman von W. H. Ainsworth. Aus d. Engl. Bd 1–7. — Stuttgart: Franckh 1845.
12: L. eleg. g. 16t–XIX. 10. 11.
2.6300

— Rookwood oder der Straßenräuber. Ein Roman. Nach der 4n Aufl. des Originals. Deutsch von O. L. B. Wolff. 3 Thle. 8. Leipzig 837. Kollmann. 4 ℛ

—— Saint James's, or, the Court of Queen Anne, s.a. Collection of brit. Authors.

— Saint James's or the Court of Queen Anne. Copyright ed. — Leipzig: Tauchnitz 1844. 355 S. (Collection of British authors. 64.)
1:Ah 30-64. 12:P. o. angl. 7b-2. 5. 8. 11.
2.6301

Ainsworth, William Harrison

St. James - Palast, oder der Hof der Königin Anna. Ein Roman. Aus dem Engl. von Adolph Bruder. Th. 1.2.
Stuttgart: Göpel 1844. 328, 152 S. 8°

---- der St. Jamespalaſt, oder d. Hof d. Königin Anna. Ein Roman. A. d. Engl. überſ. v. Ernſt Suſemihl. 3 Bde. 16. (40½ B.) Leipzig 844, 45, Kollmann.

—— Hilary St. Ives, s. Collection of British Authors.

— Hilary St. [Saint] Ives. A novel. Copyright ed. Vol. 1.2. Leipzig: Tauchnitz 1869. (Collection of British authors. 1058.1059.)
1:Ah 30-1058.1059. 12:P. o. angl. 7b-30.31.
300:393.080-A. Per. 1058.1059. 8. 11.
2.6305

— Hilary St. Ives. Roman. Aus d. Engl. von Lina Kayſer. Einzige autoriſirte deutſche Ausg. 3 Bde. Leipzig 870. Schlicke. 8. (VIII, 275; VIII, 243; VIII, 189 S.) 3 ß 10 ngr

— die alte St. Paulskirche. Eine Erzählung von der Peſt und der Feuersbrunſt. Aus d. Engl. überſetzt von E. Suſemihl. 3 Bde. 16. Leipzig 842. Kollmann. 3 ß

— die Familie Sawney, ſ.: Dietrich, Fr.

– Jack Sheppard, s.a. Collection of british Authors.

— Jack Sheppard. Aus d. Engl. überſ. v. J. G. Günther. 16—48 Bdchn. Mit 12 Bildern nach G. Cruikſhank. 16. Leipzig 839, 40. Kollmann. 2⅚ ß

Ainsworth, William Harrison

Jack Sheppard. Ein Roman. Aus dem Engl. von Adolph Bruder. Th. 1.2.
Stuttgart: Göpel 1845. 8°

Ainsworth, William Harrison: Jack Sheppard. A romance,
— — Copyright ed. Leipzig: Tauchnitz 1846. VI,458 S. (Collection of British authors. 110.)
1:Ah 30-110. 12:P. o. angl. 7b-3.
300:393.080-A. Per. 110. 3. 5. 6. 8. 11.
2.6315

— the South-Sea-bubble, s.a. Collection of British Authors.

— The South-Sea bubble. A tale. Copyright ed. Vol. 1.2. Leipzig: Tauchnitz 1868. (Collection of British authors. 989.990.)
1:Ah 30-989.990. 12:P. o. angl. 7b-28.29.
300:393.080-A. Per. 989.990. 8. 11.
2.6320

— die Speckſeite, oder die Sitte von Dunmow. Eine häusliche Erzählung. Aus dem Engl. überſ. von E. Suſemihl. 2 Bde. Leipzig 854. Kollmann. 16. (221; 224 S.) 1 ß

—— the spendthrift, s. a. Collection of british authors.

— The Spendthrift: A tale. Copyright ed. — Leipzig: Tauchnitz 1856. VIII,335 S. (Collection of British authors. 378.)
1:Ah 30-378. 12:P. o. angl. 7b-9. 300:393.080-A. Per. 378. 3. 8. 10. 11.
2.6322

—— the star-chamber, s.a. Collection of british authors.

— The Star-chamber: an historical romance. Copyright ed. Vol. 1.2. — Leipzig: Tauchnitz 1854. (Collection of British authors. 286.287.)
1:Ah 30-286.287. 12:P. o. angl. 7b-6.7. 8. 11.
2.6328

Ainsworth, Will. Harr., die Sternkammer. Ein hiſtoriſcher Roman. Aus d. Engl. überſ. v. E. Suſemihl. 4 Bde. Leipzig 854. Kollmann. 16. (182; 172; 160; 166 S.) 2 ß

— Südſee-Schwindel. Roman. Aus d. Engl. von Lina Kayſer. Einzige autoriſ. deutſche Ausg. 2 Bde. Leipzig 869. Schlicke. 8. (IV, 398; IV, 295 S.) 3 ß

Ainsworth, William Harrison: the good old Times, s. Collection of British Authors.

— die Tochter des Geizigen. Ein Roman. Aus dem Engl. überſ. von E. Suſemihl. 3 Bde. 16. Leipzig 843, Kollmann. 2¼ ß — 2. unveränd. Abdr. gr. 16. Ebd. 844. 3 Bde. ¾ ß

—— der Tower zu London. Ein hiſtor. Roman. A. d. Engl. überſ. v. Ernſt Suſemihl. 3 Bdchn. M. 29 Bild. n. G. Cruikſhank. 16. (58¾ B.) Leipzig 840, 41, Kollmann.

Ainsworth, William Harrison: Tower Hill, s. Collection of British Authors.

Ainsworth, W. H., der Verſchwender, ſ. a. Collection Hartleben.

—— daſſ. — ſ. a. Leſe-Cabinet, neues belletriſtiſches.

Ainsworth, William Harrison: Der Verschwender. Eine Erzählung von W. Harrison Ainsworth. Aus d. Engl. von A[ugust] Kretzschmar. Th. 1-3. — Pest, Wien & Leipzig: Hartleben 1857. [(Neues belletristisches Lese-Cabinet der besten u. interessantesten Romane aller Nationen in sorgfältigen Übersetzungen. 361/365.)] 300:33.913-A. 7.
2.6326

— Der Verſchwender. Erzählung. Aus d. Engl. von W. E. Suſemihl. 2 Bde. Leipzig 858. Kollmann. 16. (2 Bl., 242; 2 Bl., 236 S.) n. 1 ß

— — Der Verschwender. Von W. Harrison Ainsworth. [Übers.: August Kretzschmar.] Bd 1.2. — Ebd. [1893]. (Collection Hartleben. 1,25.26.)
300:60.383-B. Jg. I. 25.26.
2.6327

– the goldsmith's wife, s. Collection of British Authors.

—— Windsor Castle, s.a. Collection of brit. Authors.

Ainsworth, William Harrison: Windsor castle. A historical romance.
— — Leipzig: Tauchnitz 1844. VIII,328 S. (Collection of British authors. 62.)
1:Ah 30-62. 12:P. o. angl. 7b-1. 300:393.080 A. Per. 62. 6. 8. 10. 11.
2.6348

— — Copyright ed. Ebd. 1844. VIII,328 S. (Collection of British authors. 62.) 3.
2.6349

Ainsworth, William Harrison Ott 9

Schloß Windsor. Ein historischer Roman. Aus dem Engl. von Adolph Bruder. Buch 1 - 3. 4 - 6.
Stuttgart: Göpel 1844. 8°

Ainsworth, William Harrison: Das Windsorschloss. Ein historischer Roman. Aus d. Engl. übers. von Ernst Susemihl. Bd 1-3. — Leipzig: Kollmann 1843. 11.
2.6354

— — 2. unveränd. Abdr. Bd 1-3. Ebd. 1844.
1:Zd 8284/180[a].
2.6355

l'Ajo, nell' imbarazzo. Melodramma giocoso in due Atti. 8. Wien 827. Wallishausser. 6 x

**Aiol et Mirabel** u. Elie de Saint Gille. Zwei altfranzös. Heldengedichte. Mit Anmerkgn. u. Glossar zum ersten Mal hrsg. v. Wendelin Foerster. 1. Thl. u. 2. Thl. 1. Hft. br. 8. Heilbronn 876. Henninger. n. 11. 25

I. Aiol et Mirabel. (320 S.) n. 9. —
II. 1. Elie de Saint Gille. (S. 321—398) n. 2. 25.

**Aiol et Mirabel u. Elie de Saint Gille.** Zwei altfranzös. Heldengedichte. Mit Anmerkgn. u. Glossar u. e. Anh.: Die Fragmente d. mittelniederländ. Aiol, hrsg. v. J. Verdam, zum ersten Mal hrsg. v. Wendelin Foerster. 2. Thl. 2. Hft. [Schluss.] [Einleitung, Anmerkgn., Anhang, Wörterbuch.] gr. 8. (LVI u. S. 399—629.) Heilbronn 882. Gebr. Henninger. n. 9. 75 (cplt.: n. 21. —)

**Air van Eben**, Collina. Eine Tragödie der Gegenwart in 5 Aufzügen. gr. 8. (90 S.) Leipzig 877. Webel in Comm. 1. 20

Aird und Marc: Das Wasserwerk der Stadt Darmstadt. Berlin, 1881.

**Aird, A.:** Danziger Bücher-Auction ... Catalogue of the library of a collector and amateur [d.i. A. Aird]. Die Versteigerung der Bibliothek Pelonken aus dem Privatbesitz eines engl. Sammlers. — Danzig (1884): Kafemann. 70 S.
10.
2.6380

**Aird, Alexander:** Gutachten der Experten über die Sicherung der Wasserversorgung der Stadt Wien. (Verf.: Alexander Aird, August Fölsch, Rudolf Grimburg.) — Wien: Gemeinderath-Präsidium 1875. 18 S.
300: 181.531–C. 89.
2.6381

**Aird, C. K.**, die Cholera 1886 und die nach 55jähr. Erfahrungen gegen dieselben angewandten Schutzmittel [Cholera-Chronik]. gr. 8. (VIII, 384 S.) Berlin 887. Th. Ch. F. Enslin. n. 10. —

— Spanien u. die Cholera-Epidemie d. J. 1885. 3 Hfte. gr. 8. (142 S.) Ebd. 886. n. 3. —

**Aird**, J. und A. Frankfurter Wasserversorgung. Antwort auf die Darstellung durch die Quellwasserleitungs-Gesellschaft. 1871. 4.

**Airoldi**, Luigi. I sindacati industriali nella Svizzera. Diss. Sc. Soc. Univ. Zurigo. IV + 166 p. 8. Bellinzona, Eredi di C. Salvioni. 1909.

**Airoldy**, Baronin Emilie, Marie. Eine Erzählung für Mädchen von 14 bis 16 Jahren. 16. (180 S.) Wien 877, Faesy und Frick. cart. *

Airy: Abriss einer Geschichte d. Astronomie, s. Airy, George Biddell

— s. Bird, Nathan der Quäker.

**Airy**, die asiatische Cholera. Wie man derselben vorbeugt u. wie man sie heilt. Ein unentbehrl. Rathgeber f. Alle, welche sich vor dieser schreckl. Seuche schützen od. selbe gleich beim ersten Auftreten durch die bewährtesten Mittel beseitigen wollen. 2. Aufl. 16. (48 S.) Leipzig 874. Richter. n. — 30

Airy, die asiatische Cholera. Wie man derselben vorbeugt und wie man sie heilt. Ein unentbehrl. Rathgeber für Alle, welche sich vor dieser schreckl. Seuche schützen oder selbe gleich beim ersten Auftreten durch die bewährtesten Mittel beseitigen wollen. 2. Aufl. 16. (48 S.) Luxemburg [Nürnberg] 874, Richter's Verlagsanstalt. *

—— naturgemäßes Heilverfahren für Geschlechtskranke, oder sichere und gründliche Anleitung zur dauernden Heilung aller Geschlechtskrankheiten, als: Syphilis in ihren verschiedenen Stadien, Onanie, Impotenz; weißer Fluß 2c. 1.—4. Aufl. 16. (238 S. mit vielen in den Textgedr. anatom. Abbild. in Holzschn.) Luxemburg [Nürnberg] 873,74, Richter's Verlagsanstalt. *

**Airy**, naturgemäßes Heilverfahren für Geschlechtskranke, oder sichere und gründliche Anleitung zur dauernden Heilung aller Geschlechtskrankheiten, als: Syphilis in ihren verschiedenen Stadien, Onanie, Impotenz, weißer Fluß 2c. Mit vielen in den Text gedr. anatom. Abbild. (in Holzschn.) 5.—7. Aufl. gr. 16. (238 S.) Leipzig 874—75, Richter's Verlags-Anstalt. *

Airy's Natur-Heilmethode oder sichere Anleitung, um die am meisten vorkommenden Krankheiten der Menschen, als: Haut- und Blutkrankheiten, Knochenfraß, chronische und scrofulöse Uebel 2c. durch einfache bewährte Mittel sicher und schnell selbst zu heilen. 1.—12. Aufl. 16. (160 S.) Duisburg 873, Rheinische Verlagsanstalt.

—— dass. — 13.—26. Aufl. 16. (224 S. mit in den Text gedr. anatom. Abbild.) Luxemburg [Nürnberg] 873,74, Richter's Verlagsanstalt. *

**Airy's** Naturheilmethode oder sichere Anleitung, um die am Meisten vorkommenden Krankheiten der Menschen durch einfache bewährte Mittel sicher und schnell selbst zu heilen. Mit vielen in den Text gedr. anatom. (Holzschn.-)Abbild. Bearb. von Adph. Richter. 27.—110. Aufl. 8. (440—544 S.) Ebendas. 875—79. *

Airy, George Biddell: Ueber eine merkwürdige Abänderung der Newton'schen Ringe. – (Aus Poggendorf's Annalen. Vol. XXVI.) Leipzig, 1832. 8°.

**Airy, G. B.**, Abriss e. Geschichte d. Astronomie im Anfange d. 19. Jahrh. (1800—1832.) A. d. Engl. übers. v. C. L. Littrow. gr. 8. (8 B.) Wien 835, Gerold.

**Airy, George Biddell:**
Populäre physische Astronomie. Aus d. Engl. übers. von K[arl] L[udwig] Edlem von Littrow. — Stuttgart: Hoffmann 1839. XXIII,216 S.
1: Oh 6790. 12: Astr. U. 1h. 4. 6. 7. 10. 11.
2.6416

Airy, George B.: Berechnung der Newton'schen Diffractions-Versuche. (Transact. of the Cambridge Philosoph. Soc., Vol. V, pl. II.) (Aus Poggendorffs Ann., Bd. XXXIII, 1834, No. 25 u. 26.).

**Airy**, Sir George Biddell, die Gravitation e. elementare Erklärung der hauptsächlichsten Störungen im Sonnensystem, übers. v. Rud. Hoffmann. gr. 8. (XXVII, 176 S. m. 50 Textfig.) Leipzig 891. W. Engelmann. n. 3. —

Airy, George B.: Ueber einen neuen Lichtzerleger und seinen Gebrauch bei Polarisationsversuchen. – (Aus Poggendorf's Annalen. Vol. XXVI.) Leipzig, 1832. 8°.

**Airy**, Geo. Biddell, üb. den Magnetismus. Autoris. deutsche Uebersetzg. durchgesehen v. Fr. Tietjen. Mit 74 (eingedr.) Holzschn. gr. 8. (XIV, 166 S.) Berlin 873. Oppenheim. n. 3. 75

Airy, George Biddell: Ueber den Magnetismus. Autorisirte deutsche Uebers. durchges. von Fr[iedrich] Tietjen. Mit 74 Holzschn. — Berlin: Oppenheim 1874. XIV,166 S.
1: My 1012. 12: Phys. sp. 5r. 5. 6. 7. 9. 10. 11. 82. 83.
2.6437

— Ueber die Natur des Lichts in den beiden durch die Doppelbrechung des Bergkrystalls hervorgerufenen Strahlen. (Poggendorffs Ann.)

**Airy, G. B.**, s.: Optik, meteorologische.

**Airy, Geo. Biddell,** sechs Vorlesungen über Astronomie. Gehalten in den Versammlgn. d. Freunde d. Ipswich-Museums. Aus dem Engl. v. H. Sebald. Mit 7 (lith.) Figurentaf. (in 4.) 8. (VIII u. 275 S.) Berlin 852, Bessers Verl. (Frz. Duncker.) n. 1 ℔

— der gegenwärt. Zustand und die Aussichten der Wissenschaft d. Erdmagnetismus, s.: Jahrbuch, geographisch. 1852. IV.

Airy, Osmund

Charles II. By Osmund **Airy**. *London: Goupil & C. 1901.* (V, 282 S.) 4° [01. 7779

Aisch, Adolf

Die Geschichte des evangelischen Kirchspiels Gablenz, O.-L. Au Anlass d. Kirchenjubiläums dargest. von Adolf **Aisch**, Pfarrer. [Görlitz]: Görl. Nachrichten u. Anzeiger 1900. 163 S. 8° [09. 16969 2

**Aischin, Mohamed,** die Freiheitsbewegung in der Türkei. (Ein Versuch histor. Forschg.) Einzig autoris. Uebersetzg. v. A. J. Ramm. (91 S.) 8. Berlin (908). Bühnen u. Buchverlag russ. Autoren, J. Ladyschnikow. 1. 50

*Αἰσχύλος* s.: Aeschylus.

**Aischylos** s.: Aeschylus.

**Aischylus**, s. Aeschylus.

**Aisenstat**, Mark. Die Lage der Wärmezentren des Kaninchens und das Erkennen der Lage derselben durch äussere Merkmale. Aus dem physiologischen Institut Zürich. Diss. Med. Univ. Zürich. [Mit 2 Figuren.] (Diese Arbeit erscheint im Archiv für Anatomie und Physiologie. 1909. Physiologische Abteilung.) 18 S. 8. Leipzig, Veit & Comp., 1910.

**Aisenstat-Lané**, Theophilie. Die physiologische Wirkung der Maltole und ihrer Derivate. Aus dem physiologischen Institut Zürich. Diss. Med. Univ. Zürich. 31 S. 8. Zürich, Schereschewsky, 1910.

**Aisenstein, Aisik**: Aus der Chirurg. Klinik d. Kgl. Charité in Berlin. Ueber die suprakondylären Frakturen des Humerus. Berlin 1909: Ebering. 40 S. 8°
Berlin, Med. Diss. v. 30. Juli 1909, Ref. Hildebrand
[Geb. 15. Juli 82 Lunna; Wohnort: Bachmut; Staatsangeh.: Rußland; Vorbildung: Gymn. Minsk Reife M. 03; Studium: Petersburg 3, Odessa 2, Freiburg i. B. 1, Berlin 6 S.; Rig. 27. Juli 09.] [U 09. 19

**Aisenstein**, S[rul] M[eier]. Beitrag zur Kasuistik der Nebennierentumoren im Kindesalter: Ein Fall von primärem Nebennierensarcom bei einem 2-jährigen Kinde. Diss. Med. Univ. Zürich. *Kopftitel:* Aus dem Kinderspital Zürich. 48 S. 8. Zurich, Kirsten & Zeisberg, 1905.

Aisinman, S., s.a. A i s i n m a n n , Semion

**Aisinman, S.,** die destruktive Destillation in der Erdölindustrie, s.a. Sammlung chemischer u. chem.-techn. Vorträge. V. 1.

AISINMAN, S.
Die destructive Destillation in der Erdölindustrie. Stuttgart, 1900. 8vo. Ill.

**Aisinman, S.,** Die einheitl. Prüfungsmethoden i. d. Mineralöl-Industrie, s.a. Sammlung chemischer u. chemisch-techn. Vorträge.

**Aisinmann** S, die einheitlichen Prüfungsmethoden in der Mineralölindustrie. (76 S) (Sammlung chem. und chem.-techn. Vorträge II, 10-11) Stuttgart 1897

— Taschenbuch f. d. Mineralöl-Industrie. 12. (X, 230 S. m. 50 Abb.) Berlin 896. J. Springer.
Geb. in Ldr. n. 7. —

**Aisinmann,** Isaak, aus Odessa (Rußl.): Ueber die Wirkung des Ichthargans bei acuter und chronischer Gonorrhoe. *Berlin (1904): E. Ebering.* (34 S.) 8°
Berlin. Med. Diss. v. 26. März 1904

Aisinmann, Semion, s.a. A i s i n m a n , S.

AISINMANN, SEMION. Ueber die Geschwindigkeit der Einwirkung von alkoholischen Kali auf einige Halogenderivate der Kohlenwasserstoffe der Fettreihe. Karlsruhe, 1892. **Diss.**

Ajsman, David Jakovievič s. A i s m a n n , D.

Aismann, D.

[Ant. u. Russ.] Der Dornbusch. Tragödie von D. **Aismann**. David [Jakovlevič] Ajsman. Ternovyj kust. Tragedija v 4 dějstvijach. Berlin: J. Ladyschnikow 1907. (78 S.) 8° [07. 3111

**Aisslinger**, Hans. Beiträge zur Kenntnis wenig bekannter Pflanzenfasern. Diss. Phil. [II.] Univ. Zürich. [Mit 2 Tafeln.] IV + 135 S. 8. Zürich-Selnau, Gebr. Leemann & Co., 1907.

**Aistermann,** Alois, appr. Arzt a. Geldern (Reg.-Bez. Düsseldorf): Aus der Privatpraxis des Stabsarzt Dr. Hölscher und dem Kgl. Garnisonlazarett zu Ulm. Ueber extradurale Abszesse. München 1904: C. Wolf & Sohn. (34 S.) 8°
München, Med. Fak., Ref. v. Angerer, Diss. v. 18. Aug. 1904
[Geb. 16. Juni 70 Geldern, Reg.-Bez. Düsseldorf; Wohnort: Calcar, Reg.-Bez. Düsseldorf; Staatsangeh.: Preußen; Vorbildung: Paulinisches Gymn. Münster i. W. Reife O. 95; Studium: Marburg 2, Greifswald 1, Marburg 2, München 6 S.; Coll. 20. Mai 04; Approb. 12. Juli 01.]

**Aistermann, Balduin**: Beiträge zum Konflikt Johanns XXII. mit dem deutschen Königtum. Bonn: Georgi 1909. 67 S. 8°
Freiburg i. B., Phil. Diss. v. 1909, Ref. Finke
[Geb. 23. Okt. 85 Kalkar; Wohnort: Neuß; Staatsangeh.: Preußen; Vorbildung: Gymn. Neuß Reife O. 05; Studium: Bonn 2, Freiburg i. B. 5 S.; Rig. 1. Aug. 08.] [U 10. 1018

**Aistermann, Josef**: De M. Valerii Probi Berytii vita et scriptis. Bonnae 1909: (Pohle, Jena). 84 S. 8° ¶(Ersch. vollst. als Buch u. d. T.: De M. Val. Probo Berytio, b. Cohen, Bonn 1910.)
Bonn, Phil. Diss. v. 22. Dez. 1909, Ref. Marx
[Geb. 28. Nov. 79 Kalkar; Wohnort: Düsseldorf; Staatsangeh.: Preußen; Vorbildung: Gymn. Paulinum Münster Reife O. 98; Studium: Münster, Heidelberg, Bonn; Rig. 14. Juli 09.] [U 10. 345

De M. Valerio Probo Berytio capita quattuor. Acc. reliquiarum conlectio. Scripsit Josef **Aistermann**. Bonnae: Cohen 1910. VIII, 156, LXXIV S. 8°
[Ein T. ersch. als Inaug.-Diss. Bonn 1909.] [11. 1077

**Aistleitner, Ant.,** Magyar Nyelvgyakorló- és Olvasókönyv. Ungarisches Sprach- u. Lesebuch f. die Oberklassen der Volksschulen mit deutscher Unterrichtssprache. Auf Grundlage der Lehr- u. Lesebücher f. die Mittelklassen v. Alb. Haesters. 2. m. e. ungarisch-deutschen Wörterbuche verm. Aufl. gr. 8. (240 S.) Budapest 871. Lampel. n. 1. 60

**Aistleitner, Ant.,** ungarisches Sprach- u. Lesebuch für die Oberklassen deutscher Volksschulen nach Alb. Haesters' Lehr- u. Lesebuch f. Mittelklassen bearb. Oedenburg, 863. Seyring. gr. 8. (222 S. u. 1 Tab. in 4.) n. 13 ngr.

AISTLEITNER, Josephus: De ordalio duelli in Hungaria et relatione ecclesiae ad illud. — (1905) V, 133 S. 4° (Handschr.) Diss. Wien Univ.

Ajtal, A. (Resp.): De medicinae et doctrinae moralis nexu, s. A l b e r t i, M. (Praes.)

**Aitareya Brāhmaṇa.** Das. Mit Auszügen aus dem Commentare von Sāyaṇācārya und anderen Beilagen herausgegeben von Theodor Aufrecht. [2 Exemplare.] Bonn 1879.

**Aithikos, des Istrier,** Kosmographie, s. Aethici cosmographia.

Aitken, s.a. A i k i n

Aitken, H., Predigten. Aus d. Engl. v. L. Willigerod. 12°(89).– Bonn 1882, Gernsb., Bh. d. christl. Colportage-Ver.

Aitken, Hay, Predigten. Aus dem Engl. von Lilly Willigerod. 12. (89 S.) Bonn 882, Schergens. *

Aitken, John: Anfangsgründe der theoretischen und praktischen Wundarzneykunst in systematischer Ordnung entworfen. (Systematic Elements of the theory and practice of surgery. Dt.) 349 S., gbd.

Leipzig: Weygand 1781

JB 3.279

Aitken, John: Über Beinbrüche und Verrenkungen. (Essay on fractures and on luxations. Übers.und mit Anmerkungen und Zusätzen verm. von Gottfried Christian Reich. Th.1, 348 S., gbd., 2 Taf.

Nürnberg: Felsecker 1793

JB 3.280

Aitken, John: Grundsäze der Entbindungskunst. (Principles of midwifery. The third edition. Dt.) Übers.und mit einigen Anmerkungen versehen von Karl Heinrich Spohr. 287 S., gbd., Abb.

Nürnberg: Raspe 1789

JB 3.907

Aitkin, s.a. Aikin

Aitolier, s.a. Aetolier.

Aitolier, Die. Tragödie. Leipzig 1806. V: *Apel, Johann August.* (EB)

AITON, William (Canterbury): Ueber die vorzüglichsten Vergiftungen mit Metallen.- München: Hübschmann 1846. 32 S.
27.11.1846 - Urk (Titel: De venenis metallicis.); F 66
Diss. Ingolst.-Landsh.-Mchn.

Aix, Carl Frhr. v. (Bonn), De ecclesiae metropolitanae Coloniensis in Bremensem olim suffraganeam jure metropolitico primitivo comment. histor. ad illustr. Ripuariam Carolingicam. Präs. Franz. Cramer. Bonn (Joh. Friedr. Abshoven) 6. VI. 1792. 52 S. (5.80) 144

Aix, Frdr., die gesamte moderne Hutfärberei. Mit besond. Berücksicht. der Fabrikationswege. (152 S.) 8. Berlin 909. Verlag f. Textil-Industrie. 3.—

Aix-la-Chapelle, Borcette et Spa. Manuel à l'usage des beigneurs, cont. la Description de ces trois villes et de leurs environs, ainsi qu'une instruction détaillée sur la manière d'utiliser leurs eaux. D'après les Ouvrages de MM. Monheim, Zitterland, Dardonville, Hoepffner, Reumont et Schreiber. Avec 1 Plan des environs d'Aix-la Chapelle et 1 Tableau de reduction des monaies. 16. Aix-la-Chapelle 834. Mayer. 1 ℛ

— le même. Avec (6) vues, un plan de la ville d'Aix-La-Chapelle et un tableau de réduction des monnaies. 2ème édit. corr. et augm. qu. gr. 8. le même. 844. 1½ ℛ

Aix-La-Chapelle, Borcette et Spa. Manuel à l'usage des baigneurs, contenant la description de ces trois villes et de leurs environs, ainsi qu'une instruction detailléé sur la manière d'utiliser leurs eaux. D'après les ouvrages de MM. Monheim, Zitterland, Dardonville etc. Avec un plan de la ville d'Aix-La-Chapelle et un tableau de réduction des monnaies. 2ème édit. corr. et augm. 16. Aix-La-Chapelle 845, Mayer. ⅔ ℛ

Aix-la-Chapelle, Borcette et Spa. Manuel à l'usage des baigneurs, cont. la déscription de ces trois villes et de leurs environs, ainsi qu'une instruction détaillé sur la manière d'utiliser leurs eaux. D'après les ouvrages de MM. Monheim, Zitterland, Dardonville etc. Avec un plan (lith.) de la ville d'Aix-la-Chapelle (in 4.) et un tableau de réduction des monnaies. 3. édition corrigée et augmentée. 16. (VI u. 152 S.) Aix-la-Chapelle 851, Mayer. n. ⅔ ℛ; Ausg. in qu. gr. 8. m. 6 Stahlst. n. 1⅓ ℛ

Aix-la-Chapelle et Borcette. Manuel à l'usage des étrangers contenant la description et l'histoire de ces villes et de leurs environs. 5. édit. revue et augm. par C. Améry. — Guide pratique du médecin et du malade aux eaux minérales d'Aix-la-Chapelle et de Borcette. Par Alex. Reumont. Avec 1 plan (lith. in 4.) Aachen, 862. Mayer. 8. (209 S.) 24 ngr.

— as a health resort by Alexander, Beissel, Brandis, Goldstein, Mayer, Rademaker, Schumacher and Thissen. Translated under the sanction of the civic authorities by James Donelan. gr. 8. (VIII, 323 S.) Ebd. 892. n. 5.—

Aix-la-Chapelle thermal curative treatment. With special reference to the use of the Aix-la-Chapelle natural spring products for home treatment. By an M. D. of Aix-la-Chapelle. (36 S. m. Abbildgn. u. 1 Plan.) kl. 8. Aachen 905. H. Köster. n. — 60

Aix-la-Chapelle, ville d'eaux. Par Alexander, Beissel, Brandis, Goldstein, Mayer, Rademaker, Schumacher, Thissen. Ouvrage traduit à la demande de la ville par Lermuseau. gr. 8. (V, 348 S.) Aachen 891, R. Barth's Verlag. * 5 —
—— dass. — Engl. Ausg. übers. v. James Donelan. gr. 8. (VIII, 323 S.) Ebd. 892. * 5 —; geb. * 6 —

Aix-les-Bains. La Reine des Villes d'Eaux et ses environs. 2me éd. Avec 26 illustrations et une carte. IV + 94 p. 8. Zurich, Orell Füssli, [1905]. [fr. 1. —]
(L'Europe illustrée. Nr. 56, 57.)

Aizner, Joel, a. Lodz ⟨Russ.-Polen⟩: Ueber eine cystische Geschwulst des Unterkiefers. Berlin (1907): E. Ebering. (27 S.) 8°
Berlin, Med. Fak., Ref. Hildebrand, Diss. v. 6. Febr. 1907
[Geb. 13. Sept. 83 Lodz, Rußland; Wohnort: Lodz; Staatsangeh.: Rußland; Vorbildung: Gymn. Lodz Reife M. 01; Studium: Berlin 11 S.; Rig. 29. Jan. 07.]

Akademica. Belletristische Zeitung. Organ f. Belletristik, Theater u. Kunstinteressen. Hrsg. u. Red.: Heinrich Wagner. Chefred.: Max Hoffer. 1. Jahrg. Mai 1893 bis April 1894. 24 Nrn. gr. 4. (à Nr. ca. 8 S.) Wien. (Leipzig, Literar. Anstalt, A. Schulze.) n. 7. 20

Akademie, s. a. Academie.

Akademie, die. Philosophisches Taschenbuch. Hrsg. v. Arnold Ruge. 8. (340 S.) Leipzig 848, Verlagsbureau. n. 1⅓ ℛ

Akademie, historische Commission bei der königl. bayerischen, s. Forschungen.

Christliche Akademie. Organ des Vereines »Christliche Akademie zu Prag.« (Kirchenmusikalische Section und Section für bildende Künste). Verantwortlich für die Redaktion: Anton Matyás. Herausgeber: Edm. Langer.
Prag
Jahrgang 1. 1876 – 26. 1901.

Akademie, e. deutsche, in Weimar. (Von Wilh. Schölermann.) (16 S.) gr. 8. Leipzig 910. Verlag f. Literatur, Kunst u. Musik. — 50

**AKADEMIE**, Die, der Grazien. Eine Wochenschrift zur Unterhaltung des schönen Geschlechts (hrsg. von Christian Gottfr. Schütz). 5 Bde. Halle, Gebauer, 1774 (—.80). Gr. 8°. (In Warmbrunn.)
Anon.-Lex. I. p. 21.

— die Kaiserl. Leopoldinisch-Carolinische, der Naturforscher feiert ihr zweihundertjähr. Jubiläum im Kreise d. Versammlung deutscher Naturforscher u. Aerzte in Wiesbaden. Hiebei: F. Emmert u. G. v. Segnitz, Beschreibung des Florengebiets von Schweinfurt. gr. 4. (44 S.) Breslau 852, Grass, Barth & Co. (W. Friedrich.)

Die Königliche Akademie des Bauwesens 1880–1905. — (Berlin 1905: Reichsdr.) 48 S.
1:4° Ny 1224/10. 11. 89.
2.6551

Akademie, K., für graphische Künste und Buchgewerbe zu Leipzig. (16 S 24 T) kl 4°
Leipzig 1906

**Akademie** d. Wissenschaften, die königliche, u. das köngl. General-Conservatorium d. wissenschaftl. Sammlungen des Staates zu München. — Organisation u. Mitglieder ders. — Ein Taschenbuch, das alljährl. mit dem Jahresschlusse erscheint, u. die bis dahin stattgehabten Veränderungen, so wie die neueste Anzeige d. Wohnungen der, in München selbst befindl. Mitglieder genau enthält. Für d. J. 1829. 12. (4 B.) München. (Sulzbach, v. Seidel.)

AKADEMIE und Concert des Pressburger Kirchenmusikvereins. Pressburg 1834. o. Dr. - 2°
- Dass. Pressburg 1839. 11 S. - 2°
- Dass. Pressburg 1840. 12 S.
- Dass. Pressburg 1841. 10 S.
- Dass. Pressburg 1842. 11 S.
- Dass. Pressburg 1843. 9 S.
- Dass. Pressburg 1844. 4 S.
- Dass. Pressburg 1845. 13 S.
- Dass. Pressburg 1846. 7 S.
- Dass. Pressburg 1847. 9 S.
- Dass. Pressburg 1848. 7 S.
- Dass. Pressburg 1877. 1 S.
- Dass. Pressburg 1886. 1 S.

**Die österreichische Akademie der Dichtung, Forschung u. Kritik.** Bd 1–3. [Hrsg.: Isidor Müller.]
Wien 1860–61. 20, Es 1

Der Königlich Preussischen **Akademie** der Wissenschaften in Berlin zur Jubelfeier ihres zweihundertjährigen Bestehens. Prorektor und Senat der Georgia Augusta. (Datiert: Göttingen im März 1900.) *[Göttingen 1900: W. F. Kästner.]* (4 Bl.) 2° [F. u. Ant.]
(Nicht für den Austausch)

***Akademie der schönen Redekünste.** [Hrsg. v. Bd 1, St. 1–3: Gottfr. Aug. Bürger.] Bd 1 (= St. 1–4); Bd 2, St. 1.
Berlin: Akad. Kunst- u. Buchhdlg.; Göttingen: Ph. G. Schröder 1790–98. 8° 7

* **Akademie** junger Schweizer, oder Auswahl v. deutsch. u. französischen Lesestücken zur Bildung des Herzens u. d. Geistes. 2 Thle. m. 46 K. 8. Ulm, Jakob Ebner, 797.

**Akademie**, die, f. Sozial- u. Handelswissenschaften zu Frankfurt a/M. gr. 8. (88 S.) Jena 902. G. Fischer. n. — 50

Die **Akademie** für Sozial- und Handelswissenschaften zu Frankfurt a.M. 2. Aufl. Jena, 1902.

— dasselbe. 3. Aufl. gr. 8. (89 S.) Ebd. 902. n. — 50

— — 4. Aufl. Ebd. 1902. 89 S.
8. 8.
2.8666

**Akademie** f. Sozial- u. Handelswissenschaften zu Frankfurt am Main. Bericht des Rektors üb. die zwei ersten Studienjahre. Wintersem. 1901/2—Sommersem. 1903. (67 S.) gr. 8. Jena 904. G. Fischer. n. — 50

— dasselbe üb. das 3. u. 4. Studienj. Wintersem. 1903/1904 bis Sommersem. 1905. (76 S.) 8. Ebd. 906. n. — 50

— f. Sozial- u. Handelswissenschaften zu Frankfurt a. Main. Bericht des Rektors über das 5. u. 6. Studienj. Wintersem. 1905/06 bis Sommersem. 1907. (92 S.) 8. Jena 908. G. Fischer. — 50

**Akademie**, f. Sozial-u. Handelswissenschaften zu Frankfurt a.M. Bericht d. Rektors üb. d. 7-10 Studienj. 8°.– Jena, G.Fischer.
7.8.Winter-Sem. 1907/1908 – Sommer-Sem. 1909 (110 m. 9 Taf.) 1910.
9.10. Winter-Sem. 1909/1910 – Sommer-Sem. 1911. (100 m. 2 Taf.) 1912.

**Akademie**, typographische. Fachzeitschrift f. Buchdrucker. Hrsg. v. F. R. Hoffmann. 1. Jahrg. 1884. 52 Nrn. (1½ B.) gr. 4. Mittelwalde, Hoffmann. n. 3. 40

**Akademie** komischer Vorträge. Herausg. von der Redaction des Komikers. (Neue Ausg.) 1. u. 2. Thl. Mit 1 (in Stahl gest. u.) color. Titelbilde u. vielen in den Text gedr. Holzschnitten. Berlin, 860, 61. Janke. 16. (144, 144 S.) Jeder Theil n. 10 *ngr.*

Akademie der Wissenschaften. Februar 1819. — ([Berlin] 1819.)
Enth. Mitgliederverzeichnis d. Berliner Akademie. 7.
2.6559

**Akademie der Wissenschaften für Deutschlands Männer und Frauen. Allgemein verständliche und systematisch geordnete Studien zur Bildung und Belehrung.** [Hrsg.: G. Franke.] Jg. 1 (mehr nicht erschienen).
Berlin: Expedition 1873/74. 4° 1

**Akademie-Album**, (Akadémiai Albumra.) Porträtfolge der Mitglieder der königl. ungar. Akademie in Pest. Nach der Natur aufgenommen und herausgegeben von Ignaz Schneller. 3 Ausgaben. 1864
1. Pracht-Album mit 250 Original-Brustbildern mit Facsimile. 84 fl (d. i. 60 fl. d. Photogr. u. 24 fl. d. Album.
2. Das kleinere Akademie-Album in 19 Tableau, jedes mit 11 bis 15 Visitkarten. 24 fl.
3. Ebendasselbe in einfacher Darstellung. 16 fl.

**Akademiker**, der. Monatsschr. des kathol. Akademiker-Verbandes. Red.: E. Lindl. 1. u. 2. Jahrg. Novbr. 1908—Juli 1909 u. Novbr. 1909—Juli 1910. à 9 Nrn. (à ca. 16 S.) Lex. 8. München (Herder & Co.). à Jahrg. 1. 50

**Akademiker**, Der. Monatsschr. d. kath. Akademiker-Verb. Red.: E. Lindl. 3-5.J. Nov. 1910 – Juli 1913 je 9 Nrn. (4.J., Nr.1:16) Lex8°.– Münch. (Herder & Co.)

Der **Akademiker**. Hallesche Hochschul-Zeitung ⟨früher Freistudent⟩. Offizielles Organ d. Halleschen Freien Studentenschaft ⟨Gesamtheit d. Nichtinkorporierten⟩. S.S. 1909, Nr 1. Halle a. S.: John 1909. 4°
(09. 7114 3

**Akademiker**, d. sozialistische. Red.: J. Sassenbach. 1. Jahrg. 1895. 24 Nrn. (à ca. 20 S.) gr. 8. Berlin [H. Baake.] Verlag der soz. Monatshefte. à Jahrg. n. 3. —

— dasselbe. Red.: Otto Holz u. Joh. Sassenbach. 2. Jahrg. 1896. 12 Nrn. (à ca. 60 S. m. Bildn.) gr. 8. Ebd. n. 5. —; einz. Hfte. n. — 50

— Fortsetzung., s.: Monatshefte, sozialistische.

**Akademikerhaus.** — Das Akademikerhaus, was es werden und wirken will. Mit einem Schreiben d. Hl. Vaters Papst Pius X. — Innsbruck: Rauch 1906. IV,55 S. (Veröffentlichungen d. Akademikerhauses Innsbruck. 1.)
1:Ay 32781-1. 12:H. lit. P. 454x-1. 3. 4. 5. 6. 7. 8. 9. 11.
2.6595

**Akai, Christoph.**, Tractatus Samuelis Rabbi indicans Judaeorum errorem circa observantiam legis Mosaicae et venturum, quem expectant, Messiam. Cassoviae, 1742, 12°.

**Akakia.** Diatribe, decret de l'inquisition . . . Rome [Leipzig] 1753. V: *Arouet de Voltaire, Franç. Mar.* (WUBb)

Akan's Reiseführer durch d. Erzgebirge. Annabg., Verl.-Anst. Oase.

Akar, Dan.: Tengkoi, Philipp Damang Mangko Patti. Bearb. v. H. Tromp, s.: Missionsschriften, Rheinische.

**Akaschu** und Zirphile, ein Feenmärchen. [Aus dem Französ.] Frankfurt 1767. V: *Duclos, Charles.* (BGE)

Akaschu und Zirphile, ein Feen-Mährchen, mit Kupf. 8. Frankfurt und Leipzig, 767. 10 sgl.

**Akaschu u. Zirphile, Feenmährchen. 8. Frankf. 767. Hechtel.** 8 gr

**Akatangi, der Glockenläuter,** s. a. Missionstraktate, kleine.

**Akatangi, der Glockenläuter.** 4. Aufl. (16 S. m. Abb.) 8. **Basel (907). Basler Missionsbuchh.** p — 10

**Akats, Franz** v.: Abgedrungene Gedanken über eine sogenannte Kritik, die Darstellung Tells betreffend, auf dem Großherzogl. Hof-Opern-Theater in Darmstadt. Von Franz Grüner [d. i. Franz v. Akats]. — o.O. 1822. 29 S.
1:Yr 8670/58. 300:73 Aa 302.
2.6611

**v. Akats**, genannt Grüner, Frz., Kunst der Scenik in ästhetischer u. ökonomischer Hinsicht theoretisch, praktisch u. mit Plänen, wie auch als Beispiel des Verfahrens durch eine ganz scenirte Oper „Iphigenia in Tauris" erläutert. Als Handbuch für Intendanten ꝛc. und für Alle, die bei der Leitung des Theaters betheiligt sind. Mit 31 (lith.) Plänen. 8. **Wien 841**, Mausberger. Leipzig, Hunger. 1 ₰

**Akazienblüthen** aus der Schweiz, s. Heldmann, Friedr.

**Akehurst, Frederick C.,** s.: Methode Schliemann zur Selbsterlernung der englischen Sprache.

**— teaching by picture, s.: Pernot, Alfr.**

**Aken,** s. a. **Preussen, Messtischblätter.**

**Aken**, Tempora und Modi im Griechischen. I. Pr. 1858. 24 S. 4°. 1.25

**Aken, A. F.** s. *Aken*, Adolf Friedrich.

Aken, Ad., s. Aken, Adolf Friedrich

Aken, Ad. C. von, s. Aken, Adolf Christoph von

**Aken, Ad. Fr.** s. *Aken*, Adolf Friedrich.

Aken, Adolf Christoph von

— christl. Briefe üb. d. Theorie d. Opfer. 8. Greifswalde, (Lange in Berlin.) 767.

Aken, Ad. C. v., Glaube u. Sitten d. Kön. Davids. 8. Stockh. Hrinsius. 746.

— Origines rerum sacrarum disquisitae ab Adolpho Christophoro ab Aken. — Rostochiae & Lipsiae: Koppe in Komm. 1756. 372 S.
7. 9.
2.6618

— Reden zur Erbauung über wichtige Lehren des christlichen Bekenntnisses. Th. [1.] 2. — Hamburg: Herold 1744–45.
7.
2.6619

— Reden üb. wicht. Lehr. des christl. Bekenntn. 3 Thle. 8. Hamburg, Herold. 744—47.

Ado. Chrp. v. Aken. Die Religion der Klugen und die Flüchtigkeit der Tage, jedes in einer besonderen Rede erwogen. — Hamburg: Brandt; Lübeck: Schmidt; Eutin (1742): Struve. 76 S.
1:Eb 4940. 8. 9.
2.6620

— Urspr. d. Opfer. s. Urspr.

Aken, Adolf Friedrich

**Aken, A. F.**, die Grundzüge der Lehre vom Tempus u. Modus im Griechischen historisch u. vergleichend dargestellt. Rostock, 861. Stiller. gr. 8. (XXIV, 260 S.) n. 1 ₰ 10 ngr.

— Die Gymnasien und Heussi's Angriff. — Parchim & Ludwigslust: Hinstorff 1847. 72 S.
1:Ne 11606. 12:H. lit. P. 432–36.
2.6622

**Aken, Ad.**, die Gymnasien und Heussi's Angriff. gr. 8. (72 S.) Parchim 847. [Wismar, Hinstorff'sche Hofbuchh.]

**Aken, Ad. Fr.**, die Hauptdata der griechischen Tempus- u. Moduslehre historisch u. vergleichend. Für Schulen. Berlin 865. Th. Enslin. 8. (XXI, 116 S.) n. 12 ngr.

— griechische Schulgrammatik. Berlin 868. Bornträger. gr. 8. (XX, 346 S.) n. 1 ₰

Aken, Frantz Joachim von

**v. Aken, F. J.**, Abhandl. von d. besten Feuerlöschungsanstaltenweise mit dazu eingerichteter Brandgeräthschaft ꝛc.; aus d. Schwed. v. C. E. Weigel; mit 3 Kpf. gr. 8. Berl. 798. (Reimer). 20 gr

— Kurze Abhandlung von der beßten Weise der Feuerlöschung ... Von F. J. v. Aken. Aus d. Schwed. übers. von C[hristian] E[hrenfried] Weigel. — Berlin, Stralsund & Greifswald: Lange 1798. 166 S.
1:Fb 7814. 12:Pol. civ. 1. 3. 7. 8. 9. 83.
2.6627

**Aken, Hermann** van: Verzeichniss sämmtlicher Thiere, welche sich in der Menagerie von Hermann v. Aken befinden. — Hamburg 1830: Menck. 25 S.
8.
2.6630

**Aken, Kornelis** van: Catalog der in der Cornelis van Akenschen Menagerie sich befindenden wilden Thiere. — Hamburg [1841]: A. H. Meyer. 20 S.
8.
2.6631

Aken, O. De figurae ἀπὸ κοινοῦ usu apud Catullum, Tibullum, Propertium. Pars I. 10 S. Progr. G. Schwerin 1884.

**Aken, Roland v.** (Utrecht), De creatione, pars II. Exercit. pneumaticae p. 24. Präs. Gerardi de Vries. Utrecht (Meinard v. Dreunen) 10. V. 1682. 7 Bl. (5.—) 145
Gew.: Roland, Johann, Arnold, Peter u. Cornelius v. Aken, Johann Leusden. — Widm. v.: Her. Versteegh, Nicolaus Winckel.

**Akenside, Mark:**
Die Vergnügungen der Einbildungskraft. Ein Gedicht in 3 Büchern. Aus d. Engl. des Marcus Akinside. — Greifswalde & Leipzig: Weitbrecht 1757. 148 S.
10.
2.6659

— Markus Akenside's Vergnügungen der Einbildungskraft. Ein Gedicht in 3 Gesängen. Aus d. Engl. In der Versart des Originals übers. von August v. Rode. — Berlin: Mylius 1804. XXXII,118 S.
1:Zb 2318. 12:P. o. angl. 8. 7. 10. 11.
2.6660

Akephaler, die, unserer Zeit. Eine Stimme von den Bergen. 8. ...825. (Leipz., Liebeskind). 16 gr.

**Åkerberg, Teodor** [aus Falun, Schweden]: Über die Geschwindigkeit der elektrolytischen Zersetzung von Oxalsäure bei Gegenwart von Schwefelsäure. Ein Beitrag zum Studium der elektrolytischen Reaktionsgeschwindigkeit bei einem sekundären Prozesse. Leipzig 1902. 34 S. 8°.
Basel. Phil. Diss. 1901/1902.

Åkerberg, Teodor. Über die Geschwindigkeit der elektrolytischen Zersetzung von Oxalsäure bei Gegenwart von Schwefelsäure. Ein Beitrag zum Studium der elektrolytischen Reaktionsgeschwindigkeit bei einem sekundären Prozesse. Diss. Phil. Basel. [Mit 9 Figuren.] 34 S. 8. Leipzig, Metzger & Wittig, 1902.

**Akerblad, G. D.**, Sopra alcune laminette di bronzo trovate ne' Contorni di Atene. Ak. 1811. 83 S. u. 1 Taf. 2.—

*Akerblad*, J. D., Inscriptionis Phoeniciae Oxoniensis nova interpretatio. 8maj. Strassb. 802. Treuttel et W. 18 gr.

— lettre sur l'inscription égyptienne de Rosette etc., avec 2 planch. gr. 8. Strassb. 803. Treuttel et W. 1 ℛ 8 gr.

**Akerblom, F.**, Recherches sur les courants les plus bas de l'atmosphère au-dessus de Paris, s.: Acta, nova, regiae societatis scientiarum Upsaliensis. IV, 2. II.

**Akerblom, L.**, die Insel Öland in der Ostsee. gr. 8. (14 S. m. 3 S. Abbildgn.) Lübeck 889. (B. Nöhring.) n. 1.40

Åkerhielm zu Margretelund, Freiherr Gösta von. Zur Therapie des Anasarka. Combination von Digitalis mit schwedischer manueller Behandlung. Diss. Med. Univ. Zürich. 47 S. 8. Zürich, Gebr. Leemann & Co., 1907.

**Akerlaken, Johann v.** (Amsterdam), De legatis. Diss. jur. Rector Friedr. Spanheim (F. fil.). Leyden (Abrah. Elzevier) 16. IX. 1692. 8 Bl. (5.—) 146
Gew.: Cornelius v. Groot.

Akerlio, .. Lob d. Perüken, s. Lobrede auf die Perüquen.

Akerlio, Lob d. Perücken zum Trotz ihrer Feinde. Neue Ausg. 8. Leipzig, Joachim. 815.

Akerman, Jules Heribert

**Åkerman, J. H.**, üb. die operative Behandlung der Mikrocephalie. s.: Sammlung klinischer Vorträge.

**Åkerman, Jules Heribert:** Über die operative Behandlung der Mikrocephalie von J. H. Åkerman. — Leipzig: Breitkopf & Härtel 1894. 20 S. (Sammlung klinischer Vorträge. N.F. 90.)
1: Ic 2472–N.F. 90. 12: Path. 1352 ga–II,25. 3. 4. 5. 6. 7. 8. 9. 10. 11.
2.6728

Åkerman, Richard: Ueber den Einfluss von Silicium, Schwefel, Phosphor und Mangan auf die Eigenschaften des Eisens und über die Beziehungen von Wolfram und Titan zu Eisen. Von R. Åkerman. Nach d. Engl. ⟨„Iron" 1875⟩ in's Deutsche übertr. u. hrsg. von Josef von Ehrenwerth. — Leoben: Protz 1877. 67 S.
Aus: Zeitschrift des berg- u. hüttenmänn. Vereines für Steiermark u. Kärnten. 1876.
300: 172.700–C. 8. 83.
2.6730

— das Rösten der Eisenerze. Mit Zustimmung d. Verf. aus dem Schwed. übers. Mit 2 lith. Taf. gr. 8. (IV, 130 S.) Leipzig 880. Quandt & Händel. n. 3. 60

— dasselbe. Nach dem Schwed. bearb. v. B. Turley. Mit 2 lith. Taf. gr. 8. (III, 104 S.) Leipzig 880. Felix. n. 3. 20

Åkerman, Richard: Ueber den Standpunkt der Eisenfabrikation in Schweden zu Anfang des Jahres 1873 von Rich. Åkerman. ⟨Auf Kosten des Eisen-Comptoirs gedruckt.⟩ — Stockholm 1873: Beckman. 53 S.
300: 67.572–B.
2.6731

**Akerman, Rich.**, Studien üb. die Wärmeverhältnisse d. Eisenhohofenprozesses m. besond. Berücksicht. auf den hierbei geübten Einfluss d. erhitzten Windes. [Aus „Jern-Kontorets Annaler."] Uebersetzt u. m. e. Vorworte begleitet v. P. Tunner. Mit 2 lith. Taf. (in Fol.) gr. 8. (XV, 69 S.) Leipzig 872. Felix. n. 4. —

Akermann, Dr. C., die Glaubenssätze v. Christi Höllenfahrt u. v. d. Auferstehung d. Fleisches vor d. Richterstuhle uns. Zeit. 8. Hamb., Fr. Perthes, 1845. 1/3 Thlr. — 36 kr.

AKERMANN, HAR. FRIED. NIC., De pedum sudore foetido diss. inaug. med. Kiliæ. 1835. 4. P.

Akermann, Josef, s. Ackermann.

Akermann, R., s. Akerman, Richard

**Akermann-Haßlacher, Bertha**, die Braut d. Rebellen. Roman aus dem Ital. gr. 16. (344 S.) Waldsee 879. Liebel in Comm. 1. 50

Akermann-Haßlacher, Berta, Rächet euch nicht. Schauspiel in 5 Akten. gr. 8. (84 S.) Stuttgart 881, [Greiner'sche Verlagsh.] Greiner und Pfeiffer. *

**Akermann-Haßlacher, Berta**, viertens: „Du sollst Vater u. Mutter ehren", s.: Jugend-Bibliothek, kathol. 24.

**Akersloot, Jac.** (Harlem/Bat.), De condictione indebiti. Disp. jur. . . rector. Wolferd Serguerd. Leyd. (Abr. Elzevier) 26. IX. 1701. 16 S. (5.—) 148
Gewidmet: Jac. Akersloot. Abr. Guldewagen. Widm. v. J. van Zanten.

Akersloot, Theodorus

Akersloot, Th., Erklär. der Epistel an die Galater. 8. Bremen.

— Erklär. der Epistel an die Hebräer. 4. Bremen, Sauermann. 714.

— Das Sendschreiben des Apostels Pauli an die Hebraeer, nach dem wahren Sinn des h. Geistes in sei[n]em Zusammenhang ausgeleget u. erkl., wie auch aus den jüdischen Antiquitäten u. Überlieferungen erl. . . . Ins Hochteutsche überges. von Alrico Plesken. — Bremen: Saurmann 1714. 1096 S.
5. 10.
2.6756

**Akesson, Lennart**, Lexikon d. Papier-Industrie m. Portrait-Gallerie u. Bezugsquellen-Angaben. Deutsch-englisch-französisch. 12. (XIV, 344 S.) Luzern 895. (Leipzig, G. Hedeler.) n. 3. 20; geb. in Leinw. n. 4. —

**Akesson, L., H. Everling u. M. Flückiger**, Lexikon der Papier-Industrie. Deutsch-englisch-französisch. Ein Fachwörterbuch f. den Bau, Betrieb, Handel u. die Korrespondenz der Papier-, Papierstoff- u. Pappenfabriken unter teilweiser Berücksicht. der graph. Industrie u. verwandter Branchen. Hrsg. v. Lennart Åkesson-Amrein. 2. verb. u. bedeutend verm. Aufl. (VI, 663 S. m. 25 Bildnissen.) kl. 8. Zürich 905. (Leipzig, G. Hedeler.) Geb. in Leinw. n.n. 10. —

اخلاق محسني — **Akhlák-i-Muhsini**, s.: Husain Váiz Kashifi.

**Akhtal**, encomium Omayadarum, e cod. Petropolit. et Lugdun. descriptum, ed., versione, annotationibus instruxit M. Th. Houtsma. gr. 4. (27 S.) Leiden 878. Brill. n.n. 2. —

Akibon, Rich., Testamente, die, der zwölf Patriarchen, s. Testamente.

**Akin**, C. K., Ideen zur Reform des höheren Unterrichtswesens. Denkschrift gerichtet an den königl. ungar. Minister für Cultus und Unterricht. Deutsche Ausg. gr. 8. (VIII, 47 S.) Pesth 868, Kilian's Universitäts-Buchh. *

**Akinside,** Marcus, Die Vergnügungen der Einbildungskraft. Ein Gedicht in dreyen Büchern. A. d. Engl. 148 S. Greifsw. u. Lpz. 1757. 8°.

**Akinside, Marc.,** d. Vergnügen d. Einbildungskraft; ein Gedicht aus d. Engl. 8. Greifsw. 757. (Mylius in Berl.) 4 ℊ Dass. neu übers. v. A. v. Rode. 8. Ebd. 804. (Ebd.) 16 ℊ

**Akiyama,** Shichiro, Arzt a. Japan: Ein weiterer Beitrag zur Aetiologie der Noma. Aus der kgl. Universitäts-Kinderklinik in München. München 1904: Kastner & Callwey. (35 S.) 8°

München, Med. Fak., Ref. v. Ranke, Diss. v. 3. Sept. 1904

[Geb. 27. Juli 69 Yamanashi (Japan); Wohnort: Tokio; Staatsangeh.: Japan; Vorbildung: Gymn. Tokio Reife Ende 89; Studium: Japan 10, Erlangen 2, München 1 S.; Rig. 28. Juli 04.]

**Akker,** Willem van den: Die septische Pleuropneumonie der Kälber und die Immunisierung mit abgetöteten Kulturen. O. O. [1911]. 45 S.
Bern, Vet.-med. Diss. v. 1910.

**Akkermann, Wilhelm,** gen. Gleich: Anleitung zur vorteilhafteren Bestellung der Aekker ... nach physischen und chemischen Grundsätzen entwikkelt. — (Berlin) 1794. 36 S. 11.
2.6786

**Akkorde.** — Akkorde deutscher Classiker über Philosophie des Lebens. 2. Aufl. — Carlsruhe: Bureau d. deutschen Classiker 1820. VII,360 S.
1:Nh 4947[a]. 3. 7.
2.6813

**Akkorde,** romantische, von E. v. Houwald, herausgeg. von C. W. Contessa. 1s Bdchen, enthält: 1) das Wiedersehen auf dem St. Bernhard; 2) Constanze Gräfin de Rossan; 3) Wahnsinn u. Tod. 8. Berlin, Dümmler, 817.

**Akkordsaetze.** — Landwirthschaftliche Akkord-Sätze und Ansichten über landwirthschaftliche Akkord-Arbeiten, insbes. Kurhessen betreffend, von A. R. — Rinteln: Bösendahl 1857. 43 S. 4.
2.6816

**Akkumulatoren.** — Die Akkumulatoren oder Sekundärelemente. — Potsdam & Leipzig: Bonneß & Hachfeld [um 1898]. 144 S. (System Karnack-Hachfeld. Unterrichtsbriefe. Elektrotechnische Schule.) 1:Og 10342.
2.6859

**Aklam, Das Schloss,** ein dramatisches Gedicht; von dem Verfasser des Carlo und der Natalia. Leipzig 1803. V: *Kind, Johann Friedrich.* (MGT)

**Aklam,** das Schloß, ein dramatisches Gedicht, vom Verf. d. Carlo u. der Natalie. 8. Lpz. Hartknoch. 803.

**Akoluth, Carl Gottl. Eman.** (Zittau), De kali tartarico acido boracico. Diss. chem.-med. Jena (Schlotter) 10. X. 1801. 16 S. (4.50) 149

Akominatos v. Chona, Schriften, s. E l l i s s e n , Ado.

**Akrel,** Grundsätze in Landschaftszeichnungen. Hamb. Hofmann.

**(Akrell, C.)** Authent. Bericht über die Schlacht bei Leipzig 18. u. 19. Oct. 1813. A. d. Schwed. 8. M. 1 Pl. Leipzig 1814.

**Die Akron Columbia:** 1869—1939

Weekly, 1869—84; semi-weekly, 1885; weekly, 1886—87; tri-weekly, 1888—1916; daily, evening except Sunday, 1917—19; tri-weekly, 1919—25; semi-weekly, 1926—27; weekly, 1928—39. Democratic, then Independent. Title varies: DIE AKRON GERMANIA, 1869—July 9, 1920. For weekly edition, see DIE WÖCHENTLICHE AKRON GERMANIA. For Sunday edition, see SONNTAGSBLATT DER AKRON GERMANIA. Circulation: 1875, 520; 1880, 1470; 1890, 1600; 1900, 1600; 1910, 3000; 1920, 7000.
Edited & published by Akron Germania Printing Co., 1869—75; by Paul E. Werner, 1876—78; edited by Paul E. Werner, & published by Werner & Buchtel, 1879; edited by Louis Seybold, & published by Werner & Nelson, 1880; edited by Louis Seybold, & published by Paul E. Werner, 1881; edited & published by Karl F. Kolbe, 1882; by Louis Seybold, 1883; by Beck & Billow, 1884—87; by Germania Publishing Co., 1888—89; by Akron Germania Co., 1890—1900; edited by Louis Seybold, & published by Akron Germania Co., 1901—13; edited by Gustav Sigel, & published by Akron Germania Co., 1914; edited by Arthur Holm, 1915—19; by Robert L. Soergel, 1920—25; published by New Akron Germania Co., 1915—June 1920; by Columbia Printing Co., July 1920—1939.
Akron, OH

**Die Akron Germania:** 1869—July 4, 1920. Akron, OH

**Sonntagsblatt der Akron Germania:** 1870—1909 Akron, OH
Sunday edition of DIE AKRON GERMANIA.

**Die Wöchentliche Akron Germania:** 1887—1914 Akron, OH
Weekly edition of DIE AKRON GERMANIA. Circulation: 1890, 3600; 1900, 2550; 1910, 3200.

**Akron-Liedertafel.** — Die Akron Liedertafel ihren Freunden und Gönnern. Eine Erinnerung an d. goldene Jubiläum. — (Akron, Ohio: Akron Printing & Paper Comp. 1905.) 32 Bl. quer-8° 1:Mus. Ca 94.
2.6902

**Akrosticha.** Liebes-Kränze um holde Frauen-Namen gewunden v. † Jul. Sincerus. Eine Samml. v. Stammbuchsversen, bei denen die Anfangsbuchstaben, heruntergelesen, jedesmal einen Frauen-Namen bilden. kl. 16. (3 B.) Posen 836, Heine.

**Akrosticha** nebst Deutung der Namen, s. Miniatur-Bibliothek des Nützlichen und Angenehmen.

```
Aksakoff, Nikolaus von  (Moskau)
Quae contineantur dissertatione de notione dei elaborata
summario exponuntur.
  Halis 1867.
Dr. phil. Giessen 14.1.1868.
[Zur promotion eingereicht.]  26 Kriegsverlust.
```

**Aksakoff,** Sergěj Timofěevič: Russische Familienchronik. Aus d. Russ. übers. von Sergius Raczynski. Th. 1. 2. — Leipzig: Engelmann 1858.
1:Bibl. Varnh. 2402. 12:P. o. rel. 2860. 2. 5. 7. 10.
2.6935

Aksakow, A., s. A k s a k o w , Alexander Nicolaevic

Aksakow, Alexander Nicolaevic

**Aksákow, A.,** Animismus u. Spiritismus. Versuch e. krit. Prüfg. der mediumist. Phänomene m. besond. Berücksicht. d. Hypothesen der Hallucinationen u. d. Unbewussten. Als Entgegng. auf Ed. v. Hartmann's Werk: „Der Spiritismus". Aus dem französ. Orig.-Manuscripte und den darin enthaltenen amerikan. u. engl. Citaten unter selbsteigener Mitbegutachtg. des Verf. ins Deutsche übers. v. G. C. Wittig. 2 Bde. gr. 8. (XLV, 768 S.) Leipzig 890. Mutze. n. 8. —

**Aksákow, Alex. N.,** Animismus u. Spiritismus. Versuch e. krit. Prüfg. der mediumist. Phänomene m. besond. Berücksicht. der Hypothesen der Hallucination u. des Unbewussten. Als Entgegng. auf Ed. v. Hartmann's Werk: „Der Spiritismus". 2 Bde. 2., verb. Aufl. gr. 8. Leipzig 894. O. Mutze. à n. 6. —; geb. in Halbfrz. à n. 7. 50
1. (XLVI u. S. 1—338 m. Bildniss u. 11 Lichtdr.-Taf.) — 2. (XXIV u. S. 339—752.)

Animismus und Spiritismus. Versuch e. krit. Prüfg d. mediumist. Phänomene m. bes. Berücks. d. Hypothesen d. Hallucination u. d. Unbewussten. Als Entgegng auf Dr. Ed. v. Hartmann's Werk: 'Der Spiritismus'. Von **Alexander (N.) Aksákow,** Hrsg. d. Monats-Journals 'Psych. Studien' in Leipzig. 3. verb. Aufl. Bd 1. 2. *Leipzig: O. Mutze 1898.* 2 Bde 8.
1. M. d. Portr. d. Vfs u. 11 Lichtdrucktaf. (XLIV, 338, II S., 1 Portr., 11 Taf.) 2. (XVII, 337—752 S.)
= **Bibliothek** des Spiritualismus f. Deutschland. Werk 18. (vgl. 8303

— — 4. verb. Aufl. Bd 1. 2. Ebd. 1905 (Bibliothek d. Spiritualismus für Deutschland. 18.) 3.
2.6907

**Aksakow,** Alex., das Evangelium nach Swedenborg. Fünf Capitel d. Evangeliums Johannis m. der Auslegg. ihres geistigen Sinnes nach der „Wissenschaft der Entsprechungen". [Anh. zur „Kritik der Swedenborg'schen Lehre v. der heil. Schrift"]. (In russ. Sprache.) gr. 8. (X, 137 S.) Leipzig 870. Wagner. n. 4. —

— der Rationalismus Swedenborgs. Kritik seiner Lehre von der heil. Schrift. (In russ. Sprache.) gr. 8. (XLVIII, 227 S.) Leipzig 870, Wagner. *

— der Rationalismus Swedenborgs. Kritik seiner Lehre v. der heil. Schrift. (In russ. Sprache.) gr. 8. (XLVIII, 227 S.) Ebend. 871. n. 6. —

**Aksakow, Alex, s.: Studien, psychische.**

Aksakow, Alexander (Hrsg.), s. Studien, Psychologische.

— Vorläufer d. Spiritismus. Hervorrag. Fälle willkürl. mediumist. Erscheingn. a. d letzten 3 Jahrhunderten. Einz. autoris. Übersetzg. a. d. Russ. u. m. Beitrag v. Feilgenhauer. gr. 8. (XVI, 356 S.) Leipzig 898. O. Mutze. n. 7 —; geb. n. 9. —

— wozu? Aus Anlaß des bekannten Romans des Grafen Tolstój „Auferstehg.". (21 S.) gr. 8. Leipzig (903). O. Mutze. n. — 50

Aksakow, Ivan Sergĕevič

— Die russische Rechtgläubigkeit und die Freiheit des Gewissens. (Verf.: I. S. Aksakow u. Juri Samarin.) Aus d. Russ. übers. — Leipzig: Naumann 1891. 51 S. 2.
2.6918

**Akselrod,** Salomon, aus Odessa in Russland: **Über optisch active Citramalsäure.** *Berlin (1899): G. Schade.* (35 S.) 8°
Berlin, Phil. Diss. v. 4. März 1899

**Akt** s.a. Act

Akt der Entsagung Sr. Durchlaucht des Herzogs von Curland und Semgallen [Peter Herzog v. Kurland] von den ihm als regierendem Herzoge daselbst zuständigen Rechten. — o.O. [1795]. 2 Bl. 2°
Nebent., russ.: Akt otrečenija Ego Světlosti Gercoga Kurljandskago i Semigal'skago Petra ot prav prinadležavšich emu po zvaniju tamošnjago vladětel'nago gercoga.
7.
2.6961

Feierlicher **Akt** des Rektorats-Wechsels an der Grossh. Technischen Hochschule „Fridericiana" am 21. Nov. 1906. 1906.
Fortges. u. d. T.: Feierlichkeit anl. der Übergabe d. Rektorates...

**Akt, der moderne. Studienmappe f. Künstler. 6. Aufl. (28 S. Abbildgn.) gr. 4. Berlin (903). [C. Messer & Co.] Berliner Zeitschriften-Vertrieb. 3. —**

Akt, d. moderne. Studienmappe f. Künstler. 6. Aufl. (28 S. Abb.) 4°.– Berl., Verl. f. mod. Lit. 1903.

**Akt, der Wiener. I. Serie. Fotografische Aufnahmen nach d. Natur, gestellt v. Eduard Büchler, aufgenommen v. Joh. Riediger. (24 Taf. m. IV S. Text.) 37,5×28 cm. Wien (XII, Schöpfergasse 6 Th. 6, Hetzendorf) (907). Kunstatelier „Vienna". In Mappe 6. —**

**Akta** i czynnosci sądowe tyczące się processu Polaków oskarzonych w roku 1847 o zbrodnią stanu. (Zeszyt 1—24.) 2 tomy. gr. 8. (599 u. 588 S.) Berlin 848. 49, Simion. (à Zeszyt 1/6 ₰) n. 4 ₰

**Akten** s.a. Acten

**Akten** s.a. Aktenstücke

**Akten** s.a. Landtagsakten

Akten. betreffend die Aufnahme des Kantons Neuenburg in den eidgenössischen Bund, im Jahr 1815. (Auszug aus dem Protokoll der eidgenössischen Tagsatzung von den Jahren 1814 und 1815....) 8. *o. O. u. J.*

Akten und authentische Auszüge aus dem Protocoll der Standes-Commission des Freystaats der drey Bünde. Sammt allen Einlagen der Deputirten der unterthänigen Provinzen des Veltlins und Clefen. welche diese gedachter im Jenner und Hornung Ao: 1790. zu Chur versammelten Standescommißion eingereicht.... Mit... Beleuchtungen. fol. Chur 1790.

Akten. betreffend: I. den Beschluss der Burgergemeinde von Bern, vom 13. Merz 1843; II. die Cassation dieses Beschlusses und III. die darauf erfolgte Abberufung des Präsidenten und 22 Mitglieder des dasigen Burgerraths. 8. Bern 1843.

**Akten** über die diplomatischen Beziehungen der römischen Curie zu der Schweiz 1512—1552. Hrsg. v. Caspar Wirz. *Basel: A. Geering 1895.* (2 Bl., LI, 534 S., 1 Bl.) 1 Bd 8.
— **Quellen** z. Schweizer Geschichte hrsg. v. d. allg. geschichtforsch. Gesellsch. d. Schweiz. Bd 16. [96. 1963

Akten und Briefe zur Kirchenpolitik Herzog Georgs von Sachsen. Hrsg. von Felician Gess. Bd 1.2. — Leipzig: Teubner 1905–17.
1. 1517-1524. 1905. 2. 1525-1527. 1917.
(Schriften d. Kgl. Sächsischen Kommission für Geschichte. 10.22.)
1: 4° Sq 612–10.22. 12: 2° Germ. sp. 340–10.22. 300: 440.904–B. Per. 10.22. 2. 3. 4. 5. 6. 7. 8. 9. 10. 11.
2.7003

— echte, heil. Märtyrer des Morgenlandes. A. d. Syrischen übers. v. Pius Zingerle. 2 Thle. gr. 8. (25¼ B.) Innsbruck 836, Wagner'sche Buchh.

Akten zu meiner Entlassung aus dem württembergischen Kirchendienst. Mit e. kurzen Vorbericht hrsg. von Chr(istoph) Schrempf. — Göttingen: Vandenhoeck & Ruprecht 1892. VIII,56 S.
1: Dn 9904. 12: Biogr. 1069 l. 5. 7. 11.
2.7007

— — 2. unveränd. Aufl. Ebd. 1892. VIII,56 S. 3. 7.
2.7008

Akten und Erläuterungen zur Geschichte des Diakonissenhauses der evangelischen Gemeinde zu Bukarest 1896–1900. Hrsg. vom Vorstand d. evang. Gemeinde. — Bukarest 1900: Gutenberg. 100 S. 1: Ui 30850/3.
2.7009

Gerichtliche Akten betreffend eine Recension der Gözischen Betrachtungen über das Leben Jesu auf Erden. — Frankfurt a. M. 1773. 48 S. 1: 15 in Dm 12006.
2.7012

Bundesrat (Schweiz). Akten betreffend den Geschäftsbericht. 1891 - 1897.

**Akten.** — Akten zur Geschichte des deutschen Bauernkrieges aus Oberschwaben. Hrsg. von Franz Ludwig Baumann. — Freiburg i. B.: Herder 1877. XII,444 S.
1: Ry 2408. 12: Germ. sp. 27 kl. 2. 3. 4. 5. 6. 7. 10. 11.
2.7015

Akten zur Geschichte der Verfassung und Verwaltung der Stadt Köln im 14. und 15. Jahrhundert, bearb. von Walther Stein. Bd 1.2. — Bonn: Behrendt 1893–95. (Publikationen d. Gesellschaft für Rheinische Geschichtskunde. 10.)
1: Th 92–10. 12: 4° Bcr. 43 bf–10. 300: 393.044–B. Per. 10. 2. 3. 4. 5. 6. 7. 8. 9. 10. 11.
2.7019

[**Akten**, die in dem ostseits rheinischen Teile des Regierungsbezirks Coblenz bestehenden Gesetze und Verordnungen betr. 1815–19.] Sammelbd.

**Akten** zum Hafenprozeß der Stadt Kiel ⟨1899–1904⟩ hrsg. von Carl Rodenberg. (Vorr.: Dr. F[ranz] Gundlach.) Kiel: Lipsius & Tischer 1908. (XI, 395 S.) 8° [F.]
— **Mitteilungen** d. Gesellschaft f. Kieler Stadtgeschichte. H. 23. [08. 9078 8

Die **Akten** des Jetzerprozesses nebst dem Defensorium. Hrsg. von Rudolf Steck. *Basel: Basler Buch- u. Antiquariatshandl. 1904.* (XL [vielm. LX], 679 S.) 8°
— **Quellen** z. Schweizer Geschichte. Bd 22. [04. 5687

Akten, betreffend die Klage d. Regierungsrathes d. Kantons Bern gegen Hrn. Regierungsr. Escher in Zürich, wegen angebl. Beschimpf. u. Verläumd. durch e. in die Neue-Zürcher-Zeitung aufgenomm. Artikel. Nebst e. Abhandl. üb. Erhalt. d. verfassungsmäß. Preßfreiheit. 8. (7¾ B.) Zürich 837, Wirz-Widmer. *

— des 5. internationalen Kongresses katholischer Gelehrten zu München v. 24.—28. IX. 1900. Compte-rendu du 5. congrès scientifique international des catholiques. gr. 8. (V, 517 S. m. 1 Taf.) München 901. (Herder & Co.) n. 8. —

Akten des zweiten internationalen Congresses für Sonntagsfeier, geh. in Bern am 9. und 10. Septbr. 1879. Reden und Berichte. gr. 8. (368 S.) Bern 879, Wyß. *

Akten des 2. internationalen Congresses f. Sonntagsfeier, geh. in Bern am 9. u. 10. Septbr. 1879. Reden u. Berichte. gr. 8. (368 S.) Bern 880. Wyß. n. 3. 60

Koptische Akten zum ephesinischen Konzil vom Jahre 431. Übers. u. Untersuchungen von Wilhelm Kraatz, Lic. *Leipzig: J. C. Hinrichs 1904.* (VI, 219 S.) 8°
= Texte u. Untersuchungen z. Geschichte d. altchristl. Literatur. 26, 2. (N. F. Bd 11, H. 2.) 04. 1. 167

— u. Korrespondenzen z. Geschichte d. Gegenreformation in Innerösterreich unter Ferdinand II., hrsg. v. J. Loserth., s. a. Fontes rerum Austriacarum. 60.

Akten und Korrespondenzen zur Geschichte der Gegenreformation in Innerösterreich unter Ferdinand II. Gesammelt u. hrsg. von J[ohann] Loserth. T. 1. 2. Wien: A. Hölder in Komm. 1906–07. 2 Bde 8°
1. Die Zeiten d. Regentschaft u. d. Auflösung d. protestant. Schul- u. Kirchenministeriums in Innerösterreich. 1590–1600. 1906.
2. Von d. Auflösung d. protestant. Schul- u. Kirchenminist. bis z. Tode Ferdinand II. 1600–1637. 1907.
— Fontes rerum Austriacarum. Abt. 2. Bd 58. 60. 08. 2246

Akten des Kriegsgerichts von 1758 wegen der Kapitulation von Breslau am 24. Nov. 1757. Namens des Vereins für Geschichte u. Alterthumskunde Schlesiens hrsg. von C[olmar] Grünhagen u. F[ranz] Wachter. - Breslau: Max 1895. XIII,168 S. (Scriptores rerum Silesiacarum 15.)
1: 4° Ta 502–15. 12: 4° Bor. 47f–15. 300: 2 R 14. Bu.
2. 3. 4. 5. 6. 7. 8. 9. 10. 11.
2.7033

Akten des Kriegsgerichts von 1763 wegen der Eroberung von Glatz 1760 und Schweidnitz 1761. Namens d. Ver. f. Gesch. u. Alterth. Schlesiens hrsg. v. Dr. Franz Wachter, Kgl. Archivar. M. 2 Pl. *Breslau: J. Max & C. 1897.* (XXXI, 213 S., 2 Pl.) 1 Bd 4.
= Scriptores rerum Silesiacarum. Bd 16. 98. 7670

Die Akten der Kriminal-Prozedur gegen Jakob Müller von Stechenrain und Mitschuldige wegen Tödtung des Rathsherrn Leu von Ebersol [Josef Leu], wörtlich getreu abgedr. [Hrsg.: W. Ammann.] H. 1–5. — Zürich: Schultheß 1846–47.
1.2. 1846. 3-5. 1847.
H. 1.2 s. auch u. d. T.: Die Voruntersuchungsakten und die Verhöre mit Jakob Müller ... in betreff des an ... Joseph Leu begangenen Mordes. 1846.
1 [∞H. 3–5]: Fy 13029. 12 [∞H. 4.5]: Crim. 1 cm. 7.
2.7035

Akten des Königl. Landgerichts zu Greifswald in Sachen des Steinsetzers Hermann Kurländer in Greifswald, Klägers, gegen den Bäckermeister Carl Rattenbach daselbst, Beklagten, wegen 600 Mark und Zinsen Rückforderung eines Spielverlustes ... Als Ms. zu Lehrzwecken gedr. — Greifswald 1885: Abel. 16 Bl. 11.
2.7036

**Akten.** — Akten des Königl. Landgerichts zu Greifswald in Sachen der Wittwe Schuster, Henriette geb. Bär zu Gützkow, Klägerin, ... gegen die unverehelichte Justine Bär zu Greifswald, Beklagte, ... wegen Legung eines Inventars und Herausgabe eines Nachlasses ... Als Ms. zu Lehrzwecken gedr. — Greifswald 1884: Abel. 7 Bl. 11.
2.7037

Akten des jetzt in der 3. Aufl. vor dem königl. Ober-Tribunal schwebenden interessanten Processes Leutholt wider den herzberger Gemeinheitsauseinandersetzungs-Commissarius als Beleg zum 2. Theile des zu Meister Carl Siegfried Heinrich's des Sanftmüthigen humoristisch-satyr. Briefes an das hohe Collegium der Kladderadatsch-Gelehrten gehörigen Textes des Kladderadatsch-Stückes, worin der alte Kritze in seinem gerechten Zorne pst. ff. Hrsg. von Joh. Friedr. Mentzendorff. gr. 8. (VIII und 256 S. mit 1 Holzschnt. in 4.) Herzberg 854. (Leipzig, Matthes.) *

Akten des Königlich Geheimen Obertribunals. Vol. speciale, die Brau- und Schank- Sachen von Minden, Moers, Lingen und Ostfriesland betr. (aus den J. 1650 bis 1779). [Hs.] Sammelbd.

— preussische u. österreichische, zur Vorgeschichte d. siebenjähr. Krieges, hrsg. v. Gust. Berth. Volz u. Geo. Küntzel, s.: Publikationen aus den k. preussisch. Staatsarchiven. 74. Bd.

Akten und Rechtsgutachten über die unter der Regierung Sr. Majestät des Königs Ernst August von Hannover durch dessen Ministerium des Innern ... gegen den Moor-Commissair [Johann Andreas] Wehner zu Göttingen verfügte und seit dem 1. Febr. 1840 bestehende Verstrickung. (Statt Ms. gedr.) — Stuttgart: Krabbe 1841. XXVIII,538 S. 7.
2.7042

— zur Reformthätigkeit Felician Ninguarda's insbesondere in Baiern u. Österreich während der J. 1572 bis 1577. Hrsg. v. Karl Schellhass. (Artikel 1—10.) (70, 59, 77, 64, 52, 36, 45, 30, 27 u. 32 S.) gr. 8. Rom 897—903. Loescher & Co. n.n. 12. —
Sonderabdruck aus: „Quellen u. Forschgn. aus italien. Archiven u. Bibliotheken".

Akten d. Basler Revolution 1798. 8°(138) – Bas. 1898, (Basler Buch- u. Antiquariatshandlg. vorm. A. Geering.)

Akten der Basler Revolution 1798. Auf Befehl d. Regierg. ges. gr. 8. (138 S.) Basel 898. (A. Geering.) n.n. 2. —

Akten und Recesse [Rezesse] der livländischen Ständetage. Mit Unterstützung d. baltischen Ritterschaften u. Städte hrsg. von Oskar Stavenhagen. Bd 1, Lfg 1–6. Bd 3. Riga: Deubner 1907–30.
1,1-6. (1304-1458.) 1907-30.
3. (1494-1535.) Bearb. von Leonid Arbusow. 1910.
Vollst. . . . . . . 1: 4° Uf 5061/54. 12: 4° Russ. 1b.
300: 563.106–C. 2. 3. 4. 5. 7. 8.
10. 11.
1,1-3 . . . . . . . . . . . . . . . . . . . . 6.
3 . . . . . . . . . . . . . . . . . . . . . 9.
2.7048

Rheinische Akten zur Geschichte des Jesuitenordens 1542—1582 bearb. v. Joseph Hansen. *Bonn: H. Behrendt 1896.* (LI, 837 S.) 1 Bd 8.
= Publikationen d. Gesellschaft f. rhein. Geschichtskunde. [Bd] 14.

[Aus den Akten des ehemaligen Schöppenstuhls in Brandenburg a.d. H.] [Metallogr.]
[Inhalt:]
Alphabetisches Verzeichniß der bemerkenswerthen Orts- und Personen-Namen und der auf die erstern bezügl. Prozeße in den Acten des ehemal. Schöppenstuhls zu Brandenburg a/H.
Alphabetisches Verzeichniß der Prozeße.
Liste der in den Acten des Schöppenstuhls zu Brandenburg vorkommenden Ortschaften adligen und nicht adligen Familien.

Akten, den Braunsberger Schulstreit betreffend. — Danzig (1871): Boenig. 29 S.
Aus: Archiv für katholisches Kirchenrecht. 1871,5. 5. 102.
2.7048

Die Akten des Prozesses Seidel in Braunschweig. Zsgest. von Paul Seidel. (Als Ms. gedr.) — Berlin 1898: Möser. 198 S. 4° 2. 7.
2.7049

— der Ständetage Ost- u. Westpreussens. Hrsg. v. M. Toeppen. [Publication d. Vereins f. die Geschichte der Provinzen Ost- u. Westpreussen.] 2. Bd. gr. 8. (VI, 823 S.) Ebend. 879. 80. n. 16. 80

Akten der Ständetage Ost- u. Westpreussens. Hrsg. v. M. Toeppen. [Publication d. Vereins f. die Geschichte der Provinzen Ost- u. Westpreussen.] 3. Bd. 2 Lfgn. gr. 8. (774 S.) Leipzig 881. 82. Duncker & Humblot. n. 16. —

— der Ständetage Preussens unter der Herrschaft d. Deutschen Ordens. Hrsg. v. M. Toeppen. 1. Bd. [Die Jahre 1233—1435.] 3. [Schluss-] Lfg. [Publication d. Vereins f. die Geschichte der Prov. Preussen.] gr. 8. (IV u. S. 383—786.) Leipzig 878. Duncker & Humblot. n. 8. — (1. Bd. cplt.: n. 17. 20)

—ungedruckte, zur Geschichte der Päpste vornehmlich im XV., XVI. u. XVII. Jahrh. Hrsg. v. Ludw. Pastor. 1. Bd.: 1376—1464. Mit Unterstützung der Administration des Joh. Friedrich Böhmerschen Nachlasses. (Auch m. latein. Titel.) (XX, 347 S.) gr. 8. Freiburg i/B. 901. Herder. n. 8. —; geb. in Halbfrz. n. 10. —

Ungedruckte Akten zur Geschichte der Päpste vornehmlich im xv., xvi. u. xvii. Jahrhundert. Hrsg. von Ludwig Pastor. Bd 1. *Freiburg im Br.: Herder 1901.* 8°
[Nebent.:] Acta inedita historiam pontificum romanorum praesertim saec. xv, xvi, xvii illustrantia. [04. 15600

**Akten der Erfurter Universität**, hrsg. von J. C. Herm. Weissenborn u. Adb. Hortzschansky, s.: Geschichtsquellen der Prov. Sachsen.

Akten betr. die gegen den Advokaten Joh. Konr. Häberli, von Bißegg, geführte Untersuchung, wegen des auf demselben ruhenden Verdachts eines wider den Pfarrer Bornhausen in Mazingen gehegten Mordanschlags. [Frauenfeld] 1831.

**— u. Urkunden der Universität Frankfurt a/O.** Hrsg. v. Geo. Kaufmann u. Gust. Bauch, unt. Mitwirkg. v. Paul Reh. 1. u. 2. Hft. gr. 8. Breslau (M. & H. Marcus). à n. 3. –
1. D. älteste Decanatsbuch d. philosoph. Facultät. 1. Thl. D. artist.-philosoph. Promotionen v. 1506—1540. Hrsg. v. Gust. Bauch. (84 S.) 897.
2. D. allgem. Statuten d. Univ. Frankfurt a/O. (1510–1610). Hrsg. v. Paul Reh (102 S.) 898.

**— u. Urkunden der Universität Frankfurt a. O.** Hrsg. v. Geo. Kaufmann u. Gust. Bauch, unter Mitwirkg. v. Paul Reh. 3. u. 4. Hft. gr. 8. Breslau, M. & H. Marcus. n. 7. —
3. Die Facultätsstatuten u. Ergänzgn. z. den allgemeinen Statuten der Universität Frankfurt a. O. Hrsg. v. Paul Reh. (V, 100 S.) 900. n. 3. —
4. Das älteste Decanatsbuch der philosoph. Facultät an der Universität zu Frankfurt a. O. 2. Thl.: Die artistisch-philosophisch. Promotionen von 1540 bis 1596. Mit e. Anh.: Ergänzgn. zu E. Friedlaender's Matrikel-Ausg. Hrsg. v. Gust. Bauch. (132 S.) 901. n. 4. – Hft. 1 u. 2. Ebd. 897. 898. à n. 3. –.

**— u. Urkunden der Universität Frankfurt a. O.** Hrsg. v. Geo. Kaufmann u. Gust. Bauch. 5. u. 6. Hft. Lex.-8. Breslau, M. & H. Marcus. n. 7. 60
5. Urkunden zur Güterverwaltg. der Universität Frankfurt a. O. Hrsg. v. Emmy Vosberg. (II, 124 S.) 903. n. 4. —
6. Aus dem ersten Jahrzehnt der Universität u. die ältesten Dekanatsbücher der Juristen u. der Mediziner. Festschrift zur 400jähr. Jubelfeier der Alma Mater Viadrina, 26. IV. 1906, hrsg. v. Gust. Bauch. (XX, 93 S.) 906. n. 3. 60 Hft. 1—4. Ebd. 897—901. n. 13. —.

Akten und Urkunden zur Geschichte des schlesischen Bergwesens. Oesterreichische Zeit. Gesammelt u. hrsg. von E[zechiel] Zivier. — Kattowitz O.-S.: Böhm 1900. IV, 493 S.
1: 4° Ot 6194. 12: 4° Metall. 3 c. 300: 403.631–C. 2. 5. 7.
2.7060

**Akten, Urkunden und Nachrichten zur neuesten Kirchengeschichte.** [Hrsg.: Christian Wilh. Schneider.] Bd 1–3 (zu 10, 15 u. 12 St.).
Weimar: Hoffmann 1788–93. 8° 12, 29, 37
ℭ Vorher u. d. T.: Acta historico-ecclesiastica nostri temporis. Weimar 1774 ff.

Vatikanische Akten zur deutschen Geschichte in der Zeit Kaiser Ludwigs des Bayern [Ludwig IV. Römisch-deutscher Kaiser]. Hrsg. (von Sigmund Riezler) durch die Historische Commission bei der Kgl. Akademie der Wissenschaften. — Innsbruck: Wagner 1891. XXIV, 926 S.
1: 4° Rx 22387. 12: 4° Germ. g. 0 p. 300: 90.763–C [u.] 39.600. 2. 3. 4. 5. 6. 7. 8. 9. 10. 11.
2.7062

Akten, betreffend die in das Publikum geworfenen Verdächtigungen gegen Bern in Rücksicht auf den Einmarsch der alliirten Truppen in die Schweiz im December 1813. — Bern: Haller 1814. 36 S.
12: Don. Lud. XLI, 2. 300: 39.725–B.
2.7063

Akten, betreffend die in das Publikum geworfenen Verdächtigungen gegen Bern in Rücksicht auf den Einmarsch der alliirten Truppen in die Schweiz im Dec. 1813. [Nebst] Forts. u. Beschluß. — Ebd. (1815).
1: Rv 465. 12: Helv. 30. 300: 39.754–B.
2.7064

Vollständige Akten in der von Sr. Kayserlichen Majestät dem regierenden Herrn Burggrafen von Kirchberg in der künftigen Sayn-Hachenburgischen Successions-Sache per Rescriptum de 7. Januarii 1787 aufgetragenen Untersuchungs-Sache mit den darinn erstatteten commissarischen Berichten und weiter ergangenen Reichshofraths Conclusis. — o.O. 1787. 116 S.
12: 2° J. publ. G. 454–1. 2.
2.7070

Akten, welche der Rheinschiffahrts-Central-Commission zur Entscheidung einer Klage des Rhein-Schiffers Bauduin gegen den Dampfschiffs-Kapitain Schmitz und die Rheinische Dampfschiffahrts-Gesellschaft zu Köln vorliegen. — Köln (1858): Greven. 103 S. 1: Sa 6724.
2.7047

Akten und thatmässige Widerlegung einiger der gröbsten Unwahrheiten und Verleumdungen, welche in der Schrift: Blicke auf Sachsen, seinen König und sein Volk, zur Beherzigung seiner Mitbürger von einem Sachsen. Mit dem Motto: in veritate non est iniuria, enthalten sind. 8. Deutschland 1815.

Akten d Central-Verwaltung des Vers z Schutze dter Einwanderer in Texas betreffend. In the archives at Schloß Braunfels, Oberhessen, Gy. Photostats of all mss are available in the Div of Mss, Lib of Cong, Wash.

**Aktenauszüge** aus dem Untersuchungsprozeß über Carl Ludwig Sand nebst andern Materialien zur Beurtheilung desselben und Augusts von Kotzebue. Altenburg & Leipzig 1821. 312 S.

**Aktenmaterial** betr. die Bauverpflichtungen der Nordostbahn. gr. 8. (44 S.) Zürich 887. Orell Füssli & Co. Verl. n. 1. —

**Aktenmaterial** betr. das Verhältnis der Stadtgemeinde Berlin zur Großen Berliner Straßenbahn. Mitgeteilt von d. Städt. Verkehrsdeputation zu Berlin. Abt. 1. Berlin 1908: W. & S. Loewenthal. 8° [ℑ. u. Ant.] 108. 9070

Aktensammlung s.a. Actensammlung

Aktensammlung, s.a. Aktenstücke

**Aktensammlung.** — Aktensammlung über die Entlassung des Prof. D. [Wilhelm Martin Leberecht] de Wette vom theologischen Lehramt zu Berlin. Zur Berichtigung des öffentlichen Urtheils von ihm selbst hrsg. — Leipzig: Vogel in Comm. 1820. IV, 46 S.
1: Av 22881. 12: Biogr. 1240t. 2. 4. 5. 7. 8. 10. 11.
2.7076

**Aktensammlung zur Geschichte der Zürcher Reformation.** Siehe: *Egli.*

**Aktensammlung der schweiz. Reformationsgeschichte,** siehe: **Strickler.**

**Aktensammlung** Gegen die Aktens', welche der Professor D. [Wilhelm Martin Leberecht] de Wette über seine Entlassung vom theologischen Lehramte zu Berlin... hrg. hat. 8. Berlin 1820.

**Aktenstueck.** — Aechtes Aktenstück des Emser Kongreßes. Oder Antwortschreiben Seiner Hochfürstlichen Gnaden zu Speier (August Graf v. Styrum) an Seine Kurfürstliche Gnaden zu Mainz in betreff der Emser Punkten. Mit 2 Beyl. — o.O. 1787. 47 S. 12: Conc. 93 b/4 [u. 5.] 7.
2.7082

Aechtes **Aktenstück** der Lästerung, Verläumdung u. Unverschämtheit aus dem Bönnischen Universitäts-Briefschranke aufgeklärt von dem catholischen Pfarrer zu Calenberg. Düsseldorf 1790.

**Aktenstück,** die Expropriation zum Bau der deutschen **Bundesfestung** in Ulm betreffend. (Ulm 1842.) 4°.

Aktenstück, die Expropriation z. Bau d. deutschen Bundesfestung Ulm betreff. Hrsg. v. Göriz. 4. (5½ B. u. 3 Stnt.) Mannheim 846, (Hoff). *

Aktenstücke, s. a. Actenstücke.

Aktenstücke s.a. A k t e n

Aktenstücke s.a. A k t e n s a m m l u n g

Aktenstücke. Aktenst'. Aufrüfe zur Verwerfung der neuen Verfassung des Kanton Basel. (Basel den 1. Merz 1831.) 4. [Basel.]

A k t e n s t ü c k e betreffend Karl Könitzer's Abschied von Wien, am 30. März 1854. 8. (12 S.) Wien. Druck von Keck und Pierer. 1854.

Aktenstücke, amtliche, über Einführung der zwangsweisen Mobiliarversicherung, s. a. : *Schweizer Zeitfragen Nr. 8.*

Aktenstuecke. — Versicherungswesen. Amtliche Aktenstücke über Einführung der zwangsweisen Mobiliarversicherung in der Schweiz. — Zürich: Füssli 1879. 50 S. (Schweizer Zeitfragen. 8.)
1:Ru 607–8.
2.7084

Aktenstücke, ämtliche, betreffend die Verhandlungen über die Union Siebenbürgens mit dem Königreiche Ungarn. Lex 8°. (186 S.) – Hermannstadt. Steinhaussen's B. (A. Schmiedecke.) Sep.-Cento. 1864.

Aktenstücke, ämtliche, betreffend die Verhandlungen über die Union Siebenbürgens mit dem Königreiche Ungarn. Fortsetzung. gr8° (S. 191 - 288.)– Hermannstadt, Steinhaussen's Buchh. (A. Schmiedicke.) Sep.-Cento. 1867.

Aktenstücke, a m t l i c h e, die Wahl d. Oberpfr. Werner zu Guben zum Pastor v. St. Jacobi in Berlin betr., nebst e. Vorberichte. gr. 8. (46 S.) Guben 880. Koenig. n. — 75

Aktenstücke zur Amtsentsetzung des königl. preuß. Appellationsgerichts-Vizepräsidenten v. Kirchmann. gr. 8. (102 S.) Berlin 867, Springer's Verlag. *

Aktenstücke, die neuesten Angelegenheiten der Stadt Thorn betr. — Thorn: Lohde (1830). 11 S.
1:4° Sz 9900. 10.
2.7091

— in orientalischen Angelegenheiten. Präliminarfriede v. San Stefano. Congress-Protokolle u. Vertrag von Berlin. gr. 4. (165 S. m. 1 lith. u. color. Karte in gr. Fol.) Wien 878. k. k. Hof- u. Staatsdruckerei. n. 8. 20

Aktenstücke, betreffend die Anlage einer Verbindungs- und Hafen-Bahn in Frankfurt a. M. Als Ms. gedr. — o. O. [um 1860]. 49 S.
1:4° Nz 33592.
2.7093

Aktenstücke, die Anlegung eines Rhein-Main-Kanals betr.– Frankfurt a. M. 1874.

Aktenstücke nebst Anmerkungen zur Beurtheilung seines Streites mit Herrn Geh. Rath und Prof. [Friedrich August] Wolf. Dem unparteyischen Publikum vorgelegt von T[raugott] G[otthilf] Voigtel. — Berlin 1807. 56 S.
1:7 in Am 95. 2. 5. 7.
2.7094

Aktenstücke, die a r a b i s c h e n, über d. Ermordung d. P. Thomas u. s. Dieners in Damaskus. In d. Deutsche übers. nach d. wörtl. Uebertrag. im l'Univers v. A. v. Morell. gr. 8. (4⅛ B.) Nürnberg 843, J. L. Schrag.

Aktenstücke, die Aufhebung des Klosters Neuenzelle in der Niederlausitz betr. 1. — Altenburg: Brockhaus 1817. 29 S.
1:Td 7718. 2. 102P.
2.7096

Aktenstücke und Aufsätze, die neueste Geschichte Norwegens betr. 1. — [Altona: Hammerich] 1814. 84 S.
12:H. sept. 60 o/1. 2. 8.
2.7097

Aktenstücke über die contagiöse Augenentzündung. Auf Veranlassung des Ministeriums ... hrsg. [von Johann Nepomuk Rust]. Samml. 1. — Berlin: G. Reimer 1822. XXX,226 S.
1:Km 6480. 300:70 Bb 158. 2. 3. 5. 7. 8.
2.7098

Aktenstücke über die Leipziger Augustnacht. Vollständige Sammlung sämmtlicher über die Ereignisse des 12. August 1845 ergangenen Adressen und officiellen Bekanntmachungen, nebst den commissarischen Erörterungen. Mit e. Plane des Rossplatzes u. seiner Umgebungen. Leipzig: Pönicke 1845. 46 S.
7.
2.7099

— betr. d. A u s s c h e i d e n d. Missionare Kempf, Näther u. Mohn a. d. Leipziger Mission. J. Auftr. d. Missionskollegiums hrsg. von v. S c h w a r t z. gr. 8. (186 S.) Leipzig 895. [J. Naumann's Sort.] Verlag d. evang.-luth. Mission. n. 1. —

Aktenstücke (Berichte über die Kolonialverhältnisse in den brasilianischen Provinzen), betr. die Auswanderung nach Brasilien. (Veröffentl. auf Anordnung des Bundesrathes). — (Bern 1857—1864).

Aktenstücke, die, bezüglich der A u s w e i s u n g u. momentanen Verhaftung Friedr. Rohmers. gr. 8. (IV u. 62 S.) München 851. (Nürnberg, Korn.) n. ½ ß

Die Aktenstücke bezüglich der Ausweisung und momentanen Verhaftung Friedrich Rohmers. — München 1851 (:Schurich). IV,62 S.
12: Bavar. 4084–28. 7.
2.7101

Aktenstuecke. — Aktenstücke und Auszüge aus den am 13. Jenner 1831 in Binningen und Mönchenstein aufgefangenen Papieren der baslerischen Insurgenten. — Basel [1831]: Schweighauser. 86 S.
1:Ru 9424/6. 7.
2.7102

Authentische Aktenstücke aus den Archiven des Deutschen Bundes, zur Aufklaerung über die hochverrätherischen Umtriebe der deutschen Fürsten. [Hrsg.: Gustaf Kombst.] — Strassburg 1835: Schuler. VIII,94 S.
12: Germ. g. 519 k/1. 2. 4. 5. 7.
2.7103

Authentische Aktenstücke aus Archiven des deutschen Bundes. Herausgegeben von Gustav Kombst. 2. Aufl. Leipzig, Fleischmann 1838. 150 S. 8°.

Authentische Aktenstücke als Beiträge zur Statistik der dänischen Staaten in den letztern siebziger Jahren, aus den Papieren eines ehemaligen Staatsmannes am Hofe dieses nordischen Reiches. — [Lübeck: Aschenfeldt] 1795. 326 S.
1:U 746. 3. 7. 8.
2.7105

A u t h e n t. A k t e n s t ü c k e zur Geschichte des Bruchs zw. Gorssbritannien u. Preussen. 8. s. l. 1806.

Authentische Aktenstücke wegen dem zu Rom theils betriebenen, theils abzuwenden getrachteten Verdammungsurtheil über das Stattlerische Buch: Demonstratio catholica. [Hrsg.: Benedikt Stattler.] — Frankfurt & Leipzig 1796. 176 S.
1:Fq 5004. 12: Polem. 32. 2. 5. 6.
2.7107

Aktenstücke über die Behandlung d. gemischten Ehen in Preußen. gr. 8. (3½ B.) Friedberg 838, Landauer. (Augsburg, Kollmann.)

—— und Belege üb. d. Bruch d. Neutralität Preußens gegen Polen. 8. (8½ B.) Fürth 832, Korn'sche Buchh.

Aktenstücke und Beläge [Belege], die am 6. November 1861 allerhöchst genehmigte Vereinigung der Standbilder [Gotthold Ephraim] Lessing's, [Friedrich v.] Schiller's und [Johann Wolfgang v.] Goethe's vor dem Königlichen Schauspielhause zu Berlin betr. ⟨Vom Anfang 1861 bis 12. Nov. 1867.⟩ Im Auftr. des Lessing-Comité hrsg. — Berlin: G. Reimer 1870. IV,115 S.
1:Au 17515.
2.7111

Aktenstücke. Aktenst' zu Beleuchtung der Berathung, welche den 11. April 1800. bei der Gesetzgebung statt hatte. 8. Bern 1800.

Aktenstücke. Einige Aktenst' zur Beleuchtung der im Entlassungs-Begehren ... des Hrn. Antistes (Friedrich) Hurter enthaltenen Beschuldigungen gegen Herrn Pfarrer (Alexander) Beck. Hrg. von einer Anzahl hiesiger Bürger. 8. Schaffhausen 1841.

Aktenstücke. Aktenst zur Beleuchtung der jüngsten politischen Ereignisse im Kanton Basel. (1831 August 31 – September 13.) 4. *o. O.*

**Aktenstücke.** Aktenst' zur Beleuchtung des Prozesses gegen den Bürger Pfarrer [Johann] Jakob Schweizer... wegen seiner Schrift: Entwurf eines Memorials an die Vollziehungs-Commission und die helvetische Regierung in Bern. 8. Zürich 1800.

Aktenstücke zur Beleuchtung der badischen Territorial-Frage. — Deutschland 1818. XL,77 S.
12: Bavar. 33. 300: an • 28 J 25 [u.] 19.775. 8.
2.7113

— 2. verb. u. verm. Aufl. Ebd. 1818. XVII [vielm. XLVII], 77 S. 7.
2.7114

Aktenstücke zur Beleuchtung des Verhältnisses des Stiftes Einsiedeln zum Kloster Fahr. (Hrsg.: Basilius Abt [v. Einsiedeln].) — Einsiedeln 1880: Eberle, Kälin & Co. 134 S. 1: Rv 7268.
2.7115

— der ärztlichen Berathungs-Kommission zu München im Wintersemester 1850. Mit Genehmigung d. k. Staatsministeriums des Innern hrsg. v. dem Sekretair dieser Kommission Ludw. Ditterich. gr. 8. (VIII u. 202 S.) München 850, Exped. der neuen medicin.-chirurg. Zeitung. n. 1⅓ ₰

[Aktenstuecke, betr. den Bergarbeiterstreik im Jahre 1905.] [Hrsg. vom] Ver. f.d. bergbaul. Interessen im Oberbergamtsbezirk Dortmund. Essen, 1905. 2°.

AKTENSTÜCKE UND BESCHLÜSSE der 2. Versammlung des Kongresses deutscher Volkswirthe in Betreff der Gewerbefreiheit und der Reform des Zollvereinstarifs. (Ohne bes. Titelblatt. — Berlin, 1. November 1859. Druck von Eduard Krause in Berlin.) 4°.

Aktenstücke wegen Besitznahme von Schwedisch-Pommern durch kaiserl. französische Truppen im Januar 1812. Aus d. Schwed. übers. — Stralsund: Kgl. Reg. Buchh. (1812). 40 S. 9.
2.7133

Aktenstücke zur Beurtheilung der Staatsverbrechen des Südpreussischen Kriegs- und Domainenrathes [Jos.] Zerboni [diSposetti] und seiner Freunde. [Kalisch]. 1800. 299S. 8°
Kl. 2730. Kloss gibt Mainz: Vollmer als Verlag an.

Aktenstücke zur Beurtheilung der von dem Appellations-Gerichte der freien Stadt Frankfurt gegen den Advocaten Dr. [Friedrich Siegmund] Jucho verfügten Suspension von der gerichtlichen Praxis. — Frankfurt a. M. 1853: Sauerländer. 16 S. 1: Fy 13534.
2.7137

Aktenstücke die altkatholische Bewegung betreffend, mit einem Grundriss der Geschichte derselben. Zugleich als Forts. und Erg. der „Sammlung der Aktenstücke zum ersten vatikanischen Concil". Von Emil Friedberg. — Tübingen: Laupp 1876. X,534 S.
1: Do 17480. 2. 3. 5. 6. 8. 11.
2.7139

— Ebd. 1876. X,534 S. (Zeitschrift für Kirchenrecht. Erg.Bd 1876.)
300: 392.706–B. Per. Erg. Bd 1876. 3. 4. 7. 8. 9. 10.
2.7140

Aktenstücke und Briefe zur Geschichte Kaiser Karl V., mitgeteilt aus dem kaiserl. Haus-, Hof- und Staatsarchive zu Wien von K. Lanz. [Monumenta Habsburgica II, 1.] (XXXVI. 565) 8. Wien 1853.

[F.] **Aktenstücke** in Sachen: Evangelischer Bund gegen von Bülow. (Vorr.: Carl Fey.) *Leipzig: C. Braun 1898.* (19 S.) 8.
= **Flugschriften** d. Evangel. Bundes. [No] 149. '(Reihe 13, 5.)' [98. 2825

**Aktenstücke** betr. das Bündniß vom 26. Mai [1849] u. die Deutsche Verfassungsangelegenheit. Berlin: Decker.
Bd 1. 1849. [Nebst] N. F. Bd 1. 1. Provisorische Bundes-Kommission. 2. Verhandlungen mit den, dem Bündniß vom 26. Mai nicht beigetretenen Regierungen. 1849.
„ 2. H. 1. Die veröffentl. Protokolle der Sitzungen d. Verwaltungsraths der verbündeten Deutschen Regierungen vom 5. Okt. bis 17. Nov. 1849. 1849.
„ 2. Die veröffentl. Verhandlungen des Verwaltungs-Rathes vom 13. Febr. bis 23. Mai 1850, so wie die Verhandlungen des Deutschen Reichstages zu Erfurt vom 20. März bis 29. April 1850 u. Aktenstücke. 1851.
„ 3. Die Protokolle der Sitzungen der Konferenz der verbündeten deutschen Regierungen vom 10. bis 14. Mai 1850, die veröffentl. Verhandlungen des provisor. Fürsten-Kollegiums vom 12. Juni bis 22. Okt. 1850, u. Aktenstücke. 1851.

— Aktenstücke für die Deutschen, oder Sammlung aller officiellen Bekanntmachungen in dem Kriege von 1813. H. 1-4. — Dresden: Arnold [1813].
1-4 . . . . . . . . . . . . . . . . 4. 11.
1.3 . . . . . . . . . . . . . . . . 10.
1 . . . . . . . . . . . . . . 12: Eur. 871-14.
2.4 . . . . . . . . . . . . . . 1: Qn 7565.
2.7148

Aktenstücke, betreffend den Dienst-Austritt des Prof. R. v. Mohl in Tübingen. gr. 8. (5½ B.) Freiburg 846, Herder's Vrlsh. Thlr.

Aktenstücke der Russischen Diplomatie. Herausg. u. eingeleitet von Friedr. Paalzow. 1—3. Liefg. Berlin 854. Besser's Verlhdlg. gr. 8. (XII, 76; XXVIII, 121; XLIV, 116 S.) 1.: n. 15 ngr; 2. u. 3.: à n. 22½ ngr

Aktenstücke der russischen Diplomatie. Hrsg. u. eingel. von Friedrich Paalzow. Lfg 1-3. — Berlin: Duncker 1854.
1: Ue 330. 12: J. publ. E. 298 h. 2. 5. 7. 8. 10. 11.
2.7152

**Aktenstücke, diplomatische, betr. Bosnien u. die Hercegowina Oktbr. 1908—Juni 1909. Hrsg. vom k. u. k. Ministerium des Äussern. (XII, 143 S.) 31,5×24,5 cm. Wien 909. (Hof- u. Staatsdruckerei.) 3.—.**

**— u. Dokumente, diplomatische, üb. die internationale Konferenz in Algeciras. 1905—1906. Hrsg. vom k. u. k. Ministerium des Äussern. (VI, 451 S.) 4. Ebd. 906. n. 7.—**

**— diplomatische, üb. die Handelsvertrags-Verhandlungen m. Serbien. 1905—1906. Hrsg. vom. k. u. k. Ministerium des Äussern. (IV, 27 S.) 4. Wien 906. (Hof- u. Staatsdruckerei.) n. 2.—**

**— diplomatische, üb. die Reformation in Makedonien, 1902—1906. Hrsg. vom k. u. k. Ministerium des Äussern. (X, 191 S.) 4. Wien 906. (Hof- u. Staatsdruckerei.) n. 4.—**

K. u. K. Ministerium d. Äusseren. Diplomatische **Aktenstücke** über die Reformaktion in Mazedonien. 1906–1907. Wien 1907: K. k. Hof- u. Staatsdr. (XII, 175 S.) 4° [08. 1481

— betr. die Disciplinaruntersuchung des königl. evangelisch-lutherischen Consistoriums zu Kiel wider den Diaconus Diekmann in Wesselburen. gr. 8. (114 S.) Kiel 878. Lipsius & Tischer. n. 1. 80

Aktenstücke, die, des Disciplinarverfahrens gegen d. Privatdozenten Dr. Arons. gr. 8. (38 S.) Berlin 900. G. Reimer. —. 50

Aktenstücke betreffend das vom Königl. Consistorium der Provinz Brandenburg über mich verhängte Disciplinarverfahren [Disziplinarverfahren] wegen meines Vortrags „Ueber die wunderbare Geburt Jesu". [Hrsg.: Adolf] Sydow. Samml. [1.]⟨2⟩. — Berlin: Henschel 1873.
1.2 . . . . . . . . . . . . . . . . . 4. 5. 11.
1 . . . . 12: H. ref. 365 u. 300: 146.433–B. 9. 10.
2 . . . . . . . . . . . . . . 1: an Dn 7528. 7.
2.7194

— 2. Aufl. [Samml. 1.] Ebd. 1873. 1: Dn 7528. 7.
2.7195

— drei. Für Denkende aller Confessionen. Heidelberg 865, Weiß in Comm. 8. (21 S.) n. 2½ ngr

Aktenstücke, drei, der in Würzburg versammelt. Erzbischöfe u. Bischöfe Deutschlands. I. Denkschrift. II. Hirtenschreiben an den gesammten Clerus. III. Hirtenworte an die Gläubigen ihrer Diöcesen gr. 8. (36 S.) Regensburg 848, Manz. ⅛ ₰

— dies. gr. 4. (13 S.) Würzburg 848, Stahel'sche B. 4 ngr

— drei, Union u. Lutherthum betreffend. Zur Aufklärg. u. Verständigung üb. d. Austritt einiger Pommer'schen Geistlichen aus d. unirten Landeskirche Preußens, dargeboten von einem ders. gr. 8. (40 S.) Leipzig 848. (Dörffling u. Franke.) 6 ngr

Drei **Aktenstücke** über das Verhalten der Minorität auf den Volkstagen zu Frankfurt am Main vom 31. März bis 5. April 1848. – (Frankfurt a.M.) 1848. 16 S. 2.
2.7199

**Aktenstuecke.** — XXXIII [Dreiunddreissig] Aktenstükke die vom französischen General [Adam Philippe Cte de] Cüstine an die Reichsstadt Frankfurt am 22. Oktober 1792 geforderte und zum Teil bezalte Brandschazzung von zwei Millionen Gulden betreffend. — Frankfurt a.M. [um 1792]: Varrentrapp & Wenner. 40 S. 1:Si 5340.
2.7201

— in der Angelegenheit d. Privatdocenten Dr. Dühring, veröffentlicht durch die philosoph. Fakultät d. königl. Universität zu Berlin. gr. 8. (36 S.) Berlin 877. G. Reimer. n. — 50

**Aktenstücke** zur Einführung in das Prozessrecht. Von Dr. Friedrich Stein, Prof., u. Dr. Richard Schmidt, Prof. 7. Aufl. [1.] Tübingen: Mohr 1910. 8° [10 18019

**Aktenstücke.** Akten-St', betreffend die Entsetzung des Regierungs-Statthalters des Cantons Bern. Augstmonat 1801 s. (Bay, [David Rudolf]).

**Aktenstücke über den Entwurf einer Kreisordnung für die 6 östlichen Provinzen der Preußischen Monarchie eingebracht in der 29. Sitzung des Hauses der Abgeordneten am 21. März 1860. Berlin, 860. v. Decker. gr. 8. (195 S.)** 12 *ngr.*

—— über die Entziehung der der freien Gemeinde in Magdeburg ertheilten Conzession. Unter Benutzung amtl. Quellen hrsg. gr. 8. (47 S.) Magdeburg 853, Baensch. *

Aktenstücke über das Ereigniß vom 28ten April in Rastatt. o.O. 1799. 16 S. 4.
2.7207

— zur Ergänzung u. Berichtigung d. Druckschrift, betit.: Dr. Heinr. Stephani's Geschichte seiner Amtssuspension als Dekan u. Stadtpfarrer zu Gunzenhausen in Baiern ꝛc. Amtlich bekannt gemacht. gr. 8. ($4\frac{1}{2}$ B.) München 836, Franz.

**Aktenstücke. Aktenst' und Erläuterungen zur Gotthardfrage. Hrg. vom Aktionskomitee gegen den Gotthardvertrag. 30 S. 8. Zürich, Rascher & Cie, (1910). [fr. —. 30]**

Aktenstücke über die Ermordung d. P. Thomas u. seines Dieners in Damaskus. Ins Deutsche übersetzt von A. v. Morell. gr. 8. Nürnberg 1843, Schrag.

Aktenstücke der in Würzburg (im Oktbr., Novbr. 1848) versammelten Erzbischöfe und Bischöfe Deutschlands. gr. 4. Würzb., Stahel'sche B. 4 Ngr. — 15 kr.

Aktenstücke über die Excommunication [Exkommunikation] des vormaligen Pfarrers zu Struth, Christoph Breitenbach. — Iserlohn 1846. 8 S.
1:15 in Cq 8057.
2.7209

**Aktenstücke zur Angelegenheit des Pfarrers D. M. Fischer an der Markusgemeinde in Berlin. Hrsg. vom Vorstande des deutschen Protestantenvereins. (V, 51 S.) gr. 8. Berlin 905. C. A. Schwetschke & Sohn. n. 1.—**

**Aktenstücke zur Angelegenheit des Pfarrers Fischer. Jetzt: Leipzig, M. Heinsius Nachf.**

**Aktenstuecke.** — Aktenstücke, die Fortsetzung des gegenwärtigen Reichs-Kriegs betreffend. — o.O. 1797. 39 S. 2°
12: J. publ. G. 484,13. 7.
2.7213

— zur deutsch-dänischen Frage aus den J. 1861—1863. Herausg. von L. K. Aegidi u. Alfr. Klauhold. (Juli- u. August-Heft d. Staatsarchivs.) Hamburg, 863. O. Meissner. gr. 8. (VIII, 271 S.) n. 1 *ℛ* 15 *ngr.*

**Aktenstücke** zur deutschen Frage. 1. Provisorische Bundes-Kommission. 2. Verhandlungen mit den dem Bündniß vom 26. Mai nicht beigetretenen Regierungen. 3. Verhandlungen des Verwaltungsraths. Berlin, Decker 1849. IX 61, X 100 S. 4. (Angeb.: Entwurf der Verfassung des deutschen Bundesstaates nebst Entwurf eines Wahlgesetzes. Berlin 1849. 24 S. 4. Protokollarische Verhandlungen der Konferenz der verbündeten deutschen Regierungen in den zu Berlin stattgehabten Sitzungen. Vom 10.—15. Mai 1850. Mit Anlagen. Berlin, Decker 1850. 4.)

— zur Frage der Erbfolge im Herzogth. Braunschweig. gr. 8. (68 S.) Hannover 885. Weichelt. n. — 50; feine Ausg. n. 1. —

— zur Frage der Gotthardbahn. Febr. 1869 bis Ende April 1870. Berlin 870. J. Springer. gr. 8. (52 S.) n. 10 *ngr.*

— zur orientalischen Frage. Nebst chronolog. Uebersicht zusammengestellt v. J. v. Jasmund. 1. Bd. u. 2. Bd. 1—3. Abth. Berlin 855, 56. Schneider u. Co. gr. 8. (1 Bd.: 2 Bl., LXVIII, 480 S.; 2. Bd.: XVI, 524 S.) Jeder Bd. n. 2 *ℛ*

—— dass. — 2. Bd. gr. 8. (XXXIV und 524 S.) Ebds. 855—56. *

— zur orientalischen Frage. Nebst chronolog. Uebersicht zusammengestellt von J. v. Jasmund. 3. Bd. Berlin, 859. F. Schneider. (R. Wagner.) gr. 8. (XIV, 250 S.) n. 1 *ℛ* 10 *ngr.*

**Aktenstücke** zur schleswig-holsteinschen Frage. Waffenstillstand von Malmoe vom 26. August 1848. Gedruckt für die Mitglieder der deutschen Nationalversammlung. Frankfurt am Main 1848. VI 96. 4.

**Aktenstücke** zur schleswig-holsteinschen Frage. Waffenstillstand von Malmoe vom 26. August 1848. Kiel, C. Schröder u. Comp. 1848. X 113 S. 8.

Aktenstücke zur schleswig-holsteinischen Frage. Waffenstillstand d. d. Berlin den 10. Juli 1849. Schleswig 1849. 59 S. 8.

—— gesammelte, des Vereins z. Schutze deutscher Einwanderer in Texas. gr. 8. ($5\frac{1}{2}$ B. u. 1 Karte in Fol.) Mainz 845, v. Zabern. *

Aktenstücke zur Geschichte und Charakteristik unserer Zeit", 1. (einziger) Band, Heft 1 bis 3, Leipzig 1848. — Vorh.: Com. Bibl. Hamburg.

**— zur Geschichte des Meißner Domes, s. a. Veröffentlichungen des Meißner Dombauvereins. II.**

**Aktenstücke** zur Geschichte des Meißner Domes. Hrsg. von d. Vorstande d. Meißner Dombauvereins. Meißen 1904: Klinkicht. 20 S. 4° (Veröffentlichungen d. Meißner Dombauvereins. 2.) [09. 12807

Aktenstücke zur geheimen Geschichte des Hermesianismus. Ein Briefwechsel nebst Beilagen ... veröffentlicht von P[eter] J[osef] Elvenich. — Breslau & Oppeln: Graß, Barth & Co. 1845. 95 S.
1: Do 14950. 12: Dogm. 1177. 2. 4. 5. 6. 7. 9. 11.
2.7241

— zur Geschichte der Jesuiten-Missionen in Deutschland 1848—1872. Hrsg. v. Bernh. Duhr, S. J. (XV, 467 S.) gr. 8. Freiburg i/B. 903. Herder. n. 7. —; geb. in Leinw. n. 8. 20

In rei memoriam. Aktenstücke zur Geschichte der kirchenpolitischen und kirchlichen Kämpfe der siebenziger Jahre, gesammelt u. mit Bemerkungen begl. von Augustin Keller. — Aarau: Sauerländer 1883. VIII, 492 S.
1: Fq 9720. 12: J. can. P. 559 h. 3. 7.
2.7248

— zur neuesten Geschichte der Preuß. Polizei. Gleichzeitig zur Grenzberichtig. zwischen Justiz u. Polizei. Mitgeth. v. Heinr. Simon. 8. (71 S.) Leipzig 847, Blum & Co. (Friese.) 9 *ngr.*

—— zur neuesten Geschichte der preuß. Polizei. Gleichzeitig zur Grenzberichtigung zwischen Justiz und Polizei. Mitgetheilt von Heinr. Simon. 8. (71 S.) Leipzig 847, [Matthes.]

**—— zur neuesten Geschichte Preußens 1863. I. und I. 2. gr. 8. Berlin 863, Springer's Verlag.** * —

**Inhalt:**

I. Verwarnungen. 1. Heft. Juni. Juli. (64 S.) $7\frac{1}{2}$ Ngr.
I. 2. Verwarnungen. 2. Heft. August. September. October. (39 S.) 5 Ngr.

— zur neuesten Schleswig-Holsteinischen Geschichte. 1. Hft.: Die Verhandlungen zwischen der Statthalterschaft v. Schleswig-Holstein u. den v. Oesterreich u. Preußen, Namens des Deutschen Bundes, ernannten Commissairen im Jan. 1851. gr. 8. (VIII u. 143 S.) Leipzig 851, W. Engelmann. n. 5/6 ℛ — 2. u. 3. Hft. 'Die Zeit der provisor. Regierung v. Schleswig-Holstein 1848. gr. 8. (VIII u. 645 S.) Ebd. 852. n. 3 ℛ (1—3.: n. 3 5/6 ℛ)

Aktenstüke, zur Geschichte der österreichischen Niederlande gehörig. (Aus d. Franz.) H. 1-4. — [Wien: Krauss] 1787.
12: Belg. 2f [u.6.] 300: 19 J 22. 2. 7.
2.7258

— [1.] Ebd. 1787.
Anderer Druck.
2.
2.7259

— einige, zur Geschichte des Sächsischen Prinzenraubes. Abgedr. aus der „Zeitung für Stadt u. Land". Mit e. Protestation gegen neuere Verunglimpfungen der Wahrheit u. des Rechts in Sachen des Prinzenraubes. (Von J. Gersdorf.) Altenburg 855. (Jacob.) 16. (83 S.) n. 12½ ngr.

Aktenstücke zur Geschichte der früheren lateinischen Schule zu Itzehoe, 1—7, mitgetheilt v. Karl Seitz. Beilage zum Programm des Realprogymnasiums in Itzehoe für 1888—90, 1892—94 und 1896. Itzehoe. 1888—96. 8°.

Aktenstücke zur Geschichte des Schützenwesens in Aarau vom Ende des XV. bis zum Anfang des XVII. Jahrh. Zur 300jährigen Feier des Gesellenschiessens vom 9—11. Mai 1596. Herausg. von Walter Merz. Mit 4 Tafeln. Gr. in-8°. 33 S. Aarau, Emil Wirz. 1896

— zur Geschichte des Schützenwesens in Aarau v. Ende d. XV. b. z. Anfang d. XVII. Jahrh., z. 300jähr. Feier d. Gesellenschiessens v. 9.—11. Mai 1896 hrsg. v. Walth. Merz. gr. 8. (33 S. m. 4 Taf.) Aarau 896. E. Wirz. n. 1. —

Aktenstücke zur Geschichte des Schwabenkrieges nebst e. Freiburger Chronik über d. Ereignisse von 1499. Hrsg. von Albert Büchi. *Basel: Basler Buch- u. Antiqu.-Handl. 1901.* (LXVI, 655 S.) 8°
— Quellen z. Schweizer Geschichte. Bd 20. [01. 10697

Aktenstücke z. Gesch. d. Verhältnisse zw. Staat u. Kirche. Hrsg. v. Kremer-Auenrode. I–IV. Leipz. bis 880.

— zur Geschichte d. Verhältnisses zwischen Staat u. Kirche im 19. Jahrh. Mit Anmerkungen hrsg. von H. v. Kremer-Auenrode. [Aus: „Staatsarchiv."] 7. u. 8. Hft. gr. 8. (2. Bd. S. 193—382.) Leipzig 876. Duncker & Humblot. n. 3. 60

— dasselbe. 3. Thl. [Staatsarchiv. 1. Suppl.-Bd. zum 23. u. 24. Bd.] gr. 8. (IX, 370 S.) Ebend. 877. n. 8. 40

— dasselbe. 4. Thl. Mit Registern üb. alle 4 Thle. gr. 8. (476 S.) Ebend. 880. n. 10. 20. (I—IV.: n. 33. —)

—— zur Geschichte und zum Verständniß der drei preußischen Regulative vom 1., 2. und 3. Octbr. 1854. Mit erläut. Bemerkungen hrsg. von F. Stiehl. gr. 8. (96 S.) Berlin 855, Hertz. Thlr.

[F.] Aktenstücke zur Geschichte des Pfalzgrafen Wolfgang Wilhelm von Neuburg. Zugl. e. Beitr. z. pfalzneuburgischen Unionspolitik u. z. Gesch. d. Erstgeburtsrechts in d. deutschen Fürstenhäusern. Von J. Breitenbach. M. e. Bildn. d. Pfalzgrafen. *München: In Komm. bei A. Buchholz; (Dr. v. C. Wolf & Sohn) 1896.* (XCVIII S. einschl. 1 Portr., 1 Bl., 56 S.) 1 Bd 8. [96. 4116

— über die Gesetzentwürfe betreffend die Verpflichtung zum Kriegsdienste und die Feststellung eines Nachtrages zu dem Staatshaushalts-Etat f. d. J. 1860, sowie d. Forterhebung e. Zuschlages zur klassifizirten Einkommensteuer, Klassensteuer u. Mahl- u. Schlachtsteuer eingebracht in der 10. Sitzung des Hauses der Abgeordneten am 10. Febr. 1860. Berlin, 860. v. Decker. gr. 8. (IV, 160 S.) 12 ngr.

Aktenstücke, die bisherigen Gewerbeverhältnisse, insbesondere die Aufhebung der Zunftbeschränkungen betreffend. Als Manuskr. gedruckt. 8°. Frankfurt a. M. 1861.

Aktenstücke der Handelskammer zu Breslau betreffend Massregeln zur Hebung des Breslauer Zwischenhandels.— Breslau 1869: Korn. 72 S.
2.
2.7275

— historische, üb. d. Ständewesen in Oesterreich. I.–VI. Hft. Lex. 8. (778 S.) Leipzig 847. 48, Jurany. (Kittler.) (à ½ ℛ) 3 ℛ – 1. Hft. 2. Aufl. Lex. 8. Ebd. 848 ½ ℛ

Aktenstücke, betreffend die Intervention des Deutschen Bundes im Herzogthum Holstein. (Gedruckt als Manuscript.) Kiel, 1856. 4°. k.

Aktenstücke, kirchliche. Hrsg. v. Brecht. Nr. 1—8. 8. Leipzig, Buchhandlg. d. Evang. Bundes v. C. Braun. n. 1. 85
1. Papst Clemens XIV. Bulle vom 21. Juli 1773 zur Aufhebung d. Jesuitenordens. 2. Aufl. (31 S.) 890. n. — 10
2. Papst Pius VII. Bulle vom 7. Aug. 1814 zur Wiederherstellg. d. Jesuitenordens. [Als Anh.: Ukas Alexander I. gegen die Jesuiten.] (12 S.) 890. n. 10
3. Urteile v. Päpsten üb. die Jesuitenmoral. (40 S.) 890. n. — 20
4. Katholische Urteile üb. d. Jesuitenorden. 1. Reihe: v. Wessenberg, König Ludwig I. v. Bayern, v. Radowitz, Hirscher, Ruland [üb. den Redemptoristen-Orden], Bölk, v. Fischer, Windthorst. (20 S.) 891. n. — 15
5. — dasselbe. 2. Reihe: Die Pariser Sorbonne. Geo. Wicel. Maraina, Hoffäus, Bischof Palafox, Kolberg, Borromäus, Prinz Eugen v. Savoyen, Alessandro Manzoni, J. Burkhard Leu, Möhler. (31 S.) 891. n. — 15
6. — dasselbe. 3. Reihe: Augustin Theiner, historisch-polit. Blätter. Bened. Pflanz, K. Haas. Hefele. Der kathol. Pfarrer W. Schreiber. Ein bad. Katholik. Ein rhein. kathol. Geistlicher. J. v. Döllinger. (36 S.) n. — 15
7. Papst Pius IX. Enciklyka u. Syllabus vom 8. Dezbr. 1864. (93 S.) 891. n. — 80
8. Bonifacius VIII. Bulle Unam sanctam. Von Schwarzkopf. (17 S.) 891. n. — 20

— kirchliche. Nr. 9—14. gr. 8. Leipzig, Buchh. des ev. Bundes v. Carl Braun. n. 3. 80
9. Eine Abrechnung mit dem römischen Stuhl. Die 100 Beschwerden des Reichstags zu Nürnberg von 1522—1523. Verdeutscht u. m. e. Einleitg. versehen. Von Th. Frdr. Mayer. (58 S.) 892. n. — 80
10. 11. Fall Spahn, der sogenannte. 2 Hälften. (52 u. 68 S.) 902. n. 1. 20
12. Jesuitengesetz, das u. der evangelische Bund. Resolutionen, Eingaben, Erklärgn. u. Denkschriften, v. neuem veröffentl. im Auftr. des Centralvorstandes d. evangel. Bundes. (67 S.) 902. n. — 60
13. 14. Die Hirtenbriefe d. römisch-katholischen Bischöfe Deutschlands f. d. Fastenzeit 1902. Im Auszug wiedergegeben u. m. Anmerkgn. versehen. Von Walth. Prümers. (IV, 124 S.) 902. n. 1. 20
Nr. 1–8 Ebd. 890. 891. n. 1. 85.

— kirchliche. Nr. 1, 15 u. 16. gr. 8. Leipzig (C. Braun). n. — 85
1. Clemens' XIV., Papst, Aufhebungsbreve des Jesuitenordens u. das Jesuitengesetz v. 1872. 3. neubearb. Aufl. v. Karl Fey. (40 S.) 903. n. — 20
15. Encyklika u. Syllabus des Papstes Pius IX., erlassen am 8. XII. 1864. (28 S.) 903. n. — 20
16. Kongregationen, marianische, u. Jesuitenorden. (23 S.) 904. n. — 45

Aktenstücke betr. die Afrikanische Konferenz. 1. General-Akte der Berliner Konferenz vom 26. Febr. 1885. 2. Die Protokolle der Berliner Konferenz. [Aus: „Deutsches Handels-Archiv".] gr. 4. (123 S.) Berlin 885. Mittler & Sohn. n. 3. —

Aktenstücke. Weitere Aktenst' zum Konflikt zwischen der Israelitischen Gemeinde in Basel und dem Komité des Iraelitischen Asyls Hegenheim. Basel, im Oktober 1905. 17 S. 8. Basel, Hermann Krüsi, 1905.
*cf. Bulletin 1905, S. 857:* Conflict.

Aktenstücke betreffend die Kongo-Frage nebst einer Karte von Zentral-Afrika von L. Friederichsen in Hamburg. Dem Bundesrath und dem Reichstag vorgelegt im April 1885. (Aktenstücke vom 6. März 1884 bis 26. Februar 1885.) [Deutsches Weissbuch] Berlin 1885. VII, 60 S., 1 Krt. 4°.

— betr. die Kongo-Frage. Dem Bundesrath u. d. Reichstag vorgelegt im April 1885. Fol. (58 S.) Berlin 885. C. Heymann's Verl. n. 3. —

Aktenstücke betreffend die Kongo-Frage. Dem Bundesrath u. dem Reichstag vorgelegt im April 1885. Nebst einer Karte von Zentral-Afrika von L. Friederichsen in Hamburg. — (Berlin [1885]: Reichsdr.) VII,60 S.
12: 4° H. Afr. 4000k. 4.
2.7297

Aktenstücke betreffend die Kongo-Frage. Dem Bundesrath u. dem Reichstag vorgelegt im April 1885. — (Berlin [1885]: Sittenfeld.) 58 S. 1: 4° Us 3901. 8.
2.7296

Aktenstücke betreffend die Kongo-Frage. Dem Bundesrath u. dem Reichstag vorgelegt im April 1885. Mit Genehmigung des Auswärtigen Amts hrsg. Nebst einer Karte von Zentral-Afrika von L. Friederichsen in Hamburg. — Hamburg: Friederichsen 1885. VIII,60 S.
1: 2° Us 3902. 12 [°Kt.]: 4° H. Afr. 4000k. 3. 5. 10. 11.
2.7298

Aktenstücke zum Konzil. Das Infallibilitätsschema u. die Minoritätsgutachten. Originaltext u. Übersetzung. [Aus der „Allg. Ztg".] Stuttgart, Cotta, 1870. 8°. 47 S., 75 Pf.

— aus den Correspondenzen d. k. u. k. gemeinsamen Ministeriums d. Aeussern üb. orientalische Angelegenheiten. [Vom 16. Mai 1873 bis 31. Mai 1877.] gr. 4. (765 S.) Wien 878. k. k. Hof- u. Staatsdruckerei. n. 12. —

— dasselbe. [Vom 7. Apr. 1877 bis 3. Novbr. 1878.] gr. 4. (207 S.) Ebend. 878. n. 3. 60

— dasselbe. Europäische Commission im Rhodope-Gebiete. [Vom 12. Juli bis 6. Septbr. 1878.] gr. 4. (17 S.) Ebend. 878. n. — 80

— dasselbe. [Vom 13. Juli 1878 bis 12. Octbr. 1880.] gr. 4. (404 S.) Ebend. 880. n. 6. —

— dasselbe. [Vom 2. Octbr. 1880 bis 31. Aug. 1881.] gr. 4. (299 S.) Ebend. 881. n. 6. —

Weitere Aktenstuecke, die von dem Appellations-Gericht der freien Stadt Frankfurt gegen den Advocaten und Notar Dr. [Friedrich Siegmund] Jucho verfügte Criminal-Untersuchung wegen Unterschlagung der deutschen Reichsverfassungs-Urkunde und die von demselben Gerichte erkannte Suspension des Dr. Jucho von der gerichtlichen Praxis betreffend. — Ebd. 1854.
1: Fy 13535. 5.
2.7138

—— der außerordentlichen Landessynode. 10 Nrn. gr. 8. Hannover 874, (Helwing'sche Hofbuchh.) **

—— der 3. Landessynode der hannoverschen evangelisch-lutherischen Landeskirche. 31 Nrn. gr. 8. Hannover 882, Helwing'sche Verlagsh. **

— der 1. Landessynode der evangel.-luther. Kirche d. vormaligen Königr. Hannover. Hannover 870. Helwing in Comm. gr. 8. (VIII, 303 S.) n. 25 ngr.

Aktenstücke, das jüngsthin von der Inquisition zu Rom verbotene Lehrbuch der christ-kath. Glaubens- und Sittenlehre von J. H. Achterfeldt betreffend. (Vorr.: [Johann Heinrich] Achterfeldt.) — Bonn: Habicht 1839. IV,35 S.
1: Do 14736. 5. 6. 7. 8.
2.7305

Aktenstücke über Marokko. — Berlin (1905): Reichsdr. 39 S.
1: 4° Uq 5002/100–1905. 12: 4° H. Afr. 4001 i [u. ö.] 11.
2.7308

— üb. Marokko. Dem Reichstage vorgelegt am 8. I. 1906. (18 S.) 4. Berlin (906). C. Heymann. n. — 80

Aktenstücke üb. Marokko. Septbr. 1906—April 1908. (Drucksachen des Reichstags. 12. Legislatur-Periode. I. Session 1907/1908. Nr. 948.) (XIV, 208 S.) 31×23 cm. Berlin (908). (C. Heymann). 6. —

Aktenstuecke. — Aktenstücke über Marokko. Sept. 1906–April 1908. — Berlin 1908: Reichsdr. XIV,208 S.
1: 4° Uq 5002/100–1906/08. 12: 4° J. publ. E. 351 r. 7. 11.
2.7309

Aktenstuecke und Materialien zu der Geschichte des großen Kampfes um die Freiheit Europas i.d. Jahren 1812 u. 1813. Bd. 1. Germanien 1813.

Merkwürdige Aktenstücke zur Geschichte der Gefangenschaft, Schicksale und letzten Lebensaugenblicke Napoleon Bonaparte's auf St. Helena, höchst interessante ... Nachrichten über dessen Leben, Kämpfe, Krankheit, Tod und Begräbniss enth. Nach d. Franz. aus authent. Quellen. 2. verb. u. wohlf. Ausg. — Sondershausen: Voigt 1822. VII,156 S. 1: Rb 5680.
2.7311

Merkwürdige Aktenstücke zur Kirchengeschichte des achtzehenden Jahrhunderts. — [Prag] 1782. 29 S.
1: Cc 5260. 12: Polem. 2844/1 [u. ö.] 300: 26 N 114. 5.
2.7312

Merkwürdige Aktenstücke aus dem Zeitalter der Reformation, mit Anm. hrsg. von Ch[ristian] Gotthold Neudecker. Abth. 1. 2. — Nürnberg: Campe 1838. XIV,785 S.
1: Cm 502. 12: H. ref. 274 ha. 2. 3. 4. 5. 6. 7. 9. 10.
2.7313

Aktenstücke über die Mineralquelle zu Selters bei Weilburg a. Lahn, veröffentlicht vom Königlich Preussischen Brunnen-Comptoir zu Niederselters. — Wiesbaden 1891.
6.
2.7314

Aktenstücke zur aargauischen kantonalen Museumsfrage. In Umschlag geheftet. Gr. in-8°, 8 S. Aarau, H. R. Sauerländer. 1887

Nachträgliche Aktenstücke der deutschen Bundes-Verhandlungen; als Anhang zu den Protokollen der Bundesversammlung. Bd 1–5. — Frankfurt a. M.: Andreä 1817–20.
1. 2. 1817. 3. 1818. 4. 5. 1820.
(Protokolle der deutschen Bundesversammlung. Anh. 1–5.)
1: Gv 14181. 12: 4° J. publ. G. 909m. 300: 398.338–B. Anh. 1–5 [u.] 52.005. Anh. 1–5. 2. 3. 4. 5 [°1]. 6. 7. 9. 10. 11.
2.7316

Aktenstücke, neue, zum Regierungsantritt Kaiser Wilhelm des Zweiten. Lex.-8. (23 S.) Berlin 888. C. Heymann's Verl. n. — 60

Aktenstücke, neueste, zur deutschen Frage I. Berlin, 862. A. Abelsdorff. gr. 8. (95 S.) 10 ngr.

Neueste Aktenstücke des Prälatenstandes und der Landschaft in Baiern. [Hrsg.: Franz Kornmann.] — o.O. 1802. 94 S. 12: Bavar. 39.
2.7320

— [Hrsg.: Franz Kornmann.] 2. Aufl. o.O. 1822. 80 S.
1: Sf 3728.
2.7321

—— die neuesten, üb. d. gemischten Ehen. gr. 8. (5. B.) Augsburg 835, Kollmann'sche Buchh.
Aus kathol. Zeitschriften besond. abgedruckt.

— die neuesten, der preußischen Regierung zum Culturkampfe. [Aus: „Civiltà cattolica".] 1. u. 2. verb. Aufl. 8. (37 S.) Luxemburg 880. Brück. n. — 40

Neun Aktenstücke zum Regierungsantritt Kaiser Wilhelm des Zweiten. — Berlin: Heymann 1888. 21 S.
1: Rz 15508. 5. 6. 9. 11.
2.7324

—1906. Hrsg. vom k. u. k. Ministerium des Äussern. (IV, 27 S.) 4. Ebd. '06. 2. —

— als orientirende Beilage zu dem Werke: Der Normal-Höhenpunkt f. das Königr. Preussen an der königl. Sternwarte zu Berlin. gr. 4. (13 S.) Berlin 881. Mittler & Sohn. n. — 60

Öffentliche Aktenstücke in der Frage von der Besetzung der ausserordentlichen Professur der Ophthalmologie am Karolinischen Institute zu Stockholm. — Stockholm 18(90–)1892: Central-Dr. XXIII,626 S. 1:Az 41441. 7.
2.7327

officielle Aktenstücke u. Bulletins von der grossen Armee 1812. 8. München und Nürnberg 1812/13.

Aktenstücke, offizielle, zu dem von Sr. Heiligkeit dem Papste Pius IX. nach Rom berufenen oekumenischen Concil. Im Anh.: Die Coblenzer Laien-Adresse. 2 Samml. gr. 8. (IV, 189; IV, 213 S.) Berlin 869,70, van Muyden. à Samml. * ℳ 3. *

— Officielle [Offizielle] Akten-Stücke, den gegenwärtigen Krieg zwischen Frankreich und Oestreich betr. — Linz 1809. 80 S. 1:Qn 6079/5. 300:7.084-A.
2.7330

—— des Ordinariates des Erzbisthums München und Freising betr. das allgemeine Vaticanische Concil. 1. Bd. in 6 Heften. gr. 8. Regensburg 871,72, Pustet. [1. Heft. (S. 1—142.) * ℳ 1,20.; 2. Heft. (S. 143—254.) * ℳ 1.; 3. Heft. (S. 255—314.) * 60 Pf.; 4. Heft. (S. 315—418.) * 80 Pf.; 5. Heft. (S. 419—474.) * 60 Pf.; 6. Heft. (S. 475—545.) * 60 Pf.] *

Aktenstücke zur Orientirung über die Vorgänge in St. Gallen vom 18. bis 20. Juni 1883 in den bezüglichen öffentlichen Kundgebungen. 8. St. Gallen 1883.

— Aktenstücke in Sachen des dänischen Pöbels wider C[onstant] Baron [von] Dirckinck-Holmfeld, nebst Ansichten über die jetzige Sachlage des deutsch-dänischen Streits. Juli 1861. — Hamburg & Leipzig (1861). 32 S. 1:So 3886. 7. 8.
2.7338

— in Sachen d. dänischen Pöbels wider Baron C. Dirckinck-Holmfeld, nebst Ansichten über die jetzige Sachlage d. deutsch-dänischen Streits. Juli 1861. Hamburg, Falcke. gr. 8. (32 S.) n. 6 ngr.

—— politische, des deutschen Fürstenbundes unter der Leitung des Fürsten Metternich. Nebst Anh.: Die geheime preuß. Denkschrift vom J. 1822. gr. 8. (80 S.) Leipzig 848, Rob. O. Schulze.

Politsche Aktenstücke unter der Leitung des Fürsten Metternich. Nebst Anhang: Die geheime preußische Denkschrift vom Jahre 1822. Leipzig, R. O. Schulze, 1848. 80 S. 8⁰.

Inhalt: Die Bundesakte vom 8. Juni 1815. Die geheimen Beschlüsse der Ministerkonferenz zu Karlsbad vom 20. September 1819. Die Wiener Schlußakte vom 15. Mai 1820. Die geheimen Frankfurter Beschlüsse vom Jahre 1832. Die geheimen Beschlüsse der Wiener Kabinettskonferenz vom 12. Juni 1834. Die geheime preußische Denkschrift vom Jahre 1822.

[F.] Aktenstücke des Provinzial-Archivs in Königsberg aus d. Jahren 1786—1820 betr. d. Verwaltg u. Verfassg Ostpreussens. Hrsg. im Auftr. d. Provinzialverwaltg d. Prov. Ostpreussen v. Dr. Adalbert Bezzenberger, ord. Prof. an d. . . . Albertus-Univ. *Königsberg i. Pr.: Kommr. v. Gräfe & Unzer; (Dr. v. E. Rautenberg) 1898.* (XV, 149 S.) 1 Bd 4.
(98. 6240

*Akten-Stücke des . . . Hannoverschen Provinzial-Landtags. 4⁰.
des 7ten ff. Hannover. 1873 ff.
und des Ausserordentlichen, Januar 1883. ebd. 1883.
Vom 23. an sind den Akten-Stücken Protokolle (über die Verhandlungen) beigegeben.

Aktenstücke aus dem Prozeß der verehelichten Banquier Jacob Marcuse, geb. Güttel Fränkel, Klägerin und Revidentin, gegen den Banquier Hirsch Joseph Fränkel, Beklagten und Revisen, betr. das Erbrecht eines jüdischen Ehemannes in das nachgelassene Vermögen seiner Ehefrau. Berlin 1804.

Aktenstücke, einen russisch-finnländischen Rechtskonflikt betr. — Helsingfors 1909: Centraldr. 65 S. 12:Russ. 204p. 9.
2.7344

Aktenstücke, die Rechtssache des Herrn von Berlepsch betr. 1797 s. *Sammlung* einiger Actenstücke, die Rechtssache des Herrn von Berlepsch betr.

— die Reform des Gewerbwesens betreffend. Zunächst den hoh. Staatsregierungen Thüringens ehrerbietig gewidmet v. Max Arzberger. gr. 8. (87 S.) Gotha 850, Gläser n. 1/3 ₰

Akten-Stücke, die Reform der jüdischen Kolonieen in den preußischen Staaten betr. Verfaßt, hrsg. u. mit einer Einl. versehen von David Friedländer. — Berlin: Voss 1793. 188 S. 1:Ez 6310. 2. 4. 7. 10. 11.
2.7345

— zur Regulirung der Stromschnellen der Donau zwischen Moldova u. Turn-Severin. Hrsg. vom Donau-Vereine. Imp.-4. (VIII, 130 S. m. 12 Steintafeln u. 1 Lichtdr.) Wien 880. (Lehmann & Wentzel). n. 12. —

—— zur Regulirung der Stromschnellen der Donau zwischen Moldova und Turn-Severin. Hrsg. vom Donau-Vereine. Imp.-4. (VIII, 130 S. mit 12 Stnt. und 1 Lichtdr.) Wien 880, (Spielhagen und Schurich.) *

—— des Reichstags [des norddeutschen Bundes]. Session 1870. Nr. 1—7. Fol. Berlin 870, Kortkampf. *

Inhalt:

Nr. 1. Entwurf eines Strafgesetzbuches für den norddeutschen Bund nebst Motiven und Anlagen. (373 S.) * ℳ 8.
" 2. Entwurf eines Gesetzes über den Unterstützungs-Wohnsitz nebst Motiven. (11 S.) * 60 Pf.
" 3. Entwurf eines Gesetzes, betr. a. das Urheberrecht von Schriftwerken, Abbildungen rc. b. Schutz der Photographien gegen unbefugte Nachbildung mit Motiven. (25 S.) * 60 Pf.
" 4. Entwurf eines Gesetzes, betr. a. die Eheschließung und die Beurkundung des Personenstandes evangel. Bundes-Angehöriger in außereuropäischen Ländern. b. die Erwerbung und den Verlust der Bundes- und Staatsangehörigkeit mit Motiven. (12 S.) * 60 Pf.
" 5. Entwurf eines Gesetzes, betr. die Rechtsverhältnisse der Bundesbeamten nebst Motiven. (20 S.) * 60 Pf.
" 6. Zusammenstellung eines Strafgesetzbuchs für den norddeutschen Bund mit den bei der zweiten Berathung im Plenum des Reichstags über denselben gefaßten Beschlüssen. (56 S.) * ℳ 1.
" 7. Bericht der 6. Kommission über den Gesetz-Entwurf, betr. das geistige Urheberrecht an Schriftwerken u. s. w. nebst Zusammenstellung der Präsidial-Vorlagen mit den von der Kommission gefaßten Beschlüssen. (27 S.) * 60 Pf.

—— des deutschen Reichstags. Justiz-Gesetzgebung. Nr. 1—3. 2. Legislatur-Periode. 2. Session. Berlin 874, Kortkampf. **

Inhalt:

Nr. 1. Entwurf eines Gerichts-Verfassungs-Gesetzes für das deutsche Reich. Mit Motiven und Anlagen. Besonderer Abdruck der Vorlage für den Reichstag. (S. 1—100.) ** ℳ 1,50.
" 2. Entwurf einer Straf-Proceß-Ordnung für das deutsche Reich. Mit Motiven und Anlagen. Besonderer Abdruck der Vorlage für den Reichstag. (S. 101—133.) ** ℳ 3.
" 3. Entwurf einer Civil-Proceß-Ordnung für das deutsche Reich. Mit Motiven und Anlagen. Besonderer Abdruck der Vorlage für den Reichstag. (S. 334—595.) ** ℳ 4.

Aktenstücke zum Rekurs der Konsumgenossenschaft in Bern an die schweizerische Bundesversammlung betreffend Erteilung eines Patentes für den Kleinverkauf von Wein und Bier. Hrg. vom Vorstand der Kons' in Bern. ‹Separatabdruck aus dem «Schweizerischen Konsumverein», Jahrg. 5, Nr. 39—41.› 47 S. 8. Basel, G. Krebs, 1905.

Aktenstücke, Die, des [Joh. Christoph v.] Wöllner'schen Religions-Edictes. [Berlin 1858.] 4 S. 4⁰ [Kopftit.]
Als 1. Beil. zur Königl. privilegirten Berlinischen Ztg. Nr. 84, 1858 erschienen.

Aktenstücke, die Röhren der Wiener Hochquellen-Wasserleitung betr. Hrsg. in Folge Gemeinderaths-Beschlusses vom 31. Mai 1871. — Wien: Gemeinderat 1871. Getr. Pag. 4⁰ 82.
2.7352

Sächsische Aktenstücke aus der Dresdener geschriebenen Zeitung. Lfg[1]-3. — o.O. 1815.
1-3 . . . . 1:Flugschr. 1815-26. 300:22.845. 4.
1.2 . . . . . . . . . . . . . . . . . . . . 3.
2.7354

.. Aktenstüke betreffend die Savoyerfrage. 1. [einziges] Heft. ‹Vom November 1859 bis 23. Mai 1860.› [Mit] Inhaltsverzeichniss.... [SA.] 8. [Bern 1860.]

Aktenstücke, betr. den Schulartikel der Bundesverfassung. (Her. vom Eidg. Verein.) In-16⁰, 27 S. Basel, Druck von K. J. Wyss. 1882

Aktenstücke über die Schutzpocken-Impfung in der königlich-baier'schen Provinz in Schwaben. Nebst einer Abhandlung über die Maßregeln und Anstalten, welche die Regierungen in Hinsicht der Schutzpocken-Impfung treffen sollen. Hrsg. von Johann Evangelist Wetzler. — Ulm: Becker 1807. 166 S.
1: Ko 7196. 12: Bavar. 2933a [u. ö.] 5.
2.7356

Aktenstücke betr. die deutschen Schweine-Einfuhrverbote vom 29. Nov. 1887 u. 14. Juli 1889 und die westlichen Viehsperren gegen Deutschland. — o.O. (1889). XIV,164 S. 1: 4° Ks 19484.
2.7357

Aktenstuecke. — Sechs Aktenstücke zum Prozesse von Tisza-Eszlar. — Berlin 1882. 120 S. 1: Fy 14556. 2. 7.
2.7358

**Aktenstücke** des 1.(–13.) westpreußischen Städtetages. Hrsg. von d. Vorstand d. westpreuß. Städtetages. Samml. [1]–13. Danzig 1892–1904: A. Schroth. 13 Bde 4° [J.]
[1.] Abgeh. zu Danzig 1892. 1892. 2. (… Thorn 1893.) 1893.
3. (… Elbing 1894.) 1894. 4. (… Graudenz 1895.) 1895.
5. … Marienburg 1896. 1897. 6. … Culm 1897. 1898.
7. … Deutsch-Krone 1898. 1898. 8. … Danzig 1899. 1899.
9. … Elbing 1900. 1900. 10. … Thorn 1901. 1902.
11. … Graudenz 1902. 1902. 12. … Zoppot 1903. 1903.
13. … Danzig 1904. 1904.
Forts. s. u. d. T.: Verhandlungen d. westpr. Städtetages. [07. 7798 10

—— betr. die Stellung des Bischofs von Ermland Dr. Krementz zu den Staatsgesetzen. gr. 4. (47 S.) Berlin 878, v. Decker'sche Geh. Ober-Hofbuchdr.

[Aktenstücke, eine Streitigkeit der Loge Apollo in Leipzig mit den Logen Minerva zu den drei Palmen und Balduin zur Linde ebendas. betr. Leipzig 1830.] 12 S. 4°
Kl. 3002.

—— die Suspension des Pfarrers Leo Vilmar in Willingshausen wegen Ungehorsams und Auflehnung gegen die Anordnungen des Kirchenregiments betr. nebst zwei Anhängen veröffentlicht durch Frhr. Friedr. v. Schwertzell. gr. 8. (87 S.) Cassel 871, Hühn. *

Aktenstücke über die badische Territorial-Angelegenheit nach der Zeitfolge geordnet, nebst einer Karte des Grossherzogthums Baden u. einem statistischen Tableau. Ein Beitr. zur Charakteristik der neuern Zeitgeschichte hrsg. von einem Mitglied der ehemaligen Reichsritterschaft in Franken [d. i. Karl Heinrich Frhr v. Fahnenberg]. — [Karlsruhe] 1818. XX,108 S.
1: Si 1326. 12: Bavar. 43. 300: ∘ 28 J 25. 4. 5. 7.
2.7364

Einige Aktenstücke betreffend die Uebernahme der Schulen der konfessionellen Minderheit auf den Kommunal-Etat. (Vorr.: Josef Plagge.) Als Ms. gedr. — Kiel 1892: Schmidt & Klaunig. 51 S. 8.
2.7367

— ungedruckte, aus der Zeit Karls IV. Mitgeteilt v. Heinr. Otto. (35 S.) Lex.-8. Rom 906. Loescher & Co. n. 1. 20
Sonderabdruck aus: „Quellen u. Forschgn. aus italien. Archiven u. Bibliotheken".

Aktenstücke, die von der Königl. Preußischen Regierung in Franken bestrittene Unmittelbarkeit der reichslehenbaren Hofmarkt Heroldsberg mit ihrem Gebiete betr. Ein berichtigender Beitrag zum Staatsarchiv d. Kgl. Preuß. Fürstenthümer Ansbach u. Baireuth in Franken. H. 1. 2. — Nürnberg 1797. VI,385 S. 1: Sg 1100. 2. 5.
2.7368

—— betreffend die deutschen Unternehmungen in Afrika. 2 Hefte. [Angra Pequena. — Togogebiet und Biafra-Bai.] Fol. (VII, 52; IV, 55 S.) Hamburg 885, Friederichsen und Comp. *

—— betreffend die deutschen Unternehmungen in der Südsee. 3 Hefte. Fol. (III, 40; VIII, 81; VII, 75 S.) Ebendas. 885. *

Aktenstücke in der gegen den Königl. Kämmerer Karl Freiherrn von Closen wegen angeschuldeten Verbrechens der Majestäts-Beleidigung anhängigen Untersuchung. Enth.: a) Die Revisions-Schrift des Königl. Advokaten Steer. b) Die Beilagen zu derselben. Als Ms. gedr. — Stuttgart 1836: J. B. Müller. 135,181,V S.
Sondert.: 1. Steer: Revisionsschrift für den des Verbrechens der Majestäts-Beleidigung angeschuldigten … Karl Freiherrn v. Closen.
Sondert.: 2. Beilagen zu der Revisionsschrift des Königl. Advokaten Steer.
1: Fy 12485. 12: Bavar. 34.
2.7369

**Aktenstücke** und Urkunden zur Geschichte der Stadt Riga 1710–1740. Hrsg. aus d. Nachlass d. Dr. phil. Anton Buchholtz von d. Gesellsch. f. Gesch. u. Alterthumskunde d. Ostseeprovinzen Russlands durch Dr. jur. August v. Bulmerincq. Bd 1–3. Riga: (a. d. Umschl. aufgeklebt: J. Deubner) 1902–06. 3 Bde 4°(8°)
1. 1710–1725. 1902. 2. 1725–1740. 1903.
3. Chroniken u. and. Nachrichten aus d. Zeit 1710–1740. 1906. [07. 5

Aktenstücke betreffend die landständische Verfassung des Herzogthums Gotha. ⟨Als Ms. gedr.⟩ — Gotha 1857: Engelhard-Reyher. 68 S. 2° 2.
2.7373

Aktenstücke und Verhandlungen in der Klagsache der k. preußischen Staatsanwaltschaft zu Frankfurt a. M. gegen die Redaktion der Frankfurter Zeitung wegen behaupteter Verleumdung und Beleidigung der Führer der Mainarmee und der Militärbefehlshaber von Frankfurt i. J. 1866. ⟨Nach stenogr. Aufzeichn.⟩ — Stuttgart: Ebner 1869. 67 S.
1: Fm 17160. 300: 145.808–B. 5. 7. 10.
2.7375

Aktenstücke, den Verkauf des rothen Hauses (in Frankfurt a. M.) betr. Von dem Verkäufer (Johann Adam Herrmann Dick hrsg.) — [Frankfurt a. M. 1818.] 48 S. 4°
2. 4. 10.
2.7376

Aktenstücke und Verordnungen über die Verhältnisse der katholischen Glaubensgenossen im Königreich Sachsen, seit dem Posener Frieden. — Dresden & Leipzig: Arnoldi 1831. VIII,135 S. 1: Sr 840. 5. 10.
2.7377

Das verschwundene Aktenstück oder: Der lebendig Begrabene. Histor. Erzählung. Bd 1–5. — Prag & Wien: Bensinger o. J. [um 1880]. 300: 181.728–B. 7.
2.7083

—— aus der Verwaltung der Abtheilung des Ministeriums der geistl. Angelegenheiten für die inneren evangel. Kirchensachen vom 26. Jan. 1849 bis 11. Juni 1850. Amtlicher Abdruck. gr. 8. (VIII und 110 S.) Berlin 850, Hertz. (Besser'sche Sortimentsh.) *

— Aktenstücke aus der Verwaltung des Evangelischen Ober-Kirchenraths. Bd (1)–7 [nebst] Suppl. — Berlin: Hertz 1851–75.
Bd 1. 1851-54.
H. 1. ⟨Vom Juli 1850 bis Ende des Jahres.⟩ 1851.
H. 2. ⟨Vom Januar bis Ende Juni 1851.⟩ 1851.
H. 3. ⟨Vom Juli 1851 bis Ende des Jahres.⟩ 1852.
H. 4. Denkschrift des Evangelischen Oberkirchenraths betr. die Vermehrung der Dotation der Evangelischen Kirche in Preußen. 1852.
H. 5. 1852. 1852. H. 6. 1853. 1854.
⟨Bd 2.⟩ 1855-59.
H. 7. 1854. 1855. H. 8. 1855-1856. 1856. H. 9. 1858.
H. 10. 1859.
Bd 3. 1856.
H. 1. 1856.
Lfg 2. Gutachten, betreffend A. die Berufung einer allgemeinen Landessynode, B. die Diakonie und den Diakonat … 2. Abdr. 1856.
Bd 4. Verhandlungen der … in Berlin abgehaltenen kirchlichen Conferenz. 1857.
⟨Bd 5.⟩ 1860-66.
H. 11. 1860. H. 12. 1860. H. 13. 1861. H. 14. 1862.
H. 15. 1864. H. 16. 1866.
⟨Bd 6.⟩ 1867-73.
H. 17. 1867. H. 18. 1869. H. 19. 1869. H. 20. 1873.
⟨Bd 7.⟩ 1875.
H. 21. 1875. H. 22. 1875.
Suppl. u.d.T.: Mitteilungen über Aufnahme und Wirksamkeit der evangelischen Gemeinde-Kirchenräthe während des zweiten Jahres ihres Bestehens in der Provinz Preußen. 1855.
In 1 fehlt das Haupttitelblatt für Bd 1.
1: Sy 8240. 12: J. can. F. 2p. 2. 3. 4. 5. 7. 8. 9. 10. 11.
2.7380

— — Supplementheft. A. u. d. T.: Mittheilungen über Aufnahme u. Wirksamkeit der evangel. Gemeinde-Kirchenräthe während des zweiten Jahres ihres Bestehens in der Provinz Preußen. Amtl. Abdr. aus d. Konsistorial-Berichte an d. ev. Ober-Kirchenrath vom 30. Aug. 1854. Ebend. 854. gr. 8. (1 Bl., 102 S.) n. 12 ngl

Vier wichtige Aktenstücke zur Kulturgeschichte des Donaumooses in Bayern. Ein Beytrag zu einer allgemeinen Kulturgeschichte dieß Landes. [Hrsg.: Johann Georg Josef Karl Maria Frhr v. Aretin.] — Germanien [Augsburg] 1796. X,224 S.
1:Sf 9779. 12:Bavar. 35. 300:180.592–B. 7.
2.7382

Aktenstücke betreffend den zwischen Preußen und Dänemark unterm 10. Juli 1849 abgeschlossenen Waffenstillstand. Kiel, C. Schröder u. Comp. 1849. 39 S. 8.

—— betreffend die Wahl des Prediger Lic. Hoßbach zum Pfarrer an St. Jacobi in Berlin. [I. Die Gastpredigt des Pred. Hoßbach. II. Benachrichtigung von der Wahl. III. Der Protest. IV. Entgegnung des Pred. Hoßbach. V. Die Entscheidung des königl. Consistoriums.] gr. 8. (43 S.) Berlin 877, [Schlesier.] Liebel'sche Buchh. *

— zu dem „Weg mit dem Branntwein" gesammelt v. demselben Verfasser. [Abgedr. aus dem Westfäl. Volksblatte.] gr. 12. (24 S.) Paderborn 850, Schöningh. n. 3/4 ngr

Wichtigste Aktenstücke von dem Kriege der Jahre 1813 u. 14, seit dem Beitritte des österreichischen Kaiserhauses zu den alliirten Mächten. (144.) 8. Wien 1814.

Die wichtigsten Aktenstücke aus der Rechtssache Joh[ann] Holz'sche Eheleute gegen A. Bikel'schen Eheleute. o.O. 1813. 5.
2.7396

Aktenstücke, betreffend die Wiederherstellung der Ursulinerinnen zu Luzern. (1843 März 7 – 1844 März 1.) 4. *o. O.*

Aktenstücke zur Münsterischen Wiedertäufergeschichte. Frankfurt a/M. 1808.

—— zur Wirthschaftspolitik d. Fürsten Bismarck. Hrsg. v. H. v. Poschinger, s. Dokumente z. Gesch. d. Wirthschaftspolitik 2c.

Aktenstücke zur Wirthschaftspolitik des Fürsten [Otto von] Bismarck. Hrsg. von Heinrich v. Poschinger. Bd 1.2. Berlin: Hennig (2: Heymann) 1890–91.
1. Bis zur Uebernahme d. Handelsministeriums '(1880)'. 1890.
2. Von Uebernahme d. Handelsministeriums bis Ende 1884. 1891.
(Dokumente zur Geschichte d. Wirthschaftspolitik in Preußen u. im Deutschen Reich. 2.4.)
1: Sa 6829–2.4. 12: Cam. 28t–2.4. 2. 3. 4. 5. 7. 8. 9. 10. 11.
2.7398

Aktenstücke, die würdigsten deutschen. Programm-Worte der ersten drei Kaiser d. neuerstandenen deutschen Reichs. 1.—10. Tausend. gr. 8. (11 S.) Berlin 888. Steinthal. n. — 40

— aus der Zeit u. dem Geschäftskreise der badischen Generalsynode vom 1. bis 28. Mai 1867 in Sachen der Bekenntnissfrage. Eine Mittheilung an die gesammte evangel. Kirche zunächst Deutschlands. Wiesbaden 867. Niedner. gr. 8. (30 S.) n. 6 ngr

—— zur Censur, Philosophie und Publicistik aus dem Jahre 1842. Gesammelt und hrsg. von Arn. Ruge. Ausg. in 1 Bde. 2 Thle. gr. 8. (320, IV und 288 S.) Mannheim 847, Grohe.

Aktenstücke der Censur des großherzoglich badischen Regierungs-Raths von Uria-Sarachaga. Eine Rekursschrift an das Publikum, herausgegeben von Gustav von Struve. Mannheim, Selbstverlag 1845. XLII 192 S. 8.

Zwei authentische Aktenstücke über die preußische Staatsschuld. — Straßburg: Schuler 1843. 42 S.
Darin: 1. Uebersicht d. Staats-Schulden-Verwaltung seit 1. Jan. 1833 bis zum letzten Dez. 1840. 1841.
2. Bericht der Haupt-Verwaltung der Staats-Schulden über ihre Geschäftsführung seit dem J. 1820. 1833.
1: Sx 8278. 300: 465.048–C. 5.
2.7402

—— zwei authent., über d. preuß. Staatsschuld. gr. Lex.-8. (2 3/4 B.) Straßburg 845. (Winterthur, Literarisches Compt.)

Zwei Aktenstücke zur Geschichte der Stadtbibliothek St. Gallen. [Hrg. von Johannes Dierauer.] Der Vereinigung Schweizer. Bibliothekare am 11. April 1908 überreicht von der Bibliothek-Verwaltung. [Mit 2 Vignetten und 1 Tafel.] 8 S. 8. St. Gallen.

Aktenstücke, Zwei maurer. o.O. [1872]. 4 S. 4° [Kopftit.]

Aktiebolaget Separator. (Schwedisch und Deutsch.) Stockholm 1908

Aktien s.a. Actien

Aktien, die, großes romant. Schauer- u. Trauerspiel in 3 Aufz. (d. h. in denen man aufgezogen wird). 8. (3 B.) Leipzig 844, Reclam jun.

Aktien. — Die Aktien der Havelbahn. (Unterz.: Das Directorium der Berlin–Potsdam–Magdeburger Eisenbahn-Gesellschaft.) — Potsdam 1861 (: Kühn in Berlin). 12 S.
1: 4° Nz 33705.
2.7414

Aktien, die 4000, und die Direktion d. Rhein. Eisenbahn-Gesellschaft. gr. 8. (3 B.) Cöln 840, Boisserée.
Vgl. Actien.

**Aktien, Die 4000,** und die Direktion der Rheinischen Eisenbahn-Gesellschaft. Cöln 1840. V: *Schramm.* (StBKöln II, 268)

Aktiengesellschaft s.a. Actiengesellschaft

Aktien-Gesellschaft für Boden- und Kommunal-Kredit in Elsaß-Lothringen. *[Wird fortges.]*

Breslauer Aktien-Gesellschaft für Eisenbahn-Wagenbau und Maschinen-Bau-Anstalt Breslau. Abt.: Lokomotiv- und Maschinenbau. — Berlin-Schöneberg (1906): Meisenbach Riffarth. 120 S. quer-8° 85.
2.7418

Aktiengesellschaft zur Burgvogtei in Basel. [Bilanzen] per 31. Januar 1901 *u.* 1902 *u.* 1903. *je* 1 S. 4.

Aktiengesellschaft Camerawork Palmos, Jena: Film-Palmos 6 × 9. Jena (1900)

Aktiengesellschaft der Eisen- u. Stahlwerke vorm. Georg Fischer, Schaffhausen <Schweiz> und Singen <Großherzogtum Baden>. — Zürich: Polygr. Inst. o. J. [um 1905]. 24 S. 4° Aus: Die industrielle und kommerzielle Schweiz.

Die Aktien-Gesellschaft für Fabrikation von Eisenbahn-Material zu Goerlitz. Hrsg. zum 12. Juli 1903 aus Anlaß des 100jähr. Geburtstages des Begründers der Waggonfabrik zu Goerlitz Johann Christoph Lüders u. des 50jähr. Bestehens der Fabrik auf ihrem heutigen Gelände. [Mit Abb.] (Goerlitz 1903: Hoffmann & Reiber.) 32,A38,B29 S. quer-8°

Schlesische Aktien-Gesellschaft für Bergbau und Zinkhüttenbetrieb Lipine O/S. 1853–1903. *o. O. (1903).* (28 S., 12 Bl. Tab., 40 Taf.) 4° [Umschlagt.]
Zur Feier des 50j. Bestehens d. Schles. Aktiengesellsch. f. Bergbau u. Zinkhüttenbetrieb zu Lipine. 1853–1903. 164. 4346 2

Aktiengesellschaft. — Aktiengesellschaft für Schriftgießerei und Maschinenbau, Offenbach a. M. — Offenbach a. M.: Aktienges.

—— Buchdruck-Maschinen-Katalog. [Um 1912.] 79 S. quer-8° 1: An 820/20.
2.7422

—— Holzgeräte, Utensilien und Hilfs-Maschinen. [Um 1910.] 36 S. 1: 4° An 820/18.
2.7423

—— Julia-Ornamente, Serie 109. [Schriftprobe.] [1914.] 5 Bl. 1: 4° An 1207/18.
2.7424

—— Neuheiten in Schriften und Einfassungen. [Um 1905.] 138 Bl. 1: 4° An 1207.
2.7425

—— Neuheiten in Schriften und Einfassungen. [Um 1909.] 131 Bl. 1: 4° An 1207/5.
2.7426

—— Offenbacher Reform-Latein, fette Kursiv-Garnitur. [1914.] 4 Bl. 1: 4° An 1207/20.
2.7427

—— Handausgabe. Schrift-Proben. [Nebst] Nachtr. Folge 1. [1908.] 1: 4° An 1208.
2.7428

—— Zeitungs- und Buchschriften der Actiengesellschaft für Schriftgießerei und Maschinenbau, Offenbach a. Main. (1908.) 79 S. 1: An 1207/3.
2.7429

Aktiengesellschaft vorm. Seidel & Naumann, Dresden. — Berlin: Eckstein [1908]. 40 S. 2° [Kopft.] (Dt. Industrie, dt. Kultur. 6, 12.) 1. 58 A.

Die **Aktiengesellschaften,** Gesellschaften mit beschränkter Haftung und sonstigen in deutschen Handelsregistern eingetragenen juristischen Personen. Bestand am 30. Sept. 1909. Bearb. im Kais. Statist. Amte. (Berichterstatt.: [Ewald] *Moll.*) Berlin 1910. 4° *[Umschlagtit.]* — in: Ua 2585, 1910, Erg. H. zu 2. — (Vierteljahrshefte z. Statistik d. Deutschen Reichs. 1910, Erg. H. zu 2.)

**Aktien-Gesellschaften**, d., in Hamburg u. Umgebg., Lübeck, Bremen, Schleswig-H., Hannover, Mecklenbg., u. Oldenbg. Anh.: Verzeichniss d. in d. Firmenregister d. Hamburger Fondsbörse eingetr. Firmen, 1897/98. (VII. Aus.) 8°(557 u. 6).– Hambg. 1897, A.-G. „Neue Börsenhalle".

**Aktien-Gesellschaften, d. sächsischen, u. d. an sächs. Börsen kurshabenden Staatspapiere, sonst. Fonds u. Industriewerte. Jahrbuch d. Dresdner, Leipziger u. Zwickauer Börse. Begr. v. Rich. Börner. Fortges. v. d. Red. d. „Handbuches d. deutschen Aktien-Gesellschaften". 8., vollständig umgearb. u. verm. Aufl. Ausg. 1898—1899. Lex.-8. (XXVII, 440 S.) Leipzig, Verlag f. Börsen- u. Finanzliteratur.** Geb. in Leinw. n. 9. —

**Aktien-Gesellschaften, die sächsischen, u. die an sächsisch. Börsen kurshabenden Staatspapiere, sonst. Fonds u. Industriewerte. Jahrbuch der Dresdner, Leipziger u. Zwickauer Börse. Begründet v. Rich. Börner. Fortgesetzt v. der Red. des „Handelsbuches d. deutsch. Aktien-Gesellschaften". 9. vollst. umgearb. u. verm Aufl. Ausg. 1900/1901. Lex.-8. (XX, 654 S.) Leipzig 901. Verlag f. Börsen- u. Finanzlitoratur.** Geb. in Leinw n. 9. —

**Aktien-Gesellschaften,** die sächsischen, u. die an **sächsischen Börsen kurshabenden Staatspapiere, sonstige Fonds u. Industriewerte.** Jahrbuch d. Dresdner, **Leipziger u. Zwickauer Börse.** Begründet von Rich. **Börner. Fortgesetzt** v. der Red. des „Handbuches der **deutschen** Aktion-Gesellschaften". 11. vollständig umgearb. **Aufl. Ausg. 1905/1906.** (XVIII, 624 S.) Lex.-8. **Berlin 906. Verlag f. Börsen-** u. Finanzlitoratur. Geb. in Leinw. n. 9. —

**Aktien-Gesellschaften**, d. sächs. u. d. an sächs. Börsen kurshab. Staatspapiere, sonst. Fonds u. Industriewerte. Jahrb. d. Dresd., Leipz. u. Zwickauer Börse. Begründet v. Rich. Börner. Fortges. v. d. Red. d. „Hdb. d. deut. Akt.-Gesellsch." 12. Aufl. Ausg. 07/08. (29, 661). Lex 8°.– Berl., Verl. f. Börsen-u. Finanzlit. 1908.

**Aktien-Gesellschaften, die sächsischen, u. die an sächs. Börsen kurshabenden Staatspapiere, sonstige Fonds- u. Industriewerte. Jahrbuch der Dresdner, Leipziger u. Zwickauer Börse. Begründet v. Rich. Börner. Fortgesetzt v. der Red. des „Handbuches der deutschen Aktien-Gesellschaften". 13. vollständig** umgearb. Aufl. Ausg. 1909/10. (XX, 716 S.) Lex. 8. Berlin 910. Verlag f. Börsen u. Finanzliteratur. Geb. in Leinw. 10. —

**Aktien-Gesellschaften,** Die wichtigsten, der Montan- und Hüttenindustrie **Deutschlands** und deren Finanzgebaren. Zsgest. und hrsg. vom Vorstande **des Verbandes der Bergarbeiter Deutschlands.** Bochum, 1907. 85 Bl. einseitig **bedruckt.**

**Aktiengesellschaftsgesetze** s. Actiengesellschaftsgesetze.

[F.] Das **Aktiengesetz** in der Fassung des neuen Handelsgesetzbuches v. 10. Mai 1897. Unt. Berücks. der bes. Bedürfn. d. Vorstandes u. d. Aufsichtsrates auf Grund d. Rechtsprechg. d. Motive u. d. sonstigen Materialien eingehend bearb. v. Syndicus Josef Bauer ... *Leipzig: Verl. des Handelsgesellschafter 1899.* (V, 332 S.) 1 Bd 8. 199. 1815

**Aktiengesetz,** das neue. Gesetz, betr. die Kommanditgesellschaften auf Aktien u. die Aktiengesellschaften, vom 18. Juli 1884 nebst den damit in Verbindg steh. Artikeln d. Allgemeinen deutschen Handelsgesetzbuchs. Mit e. ausführl. Sachregister. 8. (IV, 134 S.) Leipzig 884. Roßberg. n. 1. 20

**Aktien-Kalender,** s. Verlosungs- und Aktien-Kalender.

**Aktien- und Verlosungs-Kalender,** s. Verlosungs- und Aktien-Kalender.

**Aktienregulativ.** Verordnung der Ministerien des Innern, der Finanzen, des Handels, der Justiz u. d. Ackerbaues v. 20. IX. 1899, R.G.B. Nr. 175, m. welcher e. Regulativ f. die Errichtg. u. Umbildg. v. Aktiengesellschaft. auf d. Gebiete d. Industrie u. d. Handels verlautbart wird. 12. (48 S.) Wien 899. Manz. n. — 50

Aplerbecker Aktien-Verein für Bergbau <Zeche Ver. Margarethe>, Sölde i. W. [Jubiläumsbericht] 1856—1906. — Hoerde 1907: Halbach. 24 S. 4°

**Aktinometrie** der Sterne der B. D. bis zur Grösse 7·5 in der Zone 0° bis + 20° Deklination. Unter Mitw. von ... hrsg. von K[arl] Schwarzschild. Teil A. Berlin: Weidmann 1910. 4°
(Abhandlungen d. Kgl. Gesellschaft d. Wiss. zu Göttingen. Math.-physikal. Kl. Bd 6, Nr 6.) (10. 17370

**Aktinometrie** der Sterne der B. D. bis zur Größe 7.5 in der Zone 0° bis + 20° Deklination. Unter Mitw. von ... hrsg. von K[arl] Schwarzschild. Teil A. Göttingen 1910: Dietrich. 4°
Aus: Abhandlungen d. Königl. Gesellsch. d. Wiss. z. Göttingen. Math.-phys. Klasse. N. F. Bd 6, Nr 6.
(Astronomische Mitteilungen d. Kgl. Sternwarte zu Göttingen. T. 14.) (10. 15:65

**Aktion** s.a. Action

Aktion, die staatliche, zur Hebung der Frauen-Hausindustrie in Österreich. (32 S) Wien 1908

**Aktionär** s.a. Actionär

***Der Aktionär. Zentral-Organ für Fonds- und Aktienbesitzer in Eisenbahnen, Versicherungen u.s.w. (sp.: Der Mobiliar-Besitz) [Hrsg.: Hermann Scherer.] Jg. 1–69 (zu je 52 Nrn). Frankfurt a. M.: Jaeger 1854–1922. 4°**

**Aktionär u. Aufsichtsrath.** In Sachen contra Kommandit-Gesellschaft auf Aktien in Firma Hermann Gerson (Komm.-Ges. a. A.). Von e. Aktionär. 1. u. 2. Aufl. gr. 8. (63 S.) Berlin 894. H. Brieger. n. — 50

**Aktionsprogramm,** ein, der deutschen Katholiken. Von Pankratiastes. (48 S.) gr. 8. **Hamm, Breer & Thiemann.** —. 50.
Frankfurter zeitgemässe Broschüren. Neue Folge. 26. Bd. 4. 5.

***ΑΚΤΟΥΑΡΟΥ ΠΕΡΙ ΕΝΕΡΓΕΙΩΝ ΚΑΙ ΠΑΘΩΝ ΤΟΥ ΨΥΧΙΚΟΥ ΠΝΕΥΜΑΤΟΣ ΚΑΙ ΤΗΣ ΚΑΤ ΑΥΤΟ ΔΙΑΙΤΗΣ ΛΟΓΟΙΣ.*** c. var. lect. nunc prim. in Germ. ed. J. F. Fischer. 8maj. Leipz. 774. Schwickert. 8 gl

**Akton,** Lord, s.a. Ouirinus

**Aktsaal,** der. Weibliche Modelle. Aufgenommen unter Leitg. akadem. Künstler in der photograph. Kunstanstalt v. Hugo Richter u. in Lichtdr. ausgeführt in der graph. Kunstanstalt v. Aarland & Müller in Leipzig. Ein Album f. Maler, Bildhauer, Akademiker u. Kunsthandwerker. I. Serie. 1.—8. Lfg. Fol. (à 3 Taf.) Leipzig 892—894. J. Milde. à n. 3. —

**Aktsaal,** der. Weibliche Modelle, aufgenommen unter Leitg. akadem. Künstler in d. photogr. Kunstanstalt v. Hugo Richter. Ein Album f. Maler, Bildhauer, Architekten, Akademiker u. Kunsthandwerker. (Neue [Titel-]Aufl.) Fol. (24 Lichtdr.-Taf.) Zürich [892—94] 899. M. Kreutzmann. In Mappe n. 20. —

**Aktstudien, malerische.** Photogr. Aufnahmen n d. Natur, u. zwar einz. Körpertheile u. ganzer Figuren. (In 2 Serien.) 1. Serie. gr. 4. (30 Taf.) Berlin 898. M. Spielmeyer. In Mappe n. 30. —

**Aktstudien, malerische.** Photographische Aufnahmen n. der Natur u. zwar einzelner Körpertheile u. ganz. Figuren. 2. Serie. gr. 4. (30 Lichtdr.-Taf.) Berlin 899. M. Spielmeyer. In Mappe n. 30. —
I. Serie 898 Ebd. n. 30. —.

OEFFENTLICHER AKTUS der schlesischen Gesellschaft für vaterländische Cultur gehalten den 19ten December 1810 zur Feyer ihres Stiftungsfestes. ib. s. a. — 8°.

**Aku,** Andr., Lehrer Christian Allwodzi Sebode 1857—1907, s.: Missions-Schriften, Bremer, Nr. 23.

Akulas, Athanasios M.

Ἀκύλας, Athanasios M. [Διδάκτωρ τῆς φιλοσοφίας]: *Ἡ περὶ ἀθανασίας τῆς ψυχῆς δόξα τοῦ Πλάτωνος ἐν συγκρίσει πρὸς τὴν Γρηγορίου τοῦ Νύσσης ... Ἀθήνησιν, ἐκ τοῦ τυπογραφείου τῶν ἀδελφῶν Πέρρη*, 1888; 38 S. 8°
Jena, Phil. Fak., Inaug.-Diss. v. 1888

**Akunian,** Frau Ilse, geb. Levin, s.: Frapan-Akunian, Ilse.

Ueber die **Akustik** der Säle. Von einem praktischen Architekten. Gr. in-8°, 20 S. St. Gallen, Mor. Kreutzmann's Buchhandlung. 1886 — 80

**Akylas, A. M.,** *Ἡ περὶ ἀθανασίας τῆς ψυχῆς δόξα τοῦ Πλάτωνος ἐν συγκρίσει πρὸς τὴν Γρηγορίου τοῦ Νύσσης.* Diss. 1888. 88 S. —.90

**Akyos,** C. v., das L'hombre-Spiel. Unterricht nach leichtfassl. Methode. 12. (44 S. m. 5 Taf.) Linz 892. (F. J. Ebenhöch.) n. — 90

**Akyos, C. von,** Das L'hombre-Spiel. Unterricht nach leicht fasslicher Methode. Mit 5 Tafeln. 8. (44 S.) Linz: Mareis 1896 —.50

**Akzessionen** s. Accessionen

**Al** bel sesso protesta del poeta del teatro. O. O. u. J. [Wien 1784.] V: *Da Ponte, Lorenzo.* (Lorenzo Da Ponte Denkwürdigkeiten. Hsg. von Gustav Gugitz, Dresden Bd. 3, S. 355.) (BiblPort)

***Al Cotba*** fi Meksowrah, d. i. Rede, welche vor dem türk. Kaiser Sultan Mustapha III. in der türk. Moschee 1179 der Hedschrah (1765) gehalten worden. Aus d. Arabischen v. C. G. v. Murr. 4. (Nürnb.) 767.

**Ala Lama,** oder der König unter den Schäfern, (v. K. F. Bahrdt). 2 Bde. 8. Frankf. u. Leipz. 790. Görlitz 795. (Anton in Halle). 1 ℛ 20 ℊ

**Alabama,** Die. See-Novelle von e. österr. Marine-Officier. kl. 8°. (106 S.)– Pola, F.W.Schrinner. 1883.

**Alabamafrage,** Die. 2 Schriften (v. C. Gödel u. Anonym) in 1 Bd. Zür. 1869 u. Lpzg. 1872. 8°.

**Der Alabama Pionier:** 1876—1879? Cullman, AL
Weekly. Circulation: 1878, 300. Edited and published by Charles A. Becker, 1876—78; by Becker & Johnson, 1878—79.

**Alabama Staats-Zeitung:** 1869—1875? Mobile, AL
Democratic bi-weekly. Edited and published by A. L. Ahrens & Frank Draxler. This is the first of probably four papers so named.

**Alabama Staatszeitung:** 1875—1876? Warrior, Al.
Independent weekly. The second paper so named. Published largely in interest of immigration. Edited by J. Damus, and published by Krispien & Damus.

**Alabama Staats-Zeitung:** 1886—1897? Birmingham, Al.
Weekly. The third paper so named. Although no copies have been located the existence is noted by Ayer in 1886 and by Wilhelm Joest in 1886. Joest says it was established in 1886 as a weekly with C. Beckert as editor.

**Alabama Staats-Zeitung:** Jan. 21, 1897—1918? Mobile, Al.
Independent weekly. Title varies: DEUTSCHE ZEITUNG, 1897. Circulation: 1900, 1500; 1910, 1520. Edited and published by Brunnier & Ward, 1897—1900; by Emil A. Brunnier to 1918.

**Alabama Vorwärts:** 1881—1885? Cullmann, Al.
Weekly. Published in interests of immigration. Title varies: DER VORWÄRTS, 1883—85. Circulation: 1885, 400. Edited by Charles Plate, and published by Charles A. Becker, 1881—82; edited and published by J. Renner, 1883—85.

**Alabin, P.** Die Schlacht bei Oltenitza am 23. October 1853. Uebersetzt von A. Tollert. (40.) 8. St. Petersburg 1854.

**Alacoque,** die selige Maria Margaretha, Urheberin der Andacht zum heiligsten Herzen Jesu nebst Andachtsübungen. Zur Feier ihrer Seligsprechung i. J. 1864. München 865. Lentner. 16. (IV, 188 S.) 7½ ngr.

Alacoque, d. sel. Maria Margaretha, Urheberin d. And. z. h. Herzen Jesu. 16°(188).– Münch. 1866, Lentner.

Alacoque, Margaretha Maria

**Alacoque, Margaretha —.** Art und Weise das heiligste Herz Jesu zu verehren. Nach der Anleitung der ehrwürdigen Dienerin Gottes — —. Aus dem Italienischen. Mit bischöflicher Approbation. Linz, 1856 Druck und Verlag von Joh. Huemer's Witwe (35 S. 8)

**Alacoque, Margaretha Maria,** Art und Weise, das heiligste Herz Jesu zu verehren und anzubeten. 8. Auflage. 24. (51 S.) —.12
Wien: Mayer & Cie 1892.

[J.] Betrachtungen über die Schmerzen und Lehren des heiligsten Herzens Jesu auf d. Kreuzwege. Nach d. Schriften d. seligen Margareta Maria [Alacoque] ... Autoris. Uebs. a. d. Französ. v. C. Britz ... *Paderborn: Bonifacius-Dr. 1898.* (288 S., 1 Taf.) 1 Bd 8. [96. 2.48

— Blüthensträußlein für den Herz-Jesu-Altar aus dem Garten der Jüngerin des heiligsten Herzens, der seligen Marg. Maria Alacoque. Sonderabdruck aus „Perlenkranz". Von M[elchior] Hausherr. — Ebd. (1886). 32 S. 1:Ds 7856. 6. 2.7649

— Kleines Brevier zu Ehren des hl. Herzens Jesu. Tagzeiten für jeden Tag der Woche und eine Meßandacht. Auszüge aus dem Leben und den Werken der seligen Margareta Maria. Autoris. Übers. aus d. Franz. von C[lara] Britz. 2. Aufl. — Paderborn: Bonifacius-Dr. [um 1885]. XVI,151 S. 1:Ds 7852. 6. 2.7645

— 3. Aufl. Ebd. (1885). XVI,160 S. 1:Ds 7852[a]. 2.7646

— 6. Aufl. Ebd. [nach 1885]. XVI,160 S. 1:Ds 7852[b]. 6. 2.7647

– 8. Aufl. Ebd. [1892]. (XVI, 160 S.)

– 9. verm. Aufl. Ebd. [1893].(XVI, 192 S.)

[J.] Kleines Brevier zu Ehren des hl. Herzens Jesu. Tagzeiten f. jeden Tag d. Woche, nebst d. notwendigsten Gebeten. Auszüge aus d. Leben u. d. Werken d. seligen Margareta Maria [Alacoque]. Autor. Übs. a. d. Französ. v. C. Britz. 10., verb. u. verm. Aufl. ... *Paderborn: Bonifacius-Dr. [1896].* (XVI, 192 S., 1 Taf.) 1 Bd 8. [96. 2160

— Kleines Brevier zu Ehren des hl. Herzens Jesu. Tagzeiten für jeden Tag d. Woche, nebst d. notwendigsten Gebeten. Auszüge aus d. Leben u. d. Werken d. seligen Margareta Maria. Autoris. Übers. aus d. Franz. von C[lara] Britz. 12., verb. u. verm. Aufl. — Ebd. [1898]. XVI,192 S. 1:Ds 7852[12]. 6. 2.7661

— Kleines Brevier zu Ehren des hl. Herzens Jesu. Tagzeiten für jeden Tag d. Woche, nebst d. notwendigsten Gebeten. Auszüge aus d. Leben u. d. Werken d. seligen Margareta Maria. Autoris. Übers. aus d. Franz. von C[lara] Britz. 14., verb. u. verm. Aufl. — Paderborn: Bonifacius-Dr. [1901]. XVI,192 S. 1:Ds 7852[14]. 6. 2.7664

— — 13., verb. u. verm. Aufl. Ebd. [nach 1898]. XVI,192 S.
6.
2.7662

Kleines Brevier zu Ehren des heil. Herzens Jesu. Tagzeiten f. jeden Tag d. Woche, nebst d. notwendigsten Gebeten. Auszüge aus d. Leben u. d. Werken [Werke, Ausz., deutsch] d. seligen Margareta Maria [Alacoque]. Autor. Übers. aus d. Franz. von C[lara] Britz. 15. verb. u. verm. Aufl. Paderborn: Bonifacius-Dr. (1902). (XVI, 192 S.) 8° [F.]
[05. 13731 6

**Alacoque, Marguérite Marie:**
Kleines Brevier zu Ehren des hl. Herzens Jesu. Tagzeiten für jeden Tag d. Woche, nebst d. notwendigsten Gebeten. Auszüge aus d. Leben u. d. Werken d. seligen Margareta Maria. Autoris. Übers. aus d. Franz. von C[lara] Britz. 17., verb. u. verm. Aufl. — Paderborn: Bonifacius Dr. (1905). XVI,192 S. 1:Ds $7852^{17}$. 6.
2.7668

— — 18., verb. u. verm. Aufl. Ebd. 1907. XVI,192 S.
1:Ds $7852^{18}$. 6.
2.7669

— — 20. Aufl. Ebd. [1909]. XVI,192 S.
1:N 10.3030. 6.
2.7670

**Alacoque**, Margaretha Maria, die Ehrenwache d. göttlichen Herzens Jesu u. sechs Andachtsübungen zum heiligsten Herzen Jesu. Regensburg 868. Pustet. 8. (25 S. u. 1 Lithogr.) 2 ngr.

**Alacoque, Marguérite Marie:**
Gedanken der seligen Margaretha Maria Alacoque für alle Tage des Jahres. Aus d. Franz. (von J[oseph] Tissot). — Mainz: Kirchheim 1881. 160 S.
5.
2.7678

— Die Herrlichkeiten des göttlichen Herzens Jesu in seiner Verehrung, wie sie ist und sein soll nach den Offenbarungen der seligen M. M. Alacoque. Belehrungen ... aus u. nach d. Schriften d. Seeligen ... Von M[elchior] Hausherr. Neue rev. Ausg. — Einsiedeln, Köln: Benziger 1900. 640 S. 1:Ds 7853/20.
2.7663

Herz-Jesu-Gebetbüchlein der seligen **Margaretha Maria Alacoque**, z. allgem. Gebr. bearb. von M[elchior] Hausherr, S. J. *Einsiedeln, Köln: Benziger & Co. [um 1902].* (238 S.) 8° [F.]
[03. 13803

— Leben der seligen Margaretha Maria Alacoque. Von ihr selbst im Auftrage der Obern niedergeschrieben. Aus dem neuesten französ. Original übers., nebst Bildniß u. kurzer Uebersicht des Lebens der Seligen. Von e. Mitgliede der Gesellschaft Jesu. 8. (IV, 160 S.) Innsbruck 893. F. Rauch. n. — 80

**Alacoque, Margaretha Maria:** Das Leben und die Offenbarungen der seligen Margaretha Maria Alacoque, von ihr selbst geschrieben. — Dülmen: Laumann 1890. 176 S.
1:Ch 8560. 6.
2.7679

— Lebensweisheit der seligen Margareta Maria Alacoque. Hrsg. von Tezelin Halusa. 1. u. 2. Taus. — Paderborn: Schöningh (1909). VII,65 S. 6.
2.7672

**Alacoque, Marguérite Marie:**
Neun Liebesdienste gegen das heiligste Herz Jesu. Nach Anleitung der sel. Margaretha Maria Alacoque. Nebst einer neuntägigen Andacht, um vom Herzen Jesu eine besondere Gnade zu erflehen. — Paderborn: Junfermann 1877. 48 S.
6.
2.7642

— — 12., bedeutend verm. Aufl. Paderborn: Schöningh 1879. 88 S.
6.
2.7643

— — Nebst vielen Gebeten u. Andachtsübungen zum heiligsten Herzen Jesu. Hrsg. von Joseph Schneider. 13., verb. u. verm. Aufl. — Ebd. 1881. 96 S. 1:Ds $7734^{13}$.
2.7644

— Neun Liebesdienste gegen das heiligste Herz Jesu. Nach Anleitung der sel. Margaretha Maria Alacoque. Nebst vielen Gebeten u. Andachtsübungen zum heiligsten Herzen Jesu. Hrsg. von Joseph Schneider. 15. Aufl. — Paderborn & Münster: Schöningh 1887. 96 S.
1:Ds $7734^{15}$.
2.7652

— Neun Liebesdienste gegen das heiligste Herz Jesu. Nach Anleitung der sel. Margaretha Maria Alacoque. Nebst einer neuntägigen Andacht, um vom Herzen Jesu eine besondere Gnade zu erflehen. Aus d. Ital. von einem Mitgliede d. Ges. Jesu. 3. Aufl. — Paderborn: Junfermann 1891. 48 S. 1:Ds $7735^{3}$. 6.
2.7654

[F.] Neun Liebesdienste gegen das heiligste Herz Jesu. Nach Anleitg d. sel. **Margaretha Maria Alacoque.** Nebst e. neuntäg. Andacht, um vom Herzen Jesu e. bes. Gnade zu erflehen. A. d. Ital. v. e. Mitgl. d. Ges. Jesu. 4. Aufl. ... *Paderborn: Junfermann 1896.* (48 S.) 1 Bd 8.
[96. 7437

Neun Liebesdienste gegen das heiligste Herz Jesu. Nach Anleitung d. sel. **Margaretha Maria Alacoque.** Nebst e. neuntägigen Andacht, um v. Herzen Jesu e. besond. Gnade zu erflehen. Aus d. Ital. von e. Mitgl. d. Ges. Jesu. 5. Aufl. *Paderborn: Junfermann 1901.* (48 S.) 8° [F.] [02. ...

— Neun Liebesdienste gegen das heiligste Herz Jesu. Nach Anleitung der sel. Margaretha Maria Alacoque. Nebst einer neuntägigen Andacht, um vom Herzen Jesu eine besondere Gnade zu erflehen. Aus d. Ital. von einem Mitgliede d. Ges. Jesu. 6. Aufl. — Paderborn: Junfermann 1909. 48 S. 1:N 10.4040.
2.7671

— Perlenkranz aus der Schatzkammer des göttlichen Herzens Jesu. Erwägungen und Gebete aus den Schriften der seligen Margaretha Maria Alacoque für den Herz-Jesu-Monat zsgest. und hrsg. als Festschrift zur 200-jähr. Erinnerung an die 1. Herz-Jesu-Festfeier in Paray 1685/6–1886. Von M[elchior] Hausherr. — Dülmen: Laumann (1886). 8,503 S. 1:Ds 7854. 6.
2.7648

— Perlenkranz aus der Schatzkammer des göttlichen Herzens Jesu. Erwägungen, Beispiele und Gebete aus den Schriften und Briefen der seligen Margaretha Maria Alacoque, für den Herz-Jesu-Monat sowie für den täglichen Gebrauch in Kirche und Haus zsgest. von M[elchior] Hausherr. 2., unveränd. Aufl. — Ebd. 1886. VIII,503 S. 1:Ds $7854^{2}$.
2.7650

— Perlenkranz aus der Schatzkammer des Herzens Jesu. Erwägungen, Beispiele und Gebete aus den Schriften und Briefen der seligen Margaretha Maria Alacoque, für den Herz-Jesu-Monat sowie für den täglichen Gebrauch in Kirche und Haus zsgest. voh M[elchior] Hausherr. 3., verm. u. verb. Aufl. — Ebd. 1887. VIII,672 S.
1:Ds $7854^{3}$. 6.
2.7651

— Perlenkranz aus der Schatzkammer des Herzens Jesu. Erwägungen, Beispiele und Gebete aus den Schriften und Briefen der seligen Margaretha Maria Alacoque für den Herz-Jesu-Monat, sowie für den täglichen Gebrauch in Kirche und Haus zsgest. von M[elchior] Hausherr. 4., vielfach veränd. u. umgearb. Aufl. — Dülmen: Laumann 1890. VIII,680 S. 1:Ds $7854^{4}$.
2.7653

[F.] Perlenkranz. E. Herz-Jesu-Monat aus d. Schriften d. sel. **Margaretha Maria Alacoque.** Zsgest. v. M[elchior] Hausherr, S. J. Neu besorgt v. W. Eberschweiler, S. J. 5. Aufl. ... *Dülmen i. W.: A. Laumann 1897.* (VII, 451 S.) 1 Bd 8.
[97. 6067

**Alacoque, la soeur Marg.-Marie, Prières inédites, s. Exercices.**

**Alacoque, Maria Margaretha, gesammelte Schriften. Von M. Strom. 12. (IV und 212 S. mit 1 Stablst.) Cöln und Neuß 866, Schwann'sche Verlagsh.**

Alacoque, Margaretha Maria, Schwester des Ordens von der Heimsuchung Mariä, gesammelte Schriften von M. Strom. 2. Ausg. 16. (IV, 212 S.) [Cöln und Neuß, 875.] Düsseldorf, Schwann.

**Alacoque,** Margaretha Maria, s. Seeböck, Philib

**Alacoque,** Maria Margaretha, s. Alacoque, Margaretha Maria

Aladdin..., s.a. Aladin...

**Aladdin, or the wonderful lamp, hrsg. v. Hosch, s.: Authors, English.**

— s.: Sammlung französischer u. englischer Textausgaben zum Schulgebrauch.

**Aladdin, oder die Wunderlampe, dramatisches Gedicht von Oehlenschläger. 2 Thle. Neue Aufl. mit Kupf. 8. Leipzig, Brockhaus, 820.**

**Aladel,** Joh. Maria, die wunderthätige Medaille, deren Ursprung, Ausbreitg., Geschichte u. Wirkgn. Autoris. Uebersetzg. 8. (VIII, 420 S.) Regensburg 880. Pustet. 2. —

Aladin..., s.a. Aladdin...

**Aladin; od. d. Wunderlampe; e. dramat. Gedicht v. Oehlenschläger. 8. Amsterd. Kunst- u. Ind. Compt. 808.** Schreibv..

Wolfgang Heribert von Dalberg als Bühnenleiter und als Dramatiker. Von Dr. Fritz **Alafberg**. Berlin: E. Ebering 1907. (IV, 156 S.) 8°
— **Beiträge**, Berliner, z. germanischen u. roman. Philologie. 32. German. Abt. No 19. (07. 11530 3

**Al-'Aǵǵâǵ, das erste Gedicht a. d. Dîwân d. arabischen Dichters A.-'A. N. d. Handschriften v. Constantinopel, Kairo u. Leiden hrsg. v. Max. Bittner. gr. 8. (13 u. 50 S.) Wien 896. A. Hölder. n. 2.—**

**Alagona,** Petrus, S. Thomae Aquinatis theologicae summae compendium. 32. (685 S.) Taurini 852. (Leipzig, Gerhard.) n. 1 ℔

Alainvill, d. Bürgerschule. Lstspl. 8. Frankf. 772. Eßlinger. 4 gr.

Al - Akhtal

— Akhtal, Encomium Omayadarum ... edidit, versione et annotationibus instruxit M. Th. Houtsma. Lugd. Batavorum 1878. 2°.

**Alakiez v. Kapitän Hansing's Erlebnisse. Erzählung 1. u. 2. Hft. Wien, Schmidbauer u. Holzwarth. 1852. 8.**

Alamannen. Die A und ihre Bekehrung zum Christenthum. Njbl. s. [Burckhardt, Jacob] *II.*

Alamannus, Cosmus

**Alamannus,** C., summa philosophiae, ex variis libris D. Thomae Aquinatis doctoris angelici in ordinem cursus philosophici accommodata a C. A. Editio juxta II. Parisiensem vulgatam a canonicis regularibus Ord. S. Aug. congregationis gallicanae adornata a Fr. Beringer. Tomi I sectiones I et II. Lex.-8. Parisiis. Regensburg, Pustet. à n. 6. 40
1. Logica. (XV, 394 S.) 885. — 2. Physicae pars 1. (VI, 252 S.) 888.

**Alamannus,** Cosmus, summa philosophiae, ex variis libris D. Thomae Aquinatis doctoris angelici in ordinem cursus philosophici accomodata a C. A. Editio juxta II. parisiensem vulgatam a canonicis regularibus Ord. S. Aug. congregationis gallicanae adornata a Franc. Beringer et ab Augusto Bringmann, S. J., presbyteris. Tomus II. III. Sectiones 3 — 6. Lex. - 8. Paris 890. Lethielleux. à Sect. n. 6. 40
3. Physicae pars 2. Adornavit F. Beringer. (VIII, 256 S.) 890.
4.—idem, pars 3. Adornavit A. Bringmann. (VIII, 405 S.) 890.
5. Ethica partibus a C. A. compositis in editione parisiensi adjecta. (X, 216 S.) 891.
6. Metaphysica, a C. A. in editione Ticinensi adumbrata, a canonicis vero regularibus S. Aug. congreg. gallic. in editione Parisiensi ampliata. (XVIII, 625 S.) 894.

ALAMANNUS, COSMUS : *Summa philosophiae*, [I: Logica], [ed. W. P. Englert], Paderbornae, 8. 1901

**Al'ami**, Salomo, Iggeret müsär. Sittenlehren in Form eines Sendschreibens an einen Schüler im Jahre 1415 in Portugal geschrieben. Herausgegeben von Adolph Jellinek. Leipzig 1854.

**Alamontade** der Galeeren-Sklav. Vom Verfasser des Abällino. Zürich 1802. V: *Zschokke, Joh. Heinr. Dan.* (MGT) (Ky) (BrMm)

**Alamontade, d. Galeerensclave; od. Lebensgemälde d. Verfassers. 2 Thle, v. Verf. d. Abällino. (H. Zschokke.) 8. Zürich. Orell. 811.**

**Alamontade der Galeerensklave, von H. Zschokke. 4te Ausg. 12. Zürich, Orell u. Comp. 821.**

**Alan, H.,** Emendationes nonnullae in epistolas Ciceronis quae sunt ad familiares et ad Atticum missae. Gel. 1854. 24 S. 1.20

*Aland*, Mr., s. *Eloge*.

**Aland, Georg David:** Commentatio de splendore archiofficiorum in Caroli VII., Mariae Amaliae et Francisci Augustorum coronationibus, auctore Georgio Davide Aland. — Lipsiae 1762: Stopffel. 44 S.
12:4° Diss. 5260b/6. 3, 5.
2.7814

**— Commentatio de splendore archiofficiorum in Caroli VI. imp. Rom. Germ. coronatione. Lpz. (Jo. Christ. Langenheim) 1762. 31 S. (4.—) 156**

**— Commentatio de splendore archiofficiorum in Caroli VII. Maria Amalia et Francisci Augusti coronatione. 4. Leipz. 762. (W. Vogel). 2 gr.**

**— De familia et regnis Friderici II. imperatoris Romano-Germanici. Lpz. (Jo. Christ. Langenheim) 1761. 32 S. (4.—) 155**

***Aland,*** **Geo. Dav., de imperii R. G. regnante stirpe salica et habitu erga Polon. 4. Leipz. 752. Eurich. 6 gr.**

**— De lege majestatis ab imperatore Carolo IV. ad eos, qui in sacri imperii principum electorum vitam conspirant, extensa eiusque usu hodierno ad aureae bullae cap. 24 § 2 commentatur. Lpz. (Langenheim) 20. X. 1755. 23 S. (3.—) 154**

Aland, Georg David und Ernst Gottfried Langius

**— Res regum et imperatorum Romano-Germanicorum, stirpis Saxonicae, cum Polonis, ex idoneis monumentis collectas. Lpz. (Langenheim) 20. IX. 1749. 35 S. (4.—) 153**

— **Georg David** (Jüterbog) u. **Ernst Gottfried Langius** (Dresden), De statu hominum apud veteres Germanos. Disquis. I. Leipzig (Langenheim) 3. IV. 1745. 40 S. (4.50) 151
Gew.: Joh. Christian Freih. v. Hennicke (Widerau, Storckwitz . .)

— De statu hominum apud veteres Germanos. Disquis. II. Lpz. (Langenheim) 18. III. 1747. 60 S. (5.—) 152
Gew.: Heinr. Grf. v. Brühl (Forst u. Pfoerten).

Alander, Friedrich Emil

**— — Dem kaiserl. russ. Rittmeister Herrn Heinrich August Gottlob von Leubnitz, Erb-Lehn- u. Gerichtsherrn auf Münchenbernsdorf u. dessen Frauen Gemalin Laura Minna von Leubnitz geb. Schwabe am Tage ihrer Vermälung u. ihres Einzugs zu Münchenbernsdorf gewidmet. Neustadt a. d. O. (Wagner) o. J. (um 1800). 2 Bl. (4.50) 158**

**Alander, Friedrich Emil** (Gross-Ebersdorf/Weimar), Theses juris controversi. Präs. Joh. Gottfr. Müller. Lpz. (Klaubarth) 20. XII. 1815. 2 Bl. (1.60) 157

**Alandt, C.** Einteilung u. Standorte d. dtschn Heeres u. d. Kaiserl. Marine. Berichtigt bis z. 6. 4. 1899. 33. Jahrg. Berlin 1899.

**Alant. Histor. romant. Gem. in 5 A. nach Wilderbeck, v. A. J. v. Guttenberg. 8. Augsb. Stage. 801.**

**Alani prioris Cantuar. postea abbatis Tenkesberiensis scripta quae exstant. E cod. mscr. ed. ab J. A. Giles. Oxon. 846. 8. (Lips., T. O. Weigel.) n. 2 ℔ 24 ngr**

Alanson, Edward

Alanson, Ed., prakt. Anmerkk. über d. Amputation, nebst Hrn. Parks Nachricht von einer neuen Methode, einige Krankheiten des Knie- u. Ellenbogengelenks zu behandeln; aus d. Engl. 2 Thle. gr. 8. Gotha 785. Ettinger. 16 gr.

Alanson, Edward: Praktische Bemerkungen über die Amputation (Practical Observations on amputation and the after-treatment... Second edition. Dt.) nebst H(enry) Park's...Nachricht von einer neuen Methode einige Krankheiten des Knie- und Elenbogengelenks zu behandeln. (An Account of a new method of treating diseases of the joints of the knee and elbow... Dt.) Th.1-2, 136 S., gbd.

Gotha: Ettinger 1785

JB 3.300

**Alanus,** die Heilung der Schwindsucht auf diätetischem Wege. 8. (127 S.) Berlin 889. Breitkreuz. n. 1. 50; geb. n. 2. —

— die Pflanzenkost als Heilmittel. gr. 8. (VII, 67 S.) Berlin 888. H. & H. Zeidler. n.n. 1. —

**Alanus, Heinr., Emendationes nonnullae in epistolas Ciceronis quae sunt ad familiares et ad Atticum missae. Accedunt in fragmenta illa libri Ciceronis de fato, quae nuper Modenae edita sunt, observationes, necnon fasciculus emendationum in scriptores varios. 8. (24 S.) Dublin 854. (London 864, Williams und Norgate.)** *

**Alanus, Heinr., Hannibal; sive disputatio, qua id agitur, ut summus ille Poenorum imperator contra criminationes quasdam T. Livii defensus detur. 8. (31 S.) Dublin 865. (London 866, Williams und Norgate.)** *

Alanus, H., Hannibal; sive disputatio, qua id agitur, ut summus ille Poenorum imperator contra criminationes quasdam T. Livii defendatur. Gel. 1868. 42 S. 1.20

**—— Observationes in loca aliquot Ciceronis. Accedunt in Caesarem, Frontonem, Gellium, Plinium nonnulla. 8. (26 S.) Dublin 863. (London 864, Williams und Norgate.)** *

**—— Observationes in Q. Curtium Rufum. 8. (40 S.) Dublin 865. (London 866, Williams und Norgate.)** *

**—— in Sallustii Catilinam et Iugurtham curae secundae. Insunt varietates lectionis notabiliores codd. mss. trium. 8. (IV und 69 S.) Dublin 864. (London 865, Williams und Norgate.)** *

Alanus de Insulis: Dicta Alani, das ist kurtze Lehr- und Unterricht-Sprüche von der Bereitung des grossen Steins der Weisen. 18 S. (S.307 - 324), gbd.

Nürnberg: Krauß (1747)
an: Bernhardus Graf von der Marck und Tervis: Chymische Schriften von dem gebenedeyten Stein der Weisen. 1747

JB 254

**Alapin,** S. (Hrsg.), s. Schachfreund, Der.

**Alapy,** H., Verdauungsstörungen bei der chronischen Harnretention, s.: Klinik, Wiener.

**Alarcón, Don Juan Ruiz de, so gewinnt man Freunde, s.: Bibliothek der Gesamtlitteratur.**

Alarcon, Pedro Antonio

**Alarcon, Don P. A. de, il Chapè a trais pizs. Novella. Versiun dal spagnöl da Flor. Grand. 8. (103 S.) Samedan 893. (Chur, J. Rich.)** n. 3. 60

Alarcon, Pedro Antonio: Der Dreispitz, s. Reiselectüre

**Alarcon, P. de, der Dreispitz, s. Universal-Bibliothek Nr. 2144.**

Alarcon, Pedro Antonio: Ein guter Fischzug, s. Reiselectüre

— der Köhlerschulz, s.: Reiselectüre.

**Alarcon,** Pedro Antonio de, ausgewählte Novellen. Aus dem Span. übers. v. Lili Lauser. Mit e. biograph. Vorwort v. Wilh. Lauser. 16. (XVIII, 174 S.) Stuttgart 878. Kröner. n. 3. —

— **Manuel Venegas,** s.a. Collection Spemann.

Alarcon, Pedro Antonio: Manuel Venegas. Von Pedro A. de Alarcón. Übers. u. eingel. von F[ranz] Eyssenhardt. — Stuttgart: Spemann 1882. 203 S. (Collection Spemann. Deutsche Hand- und Hausbibliothek. 30.)
1:X 8364-30. 12:P. o. hisp. 1 ub. **3. 4. 5. 7.**
2.7926

**Alarcon, D. Pedro de, Kapitän Veneno, s.: Universal-Bibliothek.**

**Alarcos, ein Trauerspiel, von Fr. Schlegel. gr. 8. Berlin. Unger. 802. (Reimer.) und der. Preis.**

**Alarcos, über,** ꝛc. 8. Münster, Waldeck. 803.

Alard, s.a. Alardus

**Alard, Lambert,** Pastor. Süderau. 1723: M[agistri] L[amberti] A[lardi] P[astoris] S[üderoviensis] A[ssessoris] C[onsistorii] M[unsterdorpiensis] Moses güldenes Kalb. — Franckfurt: Selbstverl.; Leipzig: Martini 1723. 222 S.
Sondert.: [Alard:] Moses güldenes Kalb, nebst dem magischem-astralischem-philosophischem – absonderlich dem cabalistischem Feuer. Th. 1.2.3. 1722.
**8.**
2.7973

**Alardus.** — Franciskus Alardus [Frans Alard], der Reformator in Oldenburg. — Barmen 1853. (Schriften d. Wupperthaler Tractatgesellschaft. 385.) 1:Cv 52040-385.
2.8027

Alardus, Matthias Andr. (Hrsg.), s. Beyträge, Hamburgische.....

* **EHESTAND,** Der (von *Mathias Andreas Alardus*). Hamburg Gedruckt mit Piscators Schriften. 1746. 4°. (In Berlin: Yk 8801.) Rar!
16 Seiten. In Versen. — Anon.-Lex. II. p. 5 (nach Schröder).

[—] Der Ehestand. Ein Lustspiel. — (Hamburg) 1747. **5.**
2.7982

— Gedichte und Reden. (Verf.: M. A. Alardus von Canthier.) — Ebd. 1754. 262 S. 1:Yk 8976. **8.**
2.7984

Matthias Andreas Alardus. Gedichte, Reden und Übersetzungen. — Hamburg: Bohn 1747. 238 S.
1:Yk 8966. **8. 11.**
2.7983

**Alardus, Mat. And., Gedichte, Reden u. Uebers. 8. Hamburg, Bohn.** 754.

Die höchstbeglückte Wahl des Allerdurchlauchtigsten, Grossmächtigsten und Unüberwindlichsten Römischen Kaysers und Herrn, Herrn Franciscus des Ersten, in Germanien und Jerusalem Königs, Grossherzogs von Toscana, Herzogs zu Lothringen und Baar etc., besang auf Befehl der Sehr Ehrw. Grossen Loge in Hamburg und Niedersachsen, bey einer feyerlichen Versammlung der hamburgischen Freymäurer Matthias Andr. **Alardus.** Den 1. des Christenmonats 1745. Hamburg [1745]: Piscator. 4 Bl. 2° [Umschlagtit.]
Kl. 805.

Alardus, Nicolaus: Oldenburgische Catechismus-Lehre. Oldenburg, 1707. – Sm.St. 1718.

Alardyn, Kaspar

— -- Geistlicher und himmlischer Thée-Gebrauch. Oder kurtz eingefassete Vorstellung von dem Thée, geistlich auf Jesum Christum zugeeignet. Zur Wegnehmung der weltlichen und eitelen Reden unter dem Thée-Trincken. Anfangs beschrieben durch ... Alardyn ... Ubersehen und ans Licht gebracht durch Johannes Titama, aus dem Niederländischen zu Bremen 1687 ins Teutsche übersetzet ... zum Neuen-Jahr, 1711, demüthigst offeriret von Heinrich Otten ... — Cölln a. d. Spree [1710]: Liebpert. 56 S. **1: Es 18336.**
2.8038

**Alarich.** — Alarich, oder: Die Straff-Ruthe des verfallenen Roms, wurde bey dem höchst-erfreulichen hohen Geburts-Fest der Durchlauchtigsten Fürstin und Frauen, Frauen Sophien vermählter Marggräfin zu Brandenburg, welches den 2. Augusti 1723 abermahls erschiene, in einer musicalischen Opera auff dem grossen Theatro zu Bayreuth unterthänigst vorgestellet. — Bayreuth (1723). **5.**
2.8039

**Alarich.** König der Westgothen. Trauerspiel in 5 Aufzügen. (Von J. v. Verdy du Vernois.) gr. 8. (148 S.) Berlin 894. E. S. Mittler & Sohn. n. 3. —

**Alarich, Josef Wilhelm:** Der verlorene Sohn Karl Walter. Eine wahre Geschichte ... Neu erzählt. — Kassel: Gotthelft o. J. 31 S. **4.**
2.8040

Der Alarm: 1884 1889? Chicago, IL

**Alarm-Geschrei** zur Warnung den Völkern. 1712. V: *Allut, Johann, Elie Marion, Nic. Facio, Ch. Portalès.* (Myl)

**Alarmgeschrey,** z. Warnung d. Völkern. 8. Amsterd. 712.

**Al-'A'šâ,** zwei Gedichte. Hrsg., übers. u. erläutert v. R. Geyer. I. Mâ bukâ'u. (225 S.) gr. 8. Wien 905. (A. Hölder.) n. 4. 80
**Sonderabdruck aus: „Sitzungsber. d. k. Akad. d. Wiss."**

Alaska [Schlagwort]

— s. a.: America, Handtke, F.

**Alaska.** Karte von Alaska m. d. Dampfer- u. Landverbindgn. von St. Francisco. Zu Joach. van Möller „Auf nach Alaska". 1 : 9,500,000. Nebst Karton: Gold-Minen-Gebiet am oberen Yukon. 1 : 4,500,000. Auf der Rückseite Karte v. Nord-America. 42,5 × 36,5 cm. Lith. Charlottenburg 897. F. Thiel. 1. 50

**Alaska-Falz. Kleiner Reiseführer zu „Auf nach Alaska". Nr. 1—5. schmal gr. 8. Charlottenburg 898. F. Thiel. à n. — 50; Nr. 1—4 in 1 Mappe 2. —**
**1. Üb. Chicago n. Tacoma u. per Pacific Coast Steam Ship Co. n. Alaska. (26 S. m. Abb. u. 3 farb. Karten im Text.) — 2. Via Canadian Pacific Railway üb. Winnipeg n. Tacoma u. per Pacific Coast Steam Ship Co. n. Alaska. (24 S. m. Abb. u. 3 Karten i. Text.) — 3. Via Burlington Route üb. Salt Lake City n. Tacoma u. per Pacific Coast Steam Ship Co. n. Alaska. (24 S. m. Abb. u. 3 Karten i. Text.) — 4. Via Union u. Southern Pacific Rail Road üb. Denver n. San Francisco. (24 S. m. Abb. u. 4 Karten i. Text.) — 5. Via Northern-Pacific-Eisenbahn-Gesellschaft üb. Chicago n. Seattle u. per Alaska Transportation and Development Company a. d. See- u. Flusswege n. St. Michaels u. Dawson City. Zusammenstellg. aller europ. Dampferlinien n. Nord-Amerika. (24 S. m. Abb.)**

**Alasma'î,** Kitâb-al-Fark. Nach e. Wiener Handschrift hrsg. u. m. Noten versehen v. Dav. Heinr. Müller. [Aus: „Sitzungsber. d. k. Akad. d. Wiss."] Lex.-8. (56 S.) Wien 876. Gerold's Sohn in Comm. n. — 80

**Alassy,** s. v. Löwenbach.

Alastair: 6 Zeichngn. – Lpzg., E. Rowohlt.

**Alathei** Schreiben von der Polygamie. 4. 733.

**Alauda.** — Alauda trisonans oder dreystimmiges Lerchlein, d. i. Lob-, Danck und Leich-Reden, welche uber die 22 schon durch den Druck zum Vorschein gekommene Predigen, noch weiters auf denen vornehmsten Cantzlen in Wienn ... gehalten worden. — Stadt am Hof & Regensburg: Gastl 1749. 881 S. **12: 4° Hom. 55. 2. 6.**
2.8080

**Alaudae.** [Zeitschrift in lateinischer Sprache.] 1. Jahrg. 12 Nrn. (B.) gr. 8. Aquila 890. (Leipzig, Brockhaus' Sort.) n. 2. 40

**Alaudae.** (Zeitschrift in latein. Sprache.) Red.: Cajetanus Tursini. Nr. 13—30. 8. (à 16 S.) Aquilae 891—893. (Leipzig, F. A. Brockhaus Sort.) n. 6. —

Die theoretische Ermittlung der Sonnen- und Mondparallaxe nebst e. Anh. über d. astronom. Ermittlung dieser Parallaxen von C. **Alauda.** Wien, Teschen, Leipzig: K. Prochaska 1908. (34 S.) 8° [F.] 104. 1,100

**— Über das Prinzip der allgemeinen Gravitation u. die vollständige analytische Lösung des Problems der drei Körper. Auszug aus e. Studie üb. Probleme der theoret. Astronomie u. theoret. Physik. (III, 233 S.) gr. 8. Ebd. Geb. in Leinw. 5. —**

Alauda, C.: Üb. d. Prinzip d. allg. Gravitaion u. d. vollständ. analyt. Lösg. d. Problems d. 3 Körper. (233) gr8°.– Tesch., K.Prochaska 1908.

**Alaunek,** Joh., die Verwaltung, Verrechnung u. Controle der Anstalten des Bauwesens im k. u. k. Heere. Mit Rücksicht auf die Bedürfnisse des Studiums dargestellt. gr. 8. (X, 158 S.) Wien 894. (L. W. Seidel & Sohn.) n. 5. —

Alaupovič Tugomir: Vila Slovinka von Georg Baraković mit bes. Ber. auf die Hölle im XII. Gesang. II. 1894 PN 873 Diss. Wien, Univ.

Alaus, Jules Emile, s. Alaux, Jules Emile

Alaux, Jules Emile

**Alaux,** J. E., études esthétiques. L'art dramatique — La poesie — L'esprit de la France dans sa littérature. 8. (VII, 275 S.) Neuchatel 873. Sandoz. n.n. 2. 40

— la religion progressive. Études de philosophie sociale. Nouvelle éd. br. 8. (XXXII, 380 S.) Basel 871. Georg. n. 2. 80

— über die Wandlungen der Moral im Menschen,
s. a. Vorträge, öffentliche, geh. in der Schweiz.

— J. É. Alaux. Ueber die Wandlungen der Moral im Menschengeschlecht. — Basel: Schweighauser 1876. 36 S. (Oeffentliche Vorträge gehalten in der Schweiz. 3,8.)
**1:** Ag 9128-3,8. **12:** Var. 384hc-III,8. **300:** 170.006-B. Bd 3,8. **5. 7. 9.**
2.8096

**ALAZIEL** oder Sagen aus den grauen Zeiten der Zauberwelt. Mit Titelkpf. u. Titelvign. Frankf. 1793. 8°. (3 Kr. Halm & Goldmann, Wien, 1907.)

**Alaziel,** od. Sagen aus d. Zeiten d. Zauberwelt. 8. Frankf. 793. Pech. 1 ℔

**al-Azraqī** Abū 'l-Walīd Muḥammad b. 'Abd Allāh b. Aḥmad. Geschichte und Beschreibung der Stadt Mekka von Abul-Walîd Muhammed ben Abdallah el-Azraki ... herausgegeben von Ferdinand Wüstenfeld. Leipzig 1858. = De 4206, Band I.

FSC
www.fsc.org
MIX
Papier | Fördert gute Waldnutzung
FSC® C083411

Kolibri 360 GmbH
Ferdinand-Jühlke-Straße 7
99095 Erfurt, Deutschland
produktsicherheit@kolibri360.de